The Royal Horticultural Society
New Encyclopedia of Plants and Flowers
Editor-in-Chief: Christopher Brickell

First edition published in Great Britain in 1989 by Dorling Kindersley Limited,
9 Henrietta Street, London WC2E 8PS
ISBN 0-7513-0800-5

英国皇家园艺学会

（最新版）

世界园林植物与花卉百科全书

〔英〕克里斯托弗·布里克尔　主编
杨秋生　李振宇　主译

河南科学技术出版社
·郑州·

A Dorling Kindersley Book
www.dk..com
Original title: RHS NEW ENCYCLOPEDIA OF PLANTS AND FLOWERS

著作权合同登记号：图字 16-2011-199

图书在版编目（CIP）数据

最新版世界园林植物与花卉百科全书 /（英）布里克尔著；杨秋生，李振宇译．— 郑州：河南科学技术出版社，2012.2（2016.2 重印）
ISBN 978-7-5349-5367-5

Ⅰ．①最… Ⅱ．①布… ②杨… ③李… Ⅲ．①园林植物—世界—百科全书②花卉—世界—百科全书 Ⅳ．① S68-61

中国版本图书馆 CIP 数据核字 (2011) 第 232305 号

出版发行：河南科学技术出版社
地址：郑州市经五路 66 号　邮编：450002
电话：(0371) 65737028　65788613
网址：www.hnstp.cn
责任编辑：李玉莲　刘　欣
责任校对：李宏刚
装帧设计：高银燕　张　伟
责任印制：张艳芳
印　　刷：北京华联印刷有限公司
经　　销：全国新华书店
幅面尺寸：229 mm × 287 mm
印　　张：47
字　　数：3 000 千字
版　　次：2006 年 6 月第 1 版　2016 年 2 月第 8 次印刷
定　　价：398.00 元

作译者名单

主　编：〔英〕克里斯托弗 · 布里克尔
主　译：杨秋生　李振宇
副主译：冯建灿　苏金乐　闫双喜　王鹏飞　赵　勇　孔德政　何松林　田国行　靳晓白　王印政
译　者：杨秋生　李振宇　冯建灿　苏金乐　闫双喜　王鹏飞　赵　勇　孔德政　何松林　田国行　靳晓白　王印政　杨芳绒　鲁　琳　武荣花　黎　明　梁　兵　史淑兰　王　献　刘保国　王四清　邓振营　刘春元　张冬梅　周修任　李世国　张子亮　周可义　黄广春　雷跃平　李保平　李天雄　徐发德　李秀华　刘大瑛　杨锦洲　张玉洁　吴　军　卫　红　翟翠娟　李文玲　钟小红
主　审：靳晓白

序

什么是园林花卉？广义地说，园林花卉即观赏植物，泛指一切适用于园林绿化的植物材料，包括木本花卉和草本花卉。

园林花卉从栽培、选育新品种到商品化、产业化生产，经历了一个漫长的发展过程，如今世界园林花卉事业日新月异，这与中国之贡献密不可分。中国优异独特的植物，从早春开花的梅花、连翘、玉兰，春夏季的牡丹、芍药、蔷薇、月季，到夏秋之紫薇、木槿，秋天的菊花，冬季的山茶花等，都是中国贡献给世界园林的丰富花卉资源。中国与西方国家的交流历史悠久，早在两千多年前，就开始引种驯化国外的花卉，石榴、茉莉即是其中之典型代表。中国加入WTO后，园林国际化步伐明显加快，园林花卉与世界的交往更是如火如荼。中国园林在这前所未有的发展机遇面前，迫切需要一本系统介绍世界园林花卉的工具书。现由杨秋生、李振宇先生等翻译的《世界园林植物与花卉百科全书》终于付梓，填补了中国园林花卉工具书的一项空白。这对园林花卉的教学、科研、生产，以及业余观赏园艺活动等都会有广泛的影响和帮助。

此书特点明显。其一，材料十分丰富。介绍种类达8 000多种，其中4 250种配有彩色照片，几乎囊括了当代世界园林花卉的所有优良种类。其二，图文并茂，直观明了。既是业余园艺工作者的优秀指导书，又可避免被研究人员束之高阁。其三，文字表达通俗易懂。依观赏价值之权重大小介绍植物，可以更好地面向大众。其四，观念新颖，内容独特。如生态理念贯穿始终，从细微的环境变化——光照强弱、湿度大小影响到园林植物应用之色彩变化等，描写翔实，令人信服。国人著译书刊时，可向之学习处颇多。

因此，要让原书之精粹表达完整，实非易事。译者不畏困难，经多年的辛勤劳动，并参阅了大量文献，精心编译，终于完成了这一巨型工具书。这是值得全国园林界为之庆幸的事，很多园艺工作者也拭目以待多日了。

陈俊愉

2004年6月

前言

《世界园林植物与花卉百科全书》出版10年来，销售量突破200万册，已成为人们喜爱的一部园林植物参考书。该书成功的主要原因之一是图片部分按照植物类型、植株大小、观赏季节和色彩进行编排；另一原因是为读者提供了准确的园艺资料。

1998年，我们与DK公司商定对本书重新修订再版，这就使我们能够对原书做进一步的完善和提高，对所有的植物名称进行校正，用一些容易获得、更新的植物取代那些难以得到或过时的植物。许多新补充的植物都是在英国皇家园艺学会威斯里花园广泛试验后，获得皇家园艺学会显异奖(AGM）的植物。获得该奖项的植物都是表现超群的园艺植物，本书中首次列出了获得此项殊荣的所有观赏植物。

《世界园林植物与花卉百科全书》出版的主要目的是为园艺工作者选择植物提供帮助，因此，在修订版中，进一步扩展了《植物选择指南》部分的内容，它包括有附图说明的24类适合不同立地条件和环境的植物，与图文并茂的《植物类目》配合使用，可以帮助读者选择适合不同地域的植物种类。

现在，本书第三版出版了，我谨向您推荐。本书中所做的全部增补修订都是为了确保能够继续履行本学会的承诺——向寻求园艺资料的人们提供最新、最有益的信息。我代表皇家园艺学会，感谢主编克里斯托弗·布里克尔和其他撰稿人以及出版商对出版本书的一贯支持。

西蒙·荷恩比　爵士
皇家园艺学会　会长
1999年9月于　伦敦

中文版前言

适逢英国皇家园艺学会200年华诞，中文版《世界园林植物与花卉百科全书》即将付梓。它的出版是学会对中国丰富野生植物进行长期研究的见证。皇家园艺学会自1804年成立以来，在植物研究方面走过了辉煌的历程。1812年至1830年间曾居住在广州的约翰·里夫斯（John Reeves）先生曾将菊花、茶花和牡丹从中国引入欧洲，他还委托中国画家为这些植物绘制许多彩图——著名的里夫斯收藏品现珍藏在皇家园艺学会林黎图书馆内。一些植物学家，如罗伯特·福琼（Robert Fortune）曾被学会派往中国，他们从中国引进了许多种植物，如今这些植物在西方国家的花园内随处可见。从那时起，众多的中西方植物学家组成联合探险队，共同研究野生植物，引进了许多极具观赏价值的园林植物的种子。近年来，我有幸与中国同行一起进行了数次类似的考察，特别考察了云南、四川、甘肃和青海省等拥有丰富观赏植物的山区。在中国能够在山野见到灯台报春，在山坡观赏到常绿杜鹃，在湿地看到秋季开亮蓝色花的龙胆，实在让人欣喜、让人激动，其中的许多植物如今已遍布世界各地的花园中，其他一些鲜为人知的植物也在中国以外的地方栽培。

也许两位英国植物学家最准确地表达了中国对世界园艺的巨大贡献——威尔逊（E.H.Wilson）称中国是“园林之母”，罗伊·兰开斯特（Roy Lancaster）则把中国誉为“植物工作者的乐园”。这两个恰如其分的比喻浓缩了中国对世界植物学和园艺学的重要贡献。

过去的50年中，在育种和繁殖技术方面取得了巨大进展，在交换植物材料和进一步开发与引种方面开展了更为广泛的国际合作。数量巨大的新杂种和品种被选育出来，同时有大量的野生物种得以驯化，所有这些使园艺家们能从约100 000种不同植物中为他们的花园挑选适宜的植物，这些可供挑选的植物包括乔木、灌木以及各种兰花或一年生植物等。

但是，面对成千上万种植物，园艺工作者们如何挑选出适合自己栽种的植物呢？通常最大的困难在于不知道正确的植物名字所指的是哪一种植物，不能正确识别花园或出版物中的植物，或简单地说，对一个特定的植物种或品种，没有足够的有效资料可供利用。

这本百科全书正是致力于解决这些问题，且在设计上采用了独特的方式，书中的图片部分按植物的类型、大小、适宜的观赏季节和色彩等内容进行编排，所以你可以按照任何一种或多种标准找到你所需要的植物，甚至那些没有任何园艺知识的人也可以很轻松地做到这一点。这本书还可以更激发园艺爱好者的兴趣，拓展他们的视野。本书还致力于介绍更多稀有的、漂亮的、迄今最具价值而且鲜为人知或极少栽培的园林植物，每种植物都对其栽培的地域、气候条件有详略得当而又准确的描述。

《世界园林植物与花卉百科全书》，既可以供园艺爱好者消遣时浏览，也可为致力于实践的园艺工作者提供准确的信息。总之，无论是对于园艺家，还是园艺爱好者，这本百科全书都将是他们灵感和兴趣的不竭之源。

由于本书工程庞大，因此出版人和园艺顾问、撰稿人、摄影师进行了多年的亲密合作。没有他们的慷慨支持，就不会有这些成就。因此，我要特别对他们表示感谢，同时我还要感谢编辑和制作人员在本书出版前的各个时期所做的细致、周到的工作。

克里斯托弗·布里克尔

2004年6月于伦敦

撰稿人

苏珊 · 安德鲁斯	冬青属植物
拉里 · 巴勒 (与W · B · 韦德)	菊花
肯尼思 · A · 贝克特 (与大卫 · 皮克拉弗特)	灌木，藤本植物， 凤梨科植物植物选择指南
约翰 · 布鲁克斯 (与林登 · 霍索恩)	造园
埃里克 · 凯特尔 (与理查德 · 吉尔伯特)	秋海棠属植物
艾伦 · J · 库伯	植物起源和名称， 乔木，灌木和名词术语
菲利普 · 丹普皮 (与罗杰 · 埃里特)	大丽花
凯特 · 唐纳德	芍药属植物和水仙
凯思 · 德莱登	岩生植物
雷蒙德 · 埃维森	铁线莲属植物
黛安娜 · 格琳菲尔	玉簪属植物
彼得 · 哈克尼斯	月季、蔷薇类
林登 · 霍索恩	植物类目 各部分引言
特里 · 休维特	仙人掌及多浆类植物
大卫 · 希切科克	康乃馨和石竹类
黑泽尔 · 凯伊	天竺葵属植物
西德尼 · 林格	鸢尾属植物
布莱恩 · 马修	鸢尾属植物和球根花卉
维多利亚 · 马修斯	藤本植物，百合和郁金香
大卫 · 麦克林托克	禾草类，竹类， 灯心草类和莎草类植物
戴安娜 · 米勒 (与理查德 · 吉尔伯特)	宿根花卉 和非洲紫罗兰
约翰 · 帕顿	宿根花卉
查尔斯 · 帕德尔	山茶属植物
威尔玛 · 里特斯豪森 (与萨比纳 · 奈斯)	兰科植物
彼德 · Q · 罗斯 (与黑泽尔 · 凯伊)	常春藤属植物
基思 · 拉什福斯	针叶树
A · D · 希令	杜鹃花属植物
阿瑟 · 史密斯	唐菖蒲
菲利普 · 斯温德尔斯 (与彼得 巴恩斯)	蕨类植物
(与凯思 · 德莱登 和杰克 · 威米斯 · 库克)	报春花属植物
(与彼德 · 鲁滨逊)	水生植物和睡莲
约翰 · 瑟克尔	翠雀属植物
阿伦 · 突古德	一、二年生花卉
梅杰 · 杰妮拉尔 · 帕特里克 · 土尔品 (与大卫 · 斯茂尔)	石南类植物
迈克尔 · 厄普瓦德	宿根花卉
约翰 · 赖特 (与南希 · 达恩利)	倒挂金钟属植物

目 录

植物类目

本书的使用方法

《世界园林植物与花卉百科全书》是园林设计、选择植物或鉴定植物种类的理想参考书，它提供了数千种植物形态特征及栽培技术方面的信息。本书内容分以下几个部分：《植物起源和名称》介绍国际通用的植物分类和命名系统；《造园》提供园林风格、如何布局和配置植物、怎样搭配植物的颜色和质地等方面的指导；《植物选择指南》及书后的《获显异奖园林植物名录》有助于您选择合适的植物种类和品种；本书的核心部分《植物类目》和《植物词典》则为您提供详尽的图片、描述和栽培技术信息。

大小等级

在《植物类目》部分，大多数先按植物的大小分等级排列，每个等级内再按观赏季节排列。尽管都是从大到小排列，但是不同植物类群之间大小划分的标准不同。某个具体植物类群内大、中、小各个等级的高度标准范围，请查阅书中该类群介绍。

色彩排序

在每一植物类群中，按其主要观赏部位的颜色排列。顺序是固定不变的，即从白色到红色、紫色、蓝色、绿色、黄色和橙色。花叶植物依照叶斑的颜色（如白色或黄色）分组；多浆植物如能开花则按花的颜色排列。

符号

- ☼ 喜光照
- ◐ 喜半阴
- ● 耐阴
- 喜排水良好的土壤
- 喜湿润土壤
- 喜水湿土壤
- pH 需酸性土壤
- ⓘ 有毒植物
- 获显异奖植物
- ❄ 半耐寒植物：能耐0℃低温
- ❄❄ 耐寒植物：能耐−5℃低温
- ❄❄❄ 极耐寒植物：能耐−15℃低温

植物选择指南

《植物选择指南》根据具体地点、土壤或栽培目的，推荐适合的植物，使您很容易找到所需要的植物。该指南包括从绿篱和防风林植物到适合盆栽的植物，共24个实用门类，交叉参考的《植物类目》将引导您找到所要选择的植物图片和相关描述。

图片参考
图解花园的主题和应用，包括少量精选的植物图片。

最佳选择
推荐植物的名录先按类群再按字母顺序排列。

植物类目

本部分将植物图片和描述文字对照按类群分为如下各组。乔木（含针叶树）、灌木、月季、蔷薇类、藤本植物、宿根花卉（包括禾草类、竹类、灯心草类、莎草类和蕨类植物）、一、二年生花卉、岩生植物、球根花卉、水生植物、仙人掌及多浆植物，用彩页排印。

每组开始，用4个版面介绍该组植物种植设计方面有价值的资料。随后是按植株大小、观赏季节和色彩排列的植物类目，其中还插入一些特殊观赏植物，如山茶属植物、冬青属植物和非洲紫罗兰等的专版。

类目版面 ▼

如果您知道一种植物，但想不起它的名字，或者有标本要鉴定，或者仅仅想根据植株大小或色彩为您的花园选择植物，那么可在《植物类目》中寻找答案。

色板
表示每页所列植物的色彩（参见本页左边的色谱）。

书眉
每页的书眉显示每组植物进一步分类的方式，通常依据植株大小（参见本页左边的“大小等级”）和主要观赏季节进行分类。

植物图片
彩色照片用来帮助鉴定和选择植物。

植物名称
每种植物都给出植物学名，如有异名和普通名称也同时列出。

描述
此部分对植物进行详细的描述，并突出它们的特殊用途。

大小和形态
多数植物在描述部分的后面给出了近似株高和冠径（蔓生植物的株高是指悬垂或伸展茎的长度）。对乔木、针叶树和灌木而言，图中所标尺寸和形态均以成年植物为准。

注：图中“ft”是非法定计量单位，为尊重原版没有删除，1ft=0.3048m。

显异奖
这种符号表示该种植物曾获皇家园艺学会的显异奖（参见731页的有关内容）。

栽培条件和耐寒性
这些符号表示植物喜爱的生长条件和耐寒性。对不耐寒植物，本书给出了栽培时对最低温度的要求。然而，栽培地点特殊气候和土壤条件亦予以考虑，因为它们可能影响到植物的生长（参见本页左边的关键词）。

有毒植物
这个符号表示此种植物可能有毒，详细说明见《植物词典》中相关属的介绍。

◀ 植物组的首页

每一组植物介绍的开头都有一张显示其典型特征的图片。

▼ 设计建议

首页之后，是本组植物特征的详细描述，以及在造园中如何利用这些植物获得最佳园林效果的建议。

标 签
彩色标签方便查找各组植物。

交叉查询 ▼
在本书其他地方有描述，但类型、大小、观赏季节和色彩与这里附图中植物相似的植物，在此注明供参考。

Chaenomeless speciosa
HEATHERS, illus. p.178～p.179
p1789HOLLIES, illus. p.98～p.99
p989Nicotianan gluca

专类图版 ▸

一些对园艺工作者有特殊观赏价值的植物类群或属，在相关的组中用专门的版面加以介绍。

关键特征
对该类植物的特征进行概要介绍，同时给出栽培和种植方面的指导。

花型
对属内不同花的各种形态和园艺学分类给以详细描述，通常还附有相应的墨线图。

植物名称
给出了植物的学名和相应的组及类别，植物特征描述见《植物词典》部分。

植物照片
植物或单花的特写照片，有助于快速识别和选择。

植物词典

本书各属的条目都包含在《植物词典》里，其中还列出了未在《植物类目》中描述的4 000多种推荐植物，它相当于《植物词典》部分的索引。

属名
植物如有普通名称，则普通名称紧跟在属名之后，随后是科名。

属的介绍
简明介绍本属植物的特征及耐寒性，同时对栽培和繁殖以及相关的修剪方式、病虫害防治及毒性等方面提出建议。

异名
可以交叉查询正确的植物学名。

有附图的植物
除部分图版之外，对《植物类目》中出现的植物给以文字描述。有附图的植物及其文字描述见《植物类目》部分，这里不再描述。但对出现在专类图版中的植物，文字描述见《植物词典》（参见本页左下方）。

植物名称
给出了每种植物的学名以及可能有的异名和普通名称。属名用缩写；种加词（如这里的*sagittifolia*）一般全部写出，如果前面已经完整地出现过，则用缩写。

植物描述
描述植物的关键特征，以及专门针对该种植物的耐寒性和栽培要点。栽培品种条目紧随种的条目之后，属种的双名则省略而不再重复。

慈姑属 SAGITTARIA
Arrowhead
泽泻科 ALISMATACEAE

多年生落叶水生植物。为观赏叶和花而栽培。耐寒至不耐寒，耐最低温度5 C。部分种适生于池塘，其他可栽培在水池中。喜全光照。及时除去衰败的叶。春夏季分株繁殖或在春季分离其具鳞根根蘖繁殖。

S. japonica 见*S.sagittifolia*‘Flore Pleno’。

宽叶慈姑 *S. latifolia*，见446页。

欧洲慈姑*S. sagittifolia*（Common arrowhead）多年生落叶水生植物。生于水边。高45cm，冠径30cm。极耐寒。叶中绿色，直立，尖箭形。花白色，3瓣，花心暗紫色，夏季开放。可在深达23cm的水中生长。**‘重瓣’‘Flore Pleno’**（*S. japonica*；Japanese arrowhead）花重瓣（译者注：*S. japonica*应为慈姑（*S.trifolia*）的异名，其重瓣品种应为‘重瓣’慈姑*S.trifolia*‘Flore Pleno’）。

Saguaro 见 *Carnegiea gigantea*，见456页。

交叉参考
植物的普通名称和异名的交叉参考按照字母顺序排列。

缩写		说明
cv(s)	栽培品种	在本书图版中出现的ft（英尺）标记，是原版书图版上的标记。因凡有ft出现时，m也同时出现，不影响阅读，出于对原版的尊重，就没有处理这个标记。
f.	变型	
subsp.	亚种	
subspp.	亚种(复数)	
var.	变种	

获显异奖园林植物名录

皇家园艺学会显异奖（AGM）授予那些表现超群的园艺植物。本书提供了所有曾获此奖的园林植物名录，因此，您可以从最好的植物中挑选。

名录结构
为方便查找，获显异奖的植物按组分别排列。

组内按字母顺序排列
每组植物按字母顺序排列。对有附图的植物列出了在本书中所在的页码，对于在《植物词典》中出现的植物则以星号（*）表示。

植物起源和名称

人们经常给植物起名字，但当他们周游世界时，却发现同一种植物在不同的地方常常有不同的名称。为了解决由此产生的问题，就制定出了通用的植物命名系统。

卡尔·林奈

卡尔·林奈，植物分类之父，着拉普族服装，这幅雕版画是M·豪夫曼在公元1737年所作的林奈肖像。

双名系统

希腊和罗马的学者为当今的植物命名法奠定了基础。他们仔细观察、描述自然的做法在欧洲的修道院及大学里得以延续，因为古拉丁语仍是那里使用的共同语言。迄今仍在使用的双名系统主要是在18世纪著名的瑞典植物学家卡尔·林奈（Carl Linnaeus 1707—1778）的影响下确立的。在他的权威性著作《植物种志》和《植物属志》中，对每种植物用两个拉丁词进行命名，而不是采用当时植物学家及本草学家通常使用的一长串描述语。双名中的第一个词是属名（如*Ilex*，意为冬青属），第二个词是种加词（如*aquifolium*），两个词共同构成植物普遍使用的名称（如*Ilex aquifolium*，即地中海冬青）。同属的其他物种会有不同的种加词（如*Ilex crenata*是钝齿冬青、*Ilex pernyi*是猫儿刺、*Ilex serrata*是落霜红等）。

野生原产地

下图：金黄杜鹃（*Rhododendron rupicola* var. *chryseum*）野生在中国云南西北部，19世纪初被引种到英国园林中栽培。

植物名称的含义

如果知道一些植物学名的拉丁语含义，就可以更好地理解这些植物的名称。一个名字可能具有纪念意义，如*Fuchsia*（倒挂金钟属）是对德国一位内科医生和本草学家里昂哈特·福克斯(Leonhart Fuchs)的纪念；一个名字可能会告诉我们一种植物的产地，如*Parrotia persica*（帕罗梯亚木）来自波斯，即现在的伊朗；有的名字可能来自采集引种人的名字，如乔治·福雷斯特（George Forrest）引种的一种报春花属植物被称作*Primula forrestii*（灰岩皱叶报春）；还有些名字会告诉我们植物的形态特征：如*Pelargonium*（天竺葵属）来自希腊语*pelargos*（鹳），因为这些植物的果实像鹳嘴，*Parthenocissus quinquefolia*（五叶地锦）中的种加词*quinquefolia*的意思是其叶由5片小叶组成，来自拉丁语*quinque*（五）和*folium*（叶子）。

普通名称

尽管许多植物都有人们熟悉的普通名称，但是通常还是按其植物学名排列，这里有许多原因。许多植物或者没有普通名称，或者与其他植物重名；更混乱的是，同一个名称在不同的地方可能指不同的植物，如在苏格兰“plane”一词是指*Acer pseudoplatanus*（欧亚槭），在英格兰是指 *Platanus* × *hispanica*（英国梧桐），而在北美则代表*Platanus occidentalis*（美国梧桐）。植物分类是按照起源把相关的植物分为一属，如所有真正的冬青(holly)都属于*Ilex*，即冬青属，而同一个普通名称却常用于毫不相干的植物中，如sea holly指*Eryngium*（刺芹）、hollyhock指*Alcea*（蜀葵）、summer holly指*Arctostaphylos diversifolia*（浅裂萼熊果），没有一个与真正的冬青有关。反过来，同一种植物又可能有好几个普通名称，如heartsease，love-in-idleness和Johnny-jump-up均是*Viola tricolor*（三色堇）各种不同的好听名字。可以想像一下，如果碰到马来语、汉语或阿拉伯语的植物俗名，对不懂这些语言的人来说就更是如堕五里雾中了。

国际命名法

自从林奈的植物分类系统建立之后，经科学家们继续推动和发展，将整个植物界分成一个具有多分支的谱系树（参见13页）。要确保分类系统在科技、商业及园艺方面应用的可靠性，必须要有国际上的合作，在《栽培植物国际命名法规》（1995）和《植物命名法规》（1994）中做了相关的规定。

植物引种

最初的植物引种正如植物学名的起源一样，也可追溯到希腊和罗马的古典文明时代。罗马帝国在鼎盛时期疆域非常辽阔，从欧洲西部一直延伸到亚洲。当罗马人去到各地时，也带去了他们用作食物或观赏的植物种类，像西班牙栗、桃、无花果和许多调料植物。13世纪，十字军返回时把大马士革蔷薇从大马士革带回。几个世纪以后，一些栽培植物如波斯紫丁香和杏，从地中海沿岸土耳其人和摩尔人精致的花园中被带回到了英国。

无畏的私人采集者们如约翰·垂德斯康特（John Tradescants)父子专门到北美东海岸，尤其是弗吉尼亚搜寻植物，使得植物采集变得更系统。18世纪，世界被瓜分和占领，使人们对植物学的兴趣大增，从新大陆尤其是美洲西海岸、南非、澳大利亚和新西兰带来许多植物。到了20世纪，对那些执着的植物采集者来说，最大的回报是在东亚丰富多样的植物区系中得到的植物。尽管对西方人来说，在那里探险并非易事，但他们还是从中国、喜马拉雅地区和日本带走了成千上万种植物，特别是乔木和灌木。

植物采集者

了解世界是早期植物学家的最初动机，随着对新奇和稀有植物兴趣的增加，私人采集者们开始往本国引种植物。这些外来的新奇植物非常受人喜爱，尤其是在时髦的花园中，它们的引进刺激了花园装饰者对新植物的更进一步需求。为了发展这个新市场，一些商业和科学组织开始赞助植物采集者。1824年大卫·道格拉斯（David Douglas）受雇于皇家园艺学会来到美国西海岸，他在那里收集到了大量当时尚不知名字的植物的种子，其中包括花旗松。1842年前，西方人进入中国受到限制，但在随后的一年内，罗伯特·富琼（Robert Fortune）开始了一次探险，同样是由皇家园艺学会赞助的，结果获取了大量园林观赏植物。在他的激发下，法国植物学家、传教士让·皮埃尔·阿芒·大卫（Jean Pierre Armand David）神父发现了可爱的珙桐（*Davidia*）和大叶醉鱼草（*Buddleja davidii*），二者后来都是以他的名字命名的。传教士让·玛利·戴拉维（Jean Marie Delavay）神父发现了藿香叶绿绒蒿（*Meconopsis betonicifolia*）。日本也是数百种园林植物的发源地，许多日本植物在19世纪被德国的植物采集者菲利浦·冯·西伯德（Philipp von Siebold）引入欧洲。

20世纪初期是搜寻植物的黄金时代，最著名的植物采集者之一欧内斯特·亨利·威尔逊（见右上图）在1904年发现了西康木兰（*Magnolia wilsonii*）。同期，乔治·福雷斯特从中国的西藏等地引走了大量的杜鹃属及其他植物。在20世纪20年代至30年代，弗兰克·金敦·沃德（Frank Kingdon Ward）从喜玛拉雅山区采集到了新奇的报春花属、杜鹃花属、百合属和龙胆属植物。

今天，植物搜寻探险仍得到赞助而得以进行，新植物也仍在继续引进，只不过数量没有以前那么多了。人们发现新植物的动力已经从装饰花园和猎奇转向植物保护和新品种培育。

西康木兰（Magnolia wilsonii）

欧内斯特·亨利·威尔逊（Ernest Henry Wilson）
上图：欧内斯特·亨利·威尔逊，在亚洲为英国维契苗圃和美国波士顿的阿诺德树木园采集植物，发现了900多种植物新种及变种，其中包括西康木兰（*Magnolia wilsonii*）。

兰卡斯特栒子（Cotoneaster lancasteri）

新近发现
罗伊·兰卡斯特（Roy Lancaster）（上图）是一位当代植物搜寻者，为英国引进了大量新的植物种类，其中展萼金丝桃（*Hypericum lancasteri*）和兰卡斯特栒子（*Cotoneaster lacasteri*）（左图）均引自中国。

遗传与杂交

尽管人们观察到植物的自然突变已有几百年，但只是到了20世纪，植物育种才发展成为全世界广泛应用的科学。在19世纪，托马斯·耐特（Thomas Knight)进行过一些植物育种试验，达尔文也使用了“杂交”一词，但直到1899年哥利高·孟德尔（Gregor Mendel）进行了甜豌豆试验，育种过程才被了解并因此能够用于商业化开发。隐性基因和染色体的神秘被揭示之后，我们清楚地知道植物可以通过杂交选育获得更加健壮、开花更多，或者发生其他方面变化的植物。今天，育种家们可以育出具有特定形态、颜色和株形的杂交种。也正因为如此，一些优良的植物新品种的所有权需要特别的保护（参见第12页，《按<法规>制定的品种名称》部分）。

华丽龙胆
(GENTIANA SINO-ORNATA)
乔治·福雷斯特（George Forrest）对龙胆属植物特别感兴趣，在中国收集了数百号植物标本。1904年，在云南西北部一次危险的高山探险中，他第一次发现了这种华丽龙胆。

植物学分类类群

植物界可以粗略分为维管植物和非维管植物。园艺工作者对维管植物最感兴趣，因其具有特别的输导组织使自己能够适应更加多种多样的生存环境，并能够生长得比非维管植物如藻类和苔藓的个体更大。根据结种子的方式，维管植物进一步分成许多类群，如裸子植物中的针叶树，其裸露种子着生在球果之中是其独具的特征。这些植物类群内的基本划分单位是科。

杂交月季（Rose hybrids）
对月季进行人工授粉，以培育能遗传父本与母本优良性状的新杂交种。

科

植物按花、果实和其他器官的结构特征分成不同的科，这意味着科可以是由关系密切的独特类群的植物组成，如兰科植物、凤梨科植物，也可能像蔷薇科这样包含羽衣草属、栒子属、山楂属、路边青属、苹果属、李属、火棘属、花楸属和绣线菊属等从园艺用途上来看是多种多样的各类植物。

属和种

一个科可以只有一个属，也可以含有多个属，如密藏花科（Eucryphiaceae）只有一个密藏花属（*Eucryphia*），菊科则有1 000多个属。每个属都由密切相关的植物组成，如各种橡栎类属于栎属（*Quercus*），各种槭树属于槭树属（*Acer*），各种百合属于百合属（*Lilium*），同一个属的植物具有一些共同特征。一个属可由一个或几个种组成。如果提到一个属，如*Lilium*（百合属），是指任何一种百合；而如果提到 *Lilium candidum*，则指的是一种特定的百合（白花百合）。在有些科中几个属共同组成一个园艺类群，寻这方面的一个例子是杜鹃花科的石南类，包括帚石南属（*Calluna*），大宝石南属（*Daboecia*）和石南属（*Erica*）。杜鹃花科除了石南类之外还包括山月桂属（*Kalmia*）、杜鹃花属（*Rhododendron*）和越橘属（*Vaccinium*）（见下一页的图解）。

种是指一群能不断进行自然繁殖的植物，形成一个具有相似特征的植物群体，其特征显著区别于其他的自然群体。

亚种、变种和变型

属于同一物种的野生植物之间也可能会有细微的差别，根据这些差别，植物学家在种下常常进一步划分出3个亚等级，但是这些亚等级偶尔也会有重叠：亚种（缩写为subsp.）具有明显的变异，通常是由特殊的地理分布形成的结果；变种（缩写为var.）仅在植物结构上有细微的不同；变型(缩写为f.）的变化更小，如株形或叶子、花或果实颜色的差异。

栽培品种

生长在当今花园中的植物许多只用植物学名就可以了，但是还有的植物在栽培中存在许多的变异类型，它们与野生类型仅有细微的差别。这些变异类型可能有斑叶，或许有其他一些特征，因而具有很大园艺价值。它们可能是某些特殊个体在野外被发现后引入栽培，或者是由一批实生苗中选出，或者是一个突变体，统称为栽培品种（cultivated variety或cultivar），简称为品种。为了保持品种特性，许多品种需要通过无性繁殖（扦插、嫁接或分株）或用特选的种子进行有性繁殖。

1959年以后，品种名称必须采用当代语言，在单引号内用正体排印，如‘黄喇叭’同型避日花（*Phygelius aequalis* ‘Yellow Trumpet’），以区别于用斜体排印的拉丁学名表示的野生变种。

杂交种

不同种间或属间植物的有性杂交后代称为杂交种，用乘号（×）表示。如果杂交是在不同属的种之间进行，其结果被称作属间杂种。如果这种杂交涉及2个（偶尔有3个或更多）属，所起的名字为有关属的名称简缩而成，如杂扁柏属（×*Cupressocyparis*）包括所有扁柏属（*Chamaecyparis*）和柏木属（*Cupressus*）间的杂交种；如果超过3个属，那么就在一个人名之后加上后缀-ara来作为这种杂交种的名字，如春黄兰×*Potinara*是由柏拉兰属（*Brassavola*）、卡特兰属（*Cattleya*）、蕾丽兰属（*Laelia*）和贞兰属（*Sophronitis*）间的杂种，用来纪念法国兰花协会的普廷（M. Potin）先生。然而，最常见的杂交是在同一属内不同种间进行的，所得到的后代称为种间杂交种，名字为形式上与种名相似的集合名，但要在其名前加上乘号（×）；如红花淫羊藿（*Epimedium*×*rubrum*）是高山淫羊藿（*E. alpinum*）和大花淫羊藿（*E. grandiflorum*)间的杂交种。当一种植物被嫁接到另一种植物上，一种新的植物有时会在嫁接点长出来，它包含两个亲本的组织。这些嫁接嵌合体或称为嫁接杂种，采用和有性杂交种同样的命名办法，只是用加号（+）表示，如毒雀花（+ *Laburnocytisus adamii*）是毒豆属（*Laburnum*）和山雀花属（*Chamaecytisus*）属间的嫁接杂种。

杂交种内的品种，在有学名时应在学名之后列出；如果亲本复杂或不清楚时，在属名后单独跟一品种名称，如 *Rosa* ‘Buff Beauty’（‘丽黄’月季）。

名称的变化

在新的出版物中遇到植物学名发生变化，常使读者感到很困惑，长期被人所接受的名称消失了，取而代之的是不熟悉的名称。但这种变化是有理由的，也许一种植物最初就鉴定错了；也许同一种植物早先曾经起了另外一个不同的名字；也许一个名字给了两种不同的植物；或者新的科学知识引起我们对某种植物分类的改变。本书列出了大量的异名，可以尽量避免在鉴定和购买学名发生变化的植物时出问题。

珙桐（Davidia involucrata）
这种可爱的树木原产中国，以发现它的让·皮埃尔·阿芒·大卫神父的名字命名。它的英语名称的含义是鸽子树、鬼树和手绢树。

按《法规》制定的品种名称

当植物育种家们培育出一个新的栽培品种时，都要按照《国际栽培植物命名法规》给它起一个名称以确保其正式的鉴定身份。这个法规名称可能和它销售时的名称不同，如 Casino 月季的法规名称为‘Macca’。本书中这两种名称都被列出来，具体写法为‘乐园’月季 *Rosa* Casino（‘Macca’）。为了保护对栽培品种的所有权，育种家们可以申请植物育种权（Plant Breeder’s Rights，缩写为PBR），授权时使用的是法规名称。

植物分类的图解

在园艺上和其他植物学领域一样，植物的分类是按照等级系统分类，并在林奈双名法基础上命名（属名后面跟着种加词）。为了更好地理解这个系统，下面列举杜鹃花科的一部分，显示从科、属、种一直到栽培品种、栽培品种群和杂交种的所有层次结构。

科

科是由具有一些共同的基本自然特征的若干个属组成的类群。科名通常以词缀–aceae结尾，科的界限常常有争议。

杜鹃花科
Ericaceae

属

共同拥有一系列独特特征的一种或多种植物组成的类群。若干个属（个别情况下一个属）组成一个科。每个属包含一个或多个种。属名用斜体字印刷，词首第一个字母大写。

大宝石南属
Daboecia

帚石南属
Calluna

石南属
Erica

越橘属
Vaccinium

山月桂属
Kalmia

杜鹃花属
Rhododendron

种

种是能自然繁育出具有相似特征后代的一个植物类群，这些特征使该物种有别于自然界的其他物种，种名由两部分组成，用斜体字印刷。

大宝石南
D. cantabrica

红花大宝石南
D. azorica

欧石南
E. arborea

朱砂杜鹃
R. cinnabarinum

屋久杜鹃
R. yakushimanum

杂交种

同一属内不同种之间有性杂交产生种间杂交种（参见下图框）。

苏格兰大宝石南
D. x *scotica*

变型

种内的细小变异类群，常表现在花的颜色或株型上与种内其他类群不同。变型用正体“f.”和一个斜体排印的加词表示。

白花大宝石南
D. cantabrica f. *alba*

变种

变种是植物学结构上有细小差别时再分成的种下分类单元，用正体“var.”和一个斜体排印的加词表示。

高山石南
Erica arborea var. *alpina*

亚种

亚种是自然出现的、在一个或多个特征方面与种内其他个体明显不同的种内变异类群，用正体“subsp.”和一个斜体排印的加词表示。

黄铃杜鹃
Rhododendron cinnabarinum subsp. *xanthocodon*

群（栽培品种群）

指在一个属、种或杂交种内具有相似特征的多个栽培品种的集合。栽培品种群的名称一般用当代语言表示，在某些情况下用拉丁文形式表示。

联结群朱砂杜鹃
Rhododendron cinnabarinum Concatenans Group

紫花群朱砂杜鹃
Rhododendron cinnabarinum Purpurellum Group

栽培品种

栽培品种是经过选择或人工培育而得到的种、亚种、变种、变型或杂交种内的变异类型，用正体排印的当代语言的名称表示（某些情况下可以用拉丁语名称），加单引号。

‘白球’大宝石南
Daboecia cantabrica ‘Alba Globosa’

‘威廉·布坎南’
D. x *S.*‘William Buchanan’

‘杰克·德雷克’
D. x *S.*‘Jack Drake’

‘银泉’
D. x *S.*‘Silverwells’

‘铜色’朱砂杜鹃
Rhododendron cinnabarinum ‘Copper’

‘琥珀’朱砂杜鹃
Rhododendron cinnabarinum ‘Amber’

‘和田’屋久杜鹃
Rhododendron yakushimanum ‘Koichiro Wada’

‘肯·詹尼克’杜鹃
Rhododendron ‘Ken Janeck’

杂种

嫁接杂种是通过砧木和接穗的组织在嫁接点上融合而形成的无性繁殖植物，如毒豆属（*Laburnum*）和山雀花属（*Chamaecytisus*）的嫁接杂种为毒雀花（+*Laburnocytisus adamii*）。

毒豆*Laburnum anagyroides* + 紫山雀花 *Chamaecytisus purpureus* = 毒雀花 +*Laburnocytisus adamii*

更常见的杂种是通过不同植物种或属之间的有性杂交而得到的。如果杂交种是可育的，可以繁殖多代。子代均应具有双亲的特征，如荚蒾属(*Viburnum*)的两个种杂交产生博德兰特荚蒾（*Viburnum* × *bodnantense*）。

香荚蒾*Viburnum farreri* x 大花荚蒾*Viburnum grandiflorum* = 博德兰特荚蒾 *Viburnum* x *bodnantense*

造　园

如果您想建造一个迷人而又令人愉悦的花园以度过闲暇时光，就必须要有灵感和信息。本部分介绍造园设计的基础知识：如怎样规划构思您的设计，怎样为达到效果而组合植物，怎样利用植物的色彩、明暗和质地增加花园的自然美。

风格

花园像家一样，也有许多不同的氛围或风格。有些花园的风格会让你顿感熟悉，如随意而内涵丰富的英式村舍花园和简洁雅致的日式花园，也有一些花园的风格较难界定，像野趣园就属这一类。

设计的影响

花园设计的风格与历史时代有密切的联系，如可能受文艺复兴时期意大利规则式台地园的影响，法国的古典式花园如凡尔赛宫的高雅宏伟，或者英国爱德华七世和维多利亚女王时代艳丽多彩具有异国情调的种植方式。

不同的风格也是不同地域文化发展的结果，在美国更是如此，如东海岸设有木制台板和白色疏篱的围栏花园，与西海岸带有露台和小水池的迷人花园或者南方有木兰和橡树为游廊庇荫的静谧花园呈现出鲜明的对比。

这些例子对普通的造园者虽然可能近乎奢望，但还是可以作为他们灵感的源泉，经过改动可以在某个具体场合采用。可能无法在城市小花园中复制古典的法国式设计或再造优雅的意大利风格的山麓风景，但任何人只用几个石阶、一个小喷泉和一个漂亮的长满一年生植物的石头容器，或者是一株经过造型的常绿灌木或修剪过的乔木都能表现古典风格的端庄意蕴。在选择设计风格时，要考虑到气候、空间和土壤类型等因素。

比例

要想在花园中营造一种风格，需要对周围的景观和建筑物的尺度、格调有充分的考虑。举例来说，古典式房子很可能要有规则式布局的花园相配；门窗之间的比例会提示道路、水池、露台、花境和草坪区在花园中的布局方式。要注意这些要素之间以及它们与花园和房屋之间的关系。在视野宽阔的大花园里，大片的色彩和宽敞的通道显得优雅，而用小花做成的窄花境和弯弯曲曲的小径在如此巨大的空间内就会显不出效果，但是它们非常适合于小的、非规则的村舍花园。

透视效果

用不同区域（通道、花坛或露台）的边缘作“线条”，可以在设计中造成假的透视效

果来改变花园表现外形。水平线可以使花园显得更宽，而垂直线会增加其长度。要进一步夸张长度，可以采用使几条垂直线向花园后部汇合的手法。巧妙地配置直立的或横卧的乔木及灌木，也可以增强改变透视的效果。

通过建造一条动态的或移动的线，如让一条弯曲的小路通向视觉焦点——一个池塘、藤架、孤植乔木或美丽的远景，可以把人们的注意力吸引到花园内部或更远处的特定景点上。无主要突出观赏点的规则式或封闭式花园则最适合采用静态图案，如那些用黄杨绿篱包围几何形状而成的图案。

材料

通道、铺设区、围栏和建筑设施无论是在材料还是外形上，均应与房屋及其周围的环境协调一致。怎样才能达到协调，对你可能很难确定，但可以用排除法做出决定，试着找出什么是不合适的。如碎石路将破坏18世纪城镇房屋的品味，因而对其是不适合的。

要努力使花园成为室内色彩和风格上的延伸。这种理念还可以进一步发展贯彻，做到从内部看到的景观与房屋内的装饰和谐一致，无论是从花园看房屋内部，还是从房屋内部看花园都应该如此。当然，植物是营造花园风格的主要材料。选择植物会受地点、土壤类型和地区气候的限制，鲜艳的地中海花卉，如半日花不会在荫蔽的树林里茁壮生长，石南属植物和山茶属植物也不会在空旷的白垩地茂盛生长。要发挥自己现有资源的优势，不要试图与自然作对，否则那些不适合的植物永远长不好，而且把它们种在远离其自然生境时，令人看起来也不协调。

意大利式露台

上图：这个优雅的露台建造得规模不大，配有陶瓦罐和一个小的壁装喷泉，藤架明显的水平线因藤本月季、忍冬和紫葛葡萄（*Vitis coignetiae*）美观的叶子而变得不那么生硬。

异国情调的花园

左图：一条清澈的小溪顺石阶一级级流下形成小瀑布，配以一株醒目、低矮的‘细裂紫’鸡爪槭（*Acer palmatum* ‘Dissectum Atropurpureum’），营造了日本式花园的气氛。

半规则式花园

右图：古典的亭子为这个村舍花园定下了规则式的格调，灌木和绿篱修剪成粗壮而彼此相关的形状，把人们的目光引向简朴的建筑及其前面方形底座上的盆景，形成了一个优雅的焦点。花园道路所用的材料与亭子的质地和色调十分协调。

创造您自己的风格

最重要的是，不要忘记您自己与花园的关系——让它展现出您的个性。如果您是一个随意、无拘束的人，您可能会让多年生的草花蔓延到它们生长的边界之外，或者会留下几株自生的小苗去扰乱一条精心照料的碎石小径；反过来，如果您愿意让周围的一切都整齐有序，您大概会更喜欢使用优雅、对称的布局，也许会用一簇簇一年生植物或现代的杂种香水月季，而不用老式的古典月季或蔷薇。

另一方面，也不要忽略实际情况的要求。假如家中有小孩，就没有必要在花园中间弄一个迷人的睡莲池塘，因为您不得不在上面罩上一个难看的保险网，这还不如留出大片的地方种草坪和粗壮的乔木和灌木。如果一个坐轮椅的人需要常在花园内消磨时光，那么所有的台阶都应去掉，改为舒缓的斜坡或起伏的地势，还可以建些高花坛，以使残疾人或上年纪的人在养护花园时更为方便。

现实地考虑一下您愿意在维护上花多少时间，因为不同的花园需要耗费的时间也不尽相同。如果您的时间有限，就多种一些乔木、灌木和地被。宿根花卉和球根花卉可提供丰富的色彩、形态和质地变化，但通常需要更多的时间照料。如果愿意承担更大的责任，可以多种特殊的植物，如对栽培条件有较高要求的岩生植物或者栽植和播种一、二年生草花。

简化种植

人们常犯的一个错误是在很小的地方种植太多种植物。不妨向专类花园学习借鉴一些东西，如月季栽培者的月季花园，或是只热衷于栽培针叶树和石南属植物的人的专类园，因为对选用的植物范围加以限制，使花园设计也相对简洁，因而很好看。

如果感到这样的专类花园范围太窄，可以将设计限定在一个特定的色彩范围之内，或将植物的不同品种组合种植在一起，这样一来，虽然是混植，却仍然可以避免杂乱无章和主题不明。这种按颜色设计的方法同样适用于植物的叶色，成功例子是肯特郡茜星

村舍式花园

左下图：这里以多年生草花为主随意混种，伴以靠着古老石墙而生的灌木尼泊尔黄花木（*Piptanthus nepalensis*），石墙下面淡乳黄堇（*Corydalis ochroleuca*）、'海德柯特'金丝桃（*Hypericum* 'Hidcote'）和柔软羽衣草（*Alchemilla mollis*）和谐地混生在一起。请注意栽种植物的颜色有限，使他们看起来随意而不是杂乱无章。

日式花园

右下图：竹子、踏石和远处与之相衬的观叶植物，营造了这个日式花园的宁静氛围。这种风格作不同的改造可以适用于阳光充足或荫蔽的地方，并且无需多少维护。

赫斯特著名的白园。

细部美化

花园的总体风格和布局以及植物的选择范围确定之后，在装饰时要确保其不破坏整体效果。如铁艺长椅对大多数普通花园来说可能过于繁琐，而简单的木长椅则极少会产生不和谐，一个意大利风格的装饰性陶缸即使种着朴素的雏菊，放在不规则式的郊外花园中仍会显得太豪华。装饰一个代表特定历史时期风格的花园不可能太节俭，但一般来说，利用普通的容器和装饰品就可以成功地进行装饰，在受局限的狭小区域更是如此，而且这种装饰物适用于多种种植方式。一旦确定了花园装饰等设施的风格，就要按既定的设想做下去，风格稍有偏差，都会有一种混乱感，使全部计划劳而无功。

浪漫花园

左图：一个圆形坐位摆放在村舍花园的树阴下，不加修饰的草地和一株美丽、横斜的灌木蔷薇平添浪漫的意境。

不规则式花园

下图：这些多年生草花、球根花卉、一年生花卉和灌木看似简单地种在一起，其实每一种都经过精心挑选，要在外形、颜色和质地上与其他种类相平衡。图中的小檗（*Berberis*）和杂交黄精（*Polygonatum × hybridum*）优雅的拱垂花穗造成设计风格上的连续性和协调一致。

结构

建造一个花园，不是指改变地形或铺设石板等具体工作，而是指按照基本的设计平面图将各种园林栽植要素和人工建造的成分如小径和砾石区结合起来，使花园与周围环境衔接。

引入不同层次

在确定建造花园的风格并画出设计草图之后，就可以着手把计划变成三维的实体，其中要考虑园中会出现的植物高度差异，或可能在此地培养出植物的高度差异，然后再确定植物群体的配置、它们与园外风景的关系、与园内其他要素之间的关系以及它们之间的相互联系。

地形的变化可能已经存在，可以进一步通过在这些地方修建台阶或使其通向一个水池、一个眺望点或一个凉亭而突出地形变化。围栏、墙或棚架、鸽房和藤架这类建筑设施均可强调直立的效果，它们和树篱、乔木或一些灌木一样也都可以成为有用的屏障。抬高的花坛对增进一块平地的观赏效果具有无法估量的作用，还可以通过种植不同高度的

使用构架植物

一株直立的树木，如刺柏只能统领很小一群植物（A），但有助于把这群植物与其后面的墙协调起来（B）。这株树可以挡住视线（C），但若把它种植在一边可以发挥一种平衡作用（D）。在视野之内放进另一群类似的植物，可产生更加有趣的重复性效果。若一株刺柏放置得比另一株靠前会产生动感和渐进的效果(E)，若两群植物与视点等距离栽植则形成一种优美的框架（F）。

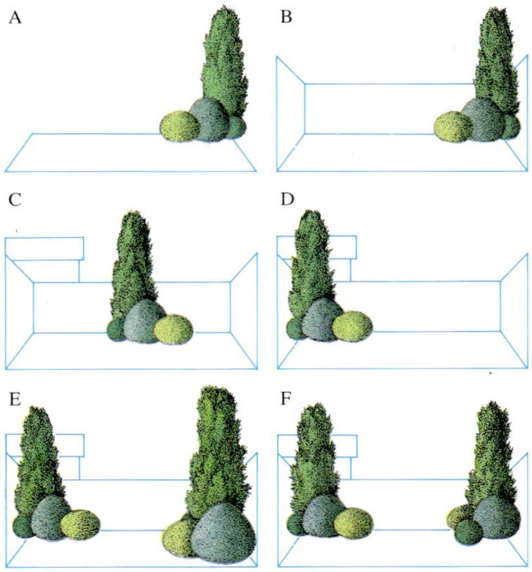

改变平坦地势的视觉印象

上图：利用不同乔木和灌木的外形可以造成场地高度变化的效果，图中平卧、低矮的针叶树和叶色金黄的冷杉明亮的水平分枝与枝条开展的刺槐（*Robinia pseudoacacia*）以及背景中幽暗的、树形直立的云杉形成对比。

层次的变化

左图：台阶和矮墙有助于突出层次的变化。经过艺术修剪的穹顶形红豆杉（*Taxus*）位于繁花似锦的海棠花（*Malus*）两侧，突出了前者的庄重和后者的鲜亮奔放。

营造协调
紫叶接骨木把背景中的乔木和前景中包括‘紫芽’药用鼠尾草（*Salvia officinalis*‘Purpurascens’）在内的多年生草花结合在一起。

植物使其富有变化。

成比例种植

在构思您的设计时，不要用多种植物像漫撒什锦糖果一般把基本布局弄得散乱而拥挤，而应考虑通过巧妙地放入关键植物，来实现比例均衡的成片种植以形成某种结构。花园的外貌不单单是取决于生长在花园中的单个植物的总数量。无论一种植物有多么特别，为营造一个和谐的整体，必须要考虑到它与周围植物的关系。此外，每一组植物也必须与它所在的花坛相匹配，而花坛则要与整个花园相协调。

花园的立体形状在很大程度上是由植物群体和它们的位置决定的。当您下次遇到一组搭配令人满意的灌木或多年生草花时，分析一下各个植物群体的形状在结构上是如何发挥作用的，它们又是如何结合形成统一整体的，您会发现是彼此的比例关系使植物形成的不同色块协调。

利用构架植物

任何时候都不能把选择植物看成是孤立的，总有一个像车库、墙、邻居的房子或风景这样的东西作背景。花园的风格和植物的栽植应与这个背景融洽而不是冲突，通过引入构架植物（指那些轮廓或外形鲜明的植物），使花园和背景之间建立起联系，使花园与房屋相协调，或者使分散的植物结合起来。无论是带针刺而显得张狂的植物如丝兰，还是柔软浪漫的植物如垂柳，它们的独特外形都会给设计增添引人注目的焦点。构架植物起到稳固和平衡的作用，使用由大到小的一系列关键性构架植物可以创造空间深远的视觉效果。

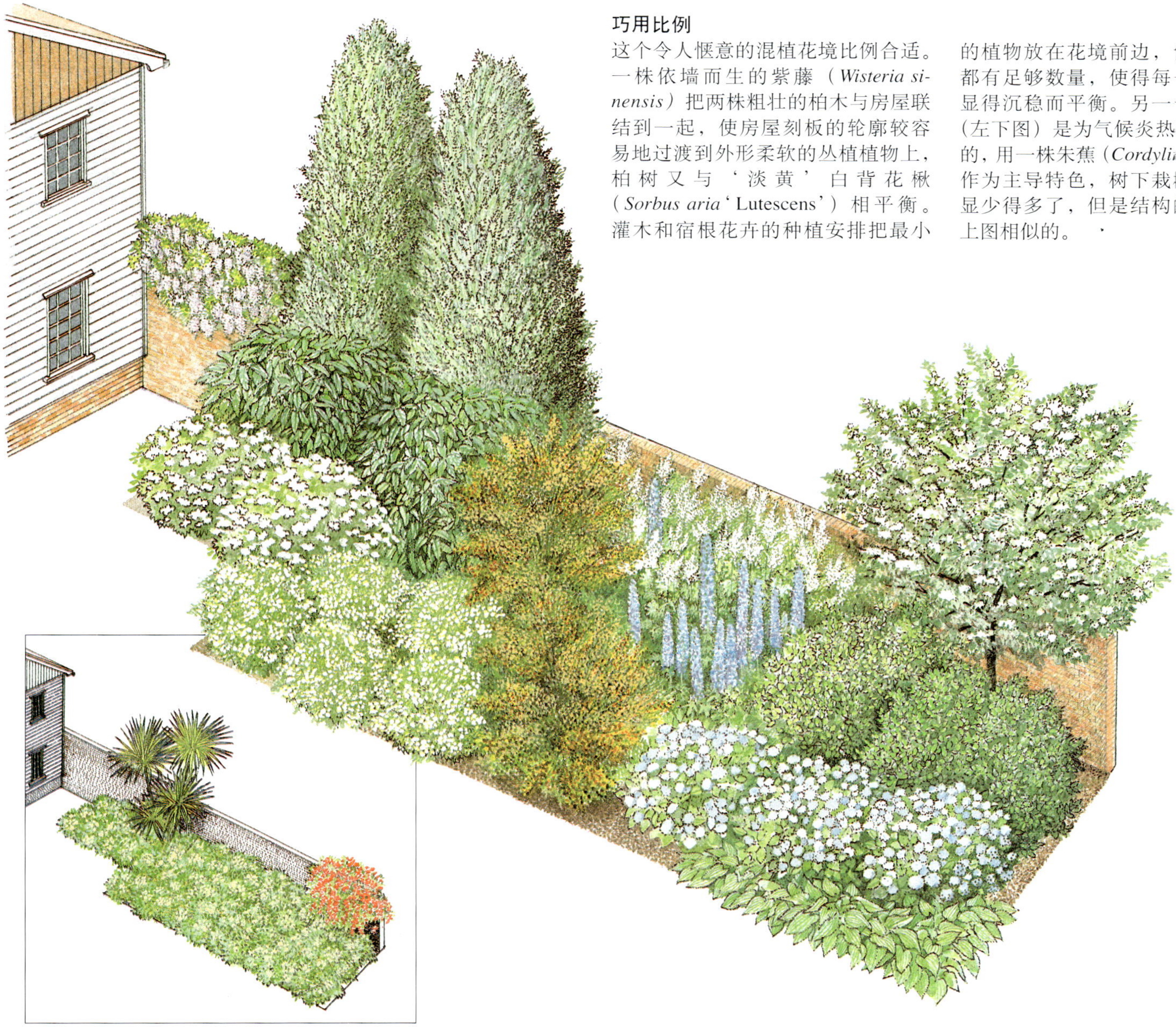

巧用比例
这个令人惬意的混植花境比例合适。一株依墙而生的紫藤（*Wisteria sinensis*）把两株粗壮的柏木与房屋联结到一起，使房屋刻板的轮廓较容易地过渡到外形柔软的丛植植物上，柏树又与‘淡黄’白背花楸（*Sorbus aria*‘Lutescens’）相平衡。灌木和宿根花卉的种植安排把最小的植物放在花境前边，但每种植物都有足够数量，使得每一群植物都显得沉稳而平衡。另一个种植方式（左下图）是为气候炎热的地区设计的，用一株朱蕉（*Cordyline fruticosa*）作为主导特色，树下栽植的植物明显少得多了，但是结构的比例是与上图相似的。

建造四季花园

一年四季都能展现出观赏性的花园，才是最成功的花园。因为没有哪一种植物能在12个月里都处于最佳观赏期，所以随着一年中时间的推移，它在一组植物中的重要性也会改变。如一株春季鲜花盛开的树木，花落后会被埋没到背景里。因而，这样一组植物的整体外观会随着季节的变化而改变。

在选择植物时，要考虑它们的季相变化，以确保每一组植物一年到头都保持一定的观赏性。仅种一片夏天开花的多年生草花，在春天、秋天及冬天可能看起来十分无趣。要考虑每一种植物的所有性状，它的大小、株形、叶形、颜色、树皮和质地等，而不仅仅是花的颜色。这些是植物的长期特性，即主要观赏期过后仍可继续展示的特性。

理想的做法是，在相对不变的乔灌木下栽植一系列陆续争芳吐艳的“特色”植物。这样，当花坛中一种植物抢眼的花朵凋谢后，另一种则初展芳容。另外一种办法是，在整个花园的不同地方而不是在一个花境内种植先后开花的植物，这样观赏的焦点会在整个

春
岩石园中，仙客来水仙（*Narcissus cyclamineus*）在铁仔大戟（*Euphorbia mysinites*）上方含颐垂笑。

仲夏
上图：在这个村舍花园模拟的野生草甸中，红色的虞美人散生在白色风铃草和少量淡蓝色翠雀花的冷色调中，看起来令人愉悦。假如虞美人栽得更密些，恐怕会显得过于艳丽。

深秋
右图：常绿和结有浆果的乔木或灌木此时可能最招人喜欢；直立的、暗绿色的针叶树与牛奶子（*Elaeagnus umbellata*）耀眼的银白色叶子形成鲜明的对比；而平枝栒子（*Cotoneaster horizontalis*）的红色浆果展现为色彩绚丽的前景。

花园范围内移动。

从冬到春

冬季，花园里可以欣赏的花可能是最少的。此时，常绿植物像松柏类、冬青和常春藤凸现出来的外形和叶色最为引人注目，相比之下不太显眼的落叶乔灌木的枝桠、树皮和浆果的颜色与质地在冬季里亦有一定的观赏价值。如优美的柳枝在冬日的阳光下看起来光彩夺目；垂枝桦优美、开展的树形十分诱人，可爱的白色树皮即使在最为阴暗的天气里也熠熠闪光。无论是轮廓映衬着冬季晴朗的天空，还是枝杈披上白雪的外衣，落叶和常绿植物的形状在此时节都发挥着重要的作用。

随着春天的到来，花园很快被色彩所覆盖。有些色彩来自春天开花的乔灌木，如樱花、木兰，有些来自岩生植物，但是大多数色彩来自众多的鳞茎和球茎花卉。当这些花渐渐凋谢时，随之而来的是盛开的茶花、连翘、杜鹃，还有嫩绿的新叶，荚蒾和丁香芬芳的花朵则陆续开放到暮春。

从夏到秋

初夏，大量多年生和二年生草花为花园增添了更多的色彩，常可持续到秋天。随着季节的推移，花灌木的观赏性逐渐失去，而一年生花卉使夏天深绿色的面孔变得明朗。一年生花卉尽管十分娇艳，但花期很短，所以需要陆续播种和移栽幼苗，以保持长期有花绽放。一年生花卉年复一年地自播自生，使他们在花园中随处可见，常在意想不到的地方短时期怒放。众多的供夏末观赏的植物，包括铁线莲，多次开花的月季，还有一年生及多年生草花，对它们不可贪多，一定要精选，否则整体效果将显得一片芜杂。

当夏天逝去，绿色植物开始变成秋天火红的颜色。秋色的浓艳和持续时间取决于天气情况。您种植的植物中应包括具有可观赏秋色的乔灌木，如槭属植物，它们可以让花园在这时与其他季节一样漂亮。开花晚的多年生草花，如荷兰菊和菊花，可以扮靓花园一直到初霜降临，届时枯叶飘零，使我们重又置身于冬天的景色之中。

季节性种植搭配

在这个大约9m²的小地块上，灌木、多年生草花和球根花卉在四季中不断地相互影响。尽管不同植物在一年中的不同时期起的作用会有变化，但选中的每一种植物都是为了成功地创造整体效果，同时也要和邻近的植物相协调。

冬

常绿的迷迭香与岩白菜（*Bergenia*）肉质的紫色叶片和红籽鸢尾（*Iris foetidissima*）的花叶以及‘红皮’鸡爪槭（*Acer palmatum*‘Sango-kaku’）羽毛状的小枝形成对比。雪花莲和菟葵（*Eranthis hyemalis*）将会点缀早春的地面。

春

岩白菜（*Bergenia*）长出了紧密簇生的一串串红花，散发出香味的欧洲荚蒾（*Viburnum opulus*）花竞相开放，鸡爪槭的幼叶和翠雀的幼株显出鲜嫩的绿色。

夏

翠雀的蓝色花穗在初夏占据了主要地位，前景中的观赏重点从蓍属植物似蕨类的灰色叶子转移到它那持久开放的黄色盘状头状花序。

秋

微黄的鸡爪槭和红铜色的荚蒾叶片最引人注目，荚蒾的核果随后也会变得诱人。鸢尾蒴果裂开露出橙色的种子，深秋盛开的菊花使前景变得亮丽。

规划

一个优美的植物布局包含多个因素，要了解每个植物的特点，并考虑这些特点之间的互相影响。植物叶子和花的形状、颜色和质地都很重要；还要考虑植物大小的变化，如现在种下一株小灌木，5年之后可能会成为花园的主宰。

不要孤立地去看植物之间的组合，应考虑它与整个花园的规划、房舍及其周围环境的关系。如一小群鸢尾、黑夏至草和草甸芸香衬托着一棵小乔木或大灌木是很好的搭配，但如果把单个的乔木或灌木换成一排树，相应地就需要更多的小植物，以免它们株数不够而显得仿佛被“淹没”掉了。同样，两株鸢尾、三株黑夏至草和一株草甸芸香，用来衬托一幢两层的楼房可能就显得数量太少。

限制植物的选择

许多人购买一种植物通常不止一两株，往往是面对众多可供挑选的种类，禁不住诱惑而添上一种又一种，正是这种贪多的癖好，使得整个种植计划显得支离破碎，偏离明快的基调。植物收集者喜欢多多益善，而花园设计者要求简洁突出，他们的想法往往就是这样互相难以调和。

一开始要尽量栽植简洁粗犷的植物群体，以后如果发现效果过于单调，可以稍微增加一些种类进行调剂。要尽量控制所选用植物的种类，观察其生长效果，并参观一些建造完美的花园，然后再做最后的选择决定。

历史悠久的老宅花园中，宽阔的花境里植物气势宏伟，为了供欣赏，一般每种植物用七八株到十多株成片种植。家庭小规模花园要模拟这种效果，必须严格压缩每一种植物的株数。这个原则也适用于球根花卉，每种三两棵往往显得凌乱，宜成片种植。切记，植物是花园的装饰，好比你为了放松和休闲而希望营造一种静谧的气氛，大概决不会用各种不同的布料做同一个房间内各个椅子的椅套吧。

形状和大小

左上图：叶形庞大的大根乃拉草（*Gunnera manicata*）、高大的大百合（*Cardiocrinum giganteum*）、茂密的蕨类植物和黄菖蒲（*Iris pseudacorus*），尽管形状和大小各异，但还是构成潮湿地方的一种和谐的种植形式。

颜色范围

上图：从‘威廉 · 普菲舍’间型圆柏（*Juniperus × pfitzeriana* ‘William Pfitzer’）叶的金色、金光菊（*Rudbeckia*）花的橘黄色到大百合属（*Cardiocrinum*）植物的橘红色，色调过渡非常平和、愉悦。在现有浓重色调的基础上，再增加其他植物，每种株数又不多的话，将很难把人的目光吸引过去。

简洁粗犷的植物群

远左图：直立、银蓝色的光皮亚利桑那柏木（*Cupressus arizonica* var. *glabra*）与水平、叶色金黄的‘黄叶’钝翅槭（*Acer shirasawanum* ‘Aureum’）相平衡；两种树都因基部浓密的植物而显得稳定。

不规则式结构

左图：古旧的石板和显露的沙砾使柔软羽衣草（*Aichemilla mollis*）、花叶山茱萸、月季和美国石竹的植丛有些间隙，避免看上去显得芜杂。

植物的配置

在挑选和配置植物时，常用的方法是从大到小。首先确定背景植物，根据地方的大小，可以是乔木也可以是灌木。大乔木固然可以把花园和远处的树林连接起来，但是它们对一般的城镇花园来讲，会显得过于高大，而中型乔木则可为您的花园提供隐秘的保护和“背景”。攀缘植物可绕树而生，或沿着围墙、围栏蔓延。以此为背景，再点缀一株装饰性小乔木或灌木。

用同样的方法来考虑灌木，用一组灌木作背景来覆盖围栏，在你的花园和邻居家的花园之间设置一道屏障，或者来遮挡住难看的建筑物。所有这些，常绿植物比落叶灌木更为合适。许多松柏类植物在外形和色调上过于凝重，因而不适合用在背景中，而宜于孤植。在一个小的城镇花园中，种植二三株一组灌木，在大一点的村舍花园中，或许要七八株。

在这些灌木前方，种植观花的植物；在多年生和二年生草花丛中插入一些极小型的灌木，包括百里香、鼠尾草或薰衣草之类的多种芳香植物。在这个阶段要认真考虑特色植物的摆放位置。

为生长预留空间

在规划植物种植地点时，不但要想像出按比例放大栽出的一块块植丛当时的样子，还要预见到它们5年后长成的样子。配置植物时，要留有足够的空间，使它们在这一时

背景创建
上图：像‘内莉·莫舍’铁线莲（*Clematis* ‘Nelly Moser’）［在这里与‘花旗藤’月季（*Rosa* ‘American Pillar’）混合栽植］这样的攀缘植物，可以用来软化、遮挡建筑物的僵硬轮廓，同时也作为其他植物的衬托。

青翠的背景
左图：大型灌木蜡梅（*Chimonanthus praecox*）和栒子状假醉鱼草（*Corokia cotoneaster*）成为小型的、更有观赏性的花卉如这里的紫花鼠尾草、柔软羽衣草（*Alchemilla mollis*）和桃叶风铃草（*Campanula persicifolia*）的青翠背景。石墙也构成了漂亮、具有对比性的背景。

间内继续扩展并互相融合在一起。选择乔木树种要认识到有些最终会长得过大而不适于您花园的规模，尽管它们在卖苗的花卉中心看上去招人喜爱，购买时还是慎重为好。

如果建园初期的种植因植物幼小而显得太空旷，可在空隙间填种一些球根花卉、一年生花卉和多年生短命花卉，以后可以很容易地移去。这样可以使植物配置丰满一些，提供暂时的观赏趣味和色彩，以待定植的大型植物长到成年的体量。

古典花境的栽植
‘斑纹’胡颓子（*Elaeagnus pungens*‘Maculata’）引人注目的叶子、鲜红色的月季花和金黄色的金露梅（*Potentilla fruticosa*）为一群低矮的宿根花卉和堇菜提供了一个古典的背景。

为将来种植
人们很容易忘记乔木和灌木生长是多么迅速，因而要栽得稀一些。一种有效的方法是用细绳标出一个个1m的方格。下面的这个花坛就是用这种方法为冬季观赏而栽植的。十月樱（*Prunus* × *subhirtella*‘Autumnalis’）为花坛主体，两株常绿的墨西哥橘（*Choisya ternata*）与晚冬开香花的小叶野扇花（*Sarcococca humilis*）的深色形成了对比。与此相接花叶的红籽鸢尾（*Iris foetidissima*）十分醒目，开白花的‘银光’岩白菜（*Bergenia*‘Silberlicht’）种植于大叶早樱下，墨西哥橘的另一边则是尖叶铁筷子（*Helleborus argutifolius*）。

第一年

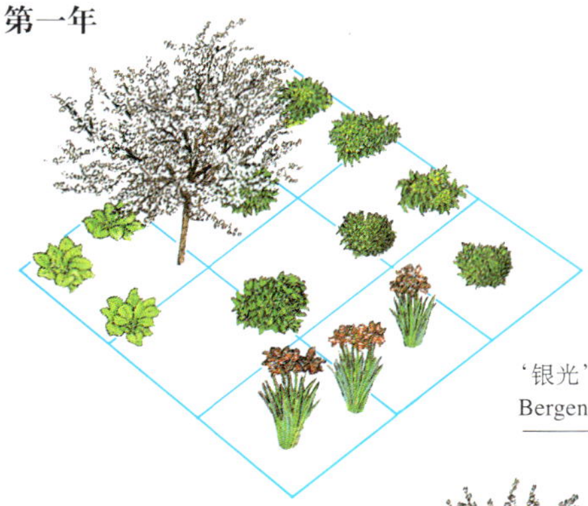

第三年

第五年

持续的照料管理
估计这个花坛在5年之后应达到最佳观赏期，6～10年后需要修整控制。

色彩的运用

不同的人对不同的色彩产生的情绪不同，许多人会因天气、时间或自己的情感状态而改变心绪。色觉完全正常的人对颜色的感知也不尽相同，色盲现象更是令人出乎意料。

选择色彩首要的是个人喜好，尽管在如何运用色彩上有些基本的设计原则，如要避免像暖橙色和柔粉色之间这样明显的冲突。但是这些仅仅是基本色调平面用法的粗略指南，往往和花园的现实情况，如植物的质地、光的变化、色泽的变化、季节和地点没有多大关系。

复杂的颜色感知

感知颜色的关键是光线，在清晨、傍晚和阴暗潮湿的天气里柔和的颜色看起来令人愉快。在阳光明媚的地中海地区，这些颜色则显得发白，反倒是在柔和的光线里过分浓重的颜色在这里最合适。幸运的是大自然通常使拥有浓艳花朵的植物生长在阳光灿烂的地方。

温带气候区潮湿状态下的光线，与多湿的热带及晴朗的沙漠地区大不相同，冬日里明快的光线和夏季正午朦胧的光线也明显有异，二者又有别于有雾的秋天以及昏暗的傍晚的光线。所有这些对颜色会产生不同的影响，会改变我们对颜色的感知，进而改变花园的情调。如果您仅打算在一天中的某个时段，如傍晚在花园中消遣，在选择植物时应考虑到这一点：白色的花在渐渐昏暗的光线下会显得明亮，而深蓝色的花在这种光线下则使人难以觉察。

除气候条件外，还有其他一些因素决定我们如何感知颜色。如大海可以反射光线到远处内陆，从而改变我们对颜色的感知。背景建筑物或围栏，同样会因为反射或吸收光线而影响色调，无论是玻璃、石头、砖瓦、还是木头，反光或不反光，都会影响我们对植物色彩的观感。色彩本身也相互影响，如各种绿色调会使周围任何颜色都发生变化。同样，冬日景观的棕灰色也会改变其他颜色。组合在一起的单个色块之间相互影响，同时

生机勃勃的粉色
右图：在这个夏末时节的花坛里，粉红色和蓝紫色花争奇斗妍，互相映衬。这里成功的关键在于把'银后'绵毛蒿（*Artemisia ludoviciana*'Silver Queen'）和百子莲放在深粉色花的'纪念'美国紫苑（*Aster novaeangliae*'Andenken an Alma Pötschke'）和'红蕊'长药景天（*Sedum spectabile*'Brilliant'）之间。

秋天的色彩
远右图：浓红铜色的鸡爪槭（*Acer palmatum*）和金黄色的大北美瓶刷树（*Fothergilla major*）在传统绘画中和温带地区的秋天联系在一起，即使在这个季节典型的雾蒙蒙的光线下亦会鲜艳夺目。

柔和的色彩

远左图：色彩淡雅的法氏荆芥（*Nepeta × faassenii*）和‘劳顿·安娜’神钟花（*Campanula lactiflora* ‘Loddon Anna’）为鲜红色的福禄考提供了一个柔和的背景。

颜色和质地

左图：这个种植有意把极端差异的颜色和质地放置在一起，产生出层次分明的效果：雄黄兰（*Crocosmia*）的剑形叶和橙红色花，与莳萝羽状黄色的叶片和直立而穗状的毛蕊花形成强烈的对比，黄色使前景和背景之间产生了有机的联系。

色彩强烈的配置

下图：深黄色的萱草（*Hemerocallis*）与绣球、百子莲浓浓的蓝紫色形成有趣的对照，产生了令人震撼的效果。

也影响着整体效果。用少量紫色点缀以白色为主的植丛将会创造出一种心境，反过来，以紫色为主的植丛加上一点白色将会如何？前者是一种明亮、轻快的情调，而后者则产生一种昏暗、沉静的感觉。

考虑种植地的色彩特征

在引进外来种和开展大规模杂交育种活动之前的时代，每个地方的色彩均会有本地的特点。通过分析花园的位置，您可以保持植物配置的这种地方特色，从而有助于设计出与周围环境和谐的花园，而一个地方的特殊风格是由它的气候和自然生长的植物的形状、颜色来决定的。

背景的颜色可以由松柏类的暗绿色和花岗岩的灰色组成，也可以由落叶树的绿色和沙岩、石灰岩稍微柔和的色彩组成。在白垩土地区，乡土植物可能包括一部分叶色灰绿的植物以及暗绿色的紫杉或黄杨木。在温带虽然有一些鲜艳的花朵，但是真正艳丽的花朵则起源于天气更炎热的地方，而且那里强烈的阳光使花色更加鲜明，因此离赤道越近，花色越鲜艳。

色彩与季节的联系

除了地理因素之外，不同季节之间也有优势色彩的自然演替，春季的淡色在初夏变成蓝色；仲夏鲜艳的粉色在秋季变成黄色和古铜色，到冬季则变成棕色。在为一个植物组合挑选植物时，最好避免挑选与这种季节性背景颜色有冲突的某些颜色，以免出现不和谐。如不要在春天的嫩绿色中放入柔粉色，夏天不要使用紫色，秋季则不要种植开鲜艳的蓝色花的植物。

即使在城镇花园围墙的砖头和灰浆背景下，季节同样要影响到您对色彩的选择。在温带地区，为了显得自然，春季不妨用白色和淡柠檬色，仲夏用粉红色、蓝色和灰色，夏末以黄色为主并略带一点红色；秋季则用一些古铜色和紫色。

叶与花

右下图：叶色和花色可以结合起来发挥同等重要的作用。在这组植丛中，叶形巨大的‘乳斑’大叶蓝珠草（*Brunnera macrophylla* ‘Dawson’s White’）被周围‘威尔莫特’尼泊尔委陵菜（*Potentilla nepalensis* ‘Miss Willmott’）的淡粉色花、落新妇的粉红色花和‘金叶’紫花野芝麻（*Lamium maculatum* ‘Aureum’）的金黄色叶片衬托得格外显眼。

悦目的对比

下图：‘金色’丛生薹草（*Carex elata* ‘Aurea’）和两种玉簪不仅在质地上结合得完美，而且它们的颜色和形状也使设计更加完善。

颜色的偏爱

人们对颜色的组合仍有各自的偏好。年轻人精力充沛，常常更钟爱浓艳的色彩，因而在举行各种活动的地方，如网球场附近或游泳池周围，更适合用浓艳的色彩去装饰。柔和一些的颜色，像各种不同深浅的灰色和粉红色，则使人宁静。

创造个人风格

您的个人风格和对不同色彩营造的气氛的感觉如何，将是影响您花园色调的最终因素，正如它们也是影响您的家居装饰色调的最终因素一样。如果花园很小，花园与房间的色彩衔接会对房间和花园都产生显著的影响。在房间与花园相接处，要避免粉红色的月季靠着橙红色的砖墙或窗帘，这样明显的不协调。相反，在较大的花园里，要使色彩逐渐过渡，虽然离房屋最近的花的颜色要和室内衔接，但是花园尽头的颜色则要和围栏、绿篱或远处的乡间背景相匹配。

颜色也可用来强化透视效果，暖色（红色、橙色和粉红色）在离房屋近的地方更好看，而在远离房屋的地方用冷色（蓝色和白色）则会增加空间的感觉。

安静的感觉

上图：柔和的颜色和外形在这个荫蔽的地方和谐交融，淡粉紫色的八仙花与前面紫色叶子的筋骨草和紫花野芝麻（*Lamium maculatum*）细小的粉色花朵相呼应，结构精巧的蕨叶与优美大玉簪（*Hosta sieboldiana* var. *elegans*）大气的微蓝色叶子十分融洽。

和谐的种植

右图：在村舍花园潮湿的一角，有意采用了有限的色彩配置，造成了生机勃发的效果。在蕨类和禾草类植物的背景下，巨伞钟报春（*Primula florindae*）和掌叶橐吾（*Ligularia przewalskii*）的黄色花簇显得十分自然，因为它们与这一地点的特色与位置非常和谐。

质地的利用

在一个成功的设计中，园艺家应对每种植物多方面的观赏特性加以考虑，以创造植物组合的良好效果，而不是仅仅依赖于色彩的配合。植物的质地，尤其是叶的质地，在设计中起着重要的作用。这不仅仅是因为叶子质地具有观赏效果，而且由于叶子与观赏期短暂的花、种子、果实相比，尽管后者也能造成质感，但前者量大且更为持久。其实，有些最具创新的设计正是靠植物叶片质地的变化和相互作用形成了本身赏心悦目的背景，其烘托和增强花朵美丽的作用倒几乎是附带性质的了。

把质地明显不同的植物群体种植在一起的整体效果将会更好，因为这种对比更加突出了每种植物独特的质地。

质地的对比

叶子的质地差异来源于它们不同的大小、形状和表面的光滑程度。以乔木为例，值得注意的是许多桦木和一些较小的花楸叶子可以形成通风的、质地细腻的树冠，因而可以用来调剂巴尔干松（*Pinus peuce*）或欧洲黑松（*Pinus nigra*）等针叶树构成的浓密背景。也可考虑将小叶灌木如黄杨（小叶黄杨*Buxus*

巧用质地

上图：棉毛蓟（*Onopordum acanthium*）带刺的枝叶为光滑的常春藤叶、柔软的烟草叶和纤细的百合与木茼蒿叶作最有效的衬托。铺装的石板、光滑的陶盆（种有木茼蒿）和石雕的花盆［种有‘石灰光泽’具柄蜡菊（*Helichrysum petiolare* ‘Lime-light’）］更增加了景致的变化。

醒目的草花

远左图：银芦（*Cortaderia selloana*）奶油色的羽毛状花序可以给任何一个适合它们生长的花园增添质地的变化，但是它们必须与周围的乔木和灌木比例恰当，才能与所处的环境相协调。

成功的组合

左图：把花和叶混合起来，巧妙地利用了‘金色’丛生薹草（*Carex elata* ‘Aurea’）金黄色的叶子、落新妇深红色的羽状花穗和报春花粉红色的烛台状花序以及大根乃拉草（*Gunnera manicata*）的巨大叶片之间质地和颜色的对比。

microphylla、锦熟黄杨*B. sempervirens*）或山桂花（*Osmanthus delavayi*）细腻的表面质地与月桂荚蒾（*Viburnum tinus*）或茶花较大而有光泽的叶片质地进行组合取得对比的效果；然后再用牡丹或假栾树（*Melianthus major*）优美的裂叶进一步增加不同的质地效果。

多年生草花可以提供有用的、与众不同的植物质地，如将许多蒿属植物像罗马蒿(*Artemisia pontica*) 或锯齿状的绵毛蒿（*A. ludoviciana*）和荷包牡丹或蕨类优雅的细裂叶以及白头翁的羽状叶与粗壮的大叶片，如大黄属植物巨大的带褶叶片、鬼灯擎属植物脉络沉陷、有立体结构的叶片加以对照。玉簪属叶子有几种质地，玉簪（*Hosta plantaginea*）具有叶肋明显、有光泽的叶子，而‘弗朗塞斯·威廉姆斯’大玉簪（*H. sieboldiana* ‘Frances Williams’）有起伏的带皱褶的叶子。

禾草类、莎草类和灯心草类都具有一点似线形的叶子，能产生细腻的质地。这些植物可在许多场合种植而产生不同的效果，从‘蓝狐’灰蓝羊茅（*Festuca glauca* ‘Blaufuchs’）低矮、带尖、蓝绿色的草墩，‘螺旋’灯心草（*Juncus effuses* ‘Spiralis’）螺旋形发丝状的叶片，到银芦（*Cortaderia selloana*）高大的羽毛状花序，即使生长期短暂的一年生和二年生草花也可提供大量可观赏的质地。当用来填补花境的空隙时，丝状叶的大波斯菊(*Cosmos bipinnatus*)或带尖刺的棉毛蓟(*Onopordum acanthium*)会给人们提供视觉上的享受。

表面质地

不同植物的叶子表面对光的反射、吸收和散射方式有不同的影响，那些无光泽的叶子的整体效果与有光泽的叶子有显著的差别，在明亮的光线下，后者可产生明亮的反光。在这方面也有多种植物可供选用，从亮叶的冬青（*Ilex*）到叶片没有光泽的西亚糙苏（*Phlomis russeliana*）；从叶面粗糙的聚合草到叶面光滑的鲍氏文殊兰（*Crinum × powellii*）。某些植物，如卡拉韭（*Allium karataviense*）和高加索芍药（*Paeonia mlokosewitschii*）的叶片有一层带灰色的叶霜，雨滴落在叶面上看起来十分优美。

当有毛的叶子被用来衬托其他质地的叶子时，更可增加一种变化。叶片具毛的植物亦有许多类型，从具刚毛的秋海棠属植物到生有金色长柔毛的尼泊尔绿绒蒿（*Meconopsis napaulensis*）。

质地的原理也同样适用于花、种子及果实，而且这里还应提到那些没有生命的东西的作用，巨石和海水冲刷的卵石、沙砾区和木台，还有各式各样的花盆在设计中都能创造出有趣的质地。

细腻的笔触
左下图：纸花葱（*Allium cristophii*）尖尖的果序与‘罗塞尔·普里查德’老鹳草（*Geranium × riversleaianum* ‘Russell Prichard’）的裂叶和光亮的花相衬。纸花葱从初夏开花直到秋季结实，提供了持久的、最后的观赏效果。

粗犷的外形
右下图：奥林匹克毛蕊花（*Verbascum olympicum*）有银色绒毛的巨大叶片和有白色绵毛的黄色花穗本身就给人们以质地上的美感享受；这里与紫叶小檗（*Berberis thunbergii* f. *atropurpurea*）细小的暗紫红色叶子结合在一起，更增强了观赏效果。

植物选择指南

利用植物选择指南，使为某一具体种植地点、用途或展示特色而挑选植物的过程变得简单。这部独到的指南覆盖了从适宜沙土种植的植物到快速形成地被的植物，它将会帮助您为“棘手”的地点选择理想的植物种类。

编写说明

本指南中列出的是适合生长于各种不同地点或有特殊用途和特点的植物。每类植物都分为若干个大组，按照《植物类目》（第60～480页）中的顺序排列。在本指南中列出的植物，如果在《植物类目》中有其性状的介绍，则这里附有页码。如果这里推荐的某属或某种植物后没有页码，可查阅《植物词典》部分。

如果一种植物列为某种用途（如海滨、阴地等），那么这种植物在那里的正常生长条件下应能生长良好，即使那里不是该植物在自然条件下最适宜的生长地点。要记住，植物的生长状态并不是一成不变的，栽培的成功在很大程度上取决于气候、坡向和营养供给。

指南中所使用符号的含义

- ○ 表示常绿或半常绿植物，包括冬季以莲座状叶越冬的种类。
- △（用作绿篱和防风林）植物生长速度中等到快速。
- □（指黏土地）可耐排水缓慢的土壤的植物。没有标记符号的植物都要求排水良好的土壤。
- 🏆 曾获得显异奖的植物。
- ⊡ 指南中有此植物的附图。

适于沙土的植物

沙土常被称为“疏松”或者“贫瘠”的土壤。其通常排水良好，但在降水少的夏季干得快，植物生长所需的养分含量较少，许多植物通过生有深扎地下的根系来适应这种土壤。沙地植物的叶子也改变形态以减少水分散失，常是小而反曲、常绿且光亮或是密被灰色或银色细毛。一旦定植成功，他们通常无需多少照料便可稳定地生长。秋季种植时结合使用一些有机肥可以保持水分，此后不需浇多少水，植物便可以在夏季来临时成活良好。

岳桦 Betula ermanii

沙砾地上的花园
上图：沙土上繁茂生长的红花胡麻草、紫花葱和黄花日光兰。

乔木

银荆 *Acacia dealbata*, p.83 ○ 🏆
柳香桃 *Agonis flexuosa*, p.90 ○
拉马克唐棣 *Amelanchier lamarckii*, p.116 🏆
岳桦 *Betula ermanii*, p.72 ⊡
‘戴尔卡利’垂枝桦 *Betula pendula* ‘Dalecarlica’, p.73
欧洲栗 *Castanea sativa* 🏆
欧洲朴 *Celtis australis*, p.67
南欧紫荆 *Cercis siliquastrum*, p.88 🏆
‘保罗红’钝裂叶山楂 *Crataegus laevigata* ‘Paul’s Scarlet’, p.91 🏆
偃山小金雀 *Genista aetnensis*, p.93 🏆
斜叶南水青冈 *Nothofagus obliqua*, p.68
加那利海枣 *Phoenix canariensis* ○ 🏆
冬青栎 *Quercus ilex* ○ 🏆
‘金叶’刺槐 *Robinia pseudoacacia* ‘Frisia’, p.81 🏆

针叶树

大冷杉 *Abies grandis*, p.104 ○ 🏆
杂扁柏（品种）*Cupressocyparis* x *leylandii* ○
刺柏属 *Juniperus* ○
欧洲落叶松 *Larix decidua* 🏆
海岸松 *Pinus pinaster*, p.103 ○ 🏆
辐射松 *Pinus radiata*, p.104 ○ 🏆
蓝花旗松 *Pseudotsuga menziesii* var. *glauca*, p.102 ○
北美香柏（品种）*Thuja occidentalis* ○

灌木

‘费思·雷文’小木艾 *Artemisia arborescens* ‘Faith Raven’, p.175 ○
岩高兰小檗 *Berberis empetrifolia*, p.157 ○
大柱香波龙 *Boronia megastigma*, p.156 ○
‘日耀’达尼丁杂种常春菊*Brachyglottis* Dunedin Hybrids ‘Sunshine’, ○ 🏆
帚石南（品种）*Calluna vulgaris* ○
‘洛伯格’树锦鸡儿 *Caragana arborescens* ‘Lorbergii’ 🏆

聚花美洲茶（变型）*Ceanothus thyrsiflorus* ○
玉梅 *Chamelaucium uncinatum*, p.149～p.150 ○
橙花豆 *Chorizema ilicifolium*, p.157 ○
岩蔷薇属 *Cistus* ○
银毛旋花 *Convolvulus cneorum*, p.158 ○ 🏆
团花栒子 *Cotoneaster lacteus*, p.125 ○ 🏆
'斑纹' 胡颓子 *Elaeagnus pungens* 'Maculata', p.127 ○ 🏆
红吊钟 *Enkianthus cernuus* f. *rubens*, p.131 🏆
高山石南 *Erica arborea* var. *alpina*, p.178 ○ 🏆
灰色石南（品种）*Erica cinerea* ○
'桑葚酒' 短尖叶白珠树 *Gaultheria mucronata* 'Mulberry Wine', p.174 ○ 🏆
'冬天' 短尖叶白珠树 *Gaultheria mucronata* 'Wintertime', p.173 ○ 🏆
小金雀 *Genista tinctoria*, p.157
沙氏小岩蔷薇 x *Halimiocistus sahucii*, p.159 ○ 🏆
'苏姗' 海蔷薇 *Halimium* 'Susan', p.169 ○ 🏆
沙棘 *Hippophäe rhamnoides*, p.124 🏆
'海德柯特' 金丝桃 *Hypericum* 'Hidcote', p.170 ○ 🏆
薰衣草属 *Lavandula* ○
反折银宝树 *Leucospermum reflexum*, p.131 ○
圆叶揽叶菊 *Olearia nummulariifolia*, p.136 ○
'蓝塔' 分药花 *Perovskia* 'Blue Spire', p.168 🏆
橙花糙苏 *Phlomis fruticosa*, p.170 ○ 🏆
毛刺槐 *Robinia hispida*, p.141 🏆
茴芹叶蔷薇 *Rosa pimpinellifolia*, p.184
迷迭香（品种）*Rosmarinus officinalis* ○
辉红鼠尾草 *Salvia fulgens*, p.166 ○ 🏆
'硫黄' 羽裂圣麻 *Santolina pinnata* subsp. *neapolitana* 'Sulphurea', p.169 ○
鹰爪豆 *Spartium junceum*, p.147 🏆
多枝柽柳 *Tamarix ramosissima*, p.121
'深蓝' 灌木香科 *Teucrium fruticans* 'Azureum' ○ 🏆
凤尾兰 *Yucca gloriosa*, p.137 ○ 🏆

藤本植物

红花耀花豆 *Clianthus puniceus*, p.204 ○ 🏆
智利悬果藤 *Eccremocarpus scaber*, p.217 ○ 🏆
珊瑚豌豆 *Kennedia rubicunda*, p.205 ○
智利钟花 *Lapageria rosea*, p.210 ○ 🏆
蓝花藤 *Petrea volubilis*, p.206 ○
温南茄 *Solanum wendlandii*, p.214 ○
扭管花 *Streptosolen jamesonii*, p.220 ○ 🏆
三色旱金莲 *Tropaeolum tricolorum*, p.205 🏆
'紫叶' 葡萄 *Vitis vinifera* 'Purpurea', p.218 🏆

宿根花卉

刺老鼠簕 *Acanthus spinosus*, p.251 🏆
'月光' 蓍草 *Achillea* 'Moonshine', p.291 🏆
'银脉' 单药爵床 *Aphelandra squarrosa* 'Louisae', p.256 ○ 🏆
'银王' 洋艾 *Artemisia absinthium* 'Lambrook Silver' ○ 🏆
白绵毛蒿 *Artemisia ludoviciana* var. *albula*, p.266
金穗花属 *Asphodeline* ⊡
赝靛花 *Baptisia australis*, p.252 🏆
俯垂水塔花 *Billbergia nutans*, p.265 ○
距药草 *Centranthus ruber*, p.245 ⊡
环带姬凤梨 *Cryptanthus zonatus* ○ 🏆
球花蓝刺头 *Echinops sphaerocephalus*, p.226
三裂刺芹 *Eryngium* x *tripartitum*, p.253 🏆 ⊡
大花天人菊（品种）*Gaillardia* x *grandiflora*
单花勋章菊 *Gazania rigens* var. *uniflora*, p.292 🏆
'蓝云' 宽叶补血草 *Limonium latifolium* 'Blue Cloud', p.286
法氏荆芥 *Nepeta* x *faassenii*, p.286
'礼花' 红茎月见草 *Oenothera fruticosa* 'Fyrverkeri', p.291 🏆
'黄叶' 牛至 *Origanum vulgare* 'Aureum', p.290 🏆
天竺葵 PELARGONIUMS, p.246～p.247 ○
西亚糙苏 *Phlomis russeliana*, p.255 ○ 🏆
桔梗 *Platycodon grandiflorus*, p.284 🏆
裂叶罂粟 *Romneya coulteri*, p.226 🏆
锦芦莉草 *Ruellia devosiana*, p.277 ○
'金边短叶' 虎尾兰 *Sansevieria trifasciata* 'Laurentii', p.267 ○ 🏆
'金羽' 一枝黄花 *Solidago* 'Goldenmosa', p.255 🏆
鹤望兰 *Strelitzia reginae*, p.267 ○ 🏆
灌状毛蕊花 *Verbascum dumulosum*, p.359 ○ 🏆

一、二年生花卉

金鱼草（品种）*Antirrhinum majus*
鹅河菊 *Brachyscome iberidifolia*, p.334
麦秆菊（异形系列）*Bracteantha bracteata* Monstrosum Series, p.340
醉蝶花（品种）*Cleome hassleriana* ⊡
蛇目菊 *Coreopsis tinctoria*, p.336
花菱草 *Eschscholzia californica*, p.339 🏆
'红星' 新朝系列瓦氏凤仙 *Impatiens walleriana* Novette Series, p.327 ○
沼花 *Limnanthes douglasii*, p.336 🏆
深波叶补血草 *Limonium sinuatum*, p.332
'火光' 柳穿鱼 *Linaria maroccana* 'Fairy Lights', p.330

'彩泉' 醉蝶花 Cleome hassleriana *'Colour Fountain'*

黄花门泽草 *Mentzelia lindleyi*, p.336
虞美人（雪莉系列）*Papaver rhoeas* Shirley Series, pp.322, 328 🏆
大花马齿苋（系列及品种）*Portulaca grandiflora*
土耳其长筒补血草 *Psylliostachys suworowii*, p.330
蛾蝶花属 *Schizanthus*
'银粉' 银叶菊 *Senecio cineraria* 'Silver Dust', p.334 ○ 🏆 ⊡
万寿菊属 *Tagetes*
短舌菊蒿 *Tanacetum parthenium*, p.319
美女樱（系列及品种）*Verbena* x *hybrida*
南茼蒿 *Xanthophthalmum segetum*, p.337

岩生植物

天蓝猬莓 *Acaena caesiiglauca*, p.390 ○
凯氏蓍草 *Achillea* x *kellereri*, p.375 ○
'沃利粉红' 岩荠菜 *Aethionema* 'Warley Rose', p.376 ○ 🏆
'致密' 倒壶花 *Andromeda polifolia* 'Compacta', p.347 ○ 🏆
山蚤缀 *Arenaria montana*, p.374 🏆
杜松叶海石竹 *Armeria juniperifolia*, p.365 ○ 🏆
长雀花 *Cytisus* x *beanii*, p.349 🏆
西洋石竹 *Dianthus deltoides* ○ 🏆
倾卧白珠树 *Gaultheria procumbens*, p.387 ○ 🏆
匍匐丝石竹 *Gypsophila repens* ○ 🏆
半日花属 *Helianthemum* ○

'银粉' 银叶菊 Senecio cineraria *'Silver Dust'*

加拿大舞鹤草 *Maianthemum canadense*, p.363
裙花 *Petrorhagia saxifraga*, p.375 🏆
二裂福禄考 *Phlox bifida*, p.381 ○
岩生肥皂草 *Saponaria ocymoides*, p.378 🏆
景天属 *Sedum* ○
长生草属 *Sempervivum* ○
银白菊蒿 *Tanacetum argenteum*, p.360 ○
矮越橘 *Vaccinium vitis-idaea* subsp. *minus*, p.366 ○

鳞茎类、球茎类和块茎类花卉

葱属 *Allium* ⊡
红蓝狒狒草 *Babiana rubrocyanea*, p.431
番红花属 *Crocus*
香雪兰属 *Freesia*
'弗洛伊·穆勒' 花韭 *Ipheion uniflorum* 'Froyle Mill', p.431 🏆
鸢尾 IRISES（鳞茎类）p.234～p.235
小鸢尾属 *Ixia*
串铃花属 *Muscari*
水仙及其多花水仙群杂种 *Narcissus tazetta* and Div.8 hybrids
宝典纳丽花 *Nerine bowdenii*, p.424 🏆
海葱属 *Ornithogalum*
乐母丽 *Romulea bulbocodium*, p.431
绵枣儿属 *Scilla*
葱莲属 *Zephyranthes*

仙人掌及多浆植物（所有种类）

叶的对比
以常春藤为背景，各种植物在阳光充足的墙边花境争奇斗妍，它们繁茂的叶子可保持沙地阴凉潮湿。

三裂刺芹
Eryngium x tripartitum

适于黏土的植物

黏土在冬季常常湿而黏重，在干旱的夏季有时会收缩龟裂，伤害植物的根系。在黏土上无论是建造新园，还是修整旧园，都应该选择那些耐受黏土并能生长良好的植物。土壤的准备工作应充分，在秋季翻耕后，要保持原样，不打碎土块，让冬季的霜冻和雨水使黏土风化。混入粗糙的有机物、沙砾以保证排水良好。宜在早春生长季开始时种植植物，以避免越冬造成的损失。

'黄果' 欧洲荚蒾 Viburnum opulus '*Xanthocarpum*'

乔木

欧洲桤木 *Alnus glutinosa* □
栗豆树 *Castanospermum australe* ○
林仙 *Drimys winteri*, p.78 ○
白蜡属 *Fraxinus*
黑胡桃 *Juglans nigra*, p.67 🏆
五脉白千层 *Melaleuca viridiflora* var. *rubriflora* ○ □
酸木 *Oxydendrum arboreum*, p.78 □
杨属 *Populus* □
枫叶枫杨 *Pterocarya fraxinifolia* □ 🏆
沼生栎 *Quercus palustris*, p.69 🏆
夏栎 *Quercus robur* 🏆
金垂柳 *Salix* x *sepulcralis* var. *chrysocoma*, p.74 □ 🏆
龙爪柳 *Salix babylonica* var. *pekinensis* 'Tortuosa', p.85 □ 🏆

针叶树

柳杉属 *Cryptomeria* ○ □
水杉属 *Metasequoia* □
落羽杉 *Taxodium distichum*, p.104 □ 🏆

灌木

荔莓叶涩果 *Aronia arbutifolia*, p.130 □
美国夏蜡梅 *Calycanthus floridus* □
桤叶山柳 *Clethra alnifolia*

水畔种植

上图：在水塘和缓缓流淌的小溪边，黏土肥沃而湿润，各种颜色的报春花和蝴蝶般的鸢尾争奇斗妍、茁壮生长。

'西伯利亚' 红瑞木 *Cornus alba* 'Sibirica', p.150 □ 🏆
宽叶山月桂 *Kalmia latifolia*, p.141 ○ 🏆
加茶杜香 *Ledum groenlandicum*, p.154 ○ □
维州木兰 *Magnolia virginiana* ○
黄花柳 *Salix caprea* □
地中海紫柳 *Salix purpurea* □
欧洲接骨木 *Sambucus racemosa*
通脱木 *Tetrapanax papyrifer*, p.126 ○ 🏆
细枝荚蒾 *Viburnum lentago*
欧洲荚蒾（品种）*Viburnum opulus* ⊡

藤本植物

美洲南蛇藤 *Celastrus scandens*
'黄叶' 啤酒花 *Humulus lupulus* 'Aureus', p.206 🏆
'幸运' 腺梗蔷薇 *Rosa filipes* 'Kiftsgate', p.196 🏆
紫葛葡萄 *Vitis coignetiae*, p.218 🏆

蕨类植物

荚果蕨 *Matteuccia struthiopteris*, p.312 □ 🏆
球子蕨 *Onoclea sensibilis*, p.312 □ 🏆
欧紫萁 *Osmunda regalis*, p.312 □ 🏆
刺毛耳蕨 *Polystichum setiferum* p.311, p.313 ○
沼泽蕨 *Thelypteris palustris*, p.312 □
生根狗脊蕨 *Woodwardia radicans* ○ □ 🏆

宿根花卉

假升麻 *Aruncus dioicus*, p.226 □ 🏆
纸莎草 *Cyperus papyrus*, p.307 ○ □
雨伞草 *Darmera peltata*, p.238 □ 🏆

'花叶' 蕺菜（鱼腥草）
Houttuynia cordata
'*Chameleon*'

'黄叶' 旋果蚊子草 *Filipendula ulmaria* 'Aurea', p.290 □
大根乃拉草 *Gunnera manicata*, p.228 □
蓝药花 *Helonias bullata* ○ □ 🏆
'花叶' 蕺菜（鱼腥草） *Houttuynia cordata* 'Chameleon', p.447 □ ⊡
燕子花 *Iris laevigata*, p.235 □ 🏆
千屈菜属 *Lythrum* □
斑花沟酸浆 *Mimulus guttatus* □
巨伞钟报春 *Primula florindae*, p.273 □ 🏆
日本报春 *Primula japonica* □ 🏆
'黄斑' 水玄参 *Scrophularia auriculata* 'Variegata' □
金莲花属 *Trollius* □

水生植物

花蔺 *Butomus umbellatus*, p.448 □ 🏆
驴蹄草 *Caltha palustris*, p.451 □ 🏆
黄苞沼芋 *Lysichiton americanus*, p.451 □ 🏆
梭鱼草 *Pontederia cordata*, p.448 □ 🏆
长叶毛茛 *Ranunculus lingua*, p.451 □
宽叶慈姑 *Sagittaria latifolia*, p.446 □
水竹芋 *Thalia dealbata* □

喜中性和酸性土的植物

有些植物，尤其是茶花、杜鹃、欧石南等，自然状态下生长在开阔、土壤呈中性和酸性的疏林地、山脚和荒地，不能适应白垩土和石灰质土壤等碱性土壤。它们常被称为“厌石灰土植物”或“喜酸性土植物”。在栽植前，应确保土壤适合它们的生长，并混入酸性的堆肥或腐殖质。栽植后，对木本植物要进行覆盖。在较干旱地区，应定期检查水分状况并适时补水。

筒瓣花 Embothrium coccineum

乔木

美国荔莓 *Arbutus menziesii* ○ 🏆
荔莓 *Arbutus unedo*, p.93 ○ 🏆
山茶 CAMELLIAS, p.128～p.129 ○
筒瓣花 *Embothrium coccineum*, p.93 ○ ▣
密藏花属（多数种类）*Eucryphia* ○
南亚含笑 *Michelia doltsopa*, p.83 ○
蓝果树 *Nyssa sinensis*, p.82 🏆
多花蓝果树 *Nyssa sylvatica*, p.71 🏆
酸木 *Oxydendrum arboreum*, p.78
白辛树 *Pterostyrax hispida* 🏆
紫茎属 *Stewartia*
野茉莉 *Styrax japonicus*, p.77 🏆

针叶树

冷杉属 *Abies* ○
云杉属（多数种类）*Picea* ○
日本赤松 *Pinus densiflora* ○
偃松 *Pinus pumila* ○
金钱松 *Pseudolarix amabilis*, p.107 🏆
黄杉属 *Pseudotsuga* ○
日本金松 *Sciadopitys verticillata*, p.106 ○ 🏆
异叶铁杉 *Tsuga heterophylla* ○ 🏆

灌木

拉马克唐棣 *Amelanchier lamarckii*, p.116 🏆
‘致密’倒壶花 *Andromeda polifolia* ‘Compacta’, p.347 ○ 🏆

‘红枝’木藜芦 Leucothöe fontanesiana SCARLETTA

熊果属（部分种类）*Arctostaphylos*
大柱香波龙 *Boronia megastigma*, p.156 ○
山茶 CAMELLIAS, p.128～p.129 ○
地桂 *Chamaedaphne calyculata* ○
红百合木 *Crinodendron hookerianum*, p.142 ○ 🏆
翅萼木 *Cyrilla racemiflora* ○
枸骨叶 *Desfontainia spinosa*, p.143 ○ 🏆
吊钟花属(一些种类) *Enkianthus* ○
凹陷尖苞木 *Epacris impressa*, p.155 ○
大北美瓶刷树 *Fothergilla major*, p.127 🏆
栀子 *Gardenia augusta* ○
白珠树属 *Gaultheria* ○ ▣
金缕梅属 *Hamamelis*
石南（多数品种）HEATHERS, p.178～p.179, ○ ▣
山月桂属 *Kalmia*
加茶杜香 *Ledum groenlandicum*, p.154 ○
黄杨叶石南 *Leiophyllum buxifolium* ○ 🏆
木藜芦属 *Leucothöe* ○ ▣
女贞状南烛 *Lyonia ligustrina*
紫花璎珞杜鹃 *Menziesia ciliicalyx* var. *purpurea*, p.155
金钟木 *Philesia magellanica* ○
马醉木属 *Pieris* ○
稻花 *Pimelea ferruginea*, p.162 ○
多变花属 *Protea*
杜鹃（多数种类）RHODODENDRONS, p.132～p.134 ○ ▣
药用安息香 *Styrax officinalis*, p.118
蒂罗花 *Telopea speciosissima*, p.142 ○
越橘属（多数种类）*Vaccinum* ○ ▣
白铃木（新拟）*Zenobia pulverulenta*, p.138

藤本植物

树萝卜属（一些种类）*Agapetes* ○
软枝黄蝉 *Allamanda cathartica* ○
智利苣苔 *Asteranthera ovata* ○
智利藤 *Berberidopsis corallina*, p.211 ○
吊钟苣苔 *Mitraria coccinea*, p.205 ○

宿根花卉

铁线蕨属（部分种类）*Adiantum*
乌毛蕨属 *Blechnum* ○
美国珠蕨 *Cryptogramma crispa*, p.313
美丽杓兰 *Cypripedium reginae*, p.296
塔斯马尼亚山菅兰 *Dianella tasmanica*, p.253 ○
茅膏菜属 *Drosera* ○
红花美丽百合 *Lilium speciosum* var. *rubrum*, p.404
沼泽百合 *Lilium superbum*, p.405 🏆
猪笼草属 *Nepenthes* ○
黄花瓶子草 *Sarracenia flava*, p.290 🏆
锥花鹿药 *Smilacina racemosa*, p.233 🏆
千母草 *Tolmiea menziesii* ○ 🏆
延龄草属 *Trillium*
垂铃儿属 *Uvularia*

岩生植物

熊果属 *Arctostaphylos* ○
岩须属 *Cassiope* ○
加拿大草茱萸 *Cornus canadensis*, p.374 🏆
克什米尔紫堇 *Corydalis cashmeriana*
蓝钟花属 *Cyananthus*
地桂属 *Epigaea* ○

欧洲越橘 Vaccinium myrtillus

银河草 *Galax urceolata*, p.351 ○
白珠树属*Gaultheria* ○
华丽龙胆 *Gentiana sino-ornata*, p.387 🏆
筒花木藜芦 *Leucothöe keiskei* ○
北极花 *Linnaea borealis*, p.375 ○
匍卧木紫草（品种）*Lithodora diffusa* ○
美国蔓虎刺 *Mitchella repens* ○
匍地梅属 *Ourisia* ○
斜升福禄考 *Phlox adsurgens* ○ 🏆
匍枝福禄考 *Phlox stolonifera* ○
松毛翠属 *Phyllodoce* ○
矮生马醉木 *Pieris nana* ○
岩扇属 *Shortia* ○

春色

在侧方的白珠树和后方两株早花的粉红色杜鹃花的映衬下，喜酸性土的欧石南的花如同一条宽阔的色带，标志着冬天的结束。

喜白垩土和石灰岩的植物

白垩土和石灰岩地区具有丰富的野生花卉资源，白垩土和石灰岩之上只要有一定厚度的表土，就可以种植多种美丽的园林植物。但有些区域，在基岩上常常只有几厘米厚的白垩土，夏季很有可能遭遇干旱，因此可能需要开挖种植穴并混入有机物以提高土壤腐殖质水平。在排水良好的白垩土上，可于秋季或春季栽植，在不属于上述排水良好的白垩土和石灰质土上，则宜延至春后栽植，对所有木本植物的幼树要进行地面覆盖。

楸子 Malus prunifolia

缎花属植物和郁金香

下图：银扇草（*Lunaria annua*）是一种在春季开花、能忍受干燥的白垩土的二年生花卉，在这里同巴塔林郁金香(*Tulipa batalinii*)和勿忘我种植在一起，紫色的花具有较长的花期，随后结出硬币状、半透明的种荚。

乔木

'斑纹' 梣叶槭 *Acer negundo* 'Variegatum', p.79
'布里奥特' 肉红七叶树 *Aesculus* x *carnea* 'Briotii', p.64 🏆
紫葳楸 *Catalpa bignonioides*, p.78 🏆
南欧紫荆 *Cercis siliquastrum*, p.88 🏆
山楂属 *Crataegus*
欧洲山毛榉 *Fagus sylvatica*, p.68 🏆
花白蜡树 *Fraxinus ornus*, p.76 🏆
'丽光' 美国皂荚 *Gleditsia triacanthos* 'Sunburst', p.77 🏆
地中海冬青(品种) *Ilex aquifolium*, p.98～p.99 ○
月桂 *Laurus nobilis* ○ 🏆
苹果属 *Malus* ⊡
黑桑 *Morus nigra* 🏆 ⊡
总序桂 *Phillyrea latifolia* ○
'重瓣' 欧洲甜樱桃 *Prunus avium* 'Plena', p.76 🏆
'金叶' 刺槐 *Robinia pseudoacacia* 'Frisia', p.81 🏆

黑桑 Morus nigra

白背花楸（品种）*Sorbus aria*
白背椴 *Tilia tomentosa*

针叶树

香肖楠 *Calocedrus decurrens*, p.106 ○ 🏆
黎巴嫩雪松 *Cedrus libani*, p.103 ○ 🏆
美国花柏（品种）*Chamaecyparis lawsoniana* ○
杂扁柏（品种）*Cupressocyparis* x *leylandii* ○
光皮亚利桑那柏木 *Cupressus glabra* ○
银杏 *Ginkgo biloba*, p.103 ○ 🏆
刺柏属 *Juniperus* ○
塞尔维亚云杉 *Picea omorika*, p.103 ○ 🏆
欧洲黑松 *Pinus nigra* ○ 🏆
欧洲红豆杉（品种）*Taxus baccata* ○ 🏆
侧柏（品种）*Thuja orientalis* ○
北美乔柏（品种）*Thuja plicata* ○

灌木

'肯特钟' 苘麻 *Abutilon* 'Kentish Belle', p.171 ○ 🏆
'巴豆叶' 东瀛珊瑚 *Aucuba japonica* 'Crotonifolia', p.152 ○ 🏆
小叶阿查拉 *Azara microphylla*, p.125 ○ 🏆
达尔文小檗 *Berberis darwinii*, p.117 ○ 🏆
大叶醉鱼草（品种）*Buddleja davidii*
茶花常山 *Carpenteria californica*, p.138 ○ 🏆
陷脉美洲茶 *Ceanothus impressus*, p.145 ○
墨西哥橘 *Choisya ternata*, p.127 ○ 🏆
岩蔷薇属 *Cistus* ○
'银边' 欧茱萸 *Cornus mas* 'Variegata', p.119 🏆
栒子属（部分种类）*Cotoneaster* ○ ⊡
溲疏属 *Deutzia*
连翘 *Forsythia suspensa*, p.131 🏆
'加州之光' 法兰绒花 *Fremontodendron* 'California Glory', p.123 ○ 🏆
'里卡顿' 倒挂金钟 *Fuchsia* 'Riccartonii', p.164 🏆
'大奥姆' 长阶花 *Hebe* 'Great Orme', p.163 ○ 🏆
'海德柯特' 金丝桃 *Hypericum* 'Hidcote', p.170 ○ 🏆
丁香 LILACS, p.120

'罗斯奇丁' 栒子 Cotoneaster '*Rothschildianus*'

喜白垩土的攀缘植物

上图：夏季开花的铁线莲和藤本月季爬满了久经风雨的砖墙。这两种植物都耐受白垩土或石灰质土壤，但生长期需要充足的水分。

刺海棠 *Malus sargentii*, p.116
三叶海棠 *Malus sieboldii*, p.130
夹竹桃 *Nerium oleander*, p.121 ○
大花黄牡丹 *Paeonia lutea* var. *ludlowii*, p.237
山梅花属 *Philadelphus*
橙花糙苏 *Phlomis fruticosa*, p.170 ○ 🏆
'红知更鸟' 杂种石楠 *Photinia* x *fraseri* 'Red Robin' ○ 🏆
委陵菜属（所有灌木种类）*Potentilla*
蔷薇（多数种类）ROSES, p.184～p.199, ○ ⊡
'直立' 迷迭香 *Rosmarinus officinalis* 'Miss Jessopp's Upright' ○ 🏆
'紫叶' 西洋接骨木 *Sambucus nigra* 'Guincho Purple' 🏆
鹰爪豆 *Spartium junceum*, p.147 🏆
'雪堆' 日本绣线菊 *Spiraea nipponica* 'Snowmound', p.139 🏆
月桂荚蒾 *Viburnum tinus*, p.149 ○
穗花牡荆 *Vitex agnus-castus*
'白边' 锦带花 *Weigela florida* 'Variegata' 🏆
千寿兰 *Yucca aloifolia*, p.153 ○

藤本植物

狗枣猕猴桃 *Actinidia kolomikta*, p.209 🏆
厚萼凌霄 *Campsis radicans*

忍冬 Lonicera

南蛇藤 *Celastrus orbiculatus* 🏆
铁线莲（一些种类）CLEMATIS, p.212～p.213, ○ ⊡
智利悬果藤 *Eccremocarpus scaber*, p.217 ○ 🏆
常春藤 IVIES, p.221 ○
大花素方花 *Jasminum officinale* f. *affine*, p.208 ○
忍冬属（一些种类）*Lonicera*, ○ ⊡
川鄂爬山虎 *Parthenocissus henryana* 🏆
西番莲 *Passiflora caerulea*, p.214 ○ 🏆
‘阿尔伯利克·巴比尔’月季 *Rosa* ‘Albéric Barbier’, p.196 ○ 🏆
‘阿尔伯丁’月季 *Rosa* ‘Albertine’, p.197 ○ 🏆
‘深黄’木香花 *Rosa banksiae* ‘Lutea’, p.198 ○ 🏆
‘秋花’智利藤茄 *Solanum crispum* ‘Glasnevin’, p.214 ○ 🏆
络石 *Trachelospermum jasminoides*, p.207 ○ 🏆
紫藤 *Wisteria sinensis*, p.215 🏆

蕨类植物

舌状铁角蕨 *Asplenium scolopendrium*, p.313 ○ 🏆
铁角蕨 *Asplenium trichomanes*, p.311 ○ 🏆
欧洲鳞毛蕨 *Dryopteris filix-mas*, p.310 🏆
‘复裂’欧亚水龙骨 *Polypodium vulgare* ‘Cornubiense’, p.312 ○

宿根花卉

刺老鼠簕 *Acanthus spinosus*, p.251 🏆
‘金盘’黄花蓍草 *Achillea filipendulina* ‘Gold Plate’, p.258 🏆
美国紫菀（品种）*Aster novae-angliae*
荷兰菊（品种）*Aster novi-belgii*
岩白菜属 *Bergenia* ○
多榔菊属 *Doronicum*
刺芹属（一些种类）*Eryngium* ○
圆锥丝石竹（品种）*Gypsophila paniculata* ⊡
堆心菊属 *Helenium*
鸢尾（一些种类）IRISES, p.234～p.235 ○
‘黄球’金光菊 *Rudbeckia* ‘Goldquelle’, p.229 🏆
森林鼠尾草 *Salvia nemorosa*
‘克莱夫胫甲’高加索蓝盆花 *Scabiosa caucasica* ‘Clive Greaves’, p.285 🏆
稔葵属 *Sidalcea*
毛蕊花属 *Verbascum* ○
密穗水苦荬 *Veronica spicata*

一、二年生花卉

熊耳草（品种）*Ageratum houstonianum*
金盏花（系列及品种）*Calendula officinalis*
翠菊（系列及品种）*Callistephus chinensis*
苋菊 *Calomeria amaranthoides*, p.330
桂竹香（系列及品种）*Erysimum cheiri* ○
千日红 *Gomphrena globosa*, p.331

‘仙女’圆锥丝石竹 Gypsophila paniculata ‘Bristol Fairy’

‘银杯’三月花葵 *Lavatera trimestris* ‘Silver Cup’, p.324
深波叶补血草 *Limonium sinuatum*, p.322
香雪球 *Lobularia maritima*
银扇草 *Lunaria annua*, p.325 ⊡
紫罗兰属 *Matthiola*
彩苞花 *Salvia viridis*, p.331
万寿菊属 *Tagetes*
春黄菊状熊菊 *Ursinia anthemoides*, p.338
干花菊 *Xeranthemum annuum*
百日草属 *Zinnia*

岩生植物

岩芥菜属 *Aethionema* ○
庭荠属 *Alyssum* ○
绵毛点地梅 *Androsace lanuginosa*, p.377 ○ 🏆
高山紫菀 *Aster alpinus*, p.381 🏆
风铃草属（大多数岩石园种类）*Campanula* ○
石竹属（大多数岩石园种类）*Dianthus* ○
葶苈属 *Draba* ○
矮糖芥 *Erysimum helveticum*, p.373 ○
匍匐丝石竹 *Gypsophila repens* ○ 🏆
半日花属 *Helianthemum* ○ ⊡
春花香豌豆 *Lathyrus vernus*, p.270 🏆
高山火绒草 *Leontopodium alpinum*, p.346
木本亚麻 *Linum arboreum*, p.358 ○ 🏆
希腊牛至 *Origanum dictamnus*
伯舍罂粟 *Papaver burseri*
松叶钓钟柳 *Penstemon pinifolius*, p.354 ○ 🏆
白舌假匹菊 *Rhodanthemum hosmariense*, p.346 ○
岩生肥皂草 *Saponaria ocymoides*, p.378 🏆
虎耳草属（多数种类）*Saxifraga* ○
群生百里香 *Thymus caespititius*, p.375 ○
婆婆纳属（大多数岩石园种类）*Veronica* ○

鳞茎类、球茎类和块茎类花卉

狒狒花属 *Babiana*
雪百合属 *Chionodoxa*
秋水仙属 *Colchicum*
鲍氏文殊兰 *Crinum* x *powellii*, p.398 🏆
番红花属 *Crocus*
角叶仙客来 *Cyclamen hederifolium*, p.438 🏆
水仙 DAFFODILS, p.416～p.418
唐菖蒲 GLADIOLI, p.399
黑花鸢尾 *Hermodactylus tuberosus*, p.414
白棒莲 *Leucocoryne ixioides*, p.413
岷江百合 *Lilium regale*, p.404 🏆
串铃花属 *Muscari*
带叶全能花 *Pancratium illyricum*, p.419
绵枣儿属 *Scilla*
郁金香 TULIPS, p.410～p.412 ⊡
葱莲属 *Zephyranthes*

‘肉红玫瑰’半日花 Helianthemum ‘Rhodanthe Carneum’

适生于海岸的植物

在海滨地区，风将海水里的盐分带到岸上相当远的地方，使许多植物不能正常生长。但有些植物对高盐分有很强的耐受力。这类植物通常具有硬质表面，或是叶片极光滑，吸收水平低；或是叶表面覆盖细毛可阻止盐分到达叶子表面。海滨花园通常是开阔的，所以要用树篱或围栏来保护园中的植物。在种植准备时，在沙质土中混入有机质或壤土以促使根系向下生长，并种植密集的地被植物以固沙和保持根际凉爽。

荔莓 Arbutus unedo

乔木

欧亚槭（品种）*Acer pseudoplatanus*
柳香桃 *Agonis flexuosa*, p.90 ○
毛赤杨 *Alnus incana*, p.66
荔莓 *Arbutus unedo*, p.93 ○ 🏆 ⊡
欧洲栗 *Castanea sativa* 🏆
新西兰朱蕉 *Cordyline australis* ○ 🏆
'保罗红' 钝叶山楂 *Crataegus laevigata* 'Paul's Scarlet', p.91 🏆
'卡里埃' 拉氏山楂 *Crataegus* x *lavallei* 'Carrierei' 🏆
聚果桉 *Eucalyptus coccifera*, p.72 ○ 🏆
蓝桉 *Eucalyptus globulus* ○ 🏆
岗尼桉 *Eucalpytus gunnii*, p.72 ○ 🏆
澳洲榕 *Ficus macrophylla* ○
欧洲白蜡树 *Fraxinus excelsior* 🏆
地中海冬青(品种) *Ilex aquifolium*, p.98～p.99 ○
月桂 *Laurus nobilis* ○ 🏆
五脉白千层 *Melaleuca viridiflora* var. *rubriflora* ○
楝 *Melia azedarach*, p.76 🏆
银白杨 *Populus alba*, p.64
冬青栎 *Quercus ilex* ○ 🏆
白柳 *Salix alba*
辐叶鹅掌柴 *Schefflera actinophylla*, p.84 ○ 🏆
柔毛肖乳香 *Schinus molle* ○
'淡黄' 白背花楸 *Sorbus aria* 'Lutescens', p.78 🏆
黄花风铃木 *Tabebuia chrysotricha*, p.97
黄花夹竹桃 *Thevetia peruviana*, p.93 ○
梯普木 *Tipuana tipu*

针叶树

杂扁柏 *Cupressocyparis* x *leylandii* ○
大果柏木 *Cupressus macrocarpa* ○
海滨岸刺柏 *Juniperus conferta* ○
宽叶旋叶松 *Pinus contorta* var. *latifolia*, p.106 ○
欧洲黑松 *Pinus nigra* subsp. *nigra*, p.104 ○
辐射松 *Pinus radiata*, p.104 ○ 🏆

'海德柯特' 薰衣草 Lavandula '*Hidcote*'

灌木

针叶相思树 *Acacia verticillata* ○
地中海滨藜 *Atriplex halimus* ○
倒卵叶无舌紫苑 *Baccharis halimifolia*
达尔文小檗 *Berberis darwinii*, p.117 ○ 🏆
'日耀' 达尼丁杂种常春菊 *Brachyglottis* Dunedin Hybrids 'Sunshine', p.170 ○ 🏆
球序醉鱼草 *Buddleja globosa*, p.123 ○ 🏆
灌木柴胡 *Bupleurum fruticosum*, p.146 ○
黄枝滨篱菊 *Cassinia leptophylla* subsp. *fulvida* ○
矮棕 *Chamaerops humilis*, p.176 ○ 🏆
墨西哥橘 *Choisya ternata*, p.127 ○ 🏆
岩蔷薇 *Cistus ladanifer*, p.159 ○ 🏆
鱼鳔槐 *Colutea arborescens*, p.146
橙果假醉鱼草 *Corokia* x *virgata* ○
香雀花 *Cytisus* x *spachianus* ○ 🏆
假连翘 *Duranta erecta*, p.150 ○
埃氏胡颓子 *Elaeagnus* x *ebbingei* ○
'斑纹' 胡颓子 *Elaeagnus pungens* 'Maculata', p.127 ○ 🏆
高山石南 *Erica arborea* var. *alpina*, p.178 ○ 🏆
'伊甸园' 灰色石南 *Erica cinerea* 'Eden Valley', p.179 ○ 🏆
'里昂尼斯' 英国石南 *Erica vagans* 'Lyonesse', p.178 ○ 🏆
'绯红' 南美鼠刺 *Escallonia rubra* 'Crimson Spire' ○ 🏆
冬青卫矛 *Euonymus japonicus* ○
查拉西亚大戟（亚种）*Euphorbia characias*, p.156 ○
'平卧' 柏枝花 *Fabiana imbricata* 'Prostrata' ○
'圣阿妮塔' 蓝菊 *Felicia amelloides* 'Santa Anita', p.168 ○ 🏆
短筒倒挂金钟 *Fuchsia magellanica*, p.164
'里卡顿' 倒挂金钟 *Fuchsia* 'Riccartonii', p.164 🏆
'詹姆斯屋脊' 丝缨花 *Garrya elliptica* 'James Roof' ○ 🏆
西班牙小金雀 *Genista hispanica*, p.170
滨覆瓣梾木 *Griselinia littoralis* ○ 🏆
美丽海蔷薇 *Halimium lasianthum* subsp. *formosum*, p.169 ○
'蓝宝石' 长阶花 *Hebe* x *franciscana* 'Blue Gem' ○ 🏆
柳叶长阶花 *Hebe salicifolia* ○
'白宝石' 长阶花 *Hebe* 'White Gem', p.158 ○
狭叶蜡菊 *Helichrysum italicum* ○ 🏆
朱槿 *Hibiscus rosa-sinensis* ○
沙棘 *Hippophäe rhamnoides*, p.124 🏆
绣球（品种）*Hydrangea macrophylla*
'海德柯特' 薰衣草 *Lavandula* 'Hidcote', p.167 ○ ⊡
'玫瑰' 花葵 *Lavatera* 'Rosea', p.141 ○ 🏆
'红玫瑰' 帚状细子木 *Leptospermum scoparium* 'Red Damask', p.131 ○ 🏆
鬼吹箫 *Leycesteria formosa*
蕊帽忍冬 *Lonicera pileata*, p.176 ○
宁夏枸杞 *Lycium barbarum*
悬铃花 *Malvaviscus arboreus*, p.121 ○
夹竹桃 *Nerium oleander*, p.121 ○
哈氏榄叶菊 *Olearia* x *haastii*, p.139 ○
大齿榄叶菊 *Olearia macrodonta* ○ 🏆
杜香叶新蜡菊 *Ozothamnus ledifolius*, p.160 ○ 🏆
穿叶拟长阶花 *Parahebe perfoliata*, p.286 ○ 🏆
总序桂 *Phillyrea latifolia* ○
橙花糙苏 *Phlomis fruticosa*, p.170 ○ 🏆
海桐花 *Pittosporum tobira* ○ 🏆
'拉兰德' 暗红火棘 *Pyracantha coccinea* 'Lalandei' ○
'银边' 意大利鼠李 *Rhamnus alaternus* 'Argenteovariegata' ○ 🏆
茴芹叶蔷薇 *Rosa pimpinellifolia*
玫瑰 *Rosa rugosa*, p.187
迷迭香 *Rosmarinus officinalis*, p.167 ○
欧洲接骨木（品种）*Sambucus racemosa*
圣麻 *Santolina chamaecyparissus* ○ 🏆
鹰爪豆 *Spartium junceum*, p.147 🏆
多枝柽柳 *Tamarix ramosissima*, p.121
'重瓣' 荆豆 *Ulex europaeus* 'Flore Pleno' ○ 🏆
月桂荚蒾 *Viburnum tinus*, p.149 ○
凤尾兰 *Yucca gloriosa*, p.137 ○ 🏆

藤本植物

珊瑚藤 *Antigonon leptopus*, p.209 ○
光叶子花 *Bougainvillea glabra*, p.214 ○ 🏆
智利悬果藤 *Eccremocarpus scaber*, p.217 ○ 🏆
攀缘商陆 *Ercilla volubilis* ○
'彩叶' 爬行卫矛 *Euonymus fortunei* 'Coloratus' ○
巴尔德楚藤蓼 *Fallopia baldschuanica*, p.217 🏆
薜荔 *Ficus pumila* ○ 🏆
阿尔及利亚常绿藤 *Hedera canariensis* var. *algeriensis* ○
丛枝竹节蓼 *Muehlenbeckia complexa*
粉花凌霄 *Pandorea jasminoides*, p.208 ○
炮仗藤 *Pyrostegia venusta*, p.218 ○
红花五味子 *Schisandra rubriflora*, p.211

金盏藤 *Solandra maxima*, p.206 ○
东北雷公藤 *Tripterygium regelii*
‘肯·阿斯利特’条斑旱金莲 *Tropaeolum tuberosum* var. *lineamaculatum* ‘Ken Aslet’, p.216 🏆
紫藤 *Wisteria sinensis*, p.215 🏆

禾草类植物（包括竹类）

‘乳白穗’银芦 *Cortaderia selloana* ‘Sunningdale Silver’, p.306 ○ 🏆
矢竹 *Pseudosasa japonica*, p.308 ○ 🏆

宿根花卉

珠光香青 *Anaphalis margaritacea*, p.239
‘平檐’牛舌草 *Anchusa azurea* ‘Loddon Royalist’, p.254 🏆

海滨的壮观景象

左图：高大火红的火把莲和不耐寒的肉质植物对含盐分的海风具有耐受力，因为海边的气候温和，它们在冬季不会冻死。

花烛 *Anthurium andraeanum*, p.264 ○
木茼蒿 *Argyranthemum frutescens*, p.240 ○
‘银毛’洋艾 *Artemisia absinthium* ‘Lambrook Silver’ ○ 🏆
食用昼花 *Carpobrotus edulis*
‘约翰·考斯特’白背矢车菊 *Centaurea hypoleuca* ‘John Coutts’, p.279
距花草 *Centranthus ruber*, p.245
海甘蓝 *Crambe maritima*, p.276
紫松果菊 *Echinacea purpurea*
‘博爱’飞蓬 *Erigeron* ‘Charity’, p.278
变叶刺芹 *Eryngium variifolium*, p.286 ○
‘火红’圆苞大戟 *Euphorbia griffithii* ‘Fireglow’, p.258
血红老鹳草 *Geranium sanguineum*, p.354
鸢尾（一些种类）IRISES, p.234～p.235 ○
火炬花属（一些种类）*Kniphofia* ○ ⊡
橙黄日中花 *Lampranthus aurantiacus*, p.468
查塔姆勿忘草 *Myosotidium hortensia*, p.287 ○
紫轮菊 *Osteospermum jucundum*, p.279 ○ 🏆
‘花叶’钝叶椒草 *Peperomia obtusifolia* ‘Variegata’, p.305 ○
瓜叶菊 *Pericallis* x *hybrida*
麻兰 *Phormium tenax* ○ 🏆
花叶冷水花 *Pilea cadierei*, p.300 ○ 🏆
裂叶罂粟 *Romneya coulteri*, p.226 🏆
‘银粉’银叶菊 *Senecio cineraria* ‘Silver Dust’, p.334 ○ 🏆
绵毛水苏 *Stachys byzantina*, p.304 ○
白花紫露草 *Tradescantia fluminensis* ○

一、二年生花卉

金鱼草（品种）*Antirrhinum majus*
蓬头草 *Bassia scoparia* f. *trichophylla*, p.335 🏆
金盏花（系列及品种）*Calendula officinalis*
可爱克拉花（系列）*Clarkia amoena*
蛇目菊 *Coreopsis tinctoria*, p.336
‘天蓝’倒提壶 *Cynoglossum amabile* ‘Firmament’, p.334
‘科特尼斯宝石’大丽花 *Dahlia* ‘Coltness Gem’, p.329
石竹（系列）*Dianthus chinensis*
彩虹花 *Dorotheanthus bellidiformis*
蓝蓟属 *Echium* ⊡
花菱草 *Eschscholzia californica*, p.338 🏆
头花吉莉草 *Gilia capitata*, p.333
新朝系列瓦氏凤仙 *Impatiens walleriana* Novette Series, p.327 ○
三月花葵（品种）*Lavatera trimestris* ⊡
沼花 *Limnanthes douglasii*, p.336 🏆
紫罗兰属 *Matthiola* 🏆
大花马齿苋（系列及品种）*Portulaca grandiflora*
粉舌鳞托菊 *Rhodanthe chlorocephala* subsp.

‘银环’三月花葵 *Lavatera trimestris* ‘Silver Cup’

‘金安提瓜’安提瓜系列万寿菊
Tagetes *Antigua Series* ‘*Antigua Gold*’

rosea, p.321
万寿菊属 *Tagetes* ⊡

岩生植物

银叶蓍草 *Achillea clavennae*, p.373 ○
大花岩芥菜 *Aethionema grandiflorum*, p.352 ○ 🏆
‘玫红’海石竹 *Armeria maritima* ‘Vindictive’, p.380 ○ 🏆
‘银边’南庭荠 *Aubrieta deltoidea* ‘Argenteovariegata’, p.368 ○
西洋石竹 *Dianthus deltoides* ○ 🏆
刚毛葶苈 *Draba aizoides* ○
无毛柳叶菜 *Epilobium glabellum* of gardens, p.351 ○
常绿屈曲花 *Iberis sempervirens*, p.346 ○ 🏆
亮叶牛至 *Origanum laevigatum*, p.354 🏆
九叶酢浆草 *Oxalis enneaphylla* 🏆
拟长阶花 *Parahebe catarractae*, p.356 ○ 🏆
‘马乔里’钻叶福禄考 *Phlox subulata* ‘Marjorie’, p.378 ○

海滨岩石园

上图：悬崖边的岩石园。种植床和岩石缝隙为许多植物如距花草属、彩虹花属、蓝蓟属、飞蓬属、拟婆婆纳和糙莓等提供了光照充足而又遮蔽的环境。

普通白头翁 *Pulsatilla vulgaris*, p.348 🏆
圆锥虎耳草 *Saxifraga paniculata* ○
‘布朗角’匙叶景天 *Sedum spathulifolium* ‘Cape Blanco’, p.391 ○ 🏆
蛛丝长生花 *Sempervivum arachnoideum*, p.389 ○ 🏆
夏弗塔雪轮 *Silene schafta*, p.379 🏆
圆叶菥蓂 *Thlaspi cepaeifolium* subsp. *rotundifolium*, p.365
有距堇菜 *Viola cornuta*, p.349 🏆

鳞茎类、球茎类和块茎类花卉

孤挺花 *Amaryllis belladonna*, p.408
文殊兰属 *Crinum*
‘魔鬼’雄黄兰 *Crocosmia* ‘Lucifer’, p.401 🏆
番红花属 *Crocus*
水仙 DAFFODILS, p.416～p.418
白鹤花 *Eucharis* x *grandiflora*, p.425 ○
香雪兰属 *Freesia*
夏风信子 *Galtonia candicans*, p.397
朱顶红属 *Hippeastrum*
风信子 HYACINTHS, p.431
水鬼蕉属 *Hymenocallis*
纳丽花属 *Nerine*
绵枣儿属 *Scilla*
燕水仙 *Sprekelia formosissima*, p.413 🏆
郁金香 TULIPS, p.410～p.412
显苞仙火花 *Veltheimia bracteata*, p.425 🏆
马蹄莲 *Zantedeschia aethiopica* ○ 🏆

适生于开阔地的乔木和灌木

在寒冷的内陆花园，尤其是面对冬季的寒风，若没有风障保护，只有最耐寒的种类才能存活下来。如果修建风障困难，那么必须用高度耐寒的乔木、灌木和针叶树等来构建花园的基本骨架。要仔细选址，成丛栽植，使这些树木为耐寒性较差的植物提供遮蔽环境，如果需要仍能保持一定的开阔度。

梯叶花楸 Sorbus scalaris

乔木

挪威槭（品种）*Acer platanoides*
欧亚槭 *Acer pseudoplatanus*
白糙皮桦 *Betula utilis* var. *jacquemontii*, p.83 🏆
‘保罗红’钝裂叶山楂 *Crataegus laevigata* ‘Paul’s Scarlet’, p.91 🏆
‘卡里埃’拉氏山楂 *Crataegus* x *lavallei* ‘Carrierei’ 🏆
欧洲山毛榉（品种）*Fagus sylvatica*
‘金叶’欧洲白蜡 *Fraxinus excelsior* ‘Jaspidea’ 🏆
花白蜡树 *Fraxinus ornus*, p.76 🏆
‘沃斯’瓦氏毒豆 *Laburnum* x *watereri* ‘Vossii’, p.92 🏆
欧洲山杨 *Populus tremula* 🏆
‘淡黄’白背花楸 *Sorbus aria* ‘Lutescens’, p.78 🏆
‘黄果’鸟花楸 *Sorbus aucuparia* ‘Fructu Luteo’ 🏆
‘红叶’杂色花楸 *Sorbus commixta* ‘Embley’ 🏆
梯叶花楸 *Sorbus scalaris* 🏆
川滇花楸 *Sorbus vilmorinii*, p.94 🏆
欧洲小叶椴 *Tilia cordata* 🏆

针叶树

努特卡扁柏 *Chamaecyparis nootkatensis* ○
日本扁柏（品种）*Chamaecyparis obtusa* ○
日本花柏（品种）*Chamaecyparis pisifera* ○
‘爱尔兰’欧洲刺柏 *Juniperus communis* ‘Hibernica’, p.111 ○ 🏆
间型圆柏（品种）*Juniperus* x *pfitzeriana* ○
布鲁尔氏云杉 *Picea breweriana*, p.105 ○ 🏆
欧洲黑松 *Pinus nigra* subsp. *nigra*, p.104 ○
欧洲赤松 *Pinus sylvestris* ○ 🏆
欧洲红豆杉（品种）*Taxus baccata* ○
北美香柏（品种）*Thuja occidentalis* ○
加拿大铁杉 *Tsuga canadensis*, p.107 ○

灌木

灰毛紫穗槐 *Amorpha canescens*
达尔文小檗 *Berberis darwinii*, p.117 ○ 🏆
变红小檗 *Berberis* ‘Rubrostilla’, p.172 🏆
狭叶小檗 *Berberis* x *stenophylla*, p.135 ○ 🏆
‘品红’大叶醉鱼草 *Buddleja davidii* ‘Royal Red’, p.121 🏆
‘西伯利亚’红瑞木 *Cornus alba* ‘Sibirica’, p.150 🏆
‘紫叶’大榛 *Corylus maxima* ‘Purpurea’, p.122 🏆
‘火焰’黄栌 *Cotinus coggygria* ‘Flame’, p.124 🏆
团花栒子 *Cotoneaster lacteus*, p.125 ○ 🏆
西蒙氏栒子 *Cotoneaster simonsii*, p.148 ○ 🏆
‘红瀑布’欧洲卫矛 *Euonymus europaeus* ‘Red Cascade’, p.147 🏆
加茶杜香 *Ledum groenlandicum*, p.154 ○
丁香 LILACS, p.120
冬青叶十大功劳 *Mahonia aquifolium*, p.157 ○
‘优雅’山梅花 *Philadelphus* ‘Beauclerk’, p.135 🏆
‘丽球’山梅花 *Philadelphus* ‘Belle Etoile’, p.136 🏆
‘密枝’桂樱 *Prunus laurocerasus* ‘Otto Luyken’, p.154 ○ 🏆
瓦氏火棘 *Pyracantha* x *watereri*, p.136 ○ 🏆
西藏悬钩子 *Rubus thibetanus*, p.149 🏆
地中海紫柳 *Salix purpurea*
‘紫叶’西洋接骨木 *Sambucus nigra* ‘Guincho Purple’ 🏆
菱叶绣线菊 *Spiraea* x *vanhouttei*, p.154 🏆
‘重瓣’荆豆 *Ulex europaeus* ‘Flore Pleno’ ○ 🏆
‘黄果’欧洲荚蒾 *Viburnum opulus* ‘Xanthocarpum’ 🏆

地被植物

熊果 *Arctostaphylos uva-ursi*, p.388 ○
帚石南（品种）*Calluna vulgaris* ○
‘侏儒’栒子 *Cotoneaster* ‘Gnom’ ○
‘海伯尼亚’常春藤 *Hedera hibernica*, p.221 ○ 🏆

适于最暴露的地点
常绿的达尔文小檗（*Berberis darwinii*）终年为其他植物提供遮蔽，春天更有繁盛的花丛。

‘威尔顿’平枝圆柏 *Juniperus horizontalis* ‘Wiltonii’ ○ 🏆
蕊帽忍冬 *Lonicera pileata*, p.176 ○
‘汉考克’匍枝毛核木 *Symphoricarpos* x *chenaultii* ‘Hancock’

适于阴暗墙体的藤本植物和灌木

对于阴冷的墙体，必须选择自然生长于全阴或半阴条件下的藤本植物。它们可有效地形成一个叶片覆盖层，有些种类还有美丽的花朵。藤本月季在遮蔽环境下也能开花良好，同耐阴灌木配植在一起，可为背阴的墙体和墙边花境增添色彩。阴生植物喜潮湿、有枯枝落叶的林土，在种植前向土壤中混入有机物如腐叶土以提高土壤肥力。

藤本植物

木通 *Akebia quinata*, p.206 ○
智利藤 *Berberidopsis corallina*, p.211 ○
美洲南蛇藤 *Celastrus scandens*
铁线莲属（某些种类）*Clematis* ○
‘弗朗西斯·里维斯’高山铁线莲 *Clematis alpina* ‘Frances Rivis’, p.213 ○ 🏆
攀缘商陆 *Ercilla volubilis* ○
‘彩叶’爬行卫矛 *Euonymus fortunei* ‘Coloratus’ ○
‘银后’爬行卫矛 *Euonymus fortunei* ‘Silver Queen’, p.151 ○ 🏆
‘花齿叶’常春藤 *Hedera colchica* ‘Dentata Variegata’ ○ 🏆
‘硫黄心’常春藤 *Hedera colchica* ‘Sulphur Heart’, p.221 ○ 🏆
洋常春藤（品种）*Hedera helix* ○
海伯尼亚常春藤 *Hedera hibernica*, p.221 ○ 🏆
多蕊冠盖绣球 *Hydrangea petiolaris*, p.208
智利钟花（类型）*Lapageria rosea*, p.210 ○ 🏆
‘霍尔’忍冬 *Lonicera japonica* ‘Halliana’, p.215 ○ 🏆
普通忍冬（品种）*Lonicera periclymenum*
盘叶忍冬 *Lonicera tragophylla* 🏆
川鄂爬山虎 *Parthenocissus henryana* 🏆
五叶地锦 *Parthenocissus quinquefolia*（表面粗糙的种类）🏆
爬山虎（品种）*Parthenocissus tricuspidata*
冠盖藤 *Pileostegia viburnoides*, p.208 🏆
红花五味子 *Schisandra rubriflora*, p.211
绣球钻地风 *Schizophragma hydrangeoides*
钻地风 *Schizophragma integrifolium*, p.208 🏆

灌木

小叶阿查拉 *Azara microphylla*, p.125 ○ 🏆
山茶（品种）*Camellia japonica* ○
威氏山茶（品种）*Camellia* x *williamsii* ○
‘莫尔洛斯’皱皮木瓜 *Chaenomeles speciosa* ‘Moerloosei’, p.130 🏆
‘洛瓦兰’华丽木瓜 *Chaenomeles* x *superba* ‘Rowallane’, p.155 🏆
墨西哥橘 *Choisya ternata*, p.127 ○ 🏆
平枝栒子 *Cotoneaster horizontalis*, p.172 🏆
团花栒子 *Cotoneaster lacteus*, p.125 ○ 🏆
红百合木 *Crinodendron hookerianum*, p.142 ○ 🏆
林仙 *Drimys winteri*, p.78 ○
灰岩密藏花 *Eucryphia* x *nymansensis* ‘Nymansay’, p.81 ○ 🏆
熊掌木 x *Fatshedera lizei*, p.152 ○ 🏆
八角金盘 *Fatsia japonica* ○ 🏆

白智利钟花 Lapageria rosea *var.* albiflora

连翘 *Forsythia suspensa*, p.131 🏆
‘詹姆斯屋脊’丝缨花 *Garrya elliptica* ‘James Roof’ ○ 🏆
月月青 *Itea ilicifolia*, p.146 ○ 🏆
迎春 *Jasminum nudiflorum*, p.151 🏆
日本十大功劳 *Mahonia japonica*, p.151 ○ 🏆
‘宽大’间型十大功劳 *Mahonia* x *media* ‘Charity’, p.125 ○ 🏆
丛枝竹节蓼 *Muehlenbeckia complexa*
华丽木犀 *Osmanthus decorus* ○
‘橙光’火棘 *Pyracantha* ‘Orange Glow’ ○ 🏆
瓦氏火棘 *Pyracantha* x *watereri*, p.136 ○ 🏆
桂叶茶藨子 *Ribes laurifolium*, p.175 ○
‘阿尔伯利克·巴比尔’月季 *Rosa* ‘Albéric Barbier’, p.196 ○ 🏆

幽冷之地
花叶的‘硫黄心’常春藤（*Hedera colchica* ‘Sulphur Heart’）和一个装饰性的石雕花盆为这片庇荫墙体增加了情趣。

‘永福’月季 *Rosa* ‘Félicité Perpétue’, p.196 ○ 🏆
‘亮重台’月季 *Rosa* ‘Gloire de Dijon’, p.196 🏆
‘金展’月季 *Rosa* ‘Golden Showers’, p.199 🏆
‘五月金’月季 *Rosa* ‘Maigold’, p.199 🏆
‘卡里尔’月季 *Rosa* ‘Madame Alfred Carrière’, p.196 🏆
‘斯塔科林’月季 *Rosa* ‘Madame Grégoire Staechelin’, p.197 ○ 🏆

抵御野兔的植物

野兔可能成为花园中的一个严重问题，它们通过树篱或围栏的空隙或通过打洞钻入花园，对许多园林植物造成危害。虽然防兔的方法很多，但在野兔不断危害的地方，最好的办法是除掉野兔喜欢的植物，代之以具有令野兔不喜欢的气味、味道、叶片质地或带刺的植物。但是尽管如此，这类植物在严冬或春季萌发新枝时也可能会遭受危害。

乔木和灌木

荔莓 *Arbutus unedo*, p.93 ○ 🏆
'巴豆叶' 东瀛珊瑚 *Aucuba japonica* 'Crotonifolia', p.153 ○ 🏆
小檗属（一些种类）*Berberis* ○
桦木属 *Betula*
大叶醉鱼草（品种）*Buddleja davidii*
锦熟黄杨 *Buxus sempervirens* ○ 🏆
美洲茶属（一些种类）*Ceanothus* ○
墨西哥橘（品种）*Choisya ternata* ○
金雀儿属（一些种类）*Cytisus* ○
欧亚瑞香 *Daphne mezereum*, p.174
溲疏 *Deutzia scabra*, p.136
'斑纹' 胡颓子 *Elaeagnus pungens* 'Maculata', p.127 ○ 🏆
南美鼠刺属（一些种类）*Escallonia* ○
桉属 *Eucalyptus* ○
伍尔芬大戟 *Euphorbia characias* subsp. *wulfenii*, p.156 ○ 🏆
八角金盘 *Fatsia japonica* ○ 🏆
倒挂金钟属（一些种类）*Fuchsia*
柠檬叶白珠树 *Gaultheria shallon*, p.162 ○
沙棘 *Hippophäe rhamnoides*, p.124 🏆
绣球属 *Hydrangea*
宽叶山月桂 *Kalmia latifolia*, p.141 ○ 🏆
'沃斯' 瓦氏毒豆 *Laburnum* x *watereri* 'Vossii', p.92 🏆
月桂 *Laurus nobilis* ○ 🏆
哈氏榄叶菊 *Olearia* x *haastii*, p.139 ○
山梅花属 *Philadelphus*
李属（一些种类）*Prunus*（观赏浆果类）○
杜鹃花（多数种类）RHODODENDRONS, p.132～p.134, ○
'深裂叶' 火炬树 *Rhus typhina* 'Dissecta', p.124 🏆
血红茶藨子（品种）*Ribes sanguineum*
蔷薇 ROSES（仅多刺种类）p.184～p.188
迷迭香（品种）*Rosmarinus officinalis* ○
假叶树 *Ruscus aculeatus* ○
接骨木属 *Sambucus*
日本茵芋（品种）*Skimmia japonica* ○
平滑雪果毛核木 *Symphoricarpos albus* var. *laevigatus*
欧丁香（品种）*Syringa vulgaris*
'稠密' 欧绣球 *Viburnum opulus* 'Compactum', p.172 🏆
月桂荚蒾 *Viburnum tinus*, p.149 ○
丝兰属 *Yucca* ○

墨西哥橘 Choisya ternata SUNDANCE

藤本植物

铁线莲属（一些种类）*Clematis* ○
忍冬属（一些种类）*Lonicera* ○

可抵御野兔的植物

上图：金色的'金边'银芦（*Cortaderia selloana* 'Gold Band'）和夏天开花的'希望之湖'百子莲 *Agapanthus* '*Loch Hope*'可免遭饥饿野兔的危害。

'德凯逊' 欧丁香 Syringa vulgaris '*Decaisne*'

禾草类植物(包括竹类)

银芦（品种）*Cortaderia selloana* ○
矢竹 *Pseudosasa japonica*, p.308 ○ 🏆

宿根花卉

刺老鼠簕 *Acanthus spinosus*, p.251 🏆
乌头属 *Aconitum*
百子莲属（一些种类）*Agapanthus* ○
珠光香青 *Anaphalis margaritacea*, p.239
'约伯特之光' 白花杂种秋牡丹 *Anemone* x *hybrida* 'Honorine Jobert', p.231 🏆
耧斗菜属 *Aquilegia*
美国紫菀（品种）*Aster novae-angliae*
荷兰菊（品种）*Aster novi-belgii*
'银光' 岩白菜 *Bergenia* 'Silberlicht', p.268 🏆
'重瓣' 白屈菜 *Chelidonium majus* 'Flore Pleno', p.238
萱草（一些种类）DAYLILIES, p.257 ○
毛地黄属（一些种类）*Digitalis* ○
多榔菊属 *Doronicum*
锯叶刺芹 *Eryngium agavifolium* ○
铁仔大戟 *Euphorbia myrsinites*, p.371 ○ 🏆
金苞大戟 *Euphorbia polychroma*, p.275 🏆
'约翰逊蓝' 老鹳草 *Geranium* 'Johnson's Blue', p.285 🏆
'洛登金' 多花向阳葵 *Helianthus* x *multiflorus* 'Loddon Gold', p.232
尖叶铁筷子 *Helleborus argutifolius*, p.304 ○ 🏆
臭铁筷子 *Helleborus foetidus*, p.305 ○ 🏆
鸢尾（一些种类）IRISES, p.234～p.235 ○
具茎火炬花 *Kniphofia caulescens*, p.263 🏆
紫花野芝麻 *Lamium maculatum*, p.269 ○
皱叶剪秋罗 *Lychnis chalcedonica*, p.258 🏆
羽扇豆属（一些种类）*Lupinus* ○
'横斑' 芒 *Miscanthus sinensis* 'Zebrinus', p.306
法氏荆芥 *Nepeta* x *faassenii*, p.286
芍药 PEONIES, p.236～p.237
'极品' 拳参 *Persicaria bistorta* 'Superba', p.243 🏆
'炫光' 麻兰 *Phormium tenax* 'Dazzler', p.264 ○
欧洲樱草 *Primula vulgaris*, p.273
肺草属(一些种类) *Pulmonaria* ○
'红蕊' 长药景天 *Sedum spectabile* 'Brilliant', p.286 🏆
短舌匍菊 *Tanacetum parthenium*, p.319
坚挺美女樱 *Verbena rigida*, p.284 🏆
香堇菜 *Viola odorata* ○

地被植物

'暗紫' 匍匐筋骨草 *Ajuga reptans* 'Atropurpurea', p.303 ○ 🏆
柔软羽衣草 *Alchemilla mollis*, p.290 🏆
'紫色' 心叶岩白菜 *Bergenia cordifolia* 'Purpurea', p.269 ○ 🏆
大叶蓝珠草 *Brunnera macrophylla* 🏆
铃兰 *Convallaria majalis*, p.268 🏆
短尖叶白珠树（品种）*Gaultheria mucronata* ○
大萼金丝桃 *Hypericum calycinum*, p.170 ○
'银斑叶' 山野芝麻 *Lamium galeobdolon* subsp. *montanum* 'Florentinum' ○
阔叶山麦冬 *Liriope muscari*, p.294 ○ 🏆
彩叶虉草 *Phalaris arundinaria* var. *picta*, p.306 ○ 🏆
伦敦虎耳草 *Saxifraga* x *urbium* ○ 🏆
'银毯' 绵毛水苏 *Stachys byzantina* 'Silver Carpet' ○
'汉考克' 匍枝毛核木 *Symphoricarpos* x *chenaultii* 'Hancock'
蔓长春花属 *Vinca* ○

一、二年生花卉

金鱼草属（一些种类）*Antirrhinum* ○
花菱草属 *Eschscholzia*
凤仙花（一些种类）*Impatiens* ○
翼叶烟草 *Nicotiana alata*, p.239
罂粟 *Papaver somniferum* 🏆
万寿菊 *Tagetes erecta*
孔雀草 *Tagetes patula*
百日草 *Zinnia elegans*

鳞茎类、球茎类和块茎类花卉

雪百合 *Chionodoxa luciliae*, p.433 🏆
秋水仙属 *Colchicum*
雄黄兰属 *Crocosmia*
仙客来属 *Cyclamen*
水仙 DAFFODILS, p.416～p.418
大丽花 DAHLIAS, p.406～p.407
贝母属 *Fritillaria*
雪花莲 *Galanthus nivalis* 🏆
串铃花属 *Muscari*
郁金香 TULIPS, p.410～p.412

'福榜' 水仙 Narcissus '*Quince*'

八仙花绿篱
上图：高大的八仙花构成的平行绿篱在夏末夕阳中花色逐渐变深，看起来赏心悦目，绿篱间的砾石小道穿过精心修剪的高大的防风墙中的拱廊，通向远处青草铺地的果园。

绿篱和风障植物

选择某类植物作绿篱，通常是基于它们的观赏特性，但也要考虑到其他方面，比如可提供视觉上的私密性或屏蔽不佳的建筑物，也可利用繁多的枝叶或刺来阻止动物或人随意闯入。要确保作屏蔽用的绿篱能长到所需要的高度，应选用针叶树或常绿灌木以保证全年的效果。在开阔地带，乔木和较大型的针叶树可用作风障，2～3排交错种植通常比单排密植的风障更有效。

乔木
意大利桤木 *Alnus cordata*, p.66△🏆
荔莓 *Arbutus unedo*, p.93○🏆
欧洲鹅耳枥 *Carpinus betulus*🏆
‘塔形’欧洲鹅耳枥 *Carpinus betulus* ‘Fastigiata’, p.100🏆
普通山楂 *Crataegus monogyna*
欧洲山毛榉 *Fagus sylvatica*, p.68🏆
地中海冬青 *Ilex aquifolium*, p.98○🏆
‘银边’地中海冬青 *Ilex aquifolium* ‘Argentea Marginata’, p.98○🏆
月桂 *Laurus nobilis*○🏆
五脉白千层 *Melaleuca viridiflora* var. *rubriflora*○△
毛背铁心木 *Metrosideros excelsus*, p.83○△
榆叶南水青冈 *Nothofagus dombeyi*, p.68○△
斜叶南水青冈 *Nothofagus obliqua*, p.68△
油橄榄 *Olea europaea*○🏆
‘强壮’加拿大杨 *Populus* x *canadensis* ‘Robusta’, p.65△
葡萄牙桂樱 *Prunus lusitanica*○🏆
锥圆蒲桃 *Syzygium paniculatum*, p.81○
加州桂 *Umbellularia californica*, p.74○
光叶榉 *Zelkova serrata*, p.71🏆

针叶树
大冷杉 *Abies grandis*, p.104○△🏆
雪松 *Cedrus deodara*🏆
日本粗榧 *Cephalotaxus harringtonii*○
美国花柏 *Chamaecyparis lawsoniana*○△
杂扁柏 *Cupressocyparis* x *leylandii*○△
大果柏木 *Cupressus macrocarpa*○△
欧洲刺柏 *Juniperus communis*○
欧洲落叶松 *Larix decidua*△🏆
塞尔维亚云杉 *Picea omorika*, p.103○△🏆
欧洲黑松 *Pinus nigra*○🏆
辐射松 *Pinus radiata*, p.104○△🏆
蓝花旗松 *Pseudotsuga menziesii* var. *glauca*, p.102○△
欧洲红豆杉 *Taxus baccata*○🏆
北美乔柏 *Thuja plicata*○△
加拿大铁杉 *Tsuga canadensis*, p.107○△

灌木
达尔文小檗 *Berberis darwinii*, p.117○🏆
‘矮灌’锦熟黄杨 *Buxus sempervirens* ‘Suffruticosa’, p.177○🏆
墨西哥橘 *Choisya ternata*, p.127○🏆
斑纹变叶木 *Codiaeum variegatum* var. *pictum*, p.177○
西蒙氏栒子 *Cotoneaster simonsii*, p.148△🏆
‘紫叶’车桑子 *Dodonaea viscosa* ‘Purpurea’, p.151○△
假连翘 *Duranta erecta*, p.150○△

桂樱 Prunus laurocerasus

埃氏胡颓子 *Elaeagnus* x *ebbingei*○△
‘兰利’南美鼠刺 *Escallonia* ‘Langleyensis’, p.142○🏆
‘大叶’冬青卫矛 *Euonymus japonicus* ‘Macrophyllus’○
滨覆瓣梾木 *Griselinia littoralis*○🏆
朱槿 *Hibiscus rosa-sinensis*○
沙棘 *Hippophäe rhamnoides*, p.124🏆
绣球（品种）*Hydrangea macrophylla*▣
薰衣草属（品种）*Lavandula*○
帚状细子木（品种）*Leptospermum scoparium*○△
卵叶女贞 *Ligustrum ovalifolium*, p.126○△
光亮忍冬 *Lonicera nitida*○
‘伯明翰’杂种石楠 *Photinia* x *fraseri* ‘Birmingham’, p.117○△
薄叶海桐 *Pittosporum tenuifolium*, p.127○△🏆
桂樱 *Prunus laurocerasus*○🏆▣
葡萄牙桂樱 *Prunus lusitanica*○🏆
瓦氏火棘 *Pyracantha* x *watereri*, p.136○△🏆
迷迭香（品种）*Rosmarinus officinalis*○
多枝柽柳 *Tamarix ramosissima*, p.121△

月季、蔷薇类
加州蔷薇 *Rosa californica*△
‘天蓝’蔷薇 *Rosa* ‘Céleste’, p.185△🏆
‘幸福’蔷薇 *Rosa* ‘Felicia’, p.185△🏆
‘春晨’蔷薇 *Rosa* ‘Frühlingsmorgen’△
药用法国蔷薇 *Rosa gallica* var. *officinalis*△🏆
‘变色’法国蔷薇 *Rosa gallica* ‘Versicolor’, p.187△🏆
紫叶蔷薇 *Rosa glauca*, p.186△🏆
‘羞红’蔷薇 *Rosa* ‘Great Maiden’s Blush’, p.185△
‘雏菊堆’蔷薇 *Rosa* ‘Marguerite Hilling’, p.186△🏆
‘仙鹤’华西蔷薇 *Rosa moyesii* ‘Geranium’, p.187△🏆
‘内华达’蔷薇 *Rosa* ‘Nevada’, p.185△🏆
‘佩内洛普’蔷薇 *Rosa* ‘Penelope’, p.184△🏆

红玫瑰 Rosa rugosa *var.* rosea

‘德赛兹’蔷薇 *Rosa* ‘Président de Sèze’△🏆
玫瑰 *Rosa rugosa*, p.187△▣
‘双鹅绒’蔷薇 *Rosa* ‘Tuscany Superb’△🏆

禾草类植物（包括竹类）
芦竹 *Arundo donax*△
‘乳白穗’银芦 *Cortaderia selloana* ‘Sunningdale Silver’, p.306○🏆
华西箭竹 *Fargesia nitida*○🏆
刚竹 *Phyllostachys bambusoides*, p.308○△
矢竹 *Pseudosasa japonica*, p.308○🏆
业平竹 *Semiarundinaria fastuosa*, p.308○🏆
巨针茅 *Stipa gigantea*, p.307○🏆

宿根花卉
巴纳特蓝刺头 *Echinops bannaticus*, p.228△
紫花泽兰 *Eupatorium purpureum*, p.231△
堪察加蚊子草 *Filipendula camtschatica*△
‘大王’紫心向日葵 *Helianthus atrorubens* ‘Monarch’🏆
‘珊瑚羽’小果博落回 *Macleaya microcarpa* ‘Kelway’s Coral Plume’, p.227△🏆
麻兰 *Phormium tenax*○🏆
‘黄球’金光菊 *Rudbeckia* ‘Goldquelle’, p.229△🏆

构架植物

在花园里，那些非同一般、具有特殊外貌、能马上引起人们注意的植物被称为“构架”植物。无论是偶然形成，还是出于设计，这类植物通常造就了花园的特性和本体，并帮助形成花园的基本结构。构架植物大多是一年四季均有观赏价值的乔木、针叶树和灌木。它们或以株形引人注目，如直立、圆锥状或平卧的寻状针叶树；或以独特的叶形令人难忘，如大根乃拉草巨型的叶片和麻兰剑形的叶片。在已建成的花园中，可以通过引入构架植物来改善那些没有什么诱人之处的园区。

乔木

朱蕉属 *Cordyline* ○
龙血树 *Dracaena draco*, p.100 ○
桉属（多数种类）*Eucalyptus* ○
黄花楹 *Jacaranda mimosifolia*, p.79
刺楸 *Kalopanax septemlobus*, p.80
木兰（一些种类）MAGNOLIAS, p.75, ○
毛泡桐 *Paulownia tomentosa*, p.77 🏆
加那利海枣 *Phoenix canariensis* ○ 🏆
柳属（少数种类）*Salix*
棕榈 *Trachycarpus fortunei*, p.84 ○ 🏆
昆栏树 *Trochodendron aralioides*, p.84 ○
丝葵属 *Washingtonia* ○

针叶树

冷杉属 *Abies* ○
南洋杉属 *Araucaria* ○
香肖楠 *Calocedrus decurrens*, p.106 ○ 🏆
雪松属 *Cedrus* ○
‘威廉·普菲舍’间型刺柏 *Juniperus* x *pfitzeriana* ‘William Pfitzer’, p.111 ○ 🏆
水杉 *Metasequoia glyptostroboides*, p.102 🏆
云杉属 *Picea* ○
金钱松 *Pseudolarix amabilis*, p.107 🏆
日本金松 *Sciadopitys verticillata*, p.106 ○ 🏆
北美红杉 *Sequoia sempervirens* ○ 🏆
巨杉 *Sequoiadendron giganteum*, p.102 ○ 🏆
落羽杉 *Taxodium distichum*, p.104 🏆
异叶铁杉 *Tsuga heterophylla* ○ 🏆

灌木

小花七叶树 *Aesculus parviflora*, p.119 🏆
常春菊 *Brachyglottis repanda*, p.127 ○
苏铁 *Cycas revoluta*, p.152 ○ 🏆
交让木 *Daphniphyllum macropodum*, p.117 ○
枇杷 *Eriobotrya japonica* ○ 🏆
八角金盘 *Fatsia japonica* ○ 🏆
‘白斑叶’八角金盘 *Fatsia japonica* ‘Variegata’, p.151 ○ 🏆
十大功劳属（多数种类）*Mahonia* ○
扁轴木 *Parkinsonia aculeata* ○
多变花属 *Protea* ○
火炬树 *Rhus typhina* 🏆
‘深裂叶’火炬树 *Rhus typhina* ‘Dissecta’, p.124 🏆
丝兰属 *Yucca* ○ ▣

‘乳白边’象脚兰 Yucca elephantipes *‘Variegata’*

藤本植物

‘银后’绿萝 *Epipremnum aureum* ‘Marble Queen’, p.219 ○
‘象耳’科西加常春藤 *Hedera colchica* ‘Dentata’, p.221 ○ 🏆
龟背芋 *Monstera deliciosa*, p.220 ○ 🏆
绣球钻地风 *Schizophragma hydrangeoides*
钻地风 *Schizophragma integrifolium*, p.208 🏆
紫葛葡萄 *Vitis coignetiae*, p.218 🏆

蕨类植物

舌状铁角蕨水扒龙群 *Asplenium scolopendrium* Marginatum Group, p.313 ○
译者注：在《中国植物志》中，原种的学名用 *Phyllitis scolopendrium*
雅致乌毛蕨 *Blechnum tabulare* ○ 🏆
澳大利亚桫椤 *Cyathea australis*, p.100 ○
澳大利亚蚌壳蕨 *Dicksonia antarctica*, p.310 ○ 🏆
荚果蕨 *Matteuccia struthiopteris*, p.312 🏆 ▣
二叉鹿角蕨 *Platycerium bifurcatum*, p.310 ○ 🏆
刺羽耳蕨 *Polystichum munitum*, p.310 ○ 🏆
生根狗脊蕨 *Woodwardia radicans* ○ 🏆

禾草类植物(包括竹类)

朱丝贵竹 *Chusquea culeou*, p.308 ○ 🏆
‘乳白穗’银芦 *Cortaderia selloana* ‘Sunningdale Silver’, p.306 ○ 🏆

宿根花卉

刺老鼠簕 *Acanthus spinosus*, p.251 🏆
圆当归 *Angelica archangelica*, p.228
大头贝克菊 *Berkheya macrocephala*, p.258
心叶两节荠 *Crambe cordifolia*, p.226 🏆
西班牙菜蓟 *Cynara cardunculus*, p.228 🏆
雨伞草 *Darmera peltata*, p.238
巴纳特蓝刺头 *Echinops bannaticus*, p.228
加那利蓝蓟 *Echium wildpretii* ○
佛肚蕉 *Ensete ventricosum*, p.233 ○
查拉西亚大戟 *Euphorbia characias* subsp. *characias*, p.156 ○ 🏆
大根乃拉草 *Gunnera manicata*, p.228 🏆
蝎尾蕉属 *Heliconia* ○
玉簪属（多数种类）*Hosta*
具茎火炬花 *Kniphofia caulescens*, p.263 ○ 🏆
橐吾属（多数种类）*Ligularia*
博落回属 *Macleaya*
绿绒蒿属（多数种类）*Meconopsis* ○
麻兰（品种）*Phormium tenax* ○
火星草 *Puya chilensis*, p.265 ○
‘深紫’掌叶大黄 *Rheum palmatum* ‘Atrosanguineum’, p.227
鬼灯擎属 *Rodgersia*
鹤望兰 *Strelitzia reginae*, p.267 ○ 🏆
黎芦 *Veratrum nigrum*, p.228 🏆
奥林匹克毛蕊花 *Verbascum olympicum*, p.229 ○

一、二年生花卉

蜀葵 *Alcea rosea*, p.321
彩叶苋（品种）*Amaranthus tricolor*

荚果蕨 Matteuccia struthiopteris

苋菊 *Calomeria amaranthoides*, p.330
向日葵（品种）*Helianthus annuus*
棉毛蓟 *Onopordum acanthium*, p.322 ▣
水飞蓟 *Silybum marianum*, p.322
黄毛蕊花 *Verbascum densiflorum* ○

鳞茎类、球茎类和块茎类花卉

天南星属（多数种类）*Arisaema*
黄棒箭芋 *Arum creticum*, p.415
毛叶秋海棠及杂种 *Begonia rex* ○
大百合 *Cardiocrinum giganteum*, p.398 🏆
龙芋 *Dracunculus vulgaris*, p.401
唐菖蒲（多数种类）GLADIOLI, p.399
斑龙芋 *Sauromatum venosum*, p.413
马蹄莲 *Zantedeschia aethiopica* ○ 🏆

水生植物

芋（品种）*Colocasia esculenta* ○
凤眼莲 *Eichhornia crassipes*, p.448 ○
黄苞沼芋 *Lysichiton americanus*, p.451 🏆
莲及品种 *Nelumbo nucifera*
奥昂蒂 *Orontium aquaticum*, p.451
梭鱼草 *Pontederia cordata*, p.448 🏆
慈姑属 *Sagittaria*
水竹芋 *Thalia dealbata*

仙人掌及多浆植物

绝大多数较大型种类都可，尤其是：
盘状莲花掌 *Aeonium tabuliforme*, p.478 ○ 🏆
‘条纹’龙舌兰 *Agave americana* ‘Striata’, p.457
芦荟属（多数种类）*Aloe* ○
巨人柱 *Carnegiea gigantea*, p.456 ○
仙人柱属（多数种类）*Cereus* ○
葡萄瓮 *Cyphostemma juttae*, p.459
灯台大戟 *Euphorbia candelabrum* ○
仙人掌属（多数种类）*Opuntia* ○

银色的雕塑

下图：在这个安静庇荫的角落，你的视线会立即被三株棉毛蓟（*Onopordum acanthium*）优良的构架特性所吸引。它们银灰色的茎叶在幽暗背景的衬托下得到了极好的展示。

地被植物老鹳草
左图：在耐寒的草本老鹳草属（*Geranium*）植物中，有几种生长迅速、覆盖效果好的地被，夏季在阳光充足或有斑驳的半阴条件下还能开出诱人的花朵。

快速覆盖的植物

在新建的花园中，常有陡峭的坡地或其他不便种草坪或其他植物的大片区域，在老的花园中也可能有一些被忽视或无暇照管的区域。这些区域可以种植那些具有良好覆盖特性的植物，这类植物生长迅速、稠密低矮、多叶或多枝，可以长久抑制杂草的生长。要选适于当地土壤条件的植物栽植，如果面积大，要用生长旺盛的种类，如常春藤（*Hedera*）等经过两个到三个生长季节就能形成良好的覆盖。

针叶树
海滨刺柏 *Juniperus conferta* ○
柽柳叶圆柏 *Juniperus sabina* var. *tamariscifolia*, p.110 ○

灌木
匍匐聚花美洲茶 *Ceanothus thyrsiflorus* var. *repens*, p.168 ○ 🏆
猩红果栒子 *Cotoneaster conspicuus* ○
‘侏儒’栒子 *Cotoneaster* ‘Gnom’ ○
‘斯科格霍姆’栒子 *Cotoneaster* ‘Skogholm’ ○
柠檬叶白珠树 *Gaultheria shallon*, p.162 ○
大萼金丝桃 *Hypericum calycinum*, p.170 ○
马缨丹 *Lantana camara* ○
‘松鸡’月季 *Rosa* GROUSE (‘Korimro’), p.189
‘粉铃’月季 *Rosa* ‘PINK BELLS’ (‘Poulbells’), p.190
三色莓 *Rubus tricolor* ○
‘波缘叶’小米空木 *Stephanandra incisa* ‘Crispa’
‘汉考克’匍枝毛核木 *Symphoricarpos* x *chenaultii* ‘Hancock’

藤本植物
‘大叶’阿尔及利亚常春藤 *Hedera canariensis* var. *algeriensis* ‘Ravensholst’ ○ 🏆
‘象耳’科西加常春藤 *Hedera colchica* ‘Dentata’, p.221 ○ 🏆
洋常春藤（小型品种）*Hedera helix* ○
海伯尼亚常春藤 *Hedera hibernica*, p.221 ○ 🏆
多蕊冠盖绣球 *Hydrangea petiolaris*, p.208 🏆 ▣
忍冬（品种）*Lonicera japonica* ○
葛藤 *Pueraria lobata*
日本络石 *Trachelospermum asiaticum* ○ 🏆
络石 *Trachelospermum jasminoides*, p.207 ○ 🏆

蕨类植物
阔基鳞毛蕨 *Dryopteris dilatata* 🏆
欧洲耳蕨 *Polystichum aculeatum* ○ 🏆
刺毛耳蕨 *Polystichum setiferum*, p.311, p.313 ○

宿根花卉
‘花叶’羊角芹 *Aegopodium podagraria* ‘Variegatum’, p.276
柔软羽衣草 *Alchemilla mollis*, p.290 🏆
白舌春黄菊 *Anthemis punctata* subsp. *cupaniana*, p.276 ○ 🏆
欧洲细辛 *Asarum europaeum*, p.390 ○
普氏风铃草 *Campanula portenschlagiana*, p.382 ○ 🏆
绒毛卷耳 *Cerastium tomentosum*, p.361
‘重瓣’白屈菜 *Chelidonium majus* ‘Flore Pleno’, p.238
蛇莓 *Duchesnea indica* ○
‘罗比’扁桃叶大戟 *Euphorbia amygdaloides* var. *robbiae*, p.271 ○ 🏆
大根老鹳草 *Geranium macrorrhizum*, p.279 ○
‘德鲁斯’奥氏老鹳草 *Geranium* x *oxonianum* ‘Claridge Druce’ ○
‘白斑’欧亚活血丹 *Glechoma hederacea* ‘Variegata’, p.300 ○
蔓茎四瓣果 *Heterocentron elegans*, p.284 ○
紫花野芝麻（品种）*Lamium maculatum* ○
紫轮菊 *Osteospermum jucundum*, p.279 ○ 🏆
彩叶藨草 *Phalaris arundinacea* var. *picta*, p.306 ○ 🏆
‘粉丽人’大花夏枯草 *Prunella grandiflora* ‘Pink Loveliness’ ○
肺草属（多数种类）*Pulmonaria* ○
绵毛水苏 *Stachys byzantina*, p.304 ○

多蕊冠盖绣球 Hydrangea petiolaris

虎耳草 Saxifraga stolonifera

‘乳黄边’俄罗斯聚合草 *Symphytum* x *uplandicum* ‘Variegatum’, p.238 🏆

一、二年生花卉
‘珠宝’香豌豆 *Lathyrus odoratus* ‘Bijou’, p.324
大花马齿苋（系列及品种）*Portulaca grandiflora*
蛇纹菊 *Sanvitalia procumbens*, p.336
旱金莲（系列及品种）*Tropaeolum majus*

岩生植物
新西兰猬莓 *Acaena anserinifolia* of gardens ○
高加索南芥（品种）*Arabis caucasica* ○
南庭芥属 *Aubrieta* ○
肋瓣风铃草 *Campanula poscharskyana*, p.381
半日花属 *Helianthemum* ○
密穗蓼（品种）*Persicaria affinis*
越橘叶蓼 *Persicaria vacciniifolia*, p.387 ○ 🏆
道氏福禄考（品种）*Phlox douglasii* ○
钻叶福禄考（品种）*Phlox subulata* ○
球序茜 *Phuopsis stylosa*, p.352
虎耳草 *Saxifraga stolonifera* ○ 🏆 ▣
心叶黄水枝 *Tiarella cordifolia*, p.347 ○ 🏆
林石草属 *Waldsteinia* ○

相似野扇花 Sarcococca confusa

阴生地被植物

若一个地方一天中部分或大部分时间都见不到阳光，有些造园者会认为这是个“问题区域”。事实上，这应该被视为提供了一个大好的良机，可以试种不同于阳生植物但同样惹人喜爱的各种植物。只要有适当肥沃的土壤，下列植物可供选择。

灌木
猩红果栒子 *Cotoneaster conspicuus* ○
‘侏儒’栒子 *Cotoneaster* ‘Gnom’ ○
‘秋焰’栒子 *Cotoneaster* ‘Herbstfeuer’ ○
菲力浦瑞香 *Daphne laureola* subsp. *philippi*, p.156 ○
日本地桂 *Epigaea asiatica* ○
‘邱园’爬卫矛 *Euonymus fortunei* ‘Kewensis’ ○
柠檬叶白珠树 *Gaultheria shallon*, p.162 ○
大萼金丝桃 *Hypericum calycinum*, p.170 ○
大叶木藜芦 *Leucothöe fontanesiana* ○ 🏆
蕊帽忍冬 *Lonicera pileata*, p.176 ○
冬青叶十大功劳 *Mahonia aquifolium*, p.157 ○
匍匐十大功劳 *Mahonia repens* ○
顶花板凳果 *Pachysandra terminalis*, p.388 ○ 🏆
崖翠木 *Paxistima canbyi* ○
‘密枝’桂樱 *Prunus laurocerasus* ‘Otto Luyken’, p.154 ○ 🏆
三色莓 *Rubus tricolor* ○
舌苞假叶树 *Ruscus hypoglossum*, p.176 ○
相似野扇花 *Sarcococca confusa* ○ 🏆 ▣
小叶野扇花 *Sarcococca humilis*, p.174 ○
异形蔓长春花 *Vinca difformis* ○
小蔓长春花 *Vinca minor*, p.176 ○

藤本植物
智利苣苔 *Asteranthera ovata* ○
智利藤 *Berberidopsis corallina*, p.211 ○
‘银后’绿萝 *Epipremnum aureum* ‘Marble Queen’, p.219 ○
薜荔 *Ficus pumila* ○ 🏆
‘象耳’科西加常春藤 *Hedera colchica* ‘Dentata’, p.221 ○ 🏆
‘绿波’洋常春藤 *Hedera helix* ‘Green Ripple’, p.221 ○
‘饰边’洋常春藤 *Hedera helix* ‘Ivalace’, p.221 ○ 🏆
海伯尼亚常春藤 *Hedera hibernica*, p.221 ○ 🏆
多蕊冠盖绣球 *Hydrangea petiolaris*, p.208 🏆
好望角菱叶藤 *Rhoicissus capensis* ○ 🏆
菱叶白粉藤 *Rhoicissus rhomboidea* ○
绣球钻地风 *Schizophragma hydrangeoides*

蕨类植物
细叶铁线蕨 *Adiantum venustum*, p.313 🏆
蹄盖蕨 *Athyrium filix-femina* 🏆
南国乌毛蕨 *Blechnum pennamarina* ○ 🏆 ▣
穗乌毛蕨 *Blechnum spicant* ○ 🏆
欧亚水龙骨 *Polypodium vulgare*, p.313 ○
刺毛耳蕨群 *Polystichum setiferum* Groups, p.311～p.313 ○

南国乌毛蕨 Blechnum penna-marina

宿根花卉

刺老鼠簕 *Acanthus spinosus*, p.251 🏆
塔形筋骨草 *Ajuga pyramidalis* ○
'暗紫'匍匐筋骨草 *Ajuga reptans* 'Atropurpurea', p.303 ○ 🏆
柔软羽衣草 *Alchemilla mollis*, p.290 🏆
亚平宁银莲花 *Anemone apennina* 🏆
盔苞芋 *Arisarum proboscideum*
尾状细辛 *Asarum caudatum* ○
欧洲细辛 *Asarum europaeum*, p.390 ○
蜘蛛抱蛋 *Aspidistra elatior* ○ 🏆
大粉珠花 *Astrantia maxima*, p.277 🏆
'紫色'心叶岩白菜 *Bergenia cordifolia* 'Purpurea', p.269 ○ 🏆
大叶蓝珠草 *Brunnera macrophylla* 🏆
普氏风铃草 *Campanula portenschlagiana*, p.382 ○ 🏆
肋瓣风铃草 *Campanula poscharskyana*, p.381
蓝雪花 *Ceratostigma plumbaginoides*, p.360 🏆
'重瓣'白屈菜 *Chelidonium majus* 'Flore Pleno', p.238
铃兰 *Convallaria majalis*, p.268 🏆
美丽荷包牡丹 *Dicentra formosa*
荷包牡丹 *Dicentra spectabilis*, p.245 🏆
蛇莓 *Duchesnea indica* ○
吐烟花 *Elatostema repens*, p.303 ○
阿尔及利亚淫羊藿 *Epimedium perralderianum* ○
'罗比'扁桃叶大戟 *Euphorbia amygdaloides* var. *robbiae*, p.271 ○ 🏆
白网纹草 *Fittonia argyroneura*, p.300 ○
银河草 *Galax urceolata*, p.351 ○
香猪殃殃 *Galium odoratum*, p.275
大根老鹳草 *Geranium macrorrhizum*, p.279 ○
具节老鹳草 *Geranium nodosum*, p.270
雷氏老鹳草 *Geranium renardii*, p.277 🏆

紫花野芝麻 Lamium maculatum

血红老鹳草 *Geranium sanguineum*, p.354
'布克斯顿'华莱士老鹳草 *Geranium wallichianum* 'Buxton's Variety', p.287
'白斑'欧亚活血丹 *Glechoma hederacea* 'Variegata', p.300 ○
玉簪（一些种类）HOSTAS, p.288～p.289 ▣
覆石花 *Hypsela reniformis*
红籽鸢尾 *Iris foetidissima* ○ 🏆
紫花野芝麻 *Lamium maculatum*, p.269 ○ ▣
阔叶山麦冬 *Liriope muscari*, p.294 ○ 🏆
'花边'森林地杨梅 *Luzula sylvatica* 'Marginata' ○
双叶舞鹤草 *Maianthemum bifolium*
荨麻叶龙头草 *Meehania urticifolia*
西亚脐果草 *Omphalodes cappadocica*, p.349 🏆
厚隔芥 *Pachyphragma macrophyllum*, p.267
'唐纳德·朗兹'密穗蓼 *Persicaria affinis* 'Donald Lowndes', p.376 ○ 🏆
钟花蓼 *Persicaria campanulata*, p.259
彩叶虉草 *Phalaris arundinacea* var. *picta*, p.306 ○ 🏆
银脉延命草 *Plectranthus oertendahlii* ○ 🏆
白斑叶肺草 *Pulmonaria saccharata*, p.271 ○
繁星虎耳草 *Saxifraga* x *geum*, p.347 ○
伊比利亚聚合草 *Symphytum grandiflorum* of gardens
铈缘花红叶群 *Tellima grandiflora* Rubra Group, p.302 ○
心叶黄水枝 *Tiarella cordifolia*, p.347 ○ 🏆
千母草 *Tolmiea menziesii* ○ 🏆
'黄白纹'白花紫露草 *Tradescantia fluminensis* 'Variegata', p.300 ○

观赏性地被

下图：在阴凉的环境中，玉簪生长繁茂，其叶子的质地、颜色和形状各不相同。许多植物都可在林缘生长，只要条件不是过分荫蔽或干燥就行。

杯石草 Waldsteinia ternata

多蕊草 *Vancouveria hexandra*, p.347
'紫叶'里文堇菜 *Viola riviniana* 'Purpurea', p.369
杯石草 *Waldsteinia ternata*, p.385 ○ ▣

岩生植物

腋花金鱼草 *Asarina procumbens*, p.384
三小叶碎米荠 *Cardamine trifolia*, p.362
加拿大草茱萸 *Cornus canadensis*, p.374 🏆
口雏菊 *Homogyne alpina* ○
美国蔓虎刺 *Mitchella repens* ○
大花夏枯草 *Prunella grandiflora*, p.382 ○
虎耳草 *Saxifraga stolonifera* ○ 🏆
伦敦虎耳草 *Saxifraga* x *urbium* ○ 🏆
心叶黄水枝 *Tiarella cordifolia*, p.347 ○ 🏆

阿拉斯加系列旱金莲 Tropaeolum *Alaska Series*

阳生地被植物

许多植物天然生长于干燥而光照充足的环境中，长期以来有些种形成适应性的叶片，以便使叶子损失的水分减至最小，还有些种的枝条稠密，以保持地表阴凉。大多数种类都有庞大的根系，深深扎入土壤中吸收水分。这些植物适应于排水良好的土壤，而在排水不良的地方，它们难以长期生存。尽管这些种类适应于干旱贫瘠的土壤，但其幼苗可能是在较好的水肥条件下培育出来的，所以栽种时要在土壤中混入有机物，如腐叶土或椰糠，栽植后到成活前应注意检查是否需要浇水。

‘蓝星’高山刺柏 Juniperus squamata *‘Blue Star’*

针叶树

‘平卧’欧洲刺柏 *Juniperus communis* ‘Prostrata’ ○
‘威尔顿’平枝圆柏 *Juniperus horizontalis* ‘Wiltonii’ ○ 🏆
柽柳叶圆柏 *Juniperus sabina* var. *tamariscifolia*, p.110 ○
‘蓝地毯’高山刺柏 *Juniperus squamata* ‘Blue Carpet’ ○ 🏆
‘蓝星’高山刺柏 *Juniperus squamata* ‘Blue Star’ ○ 🏆 ▣
小侧柏 *Microbiota decussata*, p.110 ○ 🏆
‘倒垂’挪威云杉 *Picea abies* ‘Inversa’ ○

灌木

内华达熊果 *Arctostaphylos nevadensis* ○
圆叶熊果 *Arctostaphylos nummularia* ○
熊果 *Arctostaphylos uva-ursi*, p.388 ○
金花小檗 *Berberis wilsoniae* ○ 🏆
‘日耀’达尼丁杂种常春藤 *Brachyglottis* Dunedin Hybrids ‘Sunshine’, p.170 ○ 🏆
‘白草地’帚石南 *Calluna vulgaris* ‘White Lawn’ ○ 🏆
匍匐聚花美洲茶 *Ceanothus thyrsiflorus* var. *repens*, p.168 ○ 🏆
克什米尔栒子 *Cotoneaster cochleatus* of gardens ○
‘斯科格霍姆’栒子 *Cotoneaster* ‘Skogholm’ ○
长雀花 *Cytisus* x *beanii*, p.349 🏆
海滨金雀儿 *Cytisus scoparius* subsp. *maritimus*
康藏麻黄 *Ephedra gerardiana* ○
‘春木白’春石南 *Erica carnea* ‘Springwood White’, p.178 ○ 🏆
‘丽翡翠’爬行卫矛 *Euonymus fortunei* ‘Emerald Gaiety’ ○ 🏆
‘邱园’爬行卫矛 *Euonymus fortunei* ‘Kewensis’ ○
平卧白珠树 *Gaultheria myrsinoides* ○
西班牙小金雀 *Genista hispanica*, p.170
沙氏小岩蔷薇 x *Halimiocistus sahucii*, p.159 ○ 🏆
‘佩吉’油叶长阶花 *Hebe pinguifolia* ‘Pagei’, p.351 ○ 🏆
杨氏长阶花 *Hebe* ‘Youngii’ ○
大萼金丝桃 *Hypericum calycinum*, p.170 ○
蔓马缨丹 *Lantana montevidensis*, p.167 ○
黄杨叶石南 *Leiophyllum buxifolium* ○ 🏆
岩生细子木 *Leptospermum rupestre*, p.160 ○ 🏆
‘阿伯茨伍德’金露梅 *Potentilla fruticosa* ‘Abbotswood’, p.158 🏆
‘松鸡’月季 *Rosa* GROUSE (‘Korimro’), p.189
‘岩蔷薇’月季 *Rosa* ‘Nozomi’, p.189 🏆
‘粉铃’月季 *Rosa* ‘PINK BELLS’ (‘Poulbells’), p.190
‘平卧’迷迭香 *Rosmarinus officinalis* ‘Prostratus’ ○ 🏆
匍匐柳 *Salix repens*, p.156
圣麻 *Santolina chamaecyparissus* ○ 🏆
‘波缘叶’小米空木 *Stephanandra incisa* ‘Crispa’
‘汉考克’匍枝毛核木 *Symphoricarpos* x *chenaultii* ‘Hancock’
‘重瓣’荆豆 *Ulex europaeus* ‘Flore Pleno’ 🏆
小蔓长春花(品种) *Vinca minor* ○
‘花叶’蔓长春花 *Vinca major* ‘Variegata’, p.175 ○ 🏆

天然的扩张者

几种垫状、花色诱人、夏季开花的猬莓，在光照充足、地势开阔的地方形成了漂亮的地被。

藤本植物

心叶落葵薯 *Anredera cordifolia* ○
厚萼凌霄花 *Campsis radicans*
山木通 *Clematis armandii*, p.212 ○
长花铁线莲 *Clematis rehderiana*, p.213 🏆
唐古特铁线莲 *Clematis tangutica*, p.213
赤壁草 *Decumaria sinensis* ○
哈登柏豆 *Hardenbergia comptoniana*, p.206 ○
‘大叶’阿尔及利亚常春藤 *Hedera canariensis* var. *algeriensis* ‘Ravensholst’ ○ 🏆
‘花齿叶’科西加常春藤 *Hedera colchica* ‘Dentata Variegata’ ○ 🏆
海伯尼亚常春藤 *Hedera hibernica*, p.221 ○ 🏆
束蕊花 *Hibbertia scandens* ○ 🏆
珊瑚豌豆 *Kennedia rubicunda*, p.205 ○
宽叶香豌豆 *Lathyrus latifolius*, p.211 🏆
‘霍尔’忍冬 *Lonicera japonica* ‘Halliana’, p.215 ○ 🏆
爬山虎 *Parthenocissus tricuspidata*, p.218 🏆
葛藤 *Pueraria lobata*
炮仗藤 *Pyrostegia venusta*, p.218 ○
日本络石 *Trachelospermum asiaticum* ○ 🏆
紫葛葡萄 *Vitis coignetiae*, p.218 🏆

宿根花卉

柔软羽衣草 *Alchemilla mollis*, p.290 🏆
白舌春黄菊 *Anthemis punctata* subsp. *cupaniana*, p.276 ○ 🏆
‘灰色’白艾 *Artemisia alba* ‘Canescens’ ○ 🏆
山矢车菊 *Centaurea montana*, p.284
雨伞草 *Darmera peltata*, p.238 🏆
金苞大戟 *Euphorbia polychroma*, p.275 🏆
血红老鹳草 *Geranium sanguineum*, p.354
蔓茎四瓣果 *Heterocentron elegans*, p.284 ○
阔叶山麦冬 *Liriope muscari*, p.294 ○ 🏆
斑点珍珠菜 *Lysimachia punctata*, p.255
法氏荆芥 *Nepeta* x *faassenii*, p.286
‘黄叶’牛至 *Origanum vulgare* ‘Aureum’, p.290 🏆
紫轮菊 *Osteospermum jucundum*, p.279 ○ 🏆
西亚糙苏 *Phlomis russeliana*, p.255 🏆
‘深紫’掌叶大黄 *Rheum palmatum* ‘Atrosanguineum’, p.227
绵毛水苏 *Stachys byzantina*, p.304 ○
平卧婆婆纳（品种）*Veronica prostrata*, p.357
林石草 *Waldsteinia ternata*, p.385 ○

一、二年生花卉

所有具蔓延生长特性的种类，如旱金莲属 *Tropaeolum* ▣

岩生植物

小叶猬莓 *Acaena microphylla*, p.389 ○ 🏆
红花蝶须 *Antennaria dioica* var. *rosea*, p.366 ○ 🏆
‘黄边’高加索南芥 *Arabis alpina* subsp. *caucasica* ‘Variegata’, p.362 ○
‘玫红’海石竹 *Armeria maritima* ‘Vindictive’, p.380 ○ 🏆
南庭芥属（品种）*Aubrieta* ○
金庭芥 *Aurinia saxatilis*, p.350 ○ 🏆
普氏风铃草 *Campanula portenschlagiana*, p.382 ○ 🏆
肋瓣风铃草 *Campanula poscharskyana*, p.381
蓝灰石竹 *Dianthus gratianopolitanus*, p.377 ○ 🏆
仙女木 *Dryas octopetala*, p.375 ○ 🏆
‘本·莫尔’半日花 *Helianthemum* ‘Ben More’, p.354 ○
奥林匹亚金丝桃 *Hypericum olympicum* 🏆
常绿屈曲花 *Iberis sempervirens*, p.346 ○ 🏆
‘天蓝’匍卧木紫草 *Lithodora diffusa* ‘Heavenly Blue’, p.357 ○ 🏆 ▣
银花 *Nierembergia repens*, p.374
密穗蓼（品种）*Persicaria affinis*
‘克拉克尔·杰克’道氏福禄考 *Phlox douglasii* ‘Crackerjack’, p.379 ○ 🏆
球序茜 *Phuopsis stylosa*, p.352
铺地香 *Thymus serpyllum* ○
‘卡皮坦’平卧婆婆纳 *Veronica prostrata* ‘Kapitan’, p.357

‘天蓝’匍卧木紫草 Lithodora diffusa *‘Heavenly Blue’*

适于干燥庇荫环境的植物

常绿树下全年都是干燥、庇荫的环境。夏天，除非有长时间的降水，否则雨水同样难以穿透厚厚的叶幕。少数几种开花较早的球根花卉，如卷瓣双苞风信子（*Hyacinthoides non-scripta*）和小型的林下植物可在落叶林下自然生长，而在春天林木重新开始生长时它们的地上部分就枯萎了。花园中干燥庇荫的地方通常见于分枝位置较低的大树下或是延伸的屋檐下的花境里。应该在秋季栽种植物，使根系在翌年春天到来之前发育良好。在植物完全成活前要定期施肥并检查是否需要浇水。

乔木和针叶树

地中海冬青 *Ilex aquifolium*, p.98 ○ 🏆
‘紧贴’欧洲红豆杉 *Taxus baccata* ‘Adpressa’ ○
东北红豆杉 *Taxus cuspidata*, p.109 ○
加拿大铁杉 *Tsuga canadensis*, p.107 ○

灌木

‘巴豆叶’东瀛珊瑚 *Aucuba japonica* ‘Crotonifolia’, p.153 ○ 🏆
锦熟黄杨 *Buxus sempervirens* ○ 🏆
墨西哥橘 *Choisya ternata*, p.127 ○ 🏆
平枝栒子 *Cotoneaster horizontalis*, p.172 🏆
桂叶瑞香（变型）*Daphne laureola* ○ ▣
埃氏胡颓子 *Elaeagnus* x *ebbingei* ○

菲利浦瑞香 Daphne laureola *subsp.* philippi

冬青卫矛 *Euonymus japonicus* ○
八角金盘 *Fatsia japonica* ○ 🏆
柠檬叶白珠树 *Gaultheria shallon*, p.162 ○
‘大叶’阿尔及利亚常春藤 *Hedera canariensis* var. *algeriensis* ‘Ravensholst’, p.221 ○ 🏆
洋常春藤 *Hedera helix* ○
海伯尼亚常春藤 *Hedera hibernica*, p.221 ○ 🏆
大萼金丝桃 *Hypericum calycinum*, p.170 ○
‘埃斯塔德’无味金丝桃 *Hypericum* x *inodorum* ‘Elstead’, p.170
莫氏金丝桃 *Hypericum* x *moserianum* 🏆
蕊帽忍冬 *Lonicera pileata*, p.176 ○
冬青叶十大功劳 *Mahonia aquifolium*, p.157 ○
华丽木犀 *Osmanthus decorus* ○、
山桂花 *Osmanthus delavayi*, p.116 ○ 🏆
顶花板凳果 *Pachysandra terminalis*, p.388 ○ 🏆
‘密枝’桂樱 *Prunus laurocerasus* ‘Otto Luyken’, p.154 ○ 🏆
‘狭叶’桂樱 *Prunus laurocerasus* ‘Zabeliana’, p.154 ○
葡萄牙桂樱 *Prunus lusitanica* ○ 🏆
三色莓 *Rubus tricolor* ○
假叶树 *Ruscus aculeatus* ○
舌苞假叶树 *Ruscus hypoglossum*, p.176 ○
‘紫叶’西洋接骨木 *Sambucus nigra* ‘Guincho Purple’ 🏆
小叶野扇花 *Sarcococca humilis*, p.174 ○
平滑雪果毛核木 *Symphoricarpos albus* var. *laevigatus*
平滑狭叶越橘 *Vaccinium angustifolium* var. *laevifolium*, p.172
枇杷叶荚蒾 *Viburnum rhytidophyllum*, p.118 ○
月桂荚蒾 *Viburnum tinus*, p.149 ○
蔓长春花 *Vinca major* ○
小蔓长春花 *Vinca minor*, p.176 ○

藤本植物

智利藤 *Berberidopsis corallina*, p.211 ○
南蛇藤 *Celastrus orbiculatus* 🏆
条纹白粉藤 *Cissus striata* ○
‘银后’绿萝 *Epipremnum aureum* ‘Marble Queen’, p.219 ○
‘丽翡翠’爬行卫矛 *Euonymus fortunei* ‘Emerald Gaiety’ ○ 🏆
阿尔及利亚常春藤 *Hedera canariensis* var. *algeriensis* ○
智利钟花 *Lapageria rosea*, p.210 ○ 🏆
‘霍尔’忍冬 *Lonicera japonica* ‘Halliana’, p.215 ○ 🏆
普通忍冬（品种）*Lonicera periclymenum*
攀缘蔓绿绒 *Philodendron scandens*, p.220 ○ 🏆

蕨类植物

药用铁角蕨 *Asplenium ceterach*, p.311 ○
舌状铁角蕨 *Asplenium scolopendrium*, p.313 ○ 🏆
全缘贯众 *Cyrtomium falcatum*, p.311 ○ 🏆
加拿利骨碎补 *Davallia canariensis* 🏆
相似鳞毛蕨 *Dryopteris affinis* ○ 🏆
高大肾蕨 *Nephrolepis exaltata*, p.312 ○ 🏆
欧亚水龙骨 *Polypodium vulgare*, p.313 ○
欧洲耳蕨 *Polystichum aculeatum* ○ 🏆
欧洲凤尾蕨 *Pteris cretica*, p.311 ○ 🏆

宿根花卉

刺老鼠簕 *Acanthus spinosus*, p.251 🏆
长筒花属 *Achimenes*
匍匐筋骨草（品种）*Ajuga reptans* ○
柔软羽衣草 *Alchemilla mollis*, p.290 🏆
‘重瓣’白屈菜 *Chelidonium majus* ‘Flore Pleno’, p.238
唇柱苣苔属 *Chirita* ○
欧黄堇 *Corydalis lutea*, p.359 ○
毛地黄 *Digitalis purpurea*
‘哈普尔’车前状多榔菊 *Doronicum* x *excelsum* ‘Harpur Crewe’
大花淫羊藿（品种）*Epimedium grandiflorum* ▣

‘红丽’大花淫羊藿 Epimedium grandiflorum ‘*Crimson Beauty*’

明亮的色调

上图：‘罗比’扁桃叶大戟（*Euphorbia amygdaloies* var. *robbiae*）密集、暗绿色叶子同暗绿色的常春藤在一起，为土壤状况较差的干燥庇荫区域提供了良好的覆盖，黄绿色的圆形花序在春天为植丛添加了亮色。

齿瓣淫羊藿 *Epimedium pinnatum* subsp. *colchicum* ○ 🏆
‘罗比’扁桃叶大戟 *Euphorbia amygdaloides* var. *robbiae*, p.271 ○ 🏆 ▣
大根老鹳草 *Geranium macrorrhizum*, p.279
暗色老鹳草 *Geranium phaeum*, p.238
红籽鸢尾 *Iris foetidissima* ○ 🏆
毛地黄红雾花 *Kohleria digitaliflora*, p.244 🏆
紫花野芝麻 *Lamium maculatum*, p.269 ○
宿根银扇草 *Lunaria rediviva*
‘花边’森林地杨梅 *Luzula sylvatica* ‘Marginata’ ○
顶花板凳果 *Pachysandra terminalis*, p.388 ○ 🏆
杂交黄精 *Polygonatum* x *hybridum*, p.238 🏆
欧茛菪 *Scopolia carniolica*, p.271
匙叶景天 *Sedum spathulifolium*, p.389 ○
圆叶旋果花 *Streptocarpus saxorum*, p.284 ○ 🏆
‘花叶’聚合草 *Symphytum* ‘Goldsmith’ ▣
伊比利亚聚合草 *Symphytum ibericum*
饰缘花 *Tellima grandiflora* ○
千母草 *Tolmiea menziesii* ○ 🏆
‘四色’吊竹梅 *Tradescantia zebrina* ‘Quadricolor’ ○ 🏆

‘花叶’聚合草 Symphytum ‘*Goldsmith*’

‘紫叶’里文堇菜 *Viola riviniana* ‘Purpurea’, p.369

鳞茎类、球茎类和块茎类花卉

大花君子兰 *Clivia miniata*, p.419 ○ 🏆
秋水仙 *Colchicum autumnale*, p.437
雪球花 *Haemanthus albiflos* ○
西班牙双苞风信子 *Hyacinthoides hispanica*, p.414
卷瓣双苞风信子 *Hyacinthoides non-scripta*, p.414

适于湿润庇荫环境的植物

在一些雨量充沛的地区，花园中不见阳光或很少见阳光的地方，土壤可能会终年湿冷。地下水位较高或排水不良的低洼地建的花园，也会有长期阴湿的区域。在天然溪流旁边，或是在花园池塘边建的人工沼泽，也会有同样的情形。应充分利用这种条件种植如大叶玉簪、蕨类和较喜湿的报春之类植物。要在春天种植，可通过加入有机质疏松土壤。在持续干旱时节，应注意水分状况。

湿冷的角落
上图：花园水池边的阴湿处，蕨类植物和大叶玉簪生长最佳。

灌木

欧洲鼠刺 *Anopterus glandulosus*, p.116 ○
石松状岩须 *Cassiope lycopodioides*, p.363 ○ 🏆
铃兰花山柳 *Clethra arborea* ○ ⊡
‘石榴红’钝裂叶山楂 *Crataegus laevigata* ‘Punicea’
核果尖苞木*Cyathodes colensoi*, p.360 ○
大王桂 *Danäe racemosa* ○ 🏆
倾卧白珠树 *Gaultheria procumbens*, p.387 ○ 🏆
宽叶山月桂 *Kalmia latifolia*, p.141 ○ 🏆
加茶杜香 *Ledum groenlandicum*, p.154 ○
大叶木黎芦 *Leucothöe fontanesiana* ○ 🏆
北美山胡椒 *Lindera benzoin*, p.131
女贞状南烛 *Lyonia ligustrina*
西康绣线梅 *Neillia thibetica*, p.140
大花黄牡丹 *Paeonia lutea* var. *ludlowii*, p.237

铃兰花山柳 Clethra arborea

紫斑牡丹 *Paeonia suffruticosa* subsp. *rockii*, p.236
崖翠木 *Paxistima canbyi* ○
‘不眠树’福氏马醉木 *Pieris formosa* var. *forrestii* ‘Wakehurst’, p.142 ○ 🏆
番樱桃状海桐 *Pittosporum eugenioides* ○
桂樱 *Prunus laurocerasus* ○ 🏆
杜鹃花（多数种类）RHODODENDRONS, p.132～p.134 ○
大叶柳 *Salix magnifica* 🏆
野扇花 *Sarcococca ruscifolia* ○
日本茵芋 *Skimmia japonica*, p.175 ○
‘普拉格’荚蒾 *Viburnum* ‘Pragense’, p.139 ○ 🏆
黄根 *Xanthorhiza simplicissima*

藤本植物

木通（一些种类）*Akebia quinata*, p.205 ○
智利苣苔 *Asteranthera ovata* ○
赤壁草 *Decumaria sinensis*, p.204 ○
异色薯蓣 *Dioscorea discolor*, p.219 ○
‘黄叶’啤酒花 *Humulus lupulus* ‘Aureus’, p.206 🏆
多蕊冠盖绣球 *Hydrangea petiolaris*, p.208 🏆
盘叶忍冬 *Lonicera tragophylla* 🏆
白顶蜂鸟花 *Macleania insignis* ○
攀缘假泽兰 *Mikania scandens* ○
红番莲 *Passiflora coccinea*, p.205 ○
冠盖藤 *Pileostegia viburnoides*, p.208 ○ 🏆
钻地风 *Schizophragma integrifolium*, p.208 🏆
菝葜 *Smilax china*
舌唇山牵牛 *Thunbergia mysorensis*, p.207 ○ 🏆
络石 *Trachelospermum jasminoides*, p.207 ○ 🏆

蕨类植物

华东蹄盖蕨 *Athyrium nipponicum*, p.313
雅致乌毛蕨 *Blechnum tabulare* ○ 🏆
澳大利亚桫椤 *Cyathea australis*, p.100 ○

刺羽耳蕨 Polystichum munitum

白桫椤 *Cyathea medullaris* ○
澳大利亚蚌壳蕨 *Dicksonia antarctica*, p.310 ○ 🏆
硕鳞毛蕨 *Dryopteris goldieana*
海金沙 *Lygodium japonicum* ○
荚果蕨 *Matteuccia struthiopteris*, p.312 🏆
球子蕨 *Onoclea sensibilis*, p.312 🏆
绒紫萁 *Osmunda claytoniana*
刺羽耳蕨 *Polystichum munitum*, p.310 ○ 🏆 ⊡
多枝卷柏 *Selaginella martensii*, p.311 ○ 🏆
生根狗脊蕨 *Woodwardia radicans* ○ 🏆

宿根花卉

白果类叶升麻 *Actaea pachypoda*, p.259 🏆
‘暗紫’匍匐筋骨草 *Ajuga reptans* ‘Atropurpurea’, p.303 ○ 🏆
杂种秋牡丹（品种）*Anemone* x *hybrida*
小银莲 *Anemonella thalictroides*, p.364
花烛 *Anthurium scherzerianum*, p.302 ○
假升麻 *Aruncus dioicus*, p.226 🏆
欧洲细辛 *Asarum europaeum*, p.390 ○
毛叶秋海棠（杂种）*Begonia rex* ○
岩白菜属 *Bergenia* ○
大叶蓝珠草 *Brunnera macrophylla* 🏆

‘腊月花’铁筷子 Helleborus x ballardiae ‘December Dawn’

斑叶肖竹芋 *Calathea zebrina*, p.266 ○ 🏆
五小叶碎米荠 *Cardamine pentaphyllos*, p.270
总状升麻 *Cimicifuga racemosa* 🏆
铃兰 *Convallaria majalis*, p.268 🏆
假报春 *Cortusa matthioli*, p.354
核果尖苞木 *Cyathodes colensoi*, p.360 ○
雨伞草 *Darmera peltata*, p.238 🏆
银梅草 *Deinanthe caerulea*
鸳鸯草 *Dichorisandra reginae*, p.252 ○
默顿毛地黄 *Digitalis* x *mertonensis* ○ 🏆
白珠树状地桂 *Epigaea gaultherioides*, p.364 ○
银河草 *Galax urceolata*, p.351 ○
具节老鹳草 *Geranium nodosum*, p.270
瓣苞芹 *Hacquetia epipactis*, p.371 🏆
米氏耳草 *Hedyotis michauxii*, p.383
‘腊月花’铁筷子 *Helleborus* x *ballardiae* ‘December Dawn’ ⊡
杂种铁筷子 *Helleborus* x *hybridus*, p.302 ○
玉簪 HOSTAS, p.288～p.289 ⊡
唐松草叶扁果草 *Isopyrum thalictroides*
双叶鲜黄莲 *Jeffersonia diphylla*, p.347
黄山梅 *Kirengeshoma palmata*, p.263 🏆
‘银斑叶’山野芝麻 *Lamium galeobdolon* subsp. *montanum* ‘Florentinum’ ○
紫花野芝麻 *Lamium maculatum*, p.269 ○
杨柳齿鳞草 *Lathraea clandestina*, p.271
林星花 *Lithophragma parviflorum*, p.346
加拿大舞鹤草 *Maianthemum canadense*, p.363
‘红脉’竹芋 *Maranta leuconeura* ‘Erythroneura’, p.303 ○
布氏唢呐草 *Mitella breweri*, p.384
西亚脐果草 *Omphalodes cappadocica*, p.349 🏆
簇生匍地梅 *Ourisia caespitosa*, p.374 ○
顶花板登果 *Pachysandra terminalis*, p.388 ○ 🏆
钟花蓼 *Persicaria campanulata*, p.259
杂交黄精 *Polygonatum* x *hybridum*, p.238 🏆
具梗铜锤玉带草 *Pratia pedunculata*, p.383 ○
报春花（多数种类）PRIMULAS, p.272～p.273
大花夏枯草 *Prunella grandiflora*, p.382 ○
肺草属（一些种类）*Pulmonaria* ○
兰山草 *Ranzania japonica*
锦芦莉草 *Ruellia devosiana*, p.277 ○
心叶黄水枝 *Tiarella cordifolia*, p.347 ○ 🏆
大花延龄草 *Trillium grandiflorum*, p.268 🏆
大花垂铃儿 *Uvularia grandiflora*, p.274 🏆
多萼草 *Vancouveria hexandra*, p.347
黄肉芋 *Xanthosoma sagittifolium*, p.266

鳞茎类、球茎类和块茎类花卉

天南星属 *Arisaema*
盔苞芋 *Arisarum proboscideum*
‘云纹’美果芋 *Arum italicum* ‘Marmoratum’, p.434 🏆
克美莲 *Camassia leichtlinii*, p.397 🏆
大雪花莲 *Galanthus elwesii*, p.439 🏆
雪花莲（品种）*Galanthus nivalis*
克里米亚雪花莲 *Galanthus plicatus* subsp. *plicatus*
夏雪片莲 *Leucojum aestivum*, p.396
雪片莲 *Leucojum vernum*, p.426 🏆
仙客来水仙 *Narcissus cyclamineus*, p.418 🏆

喜墙体保护的灌木

墙体可为许多灌木提供有利的生长环境，尤其是对那些只有中度耐寒力的常绿灌木非常有用。一些冬季开花的灌木在墙体保护下，开花会更多且更有保障。最好的墙体环境是温暖、光照充足，并能阻挡冬天和早春的寒风。房屋墙体散失的热量，以及靠近墙基的良好排水条件，也有利于不甚耐寒的灌木的生存。

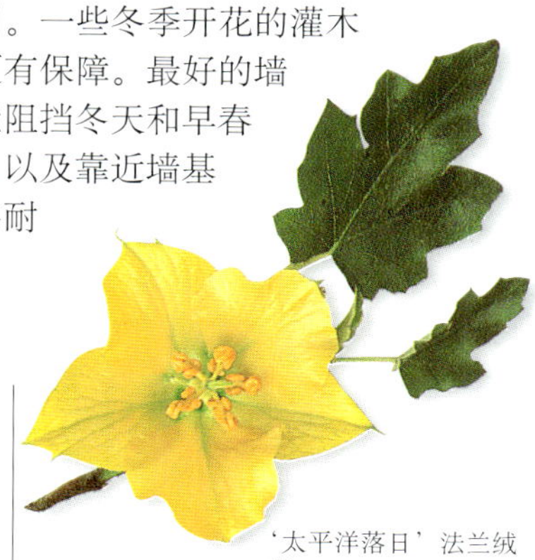

‘太平洋落日’法兰绒花 Fremontodendron *‘Pacific Sunset’*

多花六道木 *Abelia floribunda* ○ 🏆

巴西苘麻 *Abutilon megapotamicum* ○ 🏆

真珠相思树 *Acacia podalyriifolia*, p.135 ○

三角叶相思树 *Acacia pravissima*, p.97 ○

凤榴 *Acca sellowiana*, p.143 ○

轮叶橙香木 *Aloysia triphylla*, p.143 🏆

小木艾 *Artemisia arborescens*, p.175 ○

锯齿阿查拉 *Azara serrata*, p.135 ○

白背枫 *Buddleja asiatica* ○ 🏆

皱叶醉鱼草 *Buddleja crispa*, p.143

‘华美’辉花红千层 *Callistemon citrinus* ‘Splendens’, p.143 ○ 🏆

魔力花 *Cantua buxifolia*, p.155 ○

茶花常山 *Carpenteria californica*, p.138 ○ 🏆

陷脉美洲茶 *Ceanothus impressus*, p.145 ○

‘莫尔洛斯’皱皮木瓜 *Chaenomeles speciosa* ‘Moerloosei’, p.130 🏆

蜡梅 *Chimonanthus praecox*

粉绿小冠花 *Coronilla valentina* subsp. *glauca*, p.157 ○ ⊡

香雀花 *Cytisus* x *spachianus* ○ 🏆

‘金边’瑞香 *Daphne odora* ‘Aureomarginata’, p.174 ○

罂粟木 *Dendromecon rigida*, p.147 ○

林仙 *Drimys winteri*, p.78 ○

木香薷 *Elsholtzia stauntonii*, p.173

‘艾维’南美鼠刺 *Escallonia* ‘Iveyi’, p.118 ○ 🏆

紫柏枝花 *Fabiana imbricata* f. *violacea*, p.145 ○ 🏆

‘加州之光’法兰绒花 *Fremontodendron* ‘California Glory’, p.123 ○ 🏆

‘太平洋落日’法兰绒花 *Fremontodendron* ‘Pacific Sunset’ ○ ⊡

丝缨花 *Garrya elliptica*, p.125 ○

月月青 *Itea ilicifolia*, p.146 ○ 🏆

云南黄馨 *Jasminum mesnyi*, p.207 ○ 🏆

紫薇 *Lagerstroemia indica*, p.91

‘红玫瑰’帚状细子木 *Leptospermum scoparium* ‘Red Damask’, p.131 ○ 🏆

郁香忍冬 *Lonicera fragrantissima*

保护地环境

在温暖的墙前环境下，耐寒性不太强的粉绿小冠花（*Coronilla valentina* subsp. *glauca*）可早早地开花。

尖叶龙袍木 *Luma apiculata*, p.119 ○ 🏆

假栾树 *Melianthus major* ○ 🏆

银香梅 *Myrtus communis*, p.130 ○ 🏆

赛龙榄叶菊 *Olearia* x *scilloniensis* ○ 🏆

华西小石积 *Osteomeles schweriniae*, p.138 ○

尼泊尔黄花木 *Piptanthus nepalensis*, p.146 ○

毛刺槐 *Robinia hispida*, p 141 🏆

‘深黄’木香花 *Rosa banksiae* ‘Lutea’, p.198 ○ 🏆

‘少女’月季 *Rosa* ‘Mermaid’, p.199 🏆

迷迭香 *Rosmarinus officinalis*, p.167 ○

‘伯舍尔’总苞鼠尾草 *Salvia involucrata* ‘Bethellii’, p.231

‘秋花’智利藤茄 *Solanum crispum* ‘Glasnevin’, p.214 ○ 🏆

翠蓝木 *Tibouchina urvilleana*, p.122 🏆

垂管花 *Vestia foetida* ○ 🏆

适于铺装路面和墙隙的植物

在山区，许多高山植物生长于深深的岩石裂缝或石隙中，有些丛生或蔓生，另一些呈莲座状，通过长匐茎延伸，如虎耳草和长生草。如果做不规则形的铺装，要为小植物的生长留下缝隙，但在人迹罕至的区域要控制栽植，以免过度蔓延。当修建石头挡土墙时，将石板向后倾斜即可形成洞穴，一边建墙一边即可进行种植。多数墙生植物在向阳处生长繁茂，但欧洲苣苔属和多数小型蕨类植物喜欢阴凉潮湿的环境。

用花朵覆盖

墨西哥飞蓬（*Erigeron karvinskianus*）在夏季开放着雏菊般的花序，非常适于种在缝隙中。

一、二年生花卉（非墙生）

熊耳草（小型品种）*Ageratum houstonianum*

钻石花 *Ionopsidium acaule* 🏆

沼花 *Limnanthes douglasii*, p.336 🏆

南非山梗菜（品种）*Lobelia erinus*

香雪球 *Lobularia maritima*

海滨涩芥 *Malcolmia maritima*, p.323

斑点粉蝶花 *Nemophila maculata*, p.319

粉蝶花 *Nemophila menziesii*, p.333

大花马齿苋（系列品种）*Portulaca grandiflora*

岩生植物

小叶猬莓 *Acaena microphylla*, p.389 ○ 🏆

颖状彩花（墙生）*Acantholimon glumaceum*, p.377 ○

凯氏蓍草 *Achillea* x *kellereri*, p.375 ○

‘爱德华王’莱氏蓍草 *Achillea* x *lewisii* ‘King Edward’ ○ 🏆

‘沃利粉红’岩芥菜 *Aethionema* ‘Warley Rose’, p.376 ○ 🏆

山庭荠 *Alyssum montanum* ○

喜玛拉雅点地梅 *Androsace sarmentosa* ○ 🏆

蝶须 *Antennaria dioica* ○

‘玫红’海石竹 *Armeria maritima* ‘Vindictive’, p.380 ○ 🏆

高加索蒿 *Artemisia pedemontana* ○

蕨叶蒿 *Artemisia schmidtiana* ○ 🏆

药用铁角蕨 *Asplenium ceterach*, p.311 ○

南庭芥属 *Aubrieta* ○

‘柠檬’金庭芥 *Aurinia saxatilis* ‘Citrina’, p.349 ○ 🏆

岩荠叶风铃草 *Campanula cochleariifolia*, p.383 🏆

肋瓣风铃草 *Campanula poscharskyana*, p.381

‘爱丁堡’岩须 *Cassiope* ‘Edinburgh’, p.346 ○ 🏆

黄金菊 *Chamaemelum nobile* ○

对叶景天（墙生）*Chiastophyllum oppositifolium*, p.349 ○ 🏆

小叶蓝钟花 *Cyananthus microphyllus*, p.383 🏆

蔓柳穿鱼 *Cymbalaria muralis*

西洋石竹 *Dianthus deltoides* ○ 🏆 ⊡

刚毛葶苈 *Draba aizoides* ○

仙女木 *Dryas octopetala*, p.375 ○ 🏆

墨西哥飞蓬 *Erigeron karvinskianus*, p.377 🏆 ⊡

狐地黄 *Erinus alpinus*, p.366 ○ 🏆

匍伏丝石竹（品种）*Gypsophila repens* ○

‘白花’喉凸苣苔 *Haberlea rhodopensis* ‘Virginalis’, p.373 ○

西洋石竹 Dianthus deltoides

半日花属 *Helianthemum* ○

奥林匹亚金丝桃 *Hypericum olympicum* 🏆

‘天蓝’匍卧木紫草 *Lithodora diffusa* ‘Heavenly Blue’, p.357 ○ 🏆

细叶通泉草 *Mazus reptans*, p.368

科西嘉薄荷 *Mentha requienii* ○

银花 *Nierembergia repens*, p.374

匍匐拟长阶花 *Parahebe lyallii* ○

道氏福禄考（品种）*Phlox douglasii* ○

喙檐花（攀墙）*Physoplexis comosa*, p.380 🏆

欧洲苣苔（仅攀墙）*Ramonda myconi*, p.382 ○ 🏆

圣塔虎耳草 *Saxifraga cotyledon*, p.352 ○

‘卡普布朗’匙叶景天 *Sedum spathulifolium* ‘Cape Blanco’, p.391 ○ 🏆

山长生草 *Sempervivum montanum*, p.390 ○

铺地香（品种）*Thymus serpyllum* ○

金地梅 *Vitaliana primuliflora*, p.372 ○

盆栽植物

种满植物的花盆等容器可装点露台、庭院和阳台。这些地方通常背风向阳，使用较大的容器比小容器更易保持水分。将小型乔木、针叶树或灌木组合成小群，再配以宿根花卉，不仅株形和叶子可供长期观赏，还不时会有花朵绽放。为了展示鲜艳的色彩，可以种植春季开花的球根花卉，然后再植以整个夏季开花不断的矮牵牛和万寿菊。

乔木
梣叶槭 *Acer negundo*
新西兰朱蕉（品种）*Cordyline australis* ○
钝裂叶山楂（品种）*Crataegus laevigata*
桉属（幼株）*Eucalyptus* ○
榕属（多数种类）*Ficus* ○
地中海冬青（品种）*Ilex aquifolium* ○
蓝花楹 *Jacaranda mimosifolia*, p.79
月桂 *Laurus nobilis* ○ 🏆 ⊡
苹果属（小型种及品种）*Malus*
楝 *Melia azederach*, p.76
油橄榄 *Olea europaea* ○ 🏆
加那利海枣 *Phoenix canariensis* ○ 🏆
李属（小型种及品种）*Prunus*
花楸属（小型种及品种）*Sorbus*
丝葵属 *Washingtonia* ○

月桂 Laurus nobilis

针叶树
（下列属中所有的小型种类及品种）
冷杉属 *Abies* ○
扁柏属 *Chamaecyparis* ○
刺柏属 *Juniperus* ○
云杉属 *Picea* ○
松属 *Pinus* ○
崖柏属 *Thuja* ○
罗汉柏 *Thujopsis dolabrata* ○ 🏆

灌木
锦熟黄杨（品种）*Buxus sempervirens* ○
长春花 *Catharanthus roseus*, p.160 🏆
石南属 *Erica* ○
倒挂金钟 FUCHSIAS, p.164～p.165
长阶花属 *Hebe* ○
绣球花 HYDRANGEAS, p.144
薰衣草属 *Lavandula* ○
银香梅 *Myrtus communis*, p.130 ○ 🏆
海桐花属 *Pittosporum* ○
杜鹃花（大多数种类）RHODODENDRONS, p.132～p.134 ○
月季、蔷薇类（大多数种类）ROSES, p.184～p.188 ○
圣麻属 *Santolina* ○
千里光属（灌木种类）*Senecio* ○
绣线菊属 *Spiraea*
月桂荚蒾 *Viburnum tinus*, p.149 ○

藤本植物
澳大利亚白粉藤 *Cissus antarctica*, p.220 ○ 🏆
铁线莲（小型品种）CLEMATIS, p.212～p.213 ○
电灯花 *Cobaea scandens*, p.214 ○ 🏆
智利悬果藤 *Eccremocarpus scaber*, p.217 ○ 🏆
洋常春藤（品种）*Hedera helix* ○
番薯属（一些品种）*Ipomoea* ○
素馨属（部分攀缘种类）*Jasminum* ○
香豌豆属（攀缘种类）*Lathyrus*
忍冬属（部分攀缘种类）*Lonicera* ○
飘香藤属 *Mandevilla* ○
西番莲属 *Passiflora* ○
多花黑鳗藤 *Stephanotis floribunda*, p.204 ○ 🏆
旱金莲属（攀缘种类）*Tropaeolum*

用于周年的观赏
观叶和观花植物分别栽种在不同的容器内，以不规则的形式摆放到一起使设计灵活可变，对已经谢花的植物可以替换掉，但植物摆放的整体能恒定地保持令人愉悦的氛围。

蕨类植物
铁线蕨属（多数种类）*Adiantum*
水扒龙群舌状铁角蕨 *Asplenium scolopendrium* Marginatum Group, p.313 ○
华东蹄盖蕨 *Athyrium niponicum*, p.313
'复裂'欧亚水龙骨 *Polypodium vulgare* 'Cornubiense', p.312 ○
异裂群刺毛耳蕨 *Polystichum setiferum* Divisilobum Group, p.311 ○

宿根花卉
百子莲属 *Agapanthus*
岩白菜属 *Bergenia* ○
萱草 DAYLILIES, p.257
老鹳草属（部分种类）*Geranium* ○
路边青属 *Geum*
玉簪 HOSTAS, p.288～p.289
麻兰属 *Phormium* ○
报春花（高大种类及品种）PRIMULAS, p.272～p.273
肺草属（部分种类）*Pulmonaria* ○
'金前锋'大花金光菊 *Rudbeckia fulgida* var. *sullivantii* 'Goldsturm', p.256 🏆
鼠尾草属（多数种类）*Salvia*
水苏属（部分种类）*Stachys* ○
马鞭草属（部分种类）*Verbena* ○

一、二年生花卉
藿香蓟属 *Ageratum*
蓬头草 *Bassia scoparia* f. *trichophylla*, p.335 🏆
蓝宝花 *Browallia speciosa*, p.266
金盏花（系列及品种）*Calendula officinalis*
翠菊（系列及品种）*Callistephus chinensis*
南非山梗菜（品种）*Lobelia erinus*
龙面花（系列）*Nemesia strumosa*
矮牵牛属 *Petunia*
美人襟属（系列及品种）*Salpiglossis sinuata*
五彩苏（系列及品种）*Solenostemon scutellarioides*, p.324, p.329
万寿菊属 *Tagetes*
杂种三色堇 *Viola* x *wittrockiana* hybrids

岩生植物
所有岩生植物都适宜盆栽，下列为特别推荐的种类：
风铃草属（许多种类）*Campanula* ○
石竹属（许多种类）*Dianthus* ○
老鹳草属（数种）*Geranium* ○
长阶花属 *Hebe* ○
半日花属 *Helianthemum* ○
常绿屈曲花 *Iberis sempervirens*, p.346 ○ 🏆
钓钟柳属（许多种类）*Penstemon* ○
密穗蓼 *Periscaria affinis*
福禄考属（数种）*Phlox* ○
耳叶报春及其杂种 *Primula auricula* 🏆
岩生肥皂草 *Saponaria ocymoides*, p.378 🏆
虎耳草属（许多种类）*Saxifraga* ○
夏弗塔雪轮 *Silene schafta*, p.379 🏆

鳞茎类、球茎类和块茎类花卉
所有的球根花卉都适宜盆栽，下列为特别推荐的种类：
番红花 CROCUSES, p.428～p.429
水仙 DAFFODILS, p.416～p.418
风信子 HYACINTHS, p.431
鸢尾（鳞茎种类）IRISES, p.234～p.235
百合（许多种类）LILIES, p.404～p.405
郁金香 TULIPS, p.410～p.412 ⊡
'克罗伯勒'马蹄莲 *Zantedeschia aethiopica* 'Crowborough', p.397 ○ 🏆

'凯兹克恩'郁金香 Tulipa '*Keizerskroon*'

水生植物
下列植物宜使用不漏水的容器。
'银斑'菖蒲 *Acorus calamus* 'Argenteostriatus', p.447 ○
长柄水蕹 *Aponogeton distachyos*, p.447
细叶满江红 *Azolla filiculoides*, p.448
凤眼莲 *Eichhornia crassipes*, p.448 ○
睡菜 *Menyanthes trifoliata*, p.446
莲（品种）*Nelumbo nucifera*
梭鱼草 *Pontederia cordata*, p.448 🏆
水竹芋 *Thalia dealbata*
睡莲（小型品种）WATER LILIES, p.450

适于墙体或花篮的蔓生植物

在自然状态下，许多植物生长于缝隙中，它们的茎蔓大面积覆盖着垂直的岩石。在花园中，可将蔓生的高山植物栽种于干砌石墙的穴窗中。如果花园中有挡土墙，藤本植物或矮生的针叶树从高处垂落可以使墙体显得柔和一些。较小的蔓生植物，如不耐寒的多年生或一年生花卉，最适于花篮种植。栽种后可将花篮置于露台上倒置的大花盆上或置于老树桩上，植物茎蔓将长成圆锥形的花丛。

针叶树

海滨刺柏 *Juniperus conferta* ○
平枝圆柏（品种）*Juniperus horizontalis* ○
‘蓝地毯’高山柏 *Juniperus squamata* ‘Blue Carpet’ ○ 🏆
小侧柏 *Microbiota decussata*, p.110 ○ 🏆

灌木

熊果 *Arctostaphylos uva-ursi*, p.388 ○
匍匐聚花美洲茶 *Ceanothus thyrsiflorus* var. *repens*, p.168 ○ 🏆
橙花豆 *Chorizema ilicifolium*, p.157 ○
小叶栒子 *Cotoneaster microphyllus* ○ 🏆
‘彩叶’爬行卫矛 *Euonymus fortunei* ‘Coloratus’ ○
倾卧倒挂金钟 *Fuchsia procumbens*, p.165
矮丛小金雀 *Genista lydia*, p.359 🏆
‘佩吉’油叶长阶花 *Hebe pinguifolia* ‘Pagei’, p.351 ○ 🏆
具柄蜡菊 *Helichrysum petiolare*, p.175 ○ 🏆 ▣
蔓马缨丹 *Lantana montevidensis*, p.167 ○
岩生细子木 *Leptospermum rupestre*, p.160 ○
对叶杜鹃 *Loiseleuria procumbens*, p.377 ○
糙毛袋鼠花 *Nematanthus strigillosus* ○
青藏垫柳 *Salix lindleyana*
匍匐柳 *Salix repens*, p.156

宿根花卉

‘桃红’长筒花 *Achimenes* ‘Peach Blossom’
翠锦口红花 *Aeschynanthus speciosus*, p.293 ○ 🏆
鼠尾鞭 *Aporocactus flagelliformis*, p.463
同叶风铃草 *Campanula isophylla* ○ 🏆
食用昼花 *Carpobrotus edulis*
金鱼花属（多数种类）*Columnea* ○
北非旋花 *Convolvulus sabatius*, p.356 🏆
红背草 *Cyanotis kewensis* ○ 🏆
吐烟花 *Elatostema repens*, p.303 ○
喜荫花 *Episcia cupreata*, p.301 ○
石竹喜荫花 *Episcia dianthiflora*, p.299 ○
‘白斑’欧亚活血丹 *Glechoma hederacea* ‘Variegata’, p.300 ○ ▣
‘花齿叶’科西加常春藤 *Hedera colchica* ‘Dentata Variegata’ ○ 🏆
‘硫黄心’科西加常春藤 *Hedera colchica* ‘Sulphur Heart’ ○ 🏆
松叶菊 *Lampranthus spectabilis*, p.463
线裂叶百脉根 *Lotus berthelotii*, p.283 ○ 🏆
蔓性天竺葵 *Pelargonium peltatum* ○
蔓椒草 *Peperomia scandens* ○ 🏆
澳洲延命草 *Plectranthus verticillatus* ○
锦芦莉草 *Ruellia devosiana*, p.277 ○
吊钟苣苔 *Sarmienta repens* ○ 🏆
白花紫露草（品种）*Tradescantia fluminensis* ○
吊竹梅 *Tradescantia zebrina*, p.301 ○ 🏆
多叶旱金莲 *Tropaeolum polyphyllum*, p.293
小花美女樱 *Verbena peruviana* ○
‘圣保罗’美女樱 *Verbena* ‘Sissinghurst’, p.282 🏆

一、二年生花卉

全缘叶蒲包花 *Calceolaria integrifolia* 🏆 ▣
沼花 *Limnanthes douglasii*, p.336 🏆
南非山梗菜（品种）*Lobelia erinus* ▣
斑点粉蝶花 *Nemophila maculata*, p.319
小钟花 *Nolana paradoxa*

‘品紫’精致矮牵牛系列 Petunia *Surfinia Series* ‘*Surfinia Purple*’

小瀑布矮牵牛系列 *Petunia* Cascade Series
聚会矮牵牛系列 *Petunia* Jamboree Series
精致矮牵牛系列 *Petunia* Surfinia Series ▣
大花马齿苋（系列及品种）*Portulaca grandiflora*
蛇纹菊 *Sanvitalia procumbens*, p.336
旱金莲（系列及品种）*Tropaeolum majus*

盛夏展示

上图：多种多样的栽植容器都可固定于墙上，在不同的季节形成色彩缤纷的不同景观。图中黄色的荷包花、悬垂而下或红或白的天竺葵中间种有倒挂金钟、山梗菜和矮牵牛，形成了一幅美丽的画卷。

岩生植物

‘蓝叶’猬莓 *Acaena* ‘Blue Haze’ ○ ▣
绵毛点地梅 *Androsace lanuginosa*, p.377 ○ 🏆
高加索南芥 *Arabis caucasica* ○
岩芥叶风铃草 *Campanula cochleariifolia*, p.383 🏆
蔓柳穿鱼 *Cymbalaria muralis* ○
长雀花 *Cytisus* x *beanii*, p.349 🏆
铁仔大戟 *Euphorbia myrsinites*, p.371 ○ 🏆
匍匐丝石竹 *Gypsophila repens* ○ 🏆
常绿屈曲花 *Iberis sempervirens*, p.346 ○ 🏆
匍卧木紫草（品种）*Lithodora diffusa* ○
铜钱叶珍珠菜 *Lysimachia nummularia*, p.386 ○ 🏆
大果月见草 *Oenothera macrocarpa*, p.385 🏆
厚敦菊 *Othonna cheirifolia*, p.358 ○
拟长阶花 *Parahebe catarractae*, p.356 ○ 🏆
柴雀花 *Parochetus communis*, p.384 ○
越橘叶蓼 *Persicaria vacciniifolia*, p.387 ○ 🏆
钻叶福禄考 *Phlox subulata* ○ 🏆
翼首花 *Pterocephalus perennis*, p.380 ○
虎耳草 *Saxifraga stolonifera* ○ 🏆

柔和的协调

左图：栽有‘白斑’欧亚活血丹（*Glechoma hederacea*‘Variegata’）和具柄蜡菊（*Helichrysum petiolare*）等色彩柔和的花叶植物悬吊花篮，在整个夏季都将保持着魅力和清新。

‘蓝叶’猬莓 Acaena ‘*Blue Haze*’

香叶植物

许多植物的叶中含有芳香精油，常用作药物或调料。对于花园的主人而言，其目的在于它们能自然散发或揉搓后释放出来浓浓的宜人香气。那些用于烹饪的植物如迷迭香，常种植于调味植物园中，矮生的百里香可种于路边或铺装的石板间，被脚踩后可发出香气。树木的芳香随风掠过花园时，最让人心醉。

路边的芳香

上图：灌木状的调味植物，如鼠尾草和百里香可与叶片芳香的观赏性小灌木配植在一起。

乔木

柳香桃 *Agonis flexuosa*, p.90 ○
蔻香木 *Atherosperma moschatum* ○
桉属 *Eucalyptus* ○
胡桃 *Juglans regia*, p.66 🏆
月桂 *Laurus nobilis* ○ 🏆
黄皮树 *Phellodendron chinense*, p.81
树胶杨 *Populus balsamifera*
毛果杨 *Populus trichocarpa*
美国檫木 *Sassafras albidum*, p.68
加州桂 *Umbellularia californica*, p.74 ○

针叶树

香肖楠 *Calocedrus decurrens*, p.106 ○ 🏆
扁柏属 *Chamaecyparis* ○
柏木属 *Cupressus* ○
刺柏属 *Juniperus* ○
花旗松 *Pseudotsuga menziesii* ○ 🏆
崖柏属（多数种类）*Thuja* ○

灌木

轮叶橙香木 *Aloysia triphylla*, p.143 🏆
雅艾 *Artemisia abrotanum*, p.176 🏆
大柱香波龙 *Boronia megastigma*, p.156 ○
'亚瑟 · 西蒙' 克兰顿莸 *Caryopteris* x *clandonensis* 'Arthur Simmonds', p.168
墨西哥橘 *Choisya ternata*, p.127 ○ 🏆
桂叶岩蔷薇 *Cistus laurifolius* ○ 🏆
木香薷 *Elsholtzia stauntonii*, p.173
倾卧白珠树 *Gaultheria procumbens*, p.387 ○ 🏆
狭叶蜡菊 *Helichrysum italicum* ○ 🏆
神香草 *Hyssopus officinalis*, p.168
薰衣草属（多数种类）*Lavandula* ○

'黄斑' 药用鼠尾草 Salvia officinalis '*Icterina*'

山胡椒属 *Lindera*
银香梅 *Myrtus communis*, p.130 ○ 🏆
天竺葵（香叶类型）PELARGONIUMS, p.246～p.247 ○
'蓝塔' 分药花 *Perovskia* 'Blue Spire', p.168 🏆
橙花糙苏 *Phlomis fruticosa*, p.170 ○ 🏆
木薄荷属 *Prostanthera* ○
黄铃杜鹃 *Rhododendron cinnabarinum* subsp. *xanthocodon*, p.133 ○ 🏆
红棕杜鹃 *Rhododendron rubiginosum* ○
'黄叶' 血红茶藨子 *Ribes sanguineum* 'Brocklebankii', p.155 🏆
锈红蔷薇 *Rosa rubiginosa*, p.185 🏆
迷迭香 *Rosmarinus officinalis*, p.167 ○
药用鼠尾草（品种）*Salvia officinalis* ○ ⊡
圣麻 *Santolina chamaecyparissus* ○ 🏆
秦椒 *Zanthoxylum piperitum*, p.145

宿根花卉

'银毛' 洋艾 *Artemisia absinthium* 'Lambrook Silver' ○ 🏆
黄金菊 *Chamaemelum nobile* ○
香猪殃殃 *Galium odoratum*, p.275
大根老鹳草 *Geranium macrorrhizum*, p.279 ○
'花叶' 蕺菜 *Houttuynia cordata* 'Chameleon', p.447
紫花山柰 *Kaempferia pulchra*, p.283
薄荷属（一些种类）*Mentha* ○
美国薄荷 *Monarda didyma*
甜芹 *Myrrhis odorata*, p.240
牛至 *Origanum vulgare*
滨藜分药花 *Perovskia atriplicifolia*
短舌菊蒿 *Tanacetum parthenium*, p.319

岩生植物

科西嘉薄荷 *Mentha requienii* ○
亮叶牛至 *Origanum laevigatum*, p.354 🏆
塔花 *Satureja montana*
百里香属 *Thymus* ○ ⊡

香花植物

许多种植物的花会释放香味，有些香味强烈，弥漫在周围的空气中，而另一些则只有当靠近花朵时才会有明显的感受。有些花的香味能持续散发，有些花的香味则要到晚上才较为浓郁。避风向阳的露台是放置小型香花植物的理想场所。大型香花灌木可以种植于路边，香花攀缘植物可以爬上拱门。在室内，盆栽风信子会带来令人愉悦的早春芳香气息。

乔木

银荆 *Acacia dealbata*, p.83 ○ 🏆
欧洲七叶树 *Aesculus hippocastanum*, p.64 🏆
洋蹄甲 *Bauhinia variegata*, p.97
铃兰花山柳 *Clethra arborea* ○
普通山楂 *Crataegus monogyna*
林仙 *Drimys winteri*, p.78 ○
光亮密藏花 *Eucryphia lucida*, p.90 ○
花白蜡树 *Fraxinus ornus*, p.76 🏆
偃山小金雀 *Genista aetnensis*, p.93 🏆
'沃斯' 瓦氏毒豆 *Laburnum* x *watereri* 'Vossii', p.92 🏆
木兰 MAGNOLIAS, p.75
'夏洛特' 美国海棠 *Malus coronaria* 'Charlottae'
湖北海棠 *Malus hupehensis*, p.74 🏆
'丰花' 海棠 *Malus* 'Profusion', p.77
薄叶海桐 *Pittosporum tenuifolium*, p.127 ○ 🏆
波叶海桐 *Pittosporum undulatum* ○
红鸡蛋花 *Plumeria rubra*, p.96
'红千鸟' 梅 *Prunus mume* 'Beni-chidori', p.130
'沃特尔' 稠李 *Prunus padus* 'Grandiflora', p.76
日本樱花 *Prunus* x *yedoensis*, p.87 🏆
白辛树 *Pterostyrax hispida* 🏆
刺槐 *Robinia pseudoacacia* 🏆
野茉莉 *Styrax japonicus*, p.77 🏆
玉铃花 *Styrax obassia* 🏆
克里米亚椴 *Tilia* x *euchlora* 🏆
'垂银' 椴 *Tilia* 'Petiolaris', p.68 🏆
南非槐 *Virgilia oroboides* ○

灌木

大花六道木 *Abelia* x *grandiflora*, p.121 ○ 🏆
白花连翅 *Abeliophyllum distichum*
小叶阿查拉 *Azara microphylla*, p.125 ○ 🏆
狭叶小檗 *Berberis* x *stenophylla*, p.135 ○ 🏆
大柱香波龙 *Boronia megastigma*, p.156 ○
木曼陀罗 *Brugmansia arborea* ○
白背枫 *Buddleja asiatica* ○ 🏆
大叶醉鱼草（品种）*Buddleja davidii*
'奇异' 茶梅 *Camellia sasanqua* 'Narumigata', p.128 ○ 🏆
蜡梅 *Chimonanthus praecox*
墨西哥橘 *Choisya ternata*, p.127 ○ 🏆
臭牡丹 *Clerodendrum bungei*, p.148 ○ 🏆

海桐花 Pittosporum tobira

海州常山 *Clerodendrum trichotomum*, p.147
云南山柳 *Clethra delavayi*, p.121 🏆
智利筒萼木 *Colletia hystrix*, p.147
粉绿小冠花 *Coronilla valentina* subsp. *glauca*, p.157 ○ 🏆
少花蜡瓣花 *Corylopsis pauciflora*, p.131 🏆
总序金雀花 *Cytisus battandieri*, p.123 ○ 🏆
瑞香属（多数种类）*Daphne* ○
雅致溲疏（品种）*Deutzia* x *elegantissima*
结香 *Edgeworthia chrysantha*
'彩灯光' 埃氏胡颓子 *Elaeagnus* x *ebbingei* 'Limelight', p.153 ○
欧石南 *Erica arborea* ○
葡萄牙石南 *Erica lusitanica* ○ 🏆
大北美瓶刷树 *Fothergilla major*, p.127 🏆
'重瓣' 栀子 *Gardenia augusta* 'Veitchii', p.158 ○
金缕梅 *Hamamelis mollis* 🏆
南美天芥菜 *Heliotropium arborescens*, p.167 ○
月月青 *Itea ilicifolia*, p.146 ○ 🏆
'海德柯特' 薰衣草 *Lavandula* 'Hidcote', p.167 ○ 🏆
西班牙薰衣草 *Lavandula stoechas*, p.167 ○ 🏆
'金边' 女贞 *Ligustrum lucidum* 'Excelsum Superbum', p.127 ○ 🏆
丁香 LILACS, p.120
郁香忍冬 *Lonicera fragrantissima*
木羽扇豆 *Lupinus arboreus*, p.169 ○ 🏆
木兰 MAGNOLIAS, p.75
木犀属 *Osmanthus* ○
山梅花属（多数种类）*Philadelphus*
海桐花 *Pittosporum tobira* ○ 🏆 ⊡
月季、蔷薇类（多数种类）ROSES, p.184～p.188 ○ ⊡
野扇花属 *Sarcococca* ○
荚蒾属（多数种类）*Viburnum* ○

藤本植物

'伊利莎白' 绣球藤 *Clematis montana* 'Elizabeth' 🏆
球兰 *Hoya carnosa*, p.208 ○ 🏆
素馨属（多数种类）*Jasminum* ○
香豌豆（品种）*Lathyrus odoratus*
忍冬属（多数种类）*Lonicera* ○ ⊡
飘香藤 *Mandevilla laxa*

混合的香味

将月季和忍冬属植物混植，既有极佳的视觉效果，又能散发出美妙的香味。

月季、蔷薇类（多数种类），p.184～p.188 ○
多花黑鳗藤 *Stephanotis floribunda*, p.204 ○ 🏆
络石属 *Trachelospermum* ○
苦绳 *Wattakaka sinensis*
紫藤属 *Wisteria*

宿根花卉

森林银莲花 *Anemone sylvestris*, p.268
香石竹和石竹（多数种类）CARNATIONS, PINKS, p.280～p.281 ○
'维瓦尔' 大卫铁线莲 *Clematis heracleifolia* 'Wyevale', p.213 🏆
铃兰 *Convallaria majalis*, p.268 🏆
紫红秋英 *Cosmos atrosanguineus*, p.249
心叶两节荠 *Crambe cordifolia*, p.226 🏆
香猪殃殃 *Galium odoratum*, p.275
金姜花 *Hedychium gardnerianum*, p.232 🏆
北黄花菜 *Hemerocallis lilioasphodelus*, p.257 🏆
欧亚香花芥 *Hesperis matronalis*, p.239
玉簪（一些种类）HOSTAS, p.288～p.289
禾叶鸢尾 *Iris graminea* 🏆
爪瓣鸢尾 *Iris unguicularis* ○ 🏆
荨麻叶龙头草 *Meehania urticifolia*
紫茉莉 *Mirabilis jalapa*, p.245
甜芹 *Myrrhis odorata*, p.240
林生烟草 *Nicotiana sylvestris*, p.226 🏆
香蜂斗叶 *Petasites fragrans* ○
高报春 *Primula elatior*, p.273 🏆
黄花九轮草 *Primula veris*, p.273 🏆
好望角紫瓣花 *Tulbaghia natalensis*
美女樱（系列及品种）*Verbena* x *hybrida* ○
香堇菜 *Viola odorata* ○

一、二年生花卉

珀菊 *Amberboa moschata*, p.335
金鱼草（系列）*Antirrhinum majus*
蓟罂粟 *Argemone mexicana*, p.335
彩环系列须苞石竹 *Dianthus barbatus* Roundabout Series, p.326
桂竹香（系列及品种）*Erysimum cheiri* ○
紫芳草 *Exacum affine*, p.331 ○
屈曲花 *Iberis amara*, p.318
香豌豆（品种）*Lathyrus odoratus* ⊡
沼花 *Limnanthes douglasii*, p.336 🏆
紫罗兰 *Matthiola incana*
黄花门泽草 *Mentzelia lindleyi*, p.336
翼叶烟草 *Nicotiana alata*, p.239
报春花属 *Primula*

'杰恩·阿曼达' 香豌豆 Lathyrus odoratus *'Jayne Amanda'*

木樨草 *Reseda odorata*, p.319
紫盆花 *Scabiosa atropurpurea*
美女樱（多数品种）*Verbena* x *hybrida*

岩生植物

山庭荠 *Alyssum montanum* ○
石竹属（多数种类）*Dianthus* ○
矮糖芥 *Erysimum helveticum*, p.373 ○
冰岛罂粟 *Papaver croceum*
耳叶报春 *Primula auricula* 🏆
香堇菜 *Viola odorata* ○

鳞茎类、球茎类和块茎类花卉

孤挺花 *Amaryllis belladonna*, p.408
白苞南星 *Arisaema candidissimum*, p.435 🏆
黛玉花 *Chlidanthus fragrans*, p.436
鳞子文殊兰 *Crinum bulbispermum*
鲍氏文殊兰 *Crinum* x *powellii*, p.398 🏆
狭叶番红花 *Crocus angustifolius* 🏆
长花番红花 *Crocus longiflorus* 🏆
仙客来 *Cyclamen persicum*, p.440
波缘仙客来 *Cyclamen repandum* 🏆
白鹤花 *Eucharis* x *grandiflora*, p.425 ○
香雪兰属（多数种类）*Freesia*
风信子（品种）*Hyacinthus orientalis*
水鬼蕉属 *Hymenocallis*
百合（数种）LILIES, p.404～p.405 ⊡
串铃花 *Muscari armeniacum*, p.433 🏆
丁香水仙杂种群 *Narcissus jonquilla* hybrids
水仙杂种群 *Narcissus tazetta* hybrids
阿拉伯海葱 *Ornithogalum arabicum*, p.420
晚香玉 *Polianthes tuberosa* 🏆

兰花

'嘉宝' 卡特兰 *Cattleya* J.A.Carbone, p.297 ○
栗鳞贝母兰 *Coelogyne flaccida*, p.296 ○

仙人掌类植物

矮丛昙花 *Epiphyllum laui*, p.461

'蒙特布兰克' 百合 Lilium *'Mont Blanc'*

水生植物

长柄水蕹 *Aponogeton distachyos*, p.447
'蓝丽' 睡莲 *Nymphaea* 'Blue Beauty', p.450
'詹姆斯·布莱顿' 睡莲 *Nymphaea* 'James Brydon', p.450 🏆
'硫黄大花' 香睡莲 *Nymphaea odorata* 'Sulphurea Grandiflora'

红籽鸢尾 Iris foetidissima

观果和观种子植物

当冬天来临的时候，花园里死气沉沉的角落和萧瑟的花境，会由于小檗、栒子、荚蒾和其他观果灌木鲜艳的果实而变得亮丽。在藤架和格架上，南蛇藤（*Celastrus orbiculatus*）、东方铁线莲（*Clematis orientalis*）垂下一团团黄色果实或带羽毛的种子，为迟暮的季节增添了趣味。靠墙生长的火棘，其黄色、橙色或鲜红色的果实为冬天单调的墙面带来色彩，冬青属（*Ilex*）的浆果也可成为冬季装点的材料。此外，许多植物干燥的种穗可用于插花，构成形状和质地的对比。

蔷薇果和酸浆

上图：在景天密集的、深粉色的花序衬托下，蔷薇果和酸浆（*Physalis alkekengi*）膨大的纸质花萼包被着的红果，为秋天的清晨带来了洋洋暖意。

乔木

牛心果 *Annona reticulata*
荔莓属 *Arbutus* ○
日本四照花 *Cornus kousa*
耐寒栒子 *Cotoneaster frigidus* ⊡

耐寒栒子 Cotoneaster frigidus

山楂属（多数种类）*Crataegus*
冬青 HOLLIES，p.98～p.99 ○
栾树 *Koelreuteria paniculata*，p.92 🏆
木兰（一些种类）MAGNOLIAS，p.75 ○
苹果属（多数种类）*Malus*
椤木石楠 *Photinia davidiana*，p.94 ○
柔毛肖乳香 *Schinus molle* ○
花楸属（多数种类）*Sorbus*

针叶树

冷杉属（一些种类）*Abies* ○
雪松属（一些种类）*Cedrus* ○
云杉属（一些种类）*Picea* ○
松属（一些种类）*Pinus* ○

灌木

东瀛珊瑚 *Aucuba japonica*，p.152 ○
小檗属（多数种类）*Berberis* ○
老鸦糊 *Callicarpa bodinieri* var. *giraldii*，p.148
木瓜属 *Chaenomeles*
四季橘 x *Citrofortunella microcarpa*，p.151 ○ 🏆
栒子属（多数种类）*Cotoneaster* ○ ⊡
树番茄 *Cyphomandra betacea*，p.125 ○
猫儿屎 *Decaisnea fargesii*，p.122
卫矛属（一些种类）*Euonymus* ○
短尖叶白珠树（品种）*Gaultheria mucronata* ○
沙棘 *Hippophäe rhamnoides*，p.124 🏆
'埃斯塔德' 无味金丝桃 *Hypericum* x *inodorum* 'Elstead'，p.170

鬼吹箫 *Leycesteria formosa*
枳 *Poncirus trifoliata*
火棘属 *Pyracantha* ○
月季、蔷薇类（多数种类）ROSES，p.184～p.188 ○
欧洲接骨木 *Sambucus racemosa*
双蕊野扇花 *Sarcococca hookeriana* var. *digyna*，p.174 ○ 🏆
银水牛果 *Shepherdia argentea*
茵芋属（一些种类）*Skimmia* ○
毛核木属 *Symphoricarpos*
白檀 *Symplocos paniculata*，p.138
越橘 *Vaccinium vitis-idaea* ○
荚蒾属（数种）*Viburnum* ○

藤本植物

美味猕猴桃 *Actinidia deliciosa*
木通属（一些种类）*Akebia* ○
长花藤海桐 *Billardiera longiflora*，p.218 ○ 🏆
倒地铃 *Cardiospermum halicacabum*
南蛇藤 *Celastrus orbiculatus* 🏆
东方铁线莲 *Clematis orientalis*
鹰爪枫 *Holboellia coriacea*，p.205 ○
月季、蔷薇类（数种）ROSES，p.184～p.188 ○ ⊡
蛇瓜 *Trichosanthes cucumerina* var. *anguina*
六裂叶旱金莲 *Tropaeolum speciosum*，p.210 🏆

宿根花卉

类叶升麻属 *Actaea*
黄花七筋姑 *Clintonia borealis*
胡克宝铎草 *Disporum hookeri*
蛇莓 *Duchesnea indica* ○
红籽鸢尾 *Iris foetidissima* ○ 🏆 ⊡
沿阶草属 *Ophiopogon* ○

酸浆 *Physalis alkekengi* 🏆 ⊡
商陆属 *Phytolacca*
八角莲属 *Podophyllum*
锥花鹿药 *Smilacina racemosa*，p.233 🏆

一、二年生花卉

大凌风草 *Briza maxima*
'假日心情' 辣椒 *Capsicum annuum* 'Holiday Cheer'
薏苡 *Coix lacryma-jobi*，p.308
兔尾草 *Lagurus ovatus*，p.306 🏆
银扇草 *Lunaria annua*，p.325 ⊡
角胡麻 *Martynia annua*，p.320
假酸浆 *Nicandra physalodes*

银扇草 Lunaria annua

黑种草（品种）*Nigella damascena*
普通白头翁 *Pulsatilla vulgaris*，p.348 🏆
珊瑚豆 *Solanum capsicastrum* ○
玉蜀黍 *Zea mays*

岩生植物

小叶猬莓 *Acaena microphylla*，p.389 ○ 🏆
加拿大草茱萸 *Cornus canadensis*，p.374 🏆
仙女木 *Dryas octopetala*，p.375 ○ 🏆
白珠树属（多数种类）*Gaultheria* ○
舞鹤草属 *Maianthemum*
银珠果 *Margyricarpus pinnatus* ○
美国蔓虎刺 *Mitchella repens* ○
红果薄柱草 *Nertera granadensis*，p.335 ○
白头翁属（多数种类）*Pulsatilla*

鳞茎类、球茎类和块茎类花卉

纸花葱 *Allium cristophii*，p.421 🏆
三叶南星 *Arisaema triphyllum*，p.414
'云纹' 美果芋 *Arum italicum* 'Marmoratum'，p.434 🏆
大百合 *Cardiocrinum giganteum*，p.398 🏆

水生植物

莲属 *Nelumbo*
黄花萍蓬草 *Nuphar lutea*，p.451
水竹芋 *Thalia dealbata*

切花花卉

从严冬时节的暗叶黑铁筷子（*Helleborus niger*）到秋季的宝典纳丽花（*Nerine bowdenii*），通过精心的选择，我们可以在一年中的大多数时间从花园里切取鲜花。在较小的花园中，可以将切花花卉纳入总的种植规划中，取切花时可以留下一部分花供观赏，也可远离房屋种植，这样切花的影响就不会太明显。要定期施肥，以弥补取切花对植物造成的伤害。

‘海牛’香石竹
Dianthus ‘*Doris*’

灌木

帚石南（高大品种）*Calluna vulgaris* ○
山茶（品种）*Camellia japonica* ○
石南属 *Erica* ○
连翘属 *Forsythia*
金缕梅 *Hamamelis mollis* 🏆
丁香 LILACS, p.120
郁香忍冬 *Lonicera fragrantissima*
山梅花属 *Philadelphus*
月季、蔷薇类（一些品种）ROSES, p.184～p.188 ○
黄花柳 *Salix caprea*
钝叶杜楝 *Turraea obtusifolia*, p.142 ○

宿根花卉

白纹杂种六出花 *Alstroemeria* Ligtu Hybrids, p.423 🏆
香青属 *Anaphalis*
牛舌草 *Anchusa azurea*
杂交秋牡丹（品种）*Anemone* x *hybrida*
粉珠花 *Astrantia major*, p.277
香石竹和石竹 CARNATIONS and PINKS, p.280～p.281 ○ ◻
卡特兰属（大多数种类）*Cattleya*
菊花 CHRYSANTHEMUMS, p.260～p.261
兰属（大多数种类）*Cymbidium* ○
翠雀（大多数种类）DELPHINIUMS, p.230
暗叶铁筷子 *Helleborus niger*, p.301 🏆
蝴蝶兰属（大多数种类）*Phalaenopsis* ○
天蓝绣球（品种）*Phlox paniculata*
金光菊属（大多数种类）*Rudbeckia*
鹤望兰 *Strelitzia reginae*, p.267 ○ 🏆

一、二年生花卉

尾穗苋 *Amaranthus caudatus*, p.326
珀菊 *Amberboa moschata*, p.335

鲜切花

在较大的花园中，可以在温暖、向阳、避风的花境种植专供切花的花卉。

翠菊（系列及品种）*Callistephus chinensis*
矢车菊（品种）*Centaurea cyanus*
克拉花属 *Clarkia*
洋桔梗 *Eustoma grandiflorum*, p.319
‘金钱’天人菊 *Gaillardia pulchella* ‘Lollipops’, p.338
丝石竹 *Gypsophila elegans*, p.318
香豌豆（品种）*Lathyrus odoratus*
马洛葵 *Malope trifida*, p.324
紫罗兰属（品种）*Matthiola*
贝壳花 *Moluccella laevis*, p.335
粉舌鲜托菊 *Rhodanthe chlorocephala* subsp. *rosea*, p.321
干花菊 *Xeranthemum annuum*
百日草（系列及品种）（高大型杂种）*Zinnia elegans*

鳞茎类、球茎类和块茎类花卉

葱属（高大种类）*Allium*
六出花属（高大种类及品种）*Alstroemeria*
水仙（高大种类及品种）DAFFODILS, p.416～p.418
大丽花 DAHLIAS, p.406～p.407
唐菖蒲（大多数种类）GLADIOLI, p.399
百合（一些种类）LILIES, p.404～p.405
宝典纳丽花 *Nerine bowdenii*, p.424 🏆
锥花海葱 *Ornithogalum thyrsoides*, p.420
晚香玉 *Polianthes tuberosa* 🏆
郁金香（高大品种）TULIPS, p.410～p.412
马蹄莲 *Zantedeschia aethiopica* ○ 🏆

干花花卉

许多花卉可用来制作干花，最好在花朵即将完全开放时剪下。在花境中，可以将准备做干花的植物与其他不做干花的植物穿插栽植。大片做干花的一年生花卉最好远离房屋单独种植，并且要成行种植以便于除草和采收。应选择排水良好、肥沃的土壤及光照充足地块播种，以利于其茁壮、平衡地生长并开出高质量的花。

乔木

银荆 *Acacia dealbata*, p.83 ○ 🏆
长叶相思树 *Acacia longifolia* ○
针叶相思树 *Acacia verticillata* ○

灌木

金合欢属（大多数种类）*Acacia* ○
帚石南（品种）*Calluna vulgaris* ○
滨篱菊属 *Cassinia* ○
灰色石南 *Erica cinerea* ○
大北美瓶刷树 *Fothergilla major*, p.127 🏆
丝缨花 *Garrya elliptica*, p.125 ○
蜡菊属（大多数种类）*Helichrysum* ○
金盘花 *Holodiscus discolor*, p.119
薰衣草属 *Lavandula* ○
丁香 LILACS, p.120
橙花糙苏 *Phlomis fruticosa*, p.170 ○ 🏆
月季、蔷薇类 ROSES, p.184～p.188
迷迭香（品种）*Rosmarinus officinalis* ○

起绒草的种序

起绒草（*Dipsacus fullonum*）带刺的圆锥形种序整个冬季宿存于茎上。它开花时为柔和的粉紫色，适用于野趣园或作为花境的背景，种序成熟后切下，作干花极佳。

宿根花卉

蓍草属（一些种类）*Achillea* ○
欧洲乌头 *Aconitum napellus*
柔软羽衣草 *Alchemilla mollis*, p.290 🏆
荷兰韭 *Allium* x *hollandicum*, p.402 🏆
珠光香青 *Anaphalis margaritacea*, p.239
袋鼠花 *Anigozanthos flavidus*, p.254
蒿属（一些种类）*Artemisia* ○
落新妇属（大多数种类）*Astilbe*
粉珠花属 *Astrantia*
‘大’蓝苣 *Catananche caerulea* ‘Major’, p.285 🏆
‘紫花’河岸蓟 *Cirsium rivulare* ‘Atropurpureum’
白鲜 *Dictamnus albus*, p.240 🏆
蓝刺头属 *Echinops*
刺芹属（一些种类）*Eryngium* ○
泽兰属（一些种类）*Eupatorium*
‘仙女’圆锥丝石竹 *Gypsophila paniculata* ‘Bristol Fairy’, p.239 🏆
蛇鞭菊 *Liatris spicata*, p.279
补血草属（大多数种类）*Limonium*
千屈菜属 *Lythrum*
花毛茛 *Ranunculus asiaticus*, p.421～p.423
鬼灯檠属 *Rodgersia*
高加索蓝盆花（品种）*Scabiosa caucasica*
一枝黄花属（大多数种类）*Solidago*
疗喉草 *Trachelium caeruleum*, p.330 🏆
香蒲属 *Typha*

一、二年生花卉

尾穗苋 *Amaranthus caudatus*, p.326
异形系列麦秆菊 *Bracteantha bracteata* Monstrosum Series, p.340
矢车菊 *Centaurea cyanus*
飞燕草（系列）*Consolida ambigua* Series
起绒草 *Dipsacus fullonum* ◻
头花吉利草 *Gilia capitata*, p.333
千日红 *Gomphrena globosa*, p.331
丝石竹 *Gypsophila elegans*, p.318
深波叶补血草 *Limonium sinuatum*, p.322
贝壳花 *Moluccella laevis*, p.335
棉毛蓟 *Onopordum acanthium*, p.322
土尔其长筒补血草 *Psylliostachys suworowii*, p.330
鳞托菊属 *Rhodanthe*
彩苞花（系列）*Salvia viridis*
紫盆花 *Scabiosa atropurpurea*
万寿菊 *Tagetes erecta*
干花菊 *Xeranthemum annuum* ◻

干花菊 Xeranthemum annuum

乔　木
（含针叶树）

对于许多花园设计来说，乔木既有装饰性又有实用价值，既可孤植作为欣赏的焦点，又可栽植为树丛或疏林，也可建成硕果累累的果园。为了达到最佳的观赏效果，根据您的目的选择合适的树种和植株大小是非常重要的，因此在购买之前要考虑到该树种将来可能长到多大。

乔木

乔木是所有种植规划中永久的素材，幸运的是可供选择的观赏乔木资源丰富，可以适应各类花园的气候和生长条件。

什么是乔木

乔木是指寿命长、落叶或常绿的多年生木本植物，其寿命为几十年甚至几百年。多数乔木只有一个明显的主干和由多个分枝组成的树冠，也有很多种类可自然形成或通过人工修剪培养成多个主干。乔木的大小相差极大，有矮至1m的针叶树，也有高达90m的参天大树。乔木的树形也多种多样，从细圆锥形、圆柱形、圆球形到开张形等，千姿百态的树形为花园设计者提供了丰富的素材。大多数针叶树为常绿树种，可以结球果。

乔木的选择

乔木是花园中最为昂贵和最引人注目的植物。因此，乔木的选择和位置的确定就显得极为重要，在仅能栽植一两株乔木的小花园中更是如此。如果要使所选树种生长旺盛，就要考虑它是否适合花园的气候、土壤类型和坡向。然后至关重要的是要了解它最终可能达到的高度及树冠大小，最好将它栽植在不受墙体、管道、排水设施或电缆影响并能够顺利生长的地方。

乔木的设计

乔木可给人带来一种强烈的视觉印象，同时也是花园结构的主体。如几株乔木种在一起便可围出一定的区域或形成特定的空间，也可以成对栽植构成一个景点，或者成行种植形成一条林荫大道或拱廊。在开阔的或很大的花园中，一排乔木的防风区域是树高的5倍。在较小的花园中，耐修剪的乔木，如欧洲鹅耳枥（*Carpinus betulus*）、欧洲山毛榉（*Fagus sylvatica*）和欧洲红豆杉（*Taxus baccata*）等，是理想的树篱树种，既可以防风，降低噪音，同时也能提供一个较为僻静的场所。

一株孤植的标本树能形成一个有趣的景点。若从不同的角度观赏，就更能产生明显的效果。乔木的形状及观赏特性也会影响到花园的风格。如具有简洁、清爽的细圆柱状的'方尖塔'圆柏（*Juniperus chinensis* 'Obelisk'）或火焰状的'塔形'欧洲鹅耳枥（*Carpinus betulus* 'Fastigiata'）适合于规则式的花园，而圆球形、枝条结构松散的鸟花楸（*Sorbus aucuparia*）或多花海棠（*Malus floribunda*）会形成一种不规则的自然风格。

如果空间较大，能容下数株乔木，则可以设计一个疏林风格的花园。在林木的遮蔽下，一些喜阴植物可以生长。在一个东方风格的花园中，理想的乔木是槭属（*Acer*）植物和'白普贤'樱（*Prunus* 'Shirofugen'）这样的日本樱花。

多彩的果实

秋季来临，花楸属（*Sorbus*）植物的果实色彩丰富，其中'约瑟夫·罗克'花楸（*S.* 'Joseph Rock'）（左）的果实乳黄色，克什米尔花楸（*S. cashmiriana*）的果实珍珠白色，鸟花楸（*S. aucuparia*）的果实鲜红色。多数种类的秋叶色彩绚丽。

针叶树

上图：利用矮生针叶树非凡的大小、形状、质地和色彩，可以创造出供全年观赏的效果。图中岛状花坛内丛植的针叶树，可供人们从不同的角度来观赏。

四季宜人

右图：李属（*Prunus*）植物常可供多个季节观赏，是小花园中价值极高的乔木之一。它们不但春花烂漫，而且秋叶十分精美，部分种类如细齿樱桃（*P. serrula*），还有美丽诱人的树皮。很多小乔木可在容器中栽种，用来美化露台、庭院和屋顶花园。

春天的恩赐

上图：'凯瑟琳'海棠（*Malus* 'Katherine'）生长旺盛。花大而多，重瓣，春季开花。秋季结果，果实小，黄色，有红晕。

夏天的诺言

左图：'黄叶'钝翅槭（*Acer shirasawanum* 'Aureum'）因其树形优雅、树冠密集和叶色鲜艳夺目而著名——春夏时节青翠欲滴，秋季则变成无与伦比的绚丽色彩。

诱人的树皮

下图：许多桉树，如图中的雪桉（*Eucalyptus pauciflora* subsp. *niphophila*）因其片状剥落的漂亮树皮而闻名。

保持四季观赏

常绿阔叶乔木，如冬青属（*Ilex*）植物和大红栎（*Quercus coccifera*）可常年提供绿色背景，而针叶树与之形成有价值的形状和质地对比。大多数针叶树有明显的圆锥形树冠，其他种类如布鲁尔氏云杉（*Picea breweriana*）的枝条则优雅地下垂。矮生针叶树包括树冠整齐、半球形的'袖珍'中欧山松（*Pinus mugo* 'Gnom'）至树冠开展的间型圆柏（*Juniperus* × *pfitzeriana*）。

落叶阔叶乔木表现出季节性的叶色变化，春叶鲜黄嫩绿，秋叶则变为壮观的红色。叶形也变化多样，可用来形成有趣的对比，如用刺槐（*Robinia pseudoacacia*）精巧的叶与紫葳楸（*Catalpa bignonioides*）的大型轮廓叶相衬。

尽管多数乔木春天开花，但也有一些种类在其他季节争芳吐艳，朝鲜槐（*Maackia amurensis*）、密藏花属（*Eucryphia*）多数种类以及荔莓（*Arbutus unedo*）在夏末和秋季开花，而滇藏木兰（*Magnolia campbellii*）和'十月'彼岸樱（*Prunus* × *subhirtella* 'Autumnalis'）绽放的花则使幽暗的冬日变得明亮。

本组所用的大小等级		
大	中	小
>15m	10～15m	<10m

大型乔木 春季观赏

白色至黄色

欧洲七叶树（马栗） *Aesculus hippocastanum* (Horse-chestnut)
落叶乔木。生长茂盛。树冠开展。大型复叶，小叶5～7片。花序尖塔形，花白色，心部具粉红色和黄色晕，春季开放。秋季结果，果具刺。种子褐色，光滑。

'布里奥特' 肉红七叶树 *Aesculus* x *carnea* 'Briotii'
落叶乔木。树冠圆头状。复叶，小叶5～7片，光滑，暗绿色。圆锥花序，花红色，春末开放。

大叶槭 *Acer macrophyllum* (Oregon maple)
落叶乔木。树冠圆头状。叶大，深裂，暗绿色，秋季变为黄色或橙黄色。花黄绿色，春季开放。果实淡绿色。

OTHER RECOMMENDED PLANTS:
Acer cappadocicum 'Aureum'
Calodendrum capense
Fraxinus excelsior 'Jaspidea'

MAGNOLIAS, illus. p.75

大型乔木 夏季观赏

白色

辽杨 *Populus maximowiczii*
落叶乔木。树冠圆锥状。叶卵形至心形，亮绿色，背面白色，叶脉绿色，秋季变为黄色。果序长，下垂，果实夏季成熟。种子被白色丝状毛。

七叶树 *Aesculus chinensis* (Chinese horse-chestnut)
落叶乔木。生长慢。树冠开展。复叶，小叶7片，光滑，暗绿色。花序细长尖塔形，仲夏开放。

银白杨 *Populus alba* (Abele, White poplar)
落叶乔木。树冠开展。叶缘波状或有分裂，暗绿色，背面白色，秋季变为黄色。

OTHER RECOMMENDED PLANTS:
Acer platanoides 'Drummondii'
Aesculus indica
Castanea sativa
Ceiba pentandra
Robinia pseudoacacia
Schima wallichii

白色至紫色

‘白边’欧洲栗 ***Castanea sativa* ‘Albomarginata’**
落叶乔木。树冠开展。叶暗绿色，边缘白色，具光泽，秋季变为黄色。柔荑花序，花乳黄色，夏季开放。秋季结果，果可食用。

晚樱 ***Prunus serotina*** (Black cherry, Wild rum cherry)
落叶乔木。树冠开展。叶暗绿色，具光泽，秋季变为黄色。具花序，花芳香，花白色，初夏开放。果实夏季红色，秋季后变为黑色。

北美鹅掌楸（美国鹅掌楸） ***Liriodendron tulipifera*** (Tulip tree)
落叶乔木。生长旺盛。树冠开展。叶深绿色，先端平截或微凹，两侧有分裂，秋季变为黄色。花似郁金香花，绿白色，具橙色斑点，仲夏开放。

槭叶瓶木 ***Brachychiton acerifolius*** (*Sterculia acerifolia*) (Illawarra flame tree)
落叶乔木。具花序，花鲜红色，冬末至春季或夏季先叶开放。叶3～7裂，具光泽。耐最低温度7～10℃。

紫铜色欧洲山毛榉 ***Fagus sylvatica* f. *purpurea*** (Copper beech, Purple beech)
落叶乔木。树冠圆头状。叶椭圆形，紫色，边缘波状，秋叶变为深铜色。

Acer platanoides 'Royal Red'
Fagus sylvatica 'Dawyck Purple'
Fagus sylvatica 'Riversii'
Fagus sylvatica 'Rohanii'

Knightia excelsa
Lagerstroemia speciosa
MAGNOLIAS, illus. p.75
Toona sinensis, illus. p.79

紫色至绿色

‘绯红王’挪威槭 ***Acer platanoides* ‘Crimson King’**
落叶乔木。生长旺盛。树冠开展。叶大，有分裂，深紫红色，秋季变为橙色。花微小，深黄色微带红色，仲春开放。

灰白杨（灰杨） ***Populus* x *canescens*** (Grey poplar)
落叶乔木。生长旺盛，树冠开展。叶有分裂，具光泽，幼叶灰色，夏季暗绿色，秋季变为黄色。柔荑花序，灰红色，常春季开放。

‘强壮’加拿大杨 ***Populus* x *canadensis* ‘Robusta’**
落叶乔木。生长快。树冠圆锥状。枝直立。叶阔卵形，幼叶古铜色，成年叶深绿色，具光泽。柔荑花序长，红色，春季开放。

Acer platanoides
Acer platanoides 'Emerald Queen'
Acer saccharinum
Acer velutinum

Ailanthus altissima
MAGNOLIAS, illus. p.75
Salix alba var. *caerulea*
Sorbus thibetica

大型乔木 夏季观赏

绿色

‘直枝’加拿大杨 ***Populus* x *canadensis* ‘Serotina de Selys’**
(*P.* x *c.* ‘Serotina Erecta’)
落叶乔木。直立。生长快。叶宽卵形，深绿色，幼叶淡绿色。柔荑花序，红色，春季开放。

垂枝欧洲山毛榉 ***Fagus sylvatica*** f. ***pendula*** (*F. s.* ‘Pendula’)(Weeping beech)
落叶乔木。枝下垂。叶绿色，卵形，边缘波状，秋季变为浓黄色和浓橙褐色。

意大利桤木 ***Alnus cordata***
(Italian alder)
落叶乔木。生长快。树冠圆锥状。雄柔荑花序黄色，冬末至初春先叶开放。叶心形，具光泽，深绿色。秋季结果，果圆形，木质，宿存。

加那利栎 ***Quercus canariensis***
(Algerian oak, Mirbeck’s oak)
落叶或半常绿乔木。幼树冠窄，随后渐宽。叶大，有分裂，浓绿色，秋季变为黄褐色，常持续至冬末。

大花栎 ***Quercus macranthera***
(Caucasian oak)
落叶乔木。树形优美。枝伸展，粗壮。叶大，暗绿色，深裂。

意大利青皮槭 ***Acer cappadocicum*** subsp. ***lobelii*** (*A. lobelii*)(Lobel’s maple)
落叶乔木。树冠窄，直立。极适宜狭小空间栽培。叶缘波状，有分裂，秋季变为黄色。

毛赤杨 ***Alnus incana*** (Grey alder)
落叶乔木。树冠圆锥状。适宜冷湿地区和瘠薄土壤上栽培。叶椭圆形，暗绿色。柔荑花序，黄褐色，冬末至初春开放。

密枝夏栎 ***Quercus robur*** f. ***fastigiata***
落叶乔木。树冠直立，圆柱状，密集。叶有分裂，暗绿色。

钻天杨 ***Populus nigra* ‘Italica’**
(Lombardy poplar)
落叶乔木。生长快。树冠窄圆柱状，直立。叶菱形，亮绿色。柔荑花序，红色，仲春开放。

胡桃 ***Juglans regia*** (Walnut)
落叶乔木。树冠开展。复叶，小叶常5～7片，幼时铜紫色，芳香，成年叶中绿色，具光泽。坚果可食用。

Betula maximowicziana
Castanea dentata
Celtis occidentalis
Fagus orientalis

Fagus sylvatica ‘Dawyck’
Fagus sylvatica f. *laciniata*
Fraxinus americana
Fraxinus angustifolia

Fraxinus angustifolia ‘Raywood’
Fraxinus excelsior f. *diversifolia*
Fraxinus pennsylvanica
Fraxinus pennsylvanica ‘Patmore’

Gleditsia triacanthos ‘Shademaster’
Gleditsia triacanthos ‘Skyline’
Gymnocladus dioica
Juglans cathayensis

粉椴 *Tilia oliveri*
落叶乔木。枝伸展至开张。叶心形，先端尖，亮绿色，背面银白色。花小，芳香，绿黄色，夏季开放。果具疣状突起。

黑核桃 *Juglans nigra*
(Black walnut)
落叶乔木。生长快。树冠开展。树形优美。复叶大，小叶多数，先端尖，暗绿色，具光泽，芳香。秋季结果，果可食用。

黄栗栎 *Quercus muehlenbergii*
落叶乔木。树冠圆头状。叶亮绿色，具锐锯齿。

欧洲朴 *Celtis australis* (Nettle tree)
落叶乔木。树冠开展。叶暗绿色，卵形，先端尖，具锐锯齿。果小，紫黑色。

英国梧桐（二球悬铃木）
Platanus* x *hispanica
(*P.* x *acerifolia*)(London plane)
落叶乔木。生长旺盛。树冠开展。树皮美观，薄片状剥落。叶大，有分裂，亮绿色。果序球状，成串，秋季悬挂于枝上。

毛背南水青冈 *Nothofagus procera*
(*N.* x *alpina*)(Rauli, Southern beech)
落叶乔木。生长快。树冠圆锥状。叶暗绿色，秋季变为橙色至红色，叶脉凹陷。

Juglans cinerea
Platanus orientalis
Populus balsamifera
Populus x *berolinensis*

Populus x *canadensis* 'Eugenei'
Populus x *candicans*
Populus deltoides
Populus lasiocarpa

Populus nigra
Populus szechuanica
Populus trichocarpa
Pterocarya fraxinifolia

Pterocarya stenoptera
Quercus cerris
Quercus imbricaria
Quercus mongolica var. *grosseserrata*

大型乔木 夏季观赏

绿色

美国檫木（灰白檫木）
Sassafras albidum
落叶乔木。树冠直立，随后开展。叶芳香，具光泽，暗绿色，秋季变为黄色或红色，叶形多变，从椭圆形至深裂。花不明显，黄绿色，春季开放。

斜叶南水青冈 ***Nothofagus obliqua***
(Roblé, Southern beech)
落叶乔木。生长快。树形优美。枝细长，拱形。叶深绿色，秋季变为橙色和红色。

‘柱冠’欧岩栎 ***Quercus petraea*** **‘Columna’**
落叶乔木。树冠直立，窄长。叶大，边缘波状，革质，深绿色，幼叶微带古铜色。

梧桐 ***Firmiana simplex*** (*F. platanifolia*, *Sterculia platanifolia*)(Chinese parasol tree)
落叶乔木。枝粗壮。叶大，有分裂。花小，明显，黄绿色。果皮叶状，薄纸质。耐最低温度2℃。

栗叶栎 ***Quercus castaneifolia***
落叶乔木。树冠开展。叶具光泽，有锐锯齿，暗绿色，背面灰色。

心形核桃 ***Juglans ailantifolia*** var. ***cordiformis*** (*J. cordiformis*)
落叶乔木。树冠开展。复叶大，芳香，小叶多数，具光泽，亮绿色。雄柔荑花序长，黄绿色，初夏开放。果实秋季成熟，可食用。

黑栎 ***Quercus nigra*** (Water oak)
落叶乔木。树冠开展。叶亮绿色，具光泽，可持久至冬季。

垂银椴 ***Tilia*** **‘Petiolaris’** (*T. petiolaris*) (Pendent silver lime)
落叶乔木。树冠开展。小枝下垂。叶心形，先端尖，暗绿色，背面银白色，微风中可闪烁。花芳香，乳黄色，夏末开放。

欧洲山毛榉 ***Fagus sylvatica***
(Common beech)
落叶乔木。树冠开展。叶卵形，边缘波状，幼叶淡绿色，成年叶中绿色至暗绿色，秋季变为浓黄色和橙褐色。秋季结坚果。

Populus x *canadensis* ‘Eugenei’
Populus x *candicans*
Populus deltoides
Populus lasiocarpa
Populus nigra
Populus szechuanica
Populus trichocarpa
Pterocarya fraxinifolia
Pterocarya stenoptera
Quercus cerris
Quercus imbricaria
Quercus mongolica var. *grosseserrata*
Tilia americana
Tilia cordata
Tilia x *euchlora*
Tilia mongolica

绿色

匈牙利栎 ***Quercus frainetto*** (Hungarian oak)
落叶乔木。生长快。树冠大，开展，圆头状。叶大，优美，暗绿色，深裂。

100ft 30m 75ft 22.5m 0

沼生栎 ***Quercus palustris*** (Pin oak)
落叶乔木。生长快。树冠开展。枝细长，顶端下垂。叶亮绿色，深裂，具光泽，秋季变为鲜红色和红褐色。

100ft 30m 75ft 22.5m 0

小糙皮山核桃 ***Carya ovata*** (Shagbark hickory)
落叶乔木。树皮灰色，片状脱落。复叶，小叶细长，常5片，暗绿色，秋季变为金黄色。

100ft 30m 75ft 22.5m 0

绿色至黄色

红栎 ***Quercus rubra*** (Red oak)
落叶乔木。生长快。树冠开展。叶通常大，裂片引人注目，深绿色，秋季变为红褐色或黄褐色。

100ft 30m 75ft 22.5m 0

'火箭' 银白杨 ***Populus alba* 'Raket'**（*P. a.* 'Rocket'）
落叶乔木。树冠窄，直立。叶常有分裂，暗绿色，背面白色，秋季变为黄色。

100ft 30m 75ft 22.5m 0

桂叶栎 ***Quercus laurifolia***
落叶乔木。树冠圆头状。叶窄，亮绿色，具光泽，幼叶微带古铜色，宿存至年末。

100ft 30m 75ft 22.5m 0

'金边' 北美鹅掌楸 ***Liriodendron tulipifera* 'Aureomarginatum'**
落叶乔木。生长旺盛。叶深绿色，边缘黄色，先端平截或微凹，两侧有分裂。花杯状，绿白色，带橙色斑点，成年树夏季开放。

pH

100ft 30m 75ft 22.5m 0

雷氏枫杨 ***Pterocarya* x *rehderiana***
落叶乔木。生长极快。树冠开展。复叶，小叶窄长，对生，具光泽，亮绿色，秋季变为黄色。穗状果序长，翅果夏末至秋季成熟。

100ft 30m 75ft 22.5m 0

Tilia platyphyllos
Tilia tomentosa
Ulmus americana
Ulmus glabra

Ulmus x *hollandica*
Ulmus x *hollandica* 'Vegeta'
Ulmus minor
Ulmus minor 'Sarniensis'

Ulmus procera
Zelkova carpinifolia

Alnus incana 'Aurea'
Fagus sylvatica 'Aurea Pendula'
Populus alba 'Richardii'
Robinia pseudoacacia 'Frisia', illus. p.81

大型乔木 秋季观赏

粉红色至红色

美人树 *Chorisia speciosa* (Floss silk tree)
落叶乔木。生长快。树干和枝密被粗大的圆锥状刺。叶具锯齿，亮绿色。花粉红色至酒红色，落叶后开放。耐最低温度15℃。

胶皮枫香树 *Liquidambar styraciflua* (Sweet gum)
落叶乔木。树冠圆锥状至开展。枝具木栓质棱。叶具光泽，有分裂，暗绿色，秋季变为鲜橙色、红色和紫色。

椭圆栎 *Quercus ellipsoidalis*
落叶乔木。树冠开展。叶具光泽，深裂，暗绿色，后为暗紫红色，秋季变为红色。

红果欧亚槭 *Acer pseudoplatanus* f. *erythrocarpum*
落叶乔木。树冠开展。生长旺盛。叶有分裂，深绿色。秋季幼果具红色翅。

'狭冠' 红槭 *Acer rubrum* 'Scanlon'
落叶乔木。树冠直立。叶有分裂，暗绿色，秋季变为亮红色，尤其是在酸性或中性土壤上生长的植株。具花序，花小，红色，春季先叶开放。

绯栎 *Quercus coccinea* (Scarlet oak)
落叶乔木。树冠圆头状。叶具光泽，深裂，裂片先端具齿牙，暗绿色，秋季变为鲜红色，通常在树上保持数周。

'施莱辛格' 红槭 *Acer rubrum* 'Schlesingeri'
落叶乔木。树冠圆头状。叶暗绿色，初秋变为深红色。花微小，红色，春季先叶开放。

红槭 *Acer rubrum* (Red maple)
落叶乔木。树冠圆头状。叶暗绿色，秋季变为鲜红色，在酸性或中性土壤上栽培时叶色最好。花小，红色，春季先叶开放。

OTHER RECOMMENDED PLANTS:
Acer rubrum 'Columnare', illus. p.81
Acer rubrum 'October Glory'
Acer rubrum 'Red Sunset'
Acer saccharum 'Green Mountain'
Lagerstroemia speciosa
Quercus coccinea 'Splendens'

红色至黄色

连香树 ***Cercidiphyllum japonicum*** (Katsura)
落叶乔木。生长快。树冠开展。幼叶古铜色，成年叶浓绿色，秋季黄色至紫色，尤其是在酸性土壤上生长的植株。落叶有烧焦的太妃糖味。

火焰木 ***Spathodea campanulata*** (African tulip tree, Flame-of-the-forest)
常绿乔木。树形美丽。复叶，小叶9～19片，深绿色。具花序，花郁金香花状，鲜红色或橙红色，陆续开放。耐最低温度16～18℃。

柳叶栎 ***Quercus phellos*** (Willow oak)
落叶乔木。树冠开展。姿态优美。叶窄，柳叶状，淡绿色，秋季先变为黄色，而后变为褐色。

光叶榉 ***Zelkova serrata***
落叶乔木。树冠开展。叶具锐锯齿，先端尖，暗绿色，秋季变为黄色或橙色。

多花蓝果树（多花紫树）*Nyssa sylvatica* (Black gum, Tupelo)
落叶乔木。树冠阔圆锥状。叶卵形，具光泽，暗绿色至绿色，秋季变为亮黄色、橙色和红色。

欧洲甜樱桃 ***Prunus avium*** (Gean, Wild cherry)
落叶乔木。树冠开展。树皮具红色带状斑。具花序，花白色，春季开放。叶深绿色，秋季变为红色和黄色。果实深红色。

‘堇花’槐 ***Sophora japonica* ‘Violacea’**
落叶乔木。生长快。树冠圆头状。花序大，花白色，微带淡紫色至粉红色，蝶形，夏末至初秋开放。

白栎 ***Quercus alba*** (American white oak)
落叶乔木。树冠开展。叶深裂，具光泽，暗绿色，秋季变为红紫色。

‘细裂’挪威槭 ***Acer platanoides* ‘Palmatifidum’** (*A. p.* ‘Lorbergii’)
落叶乔木。树冠开展。生长旺盛。叶深裂，裂片细长，淡绿色，秋季变为黄色或橙红色。花微小，黄色，仲春开放。

Acer cappadocicum
Acer platanoides
Betula maximowicziana
Betula szechuanica
Betula utilis
Carya cordiformis
Carya glabra
Fraxinus angustifolia ‘Raywood’
Gleditsia triacanthos
Gymnocladus dioica
Liquidambar styraciflua ‘Lane Roberts’
Liriodendron chinense
Populus alba, illus. p 64
Populus tremula
Populus trichocarpa
Quercus velutina

大型乔木 冬季或全年观赏

白色至绿色

山桉 *Eucalyptus dalrympleana* (Mountain gum)
常绿乔木。生长旺盛。幼树皮乳白色，随后变为灰粉红色，然后脱落。叶窄，下垂。具花序，花白色，夏末至秋季开放。

纸桦（美洲桦）*Betula papyrifera* (Canoe birch, Paper birch)
落叶乔木。生长旺盛。树冠圆头状。枝开展。树皮白色，具光泽，片状剥落。柔荑花序，花淡黄色，春季开放。叶卵形，具粗糙锯齿，秋季变为纯黄色。

岳桦 *Betula ermanii*
落叶乔木。枝开展。树形优美。树皮粉白色，片状剥落，皮孔大而显著。叶卵形，具光泽，绿色，秋季绚丽多彩。

冈尼桉 *Eucalyptus gunnii* (Cider gum)
常绿乔木。树冠圆锥状。树皮乳白色、淡粉红色至褐色，剥落。幼叶银蓝色，成年叶蓝绿色。具花序，花白色，雄蕊多数，仲夏开放。

‘彩叶’印度橡胶树 *Ficus elastica* ‘Doescheri’ (Rubber plant)
常绿乔木。生长势极强。树冠直立至开展。叶深绿色，长椭圆形至卵形，革质，具光泽，具灰绿色、黄色和白色花纹。耐最低温度10℃。

绿色

印度榕 *Ficus benghalensis* (Banyan)
常绿乔木。树冠宽阔，开展。具树干状支撑根。叶卵形，革质，浓绿色，长20cm，叶脉灰白色。果小，褐色，似无花果。耐最低温度15～18℃。

聚果桉 *Eucalyptus coccifera* (Tasmanian snow gum)
常绿乔木。树皮蓝灰色或白色，剥落。叶灰绿色，先端尖，芳香。具花序，花白色，雄蕊多数，夏季开放。

假槟榔（亚历山大椰子）*Archontophoenix alexandrae* (Alexandra palm, Northern bungalow palm)
常绿棕榈状植物。叶羽毛状，拱形。成年植株具花序，花小，白色或乳黄色。耐最低温度15℃。

OTHER RECOMMENDED PLANTS:
Betula pendula
Betula utilis
Betula utilis var. *jacquemontii*, illus. p.83
Eucalyptus globulus
Ficus elastica ‘Decora’
Metrosideros robustus
Tilia platyphyllos ‘Prince’s Street’
Archontophoenix cunninghamiana
Castanospermum australe
Ficus benjamina
Ficus lyrata
Ficus macrophylla
Ficus religiosa
Ficus rubiginosa
Nothofagus menziesii

绿色

聚果栎 *Quercus* x *turneri*
半常绿乔木。树冠球状。枝稠密。叶有分裂，革质，暗绿色，老叶在春季新叶出现时脱落。

榆叶南水青冈 *Nothofagus dombeyi*
常绿乔木。树冠圆锥状。树姿优美。枝松散。嫩枝顶部下垂。叶暗绿色，具光泽，具锐锯齿。

垂枝桦（欧洲白桦） *Betula pendula* 'Tristis' (Weeping birch)
落叶乔木。树姿优美。树形细长。树皮白色。枝极下垂。叶卵形，具锯齿，亮绿色，秋季变为漂亮的金黄色。

澳洲坚果（澳洲胡桃） *Macadamia integrifolia* (Macadamia nut, Queensland nut)
常绿乔木。树冠开张。叶轮生，革质，稍具光泽。圆锥花序，花小，乳黄色，春季开放。坚果，褐色，秋季成熟，可食。耐最低温度10～13℃。

欧洲栓皮栎（栓皮槠） *Quercus suber* (Cork oak)
常绿乔木。树冠圆头状。树皮木栓层厚。叶卵形，革质，具光泽，暗绿色，背面淡灰色。

大丝葵 *Washingtonia robusta* (Thread palm)
常绿棕榈状植物。生长快。叶大，扇形。花序大型，具长柄，花微小，乳白色，夏季开放。冬春结黑色的浆果。耐最低温度10℃。

金山葵（皇后葵） *Syagrus romanzoffiana* (*Arecastrum romanzoffianum*) (Queen palm)
常绿棕榈状植物。树姿雄伟庄严。羽状复叶，小叶绿色，具光泽。具花序，花黄色，夏季开放。耐最低温度18℃。

'大叶' 西班牙栎 *Quercus* x *hispanica* 'Lucombeana' (*Q.* x *lucombeana* 'William Lucombe') (Lucombe oak)
半常绿乔木。树冠开张。叶具光泽，具锐锯齿，暗绿色，背面灰色。

Phoenix canariensis
Quercus ilex
Roystonea regia
Salix matsudana 'Tortuosa', illus. p.85
Tamarindus indica
Terminalia catappa
Washingtonia filifera

大型乔木 冬季或全年观赏

绿色

红桦 ***Betula albosinensis*** (White Chinese birch)
落叶乔木。树形优美。枝开展。叶淡绿色，卵形至披针形，具锯齿。树皮剥落，似蜂蜜色或红栗色。花灰色。

桦状南水青冈 ***Nothofagus betuloides***
常绿乔木。树冠圆柱状，密集。幼枝铜红色。叶卵形，暗绿色，具光泽。

黄色

加州桂 ***Umbellularia californica*** (Californian laurel)
常绿乔木。树冠开展。叶暗绿色，革质，具光泽，芳香。花乳黄色，春末开放。叶被揉碎后的刺激性气味会引起恶心和头疼。

黄枝白柳 ***Salix alba*** var. ***vitellina*** (Golden willow)
落叶乔木。树冠开展。常通过重度短截使其生长旺盛。幼枝强壮，冬季亮橙黄色。春季叶中绿色，披针形。

金垂柳 ***Salix* x *sepulcralis*** var. ***chrysocoma*** (Golden weeping willow)
落叶乔木。枝细长，黄色，似帘状下垂至地面。幼叶黄绿色，成年叶中绿色。

Alnus incana 'Aurea'
Alnus incana 'Ramulis Coccineis'
Betula maximowicziana
Corylus colurna

中型乔木 春季观赏

白色

湖北海棠 ***Malus hupehensis*** (Hupeh crab)
落叶乔木。生长旺盛。树冠开展。叶深绿色。花大，白色，芳香，花蕾粉红色，仲春至春末开放。梨形果小，黄色，微带红色，夏末至秋季成熟。

瑞香柳 ***Salix daphnoides*** (Violet willow)
落叶乔木。生长快。树冠开展。叶披针形，暗绿色，具光泽。雄柔荑花序，银白色，春季开放。冬季淡蓝白色花蕾着生于紫色枝上。

毛山荆子 ***Malus baccata*** var. ***mandschurica***
落叶乔木。树冠开展。生长旺盛。叶暗绿色。具花序，花多，白色，仲春开放。梨果小，红色或黄色，观果期长。

OTHER RECOMMENDED PLANTS:
Dillenia indica
MAGNOLIAS, illus. p.75
Malus baccata
Malus prattii

木兰属植物

春季花园中一株成年的木兰树花盛开时是最壮观的景色之一。大多数木兰属植物姿态优美，虽然生长速度慢，但最终可形成壮观的乔木或灌木，作为主景或在草坪上孤植，有极高的观赏价值。有些种类如星花木兰（*Magnolia stellata*）在极小的花园中也能正常生长。

木兰的花一般是碟状或高脚碟状，常微香，花色丰富，有纯白色，白色带粉红晕、紫晕，或带粉红色或紫色斑块，也有粉红色和浓紫红色。本属植物还包括一些夏季开花的常绿种类，它们和不完全耐寒的品种靠着向阳的墙垣栽植是最佳的选择。有些木兰属植物喜酸性或中性土壤，但多数种类可以在任何富含腐殖质的土壤中栽培。种植前应施入大量的有机物质。

‘诺曼·古德尔’木兰
M. ‘Norman Gould’

黄山木兰
M. cylindrica ♀

邱园木兰
M. ‘Wada’s Memory’ ♀

柳叶木兰
M. salicifolia ♀

皱叶木兰
M. kobus

星花木兰
M. stellata ♀

维氏木兰
M.* × *wieseneri

西康木兰
M. wilsonii ♀

‘睡莲’星花木兰
***M. stellata* ‘Water Lily’** ♀

玉兰
M. denudata ♀

‘查尔斯·科茨’木兰
M. ‘Charles Coates’

‘满族扇’木兰
M. ‘Manchu Fan’

弗拉氏木兰
M. fraseri

‘埃城’荷花玉兰
***M. grandiflora* ‘Exmouth’** ♀

三瓣木兰
M. tripetala

日本厚朴
M. hypoleuca ♀

武当玉兰
M. sprengeri

‘彼得·维茨’木兰
***M.* × *veitchii* ‘Peter Veitch’**

‘伦纳德·麦瑟尔’洛氏木兰
***M.* × *loebneri* ‘Leonard Messel’** ♀

滇藏木兰
M. campbellii

软毛滇藏木兰
M. campbellii subsp. ***mollicomata***

‘紫白’二乔玉兰
***M.* × *s.* ‘Etienne Soulange-Bodin’** ♀

‘芬芳’木兰
M. ‘Heaven Scent’ ♀

‘卫克哈斯特’武当木兰
***M. sprengeri* ‘Wakehurst’**

‘紫红’二乔玉兰
***M.* × *soulangeana* ‘Rustica Rubra’** ♀

‘黑紫’紫玉兰
***M. liliiflora* ‘Nigra’** ♀

‘查尔斯·拉菲尔’滇藏木兰
***M. campbellii* ‘Charles Raffill’** ♀

‘大吉岭’滇藏木兰
***M. campbellii* ‘Darjeeling’**

中型乔木 春季观赏

□ 白色

‘公鸡’豆梨 *Pyrus calleryana* ‘Chanticleer’
落叶乔木。树冠圆锥状。叶具光泽，秋季变为淡紫色。具花枝，花小，白色，春季开放。耐强光。

爪瓣樱 *Prunus mahaleb*
落叶乔木。树冠圆头状。枝丛生状。花多，白色，杯状，芳香，仲春至春末开放。叶圆形，具光泽，暗绿色，秋季变为黄色。

山银钟花 *Halesia monticola* (Silver bell, Snowdrop tree)
落叶乔木。生长快。树冠圆锥状或开展。花多，钟状，下垂，白色，春末先叶开放。果具四翅，秋季成熟。

白色至粉红色

稠李 *Prunus padus* (Bird cherry)
落叶乔木。树冠开展。幼树冠圆锥状。花序穗状，下垂，花白色，芳香，春末开放。果小，黑色，夏末成熟。叶暗绿色，秋季变为黄色。

太平洋四照花 *Cornus nuttallii* (Mountain dogwood, Pacific dogwood)
落叶乔木。树冠圆锥状。花微小，苞片大，白色，春末开放。叶卵形，暗绿色。

‘重瓣’欧洲甜樱桃 *Prunus avium* ‘Plena’
落叶乔木。树冠开展。树皮红褐色。花多，重瓣，白色，春季开放。叶暗绿色，秋季变为红色。

楝（苦楝）*Melia azedarach* (Bead tree, Persian lilac)
落叶乔木。树冠开展。小叶多数，暗绿色。花星状，淡红紫色，芳香。果实淡橘黄色，秋季成熟。

花白蜡树 *Fraxinus ornus* (Manna ash)
落叶乔木。树冠圆头状。复叶，小叶5～9片，深绿色。圆锥花序，花乳白色，芳香，春末至初夏开放。

山樱 *Prunus jamasakura* (*P. serrulata* var. *spontanea*) (Hill cherry)
落叶乔木。树冠开展。花杯状，白色或粉红色，仲春至春末开放。叶卵形，幼叶古铜色，成年叶深绿色。

Michelia doltsopa, illus. p.83
Prunus padus var. *commutata*
Prunus padus ‘Plena’
Prunus padus ‘Watereri’
Prunus pensylvanica
Rehderodendron macrocarpum

MAGNOLIAS, illus. p.75
Malus x *robusta*
Prunus ‘Spire’, illus. p.87
Prunus x *yedoensis*, illus. p.87

中型乔木 夏季观赏

粉红色至黄色

关山樱 ***Prunus* 'Kanzan'**
落叶乔木。树冠瓶状。花大而多，重瓣，粉红色至紫色，生于幼叶丛中，仲春至春末开放。幼叶古铜色，成年叶暗绿色。

毛泡桐 ***Paulownia tomentosa***
(*P. imperialis*)(Foxglove tree, Princess tree)
落叶乔木。树冠开展。叶大，有分裂，中绿色。花序顶生，花紫红色，似毛地黄花，芳香，春季开放。

白色

野茉莉 ***Styrax japonicus***
落叶乔木。树冠开展。花多，钟状，白色，下垂，芳香。叶暗绿色，具光泽。

维州铁木 ***Ostrya virginiana***
(American hop hornbeam, Ironwood)
落叶乔木。树冠圆锥状。树皮暗褐色。叶深绿色，秋季变为黄色。柔荑花序，淡黄色，春季开放。果实成簇，绿白色。

'丰花' 海棠 ***Malus* 'Profusion'**
落叶乔木。树冠开展。幼叶紫色，成年叶暗绿色。花多，杯状，深紫粉红色，春末开放。梨果小，紫红色，夏末至秋季成熟。

'丽光' 美国皂荚 ***Gleditsia triacanthos* 'Sunburst'**
落叶乔木。树冠开展。叶似蕨类叶，具光泽，幼叶为金黄色，夏季变为深绿色。

珙桐 ***Davidia involucrata***
(Dove tree, Ghost tree, Pocket handkerchief tree)
落叶乔木。树冠圆锥状。叶心形，鲜红色，背面被毛。苞片大，白色，春末开放。

Aesculus x *neglecta* 'Erythroblastos', illus. p.89
Catalpa x *erubescens* 'Purpurea'
Cercis siliquastrum, illus. p.88
MAGNOLIAS, illus. p.75
Prunus 'Okame'
Tabebuia rosea

OTHER RECOMMENDED PLANTS:
Acer rufinerve 'Hatsuyuki'
Arbutus menziesii
Catalpa ovata
Cladrastis kentukea, illus. p.82
Cornus controversa
Cunonia capensis
Eucryphia cordifolia

中型乔木 夏季观赏

□ 白色

酸木 ***Oxydendrum arboreum***
(Sorrel tree)
落叶乔木。树冠开展。叶暗绿色，秋季变为亮红色。具花枝，花白色，夏末至秋季开放。

黄金树 ***Catalpa speciosa***
落叶乔木。树冠开展。花序头状，花大，白色，具黄色和紫色斑点，夏季开放。叶中绿色，具光泽。

林仙 ***Drimys winteri*** (*Wintera aromatica*) (Winter's bark)
常绿乔木。树冠圆锥状。有时呈灌木状。叶长，具光泽，淡绿色至暗绿色，背面常淡蓝白色。具花序，花星状，白色，芳香，初夏开放。

'镶边'土耳其栎 ***Quercus cerris* 'Argenteovariegata'**
(*Q. c.* 'Variegata')
落叶乔木。树冠开展。叶暗绿色，边缘乳白色，具光泽，有深锯齿或分裂。

白叶花楸 ***Sorbus vestita***
(*S. cuspidata*)
落叶乔木。树冠阔圆锥形。叶极大，灰绿色，叶脉明显，幼叶被白色毛。花序头状，花白色，雄蕊粉红色。春末至初夏开花。果实赤褐色或红黄色。

大花紫茎 ***Stewartia pseudocamellia***
落叶乔木。树冠开展。树皮剥落，美观。花白色，仲夏开放。叶中绿色，秋季变为橙黄色和红色。

紫葳楸（紫葳梓，美国梓） ***Catalpa bignonioides*** (Indian bean tree)
落叶乔木。树冠开展。叶大，亮绿色，幼叶淡紫色。花白色，具黄色和紫色斑点，夏季开放。蒴果长，圆柱形，下垂。

梾木 ***Cornus macrophylla***
落叶乔木。树冠开展。具花序，花小，乳白色，夏季开放。叶大，鲜绿色，卵形，先端尖。

'淡黄'白背花楸 ***Sorbus aria* 'Lutescens'**
落叶乔木。树冠开展。幼树冠直立。幼叶银白色，成年叶灰绿色。花白色，春末至初夏开放。果橙红色，秋季成熟。

Gevuina avellana
Hoheria populnea
Lyonothamnus floribundus subsp. *aspleniifolius*
MAGNOLIAS, illus. p.75
Malus trilobata
Pterostyrax hispida
Stewartia monadelpha, illus. p.82
Stewartia sinensis
Styrax obassia
Weinmannia trichosperma

白色至粉红色

‘斑叶’欧亚槭 ***Acer pseudoplatanus* ‘Simon Louis Frères’**
落叶乔木。树冠开展。幼叶具乳白色和粉红色斑点，老叶灰绿色，具白色斑纹。

‘斑纹’梣叶槭 ***Acer negundo* ‘Variegatum’**
落叶乔木。生长快。树冠开展。复叶，小叶3～5片，亮绿色，边缘淡粉红色，随后变为白色。花不显著，绿黄色，春末开放。

‘亮叶’印度七叶树 ***Aesculus indica* ‘Sydney Pearce’**
落叶乔木。树冠开展。叶暗绿色，具光泽，幼叶古铜色，秋季变为橙色或黄色。花粉白色，具红色和黄色斑点，初夏至仲夏开放。

Albizia julibrissin, illus. p.90
Clusia major
Lagunaria patersonii
Manglietia insignis

Robinia x *ambigua* ‘Decaisneana’

紫色至绿色

蓝花楹 ***Jacaranda mimosifolia***
(*J. acutifolia* of gardens, *J. ovalifolia*)
落叶乔木。生长快。树冠球状。叶似蕨类叶，小叶多而小，亮绿色。具花序，花鲜蓝色至蓝紫色，春季至初夏开来放。耐最低温度7℃。

构树 ***Broussonetia papyrifera***
(Paper mulberry)
落叶乔木。树冠圆头状。叶大，阔卵形，暗绿色，具锯齿，有时有分裂。雌株花序小，球状，花紫色，初夏开放。

‘约翰·米切尔’康藏花楸 ***Sorbus thibetica* ‘John Mitchell’**
(*S.* ‘Mitchellii’)
落叶乔木。生长势强。树冠圆锥状。叶暗绿色，背面银白色。花白色，春季开放。果实褐色，夏末成熟。

枳椇 ***Hovenia dulcis*** (Raisin-tree)
落叶乔木。树冠开展。叶大，暗绿色，具光泽。花小，绿黄色，花序梗变红色，肉质，可食。

香椿 ***Toona sinensis***
(*Cedrela sinensis*)
落叶乔木。树冠开展。老树树皮粗糙。复叶，小叶多数，暗绿色，秋季变为黄色。花白色，芳香，仲夏开放。嫩枝有洋葱味。

‘垂枝’欧洲山杨 ***Populus tremula* ‘Pendula’** (Weeping aspen)
落叶乔木。生长旺盛。枝下垂。幼叶淡红色，夏季灰绿色，秋季变为黄色，在风中摇晃。柔荑花序，淡紫色，冬末至春季开放。

Acer negundo var. *violaceum*
Olea europaea
Populus tremula
Pyrus amygdaliformis

Salix alba var. *sericea*

中型乔木 夏季观赏

绿色

马里兰栎 ***Quercus marilandica***
(Black Jack oak)
落叶乔木。树冠开展。叶大，先端3裂，具光泽，暗绿色，背面淡绿色，秋季变为黄色、红色或褐色。

毡毛白蜡树（毛梣） ***Fraxinus velutina*** (Arizona ash)
落叶乔木。树冠开展。叶多种多样，常为复叶，小叶窄，3～5片，柔软，灰绿色。

俄勒冈栎 ***Quercus garryana***
(Oregon oak)
落叶乔木。生长慢。树冠开展。叶亮绿色，深裂，具光泽。

'牧场小屋' 欧洲小叶椴
***Tilia cordata* 'Rancho'**
落叶乔木。树冠圆锥形，密集。幼树树冠开展。叶小，卵形，具光泽，暗绿色。具花序，花小，黄色，杯状，芳香，仲夏开放。

暖木 ***Meliosma veitchiorum***
落叶乔木。树冠开展。枝粗壮，灰色。复叶大，叶柄红色，小叶9～11片，暗绿色。花小，白色，芳香，春末开放。果紫色，秋季成熟。

山皂荚 ***Gleditsia japonica***
落叶乔木。树冠圆锥状。树干具刺。嫩枝淡紫色。叶似蕨类叶，小叶多数，中绿色。

香果树 ***Emmenopterys henryi***
落叶乔木。树冠开展。叶大，先端尖，暗绿色，幼叶古铜色。具花序，花白色，有时具一枚大型苞片，炎热的盛夏开放，其他季节很少开花。

山桐子 ***Idesia polycarpa***
落叶乔木。树冠开展。叶大，心形，具光泽，暗绿色，叶柄长。花小，芳香，黄绿色，仲夏开放。雌株结果，果实红色，成簇，悬垂，秋季成熟。

刺楸 ***Kalopanax septemlobus***
(*Acanthopanax ricinifolius*, *K. pictus*, *K. ricinifolius*)
落叶乔木。树冠开展。干和枝具刺。叶大，5～7裂，具光泽，暗绿色。伞形花序，花小，白色。果实黑色，秋季成熟。

大果栎 ***Quercus macrocarpa***
(Bur oak)
落叶乔木。生长慢。树冠开展。叶大，长椭圆状卵形，有分裂，具光泽，暗绿色，秋季变为黄色和褐色。

大鳞栎 ***Quercus macrolepis***
(*Q. aegilops*, *Q. ithaburensis* subsp. *macrolepis*)
落叶或半常绿乔木。树冠开展。叶灰绿色，裂片尖锐。

'金叶' 红栎 ***Quercus rubra* 'Aurea'**
落叶乔木。生长慢。树冠开展。叶大，有分裂，幼叶黄色，仲夏变为绿色。开阔而避风处生长的植株，其叶色更佳。

Acer giraldii
Acer monspessulanum
Aesculus glabra
Alnus glutinosa 'Imperialis'
Eucommia ulmoides
Fagus grandifolia
Meliosma pinnata var. *oldhamii*
Nothofagus antarctica
Ostrya carpinifolia
Phellodendron amurense
Platycarya strobilacea
Pyrus calleryana 'Bradford'
Quercus acutissima
Quercus aliena
Quercus dentata
Ulmus parvifolia

中型乔木 秋季观赏

绿色至黄色

黄皮树 ***Phellodendron chinense***
落叶乔木。树冠开展。复叶，小叶7～13片，长椭圆形，芳香，暗绿色，秋季变为黄色。总状花序，下垂，花绿色，初夏开放。雌株结黑色浆果状果实。

'金叶' 刺槐 ***Robinia pseudoacacia* 'Frisia'**
落叶乔木。树冠开展。复叶多，小叶椭圆形，幼叶金黄色，夏季为绿黄色，秋季变为橙黄色。

'迪克逊' 鹅耳枥榆 ***Ulmus minor* 'Dicksonii'** (Cornish golden elm, Dickson's golden elm)
落叶乔木。生长慢。树冠圆锥状，密集。叶小，阔卵形，亮金黄色。

白色至红色

灰岩密藏花 ***Eucryphia* x *nymansensis* 'Nymansay'**
常绿乔木。树冠圆柱状。单叶或3小叶复叶（少数为5小叶），暗绿色，革质，具光泽。具花序，花大，白色，夏末或初秋开放。

圆锥蒲桃 ***Syzygium paniculatum***
(Australian brush cherry)
常绿乔木。叶具光泽，幼叶古铜色。花乳白色，萼片淡红色。果实芳香，玫瑰紫红色。耐最低温度10℃。

'白纹' 青榨槭 ***Acer davidii* 'Madeline Spitta'**
落叶乔木。枝直立，具绿色和白色条纹。叶暗绿色，具光泽，秋季结果后变为橙色。翅果绿色，成熟后红褐色。

'绯果' 湖北花楸 ***Sorbus hupehensis* 'Rosea'** (*S. h.* var. *obtusa*)
落叶乔木。树冠开展。复叶，小叶4～8对，蓝绿色，秋末变为橙红色。花白色，春季开放。果实粉红色，果期长。

杂色花楸 ***Sorbus commixta***
(*S. discolor* of gardens)
落叶乔木。树冠开展。生长旺盛。复叶，小叶6～8对，具光泽，深绿色，秋季变为橙色和红色。花白色，春季开放。果实亮红色。

鸟花楸 ***Sorbus aucuparia***
(Mountain ash, Rowan)
落叶乔木。树冠开展。复叶，小叶多数，中绿色，秋季变为红色或黄色。花白色，春季开放。秋季结红色果实。

'柱冠' 红槭 ***Acer rubrum* 'Columnare'**
落叶乔木。树冠窄，直立。叶有分裂，暗绿色，秋季满树红色或黄色，似燃烧火柱。

OTHER RECOMMENDED PLANTS:

Alnus glutinosa 'Aurea'
Catalpa bignonioides 'Aurea'
Quercus robur 'Concordia'
Chorisia speciosa, illus. p.70
Cornus capitata
MAGNOLIAS, illus. p.75
Rhus potaninii
Rhus verniciflua
Sorbus americana
Sorbus esserteauana
Sorbus hupehensis
Sorbus scalaris

中型乔木 秋季观赏

红色至黄色

褐脉槭 *Acer rufinerve*
(Snakebark maple)
落叶乔木。枝拱形，具绿色和白色条纹。叶暗绿色，有分裂，秋季变为鲜红色和橙色。

黄花七叶树 *Aesculus flava*
(*A. octandra*) (Sweet buckeye, Yellow buckeye)
落叶乔木。树冠开展。复叶，小叶5～7片，卵形，具光泽，暗绿色，秋季变为红色。花黄色，春末至初夏开放。果实圆形（似栗子）。

异叶栎 *Quercus* x *heterophylla*
(Bartram's oak)
落叶乔木。树冠开展。叶具锯齿，具光泽，亮绿色，秋季变为橙红色和黄色。

单体蕊紫茎 *Stewartia monadelpha*
落叶乔木。树冠开展。树皮剥落。叶暗绿色，具光泽，秋季变为橙色和红色。花小，白色，花药紫色，仲夏开放。果实小。

建始槭 *Acer henryi*
(*A. cissifolium* subsp. *henryi*)
落叶乔木。树冠开展。复叶，小叶3片，卵圆形，具锯齿，暗绿色，秋季变为亮橙色和鲜红色。

蓝果树（紫树） *Nyssa sinensis*
落叶乔木。树冠开展。叶窄长，先端尖，幼叶淡紫色，成年叶暗绿色，秋季变为亮红色。

'约瑟夫·罗克'花楸 *Sorbus* 'Joseph Rock'
落叶乔木。树冠直立。复叶，小叶多数，亮绿色，秋季变为橙色、红色和紫色。花白色，春末开放。夏末至秋季结果，浆果小，黄色，成大簇。

'柱冠'糖槭 *Acer saccharum* 'Temple's Upright'
落叶乔木。树冠圆柱状。叶大，有分裂，秋季变为亮橙色和鲜红色。

帕罗梯木 *Parrotia persica*
(Persian ironwood)
落叶乔木。树冠开展。树干短。树皮灰色和淡黄褐色，剥落。叶亮绿色，秋季变为黄色、橙色和紫红色。花小，红色，初春先叶开放。

细柄槭 *Acer capillipes*
(Snake-bark maple)
落叶乔木。树冠开展。叶有分裂，亮绿色，秋季变为亮红色和橙色。老枝具绿色和白色条纹。

美国香槐 *Cladrastis kentukea*
(Yellow wood)
落叶乔木。树冠球状。复叶，小叶7～9片，椭圆形，暗绿色，秋季变为黄色。具花序，花蝶形，白色，具黄色斑点，芳香，初夏开放。

Acer maximowiczianum
Diospyros kaki
Dipteronia sinensis
HOLLIES, illus. p.98–p.99
Liquidambar formosana
Maclura pomifera
Malus 'Hopa'
Malus hupehensis, illus. p.74
Malus 'Profusion', illus. p.77
Malus x *robusta*
Malus x *robusta* 'Yellow Siberian'
Morus nigra
Oxydendrum arboreum, illus. p.78
Sorbus aucuparia 'Fructu Luteo'
Sorbus decora

中型乔木 冬季观赏

白色至黄色

白糙皮桦 ***Betula utilis*** var. ***jacquemontii*** (*B. jacquemontii*) (West Himalayan birch)
落叶乔木。树形优美。枝开展。树皮亮白色。叶卵形，具锯齿，中绿色，秋季变为亮黄色。

南亚含笑 ***Michelia doltsopa***
常绿乔木。树冠球状。叶卵形，具光泽，暗绿色，背面淡绿色。花浓香，似木兰花，花瓣白色至淡黄色，冬春开放。

银荆 ***Acacia dealbata*** (Mimosa, Silver wattle)
常绿乔木。生长快。树冠开展。复叶，小叶多数，蓝绿色，革质。头状花序，球状，再组成总状花序，花芳香，亮黄色，冬春开放。

OTHER RECOMMENDED PLANTS:
Bauhinia variegata
Salix daphnoides, illus. p.74
Tabebuia chrysotricha, illus. p.97

红色

杂交荔莓 ***Arbutus*** x ***andrachnoides***
常绿乔木。灌木状。树冠开展。树皮红褐色，剥落。叶暗绿色，具光泽。具花序，花小，白色，秋季至春季开放。果小，草莓状，橙色或红色。

毛背铁心木（新西兰圣诞树） ***Metrosideros excelsus*** (New Zealand Christmas tree, Pohutukawa)
常绿乔木。树冠极开展。叶卵形，灰绿色，背面被白色毛。具花序，雄蕊深红色，引人注目，冬季开放。耐最低温度5℃。

中型乔木 全年观赏

白色至绿色

‘白斑’垂叶榕 *Ficus benjamina* ‘Variegata’
常绿乔木。树冠圆头状。枝密集，下垂。常有气生根。叶细长，先端尖，具光泽，浓绿色，有白色斑纹。耐最低温度15～18℃。

昆栏树 *Trochodendron aralioides*
常绿乔木。树冠阔圆锥状。叶暗绿色，具光泽。具花序，花奇特，绿色，车轮状，无花瓣，春末至初夏开放。

辐叶鹅掌柴 *Schefflera actinophylla* (Queensland umbrella tree)
常绿乔木。树冠直立。复叶大，小叶5～16片，伸展。花序大，花小，暗红色，夏季或秋季开放。耐最低温度16℃。

宾州槭 *Acer pensylvanicum* (Snake-bark maple)
落叶乔木。树冠直立。嫩枝具明显的绿色和白色条纹。叶大，有分裂，中绿色，秋季变为亮黄色。

疏花桉 *Eucalyptus pauciflora* (White Sally)
常绿乔木。树冠开展。幼树树皮脱落，白色。嫩枝红色。具花序，花白色，生于叶丛中，夏季开放。叶亮灰绿色，具光泽。

棕榈 *Trachycarpus fortunei* (Chusan palm, Windmill palm)
常绿乔木。茎干不分枝。叶大，扇形，深裂，中绿色，叶幕呈头状。具花序，花乳黄色，芳香，初夏开花。

雪桉 *Eucalyptus pauciflora* subsp. *niphophila* (*E. niphophila*)(Snow gum)
常绿乔木。树冠开展。树皮片状剥落。叶灰绿色，边缘红色。花白色，夏季开放。

小叶青冈 *Quercus myrsinifolia*
常绿乔木。树冠球状。叶窄，先端尖，具光泽，暗绿色，幼叶红紫色。

斑叶稠李 *Prunus maackii*
落叶乔木。树冠开展。树皮黄褐色，剥落。叶暗绿色，先端尖，秋季变为黄色。具花序，花小，白色，仲春开放。

OTHER RECOMMENDED PLANTS:
Acer davidii
Betula ‘Jermyns’
Cinnamomum camphora
Cordyline australis ‘Veitchii’
Cyathea medullaris
Eucalyptus glaucescens
Ficus lyrata
HOLLIES, illus. p.98~p.99
Laurelia sempervirens
Laurus nobilis
Lithocarpus densiflorus
MAGNOLIAS, illus. p.75
Salix x *rubens* ‘Basfordiana’

绿色至橙色

智利椰子 ***Jubaea chilensis*** (*J. spectabilis*) (Chilean wine palm, Coquito)
常绿棕榈状植物。生长慢。树干粗大。叶大，银绿色。花小，栗色和黄色，春季开放。果实木质，黄色，秋季成熟。

蒲葵 ***Livistona chinensis*** (Chinese fan palm, Chinese fountain palm)
常绿棕榈状植物。生长慢。树干粗大。叶扇形，具光泽，直径1～3m。果序稀疏，果实浆果状，黑色。耐最低温度7℃。

糙叶栎 ***Quercus agrifolia*** (Californian live oak)
常绿乔木。树冠开展。叶坚硬，暗绿色，具光泽，具刺状锯齿。

龙爪柳 ***Salix babylonica* var. *pekinensis* 'Tortuosa'** (Dragon's-claw willow)
落叶乔木。生长快。树冠开展。枝奇特扭曲。叶窄，亮绿色，扭曲变形。

毛利果 ***Corynocarpus laevigatus***
常绿乔木。树冠直立，老树冠开展。叶革质。具花序，花小，淡绿色，春夏开花。果实橙色，似梅子，冬季成熟。耐最低温度7～10℃。

Betula alleghaniensis
HOLLIES, illus. p.98～p.99
Prunus serrula
Thespesia populnea

小型乔木 春季观赏

□ 白色

欧海棠 ***Mespilus germanica*** (Medlar)
落叶乔木或灌木。树冠开展。叶暗绿色，秋季变为橙褐色。花白色，春夏开放。秋季结果，果实褐色，半熟时可食。

深裂叶山楂 ***Crataegus laciniata*** (*C. orientalis*)
落叶乔木。树冠开展。叶深裂，暗绿色，被毛。花多，白色，春末或初夏开放。果实红色，微带黄色。

平滑唐棣 ***Amelanchier laevis***
落叶乔木或灌木。树冠开展。叶卵形，幼叶古铜色，夏季为暗绿色，秋季则变为红色和橙色。具花序，花白色，春季开放。果实圆形，肉质，红色。

'白云' 佛州四照花 ***Cornus florida* 'White Cloud'**
落叶乔木。树冠开展。叶卵形，先端尖，暗绿色，秋季变为红色或紫色。花序多，花微小，苞片大，白色，春季开放。

加州七叶树 ***Aesculus californica*** (California buckeye)
落叶乔木。有时灌木状。树冠开展。具花序，花密集，白色，有时淡粉红色，芳香，春季至初夏开放。复叶小，小叶5～7片，暗绿色。

OTHER RECOMMENDED PLANTS:
Agonis flexuosa, illus. p.90
Amelanchier arborea
Amelanchier asiatica
Arbutus andrachne
Bauhinia variegata 'Candida', illus. p.97
Cornus 'Eddie's White Wonder', illus. p.96
Crataegus crus-galli

小型乔木 春季观赏

□ 白色

‘松月’樱 *Prunus* ‘Shogetsu’
(*P.* ‘Shimidsu’)
落叶乔木。树冠球状。花序下垂，花梗长，花蕾粉红色，花大，重瓣，白色，春末开放。叶中绿色，秋季变为橙色和红色。

‘黄苞’四照花 *Cornus* ‘Porlock’
落叶乔木。树冠开展。花微小，苞片乳白色，夏季变为深粉红色。果实多，成簇，草莓状，秋季成熟。

豆樱 *Prunus incisa* (Fuji cherry)
落叶乔木。树冠开展。花白色或淡粉红色，初春开放。叶暗绿色，具锐锯齿，幼叶淡红色，秋季变为橙红色。

太白南樱 *Prunus* ‘Taihaku’
(Great white cherry)
落叶乔木。树冠开展。生长旺盛。花极大，单瓣，纯白色，仲春开放。幼叶红褐色，成年叶暗绿色。

‘郁金’樱 *Prunus* ‘Ukon’
落叶乔木。树冠开展。生长旺盛。花蕾粉红色，花半重瓣，淡绿白色，仲春开放。叶暗绿色，幼叶古铜色。

‘白妙’樱（富士山樱） *Prunus* ‘Shirotae’ (*P.* ‘Mount Fuji’)
落叶乔木。树冠开展。枝微拱形。花大，芳香，单瓣或半重瓣，纯白色，仲春开放。秋季叶变为橙红色。

Crataegus ellwangeriana
Crataegus x *lavallei* ‘Carrierei’
Docynia delavayi
Gordonia axillaris
Halesia tetraptera
MAGNOLIAS, illus. p.75
Malus ‘Frettingham’s Victoria’
Malus ‘Golden Hornet’, illus. p.97
Malus ‘John Downie’, illus. p.95
Malus prunifolia, illus. p.95
Malus toringoides
Malus transitoria
Malus ‘Veitch’s Scarlet’, illus. p.94
Parrotiopsis jacquemontiana
Prunus ‘Hally Jolivette’

粉红色

日本樱花（江户樱） ***Prunus*** **x** ***yedoensis*** (Yoshino cherry)
落叶乔木。树冠圆头状。枝开展，拱形。叶暗绿色。具花序，花蕾粉红色，花白色或淡粉红色，初春开放。

'螺形'樱 ***Prunus*** **'Spire'** (*P.* x *hillieri* 'Spire')
落叶乔木。树冠瓶状。幼树冠圆锥形。花多，淡粉红色，初春至仲春开放。叶暗绿色，幼叶古铜色，秋季变为鲜橙红色。

涡樱 ***Prunus*** **'Hokusai'** (*P.* 'Uzuzakura')
落叶乔木。树冠开展。叶卵形，幼叶为古铜色，成年叶暗绿色，秋季变为红色。花半重瓣，淡粉红色，仲春开放。

'星花'彼岸樱 ***Prunus*** **x** ***subhirtella*** **'Stellata'**
落叶乔木。树冠开展。花蕾红色，花粉红色，花瓣窄，先端尖，初春至仲春开放。叶暗绿色，秋季变为黄色。

'潘多拉'樱 ***Prunus*** **'Pandora'**
落叶乔木。树冠开展。幼树冠直立。花多，淡粉红色，初春开放。幼叶古铜色，夏季为深绿色，秋季常变为橙色和红色。

阿诺德海棠 ***Malus*** **x** ***arnoldiana***
落叶低矮乔木。树冠开展。枝拱形。花蕾红色，花芳香，粉红色，后褪色为白色，仲春至春末开放。梨形果小，黄色，具红色晕。叶卵形。

'白普贤'樱 ***Prunus*** **'Shirofugen'**
落叶乔木。树冠开展。叶古铜色，秋季变为橙红色。花蕾淡粉红色，花重瓣，芳香，白色，凋谢前粉红色，春末开放。

大山樱 ***Prunus sargentii*** (Sargent cherry)
落叶乔木。树冠开展。叶卵形，暗绿色，幼叶红色，初秋变为鲜橙红色。具花序，花粉红色，仲春开放。

'粉无瑕'樱 ***Prunus*** **'Pink Perfection'**
落叶乔木。树冠直立。花重瓣，淡粉红色，春末开放。叶卵形，幼叶古铜色，夏季暗绿色。

Cercis canadensis
Cercis canadensis 'Forest Pansy', illus. p.91
Cornus florida 'Apple Blossom'
Cydonia oblonga 'Lusitanica'
Cydonia oblonga 'Vranja', illus. p.92
MAGNOLIAS, illus. p.75
Malus coronaria 'Charlottae'
Malus 'Katherine'
Malus 'Marshall Oyama', illus. p.96
Malus 'Professor Sprenger', illus. p.96
Malus 'Red Jade'
Melaleuca viridiflora var. *rubriflora*
Prunus davidiana
Staphylea holocarpa 'Rosea', illus. p.117

小型乔木 春季观赏

粉红色

‘颂春’ 樱 *Prunus* ‘Accolade’
落叶乔木。树冠开展。花蕾深粉红色，具花序，花半重瓣，淡粉红色，初春开放。叶中绿色，具锯齿，秋季变为橙红色。

‘红垂枝’ 彼岸樱 *Prunus* x *subhirtella* ‘Pendula Rubra’
(*P. pendula* ‘Pendula Rubra’)
落叶乔木。枝下垂。叶卵形，暗绿色，秋季变黄色。花深粉红色，春季先叶开放。

‘马德格堡’ 海棠 *Malus* ‘Magdeburgensis’
落叶乔木。树冠开展。叶暗绿色。具花序，花大而多，深粉红色，半重瓣，春末开放。偶尔结果，梨果小，黄色，秋季成熟。

南欧紫荆 *Cercis siliquastrum*
(Judas tree)
落叶乔木。灌木状。树冠开展。叶心形。具花序，花蝶形，亮黄色，仲春先叶开花或与叶同时开放。荚果长，紫红色，秋季成熟。

‘魅力王子’ 桃 *Prunus persica* ‘Prince Charming’
落叶乔木。树冠头状。直立，灌木状。叶窄，亮绿色。花重瓣，深玫瑰红色，仲春开放。

‘菊枝垂’ 樱 *Prunus* ‘Kiku-shidare-zakura’
(*P.* ‘Cheal’s Weeping’)
落叶乔木。枝下垂。花密集，重瓣，亮粉红色，仲春至春末开放。

多花海棠 *Malus floribunda*
落叶乔木。树冠头状，开展。枝密集。花蕾红色，花淡粉红色，仲春至春末开放。秋季结果，梨果小，黄色，豌豆状。

红铃花 *Dombeya* x *cayeuxii*
(Pink snowball)
常绿乔木。灌木状。叶圆形，具锯齿，被毛，长20cm。花序球状，下垂，花粉红色，冬季或春季开放。耐最低温度10～13℃。

八重紫樱 *Prunus* ‘Yae-murasaki’
落叶乔木。树冠开展。叶亮绿色，幼叶古铜色，秋季变为橙红色。花半重瓣，深红色，仲春开放。

Bauhinia variegata, illus. p.97
Cornus florida f. *rubra*
Crataegus laevigata ‘Punicea’
Malus ‘Almey’
Malus x *atrosanguinea*
Malus ‘Chilko’
Malus ‘Cowichan’, illus. p.94
Malus ‘Dorothea’
Malus ‘Neville Copeman’
Malus ‘Van Eseltine’
Prunus x *amygdalopersica* ‘Pollardii’
Prunus ‘Kursar’
Prunus mume ‘Pendula’
Prunus persica ‘Klara Meyer’
Pseudocydonia sinensis
Rhodoleia championii

红色至黄色

‘高贵’海棠 ***Malus* ‘Royalty’**
落叶乔木。树冠开展。叶紫色，具光泽。花鲜紫红色，仲春至春末开放。梨果暗红色，秋季成熟。

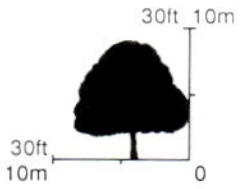

‘勒梦尼’海棠 ***Malus* ‘Lemoinei’**
落叶乔木。树冠开展。叶卵形，幼叶深红紫色，随后微带古铜色。花葡萄酒红色，春末开放。梨果暗红紫色，秋季成熟。

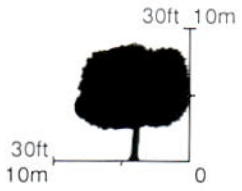

‘红枝’七叶树 ***Aesculus* x *neglecta* ‘Erythroblastos’**
落叶乔木。树冠开展。复叶，小叶5片，亮粉红色，随后为黄色，再变为暗绿色，深秋变为橙色和黄色。圆锥花序，夏季开放。

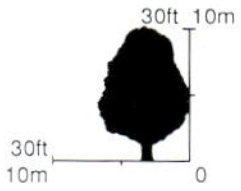

‘辉煌’欧亚槭 ***Acer pseudoplatanus* ‘Brilliantissimum’**
落叶乔木。生长慢。树冠开展。叶有分裂，幼叶橙红色，随后为黄色，夏季变为暗绿色。

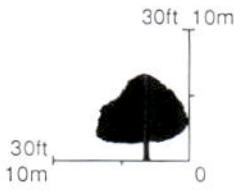

含笑 ***Michelia figo***
常绿乔木或球状灌木。叶卵形，具光泽，浓绿色。花乳黄色，具香蕉香味，花瓣边缘栗褐色，春夏开放。耐最低温度5℃。

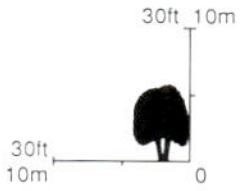

四翅槐 ***Sophora tetraptera***
半常绿乔木或大灌木。树冠开展。复叶，小叶微小，多数，暗绿色。具花序，花金黄色，春末开放。

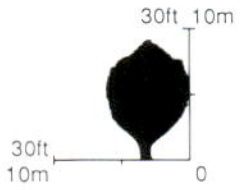

Cassia fistula
Erythrina coralloides
Laburnum x *watereri* ‘Vossii’, illus. p.92
Malus niedzwetskyana
Paraserianthes lophantha, illus. p.93
Sophora microphylla
Thevetia peruviana, illus. p.93
Tipuana tipu

小型乔木 夏季观赏

白色

‘银斑’互叶梾木 ***Cornus alternifolia* ‘Argentea’**
落叶乔木。树冠开展。因观赏其引人注目的叶而栽培。叶窄卵形，具白色斑点。花序小，花白色，春季开花。

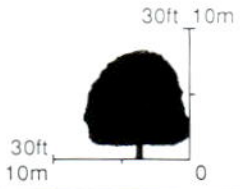

‘维茨’山楂叶槭 ***Acer crataegifolium* ‘Veitchii’**
落叶乔木。灌木状。枝具白色和绿色条纹。叶小，先端尖，暗绿色，具白色和淡绿色斑块，秋季变为深红色和紫红色。

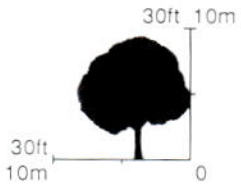

‘银边’灯台树 ***Cornus controversa* ‘Variegata’** (Wedding-cake tree)
落叶乔木。主枝层状排列。具花序，花小，白色，夏季开放。叶亮绿色，具宽的乳白色边缘，秋季变为黄色。

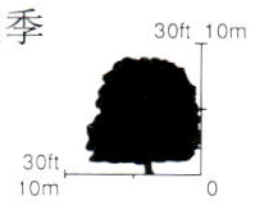

OTHER RECOMMENDED PLANTS:
Aralia elata ‘Variegata’
Carrierea calycina
Chionanthus virginicus, illus. p.119
Cornus kousa
Cornus kousa var. *chinensis*
Cornus mas ‘Variegata’, illus. p.119
Cotoneaster frigidus

小型乔木 夏季观赏

□ 白色

黄果山楂 ***Crataegus flava*** (Yellow haw)
落叶乔木。树冠开展。叶小，暗绿色。花白色，春末至初夏开放。果绿黄色。

柳香桃 ***Agonis flexuosa*** (Peppermint tree, Willow myrtle)
常绿乔木。枝下垂。叶披针形，革质，芳香，幼叶青铜红色。花小而多，白色，春夏开放。耐最低温度10℃。

狭叶授带木 ***Hoheria angustifolia***
常绿乔木。树冠圆柱状。叶窄，暗绿色。花浅杯状，白色，仲夏至夏末开放。

羽叶密藏花 ***Eucryphia glutinosa***
落叶乔木。树冠直立或开展。复叶，小叶3～5片，具光泽，暗绿色，秋叶橙红色。花大，白色，芳香，仲夏至夏末开放。

利氏授带木 ***Hoheria lyallii***
落叶乔木。树冠开展。叶灰绿色，具深裂锯齿。花白色，仲夏开放。

光亮密藏花 ***Eucryphia lucida***
常绿乔木。树冠直立。灌木状。叶窄，暗绿色，具光泽。花白色，芳香，初夏至仲夏开放。

□ 白色至粉红色

朝鲜槐 ***Maackia amurensis***
落叶乔木。树冠开展。复叶，小叶7～11片，深绿色。复总状花序，直立，花多，白色，仲夏至夏末开放。

合欢 ***Albizia julibrissin*** (Silk tree)
落叶乔木。树冠开展。复叶大，小叶多数，淡绿色至中绿色。具花序，花刷状，纯粉红色，夏末或秋季开放。

‘春之歌’佛州四照花 ***Cornus florida*** **‘Spring Song’**
落叶乔木。树冠开展。花微小，苞片粉红色，春夏开放。叶卵形，暗绿色，先端尖，秋季变为红色和紫色。

Crataegus x *prunifolia*
Crataegus tanacetifolia
Elaeocarpus cyaneus
Franklinia alatamaha

Fraxinus sieboldiana
Hoheria ‘Glory of Amlwch’
Hoheria sexstylosa
MAGNOLIAS, illus. p.75

Plumeria alba
Sophora japonica ‘Pendula’
Xanthoceras sorbifolium, illus. p.118

Rothmannia capensis

粉红色至紫色

紫薇 *Lagerstroemia indica*
(Crape myrtle)
落叶乔木或大灌木。树冠圆头状。具花序，花多，粉红色、白色或紫色，花瓣边缘波状，夏季至初秋开放。

川鄂滇池海棠 *Malus yunnanensis* var. *veitchii*
落叶乔木。树冠直立。叶心形，有分裂，背面密被灰色绒毛。花白色，有时微带粉红色，春末开放。梨果小而多，褐色，带红色晕，夏末至秋季成熟。

‘保罗红’钝裂叶山楂 *Crataegus laevigata* ‘Paul’s Scarlet’
落叶乔木。树冠开展。叶暗绿色，具光泽，具锯齿。花密集，完全重瓣，红色，春末至初夏开放。

‘暗红’小七叶树 *Aesculus pavia* ‘Atrosanguinea’
落叶乔木。有时灌木状。树冠圆头状。复叶，小叶窄，5片，暗绿色，具光泽。圆锥花序，花深红色，生于叶丛中，夏季开放。

‘森林三色堇’加拿大紫荆 *Cercis canadensis* ‘Forest Pansy’
落叶乔木或灌木。树冠开展。叶心形，紫红色。花蕾红紫色，花淡粉红色，仲春先叶开放。

紫色至绿色

‘黑叶’樱桃李 *Prunus cerasifera* ‘Nigra’
落叶乔木。树冠圆头状。叶深紫色，幼叶红色。花多，粉红色，初春至仲春开放。

粗糠树 *Ehretia dicksonii*
落叶乔木。树冠开展。枝粗壮，具棱。叶大，暗绿色。花序大，头状，扁平，花小，白色，芳香，仲夏开放。

‘垂枝’柳叶梨 *Pyrus salicifolia* ‘Pendula’
落叶乔木。树冠圆丘状。枝下垂。叶窄，灰绿色。花白色，仲春开放。

Acer palmatum f. *atropurpureum*, illus. p.121
Aesculus pavia
Corylus maxima ‘Purpurea’, illus. p.122

Erythrina corralloides
Prunus spinosa ‘Purpurea’, illus. p.122
Punica granatum
Virgilia oroboides

Acer platanoides ‘Globosum’
Elaeagnus angustifolia, illus. p.122
Fagus sylvatica ‘Purpurea Pendula’
Morus alba ‘Pendula’

Pyrus elaeagrifolia
Pyrus salicifolia
Salix pentandra
Sinowilsonia henryi

小型乔木 夏季观赏

绿色

齿叶矛木 ***Pseudopanax ferox***
常绿乔木。树冠直立。叶长而窄，坚硬，具锯齿，暗铜绿色，被白色或灰色粉。

‘龙爪’ 光榆 ***Ulmus glabra* ‘Camperdownii’** (*U.* ‘Camperdownii’)
落叶乔木。枝蜿蜒，明显下垂。叶极大，淡绿色，粗糙。

小果核桃 ***Juglans microcarpa*** (*J. rupestris*)(Little walnut, Texan walnut)
落叶乔木。树冠头状。灌木状。复叶大型，芳香，小叶窄，多数，先端尖，秋季变为黄色。

‘弗拉佳’ 榅桲 ***Cydonia oblonga* ‘Vranja’**
落叶乔木。树冠开展。叶淡绿色，背面具灰毛，成年叶暗绿色。花白色或淡粉红色，春末开放。果实金黄色，极芳香。

‘杨氏’ 垂枝桦 ***Betula pendula* ‘Youngii’** (Young’s weeping birch)
落叶乔木。树冠蘑菇状半球状。枝线状，下垂。叶三角形，具锯齿。树皮白色，光滑，成年时黑色，纵裂。

绿色至黄色

鹅耳枥槭 ***Acer carpinifolium*** (Hornbeam maple)
落叶乔木。树形优美。常具数个主干。叶似鹅耳枥，叶脉显著，秋季变为褐黄色。

‘黄叶’ 钝翅槭 ***Acer shirasawanum* ‘Aureum’** (*A. japonicum* ‘Aureum’)
落叶灌木状乔木或大灌木。叶圆形，多分裂，淡黄色。

‘裂叶’ 桑 ***Morus alba* ‘Laciniata’**
落叶乔木。树冠开展。叶圆形，具光泽，深裂，秋季变为黄色。果实粉红色、深红色或紫红色，夏季成熟，可食。

栾树 ***Koelreuteria paniculata*** (Golden-rain tree, Pride of India)
落叶乔木。树冠开展。叶中绿色，秋季变为黄色。具花序，花金黄色，夏季开放。果实膨大，古铜色至粉红色。

‘沃斯’ 毒豆 ***Laburnum* × *wateri* ‘Vossii’** (Voss’s laburnum)
落叶乔木。树冠开展。复叶，小叶3片，光滑，深绿色。花序链状，下垂，花大，黄色，春末至初夏开放。

Aralia elata
Celtis sinensis
Cornus alternifolia
Neolitsea sericea

Pseudopanax arboreus
Quercus pontica
Tetracentron sinense
Zelkova abelicea

Aralia elata ‘Aureovariegata’
Laburnum anagyroides
Michelia figo, illus. p.89

黄色至橙色

假山小金雀 *Genista aetnensis*
(Mount Etna broom)
落叶乔木。树冠圆球状。近无叶。枝多，细长，亮绿色。花多，蝶形，金黄色，芳香，仲夏开放。

箭羽楹 *Paraserianthes lophantha*
(*Albizia distachya, A. lophantha*)
落叶乔木。生长快。树冠开展。复叶，蕨叶状，小叶多数，暗绿色。穗状花序，花乳黄色，春夏开放。

黄花夹竹桃 *Thevetia peruviana*
(*T. neriifolia*) (Yellow oleander)
常绿乔木。树冠直立。叶窄，披针形，浓绿色。花漏斗状，黄色或橙黄色，冬季至翌年夏季开放。耐最低温度16～18℃。

高山毒豆 *Laburnum alpinum*
(Scotch laburnum)
落叶乔木。树冠开展。复叶，小叶3片，深绿色，具光泽。花序链状，细而长，亮黄色，春末或初夏开放。

筒瓣花 *Embothrium coccineum*
(Chilean firebush)
常绿或半常绿乔木。树冠直立。具根出条。叶披针形，深绿色，具光泽。具花序，花橙红色，春末至初夏开放。

Caesalpinia gilliesii, illus. p.123
Plumeria rubra, illus. p.96
Tecoma stans, illus. p.96

小型乔木 秋季观赏

白色至红色

克什米尔花楸 *Sorbus cashmiriana*
落叶乔木。树冠开展。复叶，小叶6～9对，浓绿色。花白色，具粉红色晕，初夏开放。果实大，白色，秋季成熟。

'韦尔奇'佛州四照花 *Cornus florida* 'Welchii'
落叶乔木。树冠开展。花微小，苞片白色，春季开放。叶暗绿色，边缘白色和粉红色，秋季变为红色和紫色。

荔莓 *Arbutus unedo*
(Strawberry tree)
常绿乔木或灌木。树冠开展。树皮粗糙，褐色。叶深绿色，具光泽。花下垂，坛状，白色，秋冬开放。果实红色，草莓状，翌年秋冬成熟。

OTHER RECOMMENDED PLANTS:
HOLLIES, illus. p.98~p.99
Lagerstroemia indica, illus. p.91
Schinus molle
Schinus terebinthifolius
Sorbus insignis
Sorbus prattii

小型乔木 秋季观赏

红色

川滇花楸 *Sorbus vilmorinii*
落叶乔木。树形优美。树冠开展。枝拱形。复叶，小叶9～14对，暗绿色，秋季变为橙黄色或红褐色。花白色，春末开放。果实小，深粉红色，秋季成熟。

锐裂叶山楂 *Crataegus macrosperma* var. *acutiloba*
落叶乔木。树冠开展。叶宽，暗绿色，具锐锯齿。花白色，花药红色，春末开放。果实亮红色，秋季成熟。

椤木石楠 *Photinia davidiana*
常绿乔木或大灌木。树冠开展。叶窄，暗绿色，具光泽，老叶秋季变为红色。具花序，花白色，初夏开放。果实成簇，亮红色，秋季成熟。

'紫红' 海棠 *Malus* 'Cowichan'
落叶乔木。树冠开展。叶暗绿色，幼叶紫红色。花粉红色，仲夏开放。梨果紫红色。

'维奇绯红' 海棠 *Malus* 'Veitch's Scarlet'
落叶乔木。树冠开展。叶暗绿色。花白色，春末开放。梨果鲜红色，具深红色晕，秋季成熟。

朝鲜鸡爪槭 *Acer palmatum* var. *coreanum*
落叶灌木状乔木或大灌木。树冠头状。叶深裂，浓绿色，秋季变为亮红色。花小，红紫色，春季开放。

Cotoneaster frigidus
+ *Crataegomespilus dardarii* 'Jules d'Asnières'
Crataegus crus-galli
Crataegus ellwangeriana
Crataegus laevigata 'Punicea'
Crataegus monogyna
Crataegus phaenopyrum
HOLLIES, illus. p.98～p.99
Malus 'Chilko'
Malus x *purpurea*
Malus 'Red Jade'
Rhus typhina
Sorbus sargentiana

'乌头叶'羽扇槭 ***Acer japonicum*** **'Aconitifolium'**
落叶灌木状乔木或大灌木。叶深裂，中绿色，秋季变为红色。花红紫色，仲春开放。

'葡萄叶'羽扇槭 ***Acer japonicum*** **'Vitifolium'**
落叶灌木状乔木或大灌木。生长旺盛。叶大，圆形，有分裂，中绿色，秋季变为亮红色、橙黄色或紫色。

梨果山楂 ***Crataegus pedicellata***
落叶乔木。树冠开展。叶暗绿色，有分裂，具锐锯齿，秋季变为红色和红黄色。花白色，花药红色，春末开放。果实亮红色，秋季成熟。

'约翰·唐尼'海棠 ***Malus*** **'John Downie'**
落叶乔木。幼树冠窄而直立，成年树冠圆锥形。叶亮绿色。花白色，生于叶丛中，春末开放。梨果大，橙色，具红色晕，秋季成熟，可食用。

毛漆树 ***Rhus trichocarpa***
落叶乔木。树冠开展。复叶大，似梣树叶，小叶13～17片，幼叶淡粉红色，夏季变为暗绿色，秋季变为紫红色至橙色。果实下垂，具刚毛，黄色。

楸子 ***Malus prunifolia***
落叶乔木。树冠开展。叶暗绿色。花白色，芳香，仲春开放。梨果小，红色，偶尔淡黄色，秋季成熟，果期长。

茶条槭 ***Acer tataricum*** subsp. *ginnala* (*A. ginnala*) (Amur maple)
落叶乔木或大灌木。树冠开展。具花序，花乳白色，芳香，初夏开放。叶美丽，亮绿色，秋季变为红色。

小型乔木 秋季观赏

红色

三花槭 ***Acer triflorum***
落叶乔木。生长慢。树冠开展。树皮灰褐色，剥落。3小叶复叶，暗绿色，秋季变为亮橙红色。具花序，花小，黄绿色，春末开放。

'艳果'杂种海棠 ***Malus* x *zumi* 'Calocarpa'** (*M.* x *z.* var. *calocarpa*)
落叶乔木。树冠开展。叶暗绿色，有时深裂。花白色，春末开放。梨果红色，似樱桃，密集成簇，果期长，秋季成熟。

'埃迪氏'四照花 ***Cornus* 'Eddie's White Wonder'**
落叶乔木或灌木。树冠开展。花不明显，苞片大，白色，春末开放。叶卵形，中绿色，秋季变为红色或紫色。

'马歇尔·欧亚玛'海棠 ***Malus* 'Marshall Oyama'**
落叶乔木。树冠直立。叶暗绿色。花白色，具粉红色晕，春末开放。梨果大而多，圆形，深红色或黄色，秋季成熟。

橙色至黄色

'斯普任格教授'海棠 ***Malus* 'Professor Sprenger'**
落叶乔木。树冠球状，密集。叶暗绿色，秋末变黄色。花蕾粉红色，花白色，仲春开放。梨果橙红色，秋季成熟。

红鸡蛋花（红花缅栀） ***Plumeria rubra*** (Frangipani)
落叶乔木或大灌木。树冠开展。分枝少。花芳香，花色包括深浅不同的黄色、橙黄色、粉红色、红色和白色，夏秋开放。耐最低温度13℃。

黄钟花 ***Tecoma stans*** (*Bignonia stans*, *Stenolobium stans*)(Yellow bells, Yellow elder)
常绿乔木或大灌木。树冠圆形，直立。复叶，小叶5～13片。花黄色，漏斗状，春季至秋季开放。耐最低温度13℃。

Acer circinatum
Acer palmatum
Cornus florida
Crataegus x *lavallei* 'Carrierei'
Crataegus persimilis 'Prunifolia'
HOLLIES, illus. p.98～p.99
Malus 'Eleyi'
Malus 'Neville Copeman'
Malus niedzwetskyana
Malus 'Royalty', illus. p.89
Photinia nussia
Sorbus aucuparia 'Sheerwater Seedling'
Acer crataegifolium
Acer palmatum 'Sengo-kaku', illus. p.124
Annona reticulata
Malus toringoides

小型乔木 冬季观赏

黄色

苦木 ***Picrasma quassioides***
(*P. ailanthoides*) (Quassia)
落叶乔木。树冠开展。复叶，小叶9～13片，具光泽，亮绿色，秋季变为亮黄色、橙黄色和红色。

‘金大黄蜂’海棠 ***Malus* ‘Golden Hornet’** (*M.* x *zumi* ‘Golden Hornet’)
落叶乔木。树冠开展。叶暗绿色。花白色，杯状，春末开放。梨果多，金黄色，秋季将树枝压弯。

Crataegus tanacetifolia
Cydonia oblonga ‘Lusitanica’
Cydonia oblonga ‘Vranja’, illus. p.92
HOLLIES, illus. p.98~p.99

白色至粉红色

‘白花’羊蹄甲 ***Bauhinia variegata* ‘Candida’**
落叶乔木。幼树冠球状，随后逐渐开展。叶阔卵形，深凹裂。花纯白色，芳香，直径10cm，初春开放，有时花期稍晚。耐最低温度15～18℃。

洋紫荆（宫粉羊蹄甲） ***Bauhinia variegata***
落叶乔木。树冠球状。叶阔卵形，深凹裂。花红紫色至淡紫色，直径10cm，芳香，冬春开放，有时花期稍晚。耐最低温度15～18℃。

OTHER RECOMMENDED PLANTS:
Dombeya x *cayeuxii*, illus. p.88
Prunus incisa ‘February Pink’
Prunus x *subhirtella* ‘Autumnalis’

黄色

三角叶相思树 ***Acacia pravissima***
(Ovens wattle)
常绿乔木或灌木。树冠开展。枝拱形。叶状柄三角形，银灰色，先端刺状。头状花序小，花亮黄色，冬末或初春开放。

贝利相思树（灰叶相思树） ***Acacia baileyana*** (Cootamundra wattle)
常绿乔木。树冠开展，树姿优雅。枝拱形。叶窄，蓝绿色，有分裂。头状花序，成簇，花小，金黄色，冬春开放。

黄花风铃木（黄钟木） ***Tabebuia chrysotricha*** (Golden trumpet tree)
落叶乔木。树冠圆头状。复叶，小叶3～5片，卵形，暗绿色。花浓黄色，长7cm，冬末至初春开放。耐最低温度16～18℃。

Azara microphylla, illus. p.125

冬青属植物

地中海冬青（圣诞树）（*Ilex aquifolium*）是最常见的常绿乔木之一，它和其他冬青属植物，包括一些不太著名的品种，都是受人喜爱的园林植物。冬青属植物中既有高大的乔木，也有适合栽植于岩石园中或盆栽的小灌木。冬青属植物耐修剪，许多种类可修剪成良好的绿篱。不同的种和品种，叶缘有全缘的，也有带刺状的，叶色变化也相当大，有的品种有金黄色、黄色、乳白色、白色或灰色的斑块。花小，常为白色，雌雄异株，夏季开放，随后结出诱人的红色、黄色或黑色的浆果。几乎所有种类的冬青属植物都是单性的，只有雌株结果实，因此，为了能够结果实，通常雌株和雄株都要栽种。虽然有些冬青属植物怕冻，但这里介绍的都是在英国能够耐寒的种类。

短叶冬青
I. fargesii var. *brevifolia* ①

‘金字塔’地中海冬青
I. aquifolium ‘Pyramidalis’ ① 🏆

‘垂银边’地中海冬青
I. aquifolium ‘Argentea Marginata Pendula’ ①

‘山茶叶’ 阿耳塔拉冬青
I. x *altaclerensis* ‘Camelliifolia’ ① 🏆

‘银边’地中海冬青
I. aquifolium ‘Argentea Marginata’ ① 🏆

睫刺冬青
I. ciliospinosa ①

猫儿刺
I. pernyi ①

沼泽冬青
I. crenata var. *paludosa* ①

狭叶冬青
I. fargesii ①

‘苏格兰’地中海冬青
I. aquifolium ‘Scotica’ ①

‘劳森’ 阿耳塔拉冬青
I. x *altaclerensis* ‘Lawsoniana’ ① 🏆

大果冬青
I. macrocarpa ①

柯氏冬青
I. x *koehneana* ①

‘海勒’钝齿冬青
I. crenata ‘Helleri’ ①

‘巴利阿里’阿耳塔拉冬青
I. x *altaclerensis* ‘Balearica’ ①

地中海冬青（圣诞树）
I. aquifolium ① 🏆

‘阔叶’钝齿冬青
I. crenata ‘Latifolia’ ①

‘布尔福特’构骨
I. cornuta ‘Burfordii’ ①

‘巴尼斯’阿耳塔拉冬青
I. x *altaclerensis* ‘N.F. Barnes’ ①

轮叶冬青
I. verticillata ①

美国冬青
I. opaca ①

凸叶双核冬青
I. x *aquipernyi* ①

‘蓝公主’蓝冬青
I. x *meserveae* ‘Blue Princess’ ① 🏆

‘乳斑’地中海冬青
I. aquifolium ‘Silver Milkmaid’ ① 🏆

‘泡叶’钝齿冬青
I. crenata ‘Convexa’ ① 🏆

‘比利时’阿耳塔拉冬青
I. x *altaclerensis* ‘Belgica’ ①

‘银后’地中海冬青
I. aquifolium ‘Silver Queen’ ①

‘布内特夫人’地中海冬青
I. aquifolium ‘Madame Briot’ ①

‘金心’地中海冬青
I. aquifolium ‘Golden Milkboy’ ①

‘黄纹叶’ 阿耳塔拉冬青
I. x *altaclerensis* ‘Belgica Aurea’ ①

‘皱黄斑’地中海冬青
I. aquifolium ‘Crispa Aureopicta’ ①

‘卵黄’地中海冬青
I. aquifolium ‘Ovata Aurea’ ①

‘黄边’地中海冬青
I. aquifolium ‘Aurifodina’ ①

‘华特’地中海冬青
I. aquifolium ‘Watereriana’ ①

落霜红
I. serrata f. *leucocarpa* ①

‘金字塔黄缘’地中海冬青
I. aquifolium ‘Pyramidalis Aureomarginata’ ①

‘斑纹茶叶’阿耳塔拉冬青
I. x *altaclerensis* ‘Camelliifolia Variegata’ ①

冬青
I. purpurea ①

‘斑叶’钝齿冬青
I. crenata ‘Variegata’ ①

具柄冬青
I. pedunculosa ①

小型乔木 全年观赏

白色至紫色

‘银边’厚叶海桐 *Pittosporum crassifolium* ‘Variegatum’
常绿灌木状乔木或灌木。树冠头状。枝密集。叶灰绿色，边缘白色。具花序，花小，深红紫色，芳香，春季开放。

红花银桦 *Grevillea banksii*
常绿乔木或大灌木。冠松散。复叶，小叶细长，5～11片，背面被丝状毛。花序头状，花密集，红色，蜘蛛状，四季陆续开放。耐最低温度10℃。

‘黄斑’番樱桃状海桐 *Pittosporum eugenioides* ‘Variegatum’
常绿乔木。树冠圆柱状。叶暗绿色，具光泽，边缘白色，波状。花淡黄色，甜香，春季开放。

‘三色’红边龙血树（‘三色’红叶朱蕉） *Dracaena marginata* ‘Tricolor’
常绿乔木或灌木。生长慢。树冠直立。叶窄，带状，浓绿色，具乳白色条纹，边缘显著红色。耐最低温度13℃。

疏花槭 *Acer laxiflorum*
(*A. pectinatum* subsp. *laxiflorum*)
落叶乔木。树冠开展。枝拱形，具白色和绿色条纹。夏末结果，果实淡红色，具翅。叶暗绿色，先端尖，秋季变为橙黄色。

‘深紫叶’新西兰朱蕉 *Cordyline australis* ‘Atropurpurea’
常绿乔木。生长慢。叶紫色至紫绿。花序顶生，花白色，夏季开放。果实小，球状，白色，秋季成熟。耐最低温度5℃。

OTHER RECOMMENDED PLANTS:
Eriobotrya japonica
Kigelia africana
Pittosporum tenuifolium, illus. p.127
Polyscias guilfoylei ‘Victoriae’, illus. p.126

小型乔木 全年观赏

灰色至绿色

银树 ***Leucadendron argenteum*** (Silver tree)
常绿乔木。树冠圆锥状至圆柱状，随后逐渐开展。叶被白色丝状长毛。花不明显，苞片大，银白色，秋冬开放。耐最低温度7℃。

果冻椰子（布帝亚椰子） ***Butia capitata*** (*Cocos capitata*) (Jelly palm)
常绿棕榈状植物。生长慢。羽状复叶，拱形至弯曲，长2m以上，小叶多数，革质。耐最低温度5℃。

'塔形'欧洲鹅耳枥 ***Carpinus betulus* 'Fastigiata'** (*C. b.* 'Pyramidalis')
落叶乔木。树冠直立。树形别致，幼树冠外轮廓呈火焰状，随后逐渐开张。叶卵形，叶脉明显，暗绿色，秋季变为黄色或橙黄色。

澳大利亚桫椤 ***Cyathea australis*** (*Alsophila australis*) (Australian tree fern)
常绿乔木状蕨类。树冠直立。树干粗壮。树皮近黑色。复叶细裂，长2～4m，淡绿色，背面淡蓝色。耐最低温度13℃。

贯叶桉 ***Eucalyptus perriniana*** (Spinning gum)
常绿乔木。生长快。树冠开展。叶圆形，灰蓝色，幼叶与枝贴生，成年植株叶长，下垂。花白色，夏末开放。

心叶澳洲常春木 ***Meryta sinclairii*** (Puka, Pukanui)
常绿乔木。树冠圆头状。叶大，暗绿色，具光泽。花淡绿色，春季至秋季零散开放。果实黑色，浆果状。耐最低温度5℃。

南岛海桐 ***Pittosporum dallii***
常绿乔木或灌木。树冠圆球状，密集。小枝淡紫色。叶深绿色，具锐锯齿。具花序，花小，白色，浅杯状，芳香，夏季开放。

酒瓶兰 ***Beaucarnea recurvata*** (*Nolina recurvata*, *N. tuberculata*) (Elephant's foot, Pony-tail)
常绿乔木或灌木。生长慢。枝稀疏。叶弯曲，长1m，秋季变为褐黄色后，宿存于枝上。耐最低温度7℃。

龙血树 ***Dracaena draco*** (Dragon tree)
常绿小乔木。生长慢。成年树冠阔头状。叶坚硬，披针形，灰绿色或蓝绿色。浆果，橙黄色，成簇，通常仲夏至夏末果熟。耐最低温度13℃。

绵柯 ***Lithocarpus henryi***
常绿乔木。生长慢。树冠阔圆锥状。叶窄，淡绿色，具光泽，先端尖。

散尾葵 ***Dypsis lutescens*** (Golden-feather palm, Yellow palm)
常绿棕榈状植物。具根出条。茎强壮，丛生，似竹茎。复叶长，拱形，小叶多数，细长，黄绿色。耐最低温度16℃。

血皮槭 ***Acer griseum*** (Paper-bark maple)
落叶乔木。树冠开展。树皮引人注目，橙褐色，剥落。复叶，小叶3片，暗绿色，秋季变为红色和橙色。

Castanopsis cuspidata
Eucalyptus ficifolia
HOLLIES, illus. p.98～p.99
Howea forsteriana
Ligustrum lucidum 'Excelsum Superbum', illus. p.127
Pandanus tectorius
Pisonia umbellifera
Pittosporum crassifolium
Pittosporum tobira
Quercus alnifolia
Quercus coccifera
Ravenala madagascariensis
Sapium sebiferum
Schefflera digitata

大型针叶树

蓝色至绿色

'银叶' 白冷杉 *Abies concolor* 'Argentea'(*A. c.* 'Candicans')
针叶树。树冠圆锥状。叶银白色。树皮暗灰色，与叶形成对比。球果椭球状至卵球状，淡蓝色或绿色，长8～12cm。

100ft 30m 75ft 22.5m 0

霍氏松 *Pinus* x *holfordiana*
(Holford pine)
针叶树。树冠阔圆锥状，开张。球果大，成熟后褐色。叶下垂，蓝绿色，被白粉，5针1束。

100ft 30m 75ft 22.5m 0

克什米尔柏木 *Cupressus cashmeriana* (Kashmir cypress)
针叶树。树冠阔圆锥状，随后逐渐开展。叶芳香。枝扁平，下垂，灰蓝色。球果小，暗褐色，球状。

100ft 30m 75ft 22.5m 0

'灰绿' 杂扁柏 x *Cupressocyparis leylandii* 'Haggerston Grey'
针叶树。生长旺盛。树冠直立，圆柱状，顶端渐尖。树皮光滑，随后变为纤维状。小枝扁平。叶灰绿色，有斑点，先端尖。雌球果暗褐色。常作树墙栽培。

100ft 30m 75ft 22.5m 0

粉绿北非雪松 *Cedrus atlantica* f. *glauca* (Blue Atlas cedar)
针叶树。树冠圆锥状。叶银蓝色，极亮，尤其是春季。球果直立，圆柱状，秋季结果。作为孤植树被广泛栽植。

100ft 30m 75ft 22.5m 0

巴尔干松 *Pinus peuce* (Macedonian pine)
针叶树。树冠直立，呈细长的金字塔状。叶密集，灰绿色。球果圆柱状，绿色，具白色树脂，秋季成熟后变为褐色。其诱人的优点是在任何地方都能良好生长。

100ft 30m 75ft 22.5m 0

OTHER RECOMMENDED PLANTS:
Abies concolor
Abies forrestii, illus. p.105
Abies procera
Cedrus atlantica
Cedrus atlantica f. *fastigiata*
Cedrus deodara
Cedrus libani, illus. p.103
Chamaecyparis lawsoniana 'Triomf van Boskoop'
Chamaecyparis lawsoniana 'Wisselii'
Chamaecyparis nootkatensis
Cupressus lusitanica
Juniperus virginiana
Larix kaempferi
Picea pungens

大型针叶树

绿色

‘垂枝’美国花柏
Chamaecyparis lawsoniana
‘Intertexta’
针叶树。树姿优美。枝下垂。叶芳香，灰绿色。花枝下垂，花稀疏。老树冠圆柱状，部分枝张开。

100ft 30m　75ft 22.5m　0

蓝花旗松 ***Pseudotsuga menziesii***
var. ***glauca*** (Blue Douglas fir)
针叶树。生长快。树冠圆锥状。树皮厚，灰褐色，纵裂，具木栓质。叶芳香，蓝绿色，被白粉。芽先端尖。球果的苞鳞先端3裂。

100ft 30m　75ft 22.5m　0

水杉 ***Metasequoia glyptostroboi-des*** (Dawn redwood)
落叶针叶树。生长快。树冠直立。树皮纤维状，淡红色。叶软，蓝绿色，秋季变为黄色，粉红色和红色。球果球状至卵球状，长2cm。

100ft 30m　75ft 22.5m　0

美国白松（美国五针松，白松）
Pinus strobus (Eastern white pine, Weymouth pine)
针叶树。树冠开展。枝稀疏，轮生。叶灰绿色。球果圆柱状。树皮灰色，光滑，随后逐渐纵裂。不抗污染。

100ft 30m　75ft 22.5m　0

哥德松 ***Pinus coulteri***
(Big-cone pine, Coulter pine)
针叶树。生长快。球果大，阔卵球状，具刺，重1～2kg。叶灰绿色，叶簇密集，数量少。适宜各种土壤上栽培，甚至是黏土。

100ft 30m　75ft 22.5m　0

白叶冷杉 ***Abies veitchii***
(Veitch fir)
针叶树。树冠直立。叶暗绿色，背面银白色。球果紫蓝色，圆柱状。

100ft 30m　75ft 22.5m　0

巨杉 ***Sequoiadendron giganteum***
(Big tree, Giant redwood, Wellingtonia)
针叶树。生长极快。树冠圆锥状。树皮厚，红褐色，纤维状。叶尖，蓝绿色。成年植株为世界上最高大的乔木树种之一。

100ft 30m　75ft 22.5m　0

Abies alba
Abies amabilis
Abies cephalonica
Abies homolepis
Abies nordmanniana
Araucaria heterophylla
Chamaecyparis lawsoniana ‘Green Pillar’, illus. p.107
Chamaecyparis obtusa
Chamaecyparis pisifera
Cryptomeria japonica
x *Cupressocyparis leylandii* ‘Leighton Green’

绿色

黎巴嫩雪松 ***Cedrus libani***
(Cedar of Lebanon)
针叶树。树冠开展。常具数个拱形茎干。枝平展，层状排列。叶暗灰绿色。球果长椭圆形至卵形，灰粉红色，长8～15cm。

粗糙松（尖瘤松） ***Pinus muricata*** (Bishop pine)
针叶树。生长快。树冠常扁平。叶蓝绿色或灰绿色，2针1束。球果卵形，长7～9cm，稀张开。极适宜贫瘠的沙质土壤上栽培。

塞尔维亚云杉 ***Picea omorika***
(Serbian spruce)
针叶树。树冠窄圆锥状，似教堂的塔尖。叶暗绿色，背面白色。枝下垂，先端向外呈拱形。球果紫色，随后变为亮褐色。适宜各种土壤上栽培。

智利南洋杉 ***Araucaria araucana***
(Chile pine, Monkey puzzle)
针叶树。树冠开张至开展。树皮灰色，多褶皱，似大象皮。叶尖，扁平，暗绿色，具光泽。球果长15cm。极适宜作独赏树。

美国黄松 ***Pinus ponderosa***
(Western yellow pine)
针叶树。树冠圆锥状。直立。因观赏其与众不同的树皮而栽培。树皮深纵裂，具光滑而褐色的碟状斑。针叶粗，灰绿色。球果卵形，紫褐色。

杰弗里松 ***Pinus jeffreyi***
(Black pine, Jeffrey pine)
针叶树。树冠窄，直立。叶粗，灰绿色，长12～26cm。树皮黑色，深细纵裂。球花引人注目，淡灰色。

乔松 ***Pinus wallichiana*** (*P. chylla, P. excelsa, P. griffithii*)(Bhutan pine, Himalayan pine)
针叶树。树冠圆锥状。叶长，灰绿色，下垂，5针1束。幼树皮光滑，灰绿色，随后变为纵裂，黑色。球果圆柱形。

海岸松（海滨松，南欧海松） ***Pinus pinaster*** (Cluster pine, Maritime pine)
针叶树。树冠半球状。生长旺盛。树干高，无分枝。叶灰绿色。球果浓褐色，轮生。树皮紫褐色，深纵裂。极适宜干燥的沙质土壤上栽培。

银杏 ***Ginkgo biloba*** (Maidenhair tree)
落叶乔木。寿命长。幼树冠直立，随后逐渐开展。叶扇形，亮绿色，长12cm。与雄株种植在一起时，雌株夏末至秋季结种子，种仁可食。

Cupressus macrocarpa
Juniperus chinensis 'Keteleeri', illus. p.105
Larix decidua
Picea orientalis
Picea sitchensis
Picea smithiana
Pseudotsuga menziesii
Sequoia sempervirens
Thuja plicata
Thuja plicata 'Atrovirens'
Thujopsis dolabrata
Tsuga heterophylla

大型针叶树

绿色

欧洲黑松 *Pinus nigra* subsp. ***nigra*** (Austrian pine)
针叶树。树冠阔皇冠状。分枝良好。常具数个主干。叶深绿色，2针1束，针叶束密集成簇。耐强光。

100ft 30m　75ft 22.5m　0

辐射松 *Pinus radiata* (*P. insignis*)(Monterey pine)
针叶树。生长快。幼树冠圆锥状，成年树冠半球状。树皮黑色。针叶软，亮绿色，与树皮形成鲜明对比。极适宜作防风绿化树种。

100ft 30m　75ft 22.5m　0

大冷杉(北美冷杉) *Abies grandis* (Giant fir, Grand fir)
针叶树。树冠窄圆锥状。生长极旺盛。树形整齐。叶中绿色，揉碎时具柑橙香味。球果长7～8cm，成熟时红褐色。为极有用的孤植树种。

100ft 30m　75ft 22.5m　0

波斯尼亚松 *Pinus heldreichii* (*P. heldreichii* var. *leucodermis*, *P. leucodermis*) (Bosnian pine)
针叶树。树冠圆锥状，密集。叶暗绿色，2针1束。翌年夏季结果，球果卵形，长5～10cm，钴蓝色，成熟后褐色。

100ft 30m　75ft 22.5m　0

挪威云杉 *Picea abies* (Common spruce, Norway spruce)
针叶树。生长快。树冠金字塔状。叶暗绿色。球果窄，下垂，褐色，具光泽，长10～20cm。除作圣诞树外，花园中很少应用。

100ft 30m　75ft 22.5m　0

'乳斑' 杂扁柏 x *Cupressocyparis leylandii* 'Harlequin' (Variegated Leyland cypress)
针叶树。生长快。树冠圆柱状，顶部圆锥状。小枝羽状。叶灰绿色，具明显的象牙白色斑点。

100ft 30m　75ft 22.5m　0

绿色至橙色

'黄绿' 杂扁柏 x *Cupressocyparis leylandii* 'Castlewellan'
针叶树。树冠直立。生长旺盛。比其他树种生长稍慢。因观赏其古铜黄色叶而栽培。

100ft 30m　75ft 22.5m　0

'金叶' 东方云杉 *Picea orientalis* 'Skylands'
针叶树。树冠直立，密集。树姿优美。叶短，全年金黄色，具光泽。球果窄椭圆形，暗紫色。春季雄球花砖红色。

100ft 30m　75ft 22.5m　0

落羽杉 *Taxodium distichum* (Bald cypress, Swamp cypress)
落叶针叶树。树冠阔圆锥状。球果小，球形至卵球形。叶鲜绿色，似紫杉叶，秋末变为浓褐色。具独特的呼吸根，适宜极潮湿处栽培。

100ft 30m　75ft 22.5m　0

x *Cupressocyparis leylandii* 'Robinson's Gold'
Picea orientalis 'Aurea'
Thuja plicata 'Aurea'

中型针叶树

蓝色至绿色

‘科斯特’硬尖云杉 ***Picea pungens* ‘Koster’**

针叶树。树冠直立。枝轮生。树皮灰褐色，鱼鳞状。叶针形，引人注目，银蓝色，随后褪为绿色。易遭蚜虫侵害。

‘蓝天’白云杉 ***Picea glauca* ‘Coerulea’**

针叶树。树冠密集，直立，圆锥状。叶针形，蓝绿色至银白色。球果卵形，淡褐色。

‘凯特利尔’圆柏 ***Juniperus chinensis* ‘Keteleeri’**

针叶树。树冠密集，规则，细长，圆柱状。叶鳞片状，灰绿色，芳香。树皮褐色，剥落。结果多。为正式场合使用的栽培品种。

布鲁尔氏云杉 ***Picea breweriana***

(Brewer's spruce)

针叶树。树冠直立。大枝平展。小枝完全下垂，长达2m。叶粗，蓝绿色。球果淡紫色，椭圆形，长6～8cm。

恩格曼氏云杉 ***Picea engelmannii***

(Engelmann spruce, Mountain spruce)

针叶树。树冠阔圆锥状。叶多，螺旋状排列，蓝绿色或灰绿色，四棱形或柔软。球果小，近圆柱状。极适宜贫瘠土壤上栽培。

川滇冷杉 ***Abies forrestii***

(Forrest fir)

针叶树。树冠圆锥状。枝开张，轮生。树皮光滑，银灰色。小枝红褐色。芽球状，白色。叶暗绿色，背面银白色。球果蓝紫色，卵球状或圆柱状。

日本五针松（五叉松） ***Pinus parviflora***

(Japanese white pine)

针叶树。生长慢。树冠圆锥状或开展。叶细，淡蓝色，5针1束。树皮紫褐色。球果卵状，长5～10cm。

‘粉叶’山地铁杉 ***Tsuga mertensiana* ‘Glauca’**

中型至矮小针叶树。生长慢。树冠圆柱状或圆锥状。枝红褐色。叶针形，扁平，银灰色，被白粉，螺旋状着生。球果黄绿色至紫色，成熟后暗褐色。

‘孔雀’美国花柏 ***Chamaecyparis lawsoniana* ‘Pembury Blue’**

针叶树。树姿优美。树冠圆锥状。叶芳香，亮蓝灰色。枝下垂。

OTHER RECOMMENDED PLANTS:
Abies lasiocarpa
Chamaecyparis lawsoniana ‘Fletcheri’
Chamaecyparis lawsoniana ‘Wisselii’
Chamaecyparis nootkatensis ‘Pendula’
Chamaecyparis pisifera ‘Squarrosa’
Cupressus arizonica var. *glabra*
Cupressus cashmeriana, illus. p.101
Juniperus recurva
Picea glauca
Picea likiangensis
Picea mariana
Picea pungens ‘Hoopsii’
Pinus armandii
Pinus x *holfordiana*, illus. p.101
Tsuga mertensiana

中型针叶树

■ 绿色

南国柏 ***Fitzroya cupressoides*** (*F. patagonica*) (Patagonian cypress)
针叶树。树冠瓶状至平卧。树皮红褐色，长条状剥落。叶暗绿色，具白色线状纹。枝开张，下垂，细长而坚硬。

刚松（硬叶松，北美五针松） ***Pinus rigida*** (Northern pitch pine)
针叶树。树冠圆锥状。树干常具萌蘖枝。叶扭曲，暗绿色，3针1束。球果卵形至球形，红褐色，长3～8cm，宿存，种鳞开张。

杉木 ***Cunninghamia lanceolata*** (Chinese fir)
针叶树。树冠直立，干旱处生长时呈拖把状。树皮厚，红褐色，深纵裂，具特色。叶深绿色，具光泽，先端尖，披针形。

香肖楠 ***Calocedrus decurrens*** (*Libocedrus decurrens*)(Incense cedar)
针叶树。树冠直立。枝短，水平伸展。树皮灰色，皮下呈褐色，片状剥落。小枝扁平。叶暗绿色，芳香。可抵抗蜜环菌侵袭。

柳叶罗汉松 ***Podocarpus salignus***
针叶树。树冠直立。叶似柳叶状，长5～11cm，具光泽。树皮红褐色，纤维状，剥落，引人注目。

智利柏 ***Austrocedrus chilensis*** (*Libocedrus chilensis*)(Chilean incense cedar)
针叶树。树冠圆锥状。小枝羽状，平展。叶小，暗绿色，背面白色，排成4列。

瓶蕨状扁枝杉 ***Phyllocladus trichomanoides***
针叶树。生长慢。幼时树冠圆锥状，随后顶部渐成圆状。小枝变态呈叶状，深绿色，长10～15cm，具5～10个裂片。

瑞士五针松 ***Pinus cembra*** (Arolla pine)
针叶树。树冠圆锥状，密集。叶暗绿或蓝绿色，5针1束。球果卵形，淡蓝色或淡紫色，6～8cm，成熟后褐色。

日本黑松 ***Pinus thunbergii*** (Japanese black pine)
针叶树。树冠球状，幼时树冠圆锥状。叶暗绿色。球果灰褐色，长4～6cm。芽被白色、蜘蛛网状丝状毛。极耐海浪冲刷。

日本金松（金松） ***Sciadopitys verticillata*** (Japanese umbrella pine)
针叶树。树冠圆锥状。树皮红褐色。叶深绿色，背面淡黄色，轮生于小枝基部，似伞状。球果卵状，2年以后成熟。

宽叶旋叶松 ***Pinus contorta*** var. ***latifolia*** (Lodgepole pine)
针叶树。树冠圆锥状。叶亮绿色，长6～9cm。球果小，椭圆形，宿存，种鳞不开裂。适宜在潮湿或滨海地区栽培。

Abies amabilis
Abies delavayi
Abies veitchii, illus. p.102
Chamaecyparis lawsoniana 'Kilmacurragh'
Juniperus chinensis
Picea omorika, illus. p.103
Pinus coulteri, illus. p.102
Pinus heldreichii, illus. p.104
Pinus wallichiana, illus. p.103
Saxegothaea conspicua
Taxus baccata
Taxus baccata 'Fastigiata'
Thuja orientalis
Tsuga caroliniana
Tsuga diversifolia

■ 绿色

金钱松 ***Pseudolarix amabilis*** (*P. kaempferi*)(Golden larch)
落叶针叶树。树冠开张。幼树生长慢。叶条形，丛生，长2.5～6cm，亮绿色，秋季渐变为亮橙金黄色。

短叶松（班克松） ***Pinus banksiana*** (Jack pine)
针叶树。树冠细长，圆锥状，密集。叶扭曲，鲜绿色，2针1束，针叶分叉。球果长3～6cm，内曲，先端尖。

台湾云杉（玉山云杉） ***Picea morrisonicola*** (Taiwan spruce)
针叶树。树冠直立，圆锥状，随后变为圆柱状。叶针形，深绿色，与小枝近贴生。小枝细长，淡褐色。球果圆柱状，长5～7cm。

加州榧树 ***Torreya californica*** (California nutmeg)
针叶树。树冠直立。叶极尖，具光泽，暗绿色，背面黄绿色，似紫杉叶。球果橄榄状。

‘绿柱’美国花柏 ***Chamaecyparis lawsoniana* ‘Green Pillar’**
针叶树。树冠圆锥状。枝直立。叶芳香，亮绿色，春季微带金黄色。适宜作绿篱用，几乎不需修剪。

美国尖叶扁柏（美国扁柏，猴掌柏，沼柏） ***Chamaecyparis thyoides*** (White cypress)
针叶树。树冠直立。枝极细。生鳞叶小枝扇形，直立。叶绿色或蓝灰色，芳香。球果小，球状，蓝灰色，被白粉。

加拿大铁杉 ***Tsuga canadensis*** (Canada hemlock, Eastern hemlock)
针叶树。树冠阔圆锥状。常具数个主干。叶暗绿色，排成2列，常反转而可见其背面的银色气孔线。球果卵状，淡褐色。

‘拉尼’美国花柏 ***Chamaecyparis lawsoniana* ‘Lanei’**
针叶树。树冠直立，整齐的圆锥状。叶芳香，先端金黄色。

旋叶松（小干松） ***Pinus contorta*** (Beach pine, Shore pine)
针叶树。树冠圆锥状至半圆状。叶2针1束，亮绿色。球果圆锥状至卵状，长3～8cm。极适宜多风地区和贫瘠土壤上栽培。耐水淹。

阿勒颇松 ***Pinus halepensis*** (Aleppo pine)
针叶树。树冠开张，圆锥状。叶亮绿色，开张，长6～11cm。球果卵状，具光泽，褐色。幼树被白粉，叶寿命长达数年。

维州松（维吉尼亚松，乔松） ***Pinus virginiana*** (Scrub pine, Virginia pine)
针叶树。树形不整齐。叶灰绿色至黄绿色，长4～7cm。幼枝具一粉白色花。球果椭圆形至圆锥状，红褐色，长6cm。

Chamaecyparis obtusa 'Crippsii', illus. p.109
Chamaecyparis pisifera 'Filifera Aurea', illus. p.111
Chamaecyparis pisifera 'Plumosa'
Cupressus macrocarpa 'Goldcrest', illus. p.109
Juniperus chinensis 'Aurea'
Juniperus drupacea
Pinus densiflora
Taxus baccata 'Fastigiata Aurea'
Thuja occidentalis
Thuja occidentalis 'Fastigiata'
Thujopsis dolabrata

小型针叶树

绿色

‘多米特’黑云杉 *Picea mariana* ‘Doumetii’
针叶树。树冠球状或阔圆锥状，密集。针叶短，暗绿色和银白色。球果卵状，下垂，淡紫色。

‘粗绿’圆柏 *Juniperus chinensis* ‘Robust Green’ (*J. virginiana* ‘Robusta Green’)
针叶树。生长慢。树冠圆柱状或圆锥状。年高生长达7～8cm。叶绿色，芳香。球果小，浆果状，灰绿色。

白皮松 *Pinus bungeana* (Lace-bark pine)
灌木状针叶树。生长慢。因观赏其树皮而栽培。其树皮精美，灰绿色，剥落处露出乳黄色，逐渐暗化为红色或紫色。

‘柱冠’花柏 *Chamaecyparis lawsoniana* ‘Columnaris’
针叶树。树冠窄，圆柱状，直立。叶蓝灰色，芳香。耐贫瘠土壤和部分修剪。为极好的小型独赏树。

芒松 *Pinus aristata* (Bristle-cone pine)
灌木状针叶树。生长慢。叶极密集，5针1束，蓝白色至灰绿色，具白色树脂斑点。球果卵状，长4～10cm，具刚毛状刺。为已知最古老的植物，寿命可达4 000年以上。

垂枝柏 *Juniperus recurva* (Drooping juniper, Himalayan weeping juniper)
针叶树。生长慢。树冠圆锥状。叶芳香，内曲，灰绿色或蓝绿色。树皮光滑，薄片状剥落。

‘狭冠’欧洲赤松 *Pinus sylvestris* ‘Fastigiata’ (*P. s.* f. *fastigiata*)
针叶树。树冠窄，直立，方尖塔状。枝直立。树皮红褐色，片状剥落。叶蓝绿色。球果圆锥状。在空旷处栽培时易遭风害。

‘方尖塔’圆柏 *Juniperus chinensis* ‘Obelisk’
针叶树。树冠细长，不规则圆柱状。枝向上。叶长，刺形，暗绿色，芳香。适宜在多种土壤和气候条件下（尤其是干旱和高热）栽培。

OTHER RECOMMENDED PLANTS:
Cephalotaxus harringtonii
Chamaecyparis lawsoniana ‘Ellwoodii’
Chamaecyparis lawsoniana ‘Fletcheri’
Juniperus communis
Juniperus rigida
Juniperus scopulorum ‘Skyrocket’, illus. p.110
Juniperus squamata ‘Meyeri’
Juniperus virginiana ‘Hetzii’
Picea breweriana, illus. p.105
Pinus pumila
Podocarpus alpinus
Podocarpus macrophyllus
Pseudotsuga menziesii ‘Fletcheri’
Taxus baccata ‘Adpressa’

绿色至黄色

墨西哥岩松 ***Pinus cembroides***
(Mexican stone pine, Pinyon)
灌木状针叶树。生长慢。株高稀超过6～7m。树皮鳞状，银灰色或棕褐色，引人注目。叶稀疏，2～3针1束，蓝绿色至灰绿色。

‘白斑’罗汉柏 ***Thujopsis dolabrata* ‘Variegata’**
灌木状针叶树。生长慢。树冠阔圆锥状。叶粗大，斧状，具多数不规则的乳白色斑点，背面银白色。

东北红豆杉（紫杉） ***Taxus cuspidata*** (Japanese yew)
常绿针叶树。树冠开展。叶暗绿色，背面黄绿色，气候寒冷时偶尔微带红褐色。极耐干旱和庇荫。

‘黄叶’日本扁柏 ***Chamaecyparis obtusa* ‘Crippsii’**
针叶树。为小庭院中引人注目的绿化树种。其扁平的小枝具观赏性。叶芳香，亮金黄色。树皮丝状裂，红褐色。球果圆球状，直径1cm，褐色。

朝鲜冷杉 ***Abies koreana***
(Korean fir)
针叶树。树冠阔圆锥状。球果圆柱状，紫蓝色，株高不足1m时即可结果。叶暗绿色，背面银白色。

‘塔状’日本柳杉 ***Cryptomeria japonica* ‘Pyramidata’**
针叶树。树冠窄圆柱状至方尖塔状。幼叶蓝绿色，成年叶暗绿色。

‘黄叶’雪松 ***Cedrus deodara* ‘Aurea’**
针叶树。生长慢。树冠直立。枝末端下垂。春夏季幼叶金黄色，成年叶黄绿色。为小庭院中引人注目的常绿树种。

‘金叶’大果柏木 ***Cupressus macrocarpa* ‘Goldcrest’**
针叶树。生长快。树冠圆锥状。小枝羽状，常用作插花材料。叶金黄色，芳香。不耐修剪。

‘鸡冠’日本柳杉 ***Cryptomeria japonica* ‘Cristata’**
针叶树。树冠圆锥状。小枝扭曲至弯曲。树皮软，纤维状。幼叶亮绿色，渐渐变为褐色。

果松（笠松，意大利伞松） ***Pinus pinea*** (Stone pine, Umbrella pine)
针叶树。树冠圆丘状。树干短。叶暗绿色，幼叶蓝绿色。球果阔卵状，成熟时亮褐色。种子可食。

Chamaecyparis obtusa ‘Tetragona Aurea’
Taxus baccata Aurea Group, illus. p.111
Taxus baccata ‘Semperaurea’
Thuja koraiensis
Thuja occidentalis ‘Rheingold’
Tsuga canadensis ‘Aurea’, illus. p.111

矮生针叶树

矮生针叶树非常有用，特别适宜小型花园。它们几乎不需要管理就可供全年观赏。矮生针叶树本身可以作为特色植物栽种，充分展示其多变的株形和常常引人注目的色彩。另一方面，比如在岩石园中栽培，也可作为球根花卉等其他植物的衬托。某些铺展的种类和品种适合作地被植物。

几乎所有的针叶树都能适应广泛的各种生长条件，只是雪松属（*Cedrus*）和刺柏属（*Juniperus*）植物不耐阴，刺柏属和松属（*Pinus*）植物更适宜于干燥、排水良好的沙质土壤。多数冷杉属（*Abies*）、红豆杉属（*Taxus*）、崖柏属（*Thuja*）和铁杉属（*Tsuga*）的植物特别耐阴。有些针叶树可修剪成低矮的绿篱，但若回剪到3～4年生或更老的枝，将很难再生新枝。

'蓝星' 高山桧
***Juniperus squamata* 'Blue Star'** 🏆

'矮生' 铺地柏
***Juniperus procumbens* 'Nana'** 🏆

雪白罗汉松
Podocarpus nivalis

'道格拉斯' 平枝圆柏
***Juniperus horizontalis* 'Douglasii'**

'劲直' 圆柏
***Juniperus chinensis* 'Stricta'**

'绿松蔓' 平枝圆柏
***Juniperus horizontalis* 'Turquoise Spreader'**

'杜松叶' 欧亚圆柏
***Juniperus sabina* 'Cupressifolia'**

'中国银' 高山桧
***Juniperus squamata* 'Chinese Silver'**

'簇生' 北美香柏
***Thuja occidentalis* 'Caespitosa'** ①

'矮生' 胶冷杉
***Abies balsamea* 'Nana'**

'稠密' 垂枝柏
***Juniperus recurva* 'Densa'**

'蒙哥马利' 硬尖云杉
***Picea pungens* 'Montgomery'**

'致密' 白冷杉
***Abies concolor* 'Compacta'** 🏆

小侧柏
Microbiota decussata 🏆

'迈尔矮生' 希腊冷杉
***Abies cephalonica* 'Meyer's Dwarf'**

柽柳叶圆柏
Juniperus sabina* var. *tamariscifolia

'紧密' 亚利桑那冷杉
***Abies lasiocarpa* var. *arizonica* 'Compacta'** 🏆

'格诺姆' 云杉
***Picea* x *mariorika* 'Gnom'**

'灰猫头鹰' 铅笔柏
***Juniperus virginiana* 'Grey Owl'** 🏆

铺地柏（矮桧，爬地柏）
Juniperus procumbens

'短叶' 花旗松
***Pseudotsuga menziesii* 'Fretsii'**

'奥伦道夫' 挪威云杉
***Picea abies* 'Ohlendorffii'**

'霍格' 高山桧
***Juniperus squamata* 'Holger'** 🏆

'灰叶' 间型圆柏
***Juniperus* x *pfitzeriana* 'Glauca'**

'罗杰·瓦逊' 落基山冷杉
***Abies lasiocarpa* 'Roger Watson'**

'反曲' 挪威云杉
***Picea abies* 'Reflexa'**

'山形' 欧洲赤松
***Pinus sylvestris* 'Doone Valley'**

'春岸' 落基山桧
***Juniperus scopulorum* 'Springbank'**

'节日' 欧亚圆柏
***Juniperus sabina* 'Mas'**

'烟柱' 落基山桧
***Juniperus scopulorum* 'Skyrocket'**

'矮生' 黑云杉
***Picea mariana* 'Nana'** 🏆

'沃特尔' 赤松
***Pinus sylvestris* 'Watereri'**

‘挺枝’花旗松
Pseudotsuga menziesii ‘Oudemansii’

‘侏儒’美国花柏
Chamaecyparis lawsoniana ‘Gnome’ ①

‘袖珍’美国花柏
Chamaecyparis lawsoniana ‘Minima’ ①

‘格雷戈里’挪威云杉
Picea abies ‘Gregoryana’

‘亮绿’日本扁柏
Chamaecyparis obtusa ‘Intermedia’ ①

‘威廉·普菲尔’间型圆柏
Juniperus x *pfitzeriana* ‘William Pfitzer’ ♀

‘史密提’波斯尼亚松
Pinus heldreichii ‘Smidtii’ ♀

‘矮锥’日本扁柏
Chamaecyparis obtusa ‘Nana Pyramidalis’ ①

‘爱尔兰’欧洲刺柏
Juniperus communis ‘Hibernica’ ♀

‘尖塔’白云杉
Picea glauca var. *albertiana* ‘Conica’ ♀

‘圆冠’黎巴嫩雪松
Cedrus libani ‘Sargentii’

‘袖珍’波斯尼亚松
Pinus heldreichii ‘Compact Gem’

‘矮黄’千头柏 *Thuja orientalis* ‘Aurea Nana’ ① ♀

‘四季黄’侧柏
Thuja orientalis ‘Semperaurea’ ①

‘鞭枝’北美香柏
Thuja occidentalis ‘Filiformis’ ①

‘希莱尔’北美乔柏
Thuja plicata ‘Hillieri’ ①

‘展枝杂色’圆柏
Juniperus chinensis ‘Expansa Variegata’

‘黄金’间型圆柏
Juniperus x *pfitzeriana* ‘Aurea’

‘黄羽’圆柏
Juniperus chinensis ‘Plumosa Aurea’ ♀

‘旋叶’日本柳杉
Cryptomeria japonica ‘Spiralis’

‘蓝金’圆柏
Juniperus chinensis ‘Blue and Gold’

‘黄叶’日本柳杉
Cryptomeria japonica ‘Sekkan-sugi’

‘道氏金’欧洲红豆杉
Taxus baccata ‘Dovastonii Aurea’ ① ♀

‘矮金’日本扁柏
Chamaecyparis obtusa ‘Nana Aurea’ ① ♀

‘金线’日本花柏
Chamaecyparis pisifera ‘Filifera Aurea’ ① ♀

‘绿金’北美乔柏
Thuja plicata ‘Collyer’s Gold’ ①

金叶群欧洲红豆杉
Taxus baccata Aurea Group ①

‘金叶’高加索冷杉
Abies nordmanniana ‘Golden Spreader’ ♀

‘金叶’加拿大铁杉
Tsuga canadensis ‘Aurea’

‘矮金’北美乔柏 *Thuja plicata* ‘Stoneham Gold’ ① ♀

‘金叶’欧洲赤松
Pinus sylvestris ‘Aurea’ ♀

‘密枝’日本柳杉
Cryptomeria japonica ‘Elegans Compacta’ ♀

‘金币’欧洲赤松
Pinus sylvestris ‘Gold Coin’

灌　木

灌木是花园中全年观赏不可缺少的材料。无论是常绿灌木还是落叶灌木，它们都可为寿命较短的植物提供一个不断变化且持续存在的背景。某些灌木可任其自然生长，另外一些灌木则需要通过定期的或者有时是重度的修剪来整形，以保持其良好的形态和健康的生长。

灌木

灌木可以成为花园设计中的骨干，其多种多样的叶、花、果实和茎干等可供全年观赏。

什么是灌木

灌木是指具有木质茎，在地表或近地表部位多分枝的落叶或常绿植物。有些灌木的高度可超过6m，但多数种类和品种的高度不到3m。较大的灌木，如丁香属（*Syringa*）的某些种和品种，能修剪成单干而完全可以被看作是乔木。还有一些种类的灌木称为亚灌木，仅茎基部为木质，像蓝雪花和倒挂金钟属植物，柔嫩的茎上部每年初冬受霜冻而死，因此在气候寒冷的地区常作为宿根花卉种植。

灌木的选择

和其他园林植物一样，灌木的选择

多彩的下层植物
上图：'新娘'大花白鹃梅（*Exochorda × macrantha* 'The Bride'）的花枝优美地弯曲，其下是小花勿忘草（*Myosotis sylvatica*）、雏菊（*Bellis perennis*）和'暗红'郁金香（*Tulipa* 'Couleur Cardinal'）。

引人注目的色彩
右上：在这个漂亮的设计方案中，金黄色的千里光属植物、'海德柯特'金丝桃（*Hypericum* 'Hidcote'）和堇菜属植物与灰色的圣麻属（*Santolina*）植物和绵毛水苏（*Stachys byzantina*）相映衬。

叶色差异
右图：'太阳舞'墨西哥橘［*Choisya ternate* SUNDANCE（'Lich'）］金色的叶子与'品紫'黄栌（*Cotinus coggygria* 'Royal Purple'）、'艳紫'日本小檗（*Berberis thunbergii* 'Rose Glow'）构成了鲜明的对比。

必须使植物的耐寒性和对栽植的要求与花园的条件相符合。需要特别注意的是要考虑成年植株的大小，为其提供足够大的生长空间。如果空间不够，为了控制灌木的大小而必须频繁修剪，这样不但是在做很多无用的劳动，还会削弱灌木的抗病能力。

桶栽灌木

左图：在这个朴素典雅的组合中，直立的倒挂金钟属植物粉红色花由下面色彩柔和的凤仙花属（*Impatiens*）植物作为衬托。在户外长期展示之后，可转移到温室越冬。

灌木的设计

无论花园的大小和风格如何，灌木永久性的木本结构都是花园框架的关键因素。很多灌木都可做成规则式的或不规则式的绿篱和围栏或屏障。此类植物小至半球形的‘绿枕’小叶黄杨（*Buxus microphylla*‘Green Pillow’），大至几乎为树状的杜鹃花和唐棣属植物。低矮、伸展、平卧或铺地生长的灌木如铺地柏（*Juniperus procumbens*）、仙女木（*Dryas octopetala*）以及树枝分层生长的灌木，如‘玛丽’雪球荚蒾（*Viburnum plicatum*‘Mariesii’）和互叶梾木（*Cornus alternifolia*），在结构上可产生强烈的水平线效果。这些植物可以把视线引导至与之形成对比的球形灌木上，如许多拟婆婆纳属、墨西哥橘（*Choisya ternata*）及其品种，或者具有强烈垂直效果的植物，如灰岩密藏花（*Eucryphia* × *nymansnsis*‘Nymansay’）、薄叶海桐（*Pittosporum tenuifolium*），也可单独用来形成一个主景点。有些灌木是理想的修剪造型种类，它们能耐受精细的经常性修剪，最好叶片要小，使植株能够产生细腻的表面质感和精致的造型。这类灌木包括黄杨属（*Buxus*）、红豆杉属（*Taxus*）和光亮忍冬（*Lonicera nitida*）。具有优美拱形或下垂枝条的灌木如‘重瓣’棣棠（*Kerria japonica*‘Pleniflora’）、连翘（*Forsythia suspensa*）、猬实（*Kolkwitzia amabilis*）和阿诺德海棠（*Malus* × *arnoldiana*），可用来与花境中的其他植物相连接。可以只栽植灌木形成灌木花境，也可以在混合花境中栽植作为寿命较为短暂的球根花卉、一年生花卉和宿根花卉的背景。株形紧凑的灌木，如月桂属（*Laurus*）植物是理想的盆栽植物。

四季观赏

在温暖的季节内提供芳香和色彩比较容易。秋季，火棘属和栒子属植物与日本茵芋（*Skimmia japonica*）结出色彩鲜亮的果实，还有多数种类的卫矛、双花木和吊钟花可以产生鲜艳夺目的叶色。冬季，人们的兴致又被金缕梅属（*Hamamelis*）植物和桂香忍冬（*Lonicera* × *purpusii*）芳香的花朵以及‘西伯利亚’红瑞木（*Cornus alba*‘Sibirica’）和粉枝莓（*Rubus biflorus*）多彩的枝条颜色所吸引，而此时也正是丝缨花（*Garrya elliptica*）下垂的花穗在冬季温煦的金色阳光照耀下独领风骚之时。

本组所用的大小等级		
大	中	小
>3m	1.5～3m	<1.5m

秋色

上图：‘黛安娜’间型金缕梅（*Hamamelis* × *intermedia*‘Diane’）花似蜘蛛，深红色，仲冬至冬末开放，秋季叶色绚丽夺目，也具有观赏价值。

冬季美景

下图：日本茵芋（*Skimmia japonica*）雌、雄株种在一起时，雌株结出鲜红色的浆果，直到冬季仍在枝头，当果实被霜华包裹时最值得观赏。

大型灌木 春季观赏

□ 白色

山桂花 ***Osmanthus delavayi***
(*Siphonosmanthus delavayi*)
常绿灌木。丛生。冠球状。枝拱形。叶小，具光泽，暗绿色。花多，极香，管状，白色，仲春至春末开放。

马醉木 ***Pieris japonica***
常绿灌木。丛生。冠球状。叶具光泽，暗绿色，幼叶古铜色。总状花序，下垂，花白色，春季开放。

拉马克唐棣 ***Amelanchier lamarckii***
落叶灌木。冠开展。花枝多，花星形，白色，仲春至春末古铜色幼叶展开时开放。成年叶暗绿色，秋季变为鲜红色和橙色。

中裂桂花 ***Osmanthus* x *burkwoodii*** (x *Osmarea burkwoodii*)
常绿灌木。冠球状，密集。叶暗绿色，具光泽。花小而多，极香，白色，仲春至春末开放。

刺海棠 ***Malus sargentii***
(*M. toringo* subsp. *sargentii*)
落叶灌木或小乔木。冠开展。花多，白色，春末开放。果实深红色，果期长。叶卵形，暗绿色，有时分裂。

欧洲鼠刺 ***Anopterus glandulosus***
常绿灌木。丛生。偶尔为小乔木。叶窄，具光泽，暗绿色。具花序，花杯状，白色或粉红色，仲春至春末开放。

云南双盾木 ***Dipelta yunnanensis***
落叶灌木。枝拱形。树皮剥落。叶具光泽。花管状，乳白色，内面具橙色斑点，春末开放。

'玛丽'雪球荚蒾 ***Viburnum plicatum* 'Mariesii'**
落叶灌木。丛生。冠开展。枝层状排列。叶暗绿色，秋季变为红紫色。花序大，球状，苞片白色，春末至初夏开放。

羽裂省沽油 ***Staphylea pinnata***
(Bladder nut)
落叶灌木。直立。具花序，花白色，随后微带粉红色，春末开放。果实膀胱状，绿色果实。复叶，亮绿色。

OTHER RECOMMENDED PLANTS:
Amelanchier canadensis
Amelanchier laevis, illus. p.85
CAMELLIAS, illus. p.128~p.129
Exochorda racemosa
Halesia tetraptera
HEATHERS, illus. p.178~p.179
LILACS, illus. p.120
Lophomyrtus bullata
MAGNOLIAS, illus. p.75
Parrotiopsis jacquemontiana
Pieris formosa 'Henry Price'
Poncirus trifoliata
Prunus laurocerasus
RHODODENDRONS, illus. p.132~p.134
Staphylea colchica

白色至红色

双盾木 ***Dipelta floribunda***
落叶乔木状灌木。直立。生长旺盛。树皮淡褐色，剥落。花芳香，淡粉红色，内面具黄色斑点，春末至初夏开放。叶先端尖，中绿色。

红脉吊钟花 ***Enkianthus campanulatus***
落叶灌木。丛生。冠开展。小枝红色。叶成簇，暗绿色，秋季变为亮红色。花小，钟状，乳黄色，具红脉，春末开放。

红蕾绣球荚蒾 ***Viburnum* x *carlcephalum***
落叶灌木。丛生。冠球状。花蕾粉红色，花序大，球状，花芳香，白色，生于叶丛中，春末开放。叶暗绿色，常秋季常变为红色。

'粉花'膀胱果 ***Staphylea holocarpa* 'Rosea'**
落叶直立灌木或小乔木。冠开展。花粉红色，仲春至春末开放。果实膀胱状，淡绿色。幼叶古铜色，成年叶蓝绿色。

'伯明翰'杂种石楠 ***Photinia* x *fraseri* 'Birmingham'**
常绿灌木。直立，丛生。枝密集。叶有光泽，暗绿色，幼叶亮紫红色。阔头状花序，花小，白色，春末开放。

紫色至橙色

交让木 ***Daphniphyllum macropodum*** (*D. himalense* subsp. *macropodum*)
常绿灌木。丛生。枝密集。小枝粗壮。叶暗绿色。花小，雌株花绿色，雄株花淡紫色，春末开放。

香蜡瓣花 ***Corylopsis glabrescens***
落叶灌木。冠开张。叶卵形，具刚毛状锯齿，暗绿色，背面蓝绿色。穗状花序，下垂，花芳香，钟状，淡黄色，仲春先叶开放。

达尔文小檗 ***Berberis darwinii***
(Darwin's barberry)
常绿灌木。枝拱形。生长旺盛。叶小，有光泽，暗绿色。花多，圆球形，深橙黄色，仲春至春末开放。浆果淡蓝色。

CAMELLIAS, illus. p.128～p.129
Greyia sutherlandii, illus. p.131
HEATHERS, illus. p.178～p.179
MAGNOLIAS, illus. p.75
Photinia x *fraseri* 'Red Robin'
Pieris 'Forest Flame'
Prunus triloba 'Multiplex'
RHODODENDRONS, illus. p.132～p.134
Acacia verticillata
Ceanothus thyrsiflorus
LILACS, illus. p.120
RHODODENDRONS, illus. p.132～p.134

大型灌木 夏季观赏

□ 白色

白花南美鼠刺 *Escallonia leucantha*
常绿灌木。直立。叶窄，卵形，有光泽，暗绿色。总状花序大，花小，浅杯状，白色，仲夏开放。

帚枝揽叶菊 *Olearia virgata*
常绿灌木。树姿优美。枝拱形。叶极窄，暗灰绿色。头状花序，沿枝簇状排列，花小而多，星状，白色，初夏开放。

枇杷叶荚蒾 *Viburnum rhytidophyllum*
常绿灌木。生长旺盛。冠开展。叶窄长，深绿色。花序头状，多数，花小，乳白色，春末至初夏开放。果红色，熟后黑色。

药用安息香 *Styrax officinalis*
落叶灌木或小乔木。冠稀疏至密集。花芳香，钟状，白色，生于叶丛中，初夏开放。叶卵形，暗绿色，背面灰白色。

垂蕾树 *Sparrmannia africana*
落叶灌木或小乔木。直立。叶大，浅裂。具花序，花白色，花药黄色和红紫色，春末至夏季开放。耐最低温度7℃。

小蜡 *Ligustrum sinense*
落叶或半常绿灌木。直立，丛生。叶卵形，淡绿色。圆锥花序大，花芳香，管状，白色，仲夏开放。果实大，紫黑色。

'和平'大叶醉鱼草 *Buddleja davidii* 'Peace'
落叶灌木。枝拱形。生长旺盛。叶长，先端尖，暗绿色，背面具白色毛。花序长，羽毛状，花芳香，白色，仲夏至秋季开放。

'艾维基'南美鼠刺 *Escallonia* 'Iveyi'
常绿灌木。直立。叶有光泽，暗绿色。总状花序大，花芳香，管状，纯白色，花瓣浅裂，仲夏至夏末开放。

文冠果 *Xanthoceras sorbifolium*
落叶灌木或小乔木。直立。复叶。小叶多数，细长，亮绿色。花序穗状，花白色，花瓣基部内侧具红色斑色，春末至初夏开放。

OTHER RECOMMENDED PLANTS:
Clethra arborea
Clethra barbinervis, illus. p.138
Cotoneaster lacteus, illus. p.125
Cotoneaster 'Rothschildianus'
Cotoneaster x *watereri* 'John Waterer'
Deutzia scabra, illus. p.136
Elaeocarpus cyaneus
Eucryphia milliganii, illus. p.137
HEATHERS, illus. p.178～p.179
Hibiscus syriacus 'Diana'
HYDRANGEAS, illus. p.144
LILACS, illus. p.120
Lophomyrtus bullata
MAGNOLIAS, illus. p.75
Melaleuca armillaris

白花木曼陀罗 ***Brugmansia*** **x** ***candida*** (*Datura* x *candida*)
半常绿灌木或小乔木。冠球状。叶卵形，被毛。花极香，下垂，白色，有时乳白色或浅粉红色，夏秋开放。耐最低温度为10℃。

尖叶龙袍木 ***Luma apiculata***
(*Amomyrtus luma*, *Myrceugenia apiculata*, *Myrtus apiculata*, *M. luma*)
常绿灌木。生长势强。树皮金褐色和灰白色，剥落。花杯形，生于叶丛中，夏秋开放。叶芳香。

白花葡萄叶苘麻 ***Abutilon vitifolium*** var. ***album***
落叶灌木。直立。生长快。花蕾微带粉红色，花大而多，碗状，白色，散生在叶丛中，春末至初夏开放。叶深裂，具尖锯齿，灰绿色。

三花六道木 ***Abelic triflora***
落叶灌木。直立。生长旺盛。叶先端尖，深绿色。花小，极芳香，白色，微带淡粉红色，仲夏开放。

美国流苏树（维州流苏树）
Chionanthus virginicus (Fringe tree)
落叶灌木或小乔木。丛生。叶大，具光泽，暗绿色，秋季变为黄色。花序下垂，花芳香，白色，初夏开放。

全盘花 ***Holodiscus discolor***
落叶灌木。枝拱形，生长快。叶有分裂，具锯齿，暗绿色。花序大，下垂，花小，乳白色，仲夏开放。

小花七叶树 ***Aesculus parviflora***
(Bottlebrush buckeye)
落叶灌木。冠开张。幼叶古铜色，夏季为暗绿色，秋季变为黄色。圆锥花序，花白色，心部红色，仲夏至夏末开放。

银边欧茱萸 ***Cornus mas*** **'Variegata'**
落叶灌木或小乔木。丛生。枝密集。花小，星形，黄色，初春先叶开放。叶暗绿色，边缘白色。

Olearia macrodonta
Osmanthus fragrans
Philadelphus magdalenae
Prunus lusitanica
Pyracantha atalantioides
Pyracantha 'Mohave'
RHODODENDRONS, illus. p.132～p.134
Rubus 'Benenden', illus. p.136
Viburnum 'Pragense', illus. p.139

丁香属植物

丁香属（*Syringa*）植物袭人的花香使人感受到初夏的气氛。其花繁多，是极好的切花材料。花色除了典型的的淡紫色和紫红色之外，还有白色、粉红色、乳白色和浓紫红色，重瓣种类也可见到。花园中栽培的丁香属植物多数是来源于西洋丁香（*S. vulgaris*）的生长旺盛的灌木。由于丁香属植物生长多年后会呈乔木状，因此最好将其种在灌木花境的后部或丛植于野趣园中，也可用作自然式绿篱。在有限的空间种植时，可选择植株较小的种类，其中有些种类甚至可作盆栽。凋谢的花序最好摘除，但要细心以免损伤花序下边刚生出的新枝。几乎不需修剪，但对较老的、散乱的植株冬季可重剪以使其恢复活力。

'布克勒' 欧丁香
S. vulgaris 'Michel Buchner'

'蒙吉' 欧丁香
S. vulgaris 'Monge'

'马森那' 欧丁香
S. vulgaris 'Masséna'

'帕利宾' 蓝丁香
S. meyeri 'Palibin' ♀

'史蒂普曼' 欧丁香
S. vulgaris 'Madame Florent Stepman'

'弗奇' 欧丁香
S. vulgaris 'Maréchal Foch'

'舍里翁' 欧丁香
S. vulgaris 'Paul Thirion'

'乔里' 欧丁香
S. vulgaris 'Charles Joly' ♀

花叶丁香
S. x *persica* ♀

'莫里尔' 欧丁香
S. vulgaris 'Madame F. Morel'

'德凯逊' 欧丁香
S. vulgaris 'Decaisne'

'格利维' 欧丁香
S. vulgaris 'Président Grévy'

'范托尔' 欧丁香
S. vulgaris 'Jan van Tol'

'勒蒙利' 欧丁香
S. vulgaris 'Madame Lemoine' ♀

'哈丁' 欧丁香
S. vulgaris 'Mrs Edward Harding' ♀

'克拉克巨人' 丁香
S. x *hyacinthiflora* 'Clarke's Giant'

'布朗特' 丁香
S. x *hyacinthiflora* 'Cora Brandt'

'白花' 什锦丁香
S. x *chinensis* 'Alba'

'刚果' 欧丁香
S. vulgaris 'Congo'

'巴克勒' 欧丁香
S. vulgaris 'Madame Antoine Buchner' ♀

'斯塔利' 丁香
S. x *hyacinthiflora* 'Esther Staley' ♀

'华丽' 小叶丁香
S. p. subsp. *microphylla* 'Superba' ♀

云南丁香
S. yunnanensis

'蓝风信子' 丁香
S. x *hyacinthiflora* 'Blue Hyacinth'

'淡黄' 欧丁香
S. vulgaris 'Primrose'

大型灌木 夏季观赏

白色至粉红色

云南山柳（云南桤叶树） ***Clethra delavayi***
落叶灌木。冠开展。叶披针形，具锯齿，浓绿色。花序平展，花蕾粉红色，花密集，白色，芳香，仲夏开放。

多枝柽柳 ***Tamarix ramosissima***
(*T. pentandra*)
落叶灌木或小乔木。树姿优美。枝拱形。叶窄，微小，蓝绿色。花序大，直立，羽状，花小，粉红色，夏末至初秋开放。

大花六道木 ***Abelia* x *grandiflora***
半常绿灌木。生长旺盛。枝拱形。叶有光泽，深绿色。花多，白色微带粉红色，仲夏至仲秋开放。

夹竹桃 ***Nerium oleander***
(Oleander)
常绿灌木。直立，丛生。叶革质，深绿色。具花序，花浅盘状，粉红色、白色、红色、杏黄色或黄色，花梗常暗红色，春季至秋季开放。
耐最低温度10℃。

‘粉红云’ 猬实 ***Kolkwitzia amabilis* ‘Pink Cloud’**
落叶灌木。枝拱形。花多，钟状，粉红色，生于叶丛中，春末至初夏开放。叶小，卵形，中绿色。

红色至紫红色

‘品红’ 大叶醉鱼草 ***Buddleja davidii* ‘Royal Red’**
落叶灌木。生长旺盛。枝拱形。叶长，先端尖，暗绿色，背面被白色毛。花序羽状，花芳香，浓紫红色，仲夏至秋季开放。

深紫鸡爪槭 ***Acer palmatum* f. *atropurpureum***
落叶丛生灌木或小乔木。叶有分裂，紫红色，秋季变为亮红色。花小，紫红色，仲春开放。

‘小丑’ 大叶醉鱼草 ***Buddleja davidii* ‘Harlequin’**
落叶灌木。生长旺盛。枝拱形。叶长，先端尖，暗绿色，边缘乳白色。花序羽状，花芳香，红紫色，仲夏至秋季开放。

大花醉鱼草 ***Buddleja colvilei***
落叶灌木，后成乔木状。枝拱形。总状花序，下垂，花大，深粉红色至紫红色，中部白色，生于叶丛中，初夏开放。叶暗绿色。

悬铃花 ***Malvaviscus arboreus***
(Sleepy mallow)
常绿灌木。生长旺盛。冠球状。叶亮绿色，有锯齿，被软毛。花亮红色，雄蕊显著，夏秋开放。耐最低温度13～16℃。

‘紫晕’ 黄栌 ***Cotinus coggygria* ‘Notcutt’s Variety’**
落叶灌木。丛生。叶深红紫色。花序羽状，紫粉红色，花小而多，花期长，夏末开放。

Aralia elata ‘Variegata’
Cornus alternifolia ‘Argentea’, illus. p.89
Ligustrum lucidum
LILACS, illus. p.120
MAGNOLIAS, illus. p.75
Rothmannia capensis
Sorbaria kirilowii
Viburnum cinnamomifolium

Acca sellowiana, illus. p.143
Buddleja colvilei ‘Kewensis’
Callistemon viminalis
Cercis canadensis ‘Forest Pansy’, illus. p.91
Cotinus coggygria ‘Royal Purple’
Erythrina x *bidwillii*, illus. p.143
Erythrina crista-galli, illus. p.143
HEATHERS, illus. p.178～p 179

大型灌木 夏季观赏

红色至紫色

‘红色’七裂鸡爪槭 ***Acer palmatum*** **var.** ***heptalobum*** **‘Rubrum’**
落叶丛生灌木或小乔木。树冠头状。叶大，幼叶红色，夏季为古铜色，秋季变为亮红色、橙黄色或黄色。花小，紫红色，仲春开放。

互叶醉鱼草 ***Buddleja alternifolia***
落叶灌木。枝拱形。可整形枝下垂枝的乔木。小枝细长，下垂。叶窄，灰绿色。花序整齐，花芳香，淡紫色，初夏开放。

紫黑刺李 ***Prunus spinosa*** **‘Purpurea’**
落叶灌木或小乔木。枝密集，具刺。幼叶亮红色，渐变为深紫红色。花浅碟形，淡粉红色，初春至仲春开放。果实亮蓝色，黑色。

翠蓝木 ***Tibouchina urvilleana***
(Glory bush)
常绿灌木。枝细长。叶被软毛，叶脉明显。具花序，花蓝紫色，有光泽，夏季至初冬开放。耐最低温度7℃。

‘紫叶’大榛 ***Corylus maxima*** **‘Purpurea’**
落叶灌木或小乔木。生长旺盛。冠开张。叶深紫色。葇花序，浅紫色，花药黄色，冬末先叶开放。坚果秋季成熟，可食用。

‘变黄’七裂鸡爪槭 ***Acer palmatum*** **var.** ***heptalobum*** **‘Lutescens’**
落叶丛生灌木或小乔木。冠头状。叶大，有分裂，秋季变为纯黄色。花小，紫红色，仲春开放。双翅果。

绿色至黄色

猫儿屎 ***Decaisnea fargesii***
落叶灌木。冠开张。枝半拱形。叶大，深绿色，对生。总状花序，花淡绿色，初夏开放。果实下垂，香肠状，浅蓝色。

沙枣 ***Elaeagnus angustifolia***
(Oleaster)
落叶丛生灌木或小乔木。冠开展。叶窄，银灰色。花小，芳香，乳黄色，花瓣裂片开展，初夏开放。果实小，卵形，黄色。

滨枣 ***Paliurus spina-christi***
(Christ’s thorn, Jerusalem thorn)
落叶丛生灌木。枝细长，具刺。叶卵形，有光泽，亮绿色。花微小，黄色，夏季开放。果实奇特，木质，具翅，秋季成熟。

LILACS, illus. p.120
Melaleuca hypericifolia
RHODODENDRONS, illus. p.132～p.134
Sambucus nigra ‘Guincho Purple’

Acer shirasawanum ‘Aureum’, illus. p.92
Aralia elata ‘Aureovariegata’
Buddleja x *weyeriana*
Caesalpinia pulcherrima

Colutea arborescens, illus. p.146
Dendromecon rigida, illus. p.147
Fremontodendron californicum
Fremontodendron mexicanum

‘大白’白花木曼陀罗
***Brugmansia* x *candida* ‘Grand Marnier’**
常绿灌木。生长健壮。叶大，卵形至椭圆形。花下垂，具光泽，喇叭状，杏黄色，花萼膨大，夏季开放。耐最低温度7～10℃。

红花木曼陀罗　*Brugmansia sanguinea*
半常绿灌木或小乔木。冠直立至球状。幼叶有分裂。花大，喇叭状，黄色至橙红色，夏末至冬季开放。耐最低温度10℃。

田菁猪屎豆　*Crotalaria agatiflora*
(Canary-bird bush)
常绿灌木。枝稀疏，稍开展。叶灰绿色。总状花序，花绿黄色，夏季开放或全年陆续开放。耐最低温度15℃。

总序金雀花　*Cytisus battandieri*
(*Argyrocytisus battandieri*) (Moroccan broom, Pineapple broom)
半常绿灌木。冠开张。叶银灰色，为3小叶复叶。花黄色，具菠萝香味，夏季开放。

红蕊云实（红蕊蝴蝶）　*Caesalpinia gilliesii* (*Poinciana gilliesii*)
落叶灌木或小乔木。冠开张。叶深绿色，细裂。总状花序短，花黄色，雄蕊长，红色，仲夏至夏末开放。

灰小金雀　*Genista cinerea*
落叶灌木。枝拱形。花多，蝶形，芳香，黄色，初夏至仲夏开放。小枝丝状。叶窄，灰绿色。

球序醉鱼草（球花醉鱼草）*Buddleja globosa*
落叶或半常绿灌木。冠开张。叶暗绿色。花序圆形，花密集，橙黄色，初夏开放。

‘加州之光’法兰绒花　*Fremontodendron* ‘California Glory’
常绿或半常绿直立灌木。生长极旺盛。叶圆形，有分裂，暗绿色。花大，亮黄色，春末至仲秋开放。

Ligustrum ovalifolium ‘Aureum’
Luma apiculata ‘Glanleam Gold’
Osmanthus fragrans f. *aurantiacus*
Sambucus canadensis ‘Aurea’
Senna didymobotrya, illus. p.147
Spartium junceum, illus. p.147
Tecoma stans, illus. p.96

大型灌木 秋季观赏

红色至黄色

'克鲁比亚' 栒子 *Cotoneaster* 'Cornubia'
半常绿灌木。生长旺盛。枝拱形。具花序，花白色，生于叶丛中，初夏开放。叶暗绿色。果实大，亮红色，美丽，下垂，成簇。

'深裂叶' 火炬树 *Rhus typhina* 'Dissecta'
落叶灌木或小乔木。树冠开展至开张。小枝柔软而光滑。叶似蕨类叶，暗绿色，秋季变为亮橙红色。果实成簇，深红色，秋季成熟。

'火焰' 黄栌 *Cotinus* 'Flame'
落叶乔木状灌木，丛生。叶暗绿色，秋季变为亮橙红色。花美丽，羽状，粉红色，淡紫粉红色，生于叶丛中，夏末开放。

沙棘 *Hippophäe rhamnoides*
(Sea buckthorn)
落叶丛生灌木或小乔木。枝拱形。叶窄，银白色。花微小，黄色，仲春开放。雌株秋季结果，浆果亮橙色。

七裂鸡爪槭 *Acer palmatum* var. *heptalobum*
落叶丛生灌木或小乔木。树冠头状。叶大，有分裂，中绿色，秋季变为鲜红色、橙色或黄色。花小，红紫色，仲春开放。

'桑德拉' 春金缕梅 *Hamamelis vernalis* 'Sandra'
落叶灌木。直立。树冠开展。花小，芳香，细长，深黄色，冬末至初春开放。叶卵形，幼叶紫色，夏季为中绿色，秋季变为紫色、红色、橙色和黄色。

大果卫矛 *Euonymus myrianthus*
常绿灌木。丛生。叶革质，先端尖，中绿色。具花序，花小而多，绿黄色，夏季开放。果实黄色，开裂后露出橙红色种子。

'红皮' 鸡爪槭 *Acer palmatum* 'Sang-kaku' (*A. p.* 'Senkaki')
(Coral-bark maple)
落叶丛生灌木或乔木。树冠头状。冬季小枝珊瑚红色。叶掌状分裂，橙黄色，后为绿色，秋季为粉红色，最后变为黄色。

'金果' 全缘火棘 *Pyracantha atalantioides* 'Aurea'
常绿灌木。直立。生长旺盛。植株具刺。枝随后成拱形。叶窄卵形，有光泽，暗绿色。花白色，初夏开放。果簇大，浆果小，黄色，初秋成熟。

OTHER RECOMMENDED PLANTS:
Acer japonicum 'Vitifolium', illus. p.95
Acer tataricum subsp. *ginnala*, illus. p.95
Cotinus coggygria 'Royal Purple'
Cotinus obovatus
Cotoneaster x *watereri* 'John Waterer'
Decaisnea fargesii, illus. p.122
Hibiscus mutabilis
Photinia davidiana, illus. p.94
Pyracantha 'Golden Charmer', illus. p.149
Pyracantha 'Mohave'
Sorbus aucuparia 'Fastigiata'
Tibouchina urvilleana, illus. p.122
Viburnum betulifolium, illus. p.148

大型灌木 冬季观赏

黄色

'宽大'间型十大功劳 ***Mahonia* x *media* 'Charity'**
常绿灌木。直立。枝密集。复叶大，小叶多数，具刺，暗绿色，花序穗状，细长，伸展，花芳香，黄色，初秋至翌年初春开放。

'巴克兰'间型十大功劳 ***Mahonia* x *media* 'Buckland'**
常绿灌木。直立。枝密集。叶大，边缘多刺，暗绿色。穗状花序长，具分枝，簇生，直立，随后开展，花芳香，黄色，秋末至翌年初春开放。

弗吉尼亚金缕梅 ***Hamamelis virginiana*** (Virginian witch hazel)
落叶灌木。直立。冠开张。花小，芳香，细长，黄色，花瓣窄，4枚，秋季叶落时开放。叶宽卵形，秋季变为黄色。

Brugmansia aurea
Cotoneaster 'Rothschildianus'
HOLLIES, illus. p.98～p.99
Tecoma stans, illus. p.96

红色

团花栒子 ***Cotoneaster lacteus***
常绿灌木。枝拱形。宜作绿篱。叶卵形，暗绿色。花窄杯状，白色，初夏至仲夏开放。果簇大，果实红色，果期长，秋冬结果。

'黛安娜'间型金缕梅 ***Hamamelis* x *intermedia* 'Diane'**
落叶灌木。冠开展至开张。花芳香，细长，深红色，仲冬至冬末先叶开放。叶阔卵形，中绿色，秋季变为黄色和红色。

树番茄 ***Cyphomandra betacea*** (*C. crassicaulis*) (Tree tomato)
常绿灌木或小乔木。枝稀疏。幼树冠直立。叶大，心形，浓绿色。果红色，番茄状，可食，夏季至冬季结果。耐最低温度10℃。

OTHER RECOMMENDED PLANTS:
Euphorbia pulcherrima, illus. p.150
Euphorbia pulcherrima 'Paul Mikkelson'
HEATHERS, illus. p.178～179

绿色至黄色

丝缨花 ***Garrya elliptica***
(Silk-tassel bush)
常绿灌木。丛生。枝密集。叶革质，暗绿色，边缘波状。柔荑花序，灰绿色，雄株的花序长于雌株的花序，仲冬至翌年初春开放。

小叶阿查拉 ***Azara microphylla***
常绿灌木或小乔木。树姿优美。叶微小，有光泽，暗绿色。花序小，具香精味，深黄色，成小型簇生状，冬末至翌年初春开放。

'扭枝'欧榛 ***Corylus avellana* 'Contorta'**
落叶灌木。丛生。小枝奇特，扭曲。叶宽阔，具锐锯齿，中绿色。荑花序，下垂，淡黄色，冬末先叶开放。

Cornus mas
Hamamelis x *intermedia* 'Pallida'
Hamamelis japonica
Mahonia napaulensis

黄色

‘阿诺德’间型金缕梅 ***Hamamelis* x *intermedia* ‘Arnold Promise’**

落叶灌木。冠开展至开张。花大，芳香，细长，黄色，花瓣窄，4片，卷曲，仲冬至冬末开放。叶宽卵形，绿色，秋季变为黄色。

‘硫黄’日本金缕梅 ***Hamamelis japonica* ‘Sulphurea’**

落叶灌木。直立。冠开展。花芳香，细长，淡黄色，花瓣窄，4片，卷曲。叶阔卵形，暗绿色，秋季变为黄色。

‘峡谷林’金缕梅 ***Hamamelis mollis* ‘Coombe Wood’**

落叶灌木。冠开展至开张。花极香，细长，金黄色，花瓣窄，4片，仲冬至冬末开放。叶阔卵形，中绿色，秋季变为黄色。

Acacia pravissima, illus. p.97
Buddleja madagascariensis
Jasminum nudiflorum, illus. p.151
Senecio grandifolius

大型灌木 全年观赏

白色至绿色

‘沃尼克’竹蕉 ***Dracaena fragrans* Deremensis Group ‘Warneckei’**

常绿灌木。生长慢。叶直立至拱状，披针形，边缘浅绿色至乳黄色。耐最低温度15～18℃。

卵叶女贞 ***Ligustrum ovalifolium***

常绿或半常绿灌木。直立。生长旺盛。枝密集。叶有光泽，中绿色。总状花序，花小，密集，白色，管状，具难闻气味，仲夏开放。果实黑色。

‘银边’桂樱 ***Prunus lusitanica* ‘Variegata’**

常绿灌木。丛生。生长慢。小枝红紫色。叶卵形，有光泽，暗绿色，边缘白色。花芳香，窄杯形，乳白色，夏季开放。果实紫色。

短序桂樱 ***Prunus lusitanica* subsp. *azorica***

常绿丛生灌木。小枝红紫色。叶亮绿色，幼叶红色。穗状花序，花小，芳香，白色，夏季开放。果实紫色。

通脱木 ***Tetrapanax papyrifer*** (*Fatsia papyrifera*) (Rice-paper plant)

常绿灌木。直立。具萌蘖。叶圆形，深裂，叶柄长。花序明显，花小，乳白色，夏季开放。浆果黑色，秋冬成熟。

‘散斑’滨覆瓣梾木 ***Griselinia littoralis* ‘Variegata’**

常绿灌木。直立，丛生。枝密集。叶革质，灰色，具亮绿色和乳白色斑点。花不明显，黄绿色，春末开放。

‘加里特’海桐 ***Pittosporum* ‘Garnettii’**

常绿灌木。冠圆柱形或圆锥形。常丛生。枝密集。叶圆形，灰绿色，具不规则乳白色边缘，在寒冷地区栽培时，叶微带深红色。花小，绿紫色，春夏开放。

碎叶福禄桐 ***Polyscias guilfoylei* ‘Victoriae’** (Lace aralia)

常绿灌木或小乔木。冠球状，生长慢。复叶，小叶数枚，卵形至圆形，具锯齿，深绿色，边缘白色。耐最低温度15～18℃。

OTHER RECOMMENDED PLANTS:
Cordyline fruticosa ‘Imperialis’
Dracaena marginata ‘Tricolor’, illus. p.99
Elaeagnus x *ebbingei*
Euonymus japonicus ‘Macrophyllus’
Garrya elliptica ‘James Roof’
Grevillea banksii, illus. p.99
Griselinia littoralis ‘Dixon’s Cream’
HOLLIES, illus. p.98～p.99
Pittosporum crassifolium ‘Variegatum’, illus. p.99
Synadenium compactum var. *rubrum*

中型灌木 春季观赏

绿色至黄色

孔雀木（雅致鹅掌柴）
Schefflera elegantissima (*Aralia elegantissima, Dizygotheca elegantissima*) (False aralia)
常绿灌木。直立。冠开张。复叶大，小叶7～10片，具粗锯齿，有光泽，灰绿色，有时微带古铜色。耐最低温度13℃。

‘金边’女贞 *Ligustrum lucidum* ‘Excelsum Superbum’
常绿直立灌木或小乔木。叶大，有光泽，亮绿色，具浅绿色斑点，边缘黄色。花小，管状，白色，夏末至初秋开放。

常春菊 *Brachyglottis repanda*
(Pukapuka, Rangiora)
常绿丛生灌木或乔木。幼树冠直立。茎干粗壮，被毛，白色。叶背面白色，叶脉明显。头状花序，花芳香，白色，夏季开放。耐最低温度3℃。

金边柊树 *Osmanthus heterophyllus* ‘Aureomarginatus’
常绿灌木。直立。叶具锐锯齿，似冬青叶，有光泽，亮绿色，边缘黄色。花小，芳香，白色，秋季开放。

薄叶海桐 *Pittosporum tenuifolium*
常绿灌木或小乔木。树体圆柱形，渐成球状，小枝紫色。叶卵形，有光泽，中绿色，边缘波状。花芳香，紫红色，春末开放。

‘斑纹’胡颓子 *Elaeagnus pungens* ‘Maculata’ (*E. p.* ‘Aureovariegata’)
常绿灌木。丛生。具疏刺。叶有光泽，暗绿色，心部具深黄色斑块。花浓香，坛状，乳白色，仲秋至秋末开放。

Beaucarnea recurvata, illus. p.100
Castanopsis cuspidata
Cycas revoluta, illus. p.152
Elaeagnus x *ebbingei* ‘Gilt Edge’
Euonymus japonicus ‘Ovatus Aureus’
Pittosporum tenuifolium ‘Margaret Turnbull’
Schefflera arboricola
Schefflera digitata

□ 白色

美国马醉木 *Pieris floribunda*
(Fetterbush, Mountain fetterbush)
常绿灌木。丛生。枝密集。叶多，卵形，有光泽，暗绿色。冬季花蕾绿白色，花白色，坛状，初春至仲春开放。

白花吊钟花 *Enkianthus perulatus*
落叶灌木。丛生。枝密集。叶暗绿色，秋季变为亮红色。花小而多，下垂，坛状，白色，仲春开放。

大北美瓶刷树 *Fothergilla major*
(*F. monticola*)
落叶直立灌木。叶具光泽，暗绿色，背面白色，微带蓝色，秋季变为红色、橙色或黄色。具花序，花芳香，白色，春末开放。

‘斯卡雷特奥哈娜’马醉木 *Pieris japonica* ‘Scarlett O’Hara’
常绿灌木。丛生。冠球状。枝密集。幼叶和小枝青铜红色。随后叶变为暗绿色，具光泽。具花序，花白色，春季开放。

墨西哥橘 *Choisya ternata*
(Mexican orange blossom)
常绿灌木。浓密球状。叶芳香，具光泽，亮绿色，由3枚小叶组成。具花序，花芳香，白色，春末开放，秋季常二度开放。

OTHER RECOMMENDED PLANTS:
Buddleja asiatica
CAMELLIAS, illus. p.128～p.129
Gardenia thunbergia
Osmanthus x *burkwoodii* illus. p.116
Pieris japonica Taiwanensis Group
RHODODENDRONS, illus. p.132～p.134
Viburnum x *burkwoodii* ‘Anne Russell’

山茶属植物

山茶属植物为常绿灌木，以其繁茂的枝叶、浓绿的叶色和主要在冬春季开放的繁花而长期受到人们的重视。本属植物曾被认为仅适合于温室栽培，但许多山茶属植物在户外庇护的条件下有一定的耐寒能力，只是花朵会受到霜和雨水的危害。需不含钙质的酸性土壤。主要花型图解如下：

单瓣型 Single
花浅杯状，每朵花的花瓣不超过8枚，单层排列，中央雄蕊明显。

半重瓣型 Semi-double
花杯状，具9～21枚规则或不规则花瓣，排成2层或多层，雄蕊明显。

托桂型 Anemone
花球状，外层花瓣大，一至多层，平卧或波状，花心半球状，由多数瓣化雄蕊和雄蕊混合而成。

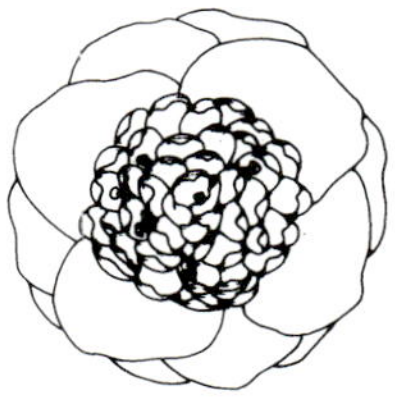

芍药型 Peony-form
花球状或半球状，通常由不规则的花瓣和瓣化雄蕊与雄蕊混合一起。

蔷薇型 Rose-form
花杯状，花瓣叠生，多层，花心张开，显露雄蕊。

规则重瓣型 Formal double 花球状，花瓣规则，整齐重叠排成多层，遮盖雄蕊。

不规则重瓣型 Irregular double花的形状与规则重瓣型相似，但花瓣通常排列松散，有时不规则。

'朱丽黄' 威氏山茶（托桂型）
C. x *williamsii* 'Jury's Yellow'

'奇异' 茶梅（单瓣型）
C. sasanqua 'Narumigata' 🏆

'白钟' 山茶（单瓣型）
C. 'Shirowabisuke'

'弗朗西斯·汉格' 威氏山茶（单瓣型）*C.* x *williamsii* 'Francis Hanger'

'戴维斯夫人' 山茶（半重瓣型）*C. japonica* 'Mrs D.W. Davis' 🏆

'康沃尔之雪' 山茶（单瓣型）
C. 'Cornish Snow' 🏆

'瓦西塔女士' 山茶（半重瓣型）
C. japonica 'Lady Vansittart'

'白单瓣' 山茶（单瓣型）
C. japonica 'Alba Simplex'

'明日拂晓' 山茶（不规则重瓣型）
C. j. 'Tomorrow's Dawn'

'珍尼特·沃特豪斯' 山茶（半重瓣型）*C. japonica* 'Janet Waterhouse'

'贝雷尼塞·博迪' 山茶（半重瓣型）*C. japonica* 'Berenice Boddy' 🏆

泸西山茶（单瓣型）
C. tsai 🏆

'威廉姆斯' 山茶（单瓣型）
C. x *williamsii* 'J. C. Williams' 🏆

'拉维利亚·马吉' 山茶（规则重瓣型）
C. japonica 'Lavinia Maggi' 🏆

'琼·特利汉' 威氏山茶（蔷薇型）*C.* x *williamsii* 'Joan Trehane' 🏆

'赠品' 威氏山茶（半重瓣型）
C. x *williamsii* 'Donation' 🏆

'玛格丽特·戴维斯' 山茶（不规则重瓣型）
C. japonica 'Margaret Davis'

'贝蒂·谢菲尔德' 山茶（不规则重瓣型）
C. j. 'Betty Sheffield Supreme'

'梦之舟' 威氏山茶（规则重瓣型）
C. x *williamsii* 'Dream Boat'

'教堂钟' 威氏山茶（单瓣型）
C. x *williamsii* 'Bow Bells'

'沃特豪斯' 威氏山茶（规则重瓣型） *C.* x *w.* 'E. G. Water-house'

'旅长' 威氏山茶（半重瓣型）
C. x *w.* 'Brigadoon' 🏆

怒江山茶（单瓣型）
C. saluenensis

'圣埃维' 威氏山茶（单瓣型）
C. x *williamsii* 'Saint Ewe' 🏆

‘鼓舞’山茶（半重瓣型）
C. ‘Inspiration’ ♀

‘凯旋门’南山茶（芍药型）
C. reticulata ‘Arch of Triumph’ ♀

‘曼德勒女王’南山茶
（半重瓣型）*C. reticulata*
‘Mandalay Queen’ ♀

‘红露丝’山茶（半重瓣型）
C. japonica ‘Guilio Nuccio’ ♀

‘拉维斯船长’南山茶（半重瓣型）
C. reticulata Captain Rawes’ ♀

‘弗朗西’山茶（半重瓣型）
C. ‘Francie L’

‘魔袍’山茶（半重瓣型）
C. ‘Satan’s Robe’ ♀

‘维勒’山茶（多变型）
C. japonica ‘R. L. Wheeler’ ♀

‘太阳神’山茶
（半重瓣型）
C. japonica ‘Apollo’

‘雅致’山茶（托桂型）
C. japonica ‘Elegans’ ♀

‘革新’山茶（芍药型）
C. ‘Innovation’

‘红硕’山茶（规则重瓣型）
C. j. ‘Rubescens Major’ ♀

‘朱丽娅·德雷顿’山茶
（多变型）
C. japonica ‘Julia Drayton’

‘马绍提’山茶（规则重瓣型）
C. japonica ‘Mathotiana’ ♀

‘睡莲’威氏山茶
（规则重瓣型）
C. x *williamsii* ‘Water Lily’ ♀

‘连纳德·米塞尔’山茶
（半重瓣型）
C. ‘Leonard Messel’ ♀

‘南特之光’山茶（半重瓣型）
C. japonica ‘Gloire de Nantes’ ♀

‘蝶翅’南山茶（半重瓣型）
C. reticulata ‘Houye Diechi’

‘金闪’威氏山茶（单瓣型）
C. x *williamsii* ‘Golden Spangles’

‘威廉·何特利’山茶
（半重瓣型）
C. ‘William Hertrich’

‘柯利弗德公园’山茶
（多变型）
C. ‘Dr Clifford Parks’ ♀

‘阿道夫·奥德逊’山茶
（半重瓣型）*C. japonica*
‘Adolphe Audusson’ ♀

‘黑花边’山茶（规则重瓣型）
C. ‘Black Lace’

‘期望’山茶（芍药型）
C. ‘Anticipation’ ♀

‘亚历山大·亨特’山茶
（单瓣型）*C. japonica*
‘Alexander Hunter’ ♀

‘红饰’山茶（托桂型）
C. japonica ‘Bob’s Tinsie’ ♀

‘乔治·布兰弗德’威氏山茶
（半重瓣型）*C.* x *williamsii*
‘George Blandford’ ♀

‘朱庇特’山茶
（单瓣型）*C. japonica*
‘Jupiter’ ♀

‘蜀葵花’山茶（芍药型）
C. japonica ‘Althae flora’

‘柯奎提’山茶（多变型）
C. japonica ‘Coquettii’ ♀

中型灌木 春季观赏

白色至粉红色

荔莓叶涩果 ***Aronia arbutifolia***
(Red chokeberry)
落叶灌木。小枝直立，后为拱形。具花序，花小，白色，花药红色，春末开放。浆果红色。叶暗绿色，秋季变为红色。

‘顺心’梅 ***Prunus mume*** **‘Omoi-no-mama’** (*P. m.* ‘Omoi-no-wac’)
落叶灌木。冠开展。花芳香，半重瓣，偶尔单瓣，白色，微带粉红色，生于幼枝上，初春先叶开放。叶卵形，具锯齿。

银香梅（银梅花） ***Myrtus communis*** (Common myrtle)
常绿灌木。丛生。叶芳香，具光泽，暗绿色。花芳香，白色，仲春至初夏开放。浆果紫黑色。

‘艳粉’雪球荚蒾 ***Viburnum plicatum*** **‘Pink Beauty’**
落叶灌木。丛生。叶暗绿色，秋季变为红紫色。花白色，后变为粉红色，春末至初夏开放。果实红色，后变为黑色。

三叶海棠 ***Malus sieboldii***
落叶灌木。冠开展。枝拱形。花白色、淡粉红色至深粉红色，仲春开放。果实小，红色或黄色。叶暗绿色，常有分裂，秋季变为红色或黄色。

‘莫尔洛斯’皱皮木瓜 ***Chaenomeles speciosa*** **‘Moerloosei’**
落叶灌木。丛生。生长旺盛。叶具光泽，暗绿色。花粉红色或白色，初春开放。果实绿黄色。

Daphne x *burkwoodii* ‘Somerset Variegaed’
MAGNOLIAS, illus. p.75
RHODODENDRONS, illus. p.132～p.134
Skimmia japonica, illus. p.175

Spirea ‘Arguta’
Spirea prunifolia
Viburnum x *burkwoodii* ‘Park Farm Hybrid’
Viburnum carlesii ‘Diana’

粉红色至红色

散生栒子 ***Cotoneaster divaricatus***
落叶灌木。丛生。冠开展。叶具光泽，暗绿色，秋季变为红色。花白色，具粉红色晕，浅杯状，春末至初夏开放。果实深红色。

‘珊瑚’鸡爪槭 ***Acer palmatum*** **‘Corallinum’**
落叶丛生灌木或小乔木。生长极慢。叶有分裂，幼叶亮粉红色，后为中绿色，秋季变为亮红色、橙色或黄色。花红紫色，仲春开放。

‘白心’血红茶藨子 ***Ribes sanguineum*** **‘Pulborough Scarlet’**
落叶灌木。直立。花深红色，管状，下垂，生于叶丛中，春季开放。叶芳香，暗绿色，3～5裂。偶尔结果，果实黑色，被白粉。

红佛塔树 ***Banksia coccinea***
常绿灌木。枝密集。叶有锯齿，暗绿色，背面灰绿色。头状花序，成簇，花亮红色，花柱与柱头显著，冬末至春季开放。耐最低温度10℃。

‘红千鸟’梅 ***Prunus mume*** **‘Beni-chidori’**（*P. m.* ‘Beni-shidon’, *P. m.* ‘Beni-shidori’）
落叶灌木。冠开展。花芳香，单瓣，洋红色，初春先叶开放。叶暗绿色，先端尖。

Callistemon speciosus
CAMELLIAS, illus. p.128～p.129
Chaenomeles x *superba* ‘Etna’
Cytisus ‘Windlesham Ruby’

HEATHERS, illus. p.178～p.179
Pieris japonica ‘Daisen’
Prunus tenella ‘Fire Hill’
RHODODENDRONS, illus. p.132～p.134

红色至紫色

红吊钟花(红铃儿花)
Enkianthus cernuus* f. *rubens
落叶灌木。丛生。叶密集成簇，暗绿色，秋季变为深红紫色。花小，钟状，深红色，春末开放。

葵叶树 ***Greyia sutherlandii***
落叶或半常绿灌木。冠球状。叶革质，具粗糙锯齿，秋季变为红色。穗状花序，花小，亮红色，春季与新叶同时开放。耐最低温度7～10℃。

黄色

少花蜡瓣花 ***Corylopsis pauciflora***
落叶灌木。丛生。枝密集。叶卵形，亮绿色，幼叶古铜色，具刚毛状锯齿。花芳香，管状至钟状，淡黄色，初春至仲春开放。

反折银宝树(耀阳花) ***Leucospermum reflexum***
常绿灌木。直立。小枝上升。叶小，蓝灰色或灰绿色。头状花序，球状，花密集，管状，细长，深红色，花柱长，春夏开放。耐最低温度10℃。

‘红玫瑰’帚状细子木 ***Leptospermum scoparium* ‘Red Damask’**
常绿灌木。直立，丛生。叶窄，芳香，暗绿色。具花序，花重瓣，暗红色，春末至夏季开放。

蓝果小檗 ***Berberis gagnepainii*** var. ***lanceifolia***
常绿灌木。丛生。枝密集。花多，黄色，圆球状至杯状，生于叶丛中，春末开放。叶窄长，先端尖，暗绿色。浆果黑色。

‘重瓣’棣棠 ***Kerria japonica* ‘Pleniflora’**
落叶灌木。生长旺盛。树姿优美。花重瓣，金黄色，沿绿色小枝着生，仲春至春末开放。叶窄卵形，具锐锯齿，亮绿色。

截叶蒂罗花 ***Telopea truncata***
(Tasmanian waratah)
常绿灌木。直立，丛生。叶深绿色。头状花序，球状，花小，密集，管状，洋红色，春末至夏季开放。

紫叶小檗 ***Berberis thunbergii* f. *atropurpurea***
落叶灌木。冠密集。枝拱形。叶红紫色，秋季变为亮红色。花球状至杯状，淡黄色，微带红色，仲春开放。果实红色。

北美山胡椒 ***Lindera benzoin***
(Benjamin, Spice bush)
落叶灌木。丛生。叶芳香，亮绿色，秋季变为黄色。花微小，绿黄色，仲春开放。雌株结红色浆果。

连翘 ***Forsythia suspensa***
落叶灌木。树姿优美。枝拱形。小枝细长。花下垂，窄喇叭状，亮黄色，初春至仲春先叶开放。叶中绿色。

Ceanothus ‘Delight’
Ceanothus ‘Italian Skies’
Ceanothus papillosus
Cestrum ‘Newellii’

Daphne genkwa
LILACS, illus. p.120
RHODODENDRONS, illus. p.132～p.134
Rosmarinus officinalis, illus. p.167

Berberis aggregata
Berberis sargentiana
Corokia x *virgata*
Corylopsis spicata

Forsythia x *intermedia* ‘Spring Glory’
Lonicera morrowii
RHODODENDRONS, illus. p.132～p.134

杜鹃花属植物

杜鹃花属（*Rhododendron*）是植物界的一个大属。英文“rhododendron”和“azalea”所指的植物皆归为本属，其中“azalea”是此属植物中所有落叶的种、杂交种和许多矮生、小叶的常绿种类的俗名。杜鹃花属植物的高度从低于几英寸的高山灌木至高达24m的野生乔木都有。

像多数与之亲缘关系相近的石南属植物（也属于杜鹃花科）一样，本属植物也需要种植在富含有机质但排水良好的酸性土壤中。多数杜鹃花喜欢凉爽的林地，而许多矮生杜鹃花则在较开阔的地方生长旺盛。很多种杜鹃花盆栽时生长良好，因为盆栽更容易提供适宜的生长条件。栽种成活后的杜鹃花除了每年一次覆盖腐叶土护根和偶尔施肥外，几乎不需要特别养护就能连续多年提供丰富的色彩。

‘帕莱斯特立那’杜鹃
R. ‘Palestrina’ ① 🏆

‘七星’杜鹃
R. ‘Seven Stars’ ① 🏆

‘利科夫人’杜鹃
R. ‘Mrs G. W. Leak’ ①

西洋杜鹃
R. occidentale ① 🏆

白碗杜鹃
R. souliei ①

耳叶杜鹃
R. auriculatum ①

屋久杜鹃
R. yakushimanum ①

银叶杜鹃
R. argyrophyllum ①

云南杜鹃
R. yunnanense ①

‘镜’杜鹃
R. ‘Azuma-kagami’ ① 🏆

镰果杜鹃
R. fulvum ① 🏆

四川杜鹃
R. sutchuenense ①

‘势多’杜鹃 **R. ‘Seta’** ① 🏆

‘冰草莓’杜鹃
R. ‘Strawberry Ice’ ① 🏆

假乳黄杜鹃
R. rex subsp. ***fictolacteum*** ①

‘银月’杜鹃
R. ‘Silver Moon’ ①

美容杜鹃
R. calophytum ① 🏆

诺布尔杜鹃群
R. Nobleanum Group ①

‘科内尔’杜鹃
R. ‘Corneille’ ① 🏆

‘基林’杜鹃
R. ‘Kirin’ ① 🏆

‘丽无价’杜鹃
R. ‘Beauty of Littleworth’ ① 🏆

腋花杜鹃
R. racemosum ①

圆叶杜鹃
R. williamsianum ① 🏆

‘怀斯曼’杜鹃
R. ‘Percy Wiseman’ ① 🏆

大字杜鹃
R. schlippenbachii ① 🏆

团叶杜鹃
R. orbiculare ①

‘粉珍珠’杜鹃
R. ‘Pink Pearl’ ①

‘伊丽莎白’杜鹃
R. ‘Elizabeth’ ①

凹叶杜鹃
R. davidsonianum ① ♀

‘伊丽莎白二世’杜鹃
R. ‘Queen Elizabeth II’ ① ♀

山育杜鹃
R. oreotrephes ①

黄杯杜鹃
R. wardii ①

‘罗莎琳德’杜鹃
R. ‘Rosalind’ ①

‘伊诺德·吉里’杜鹃
R. ‘Hinode-giri’ ① ♀

‘五月’杜鹃
R. ‘May Day’ ① ♀

火把杜鹃
R. kaempferi ① ♀

‘蓝彼得’杜鹃
R. ‘Blue Peter’ ① ♀

黄花杜鹃
R. lutescens ①

美被杜鹃
R. calostrotum ①

‘罗斯福’杜鹃
R. ‘President Roosevelt’ ①

半圆叶杜鹃
R. thomsonii ①

朱砂杜鹃
R. cinnabarinum ①

灰背杜鹃
R. hippophaeoides ①

‘伊诺梅奥’杜鹃
R. ‘Hinomayo’ ① ♀

‘凯恩思’杜鹃
R. ‘John Cairns’ ① ♀

‘石叶山’杜鹃
R. ‘Irohayama’ ① ♀

毛肋杜鹃
R. augustinii ①

黄铃杜鹃
R. cinnabarinum subsp. *xanthocodon* ① ♀

‘哈楚吉里’杜鹃
R. ‘Hatsugiri’ ① ♀

树形杜鹃
R. arboreum ①

‘霍姆布什’杜鹃
R. ‘Homebush’ ① ♀

‘苏珊’杜鹃
R. ‘Susan’ ① ♀

‘辛西娅’杜鹃
R. ‘Cynthia’ ① ♀

‘沃克红’杜鹃
R. ‘Vuyk’s Scarlet’ ① ♀

灌木

中型灌木 春季观赏

□ 黄色

'水仙花' 杜鹃
R. 'Narcissiflorum' ① 🏆

'弗雷亚' 杜鹃
R. 'Freya' ①

'鸡冠' 杜鹃
R. 'Crest' ①

纯黄杜鹃
R. luteum ① 🏆

'梅德韦' 杜鹃
R. 'Medway' ①

'麻鹬' 杜鹃
R. 'Curlew' ① 🏆

'雷诺滋' 杜鹃
R. 'George Reynolds' ①

'法比亚' 杜鹃
R. 'Fabia' ① 🏆

'黄锤' 杜鹃
R. 'Yellow Hammer' ① 🏆

'光荣' 杜鹃
R. 'Glory of Littleworth' ①

'弗诺米' 杜鹃
R. 'Frome' ①

'新月光' 杜鹃
R. 'Moonshine Crescent' ①

印度黄花杜鹃
R. macabeanum ① 🏆

'靓洁' 杜鹃
R. 'Gloria Mundi' ①

疣枝小檗 ***Berberis verruculosa***
常绿灌木。丛生。叶具光泽，暗绿色，背面蓝白色。具花序，花小，杯状，亮黄色，春末至初夏开放。果实蓝黑色。

☼ ◊ ❄❄❄ ① 🏆 10ft 3m

豪猪刺 ***Berberis julianae***
常绿灌木。丛生。枝密集。叶具光泽，暗绿色。花黄色，春末至初夏开放。果实卵状，蓝黑色，秋季成熟。

☼ ◊ ❄❄❄ ① 10ft 3m

'亮丽' 间型连翘 ***Forsythia* x *intermedia* 'Spectabilis'**
落叶灌木。生长旺盛。冠开张。花大而多，深黄色，初春至中春先叶开放。叶暗绿色，具锐锯齿。

☼ ◊ ❄❄❄ 10ft 3m

Hibbertia cuneiformis, illus. p.146
Kerria japonica 'Pleniflora', illus. p.131
Mahonia napaulensis
Mahonia 'Undulata'
Ochna serrulata
Ribes odoratum

中型灌木 夏季观赏

黄色至橙色

锯齿阿查拉 ***Azara serrata***
常绿灌木。直立。叶具光泽，亮绿色。花序球状，花芳香，黄色，春末或初夏开放。

狭叶小檗 ***Berberis* x *stenophylla***
常绿灌木。枝拱形。小枝细长。叶窄，先端尖，深绿色，背面蓝灰色。花多，金黄色，仲春至春末开放。果实小，蓝黑色。

‘法兰德’间型连翘 ***Forsythia* x *intermedia* ‘Beatrix Farrand’**
落叶灌木。丛生。生长旺盛。枝拱形。小枝粗壮。花大而多，深黄色，初春至仲春先叶开放。叶卵形，具粗糙锯齿，中绿色。

‘施塔珀希尔’洛洛小檗 ***Berberis* x *lologensis* ‘Stapehill’**
常绿灌木。生长旺盛。枝拱形。叶具光泽，暗绿色。总状花序多，花球状至杯状，橙黄色，仲春至春末开放。

真珠相思树 ***Acacia podalyriifolia***
(Mount Morgan wattle, Queensland silver wattle)
常绿灌木。枝拱形。总状花序，花亮黄色，春季开放。叶状柄蓝绿色。

‘橙王’线叶小檗 ***Berberis linearifolia* ‘Orange King’**
常绿灌木。直立。枝坚硬。叶窄，坚硬，暗绿色。花大，球状至杯状，深橙色，春末开放。

白色

‘塔特雷’大花假虎刺 ***Carissa macrocarpa* ‘Tuttlei’**
(*C. grandiflora* ‘Tuttlei’)
常绿灌木。冠开展。枝密集。茎干具刺。叶革质。花芳香，春夏开放。果红色，李子形，可食，秋季成熟。耐最低温度13℃。

‘优雅’山梅花 ***Philadelphus* ‘Beauclerk’**
落叶灌木。枝微拱形。花大，芳香，白色，花心有一淡紫色斑块，初夏至仲夏开放。叶暗绿色。

‘新娘’大花白鹃梅 ***Exochorda* x *macrantha* ‘The Bride’**
落叶灌木。冠密集，圆丘状。枝拱形至下垂。花大而多，白色，生于叶丛中，春末至初夏开放。叶深绿色。

Berberis x *lologensis*
Cytisus ‘Firefly’
Cytisus scoparius f. *andreanus*, illus. p.171
Forsythia x *intermedia* ‘Arnold Giant’
Forsythia x *intermedia* ‘Lynwood’
Forsythia ovata
RHODODENDRONS, illus. p.132～p.134

OTHER RECOMMENDED PLANTS:
Acradenia frankliniae
Aronia x *prunifolia*
Brugmansia arborea
Buddleja fallowiana var. *alba*
Cistus x *cyprius*, illus. p.159
Clethra alnifolia
Cleyera japonica

中型灌木 夏季观赏

□ 白色

溲疏 *Deutzia scabra*
落叶灌木。直立。叶窄卵形，暗绿色。花序直立，花密集，花瓣5枚，白色，初夏至仲夏开放。

‘丽球’山梅花 *Philadelphus* ‘Belle Etoile’
落叶灌木。枝拱形。花多，白色，极芳香，基部有一淡紫色斑点，生于叶丛中，春末至初夏开放。叶中绿色。

瓦氏火棘 *Pyracantha* x *watereri*
(*P.* ‘Waterer’s Orange’)
常绿灌木。直立。枝密集，具刺。叶具光泽，暗绿色。花浅杯状，白色，初夏开放。秋季浆果亮红色。

楔叶绣线菊 *Spiraea canescens*
落叶灌木。小枝直立，顶端拱形。花序头状，花小而多，白色，生于叶丛中，初夏至仲夏开放。叶窄卵形，灰绿色。

‘省沽油’华美溲疏 *Deutzia* x *magnifica* ‘Staphyleoides’
落叶灌木。直立。生长旺盛。花序密集，花大，花瓣5枚，向后反曲，纯白色，初夏开放。叶亮绿色。

黑涩果 *Aronia melanocarpa*
(Black chokeberry)
落叶灌木。丛生。花白色，春末至初夏开放。果黑色。叶具光泽，暗绿色，秋季变为红色。

圆叶榄叶菊 *Olearia nummulariifolia*
常绿灌木。冠球状。小枝坚硬，直立。叶小而多，极厚，中绿色至深绿色。花小，芳香，白色，仲夏开放。

飞羽木 *Fallugia paradoxa*
(Apache plume)
落叶灌木。丛生。花白色，仲夏开放。果具光泽，绿色，微粉红色或红色。叶暗绿色，羽状细裂。

‘贝内登’悬钩子 *Rubus* ‘Benenden’ (*R.* ‘Tridel’)
落叶灌木。枝拱形。无刺。树皮剥落。花大，莲座状，纯白色，生于叶丛中，春末至初夏开放。叶有分裂，深绿色。

Cotoneaster bullatus ‘Firebird’
Cotoneaster rotundifolius
Deutzia ‘Joconde’
Deutzia x *magnifica*
Deutzia setchuenensis var. *corymbiflora*
FUCHSIAS, illus. p.164～p.165
Gardenia augusta ‘Veitchii’, illus. p.158
Hakea suaveolens
HEATHERS, illus. p.178～p.179
Hebe brachysiphon
Hebe salicifolia
HYDRANGEAS, illus. p.144
Ligustrum japonicum
Ligustrum vulgare
Lyonia ligustrina
Lyonia ovalifolia

珍珠梅 *Sorbaria sorbifolia*
(*Spiraea sorbifolia*)
落叶灌木。直立。萌蘖枝可形成灌丛。复叶，小叶多数，中绿色，具锐锯齿。圆锥花序大，花小，白色，夏季开放。

扁核木 *Prinsepia uniflora*
落叶灌木。枝拱形，具刺。花小，芳香，白色，春末至夏季开放。叶窄，具光泽，暗绿色。果实樱桃状，深红色。炎热盛夏生长最佳。

凤尾兰 *Yucca gloriosa*
(Spanish dagger)
常绿灌木。茎粗壮。叶长，先端尖，密集成簇，深绿色，幼叶蓝绿色。圆锥花序，极长，花钟状，白色，夏秋开放。

'银球'山梅花 *Philadelphus* 'Bouled' Argent'
落叶灌木。丛生。枝拱形。叶暗绿色。具花序，花纯白色，微香，半重瓣至重瓣，初夏至仲夏开放。

椭圆密藏花 *Eucryphia milliganii*
常绿灌木。冠窄，直立。叶微小，暗绿色，背面蓝白色。花小，白色，仲夏开放。

'白绒'山梅花 *Philadelphus* 'Dame Blanche'
落叶灌木。丛生。冠密集。树皮黑色，剥落。叶暗绿色。具花序，花纯白色，微香，半重瓣至稀疏重瓣，初夏至仲夏开放。

纤枝南美鼠刺 *Escallonia virgata*
落叶灌木。树姿优美。冠开展。枝拱形。叶小，有光泽，暗绿色。总状花序，花小，杯状，白色，初夏至仲夏开放。

Myrtus communis, illus. p.130
Myrtus communis subsp. *tarentina*
Nandina domestica
Olearia avicenniifolia
Olearia ilicifolia
Olearia phlogopappa var. *subrepanda*, illus. p.158
Olearia 'Talbot de Malahide'
Philadelphus delavayi
Philadelphus 'Virginal'
Physocarpus opulifolius
Pyracantha angustifolia
Rhaphiolepis indica
RHODODENDRONS, illus. p.132～p.134
Rhodotypos scandens, illus. p.158
Sorbaria tomentosa var. *angustifolia*

中型灌木 夏季观赏

☐ 白色

华西小石积 ***Osteomeles schweriniae***
常绿灌木。枝拱形。小枝细长。复叶，小叶小，多数，暗绿色。具花序，花小，白色，初夏开放。幼果红色，成熟时蓝黑色。

茶花常山 ***Carpenteria californica***
常绿灌木。丛生。叶具光泽，暗绿色。花芳香，白色，花心黄色，夏季开放。

矮茉莉 ***Styrax wilsonii***
落叶灌木。丛生。小枝细长。花多，白色，花心黄色，初夏开放。叶小，深绿色。

‘雷蒙’山梅花 ***Philadelphus* ‘Lemoinei’** (*P.* x *lemoinei*)
落叶灌木。直立。枝微拱形。总状花序多，花小，白色，极芳香，初夏至仲夏开放。

白檀 ***Symplocos paniculata***
(Sapphire berry)
落叶丛生灌木或小乔木。圆锥花序，花小，芳香，白色，春末至初夏开放。浆果小，金属蓝色。叶暗绿色。

迷迭香新蜡菊 ***Ozothamnus rosmarinifolius*** (*Helichrysum rosmarinifolium*)
常绿灌木。直立。冠密集。小枝白色，被毛。叶窄，暗绿色。头状花序，成簇，花白色，芳香，初夏开放。

髭脉山柳 ***Clethra barbinervis***
落叶灌木。直立。树皮剥落。叶卵形，具锯齿，暗绿色，秋季变为红色和黄色。总状花序，花芳香，白色，夏末至初秋开放。

白背美洲茶 ***Ceanothus incanus***
常绿灌木。丛生。小枝开展，具刺。叶宽，灰绿色。总状花序大，花白色，春末至初夏开放。

白铃木 ***Zenobia pulverulenta***
落叶或半常绿灌木。枝微拱形。叶具光泽，幼叶背面蓝白色。花白色，芳香，钟状，初夏至仲夏开放。

‘雅致’红瑞木 ***Cornus alba* ‘Elegantissima’**
落叶灌木。生长旺盛。冬季小枝亮红色。叶灰绿色，边缘白色。花小，乳白色，春末至初夏开放。果实白色。

Spiraea nipponica
Spiraea ‘Snow White’
Spiraea veitchii
Stachyurus praecox ‘Magpie’
Viburnum dilatatum
Viburnum plicatum
Viburnum plicatum ‘Nanum Semperflorens’
Weigela ‘Candida’
Weigela florida ‘Variegata’, illus. p.160
Weigela praecox ‘Variegata’

‘卡特斯基尔’荚蒾 ***Viburnum dilatatum* ‘Catskill’**
落叶低矮灌木。冠开展。叶具锐锯齿，暗绿色，秋季变为黄色、橙色或红色。头状花序，平展，花乳白色，春末至初夏开放。果实亮红色。

哈氏榄叶菊 ***Olearia* x *haastii***
常绿灌木。丛生。冠密集。适宜作绿篱。叶小，卵形，具光泽，暗绿色。头状花序，花芳香，雏菊状，仲夏至夏末开放。

‘雪堆’日本绣线菊 ***Spiraea nipponica* ‘Snowmound’**
(*S. n.* var. *tosaensis* of gardens)
落叶灌木。冠开展。枝粗壮，拱形，淡红色。叶小而窄，暗绿色。花序多，花小，密集，白色，初夏开放。

远志叶细子木 ***Leptospermum polygalifolium*** (*L. flavescens*)
常绿灌木。树姿优美。枝拱形。叶小，具光泽，亮绿色。花小而多，白色，微带红色，仲夏开放。

紫萼山梅花 ***Philadelphus delavayi* f. *melanocalyx***
落叶灌木。直立。因观赏其花而栽培。花极香，花瓣纯白色，萼片深紫色，初夏至仲夏开放。叶暗绿色。

‘斑叶’西洋山梅花 ***Philadelphus coronarius* ‘Variegatus’**
落叶灌木。丛生。总状花序，花乳白色，极芳香，春末至初夏开放。叶中绿色，具较宽的白色边缘。

大绒毛蓼 ***Eriogonum giganteum***
(St Catherine’s lace)
常绿灌木。冠球状。叶长椭圆形至卵形，白色，被毛。花序具分枝，径达30cm以上，花小，白色，夏季开放。耐最低温度5℃。

普拉格荚蒾 ***Viburnum* ‘Pragense’** (*V.* x *pragense*)
常绿灌木。丛生。冠球状。叶暗绿色。花序半球形，花蕾粉红色，花白色，春末至初夏开放。

‘红心’木槿 ***Hibiscus syriacus* ‘Red Heart’**
落叶灌木。直立。花大，白色，花心明显红色，夏末至仲秋开放。叶卵形，有分裂，深绿色。

中型灌木 夏季观赏

白色至粉红色

黄粉蝶忍冬 ***Lonicera xylosteum*** (Fly honeysuckle)
落叶灌木。直立，丛生。枝密集。花乳白色，生于叶丛中，春末至初夏开放。叶灰绿色。浆果红色。

‘蝴蝶’鸡爪槭 ***Acer palmatum* ‘Butterfly’**
落叶灌木或小乔木。生长慢。冠圆丘状。叶灰绿色，有分裂，边缘乳白色和粉红色。花小，红紫色，仲春开放。

日本小米空木 ***Stephanandra tanakae***
落叶灌木。枝拱形。小枝橙褐色。叶中绿色，具锐锯齿，秋季变为橙色或黄色。花蕾小，黄绿色，花白色，初夏至仲夏开放。

鞑靼忍冬 ***Lonicera tatarica***
落叶灌木。丛生。花管状至喇叭状，5裂，白色、粉红色或红色，春末至初夏开放。叶暗绿色。浆果红色。

‘唐纳德·实生’南美鼠刺 ***Escallonia* ‘Donard Seedling’**
常绿灌木。生长旺盛。枝拱形。叶小，具光泽，暗绿色。花多，花蕾粉红色，花白色，具淡红色晕，初夏至仲夏开放。

粉红色

‘维茨’长叶溲疏 ***Deutzia longifolia* ‘Veitchii’**
落叶灌木。枝拱形。叶窄，先端尖。花序大，花瓣5枚，深粉红色，初夏至仲夏开放。

夹竹桃叶多变花 ***Protea neriifolia***
常绿灌木。直立，丛生。叶窄。头状花序，长约13cm，红色、粉红色或白色，苞片先端具黑色毛簇，春夏开放。耐最低温度5～7℃。

西康绣线梅 ***Neillia thibetica*** (*N. longiracemosa*)
落叶灌木。枝拱形。穗状花序，细长，花玫瑰粉红色，春末至初夏开放。叶具锐锯齿。

Deutzia pulchra
Deutzia scabra ‘Plena’
Justicia adhatoda
Melastoma candidum
Neillia sinensis
RHODODENDRONS, illus. p.132～p.134
Abelia x *grandiflora*, illus. p.121
Ceanothus ‘Marie Simon’
Deutzia x *elegantissima* ‘Fasciculata’
Grevillea rosmarinifolia
HYDRANGEAS, illus. p.144
Kolkwitzia amabilis
LILACS, illus. p.120
Weigela florida

‘苹果花’南美鼠刺 ***Escallonia* ‘Apple Blossom’**
常绿灌木。丛生。枝密集。花蕾极皱折，花序大，生于叶丛中，花粉红色，似苹果花，初夏至仲夏开放。叶具光泽，浓绿色。

毛刺槐 ***Robinia hispida***
(Rose acacia)
落叶灌木。冠稀疏。枝脆，具刚毛。复叶，小叶7～13片，暗绿色。总状花序，下垂，花深玫瑰红色，春末至初夏开放。

异花木蓝 ***Indigofera heterantha***
(*I. gerardiana*)
落叶灌木。枝微拱形。复叶，小叶多数，灰绿色。穗状花序，花小，紫红色，初夏至初秋开放。

‘玫瑰’花葵 ***Lavatera* ‘Rosea’**
(*L. olbia* ‘Rosea’)
半常绿灌木。直立。花序多，花深粉红色，蜀葵花状，整个夏季开放。叶有分裂，灰绿色。

宽叶山月桂 ***Kalmia latifolia***
(Calico bush)
常绿灌木。丛生。冠密集。花序大，生于叶丛中，花蕾明显卷曲，花粉红色，初夏开放。叶具光泽，浓绿色。

宝莲花 ***Medinilla magnifica***
常绿灌木。直立。枝稀疏，粗壮，具四棱。叶脉明显。花序长，下垂，苞片大，粉红色，花粉红色至珊瑚红色，春夏开放。耐最低温度16～18℃。

‘木桥’木槿 ***Hibiscus syriacus* ‘Woodbridge’**
落叶灌木。直立。花大，淡红色至粉红色，花心深红色，生于叶丛中，夏末至仲秋开放。叶有分裂，暗绿色。

‘总统’朱槿 ***Hibiscus rosa-sinensis* ‘The President’**
常绿灌木。丛生。叶卵形，具光泽，暗绿色，有锯齿。花大，亮粉红色，花心洋红色，花药明显，黄色，夏季开放。耐最低温度15℃。

加州花葵 ***Lavatera assurgentiflora***
半常绿灌木。枝灰色，扭曲。具花序，花蜀葵花状，花瓣鲜红色，脉色暗，仲夏开放。叶掌状，中绿色，背面被白色毛。

Ceanothus ‘Perle Rose’, illus. p.163
Escallonia ‘Edinensis’
FUCHSIAS, illus. p.164～p.165
HEATHERS, illus. p.178～p.179
HYDRANGEAS, illus. p.144
Justicia carnea, illus. p.163
Kalmia latifolia ‘Ostbo Red’
LILACS, illus. p.120
RHODODENDRONS, illus. p.132～p.134
Richea scoparia
Robinia hispida var. *kelseyi*
Rondeletia amoena
Rubus ulmifolius ‘Bellidiflorus’
Spiraea x *billiardii*

中型灌木 夏季观赏

粉红色至红色

椭圆叶白千层（桃香木）
Melaleuca elliptica (Granite bottlebrush)
常绿灌木。冠圆丘状。叶长，革质，常灰绿色。穗状花序，顶生，花密集，红色雄蕊组成刷子状，春夏开放。

瓶儿花 ***Cestrum elegans***
常绿灌木。生长旺盛。枝拱形。小枝下垂。叶深绿色，被毛。总状花序，花密集，管状，紫红色，春末至夏季开放。果实深红色。

‘兰利’南美鼠刺 ***Escallonia* ‘Langleyensis’**
常绿或半常绿灌木。枝拱形。叶小，具光泽，亮绿色。花多，玫瑰红色，初夏至仲夏开放。

红色

‘无眠’福氏马醉木 ***Pieris formosa* var. *forrestii* ‘Wakehurst’**
常绿灌木。丛生。冠密集。初夏幼叶亮红色，渐变为粉红色、乳黄色，最后变为暗绿色。花白色，坛状，春夏开放。

红苞忍冬 ***Lonicera ledebourii***
落叶灌木。丛生。花橙黄色，微带红色，生于叶丛中，春末至初夏开放。叶暗绿色。浆果黑色，果成熟时，深红色苞片增大包被果实。

加州夏蜡梅 ***Calycanthus occidentalis*** (California allspice)
落叶灌木。丛生。叶大，芳香，深绿色。花芳香，紫红色，花瓣多数，带状，夏季开放。

斑点羊蹄甲 ***Bauhinia galpinii***
(*B. punctata*)
半常绿或常绿灌木。冠开展。有时半攀缘。叶二裂。花芳香，亮砖红色，夏季开放。耐最低温度5℃。

红百合木 ***Crinodendron hookerianum*** (*Tricuspidaria lanceolata*) (Lantern tree)
常绿灌木。枝坚硬。花红色，灯笼状，悬挂于小枝上，春末至初夏开放。叶窄，暗绿色。

蒂罗花 ***Telopea speciosissima***
(Waratah)
直立灌木。丛生。叶具粗糙锯齿。花序头状，花密集，管状，红色，苞片亮红色，春夏开放。

Escallonia ‘Donard Beauty’
Hibiscus schizopetalus
Leptospermum scoparium ‘Nicholsii’
Lonicera tatarica ‘Hack’s Red’
Pavonia hastata
Spiraea x *billiardii* ‘Triumphans’
Spiraea japonica cvs, illus. p.163
Sutherlandia frutescens, illus. p.165
Abelia floribunda
Abutilon ‘Ashford Red’
Callistemon speciosus
Callistemon subulatus
Cestrum ‘Newellii’
Correa ‘Mannii’
Escallonia rubra ‘Crimson Spire’
FUCHSIAS, illus. p.164～p.165

■ 红色

鸡冠刺桐 ***Erythrina crista-galli***
(Cockspur coral-tree)
落叶灌木或小乔木。多直立。3小叶复叶，小叶卵形。总状花序，具叶，花深红色，夏秋开放。寒冷地区栽培时，冬季地上部分枯死。

比氏刺桐 ***Erythrina* x *bidwillii***
落叶灌木。直立。3小叶复叶，长达10cm，小叶灰色至中绿色。总状花序，花亮红色，夏末至秋季开放。

枸骨叶 ***Desfontainia spinosa***
常绿灌木。丛生。冠密集。叶似冬青叶，有光泽，深绿色，具刺齿。花长，管状，下垂，红色，花瓣先端黄色，仲夏至秋末开放。

‘华美’红千层（艳红千层）
***Callistemon citrinus* ‘Splendens’**
常绿灌木。枝拱形。叶宽，具柠檬香味，灰绿色，幼叶铜红色。穗状花序，瓶刷状，花亮红色，初夏开放。

红千层（瓶刷树） ***Callistemon rigidus***
常绿灌木。丛生。枝微拱形。叶窄长，暗绿色，先端尖。穗状花序多，花深红色，春末至初夏开放。

无毛火炬树 ***Rhus glabra***
(Smooth sumach)
落叶灌木。丛生。枝红紫色，具淡蓝白色花蕾。叶深蓝绿色，秋季变为红色。圆锥花序，花绿红色，夏季开放。雌株结红色果实。

Grevillea ‘Poorinda Constance’
Hibiscus rosa-sinensis
Kunzea baxteri
Macleania insignis

Phygelius capensis ‘Coccineus’
Templetonia retusa
Weigela ‘Bristol Ruby’

■■ 红色至紫红色

凤榴(菲油果) ***Acca sellowiana***
(*Feijoa sellowiana*)
(Pineapple guava)
常绿丛生灌木或乔木。叶暗绿色，背面白色。花大，暗红色，花瓣边缘白色，仲夏开放。果实绿色，微带红色，可食。

轮叶橙香木 ***Aloysia triphylla***
(*Lippia citriodora*)
(Lemon verbena)
落叶灌木。丛生。叶淡绿色，具柠檬香味。总状花序，花小，白色，微带紫色，初夏开放。

‘红果’鸡爪槭 ***Acer palmatum***
‘Bloodgood’
落叶丛生灌木或小乔木。冠头状。叶深红紫色，秋季变为亮红色。花小，红紫色，仲春开放。翅果美丽，红色。

皱叶醉鱼草 ***Buddleja crispa***
落叶灌木。直立，丛生。总状花序，花小，芳香，淡紫色，具白色眼状斑点，仲夏至夏末开放。小枝白色，被毛。叶卵形，灰绿色。

红桑(红叶铁苋菜) ***Acalypha wilkesiana*** (Copperleaf, Jacob's coat)
常绿灌木。丛生。叶卵形，具锯齿，长达10cm以上，浓铜绿色，具形状各异、深浅不一的红色斑点。耐最低温度16℃。

‘堇后’汉槿 ***Hibiscus sinosyriacus* ‘Lilac Queen’**
落叶灌木。冠开展至开张。花大，浅紫红色，花心红色，夏末至仲秋开放。叶宽，有分裂，暗绿色。

Buddleja fallowiana
Buddleja ‘Lochinch’
Calycanthus floridus
Carmichaelia arborea

Chordospartium stevensonii
Dais cotinifolia
LILACS, illus. p.120
RHODODENDRONS, illus. p.132～p.134

绣球属植物

绣球属(*Hydrangea*)植物为灌木，其重要价值在于夏末开花、用途广泛，可在多种环境条件下生存。有些株形大的种类随着年龄的增长可长成乔木状，此类植物最适合种植在疏林中。本属还有很多品种，多数是绣球（大叶绣球）(*H. macrophylla*)的品种，最适于作花境植物栽培，有些种类也可盆栽。其花色有白色、粉红色、红色、紫色和蓝色，然而真正的蓝色花只有种植在酸性土壤上才能展现。花边绣球花花序的中央是由小而可育的花组成的伞房花序，周围是引人注目的大型彩色苞片，而圆头绣球花的半球形花序仅由不育的苞片组成。圆锥绣球(*H. paniculata*)的品种如果在春季重剪，会产生大型的但较少的圆锥形花序。绣球属植物的花序在枝上可保持观赏性达数月之久，花干燥后冬季可作为室内饰品。

'多花' 圆锥绣球
H. paniculata 'Floribunda' ① ♀

柔毛绣球
H. villosa ① ♀

'无敌' 圆锥绣球
H. paniculata 'Unique' ① ♀

'拉纳斯白' 绣球
H. macrophylla 'Lanarth White' ① ♀

'丁香紫' 绣球
H. macrophylla 'Lilacina' ①

'布内施莱德' 东陵绣球
H. heteromalla 'Bretschneideri' ① ♀

'花园' 显苞绣球
H. involucrata 'Hortensis' ① ♀

浅裂叶绣球
H. quercifolia ① ♀

'早花' 圆锥绣球
H. paniculata 'Praecox' ① ♀

'布鲁塞尔花边' 圆锥绣球
H. paniculata 'Brussels Lace' ①

'子爵夫人' 绣球
H. m. 'Générale Vicomtesse de Vibraye' ① ♀

'维茨' 绣球
H. macrophylla 'Veitchii' ① ♀

'蓝波' 显苞绣球
H. macrophylla 'Blue Wave' ① ♀

'大花' 亚木绣球
H. arborescens 'Grandiflora' ① ♀

'安娜贝尔' 亚木绣球
H. arborescens 'Annabelle' ① ♀

'汉堡' 绣球
H. macrophylla 'Hamburg' ①

'蓝鸟' 粗齿绣球
H. serrata 'Bluebird' ① ♀

'粉红钻石' 圆锥绣球
H. paniculata PINK DIAMOND ①

'阿尔托那' 绣球
H. macrophylla 'Altona' ① ♀

粗齿绣球 *H. serrata* ①

'蓝帽' 绣球 *H. macrophylla* 'Blue Bonnet' ①

中型灌木 夏季观赏

紫色

卵叶木薄荷 ***Prostanthera ovalifolia***
常绿灌木。丛生。冠球状。叶厚而小，具甜香味，卵形。总状花序短，具叶，花2唇裂，杯状，紫红色，春夏开放。耐最低温度5℃。

圆叶木薄荷 ***Prostanthera rotundifolia*** (Round-leaved mint-bush)
常绿灌木。丛生。冠球状。叶微小，具甜香味，深绿色。总状花序短，具叶，花钟状，淡紫色至紫蓝色，春末或夏季开放。

茶香木 ***Melaleuca nesophila*** (*M. nesophylla*) (Western tea-myrtle)
常绿丛生灌木或小乔木。叶卵形，灰绿色。头状花序，顶生，球状，淡紫色至玫瑰红色，雄蕊组成刷状，夏季开放。

'皇袍'南茄 ***Solanum rantonnetii* 'Royal Robe'**
常绿灌木。冠球状。枝稀疏。叶光滑，亮绿色。具花序，花浓紫蓝色，开时几平展，夏季开放。耐最低温度7℃。

'堇色'大风铃花 ***Abutilon* x *suntense* 'Violetta'**
落叶灌木。直立。生长快。枝拱形。花大而多，碗状，深紫罗兰色，春末至初夏开放。叶似葡萄叶，暗绿色，具锐锯齿。

白刺花 ***Sophora davidii*** (*S. viciifolia*)
落叶灌木。丛生。枝拱形。总状花序短，花小，蝶形，紫红色和白色，春末至初夏开放。复叶，小叶多数，灰绿色。

紫色至蓝色

紫柏枝花 ***Fabiana imbricata* f. *violacea*** (*F. i.* 'Violacea')
常绿灌木。直立。小枝密被叶。叶小，似石南叶，深绿色。花多，管状，淡紫色，初夏开放。

'蓝鸟'木槿 ***Hibiscus syriacus* 'Oiseau Bleu'** (*H. s.* 'Blue Bird')
落叶灌木。直立。花大，紫蓝色，花心红色，夏末至仲秋开放。叶有分裂，深绿色。

陷脉美洲茶 ***Ceanothus impressus***
常绿灌木。丛生。枝开展。叶小，皱折，暗绿色。花序小，花深蓝色，仲春至初夏开放。

Ceanothus x *veitchianus*
HYDRANGEAS, illus. p.144
Teucrium fruticans 'Azureum'
Tibouchina urvilleana, illus. p.122

绿色

异株五加 ***Eleutherococcus sieboldianus***
落叶灌木。丛生。树姿状美。复叶，小叶5片，有光泽，亮绿色，具刺。具花序，花小，浅绿色，初夏开放。

秦椒 ***Zanthoxylum piperitum*** (Japan pepper)
落叶丛生灌木或小乔木。具刺。复叶，小叶多数，芳香，暗绿色，具光泽。花微小，绿黄色，春季开放。果实小，红色。

'金叶'榆橘 ***Ptelea trifoliata* 'Aurea'**
落叶丛生灌木或小乔木。冠密集。3小叶复叶，幼叶亮黄色，成年叶淡绿色。总状花序，花淡绿色，夏季开放。翅果绿色。

Oplopanax horridus
Rhamnus imeretina
Ricinus communis, illus. p.335
Sambucus racemosa 'Plumosa'

中型灌木 夏季观赏

绿色至黄色

月月青 ***Itea ilicifolia***
常绿灌木。丛生。枝拱形。叶卵形，具锐锯齿，暗绿色，有光泽。总状花序长，柔荑花序状，花小，淡绿色，夏末至初秋开放。

‘史佩斯’红瑞木 ***Cornus alba* ‘Spaethii’**
落叶灌木。生长旺盛。冬季小枝亮红色。叶亮绿色，边缘黄色。花小，乳白色，春末至初夏开放。果实球状，白色。

尼泊尔黄花木 ***Piptanthus nepalensis*** (*P. laburnifolius*)
落叶或半常绿灌木。冠开张。3小叶复叶，小叶大，暗蓝绿色。总状花序，花蝶形，亮黄色，春夏开放。

楔形束蕊花 ***Hibbertia cuneiformis*** (*Candollea cuneiformis*)
常绿灌木。直立，丛生。叶小，卵形，先端具锯齿。花序小，花鲜黄色，花瓣开展，春夏开放。耐最低温度5～7℃。

淡白瓶刷树 ***Callistemon pallidus***
常绿灌木。枝拱形。叶灰绿色，幼叶微带粉红色。穗状花序多，瓶刷状，花乳黄色，初夏开放。

灌木柴胡 ***Bupleurum fruticosum***
(Shrubby hare's ear)
常绿灌木。丛生。小枝细长。花序头状或球状，花小，黄色，生于叶丛中，仲夏至初秋开放。叶具光泽，暗蓝绿色。

‘金翅’美国风箱果 ***Physocarpus opulifolius* ‘Dart's Gold’**
落叶灌木。冠密集。树皮剥落。叶卵形，有分裂，金黄色。具花序，花浅杯状，白色或淡粉红色，春末开放。

鱼鳔槐 ***Colutea arborescens***
(Bladder senna)
落叶灌木。生长快。冠开张。复叶，小叶多数，灰绿色。花蝶形，黄色，整个夏季开放。荚果膀胱状，夏末至秋季成熟。

矮探春 ***Jasminum humile***
(Yellow jasmine)
常绿灌木。丛生。小枝细长，绿色。花亮黄色，初春至秋末开放。复叶，小叶5～7片，鲜绿色。

Callistemon sieberi
Cestrum parqui
Choisya ternata ‘Sundance’
Cornus alba ‘Gouchaultii’
Correa reflexa
Cytisus nigricans, illus. p.170
Genista tenera ‘Golden Shower’
Hypericum ‘Rowallane’
Jasminum humile f. *wallichianum*
Ligustrum vulgare ‘Aureum’
Lonicera morrowii
Medicago arborea
Potentilla fruticosa ‘Friedrichsenii’, illus. p.169
Vestia foetida
Weigela ‘Looymansii Aurea’

黄色至橙色

中型灯笼槐 ***Colutea* x *media***
落叶灌木。生长旺盛。冠开展。复叶，小叶多数，灰绿色。总状花序，花黄色，微带铜橙色，夏季开放。荚果膀胱状，纸质，微带红色。

罂粟木 ***Dendromecon rigida***
常绿灌木。直立。生长旺盛。最好靠墙栽培。花大，芳香，金黄色，生于叶丛中，夏季开放。叶灰绿色。

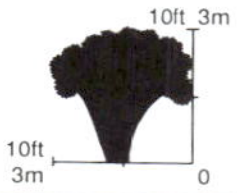

白色至红色

智利筒萼木 ***Colletia hystrix***
(*C. armata*)
灌木。枝粗壮，拱形。几乎无叶。具坚硬和灰绿色的刺。花蕾粉红色，花芳香，管状，白色，夏末至秋季开放。

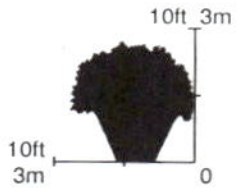

朱樱花（粉红花类型）
Calliandra haematocephala
常绿灌木。冠开展。复叶，小叶16～24片，窄卵形。头状花序，花小而多，雄蕊粉红色，秋末至翌年春季开放。耐最低温度7℃。

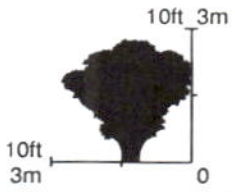

尖叶决明（尖叶槐） ***Senna corymbosa*** (*Cassia corymbosa*)
常绿或半常绿灌木。生长旺盛。复叶，小叶4～6片，亮绿色，卵形。具花序，花碗状，深黄色，夏末开放。耐最低温度7℃。

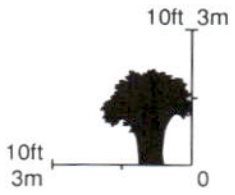

长穗决明 ***Senna didymobotrya***
(*Cassia didymobotrya*)(Golden wonder)
常绿灌木。冠球状，有时开展。复叶，小叶数片。穗状花序，花蕾浅棕色，具光泽，花浓黄色，全年可开放。耐最低温度13℃。

海州常山 ***Clerodendrum trichotomum***
落叶乔木状灌木。冠直立，圆头状，丛生。具花序，花蕾深粉红色或绿白色，花芳香，白色，高出叶丛，夏末至中秋开放。叶大。浆果美丽，蓝色。

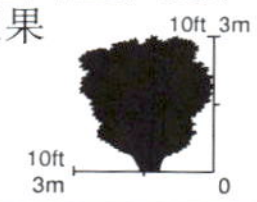

'红果' 江户卫矛 ***Euonymus hamiltonianus*** **subsp.** ***sieboldianus*** **'Red Elf'**
落叶灌木。直立。叶中绿色至暗绿色。果实美丽，深粉红色，秋季开裂后露出红色种子。花多，微小，绿色，初夏开放。

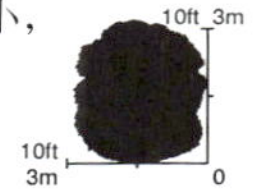

鹰爪豆（莺织柳） ***Spartium junceum*** (Spanish broom)
落叶灌木。几乎无叶。枝直立，随后渐变为拱形。花芳香，蝶形，金黄色，初夏至初秋开放。小枝暗绿色。

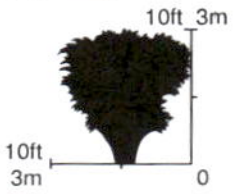

'汤普逊' 缟花苘麻 ***Abutilon pictum*** **'Thompsonii'**
常绿灌木。直立。生长健壮。叶3～5浅裂，具锯齿，浓绿色，具深黄色斑点。花黄橙色，脉深红色，夏秋开放。耐最低温度5～7℃。

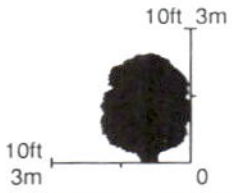

香荚蒾 ***Viburnum farreri***
(*V. fragrans*)
落叶灌木。直立。花芳香，白色或淡粉红色，秋末、冬季温暖时期和初春开放。叶暗绿色，幼叶古铜色。

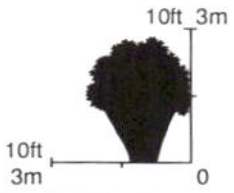

'红瀑布' 欧洲卫矛 ***Euonymus europaeus*** **'Red Cascade'**
落叶丛生灌木或小乔木。叶窄卵形，中绿色，秋季变为红色。花不明显，淡绿色，初夏开放。果实红色，秋季裂开，种子橙色。

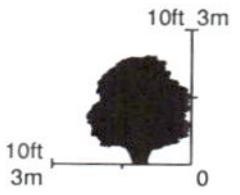

OTHER RECOMMENDED PLANTS:
Abutilon 'Golden Fleece'
Banksia baxteri
Cestrum aurantiacum
Colutea orientalis
Juanulloa mexicana, illus. p.171
Justicia spicigera, illus. p.172
Ochna serrulata
Senna x *floribunda*
Berberis 'Rubrostilla', illus. p.172
Brugmansia arborea
Euonymus cornutus var. *quinquecornutus*
Eupatorium ligustrinum
Symphoricarpos albus var. *laevigatus*
Turraea obtusifolia, illus. p.172
Viburnum opulus 'Compactum', illus. p.172

中型灌木 秋季观赏

红色

桦叶荚蒾 ***Viburnum betulifolium***
落叶灌木。直立。枝拱形。叶亮绿色，背面稍有光泽。头状花序，花小，白色，初夏开放。果簇多，下垂，昊实美丽，红色，秋冬成熟。

宽叶卫矛 ***Euonymus latifolius***
落叶灌木。冠开张。叶中绿色，秋末变为亮红色。果实大，深红色，翅明显，秋末开裂后露出橙色种子。

卫矛 ***Euonymus alatus***
(Winged spindle)
落叶灌木。丛生。冠密集。小枝具木栓质翅。叶暗绿色，秋季变为亮红色。花不明显，淡绿色，夏季开放。果实小，紫红色。

红笼果 ***Nymania capensis***
常绿灌木或小乔木。冠稍呈圆丘状。枝坚硬。花瓣直立，粉红色至玫瑰红色，春季开放。果膨胀，果皮纸质，红色，秋季成熟。耐最低温度7～10℃。

紫枝红瑞木 ***Cornus alba* 'Kesselringii'**
落叶灌木。生长旺盛。枝深紫色。叶暗绿色，秋季变成红紫色。花乳白色，春末至初夏开放。果实白色。

紫色至蓝色

老鸦糊 ***Callicarpa bodinieri* var. *giraldii***
落叶灌木。丛生。叶灰绿色，幼叶常微带古铜色。花小，紫红色，仲夏开放。浆果小，紫罗兰色。

臭牡丹 ***Clerodendrum bungei***
常绿或落叶直立灌木或亚灌木。具萌蘖枝。叶心形，具粗糙锯齿。半球形花序，花小，芳香，红紫色至深粉红色，夏末至初秋开放。

'秋蓝'美洲茶 ***Ceanothus* 'Autumnal Blue'**
常绿灌木，丛生。生长快。叶亮绿色，具光泽。圆锥花序大，花淡蓝色至中蓝色，春末至秋季开放。

橙色

'巴巴洛沙'洋红小檗 ***Berberis* x *carminea* 'Barbarossa'**
半常绿灌木。枝拱形。叶窄卵形，暗绿色。总状花序，花球状，黄色，春末至初夏开放。果实球形，橙红色。

花椒 ***Zanthoxylum simulans***
落叶丛生灌木或小乔木。具粗壮刺。夏叶，小叶5片，芳香，有光泽，亮绿色。花微小，黄绿色，春末至初夏开放。果实橙红色。

西蒙氏栒子 ***Cotoneaster simonsii***
落叶或半常绿灌木。直立。适宜作绿篱。叶卵形，有光泽，暗绿色。花白色，浅杯状，初夏开放。果橙红色，秋季成熟，果期长。

Berberis x *carminea* 'Pirate King'
Cotoneaster bullatus 'Firebird'
Cotoneaster hupehensis
Cotoneaster 'Hybridus Pendulus'

Disanthus cercidifolius
Grevillea 'Poorinda Constance'
Vaccinium corymbosum 'Pioneer', illus. p.173

Callicarpa bodinieri
Elsholtzia stauntonii, illus. p.173
HEATHERS, illus. p.178～p.179
Vitex agnus-castus

Corokia x *virgata*
Cotoneaster franchetii
Pyracantha angustifolia
Pyracantha rogersiana

橙色至黄色

深红火把花 ***Colquhounia coccinea***

常绿或半常绿灌木。冠开张。叶芳香，灰绿色。花鲜红色或橙色，轮生，夏末至秋季开放。

狮耳花 ***Leonotis leonurus***
(Lion's ear)

半常绿灌木。直立。枝稀疏。叶披针形。花管状，亮橙色，轮生，秋末至初冬开放。

'金魔'火棘 ***Pyracantha* 'Golden Charmer'**

常绿灌木。丛生。枝拱形。具刺。叶具光泽，亮绿色。花序稍扁平，白色，初夏开放。浆果大，亮橙色，初秋成熟。

斯腾栒子 ***Cotoneaster sternianus***
(*C. franchetii* var. *sternianus*)

常绿或半常绿灌木。枝拱形。叶灰绿色，背面白色。花白色，微带红色，初夏开放。果实橙红色。

'金丘'火棘 ***Pyracantha* 'Golden Dome'**

常绿灌木。冠球状。枝极密集，具刺。叶暗绿色。花白色，初夏开放。浆果橙黄色，初秋成熟。

Chaenomeles speciosa
HEATHERS, illus. p.178～p.179
HOLLIES, illus. p.98～p.99
Nicotiana glauca
Stephanandra incisa

中型灌木 冬季观赏

白色

粉枝莓 ***Rubus biflorus***

落叶灌木。直立。冬季小枝粉笔状白色。复叶，小叶5～7片，暗绿色，背面白色。花白色，春末至初夏开放。果实黄色，可食。

西藏悬钩子 ***Rubus thibetanus***

落叶灌木。枝拱形。冬季小枝褐紫色，被白粉。叶似蕨类叶，具光泽，暗绿色，背面白色。花小，粉红色，仲夏至夏末开放。果实黑色。

臭荚蒾 ***Viburnum foetens***
(*V. grandiflorum* f. *foetens*)

落叶灌木。丛生。叶芳香，暗绿色。花蕾粉红色，花序密集，花白色，浓香，仲冬至翌年初春开放。

月桂荚蒾 ***Viburnum tinus***
(Laurustinus)

常绿灌木。丛生。冠密集。叶卵形，暗绿色。花序多，头状，平展，花小，白色，花蕾粉红色，冬末至翌年春季开放。

玉梅（白花类型） ***Chamelaucium uncinatum*** (Geraldton waxflower)

常绿灌木。丛生。枝细长而坚硬。叶针形，先端具小钩。花深玫瑰紫色至粉红色、淡紫色或白色，冬末至翌年春季开放。耐最低温度5℃。

朱缨花（白花类型） ***Calliandra haematocephala***

常绿灌木。冠开展。复叶，小叶16～24片。头状花序，小花具多数白色雄蕊，秋末至翌年春季开放。耐最低温度7℃。

OTHER RECOMMENDED PLANTS:
Buddleja asiatica
Gardenia thunbergia
Lonicera fragrantissima
Lonicera x *purpusii*, illus. p.173
Lonicera standishii
Rubus cockburnianus
Salix irrorata

中型灌木 冬季观赏

灌木

白色至粉红色

铃铃花 *Dombeya burgessiae* (*D. mastersii*)
常绿灌木。叶圆形，三裂，被毛。具花序，花多，芳香，白色，脉粉红色至红色，秋冬开放。耐最低温度5℃。

长圆叶尖药木（美丽假虎刺）*Acokanthera oblongifolia* (*A. spectabilis*, *Carissa spectabilis*) (Wintersweet)
常绿灌木。冠球状。花芳香，白色或粉红色，冬末至春季开放。果实有毒，黑色，秋季成熟。耐最低温度10℃。

毛花瑞香 *Daphne bholua*
常绿或偶尔为落叶灌木。直立。叶革质，暗绿色。花序顶生，花浓香，紫粉红色或白色，冬季开放。

玉梅（粉红花类型）*Chamelaucium uncinatum* (Geraldton waxflower)
常绿灌木。丛生。枝细长而坚硬。叶针状，先端具小钩。花深玫瑰紫红色至粉红色、淡紫色或白色，冬末至翌年春季开放。耐最低温度5℃。

pH

‘黎明’博德兰特荚蒾 *Viburnum* x *bodnantense* ‘Dawn’
落叶灌木。直立。叶卵形，幼叶古铜色，成年叶暗绿色。总状花序，花蕾深粉红色，花芳香，粉红色，温暖时期秋末至翌年初春开放。

一品红 *Euphorbia pulcherrima* (Poinsettia)
常绿灌木。枝稀疏。花小，绿红色，苞片亮红色、粉红色、黄色或白色，秋末至春季开放。耐最低温度15℃。

CAMELLIAS, illus. p.128～p.129
Daphne odora
Viburnum x *bodnantense* ‘Deben’
Viburnum farreri ‘Candidissimum’
Viburnum grandiflorum
Viburnum tinus ‘Eve Price’
Viburnum tinus ‘Gwenllian’

红色至紫色

‘西伯利亚’红瑞木 *Cornus alba* ‘Sibirica’
落叶灌木。直立。小枝冬季深红色。叶暗绿色。花乳白色，簇生成头状，春末至初夏开放。果球形，白色。

朱砂根 *Ardisia crenata* (*A. crenulata*) (Coralberry, Spiceberry)
常绿灌木。直立。冠开张。花芳香，星状，白色，初夏开放。果实亮红色，果期长。耐最低温度10℃。

悬铃果 *Iochroma cyanea* (*I. tubulosa*)
常绿灌木。半直立。枝细长。具花序，花多，管状，深紫蓝色，花冠口张开，秋末至翌年初夏开放。耐最低温度7～10℃。

Cornus alba
HEATHERS, illus. p.178～p.179
Pachystachys coccinea
Skimmia japonica ‘Rubella’, illus. p.174

黄色

早开旌节花 *Stachyurus praecox*
落叶灌木。冠开展至开张。小枝紫红色。穗状花序，下垂，花淡绿黄色，冬末至初春先叶开放。叶深绿色，先端尖。

pH

假连翘 *Duranta erecta* (*D. plumieri*, *D. repens*) (Pigeon berry, Skyflower)
多为常绿灌木。丛生。生长快。穗状花序，花紫蓝色，多于夏季开放。果实黄色。耐最低温度10℃。

Chimonanthus praecox
Chimonanthus praecox ‘Concolor’
Mahonia japonica ‘Bealei’
Mahonia lomariifolia

中型灌木 全年观赏

黄色

日本十大功劳 ***Mahonia japonica***
常绿灌木。直立。复叶，小叶多数，深绿色，具刺齿。花序长，伸展，花芳香，黄色，秋末至春季开放。果紫蓝色。

迎春 ***Jasminum nudiflorum***
(Winter jasmine)
落叶灌木。枝拱形。叶卵形，暗绿色。花亮黄色，冬季至初春先叶开放。小枝细长，绿色。

四季橘 **x *Citrofortunella microcarpa*** (x *C. mitis*, *Citrus mitis*)
(Calamondin)
常绿灌木。丛生。叶革质。花微小，芳香，花期不定。果实橙黄色。耐最低温度5～10℃。

白色至紫色

'宽银边'宽叶冬青卫矛 ***Euonymus japonicus* 'Latifolius Albomarginatus'**
常绿灌木。直立，丛生。叶卵形，暗绿色，具宽的白色边缘。具花序，花不明显，绿白色，春末开放。

'白斑叶'八角金盘 ***Fatsia japonica* 'Variegata'**
常绿灌木。丛生。冠密集，球状。叶掌状分裂，具光泽，暗绿色，边缘具乳白色斑驳。花序大，花小，白色，秋季开放。

'银后'扶芳藤 ***Euonymus fortunei* 'Silver Queen'**
常绿灌木。丛生。有时呈攀缘状。叶稠密，暗绿色，叶缘具白色宽带。花绿白色，不明显，春季开放。

'火神'南天竹 ***Nandina domestica* 'Firepower'**
常绿或半常绿低矮灌木。树姿优美。形似竹子。复叶，小叶暗绿色，幼叶和秋冬季叶为紫红色。花小，白色，夏季开放。在温暖地区栽培时结果，果橙红色。

银纹龙血树（喀麦隆龙血树） ***Dracaena sanderiana*** (Ribbon plant)
常绿灌木。直立。茎似甘蔗状，很少分枝。叶披针形，长15～25cm，淡绿色至灰绿色，具宽的乳黄色边缘。耐最低温度13℃。

'紫叶'车桑子 ***Dodonaea viscosa* 'Purpurea'**
常绿丛生灌木或乔木。叶坚硬，铜紫色，具红色晕。具花序，花小。蒴果淡红色或淡紫色，夏末或秋季结果。适宜多风地区作绿篱用。耐最低温度5℃。

Acacia podalyriifolia, illus. p.135
Cornus stolonifera 'Flaviramea'
Cytisus x *spachianus*
Edgeworthia chrysantha
HEATHERS, illus. p.178～p.179
Stachyurus chinensis

OTHER RECOMMENDED PLANTS:
Acalypha hispida
Cleyera japonica 'Tricolor'
x *Fatshedera lizei* 'Variegata'
Mackaya bella
Pandanus tectorius 'Veitchii', illus. p.175
Polyscias filicifolia 'Marginata'
Rhamnus alaternus 'Argenteovariegata'

中型灌木 全年观赏

绿色

梢子状假醉鱼草 ***Corokia cotoneaster*** (Wire-netting bush)
常绿灌木。丛生。冠开张。枝相互交织。叶小，匙形，暗绿色。花芳香，黄色，春末开放。果实红色，秋季成熟。

大刺鹰苏铁 ***Encephalartos ferox***
常绿棕榈状植物。生长慢。可多年无主干。复叶羽状，长60～180cm，小叶多数，革质，淡灰色，具锯齿，先端刺状。耐最低温度10～13℃。

苏铁 ***Cycas revoluta*** (Japanese sago palm)
常绿棕榈状植物。生长慢。主干可有数个分枝。复叶，小叶先端刺状，边缘反卷。果簇密集，果实淡红色，秋季成熟。耐最低温度13℃。

东瀛珊瑚（青木） ***Aucuba japonica***
常绿灌木。丛生。冠密集。小枝粗壮，绿色。叶光滑，暗绿色。花小，淡紫色，仲春开放。雌株结果，浆果球状至卵状，亮红色。

稍展熊果 ***Arctostaphylos patula***
常绿灌木。冠球状。树皮红棕色。叶亮灰绿色。花坛状，白色或淡粉红色，仲春至春末开放。果实褐色。

棕竹（筋头竹） ***Rhapis excelsa*** (Bamboo palm, Slender lady palm)
常绿棕榈类植物。丛生。叶长20～30cm，分裂成扇形，裂片窄，20个以上，深绿色，有光泽。耐最低温度15℃。

'汉德沃斯'锦熟黄杨 ***Buxus sempervirens* 'Handsworthensis'**
常绿直立灌木或丛生小乔木。生长旺盛。叶宽，暗绿色。树冠密集。极适宜作绿篱和绿屏用。

熊掌木 **x *Fatshedera lizei*** (Tree ivy)
常绿灌木。冠稀疏。叶幕圆丘状，叶深裂，具光泽，深绿色。也引导为攀缘植物。具花序，花小，白色，秋季开放。

圆叶榕 ***Ficus deltoidea*** (Mistletoe fig)
常绿灌木。丛生。生长慢。叶亮绿色，背面微带红褐色。果实小，绿白色，成熟时暗黄色。耐最低温度15～18℃。

复羽裂喜林芋（琴叶蔓绿绒） ***Philodendron bipinnatifidum*** (*P. selloum*)
常绿灌木。不分枝。叶有光泽，长60cm以上，裂片多数，指状。偶尔有绿白色佛焰苞。耐最低温度15～18℃。

蕨叶南洋森 ***Polyscias filicifolia*** (Fern-leaf aralia)
常绿灌木。直立。分枝稀少。复叶，长30cm，小叶多数，具锯齿，亮绿色。耐最低温度15～18℃。

袖珍椰子 ***Chamaedorea elegans*** (*Neanthe bella*)(Dwarf mountain palm, Parlour palm)
常绿棕榈类植物。冠细长。长大后具萌蘖。羽状复叶，长达60～100cm，小叶多数，有光泽。耐最低温度18℃。

Aristotelia chilensis
Buxus wallichiana
Chamaerops humilis, illus. p.176
Dioon edule
DWARF CONIFERS, illus. p.110～p.111
Elaeagnus macrophylla
Eurya emarginata, illus. p.176
Fatsia japonica
HOLLIES, illus. p.98～p.99
Illicium floridanum
Ligustrum japonicum 'Rotundifolium'
Lonicera nitida
Lonicera nitida 'Yunnan'
Olearia lacunosa
Phoenix roebelenii

小型灌木 春季观赏

绿色至黄色

树马齿苋 ***Portulacaria afra***
(Elephant bush)
半常绿灌木。直立。枝水平开展。叶微小，肉质，亮绿色。具花序，花淡粉红色，春末至夏季开放。耐最低温度7～10℃。

‘彩光’埃氏胡颓子 ***Elaeagnus* x *ebbingei* ‘Limelight’**
常绿灌木。丛生。冠密集。叶有光泽，暗绿色，背面银白色，中心部具黄色和淡绿色斑点。花小，芳香，白色，秋季开放。

西班牙黄杨 ***Buxus balearica***
(Balearic box)
常绿乔木状灌木。在温暖地区适宜作绿篱。叶宽卵形，亮绿色。

维氏女贞 ***Ligustrum* ‘Vicaryi’**
(*L.* x *vicaryi*)
半常绿灌木。丛生。冠密集。叶阔卵形，金黄色。总状花序多，花小，白色，仲夏开放。

千寿兰（芦荟叶丝兰）*Yucca aloifolia* (Spanish bayonet)
常绿灌木或小乔木。生长慢。具少数分枝。叶披针形，深绿色，长50～75cm。圆锥花序大，花白色，微带紫色，夏秋开放。耐最低温度7℃。

‘巴豆叶’东瀛珊瑚 ***Aucuba japonica* ‘Crotonifolia’**
常绿灌木。丛生。冠密集。小枝粗壮，绿色。叶大，有光泽，暗绿色，具多数黄色斑块。花小，淡紫红色，仲春开放。浆果亮红色。

Aucuba japonica ‘Gold Dust’
Aucuba japonica ‘Picturata’
Cleyera japonica ‘Tricolor’
Coprosma repens ‘Picturata’

DWARF CONIFERS, illus. p.110～p.111
Graptophyllum pictum
HOLLIES, illus. p.98～p.99
Sanchezia speciosa, illus. p.177

白色

‘韦氏’戟叶柳 ***Salix hastata* ‘Wehrhahnii’**
落叶灌木。枝直立，深紫色。柔荑花序，银灰色，初春先叶开放，与枝对比明显。枝随后变为黄色。叶卵形，亮绿色。

冰生溲疏（细瘦溲疏） ***Deutzia gracilis***
落叶灌木。冠直立或开展。花序直立，生于叶丛中，花多，花瓣5枚，纯白色，春末至初夏开放。叶亮绿色。

‘白重瓣’麦李 ***Prunus glandulosa* ‘Alba Plena’**
落叶灌木。冠开张。叶窄卵形，中绿色。总状花序，花重瓣，白色，春末开放。

OTHER RECOMMENDED PLANTS:
Chamaedaphne calyculata
Fothergilla gardenii
HEATHERS, illus. p.178～p.179
Loropetalum chinense
Olearia x *mollis*
RHODODENDRONS illus. p.132～p.134
Westringia fruticosa, illus. p.158

小型灌木 春季观赏

□ 白色

加茶杜香 ***Ledum groenlandicum***
(Labrador tea)
常绿灌木。丛生。叶芳香，暗绿色。圆头状花序，花小，白色，仲春至初夏开放。

菱叶绣线菊 ***Spiraea* x *vanhouttei***
(Bridal wreath)
落叶灌木。冠密集。小枝细长，拱形。花序小而多，花密集，白色，生于叶丛中，春末至初夏开放。叶菱形，暗绿色。

风铃木 ***Azorina vidalii*** (*Campanula vidalii*)
常绿亚灌木。直立。叶有光泽，深绿色，具粗糙锯齿。总状花序，花钟状，白色或粉红色，春季和夏季开放。耐最低温度5℃。

'狭叶'桂樱 ***Prunus laurocerasus* 'Zabeliana'**
常绿灌木。冠宽阔开展。叶极窄，有光泽，深绿色。具花序，花白色，春末开放。果实浆果状，红色，随后变黑色。

'密枝'桂樱 ***Prunus laurocerasus* 'Otto Luyken'**
常绿灌木。冠极密集。叶窄，直立，具光泽，暗绿色。具花序，花白色，春末开放。果实浆果状，红色，以后渐变黑色。

白色至粉红色

'威斯利珍珠'白珠树 ***Gaultheria* x *wisleyensis* 'Wisley Pearl'** (x *Gaulnettya* 'Wisley Pearl')
常绿灌木。丛生。冠密集。叶卵形，深绿色，叶脉凹陷。花小，白色，春末至初夏开放。果实紫红色。

粉花溲疏 ***Deutzia* x *rosea***
落叶灌木。丛生。冠密集。花序大而多，花5瓣，淡粉红色，春末至初夏开放。叶卵形，暗绿色。

矮紫叶李 ***Prunus* x *cistena***
落叶灌木。丛生。生长慢。叶深红紫色，幼叶红色。花小，粉白色，仲春至春末开放。果实紫色。

贾德荚蒾 ***Viburnum* x *juddii***
落叶灌木。丛生。冠球状。叶暗绿色。圆头状花序，花白色，微带粉红色，极芳香，花蕾粉红色，仲春至春末开放。

红蕾荚蒾 ***Viburnum carlesii***
落叶灌木。丛生。冠密集。叶暗绿色，秋季变红色。圆头状花序，花极芳香，白色和粉红色，花蕾粉红色，仲春至春末开放。果实美丽，黑色。

'筋斗'伯氏瑞香 ***Daphne* x *burkwoodii* 'Somerset'**
半常绿灌木。直立。花序密集，花极芳香，白色和粉红色，春末开放，有时秋季再次开放。叶披针形，淡绿色至中绿色。

Bauera rubioides
Centradenia floribunda
Diosma ericoides
Gaultheria x *wisleyensis* 'Pink Pixie'

HEATHERS, illus. p.178～p.179
RHODODENDRONS, illus. p.132～p.134
Vinca minor 'Bowles' White'

凹叶瑞香 ***Daphne retusa***
常绿灌木。冠球形。枝密集。叶革质，有光泽，先端凹。花序顶生，花蕾深紫色，花极芳香，白色，微带紫色，春末至初夏开放。

紫花璎珞杜鹃 ***Menziesia ciliicalyx* var. *purpurea***
(*M. c.* var. *lasiophylla*)
落叶灌木。丛生。叶亮绿色。总状花序，花下垂，紫粉红色，春末至初夏开放。

麒麟花（铁海棠） ***Euphorbia milii*** (Crown of thorns)
多为常绿半肉质灌木。生长极慢。具刺。具花序，花微小，淡黄色，苞片2枚，亮红色，可全年陆陆续续地开放。耐最低温度8℃。

‘罗瓦兰’华丽木瓜 ***Chaenomeles* × *superba* ‘Rowallane’**
落叶灌木。低矮。冠开展。叶有光泽，暗绿色。花大而多，红色，春季开放。

矮扁桃 ***Prunus tenella***
落叶灌木。丛生。小枝直立。叶窄卵形，有光泽。花浅杯状，亮粉红色，仲春至春末开放。

‘黄叶’血红茶藨子 ***Ribes sanguineum* ‘Brocklebankii’**
落叶灌木。冠开展。叶芳香，淡黄色。花序下垂，花小，浅粉红色，春季开放。果实黑色，被白粉。

凹陷尖苞木 ***Epacris impressa***
(Australian heath)
常绿灌木。石南状。常直立。冠极开张。叶短，先端红色。花管状，粉红色或红色，冬末至春季开放。耐最低温度5℃。

魔力花(黄杨叶坎吐阿) ***Cantua buxifolia*** (*C. dependens*)
常绿灌木。丛生。枝拱形。叶灰绿色。花序下垂，花亮红色和紫红色，仲春至春末开放。

Chaenomeles speciosa ‘Simonii’
Coleonema pulchrum
Euphorbia fulgens
Gaylussacia baccata

HEATHERS, illus. p.178～p.179
Justicia rizzinii
Kalmiopsis leachiana ‘La Piniec’
Protea magnifica

RHODODENDRONS, illus. p.132～p.134

小型灌木 春季观赏

红色至绿色

‘尼科林’华丽木瓜 ***Chaenomeles* × *superba* ‘Nicoline’**
落叶灌木。丛生。冠密集。叶有光泽，深绿色。花大而多，鲜红色，春季开放。果实黄色。

羊毛柳 ***Salix lanata***
(Woolly willow)
落叶灌木。丛生。冠密集。小枝粗壮，灰色，被毛。叶宽，银灰色。柔荑花序大，黄绿色，春末与叶同时开放。

大柱香波龙 ***Boronia megastigma***
常绿灌木。多分枝。枝细长而坚硬。复叶，小叶窄，3～5片。花芳香，碗状，褐紫色和黄色，悬挂于叶腋，冬末至翌年春季开放。耐最低温度7～10℃。

查拉西亚大戟 ***Euphorbia characias*** subsp. ***characias***
常绿灌木。直立。叶窄，灰绿色，簇生。穗状花序密集，花淡黄绿色，花心深紫色，春季至初夏开放。

‘紫茎’熊果 ***Arctostaphylos* ‘Emerald Carpet’**
常绿灌木。低矮。冠密集。叶卵形，亮绿色。茎紫色。为极好的地被植物。花小，坛状，白色，春季开放。

桂叶瑞香 ***Daphne laureola*** subsp. ***philippi***
常绿灌木。低矮。叶卵形，暗绿色。花微芳香，管状，淡绿色，花瓣浅裂，裂片开展，冬末至初春开放。果实黑色。

绿色至黄色

伍尔芬大戟 ***Euphorbia characias*** subsp. ***wulfenii***
常绿灌木。直立。叶灰绿色，簇生于二年生枝上。穗状花序，花黄绿色，春季开放。

匍匐柳 ***Salix repens***
(Creeping willow)
落叶灌木。丛生。茎平卧或半直立。柔荑花序，花有光泽，灰色，随后变为黄色，仲春至春末先叶开放。叶小，窄卵形，灰绿色，背面银白色。

‘沃明斯特’黄雀花 ***Cytisus* × *praecox* ‘Warminster’** (Warminster broom)
落叶灌木。枝密集。花多，蝶形，乳黄色，生于叶丛中，仲春至春末开放。复叶微小，小叶3片，有光泽，灰绿色。

Agathosma pulchella
Barleria obtusa
Brunfelsia pauciflora
HEATHERS, illus. p.178～p.179
RHODODENDRONS, illus. p.132～p.134
Vinca major
Xanthorhiza simplicissima

黄色

冬青叶十大功劳 ***Mahonia aquifolium*** (Oregon grape)
常绿灌木。冠开张。复叶，小叶具光泽，亮绿色，冬季常变为红色或紫色。具花序，花小，黄色，春季开放。果实蓝黑色。

'矮生'树锦鸡儿 ***Caragana arborescens* 'Nana'**
落叶灌木。低矮，丛生。复叶，小叶多数，中绿色，卵形。花蝶形，黄色，春末开放。

黄虾花 ***Pachystachys lutea*** (Lollipop plant)
常绿灌木。冠稀疏，多少呈球状。每年扦插繁殖。穗状花序，花多，密集，管状，白色，苞片金黄色，春夏开放。耐最低温度13～15℃。

'阿尔古德'黄雀花 ***Cytisus* × *praecox* 'Allgold'**
落叶灌木。枝密集。复叶，小叶3片，有光泽，灰绿色。花多，蝶形，黄色，仲春至春末开放。

荆豆 ***Ulex europaeus*** (Gorse)
丛生灌木。无叶或近无叶。小枝和刺常年暗绿色，使得植株成常绿状。花多，芳香，蝶形，黄色，春季开放。

岩高兰小檗 ***Berberis empetrifolia***
常绿灌木。枝拱形。具刺。叶窄，灰绿色。花球状，金黄色，春末开放。果实黑色，秋季成熟。

粉绿小冠花 ***Coronilla valentina*** subsp. ***glauca*** (*C. glauca*)
常绿灌木。丛生。冠密集。复叶，小叶蓝灰色，5～7片。花芳香，蝶形，黄色，春末至初夏开放。

艳美相思树 ***Acacia pulchella*** (Western prickly Moses)
半常绿或落叶灌木。冠松散。小枝具刺。叶浓绿色。头状花序球状，花微小，密集，深黄色，春季开花。耐最低温度5～7℃。

黄色至橙色

小金雀(染料木) ***Genista tinctoria*** (Dyers' greenweed)
落叶灌木。低矮。冠开展。花序尖塔状，花密集，蝶形，金黄色，春夏开放。叶窄，暗绿色。

橙花豆 ***Chorizema ilicifolium*** (Holly flame pea)
常绿灌木。蔓生或直立。叶革质，具刺状齿。花序穗状，花二色（橙色和粉红色），春夏开放。耐最低温度7℃。

群生袋鼠花 ***Nematanthus gregarius*** (*Hypocyrta radicans*, *N. radicans*)
常绿灌木。茎平卧或稍向上倾斜。叶肉质，有光泽。花膨大，橙色和黄色，多在春季至秋季开放。耐最低温度13～15℃。

Acacia ulicifolia
Berberis calliantha
Caragana frutex 'Globosa'
Genista tinctoria 'Royal Gold'

Hermannia incana
Mahonia 'Heterophylla'
Mahonia repens
RHODODENDRONS, illus. p.132～p.134

Daphne giraldii
Halimium lasianthum
Lantana camara
Nematanthus strigillosus

小型灌木 夏季观赏

□ 白色

维西溲疏 ***Deutzia monbeigii***
落叶灌木。树姿优美。枝拱形。具花序，花小而多，花瓣5枚，白色，生于叶丛中，初夏至仲夏开放。叶小，深绿色。

微波榄叶菊 ***Olearia phlogopappa*** var. ***subrepanda***
常绿灌木。直立。冠密集。头状花序，雏菊状，花多，白色，仲春至初夏开放。叶窄，灰绿色，具锯齿。

澳迷迭香 ***Westringia fruticosa***
(Australian rosemary)
常绿灌木。冠球状。枝密集。叶密集，4叶轮生，背面有白色毛。花白色至淡蓝色，春夏开放。耐最低温度5～7℃。

'阿伯茨伍德' 金露梅 ***Potentilla fruticosa*** **'Abbotswood'**
(*P.* 'Abbotswood')
落叶灌木。丛生。花大，纯白色，生于叶丛中，整个夏秋季节开放。复叶，小叶窄，5片，卵形，暗蓝绿色。

'白宝石' 长阶花 ***Hebe*** **'White Gem'** (*H. brachysiphon* 'White Gem')
常绿灌木。冠球状。叶幕密集，圆丘形，叶小，有光泽。总状花序，花小，密集，白色，初夏开放。

重瓣栀子 ***Gardenia augusta*** **'Veitchii'**
常绿灌木。生长极慢。叶多，卵形，有光泽，长达10cm。花芳香，重瓣，白色，夏季至冬季开放。耐最低温度15℃。

'满族' 金露梅 ***Potentilla fruticosa*** **'Manchu'**
落叶灌木。冠圆丘状。枝粉红色，平卧。花纯白色，生于叶丛中，春末至初夏开放。叶银灰色，有分裂。

鸡麻 ***Rhodotypos scandens***
(*R. kerrioides*)
落叶灌木。茎直立或微呈拱形。叶具锐锯齿。花浅杯状，白色，生于叶丛中，春末至初夏开放。果实小，豌豆状，黑色。

细叶萼距花（神香草叶萼距花，海索草叶萼距花） ***Cuphea hyssopifolia*** (False heather)
常绿灌木。冠球状。枝密集。叶微小，窄披针形，深绿色。花玫瑰紫色至淡紫色或白色，夏秋开放。

'白鼬' 山梅花 ***Philadelphus*** **'Manteau d'Hermine'**
落叶灌木。丛生。冠密集。具花序，花乳白色，重瓣，芳香，生于叶丛中，初夏至仲夏开放。叶小，淡绿色至中绿色。

银毛旋花 ***Convolvulus cneorum***
常绿灌木。丛生。冠球状。枝密集。花蕾淡粉红色，花白色，心部黄色，春末至夏末开放。叶窄，有光泽，银绿色。

OTHER RECOMMENDED PLANTS:
Berzelia lanuginosa
Boenninghausenia albiflora
Cyrilla racemiflora
Cytisus albus
FUCHSIAS, illus. p.164～p.165
HEATHERS, illus. p.178～p.179
Hebe albicans 'Cranleigh Gem'
Hebe macrantha
Hebe ochracea
Hebe rakaiensis
Hebe vernicosa, illus. p.351
Helichrysum splendidum
RHODODENDRONS, illus. p.132～p.134
Rubus tricolor

伞状海蔷薇　*Halimium umbellatum* (*Helianthemum umbellatum*)
常绿灌木。直立。叶窄，有光泽，深绿色，背面白色。花蕾淡红色，花白色，心部有黄色斑，初夏开放。

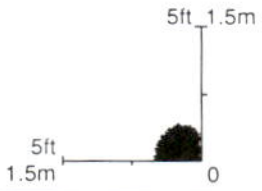

鼠尾草叶岩蔷薇　*Cistus salviifolius*
常绿灌木。丛生。冠密集。叶微皱，灰绿色。花多，白色，花心具黄色斑，初夏开放。

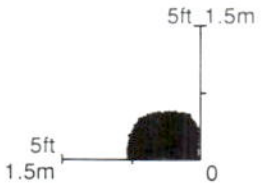

'法勒白'金露梅（小花银露梅）*Potentilla fruticosa* 'Farrer's White'（*P.* 'Farrer's White'）
落叶灌木。丛生。叶有分裂，灰绿色。花多，白色，夏秋开放。

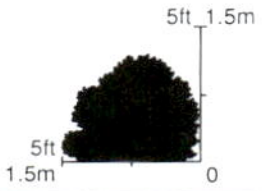

蒙斯帕里岩蔷薇　*Cistus monspeliensis*
常绿灌木。丛生。叶窄，皱折，暗绿色。花小而多，白色，初夏至仲夏开放。

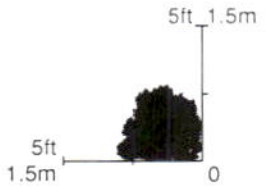

艳斑岩蔷薇　*Cistus* x *cyprius*
常绿灌木。丛生。小枝有黏性。叶窄，有光泽，暗绿色。花大，白色，花瓣基部具一红色斑，初夏开放，花期达数周，但每花只开 1 天。

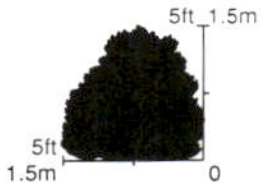

沙氏小岩蔷薇　x *Halimiocistus sahucii* (*Cistus revolii* of gardens)
常绿灌木。丛生。冠密集。叶窄，深绿色。花多，纯白色，春末至初夏开放。

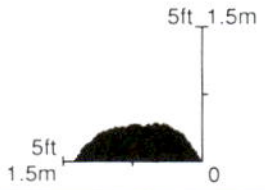

杂种岩蔷薇　*Cistus* x *hybridus*
（*C.* x *corbariensis*）
常绿灌木。丛生。冠密集。叶皱折，暗绿色，边缘波状。花多，白色，心部具黄色斑点，春末至初夏开放。

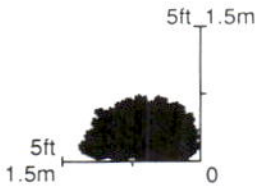

'红斑'岩蔷薇　*Cistus* x *aguilarii* 'Maculatus'
常绿灌木。丛生。叶窄，边缘波状，深绿色，微具黏性。花大，白色，花心具深红色和黄色斑，初夏至仲夏开放。

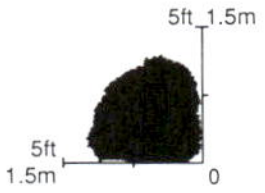

岩蔷薇　*Cistus ladanifer*
（*C. ladaniferus*）
常绿灌木。直立。冠开张。叶窄，暗绿色，具黏性。花大而多，白色，花心雄蕊四周有红色斑，初夏开放。

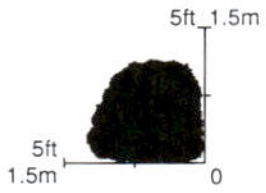

Chamaebatiaria millefolium
x *Halimiocistus wintonensis*
Sibiraea altaiensis

小型灌木 夏季观赏

□ 白色

岩生细子木 *Leptospermum rupestre*
常绿灌木。半平卧。冠宽阔。枝拱形。小枝淡红色。叶小，暗绿色，冬季变为铜紫色。花小，杯状，开张，白色，花蕾红色，初夏开放。

圣烛花（惠氏丝兰） *Yucca whipplei* (*Hesperoyucca whipplei*)
常绿灌木。无茎。叶丛密集，叶细长，先端尖，蓝绿色。圆锥花序，极长，花芳香，淡绿白色，春末至初夏开放。

湿地越橘（伞房花越橘） *Vaccinium corymbosum*
(Highbush blueberry)
落叶灌木。直立。枝微拱形。花小，白色或淡粉红色，春末至初夏开放。浆果甜，蓝黑色，可食。叶秋季变为红色。

‘象牙’软叶丝兰 *Yucca flaccida* ‘Ivory’ (*Y. filifera* ‘Ivory’)
常绿灌木。茎极短。叶窄，暗绿色，簇生。圆锥花序长，花钟状，白色，仲夏至夏末开放。

长春花 *Catharanthus roseus* (*Vinca rosea*)(Rose periwinkle)
常绿灌木。冠开展，随后不整齐。花白色至玫瑰粉红色，春季至秋季开放，温暖地区栽培时冬季可开放。耐最低温度5～7℃。

厚叶石斑木 *Rhaphiolepis umbellata* (*R. japonica, R. ovata*)
常绿灌木。丛生。冠密集。叶圆形，革质，暗绿色。具花序，花芳香，白色，初夏开放。

‘白边’锦带花 *Weigela florida* ‘Variegata’
落叶灌木。丛生。冠密集。花多，漏斗状，粉红色，春末至初夏开放。叶中绿色，具宽的乳白色边缘。

杜香叶新蜡菊 *Ozothamnus ledifolius* (*Helichrysum ledifolium*)
常绿灌木。冠密集。小枝黄色。叶小，芳香，有光泽，暗绿色，背面黄色。头状花序，花小，白色，初夏开放。

Bouvardia longiflora
Cistus x *dansereaui*
FUCHSIAS, illus. p.164～p.165
HEATHERS, illus. p.178～p.179
Philadelphus ‘Sybille’
RHODODENDRONS, illus. p.132～p.134
Spiraea trilobata

白色

芹叶扭瓣花 ***Lomatia silaifolia***

常绿灌木。丛生。穗状花序，花乳白色，花瓣窄，4枚，扭转，仲夏至夏末开放。叶深裂，暗绿色。

绒背叶滨篱菊 ***Cassinia leptophylla*** **subsp.** ***vauvilliersii***
(*C. vauvilliersii*)

常绿灌木。直立。小枝淡白色。叶微小，暗绿色。头状花序，花小，白色，仲夏至夏末开放。

槭叶荚蒾 ***Viburnum acerifolium***

落叶灌木。直立。叶亮绿色，秋季变为橙色、红色或紫色。头状花序，花乳白色，初夏开放。果实红色，美丽，成熟时紫黑色。

木本绒毛蓼 ***Eriogonum arborescens***

常绿灌木。枝稀疏。叶小，边缘内卷，背面白色，被毛。伞形花序，具叶，花小，白色或粉红色，春季至秋季开放。耐最低温度5℃ 。

反曲长阶花 ***Hebe recurva***

常绿灌木。冠开张。叶窄，卷曲，蓝灰色。穗状花序小，花白色，仲夏至夏末开放。

白色至粉红色

白长阶花 ***Hebe albicans***

常绿灌木。叶幕密集，圆丘形，叶蓝灰色。花序密集，花小，白色，初夏至仲夏开放。

‘红峰’ 溲疏 ***Deutzia*** **‘Mont Rose’**

落叶灌木。丛生。具花序，花粉红色或粉红紫色，花药黄色，偶有白色斑点，初夏开放。叶暗绿色，具锐锯齿。

‘曙光’ 金露梅 ***Potentilla fruticosa*** **‘Daydawn’** (*P.* ‘Daydawn’)

落叶灌木。丛生。枝拱形。叶中绿色，有分裂。花乳黄色，具橙粉红色晕，初夏至仲秋开放。

苞状多变花 ***Protea cynaroides***
(King protea)

常绿灌木。冠球状。头状花序，莲花状，径13～20 cm，苞片花瓣状，粉红色至红色，具丝状毛，春夏开放。叶卵形，中绿色至暗绿色。耐最低温度5～7℃。

‘爱德华・古舍’ 六道木 ***Abelia*** **‘Edward Goucher’**

落叶或半常绿灌木。枝拱形。叶卵形，亮绿色，幼叶古铜色。花多，淡紫粉红色，仲夏至秋季开放。

Azorina vidalii, illus. p.154
Cistus parviflorus
Cistus ‘Peggy Sammons’
FUCHSIAS, illus. p.164～p.165
HEATHERS, illus. p.178～p.179
HYDRANGEAS, illus. p.144
Lotus hirsutus
RHODODENDRONS, illus. p.132～p.134

小型灌木 夏季观赏

粉红色

舒曼六道木 ***Abelia schumannii***
落叶灌木。枝拱形。叶先端尖，中绿色，幼叶古铜色。花玫瑰紫色和白色，具黄色斑点，仲夏至仲秋开放。

小花苦槛蓝 ***Myoporum parvifolium***
常绿灌木。冠开展至平卧。叶半肉质。具花序，花小，白色或粉红色，带紫色斑点，具甜香味，夏季开放。果实微小，紫色，秋季成熟。
耐最低温度2～5℃。

粉花岩蔷薇 ***Cistus* x *skanbergii***
常绿灌木。丛生。叶窄，灰绿色。花多，淡粉红色，生于叶丛中，初夏至仲夏开放。

稻花 ***Pimelea ferruginea***
常绿灌木。冠球状，密集。叶微小，卷曲，深绿色。花序头状，花小而多，管状，浓粉红色，春季或初夏开放。耐最低温度7℃。

柠檬叶白珠树 ***Gaultheria shallon*** (Shallon)
常绿灌木。丛生。小枝红色。叶宽，暗绿色，先端突尖。总状花序，花坛状，粉红色，春末至初夏开放。浆果紫色。

丽江木蓝 ***Indigofera dielsiana***
落叶灌木。直立。冠开展。复叶，小叶绿色，7～11片。穗状花序，细长，直立，花淡粉红色，初夏至初秋开放。

'粉簇'雅致溲疏 ***Deutzia* x *elegantissima* 'Rosealind'**
落叶灌木。丛生。冠球状，密集。具花序，花瓣5枚，深粉红色，春末至初夏开放。

意大利糙苏 ***Phlomis italica***
常绿灌木。直立。花淡粉红色，轮生于小枝顶端，仲夏开放。叶窄，灰绿色，披毛。

'佩吉·沙蒙斯'岩蔷薇 ***Cistus* 'Peggy Sammons'**
常绿灌木。丛生。叶卵形，灰绿色。花多，碟状，淡紫粉红色，初夏开放。

Bauera rubioides
Calliandra eriophylla, illus. p.172
FUCHSIAS, illus. p.164～p.165
HEATHERS, illus. p.178～p.179
HYDRANGEAS, illus. p.144
Indigofera pseudotinctoria
RHODODENDRONS, illus. p.132～p.134

‘紫叶’锦带花 ***Weigela florida* ‘Foliis Purpureis’**

落叶灌木。低矮，丛生。叶暗紫色或紫绿色。花漏斗状，外面深粉红色，内面淡粉红色至白色，春末至初夏开放。

‘玫红’美洲茶 ***Ceanothus* ‘Perle Rose’**

落叶灌木。丛生。总状花序，花密集，亮胭脂红色，生于叶丛中，仲夏至初秋开放。叶宽，卵形，中绿色。

‘小公主’绣线菊 ***Spiraea japonica* ‘Little Princess’**

落叶灌木。生长慢。冠圆丘状。头状花序，花小而多，花粉红色，夏季开放。叶小，暗绿色，幼叶古铜色。

‘大奥姆’长阶花 ***Hebe* ‘Great Orme’**

常绿灌木。冠球状，开张。小枝深紫色。叶暗绿色，光滑。穗状花序，细长，花深粉红色，褪色后为白色，仲夏至仲秋开放。

同叶钓钟柳 ***Penstemon isophyllus***

落叶灌木或亚灌木。冠稍不整齐。叶光滑，披针形，中绿色。花序长，花大，深粉红色，喉部白色和红色，仲夏开放。

‘金焰’绣线菊 ***Spiraea japonica* ‘Goldflame’**

落叶灌木。直立。枝微拱形。幼叶橙红色，渐变为亮黄色，最后变成淡绿色。头状花序，花粉红色，仲夏至夏末开放。

珊瑚花 ***Justicia carnea***（*Jacobinia carnea*, *J. pohliana*）(King's crown)

常绿灌木。枝稀疏。叶被绒毛。穗状花序，花玫瑰紫色，夏秋开放。耐最低温度 10～15℃。

五星花 ***Pentas lanceolata***（*P. carnea*）(Egyptian star, Star-cluster)

多为常绿灌木。冠球状。枝稀疏。叶被毛，亮绿色。具花序，花密集，粉红色、淡紫色、红色或白色，夏秋开放。耐最低温度 10～15℃。

‘安东尼·沃特尔’粉花绣线菊 ***Spiraea japonica* ‘Anthony Waterer’**

落叶灌木。直立。冠密集。幼叶红色，成年叶暗绿色。花序头状，深红色，仲夏至夏末开放。

Cistus ‘Silver Pink’
FUCHSIAS, illus. p.164～p.165
HEATHERS, illus. p.178～p.179
Hebe ‘Eveline’
HYDRANGEAS, illus. p.144
Indigofera decora
RHODODENDRONS, illus. p.132～p.134

倒挂金钟属植物

倒挂金钟属（*Fuchsia*）植物因具有色彩鲜艳的花朵和较长的花期（通常是整个夏季直至秋季都能持续开花）而成为温室和花园中灌木的佼佼者。花单瓣至重瓣，花萼常开张或优美地反曲。本属植物在温暖地区可全年露地生长，仅部分种类半耐寒，在气候冷凉地区，多数种类最好在温室中或作为夏季花境植物栽培。

扦插繁殖的植株分枝稀少，若不早期掐掉其生长点，常生长得比较散乱。标准植株的株形是仅保留主枝并加以支撑，新生的侧枝掐短至只留一对叶片。当茎干达到需要的高度又生有2～3对叶片时，将其掐顶，然后任其自然生长。

'杰克·沙汉'倒挂金钟
F. 'Jack Shahan' ♀

小木倒挂金钟
F. arborescens

'拇指女士'倒挂金钟
F. 'Lady Thumb' ♀

'公主'倒挂金钟
F. 'Dollar Princess' ♀

'天女散花'倒挂金钟
F. 'Gruss aus dem Bodethal'

'哈利·格雷'倒挂金钟
F. 'Harry Gray'

'红丰'倒挂金钟
F. 'Pink Galore'

'芭蕾女孩'倒挂金钟
F. 'Ballet Girl'

'内莉·拉塔尔'倒挂金钟
F. 'Nellie Nuttall' ♀

'薄荷棒'倒挂金钟
F. 'Peppermint Stick'

'拇指汤姆'倒挂金钟
F. 'Tom Thumb' ♀

'安娜拜尔'倒挂金钟
F. 'Annabel' ♀

'双百'倒挂金钟
F. 'Bicentennial'

'金黎明'倒挂金钟
F. 'Golden Dawn'

'秋花'倒挂金钟
F. 'Autumnale'

短筒倒挂金钟
F. magellanica

'多伴'倒挂金钟
F. 'Other Fellow'

'淡红'倒挂金钟
F. 'Rufus'

'里卡顿'倒挂金钟
F. 'Riccartonii' ♀

'戈尔登·玛卡'倒挂金钟
F. 'Golden Marinka' ♀

'利奥诺拉'倒挂金钟
F. 'Leonora' ♀

'摆时'倒挂金钟
F. 'Swingtime' ♀

'海蒂·怀斯'倒挂金钟
F. 'Heidi Weiss' ♀

'红蜘珠'倒挂金钟
F. 'Red Spider'

'波普尔夫人'倒挂金钟
F. 'Mrs Popple' ♀

变色倒挂金钟
F. x *bacillaris*

'喜神'倒挂金钟
F. 'Thalia' ♀

'汤姆·韦斯特'倒挂金钟
F. 'Tom West'

'西莉亚·史沫特莱'倒挂金钟
F. 'Celia Smedley' ♀

'小瀑布'倒挂金钟
F. 'Cascade'

'埃斯特尔·玛丽'倒挂金钟
F. 'Estelle Marie'

白筒玻利维亚倒挂金钟
F. boliviana var. *alba* ♀

'桔梗紫'倒挂金钟
F. 'La Campanella' ♀

'爱之回报'倒挂金钟
F. 'Love's Reward'

'拉维尔·斯威舍夫人'倒挂金钟
F. 'Mrs Lovell Swisher'

'城堡玫瑰'倒挂金钟
F. 'Rose of Castile' ♀

倾卧倒挂金钟
F. procumbens

'不凡'倒挂金钟
F. 'Lye's Unique'

长筒倒挂金钟
F. fulgens ♀

'珊瑚'倒挂金钟
F. 'Coralle' ♀

小型灌木 夏季观赏

粉红色至红色

玫红岩蔷薇 ***Cistus creticus*** (*C. incanus* subsp. *creticus*)
常绿灌木。丛生。叶灰绿色。花粉红色或淡紫色至粉红色，花心具黄色斑点，初夏至仲夏开放。

'林际'南美鼠刺 ***Escallonia rubra*** **'Woodside'**
常绿灌木。丛生。冠密集。叶小，具光泽，暗绿色。总状花序短，花小，管状，深红色，夏秋开放。

红花狭叶山月桂 ***Kalmia angustifolia*** f. ***rubra*** (*K. a.* 'Rubra') (Sheep laurel)
常绿灌木。丛生。冠圆丘状。叶暗绿色，卵形。具花序，花小，深红色，初夏开放。

纸荚豆 ***Sutherlandia frutescens***
常绿灌木。直立。羽状复叶，小叶13～21片，暗绿色，被灰色毛。花亮红色，春末至夏季开放。荚果膨大，幼果淡绿色，成熟后红色。耐最低温度10℃。

尼罗鸟尾花 ***Crossandra nilotica***
常绿灌木。冠直立或开展。叶多，卵形，先端尖，浓绿色。穗状花序短，花小，管状，杏黄色至淡砖红色，花瓣开展，春季至秋季开放。耐最低温度15℃。

红龙船花（红仙丹） ***Ixora coccinea***
常绿灌木。冠球状。叶光滑，具光泽，暗绿色，长10cm。花序头状，花小，密集，管状，红色、粉红色、橙色或黄色，夏季开放。耐最低温度13～16℃。

Anisodontea capensis
Cistus x *purpureus*
Coleonema pulchrum
HEATHERS, illus. p.178～p.179
Philesia magellanica
Potentilla fruticosa 'Royal Flush'
RHODODENDRONS, illus. p.132～p.134

小型灌木 夏季观赏

■ 红色

‘红王牌’金露梅 ***Potentilla fruticosa* ‘Red Ace’**

落叶灌木。丛生。冠密集，开展。叶中绿色。花亮朱红色，花瓣背面淡黄色，烈日下会褪色，春末至仲秋开放。

绯花小叶鼠尾草 *Salvia microphylla* var. *neurepia*

常绿灌木。直立。分枝良好。叶淡绿色至中绿色。花管状，亮红色，花萼绿色，微带紫色，夏末至秋季开放。

黄苞小虾花（麒麟吐珠） *Justicia brandegeeana* (*Beloperone guttata*, *Drejerella guttata*) (Shrimp plant)

常绿灌木。冠球状。花白色，苞片粉红色，陆续开放，夏季开花多。耐最低温度10～15℃。

垂序银桦 *Grevillea* ‘Robyn Gordon’

常绿灌木。蔓生。叶革质，暗绿色。总状花序，生于拱形枝上，花深红色，花柱明显，弯曲，初春至夏末时常开放。耐最低温度5～10℃。

‘辉红’鸡爪槭 *Acer palmatum* ‘Chitoseyama’

落叶灌木或小乔木。冠圆丘状。枝拱形。叶中绿色，有分裂，夏末至秋季渐变为亮红色。花小，红紫色，仲春开放。

同型避日花 *Phygelius aequalis*

常绿或半常绿亚灌木。冠直立。叶卵形，暗绿色。具花序，花管状，淡红色，喉部黄色，生于叶丛中，仲夏至初秋开放。

辉红鼠尾草 *Salvia fulgens*

常绿亚灌木。直立。叶卵形，背面白色，被毛。总状花序，花管状，二唇形，猩红色，夏末开放。

‘深裂紫’鸡爪槭 *Acer palmatum* ‘Dissectum Atropurpureum’

落叶灌木。冠圆丘状。叶深裂，铜红色或紫色，秋季变为亮红色、橙色或黄色。花小，红紫色，仲春开放。

Bouvardia ternifolia, illus. p.173
FUCHSIAS, illus. p.164～p.165
Grevillea alpina
RHODODENDRONS, illus. p.132～134

‘淡紫’赫耳克长阶花 ***Hebe hulkeana* ‘Lilac Hint’**
常绿灌木。直立。枝开张。叶灰绿色，具光泽，具锯齿。总状花序大，花小而多，淡紫色，春末至初夏开放。

雅致山蚂蝗 ***Desmodium elegans*** (*D. tiliifolium*)
落叶亚灌木。直立。复叶，小叶大，3片，中绿色。总状花序大，花淡紫色至深粉红色，夏末至仲秋开放。

南美天芥菜（香水草） ***Heliotropium arborescens*** (*H. peruvianum*)
常绿灌木。丛生。叶暗绿色，微皱褶，半具光泽。扁平花序，花密集，紫色至淡紫色，春末至冬季开放。耐最低温度7℃。

西班牙薰衣草 ***Lavandula stoechas*** (French lavender)
常绿灌木。丛生。冠密集。头状花序，花微小，深紫色，芳香，苞片玫瑰紫色，春末至夏季开放。成年叶银灰色，芳香。

迷迭香 ***Rosmarinus officinalis*** (Rosemary)
常绿灌木。丛生。冠密集。叶窄，芳香。花小，紫蓝色至蓝色，仲春至初夏开花，有时秋季开放。可作烹调香料用。

‘鲍尔斯’长阶花 ***Hebe* ‘E. A. Bowles’**
常绿灌木。丛生。冠球状。叶窄，具光泽，淡绿色。穗状花序，细长，花淡紫色，夏季至秋末开放。

玫瑰远志 ***Polygala* x *dalmaisiana*** (*P. myrtifolia* var. *grandiflora* of gardens)
常绿灌木。直立。叶小，灰绿色。花深紫色，脉白色，春末至秋季开放。耐最低温度7℃。

‘秋艳’长阶花 ***Hebe* ‘Autumn Glory’**
常绿灌木。冠圆丘状。小枝紫红色。叶圆形，深绿色。总状花序，花密集，深紫蓝色，仲夏至初冬开放。

蔓马缨丹 ***Lantana montevidensis*** (*L. delicatissima*, *L. sellowiana*)
常绿灌木。蔓生或铺地状。叶具锯齿。头状花序，花玫瑰紫色，具黄色眼状斑，全年陆续开放，夏季开花多。耐最低温度10～13℃。

‘大花’疏花鸳鸯茉莉 ***Brunfelsia pauciflora* ‘Macrantha’**
常绿灌木。冠开展。叶革质。花蓝紫色，约3天后变为白色，冬季至夏季开放。耐最低温度10～13℃。

‘海德柯特’薰衣草 ***Lavandula* ‘Hidcote’** (*L. angustifolia* ‘Hidcote’)
常绿灌木。丛生。叶窄，芳香，银灰色。穗状花序，花密集，芳香，深紫色，仲夏至夏末开放。

Agathosma pulchella
Amorpha canescens
Barleria cristata
Berberis thunbergii ‘Atropurpurea Nana’
Berberis thunbergii ‘Rose Glow’
Carmichaelia enysii
FUCHSIAS, illus. p.164～p.165
HEATHERS, illus. p.178～p.179
Hebe ‘Alicia Amherst’
Hebe ‘La Séduisante’
HYDRANGEAS, illus. p.144
Lavandula dentata
Lavandula x *intermedia* ‘Grappenhall’
Osbeckia stellata
Perovskia atriplicifolia
RHODODENDRONS, illus. p.132～p.134

小型灌木 夏季观赏

紫色至蓝色

‘紫后’长阶花 ***Hebe* ‘Purple Queen’**（*H.* ‘Amy’）
常绿灌木。丛生。冠密集。叶光滑，深绿色，幼叶微带紫色。总状花序，花密集，深紫色，初夏至仲秋开放。

匍匐聚花美洲茶 ***Ceanothus thyrsiflorus* var. *repens*** (Creeping blue blossom)
常绿灌木。冠密集。叶幕圆丘形，叶宽，具光泽，暗绿色。总状花序，花蓝色，春末至初夏开放。

‘圣阿尼塔’蓝菊 ***Felicia amelloides* ‘Santa Anita’**
常绿灌木。丛生。冠开展。叶圆形至卵形，亮绿色。头状花序，生于叶丛中，花蓝色，花心亮黄色，花梗长，春末至秋季开放。

海索草 ***Hyssopus officinalis*** (Hyssop)
半常绿或落叶灌木。丛生。叶窄卵形，暗绿色，芳香。花小，蓝色，夏季至初秋开放。有时作烹调香料用。

‘亚瑟·西蒙’克兰顿莸 ***Caryopteris* x *clandonensis* ‘Arthur Simmonds’**
落叶亚灌木。丛生。叶窄卵形，灰绿色，具不规则锯齿。花多，蓝色至紫蓝色，生于叶丛中，夏末至秋季开放。

‘鲍尔斯’多彩长阶花 ***Hebe* ‘Bowles’ Variety’**
常绿灌木。冠球状。叶卵状长椭圆形，微具光泽，中绿色。总状花序，顶生，尖塔形，花密集，紫蓝色，夏季开放。

‘凡尔赛之光’美洲茶 ***Ceanothus* ‘Gloire de Versailles’**（*C.* x *delileanus* ‘Gloire de Versailles’）
落叶灌木。丛生。生长旺盛。叶宽，卵形，中绿色。总状花序大，花淡蓝色，仲夏至初秋开放。

‘蓝塔’分药花 ***Perovskia* ‘Blue Spire’**
落叶亚灌木。直立。茎灰白色。叶灰绿色，深裂，芳香。穗状花序多数，高出叶丛，花紫蓝色，夏末至仲秋开放。

绿色至黄色

‘花叶’圆果毛核木 ***Symphoricarpos orbiculatus* ‘Foliis Variegatis’**（*S. o.* ‘Variegatus’）
落叶灌木。丛生。冠密集。叶亮绿色，边缘黄色。花白色或粉红色，夏秋偶尔开放。

黄绿苞小虾花 ***Justicia brandegeeana* ‘Chartreuse’**
常绿灌木。枝拱形。花白色，苞片黄绿色，全年陆续开花，夏季开花多。耐最低温度10～15℃。

米登氏锦带花 ***Weigela middendorffiana***
落叶灌木。丛生。枝拱形。叶亮绿色。花漏斗状，硫磺黄色，内面橙色，具斑点，生于叶丛中，仲春至初夏开放。

Brunfelsia pauciflora
Hebe ‘Fairfieldii’
Hebe x *franciscana* ‘Blue Gem’
Hebe hulkeana

HYDRANGEAS, illus. p.144
Lavandula angustifolia ‘Munstead’
Perovskia ‘Hybrida’
Phlomis cashmeriana

RHODODENDRONS, illus. p.132～p.134

Berberis ‘Parkjuweel’
Muehlenbeckia complexa
Myrsine africana

‘维尔莫林’金露梅 *Potentilla fruticosa* ‘Vilmoriniana’
落叶灌木。直立。花淡黄色或乳白色，春末至仲秋开放。复叶，小叶窄，银灰色。

‘黄喇叭’同型避日花 *Phygelius aequalis* ‘Yellow Trumpet’
常绿或半常绿亚灌木。直立。具花序，花管状，乳黄色，下垂，仲夏至初秋开放。

‘弗内德利森’金露梅 *Potentilla fruticosa* ‘Friedrichsenii’
落叶灌木。直立。生长旺盛。叶灰绿色。花淡黄色，生于叶丛中，春末至仲夏开放。

‘伊丽莎白’金露梅 *Potentilla fruticosa* ‘Elizabeth’ (*P.* ‘Elizabeth’)
落叶灌木。丛生。冠密集。叶小，深裂。花大，亮黄色，春末至仲秋开放。

‘苏珊’海蔷薇 *Halimium* ‘Susan’
常绿灌木。丛生。冠开展。叶窄，卵形，灰绿色。花序小，花多，单瓣或半重瓣，亮黄色，花心具深紫红色斑块，夏季开放。

‘硫黄’羽裂圣麻 *Santolina pinnata* subsp. *neapolitana* ‘Sulphurea’
常绿灌木。丛生。冠球状。叶灰绿色，羽状深裂，芳香。头状花序，樱草淡黄色，仲夏开放。

木羽扇豆 *Lupinus arboreus*
(Tree lupin)
半常绿蔓生灌木，生长快。复叶，小叶6～9片，淡绿色，被毛。穗状花序短，花纯黄色，芳香，初夏开放。

硫黄柏叶银桦 *Grevillea juniperina* f. *sulphurea* (*G. sulphurea*)
常绿灌木。丛生。冠球状。叶近针状，弯曲，暗绿色，背面具丝状毛。具花序，花小，淡黄色，花瓣细长，春夏开放。

美丽海蔷薇 *Halimium lasianthum* subsp. *formosum* (*H. formosum*)
常绿灌木。丛生。冠开展。叶灰绿色。花金黄色，花心具深红色斑块，春末至初夏开放。

Chamaecytisus supinus
Coronilla valentina subsp. *glauca*, illus. p.157
Genista tinctoria ‘Royal Gold’
Helichrysum italicum
Potentilla fruticosa ‘Maanelys’
RHODODENDRONS, illus. p.132～p.134
Ruta graveolens ‘Jackman’s Blue’, illus. p.177
Santolina pinnata subsp. *neapolitana*
Santolina rosmarinifolia ‘Primrose Gem’
Vinca minor ‘Alba Variegata’

小型灌木 夏季观赏

黄色

橙花糙苏 ***Phlomis fruticosa***
(Jerusalem sage)
常绿灌木。冠开展。枝直立。叶似鼠尾草叶，灰绿色。花轮生，深金黄色，初夏至仲夏开放。

大萼金丝桃 ***Hypericum calycinum***
(Aaron's beard, Rose of Sharon)
常绿或半常绿灌木。低矮。为良好的地被植物。叶暗绿色。花大，亮黄色，仲夏至仲秋开放。

贵州金丝桃 ***Hypericum kouytchense***
落叶或半常绿灌木。枝拱形。花金黄色，雄蕊明显，仲夏至初秋开放。蒴果美丽，古铜色。

'黄叶'日本小檗 ***Berberis thunbergii* 'Aurea'**
落叶灌木。丛生。具刺。叶小，金黄色。总状花序，花小，淡黄色，微带红色，仲春开放。浆果红色，秋季成熟。

西班牙小金雀 ***Genista hispanica***
(Spanish gorse)
落叶灌木。丛生。刺极多。叶少。具花序，花密集，金黄色，春末至初夏开放。

'海德柯特'金丝桃 ***Hypericum* 'Hidcote'**
常绿或半常绿灌木。冠密集。叶窄卵形，暗绿色。花大而多，金黄色，仲夏至初秋开放。

石海椒 ***Reinwardtia indica***
(*R. trigyna*) (Yellow flax)
常绿亚灌木。直立。从基部分枝。叶灰绿色。花序小，花黄色，可全年开放，夏季开花多。

欧洲金雀花 ***Cytisus nigricans***
(*Lembotropis nigricans*)
落叶灌木。直立。复叶，小叶3片，暗绿色。花序细长，尖塔形，花黄色，夏季开放。

'日耀'达尼丁杂种常春菊
***Brachyglottis* Dunedin Hybrids 'Sunshine'** (*Senecio* 'Sunshine')
常绿灌木。丛生。叶幕圆丘形，幼叶银灰色，后变为暗绿色。头状花序，花亮黄色，生于被毛的小新枝上，初夏至仲夏开放。

'埃斯塔德'无味金丝桃
***Hypericum* x *inodorum* 'Elstead'**
落叶或半常绿灌木。冠直立。叶暗绿色，揉碎时具芳香。花小而多，黄色，仲夏至初秋开放。果实美丽，橙红色。

篦齿常绿千里光 ***Euryops pectinatus***
常绿灌木。直立。叶灰绿色，深裂。头状花序大，雏菊状，花亮黄色，春末至初夏开放，冬季通常可再次开放。耐最低温度5～7℃。

Brachyglottis compacta
Hermannia incana
Hypericum x *moserianum*
Lantana camara
Oxalis hedysaroides
Potentilla fruticosa
Potentilla fruticosa 'Beesii'
Potentilla fruticosa 'Elizabeth'
Potentilla fruticosa 'Gold Drop'
Santolina chamaecyparissus
Santolina rosmarinifolia

沿海常春菊 *Brachyglottis monroi*
常绿灌木。丛生。冠密集。为温暖海岸的良好防风植物。叶小，暗绿色，边缘波状，背面白色。头状花序，花亮黄色，仲夏开放。

'肯特钟'苘麻 *Abutilon* 'Kentish Belle'
半常绿灌木。枝拱形，紫色。叶暗绿色，深裂，叶脉紫色。花大，钟状，橙黄色和红色，下垂，夏秋开放。

等裂毛地黄 *Isoplexis canariensis* (*Digitalis canariensis*)
常绿灌木。冠圆丘状。枝稀疏。穗状花序，直立，长达30cm，花密集，黄色、红色或褐黄色，洋地黄花形，夏季开放。耐最低温度7℃。

'日落'金露梅 *Potentilla fruticosa* 'Sunset' (*P*. 'Sunset')
落叶灌木。丛生。枝随后呈拱形。复叶，小叶中绿色，窄卵形。花深橙色，在烈日下易褪色，初夏至中秋开放。

奇洛埃格林菊 *Grindelia chiloensis* (*G. speciosa*)
多为常绿灌木。丛生。茎具黏性。叶披针形，具黏性，具锯齿，长达12cm。头状花序大，雏菊状，花黄色，夏季开放。

橙黄沟酸浆 *Mimulus aurantiacus* (*Diplacus glutinosus*, *M. glutinosus*)
常绿灌木。冠半球状至圆状。叶披针形，具光泽，浓绿色，具黏性。花管状，橙色、黄色或红紫色，春末至秋季开放。

棱瓶花 *Juanulloa mexicana* (*J. aurantiaca*)
常绿灌木。直立。枝稀疏。叶背面被毛。花序短，下垂，花橙色，花萼脉明显，夏季开放。耐最低温度13～15℃。

诺曼底金雀儿 *Cytisus scoparius* f. *andreanus*
落叶灌木。枝拱形。复叶，小叶窄，3片，暗绿色。花多，亮黄红色，生于美丽的绿色小枝上，春末至初夏开放。

'夕阳'马缨丹 *Lantana* 'Spreading Sunset'
常绿灌木。冠球状至开展。叶深绿色，具细皱褶。花序头状，花小，密集，管状，花色多，春季至秋季开放。耐最低温度10～13℃。

Brachyglottis laxifolia
Halimium lasianthum
Halimium ocymoides
Hypericum bellum
Hypericum x *cyathiflorum* 'Gold Cup'
Hypericum patulum
Nematanthus gregarius, illus. p.157
Nematanthus strigillosus
Phlomis chrysophylla
Phlomis longifolia var. *bailanica*
Potentilla fruticosa 'Goldfinger'
Potentilla fruticosa 'Jackman's Variety'
RHODODENDRONS, illus. p.132～p.134

小型灌木 秋季观赏

橙色

黏毛萼距花 *Cuphea ignea* (*C. platycentra*) (Cigar flower)
常绿亚灌木。丛生。冠密集。叶亮绿色。花管状，暗橙红色，花口部具暗色带和白环，春季至秋季开放。耐最低温度2℃。

堇色萼距花（雪茄花） *Cuphea cyanea*
常绿亚灌木。冠球状。叶窄卵形，有黏毛。花管状，橙色、黄色和紫蓝色，夏季开放。

墨西哥爵床（穗花爵床） *Justicia spicigera* (*J. ghiesbreghtiana* of gardens, *Jacobinia spicigera*)
常绿灌木。分枝良好。穗状花序，花管状，橙色或红色，夏季开放，其他季节偶尔开放。耐最低温度10～15℃。

Potentilla fruticosa 'Tangerine'

白色至红色

钝叶杜楝 *Turraea obtusifolia*
常绿灌木。丛生。冠球状。枝拱形。叶卵形至披针形。花白色，芳香，春季至秋季开放。果实橙黄色，似微小的去皮蜜柑。耐最低温度13℃。

毛叶朱缨花（红合欢） *Calliandra eriophylla* (Fairy duster)
常绿灌木。冠密集。枝坚硬。复叶，小叶微小，多数。花绒球状，小花微小，白色，花药粉红色，春末至秋季开放。荚果褐色。耐最低温度13℃。

变红小檗 *Berberis* 'Rubrostilla'
落叶灌木。枝拱形。叶灰绿色，秋末变为亮红色。花球状至杯状，淡黄色，初夏开放。果实大而多，粉红色。

平枝栒子 *Cotoneaster horizontalis* (Wall-spray)
落叶灌木。冠开展。枝坚硬。叶暗绿色，具光泽，秋末变为红色。花淡红色至白色，春末至初夏开放。果实红色。

'稠密' 欧洲荚蒾 *Viburnum opulus* 'Compactum'
落叶灌木。冠密集。叶深绿色，秋季变为红色。花多，白色，春季至初夏开放。核果成簇，亮红色。

平滑狭叶越橘 *Vaccinium angustifolium* var. *laevifolium* (Low-bush blueberry)
落叶灌木。丛生。叶亮绿色，秋季变为红色。花白色，偶尔淡粉红色，春季开放。果实蓝色，可食。

OTHER RECOMMENDED PLANTS:
Anisodontea capensis
Bouvardia longiflora
Cuphea hyssopifolia, illus. p.158
Cyrilla racemiflora
HEATHERS, illus. p.178～p.179
Pentas lanceolata, illus. p.163
Salvia leucantha

小型灌木 冬季观赏

红色

红玉冠 ***Bouvardia ternifolia***
(*B. triphylla*) (Scarlet trompetilla)
多为常绿灌木。直立，丛生。3叶轮生。花管状，亮红色，夏季至初冬开放。耐最低温度7～10℃。

‘先锋’湿地越橘 ***Vaccinium corymbosum* ‘Pioneer’**
落叶灌木。直立，丛生。枝微拱形。叶暗绿色，秋季变为亮红色。花小，白色或淡粉红色，夏末开放。浆果甜，蓝黑色，可食。

小叶越橘 ***Vaccinium parvifolium***
落叶灌木。直立。叶小，暗绿色，秋季变为亮红色。花小，粉红白色，春末至初夏开放。果实亮红色，可食。

Cotoneaster adpressus
Cotoneaster microphyllus
Crossandra infundibuliformis
Salvia microphylla var. *microphylla*

紫色至黄色

木香薷 ***Elsholtzia stauntonii***
(Mint bush)
落叶亚灌木。冠开张。叶暗绿色，具锐锯齿，具薄荷香味，秋季变为红色。花序细长，尖塔状，花淡紫色，夏末至秋季开放。

岷江蓝雪花 ***Ceratostigma willmottianum***
落叶灌木。冠开张。秋末叶变红。花具光泽，亮蓝色，夏末至秋季开放。

黄果草马桑 ***Coriaria terminalis*** var. ***xanthocarpa***
落叶亚灌木。枝拱形。小叶卵形，秋季变为红色。花淡绿色，春末开放。果实美丽，黄色，肉质，夏末至秋季成熟。

Ceratostigma griffithii
HEATHERS, illus. p.178～p.179
Heliotropium arborescens, illus. p.167
Rosmarinus officinalis ‘Severn Sea’

白色

‘白果’日本茵芋 ***Skimmia japonica* ‘Fructo Albo’**
常绿灌木。低矮，丛生。冠密集。叶暗绿色，芳香。花序密集，花小，白色，仲春至春末开放。浆果白色。

‘冬天’短尖叶白珠树 ***Gaultheria mucronata* ‘Wintertime’**
常绿灌木。丛生。冠密集。叶暗绿色，具光泽，具刺状锯齿。花白色，春末至初夏开放。浆果大，白色，果期长。

桂香忍冬 ***Lonicera* x *purpusii***
半常绿灌木。丛生。冠密集。叶暗绿色，卵形。花序小，花芳香，短管状，白色，花瓣裂片开展，花药黄色，冬季至初春开放。

OTHER RECOMMENDED PLANTS:
Daphne mezereum f. *alba*
HEATHERS, illus. p.178～p.179
Sarcococca confusa
Sarcococca hookeriana
Sarcococca ruscifolia
Turraea obtusifolia, illus. p.172

小型灌木 冬季观赏

白色至粉红色

小叶野扇花 *Sarcococca humilis*
(*S. hookeriana* var. *humilis*)
常绿灌木。低矮，丛生。叶暗绿色，具光泽。花微小，白色，芳香，花药粉红色，冬末开放。果实球状，黑色。

双蕊野扇花 *Sarcococca hookeriana* var. *digyna*
常绿灌木。丛生。冠密集。具萌蘖枝。叶窄，亮绿色。花微小，白色，芳香，花药粉红色，冬季开放。果实球状，黑色。

‘桑葚酒’短尖叶白珠树 *Gaultheria mucronata* ‘Mulberry Wine’
常绿灌木。丛生。冠密集。叶暗绿色，光滑。花白色，春夏开放。浆果大，球状，紫红色，成熟时深紫色。

‘金边’瑞香 *Daphne odora* ‘Aureomarginata’
常绿灌木。丛生。叶暗绿色，具光泽，具窄的黄色边缘。具花序，花深紫红色和白色，极芳香，仲冬至初春开放。

欧亚瑞香 *Daphne mezereum*
(Mezereon)
落叶灌木。直立。叶窄卵形，暗灰绿色。花紫色或粉红色，极芳香，冬末至初春先叶开放。果实红色。

红色

‘红边’日本茵芋 *Skimmia japonica* ‘Rubella’
常绿灌木。直立。冠密集。叶亮绿色至绿红色，芳香，边缘红色。秋季和冬季花芽深红色，具花序，花小，密集，白色，初春开放。

光叶澳吊钟 *Correa pulchella*
常绿灌木。丛生。冠密集。茎细长。叶卵形。花小，管状，玫瑰红色，下垂，夏季至冬季开放，有时其他季节也开花。

‘罗伯特·福托’茵芋 *Skimmia japonica* subsp. *reevesiana* ‘Robert Fortune’(*S. reevesiana*)
常绿灌木。丛生。植株瘦弱。叶芳香。花小，白色，春季开放。浆果亮红色。

Abeliophyllum distichum
Centradenia floribunda
Diosma ericoides
HEATHERS, illus. p.178～p.179

Symphoricarpos x *chenaultii* ‘Hancock’

Euphorbia fulgens
Gaultheria mucronata ‘Cherry Ripe’
Justicia rizzinii
Solanum pseudocapsicum ‘Balloon’, illus. p.341

小型灌木 全年观赏

红色至绿色

日本茵芋 *Skimmia japonica*
常绿灌木。丛生。冠密集。叶中绿色至暗绿色，芳香。花序密集，花小，白色，仲春至春末开放。若雌、雄株种植在一起，雌株会结果，果实亮红色。

白色至绿色

川西荚蒾 *Viburnum davidii*
常绿灌木。冠球状。叶幕半球状，叶暗绿色。头状花序，花小，白色，春末开放。若雌、雄株种植在一起，雌株会结果，果实美丽，蓝色，具金属光泽。

'花叶'蔓长春花 *Vinca major* 'Variegata'
常绿亚灌木。枝平卧至拱形。叶亮绿色，具宽的乳白色边缘。花大，亮蓝色，春末至初秋开放。

具柄蜡菊 *Helichrysum petiolare*
(*H. petiolatum* of gardens)
常绿灌木。冠圆丘状。枝银绿色。叶具灰色毛。头状花序，花乳黄色，夏季开放。常作一年生栽培。栽培于花境边缘或作地被植物。

雪丛黑面神 *Breynia disticha*
(*B. nivosa*, *Phyllanthus nivosus*)
(Snow bush)
常绿灌木。分枝良好。茎细长。叶绿色，具大理石状斑。花微小，淡绿色，无花瓣，陆续开放。耐最低温度13℃。

'花边'露兜树 *Pandanus tectorius* 'Veitchii'
(*P. veitchii*)(Veitch's screw pine)
常绿灌木。直立。枝拱形。叶丛莲座状，叶长，淡绿色，边缘白色至乳黄色，具刺状锯齿。耐最低温度13～16℃。

鳞叶菊 *Leucophyta brownii*
常绿灌木。分枝多。枝灰色，柔软而光滑。叶小，鳞片状。头状花序，成簇。花芽银白色，花淡黄色，夏季开放。耐最低温度7～10℃。

桂叶茶藨子 *Ribes laurifolium*
常绿灌木。冠开展。叶深绿色，革质。总状花序，下垂，花淡绿黄色，冬末和初春开放。若雌、雄株种植在一起，雌株会结果，浆果黑色，可食。

'银边'狭叶染料木 *Coprosma* x *kirkii* 'Variegata'
常绿灌木。枝密集，幼枝平卧，成年枝半直立。叶单生或丛生，边缘白色。若雌、雄株种植在一起，雌株秋季结果，果实小，白色，透明。

小木艾 *Artemisia arborescens*
常绿灌木。直立。因观赏其叶而栽培。叶细裂，银白色。头状花序，花小，亮黄色，夏季至初秋开放。

OTHER RECOMMENDED PLANTS:
Brunfelsia pauciflora 'Macrantha', illus. p.167
Eranthemum pulchellum
HEATHERS, illus. p.178～p.179
Vinca difformis
Artemisia arborescens 'Faith Raven'
Breynia disticha 'Roseopicta'
DWARF CONIFERS, illus. p.110～p.111
Euonymus fortunei 'Coloratus'
Euonymus fortunei 'Emerald Gaiety'
Pseuderanthemum atropurpureum
Pseudowintera colorata
Ruta graveolens 'Jackman's Blue', illus. p.177
Sideritis candicans
Ursinia sericea

小型灌木 全年观赏

绿色

碟叶宽萼苏 ***Ballota acetabulosa***
常绿亚灌木。叶幕圆丘状，叶灰绿色，圆形，背面被毛。花小，轮生，粉红色，仲夏至夏末开放。

白背越橘 ***Vaccinium glaucoalbum***
常绿灌木。叶深绿色，幼叶淡绿色，背面淡蓝白色。花白色，微带粉红色，春末至初夏开放。果实蓝黑色。

柏状长阶花 ***Hebe cupressoides***
常绿灌木。直立。冠密集。叶似柏树叶，灰绿色。花微小，淡紫色，初夏至仲夏开放。

舌苞假叶树 ***Ruscus hypoglossum***
常绿灌木。丛生。小枝拱形。叶状枝扁平，先端尖，亮绿色，具光泽。花微小，黄色，春季开放。浆果大，亮红色。

小蔓长春花 ***Vinca minor*** (Lesser periwinkle)
常绿亚灌木。枝平卧至开展。叶小，暗绿色，具光泽，呈大面积席状铺地。花小，紫色、蓝色或白色，多在仲春至初夏开放。

含羞草 ***Mimosa pudica*** (Humble plant, Sensitive plant)
常绿灌木。短命植物。茎具刺。需支撑。叶似蕨类，触摸时，叶折叠。花小，淡紫粉红色，夏秋开放。耐最低温度13～16℃。

滨柃 ***Eurya emarginata***
常绿灌木。生长慢。冠球状，密集。叶小，深绿色，革质，春末或夏季开放。浆果微小，紫黑色。

蕊帽忍冬 ***Lonicera pileata***
常绿灌木。低矮。冠开展。叶窄，暗绿色。花微小，短管状，乳白色，春末开放。浆果紫色。为良好的地被植物。

矮棕（丛榈） ***Chamaerops humilis*** (Dwarf fan palm, European fan palm)
常绿棕榈状植物。生长慢。成年植株可萌蘖。叶扇形，长60～90cm，裂片绿色至灰绿色。花小，黄色，夏季开放。

雅艾 ***Artemisia abrotanum*** (Lad's love, Old man, Southernwood)
落叶或半常绿灌木。丛生。叶灰绿色，芳香，裂片极细长。头状花序，成簇，花小，淡黄色，夏末开放。

'绿枕' 小叶黄杨 ***Buxus microphylla* 'Green Pillow'**
常绿灌木。低矮，丛生。冠密集。叶幕球状，叶小，密集，卵形，暗绿色。花不明显，春末或初夏开放。

小箬棕（短茎沙巴榈） ***Sabal minor*** (Dwarf palmetto)
常绿棕榈状植物。具萌蘖。茎大部分在地下。叶扇形，有分裂，裂片20～30，绿色或灰绿色。花序直立，花小，白色。浆果黑色，具光泽。耐最低温度5℃。

Brachyglottis rotundifolia
Buxus microphylla
Coprosma x *kirkii*
Danäe racemosa
Daphne laureola
DWARF CONIFERS, illus. p.110～p.111
Ephedra gerardiana
Euonymus fortunei 'Kewensis'
Euonymus fortunei 'Sarcoxie'
Hymenanthera crassifolia
Macrozamia spiralis
Ruscus aculeatus
Salvia officinalis cvs
Serissa foetida

绿色至黄色

‘矮灌’锦熟黄杨 ***Buxus sempervirens* ‘Suffruticosa’**
常绿灌木。低矮。叶幕密集，叶卵形，亮绿色。花不明显，春末和初夏开放。用作绿篱通常修剪成15cm高。

5ft 1.5m / 5ft 1.5m

‘蓝粉’芸香 ***Ruta graveolens* ‘Jackman’s Blue’**
常绿亚灌木。丛生。冠密集。叶芳香，细裂，蓝色。具花序，花小，绿黄色，夏季开放。

5ft 1.5m / 5ft 1.5m

‘彩虹’大叶木藜芦 ***Leucothöe fontanesiana* ‘Rainbow’**
常绿灌木。枝拱形。叶暗绿色，革质，具锐锯齿，成年叶具粉红色至乳黄色斑。总状花序，花白色，生于枝下方，春季开放。

5ft 1.5m / 8ft 2.5m

黄色至橙色

‘巴格森金’光亮忍冬 ***Lonicera nitida* ‘Baggesen’s Gold’**
常绿灌木。丛生。小枝长，拱形。叶微小，亮黄色。花不明显，黄绿色，偶尔开放。果实紫色。

5ft 1.5m / 5ft 1.5m

‘黄斑’药用鼠尾草 ***Salvia officinalis* ‘Icterina’**
常绿或半常绿灌木。丛生。常用作烹调香料。叶芳香，灰绿色，具淡绿色和淡黄色斑块。花小，管状，二唇形，淡紫色，偶尔开放。

5ft 1.5m / 5ft 1.5m

‘金翡翠’扶芳藤 ***Euonymus fortunei* ‘Emerald ’n’ Gold’**
常绿灌木。丛生。叶亮绿色，冬季边缘亮黄色和淡粉红色。

5ft 1.5m / 5ft 1.5m

斑纹变叶木 ***Codiaeum variegatum* var. *pictum* (Croton)**
常绿灌木。直立。枝稀疏。叶革质，具光泽，叶形和大小变化多，具粉红色、橙色或黄色斑。耐最低温度10～13℃。

5ft 1.5m / 5ft 1.5m

金鸡蜡（金脉木，黄脉爵床） ***Sanchezia speciosa* (*S. nobilis* of gardens)**
常绿灌木。直立。茎柔软。叶具光泽，主脉带状，黄色或白色。花管状，黄色，生于红色苞片腋部，夏季开放。耐最低温度15～18℃。

5ft 1.5m / 5ft 1.5m

‘拇指汤姆’薄叶海桐 ***Pittosporum tenuifolium* ‘Tom Thumb’**
常绿灌木。冠圆形，密集。幼叶淡绿色，成年叶深红褐色，与幼叶对比明显。花冠杯状，淡紫色，夏季开放。

5ft 1.5m / 5ft 1.5m

DWARF CONIFERS, illus. p.110～p.111

Euonymus fortunei ‘Gold Tip’
Euonymus fortunei ‘Sunspot’

石南类植物

石南类植物因其现有的原种和品种可供全年观赏而备注受关注。有几种供观赏其金黄的叶色，冬季常变为深橙色。其他种类花期长，夏季、秋季或冬季开花。本类植物花色丰富，偶尔也有双色花。重瓣花干燥后可作冬季装饰品。石南类植物的株形多种多样，从6m高的乔木状石南直至矮生的平卧植物，其中许多种类为优良的地被植物。

此类植物包括3个属：帚石南属（*Calluna*），大宝石南属（*Daboecia*）和石南属（*Erica*）。所有帚石南属和大宝石南属的品种和多数石南属的原种必须种在酸性土壤上，除此之外不需要特别养护。每种植物的主要观赏季节在下面分别注明。

'白毛' 四叶石南
(夏季～秋季)
E. tetralix 'Alba Mollis' ♡

'白翅' 缘毛石南
(夏季)
E. ciliaris 'White Wings'

'威克洛郡' 帚石南
(夏季～秋季)
C. vulgaris 'County Wicklow' ♡

'黎明' 艳芽石南
(夏季)
E. x watsonii 'Dawn' ♡

'里昂利斯' 英国石南
(夏季～秋季)
E. vagans 'Lyonesse' ♡

'大卫·麦克林托克' 缘毛石南 (夏季) *E. ciliaris* 'David McClintock' ♡

'银后' 帚石南
(夏季～秋季)
C. vulgaris 'Silver Queen' ♡

'达尔利谷' 达尔利石南
(冬季～春季)
E. x darleyensis 'Darley Dale'

'金诺赫瑞' 帚石南
(夏季～秋季) *C. vulgaris*
'Kinlochruel' ♡

'虎克斯顿白' 灰色石南
(夏季) *E. cinerea* 'Hookstone White' ♡

高山石南
(冬季～春季)
E. arborea var. *alpina* ♡

'爱尔西·普勒' 帚石南
(夏季～秋季)
C. vulgaris 'Elsie Purnell' ♡

'威廉姆斯' 展枝石南
(夏季) *E. x williamsii*
'P.D. Williams' ♡

'春乳白' 帚石南
(春季～秋季)*C. vulgaris*
'Spring Cream' ♡

'罗纳德·格雷' 马凯石南
(夏季) *E. mackaiana*
'Dr Ronald Gray'

黑药石南（沟皮石南）
(冬季～春季)
E. canaliculata ♡

'梦境' 帚石南
(夏季～秋季)
C. vulgaris 'My Dream'

'精灵山' 达尔利石南
(冬季～春季)
E. x darleyensis 'Ghost Hills' ♡

'银泉' 苏格兰大宝石南
(春季～秋季)
D. x scotica 'Silverwells'

'小金星' 春石南
(全年)
E. carnea 'Golden Starlet' ♡

'白无暇' 达尔利石南
(冬季～春季) *E. x darleyensis*
'White Perfection' ♡

'安东尼·戴维斯' 帚石南
(夏季～秋季) *C. vulgaris*
'Anthony Davis' ♡

'埃克塞特' 维氏石南
(冬季～春季)
E. x veitchii 'Exeter' ♡

'白亮' 达尔利石南
(冬季～春季) *E. x darleyensis*
'White Glow'

'哈密尔顿' 帚石南
(夏季～秋季)
C. vulgaris 'J.H. Hamilton' ♡

'重瓣' 马凯石南
(夏季)
E. mackaiana 'Plena'

'粉钟' 维氏石南
(冬季～春季) *E. x veitchii*
'Pink Joy'

'春木白' 春石南
(冬季～春季) *E. carnea*
'Springwood White' ♡

'阿尔奇·格雷汉姆' 达尔利石南 (冬季～春季) *E. x darleyensis* 'Archie Graham'

'双色' 大宝石南
(春季～秋季)
D. cantabrica 'Bicolor' ♡

'威廉·布坎南' 苏格兰大宝石南（春季～秋季）*D.* x *scotica* 'William Buchanan' ♀

'桦采' 英国石南
（夏季～秋季）
E. vagans 'Birch Glow' ♀

'粉红星' 四叶石南
（夏季～秋季）
E. tetralix 'Pink Star' ♀

'科菲城堡' 缘毛石南
（夏季）
E. ciliaris 'Corfe Castle' ♀

'伊森' 灰色石南
（夏季）
E. cinerea 'C.D. Eason' ♀

'冈·安德伍德' 四叶石南
（夏季～秋季）*E. tetralix*
'Con Underwood' ♀

'亚历山大' 帚石南
（秋季～冬季）
C. vulgaris 'Alexandra'

'伊甸园' 灰色石南
（夏季）
E. cinerea 'Eden Valley' ♀

'明亮' 地中海石南
（春季）
E. erigena 'Brightness'

'腊月红' 春石南
（冬季）
E. carnea 'December Red'

'彼得·斯巴克斯' 帚石南
（夏季～秋季）
C. vulgaris 'Peter Sparkes'

'王牌' 帚石南
（夏季）
C. vulgaris 'Tib' ♀

'暗色' 帚石南
（夏季～秋季）
C. vulgaris 'Darkness' ♀

'紫丽' 灰色石南
（夏季）
E. cinerea 'Purple Beauty'

'维弗利' 春石南
（冬季～春季）
E. carnea 'Vivellii' ♀

'银骑士' 帚石南
（夏季～秋季）*C. vulgaris*
'Silver Knight'

'罗莎莉' 春石南
（全年）
E. carnea 'Rosalie'

'福克斯矮种' 帚石南
（全年）
C. vulgaris 'Foxii Nana'

'卫兹伍德黄叶' 春石南（全年）
E. carnea 'Westwood Yellow' ♀

'金女士' 地中海石南
（全年）
E. erigena 'Golden Lady' ♀

'沃勒列之光' 英国石南
（全年）*E. vagans*
'Valerie Proudley' ♀

'安·斯帕克斯' 春石南
（全年）
E. carnea 'Ann Sparkes' ♀

'金羽' 帚石南
（全年）
C. vulgaris 'Golden Feather'

'萤火虫' 帚石南
（全年）
C. vulgaris 'Firefly' ♀

'金雾' 帚石南
（全年）
C. vulgaris 'Gold Haze' ♀

'罗伯特·查普曼' 帚石南
（全年）*C. vulgaris* 'Robert Chapman' ♀

'温德尔布鲁克' 灰色石南
（全年）*E. cinerea*
'Windlebrooke' ♀

'贝奥尼金叶' 帚石南
（全年）
C. vulgaris 'Beoley Gold' ♀

'菲得尔金叶' 灰色石南
（秋季～冬季）
E. cinerea 'Fiddler's Gold' ♀

'多彩' 帚石南
（全年）
C. vulgaris 'Multicolor'

'博斯库普' 帚石南
（全年）
C. vulgaris 'Boskoop'

月季、蔷薇类

月季、蔷薇类植物的栽培历史悠久，可以追溯到许多世纪以前，但它们也是任何一个现代花园中很有价值的材料。只要种植在光照充足和水肥良好的条件下，它们会整个夏季开花，以灿烂和芬芳的花朵回报您的辛勤照料。

月季、蔷薇类

美丽芳香的月季、蔷薇类植物最具浪漫色彩，是任何其他单一植物类群不可比拟的，很多人栽种并喜爱它们。在某些人看来，它们是现代花园中几乎不可缺少的植物材料。

栽培要点

蔷薇属(*Rosa*)约有150个原种和数千个品种（包括古典和现代月季），可满足多种不同条件花园的需要。它们原产于整个北半球的各种生境条件，除少数种类外，多数栽培种类都很耐寒。只要满足它们所要求的条件就会开出繁盛的花朵。

月季、蔷薇类植物喜开阔、阳光充足，肥沃、富含腐殖质、湿润但排水良好的土壤。这些植物易感染由大量积累的有害土壤微生物造成的土壤病害，因此应避免在栽培过本类植物的土壤上连续种植。

月季、蔷薇类植物与球根花卉、宿根花卉和其他灌木可混合种植在花境内，但是要保证邻近植物之间不直接竞争水分和养分。可与之相伴的植物应是浅根植物，如多数种类的草本植物、天竺葵和石竹（*Dianthus*）的品种，也可以使植物之间保持足够的距离，以便能够在月季、蔷薇类植物的根际覆盖有机物和施肥。

四季观赏

作为一个类群，月季、蔷薇类植物花期很长，从初夏开花的‘春晨’月季（*R.*‘Frühlingsmorgen’），经过仲夏的盛花季节，直到寒霜初降，它们之中有很多种类可以反复开花。有些种类还有引人注目的果实（蔷薇果），果实延长了其观赏期，如玫瑰醒目的番茄状蔷薇果、华西蔷薇（*R. moyesii*）亮猩红色的瓶状果实以及茴芹叶蔷薇（*R. pimpinellifolia*）黑色的球状蔷薇果。定期摘除枯花也可延长花期，因为这样可以省下供种子所消耗的养分而用于开花。

观赏特性

月季、蔷薇类植物的花色几乎包含了色谱中的所有颜色，仅纯蓝色除外。有些种类有强烈芳香，有突厥蔷薇的浓烈香味，也有麝香和香料般的芳香。少数蔷薇具有观赏性的刺，如扁刺峨眉蔷薇（*R. sericea* subsp. *omeiensis* f. *pteracantha*），其刺大，三角形，照亮背面时呈血红色。

叶也具有装饰效果，紫叶蔷薇（*R. glauca*）柔和的灰紫色叶和白蔷薇的蓝绿色叶都成为深红色和紫色花朵的完美衬托。叶的质地从光滑到粗糙，从精美的蕨叶状到玫瑰（*R. rugosa*）叶的明显皱纹。

闲适的自然式配置

上图：在这个自然式植物配置中，优美的拱形灌木‘樱桃红’蔷薇（*Rosa*‘Cerise Bouquet’）的一片繁花在纸花葱（*Allium cristophii*）粉红色的球状花序和毛地黄（*Digitalis purpurea*）鲜艳的锥形花序的映衬下相得益彰。

装饰

右图：爬满在坚实的拱形架上的铁线莲和茁壮、多花的蔓生植物给设计的景观增加了高度感，形成一个完美的框架，把人们的视线吸引到其中的观赏焦点处。

夏季花境配置

上图：葱属植物和髯毛鸢尾特别适合在仲夏花境中与月季配植，而灰色叶的艾属植物可为月季花的强烈色彩提供一个中性的背景。心叶海甘蓝更可为月季的芳香增加额外的雅韵。

盆栽蔷薇

右图：较小的丛枝灌木月季，特别是微型月季和露台月季，是理想的盆栽植物。另一种方法是把蔓生的地被月季栽在吊篮内。

园林用途

月季、蔷薇类植物在园林设计中有多种功能，因为它们具有多种多样的株形，包括圆丘形、有时茎生根的地被月季，有密刺的法国蔷薇，以及具有开张的优美拱形枝的月季和突厥蔷薇。许多种类至少有两种不同用途。

以规则风格布局的月季园大概是栽种月季和蔷薇类植物最传统的方式了。几何形整齐排列的花境特别适合许多整齐向上生长的灌木蔷薇。月季作为单株展示种植也很好，只不过有这么多的优良品种可供挑选，要确定哪一种最合意还真非易事。

月季、蔷薇类的植株变化很大，小的只有20cm高，如小月季（*R.* 'Rouletii'），它们可以完美地在花盆和窗台花池内栽培，高大的可达10m以上，如攀缘至大树上的蔓性种类'博比'月季（*R.* 'Bobbie James'）。枝密、多刺而较高的灌木类型，如玫瑰，可用来把花园分隔成小区。高大的品种可做成隐蔽而具有安全感的、密不透风的绿篱边界，低矮的品种可做成矮篱或边植以形成花园的间隔部分。

藤本和蔓性月季的用途多种多样，既可培育为沿墙壁攀缘的彩色背景，也可作前景植物栽培，还可攀缘到格架上形成屏障。像所有的攀缘植物一样，它们在柱子、藤架、拱廊上生长时可以给人们高度感，因而是很有价值的。如果依附在三角架和锥形架上生长，则可形成一个引人注目的观赏点。还有许多蔓性种类整枝形成有主干的下垂株形，成为优美而引人注目的焦点。

地被月季特别适于阳光充足而难以涉足的河岸地带，因为多数这类植物都不需要定期修剪。

盆栽

矮小的月季，尤其是微型丛枝灌木月季，非常适合盆栽。最小的品种'婴儿聚会'月季(*R.* BABY MASQUERADE)('Tanba')和'丽焰'月季(*R.* DARLING FLAME)('Meilucca')，适合在窗台上的花池内栽培，而蔓生和开展的品种如'肯特'月季(*R.* KENT)('Poulcov')适合种在花篮中。

灌木月季与古典月季、蔷薇

□ 白色

‘哈蒂’蔷薇 *R.* ‘Madame Hardy’
直立突厥蔷薇。生长旺盛。叶多，革质，无光泽。花浓香，四分莲座状，完全重瓣，直径10cm，白色，心部绿色，夏季开放。株高1.5m，冠径1.2m。

‘雪球’蔷薇 *R.* ‘Boule de Neige’
直立波邦蔷薇。枝拱形。花浓香，杯状至莲座状，完全重瓣，白色，有时带粉红色晕，直径8cm，夏秋开放。叶有光泽，暗绿色。株高1.5m，冠径1.2m。

‘重瓣’茴芹叶蔷薇 *R. pimpinellifolia* ‘Plena’
多刺蔷薇。枝密集、伸展。花杯状，重瓣，乳白色，直径4cm，初夏开放。叶小，蕨叶状，暗绿色。蔷薇果淡黑色。株高1m，冠径1.2m。

‘佩内洛普’蔷薇 *R.* ‘Penelope’
灌丛月季。枝密集。叶多，暗绿色。花多簇生，芳香，杯状，重瓣，粉红色至乳黄色，直径8cm，夏秋开放。株高和冠径1m，较度修剪可更高。

月季、蔷薇的类群

因花朵格外美丽而种植的月季、蔷薇类已有数百年的栽培历史，经过广泛的杂交，衍生出大量的灌木品种，适宜作标本植物栽培，或用于花境，作绿篱，或培育成沿墙壁、藤架和柱子攀缘的藤本植物。月季、蔷薇可分为3个主要类群：

原种

原种（即野生种）及带有亲本多数特征的杂交种，一般集中在夏季开一次花，秋季结果。

古典月季和蔷薇

白蔷薇（Alba）：大型、多分枝蔷薇类，花簇生，仲夏开放。叶多，灰绿色。
波邦蔷薇（Bourbon）：灌木，株形开张，多次开花，可作为攀缘植物整形，花常3朵成一簇，夏秋开放。
月季（China）：灌木，多次开花。花单生或簇生，夏秋开花。需庇荫。
突厥蔷薇（Damask）：灌木，株形开张，花簇松散，花通常甚芳香，主要在夏季开花。
法国蔷薇（Gallica）：灌木，枝条甚密集。花色浓艳，花常3朵成一簇，夏季开放。
杂种长春月季（Hybrid Perpetual）：灌木，长势旺盛、多次开花。花单生或3朵为一簇，夏秋开放。
苔蔷薇（Moss）：灌木，株形常较松散。茎和花萼被毛和苔藓状物，夏季开花。
诺瑟特月季（Noisette）：藤本，多次开花。花簇大，夏秋开放，具轻微香味。需庇荫。
波特兰蔷薇（Portland）：直立灌木，枝甚密。多次开花。花松散簇生，夏秋开放。
百叶蔷薇（Provence或Centifolia）：松散多刺灌木。花芳香，夏季开放。
长绿蔷薇 Sempervirens：半常绿攀缘蔷薇，花多，夏末开放。
茶香月季（Tea）：多次开花的灌木和攀缘植物，花芽尖而优美，花松散，芳香。需庇荫。

现代月季

灌木月季（Shrub）：一个多样化的类群，本书将它们与古典月季、蔷薇放在一起是因为它们之间有相似的特征。多数多次开花，且比丛枝灌木月季株形大，花单生或形成花序，夏季或秋季开放，或夏秋两季连续开放。

花型

近年来，通过大规模杂交育种工作，月季成为具有多种不同性状的、尤其是具有不同的花型并常带有强烈芳香的类群。下面图解中的花型，是对处于完美状态（某些情况下可能是花尚未完全开放时的状态）时形状的一个概括介绍。生长条件可能会影响到花型。花可能为单瓣（4～7片花瓣）、半重瓣（8～14片花瓣）、重瓣（15～30片花瓣）、完全重瓣（超过30片花瓣）。

坛状（urn-shaped）
经典、反卷、平顶的杂种香水月季花形，半重瓣到完全重瓣。

球状（rounded）
通常重瓣或完全重瓣，大小相同的花瓣重叠形成碗状或圆球状外形。

平展（flat）
花瓣开张，通常单瓣或半重瓣，花瓣几乎平展。

莲座状（rosette）
常重瓣或完全重瓣，较扁平，花瓣多而繁杂，大小不等，略重叠。

杯状（cupped）
花瓣开张，单瓣至完全重瓣，花瓣从花心轻微向外反卷。

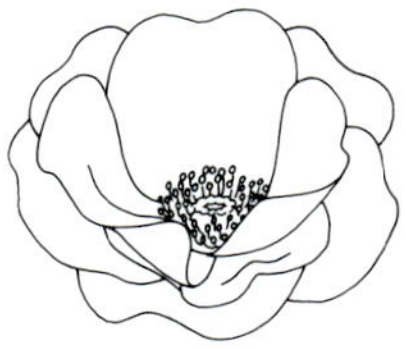

四分莲座状（quartered-rosette）
花形较平，通常重瓣或完全重瓣，花瓣繁杂，大小不等，排列成四等分。

突心状（pointed）
花呈杂种香水月季花形，半重瓣至完全重瓣，具高而紧密的花心。

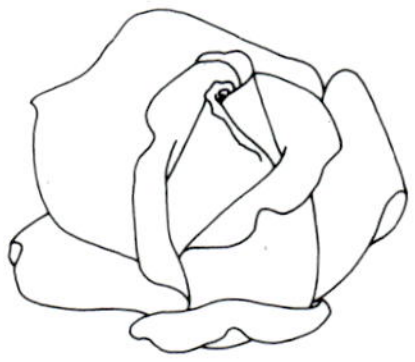

绒球状（Pompon）
花小，球状，重瓣或完全重瓣，常簇生，花瓣小而多。

大花月季（杂种香水月季）（Hybrid tea）：多次开花的灌木。花大，夏秋开放。
丰花月季（Floribunda）：多次开花的灌木。花通常形成大花序，夏秋开放。
矮生丰花月季（Patio）：株形整齐、多次开花的灌木。花形成花序，夏秋开放。
微型月季（Miniature bush）：植株极小、多次开花的灌木。花小，形成花序，夏秋开放。
多花小月季（Polyantha）：植株强壮、株形紧凑、多次开花的灌木。花小而多，夏秋开放。
地被月季（Ground cover）：蔓生，枝条延伸，有些品种仅夏季开花，其他品种夏秋多次开花。
攀缘月季（Climbing）：植株强壮、攀缘，花和生长状况多种多样，有些品种仅夏季开花，其他品种夏秋多次开花。
蔓性月季（Rambler）：植株强壮、攀缘，茎柔韧，具花序，多数在夏季开花。

白色至粉红色

‘雪白’蔷薇 *R.* ‘Dupontii’
(*R. moschata* var. *nivea*)
(Snowbush rose)
灌木状蔷薇。直立，丛生。叶多，淡灰色。花序多，花芳香，直径6cm，花瓣平展，单瓣，白色，微带粉红色，仲夏开放。株高和冠径2.2m。

‘内华达’蔷薇 *R.* ‘Nevada’
灌木状蔷薇。冠密集。枝拱形。叶多，淡绿色。花多，芳香，直径10cm，花瓣平展，半重瓣，乳白色，夏季开放，稀秋季开放。株高和冠径2.2m。

‘珍珠堆’蔷薇 *R.* PEARL DRIFT (‘Leggab’)
灌木状蔷薇。冠开展，丛生。具花序，花微芳香，杯状，重瓣，粉红色，直径10cm，夏秋开放。叶多，具光泽。株高1m，冠径1.2m。

R. ‘Aimée Vibert’
R. ‘Alba Semiplena’
R. ‘Blanche Moreau’
R. ‘Jacqueline du Pré’
R. ‘Mousseline’
R. ‘Noisette Carnée’
R. ‘Souvenir de la Malmaison’

粉红色

‘范丁·拉托’蔷薇 *R.* ‘Fantin-Latour’
百叶蔷薇。灌木状。生长旺盛，花芳香，杯状，花瓣平展，完全重瓣，粉红色，具整齐的绿色斑点，直径10cm，夏季开放。叶宽大，暗绿色。株高1.5m，冠径1.2m。

‘迈尔’蔷薇 *R.* ‘Conrad Ferdinand Meyer’
灌木状蔷薇。生长旺盛。枝拱形。花多，杯状，完全重瓣，粉红色，直径7cm，极芳香，夏季开放，少数在秋季开花。叶革质，近铁锈色。株高2.5m，冠径1.2m。

‘羞红’蔷薇 *R.* ‘Great Maiden’s Blush’ (*R.* ‘Cuisse de Nymphe’, *R.* ‘La Séduisante’)
白蔷薇。直立。生长旺盛。花极芳香，莲座状，重瓣，粉红白色，直径8cm，仲夏开放。株高2m，冠径1.3m。

‘天蓝’蔷薇 *R.* ‘Céleste’
(*R.* ‘Celestial’)
白蔷薇。丛生。生长旺盛。冠开展。花芳香，杯状，重瓣，淡粉红色，直径8cm，夏季开放。为良好的绿篱植物。株高1.5m，冠径1.2m。

‘幸福’蔷薇 *R.* ‘Felicia’
灌木状蔷薇。生长旺盛。叶多，健壮，灰绿色。花芳香，杯状，重瓣，直径8cm，淡粉红色，微带杏黄色，夏季开放。株高1.5m，冠径2.2m。

锈红蔷薇 *R. rubiginosa* (*R. eglanteria*) (Eglantine, Sweet briar)
具刺的蔷薇属原种。生长旺盛。枝拱形。叶具特殊的苹果香味。花杯状，单瓣，粉红色，直径2.5cm，仲夏开放。蔷薇果红色，秋季成熟。株高和冠径2.4m。

R. ‘Cécile Brünner’
R. ‘Félicité Parmentier’
R. ‘Kathleen Harrop’
R. ‘Omar Khayyám’

灌木月季与古典月季、蔷薇

粉红色

‘红垫’蔷薇　*R.* Rosy Cushion (‘Interall’)
灌木状蔷薇。冠密集。枝开展。叶多，具光泽，暗绿色。花杯状，半重瓣，芳香，簇生，直径6cm，粉红色，花心象牙色，夏秋开放。株高1m，冠径1.2m。

紫叶蔷薇　*R. glauca*（*R. rubrifolia*）
蔷薇属原种。生长旺盛。枝拱形。因观赏其茎和叶而栽培。茎红色。叶细小，灰紫色。花平展，单瓣，樱桃红色，直径4cm，花心灰白色，雄蕊金黄色，初夏开放。蔷薇果红色，秋季成熟。株高2m，冠径1.5m。

‘雏菊堆’蔷薇　*R.* ‘Marguerite Hilling’（*R.* ‘Pink Nevada’）
灌木状蔷薇。冠密集。枝拱形。花多，芳香，花平展，半重瓣，直径10cm，夏季开放，少数秋季开放。叶淡绿色。株高和冠径2.2m。

‘维多利亚’蔷薇　*R.* ‘Reine Victoria’
波邦蔷薇。冠松散。茎细长。叶淡绿色。花甜香，莲座状，重瓣，直径8cm，深浅不一的粉红色，夏秋开放。可靠柱子而生。株高2m，冠径1.2m。

‘折叠’蔷薇　*R.* ‘Complicata’
法国蔷薇。生长极旺盛。枝拱形，具刺。常用作大型绿篱。花微芳香，杯状，单瓣，直径11cm，粉红色，花心灰白色，仲夏开放。株高2.2m，冠径2.5m。

‘戴恩马克’蔷薇　*R.* ‘Königin von Dänemark’（*R.* ‘Belle Courtisanne’）
白蔷薇。生长旺盛。花极芳香，四分莲座状，花瓣极开张，完全重瓣，浓粉红色，直径8cm，具绿色斑点，仲夏开放。株高1.5m，冠径1.2m。

‘粉勋’蔷薇　*R.* ‘Pink Grootendorst’
灌木状蔷薇。丛生，直立。叶小而多。具花序，花莲座状，重瓣，直径5cm，花瓣淡粉红色，边缘具锯齿，夏秋开放。株高2m，冠径1.5m。

‘邦尼卡’蔷薇　*R.* Bonica (‘Meidonomac’)(*R.* ‘Bonica ’82’)
灌木状蔷薇。生长旺盛。冠开展。花序大，花微芳香，杯状，完全重瓣，玫瑰粉红色，直径7cm，夏秋开放。叶多，具光泽。株高1m，冠径1.1m。

‘康斯坦斯’蔷薇　*R.* Constance Spry (‘Austance’)
灌木状蔷薇。枝拱形。有支撑物时可攀缘。花杯状，完全重瓣，粉红色，直径12cm，具香味，夏季开放。叶大而多。株高2m，冠径1.5m。

R. x *centifolia* ‘Cristata’
R. x *centifolia* ‘Muscosa’
R. ‘Frühlingsmorgen’
R. ‘Gloire des Mousseux’
R. ‘Ispahan’
R. ‘Louise Odier’
R. ‘Madame Ernest Calvat’
R. ‘Madame Pierre Oger’
R. ‘Mary Rose’
R. ‘Perle d’Or’
R. ‘Saint Nicholas’
R. ‘Tricolore de Flandre’

‘莱茵’月季　*R.* ‘Mrs John Laing’
杂种长春月季。丛生。叶多，淡绿色。花极芳香，球状，完全重瓣，粉红色，直径12cm，夏季开放，少数秋季开放。株高1m，冠径80cm。

‘变色’香水月季　*R.* x *odorata* ‘Mutabilis’（*R. chinensis* ‘Mutabilis’）
月季型。幼叶铜红色。花浅杯状，花开张，单瓣，直径6cm，淡黄色，后变为铜粉红色或深红色，夏秋开放。株高和冠径均为1m，攀附墙壁生长时可达2m。

玫瑰　*R. rugosa* (Hedgehog rose, Japanese rose)
蔷薇属原种。生长旺盛。冠密集。叶大，皱褶。花杯状，单瓣，白色或紫红色，直径9cm，夏秋开放。蔷薇果大，红色。株高和冠径均为1～2m。

‘花坛’蔷薇　*R.* ‘Roseraie de l’Haÿ’
灌木状蔷薇。生长旺盛。冠密集。花多，极芳香，杯状至平展，重瓣，红紫色，直径11cm，夏秋开放。叶多，可抗病。株高2.2m，冠径2m。

‘苍白’香水月季　*R.* x *odorata* ‘Pallida’ (Old blush china, Parson’s pink china)
月季型。丛生。可攀缘支架和墙壁。花多，杯状，重瓣，粉红色，直径6cm，夏季至秋末开放。株高1m，冠径80cm以上。

‘仙鹤’华西蔷薇　*R. moyesii* ‘Geranium’（*R.* ‘Geranium’）
蔷薇属原种。生长旺盛。枝拱形。花平展，单瓣，直径5cm，暗猩红色，雄蕊黄色，夏季开放。叶小，暗绿色。蔷薇果大，红色，秋季成熟。株高3m，冠径2.5m。

‘变色’法国蔷薇　*R. gallica* ‘Versicolor’ (Rosa mundi)
法国蔷薇。冠整齐。花具光泽，微芳香，花瓣平展，极淡粉红色，具深红色条纹，半重瓣，直径5cm，夏季开放。株高75cm，冠径1m。

‘佩雷尔’蔷薇　*R.* ‘Madame Isaac Pereire’
波邦蔷薇。生长旺盛。枝拱形。花芳香，杯状或四分莲座状，完全重瓣，直径15cm，深紫色至粉红色，夏秋开放。株高2.2m，冠径2m。

‘红苔’蔷薇　*R.* ‘Henri Martin’（*R.* ‘Red Moss’）
苔蔷薇。直立。生长旺盛。花莲座状，重瓣，淡紫至深红色，直径9cm，花萼微芳香，背面被毛和绿色的‘苔藓状’附属物，夏季开放。株高1.5m，冠径1m。

R. ‘Armada’
R. ‘Commandant Beaurepaire’
R. ‘Du Maître d’Ecole’
R. ‘Fellenberg’
R. gallica var. *officinalis*
R. ‘Honorine de Brabant’
R. macrophylla
R. moyesii
R. ‘Président de Sèze’
R. ‘Variegata di Bologna’

灌木月季与古典月季、蔷薇

红色至紫色

‘摩洛哥皇帝’蔷薇
***R.* ‘Empereur du Maroc’**
杂种长春月季。灌木状。冠密集。花芳香，四分莲座状，完全重瓣，直径8cm，浓紫红色，夏季开放，稀秋季开放。株高1.2m，冠径1m。

☼ ◊ ❄❄❄

‘克雷西’蔷薇 *R.* ‘Belle de Crécy’
法国蔷薇。冠极松散。刺少。花莲座状，完全重瓣，直径8cm，粉红色，微带灰紫色，具绿色斑点，具浓辛辣香味，夏季开放。株高1.2m，冠径1m。

☼ ◊ ❄❄❄ 🏆

‘休漠’蔷薇 *R.* CARDINAL HUME (‘Harregale’)
灌木状蔷薇。冠开展。花序密集，花杯状，完全重瓣，红紫色，直径7.5cm，具麝香气味， 夏秋开放。株高和冠径均为1m。

☼ ◊ ❄❄❄

‘洛布’月季 *R.* ‘William Lobb’
(*R.* ‘Duchesse d’Istrie’)
苔蔷薇。枝健壮，拱形，具刺。支撑时攀缘。花莲座状，重瓣，深紫红色，可褪色为淡紫灰色，直径9cm，夏季开放。株高和冠径均为2m。

☼ ◊ ❄❄❄ 🏆

‘红富丽’蔷薇 *R.* ‘Cardinal de Richelieu’
法国蔷薇。冠密集。生长旺盛。叶多，暗绿色。花芳香，球状，完全重瓣，深葡萄酒紫色，直径7.5cm，夏季开放。株高1.2m，冠径1m。

☼ ◊ ❄❄❄ 🏆

‘旋瓣’蔷薇 *R.* ‘Tour de Malakoff’
百叶蔷薇。花芳香，莲座状，花瓣开张，重瓣，直径12cm，洋红色，可褪色为淡紫色，脉紫罗兰色，夏季开放。株高2m，冠径1.5m。

☼ ◊ ❄❄❄

R. ‘Assemblage des Beautés’
R. ‘Capitaine John Ingram’
R. ‘Charles de Mills’
R. ‘Nuits de Young’

R. ‘Robert le Diable’
R. ‘Souvenir d’Alphonse Lavallée’
R. ‘Tuscany Superb’
R. ‘Zigeunerknabe’

黄色

‘报春’蔷薇 *R. primula* (Incense rose)
蔷薇属原种。冠松散。枝拱形。花芳香，杯状，单瓣，樱草黄色，直径4cm，春末开放。叶多，芳香，蕨叶状。严冬季节会枯死。株高和冠径均为2m。

☼ ◊ ❄❄❄ 🏆

‘波斯’异味蔷薇 *R. foetida* ‘Persiana’ (*R.* ‘Persian Yellow’)
蔷薇属原种。枝直立至拱形。花杯状，重瓣，黄色，直径2.5cm，初夏开放。叶具光泽，易产生黑色斑点。可修剪枯枝以防寒风。株高和冠径均为1.5m。

☼ ◊ ❄❄❄

小黄刺玫 *R. ecae*
蔷薇属原种。直立。枝细长而坚硬。花杯状，单瓣，亮黄色，直径2cm，具麝香味，贴生于淡红色茎上，春末开放。叶优美，蕨叶形。需防风。株高1.5m，冠径1.2m。

☼ ◊ ❄❄❄

R. ‘Buff Beauty’
R. ‘Golden Wings’

黄色

‘金丝雀’黄刺玫 *R. xanthina* ‘Canary Bird’
杂交蔷薇。生长旺盛。冠密集。枝拱形。叶小，蕨叶状。花杯状，单瓣，黄色，直径5cm，具麝香味，春末开放，少数秋季开放。严冬时枯死。株高和冠径均为2.1m。

☼ 💧 ❄❄❄ 🏆

‘托马斯’月季 *R.* GRAHAM THOMAS (‘Ausmas’)
灌木月季。生长旺盛。冠松散。枝拱形。叶具光泽，亮绿色。花杯状，完全重瓣，黄色，直径11cm，芳香，夏秋开放。株高1.2m，冠径1.5m。

☼ 💧 ❄❄❄ 🏆

现代月季

白色至粉红色

‘冰山’月季 *R.* ICEBERG (‘Korbin’)(*R.* ‘Schneewittchen’)
灌木月季。具花序，花杯状，重瓣，白色，直径7cm，夏秋开放。叶多，具光泽。株高75cm，冠径65cm，若不重剪可更大。

☼ 💧 ❄❄❄ 🏆

‘梅里尔’月季 *R.* MARGARET MERRIL (‘Harkuly’)
丰花月季。直立。花单生或成花簇，花极芳香，重瓣，泛红白色或白色，花形好，坛状，直径10cm，夏秋开放。株高1m，冠径60m。

☼ 💧 ❄❄❄ 🏆

‘松鸡’月季 *R.* GROUSE (‘Korimro’)
地被月季。蔓生。叶多，具光泽。花平展，单瓣，粉红色，直径4cm，贴茎而生，芳香怡人，夏秋开放。株高45cm，冠径3m。

☼ 💧 ❄❄❄

‘伊丽莎白’月季 *R.* ‘Elizabeth Harkness’
大花月季。直立。植株整齐。叶多，暗绿色。花芳香，完全重瓣，突心状，直径12cm，淡红色，微带淡黄色，夏秋开放。株高80cm，冠径60cm。

☼ 💧 ❄❄❄

‘仙女’月季 *R.* ‘The Fairy’
矮生丰花月季。冠密集。垫状铺地。叶小而多，具光泽。花莲座状，重瓣，粉红色，直径2.5cm，夏末至秋季开放。株高和冠径均为60cm。

☼ 💧 ❄❄❄ 🏆

‘岩蔷薇’月季 *R.* ‘Nozomi’ (*R.* ‘Heideröslein’)
地被月季。蔓生。花平展，单瓣，亮粉红色或白色，直径2.5cm，贴茎而生，夏季开放。叶小，暗绿色。适宜盆栽。株高45cm，冠径1.2m。

☼ 💧 ❄❄❄ 🏆

OTHER RECOMMENDED PLANTS:
R. ‘City of London’
R. ‘Elina’
R. ‘English Miss’
R. ‘Hannah Gordon’
R. ‘Langford Light’
R. ‘Len Turner’
R. ‘Ophelia’
R. ‘Pascali’
R. ‘Sue Lawley’
R. ‘Yvonne Rabier’

现代月季

粉红色

‘粉铃’月季 *R.* Pink Bells (‘Poulbells’)
地被月季。冠极密集，开展。叶小而多，暗绿色。花球状，完全重瓣，粉红色，直径2.5cm，夏季开放。株高75cm，冠径1.2m。

‘伊丽莎白女王’月季 *R.* ‘Queen Elizabeth’
丰花月季。直立。花单生或成簇，花球状，完全重瓣，粉红色，直径10cm，花梗长，夏秋开放。叶大，革质。株高1.5m，冠径75cm，若不重剪可更大。

‘冰姜’月季 *R.* ‘Iced Ginger’
丰花月季。直立。叶稀少，淡红色。花单生或成簇，花重瓣，直径11cm，花突心状，淡黄色至铜粉红色，夏秋开放。株高90cm，冠径70cm。

‘高山日落’月季 *R.* ‘Alpine Sunset’
大花月季。冠密集。花芳香，球状，完全重瓣，桃黄色，直径20cm，生于短茎上，夏秋开放。叶大，半具光泽。严冬时枯死。株高和冠径均为60cm。

‘粉色’月季 *R.* Sexy Rexy (‘Macrexy’)
丰花月季。冠密集。花微芳香，杯状，茶花形，完全重瓣，粉红色，直径8cm，夏秋开放。叶暗绿色。株高和冠径均为60cm。

‘迷藏’月季 *R.* Peek-a-boo (‘Dicgrow’)（*R.* ‘Brass Ring’）
矮生丰花月季。冠密集。垫状铺地。花坛状，重瓣，杏黄粉红色，直径4cm，夏季至初冬开放。叶窄，暗绿色。株高和冠径均为45cm。

‘哈克里斯’月季 *R.* Rosemary Harkness (‘Harrowbond’)
大花月季。生长旺盛。叶多，具光泽。花单生或成簇，芳香，直径10cm，重瓣，突心状，橙红色或橙色，夏秋开放。株高1m，冠径75cm。

‘佳丽’月季 *R.* Lovely Lady (‘Dicjubell’)
大花月季。冠密集，球状。花多数，微芳香，直径10cm，重瓣，花突心状，玫瑰红色，夏秋开放。株高80cm，冠径70cm。

‘祝福’月季 *R.* ‘Blessings’
大花月季。直立。花单生或组成花序，微芳香，橙红色，坛状，完全重瓣，直径10cm，夏秋开放。叶大，暗绿色。株高1m，冠径75cm。

R. ‘Gentle Touch’
R. ‘Petit Four’
R. ‘Pink Parfait’
R. ‘Royal Highness’

粉红色

‘迪克逊’月季　*R.* Anisley Dickson (‘Dickimono’)
(*R.* ‘Dicky’, *R.* ‘Münchner Kindl’)
丰花月季。生长旺盛。花序大，花微芳香，直径8cm，重瓣，突心状，橙红色，夏秋开放。株高1m，冠径75cm。

‘银色佳节’月季　*R.* ‘Silver Jubilee’
大花月季。冠密集。直立。花微芳香，直径12cm，突心状，完全重瓣，淡橙红色，夏秋开放。叶多，具光泽。株高1.1m，冠径75cm。

‘纪念品’月季　*R.* Keepsake (‘Kormalda’)
大花月季。冠整齐。叶多，具光泽。花微芳香，球状，完全重瓣，粉红色，直径12cm，夏秋开放。株高75cm，冠径60cm。

‘雪维尔’月季　*R.* Paul Shirville (‘Harqueterwife’)
大花月季。冠开展。花芳香，直径9cm，突心状，重瓣，橙红色，夏秋开放。叶多，具光泽，淡红色。株高和冠径均为75cm。

R. ‘Congratulations’
R. ‘Fairy Changeling’
R. ‘Fragrant Delight’
R. ‘Little Woman’

‘双喜’月季　*R.* Double Delight (‘Andeli’)
大花月季。直立。生长参差不齐。花芳香，球状，完全重瓣，直径12cm，乳白色，边缘红色，夏秋开放。株高1m，冠径60cm。

R. ‘Mischief’

粉红色至红色

‘越轨’月季　*R.* Escapade (‘Harpade’)
丰花月季。冠密集。花芳香，杯状，半重瓣，玫瑰紫色，带白色斑点，直径8cm，夏秋开放。叶具光泽，亮绿色。株高75cm，冠径60cm。

‘安娜·福特’月季　*R.* Anna Ford (‘Harpiccolo’)
矮生丰花月季。花坛状(开放时平展)，重瓣，橙红色，直径4cm，夏秋开放。叶小而多，暗绿色。株高45cm，冠径38cm。

‘喇叭鸟’月季　*R.* Trumpeter (‘Mactru’)
丰花月季。冠整齐。花杯状，完全重瓣，亮红色，直径6cm，夏秋开放。叶暗绿色，半具光泽。株高60cm，冠径50cm。

R. ‘Buttons’
R. ‘Rose Gaujard’
R. ‘Yesterday’

现代月季

红色

‘威廉王’月季 *R.* Royal William (‘Korzaun’)
(*R.* ‘Duftzauber ’84’)
大花月季。生长旺盛。叶大，暗绿色。花微芳香，直径12cm，突心状，完全重瓣，深红色，夏秋开放。茎长。株高1m，冠径75cm。

‘亚历山大’月季 *R.* Alexander (‘Harlex’) (*R.* ‘Alexandra’)
大花月季。直立。生长旺盛。叶多，暗绿色。花大，微芳香，直径12cm，突心状，重瓣，淡红色，夏秋开放。茎长。株高1.5m，冠径75cm。

R. ‘Blue Moon’
R. ‘Drummer Boy’
R. ‘Felicity Kendal’
R. ‘Fragrant Cloud’

‘高贵’月季 *R.* ‘Precious Platinum’ (*R.* ‘Opa Potschke’)
大花月季。生长旺盛。叶多，具光泽。花微芳香，球状，完全重瓣，深红色，直径10cm，夏秋开放。株高1m，冠径60cm。

R. ‘Ingrid Bergman’
R. ‘Intrigue’
R. ‘Invincible’
R. ‘Loving Memory’

‘小骑士’月季 *R.* Wee Jock (‘Cocabest’)
矮生丰花月季。冠密集。花莲座状，完全重瓣，深红色，直径4cm，夏秋开放。叶小而多，暗绿色。株高和冠径均为45cm。

‘时代’月季 *R.* The Times Rose (‘Korpeahn’)
丰花月季。冠开展。花序宽，花微芳香，杯状，重瓣，深红色，直径8cm，夏秋开放。叶多，暗绿色。株高60cm，冠径75cm。

‘爱利克红’月季 *R.* Alec’s Red (‘Cored’)
大花月季。生长旺盛。花极芳香，直径15cm，突心状，深樱桃红色，完全重瓣，夏秋开放。株高1m，冠径60cm。

R. ‘Malcolm Sargent’
R. ‘National Trust’
R. ‘News’
R. ‘Shocking Blue’

黄色

‘鸡尾酒’月季 *R.* Champagne Cocktail (‘Horflash’)
丰花月季。直立。具花序，花芳香，杯状，花瓣开张，重瓣，黄粉红色，直径9cm，夏秋开放。株高1m，冠径60cm。

‘和平’月季 *R.* Peace (‘Madame A. Meilland’)
(*R.* ‘Gioia’, *R.* ‘Gloria Dei’)
大花月季。灌木状。生长旺盛。花芳香，直径15cm，突心状至球状，完全重瓣，夏秋开放。叶大而多，具光泽。株高1.2m，冠径1m。

‘金币’月季 *R.* Golden Penny (‘Rugul’) (*R.* ‘Guletta’, *R.* ‘Tapis Jaune’)
矮生丰花月季。冠密集。花杯状至平展，重瓣，黄色，直径5cm，夏秋开放。叶浓绿色。株高30cm，冠径40cm。

R. ‘Julia’s Rose’
R. ‘Sheila’s Perfume’

黄色

‘爱尔兰黄金’ 月季 *R.* ‘Grandpa Dickson’ (*R.* ‘Irish Gold’)
大花月季。直立，整齐。叶稀疏，灰白色，具光泽。花微芳香，突心状，重瓣，淡黄色，直径18cm，夏秋开放。株高80cm，冠径60cm。

‘金饰’ 月季 *R.* SIMBA (‘Korbelma’) (*R.* ‘Goldsmith’)
大花月季。直立。花微芳香，坛状，完全重瓣，黄色，直径9cm，夏秋开放。叶大，暗绿色。株高75cm，冠径60cm。

‘芒特巴腾’ 月季 *R.* MOUNTBATTEN (‘Harmantelle’)
丰花月季。灌木状。叶抗病。花单生或成簇，芳香，球状，完全重瓣，黄色，直径10cm，夏秋开放。株高1.2m，冠径75cm。

‘柯内西亚’ 月季 *R.* ‘Korresia’ (*R.* ‘Friesia’)
丰花月季。直立。花极芳香，坛状，重瓣，直径8cm，花瓣黄色，边缘波状，夏秋开放。株高75cm，冠径60cm。

‘开颜’ 月季 *R.* BRIGHT SMILE (‘Dicdance’)
丰花月季。叶色光亮、具光泽。花微芳香，平展，半重瓣，黄色，直径均为8cm，夏秋季开放。株高和冠径均为45cm。

‘自由’ 月季 *R.* FREEDOM (‘Dicjem’)
大花月季。冠整齐。小枝多。叶多，具光泽。花微芳香，球状，重瓣，亮黄色，直径9cm，夏秋开放。株高75cm，冠径60cm。

‘琥珀黄’ 月季 *R.* ‘Glenfiddich’
丰花月季，直立。花单生或成簇，微芳香，坛状，重瓣，琥珀黄色，直径10cm，夏秋开放。株高75cm，冠径60cm。

‘琥珀女王’ 月季 *R.* AMBER QUEEN (‘Harroony’)
丰花月季。冠开展。花琥珀色，芳香，球状，完全重瓣，直径8cm，夏秋开放。叶多，淡红色。株高和冠径均为50cm。

R. ‘Arthur Bell’
R. ‘Dutch Gold’
R. ‘Goldstar’
R. ‘Princess Alice’

R. ‘Princess Michael of Kent’

现代月季

黄色至橙色

‘金盆’月季　*R.* Pot o’ Gold (‘Dicdivine’)
大花月季。冠整齐。花单生或成簇，芳香，球状，完全重瓣，金黄色，直径9cm，夏秋开放。株高75cm，冠径60cm。

‘甜魔’月季　*R.* Sweet Magic (‘Dicmagic’)
矮生丰花月季。花微芳香，坛状，重瓣，金橙色，具粉红色晕，直径4cm，夏秋开放。株高38cm，冠径30cm。

‘三驾马车’月季　*R.* Troika (‘Poumidor’) (*R.* ‘Royal Dane’)
大花月季。生长旺盛。冠密集。叶半具光泽。花直径15cm，芳香，突心状，重瓣，橙红色，微带粉红色，夏秋开放。株高1m，冠径75cm。

‘皮卡迪利’月季　*R.* Piccadilly (‘Macar’)
大花月季。丛生。生长旺盛。花突心状，重瓣，直径12cm，单生或成簇，红色和黄色，夏秋开放。叶多，具光泽，淡红色。株高1m，冠径60cm。

‘南安普敦’月季　*R.* ‘Southampton’ (*R.* ‘Susan Ann’)
丰花月季。直立。花单生或成簇，芳香，直径8cm，突心状，重瓣，杏黄色，夏秋开放。叶具光泽，抗病。株高1m，冠径60cm。

‘蒂斯特曼’月季　*R.* ‘Doris Tysterman’
大花月季。直立。生长旺盛。花微芳香，直径10cm，突心状，完全重瓣，橙红色，夏秋开放。叶大，具光泽，暗绿色。株高1.2m，冠径75cm。

‘安妮’月季　*R.* Anne Harkness (‘Harkaramel’)
丰花月季。直立。花多数，坛状，重瓣，琥珀色，直径8cm，夏末至秋季开放。株高1.2m，冠径60cm。

‘勿忘我’月季　*R.* Remember Me (‘Cocdestin’)
大花月季。生长旺盛。冠密集。花突心状，直径9cm，重瓣，铜橙红色，夏秋开放。叶多，具光泽。株高1m，冠径75cm。

‘正义’月季　*R.* ‘Just Joey’
大花月季。多分枝。叶革质，暗绿色。花直径12cm，微芳香，球状，完全重瓣，花瓣铜粉红色，边缘波状。株高75cm，冠径60cm。

R. ‘Clarissa’
R. ‘Disco Dancer’
R. ‘Matangi’
R. ‘Sweet Dream’
R. ‘Typhoon’
R. ‘Whisky Mac’

微型月季

白色至粉红色

‘雪球’ 月季 *R.* Snowball (‘Macangeli’) (*R.* ‘Angelita’)
微型月季。枝紧密。匍匐状。花绒球状，完全重瓣，白色，直径2.5cm，夏秋开放。叶小而多，具光泽。株高20cm，冠径30cm。

‘婴儿聚会’ 月季 *R.* Baby Masquerade (‘Tanba’) (*R.* ‘Baby Carnival’)
微型月季。冠密集。叶多，革质。花莲座状，重瓣，黄红色，直径2.5cm，夏秋季开放。株高和冠径均为40cm，若不修剪更大。

‘斯塔西’ 月季 *R.* ‘Stacey Sue’
微型月季。冠开展。叶多，暗绿色。花莲座状，完全重瓣，粉红色，直径2.5cm，夏秋开放。株高和冠径均为38cm。

‘奥卡利那’ 月季 *R.* Angela Rippon (‘Ocaru’)(*R.* ‘Ocarina’)
微型月季。花微芳香，坛状，完全重瓣，鲑肉粉红色，直径4cm，夏秋开放。叶小而多，暗绿色。株高45cm，冠径30cm。

‘草裙舞妞’ 月季 *R.* ‘Hula Girl’
微型月季。叶具光泽，暗绿色。花多，微芳香，坛状，完全重瓣，鲑肉橙色，直径2.5cm，夏秋开放。株高45cm，冠径40cm。

OTHER RECOMMENDED PLANTS:
R. ‘Easter Morning’
R. ‘Pink Sunblaze’
R. ‘Snow Carpet’

红色

‘安娜’ 月季 *R.* Sheri Anne (‘Morsherry’)
微型月季。直立。叶具光泽，革质。花微芳香，莲座状，重瓣，淡红色，直径2.5cm，夏秋开放。株高45cm，冠径30cm。

‘火公主’ 月季 *R.* ‘Fire Princess’
微型月季。直立。叶小，具光泽。花莲座状，重瓣，鲜红色，直径4cm，夏秋开放。株高45cm，冠径30cm。

‘红王牌’ 月季 *R.* Red Ace (‘Amruda’)
微型月季。枝紧密。花莲座状，重瓣，暗红色，直径4cm，夏秋开放。株高35cm，冠径30cm。

红色至橙色

‘亮橙’月季 *R.* ORANGE SUNBLAZE (‘Meijikitar’) (*R.* ‘Sunblaze’)
微型月季。枝紧密。花多，莲座状，完全重瓣，亮橙红色，直径4cm，夏秋开放。叶多，暗绿色。株高和冠径均为30cm。

☼ ◊ ❄❄❄

‘升辉’月季 *R.* ‘Rise ’n’ Shine’
(*R.* ‘Golden Sunblaze’)
微型月季。直立。叶暗绿色。花莲座状，完全重瓣，黄色，直径2.5cm，夏秋开放。株高40cm，冠径25cm。

☼ ◊ ❄❄❄

‘科尼布79’月季 *R.* COLIBRE ’79 (‘Meidanover’)
微型月季。直立。花坛状，橙色，具红色脉纹，直径4cm，夏秋开放。株高38cm，冠径25cm。

☼ ◊ ❄❄❄

攀缘月季

□ 白色

‘阿尔伯利克·巴比尔’月季 *R.* ‘Albéric Barbier’
半常绿蔓生月季。生长旺盛。花微芳香，莲座状，完全重瓣，乳白色，直径8cm，夏季开放。叶小，亮绿色。可在墙壁北面攀缘。株高达5m，冠径3m。

☼ ◊ ❄❄❄ 🏆

‘柠檬卷’月季 *R.* ‘Paul’s Lemon Pillar’
攀缘月季。枝坚硬，直立。叶大。花芳香，直径15cm，花突心状或球状，完全重瓣，柠檬白色，夏季开放。可攀缘背风向阳墙壁。株高5m，冠径3m。

☼ ◊ ❄❄❄

‘幸运’腺梗蔷薇 *R. filipes* ‘Kiftsgate’
蔓生攀缘月季。叶多，具光泽，淡绿色。花序引人注目，花杯状至平展，单瓣，乳白色，直径2.5cm，夏末开放。常攀缘树木或栽培于野趣园中。株高和冠径均为10m以上。

☼ ◊ ❄❄❄ 🏆

‘永福’月季 *R.* ‘Félicité Perpétue’
攀缘月季。茎细长。花莲座状，完全重瓣，粉红色或白色，直径4cm，仲夏开放。小叶半常绿。可剪去多余枝。株高5m，冠径4m。

☼ ◊ ❄❄❄ 🏆

‘卡里尔’月季 *R.* ‘Madame Alfred Carrière’
诺瑟特蔷薇状攀缘月季。茎细长，光滑。花极芳香，球状，重瓣，乳白色，微带粉红色，直径4cm，夏秋开放。株高达5.5m，冠径3m。

☼ ◊ ❄❄❄ 🏆

‘亮重台’月季 *R.* ‘Gloire de Dijon’
诺瑟特蔷薇状攀缘月季。枝坚硬。花芳香，四分莲座状，完全重瓣，乳黄色，直径10cm，夏秋开放。株高达4m，冠径2.5m。

☼ ◊ ❄❄❄ 🏆

R. ‘Magic Carousel’

OTHER RECOMMENDED PLANTS:
R. banksiae
R. ‘Niphetos’
R. ‘Sander’s White Rambler’
R. ‘Wedding Day’
R. ‘White Cockade’

粉红色

'新曙光' 月季 *R.* 'New Dawn'
攀缘月季。生长旺盛。极耐寒。花芳香，杯状，重瓣，浅珍珠粉红色，直径8cm，夏秋开放。可在墙壁北面攀缘。株高和冠径均为5m。

'汉德尔' 月季 *R.* HANDEL ('Macha')
攀缘月季。枝坚硬。直立。花微芳香，坛状，重瓣，直径8cm，乳黄色，边缘微带粉红色，夏季开放。叶具光泽，暗绿色。株高3m，冠径2.2m。

'斯塔科林' 月季 *R.* 'Madame Grégoire Staechelin' (*R.* 'Spanish Beauty')
攀缘月季。生长旺盛。枝拱形。花序大，花球状或杯状，完全重瓣，直径13cm，花瓣边缘皱褶，纯粉红色，微带洋红色。株高达6m，冠径达4m。

'四季粉' 月季 *R.* 'Pink Perpétué'
攀缘月季。枝坚硬。可修剪成灌木。花杯状或莲座状，重瓣，深粉红色，直径8cm，夏秋开放。叶多，革质。株高2.8m，冠径2.5m。

'生息' 月季 *R.* BREATH OF LIFE ('Harquanne')
攀缘月季。花微芳香，球状，完全重瓣，淡粉红色至杏黄色，直径10cm，夏秋开放。叶半具光泽。株高2.8m，冠径2.2m。

'粉伴' 月季 *R.* 'Chaplin's Pink Companion'
攀缘月季。生长旺盛。叶具光泽，暗绿色。花多，微芳香，球状，重瓣，淡粉红色，直径5cm，夏季开放。株高和冠径均为3m。

'无刺' 月季 *R.* 'Zéphirine Drouhin' (Thornless rose)
波邦蔷薇。冠松散。枝拱形。有支撑物时可攀缘。花芳香，杯状，重瓣，深粉红色，直径8cm，夏秋开放。易得霉病。可栽培为绿篱。株高达2.5m，冠径2m。

'阿尔伯丁' 月季 *R.* 'Albertine'
攀缘月季。生长旺盛。枝拱形，具刺，淡红色。花多，芳香，杯状，完全重瓣，亮红色，直径8cm，夏季开放。在干燥处易得霉病。株高达5m，冠径3m。

'红斗蓬' 月季 *R.* 'Rosy Mantle'
攀缘月季。冠开张。枝坚硬。花极芳香，突心状，完全重瓣，玫瑰红色，直径10cm，夏秋开放。叶极少，暗绿色。株高达2.5m，冠径2m。

R. 'Aimée Vibert'
R. 'Aloha'
R. 'Belle Portugaise'
R. 'Blush Rambler'
R. 'Compassion'
R. 'François Juranville'
R. 'Kathleen Harrop'
R. 'Lady Waterlow'
R. 'Morning Jewel'
R. 'Noisette Carnée'
R. 'Paul's Himalayan Musk'
R. 'Paul Transon'

攀缘月季

白色至粉红色

‘长蔓’月季　*R.*‘Rambling Rector’
蔓生月季。花芳香，杯状至平展，半重瓣，乳白色，直径4cm，雄蕊金黄色，夏季开放。蔷薇果红色。枝拱形。叶灰绿色。株高和冠径均为6m。

‘奢望’月季　*R.* High Hopes (‘Haryup’)
攀缘月季。生长旺盛。茎长，直立或拱形。花多，芳香，坛状或球状，重瓣，淡粉红色，直径8cm，夏秋开放。叶淡紫绿色。适宜攀缘高墙和藤架。株高4m，冠径2.2m。

‘城姐’月季　*R.* City Girl (‘Harzorba’)
攀缘月季。生长旺盛。多分枝。叶多，具光泽，暗绿色，生于拱形茎上。花芳香，半重瓣，碟状，橙红色，直径11cm，夏秋开放。株高和冠径均为2.2m。

‘同情’月季　*R.*‘Compassion’
(*R.*‘Belle de Londres’)
攀缘月季。直立。多分枝。叶具光泽，暗绿色，生于红色茎上。花芳香，球状，重瓣，鲑肉杏黄色，直径10cm，夏秋开放。株高3m，冠径2.5m。

‘阿洛哈’月季　*R.*‘Aloha’
丛生攀缘月季。生长旺盛。花芳香，杯状，完全重瓣，玫瑰粉红色至鲑肉粉红色，直径9cm，夏秋开放。叶革质，暗绿色。可栽培为灌木。株高和冠径均为2.5m。

红色

‘富丽’月季　*R.*‘Danse du Feu’
(*R.*‘Spectacular’)
攀缘月季。生长旺盛。枝坚硬。叶多，具光泽。花球状，重瓣，深红色，直径8cm，夏秋开放。株高和冠径均为2.5m。

‘多特蒙德’月季　*R.*‘Dortmund’
攀缘月季。直立。可修剪成灌木。花单瓣，平展，红色，带白色斑点，直径10cm，微芳香，夏秋开放。叶健壮，暗绿色。株高3m，冠径1.8m。

‘都柏林’月季　*R.* Dublin Bay (‘Macdub’)
攀缘月季。丛生。冠密集。可修剪成灌木。花杯状，重瓣，亮红色，直径10cm，夏秋开放。叶多，具光泽，暗绿色。株高和冠径均为2.2m。

‘酒宴’月季　*R.*‘Sympathie’
攀缘月季。生长旺盛。多分枝。花微芳香，杯形，完全重瓣，亮深红色，直径8cm，夏秋开放。叶多，具光泽，暗绿色。株高达3m，冠径2.5m。

R.‘Fellenberg’
R.‘John Cabot’
R.‘Ramona’

R.‘Alister Stella Gray’
R.‘Climbing Lady Hillingdon’
R.‘Easlea’s Golden Rambler’
R.‘Emily Gray’

R.‘Fortune’s Double Yellow’
R.‘Goldfinch’
R.‘Maréchal Niel’
R.‘Schoolgirl’

红色至黄色

‘几内亚’月季 *R.* ‘Guinée’
攀缘月季。生长旺盛。枝坚硬。花芳香，杯状，完全重瓣，淡黑红色至栗褐色，直径11cm，夏季开放。叶大，革质。株高5m，冠径2.2m。

☼ ◊ ❄❄❄

‘蓝蔓’月季 *R.* ‘Veilchenblau’ (*R.* ‘Blue Rambler’)
攀缘月季。生长旺盛。花莲座状，重瓣，紫色，具白色条纹，直径2.5cm，具果香味，夏季开放。株高4m，冠径2.2m。

☼ ◊ ❄❄❄ 🏆

‘少女’月季 *R.* ‘Mermaid’
攀缘月季。生长慢。花单瓣，平展，樱草黄色，直径12cm，夏季开放。茎坚硬，淡红色，具大的钩刺。叶具光泽，暗绿色。喜攀缘背风向阳的墙壁。株高和冠径均为6m。

☼ ◊ ❄❄❄ 🏆

‘爱米丽’月季 *R.* ‘Emily Gray’
攀缘月季。半常绿，茎长，稀疏。花小，微芳香，杯状，完全重瓣，乳黄色，直径5cm，夏季开放。叶具光泽，暗绿色。易生霉病。株高5m，冠径3m。

☼ ◊ ❄❄❄

‘乐园’月季 *R.* CASINO (‘Macca’) (*R.* ‘Gerbe d’Or’)
攀缘月季。直立。多分枝。叶稀疏，暗绿色，生于坚硬的拱形茎上。花球状，重瓣，芳香，黄色，直径9cm，夏秋开放。株高3m，冠径2.2m。

☼ ◊ ❄❄❄

‘金晃’月季 *R.* ‘Golden Showers’
攀缘月季。枝坚硬，直立。可修剪长成灌木。花多，芳香，突心状，重瓣，黄色，直径10cm，开放时平展，夏秋开放。株高2m，冠径2.2m以上。

☼ ◊ ❄❄❄ 🏆

黄色

‘芳拉·福特’月季 *R.* LAURA FORD (‘Chewarvel’)
攀缘月季。枝直立，坚硬。叶小，具光泽，暗绿色。花芳香，坛状至平展，黄色，直径4.5cm，夏秋开放。可攀缘柱子。株高2.2m，冠径1.2m。

☼ ◊ ❄❄❄ 🏆

‘深黄’木香花 *R. banksiae* ‘Lutea’ (Yellow banksian)
攀缘月季。生长旺盛。花多，无香味，莲座状，完全重瓣，黄色，直径2cm，春末开放。需要背风向阳光的环境。仅剪去无用枝。株高和冠径均为10m。

☼ ◊ ❄❄ 🏆

‘五月金’月季 *R.* ‘Maigold’
攀缘月季。生长旺盛。枝拱形，具刺。可修剪成灌木。花芳香，杯状，半重瓣，铜黄色，直径10cm，初夏开放，少数秋季开放。株高和冠径均为2.5m。

☼ ◊ ❄❄❄ 🏆

藤本植物

藤本植物是个美丽的植物类群，为花园植物配置提供了动态变化的成分。通过蔓生、缠绕、攀缘或黏附等形式，充满活力的藤本植物在向上、向下或向外生长的同时，为花园中不能种植普通植物的间隙营造出大面积的色彩和美丽。

藤本植物

藤本植物作为种类众多的植物类群之一，可以快速伸展蔓延，通过覆盖或爬过其他植物和建筑物或横铺地面进行装饰，从而为具有想像力的设计提供巨大的发展余地。

什么是藤本植物

多数藤本植物是常绿或落叶的木本植物，也有少数为多年生草本或冬季开始前枯死的一年生草本植物。其爬升方式有数种，包括黏附的种类、具卷须或不具卷须的缠绕种类，以及不黏附的匍匐、蔓生种类。识别其爬升方式很重要，可以决定采用哪种支撑方式最适宜。

黏附攀缘植物，如五叶地锦（*Parthenocissus quinquefolia*）靠黏性吸盘，常春藤属（*Hedera*）植物和龟背竹（*Monstera deliciosa*）靠气生根附着到任何物体表面上，如树干、山崖、墙壁和坚固的篱笆；相反，缠绕类如紫藤以茎缠绕着支撑物向上生长，而西番莲属（*Passiflora*）植物用缠绕的卷须固定其茎。以上类型都需要树枝支撑，若靠墙生长则需要金属线、网或格架系统支撑。自附和缠绕藤本最初爬升时需引导至支撑物，以后就可自行攀缘了。

蔓生植物，如迎春（*Jasminum nudiforum*）松散地将其长而柔软的枝条伸展到被攀缘的植物上，或将新枝堆积在老枝上。它们的茎在一生当中都必须绑缚在支撑物上，但在偏向自然式的植物配植中，可像野生状态下那样任其在墙上下垂，或在岸边翻转。

观赏特性

藤本植物叶形多样，有六裂叶旱金莲（*Tropaeolun speciosum*）质地精细的裂叶，也有美味猕猴桃（*Actinidia deliciosa*）雕刻般的心形叶。仅叶表面就有无限多有趣的质地对比，像葡萄具柔软短绒毛的叶子和常春藤（*Hedera*）品种极具光泽的叶子。色彩范围从‘黄叶’啤酒花（*Humulus lupulus* ‘Aureus’）的金黄色到许多茉莉属（*Jasminum*）植物的深绿色，以及‘紫叶’葡萄（*Vitis vinifera* ‘Purpurea’）的浓紫色。许多植物的叶让人喜爱，使它们单凭这一点就可以成为美丽的样本植物——其中叶有绿色而具乳黄色和粉红色斑点的狗枣猕猴桃（*Actinidia kolomikta*）和具精巧的银色叶脉的川鄂爬山虎（*Parthenocissus henryana*）。有些植物，特别是爬山虎属和葡萄属中的某些种类，直到秋季才展示其极为鲜艳的叶色。到了冬季，一些具有构架特点的缠绕藤本（如紫藤和南蛇藤）别具一格。

一些藤本植物的花相当美丽，如西番莲结构复杂的花和紫藤优雅成串的花，还有许多植物，尤其是忍冬属（*Lonicera*）植物、香豌豆（*Lathyrus odoratus*）和素馨属植物的芳香可在空气中漂散很远。藤本植物的花色，有钻地风（*Schizophragma integrifolium*）和多蕊冠盖绣球（*Hydrangea petiolaris*）的乳白色，叶子花的亮洋红色，直到缠柄花（*Rhodochiton atro-sanguineus*）的暗巧克力栗褐色。许多藤本植物的观赏期延长，是因为有美丽的带丝状毛的果实，如铁线莲，或者有引人注目的浆果，如长花藤海桐（*Billardiera longiflora*）长圆形的紫色果实和南蛇藤（*Celastrus orbiculatus*）成熟后裂开、露出鲜红色种子的橙黄色果实。

拱形架上的紫藤
坚固的拱形架是藤本植物（如紫藤）的理想支撑物，因为可以使悬垂的花穗得到完美的展示。如图所示，当紫藤生长在窗台周围时，室内室外都会欣赏到其淡雅的花香。

芳香的盆花
优美的藤本植物，如图中的忍冬（*Lonicera*）可为露台增添优雅和芳香。为了保持植物稳定不倒，应将其种植在填满重量较大的以壤土为主的培养土的陶瓷花盆中。

美丽的花

上图：图中的‘白冠’西番莲(*Passiflora caerulea*‘Constance Elliot’)开着优美的花。为展示其魅力，应用固定在墙上或栅栏上的格架或金属网架使其攀爬其上。

优美的藤本植物

左图：图中自附攀缘的植物多蕊冠盖绣球(*Hydrangea petiolaris*)覆盖墙面，既是远处花园风景的框架，又成为前景植物的极佳背景。

秋季的展示

下图：以卷须攀缘的美丽藤本植物紫葛葡萄(*Vitis coignetiae*)，既非常适合沿墙攀缘，又同样适宜攀缘于藤架和拱形架上。攀缘高度可达15m左右，其成片的绚丽秋色蔚为壮观。

园林用途

藤本植物有许多富有想像力的配植方法，但将其作为其他低矮的前景植物的垂直背景来栽培，是园林设计中造成高度感觉的最有效途径之一。沿着独立的支撑物生长的藤本植物可以构成有生命的屏障，用来造成僻静的气氛或防风，还可成为分割园中不同区域的视线屏障和实际屏障。如果爬到树上、柱子或锥形架上，藤本植物可形成壮丽的景观；而当其攀缘到一系列拱形架上时，会形成绿廊。藤本植物在棚架上作为庇荫的材料，可以把花园的不同部分联结在一起。让散发香气的植物攀缘到凉亭上，可为沉思默想提供幽香宁静的场所。

藤本植物在覆盖墙壁或建筑物时，可以给冰冷的砖墙或石墙增加温暖的感觉，或者使其生硬的线条变得柔和，用藤本植物中长势最强的种类来掩饰园中不雅观的建筑设施是十分奇巧的。许多藤本植物没有支撑时会沿地面蔓生，固定茎节后，会扎根而长成一片浓密的地毯状地被。这种水平方向非常强的材料配置会格外引人注目。

有些藤本植物在攀附其他植物时颇显效果，但一定要使被攀附的植物在长势和对修剪的要求方面与藤本植物相适应。如果藤本植物的花期早于或晚于被攀附的植物，可以延长观赏期；若同时开花，也能取得引人喜爱的色彩和质地的组合。

藤本植物 春季观赏

白色至粉红色

清明花（大花清明花，炮弹果，比蒙藤） ***Beaumontia grandiflora*** (Herald's trumpet)
常绿木质藤本。以茎缠绕爬升。生长茂盛。叶浓绿色，背面被毛。花大，芳香，白色，春末至夏季开放。株高8m。耐最低温度7～10℃。

多花黑鳗藤 ***Stephanotis floribunda*** (Madagascar jasmine, Wax flower)
常绿木质藤本。以茎缠绕爬升。长势中等。叶革质，具光泽。花序小，花芳香，蜡质状，白色，春季至秋季开放。株高5m以上。耐最低温度13～16℃。

赤壁草 ***Decumaria sinensis***
常绿木质藤本。以气根攀缘。叶椭圆形，常具锯齿，长2.5～8cm。花序圆锥状，花小，具甜香味，乳黄色，春末和夏季开放。株高达2m以上。

白耀花豆 ***Clianthus puniceus* f. *albus***
常绿或半常绿木质藤本。以蔓生茎爬升。叶具多数小叶，中绿色。花序下垂，花爪状，乳白色，春季和初夏开放。株高4m。

攀缘商陆 ***Ercilla volubilis*** (*E. spicata*)
常绿藤本。以气根攀缘。叶卵形至心形，中绿色，长2.5～5cm。穗状花序，花无瓣，花萼5片，绿色或紫色，雄蕊6～8枚，春季开放。株高可达10m以上。

OTHER RECOMMENDED PLANTS:
CLEMATIS, illus. p.212～p.213
Decumaria sinensis, illus. p.204

粉红色至红色

艳花飘香藤 ***Mandevilla splendens*** (*Dipladenia splendens*)
常绿木质藤本。以茎缠绕爬升。叶具光泽。花喇叭状，玫瑰红色，花心黄色，春末或初夏开放。株高3m。耐最低温度7～10℃。

红耀花豆 ***Clianthus puniceus*** (Parrot's bill)
常绿或半常绿木质藤本。以蔓生茎爬升。叶具多数小叶。花序下垂，花爪状，亮红色，春季和初夏开放。株高4m。

红钟藤（红钟花） ***Distictis buccinatoria*** (*Phaedranthus buccinatorius*) (Mexican blood flower)
常绿木质藤本。以卷须攀缘。生长茂盛。花喇叭状，深玫瑰红色，花瓣内面橙黄色，初春至夏季开放。株高达5m以上。耐最低温度5℃。

CLEMATIS, illus. p.212～p.213
Pandorea jasminoides, illus. p.208
Podranea ricasoliana
Thunbergia coccinea

珊瑚豌豆 ***Kennedia rubicunda***
(Dusky coral pea)
常绿木质藤本。生长快。以茎缠绕爬升。3小叶复叶。花序小，花珊瑚红色，春夏季开放。株高达3m。耐最低温度5～7℃。

匍匐树萝卜 ***Agapetes serpens***
常绿攀缘灌木。枝拱形至悬垂，可很好地攀缘支架。叶小，披针形，具光泽。花下垂，玫瑰红色，脉暗绿色，春季开放。株高2～3m。耐最低温度5℃。

木通 ***Akebia quinata***
(Chocolate vine)
木质缠绕植物。在温暖地区或在暖冬季节为半常绿。掌状复叶，5小叶。花褐紫色，具香子兰味，春末开放。果实腊肠状，微带紫色。株高10m以上。

红番莲 ***Passiflora coccinea***
(Red passion flower)
常绿木质藤本。生长旺盛。以卷须攀缘。叶圆形至椭圆形。花深亮红色，花冠红色、粉红色和白色，春季至秋季开放。株高3～4m。耐最低温度15℃。

吊钟苣苔 ***Mitraria coccinea***
常绿木质藤本。以蔓生茎爬升。叶卵形，具锯齿。花小，管状，橙红色，单生于叶腋，春末至夏季开放。株高达2m。

凹瓣球兰 ***Hoya macgillivrayi***
木质藤本。以茎缠绕爬升。生长势强。茎粗壮。叶暗绿色，具光泽。花大，杯状，红紫色、紫色或褐红色，具暗红色（偶尔心部白色）副花冠，春季至夏季开放。株高5～8m。耐最低温度7℃。

连理藤 ***Clytostoma callistegioides***
常绿木质藤本。生长快。以卷须攀缘。复叶具2片卵形小叶和一个卷须。花序小，下垂，花淡紫色，随后褪色为淡粉红色，脉紫色，春夏开放。株高达5m。耐最低温度10～13℃。

三色旱金莲 ***Tropaeolum tricolorum***
草质攀缘植物。具小块茎。茎优美。叶5～7裂。花小，橙色或黄色，花瓣先端黑色，花萼红橙色，初春至初夏开放。株高达1m。耐最低温度5℃。

双色蔓炎花 ***Manettia luteorubra***
(*M. bicolor*, *M. inflata*) (Brazilian firecracker)
常绿半木质藤本。生长快。以茎缠绕爬升。叶具光泽。花小，漏斗状，红色，花瓣先端黄色，夏秋开放。株高2m。耐最低温度5℃。

五叶木通 ***Akebia* x *pentaphylla***
多为落叶木质藤本。以茎缠绕爬升。复叶，小叶3～5片，卵形，中绿色，幼叶微带古铜色。总状花序，下垂，花小，紫色，花瓣3片，春季开放（雌花位于基部，雄花位于顶部）。株高达10cm。

鹰爪枫 ***Holboellia coriacea***
常绿缠绕植物。叶绿色，具光泽。具花序，雄花微小，淡紫色，生于茎下部，雌花大，绿白色，微带紫色，春季开放。果实紫色，腊肠状。株高达7m以上。

Agapetes 'Ludgvan Cross'
Agapetes variegata var. *rugosa*
Akebia x *pentaphylla*
Akebia trifoliata

CLEMATIS, illus. p.212～p.213
Hardenbergia violacea
Kennedia nigricans

藤本植物 春季观赏

紫色至蓝色

变色牵牛 ***Ipomoea indica*** (*I. acuminata*, *I. learii*) (Blue dawn flower)
多年生常绿草质藤本。生长旺盛。叶中绿色。花多，漏斗状，浓紫蓝色，后常变紫红色，春末至秋季开放。株高6m。耐最低温度7℃。

'逍遥'堇花哈登柏豆 ***Hardenbergia violacea* 'Happy Wanderer'**
常绿木质藤本。以茎缠绕爬升。圆锥花序下垂，花紫色，具黄色斑点，春季开放。株高达3m。耐最低温度7℃。

绿色至黄色

圆萼藤（绿玉藤） ***Strongylodon macrobotrys*** (Jade vine)
常绿木质藤本。生长快，以茎缠绕爬升。复叶具3片卵形小叶，具光泽。穗状花序长，下垂，花爪状，具光泽，蓝绿色，冬春开放。耐最低温度18℃。

常绿胡蔓藤（常绿钩吻） ***Gelsemium sempervirens***
常绿藤本。生长势中等。以茎缠绕爬升。叶先端尖，具光泽。具花序，花芳香，漏斗状，淡黄色至深黄色，春末至夏末开放。株高达6m。

哈登柏豆 ***Hardenbergia comptoniana***
常绿木质藤本。以茎缠绕爬升。复叶具3～5片小叶，披针形。圆锥花序，花蝶形，深紫蓝色，春季开放。株高2.5m。

南青茄（藤茄，星茄，葡萄茄） ***Solanum seaforthianum*** (Italian jasmine, St Vincent lilac)
常绿藤本植物。花序下垂，花星状，蓝色、紫色、粉红色或白色，雄蕊黄色，春季至秋季开放。浆果，亮红色。株高2～3m。耐最低温度7℃。

'黄叶'啤酒花 ***Humulus lupulus* 'Aureus'**
草质缠绕藤本。茎粗糙，被毛。叶黄绿色，3～5裂，具锯齿。雌穗状花序成簇，下垂，花淡绿色，秋季开放。株高6m。

蓝花藤 ***Petrea volubilis***
常绿木质藤本。以茎缠绕爬升。生长旺盛。叶椭圆形，质地粗糙。穗状花序单一或具分枝，花深紫色和淡紫蓝色，冬末至翌年夏末开放。株高6m以上。耐最低温度13～15℃。

蓝钟藤（索利亚） ***Sollya heterophylla***
常绿藤本。以茎缠绕爬升。茎基部木质化。叶窄披针形至卵形，长2～6cm。花序下垂，具4～9朵花，花宽钟状，天蓝色，春季至秋季开放。株高达3m。

'黄花'硬骨凌霄 ***Tecoma capensis* 'Aurea'** (*Tecomaria capensis* 'Aurea')
常绿直立灌木或攀缘藤本。叶具光泽，中绿色至暗绿色。总状花序，长15cm，花细长，管状，黄色，长5cm，主要在夏季开放。耐最低温度5℃。

金盏藤（金杯花，大苏南） ***Solandra maxima*** (Copa de oro, Golden-chalice vine)
常绿木质藤本。生长旺盛，以蔓生茎爬升。叶具光泽。花芳香，初开时淡黄色，后变为金黄色，春夏开放。株高7～10m以上。耐最低温度13～16℃。

Stigmaphyllon ciliatum, illus. p.216

藤本植物 夏季观赏

黄色

舌唇山牵牛 ***Thunbergia mysorensis***
常绿木质缠绕藤本。叶窄。穗状花序，下垂，花黄色，管状，花瓣裂片红褐色且反卷，春季至秋季开放。株高6m。耐最低温度15℃。

云南素馨（黄素馨） ***Jasminum mesnyi*** (*J. primulinum*) (Primrose jasmine)
常绿或半常绿木质蔓生植物。3小叶复叶。花半重瓣，淡黄色，春季开放。株高达3m。

白色

'白雪'光叶子花 ***Bougainvillea glabra* 'Snow White'**
常绿或半常绿木质藤本。生长旺盛。以蔓生茎攀缘。茎基部木质。叶圆卵形。具花序，苞片白色，脉绿色，夏季开放。株高达5m。耐最低温度7～10℃。

'白花'素馨茄 ***Solanum jasminoides* 'Album'**
半常绿木质藤本。以蔓生茎爬升。叶卵形至披针形，有时有分裂，为3小叶复叶。花白色，星状，直径2～2.5cm，夏秋开放。株高达6m。

络石 ***Trachelospermum jasminoides*** (Confederate jasmine, Star jasmine)
常绿木质藤本。以茎缠绕爬升。叶卵形，长达10cm。花白色，极芳香，夏季开放。蓇葖果多，长达15cm，种子多数。株高9m。

'白花'紫藤 ***Wisteria sinensis* 'Alba'**
落叶木质缠绕藤本。生长旺盛。复叶长25～30cm，小叶11片。总状花序长20～30cm，花蝶形，白色，极芳香，初夏开放。株高达30m。

白蛾藤 ***Araujia sericifera*** (Cruel plant)
常绿木质缠绕藤本。叶背面被白色毛。花白色，芳香，花瓣内面常有浅栗褐色条纹，夏末至秋季开放。株高达7m。

'白花'多花紫藤 ***Wisteria floribunda* 'Alba'** (*W. f.* 'Shiro Noda')
落叶木质缠绕藤本。复叶具11～19片卵形小叶。总状花序下垂，长达60cm，花蝶形，白色，芳香，初夏开放。株高达9m。

Canarina canariensis, illus. p.219
Macfadyena unguis-cati, illus. p.216
Pyrostegia venusta, illus. p.218
Tecoma capensis

OTHER RECOMMENDED PLANTS:
Actinidia deliciosa
Actinidia polygama
Anredera cordifolia
Beaumontia grandiflora, illus. p.204
Cionura erecta
CLEMATIS, illus. p.212～p.213
Clianthus puniceus f. *albus*, illus. p.204
Cobaea scandens f. *alba*
Ipomoea alba
Jasminum angulare

藤本植物 夏季观赏

白色

多蕊冠盖绣球 ***Hydrangea petiolaris*** (*H. anomala* subsp. *petiolaris*) (Climbing hydrangea)
落叶木质藤本。以气根攀缘。叶缘有齿。花序头状，具花边，稀疏地生于小枝上，花小，白色，夏季开放。株高达15m。

冠盖藤 ***Pileostegia viburnoides*** (*Schizophragma viburnoides*)
常绿木质藤本。生长慢。以气生根攀缘。花序头状，花微小，白色或乳白色，雄蕊多而明显，夏末至秋季开放。株高达6m。

龙吐珠 ***Clerodendrum thomsoniae***
常绿攀缘灌木。生长旺盛。叶卵形，浓绿色。具花序，花钟状，花瓣深红色，花萼纯白色，夏季开放。株高3m以上。耐最低温度16℃。

钻地风 ***Schizophragma integrifolium***
落叶木质藤本。以气生根攀缘。叶卵形或心形。花序平头状，直径30cm，边缘不育花具大型白色萼片，花白色，夏季开放。株高达12m。

白色至粉红色

尖叶球兰 ***Hoya lanceolata*** subsp. ***bella*** (*H. bella*)
常绿蔓生灌木。叶窄卵形，先端尖。花序扁平，下垂，花微小，星状，白色，花心红色，夏季开放。株高45cm。耐最低温度10～12℃。

粉花凌霄 ***Pandorea jasminoides*** (*Bignonia jasminoides*) (Bower vine)
常绿木质藤本。以茎缠绕爬升。复叶具5～9片小叶。具花序，花漏斗状，白色，喉部具粉红色晕，冬末至夏季开放。株高5m。耐最低温度5℃。

大花素方花 ***Jasminum officinale*** f. ***affine*** (*J. grandiflorum* of gardens)
半常绿或落叶木质缠绕藤本。复叶具7～9片小叶。具花序，花芳香，4～5裂，内面白色，外面粉红色，夏秋开放。株高达12m。

澳大利亚球兰 ***Hoya australis***
常绿木质藤本。以茎缠绕并以气根爬升。生长势中等。叶肉质，浓绿色。花芳香，星状，白色，有红紫色斑点，20～50朵花成1束，夏季开放。株高达5m。耐最低温度15℃。

球兰 ***Hoya carnosa*** (Wax plant)
常绿木质藤本。以茎缠绕并以气根爬升。生长极旺盛。花序密集，花星状，芳香，白色，后褪色为粉红色，花心深粉红色，夏季至秋季开放。株高达5m。耐最低温度5～7℃。

'雪兰娜'香豌豆 ***Lathyrus odoratus* 'Selana'**
一年生草质藤本。生长旺盛。以卷须攀缘。叶卵形，中绿色。花大，芳香，白色，具粉红色晕，夏季至初秋开放。株高2m。

Fallopia baldschuanica, illus. p.217
Mandevilla boliviensis
Mandevilla laxa
Schizophragma hydrangeoides

Stephanotis floribunda, illus. p.204
Wisteria brachybotrys 'Shiro Kapitan'

CLEMATIS, illus. p.212～p.213
Dregea sinensis
Hoya coronaria
Pandorea pandorana

Passiflora x *allardii*

狗枣猕猴桃 ***Actinidia kolomikta***
落叶木质缠绕藤本。叶长8～16cm，先端常为乳白色和粉红色。雌雄异株，花小，杯状，白色，夏季开放。株高4m。

'艾丽斯之桥' 愉悦飘香藤 ***Mandevilla* x *amoena* 'Alice du Pont'**
(*M.* x *amabilis* 'Alice du Pont')
常绿木质藤本。生长旺盛。以茎缠绕爬升。叶卵形，叶面皱褶。花序大，花喇叭状，亮粉红色，夏季开放。株高3m。耐最低温度7～10℃。

大花山黧豆 ***Lathyrus grandiflorus***
(Everlasting pea)
草质藤本。以卷须攀缘。茎无翅。总状花序，整齐，花粉紫色和红色，夏季开放。株高达1.5m。

'金焰' 异色忍冬 ***Lonicera* x *heckrottii* 'Gold Flame'** (*L.* 'Gold Flame')
落叶木质缠绕藤本。需支撑。叶长圆形或卵形，背面淡蓝色，上部叶合生成浅杯状。具花序，花芳香，粉红色，喉部橙色，夏季开放。株高达5m。

'齐妮亚·菲尔德' 香豌豆 ***Lathyrus odoratus* 'Xenia Field'**
一年生草质藤本。生长势中等。以卷须攀缘。茎细长。叶卵形，中绿色。花大，芳香，粉红色至乳白色，夏季至初秋开放。株高2m。

珊瑚藤 ***Antigonon leptopus***
(Coral vine)
常绿木质藤本。生长快。以卷须攀缘。叶淡绿色，皱褶。花序密集，花亮粉红色，有时红色或白色，多夏季开放，热带地区也可全年开花。株高6m。耐最低温度15℃。

冠籽藤 ***Lophospermum erubescens***
多年生常绿藤本。常作一年生栽培。茎柔软，有时木质化。茎和叶被毛。花玫瑰粉红色，长7cm，夏秋开放。株高达3m以上。耐最低温度5℃。

鹅掌牵牛 ***Ipomoea horsfalliae***
常绿木质藤本。生长势强。以茎缠绕爬升。叶掌状5～7裂，或为复叶。花序具梗，花深玫瑰粉红色或玫瑰紫色，长6cm，夏季至冬季开放。株高2～3m。耐最低温度7～10℃。

CLEMATIS, illus. p.212～p.213
Lathyrus sylvestris
Mandevilla splendens, illus. p.204
Mutisia oligodon
Passiflora x *exoniensis*
Passiflora mollissima
x *Philageria veitchii*
Podranea ricasoliana
Sarmienta repens

贯叶忍冬 ***Lonicera sempervirens***
(Coral honeysuckle)
常绿或落叶木质缠绕藤本。叶卵形，背面淡蓝色，上部叶合生成碟状。花橙色至橙黄色，花冠内部黄色，轮生于小枝上部，夏季开放。株高达4m。

智利钟花 ***Lapageria rosea***
(Chilean bellflower, Copihue)
常绿木质藤本。以茎缠绕爬升。叶长椭圆形至卵形，革质。花肉质，下垂，长7～9cm，粉红色至红色，具浅色斑点，夏季至秋末开放。株高达5m。

'红旗'香豌豆 ***Lathyrus odoratus* 'Red Ensign'**
一年生草质藤本。生长旺盛。以卷须攀缘。叶卵形，中绿色。花大，具甜香味，浓红色，夏季至初秋开放。株高2m。

'垂红'喇叭忍冬 ***Lonicera* x *brownii* 'Dropmore Scarlet'**
落叶木质缠绕藤本。叶卵形，蓝绿色。花小，芳香，红色，喉部橙色，整个夏季开放。株高达4m。

'马尼拉小姐'九重葛
***Bougainvillea* 'Miss Manila'**
(*B.* 'Tango')
常为常绿木质藤本。以蔓生茎攀缘。叶卵圆形。具花序，苞片花瓣状，粉红色，夏季开放。株高达5m。耐最低温度7～10℃。

裂叶茑萝 ***Ipomoea lobata*** (*I. versicolor*, *Mina lobata*, *Quamoclit lobata*)
落叶或半常绿缠绕藤本。常作一年生栽培。叶3裂。单侧总状花序，花小，管状，暗红色，后褪色为橙红色，最后变为乳黄色，夏季开放。株高达5m。

'丹尼亚'九重葛 ***Bougainvillea* 'Dania'**
多为常绿木质攀缘植物。生长旺盛。叶卵圆形，中绿色。具花序，苞片花瓣状，深粉红色，夏季开放。株高达5m。耐最低温度7～10℃。

茑萝 ***Ipomoea quamoclit*** (*Quamoclit pennata*) (Cypress vine)
一年生草质缠绕藤本。叶卵形，亮绿色，深裂，裂片多，线形。花细长，亮红色，管状，橙色或亮红色，夏秋开放。株高达2～4m。

六裂叶旱金莲 ***Tropaeolum speciosum*** (Flame creeper, Flame nasturtium)
草质藤本。以茎缠绕爬升。具匍匐根状茎。叶有分裂，蓝绿色。花鲜红色，夏季开放。果实亮蓝色，具深红色宿存花萼。其根应在阴凉黑暗处。株高达3m。

Asteranthera ovata
Bougainvillea x *buttiana* 'Scarlet Queen'
Clerodendrum splendens
Clianthus puniceus, illus. p.204
Distictis buccinatoria, illus. p.204
Gloriosa superba 'Rothschildiana', illus. p.401
Ipomoea coccinea
Ipomoea x *multifida*
Ipomoea nil 'Scarlett O'Hara'
Jasminum beesianum
Kennedia rubicunda, illus. p.205
Manettia cordifolia
Manettia luteorubra, illus. p.205
Passiflora antioquiensis
Passiflora coccinea, illus. p.205

使君子 ***Quisqualis indica***
(Rangoon creeper)
落叶或半常绿攀缘灌木。生长极快。常作一年生栽培。花芳香，花色在橙红色至红色变化，有时粉红色，春末至夏末开放。株高3～5m。耐最低温度10℃。

缠柄花 ***Rhodochiton atrosanguineus*** (*R. volubilis*)
常绿藤本。以叶柄攀缘。常作一年生栽培。叶具锯齿。花管状，黑紫色，花萼钟状，红紫色，春末至夏末开放。株高达3m。耐最低温度5℃。

彩花马兜铃 ***Aristolochia littoralis*** (*A. elegans*) (Calico flower)
常绿木质藤本。生长快。以茎缠绕爬升。叶心形至肾形。花心形，直径12cm，栗褐色，具白色大理石状斑纹，夏季开放。株高达7m。耐最低温度13℃。

宽叶香豌豆 ***Lathyrus latifolius***
(Everlasting pea, Perennial pea)
草质藤本。以卷须攀缘。茎有翅。叶具一对小叶，托叶宽。总状花序小，花粉紫色，夏季至初秋开放。株高2m以上。

红花五味子 ***Schisandra rubriflora*** (*S. grandiflora* var. *rubriflora*)
落叶木质缠绕藤本。叶革质，具锯齿，背面淡绿色。花小，深红色，春季或初夏开放。果实红色，下垂，夏末成熟。株高达6m。

智利藤 ***Berberidopsis corallina***
(Coral plant)
常绿木质缠绕藤本。叶革质，卵形至心形，缘有小刺。花序下垂，花球状，深红色，夏季至初秋开放。株高4.5m。

扁豆 ***Lablab purpureus*** (*Dolichos lablab*, *D. purpureus*) (Australian pea, Hyacinth bean, Lablab)
落叶木质藤本。以茎缠绕爬升。常作一年生栽培。花紫色、淡粉红色或白色，夏季开放。荚果长，种子可食。株高10m。耐最低温度5℃。

'斑叶'光叶子花 ***Bougainvillea glabra* 'Variegata'**
(*B. g.* 'Sanderiana')
多为常绿木质藤本。生长旺盛。以蔓生茎攀缘。叶圆卵形，暗绿色，边缘乳白色。苞片花瓣状，亮紫色，夏季开放。株高达5m。耐最低温度7～10℃。

Aristolochia griffithii
Bougainvillea x *buttiana* 'Mrs Butt'
Bougainvillea spectabilis
CLEMATIS, illus. p.212～p.213
Cryptostegia grandiflora
Hoya imperialis
Ipomoea horsfalliae, illus. p.209
Ipomoea horsfalliae 'Briggsii'
Lathyrus rotundifolius
Lonicera henryi
Lonicera periclymenum 'Serotina'
Mucuna pruriens var. *utilis*
Pueraria lobata

铁线莲属植物

在藤本植物中，铁线莲属(*Clematis*)植物花期长（一年当中几乎每个月都有不同种类的铁线莲在开花），花形、花色丰富以及适应各种朝向和气候方面是无以伦比的。一些春季开花的种和品种生长旺盛，能够很快覆盖建筑物、老树和藤架。长势缓慢的品种常具有大而优美的花，花期自初夏至秋季，各种花色几乎都能找到。铁线莲牵引到墙面或格架上，或攀爬到其他攀缘植物、乔木、灌木上一起生长时显得非常美观。生长不太旺盛的品种也可不设支架而沿地面匍匐生长，其花更加清晰可见。

不同类型的铁线莲（参见植物词典）可分为三个类群，每一群都有不同的修剪要求。不正确的修剪会剪掉当季要开花的枝，所以应严格遵从以下介绍的修剪方法。

第1群
包括早花种(Early-flowering species)、高山型(Alpina types)、大瓣型(Macropetala types)和绣球藤型(Montana types)

开花枝直接从上一个生长季节的成熟枝上长出。花后修剪，以利于长出新枝并成熟，为明年开花做准备。剪掉枯枝或受损枝条，缩剪徒长枝。

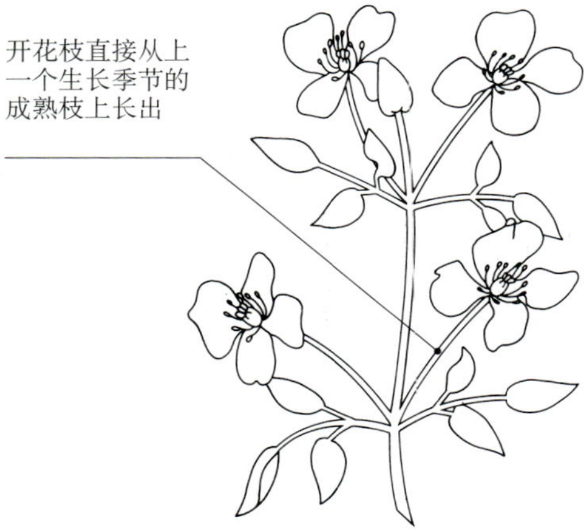

第2群
为早花大花品种(Early, large-flowered cultivars)。

花生于当季短枝上，因而应该于初春新梢开始生长以前修剪。剪掉枯枝或受损枝，缩剪所有其他的枝，修剪要在可见到强壮腋芽以上的部位(这些芽将长出第一批花)。

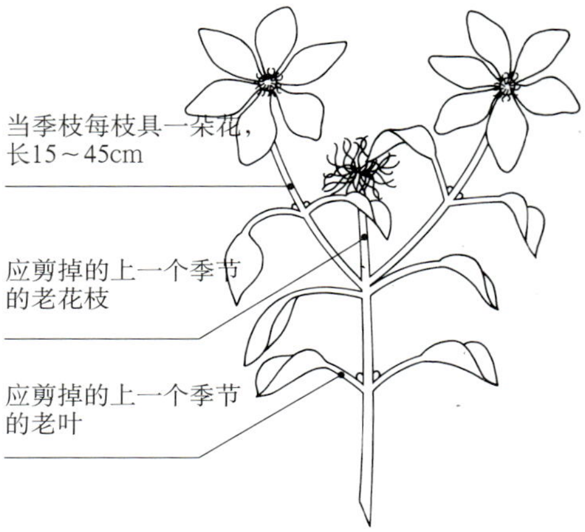

第3群
包括晚花大花品种(Late, large-flowered cultivars)、晚花种(Late-flowering species)、小花品种(Small-flowered)和草本型(Herbaceous types)

只在当季枝上开花，因而应在早春新梢开始生长以前修剪。将上一个季节所有的枝缩剪到地面以上15～30cm处，留一对健壮的腋芽。

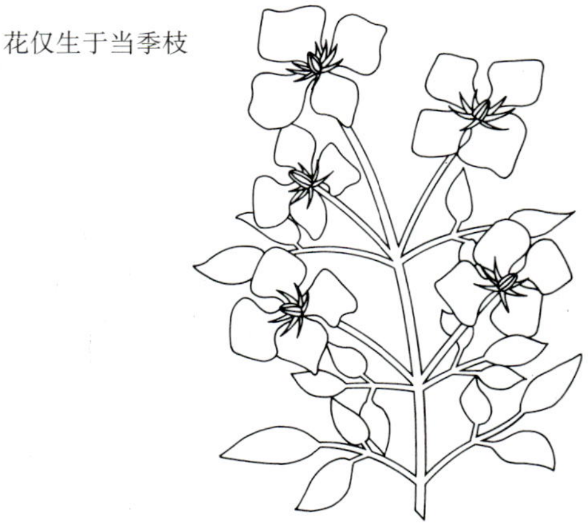

'席氏'铁线莲
(第3群，小花品种)
C. florida 'Sieboldii'

'乔治·杰克曼夫人'铁线莲
(第2群，早花大花品种)
C. 'Mrs George Jackman' ♀

'赫尔汀'铁线莲
(第3群，晚花大花品种)
C. 'Huldine'

华丽铁线莲
(第3群，晚花种)
C. flammula

'马克·海姆粉'铁线莲
(第1群，大瓣型)
C. m. 'Mark-ham's Pink' ♀

直立威灵仙
(第3群，草本型)
C. recta

红花绣球藤
(第1群，绣球藤型)
C. montana var. *rubens* ♀

'亨利'铁线莲
(第2群，早花大花品种)
C. 'Henryi' ♀

山木通（大木通）
(第1群，早花种)
C. armandii

绣球藤（山铁线莲）
(第1群，绣球藤型)
C. montana

'北极女王'铁线莲
(第2群，早花大花品种)
C. ARCTIC QUEEN

'四瓣玫瑰'绣球藤
(第1群，绣球藤型)
C. montana 'Tetrarose' ♀

'哈格利杂种'铁线莲
(第3群，晚花大花品种)
C. 'Hagley Hybrid'

'内利·莫舍'铁线莲
（第2群，早花大花品种）
C. 'Nelly Moser' ♀

'林肯之星'铁线莲
（第2群，早花大花品种）
C. 'Lincoln Star'

'奥尔班尼公爵夫人'铁线莲
（第3群，小花品种）
C. 'Duchess of Albany' ♀

'雅重紫'意大利铁线莲
（第3群，晚花种）*C.v.* 'Purpurea Plena Elegans' ♀

'丰花'铁线莲
（第3群，晚花种）
C. 'Abundance'

'格拉夫泰丽'铁线莲
（第3群，小花品种）
C. 'Gravetye Beauty'

'朱丽亚·科内翁'铁线莲
（第3群，晚花种）*C.* 'Madame Julia Correvon' ♀

'埃尔斯特·马克汉姆'铁线莲
（第3群，晚花大花品种）
C. 'Ernest Markham' ♀

'安娜·路易斯'铁线莲
（第2群，早花大花品种）
C. Anna Louise

'印度之星'铁线莲
（第3群，晚花大花品种）
C. 'Star of India' ♀

'皇家天鹅绒'铁线莲
（第2群，早花大花品种）
C. Royal Velvet

'总统'铁线莲
（第2群，早花大花品种）
C. 'The President' ♀

'蓝月'铁线莲
（第2群，早花大花品种）
C. Blue Moon

'约瑟芬'铁线莲
（第2群，早花大花品种）
C. 'Josephine'

'爱尔莎'铁线莲
（第2群，早花大花品种）
C. 'Elsa Spath' ♀

'杨氏'铁线莲
（第2群，早花大花品种）
C. 'H.F. Young' ♀

'维安·佩内尔'铁线莲
（第2群，早花大花品种）
C. 'Vyvyan Pennell' ♀

'杰克曼'铁线莲
（第3群，晚花大花品种）
C. 'Jackmanii' ♀

'紫星'铁线莲
（第3群，晚花种）
C. 'Etoile Violette' ♀

'明星'铁线莲
（第2群，早花大花品种）
C. 'Lasurstern' ♀

全缘铁线莲
（第3群，草本型）
C. integrifolia

'维瓦尔'大叶铁线莲
（第3群，草本型）
C. heracleifolia 'Wyevale' ♀

'小鹰'铁线莲
（第3群，小花品种）
C. Petit Faucon

'阿斯科特'铁线莲
（第3群，晚花大花品种）
C. 'Ascotiensis' ♀

'弗朗西斯·里维斯'高山铁线莲（第1群，高山型）
C. alpina 'Frances Rivis' ♀

'蓝珍珠'铁线莲
（第3群，晚花大花品种）
C. 'Perle d'Azur' ♀

大瓣铁线莲
（第1群，大瓣型）
C. macropetala

长花铁线莲
（第3群，晚花种）
C. rehderiana ♀

春铁线莲
（第1群，早花种）
C. cirrhosa

唐古特铁线莲
（第3群，晚花种）
C. tangutica

'比尔·麦肯齐'铁线莲
（第3群，晚花种）
C. 'Bill MacKenzie' ♀

紫色

光叶子花 ***Bougainvillea glabra***
常绿或半常绿木质藤本。生长旺盛。以蔓生茎攀缘。叶圆卵形。具花序，苞片花瓣状，花呈深浅不一的樱草紫色，夏季开放。株高达5m。耐最低温度7～10℃。

‘黛安娜’香豌豆 ***Lathyrus odoratus* ‘Lady Diana’**
一年生草质藤本。生长速度中等。以卷须攀缘。茎细长。叶卵形，中绿色。花芳香，淡紫蓝色，夏季至初秋开放。株高2m。

‘秋花’智利藤茄 ***Solanum crispum* ‘Glasnevin’**
常绿或半常绿木质藤本。生长旺盛。以蔓生茎攀缘。叶卵形。具花序，花淡紫色至紫色，直径2.5cm，夏季开放。株高达6m。

‘约翰·因尼斯’紫晕西番莲 ***Passiflora* x *caponii* ‘John Innes’**
常绿木质藤本。生长势强。以卷须攀缘。叶3裂。花碗状，下垂，白色，带红紫色晕，副花冠白色，具紫色条纹，夏秋开放。株高8m。耐最低温度7～10℃。

裂叶牵牛 ***Ipomoea hederacea***
(Morning glory)
一年生缠绕藤本。叶心形或3裂，中绿色至亮绿色。花漏斗状，红色、紫色、粉红色或蓝色，夏季至初秋开放。株高3～4m。

鸡蛋参 ***Codonopsis convolvulacea***
草质藤本。以茎缠绕爬升。叶卵形至披针形，长5cm。花宽钟状至碟状，淡蓝紫色，直径2.5～5cm，夏季开放。株高2m。

电灯花 ***Cobaea scandens***
(Cup-and-saucer vine)
常绿或落叶木质藤本。以卷须攀缘。常作一年生栽培。花黄绿色，后变为紫色，夏末至霜降开放。株高4～5m。耐最低温度4℃。

温南茄 ***Solanum wendlandii***
多为常绿藤本。生长健壮。以蔓生茎攀缘。茎具刺。叶长椭圆形，裂片形状多变。花淡紫色，夏末至秋季开放。株高3～6m。耐最低温度10℃。

西番莲 ***Passiflora caerulea*** (Blue passion flower, Common passion flower)
常绿或半常绿木质藤本。生长快。以卷须攀缘。花白色，有时具粉红色晕，副花冠具蓝色或紫色条纹，夏秋开放。株高10m。

CLEMATIS, illus. p.212～p.213
Clytostoma callistegioides, illus. p.205
Ipomoea purpurea
Lathyrus nervosus
Maurandya barclayana
Passiflora x *caeruleoracemosa*
Petrea volubilis, illus. p.206
Solanum seaforthianum, illus. p.206
Tropaeolum azureum
Vitis vinifera ‘Purpurea’, illus. p.218

紫色至蓝色

大果西番莲 ***Passiflora quadrangularis*** (Giant granadilla)
常绿木质藤本。生长势强。茎具棱和翅。花白色、粉红色、红色或淡紫色，副花冠具白色和深紫色条纹，多在夏季开放。株高5～8m。耐最低温度10℃。

美丽藤萝 ***Wisteria* x *formosa***
落叶木质藤本。以茎缠绕爬升。小叶窄卵形，9～15片。总状花序，下垂，长25cm，花蝶形，芳香，紫红色和淡紫色，初夏开放。荚果，柔软而光滑。株高达25m以上。

紫藤 ***Wisteria sinensis***
(*W. chinensis*) (Chinese wisteria)
落叶木质藤本。生长旺盛。以茎缠绕爬升。复叶具小叶11片。总状花序，长20～30cm，花芳香，紫色或淡紫色，初夏开放。荚果，柔软而光滑。株高达30m。

'天蓝'三色牵牛 ***Ipomoea tricolor* 'Heavenly Blue'**
(*I. rubrocaerulea* 'Heavenly Blue')
一年生草质藤本。生长快。以茎缠绕爬升。叶心形。花大，漏斗状，天蓝色，夏季至初秋开放。株高达3m。

蓝雪花（蓝茉莉） ***Plumbago auriculata*** (*P. capensis*) (Cape leadwort)
常绿木质藤本。生长快。以蔓生茎攀缘。具花序，花天蓝色，夏季至初冬开放。株高3～6m。耐最低温度7℃。

尖瓣藤 ***Tweedia caerulea***
(*Oxypetalum caeruleum*)
草质藤本。以茎缠绕爬升。茎被白色毛。花小，肉质，淡蓝色，后变为紫色，夏季和初秋开放。果实绿色，长15cm。株高达1m。耐最低温度5℃。

黄色

美国忍冬 ***Lonicera* x *americana***
(*L.* x *italica* of gardens)
落叶木质藤本。以茎缠绕爬升。叶卵形，上部叶合生成碟状。花序极多，花极芳香，黄色，具红紫色晕，夏季开放。株高达7m。

'霍尔'忍冬 ***Lonicera japonica* 'Halliana'**
常绿或半常绿木质藤本。以茎缠绕爬升。茎被毛。叶卵形，有时分裂，亮绿色。花极芳香，白色，后变为淡黄色，夏季至秋季开放。株高达10m。

'托马斯'普通忍冬
***Lonicera periclymenum* 'Graham Thomas'**
落叶木质藤本。以茎缠绕爬升。叶卵形或长椭圆形，背面淡蓝色。花芳香，白色，后变为黄色，夏季开放。株高达7m。

CLEMATIS, illus. p.212～p.213
Clitoria ternatea
Jacquemontia pentantha
Solanum jasminoides
Sollya heterophylla, illus. p.206
Thunbergia grandiflora
Wisteria floribunda 'Macrobotrys'
Wisteria sinensis 'Prolific'
Ampelopsis brevipedunculata var. *maximowiczii*
Anemopaegma chamberlaynei
Bomarea pubigera of gardens
Humulus lupulus 'Aureus', illus. p.206
Lonicera japonica 'Aureoreticulata'
Sinofranchetia chinensis
Solandra maxima, illus. p.206

藤本植物 夏季观赏

黄色至橙色

‘亨德逊’软枝黄蝉 *Allamanda cathartica* ‘Hendersonii’
常绿木质藤本。生长快。以蔓生茎攀缘。叶披针形，轮生。花喇叭状，浓亮黄色，夏秋开放。株高达5m。耐最低温度13～15℃。

翼叶山牵牛 *Thunbergia alata*
(Black-eyed Susan)
一年生草质藤本。生长速度中等。以茎缠绕爬升。叶卵形至心形，具锯齿。花小，圆形，极扁平，橙色，花心暗褐色，初夏至初秋开放。株高3m。

赤爮 *Thladiantha dubia*
草质或落叶藤本。生长快。以卷须攀缘。叶卵形至心形，中绿色，长10cm，背面被毛。花黄色，钟状，夏季开放。株高3m。

蕊叶藤 *Stigmaphyllon ciliatum*
常绿木质藤本。生长快。以茎缠绕爬升。叶心形，淡绿色，边缘具毛。花亮黄色，花瓣皱褶，春夏开放。株高5m以上。耐最低温度15～18℃。

猫爪藤 *Macfadyena unguis-cati*
(Cat’s claw)
常绿木质藤本。生长快。以卷须攀缘。叶具2片小叶和1个卷须。花黄色，长10cm，春末或初夏开放。株高8～10m。耐最低温度5℃。

‘肯·阿斯利特’条斑旱金莲 *Tropaeolum tuberosum* var. *lineamaculatum* ‘Ken Aslet’
草质藤本。块根具红色纹理。叶蓝绿色。花萼红色，花瓣橙色，仲夏至秋季开放。在较冷地区栽培时，冬季应挖出块根并贮藏。株高达2.5m。

Bougainvillea x *buttiana* ‘Golden Glow’
Gelsemium sempervirens
Gloriosa superba
Hibbertia scandens
Lonicera etrusca
Lonicera hildebrandiana
Lonicera tragophylla
Merremia tuberosa
Mussaenda erythrophylla
Thunbergia mysorensis, illus. p.207
Tropaeolum peregrinum
Tropaeolum tuberosum, illus. p.218
Vigna caracalla

橙色

橘红竹叶吊钟 ***Bomarea caldasii***
(*B. kalbreyeri* of gardens)
草质藤本。以茎缠绕爬升。花序圆球状，具花5～40朵，花管状至漏斗状，橙红色，花瓣内面具红色斑点，夏季开放。株高3～4m。

智利悬果藤 ***Eccremocarpus scaber*** (Chilean glory flower, Glory vine)
常绿亚灌木状藤本。以卷须攀缘。常作一年生栽培。总状花序，花小，橙色，夏季开放。荚果膨大，种子多数，具翅。株高2～3m。

疑仙年 ***Senecio confusus***
(*Pseudogynoxys chenopodioides*)
(Mexican flame vine)
常绿木质藤本。以茎缠绕爬升。头状花序雏菊状，再组成花序，花橙黄色，后变为橙红色，多在夏季开放。株高3m以上。耐最低温度7～10℃。

台尔曼忍冬 ***Lonicera* x *tellmanniana***
落叶木质藤本。以茎缠绕爬升。叶卵形，茎上部叶合生成碟状。具花序，花亮黄橙色，春末至初夏开放。株高达5m。

橘黄山牵牛 ***Thunbergia gregorii***
(*T. gibsonii*)
常绿木质藤本。以茎缠绕爬升。常作一年生栽培。叶三角状卵形，叶柄有翅。花亮橙红色，夏季开放。株高3m。耐最低温度10℃。

双叉卷须菊 ***Mutisia decurrens***
常绿藤本。以卷须攀缘。叶窄椭圆形，长7～13cm。头状花序，直径10～13cm，放射状花，红色或橙色，夏季开放。本种较难栽培，但值得栽培。株高达3m。

Bignonia capreolata
Campsis radicans
Mitraria coccinea, illus. p.205
Streptosolen jamesonii, illus. p.220
Tecoma capensis

藤本植物 秋季观赏

白色至红色

巴尔德楚藤蓼 ***Fallopia baldschuanica*** (Mile-a-minute plant, Russian vine)
落叶木质藤本。生长旺盛。以茎缠绕爬升。圆锥花序下垂，花粉红色或白色，夏秋开放。株高12m以上。

‘盖伦夫人’杂凌霄 ***Campsis* x *tagliabuana* ‘Madame Galen’**
落叶木质藤本。以气生根攀缘。小叶窄卵形，具锯齿，7片以上。花序下垂，花喇叭状，橙粉红色，夏末至秋季开放。株高达10m。

紫心西番莲 ***Passiflora manicata***
常绿木质藤本。生长快。以卷须攀缘。茎细长，具棱。叶3裂。花红色，副花冠深紫色和白色，夏秋开放。株高3～5m。耐最低温度7℃。

OTHER RECOMMENDED PLANTS:
Cobaea scandens f. *alba*
Lapageria rosea, illus. p.210
Lophospermum erubescens, illus. p.209
Pileostegia viburnoides, illus. p.208
Stephanotis floribunda, illus. p.204
Tecomanthe speciosa

藤本植物 秋季观赏

红色至紫色

爬山虎 ***Parthenocissus tricuspidata*** (Boston ivy, Japanese ivy)
落叶木质藤本。生长旺盛。以卷须攀缘。秋叶深红色，引人注目。浆果，暗蓝色。可覆盖宽阔的墙面。株高20m。

粉叶爬山虎 ***Parthenocissus thomsonii*** (*Cayratia thomsonii*, *Vitis thomsonii*)
落叶木质藤本。以卷须攀缘。复叶具5片小叶，绿色，具光泽，秋季变为红紫色。为极好的秋色叶植物。浆果黑色。株高达10m。

‘紫叶’葡萄 ***Vitis vinifera* ‘Purpurea’**
落叶木质藤本。以卷须攀缘。叶3～5裂，裂片具锯齿，淡紫色，幼叶具白毛。花微小，淡绿色，夏季开放。浆果微小，绿色或紫色。株高达7m。

‘洛氏’爬山虎 ***Parthenocissus tricuspidata* ‘Lowii’**
落叶木质藤本。生长旺盛。以卷须攀缘。叶皱褶，3～7深裂，秋季变为深红色。花不明显。浆果暗蓝色。株高20m。

紫葛葡萄 ***Vitis coignetiae*** (Crimson glory vine)
落叶木质藤本。生长旺盛。以卷须攀缘。叶大，背面被褐色毛，秋季色彩艳丽。花微小，淡绿色，夏季开放。浆果多，紫黑色。株高达15m。

‘维奇’爬山虎 ***Parthenocissus tricuspidata* ‘Veitchii’** (*Ampelopsis veitchii*)
落叶木质藤本。生长旺盛。以卷须攀缘。秋叶亮丽，红紫色。花不明显，淡绿色。浆果暗蓝色。株高达20m。

紫色至橙色

长花藤海桐 ***Billardiera longiflora***
常绿木质藤本。以茎缠绕爬升。叶窄。花小，钟状，绿黄色，有时带紫色晕，单生于叶腋，夏季开放。秋季果实紫蓝色。株高达2m。

块茎旱金莲 ***Tropaeolum tuberosum***
草质藤本。以叶柄攀缘。具块根。叶灰绿色，3～5裂。花杯状，花萼橙红色，花瓣橙黄色，具一长距，仲夏至秋末开放。株高2～3m。

炮仗藤 ***Pyrostegia venusta*** (*P. ignea*) (Flame flower, Flame vine, Golden shower)
常绿木质藤本。生长快。以卷须攀缘。具花序，花管状，金黄色至橙红色，秋季至翌年春季开放。株高10m以上。耐最低温度13～15℃。

Asarina barclayana
Cobaea scandens, illus. p.214
Ipomoea horsfalliae ‘Briggsii’
Mucuna pruriens var. *utilis*
Parthenocissus henryana
Passiflora caerulea, illus. p.214
Passiflora x *caeruleoracemosa*
Passiflora vitifolia
Rhodochiton atrosanguineus, illus. p.211
Solanum seaforthianum
Solanum wendlandii, illus. p.214
Allamanda cathartica ‘Hendersonii’, illus. p.216
Campsis grandiflora
Senecio mikanioides

藤本植物 冬季观赏

白色至橙色

多花素馨（繁花素馨）
Jasminum polyanthum
常绿木质藤本。以茎缠绕爬升。复叶，小叶暗绿色，5～7片。花序大，花芳香，白色，花瓣5裂，有时花瓣外面具淡红色晕，夏末至冬季开放。株高3m以上。

大花树萝卜 ***Agapetes variegata*** var. ***macrantha***
常绿或半常绿攀缘灌木。冠松散，可攀缘支架。叶披针形。花窄坛状，白色或粉白色，具红色图案，冬季开放。株高1～2m。耐最低温度15～18℃。

加那利参 ***Canarina canariensis*** (*C. campanula*) (Canary Island bellflower)
草质藤本。以蔓生茎攀缘。块根肉质。叶三角形，具锯齿。花橙色，蜡质状，具红色脉纹，秋末至翌年春季开放。株高2～3m。耐最低温度7℃。

OTHER RECOMMENDED PLANTS:
Calochone redingii
Holmskioldia sanguinea
Pyrostegia venusta, illus. p.218
Senecio macroglossus
Senecio mikanioides
Strongylodon macrobotrys, illus. p.206
Thunbergia coccinea

藤本植物 全年观赏

白色至绿色

蔓天冬 ***Asparagus scandens***
常绿藤本。以蔓生茎攀缘。枝稀疏，小枝短，叶状，弯曲，3个轮生。花序具2～3朵花，花微小，下垂，白色，夏季开放。浆果红色。株高1m以上。耐最低温度10℃。

星点藤 ***Epipremnum pictum*** **'Argyraeum'** (*Scindapsus pictus* 'Argyraeus') (Silver vine)
常绿木质藤本。生长慢。以气生根攀缘。叶心形，暗绿色，有银色斑点。株高2～3m以上。耐最低温度15～18℃。

'黄斑'大舌千里光 ***Senecio macroglossus*** **'Variegatus'**
常绿木质藤本。以茎缠绕爬升。叶肉质，三角形，边缘白色至乳黄色。头状花序雏菊状，花乳白色，多在冬季开放。株高3m。耐最低温度7℃，最适生长温度为10℃。

'银脉'合果芋 ***Syngonium podophyllum*** **'Trileaf Wonder'**
常绿木质藤本。以气生根攀缘。茎丛生。幼叶箭形，成年叶3裂，光滑，叶脉淡绿色或银灰色。株高2m以上。耐最低温度18℃。

'银后'绿萝 ***Epipremnum aureum*** **'Marble Queen'** (*Scindapsus aureus* 'Marble Queen')
常绿木质藤本。生长极快。以气生根攀缘。叶具白色条斑和白色大理石花纹。生长势比其他种稍弱。株高3～10m。耐最低温度15～18℃。

异色薯蓣 ***Dioscorea discolor*** (Ornamental yam)
常绿木质藤本。以茎缠绕爬升。叶心形，橄榄绿色，长12～15cm，具银白色、淡绿色和褐色的大理石斑纹，背面红色。株高达2m。耐最低温度5℃。

OTHER RECOMMENDED PLANTS:
Cissus discolor
Cissus striata
Gynura aurantiaca 'Purple Passion'
IVIES, illus. p.221
Lonicera japonica 'Aureoreticulata'
Peperomia scandens
Philodendron 'Burgundy'

藤本植物 全年观赏

绿色至橙色

合果芋 ***Syngonium podophyllum*** (*Nephthytis triphylla* of gardens)
常绿木质藤本。以气生根攀缘。茎成丛。幼叶箭头形，成年叶7～9裂，具光泽，长30cm。株高2m。耐最低温度16～18℃。

老挝崖爬藤 ***Tetrastigma voinierianum*** (*Cissus voinieriana*) (Chestnut vine)
常绿木质藤本。以卷须攀缘。生长健壮。嫩茎和幼叶铁锈色，被毛，成年叶光滑，表面暗绿色。株高10m以上。耐最低温度15～18℃。

攀缘蔓绿绒 ***Philodendron scandens*** (Heart leaf)
常绿藤本。生长快。以气生根攀缘。幼叶浓绿色，长10～15cm，成年叶长30cm。株高4m以上。耐最低温度15～18℃。

铜绿蔓绿绒 ***Philodendron melanochrysum***
常绿藤本。以气生根攀缘。生长健壮，缓慢。茎基部木质化。叶心形，具光泽，长75cm，叶深橄榄绿色，具紫铜色光泽，叶脉灰白色。株高3m以上。耐最低温度15～18℃。

澳大利亚白粉藤 ***Cissus antarctica*** (Kangaroo vine)
常绿木质藤本。以卷须攀缘。生长势中等。叶卵形，先端尖，叶面粗糙，具锯齿，浓绿色，具光泽。株高5m。耐最低温度7℃。

爪哇三七草（耳叶三七草） ***Gynura aurantiaca*** (Velvet plant)
常绿半攀缘藤本或披散灌木。茎和叶被紫色毛。头状花序雏菊状，成簇，花橙黄色，冬季开放。株高2～3m，作为灌木较矮。耐最低温度16℃。

龟背芋（龟背竹） ***Monstera deliciosa*** (Swiss-cheese plant)
常绿木质藤本。以气生根攀缘。生长旺盛。叶裂片大，具穿孔，长40～90cm。成年植株开花，佛焰苞乳白色。果实芳香，可食。株高达6m。耐最低温度15～18℃。

菱叶白粉藤 ***Cissus rhombifolia*** (*Rhoicissus rhombifolia*, *R. rhomboidea*) (Grape ivy)
常绿木质藤本。以卷须攀缘。生长势中等。叶具光泽，分裂成具粗锯齿的3小叶。株高3m以上。耐最低温度7℃。

扭管花 ***Streptosolen jamesonii*** (Marmalade bush)
常绿或半常绿松散攀缘灌木。叶卵形，有皱褶。花多，亮橙色，主要在春夏开放。株高2～3m。耐最低温度7℃。

Ercilla volubilis
Ficus pumila
Holboellia coriacea
Lardizabala biternata
Monstera acuminata
Philodendron cordatum
Philodendron domesticum
Philodendron pedatum
Philodendron pinnatifidum
Philodendron sagittifolium
Rhoicissus capensis
Rubus henryi var. *bambusarum*
Syngonium auritum
Syngonium erythrophyllum

常春藤属植物

常春藤属（*Hedera*）植物为常绿攀缘和蔓生植物，适于沿墙壁和栅栏向上生长，或用作地被植物。栽种后要用一年左右的时间缓苗，以后生长速度加快。常春藤有很多栽培品种，其中非花叶的品种较耐阴。随着植株长高和接受阳光照射，典型的常春藤状叶分裂程度减少。并非所有的常春藤都很耐寒。

'纤细' 海伯尼亚常春藤
H. hibernica 'Gracilis' ①

'掌状' 海伯尼亚常春藤
H. hibernica 'Digitata' ①

'亚当' 洋常春藤
H. helix 'Adam' ①

'夏娃' 洋常春藤
H. helix 'Eva' ① ♀

'直立' 洋常春藤
H. helix 'Erecta' ① ♀

'梅里翁丽' 洋常春藤
H. helix 'Merion Beauty' ①

'墨绿' 洋常春藤
H. helix 'Nigra' ①

'赫斯' 洋常春藤
H. helix 'Heise' ①

'饰边' 洋常春藤
H. helix 'Ivalace' ① ♀

'沃尔乐' 洋常春藤
H. helix 'Woeneri' ①

'冰河' 洋常春藤
H. helix 'Glacier' ① ♀

'角黄' 洋常春藤
H. helix 'Angularis Aurea' ① ♀

'象耳' 科西加常春藤
H. colchica 'Dentata' ① ♀

'卷曲' 洋常春藤
H. helix 'Telecurl' ①

'粗裂' 洋常春藤
H. helix 'Lobata Major' ①

'格莱姆' 洋常春藤
H. helix 'Glymii' ①

'安娜·玛利亚' 洋常春藤
H. helix 'Anne Marie' ①

'金心' 洋常春藤
H. helix 'Goldheart' ①

'鸟足' 洋常春藤
H. helix 'Pedata' ① ♀

'三角' 海伯尼亚常春藤
H. hibernica 'Deltoidea' ①

'硫黄' 海伯尼亚常春藤
H. hibernica 'Sulphurea' ①

'皱叶' 洋常春藤
H. helix 'Manda's Crested' ① ♀

'毛茛叶' 洋常春藤
H. helix 'Buttercup' ① ♀

'绿波' 洋常春藤
H. helix 'Green Ripple' ①

海伯尼亚常春藤
H. hibernica ① ♀

'匹兹堡' 洋常春藤
H. helix 'Pittsburgh' ①

'大叶' 阿尔及利亚常春藤
H. cana. var. *algeriensis*
'Ravensholst' ① ♀

'皱芹' 洋常春藤
H. helix 'Parsley Crested' ①

'暗紫' 洋常春藤
H. helix 'Atropurpurea' ① ♀

'硫黄心' 科西加常春藤
H. colchica 'Sulphur Heart'
① ♀

宿根花卉

（含禾草类、竹类、灯心草类、
莎草类和蕨类植物）

宿根花卉因其花色和花型丰富、质地和香味多样而成为许多花园设计的核心。无论是用在传统的花境中，还是用在当代风格的色彩配置中，宿根花卉总能展示出美丽的风采而数年不衰，因此备受园艺家们的青睐。

宿根花卉

作为种类和用途最多的植物群类之一，宿根花卉为园林设计师们提供了丰富的植物材料。其色彩、芳香、形态及质地多种多样，且随季节而变化，能够满足各种不同大小和风格花园的需要。

什么是宿根花卉

宿根花卉是指能够生存两年或两年以上、成熟后每年开花的多年生草本植物。在园林中，这个术语也用来指基部为木质的亚灌木（如薰衣草和蒿属植物），并常包括禾草类和蕨类植物。多数宿根花卉是每年秋季地上部分枯死的草本植物，仅有部分种类是常绿的。这虽然使花境在冬天显得缺乏生机，但是很多园艺家认为这一特性自有其价值，因为它可以反映季节的变化，植物的新生标志着春天的到来，预期着夏天的繁盛。

宿根花卉的选择

所有成功的种植都是建立在针对花园的气候、土壤类型、光照程度而精心选择植物种类的基础之上的，对于宿根花卉来说更是如此。在不适宜的条件下苦苦挣扎的植物，不能开花或不能良好生长而充分占居留给它的空间，是不可能达到其预期效果的。把对栽培要求条件相近的植物种植在一起通常可以得到最佳效果。如多数蕨类植物在土壤潮湿和富含腐殖质的阴凉花境中生长良好，而像紫竹（*Phyllostachys nigra*）这样的竹类在类似的土壤条件下也可以旺盛生长。当花境中栽植多种不同的宿根花卉时，一定要考虑到它们的最终高度和冠径，防止强壮而茂盛的植物掩没娇小的种类。

观赏特性

宿根花卉的花型丰富，对比性强。如翠雀类或毛蕊花类植物的尖塔形花序直立；蓍属紧密扁平的头状花序，呈水平状，杂交黄精（*Polygonatum* × *hybridum*）的花呈拱形排列。

植物的叶由于数量众多而对花境设计有很大影响。所幸的是宿根花卉的叶形种类极多，如藜芦类的叶有粗大的皱

果穗

上图：盛夏时节，二年生草本花卉起绒草（*Dipsacus fullonum*）雕刻般的株形给旁边的宿根花卉增添了高度感，并与之形成对比，随后形成的果穗将使观赏性持续至冬季。

夏季花境

右图：在这个混植花境中，成片的白纹杂种六出花（*Alstroemeria* Ligtu Hybrids）把人们的视线引导向由毛蕊花的大型穗状花序所形成的强烈的视线焦点上来，后者又巧妙地与前景植物华丽鼠尾草（*Salvia* × *superba*）紫色的锥形花序构成重复。

叶的对比

左图：在日光斑驳的阴湿地方，叶形和质地优雅的对比产生出丰富多彩的效果，然而重要的是应选择可以在相似条件下良好生长的植物。

颜色与心情

下图：在种植方案中，颜色的使用可以影响气氛。红色、黄色和橙色表示温暖和活力，而柔和的色彩和冷色调的蓝色可产生宁静迷人的氛围。

冬天的奇效

底图：银芦（蒲苇）(*Cortaderia selloana*）的丝质羽状花序所产生的直立效果在冬季着霜后显得格外漂亮。

褶，花荵（*Polemonium caeruleum*）和荚果蕨（*Matteuccia struthiopteris*）叶则为精细的羽状。叶的质地也有很大区别，如绵毛水苏（*Stachys byzantina*）的叶面为绢状，金蝉脱壳（*Acanthus mollis*）的叶具光泽。

用宿根花卉进行设计

传统的草花花境（长方形，一侧是平整的草坪，背靠墙垣或者紧挨着精细修剪的绿篱）长期以来被用来展示宿根花卉。其宽度常为3m以上，从前部至后部成斜坡状，以免矮小的植物被邻近的高大植物所遮蔽。虽然只有很大的花园才有足够的空间取得如此壮观的效果，但这里所述的原则也可略加变通而用于较小规模的配置。

矮生的多年生草本植物，如绒毛卷耳（*Cerastium tomentosum*）和

本组所用的大小等级		
大	中	小
>120 cm	60～120 cm	<60 cm

心叶黄水枝(*Tiarella cordifolia*)等非常适合栽植于花境的前部。为了增加视觉效果，中小型植物最好成群种植，各群的总和应为奇数。然后将大型单株植物作为视觉焦点来种植，尤其是那些构架植物，如西班牙菜蓟(*Cynara cardunculus*)、掌叶大黄(*Rheum palmatum*)、七叶鬼灯檠(*Rodgersia aesculifolia*)或巨针茅(*Stipa gigantea*)这样的高大禾草，可以产生极好的效果。多种的外形和质地可以同时使用，如长药景天(*Sedum spectabile*)的圆形与火炬花属(*Kniphofia*)植物的直立圆锥花序并存，或者荷包牡丹的带花边的叶与玉簪鲜明的轮廓共存。在花境中仅仅种植宿根花卉的缺点是秋天枯萎后至翌年生长季节到来之前呈现给我们的只是裸露的土地。若加上灌木为骨架，同时兼有一、二年生花卉和球根花卉，花境的观赏期将得以延长。

露台种植

图中紫色的‘华紫’裂叶肾形草（*Heuchera micrantha* var. *diversifolia*‘Palace Purple’）、‘花叶’蕺菜（*Houttuynia cordata*‘Chameleon’）和千母草（*Tolmiea menziesii*）在一起盆栽时，其互补的色彩和不同的质地使配置显得赏心悦目。

大型宿根花卉 夏季观赏

□ 白色

白花狭叶柳叶菜 ***Epilobium angustifolium*** **f.** ***album***
(White rosebay)
多年生草本。直立。生长茂盛。具花序，花序梗柔软，花纯白色，夏末开放。叶小，披针形。蔓延速度快。株高1.2～1.5m，冠径50cm以上。

心叶两节荠（心叶海甘蓝） ***Crambe cordifolia***
多年生草本。生长健壮。花枝具分枝，花多如云，白色，芳香，高出叶丛，夏季开放。叶幕圆丘形，叶大，皱褶，有分裂，暗绿色。株高达2m，冠径1.2m。

喜马独尾草 ***Eremurus himalaicus***
多年生草本。直立。叶带形，基生。总状花序巨大，花密集，杯状，纯白色，雄蕊长，初夏开放。冬天用堆肥或欧洲蕨覆盖。需支撑。株高2～2.5m，冠径1m。

加拿大地榆 ***Sanguisorba canadensis*** (Canadian burnet)
多年生草本。丛生。穗状花序，微下垂，花瓶刷状，白色，夏末开放。叶中绿色，有分裂，具锯齿。株高1.2～2m，冠径60cm。

林生烟草 ***Nicotiana sylvestris***
(Flowering tobacco)
多年生草本。常作一年生栽培。圆锥花序，花白色，芳香，管状，顶生，夏末开放。叶长，粗糙，中绿色。株高1.5m，冠径75cm。

白苞刺芹 ***Eryngium eburneum***
(*E. paniculatum*)
多年生常绿草本。枝拱形。头状花序，蓟状，花绿色，雄蕊白色，生于具分枝的茎上，夏末开放。叶拱形，具刺，禾草状。株高1.5～2m，冠径60cm。

裂叶罂粟 ***Romneya coulteri***
(Tree poppy)
多年生草本。丛生。亚灌木状。因观赏其花而栽培。花大，芳香，白色，花心雄蕊明显，金黄色，夏末开放。叶灰色，深裂。株高和冠径2m。

球花蓝刺头 ***Echinops sphaerocephalus***
大型多年生草本。丛生。叶深裂，中绿色，背面淡灰色。茎灰色。头状花序，球状，花白色，夏末开放。株高2m，冠径1m。

假升麻 ***Aruncus dioicus***
(*A. sylvester, Spiraea aruncus*)
(Goat's beard)
多年生草本。冠圆丘状。茎高大。复叶大，小叶披针形。羽状花序，具分枝，花微小，乳白色，仲夏开放。株高2m，冠径1.2m。

OTHER RECOMMENDED PLANTS:
Aconitum 'Ivorine'
Aconitum napellus 'Albidum'
Campanula pyramidalis
Cimicifuga racemosa
Filipendula camtschatica
Macleaya cordata
Selinum wallichianum
Veratrum album

白色至粉红色

白苞蒿（甜菜子） ***Artemisia lactiflora*** (White mugwort)
多年生草本。直立。生长旺盛。头状花序，具分枝，花蕾乳白色，花序灰白色，夏季开放。叶暗绿色，具锯齿。需支撑。最适宜与较浓色彩植物配置。株高1.1～1.5m，冠径50cm。

艳山姜 ***Alpinia zerumbet***
(*A. nutans* of gardens, *A. speciosa*)
(Shell flower, Shell ginger)
多年生常绿草本。丛生。总状花序，花白色，唇瓣黄色，花筒具粉红色或红色斑点，多在夏季开放。株高3m，冠径1m。耐最低温度18℃。

'劳顿·安娜'神钟花 ***Campanula lactiflora* 'Loddon Anna'**
多年生草本。直立。具分枝。叶窄卵形。总状花序，花大，钟状，下垂，生于细长的茎上，夏季开放。多风处栽培时需支撑。株高1.2m，冠径60cm。

'珊瑚羽'小果博落回 ***Macleaya microcarpa* 'Kelway's Coral Plume'**
多年生草本。丛生。穗状花序，具分枝，花浓粉红色至淡黄色，夏季开放。叶大，圆形，有分裂，灰绿色，背面灰白色。株高2～2.5m，冠径1～1.2m。

巨独尾草 ***Eremurus robustus***
多年生草本。直立。叶带状，花序出现时枯萎。总状花序巨大，花杯状，粉红色，夏季开放。冬季用堆肥或蕨类植物覆盖。需支撑。株高2.2m，冠径1m。

Anemone x *hybrida* 'Max Vogel'
Eremurus Shelford Hybrids
Kitaibela vitifolia
Lupinus 'The Chatelaine', illus. p.244

粉红色至红色

新疆花葵 ***Lavatera cachemiriana*** (*L. cachemirica*)
半常绿草本。基部木质或为亚灌木。茎细长而坚韧。圆锥花序，花喇叭状，具丝状脉，纯粉红色，夏季开放。叶常春藤叶状，被毛，中绿色。株高1.5～2m，冠径1m。

红花蚊子草 ***Filipendula rubra***
多年生草本。直立。生长旺盛。叶大，具锯齿。茎高大，具分枝。花序羽状，顶生，花小，淡粉红色，仲夏开放。在沼泽地繁殖速度快。株高2～2.5m，冠径1.2m。

'深紫'掌叶大黄 ***Rheum palmatum* 'Atrosanguineum'**
多年生草本。丛生。叶极大，浅裂至深裂，幼叶深红紫色。圆锥花序大，被绒毛，花深红色，初夏开放。株高和冠径2m。

Filipendula purpurea, illus. p.245
Kniphofia uvaria 'Nobilis'
Lobelia tupa
PHLOX, illus. p.242

大型宿根花卉 夏季观赏

宿根花卉

紫色至蓝色

藜芦 ***Veratrum nigrum*** (Black false hellebore)
多年生大型草本。茎粗壮，直立。穗状花序长，顶生，花呈巧克力紫色，夏末之前开放。叶多，卵形至窄卵形，脉棱状，抱茎而生。株高2m，冠径60cm。

柳叶马鞭草 ***Verbena bonariensis*** (*V. patagonica*)
多年生草本。直立。叶暗绿色，丛生于基部。茎直立，细长而坚韧。花序顶生，花微小，蓝紫色，夏秋开放。株高1.5m，冠径60cm。

西班牙菜蓟 ***Cynara cardunculus*** (Cardoon)
多年生大型草本。叶丛大，叶银灰色，弓形，全裂，先端尖。头状花序大，蓟状，单生于枝顶，花蓝紫色，夏季开放。茎粗壮，灰色。花干燥后完好。株高2m，冠径1m。

'普里查德'神钟花 ***Campanula lactiflora* 'Prichard's Variety'**
多年生草本。直立。茎细长。头状花序，具分枝，花大，钟状，蓝紫色，下垂，初夏至秋末开放。需支撑。株高1.2～1.5m，冠径60cm。

巴纳特蓝刺头 ***Echinops bannaticus***
多年生草本。直立。叶窄，深裂。茎具分枝。头状花序顶生，花浅白色至蓝色，夏末开放。花干燥后完好。株高1.2～1.5m，冠径75cm。

'威尔逊夫人'山羊豆 ***Galega* 'Lady Wilson'**
多年生草本。直立。生长旺盛。穗状花序，高出叶丛，花小，蝶形，蓝色和粉红色，夏季开放。复叶大，小叶卵形。需支撑。株高达1.5m，冠径1m。

绿色至黄色

大根乃拉草 ***Gunnera manicata***
多年生大型草本。叶圆形，边缘具刺，直径1.5m。圆锥花序由穗状花序组成，花淡绿色，初夏开放。果实荚果状，种子黄褐色。冬季需遮盖或避护。株高2m，冠径2.2m。

圆当归 ***Angelica archangelica*** (Angelica)
多年生草本。直立。常作二年生栽培。叶亮绿色，深裂。花白色或绿色，夏末开放。茎作烹调香料，裹上糖后可作甜食装饰品。株高2m，冠径1m。

大阿魏 ***Ferula communis*** (Giant fennel)
多年生草本。直立。伞形花序大，欧芹状，顶生，花黄色，春末至夏季开放。叶幕圆丘形，叶细裂，中绿色。株高2～2.3m，冠径1～1.2m。

Acanthus spinosus, illus. p.251
Aconitum napellus
Agapanthus inapertus
Campanula pyramidalis

Cicerbita bourgaei
DELPHINIUMS, illus. p.230
Echinops ritro 'Veitch's Blue', illus. p.252
Galega 'His Majesty'

Meconopsis x *sheldonii*
Thalictrum chelidonii
Thalictrum delavayi 'Hewitt's Double'

Cephalaria gigantea
Eryngium agavifolium
Thalictrum flavum 'Illuminator'

□ 黄色

奥林匹克毛蕊花 ***Verbascum olympicum***
二年生草本或多年生半常绿短命（一次性开花）草本。莲座状。茎具分枝。基生叶带形，灰色。具花序，花金黄色，5裂，仲夏以后开放。株高2m，冠径1m。

☼ ◇ ❄❄❄

'黄球' 金光菊 ***Rudbeckia* 'Goldquelle'**
多年生直立草本。头状花序雏菊状，重瓣，花心绿色、亮金黄色，芳香，顶生，夏末至秋季开放。茎粗壮。叶深裂，中绿色。株高1.5～2m，冠径60～75cm。

☼ ◇ ❄❄❄ 🏆

Achillea filipendulina 'Gold Plate', illus. p.258
CHRYSANTHEMUMS, illus. p.260～p.261
Helianthus atrorubens 'Monarch'

掌叶橐吾 ***Ligularia przewalskii***
(*Senecio przewalskii*)
多年生草本。丛生。枝松散。叶圆形，深裂，暗绿色。圆锥花序窄尖塔形，由头状花序组成，头状花序小，雏菊状，花黄色，仲夏至夏末开放。株高1.2～2m，冠径1m。

☼ ◆ ❄❄❄

繁茂旋覆花 ***Inula magnifica***
多年生草本。直立，丛生。植株健壮。叶多，披针形至椭圆形，粗糙。头状花序大，雏菊状，顶生，花黄色，夏末开放。需支撑。株高1.8m，冠径1m。

☼ ◇ ❄❄❄

Helianthus x *multiflorus* 'Loddon Gold', illus. p.232
Ligularia 'Gregynog Gold'
Meconopsis paniculata

窄头橐吾 ***Ligularia stenocephala***
多年生丛生草本。枝松散。叶圆形，中绿色，具锯齿。头状花序大，雏菊状，生于淡紫色茎上，花橙黄色，仲夏至夏末开放。株高1.2m，冠径60cm。

☼ ◆ ❄❄❄

Rudbeckia 'Herbstsonne', illus. p.232
Silphium laciniatum
Telekia speciosa
Thalictrum flavum

□ 橙色

'洛登之光' 糙叶赛菊 ***Heliopsis helianthoides* subsp. *scabra* 'Light of Loddon'**(*H.* 'Light of Loddon')
多年生草本。直立。头状花序呈大丽花状，重瓣，亮橙色，夏末开放。茎强壮。叶暗绿色，粗糙，具锯齿。株高1.2～1.5m，冠径60cm。

☼ ◇ ❄❄❄

密花姜花 ***Hedychium densiflorum***
多年生草本。丛生。具根状茎。穗状花序多，花密集，橙色或黄色，芳香，寿命短，夏末开放。叶绿色，具光泽，宽披针形。株高1.2～2m，冠径60cm。

☼ ◆ ❄❄

鹦鹉蝎尾蕉 ***Heliconia psittacorum*** (Parrot's flower, Parrot's plantain)
多年生草本。丛生。叶披针形，叶柄长。花瓣橙色，先端绿色，苞片窄，橙红色，有光泽，夏季开放。株高达2m，冠径1m。耐最低温度18℃。

◐ ◇

Heliopsis helianthoides 'Incomparabilis'
Heliopsis helianthoides subsp. *scabra*
Kniphofia 'Samuel's Sensation'
Wachendorfia thyrsiflora

翠雀属植物

翠雀属(*Delphinium*)植物是夏季草本花境中最引人注目的高大宿根花卉之一。其花序尖塔形，鲜艳夺目、蔚为壮观。除传统的蓝色花之外，其杂交品种花色还有白色、暗粉红色、淡紫色等淡而柔和的色彩和浓紫色、紫罗兰色等。由于其花穗较重，要用桩绑缚支撑。

'黄油球' 翠雀 *D.* 'Butterball' ① ①

'埃米莉·霍金斯' 翠雀 *D.* 'Emily Hawkins' ① ♀

'布鲁斯' 翠雀 *D.* 'Bruce' ① ♀

'克城丽' 翠雀 *D.* 'Cliveden Beauty' ①

'洛克利文' 翠雀 *D.* 'Loch Leven' ① ♀

'炫耀' 翠雀 *D.* 'Fanfare' ① ♀

'吉莉安野羊' 翠雀 *D.* 'Gillian Dallas' ① ♀

'巴特勒勋爵' 翠雀 *D.* 'Lord Butler' ① ♀

'蓝色尼罗河' 翠雀 *D.* 'Blue Nile' ① ♀

'矶鹞' 翠雀 *D.* 'Sandpiper' ① ♀

'草莓美人' 翠雀 *D.* 'Strawberry Fair' ①

'强力原子' 翠雀 *D.* 'Mighty Atom' ① ♀

'浪花' 翠雀 *D.* 'Spindrift' ① ♀

'蓝蝴蝶' 翠雀 *D. grandiflorum* 'Blue Butterfly' ①

'切尔西之星' 翠雀 *D.* 'Chelsea Star' ①

'奥利夫·波普顿' 翠雀 *D.* 'Olive Poppleton' ①

'兰顿品红晕' 翠雀 *D.* 'Langdon's Royal Flush' ① ♀

'蓝色黎明' 翠雀 *D.* 'Blue Dawn' ① ♀

'日耀' 翠雀 *D.* 'Sungleam' ① ♀

大型宿根花卉 秋季观赏

白色至粉红色

单穗升麻 ***Cimicifuga simplex***
多年生草本。直立。穗状花序，微弯，花细小，淡香，星状，白色，秋季开放。叶具光泽，有分裂。需支撑。株高1.2～1.5m，冠径60cm。

粉红色至紫色

紫花泽兰 ***Eupatorium purpureum*** (Joe Pye weed)
多年生大型草本。直立。头状花序顶生，花管状，淡粉红紫色，夏末至初秋开放。叶卵形，粗糙，轮生。茎淡紫色。株高达2.2m，冠径达1m。

‘约伯特之光’杂种秋牡丹 ***Anemone* x *hybrida* ‘Honorine Jobert’**
多年生草本。生长旺盛。具分枝。花浅杯状，白色，与黄色雄蕊形成鲜明的对比，高出叶丛，夏末至初秋开放。茎细长而坚韧。叶深裂，暗绿色。株高1.5m，冠径60cm。

‘九月媚’秋牡丹 ***Anemone hupehensis* ‘September Charm’**
多年生草本。生长旺盛。具分枝。花浅杯状，纯粉红色，生于细长而坚韧的茎上，夏末至初秋开放。叶深裂，暗绿色。株高75cm，冠径50cm。

‘伯舍尔’总苞鼠尾草 ***Salvia involucrata* ‘Bethellii’**
多年生草本。亚灌木状。总状花序长，花大，鲜红色至深红色，苞片粉红色，夏末至秋季开放。叶卵形至心形。株高1.2～1.5m，冠径1m。

‘布雷辛哈姆之光’秋牡丹 ***Anemone hupehensis* var. *japonica* ‘Bressingham Glow’**
多年生草本。生长旺盛。具分枝。花浅杯状，玫瑰紫色，高出叶丛，夏末至初秋开放。茎细长而坚韧。叶多，深裂，暗绿色。株高1.2～1.5m，冠径60cm。

OTHER RECOMMENDED PLANTS:
Anemone hupehensis var. *japonica* ‘Prinz Heinrich’
Anemone x *hybrida* ‘Max Vogel’
CHRYSANTHEMUMS, illus. p.260～p.261
Cimicifuga simplex ‘Prichard’s Giant’
Leucanthemella serotina
MICHAELMAS DAISIES, illus. p.262
Aconitum carmichaelii ‘Arendsii’
Campanula lactiflora ‘Prichard’s Variety’, illus. p.228
Helenium ‘Riverton Gem’
MICHAELMAS DAISIES, illus. p.262
Phytolacca americana
Salvia uliginosa
Verbena bonariensis, illus. p.228

大型宿根花卉 秋季观赏

绿色至黄色

膀胱状钉头果 ***Gomphocarpus physocarpus*** (*Asclepias physocarpa*)
落叶亚灌木。直立。被毛。叶披针形，长10cm。伞形花序，花乳白色，具5个角状物，夏季开放。果实大，膨胀，球状，具软刚毛。株高达2m，冠径达60cm。

'洛登金'多花向日葵 ***Helianthus* x *multiflorus* 'Loddon Gold'**
多年生草本。直立。头状花序，花鲜深黄色，花心圆形，重瓣，夏末至初秋开放。需支撑。可快速蔓延。株高1.5m，冠径60cm。

金姜花 ***Hedychium gardnerianum***
多年生草本。直立。具根状茎。穗状花序多，花芳香，寿命短，柠檬黄色至红色，夏末至初秋开放。叶披针形，灰绿色，幼时多具斑点。株高1.5～2m，冠径75cm。耐最低温度5℃。

'秋日'金光菊 ***Rudbeckia* 'Herbstsonne'**
多年生草本。直立。头状花序雏菊状，花黄色，花心圆锥形，绿色，单生于高的茎上，夏末至秋季开放。株高1.5～2.3m，冠径60～75cm。

多花向日葵 ***Helianthus* x *multiflorus***
多年生草本。直立。头状花序大，花黄色，花心重瓣，边缘花瓣较大，放射状，夏末至初秋开放。需支撑。可快速蔓延。株高1.5m，冠径60cm。

CHRYSANTHEMUMS, illus. p.260～p.261
Helianthus salicifolius
Kniphofia caulescens, illus. p.263
Rudbeckia laciniata 'Golden Glow'
Solidago 'Golden Wings'

大型宿根花卉 冬季或全年观赏

粉红色至紫色

观赏芭蕉 ***Musa ornata***
(Flowering banana)
多年生常绿草本。棕榈状。易萌蘖。叶长椭圆形，被蜡质，蓝绿色。花直立，黄橙色，苞片淡粉红色，夏季开放。果实绿黄色。株高达3m，冠径2.2m。耐最低温度18℃。

白花鹤望兰（尼古拉鹤望兰，扇蕉） ***Strelitzia nicolai***
多年生常绿草本。棕榈状。树干粗壮。叶长1.5m以上，叶柄极长。花鸟喙状，白色和淡蓝色，苞片暗紫色，舟形，陆续开放。株高8m，冠径5m。耐最低温度5～10℃。

桑德肖竹芋 ***Calathea sanderiana***
多年生常绿草本。丛生。叶宽卵形，革质，具光泽，长60cm，暗绿色，具粉红色至白色线纹，背面紫色。穗状花序短，花白色至淡紫色，陆续开放。株高1.2～1.5m，冠径1m。耐最低温度15℃。

棱叶矛花 ***Doryanthes palmeri***
多年生常绿草本。叶丛莲座状，叶拱形，长达2m，具棱。圆锥花序，花小，橙红色，苞片红色，花瓣内面白色，陆续开放。花常被珠芽代替。株高2～2.5m，冠径2.5m。耐最低温度10℃。

紫叶群麻兰 ***Phormium tenax* Purpureum Group**
多年生常绿草本。直立。叶大，坚硬，顶端尖，淡红紫色至暗铜色。圆锥花序，花淡红色，生于紫蓝色茎上，夏季开放。株高2～2.5m，冠径1m。

OTHER RECOMMENDED PLANTS:
Calathea majestica 'Roseolineata'
Costus speciosus
Impatiens sodenii
ORCHIDS, illus. p.296～p.299

蓝色至绿色

头状密穗花 ***Pycnostachys dawei***
多年生草本。丛生。生长势强。叶长椭圆形，长12～30cm，具锯齿，背面淡红色。穗状花序，花密集，管状，二唇形，亮蓝色，冬春开放。株高1.2～1.5m，冠径30～90cm。耐最低温度15℃。

芭蕉 ***Musa basjoo*** (*M. japonica*)
(Japanese banana)
多年生常绿草本。棕榈状，易萌蘖。叶拱形，长达1m。花下垂，淡黄色，苞片淡褐色，夏季开放。果实绿色。株高3～5m，冠径2～2.5m。

佛肚蕉 ***Ensete ventricosum***
(*Musa arnoldiana*, *M. ensete*)
多年生常绿草本。棕榈状。叶长达6m，中脉淡红色。花红绿色，苞片暗红色，陆续开放。果实小，香蕉状。株高6m，冠径3m以上。耐最低温度10℃。

Aciphylla scott-thomsonii
Artemisia ludoviciana var. *albula*, illus. p.266
Nepenthes rafflesiana
Phormium cookianum
Phormium cookianum subsp. *hookeri* 'Tricolor'
Phormium cookianum 'Variegatum'
Phormium tenax

白色

'重瓣'乌头叶毛茛 ***Ranunculus aconitifolius* 'Flore Pleno'**
多年生草本。丛生。叶深裂，暗绿色。花重瓣，纯白色，春夏开放。茎健壮，多分枝。株高60～75cm，冠径50cm。

乌头叶毛茛 ***Ranunculus aconitifolius***
多年生草本。丛生。生长旺盛。花单瓣，直径3cm，春季至初夏开放。株高和冠径均为1m。

锥花鹿药 ***Smilacina racemosa***
(False spikenard)
多年生草本。枝拱形。叶卵形，淡绿色。花序羽毛状，花白色，春季至仲夏开放。果实肉质，淡红色。株高75～90cm，冠径45cm。

OTHER RECOMMENDED PLANTS:
Asphodelus aestivus
Asphodelus albus, illus. p.239
Dicentra spectabilis f. *alba*, illus. p.239
IRISES, illus. p.234～p.235
PEONIES, illus. p.236～p.237
Polygonatum hirtum
Polygonatum multiflorum 'Flore Pleno'

鸢尾属植物

鸢尾属(*Iris*)植物多为美丽的花卉，因具有和彩虹一样的色彩和斑纹，所以拉丁文学名来源于希腊神话中的彩虹女神。其花朵形态独特，垂瓣中央常具‘髯毛’或鸡冠状突起。本属植物分为许多类群，有些类群的名称在园艺上也用来涵盖一些具有相似特征或栽培条件要求相同的种类。其中最容易栽培的是有髯群(Bearded)、冠饰群(Crested)、剑叶群(西班牙鸢尾)(Xiphium)和矮生的网状群(Reticulata)鸢尾。无髯群(Beardless)中的西伯利亚鸢尾(Siberian)和日本水生鸢尾(Japanese)极适宜在沼泽花园或水边栽培，同时也可忍耐稍干燥的条件。其他类型，像朱诺群(Juno)，突环群(单花鸢尾)(Oncocyclus)和美髯群（双花鸢尾）(Regelia)鸢尾，虽然花非常美丽，但较难栽培。关于所有类群的详细情况及栽培指导请参看本书植物词典部分。

冠状鸢尾（伊温莎鸢尾）
I. cristata ① 🏆

‘涟漪玫瑰’鸢尾（有髯群）
I. ‘Rippling Rose’ ①

罗森鸢尾（朱诺群）
I. rosenbachiana ①

宽叶鸢尾（剑叶群）
I. latifolia ① 🏆

‘粗纹’鸢尾（有髯群）
I. ‘Bold Print’ ①

‘克拉西里亚’鸢尾（有髯群）
I. ‘Krasnia’ ①

‘玛丽弗朗西丝’鸢尾
（有髯群）
I. ‘Mary Frances’ ①

黄褐鸢尾（无髯群）
I. × *fulvala* ① 🏆

道格拉斯鸢尾
（太平洋海岸鸢尾）
I. douglasiana ①

‘威士尼白’鸢尾
（西伯利亚鸢尾）
I. ‘Wisley White’ ① 🏆

伊比利亚鸢尾（突环群）
I. iberica ①

‘理想黄’鸢尾
（西伯利亚鸢尾）
I. ‘Dreaming Yellow’ ① 🏆

‘花袍’鸢尾（日本水生鸢尾）
I. ‘Geisha Gown’ ①

‘花叶’香根鸢尾（有髯群）
I. pallida ‘Variegata’ ① 🏆

‘褶边天鹅绒’鸢尾
（西伯利亚鸢尾）
I. ‘Ruffled Velvet’ ① 🏆

‘魔术师’鸢尾（有髯群）
I. ‘Magic Man’ ①

布喀利鸢尾（朱诺群）
I. bucharica ① 🏆

‘乔特’鸢尾（有髯群）
I. ‘Joette’ ①

坚韧鸢尾（太平洋海岸鸢尾）
I. tenax ①

‘安娜贝尔·简’鸢尾
（有髯群）
I. ‘Annabel Jane’ ①

变色鸢尾（无髯群）
I. versicolor ① 🏆

金脉鸢尾（西伯利亚鸢尾）
I. chrysographes ①

‘淑女’鸢尾（西伯利亚鸢尾）
I. ‘Lady of Quality’ ①

中亚鸢尾（朱诺群）
I. magnifica ① 🏆

密苏里鸢尾（太平洋海岸鸢尾）
I. missouriensis ① 🏆

‘天堂鸟’鸢尾（有髯群）
I. ‘Paradise Bird’ ① 🏆

鸢尾（伊温莎鸢尾）
I. tectorum ①

‘曼汀那塔’鸢尾（有髯群）
I. ‘Matinata’ ①

蝴蝶花（伊温莎鸢尾）
I. japonica ① 🏆

'大花'拟伊斯鸢尾（网状群）
I. histrioides 'Major' ① 🏆

'和谐'鸢尾（网状群）
I. 'Harmony' ①

高加索鸢尾（网状群）
I. winogradowii ① 🏆

未名鸢尾（太平洋海岸鸢尾）
I. innominata ①

'桃霜'鸢尾（有髯群）
I. 'Peach Frost' ①

丹佛鸢尾（网状群）
I. danfordiae ①

'卡纳比'鸢尾（有髯群）
I. 'Carnaby' ①

'蓝宝石之星'鸢尾
（日本水生鸢尾）
I. 'Sapphire Star' ①

燕子花（日本水生鸢尾）
I. laevigata ① 🏆

'乔伊斯'鸢尾（网状群）
I. 'Joyce' ①

黄菖蒲（无髯群）
I. pseudacorus ① 🏆

胡格氏鸢尾（美髯群）
I. hoogiana ① 🏆

'凯瑟琳·霍奇金'鸢尾
（网状群）
I. 'Katharine Hodgkin' ① 🏆

'韦奇伍德'西班牙鸢尾
（剑叶群）
I. xiphium 'Wedgwood' ①

山鸢尾（无髯群）
I. setosa ① 🏆

'早光'鸢尾（有髯群）
I. 'Early Light' ① 🏆

'日幻'鸢尾（有髯群）
I. 'Sun Miracle' ① 🏆

铜红鸢尾（无髯群）
I. fulva ①

'坎塔布'网状鸢尾（网状群）
I. reticulata 'Cantab' ①

'黄斑'玉蝉花（日本水生鸢尾）
I. ensata 'Galathea' ①

'青铜皇后'鸢尾（剑叶群）
I. 'Bronze Queen' ①

匈牙利鸢尾（有髯群）
I. variegata ① 🏆

'萤眼'鸢尾（有髯群）
I. 'Eyebright' ① 🏆

'蓝斑褐花'鸢尾（有髯群）
I. 'Blue-eyed Brunette' ① 🏆

'山间湖'鸢尾（西伯利亚鸢尾）
I. 'Mountain Lake' ①

'品紫'鸢尾（太平洋海岸鸢尾）
I. 'Lavender Royal' ① 🏆

'黄奶糖'鸢尾（西伯利亚鸢尾）
I. 'Butter and Sugar' ① 🏆

云南鸢尾（西伯利亚鸢尾）
I. forrestii ① 🏆

'快乐牧羊人'鸢尾（有髯群）
I. 'Shepherd's Delight' ① 🏆

'吉普赛舞'鸢尾（有髯群）
I. 'Flamenco' ①

芍药属植物

芍药属(*Paeonia*)植物（包括原种和品种）长期以来受到重视，其花色鲜艳，以各种色调的白色、粉红色和红色为主，春末至仲夏开花，充满花境。芍药属植物花型可分为单瓣型(Single form)、半重瓣型(Semi-double form)、重瓣型(Double form)和银莲花型（Anemone form)(外部花瓣宽、花心有多数类花瓣体)，花的气味常较浓烈，还可以作切花。其叶也引人注目，幼时常带古铜色，秋季则染上浓红的色调。除众多的花境杂交品种外，还有许多吸引人的原种和木本的牡丹(*P. suffruticosa*)品种，为开张的灌木，常高达2m以上。

芍药属植物寿命长，但不宜移植。若需分株，宜在秋季或初春进行。

白花草芍药（单瓣型）
P. obovata var. ***alba*** ① ♀

‘科妮莉亚·施罗’芍药（重瓣型）
***P.* ‘Cornelia Shaylor’** ①

‘沙拉·伯哈特’芍药（重瓣型）
***P.* ‘Sarah Bernhardt’** ① ♀

‘白翼’芍药（单瓣型）
***P.* ‘White Wings’** ①

‘圣殿’芍药（重瓣型）
***P.* ‘Shirley Temple’** ①

喜马拉雅芍药（单瓣型）
P. emodi ①

‘大白瓣’芍药（单瓣型）
***P.* ‘Whitleyi Major’** ① ♀

‘珍珠母’芍药（单瓣型）
***P.* ‘Mother of Pearl’** ①

‘芭蕾女’芍药（重瓣型）
***P.* ‘Ballerina’** ①

光叶羊角芍药（单瓣型）
P. mascula subsp. ***mascula*** ①

‘男爵夫人’芍药（重瓣型）
***P.* ‘Baroness Schroeder’** ①

‘凯尔韦极品’芍药（重瓣型）
***P.* ‘Kelway's Supreme’** ①

‘丽碗’芍药（银莲花型）
***P.* ‘Bowl of Beauty’** ① ♀

‘五大洲’牡丹（重瓣型）
***P. suffruticosa* ‘Godaishu’** ①

紫斑牡丹（半重瓣型）
P. suffruticosa subsp. ***rockii*** ①

‘白重瓣’欧洲芍药（重瓣型）
***P. officinalis* ‘Alba Plena’** ①

‘赛花’牡丹（重瓣型）
***P. suffruticosa* ‘Hana-kisoi’** ①

‘亮球’芍药（银莲花型）
***P.* ‘Globe of Light’** ①

‘皱白’芍药（单瓣型）
***P.* ‘Krinkled White’** ①

‘女公爵’芍药（重瓣型）
***P.* ‘Duchesse de Nemours’** ① ♀

‘先锋’芍药（单瓣型）
***P.* ‘Avant Garde’** ①

‘艾丽丝·哈丁’芍药（重瓣型）***P.* ‘Alice Harding’** ①

‘瑞因·伊丽莎白’牡丹（重瓣型）***P. suffruticosa* ‘Reine Elizabeth’** ①

‘夜世界’芍药（银莲花型）
***P.* ‘Evening World’** ①

巴利阿里芍药（单瓣型）
P. cambessedesii ① ♀

'卡马达锦缎'牡丹(重瓣型)
P. suffruticosa 'Kamadu-nishiki' (!)

'银辉'芍药(单瓣型)
P. 'Silver Flare' (!)

细裂芍药(单瓣型)
P. tenuifolia (!)

紫丝芍药(单瓣型)
P. wittmanniana (!)

'埃斯佩兰斯'芍药(单瓣型)
P. 'L'Espérance' (!)

川赤芍(单瓣型)
P. veitchii (!)

'魔球'芍药(重瓣型)
P. 'Magic Orb' (!)

'多里亚'芍药(银莲花型)
P. 'Instituteur Doriat' (!)

'褐金刚'芍药(半重瓣型)
P. 'Chocolate Soldier' (!)

'劳拉甜饼'芍药(重瓣型)
P. 'Laura Dessert' (!) 🏆

金莲花叶牡丹(单瓣型)
P. potaninii var. *trollioides* (!)

'卡迪纳尔·沃恩'牡丹(半重瓣型)
P. suffruticosa 'Cardinal Vaughan' (!)

思茂芍药(单瓣型)
P. x *smouthii* (!)

'爱德华·埃尔加'芍药
(单瓣型)
P. 'Sir Edward Elgar' (!)

高加索芍药(单瓣型)
P. mlokosewitschii (!) 🏆

'卫冕者'芍药(单瓣型)
P. 'Defender' (!) 🏆

滇牡丹(单瓣型)
P. delavayi (!) 🏆

'大船'牡丹(单瓣型)
P. 'Argosy' (!)

'凯尔韦华丽'芍药(单瓣型)
P. 'Kelway's Gorgeous' (!)

'月季'欧洲芍药(单瓣型)
P. officinalis 'China Rose' (!)

'丽花'牡丹(重瓣型)
P. suffruticosa 'Hanadaijin' (!)

'红重瓣'欧洲芍药(重瓣型)
P. officinalis 'Rubra Plena'
(!) 🏆

'小丑甜点'芍药(半重瓣型)
P. 'Auguste Dessert' (!)

'阳光'华丽芍药(单瓣型)
P. peregrina 'Otto Froebel'
(!) 🏆

'骑士'芍药(重瓣型)
P. 'Knighthood' (!)

大花黄牡丹(单瓣型)
P. lutea var. *ludlowii* (!)

'大角'牡丹(重瓣型)
P. 'Souvenir de Maxime Cornu' (!)

'路易斯·亨利夫人'芍药
(半重瓣型)
P. 'Madame Louis Henri' (!)

中型宿根花卉 春季观赏

白色至蓝色

杂交黄精 *Polygonatum* x *hybridum* (Solomon's seal)
多年生草本。具肉质根状茎。枝拱形。叶多，卵形，整齐。具花序，花小，下垂，管状，绿白色，腋生，春季开放。株高1.2m，冠径1m。

雨伞草 *Darmera peltata* (*Peltiphyllum peltatum*) (Umbrella plant)
多年生草本。冠开展。叶大，圆形。花序顶生，花白色或淡粉红色，春季开放，先花后叶。茎被白色毛。株高1～1.2m，冠径60cm。

暗色老鹳草 *Geranium phaeum* (Mourning widow)
多年生草本。丛生。叶淡绿色，有分裂。花深褐色至紫色，春季开放。茎松散。株高75cm，冠径45cm。

高加索聚合草 *Symphytum caucasicum*
多年生草本。丛生。花序下垂，花天蓝色，高出叶丛，春季开放。叶中绿色，粗糙，多毛。适宜野外花园种植。株高和冠径均为60～90cm。

'紫舌'红花除虫菊 *Tanacetum coccineum* 'Brenda' (*Pyrethrum* 'Brenda')
多年生草本。直立。叶羽状，微芳香。头状花序雏菊状，单瓣，花洋红色至粉红色，春末至初夏开放。株高60cm，冠径45cm。

蓝色至黄色

'乳黄边'俄罗斯聚合草 *Symphytum* x *uplandicum* 'Variegatum'
多年生草本。叶大，被毛，灰绿色，具宽的乳黄色边缘。芽粉红色或蓝色。花管状，蓝色或蓝紫色，春末至初夏开放。株高1m，冠径60cm。

黄针叶芹 *Aciphylla aurea* (Golden Spaniard)
多年生常绿草本。莲座状。叶长，刺刀状，黄绿色。穗状花序，长达2m，花金黄色，春末至初夏开放。叶丛高和冠径均为60～70cm。

'马森'心叶多榔菊 *Doronicum columnae* 'Miss Mason'
多年生草本。丛生。具根状茎。茎细长。叶心形。头状花序雏菊状，直径8cm，亮金黄色，高出叶丛，仲春至春末开放。株高和冠径均为60cm。

'重瓣'白屈菜 *Chelidonium majus* 'Flore Pleno'
多年生草本。直立。叶有分裂，亮绿色。花序具分枝，花多，杯状，重瓣，黄色，初夏开放。种子多。适宜野外花园种植。株高60～90cm，冠径30cm。

金穗花（日光兰） *Asphodeline lutea* (Yellow asphodel)
多年生草本。丛生。植株整齐。穗状花序，花密集，星状，黄色，生于叶丛中，春末开放。叶窄，灰绿色。株高1～1.2m，冠径60～100cm。

Anigozanthos manglesii, illus. p.250
Anigozanthos rufus
Columnea gloriosa
Dicentra spectabilis, illus. p.245
Erysimum 'Bowles Mauve'
Geranium maculatum
Meconopsis betonicifolia, illus. p.253
Salvia x *superba* 'Mainacht', illus. p.252
Anigozanthos flavidus, illus. p.254
DAYLILIES, illus. p.257
Doronicum x *excelsum* 'Harpur Crewe'
Euphorbia palustris
Trollius x *cultorum* 'Alabaster', illus. p.274
Trollius x *cultorum* 'Orange Princess'
Trollius europaeus, illus. p.275

□ 白色

‘仙女’圆锥丝石竹 *Gypsophila paniculata* ‘Bristol Fairy’
多年生草本。叶小，暗绿色。茎细长而坚韧，具分枝。圆锥花序，花小，重瓣，白色，夏季开放。株高60～75cm，冠径1m。

☼ ◊ ❄❄❄ 🏆

大花利氏鸢尾 *Libertia grandiflora* (New Zealand satin flower)
多年生草本。丛生。具根状茎。枝松散。穗状花序，高出叶丛，花白色，初夏开放。叶禾草叶状，暗绿色，叶尖变棕褐色。秋季果实可作装饰用。株高75cm，冠径60cm。

☼ ◊ ❄❄

白阿福花 *Asphodelus albus* (White asphodel)
多年生草本。直立。具花序，花星状，白色，春末至初夏开放。叶窄，中绿色，丛生于基部。株高1m，冠径45cm。

☼ ◊ ❄❄

欧亚香花芥（海水星，花萝卜） *Hesperis matronalis* (Dame’s violet, Sweet rocket)
多年生草本。直立。穗状花序长，花多，花瓣4枚，白色或紫罗兰色，夜晚具强烈芳香，夏季开放。叶光滑，窄卵形。株高75cm，冠径60cm。

☼ ◊ ❄❄❄

珠光香青 *Anaphalis margaritacea* (Pearl everlasting)
多年生草本。丛生。叶披针形，灰绿色或银灰色，边缘白色。头状花序多，生于直立茎上，花小，白色，夏末开放。头状花序易干燥。株高60～75cm，冠径60cm。

☼ ◊ ❄❄❄

‘珍珠’蓍草 *Achillea ptarmica* ‘The Pearl’
多年生草本。直立。头状花序大，花小，绒球状，白色，夏季开放。叶渐尖，具光泽，暗绿色。可快速蔓延。株高和冠径均为75cm。

☼ ◊ ❄❄❄ ⓘ

翼叶烟草（宿根烟草，大花烟草，花烟草） *Nicotiana alata* (*N. affinis*)
多年生草本。丛生。常作一年生栽培。具花序，花管状，乳白色，外面淡棕紫色，夜间芳香，夏末开放。叶卵形，中绿色。株高75cm，冠径30cm。

☼ ◊ ❄❄ ⓘ

白花荷包牡丹 *Dicentra spectabilis* f. *alba*
多年生草本。冠圆丘状。叶多，蕨叶状，深裂，淡绿色。花序拱形，下垂，花心形，纯白色，春末至夏季开放。株高60～75cm，冠径60cm。

◑ ◊ ❄❄❄ ⓘ 🏆

OTHER RECOMMENDED PLANTS:
Anemone narcissiflora, illus. p.275
Anemone rivularis, illus. p.275
Caladium bicolor ‘Candidum’
Campanula alliariifolia, illus. p.275
Crambe maritima, illus. p.276
DELPHINIUMS, illus. p.230
Echinacea purpurea ‘White Lustre’
Eupatorium rugosum
Filipendula vulgaris ‘Multiplex’
Heuchera ‘Pearl Drops’
IRISES, illus. p.234～p.235
Lysimachia ephemerum
Physostegia virginiana ‘Summer Snow’
Fanunculus aconitifolius, illus. p.233
Smilacina racemosa, illus. p.233

中型宿根花卉 夏季观赏

□ 白色

皱叶泽兰 *Eupatorium rugosum*
(*E. ageratoides*, *E. urticifolium*)
(Hardy age, Mist flower, White snakeroot)
多年生草本。直立。叶似荨麻，灰绿色。头状花序。扁平，花密集，白色，夏末开放。株高1.2m，冠径45cm。

‘白云’耧斗菜叶唐松草 *Thalictrum aquilegiifolium* ‘White Cloud’
多年生草本。叶有分裂，灰绿色。花序顶生，花芳香，被绒毛，白色，夏季开放。株高1～1.2m，冠径30cm。

‘伊丽莎白’大滨菊 *Leucanthemum* x *superbum* ‘Elizabeth’
(*Chrysanthemum maximum* of gardens‘Elizabeth’, *C.* x *superbum*‘Elizabeth’) 多年生草本。生长健壮。头状花序大，雏菊状，单生，花单瓣，纯白色，仅夏季开放。每隔2年分株，移植。株高1m，冠径60cm。

鬼灯檠 *Rodgersia podophylla*
多年生草本。丛生。具根状茎。叶大，幼时古铜色，后渐变为中绿色，微泛铜色，叶脉多。圆锥花序，高出叶丛，花乳白色，夏季开放。株高1.2m，冠径1m。

白鲜 *Dictamnus albus* (*D. fraxinella*) (Burning bush)
多年生草本。直立。穗状花序，花芳香，星状，白色，雄蕊长，初夏开放。叶淡绿色，分裂成卵形小叶。不耐移植。高1m，冠径60cm。

西南鬼灯檠 *Rodgersia sambucifolia*
多年生草本。丛生。具根状茎。复叶，小叶大，翠绿色，有时微带古铜色。花序高出叶丛，花乳白色，夏季开放。株高1～1.2m，冠径1m。

甜芹 *Myrrhis odorata* (Sweet Cicely)
美丽的多年生草本。似牛欧芹状。叶芳香，蕨叶状，中绿色。花芳香，亮乳白色，初夏开放。株高60～90cm，冠径60cm。

木茼蒿 *Argyranthemum frutescens* (*Chrysanthemum frutescens*) (Marguerite)
多年生常绿草本，矮灌木状。茎基部木质。头状花序雏菊状，花白色、黄色或粉红色，整个夏季开放。叶鲜绿色，引人注目。株高和冠径均为1m。

‘奈夫’假升麻 *Aruncus dioicus* ‘Kneiffii’
多年生草本。冠小圆丘状。叶羽状深裂，小叶片披针形。茎优美。花序具分枝，羽毛状，花微小，星状，乳白色，仲夏开放。株高90cm，冠径50cm。

七叶鬼灯檠 ***Rodgersia aesculifolia***

多年生草本。丛生。具根状茎。极适宜沼泽花园或池塘边种植。花序羽毛状，芳香，白色，略带粉红色。叶皱褶，古铜色，七叶树叶状。株高和冠径均为1m。

珍珠菜 ***Lysimachia clethroides***

多年生草本。丛生。生长旺盛。枝开展。穗状花序，高出叶丛，花小，白色，夏末开放。叶中绿色。株高1m，冠径60～100cm。

长叶刺续断 ***Morina longifolia***

多年生常绿草本。叶丛莲座状，叶大，蓟叶状，绿色，具刺。花轮生，管状，盔状，白色，带红晕，高出叶丛，仲夏开放。株高60～75cm，冠径30cm。

白花维州腹水草 ***Veronicastrum virginicum* f. *album***

多年生草本。直立。花序尖塔形，花小，白色，基部带粉红色晕，花药粉红色，夏季开放。叶窄，暗绿色，轮生。株高1.2m，冠径45cm。

'佩丽白'东方罂粟 ***Papaver orientale* 'Perry's White'**

多年生草本。根深，肉质。花具光泽，白色，花心紫色，顶生，初夏开放。茎强壮。株高80cm，冠径60cm。

狭叶毛地黄 ***Digitalis ferruginea***

多年生草本。宜作二年生栽培。穗状花序，细而长，花多，漏斗状，淡橙棕色和白色，高出叶丛，仲夏开放。叶丛莲座状，叶基生，卵形，粗糙。播种繁殖。株高1～1.2m，冠径30cm。

三叶绣线菊 ***Gillenia trifoliata***

多年生草本。直立。茎多数，细长而坚韧，具分枝。具花序，花优美，白色，花萼红褐色，夏季开放。叶暗绿色，披针形。需支撑。在多数环境条件下生长旺盛。株高1～1.2m，冠径60cm。

缬草 ***Valeriana officinalis*** (Cat's valerian, Common valerian)

多年生肉质植物。丛生。穗状花序，花白色至深粉红色，夏季开放。叶中绿色，具深锯齿。缺点是对猫有吸引力。株高1～1.2m，冠径1m。

Campanula persicifolia 'Fleur de Neige'
Gaura lindheimeri
Leucanthemum x *superbum* 'Aglaia'
Leucanthemum x *superbum* 'Wirral Supreme'
PHLOX, illus. p.242
Ranunculus aconitifolius 'Flore Pleno', illus. p.233
Smilacina racemosa, illus. p.233
Xerophyllum tenax

福禄考属植物

花境中的福禄考（斑茎福禄考*Phlox maculata* 和天蓝绣球*P. paniculata* 的栽培品种）被认为是极高雅的花园植物，是仲夏至夏末草花花境中的主力。其圆锥花序半球状或圆锥状，花常有幽香，花色包括白色、粉红色、红色和紫色。许多品种花心有引人注目的色斑。有些品种有明显斑驳的叶片，成为开花前的一个突出的观赏特性。

福禄考喜光或半阴，在富含腐殖质和排水良好的土壤中生长旺盛。较高的品种需要支撑。如想让花开得较大，可在春季疏枝，当植株长至最终高度的1/4～1/3时，摘除或剪去弱枝。花谢时切除花序的中心部分可刺激侧枝开花，使花期延长。秋季花后应将植株剪至地表部位。

花境中的福禄考特别易受线虫危害，为了避免感染，最好栽植从洁净的原种根扦插繁殖而来的年幼和健康的种苗。一旦植株表现出病情，应该挖出烧掉。已受线虫侵染的土壤至少要过两个生长季节之后才能重新种植福禄考属（*Phlox*）植物。

‘夏娃’天蓝绣球
P. paniculata ‘Eva Cullum’

‘组长’天蓝绣球
P. paniculata ‘Brigadier’ 🏆

‘诺拉利’天蓝绣球
P. paniculata ‘Norah Leigh’

‘黄昏’天蓝绣球
P. paniculata ‘Eventide’ 🏆

‘乔伯林伯爵’天蓝绣球
P. paniculata ‘Graf Zeppelin’

‘圆帽’天蓝绣球
P. paniculata ‘Balmoral’

‘五彩’天蓝绣球
P. paniculata ‘Harlequin’

‘富士山’天蓝绣球
P. paniculata ‘Fujiyama’ 🏆

‘阿尔法’斑茎福禄考
P. maculata ‘Alpha’ 🏆

‘温莎公爵’天蓝绣球
P. paniculata ‘Windsor’ 🏆

‘桑德灵厄姆’天蓝绣球
P. paniculata ‘Sandringham’

‘酋长’天蓝绣球
P. paniculata ‘Le Mahdi’ 🏆

‘米亚・吕斯’天蓝绣球
P. paniculata ‘Mia Ruys’

‘白蛱蝶’天蓝绣球
P. paniculata
‘White Admiral’ 🏆

‘欧米加’斑茎福禄考
P. maculata ‘Omega’ 🏆

‘珍珠母’天蓝绣球
P. paniculata ‘Mother of Pearl’ 🏆

‘橙王’天蓝绣球
P. paniculata ‘Prince of Orange’ 🏆

‘紫晶’天蓝绣球
P. paniculata ‘Amethyst’

‘汉普顿’天蓝绣球
P. paniculata ‘Hampton Court’

中型宿根花卉 夏季观赏

粉红色

‘卡隆·温特’紫柳穿鱼 ***Linaria purpurea*** **‘Canon J. Went’**
多年生草本。直立。穗状花序，花粉红色，金鱼草花状，花筒微带橙色，仲夏至夏末开放。叶窄，灰绿色。株高60~100cm，冠径60cm。

‘威斯康柏’奥克森老鹳草 ***Geranium* x *oxonianum*** **‘Winscombe’**
多年生半常绿草本。地毯状。叶多，美丽，有分裂。花杯状，深粉红色，后褪色为淡粉红色，整个夏季开放。株高60~75cm，冠径45cm。

麝香锦葵 ***Malva moschata***
多年生草本。矮灌木状。茎具分枝。花序穗状，花浅碟状，玫瑰粉红色，初夏连续开放。叶窄，有分裂，微芳香。株高60~100cm，冠径60cm。

紫花白鲜 ***Dictamnus albus*** var. ***purpureus***
多年生草本。直立。穗状花序，坚硬，花芳香，星状，淡紫粉红色，有时颜色较淡，雄蕊长，初夏开放。叶淡绿色，分裂成卵形小叶。不耐移植。株高1m，冠径60cm。

‘极品’拳参 ***Persicariabistorta*** **‘Superba’** (*Polygonum bistorta* ‘Superbum’)
多年生草本。丛生。生长旺盛。穗状花序高出叶丛，花淡粉红色，初夏至夏末开放。叶卵形。株高60~70cm，冠径60cm。

‘粉红花’美国薄荷 ***Monarda*** **‘Croftway Pink’**
多年生草本。丛生。花轮生，盔状，淡粉红色，高出叶丛，整个夏季开放。叶丛整齐，叶芳香。株高1m，冠径45cm。

‘玛丽·伍顿’木茼蒿 ***Argyranthemum*** **‘Mary Wootton’**(*Chrysanthemum frutescens* ‘Mary Wootton’)
多年生常绿草本。矮灌木状。茎基部木质。头状花序雏菊状，花粉红色，整个夏季开放。叶引人注目，分裂成蕨叶状，淡绿色。株高和冠径均为1m。

‘仙境之王’稔葵 ***Sidalcea*** **‘Oberon’**
多年生草本。直立。叶圆形，深裂，裂片窄长椭圆形。总状花序，花浅杯状，纯粉红色，夏季开放。株高60cm，冠径45cm。

Anemone hupehensis ‘Hadspen Abundance’, illus. p.259
Astrantia major, illus. p.277
Astrantia maxima, illus. p.277
Campanula lactiflora ‘Loddon Anna’
Chelone obliqua, illus. p.259
Lythrum virgatum ‘Rose Queen’
PELARGONIUMS, illus. p.246~p.247
PEONIES, illus. p.236~p.237
Sidalcea ‘Loveliness’
Sidalcea ‘Oberon’
Tanacetum coccineum ‘Brenda’, illus. p.238
Tanacetum coccineum ‘Eileen May Robinson’
Tanacetum coccineum ‘James Kelway’

中型宿根花卉 夏季观赏

■ 粉红色

‘维纳斯’落新妇 *Astilbe* ‘Venus’
多年生草本。叶多。圆锥花序，羽毛状，渐尖，花微小，淡粉红色，夏季开放。叶宽，分裂成小叶片。花宿存植株上，干后棕褐色，冬季完好。喜富含腐殖质土壤。株高和冠径均为1m。

☼ 💧 ❄❄❄

‘彩链’羽扇豆 *Lupinus* ‘The Chatelaine’
多年生草本。丛生。穗状花序，花粉红色和白色，高出叶丛，初夏开放。叶有分裂，中绿色。株高1.2m，冠径45cm。

☼ 💧 ❄❄❄ ⓘ

‘银边’假龙头花 *Physostegia virginiana* ‘Variegata’
多年生草本。直立。穗状花序，花筒状，紫粉红色，花序上部花开时，下部花落，夏末开天蓝色绣球花。叶具锯齿，中绿色，具白色斑块。株高1～1.2m，冠径60cm。

☼ 💧 ❄❄❄

高地黄 *Rehmannia elata*
(*R. angulata* of gardens)
多年生草本。蔓生。花毛地黄花状，玫瑰紫色，喉部黄色，生于叶腋，初夏至仲夏开放。叶“V”形，抱茎，柔软。株高1m，冠径45cm。耐最低温度1℃。

☼ 💧

‘羽束’落新妇 *Astilbe* ‘Straussenfeder’
多年生草本。叶多，有分裂，美丽。花序羽状，渐尖，拱形，花微小，珊瑚粉红色，夏季开放。花干后棕褐色，冬季完好地宿存于植株上。喜富含腐殖质土壤。株高和冠径均为1m。

☼ 💧 ❄❄❄ 🏆

‘罗伯特’紫松果菊 *Echinacea purpurea* ‘Robert Bloom’
多年生草本。直立。叶披针形，暗绿色。头状花序大，雏菊状，花深粉红色，顶生，夏季开放。茎健壮。喜富含腐殖质土壤。株高1.2m，冠径50cm。

☼ 💧 ❄❄❄

紫矢车菊 *Centaurea pulcherrima*
多年生草本。直立。叶深裂，银白色。头状花序，单生，玫瑰红色，花心蓟状，其颜色比周边星状放射花淡，夏季开放。茎细长。株高75cm，冠径60cm。

☼ 💧 ❄❄❄

毛地黄红雾花 *Kohleria digitaliflora*
多年生草本。直立。矮灌木状。具根状茎。茎被白色毛。叶扇贝状，被毛。花序具梗，花筒状，密被毛，粉红色和白色，带紫色斑点，裂片绿色，夏秋开放。株高60cm以上，冠径45cm。耐最低温度15℃。

☼ 💧 🏆

Caladium x *bicolor* ‘Pink Cloud’
Chrysanthemum ‘Clara Curtis’, illus. p.259
DAYLILIES, illus. p.257
Dierama dracomontanum
Erigeron ‘Foerster’s Liebling’
Heuchera ‘Coral Cloud’
Heuchera ‘Scintillation’
Liatris pycnostachya
Lythrum salicaria ‘Robert’
Papaver orientale ‘Mrs Perry’
PEONIES, illus. p.236～p.237
PHLOX, illus. p.242
Rodgersia pinnata ‘Superba’
Verbascum ‘Pink Domino’

■ 粉红色

荷包牡丹 ***Dicentra spectabilis*** (Bleeding heart, Dutchman's trousers)
多年生草本。叶幕小圆丘状，叶多，蕨叶状，深裂，中绿色。花下垂，心形，粉红色和白色，春末至夏季开放。茎拱形。株高75cm，冠径50cm。

'火箭' 千屈菜 ***Lythrum virgatum* 'The Rocket'**
多年生草本。丛生。穗状花序，细长，花玫瑰红色，高出叶丛，夏季开放。叶中绿色。适宜水边和沼泽花园种植。株高1m，冠径45cm。

'火烛' 千屈菜 ***Lythrum salicaria* 'Feuerkerze'** (*L. s.*'Firecandle')
多年生草本。丛生。适宜水边和沼泽花园种植。穗状花序，花多，玫瑰红色，仲夏至夏末开放。叶小，披针形，生于花茎上。株高1m，冠径45cm。

光茎老鹳草 ***Geranium psilostemon*** (*G. armenum*)
多年生草本。丛生。叶宽，深裂，秋色美丽。花多，杯状，单瓣，紫红色，花心黑色，仲夏开花。株高和冠径均为1.2m。

紫茉莉 ***Mirabilis jalapa*** (Four o'clock flower, Marvel of Peru)
多年生草本。矮灌木状。具块茎。花芳香，喇叭状，深红色、粉红色、白色或黄色，高出叶丛，夏季晚间开放。叶中绿色。株高60～120cm，冠径60～75cm。

■ 红色

'艳红' 羽扇豆 ***Lupinus* 'Inverewe Red'**
多年生草本。直立。叶亮绿色，有分裂。总状花序长，直立，花红色，初夏开放。花后宜切除花序，为短命植物。株高1～1.2m，冠径60cm。

槭叶蚊子草 ***Filipendula purpurea***
多年生草本。直立。叶深裂。头状花序大，顶生，花多，微小，深红紫色，夏季开放。适宜水边种植。株高1.2m，冠径60cm。

距药草(红穿心排草) ***Centranthus ruber*** (Red valerian)
多年生草本。肉质叶可蔓延繁殖。头状花序，具分枝，花小，星状，深红色或白色，高出叶丛，春末至秋季开放。在贫瘠的露地生长旺盛。株高60～90cm，冠径45～60cm。

Asclepias hallii
Centaurea dealbata 'Steenbergii'
Centaurea hypoleuca 'John Coutts', illus. p.279
Francoa sonchifolia
Liatris spicata, illus. p.279
Mimulus lewisii, illus. p.279
PELARGONIUMS, illus. p.246～p.247
PENSTEMONS, illus. p.248
PEONIES, illus. p.236～p.237
PHLOX, illus. p.242
Sidalcea 'Puck'
Sidalcea 'Sussex Beauty'

天竺葵属植物

天竺葵属(*Pelargonium*)植物花色鲜艳，因而主要用于观花。盆栽或花坛中栽培时生长良好，在温暖气候或温室中可以连续开花。要使花开得好，需要提供温暖、有阳光（不宜过湿）的环境和排水良好的土壤。

带纹型(Zonal)：普通天竺葵。叶圆形，具明显的深色带纹。花单瓣至重瓣。

华丽型(Regal)：灌木状。叶具深锯齿。花奇特，宽喇叭状。露地栽培时易遭风雨而凋零。

常春藤叶型(Ivy-leaved)：蔓生。适宜吊篮中栽培。叶浅裂，稍肉质。花单瓣至重瓣。

香叶型(leaved)：及其原种花小，常为不规则星状。香叶型由于其叶芳香而吸引人们栽培。

独特型(Unique)：高大亚灌木。花型与华丽型相似，色彩鲜艳，生长季节连续开花。有的叶芳香，叶形多样。

'戴尔皇后' 天竺葵（带纹型）
P. 'Dale Queen' ①

'紫皇' 天竺葵（华丽型）
P. 'Purple Emperor' ①

'芬芳' 洋葵（香叶型）
P. 'Fragrans' ①

'蝶花' 天竺葵（带纹型）
P. 'Butterfly Lorelei' ①

'苹果花' 天竺葵（带纹型）
P. 'Apple Blossom Rosebud' ① ♀

'蒂莫西·克里福德' 天竺葵（带纹型）
P. 'Timothy Clifford' ①

'伊瓦洛' 天竺葵（带纹型）
P. 'Ivalo' ①

'克洛林达' 天竺葵（香叶型）
P. 'Clorinda' ①

'毛里塔尼亚' 天竺葵（带纹型）*P.* 'Mauritania' ①

'金紫斑' 天竺葵（带纹型）
P. 'Golden Lilac Mist' ①

'秋节' 天竺葵（华丽型）
P. 'Autumn Festival' ①

'樱花' 天竺葵（带纹型）
P. 'Cherry Blossom' ①

'富贵' 天竺葵（带纹型）
P. 'Rica' ①

'鲜亮' 天竺葵（带纹型）
P. 'Fraîche Beauté' ①

'美丽艾伦' 天竺葵（香叶型）
P. 'Fair Ellen' ①

'弗朗西斯·帕里特' 天竺葵（带纹型）
P. 'Francis Parrett' ① ♀

酸洋葵（原种）
P. acetosum ①

'亨利·考克斯' 天竺葵（带纹型）
P. 'Mr Henry Cox' ① ♀

'丽海伦娜' 天竺葵（带纹型）
P. 'Schöne Helena' ①

'莱斯利·贾德' 天竺葵（华丽型）
P. 'Leslie Judd' ①

'埃弗拉兹' 天竺葵（带纹型）
P. 'Mr Everaarts' ①

'马恩岛少女' 天竺葵（华丽型）
P. 'Manx Maid' ①

'报春花' 天竺葵（带纹型）
P. 'Brookside Primrose' ①

'野猪' 天竺葵（原种）
P. 'The Boar' ① ♀

'鲑色女王' 天竺葵（常春藤叶型）*P.* 'Lachskönigin' ①

'鲑色球' 天竺葵（带纹型）
P. 'Lachsball' ①

'艾伯塔' 天竺葵（带纹型）
P. 'Alberta' ①

'紫晶' 天竺葵（常春藤叶型）
P. 'Amethyst' ① ♀

'小瀑布' 天竺葵
(白常春藤叶型)
P. 'Mini Cascade' ①

'佩顿极品' 天竺葵 (独特型)
P. 'Paton's Unique' ① ♀

'顶尖双色' 天竺葵 (华丽型)
P. 'Tip Top Duet' ① ♀

'弗瑞斯道夫' 天竺葵
(带纹型)
P. 'Friesdorf' ①

'塔维拉' 天竺葵
(白常春藤叶型)
P. 'Tavira' ①

'罗里森极品' 天竺葵
(独特型)
P. 'Rollisson's Unique' ①

'转花' 天竺葵
(白常春藤叶型)
P. 'Rouletta' ①

'保罗・汉弗莱' 天竺葵 (带纹型) *P.* 'Paul Humphries' ①

'和平女神' 天竺葵 (带纹型)
P. 'Irene' ① ♀

'奇紫' 天竺葵 (带纹型)
P. 'Purple Wonder' ①

'卡逢' 天竺葵 (带纹型)
P. 'Capen' ①

'富尼尔' 天竺葵 (带纹型)
P. 'Madame Fournier' ①

'黑叶' 天竺葵 (带纹型)
P. 'Caligula' ①

'多莉・瓦登' 天竺葵
(带纹型)
P. 'Dolly Varden' ① ♀

'春花' 天竺葵 (带纹型)
P. 'Flower of Spring' ① ♀

'波洛克夫人' 天竺葵
(带纹型)
P. 'Mrs Pollock' ①

'橙王' 天竺葵 (带纹型)
P. 'Orange Ricard' ①

'布雷顿' 天竺葵 (华丽型)
P. 'Bredon' ① ♀

'伏都' 天竺葵 (独特型)
P. 'Voodoo' ① ♀

'披肩' 天竺葵 (带纹型)
P. 'Robe' ①

'波尔卡' 天竺葵 (独特型)
P. 'Polka' ①

'古斯塔夫・埃米克' 天竺葵
(带纹型) *P.* 'Gustav Emich' ①

'皇栎' 天竺葵 (香叶型)
P. 'Royal Oak' ① ♀

花头洋葵 (香叶型)
P. capitatum ①

'品紫' 天竺葵 (独特型)
P. 'Purple Unique' ①

'梅布尔・格雷' 天竺葵
(香叶型)
P. 'Mabel Grey' ① ♀

'橙亲王' 天竺葵 (香叶型)
P. 'Prince of Orange' ①

'雅致' 天竺葵
(白常春藤叶型)
P. 'L'Elégance' ① ♀

薄荷天竺葵 (密毛洋葵)
(香叶型)
P. tomentosum ① ♀

'斑纹' 皱叶天竺葵 (香叶型)
P. crispum 'Variegatum' ① ♀

'褶裥夫人' 天竺葵 (带纹型)
P. 'Mrs Quilter' ①

钓钟柳属植物

钓钟柳属（*Penstemon*）植物总状花序长，花与毛地黄相似，因而越来越受到欢迎，成为花境宿根花卉中最高雅和最可靠的植物种类之一。现有众多优良品种，花色淡雅，包括白色、淡粉红色、深粉红色、暖樱桃红色、纯蓝色和暗紫色等。许多钓钟柳属植物花有明显的白色花喉或有其他颜色的美丽条纹。

钓钟柳属植物夏季开花最盛，但若在整个生长季节反复掐尖，花期可延长至秋季。一些植株较高的品种最好用支柱支撑。

钓钟柳属植物在排水良好的土壤上生长良好，因有些种类不甚耐寒，所以最好植于全光照处。冬季严寒的地区，花后至初霜前应将植株掘起，在冷室中越冬。植物种在避风处和排水良好的土壤上能够免受霜害。

钓钟柳属植物一般寿命不太长，几个生长季节之后茎基部会木质化。仲夏至夏末应定期用嫩枝扦插繁殖，以幼株替代老株。插穗应取自不开花的枝条。

'苹果花'钓钟柳
P. 'Apple Blossom' 🏆

'彭宁顿宝石'钓钟柳
P. 'Pennington Gem' 🏆

'火鸟'钓钟柳
P. 'Schoenholzeri' 🏆

'爱丽丝·辛德利'钓钟柳
P. 'Alice Hindley' 🏆

红花钓钟柳
P. 'Rubicundus' 🏆

蔓吊钟柳
P. cardwellii

'莫里斯·吉布斯'钓钟柳
P. 'Maurice Gibbs' 🏆

'切斯特绯红'钓钟柳
P. 'Chester Scarlet' 🏆

'红葡萄酒'钓钟柳
P. 'Burgundy'

'斯泰普尔福德宝石'钓钟柳
P. 'Stapleford Gem' 🏆

白花灌木钓钟柳
P. fruticosus subsp. *scouleri* f. *albus* 🏆

'伊夫琳'钓钟柳
P. 'Evelyn' 🏆

'达尔基斯伯爵'钓钟柳
P. 'Countess of Dalkeith'

异叶钓钟柳
P. heterophyllus

'嵌玉'钓钟柳
P. 'White Bedder' 🏆

'山毛榉公园'钓钟柳
P. 'Beech Park' 🏆

'和平'钓钟柳
P. 'Andenken an Friedrich Hahn' 🏆

'酸葡萄'钓钟柳
P. 'Sour Grapes'

中型宿根花卉 夏季观赏

■ 红色

‘诺娜·巴洛’普通耧斗菜
***Aquilegia vulgaris* ‘Nora Barlow’**
多年生草本。具数朵花，花漏斗状，具短距，重瓣，红色，花瓣先端淡绿色。茎细长。叶多，灰绿色，圆形，深裂。株高60～75cm，冠径50cm。

‘火尾’两栖蓼 ***Persicaria amplexicaulis* ‘Firetail’** (*Polygonum amplexicaule* ‘Firetail’)
多年生草本。丛生。穗状花序细长，高出叶丛，花亮红色，夏秋开放。株高和冠径1～1.2m。

皱叶剪秋罗 ***Lychnis chalcedonica*** (Jerusalem cross, Maltese cross)
多年生草本。丛生。株形整齐。头状花序，扁平，顶生，花小，朱红色，初夏开放。茎粗壮。叶中绿色。株高1～1.2m，冠径30～45cm。

‘樱红’山梗菜 ***Lobelia* ‘Cherry Ripe’**
多年生草本。丛生。穗状花序，花鲜红色，仲夏至夏末开放。叶常鲜绿色，微带红铜色。株高1m，冠径23cm。

‘蒙哥马利’落新妇 ***Astilbe* ‘Montgomery’**
多年生草本。花序羽毛状，渐尖，花小，深橙红色，夏季开放。叶宽而多，分裂成小叶。花干燥时褐色，冬季宿存于植株上。喜富含腐殖质土壤。株高75cm，冠径达1m。

中欧裸盆花 ***Knautia macedonica*** (*Scabiosa rumelica*)
多年生草本。直立。茎多，松散，具分枝。叶深裂。头状花序，近球状，重瓣，花深红色，夏季开放。需支撑。株高75cm，冠径60cm。

‘维多利亚女王’山梗菜
***Lobelia* ‘Queen Victoria’**
多年生草本。丛生。穗状花序，生于具分枝茎上，花艳红色，夏末至仲秋开放。叶基生，深红紫色。株高1m，冠径30cm。

紫红秋英 ***Cosmos atrosanguineus*** (*Bidens atrosanguinea*) (Chocolate cosmos)
多年生草本。直立。具块茎。头状花序，花栗红色，具巧克力香味，夏末开放。在温暖地区，对块茎加以保护可越冬。株高60cm以上，冠径45cm。

可爱芦莉草 ***Ruellia graecizans*** (*R. amoena*)
多年生常绿亚灌木。丛生。茎开展。叶尖，卵形，长10cm。具花序，花小，管状，猩红色，花序梗长达10cm，陆续开放。株高和冠径60cm以上。耐最低温度15℃。

DAYLILIES, illus. p.257
Lobelia cardinalis
Lobelia splendens
Lobelia ‘Will Scarlet’
ORCHIDS, illus. p.296～p.299
Papaver orientale ‘Indian Chief’
PELARGONIUMS, illus. p.246～p.247
PENSTEMONS, illus. p.248
PEONIES, illus. p.236～p.237
Persicaria amplexicaulis
Potentilla ‘Etna’
PRIMULAS, illus. p.272～p.273
Salvia involucrata
Smithiantha zebrina
Xeronema callistemon

中型宿根花卉 夏季观赏

红色

冠状岩黄芪 ***Hedysarum coronarium*** (French honeysuckle)
多年生灌木状草本或二年生草本。枝开展。穗状花序，花蝶形，亮红色，高出叶丛，夏季开放。叶中绿色，有分裂。株高和冠径1m。

炮仗竹 ***Russelia equisetiformis*** (*R. juncea*) (Coral plant)
多年生常绿亚灌木。丛生。具分枝。茎灯心草状。叶微小。花序下垂，花管状，猩红色，夏秋开放。株高达1m以上，冠径60cm。耐最低温度15℃。

长药袋鼠爪 ***Anigozanthos manglesii*** (Red-and-green kangaroo paw)
多年生草本。矮灌木状。生长旺盛。总状花序，花大，管状，红色和绿色，春季至初夏开放。叶窄而长，灰绿色。易感染炭疽病。株高1m，冠径45cm。

红色至紫色

毛红雾花 ***Kohleria eriantha***
多年生草本。矮灌木状。具根状茎。茎被淡红色毛。叶卵形，长达13cm，边缘具红色毛。花序下垂，花管状，红色，裂片具黄色斑点，夏季开放。株高和冠径1m以上。耐最低温度15℃。

'粉红花'美国薄荷 ***Monarda* 'Cambridge Scarlet'**
多年生草本。丛生。花轮生，头盔状，浓红色，高出叶丛，整个夏季开放。叶丛整齐，圆丘状，叶芳香，被毛。株高1m，冠径45cm。

'亮红'东方罂粟 ***Papaver orientale* 'Allegro'**
(*P. o.* 'Allegro Viva')
多年生草本。根极深，肉质。叶被毛。花瓣纸质，花亮深红色，夏季开放。茎强壮。株高60~75cm，冠径45cm。

'红丽'东方罂粟 ***Papaver orientale* 'Beauty of Livermere'**
多年生草本。根深，肉质。叶被毛。花大，单生，杯状，深红色，花瓣基部具一黑斑，春末至仲夏开放。株高1~1.2m，冠径1m。

紫背叶金鱼花 ***Columnea* x *banksii***
多年生常绿草本。蔓生。叶卵形，肉质，具光泽，背面紫红色。花管状，头盔状，亮红色，长8cm，春季至冬季开放。宜作挂篮植物。株高1m，冠径不定。耐最低温度15℃。

洋甘草 ***Glycyrrhiza glabra*** (Liquorice)
多年生草本。直立。穗状花序短，顶生，花紫色和白色，蝶形，夏末开放。茎直立。复叶大，小叶卵形。作为商品甘草而种植。株高1.2m，冠径1m。

Asclepias curassavica
Calceolaria integrifolia
Gaillardia x *grandiflora* 'Dazzler', illus. p.283
Geum 'Fire Opal'
Geum 'Mrs J. Bradshaw'
ORCHIDS, illus. p.296~p.299
Papaver orientale
Smithiantha zebrina
PELARGONIUMS, illus. p.246~p.247

匈牙利老鼠簕　*Acanthus hungaricus* (*A. balcanicus*, *A. longifolius*)
多年生草本。叶长，基生，深裂，暗绿色。穗状花序，花白色，或带粉红色晕，苞片多刺，夏季开放。株高60～100cm，冠径1m。

三飞鸟　*Linaria triornithophora* (Three birds toadflax)
多年生草本。直立。穗状花序，花金鱼草花状，紫色和黄色，高出叶丛，夏末开放。叶窄，灰绿色。株高1m，冠径60cm。

毛唇美国薄荷　*Monarda fistulosa*
多年生草本。丛生。头状花序，花淡紫色至紫色，仲夏至夏末开放。株高1.2m，冠径45cm。

'华丽'聚花风铃草　*Campanula glomerata* 'Superba'
多年生草本。丛生。生长旺盛。花序球状，花多而大，钟状，紫色，夏季开放。叶丛莲座状，叶卵形，基生或生于花茎上。应定期分株移植。株高75cm，冠径1m以上。

刺老鼠簕　*Acanthus spinosus*
多年生大型草本。叶极大，拱形，深裂，先端具刺，具光泽，暗绿色。花序尖塔形，花多，漏斗状，淡紫色和白色，夏季开放。株高1.2m，冠径60cm以上。

'五月花'森林老鹳草　*Geranium sylvaticum* 'Mayflower'
多年生草本。直立。叶基生，圆形，深裂。茎具分枝。花杯状，紫蓝色，初夏开放。株高1m，冠径60cm。

耧斗菜叶唐松草　*Thalictrum aquilegiifolium*
多年生草本。丛生。叶多，细裂，灰绿色，似铁线蕨叶。头状花序，成束，生于强壮的茎上，花被绒毛，淡紫色，夏季开放。株高1～1.2m，冠径45cm。

'蓝紫'水苦荬　*Veronica spicata* 'Romiley Purple'
多年生草本。丛生。叶轮生，中绿色。穗状花序多而大，高出叶丛，花紫色，夏季开放。株高1～1.2m，冠径30～60cm。

Campanula 'Burghaltii', illus. p.286
Centaurea dealbata
DELPHINIUMS, illus. p.230
Digitalis x *mertonensis*
Erigeron 'Quakeress'
Erysimum 'Bowles Mauve'
Hesperis matronalis, illus. p.239
Monarda 'Prairie Night'
ORCHIDS, illus. p.296～p.299
PHLOX, illus. p.242
Polemonium foliosissimum
Thalictrum diffusiflorum
Tricyrtis hirta

中型宿根花卉 夏季观赏

紫色

宽钟风铃草 *Campanula trachelium* (Nettle-leaved bellflower)
多年生草本。直立。叶基生，卵形，先端尖，粗糙。花宽钟状，蓝色或紫蓝色，沿直立茎而生，夏季开放。株高60～100cm，冠径30cm。

鸳鸯草 *Dichorisandra reginae*
多年生常绿草本。丛生。茎直立。叶具光泽，常具银白色带和斑点，背面紫色。穗状花序小，花多，紫蓝色，夏秋开放。株高60～75cm，冠径达30cm。耐最低温度20℃。

‘维茨蓝’小蓝刺头 *Echinops ritro* ‘Veitch’s Blue’
多年生草本。直立。头状花序呈球状，蓟状，花紫蓝色，生于银白色茎上，夏末开放。叶深裂，背面被灰白色毛。株高1.2m，冠径75cm。

高加索山羊豆 *Galega orientalis*
多年生草本。直立。生长旺盛。冠密集。穗状花序，花蝶形，紫色，微带蓝色，高出叶丛，夏季开放。复叶，小叶卵形。需支撑。大量蔓生。株高1.2m，冠径60cm。

‘五月之光’华丽鼠尾草 *Salvia* x *superba* ‘Mainacht’ (*S.* x *s.* ‘May Night’)
多年生草本。丛生。株形整齐。叶窄，皱褶，中绿色。总状花序，坚硬，花紫蓝色，春末开放。株高1m，冠径45cm。

‘重瓣’宽风铃草 *Campanula trachelium* ‘Bernice’
多年生草本。直立。花宽钟状，重瓣，紫色，沿直立茎而生，夏季开放。叶多基生，卵形，具锯齿，先端尖，粗糙。株高75cm，冠径30cm。

两色乌头 *Aconitum* x *cammarum* ‘Bicolor’ (*A.* x *bicolor*)
多年生草本。具块茎。冠密集。花紫蓝色和白色，沿直立茎而生，夏季开放。叶具光泽，暗绿色，深裂，裂片再分裂。根有毒。株高1.2m，冠径50cm。

赛靛花 *Baptisia australis* (False indigo)
多年生草本。直立。穗状花序，花蝶形，紫蓝色，夏季开放。叶亮绿色，分裂成卵形小叶。荚果暗灰色，可作冬季装饰用。株高75cm，冠径60cm。

Campanula latifolia ‘Brantwood’
DELPHINIUMS, illus. p.230
Erigeron ‘Dunkelste Aller’
Erigeron ‘Serenity’, illus. p.284
IRISES, illus. p.234～p.235
Lobelia x *gerardii* ‘Vedrariensis’
ORCHIDS, illus. p.296～p.299
PEONIES, illus. p.236～p.237
Strobilanthes atropurpureus, illus. p.263
Sutera grandiflora

塔斯马尼亚山菅兰 ***Dianella tasmanica***
多年生草本。直立。花序具分枝，花下垂，星状，亮蓝色或紫蓝色，夏季开放。秋季结果，荚果深蓝色。叶常绿色，带状，不整齐。株高1.2m，冠径50cm。

高山刺芹 ***Eryngium alpinum***
多年生草本。直立。叶丛莲座状，叶基生，心形，有深锯齿，具光泽。头状花序，圆锥状，生于粗壮茎上，花紫蓝色，周边具蓝色苞片和软刺。株高75～100cm，冠径60cm。

三裂刺芹 ***Eryngium* x *tripartitum***
多年生草本。茎细长而坚韧。叶丛莲座状，叶基生，灰绿色，具粗齿。头状花序，圆锥状，花金属蓝色，生于蓝色茎上，夏秋开放。花干燥后可用于冬季装饰。株高1～1.2m，冠径50cm。

大花绿绒蒿 ***Meconopsis grandis*** (Blue poppy)
多年生草本。直立。叶丛莲座状，叶基生，被毛，长椭圆形，中绿色，具细锯齿。花微下垂，杯状，深蓝色，生于粗壮茎上，初夏开放。2～3年分株一次。株高1～1.5m，冠径30cm。

奥氏刺芹 ***Eryngium* x *oliverianum***
多年生草本。直立。头状花序大，蓟状球形，花蓝色至淡紫色，夏末开放。叶基生，心形，具锯齿，中绿色。株高60～100cm，冠径45～60cm。

'泰尔汉姆丽'桃叶风铃草 ***Campanula persicifolia* 'Telham Beauty'**
多年生草本。叶丛莲座状，叶窄，基生，亮绿色。花序细长，花大，下垂，杯状，淡蓝色，夏季开放。株高1m，冠径30cm。

藿香叶绿绒蒿 ***Meconopsis betonicifolia*** (Blue poppy)
多年生草本。丛生。花蓝色，春末至初夏开放。叶丛莲座状，叶基生，长椭圆形，中绿色，花茎上部的叶渐小。株高1～1.2m，冠径45cm。

菊苣 ***Cichorium intybus*** (Chicory)
多年生草本。丛生。叶丛莲座状，叶基生，淡绿色。头状花序雏菊状，花亮蓝色，生于细长茎的上部，夏季开放。午前花的状态最佳。株高1.2m，冠径45cm。

'道乐赛·帕默'百子莲 ***Agapanthus* 'Dorothy Palmer'**
多年生草本。丛生。头状花序球状，花浓蓝色，后褪色为淡红紫色，生于直立茎上，夏末开放。叶窄，灰绿色。冬季用覆盖物保护冠部。株高1m，冠径50cm。

Campanula lactiflora
Campanula latiloba
Campanula latiloba 'Percy Piper'
Campanula persicifolia 'Pride of Exmouth'
DELPHINIUMS, illus. p.230
Dianella caerulea
Eryngium giganteum
Eryngium x *zabelii* 'Violetta'
Geranium pratense
Geranium pratense 'Plenum Violaceum'
Linaria purpurea
MICHAELMAS DAISIES, illus. p.262
Salvia pratensis Haematodes Group
Trachelium caeruleum, illus. p.330

中型宿根花卉 夏季观赏

蓝色

东方百子莲 ***Agapanthus praecox*** subsp. ***orientalis*** (*A. orientalis*)
多年生草本。伞形花序大，花密集，天蓝色，生于健壮茎上，夏末开放。叶宽大，近常绿，暗绿色，丛生。宜作盆栽植物。株高1m，冠径60cm。

大花荆芥 ***Nepeta sibirica*** (*Dracocephalum sibiricum*, *N. macrantha*)
多年生草本。直立。轮伞花序长，花蓝色至淡紫蓝色，仲夏至夏末开放。叶多，暗绿色，芳香。株高90cm，冠径45cm。

'平檐'牛舌草 ***Anchusa azurea*** **'Loddon Royalist'**
多年生草本。直立。花序穗状，具分枝，花扁平，单瓣，深蓝色，初夏开放。多数叶基生，披针形，粗糙，被毛。需支撑。株高1.2m，冠径60cm。

DELPHINIUMS, illus. p.230
Echinops bannaticus 'Taplow Blue'
Gentiana asclepiadea, illus. p.263
IRISES, illus. p.234～p.235
Meconopsis grandis
Salvia nemorosa
Veronica exaltata
Veronica longifolia

绿色至黄色

西林大戟 ***Euphorbia schillingii***
多年生草本。丛生。生长健壮。杯状聚伞花序，花黄色，苞片圆形，绿黄色，花期长，仲夏至仲秋开放。茎直立。叶暗绿色，叶脉淡绿色或白色。株高1m，冠径30cm。

锡金大戟 ***Euphorbia sikkimensis***
多年生草本。直立。枝开展。杯状聚伞花序，花黄色，花被片苍白色至绿黄色，仲夏至夏末开放。幼枝亮粉红色。叶深绿色。株高1.2m，冠径45cm。

'盖恩斯巴勒'毛蕊花 ***Verbascum*** **'Gainsborough'**
多年生半常绿草本。寿命短。圆锥花序，由总状花序组成，花瓣5裂，淡硫黄色，高出叶丛，整个夏季开放。叶卵形，中绿色，生于花茎上。株高60～120cm，冠径30～60cm。

袋鼠爪 ***Anigozanthos flavidus***
(Yellow kangaroo paw)
多年生草本。丛生。总状花序，花大，管状，黄绿色，有时略带红色，被棉状毛，花药淡红色，春季至夏季开放。叶窄，长60cm，中绿色。株高1.2m，冠径45cm。

狭叶唐松草 ***Thalictrum lucidum***
多年生草本。茎强壮。复叶具多数小叶，具光泽。圆锥花序，花松散，被绒毛，绿黄色，夏季开放。株高1～1.2m，冠径50cm。

Artemisia pontica, illus. p.290
Euphorbia nicaeensis
HOSTAS, illus. p.288～p.289
ORCHIDS, illus. p.296～p.299
Paris polyphylla
Polygonum virginianum 'Painter's Palette', illus. p.290

'牙买加黄' 木茼蒿 ***Argyranthemum*** **'Jamaica Primrose'** (*Chrysanthemum frutescens* 'Jamaica Primrose')
多年生常绿草本。茎基部木质。叶呈蕨叶状，淡绿色。头状花序雏菊状，花单瓣，淡黄色，夏季开放。初秋剪除地上部分。株高和冠径均为1m。

☼ ◊ ❄ 🏆

'伯克斯顿' 春黄菊 ***Anthemis tinctoria*** **'E.C. Buxton'**
多年生草本。丛生。头状花序多，雏菊状，花柠檬黄色，单生于细长茎上，夏季开放。开花后应重度修剪，促使皱褶叶构成的莲座更好地越冬。株高和冠径均为1m。

☼ ◊ ❄❄❄

狼毒乌头 ***Aconitum lycoctonum*** subsp. ***vulparia*** (*A. orientale* of gardens, *A. vulparia*) (Wolf's bane)
多年生草本。直立。含纤维。花盔状，稻草黄色，夏季开放。叶暗绿色，深裂。需支撑。株高1～1.2m，冠径30～60cm。

◐ ◊ ❄❄❄ (!)

斑点珍珠菜(黄排草) ***Lysimachia punctata*** (Garden loosestrife)
多年生草本。丛生。穗状花序，高出叶丛，花鲜黄色，夏季开放。株高60～75cm，冠径60cm。

☼ ● ❄❄❄

欧龙胆(黄龙胆) ***Gentiana lutea*** (Great yellow gentian)
多年生草本。直立。茎无分枝。叶卵形，无柄，长达30cm。花多，轮生，管状，黄色，生于淡绿色苞片之腋部，夏季开放。株高1～1.2m，冠径60cm。

☼ ◊ ❄❄❄

西亚糙苏 ***Phlomis russeliana***
多年生常绿草本。大优良的地被植物。叶大，粗糙，心形。花轮生，头盔状，黄油黄色，生于粗壮的花茎上，夏季开放。株高1m，冠径60cm以上。

☼ ◊ ❄❄❄ 🏆

'金羽' 一枝黄花 ***Solidago*** **'Goldenmosa'**
多年生草本。丛生。圆锥花序，高出叶丛，由含羞草花状头状花序组成，花黄色，夏末至秋季开放。叶披针形，具锯齿，黄绿色，被毛。株高1m，冠径60cm。

☼ ◊ ❄❄❄ 🏆

'斯沃伯格' 蓍草 ***Achillea*** **'Schwellenberg'**
多年生草本。矮小。茎开展，具分枝。叶灰绿色。花芽银白色，花柠檬黄色，初夏至初秋开放。株高45cm，冠径60cm。

☼ ◊ ❄❄❄ (!)

Aciphylla squarrosa, illus. p.266
Chelidonium majus 'Flore Pleno', illus. p.238
CHRYSANTHEMUMS, illus. p.260～p.261
DAYLILIES, illus. p.257
Digitalis lutea
Helianthus x *multiflorus* 'Capenoch Star'
IRISES, illus. p.234～p.235
Kirengeshoma palmata, illus. p.263
Kniphofia 'Little Maid', illus. p.290
Linaria genistifolia
PRIMULAS, illus. p.272～p.273
Rudbeckia fulgida var. *deamii*
x *Solidaster luteus*, illus. p.291
Thermopsis villosa
Verbascum chaixii

中型宿根花卉 夏季观赏

黄色

菱叶野决明 *Thermopsis rhombifolia* (*T. montana*)
多年生草本。直立。花序穗状，高出叶丛，花鲜黄色，夏季开放。叶中绿色，有分裂。株高60～100cm，冠径60cm。

锈毛旋覆花 *Inula hookeri*
多年生草本。丛生。叶披针形至椭圆形，被毛。头状花序多，雏菊状，花微香，绿黄色，夏季开放。株高75cm，冠径45cm。

'银脉'单药爵床 *Aphelandra squarrosa* 'Louisae'
多年生常绿草本。直立。叶长，卵形，具光泽，微皱，暗绿色，中脉和侧脉白色。穗状花序，花密集，金黄色，生于黄色苞片腋部，夏末至秋季开放。株高达1m，冠径60cm。耐最低温度13℃。

'劳林'一枝黄花 *Solidago* 'Laurin'
多年生草本。枝密集。穗状花序，花深黄色，夏末开放。叶中绿色。株高60～75cm，冠径45cm。

'金前锋'大花金光菊 *Rudbeckia fulgida* var. *sullivantii* 'Goldsturm'
多年生草本。直立。头状花序雏菊状，金黄色，花心圆锥形，黑色，顶生，夏末至秋季开放。茎强壮。叶窄，粗糙，中绿色。株高75cm，冠径30cm以上。

黑喉毛蕊花 *Verbascum nigrum*
多年生半常绿草本。丛生。穗状花序窄长，花黄色，5裂，夏季和秋季开放。叶长椭圆形，中绿色，背面被毛。株高60～100cm，冠径60cm。

'金冕'蓍草 *Achillea* 'Coronation Gold'
多年生草本。直立。叶羽状分裂，银白色。大型花序，扁平，由金黄色的小头状花序组成，夏季开放。花充分干燥后可作为冬季装饰用。每隔3年应分株并移植。株高1m，冠径60cm。

喜马旋覆花 *Inula royleana* (*I. macrocephala* of gardens)
多年生草本。直立，丛生。茎暗绿色。叶卵形，被毛。头状花序单生，直径10～12cm，花橙黄色，仲夏至初秋开放。株高45～60cm，冠径45cm。

Achillea 'Moonshine', illus. p.291
Achillea 'Taygetea', illus. p.291
Aciphylla aurea, illus. p.238
Centaurea macrocephala
CHRYSANTHEMUMS, illus. p.260～p.261
DAYLILIES, illus. p.257
Gaillardia aristata, illus. p.291
HOSTAS, illus. p.288～p.289
IRISES, illus. p.234～p.235
Isatis tinctoria
Mirabilis jalapa, illus. p.245
ORCHIDS, illus. p.296～p.299
PEONIES, illus. p.236～p.237
Potentilla 'Yellow Queen', illus. p.292
PRIMULAS, illus. p.272～p.273
Scabiosa ochroleuca

萱草属植物

萱草属（*Hemerocallis*）植物虽然属于百合科，但并非真正的百合。英文俗名之所以叫daylilies，是由于其花似百合花，每朵通常仅开放一天。萱草属植物株形紧凑，株高一般为30~38cm，大型的可达1.5m。现代品种花色丰富，有乳白色、黄色、橙色、红色、粉红色、紫色至近黑色。部分种类的花瓣具有不同颜色的带斑。花型通常分为单瓣型、重瓣型和蜘蛛型。有些原种和一些品种有浓香。多数萱草属植物花期达4~6周。本类植物可在除排水不良的黏土之外的几乎所有的土壤上生长，在有光照处和庇荫处均可，但每日至少有半天的光照才能开花繁盛。适宜在初春分株繁殖。

‘品紫’萱草
H. ‘Super Purple’

‘大牛眼’萱草
H. ‘Solano Bulls Eye’

‘金钟’萱草
H. ‘Golden Chimes’ ♀

‘蓝眼’萱草
H. ‘Prairie Blue Eyes’

‘纤指’萱草
H. ‘Lady Fingers’

‘琼·西尼尔’萱草
H. ‘Joan Senior’

‘乔里恩·尼科尔’萱草
H. ‘Jolyene Nichole’

北黄花菜
H. lilioasphodelus ♀

‘狂风’萱草
H. ‘Real Wind’

‘贝蒂·伍兹’萱草
H. ‘Betty Woods’

‘雅洁’萱草
H. ‘Gentle Shepherd’

‘聚线’萱草
H. ‘Chorus Line’

‘猫之摇篮’萱草
H. ‘Cat’s Cradle’

‘褶边杏黄’萱草
H. ‘Ruffled Apricot’

‘米莉·施伦普夫’萱草
H. ‘Millie Schlumpf’

‘马里恩·沃恩’萱草
H. ‘Marion Vaughn’ ♀

‘海伯龙’萱草
H. ‘Hyperion’

‘莫纳罗亚’萱草
H. ‘Mauna Loa’

‘锦袍’萱草
H. ‘Brocaded Gown’

‘埃恩尼·温尼’萱草
H. ‘Eenie Weenie’

‘重瓣’萱草
H. fulva ‘Flore Pleno’

‘赛洛姆·弗吉尼亚·亨逊’萱草
H.‘Siloam Virginia Henson’

‘猩红眼眶’萱草
H. ‘Scarlet Orbit’

黄花菜
H. citrina

‘活泼’萱草
H. ‘Corky’ ♀

中型宿根花卉 夏季观赏

黄色

大头贝克菊 ***Berkheya macrocephala***
多年生草本。直立。头状花序大，雏菊状，花黄色，整个夏季开放。茎具分枝。叶具刺齿。喜肥沃土壤和温暖、遮阴处。株高和冠径均为1m。

‘金盘’黄花蓍草 ***Achillea filipendulina* ‘Gold Plate’**
多年生草本。直立。茎粗壮。叶多。头状花序，宽而平，顶生，高出叶丛，花黄色，夏季开放。花序干燥后保存原色。宜定期分株。株高1.2m以上，冠径60cm。

‘芭蕾’赛菊 ***Heliopsis* ‘Ballet Dancer’**
多年生草本。直立。头状花序多，重瓣，花瓣黄色，具毛，夏末开放。叶暗绿色，粗糙，具锯齿。株高1～1.2m，冠径60cm。

黄色至橙色

‘极品’火炬花 ***Kniphofia* ‘Royal Standard’**
多年生草本。直立。叶呈禾草叶状，丛生或基生。穗状花序，顶生，花芽猩红色，花柠檬黄色，生于直立茎上，夏末开放。冬季宜用覆盖物保护地上部分。株高1~1.2m，冠径60cm。

球葵 ***Sphaeralcea ambigua***
多年生草本。矮灌木状。多分枝。花宽漏斗状，橙黄珊瑚色，单生于叶腋，夏季至秋末开放。叶柔软，被毛，中绿色。株高和冠径均为75～90cm。

斯诺登火炬花 ***Kniphofia thomsonii* var. *snowdenii***
多年生草本。直立。叶呈禾草叶状，基生。穗状花序，顶生，花珊瑚粉红色，内面淡黄色，花间距大，夏季开放。冬季宜用覆盖物保护地上部分。株高1m，冠径50cm。

块根马利筋 ***Asclepias tuberosa***
(Butterfly weed)
多年生草本。直立。具块茎。叶长，披针形。花小，具5个角状物，亮橙红色，夏季开放。荚果窄而尖，长15cm。株高达75cm，冠径45cm。

‘火红’圆苞大戟 ***Euphorbia griffithii* ‘Fireglow’**
多年生草本。矮灌木状。伞形花序，顶生，花橙红色，初夏开放。叶披针形，中绿色，中脉淡红色。株高达1m，冠径50cm。

Buphthalmum salicifolium, illus. p.292
Chelidonium majus ‘Flore Pleno’, illus. p.238
CHRYSANTHEMUMS, illus. p.260～p.261
Eremurus spectabilis
IRISES, illus. p.234～p.235
Linaria genistifolia var. *dalmatica*
ORCHIDS, illus. p.296～p.299
PRIMULAS, illus. p.272～p.273
DAYLILIES, illus. p.257
Helenium ‘Wyndley’, illus. p.263
Kniphofia ‘Atlanta’
Ligularia dentata ‘Desdemona’
Papaver orientale ‘May Queen’

中型宿根花卉 秋季观赏

白色至粉红色

白果类叶升麻 ***Actaea pachypoda***
(*A. alba*) (Doll's eyes, White baneberry)
多年生草本。丛生。枝密集。穗状花序，花小，被绒毛，白色，夏季开放。秋季结果，浆果成簇，果序柄坚硬，肉质，猩红色。株高1m，冠径50cm。

钟花蓼 ***Persicaria campanulata***
(*Polygonum campanulatum*)
多年生草本。铺地状。枝密集。头状花序优美，具分枝，花钟状，粉红色或白色，仲夏至初秋开放。叶卵形，背面被棕褐色毛。株高和冠径均为1m。

斜叶龟头花 ***Chelone obliqua***
(Turtle-head)
多年生草本。直立。穗状花序，顶生，花头盔状，淡紫粉红色，夏末至秋季开放。叶暗绿色，披针形。株高1m，冠径50cm。

台湾油点草 ***Tricyrtis formosana***
(*T. stolonifera*)
多年生草本。直立。具根状茎。花有距，花筒具多数紫粉红色而微带黄色的斑点。叶具光泽，暗绿色，抱茎而生。株高60～100cm，冠径45cm。

‘丰花’秋牡丹
Anemone hupehensis
‘HadspenAbundance’
多年生草本。直立。具分枝。花粉红色，外轮花瓣圆形，粉红色，夏季至秋季开放。复叶，小叶片暗绿色，深裂。株高60～120cm，冠径45cm。

‘克莱拉·柯蒂斯’菊
***Chrysanthemum* ‘Clara Curtis’**
(*C. rubellum* ‘Clara Curtis’)
多年生草本。矮灌木状。花多成簇，头状花序雏菊状，扁平，花纯粉红色，夏季和秋季开放。隔年春季分株。株高75cm，冠径45cm。

OTHER RECOMMENDED PLANTS:

Centranthus ruber, illus. p.245
CHRYSANTHEMUMS, illus. p.260～p.261
Cimicifuga simplex ‘Elstead’
Kohleria digitaliflora, illus. p.244
MICHAELMAS DAISIES, illus. p.262
PELARGONIUMS, illus. p.246～p.247
Schizostylis coccinea ‘Sunrise’, illus. p.294

菊花

杂种菊花（现在植物学上归为菊属*Dendranthema*）按照花型、大致花期（初秋、仲秋、秋末）和株型进行分组（参见本书植物词典菊花部分）。装点花园的最好类型是多头菊型（Spray）、蜂窝型（Pompon）和反卷型（Reflexed）菊花。矮生的优雅型（Charm）菊花可长成密集的丘状花簇，最适于盆栽。多头菊型、优雅型和蜂窝型菊花每茎上有数朵花，其他多数类型每茎只有一朵大花。不同的菊花类型描述如下：

莲座型
（Incurved）：花球状，完全重瓣，花瓣密，弯曲内卷，从花基部向上生长，紧密覆盖冠部。

完全反卷型
（Fully reflexed）：花完全重瓣，花瓣尖，从花冠顶部向外向下反卷，直至接触茎。

反卷型
（Reflexed）：花完全重瓣，花瓣反卷程度小，花轮廓成伞形或有尖，其他情况类似于完全反卷型。

中间型
（Intermediate）：花完全重瓣，略为球形，花瓣松散内卷，紧密覆盖冠部，或在每花的下半部反卷。

托桂型
（Anemo-necentred）：花单瓣，中心为半球形花盘，直径为花之半，边缘花瓣5排，扁平，偶尔匙形，与茎成直角。

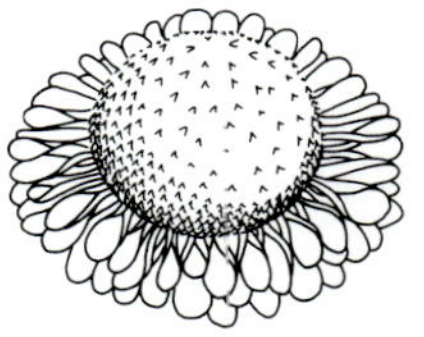

单瓣型
（Single）：花瓣约5排，扁平，与茎成直角，先端内卷或反卷，花盘明显，完全金黄色，或中心有小的绿色区域。

蜂窝型
（Pompon）：球形或偶尔半球形，花瓣密，完全重瓣，花瓣管状，先端平、圆形，从冠部向外生长。

匙瓣型
（Spoon-type）：花型与单瓣型相似，只是边缘花瓣管状，先端开放成匙形。

蜘蛛型
（Spider-form）：花头状，重瓣，边花细长，外部边花或多或少下垂，内部边花向上弯曲。

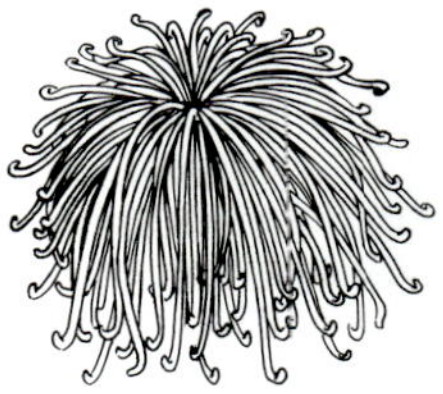

管瓣型
（Quill-shaped）：花头状，重瓣，边花管状，尖端开放成匙形。

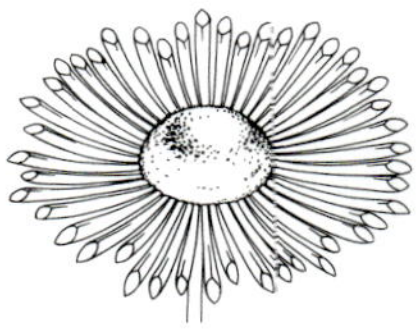

‘盛宴’菊
（多头菊，单瓣型，早花）
***C.* ‘Enbee Wedding’** ♀

‘泉乡绘卷’菊
（蜘蛛型，早花）
***C.* ‘Senkyo Emiaki’**

‘基斯·鲁克斯福特’菊
（莲座型，晚花）
***C.* ‘Keith Luxford’**

‘圣母小鹅’菊
（反卷型，早花）
***C.* ‘Marian Gosling’**

‘埃尔西·普罗舍’菊
（反卷型，晚花）
***C.* ‘Elsie Prosser’**

‘玛德琳’菊
（多头菊，反卷型，早花）
***C.* ‘Madeleine’** ♀

‘布内特勒’菊
（反卷型，早花）
***C.* ‘Brietner’**

‘沃金玫瑰’菊
（中间型，晚花）
***C.* ‘Woking Rose’**

‘彭尼内粉红’菊
（管瓣型，早花）
***C.* ‘Pennine Flute’** ♀

‘比尔·威得’菊
（中间型，早花）
***C.* ‘Bill Wade’**

‘彭尼内白’菊
（多头菊，托桂型，早花）
***C.* ‘Pennine Oriel’** ♀

‘兰迪’菊
（反卷型，晚花）
***C.* ‘Lundy’**

‘约翰·卫菲尔德’菊
（反卷型，晚花）
***C.* ‘John Wingfield’**

‘爱丽森·柯克’菊
（莲座型，早花）
***C.* ‘Alison Kirk’**

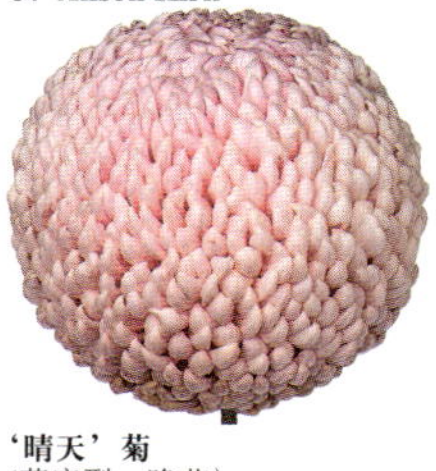

‘晴天’菊
（莲座型，晚花）
***C.* ‘Fairweather’**

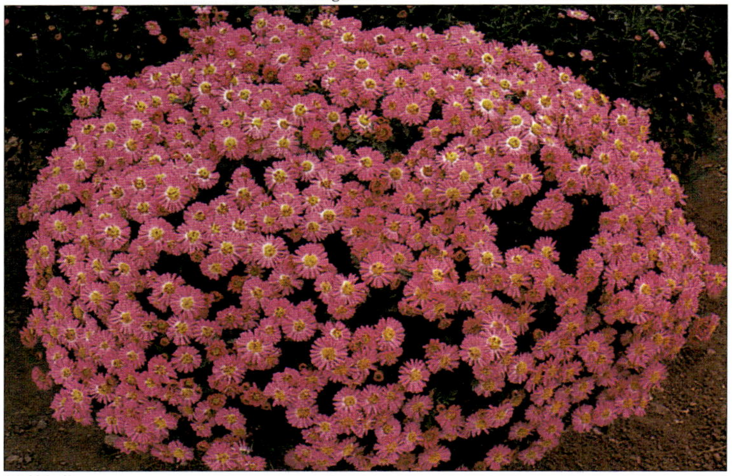

‘斑鸠’菊
（优雅型，晚花）
***C.* ‘Ringdove’**

‘紫红伊冯·阿劳德’菊
（反卷型，早花）
C. ‘Rose Yvonne Arnaud’

‘黄布内特勒’菊
（反卷型，早花）
C. ‘Yellow Brietner’

‘罗宾’菊
（多头菊，反卷型，晚花）
C. ‘Robeam’ ♀

‘威严’菊
（反卷型，晚花）
C. ‘Majestic’

‘金羊毛’菊
（单瓣型，晚花）
C. ‘Golden Woolman's Glory’

‘铜色仙女’菊
（蜂窝型，早花）
C. ‘Bronze Fairie’ ♀

‘橙红仙女’菊
（蜂窝型，晚花）
C. ‘Salmon Fairie’ ♀

‘铜色篱’菊
（单瓣型，晚花）
C. ‘Bronze Hedgerow’

‘伊冯·阿劳德’菊
（反卷型，早花）
C. ‘Yvonne Arnaud’ ♀

‘绿染’菊
（中间型，晚花）
C. ‘Green Satin’

‘金杯’菊
（优雅型，晚花）
C. ‘Golden Chalice’

‘粉红布内特勒’菊
（反卷型，早花）
C. ‘Peach Brietner’

‘乔治·格里菲思’菊
（反卷型，早花）
C. ‘George Griffiths’

‘玛利恩’菊
（多头菊，反卷型，早花）
C. ‘Marion’

‘橙红珍珠’菊
（多头菊，反卷型，早花）
C. ‘Salmon Margaret’ ♀

‘玛利亚’菊
（蜂窝型，早花）
C. ‘Maria’

‘约翰·休斯黄’菊
（莲座型，晚花）
C. ‘Primrose John Hughes’

‘西布罗米奇黄’菊
（反卷型，中花）
C. ‘Primrose West Bromwich’

‘温迪’菊
（多头菊，反卷型，早花）
C. ‘Wendy’ ♀

‘灯塔’菊
（中间型，晚花）
C. ‘Beacon’ ♀

‘秋日’菊
（中间型，早花）
C. ‘Autumn Days’

‘伊德里斯’菊
（莲座型，晚花）
C. ‘Idris’

‘南希·菲诺’菊
（反卷型，晚花）
C. ‘Nancye Furneaux’

‘金巨人’菊
（莲座型，晚花）
C. ‘Golden Gigantic’

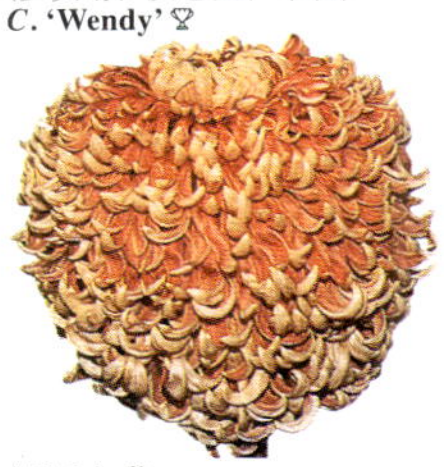
‘巨人’菊
（莲座型，晚花）
C. ‘Gigantic’

‘铜色伊冯·阿劳德’菊
（反卷型，早花）
C. ‘Bronze Yvonne Arnaud’

‘圣坛’菊
（中间型，早花）
C. ‘Oracle’

‘彭尼内酒紫红’菊（多头菊，反卷型，早花）
C. ‘Purple Pennine Wine’

‘黄约翰·休斯’菊（莲座型，晚花）
C. ‘Yellow John Hughes’ ♀

‘罗伊·库普兰德’菊
（中间型，晚花）
C. ‘Roy Coopland’ ♀

‘彭尼内铜色’菊
（多头菊，匙瓣型，早花）
C. ‘Pennine Alfie’ ♀

‘淡黄珍珠’菊
（多头菊，反卷型，早花）
C. ‘Buff Margaret’

紫菀属植物

紫菀属（*Aster*）植物原种和主要属于美国紫菀（*A. novae-angliae*）和荷兰菊（*A. novi-belgii*）的栽培品种为重要的花境植物，因为其花期比其他宿根花卉晚，并持续至深秋。紫菀的花为雏菊状，单瓣或重瓣，通常具黄色花心，花色从白色至粉红色、红色，一直到紫色和蓝色，为切花的良好材料。春季摘除或剪去弱枝可使花增大；其他枝顶端摘心2.5～5cm，可以形成灌木状植株，有利于开出大量较小的花。植株高的品种需支撑。紫菀在排水良好、有光照或半阴条件下生长旺盛。许多紫菀易得霜霉病，因此在霜霉病多发区应定期使用杀菌剂或选用抗病品种。

‘哈林顿粉红’美国紫菀
A. novae-angliae ‘Harrington's Pink’ ♀

‘少女’荷兰菊
A. novi-belgii ‘Lassie’

‘品红宝石’荷兰菊
A. novi-belgii ‘Royal Ruby’

‘弗瑞达·巴利达’荷兰菊
A. novi-belgii ‘Freda Ballard’

‘基蓬伯格教授’紫菀
A. ‘Professor Anton Kippenburg’

‘白石南’毛紫菀
A. ericoides ‘White Heather’

‘秋雪’美国紫菀
A. novae-angliae ‘Herbstschnee’

‘斯坦福白天鹅’荷兰菊
A. novi-belgii ‘Sandford White Swan’

‘克里斯蒂娜’荷兰菊
A. novi-belgii ‘Kristina’

‘金雾’毛紫菀
A. ericoides ‘Golden Spray’ ♀

‘平顶’侧花紫菀 *A. lateriflorus* ‘Horizontalis’ ♀

‘银雾’心叶紫菀
A. cordifolius ‘Silver Spray’

‘苹果花’荷兰菊
A. novi-belgii ‘Apple Blossom’

‘友谊’荷兰菊
A. novi-belgii ‘Fellowship’

‘巴尔粉红’美国紫菀
A. novae-angliae ‘Barr's Pink’

‘高贵’荷兰菊
A. novi-belgii ‘Patricia Ballard’

‘狂欢节’荷兰菊
A. novi-belgii ‘Carnival’

‘奥兰多’荷兰菊
A. novi-belgii ‘Orlando’

‘纪念’美国紫菀
A. n.-a. ‘Andenken an Alma Pötschke’ ♀

‘栀子花’荷兰菊
A. novi-belgii ‘Chequers’

‘天鹅绒’荷兰菊
A. novi-belgii ‘Royal Velvet’

‘和平’荷兰菊
A. novi-belgii ‘Peace’

‘矮生’喜马拉雅紫菀
A. thomsonii ‘Nanus’

‘夜曲’蓝菀
A. amellus ‘Nocturne’

‘乔治王’蓝菀
A. amellus ‘King George’ ♀

无毛紫菀
A. linosyris

‘奇异’大头紫菀
A. frikartii ‘Wunder von Stäfa’ ♀

‘修道士’大头紫菀
A. frikartii ‘Mönch’ ♀

‘玛丽·巴拉德’荷兰菊
A. novi-belgii ‘Marie Ballard’

中型宿根花卉 秋季观赏

紫色至黄色

深紫马蓝 ***Strobilanthes atropurpureus***
多年生草本。直立。具分枝。叶卵形，有锯齿。穗状花序，花多数，紫蓝色至紫色，夏秋开放。株高达1.2m，冠径达60cm。

萝藦龙胆 ***Gentiana asclepiadea***
(Willow gentian)
多年生草本。枝拱形。叶窄，卵形，长达8cm。花序拱形，花喇叭状，深蓝色，内面有斑点和条纹，夏末至秋季开放。株高达90cm，冠径达60cm。

黄色至橙色

黄山梅 ***Kirengeshoma palmata***
多年生草本。直立。叶圆形，有分裂，亮绿色。具花序，花窄漏斗状，乳黄色，生于强壮茎上，夏末至秋季开放。株高1m，冠径60cm。

罗帕火炬花 ***Kniphofia rooperi***
(*K.* 'C. M. Prichard' of gardens)
多年生常绿草本。生长健壮。叶拱形，线形，暗绿色。总状花序，宽椭圆形，花橙红色，后变为橙黄色，初秋至深秋开放。株高1.2m，冠径60cm。

'珀西之光'火炬花 ***Kniphofia 'Percy's Pride'***
多年生草本。直立。穗状花序大，顶生，花乳白色，略带绿色和黄色，生于直立茎上，秋季开放。冬季宜用覆盖物保护地上部分。株高1m，冠径50cm。

'温德利'堆心菊 ***Helenium 'Wyndley'***
多年生草本。矮灌木状。茎具分枝。头状花序雏菊状，高出叶丛，花期长，夏末至秋季开放。叶暗绿色。春季或秋季需定期分株。株高80cm，冠径50cm。

具茎火炬花 ***Kniphofia caulescens***
多年生大型常绿草本。直立。叶窄，基生，丛生，蓝绿色。穗状花序，顶生，花淡红色至橙红色，秋季开放。茎粗壮，光滑。株高1.2m，冠径60cm。

'穆内姆丽'堆心菊 ***Helenium 'Moerheim Beauty'***
多年生草本。直立。茎强壮，具分枝。叶暗绿色。头状花序雏菊状，高出叶丛，浓橙红色，初秋开放。春季或秋季宜定期分株。株高1m，冠径60cm。

Chirita lavandulacea, illus. p.294
CHRYSANTHEMUMS, illus. p.260～p.261
Dichorisandra reginae, illus. p.252
Eryngium x *tripartitum*, illus. p.253
Lobelia siphilitica
ORCHIDS, illus. p.296～p.299
Rudbeckia fulgida var. *deamii*
Aphelandra squarrosa 'Dania'
Aphelandra squarrosa 'Louisae', illus. p.256
CHRYSANTHEMUMS, illus. p.260～p.261
Helenium 'Bressingham Gold'
Helenium 'Butterpat'
Solidago 'Goldenmosa', illus. p.255
Verbascum nigrum, illus. p.256

中型宿根花卉 冬季或全年观赏

白色至粉红色

‘三色’奥氏栉花芋 ***Ctenanthe oppenheimiana* ‘Tricolor’**
多年生常绿草本。矮灌木状。直立。生长健壮。叶革质，披针形，长达30cm以上，具乳白色斑点。穗状花序，花瓣3枚，白色，陆续开放。株高和冠径均为1m。耐最低温度15℃。

水晶花烛（水晶安祖花） ***Anthurium crystallinum***
(Crystal anthurium)
多年生常绿草本。直立，丛生。叶长，天鹅绒状，暗绿色，叶脉淡绿色至白色。佛焰苞绿色，略带红色，花期长。株高达75cm，冠径达60cm。耐最低温度15℃。

‘白边’延命草 ***Plectranthus forsteri* ‘Marginatus’**
多年生常绿草本。矮灌木状。叶卵形，长达6cm，灰绿色，扇贝状，边缘白色。花管状，白色至淡紫色，花期不定。株高和冠径均为60cm以上。耐最低温度10℃。

叶穗枪刀药 ***Hypoestes phyllostachya*** (*H. sanguinolenta* of gardens)
(Freckle face, Polka-dot plant)
多年生常绿草本。矮灌木状或为亚灌木。叶暗绿色，具不规则粉红色斑点。花小，管状，淡紫色，陆续开放。株高和冠径均为75cm。耐最低温度10℃。

‘淡黄斑’暗绿黛粉叶 ***Dieffenbachia seguine* ‘Exotica’**
(*D.*‘Exotica’, *D. maculata*‘Exotica’)
多年生常绿草本。丛生。茎基部有时木质化。叶宽披针形，长达45cm，具乳白色斑点。株高和冠径均为1m以上。耐最低温度15℃。

‘粉丽’花叶芋 ***Caladium bicolor* ‘Pink Beauty’**
多年生草本。丛生。具块茎。叶三角形，长达45cm，具长柄，绿色，带粉红色斑块，叶脉暗绿色。佛焰苞白色，夏季开放。株高和冠径均为90cm。耐最低温度19℃。

红色

花烛（火鹤花，哥伦比亚安祖花） ***Anthurium andraeanum***
(Tail flower)
多年生常绿草本。直立。叶卵形，长达20cm，具长柄，基部心形。佛焰苞亮红色，肉穗花序黄色，花期长。株高60～75cm，冠径50cm。耐最低温度15℃。

虎克猪笼草 ***Nepenthes* x *hookeriana***
多年生常绿食虫草本。附生。叶卵形，革质，长达30cm。瓶状体下垂，长达13cm，淡绿色，带红紫色斑点，盖距状。株高60～75cm。耐最低温度18℃。

‘炫光’麻兰 ***Phormium* ‘Dazzler’**
多年生常绿草本。直立。叶大，坚硬，先端尖，丛生，黄色、淡粉红色、橙红色和古铜色。圆锥花序，生于蓝紫色茎上，花淡红色，夏季开放。株高2～2.5m（含花序），冠径1m。

OTHER RECOMMENDED PLANTS:
Alpinia calcarata
Anthurium veitchii
BROMELIADS, illus. p.265
Dieffenbachia seguine ‘Memoria Corsii’
Hypoestes aristata
ORCHIDS, illus. p.296～p.299
Gerbera jamesonii, illus. p.302
Tellima grandiflora Rubra Group, illus. p.302

凤梨科植物

凤梨科（Bromeliaceae）植物以其粗犷、通常丛生的叶和艳丽的花而别具风韵。尽管许多是附生植物或气生根植物（从潮湿的空气中吸收营养，而不是从寄主吸收营养），只有在热带地区才适于户外种植，在气候冷凉地区则需于室内种植。

红心凤梨
Bromelia balansae

长苞铁兰（蓝花火炬）
Tillandsia lindenii ♀

‘银纹’环带姬凤梨
Cryptanthus zonatus ‘Zebrinus’

横缟尖萼荷（美叶尖萼荷，蜻蜓凤梨）*Aechmea fasciata* ♀

俯垂水塔花
Billbergia nutans

亚高山火星草
Puya alpestris

蛇仙铁兰
Tillandsia caput-medusae

‘三色’红凤梨
Ananas bracteatus ‘Tricolor’ ♀

二列花尖萼荷
Aechmea distichantha

‘三色’五彩凤梨 *Neoregelia carolinae* ‘Tricolor’ ♀

单穗果子蔓
Guzmania monostachya ♀

红叶剑山
Dyckia remotiflora

银叶铁兰
Tillandsia argentea

红叶尖萼荷群 *Aechmea* Foster's Favorite Group ♀

小果子蔓 *Guzmania lingulata* var. *minor* ♀

绒叶小凤梨
Cryptanthus bivittatus ♀

松萝铁兰（苔花凤梨）
Tillandsia usneoides

‘粉星’姬凤梨 *Cryptanthus* ‘Pink Starlight’ ♀

曲叶尖萼荷
Aechmea recurvata

果子蔓（鲜红凤梨）
Guzmania lingulata ♀

束叶铁兰
Tillandsia fasciculata

刚直铁兰
Tillandsia stricta

虎纹凤梨
Vriesea splendens ♀

黑点彩叶凤梨
Neoregelia concentrica

蓝紫铁兰（花凤梨）
Tillandsia cyanea

火星草（普亚） *Puya chilensis*

中型宿根花卉 冬季或全年观赏

紫色至绿色

蓝宝花 ***Browallia speciosa***
(Bush violet)
多年生草本。矮灌木状。常作一年生栽培，每年播种繁殖。叶卵形，长达10cm。花色鲜艳，紫蓝色，有白色斑，花期视播种季节而定。株高60～75cm，冠径45cm。耐最低温度10～15℃。

白绵毛蒿 ***Artemisia ludoviciana***
var. ***albula***
多年生草本。因其叶芳香而栽培。叶披针形，具锯齿，银白色，两面有毛。头状花序，排成细长羽毛状，花微小，灰白色，夏季开放。株高1.2m，冠径60cm。

粗糙针叶芹 ***Aciphylla squarrosa***
(Bayonet plant)
多年生常绿草本。丛生。叶有分裂，先端尖。花序穗状，再组成伞形花序，花黄色，雌雄花常混生。株高和冠径均为1～1.2m。

密花天冬 ***Asparagus densiflorus***
多年生常绿草本。蔓生。叶状茎窄，成丛，亮绿色。花白色，微带粉红色，夏季开放。浆果红色。适于吊篮中栽培。株高达1m，冠径50cm。耐最低温度10℃。

龟甲芋（铜红观音芋） ***Alocasia cuprea***
多年生常绿草本。丛生。叶卵形，长达30cm，具金属光泽，叶脉色暗，凹陷，背面紫色，叶柄生于叶背面。佛焰苞淡紫色，陆续开放。株高和冠径均为1m。耐最低温度15℃。

黄肉芋 ***Xanthosoma sagittifolium***
多年生草本。丛生。叶开展。茎粗壮。叶宽箭形，长60cm以上，叶柄长，绿色，带淡绿色晕。佛焰苞绿色，全年连续开放。株高达2m（含花），冠径2m以上。耐最低温度15℃。

‘彩纹’小叶金鱼花 ***Columnea microphylla* ‘Variegata’**
多年生常绿草本。蔓生。叶圆形，具窄的乳黄色边缘。花管状，头盔状，猩红色，花筒黄色，冬春开放。株高1m以上，冠径不定。耐最低温度15℃。

斑叶肖竹芋 ***Calathea zebrina***
(Zebra plant)
多年生常绿草本。生长健壮。丛生。叶天鹅绒状，长达60cm（盆栽时小），暗绿色，具长柄，叶脉、中脉和边缘色淡。穗状花序短，花白色至淡紫色。株高和冠径均为90cm。耐最低温度15℃。

Aglaonema pictum, illus. p.304
Alocasia veitchii
Calathea lindeniana
Calathea makoyana, illus. p.304
Helleborus argutifolius, illus. p.304
Musa uranoscopus
Nephthytis afzelii
ORCHIDS, illus. p.296～p.299
Peperomia scandens
Xanthorrhoea austratis
Xanthosoma violaceum

绿色至橙色

‘狐尾’密花天冬 ***Asparagus densiflorus* ‘Myersii’** (*A. meyeri*, *A.* ‘Myers’) (Foxtail fern)
多年生常绿草本。直立。穗状花序羽毛状，由密集的叶状茎和粉红白色花组成，夏季开放。浆果红色。株高达1m，冠径50cm。耐最低温度10℃。

‘乳斑’暗绿黛粉叶 ***Dieffenbachia seguine* ‘Rudolph Roehrs’** (*D. maculata* ‘Rudolph Roehrs’, *D. s.* ‘Roehrsii’)
多年生常绿草本。丛生。茎基部有时木质化。叶长达45cm，黄绿色或白色，中脉和边缘绿色。株高和冠径均为1m。耐最低温度15℃。

‘金边短叶’虎尾兰 ***Sansevieria trifasciata* ‘Laurentii’**
多年生常绿草本。无茎。叶丛莲座状。叶直立，坚硬，披针形，先端尖，边缘黄色。花淡绿色，偶尔开放。分株繁殖，以避免返祖遗传。株高45～120cm，冠径10cm。耐最低温度10～15℃。

泰国舞花姜 ***Globba winitii***
多年生常绿草本。丛生。叶披针形，长达20cm。总状花序，下垂，花管状，黄色，苞片大，红紫色，反卷，陆续开放。株高1m，冠径30cm。耐最低温度18℃。

‘黄斑’爪哇观音草 ***Peristrophe hyssopifolia* ‘Aureovariegata’**
多年生常绿草本。矮灌木状。叶小，宽披针形，具长尖，中间具乳黄色斑块。花管状，玫瑰粉红色，冬季开放。株高达60cm以上，冠径1.2m。耐最低温度15℃。

鹤望兰（极乐鸟，鸟蕉，天堂鸟）***Strelitzia reginae*** (Bird-of-paradise flower)
多年生常绿草本。丛生。叶蓝绿色，具长柄。花喙状，橙黄色，苞片舟形，边缘红色，多在春季开放。株高1m以上，冠径75cm。耐最低温度5～10℃。

Astilbe ‘Straussenfeder’, illus. p.244
Astilbe ‘Venus’, illus. p.244
BROMELIADS, illus. p.265
Ctenanthe lubbersiana
Dasylirion texanum
Dieffenbachia seguine
Sansevieria cylindrica
Sansevieria trifasciata

小型宿根花卉 春季观赏

白色

‘白雪’杨氏淫羊藿 ***Epimedium* x *youngianum* ‘Niveum’**
多年生地被状草本。枝密集。小叶心形，有锯齿，略呈青铜色，春末变为绿色。花小，杯状，雪白色，春末开放。株高15～30cm，冠径30cm。

‘白斑叶’紫花野芝麻 ***Lamium maculatum* ‘White Nancy’**
多年生半常绿草本。铺地状。叶中绿色，具白色斑点。穗状花序，花头盔状，白色，春末至夏季开放。株高15cm，冠径1m。

‘白花’药用肺草 ***Pulmonaria officinalis* ‘Sissinghurst White’**
多年生半常绿草本。丛生。花漏斗状，白色，高出叶丛，春季开放。叶椭圆形，中绿色，具淡白色斑点。株高30cm，冠径45～60cm。

厚隔芥 ***Pachyphragma macrophyllum*** (*Thlaspi macrophyllum*)
多年生地被状草本。茎匍匐，叶丛莲座状。叶圆形，具长柄，具光泽，亮绿色，长达10cm。总状花序多数，花小，白色，春季开放。株高达30cm，冠径不定。

垂头延龄草 ***Trillium cernuum***
多年生草本。丛生。花下垂，花心深褐色，生于叶下方，春季开放。叶美丽，三全裂，中绿色。株高30～45cm，冠径30cm。

‘白心’紫花野芝麻 ***Lamium maculatum* ‘Album’**
多年生半常绿草本，铺地状。叶暗绿色，中间具白色花纹。具花序，花头盔状，白色，春夏开放。株高20cm，冠径1m。

OTHER RECOMMENDED PLANTS:
Convallaria majalis ‘Fortin’s Giant’
Helleborus x *hybridus* [white form], illus. p.300
Helleborus niger, illus. p.301
PRIMULAS, illus. p.272～p.273
Sanguinaria canadensis ‘Plena’
Trillium grandiflorum ‘Flore Pleno’

小型宿根花卉 春季观赏

□ 白色

铃兰 ***Convallaria majalis***
(Lily-of-the-valley)
多年生常绿草本。低矮。具根状茎。叶窄卵形，中绿色至暗绿色。具花序，花小，极芳香，下垂，钟状，白色。喜富含腐殖质土壤。株高15cm，冠径不定。

卵瓣延龄草 ***Trillium ovatum***
多年生草本。丛生。花白色，后变为粉红色，单生，高出叶丛，春季开放。叶暗绿色，3全裂，叶柄红色。株高25～38cm，冠径20cm。

短柱侧金盏花 ***Adonis brevistyla***
多年生草本。丛生。花毛茛花状，花瓣外面白色，微带蓝色，单生于枝顶，初春开放。叶细裂，中绿色。株高和冠径均为15～23cm。

绿瓣延龄草 ***Trillium chloropetalum***
多年生草本。丛生。茎红绿色。叶三裂，灰大理石色至暗绿色。花紫粉红色至白色，高出叶丛，春季开放。株高和冠径均为30～45cm。

大花延龄草 ***Trillium grandiflorum*** (Wake-robin)
多年生草本。丛生。花大，纯白色，后渐变为粉红色，单生，高出叶丛，春季开放。叶大，3全裂，暗绿色。株高38cm，冠径30cm。

桃儿七 ***Podophyllum hexandrum***(*P. emodi*)
(Himalayan May apple)
多年生草本。叶对生，3裂，具棕色斑点。花白色或粉红色，春季开放。夏季果实肉质，红色。株高30～45cm，冠径30cm。

独叶淫羊藿 ***Epimedium pubigerum***
多年生常绿草本。铺地状。因观赏其叶而栽培。叶多，光滑，心形，有分裂。具花序，花杯状，乳白色或粉红色，春季开放。株高和冠径均为45cm。

森林银莲花 ***Anemone sylvestris***
(Snowdrop windflower)
多年生草本。铺地状。侵入性强。花芳香，半下垂，白色，花心黄色，春季至初夏开放。叶有分裂，中绿色。株高和冠径均为30cm。

'银光'岩白菜 ***Bergenia* 'Silberlicht'** (*B.* 'Silver Light')
多年生常绿草本。丛生。叶扁平，卵形，中绿色，具锯齿。具花序，花白色，有时混杂以粉红色，生于直立茎上，春季开放。株高30cm，冠径50cm。

粉红色

缘毛岩白菜 ***Bergenia ciliata***
多年生常绿草本。丛生。叶大，引人注目，圆形，被毛。具花序，花白色，后变为粉红色，春季萌生嫩叶。叶常受冻害，春季萌生嫩叶。株高30cm，冠径50cm。

‘紫色’心叶岩白菜 ***Bergenia cordifolia* ‘Purpurea’**
多年生常绿草本。丛生。宜作地被植物。叶大，圆形，深绿色，略带紫色。具花序，花钟状，玫瑰粉红色，生于红色茎上，冬末至初春开放。株高和冠径均为50cm。

‘玫瑰皇后’大花淫羊藿 ***Epimedium grandiflorum* ‘Rose Queen’**
多年生地被状草本。叶多，心形，有分裂，略带铜色。茎细长而坚韧。具花序，花杯状，有距，深红色，春季开放。株高和冠径均为30cm。

‘英格维森’大根老鹳草 ***Geranium macrorrhizum* ‘Ingwersen’s Variety’**
多年生地被状草本。枝密集，可抑制杂草的生长。花小，淡玫瑰粉红色，春末至初夏开放。叶芳香，秋叶青铜色，略带猩红色。株高30cm，冠径60cm。

东方胡麻花 ***Heloniopsis orientalis***
多年生草本。丛生。叶丛莲座状，叶基生，窄披针形。花下垂，玫瑰粉红色，高出叶丛，春季开放。株高和冠径均为30cm。

紫花野芝麻 ***Lamium maculatum***
多年生半常绿草本。铺地状。叶略带淡紫色，常有粉红色晕，中间有银白色条纹。具花序，花头盔状，淡紫粉红色，仲春开放。株高15cm，冠径90cm。

Bergenia ‘Abendglut’
Bergenia cordifolia
Bergenia ‘Morgenröte’
Bergenia x *schmidtii*
Bergenia stracheyi
Bergenia ‘Sunningdale’
Dicentra ‘Adrian Bloom’
Dicentra ‘Spring Morning’, illus. p.278
Dicentra ‘Stuart Boothman’, illus. p.278
Helleborus x *hybridus* [pink form], illus. p.301
PRIMULAS, illus. p.272～p.273
Rehmannia glutinosa

红色

红花淫羊藿 ***Epimedium* x *rubrum***
多年生地被状草本。叶多，心形，有分裂，春季暗棕红色。具花序，花杯状，深红色，具黄色距，春季开放。株高30cm，冠径20cm。

直立延龄草 ***Trillium erectum***
(Birthroot, Squawroot)
多年生草本。丛生。叶3裂，中绿色。花亮深紫色，春季开放。株高30～45cm，冠径30cm。

无柄延龄草 ***Trillium sessile***
(Toadshade, Wake-robin)
多年生草本。丛生。花红褐色，生于3裂叶的中央，春季开放。叶淡绿色或青铜色，有白色斑点。株高30～38cm，冠径30～45cm。

Epimedium alpinum
Pulmonaria rubra

小型宿根花卉 春季观赏

■ 紫色

‘阿伦’林荫银莲花 *Anemone nemorosa* ‘Allenii’
多年生地被状草本。花大，杯状，单瓣，浓紫蓝色，高出叶丛，春季开放。叶深裂，中绿色。株高15cm，冠径30cm。

白根葵 *Glaucidium palmatum*
多年生草本。叶大，浅裂。花大，美丽，杯状，淡紫色，春季开放。为疏林地植物。喜富含腐殖质土壤和避风处。株高和冠径均为50cm。

具节老鹳草 *Geranium nodosum*
多年生草本。丛生。叶有分裂，具光泽。花美丽，杯状，淡紫色或淡紫粉红色，春夏开放。在浓阴处生长旺盛。株高和冠径均为45cm。

春花香豌豆 *Lathyrus vernus*
多年生草本。丛生。花小，蝶形，亮紫色和蓝色，脉红色，每一细长茎上有数朵花。叶软，蕨叶状。移植难以成活。株高和冠径均为30cm。

‘罗宾逊’林荫银莲花 *Anemone nemorosa* ‘Robinsoniana’
多年生地被状草本。花扁平，星状，淡紫蓝色，花瓣背面淡乳灰色，单生于深红色茎上。叶深裂，裂片披针形。株高15cm，冠径30cm。

五小叶碎米芥 *Cardamine pentaphyllos* (*Dentaria pentaphyllos*)
多年生草本。直立。以肉质、水平根状茎蔓生。具花序，花大，白色或淡紫色，春季开放。株高30～60cm，冠径45～60cm。

Cardamine pratensis ‘Flore Pleno’
Chirita lavandulacea, illus. p.294
Helleborus x *hybridus* [purple form], illus. p.302
Helonias bullata
IRISES, illus. p.234～p.235
ORCHIDS, illus. p.296～p.299
PEONIES, illus. p.236～p.237
PRIMULAS, illus. p.272～p.273
Sarracenia purpurea

紫色至蓝色

白斑叶肺草（甘肺草）
Pulmonaria saccharata
多年生半常绿草本。丛生。花漏斗状，粉红色，后变为蓝色，春夏开放。叶长，椭圆形，具形状不一的乳白色斑点。株高30cm，冠径60cm。

贵野芝麻　*Lamium orvala*
多年生草本。丛生。叶多，中绿色，有时中间有白色条纹。具花序，花粉红色或紫粉红色，春末至初夏开放。株高和冠径均为30cm。

欧莨菪　*Scopolia carniolica*
多年生草本。丛生。穗状花序，花下垂，紫褐色，花瓣内面黄色，初夏开放。株高和冠径均为60cm。

杨柳齿鳞草　*Lathraea clandestina* (Toothwort)
多年生草本。蔓生。为杨树和柳树根的寄生植物。地下茎肉质。叶鳞形，无色。具花序，花头盔状，紫色，冬末至初春开放。株高10cm，冠径不定。

‘深蓝’肺草　*Pulmonaria* ‘Mawson’s Blue’
多年生草本。丛生。叶窄。具花序，花漏斗状，蓝色，之后略带红色，高出叶丛，初春开放。株高和冠径均为23cm。

美国滨紫草　*Mertensia pulmonarioides* (*M. virginica*)
美丽的多年生草本。具花序，花浓蓝色，下垂，春季开放。叶淡蓝绿色，夏季枯死。冠部易受蛞蝓危害。株高30～60cm，冠径30～45cm。

蓝色至黄色

‘乳斑’大叶蓝珠草　*Brunnera macrophylla* ‘Dawson’s White’ (*B. m.* ‘Variegata’)
多年生地被状草本。叶心形，具乳白色斑点。花序美丽，花小，亮蓝色，春季开放。宜栽培于背风处以防叶受害。株高45cm，冠径60cm。

五脉绿绒蒿　*Meconopsis quintuplinervia* (Harebell poppy)
多年生铺地状草本。花淡紫色，向基部渐变为紫色，单生于被毛的茎上，春末至初夏开放。叶大而多，中绿色。株高30～45cm，冠径30cm。

‘罗比’扁桃叶大戟　*Euphorbia amygdaloides* var. *robbiae* (*E. robbiae*)
多年生常绿草本，蔓生。常作地被植物栽培，适宜贫瘠、干旱土壤和半阴处。叶丛莲座状，叶暗绿色。头状花序，圆形，张开，花灰绿色，春季开放。株高45～60cm，冠径60cm。

西格尔大戟
Euphorbia seguieriana
多年生草本。矮灌木状。花序大，顶生，花淡黄绿色，春末开放。叶窄，披针形，灰绿色，生于细长茎上。株高和冠径均为45cm。

柏大戟　*Euphorbia cyparissias*
多年生草本。冠圆球状。叶多，细长，灰绿色。伞形花序，花小，亮灰绿色，春末开放。入侵性强。株高和冠径均为30cm。

Ajuga pyramidalis
Brunnera macrophylla
Cyanotis somaliensis, illus. p.303
IRISES, illus. p.234～p.235

Meehania urticifolia
Pulmonaria angustifolia
Pulmonaria longifolia
Symphytum ‘Hidcote Blue’

Chirita sinensis
Helleborus argutifolius, illus. p.304
Helleborus cyclophyllus
Helleborus foetidus, illus. p.305

Helleborus viridis, illus. p.305
IRISES, illus. p.234～p.235
Linum narbonense, illus. p.287
Sarracenia flava, illus p.290

报春花属植物

报春花属（*Primula*）植物几乎适宜各种条件的花园中栽培，无论是水池边还是岩屑堆上，但大多数在栽培过程中需要特殊的照顾。在各种植物分类群中，灯台报春类和耳叶报春类是最为知名的，其花的排列方式较为独特（详见本书植物词典部分）。

'吉阿白'欧洲樱草
P. vulgaris 'Gigha White'

藏报春
P. sinensis

'克拉多克白'报春
P. 'Craddock White'

报春花（单瓣类）
P. 'Craddock White'

白花球序报春
P. denticulata var. *alba*

粉报春
P. farinosa

'波斯特福特白'日本报春
（灯台报春类）
P. japonica 'Postford White'

樱叶欧洲樱草
P. vulgaris subsp. *sibthorpii* ♀

'巴尔特尼'粉被报春
（灯台报春类）
P. pulverulenta 'Bartley' ♀

单花报春
P. allionii

'醉女'樱草
P. sieboldii 'Wine Lady'

粉报春（重瓣类）
P. farinosa

出葶报春
P. x *scapeosa*

克什米尔报春
P. clarkei

玫红报春
P. 'Mrs J. H. Wilson' ♀

多脉报春
P. polyneura

白环报春
P. warshenewskiana

粉茎报春
P. melanops

白斑红报春
P. clusiana

红花报春
P. hirsuta

樱草
P. sieboldii ♀

粉背灯台报春
（灯台报春类）
P. polyneura ♀

偏花报春
P. secundiflora

'米勒绯红'日本报春
（灯台报春类）
P. japonica 'Miller's Crimson'

高穗花报春
P. vialii ♀ ♀

矮报春
P. nana

苣叶报春
P. sonchifolia

巴尔干报春
P. frondosa ♀

齿瓣报春
P. petiolaris

粉叶优雅报春
P. modesta var. *fauriae*

纤柄脆蒴报春
P. gracilipes

'威尔逊夫人'报春
（耳叶报春类）
P. 'Mrs J.H. Wilson'

'雅内'报春
P. 'Janet'

‘马克’报春
(耳叶报春类)
P. ‘Mark’

‘艾德里安’报春
(耳叶报春类)
P. ‘Adrian’

‘琳达·波普’报春
P. ‘Linda Pope’ 🏆

蓝花雷氏报春
P. reidii var. *williamsii*

尼泊尔黄报春
P. aureata

杂色钟报春
P. alpicola var. *alpicola*

巨钟伞报春
(藏报春)
P. florindae 🏆

橘红灯台报春
(灯台报春类)
P. bulleyana 🏆

球序报春
P. denticulata 🏆

欧洲樱草
P. vulgaris

‘月岩’报春
(耳叶报春类)
P. ‘Moonstone’

钟花报春
(锡金报春)
P. sikkimensis

高报春
P. elatior 🏆

灰岩皱叶报春
P. forrestii

黄花九轮草
P. elatior 🏆

‘简妮·希尔’报春
(耳叶报春类)
P. ‘Janie Hill’

‘兴旺’报春
(耳叶报春类)
P. ‘Blossom’

‘普里查德白斑’齿缘报春
P. marginata ‘Prichard's Variety’ 🏆

垂花报春
P. flaccida 🏆

齿缘报春
P. marginata 🏆

不丹报春
P. bhutanica

‘玛格丽特·马丁’报春
(耳叶报春类)
P. ‘Margaret Martin’

‘娇嫩’报春
(耳叶报春类)
P. ‘Chloë’

灯台报春
(灯台报春类)
P. prolifera 🏆

意大利报春
P. palinuri

‘布莱尔赛德黄’报春
(耳叶报春类)
P. ‘Blairside Yellow’

邱园报春
P. x *kewensis* 🏆

阿拉伯报春
P. verticillata

中甸报春
(灯台报春类)
P. chungensis

‘倒垂’报春
(灯台报春类)
P. ‘Inverewe’ 🏆

金边报春群
P. Gold Laced Group

小型宿根花卉 春季观赏

黄色

‘黄叶’高加索缬草（黄枝芬缬草） ***Valeriana phu* ‘Aurea’**
多年生草本。叶丛莲座状，幼叶柠檬黄至乳黄色，夏季变为中绿色。头状花序，花白色，夏季开放。株高38cm，冠径30～38cm。

蜂斗叶 ***Petasites japonicus***
多年生草本。蔓生。具侵占性。头状花序多，雏菊状，再组成圆锥状，花小，黄白色，初春先叶开放。叶大，淡绿色。株高60cm，冠径1.5m。

九小叶碎米荠 ***Cardamine enneaphyllos*** (*Dentaria enneaphyllos*)
多年生草本。枝松散。以肉质、水平根状茎蔓生。花下垂，淡黄色或白色，顶生，春季开放。叶深裂。株高30～60cm，冠径45～60cm。

‘新硫黄’变色淫羊藿 ***Epimedium* x *versicolor* ‘Neosulphureum’**
多年生地被状草本。叶多，心形，有分裂，春季略带红紫色。花序小，下垂，花杯状，淡黄色，生于细长而坚韧的茎上，春季开放。株高和冠径均为30cm。

‘雪花石膏’杂种金莲花 ***Trollius* x *cultorum* ‘Alabaster’**
多年生草本。丛生。花球状，淡黄白色，春季开放。叶多，基生，圆形，深裂，中绿色。株高60cm，冠径45cm。

间型银莲花 ***Anemone* x *lipsiensis*** (*A.* x *intermedia*, *A.* x *seemannii*)
多年生草本。茎平卧，铺地状。花多，单瓣，淡黄色，雄蕊亮黄色，春季开放。叶深裂，小叶长。株高15cm，冠径30cm。

大花垂铃儿 ***Uvularia grandiflora*** (Bellwort, Merry-bells)
多年生草本。丛生。具花序，花长，钟状，黄色，优美地悬挂于细长的茎上，春季开放。株高45～60cm，冠径30cm。

毛茛状银莲花 ***Anemone ranunculoides***
多年生草本。蔓生。适宜潮湿的林地栽培。花毛茛花状，单瓣，深黄色，春季开放。叶分裂成具短柄的小叶。株高和冠径均为20cm。

Asphodeline liburnica
Doronicum austriacum
Doronicum ‘Frühlingspracht’
Duchesnea indica
Epimedium x *perralchicum*
Epimedium perralderianum
Epimedium pinnatum subsp. *colchicum*
Euphorbia rigida
Hylomecon japonica, illus. p.350
Meconopsis integrifolia, illus. p.292
PRIMULAS, illus. p.272～p.273
Ranunculus acris ‘Flore Pleno’, illus. p.292
Symphytum ibericum
Trollius x *cultorum* ‘Earliest of All’
Trollius europaeus ‘Canary Bird’
Uvularia perfoliata

黄色至橙色

欧洲金莲花 ***Trollius europaeus*** (Globeflower)
多年生草本。丛生。花序球状，柠檬黄色至中黄色，高出叶丛，春季开放。叶深裂，中绿色。株高60cm，冠径45cm。

侧金盏花 ***Adonis amurensis***
多年生草本。丛生。花毛茛花状，黄色，单生于枝顶。叶中绿色，细裂。株高30cm，冠径23～30cm。

金苞大戟 ***Euphorbia polychroma*** (*E. epithymoides*)
多年生草本。丛生。冠球状。叶中绿色。头状花序，花亮黄色，春季开放数周。株高和冠径均为50cm。

西欧绿绒蒿 ***Meconopsis cambrica*** (Welsh poppy)
多年生草本。蔓生。花柠檬黄色或浓橙色。现多为重瓣品种。叶深裂，蕨叶状。株高30～45cm，冠径30cm。

春金盏花 ***Adonis vernalis***
多年生草本。丛生。花毛茛花状，绿黄色，单生于枝顶，初春开放。叶中绿色，裂片优美。株高和冠径均为23～30cm。

橙花淫羊藿 ***Epimedium* x *warleyense***
多年生草本。铺地状。叶心形，有分裂，淡绿色，略带紫红色。茎细长而坚韧。具花序，花杯状，浓橙色，春季开放。株高和冠径均为30cm。

Calceolaria 'John Innes', illus. p.293
IRISES, illus. p.234～p.235
PRIMULAS, illus. p.272～p.273
Trollius x *cultorum* 'Goldquelle'

小型宿根花卉 夏季观赏

白色

葱芥叶风铃草 ***Campanula alliariifolia***
多年生草本。冠圆丘状。叶心形。茎拱形，细长而坚韧。花下垂，钟状，乳白色，整个夏季开放。株高60cm，冠径50cm。

草玉梅 ***Anemone rivularis***
多年生草本。茎坚硬，多分枝。花美丽，杯状，白色，夏季开放。叶深裂，暗绿色。株高60cm，冠径30cm。

水仙银莲花 ***Anemone narcissiflora***
多年生草本。花杯状，单瓣，白色，花瓣背面具一蓝色或紫粉红色斑点，春末至初夏开放。叶多，暗绿色，深裂。株高达60cm，冠径50cm。

香猪殃殃 ***Galium odoratum*** (*Asperula odorata*) (Woodruff)
多年生草本。铺地状。花轮生，星状，白色，高出叶丛，夏季开放。叶轮生，整齐。植物体各部分芳香。株高15cm，冠径30cm以上。

'埃丝特·里德'大滨菊 ***Leucanthemum* x *superbum* 'Esther Read'**(*Chrysanthemum maximum* of gardens 'Esther Read')
多年生草本。生长健壮。头状花序大，雏菊状，重瓣，花白色，单生于强壮茎上，夏季开放。株高和冠径均为45cm。

OTHER RECOMMENDED PLANTS:
Lamium maculatum 'White Nancy', illus. p.267
Libertia ixioides
Ophiopogon jaburan 'Vittatus'
Paradisea liliastrum
Polygonatum multiflorum 'Striatum'
Scabiosa caucasica 'Miss Willmott'

小型宿根花卉 夏季观赏

□ 白色

白舌春黄菊 ***Anthemis punctata*** subsp. ***cupaniana***
多年生常绿草本。铺地状。叶多，细裂，银白色，冬季变为绿色。头状花序小，雏菊状，花白色，花心黄色，单生于短茎上，初夏开放。株高和冠径均为30cm。

单头尼泊尔香青 ***Anaphalis nepalensis*** var. ***monocephala*** (*A. nubigena*)
多年生草本。矮小。茎被毛，银白色。叶多，披针形。花序顶生，头状花序多，花白色，夏末开放。株高20～30cm，冠径15cm。

'花叶'羊角芹 ***Aegopodium podagraria* 'Variegatum'** (Variegated Bishop's weed,Variegated gout weed)
多年生草本。蔓生。生长旺盛。为优良的地被植物。叶有分裂，具乳白色斑。花不明显，白色，夏季开放，最好切除。株高10cm，冠径不定。

白瓣无毛紫露草 ***Tradescantia* Andersoniana Group 'Osprey'** (*T.* 'Osprey')
多年生草本。丛生。叶窄，披针形，长15～30cm。具花序，花白色，雄蕊紫蓝色，具2枚叶状苞片，夏季开放。株高达60cm，冠径45cm。

高大圆果吊兰 ***Anthericum liliago*** (St Bernard's lily)
多年生草本。直立。总状花序长，花喇叭状，白色，高出叶丛，初夏开放。叶丛生，长而窄，灰绿色。株高45～60cm，冠径30cm。

'花叶'香薄荷 ***Mentha suaveolens* 'Variegata'** (*M. rotundifolia* of gardens 'Variegata') (Variegated apple mint)
多年生草本。蔓生。叶柔软，被毛，中绿色，具白色和乳黄色斑点，揉碎后有苹果香味。很少开花。株高30～45cm，冠径60cm。

'迷光'落新妇 ***Astilbe* 'Irrlicht'**
多年生草本。圆锥花序，羽毛状，渐尖，花小，白色，夏季开放。叶多，暗绿色。花宿存于植株上，干后棕褐色，冬季完好。喜腐殖质丰富的土壤。株高45～60cm，冠径达1m。

'克什米尔白'老鹳草 ***Geranium clarkei* 'Kashmir White'** (*G. pratense* 'Kashmir White')
多年生草本。铺地状。具根状茎。叶有分裂。花序松散，花杯状，白色，具淡紫粉红色脉，花期长，夏季开放。株高和冠径均为45～60cm。

海甘蓝 ***Crambe maritima*** (Sea kale)
多年生草本。生长健壮。叶幕呈小圆丘状，叶宽，反卷，有分裂，银绿色。花序具分枝，头状花序大，花小，芳香，白色，夏季开放。株高和冠径均为60cm。

'绿雀'筒花肾形草 ***Heuchera cylindrica* 'Greenfinch'**
多年生常绿草本。丛生。叶丛莲座状，叶有分裂，心形。穗状花序，美丽，花小，钟状，淡绿色或淡绿白色，夏季开放。株高45～60cm，冠径50cm。

具茎旋果花(蓝蝶旋果花) ***Streptocarpus caulescens***
多年生草本。直立。叶小而窄，卵形，肉质，暗绿色。花序具柄，花小，管状，紫色或白色，具紫色条纹，生于叶腋，陆续开放。株高和冠径均为45cm以上。耐最低温度10～15℃。

Anemone sylvestris, illus. p.268
PELARGONIUMS, illus. p.246～p.247
PRIMULAS, illus. p.272～p.273
Tanacetum parthenium, illus. p.319

Tulbaghia natalensis

白色

雷氏老鹳草 ***Geranium renardii***
多年生草本。丛生。枝密集。叶圆形，有分裂，似鼠尾草叶的灰绿色。花白色，脉紫色，初夏开放。株高和冠径均为30cm。

澳菖蒲 ***Diplarrhena moraea***
多年生草本。丛生。叶长，带状，排成扇形。具花序，花鸢尾花状，白色，花心黄色或紫色，生于细长而坚韧的茎上，初夏开放。株高45cm，冠径23cm。

'旋转'骨籽菊 ***Osteospermum* 'Whirlygig'** (*O.* 'Whirligig')
多年生常绿草本。丛生。枝松散，半木质化。头状花序，极多，花蓝白色，单生，夏季开放。叶灰绿色。株高60cm，冠径30～45cm。

Arctotis venusta
Osteospermum 'Blue Streak'
Osteospermum ecklonis
Sinningia concinna
Tricyrtis hirta var. *alba*, illus. p.294

白色至粉红色

锦芦莉草 ***Ruellia devosiana***
多年生常绿亚灌木。丛生。枝紫色，伸展。叶宽披针形，暗绿色，叶脉色淡，背面紫色。花白色，略带紫色，春夏开放。株高和冠径均为45cm以上。耐最低温度15℃。

显苞粉珠花 ***Astrantia major* subsp. *involucrata*** (*A. m.* subsp. *carinthiaca*)
多年生草本。丛生。与原变种非常相似，但围绕头状花序中心的苞片较长。株高60cm，冠径45cm。

'华紫'裂叶肾形草 ***Heuchera micrantha* var. *diversifolia* 'Palace Purple'**
多年生草本。丛生。叶心形，深紫色，持久。具花序，花小，白色，夏季开放。有分裂的叶完好持续至冬季。株高和冠径均为45cm。

粉珠花 ***Astrantia major***
(Masterwort)
多年生草本。丛生。头状花序，淡绿白色，有时略带粉红色，高出叶丛，夏秋开放。叶多，有分裂，绿色。株高60cm，冠径45cm。

蜜蜂花叶异香草 ***Melittis melissophyllum*** (Bastard balm)
多年生草本。直立。花白色，下唇紫色，生于叶腋，初夏开放。叶粗糙，卵形，中绿色。株高和冠径均为30cm。

大粉珠花 ***Astrantia maxima***
多年生草本。丛生。头状花序，花玫瑰粉红色，夏秋开放。株高60cm，冠径30cm。

Geranium incanum
Sedum populifolium

小型宿根花卉 夏季观赏

粉红色

‘女神’沟酸浆 *Mimulus* ‘Andean Nymph’
多年生草本。枝伸展。叶被毛。花金鱼草花状，玫瑰粉红色，花瓣顶部乳黄色，具深粉红色斑点。株高23cm，冠径25cm。

‘春晨’荷包牡丹 *Dicentra* ‘Spring Morning’
多年生草本。株形整齐。花序拱形，花小，心形，粉红色，春末至夏季开放。叶多，引人注目，蕨叶状，灰绿色，细裂。株高和冠径均为30cm。

‘斯图亚特·布思曼’荷包牡丹 *Dicentra* ‘Stuart Boothman’
多年生草本。丛生。叶卵形，细裂，深灰绿色。花序拱形，花心形，洋红色，春夏开放。株高30cm，冠径40cm。

‘垂角’双距花 *Diascia* ‘Blackthorn Apricot’
多年生草本。铺地状。叶窄，心形，渐尖。总状花序松散，花杏黄粉红色，具小而窄的‘窗口’，距近直伸，指向地面。株高25cm，冠径达50cm。

肾形嗩呐草 x *Heucherella tiarelloides*
多年生常绿草本。地被状。叶丛生，密集。花小，钟状，粉红色，生于羽状小枝上，初夏开放。株高和冠径均为45cm。

‘布赖特’白花肾形嗩呐草 x *Heucherella alba* ‘Bridget Bloom’
多年生常绿草本。丛生。叶多，亮绿色。花序多，羽状，花微小，钟状，玫瑰粉红色，初夏至秋季陆续开放。株高45cm，冠径30cm。

‘博爱’飞蓬 *Erigeron* ‘Charity’
多年生常绿草本。丛生。头状花序多，雏菊状，淡粉红色，花心绿黄色，花期长，夏季开放。株高和冠径均为60cm。

恩氏老鹳草 *Geranium endressii*
多年生半常绿草本。铺地状。枝密集。叶小，有分裂。花杯状，玫瑰粉红色，整个夏季开放。株高45cm，冠径60cm。

Achimenes ‘Peach Blossom’
Francoa appendiculata
PELARGONIUMS, illus. p.246～p.247
PENSTEMONS, illus. p.248
PRIMULAS, illus. p.272～p.273
Rehmannia glutinosa
Tradescantia pallida ‘Purpurea’, illus. p.303

‘华格雷夫粉红’奥氏老鹳草 *Geranium* x *oxonianum* ‘Wargrave Pink’

多年生半常绿草本。铺地状。可作为抑制杂草滋生的地被植物。叶多，美丽，有分裂，基生。花杯状，鲜鲑肉粉红色，整个夏季开放。株高45cm，冠径60cm。

紫轮菊 *Osteospermum jucundum* (*O. barberae* of gardens, *Dimorphotheca barberae* of gardens)

多年生常绿草本。丛生。株形整齐。叶中绿色。头状花序多，淡粉红色，单生，多数具暗色斑点，夏末开放。株高和冠径均为30cm。

曼氏牻牛儿苗 *Erodium manescaui* (*E. manescavii*)

多年生草本。冠小山丘状。叶有分裂，蕨叶状，蓝绿色。花序松散，花单瓣，深粉红色，具较暗色斑，整个夏季开放。株高45cm，冠径60cm。

刘易斯沟酸浆 *Mimulus lewisii*

多年生草本。直立。叶被毛，有黏性，灰色。为花的优良衬托植物。花金鱼草花状，深玫瑰红色，单生，夏季开放。耐干旱土壤。株高60cm，冠径45cm。

伞形剪秋罗 *Lychnis flos-jovis*

多年生草本。丛生。花序球状，花深玫瑰粉红色，仲夏开放。因灰绿色叶的衬托而更美丽。株高和冠径均为45cm。

‘约翰·考特斯’白背矢车菊 *Centaurea hypoleuca* ‘John Coutts’

多年生草本。直立。头状花序，花玫瑰红色，花心蓟状，周边为星状放射花瓣，单生于细长茎上，夏季开放。叶深裂，背面灰白色。株高60cm，冠径45cm。

鸡肉参 *Incarvillea mairei*

多年生草本。丛生。枝密集。茎短。花数朵，喇叭状，淡紫粉红色，初夏开放。叶分裂为卵状小叶。冬季宜用覆盖物保护地上部分。株高和冠径均为30cm。

大根老鹳草 *Geranium macrorrhizum*

多年生半常绿草本。铺地状。花紫红色，初夏开放。叶圆形，有分裂，芳香。为良好的防杂草地被植物。秋季呈现色彩亮丽。株高30～38cm，冠径60cm。

圆穗蓼 *Persicaria macrophylla* (*P. sphaerostachya*, *Polygonum macrophyllum*, *P. sphaerostachyum*)

多年生草本。枝密集。穗状花序，整齐，花浓玫瑰粉红色，高出叶丛，夏末开放。叶窄，披针形，淡灰绿色。株高45～60cm，冠径30cm。

蛇鞭菊 *Liatris spicata* (*L. callilepis* of gardens)

多年生草本。丛生。头状花序，再组成穗状，花多，玫瑰紫色，生于坚硬的茎上，夏末开放。叶基部丛生，禾草叶状，中绿色。株高60cm，冠径30cm。

‘艳色’假龙头花 *Physostegia virginiana* ‘Vivid’ (Obedient plant)

多年生草本。直立。枝密集。穗状花序，花管状，暗淡紫粉红色。叶中绿色，具锯齿。株高和冠径均为30～60cm。

BEGONIAS, illus. p.295
CARNATIONS and PINKS, illus. p.280～p.281
Dicentra formosa
Drosera spatulata, illus. p.305
Geranium macrorrhizum ‘Ingwersen’s Variety’, illus. p.269
Geranium x *riversleaanum* ‘Russell Prichard’
Lamium maculatum ‘Beacon Silver’
ORCHIDS, illus. p.296～p.299
Osteospermum ‘Cannington Roy’
PELARGONIUMS, illus. p.246～p.247
PENSTEMONS, illus. p.248
PEONIES, illus. p.236～p.237
Sedum spectabile
Sphaeralcea munroana

康乃馨和石竹类

康乃馨和石竹类植物以提供优质切花最为著名，而且还是花境中观赏性很好的植物。其花常芳香，主要在夏季开放，其叶银绿色或灰绿色，独具特色。较矮的品种（古典的和现代的石竹）是极好的花境边缘观赏植物。许多种类的花瓣具有美丽的斑点或流苏。康乃馨和石竹类植物喜开阔、阳光充足处及碱性土壤。除四季康乃馨外，其他种类均耐寒。康乃馨和石竹类植物可分为以下几个类群：

花境康乃馨(Border carnations)：多直立草本。仲夏开花多，每茎上着生花5朵或更多。

四季康乃馨(Perpetual-flowering carnations)：株形同花境康乃馨。通常栽培为切花植物，在温室中可四季开花。一般去除花蕾，每茎只留一花，但花穗类型的每茎上可有5朵花。

法国康乃馨(Malmaison carnations)：花极香，温室中四季零星开花。

古典石竹(Old-fashioned pinks)：植株低矮，蔓延。叶丛呈整齐垫状。花多，芳香，仲夏开放。

现代石竹(Modern pinks)：通常比古典石竹强壮。夏季多次开花，有2～3次高潮。

高山石竹(Alpine pinks)：植株呈垫状。花小，芳香，初夏开放。

'夏娃'石竹(花境康乃馨)
D. 'Eva Humphries'

'伦敦锦缎'石竹(现代石竹)
D. 'London Brocade'

'笨美人'石竹(现代石竹)
D. 'Fair Folly'

'艾丽丝'石竹(现代石竹)
D. 'Alice'

'贤明'石竹(古典石竹)
D. 'Prudence'

'埃米尔·帕雷'石竹
(古典石竹)
D. 'Emile Paré'

'辛金斯夫人'石竹(古典石竹)
D. 'Mrs Sinkins'

'宠孙'石竹(古典石竹)
D. 'Gran's Favourite' ♀

'林珍'石竹(花境康乃馨)
D. 'Forest Treasure'

'海牛'石竹(现代石竹)
D. 'Doris' ♀

'麻雀'石竹(四季康乃馨)
D. PIERROT

'真诚'石竹(四季康乃馨)
D. 'Truly Yours'

'海托尔'石竹(现代石竹)
D. 'Haytor'

'白女士'石竹(古典石竹)
D. 'White Ladies'

'马斯格拉夫粉'石竹
(古典石竹)
D. 'Musgrave's Pink'

'白雪'石竹(四季康乃馨)
D. 'Nives'

'宠儿'石竹(古典石竹)
D. 'Dad's Favourite'

'贝基·鲁宾逊'石竹(现代石竹)
D. 'Becky Robinson' ♀

‘粉红宝石’石竹（高山石竹）
D. ‘Pink Jewel’

‘愉悦’石竹（现代石竹）
D. ‘Joy’ ♀

‘阿斯托’石竹（四季康乃馨）
D. ‘Astor’

‘紫丁香’石竹（花境康乃馨）
D. ‘Lavender Clove’

‘奥尔德里奇黄’石竹
（花境康乃馨）
D. ‘Aldridge Yellow’

‘博维·贝拉’石竹（现代石竹）
D. ‘Bovey Belle’ ♀

‘克莱拉’石竹（四季康乃馨）
D. ‘Clara’

‘瓦伦西亚’石竹（四季康乃馨）
D. ‘Valencia’

‘莫尼卡·怀亚特’石竹
（现代石竹）
D. ‘Monica Wyatt’ ♀

‘威斯敏斯特女公爵’石竹
（法国康乃馨）
D. ‘Duchess of Westminster’

‘花边王’石竹（现代石竹）
D. ‘Duchess of Westminster’

‘阳光’石竹（四季康乃馨）
D. ‘Raggio di Sole’

‘红宝石’石竹（现代石竹）
D. ‘Houndspool Ruby’ ♀

‘妮娜’石竹（四季康乃馨）
D. ‘Nina’

‘克朗普顿公主’石竹
（四季康乃馨）
D. ‘Crompton Princess’

‘克里斯汀·豪克’石竹
（花境康乃馨）
D. ‘Christine Hough’

‘米黄苏’石竹（四季康乃馨）
D. ‘Cream Sue’

‘白日’石竹（四季康乃馨）
D. ‘Albisola’

‘克里斯托弗’石竹（现代石竹）
D. ‘Christopher’

‘布克哈姆香水’石竹（花境康乃馨）
D. ‘Bookham Perfume’

‘迷彩’石竹（花境康乃馨）
D. ‘Bookham Fancy’

‘幸福’石竹（花境康乃馨）
D. ‘Happiness’

‘金花’石竹（花境康乃馨）
D. ‘Golden Cross’ ♀

小型宿根花卉 夏季观赏

粉红色

‘小丽人’长筒花 ***Achimenes* ‘Little Beauty’**
多年生草本。灌木状。叶卵形，有锯齿。花大，漏斗状，深粉红色，具黄色眼状斑，夏季开放。株高25cm，冠径30cm。耐最低温度10℃。

红波罗花 ***Incarvillea delavayi***
多年生草本。丛生。茎直立。叶深裂。花数朵，喇叭状，淡粉红色至红色，初夏开放。果实引人注目。株高45～60cm，冠径30cm。

‘红闪’大岩桐 ***Sinningia* ‘Red Flicker’**
多年生草本。具块茎。茎短。叶丛莲座状，叶卵形，被毛，长达20cm。花肉质，下垂，漏斗状，淡粉红色至红色，下部囊状，夏季开放。株高30cm，冠径45cm。耐最低温度15℃。

‘威尔莫特’尼泊尔委陵菜 ***Potentilla nepalensis* ‘Miss Willmott’**
多年生草本。丛生。叶掌状，似草莓叶，亮绿色。茎多，细长，具分枝。花粉红色，花心樱桃红色，整个夏季开放。株高50cm，冠径60cm。

‘圣保罗’美女樱 ***Verbena* ‘Sissinghurst’**
多年生草本。铺地状。头状花序，花亮粉红色，高出叶丛，整个夏季开放。叶中绿色。极适宜于小径旁边种植或盆栽。株高15～20cm，冠径45cm。

Sedum spectabile ‘Brilliant’, illus. p.294

红色

‘艳重瓣’洋剪秋罗 ***Lychnis viscaria* ‘Splendens Plena’**
多年生草本。丛生。花序穗状，花重瓣，紫红色，初夏开放。茎和叶密被毛。叶大，卵形至披针形，基生。株高30～45cm，冠径23cm以上。

‘烽火’落新妇 ***Astilbe* ‘Fanal’**
多年生草本。茎强壮。圆锥花序，整齐，渐尖，羽状，花微小，深红色至红色，夏季开放，冬季花变褐色，保持其原形状。叶宽而多，分裂成小叶。喜富含腐殖质土壤。株高60cm，冠径达90cm。

毛剪秋罗 ***Lychnis coronaria***
多年生草本。丛生。常作二年生栽培。圆锥花序，花亮玫瑰红色至深红色，仲夏至夏末开放。茎具分枝、灰色。叶整齐，灰色。株高45～60cm，冠径45cm。

‘瑞士’大岩桐 ***Sinningia* ‘Switzerland’**
多年生草本。具块茎。茎短。叶丛莲座状，叶卵形，被毛，长达20cm。花大，肉质，喇叭状，亮鲜红色，花瓣边缘皱折，白色，夏季开放。高达30cm，冠径45cm。耐最低温度15℃。

‘红闪’肾形草 ***Heuchera* ‘Red Spangles’**
多年生常绿草本。叶丛生，心形，淡紫绿色。花序穗状，花小，钟状，深红色至猩红色，夏季开放。株高和冠径均为30cm。

Alonsoa warscewiczii. illus. p.329
Geum ‘Lionel Cox’
Lychnis viscaria
Potentilla ‘Monsieur Rouillard’

Salvia blepharophylla
Stachys coccinea
Verbena peruviana

红色

浅裂叶百脉根 ***Lotus berthelotii***
(Coral gem)
多年生半常绿草本。蔓生。适宜于挂篮中种植或高山植物温室中的大型容器内栽培。叶和分枝被毛，银白色。具花序，花蝶形，鲜红色，夏季开放。株高30cm，冠径不定。耐最低温度5℃。

厚叶金鱼花 ***Columnea crassifolia***
多年生常绿草本。灌木状。叶肉质，披针形。花直立，管状，被毛，鲜红色，长约8cm，每花具一黄色花筒，春季至秋季开放。株高和冠径均为45cm。耐最低温度15℃。

紫花银光委陵菜（喜马委陵菜） ***Potentilla atrosanguinea***
多年生草本。丛生。叶掌状，被毛，草莓叶状。花序松散，花暗红色，整个夏季开放。株高45cm，冠径60cm。

‘橙王’绒桐草 ***Smithiantha* ‘Orange King’**
多年生草本。直立。具根状茎。生长势强。叶大，具圆齿，被毛，翠绿色，中脉暗红色。花管状，橙红色，内面具红色斑点，唇瓣黄色，夏秋开放。株高和冠径均为60cm。耐最低温度15℃。

‘炫光’大花天人菊 ***Gaillardia* x *grandiflora* ‘Dazzler’**
多年生草本。直立。冠极开展。头状花序大，雏菊状，顶生，花红色，花瓣先端黄色，花期长，夏季开放。需支撑。短命植物。株高60cm，冠径50cm。

‘品鹅绒’沟酸浆 ***Mimulus* ‘Royal Velvet’**
多年生草本。常作一年生栽培。枝密集。花大而多，金鱼草花状，红褐色至红色，具红褐色斑点，花筒金黄色，夏季开放。叶中绿色。株高30cm，冠径23cm。

紫色

肉红花荵 ***Polemonium carneum***
多年生草本。丛生。具花序，花杯状，粉红色或淡粉红色，初夏开放。叶细裂。株高和冠径均为45cm。

紫花山柰 ***Kaempferia pulchra***
多年生草本。丛生。具根状茎。叶芳香，水平展开，暗绿色，表面具灰绿色斑块。穗状花序短，花淡紫粉红色，生于叶丛中央，夏季开放。株高15cm，冠径30cm。耐最低温度18℃。

紫瓣花(紫娇花） ***Tulbaghia violacea***
多年生半常绿草本。丛生。生长旺盛。伞形花序，花淡紫色或紫色至粉红色，高出叶丛，夏季开放。叶窄而多，蓝灰色，被白粉。株高45～60cm，冠径30cm。

Achimenes antirrhina
Achimenes ‘Brilliant’
Aeschynanthus pulcher
Impatiens niamniamensis
Kohleria bogotensis
Lychnis x *haagena*
Potentilla ‘Gibson’s Scarlet’
Potentilla ‘Gloire de Nancy’
Potentilla ‘William Rollison’
Smithiantha cinnabarina
Geranium nodosum, illus. p.270
Ophiopogon planiscapus ‘Nigrescens’, illus. p.303
PELARGONIUMS, illus. p.246～p.247

小型宿根花卉 夏季观赏

■ 紫色

圆叶旋果花 ***Streptocarpus saxorum*** (False African violet)
多年生常绿草本。冠球状。茎基部木质。叶小，卵形，被毛，轮生。花淡紫色，花筒白色，生于叶腋，夏秋开放。株高和冠径均为30cm以上。耐最低温度10～15℃。

坚挺美女樱 ***Verbena rigida*** (*V. venosa*)
多年生草本。株形整齐。枝紧密。头状花序，花淡紫色，仲夏之前开放。叶披针形，粗糙，中绿色，生于花茎上。株高45～60cm，冠径30cm。

蔓茎四瓣果 ***Heterocentron elegans***（*Heeria elegans*, *Schizocentron elegans*）
多年生常绿草本。铺地状。叶多，中绿色。花多，亮深紫色，夏秋开放。应在温室越冬。株高5cm，冠径不定。耐最低温度5℃。

美丽花荵 ***Polemonium pulcherrimum***
多年生草本。生长旺盛。叶亮绿色，分裂成小叶。花管状，紫蓝色，花筒黄色或白色，夏季开放。株高50cm，冠径30cm。

'深紫花' 无毛紫露草 ***Tradescantia* Andersoniana Group 'Purple Dome'**
多年生草本。丛生。叶窄，披针形，长15～30cm。具花序，花浓紫色，包于2枚叶状苞片内，夏季开放。株高达60cm，冠径45cm。

山矢车菊 ***Centaurea montana***
多年生草本。蔓生。茎极松散。头状花序大，1至多数，花紫色、蓝色、白色或粉红色，花心蓟状，周边为星形放射状花瓣，初夏开放。株高50cm，冠径60cm。

'尊贵' 飞蓬 ***Erigeron* 'Serenity'**
多年生草本。丛生。头状花序多，雏菊状，花紫色，花心黄色，初夏至仲夏开放。株高和冠径均为60cm。

桔梗 ***Platycodon grandiflorus*** (Balloon flower)
多年生草本。丛生。株形整齐。具花序，花芽大，气球状，花钟状，蓝色或淡紫色。叶蓝绿色。株高45～60cm，冠径30～45cm。

CARNATIONS and PINKS, illus. p.280～p.281
Drosera capensis, illus. p.305
Euphorbia amygdaloides 'Purpurea'
Geranium 'Ann Folkard'
Geranium clarkei 'Kashmir Purple'
Geranium palmatum
Geranium procurrens
Lamium orvala, illus. p.271
ORCHIDS, illus. p.296～p.299
Osteospermum 'Nairobi Purple'
PENSTEMONS, illus. p.248
PRIMULAS, illus. p.272～p.273
Ranzania japonica
Senecio pulcher, illus. p.294
Sinningia speciosa
Stachys macrantha

‘华丽’大花水苏 ***Stachys macrantha* ‘Superba’**
多年生草本。丛生。茎粗壮。叶心形，柔软，皱褶，中绿色。花轮生，盔状，紫色至紫罗兰色，夏季开放。株高30～45cm，冠径30～60cm。

☼ 💧 ❄❄❄

喜马拉雅老鹳草 ***Geranium himalayense*** （*G. grandiflorum*，*G. meeboldii*）
多年生草本。丛生。花大，杯状，紫蓝色，具长柄，高出叶丛，夏季开放。叶多，成丛，整齐分裂。株高30cm，冠径60cm。

☼ 💧 ❄❄❄

‘肯道尔·克拉克夫人’草原老鹳草 ***Geranium pratense* ‘Mrs Kendall Clark’**
多年生草本。丛生。茎被毛。叶深裂。花直立，碟状，珍珠灰色或紫蓝色，脉白色或淡粉红色，初夏至仲夏开放。株高60～90cm，冠径60cm。

☼ 💧 ❄❄❄ 🏆

‘克莱夫胫甲’高加索蓝盆花 ***Scabiosa caucasica* ‘Clive Greaves’**
多年生草本。丛生。头状花序，花紫蓝色，花心针垫状，整个夏季开放。叶基生，中绿色，披针形，茎生叶轻微分裂。株高和冠径均为45～60cm。

☼ 💧 ❄❄❄ 🏆

琉璃菊(美国蓝菊) ***Stokesia laevis***
多年生常绿草本。以莲座状叶丛越冬。头状花序多，矢车菊花状，花淡紫色或紫蓝色，夏季开放。叶窄，中绿色。株高和冠径均为30～45cm。

☼ 💧 ❄❄❄

大老鹳草 ***Geranium* x *magnificum***
多年生草本。丛生。叶被毛，深裂。花序小，花杯状，紫色至蓝色，花瓣上脉明显，夏季开放。株高45cm，冠径60cm。

☼ 💧 ❄❄❄ 🏆

‘约翰逊蓝’老鹳草 ***Geranium* ‘Johnson's Blue’**
多年生草本。丛生。生长旺盛。叶多，有分裂。花杯状，深紫蓝色，整个夏季开放。株高30cm，冠径60cm。

☼ 💧 ❄❄❄ 🏆

花荵 ***Polemonium caeruleum*** (Jacob's ladder)
多年生草本。丛生。具花序，花杯状，淡紫蓝色，雄蕊橙黄色，夏季开放。叶细裂。株高和冠径均为45～60cm。

☼ 💧 ❄❄❄

‘大花’蓝苣 ***Catananche caerulea* ‘Major’**
多年生草本。丛生。叶禾草状，灰绿色。茎细长而坚韧，具分枝。每分枝具一雏菊状头状花序．花淡紫蓝色，夏季开放。定期插根繁殖。株高45～60cm，冠径30cm。

☼ 💧 ❄❄❄ 🏆

Adenophora potaninii
Chirita sinensis
Dracocephalum ruyschiana
Geranium ibericum
IRISES, illus. p.234～p.235
Liriope spicata
Meconopsis quintuplinervia, illus. p.271
MICHAELMAS DAISIES, illus. p.262
Nierembergia caerulea ‘Purple Robe’, illus. p.331
Salvia farinacea ‘Victoria’, illus. p.332
Salvia jurisicii
Scabiosa caucasica ‘Floral Queen’
Stachys officinalis
Tacca leontopetaloides

小型宿根花卉 夏季观赏

■ 紫色

‘蓝云’宽叶补血草 *Limonium latifolium* ‘Blue Cloud’
多年生草本。丛生。花序松散，花淡蓝紫色，夏末开放。花干燥后可作室内装饰用。叶大，革质，暗绿色。株高30cm，冠径45cm。

‘伯哈特’风铃草（悬钟花） *Campanula* ‘Burghaltii’
多年生草本。冠圆丘状。茎直立，细长而坚韧。花长，下垂，漏斗状钟形，淡紫色，夏季开放。叶卵形，柔软，革质。需支撑。株高60cm，冠径30cm。

地中海刺芹 *Eryngium bourgatii*
多年生草本。丛生。头状花序蓟状，花蓝绿色，后变为紫蓝色，高出叶丛，仲夏至夏末开放。茎细长而坚韧，具分枝。叶深裂，基生，灰绿色。株高45～60cm，冠径30cm。

■ 蓝色

东方水甘草 *Amsonia orientalis*（*Rhazya orientalis*）
多年生草本。丛生。株形整齐。头状花序，花小，星状，灰蓝色，顶生，夏季开放。茎细长而坚韧。叶绿色，有时淡绿色。株高45～60cm，冠径30～45cm。

假银莲 *Anemonopsis macrophylla* (False anemone)
多年生草本。丛生。花下垂，似蜡质，淡紫蓝色，高出叶丛，夏季开放。茎细长，具分枝。叶蕨叶状。株高45～60cm，冠径50cm。

法氏荆芥 *Nepeta* x *faassenii* (Catmint)
多年生草本。丛生。灌木状。适宜花境边缘栽培。叶幕圆丘形，叶小，灰绿色。穗状花序，松散，花管状，紫蓝色，初夏开放。株高和冠径均为45cm。

穿叶拟长阶花 *Parahebe perfoliata*（*Veronica perfoliata*）(Digger’s speedwell)
常绿亚灌木。茎柔弱。叶革质，被白粉，抱茎而生。花序长，美丽，具分枝，花蓝色，夏季开放。株高45～60cm，冠径45cm。

变叶刺芹 *Eryngium variifolium*
多年生常绿草本。莲座状。茎坚硬。花序球形蓟状，每花序具一个由白色苞片组成的项圈，花灰蓝色，夏末开放。叶中绿色，具白色大理石花纹，具锯齿。株高45cm，冠径25cm。

Campanula isophylla
Chirita lavandulacea, illus. p.294
IRISES, illus. p.234～p.235
Nepeta nervosa

龙胆状婆婆纳 ***Veronica gentianoides***
多年生草本。铺地状。穗状花序，花极淡蓝色，顶生，初夏开放。叶基生，具光泽。株高和冠径均为45cm。

☼ ◊ ❄❄❄ 🏆

柳叶水甘草 ***Amsonia tabernaemontana***
多年生草本。丛生。茎柔软。花序下垂，花小，管状，淡蓝色，夏季开放。叶小而窄。株高45～60cm，冠径30cm。

☼ ◊ ❄❄❄ (!)

查塔姆勿忘草 ***Myosotidium hortensia***
(Chatham Island forget-me-not)
多年生常绿草本。丛生。花序大，花勿忘我花状，蓝色，高出叶丛，夏季开放。叶丛圆丘形，叶大，具光泽，叶脉明显。株高45～60cm，冠径60cm。

☼ 💧 ❄

那旁亚麻 ***Linum narbonense***
多年生草本。丛生。短命植物。常以播种繁殖为佳。叶披针形，灰绿色。头状花序，花轻微杯状，淡蓝色至深蓝色，春夏开放。株高30～60cm，冠径30cm。

☼ ◊ ❄❄❄

长梗婆婆纳 ***Veronica peduncularis***
多年生草本。铺地状。叶卵形至披针形，具光泽，中绿色，微带紫色。花多，浅碟状，深蓝色，具小的白色眼状斑，花期长，初春至夏季开放。株高达10cm，冠径60cm以上。

☼ ◊ ❄❄❄

'布克斯顿'华莱士老鹳草 ***Geranium wallichianum* 'Buxton's Variety'**（*G. w.* 'Buxton's Blue'）
多年生草本。蔓生。叶多，具白色斑点。花大，蓝紫色，花心白色，仲夏至秋季开放。株高30～45cm，冠径90cm。

◐ ◊ ❄❄❄ 🏆

灰白水苦荬 ***Veronica spicata* subsp. *incana***（*V. incana*）
多年生草本。铺地状。密被银色毛。叶线形至披针形。穗状花序，花小，星状，纯蓝色，夏季开放。株高和冠径均为30cm。

◐ 💧 ❄❄❄ 🏆

'亮蓝'同叶风铃草 ***Campanula isophylla* Kristal Hybrids 'Stella Blue'**
多年生草本，枝密集，茎强壮。叶小，心形，具锯齿，淡绿色。花大而多，直立，浅碟状，淡蓝色，仲夏开放。株高15～20cm，冠径达30cm。

◐ ◊ ❄

'剑桥蓝'长蕊鼠尾草 ***Salvia patens* 'Cambridge Blue'**
多年生草本。直立。茎具分枝。叶卵形，中绿色。总状花序，松散，顶生，花成对，淡蓝色，长5cm，口部宽，仲夏至仲秋开放。株高45～60cm，冠径45cm。

☼ ◊ ❄❄ 🏆

Nepeta 'Souvenir d'André Chaudron'
Orthrosanthus chimboracensis
Platycodon grandiflorus var. *mariesii*
Salvia nemorosa 'Lubecca'
Stokesia laevis 'Blue Star'
Veronica spicata

玉簪属植物

玉簪属（*Hosta*）植物因其叶繁茂、株形美观而在大小花园中日益受到欢迎。本属植物原产于东方，因此可为水边和阴湿角落增添异国情调。

玉簪属植物从几厘米高经几年的生长可长成直径1.5m的强壮株丛。叶的形状、质地和颜色多样，斑纹和色调稍有细微的差别。许多种类花穗美丽，仲夏开于叶丛之上。

玉簪属植物适于盆栽，也可在花境中和水池边栽培。它们基本上属于阴生喜湿植物，喜肥沃而排水良好的土壤，叶需要保护以防止蛞蝓危害。

紫玉簪
H. sieboldii 🏆

'爱抚'玉簪
H. 'Love Pat' 🏆

白心波叶玉簪
H. undulata var. ***univittata*** 🏆

'金科·克雷格'玉簪
H. 'Ginko Craig'

'克罗莎极品'玉簪
H. 'Krossa Regal' 🏆

优美大玉簪
H. sieboldiana var.***elegans*** 🏆

圆叶玉簪
H. tokudama

'变色'玉簪
H. 'Shade Fanfare' 🏆

'斯诺登'玉簪
H. 'Snowden'

'灰蓝'玉簪
H. 'Hadspen Blue'

'法兰西'玉簪
H. 'Francee' 🏆

白边波叶玉簪
H. undulata var. ***albomarginata***

'帝王之光'玉簪
H. undulata var. ***albomarginata***

'黄云'圆叶玉簪
H. tokudama **'Aureonebulosa'**

'园主'玉簪
H. 'Ground Master'

大玉簪
H. sieboldiana

'翠鸟'玉簪
H. 'Halcyon' 🏆

晚花玉簪
H. tardiflora

'蓝瓷'玉簪
H. 'Blue Wedgwood'

紫萼玉簪
H. ventricosa 🏆

‘高脚’玉簪
H. ‘Tall Boy’

玉簪
H. plantaginea

‘极品’玉簪
H. ‘Royal Standard’ ♀

雅致玉簪
H. venusta ♀

‘弗朗塞斯·威廉姆斯’大玉簪
H. sieboldiana ‘Frances Williams’ ♀

‘蜜钟花’玉簪
H. ‘Honeybells’ ♀

‘黄河’玉簪
H. ‘Yellow River’

‘斑心’高丛玉簪
H. fortunei ‘Albopicta’ ♀

‘金边’山地玉簪
H. montana ‘Aureomarginata’

‘奢望’玉簪
H. ‘Great Expectations’

‘大三彩’玉簪
H. ‘Grand Tiara’

‘金边’高丛玉簪
H. fortunei ‘Aureomarginata’ ♀

‘金三彩’玉簪
H. ‘Golden Tiara’ ♀

‘褶波’玉簪
H. ‘Zounds’

‘卡比坦’玉簪
H. ‘Kabitan’

‘宽边’玉簪
H. ‘Wide Brim’ ♀

‘花叶’紫萼玉簪
H. ventricosa ‘Variegata’ ♀

‘金品’玉簪
H. ‘Gold Standard’

‘山麓之金’玉簪
H. ‘Piedmont Gold’

‘金色祝福’玉簪
H. ‘Golden Prayers’

‘月光’玉簪
H. ‘Moonlight’

‘诚信’玉簪
H. ‘Sum and Substance’ ♀

小型宿根花卉 夏季观赏

绿色至黄色

罗马蒿 ***Artemisia pontica***
(Roman wormwood)
多年生草本。直立。生长旺盛。可蔓延。叶芳香，羽毛状，银绿色。头状花序小，再组成高大的穗状花序，花淡灰色，夏季开放。株高60cm，冠径20cm。

柔软羽衣草 ***Alchemilla mollis***
(Lady's mantle)
多年生草本。丛生。地被状。叶圆形，淡绿色，边缘皱折。花序小，花微小，亮绿黄色，外轮花萼明显，仲夏开放。花可干燥。株高和冠径均为50cm。

联结羽衣草 ***Alchemilla conjuncta***
多年生草本。丛生。叶整齐，星形，波状，边缘苍白色。花序松散，花微小，绿黄色，外层花萼明显，仲夏开放。花干燥后可用于冬季装饰。株高和冠径均为30cm。

黄花瓶子草 ***Sarracenia flava***
(Trumpets, Yellow pitcher plant)
多年生草本。直立。囊状叶（变态叶）黄绿色，具红色斑点，顶端盔状。花黄色或绿黄色，下垂，春末至初夏开放。株高和冠径均为45cm。耐最低温度5℃。

'彩斑'维州蓼 ***Persicaria virginiana* 'Painter's Palette'**
多年生草本。冠圆丘状。因观赏其引人注目的叶而栽培。叶绿色，中间褐色，具象牙黄色斑点和条纹，微带深粉红色。栽培时很少开花。株高和冠径均为60cm。

'黄叶'牛至 ***Origanum vulgare* 'Aureum'**
多年生草本。茎基部木质。密集铺地状。叶芳香，幼叶金黄色，仲夏变为淡黄绿色。花小，淡紫色，夏季偶尔开放。株高（含叶）8cm，冠径不定。

Aeschynanthus marmoratus
Clintonia borealis
Elatostema repens var. pulchra
Mentha x gracilis 'Variegata'
Mentha x piperita f. citrata
Mentha suaveolens 'Variegata', illus. p.276
Nicotiana 'Lime Green'

黄色

条纹庭菖蒲 ***Sisyrinchium striatum***
多年生半常绿草本。叶丛生，长而窄，灰绿色。穗状花序，细长，花稻草黄色，具紫色条纹，夏季开放。可大量自行播种繁殖。株高45～60cm，冠径30cm。

'少女'火炬花 ***Kniphofia* 'Little Maid'**
多年生草本。直立。茎短，直立。叶禾草叶状。穗状花序，顶生，花淡乳黄色，夏季开放。冬季应用覆盖物保护地上部分。株高60cm，冠径45cm。

'黄叶'旋果蚊子草 ***Filipendula ulmaria* 'Aurea'**
多年生草本。因观赏其叶而栽培。叶多，有分裂，春季亮金黄色，夏季淡绿色。花序头状，具分枝，花乳白色，仲夏开放。株高和冠径均为30cm。

'乳黄'骨籽菊 ***Osteospermum* 'Buttermilk'**
多年生常绿草本。直立。茎半木质化。叶似雅致玉簪叶，灰绿色。头状花序雏菊状，单生于叶丛中，花淡黄色，具黑暗斑点，仲夏至秋季开放。株高60cm，冠径30cm。

Farfugium japonicum 'Aureomaculatum'
IRISES, illus. p.234～p.235
Mimulus moschatus
PRIMULAS, illus. p.272～p.273
Scrophularia auriculata 'Variegata'

‘黄叶海伦’绵毛水苏 *Stachys byzantina* ‘Primrose Heron’
多年生常绿草本。铺地状。叶多毛，黄灰色，长达10cm。茎直立。穗状花序，花粉红紫色，初夏至初秋陆续开放。株高45cm，冠径60cm。

‘月光’蓍草 *Achillea* ‘Moonshine’
多年生草本。直立。头状花序，扁平，高出叶丛，花亮黄色，整个夏季开放。叶小而多，羽状，灰绿色。春季宜定期分株。株高60cm，冠径50cm。

‘花叶’欧洲山芥 *Barbarea vulgaris* ‘Variegata’
多年生草本。叶丛莲座状。叶长，具锯齿，具光泽，有乳白色斑点。花序具分枝，由头状花序组成，花小，银黄色，初夏开放。株高25～45cm，冠径达23cm。

大天人菊 *Gaillardia aristata*
(Blanket flower)
多年生草本。直立。冠极开张。头状花序大，雏菊状，顶生，花单瓣，浓黄色，花心红色，花期长，夏季开放。叶柔软，芳香，有分裂。需支撑。短命植物。株高60cm，冠径50cm。

‘塔吉特’蓍草 *Achillea* ‘Taygetea’（*A. aegyptica* of gardens）
多年生草本。茎直立。头状花序，扁平，高出叶丛，花柠檬黄色，整个夏季开放。叶羽状，灰色。每隔3年分株、移植。株高60cm，冠径50cm。

‘沃伦’直立委陵菜 *Potentilla recta* ‘Warrenii’
（*P. r.* ‘Macrantha’）
多年生草本。丛生。叶中绿色，有分裂。花浓金黄色，整个夏季开放。茎开张，具分枝。株高50cm，冠径60cm。

‘礼花’红茎月见草 *Oenothera fruticosa* ‘Fyrverkeri’
（*O. f.* ‘Fireworks’）
多年生草本。丛生。花序穗状，花芳香，杯状，仲夏至夏末开放。茎淡红色。叶中绿色，具光泽。株高和冠径均为30～38cm。

一枝菀 × *Solidaster luteus*
（× *S. hybridus*）
多年生草本。丛生。茎细长。头状花序多，花鲜乳黄色，高出叶丛，仲夏之前开放。叶窄，中绿色。株高60cm，冠径75cm。

‘硫黄’新蜡菊 *Helichrysum* ‘Schwefellicht’（*H.* ‘Sulphur Light’）
多年生草本。丛生。叶银灰色。头状花序多，被绒毛，硫黄色，花期长，仲夏至夏末开放。株高40～60cm，冠径30cm。

BEGONIAS, illus. p.295
DAYLILIES, illus. p.257
HOSTAS, illus. p.288～p.289
IRISES, illus. p.234～p.235
Nautilocalyx bullatus
Oenothera perennis
ORCHIDS, illus. p.296～p.299
PELARGONIUMS, illus. p.246～p.247
Potentilla atrosanguinea var. *argyrophylla*
PRIMULAS, illus. p.272～p.273
Rhodiola rosea
Salvia bulleyana
Sedum aizoon
Ursinia chrysanthemoides

小型宿根花卉 夏季观赏

□ 黄色

‘重瓣’丽毛茛 ***Ranunculus constantinopolitanus* ‘Plenus’**
多年生草本。丛生。叶有分裂，具锯齿，有时具灰色和白色斑点。花整齐，绒球状，重瓣，黄色，初夏开放。株高50cm，冠径30cm。

‘斯特西登’路边青 ***Geum* ‘Lady Stratheden’**（*G.* ‘Goldball’）
多年生草本。丛生。叶有分裂。花杯状，重瓣，亮黄色，雄蕊明显，绿色，花期长，夏季开放。茎细长，具分枝。株高45～60cm，冠径45cm。

单花勋章菊 ***Gazania rigens*** var. ***uniflora***
多年生草本。铺地状。除最温暖的区域外，常作一年生栽培。头状花序，单生，高出叶丛，花黄色或橙黄色，有时花心具白色斑点，初夏开放。叶丛莲座状，叶窄，背面银白色。株高23cm，冠径20～30cm。

‘黄后’委陵菜 ***Potentilla* ‘Yellow Queen’**
多年生草本。丛生。叶草莓叶状，暗绿色。花亮黄色，仲夏开放。株高达60cm以上，冠径45cm。

黄花沟酸浆 ***Mimulus luteus***
(Yellow musk)
多年生草本。蔓生。花多，金鱼草花状，黄色，偶尔具红色斑点，高出叶丛，整个夏季开放。叶被毛，中绿色。株高和冠径均为30cm。

巨花委陵菜 ***Potentilla megalantha***
多年生草本。丛生。叶大，掌状分裂，被毛，淡绿色。花大，浓黄色，夏季开放。株高20cm，冠径15cm。

全缘绿绒蒿 ***Meconopsis integrifolia*** (Lampshade poppy)
二年生草本或短命多年生草本。莲座状。花序穗状，花大，淡黄色，春末至初夏开放。叶大，淡绿色。株高45～60cm，冠径60cm。

牛眼菊（柳叶牛眼菊） ***Buphthalmum salicifolium*** (Yellow ox-eye)
多年生草本。蔓生。头状花序雏菊状，深黄色，单生于细弱的茎上，整个夏季开放。需支撑。应定期分株。土壤肥沃时可蔓生。株高60cm，冠径90cm。

‘重瓣’高毛茛 ***Ranunculus acris* ‘Flore Pleno’** (Double meadow buttercup)
多年生草本。丛生。茎细长而坚韧。叶浅裂或深裂，衬托着花。花莲座状，重瓣，金黄色，春末至初夏开放。株高和冠径均为45～60cm。

Arctotheca calendula, illus. p.294
Coreopsis ‘Sunray’, illus. p.337
Coreopsis tinctoria ‘Golden Crown’
DAYLILIES, illus. p.257
Duchesnea indica
HOSTAS, illus. p.288～p.289
IRISES, illus. p.234～p.235
ORCHIDS, illus. p.296～p.299
PRIMULAS, illus. p.272～p.273

■ 黄色

‘橙花’费菜　*Sedum aizoon* ‘Aurantiacum’
多年生草本。直立。茎红色。叶肉质，有锯齿，暗绿色。头状花序，稍呈圆形，花暗黄色，夏季开放。蒴果红色。株高和冠径均为45cm。

☼ ◊ ❄❄❄ (!)

多叶旱金莲　*Tropaeolum polyphyllum*
多年生草本。茎平卧。花短，有距，喇叭状，浓黄色，单生，高出叶丛，夏季开放。茎叶蔓生，灰绿色。一旦定居可广泛蔓生。极适宜岸边栽培。株高5～8cm，冠径30cm。

☼ ◊ ❄❄❄

剑叶金鸡菊（大金鸡菊，大蛇目菊）　*Coreopsis lanceolata*
多年生草本。丛生。头状花序多，雏菊状，亮黄色，生于具分枝的茎上，夏季开放。花茎上的叶披针形。分株繁殖或种子繁殖。株高45cm，冠径30cm。

☼ ◊ ❄❄❄

绵毛山柳菊　*Hieracium lanatum*
多年生草本。丛生。叶丛圆丘状，叶宽，被毛，灰色。头状花序，蒲公英状，花黄色，生于细长而坚韧的茎上，夏季开放。株高30～45cm，冠径30cm。

☼ ◊ ❄❄❄

轮叶金鸡菊　*Coreopsis verticillata*
多年生草本。丛生。叶细裂，暗绿色。头状花序多，微小，星状，金黄色，整个夏季开放。春季分株、移植。株高40～60cm，冠径30cm。

☼ ◊ ❄❄❄

匍匐凤仙　*Impatiens repens*
多年生常绿草本。匍匐状。具根状茎。叶小，卵形至圆形。花黄色，具一大型并被毛的距，夏季开放。株高达5cm，冠径不定。耐最低温度10℃。

☼ ◐ 🏆

绵叶菊　*Eriophyllum lanatum* (*Bahia lanata*)
多年生草本。矮垫状。叶有分裂，银白色。头状花序多，雏菊状，常单生于灰色茎上，花黄色，夏季开放。株高和冠径均为30cm。

☼ ◊ ❄❄

剑叶旋覆花　*Inula ensifolia*
多年生草本。丛生。叶小，披针形至椭圆形。头状花序多，雏菊状，单生，花黄色，花梗细长而坚韧，夏末开花。株高和冠径均为30cm。

☼ ◊ ❄❄❄

‘约翰·英尼斯’蒲包花　*Calceolaria* ‘John Innes’
多年生常绿草本。丛生。生长旺盛。花大，囊状，深黄色，具红褐色斑点，每茎上有数朵花，春夏开放。叶宽卵形，基生，中绿色。株高15～20cm，冠径25～30cm。

☼ ◊ ❄❄

■ 橙色

翠锦口红花　*Aeschynanthus speciosus*（*A. splendens*）
多年生常绿草本。蔓生。叶蜡质，窄卵形，常轮生。花序大，花直立，管状，亮橙红色，夏季开放。株高和冠径均为30～60cm。耐最低温度18℃。

◐ ◐ 🏆

暗红花路边青　*Geum coccineum*（*Geum* x *borisii* of gardens）
多年生草本。丛生。叶不规则分裂。茎细长，具分枝，被毛。花单瓣，橙色，雄蕊明显，黄色，夏季开放。株高和冠径均为30cm。

☼ ◊ ❄❄❄

异齿红景天　*Rhodiola heterodonta*（*Sedum heterodontum*, *S. rosea* var. *heterodontum*）
多年生草本。丛生。头状花序，花黄色或红色，有时淡绿色，春季至初夏开放。叶有锯齿，蓝绿色。株高45cm，冠径25cm。

☼ ◊ ❄❄❄

Coreopsis auriculata ‘Superba’
Coreopsis ‘Goldfink’
DAYLILIES, illus. p.257
Inula oculis-christi

IRISES, illus. p.234～p.235
Mimulus guttatus
Oenothera fruticosa subsp. *glauca*
PRIMULAS, illus. p.272～p.273

Wachendorfia thyrsiflora

DAYLILIES, illus. p.257
IRISES, illus. p.234～p.235
PELARGONIUMS, illus. p.246～p.247
PRIMULAS, illus. p.272～p.273

小型宿根花卉 秋季观赏

白色至粉红色

白花毛油点草 ***Tricyrtis hirta*** var. ***alba***
多年生草本。直立。具根状茎。具花序，花大，钟状，白色，有距，偶尔有紫色斑点，生于茎上部的叶腋，夏末至初秋开放。叶被毛，抱茎，暗绿色。株高45～60cm，冠径45cm。

'红蕊'长药景天 ***Sedum spectabile* 'Brilliant'** (Ice-plant)
多年生草本。丛生。头状花序，扁平，花亮玫瑰红色至粉红色，夏末至秋季开放。叶多，肉质，灰绿色，招引蝴蝶。株高和冠径均为30～45cm。

'旭日'裂柱莲 ***Schizostylis coccinea* 'Sunrise'**
多年生草本。丛生。具根状茎。花序穗状，花大，浅杯状，粉红色，高出叶丛，初秋开放。叶禾草叶状，中绿色。株高60cm，冠径23～30cm。

红色至黄色

'大花'裂柱莲 ***Schizostylis coccinea* 'Major'** (*S. c.* 'Grandiflora')
多年生草本。具根状茎。叶长而窄，禾草状。穗状花序，唐菖蒲花序状，花杯状，亮鲜红色，秋季开放。株高60cm以上，冠径30cm以上。

阔叶山麦冬 ***Liriope muscari***
多年生常绿草本。蔓生。穗状花序，花密集，圆钟状，淡紫色或紫蓝色。叶窄，暗绿色，具光泽。株高30cm，冠径45cm。

红苞距药姜 ***Cautleya spicata***
多年生草本。直立。穗状花序，花淡橙色或淡黄色，苞片红褐色至红色，夏季至初秋开放。叶长，美丽，中绿色。喜避风处和肥沃、深厚的土壤。株高60cm，冠径50cm。

蓝檐唇柱苣苔 ***Chirita lavandulacea***
多年生常绿草本。直立。叶被毛，淡绿色，长达20cm。花序生于叶腋，花紫蓝色，花筒白色，连续播种时，春季至秋季可连续开放。株高和冠径均为60cm。耐最低温度15℃。

优雅千里光 ***Senecio pulcher***
多年生草本。叶革质，被毛，暗绿色。头状花序，美丽，雏菊状，花心黄色，花亮紫粉红色，夏秋开放。株高45～60cm，冠径50cm。

赛金盏 ***Arctotheca calendula*** (Cape dandelion)
多年生草本。铺地状。叶表面披粗毛，背面被细毛。头状花序雏菊状，亮黄色，花心暗黄色，春末至秋季开放。株高30cm，冠径不定。耐最低温度5℃。

OTHER RECOMMENDED PLANTS:
Astrantia major, illus. p.277
Astrantia major subsp. *involucrata*, illus. p.277
Astrantia maxima, illus. p.277
MICHAELMAS DAISIES, illus. p.262
PELARGONIUMS, illus. p.246～p.247
Schizostylis coccinea 'Mrs Hegarty'
Geranium wallichianum 'Buxton's Variety', illus. p.287
Mimulus guttatus
MICHAELMAS DAISIES, illus. p.262
ORCHIDS, illus. p.296～p.299
Osteospermum 'Buttermilk', illus. p.290
Tricyrtis macrantha

秋海棠属植物

秋海棠属（*Begonia*）植物是种类繁多、终年观赏的花卉之一。四季秋海棠（Semperflorens）是夏季花境的良好花卉，而蟆叶秋海棠（Rex-cultorum）有别致美丽的叶子。其他像球根杂交秋海棠（Tuberhybrida）品种有大而艳丽的花朵，主要用来观花。还有许多种类在吊篮中栽培十分美观。

'圣诞快乐'秋海棠
B. 'Merry Christmas' ♀

铁十字秋海棠（刺毛秋海棠，毛叶秋海棠）*B. masoniana* ♀

棱果秋海棠
B. prismatocarpa

'比尔兰顿'秋海棠
B. 'Billie Langdon'

红筋秋海棠
B. scharffii

豹耳秋海棠
B. bowerae

'杏黄瀑布'秋海棠
B. 'Apricot Cascade'

白彩秋海棠
B. albopicta

'韦尔顿'秋海棠
B. 'Weltoniensis'

'奥法·弗克斯'秋海棠
B. 'Orpha C. Fox'

'火焰'秋海棠
B. 'Flamboyant'

'肯肯'秋海棠
B. 'Can-Can'

多叶秋海棠
B. foliosa

'英格拉姆'秋海棠
B. 'Ingramii'

'罗伊·哈特利'秋海棠
B. 'Roy Hartley'

'海伦·刘易斯'秋海棠
B. 'Helen Lewis'

奥尔逊尼亚秋海棠
B. olsoniae

金绿秋海棠（撒金秋海棠）
B. metallica ♀

'卢塞那'秋海棠
B. 'Lucerna'

'杜阿提'秋海棠
B. 'Duartei'

'皱边'长袖秋海棠
B. manicata 'Crispa'

橘红秋海棠（美人秋海棠）
B. 'Orange Rubra' ♀

长袖秋海棠
B. manicata

齿瓣秋海棠
B. serratipetala

'红领带'秋海棠
B. 'Red Ascot'

'瑟斯顿'秋海棠
B. 'Thurstonii' ♀

'虎掌'秋海棠
B. 'Tiger Paws' ♀

苏氏秋海棠
B. sutherlandii ♀

'蝉翼'秋海棠
B. 'Organdy'

'银斑'褐绒秋海棠
B. pustulata 'Argentea'

'旋叶'秋海棠
B. 'Oliver Twist'

兰科植物

兰科（Orchidceae）植物艳丽诱人，富有异国风情，花形奇特，因而备受珍爱。围绕着兰花的神秘光环和许多常见的错误观念，使得人们对栽培这些美丽的植物望而却步。其实兰科植物的栽培并非总是很难的，有些种类作为室内观赏植物栽培，能长得很好。

兰科植物主要有地生兰和附生兰两个类群。地生兰（t）野生产地生境范围很广，其中许多种类至少是半耐寒的。附生兰（e）比地生兰更为美丽，大多原产于热带，攀附在树枝或岩石上，通过叶和气生根取得营养，它们需要特殊的混合培养土，在冷凉气候地区必须在温室中栽培（参见‘兰科植物’）。

(注: x *Brass*. – x *Brassolaeliocattleya*; *Cym*. – *Cymbidium*; x *Oda*. – x *Odontioda*; *Odm*. – *Odontoglossum*; *Paphioped*. – *Paphiopedilum*; x *Soph*. – x *Sophrolaeliocattleya*; e – epiphyte; t – terrestrial)

贝母兰（附生兰）
Coelogyne cristata

红斑尾萼兰（附生兰）
Masdevallia infracta

洛氏舟舌兰（附生兰）
Lemboglossum rossii

粉红杓兰（地生兰）
Cypripedium acaule

托瓦尔尾萼兰（附生兰）
Masdevallia tovarensis 🏆

高山石斛（附生兰）
Dendrobium infundibulum 🏆

栗鳞贝母兰（附生兰）
Coelogyne flaccida

乳白虾脊兰（地生兰）
Calanthe vestita

网纹舟舌兰（附生兰）
Lemboglossum cervantesii

兜唇石斛（附生兰）
Dendrobium aphyllum

‘愉悦’蝴蝶兰（附生兰）
Phalaenopsis Allegria

‘极品’齿舌兰（附生兰）
Odm. Royal Occasion

‘雀斑’兜兰（地生兰）
Paphiopedilum Freckles ①

武夷兰（附生兰）*Angraecum sesquipedale* 🏆

曲瓣兜兰（地生兰）
Paphiopedilum fairrieanum ①

鸟喙文心兰（附生兰）
Oncidium ornithorrhynchum 🏆

白花兜兰（地生兰）
Paphiopedilum niveum ①

亮花贝母兰（附生兰）
Coelogyne nitida 🏆

‘波特利特湾’兰（附生兰）
Cymbidium Portelet Bay ①

硬皮兜兰（地生兰）
Paphiopedilum callosum ①

美丽杓兰（地生兰）
Cypripedium reginae

俯花绶草（地生兰）
Spiranthes cernua

齿舌兰（附生兰）
Odm. crispum

‘热烈’白花美堇兰（附生兰）
Miltoniopsis Robert Strauss ‘Ardingly’

‘斯特拉斯布朗’兰（附生兰）
Cymbidium Strathbraan ①

巨瓣兜兰（地生兰）
Paphiopedilum bellatulum ①

柏拉兰（附生兰）
Brassavola nodosa

卷萼兜兰（地生兰）
Paphiopedilum appletonianum ①

比克顿舟舌兰（附生兰）
Lemboglossum bictoniense 🏆

宿根花卉

石斛（附生兰）
Dendrobium nobile 🏆

布袋兰（地生兰）
Calypso bulbosa

'蒙米赖'蕾卡兰（附生兰）
x *Laeliocattleya* Rojo 'Mont Millais'

'斯卡奈德'兰（附生兰）
Cymbidium Strath Kanaid ①

心形舟舌兰（附生兰）
Lemboglossum cordatum

蜂巢眉兰（地生兰）
Ophrys tenthredinifera

'蒙特宾厄姆'瘤唇兰（附生兰）
x *Oda*. Mount Bingham

'切姆'威尔逊兰（附生兰）
x *Wilsonara* Hambuh-ren Stern 'Cheam'

'加冕'粉花柏卡兰（附生兰）
x *Brass*. Hetherington Horace 'Coronation'

独蒜兰（地生兰）
Pleione bulbocodioides

'嘉宝'卡特兰（附生兰）
Cattleya J. A. Carbone

'可爱'伍氏兰（附生兰）
x *Vuylstekeara* Cambria 'Lensing's Favorite'

'蒙米赖'兰（附生兰）
Cymbidium Pontac 'Mont Millais' ①

瘤唇兰（附生兰）x *Oda*. Pacific Gold x *Odm. cordatum*

蕾丽兰（附生兰）
Laelia anceps

白芨（地生兰）
Bletilla striata

'紫皇'苏嘉兰（附生兰）
x *Soph*. Trizac 'Purple Emperor'

血红树兰（附生兰）
Epidendrum ibaguense

大花罗斯兰（附生兰）
Rossioglossum grande 🏆

'蒙特亚当斯'长萼卡特兰（附生兰）x *Brassocattleya* Mount Adams

'圣海莱尔'紫花柏卡兰（附生兰）
x *Brass*. St Helier

'圣帕特里克'红花美堇兰（附生兰）*Miltoniopsis* Anjou 'St Patrick'

'泽丽'蝴蝶兰（附生兰）
Phalaenopsis Lady Jersey x Lippeglut

博氏卡特兰（附生兰）
Cattleya bowringiana 🏆

'深红'齿舌兰（附生兰）
Odm. Le Nez Point

'库城圣诞'兰（附生兰）
Cym. Strathdon 'Cooksbridge Noel' ① 🏆

'莫迪亚'兜兰（地生兰）
Paphiopedilum Maudiae ① 🏆

'哥伦比亚'齿文兰（附生兰）
x *Odontocidium* Artur Elle 'Colombian'

暗红尾萼兰（附生兰）
Masdevallia coccinea 🏆

'佩蒂波特'瘤唇兰（附生兰）
x *Oda*. Petit Port

鹤顶兰（地生兰）
Phaius tankervilleae

'格伦多纳'兜兰（地生兰）
Paphiopedilum Lyric 'Glendora' ①

虎威齿文兰（附生兰）
x *Odontocidium* Tiger Butter x *Wilsonara* Wigg's 'Kay'

羊角蝴蝶兰（附生兰）
Phalaenopsis cornu-cervi

德氏凤兰（附生兰）
Cymbidium devonianum ①

麻翼兜兰（地生兰）
Paphiopedilum sukhakulii ① 🏆

扁叶宫美兰（附生兰）
Gomesa planifolia

'蒙米赖' 兜兰（地生兰）
Paphioped. Buckhurst 'Mont Millais' ①

白唇密尔顿兰（附生兰）
Miltonia candida

马氏轭瓣兰（附生兰）
Zygopetalum mackaii

细瓣兜兰（地生兰）
Paphiopedilum haynaldianum ①

白边齿舌兰（附生兰）
Odm. Eric Young

'黑武士' 文堇兰（附生兰）
x *Aliceara* Dark Warrior

珀氏轭瓣兰（附生兰）
Zygopetalum Perrenoudii

艳花贝母兰（附生兰）
Coelogyne speciosa

'库城' 金斯洛克兰（附生兰）
Cymbidium King's Loch 'Cooksbridge' ① 🏆

淡黄尾萼兰（附生兰）
Masdevallia wagneriana

'奥比' 齿文兰（附生兰）
x *Odontocidium* Tigersun 'Orbec'

五脉爪唇兰（附生兰）
Gongora quinquenervis

绿脉红门兰（地生兰）
Orchis morio

褐花眉兰（地生兰）
Ophrys fusca

'兰迪' 蝴蝶兰（附生兰）
Phalaenopsis Lundy

虎斑文心兰（附生兰）
Oncidium tigrinum

穗花卷瓣兰（附生兰）
Bulbophyllum careyanum

虎头兰（附生兰）
Cymbidium hookerianum ①

'三裂瓣' 凯郡冰兰（附生兰）
Cymbidium Caithness Ice 'Trinity' ①

莎草兰（附生兰）
Cymbidium elegans ①

黄花眉兰（地生兰）
Ophrys lutea

横斑密尔顿兰（附生兰）
Miltonia clowesii

西藏虎头兰（附生兰）
Cymbidium tracyanum ①

大花杓兰（地生兰）
Cypripedium macranthos

罗氏万代兰（附生兰）
Vanda Rothschildiana 🏆

异树兰（附生兰）
Epidendrum difforme

杓兰（地生兰）
Cypripedium calceolus

紫柱颚唇兰（附生兰）
Maxillaria porphyrostele

‘春水仙’春黄兰（附生兰）
x *Potinara* Cherub ‘Spring Daffodil’

朱红蕾丽兰（附生兰）
Laelia cinnabarina

鼓槌石斛（附生兰）
Dendrobium chrysotoxum

红斑薄叶兰（附生兰）
Lycaste cruenta

拟蝶唇兰（附生兰）
Psychopsis papilio

‘虎汉堡’齿文兰（附生兰）
x *Odontocidium* Tiger Hambuhren

曲茎文心兰（附生兰）
Oncidium flexuosum

爱达兰（附生兰）
Ada aurantiaca

北美毛杓兰（地生兰）
Cypripedium pubescens

‘杏红’苏嘉兰（附生兰）
x *Soph*. Hazel Boyd ‘Apricot Glow’

杂色瘤唇兰（附生兰）
x *Oda*. (Chantos x Marzorka)
x *Odm*. Buttercrisp

‘库城宝光’圣诞天使兰（附生兰）*Cymbidium* Christmas Angel ‘Cooksbridge Sunburst’ ①

秀丽兜兰（地生兰）
Paphiopedilum venustum ①

小型宿根花卉 冬季或全年观赏

□ 白色

圆苞白鹤芋 *Spathiphyllum* ‘Mauna Loa’

多年生常绿草本。丛生。具根状茎。生长健壮。叶长，披针形，具光泽。肉穗花序白色，肉质，佛焰苞大，卵形，白色，花芳香，花期不定。株高和冠径45～60cm。耐最低温度15℃。

石竹喜荫花 *Episcia dianthiflora*

(*Alsobia dianthiflora*) (Lace flower)

多年生常绿草本。茎平卧。匍匐状。叶厚，披毛，中脉淡褐色。花纯白色，边缘须状，陆续开放。株高10cm，冠径不定。耐最低温度15℃。

匍匐半柱花 *Hemigraphis repanda*

多年生常绿草本。茎平卧。具伸展的根状茎。叶披针形，具锯齿，微带淡紫色，长5cm，背面暗紫色。花微小，管状，白色，四季开放。株高达15cm，冠径不定。耐最低温度15℃。

OTHER RECOMMENDED PLANTS:
AFRICAN VIOLETS, illus. p.302
Aglaonema commutatum
Aglaonema ‘Malay Beauty’
BROMELIADS, illus. p.265
Peperomia argyreia
Sonerila margaritacea

小型宿根花卉 冬季或全年观赏

☐ 白色

白鹤芋 ***Spathiphyllum wallisii***
(Peace lily, White sails)
多年生常绿草本。丛生。具根状茎。叶长，成丛，披针形。肉穗花序，肉质，白色，佛焰苞白色，花芳香，花期不定。株高和冠径均为30cm以上。耐最低温度15℃。

花叶冷水花 ***Pilea cadierei***
(Aluminium plant)
多年生常绿草本。灌木状。叶宽卵形，先端锐尖，具凸起的银白色斑块，棉被状。花淡绿色，不引人注目。株高和冠径均为30cm。耐最低温度10℃。

'黄白纹'白花紫露草 ***Tradescantia fluminensis* 'Variegata'**
(*T. albiflora* 'Variegata')
多年生常绿草本。蔓生。具根状茎。叶具不规则的乳白色条纹。具花序，花白色，陆续开放。株高30cm，冠径不定。耐最低温度15℃。

白网纹草 ***Fittonia albivenis* Argyroneura Group** (Silver net-leaf)
多年生常绿草本。匍匐状。叶小，卵形，榄绿色，叶脉白色。若开花，应切除。株高达15cm，冠径不定。耐最低温度15℃。

'银纹'白花紫露草 ***Tradescantia fluminensis* 'Albovittata'**
(*T. albiflora* 'Albovittata')
多年生常绿草本。生长势强。具蔓生的根状茎。叶宽，淡蓝绿色，具白色条纹。花小，白色。株高30cm，冠径不定。耐最低温度15℃。

'白斑'欧亚活血丹 ***Glechoma hederacea* 'Variegata'**
(Variegated ground ivy)
多年生常绿草本。铺地状。叶小，心形，具白色斑。茎蔓生。花小，夏季开放。蔓延速度快。适宜盆栽。株高15cm，冠径不定。

杂种铁筷子（白花类型）
Helleborus* x *hybridus (Lenten rose)
多年生常绿草本。丛生。叶多，有分裂。花下垂，杯状，白色、粉红色或紫色，有时具暗色斑点，高出叶丛，冬季或初春开放。株高和冠径均为45cm。

'土氏'细斑粗肋（狭叶粗肋） ***Aglaonema commutatum* 'Treubii'**
多年生常绿草本。丛生。直立。叶披针形，长达30cm，具淡绿色或银色斑点。偶尔有绿白色佛焰苞。株高和冠径均为45cm。耐最低温度15℃。

皱叶椒草 ***Peperomia caperata***
(Emerald ripple)
多年生常绿草本。丛生。叶卵形，肉质，皱褶，暗绿色，长达5cm，叶脉下陷，叶柄淡粉红色。穗状花序，花白色，不定期开放。株高和冠径均为15cm。耐最低温度10℃。

Sonerila margaritacea 'Argentea'
Sonerila margaritacea 'Hendersonii'
Spathiphyllum floribundum
Spathiphyllum wallisii 'Clevelandii'

白色至粉红色

‘条纹’吊兰 ***Chlorophytum comosum* ‘Vittatum’**
多年生常绿草本。丛生。莲座状。叶长而窄，披针形，乳白色，具绿色条纹，边缘绿色。花小，星状，白色，生于细茎上，不定期开放。株高和冠径均为30cm。耐最低温度5℃。

‘嵌玉’蜘蛛抱蛋 ***Aspidistra elatior* ‘Variegata’**
多年生常绿草本。具根状茎。叶窄，直立，具光泽，暗绿色至紫色，具纵向条纹。花不引人注目，乳白色至紫色，偶尔开放。株高60cm，冠径45cm。耐最低温度5～10℃。

暗叶铁筷子 ***Helleborus niger***
(Christmas rose)
多年生常绿草本。丛生。叶有分裂，深绿色。花杯状，下垂，白色，雄蕊金黄色，冬季或初春开放。株高和冠径均为30cm。

‘花叶’非洲求米草 ***Oplismenus africanus* ‘Variegatus’**
(*O. hirtellus* ‘Variegatus’)
多年生常绿草本。匍匐状。根状茎细长而坚韧。叶具白色条纹，常微带粉红色，边缘波状。花不明显，陆续开放。株高20cm以上，冠径不定。耐最低温度12℃。

斯特恩铁筷子 ***Helleborus* x *sternii***
多年生常绿草本。丛生。叶有分裂。花序顶生，花杯状，淡绿色，常微带粉红色，冬季和初春开放。株高和冠径均为45cm。

杂种铁筷子(粉红花类型) ***Helleborus* x *hybridus*** (Lenten rose)
多年生常绿草本。丛生。叶多，有分裂。花下垂，杯状，白色、粉红色或紫色，有时有暗色斑点，冬季或初春开放。株高和冠径均为45cm。

粉红色至红色

‘尼古拉’旋果花 ***Streptocarpus* ‘Nicola’**
多年生常绿草本。无茎。叶丛莲座状，叶带状，皱褶。花序小，花漏斗状，玫瑰粉红色，陆续开放。株高25cm，冠径50cm。耐最低温度10～15℃。

吊竹梅（吊竹草，条纹紫露草） ***Tradescantia zebrina*** (*Zebrina pendula*) (Silver inch plant)
多年生常绿草本。蔓生。铺地状。叶蓝绿色，背面微带紫色，具2条银色宽带。花粉红色或紫蓝色，全年陆续开放。株高15cm，冠径不定。耐最低温度15℃。

喜荫花 ***Episcia cupreata***
(Flame violet)
多年生常绿草本。爬行。叶小，被毛，皱褶，常具银色叶脉或银色带。花鲜红色，花瓣内面具黄色斑点，陆续开放。株高10cm，冠径不定。耐最低温度15℃。

AFRICAN VIOLETS, illus. p.302
Bergenia cordifolia ‘Purpurea’, illus. p.269
BROMELIADS, illus. p.265
Episcia cupreata ‘Metallica’
Episcia cupreata ‘Tropical Topaz’
ORCHIDS, illus. p.296～p.299
Peristrophe hyssopifolia
Tradescantia zebrina ‘Quadricolor’
Anthurium scherzerianum ‘Rothschildianum’
Bergenia ‘Ballawley’
Bergenia crassifolia
BROMELIADS, illus. p.265

非洲紫罗兰

非洲紫罗兰是非洲堇属（*Saintpaulia*）植物的俗名，但实际上常用来指非洲堇（*S. ionantha*）这个种的栽培品种。此类植物为小型多年生草本，呈莲座状，在温暖、潮湿的气候条件下可用于夏季花境栽培。它们也是很有魅力的室内盆栽植物，在没有穿堂风、光照充足而空气湿润之处可大量开花，其花色和花形丰富。

'洛可可·安娜' 非洲堇
S. 'Rococo Anna' ♀

'园星' 非洲堇
S. 'Garden News' ♀

'皮普·史奎克' 非洲堇
S. 'Pip Squeek'

'星迹' 非洲堇
S. 'Starry Trail' ♀

'科罗拉多' 非洲堇
S. 'Colorado' ♀

'波螺' 非洲堇
S. 'Porcelain'

'冰少女' 非洲堇
S. 'Ice Maiden' ♀

'佐亚' 非洲堇
S. 'Zoja'

'莹眼' 非洲堇
S. 'Bright Eyes' ♀

'彩陶' 非洲堇
S. 'Delft' ♀

小型宿根花卉 冬季或全年观赏

红色至紫色

红苞芋（火鹤花） ***Anthurium scherzerianum*** (Flamingo flower)
多年生常绿草本。丛生。叶直立，革质，暗绿色，长达20cm。佛焰苞大，持久，亮红色，肉穗花序，肉质，橙色至黄色。株高和冠径均为30～60cm。耐最低温度15℃。

☼ ● ⓘ

杂种铁筷子(紫花类型) ***Helleborus* x *hybridus*** (Lenten rose)
多年生半常绿草本。丛生。叶多，有分裂。花下垂，杯状，白色、粉红色或紫色，有时具暗色斑点，冬季或初春开放。株高和冠径均为45cm。

☼ ◇ ❄❄❄ ⓘ

扶郎花（嘉宝菊，非洲菊） ***Gerbera jamesonii*** (Barberton daisy)
多年生常绿草本。丛生。头状花序雏菊状，多种色彩，生于长茎上，陆续开放。叶丛莲座状，叶大，具锯齿，基生。为良好的切花植物。株高60cm，冠径45cm。

☼ ◇ ❄

'铜色' 麻兰 ***Phormium* 'Bronze Baby'**
多年生常绿草本。直立。叶大，丛生，先端尖，叶脉红色。圆锥花序，花淡红色，生于淡紫色茎上，夏季偶尔开放。株高和冠径均为45～60cm。

☼ ● ❄❄

红叶群饰缘花 ***Tellima grandiflora* Rubra Group**（*T. g.* 'Purpurea'）
多年生半常绿草本，丛生。叶多，被毛，基生，淡红紫色，背面暗绿色。穗状花序，花钟状，淡粉红色至淡黄色，生于直立茎上，春末开放。株高和冠径均为60cm。

☼ ◇ ❄❄❄

红网纹草 ***Fittonia albivenis* Verschaffeltii Group**（*F. verschaffeltii*）(Painted net-leaf)
多年生常绿草本。匍匐状。叶小，卵形，榄绿色，叶脉红色。若开花，最好切除。株高达15cm，冠径不定。耐最低温度15℃。

☼ ◇ ♀

Alternanthera ficoidea var. *amoena*
Alternanthera ficoidea 'Versicolor'
Bergenia purpurascens
Bertolonia marmorata

ORCHIDS, illus. p.296～p.299

■ 紫色

‘紫黑’扁葶沿阶草 ***Ophiopogon planiscapus* ‘Nigrescens’**
多年生常绿草本。丛生或蔓生。因观赏其叶而栽培。叶禾草叶状，黑色，与众不同。总状花序，花淡紫色，夏季开放。果实黑色。株高23cm，冠径30cm。

叶烟花 ***Elatostema repens***
(Watermelon begonia)
多年生常绿草本。爬行。具根状茎。叶宽卵形，橄榄绿色，边缘紫褐色，中间淡绿色。花不明显。株高10cm，冠径不定。耐最低温度15℃。

四蕊花(墨西哥毛地黄) ***Tetranema roseum*** (*T. mexicanum*) (Mexican foxglove, Mexican violet)
多年生草本。茎短。叶丛生，背面淡蓝绿色，无叶柄。花下垂，紫色，花筒色淡，陆续开放。株高达20cm，冠径30cm。耐最低温度13℃。

■■ 紫色至绿色

银毛冠 ***Cyanotis somaliensis***
(Pussy ears)
多年生常绿草本。爬行。茎被白色毛。叶小而窄，具光泽，暗绿色。花紫蓝色，生于叶腋，冬春开放。株高5cm，冠径不定。耐最低温度10～15℃。

紫锦草(紫鸭跖草) ***Tradescantia pallida* ‘Purpurea’**
多年生常绿草本。爬行。茎暗紫色。叶轻微肉质。花粉红色或同时具有粉红色和白色，夏季开放。株高30～40cm，冠径30cm以上。耐最低温度15℃。

雪娟（白绢草） ***Tradescantia sillamontana*** (*T. pexata*, *T. velutina*)
多年生常绿草本。直立。叶卵形，抱茎而生，密被白色毛。具花序，花小，亮淡紫色至粉红色，夏季开放。株高和冠径均为30cm。耐最低温度10～15℃。

‘多色’匍匐筋骨草 ***Ajuga reptans* ‘Multicolor’**(*A. r.* ‘Rainbow’)
多年生常绿草本。铺地状。为良好的地被植物。叶暗绿色，具乳黄色和粉红色斑点。穗状花序，花小，蓝色，春季开放。株高12cm，冠径45cm。

‘红脉’竹芋 ***Maranta leuconeura* ‘Erythroneura’** (*M. l.* ‘Erythrophylla’)(Herringbone plant)
多年生常绿草本。叶长椭圆形，夜间直立，白天平展，叶脉红色，中脉黄绿色。株高和冠径均为30cm。耐最低温度15℃。

‘暗紫’匍匐筋骨草 ***Ajuga reptans* ‘Atropurpurea’**
多年生常绿草本。铺地状。茎多而蔓生。叶丛莲座状，叶小，具光泽，深古铜紫色。穗状花序短，花蓝色，春季开放。株高15cm，冠径90cm。

‘永恒仙女’旋果花 ***Streptocarpus* ‘Constant Nymph’**
多年生常绿草本。无茎。叶丛莲座状，叶带状，皱褶。花序小，花漏斗状，紫蓝色，脉色较淡，花筒黄色，陆续开放。株高25cm，冠径50cm。耐最低温度10～15℃。

‘短叶’虎尾兰 ***Sansevieria trifasciata* ‘Hahnii’**
多年生常绿草本。无茎。叶丛莲座状，叶约5片，坚硬，直立，阔披针形，先端尖，具横向的淡绿色或白色带。花小，淡绿色，偶尔开放。株高15～30cm，冠径10cm。耐最低温度15℃。

Helleborus atrorubens
Heterocentron elegans, illus. p.284
Lathraea clandestina, illus. p.271
ORCHIDS, illus. p.296～p.299

Streptocarpus rexii

Aeschynanthus pulcher
BROMELIADS, illus. p.265
Cyanotis kewensis
Tradescantia zebrina ‘Purpusii’

小型宿根花卉 冬季或全年观赏

绿色

孔雀肖竹芋 ***Calathea makoyana***
(Peacock plant)
多年生常绿草本。丛生。叶平展，长30cm，深绿色和淡绿色，背面红紫色。穗状花序短，花白色，陆续开放。株高60cm，冠径达1.2m。耐最低温度15℃。

暗褐斑竹芋 ***Maranta leuconeura* var. *kerchoviana*** (Rabbit tracks)
多年生常绿草本。花白色至淡紫色，陆续开放。叶长椭圆形，具暗褐色斑块，后变为绿色，夜间直立，白天平展。株高和冠径均为30cm。耐最低温度15℃。

绵毛水苏 ***Stachys byzantina***
(*S. lanata*, *S. olympica*) (Bunnies' ears, Lamb's tongue)
多年生常绿草本。铺地状。适宜栽培于夏季花境前边或作地被植物。叶灰色，被毛。花紫粉红色，夏季开放。株高30～38cm，冠径60cm。

金钱麻 ***Soleirolia soleirolii***
(*Helxine soleirolii*) (Baby's tears, Mind-your-own-business)
多年生常绿草本。茎平卧。侵占性强。叶小，圆形，鲜绿色，地毯状铺地。若不加控制，可充满其他植物当中。株高5cm，冠径不定。

斑叶亮丝草（彩叶粗肋） ***Aglaonema pictum***
多年生常绿草本。直立，丛生。叶卵形，长达15cm，具不规则的灰白色或灰绿色斑块。佛焰苞乳白色，夏季开放。株高和冠径均为60cm。耐最低温度15℃。

千岁兰 ***Welwitschia mirabilis***
(*W. bainesii*)
多年生常绿草本。茎短，木质化。叶2片，带状，长达2.5m，先端分裂成多数卷须状细裂。果实小，圆锥形，红褐色。株高30cm，冠径不定。耐最低温度10℃。

沿阶草 ***Ophiopogon japonicus***
多年生常绿草本。铺地状。丛生。叶禾草叶状，具光泽，暗绿色。穗状花序，花淡紫色，夏末开放。浆果，蓝黑色。株高30cm，冠径不定。

'银王'粗肋 ***Aglaonema* 'Silver King'**
多年生常绿草本。直立，丛生。叶宽披针形，中绿色，长达30cm，具暗绿色和亮绿色斑块。佛焰苞淡绿色，夏季开放。株高和冠径均为45cm。耐最低温度15℃。

云纹椒草 ***Peperomia marmorata***
(Silver heart)
多年生常绿草本。灌木状。花不明显。叶卵形，先端长尖，肉质，暗绿色，表面棉被状，具淡灰白色斑块，背面淡红色。株高和冠径均为20cm。耐最低温度10℃。

尖叶铁筷子 ***Helleborus argutifolius***
多年生草本。丛生。叶常绿，有分裂，暗绿色，边缘具刺。花序大，花杯状，淡绿色，冬春开放。株高60cm，冠径45cm。

铺地锦竹草 ***Callisia repens***
多年生常绿草本。爬行。具根状茎。叶多，有时具白色带，背面常淡紫色。花白色，冬季开放。株高10cm，冠径不定。耐最低温度15℃。

Ajuga pyramidalis 'Metallica Crispa'
Ajuga reptans 'Jungle Beauty'
Aspidistra elatior
Callisia navicularis
Chamaemelum nobile
Chamaemelum nobile 'Treneague'
Chlorophytum comosum
Peperomia clusiifolia
Peperomia griseoargentea
Peperomia metallica
Peperomia obtusifolia
Peperomia rubella
Plectranthus oertendahlii
Plectranthus verticillatus
Tradescantia fluminensis

绿色

南非茅膏菜 ***Drosera spatulata***
多年生食虫草本。常绿。叶丛莲座状，叶匙形，具敏感的红色腺毛。花小而多，粉红色或白色，生于无叶的茎上，夏季开放。株高和冠径均为8cm。耐最低温度5～10℃。

玲珑椒草 ***Peperomia glabella***
(Wax privet)
多年生常绿草本。茎红色。广泛蔓生。叶宽卵形，肉质，具光泽，亮绿色，长5cm。花不明显。株高15cm，冠径30cm。耐最低温度10℃。

绿花铁筷子 ***Helleborus viridis***
(Green hellebore)
多年生落叶草本。丛生。叶有分裂，暗绿色。花杯状，绿色，冬末至初春开放。株高和冠径均为30cm。

匙叶茅膏菜 ***Drosera capensis***
(Cape sundew)
多年生食虫草本。常绿。叶丛莲座状，叶窄，具敏感的红色腺毛。花小而多，紫色，生于无叶的茎上，夏季开放。株高和冠径均为15cm。耐最低温度5～10℃。

花叶椒草(乳纹椒草) ***Peperomia obtusifolia* 'Variegata'**
多年生常绿草本。灌木状。叶铲状，肉质，长达20cm，具不规则的黄绿色至乳黄色边缘，中间常为淡灰色。花不明显。株高和冠径均为15cm。耐最低温度10℃。

铜钱叶冷水花 ***Pilea nummulariifolia*** (Creeping Charlie)
多年生常绿草本。铺地状。根状茎淡红色，爬行。叶圆形，淡绿色，宽约2cm，表面皱褶。花不明显。株高达5cm，冠径30cm。耐最低温度10℃。

BROMELIADS, illus. p.265
Helleborus lividus
ORCHIDS, illus. p.296～p.299
Tolmiea menziesii

绿色至黄色

'金网脉'血苋 ***Iresine herbstii* 'Aureoreticulata'**
多年生常绿草本。灌木状。茎红色。花不明显。叶圆形，中绿色，长10cm，叶脉黄色或红色，叶尖"V"形。株高达60cm，冠径45cm。耐最低温度10～15℃。

捕蝇草 ***Dionaea muscipula*** (Venus flytrap)
多年生食虫草本。常绿。叶丛莲座状，叶6片至多数，伸展，内面粉红色，边缘有坚硬的刚毛。具花序，花小，白色，夏季开放。株高10cm，冠径30cm。耐最低温度5℃。

臭铁筷子 ***Helleborus foetidus***
(Stinking hellebore)
多年生常绿草本。丛生。叶深裂，暗绿色。圆锥花序，花杯状，淡绿色，花瓣边缘红色，冬末至初春开放。株高和冠径均为45cm。

'黄纹短叶'虎尾兰 ***Sansevieria trifasciata* 'Golden Hahnii'**
多年生常绿草本。无茎。叶丛莲座状，叶直立，5片，宽披针形，具黄色的宽边缘。花小，淡绿色，有时开放。株高15～30cm，冠径10cm。耐最低温度15℃。

紫凤草 ***Nautilocalyx lynchii***
多年生常绿草本。灌木状。直立。生长势强。叶宽披针形，轻微皱褶，具光泽，淡绿色至红色，背面淡红色。花管状，淡黄色，被红色毛，花萼红色，夏季开放。株高和冠径均为60cm。耐最低温度15℃。

Adonis amurensis, illus. p.275
BROMELIADS, illus. p.265
ORCHIDS, illus. p.296～p.299
Peperomia obtusifolia 'Greengold'
Pilea involucrata
Tradescantia spathacea 'Vittata'

禾草类、竹类、灯心草类和莎草类植物

白色至绿色

'白边'银芦 ***Cortaderia selloana* 'Silver Comet'**
多年生常绿草本。丛生。叶极窄，弯曲，边缘锋利，银白色，长达1m。圆锥花序，羽毛状，由小穗组成，夏末开始开放。株高1.2～1.5m，冠径1m。

菲白竹 ***Pleioblastus variegatus***
(*Arundinaria fortunei*, *A. variegata*)
(Dwarf white-stripe bamboo)
多年生常绿竹类。蔓延缓慢。叶窄，轻微被毛，具白色条纹。茎在近基部有分枝。株高80cm，冠径不定。

兔尾草 ***Lagurus ovatus*** (Hare's-tail grass)
一年生草本。丛生。圆锥花序，卵形，柔软，小穗多，花白色，雄蕊金黄色，初夏至秋季开放。叶长而窄，扁平。可快速自播繁殖。株高45cm，冠径15cm。

'花叶'大甜茅 ***Glyceria maxima* 'Variegata'** (*G. aquatica* 'Variegata')
多年生草本。蔓延。叶具乳黄色条纹，基部常微带粉红色。圆锥花序，开张，小穗淡绿色，夏季开放。株高80cm，冠径不定。

彩叶虉草 ***Phalaris arundinacea* var. *picta*** (*P. a.* 'Picta')
(Gardener's garters)
多年生常绿草本。丛生或蔓生。叶宽，具白色条纹。圆锥花序窄，由小穗组成，夏季开放。为侵占性植物。株高1m，冠径不定。

彩叶芦竹（花叶芦竹） ***Arundo donax* var. *versicolor***
(*A. d.* 'Variegata')
多年生草本。具根状茎。茎强壮。叶宽，具乳白色条纹。圆锥花序，直立，小穗多，白黄色，夏末开放。株高2.5～3m，冠径60cm。

'乳白穗'银芦 ***Cortaderia selloana* 'Sunningdale Silver'**
多年生常绿草本。叶窄，弯曲，边缘锋利，长1.5m。圆锥花序，羽毛状，持久，小穗乳白色，夏末开放。株高2.1m，冠径45cm。

'横斑'芒 ***Miscanthus sinensis* 'Zebrinus'**
多年生草本。丛生。叶背面被毛，具横向的年轮状色斑。圆锥花序，扇形，小穗被毛，白色，具芒，秋季开放。株高1.2m，冠径45cm。

'白条'根茎绒毛草 ***Holcus mollis* 'Albovariegatus'**
(*H. m.* 'Variegatus')
(Variegated creeping soft grass)
多年生常绿草本。丛生或蔓生。叶具白色条纹，茎节被毛。穗状花序，花紫白色，夏季开放。株高30～45cm，冠径不定。

山白竹 ***Sasa veitchii***
(*S. albomarginata*)
多年生常绿竹类。蔓延缓慢。叶长25cm，随后叶边缘变为白色。茎常紫色，每茎节处有一单分枝，茎节下面具白粉。株高15cm，冠径不定。

'花叶'水葱 ***Schoenoplectus lacustris* subsp. *tabernaemontani* 'Zebrinus'**
多年生常绿草本。蔓延。茎无叶，具水平条纹。小穗白色和褐色，夏季开放。耐盐碱水湿。株高1.5m，冠径不定。

OTHER RECOMMENDED PLANTS:
Arrhenatherum elatius subsp. *bulbosum* 'Variegatum'
Arundo donax
Carex riparia 'Variegata'
Chionochloa conspicua
Cortaderia selloana
Cyperus albostriatus 'Variegatus'
Dactylis glomerata 'Variegata'
Luzula sylvatica 'Marginata'
Scirpoides holoschoenus 'Variegatus'
Stenotaphrum secundatum 'Variegatum'

白穗地杨梅 ***Luzula nivea***
(Snowy woodrush)
多年生常绿灯心草类植物。蔓延缓慢。穗状花序，极密集成簇，花白色，初夏开放。叶缘被白色柔毛。株高60cm，冠径45～60cm。

◑ 💧 ❄❄❄

凤尾竹 ***Bambusa multiplex***
(*B. glaucescens*) (Hedge bamboo)
常绿竹类。丛生。叶窄，长10～15cm。用作树篱和防风。株高15m，冠径不定。

☼ 💧 ❄

芒颖大麦草 ***Hordeum jubatum***
(Foxtail barley, Squirrel tail grass)
多年生或一年生草本。丛生。短命。穗状花序，扁平，拱形，羽状，具丝状芒，夏季至初秋开放。株高30～60cm，冠径30cm。

☼ 💧 ❄❄❄

巨针茅 ***Stipa gigantea*** (Golden oats)
多年生常绿草本。丛生。叶窄，长45cm以上。圆锥花序，美丽，开张，小穗银白色，具长芒，花药金黄色，下垂，冬季宿存。株高2.5m，冠径1m。

☼ 💧 ❄❄ 🏆

格兰马草 ***Bouteloua gracilis***
(*B. oligostachya*)
(Blue grama, Mosquito grass)
多年生半常绿草本。丛生。叶窄。穗状花序梳子状，长4cm。与秆成直角。株高50cm，冠径20cm。

☼ 💧 ❄❄❄

长毛狼尾草 ***Pennisetum villosum***
(*P. longistylum*) (Feather-top)
多年生草本。丛生。秆具长毛。圆锥花序，小穗乳黄色至粉红色，后褪色为淡褐色，具极长的胡须状刚毛。株高达1m，冠径50cm。

☼ 💧 ❄❄

纸莎草 ***Cyperus papyrus***
(Paper reed, Papyrus)
多年生常绿草本。丛生。秆粗壮，三角形，无叶。每秆具一大型伞形花序，小穗多达百束，夏季开放。栽培于水中。株高达3～5m，冠径1m。耐最低温度7～10℃。

☼ 💧

常青异燕麦 ***Helictotrichon sempervirens*** (*Avena candida*, *A. sempervirens*) (Blue oat grass)
多年生常绿草本。丛生。叶硬质，银蓝色，长30cm以上。圆锥花序垂直，花穗麦秆色，夏季开放。株高1m，冠径60cm。

☼ 💧 ❄❄❄ 🏆

'深紫'西伯利亚臭草 ***Melica altissima* 'Atropurpurea'**
多年生常绿草本。丛生。叶宽，背面具短毛。圆锥花序，长10cm，顶生，悬挂枝顶，由紫色小穗组成，夏季开放。株高和冠径均为60cm。

☼ 💧 ❄❄❄

Briza maxima
Briza media
Bromus ramosus
Carex buchananii
Fargesia nitida
Molinia caerulea subsp. *arundinacea*
Pennisetum alopecuroides
Pennisetum setaceum
Stipa arundinacea

禾草类、竹类、灯心草类和莎草类植物

绿色

喜马玉山竹 ***Yushania anceps*** (*Arundinaria anceps*, *A. jaunsarensis*, *Sinarundinaria jaunsarensis*) (Anceps bamboo)
常绿竹类。秆直立，伸展，后拱形，每节具数个分枝。株高2～3m，冠径不定。

业平竹 ***Semiarundinaria fastuosa*** (*Arundinaria fastuosa*) (Narihira bamboo)
常绿竹类。丛生。叶长15cm。每节处多数短枝簇生。箨鞘开张，内面有光泽，紫色。株高6m，冠径不定。

岗姬竹 ***Shibataea kumasasa***
常绿竹类。丛生。秆绿褐色。侧枝粗而短，生于同一边。叶宽，长5～10cm。株高1～1.5m，冠径30cm。

纤枝稷 ***Panicum capillare*** (Old-witch grass)
一年生草本。丛生。叶宽。茎被毛。每秆顶端的一半为圆锥花序，小穗小，多数，密集，绿褐色，生于优美的花梗上，夏季开放。株高60～100cm，冠径30cm。

淡竹 ***Phyllostachys nigra*** var. ***henonis*** (*P.* 'Henonis')
常绿竹类。丛生。箨耳有毛。叶多。株高10m，冠径2～3m。

'螺旋'灯心草 ***Juncus effusus* 'Spiralis'** (*J. e.* f. *spiralis*, *Scirpus lacustris* 'Spiralis') (Corkscrew rush)
常绿多年生草本。丛生。秆无叶，扭曲并卷曲，常平卧。圆锥花序，花极密集，绿褐色，夏季开放。株高1m，冠径60cm。

朱丝贵竹 ***Chusquea culeou*** (Chilean bamboo)
常绿竹类。丛生。生长慢。箨鞘持久，幼时亮白色，生于粗壮而实心的膨大节上。株高达5m，冠径2.5m以上。

风车草（伞莎草） ***Cyperus involucratus*** (*C. alternifolius* of gardens, *C. flabelliformis*)
多年生常绿草本。小穗簇生。叶状苞片轮生于其下面，夏季开放。株高达1m，冠径30cm。耐最低温度4～7℃。

矢竹 ***Pseudosasa japonica*** (*Arundinaria japonica*) (Arrow bamboo, Metake)
常绿竹类。丛生。以根状茎蔓生。箨鞘褐色，持久，密被软毛。叶较宽，长35cm。株高5m，冠径不定。

刚竹(桂竹) ***Phyllostachys bambusoides*** (Timber bamboo)
常绿竹类。丛生。秆绿色，直立，粗壮。箨鞘具明显的刚毛，叶宽而大。株高6～8m，冠径不定。

薏苡 ***Coix lacryma-jobi*** (Job's tears)
一年生草本。丛生。叶宽。小穗不引人注目。果实绿色，念珠状，坚硬，秋季变为灰紫色，有光泽。株高45～90cm，冠径10～15cm。

曲竿竹 ***Phyllostachys flexuosa*** (Zigzag bamboo)
常绿竹类。丛生。秆细长，明显"Z"形，随后变黑色。箨叶无刚毛。叶冬季保持鲜绿色。株高6～8m，冠径不定。

Arundo donax
Carex elata
Cyperus longus
Deschampsia cespitosa
Festuca glauca
Leymus arenarius
Sesleria heufleriana
Stipa calamagrostis

‘纤细’芒 *Miscanthus sinensis* ‘Gracillimus’
多年生草本。丛生。叶极窄，背面具毛，常变为青铜色。圆锥花序，扇形，小穗具芒，白色，有毛，初秋开放。株高1.2m，冠径45cm。

‘黄边’草原网茅 *Spartina pectinata* ‘Aureomarginata’
(*S. p.* ‘Aureovariegata’)
多年生草本。具根状茎。枝伸展。叶长，拱形，具黄色条纹，秋末及冬季变成橙褐色。株高达2m，冠径不定。

花秆苦竹 *Pleioblastus auricomus*
(*Arundinaria auricoma*, *A. viridistriata*, *P. viridistriatus*)
常绿竹类。蔓延缓慢。秆紫色。叶宽，微被毛，亮黄色，具绿色条纹。株高1.5m，冠径不定。

‘黄斑’草原看麦娘 *Alopecurus pratensis* ‘Aureovariegatus’(*A. p.* ‘Aureomarginatus’) (Golden foxtail)
多年生草本。叶黄色或具黄绿色条纹。小穗密集，夏季开放。株高和冠径均为23～30cm。

垂穗薹草 *Carex pendula*
(Pendulous sedge)
多年生常绿草本。丛生。株形优美。叶窄，绿色，长45cm。秆实心，三角形。穗状花序多，下垂，花暗绿色，夏季开放。株高1m，冠径30cm。

‘黄纹’八丈薹草 *Carex hachijoensis* ‘Evergold’ (*C. oshimensis* ‘Evergold’)
多年生常绿草本。丛生。叶窄，具黄色条纹，长20cm。秆实心，三角形。小穗不引人注目，夏季开放。株高20cm，冠径15～20cm。

‘金线’箱根草 *Hakonechloa macra* ‘Aureola’
多年生草本。生长慢。具短根状茎。叶黄色，具绿色条纹，后变为红褐色。圆锥花序，小穗红褐色，初秋至冬季持续开放。株高40cm，冠径45～60cm。

粉绿竹 *Phyllostachys viridiglaucescens*
常绿竹类。丛生。秆绿褐色，基部拱形，节下部被白粉。株高6～8m，冠径不定。

‘金叶’丛生薹草 *Carex elata* ‘Aurea’ (*C. stricta* ‘Aurea’)
(Bowles’ golden sedge)
多年生常绿草本。丛生。叶金黄色。秆实心，三角形。小穗黑褐色，夏季开放。株高达40cm，冠径15cm。

Eleocharis acicularis
Isolepis setaceus
Lamarckia aurea
Melica altissima
Melinis repens
Milium effusum ‘Aureum’
Molinia caerulea ‘Variegata’
Phyllostachys aurea
Phyllostachys aureosulcata
Sasa palmata
Stipa arundinacea

蕨类

绿色

‘曼代’金囊水龙骨 ***Phlebodium aureum* ‘Mandaianum’**
常绿蕨类。具匍匐状根状茎。叶拱形，深裂，绿灰色，背面具引人注目的橙黄色孢子囊，羽状裂片深裂，边缘波状。株高1～1.5m，冠径60cm。耐最低温度5℃。

刺羽耳蕨 ***Polystichum munitum***
(Giant holly fern)
常绿蕨类。叶革质，直立，披针形，暗绿色，羽状小叶边缘多刺，小叶由边缘具刺的小羽片组成。株高1.2m，冠径30cm。

欧洲鳞毛蕨 ***Dryopteris filix-mas***
(Male fern)
落叶或半常绿蕨类。叶宽披针形，中绿色，直立或呈优美的拱形，羽毛球状排列。根状茎大，皇冠状，直立，被褐色鳞片。株高1～1.2m，冠径1m。

澳大利亚蚌壳蕨 ***Dicksonia antarctica*** (Australian tree fern)
常绿树状蕨类。树干粗壮，被褐色纤维。叶宽，披针形，棕榈叶状，多分裂，伸展，微拱形。株高10m以上，冠径4m。

甜根水龙骨 ***Polypodium glycyrrhiza*** (Liquorice fern)
落叶蕨类。叶长椭圆状三角形或窄卵形，有分裂，中绿色，披针形至长椭圆形。根状茎具甘草香味。株高和冠径均为45cm。

二叉鹿角蕨 ***Platycerium bifurcatum*** (Common stag's-horn fern)
常绿附生蕨类。不育叶宽，碟状；可育叶长，拱形至下垂，孢子叶长，叉状，灰绿色，拱形至下垂，背面具天鹅绒状褐色孢子囊。株高和冠径均为1m。耐最低温度5℃。

‘美丽’欧洲耳蕨 ***Polystichum aculeatum* ‘Pulcherrimum’**
常绿或半常绿蕨类。叶宽披针形，裂片优美，边缘薄，春季黄绿色，成年叶暗绿色，有光泽。株高60cm，冠径75cm。

南国乌毛蕨 ***Blechnum penna-marina*** (*B. alpinum*)
常绿铺地状蕨类。生长快。叶窄，梯状，暗绿色，幼叶微带红色，外部不育叶伸展，可育叶直立。株高15～30cm，冠径30～45cm。

热带鳞盖蕨 ***Microlepia speluncae***
大型陆生蕨类。具蔓生的根状茎。叶三角形，有分裂，微被柔毛，羽片三角形至披针形。株高达1.2m，冠径达2m。耐最低温度5～10℃。

OTHER RECOMMENDED PLANTS:
Asplenium bulbiferum
Blechnum penna-marina
Blechnum spicant
Cyrtomium fortunei
Dicksonia fibrosa
Dicksonia squarrosa
Dryopteris marginalis
Nephrolepis cordifolia
Pellaea atropurpurea
Polystichum acrostichoides
Polystichum aculeatum
Polystichum tsussimense
Pteris ensiformis
Pteris ensiformis ‘Arguta’

沿海水龙骨 ***Polypodium scouleri***
常绿蕨类。匍匐状。叶三角形至卵形，革质，有分裂。根状茎蔓生。株高和冠径均为30～40cm。

‘威斯特’欧洲凤尾蕨 ***Pteris cretica* ‘Wimsettii’**
常绿或半常绿蕨类。叶宽卵形，羽片窄，边缘缺刻状，先端鸡冠状。株高45cm，冠径30cm。耐最低温度5℃。

阿留申铁线蕨 ***Adiantum aleuticum***
半常绿蕨类。根状茎短。茎具光泽，暗褐色或淡黑色。叶优美，手指状，有分裂，羽片蓝绿色。其叶比掌叶铁线蕨（*A. pedatum*）更密集。适宜于碱性土壤栽培。株高和冠径均为45cm。

金囊水龙骨 ***Phlebodium aureum***
（*Polypodium aureum*）
常绿蕨类。根状茎匍匐状，具金黄色鳞片。叶拱形，深裂 中绿色或灰绿色，背面有引人注目的橙黄色孢子囊。株高90～150cm，冠径60cm。耐最低温度5℃。

多枝卷柏 ***Selaginella martensii***
常绿蕨类。苔藓状。枝密集，多分枝，叶状。叶有光泽，浓绿色。株高和冠径均为23cm。耐最低温度5℃。

药用铁角蕨 ***Asplenium ceterach***
(Rusty-back fern)
半常绿蕨类。叶披针形，革质，暗绿色，裂片互生，钝圆形，幼叶背面被银白色鳞片，成年叶红褐色。株高和冠径均为15cm。

全缘贯众 ***Cyrtomium falcatum***
(Fishtail fern, Holly fern)
常绿蕨类。叶披针形，羽片似冬青叶，有光泽，暗绿色，幼时被淡白色或褐色鳞片。株高30～60cm，冠径30～45cm。

铁角蕨 ***Asplenium trichomanes***
(Maidenhair spleenwort)
半常绿蕨类。叶细长，先端渐尖，叶轴有光泽，黑色，后变成褐色，羽片多，椭圆形，亮绿色。适宜石灰质土壤栽培。株高15cm，冠径15～30cm。

异裂群刺毛耳蕨 ***Polystichum setiferum* Divisilobum Group**
常绿或半常绿蕨类。叶宽披针形或卵形，质地软，多分裂，伸展，展开后具白色鳞片。株高60cm，冠径45cm。

Adiantum raddianum ‘Fritz-Luthi’
Adiantum tenerum
Blechnum tabulare
Cheilanthes tomentosa
Davallia canariensis
Davallia mariesii
Didymochlaena truncata
Dryopteris carthusiana
Dryopteris cycadina
Dryopteris dilatata
Dryopteris filix-mas ‘Grandiceps Wills’
Dryopteris wallichiana
Lygodium japonicum
Matteuccia orientalis
Oreopteris limbosperma
Phegopteris connectilis

蕨类

绿色

沼泽蕨 ***Thelypteris palustris***
(Marsh buckler fern, Marsh fern)
落叶蕨类。叶强壮，直立，披针形，淡绿色，羽片全裂。根状茎细长而坚韧，匍匐状，黑色。适宜河边和池畔栽培。株高75cm，冠径30cm。

高大肾蕨 ***Nephrolepis exaltata***
(Sword fern)
常绿蕨类。叶直立，有时斜展，披针形，有分裂，灰绿色。茎细长而坚硬。株高和冠径均为90cm以上。耐最低温度5℃。

欧紫萁 ***Osmunda regalis*** (Royal fern)
落叶蕨类。叶优美，宽卵形至椭圆形，有分裂，亮绿色，幼叶粉红色。成年植株较大叶片顶端有缨状的锈褐色可育花穗。株高2m，冠径1m。

地柏 ***Selaginella kraussiana***
常绿蕨类。苔藓状。蔓生。略呈匍匐状。叶亮绿色。株高1m，冠径不定。耐最低温度5℃。

'复裂'欧亚水龙骨 ***Polypodium vulgare* 'Cornubiense'**
常绿蕨类。叶窄，披针形，有分裂，鲜绿色，羽片再分裂，似花边。株高和冠径均为25～30cm。

球子蕨 ***Onoclea sensibilis*** (Sensitive fern)
落叶蕨类。匍匐状。叶优美，拱形，近三角形，有分裂，鲜灰绿色，春季常布满淡红褐色晕，秋季叶变为黄褐色，引人注目。株高和冠径均为45cm。

掌叶铁线蕨 ***Adiantum pedatum***
(Northern maidenhair fern)
半常绿蕨类。根状茎粗壮，匍匐状。叶优美，手指状，中绿色，有分裂。茎有光泽，暗褐色或淡黑色。株高和冠径均为45cm。

荚果蕨 ***Matteuccia struthiopteris***
(Ostrich-feather fern, Ostrich fern)
落叶蕨类。具根状茎。叶披针形，直立，有分裂，呈羽毛球状排列，外层不育叶，鲜绿色；内层可育叶，暗褐色。株高1m，冠径45cm。

Polypodium cambricum
Polypodium vulgare 'Cristatum'
Polystichum braunii
Polystichum rigens
Selaginella lepidophylla
Woodsia polystichoides
Woodwardia radicans
Woodwardia unigemmata

羽裂群刺毛耳蕨 ***Polystichum setiferum*** **Plumosodivisilobum Group**
常绿蕨类。叶披针形，有分裂，羽片在叶先端渐变窄，基部羽片常重叠，呈羽毛球状排列。株高1.2m，冠径1m。

☼ ◊ ❄❄❄

巢蕨（鸟巢蕨） ***Asplenium nidus*** (Bird's-nest fern)
常绿蕨类。叶宽披针形，有光泽，亮绿色，呈羽毛球状排列。株高60～120cm，冠径30～60cm。耐最低温度5℃。

☼ ♦ 🏆

华东蹄盖蕨 ***Athyrium niponicum*** (*A. goeringianum*, *A. nipponicum*)(Painted fern)
落叶蕨类。叶宽三角形，有分裂，灰绿色，稍带紫色。根状茎匍匐状，具鳞片，淡褐色或淡红色。株高和冠径均为30cm。

☀ ♦ ❄❄

美国珠蕨 ***Cryptogramma crispa*** (Parsley fern)
落叶蕨类。叶宽卵形至三角形，细裂，亮灰绿色，似芫荽叶，秋季变为锈褐色，冬季宿存。株高15～23cm，冠径15～30cm。

☼ ◊ pH ❄❄❄

欧亚水龙骨 ***Polypodium vulgare*** (Common polypody, Polypody)
常绿蕨类。叶窄，披针形，有分裂，鲱鱼骨刺状，中绿色。根状茎匍匐状，被铜褐色鳞片。适宜岩石园栽培。株高和冠径均为25～30cm。

☼ ◊ ❄❄❄

舌状铁角蕨 ***Asplenium scolopendrium*** (*Phyllitis scolopendrium*, *Scolopendrium vulgare*)(Hart's-tongue fern)
常绿蕨类。根状茎粗壮。叶舌状，革质，亮绿色。适宜碱性土壤栽培。株高45～75cm，冠径达45cm。

☼ ♦ ❄❄❄ 🏆

水扒龙群舌状铁角蕨 ***Asplenium scolopendrium*** **Marginatum Group**
常绿蕨类。根状茎粗壮，直立。叶舌状，有分裂，革质，亮绿色，稍美丽。适宜碱性土壤栽培。株高和冠径均为30cm以上。

☼ ♦ ❄❄❄

细叶铁线蕨 ***Adiantum venustum***
落叶蕨类。叶美丽，灰绿色，初展时略现褐色，幼叶微带褐色，羽片小而多，三角形。茎有光泽。株高23cm，冠径30cm。

☼ ♦ pH ❄❄ 🏆

Adiantum capillus-veneris
Adiantum raddianum
Adiantum raddianum 'Grandiceps'
Athyrium filix-femina
Athyrium otophorum
Cystopteris bulbifera
Cystopteris dickieana
Dryopteris affinis
Dryopteris erythrosora
Dryopteris goldieana
Osmunda cinnamomea
Osmunda claytoniana
Pityrogramma triangularis
Pteris cretica 'Albolineata'
Pteris cretica 'Mayi'
Selaginella kraussiana 'Variegata'

一、二年生花卉

一、二年生花卉生长繁茂，开花量大，观赏期长，价格便宜，多用来填补永久性植物周围的小片区域或富于野趣的自然式栽植。许多园艺家充分利用一、二年生花卉五颜六色的花色，为他们的花园增添光彩。

一、二年生花卉

一、二年生花卉生长快，成本相对较低，这使得它们在乔木、灌木和宿根花卉等永久性植物发挥作用之前能够为新建的花园提供即时的色彩效果。一、二年生花卉在规则式布局中作为花境植物用来填补空白或创造特殊效果，也用在自然式环境中，特别是在自然区域和野花草地中，都是很有价值的。

什么是一、二年生花卉

一年生花卉是指生长、开花、结籽和死亡都在一个生长季节内完成的植物。二年生花卉在两个生长季节内完成它们的生活周期，多数为夏季播种，第一年主要长叶，翌年开花、结籽和死亡。

一、二年生花卉的种植

耐寒的一年生花卉可耐受一定的霜冻，因此可以在初秋或春季就地播种。半耐寒和易遭霜害的一年生花卉可以在冬末和初春之间在温室里播种，当霜期过去后再移植到露地。园艺家也经常把其他类型的植物作一年生栽培，特别是易遭霜害的多年生草花，如天竺葵属植物或凤仙花属植物，这些植物播种后第一年生长茂盛、开花多。像一年生花卉一样，这些不耐寒的多年生草花在季节结束时也将被清除掉。

观赏特性

一、二年生花卉在大小和株形方面差别很大。从最低矮、圆丘状的熊耳草（*Ageratum houstonianum*）品种和蔓生的旱金莲（*Tropaeolum majus*）到高大尖塔状的毛地黄（*Digitalis purpurea*）或高大壮观的绵毛蓟(*Onopordum acanthium*)，还有攀缘植物，如五裂叶旱金莲（*Tropaeolum peregrinum*）和香豌豆（*Lathyrus odoratus*）以及一些以观叶为主的植物，如具有羽状叶的蓬头草（*Bassia scoparia* f. *trichophylla*）和亮灰色叶的银叶菊（*Senecio cineraria*）。花的色彩和亮度范围非常广泛，使人挑选起来眼花缭乱。从乳白色的‘蒙布朗’三月花葵（*Lavatera trimestris*‘Mont Blanc’）到猩红色的天竺葵或紫红色和紫色的矮牵牛，另外还有戟叶葵（*Anoda cristata*）这样的植物所呈现的更为轻淡柔和的色彩。

保持色彩终年不断

一、二年生花卉花期长且花量丰富，传统上利用这点在规则式花床中种植，专门用来展示绚丽的季节性色彩变化。春天有时在球根花卉下面种一层报春花属植物和勿忘我属植物，夏季拔掉它们让出地方种植其他的植物，如具有奇特

多种用途的金盏菊

上图：金盏菊（*Calendula officinalis*）形成坚固的边饰，它可食用的花吸引着食蚜蝇类益虫来捕食各种有害的蚜虫。

早季的花香

右图：自播的欧亚香花芥（*Hesperis matronalis*）和沼花（*Limnanthes douglasii*）为早春增添了花香和自然的和谐。

叶子的蓖麻（*Ricinus communis*）和带状种植的花色浓艳热烈的百日菊或天竺葵。当夏天过去时，这些就全部被冬天开花的三色堇（*Viola × wittrockiana*）或春季开花的桂竹香（*Erysimum cheiri*）所代替。尽管需要按比例进行适当的缩小，这种具有全年观赏潜力的种植方式只要缩小规模使之适合较小的地块，就可用于庭园条件。许多现代一年生花卉品种的株形和花色整齐，完全适合需要规则或栽植复杂图案的地方，它们也同样适用于更为自然式的种植。蜿蜒曲折高低不等的种植给人以村舍花园风格的感觉，但若种植像麦仙翁（*Agrostemma githago*）、矢车菊（*Centaurea cyanus*）、虞美人（*Papaver rhoeas*）等来自麦田的一年生花卉，可以取得更加自然的效果。如果有空间的话，一、二年生花卉可以种在花境里剪取切花，尤其是作鲜切花的紫罗兰（*Matthiola incana*）、醉碟花（*Cleome hassleriana*）和翠菊属（*Callistephus*）植物，还有花干后颜色、形状不变，适于作干花布置的麦秆菊（*Bracteantha bracteata*）和深波叶补血草（*Limonium sinuatum*）。在混合种植的花境中，无论是在永久性植物之间增加质地或色彩亮点，还是要填补掩饰宿根花卉开花后枯萎的叶子所留下的空隙，一、二年生花卉都具有极其重要的作用。

夏日的和谐
上图：罂粟（*Papaver somniferum*）和毛地黄（*Digitalis purpurea*）为混植花境增添了精美的色彩。

盆栽一年生花卉
右图：盆栽一年生花卉可以整个夏季为露台带来色彩。这些鲜艳的旱金莲（*Tropaeolu majus*）将持续开花直到初秋。

野花园
下图：成片撒播的南茼蒿（*Xanthophthalmum segetum*）、虞美人（*Papaver rhoeas*）和矢车菊（*Centaurea cyanus*）看起来完全是自然的。

容器种植

种在花盆、木桶和吊篮中的一、二年生花卉能造成引人注目的景致。可以用蔓生植物，如常春藤叶天竺葵，山梗菜围绕圆丘状的马鞭草或凤仙花组合种植，并与鹅河菊或费利菊轻盈的叶子连接起来。也可为永久种植的矮生针叶树如津山桧（*Juniperus communis* ‘Compressa’）或蔓生常绿的常春藤品种增添色彩。

一、二年生花卉

□ 白色

白花毛地黄 ***Digitalis purpurea* f. *albiflora*** (*D. p.* f. *alba*)
多年生草本。常作二年生栽培。生长缓慢、寿命短。叶大，莲座状，似卵形。夏季直立茎上开有管状白花。株高1～1.5m，冠径30～45cm。

◐ ◇ ❄❄❄ ⓘ 🏆

亚麻叶脐果草 ***Omphalodes linifolia*** (Venus's navelwort)
一年生草本。生长较快。茎细长，直立。叶披针形，灰绿色。花小，微香，圆形，白花，偶尔淡蓝色，夏季开放。株高15～30cm，冠径15cm。

☼ ◇ ❄ 🏆

丝石竹 ***Gypsophila elegans***
一年生草本。直立，丛生。生长快。叶披针形，淡灰绿色。花小，云状，白色，夏季至初秋在分枝顶端开放。株高60cm，冠径30cm以上。

☼ ◇ ❄❄❄

'蒙布朗'三月花葵 ***Lavatera trimestris* 'Mont Blanc'**
一年生草本。直立。生长速度中等。分枝多。叶卵形，有分裂。花浅喇叭状，鲜白花，夏季至初秋开放。株高60cm，冠径45cm。

☼ ◇ ❄❄❄

屈曲花 ***Iberis amara***
一年生草本。生长快。直立，丛生。叶披针形，中绿色。花小，扁平，头状，有香味，花瓣4片，白色，夏季开放。株高30cm，冠径15cm。

☼ ◇ ❄❄❄

'小多丽特'香雪球 ***Lobularia maritima* 'Little Dorrit'** (*Alyssum maritimum* 'Little Dorrit')
一年生草本。生长较快。株形紧密。叶披针形，淡灰绿色。花序头状，花瓣4片，白色，有香味，夏季和初秋开放。株高8～15m，冠径20～30cm。

☼ ◇ ❄❄❄

'大王'紫罗兰 ***Matthiola* 'Giant Imperial'**
二年生草本。直立，丛生。常作一年生栽培。生长快。叶披针形，淡灰绿色。长穗状花序，花白色至乳黄色，浓香，夏季开放。花非常漂亮，适于作切花栽培。株高达60cm，冠径30cm。

☼ ◇ ❄❄❄

恢复矮牵牛系列 ***Petunia* Recoverer Series**
多年生草本。丛生。常作一年生栽培。生长速度中等。分枝多。叶卵形，中绿色至深绿色。花大，开张，喇叭状，白色，夏秋季开放。株高15～30m，冠径30cm。

☼ ◇ ❄

OTHER RECOMMENDED PLANTS:
Adlumia fungosa
Antirrhinum majus and cvs
Bracteantha bracteata cvs
Callistephus chinensis and cvs
Campanula medium and cvs
Centaurea cyanus
Consolida ajacis Dwarf Hyacinth Series
Dianthus chinensis and cvs
Eustoma grandiflorum Heidi Series
Iberis umbellata
Lobelia erinus 'Colour Cascade'
Lobularia maritima

雨纹铜钱花 *Dimorphotheca pluvialis* (*D. annua*) (Rain daisy)
一年生草本。分枝多。叶卵形，多毛，深绿色。小型头状花序，花白色，背面紫色，花心淡褐紫色，夏季开放。株高20～30cm，冠径15cm。

斑点粉蝶花 *Nemophila maculata* (Five-spot baby)
一年生草本。生长快。株形开展。叶浅裂。花小，碗状，白色，花瓣顶端有一紫色斑点，夏季开放。株高和冠径均为15cm。

短舌菊蒿 *Tanacetum parthenium* (*Chrysanthemum parthenium*) (Feverfew)
多年生草本。丛生。生长速度中等，寿命短。叶芳香。头状花序，花小，白色，夏季和初秋开放。株高和冠径均为20～45cm。

银边翠 *Euphorbia marginata* (Snow-in-summer, Snow-on-the-mountain)
一年生草本。直立，丛生。生长速度中等。叶尖卵形，亮绿色，上部叶边缘白色。花微小，周围苞片白色，宽阔，花瓣状，夏季开放。株高60cm，冠径30cm。

多米诺系列红花烟草 *Nicotiana* x *sanderae* Domino Series
一年生草本。丛生。生长较慢。叶尖卵形。花喇叭状，长8cm，花色丰富，夏季和初秋开放。株高和冠径均为30cm。

木犀草 *Reseda odorata* (Mignonette)
一年生草本。生长速度中等。茎直立，有分枝。叶卵形。圆锥花序，花小，白色，星状，极香，雄蕊橙褐色，夏季至初秋开放。株高30～60cm，冠径30cm。

花之舞系列杂种三色堇（白花类型）*Viola* x *wittrockiana* Floral Dance Series
多年生草本。丛生。常作一年生或二年生栽培。叶卵形，中绿色。花白色，5瓣，圆形，冬季开放。株高15～20cm，冠径20cm。

洋桔梗 *Eustoma grandiflorum*
一年生草本。直立。生长缓慢。叶披针形，深绿色。花呈罂粟花形，粉红色、紫色、蓝色或白色，花径5cm，夏季开放。株高60cm，冠径30cm。耐最低温度4～7℃。

Lobularia maritima
Matthiola cvs
Myosotis sylvatica 'White Ball'
Nemesia strumosa
Nigella damascena
Papaver somniferum 'White Cloud'
PELARGONIUMS, illus. p.246～p.247
Pericallis x *hybrida*
Petunia cvs
Phlox drummondii cvs
Portulaca grandiflora
Salvia farinacea f. *alba*
Salvia viridis cvs
Verbascum lychnitis
Viola x *wittrockiana* cvs
Zinnia cvs

一、二年生花卉

白色至粉红色

野西瓜苗　*Hibiscus trionum*
(Flower-of-the-hour)
一年生草本。直立。生长较快。叶卵形，有锯齿。花喇叭状，乳白色或淡黄色，花心淡紫褐色，夏末至初秋开放。株高60cm，冠径30cm。

角胡麻　*Martynia annua*
(Unicorn plant)
一年生草本。直立。生长较快。叶具长柄。花似毛地黄，花瓣浅裂，乳白色，上有红色、粉红色和黄色斑点，夏季开放。果实角状，绿色，后变成褐色。株高60cm，冠径30cm。

‘问客’香豌豆　*Lathyrus odoratus* ‘Knee Hi’
一年生草本。生长较快。叶卵形，有分裂，中绿色。花大，芳香，通常为粉红色、红色、蓝色或白色，夏季或初秋开放。株高和冠径均为90cm。

倒披针叶还阳参（红鹌菊）*Crepis rubra*
一年生草本。生长较快。莲座状。叶披针形，有锯齿。花似蒲公英，粉红色，偶尔红色或白色。株高30cm，冠径15cm。

‘乳纹叶’玉蜀黍　*Zea mays* ‘Gracillima Variegata’
一年生草本。直立。生长较快。叶披针形，有绿色和乳白色相间的条纹。花序银白色，缨状。果穗大，亮黄色。株高90cm，冠径30～45cm。

凤仙花　*Impatiens balsamina*
(Balsam)
一年生草本。直立，丛生。生长较快。株形紧密。叶披针形。花小，杯状，有距，粉红色或白色，夏季至初秋开放。株高达75cm，冠径45cm。

‘花俏’三色菊　*Ismelia carinata* ‘Monarch Court Jesters’
一年生草本。生长较快。茎直立，有分枝。叶羽状，灰绿色。头状花序，雏菊状，具环带，色彩丰富，花径8cm，夏季开放。株高60cm，冠径30cm。

樱雪轮　*Silene coeli-rosa*
(*Agrostemma coeli-rosa*, *Lychnis coeli-rosa*, *Viscaria elegans*)
一年生草本。直立。生长速度中等。叶披针形，淡灰绿色。花5瓣，淡粉红色至紫色，花心白色，夏季开放。株高45cm，冠径15cm。

Cleome hassleriana
Impatiens balsamina ‘Blackberry Ice’

粉色鳞托菊 ***Rhodanthe chlorocephala*** **subsp.** ***rosea***
一年生草本。直立。生长速度中等。叶披针形。淡灰绿色。花小，雏菊状，花瓣纸质，半重瓣，粉红色，夏季开放。花易干燥。株高30cm，冠径15cm。

王冠系列金鱼草 ***Antirrhinum majus*** **Coronette Series**
多年生草本。直立，丛生。常作一年生栽培。株形紧凑。叶披针形。穗状花序，花管状，二唇形，色彩丰富，春季至秋季开放。株高60cm，冠径30cm。

'芍药花' 罂粟 ***Papaver somniferum*** **'Peony Flowered'**
一年生草本。直立。生长较快。叶有分裂，淡灰绿色。花大，圆形，常杯状，重瓣，常变色，有红色、粉红色、紫色或白色，夏季开放。株高75cm，冠径30cm。

蜀葵 ***Alcea rosea*** (*Althaea rosea*) (Hollyhock)
二年生草本。茎直立，高大。叶面粗糙，有浅裂。花单瓣，排列成穗状花序，色彩丰富，有粉红色、黄色和乳白色，夏季和初秋开放。株高1.5～2m，冠径60cm。

'大刨花' 紫罗兰 ***Matthiola*** **'Giant Excelsior'**
二年生草本。直立，丛生。常作一年生栽培。生长较快。叶披针形，淡灰绿色。长穗状花序，花芳香，粉红色、红色、淡蓝色或白色，夏季开放。株高达75cm，冠径30cm。

'梦幻' 报春 ***Primula*** **'Dreamer'** (Primrose Group)
多年生草本。常作二年生栽培。莲座状。叶卵形。花冠平展，乳白色、杏黄色、粉红色或玫瑰粉色，所有的双色花具深色眼斑，花心黄色。株高8～10cm，冠径15～20cm。

鳞托菊 ***Rhodanthe manglesii*** (*Helipterum manglesii*)
一年生草本。直立。生长速度中等。叶尖卵形，淡灰绿色。花序雏菊状，花瓣纸质，红色、粉红色或白色，夏季和初秋开放。花易干燥。株高30cm，冠径15cm。

布朗普顿群紫罗兰（混合色类型） ***Matthiola*** **Brompton Group**
二年生草本。常作一年生栽培。生长较快。茎直立，丛生。叶披针形，淡灰绿色。长穗状花序，花极香，粉红色、红色、紫色、黄色或白色，夏季开放。株高45cm，冠径30cm。

轨迹系列天竺葵（橙红花类型） ***Pelargonium*** **Orbit Series**
多年生常绿草本。作一年生栽培。生长缓慢。分枝多，丛生。叶有分裂，具青铜色或红色环带。花大，圆形，橙红色，夏秋季开放。株高和冠径均为30～60cm。

晚花五彩系列一串红（橙红花类型） ***Salvia splendens*** **Cleopatra Series**
多年生草本。丛生。作一年生栽培。生长缓慢。叶卵形，有锯齿，鲜绿色。总状花序，密集，花管状，橙红色，夏季和初秋开放。株高30cm，冠径20～30cm。

旋转系列瓦氏凤仙 ***Impatiens walleriana*** **Swirl Series**
多年生草本亚灌木状。作一年生栽培。茎、叶亮绿色略带红色。花有距，距平且细长，花粉红色和橘红色，花瓣边缘玫瑰红色，夏季开放。株高15～20cm，冠径60cm。耐最低温度10℃。

Ageratum houstonianum 'Swing Pink'
Silene pendula

粉红色

阿拉丁系列矮牵牛 ***Petunia* Aladdin Series**
多年生草本。丛生。作一年生栽培。生长较快。有分枝。叶卵形。夏秋季开花，花色丰富，有深红色、橙红色。株高达30cm，冠径30～90cm。

雪莉系列虞美人（重瓣类型） ***Papaver rhoeas* Shirley Series**
一年生草本。生长较快。茎直立，细长。叶浅裂，亮绿色。花近圆形，通常呈杯状，重瓣，深红色、粉红色、白色或双色，夏季开放。株高60cm，冠径30cm。

'彩泉'醉蝶花 ***Cleome hassleriana* 'Colour Fountain'**
一年生草本。丛生。生长较快。茎上有毛。叶分裂。花瓣狭长，雄蕊突出且长，花粉红色、淡紫色、紫色或白色，夏季开放。株高1～1.2m，冠径45～60cm。

'仙境'香雪球 ***Lobularia maritima* 'Wonderland'** (*Alyssum maritimum* 'Wonderland')
一年生草本。生长较快。株形紧凑。叶披针形。花小，芳香，头状花序，深紫色略带粉红色，夏季和初秋开放。株高15cm，冠径30cm。

萨伯利系列百日草 ***Zinnia elegans* Thumbelina Series**
一年生草本。生长速度中等。茎粗壮，直立。叶卵形至披针形。花大，头状花序，重瓣或半重瓣，色彩丰富。株高15cm，冠径30cm。

'亮斑'蝴蝶花 ***Schizanthus* 'Hit Parade'**
一年生草本。丛生。生长速度中等。茎直立。叶深裂。花管状，花色丰富，有粉红色、红色、紫色或白色，通常花瓣内侧有斑点，夏秋季开放。株高和冠径均为30cm。耐最低温度 5 ℃。

矢车菊（高大型，玫瑰红色花） ***Centaurea cyanus*** (Cornflower)
一年生草本。生长较快。茎直立，有分枝。叶披针形，灰绿色。头状花序，玫瑰红至粉红色，夏季和初秋开放。株高90cm，冠径30cm。

深波叶补血草 ***Limonium sinuatum***
多年生草本。直立，丛生。作一年生栽培。生长较慢。茎上具翅。叶披针形，浅裂，深绿色。花小，蓝色、粉红色或白色，夏季和初秋开放。株高45cm，冠径30cm。

芭蕾系列花菱草 ***Eschscholzia californica* Ballerina Series**
一年生草本。生长较快。茎直立，细长。叶羽状，蓝绿色。花杯状，4瓣，多褶皱，重瓣，红色、黄色、粉红色或橘黄色，夏秋季开放。株高30cm，冠径15cm。

棉毛蓟（大翅蓟） ***Onopordum acanthium*** (Cotton thistle, Scotch thistle)
二年生草本。生长缓慢。茎直立，有分枝。茎上具翼。叶大，浅裂，具刺毛，银灰色。头状花序，花紫粉色，夏季开放。株高1.8m，冠径90cm。

水飞蓟 ***Silybum marianum***
(Blessed Mary's thistle)
二年生草本。生长较快。基部莲座状。叶深裂，刺状，有白斑。头状花序生于直立茎上，紫色至粉红色，夏季和初秋开放。株高1.2m，冠径60cm。

仙女系列伞形屈曲花 ***Iberis umbellata* Fairy Series**
一年生草本。直立，丛生。生长较快。叶披针形，中绿色。小型头状花序，花4瓣，粉红色、红色、紫色或白色，夏季和初秋开放。株高和冠径均为20cm。

Agrostemma githago
Alcea rosea 'Majorette'
Bellis perennis cvs
Campanula medium and cvs
Clarkia amoena
Consolida ajacis Dwarf Hyacinth Series
Eustoma grandiflorum Heidi Series
Impatiens cvs
Matthiola cvs
Salvia viridis cvs

春光系列矮牵牛 ***Petunia* Prime-time Series**

多年生草本。作一年生栽培。生长速度中等。花色丰富，有白色、蓝色、粉红色、红色，花瓣上有深色条纹，花心星状，边缘有花纹，夏秋开放。株高35cm，冠径30～90cm。

‘米拉斯’麦仙翁 ***Agrostemma githago* ‘Milas’**

一年生草本。生长较快。茎直立，细长。叶披针形。花5瓣，淡紫色至粉红色，花径8cm，夏季开放。株高60～90cm，冠径30cm。

海滨涩荠 ***Malcolmia maritima***
(Virginian stock)

一年生草本。直立。生长较快。株形纤细。叶卵形，灰绿色。花小，4瓣，芳香，粉红色、红色或白色，花期长，从春季到秋季一直开放。花期内均可播种。株高20cm，冠径5～8cm。

布朗普顿群紫罗兰（粉红花类型） ***Matthiola* Brompton Group**

二年生草本。直立，丛生。作一年生栽培。生长较快。叶披针形，灰绿色。长穗状花序，有香味，粉红色，夏季开放。株高45cm，冠径30cm。

‘花叶’银扇草 ***Lunaria annua* ‘Variegata’**

二年生草本。直立。生长较快。叶尖卵形，有锯齿，有白色斑纹。头状花序，花小，有香味，4瓣，深紫色略带粉红色，春季和初夏开放。角果圆形，银白色。株高75cm，冠径30cm。

‘神女’高雪轮 ***Silene armeria* ‘Electra’**

一年生草本。直立。生长速度中等。叶卵形，灰绿色。花序头状，花5瓣，亮玫瑰红色略带粉红色，夏季和初秋开放。株高30cm，冠径15cm。

一、二年生花卉

粉红色

‘西比尔·舍渥德’可爱克拉花
***Clarkia amoena* ‘Sybil Sherwood’**
一年生草本。直立。叶披针形，有时具锯齿。花单生，花瓣上有凹痕，自基部向边缘花色由橙红色向白色过渡，花开在长长的多叶的枝端，夏季开放。株高45cm，冠径30cm。

甘蓝（各种类型） ***Brassica oleracea*** (Ornamental cabbage)
二年生常绿草本。作一年生栽培。生长速度中等。 叶大，圆形，通常有褶皱，色彩多为组合色，有红色/绿色、白色/粉红色、粉红色/绿色，观赏栽培不让其开花。株高和冠径均为30～45cm。

五彩苏 ***Solenostemon scutellarioides*** (*Coleus blumei* var. *verschaffeltii*)
多年生草本。丛生。作一年生栽培。生长速度中等。叶色丰富，有粉红色、红色、绿色或黄色形成混合色。穗状花序应摘除。株高45cm，冠径30cm以上。耐最低温度10℃。

马络葵 ***Malope trifida***
一年生草本。生长速度中等。茎直立，有分枝。叶卵形，浅裂。花喇叭状，开张，红色略带紫色，直径8cm，有深粉红色条纹，夏季和初秋开放。株高90cm，冠径30cm。

‘银杯’三月花葵 ***Lavatera trimestris* ‘Silver Cup’**
一年生草本。生长速度中等。茎直立。有分枝。叶卵形，浅裂。花浅喇叭状，玫瑰红色略带粉红色，夏季和初秋开放。株高60cm，冠径45cm。

芭比娃系列石竹 ***Dianthus chinensis* Baby Doll Series**
一年生或二年生草本。丛生。常作一年生栽培，株形整齐。叶披针形，亮绿色或中绿色。花小，单生，色彩多，夏季和初秋开放。株高15cm，冠径15～30cm。

‘辉煌’克拉花 ***Clarkia* ‘Brilliant’**
一年生草本。直立，丛生。生长较快。叶卵形。长穗状花序，花大，玫瑰花状，重瓣，亮红色略带粉红色，夏季和初秋开放。株高60cm，冠径30cm。

‘珠宝’香豌豆 ***Lathyrus odoratus* ‘Bijou’**
一年生草本。生长较快。叶卵形，全裂，中绿色。花大，芳香，粉红色、红色或蓝色，夏季或初秋开放。株高和冠径均为45cm。

太太超级系列翠菊（玫瑰红色花类型） ***Callistephus chinensis* Milady Super Series**
一年生草本。直立，丛生。生长速度中等。叶卵形，有锯齿。头状花序，花大，重瓣，玫瑰红色略带粉红色，夏季和初秋开放，株高25～30cm，冠径30～45cm。

Antirrhinum majus
Arctotis Harlequin Hybrids ‘China Rose’
Bracteantha bracteata cvs
Callistephus chinensis and cvs
Cleome hassleriana ‘Rose Queen’
Dianthus chinensis
Digitalis purpurea
Papaver somniferum
PELARGONIUMS, illus. p.246～p.247
Pericallis x *hybrida* cvs
Petunia cvs
Phlox drummondii cvs
Portulaca grandiflora
Schizanthus cvs
Zinnia cvs

粉红色

十周群紫罗兰（矮生型） ***Matthiola*** **Ten-week Group**
二年生草本。直立，丛生。作一年生栽培。生长较快。叶披针形，灰绿色。长穗状花序，有香味，花单瓣或重瓣，粉红色、红色或白色，夏季开放。株高和冠径均为30cm。

银扇草 ***Lunaria annua***
(*L. biennis*) (Honesty)
二年生草本。直立。生长较快。叶尖卵形，有锯齿。头状花序，有香味，花4瓣，白色到深紫色，春季至初夏开放。种荚圆形，银白色。株高75cm，冠径30cm。

‘玫瑰天使’樱雪轮 ***Silene coeli-rosa*** **‘Rose Angel’**
一年生草本。生长速度中等。茎直立，细长。叶披针形，灰绿色。花5瓣，深玫瑰红色带粉红色，夏季开放。株高30cm，冠径15cm。

‘魔毯’彩虹花 ***Dorotheanthus bellidiformis*** **‘Magic Carpet’**
一年生草本。铺地生长。叶肉质，披针形，浅绿色。花序雏菊状，红色、粉红色、黄色或白色等，仅在夏季阳光照射下开放。株高15cm，冠径30cm。

抗性系列矮牵牛（玫瑰红至粉红花类型） ***Petunia*** **Resisto Series**
多年生草本。丛生。作一年生栽培。生长速度中等。有分枝。叶卵形。花喇叭状，玫瑰色至粉红色，夏秋季开放。株高15～30cm，冠径30cm。

轰动系列大波斯菊 ***Cosmos bipinnatus*** **Sensation Series**
一年生草本。直立，丛生。生长速度中等。叶羽状，中绿色。花序雏菊状，花径10cm，红色、粉红色或白色，初夏到初秋开放。株高90cm，冠径60cm。

公主系列金鱼草（紫斑白花类型） ***Antirrhinum majus*** **Princess Series**
多年生草本。直立。作一年生栽培。植株基部分枝。叶披针形。穗状花序，花管状，二唇形，白色、粉红紫色相间，春季到秋季开放。株高和冠径均为45cm。

干花菊（早花） ***Xeranthemum annuum***
一年生草本。直立。叶披针形，银白色。头状花序，雏菊状，花重瓣，纸质，粉红色、淡紫色、紫色或白色，夏季开放。为著名干花。株高60cm，冠径45cm。

大拇指汤姆系列凤仙花 ***Impatiens balsamina*** **Tom Thumb Series**
一年生草本。植株矮小，分枝稀少。叶上轻微具毛，叶缘具齿。花重瓣，粉红色、猩红色、紫罗兰色或白色，夏季至初秋开放。株高30cm，冠径45cm。耐最低温度5℃。

一、二年生花卉

粉红色至红色

‘钱纳’福禄考 ***Phlox drummondii*** **‘Chanal’**
一年生草本。丛生。植株直立开张。枝叶密集，具毛。叶基抱茎。聚伞花序，花重瓣，粉红色，似玫瑰花，春末开放。株高10～45cm，冠径25cm以上。

‘炫耀’美女樱 ***Verbena*** **x** ***hybrida*** **‘Showtime’**
多年生草本。丛生。作一年生栽培。生长较慢。叶披针形，具锯齿，中绿色至深绿色。花小，管状，簇生，花色丰富，夏秋季开放。株高20cm，冠径30cm。

尾穗苋 ***Amaranthus caudatus***
(Love-lies-bleeding, Tassel flower)
一年生草本。丛生。叶卵圆形，淡绿色。圆锥花序，流苏状，红色，下垂，长45cm，夏秋季开放。株高1.2m，冠径45cm。

彩环系列须苞石竹 ***Dianthus barbatus*** **Roundabout Series**
二年生草本。丛生。生长缓慢。茎直立。叶披针形。花冠平展，有环状眼斑，花色有粉红色、红色或白色。株高15cm，冠径20～30cm。

‘口红’超级小精灵系列瓦氏凤仙 ***Impatiens walleriana*** **Super Elfin Series ‘Lipstick’** (Busy lizzie)
常绿多年生草本。丛生。作一年生栽培。生长较快。叶尖卵形，鲜绿色。花小，花冠平展，有距，玫瑰红色，春季到秋季开放。株高和冠径均为20cm。

拜日舞杂交群大花马齿苋 ***Portulaca grandiflora*** **Sundance Hybrids**
一年生草本。生长缓慢。半蔓生状。叶披针形，肉质，亮绿色。花杯状，雄蕊显著，色彩多混合，夏季和初秋开放。株高20cm，冠径15cm。

‘饰边玫瑰’饰边系列矮牵牛 ***Petunia*** **Picotee Series ‘Picotee Rose’**
多年生草本。作一年生栽培。生长较快。株形紧凑。叶卵圆形。花大，深玫瑰红色，花冠边缘白色，夏秋季开放。株高20cm，冠径45cm。

星花系列红花烟草 ***Nicotiana*** **x** ***sanderae*** **Starship Series**
一年生或多年生草本。短命。茎直立，基部木质，有黏毛。总状花序或圆锥花序，花管状，粉红色、红色、玫瑰红色略带粉红色、白色或灰绿色，夏季开放。株高30cm，冠径30～40cm。

‘梦幻天鹅绒’矮牵牛 ***Petunia*** **‘Mirage Velvet’**
多年生草本。丛生。作一年生栽培。多分枝。叶卵形，暗绿色。花大，喇叭状，开张，鲜红色，花心几乎黑色，夏秋季开放。株高25cm，冠径30cm。

‘闪耀’福禄考 ***Phlox drummondii*** **‘Sternenzauber’**
一年生草本。生长速度中等。茎直立，细长。叶披针形，浅绿色。花冠下部合生，上部开裂，成星状，花中部色彩较亮，形成星形斑纹，与边缘较暗色彩形成对比，夏季开放。株高15cm，冠径10cm。

Bellis perennis cvs
Celosia argentea var. *cristata*
PELARGONIUMS, illus. p.246～p.247
Pericallis x *hybrida* cvs
Zinnia cvs

‘查特重瓣’蜀葵 *Alcea rosea* ‘Chater’s Double’
二年生草本。直立。叶浅裂，粗糙。穗状花序，花似玫瑰，重瓣，色彩多，在直立茎上着生，夏季和初秋开放。株高1.8～2.4m，冠径60cm。

‘帝王霜玫瑰’帝王系列杂种三色堇 *Viola* x *wittrockiana* Imperial Series ‘Imperial Frosty Rose’
多年生草本。直立，丛生。作一年生或二年生栽培。叶卵形。花大，异常美丽，玫瑰红色略带紫色，或以粉红色向白色过渡，夏季开放。株高16～23cm，冠径23～30cm。

‘红星’新朝系列瓦氏凤仙 *Impatiens walleriana* Novette Series ‘Red Star’ (Busy lizzie)
多年生常绿草本。丛生。作一年生栽培。生长较快。叶尖卵形，鲜绿色。花小，有距，花冠平展，红色，花朵中有星状白色斑。株高和冠径均为15cm。

精巧系列凤仙花 *Impatiens* Confection Series (Busy lizzie)
多年生常绿草本。丛生。作一年生栽培。生长较快。叶鲜绿色。花小，有距，花冠平展，重瓣或半重瓣，红色或粉红色，春季至秋季开放。株高和冠径均为20～30cm。

早花五彩系列一串红 *Salvia splendens* Sizzler Series
多年生草本。丛生。作一年生栽培。生长慢。花色有樱桃红色、淡紫蓝色、橙红色、紫色、猩红色或白色等，可单色应用，初夏开放。株高25～30cm，冠径23～35cm。

绒球系列雏菊 *Bellis perennis* Pomponette Series
多年生草本。作二年生栽培。生长慢。铺地生长。叶卵形。头状花序，花小，重瓣，红色、粉红色或白色，春季开放。株高和冠径均为10～15cm。

‘深红’大花亚麻 *Linum grandiflorum* ‘Rubrum’
一年生草本。生长较快。茎直立，细长。叶披针形，灰绿色。花小，圆形，花冠平展，深红色，夏季开放。株高45cm，冠径15cm。

‘火焰花’石竹 *Dianthus chinensis* ‘Fire Carpet’
一年生或二年生草本。丛生。作一年生栽培。生长慢。叶披针形，浅绿色或中绿色。花小，圆形，单瓣，亮红色，夏季和初秋开放。株高20cm，冠径15～30cm。

‘非洲落日’福禄考 *Phlox drummondii* ‘African Sunset’
一年生草本。丛生。茎直立或开张，具毛。叶基部抱茎。花高脚碟状，具毛，暗红色至深红色，春末开放。株高10～45cm，冠径25cm以上。

一、二年生花卉

红色

褶边系列百日草（鲜红花类型）
***Zinnia elegans* Ruffles Series**
一年生草本。生长速度中等。茎直立，坚韧。叶卵形至披针形。头状花序，花瓣边缘波浪状，重瓣，猩红色，夏季和初秋开放。株高60cm，冠径30cm。

'红皇'一串红 *Salvia splendens* 'Scarlet King'
多年生草本。丛生。常作一年生栽培。生长慢。株形紧凑。叶卵形，有锯齿，暗绿色。顶生总状花序，花长管状，猩红色，排列紧密，初夏开放。株高25cm，冠径23～35cm。

多花系列天竺葵 *Pelargonium* Multibloom Series
常绿多年生草本。作一年生栽培。茎直立，丛生。花多，簇生，白色、粉红色或红色，花期长，夏季开放。株高25～30cm，冠径30cm。

地毯系列矮牵牛 *Petunia* Carpet Series
多年生草本。作一年生栽培。生长速度中等。株形紧凑。叶卵形。花色丰富，有深红色、橘黄色，夏秋季开放。株高20～25cm，冠径30～90cm。

雪莉系列虞美人（单瓣类型）
***Papaver rhoeas* Shirley Series**
一年生草本。生长较快。茎细长，直立。叶浅裂，淡绿色。花冠圆形，呈杯状，单瓣，红色、粉红色、橙红色或白色，夏季开放。株高60cm，冠径30cm。

狂欢系列龙面花 *Nemesia strumosa* Carnival Series
一年生草本。丛生。生长较快。叶淡绿色，有锯齿。花小，微喇叭状，花色丰富，有黄色、红色、橘黄色、紫色和白色，夏季开放。株高20～30cm，冠径15cm。

珊迪系列美女樱 *Verbena* x *hybrida* Sandy Series
多年生草本。丛生。作一年生栽培。茎直立，株形紧凑。叶披针形，有锯齿，中绿色至深绿色。花小，簇生，玫瑰粉色或玫瑰粉色有白色眼斑、紫红色、猩红色或白色，夏秋季开放。株高20cm，冠径30cm。

饰边系列矮牵牛（红花类型）
***Petunia* Picotee Series**
多年生草本。丛生。作一年生栽培。生长较快。分枝多。叶卵形。花大，微喇叭状，红色，边缘白色，夏秋季开放。株高15～30cm，冠径30cm。

太平洋系列报春（矮生型）
***Primula* Pacific Series**
多年生草本。作二年生栽培。莲座状。叶披针形。花大，芳香，花冠平展，蓝色、黄色、红色、粉红色或白色，春季开放。株高10～15cm，冠径20cm。

Antirrhinum majus
Bracteantha bracteata cvs
Calceolaria Anytime Series
Calceolaria 'Monarch'
Capsicum annuum 'Holiday Cheer'
Erysimum cheiri
Gaillardia pulchella [double, mixed]
Impatiens balsamina Tom Thumb Series
Impatiens walleriana
Ipomoea coccinea
Ipomoea x *multifida*
Ipomoea nil 'Scarlett O'Hara'
Ipomoea quamoclit, illus. p.210
Ipomopsis aggregata
Ismelia carinata Tricolor Series
Papaver commutatum

褶边系列百日草（混合色类型） ***Zinnia elegans*** **Ruffles Series**
一年生草本。生长速度中等。茎直立，坚韧。叶淡绿色或中绿色。头状花序，花重瓣，绣球形，花瓣波状，花色丰富，为混合色，夏季和初秋开放。株高60cm，冠径30cm。

卡西诺系列美人襟 ***Salpiglossis sinuata*** **Casino Series**
一年生草本。株形紧凑。茎直立，细长，多分枝。花阔漏斗状，花冠5裂，蓝色、紫色、红色、黄色或橘黄色，常有脉纹，夏季至秋季开放。株高60cm，冠径30cm。

‘花俏’三色菊 ***Ismelia carinata*** **‘Monarch Court Jesters’**
一年生草本。生长较快。茎直立，多分枝。叶羽状，灰绿色。头状花序，雏菊状，有环带，花冠直径8cm，花色为多种色彩的混合色，夏季开放。株高60cm，冠径30cm。

花之舞系列杂种三色堇（混合色类型） ***Viola × wittrockiana*** **Floral Dance Series**
多年生草本。丛生。作一年生或二年生栽培。生长较快。叶卵形，中绿色。花圆形，5瓣，花色丰富，冬季开放。株高15～20cm，冠径30cm。

心叶假面花 ***Alonsoa warscewiczii***
(Mask flower)
多年生草本。作一年生栽培。茎细长，有分枝，红色。叶卵形，有锯齿，深绿色。花猩红色，有距，夏秋季开放。株高30～60cm，冠径30cm。

‘科特尼斯宝石’大丽花 ***Dahlia*** **‘Coltness Gem’**
多年生草本。作一年生栽培。具块根。茎直立，丛生，分枝多。叶深裂。头状花序，雏菊状，单瓣，色彩丰富，花期长，从夏季到秋霜前开放。株高和冠径均为45cm。

‘朱砂’万寿菊 ***Tagetes*** **‘Cinnabar’**
一年生草本。丛生。生长较快。叶羽状，深绿色，芳香。头状花序，圆形，花单瓣，锈红色，背面黄色略带红色，夏季和初秋开放。株高和冠径均为30cm。

‘光辉’五彩苏 ***Solenostemon scutellarioides*** **‘Brightness’**
(*Coleus blumei* var. *verschaffeltii* ‘Brightness’)
多年生草本。丛生。作一年生栽培。生长较快。叶锈红色，边缘绿色。穗状花序应除去。株高45cm，冠径30cm以上。耐最低温度10℃。

Petunia cvs
Portulaca grandiflora
Salpiglossis sinuata cvs
Salvia splendens
Solanum capsicastrum
Solanum pseudocapsicum ‘Fancy’
Solenostemon scutellarioides, illus. p.324
Tagetes patula
Tropaeolum majus

一、二年生花卉

■ 红色

千穗谷(老来红) ***Amaranthus hypochondriacus*** (Prince's feather)
一年生草本。茎直立，丛生。叶紫红色。圆锥花序通常平展，15cm或更长，花暗红色，夏秋季开放。株高1.2m，冠径45cm。

'红芽' 蓖麻 ***Ricinus communis* 'Impala'**
常绿灌木。直立。常作一年生栽培。生长较快。叶深裂，棕色，宽达30cm。花小，红色，簇生，夏季开放。种子红色，球状，具刺。株高1.5m，冠径90cm。

苋菊 ***Calomeria amaranthoides*** (Incense plant)
二年生草本。茎直立，有分枝。浓香。叶披针形。穗状花序，花小，粉红色、褐红色或鲜红色，夏秋季开放。株高达1.8m，冠径90cm。耐最低温度4℃。

Amaranthus tricolor 'Joseph's Coat'
Atriplex hortensis var. *rubra*
Nicotiana x *sanderae* 'Crimson Rock'
Scabiosa atropurpurea

■ 紫色

疗喉草 ***Trachelium caeruleum*** (Throatwort)
多年生草本。作一年生栽培。生长速度中等。茎直立。叶卵形，有锯齿。花小，管状，淡蓝紫色或白色，簇生成头状，夏季开放。株高60～90cm，冠径30cm。

土耳其长筒补血草 ***Psylliostachys suworowii*** (Statice)
一年生草本。生长较慢。茎直立，有分枝。叶披针形。穗状花序，有分枝，花小，管状，粉红色到紫色，夏季和初秋开放。适宜作干花。株高45cm，冠径30cm。

Antirrhinum majus
Centaurea cyanus
Consolida ajacis Dwarf Hyacinth Series
Iberis umbellata

土耳其鼠尾草 ***Salvia sclarea* var. *turkestanica***
二年生草本。作一年生栽培。生长速度中等。茎直立。叶有毛，卵圆形。圆锥花序，花管状，白色和淡紫色，苞片明显，淡紫色，夏季开放。株高75cm，冠径30cm。

蛾蝶花 ***Schizanthus pinnatus***
一年生草本。直立，丛生。生长速度中等。叶羽状，淡绿色。花圆形，瓣有裂刻，复色花，粉红色、紫色、白色或黄色，夏秋季开放。株高30～120cm，冠径30cm。耐最低温度5℃。

Impatiens balsamina Tom Thumb Series
Ionopsidium acaule
Lobelia erinus 'Colour Cascade'
Matthiola cvs

'火光' 柳穿鱼 ***Linaria maroccana* 'Fairy Lights'**
一年生草本。直立，丛生。生长较快。叶披针形，淡绿色。花小似金鱼草，红色、粉红色、紫色、黄色和白色，夏季开放。株高20cm，冠径15cm。

Nemesia strumosa
Proboscidea fragrans
Xeranthemum annuum

紫芳草 ***Exacum affine*** (Persian violet)
常绿二年生草本。丛生。常作一年生栽培。叶卵形，有光泽。花小，数量多，有香味，碟状，紫色，雄蕊黄色，夏季和初秋开放。株高和冠径均为20～30cm。耐最低温度7～10℃。

蓝蓟（矮生型） ***Echium vulgare***
一年生或二年生草本。丛生。生长速度中等。茎直立。叶披针形，暗绿色。穗状花序，花管状，花色丰富，有白色、粉红色、蓝色或紫色，夏季开放。株高30cm，冠径20cm。

诸葛菜 ***Orychophragmus violaceus***
一年生或二年生草本。直立。生长速度中等。叶尖卵形，淡绿色。花茎有分枝，花4瓣，蓝紫色，春季开放。株高30～60cm，冠径30cm。

'甜魔'风流系列矮牵牛 ***Petunia*** **Daddy Series 'Sugar Daddy'**
多年生草本。丛生。作一年生栽培。生长较快。具分枝。叶卵形。花大，紫色，有暗色脉纹，从初春至秋季开放。株高35cm，冠径30～90cm。

大锦龙花 ***Collinsia grandiflora***
一年生草本。生长速度中等。茎细长。植株上部叶片披针形，下部叶片卵形。花淡紫色，轮生，下唇蓝紫色，春夏季开放。株高和冠径均为15～30cm。

'紫花'蓝高花 ***Nierembergia caerulea*** **'Purple Robe'**
多年生草本。作一年生栽培。生长速度中等。茎具分枝。叶狭披针形。花杯状，暗蓝紫色，夏季和初秋开放。株高和冠径均为15～20cm。

鸵羽系列翠菊 ***Callistephus chinensis*** **Ostrich Plume Series**
一年生草本。丛生。生长较快。茎长，具分枝。头状花序，花冠开展，花瓣羽毛状，反折，重瓣，粉红色和深红色，夏末至秋末开放。株高60cm，冠径30cm。

晚花五彩系列一串红（紫花类型） ***Salvia splendens*** **Cleopatra Series**
多年生草本。丛生。作一年生栽培。生长缓慢。叶卵形，有锯齿，暗绿色。总状花序茂密，花管状，暗紫色，夏季和初秋开放。株高30cm，冠径20～30cm。

'荷兰钟'风铃草 ***Campanula medium*** **'Bells of Holland'**
常绿二年生草本。生长缓慢。茎直立，丛生。叶披针形，有锯齿。花钟状，花色为复色，蓝色、淡紫色、粉红色或白色，春季和初夏开放。株高60cm，冠径30cm。

彩苞花 ***Salvia viridis*** (*S. horminum*)
一年生草本。生长速度中等。茎直立，具分枝。叶卵形。穗状花序，生长于枝顶，花管状，唇形，苞片紫色、粉红色或白色，夏季和初秋开放。株高45cm，冠径20cm。

千日红 ***Gomphrena globosa*** (Globe amaranth)
一年生草本。茎直立，丛生。生长速度中等。叶卵形，具毛。花序头状，卵圆形，粉红色、黄色、橘黄色、紫色或白色，夏季和初秋开放。株高30cm，冠径20cm。

'紫晕'琉璃苣 ***Cerinthe major*** **'Purpurascens'**
一年生草本。叶疏生，卵圆形至匙形，长6cm。花顶生，管状，下垂，淡黄色至中黄色，先端微紫色，苞片紫色。株高和冠径均为60cm。

Amaranthus tricolor 'Molten Fire'
Arctotis Harlequin Hybrids 'Bacchus'
Papaver somniferum
Perilla frutescens
Petunia cvs
Phlox drummondii cvs
Schizanthus cvs
Senecio elegans
Viola x *wittrockiana* cvs
Zinnia cvs

一、二年生花卉

紫色至蓝色

‘春辉’瓜叶菊 ***Pericallis* × *hybrida* ‘Spring Glory’** (Cineraria)
常绿多年生草本。作二年生栽培。生长缓慢。植株圆丘形或半圆状。叶大，卵形，有锯齿。头状花序，花大，复色，春季开放。株高20cm，冠径30cm。耐最低温度5℃。

太太超级系列翠菊（蓝花类型） ***Callistephus chinensis* Milady Super Series**
一年生草本。生长速度中等。茎直立，丛生。叶卵形，有锯齿。头状花序，花大，雏菊状，重瓣，蓝紫色，夏季和初秋开放。株高25～30cm，冠径30～45cm。

抗性系列矮牵牛（蓝花类型） ***Petunia* Resisto Series**
多年生草本。作一年生栽培。生长速度中等。茎丛生，具分枝。叶卵形。花朵防水，光亮，喇叭状，深蓝色，夏秋季开放。株高15～30cm，冠径30cm。

‘蓝宝石’南非山梗菜 ***Lobelia erinus* ‘Sapphire’**
一年生草本。偶尔多年生。生长缓慢。半蔓性。植株开展。叶卵圆形至披针形，淡绿色。花小，深蓝色，喉部白色，夏秋陆续开放。株高20cm，冠径15cm。

大王系列飞燕草 ***Consolida ajacis* Giant Imperial Series**
(Giant larkspur)
一年生草本。生长较快。茎直立，有分枝。叶羽状。穗状花序，较长，花圆形，瓣缘有齿，重瓣，粉红色、蓝色或白色，夏季开放。株高1.2m，冠径30cm。

‘蓝光’三色旋花 ***Convolvulus tricolor* ‘Blue Flash’**
一年生草本。直立。生长速度中等。叶卵圆形至披针形。花小，碟状，深蓝色，花心乳白色或黄色，夏季开放。株高20～30cm，冠径20cm。

诙谐者系列杂种三色堇 ***Viola* × *wittrockiana* Joker Series**
多年生草本。作一年生或二年生栽培。茎丛生。植株开展。花大，圆形，5瓣，蓝紫色，由深色和白色斑纹形成‘猫脸’，具黄色眼斑，夏季开放。株高和冠径均为15cm。

‘维多利亚’一串蓝 ***Salvia farinacea* ‘Victoria’**
多年生草本。作一年生栽培。生长速度中等。茎直立。叶卵圆形或披针形。穗状花序，花管状，蓝紫色，夏季开放。株高45cm，冠径30cm。

超级巨人系列报春 ***Primula* Super Giants Series**
多年生草本。作二年生栽培。莲座状。叶披针形。花大，芳香，花冠平展，蓝色，春季开放。株高和冠径均为30cm。

Browallia speciosa, illus. p.266
Ipomoea purpurea

蓝猪耳 ***Torenia fournieri***
(Wishbone flower)
一年生草本。生长速度中等。茎直立，有分枝。叶淡绿色，有锯齿。花深蓝紫色、内部淡黄色和黄色，夏季至初秋开放。株高30cm，冠径20cm。耐最低温度5℃。

◐ ◊

头花吉利草（球花吉利草） ***Gilia capitata***
一年生草本。茎直立，具分枝。叶羽状，中绿色。花小，密集，圆形，淡蓝紫色，夏季和初秋开放。适合作切花。株高45cm，冠径20cm。

☼ ◊ ❄❄❄

'蓝貂皮'熊耳草 ***Ageratum houstonianum* 'Blue Mink'**
一年生草本。生长速度中等。株形圆丘状。叶尖卵形。花簇生，花瓣羽状，似刷子，淡蓝色，夏秋季开放。适合作边缘种植。株高和冠径均为20～30cm。

☼ ◊ ❄

'吉基尔小姐'黑种草 ***Nigella damascena* 'Miss Jekyll'**
一年生草本。生长较快。茎直立，纤细。叶羽状，亮绿色。花小，圆形，瓣多，半重瓣，蓝色，夏季开放。种荚膨大。宜作切花和干花。株高45cm，冠径20cm。

☼ ◊ ❄❄❄ 🏆

波斯宝石系列黑种草 ***Nigella damascena* Persian Jewels Series**
一年生草本。生长较快。茎直立。叶羽状。花小，半重瓣，蓝色、粉红色或白色，夏季开放。果膨大。宜作切花和干花。株高45cm，冠径20cm。

☼ ◊ ❄❄❄

'蓝色多瑙河'熊耳草 ***Ageratum houstonianum* 'Blue Danube'**
一年生草本。生长速度中等。株形圆丘状。叶尖卵形。花簇生，花瓣羽状，似刷子，淡蓝紫色，夏秋季开放。适合作边缘种植。株高和冠径均为15cm。

☼ ◊ ❄ 🏆

婴眼花（粉蝶花） ***Nemophila menziesii* (*N. insignis*)**
(Baby blueeyes)
一年生草本。生长较快。株形开展。叶灰绿色，有锯齿。花小，碗状，蓝色，花心白色，夏季开放。株高20cm，冠径15cm。

☼ ◊ ❄❄❄

蓝花景天 ***Sedum caeruleum***
一年生草本。生长速度中等。花茎有分枝。叶卵形，亮绿色。开花时叶变为红色。花小，星状，淡蓝色，花心白色，夏季开放。株高和冠径均为10～15cm。

☼ ◊ ❄❄❄ (!)

'纯蓝'杂种三色堇 ***Viola* x *wittrockiana* 'True Blue'**
多年生草本。作一年生或二年生栽培。茎直立，丛生，开展。叶卵形。花大，纯天蓝色，有黄色小眼斑，冬季或夏季开放。株高16～23cm，冠径23～30cm。

☼ ◊ ❄❄❄

Callistephus chinensis
Consolida ajacis Dwarf Hyacinth Series
Lobelia erinus 'Blue Cascade'
Nolana paradoxa
Petunia cvs
Phacelia tanacetifolia
Phlox drummondii cvs
Salvia viridis cvs
Trachymene coerulea
Viola x *wittrockiana* cvs

一、二年生花卉

蓝色

矢车菊（高大型，蓝色花）
Centaurea cyanus (Cornflower)
一年生草本。生长较快。茎直立，有分枝。叶披针形，灰绿色。头状花序，雏菊状，蓝色，夏季和初秋开放。株高90cm，冠径30cm。

‘蓝球’小花勿忘草　*Myosotis sylvatica* ‘Blue Ball’
多年生草本。作二年生栽培。丛生。生长缓慢。叶披针形。穗状花序，花小，5瓣，深蓝色，春季和初夏开放。株高20cm，冠径15cm。

钟穗花　*Phacelia campanularia*
(California bluebell)
一年生草本。生长速度中等。茎有分枝，丛生。叶卵形，有锯齿，深绿色。花铃状，纯蓝色，直径2.5cm，夏季和初秋开放。株高20cm，冠径15cm。

蓝色至绿色

‘水晶宫’南非山梗菜　*Lobelia erinus* ‘Crystal Palace’
一年生草本。偶尔多年生。生长缓慢。株形开展，密集，丛生。叶卵圆形至披针形，青铜色。花小，深蓝色，夏季和初秋陆续开放。株高10～20cm，冠径10～15cm。

鹅河菊（绿河菊）　*Brachyscome iberidifolia* (Swan River daisy)
一年生草本。生长速度中等。茎纤细，丛生。叶深裂。头状花序，雏菊状，花小，芳香，通常蓝色，但也有粉红色、淡紫色、紫色或白色，夏季和初秋开放。株高和冠径均为45cm。

‘天蓝’倒提壶　*Cynoglossum amabile* ‘Firmament’
一年生或二年生草本。生长缓慢。茎直立，丛生。叶披针形，具毛，灰绿色。花管状，下垂，纯天蓝色，夏季开放。株高45cm，冠径30cm。

‘蓝天使’好望角牛舌草
***Anchusa capensis* ‘Blue Angel’**
二年生草本。作一年生栽培。丛生。叶披针形，具刚毛。花浅碗状，亮蓝色，夏季开放。株高和冠径均为20cm。

‘银粉’银叶菊　*Senecio cineraria* ‘Silver Dust’（*S. maritimus* ‘Silver Dust’）
常绿亚灌木。常作一年生栽培。丛生。生长速度中等。叶深裂，银白色。头状花序，花小，黄色，雏菊状，夏季开放，但最好除去。株高和冠径均为30cm。

伯氏蓝菊　*Felicia bergeriana*
(Kingfisher daisy)
一年生草本。丛生。生长较快。叶披针形，具毛，灰绿色。头状花序，雏菊状，花小，蓝色，喉部黄色，夏季和初秋日出后开放。株高和冠径均为15cm。

墨西哥鸭跖草　*Commelina coelestis* (Day flower)
多年生草本。作一年生栽培。生长较快。茎直立。叶披针形，中绿色。花小，3瓣，亮蓝色，夏末至中秋开放。株高45cm，冠径30cm。

琉璃苣　*Borago officinalis*
(Borage)
一年生草本。株形开展，丛生。叶卵形，有皱褶，具粗毛。花星状，蓝色，花枝松散，夏季和秋季开放。嫩叶有时可作饮品。种子可自播繁殖。株高90cm，冠径30cm。

兰氏烟草　*Nicotiana langsdorffii*
多年生草本。常作一年生栽培。生长较快。茎直立，有分枝。叶卵圆形至披针形。花钟状，微下垂，淡绿色至黄绿色，夏季开放。株高1～1.5m，冠径30cm。

Anchusa capensis ‘Blue Bird’
Browallia americana
Campanula medium
Convolvulus tricolor ‘Flying Saucers’

Eustoma grandiflorum Heidi Series
Gilia achilleifolia
Lobelia erinus ‘Cambridge Blue’
Lobelia erinus ‘Colour Cascade’

Nigella damascena

Senecio cineraria

绿色至黄色

贝壳花 ***Moluccella laevis*** (Bells of Ireland, Shell flower)
一年生草本。生长较快。茎直立，有分枝。叶圆形，淡绿色。穗状花序，花小，管状，白色，有明显淡绿色萼片，夏季开放。株高60cm，冠径20cm。

蓖麻 ***Ricinus communis***
(Castor-oil plant)
常绿灌木。常作一年生栽培。直立。生长较快。叶大，深裂，中绿色。花绿色或红色，夏季开放。种子，圆球形，具刺。株高1.5m，冠径90cm。

'羡慕'百日草 ***Zinnia elegans* 'Envy'**
一年生草本。生长速度中等。茎直立，坚韧。叶卵形至披针形，淡绿色或中绿色。头状花序大，雏菊状，重瓣，绿色，夏季和初秋开放。株高60cm，冠径30cm。

珀菊 ***Amberboa moschata*** (*Centaurea moschata*) (Sweet sultan)
一年生草本。生长较快。茎直立，细长。叶披针形，淡灰绿色。头状花序，花大，芳香，似矢车菊，色彩多，夏季和初秋开放。株高45cm，冠径20cm。

蓬头草 ***Bassia scoparia* f. *trichophylla*** (*Kochia scoparia* f. *trichophylla*) (Burning bush, Summer cypress)
一年生草本。生长速度中等。茎直立，丛生。叶狭披针形，亮绿色，长5～8cm，秋季变红。花小，不明显。株高90cm，冠径60cm。

平蕊罂粟 ***Platystemon californicus*** (Cream cups)
一年生草本。生长速度中等。茎直立。密集。叶披针形，灰绿色。花碟状，白色或灰黄色，直径2.5cm，夏季开放。株高30cm，冠径10cm。

Angelica archangelica, illus. p.228
Nicandra physalodes
Nicotiana 'Lime Green'
Solenostemon scutellarioides, illus. p.324

Tanacetum parthenium 'Aureum'

黄色

穿叶芹 ***Smyrnium perfoliatum***
二年生草本。直立。生长缓慢。植株上部叶圆形，黄绿色，抱茎。花淡黄绿色，夏季开放。株高60～100cm，冠径60cm。

蓟罂粟 ***Argemone mexicana***
(Devil's fig, Prickly poppy)
多年生草本。常作一年生栽培。株形开展。叶深裂，具白边，小叶灰绿色。花芳香，似罂粟，黄色或橘黄色，直径8cm，夏季开放。株高60cm，冠径30cm。

黄花海罂粟 ***Glaucium flavum***
(Horned poppy)
二年生草本。直立。生长缓慢。叶卵形，浅裂，淡灰绿色。花似罂粟，鲜黄色，直径8cm，夏季和初秋开放。株高30～60cm，冠径45cm。

Calendula officinalis 'Fiesta Gitana'
Tagetes Gem Series 'Lemon Gem'
Xanthophthalmum coronarium

一、二年生花卉

□ 黄色

'晴空黄花'杂种三色堇 ***Viola* x *wittrockiana* 'Clear Sky Primrose'**
多年生草本。常作一年生或二年生栽培。茎直立，丛生，平展。叶卵形。花淡黄色，略带鲜黄色，冬季开放。株高16～23cm，冠径23～30cm。

沼花 ***Limnanthes douglasii*** (Meadow foam, Poached-egg flower)
一年生草本。生长较快。茎直立，细长。叶羽状，有光泽，淡绿色。花杯状，微香，白色，具黄心，初夏至夏末开放。株高15cm，冠径10cm。

簇生花菱草 ***Eschscholzia caespitosa***
一年生草本。生长较快。茎细长，直立。叶羽状，淡蓝绿色。花杯状，4瓣，黄色，直径2.5cm，夏季和初秋开放。株高和冠径均为15cm。

塔西提系列金鱼草 ***Antirrhinum majus* Tahiti Series**
多年生草本。常作一年生栽培。茎直立，基部分枝。叶披针形。花唇形，红色、橘黄色、玫瑰红色、黄褐色、粉红色和白色相间的复色，夏秋开放。株高20～30cm，冠径30cm。

'音乐盒'向日葵 ***Helianthus annuus* 'Music Box'**
一年生草本。生长较快。茎具毛，分枝多。头状花序雏菊状，直径10～12cm，舌状花从乳白色向深红色，由边缘向中心过渡，管状花黑色，夏季开放。株高70cm，冠径60cm。

星菊 ***Lindheimera texana*** (Star daisy)
一年生草本。生长速度中等。茎直立，有分枝，具毛。叶卵形，有锯齿，具毛。花雏菊状，黄色，夏末和初秋开放。株高30～60cm，冠径30cm。

'超级巨人'杂种三色堇 ***Viola* x *wittrockiana* 'Super Chalon Giants'**
多年生草本。丛生。常作一年生或二年生栽培。生长较快。叶卵形，有锯齿。花5瓣，边缘有皱波纹，复色，夏秋开放。株高15～20cm，冠径20cm。

卡伯罗那系列金盏花 ***Calendula officinalis* Kablouna Series**
一年生草本。丛生。生长较快。叶披针形。头状花序有冠毛，雏菊状，橘黄色、金黄色或黄色，春季至秋季开放，芳香浓郁。株高60cm，冠径30～60cm。

黄花门泽草 ***Mentzelia lindleyi*** (*Bartonia aurea*)
一年生草本。丛生。生长较快。茎肉质。叶披针形，有锯齿。花杯状，芳香，深黄色，雄蕊明显，夏季开放。株高45cm，冠径20cm。

'金币'万寿菊（直立类型） ***Tagetes* 'Gold Coins'**
一年生草本。生长较快。茎直立，丛生。叶芳香，羽状，有光泽，深绿色。大型头状花序，花重瓣，黄色或橘黄色，夏季和初秋开放。株高90cm，冠径30～45cm。

蛇纹菊 ***Sanvitalia procumbens*** (Creeping zinnia)
一年生草本。生长速度中等。铺地生长。叶尖卵形。头状花序雏菊状，直径2.5cm，黄色，花心黑色，夏季开放。株高15cm，冠径30cm。

Amaranthus tricolor 'Joseph's Coat'
Antirrhinum majus
Arctotis Harlequin Hybrids 'Sunshine'
Bracteantha bracteata cvs
Calceolaria Anytime Series
Calceolaria 'Monarch'
Cosmos bipinnatus 'Sea Shells'
Erysimum cheiri
Gaillardia pulchella [double, mixed]
Gazania Daybreak Series
Helianthus annuus 'Russian Giant'
Helianthus annuus 'Teddy Bear', illus. p.337
Hunnemannia fumariifolia 'Sunlite'
Ismelia carinata Tricolor Series
Layia platyglossa
Nemesia strumosa

黄色

蛇目菊（两色金鸡菊）
Coreopsis tinctoria (Tick-seed)
一年生草本。生长较快。茎直立，丛生。叶披针形。头状花序大，雏菊状，亮黄色，中心红色，夏季和初秋开放。株高60～90cm，冠径20cm。

南茼蒿（珍珠菊） ***Xanthophthalmum segetum***
一年生草本。直立。生长速度中等。叶披针形，灰绿色。头状花序雏菊状，单瓣，直径8cm，黄色，夏季和初秋开放。适合作切花。株高45cm，冠径30cm。

'阳光'金鸡菊 ***Coreopsis* 'Sunray'**
多年生草本。丛生。常作一年生栽培。株形开展。初春在温室内播种。叶披针形，有锯齿。头状花序雏菊状，亮黄色，夏季开放。株高45cm，冠径30～45cm。

向日葵 ***Helianthus annuus***
一年生草本。直立。速生。叶卵形，具锯齿，中绿色。头状花序雏菊状，黄色，直径30cm或更大，中心褐色或紫色，夏季开放。株高1～3m，冠径30～45cm。

清水晶系列杂种三色堇（黄花类型） ***Viola* x *wittrockiana* Clear Crystals Series**
多年生草本。丛生。常作一年生或二年生栽培。叶卵形，中绿色。花圆形，5瓣，黄色，夏季开放。株高15～20cm，冠径20cm。

金凤菊（枝花菊） ***Cladanthus arabicus***
一年生草本，生长速度中等，株形圆丘状。叶羽状，淡绿色，芳香。头状花序雏菊状，单瓣，深黄色，芳香，直径5cm，夏季和初秋开放。株高60cm，冠径30cm。

'泰迪熊'向日葵 ***Helianthus annuus* 'Teddy Bear'**
一年生草本。生长快。茎密集具毛。叶缘有锯齿，具粗毛。头状花序雏菊状，重瓣，深黄色，直径13cm，夏季开放。株高90cm，冠径60cm。

水晶钵系列杂种三色堇（黄花类型） ***Viola* x *wittrockiana* Crystal Bowl Series**
多年生草本。直立。常作一年生或二年生栽培。株形开展。叶卵形，中绿色。花大，圆形，5瓣，黄色，夏季开放。株高和冠径均为15cm。

诗韵系列金鱼草 ***Antirrhinum majus* Sonnet Series**
多年生草本。常作一年生栽培。茎直立，丛生，从茎基部分枝。叶披针形。花二唇形，褐色、粉红色、胭脂红、鲜红色、白色或黄色，春季到秋季开放。株高和冠径均为45cm。

Portulaca grandiflora
Salpiglossis sinuata Bolero Hybrids
Schizanthus cvs
Solenostemon scutellarioides, illus. p.324
Tolpis barbata
Tropaeolum majus
Tuberaria guttata
Viola x *wittrockiana* cvs
Zinnia cvs

一、二年生花卉

黄色

‘观景楼’百日草 ***Zinnia elegans* ‘Belvedere’**
一年生草本。生长速度中等。茎直立，坚韧。叶卵形或披针形，淡绿色或中绿色。头状花序大，重瓣，雏菊状，混合色，夏季和初秋开放。株高和冠径均为30cm。

春黄菊状熊菊 ***Ursinia anthemoides***
一年生草本。丛生。生长速度中等。叶羽状，淡绿色。头状花序小，雏菊状，舌状花橘黄色，背面紫色，管状花紫色，夏季和初秋开放。株高30cm，冠径20cm。

‘元宝’天人菊 ***Gaillardia pulchella* ‘Lollipops’**
一年生草本。直立。生长速度中等。叶披针形，具毛，灰绿色。头状花序雏菊状，重瓣，红色和黄色，直径5cm，夏季开放。株高和冠径均为30cm。

‘明亮比基尼’蒲包花 ***Calceolaria* ‘Bright Bikinis’**
一年生或二年生草本。丛生，密集。叶卵形，微具毛，中绿色。花小，圆形，膨大成荷包状，黄色、橘黄色或红色，夏季开放。株高和冠径均为20cm。耐最低温度5℃。

阳光系列万寿菊 ***Tagetes* Solar Series**
一年生草本。丛生。头状花序大，花瓣密集，重瓣，花色丰富，有橘红色略带红色斑点、硫黄色或金黄色，花中部具冠毛，春末至初秋开放。株高35cm，冠径30～40cm。

‘娇艳’万寿菊 ***Tagetes* ‘Naughty Marietta’**
一年生草本。丛生。生长较快。叶深裂，具香味，深绿色。头状花序雏菊状，深黄色和褐红色相间，夏季和初秋开放。株高和冠径均为30cm。

‘柠檬女王’太平洋丽花系列金盏花 ***Calendula officinalis* Pacific Beauty Series ‘Lemon Queen’**
一年生草本。直立。速生。叶具软毛，有香味。头状花序雏菊状，重瓣，柠檬黄色，舌状花棕红色，夏季至秋季开放。株高45cm，冠径30～45cm。

先驱者系列杂种三色堇 ***Viola* x *wittrockiana* Forerunner Series**
多年生草本。常作一年生或二年生栽培。茎直立，丛生。叶卵圆形。花中等大小，单色或复色，冬季和春季开放。株高16～23cm，冠径23～30cm。

花菱草(混合类型) ***Eschscholzia californica***
一年生草本。生长较快。茎直立，细长。叶羽状，蓝绿色。花杯状，4瓣，红色、橘黄色、黄色或乳白色，夏秋季开放。株高30cm，冠径15cm。

Rudbeckia hirta
Rudbeckia hirta ‘Irish Eyes’
Tagetes patula

花菱草 ***Eschscholzia californica***
一年生草本。生长快。茎直立，细长。叶羽状，蓝绿色。花杯状，4瓣，鲜橙色，夏秋季开放。株高30cm，冠径15cm。

太平洋系列报春 ***Primula*** **Pacific Series** (Polyanthus)
多年生草本。莲座状。常作二年生栽培。叶披针形。花大，扁平，芳香，蓝色、黄色、红色、粉红色或白色，春季开放。株高和冠径均为20～22cm。

泰丝系列花菱草 ***Eschscholzia*** **californica Thai Silk Series**
一年生草本。生长较快。茎直立，细长。叶羽状，蓝绿色。花单瓣或重瓣，带凹槽，红色、粉红色、橙色或微具青铜色，夏秋季开放。株高20～25cm，冠径15cm。

凯旋系列龙面花 ***Nemesia strumosa*** **Triumph Series**
一年生草本。生长较快。丛生，密集。叶披针形，有锯齿，淡绿色。花小，喇叭状，花色丰富，夏季开放。株高20cm，冠径15cm。

'阳光'蒲包花 ***Calceolaria*** **'Sunshine'**
常绿多年生草本。作一年生栽培。丛生，密集。叶卵形，中绿色。花小，圆形，亮金黄色，春末至夏季开放。株高和冠径均为20cm。

阿拉斯加系列金莲花 ***Tropaeolum*** **Alaska Series**
一年生草本。丛生。生长较快。叶圆形，杂色。花喇叭状，花瓣边缘有齿，红色或黄色，夏季和初秋开放。株高和冠径均为30cm。

普通系列杂种三色堇（杏黄花类型） ***Viola* x *wittrockiana*** **Universal Series**
多年生草本。丛生。常作二年生栽培。株形开展。花大，圆形，5瓣，深杏黄色，冬春季开放。株高和冠径均为15～20cm。

'吉普赛节日'金盏花 ***Calendula officinalis*** **'Fiesta Gitana'**
一年生草本。丛生。生长较快。叶披针形，有强烈芳香味，淡绿色。头状花序雏菊状，重瓣，乳白色至橙色，春季至秋季开放。株高和冠径均为30cm。

Calceolaria Anytime Series
Calceolaria 'Monarch'

一、二年生花卉

橙色

'大花'黑心菊 ***Rudbeckia hirta* 'Marmalade'**
多年生草本。作一年生栽培。生长速度中等。茎直立，具分枝。叶披针形。头状花序雏菊状，深金黄色至橙色，直径8cm，管状花黑色。株高45cm，冠径30cm。

'金锁'黑心菊 ***Rudbeckia hirta* 'Goldilocks'**
多年生草本。作一年生栽培。生长速度中等。茎直立，具分枝。叶披针形。头状花序雏菊状，重瓣或半重瓣，金黄色至橙色，直径8cm，夏秋季开放。株高60cm，冠径30cm。

'橘红宝石'万寿菊 ***Tagetes* 'Tangerine Gem'**
一年生草本。丛生。生长快。叶羽状，具芳香。头状花序小，单瓣，深橙色，夏季和初秋开放。株高20cm，冠径30cm。

'粗矮'黑心菊 ***Rudbeckia hirta* 'Rustic Dwarfs'**
多年生草本。作一年生栽培。生长速度中等。茎直立，有分枝。叶披针形，中绿色。头状花序雏菊状，黄色、赤褐色或青铜色，直径8cm，夏秋季开放。株高60cm，冠径30cm。

'火炬'圆叶肿柄菊 ***Tithonia rotundifolia* 'Torch'**
一年生草本。直立。生长缓慢。叶圆形，浅裂。头状花序雏菊状，亮橘黄色或鲜红色，直径5～8cm，夏季和初秋开放。株高90cm，冠径30cm。

'橙冕'万寿菊 ***Tagetes* 'Orange Winner'**
一年生草本。丛生。生长较快。叶羽状，具芳香，深绿色。头状花序雏菊状，有冠毛，重瓣，亮橙色，夏季和初秋开放。株高15cm，冠径30cm。

少年系列万寿菊 ***Tagetes* Boy Series**
一年生草本。密集。头状花序，重瓣，花色丰富，有金黄色、黄色、橙色、红棕色，具深橙色或黄色冠毛，春末和初夏开放。株高15cm，冠径30cm。

'橙色花坛'阿氏糖芥 ***Erysimum* x *allionii* 'Orange Bedder'**
多年生常绿草本。丛生。作二年生栽培，生长缓慢，寿命短。叶披针形，中绿色。花4瓣，亮橙色，有香味，春季开放。株高和冠径均为30cm。

异形系列麦秆菊 ***Bracteantha bracteata* Monstrosum Series**
一年生草本。生长速度中等。茎直立，具分枝。头状花序雏菊状，重瓣，纸质，粉红色、红色、橙色、黄色或白色，夏季和初秋开放。花易干燥，适合作干花。株高90cm，冠径30cm。

Antirrhinum majus
Arctotis Harlequin Hybrids 'Tangerine'
Arctotis Harlequin Hybrids 'Torch'
Erysimum cheiri
Gazania Daybreak Series
Portulaca grandiflora
Salpiglossis sinuata Bolero Hybrids
Tagetes patula
Tropaeolum majus

‘橙星’百日草 ***Zinnia haageana*** **‘Orange Star’**(*Z. angustifolia* ‘Orange Star’, *Z. haageana* ‘Classic’)
一年生草本。低矮。丛生。头状花序雏菊状，花瓣宽，橙色，夏季开放。抗霉菌性病害，适合作地被植物。株高25cm，冠径30cm。

宝石系列旱金莲 ***Tropaeolum*** **Jewel Series**
一年生草本。丛生。生长快。叶圆形。花喇叭状，有距，红色、黄色或橙色，花高出叶片，初夏至初秋开放。株高和冠径均为30cm。

‘歌舞女郎’金盏花 ***Calendula officinalis*** **‘Geisha Girl’**
一年生草本。丛生。生长快。叶披针形，淡绿色，芳香。头状花序，重瓣，橙色，花瓣弯曲，春末至秋季开放。株高60cm，冠径30～60cm。

‘火王’桂竹香 ***Erysimum cheiri*** **‘Fire King’**（*Cheiranthus cheiri* ‘Fire King’）
多年生常绿草本。作二年生栽培。生长速度中等。叶披针形，中绿色至深绿色。花4瓣，淡红色至橙色，春季开放。株高38cm，冠径30～38cm。

缨绒花(缨绒菊) ***Emilia coccinea*** (Tassel flower)
一年生草本。直立。生长速度中等。叶披针形，灰绿色。花重瓣，红色或黄色，夏季开放。株高30～60cm，冠径30cm或更大。

‘气球’珊瑚樱 ***Solanum pseudocapsicum*** **‘Balloon’**
常绿灌木。丛生。作一年生栽培。叶披针形。花小，星状，白色，夏季开放。果大，乳白色，冬季变为橙红色。株高30cm，冠径30～45cm，耐最低温度5℃。

‘红巨’珊瑚樱 ***Solanum pseudocapsicum*** **‘Red Giant’**
常绿灌木。丛生。常作一年生栽培。生长较慢。叶披针形，深绿色。花小，白色，夏季开放。果实大，圆形，橙红色，冬季成熟。株高和冠径均为30cm。耐最低温度5℃。

公主系列可爱克拉花（橙红花类型） ***Clarkia amoena*** **Princess Series**
一年生草本。生长较快。茎直立，细长。叶披针形，中绿色。穗状花序，花瓣皱褶，橙红色至粉红色，夏季开放。株高和冠径均为30cm。

‘橙红’蛇纹菊 ***Sanvitalia procumbens*** **‘Mandarin Orange’**
一年生草本。生长速度中等。铺地生长。叶尖卵形，中绿色。头状花序雏菊状，橙红色，直径2.5cm，夏季开放。株高15cm，冠径30cm。

‘华丽’大丽花 ***Dahlia*** **‘Dandy’**
多年生草本。作一年生栽培。茎直立，丛生。叶尖卵形，有锯齿。头状花序，中间花瓣反卷，红色、黄色或橙红色，夏季开放。株高和冠径均为60cm。

‘仙境喷泉’青葙 ***Celosia argentea*** **‘Fairy Fountains’**
多年生草本。作一年生栽培。生长速度中等。茎直立，丛生。叶尖卵形。圆锥花序羽状，长15 cm，花色丰富，夏秋季开放。株高和冠径均为30cm。

岩生植物

当空间非常珍贵时，许多园艺家就盯上了岩生植物，因为多数属于这一类群的矮生乔木、灌木、球根花卉、宿根花卉和高山植物能够生长在空间非常有限的地方。岩生植物在干旱条件下不仅能生长，而且能开出非常美丽的花，这种特性使园艺家们更喜爱在恶劣的地点和气候条件下选用它们。

岩生植物

岩生植物极具天然魅力，在春天和初夏因花朵丰富，花形简朴，花色纯净而著名。从极小的石槽到庞大的岩石园，岩生植物几乎可以生活于各种环境条件。

什么是岩生植物

岩生植物既包括植株矮小的常绿针叶树和落叶乔灌木，也包括球根类和垫状多年生草本（其中很多为常绿植物）。它们可以是真正的高山植物，也可能仅仅是适合岩石园种植的矮小植物。很多高山植物对种植有着特殊的需求，而适合岩石园种植的矮小植物，包括很多种及品种，如南庭荠和金庭荠（*Aurinia saxatilis*），只要朝向适合、排水良好，均可以茂盛生长，对栽培条件要求不高。

高山植物分布在树木线以上的高海拔石质山坡上、石缝中或矮草丛中，而亚高山植物生长在树木线以下的石质山坡上或是高海拔的草地或草甸上。多数高山植物植株紧凑且常常扎根很深，通常具有革质或肉质的小叶，或者叶子上覆盖着细毛。这些适应特征使其能够存活于有干旱的强风、炎热的阳光以及极大温差变化的自然环境中。

多数岩生植物生长在排水迅速的石质土地区。低海拔花园中的条件使它们根部经常湿润，冬天又很冷，因而难以成活。此类植物也不喜欢温暖、潮湿的夏季。在野外，高山植物从冬天到翌年春天由一层雪覆盖着，雪下与寒冷隔绝，温度一般保持在0℃左右。那些模仿野外条件的环境，如岩石园、碎石床、种植槽、高设花坛、阳畦、高山植物温室等，必须具有良好的排水条件并且通常要有防止冬季过度潮湿的保护设施，才有利于岩生植物的栽培。

林地植物

上图：天然生长的山区林地植物，如图中所示的延龄草，一般需要湿润、中性至酸性的土壤，非常适合种在阴处的草炭土花坛上。

规划岩石园

右图：岩石园的位置应选排水良好的缓坡上以利排水迅速，精心摆放的石块可使深入其中的根部在夏天保持清凉和湿润。

利用岩生植物造园

岩生植物吸引人的主要原因之一是株形小巧玲珑，这能满足园艺家们追求多样性的渴望，因为在相对狭小的空间里能够配置很多不同的植物。在一个岩石园中（按照和大规模种植同样的原理），可以用欧洲瑞香（*Daphne cneorum*）、凹叶瑞香（*D. retusa*）这样的浓香型小灌木或者具柔荑花序的保克柳（*Salix bockii*）和无柄柳（*S. apoda*）等构成设计的结构框架。与‘鲍顿’柏状长阶花（*Hebe cupressoides* ‘Boughton Dome’）等球形的植物形成对照，微型的针叶树，如津山桧（*Juniperus communis* ‘Compressa’）能着重表现出垂直感，并创造出终年不变的色彩。

这种结构的空间可以填充以铺地或垫状植物，如蚤缀属（*Arenaria*）植物，靠在稍高一些的西洋石竹（*Dianthus deltoides*）、羽状叶的白头翁或轻盈的那旁亚麻（*Linum narbonense*）脚下。还有一些植物，如植株紧密的圆顶状的虎耳草、莲座状的景天、叶肉质的长生草等，他们的表面同叶被白毛的火绒草（*Leontopodium*）或有丝毛的银白色叶的寒菀（*Celmisia*）形成鲜明的对比。

容器种植

种植槽是创造微型景观的理想容器，但为了排水顺畅，应该使用含有砂石的培养基质。图中，高山罂粟、风铃草和繁瓣花（*Lewisia*）鲜艳的花朵为极高山虎耳草属植物包裹着石灰痕迹的雅致的莲座增色。

保持周年观赏

常绿植物及结构植物在岩石园中比在其他风格的花园中更为重要，因为多数高山植物开花集中在春季和初夏。不过，我们可以种植早春开花的球根花卉，如高山水仙花或番红花，种植晚花的岩生植物，如半日花、福禄考或婆婆纳，

种植秋季开花的越橘叶蓼（*Persicaria vacciniifolia*）、仙客来或者结浆果的白珠树，以此来延长观赏季节。

微型景观

在庭院、小花园或者土壤较黏重、排水不畅的开阔花园中，岩生植物可以栽在种植槽或高设花坛中，以建造微型景观。高设花坛还可以使这些小植物更接近于眼的高度，特别适于行动不便的种花人。干砌石墙对于像繁瓣花类、欧洲苣苔类等喜欢生长在石缝中的植物来说也是潜在的种植场所，同时，墙顶也是悬垂植物，如‘瀑布’虎耳草（*Saxifraga*‘Tumbling Waters’）理想的种植地方。

本组所用的大小等级		
大	中	小
>15cm	——	≤15cm

边饰用的岩生植物

上图：南庭荠、苔状虎耳草等生命力强的低矮铺地植物非常适合岩石园前部的边饰种植。

完美的组合

左图：在阳光普照的空旷区域，矮生灌木和针叶树为典型的在春天和初夏繁花点点的高山植物提供了永久性构架。

大型岩生植物 春季观赏

□ 白色

高山火绒草 ***Leontopodium alpinum*** (Edelweiss)
多年生草本。丛生。寿命短。叶披针形，具毛。花序头状，小，银白色，簇生，被花瓣状、肥厚、黏结的苞叶环绕，形成星状，春季或初夏开放。不喜欢冬天和夏天的潮湿。株高和冠径均为15～20cm。

林星花 ***Lithophragma parviflorum***
多年生草本。丛生。具块茎。叶肾形，基部成束生长，具深锯齿。花小，剪秋罗状，簇生，白色或粉红色，春季开放。夏季休眠。株高15～20cm，冠径20cm。

常绿屈曲花 ***Iberis sempervirens*** (*I. commutata*)
常绿开张型亚灌木。叶狭窄，椭圆形，暗绿色。花白色，集生成密集圆形头状，春末和初夏开放。花谢后修剪。株高15～30cm，冠径45～60cm。

高山白头翁 ***Pulsatilla alpina*** (Alpine anemone)
多年生草本。丛生。叶羽状分裂。花杯状，垂直或略下垂，白色，有时蓝色或粉红色，春季或初夏开放。花后结带羽毛种序。株高15～30cm，冠径10cm。

颗粒虎耳草 ***Saxifraga granulata*** (Fair maids of France, Meadow saxifrage)
多年生草本。丛生。叶肾形，有皱褶，具光泽，夏季落叶。黏性茎上着生松散的圆锥花序，小花圆形，白色，春末开放。株高23～38cm，冠径15cm。

白舌假匹菊 ***Rhodanthemum hosmariense***
多年生常绿草本。灌木状。叶亮银绿色，包围着疏松的木质茎。头状花序白色，单生，高于叶丛，春末至初秋开放。株高15cm以上，冠径30cm。

'白色'倒壶花 ***Andromeda polifolia* 'Alba'**
常绿灌木。植株疏松。多细枝。叶光滑、暗绿色，革质，披针形。花序聚生顶端，花瓶状，白色，春季和初夏开放。株高45cm，冠径60cm。

'银冠'岩须 ***Cassiope* 'Muirhead'**
常绿灌木。树形松散。丛生。叶鳞状，暗绿色，在直立分枝上着生。花小，无花梗，钟状，白色，春季开放。株高和冠径均为20cm。

'爱丁堡'岩须 ***Cassiope* 'Edinburgh'**
常绿灌木。矮生。叶小，暗绿色，紧贴直立茎着生。花小，多数，钟状，白色，在叶腋单生，春季开放。株高和冠径均为20cm。

OTHER RECOMMENDED PLANTS:
Achillea clavennae, illus. p.373
Cassiope fastigiata
Cassiope mertensiana, illus. p.364
Cassiope selaginoides
Corydalis ochroleuca, illus. p.351
Cyathodes colensoi, illus. p.360
DAFFODILS, illus. p.416～p.418
Daphne alpina
Galax urceolata, illus. p.351
x *Halimiocistus wintonensis*
Hebe carnosula
Hebe pinguifolia 'Pagei', illus. p.351
Houttuynia cordata 'Flore Pleno'
Iberis sempervirens 'Schneeflocke'
IRISES, illus. p.234～p.235

□ 白色

硬毛虎耳草 ***Saxifraga hirsuta***
多年生常绿草本。株形土丘状。叶圆形，具毛，莲座状。圆锥花序松散，花小，星状，白色，瓣基部带黄色斑，春末和初夏开放。株高15～20cm，冠径20cm。

心叶黄水枝 ***Tiarella cordifolia*** (Foamflower)
多年生常绿草本。株形开展。生长旺盛。叶分裂，淡绿色，有时具黑色斑点，叶脉冬季铜红色。穗状花序多数，春末和初夏开花。株高15～20cm，冠径30cm以上。

白色至粉红色

白流星花 ***Dodecatheon meadia* f. *album***
多年生草本。丛生。叶卵形，淡绿色，基生莲座状。花茎粗壮，花白花，具黑色花心，花瓣翻转，春季开放。夏季休眠。株高20cm，冠径15cm。

‘致密’倒壶花 ***Andromeda polifolia* ‘Compacta’**
常绿灌木。多分枝。株形紧凑。叶披针形，具光泽，暗绿色。花壶状，唇红色，具白底，顶端簇生，春季和初夏开放。株高15～23cm，冠径30cm。

双叶鲜黄连 ***Jeffersonia diphylla***
多年生草本。丛生。生长缓慢。叶较特别，二裂状，淡绿色至中绿色。花单生，杯状，白色，黄色雄蕊突起，春末开放。不耐移植。株高15～23cm，冠径23cm。

‘瀑布’虎耳草 ***Saxifraga* ‘Tumbling Waters’**
多年生常绿草本。铺地状。生长缓慢。叶窄，有碱质硬壳，紧密莲座状。圆锥花序，花白色，几年后成拱形花枝，花后主莲座死亡，但小的短匍茎存活。株高60cm，冠径20cm。

繁星虎耳草 ***Saxifraga* x *geum***
多年生常绿草本。匍匐状。叶匙形，有毛，莲座状。花星状，白色，具粉红色斑，花蕾深粉红色，松散的圆锥花序生长在细枝上。株高15～20cm，冠径30cm。

宽叶流星花 ***Dodecatheon hendersonii*** (*D. latifolium*)
多年生草本。丛生。叶肾形，成扇莲座状。花深粉红色，花瓣翻转，春末开放。夏季休眠期喜干燥。株高30cm，冠径8cm。

巴尔干瑞香 ***Daphne blagayana***
常绿灌木。匍匐状。枝蔓生。叶革质，卵圆形，丛生枝顶。花白色，芳香，管状，密集簇生。喜腐殖质丰富的土壤。株高30～40cm，冠径60～80cm以上。

多萼草 ***Vancouveria hexandra***
多年生草本。株形开张。生长旺盛。叶革质，分裂成近六边的小叶。花小，白色，着生在开放型小枝上，春末和初夏开放。为良好的林地地被植物。株高20cm，冠径不定。

倒壶花 ***Andromeda polifolia***
常绿灌木。冠开展。多分枝。叶窄，革质，中绿色，具光泽。花顶端簇生，壶状，粉红色，春季和初夏开放。株高30～45cm，冠径60cm。

‘德拉蒙德’间型松毛翠 ***Phyllodoce* x *intermedia* ‘Drummondii’**
常绿灌木。丛生，低矮。叶窄，石南状，有具光泽。花壶状，粉红色，具细长红色柄，顶端簇生，春末至初夏开放。株高和冠径均为23cm。

Leiophyllum buxifolium
Ourisia macrocarpa
Parnassia palustris, illus. p.350
PEONIES, illus. p.236～p.237

Phyllodoce nipponica
PRIMULAS, illus. p.272～p.273
Saxifraga cuneifolia, illus. p.351

Anthyllis montana, illus. p.352
Anthyllis montana ‘Rubra’
Arabis alpina subsp. *caucasica* ‘Variegata’, illus. p.362

Dodecatheon meadia
Saxifraga cotyledon, illus. p.352
Saxifraga ‘Southside Seedling’, illus. p.352
Shortia galacifolia, illus. p.364

大型岩生植物 春季观赏

粉红色至紫色

欧洲瑞香 ***Daphne cneorum***
常绿灌木。矮生。枝蔓生。叶小，革质，卵形，暗绿色。花深玫瑰红色，有香味，顶端簇生，春末开放。喜富含腐殖质土壤。株高23cm，冠径达2m。

'红翼'流星花 ***Dodecatheon 'Red Wings'***
多年生草本。丛生。茎粗壮。叶椭圆形，柔软，淡绿色，基生成丛。花小，深洋红色，松散簇生，花瓣翻转，春末和初夏开放。夏季休眠。株高20cm，冠径10cm。

岩高兰状母樱 ***Phyllodoce empetriformis***
常绿灌木。匍匐状。叶窄，石南形。花钟状，紫红色，顶端簇生，春末和初夏开放。株高15～23cm，冠径20cm。

松毛翠 ***Phyllodoce caerulea*** (*P. taxifolia*)
常绿灌木。矮生。叶细小，狭窄，石南形。花钟状，紫色或紫红色，单生或簇生，春末和夏季开放。株高和冠径均为30cm。

普通白头翁 ***Pulsatilla vulgaris***
(Pasque flower)
多年生草本。丛生。叶羽状，淡绿色。花杯状，下垂，紫色、红色、粉红色或白色，花心黄色，春季开放。当种子成熟时花茎迅速伸长。株高和冠径均为15～23cm。

紫色至蓝色

猬豆 ***Erinacea anthyllis*** (*E. pungens*) (Hedgehog broom)
常绿亚灌木。生长慢。叶刺形，坚硬，蓝绿色。花蝶形，淡紫色，腋生，春末至初夏开放。株高和冠径均为15～25cm。

堇花白头翁 ***Pulsatilla halleri***
多年生草本。丛生。密被柔毛。叶羽状。花杯状，初开下垂，后直立。种序紫色。株高15～38cm，冠径15～20cm。

高山耧斗菜 ***Aquilegia alpina***
(Alpine columbine)
多年生草本。直立。寿命短。叶圆形，细裂，基生莲座状。花茎细长，花有距，纯蓝色或紫蓝色，春季和初夏开放。喜肥沃土壤。株高45cm，冠径15cm。

Cortusa matthioli, illus. p.354
Daphne collina
Dicentra 'Spring Morning', illus. p.278
Kalmiopsis leachiana 'La Piniec'

x *Phylliopsis hillieri* 'Pinocchio'
Phyllodoce x *intermedia* 'Fred Stoker'
PRIMULAS, illus. p.272～p.273
Rhodothamnus chamaecistus, illus. p.352

IRISES, illus. p.234～p.235
Olsynium douglasii
Sisyrinchium graminoides, illus. p.356

蓝色

有距堇菜 ***Viola cornuta*** (Horned violet)
多年生草本。具根茎。叶卵形，有锯齿。花瓣扁平，有棱角，有距，淡蓝紫色至深蓝紫色，偶呈白色，春季和夏季开放。株高12～20cm，冠径20cm以上。

春脐果草 ***Omphalodes verna***
多年生半常绿草本。丛生。叶卵形，中绿色。小花枝长，松散，花扁平，亮蓝色，具白斑，春季开放。株高和冠径20cm以上。

西亚脐果草 ***Omphalodes cappadocica***
多年生草本。枝开展。地下茎蔓延。叶卵形，有毛，基生。花枝多数，松散，高于叶丛，花扁平，亮蓝色，春夏季开放。株高15～20cm，冠径25cm以上。

IRISES, illus. p.234～p.235
Lithodora zahnii
Pulsatilla halleri subsp. *grandis*

灰色至黄色

瑞士柳 ***Salix helvetica***
落叶灌木。矮生。枝开展，多有分枝。叶小，卵形，叶面光滑，叶被白毛。柔荑花序，花黄色，花芽灰色，有绒毛，具短柄，春季开放。株高60cm，冠径30cm。

矮灌桦 ***Betula nana*** (Arctic birch)
落叶灌木。低矮。丛生。叶小，有锯齿，秋季变亮黄色。柔荑花序，花小，黄褐色，春季开放。株高30cm，冠径45cm。

碎米蕨叶黄堇 ***Corydalis cheilanthifolia***
多年生常绿草本。根肉质。叶似蕨叶，平展，中绿色，有时淡铜色。穗状花序密生，花黄色，具短距，春末至初夏开放。株高20～30cm，冠径15～20cm。

DAFFODILS, illus. p.416～p.418
IRISES, illus. p.234～p.235
Paeonia mlokosewitschii, illus. p.237
PRIMULAS, illus. p.272～p.273

川鄂紫堇 ***Corydalis wilsonii***
多年生常绿草本。根肉质。叶蓝绿色，具分裂，平展向下，莲座状。松散总状花序，花黄色，尖端绿色，有距，春季开放。株高和冠径均为10～25cm。

'柠檬'金庭荠 ***Aurinia saxatilis* 'Citrina'** (*Alyssum saxatile* 'Citrinum')
多年生常绿草本。丛生。叶卵形，灰绿色，有毛。总状花序，花小，多数，淡柠檬黄色，春末至初夏开放。株高23cm，冠径30cm。

'镶边'金庭荠 ***Aurinia saxatilis* 'Variegata'** (*Alyssum saxatile* 'Variegatum')
多年生常绿草本。叶大，丛生，卵形，嫩灰绿色，边缘乳黄色。总状花序，花小，多数，黄色，春季开放。株高23cm，冠径30cm。

Pulsatilla alpina subsp. *apiifolia*
Salix arbuscula

对叶景天 ***Chiastophyllum oppositifolium*** (*Cotyledon simplicifolia*)
多年生常绿草本。蔓生。叶大，椭圆形，有锯齿，肉质。花小，多数，黄色，花枝拱形，春末和初夏开放。株高15～20cm，冠径15cm。

长雀花 ***Cytisus* x *beanii***
落叶灌木。低矮。复叶具3小叶，叶小，线型，有毛。花枝拱形，花冠蝶形，金黄色，生于二年生枝上，春末和初夏开放。株高15～40cm，冠径30～75cm。

大型岩生植物　春季观赏

黄色至橙色

荷青花　*Hylomecon japonica*
多年生草本。枝开展。生长旺盛。叶暗绿色，柔软，四深裂。花大，杯状，亮黄色，单生于细长茎上，春季开放。株高30cm，冠径20cm。

美国金罂粟　*Stylophorum diphyllum*
多年生草本。茎直立。叶大，基生莲座状，深裂，有毛。花杯状，金黄色。春季开放。喜生于肥沃的林地。株高和冠径均为30cm以上。

金庭荠　*Aurinia saxatilis*
(*Alyssum saxatile*) (Gold dust)
多年生常绿草本。丛生。叶卵形，灰绿色，有毛。穗状花繁密，花小，铬黄色，春季开放。株高23cm，冠径30cm。

‘布里登’糖芥　*Erysimum* ‘Bredon’ (*Cheiranthus* ‘Bredon’)
多年生半常绿草本。植株圆形。茎木质。叶卵形，暗绿色。穗状花序，花扁平，稠密，黄绿色，春末开放。株高30～45cm，冠径45cm。

‘哈珀·克利维’邱园糖芥　*Erysimum* x *kewense* ‘Harpur Crewe’
多年生常绿草本。灌木状。茎较硬。叶狭长。花芳香，重瓣，深黄色，春末到仲夏开放。喜生长于贫瘠土壤和阴凉的地方。株高和冠径均为30cm。

‘紧密珊瑚’狭叶小檗　*Berberis* x *stenophylla* ‘Corallina Compacta’
常绿矮生灌木。姿态优美。茎多刺。叶小，窄卵形。花小，多数，橙色，春末开放。生长慢，繁殖困难。株高和冠径均为25cm。

Alyssoides utriculata
Corydalis lutea, illus. p.359
DAFFODILS, illus. p.416～p.418
Euryops acraeus, illus. p.358
Euryops pectinatus, illus. p.170
Genista lydia, illus. p.359
IRISES, illus. p.234～p.235

大型岩生植物　夏季观赏

白色

梅花草　*Parnassia palustris*
(Grass of Parnassus)
多年生草本。叶心形，基部丛生，淡绿色至中绿色。花碟状，白色，有暗绿色或绿紫色条脉，生于直立的茎上，春末和初夏开放。株高20cm，冠径6cm以上。

宽叶海石竹　*Armeria pseudarmeria* (*A. latifolia*)
多年生常绿草本。丛生。叶狭长，淡灰绿色。花生于硬质茎上，白色，偶呈粉红色，球形，夏季开放。株高和冠径均为30cm。

黏叶寒菀　*Celmisia walkeri*
(*C. webbiana*)
多年生常绿草本。枝开展，松散。叶长卵形或披针形，光滑，表面绿色，背面白色，有毛。头状花序大，白色，雏菊状，夏季开放。株高23cm，冠径可达2m。

OTHER RECOMMENDED PLANTS:
Andromeda polifolia ‘Alba’, illus. p.346
Artemisia caucasica
Artemisia frigida
Artemisia stelleriana ‘Boughton Silver’
Boykinia aconitifolia
CARNATIONS and PINKS, illus. p.280～p.281
Cotoneaster congestus

亚平宁半日花 *Helianthemum apenninum*
常绿灌木。枝条开展，多分枝。叶小，线形，枝叶被白色软毛。花碟状，纯白色，仲夏开放。株高和冠径均为45cm。

楔叶虎耳草 *Saxifraga cuneifolia*
多年生常绿草本。铺地生长。叶圆形，呈整齐的莲座状。圆锥花序生于细长的茎上，花小，白色，常具黄色、粉红色或红色斑点，春末至初夏开放。株高15～20cm，冠径30cm以上。

白矮雀花 *Chamaecytisus purpureus* f. *albus* (*Cytisus purpureus* f. *albus*)
落叶灌木。低矮。茎半直立。复叶具3小叶，基生。花多，白色，蝶形，生于二年生枝上，初夏开放。株高45cm，冠径60cm。

‘威斯利白’半日花 *Helianthemum* ‘Wisley White’
常绿灌木。枝开展。叶椭圆形，灰绿色。花碟状，白色，花期长，夏季开放。株高23cm，冠径30cm以上。

银河草 *Galax urceolata* (*G. aphylla*)
多年生常绿草本。丛生。叶大，圆形，革质，浅绿色，秋冬转为青铜色，生于细茎上。穗状花序，花小，白色，春末到初夏开放。株高15～20cm，冠径30cm。

无毛柳叶菜 *Epilobium glabellum* of gardens
多年生半常绿草本。丛生。铺地生长。叶卵形，浅绿色。花白色，杯状，表面向外，单生于细茎上，夏季开放。用作地被栽植。株高20cm，冠径15cm。

光亮长阶花 *Hebe vernicosa*
常绿灌木。树形紧凑，丛生。叶小，卵形，有光泽，暗绿色，密生于茎上。穗状花序，花小，白色，4裂，花期长，初夏至仲夏开放。株高60cm，冠径1.2m。

‘佩吉’油叶长阶花 *Hebe pinguifolia* ‘Pagei’
常绿灌木。半匍匐状。叶小，椭圆形或浅杯形，密被白粉。穗状花序，花小，纯白色，春末或初夏开放。是优良的地带植物。株高15～30cm，冠径60～100cm。

乳黄堇 *Corydalis ochroleuca* (*Pseudofumaria ochroleuca*)
多年生常绿草本。丛生。肉质须根。叶灰绿色，基部有分裂。花细长，乳白色，先端黄色，春末和夏季开放。株高和冠径均为20～30cm。

Deinanthe bifida
Eomecon chionantha
Fabiana imbricata ‘Prostrata’
x *Halimiocistus wintonensis*
Hebe buchananii
HOSTAS, illus. p.288～p.289
Iberis sempervirens ‘Schneeflocke’
IRISES, illus. p.234～p.235
Leontopodium alpinum, illus. p.346
Luetkea pectinata
Papaver burseri
Phyllodoce nipponica
PRIMULAS, illus. p.272～p.273
Rhodanthemum hosmariense, illus. p.346
Stephanandra incisa ‘Crispa’
Tiarella cordifolia, illus. p.347

大型岩生植物 夏季观赏

白色至粉红色

圣塔虎耳草 ***Saxifraga cotyledon***
多年生常绿草本。叶大，淡绿色，莲座状，花后凋谢。花枝拱形，圆锥花序，花杯状，白色，有时瓣上有红色斑，春末和初夏开放。株高和冠径均为30cm。

◐ ♢ ❄❄❄

大花岩芥菜 ***Aethionema grandiflorum*** (*A. pulchellum*) (Persian stone cress)
常绿或半常绿灌木。植株松散。寿命短。叶蓝绿色，狭长，披针形。花小，淡玫瑰红色至深玫瑰红色，花枝松散，春夏季开放。株高30cm，冠径23cm。

☼ ♢ ❄❄❄ 🏆

Achillea x *kellereri*, illus. p.375
Diascia vigilis
Gaultheria miqueliana
Lotus hirsutus

变色滇紫草 ***Onosma alborosea***
多年生半常绿草本。茎丛生，有细毛，对人的皮肤有刺激性。花长管状，下垂，簇生，白色，后转为粉红色，花期较长，夏季开放。株高15～30cm，冠径20cm。

☼ ♢ ❄❄❄

'南边苗' 虎耳草 ***Saxifraga* 'Southside Seedling'**
常绿多年生草本。铺地状。叶大，淡绿色，莲座状，花后枯死。花枝拱形，圆锥花序，花杯状，白色，有红色条纹，春末和初夏开放。株高和冠径均为30cm。

☼ ♢ ❄❄❄ 🏆

伏石花 ***Rhodothamnus chamaecistus***
常绿灌木。低矮。叶窄卵形，叶缘具刚毛。花杯状，生于叶腋，玫瑰红至浅紫红色，雄蕊色较暗，春末和初夏开放。株高15～20cm，冠径25cm。

☼ ♢ pH ❄❄❄

Alyssum spinosum
Saxifraga granulata 'Plena'
Saxifraga longifolia
Saxifraga x *urbium*

粉红色

阿尔卑斯岩豆 ***Anthyllis montana***
多年生草本。灌木状或微开张形。分枝松散。叶细裂。花似丁香，头状，淡粉红色，有红斑，春末和初夏开放。株高和冠径均为30cm。

☼ ♢ ❄❄

球序茜 ***Phuopsis stylosa*** (*Crucianella stylosa*)
多年生草本。低矮。叶轮生，尖锐，淡绿色。花小，管状，粉红色，集生成圆形头状，夏季开放。喜生于河岸和大型岩石园中。株高30cm，冠径30cm以上。

☼ ♢ ❄❄❄

Aethionema armenum, illus. p.377
Aethionema 'Warley Rose', illus. p.376
CARNATIONS and PINKS, illus. p.280～p.281
Crepis incana

'乔治.亨利' 繁瓣花 ***Lewisia* 'George Henley'**
多年生常绿草本。丛生。叶窄，肉质，暗绿色，莲座状。花枝密集，花杯状，深粉红色，有紫红色条纹，春末至夏末开放。株高15cm以上，冠径10cm。

◐ ♢ pH ❄❄❄

Dianthus superbus
Erigeron glaucus 'Elstead Pink'
Erodium foetidum
Incarvillea mairei, illus. p.279

‘肯特丽’牛至　*Origanum* ‘Kent Beauty’
多年生草本。匍匐状。茎蔓生。叶圆卵形，芳香。穗状花序短，花管状，淡粉红色，苞片粉红色。适于墙壁或篱架上生长。株高15～20cm，冠径30cm。

‘帕科’落新妇　*Astilbe* ‘Perkeo’
(*A.* x *crispa* ‘Perkeo’)
多年生草本。直立。株形紧凑。叶较硬，深裂，有皱褶。花小，羽毛状，粉红色，仲夏至夏末开放。株高15～20cm，冠径10cm。

肉茎神刀　*Crassula sarcocaulis*
常绿亚灌木。丛生。在恶劣环境中呈半常绿。叶小，卵圆形，肉质。花簇顶生，花较小，蕾期红色，开放后成淡粉红色，夏季开放。株高和冠径均为30cm。

心叶双距花　*Diascia cordata* of gardens
多年生草本。匍匐状。叶心形，淡绿色。花簇生于枝顶，有距，扁平，亮粉红色，夏季或初秋开放。株高15～20cm，冠径20cm。

灌木芒柄花　*Ononis fruticosa*
(Shrubby restharrow)
落叶灌木。复叶，小叶3片，有锯齿，幼叶有毛。花簇大，下垂，花蝶形，紫红色，花瓣上有暗红色条纹，夏季开放。株高和冠径均为30～60cm。

‘肉红玫瑰’半日花　*Helianthemum* ‘Rhodanthe Carneum’
(*H.* ‘Wisley Pink’)
常绿灌木。植物松散。叶椭圆形，灰绿色。花碟状，柔软，淡粉红色，中心橙色，花期长，夏季开放。株高和冠径均为30cm以上。

四叶酢酱草　*Oxalis tetraphylla*
(*O. deppei*)
多年生草本。丛生，具块茎。叶基生，有棕色斑，通常为4小叶复叶。花枝稀疏，花阔漏斗状，深粉红色，春末及夏季开放。需要庇荫。株高15～30cm，冠径达10～15cm。

密序双距花　*Diascia rigescens*
多年生草本。蔓生。茎半直立。叶心形，中绿色。花有距，扁平，粉红色，夏季或初秋开放。株高23cm，冠径达30cm。

川西老鹳草　*Geranium orientalitibeticum*
多年生草本。枝开展。地下茎交错生长，具块茎。叶有深裂，具大理石状条纹。花杯状，粉红色，花心白色，夏季开放。具有侵入性。花期株高15～25cm，冠径不定。

岩生植物

Incarvillea mairei ‘Frank Ludlow’
Ononis rotundifolia
Ourisia ‘Loch Ewe’
PEONIES, illus. p.236～p.237
Potentilla nitida
PRIMULAS, illus. p.272～p.273
Teucrium polium, illus. p.379

大型岩生植物 夏季观赏

粉红色

假报春 ***Cortusa matthioli***
多年生草本。丛生。叶圆形，暗绿色，基生莲座状。总状花序向一侧倾斜，花小，下垂，钟状，淡红色或紫红色，春末和初夏开放。株高15～20cm，冠径10cm。

血红老鹳草 ***Geranium sanguineum*** (Bloody cranesbill)
多年生草本。枝开展。植株土丘状。叶圆形，深裂，暗绿色。花杯状，深洋红色，夏季开放。是良好的地被植物。株高25cm，冠径30cm以上。

亮叶牛至 ***Origanum laevigatum***
落叶亚灌木。匍匐状。茎红色，萌枝能力强。叶小，暗绿色，芳香。花小，管状，鲜红色，花苞紫红色，夏季开放。株高23～30cm，冠径20cm以上。

圣塔杂种繁瓣花 ***Lewisia* Cotyledon Hybrids**
多年生常绿草本。丛生。叶大而厚，有锯齿，莲座状。花簇生于直立茎上，粉红色至紫色各种颜色，初夏开放。适于石缝或高山植物温室栽培。株高30cm，冠径15cm以上。

丹麦石竹 ***Dianthus carthusianorum***
多年生常绿草本。叶丛生，禾草状。花生于细长茎上，圆形，樱桃红色或粉红色，花冠向上，夏季开放。株高20cm，冠径6cm。

红色

矮钓钟柳 ***Penstemon newberryi* f. *humilior***
常绿灌木。匍匐状。枝拱形。叶小，革质，暗绿色。花枝短，花管状，樱桃红色至深红色，初夏开放。株高15～20cm，冠径30cm。

'本·莫尔'半日花 ***Helianthemum* 'Ben More'**
常绿灌木。枝开展，细枝繁多。叶小，光滑，暗绿色。花碟状，橘红色，簇生于枝顶，春末和夏季开放。株高23～30cm，冠径30cm。

'红莓'半日花 ***Helianthemum* 'Raspberry Ripple'**
常绿灌木。枝条开展。叶小，线形，灰绿色。花碟状，白色，花心红色，仲夏开放。株高15～23cm，冠径23～30cm。

松叶钓钟柳 ***Penstemon pinifolius***
常绿灌木。丛生。分枝较多。叶细，暗绿色。穗状花序松散，顶生，花橘红色，细长管状，夏季开放。株高10～20cm，冠径15cm。

'火龙'半日花 ***Helianthemum* 'Fire Dragon'**
常绿灌木。枝条开展。叶线形，灰绿色。花碟状，猩红色，春末和夏季开放。株高23～30cm，冠径45cm。

Anthyllis montana 'Rubra'
Astilbe chinensis var. *pumila*
Dianthus armeria
Micromeria juliana
Origanum rotundifolium
Phyllodoce caerulea, illus. p.348
Phyllodoce x *intermedia* 'Drummondii', illus. p.347
Armeria 'Bees Ruby'
Helianthemum 'Ben Hope'
PEONIES, illus. p.236～p.237
Phyllodoce x *intermedia* 'Fred Stoker'
PRIMULAS, illus. p.272～p.273
Zauschneria californica
Zauschneria californica subsp. *cana*

红色

‘都柏林’灰叶朱巧花 ***Zauschneria californica*** subsp. ***cana* ‘Dublin’** (*Z. c.* ‘Glasnevin’)
多年生草本。丛生。茎基部木质化。叶披针形，灰绿色。花管状，深猩红色，顶端簇生，夏末至初秋开放。株高30cm，冠径45cm。

矮石榴 ***Punica granatum*** var. ***nana*** (Dwarf pomegranate)
落叶灌木。冠圆形。生长缓慢。花漏斗状，红色，花瓣微皱，夏季开放。果实球形，橘红色。株高和冠径均为30～90cm。

裸茎翠雀 ***Delphinium nudicaule***
多年生草本。寿命短。茎直立。叶基生，有深裂。穗状花序，花冠盔状，红色，偶呈黄色，与雄蕊形成对照，夏季开放。株高20cm，冠径5～10cm 。

紫色

蛛毛蒲包花 ***Calceolaria arachnoidea***
多年生常绿草本。丛生。常作二年生栽培。叶基生莲座状，皱褶，叶面被白粉。穗状花序生于直立茎上，花深紫色，袋状，夏季开放。株高25cm，冠径12cm。

细齿钓钟柳 ***Penstemon serrulatus*** (*P. diffusus*)
半常绿亚灌木。恶劣环境下落叶。叶小，椭圆形，暗绿色。穗状花序松散，花管状，蓝紫色，夏季开放。土壤不宜太干旱。株高60cm，冠径30cm。

深山飞蓬 ***Erigeron alpinus*** (Alpine fleabane)
多年生草本。丛生。株形大小各异。叶长卵形，叶面有毛。头状花序雏菊状，浅紫色至粉红色，生于直立茎上，夏季开放。适生于阳光充足的林缘、岸边或大型岩石园。株高25cm，冠径20cm。

白屈菜叶牻牛儿苗 ***Erodium cheilanthifolium***
多年生草本。株形紧凑，半球形。叶浅灰绿色，皱褶，有深裂。花粉红色，带紫红色条纹或斑点，花茎较硬，春末及夏季开放。株高15～20cm，冠径20cm以上。

亮叶紫盆花 ***Scabiosa lucida***
多年生草本。丛生。叶卵形。头状花序圆形，浅紫色至深紫色，生于直立茎上，夏季开放。株高20cm，冠径15cm。

无距天葵 ***Semiaquilegia ecalcarata***
多年生草本。直立。寿命短。叶狭长，有浅裂。花枝纤细，花钟状，下垂，暗橘红色至紫色，花有距，夏季开放。株高20cm，冠径6cm。

Chamaecytisus purpureus
Geranium procurrens
IRISES, illus. p.234～p.235
Oxalis hirta
PEONIES, illus. p.236～p.237
Scabiosa graminifolia

拟长阶花 ***Parahebe catarractae***
常绿亚灌木。叶卵形，有锯齿，中绿色。花枝松散，花小，漏斗状，白色，有粉紫色环状条纹，夏季开放。株高和冠径均为30cm。

☼ ◊ ❄❄ 🏆

显脉石墙花 ***Wulfenia amherstiana***
多年生常绿草本。茎直立。叶窄匙形，有锯齿，簇生成莲座状。花小，管状，紫色或桃红色，花簇松散，夏季开放。株高15～30cm，冠径30cm。

☼ ◊ ❄❄❄

‘红心’狭裂福禄考 ***Phlox divaricata*** subsp. ***laphamii* ‘Chatahoochee’**
多年生草本。丛生。寿命短。叶窄，先端尖，幼叶暗紫红色。花碟状，淡紫色，花心红色，夏秋持续开放。株高15～20cm，冠径30cm。

☼ ◊ ❄❄ 🏆

流苏风铃草 ***Campanula barbata***
(Bearded bellflower)
多年生常绿草本。叶卵形，灰绿色，有毛，基生莲座状。总状花序沿一侧着生，花钟状，白色至浅蓝紫色，夏季开放。寿命虽短，但可自播。株高20cm，冠径12cm。

☼ ◊ ❄❄❄

狭裂福禄考 ***Phlox divaricata*** subsp. ***laphamii***
多年生半常绿草本。匍匐状。茎直立。叶卵形。花碟状，松散簇生，浅蓝紫色至深蓝紫色，夏季开放。株高30cm以上，冠径20cm。

◐ ◊ ❄❄❄

北非旋花 ***Convolvulus sabatius***
(*C. mauritanicus*)
多年生草本。茎细长，匍匐状。叶小，卵形。花喇叭状，鲜蓝紫色，夏季和初秋开放。喜生于庇荫岩石缝冷凉环境。株高15～20cm，冠径30cm。

☼ ◊ ❄ 🏆

狭叶庭菖蒲 ***Sisyrinchium graminoides*** (*S. angustifolium*, *S. bermudiana*)
多年生半常绿草本。直立。叶禾草状成束。花簇生于枝顶，花小，鸢尾状，浅蓝紫色至深蓝紫色，基部黄色，春末和初夏开放。株高30cm，冠径8cm。

☼ ◊ ❄❄❄

橄叶木紫草 ***Lithodora oleifolia***
(*Lithospermum oleifolium*)
常绿灌木。茎弯曲。叶卵形，先端尖，有光泽，中绿色。花小，数朵，漏斗状，亮蓝色，花枝松散，初夏开放。株高15～20cm，冠径1m。

☼ ◊ ❄❄❄ 🏆

宿根亚麻 ***Linum perenne***
多年生草本。直立。茎细长。叶禾草状。花漏斗状，顶端簇生，纯蓝色，夏季持续开放。株高30cm，冠径达15cm。

☼ ◊ ❄❄❄

Aster alpinus, illus. p.381
Carmichaelia enysii
CARNATIONS and PINKS, illus. p.280～p.281
Deinanthe caerulea
Dracocephalum ruyschiana
Erinacea anthyllis, illus. p.348
Erysimum linifolium
Horminum pyrenaicum
IRISES, illus. p.234～p.235
Moltkia petraea
Penstemon hirsutus
Penstemon procerus
Phlox divaricata
Satureja montana
Viola cornuta, illus. p.349
Wulfenia carinthiaca

平卧婆婆纳 ***Veronica prostrata*** (*V. rupestris*)(Prostrate speedwell)
多年生草本。丛生。密集生长。叶狭卵形，有锯齿。穗状花序直立，花小，碟状，亮蓝色，初夏开放。株高30cm，冠径不定。

灌木状弯果紫草 ***Moltkia suffruticosa***
落叶亚灌木。直立。叶长而尖，有毛。花簇生，漏斗状，鲜蓝色，花芽粉红色，着生在被毛的茎上，夏季开放。株高15～40cm，冠径30cm。

'卡皮坦'平卧婆婆纳 ***Veronica prostrata* 'Kapitan'**
多年生草本。丛生。密集生长。叶狭长，卵形，有锯齿。穗状花序直立，花小，碟状，深蓝色，初夏开放。株高30cm，冠径不定。

'特里汉'平卧婆婆纳 ***Veronica prostrata* 'Trehane'**
多年生草本。丛生。密集生长。叶狭长，有锯齿，黄色或黄绿色。穗状花序直立，花小，碟状，深蓝紫色，初夏开放。花期株高15～20cm，冠径不定。

蓝蓟滨紫草 ***Mertensia echioides***
多年生草本。丛生。叶长卵形，有毛，蓝绿色，基生莲座状。花茎细长，花多数，漏斗状，暗蓝色，夏季开放。株高15～23cm，冠径15cm。

球序牧根草 ***Phyteuma scheuchzeri***
多年生草本。丛生。叶狭长，暗绿色。花长而尖，顶生头状，蓝色，夏季开放。自播能力强，冬季不喜湿。株高15～20cm，冠径10cm。

阿尔卑斯联药花 ***Symphyandra wanneri***
多年生草本。丛生。茎多分枝。叶卵形，有毛。穗状花序顶生，松散，花钟状，下垂，蓝色至蓝紫色，夏季开放。株高15～23cm，冠径25cm。

'天蓝'匐卧木紫草 ***Lithodora diffusa* 'Heavenly Blue'**
常绿灌木。茎蔓生，匍匐状。叶椭圆形，先端尖，有毛。花腋生，漏斗状，深蓝色，夏季开放。花后重剪。株高15～30cm，冠径45cm。

Aphyllanthes monspeliensis
Ceratostigma plumbaginoides, illus. p.360
Delphinium tatsienense
Gentiana septemfida, illus. p.360
IRISES, illus. p.234～p.235
Lithodora diffusa 'Grace Ward'
Lithodora zahnii
Moltkia x *intermedia*
Omphalodes cappadocica, illus. p.349
Penstemon heterophyllus 'True Blue'
Rosmarinus officinalis 'Prostratus'
Symphyandra armena
Veronica austriaca subsp. *teucrium* 'Royal Blue'
Veronica pectinata
Veronica prostrata 'Spode Blue'

蓝色至黄色

香科状婆婆纳 ***Veronica austriaca*** subsp. ***teucrium*** (*V. teucrium*)
多年生草本。株形开展。叶小，有分裂，被毛，灰绿色。穗状花序，花小，扁平，向外，亮蓝色，夏季开放。株高和冠径均为25～60cm。

黄花牻牛儿苗 ***Erodium chrysanthum***
多年生草本。植株土丘状。茎稠密，银白色。叶细裂，似蕨叶。花枝小，花杯状，硫黄色或乳黄色，春末和初夏开放。株高和冠径均为23cm。

'柠檬'单花金丝桃 ***Hypericum olympicum*** f. ***uniflorum*** **'Citrinum'**
落叶亚灌木。株形紧密。冠圆形。茎直立，丛生。叶小，卵形，灰绿色。花顶端簇生，柠檬黄色，夏季持续开放。株高和冠径均为15cm。

黄色

'利蒂希娅'毛蕊花 ***Verbascum*** **'Letitia'**
常绿灌木。枝较硬。叶灰色，有锯齿。花向外，5瓣，亮黄色，花心橘红色，春末至仲秋不断开放。不喜冬湿，适宜高山植物温室栽培。株高和冠径均为25cm。

木本亚麻 ***Linum arboreum***
常绿灌木。株形紧凑。叶蓝绿色。花漏斗状，亮黄色，簇生于枝顶，在阳光下开放，夏季开放。株高30cm，冠径30cm。

'威斯利黄'半日花 ***Helianthemum*** **'Wisley Primrose'**
常绿灌木。株形紧凑。生长迅速。叶椭圆形，灰绿色。花碟状，淡黄色，夏季开放。株高23cm，冠径30cm以上。

厚敦菊 ***Othonna cheirifolia*** (*Othonnopsis cheirifolia*)
常绿灌木。叶狭窄，灰色，稍呈肉质。头状花序单生于直立茎上，黄色，雏菊状，初夏开放。喜温暖、庇荫的环境。株高20～30cm，冠径30cm以上。

长圆叶常绿千里光 ***Euryops acraeus*** (*E. evansii* of gardens)
常绿灌木。冠半圆形。叶银蓝色，有锯齿。头状花序雏菊状，花亮黄色，春末和初夏开放。株高和冠径均为30cm。

伞花绒毛蓼 ***Eriogonum umbellatum***
多年生常绿草本。茎平卧或直立。叶丛生，绿色，背面白色，有绒毛。头状花序，花小，黄色，后成紫铜色，夏季开放。矮生品种观赏性强。株高8～30cm，冠径15～30cm。

Helianthemum 'Jubilee'
HOSTAS, illus. p.288～p.289
Meum athamanticum

Anthyllis hermanniae
Arnebia pulchra
Arnica montana
Aurinia saxatilis 'Citrina', illus. p.349

Chiastophyllum oppositifolium, illus. p.349
Corydalis cheilanthifolia, illus. p.349
Craspedia incana
Cremanthodium reniforme

Cytisus x *beanii*, illus. p.349
Erysimum x *kewense* 'Harpur Crewe', illus. p.350
Euryops pectinatus, illus. p.170

黄色

欧黄堇 ***Corydalis lutea***
(*Pseudofumaria lutea*)
多年生常绿草本。丛生。根肉质，纤维状。叶基生，半直立，灰绿色。总状花序，花枝细长，花黄色，具短距，春末和夏季开放。株高和冠径均为20～30cm。

☼ ◊ ❄❄❄

灌状毛蕊花 ***Verbascum dumulosum***
多年生常绿草本。丛生。灌木状。叶被绒毛，灰色或灰绿色。总状花序短，花5瓣，亮黄色，春末和初夏开放。冬季不喜湿。株高15cm以上，冠径23～30cm。

☼ ◊ ❄❄ 🏆

金星菊 ***Chrysogonum virginianum***
多年生草本。丛生。叶卵形，有锯齿，中绿色。头状花序雏菊状，花黄色，花茎较短，夏秋开放。尽管有地下走茎延伸繁衍，但不具侵入性。株高15～20cm，冠径10～15cm。

◐ 💧 ❄❄❄

石生景天 ***Sedum rupestre***
(*S. reflexum*) (Reflexed stonecrop)
多年生常绿草本。根茎松散丛生。叶狭长，肉质。头状花序顶生，花小平展，亮黄色，夏季开放。为良好的地被植物。株高15～20cm，冠径不定。

☼ ◊ ❄❄❄ ⓘ

禾叶毛茛 ***Ranunculus gramineus***
多年生草本。茎直立，纤细。叶禾草状，蓝绿色。花杯状，亮黄色，春末和初夏开放。喜肥沃土壤。幼株高度及花径变化较大。株高40～50cm，冠径8～10cm。

☼ ◊ ❄❄❄ ⓘ 🏆

黄色至橙色

大黄芒柄花 ***Ononis natrix***
(Large yellow restharrow)
落叶灌木。直立。株形紧凑。复叶具3小叶，被绒毛。花冠蝶形，黄色，带红色条纹，花簇下垂，夏季开放。株高和冠径均为30cm以上。

☼ ◊ ❄❄❄

矮丛小金雀 ***Genista lydia***
落叶灌木。冠半球状。分枝细长，拱形。叶蓝绿色。花蝶形，多数，顶端簇生，亮黄色，春末和初夏开放。在大型岩石园或墙上下垂生长。株高45～60cm，冠径60cm以上。

☼ ◊ ❄❄❄ 🏆

金黄还阳参 ***Crepis aurea***
多年生草本。丛生。叶椭圆形，淡绿色，基部簇生。头状花序，蒲公英状，橙色，单生，花茎上被黑白两色毛，夏季开放。株高10～30cm，冠径15cm。

☼ ◊ ❄❄❄

Genista pilosa
Helianthemum 'Golden Queen'
HOSTAS, illus. p.288～p.289
Hypericum balearicum
Hypericum coris
Hypericum olympicum
IRISES, illus. p.234～p.235
Linum flavum
PEONIES, illus. p.236～p.237
PRIMULAS, illus. p.272～p.273
Tanacetum haradjanii
Helianthemum 'Ben Nevis'
IRISES, illus. p.234～p.235
PRIMULAS, illus. p.272～p.273

大型岩生植物 秋季观赏

白色至蓝色

四川白珠树 ***Gaultheria cuneata***
常绿灌木。株形紧凑。茎较硬。叶卵形，革质。花壶状，下垂，白色，生于叶腋，夏季开放。浆果白色，秋季成熟。株高和冠径均为30cm。

蓝雪花 ***Ceratostigma plumbaginoides***
多年生草本。灌木状。叶卵形，秋季变深红色。花小，顶端簇生，单瓣，亮蓝色，着生于红色的枝上，夏末和秋季开放。株高45cm，冠径20cm。

矮丛花楸 ***Sorbus reducta***
落叶灌木。枝条直立，形成低矮灌丛。复叶较小，灰绿色，秋末成铜红色。花平展，白色，松散簇生，夏季开放。果粉红色。株高和冠径均为30cm以上。

七裂龙胆 ***Gentiana septemfida***
多年生常绿草本。茎初始直立，后为拱形。叶卵形。花喇叭状，中蓝色，夏秋季开放。喜富含腐殖质的土壤，能忍受一定程度的潮湿和重黏土。株高15～20cm，冠径30cm。

OTHER RECOMMENDED PLANTS:
Chrysogonum virginianum, illus. p.359
Convolvulus sabatius, illus. p.356
Diascia rigescens, illus. p.353
Gaultheria miqueliana
Persicaria affinis 'Darjeeling Red'
Rhodanthemum hosmariense, illus. p.346

大型岩生植物 冬季或全年观赏

白色至灰色

车前叶毛茛 ***Ranunculus calandrinioides***
多年生草本。丛生。叶长卵形，蓝绿色，夏季脱落。花杯状，白色或粉红色，在合适的冬季持续开放数周。喜排水良好的土壤。株高和冠径均为20cm。

核果尖苞木 ***Cyathodes colensoi***
常绿灌木。低矮。茎坚硬。叶小，灰绿色。花小，管状，白色，花簇生于当年生枝顶，春季开放。栽培种偶尔在夏末结红色或白色浆果状核果。株高和冠径均为30cm。

银叶寒菀 ***Celmisia semicordata***
(*C. coriacea* of gardens)
多年生常绿草本。叶剑形，银白色，形成大型叶丛。头状花序雏菊状，白色，单生于有毛的茎上，夏季开放。株高和冠径均为30cm。

银白菊蒿 ***Tanacetum argenteum***
(*Achillea argentea*)
多年生草本。匍匐状。通常常绿。叶亮银色，细裂。头状花序小，雏菊状，白色，夏季开放。株高15～23cm，冠径20cm。

OTHER RECOMMENDED PLANTS:
Eriogonum crocatum
Eriogonum ovalifolium
Euonymus fortunei 'Emerald Gaiety'
Persicaria affinis

灰色至绿色

土耳其菊蒿 ***Tanacetum densum*** subsp. ***amani*** (*Chrysanthemum densum*)
多年生草本。丛生。叶似蕨叶，有毛，灰色，在气候温和的冬季保持常绿。头状花序雏菊状，黄色，苞片有毛，夏季开放。忌冬湿。株高和冠径均为20cm。

‘鲍顿’柏状长阶花 ***Hebe cupressoides* ‘Boughton Dome’**
常绿灌木。冠球形。生长缓慢。茎有鱼鳞斑。叶暗灰绿色。花小，4瓣，白色，稍带蓝色，顶端簇生，夏季开放。株高30cm，冠径60cm。

珊瑚新蜡菊 ***Ozothamnus coralloides*** (*Helichrysum coralloides*)
常绿灌木。直立。茎灰色。叶整齐，暗绿色，有银斑。头状花序黄色，偶尔有毛。适合低温或高山植物温室栽培。忌冬湿。株高15～23cm，冠径15cm。

柏枝新蜡菊 ***Ozothamnus selago*** (*Helichrysum selago*)
常绿灌木。直立。茎坚硬。叶鳞状。头状花序乳白色，偶尔有毛。是春季球根花卉的良好背景植物。株高和冠径均为15～23cm。

波氏柳 ***Salix* x *boydii***
落叶灌木。直立。生长极慢。形成多节、多分枝的灌丛。叶卵形，表面粗糙。柔荑花序成花不易。可以耐半阴。株高达15～23cm，冠径30cm。

圆叶宽萼苏 ***Ballota pseudodictamnus***
常绿亚灌木。植株土丘状。叶圆形，灰绿色。茎被白色柔毛。花小，粉红色，轮生，花萼较大，明显，淡绿色，夏季开放。株高60cm，冠径90cm。

Arctostaphylos ‘Emerald Carpet’, illus. p.156
Buxus microphylla ‘Green Pillow’, illus. p.176
Euonymus fortunei ‘Golden Prince’
Myrsine africana
Pachysandra axillaris
Paxistima canbyi
Rubus tricolor

小型岩生植物 春季观赏

白色

绒毛卷耳（银角） ***Cerastium tomentosum*** (Snow-in-summer)
多年生草本。匍匐状。生命力强。茎平卧。叶小，灰色，密生于茎上。花星状，白色，高于叶丛，春末和夏季开放。株高8cm，冠径不定。仅适合炎热、干燥的堤岸生长。

比利牛斯点地梅 ***Androsace pyrenaica***
多年生常绿草本。叶小，具毛，成小莲座状，叶密生，形成坚实垫层。花小，无柄，单生，白色，春季开放。株高4cm，冠径达10cm。

方茎蚤缀 ***Arenaria tetraquetra***
多年生常绿草本。叶小，灰绿色，形成坚实的垫层。花无柄，星状，白色，春末开放。适于山谷或高山植物温室栽培。株高2.5cm，冠径15cm以上。

OTHER RECOMMENDED PLANTS:
Androsace chamaejasme
Androsace cylindrica
Androsace hirtella
Arabis procurrens ‘Variegata’, illus. p.388
Callianthemum coriandrifolium
Cassiope wardii
Claytonia megarhiza

小型岩生植物 春季观赏

□ 白色

三小叶碎米荠 *Cardamine trifolia*
多年生草本。匍匐状。茎铺地生长。叶3裂，圆形，有锯齿。花杯状，白色，在无叶的茎上簇生成松散头状，春末和初夏开放。株高10～15cm，冠径30cm。

迭叶点地梅 *Androsace vandellii*
(*A. imbricata*)
多年生常绿草本。密生成垫状。叶狭窄，灰色。花无柄，白色，春季开放。需用粗沙栽培。株高2.5cm，冠径达10cm。

'黄边'高加索南芥 *Arabis alpina*
subsp. ***caucasica* 'Variegata'**
多年生常绿草本。匍匐状。叶卵形，中绿色，有乳白色边，丛生成莲座状。花单生，白色，有时粉红色，初春至夏季开放。株高和冠径均为15cm。

沙尔山虎耳草 *Saxifraga scardica*
多年生常绿草本。生长缓慢。叶蓝绿色，莲座状，形成坚实密集的垫层。花小，杯状，簇生，白色，向上开放，春季开放。适于高山植物温室或庇荫的石山坡栽培。株高2.5cm，冠径8cm。

银瓣花 *Weldenia candida*
多年生草本。叶丛莲座状，单叶宽带形，边缘波状。花杯状，纯白色，直立，春末和初夏开放。株高和冠径8～15cm。用块根繁殖。

科西嘉蚤缀 *Arenaria balearica*
多年生草本。匍匐状。除最寒冷的冬季外，其余时间为常绿，在湿润多孔的岩面上形成绿色薄层。花小，白色，点缀在叶丛中，春末和初夏开放。株高1cm以下，冠径不定。

兜状荷包牡丹 *Dicentra cucullaria* (Dutchman's breeches)
多年生草本。株形紧凑。叶似蕨叶。枝拱形。花较小，白色，先端黄色，像小型充气的裤子，春季开放。夏季休眠。株高15cm，冠径30cm。

Celmisia ramulosa, illus. p.374
Clintonia uniflora
Cornus canadensis, illus. p.374
DAFFODILS, illus. p.416～p.418
Dodecatheon dentatum
Epigaea asiatica
Haberlea rhodopensis 'Virginalis', illus. p.373
Iberis saxatilis, illus. p.374
IRISES, illus. p.234～p.235
Leontopodium stracheyi
Lewisia rediviva [white form], illus. p.373
Ourisia caespitosa, illus. p.374
Pieris nana
Pratia angulata
PRIMULAS, illus. p.272～p.273

加拿大舞鹤草 ***Maianthemum canadense***
多年生草本。匍匐状。生长旺盛。具根状茎。叶大，直立，卵形，边缘波状，有光泽。茎细长。花小，白色，春末和初夏开放。浆果红色。株高10cm，冠径不定。

血根草 ***Sanguinaria canadensis*** (Bloodroot)
多年生草本。具根状茎。地下茎肉质，汁液红色。叶灰蓝色，平展。花白色，反面有时鲜粉红或灰蓝色，春季开放。株高10～15cm，冠径30cm。

亚高山毛茛 ***Ranunculus alpestris*** (Alpine buttercup)
多年生常绿草本。丛生。寿命短。叶暗绿色，有光泽，圆形，有锯齿。花白色，杯状，花茎直立，春末至仲夏开放。株高2.5～12cm，冠径10cm。

石松状岩须 ***Cassiope lycopodioides***
常绿灌木。蔓生。匍匐状。茎细长。叶小，鱼鳞状，密集着生于茎上，暗绿色。花茎短，红色，花小，白色，钟状，花萼红色，单生叶腋，春季开放。株高8cm，冠径30cm。

伯舍虎耳草 ***Saxifraga burseriana***
多年生常绿草本，生长慢。叶长而尖，灰绿色，形成坚实垫层。花白色，杯状，花柄短，春季开放。株高2.5～5cm，冠径达10cm。

春白头翁 ***Pulsatilla vernalis***
多年生草本。丛生。叶羽状，莲座状。冬末花芽棕色，密被柔毛，花珍珠白色，杯状，偶尔下垂，初春开放。现蕾期不宜冬湿。株高5～10cm，冠径10cm。

'白花' 倭毛茛 ***Ranunculus ficaria* 'Albus'**
多年生草本。匍匐状。叶心形，暗绿色。花杯状，单生，乳白色，花瓣有光泽，初春开放。能迅速扩展，是良好的野生花卉。株高5cm，冠径20cm。

长毛点地梅 ***Androsace villosa***
多年生常绿草本。匍匐状。叶小，具毛，莲座状。花小，白色，伞状，花心黄色，后转成红色，春季开放。株高2.5cm，冠径20cm。

无柄柳 ***Salix apoda***
落叶灌木。匍匐状。生长慢。叶卵形，革质，幼叶具毛，后为暗绿色。柔荑花序，雄花肥大，丝质银白色，雄蕊及苞片橘红色至淡黄色，初春开放。株高达15cm，冠径30～60cm。

Saxifraga burseriana 'Crenata'
Saxifraga burseriana 'Gloria'
Silene alpestris, illus. p.373
Tanakaea radicans

Thlaspi alpinum

岩生植物

小型岩生植物 春季观赏

白色至粉红色

毛梗岩须 ***Cassiope mertensiana***
常绿灌木。低矮。叶鳞状，暗绿色，抱茎生长。花钟状，乳白色，腋生，花萼绿色或红色，初春开放。株高15cm，冠径20cm。

紫脉花 ***Scoliopus bigelowii***
(*S. bigelovii*)
多年生草本。株形紧凑。叶基生，叶脉明显，偶呈褐色。花瓣两色，内瓣紫色，外瓣绿白色，具紫色条纹，初春开放。株高8～10cm，冠径10～15cm。

卷耳状丝石竹 ***Gypsophila cerastioides***
多年生草本。匍匐状。叶簇圆形，具天鹅绒光泽，中绿色。花小繁多，碟状，白色，有紫色条纹，春末至初夏开放。株高2cm，冠径达10cm以上。

大花拟耧斗菜 ***Paraquilegia anemonoides*** (*P. grandiflora*)
多年生草本。丛生。叶似蕨叶，蓝绿色。枝拱形。花单生，杯状，近白色，开放时下垂，花蕾淡紫蓝色，春季开放。移栽困难。株高和冠径均为10～15cm。

白距紫堇 ***Corydalis popovii***
多年生草本，具根茎。复叶具3～6片小叶，蓝绿色。总状花序较松散，花白色或深红紫色，每朵花具一长花距，春季开放。休眠时保持干燥。株高和冠径均为10～15cm。

黄蕊异柱菊 ***Leptinella atrata*** subsp. ***luteola***
多年生常绿草本。匍匐状。叶小，细裂，暗绿色。头状花序，雄蕊紫红色、乳黄色，春末和初夏开放。需充足水分，适宜高山植物温室栽培。株高2.5cm，冠径25cm。

小银莲 ***Anemonella thalictroides***
多年生草本。叶较软，蕨形叶，从小块茎上生出。花小，杯状，白色或粉红色，单生于分枝的花茎上，春季和初夏开放。喜富含腐殖质的土壤。株高10cm，冠径4cm以上。

特氏迪繁瓣花 ***Lewisia tweedyi***
多年生常绿草本。茎粗壮有分枝。叶大，肉质，莲座状。花开展，杯状，花瓣多数，白色或粉红色，春季开放。最适宜高山植物温室栽培。株高15cm，冠径12～15cm。

美国岩扇 ***Shortia galacifolia***
(Oconee bells)
多年生常绿草本。丛生。株形较矮。叶圆形，革质，具光泽，有锯齿。花杯状或喇叭状，常为鲜粉红色或白色，花瓣边缘有深锯齿，春末开放。株高达15cm，冠径15～23cm。

希腊瑞香 ***Daphne jasminea***
常绿灌木。株形紧凑。叶灰绿色。茎脆。花小，白色，外部粉红色，春末和初夏开放，秋季可开二次花。适宜高山植物温室或干燥墙上栽培。株高8～10cm，冠径达30cm。

白珠树状地桂 ***Epigaea gaultherioides*** (*Orphanidesia gaultherioides*)
常绿亚灌木。匍匐状。茎具毛。叶心形，暗绿色。花杯状，贝壳粉红色，顶端簇生，春季开放。繁殖、栽培较为困难。株高达10cm，冠径25cm以上。

Antennaria dioica
Arctostaphylos uva-ursi 'Point Reyes', illus. p.388
Claytonia virginica
Dryas octopetala, illus. p.375
Epigaea repens
Hypsela reniformis
Kelseya uniflora
Ranunculus glacialis
Shortia uniflora 'Grandiflora'

溪畔延龄草 ***Trillium rivale***
多年生草本。叶卵形，复叶具3小叶。初生茎直立，后成拱形。花杯状，白色或淡粉红色，单生，花瓣心形，有黑色斑点，春季开放。株高达15cm，冠径10cm。

‘詹金斯’欧文虎耳草 ***Saxifraga* x *irvingii* ‘Jenkinsiae’** (*S.* ‘Jenkinsiae’)
多年生草本。生长缓慢。叶灰绿色，形成致密垫状叶丛。茎较细。花开展，杯状，多数，淡紫色至粉红色，初春开放。株高8～10cm，冠径达15cm。

肉色点地梅 ***Androsace carnea***
多年生常绿草本。垫状。叶小，先端尖，莲座状，叶缘有毛。每个莲座生2个以上花茎，花小，单生，粉红色，春季开放。适于种植槽栽培。株高和冠径5cm。

圆叶菥蓂 ***Thlaspi cepaeifolium*** subsp. ***rotundifolium***
多年生草本。丛生。叶圆形，叶丛浓密。花小，开展，杯状，淡紫色至深紫色或淡紫色至粉红色，春季开放。喜冷凉环境。寿命较短。株高5～8cm，冠径10cm。

紫花蚤缀 ***Arenaria purpurascens***
多年生常绿草本。匍匐状。叶端锐尖，有光泽。花小，多数，簇生，星状，淡紫红色至深紫红色，初春开放。株高1cm，冠径达15cm。

粉花山酢酱草 ***Oxalis acetosella*** var. ***subpurpurascens***
多年生草本。匍匐状，具根状茎。叶3裂，丛生。花杯状，淡粉红色，直径1cm，花瓣5枚，具黑色条纹，春季开放。株高5cm，冠径不定。

杜松叶海石竹 ***Armeria juniperifolia*** (*A. caespitosa*)
多年生常绿草本。匍匐状。叶丛莲座状，较松散，叶端尖，中绿色至灰绿色。伞形花序，花淡粉红色，春末和初夏开放。株高5～8cm，冠径15cm。

无茎蝇子草 ***Silene acaulis*** (Moss campion)
多年生常绿草本。匍匐状。叶小，亮绿色。花小，无柄，5瓣，粉红色，春季开放。成花困难。喜冷凉的气候条件。株高2.5cm，冠径15cm。

‘玫红’阿氏南芥 ***Arabis* x *arendsii* ‘Rosabella’** (*A. caucasica* ‘Rosabella’)
多年生常绿草本。匍匐状。叶小，卵形，淡绿色，组成较大的莲座。花单生，多数，深粉红色，春季和初夏开放。株高15cm，冠径30cm。

Aethionema ‘Warley Rose’, illus. p.376
Androsace hedraeantha
Armeria maritima
Dicentra peregrina
Erodium corsicum, illus. p.376
Ourisia microphylla, illus. p.376
x *Phyllothamnus erectus*
PRIMULAS, illus. p.272～p.273
Rhodohypoxis ‘Margaret Rose’, illus. p.376

小型岩生植物 春季观赏

粉红色

腺叶酢酱草 ***Oxalis adenophylla***
多年生草本。丛生。具块茎，根纤维状。叶灰绿色，细长，指状分裂，边缘波状。花淡紫色至粉红色，圆形，花径2.5～4cm，花心有暗紫色斑，春季开放。株高5cm，冠径8～10cm。

流苏岩扇 ***Shortia soldanelloides***
多年生常绿草本。丛生。叶圆形，具锯齿。花小，钟状，下垂，花瓣流苏状，深粉红色，春末开放。株高5～10cm，冠径10～15cm。

狐地黄 ***Erinus alpinus***
多年生半常绿草本。寿命短。叶中绿色，柔软，莲座状丛生。花小，紫色、粉红色或白色，春末至夏季开放。自播能力强。株高和冠径均为5～8cm。

红花蝶须 ***Antennaria dioica*** var. ***rosea***
多年生半常绿草本。叶小，卵形，有毛，叶丛开展。头状花序小，顶端簇生，玫瑰红色，被绒毛，春末和初夏开放。为小型球根花卉良好的地被植物。株高2.5cm，冠径达40cm。

匈牙利瑞香 ***Daphne arbuscula***
常绿灌木。匍匐状。叶狭长，革质，暗绿色，簇生于枝端。花管状，顶端簇生，芳香浓郁，深粉红色，春末开放。喜腐殖质丰富的土壤。株高10～15cm，冠径50cm。

对叶虎耳草 ***Saxifraga oppositifolia*** (Purple mountain saxifrage)
多年生常绿草本。匍匐状。叶小，丛生，具白色斑点。花开展，杯状，暗紫色、淡紫色至粉红色，偶尔白色，初春开放。喜空旷地栽培。株高2.5～5cm，冠径15cm。

‘大花’意大利瑞香 ***Daphne petraea* ‘Grandiflora’**
常绿灌木。株形紧凑。生长缓慢。叶小，有光泽。花顶端簇生，芳香，粉红色，春末开放。适于高山植物温室及庇荫、富含腐殖质岩石园或种植槽栽培。株高达15cm，冠径达25cm。

雪地春美草 ***Claytonia megarhiza*** var. ***nivalis***
多年生常绿草本。叶丛莲座状，叶匙形，肉质。花小，集生成头状，深粉红色，春季开放。最适于高山植物温室深盆栽植，喜沙砾般复合基质。株高1cm，冠径8cm。

矮越橘 ***Vaccinium vitis-idaea*** subsp. ***minus*** (*V. v. -i.* ‘Minus’)
常绿亚灌木。匍匐状。叶小，卵形，革质。总状花序小，直立，花小，多数，钟状，深粉红色或深粉红色与白色相间，春末开放。株高5～8cm，冠径10～15cm。

Androsace sarmentosa
Anemonella thalictroides ‘Oscar Schoaf’
Antennaria dioica ‘Nyewoods’
Arabis blepharophylla
Erinus alpinus ‘Dr Hähnle’
Geranium cinereum ‘Ballerina’, illus. p.379
Lewisia rediviva [pink form], illus. p.379
PRIMULAS, illus. p.272～p.273
Salix lindleyana
Saxifraga x *irvingii* ‘Walter Irving’
Shortia soldanelloides var. *ilicifolia*
Shortia soldanelloides var. *magna*
Viola cazorlensis

粉红色至红色

‘斯塔德兰’软枝琉璃繁缕
***Anagallis tenella* ‘Studland’**
多年生草本。寿命短。叶小，亮绿色，形成匍匐垫状叶丛。花星状，亮粉红色，芳香，春季开放。株高1cm，冠径15cm以上。

‘怀斯尼变异’石莲虎耳草
Saxifraga frederici-augustii subsp. ***grisebachii* ‘Wisley Variety’**
(*S. grisebachii* ‘Wisley Variety’)
多年生常绿草本。叶密被白粉，莲座叶丛。权杖形茎，被淡粉红色至亮红色毛。总状花序密集，花红色，春季开放。株高10cm，冠径15cm。

长生虎耳草　*Saxifraga sempervivum*
多年生常绿草本。植株小丘状。叶丛生，银绿色，形成致密的莲座。权杖形花茎，被银灰色的毛，从莲座中抽出。总状花序，花深红色，初春开放。株高和冠径均为10～15cm。

粉花点地梅　*Androsace carnea*
subsp. ***laggeri***
多年生常绿草本。匍匐状。叶小，先端尖，紧密莲座状。花杯状，深粉红色，簇生在叶丛之上，春季开放。株高和冠径均为5cm。

‘乔治·贝克’多花延胡索
***Corydalis solida* ‘George Baker’**
(*C. s.* ‘G. P. Baker’)
多年生草本。具块茎。叶似蕨叶，有分裂。总状花序致密，花有距，深玫瑰红色，春季开放。株高和冠径均为10～15cm。

暗花异柱菊　*Leptinella atrata*
(*Cotula atrata*)
多年生常绿草本。匍匐状。叶小，细裂，灰绿色。头状花序，花深红色，春末和初夏开放。栽培不易，应用较少。株高2.5cm，冠径达25cm。

Aethionema ‘Warley Ruber’
Androsace sempervivoides
Armeria juniperifolia ‘Bevan’s Variety’
Dodecatheon pulchellum
Penstemon davidsonii
PRIMULAS, illus. p.272～p.273
Rhodohypoxis ‘Albrighton’, illus. p.380
Rhodohypoxis ‘Douglas’, illus. p.380

紫色

双叶紫堇　*Corydalis diphylla*
多年生草本。具块茎。半直立。叶分裂成狭长小叶。总状花序松散，花唇形，紫色，具白色距，春季开放。块茎越夏避免过湿。株高10～15cm，冠径8～10cm。

独花黄精　*Polygonatum hookeri*
多年生草本。具地下茎。生长缓慢。叶小，披针形。穗状花序松散，花小，钟状，淡紫色至粉红色，春末和初夏开放。适宜泥炭土花境栽培。株高5cm，冠径达30cm。

‘愉悦’南庭荠　*Aubrieta* ‘Joy’
多年生常绿草本。匍匐状。生长旺盛。叶淡绿色，形成土丘状叶丛。花茎较短，花重瓣，淡紫色，春季开放。株高10cm，冠径20cm。

PRIMULAS, illus. p.272～p.273
Ramonda nathaliae
Ramonda serbica
Viola ‘Nellie Britton’, illus. p.381

小型岩生植物 春季观赏

■ 紫色

‘银边’南庭荠 ***Aubrieta deltoidea* ‘Argenteovariegata’**
多年生常绿草本。株形紧凑。蔓生。叶绿色，具浓乳白色边缘。花淡粉红色至淡紫色，春季开放。株高5cm，冠径15cm。

细叶通泉草 ***Mazus reptans***
多年生草本。匍匐状。叶狭长，有锯齿，对生。花管状，紫色或紫红色，具突起的白唇边及红黄色斑点，单生于短茎上，春季开放。株高达5cm，冠径30cm以上。

密毛圆币草 ***Soldanella villosa***
多年生常绿草本。丛生。叶圆形，革质，叶柄有毛。花下垂，钟状，淡紫色，生于直立的茎上，初春开放。忌冬湿。株高10cm，冠径10～15cm。

‘哈特斯伍德紫’南庭芥 ***Aubrieta* ‘Hartswood Purple’**
(*A.* ‘Carnival’)
多年生常绿草本。植株土丘状。生长旺盛。叶小，淡绿色。穗状花序短，多数，花大，单生，紫罗兰色至紫色，春季开放。株高10cm，冠径30cm。

圆币草 ***Soldanella alpina***
(Alpine snowbell)
多年生常绿草本。丛生。花短钟状，花瓣流苏状，淡粉红色至紫红色，初春开放。栽培较困难。株高8cm，冠径8～10cm。

紫序虎耳草 ***Saxifraga stribrnyi***
多年生常绿草本。植株土丘状。叶小，密被白色斑块，叶丛莲座状。权杖形茎，被粉红色至浅黄色毛。总状花序高于叶丛，花褐紫色，春末和初夏开放。株高8cm，冠径10～12cm。

大花革叶远志 ***Polygala chamaebuxus* var. *grandiflora***
多年生常绿草本。茎基部木质。叶小，卵形，革质，暗绿色。花蝶形，顶端簇生，淡红色至红紫色或黄色，春末和初夏开放。株高15cm，冠径达30cm。

‘贝克’南庭芥 ***Aubrieta* ‘J. S. Baker’**
多年生常绿草本。叶小，淡绿色。花单生，紫色，高于叶丛，春季开放。株高10cm，冠径20cm。

显距堇菜 ***Viola calcarata***
多年生草本。丛生。叶卵形。花扁平，朝外，单生，白色、淡紫色或紫色，花期长，春末至夏季开放。喜肥沃土壤。株高10～15cm，冠径达20cm。

Aubrieta ‘Doctor Mules’
IRISES, illus. p.234～p.235
Polygala vayredae
Saxifraga x *arco-valleyi* ‘Arco’
Saxifraga oppositifolia ‘Ruth Draper’
Soldanella minima
Soldanella montana
Viola obliqua
Viola odorata
Viola palmata

‘钴紫’南庭荠 *Aubrieta* ‘Cobalt Violet’
多年生常绿草本。植株土丘状。叶小，丛生，淡绿色。穗状花序顶生，较短，花单生，蓝色至紫罗兰色，春季开放。株高10cm，冠径20cm。

☼ 💧 ❄❄❄

三色堇 *Viola tricolor*
(Heartsease, Wild pansy)
一年生或多年生草本。寿命短。花具白、黄、紫三色，整齐扁平，春季至秋季开放。可自花授粉。株高5～15cm，冠径5～15cm。

☼ 💧 ❄❄❄

‘紫叶’里文堇菜 *Viola riviniana* ‘Purpurea’
(*V. labradorica* ‘Purpurea’)
多年生草本。丛生。叶肾形，暗紫色至绿色。花小，扁平，紫色，春夏开放。宜种植在河岸、林下或野外花园。株高2.5～5cm，冠径不定。

◐ 💧 ❄❄❄

鸟趾堇菜 *Viola pedata* (Bird's-foot violet)
多年生草本。丛生。叶细裂。花心黄色，边缘淡紫色，偶呈白色，花在细茎上单生，春末和初夏开放。喜排水良好的土壤。适宜于高山植物温室。株高5cm，冠径8cm。

☼ 💧 pH ❄❄❄

滨紫草 *Mertensia maritima*
多年生草本。匍匐状。叶卵形、肉质，银蓝色或银灰色。茎粗壮。花漏斗状，簇生，下垂，天蓝色，春季开放。易受蛞蝓危害。喜排水良好的土壤。株高10～15cm，冠径12cm。

☼ 💧 ❄❄❄

小獐耳细辛 *Hepatica nobilis* var. *japonica*
多年生草本。生长缓慢。半常绿，在寒冷干旱条件下落叶。叶革质，有分裂。花杯状，淡紫色至紫红色、粉红色或白色，春季开放。株高8cm，冠径达12cm。

◐ 💧 ❄❄❄

鲜黄连 *Jeffersonia dubia*
(*Plagiorhegma dubia*)
多年生草本。丛生。叶二裂，蓝绿色，有时新展叶粉红色。花杯状，淡紫色至蓝紫色，春季开放。株高10～15cm，冠径达23cm。

◐ 💧 ❄❄❄

希腊苣苔 *Jancaea heldreichii*
多年生草本。叶厚，具毛，银绿色，莲座状。花茎细，簇生，花较小，淡紫色至蓝色，春末开放。栽培较少，生长困难，适宜高山植物温室栽培。株高和冠径均为8cm。

◐ 💧 ❄❄

重齿猫尾草 *Synthyris stellata*
多年生常绿草本。植株土丘状。具根茎。叶圆形，有深锯齿。穗状花序密生，花小，蓝紫色，春季开放。土壤湿润的条件下耐光照。株高10～15cm，冠径15cm。

◐ 💧 ❄❄❄

Aubrieta ‘Gurgedyke’
Haberlea ferdinandi-coburgii
Haberlea rhodopensis
Hedyotis michauxii, illus. p.383
IRISES, illus. p.234～p.235
Omphalogramma vinciflorum
Phlox ‘Emerald Cushion’, illus. p.381
Thalictrum orientale

小型岩生植物 春季观赏

■ 蓝色

高山勿忘草 ***Myosotis alpestris*** (*M. rupicola*) (Alpine forget-me-not)
多年生草本。丛生。寿命短。叶具毛。花小，密集簇生，亮蓝色，具乳黄色眼状斑，春末和初夏开放。喜沙壤土。株高和冠径均为10～15cm。

簇生牛舌草 ***Anchusa cespitosa***
多年生常绿草本。植株土丘状。叶披针形，暗绿色，丛生成莲座状。花无柄，蓝色，中心白色，着生于叶丛中心，春季开放。老株开花不良，应在初夏修剪。株高2.5～5cm，冠径23cm。

■ 蓝色至绿色

无茎龙胆 ***Gentiana acaulis*** (*G. excisa*, *G. kochiana*) (Stemless gentian)
多年生常绿草本。丛生。叶窄卵形，有光泽。花喇叭状，在短茎上着生，深蓝色，花冠筒有绿色斑点，春季和夏季开放。株高(含叶)2cm，冠径10cm以上。

'黑花'三色堇 ***Viola tricolor* 'Bowles' Black'**
多年生草本。丛生。寿命短。常作二年生栽培。叶卵形，有时有分裂或锯齿。花扁平，暗紫色至黑色，春季至夏季连续开放。株高5～15cm，冠径5～8cm。

春龙胆 ***Gentiana verna*** (Spring gentian)
多年生常绿草本。寿命短。叶卵形，暗绿色，丛生成莲座状。花管状，直立，在短茎上着生，亮蓝色，喉部白色。株高和冠径均为5cm。

网皱柳 ***Salix reticulata*** (Netveined willow)
落叶灌木。株形开张。丛生。叶圆形，表面皱褶。雄株柔荑花序，初为红褐色，后呈黄色，春季开放。喜冷凉气候和泥炭土壤。株高5～8cm，冠径20cm以上。

Eritrichium nanum, illus. p.383
Hepatica x *media* 'Ballardii'
IRISES, illus. p.234～p.235
Omphalodes luciliae
Polygala calcarea, illus. p.384
Polygala calcarea 'Bulley's Form', illus. p.384
Synthyris reniformis
Hepatica nobilis
Hepatica transsilvanica

绿色至黄色

药用茄参 ***Mandragora officinarum***
多年生草本。具肉质根。叶丛呈莲座状，叶面粗糙，边缘波状。花漏斗状，淡黄色、淡紫色或白色，春季开放。果实形似番茄，较大，成熟时黄色，具光泽。株高5cm，冠径30cm。

黄色

‘藏头苗’波氏虎耳草 ***Saxifraga* x *boydii* ‘Hindhead Seedling’**
多年生常绿草本。叶小，蓝绿色，丛生，刺状，植株顶端圆形。花杯状，淡黄色，朝上开放，每个短茎上着生2～3朵花，春季开放。株高2.5cm，冠径8cm。

埃托利亚堇菜 ***Viola aetolica***
多年生草本。丛生。叶卵形，中绿色。花扁平，黄色，单生于直立的花柄上，春末或初夏开放。株高5～8cm，冠径15cm。

长果葶苈 ***Draba longisiliqua***
多年生半常绿草本。垫状。叶较小，银灰色，形成密集的莲座状。花小，黄色，在细长的花柄上簇生，春季开放。喜水，最好在高山植物温室中栽培。株高5～8cm，冠径15cm。

瓣苞芹 ***Hacquetia epipactis***
多年生草本。丛生。通过短根茎蔓延生长。头状花序黄色或黄绿色，圆形，3裂叶出现前，被苹果绿色苞片包围，冬末和初春开放。株高6cm，冠径15～23cm。

‘格雷戈里·门德尔’短尖虎耳草 ***Saxifraga* x *apiculata* ‘Gregor Mendel’**
多年生常绿草本。叶亮绿色，丛生成紧密的垫状。花杯状，淡黄色，簇生，初春开放。株高10～15cm，冠径15cm以上。

多籽葶苈 ***Draba rigida***
多年生常绿草本。叶暗绿色，较小，丛生成紧密的小丘状。花小，簇生，亮黄色，花茎纤细，春季开放。适合于崎岖、多石花园或高山植物温室栽培。忌冬湿。株高4cm，冠径6cm。

神圣虎耳草 ***Saxifraga sancta***
多年生常绿草本。席状平卧生长。叶亮绿色，丛生。总状花序短，花朝上，杯状，开展，亮黄色，春季开放。株高5cm，冠径15cm。

铁仔大戟 ***Euphorbia myrsinites***
多年生常绿草本。匍匐状。茎木质。叶小，先端尖，肉质，灰色。花黄绿色，顶端簇生，春季开放。适宜在墙上或壁架上生长。株高5～8cm，冠径20cm以上。

‘伊丽莎白’虎耳草 ***Saxifraga* ‘Elizabethae’** (*S.* x *elizabethae*)
多年生常绿草本。垫状。叶小，密集，多刺，莲座状。花稍向上，亮黄色，花柄基部红色。株高2.5cm，冠径10～15cm。

裂瓣垫报春 ***Dionysia aretioides***
多年生常绿草本。叶软，有毛，淡灰绿色，形成垫状。花无柄，圆形，亮黄色，着生于植株表面，芳香。株高5～10cm，冠径15～30cm。

Corydalis wilsonii, illus. p.349
Calceolaria uniflora var. *darwinii*
Cytisus ardoinoi, illus. p.386
DAFFODILS, illus. p.416～p.418
Draba aizoides
Draba hispanica
Draba polytricha
Draba rigida var. *bryoides*
IRISES, illus. p.234～p.235
Onosma stellulata
Polygala chamaebuxus, illus. p.385
PRIMULAS, illus. p.272～p.273

小型岩生植物 春季观赏

黄色

高加索葶苈 ***Draba mollissima***
多年生半常绿草本。垫状。叶小，淡绿色，圆顶状。花茎细长，花小，黄色，簇生，春季开放。适于卵石丛或在高山植物温室栽培。株高4cm，冠径15cm以上。

袖珍垫报春 ***Dionysia tapetodes***
多年生常绿草本。匍匐状。叶极小，灰绿色，形成紧密丛状。花小，黄色，花朵朝上，早春开放。株高1cm，冠径达15cm。

矮黄芥 ***Morisia monanthos***
(*M. hypogaea*)
多年生草本。匍匐状。叶分裂，革质，暗绿色，扁平莲座状。花无柄，亮黄色，扁平，春末和初夏开放。喜排水良好的土壤。株高2.5cm，冠径达8cm。

'重瓣'倭毛茛 ***Ranunculus ficaria* 'Flore Pleno'**
多年生草本。丛生。叶心形，暗绿色。花亮黄色，重瓣，花瓣有光泽，初春开放。扩展较快。适宜野生花园种植。株高2.5～5cm，冠径20cm。

金地梅 ***Vitaliana primuliflora***
(*Douglasia vitaliana*)
多年生常绿草本。匍匐状。叶中绿色，丛生成莲座状。花无柄，管状，亮黄色，多数小花簇生，春季开放。株高2.5cm，冠径20cm。

'猴面'堇菜 ***Viola* 'Jackanapes'**
多年生草本。丛生。叶卵形，有锯齿。花扁平，上部花瓣红棕色，下部花瓣黄色，春末至夏季持续开放。株高8～12cm，冠径20cm以上。

Ranunculus ficaria 'Brazen Hussy'
Salix herbacea
Sarcocapnos enneaphylla
Saxifraga aizoides
Saxifraga brunonis
Saxifraga burseriana 'Brookside'
Saxifraga ferdinandi-coburgi
Saxifraga 'Valerie Finnis'
Sedum acre 'Aureum', illus. p.385
Townsendia parryi
Viola glabella
Viola lutea
Waldsteinia ternata, illus. p.385

小型岩生植物 夏季观赏

黄色

小金莲花 ***Trollius pumilus***
多年生草本。丛生。叶5裂，裂片相距较远。花单生，杯状，亮黄色，春末和初夏开放。株高15cm，冠径15cm以上。

矮糖芥 ***Erysimum helveticum***
(*E. pumilum*)
多年生半常绿草本。丛生。叶长而窄，形成紧密的叶丛。花多数，芳香，亮黄色，成平头状，春末和初夏开放。株高10cm，冠径15cm。

'橙花'倭毛茛 ***Ranunculus ficaria* 'Aurantiacus'**
多年生草本。匍匐状。叶心形，中绿色。花单生，杯状，花瓣有光泽，橘红色，早春开放。蔓延较快。适宜野生花园种植。株高5cm，冠径20cm。

白色

高山蝇子草 ***Silene alpestris***
(*Heliosperma alpestris*)
多年生草本。茎分枝。叶狭窄。花小，圆形，瓣有饰边，白色，偶呈粉红色，春末和初夏开放。自播力强。株高10～15cm，冠径20cm。

'阿里'匍枝福禄考 ***Phlox stolonifera* 'Ariane'**
多年生常绿草本。生长缓慢。叶卵形，淡绿色。花碟状，开展，白色，侧向开放，初夏开放。花后应摘除1/2花枝。株高15cm，冠径30cm。

银叶蓍草 ***Achillea clavennae***
多年生半常绿草本。地毯状。叶窄卵形，多裂，表面密被白绒毛。花白色，花心金黄色，松散簇生，夏季至仲秋开放。不喜冬湿。株高15cm，冠径23cm以上。

'白花'喉凸苣苔 ***Haberlea rhodopensis* 'Virginalis'**
多年生常绿草本。叶卵形，暗绿色，有锯齿，整齐，莲座状。花枝拱形，花小，漏斗状，纯白色，春末和初夏开放。株高（含花）和冠径10～15cm。

白花委陵菜 ***Potentilla alba***
多年生草本。匍匐状。生长旺盛。复叶，小叶卵形，背面银灰色。花单生，白色，扁平，花枝松散，夏季开放。株高5～8cm，冠径8cm。

繁瓣花（白花类型） ***Lewisia rediviva*** (Bitter root)
多年生草本。丛生。莲座状。叶细小，狭窄，夏季落叶。花大，白色，在春末、初夏明媚的天气下开放。株高1～4cm，冠径5cm。

白花浅裂蓝钟花 ***Cyananthus lobatus* f. *albus***
多年生草本。匍匐状。茎分枝。叶小，暗绿色，楔形，包茎生长。花漏斗状，单生，白色，花瓣伸展．夏末开放。株高8cm，冠径30cm。

'纯白'广口风铃草 ***Campanula carpatica* 'Bressingham White'**
多年生草本。丛生。叶多，圆形，亮绿色。花开展，杯状，白色，单生于无分枝花茎上，夏季开放。株高10～15cm，冠径15cm。

DAFFODILS, illus. p.416～p.418
Hypericum cerastioides
IRISES, illus. p.234～p.235
Leucogenes grandiceps, illus. p.389

OTHER RECOMMENDED PLANTS:
Aethionema iberideum
Arabis alpina subsp. *caucasica*
Arabis alpina subsp. *caucasica* 'Flore Pleno'
Arabis alpina subsp. *caucasica* 'Variegata', illus. p.362
Arctostaphylos nevadensis
Arenaria balearica, illus. p.362
Artemisia schmidtiana 'Nana', illus. p.389
Cardamine trifolia, illus. p.362
Celmisia bellidioides
Celmisia traversii

小型岩生植物 夏季观赏

□ 白色

山蚤缀 ***Arenaria montana***
多年生草本。匍匐状。叶小，窄卵形呈松散的地毯状。花大，圆形，白色，夏季开放。适合墙上或石缝中生长。需充足的水分。株高5cm，冠径12cm。

多枝寒菀 ***Celmisia ramulosa***
多年生常绿草本。灌木状。叶小，具毛，灰绿色。头状花序雏菊状，白色，在短茎上单生，春末和初夏开放。株高和冠径均为10cm。

白舌辐枝菊 ***Anacyclus pyrethrum* var. *depressus*** （*A. depressus*）
多年生草本。匍匐状。寿命短。叶细裂，抱茎生长。头状花序，白色，舌状花瓣背面红色，夏季开花。在阴暗的光线下花不能完全开放。忌湿。株高2.5～5cm，冠径10cm。

凯库拉柳叶菜 ***Epilobium chlorifolium* var. *kaikourense***
多年生草本。丛生。茎基部木质。枯叶经冬不凋。叶卵形，具毛，青铜色和暗绿色。穗状花序短，花漏斗状，白色至粉红色，夏季开放。株高10cm，冠径15cm。

石生屈曲花 ***Iberis saxatilis***
常绿亚灌木。低矮。叶墨绿色，平滑，线形或圆柱形。花小，多数，簇生成大型头状，白色，后期成淡紫色，春末和初夏开放。花后修剪。株高8～12cm，冠径30cm。

簇生匍地梅 ***Ourisia caespitosa***
多年生常绿草本。匍匐状。叶小，卵形。花多，白色，朝外开展，杯状，春末和初夏开放。株高2.5cm，冠径10cm。

滇泰石蝴蝶 ***Petrocosmea kerrii***
多年生常绿草本。叶卵形，先端尖，具毛，浓绿色，呈紧密的莲座状。花管状，白色，宽口形，朝外成簇开放，夏季开放。适宜高山植物温室种植。株高8cm，冠径12～15cm。耐最低温度2～5℃。

岩生龙胆 ***Gentiana saxosa***
多年生常绿草本。植株土丘状。寿命短。叶小，匙形，肉质，暗绿色。花小，钟状，白色，朝上，初夏开放。适宜在碎石丛中生长。株高5cm，冠径15cm。

加拿大草茱萸(红串果) ***Cornus canadensis*** (Creeping dogwood)
多年生地被植物。叶卵形，轮生。花绿色，偶呈淡紫色，生于白色苞片中，春末和初夏开放。浆果红色。株高10～15cm，冠径30cm以上。

银花 ***Nierembergia repens***
多年生草本。铺地生长。叶小，卵形，淡绿色。花直立，钟状，白色，花心黄色，后期有时呈粉红色，花期长，夏季开放。适宜种植在嵌草铺装中。株高5cm，冠径20cm以上。

Cerastium tomentosum, illus. p.361
Cymbalaria muralis
Diapensia lapponica
Dryas drummondii
Dryas x *suendermannii*
Helichrysum bellidioides
Leucanthemopsis alpina
Lewisia nevadensis
Maianthemum bifolium
Pentachondra pumila
Petrophytum caespitosum
Petrophytum hendersonii
Phlox douglasii 'May Snow'
Ranunculus alpestris, illus. p.363
Satureja montana 'Prostrate White'
Weldenia candida, illus. p.362

白色至粉红色

仙女木 ***Dryas octopetala***
多年生常绿草本。匍匐状。叶卵形，有分裂，革质，暗绿色，在粗壮的茎上着生，丛状。花杯状，乳白色，高于叶丛，春末和初夏开放。花后结诱人的羽毛状种子。株高6cm，冠径不定。

北极花（林奈花） ***Linnaea borealis*** (Twin flower)
多年生常绿草本。亚灌木状。铺地生长。生根的茎上着生卵形小叶。花小，芳香，管状，淡红色至白色，夏季开放。株高2cm，冠径30cm以上。

凯氏蓍草 ***Achillea* x *kellereri***
多年生半常绿草本。叶羽状，灰绿色。头状花序雏菊状，白色，成松散花簇，夏季开放。适宜在墙边、堤岸生长。忌冬湿，喜排水良好的土壤。株高15cm，冠径23cm以上。

孔雀石竹 ***Dianthus pavonius***
(*D. neglectus*)
多年生常绿草本。匍匐状。叶长而尖，叶丛低矮。花大，圆形，浅粉红至深红色，背面浅黄色，花柄短，夏季开放。株高5cm，冠径8cm。

无茎刺苞菊 ***Carlina acaulis***
(Alpine thistle)
多年生草本。丛生。叶长，深裂，边缘多刺，莲座状。花大，无柄，蓟形，单生，头状花序，灰白色或淡褐色，苞片纸质，夏秋季开放。株高8～10cm，冠径15～23cm。

'道乐赛老师' 匍匐丝石竹 ***Gypsophila repens* 'Dorothy Teacher'**
多年生半常绿草本。匍匐状。叶狭窄，淡蓝绿色，丛生。花小，圆形，簇生，初开时白色后变成深粉红色，夏季开放。花后修剪。株高2.5～5cm，冠径30cm以上。

Anemonella thalictroides, illus. p.364
Daphne jasminea, illus. p.364
Erodium reichardii
Geranium cinereum
Gypsophila cerastoides, illus. p.364
Lewisia columbiana
Oenothera acaulis
Ranunculus glacialis

粉红色

裙花 ***Petrorhagia saxifraga***
(*Tunica saxifraga*) (Tunic flower)
多年生草本。丛生。叶禾草状。细茎上有深红色条纹。花小，浅粉红色，具深红色脉，开花繁多，夏季开放。适于生长在贫瘠的土壤中。自播能力强。株高10cm，冠径15cm。

群生百里香 ***Thymus caespititius***
(*T. azoricus*, *T. micans*)
常绿亚灌木。匍匐状。有香味。茎木质，细长。叶小，有毛，中绿色。花较小，淡紫色或紫红色，簇生，夏季开放。株高2.5cm，冠径20cm。

地中海旋花 ***Convolvulus althaeoides***
多年生草本。生长旺盛。茎蔓生。叶心形，中绿色，有分裂，表面银白色。花大，开展，喇叭状，粉红色，夏季开放。在适宜的气候条件下可蔓延生长。株高5cm，冠径不定。

Antennaria dioica
Arctostaphylos uva-ursi, illus. p.388
Arctostaphylos uva-ursi 'Point Reyes', illus. p.388
CARNATIONS and PINKS, illus. p.280～p.281
Diascia barberae 'Ruby Field'
Dicentra peregrina

粉红色

线纹老鹳草 ***Geranium sanguineum* var. *striatum***
多年生草本。蔓生。植株圆丘状。叶圆形，深裂，暗绿色。花杯状，单生，粉红色，带较暗的脉纹，夏季开放。株高10～15cm，冠径30cm以上。

科西嘉牻牛儿苗 ***Erodium corsicum***
多年生草本。丛生。株形紧凑。茎坚硬，细长。叶软，灰绿色，叶缘波状。花扁平，粉红色，有暗色条纹，春末和夏季开放。忌冬湿，适宜生长在高山植物温室中。株高8cm，冠径15cm。

多花肥皂草 ***Saponaria* x *olivana***
多年生草本。株形紧凑。叶狭窄，坚硬，垫状。垫状叶丛周边产生花茎。花扁平，单生，淡粉红色，夏季开放。喜排水良好的土壤。株高8cm，冠径10cm。

‘沃利粉红’岩芥菜 ***Aethionema* ‘Warley Rose’**
常绿或半常绿亚灌木。株形紧凑。寿命短。叶小，线形，蓝绿色。总状花序，花小，粉红色，在短茎上着生，开花繁茂，春夏季开放。株高和冠径均为15cm。

鳞叶匍地梅 ***Ourisia microphylla***
多年生半常绿草本。匍匐状。叶整齐，鳞状，淡绿色。花小，粉红色，开花繁茂，春末和初夏开放。在干燥气候下栽培困难。株高5～10cm，冠径15cm。

‘玛格丽特粉’樱茅 ***Rhodohypoxis* ‘Margaret Rose’**
多年生草本。具块茎状粗根。叶窄披针形，具毛，叶丛直立，基生。花扁平，直立，浅粉红色，花茎细长，春季至初夏开放。株高5～10cm，冠径2.5～5cm。

‘马车轮’斜生福禄考 ***Phlox adsurgens* ‘Wagon Wheel’**
多年生常绿草本。匍匐状。木质茎成丛生长。叶卵形。花车轮状，粉红色，瓣窄，夏季开放。喜富含腐殖质的土壤。株高10cm，冠径30cm。

粉花车叶草 ***Asperula suberosa***
多年生草本。丛生。松散的茎成团生长。叶极小，有毛，灰色。花管状，淡粉红色，开花繁茂，初夏开放。忌冬湿，但夏季喜湿润土壤，适宜高山植物温室栽培。株高8cm，冠径达30cm。

‘唐纳德·朗兹’密穗蓼 ***Persicaria affinis* ‘Donald Lowndes’**
多年生常绿草本。匍匐状。伸展性茎粗壮，有分枝，开展。叶基抱茎，先端渐尖。穗状花序稠密，花小，红色，后期花色变淡，夏季开放。株高8～15cm，冠径达15cm。

Gaultheria trichophylla
Geranium traversii var. *elegans*
Lychnis alpina
Origanum amanum
Petrorhagia saxifraga ‘Rosette’
PRIMULAS, illus. p.272～p.273
Sedum spurium
Silene hookeri

'达尔马'老鹳草 ***Geranium dalmaticum***
多年生草本。匍匐状。株形开展。叶有分裂，暗绿色。花近扁平，向外着生，贝壳粉红色，夏季开放。部分遮阴植株生长较高，除严冬外均为常绿。株高8～10cm，冠径12～20cm。

墨西哥飞蓬 ***Erigeron karvinskianus*** (*E. mucronatus*)
多年生草本。株形开展。茎松散。叶窄披针形，有毛。头状花序雏菊状，初开白色，后为粉红色，枯萎时成紫色，夏秋季开放。株高10～15cm，冠径不定。

亚美尼亚岩芥菜 ***Aethionema armenum***
常绿或半常绿亚灌木。株形紧凑。寿命短。叶狭窄，蓝绿色。花小，淡粉红色至深粉红色，花枝松散，夏季开放。株高和冠径均为15cm。

绵毛点地梅 ***Androsace lanuginosa***
多年生常绿草本。蔓延生长。茎散生。叶深绿色，表面附生丝状绒毛。花小，扁平，簇生，淡紫色至粉红色或淡粉红色，有暗红色或黄色斑，夏季开放。株高4cm，冠径达18cm。

'小乔克'石竹 ***Dianthus* 'Little Jock'**
多年生常绿草本。丛生。株形紧凑。叶长而尖，银绿色。花圆形，半重瓣，粉红色，花心黑色，芳香，花高于叶丛，夏季开放。株高和冠径均为10cm。

蓝灰石竹
Dianthus gratianopolitanus (*D. caesius*) (Cheddar pink)
多年生常绿草本。茎细长。叶丛松散，叶窄长，灰绿色。花扁平，淡粉红色，芳香，夏季开放。株高15cm，冠径达30cm。

对叶杜鹃 ***Loiseleuria procumbens*** (Alpine azalea, Trailing azalea)
常绿灌木。匍匐状。叶小，卵形，表面有毛，背面灰棕色。花顶端簇生，阔漏斗状，玫瑰粉色至白色，初夏开放。株高达8cm，冠径10～15cm。

颖状彩花 ***Acantholimon glumaceum***
多年生常绿草本。垫状。叶坚硬，有刺，暗绿色。穗状花序短，花小，星状，粉红色，夏季开放。株高10cm，冠径20cm。

Acantholimon venustum
Antennaria dioica var. *rosea*, illus. p.366
Arabis x *arendsii* 'Rosabella', illus. p.365
Armeria juniperifolia, illus. p.365
Armeria maritima
Astilbe simplicifolia 'Gnom'
CARNATIONS and PINKS, illus. p.280～p.281
Dianthus deltoides
Epilobium obcordatum
Erica spiculifolia
Erodium x *variabile* 'Ken Aslet'
Geranium farreri
Gypsophila repens
Penstemon rupicola
Persicaria capitata
Phlox adsurgens

小型岩生植物 夏季观赏

粉红色

‘派克粉红’石竹 ***Dianthus* ‘Pike’s Pink’**
多年生常绿草本。垫状生长。匍匐状。株形紧凑。叶灰绿色，长而尖。花圆形，重瓣，粉红色，芳香，夏季开放。株高和冠径均为10cm。

丛生肥皂草 ***Saponaria caespitosa***
多年生草本。丛生。叶小，披针形。花极小，扁平，单生，粉红色至紫色，夏季开放。喜排水良好的土壤。株高8cm，冠径10cm。

扁酢浆草 ***Oxalis depressa***
(*O. inops*)
多年生草本。具块茎。叶三裂。花茎短，花阔漏斗状，玫瑰红色，直径2cm，夏季开放。需种植在有庇荫的地方或低温温室。株高5cm，冠径8～10cm。

杰氏点地梅 ***Androsace villosa*** var. ***jacquemontii***
多年生常绿草本。匍匐状。叶灰绿色，多毛，呈小莲座状。花茎红色，花极小，淡紫色，春末和初夏开放。适合高山植物温室种植。株高1～4cm，冠径20cm。

小苞石竹 ***Dianthus microlepis***
多年生常绿草本。叶细小，禾草状，集生成丛。花小而多，圆形，粉红色，初夏开放。最适合谷地生长。株高5cm，冠径20cm。

岩生肥皂草 ***Saponaria ocymoides***
(Tumbling Ted)
多年生草本。株形紧凑或松散。叶卵形，多毛，丛生。花小，扁平，淡粉红色或深红色，开花繁茂，夏季开放。在干燥堤岸生长良好。株高2.5～8cm，冠径40cm。

多脉石竹 ***Dianthus myrtinervius***
多年生常绿草本。植株开展。叶禾草状，较小。花较小，圆形，粉红色，夏季开放，高于叶丛。株高5cm，冠径20cm。

‘拉布尔’石竹 ***Dianthus* ‘La Bourboule’** (*D.* ‘La Bourbille’)
多年生常绿草本。叶尖，丛生成小叶丛。花小，单生，粉红色，开花繁茂，花香浓郁，夏季开放。株高5cm，冠径8cm。

高山石竹 ***Dianthus alpinus***
(Alpine pink)
多年生常绿草本。株形紧凑。叶窄，暗绿色，丛生。花生于叶丛之上，花大，圆形，玫瑰红色至深红色，夏季开放。喜富含腐殖质的土壤。株高5cm，冠径8cm。

‘马乔里’钻叶福禄考 ***Phlox subulata* ‘Marjorie’**
多年生常绿草本。植株土丘状。叶细小。花扁平，星状，玫瑰红色，开花繁茂，初夏开放。花后修剪。株高10cm，冠径20cm。

PRIMULAS, illus. p.272～p.273
Prunella grandiflora ‘Pink Loveliness’
Vaccinium nummularia

‘安纳贝尔’石竹 *Dianthus* ‘Annabelle’
多年生常绿草本。丛生。株形紧凑。叶长而尖，灰绿色。花芳香，圆形，半重瓣，鲜红色至粉红色，单生于较细的茎上，夏季开放。株高和冠径均为10cm。

‘车轮’福禄考 *Phlox* ‘Camla’
多年生常绿草本。植株土丘状。茎细而硬，拱形。叶细小。花多数，碟状，开展，粉红色，初夏开放。花后修剪。喜富含腐殖质的土壤。株高12cm，冠径30cm。

‘芭蕾女’灰老鹳草 *Geranium cinereum* ‘Ballerina’
多年生草本。植株开展。莲座状。基生叶圆形，深裂，质地柔软。花杯状，淡紫色至粉红色，花瓣上具深紫色脉纹，生于疏散的茎上，春末和夏季开放。株高10cm，冠径30cm。

灰白香科 *Teucrium polium*
落叶亚灌木。植株圆球状。茎多分枝，白色或淡黄色，具毛。叶具扇形边缘。花淡黄色至白色或淡粉红色至紫色，呈扁平的头状，夏季开放。喜排水良好的土壤。株高和冠径均为15cm。

繁瓣花(粉红花类型) *Lewisia rediviva* (Bitter root)
多年生草本。莲座状。叶窄，丛生，夏季脱落。花大，粉红色，由许多花瓣组成，在春末和初夏的晴朗天气开放。适合高山植物温室种植。株高1～4cm，冠径可达5cm。

‘克拉克尔·杰克’道氏福禄考 *Phlox douglasii* ‘Crackerjack’
多年生常绿草本。株形紧凑，土丘状。叶披针形，中绿色。花多，碟状，鲜红色或紫红色，初夏开放。花后修剪。株高达8cm，冠径20cm。

夏弗塔雪轮 *Silene schafta*
多年生草本。植株开展。叶窄卵形，丛生。花玫瑰红色至紫红色，花瓣5，向外呈辐射状，春末至秋末开放。株高10～15cm，冠径8～10cm。

短茎灰老鹳草 *Geranium cinereum* var. *subcaulescens* (*G. subcaulescens*)
多年生草本。植株开展。叶圆形，深裂，柔软。花紫红色，具明显的黑心和雄蕊，生于柔弱的茎上，夏季开放。株高10cm，冠径30cm。

Aethionema ‘Warley Ruber’
Anemonella thalictroides ‘Oscar Schoaf’
Antennaria dioica ‘Nyewoods’
Armeria juniperifolia ‘Bevan's Variety’
Erinus alpinus ‘Dr Hähnle’
Phlox x *procumbens* ‘Millstream’
Saponaria ‘Bressingham’
Saxifraga x *primulaize*
Silene elisabethae

小型岩生植物 夏季观赏

■ 粉红色

‘奥城’樱茅 *Rhodohypoxis* ‘Albrighton’
多年生草本。具块根。叶基生，直立，具毛，窄披针形，丛生。花直立，深粉红色，单生于细长的茎上，春季和初夏开放。株高5～10cm，冠径2.5～5cm。

☼ 💧 ❄❄

‘玫红’海石竹 *Armeria maritima* ‘Vindictive’
多年生常绿草本。丛生。叶深蓝绿色，草质。花茎高于叶，坚硬，头状花序，花小，深玫瑰红色，花期长，夏季开放。株高10cm，冠径15cm。

☼ 💧 ❄❄❄ 🏆

‘闪光’西洋石竹 *Dianthus deltoides* ‘Leuchtfunk’
(*D. d.* ‘Flashing Light’)
多年生常绿草本。垫状丛生。叶小，长圆形，先端尖。花多，小而扁平，向上，鲜红色，单生。株高10～15cm，冠径20cm。

☼ 💧 ❄❄❄

■■ 红色至紫色

‘道格拉斯’樱茅 *Rhodohypoxis* ‘Douglas’
多年生草本。具块根。叶直立，基生，具毛，窄披针形，丛生。花直立，多数，平展，深红色，单生于柔软的茎上，春季和初夏开放。株高5～10cm，冠径2.5～5cm。

☼ 💧 ❄❄

矮生硬毛五蕊花 *Penstemon hirsutus* var. *pygmaeus*
常绿亚灌木。寿命短。株形紧凑。叶暗绿色，紧密地着生在一起。花管状，唇形，具毛，紫色、红色或白色，夏季开放。适宜种植槽栽培。株高和冠径均为8cm。

☼ 💧 ❄❄❄

翼首花 *Pterocephalus perennis*
(*P. parnassi*)
多年生半常绿草本。垫状丛生。叶皱褶，具毛。头状花序由紧密排列的小花组成，小花管状，淡红紫色，单生在短茎上，夏季开放。种子具翅，集生成头状。株高5cm，冠径10cm。

☼ 💧 ❄❄❄

■ 紫色

‘布思曼’道氏福禄考 *Phlox douglasii* ‘Boothman’s Variety’
多年生常绿草本。植株土丘状。叶披针形。花多数，淡蓝紫色，中央眼状，周围有蓝紫色斑纹，初夏开放。花后修剪。株高5cm，冠径20cm。

☼ 💧 ❄❄❄ 🏆

喙檐花 *Physoplexis comosa*
(*Phyteuma comosum*)
多年生草本。丛生。叶深裂。花序圆形，头状，小花瓶状，蓝紫色，稀白色，夏季开放。适生于岩石缝隙中，忌冬湿。株高8cm，冠径10cm。

☼ 💧 ❄❄❄ 🏆

平卧球花 *Globularia meridionalis*
(*G. bellidifolia*, *G. cordifolia* subsp. *bellidifolia*, *G. pygmaea*)
常绿亚灌木。植株半球形。叶光滑无毛。花球状，柔软，淡紫色至紫色，单生于高于叶的茎上，夏季开放。株高10cm，冠径20cm。

☼ 💧 ❄❄❄

Dianthus ‘Hidcote’
Dianthus ‘Mars’
Erinus alpinus, illus. p.366
Geranium orientalitibeticum

Penstemon menziesii
Phlox douglasii ‘Red Admiral’
Sedum sempervivoides
Viola cenisia

IRISES, illus. p.234～p.235
Leptinella atrata, illus. p.367
Linaria alpina
Mentha requienii

白毛百里香 ***Thymus leucotrichus***
常绿亚灌木。植株土丘状。有香气。茎纤细。叶窄，被白毛。头状花序，花小，淡红色至紫色，苞片紫色，夏季开放。株高10～12cm，冠径15cm。

☼ ◇ ❄❄

高山紫菀 ***Aster alpinus***
多年生草本。植株丛生，铺展。叶披针形，暗绿色。头状花序雏菊状，蓝紫色或粉紫红色，花心黄色，仲夏至夏末开放。株高15cm，冠径30～45cm。

☼ ◇ ❄❄❄ 🏆

‘翡翠垫子’福禄考 ***Phlox* ‘Emerald Cushion’**
多年生常绿草本。叶细小，翡翠绿色。花大，碟状，鲜蓝紫色，春末和初夏开放。花后修剪。株高8cm，冠径15cm。

☼ ◇ ❄❄❄

‘内莉·布莱顿’堇菜 ***Viola* ‘Nellie Britton’** (*V.* ‘Haslemere’)
多年生草本。丛生。叶小，卵形，具锯齿。花淡紫红色，平展，春末至夏末开放。土壤不宜太干燥。株高8～15cm，冠径20cm。

☼ ◇ ❄❄❄ 🏆

高加索百里香 ***Thymus herba-barona*** (Caraway thyme)
常绿亚灌木。株形松散，垫状。叶细小，具葛缕子香味，暗绿色。花小，淡紫色，聚生于植株的顶端，夏季开放。开花时株高5～10cm，冠径20cm。

☼ ◇ ❄❄

二裂福禄考（沙地福禄考） ***Phlox bifida*** (Sand phlox)
多年生常绿草本。植株土丘状。叶披针形。花序小，花多数，星状，淡紫色或白色，具深裂的花瓣，夏季开放。开花后剪去1/2花茎。株高10～15cm，冠径15cm。

☼ ◇ ❄❄❄

肋瓣风铃草 ***Campanula poscharskyana***
多年生草本。植株繁茂平铺。叶圆形，叶缘具锯齿。花钟状，紫罗兰色，着生在具叶的花茎上，夏季开放。具强壮的蔓生茎。适合堤岸或野生花园种植。株高10～15cm，冠径不定。

☼ ◇ ❄❄❄

‘丽人’大花夏枯草 ***Prunella grandiflora* ‘Loveliness’** (*P.* x *webbiana* ‘Loveliness’)
多年生半常绿草本。基部莲座状，覆盖地面。穗状花序顶生，花轮生，淡紫色，夏季开放。在结种前要除去老的花茎，以免感染病害。株高10～15cm，冠径30cm。

☼ 💧 ❄❄❄ 🏆

睫毛草钟 ***Edraianthus serpyllifolius*** (*Wahlenbergia serpyllifovlia*)
多年生常绿草本。植株平卧。叶细小，形成紧凑的垫状。花小，钟状，深紫罗兰色，生于短的花梗上，初夏开放。园艺上很少用种子繁殖。株高1cm，冠径5cm。

☼ ◇ ❄❄❄

Origanum dictamnus
Oxalis enneaphylla
Penstemon ‘Six Hills’
Phlox caespitosa
Polygala vayredae
Polygonatum hookeri, illus. p.367
Saxifraga stribrnyi, illus. p.368
Sedum anacampseros
Viola calcarata, illus. p.368
Viola hederacea
Viola pedata, illus. p.369
Viola tricolor, illus. p.369

小型岩生植物 夏季观赏

■ 紫色

大花夏枯草 ***Prunella grandiflora***
(*P.* x *webbiana*) (Large self-heal)
多年生半常绿草本，植株铺展，垫状丛生。叶基生莲座状。穗状花序短，小花漏斗状，紫色，轮生，仲夏开放。株高10～15cm，冠径30cm。

'杂桦'风铃草 ***Campanula* 'Birch Hybrid'**
多年生常绿草本。生长旺盛。茎坚硬，拱形或平卧。叶亮绿色，形如常春藤叶。花多数，呈开展的钟状，深紫罗兰色，夏季开放。株高10cm，冠径30cm以上。

普氏风铃草 ***Campanula portenschlagiana***
多年生常绿草本。生长旺盛。叶小，形如常春藤叶，形成紧密的垫状。花多数，簇生，直立，开展的钟状，紫色，夏季开放。株高15cm，冠径不定。

欧洲苣苔 ***Ramonda myconi***
(*R. pyrenaica*)
多年生常绿草本。植株莲座状。叶具毛，有皱褶。花扁平，蓝紫色、粉红色或白色，生于具分枝的茎上，春末和初夏开放。株高8cm，冠径10cm。

'蓝紫'堇菜 ***Viola* 'Huntercombe Purple'**
多年生草本。丛生。叶排列整齐，卵圆形，具锯齿。花多数，平展，浓紫罗兰色，春季至夏末开放。每3年分株一次。株高10～15cm，冠径15～30cm。

大花捕虫堇 ***Pinguicula grandiflora***
多年生草本。丛生。叶具黏性，卵形，淡绿色，基生莲座状。花具距，阔漏斗状，蓝紫色至紫色，单生于直立细长的茎上，夏季开放。株高12～15cm，冠径5cm。

'威尔逊'风铃草 ***Campanula* 'G.F. Wilson'**
多年生草本。植株土丘状。排列整齐。叶圆形，淡黄绿色。花大，钟状，向上翻转，紫罗兰色，夏季开放。株高8～10cm，冠径12～15cm。

小草钟 ***Edraianthus pumilio***
多年生草本。寿命短。叶细小，禾草状，形成低矮叶丛。花钟状，淡紫色至深紫色，生于极短的茎上，就像出自叶丛，初夏开放。株高2.5cm，冠径8cm。

Delphinium brunonianum
IRISES, illus. p.234～p.235
Polygala chamaebuxus var. *grandiflora*, illus. p.368
Scutellaria scordiifolia
Thalictrum kiusianum

小叶蓝钟花 ***Cyananthus microphyllus***
多年生草本。垫状丛生。叶细小。茎细长，红色，被叶子遮蔽。花漏斗状，蓝紫色，生于茎的顶端，夏末开放。适生于含腐殖质丰富的土壤。株高 2 cm，冠径20cm。

大花东氏菊 ***Townsendia grandiflora***
多年生常绿草本。寿命短。叶小，匙形，基生莲座状。头状花序雏菊状，紫罗兰色或蓝紫色，单生于直立的花茎上，春末和初夏开放。株高15cm，冠径10cm。

爱达荷庭菖蒲 ***Sisyrinchium idahoense***
多年生半常绿草本。植株直立，丛生。叶丛生，禾草状。花枝多数，花小，鸢尾状，簇生，蓝色至蓝紫色，夏季和初秋开放。自播繁殖。株高12cm，冠径10cm。

琼斯耧斗菜 ***Aquilegia jonesii***
多年生草本。株形紧凑。叶细裂，灰绿色或灰蓝色，形成小的莲座状。花具短距，蓝紫色，夏季开放。属稀有植物，只适合在高山植物温室栽培。株高2.5cm，冠径达5cm。

具梗铜锤玉带草 ***Pratia pedunculata***
多年生常绿草本。生长旺盛。蔓生。叶小。花多数，星状，淡蓝色至中蓝色，偶尔蓝紫色，夏季开放。适合作潮湿地段的地被植物。株高1cm，冠径不定。

米氏耳草 ***Hedyotis michauxii***
(*Houstonia serpyllifolia*)
(Creeping bluets)
多年生草本。生长旺盛。具根状茎。叶中绿色，垫状丛生。花星状，蓝紫色，春末和初夏开放。株高8cm，冠径30cm。

心叶球花 ***Globularia cordifolia***
常绿矮小灌木。垫状丛生。茎蔓生，木质。叶小，卵形。头状花序，花圆形，无花茎，蓝色至淡蓝紫色，夏季开放。株高2.5～5cm，冠径20cm。

岩荠叶风铃草 ***Campanula cochleariifolia*** (*C. pusilla*) (Fairy thimbles)
多年生常绿草本。植株蔓生。叶细小，圆形，垫状丛生，莲座状。花簇生，白色、淡紫色或淡蓝色，夏季开放，花丛高于叶面。株高8cm，冠径不定。

车叶草状疗喉草 ***Trachelium asperuloides*** (*Diosphaera asperuloides*)
多年生草本。垫状丛生。茎线状，被叶遮蔽。叶小，中绿色。花小，直立，管状，淡蓝色，夏季开放。冬季不要除去老茎。株高8cm，冠径15cm。

阿尔卑斯齿缘草 ***Eritrichium nanum***
多年生草本。丛生。叶有毛，灰绿色。花小，无花茎，平展，淡蓝色，春末和初夏开放。喜排水良好的土壤，仅适合高山植物温室栽培。株高2cm，冠径2.5cm。

Campanula carpatica 'Jewel'
Campanula carpatica 'Turbinata'
Campanula garganica 'W.H. Paine'
Campanula x *haylodgensis* 'Plena'

Campanula 'Joe Elliott'
Campanula pulla
Campanula raineri
Campanula zoysii

Cyananthus lobatus
Edraianthus serpyllifolius 'Major'
Haberlea ferdinandi-coburgii
Haberlea rhodopensis

Myosotis alpestris, illus. p.370
Omphalodes luciliae
Phlox stolonifera 'Blue Ridge'
Wahlenbergia congesta

小型岩生植物 夏季观赏

蓝色

紫雀花 ***Parochetus communis***
(Shamrock pea)
多年生常绿草本。植株平卧。叶形首蓿状。花蝶形，亮蓝色，几乎不间断地开放。在高山植物温室生长良好。株高2.5～5cm，冠径不定。

☀ ◑ ❄

'布丽' 灰岩远志 ***Polygala calcarea* 'Bulley's Form'**
多年生常绿草本。植株平卧。叶小，狭卵形，莲座状。花序疏松头状，花深蓝色，春末和初夏开放。喜腐殖质丰富的土壤。适合凹地栽种。株高2.5cm，冠径8～10cm。

☼ ◇ ❄❄❄

灰岩远志 ***Polygala calcarea***
多年生常绿草本。植株平卧，偶尔直立。叶小，狭卵形。花序疏松头状，淡蓝色至深蓝色，春末和初夏开放。喜腐殖质丰富的土壤。适合凹地栽种，难移栽。株高2.5cm，冠径15cm。

☼ ◇ ❄❄❄

Gentiana clusii
Gentiana gracilipes
Wahlenbergia albomarginata

绿色至黄色

麦哲伦根乃拉草 ***Gunnera magellanica***
多年生草本。垫状丛生。叶圆形，具锯齿，新叶呈淡古铜色，生于短的蔓生茎上。花小，绿色，单性，具淡红色苞片。雌雄异株。喜泥炭土。株高2.5cm，冠径30cm。

☀ ◑ ❄❄

布氏唢呐草 ***Mitella breweri***
多年生草本。株形整齐。丛生。具根茎。茎细长，具毛。叶有分裂，肾形，基生。花小，管状，下垂，绿白色，夏季开放。株高和冠径均为15cm。

☀ ◑ ❄❄❄

锐叶景天 ***Sedum acre*** (Biting stonecrop, Common stonecrop)
多年生常绿草本。垫状丛生。分枝稠密，伸展。叶小，肉质，淡绿色。花小，平展，顶生，黄色，夏季开放。易遭病害，但易控制。株高2.5～5cm，冠径不定。

☼ ◇ ❄❄❄ ⓘ

Alchemilla alpina
Arctostaphylos alpina
Salix lindleyana
Satureja montana 'Prostrate White'

黄色

腋花金鱼草 ***Asarina procumbens***（*Antirrhinum asarina*）
多年生半常绿草本。茎蔓生。叶柔软，有毛。花管状，淡乳白色，具黄色萼，整个夏季开放。忌冬季潮湿。易自播繁殖。株高1～2.5cm，冠径23～30cm。

☼ ◇ ❄❄

日本罂粟 ***Papaver fauriei***
（*P. miyabeanum* of gardens）
多年生草本。寿命短。丛生。叶细裂，具毛，淡灰色，基生莲座状。花下垂，阔杯状，淡黄色，夏季开放。忌冬季潮湿。株高和冠径均为5～10cm。

☼ ◇ ❄❄❄

Alyssum montanum
Alyssum wulfenianum
Calceolaria fothergillii
Calceolaria polyrrhiza

革叶远志 ***Polygala chamaebuxus***
多年生常绿草本。基部木质化。叶小，坚硬，暗绿色。总状花序，花小，蝶状，有黄白两种颜色，有时具棕色斑点，春末和初夏开放。喜腐殖质丰富的土壤。株高5cm，冠径20cm。

黄色锐叶景天 ***Sedum acre* 'Aureum'**
多年生常绿草本。垫状密集丛生。茎枝伸展，春季和初夏茎先端黄色。叶小，肉质，黄色。花序平展头状，花小，亮黄色，夏季开放。易遭病害，但易控制。株高2.5～5cm，冠径不定。

林石草 ***Waldsteinia ternata***
(*W. trifolia*)
多年生半常绿草本。松散蔓生或垫状丛生。复叶具3小叶，叶缘具锯齿。花碟状，黄色，春末和初夏开放。喜生于堤岸。株高10cm，冠径20～30cm。

'密生'黄亚麻 ***Linum flavum* 'Compactum'**
多年生草本。灌木状。叶较窄。花多数，顶端簇生，阔漏斗状，朝上单生，亮黄色，夏季开放。喜充足的光照。防止受到冬季冷湿危害。株高和冠径均为15cm。

东方黄芩 ***Scutellaria orientalis***
多年生草本。具根茎。茎具毛，灰色，根状。叶卵形，有锯齿。穗状花序顶生，花管状，黄色，具褐紫色唇部，夏季开放。在较小的空间栽培易遭病害。株高5～10cm，冠径达23cm。

大果月见草 ***Oenothera macrocarpa*** (*O. missouriensis*)
多年生草本。植株蔓延。茎强壮。叶卵形。花阔钟状，黄色，夏季连续开放，有时花上具红色斑点，日落时开放。株高10cm，冠径40cm以上。

毛果委陵菜 ***Potentilla eriocarpa***
多年生草本。丛生。叶卵形，暗绿色，分裂成小叶。花平展，单生，淡黄色，整个夏季开放，稍高于叶丛。株高5～8cm，冠径10～15cm。

细茎蒲包花 ***Calceolaria tenella***
多年生常绿草本。植株平卧。生长旺盛。茎红色，匍匐状。叶卵形，中绿色。穗状花序小，高于叶，花囊状，黄色，具红色斑点，夏季开放。株高10cm，冠径不定。

Chamaecytisus demissus
Erigeron aureus
Erysimum helveticum, illus. p.373
Erysimum 'Moonlight'

Genista delphinensis
Helianthemum oelandicum subsp. *alpestre*
Hippocrepis comosa 'E.R. Janes'
Hypericum reptans

IRISES, illus. p.234～p.235
Jasminum parkeri
Jovibarba hirta, illus. p.388
Linum 'Gemmell's Hybrid'

Morisia monanthos, illus. p.372
Onosma stellulata
Oxalis carysantha
Oxalis lobata, illus. p.387

小型岩生植物 夏季观赏

黄色

翅茎小金雀（戟茎小金雀）
Genista sagittalis
(*Chamaespartium sagittale*)
落叶灌木。半匍匐状。茎具膜质翅。叶小，长椭圆形，暗绿色。花蝶形，黄色，紧密地簇生于枝顶，初夏开放。荚果具毛。株高8cm，冠径30cm以上。

法国金雀花 ***Cytisus ardoinoi***
(*C. ardoinii*)
落叶矮灌木。株形圆丘状。茎弓形弯曲。叶分裂为3小叶。花蝶形，鲜黄色，在叶腋处对生，春末和初夏开放。株高10cm，冠径15cm。

金黄委陵菜 ***Potentilla aurea***
多年生草本。株形浑圆。茎基部木质化。叶分裂成卵圆形，叶小，淡银灰色。花平展，单生，黄色，散生，具稍黑的眼状斑，夏末开放。株高10cm，冠径20cm。

PRIMULAS, illus. p.272～p.273
Ranunculus montanus 'Molten Gold'
Saxifraga aizoides
Trollius pumilus, illus. p.373

Viola aetolica, illus. p.371
Viola biflora
Viola 'Jackanapes', illus. p.372
Viola lutea

黄色至橙色

'金色'铜钱珍珠菜
***Lysimachia nummularia* 'Aurea'**
(Golden creeping Jenny)
多年生草本。植株匍匐状。根状茎蔓生。叶对生，圆形，淡黄色，在浓荫下变成绿黄色或绿色。花鲜黄色，生于叶腋，夏季开放。株高2.5～5cm，冠径不定。

平卧金丝桃 ***Hypericum empetrifolium* var. *prostratum*** of gardens
常绿灌木。匍匐状。枝斜展。叶亮绿色，边缘卷曲。花扁平，头状，花小，亮黄色，夏季开放。冬季需保护。株高2cm，冠径30cm。

马蹄豆 ***Hippocrepis comosa***
(Horseshoe vetch)
多年生草本。生长旺盛。根状茎匍匐。叶分裂成小叶。小型穗状花序，花黄色，开展，蝶形，夏季开放。自播繁殖，扩展迅速。株高5～8cm，冠径不定。

'沃尔特·舍林顿'蒲包花
***Calceolaria* 'Walter Shrimpton'**
多年生常绿草本。株形圆丘状。叶光滑，暗绿色。穗状花序短，花多数，囊状，古铜色至黄色，上有许多棕色斑点，具横跨中央的白色带，初夏开放。株高10cm，冠径23cm。

粉色六出花 ***Alstroemeria hookeri***
多年生草本。具块茎。叶窄。花头状，开展，排列疏松，粉红色具橙色晕，上部花瓣具红色或黄色斑点，夏季开放。株高10～15cm，冠径45～60cm。

Achillea x *lewisii* 'King Edward'
Crepis aurea, illus. p.359
Erigeron aurantiacus
Geum montanum

Helianthemum nummularium 'Amy Baring'
Hypericum cerastioides
Inula acaulis
Potentilla x *tonguei*

粉红色至蓝色

越橘叶蓼 *Persicaria vaccinii-folia*（*Polygonum vacciniifolium*）
多年生常绿草本。茎红色，木质。叶秋季变成淡红色。花深粉红色或玫瑰红色，夏末和秋季开放。株高10～15cm，冠径30cm。

倾卧白珠树 *Gaultheria procumbens*
常绿亚灌木。生长旺盛。茎匍匐状。叶卵形，革质，丛生，冬季变红色。花钟状，粉红色、白色，单生于叶腋，夏季开放。浆果猩红色。株高5～15cm，冠径不定。

‘威尔斯’马氏龙胆 *Gentiana* x *macaulayi* ‘Wells's Variety’（*G.* ‘Wellsii’）
多年生常绿草本。植株平卧。茎伸展，被叶所遮蔽。叶窄，中绿色。花喇叭状，中蓝色，夏末和秋季开放。喜湿润的土壤。株高（含花）5cm，冠径20cm。

蓝色至橙色

华丽龙胆 *Gentiana sino-ornata*
多年生常绿草本。植株铺展。叶窄。花喇叭状，深蓝色，单生于茎的顶端，秋季开放。每3年分株一次。喜湿润的土壤。株高（含花）5cm，冠径30cm。

多裂酢酱草 *Oxalis lobata*
多年生草本。丛生。具被细毛覆盖的块茎。叶中绿色，具多达5个圆形裂片。总状花序，花阔漏斗状，鲜黄色，直径1～2cm，夏末和秋季开放。株高5cm，冠径8～10cm。

红果薄柱草 *Nertera granadensis*（*N. depressa*）（Bead plant）
多年生草本。植株平铺。叶小，亮绿色，垫状丛生。花微小，绿白色，初夏开放。浆果多数，有光泽，橙色。夏季需要足够的湿度。株高1cm，冠径10cm。

OTHER RECOMMENDED PLANTS:
Arctostaphylos nevadensis
Cornus canadensis
Sedum cauticola
Sedum ewersii
Carlina acaulis, illus. p.375
Gentiana ornata
Gentiana ‘Susan Jane’
Sedum kamtschaticum
Sedum kamtschaticum ‘Variegatum’, illus. p.391
Solidago virgaurea subsp. *minuta*
Vaccinium nummularia

小型岩生植物 冬季或全年观赏

白色至红色

‘斑叶’匍枝南芥 *Arabis procurrens* ‘Variegata’

多年生常绿草本。垫状丛生。叶小，椭圆形，绿色，具乳白色斑点。花小，白色，春季和初夏开放。可退化为具普通绿色叶类型。株高2cm，冠径30cm。

‘长枝’熊果 *Arctostaphylos uva-ursi* ‘Point Reyes’

常绿灌木。植株平铺，枝条长。叶光滑。花壶状，淡粉红色至白色，顶端簇生，春末和初夏开放。浆果红色。株高10cm，冠径50cm。

顶花板凳果（富贵草）*Pachysandra terminalis*

多年生常绿草本。植株匍匐状。叶光滑，丛生于短茎顶端。穗状花序，花微小，白色，有时亮紫色，初夏开放。适宜在潮湿或干燥的地方作地被植物。株高10cm，冠径20cm。

吕地亚景天 *Sedum lydium*

多年生常绿草本。垫状丛生。茎淡红色。叶窄，肉质，通常绯红色。花小，白色，顶端簇生，花顶部平展，夏季开放。株高5cm，冠径15cm。

短毛卷绢 *Jovibarba hirta* (*Sempervivum hirtum*)

多年生常绿草本。垫状丛生。叶中绿色，常红色，具毛，排列成莲座状。花星状，淡黄色，顶端簇生，夏季开放。忌冬湿。株高8～15cm，冠径10cm。

熊果 *Arctostaphylos uva-ursi*

常绿灌木。生长缓慢。茎拱形，相互盘绕，被叶所遮蔽。叶小，卵形，亮绿色。花壶状，淡粉红色至白色，夏季开放。浆果猩红色。株高10cm，冠径50cm。

钝叶景天 *Sedum obtusatum*

多年生常绿草本。植株平铺。叶小，肥厚，肉质，夏季转为古铜色。花小，鲜黄色，向外平展，夏季开放。不喜夏季潮湿天气。株高5cm，冠径10～15cm。

‘淡紫叶’白车轴草 *Trifolium repens* ‘Purpurascens’

多年生半常绿草本。生长旺盛。通常作地被植物。叶铜绿色，叶缘亮绿色深浅有变化。花小，蝶形，白色，头状，整个夏季开放。适合于河岸或浅滩荒地种植。株高（含花）8～12cm，冠径20～30cm或更大。

OTHER RECOMMENDED PLANTS:
Ajuga reptans ‘Multicolor’, illus. p.303
Briggsia muscicola
Pachysandra terminalis ‘Variegata’
Paronychia capitata

小叶猬莓 ***Acaena microphylla***
多年生草本。植株紧凑，垫状丛生，通常常绿。叶常裂成细小的小叶，幼时淡古铜色。头状花序，小花具有带刺的暗红色苞片，夏季开放。果实具芒刺。株高5cm，冠径15cm。

白绢鲜菊 ***Raoulia hookeri*** var. ***albo-sericea***
多年生常绿草本。植株平铺。叶银灰色，丛生成小型莲座状。头状花序，具香气，被黄色绒毛，花期短暂，夏季开放。最好在高山植物温室中栽培于贫瘠、有沙砾的土壤中。忌冬湿。株高1cm，冠径25cm。

'矮生'蕨叶蒿（银雾）
***Artemisia schmidtiana* 'Nana'**
多年生草本。植株平铺。叶似蕨叶，银灰色。花黄色，锥茱状，小花辐射状，夏季开放。适生于墙上或堤岸。株高8cm，冠径20cm。

长生草（屋顶长生草）
Sempervivum tectorum (Common houseleek, Roof houseleek)
多年生常绿草本。生长旺盛。叶尖紫红色，有时深红色。花星状，红紫色，丛生于30cm高的花茎上，夏季开放。株高10～15cm，冠径20cm。

蛛丝长生草（卷绢） ***Sempervivum arachnoideum*** (Cobweb houseleek)
多年生常绿草本。垫状丛生。叶卵形，肉质，尖端红色，常覆盖一层网状白毛，丛生成莲座状。花星状，玫瑰红色，松散簇生，夏季开放。株高5～12cm，冠径10cm以上。

缘毛长生草（芳春）
Sempervivum ciliosum
多年生常绿草本。垫状丛生。叶灰绿色，具毛，莲座状。头状花序，小花星状，黄色，夏季开放。忌冬湿，最好种植于高山植物温室中。株高8～10cm，冠径10cm。

匙叶景天 ***Sedum spathulifolium***
多年生常绿草本。垫状丛生。叶肉质，绿色或银灰色，常泛古铜红色，叶丛莲座状。花小，黄色，集生成小花簇，高于叶丛，夏季开放。耐阴。株高5cm，冠径不定。

大头新火绒草 ***Leucogenes grandiceps***
多年生常绿草本。植株紧凑。茎基部木质化。叶具绒毛，银灰色，形成规则的莲座状。头状花序，花黄色，单生于具柔毛的白色苞片内，春季或初夏开放。株高和冠径均为10～15cm。

Acaena 'Blue Haze'
Acaena buchananii
Acaena novae-zelandiae
Acantholimon venustum
Ajuga reptans 'Atropurpurea', illus. p.303
Raoulia eximia
Saxifraga stolonifera 'Tricolor'
Sempervivum 'Commander Hay'
Sempervivum grandiflorum
Thymus pseudolanuginosus
Tiarella wherryi
Viola odorata

小型岩生植物 冬季或全年观赏

绿色

南方藓菊 ***Raoulia australis***
多年生常绿草本。植株平铺如毯，形成一个硬垫。叶灰绿色。花小，具绒毛，硫黄色，头状，夏季开放。株高1cm，冠径25cm。

天蓝猬莓 ***Acaena caesiiglauca***
多年生草本。地被状。植株生长旺盛。通常常绿。叶具毛，被白粉，蓝绿色，分裂成数片小叶。头状花序，小花具有带刺的褐绿色苞片，夏季开放。刺果褐红色。株高5cm，冠径75cm以上。

山长生草 ***Sempervivum montanum***
多年生常绿草本。垫状丛生。叶肉质，具毛，暗绿色，莲座状。花星状，酒红色，顶端簇生，夏季开放。易自由杂交产生变异。株高10～15cm，冠径10cm。

三叉南美芹 ***Azorella trifurcata***
(*A. nivalis*)
多年生常绿草本。植株形成致密的坚硬垫层。叶小，革质，卵形，莲座状。伞形花序，花小，多数，无花梗，黄色，夏季开放。株高10cm，冠径15cm。

欧洲细辛 ***Asarum europaeum***
(Asarabacca)
多年生常绿草本。生长旺盛。匍匐状。具根茎。叶大，肾形，革质，光滑。花小，褐色，被叶掩盖，春季开放。株高15cm，冠径不定。

曲叶漆姑草 ***Sagina boydii***
多年生常绿草本。植株形成坚硬的垫层。叶小，坚硬，绿色，丛生成小莲座状。花微小，夏季开放。种植困难。生长缓慢。株高1cm ，冠径20cm。

Acantholimon glumaceum, illus. p.377
Arctostaphylos hookeri 'Monterey Carpet'
Asarum caudatum
Asarum hartwegii
Asarum shuttleworthii
Euonymus fortunei 'Kewensis'
Homogyne alpina
Jovibarba sobolifera
Mitchella repens
Thymus 'Porlock'
Thymus serpyllum
Thymus serpyllum 'Annie Hall'
Thymus serpyllum 'Elfin'

绿色至黄色

西班牙长生草 ***Sempervivum giuseppii***
多年生常绿草本。生长旺盛。匍匐状。叶具毛，尤其在春季更多，叶先端具黑色斑点。花星状，深粉红色或红色，顶端簇生，夏季开放。株高（含花）8～10cm，冠径10cm。

☼ 💧 ❄❄❄

垫芹 ***Bolax gummifera***
多年生常绿草本。生长极缓慢。叶小，蓝绿色，丛生成整齐的莲座状，同时形成极坚硬的垫层。花小，黄色，很少开放。在多孔的石灰岩上生长较好。株高2.5cm，冠径10cm。

☼ 💧 ❄❄❄

雪白车前 ***Plantago nivalis***
多年生常绿草本。叶厚，绿色，具银白色毛，呈整齐的莲座状排列。穗状花序，花小，暗灰色，夏季开放。忌冬湿。株高2.5cm，冠径5cm。

☼ 💧 ❄❄❄

三脉藓菊 ***Raoulia haastii***
多年生常绿草本。植株低矮，呈不规则圆丘状。叶小，春季苹果绿色，秋季暗绿，冬季变为巧克力褐色。花小，具绒毛，硫黄色，头状，仅在夏季偶尔开花。株高1cm，冠径25cm。

☼ 💧 ❄❄❄

蚤缀叶指甲草 ***Paronychia kapela*** subsp. ***serpyllifolia***
多年生常绿草本。株形紧凑，垫状丛生。叶微小，银灰色。花不明显，被纸质的银白色苞片包围，夏季开放。适合用作覆盖多孔石灰岩。株高1cm，冠径20cm。

☼ 💧 ❄❄❄

Leucogenes leontopodium
Thymus x *citriodorus* 'Aureus'

黄色

'斑叶'勘察加景天 ***Sedum kamtschaticum* 'Variegatum'**
多年生半常绿草本。植株平铺。叶肉质，边缘乳白色。肉质茎上有格状纹，冬季有腋芽。花橙色或黄色，松散状顶端簇生，初秋开放。株高5～8cm，冠径20cm。

☼ 💧 ❄❄❄ ⓘ 🏆

'卡普布朗'匙叶景天 ***Sedum spathulifolium* 'Cape Blanco'**
多年生常绿草本。叶肉质，常紫色，莲座状。花小，黄色，高于叶丛，夏季开放。耐阴。株高5cm，冠径不定。

☼ 💧 ❄❄❄ ⓘ 🏆

'金叶'麝香虎耳草 ***Saxifraga exarata* subsp. *moschata* 'Cloth of Gold'**
多年生常绿草本。植株圆丘状。叶小，金黄色，莲座状，在阴凉处叶色最佳。花星状，白色，着生在细长的茎上，夏季开放。株高10～15cm，冠径15cm。

◐ 💧 ❄❄❄

球根花卉

（含鳞茎、球茎和块茎类）

鳞茎和球茎宛如贮存生命能源的小容器，只要给它适宜的土壤和环境条件，它就能在您需要的时间和地点，枝繁叶茂，鲜花怒放。尽管它们花期较短，但是您能够在花坛和盆栽中获得有把握的观赏效果，而且比绝大多数其他植物都容易栽培并可获得更好的回报。

球根花卉

球根花卉在全世界都有分布，见于多种多样的生境中，如林地、灌丛、草甸、河边、溪旁、多石的丘陵和山区。球根花卉可以开出植物界中最美丽的花朵。

什么是球根花卉

球根是指各种肥大的地下营养贮藏器官，包括鳞茎、球茎、根茎、块茎和块根。真正的鳞茎是由叶或叶基变形而成的肉质鳞片。有些种类鳞片紧密地重叠，外面包有纸质膜被，如水仙；还有一些种类鳞片外没有膜被，排列松散，如百合。球茎是短而肥大的茎基，通常外面包着纤维质或纸质的膜被，如番红花。球茎的寿命为一年，开花后生成新的球茎替代老的球茎。块茎和块根是指由茎或根变态而成的坚硬的地下部分，极少有鳞叶或膜被，见于仙客来、大丽花等。根茎是在地表或接近地表的地下延伸的变态的茎，可以是细长而坚韧的，如铃兰；也可以是肉质而肥大的，如髯毛类型的鸢尾。

只有少数球根花卉是常绿的，多数都在一个相当短的季节里生长、开花，然后地上部分枯死。它们这时被称为是休眠，但实际上远非处于静止状态，因为它们正在后熟和孕育下一年的花朵。因此，对球根花卉来说，栽培地点的选择对其连年的成功栽培至关重要。那些原产于夏季干旱气候条件下的球根花卉，在休眠期通常需要温暖、干燥的条件，以利于后熟和花的形成；而那些原产于林地或其他阴湿环境的球根花卉，则要求凉爽而略微湿润的条件。因为叶子要生产营养贮存起来供来年消耗，所以球根花卉开花后一定要保留叶子直至自然枯萎。

球根花卉设计

差不多不同立地条件的花园设计方案中都可找到球根花卉，如小型的丹佛鸢尾（*Iris danfordiae*）或黄花韭兰（*Sternbergia lutea*）可用于岩石园，地毯状的猪牙花或挺拔的大百合（*Cardiocrinum giganteum*）适宜光照斑驳的林园。

球根花卉可用来营造多种不同的花园风格。许多杂种郁金香明显直立的株形和雕塑般的花朵、大丽花精美的样式以及唐菖蒲艳丽的尖塔状花序是装点规则式花坛理想的材料。孤挺花、百合和百子莲常栽于容器中为露台增添严谨的优雅气氛，若栽于宿根花卉和月季之中同样得体。无论室内或室外，许多球根花卉盆栽都能茂盛地生长。

为了常年观赏，可将球根花卉随意配置在一年生花卉、灌木及宿根花卉的周边。在林地的环境中，铃兰和猪牙花的飘逸看起来十分自然，而草坪中装点着番红花或雀

盆栽组合
左图：把两种不同的郁金香栽植在一起可以突出两者的美丽。宜将容器置于人们可以走近欣赏的地方。

野生化的球根花卉
上图：矮草地上点缀着野生化的早花类番红花［图中为菊黄番红花（*Crocus chrysanthus*）的不同品种］，标志着春天来到了。

夏天的色彩
右图：从仲夏到初秋，多年生球茎植物‘魔鬼’雄黄兰（*Crocosmia* ‘Lucifer’）生长旺盛，具有鲜艳色彩的穗状花序增加了混植花境的高度感，并形成拱形的优美弯曲。

春天的美丽

左图：春去夏来之时，王贝母（*Fritillaria imperialis*）在低矮的晚花水仙和串铃花之上昂首绽放高大壮丽的花序。

秋日美景

下图：秋季开花的秋水仙紧挨着开猩红色花的红花水苏（*Stachys coccinea*），为这个季节上演出动人的最后一幕。

斑贝母（*Fritillaria meleagris*）完美地模拟了野生环境。

四季观赏

多数球根花卉都有一定的花期，这或许会被认为是缺点，但通过周密的计划，可以延长观赏期或提高观赏性。

初放的雪花莲（*Galanthus*）和早开的水仙标志着春天的到来，花园新的一年又开始了。多数球根花卉在春天或初夏开花，在夏季灌木和宿根花卉开花高潮到来之前给花园带来了斑斓的色彩。某些属植物相互配合，特别是水仙和郁金香，能够从春季到夏季都有花可供观赏。夏季开花的种类，如夏风信子（*Galtonia candicans*）和许多葱属植物可在花境中呈现丰富的色彩，或者将不同的形态构成巧妙的组合。夏季结束时，文珠兰属、纳丽花和番红花属的植物则正值盛花期，并可一直开到秋天。

随着秋雨的到来，园中多数植物悄然枯萎，而番红花、秋水仙、仙客来等进入了盛花期。一些球根花卉如‘云纹’美果芋（*Arum italicum* ‘Marmoratum’）或仙客来，叶片具有漂亮的大理石花纹，可以在整个冬天保持不变。这些植物和开花早的植物，如菟葵属、光滑银莲花（*Anemone blanda*）和矮生的水仙（‘二月金’水仙 *Narcissus* ‘February Gold’），在多数灌木萌芽之前为花园增添亮点。串铃花、雪百合、绵枣儿和矮生鸢尾等可在蜡瓣花、连翘、金缕梅等花灌木之下，相得益彰地开出蓝色地毯般的花朵。

许多球根花卉，特别是百合，亦具有浓郁的芳香，是与其他浓香型植物，如月季、山梅花等混合配置的理想选择。

本组所用的大小等级		
大	中	小
>60cm	23～60cm	<23cm

大型球根花卉 春季观赏

□ 白色

夏雪片莲 ***Leucojum aestivum***
(Summer snowflake)
鳞茎类花卉。叶基生，半直立，长带形。花钟状，具长柄，下垂，白色，花瓣先端绿色，生于无叶花茎上，春季开放。株高50～100cm，冠径10～12cm。

展瓣贝母 ***Fritillaria raddeana***
鳞茎类花卉。生长健壮。叶披针形，在茎下半部轮生。花序有花多达20朵，花阔圆锥形，淡黄色或黄绿色，长3～4cm，顶部有小叶形成的“冠”，春季开放。株高达1m，冠径15～23cm。

紫色至橙色

波斯贝母 ***Fritillaria persica***
鳞茎类花卉。叶窄披针形，灰绿色，沿茎生长。穗状花序，有花10～20朵以上，花窄钟状，黑紫色或褐紫色，长1.5～2cm，春季开放。株高达1.5m，冠径10cm。

曲瓣贝母 ***Fritillaria recurva***
(Scarlet fritillary)
鳞茎类花卉。叶窄披针形，轮生，灰绿色。穗状花序，有花多达10朵，花瓣窄，顶部开张，橙色或红色，具黄色条纹，春季开放。株高1m，冠径8～10cm。

黄花贝母 ***Fritillaria verticillata***
鳞茎类花卉。叶细长，轮生。穗状花序，松散，有花1～15朵，花钟状，白色，长2～4cm，具绿色或棕色条纹，春季开放。株高达1m，冠径8～10cm。

王贝母（花贝母） ***Fritillaria imperialis*** (Crown imperial)
鳞茎类花卉。叶浅绿色，有光泽，在茎上轮生。花多达5朵，阔钟状，橙色，顶端小型叶状苞片成冠状，春季开放。株高达1.5m，冠径23～30cm。

OTHER RECOMMENDED PLANTS:
Albuca canadensis
Canna iridiflora, illus. p.403
Chasmanthe aethiopica
Fritillaria imperialis ‘Lutea’
Fritillaria imperialis ‘Rubra Maxima’
Hymenocallis x *festalis*
Phaedranassa carmioli, illus. p.400

□ 白色

‘白花’鲍氏文殊兰 ***Crinum* x *powellii* ‘Album’**
鳞茎类花卉。鳞茎具长茎。叶带形，半直立。花阔漏斗状，白色，芳香，生于无叶的花茎上，夏末或秋季开放。株高1m，冠径60cm。

大副冠水鬼蕉 ***Hymenocallis* x *macrostephana***
鳞茎类花卉。常绿。叶基生，带形，半直立。花白色或乳白色到淡黄绿色，芳香，直径15～20cm，春季或夏季开放。株高80cm，冠径30～45cm。耐最低温度15℃。

素花凤梨百合 ***Eucomis pallidiflora*** (Giant pineapple flower, Giant pineapple lily)
鳞茎类花卉。叶剑形，叶缘波状皱褶，半直立，基生。穗状花序密集，花星状，淡绿白色，具叶状苞片，丛生或冠生，夏季开放。株高75cm，冠径30～60cm。

‘绿仙女’马蹄莲 ***Zantedeschia aethiopica* ‘Green Goddess’**
块茎类花卉。植株生长非常健壮。叶箭形，半直立，基生，深绿色。花具绿色佛焰苞，并且每个佛焰苞中部具白色区域，白区中间有大块绿斑，夏季开放。株高45～100cm，冠径45～60cm。

夏风信子 ***Galtonia candicans*** (Summer hyacinth)
鳞茎类花卉。叶基生，宽带形，肉质，半直立，灰绿色。穗状花序，有花多达30朵，花下垂，具短管，白色，夏末或秋季开放。株高1～1.2m，冠径18～23cm。

‘克罗伯勒’马蹄莲 ***Zantedeschia aethiopica* ‘Crowborough’**
块茎类花卉。叶箭形，基生，半直立，深绿色。花似海芋属的花，有白色的佛焰苞，每个佛焰苞内有一个黄色的肉穗花序，初夏至仲夏开放。株高45～100cm，冠径35～45cm。

克美莲 ***Camassia leichtlinii***
鳞茎类花卉。植株丛生。叶基生，狭长，直立。穗状花序密集，生于无叶的花茎上，花星状，浅蓝紫色或白色，花瓣6片，直径4～8cm，夏季开放。株高1～1.5m，冠径20～30cm。

‘半重瓣’克美莲 ***Camassia leichtlinii* ‘Semiplena’**
鳞茎类花卉。植株丛生。叶基生，狭长，花直立。穗状花序密集，生于无叶的花茎上，花瓣窄，重瓣，乳白色，直径4～8cm，夏季开放。株高1～1.5m，冠径20～30cm。

OTHER RECOMMENDED PLANTS:
Camassia quamash
Cardiocrinum giganteum, illus. p.398
Chlorogalum pomeridianum
DAHLIAS, illus. p.406～p.407
GLADIOLI, illus. p.399
LILIES, illus. p.404～p.405
Polianthes tuberosa
Nomocharis saluenensis

大型球根花卉 夏季观赏

白色至粉红色

长颈文殊兰 ***Crinum moorei***
鳞茎类花卉。鳞茎具长颈，高达1m。叶带形，半直立，灰绿色，在茎顶端丛生。花阔漏斗状，具长管，白色至深粉红色，生于无叶花茎上，夏季开放。株高50～70cm，冠径60cm。

保加利亚蜜腺韭 ***Nectaroscordum siculum*** **subsp.** ***bulgaricum*** (*N. dioscoridis*)
鳞茎类花卉。花钟状，下垂，白色、紫红色或绿色，春末至初夏开放。在结种子后，花梗向上弯曲，使干燥果直立。株高1.2m，冠径30～45cm。

大百合 ***Cardiocrinum giganteum*** (Giant lily)
鳞茎类花卉。植株强壮。长穗状花序，花芳香，微下垂，乳白色，内具紫红色条纹，长15cm，夏季开放。蒴果褐色。株高3m，冠径75～110cm。

凤梨百合 ***Eucomis comosa***
鳞茎类花卉。植株丛生。叶带形，边缘波状，背面有紫色斑点。茎具紫色斑点。穗状花序，花白色或绿白色，有时淡粉红色，子房紫色。株高达70cm，冠径30～60cm。

豹子花 ***Nomocharis pardanthina*** (*N. mairei*)
鳞茎类花卉。叶披针形，轮生。花多达15朵，朝外开放，白色或淡粉红色，有紫色斑点和暗紫色眼状斑，夏季开放。株高1m，冠径12～15cm。

鲍氏文殊兰 ***Crinum* x *powellii***
鳞茎类花卉。鳞茎具长颈。叶带形，半直立。花芳香，阔漏斗状，粉红色，着生于无叶的花茎上。夏末至秋季开放。株高1m，冠径60cm。

Crinum bulbispermum
DAHLIAS, illus. p.406～p.407
GLADIOLI, illus. p.399
LILIES, illus. p.404～p.405

唐菖蒲

杂交唐菖蒲具有优美的花朵，可用于花园装饰、插花及展览。唐菖蒲属（*Gladiolus*）花卉可分成大花群（Grandiflorus Group）、报春花群(Primulinus Group)和矮生群(Nanus Group)三类。大花群花序长，花排列密集，根据花序最下面花的直径，又可分为微型、小型、中型、大型及巨大型。报春花群和矮生群的花序松散，花小。（参见本书植物词典部分）。

'冰帽' 唐菖蒲（大型）
G. 'Ice Cap'

'白冰' 唐菖蒲（中型）
G. 'White Ice'

'新娘' 唐菖蒲（矮生群）
G. 'The Bride' ♀

'哈雷' 唐菖蒲（矮生群）
G. 'Halley'

'艾曼达·麦赫' 唐菖蒲（矮生群）*G.* 'Anna Leorah'

'超级玫瑰' 唐菖蒲（巨大型）
G. 'Rose Supreme'

'美洲小姐' 唐菖蒲（中型）
G. 'Miss America'

'印加皇后' 唐菖蒲（大型）
G. 'Inca Queen'

'安娜.丽奥拉' 唐菖蒲（大型）
G. 'Anna Leorah'

'美人' 唐菖蒲（中型）
G. 'Pulchritude'

'咪咪' 唐菖蒲（小型）
G. 'Mi Mi'

'粉红女士' 唐菖蒲（大型）
G. 'Pink Lady'

'戏剧' 唐菖蒲（大型）
G. 'Drama'

'黑鞭' 唐菖蒲（小型）
G. 'Black Lash'

'维克多·鲍格' 唐菖蒲（大型）*G.* 'Victor Borge'

'沃克吕斯' 唐菖蒲（巨大型）
G. 'Vaucluse'

'星团' 唐菖蒲（微型）
G. 'Stardust'

'旋律' 唐菖蒲（小型）
G. 'Melodie'

'绿啄木鸟' 唐菖蒲（中型）
G. 'Green Woodpecker' ♀

'宝贝' 唐菖蒲（中型）
G. 'Tesoro'

'彼德·皮尔斯' 唐菖蒲（大型）*G.* 'Peter Pears'

'艾斯塔丽' 唐菖蒲（巨大型）
G. 'Esta Bonita'

'娇小爱人' 唐菖蒲（报春花群）*G.* 'Little Darling'

大型球根花卉 夏季观赏

粉红色至红色

钟花假百合 ***Notholirion campanulatum***
鳞茎类花卉。叶狭长，基部丛生。穗状花序，有花10～40朵，花漏斗状，下垂，长4～5cm，花瓣深玫瑰紫色，尖端绿色，生于有叶的花茎上，初夏开放。株高1m，冠径8～10cm。

◐ ◇ ❄❄

锥穗沃森花 ***Watsonia borbonica***
球茎类花卉。植株非常健壮。叶狭窄，剑形，生于基部和茎上。穗状花序具分枝，小花排列松散，粉红色，花瓣6裂，裂片向外翻，先端尖，玫瑰红色，初夏开放。株高1～1.5m，冠径45～60cm。

☼ ◇ ❄

艳丽漏斗花 ***Dierama pulcherrimum***
球茎类花卉。植株直立。叶长，狭条形，常绿。花茎硬而细，拱形，姿态高雅，花漏斗状，深粉红色，夏季开放。喜深厚、肥沃的土壤。株高1.5m，冠径30cm。

☼ ◆ ❄❄

橙红沃森花 ***Watsonia pillansii***
(*W. beatricis*)
球茎类花卉。叶长，基生和茎生，剑形，直立。穗状花序密集，有分枝，花管状，橘红色，长6～8cm，具有6个短裂片，夏季开放。株高1m，冠径30～45cm。

☼ ◇ ❄

地中海唐菖蒲 ***Gladiolus italicus***
(*G. segetum*)
球茎类花卉。叶基生，直立，剑形，排成扇形。穗状花序，花多达20朵，排列松散，花淡粉紫色，长4～5cm，初夏开放。株高1m，冠径10～15cm。

☼ ◇ ❄❄

拜占庭唐菖蒲 ***Gladiolus communis*** subsp. ***byzantinus***
(*G. byzantinus*)
球茎类花卉。叶基生，直立，剑形，排成扇形。穗状花序密集，有花多达20朵，深紫红色或粉紫色，长4～6cm，初夏开放。株高70cm，冠径10～15cm。

☼ ◇ ❄❄ 🏆

佳美后喜花 ***Phaedranassa carmioli***
鳞茎类花卉。叶直立，椭圆形或披针形，基生。花序有花6～10朵，花下垂，粉红色，基部绿色，边缘黄色，每个花的顶端有绿色裂片，春季和夏季开放。株高50～70cm，冠径30～45cm。

☼ ◇ ❄

‘玛格丽特’六出花 ***Alstroemeria* MARGARET (‘Stacova’)**
块茎类花卉。叶狭披针形，扭曲，亮绿色。花漏斗状，开展，深红色，着生于粗壮的有叶花茎上，仲夏或夏末开放。株高1m，冠径60～100cm。

☼ ◇ ❄❄ ⓘ

x *Amarcrinum memoria-corsii*, illus. p.408
DAHLIAS, illus. p.406～p.407
LILIES, illus. p.404～p.405
Watsonia meriananiae

红色

龙芋　*Dracunculus vulgaris*
(*Arum dracunculus*)
(Dragon's arum)
块茎类花卉。茎粗大，具斑点。叶顶生，先端深裂。佛焰包褐紫色，肉穗花序黑褐色，伸出佛焰包外，长35cm，春季和夏季开放。株高1m，冠径45～60cm。

'罗氏'嘉兰　*Gloriosa superba* 'Rothschildiana' (Glory lily)
块茎类花卉。落叶。以卷须攀缘。花大，生于茎上部的叶腋，具6个反卷的红色花瓣，花瓣扇贝形，边缘黄色，夏季开放。株高2m，冠径30～45cm。耐最低温度 8 ℃。

'布城之光'雄黄兰
***Crocosmia* 'Bressingham Blaze'**
球茎类花卉。植株丛生。叶基生，剑形，直立，具皱褶。花茎有分枝，花阔漏斗状，火红色，夏末开放。株高75cm，冠径15～20cm。

绿色至紫色

凯氏虎耳兰　*Scadoxus multiflorus* subsp. *katherinae* (*Haemanthus katherinae*)　(Blood flower)
鳞茎类花卉。植株健壮，丛生。叶披针形，边缘波状。伞形花序，花多达200朵，红色，夏季开放。株高1.2m，冠径30～45cm。耐最低温度10℃。

'魔鬼'雄黄兰　*Crocosmia* 'Lucifer'
球茎类花卉。植株健壮。丛生。叶基生，剑形，直立，亮绿色。穗状花序密集，具分枝，花漏斗状，深红色，仲夏开放。株高1m，冠径20～25cm。

'袭人'美人蕉　*Canna* 'Assaut'
(*C.* 'Assault')
根茎类花卉。茎粗大。叶宽大，紫绿色。穗状花序，花猩红色，被紫色苞片包围，夏季开放。株高1.2m，冠径45～60cm。

马氏雄黄兰　*Crocosmia masoniorum*
球茎类花卉。植株健壮，丛生。叶基生，直立，深绿色，具纵向皱褶。茎直立，具分枝。花橘红色，生于花茎上部水平处，夏秋季开放。株高1.5m，冠径30～45cm。

粗茎葱　*Allium stipitatum*
鳞茎类花卉。茎粗壮。叶带形，半直立，基生。伞形花序球状，直径8～12cm，由50朵以上小花组成，小花星状，淡粉紫色，夏季开放。株高1～1.5m，冠径15～20cm。

俯垂漏斗花　*Dierama pendulum*
(*D. ensifolium*)
(Angel's fishing rod)
球茎类花卉。植株丛生。叶基生，弯曲。总状花序下垂，小花钟状，排列松散，淡粉紫色，长2.5cm，夏末开放。株高1.5m，冠径15～20cm。

Canna 'Lucifer'
Chasmanthe aethiopica
Chasmanthe floribunda
DAHLIAS, illus. p.406～p.407

Dichelostemma ida-maia
GLADIOLI, illus. p.399
LILIES, illus. p.404～p.405
Scadoxus multiflorus

Watsonia fourcadei

DAHLIAS, illus. p.406～p.407

大型球根花卉 夏季观赏

紫色至蓝色

大花葱（绣球葱） ***Allium giganteum***
鳞茎类花卉。植株健壮。叶长而宽，基生，半直立。茎粗壮。伞形花序球状，密集，有花50朵以上，直径12cm，花星状，紫色，夏季开放。株高2m，冠径30～35cm。

荷兰韭 ***Allium* x *hollandicum***
(*A. aflatunense* of gardens)
鳞茎类花卉。叶中绿色，基生，开花时干枯。伞形花序球状，密集，花多数，直径10cm，花星状，淡紫色至粉红色，夏季开放。株高1m，冠径10cm。

缩口丽韭 ***Dichelostemma congestum*** (*Brodiaea congesta*)
鳞茎类花卉。叶基生，半直立，开花时逐渐枯死。花漏斗状，密集成头状，紫色，长1.5～2cm，初夏开放。株高1m，冠径8～10cm。

聚穗蓝星花 ***Aristea major***
(*A. thyrsiflora*)
根茎类花卉。植株常绿，丛生，生长茂盛。叶剑形，直立，宽达2.5cm。穗状花序密集，花蓝紫色，花梗短，夏季开放。株高达1m，冠径45～60cm。

蓝马蝶花 ***Neomarica caerulea***
根茎类花卉。叶剑形，半直立，在基部呈扇形排列。每茎均具1叶状苞片，花似鸢尾花，蓝色，中部具白色、黄色和褐色相间的斑纹，夏季开放。株高1m，冠径1～1.5m。耐最低温度10℃。

绿色至黄色

褐斑离被鸢尾 ***Dietes bicolor***
根茎类花卉。植株常绿，丛生。叶狭长，基生，直立，坚硬。茎有分枝。花平展，似鸢尾花，淡黄色至中黄色，每个大型花瓣上均有褐色斑块，夏季开放。株高达1m，冠径30～60cm。

绿花夏风信子 ***Galtonia viridiflora***
鳞茎类花卉。植株丛生。叶基生，宽带形，半直立，肉质，灰绿色。穗状花序由多达30个小花组成，生于无叶花茎上，小花下垂，漏斗状，具短管，淡绿色，夏季开放。株高1～1.2m，冠径18～23cm。

长须南星 ***Arisaema consanguineum***
块茎类花卉。茎粗壮，有斑点。叶直立，伞形，小叶窄。佛焰包绿色，有紫色白色相间或白色条纹，长15～20cm，夏季开放。浆果，鲜红色。株高1m，冠径30～45cm。

吉德拉尔贝母 ***Fritillaria chitralensis***
鳞茎类花卉。叶卵圆形，中绿色到淡绿色。伞形花序开展，由4～5朵小花组成，小花圆锥形，下垂，鲜黄色，与壮丽贝母（*F. imperialis*）相似，春季至初夏开放。株高50～80cm，冠径10cm。

多枝肖鸢尾 ***Moraea ramosissima***
球茎类花卉。叶基生，多数，半直立，窄线形，具纵沟。花着生于多分枝茎上，黄色，内轮花瓣上有深黄色的斑点，春末至初夏开放。株高50～120cm，冠径10cm。

黄花马蹄莲 ***Zantedeschia elliottiana*** (Golden arum lily)
块茎类花卉。叶基生，心形，半直立，具有透明斑点。佛焰包黄色，长15cm，内具黄色肉穗花序，夏季开放。株高60～100cm，冠径45～60cm。耐最低温度10℃。

Allium caeruleum, illus. p.422
Arisaema tortuosum
Camassia quamash
DAHLIAS, illus. p.406～p.407
GLADIOLI, illus. p.399
IRISES, illus. p.234～p.235
Bowiea volubilis, illus. p.460
Stenanthium gramineum

黄色至橙色

‘金羊毛’雄黄兰 ***Crocosmia* ‘Golden Fleece’**（*C.* ‘Citronella’ of gardens）
球茎类花卉。植株丛生。叶基生，剑形，直立，灰绿色。花漏斗状，金黄色，夏末开放。株高60～75cm，冠径15～20cm。

哈氏肖鸢尾 ***Moraea huttonii***
球茎类花卉。叶基生，狭长，半直立。花似鸢尾花，黄色，中心具褐色斑点，直径5～7cm，花茎粗壮，夏季开放。株高75～100cm，冠径15～25cm。

‘东方之星’雄黄兰 ***Crocosmia* ‘Star of the East’**
球茎类花卉。叶基生，剑形，直立，中绿色。花漏斗状，平展，橙色，中心为淡橙色，着生于分枝茎上，夏末开放。株高70cm，冠径8cm。

Alstroemeria ‘Walter Fleming’
DAHLIAS, illus. p.406～p.407
GLADIOLI, illus. p.399
Gladiolus papilio, illus. p.408

Gloriosa superba
Moraea spathulata

橙色

黄六出花 ***Alstroemeria aurea***
（*A. aurantiaca*）
块茎类花卉。叶狭窄，披针形，扭曲。花序松散，花橙色，先端绿色且具暗红色的条纹，夏季开放。株高1m，冠径60～100cm。

攀百合 ***Littonia modesta***
块茎类花卉。攀缘。茎细长。叶披针形，顶端具卷须。花生于叶腋，下垂，钟状，橙色，直径4～5cm，夏季开放。株高1～2m，冠径10～15cm。耐最低温度16℃。

垂花美人蕉 ***Canna iridiflora***
根茎类花卉。植株健壮。叶阔椭圆形。穗状花序，小花下垂，长管状，粉红色或橙色，长10～15cm，花瓣反曲，春季或夏季开放。株高3m，冠径45～60cm。

Belamcanda chinensis
Canna ‘Orange Perfection’
Crocosmia aurea
Crocosmia paniculata

DAHLIAS, illus. p.406～p.407
GLADIOLI, illus. p.399

百合

百合属（*Lilium*）的原种和品种别具风韵，可为夏季的花境增添雅致的气氛。美丽诱人的百合花千姿百态，有些花下垂，有些则直立或呈喇叭状，还有的花瓣反卷，形状别致，通常一个花茎上有几朵花。尽管个别种类气味难闻，但多数有独特的浓烈香味。栽培最广泛的是杂交种，有多种美丽的花色可供选择，如白色、粉红色、红色以及浓重的黄色和橙色，但有些原种被忽视，其实是可以利用的。百合的花上常有深色或明显的美丽斑点，或有显著的雄蕊或花粉。在光照充足和排水良好的土壤条件下百合生长茂盛，一旦栽植成活，最好不要移植，因其鳞茎容易受伤。

'蒙特布兰克'百合
***L.* 'Mont Blanc'**

'北布诺恩'百合
***L.* 'Bronwen North'**

'追星'百合
***L.* 'Star Gazer'**

'纯星'百合
***L.* 'Sterling Star'**

欧洲百合 *L. martagon*

'卡萨布兰卡'百合
***L.* 'Casa Blanca'** ♀

白花欧洲百合
L. martagon* var. *album ♀

'亮星'百合
***L.* 'Bright Star'**

红点百合
L. rubellum

'天空'百合
***L.* 'Côte d'Azur'**

白花百合
L. candidum ♀

奥林匹克杂交百合
***L.* Olympic Hybrids**

帝王金黄群百合
***L.* Imperial Gold Group**

曼尼浦耳百合
L. mackliniae ♀

'留连'百合
***L.* 'Journey's End'**

'黑魔'百合
***L.* 'Black Magic'**

'花束'百合
***L.* 'Corsage'**

'蒙特勒'百合
***L.* 'Montreux'**

麝香百合
L. longiflorum ♀

宝兴百合
L. duchartrei

'魔力粉'百合
***L.* 'Magic Pink'**

红花美丽百合
L. speciosum* var. *rubrum

金斑百合
L.* x *dalhansonii

岷江百合
L. regale ♀

宽叶天香百合
L. auratum* var. *platyphyllum ♀

'北安杰拉'百合
***L.* 'Angela North'**

'黑丽' 百合
L. 'Black Beauty'

紫斑百合
L. nepalense

'北罗斯马里' 百合
L. 'Rosemary North' ♀

'金琥珀' 百合
L. 'Amber Gold'

华丽卷丹
L. lancifolium var. *splendens*

青岛百合
L. tsingtauense

'鲍斯·莱昂' 百合
L. 'Lady Bowes Lyon'

金色华丽群百合
L. Golden Splendor Group

竹叶百合
L. hansonii ♀

'刷斑' 百合
L. 'Brushmarks'

'北卡伦' 百合
L. 'Karen North' ♀

加拿大百合
L. canadense

橙黄珠芽百合 *L. bulbiferum* var. *croceum* ♀

红百合
L. pyrenaicum var. *rubrum*

'罗马' 百合
L. 'Roma'

高加索百合
L. monadelphum ♀

'太阳神' 百合
L. 'Apollo'

金色喇叭群百合
L. Golden Clarion Group

'命运' 百合
L. 'Destiny'

比利牛斯百合
L. pyrenaicum ♀

'魅力' 百合
L. 'Enchantment' ♀

'和谐' 百合
L. 'Harmony'

卡尔西登百合
L. chalcedonicum ♀

'康涅迪克王' 百合
L. 'Connecticut King'

沼泽百合
L. superbum ♀

弓茎川百合
L. davidii var. *willmottiae*

豹斑百合 *L. pardalinum*

轮叶百合
L. medeoloides

大丽花

各种各样适合花境栽种的杂种大丽花给园艺师提供了迷人的色彩和多变的形态，而且它们的栽培和繁殖并不需要特殊的技能。其花色从深红色、鲜红色、紫色、淡紫色、亮粉红色到白色、杏黄色、橙色、青铜色和鲜亮的猩红色。花朵大小从直径5.2cm的小绒球类型到直径大于25.4cm的巨大的展览类型都有。

大丽花属（*Dahlia*）植物是优良的切花种类，在整个夏季都繁花似锦，一直延续到初霜时期。在适宜的条件下，大丽花单株产花量可达100朵。各种类群以不同花型为基础（如下面所示）来划分：

单瓣型

(Single)：每朵花通常有8～10个宽花瓣，中心有一显露的花盘。

托桂型（银莲花型）

(Anemone)：重瓣，有一轮或多轮扁平的边花，管状花瓣短，位于中心，密集。管状花通常比单瓣型花中的心花瓣长。

领饰型

(Collerette)：单瓣，外部花瓣宽，通常8～10个；内部花瓣较小，“衣领”状，中心有一显露的花盘。

睡莲型

(Water-lily)：重瓣，边花瓣大，一般较稀疏，平展或者边缘稍内卷或反卷，使花朵外观扁平。

装饰型

(Decorative)：重瓣，花瓣宽而平展，通常向茎的方向反折，边缘稍内卷。

球型

(Ball)：重瓣，花朵平展至球形，花瓣排列密集，近管状。

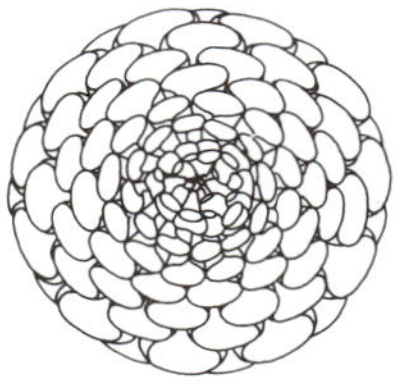

绒球型

(Pompon)：重瓣，花朵平展至球形，直径不超过5.2cm，比球型的花小。

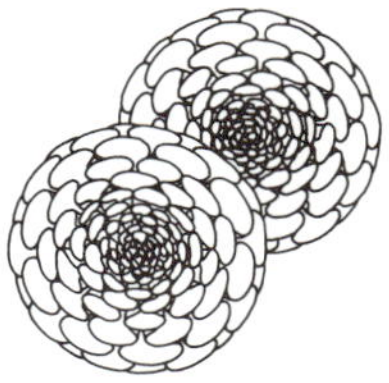

仙人掌型

(Cactus)：重瓣，花瓣窄，顶端尖，直或向内弯，边缘反卷达花瓣长度的2／3以上。

半仙人掌型

(Semicac-tus)：重瓣，与仙人掌型相似，但花瓣基部较宽，花瓣边缘反卷通常达顶端。

混杂型

(Miscellaneous)：指其他各种未分类的花型，包括兰花状的(如右图)、单瓣和重瓣类型的。

‘隆达’大丽花（绒球型）
D. ‘Rhonda’

‘快乐公主’大丽花（装饰型）
D. ‘Gay Princess’

‘维基·克鲁克费尔德’大丽花（睡莲型）
D. ‘Vicky Crutchfield’

‘密翁’大丽花（绒球型）
D. ‘Mi Wong’

‘海城珍珠’大丽花（睡莲型）
D. ‘Pearl of Heemstede’ ♀

‘庞蒂亚克’大丽花（仙人掌型）
D. ‘Pontiac’

‘诺琳’大丽花（绒球型）
D. ‘Noreen’

‘迷人’大丽花（混杂型）
D. ‘Fascination’ ♀

‘粉红象征’大丽花（半仙人掌型）*D.* ‘Pink Symbol’

‘粉红雪莉’大丽花（仙人掌型）
D. ‘Pink Shirley Alliance’

‘白阿尔瓦’大丽花（装饰型）
D. ‘White Alva’s’ ♀

‘白色芭蕾’大丽花（睡莲型）
D. ‘White Ballet’ ♀

‘复活节礼拜日’大丽花（领饰型）
D. ‘Easter Sunday’

‘白色科兰斯特德’大丽花（仙人掌型）
D. ‘White Klankstad’

‘小世界’大丽花（绒球型）
D. ‘Small World’

‘伍顿爱神’大丽花（球型）
D. ‘Wootton Cupid’ ♀

‘海勒·简’大丽花
(半仙人掌型)
D. ‘Hayley Jayne’

‘粉红丘比特’大丽花(半仙人掌型)
D. ‘Pink Jupiter’

‘淡紫阿瑟利’大丽花
(仙人掌型) *D.* ‘Lavender Athalie’

‘雄狐’大丽花(装饰型)
D. ‘Zorro’♀

‘彗星’大丽花(银莲花型)
D. ‘Comet’

‘兰德弗主教’大丽花(混杂型)
D. ‘Bishop of Llandaff’♀

‘希尔克雷斯特极品’大丽花(仙人掌型)
D. ‘Hillcrest Royal’♀

‘沼泽地’大丽花(绒球型)
D. ‘Moor Place’

‘哈迈里·凯特纳’大丽花
(半仙人掌型)
D. ‘Hamari Katrina’

‘黄锤’大丽花(单瓣型)
D. ‘Yellow Hammer’

‘明月’大丽花(领饰型)
D. ‘Clair de Lune’♀

‘黄脂球’大丽花(装饰型)
D. ‘Butterball’♀

‘马克·哈德威克’大丽花
(装饰型)
D. ‘Mark Hardwick’

‘达文波特阳光’大丽花
(半仙人掌型)
D. ‘Davenport Sunlight’

‘万达鹡鸟’大丽花(装饰型)
D. ‘Wanda’s Capella’

‘珍妮特·卡特’大丽花(装饰型) *D.* ‘Jeanette Carter’♀

‘伍顿之光’大丽花
(半仙人掌型)
D. ‘Wootton Impact’♀

‘东方盎格鲁’大丽花(装饰型)
D. ‘East Anglian’

‘格雷里多·帕斯特’大丽花
(半仙人掌型)
D. ‘Grenidor Pastelle’

‘耶诺火光’大丽花(睡莲型)
D. ‘Yelno Firelight’

‘哈迈里金’大丽花(装饰型)
D. ‘Hamari Gold’♀

‘娇美’大丽花(半仙人掌型)
D. ‘So Dainty’♀

‘杰斯科特·朱莉’大丽花
(混杂型) *D.* ‘Jescot Julie’

‘吉姆·布拉尼盖’大丽花
(半仙人掌型)
D. ‘Jim Branigan’

‘普瑞斯顿公园’大丽花
(单瓣型) *D.* ‘Preston Park’♀

‘威尔士·隆达’大丽花
(绒球型)
D. ‘Whale’s Rhonda’

‘凯姆伯瑞佐’大丽花
(领饰型)
D. ‘Chimborazo’

‘哈迈里和谐’大丽花(半仙人掌型)
D. ‘Hamari Accord’♀

‘啤酒色’大丽花(半仙人掌型)
D. ‘Shandy’

‘凯斯琳爱神’大丽花(球型)
D. ‘Kathryn’s Cupid’♀

‘雪莉’大丽花(仙人掌型)
D. ‘Shirley Alliance’

‘贝顿海姆夕阳’大丽花
(装饰型)
D. ‘Biddenham Sunset’

大型球根花卉 秋季观赏

白色至紫色

‘爱神’孤挺花 ***Amaryllis belladonna* ‘Hathor’**

鳞茎类花卉。茎粗壮，紫色。叶基生，条带形，半直立，在冬末或春季抽叶。花芳香，纯白色，长10cm，喉部黄色，秋季开放。株高50～80cm，冠径30～45cm。

孤君兰 **x *Amarcrinum memoria-corsii*** (x *A. howardii*，x *Crinodonna corsii*)

鳞茎类花卉。常绿，丛生。茎粗壮。叶基生，较宽，先花后叶。花芳香，玫瑰粉色，花枝松散，夏末和秋季开放。株高和冠径均为1m。

孤挺花 ***Amaryllis belladonna*** (Belladonna lily)

鳞茎类花卉。茎粗壮，紫色。叶基生，条形，半直立，先花后叶。花芳香，漏斗状，粉红色，长10cm，秋季开放。株高50～80cm，冠径30～45cm。

孤盏花 **x *Amarygia parkeri*** (x *Brunsdonna parkeri*)

鳞茎类花卉。茎粗壮。叶基生，条带形，半直立，先花后叶。花序大，花漏斗状，深玫瑰红色，喉部黄色和白色，初秋开放。株高1m，冠径60～100cm。

花脸唐菖蒲 ***Gladiolus papilio*** (*G. purpureoauratus*)

球茎类花卉。丛生。具匍匐茎。花多达10朵，黄色或白色，花瓣上弥散有紫罗兰色，上面花瓣盔状，下面花瓣具有暗黄色斑块，夏季或秋季开放。株高1m，冠径15cm。

OTHER RECOMMENDED PLANTS:
Crinum macowanii
Crinum x *powellii*, illus. p.398
Crinum x *powellii* 'Album', illus. p.397
Crocosmia masoniorum, illus. p.401
Galtonia candicans, illus. p.397
Urginea maritima
Worsleya rayneri

中型球根花卉 春季观赏

白色

俄勒冈猪牙花 ***Erythronium oregonum***

块茎类花卉。丛生。叶2片，基生，半直立，有斑点。花3朵，下垂，白色，具黄色的眼状斑，中心附近常有褐色的环，开放时，花瓣反卷，春季开放。短匍枝增殖迅速。株高35cm，冠径12cm。

纸花葱 ***Allium neapolitanum*** (*A. cowanii*)

鳞茎类花卉。叶窄，半直立，着生在花茎的下部。每个花茎顶生一伞房花序，直径5～10cm，小花多达40朵，白色，春季开放。株高20～50cm，冠径10～12cm。

挺拔仙灯 ***Calochortus venustus***

鳞茎类花卉。叶1～2片，较窄，直立，着生于分枝茎的基部。花1～4朵，白色、黄色、紫色或红色，花瓣大，花瓣有一暗红色具黄色边缘的斑，春末开放。株高20～60cm，冠径5～10cm。

OTHER RECOMMENDED PLANTS:
Crinum asiaticum, illus. p.419
DAFFODILS, illus. p.416～p.418
Freesia 'White Swan'
Hippeastrum 'White Dazzler'
Hymenocallis narcissiflora, illus. p.420
Leucojum aestivum, illus. p.396
Ornithogalum umbellatum

□ 白色

‘白美人’加州猪牙花 *Erythronium californicum* ‘White Beauty’
块茎类花卉。植株丛生。生长旺盛。叶基生，有斑驳纹。穗状花序，小花排列疏散，1～10朵，白色，花瓣反卷，近中心处有一个棕色环，春季开放。植株扩展速度快。株高20～30cm，冠径10～12cm。

白花仙灯 *Calochortus albus*
(Fairy lantern, Globe lily)
鳞茎类花卉。叶狭长，直立，灰绿色，着生于稀疏分枝茎的基部。每个分枝上花朵下垂，球状，白色或粉红色，春季开放。株高20～50cm，冠径5～10cm。

鳌瓣花 *Pamianthe peruviana*
鳞茎类花卉。常绿。鳞茎有茎状颈部。叶半直立，先端下垂。花序有花2～4朵，芳香，白色，钟状，花瓣6片，开展，春季开放。株高50cm，冠径45～60cm。耐最低温度12℃。

粉红色

汉德逊猪牙花 *Erythronium hendersonii*
块茎类花卉。基生叶2片，半直立，具棕色和绿色斑纹。花淡紫色或紫红色，多达10朵，花瓣反卷，中心具深紫色眼状斑，春季开放。株高20～30cm，冠径10～12cm。

单叶葱 *Allium unifolium*
鳞茎类花卉。叶1片，基生，半直立，灰绿色。伞形花序圆顶形，生于花茎顶端，直径5cm，由多达30朵小花组成，小花紫红色，春末开放。株高30cm，冠径8～10cm。

Erythronium revolutum
Freesia corymbosa
Hippeastrum ‘Apple Blossom’, illus. p.425
Hippeastrum ‘Bouquet’
Rhodophiala advena, illus. p.421

郁金香

郁金香属（*Tulipa*）植物适宜种植的范围广泛，在岩石园和规则式花坛中极佳，作高雅切花和盆栽也表现优良。郁金香花形豪放，轮廓清晰且直立向上，色彩常鲜艳浓烈，除了现在常见的多种杂种郁金香之外，还有许多原种也值得广泛栽培。郁金香可分为15类，描述如下：

第1类 单瓣早花群（Single early）：花杯状，单瓣，在阳光下花形开张，初春到仲春开放。

第2类 重瓣早花群（Double early）：花重瓣，花期长，花形开张，初春到仲春开放。

第3类 特瑞安福群（凯旋群）（Triumph）：花茎粗壮，花近圆锥形，单瓣，后渐为较圆，仲春至暮春开放。

第4类 达尔文杂种群（Darwin hybrids）：花茎粗壮，花大，单瓣，仲春至暮春开放。

第5类 单瓣晚花群（Single late）：花单瓣，花形多样，但花瓣常具尖，暮春和初夏刚刚来临时开放。

第6类 百合花型群（Lily flowered）：花茎粗壮，花腰部狭窄，花单瓣，花瓣长，具尖，常反折，暮春开放。

第7类 流苏花群（Fringed）：花类似于百合花型群，不同之处是花瓣流苏状。

第8类 绿花群（Viridiflora）：花单瓣，形态多样，花瓣一部分呈淡绿色，暮春开放。

第9类 伦布朗群（Rembrandt）：花类似于百合花型群，但花瓣上具有由病毒所致的条纹或羽毛状，暮春开放。

第10类 鹦鹉群（Parrot）：花大，形态多样，单瓣，花瓣具饰边或流苏，常扭曲，暮春开放。

第11类 重瓣晚花群（牡丹花型群）（Double late）（peony-flowered）：花通常为碗状，重瓣，暮春开放。

第12类 考夫曼杂种群（Kaufmanniana hybrids）：花单瓣，通常双色，在阳光下花形开展平伸，初春开放。叶常有斑点或条纹。

第13类 福斯特杂种群（Fosteriana hybrids）：花大，单瓣，在阳光下花形开张，初春至仲春开放。叶常具斑点或条纹。

第14类 格里吉杂种群（Greigii hybrids）：花大，单瓣，仲春和暮春开放。叶具条纹或斑点，边缘常波状。

第15类 其他类群（Miscellaneous）：其他种及其品种和杂交种，春季和初夏开放。

土耳其郁金香
(其他类群)
T. turkestanica ① 🏆

‘月亮神’郁金香
(单瓣早花群)
T. ‘Diana’ ①

‘天使’郁金香
(重瓣晚花群)
T. ‘Angélique’ ①

‘堂吉诃德’郁金香
(特瑞安福群)
T. ‘Don Quichotte’ ① 🏆

‘纯洁’郁金香
(福斯特杂种群)
T. ‘Purissima’ ①

‘格陵兰’郁金香
(绿花群)
T. ‘Groenland’ ①

岩生郁金香
(其他类群)
T. saxatilis ①

‘流行波尔卡’郁金香
(特瑞安福群)
T. ‘Page Polka’ ①

‘春绿’郁金香
(绿花群)
T. ‘Spring Green’ ① 🏆

‘诗韵’郁金香
(百合花型群)
T. ‘Ballade’ ① 🏆

‘白凯旋’郁金香
(百合花型群)
T. ‘White Triumphator’ ① 🏆

‘白鹦鹉’郁金香
(鹦鹉群)
T. ‘White Parrot’ ①

‘尼斯狂欢节’郁金香
(重瓣晚花群)
T. ‘Carnaval de Nice’ ①

‘芒通’郁金香
(单瓣晚花群)
T. ‘Menton’ ①

‘中国粉’郁金香
(百合花型群)
T. ‘China Pink’ ① 🏆

‘白梦’郁金香
(特瑞安福群)
T. ‘White Dream’ ①

双花郁金香
(其他类群)
T. biflora ①

‘花式裙边’郁金香
(鹦鹉群)
T. ‘Fancy Frills’ ① 🏆

‘新花样’郁金香
(特瑞安福群)
T. ‘New Design’ ①

‘戈登·库伯’郁金香
(达尔文杂种群)
T. ‘Gordon Cooper’ ①

‘爵士金特’郁金香
(特瑞安福群)
T. ‘Peer Gynt’①

‘梦境’郁金香
(单瓣晚花群)
T. ‘Dreamland’ ① 🏆

‘阿提拉’郁金香
(特瑞安福群)
T. ‘Attila’ ①

‘天堂鸟’郁金香
(鹦鹉群)
T. ‘Bird of Paradise’ ①

克鲁西郁金香
(其他类群)
T. clusiana ①

‘埃斯特拉·瑞威尔德’郁金香(鹦鹉群)
T. ‘Estella Rijnveld’①

‘英国国旗’郁金香
(单瓣晚花群)
T. ‘Union Jack’ ① 🏆

‘花园聚会’郁金香
(特瑞安福群)
T. ‘Garden Party’ ①

‘红鹦鹉’郁金香
(鹦鹉群)
T. ‘Red Parrot’ ①

‘勒菲珀女士’郁金香
(福斯特杂种群)
T. ‘Madame Lefèber’ ①

窄尖叶郁金香
(其他类群)
T. sprengeri ① 🏆

线叶郁金香
(其他类群)
T. linifolia ① 🏆

哈格尔郁金香
(其他类群)
T. hageri ①

‘雅韵’郁金香
(达尔文杂种群)
T. ‘Union Jack’①

‘宾·克罗斯贝’郁金香
(特瑞安福群)
T. ‘Bing Crosby’ ①

‘汤姆大叔’郁金香
(重瓣晚花群)
T. ‘Uncle Tom’ ①

‘红王’郁金香
(单瓣晚花群)
T. ‘Kingsblood’ ① 🏆

‘快乐寡妇’郁金香
(特瑞安福群)
T. ‘Lustige Witwe’ ①

‘三角琴’郁金香
(单瓣晚花群)
T. ‘Balalaika’ ①

‘独特’尖被郁金香
(其他类群)
T. praestans ‘Unicum’ ①

‘红风帽’郁金香
(格里吉杂种群)
T. ‘Red Riding Hood’ ① 🏆

‘奥瑞杰·拿骚’郁金香
(重瓣早花群)
T. ‘Oranje Nassau’ ① 🏆

波叶郁金香
(其他类群)
T. undulatifolia ①

‘愉悦’郁金香
(格里吉杂种群)
T. ‘Plaisir’ ① 🏆

‘芭蕾之星’郁金香
(特瑞安福群) *T.* ‘Margot Fonteyn’ ①

‘丽流苏’郁金香
(流苏花群)
T. praestans ‘Unicum’ ①

‘胡安’郁金香
(福斯特杂种群)
T. ‘Juan’ ①

‘奎热斯克隆’郁金香
(单瓣早花群) *T.* ‘Keizerskroon’ ① 🏆

长尖郁金香
(其他类群)
T. acuminata ①

‘太阳之华’郁金香
(达尔文杂种群) *T.* ‘Apeldoorn’s Elite’ ① 🏆

‘幸运’郁金香
(考夫曼杂种群)
T. ‘Glück’ ①

中欧郁金香
(其他类群)
T. marjolettii ①

'梦幻少女' 郁金香
(特瑞安福群)
T. 'Dreaming Maid' ①

巴塔林郁金香
(其他类群)
T. batalinii ① ♀

'西点' 郁金香
(百合花型群)
T. 'West Point' ① ♀

'烛光' 郁金香
(福斯特杂种群)
T. 'Candela' ①

'梦之舟' 郁金香
(格里吉杂种群)
T. 'Dreamboat' ①

'格鲁兹' 郁金香
(单瓣晚花群)
T. 'Greuze' ①

林生郁金香
(其他类群)
T. sylvestris ①

乌鲁姆郁金香
(其他类群)
T. urumiensis ① ♀

黄花郁金香
(其他类群)
T. clusiana var. *chrysantha* ① ♀

'艺术家' 郁金香
(绿花群)
T. 'Artist' ① ♀

'莎士比亚' 郁金香
(考夫曼杂种群) *T.* 'Shakespeare' ①

紫罗兰郁金香
(其他类群)
T. violacea ①

考夫曼郁金香
(其他类群)
T. kaufmanniana ①

'金色阿派顿' 郁金香
(达尔文杂种群)
T. 'Golden Apeldoorn' ①

'迪伦堡' 郁金香
(单瓣晚花群)
T. 'Dillenburg' ①

孤挺郁金香
(其他类群)
T. orphanidea ①

矮生郁金香
(其他类群)
T. humilis ①

晚花郁金香
(其他类群)
T. tarda ① ♀

'依尔恩郡主' 郁金香
(单瓣早花群)
T. 'Prinses Irene' ① ♀

'范蒂伯根' 尖被郁金香
(其他类群) *T. praestans* 'Van Tubergen's Variety' ①

'蓝鹦鹉' 郁金香
(婴鹉群)
T. 'Blue Parrot' ①

'玛雅' 郁金香
(流苏花群)
T. 'Maja' ①

'横滨' 郁金香
(单瓣早花群)
T. 'Yokohama' ①

'好望角鳕鱼' 郁金香
(格里吉杂种群)
T. 'Cape Cod' ①

南欧郁金香
(其他类群)
T. whittallii ①

'夜皇后' 郁金香
(单瓣晚花群)
T. 'Queen of Night' ①

'女战神' 郁金香
(单瓣早花群)
T. 'Bellona' ①

'金色艺术家' 郁金香
(绿花群)
T. 'Golden Artist' ①

'杏美人' 郁金香
(单瓣早花群)
T. 'Apricot Beauty' ①

中型球根花卉 春季观赏

红色至紫色

孔雀银莲花 ***Anemone pavonina***
块茎类花卉。叶深裂，有皱褶。花杯状，单瓣，猩红色、紫色或蓝色，中心黑色，初春开放。株高40cm，冠径20cm。

燕水仙 ***Sprekelia formosissima***
(Aztec lily, Jacobean lily)
鳞茎类花卉。丛生。叶基生，半直立。花深红色，直径12cm，花瓣6枚，狭窄，基部具绿色条纹，春季开放。株高15～35cm，冠径12～15cm。

斑龙芋 ***Sauromatum venosum***
(*S. guttatum*) (Monarch-of-the-East, Voodoo lily)
块茎类花卉。叶浅裂，花后展叶，叶柄长，具斑点。佛焰苞大，具紫色斑点，有辛辣味，初春开放。株高30～45cm，冠径30～35cm。耐最低温度5～7℃。

雀斑贝母 ***Fritillaria meleagris***
(Snake's-head fritillary)
鳞茎类花卉。茎细长。叶稀疏，狭窄，灰绿色。花单生，钟状，具有明显的格状斑驳图案，红紫色或白色，春季开放。株高30cm，冠径5～8cm。

比利牛斯贝母 ***Fritillaria pyrenaica***
鳞茎类花卉。叶稀疏，披针形，常狭窄。花1～2朵，阔钟状，花瓣具棋盘状斑纹，深褐色或黑紫色，先端火红色，春季开放。株高15～30cm，冠径5～8cm。

紫色

宽叶串铃花 ***Muscari latifolium***
鳞茎类花卉。叶基生，条带形，半直立，灰绿色。穗状花序，小花排列密集，花小，钟状，暗紫色至蓝色，口部紧缩，上部花小且色淡，春季开放。株高25cm，冠径5～8cm。

黑贝母 ***Fritillaria camschatcensis*** (Black sarana)
鳞茎类花卉。茎粗大。叶披针形，光滑，多轮生。花多达8朵，黑紫色或褐色，春季开放。需栽植于腐殖质丰富的土壤中。株高15～60cm，冠径8～10cm。

白棒莲（耀阳花） ***Leucocoryne ixioides*** (Glory-of-the-sun)
鳞茎类花卉。叶基生，长而窄，半直立，开花之前枯萎。花茎硬，细长，花序松散，小花多达10朵，蓝紫色，春季开放。株高30～40cm，冠径8～10cm。

Anemone x *fulgens*, illus. p.430
Arum dioscoridis
Freesia 'Romany'
Fritillaria tubiformis
Hippeastrum 'Red Lion', illus. p.425
Scadoxus puniceus
TULIPS, illus. p.410～p.412

中型球根花卉 春季观赏

蓝色

西班牙双苞风信子 ***Hyacinthoides hispanica*** (*Endymion hispanicus, Scilla campanulata, S. hispanica*)(Spanish bluebell)
鳞茎类花卉。叶条带形，光滑。花钟状，下垂，蓝色、白色或粉红色，春季开放。株高30cm，冠径10～15cm。

卷瓣双苞风信子 ***Hyacinthoides non-scripta*** (*Endymion non-scriptus, Scilla non-scripta, S. nutans*) (English bluebell)
鳞茎类花卉。丛生。茎直立，顶端弯曲拱形。叶条带形。花芳香，蓝色、粉红色或白色，春季开放。株高20～40cm，冠径8～10cm。

鸢尾蒜 ***Ixiolirion tataricum*** (*I. montanum*)
鳞茎类花卉。叶狭长，半直立，生于茎的下部。花蓝色，松散簇生，花瓣中部具一暗线，春季至初夏开放。株高40cm，冠径8～10cm。

Aristea ecklonii
IRISES, illus. p.234～p.235
Moraea polystachya

绿色

弯尖贝母 ***Fritillaria acmopetala***
鳞茎类花卉。茎细长。叶狭披针形，散生。花1～2朵，阔钟状，绿色，花瓣上具棕色斑点，花瓣先端向外开张，春季开放。株高15～40cm，冠径5～8cm。

黑海贝母 ***Fritillaria pontica***
鳞茎类花卉。叶披针形，灰绿色，最顶部3叶轮生。花单生，阔钟状，绿色，长3～4.5cm，常弥散有褐色，春季开放。株高15～45cm，冠径5～8cm。

三叶南星 ***Arisaema triphyllum*** (*A. atrorubens*)(Jack-in-the-pulpit)
块茎类花卉。叶直立，3浅裂。佛焰苞绿色或紫色，先端弯钩状，夏季开放。浆果鲜红色。株高40～50cm，冠径30～45cm。

绿花小鸢尾（绿鸟胶花） ***Ixia viridiflora***
球茎类花卉。叶多生于基部，直立，狭窄。穗状花序，小花翡翠绿色，平展，花径2.5～5cm，具有紫黑色的眼斑，春季至初夏开放。株高30～60cm，冠径2.5～5cm。

黑花鸢尾 ***Hermodactylus tuberosus*** (*Iris tuberosa*) (Widow iris)
多年生草本。具指状块茎。叶极长而狭，灰绿色，交叉部位方形。花芳香，黄绿色，花瓣大，尖端黑褐色，春季开放。株高20～40cm，冠径5～8cm。

川贝母 ***Fritillaria cirrhosa***
鳞茎类花卉。茎细长。叶狭窄，轮生，上部叶片具卷须状叶尖。花4朵，阔钟状，紫色或黄绿色，具暗紫色棋盘状斑纹，春季开放。株高60cm，冠径5～8cm。

Bellevalia pycnantha

伊贝母　*Fritillaria pallidiflora*
鳞茎类花卉。植株健壮。叶宽披针形，灰绿色，在茎上散生或对生。花1～5朵，阔钟状，黄色至黄绿色，内具模糊的淡褐红色格状纹，春季开放。株高15～70cm，冠径8～10cm。

黄棒箭芋　*Arum creticum*
块茎类花卉。叶箭形，半直立，秋季变为深绿色。佛焰苞黄色或白色，基部瓶状，先端轻微反曲，肉穗花序，黄色，从佛焰苞伸出，春季开放。株高30～50cm，冠径20～30cm。

魔星兰　*Ferraria crispa*
(*F. undulata*)
球茎类花卉。茎多叶。花朵向上，棕色或黄棕色，直径4～5cm，花瓣6枚，边缘波状，平展，具明显的纹和斑块，春季开放。株高20～40cm，冠径8～10cm。

‘克丽斯特贝尔’唐菖蒲　*Gladiolus* ‘Christabel’
球茎类花卉。茎坚硬。穗状花序，小花排列疏松，花芳香，阔漏斗状，黄色，直径6～8cm，上部花瓣具褐紫色脉，春季开放。株高45cm，冠径8～10cm。

‘宝塔’猪牙花　*Erythronium* ‘Pagoda’
球茎类花卉。植株健壮。叶2片，基生，半直立，光滑，具模糊的斑点。花多达10朵，下垂，淡黄色，花瓣反卷，春季开放。株高25～35cm，冠径15～20cm。

仙灯　*Calochortus luteus*
(Yellow mariposa)
鳞茎类花卉。叶狭长，直立，生于疏散分枝的基部附近。每花茎着生1朵花，花瓣3枚，黄色，中心有褐色斑点，春末开放。株高20～45cm，冠径5～10cm。

Bloomeria crocea
Calochortus amabilis, illus. p.434
DAFFODILS, illus. p.416～p.418
Erythronium grandiflorum
Erythronium tuolumnense
Fritillaria acmopetala
Homeria ochroleuca
Hymenocallis ‘Sulphur Queen’
IRISES, illus. p.234～p.235
TULIPS, illus. p.410～p.412

水仙

美丽妖娆的水仙属（*Narcissus*）花卉在一年之初使花园变得分外优雅。其种类繁多，变化无穷，有微型的花瓣向后反卷的仙客来水仙，也有高大的喇叭水仙，其中许多可栽种到草地或野趣园中任其自行繁衍，开花时像一片金色的地毯，但矮生水仙在岩石园或种植槽中表现最好。水仙在其他大多数植物没有开始生长之前，便把风景装扮得亮丽起来。

水仙属花卉可分为13类，除了第12类为混杂类群和第13类多数为原种之外，其他各类的花形见以下图解和说明。第12、13两类的花形多种多样，包括裙式水仙类型（hoop-peticoat forms），秋季和初夏之间开花。

第1类　喇叭水仙群

(Trumpet)：花常单生，副花冠喇叭状，与花瓣等长或稍长，初春至暮春开放。

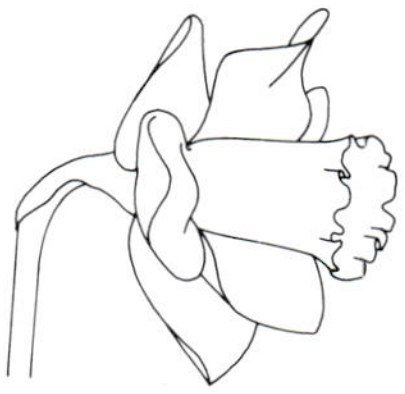

第2类　大杯水仙群

(Large-cupped)：花单生，副花冠杯状，长度至少为花瓣长的1/3，但短于花瓣全长，春季开放。

第3类　小杯水仙群

(Small-cupped)：花常单生，副花冠杯状，长度不及花瓣的1/3，春季或初夏开放。

第4类　重瓣水仙群

(Double)：花大多单生，大型，重瓣或半重瓣，杯状副花冠和花瓣（或只是杯状副花冠）被拟瓣结构所取代。有些种类花较小，4朵或4朵以上簇生。春季或初夏开花。

第5类　三蕊水仙群

(Triandrus)：花下垂，杯状副花冠短，有时杯侧面为直边，花瓣窄，反折，每花茎具花2～6朵，春季开放。

第6类　仙客来水仙群

(Cyclamineus)：每花茎通常着生1～2朵花，副花冠杯状，有时凹凸不平，常较第5类长，花瓣窄，先端尖，反折，初春至仲春开放。

第7类　丁香水仙群

(Jonquil)：花芳香，每花茎常具花2朵或多朵，杯状副花冠短，有时凹凸不平，花瓣常平展，较宽而先端圆，春季开放。

第8类　多花水仙群

(Tazetta)：花常簇生，每花茎着生花12朵或更多，花小，芳香，或着生3～4朵大花，杯状副花冠小，侧面常为直边，花瓣宽，多数先端尖，秋末至仲春开放。

第9类　红口水仙群

(Poeticus)：花通常单生，但有时2朵生于同一花茎上，杯状副花冠小，色艳，花瓣亮白色，有芳香气味，暮春或初夏开放。

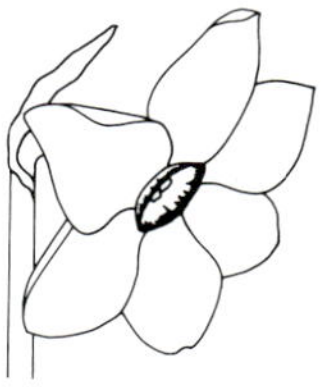

第10类　围裙水仙群

(Bulbocodium)：花通常单生于极短的花茎上，花瓣不明显，杯状副花冠大，向杯口展开，冬季至春季开放。

第11类　裂杯水仙群

(Split-cupped)：花通常单生，杯状副花冠分裂至花瓣长度的1/2以上，春季开放。

(a) **衣领型**（Collar）：花杯裂片宽，贴靠在花瓣上。

(b) **蝶型**（Papillon）：花杯裂片较窄，先端位于花瓣边缘。

坎塔布连水仙
(原种)
N. cantabricus ① ♀

'艾琳·科普兰德'水仙
(重瓣水仙群)
***N.* 'Irene Copeland'** ①

'空中城堡'水仙
(小杯水仙群)
***N.* 'Aircastle'** ①

'卡尼斯普'水仙
(大杯水仙群)
***N.* 'Canisp'** ①

'冰之舞'水仙
(大杯水仙群)
***N.* 'Ice Follies'** ① ♀

'嫁妆'水仙
(喇叭水仙群)
***N.* 'Trousseau'** ①

'快乐'水仙
(重瓣水仙群)
***N.* 'Cheerfulness'** ① ♀

白花岩生水仙
(围裙水仙群)
N. rupicola* subsp. *watieri ①

'波特拉什'水仙
(小杯水仙群)
***N.* 'Portrush'** ①

'白女士'水仙
(小杯水仙群)
***N.* 'White Lady'** (Div.3) ① ①

中黄水仙
(原种)
N.* x *medioluteus ①

'女神'水仙
(三蕊水仙群)
***N.* 'Thalia'** ①

'银钟' 水仙
(多花水仙群)
N. 'Silver Chimes' ①

'罗科尔岛' 水仙
(小杯水仙群)
N. 'Rockall' ①

'姬鹬' 水仙
(仙客来水仙群)
N. 'Jack Snipe' ① 🏆

三蕊水仙
(原种)
N. triandrus ① 🏆

'具槽' 水仙
(多花水仙群)
N. 'Canaliculatus' ①

'卡萨塔' 水仙
(裂杯水仙群衣领型) N.
'Cassata' ①

'爱尔兰皇后' 水仙
(喇叭水仙群)
N. 'Empress of Ireland' ① 🏆

'莫林' 水仙
(小杯水仙群)
N. 'Merlin' ① 🏆

'彩虹' 水仙
(大杯水仙群)
N. 'Rainbow' ①

'鸽翅' 水仙
(仙客来水仙群)
N. 'Dove Wings' ① 🏆

'贝尔坎特' 水仙
(裂杯水仙群衣领型) N.
'Belcanto' ①

'迷人' 水仙
(喇叭水仙群)
N. 'Spellbinder' ① 🏆

'热情' 水仙
(大杯水仙群)
N. 'Passionale' ① 🏆

'森林之星' 水仙
(小杯水仙群)
N. 'Woodland Star'

'百老汇之星' 水仙
(裂杯水仙群蝶型)
N. 'Broadway Star' ①

'布若沃' 水仙
(喇叭水仙群)
N. 'Bravoure' ① 🏆

'雪崩' 水仙
(多花水仙群)
N. 'Avalanche' ① 🏆

'小鱼' 水仙
(多花水仙群)
N. 'Minnow' ① 🏆

'粉缎' 水仙
(大杯水仙群)
N. 'Satin Pink' ①

'康沃尔之光' 水仙
(多花水仙群)
N. 'Pride of Cornwall' ①

'卫城' 水仙
(重瓣水仙群)
N. 'Acropolis' ①

'二月银' 水仙
(仙客来水仙群)
N. 'February Silver' ①

北非水仙
(原种)
N. romieuxii ① 🏆

'闪光' 水仙
(红口水仙群)
N. 'Actaea' ① 🏆

'千金' 水仙
(大杯水仙群)
N. 'Kilworth' ①

反卷红口水仙
(原种)
N. poeticus var. *recurvus* ① 🏆

'抒情' 水仙
(红口水仙群)
N. 'Cantabile' ①

'新娘花冠' 水仙
(重瓣水仙群)
N. 'Cantabile' ①

'蜂鸟' 水仙
(喇叭水仙群)
N. 'Honeybird' ①

'宾奇' 水仙
(大杯水仙群)
N. 'Binkie' ○

喇叭水仙
(原种)
N. pseudonarcissus ① 🏆

重瓣矮水仙
(重瓣水仙群)
N. 'Rip van Winkle' ①

'甜蜜'水仙
(丁香水仙群)
N. 'Sweetness' ① 🏆

'最高层'水仙
(丁香水仙群)
N. 'Stratosphere' ①

'琥珀门'水仙
(大杯水仙群)
N. 'Ambergate' ①

岩生水仙
(原种)
N. rupicola ①

'二月金'水仙
(仙客来水仙群)
N. 'February Gold' ① 🏆

'苏西'水仙
(丁香水仙群)
N 'Suzy' ① 🏆

'自由钟'水仙
(三蕊水仙群)
N. 'Liberty Bells' ①

丁香水仙
(原种)
N. jonquilla ① 🏆

仙客来水仙
(原种)
N. cyclamineus ① 🏆

'圣凯文'水仙
(裂杯水仙群衣领型)
N. 'Saint Keverne' ① 🏆

'喷火'水仙
(仙客来水仙群)
N. 'Jetfire' ① 🏆

'温馨之火'水仙
(大杯水仙群)
N. 'Home Fires' ①

'云雀'水仙
(丁香水仙群)
N. 'Pipit' ①

小水仙
(原种)
N. minor ① 🏆

'彭奎巴'水仙
(重瓣水仙群)
N. 'Pencrebar' ①

'杜卡特金币'水仙
(重瓣水仙群)
N. 'Golden Ducat' ①

'塔希提'水仙
(重瓣水仙群)
N. 'Tahiti' ① 🏆

'哈韦拉'水仙
(三蕊水仙群)
N. 'Hawera' ① 🏆

'好运'水仙
(大杯水仙群)
N. 'Fortune' ①

'倾诉'水仙
(混杂类群)
N. 'Tête-à-Tête' ① 🏆

'芭特蕾'水仙
(仙客来水仙群)
N. 'Bartley' ①

'光亮'水仙
(大杯水仙群)
N. 'Shining Light' ①

'红玉'水仙
(多花水仙群)
N. 'Scarlet Gem' ①

'温馨五月'水仙
(仙客来水仙群)
N. 'Charity May' ① 🏆

'微皱'芳香水仙
(丁香水仙群)
N. x *odorus* **'Rugulosus'** ① 🏆

'嘉姆布雷'水仙
(混杂类群)
N. 'Jumblie' ① 🏆

'皇宫'水仙
(喇叭水仙群)
N. 'Jumblie' ① 🏆

'大太阳'水仙
(多花水仙群)
N. 'Grand Soleil d'Or' ①

'奉献者'水仙
(小杯水仙群)
N. 'Altruist' ①

中型球根花卉 春季观赏

■ 橙色

五彩狭管蒜 ***Stenomesson variegatum***（*S. incarnatum*）
鳞茎类花卉。丛生。花红黄色、粉红色或白色，花瓣先端6裂，裂片绿色，冬季或春季开放。株高30～60cm，冠径30cm。耐最低温度10℃。

出蕊狭管蒜 ***Stenomesson miniatum***（*Urceolina peruviana*）
鳞茎类花卉。叶基生，条带形，半直立。花数朵顶生，红色或橙色，长2～4cm，花药黄色，春末开放。株高20～30cm，冠径10～15cm。耐最低温度5℃。

君子兰（大花君子兰） ***Clivia miniata***
多年生常绿草本。地下茎丛生。叶基生，条带形，半直立，暗绿色，长40～60cm。伞形花序有花10～20朵，橙色或红色，春季或夏季开放。株高40cm，冠径30～60cm。耐最低温度10℃。

DAFFODILS, illus. p.416～p.418
Dipcadi serotinum, illus. p.434
Hippeastrum 'Orange Sovereign', illus. p.425
Ixia maculata
Tritonia crocata
TULIPS, illus. p.410～p.412

中型球根花卉 夏季观赏

□ 白色

文殊兰 ***Crinum asiaticum***
鳞茎类花卉。丛生。叶基生，条带形，半直立，暗绿色，长1m。花白色，长管状，花瓣窄，多个顶生于无叶的花茎上，春季或夏季开放。株高45～60cm，冠径60～100cm。耐最低温度16℃。

带叶全能花 ***Pancratium illyricum***
鳞茎类花卉。叶基生，条带形，半直立，淡灰绿色。花在无叶花茎上顶生，5～12朵，芳香，白色，花瓣6枚，直径8cm，夏季开放。株高45cm，冠径25～30cm。

纳邦海葱 ***Ornithogalum narbonense***
鳞茎类花卉。丛生。叶基生，狭长，半直立，灰绿色。穗状花序，花茎无叶，小花星状，白色，直径2cm，春末至夏季开放。株高30～40cm，冠径10～15cm。

风信子美韭 ***Triteleia hyacinthina***（*Brodiaea hyacinthina*, *B. lactea*）
球茎类花卉。叶基生，狭长，半直立或开展。花序顶生，花白色或有时淡紫色，花茎坚韧，春末至初夏开放。株高30～50cm，冠径8～10cm。

日本灯台莲 ***Arisaema sikokianum***
块茎类花卉。叶直立，分裂成3～5小叶。佛焰苞深褐紫色和白色，长15cm，肉穗花序白色，棒状，从佛焰苞口中伸出，初夏开放。株高30～50cm，冠径30～45cm。

OTHER RECOMMENDED PLANTS:
BEGONIAS, illus. p.295
Cyrtanthus mackenii
Dietes iridioides
Haemanthus albiflos
Hesperocallis undulata
LILIES, illus. p.404～p.405
Pancratium maritimum

中型球根花卉 夏季观赏

□ 白色

锥花海葱 ***Ornithogalum thyrsoides*** (Chincherinchee)
鳞茎类花卉。叶基生，条带形，半直立。穗状花序密集，圆锥状，小花杯状，白色，直径2～3cm，春季开放。株高30～45cm，冠径10～15cm。

加州棋盘花 ***Zigadenus fremontii***
鳞茎类花卉。丛生。叶基生，长条形，半直立。穗状花序，小花星状，淡乳白色至绿色，花瓣基部有暗绿色蜜腺，初夏开放。株高30～50cm，冠径10～15cm。

水仙花水鬼蕉 ***Hymenocallis narcissiflora*** (*H. calathina*, *Ismene calathina*) (Peruvian daffodil)
鳞茎类花卉。叶基生，半直立，冬季枯死。花序稀疏，有花2～5朵，芳香，白色，春季或夏季开放。株高60cm，冠径30～45cm。

白色至红色

阿拉伯海葱 ***Ornithogalum arabicum***
鳞茎类花卉。叶条带形，半直立，丛生于基部。花序平展，小花多达15朵，芳香，白色或乳白色，直径4～5cm，子房黑色，初夏开放。株高30～45cm，冠径10～15cm。

紫红六出花 ***Alstroemeria pelegrina*** (*A. gayana*)
块茎类花卉。叶狭窄，披针形。在叶花茎上开1～3朵花，花白色，具红紫色和黄色及褐紫色斑点，夏季开放。株高30～60cm，冠径60～100cm。

垂花葱 ***Allium cernuum***
鳞茎类花卉。丛生。叶基生，狭窄，半直立。伞形花序下垂，直径2～4cm，小花多达30朵，杯状，粉红色或白色，排列疏松，夏季开放。株高30～70cm，冠径8～12cm。

南非观音兰 ***Tritonia disticha*** subsp. ***rubrolucens*** (*T. rosea*, *T. rubrolucens*)
球茎类花卉。叶狭剑形，直立，在基部排成扁扇形。穗状花序稀疏，花粉红色，靠一边排列，夏末开放。株高30～50cm，冠径8～10cm。

喜钙韭 ***Allium senescens*** subsp. ***montanum***
鳞茎类花卉。生长茂盛。丛生。叶条形，常弯曲，灰绿色。伞形花序密集，直径2cm，有花多达30朵，杯状，粉红色，花期长，夏季开放。株高45cm，冠径60cm。

石蒜 ***Lycoris radiata*** (Red spider lily)
鳞茎类花卉。叶基生，条形，半直立。花5～6朵，鲜玫瑰红色，花瓣狭窄，反折，边缘波状，花药明显，先花后叶，夏末开放。株高30～40cm，冠径10～15cm。

Allium campanulatum
LILIES, illus. p.404～p.405
BEGONIAS, illus. p.295
Bessera elegans
GLADIOLI, illus. p.399
Haemanthus coccineus, illus. p.435
Haemanthus sanguineus
Zantedeschia rehmannii
Zephyranthes grandiflora, illus. p.424

小红瓶兰　*Rhodophiala advena*
(*Hippeastrum advenum*)
鳞茎类花卉。丛生。叶基生，灰绿色。花茎无叶，高5cm，顶生2～8朵花，花狭漏斗状，红色，春季至夏季开放。株高40cm，冠径15～20cm。

纸花葱　*Allium cristophii*
(*A. albopilosum, A. christophii*)
鳞茎类花卉。叶被毛，灰绿色，半直立，先端下垂。伞形花序大，球状，有花50朵以上，花星状，紫罗兰色，易干燥，夏季开放。株高15～40cm，冠径15～20cm。

花毛茛(红花类型)　*Ranunculus asiaticus* (Persian buttercup)
多年生草本。具爪状块茎。叶基生和茎生，具长柄。花单瓣或双瓣，红色、白色、粉红色、黄色或橘黄色，初夏开放。株高45～55cm，冠径10cm。

舒伯特葱　*Allium schubertii*
鳞茎类花卉。叶基生，宽条形，半直立。伞形花序大，花梗不等长，小花40朵以上，星状，粉红色或紫色，初夏开放。蒴果褐色。株高30～60cm，冠径15～20cm。

澳洲鸢尾　*Patersonia umbrosa*
常绿丛生。具根状茎。叶基生，直立。花梗粗壮，花似鸢尾，蓝紫色，直径3～4cm，春季和初夏开放。株高30～45cm，冠径30～60cm。

苦乐花　*Gloxinia perennis*
具根状茎。茎上有斑点。叶心形，有毛，边缘具锯齿。花钟状，淡蓝紫色，裂片圆形，喉部具紫色斑，夏末至秋季开放。株高60cm，冠径30～35cm。耐最低温度10℃。

Allium beesianum
Allium cyaneum
Allium macranthum
Allium narcissiflorum, illus. p.436

Cyrtanthus obliquus
Cyrtanthus sanguineus
DAHLIAS, illus. p.406～p.407
Dichelostemma pulchellum

Oxalis bowiei
Roscoea purpurea

中型球根花卉 夏季观赏

蓝色

棱叶韭 ***Allium caeruleum***
(*A. azureum*)
鳞茎类花卉。丛生。叶窄，直立，着生于细长的花茎下部1/3处。伞形花序球状，直径3～4cm，小花排列紧密，有花30～50朵，星状，蓝色，夏季开放。株高20～80cm，冠径10～15cm。

疏花美韭 ***Triteleia laxa***
(*Brodiaea laxa*)
球茎类花卉。叶基生，狭窄，半直立。大型伞形花序松散，花漏斗状，长2～5cm，深蓝紫色至淡蓝紫色，多直立，初夏开放。株高10～50cm，冠径8～10cm。

Aristea ecklonii
Ixiolirion tataricum, illus. p.414

绿色至黄色

翼檐南星 ***Arisaema griffithii***
块茎类花卉。叶大，长20～25cm，直立，高于绿色或紫色的佛焰苞，较淡的叶脉形成明显的网状，叶片伸展成眼镜蛇头的形状。夏季开放。冬季应给以保护或移至室内。株高60cm，冠径45～60cm。

藏南绿南星 ***Arisaema jacquemontii***
块茎类花卉。叶1～2片，直立，全裂为边缘波状的小叶。佛焰苞细长，顶部罩状，伸出一长尖，绿色，具白色条纹，夏季开放。株高30～50cm，冠径30～38cm。

双色凤梨百合 ***Eucomis bicolor***
鳞茎类花卉。叶基生，半直立，边缘波状。茎常具紫色斑点。穗状花序，花绿色或绿白色，花瓣6枚，边缘紫色，具一束高于花冠的叶状苞片，夏季开放。株高30～50cm，冠径30～60cm。

Cyrtanthus breviflorus
Hymenocallis 'Sulphur Queen'
Ixia viridiflora, p.414
Lycoris aurea

黄花葱 ***Allium flavum***
鳞茎类花卉。丛生。叶线形，半直立，着生于细长花茎的下半部。伞形花序松散，有花达60朵，花小，钟状，黄色，小花梗细弱、弯曲，夏季开放。株高10～35cm，冠径5～8cm。

库珀曲管花 ***Cyrtanthus mackenii* var. *cooperi***
鳞茎类花卉。丛生。叶基生，狭长，半直立。花序有花达10朵，着生于无叶花茎上，花管状，长5cm，稍弯曲，芳香，乳白色或黄色，夏季开放。株高30～40cm，冠径8～10cm。

须毛仙灯 ***Calochortus barbatus***
(*Cyclobothra lutea*)
鳞茎类花卉。叶狭窄，直立，着生于稀疏分枝茎基部附近。每个分枝开1朵花，花下垂，浅黄绿色或黄色，内部有毛，夏季开放。株高30～60cm，冠径5～10cm。

Triteleia ixioides

花毛茛(黄花类型) ***Ranunculus asiaticus*** (Persian buttercup)
多年生草本。具爪状块茎。叶掌状，具长柄，基生和茎生。花单瓣或重瓣，黄色、白色、粉红色、红色或橙色，初夏开放。株高45～55cm，冠径8～10cm。

盃鸢花 ***Cypella herbertii***
鳞茎类花卉。叶窄剑形，直立，基生，排列成扇状。花似鸢尾，橙色，中心有紫色斑点，花期短，夏季可连续开放。株高30～50cm，冠径8～10cm。

‘巴黎魅力’六出花
***Alstroemeria* ‘Parigo Charm’**
块茎类花卉。叶狭长，扭曲，中绿色至灰绿色。伞形花序，花鲜粉红色，内轮花瓣呈报春花黄色，具洋红色斑，夏季开放。株高1m，冠径60cm。

双花晚香玉 ***Polianthes geminiflora***（*Bravoa geminiflora*）
块茎类花卉。叶狭条形，半直立，基部丛生。长穗状花序，弯曲下垂，花管状，红色或橙色，成对着生，夏季开放。株高20～40cm，冠径10～15cm。

白纹杂种六出花 ***Alstroemeria* Ligtu Hybrids**
块茎类花卉。叶狭长，扭曲。伞形花序，花开张，粉红色、黄色或橙色，常有明显的斑块或条斑，夏季开放。株高45～60cm，冠径60～100cm。

提灯花 ***Sandersonia aurantiaca*** (Chinese-lantern lily)
落叶攀缘植物。具块茎。茎细长。叶稀疏，披针形，有些叶尖须状。花橙色，生于上部叶腋，夏季开放。株高60cm，冠径25～30cm。

‘猴面’雄黄兰 ***Crocosmia* ‘Jackanapes’**
球茎类花卉。丛生。叶剑形，直立，基生。花鲜艳，黄色和橙红色双色，夏季开放。株高40～60cm，冠径15～20cm。

虎皮花 ***Tigridia pavonia***
(Peacock flower, Tiger flower)
鳞茎类花卉。叶剑形，有皱褶，直立，生于茎近基部。花寿命短，连续开放，花色多样，从白色到橙色、红色或黄色，常具明显斑点，夏季开放。株高45cm，冠径12～15cm。

Clivia miniata, illus. p.419
Crocosmia ‘Emily McKenzie’
LILIES, illus. p.404～p.405

中型球根花卉 秋季观赏

白色至粉红色

白花宝纳丽 ***Nerine bowdenii*** **f. *alba***
鳞茎类花卉。茎粗壮。叶条形，半直立，基生。花序有花5～10朵，白色，常有粉红色晕，花瓣稍开张，边缘波状，顶端向后弯曲，秋季开放。株高45～60cm，冠径12～15cm。

纳丽花 ***Nerine undulata***
(*N. crispa*)
鳞茎类花卉。叶狭条形，半直立，基生。花粉红色，花瓣极细，全瓣皱缩，秋季开放。株高30～45cm，冠径10～12cm。

'猎户'纳丽花 ***Nerine*** **'Orion'**
鳞茎类花卉。叶条形，半直立，基生。花茎无叶，粗壮，花淡粉红色，花瓣边缘波状，顶端向后弯曲，秋季开放。株高30～50cm，冠径20～25cm。

宝典纳丽花 ***Nerine bowdenii***
鳞茎类花卉。茎粗壮。叶条形，半直立，基生。花序有花5～10朵，亮粉红色，花瓣微开张，边缘波状，顶端向后弯曲，秋季开放。株高45～60cm，冠径12～15cm。

绵枣儿 ***Scilla scilloides***
(*S. chinensis*, *S. japonica*)
鳞茎类花卉。叶2～4片，狭条形，半直立，基生。穗状花序细长，密集，有花多达30朵，花稍平，粉红色，直径0.5～1cm，夏末和秋季开放。株高30cm，冠径5cm。

粉红色至橙色

韭莲 ***Zephyranthes grandiflora***
鳞茎类花卉。叶狭条形，半直立，基生。每花茎着生一漏斗状花，粉红色，近直立，夏末至初秋开放。株高20～30cm，冠径8～10cm。

'布赖恩'纳丽花 ***Nerine*** **'Brian Doe'**
鳞茎类花卉。叶条形，半直立，基生。花茎无叶，粗壮，花橙红色，花瓣6枚，反折，边缘波状，秋季开放。株高30～50cm，冠径20～25cm。

萨尼亚纳丽花 ***Nerine sarniensis***
(Guernsey lily)
鳞茎类花卉。叶条形，半直立，基生。花茎无叶，花序球状，有花多达20朵，花深橙色至粉红色，直径6～8cm，花瓣边缘波状，秋季开放。株高45～60cm，冠径12～15cm。

OTHER RECOMMENDED PLANTS:
Amaryllis belladonna, illus. p.408
Crinum macowanii
Habranthus robustus, illus. p.437
Nerine 'Blanchefleur'
Nerine filifolia
Nerine flexuosa
Brunsvigia josephinae
Eucomis autumnalis
Gloxinia perennis, illus. p.421
Nerine 'Bagdad'
Nerine 'Corusca Major'
Nerine 'Fothergillii Major'

白色至红色

白鹤花 ***Eucharis* x *grandiflora***
(*E. amazonica* of gardens)
常绿鳞茎类花卉。丛生。叶条形，半直立，基生。花序有花多达6朵，花芳香，白色，微下垂，四季均可开放。株高40～60cm，冠径60～100cm。耐最低温度15℃。

显苞仙火花 ***Veltheimia bracteata***
鳞茎类花卉。丛生。叶条形，半直立，基生，光滑。穗状花序密集，花管状，下垂，粉红色、红色或黄红色，冬季开放。株高30～45cm，冠径25～38cm。耐最低温度10℃。

'红狮'朱顶红 ***Hippeastrum* 'Red Lion'**
鳞茎类花卉。丛生。叶条形，与花同放或稍晚。花茎粗壮。花序有花2～6朵，暗红色，花药黄色，冬季开放。株高30～50cm，冠径30cm。耐最低温度13℃。

红色至黄色

'橙王'朱顶红 ***Hippeastrum* 'Orange Sovereign'**
鳞茎类花卉。叶条形，半直立，基生，灰绿色，与花同放或稍晚。花茎粗壮，花序有花2～6朵，浓橘红色，冬春季开放。株高30～50cm，冠径30cm。耐最低温度13℃。

'苹果花'朱顶红 ***Hippeastrum* 'Apple Blossom'**
鳞茎类花卉。叶条形，半直立，基生，与花同放或稍晚。花茎粗壮，花序有花2～6朵，花瓣白色，先端渐变为粉红色，冬春季开放。株高30～50cm，冠径30cm。耐最低温度13℃。

灰蓝纳金花 ***Lachenalia orchioides* var. *glaucina*** (*L. glaucina*)
鳞茎类花卉。叶2片，条形，半直立，基生，常有紫色斑点。穗状花序，花芳香，淡蓝白色或淡紫色，冬末和早春开放。株高30cm，冠径5～8cm。

'条纹'朱顶红 ***Hippeastrum* 'Striped'**
鳞茎类花卉。叶条形，半直立，基生，与花同放或稍晚。花茎粗壮，花序有花2～6朵，阔漏斗状，具红白色条纹，冬春季开放。株高50cm，冠径30cm。耐最低温度13℃。

绿肋朱顶红 ***Hippeastrum aulicum*** (*H. morelianum*)
鳞茎类花卉。叶条形，半直立。花茎粗壮，顶生花2朵，红色，花瓣具绿色条纹，喉部绿色，冬春季开放。株高30～50cm，冠径20～25cm。耐最低温度13～15℃。

'奥伯隆'小菖兰 ***Freesia* 'Oberon'**
球茎类花卉。叶窄，直立，基生。花黄色，长4～5cm，花瓣内部血红色，喉部柠檬黄色，具细红脉，冬春季开放。株高达40cm，冠径4～6cm。

OTHER RECOMMENDED PLANTS:
Freesia lactea
Freesia corymbosa
Hippeastrum 'Belinda'
Hippeastrum 'Bouquet'
Hippeastrum 'White Dazzler'
Hymenocallis speciosa
Lachenalia rubida
Stenomesson variegatum, illus. p.419
Veltheimia capensis
Freesia 'Romany'
Lachenalia mutabilis
Moraea polystachya

小型球根花卉 春季观赏

□ 白色

‘白辉’光滑银莲花 ***Anemone blanda*** **‘White Splendour’**
块茎类花卉。多节。叶半直立，3 深齿裂。花直立，扁平，白色，直径4～5cm，花瓣9～14片，早春开放。株高5～10cm，冠径10～15cm。

巴兰海葱 ***Ornithogalum balansae***
(*O. oligophyllum* of gardens)
鳞茎类花卉。叶2片，倒披针形，中绿色，基生，近莲座状。花序宽阔，有花2～5朵，开张，外部亮绿色，内部亮白色，春季开放。株高5～15cm，冠径5～8cm。

山海葱 ***Ornithogalum montanum***
鳞茎类花卉。丛生。叶半直立，基生，灰绿色。花茎无叶，花星状，白色，直径3～4cm，花瓣外部有绿色条纹，春季开放。株高和冠径均为10～15cm。

‘白花’黎巴嫩蚁播花 ***Puschkinia scilloides*** **var.** ***libanotica*** **‘Alba’**
鳞茎类花卉。叶常2片，条带形，半直立，基生。穗状花序密集，花星状，白色，直径1.5～2cm，春季开放。株高15cm，冠径2.5～5cm。

雪片莲 ***Leucojum vernum***
(Spring snowflake)
鳞茎类花卉。叶条形，半直立，基生。无叶花茎着生1～2朵花，花钟状，下垂，长1.5～2cm，花瓣6枚，白色，先端绿色，春季开放。株高10～15cm，冠径8～10cm。

白韭兰 ***Sternbergia candida***
鳞茎类花卉。丛生。叶条形，半直立，基生，灰绿色，与花同放。花芳香，漏斗状，白色，长4～5cm，生于无叶花茎顶端，春季开放。株高10～20cm，冠径8～10cm。

披针叶海葱 ***Ornithogalum lanceolatum***
鳞茎类花卉。矮生。叶披针形，基生，呈扁平的莲座状。花稍扁，星状，白色，直径3～4cm，花瓣外部有绿色宽条纹，春季开放。株高5～10cm，冠径10～15cm。

OTHER RECOMMENDED PLANTS:
CROCUSES, illus. p.428～p.429
Cyclamen creticum
DAFFODILS, illus. p.416～p.418
Fritillaria bucharica
Gagea graeca
Galanthus ‘Atkinsii’, illus. p.439
Galanthus elwesii, illus. p.439
Galanthus gracilis, illus. p.439
Galanthus ikariae, illus. p.440
Galanthus nivalis ‘Flore Pleno’, illus. p.439
Galanthus nivalis ‘Pusey Green Tip’, illus. p.439
Galanthus nivalis ‘Sandersii’, illus. p.440
Galanthus nivalis ‘Scharlockii’, illus. p.440

白色至粉红色

加州猪牙花 *Erythronium californicum*
块茎类花卉。丛生。叶2片，半直立，基生，具杂色斑。花多达3朵，白色或乳白色，有时外部红棕色，花瓣反折，近中部具黄色眼斑和棕色环，春季开放。株高15～35cm，冠径10～12cm。

粉红色

'粉巨人'耀斑雪百合 *Chionodoxa forbesii* 'Pink Giant'
鳞茎类花卉。叶2片，狭窄，半直立，基生。穗状花序，花茎无叶，小花5～10朵，稍平，粉红色，具白色眼斑，直径2～2.5cm，早春开放。株高10～25cm，冠径2.5～5cm。

莲座韭 *Allium akaka*
鳞茎类花卉。叶1～3片，宽阔，平俯，基生，灰绿色。伞形花序球状，几乎无花茎，直径5～7cm，小花30～40朵，星状，白色或粉白色，具红心，春季开放。株高15～20cm，冠径12～15cm。

卡拉韭 *Allium karataviense*
鳞茎类花卉。叶窄椭圆形或椭圆形，平俯，基生，灰绿色。伞形花序球状，有花50朵以上，花星状，淡紫红色，直径15cm或更大，春末开放。株高达20cm，冠径25～30cm。

黎巴嫩仙客来 *Cyclamen libanoticum*
块根类花卉。叶似常春藤叶，暗绿色，具较亮斑纹，叶背面紫绿色。花纯粉红色，具霉味，花口处有深红色斑，春季开放。在高山植物温室内生长良好。株高10cm，冠径10～15cm。

红蕊银莲花 *Anemone tschaernjaewii*
块根类花卉。叶片3出掌状复叶，椭圆形，中绿色，小叶浅裂。花瓣5枚，碟形，白色或粉红色，中心紫色，直径2～4.5cm，春季开放。喜温暖、干燥，夏季休眠。株高5～10cm，冠径5～8cm。

Galanthus plicatus subsp. *byzantinus*, illus. p.440
Galanthus rizehensis, illus. p.439
HYACINTHS, illus. p.431

Hypoxis capensis
IRISES, illus. p.234～p.235
Ornithogalum nutans
TULIPS, illus. p.410～p.412

Cyclamen persicum, illus. p.440
Cyclamen persicum 'Pearl Wave', illus. p.440
Merendera robusta

TULIPS, illus. p.410～p.412

番红花

番红花［番红花属(*Crocus*)的种与品种］可能是形态最为多样而且开花最为可靠的矮生球根花卉。有些原种在秋季开花，但多数种类在冬末和早春开花。番红花具有丰富多变的色彩可供选择，从白色到淡粉紫色、深紫色、乳白色和黄色。许多种类还带有由其他色彩构成的诱人的条纹或羽状纹。它们的花通常为高脚杯状，有时先于叶开放，在阳光下甚开张，有时可显露出颜色明显不同的花心或显著的雄蕊。多数番红花具芳香。为了充分品味番红花的香气，常把番红花栽于浅盆或盘中作为室内陈设，可先将其放置于室外的宿根花卉冷室中，在园中番红花开花前1～2周移入室内，通过高温催花。

在室外，番红花可用于岩石园与其他开花较早的矮生球根花卉或宿根花卉同栽，或大量栽植于开阔处或落叶乔木和灌木下，在这些地方番红花能迅速长满较大的区域，并保持多年的美化效果。为促进番红花的旺盛生长，可在花凋落而叶生长旺盛时施一次肥。如果野生于草丛中，要等到番红花叶枯萎后再剪草坪。过分密集的花丛，可在花后将球茎挖出分栽。

‘醒目’番红花
C. ‘Eyecatcher’

‘蓝鸟’番红花
C. ‘Blue Bird’

地中海番红花
C. hadriaticus ♀

达尔马特番红花
C. dalmaticus

小番红花
C. minimus

白花托马西尼番红花
C. tommasinianus f. *albus*

科奇番红花
C. kotschyanus ♀

白花春番红花
C. vernus subsp. *albiflorus*

‘鲍威尔斯白’西伯番红花
C. sieberi ‘Bowles’ White’ ♀

平滑番红花
C. laevigatus ♀

艳丽番红花
C. pulchellus ♀

三色番红花 *C. sieberi* subsp. *sublimis* f. *tricolor* ♀

‘茨仁堡’冬番红花
C. etruscus ‘Zwanenburg’

玛利番红花
C. malyi ♀

波里番红花
C. boryi ♀

吉利米番红花
C. goulimyi ♀

‘蓝珍珠’番红花
C. ‘Blue Pearl’ ♀

裂柱番红花
C. medius ♀

‘雪旗’番红花
C. ‘Snow Bunting’ ♀

‘猎手’帝王番红花
C. imperati ‘De Jager’

长管番红花
C. nudiflorus

匈牙利番红花
C. banaticus ♀

冬番红花
C. etruscus ♀

长花番红花
C. longiflorus ♀

蓝色番红花
C. baytopiorum

‘征服者’美丽番红花
C. speciosus ‘Conqueror’

‘布鲁斯皇后’春番红花
C. vernus ‘Queen of the Blues’

双花番红花
C. biflorus

‘先锋’番红花
C. ‘Advance’

春番红花
C. vernus

‘红宝石’托马西尼番红花
C. tommasinianus ‘Ruby Giant’

‘朱丽公主’春番红花
C. vernus ‘Prinses Juliana’

‘匹克威克’春番红花
C. vernus ‘Pickwick’

‘道乐赛’番红花
C. ‘Dorothy’

‘赛美’番红花
C. ‘Ladykiller’ ♀

克氏番红花
C. cvijicii

‘怀城紫’托马西尼番红花
C. tommasinianus ‘Whitewell Purple’

美丽番红花
C. speciosus ♀

‘大紫花’春番红花
C. vernus ‘Purpureus Grandiflorus’

卡氏番红花
C. cartwrightianus ♀

‘美黄’番红花
C. ‘Cream Beauty’ ♀

‘回想’春番红花
C. vernus ‘Remembrance’

‘牛津人’美丽番红花
C. speciosus ‘Oxonian’

‘鲍威尔斯’番红花
C. ‘E. A. Bowles’ ♀

土耳其番红花
C. gargaricus

小型球根花卉 春季观赏

粉红色

犬齿猪牙花 ***Erythronium dens-canis*** (Dog's-tooth violet)
块茎类花卉。叶2片，基生。花下垂，粉红色、紫色或白色，具棕色边缘，近中黄色，花瓣反折，春季开放。株高15～25cm，冠径8～10cm。

尖瓣葱 ***Allium acuminatum***
鳞茎类花卉。叶2～4片，长而窄，半直立，基生。伞形花序，直径5cm，有花多达30朵，花小，粉紫色，春季开放。株高10～30cm，冠径5～8cm。

山地韭 ***Allium oreophilum*** (*A. ostrowskianum*)
鳞茎类花卉。低矮。叶2片，狭窄，半直立，基生。伞形花序松散，圆顶状，有花多达10朵，花阔钟状，深玫瑰粉色，直径1.5～2cm，春夏开放。株高5～10cm，冠径8～10cm。

'雷达'光滑银莲花 ***Anemone blanda* 'Radar'**
块茎类花卉。叶半直立，深绿色，3深齿裂。花直立，稍平，细窄花瓣9～14枚，深红色，中心白色，早春开放。株高5～10cm，冠径10～15cm。

Cyclamen persicum 'Renown', illus. p.441
Cyclamen trochopteranthum
Erythronium hendersonii, illus. p.409
HYACINTHS, illus. p.431

TULIPS, illus. p.410～p.412

红色至紫色

红花草玉梅 ***Anemone* x *fulgens***
块茎类花卉。叶半直立，深裂，基生。花单朵，直立，鲜红色，直径5～7cm，花瓣10～15枚，春季或初夏开放。株高10～30cm，冠径8～10cm。

三色魔杖花 ***Sparaxis tricolor***
球茎类花卉。叶直立，披针形，基部扇状。穗状花序松散，有花多达5朵，稍平展，橙色、红色、紫色、粉红色或白色，直径5～6cm，中心黑色或红色，春季开放。株高10～30cm，冠径8～12cm。

春水仙 ***Bulbocodium vernum***
球茎类花卉。花阔漏斗状，紫红色，春季开放。叶窄，半直立，基生，与花同放，但前期不伸长，夏季死亡。株高3～4cm，冠径3～5cm。

Anemone coronaria
Arisarum proboscideum
Corydalis cava
CROCUSES, illus. p.428～p.429

红蓝狒狒草 *Babiana rubrocyanea* (Winecups)
球茎类花卉。叶披针形，直立，折叠，基部扇状。短穗状花序，有花5～10朵，花瓣6枚，上部蓝紫色，基部红色，春季开放。株高15～20cm，冠径5～8cm。耐最低温度10℃。

☼ ◊

'弗洛伊·穆勒'花韭（春星花）*Ipheion uniflorum* 'Froyle Mill'
鳞茎类花卉。叶窄，半直立，基生，浅绿色，揉碎有洋葱味。花星状，蓝紫色，直径3～4cm，春季开放。株高10～15cm，冠径5～8cm。

☼ ◊ ❄❄ 🏆

乐母丽 *Romulea bulbocodium*
球茎类花卉。叶长，半直立，线形，丛状基生。花茎细长，有花1～6朵，花朝上，常为淡紫色，中心黄色或白色，春季开放。株高5～10cm，冠径2.5～5cm。

☼ ◊ ❄❄

风信子

沁人肺腑的芳香使风信子属（*Hyacinthus*）花卉当之无愧地成为春季受人喜爱的球根花卉。销售最广泛的是风信子（*H. orientalis*）的观赏品种，其花颜色越来越丰富，有白色、深浅不同的粉红色、淡紫色、蓝色、紫色、黄色和暖橘红色。在花园中，单一花色的成片种植将会取得最佳效果，盆栽置于房屋的周围，则可尽情地享受它浓郁的芬芳。风信子也非常适合室内浅盆中栽植，以后其鳞茎还可移栽到花园中。经过特别处理的鳞茎，在室内可于仲冬时节开花（详见本书植物词典）。这些促成栽培的鳞茎花后可栽到室外保护地内，以后数年还可开花。为了保持鳞茎健壮和繁衍，要在花穗凋萎后施肥。

'陶蓝'风信子
H. orientalis 'Delft Blue' ① 🏆

'白珍珠'风信子 *H. orientalis*
'White Pearl' ①

'迪尔拜女士'风信子
H. orientalis 'Lady Derby' ①

'黑肋'风信子
H. orientalis 'Ostara' ① 🏆

'粉后'风信子
H. o. 'Queen of the Pinks' ① 🏆

'简鲍斯'风信子
H. orientalis 'Jan Bos' ①

'蓝装'风信子 *H. orientalis*
'Blue Jacket' ① 🏆

'勋章'风信子
H. orientalis 'Distinction' ①

'堇色珍珠'风信子
H. orientalis 'Violet Pearl' ①

'哈勒姆城'风信子
H. orientalis 'City of Haarlem' ① 🏆

'玛利亚·克里斯蒂娜公主'风信子 *H. orientalis*
'Princess Maria Christina' ①

紫色至蓝色

阴阳兰 ***Gynandriris sisyrinchium***
球茎类花卉。叶1～2片，半直立，狭窄，基生。花茎细丝状，花淡紫色至蓝紫色，直径3～4cm，花瓣3枚，具白色或橙色斑，春季开放。株高10～20cm，冠径8～10cm。

粉绿假风信子 ***Hyacinthella leucophaea***
鳞茎类花卉。叶2片，窄条形，半直立，基生。花茎无叶，细丝状，短穗状花序，花小，钟状，淡蓝色，近白色，春季开放。株高10cm，冠径2.5～5cm。

假风信子 ***Bellevalia hyacinthoides*** (*Strangweja spicata*)
鳞茎类花卉。叶俯卧，狭窄，基生，丛状。穗状花序密集，有花多达20朵，花钟状，淡蓝紫色，近白色，具较黑的中脉，春季开放。株高5～15cm，冠径5cm。

伊朗绵枣儿
Scilla mischtschenkoana
(*S.tubergeniana*,*S.*'Tubergeniana')
鳞茎类花卉。叶2～3片，条形，半直立，基生，中绿色。开花时花茎伸长，花杯状或稍平，淡蓝色，具深蓝色脉，早春开放。株高5～10cm，冠径5cm。

'羽绒'缨饰串铃花 ***Muscari comosum* 'Plumosum'**
(*M. c.* 'Monstrosum')
(Feather grape hyacinth)
鳞茎类花卉。叶5片，条形，半直立，基生，灰绿色。不育花如一团绒毛状紫色丝，春季开放。株高达25cm，冠径10～12cm。

钟花风信子 ***Brimeura amethystina*** (*Hyacinthus amethystinus*)
鳞茎类花卉。叶极窄，半直立，基生。穗状花序，有花达15朵，花管状，下垂，蓝色，春末开放。株高10～25cm，冠径2.5～5cm。

利氏蒂可花 ***Tecophilaea cyanocrocus*** var. ***leichtlinii***
(*T. c.* 'Leichtlinii')
球茎类花卉。叶1～2片，窄披针形，半直立，基生。花单生，向上开放，阔漏斗状，淡蓝色，具较大的白色花心，春季开放。株高8～10cm，冠径5～8cm。

黎巴嫩蚁播花 ***Puschkinia scilloides*** var. ***libanotica***
(Striped squill)
鳞茎类花卉。叶2片，条形，半直立，基生。穗状花序密集，花星状，淡蓝色，花瓣中部具一深蓝色条纹，春末开放。株高15cm，冠径2.5～5cm。

'深蓝'西伯利亚绵枣 ***Scilla siberica* 'Atrocoerulea'**
鳞茎类花卉。叶2～4片，条形，半直立，基生，光滑，向上渐宽。短穗状花序，花钟状，深蓝色，长1～1.5cm，早春开放。株高10～15cm，冠径5cm。

Anemone apennina
Anemone blanda
Babiana plicata
Babiana stricta
Brodiaea coronaria
Chionodoxa sardensis
Corydalis fumariifolia
CROCUSES, illus. p.428～p.429
Hyacinthoides italica
Ipheion uniflorum 'Wisley Blue'
IRISES, illus. p.234～p.235
Muscari armeniacum 'Blue Spike'
Muscari azureum
Muscari botryoides
Muscari comosum

深蓝串铃花 *Muscari aucheri*
(*M. lingulatum*)
鳞茎类花卉。叶2片，条形，灰绿色。花小，近球形，亮蓝色，花口部具白边，上部花色较淡，春季开放。株高5～15cm，冠径5～8cm。

☼ 💧 ❄❄❄ 🏆

耀斑雪百合 *Chionodoxa forbesii*
(*C. luciliae* of gardens, *C. siehei*, *C. tmolusii*)
鳞茎类花卉。叶2片，半直立，狭窄，基生。穗状花序，有花5～10朵，向外开放，蓝紫色，具白色眼斑，早春开放。株高10～25cm，冠径2.5～5cm。

☼ 💧 ❄❄❄ 🏆

疏忽串铃花 *Muscari neglectum*
(*M. racemosum*)
鳞茎类花卉。夏秋季着生4～6片叶，俯卧状。花小，圆形，深蓝色或蓝黑色，口部具白边，春季开放。生长迅速。株高10～20cm，冠径8～10cm。

☼ 💧 ❄❄❄

雪百合（雪花百合） *Chionodoxa luciliae* (*C. gigantea*)
鳞茎类花卉。叶2 片，稍弯曲，半直立，基生。花茎无叶，花1～3朵，朝上开放，蓝色，具白色眼斑，早春开放。株高5～10cm，冠径2.5～5cm。

☼ 💧 ❄❄❄ 🏆

蓝蒂可花（智利蓝番红花） *Tecophilaea cyanocrocus* (Chilean blue crocus)
球根类花卉。叶1～2片，披针形，半直立，基生。花向上开放，漏斗状，蓝色，似龙胆属的花色，直径4～5cm，喉部白色，春季开放。株高8～10cm，冠径5～8cm。

☼ 💧 ❄❄❄ 🏆

串铃花 *Muscari armeniacum*
鳞茎类花卉。叶3～6片，窄长，半直立，基生。穗状花序密集，花小，芳香，钟状，深蓝色，花口部收缩，具淡蓝色小边或白色“牙齿”，春季开放。株高15～20cm，冠径8～10cm。

☼ 💧 ❄❄❄ 🏆

‘深蓝’光滑银莲花 *Anemone blanda* ‘Atrocaerulea’
节状块茎。叶半直立，暗绿色，3深齿裂。花直立向上，平展，亮蓝色，直径4～5cm，花瓣9～14枚，狭窄，早春开放。株高5～10cm，冠径10～15cm。

◐ 💧 ❄❄❄ ⓘ

雪绵枣 × *Chionoscilla allenii*
鳞茎类花卉。叶2片，狭窄，半直立，基生，暗绿色。穗状花序疏松，平展，花星状，深蓝色，直径1～2cm，春季开放。株高10～15cm，冠径2.5～5cm。

☼ 💧 ❄❄❄

HYACINTHS, illus. p.431

小型球根花卉 春季观赏

绿色至黄色

红点草 *Ledebouria socialis*
(*Scilla socialis, S. violacea*)
常绿鳞茎类花卉。叶披针形，半直立，基生，灰色或绿色，具黑色斑点。短穗状花序，花钟状，淡紫色至绿色，春季开放。株高5～10cm，冠径8～10cm。

大果串铃花 *Muscari macrocarpum*
鳞茎类花卉。叶3～5片，半直立，基生，灰绿色。穗状花序密集，花亮黄色，具棕色边缘，芳香，上部花初期为褐紫色，春季开放。株高10～20cm，冠径10～15cm。

‘云纹’美果芋 *Arum italicum* ‘Marmoratum’
块茎类花卉。叶半直立，具乳白色或白色叶脉。秋季有淡绿色或乳白色佛焰苞，春末开放。浆果红色。有利于花卉的配置。株高15～25m，冠径20～30cm。

黄色至橙色

金仙灯（爱丽草） *Calochortus amabilis* (Golden fairy lantern, Golden globe tulip)
鳞茎类花卉。叶1片，狭长，直立，基生，生于松散的分枝茎基部。每一分枝顶部着生1朵花，花具边饰，深黄色，有时微带绿色，春季开放。株高10～30cm，冠径5～10cm。

黄花秋水仙 *Colchicum luteum*
球茎类花卉。叶半直立，基生，开花时较短，此后伸长。花杯状，黄色，是已知的惟一黄花秋水仙，春季开放。株高5～10cm，冠径5～8cm。

美洲猪牙花 *Erythronium americanum*
块茎类花卉。叶2片，半直立，基生，具绿色和棕色斑点。花下垂，黄色，花瓣外部常青铜色，在阳光下反光，春季开放。植株由匍匐枝形成丛状。株高5～25cm，冠径5～8cm。

洁贝母 *Fritillaria pudica* (Yellow fritillary)
鳞茎类花卉。叶疏生，窄披针形，灰绿色。花1～2朵，深黄色，有时微红色，长1～2.5cm，春季开放。株高5～20cm，冠径5cm。

异被风信子 *Dipcadi serotinum*
鳞茎类花卉。叶2～5片，极窄，半直立，基生。穗状花序松散，花茎无叶，花管状，下垂，棕色或暗橙色，长1～1.5cm，春季开放。株高10～30cm，冠径5～8cm。

Albuca canadensis
CROCUSES, illus. p.428～p.429
Eranthis hyemalis, illus. p.441
Erythronium grandiflorum
Fritillaria pallidiflora, illus. p.415
Gagea peduncularis
HYACINTHS, illus. p.431
TULIPS, illus. p.410～p.412
CROCUSES, illus. p.428～p.429
Sparaxis elegans
TULIPS, illus. p.410～p.412

白色至粉红色

晚熟洼瓣花 ***Lloydia serotina***
鳞茎类花卉。茎坚韧。叶细丝状，半直立，疏生于近基部。花1～2朵，钟状，白色，长1～1.5cm，具紫色或紫红色脉，初夏开放。株高5～15cm，冠径2.5～5cm。

白苞南星 ***Arisaema candidissimum***
块茎类花卉。佛焰苞大，斗篷状，白色，具粉红色条纹，内包肉穗花序，细小，芳香，初夏开放。花后展叶，叶宽大，掌状3裂，半直立，长30cm。株高10～15cm，冠径30～45cm。

矮生肋瓣花 ***Albuca humilis***
鳞茎类花卉。低矮。叶极窄，基生，暗绿色。花1～3朵，杯状，白色，长1cm，花瓣外部具绿色条纹，后变淡红色，夏季开放。株高5～10cm，冠径5～8cm。

北葱（细香葱） ***Allium schoenoprasum*** (Chives)
鳞茎类花卉。丛生。叶窄，中空，直立，基生，暗绿色。伞形花序，直径达5cm，小花密生，花多达20朵，钟状，淡紫色或粉红色，夏季开放。株高12～25cm，冠径5～10cm。

烈香仙客来（欧洲仙客来）
Cyclamen purpurascens
(*C. europaeum*, *C. fatrense*)
块茎类花卉。叶圆形，具银色图案。花极香，淡紫红色至紫红色，夏秋季开放。株高10cm，冠径10～15cm。

红色

朱顶红 ***Hippeastrum striatum***
(*H. rutilum*)
鳞茎类花卉。叶条形，半直立，基生，亮绿色。花漏斗状，花瓣尖，猩红色，中部有绿色条纹，春夏季开放。株高30cm，冠径20～25cm。耐最低温度15℃。

小曲管花 ***Cyrtanthus brachyscyphus***
鳞茎类花卉，丛生。叶条形，半直立，基生，亮绿色。花茎无叶，有花6～12朵，管状，橙色或亮红色，6裂，夏季开放。株高20～30cm，冠径10～15cm。

火球花 ***Haemanthus coccineus***
(Blood lily)
鳞茎类花卉。叶2片，椭圆形，背面具毛，平铺地上。花茎具斑点，先于叶形成，茎上小花丛生，红色，雄蕊明显，苞片肉质，红色或粉红色，夏季开放。株高达30cm，冠径20～30cm。耐最低温度10℃。

OTHER RECOMMENDED PLANTS:
Allium campanulatum
Allium oreophilum, illus. p.430
Caloscordum neriniflorum
Habranthus robustus, illus. p.437
Triteleia peduncularis
Zephyranthes atamasco
Anomatheca laxa
BEGONIAS, illus. p.295
Habranthus tubispathus

小型球根花卉 夏季观赏

紫色

水仙状韭 ***Allium narcissiflorum***
(*A. pedemontanum* of gardens)
鳞茎类花卉。丛生。叶极窄，直立，灰绿色，生于花茎下部。伞形花序，有花达15朵，花钟状，粉紫色，夏季开放。株高15～30cm，冠径8～10cm。

川甘韭 ***Allium cyathophorum***
var. ***farreri***
鳞茎类花卉。丛生。叶狭窄，直立，基部丛生。小型伞形花序疏松，直径1.5～4cm，小花达30朵，花钟状，暗紫红色，花瓣先端锐尖，夏季开放。株高15～30cm，冠径10～15m。

大花象牙参 ***Roscoea humeana***
块茎类花卉。叶直立，阔披针形，浓绿色，基部形成茎状鞘。花多达10朵，长管状，紫色，上部花瓣1枚，盔状，唇瓣较宽，下垂；侧瓣2枚，较窄。株高15～25cm，冠径15～20cm。

蓝色至黄色

锥序绵枣儿 ***Scilla peruviana***
鳞茎类花卉。叶10片，披针形，半直立，基部丛生。花序阔圆锥状，有花多达50朵，花平展，蓝紫色，直径1.5～3cm，初夏开放。株高10～25cm，冠径15～20cm。

早花象牙参 ***Roscoea cautleyoides***
块茎类花卉。叶直立，披针形，基部形成茎状鞘。花达5朵，长管状，黄色，上部花瓣1枚，盔状；下部唇瓣宽，2裂，下垂；侧瓣2枚，较窄，夏季开放。株高15～25cm，冠径10～15cm。

单叶仙灯 ***Calochortus monophyllus***
鳞茎类花卉。茎直立，有分枝。茎上叶1～3片，细长；基生叶1片，狭窄。花杯状，深黄色，爪上常有红色斑点，花瓣流苏状，密生髯毛，夏季开放。株高8～20cm，冠径5cm。

黛玉花（秘鲁水仙，秘鲁千花）
Chlidanthus fragrans
鳞茎类花卉。叶窄，半直立，基部丛生。花茎无叶，有花3～5朵，芳香，漏斗状，黄色，长4～7cm，夏季开放。株高10～30cm，冠径8～10cm。

黄花葱 ***Allium moly***
鳞茎类花卉。丛生。叶1～3片，宽阔，半直立，基生，灰绿色。伞形花序有花多达40朵，花较密集，星状，黄色，直径4～8cm，夏季开放。株高10～35cm，冠径10～12cm。

狭叶小金梅草 ***Hypoxis angustifolia***
球茎类花卉。叶细长，有毛，半直立，基生。花3～7朵，星状，黄色，直径1.5～2cm，夏季开放。株高10～20cm，冠径5～8cm。

Allium cristophii, illus. p.421
Biarum tenuifolium, illus. p.439
Ledebouria cooperi
Scilla litardierei
Triteleia laxa, illus. p.422
Allium cyaneum
Allium flavum
Allium sikkimense
BEGONIAS, illus. p.295
Pinellia ternata
Romulea macowanii var. *alticola*

小型球根花卉 秋季观赏

□ 白色

白花角叶仙客来 ***Cyclamen hederifolium*** **f.** ***albiflorum***
块茎类花卉。花纯白色，花瓣反折，先于叶或与叶同时出现，秋季开放。叶多变，常似常春藤叶，具银绿色斑纹。株高10cm，冠径10～15cm。

'白花'丽花秋水仙 ***Colchicum speciosum*** **'Album'**
球茎类花卉。生长旺盛。冬末或春季具大型、半直立的基生叶。花杯状，白色，秋季开放。对不良气候抗性强。株高和冠径均为10～20cm。

秋雪片莲 ***Leucojum autumnale***
(Autumn snowflake)
鳞茎类花卉。叶线形、直立、基生，与花同放或稍晚。花茎细长，有花14朵，钟状，白色，基部微带粉红色，秋季开放。株高10～15cm，冠径2.5～5cm。

OTHER RECOMMENDED PLANTS:
Colchicum autumnale 'Alboplenum'
Cyclamen cyprium
Galanthus reginae-olgae

白色至粉红色

葱莲 ***Zephyranthes candida***
鳞茎类花卉。叶窄，直立，基生，形成灯心草状叶丛。花茎无叶，花番红花状，白色，直径达6cm，秋季开放。株高15～25cm，冠径5～8cm。

粗壮美花莲 ***Habranthus robustus***
鳞茎类花卉。叶窄条形，半直立，基生。花茎无叶，花漏斗状，粉红色，呈一定角度倾斜，夏末至初秋开放。株高20～30cm，冠径8～10cm。

非洲仙客来 ***Cyclamen africanum***
块茎类花卉。叶形似常春藤叶，深绿色，具较浅色斑纹。花下垂，白色或粉红色，花瓣反折，花口部具较深斑点，与叶同时或稍早出现，秋季开放。株高10cm，冠径10～15cm。

秋水仙 ***Colchicum autumnale***
(Autumn crocus, Meadow saffron)
球茎类花卉。花多达8朵，具长管，杯状，紫色、粉红色或白色，秋季开放。叶大，3～5片，条形，半直立，基生，光滑，春季出现。株高和冠径均为10～15cm。

齿瓣仙客来 ***Cyclamen mirabile***
块茎类花卉。花淡粉红色，花瓣具锯齿，花口部具暗紫色斑点，秋季开放。叶心形，具斑纹，背面淡紫绿色，边缘具细锯齿。株高10cm，冠径5～8cm。

拜占庭秋水仙 ***Colchicum byzantinum***
球茎类花卉。植株健壮。花多达20朵，大型，漏斗状，淡紫色至粉红色，长10～15cm，秋季开放。叶春季出现，极宽，半直立，基生，具纵棱。株高和冠径均为5～20cm。

Allium mairei
Leucojum roseum

粉红色

细网纹仙客来 ***Cyclamen graecum***
块茎类花卉。叶心形，有锯齿，柔软，暗绿色，具银色或较浅绿色斑纹。花粉红色或白色，口部具紫色斑点，秋季开放。在高山植物温室内生长良好。株高10cm，冠径10～15cm。

天竺葵叶仙客来 ***Cyclamen rohlfsianum***
块茎类花卉。叶缘具粗锯齿，表面有浅色环带和暗绿色斑纹。花淡粉紫色，口部具较深色的斑点，秋季开放。株高10cm，冠径10～15cm。

土耳其仙客来 ***Cyclamen cilicium***
块茎类花卉。叶阔心形，具深浅不同的绿色块。花白色或粉红色，口部有一深紫色斑，先于叶或与叶同时出现，秋季开放。株高达10cm，冠径5～10cm。

土耳其秋水仙 ***Colchicum cilicicum***
球茎类花卉。叶极宽，半直立，基生，有纵棱，花凋谢后出现。花大，杯状，淡粉红色至深玫瑰紫色，有时具浅色方形斑纹，秋季开放。株高和冠径均为15～20cm。

角叶仙客来（地中海仙客来）
Cyclamen hederifolium
(*C. neapolitanum*)
块茎类花卉。花淡粉红色至深粉红色，口部具深色斑点，先于叶或与叶同时出现，秋季开放。叶多变，似常春藤叶，具银绿色斑纹。株高10cm，冠径10～15cm。

荷瓣秋水仙 ***Colchicum bivonae***
(*C. bowlesianum, C. sibthorpii*)
球茎类花卉。叶8～10片，直立，春季出现。花大，漏斗状，粉紫色，具显著的暗紫色方形斑纹，花药紫色，秋季开放。株高10～15cm，冠径15～20cm。

小型球根花卉 冬季观赏

粉红色至紫色

尖瓣秋水仙 ***Colchicum agrippinum***
球茎类花卉。叶窄，微波状，半直立，基生，春季生长。花直立，漏斗状，亮紫粉色，具较暗方形斑纹，花瓣先端尖，初秋开放。株高10～15cm，冠径8～10cm。

‘睡莲’秋水仙 ***Colchicum* ‘Waterlily’**
球茎类花卉。叶较宽，半直立，基生，生于冬春季。花重瓣，花瓣紧贴，20～40枚，粉紫色，秋季开放。株高10～15cm，冠径15～20cm。

长瓣秋水仙 ***Merendera montana***
(*M. bulbocodium*)
球茎类花卉。叶窄条形，半直立，基生，花后展叶。花直立，宽瓣，漏斗状，玫瑰紫色或淡紫色，秋季开放。株高5cm，冠径5～8cm。

Biarum eximium
Colchicum ‘The Giant’
CROCUSES, illus. p.428～p.429
Cyclamen purpurascens, illus. p.435

紫色至黄色

细叶袖珍南星 ***Biarum tenuifolium***
块茎类花卉。叶丛状，狭窄，直立，基生，具辛辣味，花后展叶。花无梗，直立，常扭曲，佛焰包黑紫色，夏末或秋季开放。株高达20cm，冠径8～10cm。

白网箭芋 ***Arum pictum***
块茎类花卉。叶箭形，半直立，光滑，具乳白色叶脉，与花同时出现。佛焰包斗篷状，深紫褐色，肉穗花序暗紫色，秋季开放。株高15～25cm，冠径15～20cm。

黄花韭兰 ***Sternbergia lutea***
鳞茎类花卉。叶条形，半直立，基生，深绿色，与花同放。花漏斗状，亮黄色，长2.5～6cm，生于无叶花茎上，秋季开放。株高2.5～15cm，冠径8～10cm。

CROCUSES, illus. p.428～p.429
Sternbergia clusiana
Sternbergia sicula
Zephyranthes citrina

白色

‘重瓣’雪花莲 ***Galanthus nivalis* ‘Flore Pleno’**
(Double common snowdrop)
鳞茎类花卉。叶半直立，基生，灰绿色。花簇生，花瓣多数，白色，有些内轮花瓣先端具绿色斑，冬末和初夏开放。株高10～15cm，冠径5～8cm。

里泽雪花莲 ***Galanthus rizehensis***
鳞茎类花卉。叶极窄，条形，半直立，基生，暗绿色。花白色，长1.5～2cm，内轮花瓣先端具绿色斑，冬末和初夏开放。株高10～20cm，冠径5cm。

‘绿瓣尖’雪花莲 ***Galanthus nivalis* ‘Pusey Green Tip’**
鳞茎类花卉。叶窄条形，半直立，基生，灰绿色。每花茎顶端着生1朵花，花白色，花瓣多数，瓣尖绿色，冬末和初春开放。株高10～15cm，冠径5～8cm。

大雪花莲 ***Galanthus elwesii***
鳞茎类花卉。叶半直立，基生，灰绿色，顶端渐宽。花白色，内轮花瓣顶端和基部具绿色斑，且可能结合，冬末和初春开放。株高10～30cm，冠径5～8cm。

纤细雪花莲 ***Galanthus gracilis***
鳞茎类花卉。叶微扭曲，条形，半直立，基生，灰绿色。花白色，内轮花瓣3枚，花瓣顶端和基部有绿色斑，冬末和初春开放。株高10～15cm，冠径5～8cm。

‘艾氏’雪花莲 ***Galanthus* ‘Atkinsii’**
鳞茎类花卉。生长旺盛。叶条形，半直立，基生，灰绿色。花细长，白色，内轮花瓣顶端具绿色斑，冬末和初春开放。株高10～25cm，冠径5～9cm。

OTHER RECOMMENDED PLANTS:
Galanthus nivalis
Galanthus plicatus subsp. *plicatus*

小型球根花卉 冬季观赏

□ 白色

‘桑德斯’雪花莲 *Galanthus nivalis* ‘Sandersii’ (*G. n.* ‘Lutescens’)
鳞茎类花卉。叶窄条形，半直立，基生，灰绿色。花长1.5～2cm，白色，内轮花瓣顶端具黄色斑，冬末和初春开放。株高达10cm，冠径 2.5～5cm。

伊加林雪花莲 *Galanthus ikariae*
鳞茎类花卉。叶条形，半直立，基生，光滑，亮绿色。花单生，长1.5～2.5cm，白色，内轮花瓣具绿色斑，冬末和初春开放。株高10～25cm，冠径5～8cm。

‘沙洛克’雪花莲 *Galanthus nivalis* ‘Scharlockii’
鳞茎类花卉。生长旺盛。叶半直立，基生，灰绿色。花白色，内轮花瓣顶端具绿色斑，瓣外具2枚窄佛焰苞，佛焰苞驴耳状，冬末和初春开放。株高10～15cm，冠径5～8cm。

拜占庭雪花莲 *Galanthus plicatus* subsp. *byzantinus*
鳞茎类花卉。叶半直立，基生，深绿色，被灰粉，叶缘反折。花白色，内轮花瓣基部和顶端具绿色斑，冬末和初春开放。株高10～20cm，冠径5～8cm。

白花早花仙客来 *Cyclamen coum* f. *albissimum* (*C. c.* ‘Album’)
块茎类花卉。叶圆形，深绿色，有时具银色花纹。花白色，口部具鲜红色斑，冬季开放。株高10cm，冠径5～10cm。

■ 粉红色

仙客来 *Cyclamen persicum*
块茎类花卉。叶心形，具深浅不一的绿色和银色斑纹。花白色或粉红色，细长，长3～4cm，口部具深红色斑，芳香，冬春季开放。株高10～20cm，冠径10～15cm。耐最低温度5～7℃。

‘珍珠波’仙客来 *Cyclamen persicum* ‘Pearl Wave’
块茎类花卉。叶心形，具深浅不一的绿色或银色斑纹。花暗粉红色，细长，长5～6cm，花瓣边缘皱折，芳香，冬春季开放。株高10～20cm，冠径10～15cm。耐最低温度5～7℃。

早花仙客来 *Cyclamen coum*
块茎类花卉。叶圆形，具清晰的深绿色或银色花纹。花鲜红色，口部具黑色斑点，冬季开放。株高10cm，冠径5～10cm。

Cyclamen coum subsp. *caucasicum*
HYACINTHS, illus. p.431

■ 红色

'埃斯米拉达'仙客来 ***Cyclamen persicum* 'Esmeralda'**
块茎类花卉。叶心形，具银色花纹。花瓣宽阔，深红色，冬季开放。株高10～20cm，冠径15～20cm。耐最低温度5～7℃。

'名望'仙客来 ***Cyclamen persicum* 'Renown'**
块茎类花卉。叶心形，亮银绿色，叶中部具暗绿色斑。花鲜红色，细长，长5～6cm，芳香，冬春季开放。株高10～20cm，冠径10～15cm。耐最低温度5～7℃。

冬花系列仙客来 ***Cyclamen persicum* Kaori Series**
块茎类花卉。叶心形，整齐，具银色大理石雕纹。花长4cm，芳香，颜色多变，冬季开放。株高10～20cm，冠径10～15cm。耐最低温度5～7℃。

HYACINTHS, illus. p.431
Lachenalia aloides
Lachenalia rubida

■ 黄色

四色纳金花 ***Lachenalia aloides*** var. ***quadricolor***
鳞茎类花卉。叶2片，条形，半直立，基生。穗状花序，有花10～20朵，花蕾紫红色，花绿黄色或橙色，冬春季开放。株高15～25cm，冠径5～8cm。

'尼尔逊'纳金花 ***Lachenalia aloides* 'Nelsonii'** (*L.* 'Nelsonii')
鳞茎类花卉。叶2片，条形，具紫色斑点，半直立，基生。穗状花序，有花10～20朵，花下垂，管状，亮黄色，微带绿色，长3cm，冬春季开放。株高15～25cm，冠径5～8cm。

菟葵 ***Eranthis hyemalis***
(Winter aconite)
块茎类花卉。丛生。花杯状，无柄，黄色，直径2～2.5cm，叶状苞片多裂，环生于花下，冬末至早春开放。株高5～10cm，冠径8～10cm。

Eranthis x *tubergenii* 'Guinea Gold'
HYACINTHS, illus. p.431

水生植物

许多水生植物本身极具魅力，有的还能保持池塘水体清洁并对健康有好处。从略湿的沼泽花园到小型观赏性池塘或深水水池，各种水生环境都能找到适宜栽植的水生植物。

水生植物

水对声音和光线的反射这一特性早就被用来给园林设计带来生机了。对许多人来说，静止或流动的水体是花园的灵魂，并且能大大地扩展可种植植物的范围。

什么是水生植物

广义的水生植物包括所有沼生、沉水或漂浮的植物。依据植物旺盛生长所需要的水的深度，水生植物可以进一步细分为深水植物、浮水植物、水缘植物、沼生植物或喜湿植物。

为什么种植水生植物

与其他植物不同，水生植物很少是单独为了观赏而种植的。几乎所有的水生植物对于创建良好的生态系统都很重要，而良好的生态环境则是保持水体美观的基础。要做到这一点，就需要合理平衡配置不同的水生植物来调节光线、氧气以及营养水平，以便创造适于动物和植物都能繁荣生长的水生环境。

沉水植物，如软骨草属（*Lagarosiphon*）或狐尾藻属（*Myriophyllum*）植物，在水中担当着“造氧机”的角色，为池塘中的其他生物提供生长所必需的溶解氧；同时，它们还能够除去水中过剩的养分，因而通过控制水藻生长而保持水体的清澈。水藻过多会导致水质混浊、发绿，并遮挡水生植物和池塘生物健壮生长所必需的光线。浮水植物如细叶满江红（*Azolla filiculoides*）或凤眼莲（*Eichhornia crassipes*），也能通过纤细的根吸收水中溶解的养分。深水植物如萍蓬草属(*Nuphar*)和睡莲属(*Nymphaea*)植物，它们的根在池塘底部，花和叶飘浮在水面上，它们除了本身非常美丽外，还为池塘生物提供庇荫，并限制水藻的生长。

观赏水体的植物配置

花园无论大小，布局规则还是自然，都有水体及水生植物的一席之地。在有限的空间内，可以种植像矮小的‘微黄’睡莲（*Nymphaea tetragona* ‘Helvola’）

规则的外观

上图：这个布局规则、高度不同的水池，不仅为花园增加了一个雅致的景点，同时也巧妙地提供了不同的水深以适合不同类型的水生植物，包括多年生深水植物如睡莲、浅水水缘植物如蕺菜（*Houttuynia cordata*）。

水缘种植

下图：设计成自然式的水体所具有的弯曲边缘为水缘植物提供了理想的生长条件，如梭鱼草（*Pontederia cordata*）和宽叶慈姑（*Sagittaria latifolia*），根生于湿泥或水深小于15cm的环境。水缘植物不仅能使水边的泥地得到掩盖并看上去更柔和，而且还是两栖动物和其他野生生物的重要庇护场所。

或纤细的燕子花（*Iris laevigata*）这类水生植物，在较大的地方，配置宽叶香蒲（*Typha latifolia*）效果更好。下沉或抬高的规则式水池中种植那些具有构架外形的植物，如梭鱼草（*Pontederia cordata*）或马蹄莲（*Zantedeschia aethiopica*），能给人雅致的视觉，并能突出其布局整齐的风格。自然式水塘的优点是具有很大的灵活性，它蜿蜒曲折的塘边比同等大小的直边池塘要长很多，水边的斜坡为种植高度的变化提供了条件，极大地扩展了人们对水缘植物的选择余地。这些倾斜而且很可能是水湿的河边更容易吸引野生动物到园中来。这既增添了花园的情趣，又对园丁和植物有好处，因为许多两栖动物、鸟类和小型哺乳动物都以捕食花园害虫为生。

睡莲

睡莲属（*Nymphaea*）植物在静水中生长茂盛，能发挥双重功能，它们具有无与伦比的观赏效果，水面浮叶产生的遮阴抑制了藻类的生长，同时也为鱼类繁衍生存提供了栖身之地。

水生植物的设计

水景设计同其他植物类群的设计遵循相同的原则，就是使用对比或互补的色彩、质地和形状。如果选择具有多样化的叶子、花色、花形以及种实的水生植物，它们可以提供范围广泛的多种趣味。

然而，提供不同的水深条件是种植不同种类水生植物的基础。深水植物，如水面开白花，气味芳香的长柄水蕹（*Aponogeton distachyos*）和具有芦荟状的带尖叶子的浮水植物，水剑叶（*Stratiotes aloides*）需要约1m的水深，睡莲属（*Nymphaea*）植物花色素雅，颜色从纯白色到深红色，根系生长需要的水深是15～100cm，因物种和品种而异。

水缘植物是种类最多的水生植物，从湿泥地到30～45cm深的水中都可生长。水缘植物在装饰人工或自然水塘的边缘、产生有趣的倒影和为野生生物提供庇护方面，都具有不可估量的价值。水缘植物形态多样，睡菜（*Menyanthes trifoliata*）春天开出秀丽的白色花簇，光滑亮泽的叶子在水面铺开，花蔺（*Butomus umbellatus*）花茎直立，顶部开着伞形小巧的粉红色花，坚实的沼芋属（*Lysichiton*）植物花似海芋，叶子漂亮。

在沼泽花园中，水分饱和的土壤为多种沼生植物及喜湿植物提供了极好的生长条件，这些植物包括粗壮的烛台报春、叶深裂的欧洲金莲花(*Trollius europaeus*）以及构架优雅的荚果蕨（*Matteuccia struthiopteris*）。

溪边种植

右上图：溪流边潮湿的土壤是烛台报春等喜湿宿根花卉的理想生长环境，而欧洲水毛茛（*Ranunculus aquatilis*）喜欢水流湍急的生长环境，因此，适宜在溪底上种植。

叶子的对比

右图：如果将具有不同外形的植物并排种植，众多的绿叶就会产生强烈的设计对比效果。这里，睡莲平展的叶子把梭鱼草直立的心形叶衬托得更加出众。

□ 白色

睡菜 ***Menyanthes trifoliata*** (Bog bean, Buckbean)
多年生落叶水缘植物。叶3全裂，中绿色，全缘。花白色，春季开放。株高23cm，冠径30cm。

泽泻 ***Alisma plantago-aquatica*** (Water plantain)
多年生落叶水缘植物。叶椭圆形，亮绿色，直立。圆锥花序松散，高于叶，花小，淡粉红色至白色，夏季开放。株高75cm，冠径45cm。

沼芋 ***Lysichiton camtschatcensis***
多年生落叶水缘植物或沼生植物。生长茂盛。先花后叶，叶椭圆形至卵形，亮绿色。佛焰苞纯白色，内有穗状花序，花小不显著，春季开放。株高75cm，冠径60cm。

地中海水鳖（蛙食草） ***Hydrocharis morsus-ranae*** (Frogbit)
多年生落叶浮水植物。叶肾形，莲座状，橄榄绿色。花小，白色，夏季开放。冠径10cm。幼苗群居生长，直径可达1m。

水芋 ***Calla palustris*** (Bog arum)
多年生落叶或半常绿水缘植物。植株开展。叶心形，具光泽，中绿色至暗绿色。佛焰苞较大，白色，春季开花。果实红色或橙色。株高25cm，冠径30cm。

宽叶慈姑 ***Sagittaria latifolia*** (American arrowhead, Duck potato)
多年生落叶水缘植物。叶弯曲，柔和绿色。花白色，夏季开放。株高1.5m，冠径60cm。

OTHER RECOMMENDED PLANTS:
Luronium natans
Nelumbo nucifera 'Alba Grandiflora'
Sagittaria sagittifolia
Sagittaria sagittifolia 'Flore Pleno'
WATER LILIES, illus. p.450

□ 白色

美国三白草 ***Saururus cernuus*** (Lizard's tail, Swamp lily, Water dragon)
多年生落叶水缘植物或沼生植物。叶丛生，心形，中绿色。总状花序，花乳白色，夏季开放。株高23cm，冠径30cm。

☼ 💧 ❄❄❄

水堇 ***Hottonia palustris*** (Water violet)
多年生落叶沉水植物。叶稠密、轮生，多裂，浅绿色，叶丛团状开展。花淡紫色或白色，常高于水面，夏季开放。冠径不定。

☼ 💧 ❄❄❄

'花叶'水菖蒲 ***Acorus gramineus* 'Variegatus'**
多年生半常绿水缘植物或沉水植物。叶窄，坚硬，禾草状，暗绿色，具奶油色斑。株高25cm，冠径15cm。

☼ 💧 ❄❄

长柄水蕹（长柄浪草） ***Aponogeton distachyos*** (Cape pondweed, Water hawthorn)
多年生落叶深水植物。叶漂浮，椭圆形，中绿色至暗绿色，常具紫色斑。花白色，叉状，极香，具黑色雄蕊，整个夏季开放。冠径1.2m。

☼ 💧 ❄❄

白花驴蹄草 ***Caltha leptosepala***
多年生落叶水缘植物。叶心形，暗绿色。花似毛茛属植物，白色，春季开放。株高和冠径均为30cm。

☼ 💧 ❄❄❄

'银纹'菖蒲 ***Acorus calamus* 'Argenteostriatus'** (*A. c.* 'Variegatus')
多年生半常绿水缘植物。叶剑形，有柑橘香味，中绿色，具奶油色斑，春季萌芽，玫瑰粉红色。株高75cm，冠径60cm。

☼ 💧 ❄❄❄

白色至粉红色

水剑叶 ***Stratiotes aloides*** (Water soldier)
多年生半常绿沉水植物或浮水植物。叶多刺，橄榄绿色，莲座状排列。花杯状，白色，有时带粉红色，夏季开放。通过产生小的水生芽增殖。冠径30cm。

☼ 💧 ❄❄❄

'花叶'蕺菜 ***Houttuynia cordata* 'Chameleon'** (*H. c.*'Variegata')
多年生落叶匍匐水缘植物。生长旺盛。叶芳香，革质，具红黄斑点。花小，白色，夏季开放。需要一些阳光促使色斑更显著。株高10cm，冠径不定。

◐ 💧 ❄❄❄

莲 ***Nelumbo nucifera*** (Sacred lotus)
多年生落叶水缘植物。生长旺盛。茎粗壮。叶大型，盘状，蓝绿色。花大，鲜玫瑰粉红色，盛开时鲜粉红色，夏季开放。植株高出水面1～1.5m，冠径1.2m。耐最低温度7℃。

☼ 💧

Nelumbo nucifera 'Alba Striata'
Nelumbo nucifera 'Rosea Plena'
WATER LILIES, illus. p.450

水生植物

粉红色至蓝色

花蔺　*Butomus umbellatus*
(Flowering rush)
落叶多年生水缘植物。叶似灯心草叶，狭窄，扭曲，中绿色。伞形花序，花粉红色至玫瑰红色，夏季开放。株高1m，冠径45cm。

☼ ● ❄❄❄ 🏆

细叶满江红（细绿萍，卡州满江红）　*Azolla filiculoides*
（*A. caroliniana*）　(Fairy moss, Water fern)
多年生落叶浮水蕨类植物。叶分裂，在光下叶色多变，从红色到紫色，在阴处叶色淡绿色到蓝绿色。可减少藻类的滋生。冠径不定。

☼ ● ❄

梭鱼草　*Pontederia cordata*
(Pickerel weed)
多年生落叶水缘植物。叶披针形，光滑，暗绿色。穗状花序，小花密集，蓝色。株高75cm，冠径45cm。

☼ ● ❄❄❄ 🏆

Colocasia esculenta 'Illustris'
Cryptocoryne spiralis
Thalia dealbata
Thalia geniculata

WATER LILIES, illus. p.450

蓝色至绿色

'美人鱼' 勿忘草　*Myosotis scorpioides* 'Mermaid'
多年生落叶水缘植物。生于沼泽或极浅水中。叶窄，中绿色，蔓生，呈墩状。花小，蓝色，似勿忘我花，整个夏季开放。株高15cm，冠径30cm。

☼ ● ❄❄❄

宽叶香蒲　*Typha latifolia*
多年生落叶水缘植物。叶中绿色，大型丛状。穗状花序，花褐色，夏末开放。果序圆柱形，暗棕色，可作装饰品。植株具侵入性。株高达2.5m，冠径 60cm。

☼ ● ❄❄❄

凤眼莲　*Eichhornia crassipes*
（*E. speciosa*）　(Water hyacinth)
多年生常绿或半常绿水生植物。叶光滑，着生于充满空气的叶柄上。穗状花序，花蓝色和淡紫色，夏季开放。在温暖条件下具侵入性。冠径23cm。耐最低温度1℃。

☼ ●

粉绿狐尾藻　*Myriophyllum aquaticum*（*M. proserpinacoides*）
(Parrot feather)
多年生落叶沉水植物。部分或全部沉入水中。叶开展，细裂，蓝绿色，秋季变淡红色。冠径不定。

☼ ● ❄

芋　*Colocasia esculenta* (Taro)
多年生落叶湿生植物。叶大，粗状，中绿色至暗绿色，常具显著白色叶脉。夏季着生不显著佛焰苞。可用湿润土壤进行盆栽。株高1.1m，冠径60cm。耐最低温度1℃。

☼ ● ⓘ 🏆

菹草　*Potamogeton crispus*
(Curled pondweed)
多年生落叶沉水植物。叶开展似海藻，青铜绿色或中绿色。花淡红色，不明显，夏季开放。喜凉爽水体。冠径不定。

☼ ● ❄❄❄

WATER LILIES, illus. p.450

水生植物

绿色

大藻　*Pistia stratiotes* (Water lettuce)
多年生落叶浮水植物。主要在水池或水族馆中栽培。在热带条件下常绿。叶有毛，柔和绿色，似生菜叶。花微小，深绿色，花期不定。株高和冠径均为10cm。耐最低温度10～15℃。

耳状槐叶苹　*Salvinia auriculata*
多年生落叶浮水植物。在热带条件下常绿，形成开展的群落。叶圆形，淡绿色至中绿色，有时带紫褐色，成对生于分枝茎上。冠径不定。耐最低温度10～15℃。

四角菱（欧菱）　*Trapa natans*
(Jesuit's nut, Water chestnut)
一年生浮水植物。叶钻石形，中绿色，常具紫色斑，呈整齐的莲座状。花白色，夏季开放。冠径23cm。

大软骨草　*Lagarosiphon major*
(*Elodea crispa* of gardens)
多年生半常绿沉水植物。植株开展。水下叶稠密，向上的茎着生狭窄、反折、暗绿色叶。花不明显，夏季开放。冠径不定。

小香蒲　*Typha minima*
多年生落叶挺水植物。叶禾草状。穗状花序，花棕色，夏末开放。花序具装饰性，圆柱形。株高45～60cm，冠径30cm。

芡　*Euryale ferox*
一年生深水植物。叶漂浮，圆形，多刺，橄榄绿色，叶背浓紫色。花小，紫罗兰色至紫色，夏季开放。仅适于热带地区水池中栽培。冠径1.5m。耐最低温度5℃。

绿色至黄色

黑三棱　*Sparganium erectum*
(*S. ramosum*) (Branched bur reed)
多年生落叶或半常绿挺水植物。生长旺盛。叶窄，中绿色。刺果小，淡紫色至褐色，夏季成熟。株高1m，冠径60cm。

轮叶狐尾藻　*Myriophyllum verticillatum* (Whorled water milfoil)
多年生落叶沉水植物。植株开展。靠棒形冬芽越冬。茎细弱。叶细裂，轮生，榄绿色。冠径不定。

水金英　*Hydrocleys nymphoides*
(Water poppy)
多年生落叶深水植物。在热带条件下常绿。叶漂浮，卵形，中绿色。花黄色，似罂粟，高于叶，夏季开放。冠径达60cm。耐最低温度1℃。

Baldellia ranunculoides
Cabomba caroliniana
Ceratophyllum demersum
Colocasia esculenta 'Fontanesii'
Cryptocoryne ciliata
Egeria densa
Fontinalis antipyretica
Myriophyllum hippuroides
Salvinia natans
Sparganium natans
Vallisneria spiralis

睡莲

睡莲属（*Nymphaea*）植物恬静而美丽，可为任何一个水生花园增添视点和色彩。叶小而精致的睡莲可栽培于仅8cm深的水中，而长势旺盛的睡莲则需要1m的水深。睡莲的叶大，盘状，可为鱼儿提供庇护场所，也有助于减少藻类的蔓延。通常耐寒的睡莲没有特殊要求，但它们更喜欢开阔、有阳光和静水的环境。

'弗吉尼亚' 睡莲
N. 'Virginia'

'白花' 睡莲
N. tetragona 'Alba'

'格莱斯顿' 睡莲
N. 'Gladstoneana' 🏆

'微白' 马尔勒群睡莲
N. Marliacea Group 'Albida'

'潘兴将军' 睡莲
N. 'General Pershing'

'紫红阿雷' 睡莲 *N.* 'Rose Arey'

'美洲星' 睡莲
N. 'American Star'

'诱惑' 睡莲
N. 'Attraction'

'火冠' 睡莲
N. 'Firecrest'

'费罗贝' 睡莲
N. 'Froebelii'

'红宝石' 睡莲
N. 'Escarboucle' 🏆

'光亮' 睡莲
N. 'Lucida'

'詹姆斯·布莱顿' 睡莲
N. 'James Brydon' 🏆

'艳丽' 莱德克尔群睡莲
N. Laydekeri Group 'Fulgens'

'蓝丽' 睡莲
N. 'Blue Beauty'

'微黄' 睡莲
N. tetragona 'Helvola'

'杂色' 马尔勒群睡莲
N. Marliacea Group
'Chromatella' 🏆

'旭日' 睡莲
N. 'Sunrise'

水生植物

□ 黄色

黄苞沼芋 ***Lysichiton americanus***
（*L. americanum*） (Yellow skunk cabbage)
多年生落叶水缘植物或沼生植物。生长旺盛。叶大，鲜绿色，春季先花后叶。佛焰苞艳丽，鲜黄色。株高1m，冠径 75cm。

☼ 💧 ❄❄❄ 🏆

'重瓣'驴蹄草 ***Caltha palustris* 'Flore Pleno'**
多年生落叶水缘植物。叶圆形，暗绿色。花簇生，重瓣，亮金黄色，春季开放。株高和冠径均为25cm。

☼ 💧 ❄❄❄ 🏆

荇菜(荇菜) ***Nymphoides peltata***
(Fringed water lily, Water fringe)
多年生落叶深水植物。叶漂浮，小圆形，中绿色，常有棕色斑点。花小，流苏状，黄色，整个夏季开放。冠径60cm。

☼ 💧 ❄❄❄

驴蹄草 ***Caltha palustris***
(Kingcup, Marsh marigold)
多年生落叶水缘植物。叶圆形，暗绿色。花簇生，杯状，亮金黄色，春季开放。株高60cm，冠径45cm。

☼ 💧 ❄❄❄ 🏆

长叶毛茛 ***Ranunculus lingua***
多年生落叶水缘植物。茎粗壮。叶披针形，淡灰绿色。花簇生，黄色，春末开放。株高90cm，冠径45cm。

☼ 💧 ❄❄❄ ⓘ

黄花萍蓬草 ***Nuphar lutea***
(Brandy bottle, Yellow water lily)
多年生落叶深水植物。生长旺盛。适于大型池塘栽培。叶革质，中绿色。花小，瓶状，黄色，有令人作呕的气味，夏季开放。果序可作装饰品。冠径1.5m。

◑ 💧 ❄❄❄

奥昂蒂 ***Orontium aquaticum***
(Golden club)
多年生落叶深水植物。不适宜水边生长。叶漂浮，椭圆形，蓝灰色或蓝绿色。穗状花序，铅笔状，金黄色和白色，春季生于叶丛中。冠径60cm。

☼ 💧 ❄❄❄

Cotula coronopifolia
Nelumbo lutea
Nuphar advena
Ranunculus lingua 'Grandiflorus'
Utricularia gibba
Utricularia vulgaris

仙人掌及多浆植物

仙人掌及多浆植物具有极强的适应能力，能够在极端的气候条件下生存。这类迷人的植物能够在形态、质地及大小方面增添花园植物的多样性。有部分种类经常开花，还有许多种类虽不常开花，但花朵引人注目，使人们在期盼中更觉不同凡响。

仙人掌及多浆植物

严酷的气候给在其中生存下来的植物施加了巨大的进化压力，由此而形成的植物形态的奇异和多样是其他植物都无法比拟的。

什么是仙人掌及多浆植物

多浆植物（多肉植物）是指叶、茎或根特别适用于贮存水分，能够在干旱季节维持生命的一类植物。仙人掌植物区别于其他多浆植物之处在于它们有小窠，就是茎上好似“针座”一般的结构，上面生有针刺。

叶是植物散失水分的主要部位，因此，许多多浆植物的叶在干旱季节脱落，或根本就没有叶。从叶面蜡质且覆盖蓝灰色霜粉的厚叶属（*Pachyphytum*）、革质的白星龙属（*Gasteria*）到生有密毛的狮子锦（*Oreocereus celsianus*）或多刺的金鯱属（*Echinocactus*），它们的表面结构也都可以保持水分，并且能够保护自己免受强烈阳光，及极度高温的伤害。那些受园丁喜爱的有观赏作用的刺，实际上是保护了植物免受动物的啃食，而且还能使空气中的水分凝结成小水滴，流到根部。

多浆植物的选择

要想种好多浆植物，就要了解并尽可能地模拟它们生存的自然环境。我们通常最熟悉的仙人掌和多浆植物的原产地在干旱、半干旱荒漠地区，但是还有一些来自寒冷的极高山环境中，其中有长生草属植物，而像昙花属这样的植物则来自亚热带、热带雨林。

小型多浆植物的展示

这里，有棱纹的锦绣玉属（*Parodia*）和星冠属（*Astrophytum*）结构优雅的外形同乳突球属（*Mammillaria*）圆球状的外形形成鲜明的对比。

在无霜的干燥地区，园丁们可以把沙漠仙人掌和其他多浆植物种植在户外花境大的构架组合中。在这种地区，雨水的季节性很强，一到雨季，就能促使这类植物开出颇为壮观的花来。

无霜而湿润的地区气候条件，非常适合种植来自雨林地带的仙人掌和多浆植物，如大轮柱属（*Selenicereus*）、蟹爪属（*Schlumbergera*）、昙花属（*Epiphyllum*）。这些植物生长需要一点庇荫，可附生在树木枝条上悬垂下来。它们常在夜间开花，浓郁的花香可以飘到很远的地方。

在较为冷凉、多霜的地区，不耐寒的种类必须种植在室内、温室或花房中。这类植物大多要求温度至少在10～15℃，有些热带种类则要求最低温度在20℃以上，如长生草属（*Sempervivum*）、卷绢属（*Jovibarba*）、景天属（*Sedum*）和有些大戟属（*Euphorbia*）植物等耐寒种类，可以在露地花境或高设花坛落户。多数这类植物要求土壤排水良好，可以同排水、光照及湿度需求相似的高山植物一起种植。

利用多浆植物进行设计

多浆植物的质地和形态各异。有景天科莲座草属（*Echeveria*）植物形成致密垫状的多肉莲座叶丛，还有多刺、圆柱状、有分枝的沙漠仙人柱类，以及优雅下垂的雨林附生植物仙人棒属（*Rhipsalis*）和蟹爪属（*Schlumbergera*），还有球状和有棱的，如乳突球属（*Mammillaria*）、金煌柱属（*Haageocereus*）以及小石子状的生石花属（*Lithops*）。

如此众多的形态可以广泛用来创造不同的观赏效果，如将叶具有尖刺并在基部形成莲座叶丛的芦荟、龙舌兰属（*Agave*）、丝兰属（*Yucca*）植物同高大而形似雕塑的球状、柱状以及分枝烛台状种类形成对比，就是非常不错的设计。

垂吊之美

左图：雨林仙人掌类植物如鼠尾鞭属（*Aporocactus*）、昙花属（*Epiphyllum*）以及它们的杂交种常沿着蔓生茎开花。图中是‘萨塞克斯粉’鼠尾昙花（×*Aporophyllum*‘Sussex Pink’）的美丽吊篮。

容器栽植

多数的仙人掌及多浆植物适合在容器中种植，在天气温暖的季节，可以把户外的露台和阶地装点得气势不凡，有霜的地方要移至温室内越冬。同一容器种植不同种类的植物时，最重要的原则是选择那些生长速度、栽培条件接近的植物，这样既能保证它们能生长良好，又不会越出本身的生长空间而遮盖其他种类。

美丽的花朵

上图：‘华丽’仙人球（*Echinopsis* ‘Glorious’）夏季开放的鲜亮、暖色的花是许多仙人掌类植物花的典型代表，为雕塑般的造型展示增添了亮色。

自然环境

左图：在炎热、干燥的气候条件下，仙人掌及多浆植物可以长得非常大。图中龙舌兰的莲座状叶丛衬托着巨人柱（*Carnegiea gigantea*）和扁平的仙人掌。

温室种植

下图：尽管有一些耐寒的品种，但大多数仙人掌及多浆类植物在冷凉的温带气候区仍须防霜、防寒和防止过于潮湿。温室和家中是种植和展示它们的多彩多姿的理想场所。

许多仙人掌和多浆植物，如翡翠木（*Crassula ovata*）、莲花掌（*Aeonium arboreum*）以及多种龙舌兰，种在漂亮的花盆中就是美丽的样本。它们和虎尾兰属（*Sansevieria*）、翡翠珠（*Senecio rowleyanus*）、吊金钱（*Ceropegia linearis* subsp. *woodii*）等植物，寿命很长，非常容易繁殖，即使疏于照料也能存活繁衍，因此，有些亲本及后代已经在家庭和朋友之间代代相传。

由于带刺的仙人掌可能会造成伤害，因此，要注意将其放置在远离眼睛的高度及孩子和宠物够不着的地方。

本组所用的大小等级		
大	中	小
>100cm	23～100cm	<23cm

大型仙人掌及多浆植物

□ 白色

大轮柱 ***Selenicereus grandiflorus***
(Queen-of-the-night)
多年生仙人掌类植物。攀缘。茎绿色，直径1～2cm，具7棱，刺黄色。花白色，直径18～30cm，夏季夜间开放。株高3m，冠径不定。耐最低温度5℃。

白聚球 ***Echinopsis lageniformis***
(*E. bridgesii, Trichocerus bridgesii*)
多年生仙人掌类植物。茎柱状，有分枝，具4～8棱，每个小窠上的刺多达6个。花芳香，漏斗状，白色，夏季夜间开放。株高达5m，冠径1m。耐最低温度10℃。

刚柱（有力柱） ***Cereus validus***
(*C. forbesii*)
多年生仙人掌类植物。茎柱状，蓝绿色，具分枝，棱明显，4～7条，刺颜色暗。花白色，直径25cm，杯状，夏季夜间开放。果实红色。株高7m，冠径3m。耐最低温度7℃。

龙神木 ***Myrtillocactus geometrizans*** (Blue candle)
多年生仙人掌类植物。茎柱状，蓝绿色，多分枝，具5～6棱，当茎高达30cm时开始长刺，刺短，黑色。花白色，夏季夜间开放。株高达4m，冠径2m。耐最低温度12℃。

仙人柱 ***Cereus uruguayansus***
多年生仙人掌类植物。茎柱状，银蓝色，具分枝，棱齿状，4～8条，刺金黄色。花白色，杯状，直径10cm，夏季夜间开放。果实梨形，红色。株高5m，冠径4m。耐最低温度7℃。

佛塔 ***Browningia hertlingiana***
(*Azureocereus hertlingianus*)
多年生仙人掌类植物，生长慢。茎柱状，银蓝色，刺金黄色，丛生于小窠。花白色，夏季夜间开放。株高8m，冠径4m。耐最低温度7℃。

长叶瓶干树（锦堂） ***Pachypodium lamerei***
多年生多浆植物。乔木状。茎淡绿色，顶部具条形叶，刺多。花芳香，喇叭状，乳白色，当植株高达1.5m时开始开花。花期后茎开始分枝。株高6m，冠径2m。耐最低温度11℃。

巨人柱 ***Carnegiea gigantea***
(Saguaro)
多年生仙人掌类植物。生长极慢。茎绿色，粗壮，具棱12～24条，刺多。当植株高达4m时开始分枝和开花，花小，白色，漏斗状，肉质，生于茎顶部，夏季开放。株高达12m，冠径3m。耐最低温度7℃。

OTHER RECOMMENDED PLANTS:
Agave americana
Echinopsis candicans, illus. p.461
Epiphyllum anguliger, illus. p.461
Lepismium warmingianum, illus. p.461
Rhipsalis floccosa, illus. p.461

白云角 ***Pachycereus marginatus***
(Organ-pipe cactus)
多年生仙人掌类植物。茎柱状，肉质，光滑，具分枝，具棱5～6条，刺小，生于小窠上。花白色，漏斗状，夏季开放。株高7m，冠径3m。耐最低温度11℃。

小花龙舌兰 ***Agave parviflora***
多年生多浆植物。叶丛莲座状，叶基生，披针形，暗绿色，边缘具纤维状白丝。花白色，夏季开放。株高1.5m，冠径50cm。耐最低温度5℃。

近卫柱 ***Stetsonia coryne***
多年生仙人掌类植物。乔木状。干肉质，低矮，肥大，蓝绿色，具棱8～9条，刺黑色，随后逐渐变为白色，但刺尖仍为黑色。花漏斗状，白色，夏季夜间开放。株高8m，冠径4m。耐最低温度10℃。

翡翠木 ***Crassula ovata*** (Friendship tree, Jade tree, Money tree)
多年生多浆植物。茎肥大。叶光滑，绿色，有时边缘红色，生于茎顶端。花白色，花瓣5枚，秋冬开放。株高4m，冠径2m。耐最低温度5℃。

黄大文字 ***Echinopsis spachiana***
(Torch cactus)
多年生仙人掌类植物，丛生。茎绿色，光滑，具棱10～15条，刺浅黄色。花漏斗状，白色，芳香，夏季夜间开放。株高和冠径均为2m。耐最低温度8℃。

老乐（长毛柱） ***Espostoa lanata***
(Cotton ball, Peruvian old-man cactus)
多年生仙人掌类植物。生长极慢。茎柱状，肉质，绿色，具分枝，被白色毛。当株高达1m时开始开花，花白色，有恶臭味，夏季开放。株高达4m，冠径2m。耐最低温度10℃。

木麒麟 ***Pereskia aculeata***
(Barbados gooseberry, Lemon vine)
落叶仙人掌类植物。攀缘。生长快。叶宽，光滑。花乳白色，当株高达1m时开始开花，花心部橙色，秋季开放。株高10m，冠径5m。耐最低温度5℃。

'条斑'龙舌兰 ***Agave americana* 'Striata'**
多年生多浆植物。叶丛莲座状，叶基生，剑形，蓝绿色，先端极尖，边缘黄色。花白色，长9cm，春夏开放。短匍茎多。株高和冠径均为2m。

Agave americana 'Mediopicta'
Ceropegia haygarthii
Epiphyllum crenatum
Epiphyllum oxypetalum
Neobuxbaumia euphorbioides
Pereskia aculeata 'Godseffiana'

大型仙人掌及多浆植物

白色至粉红色

彩华阁　*Haageocereus versicolor*
多年生仙人掌类植物。茎柱状，刺密集，放射状，金黄色、红色或褐色，有时绿色茎的顶端以较长的中刺形成彩色带。花长筒状，着生茎顶，白色，夏季开放。株高2m，冠径1m。耐最低温度11℃。

花月　*Crassula arborescens*
(Silver jade plant)
多年生多浆植物。茎粗壮，顶端具分枝。叶圆形，银蓝色，边缘常为红色。花粉红色，花瓣5枚，秋冬季开放。株高4m，冠径2m。耐最低温度7℃。

大叶木麒麟　*Pereskia grandifolia*
(*Rhodocactus grandifolius*) (Rose cactus)
多年生仙人掌类植物。落叶灌木状。刺黑色。花单瓣，粉红色，莲座状，当株高达30cm时开始开花，夏秋开放。株高5m，冠径3m。耐最低温度10℃。

天宝花（沙漠玫瑰）　*Adenium obesum*
多年生多浆植物。乔木状。干肉质，绿色，从下部至上部逐渐细。叶卵形，具光泽，绿色，背面暗绿色，生于茎顶端。花漏斗状，粉红色至淡红色，花瓣内面白色，夏季开放。株高2m，冠径50cm。耐最低温度15℃。

上帝阁（大凤柱）　*Pachycereus schottii*（*Lophocereus schottii*）
多年生仙人掌类植物。茎柱状，长大后具分枝，橄榄绿色至暗绿色，具4～15条棱，刺小，白色。花漏斗状，粉红色，夏季夜间开放。株高7m，冠径2m，最低生长温度10℃。

春衣　*Pilosocereus leucocephalus*
(*P. palmeri*)
多年生仙人掌类植物。茎柱状，具棱10～12条，顶端被白色毛。花管状，粉红色，花药乳白色，当株高达1.5m时开始开花，夏季夜间开放。株高6m，冠径1m。耐最低温度11℃。

Ceropegia linearis subsp. *woodii*, illus. p.462
Haageocereus chosicensis
Oreocerus celsianus, illus. p.462
Pachycereus schottii 'Monstrosus'
Senecio rowleyanus, illus. p.462

‘花叶’小木芦荟 ***Aloe arborescens* ‘Variegata’**
常绿多浆植物。丛生。灌木状。叶丛莲座状，叶细长，蓝绿色，肉质，边缘具锯齿和浅黄色条纹。穗状花序多，花红色，冬末至春季开放。株高和冠径均为2m。耐最低温度7℃。

青鳄芦荟 ***Aloe ferox***
常绿多浆植物。乔木状。茎木质。叶丛莲座状，叶密集，剑形，蓝绿色，边缘具刺。穗状花序直立，花小，钟状，橙红色，春季开放。株高3m，冠径1.5～2m。耐最低温度7℃。

葡萄瓮 ***Cyphostemma juttae*** (*Cissus juttae*)
多年生多浆植物。茎肥大，茎皮剥落，小枝攀缘，脱落。花黄绿色，不明显，夏季开放。果实绿色，随后变为黄色或红色。株高和冠径均为2m。耐最低温度10℃。

‘斑叶’红雀珊瑚 ***Pedilanthus tithymaloides* ‘Variegata’** (Red-bird flower)
多年生多浆植物。灌木状。茎节处有分枝。叶具白色或粉红色斑点。花小，淡绿色，生于茎顶端，苞片红色至黄绿色，夏季开放。株高达3m，冠径30cm。耐最低温度10℃。

缘毛芦荟 ***Aloe ciliaris***
多年生多浆植物。攀缘。茎细长。叶丛莲座状，生于茎顶端，叶窄，剑形，绿色，基部与茎连接处有白色锯齿。花钟状，鲜红色，口部黄绿色，春季开放。株高5m，冠径30cm。耐最低温度7℃。

勇凤 ***Neobuxbaumia euphorbioides***
多年生仙人掌类植物。茎柱状，直径10cm，灰绿色至暗绿色，具棱4～8条，小窠具1～2枚黑刺。花漏斗状，葡萄酒红色，夏季开放。株高达3m，冠径1m。耐最低温度15℃。

吹雪柱（银毛柱） ***Cleistocactus strausii*** (Silver torch)
多年生仙人掌类植物。生长快。茎直径8cm，刺短，密集，白色。花多，细长，管状，红色，当株高达60cm时开始开花。株高3m，冠径1～2m。耐最低温度5℃。

Aloe arborescens
Cereus uruguayanus ‘Monstrosus’
Crassula perfoliata var. *minor*, illus. p.464
Opuntia cylindrica
Pedilanthus tithymaloides
Tylecodon paniculatus

大型仙人掌及多浆植物

绿色至黄色

翁柱 ***Cephalocereus senilis***
(Old-man cactus)
多年生仙人掌类植物。生长极慢。茎柱状，绿色，茎上的白色长毛遮盖着白色短刺。栽培时不易开花。株高15m，冠径15cm。耐最低温度5℃。

'斑心'巨麻（中白万年兰）
***Furcraea foetida* 'Mediopicta'**
多年生多浆植物。叶丛莲座状，叶宽，基生，剑形，绿色，具乳白色条纹，长达2.5m。花钟状，绿色，花瓣内面白色，夏季开放。株高3m，冠径5m。耐最低温度6℃。

苍角殿（仙鞭草） ***Bowiea volubilis***
多浆植物。球根状。攀缘。茎细长，多分枝，绿色，无叶。花小，星状，绿色，生于茎顶部，夏季开放。需支撑。株高1～2m，冠径45～60cm。耐最低温度10℃。

天人舞（白仙人扇） ***Kalanchoe beharensis***
多年生多浆植物。灌木状。叶三角形至披针形，橄榄绿色，被褐色细毛。花钟状，黄色，冬末开放，当株高达2m时开始开花。株高和冠径均为4m。耐最低温度10℃。

武伦柱 ***Pachycereus pringlei***
多年生仙人掌类植物。生长慢。茎肉质，柱状，蓝绿色，具分枝，有棱10～15条，小窠大，具15～25枚白刺，刺先端黑色。栽培时不开花。株高11m，冠径3m。耐最低温度10℃。

金琥 ***Echinocactus grusonii*** (Golden barrel cactus, Mother-in-law's seat)
多年生仙人掌类植物。生长慢。茎肉质，半球状，绿色，具棱30条，茎顶端有黄色绵毛。花稻草黄色，在茎顶部环状排列，当茎直径达38cm时开始开花，夏季开花。株高和冠径均为2m。耐最低温度11℃。

白鸟球 ***Ferocactus cylindraceus***
多年生仙人掌类植物。生长慢。茎幼时球状，成年时柱状，绿色，具棱10～20条，刺大，钩状，红色或黄色。花漏斗状，黄色，春季开花，当茎直径达25cm时开始开花。株高3m，冠径80cm。耐最低温度5℃。

大王团扇(御镜) ***Opuntia robusta***
多年生仙人掌类植物。灌木状。茎扁平，卵状，银蓝色，无刺或每个小窠上有8～12枚白色刺，刺长达5cm。花杯状，黄色，直径7cm，春夏季开放。株高和冠径均为5m。耐最低温度5℃。

Agave attenuata, illus. p.467
Agave filifera, illus. p.465
Ceropegia sandersonii
Cleistocactus smaragdiflorus
Echinocactus platyacanthus
Euphorbia candelabrum
Ferocactus wislizenii
Furcraea foetida
Opuntia brasiliensis
Opuntia ficus-indica
Pachycereus pecten-aboriginum
Parodia leninghausii, illus. p.468

中型仙人掌及多浆植物

□ 白色

九纹龙 ***Gymnocalycium gibbosum***
多年生仙人掌类植物。茎球状至柱状，暗绿色，具圆棱12～19条，刺浅黄色，随后颜色变深。花白色，长7cm，夏季开放。株高30cm，冠径20cm。耐最低温度5℃。

皇后龙舌兰（鬼脚掌） ***Agave victoriae-reginae*** (Royal agave)
多年生多浆植物。生长极慢。叶丛莲座状，叶基生，边缘无刺，叶缘白色或具白色条纹。花乳白色，花茎高4m，20～30年后才能开花，春夏开放。株高和冠径均为60cm。耐最低温度5℃。

角裂昙花 ***Epiphyllum anguliger*** (Fishbone cactus)
多年生仙人掌类植物。幼茎直立，随后悬垂，茎绿色，扁平，带状，边缘具齿。花管状，白色，直径10cm，夏季开放。株高1m，冠径40cm。耐最低温度11℃。

金城柱 ***Echinopsis candicans*** (*Trichocereus candicans*)
多年生仙人掌类植物。丛生。茎具分枝，棱多达11条，每小窠具10～15枚辐射状刺和4枚中刺。花白色，漏斗状，芳香，夏季夜间开放。株高1m，冠径不定。耐最低温度8℃。

风月 ***Lepismium warmingianum***
多年生仙人掌类植物。茎直立，随后悬垂状，茎分枝细长，柱状，具槽，绿色，有时微带红色或褐色，具2～4条棱。花绿白色，冬春季开放。浆果紫色。株高1m，冠径50cm。耐最低温度11℃。

旺盛球（仙人球） ***Echinopsis oxygona*** (*E. multiplex*)
多年生仙人掌类植物。茎球状至圆柱状，绿色，具13～15条棱，具长刺。花管状，长20cm，直径10cm，白色至淡紫色，春夏季开放。株高和冠径均为30cm。耐最低温度5℃。

青柳 ***Rhipsalis cereuscula*** (Coral cactus)
多年生仙人掌类植物。茎柱状，绿色，悬垂，具4～5条棱，分枝轮生，长3cm。花钟状，白色，生于茎顶端，冬春季开放。株高60cm，冠径50cm。耐最低温度10℃。

矮丛昙花 ***Epiphyllum laui***
多年生仙人掌类植物。灌木状。常具茎，茎带状，泛红色，具光泽，有时茎柱状或具4棱角，具刺。花白色，芳香，花萼褐色，春夏开放。株高30cm，冠径50cm。耐最低温度10℃。

绵苇 ***Rhipsalis floccosa***
多年生仙人掌类植物。茎悬垂状或柱状，绿色，直径1cm，分枝比同属植物少。花多，极淡的粉红色，初夏开放。浆果淡粉红色至白色。株高1m，冠径50cm。耐最低温度10℃。

OTHER RECOMMENDED PLANTS:
Echinopsis eyriesii
Haageocereus decumbens
Hatiora clavata
Hylocereus undatus
Neoporteria chilensis
Rhipsalis capilliformis
Rhipsalis crispata
Rhipsalis paradoxa
Ruschia crassa

中型仙人掌及多浆植物

白色至粉红色

翡翠珠　*Senecio rowleyanus*
(String-of-beads)
多年生多浆植物。茎绿色，细长，悬垂状。叶绿色，近球状。头状花序，花筒状，白色，芳香，春季至秋季开放。适宜悬挂盆中观赏。株高1m，冠径不定。耐最低温度5℃。

‘花叶’洋吊钟（‘花叶’落地生根）　*Kalanchoe fedtschenkoi* ‘Variegata’
多年生多浆植物。灌木状。叶蓝绿色，有乳白色及红色斑块，叶缺刻处可产生新的幼株。花褐粉红色，冬末开放。株高和冠径均为1m。耐最低温度10℃。

吊金钱　*Ceropegia linearis* subsp. *woodii* (*C. woodii*) (Heart vine, Rosary vine, String-of-hearts)
半常绿蔓生多浆植物。亚灌木状。具块根。叶在阳光下变红色。花淡粉绿色，被毛，春季至秋季开放。株高1m，冠径不定。耐最低温度7℃。

珠毛柱　*Echinocereus schmollii* (*Wilcoxia schmollii*) (Lamb's-tail cactus)
仙人掌类植物。茎柱状，肉质，直立至平卧，紫绿色，有8～10条棱，多数茎具白色刺。花淡粉紫色，春夏季开放。株高和冠径均为30cm。耐最低温度8℃。

Echinopsis rhodotricha

粉红色

花叶仙人笔　*Senecio articulatus* ‘Variegatus’
多年生落叶多浆植物。冠开展。茎具灰色斑点。叶夏季蓝绿色，具乳白色和粉红色斑点。具花序，花黄色，秋季至春季开放。株高60cm，冠径不定。耐最低温度10℃。

‘德国皇后’小朵令箭荷花　*Nopalxochia phyllanthoides* ‘Deutsche Kaiserin’
多年生仙人掌类植物。附生，悬垂状生长。茎绿色，扁平，具锯齿，有光泽。花粉红色，直径达10cm，生于茎边缘，春季开放。株高60cm，冠径1m。耐最低温度10℃。

大叶落地生根　*Kalanchoe daigremontiana* (Mexican hat plant)
多年生多浆植物。茎直立。叶肉质，船形，具锯齿，缺刻处可产生新的幼株。伞形花序顶生，花粉红色，冬季开放。株高1m，冠径30cm。耐最低温度7℃。

小花草丝兰　*Hesperaloe parviflora* (*Yucca parviflora*)
多年生多浆植物。叶丛莲座状，叶基生，边缘有剥落的白色纤维。总状花序，花小，钟状，粉红色至红色，夏秋季开放。株高1m以上，冠径2m。耐最低温度3℃。

狮子锦　*Oreocereus celsianus* (*Borzicactus celsianus, Cleistocactus celsianus*) (Old man of the Andes)
多年生仙人掌类植物。生长慢。刺密集，纤细。花粉红色，夏季开放。株高1m，冠径30cm。耐最低温度10℃。

花盃　*Echinocereus reichenbachii* var. *baileyi* (*E. baileyi*)
多年生仙人掌类植物。茎圆柱状，具分枝，具12～23条棱，刺黄白色，长3cm。花粉红色，基部颜色较深，春季开放。株高30cm，冠径20cm。耐最低温度7℃。

“温迪”落地生根 ***Kalanchoe* 'Wendy'**

多年生多浆植物。半直立。叶绿色，狭卵形，长7cm，具光泽。花钟状，粉红色，长2cm，花瓣先端黄色，冬末开放。适宜吊篮中栽培。株高和冠径均为30cm。耐最低温度10℃。

鼠尾鞭 ***Aporocactus flagelliformis*** (Rat's-tail cactus)

多年生仙人掌类植物。悬垂状生长。茎绿色，粗如铅笔，具金黄色短刺。花重瓣，樱桃红色，沿茎而生，春季开放。适宜吊篮中栽培。株高1m，冠径不定。

‘荣耀’令箭荷花 ***Nopalxochia* 'Gloria'**

多年生仙人掌类植物。初直立，后悬垂状生长。茎扁平，带状，绿色，边缘具齿。花直径10cm，粉红色，春季开放。株高30cm，冠径1m。耐最低温度10℃。

‘吉恩斯’令箭荷花 ***Nopalxochia* 'M.A. Jeans'**

多年生仙人掌类植物。初直立，后悬垂状生长。茎扁平，带状，绿色，边缘具浅锯齿。花深粉红色，直径8cm，花药白色，春季开放。株高30cm，冠径50cm。耐最低温度10℃。

美花角（鹿角掌） ***Echinocereus pentalophus***

多年生仙人掌类植物。丛生。茎绿色，直径3～4cm，具4～8条棱，随后变圆，具刺。花喇叭状，直径12cm，亮粉红色，基部颜色较淡，春季开放。株高60cm，冠径1m。耐最低温度5℃。

松叶菊（美丽日中花，红冰花） ***Lampranthus spectabilis***

多年生多浆植物。冠开展。茎直立。叶细圆柱状，灰绿色。花雏菊状，樱桃红色，花心部黄色或全部为金黄色，夏季开放。株高30cm，冠径不定。耐最低温度5℃。

Echinocereus cinerascens
Echinocereus pectinatus
Echinocereus reichenbachii
Kalanchoe fedtschenkoi
Lampranthus haworthii
Neoporteria chilensis
Oreocereus trollii

中型仙人掌及多浆植物

粉红色至红色

长寿花 ***Kalanchoe blossfeldiana* Hybrids**
多年生多浆植物。灌木状。叶绿色，卵圆形至长椭圆形，具光泽，有锯齿。具花序，花黄色、橙色、粉红色、红色或紫色，全年开放。为良好的室内盆栽植物。株高和冠径均为30cm。耐最低温度10℃。

绯牡丹 ***Gymnocalycium mihanovichii* 'Red Head'**
多年生仙人掌类植物。茎红色，具8条棱，具弯曲的刺。由于不含叶绿素，必须嫁接在速生的砧木上。花粉红色，春夏季开放。株高和冠径视嫁接砧木而异。耐最低温度10℃。

斑叶芦荟 ***Aloe variegata*** (*A. punctata*) (Partridge-breasted aloe)
多年生多浆植物。冠圆丘状。叶三角形，暗绿色，有白色斑纹，背面具显著的脊骨。具花序，花粉红色，春夏季开放。为良好的室内盆栽植物。株高30cm，冠径10cm。耐最低温度7℃。

金晃星(毛拟石莲花) ***Echeveria pulvinata*** (Plush plant)
多年生多浆植物。小型亚灌木。茎被褐色绒毛。叶莲座状丛生于枝顶，叶倒卵形，具白色短毛，肉质，肥厚，绿色，秋季边缘变红。花红色，春季开放。株高30cm，冠径50cm。耐最低温度5℃。

彩髯玉 ***Oroya peruviana***
多年生仙人掌类植物。茎球状，多棱，肉质，具黄色刺，刺长1.5cm，刺基部颜色较深。花粉红色，基部黄色，春夏季开放。株高25cm，冠径20cm。耐最低温度10℃。

'梯沙'落地生根 ***Kalanchoe* 'Tessa'**
多年生多浆植物。茎平卧至悬垂状。叶窄卵形，绿色，长3cm。花管状，长2cm，橙红色，冬末开放。株高30cm，冠径60cm。耐最低温度10℃。

大虹 ***Ferocactus hamatacanthus***
(*Hamatocactus hamatacanthus*)
多年生仙人掌类植物。生长慢。茎球状至圆柱状，具13条棱，具红色钩状刺，刺长达12cm。花黄色，夏季开放。果实球状，红色。株高和冠径均为60cm。耐最低温度5℃。

粉叶草 ***Dudleya pulverulenta***
多年生多浆植物。叶丛莲座状，叶带状，先端尖，银灰色。花多，星状，红色，春夏季开放。株高60cm，冠径30cm。耐最低温度7℃。

神刀 ***Crassula perfoliata* var. *minor*** (*C. falcata*) (Aeroplane propeller)
多年生多浆植物。灌木状。茎多分枝。叶长，扭曲成螺旋桨状。花序大，花芳香，红色，夏末开放。株高和冠径均为1m。耐最低温度7℃。

Echeveria gibbiflora
Mammillaria magnimamma
Neoporteria subgibbosa
Oreocereus haynei
Pachypodium succulentum

玉翁 ***Mammillaria hahniana***
(Old-lady cactus, Old-woman cactus)
多年生仙人掌类植物。茎绿色，球状至圆柱状，具白色长毛。花樱桃红色，春季开放。果实球状，红色。株高40cm，冠径15cm。耐最低温度5℃。

银毛扇 ***Opuntia erinacea***
多年生仙人掌类植物。灌木状。茎扁平，绿色，由多数长15cm的茎节组成，小窠具6～15枚刺，刺扁平，毛状，长达20cm。花多，碟状，红色或黄色，夏季开放。株高50cm，冠径2m。耐最低温度5℃。

丝兰龙舌草 ***Beschorneria yuccoides***
多年生多浆植物。丛生。叶丛莲座状，叶基生，多达20片，灰绿色，长1m，宽5cm，表面粗糙。花序高达2m，花小，管状，下垂，鲜红色，夏季开放。株高1m，冠径3m。

万物相 ***Tylecodon reticulatus***
(*Cotyledon reticulata*) (Barbed-wire plant)
多浆植物。落叶灌木状。冬季膨大的枝上着生圆柱状的叶。花管状，黄绿色，生于木质茎上，秋季开放。株高和冠径30cm。耐最低温度7℃。

白玉兔 ***Mammillaria geminispina***
多年生仙人掌类植物。丛生。茎肉质，球状，绿色，密被辐射状刺，刺白色，边缘刺短，中刺长。花红色，直径1～2cm，春季开放。株高25cm，冠径50cm。耐最低温度5℃。

丝状龙舌兰（乱雪） ***Agave filifera*** (Thread agave)
多年生多浆植物。丛生。叶丛莲座状，叶窄，基生，绿色，先端刺状，白色边缘逐渐脱落成白色长纤维。花序高2.5m，花黄绿色，夏季开放。可大量产生萌蘖苗。株高1m，冠径2m。

Crassula coccinea
Drosanthemum hispidum
Echeveria gibbiflora
Echinocereus triglochidiatus
Hoodia gordonii
Kalanchoe blossfeldiana
Mammillaria elegans of gardens
Mammillaria rhodantha
Nopalxochia ackermannii
Tylecodon wallichii

中型仙人掌及多浆植物

黄色

芦荟 *Aloe vera* (*A. barbadensis*)
多年生多浆植物。丛生。叶丛莲座状，叶基生，渐尖，肥厚，初为绿色，具斑纹，随后变灰绿色。花钟状，黄色，具花梗，夏季开放。植株不结果实。用短匐茎繁殖。株高60cm，冠径不定。耐最低温度10℃。

灰蓝奇莲华 x *Pachyveria glauca*
多年生多浆植物。丛生。叶丛莲座状，叶密集，基生，肉质，卵形，内曲，长6cm，蓝灰色，具深色斑点。花星状，黄色，花瓣先端红色，春季开放。株高和冠径均为30cm。耐最低温度7℃。

巴利龙舌兰 *Agave parryi*
多年生多浆植物。叶丛莲座状，叶宽，基生，长30cm，灰绿色，坚硬，先端尖且有一枚深色独刺。花序梗长达4m，花乳黄色，夏季开放。株高50cm，冠径1m。耐最低温度5℃。

光山（龙舌仙人球） *Leuchtenbergia principis*
多年生仙人掌类植物。基生莲座状。小块茎窄，具棱，暗绿色，长10cm，顶端具刺，刺纸质，长7cm。花黄色，直径7cm，生于茎顶端，夏季开放。株高和冠径均为30cm。耐最低温度6℃。

鸾凤玉 *Astrophytum myriostigma* (Bishop's cap, Bishop's mitre)
多年生仙人掌类植物。生长慢。茎肉质，球状至微长球状，有4～6条棱，具斑点，刺白色，微小成簇。花黄色，夏季开放。株高30cm，冠径20cm。耐最低温度5℃。

红缘莲花掌（豪氏鳞甲草，红姬） *Aeonium haworthii* (Pinwheel)
多年生多浆植物。灌木状。茎多分枝。叶丛莲座状，直径12cm，叶蓝绿色，边缘红色。花序顶生，花星状，淡黄色，带粉红色晕，春季开放。株高60cm，冠径1m。耐最低温度5℃。

黑王球 *Copiapoa cinerea*
多年生仙人掌类植物。丛生。生长极慢。茎蓝绿色，顶端灰白色，被绵毛，棱多达25条，刺黑色。茎直径达10cm以上时开花，花黄色，春夏季开放。株高50cm，冠径2m。耐最低温度10℃。

Copiapoa marginata
Graptopetalum amethystinum
Pelargonium carnosum
Senecio articulatus

白桃扇（雪鸟帽子） ***Opuntia microdasys*** var. ***alpispina***
多年生多浆植物。灌木状。茎节绿色，扁平，卵形，小窠斜排成行，其上无刺，但具白色、细长的毛。花漏斗状，黄色，夏季开放。株高60cm，冠径30cm。耐最低温度10℃。

月兔耳 ***Kalanchoe tomentosa***
(Panda plant, Pussy ears)
多年生多浆植物。灌木状。叶肥厚，长椭圆形，灰白色，被白色、柔软的刺毛，先端边缘常为褐色。花黄紫色，冬季开放。株高50cm，冠径30cm。耐最低温度10℃。

翠绿龙舌兰 ***Agave attenuata***
多年生多浆植物。茎粗。叶丛生于茎顶端，剑形，浅绿色，边缘无刺。花茎拱状，长达1.5m，花密集，黄色，春夏季开放。株高1m，冠径2m。耐最低温度5℃。

蔓龟草 ***Dioscorea elephantipes***
(*Testudinaria elephantipes*)
(Elephant's foot)
多年生落叶多浆植物。生长极慢。茎干木质，半球状，一年生茎攀缘状。花黄色，秋季开放。株高50cm，冠径1m。耐最低温度10℃。

龙王球 ***Thelocactus setispinus***
多年生仙人掌类植物。生长慢。茎具13条棱，具黄色或白色刺。球茎直径5cm以上时开花，花芳香，黄色，喉部红色，夏季开放。株高和冠径均为30cm。耐最低温度7℃。

黄牡丹球 ***Lobivia haageana***
多年生仙人掌类植物。茎圆柱状，具20～25条棱，蓝绿色至暗绿色，刺黄色，辐射状排列，中刺长，颜色较深。花直径7cm，黄色，喉部红色，夏季开放。株高30cm，冠径15cm。耐最低温度5℃。

'珍妮弗·安'令箭荷花 ***Nopalxochia* 'Jennifer Ann'**
多年生仙人掌类植物。初直立，随后悬垂状。茎扁平，带状，绿色，具齿。花黄色，直径15cm，春季开放。株高30cm，冠径50cm。耐最低温度10℃。

Aeonium arboreum
Copiapoa coquimbana
Cyphostemma bainesii
Ferocactus chrysacanthus
Hoodia bainii
Opuntia microdasys
Parodia scopa

锦绣玉 ***Parodia chrysacanthion***
多年生仙人掌类植物。茎球状，绿色，具棱，刺密生，金黄色，长1～2cm。花黄色，常具淡黄色毛，顶生，春季开放。株高和冠径均为30cm。耐最低温度10℃。

紫叶莲花掌 ***Aeonium* 'Zwartkop'**（*A. arboreum* 'Schwarzkopf'）
多年生多浆植物。矮灌木状。莲座状叶丛生于茎端，直径15cm，叶窄，紫色。花序金字塔状，生于2～3年生枝上，花金黄色，花后茎死亡。株高60cm，冠径1m。耐最低温度5℃。

珊瑚芦荟（肋叶芦荟） ***Aloe striata***
多年生多浆植物。叶丛莲座状，叶宽，基生，蓝绿色，具斑纹，边缘白色，光照充足时完全变成红色。圆锥花序，花橙红色，春季开放。是优良的家庭盆花植物。株高和冠径均为1m。耐最低温度7℃。

猿恋苇 ***Hatiora salicornioides***
(Bottle plant, Drunkard's dream)
多年生仙人掌类植物。灌木状。附生。茎多分枝，茎节长3cm。茎节顶梢先端节部膨大，其上着生钟状花。花金黄色，春季开放。株高和冠径均为30cm。耐最低温度11℃。

银波锦 ***Cotyledon orbiculata*** var. ***oblonga***
常绿多浆亚灌木。茎直立，肥厚。叶卵形，绿色，密被白色蜡质，顶端扁平、波状。花钟状，橙色，每70cm长的花茎开一朵花，秋季开放。株高和冠径均为50cm。耐最低温度 7℃。

金晃球 ***Parodia leninghausii***
（*Notocactus leninghausii*）(Golden ball cactus)
多年生仙人掌类植物。丛生。茎顶部具绵毛，常向阳倾斜。花黄色，高超过10cm，夏季平展状开放。株高1m，冠径30cm。耐最低温度10℃。

着衣团扇 ***Opuntia tunicata***
多年生仙人掌类植物。冠圆丘状。茎节绿色，圆柱状，刺密生，金黄色，长5cm，包于银色的纸质鞘内。花碟状，淡黄色，春夏季开放。株高60cm，冠径1m。耐最低温度10℃。

棒叶落地生根（锦蝶）
Kalanchoe delagoensis
多年生多浆植物。茎直立。叶灰绿色，近圆柱状，具红棕色杂斑，顶端扁平、缺刻状，可长出幼株。伞形花序，花橙色，冬末开放。株高1m，冠径30cm。耐最低温度8℃。

橙黄日中花（橘红菊）
Lampranthus aurantiacus
多年生多浆植物。初直立，随后平卧，分枝少。叶灰绿色，短圆柱状，先端尖。花多，雏菊状，鲜橙色，直径5cm，夏季阳光下开放。株高50cm，冠径70cm。耐最低温度5℃。

Cleistocactus baumannii
Cotyledon orbiculata
Drosanthemum speciosum

小型仙人掌及多浆植物

□ 白色

白星 ***Mammillaria plumosa***
多年生仙人掌类植物。丛生。茎球状，绿色，刺羽毛状，白色。花米黄色，冬季开放。栽培困难，栽培时应增加土壤中的钙含量。株高12cm，冠径40cm。耐最低温度10℃。

大鲛 ***Gibbaeum velutinum***
多年生多浆植物。丛生。叶对生，淡蓝色至灰绿色，柔软，指状，长6cm。花雏菊状，粉红色、淡紫色或白色，直径5cm，春季开放。株高8cm，冠径30cm。耐最低温度5℃。

茧形玉 ***Lithops marmorata***
多年生多浆植物。叶卵球状。分裂成两个不等大，淡灰色裂片，顶面具突出的暗灰色斑纹。花白色，夏末至初秋开放。株高2～3cm，冠径5cm。耐最低温度5℃。

白花银钮 ***Echinocereus leucanthus***（*Wilcoxia albiflora*）
仙人掌类植物。丛生，具块根。茎具刺，5～7条棱，匍匐状。花顶生，白色，具淡紫色条纹，喉部色暗，柱头绿色。株高20cm，冠径30cm。耐最低温度8℃。

奇异仙花 ***Trichodiadema mirabile***
多年生多浆植物。灌木状至匍匐状。叶圆柱状，暗绿色，表面多乳头状突起，先端具暗褐色刚毛。花白色，生于茎端，直径4cm，春季至秋季开放。株高15cm，冠径30cm。耐最低温度5℃。

玉扇 ***Haworthia truncata***
多年生多浆植物。丛生。叶宽，基生，扇状，直立，粗糙，蓝灰色，顶面扁平，具淡灰色条纹。花小，白色，管状，花瓣开展，春季至秋季开放。株高2cm，冠径10cm。耐最低温度10℃。

花纹玉 ***Lithops karasmontana***
多年生多浆植物。叶卵球状，分裂成不等大的2片，粉红色，顶面具凹陷的、深粉红的斑纹。花白色，夏末至初秋开放。株高达4cm，冠径5cm。耐最低温度5℃。

斑天章 ***Adromischus maculatus***
多年生多浆植物。丛生。叶圆形，光滑，绿色，具紫色斑纹，先端常波状。花管状，淡紫白色，夏季茎高30cm时开放。株高6cm，冠径10～15cm。耐最低温度7℃。

小松之雪 ***Haworthia attenuata* f. *clariperla***
多年生多浆植物。丛生。叶基生呈莲座状，三角形，长3cm，暗绿色，具明显的白点。花管状，白色，花瓣开展，春季至秋季开放。株高7cm，冠径25cm。耐最低温度5℃。

OTHER RECOMMENDED PLANTS:
Cheiridopsis denticulata
Gymnocalycium quehlianum
Lithops fulleri
Lithops julii
Orostachys chanetii

小型仙人掌及多浆植物

□ 白色

莲座青锁龙 ***Crassula socialis***
多年生多浆植物。冠开展。叶丛密集，呈短莲座状，直径1cm，叶片三角形，肉质，绿色。花成簇，星状，白色，春季茎高3cm时开放。株高5cm，冠径不定。耐最低温度5℃。

菊水 ***Strombocactus disciformis***
多年生仙人掌类植物。生长极慢。茎半球状，灰绿色至褐色，钝瘤突螺旋状排列，顶部具绵毛和刚毛状刺，刺早落。花乳白色，夏季开放。株高3cm，冠径10cm。耐最低温度5℃。

明星 ***Mammillaria schiedeana***
多年生仙人掌类植物。丛生。茎肉质，绿色，密被羽毛状黄色短刺，刺后来变成白色。花乳白色，夏末开放。果狭长，红色。株高10cm，冠径30cm。耐最低温度10℃。

绯鸾玉 ***Neoporteria villosa***
多年生仙人掌类植物。丛生。茎具分枝，绿色至深灰绿色，刺密生，灰色，长3cm，有时弯曲。花管状，粉红色或白色，春季或秋季开放。株高15cm，冠径10cm。耐最低温度8℃。

胡桃玉（小卵锥） ***Oophytum nanum***
多年生多浆植物。丛生。叶2片联合，肉质，鲜绿色。花白色，雏菊状，直径1cm，秋季开放。除了春季，花常被干燥、纸状的外鞘所包。株高2cm，冠径1cm。耐最低温度5℃。

白花紫勋 ***Lithops lesliei*** var. ***albinica***
多年生多浆植物。叶卵球状，分裂成不等大的2片，顶面具突起的暗绿色和黄色斑纹。花白色，夏末至初秋开放。株高2～3cm，冠径5cm。耐最低温度5℃。

水牡丹（巢鹰爪） ***Haworthia arachnoidea***（*H. setata*）
多年生多浆植物。丛生。生长慢。叶丛莲座状，叶基生，三角形，边缘具白色软锯齿。花白色，春季至秋季开放。株高5cm，冠径10cm。耐最低温度6℃。

红翠玉 ***Conophytum truncatum***
多年生多浆植物。丛生。生长慢。叶豌豆状，蓝绿色，具暗色斑点，顶面具一凹陷的裂缝。花乳白色，直径1.5cm，秋季开放。株同1.5cm，冠径15cm。耐最低温度4℃。

金刺球 ***Mammillaria elongata***
(Lace cactus)
多年生仙人掌类植物。丛生。茎圆柱状，直径3cm，刺密生，黄色、金黄色或褐色。花乳白色，夏季开放。分株繁殖。株高15cm，冠径30cm。耐最低温度5℃。

Aptenia cordifolia 'Variegata'
Crassula lactea
Haworthia attenuata
Haworthia x *cuspidata*
Haworthia fasciata
Lithops bella
Mammillaria gracilis
Mammillaria gracilis var. *fragilis*
Mammillaria prolifera
Ophthalmophyllum maughanii

白色至粉红色

高砂 ***Mammillaria bocasana***
(Powder-puff cactus)
多年生仙人掌类植物。丛生。茎半球状，密被白色长毛。花乳白色或玫瑰粉红色，夏季开放。翌年春夏之间结红色果实。株高10cm，冠径30cm。耐最低温度5℃。

豹头 ***Neoporteria napina***
多年生仙人掌类植物。茎扁球状，绿褐色，刺短，扁平，灰色。花直径5cm，白色、粉红色、洋红色或棕色，生于茎顶端，夏季开放。株高2cm，冠径3.5cm。耐最低温度8℃。

乌羽玉 ***Lophophora williamsii***
(Dumpling cactus, Mescal button)
多年生仙人掌类植物。丛生。生长极慢。茎蓝绿色，具8条棱。花多，粉红色，夏季株高超过3cm时开放。株高5cm，冠径8cm。耐最低温度10℃。

Crassula exilis subsp. *cooperi*
Gymnocalycium schickendantzii
Mammillaria candida
Ophthalmophyllum longum

鸣户（多孔神刀） ***Crassula multicava***
多年生多浆植物。矮灌木状。叶卵状，灰绿色，宽8cm。花星状，小而多，成簇，粉红色，生于伸长的茎梢上，春季开放。花后可产生幼株。株高15cm，冠径1m。耐最低温度7℃。

光淋菊 ***Lampranthus deltoides***
多年生多浆植物。冠开展。叶肥大，三角形，蓝绿色，长1cm，边缘具小齿且常变为红色。花粉红色，芳香，直径1～2cm，初夏开放。株高15cm，冠径1m。耐最低温度7℃。

月世界 ***Epithelantha micromeris***
多年生仙人掌类植物。生长慢。茎球状，绿色，被密生小窠的白色细刺完全覆盖。花漏斗状，淡粉红色，直径0.5cm，生于多毛的球茎顶端，夏季开放。株高和冠径均为4cm。耐最低温度10℃。

Schlumbergera 'Wintermärchen'

粉红色

桃鬼球 ***Parodia rutilans***
(*Notocactus rutilans*)
多年生仙人掌类植物。茎圆柱状。每个小窠约具15枚放射状刺和2枚向上或向下弯曲的中刺。花粉红色，心部乳白色，夏季开放。株高10cm，冠径5cm。耐最低温度10℃。

月影（优雅莲座草） ***Echeveria elegans***
多年生多浆植物。丛生。叶丛莲座状，叶宽，基生，肉质，淡银蓝色，边缘红色，先端黄色。花粉红色，夏季开放。冬季应保持土壤干燥。为优良的花坛植物。株高5cm，冠径50cm。耐最低温度5℃。

北极球 ***Escobaria vivipara***
多年生仙人掌类植物。茎球状，绿色，密被灰色刺。花漏斗状，粉红色，直径3.5cm，夏季开放。比同属其他植物更难栽培。株高和冠径均为5cm。耐最低温度5℃。

Ruschia acuminata
Stenocactus lamellosus

小型仙人掌及多浆植物

■ 粉红色

‘金魅力’蟹爪 ***Schlumbergera* ‘Gold Charm’**
多年生多浆植物。初直立，随后悬垂状。茎节扁平，绿色，椭圆形，边缘具锯齿。初秋花黄色，冬季花变为橙色。株高15cm，冠径30cm。耐最低温度10℃。

怪神球 ***Mammillaria sempervivi***
多年生仙人掌类植物。生长慢。茎球状，暗绿色，刺短，白色。株高超过4cm时，呈三角状短瘤突之间具白色绵毛。花红色，春季开放。株高和冠径均为7cm。耐最低温度5℃。

彩云 ***Melocactus intortus***
(*M. communis*) (Melon cactus)
多年生仙人掌类植物。茎扁球状，具18～20条棱，刺黄褐色，花座成熟时呈白色圆柱状，具细小而褐色的刺。花粉红色，夏季开放。株高20cm，冠径25cm。耐最低温度15℃。

龟甲牡丹 ***Ariocarpus fissuratus***
多年生仙人掌类植物。生长极慢。茎扁球状，灰色，瘤突密生，三角形，表面粗糙，多绵毛。花粉红色，花冠直径4cm。秋季开放。株高10cm，冠径15cm。耐最低温度5℃。

有棚玉 ***Stenocactus obvallatus***
(*S. pentacanthus*, *S. violaciflorus*)
多年生仙人掌类植物。茎球状，棱边缘波状，每个白色小窠具5～12枚灰褐色刺。花淡黄色至淡粉红色，花瓣上具紫红色条纹，春季开放。株高和冠径均为8cm。耐最低温度7℃。

露花 ***Aptenia cordifolia***
(*Mesembryanthemum cordifolium*)
多年生多浆植物。匍匐状。生长快。叶绿色，光滑，卵圆形。花亮粉红色，雏菊状，夏季开放。为理想的地被植物。株高5cm，冠径不定。耐最低温度7℃。

落花之舞 ***Hatiora rosea***
多年生仙人掌类植物。矮灌木状。茎节细长，具3～4条棱，具刚毛，绿色，常带紫晕，长5cm。花多，粉红色，钟状，直径4cm，春季开放。株高和冠径均为10cm。耐最低温度10℃。

维氏眼天 ***Ophthalmophyllum villetii***
多年生多浆植物。丛生。叶宽，2片，灰绿色，肉质，直立，大部分联合，上部明显分裂。花淡粉红色，夏末开放。株高2.5cm，冠径1cm。耐最低温度5℃。

大统领 ***Thelocactus bicolor***
多年生仙人掌类植物。茎球形至圆柱状，具8～13条棱，每个小窠常具4枚黄色而扁平中心刺，或多数具红黄两色的辐射状短刺。花粉紫色。株高和冠径均为20cm。耐最低温度7℃。

宝山 ***Rebutia minuscula***
多年生仙人掌类植物。丛生。茎暗绿色，具乳状突起，每个小窠具15～20枚长达0.5cm的褐色刺。花喇叭状，深粉红色至紫罗兰色，直径2cm，春季开放。株高5cm，冠径15cm。耐最低温度5℃。

Aptenia cordifolia ‘Variegata’
Carpobrotus edulis
Kalanchoe pumila
Melocactus bahiensis
Melocactus matanzanus
Rebutia pygmaea
Rebutia senilis
Ruschia macowanii

粉红色

月影球 ***Mammillaria zeilmanniana*** (Rose pincushion)
多年生仙人掌类植物。丛生。茎绿色，球状，具钩状刺。花多，深粉红色至紫色，春季开放。株高15cm，冠径30cm。耐最低温度10℃。

牡丹球 ***Echinopsis backebergii***
(*Lobivia backebergii*)
多年生仙人掌类植物。丛生。茎近球状，暗绿色，具10～15条棱，具刺。花漏斗状，粉红色、红色或紫色，喉部色浅，夏季开放。株高10cm，冠径15cm。耐最低温度5℃。

青玉 ***Echinopsis pentlandii***
(*Lobivia pentlandii*)
多年生仙人掌类植物。单生或丛生，多变异。茎具10～20条棱，每个小窠具刺6～20枚。花白色、粉红色、紫色或橙色，喉部色淡，夏季开放。株高8cm，冠径10cm。耐最低温度5℃。

Melocactus oaxacensis

粉红色至红色

晃玉 ***Frithia pulchra***
多年生多浆植物。叶基生莲座状，灰色，直立，圆柱状，平顶，表面粗糙。花无梗，雏菊状，亮粉红色，心部色淡，夏季开放。株高3cm，冠径6cm。耐最低温度10℃。

艳红星 ***Graptopetalum bellum***
(*Tacitus bellus*)
多年生多浆植物。叶基生呈莲座状，叶灰色，三角形至卵形，长5cm。花成簇，深粉红色至红色，直径2cm，春夏季开放。株高3cm，冠径15cm。耐最低温度10℃。

筑羽根 ***Crassula schmidtii***
多年生多浆植物。铺地状。叶丛莲座状，单叶线形，暗绿色，具凹陷和斑点，长3～4cm。花多，聚生，小花星状，亮粉红色，冬季开放。株高10cm，冠径30cm。耐最低温度7℃。

皮氏银石 ***Argyroderma pearsonii*** (*A. schlechteri*)
多年生多浆植物。平卧，叶2片，肉质，联合呈卵球状，银灰色，中间具一深裂缝。花红色，直径3cm，生于裂缝中，夏季开放。株高3cm，冠径5cm，耐最低温度5℃。

七福神（银莲座草） ***Echeveria secunda***
多年生多浆植物。丛生。茎短。叶宽，肉质，莲座状，丛生于茎顶，浅绿色至灰色，先端逐渐变为红色。花杯状，红黄色，春夏季开放。株高4cm，冠径30cm。耐最低温度5℃。

蟹爪 ***Schlumbergera truncata***
(*Zygocactus truncatus*) (Crab cactus, Lobster cactus)
多年生仙人掌类植物。初直立，后悬垂状。茎节椭圆形，边缘具锯齿。花紫红色，初秋至冬季开放。株高15cm，冠径30cm。耐最低温度10℃。

Cheiridopsis purpurea
Echinopsis cinnabarina
Gibbaeum petrense
Huernia pillansii

Lampranthus roseus
Neoporteria nidus
Trichodiadema densum

小型仙人掌及多浆植物

■ 红色

旭峰　*Cephalophyllum alstonii*
(Red spike)
多年生多浆植物。匍匐状。叶灰绿色，圆柱状，长7cm。花暗红色，雏菊状，直径8cm，夏季开放。株高10cm，冠径1m。耐最低温度5℃。

宝玉　*Parodia microsperma*
多年生仙人掌类植物。丛生。茎绿色，多棱，密被褐色辐射状刺和红色中刺，有的刺钩状。花血红色，偶尔黄色，春季开放。株高8cm，冠径30cm。耐最低温度10℃。

绯宝玉　*Rebutia krainziana*
多年生仙人掌类植物。丛生。茎暗绿色，具乳头状突起。小窠白色，突起，具白色短刺。花喇叭状，鲜红色，直径5cm，生于茎基部，春季开放。株高5cm，冠径20cm。耐最低温度5℃。

银玉　*Parodia nivosa*
多年生仙人掌类植物。茎卵球状，绿色，棱多，具多数长1～2cm的白色硬刺，球顶具白色毛。花鲜红色，生于球顶部，直径5cm，夏季开放。株高15cm，冠径10cm。耐最低温度10℃。

紫环球　*Rebutia tiraquensis*
(*Sulcorebutia tiraquensis*)
多年生仙人掌类植物。多变异。茎绿色，小窠延长，具金黄色或红白双色刺。花暗粉红色或橙红色，春季开放。株高15cm，冠径10cm。耐最低温度10℃。

莱城圣塔　*Cotyledon ladismithensis*
常绿多浆植物。亚灌木状。分枝多，延长时为匍匐状。叶肉质，绿色，肥大，先端钝，具黄褐色短毛。花成簇，棕红色，管状，秋季开放。株高和冠径均为20cm。耐最低温度5℃。

登龙　*Opuntia verschaffeltii*
多年生仙人掌类植物。丛生。茎圆柱状，常无刺，长25cm。每茎先端具寿命短、圆柱形叶。花橙红色，春季至秋季开放。株高15cm，冠径1～2m。耐最低温度5℃。

宝槌石　*Argyroderma fissum*
(*A. brevipes*)
多年生多浆植物。丛生。叶肉质，指状，长5～10cm，先端常红色。花淡红色，生于叶丛中，夏季开放。株高15cm，冠径10cm。耐最低温度5℃。

东云（龙舌兰莲座草）　*Echeveria agavoides*
多年生多浆植物。叶丛莲座状，叶基生，渐尖，浅绿色，边缘常红色。花杯状，红色，长1cm，夏季开放。株高15cm，冠径30cm。耐最低温度5℃。

Aloe brevifolia
Ferocactus latispinus
Rebutia minuscula
Rebutia senilis

■ 红色

壮丽球 ***Rebutia spegazziniana***
多年生仙人掌类植物。丛生。茎球状，随后成圆柱状，绿色，具刺，直径4cm。花多，细长管状，橙红色，生于球茎基部，春末开放。株高10cm，冠径20cm。耐最低温度5℃。

雪光 ***Parodia haselbergii*** (*Notocactus haselbergii*)（Scarlet ball cactus)
多年生仙人掌类植物。生长慢。茎密被白色刺。花红色，生于茎顶端凹陷处，柱头黄色，春季开放。株高10cm，冠径25cm。耐最低温度10℃。

疏刺虾 ***Echinocereus triglochidiatus*** var. ***paucispinus***
多年生仙人掌类植物。丛生。茎暗绿色，直径10cm，具6~7条棱，每小窠具4~6枚长3~4cm的刺。花橙红色，春季开放。株高20cm，冠径50cm。耐最低温度5℃。

■ 紫色

'布城丽'蟹爪 ***Schlumbergera* 'Bristol Beauty'**
多年生仙人掌类植物。初直立，随后悬垂状。茎节绿色，扁平，边缘具锯齿。花红紫色，具银白色筒部，冬季至初春开放。株高15cm，冠径30cm。耐最低温度10℃。

白虾 ***Echinopsis chamaecereus***
(Peanut cactus)
多年生仙人掌类植物。丛生。茎具刺，初直立，随后匍匐状。花漏斗状，橙红色，春末开放。株高10cm，冠径不定。耐最低温度3℃。

星孔雀 ***Hatiora gaertneri***
(Easter cactus)
多年生仙人掌类植物。灌木状。茎节光滑，绿色，扁平，椭圆状，长5cm，边缘常带红晕。花橙红色，生于茎节的顶端，春季开放。株高15cm，冠径20cm。耐最低温度13℃。

星美人 ***Pachyphytum oviferum***
(Moonstones, Sugared-almond plum)
多年生多浆植物。丛生。叶基生，莲座状，叶卵形，粉蓝色。花钟状，有花10~15朵，花萼粉蓝色，花瓣橙红色，春季开放。株高10cm，冠径30cm。耐最低温度10℃。

圆锥球 ***Neolloydia conoidea***
多年生仙人掌类植物。丛生。茎圆柱状，蓝绿色，密被辐射状的白色刺和较长的黑色中刺。花漏斗状，紫色至紫罗兰色，夏季开放。株高10cm，冠径15cm。耐最低温度0℃。

蓝灰龙角 ***Caralluma joannis***
多年生多浆植物。丛生。茎蓝灰色，具棱。退化叶生于茎角上。花星状，簇生，紫色，花瓣先端具细短毛，夏末开放。株高20cm，冠径1m。耐最低温度11℃。

Echeveria harmsii
Echeveria setosa
Schlumbergera 'Zara'

Schlumbergera x *buckleyi*
Thelocactus macdowellii

小型仙人掌及多浆植物

紫色

德氏银石 ***Argyroderma delaetii***
(*A. aureum*, *A. blandum*)
多年生多浆植物。平卧。叶卵球状，2裂，肥大肉质，银绿色。花粉紫色，雏菊状，直径5cm，生于两叶之间，夏末开放。株高3cm，冠径5cm。耐最低温度5℃。

龙剑球 ***Stenocactus coptonogonus***
多年生仙人掌类植物。茎球状。小窠白色，刺3～5枚，扁平，向上弯曲，淡红褐色。花紫色至白色，具粉紫色或紫罗兰色条纹，春季开放。株高10cm，冠径16cm。耐最低温度7℃。

牛角（杂色豹皮花） ***Orbea variegata*** (*Stapelia variegata*) (Star flower)
多年生多浆植物。丛生。茎独特，四角状，肉质，具分枝。花色斑有黄色、紫色、红褐色，夏秋季开放。株高10cm，冠径不定。耐最低温度11℃。

阿拉伯鹿头 ***Huernia macrocarpa*** var. ***arabica***
多年生多浆植物。丛生。茎绿色，指状，具4～5个侧面。叶短，早落。花钟状，暗紫色，具白色毛，裂片先端反卷，秋季开放。株高和冠径均为10cm。耐最低温度8℃。

大花犀角 ***Stapelia grandiflora***
多年生多浆植物。丛生。茎绿色，具4条棱，有毛，边缘齿状。花星状，紫褐色，直径10cm，裂片边缘具白色或紫色毛，夏秋开放。株高20cm，冠径不定。耐最低温度11℃。

Rebutia rauschii

绿色至黄色

柯氏小花犀角 ***Duvalia corderoyi***
多年生多浆植物。丛生。茎无叶，平卧，棱不显著，6条，常呈紫色。花星状，暗绿色，直径1cm，被紫色毛，夏秋季开放。株高5cm，冠径60cm。耐最低温度10℃。

雅儿姿 ***Crassula deceptor***
(*C. deceptrix*)
多年生多浆植物。丛生。生长极慢。茎分枝。叶灰绿色，肉质，排成4列，包茎，突起点被细线环绕。花不显著，春季开放。株高和冠径均为10cm。耐最低温度5℃。

大豹皮花 ***Stapelia gigantea***
多年生多浆植物。丛生。花星状，黄褐色，具红色斑，直径30cm，具白色毛，裂片边缘反卷，夏秋季开放。株高20cm，冠径不定。耐最低温度11℃。

Huernia zebrina
Parodia graessneri
Sclerocactus scheeri

黄色

鹰爪球（天宝球） ***Sclerocactus scheeri***
多年生仙人掌类植物。茎球状至圆柱状，具刺，最下方和最长的刺钩状且颜色较暗。花漏斗状，草黄色，春季开放。株高10cm，冠径6cm。耐最低温度7～10℃。

豹子 ***Frailea pygmaea***
多年生仙人掌类植物。茎圆柱状，暗绿色，多棱，刺白色至淡褐色。花黄色，夏季开放。果实多，球状，多刺。株高5cm，冠径2cm。耐最低温度5℃。

般若 ***Astrophytum ornatum***
多年生仙人掌类植物。茎球状，具8条棱，棱上突起的小窠具长5～11cm的刺。花黄色，直径8cm，夏季开放。株高15cm，冠径12cm。耐最低温度5℃。

狼牙棒 ***Maihuenia poeppigii***
多年生仙人掌类植物。丛生。生长慢。茎分枝，圆柱状，多刺，绿褐色。叶绿色，圆柱状，生于枝端。花漏斗状，黄色，生于茎顶部，夏季开放。株高6cm，冠径30cm。

唐扇 ***Aloinopsis schooneesii***
多年生多浆植物。低矮，圆丘状，具块根。叶肉质，近球状，蓝绿色，密集簇生。花黄色，稍平展，冬春季开放。株高达3cm，冠径7cm。耐最低温度7℃。

'斑叶'爱染草（爱染锦） ***Aichryson* × *domesticum* 'Variegatum'** (Cloud grass)
多年生多浆植物。平卧。叶丛生枝顶，叶绿色，具乳白色条斑，有些叶全部呈乳白色，被毛。花黄色，星状，春季开放。株高15cm，冠径40cm。耐最低温度5℃。

鬼云球 ***Parodia mammulosa*** (*Notocactus mammulosus*)
多年生仙人掌类植物。茎绿色，球状，约具20条棱，刺直且硬，长1cm，黄褐色至白色。花多，金黄色，生于多毛的球茎顶部，夏季开放。株高和冠径均为10cm。耐最低温度10℃。

黄蛇球 ***Gymnocalycium andreae***
多年生仙人掌类植物。丛生。茎球状，具光泽，暗绿色，具8条圆棱，每小窠具8枚淡黄色至白色的刺。花黄色，直径5cm，春夏季开放。株高6cm，冠径10cm。耐最低温度10℃。

晃玉 ***Euphorbia obesa*** (Gingham golf ball)
多年生多浆植物。茎球状，无刺，暗绿色，常为可变的淡绿色，具8条棱。花生于球茎顶部，黄色，杯状，夏季开放。株高12cm，冠径15cm。耐最低温度10℃。

Carpobrotus edulis
Copiapoa echinoides
Dudleya brittonii
Echinopsis aurea
Ferocactus latispinus
Huernia macrocarpa
Huernia thurettii var. *primulina*
Mammillaria densispina
Neoporteria napina
Stomatium agninum
Stomatium patulum
Titanopsis schwantesii

小型仙人掌及多浆植物

黄色

青涯 ***Rhombophyllum rhomboideum***
多年生多浆植物。丛生。叶线形，光滑，灰绿色，中部宽，边缘白色。花黄色，3～7朵，直径4cm，茎高2～5cm时开花，夏季开放。株高5cm，冠径15cm。耐最低温度5℃。

灰绿叶施旺花 ***Schwantesia ruedebuschii***
多年生多浆植物。铺地状。叶圆柱状，蓝绿色，长3～5cm，先端扩展，边缘具3～7个先端褐色的蓝色小齿。花黄色，夏季开放。株高5cm，冠径20cm。耐最低温度5℃。

贵凤卵 ***Pleiospilos compactus***
多年生多浆植物。丛生。叶1～2对，肥厚，灰色，长8cm。花黄色，具椰子香味，初秋开放。株高10cm，冠径30cm。耐最低温度5℃。

曲玉 ***Lithops pseudotruncatella*** var. ***pulmonuncula***
多年生多浆植物。叶卵球状，灰色，分成不等大的两部分，顶面具暗绿色和红色斑纹。花黄色，夏季或秋季开放。株高2～3cm，冠径4cm。耐最低温度5℃。

盘状莲花掌（明镜） ***Aeonium tabuliforme***
多年生多浆植物。平卧。短命。几乎无茎。叶丛基生莲座状，直径30cm，浅碟状，鲜绿色。花星状，黄色，春季开放。花后植株枯死。播种繁殖。株高5cm，冠径30cm。耐最低温度5℃。

招福玉 ***Lithops schwantesii***
(*L. schwantesii* var. *kuibisensis*)
多年生多浆植物。叶卵球状，分成不等大的两部分，顶面具蓝色或红色斑纹。花黄色，夏末或秋季开放。株高2～3cm，冠径3cm。耐最低温度5℃。

丽红玉 ***Lithops dorotheae***
多年生多浆植物。叶分成不等大的两部分，淡红黄色至绿色，顶面具较暗色斑和红色的点和线。花黄色，雏菊状，夏季或秋季开放。株高2～3cm，冠径5cm。耐最低温度5℃。

朝雾 ***Mammillaria microhelia***
多年生仙人掌类植物。茎圆柱状，绿色，直径5cm，具乳白色或棕色刺，随后逐渐褪色。花黄色或粉红色，直径1.5cm，春季开放。分枝逐渐减少。株高20cm，冠径40cm。耐最低温度5℃。

匍地仙人掌 ***Opuntia compressa***
多年生仙人掌类植物。铺地状。每小窠具3枚长3cm的刺，茎节扁平，圆形或卵形，暗绿色，具紫色晕，长7～18cm。花黄色，直径8cm，春夏之交开放。冬季应保持土壤干燥。株高15cm，冠径1m。

犹他龙舌兰 ***Agave utahensis***
多年生多浆植物。叶丛基生莲座状，叶蓝灰色，坚硬，上部边缘具刺，先端刺长而色暗。花黄色，花茎长1.5m，夏季开放。株高23cm或更高，冠径2m。

胧月（初霜） ***Graptopetalum paraguayense*** (Mother-of-pearl plant)
多年生多浆植物。丛生。叶基生莲座状，直径15cm，叶灰绿色，具粉红色晕。花星状，黄色和红色，夏季开放。株高10cm，冠径1m。耐最低温度5℃。

Astrophytum asterias
Caralluma europaea
Cephalophyllum pillansii
Crassula muscosa
Euphorbia gorgonis
Lithops aucampiae
Lithops insularis
Lithops lesliei
Lithops olivacea
Lithops otzeniana
Lithops pseudotruncatella
Lithops schwantesii
Lithops turbiniformis

玉狮子 ***Coryphantha cornifera*** (*C. radians*)
多年生仙人掌类植物。茎球状至圆柱状。瘤突具角，具暗色、弯曲的中刺和辐射状短刺。花漏斗状，黄色，夏季开放。株高15cm，冠径10cm。耐最低温度5℃。

地久球 ***Parodia erinacea*** (Colombian ball cactus)
多年生仙人掌类植物。生长慢。茎扁球状，有光泽，具20条瘤突状棱，刺黄白色。花黄色，夏季开放。株高8cm，冠径9cm。耐最低温度10℃。

窗玉（五十铃玉） ***Fenestraria aurantiaca*** (Baby's toes)
多年生多浆植物。丛生。叶基生呈莲座状，光滑。花黄色，夏末和秋季开放。株高5cm，冠径30cm。耐最低温度6℃。

少将 ***Conophytum bilobum***
多年生多浆植物。丛生。生长慢。叶肉质，绿色，2裂，裂片长4cm，宽2cm。花黄色，喇叭状，直径3cm，秋季开放。株高4cm，冠径15cm。耐最低温度4℃。

宝玉草（天女） ***Titanopsis calcarea***
多年生多浆植物。叶丛莲座状，叶基生，三角状，蓝灰色，具灰白色和米黄色的瘤突。花黄色，秋季至翌年春季开放。株高3cm，冠径10cm。耐最低温度8℃。

四海波 ***Faucaria tigrina*** (Tiger-jaws)
多年生多浆植物。丛生。无茎。叶肉质，绿色，长5cm，边缘具齿9～10个。花黄色，雏菊状，直径5cm，秋季开放。株高10cm，冠径50cm。耐最低温度6℃。

早乙女（内利氏舌叶花） ***Glottiphyllum nelii***
多年生多浆植物。丛生。叶肉质，绿色，半圆柱状，长5cm。花金黄色，雏菊状，直径4cm，春夏季开放。株高5cm，冠径30cm。耐最低温度5℃。

金笠球 ***Lobivia shaferi***
多年生仙人掌类植物。茎绿色，圆柱状，棱多，具刺，辐射状刺灰白色，中刺坚硬，1～3枚，长2.5cm。花黄色，夏季开放。株高和冠径均为10cm。耐最低温度5℃。

凤卵 ***Pleiospilos bolusii*** (Living rock, Mimicry plant)
多年生多浆植物。丛生。叶1～2对，灰色，常较宽，先端弯曲，渐窄。花金黄色，初秋开放。株高10cm，冠径20cm。耐最低温度5℃。

Glottiphyllum semicylindricum
Parodia concinna
Parodia ottonis
Thelocactus leucacanthus

小型仙人掌及多浆植物

黄色至橙色

砂地球 ***Rebutia arenacea***
(*Sulcorebutia arenacea*)
多年生仙人掌类植物。茎球状，褐绿色，瘤突螺旋状排列，具白刺。花金黄色，直径3cm，春季开放。株高5cm，冠径6cm。耐最低温度10℃。

侏儒白星龙（小龟姬，脂麻掌） ***Gasteria bicolor*** var. ***liliputana***
(*G. liliputana*)
多年生多浆植物。叶丛莲座状，叶暗绿色，具白斑。穗状花序长15cm，花钟状，橙绿色，春季开放。株高7cm，冠径10cm。耐最低温度5℃。

千代田之松 ***Pachyphytum compactum***
多年生多浆植物。丛生。叶基生呈莲座状，叶绿色，狭缩成钝尖，边缘角状，色浅。花3～10朵，花萼绿色至粉红色，花瓣橙色，春季开放。株高15cm，冠径不定。耐最低温度5℃。

显突肉锥花 ***Conophytum notabile***
多年生多浆植物。生长慢。叶丛生，球状，2裂，肉质，灰绿色，裂缝边缘常具红点。花铜黄色至橙色，秋季开放。株高3cm，冠径不定。耐最低温度4℃。

橙花蔓舌草 ***Malephora crocea***
多年生多浆植物。茎直立至伸展。叶蓝绿色，半圆柱形，生于短的新枝上。花单生，雏菊状，橙色，外边变为红色，春夏季开放。株高20cm，冠径1m。耐最低温度5℃。

黄仙玉 ***Oreocereus aurantiacus***
(*Borzicactus aurantiacus*, *Matucana aurantiaca*)
多年生仙人掌类植物。茎球状，具15～17条棱，小窠突起，刺多达30枚。花橙色，夏季开放。株高12cm，冠径40cm。耐最低温度10℃。

绫锦 ***Aloe aristata*** (Lace aloe, Torch plant)
多年生多浆植物。丛生。叶丛莲座状，叶尖，暗绿色，具白点，边缘具软齿。花橙色，春季开放。分株繁殖。株高10cm，冠径30cm。耐最低温度7℃。

黄丽球 ***Rebutia aureiflora***
多年生仙人掌类植物。丛生。茎球状，暗绿色，常具紫红色晕，具硬的辐射状刺和柔软而较长的中刺。花多，黄色、紫罗兰色和红色，春末开放。株高10cm，冠径20cm。耐最低温度5℃。

白星龙（脂麻掌） ***Gasteria carinata*** var. ***verrucosa*** (*G. verrucosa*)
多年生多浆植物。丛生。叶坚硬，暗绿色，密生突起的白点，边缘内曲。穗状花序，花钟状，橙绿色，春季开放。株高10cm，冠径30cm。耐最低温度5℃。

新玉 ***Rebutia fiebrigii*** (*R. muscula*)
多年生仙人掌类植物。丛生。茎暗绿色，刺密生，白色，柔软，长0.5cm。花鲜橙红色，直径2～3cm，春末开放。株高10cm，冠径15cm。耐最低温度5℃。

Aloe humilis
Echeveria derenbergii
Gasteria caespitosa
Rebutia neocumingii
Rebutia senilis

植物词典

（包括普通名称）

本部分完整地列举出了适合世界温带地区园林中种植的8 000多种植物，包括在植物类目中没有涉及的4 000多种植物的形态特征、习性和栽培方面的信息。

A

Aaron's beard 见*Hypericum calycinum*，见 170 页。
Abele 见 *Populus alba*，见 64 页。

六道木属 ABELIA

忍冬科 CAPRIFOLIACEAE

落叶、半常绿或常绿灌木。因观其叶和花多而栽培。极耐寒至半耐寒。在寒冷地区要有避风措施，最好靠南墙或西墙栽植。喜光照充足和肥沃、排水良好的土壤。可在春末除去枯死枝条，花后修剪老枝以限制生长。夏季软枝扦插繁殖。

🏆**'爱德华·古舍' 六道木 *A.* 'Edward Goucher'**，见 161 页。

🏆**多花六道木 *A. floribunda*** 常绿灌木。枝弓状。高 3m，冠径 4m。半耐寒。叶卵形，光滑，深绿色。花管状，下垂，鲜红色，夏初开放。

🏆**大花六道木 *A.* × *grandiflora***，见 121 页。

🏆**'弗朗西斯·马森'六道木 'Francis Mason'** 半常绿灌木。枝弓状。生长旺盛。高 2m，冠径 3m。耐寒。幼枝铜黄色。叶卵形，黄绿色，中间颜色较深。花多，钟状，白色带粉红色，有芳香味，仲夏至仲秋开放。

舒曼六道木 *A. schumannii*，见 162 页。

三花六道木 *A. triflora*，见119页。

白花连翘属（新拟） ABELIOPHYLLUM

木犀科 OLEACEAE

单种属。落叶灌木。冬季观花。耐寒，但在寒冷地区应靠南墙或西墙栽植。喜光照充足和肥沃、排水良好的土壤。每年花后除去过多的老枝以使植株强壮，促进幼枝生长。夏季软枝扦插繁殖。

白花连翘（新拟）***A. distichum*** 落叶开张型灌木。高和冠径均为 1.2m。叶卵形，暗绿色。花星状，着生于裸茎上，白色或带淡粉色，芳香，冬末先叶开放。易受霜害。

冷杉属 ABIES
Silver fir

松科 PINACEAE

高大针叶树。枝条轮生。叶针形，扁平，呈螺旋状排列，通常柔软，叶背面有银白色条纹。球果直立，当年成熟，种子和种鳞脱落（见针叶树类）。

欧洲银冷杉（欧洲冷杉）***A. alba*** 树冠圆锥状。速生。高达 15～25m，冠径 5～8m。极耐寒。树皮银灰色。叶暗绿色，背面银白色。球果圆柱状，长 10～15cm，成熟后红褐色。

温哥华冷杉 *A. amabilis* (Pacific fir) 树冠圆锥状。高达 15m，冠径 4～5m。极耐寒。枝条灰色，有毛。叶密集，有凹槽，先端方形，具光泽，深绿色，背面有白色气孔带。球果椭圆状，紫蓝色，长 9～15cm。**'匍匐星' 'Spreading Star'** 高 50cm，冠径 4～5m。匍匐状，适宜作地被植物。

胶冷杉 *A. balsamea* (Balsam fir)。

🏆**哈得逊胶冷杉 f. *hudsonia*** 低矮针叶树，树形扁平至球形。高和冠径均为 60～100cm。耐寒。树干光滑，灰色。枝叶密集，叶灰绿色，半螺旋状排列。**'矮生' 'Nana'**（见 110 页）低矮植物，呈圆丘形。叶稠密，螺旋状排列。

希腊冷杉 *A. cephalonica* (Greek fir) 直立针叶树，树冠圆锥状。高 20～30m，冠径 5～10m。极耐寒。老树枝条粗大、伸展、直立。叶坚硬，尖形，光滑，深绿色，背面呈浅绿色。球果圆柱状，渐尖，长 10～15cm，成熟时褐色。**'迈尔矮生' 'Meyer's Dwarf'**（*A. c.* 'Nana'，见 110 页）高 50cm，冠径 1.5m。叶短。树冠开展，呈平顶的圆丘状。

🏆**白冷杉**（灰叶冷杉）***A. concolor*** (White fir) 直立针叶树。高 15～30m，冠径 5～8m。耐寒。叶横向伸展，蓝绿色或灰色；球果圆筒状，绿色或淡蓝色，长 8～12cm。**'银叶' 'Argentea'**（*A. c.* 'Candicans'，见 101 页）。🏆**'致密' 'Compacta'**（*A. c.* 'Glauca Compacta'，见 110 页）栽培品种，高达 2m，冠径 2～3m。叶钢青色。

苍山冷杉 *A. delavayi* (Delavay's fir) 直立针叶树。高 10～15m，冠径 4～6m。耐寒。枝伸展，轮生，栗褐色。叶弯曲，呈鲜亮的深绿色，螺旋状排列，背面有清晰的银白色气孔带，叶缘反卷。球果长圆柱状，紫蓝色，长 6～15cm。

川滇冷杉 *A. forrestii*，见 105 页。

🏆**大冷杉**（北美冷杉）***A. grandis***，见 104 页。

日光冷杉 *A. homolepis* (Nikko fir) 针叶树，幼时树冠圆锥状，老时圆柱状。高 15m，冠径 6m。耐寒。树皮粉灰色，呈片状剥落。叶表面淡绿色，背面银白色。球果圆柱状，紫蓝色，长 8～12cm，宜用于城市栽培。

朝鲜冷杉 *A. koreana*，见 109 页。

落基山冷杉 *A. lasiocarpa* (Subalpine fir) 树冠窄圆锥状。高 10～15m，冠径 3～4m。耐寒。叶灰色或蓝绿色。球果圆柱状，紫蓝色，长 6～10cm。**'紧密' 亚利桑那冷杉** var. ***arizonica* 'Compacta'**（见 110 页），树冠卵状或圆锥状。高 4～5m，冠径 1.5～2m。生长慢。木栓层较柔软。叶蓝色。**'罗杰·瓦逊' 'Roger Watson'**（见 110 页）高和冠径均为 75cm。植株矮小。树冠圆锥状。叶银灰色。

🏆**高加索冷杉**（黑海冷杉）***A. nordmanniana* (Caucasian fir)** 针叶树，树冠圆柱状。高 15～25m，冠径 5m。极耐寒。叶繁茂，浓绿色。球果圆柱状，长 10～15cm，幼时绿褐色，成熟后褐色。🏆**'金叶' 'Golden Spreader'**（见 111 页）高和冠径均为 1m，树形低矮伸展。叶呈明亮的金黄色。

🏆**壮丽冷杉 *A. procera*** (Noble fir) 针叶树，树冠窄圆锥状。高 15m，冠径 5m。极耐寒。树皮光滑，呈银灰色。叶灰绿色或明亮的蓝灰色。球果圆柱状，粗大，长 15～25cm，初为绿色，成熟时褐色。

🏆**白叶冷杉 *A. veitchii***，见 102 页。

苘麻属 ABUTILON

锦葵科 MALVACEAE

常绿、半常绿或落叶灌木，多年生或一年生草本。因观花或观叶而栽培。耐寒或不耐寒，耐最低温度 5～7℃。喜全光照或半阴和肥沃、排水良好的土壤。盆栽时应保证生长季节有充足水分，其他时期少量浇水。生长季节幼株需修剪枝顶端，以促进侧枝生长。成熟植株每年早春进行重度修剪。株形松散的品种应捆扎或支撑。春季播种繁殖或夏季软枝、嫩枝、半成熟枝扦插繁殖。白蝇、红蜘蛛螨和杂草会危害植株。

🏆**'阿斯福德红' 苘麻 *A.* 'Ashford Red'** 常绿灌木。生长强壮。高和冠径均为 2～3m。半耐寒。枝直立至伸展。叶枫叶形至心形，具锯齿，淡绿色至中绿色。花下垂，钟状，深红色，春季至秋季开放。

'金羊毛' 苘麻 *A.* 'Golden Fleece' 常绿灌木。树冠圆球状。生长强壮。高和冠径均为 2～3m。半耐寒。叶枫叶形至心形，具锯齿，浓绿色。花下垂，钟状，黄色，春季至秋季开放。

🏆**'肯特钟' 苘麻 *A.* 'Kentish Belle'**，见 171 页。

🏆**巴西苘麻**（美佳苘麻）***A. megapotamicum*** 常绿灌木。高和冠径均为 3m。半耐寒。枝条长而柔软，通常依墙而生。叶卵形，基部心形，暗绿色。花下垂，钟状，黄红色相间，春末至秋季开放。

缟花苘麻（风铃花）***A. pictum*** (*A. striatum* of gardens)。**'汤普逊' 'Thompsonii'**，见 147 页。

***A. striatum* of gardens** 见 *A. pictum*。

大风铃花 *A.* × *suntense* 落叶直立灌木。枝弓状。速生。高 5m，冠径 3m。耐寒。叶卵形，浅裂，有锯齿，暗绿色。花多而大，碗状，淡紫色至深紫色，偶尔白色，春末至夏初开放。**'堇色' 'Violetta'**，见 145 页。

葡萄叶苘麻 *A. vitifolium* 落叶直立灌木。速生。高 4m，冠径 2.5m。耐寒。叶卵形，浅裂，具锐齿，灰绿色。花大而多，碗状，淡紫色至蓝色，春末至夏初开放。**白花葡萄叶苘麻** var. ***album***，见 119 页。

金合欢属 ACACIA
Mimosa

豆科／含羞草科 LEGUMINOSAE/MIMOSACEAE

常绿、半常绿、落叶乔木或灌木。因观赏其叶和雄蕊密集的花而栽培。许多种具有叶状枝柄而没有真正的叶。耐寒或不耐寒，耐最低温度 5～7℃。喜全光照和排水良好的土壤。春季播种繁殖。红蜘蛛螨和粉蚧科的介壳虫会危害植株。

🏆**贝利相思树**（灰叶相思树）***A. baileyana***，见 97 页。

🏆**银荆 *A. dealbata***，见 83 页。

A. juniperina 见 *A. ulicifolia*。

长叶相思树（海岸相思树）***A. longifolia*** (Sydney golden wattle) 常绿乔木，枝伸展。高和冠径均为 6m。耐寒。叶状柄窄椭圆形，暗绿色。花金黄色，花穗圆柱形，早春开放。

真珠相思树 *A. podalyriifolia*，见 135 页。

三角叶相思树（极弯相思树）***A. pravissima***，见 97 页。

艳美相思树 *A. pulchella*，见157页。

杜松相思树 *A. ulicifolia* (*A. juniperina*) 常绿灌木。丛生。高 1m，冠径 1.5m。耐寒。叶柄窄圆柱形，刺状，浓绿色。花淡黄色，簇生成球状，仲春开放。

针叶相思树 *A. verticillata* (Prickly Moses) 常绿乔木或丛生灌木。枝条伸展。高和冠径均为 9m。半耐寒。叶柄针状，暗绿色。穗状花序，花亮黄色，密集成瓶刷状，春季开放。

Acacia
False 见 *Robinia pseudoacacia*。
Rose 见*Robina hispida*，见141页。

猬莓属（新拟） ACAENA

蔷薇科 ROSACEAE

本属主要为夏季开花的亚灌木和多年生草本。除严冬季节外，多数种类常绿。以观叶和彩色刺果为主。宜作地被植物栽培。花序圆球状，花小，排列密集。适宜岩石园栽植。部分种类易受病虫害。极耐寒至耐寒。喜全光照或半阴和排水良好的土壤。早春分株繁殖或秋季播种繁殖。

A. anserinifolia of gardens 见 *A. novae-zelandiae*。

'蓝叶'猬莓(新拟)***A.* 'Blue Haze'** (*A.* 'Pewter') 多年生常绿草本。匍匐状。生长旺盛。高10cm，冠径75cm以上。极耐寒。叶分裂成9～15枚小叶，小叶卵形，具锯齿，钢青色。头状花序球形，花淡褐色至红色。秋季果深红色，具粉红色刺。

绿猬莓（新拟）***A. buchananii*** 多年生常绿草本。匍匐状。生长旺盛。高2cm，冠径75cm以上。极耐寒。复叶，小叶11～17枚，卵形，有锯齿，淡灰绿色。头状花序球形，花绿色，夏季开放。果黄绿色，多刺。

A. caerulea 见 *A. caesiiglauca*。

天蓝猬莓（新拟）***A. caesiiglauca*** (*A. caerulea*)，见390页。

🏆小叶猬莓（新拟）***A. microphylla***，见389页。

新西兰猬莓（新拟）***A. novaezelandiae*** (*A. anserinifolia* of gardens) 常绿亚灌木。匍匐状。生长旺盛。高10cm，冠径75cm以上。极耐寒。复叶，小叶9～13枚，卵形，有锯齿，褐绿色。头状花序，球形，花淡绿色至褐色，夏季开放。果淡褐色，具红色刺。

***A.* 'Pewter'** 见 *A.* 'Blue Haze'。

铁苋菜属 ACALYPHA

大戟科 EUPHORBIACEAE

常绿灌木或多年生草本。因观花和观叶而栽培。不耐寒，耐最低温度10～13℃，但在16℃时生长最好。喜半阴和富含腐殖质、排水良好的土壤。生长旺盛时期，盆栽植株需大量的水分，其他时期和低温时，需水量要少得多。生长季节将主枝顶端摘除可促进幼株分枝。夏季用软枝、嫩枝或半成熟枝扦插繁殖。红蜘蛛螨、白蝇和粉蚧科的介壳虫会危害植株。

🏆红穗铁苋菜(猫尾红)***A. hispida*** (Red-hot cat's tail) 常绿直立灌木。枝干柔软。高2m以上，冠径1～2m。叶卵形，有锯齿，具光泽，深绿色。花小，深红色，密集成柔荑状穗状花序，四季开放。可做为短期饰带栽培。

红桑（红叶铁苋菜）***A. wilkesiana***，见143页。

彩花属 ACANTHOLIMON

白花丹科 PLUMBAGINACEAE

多年生常绿草本。因观花和密集、垫状的刺叶而栽培。适宜岩石园和墙边栽植。极耐寒。喜光照和排水良好的土壤，忌湿润的冬季。栽培时很少结果。春末用软枝扦插繁殖。

颖状彩花 ***A. glumaceum***，见377页。

雅致彩花 ***A. venustum*** 多年生常绿草本。铺地状。高和冠径均为10cm。茎高3cm。小型穗状花序，花星状，粉红色，春末至夏初开放。叶小，针形，丛生，蓝绿色，边缘银白色。喜温暖和排水良好的环境，为良好的高山温室植物。

Acanthopanax，除 ***A. ricinifolius*** 为刺楸 *Kalopanax septemlobus* 的异名外，其余重归入五加属 *Eleutherococcus*。

老鼠簕属 ACANTHUS
Bear's breeches

爵床科 ACANTHACEAE

多年生草本，有些种类为半常绿。因观赏其大而具深裂的叶和穗状花序而栽培。极耐寒。喜全光照、温暖环境和排水良好的土壤，但也耐阴。栽培后第一年冬天要保护树冠。若选错地方，长长的鞭状根很难被清除。秋初或春季播种或分株繁殖，也可在冬季根插繁殖。

A. balcanicus 见 *A. hungaricus*。

薯蓣状老鼠簕 ***A. dioscoridis*** 多年生草本。直立。呈弓状。高达1m，冠径45cm。茎被毛。基生叶卵形，深裂，坚硬。穗状花序，花小，密集，漏斗状，紫白相间，夏季开放。

匈牙利老鼠簕 ***A. hungaricus*** (*A. balcanicus, A. longifolius*)，见251页。

A. longifolius 见 *A. hungaricus*。

金蝉脱壳（茛力花）***A. mollis*** 多年生半常绿草本。直立。高1.2m，冠径45cm。叶长，卵形，具深缺刻，亮绿色。穗状花序，花漏斗状，紫红色和白色相间，夏季开放。

🏆刺老鼠簕 ***A. spinosus***，见251页。

凤榴属（菲油果属）ACCA (FEIJOA)

桃金娘科 MYRTACEAE

常绿灌木。叶对生。因观赏浅杯状的花而栽培。耐寒。喜光照充足的环境和排水良好的轻质土壤。种子成熟时即可播种繁殖或夏季用半成熟枝扦插繁殖。

凤榴（菲油果）***A. sellowiana***，见143页。

槭树属 ACER
Maple

槭树科 ACERACEAE

落叶或常绿乔木和灌木。主要观赏其秋季色彩绚丽的叶，有时树皮和主干也具有观赏性。花小，不明显。双翅果。极耐寒至耐寒。喜光照、半阴和肥沃、湿润但排水良好的土壤。许多种类在中性或酸性土壤上生长时，秋季叶色更绚丽。秋季种子成熟即可播种。一些栽培品种，可在冬末或初春用各种嫁接方法繁殖，或夏季芽接繁殖。植株有时会受到食叶毛虫或蚜虫的侵害，槭树焦油斑也会影响到挪威槭（*A. platanoides*）和欧亚槭（*A. pseudoplatanus*）。

三角槭（三角枫）***A. buergerianum*** (Trident maple) 落叶乔木。枝伸展。高10m以上，冠径8m。极耐寒。叶3裂，光滑，深绿色，秋叶红色、橘红色和紫红色，观赏期长，引人注目。

🏆细柄槭 ***A. capillipes***，见82页。

青皮槭 ***A. cappadocicum*** (Cappadocian maple) 落叶乔木。枝伸展。高20m，冠径15m。极耐寒。叶5裂，亮绿色，秋季变黄色。**🏆'黄叶' 'Aureum'** 幼叶亮黄色，夏季为浅绿色，秋季呈黄色。**意大利青皮槭** subsp. ***lobelii*** (*A. lobelii*)，见66页。

鹅耳枥叶槭 ***A. carpinifolium***，见92页。

🏆旋槭（圆叶槭）***A. circinatum*** (Vine maple) 落叶乔木或灌木。枝伸展或丛生。高5m以上，冠径6m。极耐寒。叶圆形，7～9裂，中绿色，秋季为亮橙色和红色。花小，簇生，紫白相间，春季开放。

三叶槭（日本三叶槭）***A. cissifolium*** 落叶乔木。枝伸展。高8m，冠径12m。极耐寒。复叶，小叶3片，卵形，有锯齿，幼叶淡青铜色，夏季深绿色，秋季红色和黄色。在半阴处和中性或酸性土壤上长势最好。subsp. ***henryi*** 见 *A. henryi*。

山楂叶槭 ***A. crataegifolium*** (Hawthorn maple) 落叶乔木。枝弓状。高和冠径均为10m。极耐寒。枝条具白绿相间的纹路。叶小，卵形，中绿色，秋季呈橘红色，**'维茨' 'Veitchii'**，见89页。

青榨槭 ***A. davidii*** (Père David's maple, Snake-bark maple) 落叶乔木。枝直立。极耐寒。高和冠径均为15m。枝条呈白绿相间的条纹。叶卵形，具光泽，深绿色，通常秋季变成黄色或橘红色。**葛萝槭** subsp. ***grosseri*** (*A. grosseri, A. g.* var. *hersii, A. hersii*)(Hers's maple, Snake-bark maple) 落叶乔木。干直，枝伸展。高和冠径均为10m。极耐寒。树干和枝条有白色条纹。叶宽卵形，深裂，亮绿色，秋季红色。**'白纹' 'Madeline Spitta'**，见81页。

A. ginnala 见 *A. tataricum* subsp. *ginnala*。

古拉德槭 ***A. giraldii*** 落叶乔木。树冠开展。高和冠径均为10m。极耐寒。芽具蓝灰色粉霜。叶大，悬铃木叶状，浅裂，表面暗绿色，背面蓝白色，叶柄长，粉红色。

A. grandidentatum 见 *A. saccharum* subsp. *grandidentatum*。

🏆血皮槭 ***A. griseum***，见100页。

A. grosseri 见 *A. davidii* subsp. *grosseri*，var. *hersii* 见 *A. davidii* subsp. *grosseri*。

建始槭 ***A. henryi*** (*A. cissifolium* subsp. *henryi*)，见82页。

A. hersii 见 *A. davidii* subsp. *grosseri*。

羽扇槭（日本槭）***A. japonicum*** (Full-moon maple, Japanese maple) 落叶乔木或丛生灌木。高和冠径均为10m。极耐寒。叶圆形，分裂，中绿色，秋季变红色。花小，簇生，紫色，微泛红色，仲春开放。需避强风。**🏆'乌头叶' 'Aconitifolium'**，见95页。**'黄叶' 'Aureum'**，见 *A. shirasawanum* 'Au-reum'。**🏆'葡萄叶' 'Vitifolium'**，见95页。

疏花槭 ***A. laxiflorum*** (*A. pectinatum* subsp. *laxiflorum*)，见99页。

A. lobelii 见 *A. cappadocicum* subsp. *lobelii*。

大叶槭 ***A. macrophyllum***，见64页。

五尖槭 ***A. maximowiczianum*** (*A. nikoense*)(Nikko maple) 落叶乔木。生长慢。树冠圆球状。高和冠径均为12m。耐寒。复叶，小叶3枚，卵形，绿色，微泛蓝色，秋季鲜红色和黄色。

三裂槭（蒙彼利埃槭）***A. monspessulanum*** (Montpelier maple) 落叶乔木或灌木。树冠密集，圆球状。高12m。极耐寒。叶小，3裂，光滑。

梣叶槭(复叶槭)***A. negundo*** (Ash-leaved maple, Box elder) 落叶乔木。生长快。枝伸展。高15m，冠径8m。极耐寒。复叶，小叶3～5片，卵形，亮绿色。花小，不明显，簇生，黄色，微泛绿色，春末开花。**'斑纹' 'Variegatum'**，见79页。**🏆紫梣叶槭** var. ***violaceum*** 小枝淡紫色。花簇明显，流苏状，淡紫色至粉红色。

A. nikoense 见 *A. maximowiczianum*。

意大利槭 ***A. opalus*** (Italian maple) 落叶乔木。树冠圆球状。高和冠径均为15m。极耐寒。花小，黄色，簇生，初春至仲春先叶开花。叶宽，5裂，深绿色，秋季变黄色。

鸡爪槭 ***A. palmatum*** (Japanese maple) 落叶乔木或丛生灌木。高和冠径均为6m以上。极耐寒。叶掌状深裂，中绿色，秋季鲜橘红色、红色或黄色。花小，簇生，紫红色，仲春开花。**深紫鸡爪槭**（紫叶槭）f. ***atropurpureum***，见121页。**🏆'红果' 'Bloodgood'**，见143页。**🏆'蝴蝶' 'Butterfly'**，见140页。**🏆'辉红' 'Chitoseyama'**，见166页。**'珊瑚' 'Corallinum'**，见130页。**朝鲜鸡爪槭** var. ***coreanum***，见94页。**'深裂紫' 'Dissectum Atropurpureum'**，见166页。**七裂鸡爪槭** var. ***heptalobum***，见124页。**'变黄'七裂鸡爪槭** var. ***heptalobum* 'Lutescens'**，见122页。**'红色'七裂鸡爪槭** var. ***heptalobum* 'Rubrum'**，见122页。**🏆'大叶' 'Osakazuki'** 叶大，7裂，秋季鲜红色。**🏆'红皮' 'Sango-kaku'** (*A. p.* 'Senkaki')，见124页。***A. pectinatum*** subsp. ***laxiflorum*** 见 *A. laxiflorum*。

🏆宾州槭 ***A. pensylvanicum*** (Snake-bark maple)，见84页。

🏆'红枝' 'Erythrocladum' 落叶乔木。直立。高10m，冠径6m。极耐寒。幼芽冬季鲜粉红色。叶大，缺裂明显，中绿色，秋季亮黄色。

挪威槭 ***A. platanoides*** (Norway maple) 落叶乔木。树冠开展。生长旺盛。高25m，冠径15m。极耐寒。叶

大而宽，锐裂，亮绿色，秋季黄色或橘黄色。花黄色，簇生，仲春先叶开放。**'柱冠' 'Columnare'** 高12m，冠径8m。枝叶密集，树冠圆柱状。🏆**'绯红王' 'Crimson king'**，见65页。🏆**'德拉蒙德' 'Drummondii'**叶缘具较宽的乳白色。**'绿后' 'Emerald Queen'** 幼时直立。**'圆冠' 'Globosum'** 高8m，冠径10m。树冠密集，圆球状。**'Lorbergii'** 见*A. p.* 'Palmatifidum'。**'细裂' 'Palmatifidum'** (*A. p.* 'Lorbergii')，见71页。**'品红' 'Royal Red'** 叶暗紫红色。🏆**'施维德' 'Schwedleri'** 叶幼时亮红色，夏季成熟后绿紫色，秋季橘红色。**'暗绿' 'Summershade'** 叶暗绿色。

欧亚槭 *A. pseudoplatanus* (Sycamore) 落叶乔木。速生。树冠开展。高30m，冠径15m。极耐寒。叶宽，5裂，暗绿色。为良好的孤植树，适宜栽植于开阔地带。🏆**'辉煌' 'Brilliantissimum'**，见89页。**红果欧亚槭 f. *erythrocarpum***，见70页。**'斑叶' 'Simon Louis Frères'**，见79页。

红槭 *A. rubrum* (Red maple)，见70页。**'柱冠' 'Columnare'**，见81页。🏆**'十月光' 'October Glory'** 落叶乔木。树冠开展。高20m，冠径12m。极耐寒。叶3～5裂，具光泽，暗绿色，秋季深红色（尤其是生长在中性或酸性土壤上）。花小，红色，簇生，春季先叶开放。**'晚霞' 'Red Sunset'** 枝茂密。秋季叶变为鲜红色。🏆**'狭冠' 'Scanlon'** 和 **'施莱辛格' 'Schlesingeri'**，见70页。

🏆**褐脉槭 *A. rufinerve*** (Snake-bark maple)，见82页。**'斑点' 'Hatsuyuki'** (*A. r.* f. *albolimbatum*) 落叶乔木。枝弓状。高10m，冠径8m。极耐寒。枝条具绿白相间的条纹。叶3裂，绿色，具斑点，边缘白色，秋季叶变橙色或红色。

🏆**银槭 *A. saccharinum*** (Silver maple) 落叶乔木。速生。树冠开展。高25m，冠径15m。极耐寒。叶深裂，中绿色，背面银白色，秋季黄色。**'威尔' 撕裂叶银槭 f. *laciniatum* 'Wieri'** (*A. s.* 'Laciniatum Wieri') 枝条低矮下垂，叶深裂。

糖槭 *A. saccharum* (Sugar maple)。**大齿糖槭** subsp. ***grandidentatum*** (*A. grandidentatum*) 落叶乔木。树冠开展。高和冠径均为10m以上。极耐寒。叶宽，3裂或5裂，亮绿色，秋初为亮橙红色。**'青山' 'Green Mountain'** 高20m，冠径12m。直立。叶大，5裂，秋季鲜猩红色。**'柱冠' 'Temple's Upright'**，见82页。

🏆**'黄叶' 钝翅槭 *A. shirasawanum* 'Aureum'** (*A. japonicum* 'Aureum')，见92页。

🏆**茶条槭 *A. tataricum*** subsp. ***ginnala*** (*A. ginnala*)，见95页。

三花槭 *A. triflorum*，见96页。

毡毛槭 *A. velutinum* 落叶乔木。树冠开展。高20m，冠径15m。极耐寒。叶大，似欧洲槭，暗绿色，表面具浅褐色绒毛。**粉背叶毡毛槭** var. ***vanvolxemii*** (Van Volxem's maple) 叶较大，背面带粉绿色，光滑。

蓍属 ACHILLEA

菊科 ASTERACEAE/COMPOSITAE

多为直立多年生草本，部分种类为半常绿。适宜花坛和岩石园栽植。叶大，似蕨类植物叶。头状花序，花大，通常碟状，花期主要在夏季。花序晒干后可在冬天作装饰用。极耐寒。适生于多种土壤，在光照充足、排水良好的地带生长最好。高大种和栽培品种需用桩支撑。早春或秋季分株繁殖或夏初用软枝扦插繁殖。触摸叶后皮肤会出现过敏症状。

A. aegyptica of gardens 见 *A.* 'Taygetea'。

A. argentea 见 *Tanacetum argenteum*。

A. argentea of gardens 见 *A. clavennae*。

银叶蓍草*A. clavennae* (*A. argentea* of gardens)，见373页。

盾状蓍草*A. clypeolata* 多年生半常绿草本。茎直立。高45cm，冠径30cm。叶全裂，多毛，银白色。头状花序扁平，花多而小，黄色，夏季开放。春季定期分株繁殖。

🏆**'金冕蓍草' *A.* 'Coronation Gold'**，见256页。

🏆**'金盘' 黄花蓍草 *A. filipendulina* 'Gold Plate'**，见258页。

凯氏蓍草*A.* × *kellereri*，见375页。

🏆**'爱德华王' 莱氏蓍草*A.* × *lewisii* 'King Edward'** 多年生半常绿草本。冠圆丘状。枝叶密集，基部木质。高10cm，冠径23cm以上。叶羽状，柔软，灰绿色。头状花序，花小，密集，浅黄色，夏季开放。适于岩石园、墙边或堤岸栽培。

蓍（欧蓍草）***A. millefolium*** (Yarrow)。**'火皇' 蓍 'Fire King'** 多年生草本。直立。生长旺盛。高和冠径均为60cm。叶多，羽状，暗绿色。头状花序扁平，花深红色，夏季开放。

🏆**'月光' 蓍草*A.* 'Moonshine'**，见291页。

'珍珠' 蓍草 *A. ptarmica* 'The Pearl'，见239页。

'斯沃伯格' 蓍草 *A.* 'Schwellenberg'，见255页。

'塔吉特' 蓍草 *A.* 'Taygetea' (*A. aegyptica* of gardens)，见291页。

长筒花属 ACHIMENES
Hot-water plant

苦苣苔科 GESNERIACEAE

多年生草本。直立或蔓生。根状茎小。花色艳丽。不耐寒，耐最低温度10℃。喜光，但不耐阳光直射。喜排水良好的土壤，用温水浇灌盆栽植株。花后使植株晾干，将根状茎放置不结霜处越冬。春季用根状茎或播种繁殖，夏季茎插繁殖。

金鱼草长筒花*A. antirrhina* 多年生草本。直立。高和冠径均为35cm以上。叶卵形，有锯齿，长5cm以上，对生的两叶大小不等。花漏斗状，橙红色，长4cm，喉部青蓝色，夏季开放。

猩红长筒花*A.* 'Brilliant' 多年生草本。直立。枝叶密集。高和冠径均为30cm。叶卵形，有锯齿。花大，漏斗状，猩红色，夏季开放。

A. coccinea 见 *A. erecta*。

轮叶长筒花*A. erecta* (*A. coccinea*, *A. pulchella*) 多年生草本。直立。灌木状。多分枝。高和冠径均为45cm。叶窄卵形，具锯齿，常3叶轮生。花管状，猩红色，具黄斑，夏季开放。

大长筒花 *A. grandiflora* 多年生草本。直立。高和冠径均为60cm。叶卵形，具锯齿，背面淡红色。花管状，深粉红色至紫色，具白斑，夏季开放。

'小丽人' 长筒花*A.* 'Little Beauty'，见282页。

'保尔·阿诺德' 长筒花 *A.* 'Paul Arnold' 多年生草本。直立。枝叶密集。花多。高和冠径均为30cm。叶卵形，具锯齿。花大，漏斗状，紫色，夏季开放。

'桃红' 长筒花 *A.* 'Peach Blossom' 多年生草本。蔓生。高和冠径均为25cm。叶卵形，具锯齿。花大，漏斗状，粉红色，夏季开放。

A. pulchella 见 *A. erecta*。

Achnatherum calamagrostis 见 *Stipa calamagrostis*。

Acidanthera bicolor var. ***murieliae*** 见 *Gladiolus callianthus*。

Acidanthera murieliae 见 *Gladiolus callianthus*。

针叶芹属（新拟） ACIPHYLLA

伞形科 APIACEAE/UMBELLIFERAE

多年生常绿草本。因观赏长而尖的叶和雄株较多的花而栽培。耐寒。喜光照和排水良好的土壤。冬季应堆积厚厚的碎石屑以防植株受潮湿的影响。早春或夏末可用新鲜种子播种繁殖。

黄针叶芹（新拟）***A. aurea***，见238页。

大叶针叶芹（新拟）***A. scott-thomsonii*** (Giant Spaniard) 多年生常绿草本。莲座状。高达4.5m，冠径60～100cm。叶小，多分裂，幼时青铜色，成熟后银灰色。穗状花序，多刺，花小，稀少，乳黄色。喜湿润和排水良好的土壤。

粗糙针叶芹（新拟）***A. squarrosa***，见266页。

尖药木属 ACOKANTHERA

夹竹桃科 APOCYNACEAE

常绿灌木或乔木。因观花和全株而栽培。不耐寒，耐最低温度10℃。喜充足的光照和排水良好的土壤。植株需水量中等，非旺盛生长时期需水较少。春季或秋季播种繁殖或夏季用半成熟枝扦插繁殖。果实梅果状，多汁，有剧毒。

长圆叶尖药木（美丽假虎刺）***A. oblongifolia*** (*A. spectabilis*, *Carissa spectabilis*)，见150页。

A. spectabilis 见 *A. oblongifolia*。

Aconite 见 *Aconitum*。

Winter 见*Eranthis hyemalis*，见441页。

乌头属 ACONITUM
Aconite, Monkshood, Wolf's bane

毛茛科 RANUNCULACEAE

多年生草本。有毒。具块茎或纤维状根。直立，有时攀缘。花奇特，兜状，夏季开花。叶多数圆形。宜栽培于岩石园和花坛中。极耐寒。喜光，也耐半阴，且半阴使花色更艳丽。喜肥沃、排水良好的土壤。第2～3年秋季分株繁殖或播种繁殖。触摸叶子会刺激皮肤。植株有剧毒，食之对人体有害。

安索乌头（铁棒锤）***A. anthora*** 多年生草本。枝叶密集。具块茎。高60cm，冠径50cm。叶多，分裂，暗绿色。穗状花序，直立，花兜状，黄色，夏季开放。

A.* × *bicolor 见 *A.* × *cammarum* 'Bicolor'。

🏆**紫塔乌头 *A.* 'Bressingham Spire'** 多年生草本。直立。枝叶密集。具块茎。高1m，冠径50cm。叶深裂，具光泽，深绿色。穗状花序，直立，花兜状，蓝紫色，夏季开放。

🏆**两色乌头 *A.* × *cammarum* 'Bicolor'** (*A.* × *bicolor*)，见252页。

'阿伦氏' 乌头 *A. carmichaelii* 'Arendsii' (*A. c.* 'Arends') 多年生草本。直立。具块茎。高1.5m，冠径30cm。叶分裂，浓绿色。穗状花序，花兜状，深蓝色，秋季开放。若栽植于背阴处，其直立茎应立桩支撑。

瓜叶乌头 *A. hemsleyanum* (*A. volubile* of gardens) 多年生攀缘植物。富含纤维。茎细长而坚韧。高2～2.5m，冠径1～1.2m。叶绿色，有分裂。花成簇，下垂，兜状，淡紫色，夏末开放。植株攀爬灌木或被支撑时长势最好。

'乳白' 乌头 *A.* 'Ivorine' 多年生草本。直立。具块茎。高1.5m，冠径50cm。茎强壮。叶深裂，具光泽，绿色。穗状花序，直立，花兜状，乳白色，夏初开花。

狼毒乌头 *A. lycoctonum* subsp. ***vulparia*** (*A. orientale* of gardens, *A. vulparia*)，见255页。

欧洲乌头*A. napellus* (Helmet flower, Monkshood) 多年生草本。直立。具块茎。高1.5m，冠径30cm。叶深裂，中绿色。花序细而尖，花兜状，淡靛蓝色，夏末开花。**'白花' 'Albi-**

dum' (*A. n.* f. *album*) 花白色。

'深蓝'乌头*A.* 'Newry Blue' 多年生草本。直立。具块茎。高1.2m，冠径50cm。茎直立。叶深裂，具光泽，暗绿色。花兜状，深蓝色，夏季开放。

A. orientale of gardens 见*A. lycoctonum* subsp. *vulparia*。

🏆'闪光'乌头 *A.* 'Sparks' Variety' 多年生草本。直立。具块茎。高1.2m，冠径50cm。茎具分枝。叶深裂，具光泽，暗绿色。花蓝紫色，夏季开放。

A. volubile of gardens 见*A. hemsleyanum*。

A. vulparia 见*A. lycoctonum* subsp. *vulparia*。

菖蒲属 ACORUS

天南星科 ARACEAE

多年生半常绿草本。生于水边或浅水中。因其叶具香味而栽培。极耐寒至耐寒。喜开阔、光照充足之地。菖蒲(*A. calamus*)需25cm的水深。秋季应清理落叶。每隔3～4年植株丛生密集时宜在春季分株繁殖。

'银纹'菖蒲*A. calamus* 'Argenteostriatus' (*A. c.* 'Variegatus')，见447页。

石菖蒲 *A. gramineus* 'Pusillus' 多年生半常绿草本。宜植水边或浅水中。耐寒。高和冠径均为10cm。叶窄，禾草状，坚挺。穗状花序，花少，不明显，淡绿色，夏季开放。**'花叶' 'Variegatus'**，见447页。

塔斯马尼亚芸木属（新拟）ACRADENIA

芸香科 RUTACEAE

常绿灌木。因观叶和花而栽培。半耐寒。靠南墙或西墙栽培最好。喜全光照或半阴的环境及肥沃、排水良好的土壤。夏季用半成熟枝扦插繁殖。

塔斯马尼亚芸木(新拟)*A. frankliniae* 常绿灌木。直立。多分枝，枝坚硬。高和冠径均为2m。复叶，小叶3片，窄披针形，具香味，暗绿色。花簇小，花星状，白色，春末至夏初开放。

Acroclinium 重新归入*Rhodanthe*。

类叶升麻属 ACTAEA
Baneberry

毛茛科 RANUNCULACEAE

多年生草本。丛生。因观赏其颜色丰富的浆果而栽培。极耐寒。喜林下湿润的泥炭土壤。需庇荫。春季分株繁殖或秋季播种繁殖。浆果食之有剧毒。

A. alba 见*A. pachypoda*。

A. erythrocarpa of gardens 见*A. rubra*。

🏆白果类叶升麻*A. pachypoda* (*A. alba*)，见259页。

🏆美国类叶升麻*A. rubra* (*A. erythrocarpa* of gardens) (Red baneberry) 多年生草本。丛生。高50cm，冠径30cm。叶卵形，全裂，亮绿色。花小，绒团状，白色。浆果圆球形，猩红色，秋季成熟。

猕猴桃属 ACTINIDIA

猕猴桃科 ACTINIDIACEAE

多为落叶藤本植物。以木质茎缠绕攀缘。极耐寒至不耐寒，耐最低温度10℃。宜生于半阴处，但果期需阳光照射。适生于排水良好但不干燥的土壤。冬季可修剪。春季或秋季播种繁殖，或仲夏用半成熟枝扦插繁殖或冬季压条繁殖。

A. chinensis of gardens 见*A. deliciosa*。

美味猕猴桃*A. deliciosa* (*A. chinensis* of gardens) (Chinese gooseberry, Kiwi fruit) 落叶藤本植物。以木质茎缠绕攀缘。生长旺盛。高9～10m。耐寒。叶心形，长13～20cm。雌雄异株，花密集，杯状，白色，后变黄色，夏季开花。果实多毛，褐色，可食用。为获得果实，雌雄株必须种植在一起。

🏆狗枣猕猴桃*A. kolomikta*，见209页。

葛枣猕猴桃*A. polygama* (Silver vine) 多为落叶藤本植物。以木质茎缠绕攀缘。高4～6m。耐寒。叶心形，长7～13cm，幼时青铜色，有时部分表面呈乳白色。花杯状，白色，具香味，3朵雄花、雌花或两性花常成一组，夏季开放。果实卵形，亮黄色，可食。

爱达兰属 ADA

见兰花。

爱达兰*A. aurantiaca* (见299页) 常绿附生兰类。适宜低温温室栽培。高23cm。叶窄卵形，长10cm。花管状，橙色，长2.5cm，早春开花。夏季需庇荫。

Adam's needle 见*Yucca filamentosa*。

猴面包树属（猢狲木属）ADANSONIA
Baobab

木棉科 BOMBACACEAE

落叶或半常绿乔木。多在春季开花。因观赏其独特的膨大树干、叶和为获树阴而栽培。仅高大、成熟的树木才能开花。不耐寒，耐最低温度13～16℃。喜光照和排水良好的土壤。春季播种繁殖。盆栽时两次浇水之间土壤可适当干燥。温室中盆栽时易受红蜘蛛螨的危害。

猴面包树(猢狲木)***A. digitata*** 半常绿乔木。生长慢。树冠圆球状。高和冠径均为15m以上。掌状复叶，小叶5～7片，具光泽。花白色，芳香，具长柄，下垂，花瓣5枚，反折，春季开放。果实腊肠状，褐色，可食。

天宝花属 ADENIUM
Desert rose

夹竹桃科 APOCYNACEAE

多年生草本。多浆植物。茎肉质，膨大。不耐寒，耐最低温度15℃。喜光照或半阴和排水良好的土壤。植株极易腐烂。春季或夏季播种繁殖。从破裂的树干中流出的乳白色树液会刺激皮肤，食之会引起严重不适。

天宝花（沙漠玫瑰）***A. obesum***，见458页。

腺果豆属（新拟）ADENOCARPUS

豆科／蝶形花科 LEGUMINOSAE/PAPILIONACEAE

半常绿或落叶灌木。因观赏春季或夏初盛开的黄色花而栽培。耐寒至半耐寒。喜光照充足和排水良好的土壤。靠南墙或西墙栽植生长最好。秋季播种繁殖。

腺果豆（新拟）***A. viscosus*** 半常绿灌木。呈弓状。高和冠径均为1m。耐寒。复叶密集，小叶3片，窄披针形，灰绿色。总状花序，顶生，花多，橘黄色，春末开放。

沙参属 ADENOPHORA
Gland bellflower

桔梗科 CAMPANULACEAE

多年生草本。夏季开花。根肉质。极耐寒。喜光照充足和肥沃、排水良好的湿润土壤，土壤过分干燥会造成伤害。不耐移植，有时具入侵性。初春用基生枝扦插繁殖或秋季播种繁殖。

泡沙参*A. potaninii* 多年生草本。莲座状。高45cm以上，冠径60cm。枝弓状。叶卵形至倒披针形，生下部，中绿色。花钟状，淡蓝色或淡紫色，夏末开放。

Adhatoda duvernoia 见*Justicia adhatoda*。

铁线蕨属 ADIANTUM

铁线蕨科／凤尾蕨科 ADIANTACEAE/PTERIDACEAE

落叶、半常绿或常绿蕨类植物。极耐寒至不耐寒，耐最低温度7～13℃。喜半阴和湿润、中性至酸性土壤（阿留申铁线蕨*A. aleuticum*喜碱性土壤）。定期清理落叶。夏季孢子繁殖。

阿留申铁线蕨*A. aleuticum* (*A. pedatum* var. *aleuticum*) 见311页。

铁线蕨*A. capillus-veneris* (Maidenhair fern) 半常绿或常绿蕨类植物。高和冠径均为30cm。半耐寒。茎黑色。叶精美，三角形至卵形，细裂，裂片呈弧形，淡绿色。

A. cuneatum 见*A. raddianum*。

🏆掌叶铁线蕨*A. pedatum*，见312页。var. ***aleuticum*** 见*A. aleuicum*。

🏆楔叶铁线蕨*A. raddianum* (*A. cuneatum*) (Delta maidenhair) 半常绿或常绿蕨类植物。高和冠径均为30cm。不耐寒，耐最低温度7℃。茎紫黑色。叶细深裂，裂片三角形，淡绿色。

🏆'弗莱兹－卢西' 'Fritz-Luthi' 叶亮绿色。**'流苏' 'Grandiceps'** (Tassel maidenhair) 叶雅致，流苏状。

脆铁线蕨*A. tenerum* 半常绿或常绿蕨类植物。高30～100cm，冠径60～100cm。不耐寒，耐最低温度13℃。叶伸展，宽披针形，深裂，中绿色，由圆形或菱形的羽片组成。

🏆细叶铁线蕨 *A. venustum*，见313页。

荷包藤属 ADLUMIA

紫堇科／罂粟科 FUMARIACEAE/PAPAVERACEAE

二年生草本。以叶柄攀缘。因观花和叶而栽培。耐寒。喜半阴处，适生于各种土壤。春季播种繁殖。

A. cirrhosa 见*A. fungosa*。

北美荷包藤*A. fungosa* (*A. cirrhosa*) (Allegheny vine, Climbing fumitory) 二年生草本。以叶柄攀缘。高3～4m。小叶多，精美。圆锥花序，下垂，花小，管状，具距，白色或淡紫色，夏季开放。

侧金盏花属 ADONIS

毛茛科 RANUNCULACEAE

多年生草本。春季开花。因观叶和花而栽培。极耐寒。部分品种在半阴条件下生长旺盛，其他品种适生于开阔而排水良好的地带。夏末用新鲜种子播种繁殖或花后分株繁殖。

侧金盏花*A. amurensis*，见275页。

短柱侧金盏花*A. brevistyla*，见268页。

春金盏花*A. vernalis*，见275页。

天章属 ADROMISCHUS

景天科 CRASSULACEAE

多年生多浆植物或常绿亚灌木。叶圆形，薄或肥厚。不耐寒，耐最低温度7℃。适生于半阴和排水极好的土壤。春季或夏季叶插或茎插繁殖。

A. clavifolius 见*A. cooperi*。

古伯天章（锦铃殿）***A. cooperi*** (*A. clavifolius, Cotyledon cooperi, Echeveria cooperi*) 多年生肉质草本。高10cm，冠径达15cm。茎多分枝，淡灰褐色，长达25cm。叶倒披针形，具光泽，灰绿色，长达5cm，上面常具紫色斑纹。花生于长25cm或更高的花茎上，管状，红绿相间，边缘白色，花瓣裂片粉红色或紫色，夏季开放。

斑天章（御所锦）***A. maculatus***，见469页。

尖萼凤梨属（尖萼荷属，光萼荷属）AECHMEA

凤梨科 BROMELIACEAE

多年生常绿附生植物。莲座状。因观其叶、花和果实而栽培。不耐寒，耐最低温度10～15℃。可生长于光照充足或半阴处。应栽培于适宜生根的富含腐殖质土壤，也可用栽培兰花的泥炭藓或树皮或黏性碎屑作基质栽培。夏季应浇软水，用水适量，其他时间少浇水。春季至秋季应保持杯状的莲座中心充满水分。春末用短匐茎繁殖。

二列花尖萼荷 ***A. distichantha***（见265页）多年生常绿附生类植物。基部莲座状。高和冠径均为1m。叶密集，莲座状，窄椭圆形，先端圆形，呈弓状弯曲，上面暗绿色，背面灰色，具鳞片。圆锥花序，花小，管状，紫色或蓝色，苞片粉红色，具白色毛，通常夏季开放。

🏆**横缟尖萼荷**（美叶尖萼荷，蜻蜓凤梨）***A. fasciata***（*Billbergia rhodocyanea*）(Silver vase plant, Urn plant，见265页）多年生常绿附生植物。莲座状。高40～60cm，冠径30～50cm。叶丛疏松莲座状，叶宽椭圆形，先端圆形，内弯成弓状，具密集的灰色鳞片和银白色的交叉带。圆锥花序，花管状，蓝紫色，苞叶粉红色，春季至秋季开放。

🏆**福斯特可爱群尖萼荷**（红叶尖萼荷）***A.* Foster's Favorite Group** (Lacquered wine-cup，见265页）多年生常绿附生类植物。基部莲座状。高和冠径均为30～60cm。叶丛呈松散的莲座状，叶舌状，弓形，具光泽，红葡萄酒色。穗状花序，下垂，花管状，深蓝紫色，夏季开放。果实梨形，红色。

亮叶尖萼荷（珊瑚凤梨）***A. fulgens*** (Coral berry) 多年生常绿附生类植物。基部莲座状。高和冠径均为40～75cm。茎红色。叶丛呈松散的莲座状，叶宽椭圆形，弓状，光滑，绿色，背面具灰色鳞片，先端圆或尖。圆锥花序，直立，花小，管状，幼时紫罗兰色，成熟后红色，夏季开放。果实小，圆形至卵形，红色。

🏆**裸茎尖萼荷** ***A. nudicaulis*** 多年生常绿附生类植物。基部莲座状。高和冠径均为40～75cm。叶宽舌形，弓状，橄榄绿色，边缘具刺，通常叶背面具灰色鳞片，一些叶构成松散的莲座。穗状花序，花小，管状，黄色，位于大的红色苞叶上方，夏季开放。

曲叶尖萼荷 ***A. recurvata*** 见265页。多年生常绿附生类植物。基部莲座状。高和冠径均为15～20cm。叶丛密集，莲座状，叶窄三角形，渐尖，绿色，边缘具刺，呈弓状。穗状花序短，花密集，管状，红白相间，苞片红色，夏季开放。

羊角芹属 AEGOPODIUM
Bishop's weed, Gout weed, Ground elder

伞形科 APIACEAE/UMBELLIFERAE

多年生草本。具根状茎。具侵入性。本属植物多为杂草，花叶羊角芹（*A. podagraria* 'Variegatum'）可作良好的地被植物。极耐寒。喜光照也耐阴，适生于排水良好的土壤。春季或秋季用根状茎分株繁殖。

'花叶'羊角芹*A. podagraria* 'Variegatum'，见276页。

莲花掌属（鳞甲草属）AEONIUM

景天科 CRASSULACEAE

多年生多浆草本（部分种类为短命植物）或常绿肉质灌木。因观赏其亮绿色或蓝绿色、偶尔紫色的莲座状叶丛而栽培。不耐寒，耐最低温度5℃。喜半阴和排水良好的土壤。多数品种生长期为秋季至春季，仲夏处于半休眠状态。夏季播种繁殖，多枝的品种可在春季或夏季用枝条扦插繁殖。

🏆**莲花掌**（艳姿，木鳞甲草）***A. arboreum*** 多年生多浆植物。丛生。高达60cm，冠径1m。每个分枝基部具一直径约15cm的莲座。叶宽披针形，光滑，亮绿色。花序圆锥状，花小，星状，金黄色，生于2～3年生的枝条之上，春季开放。花后枝条枯死。**'Schwarzkopf'** 见*A.* 'Zwartkop'。

🏆**红缘莲花掌**（豪氏鳞甲草，红姬）***A. haworthii***，见466页。

🏆**盘状莲花掌**（明镜）***A. tabuliforme***，见478页。

🏆**紫叶莲花掌 *A.* 'Zwartkop'**（*A. arboreum* 'Schwarzkopf'），见468页。

Aeroplane propeller 见 *Crassula perfoliata* var. *minor*，见464页。

芒毛苣苔属（口红花属）AESCHYNANTHUS

苦苣苔科 GESNERIACEAE

多年生常绿草本。攀援、蔓生或匍匐状。宜植于吊篮中。不耐寒，耐最低温度15～18℃。喜湿润空气和散射光。低温时少浇水。春季或夏季用枝端扦插繁殖。

紫背口红花 *A.* 'Black Pagoda' 多年生草本。半蔓生。高60cm，冠径达45cm。叶椭圆形，长达10cm，淡绿色，上面具深褐色大理石花纹，背面紫色。花簇顶生，花深橙红色，萼片绿色，夏季至冬季开放。

花叶口红花*A. marmoratus*（*A. zebrinus*）多年生常绿草本。蔓生。高和冠径均为60cm。叶卵形，深绿色，具蜡质，上面叶脉黄绿色，背面叶脉紫色。花簇顶生，花筒状，淡绿色，有深褐色斑，夏季开放。

🏆**口红花**（花蔓草）***A. pulcher*** (Lipstick plant, Royal red bugler) 多年生常绿草本。攀援或蔓生。高和冠径不定。叶厚，卵形。花小，筒状，弯曲，亮红色，喉部黄色，花聚集顶生，夏季至冬季开放。

🏆**翠锦口红花*A. speciosus***（*A. splendens*），见293页。

A. splendens 见 *A. speciosus*。

A. zebrinus 见 *A. marmoratus*。

七叶树属 AESCULUS
Buckeye, Horse-chestnut

七叶树科 HIPPOCASTANACEAE

落叶乔木和灌木。因观叶和花而栽培。叶大，复叶。圆锥花序或花成簇状，直立，引人注目。外果皮有时具刺。极耐寒至耐寒。喜充足光照或半阴和肥沃，排水良好的土壤。野生种类秋季播种繁殖。栽培品种夏末芽接或冬末嫁接繁殖。幼叶易感染叶斑病，木质部分易被珊瑚斑病菌侵害。植株各部分有毒，食之会引起胃部轻微不适。

加州七叶树*A. californica*，见85页。

肉红七叶树*A.* × *carnea* (Red horse-chestnut)。🏆**'布里奥特' 'Briotii'**，见64页。

七叶树 *A. chinensis*，见64页。

🏆**黄花七叶树 *A. flava***（*A. octandra*），见82页。

光叶七叶树*A. glabra* (Ohio buckeye) 落叶乔木。树冠圆形。有时呈灌木状。高和冠径均为10m。极耐寒。复叶，小叶通常5片，窄卵形，暗绿色。花4瓣，淡黄绿色，直立，群集，春末或夏初开放。

🏆**欧洲七叶树**（马栗）***A. hippocastanum*** (Horse-chestnut)，见64页。🏆**'鲍曼' 'Baumannii'** 落叶乔木。树冠开展。生长旺盛。高30m，冠径15m。极耐寒。大型复叶，小叶5～7片，窄卵形，暗绿色，秋季成黄色。大型圆锥花序，花白色，重瓣，有黄色或红色的斑点，仲春至春末开放。

🏆**印度七叶树 *A. indica*** (Indian horse-chestnut) 落叶乔木。树形优美，树冠开展。高20m，冠径12m。耐寒。复叶，小叶常7片，光滑，窄卵形，暗绿色，幼叶青铜色，秋叶橙色或黄色。圆锥花序，直立，花4瓣，白色至淡粉红色，具红色或黄色斑点，仲夏开放。**'亮叶' 'Sydney Pearce'**，见79页。

疏忽七叶树*A.* × *neglecta* (Sunrise horse-chestnut)。🏆**'红枝' 七叶树 'Erythroblastos'**，见89页。

A. octandra 见 *A. flava*。

🏆**小花七叶树 *A. parviflora***，见119页。

🏆**小七叶树*A. pavia*** (Red buckeye) 落叶乔木。树冠圆形。有时呈灌木状。高5m，冠径3m。极耐寒。复叶，小叶5片，窄卵形，光滑，暗绿色。圆锥花序，花4瓣，红色，夏初开放。**'暗红' 'Atrosanguinea'**，见91页。

日本七叶树 *A. turbinata* (Japanese horse-chestnut) 落叶乔木。树冠开展。枝条粗壮。高20m，冠径12m。极耐寒。大型复叶，小叶5～7片，窄卵形，暗绿色。圆锥花序，花乳白色，春末至夏初开放。

岩芥菜属 AETHIONEMA

十字花科 BRASSICACEAE/CRUCIFERAE

常绿、半常绿灌木、亚灌木和多年生草本。生命周期短。因花多而栽培。极耐寒。喜光照和排水良好的土壤。春季软枝扦插繁殖或秋季播种繁殖。多数种类易自花授粉结籽。

亚美尼亚岩芥菜*A. armenum*，见377页。

🏆**大花岩芥菜*A. grandiflorum***（*A. pulchellum*），见352页。

伊伯利亚岩芥菜 *A. iberideum* 常绿或半常绿灌木。冠圆球状。枝叶密集。高和冠径均为15cm。叶小，披针形，灰绿色。每2cm枝条着生一总状花序，花小，白色，浅盘状，夏季开放。

A. pulchellum 见*A. grandiflorum*。

🏆**'沃利粉红' 岩芥菜 *A.* 'Warley Rose'**，见376页。

'沃利红' 岩芥菜*A.* 'Warley Ruber' 常绿或半常绿亚灌木。冠圆球状，枝叶密集。高和冠径均为15cm。叶细小，线形，淡蓝色至绿色。总状花序，生于2～3cm长的枝上，花小，深玫瑰粉色，春夏开放。

African daisy 见 *Arctotis venusta*；*Dimorphotheca*。

African fountain grass 见 *Pennisetum setaceum*。

African hemp 见 *Sparrmannia africana*，见118页。

African lily 见 *Agapanthus africanus*。

African marigold 见 *Tagetes erecta*。

African red alder 见 *Cunonia capensis*。

African tulip tree 见 *Spathodea campanulata*，见71页。

African violet 见 *Saintpaulia*。

False 见 *Streptocarpus saxorum*，见284页。

百子莲属 AGAPANTHUS

百子莲科／百合科 AGAPANTHACEAE/LILIACEAE

多年生草本。丛生。部分种类常绿。茎直立。叶条形。大型伞形花序，花钟状、管状或喇叭状，通常蓝色，渐变为紫色。窄叶类耐寒，宽叶类半耐寒。喜充足光照和湿润但排水良好的土壤，冬季用灰末或覆盖物保护。植株增殖较慢，春季分株繁殖，秋季或春季播种繁殖，栽培品种不能进行播种繁殖。

🏆**百子莲** ***A. africanus*** (African lily) 多年生常绿草本。丛生。高1m，冠径50cm。半耐寒。茎直立。叶宽，暗绿色。伞形花序呈球状，花深蓝色，夏末开放。

'艾丽斯·格罗塞斯特'百子莲 ***A.*** **'Alice Gloucester'** 多年生草本。丛生。高1m，冠径50cm。耐寒。叶窄，中绿色。大型伞形花序，呈球状，花密集，白花，夏季开放。

'本·霍普'百子莲 ***A.*** **'Ben Hope'** 多年生草本。丛生。高1～1.2m，冠径50cm。耐寒。茎直立。叶窄，淡灰绿色。伞形花序呈球状，花密集，深蓝色，夏末和秋初开放。

钟花百子莲 ***A. campanulatus*** 多年生草本。丛生。高60～120cm，冠径50cm。耐寒。叶窄，淡灰绿色。伞形花序呈球状，花蓝色，花茎粗壮，夏季开放。

'彻丽·霍莉'百子莲 ***A.*** **'Cherry Holley'** 多年生草本。丛生。高1m，冠径50cm。耐寒。叶狭窄，紫色。伞形花序呈球状，花暗蓝色，夏季开放。

'道乐赛·帕默'百子莲 ***A.*** **'Dorothy Palmer'**，见253页。

垂花百子莲 ***A. inapertus*** 多年生草本。丛生。高1.5m，冠径60cm。耐寒。茎直立。叶窄，淡蓝绿色。花下垂，细管状，蓝色，夏末和秋季开放。

'小人国'百子莲 ***A.*** **'Lilliput'** 多年生草本。丛生，枝叶密集。高80cm，冠径50cm。耐寒。叶窄，绿色。小型伞形花序，呈球状，花暗蓝色，夏季开放。

🏆**'希望之湖'百子莲** ***A.*** **'Loch Hope'** 多年生草本。丛生。高1～1.2m，冠径50cm。耐寒。花深蓝色，成大的球状伞形花序，位于叶上方。叶窄，淡灰绿色，夏末和秋初开放。

A. orientalis 见 *A. praecox* subsp. *orientalis*。

东方百子莲 ***A. praecox*** subsp. ***orientalis*** (*A. orientalis*)，见254页。

树萝卜属 AGAPETES (PENTAPTERYGIUM)

杜鹃花科 ERICACEAE

常绿或落叶攀缘灌木和半攀缘藤本。因观花而栽培。不耐寒，耐最低温度5～18℃。喜充足光照或半阴，适生于富含腐殖质、排水良好、湿润的中性至酸性土壤。旺盛生长期盆栽品种应充分浇水，其他时期可适度浇水。短截过长的茎以促进分枝。最好捆绑支撑。春季播种繁殖或夏末用半成熟枝扦插繁殖。

'路德旺杂种'树萝卜 ***A.*** **'Ludgvan Cross'** 常绿攀缘灌木。枝弓状或下垂。高和冠径均为2～3m。耐最低温度5℃。叶披针形，暗绿色。花坛状，红色，具暗色花纹，春季开放。

A. macrantha 见 *A. variegata* var. *macrantha*。

A. rugosa 见 *A. variegata* var. *rugosa*。

🏆**匍匐树萝卜** ***A. serpens***，见205页。

大花树萝卜 ***A. variegata*** var. ***macrantha*** (*A. macrantha*)，见219页。**皱叶树萝卜** var. ***rugosa*** (*A. rugosa*) 常绿灌木。冠松散，枝呈弓状或开张。高和冠径均为3m。耐最低温度5℃。叶皱，披针形，亮绿色。花簇生，坛状，下垂，白色，具紫红色花纹，生于叶腋，春季开放。

藿香属 AGASTACHE
Mexican giant hyssop

唇形科 LABIATAE/LAMIACEAE

多年生草本。叶芳香。夏季开花。半耐寒。喜光照充足和肥沃、排水良好的土壤。植株生命周期短。夏末用软枝或半成熟枝扦插繁殖。

墨西哥藿香 ***A. mexicana*** (*Brittonastrum mexicanum, Cedronella mexicana*) 多年生草本。直立。高达1m，冠径达30cm。叶芳香，卵形，先端尖，有锯齿，中绿色。花小，管状，轮生，粉红色至深红色，夏季开放。

Agathaea 重新归入 *Felicia*。

香芸木属 AGATHOSMA

芸香科 RUTACEAE

常绿灌木。因观其花和树姿而栽培。不耐寒，耐最低温度5～7℃。喜光照充足和排水良好的酸性土壤。盆栽时适度浇水，非旺盛生长期少浇水。夏末用半成熟枝扦插繁殖。

香芸木 ***A. pulchella*** (*Barosma pulchella*) 常绿灌木。冠圆球状。茎细长坚韧。具芳香。高和冠径均为1m。叶小，卵形，革质，密集成团。花小而多，成簇，5瓣，紫色，生于枝顶，春夏季开放。

龙舌兰属 AGAVE

龙舌兰科 AGAVACEAE

多年生多浆植物。莲座状。叶披针形，具锐齿。低矮种类高30cm，5～10年后开花。高大种类高可达5m，20～40年才能开花。多数种类叶坚硬，蓝灰色。半耐寒。叶灰绿色或绿色的品种常不耐寒，耐最低温度5℃。喜光照充足和排水良好的土壤。春季或夏季播种繁殖或用短匐茎繁殖。

🏆**龙舌兰** ***A. americana*** (Century plant) 多年生多浆植物。基部莲座状。高1～2m，冠径2～3m以上。半耐寒。叶锐尖，有锯齿，长达1.5～2m。花茎具分枝，长达8m，穗状花序，花密集，钟状，长9cm，白色至淡乳黄色，春夏季开放。🏆**'黄心'** **'Mediopicta'** 高和冠径均为2m。叶中央有黄色条纹。**'条斑'** **'Striata'**，见457页。

翠绿龙舌兰 ***A. attenuata***，见467页。

🏆**丝状龙舌兰**（乱雪）***A. filifera***，见465页。

巴利龙舌兰 ***A. parryi***，见466页。

🏆**小花龙舌兰** ***A. parviflora***，见457页。

犹他龙舌兰 ***A. utahensis***，见478页。

🏆**皇后龙舌兰** ***A. victoriaereginae***，见461页。

Agave

Royal 见 *Agave victoviaere-ginae*，见461页。

Thread 见 *Agave filifera*，见465页。

Ageratina ligustrina 见 *Eupatorium ligustrinum*。

藿香蓟属 AGERATUM
Floss flower

菊科 ASTERACEAE/COMPOSITAE

一年生和二年生草本。半耐寒。喜光照和肥沃、排水良好的土壤。在干燥土壤上生长不良，开花少。定期去除死花枝以确保持续开花。春末在室外播种繁殖。

熊耳草 ***A. houstonianum*** 一年生草本。冠圆丘状。生长速度较快。高大品种高和冠径均为30cm，中型品种高和冠径均为20cm，矮生品种高和冠径均为15cm。叶卵形，中绿色。花簇生，羽状，顶部毛刷状，夏季至秋季开放。适于花坛种植。🏆**'蓝色多瑙河'** **'Blue Danube'**（矮生品种）和 **'蓝貂皮'** **'Blue Mink'**（高大品种），见333页。**夏威夷系列 Hawaii Series** 植株整齐，枝叶密集。花序头状，深蓝色至浅蓝或白色。🏆**'太平洋'** **'Pacific'**（中型品种）植株整齐。头状花序，密集成簇，花深蓝紫色。**'变粉'** **'Swing Pink'**（矮生品种）有引人注目的粉红色花序。

亮丝草属（粗肋草属）AGLAONEMA
Chinese evergreen

天南星科 ARACEAE

多年生常绿草本。丛生。茎直立。以观叶为主。不耐寒。多数品种耐最低温度15℃。耐阴，但彩斑的形成需较多的光照。喜湿润而排水良好的土壤。旺盛生长时，适度浇水，冬季少浇水。夏季分株繁殖或扦插繁殖。蚧壳虫会危害植株。

细斑粗肋（银斑万年青）***A. commutatum*** 多年生常绿草本。丛生。茎直立。高和冠径均为45cm以上。叶宽披针形，长30cm，暗绿色，沿侧脉具淡灰白色的规则色斑。夏季有淡绿色至白色的佛焰苞。**'马丽'**（长柄粗肋）**'Malay Beauty'** (*A. c.* 'Pewter') 叶暗绿色，具淡绿色、白色或乳白色斑。**'Pewter'** 见 *A. c.* 'Malay Beauty'。**'土氏'**（狭叶粗肋）**'Treubii'**，见300页。

斑叶亮丝草（彩叶粗肋）***A. pictum***，见304页。

'银王'粗肋 ***A.*** **'Silver King'**，见304页。

柳香桃属 AGONIS
Willow myrtle

桃金娘科 MYRTACEAE

常绿灌木和乔木。多在春季开花。因观叶、花和优美的树姿而栽培。不耐寒，耐最低温度10℃。喜光照充足、排水良好但能保持水分的湿润土壤。盆栽时适度浇水，冬季少浇水或几乎不用浇水。可进行适度修剪。春季播种繁殖或夏季用半成熟枝扦插繁殖。

柳香桃 ***A. flexuosa***，见90页。

麦仙翁属 AGROSTEMMA
Corn cockle

石竹科 CARYOPHYLLACEAE

一年生草本。夏季开花。极耐寒。喜光照，在排水良好但肥力一般的土壤生长时开花最好。用棍支撑并去除残花可延长花期。春季或早秋播种繁殖。误食种子会引起剧烈不适。

A. coeli-rosa 见 *Silene coeli-rosa*。

麦仙翁 ***A. githago*** 一年生草本。直立。速生。茎细。高60～100cm，冠径30cm。叶披针形，绿色。花5瓣，喇叭状，粉红色，径8cm，夏季开花。种子小，圆形，暗褐色，有毒。**'米拉斯'** **'Milas'**，见323页。

爱染草属 AICHRYSON

景天科 CRASSULACEAE

一年生和多年生多浆植物。常呈灌木状。因观赏其肉质、匙状至圆球状、有毛之叶而栽培。多数种类为短命植物，花后死亡。不耐寒，耐最低温度5℃。喜光照充足或半阴和排水极好的土壤。春季或夏季播种繁殖或扦插繁殖。

🏆**'斑叶'爱染草**（爱染锦）***A.*** × ***domesticum*** **'Variegatum'**，见477页。

Air plant, South American 见 *Kalanchoe fedtschenkoi*。

臭椿属 AILANTHUS

苦木科 SIMAROUBACEAE

落叶乔木。因观叶和具3～5个翅的果实而栽培。抗污染能力强。极耐寒。喜光照或半阴和深厚、肥沃、排水良好的土壤。作灌木栽培时，春季在强壮枝之叶长大后进行重度修剪。秋季播种繁殖或冬季用根扦插繁殖。雄花有难闻的气味。花粉可引起过敏性反应。

🏆**臭椿** ***A. altissima*** (Tree of heaven) 落叶乔木。速生。树冠开展。高25m，冠径15m。叶大，暗绿色，复叶，小叶15～30对，卵形。花簇大，花小，绿色，仲夏开放。果具翅，绿色，后为淡红褐色，引人注目。

筋骨草属 AJUGA

唇形科 LABIATAE/LAMIACEAE

一年生或多年生草本。部分种类半常绿或常绿。为良好的地被植物。极耐寒。耐阴，喜光照，适应各种土壤，但在湿润的条件下生长更强壮。春季分株繁殖。

塔形筋骨草 *A. pyramidalis* (Pyramidal bugle) 多年生半常绿草本。匍匐状。高15cm，冠径45cm。叶椭圆形至匙形，深绿色。轮伞花序，花二唇形，蓝色，春季开放。**'金泽皱叶' 'Metallica Crispa'** 叶皱褶，卷曲，青铜色，具金属光泽。花暗蓝色。

🏆'暗紫' 匍匐筋骨草 *A. reptans* 'Atropurpurea'，见303页。**'丛林丽' 'Jungle Beauty'** 多年生半常绿草本。丛生。高38cm，冠径60cm。叶大，卵形，有锯齿或微裂，暗绿色，有时带紫色。花轮生，二唇形，蓝色，春季开放。**'多色' 'Multicolor'** (*A. r.* 'Rainbow')，见303页。**'Rainbow'** 见*A. r.* 'Multicolor'。

木通属 AKEBIA

木通科 LARDIZABALACEAE

落叶或半常绿木质藤本。以茎缠绕攀缘。因观叶和花而栽培。孤植的植株很少结果，在两个植株间进行异花受粉，方可结果。耐寒。喜光照充足和排水良好的土壤。喜向东或向北处。忌移植。有多种繁殖方法，秋季或春季播种繁殖，夏季用半成熟枝扦插繁殖或冬季压条繁殖。

A. lobata 见*A. trifoliata*。

五叶木通*A.* × *pentaphylla*，见205页。

木通*A. quinata*，见205页。

三叶木通 *A. trifoliata* (*A. lobata*) 落叶木质藤本。以茎缠绕攀缘。高达10m以上。叶中绿色，幼时青铜色，由3片卵形小叶组成。总状花序下垂，花3瓣，紫色，春季开放。果实腊肠状，淡紫色。

八角枫属 ALANGIUM

八角枫科 ALANGIACEAE

落叶或常绿乔木和灌木。因观叶和花而栽培。耐寒。喜光照充足和肥沃、排水良好的土壤。春季播种繁殖或夏季用软枝扦插繁殖。

瓜木（华瓜木）***A. platanifolium*** 落叶灌木。乔木状，直立。高3m，冠径2m。叶枫叶状，3裂，中绿色。花芳香，管状，白色，初夏至仲夏开放。

Albany bottlebrush 见*Callistemon speciosus*。

合欢属 ALBIZIA

豆科／含羞草科 LEGUMINOSAE／MIMOSACEAE

落叶或半常绿乔木。因观赏羽状叶和丰富的花序而栽培。头状花序异常美丽，雄蕊多数，花丝成缨状。半耐寒。最好靠南墙或西墙栽培。寒冷地区直至春末才能移植到室外。喜光照充足和排水良好的土壤。合欢（*A. julibrissin*）可作为一种夏季花坛植物栽培，以观叶为主。秋季播种繁殖。

A. distachya 见*Paraserianthes lophantha*。

合欢*A. julibrissin*，见90页。

羽状合欢*A. lophantha* 见*Paraserianthes lophantha*。

肋瓣花属（新拟）ALBUCA

风信子科／百合科 HYACINTHACEAE/LILIACEAE

鳞茎类植物。春季或夏季开花。半耐寒至不耐寒，耐最低温度10℃。喜开阔、光照充足的地带和排水良好的土壤。春季或夏末花后枯死。春季播种繁殖或休眠时用短匐茎繁殖。

黄肋瓣花（新拟）***A. canadensis*** (*A. major*, *A. minor*) 鳞茎类植物。春季开花。高15cm，冠径8～10cm。半耐寒。叶3～6片，窄披针形，直立，基生。花管状，黄色，长1.5～2cm，每个花瓣上有一绿色条纹，花形成松散的穗状花序（译者注：该种加词**'canadensis'**与原产地不符，不产自加拿大而来自南非）。

矮生肋瓣花（新拟）***A. humilis***，见435页。

A. major 见*A. canadensis*。

A. minor 见*A. canadensis*。

蜀葵属 ALCEA
Hollyhock

锦葵科 MALVACEAE

二年生或短命多年生草本。因观赏其高大的穗状花序而栽培。极耐寒。喜光照充足和排水良好的土壤。夏末或春季播种繁殖。易受锈病危害。

蜀葵 *A. rosea* (*Althaea rosea*)（二年生草本），见321页。**'查特重瓣' 'Chater's Double'**（二年生草本），见327页。**'女指挥' 'Majorette'** 二年生草本，作一年生栽培。直立。高60cm，冠径30cm。叶圆形，质地粗糙，浅裂，淡绿色。穗状花序，花莲座状，重瓣，多种颜色，夏季至秋初开放。**'夏日狂欢' 'Summer Carnival'**（一年生或二年生草本）高1.8～2.4m，冠径达60cm。花重瓣，杂色。

羽衣草属 ALCHEMILLA
Lady's mantle

蔷薇科 ROSACEAE

多年生草本。花小，淡绿色至黄色，花萼引人注目，夏季开花。部分种类为良好的地被植物。极耐寒。喜光照或半阴和沼泽土壤。春季或秋季播种繁殖或分株繁殖。

高山羽衣草（高山斗蓬草）***A. alpina*** (Alpine lady's mantle) 多年生草本。圆丘状。高15cm，冠径60cm以上。叶圆形，有分裂，浅绿色，具乳白色绒毛。穗状花序，直立，花小，淡绿色至黄色，花萼绿色，引人注目，夏季开放。适宜作地被或栽培于干燥的堤岸。

联接羽衣草*A. conjuncta*，见290页。

🏆柔软羽衣草*A. mollis*，见290页。

Alder 见*Alnus*。

Afrian red 见*Cunonia capensis*。

Black 见*Alnus glutinosa*。

Common 见*Alnus glutinosa*。

Grey 见*Alnus incana*，见66页。

Italian见*Alnus cordata*，见66页。

Witch 见*Fothergilla gardenii*。

Aleppo pine 见*Pinus halepensis*，见107页。

Alexandra palm见*Archontophoenix alexandrae*，见72页。

Alexandrian laurel 见*Danae racemosa*。

Algerian iris 见*Iris unguicularis*。

Algerian ivy见*Hedera canariensis* var. *algeriensis*。

Algerian oak 见*Quercus canariensis*，见66页。

Algerian winter iris 见*Iris unguicularis*。

文堇兰属 × ALICEARA

见兰花。

'黑武士' 文堇兰 × *A.* Dark Warrior（见298页）。常绿附生兰。适宜低温温室栽培。高25cm。叶长10cm，窄卵形。花纤细，紫色至红褐色、乳黄色或绿色，径4cm，花期不定。夏季适生于半阴处。

泽泻属 ALISMA

泽泻科 ALISMATACEAE

多年生落叶草本。宜生于水边。因观叶和花而栽培。极耐寒至耐寒。喜开阔、光照充足环境。适生于泥中或25cm深的水中。秋季清理落叶。成熟种子散开前应除去枯死的穗状花序。春季分株繁殖或夏末播种繁殖。汁液会刺激皮肤，植株部分有毒，食之会引起胃部轻微不适。

A. natans 见*Luronium natans*。

泽泻*A. plantago-aquatica*，见446页。

A. ranunculoides 见*Baldellia ranunculoides*。

黄蝉属 ALLAMANDA

夹竹桃科 APOCYNACEAE

常绿攀缘植物。茎木质。因观赏其喇叭状花而栽培。不耐寒，耐最低温度13～15℃。夏季喜半阴和富含腐殖质、排水良好的中性至酸性土壤。定期浇水，非旺盛生长期少量浇水。茎干必须捆绑以支撑植株。春季对前一个生长季节的枝条回缩1节或2节。春季或夏季用软枝扦插繁殖。白蝇、红蜘蛛螨会危害植株。触及树汁会刺激皮肤。植株有毒，食之会引起胃部轻微不适。

软枝黄蝉 *A. cathartica* (Golden trumpet)。**🏆'亨德逊' 'Hendersonii'**，见216页。

Allegheny vine 见*Adlumia fungosa*。

葱属 ALLIUM
Onion

葱科／百合科 ALLIACEAE/LILIACEAE

多年生草本。部分种类可食用。具有鳞茎、根状茎或纤维状根茎。叶窄，基生，揉碎后有洋葱的味道。伞形花序半球状或羽毛球状，多数种类花小而密集。高大花坛品种的伞形花序干燥后为冬季极好的饰品。极耐寒至耐寒。喜开阔、光照充足和排水良好的土壤。忌移植以促进其成丛生长。秋季栽植。秋季播种繁殖，丛生而春季开花的品种夏末分株繁殖，夏季开花的品种春季分株繁殖。触及鳞茎会刺激皮肤或引起过敏反应。

尖瓣葱*A. acuminatum* (*A. murrayanum*)，见430页。

A. aflatunense of gardens 见*A.* × *hollandicum*。

莲座韭（新拟）***A. akaka***，见427页。

A. albopilosum 见*A. cristophii*。

A. azureum 见*A. caeruleum*。

🏆蓝花韭*A. beesianum* 鳞茎类植物。丛生。高20～30cm，冠径5～10cm。极耐寒。叶线形，灰绿色。头状花序，花钟状，蓝色，下垂，夏末开放。

🏆棱叶韭 *A. caeruleum* (*A. azureum*)，见422页。

钟花韭*A. campanulatum* 鳞茎类植物。丛生。高10～30cm，冠径5～10cm。耐寒。叶线形，基生，半直立，开花前枯萎。伞形花序，半球状，径2.5～7cm，花达30朵，花小，星状，浅粉红色或白色，夏季开放。

🏆龙骨葱*A. carinatum* subsp. *pulchellum* (*A. pulchellum*) 鳞茎类植物。丛生。高30～60cm，冠径8～10cm。极耐寒。叶线形，半直立，叶鞘覆盖茎下部的2/3。伞形花序，花杯状，下垂，紫色，夏季开放。

垂花葱*A. cernuum*，见420页。

A. christophii 见*A. cristophii*。

A. cowanii 见*A. neapolitanum*。

🏆纸花葱*A. cristophii* (*A. albopilosum*, *A. christophii*)，见421页。

🏆天蓝韭*A. cyaneum* 鳞茎类植物。丛生。高10～30cm，冠径5～8cm。极耐寒。叶线形，直立。小型伞形花序，花密集，5朵以上，杯状，下垂，蓝色或蓝紫色，长0.5cm，夏季开放。

川甘韭 *A. cyathophorum* var. ***farreri***，见436页。

黄花葱 *A. flavum*，见422页。

大花葱（绣球葱）***A. giganteum***，见402页。

荷兰韭 *A.* × *hollandicum* (*A. aflatunense* of gardens)，见402页。

A. kansuense 见 *A. sikkimense*。

卡拉韭 *A. karataviense*，见427页。

大花韭*A. macranthum* 鳞茎类植物。丛生。高20～30cm，冠径10～12cm。极耐寒。叶线形，生于花茎下部。伞形花序，松散，花20朵，钟状，深紫色，长1cm，花柄柔软，夏季开放。

滇韭 *A. mairei* 鳞茎类植物。丛生。高10～20cm，冠径10～12cm。极耐寒。茎坚韧。叶直立，线形，基生。每茎具一小的绒球状伞形花序，花达20朵，直立，钟状，粉红色，长1cm，夏末至秋季开放。

黄花葱 *A. moly*，见436页。

A. murrayanum 见 *A. acuminatum*。

水仙状韭*A. narcissiflorum* (*A. pedemontanum* of gardens)，见436页。

纸花葱 *A. neapolitanum* (*A. cowanii*)，见408页。

山地韭 *A. oreophilum* (*A. ostrowskianum*)，见430页。

A. ostrowskianum 见 *A. oreophilum*。

A. pedemontanum of gardens 见 *A. narcissiflorum*。

A. pulchellum 见 *A. carinatum* subsp. *pulchellum*。

北葱（细香葱）***A. schoenoprasum***，见435页。

舒伯特葱*A. schubertii*，见421页。

喜钙韭 *A. senescens* var. ***calcareum*** 见 *A. s.* subsp. *montanum*。subsp. ***montanum*** (*A. s.* var. *calcareum*)，见420页。

高山韭 *A. sikkimense* (*A. kansuense*) 鳞茎类植物。丛生。高10～25cm，冠径5～10cm。极耐寒。茎柔韧。叶线形，直立，基生。伞形花序，具花15朵以上，花小，钟状，下垂，蓝色，长0.5～1cm，夏季开放。

丹顶蒜 *A. sphaerocephalon* 鳞茎类植物。丛生。高达60cm，冠径8～10cm。极耐寒。茎细长而坚韧。叶线形，半直立，生于茎基部1/3处。伞形花序，径2～4cm，花密集，多达40朵，花小，钟状，淡粉色至紫色，夏季开放。

粗茎蒜 *A. stipitatum*，见401页。

单叶葱 *A. unifolium*，见409页。

Allspice

California 见 *Calycanthus occidentalis*，见142页。

Carolina 见 *Calycanthus floridus*。

Almond 见 *Prunus dulcis*。

Indian 见 *Terminalia catappa*。

Tropical 见 *Terminalia catappa*。

桤木属 ALNUS
Alder

桦木科 BETULACEAE

落叶乔木和灌木。在湿润环境中生长旺盛。冬末或早春开花。柔荑花序，雄花明显引人注目。果实宿存，木质，锥形。极耐寒。多数种类喜光照，湿润甚至积水的土壤上生长良好，但意大利桤木(*A. cordata*)也可在贫瘠、干燥的土壤上生长。野生种类秋季播种繁殖，栽培品种夏末芽接繁殖或初冬硬枝扦插繁殖。

意大利桤木 *A. cordata*，见66页。

欧洲桤木 *A. glutinosa* (Black alder, Common alder)。**'黄叶' 'Aurea'** 落叶乔木。树冠圆锥状。生长慢。高达25m，冠径10m。叶圆形，亮黄色，至仲夏后为淡绿色。柔荑花序，花黄褐色，早春开放。适于沼泽地带栽培。**'帝王' 'Imperialis'** 高10m，冠径4m。生长慢。叶具缺刻状深裂。

毛赤杨 *A. incana* (Grey alder)，见66页。**'黄叶' 'Aurea'** 落叶乔木。树冠圆锥形。高达20m，冠径8m。冬季枝条淡红色至黄色或橙色。叶宽卵形，黄色。柔荑花序，花淡红色至黄色或橙色，冬末或初春开放。适生于寒冷、湿润地区或贫瘠的土壤。**'红枝' 'Ramulis Coccineis'** 冬季枝条和芽红色，柔荑花序橙色。

海芋属 ALOCASIA

天南星科 ARACEAE

多年生常绿草本。具地下根状茎。以观叶为主。肉穗花序，花小，生于叶状佛焰苞中。不耐寒，耐最低温度15℃。喜高湿和半阴、排水良好的土壤。春季播种繁殖、茎插繁殖或根状茎分株繁殖。触及汁液会刺激皮肤。植株有毒，食之会引起轻微的胃部不适。

龟甲芋（铜红观音芋）***A. cuprea***，见266页。

A. lowii var. ***veitchii*** 见 *A. veitchii*。

海芋 *A. macrorrhiza* (Giant elephant's ear, Taro) 多年生常绿草本。丛生。茎粗，树干状。高达3m以上，冠径2m。叶宽，箭状，光滑，绿色，长达1m，叶柄长1m。佛焰苞淡黄绿色，高20cm。

A. picta 见 *A. veitchii*。

紫背海芋 *A. veitchii* (*A. lowii* var. *veitchii*, *A. picta*) 多年生常绿草本。丛生。高1m以上，冠径75cm。叶窄，绿色，基部三角形，长45cm，中脉、侧脉和叶缘淡灰绿色，背面紫色。佛焰苞淡绿色。

芦荟属 ALOE

芦荟科／百合科 ALOEACEAE/LILIACEAE

常绿莲座状乔木、灌木、多年生草本或攀援植物。叶多浆。花管状至钟状。不耐寒，耐最低温度7～10℃。乔木型和灌木型芦荟冠径30cm以上。喜光照充足环境，多数小型品种喜半阴和排水极好的土壤。春季或夏季播种繁殖或茎插繁殖或用短匐茎繁殖。

小木芦荟（木立芦荟）***A. arborescens*** 常绿灌木。丛生状。叶多浆。高和冠径均为2m。茎顶部叶丛莲座状，叶细长，开展，弯曲，深蓝绿色，边缘齿状。花茎长，花多，管状至钟状，红色，冬末或春季开放。**'花叶' 'Variegata'**，见459页。

绫锦（木锉掌）***A. aristata***，见480页。

A. barbadensis 见 *A. vera*。

短叶芦荟（龙山）***A. brevifolia*** 多年生多浆植物。基部呈莲座状。短匐茎多。高15cm，冠径30cm。叶宽剑形，肉质，蓝绿色，边缘具齿。花茎长50cm，花细钟状，亮红色，春季开放。

缘毛芦荟 *A. ciliaris*，见459页。

青鳄芦荟（青鳄）***A. ferox***，见459页。

帝王锦（章鱼芦荟）***A. humilis*** 多年生多浆植物。莲座状。高10cm，冠径30cm。叶窄剑形，边缘刺状，肉质，蓝绿色，常直立，先端内弯，基生，密集成莲座状。花茎长达30cm，每花茎上具一穗状花序，花窄钟状，橙色，春季开放。短匐茎多。

A. punrctata 见 *A. variegata*。

珊瑚芦荟（肋叶芦荟）***A. striata***，见468页。

斑叶芦荟（什锦芦荟，千代田锦）***A. variegata*** (*A. punctata*)，见464页。

芦荟（大芦荟，库拉索芦荟）***A. vera*** (*A. barbadensis*)，见466页。

Aloe

Lace 见*Aloe aristata*，见480页。

Partridge-breasted 见 *Aloe variegata*，见464页。

芦荟番杏属 ALOINOPSIS

番杏科 AIZOACEAE

多年生多浆植物。低矮，具块茎。花雏菊状，夏末至初春开放。不耐寒，耐最低温度7℃。喜光照充足和排水极好的土壤，忌水分过多。夏季播种繁殖。

唐扇 *A. schooneesii*，见477页。

假面花属 ALONSOA

玄参科 SCROPHULARIACEAE

多年生草本。作一年栽培。为切花材料。半耐寒。喜光照和肥沃、排水良好的土壤。室外植株在湿润的夏季开花不良。幼株枝条应摘心以促使分枝。春末室外播种繁殖。蚜虫，特别是温室栽培时，会对植株造成危害。

心叶假面花*A. warscewiczii*，见329页。

看麦娘属 ALOPECURUS

禾本科 GRAMINEAE/POACEAE

见禾草类、竹类、灯心草类和莎草类植物。

'黄斑' 草原看麦娘 *A. pratensis* 'Aureovariegatus' (*A. p.* 'Aurecmarginatus')，见309页。

橙香木属 ALOYSIA

马鞭草科 VERBENACEAE

落叶或常绿灌木。花小，夏季开花。因叶芳香和花多而栽培。耐寒至半耐寒。在寒冷地区靠南墙或西墙栽培，每年更新。喜光照充足和排水良好的土壤。初夏除去枯死花枝。夏季用软枝扦插繁殖。

轮叶橙香木（新拟）***A. triphylla*** (*Lippia citriodora*)，见143页。

Alpine anemone 见 *Pulsatilla alpina*，见346页。

Alpine avens 见 *Geum montanum*。

Alpine azalea 见 *Loiseleuria procumbens*，见377页。

Alpine buttercup 见 *Ranunculus alpestris*，见363页。

Alpine catchfly 见 *Lychnis alpina*。

Alpine cinquefoil 见 *Potentilla crantzii*。

Alpine coltsfoot 见 *Homogyne alpina*。

Alpine columbine 见 *Aquilegia alpina*，见348页。

Alpine fleabane 见 *Erigeron alpinus*，见355页。

Alpine forget-me-not 见 *Myosotis alpestris*，见370页。

Alpine heath 见 *Erica carnea*。

Alpine lady's mantle 见 *Alchemilla alpina*。

Alpine mouse-ear 见 *Cerastium alpinum*。

Alpine penny-cress 见 *Thlaspi alpinum*。

Alpine Pink 见 *Dianthus alpinus*，见378页。

Alpine poppy 见 *Papaver burseri*。

Alpine snowbell 见 *Soldanella alpina*，见368页。

Alpine thistle 见 *Carlina acaulis*，见375页。

Alpine toadflax 见 *Linaria alpina*。

Alpine totara 见 *Podocarpus nivalis*，见110页。

山姜属 ALPINIA

姜科 ZINGIBERACEAE

多年生常绿草本。具肉质根状茎。因观花而栽培。不耐寒，耐最低温度18℃。喜半阴、湿润的空气和排水良好、富含腐殖质的土壤。盆栽困难。春末或夏初分株繁殖。红蜘蛛螨会危害植株。

距花山姜*A. calcarata* (Indian ginger) 多年生常绿草本。茎直立，丛生。高和冠径均为1m。叶无柄，芳香，披针形，长30cm。穗状花序，水平开展，花淡白色，唇瓣长2.5cm，黄色，具淡红色至紫色斑，四季开放。

A. nutans of gardens 见*A. zerumbet*。

A. speciosa 见*A. zerumbet*。

艳山姜*A. zerumbet* (*A. nutans* of gardens，*A. speciosa*)，见227页。

Alsobia dianthiflora 见*Episcia dianthiflora*。

Alsophila 重新归入*Cyathea*。

六出花属 ALSTROEMERIA

六出花科／百合科 ALSTROEMERIACEAE/ LILIACEAE

多年生草本。具块茎。花色丰富，多在夏季开放。宜作切花。耐寒，但在极寒冷的冬季，要用干燥的欧洲蕨或松散的泥炭覆盖保护休眠的块茎。喜光照、排水良好的土壤。初春播种繁殖或分株繁殖。触及叶会刺激皮肤过敏。

A. aurantiaca 见*A. aurea*。

黄六出花*A. aurea* (*A. aurantiaca*)，见403页。

A. gayana 见*A. pelegrina*。

粉色六出花*A. hookeri*，见386页。

🏆白纹杂种六出花*A.* Ligtu Hybrids，见423页。

'玛格丽特'六出花*A.* Margaret ('Stacova')，见400页。

'巴黎魅力'六出花*A.* 'Parigo Charm'，见423页。

紫红六出花*A. pelegrina* (*A. gayana*)，见420页。

***A.* 'Stacova'** 见*A.* Margaret。

'沃尔特·弗雷明'六出花*A.* 'Walter Fleming' 多年生草本。具块茎。枝上叶多。高达1m，冠径60～100cm。叶窄披针形，扭曲。花宽漏斗状，深黄色，径5～6cm，具紫色晕和淡红紫色斑，夏季开放。

莲子草属 ALTERNANTHERA

苋科 AMARANTHACEAE

多年生草本。矮灌木状。以观赏色彩丰富的叶为主。宜作花坛或地被植物。不耐寒，耐最低温度15～18℃。喜光照或半阴和湿润、排水良好的土壤。春季用枝端扦插繁殖或分株繁殖。

A. amoena 见*A. ficoidea* var. *amoena*。

艳苋草（小叶红）***A. ficoidea*** (Parrot leaf)。**美丽锦绣苋** var. ***amoena*** (*A. amoena*) 多年生草本。铺地状。高5cm，冠径不定。叶窄卵形，绿色，具红色、黄色或橙色斑点，边缘波状。**'锦绣苋'**（五色草）**'Versicolor'** (*A. versicolor*) 植株直立。高和冠径均为30cm。叶圆形至匙形，褐色、红色至黄色。

A. versicolor 见*A. ficoidea* 'Versicolor'。

Althaea rosea 见*Alcea rosea*。

Alum root 见*Heuchera*。

Aluminium plant 见*Pilea cadierei*，见300页。

木庭荠属 ALYSSOIDES

十字花科 BRASSICACEAE/ CRUCIFERAE

单种属。短命常绿亚灌木。因观花和膨大的果实而栽培。宜植于干燥的堤岸和岩石园。耐寒。喜光照和排水良好的土壤。秋季播种繁殖。

木庭荠*A. utriculata* 常绿亚灌木。冠圆球状。高和冠径均为30cm。叶卵形，光滑，暗绿色。花小，亮黄色，春季开放，松散生于枝上。角果球状，浅黄色。

庭荠属（番芥属） ALYSSUM

十字花科 BRASSICACEAE/ CRUCIFERAE

多年生和一年生草本。多年生草本中部分常绿。因观花而栽培。极耐寒。喜光照充足的地带和排水良好的土壤。花后进行轻度修剪。春末软枝扦插繁殖，也可秋季播种繁殖。

A. maritimum 见*Lobularia maritime*。

山庭荠*A. montanum* 多年生常绿草本。匍匐状。高和冠径均为15cm。叶小，卵形，有毛，灰色。花茎长15cm，每花茎具一开展的总状花序，花小，浓香，柔和的黄色，夏季开放。为岩石园中优良的植物材料。

A. saxatile 见*Aurinia saxatilis*。

刺庭荠*A. spinosum* (*Ptilotrichum spinosum*) 半常绿灌木。冠圆球状。枝叶密集。高20cm以上，冠径30cm。缠结枝具刺。叶窄卵形至线形，银白色。头状花序，花小，4瓣，白色至紫粉红色，夏初开放。

金球庭芥*A. wulfenianum* 多年生草本。匍匐状。高2cm，冠径20cm。叶小，卵形，灰色。头状花序松散，生于叶上方，花小，亮黄色，夏季开放。

Alyssum, Sweet 见*Lobularia maritima*。

Amaranth, Globe 见*Gomphrena globosa*，见331页。

苋属 AMARANTHUS

苋科 AMARANTHACEAE

一年生草本。以观花和彩色叶为主。半耐寒。喜光照充足和肥沃、排水良好的土壤。春末室外播种繁殖。蚜虫会危害植株。

尾穗苋*A. caudatus*，见326页。

千穗谷（老来红）***A. hypochondriacus***，见330页。

彩叶苋（雁来红）***A. tricolor* 'Joseph's Coat'** 一年生草本。矮灌木状。高达1m，冠径45cm以上。叶卵形，猩红色、绿色和黄色，长达20cm。小型圆锥花序，花小，红色，夏季开放。**'铸火' 'Molten Fire'** 叶深红色、青铜色和紫色。

孤君兰属 × AMARCRINUM

石蒜科 AMARYLLIDACEAE

杂交属(孤挺花属*Amaryllis* × 君子兰属*Crinum*)。常绿鳞茎类植物。因观赏其大型漏斗状花而栽培。耐寒。喜光照充足和排水良好的土壤。种植时植株颈部被土壤刚好覆盖为宜。春季分株繁殖。

× *A. howardii* 见× *A. memoria-corsii*。

孤君兰× *A. memoria-corsii* (× *A. howardii*，× *Crinodonna corsii*)，见408页。

孤盏花属 × AMARYGIA

石蒜科 AMARYLLIDACEAE

杂交属（孤挺花属*Amaryllis* × 花盏属*Brunsvigia*）鳞茎类植物。秋季开花。植株粗壮。因观赏其大型艳丽的花而栽培。耐寒。喜光照充足，需墙壁的遮挡。鳞茎刚好在排水良好的土表下方为宜。春季分株繁殖。

孤盏花× *A. parkeri* (× *Brunsdonna parkeri*)，见408页。

孤挺花属 AMARYLLIS

石蒜科 AMARYLLIDACEAE

鳞茎类植物。秋季开花。因观赏其漏斗状花而栽培。耐寒，但在寒冷地区应靠南墙栽培以保护。宜植于避风、光照充足的地方和排水良好的土壤上。鳞茎至少埋深8cm。春末当叶子枯死时分株繁殖或夏末重新生长前分株繁殖。

孤挺花*A. belladonna* 及 **'爱神' 'Hathor'**，见408页。

Amaryllis, Blue 见*Worsleya*。

珀菊属 AMBERBOA
Sweet sultan

菊科 ASTERACEAE/ COMPOSITAE

一年生或二年生草本。茎直立。栽培以观赏矢车菊状头状花序为主。春季至秋季开花。极耐寒。喜光照充足和中度肥沃、排水良好的土壤。除去枯死花枝可延长花期。春季或秋季播种繁殖。

珀菊*A. moschata* (*Centaurea moschata*)，见335页。

唐棣属 AMELANCHIER
Juneberry, Serviceberry, Shadbush

蔷薇科 ROSACEAE

落叶乔木和灌木。春季开花。主要因其秋叶色彩亮丽和花多而栽培。极耐寒。喜光照或半阴和排水良好但不太干燥的中性至酸性土壤。秋季播种繁殖或秋末至初春压条繁殖，有吸附根的品种可用分株方法繁殖。日灼病有时会危害植株。

桤叶唐棣 *A. alnifolia* 落叶灌木。直立，具吸附根。高4m以上，冠径3m以上。叶卵形或圆形，暗绿色。穗状花序，直立，花星状，乳白色，春末开放。果小，球形，紫黑色，多汁可食。

树唐棣 *A. arborea* 落叶乔木。枝伸展，有时灌木状。高10m，冠径12m。初春，在卵形、具有白色绒毛的幼叶展开之前，先开放群集的星状白色花。叶成熟后呈暗绿色，秋季变成红色或黄色。果实小，球形，干后成淡红紫色。

东亚唐棣 *A. asiatica* 落叶乔木或灌木。枝叶舒展，树形优美。高8m，冠径10m。叶卵形，暗绿色，幼时具绵状毛，秋叶黄色或红色。花多，星状，白色，春末开放。果实黑茶藨子果状，球形，多汁可食。

加拿大唐棣 *A. canadensis* 落叶灌木。直立，枝叶密集。高6m，冠径3m。叶不皱褶，卵形，具白毛，成年叶暗绿色，秋季橙红色。花星状，白色，仲春至春末开放。果甜，球形，淡黑紫色，多汁可食。

平滑唐棣 *A. laevis*，见85页。

🏆拉马克唐棣*A. lamarckii*，见116页。

American arbor-vitae 见*Thuja occidentalis*。

American arrowhead 见*Sagittaria latifolia*，见446页。

American aspen 见*Populus tremuloides*。

American beech 见*Fagus grandifolia*。

American bittersweet 见*Celastrus scandens*。

American chestnt 见*Castanea dentata*。

American elder 见*Sambucus canadensis*。

American holly 见***Ilex opaca***，见98页。

American hop hornbeam 见*Ostrya virginiana*，见77页。

American hornbeam 见*Carpinus caroliniana*。

American lime 见*Tilia americana*。

American lotus 见*Nelumbo lutea*。

American mountain ash 见*Sorbus americana*。

American spatterdock 见 *Nuphar advena*。

American white elm 见 *Ulmus americana*。

American white oak 见 *Quercus alba*，见 71 页。

Amomyrtus luma 见 *Luma apiculata*。

***Amomyrtus luma* 'Glanleam Gold'** 见 *Luma apiculata* 'Glanleam Gold'。

紫穗槐属 AMORPHA

豆科／蝶形花科 LEGUMINOSAE/PAPILIONACEAE

落叶灌木和亚灌木。因观花和叶而栽培。适生于寒冷、干燥的开阔地带。极耐寒。喜光照充足和排水良好的土壤。夏季软枝扦插繁殖或秋季播种繁殖。

灰毛紫穗槐 *A. canescens* (Lead plant) 落叶亚灌木。冠开张。高1m，冠径1.5m。叶卵形，具灰色绒毛，分裂为21～41枚窄卵形小叶。穗状花序，花小，密集，蝶形，紫色，花药橙色，夏末和秋初开放。

魔芋属 AMORPHOPHALLUS

天南星科 ARACEAE

多年生草本。具块茎。因其佛焰苞大而显著而栽培。佛焰苞味道难闻，肉穗花序，花小。不耐寒，耐最低温度10℃。喜半阴和富含腐殖质的土壤，生长季节土壤应保持湿润。冬季块茎应保持干燥。春季播种繁殖或春夏季用短匍茎繁殖。

魔芋 *A. konjac* (*A. rivieri*) 多年生草本。具块茎。高40cm，冠径60～100cm。茎淡绿色，有淡褐色至绿色斑点，长达1m。开花后生一大型叶，深裂。佛焰苞稍扁平，边缘波状，暗淡红色至褐色，长达40cm，肉穗花序，直立，暗褐色，夏季开放。

A. rivieri 见 *A. konjac*。

蛇葡萄属 AMPELOPSIS

葡萄科 VITACEAE

落叶木质藤本，以卷须攀缘，部分种类以茎攀缘。因观其叶而栽培。耐寒。适生于避风、全光照或半阴的地方，对土壤适应性强。快速生长时喜较大空间，能覆盖大片区域。仲夏用嫩枝或半成熟枝扦插繁殖。

乌头叶蛇葡萄 *A. aconitifolia* (*Vitis aconitifolia*) 落叶木质藤本。生长快。以茎缠绕或卷须攀缘。高达12m。叶圆形，小叶3～5枚，有锯齿，分裂，暗绿色。花小，淡绿色，不引人注目，夏末开放。浆果橙色。

光叶蛇葡萄 *A. brevipedunculata* var. *maximowiczii* (*A. glandulosa* var. *brevipedunculata*, *A. heterophylla*, *Vitis heterophylla*) 落叶木质藤本。生长快。以茎缠绕或卷须攀缘。生长旺盛。高达5m以上。幼茎多毛。叶暗绿色，大小、形状各异，背面几无毛。花淡绿色，不引人注目，夏季开放。浆果亮蓝色。

A. glandulosa* var. *brevipedunculata 见 *A. brevipedunculata* var. *maximowiczii*。

A. heterophylla 见 *A. brevipedunculata* var. *maximowiczii*。

A. sempervirens 见 *Cissus striata*。

A. veitchii 见 *Parthenocissus tricuspidata* 'Veitchii'。

水甘草属 AMSONIA
Blue Star

夹竹桃科 APOCYNACEAE

多年生草本。丛生。生长慢。夏季开花。极耐寒。喜光照充足和排水良好的土壤。植株可数年内不管理。春季分株繁殖或夏季用软枝扦插繁殖或秋季播种繁殖。触及乳白色的汁液会刺激皮肤。

🏆**东方水甘草 *A. orientalis*** (*Rhazya orientalis*)，见 286 页。

柳叶水甘草 *A. tabernaemontana*，见 287 页。

Amur cork tree 见 *Phellodendron amurense*。

Amur grape 见 *Vitis amurensis*。

Amur maple 见 *Acer tataricum* subsp. *ginnala*，见 95 页。

Amur silver grass 见 *Miscanthus saccharifolius*。

Anacharis densa 见 *Egeria densa*。

辐枝菊属（新拟）ANACYCLUS

菊科 ASTERACEAE/COMPOSITAE

多年生草本。匍匐状。夏季开花。茎多，自中央放射状而生。耐寒。喜光照充足和排水良好的土壤。春季用软枝扦插繁殖或秋季播种繁殖。

A. depressus 见 *A. pyrethrum* var. *depressus*。

白舌辐枝菊（新拟）***A. pyrethrum* var. *depressus*** (*A. depressus*)，见374页。

琉璃繁缕属 ANAGALLIS

报春花科 PRIMULACEAE

一年生和匍匐多年生草本。因观花而栽培。极耐寒至耐寒。喜开阔、光照充足和肥沃、湿润的土壤。春季播种繁殖或分株繁殖。软枝琉璃繁缕(*A. tenella*)春季或夏初用软枝扦插繁殖。

软枝琉璃繁缕 *A. tenella* (Bog pimpernel)。🏆**'斯塔德兰' 'Studland'**，见 367 页。

凤梨属 ANANAS

凤梨科 BROMELIACEAE

多年生常绿草本。莲座状。因观叶和食用果实（菠萝）而栽培。不耐寒，耐最低温度13～15℃。喜光照充分，但也耐半阴。喜肥沃、排水良好的土壤。生长季节适度浇水，其他时期少量浇水。春季或夏季用吸附根或多叶的果实顶部扦插繁殖。

红凤梨 *A. bracteatus* (Red pineapple, Wild pineapple)。🏆**'三色'**（条纹凤梨）**'Tricolor'** (*A. b.* 'Striatus，*A. b.* var. *tricolor*，见 265 页）多年生常绿草本。基部莲座状。高和冠径均为1m。叶丛莲座状，叶带状，密集，边缘具红色刺，弓形，深绿色，具纵向黄色条纹，有红色刺。穗状花序，花小，密集，管状，淡紫色至紫色，苞片显著，淡红色至粉红色，夏季开放。果实淡褐色至橙红色，长15cm以上。

'花叶' 凤梨 *A. comosus* 'Variegatus' (*A. c.* var. *variegatus*) 多年生常绿草本。基部莲座状。高和冠径均为60cm以上。叶窄带状，有凹槽，质硬，灰绿色至粉红色，边缘乳白色，背面具灰色鳞片，有时边缘有刺。花管状，紫蓝色，苞片绿色，不明显。果实名凤梨，可食。栽培作物。盆栽植株果实极小。

香青属 ANAPHALIS
Pearl everlasting

菊科 ASTERACEAE/COMPOSITAE

多年生草本。头状花序，花小，瓣纸质，干燥后可作冬季装饰品。极耐寒。喜光照，也可在半阴处生长。土壤应排水良好，但不可过分干燥。秋季播种繁殖或冬春季分株繁殖。

珠光香青 *A. margaritacea*，见239页。

单头尼泊尔香青 *A. nepalensis* var. *monocephala* (*A. nubigena*)，见276页。

A. nubigena 见 *A. nepalensis* var. *monocephala*。

Anceps bamboo 见 *Yushania anceps*，见 308 页。

牛舌草属 ANCHUSA

紫草科 BORAGINACEAE

一年生、二年生或多年生草本。部分种类常绿。花通常蓝色。极耐寒至耐寒。喜光照和排水良好的土壤，忌冬季过分湿润。高大多年生品种应以立桩支撑，以促进其扩展。多年生草本冬季根插繁殖，一年生和二年生草本秋季或春季播种繁殖。

牛舌草 *A. azurea* (*A. italica*)。**'小约翰' 'Little John'** 多年生草本。丛生。高 50cm，冠径 60cm。极耐寒。基生叶多窄卵形，多毛。总状花序，具分枝，花大，杯状，开张，深蓝色，夏初开放。🏆**'平檐' 'Loddon Royalist'**，见 254 页。**'淡蓝' 'Opal'** 高 1.2m。花淡蓝色。

A. caespitosa 见 *A. cespitosa*。

好望角牛舌草 *A. capensis*。'蓝天使' 'Blue Angel'，见 334 页。**'蓝鸟' 'Blue Bird'** 二年生草本。矮灌木状。作一年生栽培。高达 45cm，冠径 20cm。耐寒。叶披针形，有刚毛，中绿色。头状花序，花浅碗状，天蓝色，夏季开放。

🏆**簇生牛舌草 *A. cespitosa*** (*A. caespitosa*)，见 370 页。

A. italica 见 *A. azurea*。

Ancistrocactus megarhizus 见 *Sclerocactus scheeri*。

Ancistrocactus scheeri 见 *Sclerocactus scheeri*。

Ancistrocactus uncinatus 见 *Sclerocactus uncinatus*。

倒壶花属 ANDROMEDA

杜鹃花科 ERICACEAE

常绿灌木。树冠开展，多细枝。极耐寒。喜光照充足和富含腐殖质、湿润的酸性土壤。夏末用半成熟枝扦插繁殖或春季播种繁殖。

倒壶花 *A. polifolia*，见347页。**'白色' 'Alba'**，见346页。🏆**'致密' 'Compacta'**，见 347 页。

点地梅属 ANDROSACE

报春花科 PRIMULACEAE

一年生或多年生常绿草本。枝叶密集，常呈铺地状。叶常柔软，多毛。多数品种宜生于低温温室，冬季需覆盖。极耐寒至耐寒。喜光照和排水极好的土壤。部分种类喜酸性土壤。冬季叶忌湿。夏季用枝端扦插繁殖或秋季播种繁殖。易感染灰霉病和被蚜虫危害。

肉色点地梅 *A. carnea*，见 365 页。🏆**粉花点地梅** subsp ***laggeri***，见 367 页。

矮点地梅 *A. chamaejasme* 多年生常绿草本。形态多变，基部莲座状。匍匐茎易生根。高 3～6cm，冠径达 15cm。极耐寒。叶丛莲座状，开张，叶卵形。花簇2～8朵，花白色，稍扁平，具黄色（有时成熟后变红色）眼状斑。

柱叶点地梅 *A. cylindrica* 多年生常绿草本。基部莲座状。高 1～2cm，冠径 10cm。极耐寒。叶线形，光滑。每花茎有花多达10朵，花小，稍扁平，白色，每花具一黄绿色眼状斑，初春开放。适于夏季低温温室栽培。

巴尔干点地梅 *A. hedraeantha* 多年生常绿草本。枝叶密集，铺地状。高 1～2cm，冠径达10cm。极耐寒。叶丛莲座状，叶松散，窄卵形、光滑。伞形花序，花 5～10 朵，花稍扁平，粉红色，喉部黄色，春季开放。夏季在低温温室中生长最好。

硬毛点地梅 *A. hirtella* 多年生常绿草本。枝叶密集，铺地状。高 1cm，冠径达 10cm。极耐寒。叶丛莲座状，叶小，质地厚，线形至椭圆形，多毛。花白色，稍扁平，具杏仁味，生于极短的枝上，春季开放。

A. imbricata 见*A. vandellii*。

🏆**绵毛点地梅*A. lanuginosa***，见377页。

比利牛斯点地梅*A. pyrenaica*，见361页。

🏆**喜马拉雅点地梅 *A. sarmentosa*** 多年生常绿草本。铺地状。以匍匐枝蔓延。高4～10cm，冠径30cm。极耐寒。叶丛莲座状，开张，叶小，窄椭圆形，多毛。花簇大，花稍扁平，亮粉红色，有黄色眼状斑，春季开放。除在极湿润的地区不能生长外，为极好的岩生植物。

🏆**长生点地梅*A. sempervivoides*** 多年生常绿草本。丛生。莲座状，具匍匐茎。高1～7cm，冠径30cm。极耐寒。叶椭圆形至匙形，革质。小型头状花序，花稍扁平，粉红色，具黄色后成红色的眼状斑，春季开放。是极好的岩生植物。

迭叶点地梅 *A. vandellii* (*A. imbricata*)，见362页。

长毛点地梅*A. villosa*，见363页。**杰氏点地梅** var. ***jacquemontii***，见378页。

银莲花属 ANEMONE
Windflower

毛茛科 RANUNCULACEAE

多年生草本。有时具块茎或根状茎。春季、夏季和秋季开花。花多为圆形，浅杯状。叶圆形至卵形，常分裂为3～15枚小叶。极耐寒至耐寒。多数种类喜光照充足或半阴环境，在富含腐殖质、排水良好的土壤上生长旺盛。春季分株繁殖或夏末用新鲜种子播种繁殖，或冬季用根扦插繁殖。触及汁液会刺激皮肤。

🏆**亚平宁银莲花 *A. apennina*** (Apennine anemone) 多年生草本。枝伸展。具根状茎。高和冠径均为15～20cm。极耐寒。叶蕨叶状，具3个深齿状裂片。每茎生一花，花大，直立，稍扁平，蓝色、白色或粉红色，花瓣窄，10～20片，春季开放。

🏆**光滑银莲花 *A. blanda*** 多年生草本。枝伸展。具节状块茎。高5～10cm，冠径10～15cm。极耐寒。叶宽卵形，半直立，3深裂。花直立，稍扁平，蓝色、白色或粉红色，径4～5cm，花瓣窄，9～14枚，每茎有一花，初春开放。**'深蓝' 'Atrocaerulea'**，见433页。🏆**'英格拉姆' 'Ingramii'** 花深蓝色，背面紫色。🏆**'雷达' 'Radar'**，见430页。🏆**'白辉' 'White Splendour'**，见426页。

罂粟秋牡丹 *A. coronaria* 多年生草本。块茎畸形。春季开花。高5～25cm，冠径10～15cm。耐寒。叶芹菜叶状，全裂，半直立。茎坚硬，每茎有一花，花大，浅杯状，具5～8瓣，深红色、粉红色、蓝色或紫色。园艺品种包括**德肯群 De Caen Group** 和**圣布里查德群 St Brigid Group**，其花较大，白色、红色至蓝色。

红花草玉梅*A.* × *fulgens*，见430页。

A. hepatica 见*Hepatica nobilis*。

🏆**'丰花' 秋牡丹 *A. hupehensis* 'Hadspen Abundance'**，见259页。**'布雷辛哈姆之光' 秋牡丹** var. ***japonica* 'Bressingham Glow'** (*A.* × *hybrida* 'Bressingham Glow') (半重瓣类型)，见231页。🏆**'亨利亲王' 秋牡丹** var. ***japonica* 'Prinz Heinrich'** (*A.* × *hybrida* **'Prince Henry'**) 花单瓣，深粉红色，生于细长的茎上。🏆**'九月媚' 'September Charm'**(单瓣)，见231页。

杂种秋牡丹*A.* × *hybrida* (*A. japonica* of gardens)(Japanese anemone) 多年生草本。生长旺盛。多分枝。高1.5m，冠径60cm。极耐寒。叶深裂，暗绿色。花浅杯状，单瓣、半重瓣或重瓣，夏末或秋初开放。**'Bressingham Glow'**，见*A. hupehensis* var. *japonica* 'Bressingham Glow'。🏆**'约伯特之光' 'Honorine Jobert'** (单瓣)，见231页。**'马科斯·沃格尔' 'Max Vogel'** 花半重瓣，淡粉红色至紫色，生于细长而坚韧的茎上。**'Prince Henry'**见*A. hupehensis* var. *japonica* 'Prinz Heinrich'。

A.* × *intermedia见*A.* × *lipsiensis*。

A. japonica of gardens 见*A.* × *hybrida*。

间型银莲花 *A.* × *lipsiensis* (*A.* × *intermedia*, *A.* × *seemannii*)，见274页。

水仙银莲花 *A. narcissiflora*，见275页。

🏆**林荫银莲花*A. nemorosa*** (Wood anemone) 多年生草本。铺地状。具根状茎。生长旺盛。高15cm，冠径30cm。极耐寒。叶中绿色，深裂。花星状，花簇团状，花单瓣，白色，雄蕊明显，黄色，春季或夏初开放。喜生于疏林中。🏆**'阿伦' 'Allenii'** 和🏆**'罗宾逊' 'Robinsoniana'**，见270页。🏆**'贞洁' 'Vestal'** 花重瓣，白色，花心银莲花状。**'威尔克大花' 'Wilk's Giant'** (*A. n.* 'Wilk's Giant') 花大，单瓣，白色。

孔雀银莲花*A. pavonina*，见413页。

🏆**毛茛状银莲花*A. ranunculoides***，见274页。**'重瓣' 'Pleniflora'** (*A. r.* 'Flore Pleno') 多年生草本。枝伸展。具根状茎。高和冠径均为20cm。极耐寒。叶全裂。花毛茛花状，重瓣，黄色，春季开放。喜生于湿润的疏林中。

草玉梅*A. rivularis*，见275页。

A.* × *seemannii见*A.* × *lipsiensis*。

森林银莲花*A. sylvestris*，见268页。**'大花' 'Macrantha'** 多年生草本。丛生。具侵入性。高和冠径均为30cm。极耐寒。叶全裂，中绿色。花大，芳香，半下垂，浅杯状，白色，春季和夏初开花。

红蕊银莲花*A. tschaernjaewii*，见427页。

野棉花*A. vitifolia* 多年生草本。丛生。多分枝。高1.2m，冠径50cm。极耐寒。叶葡萄叶状，背面具绵毛。花杯状，开张，白色，偶尔粉红色，雄蕊黄色，夏季开放。

Anemone

Alpine 见 *Pulsatilla alpina*，见346页。

Apennine 见 *Anemone apennina*。

False 见 *Anemonopsis*。

Japanese 见Anemone × *hybrida*，见231页。

Wood 见 *Anemone nemorosa*。

小银莲属 ANEMONELLA

毛茛科 RANUNCULACEAE

多年生草本。具块茎。因观花而栽培。极耐寒。喜阴和富含腐殖质湿润的土壤。用新鲜种子播种繁殖或每隔3～5年秋季分株繁殖。

小银莲*A. thalictroides*，见364页。**'奥斯卡·斯科夫' 'Oscar Schoaf'** (*A. t.* 'Schoaf's Double') 多年生草本。生长慢。具块茎。高10cm，冠径4cm以上。叶精美，蕨叶状。花小，杯状，重瓣，草莓粉红色，单生于具优美分枝的细茎上，春季至夏初开放。

假银莲属 ANEMONOPSIS
False anemone

毛茛科 RANUNCULACEAE

单种属。多年生草本。与银莲花属亲缘关系相近。极耐寒。喜庇护和半阴环境，适生于富含腐殖质、湿润但排水良好的土壤。春季分株繁殖或夏末播种繁殖。

假银莲*A. macrophylla*，见286页。

黄葳属 ANEMOPAEGMA

紫葳科 BIGNONIACEAE

常绿藤本。以卷须攀缘。因观花而栽培。不耐寒，耐最低温度13～15℃。夏季喜半阴，适生于富含腐殖质、排水良好的土壤。旺盛生长期喜定期大量浇水，其他时期少浇水。需支撑。夏季应经常疏枝。春季生长枝短截一半。春季或夏季用软枝或半成熟枝扦插繁殖。

黄葳*A. chamberlaynei* 常绿藤本。生长快，以卷须攀缘。高达6m。复叶，小叶尖，2枚，卵形，卷须3枚，钩状。花毛地黄花状，淡黄色至黄色，2朵并生于上部叶的叶腋，夏季开放。

当归属 ANGELICA

伞形科 APIACEAE/UMBELLIFERAE

多年生草本。常为短命植物。夏季开花。部分种类用于烹饪和中药。极耐寒。喜光照充足或庇荫和任何排水良好的土壤。花期应及时除去果实，以免植株死亡。种子成熟后可播种繁殖。

圆当归*A. archangelica*，见228页。

Angelica 见 *Angelica archangelica*，见228页。

Angelica tree，Japanese 见*Aralia elata*。

Angel's fishing rod 见 *Dierama*。

Angel's tears 见 *Billbergia* × *Windii*；*Narcissus triandrus*，见417页。

'Angels' trumpets 见*Brugmansia*。

'Angels' wings 见 *Caladium bicolor*。

Angelwing begonia 见 *Begonia coccinea*。

Angled Solomon's seal 见 *Polygonatum odoratum*。

武夷兰属 ANGRAECUM

见兰花。

🏆**武夷兰 *A. sesquipedale*** (*Macroplectrum sesquipedale*) (Star-of-Bethlehem orchid)，见296页。常绿附生兰。宜植于中温温室。高30cm以上。叶窄卵形，半坚硬，水平展开，长15cm。花蜡质，白色，径8cm，距长30cm，常2花生于茎上，冬季开放。夏季需庇荫。

安古兰属 ANGULOA

见兰花。

安古兰*A. clowesii* (Cradle orchid) 落叶附生兰。适宜低温温室栽培。高60cm。叶宽卵形，叶脉凸起，长45cm。花单生，芳香，直立，杯状，柠檬黄色，长10cm，唇瓣黄色，夏初开放。夏季宜在半阴处生长。

袋鼠爪属 ANIGOZANTHOS
Kangaroo paw

血皮草科 HAEMODORACEAE

多年生草本。根状茎粗大。叶披针形，排成扇状。因花稀奇而栽培。半耐寒。喜开阔、光照充足地带，在排水良好的泥炭或多叶的酸性土壤上生长最好。春季分株繁殖或夏末用新鲜种子播种繁殖。

袋鼠爪 *A. flavidus*，见254页。

🏆**长药袋鼠爪 *A. manglesii***，见250页。

淡红袋鼠爪*A. rufus* 多年生草本。丛生。高1m，冠径60cm。叶长，剑形，坚硬，中绿色。圆锥花序，花二唇形，浓红葡萄酒色，具紫色绒毛，春季开放。

Anise

Chinese 见 *Illicium anisatum*。

Purple 见 *Illicium floridanum*。

南非葵属 ANISODONTEA

锦葵科 MALVACEAE

常绿灌木和多年生草本。因观花而栽培。不耐寒，耐最低温度3～5℃。喜光照充足和排水良好的土壤。旺盛生长期植株需水量大，其他时期需水较少。生长季节幼株顶部需修剪，以形成丛生的树形。春季播种繁殖或夏末用嫩枝或半成熟枝扦插繁殖。

南非葵 *A. capensis* (*Malvastrum*

capensis）常绿灌木。直立，丛生，多分枝。高达1m，冠径60cm以上。叶卵形，具3～5裂片。花碗状，5瓣，玫瑰红色，脉色暗，春季至秋季开放。

番荔枝属 ANNONA
Cherimoya, Custard apple, Sweet sop

番荔枝科 ANNONACEAE

落叶或常绿灌木和乔木。因其果实可食用和姿态优美而栽培。不耐寒，耐最低温度15℃。喜温暖、光照充足或半阴环境，喜肥沃湿润但排水良好的土壤。盆栽植株在旺盛生长期适度浇水，冬季少浇水。春季播种繁殖或夏末用半成熟枝扦插繁殖。红蜘蛛螨对植株有危害。

牛心果*A. reticulata* (Bullock's heart, Custard apple）多为落叶乔木。树冠圆形。高6m以上，冠径3～5m。叶椭圆形至披针形，长13～25cm。花杯状，榄绿色，常具紫色晕，夏季开放。果心形，长13cm，具红色晕，绿色至棕色，可食。

Annual phlox 见 *Phlox drummondii*。

Anoiganthus breviflorus 见 *Cyrtanthus breviflorus*。

Anoiganthus luteus 见 *Cyrtanthus breviflorus*。

红射干属 ANOMATHECA

鸢尾科 IRIDACEAE

球茎类植物。直立。夏季开花。因观其喇叭状至漏斗状的红色花朵而栽培。蒴果卵形，开裂，种子红色。耐寒。喜开阔、光照充足的地带和排水良好的土壤。栽植深度5cm。寒冷地区过冬时可挖出球茎干燥贮存。春季播种繁殖。

A. cruenta 见 *A. laxa*。

红射干*A. laxa* (*A. cruenta, Lapeirousia cruenta, L. laxa*）球茎类植物。直立。夏季开花。高10～30cm，冠径5～8cm。叶窄披针形，直立，中绿色，基生，排成扁平扇状。每茎具一穗状花序，松散，着花6朵，花长管状，红色，径2.5cm，下部花瓣基部具暗红色斑点，夏初开放。

欧洲鼠刺属 ANOPTERUS

鼠刺科／虎耳草科
ESCALLONIACEAE/ SAXIFRAGACEAE

常绿灌木或小乔木。因观叶和花而栽培。半耐寒。喜阴或半阴、湿润但排水良好的非石灰质土壤。夏季用半成熟枝扦插繁殖。

欧洲鼠刺 *A. glandulosus*，见116页。

落葵薯属 ANREDERA
Madeira vine, Mignonette vine

落葵科 BASELLACEAE

常绿藤本。具块茎。以茎攀缘。因观赏其繁茂的叶和芳香的小花而栽培。不耐寒，耐最低温度7℃。寒冷地区栽培时冬季死亡。喜光照充足和排水良好的土壤。生长季节需水量中等，其他时期少。需支撑。春季植株前一季节生长的枝应回缩一半或剪除地上部分。春季用茎基部长出的块茎繁殖或夏季用软枝扦插繁殖。

心叶落葵薯*A. cordifolia* (*Boussingaultia baselloides* of gardens）常绿藤本。具块茎。以茎攀缘。生长快。高达6m。叶卵形至披针形，肉质。花成簇，生于上部叶的叶腋部，花微小，白色，芳香，夏季开放。

Antarctic beech 见 *Nothofagus antarctica*。

蝶须属 ANTENNARIA
Cat's ears

菊科 ASTERACEAE/ COMPOSITAE

常绿或半常绿多年生草本。为极好的地被植物。花序无柄，叶片多毛。极耐寒。喜光照和排水良好的土壤。春季播种繁殖或分株繁殖。

蝶须*A. dioica* 多年生半常绿草本。丛生。枝叶密集。高2.5cm，冠径25cm。叶小，卵形，常多毛，淡绿色至白色。头状花序，生于短枝上，花具绒毛，白色或淡粉红色，春末和夏初开放。适宜种植在岩石园。**'奈伍兹' 'Nyewoods'** 枝叶密集。花深玫瑰红色。**'Rosea'** 见*A. d.* var. *rosea*。🏆**红花蝶须** var. ***rosea*** (*A. d.* 'Rosea', *A. rosea*)，见366页。

A. rosea 见 *A. dioica* var. *rosea*。

春黄菊属 ANTHEMIS
Dog's fennel

菊科 ASTERACEAE/ COMPOSITAE

多年生草本。铺地状。丛生。部分种类常绿。因观赏其雏菊状的头状花序和蕨叶状叶而栽培。极耐寒至耐寒。喜光照和排水良好的土壤。需立桩支撑。花后修剪植株至地面，以便冬季能长出极好的莲座状叶丛。春季分株繁殖，部分种类可在夏末、秋季或春季用基生枝条扦插繁殖。

A. nobilis 见 *Chamaemelum nobile*。

🏆**白舌春黄菊*A. punctata*** subsp. ***cupaniana***，见276页。

毛春黄菊*A. sancti-johannis* 多年常绿生草本。丛生。多分枝，枝伸展。高和冠径均为60cm。耐寒。叶蕨叶状，具长柔毛，中绿色。头状花序多，雏菊状，亮橙色，夏季开放。

春黄菊（西洋菊）***A. tinctoria*** 多年生常绿草本。丛生。高和冠径均为1m。极耐寒。叶蕨叶状，皱褶，中绿色，丛生于基部。头状花序，单生，雏菊状，黄色，仲夏开放。春季或夏末用基生枝条扦插繁殖。**'伯克斯顿' 'E. C. Buxton'**，见255页。

圆果吊兰属 ANTHERICUM
Spider plant

吊兰科／百合科
ANTHERICACEAE/LILIACEAE

多年生直立草本。花浅碟状或喇叭状，总状花序，呈穗状，生于叶丛中。极耐寒。喜光照充足的地带和肥沃、排水良好的土壤，夏季土壤不能干燥。春季分株繁殖或秋季播种繁殖。

A. graminifolium 见 *A. ramosum*。

高大圆果吊兰*A. liliago*，见276页。

圆果吊兰 *A. ramosum* (*A. graminifolium*）多年生直立草本。高1m，冠径30cm。叶禾草状，淡灰绿色，丛生。花小，浅碟状，白色，位于叶上方，夏季开放。

Antholyza paniculata 见 *Crocosmia paniculata*。

花烛属（安祖花属） ANTHURIUM

天南星科 ARACEAE

多年生常绿草本。直立、攀缘或蔓生。部分种类以观叶为主，另一些种类因观赏其艳丽的佛焰苞而栽培。不耐寒，耐最低温度15℃。冬季喜光照充足，夏季忌阳光直射。喜湿润空气和湿润但不积水的泥炭土壤。春季分株繁殖。植株有毒，食之会引起胃部轻微不适。触及汁液会刺激皮肤。

花烛（火鹤花，哥伦比亚安祖花）***A. andraeanum***，见264页。

水晶花烛（水晶安祖花）***A. crystallinum***，见264页。

红苞芋（火鹤花）***A. scherzerianum***，见302页。**'罗氏' 'Rothschildianum'** 多年生常绿草本。直立。茎短。高和冠径均为30cm。叶直立，椭圆形，长达20cm。肉穗花序黄色，佛焰苞红色，具白色斑点，花期长，四季开放。

皱叶花烛*A. veitchii* (King anthurium）多年生常绿草本。茎短。直立。高1m以上，冠径达1m。叶有光泽，皱褶，长达1m，卵形，基部心形，叶柄长60～100cm。肉穗花序淡黄色，佛焰苞革质，绿色至白色，花期长，四季开放。

Anthurium

Crystal 见 *Anthurium crystallinum*，见264页。

King 见 *Anthurium veitchii*。

岩豆属 ANTHYLLIS

豆科／蝶形花科
PAPILIONACEAE/ LEGUMINOSAE

多年生草本。灌木状。冠圆球形。因观花和精美全裂的叶而栽培。耐寒。喜光照和排水良好的土壤。夏季用软枝扦插繁殖或秋季播种繁殖。

黄花岩豆*A. hermanniae* 多年生草本。灌木状。冠圆球形。高和冠径均为60cm。茎丛生，多刺。单叶或3深裂，亮绿色。花小，蝶形，黄色，夏季开放。宜生于岩石园。

阿尔卑斯岩豆*A. montana*，见352页，🏆**'红花' 'Rubra'** 多年生草本。冠圆球状。枝伸展，茎基部木质。高和冠径均为30cm。叶分裂成17～41枚窄卵形小叶。头状花序，花三叶草花状，亮粉红色，春末和夏初开放。宜生于岩石园。

珊瑚藤属 ANTIGONON
Coral vine

蓼科 POLYGONACEAE

常绿木质藤本。以卷须攀缘。因观其叶和成簇的小花而栽培。不耐寒，耐最低温度15℃。喜全光照和任何肥沃、排水良好的土壤。生长季节需大量浇水，其他时期需水少。热带环境开花更好。需支撑。初春应对枝条密集的植株进行疏枝。春季播种繁殖或夏季用软枝扦插繁殖。

珊瑚藤 *A. leptopus*，见209页。

金鱼草属 ANTIRRHINUM
Snapdragon

玄参科 SCROPHULARIACEAE

多年生草本和半常绿亚灌木。常作一年生栽培。春季至秋季开花。极耐寒至半耐寒。喜光照和肥沃、排水良好的土壤。控制水分可延长花期。春末于室外播种繁殖，秋初或春季茎插繁殖。金鱼草（*A. majus*）会遭受锈病的危害，可选用抗锈病的栽培品种。

A. asarina 见 *Asarina procumbens*。

金鱼草*A. majus* 多年生草本。直立。基部分枝。栽培品种作一年生栽培。按照大小可分为：高大型，高60～100cm，冠径30～45cm；中间型，高和冠径均为45cm；矮生型，高20～30cm，冠径30cm。按花型可分为：规则管状花（风信子花状）、五雄蕊喇叭状花、重瓣花、不规则管状花。半耐寒。所有品种叶披针形。穗状花序，花二唇形，有时重瓣，花色丰富，有白色、粉红色、红色、紫色、黄色和橙色等。春季至秋季开放。**铃铛系列（Bells Series）**矮生型，规则管状花，开花早，花期长，花色有紫色、浅紫色、红色、玫瑰红色、粉红色、青铜色、黄色或白色。🏆**铃铛系列'粉钟'（Bells Series, 'Pink Bells'）**花粉红色。**'编钟' 'Chimes'** 矮生型，规则管状花。枝叶密集，花色范围广泛，包括几种双色。🏆**王冠系列（Coronette Series）**高大型，规则管状花，见321页。**'花雨' 'Floral Showers'** 矮生型，规则管状花，开花早，花色达10种，包括双色品种。耐潮湿气候。🏆**基母系列（Kim Series）**中间型，规则管状花，花猩红色、深玫瑰红色、深橙色、报春花黄色和橙白双色等。**蝴蝶夫人系列(Madame Butterfly Series)**高大型，不规则管状花，常见的品种为花色混合型品种。**公主系列(Princess Series)**中间型，不规则管状花，花色混杂（白色有紫色眼状斑，见325页）。**火箭系列(Rocket Series)**高大型，规则管状花。生长旺盛。花色广泛，为优良的切花。🏆**诗韵系列(Sonnet Series)**中间型，规则管状花，见337页。**塔西提系列(Tahiti Series)**矮生型，规则管状花，见336页。**'小号夜曲' 'Trumpet Serenade'**矮生型、五雄蕊喇叭状花，双色，轻淡优美的色彩混合。

Apache plume 见 *Fallugia paradoxa*，见136页。

Apennine anemone 见 *Anemone apennina*。

单药爵床属（单药花属）APHELANDRA

爵床科 ACANTHACEAE

常绿灌木和多年生草本。花艳丽。不耐寒，耐最低温度13℃。夏季在明亮的散射光下长势最好。用软水浇灌，保持土壤湿润但不积水。穗状花序宜作饲料。春季播种繁殖或用幼茎的顶端扦插繁殖。

单药爵床（单药花）***A. squarrosa*** (Zebra plant)。**'戴尼亚' 'Dania'** 多年生常绿草本。枝叶密集。高1m，冠径不足1m。叶卵形，有光泽，暗绿色，有白色侧脉和中脉，长约30cm。穗状花序，四面体形，长15cm，花二唇形，亮黄色，生于黄色苞片腋部，秋季开放。🏆**'银脉' 'Louisae'**，见256页。

鳞叶莲属 APHYLLANTHES

鳞叶莲科／百合科 APHYLLANTHACEAE/ LILIACEAE

多年生草本。夏季开花。耐寒，但应防冷风。喜光照充足、温暖和避风角落，更喜高山温室和排水良好、沙质的泥炭土壤。忌移植。秋季或春季播种繁殖。

鳞叶莲 *A. monspeliensis* 多年生草本。丛生。高15～20cm，冠径5cm。茎细长而坚韧，灰绿色。叶退化成红褐色叶鞘包茎。花星状，淡蓝色至深蓝色，单生或成簇，生于枝顶，夏初至仲夏开放。

水蕹属 APONOGETON

水蕹科 APONOGETONACEAE

多年生落叶深水植物。因观赏其漂浮的叶和浓香的花而栽培。耐寒至不耐寒，耐最低温度16℃。喜开阔和光照充足环境。秋季清理落叶。春季分株繁殖或播种繁殖。

长柄水蕹（长柄浪草）***A. distachyos***，见447页。

鼠尾鞭属（鼠尾掌属）APOROCACTUS

仙人掌科 CACTACEAE

多年生仙人掌类植物。因观其下垂、柔软、肉质的茎和鲜艳的花朵而栽培。宜栽培于吊篮中。半耐寒至不耐寒，耐最低温度5℃。喜半阴和排水极好的土壤。冬季偶而少量浇水可防止枝顶端枯死。春季或夏季茎插繁殖。

鼠尾鞭（鼠尾掌，金纽）***A. flagelliformis***，见463页。

Apple

Custard 见 *Annona*。

Elephant 见 *Dillenia indica*。

May 见 *Podophyllum peltatum*。

Pitch 见 *Clusia major*。

Apple mint见*Mentha suaveolens*。

Apple of Peru 见 *Nicandra physalodes*。

Apricot, Japanese见*Prunus mume*。

露花属 APTENIA

番杏科 AIZOACEAE

多年生多浆植物。茎蔓生，多分枝。生长快。为优良的地被植物。不耐寒，耐最低温度7℃。喜全光照和排水极好的土壤。冬季应保持干燥。春季或夏季播种繁殖或茎插繁殖。

露花 *A. cordifolia* (*Mesembryanthemum cordifolium*)，见472页。**'白边' 'Variegata'** 多年生多浆植物。匍匐状。生长快。高5cm，冠径不定。叶卵形，光滑，亮绿色，有乳白色边缘。花小，雏菊状，亮粉红色，夏季开放。

耧斗菜属 AQUILEGIA *Columbine*

毛茛科 RANUNCULACEAE

短命多年生草本。形态优美。丛生。因观赏其春季和夏季开放、钟状且有距的花而栽培。适宜岩石园种植。极耐寒至耐寒。喜开阔、光照充足和排水良好的土壤。野生种秋季或春季播种繁殖，栽培品种仅在其大量杂交时，才偶尔播种繁殖（如普通耧斗菜 *A. vulgaris* 'Nora Barlow'）。栽培时应将其远距离隔离。易被蚜虫危害。触及汁液会刺激皮肤。

A. akitensis 见 *A. flabellata*。

高山耧斗菜*A. alpina*，见348页。

🏆**美洲耧斗菜 *A. canadensis*** (Canadian columbine) 多年生草本。丛生。叶多。高60cm，冠径30cm。极耐寒。叶蕨叶状，暗绿色。花半下垂，钟状，萼片黄色，距红色，每细茎上生花数朵，夏初开放。

黄花耧斗菜*A. chrysantha* 多年生草本。丛生。生长旺盛。高1.2m，冠径60cm。极耐寒。叶蕨叶状，全裂，绿色。花半下垂，钟状，柔和黄色，距长，每茎上生花数朵，夏初开放。

🏆**洋牡丹 *A. flabellata*** (*A. akitensis*) 多年生草本。丛生。高25cm，冠径10cm。极耐寒。叶丛莲座状，开张，叶圆形，细裂。花钟状，柔和蓝色，花瓣笛状，具短距，夏季开放。喜半阴和湿润的土壤。🏆**白花矮洋牡丹** var. ***pumila*** f. ***alba*** (*A. f.* 'Nana Alba') 高10cm。枝叶密集。花白色。

琼斯耧斗菜*A. jonesii*，见383页。

长距耧斗菜*A. longissima* 多年生草本。丛生。叶多。高60cm，冠径50cm。极耐寒。叶蕨叶状，全裂，中绿色。花钟状，淡黄色，距极长，亮黄色，每茎上有花数朵，生于叶上方，夏初开放。

***A.* 'Mrs Scott Elliott'** 见 *A.* Mrs Scott Elliott Hybrids。

'斯科特·埃利奥特' 耧斗菜 *A.* Mrs Scott Elliott Hybrids (*A.* 'Mrs Scott Elliott') 多年生草本。丛生。叶多。高1m，冠径50cm。极耐寒。茎细长而坚韧，多分枝。叶蕨叶状，全裂，淡蓝色至绿色。花钟状，花色丰富，常为双色，夏初开放。

岩壁耧斗菜 *A. scopulorum* 多年生草本。丛生。高6cm，冠径9cm。耐寒。叶分裂为9枚小叶，小叶卵形，灰绿色。花钟状，有凹槽，淡蓝色，稀粉红色，每花具乳白色花心和一个长距，夏季开放。

普通耧斗菜*A. vulgaris* (Granny's bonnets) 多年生草本。丛生。多叶。高1m，冠径50cm。极耐寒。叶灰绿色，圆形，分裂成小叶。花多，漏斗状，暗粉红色、深红色、紫色和白色，具短距，每茎上有数朵，夏初开放。🏆**'诺娜·巴洛' 'Nora Barlow'**，见249页。

南芥属 ARABIS

十字花科 BRASSICACEAE/ CRUCIFERAE

多年生常绿草本。植株健壮。为岩石园良好的地被植物。极耐寒至耐寒。喜光照和排水良好的土壤。夏季软枝扦插繁殖或秋季播种繁殖。

A. albida 见 *A. alpina* subsp. *caucasica*。

高加索南芥 *A. alpina* subsp. ***caucasica*** (*A. albida*, *A. caucasica*) 多年生常绿草本。丛生。高15cm，冠径50cm。极耐寒。叶丛呈松散的莲座状，叶倒卵形，有锯齿，中绿色。花芳香，4瓣，白色，偶尔粉红色，春末和夏季开放。为干旱堤岸的良好栽培品种。花后修剪植株。🏆**'重瓣' 'Flore Pleno'** (*A. caucasica* 'Plena') 花重瓣，白色。**'黄边' 'Variegata'** (*A. caucasica* 'Variegata')，见362页。

'玫红' 阿氏南芥 *A.* × *arendsii* 'Rosabella' (*A. caucasica* 'Rosabella')，见365页。

毛叶南芥*A. blepharophylla* 多年生常绿草本。丛生。短命。高12cm，冠径20cm。极耐寒。忌冬季潮湿。叶丛莲座状，叶卵形，有锯齿，暗绿色，多绒毛，边缘灰色。花芳香，4瓣，亮粉红色至白色，春季开放。

A. caucasica 见 *A. alpina* subsp. *caucasica*。**'Plena'** 见 *A. alpina* subsp. *caucasica* 'Flor pleno'。**'Rosabella'** 见 *A.* × *arendsii* 'Rosabella'。**'Variegata'** 见 *A. alpina* subsp. *caucasica* 'Variegata'。

***A. ferdinandi-coburgi* 'Variegata'** 见 *A. procurrens* 'Variegata'。

🏆**'斑叶' 匍枝南芥 *A. procurrens* 'Variegata'** (*A. ferdinandi-coburgi* 'Variegata')，见388页。

楤木属 ARALIA

五加科 ARALIACEAE

落叶乔木、灌木或多年生草本。因其叶大和花多而栽培。极耐寒。喜光照或半阴、避风环境和肥沃、排水良好的土壤。下述品种可秋季播种繁殖或冬末用吸附根或根插繁殖。

🏆**楤木 *A. elata*** (Japanese angelica tree) 落叶乔木或具吸附根灌木。茎稀疏，粗壮，多刺。高和冠径均为10m。叶大，暗绿色，小叶多，卵形。大型圆锥花序，长30～60cm，花小，白色，夏末或秋季开放。**'Albomarginata'**，见 *A. e.* 'Variegata'。**'金边' 'Aureovariegata'** 小叶具较宽的黄色边缘。🏆**'银边' 'Variegata'** (*A. e.* 'Albomarginata') 小叶边缘乳白色。

A. elegantissima 见*Schefflera elegantissima*。

A. japonica 见 *Fatsia japonica*。

A. sieboldii 见 *Fatsia japonica*。

Aralia

False 见 *Schefflera elegantissima*，见127页。

Fern-leaf 见 *Polyscias filicifolia*，见152页。

Japanese 见 *Fatsia japonica*。

Lace见*Polyscias guilfoylei* 'Victoriae'，见126页。

南洋杉属 ARAUCARIA

南洋杉科 ARAUCARIACEAE

见针叶树。

智利南洋杉*A. araucana*，见103页。

A. excelsa of gardens 见 *A. heterophylla*。

🏆**异叶南洋杉 *A. heterophylla*** (*A. excelsa* of gardens)(Norfolk Island pine) 直立针叶树。高30m，冠径5～8m。半耐寒。叶针形，内曲，鲜绿色，螺旋状排列，栽培时很少结球果。常作耐阴的室内植物栽培。

白蛾藤属 ARAUJIA

萝藦科 ASCLEPIADACEAE

常绿木质藤本。以茎缠绕攀缘。植物体具乳汁。半耐寒。喜光照和肥沃、排水良好的土壤。春季播种繁殖或夏末至秋初茎插繁殖。

白蛾藤 *A. sericifera*，见 207 页。

Arbor-vitae

American 见 *Thuja occidentalis*。

Chinese 见 *Thuja orientails*。

荔莓属 ARBUTUS

杜鹃花科 ERICACEAE

常绿乔木和灌木。因观叶和花而栽培。树皮雅致。花小，成簇，坛状。果实似草莓，可食，淡而无味。耐寒，但幼株应防强寒风。喜光照充足和肥沃、排水良好的土壤。美国荔莓(*A. menziesii*)喜酸性土壤。夏末用半成熟枝扦插繁殖或秋季播种繁殖。

希腊荔莓 *A. andrachne* (Grecian strawberry tree) 常绿乔木或灌木。枝伸展。高和冠径均为 6m。树皮剥落，淡红色至褐色。叶卵形，光滑，暗绿色。圆锥花序，花坛状，白色，春末开放。果实橙红色。喜避风处栽培。

🏆杂交荔莓 *A.* × *andrachnoides*，见 83 页。

🏆美国荔莓 *A. menziesii* (Madroña, Madroñe) 常绿乔木。枝伸展。高和冠径均为 15m。树皮光滑，剥落，淡红色。叶卵形，暗绿色。大型圆锥花序，直立，顶生，花坛状，白色，夏初开放。果实橙色或红色。

🏆荔莓 *A. unedo*，见 93 页。

Arbutus, Trailing 见 *Epigaea repens*。

假槟榔属 ARCHONTOPHOENIX *King palm*

棕榈科 ARECACEAE/PALMAE

常绿棕榈状植物。因观赏其挺拔秀丽的树姿而栽培。不耐寒，耐最低温度 15℃。喜全光照或半阴环境。宜生于富含腐殖质和排水良好的土壤。需水量中等，低温时需水少。春季 24℃ 以上时播种繁殖。红蜘蛛螨会危害植株。

假槟榔（亚历山大椰子，槟榔葵）***A. alexandrae***，见 72 页。

🏆阔叶假槟榔（肯氏假槟榔，肯氏椰子）***A. cunninghamiana*** (Illawarra palm, Piccabeen palm) 常绿棕榈状植物。高 15～20cm，冠径 2～5m。叶长，弓状，羽状。成熟植株夏季开大量淡蓝灰色或淡蓝色小花。果实大，卵形，红色。

Arcterica nana 见 *Pieris nana*。

Arctic birch 见 *Betula nana*，见 349 页。

熊果属（熊葡萄属） ARCTOSTAPHYLOS *Manzanita*

杜鹃花科 ERICACEAE

常绿乔木和灌木。因观其叶、花和果实而栽培。部分种类树皮可观赏。其他种类可做地被植物。极耐寒至不耐寒，耐最低温度 7℃。需防强风。喜全光照和排水良好的酸性土壤。夏季用半成熟枝扦插繁殖或秋季播种繁殖。

阿尔卑斯熊果（阿尔卑斯熊葡萄）***A. alpina*** (*Arctous alpinus*) 落叶灌木。匍匐状。高 5cm，冠径 12cm。叶卵形，具锯齿，光滑，亮绿色。花簇顶生，下垂，花小，坛状，粉红色或白色，春末开放。浆果球形，紫黑色。

浅裂萼熊果 *A. diversifolia* (*Comarostaphylis diversifolia*)(Summer holly) 常绿灌木或乔木。直立。高 5m，冠径 3m。半耐寒。叶椭圆形，光滑，暗绿色。总状花序，顶生，花芳香，坛状，白色，初春至仲春开放。果实球形，红色。

'紫茎'熊果 *A.* 'Emerald Carpet'，见 156 页。

'蒙特雷毯'虎克熊果 *A. hookeri* 'Monterey Carpet' (*A. uva-ursi* subsp. *hookeri* 'Monterey Carpet') 常绿灌木。开张。高 10～15cm，冠径 40cm 以上。半耐寒。小枝具毛。叶光滑，淡绿色。花坛状，白色，有时具粉红色晕，夏初开放。果实球形，红色。

加州熊果 *A. manzanita* 常绿灌木。直立。高和冠径均为 2m 以上。耐寒。树皮剥落，呈淡红色至褐色。叶卵形，革质，灰绿色。花小，坛状，深粉红色，初春至仲春开放。

内华达熊果 *A. nevadensis* (Pinemat manzanita) 常绿灌木。匍匐状。高 10cm，冠径 1m。耐寒。叶小，卵形。花簇下垂，花小，坛状，白色，生于叶腋，夏季开放。果球形，淡褐色至红色。宜作地被植物。

圆叶熊果 *A. nummularia* 常绿灌木。直立至匍匐状。高 30cm 以上，冠径 1m。耐寒。叶小，圆形，革质，有锯齿。花簇生于叶腋，花下垂，坛状，白色，夏季开放。果实球形，绿色。为极好的地被植物。

稍展雄果 *A. patula*，见 152 页。

斯坦福熊果 *A. stanfordiana* (Stanford manzanita) 常绿灌木。直立。高和冠径均为 1.5m。半耐寒。树皮光滑，淡红褐色。叶窄卵形，光滑，亮绿色。花簇下垂，花坛状，粉红色，初春至仲春开放。

熊果 *A. uva-ursi*，见 388 页。subsp. ***hookeri* 'Monterey Carpet'**，见 *A. hookeri* 'Monterey Carpet'。**'长枝' 'Point Reyes'**，见 388 页。**'白玉' 'Vancouver Jade'** 常绿灌木。蔓生，有时弓状。高 10cm，冠径 50cm。叶小，卵形，亮绿色。花坛状，白色，夏季开放。极耐寒。

赛金盏属 ARCTOTHECA

菊科 ASTERACEAE/COMPOSITAE

多年生草本。匍匐状。不耐寒，耐最低温度 5℃。喜光照和肥沃、排水良好的土壤，忌湿润的环境。春季播种繁殖或分株繁殖。

赛金盏 *A. calendula* (*Cryptostemma calendulaceum*)，见 294 页。

灰毛菊属（熊耳菊属） ARCTOTIS (× VENIDIOARCTOTIS)

菊科 ASTERACEAE/COMPOSITAE

一年生和多年生草本。因观其头状花序和叶而栽培。半耐寒至不耐寒，耐最低温度 1～5℃。喜全光照和加细沙和腐叶的肥土。秋季或春季播种繁殖或周年扦插繁殖。

杂交灰毛菊 *A.* Harlequin Hybrids (*A.* × hybrida, × *Venidioarctotis*) 多年生草本。常作一年生栽培。茎直立，多分枝。生长极慢。高和冠径均为 45cm。半耐寒。叶披针形，浅裂，上面淡灰绿色，背面白色。头状花序大，雏菊状，花色丰富，暗黄色、橙色、青铜色、紫色、粉红色、乳白色和红色等，夏季开放。**'酒神' 'Bacchus'** 头状花序，花紫色。**'月季' 'China Rose'** 花深粉红色。**'日耀' 'Sunshine'** 花黄色。**'橙黄' 'Tangerine'** 花橙黄色。**'火炬' 'Torch'**，花青铜色。

A.* × *hybrida 见 *A.* Harlequin Hybrids。

A. stoechadifolia 见 *A. venusta*。

灰毛菊（大花熊耳菊）***A. venusta*** (*A. stoechadifolia*) (African daisy) 多年生草本。枝叶密集。通常作一年生栽培。高 50cm 以上，冠径 40cm。半耐寒。整个夏季和秋季开单瓣雏菊状、乳白色花朵，头状花序，花朵的中心部蓝色。叶像菊花叶，表面暗绿色，背面灰色。

Arctous alpinus 见 *Arctostaphylos alpina*。

紫金牛属 ARDISIA

紫金牛科 MYRSINACEAE

常绿灌木和乔木。因观其果实和叶而栽培。半耐寒至不耐寒，耐最低温度 10℃。喜半阴和富含腐殖质、排水良好的湿润土壤。盆栽植株旺盛生长时期需水量大，其他时期中等需水。初春可修剪植株。春季播种繁殖或夏季用半成熟枝扦插繁殖。

朱砂根 *A. crenata* (*A. crenulata*)，见 150 页。

A. crenulata 见 *A. crenata*。

Areca lutescens 见 *Dypsis lutescens*。

Arecastrum romanozoffianum 见 *Syagrus romanozoffiana*。

Aregelia carolinae 见 *Neoregelia carolinae*。

蚤缀属 ARENARIA *Sandwort*

石竹科 CAROPHYLLACEAE

一年生和多年生草本。部分种类常绿。春季和夏季开花。极耐寒至耐寒。多数喜光照和排水良好的沙质土壤。初春分株繁殖或软枝扦插繁殖，秋季或春季播种繁殖。

科西嘉蚤缀 *A. balearica*，见 362 页。

🏆山蚤缀 *A. montana*，见 374 页。

紫花蚤缀 *A. purpurascens*，见 365 页。

方茎蚤缀 *A. tetraquetra*，见 361 页。

蓟罂粟属 ARGEMONE

罂粟科 PAPAVERACEAE

多年生粗壮草本。多数种类宜作一年生栽培。极耐寒至半耐寒。喜光照和排水良好的土壤。不需要支撑。除去残花可延长花期。春末室外播种繁殖。

蓟罂粟 *A. mexicana*，见 335 页。

木茼蒿属 ARGYRANTHEMUM

菊科 ASTERACEAE/COMPOSITAE

常绿亚灌木。因观赏其雏菊状的花而栽培。耐寒至半耐寒。喜充足光照和适度肥沃、排水良好的土壤。夏季用半成熟枝扦插繁殖或春季用根部萌发的嫩枝扦插繁殖。

木茼蒿 *A. frutescens* (*Chrysanthemum frutescens*) (Marguerite)，见 240 页。

🏆'牙买加黄'木茼蒿 *A.* 'Jamaica Primrose' (*Chrysanthemum frutescens* 'Jamaica Primrose')，见 255 页。

'玛丽·伍顿'木茼蒿 *A.* 'Mary Wootton' (*Chrysanthemum frutescens* 'Mary Wootton')，见 243 页。

银背藤属（木旋花属） ARGYREIA

旋花科 CONVOLVULACEAE

常绿藤本。以茎缠绕攀升。与番薯属（*Ipomoea*）亲缘关系相近。因观赏其艳丽的花而栽培。不耐寒，耐最低温度 13℃。喜全光照和肥沃、排水良好的土壤。旺盛生长期需大量水分，其他时期需水量较少，需支撑。春季疏剪前一个季节的生长枝。春季播种繁殖，夏季用软枝或嫩枝扦插繁殖。红蜘蛛螨和白蝇会危害植株。

美丽银背藤（木旋花）***A. nervosa*** (*A. speciosa*) (Woolly morning glory) 常绿藤本。以茎缠绕攀升。高 8～10m。叶卵形，长 18～27cm，背面银白色。芽被白色绒毛。花成簇，漏斗状，淡灰蓝色，基部颜色暗，夏秋开放。

A. speciosa 见 *A. nervosa*。

Argyrocytisus battandieri 见 *Cytisus battandieri*。

银石属（新拟）（银皮属）ARGYRODERMA

番杏科 AIZOCEAE

多年生多浆植物。因观叶而栽培。叶丛平卧，叶肉质，卵形，灰绿色。花雏菊状，生于叶丛中部的裂缝，夏季开放。不耐寒，耐最低温度5℃。喜全光照和排水极好的土壤，过多的水分会使叶爆裂或植株腐烂。夏季播种繁殖。

A. aureum 见 *A. delaetii*。

A. blandum 见 *A. delaetii*。

A. brevipes 见 *A. fissum*。

德氏银石 *A. delaetii* (*A. aureum*, *A. blandum*)，见476页。

宝槌石*A. fissum* (*A. brevipes*)，见474页。

皮氏银石*A. pearsonii* (*A. schlechteri*)，见473页。

A. schlechteri 见 *A. pearsonii*。

玉牡丹属 ARIOCARPUS
Living rock

仙人掌科 CACTACEAE

多年生仙人掌类植物。有膨大的根。生长极慢。茎扁平，球形，绿色，具棱状瘤突和毛簇。不耐寒，耐最低温度5℃。喜全光照和排水良好、富含石灰质的土壤。极易腐烂。春季或夏季播种繁殖。

龟甲牡丹*A. fissuratus*，见472页。

天南星属 ARISAEMA

天南星科 ARACEAE

多年生草本。具块茎。因观赏其大型、奇特和头盔状的佛焰苞而栽培。肉穗花序，铅笔状，包于佛焰苞中。秋季枯死前形成穗状果序，果肉质，红色。极耐寒至半耐寒。喜光照或半阴环境。适生于湿润但排水良好、富含腐殖质的土壤。春季将块茎栽植于土壤15cm深处。秋季或春季播种繁殖或春季用短匐茎繁殖。

A. atrorubens 见 *A. triphyllum*。

🏆白苞南星 *A. candidissimum*，见435页。

长须南星 *A. consanguineum*，见402页。

翼檐南星 *A. griffithii*，见422页。

藏南绿南星 *A. jacquemontii*，见422页。

普陀南星*A. ringens* 多年生草本。具块茎。春季开花早。高25～30cm，冠径30～45cm。半耐寒。叶2枚，直立，3裂。佛焰苞宽头盔状，绿色，具淡绿色条纹，边缘暗褐色至紫色，包围着肉穗花序。

日本灯台莲*A. sikokianum*，见419页（译者注：该种名下的中国植物实为灯台莲*A. bockii*）。

曲序南星*A. tortuosum* 多年生草本。具块茎。夏季开花。高30～100cm，冠径30～45cm。半耐寒。茎淡绿色，有暗绿色斑点。每茎着生2～3片直立叶，每叶分裂为数枚卵形小叶。佛焰苞头盔状，绿色或紫色，包围着显眼的"S"形肉穗花序。秋季形成穗状果序，果实引人注目，肉质，红色。

三叶南星*A. triphyllum* (*A. atrorubens*)，见414页。

盔苞芋属（新拟）ARISARUM

天南星科 ARACEAE

多年生草本。具块茎。因观赏佛焰苞而栽培。佛焰苞奇特、头盔状，包围肉穗花序，花小。耐寒。喜半阴和富含腐殖质、排水良好的土壤。秋季分割块茎上的凸块繁殖，块茎可产生大量短匐茎。

盔苞芋（新拟）***A. proboscideum*** (Mouse plant) 多年生草本。丛生。具块茎。春季开花。高达10cm，冠径20～30cm。叶箭形，平卧。肉穗花序，花微小，佛焰苞头盔状，暗褐色，尾长达15cm，整个花序形似一只老鼠。

蓝星花属 ARISTEA

鸢尾科 IRIDACEAE

多年生常绿草本。丛生。具根状茎。因观赏其蓝色穗状花序而栽培。春季或夏季开花。半耐寒。喜光照充足和排水良好的土壤。植株移植后生长不良。秋季或春季播种繁殖。

蓝星花*A. ecklonii* 多年生常绿草本。丛生。具根状茎。高30～60cm，冠径20～40cm。叶长，剑形，粗糙。穗状花序松散，具分枝，花碟状，蓝色，高出叶片，花期长，夏季开放。

聚穗蓝星花 *A. major* (*A. thyrsiflora*)，见402页。

A. thyrsiflora 见 *A. major*。

马兜铃属 ARISTOLOCHIA
Birthwort

马兜铃科 ARISTOLOCHIACEAE

常绿或落叶木质藤本。以茎缠绕攀升。因观叶和花而栽培。耐寒至不耐寒，耐最低温度10～13℃。夏季喜半阴和排水良好的土壤。定期浇水，非旺盛生长期减少浇水。需支撑。春季修剪植株前一个季节生长的2节或3节。春季播种繁殖或夏季用半成熟枝扦插繁殖。红蜘蛛螨和白蝇会危害植株。

A. elegans 见 *A. littoralis*。

A. gigas 见 *A. grandiflora*。

大花马兜铃 *A. grandiflora* (*A. gigas*) (Pelican flower, Swan flower) 常绿木质藤本。以茎缠绕攀缘。生长快。高7m以上。不耐寒。叶宽卵形，长15～25cm。花大，白色，管状，有难闻气味，侧脉紫色，唇瓣扩展成心形，具长尾状结构，夏季开放。

西藏马兜铃 *A. griffithii* (*Isotrema griffithii*) 常绿木质藤本。以茎缠绕攀缘。长势中等。高5～6cm。半耐寒。叶心形，寒冷的冬季脱落。花管状，暗红色，瓣唇形，开张，夏季开放。

🏆彩花马兜铃 *A. littoralis* (*A. elegans*)，见211页。

酒果属 ARISTOTELIA

杜英科 ELAEOCARPACEAE

常绿灌木和落叶乔木。因观叶而栽培。为了获得果实，需要把雄株和雌株间隔种植。耐寒。但在多数地区应靠南墙或西墙栽培或种植其他灌木来保护植株。喜光照或半阴和肥沃、排水良好的土壤。夏季用半成熟枝扦插繁殖。

智利酒果 *A. chilensis* (*A. macqui*) 常绿灌木。枝伸展。高3m，冠径5m。叶卵形，有光泽，深绿色。花小，星状，绿色，夏季开放。果小，球形，黑色。

A. macqui 见 *A. chilensis*。

Arizona ash 见 *Fraxinus velutina*，见80页。

Arizona cypress 见 *Cupressus arizonica* var. *glabra*。

Armand pine 见 *Pinus armandii*。

Armenian oak 见 *Quercus pontica*。

海石竹属 ARMERIA

白花丹科 PLUMBAGINACEAE

多年生常绿草本，稀为亚灌木。因观其莲座状叶丛和头状花序而栽培。极耐寒至耐寒。喜光照和排水良好的土壤。夏季用半成熟枝扦插繁殖或秋季播种繁殖。

🏆'粉红' 海石竹 *A.* 'Bees Ruby' (*A. pseudarmeria* 'Bees Ruby') 常绿亚灌木。植株低矮，丛生。高和冠径均为30cm。极耐寒。叶窄，禾叶状，暗绿色。茎坚硬。头状花序，球形，花小而多，红色，生于叶上方，夏季开放。

A. caespitosa 见 *A. juniperifolia*。

🏆杜松叶海石竹 *A. juniperifolia* (*A. caespitosa*)，见365页。**🏆'贝文斯' 'Bevans Variety'** 常绿亚灌木。枝叶密集，铺地状。高5～8cm，冠径15cm。极耐寒。叶丛松散，莲座状，叶窄，先端尖，灰绿色。头状花序，球形，花小，深粉红色，春末和夏初开放。

A. latifolia 见 *A. pseudarmeria*。

海石竹 *A. maritima* (Sea pink, Thrift) 多年生常绿草本。丛生或低矮亚灌木。高10cm，冠径15cm。极耐寒。叶窄，禾叶状，暗绿色。茎坚硬。花序球状，花小而多，白色至红色，夏季开放。极适于花坛边缘栽培。**🏆'玫红' 'Vindictive'**，见380页。

宽叶海石竹 *A. pseudarmeria* (*A. latifolia*)，见350页。**'Bees Ruby'**，见 *A.* 'Bees Ruby'。

软紫草属 ARNEBIA

紫草科 BORAGINACEAE

多年生草本。叶有毛。适合岩石园和堤岸栽培。极耐寒。喜光照和排水良好的沙质土壤。秋季播种繁殖，冬季根插繁殖或春季分株繁殖。

A. echioides 见 *A. pulchra*。

美丽软紫草*A. pulchra* (*A. echioides*, *Echioides longiflorum*, *Macrotomia echioides*) (Prophet flower) 多年生草本。丛生。高23～30cm，冠径25cm。叶披针形至窄卵形，有毛，亮绿色。总状花序，松散，花管状，亮黄色，裂片5个，开展，基部有褪色的暗色斑点，夏季开放。

羊菊属（山金车属）ARNICA

菊科 ASTERACEAE/COMPOSITAE

多年生草本。具根状茎。因观赏雏菊状的大型头状花序而栽培。适于大型岩石园栽培。极耐寒。喜光照和富含腐殖质、排水良好的土壤。春季分株繁殖或播种繁殖。植株有毒，食之会引起剧烈不适。触及汁液会刺激皮肤产生过敏反应。

羊菊（山金车）***A. montana*** 多年生草本。丛生。具根状茎。高30cm，冠径15cm。叶窄卵形至卵形，具毛，灰绿色。头状花序，雏菊状，单生，金黄色，径5cm，夏季开放。喜酸性土壤。

Arolla pine 见 *Pinus cembra*，见106页。

涩果属 ARONIA
Chokeberry

蔷薇科 ROSACEAE

落叶灌木。因观花、果实和秋季多彩的叶而栽培。极耐寒。喜光照（秋叶色彩最佳）或半阴和肥沃、排水良好的土壤。夏季用软枝或半成熟枝扦插繁殖，秋季播种繁殖或初秋至春季分株繁殖。

荔莓叶涩果 *A. arbutifolia*，见130页。

黑涩果*A. melanocarpa*，见136页。

稠李叶涩果*A.* × *prunifolia* 落叶灌木。直立。高3m，冠径2.5m。叶卵形，有光泽，暗绿色，秋季变红色。花星状，白色，春末和夏初开放。果实球形，淡紫黑色。

燕麦草属 ARRHENATHERUM

禾本科 GRAMINAE/POACEAE

见禾草类、竹类、灯心草类和莎草类植物。

燕麦草*A. elatius* (False oat grass)。**'银边' 球茎燕麦草**（粉带草）**subsp. bulbosum 'Variegatum'** 多年生禾草类植物。松散，丛生。高50cm，冠径

20cm。极耐寒。茎基部膨大。叶无毛，灰绿色，边缘白色。圆锥花序，小穗开张，淡褐色，夏季开放。

Arrow bamboo 见 *Pseudosasa japonica*，见 308 页。

Arrowhead 见 *Sagittaria*。

American 见 *Sagittaria latifolia*，见 446 页。

Common 见 *Sagittaria sagittifolia*。

Japanese 见 *Sagittaria sagittifolia* 'Flore Pleno'。

Arrowroot

East Indian 见 *Tacca leontopetaloides*。

South Sea 见 *Tacca leontopetaloides*。

蒿属 ARTEMISIA
Wormwood

菊科 ASTERACEAE/COMPOSITAE

多年生草本或低矮的亚灌木和灌木。枝伸展。部分种类常绿或半常绿。因观赏其银白色、蕨叶状和芳香的叶而栽培。极耐寒至半耐寒。喜开阔、光照充足和排水良好的土壤。矮型品种冬季应用细沙或沙砾保护。春季轻度修剪。春季或秋季分株繁殖，夏季用软枝或半成熟枝扦插繁殖。

🏆**雅艾 *A. abrotanum***，见 176 页。

🏆**'银毛'洋艾**（灰叶苦艾）***A. absinthium* 'Lambrook Silver'** 多年生常绿草本。丛生。基部木质。高 80cm，冠径50cm。耐寒。叶多，细裂，芳香，银灰色。长圆锥花序由头状花组成，花小，灰色，不引人注目。露地栽培需避风。

🏆**'灰色'白艾 *A. alba* 'Canescens'**（*A. canescens, A. splendens*）多年生半常绿草本。丛生。高 50cm，冠径30cm。极耐寒。叶精致，细裂，弯曲，银灰色。茎直立，银白色。小型头状花序，不引人注目，花黄色，夏季开放。为良好的地被植物。

小木艾 *A. arborescens*，见 175 页。**'Brass Band'** 见 *A.* 'Powis Castle'。**'费斯·雷文' 'Faith Raven'** 常绿直立灌木。高 1.2m，冠径 1m。较野生种类耐寒。叶细裂，芳香，银白色。头状花序，球形，花小，亮黄色，夏季和秋初开放。

A. assoana 见 *A. caucasica*。

A. canescens 见 *A. alba* 'Canescens'。

🏆**高加索蒿 *A. caucasica***（*A. assoana, A. lanata, A. pedemontana*）常绿或半常绿多年生草本。匍匐状。高和冠径均为30cm。极耐寒。叶蕨叶状，具浓密的银白色毛。小型头状花，圆形，成小簇状，花小，黄色，夏季开放。适于岩石园或墙边栽培。

🏆**冷蒿 *A. frigida*** 半常绿多年生草本。铺地状。基部木质。高 30cm（带花），冠径 30cm 以上。极耐寒。叶小，蕨叶状，芳香，丝绸状，灰白色，分裂成多数线形裂片。圆锥花序窄，由小型圆头形头状花序组成，花黄色，夏季开放。

🏆**白苞蒿**（甜菜子）***A. lactiflora***，见 227 页。

A. lanata 见 *A. caucasica*。

白绵毛蒿 *A. ludoviciana* var. *albula*，见 266 页。🏆**'银后' 'Silver Queen'** 半常绿多年生草本。丛生。高 75cm，冠径 60cm 以上。极耐寒。叶大，披针形，银白色，具短毛，成年叶色更绿。圆锥花序，由密集、淡褐黄色、具白色绵毛的头状花序组成，仲夏至秋季开放。

A. pedemontana 见 *A. caucasica*。

🏆**罗马蒿 *A. pontica***，见 290 页。

🏆**'波维斯城堡'艾 *A.* 'Powis Castle'**（*A. arborescens* 'Brass Band'）常绿亚灌木。生长旺盛。高 1m，冠径 1.2m。耐寒。叶多，细裂，芳香，银白色。头状花序不引人注目，淡黄色至灰色，夏季开放。

🏆**蕨叶蒿 *A. schmidtiana*** 半常绿多年生草本。圆丘状。具匍匐茎。高 8～30cm，冠径 60cm。耐寒。叶蕨叶状，细深裂，银白色。总状花序短，由球形头状花序组成，花小，淡黄色，夏季开放。适于大的岩石园、墙边或堤岸栽培。喜沙质泥炭土壤。🏆**'矮生'**（银雾）**'Nana'**，见 389 页。

A. splendens 见 *A. alba* 'Canescens'。

北亚蒿 *A. stelleriana* 常绿多年生草本。球形。具根状茎。基部木质。高30～60cm，冠径60～100cm。极耐寒。叶具白绒毛，银白色，深裂或有锯齿。花枝细长，头状花序，花小，黄色，夏季开放。喜轻质土壤。**'布格顿银' 'Boughton Silver'**（*A. s.* 'Mori', *A. s.* 'Silver Brocade'）冠径 1m。生长旺盛。枝弓状。**'Mori'** 见 *A. s.* 'Boughton Silver'。**'Silver Brocade'** 见 *A. s.* 'Boughton Silver'。

龙舌百合属 ARTHROPODIUM

吊兰科 / 百合科 ANTHERICACEAE/LILIACEAE

多年生草本。丛生。因观花而栽培。半耐寒。喜光照充足、避风的墙壁处和肥沃土壤。春季分株繁殖或春秋季播种繁殖。

龙舌百合 *A. cirratum*（*A. cirrhatum*）(Rienga lily, Rock lily) 多年生草本。多分枝。高 1m，冠径 30cm。根肉质。茎细长而坚韧。叶窄剑形，簇生于基部。花下垂，浅杯状，白色。夏初开放。

A. cirrhatum 见 *A. cirratum*。

箭芋属（疆南星）ARUM
Cuckoo pint, Lords and ladies

天南星科 ARACEAE

多年生草本。具块茎。因观叶和佛焰苞而栽培。肉穗花序，铅笔状，花微小，包于佛焰苞中。极耐寒至半耐寒。喜光照或半阴环境，适生于湿润但排水良好的土壤。秋季播种繁殖或秋初分株繁殖。

黄棒箭芋 *A. creticum*，见 415 页。

薯蓣箭芋 *A. dioscoridis* 多年生草本。具块茎。春季开花。高 20～35cm，冠径 30～45cm。耐寒。叶箭形，半直立，秋季出现。佛焰苞船帆状，绿色或紫色，具暗紫色斑，包围着肉穗花序，花淡黑紫色。喜避风、光照充足的地方。

A. dracunculus 见 *Dracunculus vulgaris*。

🏆**'云纹'美果芋 *A. italicum* 'Marmoratum'**（*A. i.* 'Pictum'），见 434 页。

白网箭芋 *A. pictum*，见 439 页。

Arum

Bog 见 *Calla palustris*，见 446 页。

Dragon's 见 *Dracunculus vulgaris*，见 401 页。

Pink 见 *Zantedeschia rehmannii*。

Arum lily 见 *Zantedeschia aethiopica*。

假升麻属 ARUNCUS

蔷薇科 ROSACEAE

多年生草本。因观叶和花而栽培。叶丛阔圆丘形，叶蕨叶状。花序羽状，花白色，夏季开放。极耐寒。喜全光照，在排水良好的土壤上生长旺盛。秋季播种繁殖或春秋季分株繁殖。

🏆**假升麻 *A. dioicus***（*A. sylvester, Spiraea aruncus*），见 226 页。**'奈夫' 'Kneiffii'**，见 240 页。

A. sylvester 见 *A. dioicus*。

Arundinaria anceps 见 *Yushania anceps*。

Arundinaria auricoma 见 *Pleioblastus auricomus*。

Arundinaria falconeri 见 *Himalayacalamus falconeri*。

Arundinaria fastuosa 见 *Semiarundinaria fastuosa*。

Arundinaria fortunei 见 *Pleioblastus variegatus*。

Arundinaria japonica 见 *Pseudosasa japonica*。

Arundinaria jaunsarensis 见 *Yushania anceps*。

Arundinaria murieliae 见 *Fargesia murieliae*。

Arundinaria nitida 见 *Fargesia nitida*。

Arundinaria variegata 见 *Pleioblastus variegatus*。

Arundinaria viridistriata 见 *Pleioblastus auricomus*。

芦竹属 ARUNDO

禾本科 GRAMINAE/POACEAE

见禾草类、竹类、灯心草类和莎草类植物。

芦竹 *A. donax* (Giant reed) 多年生草本。具根状茎。高达6m，冠径1m。半耐寒。茎粗壮。叶宽而软，蓝绿色。圆锥花序直立，小穗密集，淡黄白色，夏季开放。适生长于湿润土壤。**彩叶芦竹**（花叶芦竹）var. ***versicolor***（*A. d.* 'Variegata'），见 306 页。**'Variegata'**，见 *A. d.* var. *versicolor*。

Asarabacca 见 *Asarum europaeum*，见 390 页。

腋花金鱼草属 ASARINA

玄参科 SCROPHULARIACEAE

常绿多年生草质藤本。茎攀缘。因观花而栽培。寒冷气候条件下呈草本状。耐寒至不耐寒，耐最低温度 5℃。喜全光照和各种排水良好的土壤。春季播种繁殖。

A. barclayana 见 *Maurandya barclayana*。

A. erubescens 见 *Lophospermum erubescens*。

腋花金鱼草 *A. procumbens*（*Antirrhinum asarina*），见 334 页。

细辛属 ASARUM (HEXASTYLIS)
Wild ginger

马兜铃科 ARISTOLOCHIACEAE

多年生草本。具根状茎。部分种类常绿。花瓶状，生于肾形或心形叶的下面。为良好的地被植物。恶劣气候时叶会受损。极耐寒。喜阴和富含腐殖质、湿润但排水良好的土壤。春季分株繁殖。易自播繁殖。

尾状细辛 *A. caudatum* 多年生常绿草本。匍匐状。具根状茎。高 8cm，冠径25cm以上。叶心形，革质，光滑，暗绿色，宽 5～10cm。花小，不明显，瓶状，淡红褐色或淡褐紫色，具尾状裂片，夏初开放。

欧洲细辛 *A. europaeum*，见390页。

哈氏细辛 *A. hartwegii* 多年生常绿草本。匍匐状。具根状茎。高 8cm，冠径 25cm 以上。叶心形，中绿色，具银白色斑点，宽 5～10cm。花瓶状，暗褐色较深，后变成黑色，具尾状裂片，夏初生于叶下面。

舒氏细辛 *A. shuttleworthii* 多年生常绿草本。匍匐状。具根状茎。高 8cm，冠径25cm以上。叶宽心形，中绿色，常具银白色斑点，宽 8cm。花瓶状，暗褐色，内面具紫色斑点，夏初开放。

马利筋属 ASCLEPIAS
Silk weed

萝藦科 ASCLEPIADACEAE

多年生草本或亚灌木。具块茎。部分种类常绿。因观花而栽培。茎含白色乳汁。极耐寒至不耐寒，耐最低温度

5～10℃。极耐寒至半耐寒种类喜光照和富含腐殖质、排水良好的土壤。春季分株繁殖或播种繁殖。不耐寒种类喜光照和湿润空气环境，生长期应修剪，低温时需水量极少。春季用枝顶端扦插繁殖或播种繁殖。触及乳汁会刺激皮肤。

马利筋*A. curassavica* (Blood flower) 常绿亚灌木。丛生。具块茎。高和冠径均为1m。不耐寒。叶窄卵形，长达15cm。伞形花序，花艳丽，五角形，橙红色，花心黄色，夏秋之间开放。果实窄卵状，先端尖，长8cm。种子有细毛。

哈利马利筋*A. hallii* 多年生草本。直立。具块茎。高达1m，冠径60cm。极耐寒。叶椭圆形，长达13cm。伞形花序，五角形，花小，暗粉红色，夏季开放。果实长达15cm，窄卵状。种子具丝状毛。

A. physocarpa 见 *Gomphocarpus physocarpus*。

大马利筋（叙利亚马利筋）***A. syriaca*** 多年生草本。直立。具块茎。高和冠径均为1m以上。极耐寒。叶卵形，长达20cm。伞形花序，五角形，花小，下垂，淡紫色至粉红色，夏季开放。果实窄卵状，长达15cm。种子具丝状长毛。

块根马利筋*A. tuberosa*，见258页。

Ash 见 *Fraxinus*。

Arizona 见 *Fraxinus velutina*，见80页。

Blueberry 见 *Elaeocarpus cyaneus*。

Claret 见 *Fraxinus angustifolia* 'Raywood'。

Common 见 *Fraxinus excelsior*。

Green 见 *Fraxinus pennsylvanica*。

Manna 见 *Fraxinus ornus*，见76页。

Mountain 见 *Sorbus aucuparia*，见81页。

Narrow-leaved 见 *Fraxinus angustifolia*。

Red 见 *Fraxinus pennsylvanica*。

White 见 *Fraxinus americana*。

Ash-leaved maple 见 *Acer negundo*。

Asian chain fern 见 *Woodwardia unigemmata*。

巴婆属 ASIMINA

番荔枝科 ANNONACEAE

落叶或常绿乔木和灌木。因观叶和花而栽培。极耐寒。喜全光照和肥沃、深厚、湿润且排水良好的土壤。秋季播种繁殖或冬季压条或根插繁殖。

巴婆*A. triloba* (Pawpaw) 落叶灌木。开张。高和冠径均为4m。叶大，卵形，中绿色。花6瓣，淡紫褐色，花叶同时开放或先叶开放，春末或夏初开放。果实小，球形，淡褐色。

天门冬属 ASPARAGUS

天门冬科 / 百合科 ASPARAGACEAE/LILIACEAE

多年生草本或攀缘藤本和灌木。部分种类常绿。因观叶而栽培。极耐寒至不耐寒，耐最低温度10℃。喜半阴或明亮的散射光环境。适生于肥沃和排水良好的土壤。春季播种繁殖或分株繁殖。

🏆**密花天冬*A. densiflorus***，见266页。🏆**'狐尾' 'Myersii'** (*A. meyeri*, *A.* 'Myers')，见267页。

A. meyeri 见 *A. densiflorus* 'Myersii'。

***A.* 'Myers'** 见 *A. densiflorus* 'Myersii'。

蔓天冬*A. scandens*，见219页。

Aspen 见 *Populus tremula*。

American 见 *Populus tremuloides*。

Quaking 见 *Populus tremuloides*。

Weeping 见 *Populus tremula* 'Pendula'，见79页。

车叶草属 ASPERULA

茜草科 RUBIACEAE

一年生和多年生草本。部分种类是极好的高山温室植物。极耐寒至耐寒。多数品种喜光照和排水良好但根部湿润的土壤。冬季冠部忌湿润。夏初用软枝扦插繁殖或播种繁殖。

***A. athoa* of gardens** 见 *A. suberosa*。

A. odorata 见 *Galium odoratum*。

粉花车叶草*A. suberosa* (*A. athoa* of gardens)，见376页

Asphodel 见 *Asphodelus aestivus*。

White 见 *Asphodelus albus*，见239页。

Yellow 见 *Asphodeline lutea*，见238页。

金穗花属（日光兰属）ASPHODELINE

阿福花科 / 百合科 ASPHODELACEAE/LILIACEAE

多年生草本。肉质根粗壮。耐寒至半耐寒。喜光照和不太肥沃的土壤。初春分株繁殖，分株时应注意不能伤根，或秋春季播种繁殖。

小苞金穗花*A. liburnica* 多年生草本。整齐，丛生。高25～60cm，冠径30cm。耐寒。茎细长。叶线形，灰绿色。总状花序，花浅杯状，黄色，生于叶上方，春季开放。

金穗花（日光兰）***A. lutea***，见238页。

阿福花属 ASPHODELUS

阿福花科 / 百合科 ASPHODELACEAE/LILIACEAE

一年生和多年生草本。春季或夏季开花。耐寒至半耐寒。喜光照，多数喜肥沃、排水良好的土壤。白阿福花（*A. albus*）喜光照和排水良好的土壤。春季分株繁殖或秋季播种繁殖。

无茎阿福花*A. acaulis* 多年生草本。匍匐状。高5cm，冠径23cm。半耐寒。无主茎。叶成簇，禾叶状，绿色。花无柄，漏斗状，肉红色，春季或夏初开放。适于高山植物温室栽培。

小果阿福花*A. aestivus* (*A. microcarpus*) (Asphodel) 多年生草本。直立。高1m，冠径30cm。耐寒。叶基生，莲座状，直立，伸展，禾叶状，有沟槽，革质，中绿色。圆锥花序，花密集，星状，白色，春末开放。

白阿福花*A. albus*，见239页。

A. microcarpus 见 *A. aestivus*。

蜘蛛抱蛋属 ASPIDISTRA

铃兰科 / 百合科 CONVALLARIACEAE/LILIACEAE

多年生常绿草本。具根状茎。扩展慢。因观赏其有光泽的叶而栽培。不耐寒，耐最低温度5～10℃。对环境要求不严，但在凉爽、庇荫和排水良好的土壤上生长最好。旺盛生长期需不断浇水，其他时期少浇水。春季用根状茎繁殖。

🏆**蜘蛛抱蛋*A. elatior*** (Cast-iron plant) 多年生常绿草本。具根状茎。高60cm，冠径45cm。叶窄，直立，卵形，先端尖，长达60cm。花不引人注目，乳白色至紫色，花柄短，生于近地面处，偶尔开放。🏆**'嵌玉' 'Variegata'**，见301页。

铁角蕨属 ASPLENIUM

铁角蕨科 ASPLENIACEAE

常绿或半常绿蕨类植物。极耐寒至不耐寒，耐最低温度5℃。喜半阴，但铁角蕨（*A. trichomanes*）能耐全光照。适生于湿润的土壤。盆栽植株可在粉碎的泥炭藓或粗糙泥炭土组成的基质中生长。定期清理落叶。夏末用孢子或珠芽繁殖。

🏆**鳞茎铁角蕨*A. bulbiferum*** (Hen-and-chicken fern, Mother spleenwort) 半常绿或常绿蕨类。高15～30cm，冠径30cm。不耐寒。叶披针形，细裂，暗绿色。珠芽随着幼株的生长而出现。

药用铁角蕨*A. ceterach* (*Ceterach officinarum*)，见311页。

🏆**巢蕨**（雀巢蕨）***A. nidus***，见313页。

🏆**舌状铁角蕨*A. scolopendrium*** (*Phyllitis scolopendrium*, *Scolopendrium vulgare*)，见313页。**水扒龙群 Marginatum Group** (*Phyllitis scolopendrium* 'Marginatum')，见313页。

🏆**铁角蕨*A. trichomanes***，见311页。

聚星草属 ASTELIA

聚星草科 / 百合科 ASTELIACEAE/LILIACEAE

多年生草本。丛生。因观叶而栽培。耐寒至半耐寒。喜全光照或半阴和肥沃、不易干燥的土壤。春季分株繁殖。

聚星草*A. nervosa* 多年生草本。丛生。高60cm，冠径1.5m。耐寒。叶长，剑形，弓状，银灰色。圆锥花序，美丽，多分枝，花小，星状，淡褐色，夏季开放。

紫菀属 ASTER
Michaelmas daisy

菊科 ASTERACEAE/COMPOSITAE

多年生草本，落叶或常绿亚灌木。头状花序，雏菊状。夏秋开花。极耐寒至半耐寒。喜光照或半阴和肥沃、排水良好的土壤。整个夏季应保持湿润。高大种类需支撑。春季用软枝扦插繁殖或春秋季分株繁殖。荷兰菊（*A. novibelgii*），抗霉病和昆虫侵袭，其他种类易受害。特征描述，见262页。

A. acris 见 *A. sedifolius*。

小舌紫菀*A. albescens* (*Microglossa albescens*) 落叶亚灌木。直立。茎细长。高1m，冠径1.5m。耐寒。叶窄披针形，灰绿色。花枝扁平。头状花序，淡紫色至蓝色，花心黄色，仲夏开放。

🏆**高山紫菀*A. alpinus***，见381页。**'Dark Beauty'** 见 *A. a.* 'Dunkle Schöne'。**'黑丽' 'Dunkle Schöne'** (*A. a.* 'Dark Beauty') 多年生草本。丛生。高25cm，冠径45cm。极耐寒。叶披针形，暗绿色。头状花序，花深紫色，仲夏至夏末开放。适生于岩石园。

🏆**'乔治王' 蓝菀*A. amellus* 'King George'**（见262页） 多年生草本。丛生。高和冠径均为50cm。极耐寒。叶卵形，粗糙。头状花序大，多数，顶生，雏菊状，花深蓝紫色，花心黄色，秋季开放。**'紫丽' 'Mauve Beauty'** 叶披针形，粗糙，中绿色。头状花序大，成簇，花紫色，花心黄色，秋季开放。**'夜曲' 'Nocturne'**（见262页）高75cm。头状花序，花深紫色，花心黄色。**'歌德' 'Rudolph Goethe'** 头状花序，大型，花紫色至蓝色。**'索尼娅' 'Sonia'** 头状花序，花粉红色。🏆**'紫后' 'Veilchenkönigin'** (*A. a.* 'Violet Queen') 头状花序，花深紫色。为优良的栽培品种。**'Violet Queen'** 见 *A. a.* 'Veilchenkönigin'。

A. capensis 见 *Felicia amelloides*。

'银雾' 心叶紫菀*A. cordifolius* 'Silver Spray'（见262页） 多年生草本。丛生。高1.2m，冠径1m。极耐寒。枝密集，拱状。花小，淡粉红色至白色，头状花序。叶中绿色，披针形。需支撑。

A. diffusus 见 *A. lateriflorus*。

🏆**'金雾' 毛紫菀*A. ericoides***

'Golden Spray'（见262页） 多年生草本。丛生。高1m，冠径30cm。极耐寒。茎细长，多分枝。叶小，披针形，中绿色。头状花序，雏菊状，白色，微带粉红色，花序中心金黄色，引人注目，夏末至秋末开放。**'白石南''White Heather'**（见262页） 头状花序，花白色美丽，秋末开花，花期长。茎细长而坚韧。需支撑。

🏆'修道士' 大头紫菀 *A. frikartii* 'Mönch'（见262页） 多年生草本。丛生。高75cm，冠径45cm。极耐寒。叶卵形，粗糙。头状花序，雏菊状，单瓣，花淡紫蓝色至蓝色，花心淡黄色至绿色，仲夏至秋末连续开放。需支撑。**🏆'奇异' 'Wunder von stäfa'**（见262页）与'修道士'大头紫菀相近，但花淡紫色。

侧花紫菀 *A. lateriflorus* (*A. diffusus*) 多年生草本。具分枝。高60cm，冠径50cm。极耐寒。叶小，披针形，暗绿色。小型头状花序，紫红色，花心淡粉红色至褐色，秋季开放。**🏆'平顶' 'Horizontalis'**（见262页）头状花序，有时淡粉红色，花心暗粉红色。

无毛紫菀 *A. linosyris* (Goldilocks，见262页）多年生草本。直立，不分枝。高60cm，冠径30cm。极耐寒。叶窄披针形。小型头状花序，花多数密集，单瓣花，金黄色，夏末至秋季开放。

🏆'纪念' 美国紫菀（美菀）*A. novae-angliae* 'Andenken an Alma Pötschke', (*A. n.-a.* 'Alma Pötschke')（见262页） 多年生草本。直立。生长旺盛。高75cm，冠径达60cm。极耐寒。茎坚硬。叶披针形，粗糙。头状花序成簇，花单瓣，粉红色，秋季开放。需支撑。**'秋雪' 'Autumn Snow'**，见*A. n.-a.* 'Herbstschnee'。**'巴尔粉红' 'Barr's Pink'**（见262页） 头状花序，花半重瓣，亮玫瑰红色，夏秋开放。**🏆'哈林顿粉红' 'Harrington's Pink'**（见262页） 高1.2～1.5m。头状花序，花单瓣，粉红色，花心黄色。**'秋雪' 'Herbstschnee'** (*A. n.-a.*'Autumn Snow'，见262页） 高75cm～1.1m。花白色，花心黄色。

'苹果花' 荷兰菊（友禅菊）*A. novibelgii* 'Apple Blossom'（见262页） 多年生草本。枝伸展。生长旺盛。高90cm，冠径60～75cm。极耐寒。叶披针形，中绿色。圆锥花序，花单瓣，淡粉红色，秋季开放。**'狂欢节''Carnival'**（见262页） 高75cm，冠径达45cm。叶暗绿色。头状花序，花重瓣，樱粉红色，花心黄色。易感染霉病。**'栀子花' 'Chequers'**（见262页） 高90cm，冠径60～75cm。花单瓣，紫色。**'顶点' 'Climax'** 高1.5m，冠径60cm。花单瓣，浅蓝色。抗霉病。**'友谊' 'Fellowship'**（见262页） 高1.2m，冠径50cm。头状花序大，花重瓣，深粉红色。**'弗瑞达·巴利达' 'Freda Ballard'**（见262页）花半重瓣，浓玫瑰红色。**'克里斯蒂娜' 'Kristina'**（见262页） 高30cm，冠径45cm。头状花序大，半重瓣，白色，花心黄色。**'少女' 'Lassie'**（见262页） 高1.2m，冠径75cm。花大，单瓣，粉红色。**'小粉丽' 'Little Pink Beauty'** 高45cm，冠径50cm。是极好的矮型栽培品种。花半重瓣，粉红色。**'玛丽·巴拉德' 'Marie Ballard'**（见262页） 高达1m，冠径达45cm。花重瓣，中蓝色。易感染霉病。**'奥兰多' 'Orlando'**（见262页） 高1m，冠径达45cm。叶暗绿色。头状花序大，花单瓣，亮粉红色，花心金黄色。霉病会危害植株。**'高贵' 'Patricia Ballard'**（见262页） 高1.2m，冠径75cm。花半重瓣，粉红色。**'和平' 'Peace'**（见262页） 头状花序大，花单瓣，紫红色。**'树莓紫' 'Raspberry Ripple'** 高75cm，冠径60cm。花较小，呈淡红紫色。**'品红宝石' 'Royal Ruby'**（见262页） 高和冠径均为45cm。头状花序，花半重瓣，深红色，花心黄色。易染霉病。**'天鹅绒' 'Royal Velvet'**（见262页）高1.2m，冠径75cm。花单瓣，深紫色。**'斯坦福白天鹅' 'Sandford White Swan'**（见262页）高90cm，冠径60cm。头状花序，花白色。

🏆褪毛紫菀*A. pilosus* var. *demotus* (*A. tradescantii* of gardens) 多年生草本，直立。高1.2m，冠径50cm。极耐寒。茎细长而坚韧。叶披针形，中绿色。头状花序，小型，成簇，花白色，秋季开放。可与亮丽的秋色叶完美地配置。

'基蓬伯格教授' 紫菀*A.* 'Professor Anton Kippenburg'（见262页） 多年生草本。丛生。枝叶密集。高30cm，冠径达45cm。极耐寒。头状花序，成大簇，雏菊状，花心黄色，花亮蓝色，秋季开放。

多叶紫菀*A. sedifolius* (*A. acris*) 多年生草本。丛生。高1m，冠径60cm。极耐寒。叶小，窄卵形，亮绿色。头状花序，成簇，近星状，淡紫色至蓝色，花心黄色，秋季开放。**'矮生' 'Nanus'** 高和冠径均为50cm。花簇密集成半球状。

喜马拉雅紫菀*A. thomsonii* 多年生草本。直立。高1m，冠径50cm。极耐寒。叶微呈心形。头状花序，花瓣长，淡紫色，秋季开放。**'矮生' 'Nanus'**（见262页） 枝叶较密集。高45cm，冠径23cm。

东俄洛紫菀 *A. tongolensis* 多年生草本。铺地状。高50cm，冠径30cm。极耐寒。叶披针形，被毛，暗绿色。头状花序大，花淡紫色至蓝色，花心橙色，夏初开放。

A. tradescantii of gardens 见*A. pilosus* var. *demotus*。

Aster, China 见*Callistephus*。

智利苣苔属 ASTERANTHERA

苦苣苔科 GESNERIACEAE

单种属。常绿藤本。以不定根攀缘，可沿长满苔藓的树干或靠墙攀缘，常作地被植物。耐寒。喜微湿、半阴处和中性至微酸性土壤。夏季用枝顶端扦插繁殖，夏末或秋初茎插繁殖。

智利苣苔 *A. ovata* 常绿藤本。以不定根攀缘。茎有白毛。高达4m。叶小，椭圆形，有锯齿。花管状，淡红色至粉红色，长5～6cm，常具黄色条纹，唇瓣较低，花单生于叶腋，成对而生，夏季开放。

落新妇属 ASTILBE

虎耳草科 SAXIFRAGACEAE

多年生草本。夏季开花。因观圆锥花序而栽培。花冬季干燥时仍很美丽。适于花坛和岩石园栽培。极耐寒。多数种类喜半阴和肥沃、湿润的土壤。叶忌干扰。每年春季用腐熟的堆肥覆盖。秋季播种繁殖或春秋季分株繁殖。

'布瑞星汉姆美人' 落新妇*A.* 'Bressingham Beauty' 多年生草本。丛生。多叶。高和冠径均为1m。枝强壮。叶宽，分裂成长椭圆形至卵形小叶，有锯齿。圆锥花序，呈羽状，渐尖，花小，星状，深粉红色，夏季开放。

🏆矮落新妇*A. chinensis* var. *pumila* 多年生草本。丛生。高30cm，冠径20cm。叶深裂，粗糙，有锯齿，多毛，暗绿色，生于茎下部的2/3处。穗状花序，花小，密集，星状，被毛，深红色，夏季开放。适生于庇荫、湿润的岩石园。

***A.* × *crispa* 'Perkeo'** 见*A.* 'Perkeo'。

🏆'烽火' 落新妇*A.* 'Fanal'，见282页。

'侏儒' 落新妇*A.* 'Gnom' (*A. simplicifolia* 'Gnom') 多年生草本。丛生。呈弓状。茎细长。高15cm，冠径10cm。叶基生，莲座状，叶卵形，深裂或具缺刻，卷曲，淡红色至绿色。总状花序，花小，密集，星状，粉红色，夏季开放。适于庇荫、湿润的岩石园或泥炭土中生长。在潮湿的地方可自播繁殖，但会发生变异。

'石榴石' 落新妇*A.* 'Granat' 多年生草本。丛生。多叶。高60cm，冠径达1m。叶宽，浓绿色，具古铜色晕，分裂成长椭圆形至卵形小叶，有锯齿。花簇成金字塔状，花小，星状，深红色，夏季开放。

'迷光' 落新妇 *A.* 'Irrlicht'，见276页。

'蒙哥马利' 落新妇*A.* 'Montgomery'，见249页。

***A.* 'Ostrich Plume'** 见*A.* 'Straussenfeder'。

🏆'帕科' 落新妇*A.* 'Perkeo' (*A.* × *crispa* 'Perkeo')，见353页。

***A. simplicifolia* 'Gnom'** 见*A.* 'Gnom'。

🏆'精灵' 落新妇*A.* 'Sprite' 多年生草本。丛生。矮形，多叶。高50cm，冠径达1m。圆锥花序，羽状，花小，星状，贝壳红色。叶宽，分裂成窄卵形小叶，叶缘具锯齿。

🏆'羽束' 落新妇*A.* 'Straussenfeder' (*A.* 'Ostrich Plume')，见244页。

'维纳斯' 落新妇*A.* 'Venus'，见244页。

粉珠花属（星芹属）ASTRANTIA

Masterwort

伞形科 APIACEAE/UMBELLIFERAE

多年生草本。在花卉配置中应用广泛。极耐寒。喜光照或半阴和排水良好的土壤。春季分株繁殖或夏末播种繁殖。

粉珠花*A. major*，见277页。subsp. ***carinthiaca*** 见*A. m.* subsp. *involucrata*。**'深红' 'Hadspen Blood'** 萼片和花暗花色。**显苞粉珠花** subsp. ***involucrata*** (*A. m.* subsp. *carinthiaca*)，见277页。

🏆大粉珠花*A. maxima*，见277页。

星冠属（有星属）ASTROPHYTUM

仙人掌科 CACTACEAE

多年生仙人掌类植物。生长慢。因观花而栽培。花多，稍扁平，黄色，部分种类花心红色。不耐寒，耐最低温度5℃。喜光照和排水极好、富含石灰质的土壤，冬季土壤应保持干燥，若湿润则易腐烂。春季或夏季播种繁殖。

星冠（兜）*A. asterias* (*Echinocactus asterias*) (Sea urchin, Silver dollar cactus) 多年生仙人掌类植物。半球状，生长慢。高8～10cm，冠径10cm。茎无刺，约具8条低棱，棱上具小而成簇状的小窠。花亮黄色，径达6cm，夏季开放。

🏆鸾凤玉*A. myriostigma* (*Echinocactus myriostigma*)，见466页。

般若 *A. ornatum* (*Echinocactus ornatus*)，见477页。

Asystasia bella 见*Mackaya bella*。

Atamasco lily 见*Zephyranthes atamasco*。

蔻香木属 ATHEROSPERMA

香材木科（蒙立米科）MONIMIACEAE

常绿乔木。因观其叶和夏季的花而栽培。不耐寒，耐最低温度3～5℃。喜全光照或半阴和排水良好的土壤。盆栽品种需水中等，冬季需水少。可根据需要修剪。春季播种繁殖或夏季用半成熟枝扦插繁殖。

蔻香木*A. moschatum* (Australian sassafras, Tasmanian sassafras) 常绿乔木。枝伸展。幼树树冠圆锥状。高15～25m，冠径5～10m。叶披针形，具肉豆蔻香味，光滑，轻微具锯齿，背面具白色毛。花小，碟状，乳白色，夏季开放。

密叶杉属 ATHROTAXIS

杉科 TAXODIACEAE

针叶树。有抱茎的锥形叶，见针叶树。

密叶杉*A. selaginoides* (King William pine) 针叶树，树冠呈不规则的圆锥状。高15m以上，冠径5m。半耐寒。叶极小，质厚，松散重叠，暗绿色。球果小，球形，不引人注目。

蹄盖蕨属 ATHYRIUM

蹄盖蕨科／岩蕨科
ATHYRIACEAE/WOODSIACEAE

落叶蕨类。偶尔半常绿。极耐寒至不耐寒，耐最低温度5℃。喜阴和富含腐殖质的湿润土壤。定期清除落叶。夏末用孢子繁殖或秋冬季分株繁殖。

🏆蹄盖蕨 *A. filix-femina* (Lady fern) 落叶蕨类。高60～120cm，冠径30～100cm。极耐寒。叶秀丽，披针形，多分裂，呈弓状，淡绿色。叶裂片形状多变。

A. goeringianum 见*A. niponicum*。

华东蹄盖蕨*A. niponicum* (*A. goeringianum, A. nipponicum*)，见313页。

A. nipponicum 见*A. niponicum*。

🏆光蹄盖蕨*A. otophorum* 半常绿蕨类。高和冠径均为75cm。极耐寒。叶宽卵形，呈弓状，中绿色，或具淡紫色晕，长45～75cm，叶柄和中脉为深葡萄紫色。

Atlas cedar 见 *Cedrus atlantica*。

滨藜属 ATRIPLEX

藜科 CHENOPODIACEAE

一年生或多年生草本，常绿或半常绿灌木。因观叶而栽培。在海岸生长良好。极耐寒至半耐寒。喜全光照和排水良好的土壤。夏季用软枝扦插繁殖或秋季播种繁殖。

地中海滨藜 *A. halimus* (Tree purslane) 半常绿灌木。丛生。高2m，冠径3m。耐寒。叶卵形，银灰色。极少开花。

红叶山菠菜（红叶法国菠菜）***A. hortensis* var. *rubra*** (Red mountain spinach, Red orach) 一年生草本。直立。生长快。高1.2m，冠径30cm。半耐寒。叶三角形，深红色，长达15cm，可食用。花不引人注目，夏季开放。

南庭荠属 AUBRIETA

十字花科 BRASSICACEAE/
CRUCIFERAE

多年生常绿草本。蔓生。圆丘状。宜生于干旱的堤岸、墙边和岩石园中。极耐寒。在光照充足和排水良好的土壤上生长旺盛。花后重度修剪可保持枝叶密集的冠形。夏季嫩枝扦插繁殖或夏末至秋季用半成熟枝扦插繁殖。

***A.* 'Carnival'** 见 *A.*'Hartswood Purple'。

'钴紫'南庭荠*A.* 'Cobalt Violet'，见369页。

'银边'南庭荠*A. deltoidea* 'Argenteovariegata'，见368页。

🏆'米勒斯博士'南庭荠*A.* 'Doctor Mules'多年生常绿草本。圆丘状。生长旺盛。高5～8cm，冠径30cm。叶圆形，有锯齿，柔和绿色。短穗状花序，花大，单瓣，浓紫色，春季开放。

'古吉迪科'南庭荠*A.*'Gurgedyke' 多年生常绿草本。圆丘状。高10cm，冠径20cm。叶圆形，有锯齿，柔和绿色。花4瓣，深紫色，春季开放。

'哈特斯伍德紫'南庭荠*A.* Hartswood Purple (*A.* 'Carnival')，见368页。

'愉悦'南庭荠*A.* 'Joy'，见367页。

'贝克'南庭荠*A.* 'J. S. Baker'，见368页。

桃叶珊瑚属 AUCUBA

山茱萸科 CORNACEAE

常绿灌木。因观叶和果实而栽培。为了获得果实，需要把雄株和雌株种植在一起。在冷凉、庇荫的环境下是良好的阴凉温室植物。极耐寒至耐寒。喜全光照至浓阴。适生于各种土壤，忌土壤积水。春季重度修剪老枝可抑制生长。夏季用半成熟枝扦插繁殖。

东瀛珊瑚(日本桃叶珊瑚)***A. japonica***，见152页。**🏆'巴豆叶''Crotonifolia'**(雄株)，见153页。**'金粉''Gold Dust'** 常绿雌性灌木。丛生。枝叶密集。高和冠径均为2.5m。耐寒。枝条绿色，粗壮。叶卵形，有光泽，暗绿色，有金黄色斑点。花小，星状，紫色，仲春开放。果实卵形，亮红色。**金心东瀛珊瑚 'Picturata'**(雄株) 叶亮绿色，中部有金黄色斑点。'巴豆叶''Crotonifolia'和'金心''Picturata'的部分植物为雌株，结果实。

August lily 见 *Hosta plantaginea*，见289页。

金庭荠属 AURINIA

十字花科 BRASSICACEAE/
CRUCIFERAE

多年生常绿草本。因观赏其灰绿色叶和艳丽的花枝而栽培。适生于岩石园、墙边和堤岸。极耐寒。喜光照和排水良好的土壤。初春用软枝或嫩枝扦插繁殖，秋季播种繁殖。

🏆金庭荠 *A. saxatilis* (*Alyssum saxatile*)，见350页。**'柠檬''Citrina'**，见349页。**'达德利·内维尔''Dudley Nevill'** 多年生常绿草本。丛生。高23cm，冠径30cm。叶卵形，多绒毛，灰绿色。总状花序，花小，4瓣，浅黄色，春末或夏初开放。**'镶边''Variegata'**，见349页。

Australian banyan 见 *Ficus macrophylla*。

Australian brush cherry 见 *Syzygium paniculatum*，见81页。

Australian cabbage palm 见 *Livistona australis*。

Australian firewheel tree 见 *Stenocarpus sinuatus*。

Australian heath 见 *Epacris impressa*，见155页

Australian pea 见 *Lablab purpureus*，见211页。

Australian rosemary 见 *Westringia fruticosa*，见158页。

Australian sarsparilla 见 *Hardenbergia violacea*。

Australian sassafras 见 *Atherosperma moschatum*。

Australian tree fern 见 *Cyathea australis*，见100页。*Dicksonia antarctica*，见310页。

Australian violet 见 *Viola hederacea*。

Austrian pine 见 *Pinus nigra* subsp. *nigra*，见104页。

智利柏属 AUSTROCEDRUS

柏科 CUPRESSACEAE

针叶树。枝稍扁平，叶鳞片状。见针叶树。

智利柏*A. chilensis* (*Libocedrus chilensis*)，见106页。

Autograph tree 见 *Clusia major*。

Autumn crocus 见 *Colchicum autumnale*，见437页；*Crocus nudiflorus*，见428页。

Autumn snowdrop 见 *Galanthus reginae-olgae*。

Autumn snowflake 见 *Leucojum autumnale*，见437页。

Avena candida 见 *Helictotrichon sempervirens*。

Avena sempervirens 见 *Helictotrichon sempervirens*。

Avens 见 *Geum*。

Alpine 见 *Geum montanum*。

Mountain 见 *Dryas*。

Azalea 见 *Rhododendron*。

Alpine 见 *Loiseleuria procumbens*，见377页。

Flame 见 *Rhododendron calendulaceum*。

Trailing 见 *Loiseleuria procumbens*，见377页。

阿查拉属 AZARA

大风子科 FLACOURTIACEAE

常绿灌木和乔木。因观叶和花而栽培。花黄色，雄蕊多数。耐寒至半耐寒。寒冷气候下，植株最好靠南墙或西墙栽培。需避风。喜光照或庇荫和肥沃、排水良好的土壤。夏季用半成熟枝扦插繁殖。

披针叶阿查拉*A. lanceolata* 常绿丛生灌木或枝伸展的乔木。高和冠径均为6m。耐寒。叶窄卵形，具锐齿，亮绿色。花簇小，圆形，花淡黄色，春末或夏初开放。

🏆小叶阿查拉*A. microphylla*，见125页。

锯齿阿查拉*A. serrata*，见135页。

满江红属 AZOLLA

满江红科 AZOLLACEAE

多年生落叶浮水蕨类植物。以观叶为主。本种植物可减少水下光照，用来控制藻类生长。耐寒至半耐寒。喜光照或阴处。入侵性强。可用网捞取部分植株，以免其过度扩展。可用小植株繁殖。

A. caroliniana 见 *A. filiculoides*。

细叶满江红（细绿萍，卡州满江红）***A. filiculoides*** (*A. caroliniana*)，见448页。

南美芹属 AZORELLA

伞形科 APIACEAE/
UMBELLIFERAE

多年生常绿草本。丛生。枝伸展。因观其花和整齐的莲座状叶丛而栽培。可作高山温室植物栽培。极耐寒。在全光照和排水良好的土壤上生长旺盛。春季分株繁殖。

A. nivalis 见 *A. trifurcata*。

三叉南美芹*A. trifurcata* (*A. nivalis*)，见390页。

风铃木属 AZORINA

桔梗科 CAMPANULACEAE

常绿灌木。直立。花钟状。不耐寒，耐最低温度5℃。喜全光照和肥沃、湿润、排水良好的土壤。春季播种繁殖或夏季用软枝或半成熟枝扦插繁殖。

风铃木*A. vidalii* (*Campanula vidalii*)，见154页。

Azureocereus hertlingianus 见 *Browningia hertlingiana*。

Aztec lily 见 *Sprekelia formosissima*，见413页。

Aztec marigold 见 *Tagetes erecta*。

B

狒狒草属（穗花溪荪属） BABIANA

鸢尾科 IRIDACEAE

球茎类植物。花色亮丽，似小苍兰属花，极具观赏价值。春季或夏初开花。不耐寒，耐最低温度10℃。喜光照环境和排水良好的土壤。秋季播种繁殖或球茎自然分株繁殖。

B. disticha 见 *B. plicata*。

皱迭狒狒草*B. plicata* (*B. disticha*) 球茎类植物。春季开花。株高10～20cm，冠径5～8cm。叶丛排列成扇状，叶披针形，直立，基生。短穗状花序，花漏斗状，蓝紫色，具黄色斑点，长4～5cm。

红蓝狒狒草 *B. rubrocyanea*，见431页。

狒狒草（穗花溪荪）***B. stricta*** 球茎类植物。春季开花。株高10～20cm，冠径5～8cm。叶丛排列成扇状，叶基生，窄披针形，直立。短穗状花序，花10朵以上，漏斗状，紫色、蓝色、乳白色或淡黄色，有时花心红色，长2.5～4cm。

Baby blue-eyes 见 *Nemophila menziesii*，见333页。

Baby rubber plant 见 *Peperomia clusiifolia*。

Baby's tears 见 *Soleirolia*。

Baby's toes 见 *Fenestraria aurantiaca*，见479页。

无舌紫菀属 BACCHARIS

菊科 ASTERACEAE/COMPOSITAE

常绿或落叶灌木。主要在秋季开花。因观其叶和果实而栽培。适生于露天的海岸公园和干旱土壤。极耐寒。喜全光照和排水良好的土壤。夏季用软枝扦插繁殖。

倒卵叶无舌紫菀 *B. halimifolia* (Bush groundsel) 落叶灌木。丛生。生长旺盛。株高和冠径均为4m。叶灰绿色，卵形，具锐齿。头状花序大，花小，白色，仲秋开花。果小，顶端白色，有绒毛。

Bahia lanata 见 *Eriophyllum lanatum*。

Bald cypress 见 *Taxodium distichum*，见104页。

假泽泻属 BALDELLIA

泽泻科 ALISMATACEAE

落叶或常绿多年生草本。沼泽植物和沉水植物。因观叶而栽培。耐寒。喜光照，也耐阴。根据需要可清除落叶和过量枝叶。春季或夏季分株繁殖。

假泽泻 *B. ranunculoides* (*Alisma ranunculoides, Echinodorus ranunculoides*) 多年生落叶草本。沼泽植物或沉水植物。株高23cm，冠径15cm。叶披针形，中绿色。伞形花序，花小，3瓣，粉红色或白色，瓣基部有黄色斑，夏季开放。

Baldmoney 见 *Meum athamanticum*。

Balearic box 见 *Buxus balearica*，见153页。

Balkan blue grass 见 *Sesleria heufleriana*。

Balloon flower 见 *Platycodon*。

Balloon vine 见 *Cardiospermum halicacabum*。

宽萼苏属 BALLOTA

唇形科 LABIATEA/LAMIACEAE

多年生草本、常绿或落叶亚灌木。因观其叶和花而栽培。耐寒。喜排水良好的土壤和全光照环境。春季开始生长前修剪。夏季用半成熟枝扦插繁殖。

碟叶宽萼苏 *B. acetabulosa*，见176页。

圆叶宽萼苏 *B. pseudodictamnus*，见361页。

Balm

Bastard 见 *Melittis*。

Bee 见 *Monarda didyma*。

Balm of Gilead 见 *Populus × candicans*。

Balsam 见 *Impatiens balsamina*，见320页。

Balsam fir 见 *Abies balsamea*。

Balsam poplar 见 *Populus balsamifera*。

Bamboo 见禾草类、竹类、灯心草类和莎草类植物。

Anceps 见 *Yushania anceps*，见308页。

Arrow 见 *Pseudosasa japonica*，见308页。

Black 见 *Phyllostachys nigra*。

Chilean 见 *Chusquea culeou*，见308页。

Dwarf white-stripe 见 *Pleioblastus variegatus*，见306页。

Fishpole 见 *Phyllostachys aurea*。

Golden 见 *Phyllostachys aurea*。

Golden-groove 见 *Phyllostachys aureosulcata*。

Heavenly 见 *Fargesia murieliae*。

Hedge 见 *Bambusa multiplex*，见307页。

Muriel 见 *Nandina domestica*。

Narihira 见 *Semiarundinaria fastuosa*，见308页。

Sacred 见 *Nandina domestica*。

Timber 见 *Phyllostachys bambusoides*，见308页。

Zigzag 见 *Phyllostachys flexuosa*，见308页。

Bamboo palm 见 *Rhapis excelsa*，见152页。

簕竹属（凤凰竹属） BAMBUSA

禾本科 GRAMINEAE/POACEAE

见禾草类、竹类、灯心草类和莎草类植物。

B. glaucescens 见 *B. multiplex*。

凤尾竹 *B. multiplex* (*B. glaucescens*)，见307页。

Banana 见 *Musa*。

Flowering 见 *Musa ornata*，见232页。

Japanese 见 *Musa basjoo*，见233页。

Scarlet 见 *Musa coccinea*。

Banana passion fruit 见 *Passiflora antioquiensis*。

Baneberry 见 *Actaea*。

Red 见 *Actaea rubra*。

White 见 *Actaea pachypoda*，见259页。

佛塔树属（贝克斯属） BANKSIA

山龙眼科 PROTEACEAE

常绿灌木和乔木。因观其花和叶而栽培。不耐寒，耐最低温度7～10℃。喜全光照和排水良好、含微量磷酸盐或硝酸盐的沙质土壤。旺盛生长期盆栽植株适度浇水，其他时期少浇水。温室栽培时应通风。春季播种繁殖。

巴氏佛塔树*B. baxteri* 常绿灌木。冠开张，枝伸展。株高和冠径均为2～3m。叶革质，舌状，中绿色，沿中脉裂成三角形，缺刻先端锐尖。头状花序球形，花小，密集，管状，黄色，夏季开放。

红佛塔树*B. coccinea*，见130页。

小叶佛塔树 *B. ericifolia* (Heath banksia) 常绿灌木。冠呈不规则球形。茎细长而坚韧，多分枝。株高和冠径均为3m。叶小，针形。穗状花序，长10～15cm，瓶刷状，直立，花密集，花小，管状，青铜红色或黄色，冬末或春季开放。

锯叶佛塔树 *B. serrata* 常绿丛生直立灌木或乔木。株高3～10m，冠径1.5～3m。叶椭圆形至披针形，有锯齿，革质，中绿色至深绿色。穗状花序，长10～15cm，瓶刷状，直立，花密集，花小，管状，乳白色，芽淡红色，春季至夏末开放。

Banksia

Heath 见 *Banksia ericifolia*。

Yellow 见 *Rosa banksiae* 'Lutea'，见198页。

Banksian rose 见 *Rosa banksiae*。

Banyan 见 *Ficus benghalensis*，见72页。

Australian 见 *Ficus macrophylla*。

Baobab 见 *Adansonia*。

赛靛属 BAPTISIA

豆科／蝶形花科 LEGUMINOSAE/PAPILIONACEAE

多年生草本。夏季开花。因观花而栽培。极耐寒。喜全光照和深厚、排水良好的土壤，更喜中性至酸性土壤。忌移植。初春分株繁殖或秋季播种繁殖。

赛靛花 *B. australis*，见252页。

Barbacenia elegans 见 *Vellozia elegans*。

Barbados gooseberry 见 *Pereskia aculeata*，见457页。

Barbados pride 见 *Caesalpinia pulcherrima*。

山芥属 BARBAREA

十字花科 BRASSICACEAE/CRUCIFERAE

多年生、二年生或一年生草本。夏季开花。多数种类为野草或冬季色拉蔬菜。欧洲山芥（*B. vulgaris*）的斑叶类型具美化作用。极耐寒。喜光照充足或庇荫、排水良好但不干燥的土壤。春季播种繁殖或分株繁殖。

欧洲山芥（山芥）***B. vulgaris*** (Winter cress, Yellow rocket)。**'花叶' 'Variegata'**，见291页。

Barbed-wire plant 见 *Tylecodon reticulatus*，见465页。

Barberry 见 *Berberis*。

Darwin's 见 *Berberis darwinii*，见117页。

Barberton daisy 见 *Gerbera jamesonii*，见302页。

假杜鹃属 BARLERIA

爵床科 ACANTHACEAE

常绿灌木或多年生草本。因观其花而栽培。不耐寒，耐最低温度7～18℃。喜全光照或半阴和肥沃土壤。

旺盛生长时期盆栽植株需水较多，其他时期需水中等。生长季节修剪幼株枝顶，可促进分枝。花后修剪长枝可得到枝叶更加密集的树型。春季播种繁殖或夏季用嫩枝或半成熟枝扦插繁殖。

假杜鹃*B. cristata* (Philippine violet) 常绿灌木。半直立。株高和冠径均为60～120cm。耐最低温度15～18℃。叶椭圆形，粗糙，有毛。花筒状，亮紫色，有时淡粉红色或白色，生于上部叶的腋部，夏季开放。

钝叶假杜鹃 *B. obtusa* 常绿灌木。茎直立，枝伸展。株高和冠径均为1m。耐最低温度7～10℃。叶椭圆形。花筒状，紫红色，生于上部叶的腋部，冬春季开放。

Barley, Foxtail 见 *Hordeum jubatum*，见 307 页。

Barosma pulchella 见 *Agathosma pulchella*。

Barrel cactus 见 *Ferocactus*。

Barrenwort 见 *Epimedium*。

Bartonia aurea 见 *Mentzelia lindleyi*。

Bartram's oak 见 *Quercus × heterophylla*，见 82 页。

Basket grass 见 *Oplismenus africanus*。

雾冰藜属 BASSIA (KOCHIA)

藜科 CHENOPODIACEAE

一年生和多年生草本。因观其形态、羽状叶和秋季色彩而栽培。半耐寒。喜光照和肥沃、排水良好的土壤。多风地区应支撑。初春至仲春温室内播种繁殖或春末室外播种繁殖。

🏆蓬头草 *B. scoparia* f. ***trichophylla***，见 335 页。

Basswood 见 *Tilia americana*。

Bastard balm 见 *Melittis*。

Bat flower 见 *Tacca chantrieri*。

鲍氏木属 BAUERA

火把树科（库诺尼科）CUNONIACEAE

常绿灌木。因观花而栽培。不耐寒，耐最低温度3～5℃。喜全光照和富含腐殖质、排水良好的中性至酸性土壤。盆栽植株需水量中等，非旺盛生长期需水较少。花后清除蔓生的茎枝。春季播种繁殖或夏末用半成熟枝扦插繁殖。

鲍氏木*B. rubioides* 常绿灌木。丛生。茎细长而有韧性，常伸展。株高和冠径均为30～60cm。小叶3枚，卵形至披针形，有光泽。花碗状，粉红色或白色，初春或夏季开放。

羊蹄甲属 BAUHINIA

豆科／蝶形花科 LEGUMINOSAE/PAPILIONACEAE

常绿、半常绿或落叶乔木、灌木和攀缘藤本。因观花而栽培。不耐寒，耐最低温度5～18℃。喜全光照和肥沃、排水良好的土壤。盆栽植株旺盛生长期需水多，冬季需水少。花后除去密集生长的部分。春季播种繁殖。

斑点羊蹄甲 *B. galpinii* (*B. punctata*)，见 142 页。

B. punctata 见 *B. galpinii*。

洋蹄甲（洋紫荆，宫粉羊蹄甲）***B. variegata*** 和 **'白花' 'Candida'**，见 97 页。

Bay

Bull 见 *Magnolia grandiflora*。

Loblolly 见 *Gordonia lasianthus*。

Sweet 见 *Laurus nobilis*, *Magnolia virginiana*。

Bay laurel 见 *Laurus nobilis*。

Bay tree 见 *Laurus*。

Bay willow 见 *Salix pentandra*。

Bayonet plant 见 *Aciphylla squarrosa*，见 266 页。

Bayonet, Spanish 见 *Yucca aloifolia*，见 153 页。

Beach pine 见 *Pinus contorta*，见 107 页。

Bead plant 见 *Nertera granadensis*，见 387 页。

Bead tree 见 *Melia azedarach*，见 76 页。

Bean

Black 见 *Kennedia nigricans*。

Bog 见 *Menyanthes trifoliata*，见 446 页。

Hyacinth 见 *Lablab purpureus*，见 211 页。

Bean tree

Black 见 *Castanospermum*。

Indian 见 *Catalpa bignonioides*，见 78 页。

Bear grass 见 *Dasylirion*。

Bear's breeches 见 *Acanthus*。

Bearded bellflower 见 *Campanula barbata*，见 356 页。

酒瓶兰属 BEAUCARNEA

龙舌兰科／龙血树科 AGAVACEAE/DRACAENACEAE

常绿灌木和乔木。因观赏其引人注目的树形而栽培。不耐寒，耐最低温度7℃。喜全光照和排水良好、肥沃的土壤，耐干旱。盆栽植株需水量中等，土壤近于干透时浇水。春季播种繁殖或用吸附根繁殖，夏季用半成熟枝扦插繁殖。

🏆酒瓶兰 *B. recurvata* (*Nolina recurvata, N. tuberculata*)，见 100 页。

清明花属 BEAUMONTIA

夹竹桃科 APOCYNACEAE

常绿木质藤本。以茎缠绕攀缘。因花大、芳香和叶美丽而栽培。不耐寒，耐最低温度7～10℃。喜排水良好、肥沃的土壤和全光照环境。生长季节需水量大。需支撑。花后生长弱。夏末用半成熟枝扦插繁殖。

清明花（大花清明花，炮弹果，比蒙藤）***B. grandiflora***，见 204 页。

Beauty bush 见 *Kolkwitzia amabilis*。

Bedstraw 见 *Galium*。

Bee balm 见 *Monarda didyma*。

Beech 见 *Fagus*。

American 见 *Fagus grandifolia*。

Antarctic 见 *Nothofagus antarctica*。

Common 见 *Fagus sylvatica*。

Copper 见 *Fagus sylvatica* f. *purpurea*，见 65 页。

Oriental 见 *Fagus orientalis*。

Purple 见 *Fagus sylvatica* f. *purpurea*，见 65 页。

Silver 见 *Nothofagus menziesii*。

Southern 见 *Nothofagus*。

Weeping 见 *Fagus sylvatica* f. *pendula*，见 66 页。

Beech fern 见 *Phegopteris connectilis*。

Beefsteak plant 见 *Iresine herbstii*。

秋海棠属 BEGONIA

秋海棠科 BEGONIACEAE

常绿、落叶灌木或小乔木，多年生草本或一年生草本。因观赏其色彩丰富的花和美丽的叶而栽培。喜微酸性土壤。春末至秋初易感白粉病和灰霉病。常见栽培的秋海棠可分为以下几组，每一组要求不同的栽培条件，见 295 页。

竹节秋海棠类（Cane-stemmed begonias）

常绿多年生木质草本。多数种类被认为是'Angelwings'。茎常直立，藤本状，具间距规则的膨大节。大型圆锥花序，下垂。剪除枝顶可促进分枝，新生枝基生。不耐寒，耐最低温度10℃。温室栽培时喜光照良好（光照不良时花的质量下降），不喜光照直射。适生于排水良好、肥沃的基质。高型品种需立桩支撑。春季播种繁殖或用枝顶端扦插繁殖。

国王园丁秋海棠类（Rex-cultorum begonias）

多为常绿多年生草本。具根状茎。为毛叶秋海棠（*B. rex*）及其亲缘关系相近的种类的杂交种。因观赏色彩亮丽的叶而栽培。叶卵形至披针形，长8～30cm，有时螺旋状扭曲。不耐寒，耐最低温度13～15℃，最适温度为21～24℃，相对湿度为40%～75%。在气候寒冷地区应温室栽培。适生于半阴和排水良好的土壤。需水量少，叶上不得有水，否则易得灰霉病。春季播种繁殖、叶插繁殖或用根状茎分株繁殖。

根状茎秋海棠类（Rhizomatous begonias）

多为常绿多年生草本。具根状茎。易发生变异。因观叶和单瓣的小花而栽培。叶平滑、皱褶或有顶饰，绿色或褐色，长8～30cm，常具银白色斑点，有时扭曲缠绕。匍匐型品种比直立型品种分枝多，更适宜栽培于吊盆中。不耐寒，耐最低温度13～15℃，最适温度为19℃，相对湿度为40%～75%。在气候寒冷地区应在温室栽培。喜半阴和排水良好的土壤。需水量少，叶上不得留有水分，否则易感染灰霉病。春季播种繁殖、叶插繁殖或用根状茎分株繁殖。

四季秋海棠类（Semperflorens begonias）

常绿多年生草本。丛生。由虎克秋海棠（*B. cucullata* var. *hookeri*）、施氏秋海棠（*B. schmidtiana*）和其他种类杂交而来。常作为半耐寒花坛一年生草本栽培。茎柔软，肉质，多浆，多分枝。通常叶圆形，长5cm，绿色、青铜色或杂色。花单瓣或重瓣。修剪枝顶端可使植株成丛生状。不耐寒，耐最低温度10～15℃。喜光照或半阴和排水良好的土壤。春季播种繁殖或茎插繁殖。

灌木状秋海棠类（Shrub-like begonias）

常绿多年生草本。丛生。通常多分枝，枝柔韧，直立或下垂，常多毛。叶多毛或无毛，宽达15cm，长10～30cm。花单瓣，粉红色、乳白色或白色。不耐寒，耐最低温度7℃，相对湿度55%。温室栽培，适生于光照良好、湿润但排水良好的土壤。春季播种繁殖或茎插繁殖。

球根秋海棠类（Tuberous begonias）（包括球根杂种、多花和垂枝秋海棠）

多为多年生草本。丛生。茎直立，具块茎。冬季休眠。因观叶和花而栽培。球根杂种秋海棠株高和冠径均为75cm。枝条稀疏，下垂至直立，茎肉质多浆。叶卵形，先端尖，光滑，亮绿色至暗绿色，长20cm。多数花重瓣，夏季开放。多花秋海棠株，高和冠径均为30cm。多为丛生。叶长8cm。花单瓣、半重瓣或重瓣，直径4～5cm，夏季开放。耐全光照。垂枝秋海棠株高达1m。茎干细长，蔓生。叶长6～8cm。花多成团状，单瓣或重瓣，夏季开放。不耐寒，耐最低温度5～7℃。在室外栽培时喜斑驳庇荫处和湿润条件，温室栽培时喜凉爽的庇荫处和65%～70%的相对湿度。块茎冬季休眠，春季开始生长。仲夏至秋初开花。去除所有的花芽，直到茎上出现至少3对叶。大花类型仅有中心部分雄花芽开花，应除去不开花花芽。需立桩支撑。春季播种繁殖、茎插繁殖或用基部枝扦插繁殖，或用块茎分株繁殖。

冬花秋海棠类（Winter-flowering begonias）

常绿多年生草本。枝叶极密集。生长慢。茎细，肉质多浆。常归于块茎类。两大类的区别：洛林型（Lorraine），冬花型（Cheimantha）或圣诞型（Christmas）秋海棠花单瓣，常粉红色或白色；挺拔型（Elatior）和雷杰型（Rieger）秋海棠花单瓣、半重瓣或重瓣，花色丰富。叶绿色或青铜色，长5cm。多在秋末至仲春开放。不耐寒，耐最低温度18℃，相对湿度40%。喜散射光和湿润土壤。花后修剪老枝，向后回缩10cm。春季播种繁殖或茎扦繁殖。

白彩秋海棠（星点秋海棠）***B. albopicta***（见295页） 常绿竹节秋海棠类。生长快。株高达1m，冠径30cm。多分枝，茎绿色，成熟后为褐绿色。叶窄卵形至披针形，边缘波状，绿色，具银色斑点。花簇生，单瓣，绿白色，夏秋季开放。

B. angularis 见 *B. stipulacea*。

'杏黄瀑布'秋海棠 *B.* 'Apricot Cascade'（见295页）垂枝球根杂种秋海棠类。株高和冠径均为60cm。叶绿宝石色。花重瓣，杏黄色，夏初至仲秋开放。其他瀑布类有：**'新娘瀑布' 'Bridal Cascade'** 花边缘粉红色，花瓣白色。**'绯红瀑布' 'Crimson Cascade'**、**'金黄瀑布' 'Gold Cascade'** 和 **'橘黄瀑布' 'Orange Cascade'**。

'比阿特丽斯'秋海棠 *B.* 'Beatrice Haddrell' 常绿根茎秋海棠类。匍匐状。株高20～30cm，冠径25～30cm。叶卵形，深裂，长8～15cm，暗绿色，叶脉灰白色。花单瓣，粉红色，生于叶上方，冬季至初春开放。

'伯利恒之星'秋海棠 *B.* 'Bethlehem Star' 常绿根茎秋海棠类。匍匐状。株高20～30cm，冠径25～30cm。叶卵形，微具凹槽，近黑色，长8cm以下，心部具淡乳白绿色星状斑。花多，单瓣，淡粉红色，具深粉红色斑点，冬末至初春开放。

'比尔兰顿'秋海棠 *B.* 'Billie Langdon'（见295页） 球根杂种秋海棠类。直立。株高60cm，冠径45cm。花多，脉络明显，重瓣，白色，直径18cm，花心玫瑰色，芽状，夏季开放。

'博吉特'秋海棠 *B.* 'Bokit' 常绿根茎秋海棠类。直立。株高20～30cm，冠径25～35cm。叶卵形，螺旋状扭曲，黄绿色，有褐色虎斑。花多，单瓣，白色，具粉红色雀斑，冬季开放。

豹耳秋海棠 *B. bowerae* (Eyelash begonia)（见295页）常绿根茎秋海棠类。匍匐状。株高25～30cm，冠径20～25cm。叶卵形，亮绿色，长2.5cm，叶缘具巧克力色斑点和刺毛。花多，单瓣，白色，稍带淡粉红色，冬季开放。

***B.* 'Bridal Cascade'** 见 *B.* 'Apricot Cascade'。

'肯肯'秋海棠 *B.* 'Can-Can'（见295页） 球根杂种秋海棠类。直立。株高1m，冠径45cm。侧枝少。花重瓣，黄色，直径20cm，花瓣边缘粗糙，红色，夏季开放。

'巴拉来特城'秋海棠 *B.* 'City of Ballarat' 球根杂种秋海棠类。直立。生长旺盛。株高60cm，冠径45cm。叶暗绿色。花重瓣，亮橙色，直径18cm，花瓣宽，花心整齐，夏季开放。

大红秋海棠（珊瑚秋海棠）***B. coccinea*** (Angelwing begonia) 常绿竹节秋海棠类。株高1.2m，冠径30cm。叶窄卵形，光滑，绿色，背面浅黄色。花多，单瓣，粉红色或珊瑚红色，春季开放。

🏆**'鸡尾'秋海棠 *B.* 'Cocktail'** 四季秋海棠类。株高和冠径均为20～30cm。叶圆形，绿色至青铜色，边缘波状。花粉红色、红色或白色，夏季至秋季霜降前开放。

***B.* 'Corallina de Lucerna'** 见 *B.* 'Lucerna'。

***B.* 'Crimson Cascade'** 见 *B.* 'Apricot Cascade'。

'圣诞卷'秋海棠 *B.* 'Curly Merry Christmas' 国王园丁秋海棠类。株高25cm，冠径30cm。为叶螺旋状扭曲的'圣诞快乐'秋海棠 *B.* 'Merry Christmas' 的突变品种。

双色秋海棠（璎珞秋海棠）***B. dichroa*** 常绿秋海棠类。株高35cm，冠径25cm。叶卵形，中绿色，长12cm，偶尔新叶具银白色斑点。花小，单瓣，橙色，子房白色，夏季开放。

B. disticha 见 *B. stipulacea*。

葡萄叶秋海棠 *B. dregei* (Maple-leaf begonia) 亚球根秋海棠类。株高75cm，冠径35cm。叶小，枫叶形，具分裂，紫色脉，上面青铜色，背面红色，幼叶背面偶尔具银白色斑点。花多，下垂，单瓣，白色，夏季开放。冬季休眠。

'杜阿提'秋海棠 *B.* 'Duartei'（见295页） 国王园丁秋海棠类。株高和冠径均为45～60cm。叶螺旋状扭曲，有红色毛，极暗绿色，长15cm以上，具银灰色条纹，叶缘近黑色。难以生长至成熟期。

B.* × *erythrophylla 见 *B.* 'Erythrophylla'。

肾叶秋海棠（红叶秋海棠）***B.* 'Erythrophylla'** (*B.* × *erythrophylla*, *B.* 'Feastii') 常绿根茎秋海棠类。匍匐状。株高20cm，冠径23～30cm。叶厚，中绿色，长8～15cm，近圆形，边缘微波状，具白色毛，叶柄生于红色叶背面的中心。花单瓣，淡粉红色，生于叶上方，初春开放。

***B.* 'Feastii'** 见 *B.* 'Erythrophylla'。

'火焰'秋海棠 *B.* 'Flamboyant'（见295页）球根杂种秋海棠类。茎直立。高17cm，冠径15cm。叶细长，亮绿色。花多，单瓣，猩红色，夏季开放。

多叶秋海棠 *B. foliosa*（见295页）常绿灌木状秋海棠类。株高30～50cm，冠径30～35cm。茎先直立后弓状。叶卵形，有锯齿，暗绿色，长1cm。花极小，单瓣，白色，春季和秋季开放。易感染白蝇。var. ***miniata*** 见 *B. fuchsioides*。

🏆**倒挂金钟秋海棠**（小叶秋海棠，虎耳秋海棠）***B. fuchsioides*** (*B. foliosa* var. *miniata*) (Fuchsia begonia) 常绿灌木状秋海棠类。株高达1.2m，冠径30cm。叶极多，卵形，具锯齿，暗绿色，长4cm。花下垂，单瓣，亮红色，冬季开放。

'洛雷恩之光'秋海棠 *B.* 'Gloire de Lorraine' (Christmas begonia, Lorraine begonia) 常绿冬花圣诞秋海棠类。株高30cm，冠径30～35cm。多分枝。叶圆形，亮绿色。花单瓣，白色至淡粉红色，雄花不育，雌花结果多。

***B.* 'Gold Cascade'** 见 *B.* 'Apricot Cascade'。

马丁秋海棠 *B. gracilis* var. *martiana* (*B. martiana*) 球根秋海棠类。株高60～75cm，冠径40cm。叶小，卵形至披针形，有分裂，浅绿色或褐绿色，先端渐尖。花大，芳香，单瓣，粉红色，直径2.5cm，夏季开放。

B. haageana 见 *B. scharffii*。

'海伦·刘易斯'秋海棠 *B.* 'Helen Lewis'（见295页） 国王园丁秋海棠类。株高和冠径均为45～60cm。具直立的根状茎。叶有毛，深紫红色，长15～20cm，具银白色带状斑。花微具毛，单瓣，乳白色，夏初开放。

'英格拉姆'秋海棠 *B.* 'Ingramii'（见295页） 常绿灌木状秋海棠类。株高70cm，冠径45cm。叶椭圆形，有锯齿，亮绿色，长8cm。花多，单瓣，粉红色，春季至秋季陆续开放。

***B.* 'Iron Cross'** 见 *B. masoniana*。

'可瑞费德'秋海棠 *B.* 'Krefeld' 常绿冬花秋海棠类。株高25cm，冠径30cm。茎肉质多浆，半块茎状。叶卵形，中绿色。花多，单瓣，鲜亮橙色或亮深红色。茎基部极易感染灰霉病和疫病，因而应在土壤下渗水浇灌。

'卢塞那'秋海棠 *B.* 'Lucerna' (*B.* 'Corallina de lucerna')（见295页） 常绿竹节秋海棠类。生长旺盛。株高2～2.2m，冠径45～60cm。叶卵形，先端渐尖，长25～35cm，青铜色至绿色，具银白色斑。大型圆锥花序，花单瓣，深粉红色，四季开放。雄花几乎整年处于不开放状态。

'马可金'秋海棠 *B.* 'Mac's Gold' 常绿根茎秋海棠类。匍匐状。株高和冠径均为20～25cm。叶星形，具分裂，黄色，长8～15cm，具淡巧克力色至褐色斑点。花单瓣，粉红色，春夏季陆续开放，开花量中等。

'嘎利夫人'秋海棠 *B.* 'Madame Richard Galle' 球根杂种秋海棠类。直立。株高25cm，冠径20cm。花小而多，重瓣，柔和杏黄色，夏季开放。

长袖秋海棠 *B. manicata*（见295页） 常绿根茎秋海棠类。直立。株高60cm，冠径30～40cm。叶大，卵形，绿色，有褐色斑点，叶片基部与叶柄连结处有一圈红色硬毛。花单瓣，淡粉红色，早春开放。生长季节用幼苗繁殖。**'皱边' 'Crispa'** (*B. m.* 'Cristata')（见295页）叶亮绿色，边缘脊突状。花深粉红色。**'Cristata'** 见 *B. m.* 'Crispa'。

B. martiana 见 *B. gracilis* var. *martiana*。

🏆**铁十字秋海棠**（刚毛秋海棠，毛叶秋海棠）***B. masoniana*** (*B.* 'Iron Cross', Iron cross begonia)（见295页） 常绿根茎秋海棠类。匍匐状。株高45～60cm，冠径30～45cm。叶卵形，有锯齿，粗糙，亮绿色，长15cm，先端渐尖，心部黑色或暗褐色。花单瓣，白色，具淡粉红色晕，夏季开放。

马兹秋海棠 *B. mazae* 常绿根茎秋海棠类。蔓生。株高达23cm，冠径不定。叶圆形，青铜绿色，叶脉红色。花芳香，单瓣，粉红色，有红色斑点，初春开放。适于吊篮栽培。

🏆**'圣诞快乐'秋海棠 *B.* 'Merry Christmas'** (*B.* 'Ruhrtal')（见295页）国王园丁秋海棠类。株高和冠径均为25～30cm。叶光滑，红色，长15～20cm，外部具宝石绿色宽带，心部深天鹅绒红色，有时叶缘灰色。

🏆**金绿秋海棠**（洒金秋海棠）***B. metallica*** (Metal-leaf begonia)（见295页） 常绿灌木状秋海棠类。株高50～120cm，冠径45cm。茎被白色毛。叶卵形，有锯齿，长18cm，青铜绿色，具银白色毛，脉暗绿色，背面红色。花单瓣，粉红色，有红色刚毛，夏秋季开放。

'旋叶'秋海棠 *B.* 'Oliver Twist'（见295页） 常绿根茎秋海棠类。匍匐状。株高45～60cm，冠径25～45cm。叶卵形，淡绿色至中绿色，长达30cm，边缘脊突明显。花单瓣，粉红色，初春开放。

奥尔逊尼亚秋海棠 *B. olsoniae*（见295页） 常绿灌木状秋海棠类。枝叶密集。株高23～30cm，冠径30cm。叶圆形，光滑，青铜绿色，脉乳白色。花单瓣，极淡的粉红色，生于弓状、30cm长的茎上，四季开放。

***B.* 'Orange Cascade'** 见 *B.* 'Apricot Cascade'。

🏆**橘红秋海棠**（美人秋海棠）***B.* 'Orange Rubra'**（见295页） 常绿竹节秋海棠类。生长慢。株高50cm，冠径45cm。叶卵形，亮绿色。花多，簇生，单瓣，橙色，四季开放。

'蝉翼'秋海棠 *B.* 'Organdy'（见295页） 四季秋海棠类。适宜各种气候。株高和冠径均为15cm。叶圆形，蜡质，绿色至青铜色。花粉红色、红色或白色，整个夏季直至秋季霜降前持续开放。

'奥法·弗克斯'秋海棠 *B.* 'Orpha C. Fox'（见295页） 常绿竹节秋海棠类。株高1m，冠径30cm。叶卵形，长15cm，橄榄绿色，有银白色斑点，背面栗色。花多，多数花簇生在一起，单瓣，亮粉红色，四季开放。

保罗秋海棠（蜘蛛网秋海棠）***B. paulensis*** 常绿根茎秋海棠类。匍匐状。株高和冠径均为25～30cm。茎直立。叶圆形，中绿色，长15cm，表面泡泡纱状，具蛛网状交叉的叶脉。花单瓣，乳白色，具葡萄酒色绒毛，春末开放。

大珊瑚秋海棠（角叶秋海棠）***B.* 'Président Carnot'** 常绿竹节秋海棠类。生长旺盛。株高达2.2m，冠径45cm。茎直立。叶长28cm，形似'天使之翅'，绿色，具浅色斑点。大型圆锥花序，花单瓣，粉红色，直径4cm，四季开放。

'汉诺威公主'秋海棠*B.* 'Princess of Hanover' 国王园丁秋海棠类。株高和冠径均为25～30cm。叶螺旋状扭曲，暗绿色，长20cm，边缘为带红宝石色的银白色带，表面有粉红色细毛。

棱果秋海棠*B. prismatocarpa* （见295页） 常绿根茎秋海棠类。匍匐状。具根状茎。株高15～20cm，冠径20～25cm。叶卵形，分裂，亮绿色，长8cm以上。花单瓣，亮黄色，四季开放。需要相对湿度为60%～65%。

褐绒秋海棠（突点秋海棠）***B. pustulata*** 常绿根茎秋海棠类。匍匐状。株高15～20cm，冠径20～25cm。叶卵形，有毛，暗绿色，有水泡状疤或突起。花单瓣，玫瑰红色，夏季开花。喜最低温度22～24℃，需要相对湿度70%～75%。**'银斑' 'Argentea'** (*B.* 'Silver')(见295页) 叶具银白色斑，花乳白色。

'红领带' 秋海棠 *B.* 'Red Ascot' （见295页） 四季秋海棠类。株高和冠径均为15cm。叶圆形，绿宝石色。花多，古红色，夏季开放。

毛叶秋海棠（蟆叶秋海棠）***B. rex*** 球根秋海棠类。为国王园丁秋海棠类的亲本。株高25cm，冠径30cm。叶长20～25cm，心形，暗绿色，表面具金属光泽和银白色带。花粉红色，冬季开放。

'罗伊·哈特利' 秋海棠 *B.* 'Roy Hartley'（见295页） 球根杂种秋海棠类。直立。株高60cm，冠径45cm。花重瓣，橙红色，带柔和的粉红色晕，色彩深浅依光线强弱而变，夏季开放。侧枝少。

***B.* 'Ruhrtal'** 见 *B.* 'Merry Christmas'。

红筋秋海棠 *B. scharffii* (*B. haageana*)（见295页） 常绿灌木状秋海棠类。株高60～120cm，冠径60cm。茎干常被白色毛。叶卵形，先端极尖，长28cm，具细毛，暗金属绿色，背面淡红绿色。花单瓣，淡粉红色至白色，具粉红色须，秋季至夏季开放。

'谐谑曲'秋海棠*B.* 'Scherzo' 常绿根茎秋海棠类。匍匐状。株高25～30cm，冠径30～35cm。叶小，卵形，锯齿细而密，黄色，具黑色斑点。花单瓣，白色，初春开放。

齿瓣秋海棠 *B. serratipetala* （见295页） 常绿灌木状秋海棠类。株高和冠径均为45cm。叶斜卵形，具锯齿，青铜绿色，随着生长出现暗粉红色斑点。多为雌花，单瓣，暗粉红色，四季陆续开放。喜相对湿度60%，但根部需保持干燥。

***B.* 'Silver'** 见 *B. pustulata* 'Argentea'。

'银海伦'秋海棠*B.* 'Silver Helen Teupel' 国王园丁秋海棠类。株高和冠径均为30～35cm。叶长，具深缺刻，银白色，心部亮粉红色。

托叶秋海棠 *B. stipulacea* (*B. angularis, B. disticha, B. zebrina*) 常绿竹节秋海棠类。株高60～120cm，冠径30cm。茎具棱角，分枝多。叶卵形，边缘波状，长20cm，灰绿色，背面淡绿色，脉银灰色。花单瓣，白色，冬春季开放。

'甜点' 秋海棠 *B.* 'Sugar Candy' 球根杂种秋海棠类。株高60cm，冠径45cm。叶中绿色。花重瓣，纯粉红色，夏季开放。

🏆**苏氏秋海棠 *B. sutherlandii*** （见295页） 球根秋海棠类。蔓生。株高1m，冠径不定。茎细长。叶小，披针形，具分裂，亮绿色，脉红色。花簇松散，花多，单瓣，橙色，夏季开放。秋末茎和叶在冬季休眠前衰落。为极好的吊篮植物。极易感染霉病。

🏆**'瑟斯顿' 秋海棠 *B.* 'Thurstonii'**（见295页） 常绿灌木状秋海棠类。株高达1.2m，冠径45cm。叶圆形至卵形，光滑，具光泽，青铜绿色，脉暗红色。花单瓣，粉红色，夏季开放。

🏆**'虎掌' 秋海棠 *B.* 'Tiger Paws'** （见295页） 常绿根茎秋海棠类。匍匐状。株高15cm，冠径25～30cm。叶小，圆形，亮绿色，引人注目，有黄色和褐色斑，叶缘具白色硬短毛。花小，簇生，白色，生于叶上方，春季开放。

变叶秋海棠（变色秋海棠）***B. versicolor*** 常绿根茎秋海棠类。匍匐状。株高15cm，冠径15～30cm。叶宽圆形或椭圆形，有毛，长8cm，色彩范围从赤褐色、苹果绿色至栗色。花单瓣，橙红色，春夏季开放。耐最低温度16～19℃，需要相对湿度65%～70%。

B.* × *weltoniensis 见 *B.* 'Weltoniensis'。

'韦尔顿'秋海棠*B.* Weltoniensis' (*B.* × *weltoniensis*) (Mapleleaf begonia)(见295页) 亚球根秋海棠类。灌木状。株高30～50cm，冠径30cm。叶小，卵形、先端长尖，有锯齿，暗绿色。花簇头状，具花5～8朵，花单瓣，粉红色或白色，生于叶腋，夏季开放。

黄花秋海棠*B. xanthina* 常绿根茎秋海棠类。匍匐状。丛生。株高25～30cm，冠径30～35cm。叶卵形，长15～23cm，暗绿色，叶脉黄色，背面紫色，多毛。花下垂，单瓣，橙黄色，夏季开放。耐最低温度21～24℃，需要相对湿度75%。

B. zebrina 见 *B. stipulacea*。

Begonia

Angelwing 见*Begonia coccinea*。

Christmas见*Begonia* 'Gloire de Lorraine'。

Eyelash 见*Begonia bowerae*，见295页。

Fuchsia 见*Begonia fuchsioides*。

Iron cross 见*Begonia masoniana*，见295页。

Lorraine 见 *Begonia* 'Gloire de Lorraine'。

Mapleleaf 见 *Begonia dregei*，*Begonia* 'Weltoniensis'。

Metal-leaf 见 *Begonia metallica*，见295页。

Watermelon 见 *Elatostema repens*，见303页。

射干属 BELAMCANDA

鸢尾科 IRIDACEAE

鳞茎类植物。夏季开花。因观其鸢尾状花而栽培。耐寒，但寒冷冬季需保护。喜光照和排水良好、富含腐殖的土壤。春季播种繁殖。

射干*B. chinensis* 鳞茎类植物。夏季开花。株高45～100cm，冠径15～25cm。茎具松散分枝。叶丛排成扇状，叶剑形，半直立。花橙红色，具较暗色斑，直径4～5cm，沿枝条线状排列。种子黑色，具光泽。

Bell

Canterbury 见*Campanula medium*。

Silver 见 *Halesia*。

Spring 见 *Olsynium douglasii*。

Bell heather 见 *Erica cinerea*。

Belladonna lily 见 *Amaryllis belladonna*，见408页。

罗马风信子属 BELLEVALIA

风信子科／百合科 HYACINTHACEAE/LILIACEAE

鳞茎类植物。春季开花。与蓝壶花属（*Muscari*）相近，但管状花较长且开花多。仅少数种类具有观赏价值。耐寒。喜开阔、光照充足和排水良好、夏季干燥的土壤。秋季播种繁殖。

假风信子*B. hyacinthoides* (*Strangweja spicata*)，见432页。

B. paradoxa of gardens 见 *B. pycnantha*。

密花罗马风信子*B. pycnantha* (*B. paradoxa* of gardens, *Muscari paradoxum* of gardens, *M. pycnantha*) 鳞茎类植物。春季开花。株高达40cm，冠径5～8cm。叶基生，带状，半直立，淡灰绿色。穗状花序，圆锥形，花密集，管状，暗蓝色，长0.5cm，花瓣先端黄色。

Bellflower 见 *Campanula*。

Bearded 见 *Campanula barbata*，见356页。

Canary Island 见 *Canarina canariensis*，见219页。

Chilean 见 *Lapageria rosea*，见210页。

Chimney 见*Campanula pyramidalis*。

Gland 见 *Adenophora*。

Nettle-leaved 见*Campanula trachelium*，见252页。

Bell-flowered cherry 见 *Prunus campanulata*。

雏菊属 BELLIS
Daisy

菊科 ASTERACEAE/COMPOSITAE

多年生草本。部分种类作春季花坛二年生草本栽培。极耐寒。喜光照或半阴和肥沃、排水良好的土壤。定期去除开败的花序。夏初播种繁殖或花后分株繁殖。

雏菊 *B. perennis* (Common daisy) 多年生草本。匍匐状或铺地状。栽培品种作为二年生栽培。株高和冠径均为15～20cm。叶倒披针形至匀形，中绿色。头状花序半重瓣至重瓣，春季开放。栽培品种可分为大花品种（花径8cm）和小花品种（花径2.5cm）。**哈巴涅拉系列（Habanera Series）**栽培品种具头状花序，花径6cm，花瓣长，粉红色、白色或红色，夏初开放。

🏆**绒球系列（Pomponette Series**，见327页）栽培品种具头状花序，花径4cm，花重瓣，管状，粉红色、白色或红色。**罗格利系列（Roggli Series）**栽培品种开花早，花多，头状花序，径3cm，半重瓣，红色、玫瑰粉色、橙红色或白色。**塔沙系列（Tasso Series）**栽培品种具头状花序，花径6cm，花重瓣，管状，粉红色、白色或红色。

Bells

Fairy 见 *Disporum*。

Temple 见 *Smithiantha cinnabarina*。

Yellow 见*Tecoma stans*，见96页。

Bells of Ireland 见 *Moluccella laevis*，见335页。

Bellwort 见 *Uvularia grandiflora*，见274页。

Beloperone guttata 见 *Justicia brandegeeana*。

Benjamin 见 *Lindera benzoin*，见131页。

Bentham's cornel 见 *Cornus capitata*。

智利藤属 BERBERIDOPSIS

大风子科 FLACOURTIACEAE

常绿木质藤本。以茎缠绕攀缘。耐寒。忌强风和强光照。在建筑物北面或西面生长最好。喜湿润但排水良好的石灰质土壤。春季可修剪植株成需要的形状。春季播种繁殖，夏末或秋季茎插繁殖或压条繁殖。

智利藤 *B. corallina*，见211页。

小檗属 BERBERIS
Barberry

小檗科 BERBERIDACEAE

落叶、半常绿或常绿灌木。具刺。因观赏花和果实而栽培。花圆球状至杯状，花瓣和萼片通常黄色。常绿种类以观叶为主，落叶灌木可观赏其秋叶色彩。极耐寒至耐寒。喜光照或半阴。忌涝灾。野生种秋季播种繁殖，落叶杂种和栽培品种夏季用软枝或半成熟枝扦插繁殖，常绿杂种和栽培品种夏季用半成熟枝扦插繁殖。植株各部分有毒，食之会引起轻微的胃部不适。触及树刺会刺激皮肤。

锥花小檗*B. aggregata* 落叶灌木。丛生。株高和冠径均为1.5m。极耐寒。叶椭圆形至卵形，中绿色，秋叶红色。花成簇，密集，淡黄色，春末或夏初开放。果实卵形，红色，具白霜。

黄杨叶小檗*B. buxifolia* 半常绿或落叶灌木。枝弓状。高2.5m，冠径3m。极耐寒。叶椭圆形至卵形，先端刺状，革质，暗绿色。花深橙黄色，初春至仲春开放。果实球状，黑色，被白色蜡被。

🏆**美花小檗 *B. calliantha*** 常绿灌木。丛生。株高和冠径均为1～1.5m。极耐寒。叶椭圆形，具尖刺，光滑，绿色，背面白色。花大，淡黄色，春末开放。果实卵状，黑色，被白色蜡被。

白背小檗（单叶小檗）***B. candidula*** 常绿灌木。丛生。枝叶密集。株高和冠径均为1m。极耐寒。叶窄椭圆形，光滑，暗绿色，背面白色。花亮黄色，春末开放。果实卵状，蓝紫色。

'巴巴洛沙' 洋红小檗 *B.* × *carminea* 'Barbarossa'，见148页。**'海盗王' 'Pirate King'** 落叶灌木。枝弓状。株高2m，冠径3m。极耐寒。叶椭圆形，暗绿色。花成簇，黄色，春末和夏初开放。果实球状，淡红色。

***B.* 'Chenault'** 见 *B.* 'Chenaultii'。

'钱纳特' 小檗 *B.* 'Chenaultii' (*B.* 'Chenault') 常绿灌木。丛生。株高1.5m，冠径2m。极耐寒。叶窄椭圆形，边缘波状，光滑，暗绿色。花金黄色，春末和夏初开放。果实卵状，蓝黑色。

考克斯小檗 *B. coxii* 常绿灌木。丛生。枝叶密集。株高2m，冠径3m。极耐寒。叶宽卵形，光滑，暗绿色，背面白色。花黄色，春末开放。果实卵状，蓝黑色，被灰蓝色蜡被（果霜）。

🏆**达尔文小檗*B. darwinii***，见117页。

岩高兰小檗 *B. empetrifolia*，见157页。

蓝果小檗 *B. gagnepainii* var. *lanceifolia*，见131页。

川滇小檗 *B. jamesiana* 落叶灌木。枝弓状。生长旺盛。高和冠径均为4m。极耐寒。叶卵形，暗绿色，秋叶红色。花黄色，春末开放。总状果序，下垂，浆果，球形，红色。

豪猪刺 *B. julianae*，见134页。

'橙王' 线叶小檗 *B. linearifolia* 'Orange King'，见135页。

洛洛小檗*B.* × *lologensis* 常绿灌木。枝弓状。生长旺盛。株高3m，冠径5m。极耐寒。叶阔椭圆形，光滑，暗绿色。花簇生，橙色，仲春至春末开放。**'施塔珀希尔' 'Stapehill'**，见135页。

***B.* × *ottawensis* 'Purpurea'** 见 *B.* × *o.* 'Superba'。🏆**'壮大' 渥太华小檗 'Superba'** (*B.* × *o.* 'Purpurea') 落叶灌木。枝弓状。株高和冠径均为2.5m。极耐寒。叶圆形至卵形，深红紫色。花小，淡红色或黄色，春末开放。秋季果实红色，卵状。

***B.* 'Park Jewel'** 见 *B.* 'Parkjuweel'。

'钻石公园' 小檗*B.* 'Parkjuweel' ('Park Jewel') 半常绿灌木。丛生。树冠球状。株高和冠径均为1m。极耐寒。叶卵形，光滑，亮绿色，部分叶秋季变红。花几无观赏价值。

***B. polyantha* of gardens** 见 *B. prattii*。

普拉特小檗 *B. prattii* (*B. polyantha* of gardens) 落叶灌木。丛生。株高和冠径均为3m。极耐寒。叶椭圆形，光滑，暗绿色。花小，簇生，黄色，夏末开放。果实多，宿存，卵状，珊瑚粉色。

B.* × *rubrostilla 见 *B.* 'Rubrostilla'。

🏆**变红小檗 *B.* 'Rubrostilla'** (*B.* × '*rubrostilla*')，见172页。

刺黑珠*B. sargentiana* 常绿灌木。丛生。株高和冠径均为2m。极耐寒。叶椭圆形，光滑，亮绿色。花黄色，春末和夏初开放。果实卵状，蓝黑色。

🏆**狭叶小檗*B.* × *stenophylla***，见135页。🏆**'致密珊瑚' 'Corallina Compacta'**，见350页。

🏆**日本小檗*B. thunbergii*** 落叶灌木。枝弓状，密集。株高2m，冠径3m。极耐寒。叶阔卵形，淡绿色至中绿色，秋叶呈艳丽的橙红色。花小，淡黄色，微带淡红色，仲春开放。果实卵状，亮红色。🏆**紫叶小檗 f. *atropurpurea***，见131页。🏆**'矮紫' 'Atropurpurea Nana'** (*B. t.* 'Crimson Pygmy') 株高和冠径均为60cm。叶淡紫红色。**'黄叶' 'Aurea'**，见170页。**'Crimson Pygmy'** 见 *B. t.* 'Atropurpurea Nana'。**'直立' 'Erecta'** 直立，多分枝，枝伸展。**'金环' 'Golden Ring'**（见46页）叶紫色，边缘具窄的金黄色条带，秋季变成红色。果实红色。🏆**'艳紫' 'Rose Glow'** 叶淡紫红色，有粉红色和白色的大理石花纹。

🏆**疣枝小檗*B. verruculosa***，见134页。

🏆**金花小檗*B. wilsoniae*** 落叶或半常绿灌木。丛生。株高1m，冠径1.5m。极耐寒。叶窄椭圆形，灰绿色，秋叶亮橙红色。花黄色，春末和夏初开放。果实艳丽，球状，珊瑚红色。

勾儿茶属 BERCHEMIA

鼠李科 RHAMNACEAE

落叶藤本。以茎缠绕攀缘。因观叶和果实而栽培。可用于攀缘墙壁、围栏和树干。极耐寒。喜光照或庇荫和排水良好的任何土壤。秋季或春季播种繁殖，或夏季用半成熟枝扦插繁殖，或冬季压条繁殖或根插繁殖。

'斑叶' 总状勾儿茶 *B. racemosa* 'Variegata' 落叶藤本。以茎缠绕攀缘。株高5m以上。叶心形，绿色，长3～8cm，背面色浅，有乳白色斑。花小，钟状，淡绿色至白色，夏季开放。果实球状，绿色，渐为红色，最后成黑色。

Bergamot 见 *Monarda*。

岩白菜属 BERGENIA (MEGASEA)

虎耳草科 SAXIFRAGACEAE

多年生常绿草本。叶厚，通常较大，圆形至卵形或匙形，革质，叶脉凹陷。为理想的地被植物。极耐寒至耐寒。喜光照或阴和任何排水良好的土壤，在贫瘠土壤和全光照下叶色最好。宜春季花后分株繁殖。

'晚辉' 岩白菜 *B.* 'Abendglut' (*B.* 'Evening Glow') 多年生常绿草本。丛生。株高23cm，冠径30cm。极耐寒。叶丛莲座状，生于短茎上，叶皱，卵形，栗色。总状花序，花杯状，开张，半重瓣，深洋红色，春季开放。

🏆**'巴拉伟' 岩白菜*B.* 'Ballawley'** 多年生常绿草本。丛生。株高和冠径均为60cm。极耐寒。叶大，扁平，圆形至卵形，深绿色，冬季红色。总状花序生于红色茎上，花杯状，亮猩红色，春季开放。需避寒风。

B. beesiana 见 *B. purpurascens*。

缘毛岩白菜*B. ciliata*，见269页。

心叶岩白菜 *B. cordifolia* 多年生常绿草本。丛生。株高45cm，冠径60cm。极耐寒。叶圆形，皱褶或边缘具皱。总状花序，花杯状，开张，淡粉红色，春季开放。🏆**'紫色' 'Purpurea'**，见269页。

厚叶岩白菜 *B. crassifolia* 多年生常绿草本。丛生。株高30cm，冠径45cm。极耐寒。叶卵形或匙形，肉质，扁平，冬叶红褐色。穗状花序，花杯状，开张，粉红色，稍带紫色，春季开放。

***B.* 'Evening Glow'** 见 *B.* 'Abendglut'。

🏆**'曙红' 岩白菜*B.* 'Morgenröte'** (*B.* 'Morning red') 多年生常绿草本。丛生。株高45cm，冠径30cm。极耐寒。叶圆形，皱褶，暗绿色。穗状花序，花怀状，开张，暗胭脂红色，春季开放。

***B.* 'Morning Red'** 见 *B.* 'Morgenröte'。

🏆**岩白菜 *B. purpurascens*** (*B. beesiana*) 多年生常绿草本。丛生。株高45cm，冠径30cm。极耐寒。叶卵形至匙形，扁平，暗绿色，晚秋叶甜菜根红色。总状花序，花杯状，开张，浓红色，春季开放。

🏆**美丽岩白菜*B.* × *schmidtii*** 多年生常绿草本。丛生。株高30cm，冠径60cm。极耐寒。叶卵形，扁平，边缘有锯齿。花杯状，开张，柔和粉红色，生于短枝上，夏初开放。

🏆**'银光' 岩白菜 *B.* 'Silberlicht'** (*B.* 'Silver Light')，见268页。

***B.* 'Silver Light'** 见 *B.* 'Silberlicht'。

喜马拉雅岩白菜 *B. stracheyi* 多年生常绿草本。丛生。株高23cm，冠径30cm。极耐寒。叶丛整齐，莲座状，叶小，圆形，扁平。总状花序。鸟巢状，花杯状，开张，白色或粉红色，春季开放。

'阳光谷' 岩白菜 *B.* 'Sunningdale' 多年生常绿草本。丛生。株高60cm，冠径30cm。极耐寒。叶圆形，微皱，暗绿色，背面赤褐色。总状花序，花杯状，开张，淡蓝色至胭脂红色，花枝红色，春季开放。

贝克菊属 BERKHEYA

菊科 ASTERACEAE/COMPOSITAE

多年生草本。夏季开花。耐寒至半耐寒，除气候温和地区外，多数品种需靠西墙或南墙栽培。喜全光照和肥沃、排水良好的土壤。秋季播种繁殖或春季分株繁殖。

大头贝克菊*B. macrocephala*，见258页。

Berlin poplar 见 *Populus* × *berolinensis*。

Bermuda lily 见 *Lilium longiflorum*，见404页。

Berry bladder fern 见 *Cystopteris bulbifera*。

华贵草属 BERTOLONIA

野牡丹科 MELASTOMATACEAE

多年生常绿草本。因观叶而栽培。不耐寒，耐最低温度15℃。喜温暖、庇荫和高湿处，忌土壤积水。春季或夏季用枝顶端或叶扦插繁殖。

斑纹华贵草 *B. marmorata* 多年生常绿草本。莲座状。开花时株高15cm以上，冠径45cm。叶阔卵形，微肉质，基部心形，中脉银白色，表面皱褶，具绒毛，绿色，背面淡红紫色。穗状花序，花浅碟状，淡粉红色至紫色，四季开放。

饰球花属（新拟） BERZELIA

鳞叶木科（小叶树木科，不路尼亚科）BRUNIACEAE

常绿灌木。石南状。夏季开花。因观花而栽培。不耐寒，耐最低温度7℃。

喜全光照和排水良好的中性至酸性土壤。盆栽植株需水量中等，非旺盛生长期需水量少。花后可轻微修剪。春季播种繁殖或夏末用半成熟枝扦插繁殖。

饰球花（新拟）***B. lanuginosa*** 常绿灌木。直立。幼枝具软毛。株高和冠径均为1m。叶小，石南叶状。头状花序，球状，密集成簇，顶生，花微小，密集，乳白色，夏季开放。

龙舌草属（新拟）BESCHORNERIA

龙舌兰科 AGAVACEAE

多年生多浆植物。叶丛莲座状，叶窄披针形，直立，基生，几无梗。半耐寒。喜全光照和排水极好的土壤。春季或夏季播种繁殖或分株繁殖。

🏆**丝兰龙舌草** ***B. yuccoides***，见465页。

Besom heath 见 *Erica scoparia*。

合丝韭属（新拟）（白丝瑞属）BESSERA

葱科／百合科 ALLIACEAE/LILIACEAE

鳞茎类植物。夏季开花。因观赏引人注目、色彩艳丽的花而栽培。半耐寒。喜开阔、光照充足和排水良好的土壤。春季播种繁殖。

合丝韭（新拟）（白丝瑞）***B. elegans*** (Coral drops) 鳞茎类植物。夏季开花。株高达60cm，冠径8～10cm。叶窄长，直立，基生。花下垂，钟状，亮红色，具细长柄，生于无叶的茎上。

Betonica officinalis 见 *Stachys officinalis*。

Betony 见 *Stachys officinalis*。

桦木属 BETULA *Birch*

桦木科 BETULACEAE

落叶乔木和灌木。因观其树皮和秋色叶而栽培。极耐寒。喜光照和湿润但排水良好的土壤。部分种类喜酸性土壤。幼树秋季移植为宜。冬末嫁接繁殖或夏初用软枝扦插繁殖。

🏆**红桦** ***B. albosinensis***，见74页。

加拿大黄桦 ***B. alleghaniensis*** (*B. lutea*) (Yellow birch) 落叶乔木。直立。树冠开张，常多枝干。高12m以上，冠径3m。树皮光滑，具光泽，金褐色，成纸状剥落。叶卵形，中绿色至淡绿色，秋叶金黄色。柔荑花序，花黄绿色，春季开放。

岳桦 ***B. ermanii***，见72页。

B. jacquemontii 见 *B. utilis* var. *jacquemontii*。

***B.* 'Jermyns'** 见 *B. utilis* var. *jacquemontii* 'Jermyns'。

B. lutea 见 *B. alleghaniensis*。

王桦 ***B. maximowicziana*** (Monarch birch) 落叶乔木。树冠宽阔。生长快。高18m，冠径3m。树皮橙褐色或粉红色。叶大，卵形，中绿色，秋叶为亮丽的奶油黄色。柔荑花序，再组成总状花序，花微黄色，春季开放。

矮灌桦（新拟）***B. nana***，见349页。

纸桦（美洲桦）***B. papyrifera***，见72页。

🏆**垂枝桦**（欧洲白桦）***B. pendula*** (Silver birch) 落叶乔木。树冠宽柱状或圆锥状，树形优美。高25m以上，冠径10m。枝细长，下垂。树皮银白色，树干基部的树皮渐变为黑色而粗糙。叶卵形，亮绿色，秋叶黄色。柔荑花序，黄褐色，春季开放。**'戴尔卡利' 'Dalecarlica'** 直立。大枝末端的枝条较短，下垂。叶深裂。

🏆**'撕裂' 'Laciniata'** 树冠窄。

🏆**'垂枝' 'Tristis'**，见73页。

🏆**'杨氏' 'Youngii'**，见92页。

B. platyphylla* var. *szechuanica 见 *B. szechuanica*。

四川白桦 ***B. szechuanica*** (*B. platyphylla* var. *szechuanica*) (Szechuan birch) 落叶乔木。树冠开张。生长旺盛，枝条坚硬。高14m，冠径2.5m。成年树的树皮呈亮白色。叶三角形至卵形，有锯齿，革质，暗绿色，秋叶为绚丽的金黄色。柔荑花序，花黄绿色，春季开放。

糙皮桦 ***B. utilis*** (Himalayan birch) 落叶乔木。直立。树冠开张。高18m，冠径10m。树皮薄纸状剥落，乳白色至暗铜褐色。叶卵形，中绿色，幼叶背面有毛，秋叶金黄色。柔荑花序，花黄褐色，春季开放。

🏆**白糙皮桦** var. ***jacquemontii*** (*B. jacquemontii*)，见83页。

🏆**'杰利米'白糙皮桦** var. ***jacquemontii* 'Jermyns'** (*B.* 'Jermyns') 高15m，冠径10m。树皮亮白色。雄柔荑花序极长，优美，花黄色。

Bhutan pine 见 *Pinus wallichiana*，见103页。

袖珍南星属（新拟）BIARUM

天南星科 ARACEAE

多年生草本。具块茎，多于秋初开花。肉穗花序铅笔状，包于佛焰苞中，花微小，佛焰苞管状，艳丽，上部头盔状或扁平。耐寒，但在冷湿的冬季应避风或置于温室中防寒。喜光照充足和排水良好的土壤。夏季块茎干燥后休眠。秋季播种繁殖或用短茎繁殖。

袖珍南星（新拟）***B. eximium*** 多年生草本。具块茎。秋初开花。株高和冠径均为8～10cm。叶披针形，半直立，基生。肉穗花序直立，黑色，佛焰苞无梗，管状，有绒毛，淡黑栗色，长达15cm，常平卧地面，上部平展。

细叶袖珍南星（新拟）***B. tenuifolium***，见439页。

Bidens atrosanguinea 见 *Cosmos atrosanguineus*。

Big tree 见 *Sequoiadendron giganteum*，见102页。

Big-cone pine 见 *Pinus coulteri*，见102页。

吊钟藤属 BIGNONIA

紫葳科 BIGNONIACEAE

常绿藤本。以卷须攀缘。耐寒。在寒冷地区栽培时冬季落叶。在光照充足和肥沃的土壤条件下植株开花最好。春季修剪。夏季或秋季茎插繁殖或冬季压条繁殖。

B. capensis 见 *Tecoma capensis*。

吊钟藤 ***B. capreolata*** (*Doxantha capreolata*)(Cross vine, Trumpet flower) 常绿藤本。以卷须攀缘。高10m以上。叶具2枚窄椭圆形小叶和具分枝的卷须。花成簇，漏斗状，淡红橙色，生于叶腋，夏季开放。秋季结荚果状蒴果，长15cm。

B. grandiflora 见 *Campsis grandiflora*。

B. jasminoides 见 *Pandorea jasminoides*。

B. pandorana 见 *Pandorea pandorana*。

B. radicans 见 *Campsis radicans*。

B. stans 见 *Tecoma stans*。

Bilberry 见 *Vaccinium myrtillus*。

Bilderdykia 重新归入 *Fallopia*。

藤海桐属（新拟）BILLARDIERA

海桐花科 PITTOSPORACEAE

常绿木质藤本。以茎缠绕攀缘。因观果而栽培。半耐寒。喜避风、半阴处和排水良好的土壤。春季播种繁殖或夏秋季茎插繁殖。

🏆**长花藤海桐**（新拟）***B. longiflora***，见218页。

红苞凤梨属（水塔花属，筒凤梨属）BILLBERGIA

凤梨科 BROMELIACEAE

多年生常绿草本。莲座状。因观花和叶而栽培。不耐寒，耐最低温度5～7℃。喜半阴和排水良好的土壤，土壤中最好加入栽培兰花的泥炭藓或塑料碎屑。旺盛生长期需水量中等，其他时期需水少。花后或春末分株繁殖或用短匍茎繁殖。

俯垂水塔花（比尔见亚，垂花筒凤梨）***B. nutans*** (Queen's tears)（见265页）多年生常绿草本。丛生。莲座状。株高和冠径均为40cm。叶条形，常暗绿色。花成簇，下垂，管状，淡灰绿色，花瓣边缘紫蓝色，苞片粉红色，春季开放。

B. rhodocyanea 见 *Aechmea fasciata*。

🏆**温氏水塔花** ***B.* × *windii*** (Angel's tears) 多年生常绿草本。丛生。莲座状。株高和冠径均为40cm。与俯垂水塔花（*B. nutans*）相近，但叶较宽，伸展，灰绿色。苞片大，春季至秋季陆续开放。

Biota orientalis 见 *Thuja orientalis*。

Birch 见 *Betula*。

Arctic 见 *Betula nana*，见349页。

Canoe 见 *Betula papyrifera*，见72页。

Himalayan 见 *Betula utilis*。

Monarch 见 *Betula maxinowicziana*。

Paper 见 *Betula papyrifera*，见72页。

Silver 见 *Betula pendula*。

Szechuan 见 *Betula szechuanica*。

Weeping 见 *Betula pendula* 'Tristis'，见73页。

West Himalayan 见 *Betula utilis* var. *jacquemontii*，见83页。

White Chinese 见 *Betula albosinensis*，见74页。

Yellow 见 *Betula alleghaniensis*。

Young's weeping 见 *Betula pendula* 'Youngii'，见92页。

Bird cherry 见 *Prunus padus*，见76页。

Virginian 见 *Prunus virginiana*。

Bird's-eye primrose 见 *Primula farinosa*，见272页。

Bird's-foot ivy 见 *Hedera helix* 'Pedata'，见221页。

Bird's-foot violet 见 *Viola pedata*，见369页。

Bird's-nest bromeliad 见 *Nidularium innocentii*。

Bird's-nest fern 见 *Asplenium nidus*，见313页。

Bird-catcher tree 见 *Pisonia umbellifera*。

Bird-of-paradise flower 见 *Strelitzia*。

Birthroot 见 *Trillium erectum*，见269页。

Birthwort 见 *Aristolochia*。

Bishop pine 见 *Pinus muricata*，见103页。

Bishop's cap 见 *Astrophytum myriostigma*，见466页。

Bishop's mitre 见 *Astrophytum myriostigma*，见466页。

Bishop's weed, Variegated 见 *Aegopodium podagraria* 'Variegatum'，见276页。

Bistort 见 *Persicaria bistorta*。

Biting stonecrop 见 *Sedum acre*，见384页。

Bitter cress 见 *Cardamine*。

Bitter orange, Japanese 见 *Poncirus trifoliata*。

Bitter root 见 *Lewisia rediviva*，见 373 和 379 页。

Bitternut 见 *Carya cordiformis*。

Bitternut hickory 见 *Carya cordiformis*。

Bittersweet

American 见 *Celastrus scandens*。

Oriental 见 *Celastrus orbiculatus*。

Black alder 见 *Alnus glutinosa*。

Black bamboo 见 *Phyllostachys nigra*。

Black bean 见 *Kennedia nigricans*。

Black bean tree 见 *Castanospermum*。

Black cherry 见 *Prunus serotina*，见 65 页。

Black chokeberry 见 *Aronia melanocarpa*，见 136 页。

Black cottonwood 见 *Populus trichocarpa*。

Black false hellebore 见 *Veratrum nigrum*，见 228 页。

Black gum 见 *Nyssa sylvatica*，见 71 页。

Black huckleberry 见 *Gaylussacia baccata*。

Black Jack oak 见 *Quercus marilandica*，见 80 页。

Black mulberry 见 *Morus nigra*。

Black oak 见 *Quercus velutina*。

Black pine 见 *Pinus jeffreyi*，见 103 页，*Pinus nigra*。

Japanese 见 *Pinus thunbergii*，见 106 页。

Black poplar 见 *Populus nigra*。

Black sarana 见 *Fritillaria camschatcensis*，见 413 页。

Black spruce 见 *Picea mariana*。

Black tree fern 见 *Cyathea medullaris*。

Black walnut 见 *Juglans nigra*，见 67 页。

Black willow 见 *Salix gracilistyla* 'Melanostachys'。

Blackberry 见 *Rubus*。

Blackboy 见 *Xanthorrhoea*。

Blacr-eyed Susan 见 *Rudbeckia fulgida*, *Thunbergia alata*，见 216 页。

Blackthorn 见 *Prunus spinosa*。

Bladder cherry 见 *Physalis alkekengi*。

Bladder nut 见 *Staphylea*。

Bladder senna 见 *Colutea arborescens*，见 146 页。

Blanket flower 见 *Gaillardia*。

乌毛蕨属 BLECHNUM

乌毛蕨科 BLECHNACEAE

常绿或半常绿蕨类植物。极耐寒至不耐寒，耐最低温度5℃。多数种类喜半阴和湿润的中性至酸性土壤。定期清理落叶。南国乌毛蕨（*B. penna-marina*）春季分株繁殖，其他种类夏末孢子繁殖。

B. alpinum 见 *B. penna-marina*。

***B. chilense* of gardens** 见 *B. tabulare*。

B. magellanicum 见 *B. tabulare*。

❦南国乌毛蕨（新拟）***B. penna-marina*** (*B. alpinum*)，见 310 页。

❦穗乌毛蕨*B. spicant*（耐寒蕨类）常绿蕨类。株高30～75cm，冠径30～45cm。极耐寒。叶窄披针形，具凹槽，革质，伸展，暗绿色。喜阴和泥炭质或腐殖质土壤。

❦雅致乌毛蕨*B. tabulare* (*B. chilense* of gardens, *B. magellanicum*) 常绿或半常绿蕨类。株高30～100cm，冠径30～60cm。半耐寒。外部为不育叶，阔披针形，凹陷，中绿色，对称排列，内部为可育叶，褐色，具流苏边缘。

Bleeding heart 见 *Dicentra spectabilis*，见 245 页。

Blessed Mary's thistle 见 *Silybum marianum*，见 322 页。

白及属 BLETILLA

见兰花。

B. hyacinthina 见 *B. striata*。

白及 *B. striata* (*B. hyacinthina*)（见 297 页）　落叶陆生兰。株高达60cm。半耐寒。叶宽披针形，长50cm。花洋红色或白色，长 3cm，春末或夏初开放。夏季需要庇荫。

Blood flower 见 *Asclepias curassavica, Scadoxus multiflorus* subsp. *katherinae*，见 401 页。

Mexican 见 *Distictis buccinatoria*，见 204 页。

Blood leaf 见 *Iresine lindenii*。

Blood lily 见 *Haemanthus coccineus*，见 435 页。

Bloodroot 见 *Sanguinaria canadensis*，见 363 页。

Bloody cranesbill 见 *Geranium sanguineum*，见 354 页。

环丝韭属（新拟）BLOOMERIA

葱科／百合科 ALLIACEAE/ LILIACEAE

鳞茎类植物。洋葱状。春季开花。花序头状，球形，生于无叶的茎上。夏季枯死。耐寒。喜避风、光照充足和排水良好的土壤。秋季播种繁殖，夏末或秋季分株繁殖。

环丝韭（新拟）***B. crocea***　鳞茎类植物。春末开花。株高达30cm，冠径10cm。叶窄长，半直立，基生，花期枯死。茎无叶。花序头状，球形，直径 10～15cm，花松散，星状，黄色，有暗色条纹。

Blue amaryllis 见 *Worsleya*。

Blue Atlas cedar 见 *Cedrus atlantica* f. *glauca*，见 101 页。

Blue candle 见 *Myrtillocactus geometrizans*，见 456 页。

Blue cupidone 见 *Catananche*。

Blue dawn flower 见 *Ipomoea indica*，见 205 页。

Blue Douglas fir 见 *Pseudotsuga menziesii* var. *glauca*，见 102 页。

Blue fescue 见 *Festuca glauca*。

Blue flag 见 *Iris versicolor*，见 234 页。

Blue grama 见 *Bouteloua gracilis*，见 307 页。

Blue gum 见 *Eucalyptus globulus*。

Blue holly 见 *Ilex × meserveae*。

Blue lace flower 见 *Trachymene coerulea*。

Blue marguerite 见 *Felicia amelloides*。

Blue oat grass 见 *Helictotrichon sempervirens*，见 307 页。

Blue passion flower 见 *Passiflora caerulea*，见 214 页。

Blue poppy 见 *Meconopsis betonicifolia*，见 253 页，*M. grandis*，见 253 页。

Blue potato bush 见 *Solanum rantonnetii*。

Blue star 见 *Amsonia*。

Blue trumpet vine 见 *Thunbergia grandiflora*。

Bluebell 见 *Hyacinthoides*。

California 见 *Phacelia campanularia*，见 334 页。

English 见 *Hyacinthoides nonscripta*，见 414 页。

New Zealand 见 *Wahlenbergia albomarginata*。

Spanish 见 *Hyacinthoides hispanica*，见 414 页。

Bluebell creeper 见 *Sollya*。

Blueberry

Highbush 见 *Vaccinium corymbosum*，见 160 页。

Low-bush 见 *Vaccinium angustifolium* var. *laevifolium*，见 172 页。

Blueberry ash 见 *Elaeocarpus cyaneus*。

Bluebottle 见 *Centaurea cyanus*。

Blue-flowered torch 见 *Tillandsia lindenii*，见 265 页。

Bluets, Creeping 见 *Hedyotis michauxii*，见 383 页。

Blushing bromeliad 见 *Neoregelia carolinae*，*Nidularium fulgens*。

Blushing philodendron 见 *Philodendron erubescens*。

Bo 见 *Ficus religiosa*。

Boat lily 见 *Tradescantia spathacea*。

Bocconia cordata 见 *Macleaya cordata*。

石椒草属 BOENNINGHAUSENIA

芸香科 RUTACEAE

单种属。落叶亚灌木。茎常柔软，草本状。因观叶和花而栽培。耐寒。冬季需修剪至地面。喜全光照和肥沃、排水良好但不太干燥的土壤。夏季软枝扦插繁殖或秋季播种繁殖。

石椒草 *B. albiflora* 落叶亚灌木。丛生。株高和冠径均为1m。叶中绿色，分裂成卵形小叶，有刺激性气味。圆锥花序，松散，花小，杯状，白色，仲夏至秋初开放。

Bog arum 见 *Calla palustris*，见 446 页。

Bog bean 见 *Menyanthes trifoliata*，见 446 页。

Bog pimpernel 见 *Anagallis tenella*。

Bog sage 见 *Salvia uliginosa*。

垫芹属（新拟）BOLAX

伞形科 APIACEAE/ UMBELLIFERAE

多年生常绿草本。圆丘状至垫状。常归于*Azorella*属。因观其匀称的莲座状叶丛而栽培。叶小而厚，粗糙。栽培时很少开花。适于沙砾土、谷地和高山植物温室内栽培。极耐寒。喜光照和富含腐殖质、排水良好的土壤。夏季用生根的莲座繁殖。

垫芹（新拟）***B. gummifera***，见 391 页。

竹叶吊钟属（新拟）BOMAREA

六出花科／百合科 ALSTROEMERIACEAE/ LILIACEAE

多年生草本或常绿藤本。具块根。蔓生或以茎缠绕攀缘。因观其管状或钟状花而栽培。半耐寒至不耐寒，耐最低温度5℃。喜排水良好的土壤和全光照环境。生长期定期浇水，休眠期减少浇水。需支撑。叶变黄时修剪老花茎至地面。初春播种繁殖或分株繁殖。

彩花竹叶吊钟（新拟）***B. andimarcana*** (*B. pubigera* of gardens) 常绿藤本。蔓生。茎细长，直立。高 2～3m。不耐寒。叶披针形，背面白色，多毛。花下垂，管状，淡黄色，带粉红色，花瓣先端绿色，夏初至秋季开放。

❦橘红竹叶吊钟（新拟）***B. caldasii*** (*B. kalbreyeri* of gardens)，见 217 页。

***B. kalbreyeri* of gardens** 见 *B. caldasii*。

***B. pubigera* of gardens** 见 *B. andimarcana*。

Bonin Isles juniper 见 *Juniperus procumbens*，见 110 页。

Borage 见 *Borago*。

琉璃苣属 BORAGO

Borage

紫草科 BORAGINACEAE

一年生和多年生草本。因其幼叶可食用和观花而栽培。极耐寒。喜光照和肥沃、排水良好的土壤。春季室外播种繁殖，部分种类可大量自播繁殖。具侵入性。

琉璃苣 *B. officinalis*，见 334 页。

香波龙属 BORONIA

芸香科 RUTACEAE

常绿灌木。因观花而栽培。不耐寒，耐最低温度7～10℃。喜全光照和沙质、中性至酸性土壤。盆栽植株需适度浇水，非旺盛生长期少浇水。花后剪短长茎可得到枝条密集的树形。春季播种繁殖或夏末用半成熟枝扦插繁殖。红蜘蛛螨会危害植株。

大柱香波龙 *B. megastigma*，见 156 页。

Borzicactus 重新归入 *Oreocereus*。

Bosnian pine 见 *Pinus heldreichii*，见 104 页。

Boston ivy 见 *Parthenocissus tricuspidata*，见 218 页。

Bottle, Brandy 见 *Nuphar lutea*，见 468 页。

Bottle plant 见 *Hatiora salicornioides*，见 468 页。

Bottlebrush 见 *Callistemon*。

Albany 见 *Callistemon speciosus*。

Granite 见 *Melaleuca elliptica*，见 142 页。

Bottlebrush buckeye 见 *Aesculus parviflora*，见 119 页。

叶子花属（九重葛属，宝巾属）BOUGAINVILLEA

紫茉莉科 NYCTAGINACEAE

落叶或常绿木质藤本。蔓生。因观赏其绚丽的花苞片而栽培。不耐寒，耐最低温度7～10℃。喜肥沃、排水良好的土壤和全光照环境。生长季节适度浇水，盆栽植株休眠时应保持干燥。需支撑。春季修剪侧枝，留长2～3cm。夏季用半成熟枝扦插繁殖，或休眠期用硬枝扦插繁殖。白蝇或介壳虫会危害植株。

红苞九重葛 *B.* × *buttiana* 常绿木质藤本。蔓生。生长旺盛。高8～12m。叶卵形，中绿色，长达8cm，背面色较淡。花大型簇状，苞片波状，金黄色、紫色或红色，夏季至秋季开放。**'California Gold'** 见 *B.* × *b.* 'Golden Glow'。**'Crimson Lake'** 见 *B.* × *b.* 'Mrs Butt'。**金宝巾 'Golden Glow'** (*B.* × *b.* 'California Gold') 苞片橙黄色。

🏆红夫人 'Mrs Butt' (*B.* × *b.* 'Crimson Lake') 苞片深洋红色。**'红后' 'Scarlet Queen'** 苞片猩红色。

'丹尼亚' 九重葛 *B.* 'Dania'，见 210 页。

🏆光叶子花 *B. glabra*，见 214 页。**'Sanderiana'** 见 *B. g.* 'Variegata'。**'白雪' 'Snow White'** 见 207 页。**'斑叶' 'Variegata'** (*B. g.* 'Sanderiana')，见211 页。

'马尼拉小姐' 九重葛 *B.* 'Miss Manila' (*B.* 'Tango')，见 210 页。

叶子花 *B. spectabilis* 多为常绿木质藤本。蔓生。生长强壮。茎常具少数刺。高达7m。叶椭圆形至卵形。花大型簇状，苞片紫红色，夏季开放。

***B.* 'Tango'** 见 *B.* 'Miss Manila'。

Boussingaultia baselloides of gardens 见 *Anredera cordifolia*。

垂穗草属 BOUTELOUA

禾本科 GRAMINEAE/POACEAE

见禾草类、竹类、灯心草类和莎草类植物。

格马兰草 *B. gracilis* (*B. oligostachya*)，见 307 页。

B. oligostachya 见 *B. gracilis*。

寒丁子属 BOUVARDIA

茜草科 RUBIACEAE

落叶、半常绿或常绿灌木和多年生草本。因观花而栽培。不耐寒，耐最低温度7～10℃，冬季开花的种类耐最低温度13～15℃。喜全光照和肥沃、排水良好的土壤。旺盛生长期需水量大，其他时期需水量中等。花后修剪，回缩1/2至3/4。春季用软枝扦插繁殖，夏季用嫩枝或半成熟枝扦插繁殖。白蝇和粉蚧科的介壳虫会危害植株。

B. humboldtii 见 *B. longiflora*。

白玉冠 *B. longiflora* (*B. humboldtii*) 半常绿灌木。枝伸展。株高和冠径均为 1m 以上。应保持 13℃的温度直到花期结束，之后可耐最低温度为7℃。叶披针形。花簇顶生，具芳香，白色，细管状，4裂，夏季至初冬开放。

红玉冠 *B. ternifolia* (*B. triphylla*)，见 173 页。

B. triphylla 见 *B. ternifolia*。

Bower vine 见 *Pandorea jasminoides*，见 208 页。

苍角殿属（仙鞭草属）BOWIEA

风信子科／百合科 HYACINTHACEAE/LILIACEAE

多浆植物。具鳞茎。夏季开花。茎蔓生，具分枝，绿色。叶少。不耐寒，耐最低温度10℃。喜光照和排水良好的土壤。鳞茎的一半在土壤上面。需用棍棒或藤条支撑。冬季或春季温室内播种繁殖。可产生短匍茎。

苍角殿（仙鞭草）*B. volubilis*，见 460 页。

Bowles' golden sedge 见 *Carex elata* **'Aurea'**，见 309 页。

八幡草属 BOYKINIA

虎耳草科 SAXIFRAGACEAE

多年生草本。圆丘状。极耐寒。多数种类喜阴和富含腐殖质、湿润但排水良好的酸性土壤。春季分株繁殖或秋季播种繁殖。

八幡草 *B. aconitifolia* 多年生草本。圆丘状。株高1m，冠径15cm。叶圆形至肾形，有分裂。花极小，钟状，白色，夏季开放。

詹氏八幡草 *B. jamesii* (*Telesonix jamesii*) 多年生草本。圆丘状。具根状茎。株高和冠径均为15cm。叶丛莲座状，生于茎上。叶肾形，边缘锯齿状。花钟状，开张，具饰边，粉红色，中心绿色，夏初开放。

Box 见 *Buxus*。

Balearic 见 *Buxus balearica*，见 153 页。

Brisbane 见 *Lophostemon confertus*。

Christmas 见 *Sarcococca*。

Common 见 *Buxus sempervirens*。

Himalayan 见 *Buxus wallichiana*。

Small-leaved 见 *Buxus microphylla*。

Sweet 见 *Sarcococca*。

Victorian 见 *Pittosporum undulatum*。

Box elder 见 *Acer negundo*。

Box-leaved holly 见 *Ilex crenata*。

Bracelet honey myrtle 见 *Melaleuca armillaris*。

Brachychilum horsfieldii 见 *Hedychium horsfieldii*。

瓶木属 BRACHYCHITON

梧桐科 STERCULIACEAE

常绿或落叶乔木。多在春季和夏季开花。因观其花和树姿而栽培。不耐寒，耐最低温度7～10℃。喜全光照和富含腐殖质、排水良好的酸性土壤。盆栽植株适度浇水，冬季少浇水。根据需要可修剪植株。春季播种繁殖。红蜘蛛螨会危害植株。

槭叶瓶木 *B. acerifolius* (*Sterculia acerifolia*)，见 65 页。

异叶瓶木 *B. populneus* (*Sterculia diversifolia*) (Kurrajong) 常绿乔木。树冠圆锥状，幼时金字塔状。高和冠径均为 15～20m。叶先端尖或3～5裂，光滑，暗绿色，幼时黄绿色。圆锥花序，花浅碟状，乳白色或淡绿白色，喉部红色、紫色或黄色，春季至夏季开放。

常春菊属（新拟）BRACHYGLOTTIS

菊科 ASTERACEAE/COMPOSITAE

常绿灌木和乔木。因观其粗大的叶和雏菊状头状花序而栽培。极耐寒至不耐寒，耐最低温度3℃。喜全光照或半阴和排水良好的土壤。盆栽植株夏季需水量大，其他时期需水量中等。夏末用半成熟枝扦插繁殖。

密丛常春菊（新拟）*B. compacta* (*Senecio compactus*) 常绿灌木。丛生。枝叶密集。株高1m，冠径2m。耐寒。幼枝密被白色毡状毛。叶小，卵形，暗绿色，叶缘白色，背面白色。头状花序雏菊状，成簇，花亮黄色，仲夏至夏末开放。

达尼丁杂种常春菊（新拟）*B.* Dunedin Hybrids (*Senecio* Dunedin Hybrids, *S. greyi* of gardens, *S. laxifolius* of gardens) 丛生灌木。冠圆丘状。枝伸展。株高 1.5m，冠径 2m 以上。极耐寒。叶倒卵形至椭圆形，中绿色至暗绿色，边缘常波状，具白色毛，后无毛。圆锥花序顶生，由松散的头状花序组成，小花明显，亮黄色，放射状排列，夏季至秋季开放。

🏆'日耀' 'Sunshine' (*Senecio* 'Sunshine')，见 170 页。

疏叶常春菊（新拟）*B. laxifolia* (*Senecio laxifolius*) 常绿灌木。丛生。枝伸展。株高1m，冠径2m。耐寒。叶卵形，灰白色，渐变为暗绿色。头状花序雏菊状，成大花簇，花金黄色，夏季开放。

🏆沿海常春菊（新拟）*B. monroi* (*Senecio monroi*)，见 171 页。

常春菊（新拟）*B. repanda*，见127 页。

圆叶常春菊（新拟）*B. rotundifolia* (*Senecio reinholdii, S. rotundifolius*) 常绿灌木。冠圆丘状。枝密集。株高和冠径均为1m。耐寒。叶圆形，革质，光滑，表面暗绿色，背面白色，毡状。头状花序，花微小，黄色，夏初至仲夏开放。海岸生长可抗海风。

鹅河菊属 BRACHYSCOME

菊科 ASTERACEAE/COMPOSITAE

一年生和多年生草本。因观赏其雏菊状花序和细裂而多变的叶而栽培。极耐寒。喜光照和避风处。喜肥沃、排水良好的土壤。摘除幼株上的嫩枝使之形成丛生冠形。春季温室内播种繁殖或春末室外播种繁殖。

鹅河菊（丝河菊）*B. iberidifolia*，见 334 页。

麦秆菊属 BRACTEANTHA

菊科 ASTERACEAE/COMPOSITAE

多年生草本和一年生草本。因观赏其雏菊状花序和薄纸质的花苞片而栽培。茎直立，具分枝。叶无柄，多毛。耐寒至半耐寒。喜全光照和中等肥沃、湿润但排水良好的土壤。春季播种繁殖。麦秆菊（*B. bracteata*）常作切花和干花栽培。

麦秆菊 *B. bracteata* (Everlasting flower, Immortelle, Strawflower)。**🏆'明**

亮比基尼’‘Bright Bikini’ 一年生草本。茎直立，具分枝。生长速度中等偏快。株高和冠径均为30cm。半耐寒。叶披针形，中绿色。头状花序，雏菊状，花瓣薄纸质，色彩丰富，红色、粉红色、橙色、黄色和白色，夏季至秋初开放。**异形系列 Monstrosum Series**，见 340 页。

Brake

Cretan 见 *Pteris cretica*。

Purple rock 见 *Pellaea atropurpurea*。

Purple-stemmed cliff 见 *Pellaea atropurpurea*。

Snow 见 *Pteris ensiformis*。

Bramble 见 *Rubus*。

Branched bur reed 见 *Sparganium erectum*，见 449 页。

Brandy bottle 见 *Nuphar lutea*，见 451 页。

Brass buttons 见 *Cotula coronopifolia*。

Brassaia 重新归入 *Schefflera*。

柏拉兰属 BRASSAVOLA

见兰花。

柏拉兰 *B. nodosa* (Lady-of-the-night)（见 296 页）常绿附生兰。宜中温温室栽培。株高23cm。叶质地厚，圆柱形，长8～10cm。花淡绿色，直径5cm，花瓣窄，具一白色唇瓣，每茎上着生花1～3朵，夜晚芳香，春季开放。最好栽培于树皮板上。夏季需良好光照。

芸苔属（芥属，甘蓝属） BRASSICA

十字花科 BRASSICACEAE/ CRUCIFERAE

一年生或常绿二年生或多年生草本。多数种类为食用蔬菜，如卷心菜和羽衣甘蓝。但甘蓝（*B. oleracea*）的品种则因其叶具有美化作用而栽培。极耐寒。喜光照和肥沃、排水良好的土壤，在石灰质土壤上也能生长。春季室外播种繁殖或初春温室内播种繁殖。易得根肿病。

甘蓝 *B. oleracea*，见 324 页。

长萼卡特兰属 × BRASSOCATTLEYA

见兰花。

‘蒙特亚当斯’长萼卡特兰 × *B.* Mount Adams（见 297 页）常绿附生兰。宜温室栽培。株高45cm。叶卵形，质硬，长10～15cm。花淡紫色至粉红色，直径15cm，具一暗色带黄色和红色斑点的唇瓣，每茎具花多达4朵，陆续开放。夏季喜良好光照。

柏卡兰属（赛流苏兰属） × BRASSOLAELIOCATTLEYA

见兰花。

‘加冕’粉花柏卡兰 × *B.* Hetherington Horace ‘Coronation’（见 297 页）常绿附生兰。宜中温温室栽培。高45cm。叶质硬，卵形，长10～15cm。花芳香，微粉红色，径10cm，具一深粉黄色唇瓣，每茎具花多达4朵，主要在春季开放。夏季喜良好光照。

‘圣海莱尔’紫花柏卡兰 × *B.* St Helier（见 297 页）常绿附生兰。宜在中温温室栽培。株高45cm。叶卵形，质硬，长10～15cm。花淡粉红色至紫色，直径达10cm，唇瓣浓红色，具一黄色斑点，每茎具花1～4朵，主要在春季开放。夏季喜良好光照。

Bravoa geminiflora 见 *Polianthes geminiflora*。

Brazilian firecracker 见 *Manettia luteo-rubra*，见 205 页。

Breath of heaven 见 *Diosma ericoides*。

Brewer’s spruce 见 *Picea breweriana*，见 105 页。

黑面神属 BREYNIA

大戟科 EUPHORBIACEAE

常绿灌木或乔木。因观叶而栽培。不耐寒，耐最低温度13℃。喜全光照或半阴和肥沃、排水良好的土壤。盆栽植株旺盛生长期大量需水，其他时期中等需水。花后重度修剪过密分枝。夏季用嫩枝或半成熟枝扦插繁殖。白蝇、红蜘蛛螨和粉蚧科的介壳虫会危害植株。

雪丛黑面神 *B. disticha* (*B. nivosa*, *Phyllanthus nivosus*)，见 175 页。**‘红斑’‘Roseopicta’** 常绿灌木。冠圆球状。分枝良好，茎细长。株高和冠径均为1m。叶阔卵形，绿色，边缘变化大，有白色和粉红色斑点。春夏之间开放，无花瓣。

B. nivosa 见 *B. disticha*。

Briar, Sweet 见 *Rosa rubiginosa*，见 185 页。

Bridal bouquet 见 *Porana paniculata*。

Bridal wreath 见 *Francoa appendiculata*, *Spiraea* ‘Arguta’，*Spiraea* × *vanhouttei*，见 154 页。

Bridgesia 重新归入 *Ercilla*。

粗筒苣苔属 BRIGGSIA

苦苣苔科 GESNERIACEAE

多年生常绿草本。因观其多毛的莲座状叶丛而栽培。不耐寒，耐最低温度2～5℃。喜阴和夏季湿润的泥炭土。冬季需要良好的通气条件。冬季不耐湿润。春季播种繁殖。

藓丛粗筒苣苔 *B. muscicola* 多年生常绿草本。基部莲座状。株高8～10cm，冠径23cm。叶卵形，具银白色毛，淡绿色。花簇松散，生于弓状茎上，花筒状，淡黄色，裂片先端突出，夏初开放。在高山植物温室内生长最好。

钟花风信子属（新拟） BRIMEURA

风信子科 / 百合科 HYACINTHACEAE/LILIACEAE

鳞茎类植物。春季开花。与小型的风信子类近似。因观赏引人注目的花而栽培。适于岩石园和灌木花坛栽培。耐寒。喜半阴和富含腐殖质、排水良好的土壤。秋季播种繁殖或夏末分株繁殖。

钟花风信子（新拟）***B. amethystina*** (*Hyacinthus amethystinus*)，见 432 页。

Brisbane box 见 *Lophostemon confertus*。

Bristle club-rush 见 *Isolepsis setaceus*。

Bristle-cone pine 见 *Pinus aristata*，见 108 页。

Bristle-pointed iris 见 *Iris setosa*，见 235 页。

Brittle bladder fern 见 *Cystopteris fragilis*。

Brittonastrum mexicanum 见 *Agastache mexicana*。

凌风草属（银鳞茅属） BRIZA *Quaking grass*

禾本科 GRAMINEAE/POACEAE

见禾草类、竹类、灯心草类和莎草类植物。

大凌风草 *B. maxima* (Greater quaking grass) 一年生草本。健壮。丛生。株高达50cm，冠径8～10cm。极耐寒。叶中绿色，多基生。圆锥花序，小穗松散，多达10个，下垂，淡紫绿色，夏初开放。花序干燥后可作为冬季饰品。可快速自播繁殖。

凌风草 *B. media* (Common quaking grass) 常绿多年生草本。丛生。具根状茎。株高30～60cm，冠径8～10cm。耐寒。叶中绿色，多为基生。圆锥花序开张，小穗多达30个，下垂，淡紫褐色，夏季开放。花干燥后可作冬季饰品。

Broad buckler fern 见 *Dryopteris dilatata*。

Broadleaf 见 *Griselinia littoralis*。

Broad-leaved lime 见 *Tilia platyphyllos*。

花韭属（布若地属） BRODIAEA

葱科 / 百合科 ALLIACEAE/ LILIACEAE

鳞茎类植物。多春季开花。花序头状，花松散，生于无叶的茎上，花色丰富。耐寒。喜避风、光照充足和轻质、排水良好的土壤。夏季枯死。秋季播种繁殖，夏末和秋季用丰富的短匐茎繁殖。

B. capitata 见 *Dichelostemma pulchellum*。

B. congesta 见 *Dichelostemma congestum*。

冠花韭 *B. coronaria* (*B. grandiflora*) 鳞茎类植物。春末至夏初开花。高10～25cm，冠径8～10cm。叶窄长，半直立，基生，花期枯死。花序头状，生于无叶花茎上，花松散，直立，漏斗状，蓝紫色，花柄细长。

B. grandiflora 见 *B. coronaria*。

B. hyacinthina 见 *Triteleia hyacinthina*。

B. ida-maia 见 *Dichelostemma ida-maia*。

B. ixioides 见 *Triteleia ixioides*。

B. lactea 见 *Triteleia hyacinthina*。

B. laxa 见 *Triteleia laxa*。

B. lutea 见 *Triteleia ixioides*。

B. peduncularis 见 *Triteleia peduncularis*。

B. pulchella 见 *Dichelostemma pulchellum*。

红心凤梨属 BROMELIA

凤梨科 BROMELIACEAE

多年生常绿草本。莲座状。因观赏株形而栽培。不耐寒，耐最低温度5～7℃。喜光照和排水良好的土壤。夏季适量浇水，其他时期少浇水。春季用吸附根繁殖。

红心凤梨 *B. balansae* (Heart of flame)（见 265 页）多年生常绿草本。叶丛生，基部莲座状。株高 1m，冠径 1.5m。叶窄带状，弓形，中绿色至灰绿色，具大型钩刺。圆锥花序棒状，花管状，红色或紫罗兰色，苞片长，亮红色，春夏季开放或更晚开放。

Bromeliad 见 feature panel，见 265 页。

Bird’s-nest 见 *Nidularium innocentii*。

Blushing 见 *Neoregelia carolinae*, *Nidularium fulgens*。

Bromeliads, King of the 见 *Vriesea hieroglyphica*。

Brompton stock 见 *Matthiola incana*。

雀麦属 BROMUS

禾本科 GRAMINEAE/POACEAE

见禾草类、竹类、灯心草类和莎草类植物。

多枝雀麦 *B. ramosus* (Hairy brome grass) 多年生常绿草本。丛生。株高达 2m，冠径 30cm。极耐寒。叶中绿色，松散，多毛。圆锥花序，呈长弓状，小穗下垂，灰绿色，夏季开放。喜阴。

Bronvaux medlar 见 +*Crataegomespilus dardarii*。

Broom 见 *Cytisus*, *Genista*。

Butcher's 见 *Ruscus aculeatus*。

Climbing butcher's 见 *Semele androgyna*。

Common 见 *Cytisus scoparius*。

Hedgehog 见 *Erinacea anthyllis*，见 348 页。

Moroccan 见 *Cytisus battandieri*，见 123 页。

Mount Etna 见 *Genista aetnensis*，见 93 页。

Pineapple 见 *Cytisus battandieri*，见 123 页。

Pink 见 *Notospartium carmichaeliae*。

Purple 见 *Chamaecytisus purpureus*。

Spanish 见 *Spartium junceum*，见 147 页。

Warminster 见 *Cytisus* × *praecox* 'Warminster'，见 156 页。

构树属 BROUSSONETIA

桑科 MORACEAE

落叶乔木和灌木。因观叶和与众不同的花而栽培。雌雄异株。耐寒。喜全光照和排水良好的土壤。夏季用软枝扦插繁殖或秋季播种繁殖。

构树 *B. papyrifera*，见 79 页。

歪头花属 BROWALLIA

茄科 SOLANACEAE

多年生草本。灌木状。常作一年生栽培。花喇叭状，开张，色彩绚丽。不耐寒，耐最低温度 4～15℃。喜光照或半阴和肥沃、排水良好的湿润土壤。盆栽植株花期需施肥，摘除幼枝以促进分枝。春季播种繁殖，若想冬季观花，可在夏末播种。

歪头花 *B. americana* (*B. elata*) 多年生草本。丛生。常作一年生栽培。生长速度中等偏快。株高30cm，冠径15cm。耐最低温度4℃。叶卵形，中绿色。花喇叭状，蓝色，直径4cm，夏季开放。

B. elata 见 *B. americana*。

蓝宝花 *B. speciosa*，见 266 页。

群蛇柱属 BROWNINGIA

仙人掌科 CACTACEAE

多年生仙人掌类植物。乔木状。生长慢。茎银蓝色或绿蓝色，具棱20条或更多。冠部分枝坚硬、直立，绿蓝色。不耐寒，耐最低温度7℃。喜全光照和排水极好的土壤。春季或夏季播种繁殖。

佛塔 *B. hertlingiana* (*Azureocereus hertlingianus*)，见 456 页。

Bruckenthalia spiculifolia 见 *Erica spiculifolia*。

木曼陀罗属（花曼陀罗属）BRUGMANSIA (DATURA) *Angel's trumpets*

茄科 SOLANACEAE

常绿或半常绿灌木、乔木和一年生草本。多因观赏其夏花而栽培。耐寒至不耐寒，耐最低温度7～10℃。喜全光照和肥沃、排水良好的土壤。盆栽植株旺盛生长期需水量多，其他时期需水中等。初春可重度修剪。春季播种繁殖，夏初或晚些时候用嫩枝或半成熟枝扦插繁殖。白蝇和红蜘蛛螨会危害植株。全身有毒，食之会严重中毒。

木曼陀罗（树曼陀罗）***B. arborea*** (*B. versicolor* of gardens) 常绿或半常绿灌木。植株粗壮。冠圆球状。株高和冠径均为3m。不耐寒。叶窄卵形，长 20cm 以上。花浓香，下垂，喇叭状，白色，花萼佛焰苞状，长 16～20cm，夏秋开放。

金黄木曼陀罗 *B. aurea* 常绿灌木或乔木。冠圆球状。株高和冠径均为6～11m。不耐寒。叶卵形，长 15cm。花下垂，喇叭状，白色或黄色，长15～25cm，夏秋开放。

白花木曼陀罗 *B.* × *candida*，见 119页。🏆**'大白' 'Grand Marnier'** (*B.* 'Grand Marnier')，见 123 页。

***B.* 'Grand Marnier'** 见 *B.* × *candida* 'Grand Marnier'。

***B. rosei* of gardens** 见 *B. sanguinea*。

🏆**红花木曼陀罗 *B. sanguinea*** (*B. rosei* of gardens)，见 123 页。

***B. versicolor* of gardens** 见 *B. arborea*。

鸳鸯茉莉属（番茉莉属）BRUNFELSIA

茄科 SOLANACEAE

常绿灌木。因观花而栽培。不耐寒，耐最低温度 10～13℃，但冬季 15～18℃ 时开花良好。喜半阴和富含腐殖质、排水良好的土壤。盆栽植株需水量中等，低温时需水很少。生长季节除去茎顶端可促进分枝。夏季用半成熟枝扦插繁殖。粉蚧科的介壳虫和白蝇会危害植株。

B. calycina 见 *B. pauciflora*。

B. eximia 见 *B. pauciflora*。

🏆**疏花鸳鸯茉莉 *B. pauciflora*** (*B. calycina*, *B. eximia*) (Yesterday-today-tomorrow) 常绿灌木。枝伸展。株高和冠径均为60cm 以上。叶椭圆形至披针形，革质，光滑。花蓝紫色，裂片5片，重叠，基部管状，边缘波状，冬季至夏季开放。**'大花' 'Macrantha'**，见 167 页。

蓝珠草属 BRUNNERA

紫草科 BORAGINACEAE

多年生草本。春季开花。极耐寒。喜半阴和湿润土壤。春季或秋季分株繁殖，也可秋季播种繁殖。

🏆**大叶蓝珠草**（西伯利亚牛舌草）***B. macrophylla*** (Siberian bugloss) 多年生草本。丛生。株高45cm，冠径60cm，花枝美丽。叶心形，粗糙，具长柄。花小，星状，勿忘我花状，初春开放。为极好的地被植物。**'乳斑' 'Dawson's White'** (*B. m.* 'Variegata')，见 271 页。

× ***Brunsdonna parkeri*** 见 × *Amarygia parkeri*。

花盏属 BRUNSVIGIA

石蒜科 AMARYLLIDACEAE

鳞茎类植物。秋季开花。花序头状，美丽。半耐寒。喜光照和排水良好的土壤。秋季浇水可使球茎进入生长期，持续浇水直至夏季叶枯死。休眠鳞茎应保持干燥和温暖。秋季播种繁殖或夏末用短匐茎繁殖。

红花盏 *B. josephinae* (Josephine's lily) 鳞茎类植物。秋季开花。株高达45cm，冠径 45～60cm。叶半直立，椭圆形。花序球形头状，具花20～30朵，生于粗壮的无叶茎上，花漏斗状，红色，花瓣长 7～9cm，先端反卷，先叶开放。

Brush-box tree 见 *Lophostemon confertus*。

Bryophyllum 重新归入 *Kalanchoe*。

Buckbean 见 *Menyanthes trifoliata*，见 446 页。

Buckeye 见 *Aesculus*。

Bottlebrush 见 *Aesculus parviflora*，见 119 页。

California 见 *Aesculus californica*，见 85 页。

Ohio 见 *Aesculus glabra*。

Red 见 *Aesculus pavia*。

Sweet 见 *Aesculus flava*，见 82 页。

Yellow 见 *Aesculus flava*，见 82 页。

Buckthorn 见 *Rhamnus*。

Italian 见 *Rhamnus alaternus*。

Sea 见 *Hippophae rhamnoides*，见 124 页。

Buckwheat，Wild 见 *Eriogonum*。

醉鱼草属 BUDDLEJA

醉鱼草科／马钱科 BUDDLEJACEAE/LOGANIACEAE

落叶、半常绿或常绿灌木和乔木。因观其花簇而栽培。花小，常芳香。极耐寒至半耐寒。喜全光照和肥沃、排水良好的土壤。皱叶醉鱼草（*B. crispa*），大叶醉鱼草（*B. davidii*），紫花醉鱼草（*B. fallowiana*），'洛辛克'醉鱼草（*B.* 'Lochinch'）和杂色醉鱼草（*B.* × *weyeriana*）春季可重度修剪。互叶醉鱼草（*B. alternifolia*）除去开过花的枝条。其他种类花后可进行轻度修剪。夏季用半成熟枝扦插繁殖。

🏆**互叶醉鱼草 *B. alternifolia***，见 122 页。

🏆**白背枫**（驳骨丹）***B. asiatica*** 常绿灌木。枝弓状。株高和冠径均为3m。半耐寒。叶窄长，暗绿色。花序长，羽状，花极香，管状，白色，冬末和初春开放。应靠南墙或西墙栽培。

大花醉鱼草 *B. colvilei*，见 121 页。**'邱园' 'Kewensis'** 落叶灌木。枝弓状，随着树龄增长渐为乔木状。株高和冠径均为 5m。耐寒。叶披针形，暗绿色。花簇下垂，花大，管状，深红色，喉部白色，夏初开放。

皱叶醉鱼草 *B. crispa*，见 143 页。

大叶醉鱼草 *B. davidii* (Butterfly bush)。🏆**'黑骑士' 'Black Knight'** 落叶灌木。枝弓状。生长旺盛。株高和冠径均为 5m。极耐寒。叶长披针形，暗绿色，背面具白色毡状物。花芳香，管状、暗紫罗兰色，密集成簇，仲夏至秋季开放。🏆**'品蓝' 'Empire Blue'** 花浓紫蓝色。**'小丑' 'Harlequin'**，见 121 页。**'和平' 'Peace'**，见 118 页。**'粉珍珠' 'Pink Pearl'** 花淡紫色至粉红色。🏆**'品红' 'Royal Red'**，见 121 页。

紫花醉鱼草 *B. fallowiana* 落叶灌木。枝弓状。株高 2m，冠径 3m。耐寒。枝和幼叶具白色毛。叶披针形，渐变为暗灰绿色。花芳香，管状，淡紫色至紫色，夏末和秋初开放。极严寒的冬季常受冻害，寒冷地区应靠墙栽培。🏆**白花醉鱼草** var. ***alba*** 花白色。

🏆**球序醉鱼草**（球花醉鱼草）***B. globosa***，见 123 页。

🏆**'洛辛克' 醉鱼草 *B.* 'Lochinch'** 落叶灌木。枝弓状。株高和冠径均为 3m。耐寒。叶披针形，灰绿色。花序长羽状，花芳香，管状，淡紫蓝色，生于叶上方，夏末和秋季开放。

浆果醉鱼草（马达加斯加醉鱼草）***B. madagascariensis*** (*Nicodemia madagascariensis*) 常绿灌木。呈弓状。高和冠径均为4m 以上。半耐寒。叶窄披针形，暗绿色，背面白色。花簇长，花管状，橙黄色，冬末和春季开放。应靠南墙或西墙栽培。

杂色醉鱼草 *B.* × *weyeriana* 落叶灌木。枝弓状。株高和冠径均为 4m。极耐寒。叶披针形，暗绿色。花簇松散，圆球形，花管状，橙黄色，常微带淡紫色，仲夏至秋季开放。

Buffalo berry 见 *Shepherdia argentea*。

Buffalo currant 见 *Ribes odoratum*。

Bugbane 见 *Cimicifuga*。

Bugle，Pyramidal 见 *Ajuga pyramidalis*。

Bugler，Royal red 见 *Aeschynanthus pulcher*。

Bugloss，Siberian 见 *Brunnera macrophylla*。

春水仙属 BULBOCODIUM

秋水仙科／百合科 COLCHICACEAE/LILIACEAE

球茎类植物。春季开花。与秋水仙属（*Colchicum*）有亲缘关系。花漏斗状。尤其适于岩石园和低温温室栽培。极耐寒。喜开阔、光照充足和排水良好的土壤。秋季播种繁殖，夏末或秋初分株繁殖。

春水仙 ***B. vernum***，见430页。

石豆兰属 BULBOPHYLLUM

见兰花。

穗花卷瓣兰 ***B. careyanum***（见298页）常绿附生兰。宜中温温室栽培。株高8cm。叶卵形，长8～10cm。枝具密集的花，花多数淡香，褐色，直径0.5cm，春季开放。最适于吊篮中栽培。夏季喜半阴。

Bull bay 见 *Magnolia grandiflora*。

Bullock's heart 见 *Annona reticulata*。

Bunch-flowered daffodil 见 *Narcissus tazetta*。

Bunnies' ears 见 *Stachys byzantina*，见304页。

Bunny ears 见 *Opuntia microdasys*。

牛眼菊属 BUPHTHALMUM

菊科 ASTERACEAE/COMPOSITAE

多年生草本。夏季开花。极耐寒。喜全光照，在任何不太肥沃的土壤上都能良好地生长。春季或秋季播种繁殖或秋季分株繁殖。应不断分株繁殖以控制侵入。

牛眼菊（柳叶牛眼菊，黄柳菊）***B. salicifolium***，见292页。

B. speciosum 见 *Telekia speciosa*。

柴胡属 BUPLEURUM

伞形科 APIACEAE/UMBELLIFERAE

多年生草本或常绿灌木。因观其叶和花而栽培。在海岸公园中生长良好。耐寒。喜全光照和排水良好的土壤。夏季用半成熟枝扦插繁殖。

灌木柴胡 ***B. fruticosum***，见146页。

Bur oak 见 *Quercus macrocarpa*，见80页。

Bur reed 见 *Sparganium*。

Burnet 见 *Sanguisorba*。

Canadian 见 *Sanguisorba canadensis*，见226页。

Great 见 *Sanguisorba officinalis*。

Burnet rose 见 *Rosa pimpinellifolia*。

Burning bush 见 *Dictamnus albus*，见240页。*Bassia scoparia* f. *trichophylla*，见335页。

Burro's tail 见 *Sedum morganianum*。

Bush groundsel 见 *Baccharis halimifolia*。

Bush violet 见 *Browallia speciosa*，见266页。

Busy lizzie 见 *Impatiens walleriana* cvs。

Butcher's broom 见 *Ruscus aculeatus*。

果冻椰子属（布帝亚椰子属）BUTIA
Yatay palm

棕榈科 ARECACEAE/PALMAE

常绿棕榈状植物。因观树姿而栽培。耐寒至不耐寒，耐最低温度5℃。喜全光照或半阴和肥沃、排水良好的土壤。需定期浇水，冬季需水少。春季24℃以上时播种繁殖。红蜘蛛螨会危害植株。

果冻椰子（布帝亚椰子，布迪椰子，冻子椰子）***B. capitata***（*Cocos capitata*），见100页。

花蔺属 BUTOMUS

花蔺科 BUTOMACEAE

单种属。多年生落叶草本。灯心草状。生于水边。因观其芳香的杯状花而栽培。极耐寒。喜开阔、光照充足和25cm的水深。春季分株繁殖，也可在春季或夏末播种繁殖。

🏆**花蔺** ***B. umbellatus***，见448页。

Butter tree 见 *Tylecodon paniculatus*。

Buttercup 见 *Ranunculus*。

Alpine 见 *Ranunculus alpestris*，见363页。

Double meadow 见 *Ranunculus acris* 'Flore Pleno'，见292页。

Giant 见 *Ranunculus lyallii*。

Meadow 见 *Ranunculus acris*。

Persian 见 *Ranunculus asiaticus*，见421和423页。

Butterfly bush 见 *Buddleja davidii*。

Butterfly flower 见 *Schizanthus*。

Butterfly orchid 见 *Psychopsis papilio*，见299页。

Butterfly weed 见 *Asclepias tuberosa*，见258页。

Butternut 见 *Juglans cinerea*。

Button-fern 见 *Pellaea rotundifolia*。

Buttons, Brass 见 *Cotula coronopifolia*。

黄杨属 BUXUS
Box

黄杨科 BUXACEAE

常绿灌木和乔木。因观其叶和树形而栽培。极适于花坛边缘栽培或作绿篱，耐修剪。花不明显。极耐寒至耐寒。喜光照或半阴和排水良好的土壤。作绿篱时夏季修剪。春末修剪植株茎，回缩30cm或更低以促进生长。夏季用半成熟枝扦插繁殖。触及黄杨的树汁会刺激皮肤。

西班牙黄杨 ***B. balearica***，见153页。

小叶黄杨 ***B. microphylla***（Small-leaved box）常绿灌木。丛生。株高1m，冠径1.5m，圆形，密集，极耐寒。叶小，椭圆形，暗绿色。**'绿枕' 'Green Pillow'**，见176页。

🏆**锦熟黄杨** ***B. sempervirens***（Common box）常绿丛生灌木或乔木。株高和冠径均为5m。极耐寒。叶椭圆形，光滑，暗绿色。可用作绿篱或屏障。**'汉德·沃斯' 'Handsworthensis'**，见152页。🏆**'矮灌' 'Suffruticosa'**，见177页。

喜马拉雅黄杨 ***B. wallichiana***（Himalayan box）常绿灌木。丛生。冠开张。生长慢。株高和冠径均为2m。耐寒。叶窄长，光滑，亮绿色。

C

Cabbage

Ornamental 见 *Brassica oleracea* forms，见 324 页。

Yellow skunk 见 *Lysichiton americanus*，见 451 页。

Cabbage palm

Australian 见 *Livistona australis*。

New Zealand 见 *Cordyline australis*。

水盾草属 CABOMBA

莼菜科／睡莲科 CABOMBACEAE/NYMPHAEACEAE

落叶或半常绿多年生沉水植物。叶细裂。适于池塘中栽培。不耐寒，耐最低温度5℃。喜半阴。春季或夏季茎插繁殖。

水盾草 ***C. caroliniana*** (Fanwort, Fish grass, Washington grass) 落叶或半常绿多年生沉水植物。冠径不定。叶密集。冠圆丘状。叶扇形，具粗糙的缺刻，亮绿色。用作制氧植物。

Cactus

Barrel 见 *Ferocactus*。

Chain 见 *Rhipsalis paradoxa*。

Christmas 见 *Schlumbergera* × *buckleyi*。

Colombian ball 见 *Parodia erinacea*，见 479 页。

Coral 见 *Rhipsalis cereuscula*，见 461 页。

Crab 见 *Schlumbergera truncata*，见 473 页。

Dumpling 见 *Lophophora williamsii*，见 471 页。

Easter 见 *Hatiora gaertneri*，见 475 页。

Fishbone 见 *Epiphyllum anguliger*，见 461 页。

Golden ball 见 *Parodia leninghausii*，见 468 页。

Golden barrel 见 *Echinocactus grusonii*，见 460 页。

Lace 见 *Mammillaria elongata*，见 470 页。

Lamb's-tail 见 *Echinocereus schmollii*，见 462 页。

Lobster 见 *Schlumbergera truncata*，见 473 页。

Melon 见 *Melocactus intortus*，见 472 页。

Mistletoe 见 *Rhipsalis*。

Old-lady 见 *Mammillaria hahniana*，见 465 页。

Old-man 见 *Cephalocereus senilis*，见 460 页。

Old-woman 见 *Mammillaria hahniana*，见 465 页。

Orchid 见 *Epiphyllum*。

Organ-pipe 见 *Pachycereus marginatus*，见 457 页。

Peanut 见 *Echinopsis chamaecereus*，见 475 页。

Peruvian old-man 见 *Espostoa lanata*，见 457 页。

Pincushion 见 *Mammillaria*。

Powder-puff 见 *Mammillaria bocasana*，见 471 页。

Rat's-tail 见 *Aporocactus flagelliformis*，见 463 页。

Red orchid 见 *Nopalxochia ackermannii*。

Rose 见 *Pereskia grandifolia*，见 458 页。

Scarlet ball 见 *Parodia haselbergii*。

Silver ball 见 *Parodia scopa*。

Silver dollar 见 *Astrophytum asterias*。

Strap 见 *Epiphyllum*。

Strawberry 见 *Mammillaria prolifera*。

Torch 见 *Echinopsis spachiana*，见 457 页。

云实属 CAESALPINIA

苏木科／豆科 CAESALPINIACEAE/LEGUMINOSAE

落叶或常绿灌木、乔木或蔓生藤本。因观叶和花而栽培。耐寒至不耐寒，耐最低温度5～10℃。喜全光照和肥沃、排水良好的土壤。夏季用软枝扦插繁殖，秋季或春季播种繁殖。

红蕊云实（红蕊蝴蝶） ***C. gilliesii*** (*Poinciana gilliesii*)，见 123 页。

金凤花（番蝴蝶）***C. pulcherrima*** (*Poinciana pulcherrima*)(Barbados pride) 常绿灌木或乔木。树形直立至伸展。高和冠径均为3～6m。不耐寒，耐最低温度5℃。叶羽状，由多数较小的中绿色小叶组成。总状花序短，直立，花密集，杯状，黄色，径3cm，花药极长，红色，夏季开放。

花叶芋属（五彩芋属）CALADIUM

天南星科 ARACEAE

多年生草本。具块茎。叶具长柄，美丽，生于块茎上。不耐寒，耐最低温度18～19℃。喜半阴和湿润、富含腐殖质的土壤。叶枯死后，将块茎贮藏于不受冻害的黑暗处。春季分割小块茎繁殖。触及植株各部分皆会刺激皮肤，食之会引起轻微的胃部不适。

花叶芋（五彩芋）***C. bicolor*** (Angels' wings)。**'白亮' 'Candidum'** 多年生草本。丛生。高和冠径均为90cm。叶白色，三角形，叶脉绿色，长45cm，基部箭形，具长柄。佛焰苞白色，花小，成簇生于肉穗花序上，有时结淡白色浆果。**'约翰·皮德' 'John Peed'** 茎紫色。叶蜡质，绿色，中部金属般橙红色，叶脉猩红色。**'粉丽' 'Pink Beauty'**，见 264 页。**'粉云' 'Pink Cloud'** 叶大，暗绿色，中部具粉红色斑点，沿叶脉有粉红色至白色区域。

Calamondin 见 × *Citrofortunella microcarpa*，见 151 页。

Calandrinia megarhiza 见 *Claytonia megarhiza*。

虾脊兰属 CALANTHE

见兰花。

乳白虾脊兰 ***C. vestita*** (见296页) 落叶地生兰。高60cm。不耐寒，耐最低温度18℃。叶阔卵形，具皱褶，柔软，长30cm。花多，白色，径4cm，唇瓣大，具红色斑点，冬季开放。夏季需要半阴和定期施肥。

肖竹芋属 CALATHEA

竹芋科 MARANTACEAE

多年生常绿草本。叶色彩亮丽，形状美丽。不耐寒，耐最低温度15℃。喜阴、湿润和恒温。适生于富含腐殖质、排水良好的土壤。用软水浇灌，低温时需水少，但土壤不能干透。春季分株繁殖。

林登肖竹芋 ***C. lindeniana*** 多年生常绿草本。丛生。高1m，冠径60cm。叶披针形，具长柄，或多或少直立，长30cm以上，暗绿色，表面具淡绿色羽状叶脉，背面有淡红紫色斑点。穗状花序短，直立，花淡黄色，3瓣，四季开放。

红羽肖竹芋 ***C. majestica*** **'Roseolineata'** (*C. ornata* 'Roseolineata') 多年生常绿草本。丛生。无主茎。高达2m，冠径达1.5m。叶窄卵形，革质，长达60cm，暗绿色，背面淡红紫色，沿侧脉有粉红色细条纹。穗状花序短，直立，花白色至紫红色，3瓣，四季开放。**'Sanderiana'** 见 *C. sanderiana*。

🍷**孔雀肖竹芋** ***C. makoyana*** 见304页。

C. oppenheimiana 见 *Ctenanthe oppenheimiana*。

C. ornata **'Roseolineata'** 见 *C. majestica* 'Roseolineata'。

桑德肖竹芋 ***C. sanderiana*** (*C. majestica* 'Sanderiana')，见 232 页。

🍷**斑叶肖竹芋** ***C. zebrina***，见 266 页。

蒲包花属（荷包花属）CALCEOLARIA

玄参科 SCROPHULARIACEAE

一年生、二年生或常绿多年生草本、亚灌木和攀缘植物。部分种类作一年生栽培。极耐寒至不耐寒，耐最低温度5～7℃。多数喜光，部分种类喜阴和凉爽的地带。适生于湿润但排水良好、掺入细沙和混合肥料的土壤。忌冬季湿润。春末或夏季用软枝扦插繁殖，秋季播种繁殖。

C. acutifolia 见 *C. polyrrhiza*。

长花期系列蒲包花 ***C.*** **Anytime Series** 一年生或二年生草本。枝密集。丛生。高 20cm，冠径 15cm。半耐寒。叶卵形，微具毛，中绿色。花序头状，花长 5cm，花圆球形，袋状，红色和黄色，具双色花，春夏开放。

蛛毛蒲包花 ***C. arachnoidea***，见 355 页。

'明亮比基尼' 蒲包花 ***C.*** **'Bright Bikinis'**，见 338 页。

C. darwinii 见 *C. uniflora* var. *darwinii*。

红斑蒲包花 ***C. fothergillii*** 多年生常绿草本。丛生。短命植物。高和冠径均为12cm。耐寒。叶丛莲座状，叶圆形，亮绿色，边缘具毛。花单生，袋状，硫黄色，具绯红色斑点，夏季开放。适生于有突起叠石的背阴处、谷地或高山温室内。喜有沙砾的泥炭土。易受蚜虫侵袭。

🍷**全缘叶蒲包花** ***C. integrifolia*** 常绿亚灌木。直立。有时作一年生栽培。高达 1.2m，冠径 60cm。半耐寒。叶长方形至椭圆形，中绿色，有时背面为铁锈色。花簇王冠状，花袋状，黄色至红褐色，生于叶上方，夏季开放。

'约翰·英尼斯' 蒲包花 ***C.*** **'John Innes'**，见 293 页。

'帝王' 蒲包花 ***C.*** **'Monarch'** 一年生或二年生草本。丛生。高和冠径均为30cm。半耐寒。叶卵形，微具毛，中绿色。花序头状，花大，圆球形，袋状，长 5cm，花色多，春夏季开放。

攀缘蒲包花 ***C. pavonii*** 常绿攀缘植物。生长健壮。高2m以上。不耐寒，耐最低温度7℃。叶卵形，具锯齿，有软毛，叶柄翅状。花簇大，花袋状，黄色，具褐色斑点，夏末至冬季开放。

多根蒲包花 ***C. polyrrhiza*** (*C. acutifolia*) 多年生常绿草本。匍匐状。高 2.5cm，冠径 15cm。耐寒。叶圆形，具毛，中绿色。花袋状，黄色，具紫色斑点，夏季开放。适生于庇荫的岩石园。可在秋季或春季分株繁殖。

🍷**'阳光' 蒲包花** ***C.*** **'Sunshine'**，见 339 页。

细茎蒲包花 ***C. tenella***，见385页。

皱叶蒲包花 *C. uniflora* var. *darwinii* （*C. darwinii*） 多年生常绿草本。丛生。短命植物。高8cm，冠径10cm。极耐寒。叶圆形，皱褶，无毛，暗绿色。花下垂，袋状，黄色，花心白色，唇瓣下部具暗褐色斑点，春末开放。栽培困难。喜防风、光照充足和湿润、掺有沙砾的泥炭土。易被蚜虫侵袭。

'沃尔特·舍林顿' 蒲包花 *C.* 'Walter Shrimpton'，见 386 页。

金盏花属（金盏菊属）CALENDULA *Marigold*

菊科 ASTERACEAE/COMPOSITAE

一年生草本或常绿灌木。一年生草本极耐寒，灌木不耐寒，耐最低温度4℃。喜光照或半阴、排水良好的土壤。定期去除枯死的头状花序可延长花期。一年生草本春季室外或秋季播种繁殖，灌木夏季茎插繁殖。一年生草本可自播繁殖。黄瓜花叶病和白粉病会危害植株。

金盏花（金盏菊）***C. officinalis*** （Pot marigold） 一年生草本。丛生。生长快。高大型栽培品种高和冠径均为60cm，矮生型品种高和冠径均为30cm。头状花序，雏菊状，单瓣或重瓣，色彩范围广泛，包括深浅不一的黄色和橙色，春季至秋季开放。🏆**'吉普赛节日' 'Fiesta Gitana'**，见339页。**'歌舞女郎' 'Geisha Girl'**(高大型)，见 341 页。**卡伯罗那系列 Kablouna Series** (高大型)，见 336 页。**'柠檬女王' 太平洋丽花系列 Pacific Beauty Series 'Lemon Queen'**，见 338 页。

Calico bush 见 *Kalmia latifolia*，见 141 页。

Calico flower 见 *Aristolochia littoralis*，见 211 页。

California allspice 见 *Calycanthus occidentalis*，见 142 页。

California bluebell 见 *Phacelia campanularia*，见 334 页。

California buckeye 见 *Aesculus californica*，见 85 页。

California nutmeg 见 *Torreya californica*，见 107 页。

California poppy 见 *Eschscholzia*。

Californian laurel 见 *Umbellularia californica*，见 74 页。

Californian live oak 见 *Quercus agrifolia*，见 85 页。

Californian pepper-tree 见 *Schinus molle*。

水芋属 CALLA

天南星科 ARACEAE

单种属。落叶或半常绿多年生草本。枝伸展。生于水边。因观赏其叶和引人注目的佛焰苞而栽培。花小，成簇，不明显。极耐寒。喜光照充足。适生于泥土中或深达25cm的水中。春季分株繁殖或夏末播种繁殖。触及叶会刺激皮肤发生过敏反应。

水芋 *C. palustris*，见 446 页。

Callery pear 见 *Pyrus calleryana*。

朱缨花属 CALLIANDRA

豆科／含羞草科 LEGUMINOSAE/MIMOSACEAE

常绿乔木、灌木和蔓生半攀缘植物。因观其花和树姿而栽培。不耐寒，耐最低温度7～18℃。喜全光照或半阴、排水良好的土壤。盆栽植株在旺盛生长期大量需水，温度低时需水量减少。花后剪去茎干的1/2至2/3可限制其生长。春季室外播种繁殖。白蝇和粉蚧科的介壳虫会危害植株。

毛叶朱缨花（红合欢）***C. eriophylla***，见 172 页。

朱樱花（红头朱缨花）***C. haematocephala***（粉红色品种）见147页，（白色品种）见 149 页。

美花草属 CALLIANTHEMUM

毛茛科 RANUNCULACEAE

多年生草本。因观其雏菊状的花和厚而多裂的叶而栽培。为岩石园和高山植物温室内栽培的优良品种。极耐寒。喜光照和湿润但排水良好的土壤。播种繁殖，种子随采随播。

厚叶美花草 *C. coriandrifolium* （*C. rutifolium*） 多年生草本。匍匐状。花茎直立。高8cm，冠径20cm。叶丛莲座状，开张，叶具长柄，多分裂，蓝绿色。春季生短茎，花白色，花瓣多，花心黄色。易感染蛞蝓。

C. rutifolium 见 *C. coriandrifolium*。

紫珠属 CALLICARPA

马鞭草科 VERBENACEAE

落叶灌木。夏季开花。因观其果实而栽培。果实小，多簇生，引人注目。极耐寒。喜全光照和肥沃、排水良好的土壤。夏季用软枝扦插繁殖。

紫珠（珍珠枫）***C. bodinieri*** 落叶灌木。丛生。高3m，冠径2.5m。叶卵形，暗绿色。花微小、星状，淡蓝色，仲夏开放。果实球状，紫罗兰色，成密集的果穗。**老鸦糊** var. ***giraldii***，见 148 页。

锦竹草属 CALLISIA

鸭跖草科 COMMELINACEAE

多年生常绿草本。匍匐状。因观其美丽的叶和蔓生的冠形而栽培。不耐寒，耐最低温度10～15℃。喜全光照，忌阳光直射。适生于肥沃和排水良好的土壤。一年生植株或植株开始蔓生时，可于春季用枝端扦插繁殖。

重扇 *C. navicularis* （*Tradescantia navicularis*） 多年生常绿草本。匍匐状。生长慢。枝长50cm以上，具不定根。高5～8cm，冠径不定。叶排成二列，卵形，长2.5cm，具龙骨状突起，叶鞘包茎。花小，3瓣，淡粉紫色，生于叶腋，夏秋季开放。

铺地锦竹草（翠玲珑）***C. repens***，见 304 页。

红千层属（瓶刷树属）CALLISTEMON *Bottlebrush*

桃金娘科 MYRTACEAE

常绿灌木。叶常窄而尖。因观其花而栽培。花成簇，雄蕊长而多，似瓶刷状。极耐寒至不耐寒，耐最低温度5℃。凉爽地区半耐寒和不耐寒的种类可靠南墙或西墙栽培，或在低温温室中栽培。喜全光照和肥沃、排水良好的土壤。夏季用半成熟枝扦插繁殖或秋春季播种繁殖。

🏆**'华美' 红千层**（艳红千层）***C. citrinus* 'Splendens'**，见 143 页。

淡白瓶刷树 *C. pallidus*，见146页。

C. paludosus 见 *C. sieberi*。

黄花瓶刷树 *C. pityoides* 常绿灌木。直立。枝密集。高1.5m，冠径1m。极耐寒。叶密集，先端锐尖，暗绿色。穗状花序短，花黄色，仲夏至夏末开放。

红千层（瓶刷树）***C. rigidus***，见 143 页。

🏆**硬叶瓶刷树 *C. sieberi*** （*C. paludosus*） 常绿灌木。丛生。枝叶密集。高1.5m，冠径1m。耐寒。叶短，窄披针形，质硬，中绿色。花簇小，淡黄色，仲夏至夏末开放。

美丽红千层（杉叶榴）***C. speciosus*** （Albany bottlebrush） 常绿灌木。丛生。高和冠径均为3m。半耐寒。叶长而窄，灰绿色。花簇圆柱形，花亮红色，春末和夏初开放。

亮叶红千层 *C. subulatus* 常绿灌木。枝弓状。高和冠径均为1.5m。极耐寒。叶窄椭圆形，亮绿色。穗状花序，花密集，绯红色，夏季开放。

软枝红千层 *C. viminalis* 常绿灌木。枝弓状。高和冠径均为5m。半耐寒。叶窄椭圆形，幼叶青铜色，渐变为暗绿色。花簇生，亮红色，夏季开放。

翠菊属 CALLISTEPHUS *China aster*

菊科 ASTERACEAE/COMPOSITAE

单种属。一年生草本。半耐寒。喜背风向阳的环境以及肥沃、排水良好的土壤。高的栽培品种需支撑。需摘去开败的头状花序。温室春季播种繁殖或仲春室外播种繁殖。萎蔫病、病毒病、腐烂病、根腐病和蚜虫均可危害植株。

翠菊 *C. chinensis* 一年生草本。丛生。直立。生长速度中等偏快。高型品种高60cm，冠径45cm；中型品种高45cm，冠径30cm；矮型品种高25～30cm，冠径30～45cm；极矮型品种高20cm，冠径30cm。所有品种的叶均为卵形，有锯齿，中绿色。不同品种具有不同的花色，色彩范围广泛，包括粉红色、红色、蓝色和白色等，夏季和秋初开放。**女公爵系列 Duchesse Series**（高大型品种），有内曲的、菊花状的头状花序。🏆**太太超级系列 Milady Super Series**（矮生型品种） 头状花序，完全重瓣，花杂色或单色，花瓣反卷（蓝色见332页，玫瑰红色见 324 页）。**鸵羽系列 Ostrich Plume Series**(高大型品种)，见331页。**绒球系列 Pompon Series**（高大型品种）小型头状花序，花重瓣。**公主系列 Princess Series**（高大型品种），有管状花瓣的头状花序，重瓣。

帚石南属（佳萝属）CALLUNA

杜鹃花科 ERICACEAE

见石南类。

帚石南（佳萝）***C. vulgaris*** （Ling，Scotch heather） 常绿灌木。丛生。高60cm，冠径45cm。极耐寒。叶微肉质，线形，对生和重叠，叶色丰富，亮绿色至灰色、黄色、橙色和红色。穗状花序，花钟状至坛状，单瓣或重瓣，仲夏至秋末开放。与石南属（*Erica*）不同，多数花色为萼片的色彩。栽培品种通常高45cm。叶中绿色。花单瓣，夏末和秋初开放。特殊形态，将在下列描述中予以说明。**'白花瓣' 'Alba Plena'** 高30～45cm。花重瓣，白色。**'亚历山大' 'Alexandra'**（见179页）。高30cm，冠径40cm。直立。叶暗绿色。花芽深绯红色，初冬开放。**'阿莉西亚' 'Alicia'** 高30cm，冠径40cm。树形整齐，枝密集。花芽白色，初冬开花。🏆**'阿莱格罗' 'Allegro'** 高60cm。枝密集。花紫红色。**'阿伯特' 'Alportii'** 高60～90cm。花紫红色。**'阿内塔' 'Anette'** 高35cm，冠径40cm。花芽纯粉红色，初冬开放。🏆**'安妮玛丽' 'Annemarie'** 高50cm，冠径60cm。花重瓣，玫瑰粉红色，引人注目，为理想的切花品种。🏆**'安东尼·戴维斯' 'Anthony Davis'**（见178页）叶灰色，花白色。🏆**'贝奥尼金叶' 'Beoley Gold'**（见179页）冠径50cm。叶金黄色，花白色。**'贝奥尼银叶' 'Beoley Silver'** 高40cm。叶银白色。花白色。**'火焰' 'Blazeaway'** 高35cm，冠径60cm。夏季叶金黄色，渐变为橙色，冬季火红色。**'篝火辉煌' 'Bonfire Brilliance'** 高30cm。叶亮火红色。花紫红色。**'博斯库普' 'Boskoop'**（见179页）高30cm。叶密集，金黄色，冬季深橙色。花淡紫色至粉红色。🏆**'威克罗郡' 'County Wicklow'**（见178页）高30cm，冠径35cm。花密集，重瓣，粉红色。**'黑美人' 'Dark Beauty'** 高20cm，冠径35cm。树形整齐，枝叶密集。花半重瓣，亮绯红色。🏆**'暗色' 'Darkness'**（见179页）高40cm，冠径35cm。花绯红色，密集。🏆**'爱尔西·普勒' 'Elsie Purnell'**（见178页）枝伸展。叶淡灰绿色。花重瓣，淡粉红色。🏆**'终曲' 'Finale'** 花暗粉色，秋末至初冬开放。🏆**'萤火虫' 'Firefly'**（见179页）冠径50cm。叶夏季赤褐色，冬季砖红色。花深紫红色。**'福克斯矮种' 'Foxii Nana'**（见179页）高15cm。叶丛矮丘状，叶亮绿色。花紫红色。**'弗雷德·查普尔' 'Fred J. Chapple'** 叶春季亮粉红色，先端珊瑚红色。花紫红色，生于长茎上。🏆**'金雾' 'Gold Haze'**（见179页）叶亮金黄色。花白色。**'金羽' 'Golden Feather'**（见179页）叶亮黄色，冬季橙色。花紫红色。**'哈蒙德黄叶' 'Hammondii Aureifolia'** 高30cm，冠径40cm。春季和夏初叶亮绿色，先端黄色。花白色。**'比尔' 'H. E. Beale'** 高50cm。为石南属植物最好的重瓣花品种之一。花淡粉红色，生于长茎上。🏆**'哈密尔顿' 'J. H. Hamilton'**（见178页）高20cm，冠径40cm。花密集，重瓣，橙红色。🏆**'乔伊·范斯通' 'Joy Vanstone'** 叶金黄色，渐变为橙色和青铜色。花紫红色。**'克斯汀' 'Kerstin'** 高30cm。叶冬季具毛，深紫灰色，春季先端淡黄色和红色。花紫红色。🏆**'金诺赫瑞' 'Kinlochruel'**（见178页）高30cm，冠径35cm。花大而多，白色，重瓣。**'海湾炮塔' 'Loch Turret'** 高30cm。叶亮绿色。花白色，夏初开放。🏆**'迈尔品种' 'Mair's Variety'** 古老品种，穗状花序长，花白色。**'马尔里恩' 'Marleen'** 不同之处在于花芽暗紫红色，花期长，秋初至秋末开放，花不完全开放。🏆**'放射' 'Mullion'** 枝伸展。高25cm，冠径50cm。花浓紫红色。**'多彩' 'Multicolor'**（见179页）高20cm。叶密集，黄色、橙色、红色和绿色。花紫红色。**'梦境' 'My Dream'**（*C. v.* 'Snowkall'，见178页）高50cm。花重瓣，白色，生于长而渐窄茎上。**'彼得·斯巴克斯' 'Peter Sparkes'**（见179页）高50cm，冠径55cm。花重瓣，深粉红色。🏆**'罗伯特·查普曼' 'Robert Chapman'**（见179页）枝伸展。因观叶而栽培。叶夏季金黄色，冬季橙色至亮红色。花紫红色。**'路斯·斯巴克斯' 'Ruth Sparkes'** 高25cm。叶金黄色。花白色。**'银骑士' 'Silver Knight'**（见179页）高30cm。直立。叶灰色。花紫红色。🏆**'银后' 'Silver Queen'**（见178页）高40cm，冠径55cm。枝伸展。花暗紫红色。🏆**'约翰·查林顿' 'Sir John Charrington'** 叶色亮丽，夏季金黄色，冬季橙色和红色。花暗紫红色。🏆**'安妮姐' 'Sister Anne'** 高15cm。叶灰色。花淡紫红色。**'雪球' 'Snowball'** 见 *C. v.* 'My Dream'。🏆**'春乳白' 'Spring Cream'**（见178页）叶亮绿色，春季先端乳白色。花白色。**'春火把' 'Spring Torch'** 高40cm，冠径60cm。春季花紫红色，花瓣先端乳白色、橙色和红色。🏆**'夕阳' 'Sunset'** 高25cm。叶色明亮，春季金黄色，夏季橙色，冬季火红色。花紫红色。🏆**'王牌' 'Tib'**（见179页）高30cm，冠径40cm。为开花最早的重瓣品种。花小，重瓣，深粉红色，夏初开放。🏆**'白草地' 'White Lawn'** 高10cm。匍匐状。叶亮绿色。花白色，生于长茎上。适宜岩石园栽培。🏆**'威克沃火焰' 'Wickwar Flame'** 多为观叶植物，叶具深浅不一的黄色、橙色和火红色，尤其是冬季为火红色。花紫红色。

肖楠属 CALOCEDRUS

柏科 CUPRESSACEAE

见针叶树。

🏆**香肖楠 *C. decurrens***（*Libocedrus decurrens*），见106页。

Calocephalus brownii 见 *Leucophyta brownii*。

丽蔓属 CALOCHONE

茜草科 RUBIACEAE

常绿藤本。蔓生。因观其灿烂的花而栽培。不耐寒，耐最低温度18℃。喜全光照和富含腐殖质、排水良好的土壤。需定期浇水，在寒冷的气候下可减少浇水量。需要捆绑支撑。花后清除密集的枝。夏季用半成熟枝扦插繁殖。

丽蔓 *C. redingii* 常绿藤本。蔓生。长势中等。高3～5m。叶卵形，先端尖，有毛，长7～12cm。花成簇，报春花状，红色至橙粉色，冬季开放。

仙灯属（丽草属）CALOCHORTUS *Cat's ears, Fairy lantern, Mariposa tulip*

百合科 LILIACEAE

鳞茎类植物。春夏季开花。因观花而栽培。耐寒。喜背风向阳的地方及排水良好的土壤。在寒冷湿润气候条件下，春季开花的品种在夏季休眠时应加以覆盖或挖出鳞茎移植于冷床或冷室中。花后用叶腋中的小鳞茎繁殖。春季开花的品种秋季播种繁殖或用小鳞茎繁殖，夏季开花的品种春季也可用此法繁殖。

白花仙灯 *C. albus*，见409页。

金仙灯（爱丽草）***C. amabilis***，见434页。

须毛仙灯 *C. barbatus*（*Cyclobothra lutea*），见422页。

仙灯 *C. luteus*，见415页。

单叶仙灯 *C. monophyllus*，见436页。

辉花仙灯 *C. splendens* 鳞茎类植物。春末开花。高20～60cm，冠径5～10cm。叶线形，直立，1～2枚，生于茎干近基部。花1～4朵，浅碟状，口向上，淡紫色，径5～7cm，3瓣，每瓣基部具一个较暗斑点。

华丽仙灯 *C. superbus* 鳞茎类植物。春末开花。高20～60cm，冠径5～10cm。与辉花仙灯（*C. splendens*）相似，但花白色、乳白色或淡蓝色，3瓣，每瓣近基部具一褐色斑点。

挺拔仙灯 *C. venustus*，见408页。

锈点仙灯 *C. vestae* 鳞茎类植物。春末开花。高20～60cm，冠径5～10cm。与辉花仙灯（*C. splendens*）相似，但花白色或紫色，3瓣，每瓣近基部具一铁锈褐色的斑点。

橙花仙灯 *C. weedii* 鳞茎类植物。夏季开花。高30～60cm，冠径5～10cm。在茎干的近基部有一线形、直立的叶。通常有2朵直立、浅碟状花，径4～5cm，花橙黄色，具褐色的纹理，花内部有斑点和绒毛。

丽芸木属 CALODENDRUM

芸香科 RUTACEAE

常绿乔木。因观花而栽培。主要在春夏季开花。不耐寒，耐最低温度7～10℃。喜全光照和肥沃、排水良好的湿润土壤。盆栽植株旺盛生长期需水量大，其他时期需水少。耐一定的修剪。春季播种繁殖或夏季用半成熟枝扦插繁殖。

丽芸木 *B. capense* (Cape chestnut) 常绿乔木。冠圆球状。生长相当快。高和冠径均为15m以上。叶卵形。圆锥花序，顶生，花小，半透明，5瓣，淡粉红色至深紫红色，春季至夏初开放。

苋菊属（新拟）CALOMERIA(HUMEA)

菊科 ASTERACEAE/COMPOSITAE

多年生草本或常绿灌木。栽培的仅有苋菊（*C. amaranthoides*）常作二年生栽培。不耐寒，耐最低温度4℃。喜光照和肥沃、排水良好的土壤。仲夏温室播种繁殖。

苋菊（新拟）***C. amaranthoides***（*C. elegans*），见330页。

C. elegans 见 *C. amaranthoides*。

Calonyction aculeatum 见 *Ipomoea alba*。

合被韭属 CALOSCORDUM

葱科／百合科 ALLIACEAE/LILIACEAE

单种属。鳞茎类植物。夏季开花。与葱属（*Allium*）亲缘关系较近。适宜岩石园栽培。耐寒。喜开阔、光照充足和排水良好的土壤。冬季休眠。初春播种繁殖，或开始生长前分株繁殖。

合被韭 *C. neriniflorum*（*Nothoscordum neriniflorum*）鳞茎类植物。丛生。高10～25cm，冠径8～10cm。叶线状，半直立，茎部的叶花期时枯萎。花序头状，花松散，具花10～20朵，花小，漏斗状，淡粉红色，生于无叶的花茎上，夏末开放。

半边花属 CALOTHAMNUS

桃金娘科 MYRTACEAE

常绿灌木。夏季开花。因观其花和树姿而栽培。在空气干燥的环境中生长旺盛。不耐寒，耐最低温度5℃。喜全光照和排水良好的沙质土壤。盆栽植株旺盛生长期需水量中等，其他时期需水少。夏季播种繁殖或用半成熟枝扦插繁殖。

四裂半边花 *C. quadrifidus* (Common net bush) 常绿灌木。直立至伸展。高2～4m，冠径2～5m。叶线形，淡灰色至暗绿色或灰色。花簇径20cm以上，常围绕茎而生，不规则的腋生穗状花序，花生于一侧，深红色，羽绒状，长2.5cm，春末至秋季开放。

驴蹄草属 CALTHA

毛茛科 RANUNCULACEAE

多年生落叶草本。适生于水边、沼泽和岩石园。因观其引人注目的花而栽培。极耐寒。多数喜开阔、光照充足的场所。较小的品种适生于岩石园、谷地和高山植物温室内，喜湿润但排水良好的土壤。大型品种最好栽植于花坛边缘。秋季播种繁殖，秋季或初春分株繁殖，选育的品种秋季或初春分株繁殖。

白花驴蹄草 *C. leptosepala*，见447页。

🏆**驴蹄草 *C. palustris***，见451页。**白瓣驴蹄草** var. **alba**（*C. p.* 'Alba'）多年生落叶草本。枝叶密集。适生于水边。高22cm，冠径30cm。叶圆形，光滑，暗绿色。花单生，白色，具黄色雄蕊，初春先叶开放。🏆**'重瓣' 'Flore Pleno'**，见451页。

夏蜡梅属 CALYCANTHUS

蜡梅科 CALYCANTHACEAE

落叶灌木。夏季开花。因观花而栽培。花瓣带状，淡紫红色或淡褐红色。极耐寒。喜光照或庇荫、肥沃、深厚、湿润但排水良好的土壤。夏季软枝扦插繁殖或秋季播种繁殖。

美国夏蜡梅 *C. floridus* (Carolina allspice) 落叶灌木。丛生。高和冠径均为2m。叶卵形，芳香，暗绿色。花芳香，淡褐色至红色，花瓣多，伸展，夏初至仲夏开放。

加州夏蜡梅 *C. occidentalis*，见142页。

布袋兰属 CALYPSO

见兰花。

布袋兰（匙唇兰）***C. bulbosa***（见297页）落叶地生兰。高5～20cm。极耐寒。叶1枚，卵形，具皱褶，长3～10cm，生于球茎状茎上。花单生，长

1.5～2cm，具毛，淡紫色至粉红色，具紫色斑点，唇瓣白色或淡粉色，春末或夏初开放。喜湿润、半阴处。需用腐叶土栽培。

克美莲属 CAMASSIA

风信子科／百合科
HYACINTHACEAE/LILIACEAE

鳞茎类植物。夏季开花。适于花坛和池边栽植。耐寒。喜光照或半阴和深厚且湿润的土壤。秋季栽植鳞茎，覆土深度10cm。秋冬休眠。秋季播种繁殖或夏末分株繁殖。不要种子时可花后剪短花茎。

C. esculenta 见 *C. quamash*。

🏆**克美莲 *C. leichtlinii***，见397页。**'半重瓣' 'Semiplena'**，见397页。

蓝克美莲 *C. quamash* （*C. esculenta*）(Common camassia，Quamash) 鳞茎类植物。丛生。夏季开花。高20～80cm，冠径20～30cm。基生叶长而窄，直立，每个无叶的茎上有一密集的穗状花序，花星状，蓝色、紫色或白色，径达7cm。

Camassia，Common 见 *Camassia quamash*。

山茶属 CAMELLIA

山茶科 THEACEAE

常绿灌木和乔木。因观花和叶而栽培。花可分为下述类型：单瓣型、半重瓣型、银莲花型、芍药型、玫瑰型、重瓣型和不规则重瓣型。特征说明和描述见128～129页。盆栽和靠墙栽培生长良好。极耐寒至不耐寒，耐最低温度7～10℃。多数类型喜避风、半阴处。需栽培于排水良好的中性至酸性土壤中。花后可修剪成型。仲夏至初冬用半成熟枝或硬枝扦插繁殖，冬末或初春嫁接繁殖。温室栽培时，蚜虫、蓟马和介壳虫会危害植株。

🏆**'期望' 山茶 *C.* 'Anticipation'**（见129页） 常绿灌木。直立。生长健壮。高3m，冠径1.5m。耐寒。叶披针形，暗绿色。花大而多，芍药型，深玫瑰粉色，春季开放。

'黑花边' 山茶 *C.* 'Black Lace'（见129页） 直立灌木。枝叶密集。生长慢。高和冠径均为1～2.5m。极耐寒。叶卵形，暗绿色，长8cm。花大，整齐，重瓣，深鹿茸红色，初春至春末开放。

C. chrysantha 见 *C. nitidissima*。

🏆**'康沃尔之雪' 山茶 *C.* 'Cornish Snow'**（见128页） 常绿灌木。丛生，直立。生长快。高3m，冠径1.5m。耐寒。叶披针形，幼时青铜色，成熟时暗绿色。花小而多，杯状，单瓣，白色，初春开放。

尖叶山茶（尖连蕊茶）***C. cuspidata*** 常绿灌木。直立。随树龄增长渐变为丛生状。高3m，冠径1.5m。耐寒。叶小，披针形，幼时青铜色，成熟时淡紫绿色。花小而多，杯状，单瓣，纯白色，生于叶腋，初春开放。

🏆**'柯利弗德公园' 山茶 *C.* 'Dr Clifford Parks'**（见129页）常绿灌木。枝伸展。高4m，冠径2.5m。耐寒。叶大，卵形，暗绿色。花大，火红色，仲春开放。同一植株上常有半重瓣型、芍药型和银莲花型的花同时出现。

'弗朗西' 山茶 *C.* 'Francie L.'（见129页） 灌木。分枝呈长扇形。生长旺盛。高5m，冠径6m。极耐寒。叶披针形，暗绿色，长6～10cm。花大，半单瓣，橙色至深玫瑰红色，冬末至春末开放。

大苞茶 *C. granthamiana* 常绿灌木。冠开张。高达3m，冠径2m。半耐寒。叶卵形，革质，皱褶，有光泽，暗绿色。花大，浅碟状，单瓣，白色，径18cm，花瓣宽，多达8枚，秋末开放。

冬红山茶（冬山茶）***C. hiemalis*** 常绿灌木。直立。丛生。高2～3m，冠径1.5m。耐寒。叶小，披针形。花芳香，单生，杯状，半重瓣或不规则重瓣，白色、粉色或红色，秋末和冬季开放。适宜作绿篱。

香港山茶 *C. hongkongensis* 常绿丛生灌木或乔木。高达3m，冠径2m。半耐寒。叶披针形，长10cm，幼时暗红色，成熟后为暗绿色。花杯状，单瓣，深绯红色，背面有绒毛，春末开放。

'革新' 山茶 *C.* 'Innovation'（见129页） 常绿灌木。冠开张。枝伸展。高5m，冠径3m。耐寒。叶大，卵形，革质。花大，芍药型，暗淡紫色至紫红色，花瓣扭曲，春季开放。

🏆**'鼓舞' 山茶 *C.* 'Inspiration'**（见129页） 常绿灌木。直立。高4m，冠径2m。耐寒。叶卵形，革质。花多，浅碟状，半重瓣，福禄考花状的粉红色，春季开放。

山茶 *C. japonica* (Common camellia) 常绿灌木。树形、叶和花形态多变。高10m，冠径8m。耐寒。现有为数众多的栽培品种。通常栽培状态下皆为春季开花。特殊花期在下列品种描述中予以说明。

🏆**'阿道夫·奥德逊' 'Adolphe Audusson'**（见129页） 可靠的古老品种。适于各地区栽培。比多数其他变种更耐低温。叶宽披针形，暗绿色。花大，浅碟状，半重瓣，暗红色，黄色雄蕊醒目。

'白单瓣' 'Alba Simple'（见128页） 灌木。丛生。叶宽披针形，中绿色至黄绿色。花杯状，单瓣，白色，初春开放。

🏆**'亚历山大·亨特' 'Alexander Hunter'**（见129页） 直立灌木。枝密集。花稍扁平，单瓣，深绯红色，具一些花瓣状雄蕊。叶披针形，暗绿色。

'蜀葵花' 'Althaeiflora'（见129页） 丛生。生长旺盛。叶宽卵形，极暗绿色。花大，芍药型，暗红色。

'太阳神' 'Apollo'（*C. j.* 'Paul's Apollo'）（见129页） 灌木。生长旺盛。叶光滑，暗绿色。花半重瓣，红色，有时有白色斑点。

🏆**'贝雷尼塞·博迪' 'Berenice Boddy'**（见128页） 灌木。生长旺盛。花半重瓣，亮粉红色。叶披针形，暗中绿色。

'贝蒂·谢菲尔德' 'Betty Sheffield Supreme'（见128页） 直立。叶披针形，中绿色。花不规则重瓣型，花瓣白色，边缘玫瑰粉色。

🏆**'红饰' 'Bob's Tinsie'**（见129页） 直立。枝密集。花小，银莲花型，亮红色，初春至春末开放。

🏆**'柯奎提' 'Coquettii'**（*C. j.* 'Glen 40'）（见129页） 直立灌木。生长慢。花多，中型至大型，深红色，有时为整齐的重瓣型，有时为芍药型，初春和仲春开放。

'Donckelaeri' 见 *C. j.* 'Masayoshi'。

🏆**'雅致' 'Elegans'**（见129页） 枝伸展。叶宽披针形，暗绿色。花银莲花型，深玫瑰粉色，心部雄蕊花瓣状，常杂有白色。

'Glen 40' 见 *C. j.* 'Coquettii'。

🏆**'南特之光' 'Gloire de Nantes'**（见129页） 直立多花灌木。随树龄增长渐成丛生灌木状。叶卵形至披针形，光滑，暗绿色。花稍扁平至杯状，半重瓣，亮玫瑰粉色，花期长。

🏆**'红露丝' 'Guilio Nuccio'**（见129页） 直立。叶暗绿色，披针形，偶尔先端鱼尾状。花大，杯状，半重瓣，玫瑰红色，花瓣波状，花心由花瓣和金黄色的雄蕊组成。

🏆**'红娘' 'Hagoromo'**（*C. j.* 'Magnoliiflora'）丛生。花稍扁平至杯状，半重瓣，粉红色。叶扭曲，亮绿色，先端下垂。

'珍尼特·沃特豪斯' 'Janet Waterhouse'（见128页） 生长健壮。花半重瓣，白色，花药金黄色，生于暗绿色叶丛中。

'朱丽娅·德雷顿' 'Julia Drayton'（见129页） 直立。叶暗绿色，卵形至披针形，轻微扭曲。花大，绯红色，从整齐的重瓣型至玫瑰型。

🏆**'朱庇特' 'Jupiter'**（见129页） 直立灌木。叶披针形，暗绿色。花大，浅碟状，单瓣，淡粉红色，有金黄色的雄蕊。

'库马沙卡' 'Kumasaka'（*C. j.* 'Lady Marion'） 直立。叶窄披针形，中绿色。花整齐，重瓣，偶尔芍药型，深玫瑰粉色。

'Lady Marion' 见 *C. j.* 'Kumasaka'。

'瓦西塔女士' 'Lady Vansittart'（见128页） 直立。叶奇特，冬青叶状，扭曲，中绿色。花浅碟状，半重瓣，白色，具淡玫瑰粉色晕，花色多变，常自身突变。

🏆**'拉维利亚·马吉' 'Lavinia Maggi'**（见128页） 直立。花整齐，重瓣型，白色，具粉色和胭脂红色条纹，有时红色。

'Magnoliiflora' 见 *C. j.* 'Hagoromo'。

'玛格丽特·戴维斯' 'Margaret Davis'（见128页），枝伸展。叶卵形至披针形，暗绿色。花不规则重瓣型，花瓣皱褶，乳白色，具粉色线纹，花瓣边缘为亮玫瑰红色。

🏆**'马萨约西' 'Masayoshi'**（*C. j.* 'Donckelaeri'） 丛生。生长慢。叶披针形，暗绿色。花下垂，浅碟状，半重瓣，红色，常有白色花纹。

🏆**'马绍提' 'Mathotiana'**（见129页） 枝伸展。叶披针形至卵形，轻微扭曲，暗绿色。花极大，整齐重瓣，具毛，暗绯红色，渐为紫色。温暖气候地区，花心常呈玫瑰型。

🏆**'戴维斯夫人' 'Mrs. D. W. Davis'**（见128页），枝密集，伸展。叶卵形至披针形，暗绿色。花极大，下垂，杯状，半重瓣，柔和粉色。

'Paul's Apollo' 见 *C. j.* 'Apollo'。

🏆**'维勒' 'R. L. Wheeler'**（见129页） 直立。生长健壮。叶大，宽卵形，革质，极暗绿色。花极大，稍扁平，银莲花型至半重瓣型，玫瑰粉色，金黄色雄蕊排成显著的环状，雄蕊常呈花瓣状。

🏆**'红硕' 'Rubescens Major'**（见129页） 直立栽培品种，渐为丛生。叶卵形至披针形，暗绿色。花整齐，重瓣，玫瑰红色，具绯红色脉。

'Sieboldii' 见 *C. j.* 'Tricolor'。

'明日园丘' 'Tomorrow Park Hill' 突变品种中的最好品种之一。树形直立。生长旺盛。叶披针形，中绿色。花不规则重瓣型，深粉色，外部花瓣渐为淡柔和粉色，中部常杂有白色。

'明日拂晓' 'Tomorrow's Dawn'（见128页）与'明日园丘' 'Tomorrow Park Hill'相似，但花淡粉色，边缘白色，常具红色条纹。

🏆**'三色' 'Tricolor'**（*C. j.* 'Sieboldii'） 叶亮绿色，皱褶，冬青叶状。花中间型、单瓣或半重瓣，红色，具粉色和白色条纹，初春开放。

🏆**'连纳德·米塞尔' 山茶 *C.* 'Leonard Messel'**（见129页） 常绿灌木。冠开张。高4m，冠径2.5m。耐寒。叶大，卵形，革质，暗绿色。花大而多，稍扁平至杯状，半重瓣，玫瑰粉色，春季开放。

苹果花山茶 *C.* × *maliflora* 常绿灌木。直立。丛生。高2m，冠径1m。耐寒。叶小，披针形，质地薄，亮绿色。花稍扁平至杯状，半重瓣，心部淡粉色或白色，边缘玫瑰粉色，春季开放。

金花茶 *C. nitidissima* （*C. chrysantha*） 常绿灌木或乔木，冠开张。生长快。高6m以上，冠径3m。半耐寒。叶大，卵形，革质，脉明显。花小，具柄，杯状，单瓣，纯黄色，生于叶腋，春季开放。

油茶 *C. oleifera* 常绿灌木。丛生。高2m，冠径1.5m。耐寒。叶卵形，暗绿色。花杯状，单瓣，白色，有时淡粉色，初春开放。

南山茶（滇山茶）***C. reticulata*** 常

风铃草属 CAMPANULA

绿灌木。乔木状。冠开张。高10m以上，冠径5m。半耐寒。叶大，卵形，革质。花大，浅碟状，单瓣，玫瑰粉色、橙色和橙红色，春季开放。需防风。🏆'凯旋门' 'Arch of Triumph'（见129页） 花极大，松散的芍药型，绯红色至粉红色，微带橙色。'Butterfly Wings'，见*C. r.* 'Houye Diechi'。🏆'拉维斯船长' 'Captain Rawes'（见129页） 花大而多，半重瓣，胭脂玫瑰色。'蝶翅' 'Houye Diechi'（*C. r.* 'Butterfly Wings'）（见129页） 花极大，稍扁平至杯状，半重瓣，玫瑰粉色，心部花瓣波状。

🏆'曼德勒女王' 'Mandalay Queen'（见129页）花大，半重瓣，深玫瑰粉色。'Robert Fortune' 见*C. r.* 'Songzilin'。'宋氏' 'Songzilin'（*C. r.* 'Robert Fortune'） 直立。花大，重瓣，深红色。

玫瑰茶*C. rosiflora* 常绿灌木。枝伸展。高和冠径均为1m。耐寒。叶卵形，暗绿色。花小，浅碟状，单瓣，玫瑰粉色，春季开放。

怒江山茶*C. saluenonsis*（见128页）常绿灌木。丛生。生长快。高达4m，冠径达2.5m。半耐寒。叶披针形，质地坚硬，暗绿色。花多，杯状，单瓣，白色至玫瑰红色，初春开放。部分品种可抗低温。

茶梅*C. sasanqua* 常绿灌木。直立。枝密集。生长快。高3m，冠径1.5m。耐寒。叶披针形，光滑，亮绿色。花多，芳香，稍扁平至杯状，单瓣，偶尔半重瓣，白色，偶尔粉色或红色，秋季开放。在炎热和光照充足处生长最好。🏆'奇异' 'Narumigata'（见128页）花大，杯状，单瓣，白色，有时带粉色。'狮子头' 'Shishigashira'花小，半重瓣至玫瑰型重瓣，淡粉红色。

🏆'魔袍'山茶*C.* 'Satan's Robe'（见129页）直立灌木。生长旺盛。高3～5m，冠径2～3m。耐寒。叶宽椭圆形，光滑，暗绿色，长12～16cm。花大，半重瓣，亮胭脂红色，雄蕊黄色，初春至春末开放。

'白钟'山茶*C.* 'Shirowabisuke'（见128页）灌木。枝密集。生长慢。高2.5m，冠径1.5m。极耐寒。叶窄，中绿色。花小，单瓣，钟状，白色，仲冬至初春开放。

🏆泸西山茶*C. tsai*（见128页）常绿灌木。丛生。高4m，冠径3m。半耐寒。叶小，披针形，亮绿色，渐为青铜色。花小而多，杯状，单瓣，白色，春季开放。

春茶梅*C.* × *vernalis* 常绿灌木，直立。生长快。高达3m，冠径1.5m。耐寒。叶披针形，亮绿色。花芳香，稍扁平至杯状，单瓣，白色、粉红色或红色，部分品种具不规则的重瓣花，冬末开放。

'维廉·何特利'山茶*C.* 'William Hertrich'（见129页）常绿灌木。冠开张。生长势强。高5m，冠径3m。半耐寒。叶大，卵形，深绿色。花大而多，稍扁平至杯状，半重瓣，亮樱粉红色，花瓣形状极不规则，心部花瓣多，雄蕊少数，金黄色，春季开放。

'教堂钟'威氏山茶*C.* × *williamsii* 'Bow Bells'（见128页） 常绿灌木。直立。枝伸展。高4m，冠径2.5m。极耐寒。叶小，披针形，中绿色。花多，杯状，单瓣，玫瑰红色至粉红色，脉和心部深粉红色，初春开放。🏆'旅长' 'Brigadoon'（见128页）丛生灌木。花半重瓣，玫瑰粉色，花瓣宽，向下弯曲。🏆'赠品' 'Donation'（见128页）直立。枝密集。花大而多，杯状，半重瓣，粉色。'梦之舟' 'Dream Boat'（见128页）枝伸展。花中间型，整齐的重瓣，淡紫色至粉色，花瓣内曲，仲春开放。'沃特豪斯' 'E.G. Waterhouse'（见128页）直立多花栽培品种。花整齐，重瓣，粉色，生于淡绿色叶丛中。'伊丽莎白·德罗施尔德' 'Elizabeth de Rothschild' 直立。生长旺盛。花杯状，半重瓣，玫瑰粉红色，开于光滑叶丛中。'弗朗西斯·汉格' 'Francis Hanger'（见128页）树形直立。花单瓣，白色，雄蕊金黄色。🏆'乔治·布兰弗德' 'George Blandford'（见129页）枝伸展。花半重瓣，亮绯红色，初春开放。'金闪' 'Golden Spangles'（见129页）花杯状，单瓣，深粉红色。叶色变化大，杂色，心部淡黄色，边缘暗绿色。🏆'威廉姆斯' 'J. C. Williams'（见128页）成年树枝下垂。花杯状，单瓣，粉色，花期初冬至春末开放。🏆'琼·特利汉' 'Joan Trehane'（见128页）直立。生长健壮。花大，玫瑰型，重瓣，玫瑰粉色。'朱丽黄' 'Jury's Yellow'（见128页）直立。冠窄。花中间型，银莲花类型，白色，花心部雄蕊黄色，瓣状。🏆'圣埃维' 'Saint Ewe'（*C. x. w.* 'St Eme'）（见128页） 叶光滑，亮绿色。花漏斗状，单瓣，深粉色。🏆'睡莲' 'Water lily'（见129页） 直立栽培品种。枝密集。叶暗绿色。花整齐，重瓣，中粉色，花瓣内曲，仲春至春末开放。

Camellia, Common 见 *Camellia japonica*。

风铃草属 CAMPANULA
Bellflower

桔梗科 CAMPANULACEAE

一年生、二年生和多年生草本。部分种类常绿。春季和夏季开花。极耐寒至半耐寒。喜光照或庇荫，但有阴时柔和的花色可保存完好。多数品种喜湿润但排水良好的土壤。夏季用软枝或基部枝扦插繁殖，秋春季播种繁殖或分株繁殖。易受蛞蝓危害，秋季锈病会危害植株。

葱芥叶风铃草*C. alliariifolia*，见275页。

流苏风铃草*C. barbata*，见356页。

🏆桦叶风铃草*C. betulifolia* 多年生草本。匍匐状。茎细长。高2cm，冠径30cm。极耐寒。叶楔形。花茎长，具分枝，花钟状，开张，单瓣，白色至粉红色，外面深粉红色，夏季开放。

🏆'杂桦'风铃草*C.* 'Birch Hybrid'，见382页。

C.* × *burghaltii见*C.* 'Burghaltii'。

🏆悬钟花*C.* 'Burghaltii'（*C.* × *burghaltii*），见286页。

🏆广口风铃草*C. carpatica* 多年生草本。丛生。高8～10cm，冠径达30cm。极耐寒。茎分枝。叶多，圆形至卵形，具锯齿。花宽钟状，蓝色或白色，夏季开放。'纯白' 'Bressingham White' 见373页。'宝石' 'Jewel' 花深紫色。'螺旋' 'Turbinata'（*C. c.* var. *turbinata*）花淡蓝灰色。

🏆岩荠叶风铃草*C. cochleariifolia*（*C. pusilla*），见383页。

🏆常春藤叶风铃草*C. garganica* 多年生草本。枝伸展。高5cm，冠径30cm。极耐寒。叶小，常春藤叶形，沿茎而生。花成簇，星状，单瓣，淡蓝灰色，生于叶腋，夏季开放。为墙边和堤岸栽培的极好植物。🏆'佩因' 'W. H. Paine' 花亮紫色至蓝色，具一白色眼状斑。

🏆'威尔逊'风铃草*C.* 'G. F. Wilson'，见382页。

🏆'华丽'聚花风铃草*C. glomerata* 'Superba'，见251页。

C.* × *haylodgensis 见*C.* × *haylodgensis* 'Plena'。

'重瓣'海城风铃草*C.* × *haylodgensis* 'Plena'（*C.* × *haylodgensis*）多年生草本。枝伸展。高5cm，冠径20cm。极耐寒。叶小，心形。花重瓣，绒球菊花状，深紫色至蓝色，夏季开放。适于岩石园或墙边栽培。

🏆同叶风铃草*C. isophylla* 多年生常绿草本。低矮。蔓生。高10cm，冠径30cm。半耐寒。叶小，心形，具锯齿。花星状，蓝色或白色，生于叶上方，夏季开放。为理想的吊篮栽培植物。'亮蓝'（Kristal Hybrids）'Stella Blue'，见287页。

🏆'乔·伊里亚德'风铃草*C.* 'Joe Elliott' 多年生草本。冠圆丘状。高8cm，冠径12cm。极耐寒。叶小，心形，具毛，灰绿色。花大，漏斗状，淡紫色至蓝色，几乎遮盖了叶丛，夏季开放。适于高山植物温室内、谷地或岩石园栽培。喜排水良好的碱性土壤。需防冬季湿润。易受蛞蝓的侵害。

神钟花*C. lactiflora* 多年生草本。直立。具分枝。高1.2m，冠径60cm。极耐寒。叶窄卵形。茎柔软。总状花序，花大，下垂，钟状，蓝色，偶尔粉红色或白色，夏季开放。栽培于多风处时需立桩支撑。🏆'劳顿·安娜' 'Loddon Anna'，见227页。🏆'普里查德' 'Prichard's Variety'，见228页。

'布兰特伍德'阔叶风铃草*C. latifolia* 'Brantwood' 多年生草本。丛生。枝伸展。高1.2m，冠径60cm。极耐寒。茎强壮。叶卵形，质地粗糙。花钟状，浓紫罗兰色至紫色，夏季开放。

宽裂风铃草*C. latiloba* 多年生草本。莲座状。高1m，冠径45cm。极耐寒。叶卵形。花宽杯状，呈深浅不一的蓝色，偶尔白色，夏季开放。🏆'珀西花边' 'Percy Piper' 花淡紫色。

风铃草（彩萼钟花）*C. medium* (Canterbury bell) 二年生常绿草本。直立。丛生。生长慢。高型品种高1m，冠径30cm；矮形品种高60cm，冠径30cm。极耐寒。所有品种的叶披针形，具锯齿，鲜绿色。花钟状，单瓣或重瓣，白色或深浅不一的蓝色和粉色，春季或夏初开放。'荷兰钟' 'Bell of Holland'，见331页。

垫状风铃草*C. morettiana* 多年生草本。丛生。高2.5cm，冠径达7cm。耐寒。叶常春藤叶状，具细毛。花枝弓状，花单生，直立，钟状，紫蓝色，春末和夏初开放。喜有沙砾的碱性土壤和冬季不干燥的气候。红蜘蛛螨会危害植株。

桃叶风铃草*C. persicifolia* 多年生草本。莲座状。枝伸展。高1m，冠径30cm。极耐寒。叶窄披针形，亮绿色。花下垂，钟状，薄纸质，白色或蓝色，生于叶上方，夏季开放。🏆'雪花' 'Fleur de Neige' 花重瓣，白色。'无口丽' 'Pride of Exmouth' 花重瓣，深蓝色。'泰尔汉姆丽' 'Telham Beauty'，见253页。

🏆普氏风铃草*C. portenschlagiana*，见382页。

肋瓣风铃草*C. poscharskyana*，见381页。

暗钟花*C. pulla* 多年生草本。常为短命植物。依靠地下茎蔓生。高2.5cm，冠径10cm。极耐寒。叶丛莲座状，径1cm，叶小，圆形。每叶丛具一花茎，每茎具一花，花单生，下垂，钟状，深紫色，春末至初春开花。适于卵石堆或岩石园栽培。喜富含沙砾但不太干燥的碱性土壤。蛞蝓对植株有害。

C. pusilla 见*C. cochleariifolia*。

塔钟花*C. pyramidalis* (Chimney bellflower) 二年生草本。直立。具分枝。高2m，冠径60cm。半耐寒。叶心形。总状花序长，花星状，蓝色或白色，夏季开放。需立桩支撑。

🏆擎钟花*C. raineri* 多年生草本。依靠地下茎蔓生。高4cm，冠径8cm。耐寒。叶卵形，具锯齿，灰绿色。每花茎具一花，花大，钟状，口向上，淡紫色，夏季开放。适生于高山植物温室内。冬季需防止湿润，喜半阴。

宽钟风铃草*C. trachelium* 和'重瓣' 'Bernice'，见252页。

C. vidalii 见*Azorina vidalii*。

瓶花风铃草*C. zoysii* 多年生草本。丛生。高5cm，冠径10cm。耐寒。叶小，圆形，光滑，绿色。每花茎具一花，花瓶状，淡紫色，水平生长于茎上，夏季开放。喜含沙砾的碱性土壤。栽培困难，开花不良。忌冬季湿润。易受蛞蝓危害。

Campernelle jonquil 见*Narcissus × odorus*。

Campion 见 *Silene*。

Double sea 见 *Silene uniflora* 'Robin Whitebreast'。

Moss见*Silene acaulis*，见365页。

凌霄属 CAMPSIS

紫葳科 BIGNONIACEAE

落叶木质藤本。以根攀缘。因观花而栽培。耐寒。在较冷地区需靠向光的墙栽培。喜光照和肥沃、排水良好的土壤。夏季定期浇水。春季修剪。夏季用半成熟枝扦插繁殖或冬季压条繁殖。

C. chinensis 见 *C. grandiflora*。

凌霄 *C. grandiflora* (*Bignonia grandiflora*, *Campsis chinensis*, *Tecoma grandiflora*)(Chinese trumpet creeper, Chinese trumpet vine) 落叶木质藤本。以气生根攀缘。高7～10m。小叶7～9枚，卵形，有锯齿，背面无毛。花簇下垂，花喇叭状，深橙色或红色，长5～8cm，夏末和秋季开放。温暖地区栽培时开花多。

厚萼凌霄 *C. radicans* (*Bignonia radicans*, *Tecoma radicans*)(Trumpet creeper, Trumpet honeysuckle, Trumpet vine) 落叶木质藤本。以气生根攀缘。高达12m。复叶，小叶7～11枚，卵形，有锯齿，背面具毛。花簇小，花喇叭状，橙色、猩红色或黄色，长6～8cm，夏末和秋初开放。

🏆'盖伦夫人'杂凌霄*C. × tagliabuana* 'Madame Galen'，见217页。

Canada hemlock 见 *Tsuga canadensis*，见107页。

Canada lily 见 *Lilium canadense*。

Canada moonseed 见 *Menispermum canadense*。

Canada wild rice见*Zizania aquatica*。

Canadian burnet 见 *Sanguisorba canadensis*，见226页。

Canadian columbine见*Aquilegia canadensis*。

Canadian poplar 见 *Populus × canadensis*。

加那利参属 CANARINA

桔梗科 CAMPANULACEAE

草质藤本。蔓生。具块茎。因观花而栽培。不耐寒，耐最低温度7℃。喜全光照和任何肥沃、排水良好的土壤。秋初至春末适度浇水，之后保持干燥。需要捆绑支撑。休眠时除去枯枝。春季或秋季用基部枝扦插繁殖或播种繁殖。

C. campanula 见 *C. canariensis*。

🏆加那利参 *C. canariensis* (*C. campanula*)，见219页。

Canary creeper 见 *Tropaeolum peregrinum*。

Canary Island bellflower 见 *Canarina canariensis*，见219页。

Canary Island date palm见*Phoenix canariensis*。

Canary Island ivy 见 *Hedera canariensis*。

Canary-bird bush 见 *Crotalaria agatiflora*，见123页。

Candle plant 见 *Senecio articulatus*。

Candle, Blue 见 *Myrtillocactus geometrizans*，见456页。

Candollea cuneiformis 见 *Hibbertia cuneiformis*。

Candytuft 见 *Iberis*。

Cane, Dumb 见 *Dieffenbachia*。

美人蕉属 CANNA

美人蕉科 CANNACEAE

多年生草本。具根状茎。生长健壮。因观其引人注目的花和美丽的叶而栽培。常作夏季花坛布置和盆栽。半耐寒至不耐寒，耐最低温度5～15℃。喜温暖、光照充足和富含腐殖质的湿润土壤。如果温室栽培或夏季花坛栽培，冬季应将根状茎置于微湿的土壤或泥炭土中，且春季保持16℃以促使其生长。春季分株繁殖或冬季20℃以上时播种繁殖。

***C.* 'Assaut'** 见 *C.* 'Assaut'。

'袭人'美人蕉*C.* 'Assaut' (*C.* 'Assaut')，见401页。

'黑骑士'美人蕉*C.* 'Black Knight' 多年生草本。具根状茎。高1.8m，冠径45～60cm。半耐寒。茎粗壮。叶宽披针形，青铜绿色。大型总状花序，花唐菖蒲花状，暗红色，径7cm，花瓣波状，仲夏至秋初开放。

垂花美人蕉（鸢尾花美人蕉）***C. iridiflora***，见403页。

'魔王'美人蕉*C.* 'Lucifer' 多年生草本。具根状茎。高1m，冠径45～60cm。半耐寒。叶宽披针形，中绿色。总状花序，花多数，鸢尾花状，红色，边缘黄色，仲夏至秋初开放。

Canoe birch见*Betula papyrifera*，见72页。

Canterbury bell 见 *Campanula medium*。

魔力花属（坎吐阿属）CANTUA

花荵科 POLEMONIACEAE

常绿灌木。因观其春季开放的绚丽的花朵而栽培。仅有一种常被栽培。半耐寒。靠南墙或西墙栽培生长最好。喜全光照和肥沃、排水良好的土壤。夏季用半成熟枝扦插繁殖。

魔力花（黄杨叶坎吐阿）***C. buxifolia*** (*C. dependens*)，见155页。

C. dependens 见 *C. buxifolia*。

Cape blue water lily见*Nymphaea capensis*。

Cape chestnut 见 *Calodendrum capense*。

Cape dandelion 见 *Arctotheca calendula*，见294页。

Cape grape见*Rhoicissus capensis*。

Cape honeysuckle 见 *Tecoma capensis*。

Cape jasmine见*Gardenia augusta*。

Cape leadwort 见 *Plumbago auriculata*，见215页。

Cape marigold 见 *Dimorphotheca*。

Cape myrtle 见*Myrsine africana*。

Cape pondweed 见 *Aponogeton distachyos*，见447页。

Cape primrose 见 *Streptocarpus rexii*。

Cape sundew 见 *Drosera capensis*，见305页。

Cappadocian maple 见 *Acer cappadocicum*。

辣椒属 CAPSICUM

茄科 SOLANACEAE

常绿灌木、亚灌木或短命多年生草本。常作一年生栽培。部分种类果实可食（如甜椒），其他种类的果实小，具观赏性。不耐寒，耐最低温度4℃。喜光照和肥沃、排水良好的土壤。喷水可促进坐果。春季温室内播种繁殖。红蜘蛛螨会危害植株。

'假日情'辣椒（观赏辣椒）***C. annuum*** (Ornamental pepper)。**'Holiday Cheer'** 多年生常绿草本。丛生。作一年生栽培。生长快。高和冠径均为20～30cm。叶卵形，中绿色。花小，星状，白色，夏季开放。果实球形，绿色，熟后红色，秋冬结果。

锦鸡儿属 CARAGANA

豆科／蝶形花科 LEGUMINOSAE/PAPILIONACEAE

落叶灌木。因观叶和花而栽培。极耐寒。喜全光照和中等肥沃、排水良好的土壤。野生种类夏季用软枝扦插繁殖或秋季播种繁殖，栽培品种夏季用软枝或半成熟枝扦插繁殖或芽接繁殖，冬季嫁接繁殖。

树锦鸡儿（蒙古锦鸡儿）***C. arborescens*** 落叶灌木。直立。生长快。高6m，冠径4m。叶先端具刺尖，暗绿色，每叶由8～12片椭圆形小叶组成。花簇生，蝶形，黄色，春末开放。**🏆'洛伯格' 'Lorbergii'** 枝弓状。高3m，冠径2.5m。小叶极窄。花较小。常在茎顶端嫁接作为乔木状栽培。**'矮生' 'Nana'** 见157页。**'步行者' 'Walker'** 高30cm，冠径2～3cm。匍匐状。通常在茎顶端嫁接而形成枝条下垂的乔木。高2m，冠径75cm。

'圆球'黄刺条*C. frutex* 'Globosa' 落叶灌木。直立。生长慢。高和冠径均为30cm。叶中绿色，每片具4枚椭圆形小叶。花少，蝶形，亮黄色，春末开放。

龙角属（水牛角属）CARALLUMA

萝藦科 ASCLEPIADACEAE

多年生多浆植物。茎指状，蓝灰色或蓝绿色至紫色，具4～6条棱。不耐寒，耐最低温度11℃。喜光照和排水良好的土壤。仅在生长季节需少量水。有时很难栽培。夏季播种繁殖或茎插繁殖。

赤缟龙角（赤缟牛角，欧洲龙角）***C. europaea*** (*Stapelia europaea*) 多年生多浆植物。丛生。高20cm，冠径1m。茎粗糙，有4棱，灰色，直立至平卧状，常弓曲着地并生根。花小，成簇，星状，黄色和淡褐色至紫色，生于茎冠附近，仲夏至夏末开放，微有腐肉的味道。蓇葖果具双角，灰色。为易于栽培的种类之一。

蓝灰龙角 *C. joannis*，见475页。

Caraway thyme见*Thymus herba-barona*，见381页。

碎米荠属 CARDAMINE
Bitter cress

十字花科 BRASSICACEAE/CRUCIFERAE

一年生和多年生草本。春季开花。部分种类为杂草，其他种类适于非主景区的疏林地花园中栽培。极耐寒。喜光照或半阴和湿润的土壤。秋季播种繁殖或分株繁殖。

九小叶碎米荠 *C. enneaphyllos* (*Dentaria enneaphyllos*)，见274页。

五小叶碎米荠 *C. pentaphyllos* (*Dentaria pentaphyllos*)，见270页。

草甸碎米荠 *C. pratensis* (Cuckoo flower, Lady's smock)。**🏆'重瓣' 'Flore Pleno'** 多年生草本。整齐，丛生。高45cm，冠径30cm。叶中绿色，分裂成圆形小叶。花密集成簇，重瓣，淡蓝色，春季开放。仲夏用叶扦插繁殖。喜湿润或水湿的条件。

三小叶碎米荠*C. trifolia*，见362页。

Cardinal climber 见 *Ipomoea × multifida*。

Cardinal flower 见 *Lobelia cardinalis*。

Cardinal's guard 见*Pachystachys coccinea*。

大百合属 CARDIOCRINUM

百合科 LILIACEAE

百合状鳞茎类植物。夏季开花。因观其引人注目的花而栽培。耐寒。喜半阴和深厚、富含腐殖质的湿润土壤。秋季栽培，鳞茎种植在土壤表面之下即可。夏季需水多且需用腐殖质覆盖，冬季需提供深厚的覆盖。花后主鳞茎死亡，但产生小鳞茎。5年后开花。秋季小鳞茎繁殖，或秋冬季播种繁殖，播种7年后才能开花。

🏆**大百合 *C. giganteum*** (Giant lily)，见398页。**云南大百合** var. ***yunnanense*** 鳞茎类植物。茎多叶。生长健壮。高1.5～2m，冠径75～100cm。叶大，心形，青铜绿色。穗状花序较长，花芳香，下垂，喇叭状，长15cm，乳白色，内部有紫红色条纹，夏季开放。花后种序可观赏。

倒地铃属 CARDIOSPERMUM

无患子科 SAPINDACEAE

草质或落叶灌木状藤本。因观其引人注目的果实而栽培。可用于覆盖灌丛或棚架。不耐寒，耐最低温度5℃。喜全光照，不择土壤。春季播种繁殖。

倒地铃 *C. halicacabum* (Balloon vine, Heart pea, Heart seed, Winter cherry) 多年生攀缘植物。落叶灌木状。常作一年生或二年生栽培。高3m。叶具齿，由2片椭圆形小叶组成。花不明显，浅白色，夏季开放。果实被毛，淡黄色，球状，膨大，具3棱。种子黑色，具一个白色心形斑点。

Cardoon 见 *Cynara cardunculus*，见228页。

薹草属 CAREX

莎草科 CYPERACEAE

见禾草类、竹类、灯心草类和莎草类植物。

革叶薹草 *C. buchananii* (Leatherleaf sedge) 常绿多年生薹草。丛生。高达60cm，冠径20cm。极耐寒。叶极窄，黄铜色，至基部逐渐变红色。小穗不明显，褐色，生于实心的三棱状茎上，夏季开放。

丛生薹草 *C. elata* (*C. stricta*) (Tufted sedge) 常绿多年生薹草。丛生。高达1m，冠径15cm。极耐寒。叶淡绿灰色。小穗淡黑褐色，生于实心的三棱状茎上，夏季开放。🏆**'金叶' 'Aurea'**，见309页。

格氏薹草 *C. grayi* (Mace sedge) 常绿多年生薹草。丛生。高达60cm，冠径20cm。极耐寒。叶亮绿色。雌性小穗大，褐色，夏季开放。果实尖，具节，淡绿褐色。

🏆**'黄纹'八丈薹草 *C. hachijoensis* 'Evergold'** (*C. oshimensis* 'Evergold')，见309页。

C. morrowii of gardens 见 *C. oshimensis*。

大岛薹草 *C. oshimensis* (*C. morrowii* of gardens) 常绿多年生薹草。丛生。高20～50cm，冠径20～25cm。极耐寒。叶窄，中绿色。小穗不明显，生于实心的三棱状茎上，夏季开放。**'Evergold'** 见 *C. hachijoensis* 'Evergold'。

垂穗薹草 *C. pendula*，见309页。

河岸薹草 *C. riparia* (Greater pond sedge)。**'杂色' 'Variegata'** 常绿多年生薹草。生长旺盛。高60～100cm，冠径不定。极耐寒。叶宽，具白色条纹，中绿色。小穗细长，具刚毛，暗褐色，生于实心的三棱状茎上，夏季开放。

C. stricta 见 *C. elata*。

Caricature plant 见 *Graptophyllum pictum*。

假虎刺属（刺黄果属） CARISSA

夹竹桃科 APOCYNACEAE

常绿灌木。春季至夏季开花。因观其花和树姿而栽培。不耐寒，耐最低温度10～13℃。喜半阴和排水良好的土壤。盆栽植株需水量中等，低温时需水量较少。种子成熟时或春季播种繁殖，夏季用半成熟枝扦插繁殖。种子有毒。

C. grandiflora 见 *C. macrocarpa*。

大花假虎刺 *C. macrocarpa* (*C. grandiflora*) (Natal plum)。**'Tuttlei'** 见135页。

C. spectabilis 见 *Acokanthera oblongifolia*。

刺苞菊属 CARLINA *Thistle*

菊科 ASTERACEAE/COMPOSITAE

一年生、二年生和多年生草本。因观其美丽的头状花序而栽培。极耐寒。喜光照充足和排水良好的土壤。一年生草本于春季播种繁殖，多年生草本秋季播种繁殖。

无茎刺苞菊 *C. acaulis*，见375页。

扁枝豆属 CARMICHAELIA

豆科/蝶形花科 LEGUMINOSAE/PAPILIONACEAE

落叶灌木。常无叶。因观其夏季繁茂的小花而栽培。枝扁平，绿色，具叶的功能。耐寒至半耐寒。喜全光照和排水良好的土壤。春季修剪掉枯死的木质枝条。夏季用半成熟枝扦插繁殖，也可在秋季或春季播种繁殖。

大扁枝豆 *C. arborea* (*C. australis*) 落叶直立灌木。高2m，冠径1.5m。耐寒。花蝶形，成小簇，淡蓝色，初夏至仲夏开花。成熟植株需立桩支撑。

C. australis 见 *C. arborea*。

小扁枝豆 *C. enysii* 落叶灌木。冠圆丘状。枝叶密集。高和冠径均为30cm。耐寒。枝硬。花蝶形，紫色，仲夏开放。适生于岩石园。

Carnation 见 *Dianthus*。

巨人柱属 CARNEGIEA

仙人掌科 CACTACEAE

单种属。多年生仙人掌类植物。生长极慢。茎干粗，具12～24条棱，多刺。植株低于4m时不会开花或分枝。不耐寒，耐最低温度7℃。喜全光照和排水良好的土壤。春季或夏季播种繁殖。

巨人柱（弁庆柱）***C. gigantea***，见456页。

Carolina allspice 见 *Calycanthus floridus*。

Carolina hemlock 见 *Tsuga caroliniana*。

Carolina jasmine 见 *Gelsemium sempervirens*，见206页。

茶花常山属 CARPENTERIA

绣球科/山梅花科 HYDRANGEACEAE/PHILADELPHACEAE

单种属。常绿灌木。夏季开花。因观花和叶而栽培。耐寒。靠南墙或西墙栽培时生长良好。喜全光照和相当湿润但排水良好的土壤。夏季用嫩枝扦插繁殖或秋季播种繁殖。

🏆**茶花常山 *C. californica***，见138页。

鹅耳枥属 CARPINUS *Hornbeam*

榛科/桦木科 CORYLACEAE/BETULACEAE

落叶乔木。因观其叶和成簇的具翅小坚果而栽培，叶秋季变色。极耐寒。喜光照或半阴以及肥沃、排水良好的土壤。野生种秋季播种繁殖，栽培品种夏末芽接繁殖。

🏆**欧洲鹅耳枥**（欧洲千金榆）***C. betulus*** (Common hornbeam) 落叶乔木。冠圆头状。高25m，冠径20m。树干具沟。叶卵形，暗绿色，秋季成黄色和橙色，叶脉明显。柔荑花序绿色，春末至秋季开放。具翅坚果簇生。🏆**'塔形' 'Fastigiata'** (*C. b.* 'Pyramidalis')，见100页。**'Pyramidalis'** 见 *C. b.* 'Fastigiata'。

卡州鹅耳枥 *C. caroliniana* (American hornbeam) 落叶乔木。枝伸展，枝顶端的分枝下垂。高和冠径均为10m。树干灰色，具沟。叶卵形，亮绿色，秋季变成橙色和红色。柔荑花序绿色，春季开花。具翅坚果簇生。

昌化鹅耳枥 *C. tschonoskii* 落叶乔木。树形优美，呈圆球状。枝顶端分枝下垂。高和冠径均为12m。叶卵形，具锐齿，光滑，暗绿色。柔荑花序绿色，春季开放。秋季结成簇的具翅小坚果。

鹅耳枥（北鹅耳枥，小叶鹅耳枥）***C. turczaninowii*** 落叶乔木。树形优美。枝伸展。高12m，冠径10m。叶卵形，光滑，暗绿色，秋季变成橙色。柔荑花序绿色，春季开放。秋季结成簇的具翅小坚果。

食用昼花属 CARPOBROTUS

番杏科 AIZOACEAE

多年生多浆植物。铺地状。叶三角形，肉质，暗绿色。花雏菊状。可极好地固定沙质土壤。半耐寒至不耐寒，耐最低温度5℃。喜全光照和排水良好的土壤。春季或夏季播种繁殖或用茎扦插繁殖。

食用昼花（莫邪菊，短剑）***C. edulis*** (Hottentot fig, Kaffir fig) 多年生多浆植物。铺地状。高15cm，冠径不定。不耐寒。枝匍匐，具不定根。叶厚1.5cm，长12cm。花黄色、紫色或粉色，径12cm，春夏季在中午的阳光下开放。夏末和秋季结果，果实可食，无花果状，淡褐色。

山羊角树属 CARRIEREA

大风子科 FLACOURTIACEAE

落叶乔木。仅山羊角树（*C. calycina*）普遍栽培。因观花而栽培。耐寒。喜全光照和肥沃、排水良好的土壤。夏季用软枝扦插繁殖。

山羊角树 *C. calycina* 落叶乔木。枝伸展。高8m，冠径10m。叶卵形，光滑，中绿色。花簇直立，花杯状，乳白色或淡绿白色，夏初开放。

山核桃属 CARYA *Hickory*

胡桃科 JUGLANDACEAE

落叶乔木。因观其雄伟的树姿、羽状复叶和秋季的色彩而栽培。某些种类的坚果可食。春季开花，花不明显。极耐寒。喜光照或半阴和深厚肥沃土壤。较老的植株忌移植，因此要在固定的地方栽培幼苗以度过它们的初期生长。秋季播种繁殖。

🏆**心果山核桃 *C. cordiformis*** (Bitternut, Bitternut hickory) 落叶乔木。生长旺盛。枝伸展。高25m，冠径15m。树皮，最初光滑，后具裂缝。冬芽亮黄色。叶大，暗绿色，常具7片卵形至椭圆形的小叶，秋季变黄色。坚果倒卵状或圆球状，长2～4cm，种仁味苦。

光叶山核桃 *C. glabra* (Pignut, Pignut hickory) 落叶乔木。枝伸展。高25m，冠径20m。叶暗绿色，常具5片窄卵形小叶，秋季变成亮黄色和橙色。坚果倒卵状或圆球状，长2～4cm，种仁味苦。

🏆**小糙皮山核桃 *C. ovata***，见69页。

莸属 CARYOPTERIS

马鞭草科 VERBENACEAE

落叶亚灌木。因观其叶和大量的蓝色小花而栽培。耐寒。喜全光照和轻质、排水良好的土壤。春季可重度修剪。野生种夏季用嫩枝或半成熟枝扦插繁殖或秋季播种繁殖，栽培品种只能夏季扦插繁殖。

'亚瑟·西蒙'克兰顿莸 ***C.* × *clandonensis* 'Arthur Simmonds'**，见168页。**🏆'天蓝' 'Heavenly Blue'** 落叶亚灌木。丛生。高和冠径均为1m。叶披针形，灰绿色，直立，密集。花密集成簇，管状，蓝色至淡紫蓝色，雄蕊明显，夏末至秋季开放。

狭叶兰香草（莸）***C. incana*** (*C. mastacanthus*) 落叶亚灌木。丛生。高和冠径均为1.2m。叶披针形，灰绿色。花管状，紫蓝色，雄蕊明显，夏末至秋初开放。

C. mastacanthus 见 *C. incana*。

Caspian locust 见 *Gleditsia caspica*。

决明属 CASSIA

苏木科／豆科 CAESALPINIACEAE/ LEGUMINOSAE

一年生、多年生草本和常绿或落叶乔木和灌木。因观花而栽培，主要在冬季至夏季开花。极耐寒至不耐寒，耐最低温度7～18℃。喜全光照和肥沃、排水良好的土壤。盆栽植株旺盛生长期需水量大，冬季中度需水或更少。耐修剪，可重度修剪，但乔木最好任其自然生长。春季播种繁殖。

C. artemisioides 见 *Senna artemisioides*。

C. corymbosa 见 *Senna corymbosa* var. ***plurijuga*** of gardens，见 *Senna* × *floribunda*。

C. didymobotrya 见 *Senna didymobotrya*。

牛角树（阿勃勒）***C. fistula*** (Golden shower, Indian laburnum, Pudding pipe-tree) 落叶乔木。生长快。冠卵球状。高8～10m，冠径4～6m。不耐寒，耐最低温度16℃。叶长30～45cm，具4～8对卵形小叶，幼叶红褐色。总状花序，花小，5瓣，杯状，亮黄色，具芳香，春季开放。荚果圆柱状，长60cm，暗褐色，果肉肉桂状。

C.* × *floribunda 见 *Senna* × *floribunda*。

C. siamea 见 *Senna siamea*。

Cassia
Silver 见 *Senna artemisioides*。
Wormwood 见 *Senna artemisioides*。

滨篱菊属（新拟） CASSINIA

菊科 ASTERACEAE/ COMPOSITAE

常绿灌木。因观叶和花而栽培，耐寒，但露地栽培时需防寒。喜光照和肥沃、排水良好的土壤。夏季用软枝扦插繁殖。

C. fulvida 见 *C. leptophylla* subsp. *fulvida*。

黄枝滨篱菊（新拟）***C. leptophylla*** subsp. ***fulvida*** (*C. fulvida*) 常绿灌木。丛生，高2m，冠径2m。枝黄色。叶小，长椭圆形，暗绿色。头状花序，花小，白色，仲夏开放。适于作海岸绿篱植物。**绒背叶滨篱菊**（新拟）subsp. ***vauvilliersii*** (*C. vauvilliersii*)，见161页。

C. vauvilliersii 见 *C. leptophylla* subsp. *vauvilliersii*。

岩须属 CASSIOPE

杜鹃花科 ERICACEAE

常绿灌木。春季开花。适于泥炭床、墙壁和岩石园种植。极耐寒。喜阴或半阴和酸性、湿润的泥炭土。夏季用半成熟枝或嫩枝扦插繁殖，春秋季播种繁殖。

🏆'爱丁堡'岩须*C.* 'Edinburgh'，见346页。

扫帚岩须*C. fastigiata* 常绿灌木。直立。枝松散。高30cm，冠径15～20cm。叶微小，鳞片状。花钟状，乳白色，萼片绿色或红色，花梗短，腋生，春季开放。喜半阴。

🏆石松状岩须 *C. lycopodioides*，见363页。

毛梗岩须*C. mertensiana*，见364页。

🏆'银冠'岩须*C.* 'Muirhead'，见346页。

岩须 *C. selaginoides* 常绿灌木。枝伸展。高25cm，冠径15cm。叶多，鳞片状，中绿色。花单生，钟状，下垂，较大，白色，春季开放。喜阴。

四角岩须*C. tetragona* 常绿灌木。直立。高10～25cm，冠径10～15cm。茎多分枝。叶浓密，鳞片状，暗绿色。花钟状，单生，低垂，白色，萼片红色，生于叶腋，春季开放。喜半阴。

长毛岩须*C. wardii* 常绿灌木。直立。枝伸展，稀疏。高15cm，冠径20cm。茎半直立。叶多，鳞片状，深绿色，排成四角状。花钟状，白色，在茎上密生，春季开放。适生于庇荫、凉爽的气候。春季用长匐枝分株繁殖。

栗属 CASTANEA
Chestnut

壳斗科 FAGACEAE

落叶乔木或灌木。夏季开花。叶、花、果可观赏。树姿雄伟，果实可食。极耐寒。喜光照或半阴环境和肥沃、排水良好的土壤。在炎热、干燥的地区可生长良好，在浅薄的白垩土壤上生长不良。秋季播种繁殖，栽培品种夏季芽接繁殖或晚冬嫁接繁殖。

美国栗*C. dentata* (American chestunt) 落叶乔木。树冠开展。树皮粗糙。高30m，冠径15m。叶长椭圆形，具齿，暗绿色，秋季橙黄色。柔荑花序，绿白色，夏季开放。果实具刺，似板栗。

🏆欧洲栗 *C. sativa* (Spanish chestnut, Sweet chestnut) 落叶乔木。树冠开展。高30cm，冠径15m。树皮随树龄增长逐渐呈螺旋状隆起。叶长椭圆形，光滑，暗绿色，秋季黄色。穗状花序，花小，乳白色，夏季开放。果实可食，壳斗圆型，具刺。**'白边' 'Albomarginata'**，见65页。

栲属 CASTANOPSIS

壳斗科 FAGACEAE

常绿灌木或乔木。因观其树形和叶而栽培。花不引人注目。耐寒。喜光照或半阴和肥沃、排水良好但不干燥的酸性土壤。秋季播种繁殖。

米槠*C. cuspidata* 常绿灌木或乔木。树冠开展。枝条下垂。高8m以上，冠径8m以上。叶长卵形，先端细长，革质，光滑，叶面暗绿色，叶背青铜色。

栗豆树属 CASTANOSPERMUM
Black bean tree, Moreton Bay chestnut

豆科／蝶形花科 LEGUMINOSAE/ PAPILIONACEAE

单种属。常绿乔木。以观树姿和树阴为主。不耐寒，耐最低温度10～15℃，喜全光照和肥沃、湿润、但排水良好的土壤。盆栽植株旺盛生长期需水量大，其他时期需水量中等。春季播种繁殖。

栗豆树（澳洲栗，黑豆树）***C. australe*** 常绿乔木。树冠圆球状。生长旺盛。高15m以上，冠径8m以上。叶长45cm，小叶8～17枚，卵形。总状花序，花大，蝶形，黄色，后变为橙色或红色，秋季开放。荚果圆柱状，红褐色，长25cm，种子形似栗子。

Cast-iron plant 见 *Aspidistra elatior*。

Castor-oil plant 见 *Ricinus communis*，见335页。

Catalina ironwood 见 *Lyonothamnus floribundus*。

梓属 CATALPA

紫葳科 BIGNONIACEAE

落叶乔木或灌木。夏季开花。抗城市污染能力强。以观赏叶和钟状或喇叭状花为主。花具皱褶裂片。乔木宜孤植。极耐寒。喜光照，夏季生长最好。喜深厚、肥沃、排水良好但不太干燥的土壤。野生种秋季播种繁殖。栽培品种夏季用软枝扦插或夏末芽接繁殖。

🏆紫葳楸（紫葳梓，美国梓）***C. bignonioides*** (Indian bean tree)，见78页。**🏆'黄叶' 'Aurea'** 落叶乔木。树冠开展。高10m，冠径10m。叶阔卵形，亮黄色，幼叶青铜色。花钟状，白色，有黄色和紫色斑点，夏季开放。荚果长，圆柱状，下垂，宿存。

🏆'紫叶'红楸 *C.* × *erubescens* 'Purpurea' 落叶乔木。树冠开展。高15m，冠径15m。叶阔卵形或3浅裂，幼叶暗紫色，成熟叶片暗绿色。花钟状，白色，有黄色和紫色斑点，芳香，仲夏至晚夏开放。

梓树 *C. ovata* 落叶乔木。树冠开展。高10m，冠径10m。叶3裂，淡绿色，幼叶浅紫色。花簇生，钟状，白色，具红色和黄色斑点，仲夏至夏末开放。

黄金树 *C. speciosa*，见78页。

蓝苣属（新拟） CATANANCHE
Blue cupidone

菊科 ASTERACEAE/ COMPOSITAE

多年生草本。头状花序，雏菊状，干燥后作冬季花卉饰品。极耐寒。喜光照和轻质、排水良好的土壤。春季播种繁殖，冬季用根部扦插繁殖。

🏆'大花'蓝苣 *C. caerulea* 'Major'，见285页。

长春花属 CATHARANTHUS

夹竹桃科 APOCYNACEAE

常绿灌木。因观花而栽培。长春花（*C. roseus*）通常播种繁殖或扦插繁殖。在气候寒冷地区常作夏季花坛植物。不耐寒，耐最低温度5～7℃。喜全光照和排水良好的土壤，盆栽时需水适中，低温时需水较少。初春剪去过长茎枝，以促进分枝。春季播种繁殖或夏季用嫩枝或半成熟枝扦插繁殖。

🏆长春花 *C. roseus* (*Vinca rosea*)，见160页。

Cat's claw 见 *Macfadyena unguis-cati*，见216页。

Cat's ears 见 *Antennaria, Calochortus*。

Cat's tail, Red-hot 见 *Acalypha hispida*。

Cat's valerian 见 *Valeriana officinalis*，见241页。

Cat's whiskers 见 *Tacca chantrierei*。

Catalina ironwood 见 *Lyonothamnus floribundus*。

Catchfly 见 *Silene*。
Alpine 见 *Lychnis alpina*。
Nodding 见 *Silene pendula*。
Catmint 见 *Nepeta*。

卡特兰属 CATTLEYA

见兰花。

🏆博氏卡特兰*C. bowringiana* (见297页) 常绿附生兰。适宜低温温室栽培。高45cm。叶卵形，坚硬，长8～10cm。花大，径8cm，洋红色，唇瓣玫瑰紫色，秋季开放。夏季喜半阴，避免从顶部喷水。

'嘉宝'卡特兰*C.* 'J. A. Carbone' (见297页) 常绿附生兰。适宜中温温室栽培。高45cm。叶卵形，坚硬，长10～15cm。花大，径10cm，紫红色，唇瓣深粉色，具黄色斑点，芳香，初夏开放。避免从顶部喷水。

Caucasian elm见*Zelkova carpinifolia*。

Caucasian fir 见 *Abies nordmanniana*，见 111 页。

Caucasian lime见*Tilia × euchlora*。

Caucasian oak 见 *Quercus macranthera*，见 66 页。

Caucasian spruce 见 *Picea orientalis*。

Caucasian whortleberry见*Vaccinium arctostaphylos*。

Caucasian wing nut见*Pterocarya fraxinifolia*。

距药姜属 CAUTLEYA

姜科 ZINGIBERACEAE

多年生草本。夏秋季开花。耐寒。喜光照充足、无风场所，喜深厚、肥沃、湿润但排水良好的土壤。春季播种或分株繁殖。

红苞距药姜*C. spicata*，见294页。

Cayratia thomsonii 见 *Parthenocissus thomsonii*。

美洲茶属 CEANOTHUS

鼠李科 RHAMNACEAE

常绿或落叶灌木和小乔木。观花为主。花小，密集簇生，蓝色。耐寒至半耐寒。在寒冷地区，靠南墙或西墙种植。喜阴和轻质、排水良好的土壤。常绿种类春季剪去枯死枝条，花后剪去侧生枝条，落叶种类初春修剪枝条至基部。夏季用半成熟枝扦插繁殖。

🏆**'秋蓝'美洲茶 *C.* 'Autumnal Blue'**，见 148 页。

🏆**'蓝色小丘'美洲茶 *C.* 'Blue Mound'** 常绿灌木。丛生。密集。高1.5m，冠径2m，耐寒。叶长椭圆形，光滑，暗绿色。花圆球状，簇生，深蓝色，晚春开放。

🏆**'伯克渥德'美洲茶 *C.* 'Burkwoodii'** 常绿灌木。丛生。密集。高1.5m，冠径2m，耐寒。叶卵形，光滑，暗绿色，叶背具短绒毛，灰色。圆锥花序，浓密，花亮蓝色，仲夏至仲秋开放。

'伯顿'美洲茶 *C.* 'Burtonensis' 常绿灌木。丛生。枝伸展。高2m以上，冠径4m。耐寒。叶小，圆形，近球状，皱褶，有光泽，暗绿色。花小，簇状，径2cm，深蓝色，仲春至初夏开放。

🏆**'瀑布'美洲茶*C.* 'Cascade'** 常绿灌木。枝拱状。生长旺盛。高4m，冠径4m，耐寒。叶狭长，椭圆形，光滑，暗绿色。圆锥花序，大型，深蓝色，晚春至初夏开放。

🏆**'欣喜'美洲茶*C.* 'Delight'** 常绿灌木。丛生。生长迅速。高3m，冠径5m，耐寒。叶长椭圆形，光滑，深绿色。花簇生，深蓝色，晚春开放。

***C. × delileanus* 'Gloire de Versailles'** 见 *C.* 'Gloire de Versailles'。

齿叶美洲茶 *C. dentatus* 常绿灌木。丛生。浓密。高1.5m，冠径2m。耐寒。叶小，长椭圆形，光滑，暗绿色。花球状，簇生，亮蓝色，晚春开放。

C. dentatus of gardens 见*C.* × *lobbianus*。

🏆**'凡尔赛之光'美洲茶 *C.* 'Gloire de Versailles'**（*C.* × *delileanus* 'Gloire de Versailles'），见168页。

华丽美洲茶 *C. gloriosus* 常绿灌木。匍匐生长。高30cm，冠径2m。耐寒。叶卵形，暗绿色。花圆球形，簇生，深蓝色或蓝紫色，仲春至晚春开放。在白垩质土壤上会出现缺绿病。

陷脉美洲茶 *C. impressus*，见 145 页。

白背美洲茶*C. incanus*，见138页。

🏆**'蔚蓝'美洲茶 *C.* 'Italian Skies'** 常绿灌木。丛生。树冠开张。高1.5m，冠径3m。耐寒。叶小，卵形，光滑，暗绿色。花序圆锥状，浓密，簇生，花亮蓝色，晚春开放。

洛布氏美洲茶*C.* × *lobbianus*（*C. dentatus* of gardens）常绿灌木。丛生。浓密。高2m，冠径2m。耐寒。叶长卵形，暗绿色。花圆球状，簇生，亮深蓝色，晚春开放。

'玛丽·西蒙'美洲茶 *C.* 'Marie Simon' 落叶灌木。丛生。高1.5m，冠径1.5m。耐寒。叶阔卵形，中绿色。花序圆锥状，花多，柔粉色，仲夏至初秋开放。

乳突叶美洲茶*C. papillosus* 常绿灌木。枝拱状。高3m，冠径5m。耐寒。叶狭椭圆形，光滑，暗绿色，有黏性。花序总状，密集，花蓝色或略蓝紫色，晚春开放。

'玫红'美洲茶 *C.* 'Perle Rose'，见 163 页。

硬叶美洲茶 *C. rigidus* (Monterey ceanothus) 常绿灌木。丛生。浓密。树冠开展。高1.2m，冠径2.5m。耐寒。叶长椭圆形至圆形，光滑，暗绿色。花簇生，圆球状，深蓝紫色，仲春至初夏开放。

🏆**'索斯米德'美洲茶 *C.* 'Southmead'** 常绿灌木。丛生。浓密。高1.5m，冠径1.5m。耐寒。叶小，长椭圆形，光滑，暗绿色。花簇生，圆球状，深蓝色，晚春至初夏开放。

聚花美洲茶 *C. thyrsiflorus* 常绿丛生灌木或树形开展的乔木。高6m，冠径6m。耐寒。叶阔卵形，光滑，中绿色。花簇生，圆球状，淡蓝色，晚春至初夏开放。**匍匐聚花美洲茶** var. ***repens***，见 168 页。

🏆**'深蓝'美洲茶 *C.* 'Trewithen Blue'** 常绿灌木。丛生。树冠开展。生长强壮，高6m，冠径8m以上。耐寒。叶阔卵形至圆形，暗绿色。花大，簇生，深蓝色，春季和初夏开放。

维奇氏美洲茶 *C.* × *veitchianus* 常绿灌木。丛生。生长强壮。高3m，冠径3m。耐寒。叶长椭圆形，光滑，暗绿色。花长椭圆状，密集簇生，深蓝色，晚春和初夏开放。

Ceanothus, Monterey 见 *Ceanothus rigidus*。

Cedar 见 *Cedrus*。

Atlas 见 *Cedrus atlantica*。

Blue Atlas 见 *Cedrus atlantica* f. *glauca*，见 101 页。

Chilean incense 见*Austrocedrus chilensis*，见 106 页。

Eastern white 见 *Thuja occidentalis*。

Incense 见 *Calocedrus decurrens*，见 106 页。

Japanese 见 *Cryptomeria japonica*。

Pencil 见 *Juniperus virginiana*。

Western red 见 *Thuja plicata*。

White 见 *Thuja occidentalis*。

Cedar of Goa 见 *Cupressus lusitanica*。

Cedar of Lebanon见*Cedrus libani*，见 103 页。

Cedrela sinensis 见*Toona sinensis*。

Cedronella mexicana 见 *Agastache mexicana*。

雪松属 CEDRUS *Cedar*

松科 PINACEAE

见针叶树。

北非雪松（大西洋雪松）***C. atlantica***（*C. libani* subsp. *atlantica*）(Atlas cedar) 针叶树。幼树圆锥状，随着年龄增长，树冠逐渐伸展。高15～25m，冠径5～10m。极耐寒。叶螺旋状排列，针形，暗绿色或亮蓝灰色。雄球花淡褐色，雌球花淡绿色。球果卵球形，成熟时褐色。**窄冠北非雪松** f. ***fastigiata***（*C. a.* Fastigiata Group）冠径 4～5m。树冠窄，竖直。🏆**粉绿北非雪松** f. ***glauca***（*C. a.* Glauca Group），见101页。

🏆**雪松 *C. deodara*** (Deodar) 针叶树。生长迅速。树冠幼时圆锥状，浓密，先端下垂，成熟时变宽。高 15～25m，冠径 5～10m。极耐寒。叶螺旋状排列，针形，灰绿色。球果桶状，具光泽，长8～12cm，成熟时褐色。🏆**'黄叶' 'Aurea'**，见 109 页。

🏆**黎巴嫩雪松 *C. libani*** (Cedar of Lebanon)(见 103 页）针叶树。树冠开展。枝条成层排列、拱状。高25m，冠径15m。极耐寒。叶螺旋状排列，针形，灰绿色，浓密、扁平，成层分布。球果灰粉色。subsp. ***atlantica*** 见 *C. atlantica*。**'矮生' 'Comte de Dijon'** 高1～2m，冠径60～120cm。矮状，一年只长5cm。**'圆冠' 'Sargentii'**（见111页）圆球状灌木。高1～1.5m，冠径1～1.5m。枝条水平，先端下垂。

吉贝属（爪哇木棉属）CEIBA

木棉科 BOMBACACEAE

常绿、半常绿或落叶乔木。因观赏其树形和获树阴而栽培。不耐寒。耐最低温度15℃。喜全光照、微阴和肥沃、湿润但排水良好的土壤。盆栽植株生长期需水量大，其他时期需水较少。耐修剪。春季播种繁殖或夏季用半成熟枝扦插繁殖。

吉贝（爪哇木棉）***C. pentandra*** (Kapok, Silk cotton tree) 半常绿乔木。速生。干具刺。高和冠径均为25m以上。叶掌状，由5～9片椭圆形小叶组成，幼叶红色，后变成中绿色。花簇生，5瓣，白色、黄色或粉色，夏季开放。蒴果木质，种子褐色，有绢状木棉纤维。

Celandine 见 *Chelidonium*。

Greater 见 *Chelidonium*。

Lesser 见 *Ranunculus ficaria*。

Celandine crocus见*Crocus korolkowii*。

南蛇藤属 CELASTRUS

卫矛科 CELASTRACEAE

落叶灌木或缠绕攀缘植物。以观果为主。大多数雌雄异株。所以为了获得果实需把雌雄植株种植在一起。南蛇藤（*C. orbiculatus*）雌雄同株的品种是可利用的。极耐寒至耐寒。适生任何土壤和阴、半阴环境。喜肥。春季剪去老枝，以保持树形，秋季或春季播种繁殖或夏季用半成熟枝扦插繁殖。

C. articulatus 见 *C. orbiculatus*。

🏆**南蛇藤*C. orbiculatus***（*C. articulatus*）(Oriental bittersweet，Staff vine) 落叶缠绕攀缘植物，生长健壮。高达14m。耐寒。叶小，圆形，具齿。花小，2～4朵，簇生，绿色，夏季开放。果实小，球状，宿存时间长，初绿色，秋季呈黑色，成熟后开裂。种子黄色至红色。

美洲南蛇藤 *C. scandens* (American bittersweet，Staff tree) 落叶缠绕攀缘植物。高达10m。耐寒。叶卵形，长5～10cm。花小，叶腋簇生，绿色，夏季开放。果实球状，长5～8cm，宿存时间长，果实成熟开裂。种子橙色或猩红色。

寒菀属（新拟）CELMISIA

菊科 ASTERACEAE/COMPOSITAE

多年生常绿草本。春末和夏季开花。因观赏其叶和雏菊状头状花序而栽培。适于岩石园和泥炭土的苗床种植，但不适宜在炎热干燥的气候下生长。耐寒。喜光照或庇荫，适生于富含腐殖质、湿润但排水良好的沙质酸性土壤。初夏分株繁殖或播种繁殖。

雏菊状寒菀（新拟）***C. bellidioides*** 多年生常绿草本。匍匐状。高2cm，冠径15cm。叶圆形，革质，暗绿色。头状花序，几无柄，花径1cm，白色，似雏菊，初夏开放。

C. coriacea of gardens 见 *C. semi-*

cordata。

多枝寒菀*C. ramulosa*，见374页。

银叶寒菀（新拟）***C. semicordata***（*C. coriacea* of gardens），见360页。

剑叶寒菀（新拟）***C. traversii*** 多年生常绿草本。丛生。生长缓慢。高15cm，冠径20cm。叶剑形，暗绿色，边缘红褐色，背面奶油色。头状花序，径6～7cm，白色，雏菊状，夏季开放。移植困难。

黏叶寒菀（新拟）***C. walkeri***（*C. webbiana*），见350页。

C. webbiana 见 *C. walkeri*。

青葙属 CELOSIA

苋科 AMARANTHACEAE

多年生草本。直立。常作一年生栽培。半耐寒。喜光照充足、庇荫、肥沃、排水良好的土壤。春季温室播种繁殖。

青葙*C. argentea* 多年生草本，丛生。直立，生长迅速。作一年生栽培。高30～60cm，冠径达45cm。叶卵形至披针形，淡绿色至中绿色。穗状花序，圆锥状，长10cm，银白色，夏季开放。栽培品种其花色呈红色、橙色、黄色和奶油色。矮形栽培品种，高30cm。**'仙境喷泉' 'Fairy Fountains'** 见341页。**奥林匹亚系列 Olympia Series** 穗状花序鸡冠状，突起似珊瑚状，密生，宽8～12cm，金黄色、猩红色、亮红色、深樱桃红色和紫色。

朴属 CELTIS
Hackberry, Nettle tree

榆科 ULMACEAE

落叶乔木。以观赏叶和果实为主。花不明显，春季开放。极耐寒。喜全光照（炎热夏季生长最好）和肥沃、排水良好的土壤。秋季播种繁殖。

欧洲朴（地中海朴）***C. australis***，见67页。

北美朴*C. occidentalis* (Common hackberry) 落叶乔木。树冠开张。高20m，冠径20m。叶卵形，具锐齿，光滑，亮绿色，秋季成黄色。果实球状，黄红色，成熟后红紫色。

朴*C. sinensis* 落叶乔木。树冠圆球状。高10m，冠径10m。叶卵形，光滑，暗绿色，有细齿。果实小，球状，橙色。

矢车菊属 CENTAUREA
Knapweed

菊科 ASTERACEAE/ COMPOSITAE

一年生或多年生草本。以观赏花为主。头状花序，中心似蓟状，周围被放射状花包围。极耐寒。喜光照，适生于任何排水良好的土壤，甚至瘠薄的土壤。秋季或春季播种繁殖，或分株繁殖。

矢车菊*C. cyanus* (Bluebottle, Cornflower) 一年生草本。直立。生长迅速。多分枝。高30～100cm，冠径30cm。叶披针形，灰绿色。头状花序，重瓣，雏菊状，蓝色、粉色、红色、紫色或白色，夏季和初秋开放。是极好的切花品种。高型品种（蓝色，见334页，玫瑰色，见322页）和矮型栽培品种可使用。**宝贝系列 Baby Series**（矮生型）高30cm。头状花序，蓝色、白色或粉色。

羽裂矢车菊*C. dealbata* 多年生草本。直立。高1m，冠径60cm。叶窄卵形，细裂，淡绿色。头状花序，淡蓝紫色，每茎上着生1个或多个花序，夏季开花量大。**'斯腾伯格' 'Steenbergii'** 高60cm，花胭脂红色至淡蓝色。

'约翰·考特斯' 白背矢车菊 *C. hypoleuca* 'John Coutts'，见279页。

大花矢车菊*C. macrocephala* 多年生草本。攀缘。粗壮。高1m，冠径60cm。叶窄卵形，深裂，中绿色。头状花序大，纸质，具银褐色苞片，夏季开放。

山矢车菊*C. montana*，见284页。

C. moschata 见*Amberboa moschata*。

紫矢车菊*C. pulcherrima*，见244页。

距药花属 CENTRADENIA

野牡丹科 MELASTOMATACEAE

常绿多年生草本和灌木。以观花和叶为主。不耐寒，耐最低温度13℃。喜轻微庇荫，喜肥沃、排水良好的土壤。盆栽植物生长期需水量大，其他时期需水中等。修剪幼株先端以促其形成矮灌丛状的株形，老植株每年春季修剪以防株形散乱。初春至初夏播种繁殖，或用软枝或嫩枝扦插繁殖，盆栽植物需每年换盆。

圆锥距药花*C. floribunda* 常绿灌木。松散球状。茎干柔软。高60cm，冠径60cm。叶披针形，具突出的叶脉，光滑，叶正面绿色，背面蓝绿色。花大，簇生，4瓣，粉色或白色，花芽粉色，晚冬至春季开放。

距药草属 CENTRANTHUS

败酱科 VALERIANACEAE

多年生草本。春末至秋季开花。极耐寒。喜光照，适生于开阔场地和瘠薄碱性土壤。秋季或春季播种繁殖。

距药草（红穿心排草）***C. ruber***，见245页。

Century plant 见*Agave americana*。

刺头草属 CEPHALARIA

川续断科 DIPSACACEAE

多年生草本。粗糙。夏季开花。适于大花坛和野生草本园种植。极耐寒。喜光照和排水良好的土壤。春季分株繁殖或秋季播种繁殖。

大刺头草*C. gigantea*（*C. tatarica*）(Giant scabious, Yellow scabious) 多年生草本。植株粗壮。具分枝，枝金属丝状。高2m，冠径1.2m。叶披针形、深裂、暗绿色。头状花序针垫状，淡黄色，初夏开放。

C. tatarica 见 *C. gigantea*。

翁柱属 CEPHALOCEREUS

仙人掌科 CACTACEAE

多年生仙人掌类植物。柱状。生长缓慢。茎绿色，具20～30条棱。不耐寒，耐最低温度5℃。喜光照和排水良好、富含石灰质的土壤，若水分过多易腐烂。春季或夏季播种繁殖。

翁柱*C. senilis*，见460页。

帝王花属 CEPHALOPHYLLUM

番杏科 AIZOACEAE

多年生多浆植物。丛生灌木状。叶圆柱状或半圆柱状，绿色。1年或2年后开花。不耐寒，耐最低温度5℃。喜光照和排水良好的土壤。春季或夏季播种繁殖。

旭峰*C. alstonii*，见474页。

皮氏帝王花*C. pillansii* 多年生多浆植物。丛生。高8cm，冠径60cm。叶圆柱形，长6cm，暗绿色，覆盖有深色斑点。花茎短，花雏菊状，宽6cm，黄色，中心红色，春秋季开放。

三尖杉属（粗榧属）CEPHALOTAXUS

三尖杉科（粗榧科）CEPHALOTAXACEAE

见针叶树。

日本粗榧*C. harringtonii* (Cow's-tail pine, Plum yew) 针叶树。灌丛状，树冠开张。高5m，冠径3m。耐寒。叶针形，扁平，光滑，暗绿色，叶背灰白色，围绕直立的枝，呈放射状排列。果实卵形，肉质，初期绿色，成熟后褐色。

卷耳属 CERASTIUM

石竹科 CARYOPHYLLACEAE

一年生或多年生草本。花星状。有些种通常作地被植物。极耐寒。喜光照和排水良好的土壤。春季分株繁殖。

高山卷耳*C. alpinum* (Alpine mouseear) 多年生草本。匍匐生长。高8cm，冠径40cm。叶小，卵形，灰色，覆盖在茎上。花星状，单生，径1cm，白色，夏季开放。

绒毛卷耳（银角）***C. tomentosum***，见361页。

金鱼藻属 CERATOPHYLLUM

金鱼藻科 CERATOPHYLLACEAE

落叶多年生沉水植物。观叶为主。适于池塘和冷水池中栽培。极耐寒至半耐寒。喜开阔、光照充足的场所，比多数沉水植物耐阴。靠鳞片状的幼枝或冬芽从植株主体分离繁殖，或生长季茎插繁殖。

金鱼藻*C. demersum* (Hornwort) 落叶多年生沉水植物。枝叶伸展。偶尔漂浮。冠径不定，极耐寒。叶小，暗绿色，三回线状分裂，非常适于冷水池栽培。

水蕨属 CERATOPTERIS

水蕨科 PARKERIACEAE

落叶或半常绿多年生草本。浮水蕨类。以观叶为主。适于水池栽培。不耐寒，耐最低温度10℃。喜光照充足。应定期清除凋落的叶。夏季分株繁殖或用芽繁殖。

水蕨*C. thalictroides* (Water fern) 半常绿多年生浮水蕨类。伸展。有时生根，变成沉水植物。冠径不定。叶披针形或心形，淡绿色，边缘呈波状。

蓝雪花属 CERATOSTIGMA

白花丹科 PLUMBAGINACEAE

落叶、半常绿或常绿灌木或多年生草本。因观其蓝色的花和秋季的色彩而栽培。极耐寒至不耐寒，耐最低温度10℃。喜光照和排水良好的土壤。春季应剪去枯枝。灌木夏季用软枝扦插繁殖，多年生草本春季分株繁殖。

毛蓝雪花*C. griffithii* 常绿或半常绿灌木。丛生。密集。高1m，冠径1.5m。半耐寒。叶匙形，具刚毛，边缘紫色，叶暗绿色，秋季变红色。花簇生，管状，具开展的裂片，亮蓝色，夏末至秋季开放。

🏆蓝雪花 *C. plumbaginoides*，见360页。

🏆岷江蓝雪花 *C. willmottianum*，见173页。

连香树属 CERCIDIPHYLLUM

连香树科 CERCIDIPHYLLACEAE

落叶乔木。因观其叶和引人注目的秋季色彩而栽培。极耐寒。晚霜会危害幼叶，但通常不会引起持续的危害。喜光照或半阴环境，喜肥沃、湿润但排水良好的土壤。秋季播种繁殖。

🏆连香树*C. japonicum*，见71页。

紫荆属 CERCIS
Judas tree, Redbud

豆科／蝶形花科 LEGUMINOSAE/ PAPILIONACEAE（译者注：原书有误，紫荆属不属于蝶形花科，应改为云实科 CAESALPINIACEAE）

落叶灌木或乔木。有时呈灌木状。以观叶和花为主。花小，量大，蝶形，春季开放。极耐寒。喜全光照和深厚、肥沃、排水良好的土壤。幼株可在室外孤植。不宜移植。野生种秋季播种繁殖，栽培种夏季芽接繁殖。

加拿大紫荆 *C. canadensis* (Eastern redbud) 乔木或灌木。树冠伸展。高10m，冠径10m。叶心形，暗绿色，秋季变成黄色。先花后叶，花蝶形，花蕾时为洋红色，开放后为淡粉色，仲春开放。**🏆'森林三色堇' 'Forest Pansy'**，见91页。

🏆南欧紫荆*C. siliquastrum*，见88页。

仙人柱属 CEREUS

仙人掌科 CACTACEAE

多年生仙人掌类植物。圆柱状。茎多刺，大多数具4～10条显著的棱。花杯状，通常夜晚开放。不耐寒，耐最低温度7℃。喜全光照和排水非常好的土壤。春季播种繁殖，具分枝的种用茎插繁殖。

C. forbesii 见 *C. validus*。

C. peruvianus of gardens 见 *C. uruguayanus*。

C. spachianus 见 *Echinopsis spachiana*。

仙人柱*C. uruguayanus* (*C. peruvianus* of gardens)，见456页。**'山影拳' 'Monstrosus'** 多年生仙人掌类植物。圆柱状。高5m，冠径4m。茎干膨大，偶尔扇形，银蓝色，具金色刺，刺着生于4～8条不均匀的棱上。栽培植株不易开花。

刚柱（有力柱）***C. validus*** (*C. forbesii*)，见456页。

Cereus, Night-blooming 见*Hylocereus undatus*。

琉璃苣属 CERINTHE

紫草科 BORAGINACEAE

一年生、二年生或多年生草本。茎和叶肉质。极耐寒至耐寒。喜光照、干燥至湿润、排水良好的土壤。秋季或春季播种繁殖。

'紫晕' 琉璃苣*C. major* 'Purpurascens'，见331页。

吊灯花属 CEROPEGIA

萝藦科 ASCLEPIADACEAE

半常绿肉质灌木或亚灌木。茎多数柔软或低垂。以观花为主。不耐寒，耐最低温度7～11℃。喜半阴和排水非常好的土壤。春季或夏季播种繁殖或茎插繁殖。吊金钱（*C. woodii*）常作为马利筋属植物的嫁接砧木。

C. distincta subsp. ***haygarthii*** 见 *C. haygarthii*。

天邪鬼*C. haygarthii* (*C. distincta* subsp. *haygarthii*) 半常绿攀缘亚灌木。肉质。高2m以上，冠径不定。耐最低温度11℃。叶卵形或圆形，暗绿色，长1～2cm。花多而小，白色或粉白色，每朵花有一瓶状的筒，向上扩展，具紫斑的裂片先端联合，末端有5个边缘具细毛的突起，整体像一昆虫伏在一朵花上，夏季开放。

🏆吊金钱 *C. linearis* subsp. ***woodii*** (*C. woodii*)，见462页。

C. sandersoniae 见 *C. sandersonii*。

醉龙 *C. sandersonii* (*C. sandersoniae*)(Fountain flower, Parachute plant) 半常绿攀缘、肉质亚灌木。高2m，冠径不定。耐最低温度11℃。叶三角形至卵形，肉质，长2cm。花管状，绿色，长5cm，有淡绿色至白色斑点，花瓣顶部为浓重的火红色，形成"降落伞状"，夏季开放。

C. woodii见*C. linearis* subsp. *woodii*。

夜香树属 CESTRUM

茄科 SOLANACEAE

落叶或常绿灌木和半攀缘植物。因观赏绚丽的花而栽培。叶有令人不愉快的气味。耐寒至不耐寒，耐最低温度7～10℃。耐寒种类在寒冷地区靠南墙、西墙或在温室中种植。喜阴或光照充足的场所和肥沃、排水良好的土壤。盆栽植物生长期大量需水，其他时期中等需水。攀缘种类需要支撑。耐寒种类夏季用软枝扦插繁殖，不耐寒种类春季播种或夏季用半成熟枝扦插繁殖。

黄花夜香树*C. aurantiacum* 常绿半攀缘植物。若每年修剪，可形成圆球状灌木。高和冠径均为2m。不耐寒，耐最低温度7～10℃。低温时落叶。叶卵形，亮绿色。花大，顶生，管状，亮橙色，夏季开放。果实球状，白色。每年修剪，花后在基部剪去茎干。

🏆瓶儿花 *C. elegans* (*C. purpureum*)，见142页。

🏆'绯红' 夜香树*C.* 'Newellii' 常绿灌木。枝弓状。高和冠径均为3m。极耐寒。叶大，阔披针形，暗绿色。花簇生，管状，绯红色，春末至夏季开放。

🏆智利夜香树（柳叶夜香木）***C. parqui*** 落叶灌木。冠开张。高和冠径均为2m。耐寒。叶窄披针形，中绿色。花大，管状，簇生，黄绿色，夜晚具芳香，夏季盛开。

C. purpureum 见 *C. elegans*。

Ceterach officinarum 见 *Asplenium ceterach*。

木瓜属 CHAENOMELES
Flowering quince, Japonica

蔷薇科 ROSACEAE

落叶灌木。常具刺。春季开花。因观赏绚丽的花和芳香的果实而栽培。果实可贮藏。极耐寒。喜光照和排水良好的土壤。整枝成绿篱状，花后将侧枝修剪至具有2个或3个芽，生长季可将枝剪短形成绿墙。夏季软枝或嫩枝扦插繁殖，或秋季播种繁殖，栽培品种仅在夏季扦插繁殖。日灼病和白垩土缺绿病为常见的病害。

毛叶木瓜 *C. cathayensis* 落叶灌木。枝条伸展，开张，具刺。高和冠径均为3m以上。叶狭长，先端尖，中绿色。花小，5瓣，肉粉色、白色，初春至仲春开放。果实大，卵状，黄绿色。

日本木瓜 *C. japonica* (Japanese quince, Japonica) 落叶灌木。丛生。枝条伸展，具棘刺。高1m，冠径 2m。叶卵形，中绿色。花5瓣，多数，红色或橙红色，春季开放。果实球状，黄色。

皱皮木瓜（贴梗海棠）***C. speciosa*** 落叶灌木。丛生。具刺。生长强壮。高2.5m，冠径5m。叶卵形，光滑，暗绿色。花簇生，5瓣，红色，初春至仲春开放。果实球状，绿黄色。**🏆'莫尔洛斯' 'Moerloosei'**，见130页。**'赛雪' 'Nivalis'**花纯白色。**'西蒙' 'Simonii'** 高1m，冠径2m。花多，半重瓣，深红色。

🏆华丽木瓜*C. × superba* 'Crimson and Gold' 落叶灌木。丛生。浓密。具刺。高1m，冠径2m。叶卵形，光滑，暗绿色。花簇生，5瓣，深红色，惹人注目，花药金黄色，春季开放。果实圆球状，黄色。**'埃特纳' 'Etna'** 高1.5m，冠径3m。花猩红色。**🏆'猩红' 'Knap Hill Scarlet'** 高1.5m，冠径3m。花大，色彩绚丽，红色。**'尼科林' 'Nicoline'**，见156页。**🏆'洛瓦兰' 'Rowallane'**，见155页。

Chain cactus 见 *Rhipsalis paradoxa*。

Chain fern见*Woodwardia radicans*。

Asian 见 *Woodwardia unigemmata*。

蓍叶木属 CHAMAEBATIARIA

蔷薇科 ROSACEAE

单种属。落叶灌木。以观叶和花为主。夏季开花。耐寒。喜背风向阳的场所，适生于排水良好的土壤。夏季用半成熟枝扦插繁殖。

蓍叶木 *C. millefolium* 落叶灌木。直立。树冠开张。高和冠径均为1m。叶二回羽裂，具芳香，灰绿色。圆锥花序，花浅杯状，白色，具黄色雄蕊，顶生，仲夏至夏末开放。

Chamaecereus silvestrii 见 *Echinopsis chamaecereus*。

扁柏属 CHAMAECYPARIS
False cypress

柏科 CUPRESSACEAE

接触叶会刺激皮肤过敏。见针叶树。

美国花柏（美国扁柏）***C. lawsoniana*** (Lawson cypress) 针叶树。直立。树冠圆柱状，先端具分枝，下垂。高15～25m，冠径3～4m。极耐寒。叶鳞片状，暗绿色或扁平枝状，具芳香。雄球花砖红色，雌球花不显著，绿色。球果圆球状。**'柱冠' 'Columnaris'**，见108页。**🏆'埃尔伍德' 'Ellwoodii'** 高3m，冠径1.5m。直立。叶内曲，蓝灰色。**🏆'弗莱彻' 'Fletcheri'** 高5～12m，冠径2～3m。叶灰色，内曲。**'侏儒' 'Gnome'**（见111页），高和冠径均为50cm，低矮，成圆面包状。叶蓝色。**'绿柱' 'Green Pillar'**，见107页。**🏆'垂枝' 'Intertexta'**，见102页。**🏆'柱冠' 'Kilmacurragh'** 高10～15m，冠径1m。叶亮绿色。**🏆'拉尼' 'Lanei'**，见107页。**'袖珍' 'Minima'**（见111页）高和冠径均为1m，植株低矮，球状。叶亮绿色。**🏆'孔雀' 'Pembury Blue'**，见105页。**🏆'柽柳叶' 'Tamariscifolia'**（*C. l.* Tamariscifolia Group）高3m，冠径4m。矮型。枝伸展。**'灰蓝' 'Triomf van Boskoop'**高20m。树冠阔圆柱状。叶灰蓝色。**🏆'维西尔' 'Wisselii'** 高15m，冠径 2～3m。生长迅速。枝条直立。叶蓝绿色。

努特卡扁柏*C. nootkatensis* (Nootka cypress)针叶树。树冠圆锥状。高15m，冠径6m。极耐寒。鳞形叶，长，下垂，灰绿色，具芳香。果实球状，具钩，暗蓝色和绿色，成熟时褐色。**🏆'垂枝' 'Pendula'** 小枝顶部细瘦，弓曲下垂。

日本扁柏（钝叶扁柏）***C. obtusa*** (Hinoki cypress) 针叶树。树冠圆锥状。高15～20m，冠径5m。极耐寒。树皮线状，红褐色。叶鳞片状，暗绿色，侧面有亮银线，先端内曲，芳香。球果小，圆球状，成熟后褐色。**'珊瑚' 'Coralliformis'** 高50cm，冠径1m。低矮。枝线状。**🏆'黄叶' 'Crippsii'**，见109页。**'亮绿' 'Intermedia'**(见111页）矮型灌木。树冠球状，开张。高30cm，冠径40cm。叶向下伸展，亮绿色。**'蔓生' 'Kosteri'** 蔓生灌木。高1～2m，冠径2～3m。叶扭曲，有光泽。生长极慢。**🏆'矮生' 'Nana'** 灌木。最终高1m，冠径1.5～2m，顶部扁平。**🏆'矮金'**（日光柏）**'Nana Aurea'**（见111页）高和冠径均为2m。叶金黄色。**🏆'寿星' 'Nana Gracilis'** 高2m，冠径 1.5～2m。叶光滑。**'矮锥' 'Nana Pyramidalis'**（见111页）高和冠径均为60cm。生长缓慢。枝叶浓密，树冠圆锥状，矮生品种叶杯状，水平伸展。**🏆'洒金孔雀柏' 'Tetragona Aurea'** 高10m，冠径2～3m。叶金黄色或褐黄色。

日本花柏 *C. pisifera* (Sawara cypress) 针叶树。树冠圆锥状。枝水平伸展。高15m，冠径5m。极耐寒。树皮脊突，剥落，红褐色。叶鳞片状，芳香，鲜绿色，两侧和叶背面白色。球果有角，黄褐色。**🏆'灰柏' 'Boulevard'** 叶银绿色。**'线柏' 'Filifera'** 枝悬垂似鞭子。叶暗绿色。**🏆'金线柏' 'Filifera Aurea'**（见111页） 高12m，冠径3～5m。有鞭子状枝。叶金黄色。**'矮线柏' 'Filifera Nana'** 高60cm，冠径1m。矮型，分枝似鞭子。**'矮花柏' 'Nana'** 高和冠径均为50cm。矮型。叶暗绿色。**'凤尾柏'**（羽叶花柏）

'Plumosa' 树冠阔圆锥状至圆柱状。叶为黄绿色至灰绿色。**'金凤柏'**(金羽柏)**'Plumosa Rogersii'** 高2m，冠径1m。叶黄色。生长慢。**'绒柏' 'Squarrosa'** 高达20m。树冠伸展。叶柔软，蓝灰色。

美国尖叶扁柏（美国扁柏，猴掌柏，沼柏）*C. thyoides*，见107页。**'扁枝' 'Andelyensis'** 矮型针叶树。树冠圆锥状。生长慢。高3m，冠径1m。极耐寒。叶鳞片状，小枝排成扇状，芳香，蓝绿色。球果球状，淡蓝灰色。

山雀花属 CHAMAECYTISUS

豆科／蝶形花科 LEGUMINOSAE/ PAPILIONACEAE

常绿或落叶乔木、灌木和亚灌木。以观蝶形花为主。极耐寒至半耐寒。喜充足光照和中度肥沃、排水良好的土壤。秋季或春季播种繁殖，夏季用半成熟枝扦插繁殖。

C. albus 见 *Cytisus albus*。

硬毛矮雀花*C. demissus* (*C. hirsutus* var. *demissus, Cytisus demissus*) 落叶灌木。匍匐状。生长慢。高8cm，冠径20～30cm。极耐寒。茎密集多毛。叶小，亮绿色，由3片掌状、倒卵形小叶组成。花腋部簇生，2～4朵，亮黄色，每朵有一褐色龙骨瓣，初夏开放。适于岩石园种植。

C. hirsutus var. ***demissus*** 见*C. demissus*。

紫雀花 *C. purpureus* (*Cytisus purpureus*)(Purple broom) 落叶灌木。枝弓状。高45cm，冠径60cm。极耐寒。茎半直立。复叶，密生，由掌状、倒卵形小叶组成。花在二年生枝上簇生，2～3朵，淡蓝色至紫色，初夏开放。适于堤岸和光照充足的花坛种植。**白矮雀花** f. ***albus***，见351页。

黄矮雀花 *C. supinus* (*Cytisus supinus*) 落叶灌木。丛生。冠圆球状。高和冠径均为1m。极耐寒。复叶，浓密，由3片掌状小叶组成，小叶长椭圆形至椭圆形。头状花序，顶生，花大，黄色，仲夏至秋季开放。

地桂属 CHAMAEDAPHNE

杜鹃花科 ERICACEAE

单种属。常绿灌木。因观其白色花而栽培。极耐寒。喜光照或半阴，适生于潮湿泥炭酸性土壤。夏季用半成熟枝扦插繁殖。

地桂*C. calyculata* (Leatherleaf) 常绿灌木。枝弓状。树冠开张。高75cm，冠径1m。叶小，长椭圆形，革质，暗绿色。总状花序，花小，坛状，着生于柔软枝条上，仲春至晚春开放。

玲珑椰子属（茶马椰子属） CHAMAEDOREA

棕榈科 ARECACEAE/PALMAE

常绿棕榈类植物。因观赏树形而栽培。不耐寒，耐最低温度18℃。喜阴或半阴环境，适生于富含腐殖质、排水良好的土壤。盆栽植物中度需水，低温时需水少。春季在不低于25℃时播种繁殖。红蜘蛛螨会危害植株。

袖珍椰子（雅致茶马椰子）***C. elegans*** (*Neanthe bella*)，见152页。

黄金菊属 CHAMAEMELUM

菊科 ASTERACEAE/ COMPOSITAE

多年生常绿草本。适于作地被或草坪。花可以用于制茶。极耐寒。喜光照和排水良好的土壤。春季分株繁殖或秋季播种繁殖。

黄金菊(银黄菊)***C. nobile*** (*Anthemis nobilis*) (Chamomile) 多年生常绿草本。垫状。具入侵性。高10cm，冠径45cm。叶细裂，芳香。雏菊状头状花序，中心黄色，春末或夏季开放。**'特纳盖' 'Treneague'** 无花。较少入侵性栽培品种。需轻度修剪。适宜作草坪植物。

Chamaenerion 重新归入 *Epilobium*。

Chamaepericlymenum canadense 见 *Cornus canadensis*。

矮棕属（丛榈属） CHAMAEROPS

棕榈科 ARECACEAE/PALMAE

常绿棕榈类植物。因观树形而栽培。半耐寒至不耐寒，耐最低温度7℃。喜全光照和肥沃、排水良好的土壤。盆栽植物中度需水，非旺盛生长期需水少。春季在不低于22℃时播种繁殖或晚春根插繁殖。易受红蜘蛛螨危害。

矮棕（丛榈，欧洲扇棕，意大利扇棕）***C. humilis***，见176页。

Chamaespartium sagittale 见 *Genista sagittalis*。

Chamaespartium sagittale subsp. ***delphinense*** 见 *Genista delphinensis*。

玉梅属 CHAMELAUCIUM

桃金娘科 MYRTACEAE

常绿灌木。因观花和树形而栽培。不耐寒，耐最低温度5℃，但在7～10℃生长最好。喜全光照和排水良好的沙质中性至酸性土壤。盆栽植物中度需水，非旺盛生长期需水少。当最后的花朵凋谢时，剪除枝条的一半，以保持较致密的树形。春季播种繁殖或夏季用半成熟枝扦插繁殖。

玉梅*C. uncinatum* (粉红花类型)，见150页，(白花类型) 见149页。

Chamomile 见 *Chamaemelum nobile*。

Channelled heath 见*Erica canaliculata*，见178页。

豁裂花属（新拟） CHASMANTHE

鸢尾科 IRIDACEAE

球茎类植物。因观其绚丽花朵而栽培。耐寒至半耐寒。喜全光照或半阴环境以及排水良好的土壤。生长季节（晚冬和初春）需水量大，夏秋之交减少浇水。秋季分株繁殖。

豁裂花（新拟）***C. aethiopica*** 球茎类植物。春季或初夏开花。高80cm，冠径12～18cm。耐寒。叶窄剑形，直立，基部扁平扇状。穗状花序，花猩红色，全部面向一侧，为黄色管状，长5～6cm，唇瓣头盔状。

繁锦豁裂花（新拟）***C. floribunda*** 球茎类植物。夏季开花。高80cm，径12～18cm。半耐寒。与**豁裂花**(*C. aethiopica*)相似，但叶较宽较长，花橙色或猩红色，朝向各异。

Chaste tree 见*Vitex agnus-castus*。

Chatham Island forget-me-not 见 *Myosotidium*。

Cheddar pink 见*Dianthus gratianopolitanus*，见377页。

碎米蕨属 CHEILANTHES

铁线蕨科 ADIANTACEAE（译者注：在秦仁昌系统中，碎米蕨属归入中国蕨科 SINOPTERIDACEAE）

常绿蕨类植物。半耐寒。喜光照，适生于富含腐殖质、排水良好的土壤。盆栽植物不耐水，忌把水溅至叶上。定期清除枯萎的叶。夏季播种繁殖。

C. lanosa of gardens 见 *C. tomentosa*。

绒毛碎米蕨*C. tomentosa* (*C. lanosa* of gardens) 常绿蕨类。高15～23cm，冠径15～23cm。叶三角形或披针形，有较多的全裂，柔和绿色，着生于多毛的黑色茎上。

Cheiranthus 重新归入*Erysimum*。

鞘袖属 CHEIRIDOPSIS

番杏科 AIZOACEAE

多年生草本，多浆植物。多分枝。叶半圆柱形，成对。不耐寒，耐最低温度5℃。喜光照和排水良好的土壤。秋季浇水以促进开花。春季或夏季播种或茎插繁殖。

C. candidissima 见*C. denticulata*。

齿鞘袖*C. denticulata* (*C. candidissima*) 多年生草本。多分枝。高10cm，冠径20cm。叶半圆柱形，柔软，肉质，蓝灰色，长10cm，先端扁平，叶近乎一半的长度都成对连接在一起。花雏菊状，亮白色，春季开放，花径6cm。

C. purpurata 见 *C. purpurea*。

春意玉（红紫鞘袖）***C. purpurea*** (*C. purpurata*) 多年生多浆植物。地毯状。高10cm，冠径30cm。叶半圆柱形，厚而短，具光泽，绿色，先端扁平。花雏菊状，紫粉色，花径4cm，初春开放。

白屈菜属 CHELIDONIUM
Celandine, Greater celandine

罂粟科 PAPAVERACEAE

单种属。多年生草本。能迅速形成地被。极耐寒。喜光照或庇荫环境，除非常湿润的土壤外，适生于任何土壤。秋季播种繁殖或分株繁殖。接触汁液可以引起皮肤过敏。

'重瓣' 白屈菜 *C. majus* 'Flore Pleno'，见238页。

龟头花属 CHELONE
Turtle-head

玄参科 SCROPHULARIACEAE

多年生草本。夏季和秋季开花。极耐寒。喜半阴和湿润土壤。夏季用软枝扦插繁殖，秋季或春季播种或分株繁殖。

C. barbata 见 *Penstemon barbatus*。

斜叶龟头花*C. oblique*，见259页。

Cherimoya 见 *Annona*。

Cherry 见 *Prunus*。

Australian brush 见 *Syzygium paniculatum*，见81页。

Bell-flowered 见*Prunus campanulata*。

Bird 见*Prunus padus*，见76页。

Black 见*Prunus serotina*，见65页。

Bladder 见 *Physalis alkekengi*。

Cornelian 见 *Cornus mas*。

Downy 见 *Prunus tomentosa*。

Fuji 见*Prunus incisa*，见86页。

Great white 见*Prunus* 'Taihaku'，见86页。

Higan 见*Prunus × subhirtella*。

Hill 见 *Prunus jamasakura*，见76页。

Jerusalem 见 *Solanum pseudocapsicum*。

Pin 见 *Prunus pensylvanica*。

Rosebud 见*Prunus × subhirtella*。

Sargent 见*Prunus sargentii*，见87页。

Taiwan 见*Prunus campanulata*。

Virginian bird 见 *Prunus virginiana*。

Wild 见*Prunus avium*，见71页。

Wild rum 见 *prunus serotina*，见65页。

Winter 见 *Cardiospermum halicacabum, Physalis alkekengi, Solanum capsicastrum*。

Yoshino 见*Prunus × yedoensis*，见87页。

Cherry laurel 见 *Prunus lauro-*

cerasus。

Cherry plum 见 *Prunus cerasifera*。

Chestnut 见 *Castanea*。

American 见 *Castanea dentata*。

Cape 见 *Calodendrum capense*。

Moreton Bay 见 *Castanospermum*。

Spanish 见 *Castanea sativa*。

Sweet 见 *Castanea sativa*。

Water 见 *Trapa natans*，见449页。

Chestnut vine 见 *Tetrastigma voinierianum*，见 220 页

对叶景天属 CHIASTOPHYLLUM

景天科 CRASSULACEAE

单种属。多年生常绿草本。因观赏肉质叶和引人注目的小花枝而栽培。花小，黄色。在岩石的裂隙中生长旺盛。极耐寒。喜阴和排水良好但不太干燥的土壤。初夏用侧枝扦插繁殖或秋季播种繁殖。

🍸对叶景天 *C. oppositifolium* (*Cotyledon simplicifolia*)，见 349 页。

Chicory 见 *Cichorium*。

Chile pine 见 *Araucaria araucana*，见 103 页。

Chilean bamboo 见 *Chusquea culeou*，见 308 页。

Chilean bellflower 见 *Lapageria rosea*，见 210 页。

Chilean blue crocus 见 *Tecophilaea cyanocrocus*，见 433 页。

Chilean firebush 见 *Embothrium coccineum*，见 93 页。

Chilean glory flower 见 *Eccremocarpus scaber*，见 217 页。

Chilean hazel 见 *Gevuina avellana*。

Chilean incense cedar 见 *Austrocedrus chilensis*，见 106 页。

Chilean jasmine 见 *Mandevilla laxa*。

Chilean laurel 见 *Laurelia sempervirens*。

Chilean wine palm 见 *Jubaea chilensis*，见 85 页。

Chimney bellflower 见 *Campanula pyramidalis*。

蜡梅属 CHIMONANTHUS

蜡梅科 CALYCANTHACEAE

落叶或常绿灌木。冬季开花。以观花为主。耐寒。但在寒冷地区，通过靠南墙或西墙种植驯化可将繁茂的开花品种变为极耐寒品种。喜全光照和肥沃、排水良好的土壤。野生种晚春至初夏用成熟种子播种繁殖，栽培品种夏季用软枝扦插繁殖。

C. fragrans 见 *C. praecox*。

蜡梅 *C. praecox* (*C. fragrans*) (Wintersweet) 落叶灌木。丛生。高2.5m以上，冠径3m。叶卵形，粗糙，有光泽，暗绿色。花杯状，多瓣，芳香，黄色，中心紫色，着生于裸枝上，冬季温暖时期开放。🍸**'同色' 'Concolor'** (*C. p.* var. *concolor*, *C. p.* 'Luteus', *C. p.* var. *luteus*) 花纯黄色。

China aster 见 *Callistephus*。

Chincherinchee 见 *Ornithogalum thyrsoides*，见 420 页。

Chinese anise 见 *Illicium anisatum*。

Chinese arbor-vitae 见 *Thuja orientalis*。

Chinese box thorn 见 *lycium barbarum*。

Chinese elm 见 *Ulmus parvifolia*。

Chinese evergreen 见 *Aglaonema*。

Chinese fan palm 见 *Livistona chinensis*，见 85 页。

Chinese fir 见 *Cunninghamia lanceolata*，见 106 页。

Chinese fountain grass 见 *Pennisetum alopecuroides*。

Chinses fountain palm 见 *Livistona chinensis*，见 85 页。

Chinese fringe tree 见 *Chionanthus retusus*。

Chinese gooseberry 见 *Actinidia deliciosa*。

Chinese hat plant 见 *Holmskioldia sanguinea*。

Chinese horse-chestnut 见 *Aesculus chinensis*，见 64 页。

Chinese juniper 见 *Juniperus chinensis*。

Chinese lantern 见 *physalis*。

Chinese necklace poplar 见 *Populus lasiocarpa*。

Chinese parasol tree 见 *Firmiana simplex*，见 68 页。

Chinese persimmon 见 *Diospyros kaki*。

Chinese privet 见 *Ligustrum lucidum*。

Chinese tallow tree 见 *Sapium sebiferum*。

Chinese thuja 见 *Thuja orientalis*。

Chinese trunpet creeper 见 *Campsis grandiflora*。

Chinese trumpet vine 见 *Campsis grandiflora*。

Chinese tulip tree 见 *Liriodendron chinense*。

Chinese walnut 见 *Juglans cathayensis*。

Chinese wing nut 见 *Pterocarya stenoptera*。

Chinese wisteria 见 *Wisteria sinensis*，见 215 页。

Chinese witch hazel 见 *Hamamelis mollis*。

Chinese-lantern lily 见 *Sandersonia aurantiaca*，见 423 页。

流苏树属 CHIONANTHUS

木犀科 OLEACEAE

落叶灌木。以观花为主。花白色，量大，炎热夏季更加丰富。极耐寒。喜全光照和肥沃、排水良好但不太干燥的土壤。秋季播种繁殖。

流苏树 *C. retusus* (Chinese fringe tree) 落叶灌木。常乔木状。枝弓状。高和冠径均为3m。叶卵形，亮绿色。花大，簇生，星状，纯白色，初夏至仲夏开放。

美国流苏树（维州流苏树）***C. virginicus***，见 119 页。

白穗茅属（新拟） CHIONOCHLOA

禾本科 GRAMINEAE/POACEAE

见禾草类、竹类、灯心草类和莎草类植物。

白穗茅（新拟）***C. conspicua*** (Hunangemoho grass)多年生常绿草本。丛生。高1.2~1.5m，冠径1m。极耐寒。叶极长，中绿色，略带淡红褐色。枝粗壮，弓状。圆锥花序长，松散，开张，花为小穗状，奶油白色，夏季开放。

雪百合属（雪花百合属） CHIONODOXA *Glory-of-the-snow*

风信子科／百合科 HYACINTHACEAE/LILIACEAE

鳞茎类植物。春季开花。与绵枣儿属（*Scilla*）有亲缘关系。适于岩石园和灌木下种植。极耐寒。喜光照或半阴，喜排水良好的土壤。秋季覆盖腐叶或腐殖质土或腐熟的庭院复合肥。秋季播种繁殖，夏末或秋季分株繁殖。

🍸耀斑雪百合（新拟）***C. forbesii*** (*C. luciliae* of gardens，*C. siehei*，*C. tmolusii*)，见 433 页，**'粉巨人' 'Pink Giant'**，见 427 页。

C. gigantea 见 *C. luciliae*。

🍸雪百合（雪花百合）***C. luciliae*** (*C. gigantea*)，见 433 页。

C. luciliae of gardens 见 *C. forbesii*。

🍸深蓝雪百合（新拟）***C. sardensis*** 鳞茎类植物。初春开花。高10~20cm，冠径2.5~5cm。叶2片，窄披针形，半直立，基生。花深蓝色，没有白色眼状斑，径1.5~2cm，5~10朵花簇生，扁平，微垂或向外，着生在无叶的茎上。

C. siehei 见 *C. forbesii*。

C. tmolusii 见 *C. forbesii*。

雪绵枣属 × CHIONOSCILLA

风信子科／百合科 HYACINTHACEAE/LILIACEAE

杂交属（雪百合属 *Chionodoxa* × 绵枣属 *Scilla*）。鳞茎类植物。春季开花。适于岩石园种植。极耐寒。喜全光照或半阴，适于富含腐殖质、排水良好的土壤。夏末或秋季分株繁殖。

雪绵枣 × *C. allenii*，见 433 页。

唇柱苣苔属 CHIRITA

苦苣苔科 GESNERIACEAE

常绿多年生草本或亚灌木。以观花为主。不耐寒，耐最低温度15℃，喜排水良好的土壤和湿润的环境，喜散射光。夏季用枝端扦插繁殖，或冬末、春季播种繁殖。

蓝檐唇柱苣苔（新拟）***C. lavandulacea***，见 294 页。

🍸唇柱苣苔 *C. sinensis* 多年生常绿草本。无茎，莲座状。高15cm，冠径25cm以上。叶卵形，近肉质，皱褶，表面多毛，常有银色网纹。花簇生，管状，淡紫色，位于叶上方，春夏之交开放。

Chives 见 *Allium schoenoprasum*，见 436 页。

黛玉花属（千花属） CHLIDANTHUS

石蒜科 AMARYLLIDACEAE

单种属。鳞茎类植物。夏季开花。因观其绚丽的漏斗状花而栽培。半耐寒。喜光照充足和排水良好的土壤。春季种植在开阔地带，开花后，若有必要可保持干燥至冬季。春季用短匍茎繁殖。

黛玉花（秘鲁水仙，秘鲁千花）***C. fragrans***，见 436 页。

皂百合属 CHLOROGALUM

风信子科／百合科 HYACINTHACEAE/LILIACEAE

鳞茎类植物。夏季开花。植物学特征比花更重要。耐寒，但在寒冷地区应种植在有防护的地方。喜光照和排水良好的土壤。秋季或春季播种繁殖。

皂百合（新拟）***C. pomeridianum*** 鳞茎类植物。夏季开花。高可达2.5m，冠径15~20cm。叶半直立，基生，狭长，灰绿色，边缘波状。头状花序，大而松散，分枝，花小，浅碟状，白色，花瓣中间有绿色或紫色条纹，午后开放（译者注：过去在美国，该种鳞茎曾被作为肥皂的替代物用于洗涤）。

吊兰属 CHLOROPHYTUM

吊兰科／百合科 ANTHERICACEAE/LILIACEAE

多年生常绿草本。无茎或具短根状茎。以观叶为主。不耐寒，耐最低温度5℃。喜散射光，适于肥沃、排水良好的土壤。盆栽时，生长季大量需水，其他时期需水少。除冬季外，其他任何时间可播种、分株或用小植株（一些野生种花茎上长出）繁殖。

大吊兰 *C. capense* 多年生常绿草本。丛生。高30cm，冠径不定。叶披针形或带状，亮绿色，长60cm，排成莲座状。总状花序，长60cm，夏季开白色小花。不产生萌蘖。

C. capense of gardens 见 *C. comosum*。

吊兰 ***C. comosum*** (*C. capense* of gardens)(Spider plant) 多年生常绿草本。丛生。高30cm，冠径不定。叶极窄，长45cm，从莲座上生出。总状花序，花多，星状，白色，花小，着生于细小的花茎上，茎长60cm以上。花茎上可生长莲座叶，并形成小植株。**'条纹' 'Vittatum'**，见301页。

Chocolate cosmos见*Cosmos atrosanguineus*，见249页。

Chocolate vine见*Akebia quinata*，见205页。

墨西哥橘属 CHOISYA

芸香科 RUTACEAE

常绿灌木。以观叶和花为主。耐寒至半耐寒。在大部分地区需防护。喜全光照和肥沃、排水良好的土壤。夏末用半成熟枝扦插繁殖。

墨西哥橘 *C. ternata* (Mexican orange blossom)，见127页。**'太阳舞' SUNDANCE ('Lich')** 常绿灌木。树冠圆球状，浓密。高和冠径均为2.5m。耐寒。叶芳香，光滑，亮黄色，每片叶由3枚长椭圆形小叶组成。花簇生，星状，白色，芳香，晚春开放，秋季常再次开放。

Chokeberry 见*Aronia*。

Black见*Aronia melanocarpa*，见136页。

Red见*Aronia arbutifolia*，见130页。

裸枝豆属 CHORDOSPARTIUM

豆科／蝶形花科 LEGUMINOSAE/PAPILIONACEAE

单种属。落叶灌木。几乎无叶。因观树形和花而栽培。枝柔软，绿色，行使叶的功能。耐寒。喜光照充足和肥沃、排水良好的土壤。秋季播种繁殖。

裸枝豆 *C. stevensonii* 落叶灌木。几乎无叶。枝弓状。高3m，冠径2m。总状花序，圆柱状，花小，蝶形花，紫粉色，仲夏开放。

美人树属（南美木棉属）CHORISIA

木棉科 BOMBACACEAE

落叶乔木。通常树干有刺。因观其秋冬的花和树形而栽培。不耐寒，耐最低温度15℃。喜光照和排水良好的土壤。盆栽时生长期需水量大，无叶时需水非常少。耐修剪。春季播种繁殖。红蜘蛛螨常危害植株。

美人树（南美木棉）***C. speciosa***，见70页。

橙花豆属（新拟）CHORIZEMA

豆科／蝶形花科 LEGUMINOSAE/PAPILIONACEAE

常绿亚灌木、灌木或攀缘植物。主要以观花为主。不耐寒，耐最低温度7℃。喜全光照和富含腐殖质、排水良好的沙质土壤，更喜中性至酸性土壤。盆栽植物中度需水，非生长期需水少。攀缘植物需捆绑支撑或种植在吊篮里。春季播种繁殖或夏季用半成熟枝扦插繁殖。

橙花豆（新拟）***C. ilicifolium***，见157页。

Christ's thorn 见 *Paliurus spina-christi*，见122页。

Christmas begonia 见 *Begonia* 'Gloire de Lorraine'。

Christmas berry见*Photinia arbutifolia*。

Christmas box 见 *Sarcococca*。

Christmas cactus 见 *Schlumbergera × buckleyi*。

Christmas fern 见 *polystichum acrostichoides*。

Christmas rose 见 *Helleborus*。

Christmas tree, New Zealand 见 *Metrosideros excelsus*，见83页。

Chrysalidocarpus lutescens 见 *Dypsis lutescens*。

菊属 CHRYSANTHEMUM

（译者注：该学名现常用于狭义的茼蒿属）

菊科 ASTERACEAE/COMPOSITAE

一年生或多年生草本，部分种类为常绿或常绿亚灌木。以观花为主。头状花序由大量单个花或小花组成，在园艺上当作一朵花。这一园艺学惯例在以下的描述中被采用。叶通常深裂或有缺刻，常羽状，卵形至披针形。菊花（当今被认为属于狭义的菊属*Dendranthema*）包括绝大多数栽培菊花和为园艺装饰、切花和展览而种植的多年生草本。一年生极耐寒至半耐寒。菊花极耐寒至不耐寒，耐最低温度10℃。那些半耐寒或不耐寒的植物可以被挖出，贮藏在无霜冻的地方越冬。其他多年生菊属植物极耐寒至半耐寒。喜光照充足和适度肥沃、排水良好的土壤。若为展览而种植需定期施肥。摘除生长点，以促进开花的侧枝生长。对高型植株需立桩支撑。一年生草本春季播种繁殖。可以修剪，但不能移植。对极耐寒的多年生草本，花后、秋季或初春分株繁殖，菊花可以在春季用基部软枝扦插繁殖。定期喷药以控制蚜虫、盲椿、蛙跳虫、蠼螋、霉病和白锈病。

菊花(Florists' chrysanthemums)

菊花按照花型、花期（初秋、中秋或晚秋）和习性，可以分为除芽和不除芽两种类型。花型的描述和特征见260～261页。

除芽类型(Disbudded types)包括单瓣型（single）、托挂型（anemone-centred）、莲座型（内卷型）(incurved)、中间型（intermediate）和反卷型（reflexed）。除了将要成花的芽外，其余所有芽都要摘除。若为了展览用，莲座型、中间型和反卷型菊花可以保留2个最强壮的侧生芽，除去植株多余的生长芽，并限制每个植株只开2朵花。花园中生长的菊花每个植株允许有4～5朵。单瓣型、托挂型的花朵为了展览，根据植株的长势，可以使每株的花朵数减少到4～8朵，为了花园的装饰或切花可使每株的花留至10朵以上。

不除芽类型(Non-disbudded types)包括优雅型（charm）、蜂窝型(pompon)和喷射型（spray），每茎上有数朵花。

优雅型（魔力型）菊花 矮生，长出数百朵星状的单瓣花，花径2.5cm，花密覆全株，形成半球形至近球形的头状花簇。为了展览，要在直径30cm以上的盆中种植。为了室内装饰，植株栽培在小盆中，长出小而浓密呈头状的花。

蜂窝型（绒球型）菊花 矮生，每株有50朵以上浓密、球形或偶尔半球形、完全重瓣的花，花瓣管状（见261页），在花坛中生长极好。

喷射型菊花 包括多种类型，有单瓣型（single）、托挂型（anemone-centred）、中间型（intermediate）、反卷型（reflexed）、蜂窝型(pompon)，匙瓣型（spoon-type）（每个管状花开放后先端呈匙状）、管瓣型(quill-shaped)和蜘蛛型(spider-form)。每株可长4个或5个侧枝，每个侧枝上至少有5朵花。晚花的喷射型菊花，每株可达3个侧枝。通过控制光照来调整花期，达到按时开花的目的。晚花的喷射型菊花每株至少有12朵花。不进行光照控制，可以开6朵或7朵花。

适合作庭园装饰的是喷射型、蜂窝型和早花的反卷型菊花，除优雅型菊花外，所有类型都适合作为切花。晚花菊花需避免恶劣天气的影响，仅适于在温室中种植。当花芽形成时，种植在盆中，初秋放于温室中。中间型的栽培品种，不适合作庭院装饰，因为积留雨水会危害植物。适合展览用的栽培品种下面加以说明。花的大小取决于栽培条件。

'爱丽森·柯克'菊 *C.* 'Alison Kirk'（见260页）莲座型菊花。株高1.2m，冠径30～60cm。半耐寒。花白色，径12～15cm，早秋开放。与园林应用相比更适合于作展览用。

C. alpinum 见 *Leucanthemopsis alpina*。

'琥珀伊冯·阿芳德'菊 *C.* 'Amber Yvonne Arnaud' 反卷型菊花。株高1.2m，冠径60～75cm。半耐寒。是*C.* 'Yvonne Arnaud'的一种突变。花瓣完全反卷，琥珀色，早秋开放。

'秋日'菊*C.* 'Autumn Days'（见261页）中间型菊花。株高1.1～1.2m，冠径75cm。半耐寒。花松散，花瓣内曲，青铜色，花径12cm，早秋开放。

'灯塔'菊*C.* 'Beacon'（见261页）中间型菊花。株高1.2m，冠径60cm。不耐寒。花红色，有时呈古铜色，花径18cm，晚秋开放，适合展览用。

'比尔·韦德'菊*C.* 'Bill Wade'（见260页）中间型菊花。株高1.35m，冠径60cm。半耐寒。花松散，花瓣内曲，白色，花径12cm，早秋开放。与园林应用相比，更适合展览用。

'布内特勒'菊*C.* 'Brietner'（见260页）反卷型菊花。株高1.1～1.2m，冠径75cm。半耐寒。花瓣完全反卷，粉红色，花径12cm，早秋开放。

'铜色仙女'菊*C.* 'Bronze Fairie'（见261页）蜂窝型菊花。株高30～60cm，冠径60cm。极耐寒。花青铜色，花径4cm，早秋开放。

'铜色篱'菊*C.* 'Bronze Hedgerow'（见261页）单瓣型菊花。株高1.5m，冠径75cm～1m。不耐寒。花青铜色，花径12cm。晚秋开放。

'铜色伊冯·阿芳德'菊*C.* 'Bronze Yvonne Arnaud'（见261页）反卷型菊花。株高1.2m，冠径60～75cm。半耐寒。是'伊冯·阿芳德'菊*C.* 'Yvonne Arnaud'的突变型。花瓣完全反卷，青铜色，早秋开放。

'淡黄珍珠'菊*C.* 'Buff Margaret'（见261页）喷射型菊花。株高1.2m，冠径可达75cm。极耐寒。花瓣向外翻卷，淡青铜色，花径9cm，早秋开放。

C. carinatum 见 *Ismelia carinata*。

'切辛顿'菊*C.* 'Chessington' 中间型菊花。高2～2.2m，冠径75cm。半耐寒。花紧密，花瓣内曲，白色，花径18～20cm，早秋开放。与园林应用相比更适于作展览用。

'克里斯蒂娜'菊*C.* 'Christina' 中间型菊花。高1.35～1.5m，冠径60～75cm。半耐寒。花松散，花瓣内曲，白色，花径达14cm，早秋开放。适于作展览用。

'克莱尔·露易斯'菊*C.* 'Claire Louise' 反卷型菊花。高1.2～1.35m，冠径75cm。半耐寒。花瓣完全反卷，青铜色，花径15cm，早秋开放。是理想的展览品种。

'克莱拉·柯蒂斯'菊*C.* 'Clara Curtis'（*C. rubellum* 'Clara Curtis'），见259页。

C. coccineum 见 *Tanacetum coccineum*。

C. coronarium 见 *Xanthophthalmum coronarium*。

C. densum 见 *Tanacetum densum* subsp. *amani*。

'爱尔西·普罗舍'菊*C.* 'Elsie Prosser'（见260页）完全反卷型菊花。株高1.3～1.5m，冠径30cm。不耐寒。花粉色，花径25cm，晚秋开放。

适合作展览用。

🏆'盛宴'菊*C.* 'Enbee Wedding'（见260页）喷射型菊花。株高1.2m，冠径75cm。极耐寒。花单瓣，淡粉色，花径达8cm，早秋开放。适合作展览用。

'晴天'菊*C.* 'Fairweather'（见260页）莲座型菊花。株高1.1m，冠径60cm。不耐寒。花淡紫粉色，花径14cm，晚秋开放。适于作展览用。

'菲奥那·林'菊*C.* 'Fiona Lynn' 反卷型菊花。株高1.5m，冠径75cm。花瓣完全反卷，粉色，花径18～20cm，早秋开放。是理想的展览品种。

C. frutescens 见 *Argyranthemum frutescens*。**'Jamaica Primrose'** 见*A.* 'Jamaica Primrose'。**'Mary Wootton'** 见*A.* 'Mary Wootton'。

'乔治·格里菲思'菊*C.* 'George Griffiths'（见261页）反卷型菊花。株高1.2～1.35m，冠径75cm。半耐寒。花瓣完全反卷，深红色，花径达14cm，早秋开放。是极好的展览用品种。

'巨人'菊*C.* 'Gigantic'（见261页）紧密莲座型或松散反卷型菊花，花型取决于温暖的程度。株高1.3m，冠径30cm。不耐寒。花橙色，花径25～27cm，晚秋开放。适合作展览用。

'姜黄果'菊*C.* 'Ginger Nut' 中间型菊花。株高1.2m，冠径60～75cm。半耐寒。花紧密，花瓣内曲，淡青铜色，花径达14cm，偶尔先端闭合，形成一真正莲座型花，早秋开放。适合作展览用。

'金杯'菊*C.* 'Golden Chalice'（见261页）优雅型菊花。高和冠径均为1m。不耐寒。花单瓣，黄色，花径2.5cm，晚秋开放。适合作展览用。

'金巨人'菊*C.* 'Golden Gigantic'（见261页）紧密莲座型或松散反卷型菊花。高1.3m，冠径30cm。不耐寒。花大，金黄色，花径25～27cm，晚秋开放。适合作展览用。

'金羊毛'菊*C.* 'Golden Woolman's Glory'（见261页）单瓣型菊花。高1.5m，冠径1m。不耐寒。花金黄色，花径达18cm，晚秋开放。是极好的展览用品种。

'绿染'菊*C.* 'Green Satin'（见261页）中间型菊花。株高1.2m，冠径60cm。不耐寒。花瓣松散、内曲，绿色，花径达12cm，晚秋开放。

C. haradjanii 见 *Tanacetum haradjanii*。

C. hosmariense 见 *Rhodanthemum hosmariense*。

'伊德里斯'菊*C.* 'Idris'（见261页）莲座型菊花。株高1.3m，冠径45cm。不耐寒。花橙色，花径21～25cm，晚秋开放。

'约翰·卫菲尔德'菊*C.* 'John Wingfield'（见260页）反卷型菊花。株高1.5m，冠径45～60cm。不耐寒。花白色，常有粉红色晕，花径12cm，晚秋开放。适合作展览用。

'基斯·鲁克斯福特'菊*C.* 'Keith Luxford'（见260页）莲座型菊花。株高1.5m，冠径45cm。不耐寒。花粉色，花径21～25cm，晚秋开放。适合作展览用。

'兰迪'菊*C.* 'Lundy'（见260页）完全反卷型菊花。株高1.5m，冠径45cm。不耐寒。花白色，花径21～25cm，常常花瓣宽大于花瓣长，晚秋开放。适合作展览用。

🏆'玛德林'菊*C.* 'Madeleine'（见260页）喷射型菊花。株高1.2m，冠径75cm，极耐寒。花瓣反卷，粉色，花径达8cm，早秋开放。适合作展览用。

'威严'菊*C.* 'Majestic'（见261页）完全反卷型菊花。株高1.3m，冠径45cm。不耐寒。花浅青铜色，花径21～25cm，晚秋开放。适合作展览用。

'玛利亚'菊*C.* 'Maria'（见261页）蜂窝型菊花。株高45cm，冠径30～60cm。极耐寒。花密集，粉色，花径达4cm，早秋开放。

'圣母小鹅'菊*C.* 'Marian Gosling'（见260页）反卷型菊花。株高1.2～1.35m，冠径60cm。半耐寒。花瓣完全反卷，淡粉色，花径达14cm，早秋开放。适合作展览用。

'玛利恩'菊*C.* 'Marion'（见261页）喷射型菊花。株高1.2m，冠径75cm。极耐寒。花瓣反卷，淡黄色，花径达8cm，夏末开放。

'梅森铜色'菊*C.* 'Mason's Bronze' 单瓣型菊花。株高1.35～1.5m，冠径可达1m。不耐寒。花青铜色，花径达12cm，秋末开放。极适合作展览用。

C. maximum of gardens 见 *Leucanthemum × superbum*。

'南希·菲诺'菊*C.* 'Nancye Furneaux'（见261页）反卷型菊花。株高1.5m，冠径45cm。不耐寒。花黄色，花径21～25cm，晚秋开放。适合作展览用。

'圣坛'菊*C.* 'Oracle'（见261页）中间型菊花。株高1.2m，冠径60～75cm。半耐寒。花瓣松散，内曲，淡青铜色，花径达12cm，早秋开放。用于展览。

C. parthenium 见 *Tanacetum parthenium*。

'粉红布内特勒'菊*C.* 'Peach Brietner'（见261页）反卷型菊花。株高1.1～1.2m，冠径75cm。半耐寒。是'布内特勒'菊（*C.* 'Brietner'）的一个突变品种，花瓣完全反卷，桃红色。

🏆'彭尼内铜色'菊*C.* 'Pennine Alfie'（见261页）喷射型菊花。株高1.2m，冠径60～75cm，极耐寒。花瓣匙状，淡青铜色，花径6～8cm，早秋开放。适合作展览用。

🏆'彭尼内粉红'菊*C.* 'Pennine Flute'（见260页）管瓣型菊花。株高1.2m，冠径60～75cm，极耐寒。与*C.* 'Pennine Alfie' 相似，但花粉色。

🏆'彭尼内白'菊*C.* 'Pennine Oriel'（见260页）喷射型菊花。株高1.2m，冠径60～75cm。极耐寒。花中心托挂型，白色，花径达9cm，早秋开放。非常适合展览用。

'彼得·曼'菊*C.* 'Peter Rowe' 莲座型菊花。高1.35m，冠径60～75cm。半耐寒。花黄色，花径达14cm，早秋开放。是理想的展览用品种。

'晴天黄'菊*C.* 'Primrose Fairweather' 莲座型菊花。株高1～1.1m，冠径可达75cm。半耐寒。花淡黄色，花径14～15cm，晚秋开放。适合作展览用。

'约翰·休斯黄'菊*C.* 'Primrose John Hughes'（见261页）完全莲座型菊花。株高1.2m，冠径60～75cm。不耐寒。花淡黄色，花径12～14cm，晚秋开放。适合作展览用。

'西布罗米奇黄'菊*C.* 'Primrose West Bromwich'（见261页）反卷型菊花。株高2.2m，冠径45～60cm。花瓣完全反卷，淡黄色，花径18cm以上，仲秋开花。仅作展览用。

🏆'彭尼内酒紫红'菊*C.* 'Purple Pennine Wine'（见261页）喷射型菊花。株高1.2m，冠径60～75cm。半耐寒。花瓣反卷，紫红色，花径达8cm，早秋开放。非常适于作展览用。

'斑鸠'菊*C.* 'Ringdove'（见260页）优雅型菊花。株高1m，冠径1m。不耐寒。花密集，粉色，花径2.5cm，晚秋开放，极适于作展览用。

🏆'罗宾'菊*C.* 'Robeam'（见261页）喷射型菊花。株高1.5m，冠径75～100cm。不耐寒。花瓣反卷，黄色，花径达8cm，晚秋开放。适于作展览用。

'紫红伊冯·阿劳德'菊*C.* 'Rose Yvonne Arnaud'（见261页）反卷型菊花。株高1.2m，冠径60～75cm。半耐寒。是'伊冯·阿劳德'菊*C.* 'Yvonne Arnaud' 的一个突变品种，花瓣完全反卷，红色，早秋开放。

🏆'罗伊·库普兰德'菊*C.* 'Roy Coopland'（见261页）中间型至松散的莲座型菊花。株高1.3m，冠径60cm。不耐寒。花青铜色，花径15cm，晚秋开放。适于作展览用。

***C. rubellum* 'Clara Curtis'** 见*C.* 'Clara Curtis'。

🏆'橙红仙女'菊*C.* 'Salmon Fairie'（见261页）蜂窝型菊花。株高30～60cm，冠径60cm。极耐寒。与'铜色仙女'菊（*C.* 'Bronze Fairie'）相似，但花橙红色。

🏆'橙红珍珠'菊*C.* 'Salmon Margaret'（见261页）喷射型菊花。株高1.2m，冠径可达75cm。与'淡黄珍珠'菊（*C.* 'Buff Margaret'）相似，但花橙红色。

C. segetum 见 *Xanthophthalmum segetum*。

'泉乡绘卷'菊*C.* 'Senkyo Emiaki'（见260页）蜘蛛型菊花。株高30～60cm，冠径可达60cm。不耐寒。花淡粉色，花径15cm，早秋开放。适于作展览用。

C. serotinum 见 *Leucanthemella serotina*。

C. × superbum 见 *Leucanthemum × superbum*。

C. tricolor 见 *Ismelia carinata*。

C. uliginosum 见 *Leucanthemella serotina*。

'威尼斯'菊*C.* 'Venice' 反卷型菊花。株高1.2m，冠径60～75cm。半耐寒。花瓣反卷，粉色，花径达15cm，早秋开放。适于作展览用。

🏆'温迪'菊*C.* 'Wendy'（见261页）喷射型菊花。株高1.2m，冠径60～75cm。极耐寒。花反卷，淡青铜色，花径达8cm，早秋开放。极适合作展览用。

'沃金玫瑰'菊*C.* 'Woking Rose'（见260页）中间型菊花。株高1.5m，冠径45cm。不耐寒。花玫瑰粉色，花径达21cm，晚秋开放。适于作展览用。

'黄布内特勒'菊*C.* 'Yellow Brietner'（见261页）反卷型菊花。高1.1～1.2m，冠径75cm。半耐寒。是'布内特勒'菊（*C.* 'Brietner'）的一个突变品种，花瓣完全反卷，黄色，早秋开放。

🏆'黄约翰·休斯'菊*C.* 'Yellow John Hughes'（见261页）莲座型菊花。株高1.2m，冠径60～75cm。不耐寒。花黄色，花径12～14cm，晚秋开放。极适合作展览用。

🏆'伊冯·阿劳德'菊*C.* 'Yvonne Arnaud'（见261页）反卷型菊花。株高1.2m，冠径60～75cm。半耐寒。花瓣完全反卷，紫色，花径达12cm，早秋开放。

金星菊属（新拟）CHRYSOGONUM

菊科 ASTERACEAE/COMPOSITAE

单种属。多年生草本。夏秋季节开花。适于岩石园种植。极耐寒。喜半阴，适于湿润但排水良好的泥炭土、沙土。春季分株繁殖或播种繁殖。

金星菊（新拟）***C. virginianum***，见359页。

Chusan palm 见 *Trachycarpus fortunei*，见84页。

朱丝贵竹属 CHUSQUEA

禾本科 GRAMINEAE/POACEAE

见禾草类、竹类、灯心草类和莎草类植物。

🏆朱丝贵竹*C. culeou*，见308页。

岩参属 CICERBITA (MULGEDIUM)

菊科 ASTERACEAE/COMPOSITAE

多年生草本。以观花为主。头状花序，具吸引力。极耐寒。喜阴和潮湿但排水良好的土壤。春季分株繁殖或秋季播种繁殖。有些野生种类有蔓延性。

高山岩参*C. alpina* (*Lactuca alpina*)(Mountain sow thistle) 多年生草本。

直立。具分枝。高可达2m，冠径60cm。叶中绿色，浅裂，先端裂片大。头状花序，蓟状，花淡蓝色，夏季开放。

紫蓝岩参*C. bourgaei* (*Lactuca bourgaei*) 多年生草本。直立。蔓延性强。高2m，冠径60cm。叶长椭圆形至披针形，有锯齿，浅绿色。头状花序，多蓟状，淡紫蓝色或紫蓝色，夏季开放。

菊苣属 CICHORIUM
Chicory

菊科 ASTERACEAE/
COMPOSITAE

一年生、二年生或多年生草本。主要作观赏植物栽培（菊苣*C. intybus*叶可食用）。极耐寒。喜全光照和排水良好的土壤。春秋季播种繁殖。接触植株会使皮肤过敏。

菊苣*C. intybus*，见253页。

Cider gum 见*Eucalyptus gunnii*，见72页。

Cigar flowers见*Cuphea ignea*，见172页。

升麻属 CIMICIFUGA
Bugbane

毛茛科 RANUNCULACEAE

多年生草本。以观花为主。花有略微使人不快的气味。极耐寒。喜微阴和潮湿的土壤。需立桩支撑。用新鲜种子播种繁殖或春季分株繁殖。

🏆**总状升麻*C. racemosa*** 多年生草本。多分枝。高30～150cm，冠径60cm。叶阔卵形，有分裂，鲜绿色。穗状花序，瓶刷状，纯白色，仲夏开花。var. ***cordifolia*** 见*C. rubifolia*。

心叶升麻（红叶升麻）***C. rubifolia*** (*C. racemosa* var. *cordifolia*) 多年生草本。多分枝。高1.5m，冠径60cm。叶阔卵形至披针形，深裂，淡绿色。羽状花序，花星状，乳白色，仲夏开放。

单穗升麻*C. simplex*，见231页。🏆**'埃斯梯特''Elstead'** 多年生草本。直立。高1.2m，冠径60cm。叶阔卵形至披针形，全裂，光滑。总状花序，硕大，弓状，着生于紫色的茎上，花瓶刷状，白色，有香味，秋季开放。**大单穗升麻 'Prichard's Giant'** 高2.2m。叶大，多裂。圆锥花序，弓状，花白色。

Cineraria cruentus of gardens 见*Pericallis × hybrida*。

Cineraria × hybridus 见*Pericallis × hybrida*。

Cineraria见*Pericallis × hybrida*。

樟属 CINNAMOMUM

樟科 LAURACEAE

常绿乔木。以观叶为主。可提供树阴。不耐寒，耐最低温度10℃。喜全光照或半阴，喜肥沃、湿润和排水良好的土壤，盆栽时生长期大量需水，其他时期需水少。可修剪。春季播种繁殖或夏季用半成熟枝扦插繁殖。

樟*C. camphora* 常绿乔木。树冠圆球状。生长速度中等。树高和冠径均为12m以上。叶卵形，有光泽，浓绿色，幼叶背面呈蓝灰色、微红色或褐红色，捣碎时，有樟脑香味。春季开花，花不显著。

Cinnamon fern 见*Osmunda cinnamomea*。

Cinquefoil, Alpine 见*Potentilla crantzii*。

拟牛奶菜属 CIONURA

萝藦科 ASCLEPIADACEAE

单种属。落叶攀缘植物。以观花为主。半耐寒。喜全光照和任何土壤。花后修剪。春季播种繁殖或夏末至初秋茎插繁殖。接触叶和茎流出的乳汁，会刺激皮肤或引起水疱，若误食会引起剧烈不适。

拟牛奶菜*C. erecta* (*Marsdenia erecta*) 落叶攀缘植物。高3m以上。叶心形，灰绿色，长3～6cm。花簇生于叶腋，花瓣5片，伸展，白色，芳香，夏季开放。秋季结果，果长7cm，种子绢状。

蓟属 CIRSIUM

菊科 ASTERACEAE/
COMPOSITAE

一年生、二年生或多年生草本。大多数种类尚未栽培，有些是恶性杂草，但紫花河岸蓟（*C. rivulare*）具有装饰性的头状花序。极耐寒。喜光照或耐阴，除潮湿的土壤外，其他任何土壤都能生长。春季分株繁殖或秋季播种繁殖。

紫花河岸蓟*C. rivulare* 'Atropurpureum' 多年生草本。直立。高1.2m，冠径60cm。叶窄卵形至长椭圆形或披针形，有深缺刻，边缘有微刺。头状花序，针垫状，深绯红色，着生于直立的茎上，夏季开放。

白粉藤属 CISSUS

葡萄科 VITACEAE

常绿攀缘植物。茎木质，具卷须。因观其引人注目的叶而栽培。花淡绿色，不明显，主要在夏季开放。半耐寒至不耐寒，耐最低温度7～18℃。适生于肥沃、排水良好的土壤。夏季半阴，适度浇水，寒冷天气少浇水。需支撑。春季剪去拥挤的茎。夏季用半成熟枝扦插繁殖。

🏆**澳大利亚白粉藤*C. antarctica***，见220页。

C. bainesii见*Cyphostemma bainesii*。

青紫葛*C. discolor* (Rex begonia vine) 常绿攀缘植物。具卷须。生长较强壮。有细长的木质茎。高可达3m。不耐寒，耐最低温度18℃。叶卵形，先端尖，长10～15cm，暗绿色，叶上面银白色、背面栗色。

灰背白粉藤*C. hypoglauca* 常绿攀缘植物。茎木质。高2～3m。不耐寒，耐最低温度7℃。叶分裂成4～5枚卵形小叶，叶正面淡绿色，背面蓝灰色。

C. juttae 见*Cyphostemma juttae*。

🏆**菱叶白粉藤*C. rhombifolia*** (*Rhoicissus rhombifolia, R. rhomboidea*)，见220页。

条纹白粉藤（线纹白粉藤）***C. striata*** (*Ampelopsis sempervirens, Parthenocissus striata, Vitis striata*)(Ivy of Uruguay, Miniature grape ivy) 常绿攀缘植物。茎木质，具卷须。生长迅速。高达10m以上。半耐寒。复叶由3～5片小叶组成，小叶卵形，有锯齿，具光泽，绿色。浆果豌豆状，有光泽，黑色，秋季成熟。

C. voinieriana 见*Tetrastigma voinierianum*。

岩蔷薇属 CISTUS
Rock rose

半日花科 CISTACEAE

常绿灌木。以观花为主。花多，绚丽，单花花期短，可连续开放。适于在海岸地区种植，抗海风效果好。不耐寒至半耐寒。在寒冷地区需防护。喜全光照和轻质、排水良好的土壤。不耐移植。春季剪除枯死枝，但不能重度修剪。野生种夏季用软枝或嫩枝扦插繁殖或秋季播种繁殖，杂交种和栽培品种只能夏季扦插繁殖。

🏆**'红斑'岩蔷薇*C. × aguilarii* 'Maculatus'**，见159页。

白毛叶岩蔷薇*C. albidus* 常绿灌木。丛生。高和冠径均为1m。半耐寒。叶长椭圆形，具白色绒毛。花浅碟状，淡玫瑰粉色，中心有黄色斑点，初夏开放。

C. algarvensis 见*Halimium ocymoides*。

C. × corbariensis见*C. × hybridus*。

玫红岩蔷薇*C. creticus* (*C. incanus* subsp. *creticus*)，见165页。

🏆**艳斑岩蔷薇*C. × cyprius***，见159页。

丹氏岩蔷薇*C. × dansereaui* (*C. × lusitanicus* of gardens) 常绿灌木。丛生。致密。高和冠径均为1m，极耐寒。叶窄，长椭圆形，暗绿色。花浅碟状，白色，中心有深红色斑点，初夏至仲夏开放。

🏆**杂种岩蔷薇*C. × hybridus*** (*C. × corbariensis*)，见159页。

C. incanus subsp. ***creticus*** 见*C. creticus*。

🏆**岩蔷薇*C. ladanifer*** (*C. ladaniferus*)，见159页。

C. ladaniferus 见*C. ladanifer*。

🏆**桂叶岩蔷薇*C. laurifolius*** 常绿灌木。丛生。浓密。高和冠径均为2m。耐寒。叶卵形，芳香，暗绿色。花浅碟状，白色，中心有黄色斑点。

C. × lusitanicus of gardens 见*C. × dansereaui*。

蒙斯帕里岩蔷薇*C. monspeliensis*，见159页。

小花岩蔷薇*C. parviflorus* 常绿灌木。丛生。浓密。高和冠径均为1m。耐寒。叶卵形，灰绿色。花小浅碟状，淡粉色，初夏在夜间开放。

🏆**'佩吉·沙蒙斯'岩蔷薇*C.* 'Peggy Sammons'**，见162页。

🏆**紫花岩蔷薇*C. × purpureus*** 常绿灌木。丛生。树冠圆球状。高和冠径均为1m，耐寒。叶窄披针形，灰绿色。花浅碟状，深紫色至粉色，每朵花有深红色斑点，初夏至仲夏开放。

C. revolii of gardens 见*× Halimiocistus sahucii*。

鼠尾草叶岩蔷薇*C. salviifolius*，见159页。

'银粉'岩蔷薇*C.* 'Silver Pink' 常绿灌木。丛生。高60cm，冠径1m。耐寒。叶卵形，暗绿色。花浅碟状，花大，亮粉色，黄色雄蕊明显，初夏至仲夏开放。

🏆**粉花岩蔷薇*C. × skanbergii***，见162页。

四季橘属 × CITROFORTUNELLA

芸香科 RUTACEAE

杂交属（柑橘属*Citrus* × 金橘属*Fortunella*）。常绿灌木或乔木。因观赏花、果实和树形而栽培。不耐寒，耐最低温度5～10℃。喜全光照和肥沃、排水良好不太干燥的土壤。盆栽时生长期大量浇水，其他时期适度浇水。种子成熟时播种繁殖或夏季用嫩枝或半成熟枝扦插繁殖。白蝇、红蜘蛛螨、粉蚧科的介壳虫、生石灰诱导、缺镁症、缺绿病会使植株受害。

🏆**四季橘 × *C. microcarpa*** (*× C. mitis, Citrus mitis*)，见151页。

× *C. mitis* 见 × *C. microcarpa*。

Citrus mitis 见 × *Citrofortunella microcarpa*。

金凤菊属（枝花菊属）CLADANTHUS

菊科 ASTERACEAE/
COMPOSITAE

单种属。一年生草本。因观赏其芳香的叶和雏菊状头状花序而栽培。极耐寒。喜光照和肥沃、排水良好的土壤。除去枯萎的花序以延长花期。仲春室外播种繁殖。

金凤菊（枝花菊）***C. arabicus***，见337页。

香槐属 CLADRASTIS

豆科／蝶形花科 LEGUMINOSAE/
PAPILIONACEAE

落叶乔木。夏季开花。因观其下垂、紫藤状花簇和秋叶而栽培。极耐寒。喜全光照和肥沃、排水良好的土壤。秋季播种繁殖或晚冬根插繁殖。木质脆，老树易受强风危害。

🏆美国香槐 *C. kentukea* (*C. lutea*)，见 82 页。

C. lutea 见 *C. kentukea*。

Claret ash 见 *Fraxinus angustifolia* 'Raywood'。

克拉花属 CLARKIA (GODETIA)

柳叶菜科 ONAGRACEAE

一年生草本。以观花为主，花适宜做切花。极耐寒。喜光照和适度肥沃、排水良好的土壤。避免肥沃的土壤促进营养生长而影响开花。温暖地区春季或初秋室外播种繁殖。灰霉病会危害植株。

可爱克拉花（古代稀）***C. amoena*** 一年生草本。茎细，直立。生长迅速。高 60cm，冠径 30cm。叶披针形，中绿色。穗状花序，花 5 瓣，单瓣或重瓣，淡蓝色至粉色，夏季开放。高型品种，高60cm，花重瓣，粉色或红色。**优美系列（Grace Series）**中间类型品种。高50cm，花单瓣，蓝紫色、红色、橙红色或粉色等。**公主系列（Princess Series）**矮型品种。高 30cm，花具褶边，深浅不一的粉色，包括橙红色（见 341 页）。**沙丁系列（Satin Series）**矮型品种。高20cm，花单瓣，花色多变，多数有白边。**'西比尔·舍渥德' 'Sybil Sher-wood'**，见 324 页。

'辉煌'克拉花 *C.* 'Brilliant'，见 324 页。

春美草属 CLAYTONIA

马齿苋科 PORTULACACEAE

多年生常绿草本。叶肉质。与繁瓣花属（*Lewisia*）有亲缘关系。在高山植物温室内生长最好。极耐寒。能忍受光照，耐阴，喜排水良好的土壤。秋季播种繁殖或分株繁殖。种植困难。

高山春美草 *C. megarhiza* （*Calandrinia megarhiza*）多年生常绿草本。基部莲座状。主根长。高 1cm，冠径 8cm。叶匙形，肉质。头状花序小，碗状，花白色，春季开放。喜光照和沙质土，易受蚜虫危害。**雪地春美草** var. ***nivalis***，见 366 页。

弗吉尼亚春美草 *C. virginica* （Spring beauty）多年生草本。丛生。有扁平黑色的块茎。高 10cm，冠径 20cm 以上。茎多分枝。叶窄，匙形，幼叶微红色，后变成绿色，光滑。花杯状，白色或粉色，具深粉色条纹，早春开花。喜阴。

管花柱属（吹雪柱属）CLEISTOCACTUS (BORZICACTUS)

仙人掌科 CACTACEAE

多年生仙人掌类植物。茎圆柱状，有分枝，多棱，有刺。生长迅速，5 年内能长至 2m。花管状，有大量花蜜，蜂鸟传粉。不耐寒，耐最低温度 5℃。喜全光照和排水良好的土壤。春季或夏季播种繁殖或茎插繁殖。

凌云阁 *C. baumannii* 多年生仙人掌类植物。直立，后匍匐。高1m以上，冠径 5m。茎干粗壮，长而不均匀，刺色彩不定。花 "S" 管状，亮橙红色，春夏之交开放。

C. celsianus 见 *Oreocereus celsianus*。

绿花柱 *C. smaragdiflorus* 多年生仙人掌类植物。直立，后匍匐。高 1.5m，冠径6m，与凌云阁（*C. baumannii*）相似，但花为直管状，花瓣先端绿色。

🏆吹雪柱（银毛柱）***C. strausii***，见 459 页。

C. trollii 见 *Oreocereus trollii*。

铁线莲属 CLEMATIS
Old man's beard, Travellers' joy

毛茛科 RANUNCULACEAE

常绿或落叶，主要为缠绕攀缘植物和多年生草本。因观其密集的花而栽培。常结具装饰性的头状种序。靠墙和棚架种植，与乔木、灌木或其他寄生草本生长在一起。仅早花种常绿，一些晚花种半常绿。大多数种类花钟状，低垂，具4瓣（植物学上被认为是花被部分），或花略平展，每花通常有 4～6 枚常具尖头的花瓣，大花栽培品种也有略平展的花朵，但有4～10枚花瓣。花色可以根据气候条件变化，总的来说，气候越温暖，花色越暗。极耐寒至半耐寒。喜全光照或半阴，喜肥沃、排水良好的土壤。栽培品种初夏用软枝或半成熟枝扦插繁殖或压条繁殖，野生种秋季播种繁殖。蚜虫、霉病和铁线莲萎缩病会危害植株。

铁线莲可根据花期、习性和是否需要修剪划分为如下几组，见 212～213 页。

第一组：

早花种（Early flowering species）喜有防护措施，喜光照充足环境和排水良好的土壤。常绿或落叶，叶光滑，通常分裂成3枚披针形小叶，长12cm；或分裂成3枚蕨类状小叶，长5cm。极耐寒至半耐寒。花小，单瓣，呈钟状或开张的钟状，长2～5cm，或浅碟状，径4～5cm，着生于二年生枝上，春季开放或偶尔冬末开放。

高山铁线莲、大瓣铁线莲及其栽培品种（*C. alpina, C. macropetala*）耐寒冷、喜开阔的环境。落叶。叶分裂成 3～5 个披针形至阔长椭圆形小叶，有锯齿，长3cm，淡绿色至中绿色。极耐寒。花小，钟状至开张钟状，单瓣、半重瓣或重瓣，径3～7cm，春季着生在二年生枝上，夏季偶尔也出现在新生枝条上。

绣球藤及其栽培品种（*C. montana*）落叶攀缘植物。生长健壮。适于生长在大的建筑物和乔木上。叶中绿色至淡紫色，裂成 3 个小叶，小叶披针形至阔卵形，有锯齿，长 8cm，先端尖。花小，扁平至浅碟状，通常单瓣，径5～7cm，着生在二年生枝上，晚春开放。极耐寒。

所有第一组铁线莲花后修剪，可以促进生长和开花。清除死亡或损伤的茎干，剪去徒长枝，以促进植株生长和开花。

第二组：

早花至中花、大花品种（Early to mid-season, large-flowered cultivars）落叶。叶淡绿色至中绿色，长 10～15cm，分裂成 3 个小叶，小叶卵形或披针形，或者单叶卵形，长 10cm。花浅碟状，单瓣、半重瓣或重瓣，径10～20cm，着生在二年生枝上，晚春至初夏开放，也可长在新生枝条上仲夏至夏末开放。半重瓣、重瓣类型花的枝条第二次长出单瓣花。

初春生长开始前修剪，清除枯死或受损的枝。枝条短截可以形成强壮的芽，这些芽可以构成第二年侧枝的骨架，于春末和初夏在侧枝上开花。然后清除枯萎的花，幼枝可在夏末开更多的花。

第三组：

晚花大花品种（Late, large-flowered cultivars）落叶品种与早花的栽培品种（第二组）相似。极耐寒。花朝外，通常浅碟状，单瓣，径7～15cm，夏季或初秋着生在新枝上。

晚花种和小花品种（Late-flowering species and small-flowered cultivars）落叶。叶淡绿色至暗绿色或灰绿色，分裂成3个小叶，小叶披针形至阔卵形，长1cm，具毛。有锯齿的叶分裂为5个以上小叶。小叶披针形至阔卵形，长1～10 cm。极耐寒至半耐寒。花小，单瓣或重瓣，夏秋之交着生在当年生枝条上，花形变化大，有星状、管状、钟状、略平或低垂的灯笼状，花径从 1cm 至 10 cm 不等。

草本型种和栽培品种（Herbaceous species and cultivars）叶中绿色至暗绿色或灰绿色，单生，披针形至椭圆形，长 2.5～15cm，或分裂成 3～5 个小叶，小叶披针形至卵形，有锯齿，长10～15cm，先端尖。极耐寒至耐寒。花单瓣，浅碟状，径 1～2cm，或钟状和管状，长 1～4cm，夏季着生在当年枝上。

第三组铁线莲在初春开始生长前修剪，将所有二年生枝短截至壮芽位置，离地面 15～20cm。

'丰花'铁线莲 *C.* 'Abundance'，（*C. viticella* 'Abundance'）（见213页）晚花铁线莲（第三组）。高2～3m，冠径 1m。极耐寒。花略平展，深紫红色，径 5cm，花药奶油色，夏季开放。

'阿尤那斯卡'铁线莲 *C.* 'Aljonushka' 半草本型、非攀缘铁线莲（第三组）。高 1～1.2m，冠径 1m。极耐寒。幼叶有光泽，背面有深脊，边缘皱褶。仲夏至初秋开花，花单瓣，浓紫红粉色，径6～8cm，花瓣先端向后弯，随株龄增长而扭曲。

🏆高山铁线莲 *C. alpina* （Alpina clematis）早花种（第一组）。高2～3m，冠径 1.5m。极耐寒。花单瓣，灯笼状，蓝色，长 4～7cm，春季开放，夏季偶尔开放。种序头状，具绒毛，银色，引人注意。是北向或暴露地带种植的理想品种。**'鸽子' 'Columbine'** 花长 5cm，花瓣淡蓝色。**'康丝坦斯' 'Constance'** 花半重瓣，深紫粉色。**🏆'弗朗西斯·里维斯' 'Frances Rivis'**（见 213 页）花多，微扭曲，长7cm，花瓣中蓝色。**'弗朗克' 'Frankie'** 花亮蓝色至中蓝色，具奶油色花瓣状的雄蕊，先端淡蓝色。**'安娜·路易斯' *C.* Anna Louise（'Evithree'）**（见 213 页）早花大花铁线莲（第二组）。花密集。高 1～1.2m，冠径 1m。耐寒。花多，单瓣，紫色，花瓣中心部位有红紫色条纹，褐色花药显著，晚春至初夏开放，夏末或初秋可再次开放。

'北极女王'铁线莲 *C.* Arctic Queen（'Evitwo'）（见 212 页） 早花大花铁线莲（第二组）。高3m，冠径1m。极耐寒。花多，重瓣，乳白色，径 10～18cm，花药黄色，初夏至初秋开放。

山木通 *C. armandii* （见 212 页）早花铁线莲（第一组）。常绿。生长强壮。高 3～5m，冠径 2～3m。耐寒。花单瓣，略扁平，径 4cm，白色，具香味，初春开放。需要防护，适宜种植于南或西南向地带。

🏆'阿斯科特'铁线莲 *C.* 'Ascotiensis'（见213页） 晚花大花铁线莲（第三组）。生长强壮。高 3～4m，冠径 1m。耐寒。花单瓣，亮紫蓝色，径 9～12cm，花瓣先端尖，花药褐绿色，夏季开放。

🏆'蜜蜂佳节'铁线莲 *C.* 'Bees Jubilee' 早花大花铁线莲（第二组）。花密集。高 2.5m，冠径 1m。耐寒。花单瓣，深粉色，径 10～12cm，花药褐色，花瓣中心具鲜玫瑰红色条纹，初夏开放。喜半阴。

🏆'比尔·麦肯齐'铁线莲 *C.* 'Bill MacKenzie'（见213页） 晚花铁线莲（第三组）。生长强壮。高7m，冠径3～4m。极耐寒。叶暗绿色。花黄色，径 6～7cm。最适合用大剪刀修剪。

'蓝月'铁线莲 C. Blue Moon（'Evirin'，见213页） 早花大花铁线莲（第二组）。开花多。密集。高2.5～3m，冠径 1m。极耐寒。花单瓣，白色，径 15～18cm，淡蓝色，花瓣边缘波状，较暗，春末至夏初开放，夏末至初秋花略小，颜色更暗。

C. calycina 见 *C. cirrhosa*。

'卡纳比'铁线莲 *C.* 'Carnaby' 早花大花铁线莲（第二组）。花丰富，密集。高 2.5m，冠径 1m。耐寒。花单瓣，深粉色，径 8～10 cm，花瓣有暗条纹，花药红色，初夏开放。喜半阴。

'极丽'铁线莲 *C.* 'Charissima'

早花大花铁线莲（第二组）。开花多。高2.5～3m，冠径1m。极耐寒。花单瓣，径15～18cm，花瓣先端尖，鲜红色，有较深粉色条纹和脉络，贯穿整个花瓣，花药栗色，春末至初夏开放。

春铁线莲 ***C. cirrhosa*** （*C. calycina*）（见213页）早花铁线莲（第一组）。常绿。高2～3m，冠径1～2m。耐寒。花奶油色，径3cm，花瓣上有红色斑点，无霜冻时，在晚冬和初春开放。

🏆'德布夏尔·伯爵夫人'铁线莲 *C.* 'Comtesse de Bouchaud' 晚花大花铁线莲（第三组）。生长强壮。高2～3m，冠径1m。极耐寒。花密集，单瓣，亮紫红粉色，径8～10cm，花药黄色，夏季开放。

🏆'丹尼尔'铁线莲 *C.* 'Daniel Deronda' 早花大花铁线莲（第二组）。生长强壮。高3m，冠径1m。耐寒。花重瓣或半重瓣，深紫蓝色，径10～14cm，花药奶油色，夏末开单瓣花。

🏆'鲁珀尔'铁线莲 *C.* 'Doctor Ruppel' 早花大花铁线莲（第二组）。高2.5m，冠径1m。极耐寒。整个夏季大量开花，花单瓣，径10～15cm，花瓣深玫瑰粉色，中心部位具较暗的带状，花药浅褐色。

🏆'奥尔班尼公爵夫人'铁线莲 *C.* 'Duchess of Albany'（见213页）小花铁线莲（第三组）。生长强壮。高2.5m，冠径1m。耐寒。花小，密集，郁金香花状，单瓣，柔粉色，长6cm，花药褐色，花瓣内部有较深的粉色花纹，夏季和初秋开放。

'爱丁堡公爵夫人'铁线莲 *C.* 'Duchess of Edinburgh' 早花大花铁线莲（第二组）。高2～3m，冠径1m。极耐寒。花重瓣，白色，径8～10cm，花药黄色，花瓣绿色，向外卷，夏季开放。长势弱。

🏆杜兰德铁线莲 *C.* × *durandii* 半草本状晚花铁线莲（第三组）。高1～2m，冠径45cm～1.5m。耐寒。叶椭圆形。花略平展，单瓣，深蓝色，径6～8cm，具4个花瓣，花药黄色，夏季开放。

🏆'爱尔莎'铁线莲 *C.* 'Elsa Spath'（见213页）早花大花铁线莲（第二组）。高2～3m，冠径1m。耐寒。花密集，单瓣，径12cm，花瓣重叠，浓紫蓝色，花药红色，整个夏季开放。

🏆'埃尔斯特·马克汉姆'铁线莲 *C.* 'Ernest Markham'（见213页）晚花大花铁线莲（第三组）。生长强壮，高3～4m，冠径1m。极耐寒。花单瓣，径10cm，花瓣先端钝圆，鲜洋红色，花药褐色，夏季开放。全光照下生长旺盛。

🏆'紫星'铁线莲 *C.* 'Etoile Violette'（*C. viticella* 'Etoile Violette'）（见213页）晚花铁线莲（第三组）。生长强壮。高3～5m，冠径1.5m。极耐寒。花密集，单瓣，略平，紫色，径4～6cm，花药黄色，夏季开放。

***C.* 'Evifour'** 见*C.* ROYAL VELVET。

***C.* 'Evirin'** 见*C.* BLUE MOON。

***C.* 'Evisix'** 见*C.* PETIT FAUCON。

***C.* 'Evithree'** 见*C.* ANNA LOUISE。

***C.* 'Evitwo'** 见*C.* ARCTIC QUEEN。

华丽铁线莲 *C. flammula* （见212页）晚花铁线莲（第三组）。半常绿。生长强壮，高3～5m，冠径2m。耐寒。花密集，具杏仁香味，单瓣，略平，白色，径2cm，夏季和初秋开放。

'席氏'铁线莲 *C. florida* 'Sieboldii'（*C. florida* 'Bicolor'）（见212页）小花铁线莲（第三组）。长势弱。高2～3m，冠径1m。耐寒。花似十字花科的花，单瓣，径8cm，花瓣乳白色，圆顶状隆起，雄蕊浓紫色，夏季开放。需防寒。

🏆'辛克斯基将军'铁线莲 *C.* 'Général Sikorski' 早花大花铁线莲（第二组）。高3m，冠径1m。耐寒。花数量多，单瓣，径10cm，花瓣大而重叠，蓝色，花药奶油色，夏季开放。

🏆'吉卜赛女王'铁线莲 *C.* 'Gipsy Queen' 晚花大花铁线莲（第三组）。生长强壮。高3m，冠径1m。极耐寒。花单瓣，径10cm，花瓣柔软光滑，紫色，花药红色，夏季开放。

'格拉夫泰丽'铁线莲 *C.* 'Gravetye Beauty'（见213页）小花铁线莲（第三组）。生长强壮。高2.5m，冠径1m，耐寒。花密集，小型，郁金香花状，单瓣，亮红色，长6cm，花药褐色，与*C.* 'Duchess of Albany' 相似，但花朵更开张，夏季和初秋开放。

'根西奶油'铁线莲 *C.* 'Guernsey Cream' 早花大花铁线莲（第二组）。高2.5m，冠径1m。极耐寒。花单瓣，径12cm，花瓣和花药乳黄色，初夏开放，晚夏花小，乳白色，全光照下褐色。

'哈格利杂种'铁线莲 *C.* 'Hagley Hybrid'（见212页）晚花大花铁线莲（第二组），生长强壮。高2.5m，冠径1m。极耐寒。花径8～10cm，单瓣，花瓣船形，玫瑰紫色，花药红色，夏季开放。喜半阴。

🏆'亨利'铁线莲 *C.* 'Henryi'（见212页）早花大花铁线莲（第二组）。生长强壮。高3m，冠径1m。耐寒。花单瓣，径12cm，花瓣白色，花药暗褐色，夏季开放。

大卫铁线莲 *C. heracleifolia* var. *davidiana* 草本铁线莲（第三组）。高1m，冠径75cm。极耐寒。花簇生于粗壮的茎干上，花管状，具芳香，单瓣，淡蓝色，长2～3cm，花瓣先端反卷。**🏆'维瓦尔''Wyevale'**（见213页）花浓香，暗蓝色。

🏆'杨氏'铁线莲 *C.* 'H. F. Young'（见213页）早花大花铁线莲（第二组）。高2.5m，冠径1m。耐寒。花密集，单瓣，径10cm，花瓣淡紫色、蓝色，花药奶油色，夏季开放。是盆栽或庭院种植的理想品种。

'赫尔汀'铁线莲 *C.* 'Huldine'（见212页）晚花大花铁线莲（第三组）。生长强壮。高3～4m，冠径2m。极耐寒。花单瓣，径6cm，白色，背面紫红色，花药奶油色，夏季开放。是拱廊和藤架种植的理想品种。

全缘铁线莲 *C. integrifolia* （见213页）草本铁线莲（第三组）。高和冠径均为75cm。极耐寒。叶窄披针形。花钟状，单瓣，深蓝色，长3cm，花药奶油色，夏季开放。果实吸引人，种序灰褐色。

🏆'杰克曼尼'铁线莲 *C.* 'Jackmanii'（见213页）晚花大花铁线莲（第三组）。生长强壮，高3m，冠径1m。极耐寒。花密集，单瓣，天鹅绒状，暗紫色，后褪成紫罗兰色，径8～10cm，花药淡褐色，仲夏开放。

'华丽杰克曼尼'铁线莲 *C.* 'Jackmanii Superba' 晚花大花铁线莲（第三组）。生长强壮。与*C.* 'Jackmanii' 相似，但花更圆，色更暗。

'约翰'铁线莲 *C.* 'John Huxtable' 晚花大花铁线莲（第三组）。高2～3m，冠径1m。极耐寒。花多，单瓣，白色，径8cm，花药奶油色，仲夏开放。

'约瑟芬'铁线莲 *C.* 'Josephine'（见213页）早花大花铁线莲（第二组）。高2.5m，冠径1m。极耐寒。花重瓣，径12cm，花瓣青铜色或淡绿色，中心部位有较暗的条纹，初夏至初秋开放，仲夏花瓣为淡蓝色，具粉色条纹，阳光下色彩最好。

朱恩铁线莲 *C.* × *jouiniana* 蔓生亚灌木。晚花铁线莲（第三组）。高1m，冠径3m。耐寒。叶粗糙。花密集，管状，单瓣，柔紫色或灰白色，径2cm，花瓣先端反卷，非附着型，夏季开放。**🏆'早花'铁线莲 'Praecox'** 花色略暗，花期提前2周。

'凯恩琳·惠勒'铁线莲 *C.* 'Kathleen Wheeler' 早花大花铁线莲（第二组）。高2.5～3m，冠径1m。耐寒。花单瓣，洋红色，径12～14cm，花药黄色，初夏开放。

🏆'明星'铁线莲 *C.* 'Lasurstern'（见213页）早花大花铁线莲（第二组）。生长强壮。高2～3m，冠径1m。耐寒。花单瓣，蓝色，径10～12cm，花瓣重叠，边缘波状，花药奶油色，夏季开放。

'林肯之星'铁线莲 *C.* 'Lincoln Star'（见213页）早花大花铁线莲（第二组）。高2～3m，冠径1m。耐寒。花单瓣，径10～12cm，梅粉色，花药红色，初夏开放。花期越早花色越暗，晚花边缘淡粉色。喜半阴。

大瓣铁线莲 *C. macropetala* （见213页）大瓣铁线莲型（第一组）。高3m，冠径1.5m。极耐寒。花密集，半重瓣，紫红色至蓝色，长5cm，向中心部位颜色变淡，春末至夏季开放。果实具绒毛，有银色光泽。**🏆'马克汉姆粉'铁线莲 'Markham's Pink'**（见212页）花粉色。

🏆'爱德华·安德列夫人'铁线莲 *C.* 'Madame Edouard André' 晚花大花铁线莲（第三组）。高2.5m，冠径1m。极耐寒。花多，单瓣，深红色，径8～10cm，花瓣背面银白色，先端尖，花药黄色，仲夏开放。

🏆'朱丽亚·科内翁'铁线莲 *C.* 'Madame Julia Correvon'（*C. viticella* 'Madame Julia Correvon'）（见213页）晚花铁线莲（第三组）。高2.5～3.5m，冠径1m。极耐寒。花单瓣，略平，葡萄酒红色，径5～7cm，花瓣扭曲，夏季开放。

***C.* 'Madame Le Coultre'** 见*C.* 'Marie Boisselot'。

🏆'玛丽·布瓦西诺'铁线莲 *C.* 'Marie Boisselot'（*C.* 'Madame Le Coultre'）早花大花铁线莲（第二组）。生长强壮。高3m，冠径1m。耐寒。花单瓣，径12cm，花瓣重叠，白色，花药奶油色，夏季开放。

🏆'贝特曼'铁线莲 *C.* 'Miss Bateman' 早花大花铁线莲（第二组）。高2.5m，冠径1m。耐寒。花密集，单瓣，白色，径8～10cm，花药红色，夏季开放。适于盆栽或庭院花园种植。

绣球藤 *C. montana* （见212页）绣球藤型（第一组）。生长强壮。高7～12m，冠径2～3m。极耐寒。花密集，单瓣，白色，径4～5cm，花药黄色，春末开放。**'布城之星' 'Broughton Star'** 高4～5cm，花半重瓣至重瓣，杯状，土粉色，脉稍暗。**🏆'伊丽莎白' 'Elizabeth'** 高10～12m。花芳香，柔粉色，花瓣开张。**🏆红花绣球藤 var. *rubens*** （见212页）花淡粉色。**🏆'四瓣玫瑰' 'Tetrarose'**（见212页）。高7～8m。小叶粗糙，长8cm。花径6～7cm，深缎子粉色。

🏆'柯曼德莱夫人'铁线莲 *C.* 'Mrs Cholmondeley' 早花大花铁线莲（第二组）。高2～3m，冠径1m。耐寒。花单瓣，淡蓝色至蓝灰色，径10～12cm，花瓣宽阔开张，花药淡褐色，夏季开放。

🏆'乔治·杰克曼夫人'铁线莲 *C.* 'Mrs George Jackman'（见212页）早花大花铁线莲（第二组）。高2～3m，冠径1m。耐寒。花半重瓣，径10cm，花瓣乳白色，花药淡褐色，初夏开放。

'汤普生女士'铁线莲 *C.* 'Mrs N. Thompson' 早花大花铁线莲（第二组）。高2.5m，冠径1m。耐寒。花密集，径8～10cm，单瓣，洋红色，花瓣边缘蓝紫色，中心具暗条纹，花药红色，夏季开放。适于盆栽或庭院花园种植。

🏆'内利·莫舍'铁线莲 *C.* 'Nelly Moser'（见213页）早花大花铁线莲（第二组）。高3.5m，冠径1m。耐寒。花单瓣，宽12～16cm，玫瑰红色，花药红紫色，花瓣具胭脂红色条纹，在强光下，颜色变淡，初夏开放。喜阴，适于种植在朝向东、西或北的位置。

🏆'奈奥比'铁线莲 *C.* 'Niobe' 早花大花铁线莲（第二组）。高2～3m，冠径1m。耐寒。花密集，单瓣，深红色，径10～14cm，花药黄色，整个夏季开放。

东方铁线莲 *C orientalis* 晚花铁线莲（第三组）。高3～4m，冠径1.5m。极耐寒。叶灰色至暗绿色。花灯笼状，单瓣，绿黄色，径3cm，花瓣先端反卷，夏季开放。种子羽状。

🏆'蓝珍珠'铁线莲 *C.* 'Perled Azur'（见213页）晚花大花铁线莲

（第三组）。高3m，冠径1m。极耐寒。花单瓣，天蓝色，径8cm，花瓣先端反卷，花药奶油绿色，夏季开放。

'小鹰'铁线莲 *C.* Petit Faucon（'Evisix'）（见213页）非附着，中花小花铁线莲（第三组）。高1.5m，冠径1m。极耐寒。花多，低垂，单瓣，深蓝色，径7～9cm，有橙黄色雄蕊，成熟后变成乳白色，仲夏至仲秋开放。

***C.* 'Purpurea Plena Elegans'** 见 *C. viticella* 'Purpurea Plena Elegans'。

'雷蒙娜'铁线莲 *C.* 'Ramona' 早花大花铁线莲（第二组）。高3m，冠径1m。耐寒。叶粗糙，暗绿色。花单瓣，淡蓝色，花径10～12cm，花药红色，喜南或西南向位置，夏季开放。

直立威灵仙 *C. recta* （见212页）草本铁线莲（第三组）。丛生。高1～2m，冠径50cm。极耐寒。叶暗绿色或灰绿色。花密集，具甜香，单瓣，略平，白色，径2cm，仲夏开放。

🏆长花铁线莲 *C. rehderiana* （见213页）晚花铁线莲（第三组）。生长强壮。高6～7cm，冠径2～3m。耐寒。叶粗糙。花簇生，松散，芳香，花管状，单瓣，黄色，长1～2cm，夏末至初秋开放。

'狂想曲'铁线莲 *C.* 'Rhapsody' 早花大花铁线莲（第二组）。高2.5m，冠径1m。极耐寒。花单瓣，深蓝色，径10～13cm，花药"几"字状，乳黄色，随着年龄的增长颜色变深，从初夏至初秋开放。

🏆'理查德·彭内尔'铁线莲 *C.* 'Richard Pennell' 早花大花铁线莲（第二组）。高2～3m，冠径1m。耐寒。花单瓣，径10～12cm，花瓣浓紫蓝色，花药金黄色，夏季开放。

'红衣主教'铁线莲 *C.* 'Rouge Cardinal' 早花大花铁线莲（第三组）。高2～3m，冠径1m。耐寒。花单瓣，天鹅绒状，绯红色，径8～10cm，花药红色，夏季开放。

'皇家天鹅绒'铁线莲 *C.* Royal Velvet（'Evifour'）（见213页）早花大花铁线莲（第二组）。高2～2.5m，冠径1m。极耐寒。花单瓣，径10～15cm，花瓣浓紫色，似天鹅绒，中心带状部位颜色较暗，花药红色，初夏和仲夏开放。

'蒂利厄'铁线莲 *C.* 'Souvenir du Capitaine Thuilleaux' 早花大花铁线莲（第二组）。高2.5m，冠径1m。耐寒。花单瓣，径8～10cm，花瓣奶油粉色，具深粉色条纹，花药红色，初夏开放。是盆栽或庭院花园种植的理想品种。

🏆'印度之星'铁线莲 *C.* 'Star of India'（见213页） 晚花大花铁线莲（第三组）。生长强壮。高3m，冠径1m。极耐寒。花密集，单瓣，径8～10cm，深紫蓝色，花药淡褐色，花瓣有深胭脂红色条纹，仲夏开放。

唐古特铁线莲 *C. tangutica* （见213页）晚花铁线莲（第三组）。生长强壮。高5～6m，冠径2～3m。极耐寒。花灯笼状，单瓣，黄色，长4cm，整个夏季和初秋开放。种子银白色，具绒毛，头状排列。

🏆'总统'铁线莲 *C.* 'The President'（见213页）早花大花铁线莲（第二组）。高2～3m，冠径1m。极耐寒。花密集，单瓣，浓紫色，背面银白色，径10cm，花药红色，初夏开放。

'里昂城'铁线莲 *C.* 'Ville de Lyon' 晚花大花铁线莲（第三组）。高2～3m，冠径1m。极耐寒。花单瓣，亮胭脂红色，径8～10cm，花瓣边缘较暗，花药黄色，仲夏开放。下部叶至夏末枯萎。

意大利铁线莲 *C. viticella* 晚花铁线莲（第三组）。高2～3m，冠径1m。极耐寒。花呈开展的钟状，低垂，单瓣，紫红色，长3.5cm，夏季开放。**'Abundance'** 见 *C.* 'Abundance'。**'Etoile Violette'** 见 *C.* 'Etoile Violette'。**'Madame Julia Correvon'** 见 *C.* 'Madame Julia Correvon'。**🏆'雅重紫''Purpurea Plena Elegans'**（*C.* 'Purpurea Plena Elegans'）（见213页）花多，重瓣，萼片紫红色，偶有外萼片绿色，没有花药，仲夏至晚秋开放。

🏆'维安·佩内尔'铁线莲 *C.* 'Vyvyan Pennell'（见213页） 早花大花铁线莲（第二组）。高2～3m，冠径1m。耐寒。花重瓣，淡蓝色，径10～12cm，中心部位淡紫蓝色，花瓣莲座状，花药金黄色，后又单瓣，蓝紫红色，初夏开放。

'格莱斯顿'铁线莲 *C.* 'W. E. Gladstone' 早花大花铁线莲（第二组）。生长强壮。高3～4m，冠径1m。耐寒。花单瓣，淡紫色，径15cm，花药红色，夏季开放。

'维廉·肯尼特'铁线莲 *C.* 'William Kennett' 早花大花铁线莲（第二组）。高2～3m，冠径1m。耐寒。花密集，单瓣，径10～12cm，花药红色，花瓣坚韧，淡蓝紫色，花瓣中心具条纹，花成熟时，条纹颜色变暗，夏季开放。

醉蝶花属 Cleome
Spider flower

白花菜科 CAPPARACEAE

一年生草本和少数常绿灌木。以观花为主。花蜘蛛状。半耐寒至不耐寒，耐最低温度4℃。喜光照和肥沃、排水良好的土壤。需去除枯死的花。春末室外播种繁殖。蚜虫会危害植株。

醉蝶花 *C. hassleriana* （*C. spinosa*）一年生草本。丛生。生长迅速。高可达1.2m，冠径45cm。半耐寒。茎多毛、具刺。叶中绿色，分裂成披针形小叶。花序大，头状，圆形，花瓣窄，花白色，有粉晕，雄蕊长而突出，夏季开放。**'彩泉''Colour Fountain'**，见322页。**'玫瑰皇后''Rose Queen'** 花玫瑰粉色。

C. spinosa 见 *C. hassleriana*。

大青属 Clerodendrum

马鞭草科 VERBENACEAE

常绿或落叶小乔木、灌木、亚灌木，或茎干木质的缠绕攀缘植物。因观其绚丽的花而栽培。极耐寒至不耐寒，耐最低温度10～16℃，喜富含腐殖质、排水良好的土壤和全光照环境，夏季喜半阴。生长季节大量需水，其他时期需水少。茎干需支撑。春季修剪。春季播种繁殖，晚春用软枝扦插繁殖或夏季用半成熟枝扦插繁殖。白蝇、红蜘蛛螨和粉蚧科的介壳虫会危害植株。

🏆臭牡丹 *C. bungei*，见148页。

'重瓣'臭茉莉 *C. chinense* 'Pleniflorum'（*C. fragrans* 'Pleniflorum'，*C. philippinum*）常绿或落叶灌木。丛生。高和冠径均为2.5m。不耐寒，耐最低温度10℃。叶阔卵形，具粗糙且较浅的齿，有短绒毛。花重瓣，成圆顶状，先端花簇生，粉色或白色，有芳香，夏季开放。

C. fallax 见 *C. speciosissimum*。

***C. fragrans* 'Pleniflorum'** 见 *C. chinense* 'Pleniflorum'。

C. philippinum 见 *C. chinense* 'Pleniflorum'。

爪哇赪桐 *C. speciosissimum* （*C. fallax*）常绿灌木。直立。伸展，少分枝。高和冠径均为3m。不耐寒，耐最低温度15℃。叶阔心形，边缘波状，叶宽达30cm。花管状，花径30cm，猩红色，具长柄，花瓣具裂片，伸展，先端花簇生，长30cm，春末至秋季开放。为良好的盆栽植物。

🏆红龙吐珠 *C. splendens* 常绿，茎木质，缠绕攀缘植物。生长强壮。高3m以上。不耐寒，耐最低温度15℃。叶卵形至椭圆形，浓绿色。花簇生，5瓣，管状，猩红色，宽2.5cm，夏季开放。

🏆龙吐珠 *C. thomsoniae*，见208页。

海州常山 *C. trichotomum*，见147页。

山柳属 Clethra

山柳科 CLETHRACEAE

落叶或常绿灌木和乔木。以观花为主。花白色，芳香。极耐寒至半耐寒。喜半阴和湿润、泥炭酸性土。夏季软枝扦插繁殖或秋季播种繁殖。

桤叶山柳 *C. alnifolia* (Sweet pepper-bush)落叶灌木。丛生。高和冠径均为2.5m。极耐寒。叶卵形，有锯齿，中绿色。花小，钟状，先端纤细，夏末和初秋开放。

铃兰花山柳 *C. arborea* (Lily-of-the-valley tree) 常绿灌木或乔木。丛生，密集。高8m，冠径6m。半耐寒。叶卵形，有锯齿，浓绿色。花簇长，下垂，花小，钟状，具浓烈香气，夏末至仲秋开放。

🏆髭脉山柳 *C. barbinervis*，见138页。

🏆云南山柳 *C. delavayi*，见121页。

红淡比属 Cleyera

茶科 THEACEAE

常绿灌木或乔木。夏季开花。以观叶和花为主。耐寒至半耐寒。喜阴或半阴，喜湿润的酸性土壤。夏季用半成熟枝扦插繁殖。

***C. fortunei* 'Variegata'** 见 *C. japonica* 'Tricolor'。

红淡比 *C. japonica* 常绿灌木。丛生。高和冠径均为3m。耐寒。叶窄椭圆形至卵状椭圆形，光滑，暗绿色。花小，碗状，乳白色，具芳香，夏季开放。果实小，球状，红色，成熟时成黑色。**'三色''Tricolor'**（*C. fortunei* 'Variegata'，*Eurya japonica* 'Variegata' of gardens）高和冠径均为2m。半耐寒。幼叶粉色，后变绿色，叶边缘乳白色。

耀花豆属 Clianthus

豆科／蝶形花科 LEGUMINOSAE/PAPILIONACEAE

常绿或半常绿攀缘植物。茎木质。以观赏引人注目的花为主。半耐寒至不耐寒，耐最低温度7℃。在温暖地区室外种植。喜排水良好的土壤和全光照环境。在寒冷地区需种植在温室内。春季修剪顶端以促进分枝并剪除枯死枝条。春季播种繁殖或夏末扦插繁殖。

🏆红耀花豆 *C. puniceus* 和**🏆白耀花豆 f. *albus***，见204页。

Climbing butcher's broom 见 *Semele androgyna*。

Climbing dahlia 见 *Hidalgoa*。

Climbing fumitory 见 *Adlumia fungosa*。

Climbing hydrangea 见 *Hydrangea petiolaris*，见208页。

七筋姑属 Clintonia

铃兰科／百合科 CONVALLARIACEAE/LILIACEAE

多年生草本。具根状茎。春末或夏季开花。极耐寒。喜阴，适生于湿润、排水良好的泥炭质、中性至酸性土壤。春季分株繁殖或秋季播种繁殖。

红七筋姑 *C. andrewsiana* 多年生草本。丛生。具根状茎。高60cm，冠径30cm。叶稀疏，阔卵形，光滑，浓绿色。花小，簇生，钟状，生于茎顶，粉紫色，初夏开放。果实球状，蓝色，秋季成熟。

黄七筋姑 *C. borealis* 多年生草本。丛生。具根状茎。高和冠径均为30cm，与红七筋姑（*C. andrewsiana*）相似，但花低垂，黄绿色。果实小，球状，微黑色。

单花七筋姑 *C. uniflora* (Queencup) 多年生草本。伸展。具根状茎。高15cm，冠径30cm。叶卵形，光滑，绿色。花单生，星状，白色，着生纤细茎上，晚春开放。果实大，球状，蓝黑色。

蝶豆属 CLITORIA

豆科／蝶形花科 LEGUMINOSAE/PAPILIONACEAE

多年生草本、常绿灌木和攀缘植物。以观花为主。花大，蝶形。不耐寒，耐最低温度15℃。喜光照，适生于肥沃、排水良好的土壤。需水量中等，非生长期需水少。茎需支撑。春季需修剪。春季播种繁殖或夏季软枝扦插繁殖。粉虱和红蜘蛛螨会危害植株。

蝶豆（蓝花豆）***C. ternatea*** 常绿攀缘植物。茎纤细。高3～5m。叶分裂成3～5个卵形小叶。花亮蓝色，径7～12cm，夏季开放。

君子兰属 CLIVIA

石蒜科 AMARYLLIDACEAE

多年生常绿草本。粗壮。具根状茎。栽培以观其漏斗状的花。适于花坛和大容器中种植。不耐寒，耐最低温度10℃。喜半阴和排水良好的土壤。夏季适量浇水，冬季少浇水。冬春季播种繁殖，或春夏季开花后分株繁殖。介壳虫会危害植株。大花君子兰（*C. miniata*）的各部分若误食会引起胃部轻微不适，而且汁液会刺激皮肤。

🏆大花君子兰*C. miniata*，见419页。

垂笑君子兰 *C. nobilis* 多年生常绿草本。具根状茎。高30～40cm，冠径30～60cm。叶舌形，半直立，基生，长40～60cm。花在无叶茎顶端簇生头状，由20多朵花组成，密集，花窄漏斗状，半下垂，红色，花瓣先端绿色，边缘黄色，春季或夏季开放。

Cloth-of-gold crocus 见 *Crocus angustifolius*。

Cloud grass 见*Aichryson × domesticum* 'Variegatum'，见 477 页。

Clover 见 *Trifolium*。

Club, Devil's 见*Oplopanax horridus*。

Club-rush

Bristle 见 *Isolepsis setaceus*。

Round-headed 见 *Scirpoides holoschoenus*。

书带木属 CLUSIA

藤黄科 CLUSIACEAE

常绿攀缘植物、灌木和乔木。夏季开花。以观叶和花为主。不耐寒，耐最低温度16～18℃。喜半阴和排水良好的土壤。盆栽植物需水适中，低温时需水少。耐修剪。春季压条繁殖或夏季用半成熟枝扦插繁殖。白粉虱和红蜘蛛螨会危害植株。

书带木*C. major* (*C. rosea*)(Autograph tree, Copey, Fat pork tree, Pitch apple) 常绿乔木或灌木。树冠圆球状。生长缓慢。高和冠径均为15m。叶卵形，有光泽，深绿色。花杯状，粉色，径5cm，夏季开放。果实球状，浅绿色，分泌黏性树脂。

Cluster pine 见*Pinus pinaster*，见103页。

Clustered ivy 见*Hedera helix* 'Conglomerata'。

连理藤属 CLYTOSTOMA

紫葳科 BIGNONIACEAE

常绿藤本。茎木质，具卷须。以观花为主。不耐寒，耐最低温度10～13℃。适生于排水良好的土壤，夏季喜半阴。夏季需水量多，其他时期需水少。茎需支撑。花后或春季需修剪，夏季用半成熟枝扦插繁殖。

连理藤 *C. callistegioides* (*Pandorea lindleyana*)，见 205 页。

Coast redwood 见 *Sequoia sempervirens*。

电灯花属 COBAEA

电灯花科／花荵科 COBAEACEAE/POLEMONIACEAE

常绿或落叶攀缘植物。茎木质，具卷须。仅电灯花（*C. scandens*）一种栽培。不耐寒，耐最低温度4℃。温暖地区室外栽培，喜全光照和排水良好的土壤。寒冷地区温室内栽培或作为一年生栽培。春季播种繁殖。

🏆电灯花*C. scandens*，见214页。

🏆白电灯花 f. *alba* 常绿攀缘植物。茎木质，具卷须。高4～5m。小叶卵形，4～6枚。花钟状，具长柄，绿色，后变成白色，夏末至初霜时开放。

Cobnut 见 *Corylus avellana*。

Cobweb houseleek 见 *Sempervivum arachnoideum*，见 389 页。

Cock's foot 见 *Dactylis glomerata*。

Cockle, Corn 见 *Agrostemma*。

Cockspur coral-tree 见 *Erythrina crista-galli*，见 143 页。

Cockspur thorn 见*Crataegus crus-galli*。

Cocos capitata 见 *Butia capitata*。

变叶木属 CODIAEUM

大戟科 EUPHORBIACEAE

常绿灌木。以观叶为主。不耐寒，耐最低温度10～13℃。喜半阴，适生于肥沃、湿润、排水良好的土壤。幼株需剪除顶端，以促进分枝。春夏季用茎端嫩枝扦插繁殖。粉蚧科的介壳虫和软介壳虫会危害植株。接触叶会引起皮肤过敏。

斑纹变叶木 *C. variegatum* var. ***pictum***，见 177 页。

党参属 CODONOPSIS

桔梗科 CAMPANULACEAE

多年生草本和草质藤本。以观其钟状或浅碟状的花为主。极耐寒至耐寒。喜半阴环境，适生于轻质、排水良好的土壤。修剪超过支撑物的枝条，或让其攀爬更大的植物。秋季或春季播种繁殖。

新疆党参 *C. clematidea* 草质藤本。高1.5m。耐寒。叶小，卵形，中绿色。花钟状，低垂，长2.5cm，白色，带浅蓝色，内部有较暗的纹络和2个紫色的环，夏季开放。

🏆鸡蛋参*C. convolvulacea*，见214页。

卵叶党参*C. ovata* 多年生草本。直立。极少有缠绕性茎干。高可达30cm。耐寒。叶小，卵形。花小，钟状，淡蓝色，常具较暗的纹络，夏季开放。

贝母兰属 COELOGYNE

见兰花。

贝母兰 *C. cristata*（见 296 页）常绿附生兰。低温温室栽培。高 15cm。叶窄卵形，长 8～10cm。花卷曲，白色，径 5cm，成小枝状，唇瓣具橙色斑点，冬季开放。夏季喜良好的光照条件。

栗鳞贝母兰 *C. flaccida*（见 296 页）常绿附生兰。低温温室栽培。高 15cm。叶窄卵形，半硬质，长 8～10cm。穗状花序，低垂，花星状，浅黄色，径 4cm，具芳香，唇瓣有黄色和褐色斑点，春季开放。夏季喜半阴。

🏆亮花贝母兰*C. nitida* (*C. ochracea*)（见 296 页） 常绿附生兰。低温温室栽培。高 12cm。叶窄卵形，半硬质，长 8～10cm。花白色，径 2.5cm，成小枝状，散发强烈香味，唇瓣有黄色斑点，春季开放。夏季喜半阴。

C. ochracea 见 *C. nitida*。

艳花贝母兰 *C. speciosa*（见 298 页） 常绿附生兰。中温温室栽培。生长强壮。高 25cm。叶阔卵形，长 23～25cm。花低垂，径 6cm，淡绿色，唇瓣具褐色或白色斑点，沿茎顺序开放，夏季开花。夏季喜良好的光照条件。

Coffee, Wild 见*Polyscias guilfoylei*。

Coffee tree, Kentucky 见 *Gymnocladus dioica*。

薏苡属 COIX

禾本科 GRAMINEAE/POACEAE

见禾草类、竹类、灯心草类和莎草类植物。

薏苡 *C. lacryma-jobi*，见 308 页。

秋水仙属 COLCHICUM

秋水仙科／百合科 COLCHICACEAE/LILIACEAE

球茎类植物。春季和秋季开花。以观花为主。花杯状，长20cm，大多数先花后叶。球茎具2～7片窄带形或阔椭圆形叶，基生。极耐寒至耐寒。喜开阔、光照充足环境和排水良好的土壤。秋季播种繁殖或分株繁殖。有剧毒，接触皮肤会引起刺激。

🏆尖瓣秋水仙 *C. agrippinum*，见 439 页。

秋水仙 *C. autumnale*，见 437 页。

'白重瓣' 'Alboplenum' 球茎类植物。高和冠径均为10～15cm。极耐寒。叶基生，光滑，绿色，春季具3～5片大而半直立叶。花8朵，长管状，圆球状，重瓣，白色，花瓣窄，15～30枚，成一束状，秋季开放。

'比城' 秋水仙 *C.* 'Beaconsfield' 球茎类植物。粗壮。高和冠径均为15～20cm。极耐寒。叶大，基生，半直立，春季长出。花大，杯状，深粉紫色，中心部位有不明显的白色格子花纹，秋季开放。

荷瓣秋水仙*C. bivonae* (*C. bowlesianum*, *C. sibthorpii*)，见 438 页。

C. bowlesianum 见 *C. bivonae*。

🏆拜占庭秋水仙 *C. byzantinum*，见 437 页。

土耳其秋水仙 *C. cilicicum*，见 438 页。

'奇紫' 秋水仙*C.* 'Lilac Wonder' 球茎类植物。生长强壮。高和冠径均为15～20cm。极耐寒。叶宽，半直立，基生，春季长出。花杯状，深紫红色，长 15～20cm，秋季开放。

黄花秋水仙*C. luteum*，见434页。

C. sibthorpii 见 *C. bivonae*。

🏆丽花秋水仙 *C. speciosum* 球茎类植物。生长强壮。高和冠径均为15～20cm。极耐寒。叶大，半直立，基生，冬季或春季长出。花杯状，淡粉紫色至深粉紫色，长15～20cm，喉部常有白色，秋季开放。**🏆 '白花' 'Album'**，见 437 页。

'巨人' 秋水仙 *C.* 'The Giant' 球茎类植物。粗壮。高和冠径均为15～20cm。极耐寒。叶宽，半直立，基生，冬季或春季长出。花5朵以上，漏斗状，深紫色至粉红色，长 15～20cm，中心部变淡或白色，秋季开放。

缟花秋水仙*C. variegatum* 球茎类植物。高 10～15cm，冠径 8～10cm。极耐寒。叶基生，近水平，边缘波状，春季出现。花宽漏斗状，紫红色，具较深格子条纹，秋季开放。喜炎热和光照充足的环境。

'睡莲' 秋水仙*C.* 'Waterlily'，见 439 页。

石南芸木属 COLEONEMA

芸香科 RUTACEAE

常绿灌木。似欧石南属植物，以观花和树形为主。不耐寒，耐最低温度3～5℃。喜全光照，适生于排水良好、中性至酸性土壤。盆栽植株生长期需水量中等，其他时期需水少。为了得到致密的树形，可在花后修剪。春季播种繁殖或夏末用半成熟枝扦插繁殖。

丽花石南芸木 *C. pulchrum* 常绿灌木。树冠伸展至圆顶状。茎柔韧。高 60cm～1.2m，冠径 1～1.5m。叶柔软，针状，亮绿色。花5瓣，淡粉色至红色，春夏季开放。

Coleus重新归入*Solenostemon*，而以下者除外：

C. thyrsoideus 见 *Plectranthus thyrsoideus*。

Coleus, Prostrate 见 *Plectranthus oertendahlii*。

筒萼木属（新拟） COLLETIA

鼠李科 RHAMNACEAE

落叶灌木。通常无叶。因观其奇异、具刺枝条和大量小花而栽培。枝行使叶的功能。耐寒。需防护，喜光照充足和排水良好的土壤。夏末用半成熟枝扦插繁殖。

C. armata 见 *C. hystrix*。

C. cruciata 见 *C. paradoxa*。

智利筒萼木（新拟）***C. hystrix***（*C. armata*），见147页。**'粉花' 'Rosea'** 落叶灌木。粗壮。具分枝。高2.5m，冠径5m。枝具坚硬灰绿色的刺。花管状，粉色，芳香，夏末和初秋开放。

扁刺筒萼木*C. paradoxa*（*C. cruciata*） 落叶灌木。枝弓状，有质硬的分枝。高3m，冠径5m。刺粗，扁平，蓝绿色。花管状，白色，芳香，夏末和初秋开放。

锦龙花属 COLLINSIA

玄参科 SCROPHULARIACEAE

一年生草本。极耐寒。春夏季开花。适生于半阴和肥沃、排水良好的土壤。可用细棍支撑。春季或初秋室外播种繁殖。

大锦龙花*C. grandiflora*，见331页。

芋属 COLOCASIA

天南星科 ARACEAE

落叶或常绿多年生水生植物。以观叶为主。有可食的块茎，被叫做'芋'，因此该植物被广泛栽培。适于无霜冻的水池边缘种植，也可生长在水分多的土壤上。不耐寒，耐最低温度1℃。在不低于25℃条件下为常绿。喜光照充足或半阴，在泥中或浅水中生长。春季分株繁殖。各部位若未经烹制而误食会引起轻微的胃部不适，接触汁液会刺激皮肤。

C. antiquorum 见 *C. esculenta*。

🍸**芋 *C. esculenta***（*C. antiquorum*），见448页。**'范塔尼斯' 'Fontanesii'** 落叶多年生水生植物。高1.1m，冠径60cm。叶大，粗壮，卵形，中绿色，叶脉暗绿色，边缘略黑，叶柄紫色。具佛焰苞。**'紫斑' 'Illustris'** 叶柄褐紫色，叶暗绿色，有紫色斑点。

Colombian ball cactus 见 *Parodia erinacea*，见479页。

Colorado spruce 见 *Picea pungens*。

火把花属 COLQUHOUNIA

唇形科 LABIATAE/LAMIACEAE

常绿或半常绿灌木。以观花为主。夏末至秋季开花。耐寒。但在寒冷的冬季需修剪至地面。需防护。喜光照充足环境和排水良好的土壤。夏季软枝扦插繁殖。

🍸**深红火把花*C. coccinea***，见149页。

Coltsfoot, Alpine 见 *Homogyne alpina*。

Columbine 见 *Aquilegia*。

Alpine 见 *Aquilegia alpina*，见348页。

Canadian 见 *Aquilegia canadensis*。

金鱼花属 COLUMNEA

苦苣苔科 GESNERIACEAE

常绿多年生草本或亚灌木。匍匐或蔓延生长。以观绚丽的花为主。蔓生种类适合吊篮种植。不耐寒，耐最低温度15℃。喜散射光。除冬季外，适生于空气湿润和潮湿的土壤环境。花后用枝扦插繁殖。

紫背叶金鱼花 *C.* × *banksii*，见250页。

厚叶金鱼花*C. crassifolia*，见283页。

金鱼花 *C. gloriosa*（Goldfish plant）多年生常绿草本。蔓生，茎无分枝。高和冠径均为90cm。叶卵形，有微红绒毛。花筒状，先端兜状，猩红色，长8cm，喉部黄色，冬春之交开放。

小叶金鱼花 *C. microphylla* 多年生常绿草本。蔓生茎很少分枝。高和冠径均为1m以上。叶小，圆形，有棕色毛，花筒状，兜状，猩红色，长8cm，喉部黄色，冬春开放。**'彩纹' 'Variegata'**，见266页。

膀胱豆属 COLUTEA

豆科／蝶形花科 LEGUMINOSAE/PAPILIONACEAE

落叶灌木。夏季开花。以观叶为主。花蝶形，荚果囊状。极耐寒。喜全光照，除饱和水土壤外任何土壤都能生长。夏季软枝扦插繁殖或秋季播种繁殖。若误食种子会引起轻微的胃部不适。

鱼鳔槐*C. arborescens*，见146页。

中型灯笼槐*C.* × *media*，见147页。

东方膀胱豆 *C. orientalis* 落叶灌木。丛生。高和冠径均为2m。复叶，由7片或9片卵形小叶组成，蓝灰色。花簇生，褐红色，具黄色斑点，夏季开放。荚果膨大，绿色，成熟后淡褐色。

Comarostaphylis diversifolia 见 *Arctostaphylos diversifolia*。

风车藤属 COMBRETUM

使君子科 COMBRETACEAE

常绿乔木、灌木和附着型至缠绕型攀缘植物。以观赏小而绚丽的花为主。不耐寒，耐最低温度16℃。喜富含腐殖质、排水良好的土壤，夏季喜半阴，并大量需水，其他时期需水少。茎干需支撑。花后修剪密集生长部分。夏季用半成熟枝扦插繁殖。红蜘蛛螨可能危害植株。

大花风车藤*C. grandiflorum* 常绿附着型至缠绕型攀缘植物。中等强壮。高可达6m。叶长椭圆形至椭圆形，先端尖，长10～20cm。花管状，亮红色，有长雄蕊，着生于穗状花序一侧，花序长10～13cm，夏季开放。

Comfrey 见 *Symphytum*。

Russian 见 *Symphytum* × *uplandicum*。

鸭跖草属 COMMELINA

鸭跖草科 COMMELINACEAE

多年生草本。常作一年生栽培。半耐寒。喜光照或庇荫环境，以及肥沃、排水良好的土壤。植株可在霜冻前起出，在不太潮湿、无霜冻的条件下越冬。温室内播种繁殖或春季分株繁殖。

墨西哥鸭跖草*C. coelestis*（*C. tuberosa* Coelestis Group），见334页。

***C. tuberosa* Coelestis Group** 见 *C. coelestis*。

Common alder 见 *Alnus glutinosa*。

Common arrowhead 见 *Sagittaria sagittifolia*。

Common ash 见 *Fraxinus excelsior*。

Common beech 见 *Fagus sylvatica*，见68页。

Common box 见 *Buxus sempervirens*。

Common broom 见 *Cytisus scoparius*。

Common camassia 见 *Camassia quamash*。

Common camellia 见 *Camellia japonica*。

Common devil's claw 见 *Proboscidea louisianica*。

Common elder 见 *Sambucus nigra*。

Common English ivy 见 *Hedera helix*。

Common gardenia 见 *Gardenia augusta*。

Common German flag 见 *Iris germanica*。

Common hackberry 见 *Celtis occidentalis*。

Common hawthorn 见 *Crataegus monogyna*。

Common holly 见 *Ilex aquifolium*，见98页。

Common honeysuckle 见 *Lonicera periclymenum*。

Common hop 见 *Humulus lupulus*。

Common hornbeam 见 *Carpinus betulus*。

Common houseleek 见 *Sempervivum tectorum*，见389页。

Common jasmine 见 *Jasminum officinale*。

Common juniper 见 *Juniperus communis*。

Common laburnum 见 *Laburnum anagyroides*。

Common lime 见 *Tilia* × *europaea*。

Common morning glory 见 *Ipomoea purpurea*。

Common moss rose 见 *Rosa* × *centifolia* 'Muscosa'。

Common myrtle 见 *Myrtus communis*，见130页。

Common net bush 见 *Calothamnus quadrifidus*。

Common oak 见 *Quercus robur*。

Common passion flower 见 *Passiflora caerulea*，见214页。

Common pear 见 *Pyrus communis*。

Common pitcher plant 见 *Sarracenia purpurea*。

Common polypody 见 *Polypodium vulgare*，见313页。

Common quaking grass 见 *Briza media*。

Common rue 见 *Ruta graveolens*。

Common snowdrop 见 *Galanthus nivalis*。

Common spruce 见 *Picea abies*，见104页。

Common stag's-horn fern 见 *Platycerium bifurcatum*，见310页。

Common stonecrop 见 *Sedum acre*，见384页。

Common unicorn plant 见 *Proboscidea louisianica*。

Common valerian 见 *Valeriana officinalis*，见241页。

Compass plant 见 *Silphium laciniatum*。

苦苣苔属 CONANDRON

苦苣苔科 GESNERIACEAE

多年生草本。具块茎。以观肉质叶和下垂的花簇为主。耐寒。在高山植物温室内种植。喜阴，适生于富含腐殖质、排水良好的土壤。盆栽时夏季保持湿润，冬季休眠期保持干燥。春季分株繁殖或播种繁殖。

苦苣苔*C. ramondioides* 多年生草本。具块茎。冠圆丘状。高30cm，冠径20cm。叶阔卵形，肉质，皱褶，中绿色，边缘有齿。花径着生5～25朵花，花筒状，淡蓝色，偶有白色、紫色或粉色，仲夏开放。

Coneflower 见 *Echinacea*，*Rudbeckia*。

Confederate jasmine 见 *Trachelospermum jasminoides*，见207页。

Confederate rose 见 *Hibiscus mutabilis*。

针叶树 CONIFERS

乔木和灌木。种子裸露或果鳞不被覆盖是显著区别于其他植物的特征。大多数针叶树常绿,有针状叶和木质果实(球果)。柏科中的所有属都有针状幼叶(许多桧属植物和其他选育的类型除外)成年叶鳞片状。如无特殊的指定,本书中描述的针叶树均为常绿。

针叶树是极好的花园植物,大多数周年有叶,叶绿色、蓝色、灰色、青铜色、金色或银色。树高从30m或更高的乔木至10年生长不到5cm的矮型灌木。高大的针叶树可以作为防护屏蔽或绿篱种植。矮型针叶树不仅自身的树形具有优良特征,也可以群植,与石楠属植物配置在一起,可以增加岩石园的变化,并能提供极好的地面覆盖。针叶树也可以在容器中栽培。

耐寒性

本书中记载的几乎所有的针叶树都极耐寒。像北美云杉、塞尔维亚云杉和小干松,这些树在最寒冷、迎风的地带生长茂盛。南洋杉属、柏木属和松属植物适于在海岸条件下种植。密叶杉属、智利柏属、三尖杉属、罗汉松属和其他属的某些种属于极耐寒至半耐寒类型,在气候温和地带生长繁茂,在其他地方需要防护或作为矮型植物在室内种植。

霜冻会危害几个属的新梢的生长,特别是冷杉属、落叶松属、云杉属和黄杉属,冬季的严寒、干旱会暂时损害成熟的叶子。

气候和土壤

杂扁柏属、柏木属、落叶松属和松属喜全光照;雪松属、刺柏属和金钱松属不耐阴;其他所有针叶树在光照或庇荫下生长旺盛。大多数冷杉属和所有三尖杉属、罗汉松属、红豆杉属、崖柏属、榧树属和铁杉属一旦定植就能耐阴。

针叶树在大多数土壤上生长良好,但有些属和种,在含过多的白垩和石灰质的土壤上不能良好生长,这些针叶树有:冷杉属、金钱松属、黄杉属、铁杉属、云杉属(除丽江云杉、塞尔维亚云杉和北美云杉外)和松属(除橙枝五针松、华山松、墨西哥岩松、阿勒颇松、鳞皮松、南欧黑松、巴尔干松和乔松外)。

一些针叶树能忍受极端的条件。银冷杉、日光冷杉、高加索冷杉、柳杉属、杉属、水杉属、大果松、巴尔干松、美国黄松、日本金松属、红杉属、巨杉属和落羽杉属可以在重黏土上生长。塞尔维亚云杉、北美云杉、小干松、金松和北美乔柏在潮湿的土壤上生长良好。水杉属和落羽杉属在渍水的条件下生长旺盛。柏木属、刺柏属和松属在干燥沙质土壤上生长良好。

修剪

如果针叶树产生多个主枝,应保留一个,其余的全部剪除。注意修剪绿篱时,当修剪掉老的木质枝条或已变成褐色的分枝,大多数针叶树不会再长出新的枝叶,但三尖杉属和柳杉属、杉木属、北美红杉属、红豆杉属和榧树属除外。在花园中,这些针叶树可以通过修剪主枝,保持合理的尺度,以后可以萌芽产生新枝。南洋杉属、银杏属、水杉属和落羽杉属的幼树有时可以这样做。

繁殖

播种是最容易的繁殖方法,通常播种在秋季或冬季进行。但是,彩叶类型不能靠播种繁殖来实现。除冷杉属、雪松属、云杉属(幼株或矮生类型除外)、松属、金钱松属、黄杉属和铁杉属(幼株或矮生类型除外)以外,所有的属用扦插繁殖相当容易。常绿针叶树,秋季至春季用当年生枝条扦插繁殖,落叶针叶树可以在夏季用软枝扦插繁殖。松科的高型种类(冷杉属、雪松属、云杉属、松属、金钱松属、黄杉属和铁杉属)通常在夏末、冬季或初春嫁接繁殖。一些矮型针叶树,也可以用压条繁殖。

病虫害

蜜环菌可侵袭许多针叶树,特别是幼株。对这种病害抗性最强的树种是冷杉属、翠柏属、落叶松属、黄杉属和铁杉属。绿云杉蚜虫可以在云杉属上造成危害。针叶树叶螨会使冷杉属、云杉属和有些松属植物落叶。

针叶树说明见101~109页,矮生类型见110~111页。亦可参见冷杉属、南洋杉属、密叶杉属、智利柏属、肖楠属、雪松属、三尖杉属、扁柏属、柳杉属、杉木属、杂扁柏属、柏木属、南国柏属、银杏属、刺柏属、落叶松属、水杉属、小侧柏属、扁枝杉属、云杉属、松属、罗汉松属、金钱松属、黄杉属、智利杉属、金松属、北美红杉属、巨杉属、落羽杉属、红豆杉属、崖柏属、罗汉柏属、榧树属和铁杉属。

厚锥花属(肉锥花属)CONOPHYTUM

番杏科 AIZOACEAE

多年生多浆植物。生长缓慢。丛生。有球形或2个耳形叶。每年花后仅生长两个月。初夏老叶逐渐萎缩成薄纸质的叶鞘,夏末从叶鞘中长出新叶和花。不耐寒,如果干燥可耐最低温度4℃。喜全光照和排水良好的土壤,冬季保持干燥。春季至秋季播种繁殖或夏末分株繁殖。

少将 *C. bilobum*,见479页。

C. longum 见 *Ophthalmophyllum longum*。

显实肉锥花*C. notabile*,见480页。

红翠玉 *C. truncatum*,见470页。

飞燕草属 CONSOLIDA

Larkspur

毛茛科 RANUNCULACEAE

一年生草本。是极好的切花植物。极耐寒。喜光照和肥沃、排水良好的土壤。高型植株需要用棍支撑茎干。春季室外播种繁殖或在气候温和地区初秋播种繁殖。要保护幼株以防止蛞蝓和蜗牛危害。种子有毒。

飞燕草*C. ajacis* (*C. ambigua*, *Delphinium*, *consolida*) 一年生草本。直立,具分枝。生长迅速。巨大类型高可达1.2m,冠径30cm。矮型高和冠径均为30cm。所有品种都具羽状、中绿色叶。穗状花序,花圆球状,有距,整个夏季开放。**矮蓝紫系列(Dwarf Hyacinth Series)**穗状花序,花管状,呈深浅不一的粉色、紫红色、蓝色或白色。**大王系列(Giant Imperial Series)**,见332页。

C. ambigua 见 *C. ajacis*。

铃兰属 CONVALLARIA

Lily-of-the-valley

铃兰科/百合科 CONVALLARIACEAE/LILIACEAE

多年生草本。春季开花。具根状茎。极耐寒。喜半阴,在富含腐殖质、湿润的土壤上生长最好。花后或秋季分株繁殖。铃兰(*C. majalis*)的种子若被误食会引起轻微的胃部不适。

🏆铃兰 *C. majalis*,见268页。**'重瓣' 'Flore Pleno'** 多年生草本。生长慢。具根状茎。高23~30cm,冠径不定。叶窄卵形,中绿色至暗绿色。花小,钟状,重瓣,低垂,白色,芳香,春季开放。**'福廷大花' 'Fortin's Giant'** 高45cm,花较大。叶出现的比花略早些。

旋花属 CONVOLVULUS

旋花科 CONVOLVULACEAE

低矮、丛生、攀缘一年生或多年生草本和常绿灌木或亚灌木。极耐寒至不耐寒,耐最低温度2℃。喜光照充足和贫瘠至肥沃、排水良好的土壤。修剪顶端可延长花期。极耐寒种类仲春室外播种繁殖,不耐寒种类春季在温室内播种繁殖,多年生草本和亚灌木晚春或夏季用软枝扦插繁殖。

地中海旋花*C. althaeoides*,见375页。

🏆银毛旋花*C. cneorum*,见158页。

C. mauritanicus 见 *C. sabatius*。

C. minor 见 *C. tricolor*。

C. purpureus 见*Ipomoea purpurea*。

🏆北非旋花*C. sabatius* (*C. mauritanicus*),见356页。

三色旋花(彩旋花)***C. tricolor*** (*C. minor*) 一年生草本。丛生或攀缘。直立。生长速度中等。高20~30cm,冠径20cm。极耐寒。叶卵形至披针形,中绿色。花浅碟状,蓝色或白色,宽2.5cm,喉部黄白色,夏季开放。高大攀缘类型高达3m。半耐寒。花径达10cm。**'蓝光' 'Blue Flash'** (丛生型),见332页。**'飞碟' 'Flying Saucers'** (攀缘型)花具蓝色和白色条纹。

龙爪玉属 COPIAPOA

仙人掌科 CACTACEAE

多年生仙人掌类植物。生长缓慢。花漏斗状,黄色。许多种有大的主根。不耐寒,耐最低温度8~10℃。喜半阴和排水非常好的土壤。春季或夏季播种繁殖或嫁接繁殖。

黑王球 *C. cinerea*,见466页。

龙爪玉*C. coquimbana* 多年生仙人掌类植物。分枝多,冠球状,后变为圆柱状。高可达30cm,冠径1m。耐最低温度8℃。茎干暗灰绿色,具10~17条棱,每个小窠具8~10根暗褐色放射状的刺,中心有1根或2根粗刺。花黄色,径3cm,夏季开放。形成丛状较慢。

龙魔玉*C. echinoides* 多年生仙人掌类植物。扁球状,具棱,似海胆。高15cm,冠径10cm。耐最低温度10℃。茎单生,灰绿色,具暗褐色刺,刺长3cm,后变灰色。花淡黄色,径4cm,夏季开放。

龙鳞玉 *C. marginata* 多年生仙人掌类植物。多分枝。高60cm,冠径30cm。耐最低温度10℃,茎灰绿色,小窠排列紧密,具淡褐色刺,刺长3cm,先端较暗。花黄色,径2~5cm,春夏开放。

Cootamundra wattle 见 *Acacia baileyana*,见97页。

Copa de oro 见*Solandra maxima*,见206页。

Copey 见 *Clusia major*。

Copihue 见 *Lapageria rosea*,见210页。

Copper beech 见 *Fagus sylvatica* f. *purpurea*,见65页。

Copperleaf 见 *Acalypha wilkesiana*,见143页。

染料木属 COPROSMA

茜草科 RUBIACEAE

常绿灌木或乔木。以观叶和果实为主。雌雄异株。半耐寒至不耐寒,耐最低温度2~5℃。喜全光照和排水良好的土壤。夏季盆栽时需水量大,其他时期中度需水,春季播种繁殖或夏末用半成熟枝扦插繁殖。

C. baueri 见 *C. repens*。

C. baueriana 见 *C. repens*。

狭叶染料木 *C. × kirkii* 常绿灌木。匍匐状,后半直立。具浓密分枝。高达1m,冠径1.2~2m。半耐寒。叶窄长椭圆形至披针形,革质,光滑,单生或簇生。春末开花,花不明显。雌株结果实,果实小,卵形,半透明,白色,具红色斑点。**'银边' 'Variegata'**,

见175页。

宽叶染料木*C. repens* (*C. baueri*, *C. baueriana*) 常绿灌木。枝伸展，后直立。高和冠径均为2m。不耐寒，耐最低温度2℃。叶阔卵形，革质，有光泽，深绿色。花不明显，春末开放。夏末至秋季雌株结卵形、橙红色果实。**'斑叶' 'Picturata'** 叶片中心部位具奶油色斑点。

Coquito 见*Jubaea chilensis*，见85页。

Coral berry 见*Aechmea fulgens*。

Coral bush见*Templetonia retusa*。

Coral cactus 见 *Rhipsalis cereuscula*，见461页。

Coral drops 见 *Bessera elegans*。

Coral gem见*Lotus berthelotii*，见283页。

Coral honeysuckle 见 *Lonicera sempervirens*，见210页。

Coral pea见*Hardenbergia violacea*。

Coral plant 见 *Berberidopsis corallina*，见211页，*Russelia equisetiformis*，见250页。

Coral tree

Flame 见 *Erythrina coralloides*。

Naked 见 *Erythrina coralloides*。

Coral vine 见 *Antigonon*。

Coral-bark maple 见*Acer palmatum* 'Sango-kaku'，见124页。

Coralberry 见*Ardisia crenata*，见150页，*Symphoricarpos orbiculatus*。

Coral-tree, Cockspur 见*Erythrina crista-galli*，见143页。

朱蕉属 CORDYLINE

龙舌兰科／百合科 AGAVACEAE/ LILIACEAE

常绿灌木或乔木。尽管有些花具装饰性但以观叶为主。半耐寒至不耐寒，耐最低温度5～16℃。适生于肥沃、排水良好的土壤，喜全光照或半阴。盆栽时中度需水，冬季需水较少。春季播种繁殖根出条繁殖，或夏季茎插繁殖。红蜘蛛螨会危害植株。

🏆新西兰朱蕉（巨朱蕉，南朱蕉）***C. australis*** (*Dracaena australis*)(New Zealand cabbage palm) 常绿乔木。生长缓慢。分枝少。高15m以上，冠径5m以上。半耐寒。叶带形，在茎上莲座状丛生，长30cm～1m。圆锥花序大，开张，花小，白色，芳香，夏季开放。秋季结果，果实球状，白色。**'深紫叶' 'Atropurpurea'**，见99页。**'维茨' 'Veitchii'** 叶长，剑形，基部和中脉红色。

朱蕉（铁树）***C. fruticosa*** (*C. terminalis*) (Goodluck plant, Ti tree) 常绿灌木。直立。生长慢。分枝较少。高2～4m，冠径1～2m。不耐寒，耐最低温度13℃。叶宽披针形，光滑，深绿色，长30～60cm。圆锥花序，有分枝，花小，白色，略紫色或淡红色，夏季开放。**'巴氏' 'Baptisii'** 叶深绿色，有粉色和黄色条纹和斑点。**'帝王' 'Imperialis'** 叶深绿色，具红色或粉色斑点。

蓝朱蕉*C. indivisa* (*Dracaena indivisa*) 常绿乔木或灌木。直立。生长慢。高3m以上，冠径2m。半耐寒。叶披针形，长60cm～2m，绿色，具橙褐色叶脉，背面蓝灰色。花簇生，紧密，花小，星状，白色，花序长60cm以上，夏季开放。果实小，球状，蓝紫色。

C. terminalis 见 *C. fruticosa*。

金鸡菊属 COREOPSIS
Tickseed

菊科 ASTERACEAE/ COMPOSITAE

一年生和多年生草本。以观花为主。头状花序，雏菊状。极耐寒至耐寒。喜全光照和肥沃、排水良好的土壤。一年生草本春季播种繁殖，大金鸡菊（剑叶金鸡菊）(*C. lanceolata*) 春季播种繁殖或分株繁殖，'华丽' 耳裂金鸡菊 (*C. auriculata* 'Superba')，'金矮人' 金鸡菊 (*C.* 'Goldfink') 和 '冰金' 大花金鸡菊 (*C. grandiflora* 'Badengold') 春季或夏季用软枝扦插繁殖或分株繁殖，轮叶金鸡菊 (*C. verticillata*) 春季分株繁殖。

'华丽' 耳裂金鸡菊 *C. auriculata* 'Superba' 多年生草本。丛生。高和冠径均为45cm。极耐寒。叶卵形至披针形，浅裂，淡绿色。头状花序，雏菊状，浓黄色，中心部位具紫色斑点，夏季开放。耳裂金鸡菊*C. auriculata*与一年生的金鸡菊 (*C. basalis*) 有较近的亲缘关系。

'金矮人' 金鸡菊 *C.* 'Goldfink' 多年生草本。丛生。寿命短。低矮。高和冠径均为30cm。极耐寒。叶窄卵形，深绿色。头状花序，雏菊状，深黄色，夏季开放。

'冰金' 大花金鸡菊 *C. grandiflora* 'Badengold' 多年生草本。直立。寿命短。枝干疏散。高75cm，冠径60cm。极耐寒。叶阔披针形，有分裂，亮绿色。头状花序大，雏菊状，浓奶油黄色，夏季开放。

剑叶金鸡菊（大金鸡菊，大蛇目菊）***C. lanceolata***，见293页。

'阳光' 金鸡菊 *C.* 'Sunray'，见337页。

蛇目菊（两色金鸡菊）***C. tinctoria***，见337页。**'金冠' 'Golden Crown'** 一年生草本。直立。丛生。生长快。高60cm，冠径20cm。极耐寒。叶披针形，深绿色。头状花序大，雏菊状，深黄色，中心褐色，夏季和初秋开放。

轮叶金鸡菊*C. verticillata*，见293页。

马桑属 CORIARIA

马桑科 CORIARIACEAE

落叶灌木和亚灌木。春季或夏季开花。因观其树形、叶和果实而栽培。耐寒至半耐寒。喜全光照，适生于肥沃、排水良好的土壤。夏季软枝扦插繁殖或秋季播种繁殖。有些种叶或果实若被误食会引起强烈的胃部不适。另一些种，尽管种子被认为有毒，果实可食用。

草马桑*C. terminalis* 落叶亚灌木。枝弓状。高1m，冠径2m。极耐寒。叶宽披针形，似蕨叶，中绿色，秋季变红色。花极小，绿色，春末开放。果实小，球状，黑色。**黄果草马桑** var. ***xanthocarpa***，见173页。

Cork oak 见*Quercus suber*，见73页。

Cork tree, Amur 见*Phellodendron amurense*。

Corkscrew rush 见*Juncus effusus* 'Spiralis'，见308页。

Corn

Indian 见 *Zea*。

Sweet 见 *Zea mays*。

Corn cockle 见 *Agrostemma*。

Corn plant见*Dracaena fragrans*。

Corn poppy 见 *Papaver rhoeas*。

Cornel, Bentham's 见 *Cornus capitata*。

Cornelian cherry 见*Cornus mas*。

Cornflower 见*Centaurea cyanus*。

Cornish elm 见 *Ulmus minor* 'Cornubiensis'。

Cornish golden elm 见 *Ulmus minor* 'Dicksonii'，见81页。

Cornish heath 见 *Erica vagans*。

梾木属 CORNUS
Dogwood

山茱萸科 CORNACEAE

落叶灌木和落叶或常绿乔木。因观花、叶或茎而栽培。茎在冬季色彩亮丽。极耐寒至半耐寒。喜光照或半阴和肥沃、排水良好的土壤。在全光照下冬季茎干色彩最好。佛州四照花 (*C. florida*)、日本四照花 (*C. kousa*) 和太平洋四照花 (*C. nuttallii*) 不喜贫瘠的白垩土。加拿大草茱萸 (*C. canadensis*) 喜酸性土。观茎干植株需每年初春修剪，修剪高度以近地面为准。红瑞木 (*C. alba*) 和 '黄枝' 偃伏梾木 (*C. stolonifera* 'Flaviramea') 夏季软枝扦插繁殖或秋冬季硬枝扦插繁殖。互叶梾木 (*C. alternifolia*) 和灯台树 (*C. controversa*) 的变种冬季嫁接繁殖。加拿大草茱萸春季或秋季分株繁殖。头状四照花 (*C. capitata*)、佛州四照花和日本四照花秋季播种繁殖或夏季软枝扦插繁殖。太平洋四照花秋季播种繁殖。在此描述的其他种夏季软枝扦插繁殖。有些种的果实被误食会引起轻微胃部不适，接触叶的绒毛会刺激皮肤。

红瑞木 *C. alba* (Red-barked dogwood) 落叶灌木。直立。枝条伸展。生长旺盛。高和冠径均为3m。极耐寒。幼枝冬季亮红色。叶卵形，暗绿色，秋季常红色或橙色。花序头状扁平，花星状，乳白色，晚春至初夏开放。果实球形，有时白色或淡蓝色。**🏆'雅致' 'Elegantissima'**，见138页。**'花叶' 'Gouchaultii'** 叶略粉红色，具黄色的宽边。**'紫枝' 'Kesselringii'**，见148页。**🏆'西伯利亚' 'Sibirica'**，见150页。**🏆'史佩斯' 'Spaethii'**，见146页。

互叶梾木 *C. alternifolia* 落叶乔木。树冠开展。或灌木，丛生。层状分枝。高和冠径均为6m。极耐寒。叶卵形，亮绿色，先端尖，秋季变红色。花小，簇生，星状，乳白色，初夏开放。果实小，圆球形，蓝黑色。**🏆'银斑' 'Argentea'**，见89页。

🏆加拿大草茱萸（红串果）***C. canadensis*** (*Chamaepericlymenum canadense*)，见374页。

头状四照花 *C. capitata* (*Dendrobenthamia capitata*)(Bentham's cornel) 常绿或半常绿乔木。树冠开展。高和冠径均为12m。耐寒至半耐寒。叶卵形，灰绿色。花不明显，花周围有淡黄色苞片，初夏开放。果实大，草莓状，红色。适于气候温和的沿海地区种植。

灯台树 *C. controversa* 落叶乔木。层状分枝。高和冠径均为15m。极耐寒。叶卵形，先端尖，亮绿色，秋季成紫色。花小，簇生，星状，白色，夏季开放。**🏆'银边' 'Variegata'**，见89页。

🏆'埃迪氏' 四照花 *C.* 'Eddie's White Wonder'，见96页。

佛州四照花 *C. florida* (Flowering dogwood) 落叶乔木。树冠开展。高6m，冠径8m。极耐寒。叶卵形，先端尖，暗绿色，秋季紫红色。花小，不明显，苞片白色或粉白色，晚春开放。**'苹果花' 'Apple Blossom'** 苞片淡粉色。**红苞佛州四照花 f. *rubra*** 苞片粉色或红色。**'春之歌' 'Spring Song'**，见90页。**'韦尔奇' 'Welchii'**，见93页。**'白云' 'White Cloud'**，见85页。

日本四照花 *C. kousa* 落叶乔木或灌木。树冠花瓶状。高7m，冠径5m。极耐寒。叶卵形，光滑，暗绿色，秋季变成亮红紫色。花序头状，较大，花不明显，苞片白色，初夏开放。果实草莓状，炎热的夏季成熟。**🏆四照花** var. ***chinensis*** 花序头状，较大，苞片较窄，先端尖。

梾木 *C. macrophylla*，见78页。

🏆欧茱萸*C. mas* (Cornelian cherry) 落叶灌木或乔木。树冠开张。高和冠径均为5m。极耐寒。叶卵形，暗绿色，秋季变成红紫色。花小，星状，黄色，晚冬或初春开放。果长椭圆形，亮红色，可食。**'黄雅致' 'Aureoelegantissima'** (*C. m.* 'Elegantissima') 高2m，冠径3m。叶浅粉色，叶缘黄色。**'Elegantissima'** 见*C. m.* 'Aureoelegantissima'。**🏆'银边' 'Variegata'**，见119页。

🏆'诺曼·哈登' 四照花 *C.* 'Norman Hadden' 落叶乔木。树冠开张。高和冠径均为8m。极耐寒。花小，苞片乳白色，夏季变成深粉色，夏季开放。果实草莓状，秋季成熟。

太平洋四照花 *C. nuttallii*，见 76 页。

🏆**‘黄苞’四照花 *C.* ‘Porlock’**，见 86 页。

🏆**‘黄枝’假伏株木 *C. stolonifera* ‘Flaviramea’** 落叶灌木。枝条伸展。生长强壮。具匍匐地下茎。高 2m，冠径 4m。极耐寒。冬季幼枝亮绿黄色。叶卵形，暗绿色。花小，星状，白色，春末至初夏开放。果实球状，白色。

假醉鱼草属（克罗开木属）COROKIA

鼠刺科 ESCALLONIACEAE

常绿灌木。因观其树形、叶、花和果实而栽培。在温和的海岸地区生长良好，耐风。耐寒至半耐寒，在寒冷地区要防强风。喜全光照和肥沃、排水良好的土壤。夏季软枝扦插繁殖。

假醉鱼草 *C. buddlejoides* 常绿灌木。直立。高 3m，冠径 2m。半耐寒。枝条纤细，灰色。叶窄椭圆形，光滑，暗绿色。圆锥花序，花星状，黄色，晚春开放。果实球状，黑红色。

栒子状假醉鱼草 *C. cotoneaster*，见 152 页。

橙果假醉鱼草 *C.* × *virgata* 常绿灌木。直立。枝条浓密。高和冠径均为 3m。极耐寒。叶长椭圆形，光滑，暗绿色，背面白色。花星状，黄色，仲春开放。果实卵状，亮橙色。是较好的绿篱植物，特别适合沿海地区栽培。

小冠花属 CORONILLA

豆科／蝶形花科 LEGUMINOSAE/ PAPILIONACEAE

落叶或常绿灌木和多年生草本。以观叶和花为主。极耐寒至半耐寒。半耐寒种类在寒冷地区需靠南墙或西墙种植。喜全光照和轻质、排水良好的土壤。夏季软枝扦插繁殖。

C. glauca 见 *C. valentina* subsp. *glauca*。

🏆**粉绿小冠花 *C. valentina* subsp. *glauca***（*C. glauca*），见 157 页。

澳吊钟属 CORREA

芸香科 RUTACEAE

常绿灌木。以观花为主。半耐寒至不耐寒，耐最低温度 3～5℃。喜全光照或半阴，适生于肥沃、排水良好的中性至酸性土壤。盆栽时中度需水，非开花期需水少。春季播种繁殖或夏末用半成熟枝扦插繁殖。

🏆**素花澳吊钟 *C. backhouseana*** 常绿灌木。圆球状。具分枝。高和冠径均为 2m。半耐寒。叶卵形至椭圆形，暗绿色，叶背具浓密淡黄色软毛。花管状，淡黄绿色至白色，春季至秋季陆续开放。

C.* × *harrisii 见 *C.* ‘Mannii’。

***C.* ‘Harrisii’** 见 *C.* ‘Mannii’。

🏆**杂交澳吊钟 *C.* ‘Mannii’**（*C.* × *harrisii*，*C.* ‘Harrisii’）常绿灌木。丛生。茎细长。高和冠径均为 2m。不耐寒。叶窄卵形，叶背具短绒毛。花管状，猩红色，夏秋季开放。有时其他季节也开花。

光叶澳吊钟 *C. pulchella*，见 174 页。

丽花澳吊钟 *C. reflexa*（*C. speciosa*）常绿灌木。丛生。茎细长。高和冠径均为 2m。不耐寒。叶卵形，叶背具粗毛。花管状，黄绿色至绯红色或玫瑰色，花瓣先端绿白色，夏秋季开放。其他季节偶有开花。

C. speciosa 见 *C. reflexa*。

Corsican heath 见 *Erica terminalis*。

Corsican mint 见 *Mentha requienii*。

Corsican pine 见 *Pinus nigra* subsp. *laricio*。

银芦属（蒲苇属）CORTADERIA

禾本科 GRAMINEAE/POACEAE

见禾草类、竹类、灯心草类和莎草类植物。

银芦（蒲苇）*C. selloana* (Pampas grass) 多年生常绿草本。密集丛生。高大。高可达 2.5m，冠径 1.2m。耐寒。叶窄，叶缘非常锋利，向外弯曲，叶长 1.5m。圆锥花序，直立，羽状，银白色，长达 60cm，着生于中绿色叶丛之上。雌雄异株，雌花具长绢状毛，具装饰性，夏末开放。🏆**‘金边’ ‘Aureolineata’**（*C. s.* ‘Gold Band’）高 2.2m。丛生。叶缘浓黄色，成熟后暗金黄色。**‘Gold Band’** 见 *C. s.* ‘Aureolineata’。**‘白边’ ‘Silver Comet’** 和🏆**‘乳白穗’ ‘Sunningdale Silver’**，见 306 页。

假报春属 CORTUSA

报春花科 PRIMULACEAE

多年生草本。春季和夏季开花。丛生，与报春花属（*Primula*）有亲缘关系。总状花序，花钟状，侧生。极耐寒。喜阴，适生于富含腐殖质、湿润的土壤，不适应炎热、干燥的气候。种子成熟后播种繁殖或秋季分株繁殖。

假报春 *C. matthioli*，见 354 页。

紫堇属 CORYDALIS

罂粟科 PAPAVERACEAE

一年生和多年生草本。多年生草本具块茎或须根，部分种类常绿。春夏季开花。叶似蕨叶。花管状，有刺，具两个唇瓣。极耐寒至耐寒。喜全光照或半阴和排水良好、富含腐殖质的土壤。喜凉爽气候。秋季播种繁殖或休眠期分株繁殖，春季开花的品种秋季分株繁殖，夏季开花的品种春季分株繁殖。

C. ambigua of gardens 见 *C. fumariifolia*。

C. bulbosa of gardens 见 *C. cava*。

克什米尔紫堇 *C. cashmeriana* 多年生草本。丛生。具须根。高 10～25cm，冠径 8～10 cm。极耐寒。叶分裂，半直立，基生。穗状花序，密集，花二唇形，鲜蓝色，夏季开放。喜凉爽，耐半阴，适生于富含腐殖质、中性至酸性土壤。适于岩石园种植。冬季地上部分死亡。

🏆**大块茎延胡索 *C. cava***（*C. bulbosa* of gardens）多年生草本。春季开花。具块茎。高 10～20cm，冠径 8～10cm。极耐寒。叶半直立，基生，多裂。穗状花序，花浓密，管状，暗紫色。夏季死亡。

碎米蕨叶黄堇 *C. cheilanthifolia*，见 349 页。

双叶紫堇 *C. diphylla*，见 367 页。

堇叶延胡索 *C. fumariifolia*（*C. ambigua* of gardens）多年生草本。具块茎。春季至初夏开花。高可达 15cm，冠径 10cm。极耐寒。叶多裂。短穗状花序，花二唇形，天蓝色或紫蓝色，具扁平三角形刺。夏季死亡。

C. halleri 见 *C. solida*。

欧黄堇 *C. lutea*（*Pseudofumaria lutea*），见 359 页。

西伯利亚紫堇 *C. nobilis* 多年生草本。具长、肉质须根。高和冠径均为 20～35cm。极耐寒。叶多裂，在花茎较低部位着生。穗状花序密集，花淡黄色，具长刺，唇瓣先端绿色或褐色，初夏开放。

乳黄堇 *C. ochroleuca*（*Pseudofumaria ochroleuca*），见 351 页。

白距紫堇 *C. popovii*，见 364 页。

🏆**多花延胡索 *C. solida***（*C. halleri*）多年生草本。丛生。具块茎。高 10～20cm，冠径 8～12cm。极耐寒。叶互生。穗状花序密集，花暗紫红色，春季开放。夏季死亡。🏆**‘乔治·贝克’ ‘George Baker’**（*C. s.* ‘G. P. Baker’），见 367 页。

川鄂紫堇 *C. wilsonii*，见 349 页。

蜡瓣花属 CORYLOPSIS

金缕梅科 HAMAMELIDACEAE

落叶灌木或乔木。以观花为主。花芳香，黄色，先叶出现。叶似榛叶。极耐寒，但晚霜会危害花。喜半阴和肥沃、湿润、排水良好的酸性土壤。夏季用软枝扦插繁殖或秋季播种繁殖。

香蜡瓣花 *C. glabrescens*，见 117 页。

🏆**少花蜡瓣花 *C. pauciflora***，见 131 页。

🏆**蜡瓣花 *C. sinensis***（*C. willmottiae*）落叶灌木。枝条开展，树冠开张。生长强壮。高和冠径均为 4m。叶正面亮绿色，背面蓝绿色。花钟状，簇生，淡黄色，初春至仲春开放。**‘春紫’ ‘Spring Purple’** 幼叶深红紫色。

长穗蜡瓣花 *C. spicata* 落叶灌木。枝条伸展，树冠开张。高 2m，冠径 3m。叶具钝锯齿，正面暗绿色，背面蓝绿色。花钟状，簇生，下垂，淡黄色，仲春开放。

C. willmottiae 见 *C. sinensis*。

榛属 CORYLUS
Hazel

榛科／桦木科 CORYLACEAE/ BETULACEAE

落叶乔木和灌木。因观其树形、柔荑花序和果实可食用而栽培。极耐寒。喜光照或半阴，适生于肥沃、排水良好的土壤。要及时修剪根出条。野生种秋季播种繁殖，栽培种夏末嫁接繁殖或秋末至早春用根出条繁殖或压条繁殖。霉病会引起落叶，其他真菌和害虫会危害坚果。

欧榛 *C. avellana* (Cobnut)。🏆**‘扭枝’ ‘Contorta’**，见 125 页。

🏆**土耳其榛 *C. colurna*** (Turkish hazel) 落叶乔木。树冠圆锥状。高 20m，冠径 7m。叶阔卵形，具较大的齿，浅裂，暗绿色。柔荑花序长，花黄色，晚冬开放。坚果着生于具缘饰的壳斗内。

大榛 *C. maxima* (Filbert) 落叶丛生灌木或乔木。树冠开张。生长强壮。高 6m，冠径 5m。叶卵形，有锯齿，中绿色。柔荑花序长，花黄色，晚冬开放。坚果，卵形，褐色，可食。🏆**‘紫叶’ ‘Purpurea’**，见 122 页。

毛利果属（新拟）CORYNOCARPUS

（译者注：属名原意为棒形果 Coryno + carpus，但其果实并非棒状，而是椭圆状；该属中分布最广的 *C. laevigatus* 为大洋洲毛利人的果树，其分布也曾随毛利人的迁居得以扩散，故以毛利果作为中文。）

毛利果科（新拟）CORYNOCARPACEAE

常绿乔木。以观叶和整个株形为主。不耐寒，耐最低温度 7～10℃。喜全光照或半阴，适生于肥沃、保湿能力强但排水良好的土壤。盆栽时中度需水，低温时需水少。耐修剪。种子成熟时播种繁殖或夏季用半成熟枝扦插繁殖。

毛利果（卡拉卡果）*C. laevigatus*，见 85 页。

顶花球属（菠萝球属）CORYPHANTHA

仙人掌科 CACTACEAE

多年生仙人掌类植物。茎粗糙，球状，有刺，绿色。不耐寒，耐最低温度 5℃。喜全光照和排水良好的土壤。沿小瘤上面的沟有伸长的网眼，有些种在非常老的植株上仅能显出这种沟。花漏斗状，夏季开放。果实圆柱状，种子具翅，绿色。春季或夏季播种繁殖。

玉狮子 *C. cornifera*（*C. radians*），见 479 页。

C. radians 见 *C. cornifera*。

C. vivipara 见*Escobaria vivipara*。

秋英属 COSMOS

菊科 ASTERACEAE/ COMPOSITAE

一年生草本或具块茎的多年生草本。夏季和初秋开花。极耐寒至不耐寒，耐最低温度5℃。喜光照和湿润、排水良好的土壤。在气候温和地区，若有厚的覆盖物保护，紫红秋英（*C. atrosanguineus*）的半耐寒块茎可以在覆盖物下越冬。半耐寒种类春季用基部茎扦插繁殖，一年生草本秋季或春季播种繁殖。

紫红秋英 *C. atrosanguineus* (*Bidens atrosanguinea*)，见249页。

大波斯菊（秋英）*C. bipinnatus* 一年生草本。直立，丛生。高可达1.5m，冠径45cm。半耐寒。叶羽状，中绿色。头状花序，花碗状或浅碟状，单生，白色、粉色或绯红色，中心黄色，整个夏季开放。**'彩纹' 'Candy Stripe'** 高达90 cm。头状花序，白色，边缘绯红色。**'海贝' 'Sea shells'** 高90cm。头状花序，花洋红色、粉红色或白色，小花管状。**轰动系列Sensation Series** 见325页。

彩鸟系列黄花波斯菊 *C. sulphureus* Ladybird Series 一年生草本。直立，丛生。高30～40cm，冠径20cm。不耐寒。叶羽状，中绿色。头状花序，花碗状，半重瓣，簇生，黄色、橙色或猩红色，中心黑色，夏季开放。

Cosmos, Chocolate 见*Cosmos atrosanguineus*，见249页。

闭鞘姜属 COSTUS

姜科 ZINGIBERACEAE

多年生草本。浓密状丛生。具根状茎。以观花为主，花管状，绚丽，单生或对生，苞片基生。不耐寒，耐最低温度18℃。喜潮湿环境，避免直射光，适生于富含腐殖质土壤。春季分株繁殖。盆栽植物会受红蜘蛛螨危害。

闭鞘姜*C. speciosus* (Malay ginger) 多年生草本。丛生。具根状茎。高2m以上，冠径1m。叶窄卵形，长25cm，具绒毛。花白色或粉红色，宽10cm，具苞片，苞片略红，先端刺状，唇瓣宽，中心黄色，周年开放。

黄栌属 COTINUS

漆树科 ANACARDIACEAE

落叶灌木和乔木。以观叶、头状花和秋季色彩为主，单个花不明显。极耐寒。喜全光照或半阴，适生于肥沃但又不过肥的土壤。紫叶类型喜全光照，植株可显示最佳色彩。野生种夏季软枝或嫩枝扦插繁殖或秋季播种繁殖，栽培种仅在夏季扦插繁殖。

C. americanus 见*C. obovatus*。

🏆**黄栌*C. coggygria*** (*Rhus cotinus*) (Smoke tree, Venetian sumach) 落叶灌木。丛生。高和冠径均为5m。叶圆形或卵形，淡绿色，秋季变黄色或红色。花小，密集，羽状，簇生，浅黄褐色，后变灰色，夏末开放。果实不明显。**'Flame'** 见*C.* 'Flame'。**'紫晕' 'Notcutt's Variety'**，见121页。🏆**'品紫' 'Royal Purple'**，花深粉红色。叶深紫红色。

🏆**'火焰' 黄栌 *C.* 'Flame'** (*C. coggygria* 'Flame') 见124页。

🏆**北美黄栌*C. obovatus*** (*C. americanus*, *Rhus cotinoides*) 落叶丛生灌木或乔木。生长强壮。高10m，冠径8m。叶大，卵形，中绿色，幼叶青铜色至粉红色，秋季变橙色、红色和紫色。

栒子属 COTONEASTER

蔷薇科 ROSACEAE

落叶、半常绿或常绿灌木和乔木。以观叶、花和果实为主。有些种类适宜孤植，而其他种类可用作绿篱或地被植物。极耐寒至耐寒。落叶种类和栽培种喜全光照，常绿种类在光照或半阴下生长良好。不耐土壤渍水，特别适合于干燥地点应用。野生种夏季扦插繁殖或秋季播种繁殖，杂交种和栽培种只能夏季扦插繁殖，常绿和半常绿种用半成熟枝扦插繁殖，落叶种用软枝扦插繁殖。日灼病为常见病。误食种子会引起胃部轻度不适。

🏆**匍匐栒子 *C. adpressus*** 落叶灌木。枝弓状。高30cm，冠径2m。极耐寒。叶圆形，边缘波状，暗绿色，秋季变成红色。花较小，5瓣，粉红色，初夏开放。果实球状，红色。

***C.* 'Autumn Fire'** 见*C.* 'Herbstfeuer'。

'火鸟' 泡叶栒子 *C. bullatus* 'Firebird' (*C.* 'Firebird') 落叶灌木。丛生。树冠开张。高和冠径均为3m。极耐寒。叶大，卵形，叶脉深绿色，叶暗绿色，秋季变红色。花小，5瓣，白色，初夏开放。果实密集，球状，亮红色。var. ***macrophyllus*** 见*C. rehderi*。

克什米尔栒子 *C. cashmiriensis* (*C. cochleatus* of gardens, *C. microphyllus* var. *cochleatus* of gardens) 常绿匍匐灌木。高可达45cm，冠径2m。叶小，卵形，具缺刻，暗绿色。花小，白色，晚春开放。果实球状，红色。

C. cochleatus of gardens见*C. cashmiriensis*。

比利牛斯栒子 *C. congestus* 常绿匍匐灌木。高20cm，冠径2m。极耐寒。叶卵形，暗绿色，密集成小丘状。花小，5瓣，粉白色，初夏开放。果实球状，亮红色。是极好的岩石园植物。

猩红果栒子 *C. conspicuus* (*C. c.* var. *decorus*) 常绿匍匐灌木。枝弓状。高30cm，冠径2～3m。极耐寒。叶长椭圆形，光滑，暗绿色。花小，5瓣，白色，晚春开放。果实大，球状，猩红色或橙红色。

'珊瑚美人' 栒子 *C.* 'Coral Beauty' 常绿灌木。枝弓状，浓密。高1m，冠径2m。极耐寒。叶小，卵形，光滑，暗绿色。花小，5瓣，白色，初夏开放。果实球状，亮橙红色。

🏆**'克鲁比亚' 栒子 *C.* 'Cornubia'**，见124页。

木帚栒子 *C. dielsianus* 落叶灌木。枝弓状。高和冠径均为2.5m。极耐寒。枝条纤细。叶卵形，暗绿色。花小，5瓣，粉色，初夏开放。果实球状，光滑，红色。

散生栒子 *C. divaricatus*，见130页。

'埃克布尔' 栒子 *C.* 'Exburiensis' 常绿或半常绿灌木。枝弓状。高和冠径均为5m。极耐寒。叶窄披针形，亮绿色。花小，5瓣，白色，初夏开放。果实球状，黄色，有时后期淡粉色。

***C.* 'Firebird'** 见*C. bullatus* 'Firebird'。

西南栒子 *C. franchetii* 常绿或半常绿灌木。枝弓状。高和冠径均为3m。极耐寒。叶卵形，灰绿色，叶背白色。花小，5瓣，淡粉色或白色，初夏开放。果实多，长椭圆状，亮橙红色。var. ***sternianus*** 见*C. sternianus*。

耐寒栒子 *C. frigidus* (Tree cotoneaster) 落叶乔木。生长强壮。幼时直立，成熟后枝弓状。高和冠径均为10m。极耐寒。叶大，阔卵形，边缘波状，暗绿色。花小，簇生成头状，花5瓣，白色，初夏开放。果实小，球状，亮红色，簇状着生，宿存。

粉叶栒子 *C. glaucophyllus* 常绿灌木。枝弓状。树冠开张。高和冠径均为3m。极耐寒。叶卵形，暗绿色，叶背呈蓝白色。花小，5瓣，白色，仲夏开放。秋季结果，果实小，球状，深红色。var. ***serotinus*** 见*C. serotinus*。

'侏儒' 栒子 *C.* 'Gnom' (*C.* 'Gnome', *C. salicifolius* 'Gnom') 常绿匍匐灌木。高20cm，冠径2m。极耐寒。叶窄披针形，暗绿色。花小，5瓣，白色，初夏开放。果实小，球状，红色，簇生。为良好的地被植物。

***C.* 'Gnome'** 见*C.* 'Gnom'。

'秋焰' 栒子 *C.* 'Herbstfeuer' (*C.* 'Autumn Fire') 常绿灌木。匍匐或枝弓状。高30cm，冠径2m。极耐寒。叶披针形，亮绿色。花小，5瓣，白色，初夏开放。果实球状，亮红色。适合作地被种植或作为枝条下垂植物种植。

🏆**平枝栒子 *C. horizontalis***，见172页。

湖北栒子 *C. hupehensis* 落叶灌木。枝弓状。高2m，冠径3m。极耐寒。叶卵形，亮绿色，秋季变为黄色。花小，密集，5瓣，白色，晚春开放。果实大，球状，亮红色。

'杂交垂枝' 栒子 *C.* 'Hybridus Pendulus' 常绿匍匐灌木。多作为枝条下垂植物种植。高2m，冠径1.5m。耐寒。叶长椭圆形，暗绿色。花小，5瓣，白色，初夏开放。果实球状，深红色。

🏆**团花栒子 *C. lacteus***，见125页。

钝叶栒子 *C. linearifolius* (*C. microphyllus* var. *thymifolius* of gardens) 常绿匍匐灌木。高60cm，冠径2m。极耐寒。枝坚硬。叶小，较窄，光滑，边缘钝。花小，白色，晚春开放。果实球状，红色。

🏆**小叶栒子 *C. microphyllus*** 常绿灌木。枝条伸展，浓密。高1m，冠径2m。极耐寒。枝坚硬。叶小，卵形，暗绿色。花小，5瓣，白色，晚春开放。果实球状，红色。var. ***cochleatus*** of gardens 见*C. cashmiriensis*。var. ***thymifolius*** of gardens 见*C. linearifolius*。

C. prostratus of gardens 见*C. rotundifolius*。

大泡叶栒子 *C. rehderi* (*C. bullatus* var. *macrophyllus*) 落叶灌木。丛生。树冠开张。高5m，冠径3m。极耐寒。叶大，卵形，叶脉深绿色，叶暗绿色，秋季变为红色。花小，簇生，5瓣，粉红色，晚春至初夏开放。果实球状，亮红色。

🏆**'罗斯奇丁' 栒子 *C.* 'Rothschildianus'** 常绿或半常绿灌木。枝弓状。高和冠径均为5m。耐寒。叶窄卵形，亮绿色。花小，5瓣，白色，初夏开放。果大，球状，金黄色，簇生。

圆叶栒子 *C. rotundifolius* (*C. prostratus* of gardens) 常绿灌木。枝弓状。株高1.5m，冠径2.5m。极耐寒。叶小，卵形，光滑，暗绿色。花小，5瓣，白色，初夏开放。果球状，深红色。

柳叶栒子 *C. salicifolius* 常绿灌木。枝弓状。生长强壮。高和冠径均为5m。极耐寒。叶窄披针形，暗绿色。花小，5瓣，白色，初夏开放。果实小，簇生，球状，红色。**'Gnom'** 见*C.* 'Gnom'。

多花粉叶栒子 *C. serotinus* (*C. glaucophyllus* var. *serotinus*) 常绿灌木。枝弓状。树冠开张。高和冠径均为6m。极耐寒。叶卵形，暗绿色。花小，白色，仲夏至夏末开放。果实宿存。

🏆**西蒙氏栒子 *C. simonsii***，见148页。

'斯科格霍姆' 栒子 *C.* 'Skogholm' (*C.* 'Skogsholmen') 常绿灌木。枝弓状，开展。高60cm，冠径3m。极耐寒。叶小，卵形，光滑，暗绿色。花小，5瓣，白色，初夏开放。果实少，球状，红色。为良好的地被植物。

***C.* 'Skogsholmen'** 见*C.* 'Skogholm'。

🏆**斯腾栒子 *C. sternianus*** (*C. franchetii* var. *sternianus*)，见149页。

🏆**'约翰·沃特勒' 瓦氏栒子 *C.* × *watereri* 'John Waterer'** 常绿或半常绿灌木。枝弓状。生长强壮。高和冠径均为5m。耐寒。叶披针形，暗绿色。花小，5瓣，白色，初夏开放。果实多，簇生，球状，红色。

Cotoneaster, Tree 见*Cotoneaster frigidus*。

Cotton ball 见*Espostoa lanata*，见457页。

Cotton lavender 见*Santolina*

chamaecyparissus。

Cotton rose 见 *Hibiscus mutabilis*。

Cotton thistle 见 *Onopordum acanthium*，见 322 页。

Cotton tree，Silk 见 *Ceiba pentandra*。

Cottonwood 见 *Populus deltoides*。

Black 见 *Populus trichocarpa*。

Eastern 见 *Populus deltoides*。

山芫荽属 COTULA

菊科 ASTERACEAE/COMPOSITAE

多年生草本和少量的水生植物，大多为常绿。以观其整齐的叶和花为主。头状花序纽扣状。许多种可在铺石缝隙生长，具侵袭性。极耐寒至耐寒。喜全光照和排水良好、不干燥的土壤。春季分株繁殖。

C. atrata 见 *Leptinella atrata*。

臭荠叶山芫荽 *C. coronopifolia* (Brass buttons) 多年生落叶草本和水生植物。寿命短。高15cm，冠径30cm。极耐寒。茎肉质。叶小，披针形，中绿色。头状花序，纽扣状，黄色，夏季开放。

圣塔属 COTYLEDON

景天科 CRASSULACEAE

常绿灌木和亚灌木。茎肉质。以观其形状、颜色多变的叶为主。叶从卵形、灰色的大型叶至圆柱形、中绿色的小型叶。不耐寒，耐最低温度5～7℃。喜光照或半阴，适生于排水良好的土壤。春季或夏季播种或扦插繁殖。

C. cooperi 见 *Adromischus cooperi*。

莱城圣塔 *C. ladismithensis*，见 474 页。

圣塔 *C. orbiculata* 常绿灌木。直立。茎肉质。高和冠径均为50cm以上。耐最低温度7℃。茎膨大。叶薄，卵形，中绿色，密被白色蜡质，边缘有时红色。花茎长70cm，花低垂，管状，橙色，秋季开放。**银波锦**var. ***oblonga*** (*C. undulata*)，见 468 页。

C. paniculata 见 *Tylecodon paniculatus*。

C. reticulata 见 *Tylecodon reticulatus*。

C. simplicifolia 见 *Chiastophyllum oppositifolium*。

C. undulata 见 *C. orbiculata* var. *oblonga*。

C. wallichii 见 *Tylecodon papillaris* subsp. *wallichii*。

Coulter pine 见 *Pinus coulteri*，见 102 页。

Cow's-tail pine 见 *Cephalotaxus harringtonii*。

Cowslip 见 *Primula veris*，见273页。

Giant 见 *Primula florindae*，见 273 页。

Crab

Purple 见 *Malus* × *purpurea*。

Siberian 见 *Malus baccata*。

Crab apple 见 *Malus*。

Crab cactus 见 *Schlumbergera truncata*，见 473 页。

Crack willow 见 *Salix fragilis*。

Cradle orchid 见 *Anguloa clowesii*。

两节荠属 CRAMBE

十字花科 BRASSICACEAE/CRUCIFERAE

一年生和多年生草本。以观叶和花为主。叶粗大。花白色，形成大花枝，夏季开放。海甘蓝*C. maritima* (Sea kale)叶芽可作为一种春季的蔬菜食用。极耐寒。适生于任何排水良好的土壤，喜开阔、全光照的环境，耐一定程度阴。春季分株繁殖或春秋季节播种繁殖。

🏆**心叶两节荠**（心叶海甘蓝）***C. cordifolia***，见 226 页。

海甘蓝 *C. maritima*，见 276 页。

Cranesbill 见 *Geranium*。

Bloody 见 *Geranium sanguineum*，见 354 页。

Meadow 见 *Geranium pratense*。

Crape myrtle 见 *Lagerstroemia indica*，见 91 页。

金杖球属 CRASPEDIA

菊科 ASTERACEAE/COMPOSITAE

多年生草本。基部莲座状。夏季开花。其中一些种类最好作一年生栽培。半耐寒至不耐寒，耐最低温度5℃。喜光照和排水良好的土壤。夏季随采随播繁殖。

白毛金杖球 *C. incana* 多年生草本。基部莲座状。高 20～30cm，冠径10cm。不耐寒。叶窄卵形，基生，叶背有浓密、绵状白毛。花茎上着生的叶较小。头状花序圆顶状，花小，3～10朵，管状，黄色，顶端簇生，夏季开放。

青锁龙属 CRASSULA

景天科 CRASSULACEAE

多年生肉质草本和常绿、肉质灌木和亚灌木。从2cm高的肉质叶种类至高 5m 的灌木状种类，种类差异较大。多数易种植。耐寒至不耐寒，耐最低温度5～7℃。多数喜全光照，其他种喜半阴，适生于排水良好的土壤，冬季需水少。春季或秋季播种繁殖或茎干扦插繁殖。

花月 *C. arborescens*，见 458 页。

C. argentea of gardens 见 *C. ovata*。

柱神刀 *C. coccinea* (*Rochea coccinea*) 常绿灌木。直立，茎肉质。高可达60cm，冠径30cm以上。叶肉质，交互对生，卵形至长椭圆形，边缘具毛，暗绿色，沿木质的绿色茎成直角排成4列。伞状花序，花管状，亮红色，夏季或秋季开放。

C. cooperi 见 *C. exilis* subsp. *cooperi*。

雅儿姿 *C. deceptor* (*C. deceptrix*)，见 476 页。

C. deceptrix 见 *C. deceptor*。

乙姬 *C. exilis* subsp. ***cooperi*** (*C. cooperi*) 多年生多浆植物。呈地毯状。高 2cm，冠径 30cm。不耐寒，耐最低温度7℃。叶小，匙形至披针形，淡绿色，具较暗或略黑的绿色斑点。花小，5瓣，白色至淡粉色，簇生，冬季开放。

C. falcata 见 *C. perfoliata* var. *minor*。

洛东 *C. lactea* 多年生多浆植物。匍匐至半直立。高20cm，冠径1m。不耐寒，耐最低温度5℃。叶三角形至卵形，光滑，暗绿色。花小，5瓣，白色，顶端簇生，冬季开放。喜半阴。

C. lycopodioides 见 *C. muscosa*。

青锁龙 *C. muscosa* (*C. lycopodioides*) 多年生多浆植物。浓密，丛生。基部木质。高 15cm，冠径 30cm。不耐寒，耐最低温度5℃。叶小，鳞形，叠生，中绿色，沿直立茎干排成 4 列。花小，5瓣，黄绿色，春季开放。喜半阴。

鸣户（多孔神刀）***C. multicava***，见 471 页。

🏆**翡翠木 *C. ovata*** (*C. argentea* of gardens，*C. portulacea*)，见 457 页。

🏆**神刀 *C. perfoliata*** var. ***minor*** (*C. falcata*)，见 464 页。

C. portulacea 见 *C. ovata*。

肉茎神刀 *C. sarcocaulis*，见353页。

筑羽根 *C. schmidtii*，见 473 页。

莲座青锁龙 *C. socialis*，见470页。

山楂海棠属 + CRATAEGOMESPILUS

蔷薇科 ROSACEAE

嫁接嵌合属（山楂属*Crataegus*和欧海棠属*Mespilus*嫁接而成）。落叶乔木。以观花、叶和果实为主。极耐寒。喜光照或半阴和肥沃、排水良好的土壤。夏末嫁接繁殖。

山楂海棠 × *C. dardarii* (Bronvaux medlar)。**'朱尔斯德' 'Jules d' Asnières'** 落叶乔木。树冠伸展。高和冠径均为 6m。枝条下垂，具分枝，有刺。叶多变，卵形或有深裂，暗绿色，幼叶灰色，秋季变橙色和黄色。花浅碟状，白色，有时玫瑰色，簇生，晚春至初夏开放。果实小，圆球状，红褐色。

山楂属 CRATAEGUS
Hawthorn, Thorn

蔷薇科 ROSACEAE

落叶乔木或灌木。罕为半常绿，有刺，树冠伸展。以观花为主。花簇生，5瓣，偶尔重瓣，春夏之交开放。果实具观赏性，在有些情况下，秋季色彩艳丽。极耐寒。喜全光照，但要求不严，适生于各种土壤，但土壤水分过多除外。适于在污染的城市、露地和海边花园种植。野生种秋季播种繁殖，栽培种晚夏芽接繁殖。日灼病有时会危害植株。种子若被误食会引起胃部轻度不适。

C. cordata 见 *C. phaenopyrum*。

重齿叶山楂 *C. crus-galli* (Cockspur thorn) 落叶乔木。树冠平顶。高 8m，冠径10m。枝条具长而弯曲的刺。叶卵形，光滑，暗绿色，秋季变成亮绯红色。花簇生，白色，花药粉红色，晚春开放。果实圆球状，亮红色，宿存。

C. crus-galli of gardens 见 *C. persimilis* 'Prunifolia'。

伊氏山楂 *C. ellwangeriana* 落叶乔木。树冠伸展。高和冠径均为 6m。叶阔卵形，暗绿色，浅裂或有锯齿。花簇生，白色，花药粉色，晚春开放。果实球状，光滑，绯红色。

黄果山楂 *C. flava*，见 90 页。

深裂叶山楂 *C. laciniata* (*C. orientalis*)，见 85 页。

钝裂叶山楂 *C. laevigata* (*C. oxyacantha* of gardens)(Hawthorn, May)。

🏆**'保罗红' 'Paul's Scarlet'**，见91页。

'石榴红' 'Punicea' 落叶乔木。树冠伸展。高和冠径均为 6m。叶卵形，光滑，浅裂，具齿，暗绿色。花簇生，绯红色，晚春至初夏开放。果实圆球状，红色。

🏆**'卡里埃'拉氏山楂 *C.* × *lavallei* 'Carrierei'** 落叶乔木。生长强壮。树冠伸展。高 7m，冠径 10m。叶卵形，光滑，暗绿色，晚秋变成红色。花簇生，白色，晚春开放。果实圆球状，橙红色，宿存。

锐裂叶山楂 *C. macrosperma* var. ***acutiloba***，见 94 页。

柔毛山楂 *C. mollis* 落叶乔木。树冠伸展。高 10m，冠径 12m。叶大，阔卵形，浅裂，暗绿色，幼叶背面有白毛。花大，簇生成头状，白色，晚春开放。果实圆球状，红色。果期短。

普通山楂 *C. monogyna* (Common hawthorn) 落叶乔木。树冠圆头状。高 10m，冠径 8m。叶阔卵形，深裂，光滑，暗绿色。花簇生，芳香，白色，晚春至初夏开放。果实球状，红色。常作浓密的绿篱。**'双花' 'Biflora'** (Glastonbury thorn) 不仅春季，而且在温和的冬季也有花和叶。

C. orientalis 见 *C. laciniata*。

C. oxyacantha of gardens 见 *C. laevigata*。

裂果山楂 *C. pedicellata*，见95页。

🏆**樱叶山楂 *C. persimilis* 'Prunifolia'** (*C. crusgalli* of gardens，*C.* × *prunifolia*) 落叶乔木。树冠开张。具刺。高 8m，冠径 10m。叶卵形，光滑，暗绿色，秋季变为红色或橙色。花簇生，白色，花药粉色，初夏开放。果实圆球状，暗红色。

心叶山楂 *C. phaenopyrum* (*C. cordata*)(Washington thorn) 落叶乔木。树冠圆头状。高和冠径均为 10m。叶阔卵形，深裂，光滑，暗绿色。花簇生，白色，花药粉色，初夏至仲夏开放。果实圆球状，光滑，红色，经冬不落。

C. × prunifolia 见 *C. persimilis* 'Prunifolia'。

艾菊叶山楂 *C. tanacetifolia* (Tansy-leaved thorn) 落叶乔木。直立。通常无刺。高10m，冠径8m。叶卵形至菱形，有深缺刻，灰绿色。花簇生，白色，芳香，花药红色，仲夏开放。果实小，苹果形，黄色。

Cream cups 见 *Platystemon californicus*，见335页。

Creeper

Canary 见 *Tropaeolum peregrinum*。

Flams 见 *Tropaeolum speciosum*，见210页。

Rangoon 见 *Quisqualis indica*，见211页。

Snow 见 *Porana paniculata*。

Trumpet 见 *Campsis radicans*。

Virginia 见 *Parthenocissus quinquefolia*。

Creeping blue blossom 见 *Ceanothus thyrsiflorus* var. *repens*，见168页。

Creeping bluets 见 *Hedyotis michauxii*，见383页。

Creeping Charlie 见 *Pilea nummulariifolia*，见305页。

Creeping dogwood 见 *Cornus canadensis*，见374页。

Creeping fig 见 *Ficus pumila*。

Creeping juniper 见 *Juniperus horizontalis*。

Creeping phlox 见 *Phlox stolonifera*。

Creeping soft grass 见 *Holcus mollis*。

Creeping willow 见 *Salix repens*，见156页。

Creeping zinnia 见 *Sanvitalia procumbens*，见336页。

垂头菊属 CREMANTHODIUM

菊科 ASTERACEAE/COMPOSITAE

多年生草本。基部莲座状。以观花为主。花下垂，半闭合，雏菊状头状花序。适宜在寒冷地区有雪覆盖的土壤上种植，其他土壤种植困难。不喜冬季潮湿。极耐寒至耐寒。喜阴和富含腐殖质、湿润但排水良好的土壤。播种繁殖，随采随播。

垂头菊 *C. reniforme* 多年生草本。基部莲座状。高和冠径均为20cm。极耐寒。茎粗壮。叶大，肾形。头状花序大，雏菊状，黄色，夏季开放。

还阳参属 CREPIS
Hawk's beard

菊科 ASTERACEAE/COMPOSITAE

一年生、二年生或多年生草本。夏季开花。有些种为常绿，具较长主根。叶扁平，莲座状。有些种为宿存杂草，但可观赏其多瓣的花以及似蒲公英状的头状花序。极耐寒。喜光照或耐阴，喜排水良好的土壤。一年生和二年生草本秋季播种繁殖，多年生草本晚冬用根（取自侧根）扦插繁殖。多数种自播繁殖。

金黄还阳参 *C. aurea*，见359页。

🏆粉花还阳参 *C. incana* (Pink dandelion) 多年生草本。基部莲座状。高20cm，冠径10cm。叶长椭圆形，有分裂，具毛，灰绿色。头状花序，参差不齐，粉色，花盘不规则，着生于硬质茎上，夏季开放。适于光照充足的岩石园或花坛中镶边种植。

倒披针叶还阳参 *C. rubra*，见320页。

Cress

Bitter 见 *Cardamine*。

Persian stone 见 *Aethionema grandiflorum*，见352页。

Violet 见 *Ionopsidium acaule*。

Winter 见 *Barbarea vulgaris*。

Crested moss rose 见 *Rosa × centifolia* 'Cristata'。

Cretan brake 见 *Pteris cretica*。

Cretan dittany 见 *Origanum dictamnus*。

Cricket-bat willow 见 *Salix alba* var.*caerulea*。

Crimean lime 见 *Tilia × euchlora*。

Crimson glory vine 见 *Vitis coignetiae*，见218页。

百合木属 CRINODENDRON

杜英科 ELAEOCARPACEAE

常绿灌木和乔木。以观花、叶为主。极耐寒至半耐寒。喜阴或半阴，或在植物下部凉爽的庇荫处，在土壤肥沃、湿润、排水良好的酸性土壤上生长良好。夏季软枝扦插或秋季播种繁殖。

🏆红百合木 *C. hookerianum* (*Tricuspidaria lanceolata*)，见142页。

× ***Crinodonna corsii*** 见 × *Amarcrinum memoria-corsii*。

文殊兰属 CRINUM

石蒜科 AMARYLLIDACEAE

鳞茎类植物。粗壮。以观花为主。花芳香，漏斗状。耐寒至不耐寒，耐最低温度16℃。喜全光照、庇荫和肥沃、排水良好的土壤。春季用短匐茎繁殖或新鲜种子播种繁殖。任何部分被误食会引起剧烈不适，接触汁液会刺激皮肤。

美国文殊兰 *C. americanum* 鳞茎类植物。丛生。春季和夏季开花。高40～75cm，冠径60cm。半耐寒。叶基生，半直立，带形。花在无叶花茎上簇生，6朵，长管状，白色，芳香，花瓣较窄。

文殊兰 *C. asiaticum*，见419页。

鳞子文殊兰 *C. bulbispermum* (*C. longifolium*) 鳞茎类植物。夏季开花。高达1m，冠径60cm。半耐寒。叶长，带形，半直立，具短柄，丛生。花在无叶花茎上簇生，长管状，白色或粉红色，具暗红色条纹，芳香。

C. longifolium 见 *C. bulbispermum*。

波叶文殊兰 *C. macowanii* 鳞茎类植物。秋季开花。高和冠径均为60cm以上。半耐寒。与鳞子文殊兰（*C. bulbisper-mum*）相似，但叶缘波状。

长颈文殊兰（紫花文殊兰）*C. moorei*，见398页。

🏆鲍氏文殊兰 *C. × powellii*，见398页。**🏆'白花' 'Album'**，见397页。

雄黄兰属 CROCOSMIA
Montbretia

鸢尾科 IRIDACEAE

球茎类植物。以观花为主。花色绚丽，主要在夏季开放。叶剑形，直立，密集簇生。耐寒。喜排水良好的土壤和开阔、光照充足的环境。在寒冷地区种植需防护，或贮存球茎过冬。春季分株繁殖。

金黄雄黄兰 *C. aurea* 球茎类植物。丛生。夏季开花。高50～75cm，冠径15～20cm。叶长，直立，基生，狭窄，剑形。穗状花序，分枝松散，花管状，橙色或黄色，长3～5cm，具6个开张花瓣。

'布城之光'雄黄兰 *C.* 'Bressingham Blaze'，见401页。

***C.* 'Citronella** of gardens' 见 *C.* 'Golden Fleece'。

'艾米莉·麦肯锡'雄黄兰 *C.* 'Emily McKenzie' 球茎类植物。致密。夏末开花。高可达60cm，冠径15～20cm。叶直立，基生，剑形。穗状花序，花阔漏斗状，深橙色，浓密，喉部暗赤褐色。

'金羊毛'雄黄兰 *C.* 'Golden Fleece' (*C.* 'Citronella' of gardens)，见403页。

'猴面'雄黄兰 *C.* 'Jackanapes'，见423页。

🏆'魔鬼'雄黄兰 *C.* 'Lucifer'，见401页。

🏆马氏雄黄兰 *C. masoniorum* (*C. masonorum*)，见401页。

C. masonorum 见 *C. masoniorum*。

锥序雄黄兰 *C. paniculata* (*Anthoyza paniculata*, *Curtonus paniculatus*) 球茎类植物。夏季开花。高达1.5m，冠径30～45cm。叶剑形，直立，基生，有纵长褶皱。花长管状，橙色，着生于"之"字形粗壮分枝茎上。

'东方之星'雄黄兰 *C.* 'Star of the East'，见403页。

番红花属 CROCUS

鸢尾科 IRIDACEAE

球茎类植物。主要在春季或秋季开花。叶长，非常狭窄，半直立，基生，沿叶中心有一白线，每个球茎常生1～5片叶，秋季开花品种花期无叶，冬季或春季长叶。花漏斗形至圆球形，长管状，大多数种开花时高不足10cm，冠径2.5～8cm。为岩石园和室内早花展览的理想品种。极耐寒至耐寒。多数喜排水良好的土壤和光照充足的环境。匈牙利番红花（*C. banaticus*）喜湿润的土壤和半阴。晚夏或初秋种植深度，5～6cm，初秋播种或分株繁殖，见428～429页。

'先锋'番红花 *C.* 'Advance'（见429页）球茎类植物。冬末至仲春开花。极耐寒。花漏斗状，内部毛茛黄色，外面浅黄色，整体紫青铜色。

C. aerius of gardens 见 *C. biflorus* subsp. *pulchricolor*。

安塞里番红花 *C. ancyrensis* 球茎类植物。春季开花。耐寒。花多达7朵，长5～6cm，亮橙黄色，芳香。

🏆狭叶番红花 *C. angustifolius* (*C. susianus*)(Cloth-of-gold crocus) 球茎类植物。春季开花。极耐寒。花亮金黄色，外边具青铜色条纹或斑点，芳香。

C. aureus 见 *C. flavus*。

C. balansae 见 *C. olivieri* subsp. *balansae*。

🏆匈牙利番红花 *C. banaticus* (*C. iridiflorus*)(见429页)球茎类植物。秋季开花。极耐寒。叶极窄，半直立，基生，叶中心具浅色线条。花长管状，淡紫色，外部3个花瓣比内部3个花瓣大。

蓝色番红花 *C. baytopiorum*(见429页）球茎类植物。春季开花。耐寒。球茎具1～2朵花，花圆球状，纯蓝色，具微暗的脉纹。

双花番红花 *C. biflorus*(见429页）球茎类植物。初春开花。极耐寒。叶窄，半直立，基生，沿叶中心部具白线。花白色或紫白色，喉部黄色，外面有紫色条纹，芳香。**'亚历山大'番红花**subsp. ***alexandri*** 花芳香，深紫色，里面白色。**艳色番红花** subsp. ***pulchricolor*** (*C. aerius* of gardens) 花浓深蓝色，中心金黄色。

'蓝鸟'番红花 *C.* 'Blue Bird'（见428页）球茎类植物。冬末至仲春开花。极耐寒。花漏斗状，内部白色，喉部深黄色，边缘紫色，外边白色。

🏆'蓝珍珠'番红花 *C.* 'Blue Pearl'（见428页）球茎类植物。初春开花。极耐寒。叶窄，半直立，基生，沿中心具白线。花芳香，具长管，漏斗状，淡灰蓝色，里面蓝白色，喉部金黄色。

🏆波里番红花 *C. boryi*(见428页）球茎类植物。秋季开花。耐寒。花象牙白色，有时外面具紫红色脉纹或紫红色。

格纹番红花 *C. cancellatus* 球茎类植物。秋季开花。耐寒。花纤细，淡蓝色，外面具淡色条纹，叶在春季花后出现。

🏆卡氏番红花 *C. cartwrightianus*

(见429页)球茎类植物。秋季开花。耐寒。花具明显脉纹，紫色或白色，径4～6cm，柱头3个，亮红色。与番红花(*C.sativus*)相似，叶与花同时长出。

🏆**菊黄番红花** ***C. chrysanthus***球茎类植物。春季开花。耐寒。花芳香，通体黄色，柱头深橙红色。

🏆**'美黄'番红花*C.* 'Cream Beauty'**(见429页)球茎类植物。春季开花。极耐寒。叶极窄，半直立，基生，暗绿色，具白色中心线。花芳香，浓奶油色，喉部深黄色，基部外面具紫褐色斑点。

克氏番红花 ***C. cvijicii***(见429页)球茎类植物。春季开花。极耐寒。叶极窄，半直立，基生，沿中心部有白线，花期很少显出。花常漏斗状，黄色。

达尔马特番红花*C. dalmaticus*(见428页)球茎类植物。春季开花。极耐寒。叶极窄，半直立，中心具白线。花具1～3条紫色脉纹，淡紫色，中心黄色，外面银白色或黄色。

'道乐赛'番红花 ***C.* 'Dorothy'**(见429页)球茎类植物。春季开花。极耐寒。花芳香，淡柠檬黄色。

***C.* Dutch Yellow** 见 *C.* 'Golden Yellow'。

🏆**'鲍威尔斯'番红花** ***C.* 'E. A. Bowles'**(见429页)球茎类植物。早春开花。极耐寒。叶窄，半直立，中心具白线。花漏斗状，深黄色，芳香，近基部具青铜色斑点。短匐茎繁殖。

🏆**冬番红花** ***C. etruscus*** (见429页)球茎类植物。春季开花。耐寒。叶极窄，半直立，基生，暗绿色，中心具白线。花具长管状、漏斗状，淡紫蓝色，外面呈灰银色，有紫色脉纹。**'茨仁堡''Zwanenburg'**(见428页)花淡紫蓝色，外面具褪色的淡褐色和紫色斑点。

'醒目'番红花 ***C.* 'Eyecatcher'**(见428页)球茎类植物。冬末至仲春开花。极耐寒。花漏斗状，灰白色，喉部黄色，边缘白色，柱头深紫色。

🏆**鲜黄番红花** ***C. flavus*** (*C. aureus*)球茎类植物。春季开花。极耐寒。花亮黄色或橙黄色，常几朵花聚在一起，连续开放，芳香。

土耳其番红花 ***C. gargaricus*** (见429页)球茎类植物。春季开花。耐寒。花黄色，长4～5cm。短匐茎繁殖。比多数番红花更能适应微湿润的环境。

🏆**'金黄'番红花*C.* 'Golden Yellow'**(*C.* 'Dutch yellow'，*C.* × *luteus* 'Golden Yellow')球茎类植物。生长强壮。丛生。春季开花。极耐寒。花黄色，长8～10cm，基部外面具淡色条纹。在草地中栽培更好。

🏆**吉利米番红花** ***C. goulimyi*** (见428页)球茎类植物。秋季开花。耐寒。叶花同期。花常具长管，淡蓝色至粉蓝色，喉部白色，内部3个花瓣颜色比外部3个花瓣淡。喜温暖的环境。

🏆**地中海番红花** ***C. hadriaticus*** (见428页) 球茎类植物。秋季开花。耐寒。叶花同期。花白色，通常喉部黄色，基部羽状，淡蓝色。

🏆**帝王番红花*C. imperati*** 球茎类植物。春季开花。极耐寒。花具显著的双色，有1～2种香味，花紫色，长6～8cm，外面具泛紫的浅黄褐色条纹，喉部黄色。**'猎手''De Jager'**(见428页) 花内部浓紫色，外部紫褐色。

C. iridiflorus 见 *C.banaticus*。

科洛番红花*C. korolkowii* (Celandine crocus)球茎类植物。春季开花。极耐寒。叶窄，叶多达20片。花黄色，外面有褐色或紫色斑点，芳香，在阳光下开放，花瓣表面有光泽。

🏆**科奇番红花** ***C. kotschyanus*** (*C. zonatus*)(见428页) 球茎类植物。秋季开花。极耐寒。叶窄，半直立，基生，沿中心部有白色线，冬春之交出现。花粉蓝色或紫蓝色，中心黄色，花药白色。**无斑科奇番红花** var. ***leucopharynx*** 花淡蓝色，中心白色，花药白色。叶在冬春之交出现。

🏆**'赛美'番红花*C.* 'Ladykiller'**(见429页) 球茎类植物。冬末至仲春开花。极耐寒。花漏斗状，白色或内部淡紫色，外部深紫色，边缘白色。

🏆**平滑番红花** ***C. laevigatus*** (见428页)非常容易变异的球茎类植物。依据品种的不同，秋冬季花期可相差1个月以上。耐寒。花叶同现，花芳香，外部有淡紫色条纹，内部有黄色斑点，花药乳白色。

🏆**长花番红花** ***C. longiflorus*** (见429页) 球茎类植物。秋季开花。耐寒。花叶同期。花纤细，芳香，紫色，外面有暗紫色条纹，中心黄色，花药黄色，柱头红色。

***C. × luteus* 'Golden Yellow'** 见 *C.* 'Golden Yellow'。

🏆**玛利番红花** ***C. malyi*** (见428页) 球茎类植物。春季开花。极耐寒。叶极窄，半直立，基生，中心具白线。花漏斗状，1～2朵，白色，喉部黄色，管部褐色或紫色，柱头亮红色，绚丽。

🏆**裂柱番红花** ***C. medius*** (见428页) 球茎类植物。秋季开花。耐寒。叶线状，基生，花后冬春出现。花漏斗状，浓紫色，1～2朵，花药黄色，柱头红色，柱头分裂成许多线状分枝。

小番红花*C. minimus* (见428页)球茎类植物。春末开花。耐寒。叶极窄，半直立，基生，暗绿色，中心具白线。花1～2朵，内部紫色，有暗紫色斑点，有时外面具暗条纹。

洁净番红花 ***C. niveus*** 球茎类植物。秋季开花。耐寒。花1～2朵，白色或淡蓝灰色，长10～15cm，喉部明显黄色，叶花同期或晚一些。喜温暖、光照充足的环境。

长管番红花 ***C. nudiflorus*** (Autumn crocus)(见428页)球茎类植物。秋季开花。极耐寒。叶线形，基生，冬春之交出现。花纤细，长管状，浓紫色，柱头亮橙色或黄色，镶褶边。可在草地中栽植。

奥氏番红花 ***C. olivieri*** 球茎类植物。春季开花。耐寒。花圆球状，亮橙色。**西亚番红花** subsp. ***balansae*** (*C. balansae*)花外面具青铜褐色斑点或条纹。

🏆**艳丽番红花** ***C. pulchellus*** (见428页)球茎类植物。秋季开花。极耐寒。叶极窄，半直立，基生，沿中心有白色线。花具长管，淡紫蓝色，有较暗的脉纹，喉部黄色显著，花药白色。

C. salzmannii 见*C. serotinus* subsp. *salzmannii*。

番红花 ***C. sativus*** (*C.* s. var. *cashmirianus*)(Saffron crocus) 球茎类植物。秋季开花。耐寒。叶花同现。花浅碟状，紫色，具暗脉络，花径5～7cm，柱头长，3个，亮红色，易变橘黄色。

索尔曼番红花 ***C. serotinus*** subsp. ***salzmannii*** (*C. salzmannii*) 球茎类植物。秋季开花。耐寒。叶与花同现。花紫蓝色，长10cm，有时喉部黄色。

🏆**西伯番红花** ***C. sieberi***球茎类植物。春季开花。极耐寒。花白色，喉部黄色，外面有水平或垂直的紫色条纹。**'Albus'** 见 *C. s.* 'Bowles' White'。**雅致番红花** subsp. ***atticus*** 花淡紫色至蓝紫色，有褶边，柱头橙色。🏆**'鲍威尔斯白''Bowles' White'** (*C. s.* 'Albus')(见428页)花纯白色，喉部有大而深黄色区域。🏆**'休伯特宝石''Hubert Edelsten'**花淡紫色，喉部黄色，花瓣外部白色，先端尖，中心部位有浓紫色斑点和羽状纹。🏆**三色番红花** subsp. ***sublimis*** f. ***tricolor*** (见428页)花异样，具有淡紫色、白色和金黄色3条明显的色带。

🏆**'雪旗'番红花** ***C.* 'Snow Bunting'**(见428页)球茎类植物。春季开花。极耐寒。叶窄，半直立，基生，暗绿色，具白色中心线。花具长管，漏斗状，白色，芳香，中心深黄色，柱头橙色。

🏆**美丽番红花*C. speciosus***(见429页) 球茎类植物。秋季开花。极耐寒。叶在冬春之交出现。花淡紫蓝色至深紫蓝色，通常有网状暗纹，柱头多裂，橙色。**'征服者''Conqueror'**(见429页) 花大，深天蓝色。**'牛津人''Oxonian'**(见429页) 花暗紫蓝色，外面有明显的暗纹。

C. susianus 见 *C. angustifolius*。

🏆**托马西尼番紫花** ***C. tommasinianus*** 球茎类植物。春季开花。高达10cm，冠径2.5～8cm。极耐寒。花纤细，具长管，漏斗状，淡紫色或紫罗兰色，有时花瓣先端较暗，偶尔外面具银白色。易于移植。**白花托马西尼番紫花** f. ***albus*** (见428页) 花白色。**'红宝石''Ruby Giant'**(见429页)花大，淡红紫色，花簇生。**'怀城紫''Whitewell Purple'**(见429页) 花纤细，红紫色。

🏆**希蜡番红花** ***C. tournefortii*** 球茎类植物。秋季开花。耐寒。叶与花同时出现。花淡紫蓝色，1～2朵，柱头多裂，橙色，花药白色。喜温暖、光照充足环境。

春番红花*C. vernus* (Dutch crocus, Spring crocus)(见429页)球茎类植物。春季开花。高可达10cm，冠径2.5～8cm。极耐寒。花白色、紫色或紫罗兰色，常有条纹和羽状纹，柱头大，具褶边，橙色或黄色。适于移植。**白色春番红花** subsp. ***albiflorus*** (见428页) 花小，白色，有时具淡紫色斑点或条纹。**'弧光''Jeanne d' Arc'** 花白色，基部深紫色。**'匹克威克''Pickwick'**(见429页) 花淡灰白色，基部有深紫罗兰色条纹。**'朱丽公主''Prinses Juliana'**(见429页)花中紫色，具暗脉纹。**'大紫花''Purpureus Grandiflorus'**(见429页)花具光泽，紫罗兰色。**'布鲁斯皇后''Queen of the Blues'**(见429页)花浓蓝色，边缘色较浅，基部色较深。**'回想''Remembrance'**(见429页) 花具光泽，紫罗兰色。**'先锋''Vanguard'**早花栽培品种，花淡蓝紫色，外部银白色。

🏆**'和风'番红花*C.* 'Zephyr'** 球茎类植物。秋季开花。极耐寒。花淡银蓝色，纹络较暗，喉部黄色，明显，花药白色。

C. zonatus 见 *C. kotschyanus*。

🏆**'茨仁堡铜色'番红花*C.* 'Zwanenburg Bronze'** 球茎类植物。春季开花。高10cm，冠径2.5～8cm。极耐寒。花双色，内部浓黄色，外部青铜色。

Crocus

Autumn 见 *Colchicum autumnale*，见437页，*Crocus nudiflorus*，见428页。

Celandine 见 *Crocus korolkowii*。

Chilean blue 见 *Tecophilaea cyanocrocus*，见433页。

Cloth-of-gold 见 *Crocus angustifolius*。

Dutch 见*Crocus vernus*，见429页。

Saffron 见 *Crocus sativus*。

Spring 见*Crocus* vernus，见429页。

Cross vine 见*Bignonia capreolata*。

乌尾花属（十字爵床属）CROSSANDRA

爵床科 ACANTHACEAE

常绿多年生草本、亚灌木或灌木。以观花为主。不耐寒，耐最低温度15℃。喜半阴或全光照，适生于富含腐殖质、排水良好的土壤，盆栽植物生长期大量需水，其他时期中度需水。对开过花的枝条晚冬修剪，至少修剪一半才可以促进枝条萌发。春季播种繁殖或春末至夏季嫩枝扦插繁殖。白粉虱会危害植株。

乌尾花(十字爵床，橙色单药花) ***C. infundibuliformis*** (*C. undulifolia*) 常绿灌木或亚灌木。直立，枝条伸展，茎干柔软。高可达1m，冠径60cm。叶卵形至披针形，光滑，深绿色。圆锥状穗状花序，长10cm，花扇形，橙红色，夏秋之交或略早些开放。

尼罗乌尾花*C. nilotica*，见165页。

C. undulifolia 见 *C. infundibuliformis*。

Cross-leaved heath 见 *Erica tetralix*。

猪屎豆属 CROTALARIA

豆科／蝶形花科 LEGUMINOSAE/ PAPILIONACEAE

常绿灌木、一年生或多年生草本。观花为主。不耐寒，耐最低温度10～15℃。喜全光照和排水良好的土壤。盆栽植株生长期大量需水，其他时期需水少。花后剪去老枝一半，能够得到更致密的株形。春季播种繁殖或夏季用半成熟枝扦插繁殖。红蜘蛛螨会造成危害。

田菁猪屎豆 *C. agatiflora*，见 123 页。

Croton 见 *Codiaeum variegatum* var. *pictum*，见 177 页。

Crowfoot , Water 见 *Ranunculus aquatilis*。

Crown imperial 见 *Fritillaria imperialis*，见 396 页。

Crown of thorns 见 *Euphorbia milii*，见 155 页。

Crucianella stylosa 见 *Phuopsis stylosa*。

Cruel plant 见 *Araujia sericifera*，见 207 页。

Crusaders' spears 见 *Urginea maritima*。

姬凤梨属（隐花凤梨属）CRYPTANTHUS

凤梨科 BROMELIACEAE

多年生常绿草本。莲座状。以观叶为主。不耐寒，耐最低温度10～13℃。喜半阴和排水良好、混有泥炭藓的土壤。生长季节中度需水，其他时期需水少。晚春用短匍茎或根出条繁殖。

姬凤梨（无茎隐花凤梨）***C. acaulis*** (Green earth star) 多年生常绿草本。丛生。基部莲座状。高达10cm，冠径15～30cm。叶松散，扁平，披针形至窄三角形，波状，中绿色，边缘有锯齿。花管状，白色，芳香，簇生，着生于莲座中心，通常夏季开放。**'红叶' 'Ruber'** 叶红色。

🏆**绒叶小凤梨 *C. bivittatus***（见265页）多年生常绿草本。丛生。基部莲座状。高达15cm，冠径25～38cm。叶松散，平展，莲座状，宽披针形，波状，中绿色至黄绿色，叶缘有锯齿，具2条带状纵向条纹，铜黄褐色，边缘浅黄色。花小，管状，簇生，白色，从莲座中心生出，夏季开放。

隐花凤梨（长叶小凤梨）***C. bromelioides*** (Rainbow star) 多年生常绿草本。伸展。基部莲座状。高20cm以上，冠径35cm以上。叶带形，波状，具细齿，弓状，中绿色至亮绿色，生于浓密的莲座中。花管状，簇生，白色，着生莲座中心，夏季开放。🏆**'三色' 'Tricolor'** 叶具白色条纹，胭脂红色。

🏆**'粉星' 姬凤梨 *C.* 'Pink Starlight'**（见 265 页）多年生常绿草本。伸展。基部莲座状。生长强壮，高20cm以上，冠径35cm以上。叶带形，波状，具细齿，弓状，绿色，具黄绿色和深粉色条纹。花管状，簇生，偶尔在莲座形中心出现白色花，夏季开放。

🏆**环带姬凤梨**（虎斑小凤梨）***C. zonatus*** 多年生常绿草本。基部莲座状。高10～15cm，冠径30～40cm。叶松散，平展，莲座状，带形，波状，具细齿，深棕绿色，具黄色横纹，叶背具灰白色鳞片。花簇生，管状，白色，夏季开放。**'银纹' 'Zebrinus'**（见265页）叶具银色带。

姬红苞凤梨属 × CRYPTBERGIA

凤梨科 BROMELIACEAE

杂交属（姬凤梨属*Cryptanthus* × 红苞凤梨属*Billbergia*）多年生常绿草本。莲座状。以观叶为主。不耐寒，耐最低温度8～10℃。喜半阴和肥沃、排水良好的土壤。生长季节中度需水，冬季需水少。春季用根出条或短匍茎繁殖。

姬红苞凤梨 × *C.* 'Rubra' 多年生常绿草本。丛生。基部莲座状。高和冠径均为15～30cm。叶舌形，先端尖，青铜红色，组成松散的莲座。花极少，管状，白色，小花着生于莲座中心，夏季开放。

隐棒花属 CRYPTOCORYNE

天南星科 ARACEAE

多年生半常绿沉水植物或沼泽植物。以观叶为主。适于恒温鱼缸中种植。不耐寒，耐最低温度 10℃，喜光照和肥沃的土壤。定期清除凋谢的叶和分离小植株。春季或夏季分株繁殖。

C. beckettii* var. *ciliata 见 *C. ciliata*。

睫苞隐棒花（三角椒草）***C. ciliata*** (*C. beckettii* var. *ciliata*) 多年生半常绿沉水植物。冠径 15cm。叶披针形，深绿色，中脉较淡。佛焰苞小，微紫色，兜状，具毛边，从植株基部长出。

螺旋隐棒花（花椒草）***C. spiralis*** 多年生半常绿沉水植物。冠径 15cm。叶披针形，淡紫绿色。佛焰苞小，兜状，淡紫色。

珠蕨属 CRYPTOGRAMMA

珠蕨科／凤尾蕨科 CRYPTOGRAMMACEAE/ PTERIDACEAE

落叶或半常绿蕨类植物。极耐寒至耐寒。喜半阴和湿润、排水良好的中性至酸性土壤。需清除凋谢的叶。晚夏孢子繁殖。

美国珠蕨 *C. crispa*，见 313 页。

柳杉属 CRYPTOMERIA

杉科 TAXODIACEAE

见针叶树。

🏆**日本柳杉 *C. japonica*** (Japanese cedar) 针叶树。生长快。树冠圆柱状至圆锥状，开张。高 15～20m，冠径5～8m。极耐寒。树皮柔软，纤维状，红褐色。叶针形，内曲，中绿色至暗绿色，螺旋状排列。球果球形，褐色。🏆**'丛生' 'Bandai-sugi'** 高和冠径均为2m。不规则圆球状灌木。叶冬季变为青铜色。**'鸡冠' 'Cristata'**，见109页。🏆**'密枝' 'Elegans Compacta'**（见111 页） 高 2～5m，冠径 2m，矮型。**'塔状' 'Pyramidata'**，见109页。**'黄叶' 'Sekkan-sugi'**（见 111 页） 高10m，冠径 3～4m，枝条半下垂，叶淡金黄色。**'旋叶' 'Spiralis'**（见111页）高和冠径均为 2～3m，乔木或浓密灌木，叶螺旋状扭曲，生长非常慢。🏆**'矮球' 'Vilmoriniana'** 高和冠径均为1m，叶黄绿色，具球状突起。叶冬季变为青铜色。

桉叶藤属 CRYPTOSTEGIA

萝藦科 ASCLEPIADACEAE

常绿攀缘植物。以观花为主。不耐寒，耐最低温度 15℃。喜光照及肥沃、排水良好的土壤。需定期浇水，非生长期需水少。茎干需支撑，春季需对老花茎修剪。春季播种繁殖或夏季用软枝扦插繁殖。

大花桉叶藤 *C. grandiflora* (Rubber vine) 常绿攀缘植物。生长强壮。高10m 以上。叶厚，卵形，光滑。花漏斗状，淡红色至淡蓝紫色，夏季开放。茎干乳汁有毒，误食会引起剧烈不适。

Cryptostemma calendulaceum 见 *Arctotheca calendula*。

Crystal anthurium 见 *Anthurium crystallinum*，见 264 页。

栉花芋属 CTENANTHE

竹芋科 MARANTACEAE

多年生常绿草本。丛生。以观叶为主。不耐寒，耐最低温度 15℃。喜潮湿环境，适宜稳定的温度和半阴，喜湿润、排水良好的土壤，用软水浇灌，忌土壤完全干燥。春季分株繁殖。

🏆**栉花芋 *C. lubbersiana*** 多年生常绿草本。矮灌丛状。高和冠径均为75cm以上。叶具长柄，披针形，先端锐尖，长 25cm，正面绿色，具不规则淡黄绿色条纹和斑点，叶背淡绿黄色。单侧穗状花序，花小，浓密，花瓣 3 枚，白色。

奥氏栉花芋 *C. oppenheimiana* (*Calathea oppenheimiana*) 多年生常绿草本。矮灌丛状。粗壮。高和冠径均为1m 以上。叶披针形，革质，长 30cm以上，叶背红色，正面暗绿色，沿中脉具淡绿色或白色带纹。单侧穗状花序，花小，浓密，花瓣 3 枚，白色，陆续开放。🏆**'三色' 'Tricolor'**，见 264 页。

Cuban royal palm 见 *Roystonea regia*。

Cuckoo flower 见 *Cardamine Pratensis*。

Cuckoo pint 见 *Arum*。

Cucumber tree 见 *Magnolia acuminata*。

Cudrania tricuspidata 见 *Maclura tricuspidata*。

杉木属 CUNNINGHAMIA

杉科 TAXODIACEAE

见针叶树。

杉木 *C. lanceolata*，见 106 页。

火把树属（库诺尼属）CUNONIA

火把树科（库诺尼科）CUNONIACEAE

常绿乔木。夏季开花。以观叶、花和树姿为主。不耐寒，耐最低温度10℃。喜全光照和全光照的土壤。盆栽植株中度需水，冬季需水少。耐修剪。春季播种繁殖或夏季用半成熟枝扦插繁殖。

好望角火把树（好望角库诺尼）***C. capensis*** (African red alder) 常绿乔木。树冠圆球状。生长速度中等。高和冠径均为 10～15m。喜肥沃土壤。叶具光泽，暗绿色，全裂，披针形，有锯齿。瓶刷状穗状花序，浓密，长 10～15cm，花小，白色，具长雄蕊，夏末开放。

Cup-and-saucer vine 见 *Cobaea scandens*，见 214 页。

萼距花属 CUPHEA

千屈菜科 LYTHRACEAE

一年生、多年生草本或常绿灌木和亚灌木。以观花为主。半耐寒至不耐寒，耐最低温度 2～7℃。喜全光照和肥沃、排水良好的土壤。生长期大量需水，其他时期中度需水。为保持丛状树形，花后需清除残存的花。春季播种繁殖或春夏季用嫩枝扦插繁殖。红蜘蛛螨会危害植株。

革色萼距花（雪茄花）***C. cyanea***，见 172 页。

🏆**细叶萼距花**（神香草叶萼距花，海索草叶萼距花）***C. hyssopifolia***，见 158 页。

🏆**黏毛萼距花 *C. ignea*** (*C. platycentra*)，见 172 页。

C. platycentra 见 *C. ignea*。

Cupid peperomia 见 *Peperomia scandens*。

Cupidone, Blue 见 *Catananche*。

杂扁柏属 × CUPRESSOCYPARIS

柏科 CUPRESSACEAE

触摸叶会造成皮肤过敏。见针叶树。

'黄绿' 杂扁柏× *C. leylandii* 'Castlewellan'，见104页。**'灰绿' 'Haggerston Grey'**，见101页。**'乳斑' 'Harlequin'**，见104页。**'莱顿绿' 'Leighton Green'** 速生针叶树。树冠圆柱状，顶端圆锥状。高25～35m，冠径4～5m。极耐寒。叶对生，鳞片形，浓绿色，生于扁平状小枝上。果球状，光滑，暗褐色。**'洒金' 'Robinson's Gold'** 高15～20cm。叶亮金黄色。

柏木属 CUPRESSUS
Cypress

柏科 CUPRESSACEAE

见针叶树。

光皮亚利桑那柏木 *C. arizonica* var. *glabra* (*C. glabra*) (Arizona cypress，Smooth cypress) 针叶树。树冠圆锥状。高10～15m，冠径3～5m。极耐寒。树皮光滑，薄片状，略红紫色。叶直立，螺旋状排列，鳞片形，芳香，蓝灰色，具白色蜡质斑点。果球状，赫褐色。

克什米尔柏木 *C. cashmeriana* (*C. torulosa* 'Cashmeriana')，见101页。

C. glabra 见 *C. arizonica* var. *glabra*。

墨西哥柏木 *C. lusitanica* (Cedar of Goa，Mexican cypress) 针叶树。树冠圆锥状。高20m，冠径5～8m，极耐寒。树皮具裂缝。叶鳞片形，芳香，灰绿色，伸展，螺旋状排列。果小，球状，幼果蓝白色，成熟时亮褐色。

大果柏木*C. macrocarpa* (Monterey cypress) 常绿针叶树。速生。幼时树冠圆柱状，后阔展。高20m，冠径6～25m。极耐寒。树皮浅裂。叶鳞片形，芳香，亮绿色至暗绿色，羽形。果球状，光滑，褐色。**'金叶' 'Goldcrest'**，见109页。

***C. torulosa* 'Cashmeriana'** 见 *C. cashmeriana*。

Curled pondweed 见*Potamogeton crispus*，见448页。

Currant 见 *Ribes*。

Buffalo 见 *Ribes odoratum*。

Flowering 见 *Ribes sanguineum*。

Fuchsia-flowered 见*Ribes speciosum*。

Indian 见 *Symphoricarpos orbiculatus*。

Curry plant 见 *Helichrysum italicum*。

Curtonus paniculatus 见 *Crocosmia paniculata*。

Cushion bush 见 *Leucophyta*。

Custard apple 见 *Annona*。

蓝钟花属 CYANANTHUS

桔梗科 CAMPANULACEAE

多年生草本。夏末开花。适于岩石园、墙边和谷地种植。极耐寒。喜半阴和富含腐殖质、湿润、排水良好的土壤。春季用软枝扦插繁殖或秋季播种繁殖。

浅裂蓝钟花 *C. lobatus* 多年生草本。匍匐生长。高2cm，冠径20cm。茎具分枝。叶小，楔形，暗绿色。花漏斗状，蓝色，夏末开放。**白花浅裂蓝钟花 f. *albus***，见373页。

小叶蓝钟花*C. microphyllus*，见383页。

蓝耳草属 CYANOTIS

鸭跖草科 COMMELINACEAE

多年生常绿草本。匍匐生长。以观叶为主。不耐寒，耐最低温度10～15℃。喜光照或半阴，适生于富含腐殖质、排水良好的土壤。春秋季扦插繁殖。

红背草（邱园蓝耳草）***C. kewensis*** (Teddy-bear vine)多年生常绿草本。茎蔓生。莲座状。高5cm，冠径30cm。叶卵形，长5cm，上面暗绿色，有紫色绒毛，叶背绒毛褐色，叶2列重叠，缠绕茎干，全缘。花簇生，无柄，3瓣，紫粉色，苞片叶状，腋生，周年宿存。

银毛冠（索马里蓝耳草）***C. somaliensis***，见303页。

桫椤属 CYATHEA (ALSOPHILA, SPHAEROPTERIS)

桫椤科 CYATHEACEAE

常绿树状蕨类。以观叶和树形为主。不耐寒，耐最低温度10～13℃。喜潮湿、光照或半阴的环境，适生于富含腐殖质、湿润但排水良好的土壤。夏季盆栽植株大量需水，其他时期中度需水。春季孢子繁殖。

澳大利亚桫椤*C. australis*，见100页。

白桫椤 *C. medullaris* (Black tree fern, Mamaku) 常绿蕨类。直立型乔木状，干细长，黑色。高7～16m，冠径6～12m。叶弓形，长7m，全裂，小叶片长椭圆形，光滑，暗绿色，叶背颜色较淡。

核果尖苞木属 CYATHODES

尖苞木科 EPACRIDACEAE

常绿欧石南状。适于岩石园和泥炭土花坛种植。耐寒至不耐寒，耐最低温7℃。需庇荫保护，喜潮湿的沙砾或泥炭土。夏季播种繁殖或用半成熟枝扦插繁殖。

核果尖苞木 *C. colensoi* (*Leucopogon colensoi*)，见360页。

艳阳花属 CYBISTAX

紫葳科 BIGNONIACEAE

落叶乔木。因观其春季的花和树阴而栽培。不耐寒，耐最低温度16～18℃。喜全光照和肥沃、湿润但排水良好的土壤。容器种植不能开花。无叶幼株需修剪整形，否则达不到要求。春季播种或压条繁殖，夏季用半成熟枝扦插繁殖。

艳阳花 *C. donnell-smithii* (*Tabebuia donnell-smithii*) 落叶乔木。树冠圆球状。速生。高和冠径均为10m以上。叶5～7枚，卵形，长5～20cm。先花后叶，花钟状，5裂，亮黄色，数量多，春季开放。

苏铁属 CYCAS

苏铁科 CYCADACEAE

多年生常绿植物。茎干木质。生长慢。以观棕榈状树形为主。不耐寒，耐最低温度10～13℃。喜全光照和富含腐殖质、排水良好的土壤。盆栽时生长期中度需水，非生长期需水少。春季播种繁殖或从成熟植株上分蘖芽繁殖。

苏铁 *C. revoluta*，见152页。

仙客来属 CYCLAMEN

报春花科 PRIMULACEAE

多年生草本。有些种偶为常绿。具块茎。以观花为主。花低垂，花瓣5枚，反卷，口部具暗色斑点。极耐寒至不耐寒，耐最低温度5～7℃。喜光照或半阴，适生于富含腐殖质、排水良好的土壤。容器种植时，除烈香仙客来（常绿、夏季开花）外，夏季保持块茎干燥，秋季盆栽并浇水使其再次生长，晚夏或秋季播种繁殖。仙客来及栽培品种易染黑色根腐病。误食任何部分会引起剧烈不适。

非洲仙客来*C. africanum*，见437页。

C. alpinum 见*C. trochopteranthum*。

C. caucasicum 见 *C. coum* subsp. *caucasicum*。

土耳其仙客来 *C. cilicium*，见438页。

早花仙客来（小花仙客来）***C. coum*** 和**白花早花仙客来f. *albissimum*** (*C. c.* 'Album')，见440页。**高加索早花仙客来subsp. *caucasicum*** (*C. caucasicum*) 多年生草本。具块茎。冬季开花。高10cm，冠径5～10cm。耐寒。叶心形，具银色图案。花亮胭脂红色，口部具暗斑。

白香仙客来*C. creticum* 多年生草本。具块茎。春季开花。高10cm，冠径5～10cm。耐寒。叶心形，暗绿色，有时有银白色图案。花白色，芳香。

塞浦路斯仙客来*C. cyprium* 多年生草本。具块茎。秋季开花。高10cm，冠径5～10cm。耐寒。叶心形，具齿，暗绿色，有淡绿色图案。花白色，芳香，口部具洋红色斑点，叶花同期或叶比花稍晚出现。

C. europaeum 见*C. purpurascens*。

C. fatrense 见 *C. purpurascens*。

细网纹仙客来*C. graecum*，见438页。

角叶仙客来（地中海仙客来）***C. hederifolium*** (*C. neapolitanum*)，见438页。**白花角叶仙客来f. *albiflorum***，见437页。

黎巴嫩仙客来 *C. libanoticum*，见427页。

齿瓣仙客来 *C. mirabile*，见437页。

C. neapolitanum 见*C. hederifolium*。

仙客来*C. persicum*，见440页。**'埃斯米拉达' 'Esmeralda'**，见441页。**神圣系列 Halios Series** 多年生草本。具块茎。晚夏或秋季开花。高30cm，冠径18cm。不耐寒。叶具钝齿，心形，暗绿色，有银色大理石花纹。花白色、粉红色、猩红色或淡紫色，连续开放。**冬花系列 Kaori Series**，见441页。**'珍珠波' 'Pearl Ware'**，见440页。**'名望' 'Renown'**，见441页，**'芳香' 'Scentsation'** 高15cm。花浓香，粉红色、胭脂红色或绯红色，初冬至早春开放。

白口仙客来 *C. pseudibericum* 多年生草本。具块茎。春季开花。高10cm，冠径10～15cm。耐寒。叶心形，有锯齿，具银白色和暗绿色的带状条纹。花胭脂红色至紫色，基部有较暗的斑点，口部边缘白色。

烈香仙客来（欧洲仙客来）***C. purpurascens*** (*C. europaeum*, *C. fatrense*)，见435页。

波缘仙客来 *C. repandum* 多年生草本。具块茎。春季开花。高10cm，冠径10～15cm。耐寒。叶心形，锯齿状，暗绿色，有淡绿色图案。花细长，红紫色，芳香。

天竺葵叶仙客来*C. rohlfsianum*，见438页。

扭花仙客来 *C. trochopteranthum* (*C. alpinum*) 多年生草本。具块茎。春季开花。高10cm，冠径5～10cm。极耐寒。叶圆形或心形，具银色带状条纹。花有霉味，淡胭脂红色或白色，口部有暗胭脂红色斑，花瓣扭曲，螺旋桨状。

Cyclobothra lutea 见 *Calochortus barbatus*。

榅桲属 CYDONIA

蔷薇科 ROSACEAE

单种属。落叶乔木。春季开花。以观花和果实为主。果实可做调味品和具防腐作用。极耐寒。在寒冷地区，靠向南或向西的墙种植。喜光照和肥沃、排水良好的土壤。野生种秋季播种繁殖，栽培品种夏季用软枝扦插繁殖。霉病，褐腐病和日灼病有时会危害植株。

榅桲*C. oblonga* (Quince)。**'葡萄亚' Portugal ('Lusitanica')** 落叶乔木。树冠伸展。高和冠径均为5m。叶阔卵形，暗绿色，叶背有灰色毡毛。花大，数量多，5瓣，淡粉色，晚春开放。果实梨形，深黄色，芳香。🏆**'弗拉佳' 'Vranja'**，见92页。

C. sinensis 见 *Pseudocydonia sinensis*。

蔓柳穿鱼属（铙钹花属、假金鱼草属）CYMBALARIA

玄参科 SCROPHULARIACEAE

一年生、二年生或短命的多年生草本。与柳穿鱼属（*Linaria*）有亲缘关系。以观花为主。花小。茎细长。适于岩石园、墙边和堤岸种植，有侵袭性。极耐寒。喜阴和湿润的土壤。秋季播种繁殖，易自播繁殖。

蔓柳穿鱼（铙钹花）***C. muralis*** (Ivy-leaved toadflax, Kenilworth ivy) 多年生草本。枝条伸展。高5cm，冠径12cm。叶小，常春藤状，淡绿色。花小，密集，管状，有时淡紫色、白色，夏季开放。

兰属 CYMBIDIUM

接触叶会引起皮肤过敏。见兰花。

'三裂瓣'凯郡冰兰 *C.* Caithness Ice 'Trinity'（见298页） 常绿附生兰。低温温室种植。高75cm。叶窄卵形，长60cm。花绿色，径10cm，唇瓣白色，具红色斑点，花朵聚集成枝状，初春开放。夏季喜半阴。

'库城宝光'圣诞天使兰 *C.* Christmas Angel 'Cooksbridge Sunburst'（见299页） 常绿附生兰。低温温室种植。高75cm。叶窄卵形，长达60cm。花聚成枝状，黄色，径10cm，唇瓣有红色斑点，冬季开放。夏季喜半阴。

德氏凤兰 *C. devonianum* （见298页） 常绿附生兰。低温温室种植。高60cm。叶阔卵形，半硬质，长30cm。穗状花序，低垂，簇生，花径2.5cm，橄榄绿色，唇瓣紫色，初夏开放。夏季喜半阴。

莎草兰 *C. elegans* （*Cyperorchis elegans*）（见298页）常绿附生兰。低温温室种植。高75cm。叶窄卵形，长60cm。花管状，黄色，花径4cm，低垂，密集成枝状，芳香，初夏开放。夏季喜半阴。

C. grandiflorum 见 *C. hookerianum*。

虎头兰 *C. hookerianum* （*C. grandiflorum*）（见298页）常绿附生兰。低温温室种植。高75cm。叶窄卵形，长60cm。花簇成枝状，深绿色，花径8cm，具毛，有褐色斑点，唇瓣乳白色，冬季开放。夏季喜半阴。

🏆**'库城'金斯洛克兰 *C.* King's Loch 'Cooksbridge'**（见298页）常绿附生兰。低温温室种植。高60cm。叶窄卵形，长60cm。花绿色，径5cm，具紫色斑点，唇瓣白色，花簇成枝状，春季开放。夏季喜半阴。

'蒙米赖'兰 *C.* Pontac 'Mont Millais'（见297页） 常绿附生兰。低温温室种植。高75cm。叶窄卵形，长60cm。花深红色，边缘白色，具斑点，花簇成枝状，花径8cm，春季开放。夏季喜半阴。

'波特利特湾'兰 *C.* Portelet Bay （见296页） 常绿附生兰。低温温室种植。高75cm。叶窄卵形，长60cm。花白色，唇瓣红色，径10cm，聚集成枝状，春季开放。夏季喜半阴。

'斯卡奈德'兰 *C.* Strath Kanaid （见297页） 常绿附生兰。低温温室种植。高60cm。叶窄卵形，长60cm。穗状花序，弓状，花深红色，径5cm，唇瓣白色，具深红色斑点，春季开放。夏季喜半阴。

'斯特拉斯布朗'兰 *C.* Strathbraan (见296页) 常绿附生兰。低温温室种植。高60cm。叶窄卵形，长60cm。穗状花序，微弓状，花灰白色，径5cm，唇瓣具红色斑点，春季开放。夏季喜半阴。

🏆**'库城圣诞'兰 *C.* Strathdon 'Cooksbridge Noel'**（见297页） 常绿附生兰。低温温室种植。高1m。叶窄卵形，长60cm。花聚成枝状，深粉色，径5cm，唇瓣淡黄色，具红色斑点，冬季开放。夏季喜半阴。

西藏虎头兰 *C. tracyanum* （见298页） 常绿附生兰。低温温室种植。高75cm。叶窄卵形，长60cm。穗状花序长，花橄榄绿色，径8cm，具亮红色斑点，芳香，秋季开放。夏季喜半阴。

菜蓟属 CYNARA

菊科 ASTERACEAE/COMPOSITAE

多年生草本。栽培以观赏其大型头状花序。常作为蔬菜种植，也可作为装饰性花坛植物种植。耐寒。喜光照和肥沃、排水良好的土壤。春季播种繁殖或分株繁殖。

🏆**西班牙菜蓟 *C. cardunculus***，见228页。

琉璃草属 CYNOGLOSSUM
Hound's tongue

紫草科 BORAGINACEAE

一年生、二年生或多年生草本。开花期较长，从晚春至初秋开放。极耐寒。喜光照和肥沃的土壤。春季分株繁殖或秋春季播种繁殖。

'天蓝'倒提壶 *C. amabile* 'Firmament'，见334页。

盃鸢花属 CYPELLA

鸢尾科 IRIDACEAE

鳞茎类植物。以观花为主。夏季开花，花鸢尾状，寿命短，外轮3个大型花瓣，向外伸展，内轮3枚小型花瓣，内曲。半耐寒。在寒冷地区，露天种植需靠近光照充足的墙体。喜全光照和排水良好的土壤。冬季休眠时可挖出鳞茎，使其干燥。春季播种繁殖。

盃鸢花 *C. herbertii*，见423页。

Cyperorchis elegans 见 *Cymbidium elegans*。

莎草属 CYPERUS

莎草科 CYPERACEAE

见禾草类、竹类、灯心草类和莎草类植物。

白脉莎草 *C. albostriatus* （*C. diffusus* of gardens，*C. elegans* of gardens）多年生常绿草本。高60cm，冠径不定。不耐寒，耐最低温度7℃。茎干具显著脉纹。叶中绿色。苞片8枚，叶状，绿色，包着花穗生长，小穗褐色，呈伞状分枝。夏季开花。**'白纹' 'Variegatus'** 叶和苞片有白色条纹。

C. alternifolius of gardens 见 *C. involucratus*。

C. diffusus of gardens 见 *C. albostriatus*。

C. elegans of gardens 见 *C. albostriatus*。

C. flabelliformis 见 *C. involucratus*。

🏆**风车草**（伞莎草）***C. involucratus*** （*C. alternifolius* of gardens，*C. flabelliformis*），见308页。

C. isocladus of gardens 见 *C. papyrus* 'Nanus'。

高莎草 *C. longus* (Galingale) 多年生落叶草本。叶伸展。高1.5m，冠径不定。极耐寒。叶光滑，暗绿色，边缘粗糙。穗状花序，伞状，扁平，奶油巧克力色，色彩持久，夏季开放。根耐水浸。

纸莎草 *C. papyrus*，见307页。**'矮生' 'Nanus'**（*C. isocladus* of gardens）多年生常绿草本。伸展。根状茎红色。矮型种有时被看作一个特殊类型。高80cm，冠径不定。不耐寒，耐最低温度7～10℃。茎干无叶，三角状。褐色小穗伞状，花柄8～10cm，夏季开放。

树番茄属 CYPHOMANDRA

茄科 SOLANACEAE

常绿灌木和乔木。以观果和叶为主。不耐寒，耐最低温度10℃。喜全光照或半阴，适生于排水良好的土壤。盆栽时，生长期大量需水，叶凋谢时需水少。经常修剪幼株顶端，可以促进分枝。春季播种繁殖。白蝇和红蜘蛛螨常危害植株。

树番茄 *C. betacea* （*C. crassicaulis*），见125页。

C. crassicaulis 见 *C. betacea*。

葡萄瓮属 CYPHOSTEMMA

葡萄科 VITACEAE

多年生落叶多浆植物。分枝厚肉质，近乎木质。叶下侧常渗出水滴状树脂。不耐寒，耐最低温度10℃。喜全光照和排水极好的土壤。冬季需保持干燥。较难种植。春季播种繁殖。

白氏葡萄瓮 *C. bainesii* （*Cissus bainesii*） 多年生落叶肉质植物。高和冠径均为60cm。茎干粗壮，膨大，瓶状，常不分枝。茎皮剥落，薄纸质状，黄色。叶肉质，银绿色，边缘有深锯齿，全裂成3枚卵形小叶，幼叶具银色绒毛。花微小，杯状，黄绿色，夏季开放。果实葡萄状，红色。

葡萄瓮 *C. juttae* （*Cissus juttae*），见459页。

Cypress 见 *Cupressus*。

Arizona 见 *Cupressus arizonica* var. *glabra*。

Bald 见 *Taxodium distichum*，见104页。

False 见 *Chamaecyparis*。

Hinoki 见 *Chamaecyparis obtusa*。

Kashmir 见 *Cupressus cashmeriana*，见101页。

Lawson 见 *Chamaecyparis lawsoniana*。

Mexican 见 *Cupressus lusitanica*。

Monterey 见 *Cupressus macrocarpa*。

Nootka 见 *Chamaecyparis nootkatensis*。

Patagonian 见 *Fitzroya cupressoides*，见106页。

Sawara 见 *Chamaecyparis pisifera*。

Smooth 见 *Cupressus arizonica* var. *glabra*。

Summer 见 *Bassia scoparia* f. *trichophylla*，见335页。

Swamp 见 *Taxodium distichum*，见104页。

Variegated Leyland 见 × *Cupressocyparis leylandii* 'Harlequin'，见104页。

White 见 *Chamaecyparis thyoides*，见107页。

Cypress vine 见 *Ipomoea quamoclit*，见210页。

杓兰属 CYPRIPEDIUM
Slipper orchid

见兰花。

粉红杓兰 *C. acaule* (Moccasin flower)(见296页) 落叶地生兰。高40cm。极耐寒。叶阔披针形，具皱褶，长10～30cm。花单生，每朵花有一短角，长4～6cm，花黄绿色或紫色，唇瓣粉色或白色，春夏之交开放。半阴条件下生长最好。

杓兰（欧洲杓兰）***C. calceolus*** (Lady's slipper orcuid, Yellow lady's slipper orchid)（见298页） 落叶地生兰。高75cm。极耐寒。茎和叶有少量的绒毛。叶宽披针形，长5～20cm，沿茎螺旋向上排列。花成对或单生，具黄色短角，长3～7cm，紫色，春夏之交开放。喜半阴。var. ***pubescens*** 见 *C. pubescens*。

C. macranthon 见 *C. macranthos*。

大花杓兰 ***C. macranthos*** (*C. macranthon*)（见298页） 落叶地生兰。高50cm。极耐寒。茎和叶有少量绒毛，叶长，卵形，长4～7cm。花通常单生，袋状，长4～6cm，花紫罗兰色或略紫红色，春季之交开放。喜半阴。

北美毛杓兰 ***C. pubescens*** (*C. calceolus* var. *pubescens*)（见299页） 落叶地生兰。高75cm。极耐寒。茎和叶有绒毛，叶大，阔披针形，长15～20cm，沿茎向上螺旋排列。花大，长8～10cm，绿黄色，具紫色斑点，春夏之交开放。喜半阴。

美丽杓兰 ***C. reginae*** (Showy lady's slipper orchid)（见296页）落叶地生兰。高1m。极耐寒。茎和叶具毛。叶长，卵形，长10～25cm。花单生或2～3朵一组，每朵花具短角，长2～5cm，白色，唇瓣粉色，具白色条纹，春夏之交开放。半阴条件下生长最好。

Cyprus turpentine 见 *Pistacia terebinthus*。

翅萼木属（西里拉属）CYRILLA

翅萼木科（西里拉科）CYRILLACEAE

单种属。落叶或常绿灌木。非常容易变异。以观花为主。夏末和秋季开花。极耐寒至半耐寒。喜全光照，适生于泥炭酸性土壤。夏季用半成熟枝扦插繁殖。

翅萼木 ***C. racemiflora*** (Leatherwood) 落叶或常绿灌木。丛生。高和冠径均为1.2m。叶长椭圆形，光滑，暗绿色，秋季变红色。花小，5瓣，白色，排列成细长的螺旋状，夏末和秋季开放。

曲管花属 CYRTANTHUS

石蒜科 AMARYLLIDACEAE

鳞茎类植物。花色彩亮丽，常在夏季开放。耐寒至不耐寒，耐最低温度15℃。喜全光照和排水良好的轻质土壤。在无霜冻地区一年的大多时间里都可开花。春季种植。生长季节大量需水。春季播种繁殖或短匐茎繁殖。

小曲管花 ***C. brachyscyphus*** (*C. parviflorus*)，见435页。

黄曲管花 ***C. breviflorus*** (*Anoiganthus breviflorus, A. luteus*) 鳞茎类植物。丛生。夏季开花。高20～30cm，冠径8～10cm。耐寒。叶窄带形，半直立，基生。无叶的花茎有花多达6朵，花漏斗状，黄色，长2～3cm。喜温暖、有庇护的环境。

🏆漏斗曲管花 ***C. elatus*** (*C. purpureus, Vallota speciosa*) 鳞茎类植物。丛生。夏季开花。高30～50cm，冠径12～15cm。半耐寒。叶宽带形，半直立，基生，亮绿色。花着生于粗壮的茎上，集生成头状，由多达5朵花组成，花宽漏斗状，猩红色，长8～10cm。是极好的室内栽培植物。

白曲管花 ***C. mackenii*** 鳞茎类植物。丛生。夏季开花。高30～40cm，冠径8～10cm。半耐寒。叶带形，半直立，基生。每个无叶的茎上着生一伞状花序，由10朵以上的花组成，花芳香，管状，白色，长5cm，微弯曲。**库珀曲管花** var. ***cooperi***，见422页。

扭叶曲管花 ***C. obliquus*** 鳞茎类植物。丛生。夏季开花。高20～60cm，冠径12～15cm。半耐寒。叶宽带形，半直立，基生，灰绿色，纵向扭曲。12朵花集生成头状，花低垂，管状，红黄相间，长7cm。

C. parviflorus 见 *C. brachyscyphus*。

C. purpureus 见 *C. elatus*。

血红曲管花 ***C. sanguineus*** 鳞茎类植物。丛生。夏季开花。高30～50cm，冠径12～15cm。半耐寒。叶带形，半直立，基生，亮绿色。粗壮的茎上着花1～2朵，花长管状，猩红色，长8～10cm。

贯众属 CYRTOMIUM

鳞毛蕨科 AMARYLLIDACEAE/DRYOPTERIDACEAE

常绿蕨类。极耐寒至半耐寒。在半阴和富含腐殖质、湿润的土壤上生长最好。及时清除枯萎的枝叶。春季或夏季分株繁殖或夏季孢子繁殖。

🏆全缘贯众 ***C. falcatum***，见311页。

🏆贯众 ***C. fortunei*** (*Phanerophlebia fortunei*) 常绿蕨类。极耐寒。高60cm，冠径40cm。叶直立，无光泽，淡绿色，长30～60cm，小叶羽状，镰刀形，长2.5～5cm。

冷蕨属 CYSTOPTERIS

蹄盖蕨科 ATHYRIACEAE/WOODSIACEAE

落叶蕨类。适于岩石园种植。极耐寒。在半阴和湿润的土壤上生长最好。需及时清除植物残体。春季分株繁殖，夏季孢子繁殖或用小球茎繁殖。

球茎冷蕨 ***C. bulbifera*** (Berry bladder fern) 落叶蕨类。高15cm，冠径23cm。叶宽披针形，多全裂，淡绿色。沿叶长出小球茎，成熟即可用其进行繁殖。

皱孢冷蕨 ***C. dickieana*** 落叶蕨类。高15cm，冠径23cm。叶宽披针形，全裂，精致，淡绿色，小叶长椭圆形，边缘钝圆，具缺刻，羽状，向下弯曲。

冷蕨 ***C. fragilis*** (Brittle bladder fern) 落叶蕨类。高15cm，冠径23cm。叶阔披针形，淡绿色，精致，多全裂，小叶长椭圆形，端尖，具缺刻，羽状。

金雀儿属 CYTISUS
Broom

豆科/蝶形花科 LEGUMINOSAE/PAPILIONACEAE

落叶或常绿灌木，以观其大量的蝶形花为主。极耐寒至半耐寒。喜全光照和肥沃、排水良好的土壤。不适宜移植。野生种夏季用半成熟枝扦插繁殖或秋季播种繁殖，杂交种和栽培品种夏末用半成熟枝扦插繁殖。枝株各部分，特别是种子若被吞食会引起胃部轻微不适。

白雀花 ***C. albus*** (*Chamaecytisus albus, Cytisus leucanthus*) 落叶灌木。枝条开张。高30cm，冠径1m。极耐寒。叶卵形，由3枚小叶组成。花乳白色，浓密，簇生，初夏至仲夏开放。

C. ardoinii 见 *C. ardoinoi*。

🏆法国金雀儿 ***C. ardoinoi*** (*C. ardoinii*)，见386页。

总序金雀花 ***C. battandieri*** (*Argyrocytisus battandieri*)，见123页。

🏆长雀花 ***C.*** × ***beanii***，见349页。

C. canariensis of gardens 见 *C.* × *spachianus*。

C. demissus 见 *Chamaecytisus demissus*。

'萤火虫'黄雀花 ***C.*** **'Firefly'** 落叶灌木。丛生。枝条细长，弓状。高和冠径均为1.5～2m。极耐寒。叶小，长椭圆形，中绿色，由3枚微小的小叶组成。花多数，黄色，具红色斑点，晚春至初夏开放。

🏆邱园白雀花 ***C.*** × ***kewensis*** 落叶灌木。枝弓状。高30cm，冠径达2m。极耐寒。茎具短绒毛。复叶由3枚微小的小叶组成。花乳白色，晚春开放。适于堤岸或大型岩石园种植。

C. leucanthus 见 *C. albus*。

欧洲金雀花 ***C. nigricans*** (*Lembotropis nigricans*)，见170页。

🏆'阿尔古德'黄雀花 ***C.*** × ***praecox*** **'Allgold'**，见157页。**🏆'沃明斯特'** **'Warminster'**，见156页。

C. purpureus 见 *Chamaecytisus purpureus*。

C. racemosus of gardens 见 *C.* × *spachianus*。

金雀儿 ***C. scoparius*** (Common broom)。**🏆诺曼底金雀儿** f. ***andreanus***，见171页。**海滨金雀儿** subsp. ***maritimus*** (*C. s.* var. *prostratus*) 落叶灌木。匍匐生长，相连的嫩枝形成浓密的隆起状树冠。高20cm，冠径1.2～2m。极耐寒。叶小，灰绿色，通常有3枚小叶，小叶长椭圆形，有时可退化成一单生小叶。花密生，金黄色，晚春至初夏开放。var. ***prostratus*** 见 *C. s.* subsp. *maritimus*。

🏆香雀花 ***C.*** × ***spachianus*** (*C. canariensis* of gardens, *C. racemosus* of gardens, *Genista fragrans* of gardens, *C.* × *spachiana*) 常绿灌木。枝弓状。生长强壮。高和冠径均为3m。半耐寒。叶暗绿色，由3枚卵形小叶组成。花簇生，细长，芳香，金黄色，冬季和初春开放。通常作为室内观赏植物种植。

C. supinus 见 *Chamaecytisus supinus*。

红雀花 ***C.*** **'Windlesham Ruby'** 落叶灌木。丛生。枝条细长，弓状。高和冠径均为1.5～2m。极耐寒。叶小，中绿色，由3枚长椭圆形小叶组成。花大，深红色，晚春至初夏开放。

🏆瑞雀花 ***C.*** **'Zeelandia'** 落叶灌木。丛生。枝条细长，弓状。高和冠径均为1.5～2m。极耐寒。叶小，中绿色，由3枚长椭圆形小叶组成。花密集，双色，乳白色或淡紫粉色，晚春至初夏开放。

D

大宝石南属 DABOECIA

杜鹃花科 ERICACEAE

见石南类。

红花大宝石南 *D. azorica* 常绿灌木。枝密集。高达15cm，冠径60cm。半耐寒。叶披针形，表面暗绿色，背面银灰色。花壶状至钟状，鲜红色，春末或初夏开放。

大宝石南 *D. cantabrica* (St Dabeoc's heath) 常绿灌木。蔓生。高达45cm，冠径60cm。耐寒。枝先端会受到霜冻和寒风的危害。植株耐重度修剪，基部可萌发新枝。叶披针形至卵形，表面暗绿色，背面银灰色。花钟状至壶状，单瓣或重瓣，白色、紫色或紫红色，春末至仲秋开放。**🏆'双色' 'Bicolor'**（见178页）花白色或紫色，具条纹，生于同一植株上。**'极品' 'Praegerae'** 高35cm，花深粉色，具光泽。**'雪堆' 'Snowdrift'** 叶亮绿色。总状花序长，花大，白色。

苏格兰大宝石南*D.* × *scotica* 常绿灌木。枝密集。高达15cm，冠径60cm。耐寒。叶披针形至卵形，表面暗绿色，背面银灰色。花钟状至壶状，白色、紫色或紫红色，春末至仲秋开放。**🏆'杰克·德雷克' 'Jack Drake'** 高20cm。叶小，暗绿色。花呈宝石色。**🏆'银泉' 'Silverwells'**（见178页）叶小，亮绿色。花大，白色。**🏆'威廉·布坎南' 'William Buchanan'**（见179页）高45cm。栽培品种，生长强壮。叶暗绿色。花深紫色。

鸭茅属 DACTYLIS

禾本科 GRAMINAE/POACEAE

见禾草类、竹类、灯心草类和莎草类植物。

鸭茅 *D. glomerata* (Cock's-foot, Orchard grass)。**'银纹' 'Variegata'** 多年生常绿草本。丛生。高1m，冠径20～25cm，极耐寒。根状茎丛生。叶灰绿色，具银色条纹。圆锥花序，花密集簇生，小穗具芒，暗紫绿色，夏季开放。

掌根兰属 DACTYLORHIZA

见兰花。

🏆掌根兰 *D. elata* (*Orchis elata*) 落叶地生兰。高1.1m。耐寒。叶披针形，长15～25cm，具淡褐紫色斑点，在茎上螺旋状排列。穗状花序，花粉色或紫色，长1～2cm，春夏季开放。适宜室外阴处栽培，盆栽植株夏季喜半阴。

🏆马德拉掌根兰 *D. foliosa* (*D. maderensis*, *Orchis maderensis*) 落叶地生兰。高70cm。耐寒。叶披针形或三角形，长10～20cm，在茎上螺旋状排列。穗状花序，花亮紫色或粉红色，长1～2cm，春夏季开放。栽培参见掌根兰 *D. elata*。

D. maderensis 见 *D. foliosa*。

Daffodil 见 *Narcissus*。

Bunch-flowered 见 *Narcissus tazetta*。

Hoop-petticoat 见 *Narcissus bulbocodium* subsp. *bulbocodium*。

Peruvian 见 *Hymenocallis narcissiflora*，见420页。

Poet's 见 *Narcissus poeticus*。

Polyanthus 见 *Narcissus tazetta*。

Queen Anne's double 见 *Narcissus* 'Eystettensis'。

Sea 见 *Pancratium maritimum*。

Tenby 见 *Narcissus obvallaris*。

Wild 见 *Narcissus pseudonarcissus*，见417页。

大丽花属 DAHLIA

菊科 ASTERACEAE/COMPOSITAE

多年生草本。具块根。丛生灌木状。夏季和秋季开放。因观赏其头状花序而栽培。作花坛植物、切花或展览用花。矮型品种可群植，也适宜盆栽。半耐寒。喜光照充足和排水良好的土壤，除矮型品种外，其他品种需立桩支撑。开花后，将块根挖出贮存于无霜冻处，霜冻过后可再次栽植。无霜冻地区，植株可像多年生草本一样种植在室外。定期繁殖有利于其保持活力。晚冬可在温室播种繁殖矮型品种，其他品种可在春季播种或用基部枝条扦插繁殖或用块根分株繁殖。大丽花易被蚜虫、红蜘蛛螨和蓟马侵害。近年来，粉霉病在一定地区已成为一种流行性病害，必须喷药。大丽花也很容易感染病毒。参见406～407页。

花坛大丽花

大丽花花多，花期长，品种多样。通过不断的培育和选育，形成了许多类型，色彩丰富，但没有蓝色。嫩枝可修剪，以促进其生长健壮，形成矮灌丛状的株形，株形大小取决于修剪的次数及时间。修剪早，促进其形成宽的树形，生长季节对较高类型的植株修剪，可减少其枝的伸展。即使同一栽培品种也是如此。叶常中绿色，全裂成卵形小叶，一些品种先端圆形，一些品种边缘有锯齿。每个头状花序尽管实际上是由大量单个的花组成的，但在园艺学上称为一朵花。这一园艺术语在以下的叙述中被采用。头状花序花径达152mm的所有种类均适于作切花。适于展览用的品种也这样记载。

分组和花的大小

尽管大丽花的类型在色彩和形状上可根据土壤和气候状况发生变化，但仍根据花的大小和类型分为以下几组：(1)单瓣型(single)；(2)银莲花型(anemone)；(3)领饰型(collerette)；(4)睡莲型(waterlily)；(5)装饰型(decorative)；(6)球型(ball)；(7)绒球型(pompon)；(8)仙人掌型(cactus)；(9)半仙人掌型(semicactus)；(10)混杂型(miscellaneous)。说明和描述见406页。一些组又被细分，花的大小如下：

第4组

C－中型花，径常152～203mm。

D－小型花，径常102～152mm。

E－微型花，径常不超过102mm。

第5、8和9组

A－巨型花，径常超过254mm。

B－大型花，径常203～254mm。

C－中间型花，径常152～203mm。

D－小型花，径常102～152mm。

E－微型花，径常不超过102mm。

第6组

A－小型的球型大丽花，径常102～152mm。

B－微型的球型大丽花，径常52～102mm。

第7组

绒球型大丽花，径不超过52mm。

'阿洛韦小屋'大丽花*D.* 'Alloway Cottage' 中型花装饰型大丽花。高1.2m，冠径60cm。花丰富，整齐，淡黄色，每个花瓣先端淡紫蓝色，夏秋季开放。适于展览用。

🏆'阿尔瓦海牛'大丽花 *D.* 'Alva's Doris' 小型花仙人掌型大丽花。高1.2m，冠径60cm。花多，血红色，生于强壮的枝上，夏秋季开放。适于展览用。

'阿尔瓦精品'大丽花*D.* 'Alva's Supreme' 巨型花装饰型大丽花。高1.1m，冠径60cm。花淡黄色，夏秋季开放。适于展览用。

'杏黄蜜月裙'大丽花*D.* 'Apricot Honeymoon Dress' 小型花装饰型大丽花。高1.2m，冠径60cm，花杏黄色，夏秋季开放。适于展览用。

'银行家'大丽花*D.* 'Banker' 小型花仙人掌型大丽花。高1.2m，冠径60cm。花红色，夏秋季开放。适于展览用。

'贝顿海姆夕阳'大丽花*D.* 'Biddenham Sunset'（见407页）小型花装饰型大丽花。高1.1m，冠径60cm。花橙红色，仲夏至秋季开放。

🏆'兰德弗主教'大丽花*D.* 'Bishop of Llandaff'（见407页）混杂型大丽花。高1m，冠径45cm。叶青铜绿色。花单瓣，暗红色，心部开张，径78mm，夏秋季开放。为极好的花坛植物。

'黑君主'大丽花*D.* 'Black Monarch' 巨型花装饰型大丽花。高1.2m，冠径60cm。花牛血红色，庇荫处呈绯红色，夏秋季开放。

🏆'黄脂球'大丽花*D.* 'Butter ball'（见407页）微型花装饰型大丽花。高60cm，冠径30cm。花亮黄色，初夏开放。

🏆'甜蜜爱神'大丽花*D.* 'Candy Cupid' 微型花球型大丽花。高1.1m，冠径60cm。花淡紫粉色，夏秋季开放。适于展览用。

'凯姆伯瑞佐'大丽花*D.* 'Chimborazo'（见407页）领饰型大丽花。高1.1m，冠径60cm。叶光滑，暗绿色。花径102mm，外部花瓣红色，内部花瓣黄色，夏秋季开放。适于展览用。

🏆'明月'大丽花*D.* 'Clair de lune'（见407页）领饰型大丽花。高1.1m，冠径60cm。花径102mm，外部花瓣柠檬黄色，内部花瓣淡黄色，夏秋季开放。适于展览用。

'科特尼斯宝石'大丽花*D.* 'Coltness Gem'，见329页。

'彗星'大丽花*D.* 'Comet'（见407页）银莲花型大丽花。高1.1m，冠径60cm。叶光滑，暗绿色。花暗红色，径102～152mm，夏秋季开放。

'冻原藓'大丽花*D.* 'Cryfield Bryn' 小型花半仙人掌型大丽花。高1.1m，冠径60cm。花黄色，夏秋季开放。极适于展览用。

'迷彩'大丽花*D.* 'Daddy's Choice' 小型花半仙人掌型大丽花。高1.3m，冠径60cm。花淡柠檬黄色，具淡紫色，夏秋季开放。

🏆'黛娜·艾莉丝'大丽花*D.* 'Dana Iris' 小型花仙人掌型大丽花。高1.3m，冠径60cm。花红色引人注目，夏秋季开放。适于展览用。

'华丽'大丽花*D.* 'Dandy'，见341页。

'达文波特甜心'大丽花*D.* 'Davenport Honey' 微型花装饰型大丽花。高1.2m，冠径60cm。花琥珀色，夏秋季开放。适于展览用。

'达文波特阳光'大丽花*D.* 'Davenport sunlight'（见407页）中型花半仙人掌型大丽花。高1.2m，冠径60cm。花亮黄色，夏秋季开放。适于展览用。

🏆'大卫·霍华德'大丽花*D.* 'David Howard' 小型花装饰型大丽花。高1m，冠径60cm。叶暗青铜色。花橙青铜色，夏秋季开放。

'德伯拉'大丽花*D.* 'Debra Ann Craven' 巨型花半仙人掌型大丽花。

高1.3m，冠径60cm。茎粗壮。花深红色，生于叶上方，夏秋季开放。适于展览用。

迪斯科系列*D.* Disco Series 直立多年生草本。多分枝。作一年生栽培。高和冠径均为45cm。叶分裂成卵形小叶。头状花序雏菊状，花半重瓣或重瓣，小花管状，花色丰富，整个夏季至秋季霜冻前开放。

‘东方盎格鲁’大丽花*D.*‘East Anglian’（见407页） 小型花装饰型大丽花。高1m，冠径60cm。花橙黄色，夏秋季开放。

‘复活节礼拜日’大丽花*D.*‘Easter Sunday’（见406页） 领饰型大丽花。高1m，冠径60cm。叶光滑，暗绿色。花径102mm，内部和外部花瓣皆为白色，花心暗黄色，夏秋季开放。适于展览用。

‘东方月光’大丽花*D.*‘Eastwood Moonlight’ 中型花半仙人掌型大丽花。高1.1m，冠径60cm。花亮黄色，夏秋季开放。为极好的展览用栽培品种。

🏆**‘迷人’大丽花*D.*‘Fascination’**（见406页）矮型混杂型大丽花。高45cm，冠径30cm。花单瓣，淡紫色，径78mm，夏秋季开放。宜于花坛种植。

‘盖茨黑德节日’大丽花*D.*‘Gateshead Festival’ 小型花装饰型大丽花。高1.2m，冠径60cm。花桃红色至橙色，花瓣基部柠檬黄色，夏秋季开放。适于展览用。

‘快乐公主’大丽花*D.*‘Gay Princess’（见406页）小型花装饰型大丽花。高1.2m，冠径60cm。花淡蓝紫色，夏秋季开放。

🏆**‘印度之夏’大丽花*D.*‘Geerling’s Indian Summer’**（*D.*‘Indian Summer’） 小型花仙人掌型大丽花。高1.2m，冠径60cm。花多，红色，夏秋季开放。

‘格里·霍克’大丽花*D.*‘Gerrie Hoek’小型花睡莲型大丽花。高1.1m，冠径60cm。外部花瓣淡粉色，内部花瓣暗粉色，夏秋季开放。

‘格雷里多·帕斯特’大丽花*D.*‘Grenidor Pastelle’（见407页） 中型花半仙人掌型大丽花。高1.3m，冠径60cm。花橙红色，花瓣基部乳白色，夏秋季开放。适于展览用。

‘印记’大丽花*D.*‘Hallmark’ 绒球型大丽花。高1.1m，冠径60cm。花球形，粉红色，夏秋季开放。适于展览用。

🏆**‘哈迈里和谐’大丽花*D.*‘Hamari Accord’**（见407页） 大型花半仙人掌型大丽花。高1.2m，冠径60cm。茎粗壮。花淡纯黄色，位于叶上方，夏秋季开放。适于展览用。

🏆**‘哈迈里新娘’大丽花*D.*‘Hamari Bride’** 中型花半仙人掌型大丽花。高1.2m，冠径60cm。花纯白色，夏秋季开放。适于展览用。

🏆**‘哈迈里金’大丽花*D.*‘Hamari Gold’**（见407页）巨型花装饰型大丽花。高1.1m，冠径60cm。花金橙色至青铜色，夏秋季开放。适于展览用。

‘哈迈里·凯特纳’大丽花*D.*‘Hamari Katrina’（见407页） 大型花半仙人掌型大丽花。高1.2m，冠径60cm。花深乳黄色，夏秋季开放。为很好的展览用品种。

‘海勒·简’大丽花*D.*‘Hayley Jane’（见407页） 小型花半仙人掌型大丽花。高1.1m，冠径60cm。花白色，先端呈均匀的紫红色，夏秋季开放。适于展览用。

‘希尔克雷斯特·希尔顿’大丽花*D.*‘Hillcrest Hillton’ 大型花半仙人掌型大丽花。高1.2m，冠径60cm。花深黄色，抵御不良气候能力强，夏秋季开放。适于展览用。

🏆**‘希尔克雷斯特极品’大丽花*D.*‘Hillcrest Royal’**（见407页） 中型花仙人掌型大丽花。高1.1m，冠径60cm。花浓紫色，花瓣内曲，生于强壮的茎上，夏秋季开放。

***D.*‘Indian Summer’**见*D.*‘Geerling’s Indian Summer’。

🏆**‘珍妮特·卡特’大丽花*D.*‘Jeanette Carter’**（见407页）微型花装饰型大丽花。高1.1m，冠径60cm。花淡黄色，有时花心粉红色，夏秋季开放。

‘杰斯科特·朱丽’大丽花*D.*‘Jescot Julie’（见407页）混杂型大丽花。高60cm，冠径45cm。叶稀疏，中绿色。花兰花状，重瓣，橙色至紫色，径78mm，花瓣背面紫色，夏秋季开放。

‘吉姆·布拉尼盖’大丽花*D.*‘Jim Branigan’（见407）大型花半仙人掌型大丽花。高1.3m，冠径60cm。花亮红色，生于叶上方，夏秋季开放。适于展览用。

🏆**‘凯斯琳爱神’大丽花*D.*‘Kathryn’s Cupid’**（见407页）微型花球型大丽花。高1.2m，冠径60cm。花桃花型，夏秋季开放。适于展览用。

‘聚福’大丽花*D.*‘Klankstad kerkrade’ 小型花仙人掌型大丽花。高1.2m，冠径60cm。叶光滑，暗绿色。花淡黄色，夏秋季开放。适于展览用。

‘琳达女士’大丽花*D.*‘Lady Linda’小型花装饰型大丽花。高1.2m，冠径60cm。花多，花型良好，樱草黄色，生于叶上方，夏秋季开放。适于展览用。

‘淡紫阿瑟利’大丽花*D.*‘Lavender Athalie’（见407页）小型花仙人掌型大丽花。高1.2m，冠径60cm。是*D.*‘Athalie’的突变品种，花淡蓝紫色，夏秋季开放。

‘琳达盒子’大丽花*D.*‘Linda’s Chester’小型花仙人掌型大丽花。高1.2m，冠径60cm。花黄色，花瓣先端青铜色，夏秋季开放。适于展览用。

‘马里波萨’大丽花*D.*‘Mariposa’ 领饰型大丽花。高1m，冠径60cm。花白色，外部花瓣淡紫色，夏秋季开放。适于展览用。

‘马克·丹普’大丽花*D.*‘Mark Damp’大型花半仙人掌型大丽花。高1～1.2m，冠径60cm。花青铜色至橙色，微带淡桃红色，夏秋季开放。适于展览用。

‘马克·哈德维克’大丽花*D.*‘Mark Hardwick’（见407页） 巨型花装饰型大丽花。高1.1m，冠径60cm。枝密集。花亮深黄色，生于强壮的茎上，夏秋季开放。适于展览用。

‘蜜翁’大丽花*D.*‘Mi Wong’（见406页）绒球花型大丽花。高1.1m，冠径60cm。花白色，混杂以粉红色，夏秋季开放。适于展览用。

‘沼泽地’大丽花*D.*‘Moor Place’（见407页）绒球花型大丽花。高1m，冠径60cm。叶光滑，暗绿色。花紫红色，夏秋季开放。为很好的展览用栽培品种。

🏆**‘国色’大丽花*D.*‘Nationwide’** 小型花装饰型大丽花。高1～1.2m，冠径60cm。花淡黄色至橙色，夏秋季开放。

‘诺琳’大丽花*D.*‘Noreen’（见406页）绒球花型大丽花。高1m，冠径60cm。花暗粉红色至紫色，夏秋季开放。适于展览用。

🏆**‘海城珍珠’大丽花*D.*‘Pearl of Heemstede’**（见406页）小型花睡莲型大丽花。高1m，冠径45 cm。生长慢，花多，淡银粉色，生于细长的茎上，夏秋季开放。

‘粉红丘比特’大丽花*D.*‘Pink Jupiter’（见407页）巨型花半仙人掌型大丽花。高1.3m，冠径60cm。花淡粉红色至紫红色，夏秋季开放。适于展览用。

‘粉红雪莉’大丽花*D.*‘Pink Shirley Alliance’（见406页）小型花仙人掌型大丽花。高1.2m，冠径60cm。花淡紫色至粉红色，夏秋季开放。

‘粉红象征’大丽花*D.*‘Pink Symbol’（见406页）中型花半仙人掌型大丽花。高1～1.2m，冠径60cm。花粉色，夏秋季开放。适于展览用。

‘庞蒂亚克’大丽花*D.*‘Pontiac’（见406页）小型花仙人掌型大丽花。高1m，冠径60cm。叶光滑，暗绿色。花暗粉色至紫色，夏秋季开放。

🏆**‘精美’大丽花*D.*‘Porcelain’** 小型花睡莲型大丽花。高1m，冠径60cm。花浅白色至淡紫色，夏秋季开放。适于展览。

🏆**‘普瑞斯顿公园’大丽花*D.*‘Preston Park’**（见407页）矮型单瓣型大丽花。高45cm，冠径30cm。花坛植物有近黑色的叶，花亮猩红色，生于短茎上，径78mm，心部具引人注目的黄色花药，夏秋季开放。

‘印第安人’大丽花*D.*‘Redskin’ 多年生草本。分枝多。常作一年生种植。高和冠径均为30cm。叶青铜绿色至茶色，分裂成卵形小叶。头状花序雏菊状，重瓣，颜色丰富，整个夏季至秋季霜冻前开放。

‘雷金纳德·肯’大丽花*D.*‘Reginald Keene’ 大型花半仙人掌型大丽花。高1.1～1.2m，冠径60cm。花橘红色，夏秋季开放。适于展览用。

‘隆达’大丽花*D.*‘Rhonda’（见406页）绒球花型大丽花。高1m，冠径60cm。花浅白色至淡紫色，夏秋季开放。适于展览用。

‘红宝石’大丽花*D*‘Ruby Wedding’ 微型花装饰型大丽花。高1m，冠径60cm。花深紫色，夏秋季开放。适于展览用。

🏆**‘苏格兰家人’大丽花*D.*‘Scottish Relation’**小型花半仙人掌型大丽花。高1.1m，冠径60cm。花鲜紫色，花瓣基部乳白色，夏秋季开放。适于展览用。

‘啤酒色’大丽花*D.*‘Shandy’（见407页）小型花半仙人掌型大丽花。高1m，冠径60cm。花淡褐色，夏秋季开放。

‘舍伍德标准’大丽花*D.*‘Sherwood Standard’ 中型花装饰型大丽花。高1.2m，冠径60cm。花橙黄色，夏秋季开放。适于展览用。

‘雪莉’大丽花*D.*‘Shirley Alliance’（见407页）小型花仙人掌型大丽花。高1.3m，冠径60cm。花淡橙色，花瓣基部金黄色，夏秋季开放。适于展览用。

‘小世界’大丽花*D.*‘Small World’（见406页）绒球型大丽花。高1m，冠径60cm。叶光滑，暗绿色。花白色，夏秋季开放。适于展览用。

🏆**‘娇美’大丽花*D.*‘So Dainty’**（见407页）微型花半仙人掌型大丽花。高1.1m，冠径60cm。花青铜色，夏秋季开放。适于展览用。

‘特伦格罗夫·吉尔’大丽花*D.*‘Trengrove Jill’ 中型花装饰型大丽花。高1.3 m，冠径60cm。茎粗壮。花深青铜色，生于叶上方，夏秋季开放。

‘维基·克鲁克费尔德’大丽花*D.*‘Vicky Crutchfield’（见406页）小型花睡莲型大丽花。高1 m，冠径60cm。花粉红色，夏秋季开放。适于展览用。

‘万达鹬鸟’大丽花*D.*‘Wanda’s Capella’（见407页）巨型花装饰型大丽花。高1.2m，冠径60cm。花亮黄色，夏秋季开放。适于展览用。

‘威尔士·隆达’大丽花*D.*‘Whale’s Rhonda’（见407页）绒球型大丽花。高1m，冠径60cm。叶光滑，暗绿色。花紫色，夏秋季开放。适于展览用。

🏆**‘白阿尔瓦’大丽花*D.*‘White Alva’s’**（见406页）巨型花装饰型大丽花。高1.2m，冠径60cm。茎粗壮。花纯白色，生于叶上方，夏秋季开放。适于展览用。

🏆**‘白色芭蕾’大丽花*D.*‘White Ballet’**（见406页）小型花睡莲型大丽花。高1m，冠径60cm。花纯白色，夏秋季开放。

‘白色科兰斯特德’大丽花*D.*‘White Klankstad’（见406页） 小型花仙人掌型大丽花。高1.1～1.2m，冠径60cm。是‘聚福’大丽花(*D.*‘Klankstad Kerkrade’)的突变品种，花白色，夏秋季开放。

‘白月光’大丽花*D.*‘White Moonlight’ 中型花半仙人掌型大丽花。高1.2m，冠径60cm。花白色，夏秋季开放。适于展览用。

‘威洛紫’大丽花*D.*‘Willo's Violet’ 绒球型大丽花。高1m，冠径60cm。叶光滑，暗绿色。花紫罗兰色，夏秋季开放。适于展览用。

🏆**‘伍顿爱神’大丽花*D.*‘Wootton Cupid’**（见406页） 微型花球型大丽花。高1.1～1.2m，冠径60cm。花粉色，夏秋季开放。适于展览用。

🏆**‘伍顿之光’大丽花*D.*‘Wootton Impact’**（见407页） 中型花半仙人掌型大丽花。高1.2m，冠径60cm。茎粗壮。花为或深或浅的青铜色，生于叶上方，夏秋季开放。适于展览用。

‘黄锤’大丽花*D.*‘Yellow Hammer’（见407页） 矮型单瓣型大丽花。高45cm，冠径30cm。花浓黄色，径78mm，夏秋季开放。

‘耶诺火光’大丽花*D.*‘Yelno Firelight’（见407页） 小型花睡莲型大丽花。高1.2m，冠径60cm。花红色和黄色，花瓣结构简洁，生于强壮的茎上，夏秋季开放。

‘耶诺天鹅绒’大丽花*D.*‘Yelno Velvena’ 小型花睡莲型大丽花。高1.2m，冠径60cm。花深果色，生于强壮的茎上，夏秋季开放。

🏆**‘雄狐’大丽花*D.*‘Zorro’**（见407页） 巨型花装饰型大丽花。高1.2m，冠径60cm。花亮血红色，夏秋季开放。适于展览用。

Dahlia, Climbing 见 *Hidalgoa*。
Daimio oak 见 *Quercus dentata*。

夏香属 DAIS

瑞香科 THYMELAEACEAE

落叶灌木。夏季开放。因观其花和树姿而栽培。不耐寒，耐最低温度5℃。喜全光照和排水良好的土壤。盆栽植株生长期需水量大，无叶时需水少。春季播种繁殖或夏季用半成熟枝扦插繁殖。

夏香*D. cotinifolia* 落叶灌木。丛生，整齐。高和冠径均为2～3m。叶小，卵形至长椭圆形，有光泽。花簇扁平，花星状，淡紫色至玫瑰色，径8cm，芳香，夏季开放。树皮纤维坚实，可作线用。

Daiswa polyphylla 见 *Paris polyphylla*。
Daisy 见 *Bellis*。
African 见 *Arctotis stoechadifolia, Dimorphotheca*。
Barberton 见 *Gerbera jamesonii*，见302页。
Common 见 *Bellis perennis*。
Kingfisher 见 *Felicia bergeriana*，见334页。
Livingstone 见 *Dorotheanthus bellidiformis*。
Michaelmas 见 *Aster*。
Rain 见 *Dimorphotheca pluvialis*，见319页。
Shasta 见 *Leucanthemum × superbum*。
Star 见 *Lindheimera texana*，见336页。
Swan River 见 *Brachyscome iberidifolia*，见334页。
Daisy bush 见 *Olearia*。
Dalmatian iris 见 *Iris pallida*。
Dalmatian laburnum 见 *Petteria ramentacea*。
Dalmatian toadflax 见 *Linaria genistifolia* var.*dalmatica*。
Dame's violet 见 *Hesperis matronalis*，见239页。

大王桂属 DANÄE

百合科／假叶树科 LILIACEAE/RUSCACEAE

单种属。常绿灌木，花不明显。因观其引人注目的扁平叶状枝而栽培。耐寒。喜光照或庇荫、湿润的土壤。秋季播种繁殖或秋季至春季分株繁殖。

🏆**大王桂*D. racemosa*** (Alexandrian laurel) 常绿灌木。枝密集，弓状。高和冠径均为1m。茎细长，叶状枝披针形，光滑，绿色。‘叶’先端尖，光滑，亮绿色。偶尔有球状红色浆果。

Dancing-doll orchid 见 *Oncidium flexuosum*，见229页。
Dandelion
Cape 见 *Arctotheca calendula*，见294页。
Pink 见 *Crepis incana*。

瑞香属 DAPHNE

瑞香科 THYMELAEACEAE

常绿、半常绿或落叶灌木。因观花而栽培。花通常芳香，管状，每花有4枚伸展的裂片。有些种可观其叶或果实（种子有毒）。矮型种和栽培品种适于岩石园种植。极耐寒至耐寒。大多数喜全光照（高山瑞香*D. alpina*、匈牙利瑞香*D. arbuscula*和巴尔干瑞香*D. blagayana*可以在半阴下生长，桂叶瑞香*D. laureola*耐浓阴）和肥沃、排水良好但不过于干燥的土壤。忌移植。野生种用新鲜种子播种繁殖或夏季用半成熟枝扦插繁殖，栽培品种扦插繁殖。易染病毒，可使叶生斑点。植株各部分（包括种子）有剧毒，接触树汁会刺激皮肤。

高山瑞香*D. alpina* 落叶灌木。直立。高50cm，冠径40cm。极耐寒。叶卵形，有短绒毛，灰绿色。花簇顶生，花芳香，白色，春末开放。适于岩石园种植。

🏆**匈牙利瑞香*D. arbuscula***，见366页。

毛花瑞香*D. bholua*，见150页。

巴尔干瑞香*D. blagayana*，见347页。

‘筋斗’伯氏瑞香*D.* × *burkwoodii* ‘Somerset’，见154页。**‘镶边’‘Somerset Variegated’** 半常绿灌木。直立。高1.5m，冠径1m。极耐寒。叶长椭圆形，灰绿色，边缘乳白色或淡黄色。花密集簇生，极香，粉红色，喉部白色，春末开放，有时秋季再次开放。

欧洲瑞香*D. cneorum*，见348页。🏆**‘卓越’‘Eximia’** 常绿匍匐灌木。高10cm，冠径达50cm以上。极耐寒。叶小，卵形，革质，暗绿色。花簇顶生，花芳香，白色，外部花瓣绯红色，内部花瓣粉红色，春末开放。

地中海瑞香*D. collina* 常绿灌木。冠圆拱状，枝密。高和冠径均为50cm。耐寒。叶卵形，暗绿色，密生于直立的枝上。花簇顶生，花小，芳香，紫玫瑰色，春末开放。适于岩石园或灌木丛种植。

芫花*D. genkwa* 落叶灌木。直立。冠开张。高和冠径均为1.5m。极耐寒，部分种类耐寒。叶卵形，暗绿色，幼叶青铜色。花大，微香，淡紫色，仲春至春末开放。

黄瑞香*D. giraldii* 落叶灌木。直立。高和冠径均为60cm。极耐寒。叶长椭圆形，淡蓝绿色。花簇生，金黄色，芳香，春末至初夏开放。果实卵形，红色。

希腊瑞香*D. jasminea*，见364页。

桂叶瑞香*D. laureola* (Spurge laurel) 常绿灌木。丛生。高1m，冠径1.5m。极耐寒。叶长椭圆形，暗绿色。花微香，淡绿色，冬末至春初开放。果实球状，黑色。**菲力浦瑞香** subsp. ***philippi***，见156页。

欧亚瑞香*D. mezereum*，见174页。**白花欧亚瑞香** f. ***alba*** 落叶灌木。直立。冠开张。高和冠径均为1.2m。极耐寒。叶长椭圆形，暗灰绿色。花极香，白色或乳白色，生于裸露的茎上，晚冬和初春开放。果实球状，黄色。

瑞香*D. odora* 常绿灌木。丛生。高和冠径均为1.5m。耐寒。叶卵形，光滑，暗绿色。花极香，深紫色、粉红色和白色，仲冬至初春开放。**‘金边’‘Aureomarginata’**，见174页。

🏆**‘大花’意大利瑞香*D. petraea* ‘Grandiflora’**，见366页。

凹叶瑞香*D. retusa*，见155页。

🏆**陕甘瑞香*D. tangutica*** 常绿灌木。丛生。枝粗壮。高和冠径均为1m。极耐寒。叶窄卵形，革质，暗绿色。花簇生，芳香，紫粉色，带白色，仲春至春末开放。

虎皮楠属（交让木属）DAPHNIPHYLLUM

虎皮楠科（交让木科）DAPHNIPHYLLACEAE

常绿乔木和灌木。因观其树姿和叶而栽培。雌雄异株。耐寒。在光照下需防护或半阴，喜深厚、肥沃、排水良好但不太干燥的土壤。夏季用半成熟枝扦插繁殖。

D. himalense subsp. ***macropodum*** 见 *D. macropodum*。

交让木*D. macropodum* (*D. himalense* subsp. *macropodum*)，见117页。

Darling pea 见 *Swainsona galegifolia*。

雨伞草属 DARMERA (PELTIPHYLLUM) *Umbrella plant*

虎耳草科 SAXIFRAGACEAE

单种属。多年生草本。因观其特殊的叶而栽培。为水边生长的良好植物。极耐寒。喜光照或庇荫和湿润的土壤。春季分株繁殖，秋季或春季播种繁殖。

🏆**雨伞草*D. peltata***，见238页。

达尔文木属 DARWINIA

桃金娘科 MYRTACEAE

常绿灌木。春季开放。因观其花和树姿而栽培。不耐寒，耐最低温度7～10℃。喜全光照和湿润中性至酸性土壤。氮肥不能过多，旺盛生长期中度需水，其他时期需水少。春季播种繁殖或夏末用半成熟枝扦插繁殖。温室栽培时生根和生长困难。

橙香达尔文*D. citriodora* 常绿灌木。冠圆球状。多分枝。高和冠径均为60cm～1.2m。叶长椭圆形至阔披针形，蓝绿色，揉碎时有柠檬香味。头状花序顶生，下垂，花小，管状，常4朵，黄色或红色，每花具2枚红色或淡黄色苞片，春季开放。

Darwin's barberry 见 *Berberis darwinii*，见117页。

锯齿龙属 DASYLIRION *Bear grass*

龙血树科／龙舌兰科 DRACAENACEAE/AGAVACEAE

多年生常绿草本。棕榈状。因观其叶和花而栽培。雌雄异株。不耐寒，耐最低温度10℃。喜排水良好的土壤和光照充足的环境。旺盛生长期大量需水，其他时期需水少。春季播种繁殖。

德州锯齿龙*D. texanum* 多年生常绿草本。棕榈状。主干高75cm，全株高达1m以上，冠径3m。叶丛莲座状，叶窄，下垂，绿色，长60～90cm，叶缘有淡黄色刺。圆锥花序狭窄，花小，密集，钟状，淡白色，夏季开放。秋季结果，果实干燥，具3翅。

Date plum 见 *Diospyros lotus*。
Datura 重新归入 *Brugmansia*。

骨碎补属 DAVALLIA

骨碎补科 DAVALLIACEAE

常绿或半常绿蕨类。常为附生。最适宜种植于盆中或吊篮中。半耐寒至不耐寒，耐最低温度5℃。喜半阴和质地良好、泥炭质的湿润土壤。定期清理凋谢的叶。春季或夏季分株繁殖，或夏季孢子繁殖。

🏆**加那利骨碎补 *D. canariensis*** (Hare's-foot fern) 半常绿蕨类。高和冠径均为30cm。不耐寒。叶宽披针形，革质，中绿色，羽片多数，三角形，生于具鳞片的褐色根状茎上。

🏆**骨碎补 *D. mariesii*** (Squirrel's-foot fern) 常绿蕨类。高15cm，冠径23cm。半耐寒。叶宽三角形，全裂，革质，中绿色，生于匍匐的具鳞片的褐色根状茎上。

珙桐属 DAVIDIA

山茱萸科／珙桐科／蓝果树科
CORNACEAE/DAVIDIACEAE/NYSSACEAE

单种属。落叶乔木。春季或夏季开放。因观其树姿和苞片而栽培。苞片亮丽，白色，花小，不引人注目。极耐寒。需防强风。喜光照或半阴和肥沃，排水良好但湿润的土壤。春季用半成熟枝扦插繁殖或秋季种子成熟时播种繁殖。

珙桐 *D. involucrata*，见77页。

David's peach 见 *Prunus davidiana*。

David's pine 见 *Pinus armandii*。

Dawn flower, Blue 见 *Ipomoea indica*。

Dawn redwood 见 *Metasequoia glyptostroboides*，见102页。

Day flower 见 *Commelina coelestis*，见334页。

Daylily 见 *Hemerocallis*。

Fulvous 见 *Hemerocallis fulva*。

Grass-leaved 见 *Hemerocallis minor*。

Tawny 见 *Hemerocallis fulva*。

Deadnettle 见 *Lamium*。

猫儿屎属 DECAISNEA

木通科 LARDIZABALACEAE

落叶灌木。夏季开放。因观其叶、花和腊肠状的果实而栽培。耐寒。需要背风向阳的环境，喜肥沃但不太干燥的土壤。秋季播种繁殖。

猫儿屎 *D. fargesii*，见122页。

赤壁草属 DECUMARIA

绣球科／虎耳草科
HYDRANGEACEAE/SAXIFRAGACEAE

常绿或落叶木质藤本。以根攀缘。半耐寒。喜光照和肥沃、排水良好的湿润土壤。根据需要，花后修剪。夏末或秋初茎插繁殖。

赤壁草 *D. sinensis*，见204页。

银梅草属 DEINANTHE

绣球科／虎耳草科
HYDRANGEACEAE/SAXIFRAGACEAE

多年生草本。具匍匐的地下根状茎。生长慢。适于岩石园和泥炭土花坛种植。极耐寒。喜阴和湿润的土壤。春季分株繁殖或用新鲜种子播种繁殖。

二裂叶银梅草 *D. bifida* 多年生草本。冠圆丘状。生长慢。高20cm，冠径10～20cm。叶圆形，皱褶，2裂，先端尖。花下垂，星状，白色，夏季开放。

银梅草 *D. caerulea* 多年生草本。冠圆丘状。生长慢。高20cm，冠径达15cm。叶3～4枚，卵形，具锯齿。每茎着生一簇花，花下垂，碗状，淡紫蓝色，夏季开放。

Delairea odorata 见 *Senecio mikanioides*。

Delavay's fir 见 *Abies delavayi*。

露子花属 DELOSPERMA

番杏科 AIZOACEAE

多年生蔓生草本。多分枝。有时为灌木状多浆植物。具块根。不耐寒，耐最低温度5℃。喜全光照和排水非常好的土壤。春季或夏季播种繁殖或茎插繁殖。

花岚山 *D. cooperi* 多年生肉质草本。铺地状。枝伸展。高5cm，冠径不定。叶圆柱形，肉质，淡绿色，长5cm。花单生，雏菊状，洋红色，仲夏至晚夏开放。

翠雀属 DELPHINIUM

毛茛科 RANUNCULACEAE

一年生、二年生和多年生草本。因观其穗状花序而栽培。花不规则，杯状，有时盔状，具距。极耐寒至半耐寒。喜开阔、光照充足和肥沃、排水良好的土壤。高大型品种需立桩支撑。春季和初夏需充足的肥和水。定植好的植株上春季清除不良生长枝，留5～7个强壮枝。若穗状花序在花后被清除，植株又得到很好的施肥和浇水，会在晚夏长出新枝。野生种秋季或春季播种繁殖，丽花群栽培品种春季分株繁殖或用幼枝基部枝条扦插繁殖，高大群栽培品种只能用扦插繁殖。植株各部分有毒，食之可以引起强烈不适，触及叶会刺激皮肤。见230页。

为了便于参考，翠雀属栽培品种分组如下：

丽花群（Belladonna Group） 多年生草本。直立。具分枝。叶掌状分裂。高1～1.2m，冠径45cm。极耐寒。茎细长而坚韧。穗状花序松散，具分枝，长30cm，花小精灵帽状，单瓣，径2cm以上，距长达3cm，初夏和晚夏开放。

高大群（Elatum Group） 多年生草本。直立。叶大，掌状。高1.5～2m，冠径60～90cm。极耐寒。穗状花序松散，长40～120cm，花多，规则，半重瓣，稀为完全重瓣，径8～10cm，白色、蓝色至紫色，有时粉红色，常具明显的眼状斑，夏季开放。

太平洋杂种(Pacific Hybrids)与高大群栽培品种相似，但作一年生或二年生栽培。穗状花序，花大，寿命短，半重瓣，初夏至仲夏开放。

'贝克莱德'翠雀 *D.* 'Balkleid' 丽花群多年生草本。高1～1.2m。穗状花序，长达30cm，花中蓝色。

🏆**'蓝色黎明'翠雀 *D.* 'Blue Dawn'**（见230页） 高大群多年生草本。高2～2.2m。穗状花序，长1.2m，花淡蓝色，微带淡粉色至紫色晕，具暗褐色眼状斑。

🏆**'蓝色尼罗河'翠雀 *D.* 'Blue Nile'**（见230页） 高大群多年生草本。高1.5～1.7m。穗状花序，长68cm，花浓蓝色，具淡蓝色条纹和白色眼状斑。

🏆**'布鲁斯'翠雀 *D.* 'Bruce'**（见230页） 高大群多年生草本。高1.7～2.2m。穗状花序长1.2m。花深紫罗兰色至紫色，中心具银白色的晕和灰褐色眼状斑。

囊距翠雀花（麝香翠雀）*D. brunonianum* 多年生草本。直立。高和冠径均为20cm。极耐寒。茎具毛。叶圆形，3～5裂。每个花茎生一长达15cm的穗状花序，花盔状，单瓣，淡蓝色至紫色，径4cm，距短，黑色，初夏开放。适于岩石园种植。

'黄油球'翠雀 *D.* 'Butterball'（见230页） 高大群多年生草本。高1.5～1.7m。穗状花序，长50cm，花白色，微带淡绿黄色，具乳白色眼状斑。

加州翠雀 *D. cardinale* 短命多年生草本。直立。高1～2m，冠径60cm。半耐寒。叶掌状，细裂。穗状花序，长30～45cm，花单瓣，猩红色，径4cm，具黄色眼状斑，生于叶上方，夏季开放。

'切尔西之星'翠雀 *D.* 'Chelsea Star'（见230页） 高大群多年生草本。高2m。穗状花序，长1.1m，花深紫色，具白色眼状斑。

D. chinense 见 *D. grandiflorum*。

'克城丽'翠雀 *D.* 'Cliveden Beauty'（见230页） 丽花群多年生草本。高1～1.2m。穗状花序，长30cm，花天蓝色。

D. consolida 见 *Consolida ajacis*。

🏆**'埃米莉·霍金斯'翠雀 *D.* 'Emily Hawkins'**（见230页） 高大群多年生草本。高2～2.2m。穗状花序长80cm，花淡蓝色，微带淡紫色，具浅黄褐色眼斑。

🏆**'炫耀'翠雀 *D.* 'Fanfare'**（见230页） 高大群多年生草本。高2～2.2m。穗状花序，长60～75cm，花淡蓝色至银紫红色，具白色或紫色眼状斑点。

🏆**'芬内拉'翠雀 *D.* 'Fenella'** 高大群多年生草本。高1.1～1.5m。穗状花序，长1m，花龙胆蓝色，微带紫色的晕，具黑色的眼状斑。

🏆**'吉莉安野羊'翠雀 *D.* 'Gillian Dallas'**（见230页） 高大群多年生草本。高2m。穗状花序，长80cm，花淡紫色，有白色眼状斑，花瓣外部边缘渐变为极淡的紫色。

翠雀 *D. grandiflorum* （*D. chinense*）。**'蓝蝴蝶' 'Blue Butterfly'**（见230页） 短命多年生草本。直立。常作一年生栽培。高45cm，冠径30cm，极耐寒。叶掌状全裂。穗状花序松散，长15cm，具分枝，花单瓣，深蓝色，径3.5cm，夏季开放。宜作花坛植物种植。

'兰顿品红晕'翠雀 *D.* 'Langdon's Royal Flush'（见230页）高大群多年生草本。高2m。穗状花序，长85cm，花粉红色至紫色，具乳白色眼状斑。上部花瓣比下部花瓣色彩更暗。

🏆**'洛克利文'翠雀 *D.* 'Loch Leven'**（见230页） 高大群多年生草本。高1.7m。穗状花序，长1m，花中蓝色，具白色眼状斑。

'尼维斯湖湾'翠雀 *D.* 'Loch Nevis' 高大群多年生草本。高2m。穗状花序，长1.1m，花中蓝色，具白色眼状斑。

🏆**'巴特勒勋爵'翠雀 *D.* 'Lord Butler'**（见230页） 高大群多年生草本。高1.5～1.7m。穗状花序，长75cm，花中蓝色，微具淡紫色晕，具蓝色斑点和白色眼状斑。

🏆**'强力原子'翠雀 *D.* 'Mighty Atom'**（见230页） 高大群多年生草本。高1.5～2m。穗状花序，长75cm，花中紫罗兰色，具紫罗兰色斑点和淡黄褐色眼状斑。

裸茎翠雀 *D. nudicaule*，见355页。

'奥利夫·玻普顿'翠雀 *D.* 'Olive Poppleton'（见230页） 高大群多年生草本。高2～2.5m。穗状花序，长1m，花白色，具浅黄褐色眼状斑。

'太平洋杂种'翠雀 *D.* Pacific Hybrids 多年生草本。常作一年生栽培。适于单色花种植或混色花种植。播种苗易发生变异。穗状花序，长45～100cm。

🏆**'矶鹞'翠雀 *D.* 'Sandpiper'**（见230页） 高大群多年生草本。高1～1.35m。穗状花序，长75cm，花白色，具乳褐色眼状斑。

🏆**'浪花'翠雀 *D.* 'Spindrift'**（见230页）高大群多年生草本。高1.7～2m。穗状花序，长达1m，花淡粉红色至紫色，带淡蓝色，具乳白色眼状斑，从边缘至花心，淡粉红色至紫色渐变为较淡而暗的蓝色。花色随土壤类型而变化，在酸性土壤上，花淡绿色。

'草莓美人'翠雀 *D.* 'Strawberry Fair'（见230页） 高大群多年生草本。高1.7m。穗状花序，长78cm，花深紫红色至粉色，具白色眼状斑。

🏆**'日耀'翠雀 *D.* 'Sungleam'**（见230页） 高大群多年生草本。高1.7～2m。穗状花序，长40～75cm，花白色，带淡黄色，具黄色眼状斑。

康定翠雀 ***D. tatsienense*** 短命多年生草本。直立。高30cm，冠径5～10cm。极耐寒。叶圆形至卵形，具深缺刻。穗状花序，松散，长15cm，花单瓣，有短距，亮蓝色，长2.5cm，夏季开放。适于岩石园种植。喜沙砾土壤。

'国际和平'翠雀 ***D.* 'Völkerfrieden'** 丽花群多年生草本。高1～1.2m。穗状花序，长30cm，花深蓝色。

Delta maidenhair 见 *Adiantum raddianum*。

Dendrobenthamia capitata 见 *Cornus capitata*。

石斛属 DENDROBIUM

见兰花。

兜唇石斛 ***D. aphyllum*** **(*D. pierardii*)**(见296页) 落叶附生兰。适宜中温温室栽培。高达60cm。叶卵形，长5～8cm。花成对，淡粉红色，径4cm，每花有一个大的乳白色唇瓣，初春开放。夏季喜半阴。悬挂在板状树皮中生长最好。

鼓槌石斛 ***D. chrysotoxum***(见299页) 落叶附生兰。适宜中温温室栽培。高60cm。花杯状，深黄色，径2cm，具绒毛，唇瓣有红色斑点，花朵聚集成束状，春季开放。叶卵形，长5～8cm。夏季喜良好的散射光照。

🏆高山石斛 ***D. infundibulum***(见296页) 常绿附生兰。适宜低温温室栽培。高30cm，每茎有6朵以上的花，花纯白色，径8cm，唇瓣具黄色斑。叶卵形，长5～8cm。夏季喜半阴。

🏆石斛 ***D. nobile***(见297页) 落叶附生兰。适宜低温温室栽培(在栽培情况下通常常绿)。高30cm。花玫瑰粉色，径5cm，唇瓣栗色，花精致，聚集成束状。叶卵形，长5～8cm。夏季喜半阴。

D. pierardii 见 *D. aphyllum*。

足柱兰属 DENDROCHILUM

见兰花。

颖穗足柱兰 ***D. glumaceum***(Silver chain) 常绿附生兰。适宜低温温室栽培。高10cm。叶窄卵形，长15cm。花下垂，芳香，乳白色，唇瓣橙色，端尖，长1cm，花簇生，秋季开放。夏季喜半阴。

罂粟木属 DENDROMECON

罂粟科 PAPAVERACEAE

常绿灌木。以观叶和绚丽的花为主。耐寒至半耐寒。在寒冷地区，靠南或西墙种植。喜全光照和排水良好的土壤。夏季软枝扦插繁殖，或秋春季播种繁殖或冬季根插繁殖。

罂粟木 ***D. rigida***，见147页。

Dentaria enneaphyllos 见 *Cardamine enneaphyllos*。

Dentaria pentaphyllos 见 *Cardamine pentaphyllos*。

Deodar 见 *Cedrus deodara*。

Deptford pink 见 *Dianthus armeria*。

发草属 DESCHAMPSIA

禾本科 GRAMINEAE/POACEAE

见禾草类、竹类、灯心草类和莎草类植物。

发草 ***D. cespitosa***(Tufted hair grass) 多年生常绿草本。簇生。高1m，冠径25～30cm。极耐寒。叶浓密，狭窄，边缘粗糙，暗绿色。圆锥花序，开张，由小穗状花序组成，花小，精致，淡褐色，夏季开放，一直持续至冬季。耐光照耐阴。

Desert fan palm 见 *Washingtonia filifera*。

Desert rose 见 *Adenium*。

枸骨叶属(新拟) DESFONTAINIA

枸骨叶科(新拟)/马钱科 DESFONTAINIACEAE/LOGANIACEAE

常绿灌木。以观叶和花为主。花管状。耐寒至半耐寒。在寒冷地区需防风。喜半阴，特别是干燥地区。喜湿润、泥炭质酸性土壤。夏季用半成熟枝扦插繁殖。

🏆枸骨叶(新拟) ***D. spinosa***，见143页。

山蚂蝗属 DESMODIUM

豆科/蝶形花科 LEGUMINOSAE/PAPILIONACEAE

多年生草本、落叶灌木或亚灌木。以观花为主。极耐寒至耐寒。喜全光照和排水良好的土壤。春末软枝扦插繁殖或秋季播种繁殖，也可以春季分株繁殖。

雅致山蚂蝗 ***D. elegans***(*D. tiliifolium*)，见167页。

D. tiliifolium 见 *D. elegans*。

溲疏属 DEUTZIA

绣球科/山梅花科/虎耳草科 HYDRANGEACEAE/PHILADELPHACEAE/SAXIFRAGACEAE

落叶灌木。以观花为主。花多，5瓣。极耐寒至耐寒。喜全光照和肥沃、排水良好的土壤。花后定期剪除老枝对植株有益。夏季软枝扦插繁殖。

'束状'雅致溲疏 ***D.* × *elegantissima* 'Fasciculata'** 落叶直立灌木。高2m，冠径1.5m。极耐寒。叶卵形，有齿，中绿色。花簇生，花瓣5枚，淡粉色，春末至初夏开放。**🏆'粉簇' 'Rosealind'**，见162页。

冰生溲疏(细瘦溲疏) ***D. gracilis***，见153页。

'约康德'溲疏 ***D.* 'Joconde'** 落叶直立灌木。高和冠径均为1.5m。极耐寒。叶卵形，中绿色，先端具长尖。花5瓣，白色，外部有紫色条纹，初夏开放。

长叶溲疏 ***D. longifolia*** 落叶灌木。枝弓状。高2m，冠径3m。极耐寒。叶窄披针形，灰绿色。花大，簇生，5瓣，深粉色，初夏至仲夏开放。**🏆'维茨' 'Veitchii'**，见140页。

华美溲疏 ***D.* × *magnifica*** 落叶直立灌木。生长强壮。高2.5m，冠径2m。极耐寒。叶窄卵形，亮绿色。花浓密，簇生，5瓣，纯白色，初夏开放。**'省沽油' 'Staphyleoides'**，见136页。

维西溲疏 ***D. monbeigii***，见158页。

🏆'红峰'溲疏 ***D.* 'Mont Rose'**，见161页。

优雅溲疏 ***D. pulchra*** 落叶直立灌木。生长强壮。高2.5m，冠径2m。耐寒。树皮剥落，橙褐色。叶披针形，暗绿色。圆锥花序，柔软下垂，花淡粉白色，5瓣，春末至初夏开放。

粉花溲疏 ***D.* × *rosea***，见154页。

溲疏 ***D. scabra***，见136页。**'重瓣' 'Plena'**(*D. s.* 'Flore Pleno') 落叶直立灌木。高3m，冠径2m。极耐寒。叶窄卵形，暗绿色。花重瓣，白色，外面淡紫粉色，浓密，直立，簇生，初夏至仲夏开放。

🏆伞房川溲疏 ***D. setchuenensis* var. *corymbiflora*** 落叶直立灌木。树皮剥落，成熟时淡褐色。高2m，冠径1.5m。耐寒。叶披针形，具长尖，灰绿色。花小，5瓣，白色，花簇宽阔，初夏至仲夏开放。

Devil's club 见 *Oplopanax horridus*。

Devil's fig 见 *Argemone mexicana*，见335页。

山菅兰属(桔梗兰属) DIANELLA
Flax lily

百合科/麻兰科 LILIACEAE/PHORMIACEAE

多年生常绿草本。夏季开放。耐寒至半耐寒。在气候温和地区可室外种植，其他地区在低温温室或棚内种植。喜光照和排水良好的中性至酸性土壤。春季分株繁殖或播种繁殖。

蓝山菅兰 ***D. caerulea*** 多年生常绿草本。簇状。高75cm，冠径30cm。半耐寒。圆锥花序，花小，星状，蓝色，夏季开放。叶禾草状。浆果蓝色。

塔斯马尼亚山菅兰 ***D. tasmanica***，见253页。

石竹属 DIANTHUS
Carnation, Pink

石竹科 CARYOPHYLLACEAE

常绿或半常绿，主要为夏季开花的多年生、一年生和二年生草本。因观其芳香、密集的花而栽培。有些极适宜作切花。康乃馨和石竹是极好的切花和花境观赏品种，二年生的须苞石竹(*D. barbatus*)适宜花坛种植，较小而丛生种类和栽培品种适于岩石园种植。极耐寒至半耐寒。喜开阔、光照充足的环境和排水良好、微碱性土壤。仅孔雀石竹(*D. pavonius*)喜酸性土。重复开花的类型顶端枯死是有益的。高型康乃馨和石竹的茎松散，需支撑。花境康乃馨夏末压条繁殖，其他种类初夏至仲夏软枝扦插繁殖，野生种可在任何时候播种繁殖。锈病、红蜘蛛螨或通过蚜虫传染的病毒病易侵染植株。多数品种可用无毒砧木繁殖。

康乃馨和石竹的叶窄披针形，银绿色或灰绿色，散生于花茎上，康乃馨的茎干卷曲向上。它们被分成以下几组，所有类型都有单色和双色栽培品种，参见280～281页。

康乃馨类(Carnations)

花境康乃馨型(Border carnations)为一年生或多年生常绿草本。仲夏一次可开大量的花，适于花境装饰和切花，每个茎干有5朵以上芳香、半重瓣或重瓣的花，花径8cm。花边类型(花瓣的轮廓颜色较暗)最为常见。高75cm～1.1m，冠径30cm。耐寒。

四季康乃馨型(Perpetual-flowering carnations) 多年生常绿草本。若生长在温室中，全年均可开花，夏季开花更多。通常作切花种植，可摘去花茎上的侧芽，每茎留一个顶端的花芽。花完全重瓣，花径10cm，通常无香味，常有斑点或条纹。高1～1.5m，冠径30cm以上。半耐寒。分枝类型不摘花芽，每茎有5朵以上的花，花径5～6cm。高60cm～1m，冠径30cm。

法国康乃馨型(马尔迈松康乃馨型)(Malmaison carnations) 常绿多年生草本。是从'马尔迈松'石竹(*D.* 'Souvenir de la Malmaison')选育而来，生长在温室中。花大，重瓣，芳香，周年零星开花，花径13 cm，多数为单色，花萼分裂。高50～70 cm，冠径40 cm。半耐寒。

石竹类(Pinks)

常绿多年生草本。丛生。因可装饰花境和作切花而种植，夏季长出多个基生枝条，每枝开4～6朵芳香、单瓣至完全重瓣的花，花径3.5～6cm。植株高30～45cm，冠径23～30cm以上。耐寒。

古代石竹型(古典石竹型)(Old-fashioned pinks) 外形低矮，冠伸展。仲夏开花，开花期长出密集的花朵。杂交类型(花境康乃馨与须苞石竹杂交)和具花边类型(在这种类型中，中心部位的色彩延伸成围绕每一片花瓣的彩环)最常见。

现代石竹型(Modern pinks) 由古代石竹和四季康乃馨杂交而获得，比古代石竹更加强壮。夏季重复开花，具有2～3个萌发主花芽。

高山石竹型（Alpine pinks）常绿种和栽培品种，形成整齐的丛状或垫状植株，可在花坛边缘、岩石园、山谷地或高山植物温室中生长。初夏开单瓣、半重瓣或重瓣花朵，通常芳香。叶灰绿色。高8～10cm，冠径20cm。极耐寒。

D.‘A. J. MacSelf’ 见D.‘Dad's Favourite’。

‘白日’石竹D.‘Albisola’（见281页）四季康乃馨型。完全重瓣，花橙红色。

‘奥尔德里奇黄’石竹D.‘Aldridge Yellow’（见281页）花境康乃馨型。花半重瓣，纯黄色。

‘艾丽丝’石竹D.‘Alice’（见280页）现代石竹型。花具丁香味，半重瓣，象牙白色，每朵花有一粗大绯红色眼状斑。

🏆**高山石竹*D. alpinus***，见378页。

‘安娜贝尔’石竹D.‘Annabelle’，见379页。

‘北极’石竹D.‘Arctic’ 四季康乃馨型。花完全重瓣，白色，有粉色斑点。

🏆**亚美尼亚石竹*D. armeria***（Deptford pink）多年生常绿草本。丛生。有时作一年生栽培。高30cm，冠径45cm。极耐寒。叶窄披针形，暗绿色。在高茎上有多数小的分枝。花小，5瓣，鲜粉红色。适于岩石园和堤岸种植。

‘阿斯托’石竹D.‘Astor’（见281页）四季康乃馨型。花完全重瓣，猩红色，微香。四季开花的栽培品种之一。

须苞石竹（五彩石竹）***D. barbatus***（Sweet William）。**彩环系列Roundabout Series**（矮生），见326页。

🏆**‘贝基·鲁滨逊’石竹D.‘Becky Robinson’**（见280页）现代石竹型。花具丁香味，完全重瓣，玫瑰粉色，有宝石红色的花边。适于展览用。

‘军士’石竹D.‘Bombardier’ 多年生常绿草本。丛生。高和冠径均为10cm。耐寒。叶线形，灰绿色，基部簇生。花小，重瓣，猩红色，夏季开放。适于岩石园种植。

‘迷彩’石竹D.‘Bookham Fancy’（见281页）花境康乃馨型。茎短而硬。花亮黄色，具洋红色至紫色的边缘和条纹。

‘布克哈姆香水’石竹D.‘Bookham Perfume’（见281页）多年生花境康乃馨型。花半重瓣，绯红色，芳香。

🏆**‘博维·贝拉’石竹D.‘Bovey Belle’**（见281页）现代石竹型。具丁香味，完全重瓣，亮紫色，极适于作切花。

‘布赖普顿红’石竹D.‘Brympton Red’ 古代石竹型。花单瓣，亮绯红色，具较深的暗影。

D. caesius 见*D. gratianopolitanus*。

丹麦石竹（大紫石竹）*D. carthusianorum*，见354页。

D.‘Charles Musgrave’ 见D.‘Musgrave's Pink’。

石竹*D. chinensis*（Indian pink）一年生草本。丛生。生长慢。高和冠径均为15～30cm。极耐寒。叶披针形，淡绿色或中绿色。花管状，单瓣或重瓣，径2.5cm以上，花瓣开展。夏季至初秋开深浅不一的粉色、红色或白色花。**芭比娃系列Baby Doll Series**见324页。**‘火焰花’‘Fire Carpet’**，见327页。**海德维格群Heddewigii Group**高30cm，开混杂色的花。

‘克里斯汀·豪克’石竹D.‘Christine Hough’（见281页）多年生花境康乃馨型。花半重瓣，杏黄色，有玫瑰粉色晕和条纹。

‘克里斯托弗’石竹D.‘Christopher’（见281页）现代石竹型。花微香，完全重瓣，亮橙红色。

‘克莱拉’石竹D.‘Clara’（见281页）四季康乃馨型。花完全重瓣，黄色，具橙红色斑点。

D.‘Constance Finnis’，见D.‘Fair Folly’。

‘米黄苏’石竹D.‘Cream Sue’（见281页）四季康乃馨型。花奶油色，是‘杏黄苏’石竹(D.‘Apricot Sue’)的一个突变品种。

‘克朗普顿公主’石竹D.‘Crompton Princess’（见281页）四季康乃馨型。花纯白色。

‘宠儿’石竹D.‘Dad's Favourite’，（D.‘A. J. MacSelf’）（见280页）古代石竹型。花芳香，半重瓣，白色，具巧克力褐色边缘。

🏆**西洋石竹**（少女石竹，美女石竹）***D. deltoides***（Maiden pink）多年生常绿草本。垫状。基部簇生。高15cm，冠径30cm。极耐寒。叶小，披针形。花小，5瓣，白色、粉色或鲜红色，单生，夏季开放。适于岩石园或堤岸种植。花后修剪。**‘闪光’‘Leuchtfunk’**（D. d.‘Flashing Light’），见380页。

‘丹尼斯’石竹D.‘Denis’ 现代石竹型。花具浓烈丁香味，完全重瓣，深红色，花量大。

🏆**‘海牛’石竹D.‘Doris’**（见280页）现代石竹型。花密集，芳香，半重瓣，淡粉色，花基部具橙红色环。为种植最广泛的栽培品种之一，适宜作切花。

‘威斯敏斯特公爵’石竹D.‘Duchess of Westminster’（见281页）。Malmaison 法国康乃馨型。生长强壮。花橙红色，花萼大于大多数法国康乃馨。

‘伊甸园’石竹D.‘Edenside’ 多年生花境康乃馨型。花半重瓣，纯白色。

‘埃米尔·珀雷’石竹D.‘Emile Paré’（见280页）古代石竹型。花簇生，半重瓣，橙红色。叶中绿色。

‘夏娃’石竹D.‘Eva Humphries’（见280页）多年生花境康乃馨型。花芳香，半重瓣，花瓣白色，边缘为紫色。

‘苯美人’石竹D.‘Fair Folly’（D.‘Constance Finnis’）（见280页）现代石竹型。花单瓣，花色多变，通常暗粉色至暗紫色，花瓣上具2个白色斑。

‘林珍’石竹D.‘Forest Treasure’（见280页）多年生花坛康乃馨型。花重瓣，白色，花瓣上具2个暗红紫色斑点。

‘雀斑’石竹D.‘Freckles’ 现代石竹型。植株密集。花完全重瓣，暗粉色，具红色斑点。

🏆**‘金花’石竹D.‘Golden Cross’**（见281页）花境康乃馨型。茎短而硬，花亮黄色。

🏆**‘宠孙’石竹D.‘Gran's Favourite’**（见280页）古代石竹型。花芳香，半重瓣，白色，边缘深黑莓色。

🏆**蓝灰石竹*D. gratianopolitanus***（*D. caesius*），见377页。

D.‘Green Eyes’ 见D.‘Musgrave's Pink’。

红萼石竹*D. haematocalyx* 多年生常绿草本。丛生。高12cm，冠径10cm。极耐寒。叶披针形，有光泽。花5瓣，具齿，深粉色，背面浅褐色，着生于细长的茎上，夏季开放。适于岩石园或岩石堆中种植。

‘幸福’石竹D.‘Happiness’（见281页）多年生花境康乃馨型。花半重瓣，黄色，具猩红色至橙色条纹。

‘海托尔’石竹D.‘Haytor’（D.‘Haytor White’）（见280页）现代石竹型。茎粗壮。花完全重瓣，白色，芳香。广泛种植，尤其适宜作切花。

D.‘Haytor White’ 见D.‘Haytor’。

‘希迪科特’石竹D.‘Hidcote’ 多年生常绿草本。丛生。枝密集。高和冠径均为10cm。极耐寒。叶线形，长而尖，灰绿色，基部簇生。花重瓣，红色，夏季开放。适于岩石园种植。

🏆**‘红宝石’石竹D.‘Houndspool Ruby’**（D.‘Ruby’，D.‘Ruby Doris’）（见281页）现代石竹型。是‘海牛’石竹（D.‘Doris’）的一个突变品种，花具强烈香味，红宝石粉色，每朵花有一较深的眼状斑。

‘伊比萨’石竹D.‘Ibiza’ 四季康乃馨型。花完全重瓣，贝壳粉色。

‘冰山’石竹D.‘Iceberg’ 现代石竹型。花芳香，半重瓣，纯白色，外形比‘海托尔’石竹（D.‘Haytor’）略微松散。

🏆**‘愉悦’石竹D.‘Joy’**（见281页）现代石竹型。花半重瓣，粉色，具浓烈香味，适于作切花。

D.‘Kobusa’ 见D. PIERROT。

D.‘La Bourbille’ 见D.‘La Bourboule’。

🏆**‘拉布尔’石竹D.‘La Bourboule’**（D.‘La Bourbille’），见378页。

‘花边王’石竹D.‘Laced Monarch’（见281页）现代石竹型。花重瓣，粉色，边缘栗红色。

D.‘Laced Prudence’ 见D.‘Prudence’。

‘紫丁香’石竹D.‘Lavender Clove’（见281页）花境康乃馨型。生长强壮。花淡紫灰色，着生于长茎上。

‘小乔克’石竹D.‘Little Jock’，见377页。

‘伦敦锦缎’石竹D.‘London Brocade’（见280页）现代石竹型。花具丁香味，粉色，边缘绯红色。

‘伦敦之悦’石竹D.‘London Delight’ 古代石竹型，花芳香，半重瓣，淡紫色，边缘紫红色。

‘马隆’石竹D.‘Manon’ 四季康乃馨型。是最好的深粉色栽培品种之一。花完全重瓣。

‘火星’石竹D.‘Mars’ 多年生常绿草本。丛生。高和冠径均为10cm。耐寒。花小，重瓣，樱桃红色，夏季开花。叶线形，灰绿色，基部簇状。适于岩石园种植。

‘斯图亚特之主’石竹D.‘Master Stuart’ 多年生花境康乃馨型。花引人注目，半重瓣，白色，具深红色条纹。

小苞石竹*D. microlepis*，见378页。

🏆**‘莫尼卡·怀亚特’石竹D.‘Monica Wyatt’**（见281页）现代石竹型。花香异常，完全重瓣，呈仙客来粉色，开花多，每朵花具深红色眼状斑。是极好的切花品种。

蒙彼利石竹*D. monspessulanus* 多年生常绿草本。丛生。高30cm，冠径10～15cm。极耐寒。花浓香，5瓣，有毛边，淡紫色，着生于细长的茎上，夏季开放。叶细，禾草状，簇生。适于岩石园种植。喜沙砾土壤。

‘辛金斯夫人’石竹D.‘Mrs Sinkins’（见280页）古代石竹型。花浓香，有毛边，完全重瓣，白色。

‘穆尔西亚’石竹D.‘Murcia’ 四季康乃馨型。花完全重瓣，深金黄色。

‘马斯格拉夫粉’石竹D.‘Musgrave's Pink’（D.‘Charles Musgrave’，D.‘Green Eyes’）（见280页）古代石竹型。一种老的栽培品种。花单瓣，白色，具绿色眼状斑。

多脉石竹*D. myrtinervius*，见378页。

D. neglectus 见*D. pavonius*。

‘妮娜’石竹D.‘Nina’（见281页）四季康乃馨型。是最好的绯红色栽培品种之一。花完全重瓣，花瓣有光滑的边缘。

‘白雪’石竹D.‘Nives’（见280页）四季康乃馨型。花完全重瓣，纯白色，着生在短茎上。

🏆**‘孔雀’石竹*D. pavonius***（*D. neglectus*），见375页。

‘麻雀’石竹D. PIERROT（‘Kobusa’）（见280页）四季康乃馨型。花完全重瓣，淡玫瑰紫色，花瓣具紫色边缘。

🏆**‘派克粉红’石竹D.‘Pike's Pink’**，见378页。

D.‘Pink Calypso’ 见D.‘Truly Yours’。

‘粉红宝石’石竹D.‘Pink Jewel’（见281页）高山石竹型。花浓香，半重瓣，粉色。

‘贤明’石竹D.‘Prudence’（D.‘Laced Prudence’）（见280页）古代石竹型。花芳香，半重瓣，淡粉白色，带紫边，花瓣开展。

‘阳光’石竹D.‘Raggio di Sole’

（见281页）四季康乃馨型。花完全重瓣，亮橘红色。

'红丘'石竹 *D.* 'Red Barrow' 四季康乃馨型。花完全重瓣，亮猩红色，数量多。

***D.* 'Ruby'** 见 *D.* 'Houndspool Ruby'。

***D.* 'Ruby Doris'** 见 *D.* 'Houndspool Ruby'。

'萨姆·巴洛'石竹 *D.* 'Sam Barlow' 古代石竹型。花香异常，有褶边，完全重瓣，白色，中心巧克力褐色。

'典范'石竹 *D.* 'Show Ideal' 现代石竹型。花瓣扁平，半重瓣，白色，具红色眼状斑，浓香。十分适合展览。

'白斑褐花'石竹 *D.* 'Sops-in-wine' 古代石竹型。花芳香，单瓣，栗色，有白色斑点。

瞿麦 *D. superbus* 多年生常绿草本。垫状。高20cm，冠径15cm。极耐寒。叶窄披针形，淡绿色。花着生于细长的茎上，芳香，5瓣，粉色，边缘深色，中心较暗，夏季开放。适于岩石园种植。

'虎斑'石竹 *D.* 'Tigré' 四季康乃馨型。花完全重瓣，黄色，花瓣边缘具淡粉色至紫色条纹。

'托尼'石竹 *D.* 'Tony' 四季康乃馨型。花完全重瓣，黄色，具红色条纹。

'真诚'石竹 *D.* 'Truly Yours' （*D.* 'Pink Calypso'）（见280页）四季康乃馨型。花完全重瓣，为艳丽的粉色。

🏆'瓦尔达·怀亚特'石竹 *D.* 'Valda Wyatt' 现代石竹型。花香异常，完全重瓣，淡玫瑰紫色。

'瓦伦西亚'石竹 *D.* 'Valencia' （见281页）四季康乃馨型。花完全重瓣，金黄色至橙色。

'白女士'石竹 *D.* 'White Ladies' （见280页）古代石竹型。花香异常，花完全重瓣，白色，中心淡绿色。

🏆'阔冠丽'石竹 *D.* 'Widecombe Fair' 现代石竹型。花半重瓣，着生于强壮的枝条上，具不同寻常的桃红色至杏黄色，开放后呈红粉色。

岩梅属 DIAPENSIA

岩梅科 DIAPENSIACEAE

常绿亚灌木。枝条伸展。适于岩石园和谷地种植。极耐寒。喜半阴和泥炭、沙质、酸性土壤。在低海拔、气候炎热干燥的地带生长困难。春季播种繁殖或夏季用半成熟枝扦插繁殖。

北美岩梅 *D. lapponica* 常绿亚灌木。枝条伸展。高和冠径均为7cm。小叶簇生，圆形，革质。花单生，较小，碗状，白色，初夏开放。

双距花属 DIASCIA

玄参科 SCROPHULARIACEAE

一年生和多年生草本。夏季至秋季开花。其中部分为半常绿。栽培为观赏其管状、粉红色花。适于堤岸和花坛种植。耐寒。喜光照和富含腐殖质、排水良好但不太干燥的土壤。春季剪去老枝。晚春用软枝扦插繁殖，或夏季用半成熟枝扦插繁殖或秋季播种繁殖。

🏆'宝石'红双距花 *D. barberae* 'Ruby Field' 多年生草本。丛生。高8cm，冠径15cm。叶心形，淡绿色，着生在较短、柔韧的茎上。花管状，唇瓣宽，橙红色，整个夏季开放。

🏆'垂角'双距花 *D.* 'Blackthorn Apricot'，见278页。

心叶双距花 *D. cordata* of gardens，见353页。

🏆密序双距花 *D. rigescens*，见353页。

🏆匍匐双距花 *D. vigilis* 多年生草本。匍匐生长。高30～40cm，冠径60cm。叶小，圆形，有锯齿，淡绿色。松散扁平的穗状花序着生于直立的小枝上，花略向外展开，淡粉色，夏季开放。

荷包牡丹属 DICENTRA

罂粟科 PAPAVERACEAE

多年生草本。以观花为主。花下垂，花枝雅致。极耐寒。多数在半阴和富含腐殖质、湿润、排水良好的土壤上生长最好。晚冬休眠时分株繁殖，也可在秋季播种繁殖。接触叶会刺激皮肤过敏。

'艾德里安金雀'荷包牡丹 *D.* 'Adrian Bloom' 多年生草本。枝条伸展，丛生。高45cm，冠径30cm。叶卵形，灰绿色。花下垂，心形，浓胭脂红色至粉色。

兜状荷包牡丹 *D. cucullaria*，见362页。

***D. eximia* of gardens** 见 *D. formosa*。

美丽荷包牡丹 *D. formosa* （*D. eximia* of gardens）多年生草本。枝条伸展，丛生。高45cm，冠径30cm。叶卵形，具细缺刻，灰绿色。花枝细长，弓状，悬垂，花心形，粉红色或暗红色，春夏之交开放。

奇妙荷包牡丹 *D. peregrina* 多年生草本。丛生。高8cm，冠径达5cm。叶蕨类状，蓝绿色。花小，盒状，粉红色，春夏之交开放。喜含沙质土壤。适于高山温室种植。

🏆荷包牡丹 *D. spectabilis*，见245页。**🏆白花荷包牡丹 f. *alba***，见239页。

'春晨'荷包牡丹 *D.* 'Spring Morning'，见278页。

🏆'斯图亚特·布斯曼'荷包牡丹 *D.* 'Stuart Boothman'，见278页。

丽韭属 DICHELOSTEMMA

葱科／百合科 ALLIACEAE/ LILIACEAE

鳞茎类植物。夏季开花。以观花为主。茎无叶。头状花序，浓密。与花韭属（*Brodiaea*）有亲缘关系，与葱属（*Allium*）外表相似。耐寒。但在寒冷地区种植要有防护。喜光照充足的环境，适宜排水良好的土壤，春季大量需水，但花后需干燥。秋季或春季播种繁殖或秋季开始生长前用短匐茎繁殖。

缩口丽韭 *D. congestum* （*Brodiaea congesta*），见402页。

缘檐丽韭 *D. ida-maia* （*Brodiaea ida-maia*）鳞茎类植物。初夏开花。高1m，冠径8～10cm。叶窄长，半直立，基生。花茎无叶，着生浓密头状花序，花长2～2.5cm，具红管，花6瓣，绿色。

艳丽韭 *D. pulchellum* （*Brodiaea capitata*, *B. pulchella*）鳞茎类植物。初夏开花。高30～60cm，冠径8～10cm。叶窄长，半直立，基生。花茎无叶，着生浓密头状花序，花窄漏斗状，淡紫至深紫色，长1～2cm，有紫色苞片。

鸳鸯草属 DICHORISANDRA

鸭跖草科 COMMELINACEAE

多年生常绿草本。直立，丛生。以观叶为主。不耐寒，耐最低温度15～20℃。喜肥沃、湿润、排水良好的土壤，喜潮湿的环境和耐半阴。春季分株繁殖或夏季茎插繁殖。

鸳鸯草 *D. reginae*，见252页。

蚌壳蕨属 DICKSONIA

蚌壳蕨科 DICKSONIACEAE

常绿或半常绿树蕨，貌似棕榈树，有时在蕨类植物种植中可以提供一定高度。半耐寒至不耐寒，耐最低温度5℃。喜半阴和富含腐殖质、湿润的土壤。应定期清除凋谢叶片。夏季孢子繁殖。

🏆澳大利亚蚌壳蕨 *D. antarctica*，见310页。

🏆新西兰蚌壳蕨 *D. fibrosa* 常绿树蕨（在寒冷气候条件下落叶）。高6m，冠径4m。半耐寒。叶伸展，全裂，披针形，暗绿色，长2m，排成莲座状，在粗壮的树干上形成树冠。

🏆紫柄蚌壳蕨 *D. squarrosa* 常绿树蕨（在寒冷气候条件下落叶）。高6m，冠径4m。半耐寒。叶全裂，披针形，中绿色，长2m，有略黑的叶柄和中脉，莲座状，在细长的树干上形成树冠。

Dickson's golden elm 见 *Ulmus minor* 'Dicksonii'，见81页。

白鲜属 DICTAMNUS

芸香科 RUTACEAE

多年生草本。夏季开花。极耐寒。喜全光照和肥沃、排水良好的土壤。不耐移植。夏末用新鲜种子播种繁殖。白鲜（*D. albus*）的叶、根和种子，若被误食会引起轻微的胃部不适，接触叶会引起皮炎。

🏆白鲜 *D. albus* （*D. fraxinella*），见240页。**🏆紫花白鲜 var. *purpureus***，见243页。

D. fraxinella 见 *D. albus*。

Didiscus coeruleus 见 *Trachymene coerulea*。

异盖蕨属 DIDYMOCHLAENA

铁角蕨科／鳞毛蕨科 ASPIDIACEAE/ DRYOPTERIDACEAE

单种属。常绿蕨类。不耐寒，耐最低温度10℃。叶密集丛生，光滑，中绿色，幼叶淡玫瑰粉色或红色。喜半阴及高湿气候和湿润、富含腐殖质的土壤。孢子成熟即可用孢子繁殖或春季分株繁殖。

D. lunulata 见 *D. truncatula*。

截形异盖蕨 *D. truncatula* （*D. lunulata*）常绿蕨类。高和冠径均为1m。根状茎直立。叶三角形，全裂，长60cm～1.2m，分裂部分为简单的斜椭圆形至菱形。

花叶万年青属（黛粉叶属）DIEFFENBACHIA
Dumb cane, Leopard lily

天南星科 ARACEAE

多年生常绿草本。丛生。以观叶为主。不耐寒，耐最低温度15℃。适宜生长在肥沃、排水良好的土壤上和半阴的环境。春季或夏季茎插繁殖或将部分无叶的茎水平放在混合肥料基质中繁殖。介壳虫或红蜘蛛螨会造成危害。植株各部分若被吞食，均会引起胃部强烈不适。接触树汁会刺激皮肤。

***D. amoena* of gardens** 见 *D. seguine* 'Amoena'。

***D.* 'Exotica'** 见 *D. seguine* 'Exotica'。

***D. maculata* 'Exotica'** 见 *D. seguine* 'Exotica'。**'Rudolph Roehrs'** 见 *D. seguine* 'Rudolph Roehrs'。

***D.* 'Memoria'** 见 *D. seguine* 'Memoria Corsii'。

暗绿黛粉叶 *D. seguine* 多年生常绿草本。丛生。高和冠径均为1m以上。叶宽披针形，长45cm，光滑，暗绿色。花不明显，微小，淡绿白色，簇生成肉穗花序，在窄叶状佛焰苞中隐约可见。**'大王' 'Amoena'**（*D. amoena* of gardens）粗壮。高2m。叶上沿侧脉有乳白色条纹。**'淡黄斑' 'Exotica'**（*D.* 'Exotica'，*D. maculata* 'Exotica'），见264页。**'撒银' 'Memoria Corsii'**（*D.* 'Memoria'）叶灰绿色，有暗绿色斑块和白色斑点。**'乳斑' 'Rudolph Roehrs'**（*D. maculata* 'Rudolph Roehrs'，*D. s.* 'Roehrs'），见267页。

漏斗花属 DIERAMA
Angel's fishing rod, Wandflower

鸢尾科 IRIDACEAE

常绿球茎类植物。丛生。夏季开花。花下垂、漏斗状或钟状，着生于长弓形、柔韧的茎上。在近池塘处生长茂盛。耐寒至半耐寒。喜温暖，背风向阳的环境和排水良好的土壤，在夏季生长时期应保持湿润。冬季部分枯死。春季用球茎分株繁殖或秋季和春季播种繁殖。不耐移植。分株部分需要一年以上才能再次开花。

'乌鸫'漏斗花*D.* 'Blackbird' 多年生常绿草本。直立。高1.5m，冠径30cm。耐寒。叶禾草状。花成串，低垂，漏斗状，紫罗兰色至紫红色，长在柔韧低垂的茎上，夏季开放。

龙山漏斗花 *D. dracomontanum* (*D. pumilum* of gardens) 多年生常绿草本。直立。生长强壮。高75cm，冠径30cm。耐寒。叶禾草状。花多，低垂，漏斗状，呈深浅不一的粉色和紫色，长在柔韧的茎上，夏季开放。

D. ensifolium 见 *D. pendulum*。

俯垂漏斗花*D. pendulum* (*D. ensifolium*)，见401页。

艳丽漏斗花*D. pulcherrimum*，见400页。

D. pumilum of gardens见*D. dracomontanum*。

黄锦带属 DIERVILLA

忍冬科 CAPRIFOLIACEAE

落叶灌木。夏季开花。以观树姿为主。与锦带花属（*Weigela*）相似。极耐寒。喜半阴或全光照，适宜在中等肥沃、排水良好的土壤中种植。为了得到美观外形，可在冬季或花后，清除2年和3年生老枝。夏末用半成熟枝扦插繁殖或在秋季用硬枝扦插繁殖。

无柄黄锦带 *D. sessilifolia* 落叶灌木。枝条伸展。高和冠径均为1～1.5m。叶窄卵形，端尖，有锯齿，绿色，幼叶通常淡铜色。花管状，淡黄色，花簇顶生和侧生，夏季开放。常作为多年生草本来种植，每年春季剪除地上部分，并覆盖和施肥。

离被鸢尾属（新拟） DIETES

鸢尾科 IRIDACEAE

多年生常绿草本。鸢尾状。具根状茎。以观花为主。春季或夏季开花，引人注目。半耐寒。喜光照或半阴，适宜在富含腐殖质、排水良好和不过分干燥的土壤上生长。秋季或春季播种繁殖或春季分株繁殖（尽管可以分株但再次定植不是非常容易）。

褐斑离被鸢尾（新拟）***D. bicolor***，见402页。

扇形离被鸢尾（新拟）***D. iridioides*** (*D. vegeta* of gardens) 多年生常绿草本。春季或夏季开花。具根状茎。高60cm，冠径30～60cm。叶剑形，半直立，基生，呈伸展的扇形。茎分枝，细弱。花鸢尾状，白色，宽6～8cm，有时花有3片大花瓣，中心有黄色斑点。

D. vegeta of gardens 见 *D. iridioides*。

Digger's speedwell 见 *Parahebe perfoliata*，见286页。

毛地黄属 DIGITALIS
Foxglove

玄参科 SCROPHULARIACEAE

二年生和多年生草本。部分为常绿。以观花为主。穗状花序，夏季开放。极耐寒至耐寒。野生种可在大多数条件下生长，甚至是干燥、暴露的地带也可生长，但在半阴和湿润、排水良好的土壤上生长最好。秋季播种繁殖。植株各部分若被吞食会引起强烈不适。接触叶会刺激皮肤。

D. ambigua 见 *D. grandiflora*。

D. canariensis 见 *Isoplexis canariensis*。

D. eriostachya 见 *D. lutea*。

狭叶毛地黄*D. ferruginea*，见241页。

大花毛地黄 *D. grandiflora* (*D. ambigua*)(Yellow foxglove) 多年生常绿草本。丛生。高75cm，冠径30cm。极耐寒。叶莲座状，卵形至长椭圆形，光滑，具粗壮叶脉。总状花序，花先端向下，筒状，乳黄色，夏季开花。

黄花毛地黄*D. lutea* (*D. eriostachya*) 多年生草本。直立。高75cm，冠径30cm。极耐寒。叶莲座状，卵形，光滑，中绿色。花先端向下，窄筒状，乳黄色，花纤细锥形。

默顿毛地黄 *D.* × *mertonensis* 多年生草本。丛生。高75cm，冠径30cm。极耐寒。叶莲座状，卵形，有绒毛，柔软。穗状花序，位于莲座状叶的上方，花先端向下，筒状，玫瑰紫红色至铜色，夏季开放。花后分株繁殖。

毛地黄*D. purpurea*多年生直立草本。寿命短，常作为二年生栽培。高1～1.5m，冠径60cm。极耐寒。叶莲座状，卵形，粗糙，深绿色。穗状花序，花筒状，呈深浅不一的粉红色、红色、紫色或白色，夏季开放。**白花毛地黄 f. *albiflora*** (*D. p.* f. *alba*)，见318页。

五桠果属 DILLENIA

五桠果科 DILLENIACEAE

常绿或短暂落叶乔木。春季开花。因观花和叶及树阴而栽培。不耐寒，耐最低温度16℃。喜湿润、肥沃的土壤和全光照环境。盆栽植株旺盛生长时大量需水，冬季需水少。春季播种繁殖。

五桠果 *D. indica* (Elephant apple) 短暂落叶乔木。树冠伸展。高和冠径均为8～12m。叶卵形，有锯齿，光滑，长30cm，具粗大的平行叶脉。花低垂，杯状，白色，径15～20cm，春季开放。果实球状，淡绿色，可食用。

铜钱花属 DIMORPHOTHECA
African daisy, Cape marigold

菊科 ASTERACEAE/COMPOSITAE

一年生、多年生草本或常绿亚灌木。半耐寒。喜光照和肥沃，排水良好的土壤。修剪顶端花序可延长花期。一年生草本仲春温室内播种繁殖，多年生草本夏季用半成熟枝扦插繁殖。潮湿的夏季易染灰霉病。

D. annua 见 *D. pluvialis*。

D. barberae of gardens 见 *Osteospermum jucundum*。

雨纹铜钱花 *D. pluvialis* (*D. annua*)，见319页。

捕蝇草属 DIONAEA

茅膏菜科 DROSERACEAE

多年生常绿草本。食虫植物。莲座状。不耐寒，耐最低温度5℃。喜半阴和潮湿的环境，适宜生长在泥炭和苔藓的混合基质中，保持湿润。春季播种繁殖或分株繁殖。

捕蝇草 *D. muscipula*，见305页。

垫报春属 DIONYSIA

报春花科 PRIMULACEAE

多年生常绿草本。垫状。极耐寒。适宜生长在高山植物温室内光照充足和沙质、排水良好的土壤中。不喜冬季潮湿。夏季软枝扦插繁殖。植株易染灰霉病。

裂瓣垫报春 *D. aretioides*，见371页。

小叶垫报春 *D. microphylla* 多年生常绿草本。高5cm，冠径15cm。叶莲座状，卵形至圆形，先端锐尖，灰绿色，叶背有粉状的黄色覆盖物，形成紧密的垫状。花茎短，花小，5裂，深浅不一的紫色至黄色，具白色眼状斑，花瓣基部较暗，初春开放。

袖珍垫报春*D. tapetodes*，见372页。

双子苏铁属 DIOON

泽米苏铁科／苏铁科 ZAMIACEAE/CYCADACEAE

常绿灌木。以观棕榈状的外观为主。不耐寒，耐最低温度13～18℃。喜全光照和肥沃、排水良好的土壤。盆栽植株中度需水，非旺盛生长期需水少。春季播种繁殖。

双子苏铁*D. edule* (Virgin's palm) 常绿棕榈状灌木。生长非常慢。最终形成粗壮直立的树干。高2～4m，冠径1.5～3m。羽状叶，长60cm～1.2m，小叶先端具刺，深蓝绿色。

薯蓣属 DIOSCOREA

薯蓣科 DIOSCOREACEAE

多年生草本。具块茎。其中一些为肉质草本或常绿攀缘植物。以观其装饰性的叶为主。花不显著，黄色。不耐寒，耐最低温度5～13℃。喜全光照或半阴，适宜在肥沃、排水良好的土壤上种植。春季或秋季分株繁殖或块茎繁殖或春季播种繁殖。

异色薯蓣*D. discolor*，见219页。

蔓龟草*D. elephantipes* (*Testudinaria elephantipes*)，见467页。

逸香木属（新拟） DIOSMA

芸香科 RUTACEAE

常绿灌木。茎金属丝状。以观花和树姿为主。不耐寒，耐最低温度7℃。喜全光照和排水良好的中性至酸性土壤。盆栽植株中度需水，非旺盛生长期需水少。花后剪短花茎可形成致密的树形。春季播种繁殖或夏末用半成熟枝扦插繁殖。

逸香木（新拟）***D. ericoides*** (Breath of heaven) 常绿灌木。树冠松散，圆球状。生长快。高和冠径均为30～60cm。叶芳香，针状，在茎上簇生。花小，花多，芳香，5瓣，白色，有时淡红色，冬春之交开放。

Diosphaera 重新归入 *Trachelium*。

柿树属 DIOSPYROS

柿树科 EBENACEAE

落叶或常绿乔木和灌木。以观叶和果实为主。极耐寒至耐寒。喜全光照，在炎热的夏季生长最好，喜肥沃、排水良好的土壤。为得到果实，雌雄树需同时种植。秋季播种繁殖。

柿树*D. kaki* (Chinese persimmon, Kaki, Persimmon)落叶乔木。树冠开展。高10m，冠径7m。耐寒。叶卵形，光滑，暗绿色，秋季变橙色、红色和紫色。花小，淡黄至白色，夏季开放。雌树结球状果，果实大、可食，黄色或橙色。

君迁子（黑枣）***D. lotus*** (Date plum) 落叶乔木。树冠开展。高10m，冠径6m。极耐寒。叶卵形，光滑，暗绿色。花小，淡红绿色，仲夏至夏末开放。雌树上结球果，果实难吃，紫色或黄色。

异被风信子属（新拟） DIPCADI

风信子科／百合科 HYACINTHACEAE/LILIACEAE

鳞茎类植物。春季开花。主要因其生物学特性而栽培。耐寒，但不能忍耐极寒冷和潮湿的冬季，在冷室或高山植物温室内生长最好。喜温暖、光照充足的环境和轻质、排水良好的土壤。夏季休眠。秋季播种繁殖。

异被风信子（新拟）***D. serotinum***，见434页。

双盾木属 DIPELTA

忍冬科 CAPRIFOLIACEAE

落叶灌木。叶粗大，具长尖。以观花为主。花绚丽，管状。树皮剥落。花后苞叶膨大，围绕果实，变成褐色薄纸状。极耐寒。喜光照或半阴和肥沃、排水良好的土壤。花后，偶尔不清理老枝，对植株有益。夏季用软枝扦插繁殖。

双盾木*D. floribunda*，见117页。

云南双盾木*D. yunnanensis*，见116页。

山荷叶属 DIPHYLLEIA

小檗科 BERBERIDACEAE

多年生草本。具蔓生的根及伞状叶。非常适于疏林公园种植。极耐寒。喜半阴和湿润的土壤。春季分株繁殖或秋季播种繁殖。

山荷叶*D. cymosa* (Umbrella leaf) 多年生草本。冠圆球状。高60cm，冠径30cm。叶大，圆形，2裂。花集生成松散的头状，花不显著，白色，春季开放。浆果，果柄红色，果实靛蓝色。

Dipidax 重新归入 *Onixotis*。

Diplacus glutinosus 见 *Mimulus aurantiacus*。

Dipladenia 重新归入 *Mandevilla*。

澳菖蒲属 DIPLARRHENA

鸢尾科 IRIDACEAE

单属种。多年生草本。夏季开花。半耐寒。喜光照环境和排水良好的土壤。春季播种繁殖或分株繁殖。

澳菖蒲*D. moraea*，见277页。

川续断属 DIPSACUS
Teasel

川续断科 DIPSACACEAE

二年生或短命多年生草本。以观其头状花序为主。适于作干花。极耐寒。喜光照或半阴和任何肥沃的土壤，包括重黏土。秋季或春季播种繁殖。

起绒草（拉毛草）***D. fullonum*** 二年生草本。多刺。高1.5～2m，冠径30～80cm。第一年，叶基生，莲座状，有锯齿，暗绿色，被多刺小突起覆盖。头状花序，花蓟状，粉紫色或白色，具坚硬多刺的苞片，花顶生在直立的具对生叶的茎上，第二年仲夏至夏末开放。

金钱槭属 DIPTERONIA

槭树科 ACERACEAE

落叶乔木。以观叶和果实为主。极耐寒。喜全光照和肥沃、排水良好的土壤。夏季用软枝扦插繁殖或秋季播种繁殖。

金钱槭*D. sinensis* 落叶乔木。树冠开展，有时为灌木状。高10m，冠径6m。叶大，中绿色，小叶7～11片，卵形至披针形。花不明显，淡绿白色，夏季开放。果实成大簇，红色，具翅。

双距兰属 DISA

见兰花。

单花双距兰*D. uniflora* 落叶陆生兰。高45～60cm。不耐寒，耐最低温度7～10℃。叶窄披针形，光滑，暗绿色，长达22cm，紧贴茎生长。每个茎上着生花可达7朵，花兜状，鲜红色，长8～10cm，具暗黄色脉纹，初夏开放。该种是许多商品切花品种的杂交亲本。喜半阴环境和适度湿润的土壤。播种繁殖或在休眠期用短匐茎分株繁殖。

双花木属 DISANTHUS

金缕梅科 HAMAMELIDACEAE

单种属。落叶灌木。秋季开花。因观赏其全株形态及秋色叶而栽培。耐寒。喜半阴环境和富含腐殖质、湿润但不积水，中性至酸性土壤。春季压条繁殖，也可种子成熟时或春季播种繁殖。

🏆**双花木*D. cercidifolius*** 落叶灌木。树冠圆形。株高和冠径均为3m。叶阔卵形至近圆形，浅蓝绿色，秋季变成黄色、橙色、红色或紫红色。花小，暗红色，秋季落叶时或更晚时开放。

棘鼠李属 DISCARIA

鼠李科 RHAMNACEAE

落叶或几乎无叶灌木和乔木。因观赏其树姿和花而栽培。枝多刺，绿色，具叶的功能。耐寒。喜背风向阳的环境和肥沃、排水良好的土壤。夏季用软枝扦插繁殖。

棘鼠李*D. toumatou* (Wild Irishman) 落叶或几乎无叶灌木。丛生。株高和冠径均为2m。枝具尖锐、坚硬的针刺。花小，星状，浅绿白色，密集簇状着生，春末开放。

Disk-leaved hebe 见 *Hebe pinguifolia*。

宝铎草属 DISPORUM
Fairy bells

铃兰科／百合科 CONVALLARIACEAE/LILIACEAE

多年生草本。春季或初夏开花。最适宜在林地公园生长。极耐寒。喜凉爽、半阴环境和富含腐殖质的土壤。春季分株繁殖或秋季播种繁殖。

胡克宝铎草*D. hookeri* 多年生草本。丛生。株高75cm，冠径30cm。叶狭卵形，中绿色。花簇生，下垂，阔钟状，浅绿白色，春季开放。浆果橙红色，秋季成熟。

'斑叶'宝铎草*D. sessile* 'Variegatum' 多年生草本。丛生。蔓延迅速。株高45cm，冠径30cm。叶狭卵形，皱褶，具不规则白色条纹。花单生，管状至钟状，乳白色，春季开放。

红钟藤属 DISTICTIS

紫葳科 BIGNONIACEAE

常绿攀缘植物。茎木质，具卷须。因观赏其色彩丰富的喇叭状花而栽培。不耐寒，耐最低温度5～7℃。喜排水良好的土壤和光照充足的环境。夏季需大量浇水，其他时间少量浇水。茎需要支撑。春季需剪去过于密集的枝条。初夏用软枝扦插繁殖或夏末用半成熟枝扦插繁殖。

红钟藤（红钟花）***D. buccinatoria*** (*Phaedranthus buccinatorius*)，见204页。

蚊母树属 DISTYLIUM

金缕梅科 HAMAMELIDACEAE

常绿灌木或乔木。因观赏其叶和花而栽培。耐寒。喜背风、半阴的环境和湿润的泥炭土。夏季用半成熟枝扦插繁殖。

蚊母树*D. racemosum* 常绿灌木。枝拱状。株高2m，冠径3m。叶椭圆形，革质，光滑，暗绿色。花小，具红色花萼和紫红色花药，春末或初夏开放。

Dittany 见 *Origanum*。

Cretan 见 *Origanum dictamnus*。

Dizygotheca elegantissima 见 *Schefflera elegantissima*。

移𣐿属 DOCYNIA

蔷薇科 ROSACEAE

常绿或半常绿乔木。春季开花。因观赏其花和叶而栽培。与榅桲属(*Cydonia*)有亲缘关系。半耐寒。喜全光照环境和排水良好的土壤。除幼树需要定型修剪外，其他不必修剪。春秋季播种繁殖，夏季芽接繁殖或冬季嫁接繁殖。通常易受到毛虫的危害。

云南移𣐿*D. delavayi* 常绿或半常绿乔木。树冠开张。株高和冠径均为8m以上。叶卵形或披针形，背面具白色毡绒层。花芳香，5瓣，白色，花芽粉红色，春季开放。果卵圆状，具长绒毛，黄色，秋季成熟。

流星花属 DODECATHEON
Shooting stars

报春花科 PRIMULACEAE

多年生草本。春季或夏季开花。因观赏其花而栽培。花果反折的花瓣和显著突起的雄蕊，受精后，朝向天空，由此而得名。开花后进入休眠。极耐寒至耐寒。喜光照或半阴的环境和湿润、但排水良好的土壤。秋季播种繁殖或冬季分株繁殖。

🏆**齿叶流星花*D. dentatum*** 多年生草本。丛生。株高7cm，冠径25cm。极耐寒。叶长卵形，具锯齿。花白色，着生于细长的茎上，雄蕊突出，黑色，裂片反折，春末开放。喜半阴环境。

🏆**宽叶流星花*D. hendersonii*** (*D. latifolium*)，见347页。

D. latifolium 见 *D. hendersonii*。

流星花 *D. meadia* 多年生草本。丛生。株高20cm，冠径15cm。极耐寒。叶卵形，淡绿色。花浅粉红色，着生于粗壮的茎上，高于叶面，裂片反折。喜半阴环境。🏆**白流星花** f. ***album***，见347页。

D. pauciflorum of gardens 见 *D. pulchellum*。

🏆**美丽流星花*D. pulchellum*** (*D. pauciflorum* of gardens) 多年生草本。丛生。株高15cm，冠径10cm。极耐寒。与流星花(*D. meadia*)相似，但花通常为深红色。

'红翼'流星花*D.* 'Red Wings'，见348页。

车桑子属 DODONAEA

无患子科 SAPINDACEAE

常绿乔木和灌木。主要因观赏其叶及全株形态而栽培。半耐寒至不耐寒。耐最低温度3～5℃。喜光照充足的环境和排水良好的土壤。盆栽时，在旺盛生长时期需大量浇水，其他时间少量浇水。为了保持树冠均衡，夏末或春季可进行修剪。春季播种繁殖或夏末用半成熟枝扦插繁殖。

'紫叶'车桑子 *D. viscosa* 'Purpurea'，见151页。

Dog's fennel 见 *Anthemis*。

Dog's tooth violet 见 *Erythronium dens-canis*，见430页。

Dogwood 见 *Cornus*。

Creeping 见 *Cornus canadensis*，见374页。

Flowering 见 *Cornus florida*。

Mountain 见 *Cornus nuttallii*，见76页。

Pacific 见 *Cornus nuttallii*，见76页。

Red-barked 见 *Cornus alba*。

Dolichos lablab 见 *Lablab purpureus*。

Dolichos purpureus 见 *Lablab purpureus*。

Doll's eyes 见 *Actaea pachypoda*，见259页。

铃铃属 DOMBEYA

梧桐科 STERCULIACEAE

常绿灌木和乔木。因观赏其花而栽培。不耐寒，耐最低温度5～13℃。喜充足光照或半阴的环境和肥沃、排水良好的土壤。盆栽时，在旺盛生长时期，需大量浇水，温度低时要少浇水。开花后可以进行修剪。春季播种繁殖或夏季用半成熟枝扦插繁殖。白蝇和红蜘蛛螨可能造成危害。

铃铃花 *D. burgessiae* (*D. mas-*

tersii），见 150 页。

红铃花 *D.* × *cayeuxii*，见 88 页。

D. mastersii 见 *D. burgessiae*。

Dondia 重新归入 *Hacquetia*。

Donkey-tail 见 *Sedum morganianum*。

多榔菊属 DORONICUM
Leopard's bane

菊科 ASTERACEAE/COMPOSITAE

多年生草本。因观赏其雏菊状头状花序而栽培。为良好的切花材料。极耐寒。大多数喜充足光照或半阴的环境和湿润、排水良好的土壤。秋季分株繁殖。

奥地利多榔菊 *D. austriacum* 多年生草本。丛生。株高 45cm，冠径 30cm。头状花序，雏菊状，鲜黄色，单生于细长的茎上，春季开放。叶心形，亮绿色，多毛，叶缘波状。

心叶多榔菊 *D. columnae* (*D. cordatum*)。**'马森' 'Miss Mason'**，见 238 页。

D. cordatum 见 *D. columnae*。

'哈普尔'车前状多榔菊 *D.* × *excelsum* 'Harpur Crewe'（*D. plantagineum* 'Excelsum'）多年生草本。丛生。株型优美。株高 1m，冠径 60 cm。头状花序大，雏菊状，毛茛黄色，每个茎上着 3～4 朵花，春季开放。叶心形，亮绿色。适宜生长于干燥、庇荫的环境。

'春丽'多榔菊 *D.* 'Frühlingspracht'（*D.* 'Spring Beauty'）多年生草本。丛生。株高 45cm，冠径 30cm。头状花序，雏菊状，重瓣，鲜黄色，春季开放。叶心脏形，亮绿色。

***D. plantagineum* 'Excelsum'** 见 *D.* × *excelsum* 'Harpur Crewe'。

***D.* 'Spring Beauty'** 见 *D.* 'Frühlingspracht'。

彩虹花属 DOROTHEANTHUS

番杏科 AIZOACEAE

一年生多浆植物。适宜生长于酷热、干燥的地方，如岩石园、堤岸或硬化地面的狭缝内。半耐寒。喜光照，在贫瘠、排水良好的土壤上生长良好。可通过打顶延长开花时间。早春温室内播种繁殖或仲春室外播种繁殖。注意防止蛞蝓和蜗牛。

彩虹花（冰叶日中花）***D. bellidiformis***（*Mesembryanthemum criniflorum*）（Ice-plant, Livingstone daisy）。**'魔毯' 'Magic Carpet'**，见 325 页。

Dorset heath 见 *Erica ciliaris*。

矛花属 DORYANTHES

矛花科／百合科 DORYANTHACEAE/LILIACEAE

多年生常绿草本。莲座状。因观花而栽培。不耐寒 ，耐最低温度 10℃。喜光照充足的环境和富含腐殖质、排水良好的土壤。春季用成熟珠芽繁殖、播种繁殖或开花后用根出条繁殖。

棱叶矛花（新拟）***D. palmeri***，见 232 页。

Dorycnium hirsutum 见 *Lotus hirsutus*。

Double common snowdrop 见 *Galanthus nivalis* 'Flore Pleno'，见 439 页。

Double meadow buttercup 见 *Ranunculus acris* 'Flore Pleno'，见 292 页。

Double sea campion 见 *Silene uniflora* 'Robin Whitebreast'。

Double soapwort 见 *Saponaria officinalis* 'Rubra Plena'。

Douglas fir 见 *Pseudotsuga menziesii*。

Douglasia vitaliana 见 *Vitaliana primuliflora*。

Dove tree 见 *Davidia involucrata*，见 77 页。

Downy cherry 见 *Prunus tomentosa*。

Doxantha（除 *D. capreolata* 外，见 *Bignonia capreolata*）重新归入 *Macfadyena*。

D. capreolata 见 *Bignonia capreolata*。

葶苈属 DRABA

十字花科 BRASSICACEAE/CRUCIFERAE

一年生草本。常绿或半常绿垫状或簇生状多年生草本。春季开花。具有发达的根系。有些种类形成柔软、绿色的草垫层，除顶端外，冬季草垫层均变成棕褐色，看上去近乎死亡。适宜高山植物温室栽培。极耐寒至耐寒。喜光照环境和富含沙砾、排水良好的土壤。忌冬季潮湿。春末利用莲座丛的软枝扦插繁殖或秋季播种繁殖。

刚毛葶苈 *D. aizoides*（Yellow whitlow grass）多年生半常绿草本。簇生状。株高 2.5cm，冠径 15cm。极耐寒。叶丛莲座状，叶披针形，具刚毛。花鲜黄色，4 瓣，春季开放。适宜生长于山麓碎石之中。

D. bryoides 见 *D. rigida* var. *bryoides*。

西班牙葶苈 *D. hispanica* 多年生半常绿草本。垫状。株高 5cm，冠径 10 cm。耐寒。叶卵形，柔软，脆弱，浅绿色。花簇生，平展，4 瓣，淡黄色，春季开放。

长果葶苈 *D. longisiliqua*，见 371 页。

高加索葶苈 *D. mollissima*，见 372 页。

多毛葶苈 *D. polytricha* 多年生半常绿草本。垫状。株高 6cm，冠径 15cm。极耐寒。叶小，圆形，排列整齐，莲座均匀对称。茎脆弱。花平展，4 瓣，金黄色，春季开放。栽培困难。垫状物下面应衬有石块，要及时去除死亡的莲座。

多籽葶苈 *D. rigida*，见 371 页。**硬叶葶苈** var. ***bryoides***（*D. bryoides*）多年生常绿草本。冠密集，圆丘状。株高 4cm，冠径 6cm。极耐寒。叶小，圆形，坚硬，暗绿色。花簇小，几无柄，花 4 瓣，鲜黄色，覆盖于圆丘冠之上，春季开放。适宜生长于檐槽或山麓碎石之上。

龙血树属 DRACAENA

龙舌兰科／龙血树科 AGAVACEAE/DRACAENACEAE

常绿乔木或灌木。因观赏其叶和树形而栽培。不耐寒，耐最低温度 13～18℃。喜全光照或半阴环境和排水良好的土壤。盆栽植株应适度浇水，低温时少浇水。春季通过平茬使植株复壮。春季播种繁殖、空中压条繁殖或夏季用茎尖或茎扦插繁殖。易受介壳虫危害。

D. australis 见 *Cordyline australis*。

D. deremensis 见 *D. fragrans* Deremensis Croup。**'Souvenir de Schrijver'** 见 *D. fragrans* Deremenis Group 'Warneckei'。**'Warneckei'** 见 *D. fragrans* Deremensis Group 'Warneckei'。

龙血树 *D. draco*，见 100 页。

香龙血树 *D. fragrans* (Corn plant)。**竹蕉群 Deremensis Group**（*D. deremensis*）常绿直立灌木。生长慢。分枝稀少。株高 2 m 以上，冠径 1m 以上。叶披针形，直立至拱状，光滑，深绿色，长可达 45 cm。成年的植株上偶会产生大型圆锥花序，花小、红白相间，夏季开放。**'沃尼克'竹蕉群 Deremensis Group 'Warneckei'**（*D. deremensis* 'Souvenir de Schrijver'，*D. d.* 'Warneckei'），见 126 页。**'马桑加' 'Massangeana'** 常绿直立灌木。分枝稀少。株高 3～6m，冠径 1～3m。叶条形，拱状，长达 60cm，具有纵向排列、黄色和浅绿色相间的条纹。花稀疏，芳香，星状，黄色，初夏开放。果实圆形至椭圆形，橙红色。

D. indivisa 见 *Cordyline indivisa*。

红边龙血树 *D. marginata*（Madagascar dragon tree）常绿直立灌木或乔木。生长慢。株高 3m 以上，冠径 1～2m 以上。叶狭条形，浓绿色，带有红色边缘。花稀疏。**'三色' 'Tricolor'**，见 99 页。

银纹龙血树（喀麦隆龙血树）***D. sanderiana***，见 151 页。

青兰属 DRACOCEPHALUM
Dragon's head

唇形科 LABIATAE/LAMIACEAE

一年生或多年生草本。夏季开花。适宜岩石园或花坛中栽培。极耐寒。喜光照环境和肥沃、排水良好的土壤。春季或秋季播种繁殖或分株繁殖，也可春季利用幼株基生枝条扦插繁殖。

青兰 *D. ruyschiana* 多年生草本。直立。株高 45～60cm，冠径 30cm。花序穗状，密集轮生，花二唇形，蓝紫色，初夏至仲夏开放。叶中绿色，长条形至披针形。

D. sibiricum 见 *Nepeta sibirica*。

龙芋属 DRACUNCULUS

天南星科 ARACEAE

多年生草本。生长旺盛。具块茎。佛焰苞近三角形，散发恶臭味。耐寒，但在严冬，需用玻璃罩或用干枯的蕨类植物覆盖来保护休眠的块茎。夏季喜光照环境和排水良好、干燥的土壤。夏末利用大量发生的短匐茎繁殖或秋季播种繁殖。

龙芋 *D. vulgaris*（*Arum dracunculus*），见 401 页。

Dragon tree 见 *Dracaena draco*，见 100 页。

Madagascar 见 *Dracaena marginata*。

Dragon's arum 见 *Dracunculus vulgaris*，见 401 页。

Dragon's head 见 *Dracocephalum*。

Dragon's mouth 见 *Horminum pyrenaicum*。

Dragon's-claw willow 见 *Salix babylonica* var. *pekinensis* 'Tortuosa'，见 85 页。

南山藤属 DREGEA

萝摩科 ASCLEPIADACEAE

常绿缠绕性攀缘植物。茎木质。因植物学特性而栽培。耐寒。喜光照充足和各种排水良好的土壤。春季播种繁殖或夏、秋季用茎扦插繁殖。

D. corrugata 见 *D. sinensis*。

苦绳 *D. sinensis*（*D. corrugata*，*Wattakaka sinensis*）常绿缠绕性攀缘植物。茎木质。株高达 3m。叶卵形，中绿色，基部心形，长 3～10cm，叶背淡灰色。花小，芳香，星状，白色或乳白色，具有红色斑点或条纹，10～25 朵集成一簇，夏季开放。蓇葖果细长，对生，长 5～7cm。

Drejerella guttata 见 *Justicia brandegeeana*。

Drepanostachyum falconeri 见 *Himalayacalamus falconeri*。

林仙属（南洋木莲属） DRIMYS

林仙科（假八角科） WINTERACEAE

常绿乔木或灌木。因观赏其叶和星状花而栽培。耐寒，但在寒冷的地方应靠南墙或西墙栽培。喜光照或半阴环境和肥沃、湿润但排水良好的土壤。夏季用半成熟枝扦插繁殖或秋季播种繁殖。

D. aromatica 见 *D. lanceolata*。

D. axillaris 见 *Pseudowintera axillaris*。

D. colorata 见 *Pseudowintera colorata*。

澳洲林仙 *D. lanceolata* (*D. aromatica*) (Mountain pepper) 常绿灌木或乔木。直立，浓密。株高4m，冠径2.5m。枝条深红色。叶椭圆形，暗绿色。花星状，白色，丛生，春季开放。

林仙 *D. winteri* (*Wintera aromatica*)，见78页。

Drooping juniper 见 *Juniperus recurva*，见108页。

Drooping star-of-Bethlehem 见 *Ornithogalum nutans*。

Dropwort 见 *Filipendula vulgaris*。

泡叶菊属 DROSANTHEMUM

番杏科 AIZOACEAE

肉质灌木。直立或平卧。茎细长。花团状，夏季开放。叶片被一层细小乳头状突起。不耐寒，耐最低温度5℃。喜全光照环境和排水极好的土壤。夏秋季播种或茎插繁殖。

毛泡叶菊 *D. hispidum* 肉质灌木。枝拱状或伸展。具气生根。株高60cm，冠径1m。叶圆柱形，淡绿色，长1.5～2.5cm。花小，雏菊状，紫红色，直径达3cm，团状着生，夏季开放。

美丽泡叶菊 *D. speciosum* 直立灌木状肉质植物。株高60cm，冠径1m。叶半圆柱状，长1～2cm。花雏菊状，橙红色，中心绿色，直径达5cm，团状着生，夏季开放。

茅膏菜属 DROSERA
Sundew

茅膏菜科 DROSERACEAE

多年生常绿食虫草本。耐寒至不耐寒，耐最低温度5～10℃。适宜在全光照环境和泥炭与苔藓混合的基质上生长。不耐干燥。春季播种繁殖或分株繁殖。

南非茅膏菜 *D. capensis*，见305页。

匙叶茅膏菜 *D. spatulata*，见305页。

Drumstick primula 见 *Primula denticulata*，见273页。

Drunkard's dream 见 *Hatiora salicornioides*，见468页。

蓟序木属 DRYANDRA

山龙眼科 PROTEACEAE

常绿灌木或乔木。春季至夏季开花。因观赏其花、叶及树形而栽培。不耐寒，耐最低温度7℃。喜全光照环境和排水良好、含有很少的硝酸盐或磷酸盐的沙质土壤。栽培困难。盆栽时适度浇水，低温条件下少量浇水，在温室内栽培时需通风良好。春季播种繁殖。

锯叶蓟序木 *D. formosa* 常绿密生灌木。株高2～5m，冠径1.5～3m。叶带状，分裂成三角形，接近直立的裂片似锯条状。花序头状，顶生，半球状，花小，芳香，管状，橙黄色，春季开放。

仙女木属 DRYAS
Mountain avens

蔷薇科 ROSACEAE

多年生常绿草本。平卧。茎基部木质。叶似栎树叶。花杯状。可在堤岸、墙边、岩石园栽培，也作为地被植物。极耐寒。喜光照和含有沙砾、排水良好的泥炭土。用新鲜种子播种繁殖或夏季用半成熟枝扦插繁殖。

卵萼仙女木 *D. drummondii* 多年生常绿草本。平卧。茎基部木质。株高5cm，冠径不定。茎粗壮。叶小，卵形，具裂片，革质，暗绿色。花黄白色，下垂，夏末开花，花不完全开放。

🏆仙女木 *D. octopetala*，见375页。

🏆修德曼仙女木 *D.* × *suendermannii* 多年生常绿草本。平卧，茎基部木质。株高5cm，冠径不定。与卵萼仙女木（*D. drummondii*）相似。但花稍微下垂，淡乳白色，水平状展开。

鳞毛蕨属 DRYOPTERIS

铁角蕨科／鳞毛蕨科
ASPIDIACEAE/
DRYOPTERIDACEAE

落叶或半常绿蕨类植物。多形成整齐羽毛球状顶冠。极耐寒至半耐寒。喜阴环境和湿润的土壤。定期去除枯萎的营养体。夏季用孢子繁殖或秋冬季分株繁殖。

🏆相似鳞毛蕨 *D. affinis* (*D. borreri*, *D. pseudomas*) (Golden male fern) 常绿蕨类植物。株高和冠径均为1m。极耐寒。营养叶披针形，羽毛状。株高20～80cm，从直立的根状茎上生出。春末展开时呈浅绿色，与其具有鳞片的黄褐色中脉形成明显的对照，成年叶暗绿色，冬季亦常保持绿色。与欧洲鳞毛蕨（*D. filix-mas*）的区别在于每一个羽片与中脉的连接处有一深色的疣点。

D. atrata of gardens 见 *D. cycadina*。

D. austriaca 见 *D. dilatata*。

D. borreri 见 *D. affinis*。

刺叶鳞毛蕨 *D. carthusiana* (Narrow buckler fern) 落叶或半常绿蕨类植物。具匍匐根状茎。株高1m，冠径45cm。极耐寒。叶披针形，羽状全裂，中绿色，羽片三角形至卵形。

🏆暗鳞鳞毛蕨 *D. cycadina* (*D. atrata* of gardens, *D. hirtipes*) 落叶蕨类植物。株高60cm，冠径45cm。极耐寒。根状茎直立。叶披针形，羽状全裂，亮绿色，长45cm，中脉绿色。

🏆阔基鳞毛蕨 *D. dilatata* (*D. austriaca*) (Broad buckler fern) 落叶或半常绿蕨类植物。株高1m，冠径45cm。极耐寒。叶全裂，拱状，中绿色，羽片三角形至卵形。茎粗壮，暗褐色。

🏆红盖鳞毛蕨 *D. erythrosora* (Japanese shield fern) 落叶蕨类植物。株高45cm，冠径30cm。耐寒至半耐寒。叶阔三角形，红铜色，羽片全裂，三角形至卵形，可保持到仲冬才脱落。

🏆欧洲鳞毛蕨 *D. filix-mas*，见310页。**🏆'Grandiceps Wills'** 落叶蕨类植物。株高和冠径均为90cm。极耐寒。叶丛羽毛球状，阔披针形，具缨，拱状，中绿色，着生于大型长有褐色鳞片的根状茎顶端。每个叶片顶端有一个大型的冠毛（盔），羽片上具有小冠毛。

硕鳞毛蕨 *D. goldieana* (Giant wood fern) 落叶蕨类植物。株高1m，冠径60cm。极耐寒。叶宽卵形，浅绿色，全裂成许多椭圆形、锯齿状的羽片。

D. hirtipes 见 *D. cycadina*。

边缘鳞毛蕨 *D. marginalis* 落叶蕨类植物。株高60cm，冠径30cm。极耐寒。叶披针形，暗绿色，全裂成许多椭圆形、细锯齿的羽片。

D. pseudomas 见 *D. affinis*。

奇数鳞毛蕨 *D. sieboldii* 半常绿蕨类植物。丛生。株高和冠径均为30～60cm。极耐寒或耐寒。叶具长柄，直立或拱状，浅黄绿色，长20～50cm，羽裂片6对，狭披针形，长15～30cm。

🏆大羽鳞毛蕨 *D. wallichiana* (Wallich's wood fern) 落叶蕨类植物。株高1～1.8m，冠径75cm。极耐寒。根状茎直立。叶羽毛球状，披针形，全裂，暗绿色，幼时黄绿色，长1m以上，中脉被暗褐色或黑色鳞片，与春季鲜艳的颜色形成鲜明的对比。

蛇莓属 DUCHESNEA

蔷薇科 ROSACEAE

多年生草本。有些种类为半常绿。作为地被植物种植，同时也可观花，亦可用于壁挂花篮中。极耐寒。适宜生长于排水良好的土壤上。喜光照或半阴。春季分株繁殖，或夏季用匍匐茎末端形成的具根小植株繁殖，或秋季播种繁殖。

蛇莓 *D. indica* (*Fragaria indica*) 多年生半常绿草本。蔓生。株高达10cm，冠径不定。叶暗绿色，类似于草莓，有3个具齿的小叶。花单生，5瓣，浅黄色，宽达2.5cm，萼片叶状、绿色，从春季一直开放到初夏。果实似草莓，无味，红色，夏末成熟。

Duck potato 见 *Sagittaria latifolia*，见446页。

Duckweed 见 *Wolffia*。

Least 见 *Wolffia arrhiza*。

粉叶草属 DUDLEYA

景天科 CRASSULACEAE

多年生多浆植物。基部莲座状。与拟石莲花属(*Echeveria*)有亲缘关系。不耐寒，耐最低温度7℃。喜充足光照和排水良好的土壤。仲夏季节植株处于半休眠状态时，控制浇水。春季或夏季播种或分株繁殖。

仙女 *D. brittonii* 多年生多浆植物。基部莲座状。株高20～60cm，开花时更高，冠径50cm。叶狭披针形，渐狭、肉质，银白色。花星状，簇生，淡黄色，春夏季开放。

粉叶草 *D. pulverulenta*，见464页。

Duke of Argyll's tea-tree 见 *Lycium barbarum*。

Dumb cane 见 *Dieffenbachia*。

Dumpling cactus 见 *Lophophora williamsii*，见471页。

假连翘属 DURANTA

马鞭草科 VERBENACEAE

常绿或部分落叶乔木和灌木。速生。因观赏其花和树形而栽培。不耐寒，耐最低温度10～13℃。喜全光照和肥沃、排水良好的土壤。盆栽时，旺盛生长期需大量浇水，其他时间适度浇水。必要时进行修剪以控制树势。春季播种繁殖或夏季用半成熟枝扦插繁殖。白蝇可造成危害。

假连翘 *D. erecta* (*D. plumieri*, *D. repens*)，见150页。

D. plumieri 见 *D. erecta*。

D. repens 见 *D. erecta*。

Durmast oak 见 *Quercus petraea*。

Dusky coral pea 见 *Kennedia rubicunda*，见205页。

Dutch crocus 见 *Crocus vernus*，见429页。

Dutch elm 见 *Ulmus* × *hollandica*。

Dutchman's breeches 见 *Dicentra cucullaria*，见362页。

Dutchman's trousers 见 *Dicentra spectabilis*，见245页。

小花犀角属 DUVALIA

萝藦科 ASCLEPIADACEAE

多年生多浆植物。丛生或铺地生长。茎短，粗壮，无叶。与犀角属(*Stapelia*)有密切的亲缘关系。花星状，具肥厚、肉质、先端反曲的裂片。不耐寒，耐最低温度10℃，最适宜温度20℃。喜半阴环境和排水极好的土壤。春季或夏季播种繁殖或茎插繁殖。

柯氏小花犀角 *D. corderoyi*，见476页

Duvernoia adhatodoides 见 *Justicia adhatoda*。

Dwarf bearded iris 见 *Iris pumila*。

Dwarf fan palm 见 *Chamaerops*

humilis，见 176 页。

Dwarf mountain palm 见 *Chamaedorea elegans*，见 152 页。

Dwarf palmetto 见 *Sabal minor*，见 176 页。

Dwarf pine 见 *Pinus mugo*。

Dwarf pomegranate 见 *Punica granatum* var. *nana*，见 355 页。

Dwarf Siberian pine 见 *Pinus pumila*。

Dwarf sumach 见 *Rhus copallina*。

Dwarf white wood lily 见 *Trillium nivale*。

Dwarf white-stripe bamboo 见 *Pleioblastus variegatus*，见 306 页。

Dwarf willow 见 *Salix herbacea*。

剑山属（硬叶凤梨属）DYCKIA

凤梨科 BROMELIACEAE

多年生常绿草本。莲座状。因观赏全株而栽培。不耐寒，耐最低温度 7～10℃。喜全光照环境和排水良好的土壤。栽培时，土壤中应加粗沙或石砾。夏季适度浇水，冬季少浇水或不浇水，其他时间少量浇水。春季用短匐茎繁殖或分株繁殖。

细叶剑山 ***D. remotiflora***（见 265 页）多年生常绿草本。基部莲座状。株高和冠径均为 30～50cm。莲座密集，叶狭三角形，突尖，肉质，拱状，暗绿色，背面有钩状刺和灰白色鳞片。花序穗状，具绵毛，花管状，橙黄色，夏秋季于叶簇上方开放。

Dyers' greenweed 见 *Genista tinctoria*，见 157 页。

荻棕属（岱普椰子属）DYPSIS

棕榈科 ARECACEAE/PALMAE

常绿棕榈类植物。因观赏其优美的树形而栽培。不耐寒，耐最低温度 16℃。喜全光照或半阴环境和肥沃、排水良好的土壤。盆栽时适度浇水，温度低时应控水。春夏季温度不高于 26℃时播种繁殖。红蜘蛛螨有时候会造成危害。

🍸**散尾葵**（黄椰子）***D. lutescens***（*Areca lutescens*，*Chrysalidocarpus lutescens*），见 100 页。

E

East Indian arrowroot 见 *Tacca leontopetaloides*。

Easter cactus见*Hatiora gaertneri*，见475页。

Easter lily 见 *Lilium Longiflorum*，见404页。

Eastern cottonwood 见 *Populus deltoides*。

Eastern hemlock 见 *Tsuga canadensis*，见107页。

Eastern redbud 见 *Cercis canadensis*。

Eastern white cedar 见 *Thuja occidentalis*。

Eastern white pine 见 *Pinus strobus*，见102页。

Eau-de-Cologne mint 见 *Mentha × piperita* f. *citrata*。

悬果藤属 ECCREMOCARPUS

紫葳科 BIGNONIACEAE

常绿亚灌木状藤本。以卷须攀缘。因观赏其诱人的花而栽培。花期长。通常栽培的仅一种。半耐寒，在寒冷地区，常作一年生栽培。喜全光照和排水良好的土壤。早春播种繁殖。

🏆智利悬果藤 *E. scaber*，见217页。

莲座草属（拟石莲花属）ECHEVERIA

景天科 CRASSULACEAE

多年生多浆植物。莲座状。花期长。从秋季到春季，叶都呈现出艳丽的色彩。不耐寒，耐最低温度5～7℃。喜光照、通风良好条件和排水良好的土壤。春季或夏季播种繁殖，用茎、叶扦插繁殖，分株或用短匐茎繁殖。

🏆东云（龙舌兰，莲座草）***E. agavoides***，见474页。

🏆*E. cooperi* 见 *Adromischus cooperi*。

🏆静夜（德氏莲座草）***E. derenbergii*** 多年生多浆植物。丛生。株高4cm，冠径30cm。不耐寒，耐最低温度5℃。叶圆形，灰绿色，形成具短茎的莲座。花茎长8cm，花杯状，红色、黄色相间或橙色，春季开放。短匐茎丰富。通常用作育种的亲本。

🏆月影（优雅莲座草）***E. elegans***，见471页。

霜鹤 *E. gibbiflora* 多年生多浆植物。丛生。株高10～25cm，冠径30cm。不耐寒，耐最低温度7℃。叶匙形，先端尖，灰绿色，略带红褐色，形成无茎莲座或具短茎。花杯状，红色，内部黄色，着生于茎之上，长90cm，秋冬季开放。**🏆'铜色' 'Metallica'**（*E. g.* var. *metallica*）叶紫绿色，具白色或红色叶缘，随着叶子成熟，逐渐变成青铜色。

🏆花司（哈氏莲座草）***E. harmsii***（*Oliveranthus elegans*）多年生多浆植物。灌丛状。株高20cm，冠径30cm。耐最低温度7℃。茎直立，顶生宽莲座状，宽6cm。叶短，狭披针形，淡绿色，密生短毛。花杯状，红色，顶端橙红色，内部黄色，春季开放。

🏆金晃星（毛似石莲花）***E. pulvinata***，见464页。

七福神（银莲座草）***E. secunda***，见473页。

锦司晃（白毛莲座草）***E. setosa***（Mexican firecracker）多年生多浆植物。基生叶莲座状。株高4cm，冠径30cm。耐最低温度7℃。叶狭长，中绿色，被浓密的白色短绒毛。花杯状，红、黄色相间，春季开放。避免向叶片浇水，以防腐烂。

松果菊属 ECHINACEA
Coneflower

菊科 ASTERACEAE/COMPOSITAE

多年生草本。夏季开花。极耐寒。喜光照和富含腐殖质、湿润但排水良好的土壤。春季分株繁殖或根插繁殖。

紫松果菊 *E. purpurea*（*Rudbeckia purpurea*）。**'罗伯特' 'Robert Bloom'**，见244页。**'白光' 'White Lustre'** 多年生草本。直立。生长旺盛。株高1.2m，冠径45cm。头状花序，雏菊状，大型，白色，单生于粗壮的茎上，花心球果状，橙红色至褐色，夏季开放。叶披针形，暗绿色。

金鯱属（金琥属）ECHINOCACTUS

仙人掌科 CACTACEAE

多年生仙人掌类植物。半球状。慢生。不耐寒，耐最低温度11℃。较低的温度会使金鯱（*E. grusonii*）产生黄色斑块。喜充足的光照和排水良好的土壤。黄花种类容易栽培。春季播种繁殖。

E. asterias 见 *Astrophytum asterias*。

E. chilensis 见 *Neoporteria chilensis*。

E. eyriesii 见 *Echinopsis eyriesii*。

金鯱（金琥）***E. grusonii***，见460页。

E. ingens 见 *E. platyacanthus*。

E. myriostigma 见 *Astrophytum myriostigma*。

E. ornatus 见 *Astrophytum ornatum*。

岩 *E. platyacanthus*（*E. ingens*）多年生仙人掌类植物。半球状。生长慢。株高3m，冠径2m。茎浅蓝色，有一个多毛的顶冠和多达50条的钝棱。花漏斗状，黄色，直径3cm，着生在直径大于40cm的植物体上，夏季开放。

E. scheeri 见 *Sclerocactus scheeri*。

E. uncinatus 见 *Sclerocactus uncinatus*。

鹿角柱属（鹿角掌属）ECHINOCEREUS

仙人掌科 CACTACEAE

多年生仙人掌类植物。球状至圆柱状。随着年龄增长出现大量分枝。某些种类具管状根状茎。在多刺的茎内部形成花芽，开放时冲破表皮。花期长。花瓣顶部反折，柱头绿色，突出。果实梨形，多刺。不耐寒，耐最低温度5～8℃，有些种类在干燥条件下稍耐寒。喜充足的光照和排水良好的土壤。春夏季播种繁殖或茎插繁殖。

E. baileyi 见 *E. reichenbachii* var. *baileyi*。

灰色虾（赤花虾）***E. cinera-scens*** 多年生仙人掌类植物。丛生。株高30cm，冠径1m。耐最低温度5℃。茎宽7cm，具5～12条棱。每个小窠着生8～15个浅黄色到白色的刺。成熟植物春季开团状、喇叭状、浅粉红色或紫红色花，直径12cm，花瓣基部灰白色。

白花银钮 *E. leucanthus*（*Wilcoxia albiflora*），见469页。

三光球 *E. pectinatus* 多年生仙人掌类植物。圆柱状。株高35cm，冠径20cm。耐最低温度7℃。茎绿色，分枝稀疏，具12～23条棱。刺短，梳状，颜色常发生变化。花喇叭状，紫红色、粉红色或黄色，直径12cm，花瓣基部灰白色，春季开放。

美花角（鹿角掌）***E. pentalophus***（*E. procumbens*），见463页。

E. procumbens 见 *E. pentalophus*。

🏆丽光球 *E. reichenbachii* 多年生仙人掌类植物。圆柱状。株高35cm，冠径20cm。耐最低温度7℃。茎分枝细长，色彩丰富，具12～23个棱，刺梳状，长1.5cm。花喇叭状，粉红色或紫红色，直径12cm，花瓣基部较暗，春季开放。**花盃** var. ***baileyi***（*E. baileyi*），见462页。

珠毛柱 *E. schmollii*（*Wilcoxia schmollii*），见462页。

篝火 *E. triglochidiatus* 多年生仙人掌类植物。丛生。株高30cm，冠径15cm。耐最低温度5℃。茎短，粗壮，暗绿色。每个小窠有刺3～5个，长2.5cm。花漏斗状，鲜红色，直径7cm，雄蕊突出，红色，柱头绿色，春季开放。**疏刺虾** var. ***paucispinus***，见475页。

Echinodorus ranunculoides 见 *Baldellia ranunculoides*。

Echinofossulocactus 重新归入 *Stenocactus*。

Echinomastus macdowellii 见 *Thelocactus macdowellii*。

蓝刺头属 ECHINOPS
Globe thistle

菊科 ASTERACEAE/COMPOSITAE

多年生草本。春季开花。因观赏其球状、长而尖的头状花序而栽培。极耐寒。在全光照和贫瘠的土壤上生长最好。秋季分株或播种繁殖，冬季根插繁殖。

巴纳特蓝刺头 *E. bannaticus*，见228页。**🏆'亮蓝' 'Taplow Blue'** 多年生草本。直立。株高1.2m，冠径1m。茎坚硬。头状花序似蓟，圆球状，花深蓝色，夏季开放。叶狭卵形，有分裂，浅灰绿色。

'维茨蓝' 小蓝刺头 *E. ritro* 'Veitch's Blue'，见252页。

球花蓝刺头 *E. sphaerocephalus*，见226页。

仙人球属 ECHINOPSIS

仙人掌科 CACTACEAE

多年生仙人掌类植物。球状至圆柱状。多数种类具有分枝。不耐寒，耐最低温度5～10℃。喜充足光照和排水良好的土壤。长期无人管理也能生长良好。春季或夏季播种繁殖或用短匐茎繁殖。

🏆黄裳球 *E. aurea*（*Lobivia aurea*，*L. cylindrica*，*Pseudolobivia aurea*）多年生仙人掌类植物。丛生。株高12cm，冠径20cm。茎绿色，具14～15条棱，被白色辐射状刺和一个较长、颜色较深的中刺。花漏斗状，稍平，黄色，直径8cm，夏季开放。

牡丹球 *E. backebergii*（*Lobivia backebergii*），见473页。

E. bridgesii 见 *E. lageniformis*。

金城柱 *E. candicans*（*Trichocereus candicans*），见461页。

白虾（花生仙人掌）***E. chamaecereus***（*Chamaecereus silvestrii*，*Lobivia silvestrii*），见475页。

🏆龟甲球 *E. cinnabarina*（*Lobivia cinnabarina*）多年生仙人掌类植物。球状。株高和冠径均为15cm，茎光滑，暗绿色，具有大约20个瘤状棱，刺大部分弯曲，黑色。花漏斗状，稍平，洋红色，直径8cm，夏季开放。

🏆短刺球 *E. eyriesii*（*Echinocactus eyriesii*）多年生仙人掌类植物。扁球状。株高30cm，冠径50cm。茎分枝缓慢，中绿色，具11～18条棱，刺短。花管状，白色，春夏季开放。

白聚球 *E. lageniformis* (*E. bridgesii*, *Trichocereus bridgesii*), 见456页。

E. multiplex 见 *E. oxygona*。

旺盛球(仙人球) ***E. oxygona*** (*E. multiplex*), 见461页。

青玉 *E. pentlandii* (*Lobivia pentlandii*), 见473页。

仁王球(赤刺海胆) ***E. rhodotricha*** 多年生仙人掌类植物。球状至圆柱状。株高60cm, 冠径20cm。茎分枝, 暗绿色, 直径9cm, 具8~13条棱。刺弯曲, 黑色, 长2cm, 后变为灰白色。花管状, 白色至粉红色, 春夏季开放。

黄大文字 *E. spachiana* (*Cereus spachianus*, *Trichocereus spachianus*), 见457页。

Echioides longiflorum 见 *Arnebia pulchra*。

蓝蓟属 ECHIUM

紫草科 BORAGINACEAE

一年生草本或常绿灌木, 或二年生草本和多年生草本。因观赏其花而栽培。极耐寒至不耐寒, 耐最低温度3℃。喜充足的光照和肥沃、排水良好的土壤。夏季盆栽植株应大量浇水, 其他时间适度浇水。春季播种繁殖或夏季用嫩枝、半成熟枝扦插繁殖。有时会发生白蝇危害。若误食任何部分都会引起肠胃不适, 接触叶片可能会引起皮肤过敏。

E. bourgaeanum 见 *E. wildpretii*。

蓝蓟***E. vulgare***(矮型), 见331页。

加那利蓝蓟*E. wildpretii* (*E. bourgaeanum*) 二年生常绿草本。直立, 无分枝。果实成熟后死亡。株高2.5m以上, 冠径60cm。半耐寒。叶狭披针形, 被银白色毛, 长30cm, 形成密集的莲座状。花序紧密塔尖状, 长1~1.5m, 花小, 漏斗状, 红色, 春末和初夏开放。

Edelweiss 见 *Leontopodium*。

New Zealand 见 *Leucogenes*。

North Island 见 *Leucogenes leontopodium*。

结香属 EDGEWORTHIA

瑞香科 THYMELAEACEAE

落叶灌木。为冬末或早春观花而栽培。耐寒, 但花不耐寒, 因此, 在大多地区, 最好栽植于背风向阳之处。喜全光照和排水良好的土壤。忌移植。夏季用半成熟枝扦插繁殖或秋季播种繁殖。

结香*E. chrysantha* (*E. papyrifera*) 落叶灌木。冠圆球状, 开张。株高和冠径均为1.5m。枝条柔软。头状花序顶生, 花管状, 芳香, 黄色, 冬末和早春开放。叶椭圆形, 暗绿色。

E. papyrifera 见 *E. chrysantha*。

Edible prickly pear 见 *Opuntia ficus-indica*。

草钟属 EDRAIANTHUS

桔梗科 CAMPANULACEAE

短命多年生草本。有些种类常绿, 通常从中央根状茎上长出。冬季每个根状茎具有一个休眠芽。春季, 平卧茎辐射状展开, 具叶和花。适合生长于岩石园、山麓碎石和檐槽之中。极耐寒。喜光照和排水良好的土壤。初夏从侧枝上剪取软枝扦插繁殖或秋季播种繁殖。

多花草钟*E. dalmaticus* 多年生草本。直立, 后成拱状。株高10cm, 冠径15cm。叶狭披针形, 浅绿色。花钟状, 紫色至蓝色, 直径2.5cm, 簇生枝顶, 初夏开放。

🏆**小草钟 *E. pumilio***, 见382页。

睫毛草钟 *E. serpyllifolius* (*Wahlenbergia serpyllifolia*), 见381页。**'大花' 'Major'** 多年生常绿草本。平卧。株高1cm, 冠径5cm。叶小, 卵形, 暗绿色, 密集簇生。花钟状, 深紫色, 直径1.5cm, 着生在极短的茎上, 早春开放。喜阴的环境。很少结种子。

Edwardsia microphylla 见 *Sophora microphylla*。

Eel grass 见 *Vallisneria spiralis*。

埃格草属 EGERIA

水鳖科 HYDROCHARITACEAE

半常绿或常绿多年生漂浮或沉水植物。因观赏其叶而栽培。与伊乐藻属 (*Elodea*) 相似, 但其花更显著, 挺立于水面之上。在水族池内, 此类植物可以增加水中氧气, 为鱼类产卵提供适宜的场所。不耐寒, 耐最低温度1℃。喜光照。定期疏除部分枯株以保持良好状态。春夏季茎插繁殖。

埃格草 *E. densa* (*Anacharis densa*, *Elodea densa*) 半常绿多年生蔓生沉水植物。冠径不定。叶小, 披针形, 暗绿色, 浓密团状, 轮生于细长茎上。花小, 3深裂, 白色, 夏季开放。

Eglantine 见 *Rosa rubiginosa*, 见185页。

Egyptian star 见 *Pentas lanceolata*, 见163页。

厚壳树属 EHRETIA

紫草科 BORAGINACEAE

落叶乔木。夏季开花。因观赏其叶和星状花而栽培。耐寒, 但幼年期对霜害敏感。喜光照、半阴的环境和肥沃、排水良好的土壤。夏季用软枝扦插繁殖。

粗糠树 *E. dicksonii*, 见91页。

凤眼莲属 EICHHORNIA

雨久花科 PONTEDERIACEAE

常绿或半常绿多年生水生植物, 常漂浮在水面或生于水塘边。不耐寒, 耐最低温度1℃。喜生于开阔、阳光充足、温暖的水中。繁殖迅速, 需要定期疏除部分植株。可根据需要分离幼小植株进行繁殖。

凤眼莲(水葫芦) ***E. crassipes*** (*E. speciosa*), 见448页。

E. speciosa 见 *E. crassipes*。

胡颓子属 ELAEAGNUS

胡颓子科 ELAEAGNACEAE

落叶或常绿灌木和乔木。因观赏其叶和微小、极芳香的花而栽培, 花后观赏果实。常绿种可以提供良好的庇荫环境, 又为良好的绿篱树种, 特别是在沿海岸地区。极耐寒至耐寒。大多数常绿种在光照或庇荫条件下均能茁壮生长, 而那些具有银白色叶片的种和落叶种更喜充足的光照。喜肥沃、排水良好的土壤。夏末对绿篱进行修剪。秋季播种繁殖, 常绿种类也可以夏季用半成熟枝扦插繁殖, 落叶种类夏季用软枝或半成熟枝扦插繁殖。

沙枣 *E. angustifolia*, 见122页。

埃氏胡颓子 *E.* × *ebbingei* 常绿灌木。丛生浓密。株高和冠径均为5m。极耐寒。叶长圆形至卵形, 光滑, 暗绿色, 背面银白色。花芳香, 钟状, 银白色, 仲秋至秋末开放。🏆**'金边' 'Gilt Edge'**, 叶具金黄边缘。**'彩光' 'Limelight'**, 见153页。

大叶胡颓子 *E. macrophylla* 常绿灌木。丛生浓密。株高和冠径均为3m。耐寒。叶阔卵形, 幼时银灰色, 成熟时上面光滑, 暗绿色, 背面一直保持银灰色。花芳香, 钟状, 乳黄色, 外部银白色, 仲秋至秋末开放。果卵形, 红色。

🏆**'斑纹' 胡颓子 *E. pungens* 'Maculata'** (*E. pungens* 'Aureo-variegata'), 见127页。

牛奶子 *E. umbellata* 落叶灌木。丛生。生长旺盛。株高和冠径均为5m。极耐寒。叶长圆形, 边缘波状, 亮绿色, 幼时银白色。花芳香, 钟状, 乳黄色, 春末和初夏开放。果卵形, 红色。

杜英属 ELAEOCARPUS

杜英科 ELAEOCARPACEAE

常绿灌木和乔木。春季和夏季开花。因观赏其花和叶而栽培。半耐寒至不耐寒, 耐最低温度5℃。喜充足光照、半阴的环境和肥沃、排水良好、但不干旱的土壤。盆栽植物在旺盛生长期间需大量浇水, 冬季少浇水。冬季可对当年生长部分进行修剪。春季播种繁殖或夏季用半成熟枝扦插繁殖。注意防治红蜘蛛螨和白蝇。

蓝果杜英 *E. cyaneus* (*E. reticulatus*) (Blueberry ash) 常绿灌木或乔木。冠圆球状。株高和冠径均为3m, 有时达到12m以上。不耐寒。叶椭圆形至披针形, 有锯齿, 具光泽。总状花序腋生, 花钟状, 具晕 白色, 夏季开放。果实球形, 深蓝色, 秋季成熟。

E. reticulatus 见 *E. cyaneus*。

楼梯草属 ELATOSTEMA (PELLIONIA)

荨麻科 URTICACEAE

常绿匍匐多年生草本或亚灌木。叶引人注目, 向四周扩展延伸, 为良好的地被植物。不耐寒, 耐最低温度15℃。喜湿润的空气、背风向阳的环境和湿润的土壤。春夏季茎插繁殖。

🏆**花叶吐烟花 *E. pulchra*** (*E. repens* var. *pulchra*) 常绿稍肉质多年生草本。具生根的匍匐茎。株高8~10cm, 冠径60cm以上。叶阔卵形, 长5cm, 上面暗绿色, 叶脉深绿色, 背面紫红色。花小。

🏆**吐烟花 *E. repens*** (*Pellionia daveauana*, *P. repens*), 见303页。var. ***pulchra*** 见 *E.* pulchra。

Elder 见 *Sambucus*。

American 见 *Sambucus canadensis*。

Box 见 *Acer negundo*。

Common 见 *Sambucus nigra*。

Golden 见 *Sambucus nigra* 'Aurea'。

Red-berried 见 *Sambucus racemosa*。

Yellow 见 *Tecoma stans*, 见96页。

荸荠属 ELEOCHARIS

莎草科 CYPERACEAE

见禾草类、竹类、灯心草类和莎草类植物。

牛毛毡 *E. acicularis* (Needle spike-rush) 多年生常绿草本。蔓生, 具根状茎。株高10cm, 冠径不定。极耐寒。叶基生, 狭窄, 中绿色。茎四棱形, 光滑无毛, 无分枝。穗状花序小, 单生, 褐色, 夏季开放。

Elephant apple 见 *Dillenia indica*。

Elephant bush 见 *Portulacaria afra*, 见153页。

Elephant's ear 见 *Philodendron domesticum*。

Elephant's ear, Giant 见 *Alocasia macrorrhiza*。

Elephant's ears 见 *Hedera colchica* 'Dentata', 见221页。

Elephant's foot 见 *Beaucarnea recurvata*, 见100页, *Dioscorea elephantipes*, 见467页。

五加属 ELEUTHEROCOCCUS (ACANTHOPANAX)

五加科 ARALIACEAE

落叶灌木和乔木。因观赏其叶和

果实而栽培。花小,通常浅绿色至白色。极耐寒。喜充足光照和排水良好的土壤。春季播种繁殖或冬末根插繁殖。

异株五加*E. sieboldianus*,见145页。

Elliottia paniculata 见 *Tripetaleia paniculata*。

Elm 见 *Ulmus*。

American white 见 *Ulmus americana*。

Caucasian 见 *Zelkova carpinifolia*。

Chinese 见 *Ulmus parvifolia*。

Cornish 见 *Ulmus minor* 'Cornubiensis'。

Cornish golden 见 *Ulmus minor* 'Dicksonii',见 81 页。

Dickson's golden 见 *Ulmus minor* 'Dicksonii',见 81 页。

Dutch 见 *Ulmus* × *hollandica*。

English 见 *Ulmus procera*。

Exeter 见 *Ulmus glabra* 'Exoniensis'。

Goodyer's 见 *Ulmus minor* subsp. *angustifolia*。

Huntingdon 见 *Ulmus* × *hollandica* 'Vegeta'。

Jersey 见 *Ulmus minor* 'Sarniensis'。

Siberian 见 *Ulmus pumila*。

Smooth-leaved 见 *Ulmus minor*。

Wheatley 见 *Ulmus minor* 'Sarniensis'。

White 见 *Ulmus americana*。

Wych 见 *Ulmus glabra*。

Elodea crispa of gardens 见 *Lagarosiphon major*。

Elodea densa 见 *Egeria densa*。

香薷属 ELSHOLTZIA

唇形科 LABIATAE/LAMIACEAE

多年生草本和落叶灌木或亚灌木。因观赏其多在秋季开放的花而栽培。耐寒。喜充足的光照和肥沃、排水良好的土壤。早春对老枝进行重短截。夏季用软枝扦插繁殖。

木香薷 *E. stauntonii*,见 173 页。

Elymus arenarius 见 *Leymus arenarius*。

筒瓣花属 EMBOTHRIUM

山龙眼科 PROTEACEAE

常绿或半常绿乔木。因观赏其花而栽培。耐寒,但应栽植于避风处。喜半阴环境和湿润、排水良好的石灰质土壤。春秋季用萌蘖繁殖或秋季播种繁殖。

筒瓣花(新拟)***E. coccineum***,见 93 页。

Emerald ripple 见 *Peperomia caperata*,见 300 页。

一点红属 EMILIA (CACALIA)

菊科 ASTERACEAE/COMPOSITAE

一年生或多年生草本。头状花序。为良好的切花用材。适宜生长于酷热、干旱地区和海岸土壤。半耐寒。喜光照和排水良好的土壤。春季在温室内播种繁殖或春末室外播种繁殖。

缨绒花(缨绒菊)***E. coccinea*** (*E. flammea*, *E. javanica* of gardens),见 341 页。

E. flammea 见 *E. coccinea*。

E. javanica of gardens 见 *E. coccinea*。

香果树属 EMMENOPTERYS

茜草科 RUBIACEAE

落叶乔木。以观叶为主而栽培,花只有在酷热的夏季才偶尔见到。耐寒,但幼苗可能会遭到晚霜的危害。喜充足的光照和深厚、肥沃、排水良好的土壤。夏季用软枝扦插繁殖。

香果树 *E. henryi*,见 80 页。

非洲苏铁属(鹰苏铁属) ENCEPHALARTOS

泽米苏铁科/苏铁科 ZAMIACEAE/CYCADACEAE

常绿灌木或乔木。因观赏其棕榈状的树形而栽培。不耐寒,耐最低温度10~13℃。喜充足的光照和排水良好的土壤。盆栽植株旺盛生长期适度浇水,其他时间少浇水。春季播种繁殖。

大刺鹰苏铁 *E. ferox*,见 152 页。

长叶非洲苏铁(长叶鹰苏铁)***E. longifolius*** 常绿棕榈状乔木。生长慢。随着树龄增加,有时会出现分枝。株高 3m 以上,冠径 1.5~2.5m。叶羽状,全裂,长 60cm~1.5m,小叶狭披针形至卵形,蓝绿色,通常具齿,齿端钩状。花序头状,球果状,浅褐色,间歇性开放。

围柱兰属 ENCYCLIA

见兰花。

🍷螺形围柱兰 *E. cochleata* 常绿腐生兰。适宜低温温室栽培。株高30cm。花序穗状,直立,花绿色,长5cm,上部具有深紫红色的唇瓣,萼片与花瓣带状,夏季开放。成熟植株花全年间歇性开放。叶狭卵形,长 15cm,夏季喜半阴环境。

🍷辐状围柱兰 *E. radiata* 常绿腐生兰。适宜低温温室栽培。株高25cm。花序穗状,直立,花极芳香,丰满,乳白色,直径 1cm,唇瓣白色具红色条纹,夏季开放。叶狭卵形,长 10~15cm。夏季喜半阴环境。

Endymion 重新归入 *Hyacinthoides*。

Engelmann spruce 见 *Picea engelmannii*,见 105 页。

English bluebell 见 *Hyacinthoides non-scripta*,见 414 页。

English elm 见 *Ulmus procera*。

English iris 见 *Iris latifolia*,见234 页。

English lavender 见 *Lavandula* × *intermedia*。

吊钟花属 ENKIANTHUS

杜鹃花科 ERICACEAE

落叶或半常绿灌木和乔木。春季开花。因观赏其大量的小型钟状至坛状花和秋色叶而栽培。极耐寒至耐寒。喜光照或半阴的环境和湿润、酸性泥炭土壤。夏季用半成熟枝扦插繁殖或秋季播种繁殖。

🍷红脉吊钟花 *E. campanulatus*,见 117 页。

🍷红吊钟花(红铃儿花)***E. cernuus* f. *rubens***,见 131 页。

🍷白花吊钟花 *E. perulatus*,见 127 页。

象腿蕉属 ENSETE

芭蕉科 MUSACEAE

多年生常绿草本。因观赏其似芭蕉属植物的叶和果实而栽培。假茎由相互叠抱的叶鞘组成,花后枯死。不耐寒,耐最低温度 10℃。喜光照或半阴的环境和富含腐殖质的土壤。春季播种繁殖或全年分株繁殖。

佛肚蕉 *E. ventricosum* (*Musa arnoldiana*, *M. ensete*),见 233 页。

血水草属 EOMECON

罂粟科 PAPAVERACEAE

单种属。多年生草本。扩展迅速。深根性。适生于大型岩石园。极耐寒。喜光照和排水良好的土壤。春季播种繁殖或用长匍茎繁殖。

血水草 *E. chionantha* (Snow poppy) 多年生草本。生长旺盛。扩展迅速。株高达 40cm,冠径不定。叶大,掌状,灰白色。茎直立。圆锥花序,花小,白色,似罂粟属植物的花,夏季开放。

尖苞木属 EPACRIS

尖苞木科 EPACRIDACEAE

常绿石南状灌木。因观赏其花而栽培。不耐寒,耐最低温度 5℃。喜全光照和富含腐殖质、排水良好、中性至酸性土壤。盆栽植株在旺盛生长期适度浇水,其他时间少浇水。开花后将花茎短截,以保持整齐的树姿。春季播种繁殖或夏末用半成熟枝扦插繁殖。

凹陷尖苞木 *E. impressa*,见 155 页。

Epaulette tree 见 *Pterostyrax hispida*。

麻黄属 EPHEDRA

麻黄科 EPHEDRACEAE

常绿灌木。因观赏其树形和绿色枝条而栽培。在干旱的土壤上可作为优良的地被植物。种植时需雌、雄株搭配,以获得果实。极耐寒。喜全光照和排水良好的土壤。秋季播种繁殖或春秋季分株繁殖。

康藏麻黄 *E. gerardiana* 常绿灌木。茎纤细,直立,似灯心草,枝绿色。株高 60cm,冠径 2m。叶及花不显著。果微小,球状,红色。

树兰属 EPIDENDRUM

见兰花。

异树兰 *E. difforme* (见298 页)常绿腐生兰。适宜中温温室栽培。株高 23cm。花序大,花半透明状,绿色,直径 0.5cm,秋季开放。叶卵形,坚硬,长2.5~5cm。夏季需要庇荫。避免喷水,以免引起叶斑病。春季分株繁殖。

血红树兰 *E. ibaguense* (*E. radicans*),见 297 页。常绿腐生兰。适宜低温温室栽培。株高 2m 以上。花深红色,直径 0.5cm,唇瓣羽毛状,不同程度地连续开放。叶卵形,坚硬,长 2.5~5cm。夏季适宜生长于半阴的环境。春季用顶芽扦插繁殖。

E. radicans 见 *E. ibaguense*。

地桂属 EPIGAEA

杜鹃花科 ERICACEAE

常绿亚灌木。平卧。春季开花。极耐寒至耐寒。喜阴环境和富含腐殖质、湿润、酸性土壤。多数种类栽培困难。春季播种繁殖或初夏用软枝扦插繁殖。

日本地桂 *E. asiatica* 常绿亚灌木。匍匐生长。株高 10cm,冠径 20cm。极耐寒。茎、叶密被褐色毛。叶心形,深绿色。花 3~6 朵一簇,顶生,微香,坛状,白色或粉红色,春季开放。

白珠树状地桂 *E. gaultherioides* (*Orphanidesia gaultherioides*),见364页。

匍匐地桂 *E. repens* (Mayflower, Trailing arbutus)常绿亚灌木。匍匐生长。株高 10cm,冠径 30cm。极耐寒。茎密生绒毛。叶心形,革质,节间生根。花 4~6 朵一簇,顶生,杯状,白色,有时粉红色。栽培相对容易。

柳叶菜属 EPILOBIUM (CHAMAENERION) *Willow herb*

柳叶菜科 ONAGRACEAE

一年生、二年生或多年生草本和落叶亚灌木。因观赏夏季深粉红色至白色的花而栽培。为良好的干旱堤岸保护植物,许多种类具有侵入性。极耐寒至耐寒。喜光照或庇荫环境，喜湿润但又排水良好的土壤。有些种类秋季播种繁殖，选育的类型春季从侧枝上取软枝扦插繁殖。

白花狭叶柳叶菜*E. angustifolium* f. *album*，见 226 页。

E. californicum 见 *Zauschneria californica*。

E. canum 见 *Zauschneria californica* subsp. *cana*。

凯库拉柳叶菜*E. chlorifolium* var. *kaikourense*，见 374 页。

无毛柳叶菜 *E. glabellum* of gardens，见 351 页。

岩生柳叶菜*E. obcordatum*多年生草本。丛生。株高 15cm，冠径 10cm。耐寒。叶卵形，亮绿色。花序穗状，稀疏，花杯状，深玫瑰红色至粉红色，夏季开放。适宜岩石园或高山植物温室栽培。喜阴或全光照的环境。人工栽培时也许不能保持其特性，特别是在温和的气候条件下。

E. septentrionale 见 *Zauschneria septentrionalis*。

淫羊藿属 EPIMEDIUM *Barrenwort*

小檗科 BERBERIDACEAE

多年生草本。春季开花。部分种类常绿。花杯状，具有长或短的距。为优良的地被植物。极耐寒。尤其适宜生长于半阴的环境和富含腐殖质、湿润、但排水良好的土壤。春季发芽前进行短截。春秋季分株繁殖。

高山淫羊藿 *E. alpinum*多年生常绿草本。丛生。株高 23cm，冠径达 30cm。总状花序下垂，花具短距，萼片深红色，花瓣黄色，春季开放。叶具细锯齿，光滑，分裂成卵形、倾斜、绿色的小叶，幼时青铜色。

'红丽'大花淫羊藿 *E. grandiflorum* 'Crimson Beauty'（见 51 页）多年生草本。丛生。株高和冠径均为 30cm。总状花序下垂，花具长距，铜色至深红色，春季开放。叶心形，浅绿色，具铜色斑点，裂成卵形小叶，成熟时变成中绿色。**🏆'玫瑰皇后' 'Rose Queen'**，见 269 页。**紫罗兰色淫羊藿 f. *violaceum*** 幼叶青铜色。花紫红色或白色。

🏆短距淫羊藿 *E.* × *perralchicum* 多年生常绿草本。簇状。株高 45cm，冠径 30cm。花序短，穗状，下垂，花黄色，具短距，着生于细长的茎上，春季开放。叶分裂成圆形至卵形的小叶，暗绿色。

阿尔及利亚淫羊藿 *E. perralderianum* 多年生半常绿草本。簇状。株高 30cm，冠径 45cm。花小，簇生，下垂，具短距，鲜黄色，春季开放。叶大，有锯齿，光滑，深绿色，分裂成圆形至卵形的小叶。

🏆齿瓣淫羊藿 *E. pinnatum* subsp. *colchicum* 多年生常绿草本。簇状。株高和冠径均为 30cm。花小，簇生，下垂，鲜黄色，具短距，春季开放。叶深绿色，分裂成圆形至卵形小叶，幼时多毛。

独叶淫羊藿*E. pubigerum*，见 268 页。

🏆红花淫羊藿 *E.* × *rubrum*，见 269 页。

变色淫羊藿*E.* × *versicolor* 多年生草本。丛生。株高和冠径均为 30cm。花小，簇生，下垂，黄色，具淡红色的长距，春季开放。叶心形，鲜绿色，裂成卵形小叶，带浅紫红色。**'新硫黄' 'Neosulphureum'**，见 274 页。

橙花淫羊藿*E.* × *warleyense*，见 275 页。

🏆'白雪'杨氏淫羊藿*E.* × *youngianum* 'Niveum'，见 267 页。

昙花属 EPIPHYLLUM *Orchid cactus, Strap cactus*

仙人掌科 CACTACEAE

多年生仙人掌类植物。茎带状，扁平，绿色，具有缺刻状边缘。花由缺刻处生出。不耐寒，耐最低温度 5～11℃。适生于光照充足或半阴的环境，喜肥沃、排水良好的土壤。春季或夏季茎插繁殖。

E. ackermannii 见 *Nopalxochia ackermannii*。

角裂昙花*E. anguliger*，见 461 页。

圆齿昙花（黄昙花）*E. crenatum* 多年生仙人掌类植物。直立，后下垂。株高和冠径均为 3m。耐最低温度 11℃。茎扁平。花清香，漏斗状，花瓣阔，白色，直径 20cm，春夏季开放。常用作育种的亲本。

矮丛昙花（新拟）*E. laui*，见 461 页。

昙花 *E. oxypetalum* 多年生仙人掌类植物。直立，后下垂。高 3m，冠径 1m。耐最低温度 11℃。茎多分枝，平扁，宽 12cm。花管状，白色，长 25cm，春夏季夜晚开放。为良好的室内观赏植物。

麒麟叶属 EPIPREMNUM (POTHOS)

天南星科 ARACEAE

常绿攀缘植物。茎木质。以根攀缘。包括石柑子属（*Pothos*）。因观赏其美丽的叶而栽培。不耐寒，耐最低温度 15～18℃。适宜生长于非直射光、稍微庇荫的环境和排水良好、保持湿润的土壤。需常浇水，在寒冷时少浇水。茎需要良好地支撑。任何时间均可去掉嫩尖以促进分枝。春末用叶芽或茎尖扦插繁殖，夏季压条繁殖。如果误食任何部分都会引起严重不适，接触绿萝（*E. aureum*）的汁液会刺激皮肤发炎。

'银后'绿萝（银葛）*E. aureum* 'Marble Queen'（*Scindapsus aureus* 'Marble Queen'），见 219 页。

🏆星点藤*E. pictum* 'Argyraeum'（*Scindapsus pictus* 'Argyraeus'），见 219 页。

喜荫花属 EPISCIA

苦苣苔科 GESNERIACEAE

多年生常绿草本。生长慢。匍匐状。因观赏其叶和丰富多彩的花而栽培，亦是良好的地被植物和吊篮植物。不耐寒，耐最低温度 15℃。喜高湿、完全庇荫的环境和富含腐殖质、排水良好的土壤。需保持良好的水分条件，但要避免水淹。夏季茎插繁殖、分株繁殖或用生根的长匍茎繁殖。

喜荫花 *E. cupreata* (Flame violet)，见 301 页。**'银纹' 'Metallica'** 多年生常绿草本。匍匐状。株高 10cm，冠径不定。叶卵形，具长绒毛和皱纹，浅粉红色至古铜色，沿中脉具银白色的宽带。花漏斗状，橙红色，内部黄色，间断开放。**'热带蜂鸟' 'Tropical Topaz'** 花黄色。

石竹喜荫花*E. dianthiflora* (*Alsobia dianthiflora*)，见 299 页

紫心喜荫花 *E. lilacina* 多年生常绿草本。生长慢。长匍茎上可生出新植株。株高 10cm，冠径不定。叶卵形，多毛，淡绿色，长 8cm。花小，簇生，漏斗状，白色，淡紫红色，有黄色眼状斑，从秋到春季开放。**'铜色' 'Cuprea'** 花为青铜色。

月世界属 EPITHELANTHA

仙人掌科 CACTACEAE

多年生仙人掌类植物。生长慢。球状。密被极短的刺。不耐寒，耐最低温度 10℃。喜全光照和排水良好的土壤。如果浇水过量，易倒伏，甚至腐烂。嫁接植株，比较容易栽培。春夏季播种繁殖或茎插繁殖。

月世界 *E. micromeris*，见 471 页。

可爱花属 ERANTHEMUM

爵床科 ACANTHACEAE

多年生草本和常绿灌木。因观赏其花而栽培。不耐寒，耐最低温度 15～18℃。喜全光照或半阴的环境和肥沃、排水良好的土壤。盆栽植株旺盛生长期需大量浇水，其他时间适度浇水。春季或花后剪去凋谢花茎的一半或更长，以保持浓密的姿态。春末用软枝扦插繁殖。注意防治白蝇。

E. atropurpureum 见 *Pseuderanthemum atropurpureum*。

E. nervosum 见 *E. pulchellum*。

可爱花 *E. pulchellum* (*E. nervosum*) 常绿灌木。直立。株高 1～2m，冠径 60cm 以上。叶椭圆形至卵形，叶脉突起，深绿色。花蓝色，具有 3cm 长的花筒和圆形的花瓣裂片，冬春季开放。

菟葵属 ERANTHIS

毛茛科 RANUNCULACEAE

多年生草本。丛生。具小球状块茎。因观赏其杯状、由叶状苞片围绕的花而栽培。极耐寒至耐寒。喜半阴的环境和富含腐殖质、排水良好但不过分干旱的土壤。夏季枯萎。秋季播种繁殖或花后旺盛生长时直接利用丛生枝分株繁殖。误食任何部分都会引起肠胃不适，接触其汁液会引起皮肤发炎。

🏆菟葵 *E. hyemalis*，见 441 页。

🏆'几内亚黄金'图氏菟葵 *E.* × *tubergenii* 'Guinea Gold' 多年生草本。冬末或早春开花。具块茎。株高 8～10cm，冠径 4～6cm。耐寒。花无梗，单生枝顶，深金黄色，直径 3～4cm，被一个铜绿色、狭长的苞片围绕。叶圆形，裂成指状裂片。

攀缘商陆属 ERCILLA (BRIDGESIA)

商陆科 PHYTOLACCACEAE

常绿攀缘植物。以根攀缘。因观赏其光滑、绿色的叶和绿色至紫红色的穗状花序而栽培。耐寒。适生于光照充足或半阴的环境和排水良好的土壤。根据需要可在花后修剪。夏末或秋季茎插繁殖。

E. spicata 见 *E. volubilis*。

攀缘商陆（新拟）*E. volubilis* (*E. spicata*)，见 204 页。

独尾草属 EREMURUS *Foxtail lily, King's spear*

阿福花科／百合科 ASPHODELACEAE/LILIACEAE

多年生草本。具肉质、指状根。因夏季观赏其浅杯状花而栽培。极耐寒至耐寒。喜充足的光照、温暖的环境和排水良好的土壤。过早开始生长，幼枝易遭冻害。当冬末幼苗发育初期，用干燥的欧洲蕨进行覆盖，以保护顶冠。株形较高的种类或杂交种需支撑。春季或初秋分株繁殖或秋季播种繁殖。

喜马独尾草 *E. himalaicus*，见 226 页。

巨独尾草 *E. robustus*，见 227 页。

谢尔福德杂种独尾草（杂种群）*E.* Shelford Hybrids 多年生草本。具有不同习性和花色。株高 1.5m，冠径 60cm。耐寒。总状花序长，花橙红色、浅黄色、粉红色或白色，仲夏大量开放。叶带状，基部莲座状。

优美独尾草*E. spectabilis* 多年生草本。直立。株高 1.2m，冠径 60cm。耐寒。总状花序长，花淡黄色，具砖红色花药，初夏开放。叶带状，基部莲座状。

毛兰属 ERIA

见兰花。

足茎毛兰*E. coronaria* (*Trichosma suavis*) 常绿附生兰。适宜低温温室栽培。株高 23cm。花芳香，圆形，乳白

色，直径1cm，每朵花都有一个具红色斑点或黄色斑点的唇瓣，秋季开放。叶阔卵形，光滑，长10cm。夏季喜半阴环境，一年四季都需要湿润的混合基质。

石南属（欧石南属） ERICA

杜鹃花科 ERICACEAE

见石南类植物。

欧石南(烟斗木)*E. arborea*(Tree heath) 常绿直立灌木状小乔木。株高6m，冠径1.5m。耐寒，但易遭严寒和冷风的危害。叶针形，鲜绿色，3～4枚轮生。花芳香，钟状，白色，从冬末一直开放到春末。能耐微碱性土壤。🏆**‘阿伯特黄金’石南‘Albert’s Gold’**株高2m，一年四季叶片保持金黄色。🏆**高山石南** var. ***alpina***（见178页）叶鲜绿色，与白色、紧密的总状花序形成鲜明的对照。可以通过重剪保持株形，并促进生长。

🏆**西班牙石南 *E. australis*** (Spanish heath，Spanish tree heath) 常绿灌木状欧石南。株高2.2m，冠径1m。耐寒。但茎易受雪和霜冻的危害。叶针形，4枚簇生。花管状至钟状，白色或紫粉红色，春季开放。能耐微碱性土壤。🏆**‘罗伯特’‘Mr Robert’**花白色。🏆**‘大草地’‘Riverslea’**花鲜紫色至粉红色，多为4朵簇生。

🏆**黑药石南**(沟皮石南)***E. canaliculata*** (Channelled heath)，见178页。常绿灌木。直立。株高3m，冠径1m。半耐寒。叶暗绿色，狭窄，针形，3枚轮生。花杯状，珍珠白色，有时浅玫瑰红色，具深褐色、近黑色的花药，玻璃温室内冬季开放，露地早春开放。喜酸性土壤。

春石南 *E. carnea* (*E. herbacea*) (Alpine heath，Winter heath) 常绿灌木。树冠开展。株高30cm，冠径45cm以上。极耐寒。叶针形，中绿色至深绿色，轮生。花管状至钟状，在庇荫条件下呈粉红色或红色，偶尔呈白色，初冬至春末开花。能忍耐石灰土壤和半阴的环境。可作为良好的地面覆盖植物。**‘阿尔塔登那’‘Altadena’**叶金黄色。花浅粉红色。🏆**‘安·斯帕克斯’‘Ann Sparkes’**（见179页）株高15cm。叶金黄色，冬季变成青铜色。花玫瑰红色至粉红色。**‘贝尔良种’‘Bell’s Extra Special’** 高15cm，冠径40cm。花整齐，深红色。叶与众不同，威士忌酒一样的颜色，具有橙红色和金黄色的斑点。**‘塞西利亚·比尔’‘Cecilia M. Beale’** 高15cm。花繁茂，白色，仲冬至初春开放。**‘腊月红’‘December Red’**（见179页）具有蔓延习性，生长旺盛。花深玫瑰红色到粉红色，冬季开放。🏆**‘狐狸洞’‘Foxhollow’**生长旺盛。栽培广泛。叶夏季金黄色，春季叶尖橙红色。花少量，浅粉红色。🏆**‘小金星’‘Golden Starlet’**（见178页）株高15cm，冠径40cm。花白色，着生于灰绿色的叶片之上。夏季叶变为鲜黄色。**‘冰雪公主’‘Ice Princess’** 高15cm，冠径35cm。花白色，直立于亮绿色叶片之上。**‘伊莎贝尔’‘Isabell’**高15cm，冠径35cm。花大，白色。叶亮绿色。植株直立，具蔓延习性。**‘乔治王’‘King George’** 高20cm。叶暗绿色。花深玫瑰红色至粉红色，初冬开放到仲春。🏆**‘洛夫里格’‘Loughrigg’** 高15cm。花深紫红色。冬末至春季开放。**‘三月实生’‘March Seedling’** 具蔓延习性。叶深绿色。花繁茂，玫瑰红色至紫红色。🏆**‘默城红宝石’‘Myretoun Ruby’** 高20cm。生长旺盛。树冠紧密。花鲜艳，深紫红色，冬末至早春开放。**‘纳塔莉’‘Nathalie’** 高15cm，冠径40cm。在春欧石南栽培品种中花颜色最深、最亮，花紫红色。叶整齐，暗绿色。植株紧凑，直立。🏆**‘粉红晶’‘Pink Spangles’** 高15cm。生长旺盛。萼片贝壳红色，花冠微深粉红色。**‘皮尔布莱特玫红’‘Pirbright Rose’**花繁多，鲜粉红色，初冬至初春开放。🏆**‘库克’‘R. B. Cooke’** 高20cm。花亮粉红色，初冬至初春开放。**‘罗莎莉’‘Rosalie’**（见179页）高15cm，冠径35cm。花鲜粉红色。叶铜绿色。植株低矮、直立，具蔓生的习性。🏆**‘春木白’‘Springwood White’**（见178页）高15cm。生长最旺盛的白色栽培品种，为优良的地被植物。花大，白色，花药褐色，冬末至春季开放。🏆**‘维弗利’‘Vivellii’**（见179页）高15cm。叶深铜绿色。花深紫红色，冬末至春季开放。🏆**‘卫兹伍德黄叶’‘Westwood Yellow’**（见179页）植株紧凑。坚实。叶金黄色。花深粉红色。**‘Winter Sun’** 见 *E. c.* ‘Wintersonne’。**‘冬太阳’‘Wintersonne’**（*E. c.* ‘Winter Sun’）高15cm，冠径35cm。花洋红色。叶红褐色。

缘毛石南 *E. ciliaris* (Dorset heath) 常绿松散型灌木。株高达30cm，冠径40cm。极耐寒，但在严寒下可能会遭受冻害。叶针形，深绿色，3枚轮生。总状花序长，花钟状，鲜粉红色，花瓣3～4层，夏季开放。喜酸性土壤和温暖湿润的环境条件。**‘金叶’‘Aurea’** 具蔓延性。叶金黄色。花鲜粉红色。🏆**‘科菲城堡’‘Corfe Castle’**（见179页）花橙红色，夏季至初秋开放。🏆**‘大卫·麦克林托克’‘David McClintock’**（见178页）叶浅灰绿色。花白色，尖端深粉红色，夏季到初秋一直开放。🏆**‘基尔夫人’‘Mrs C. H. Gill’**叶深灰绿色。花鲜红色。**‘白翅’‘White Wings’**（见178页）是‘基尔夫人’（‘Mrs C. H. Gill’）的一个芽变。叶深灰绿色。花白色。

灰色石南 *E. cinerea* (Bell heather) 常绿灌木。密生。株高30cm，冠径45～60cm。极耐寒。叶针形，中绿色至深绿色。花钟状，在庇荫条件下粉红色或深红色，偶尔白色，初夏至初秋开放。喜温暖、干燥的环境，喜酸性土壤。**‘深紫’‘Atropurpurea’** 总状花序长，花深紫红色。🏆**‘伊森’‘C. D. Eason’**（见179页）叶与众不同，暗绿色。花鲜红色。🏆**‘塞文山脉’‘Cevennes’** 直立。具大量紫红色的花。🏆**‘百思特’‘C. G. Best’** 叶中绿色。花玫瑰红色至紫红色。‘多米诺’‘Domino’花白色，与深褐色的茎、萼片和几乎是黑色的柱头形成鲜明的对照。🏆**‘伊甸园’‘Eden Valley’**（见179页）高20cm。花白色，尖端淡紫色至紫红色。🏆**‘菲得尔金叶’‘Fiddler’s Gold’**（见179页）高25cm，叶金黄色，冬季加深至红色，花淡紫色至粉红色。🏆**‘金彩’‘Golden Hue’** 高35cm。花紫晶色。叶淡黄色，冬季尖端橘红色。🏆**‘虎克斯顿白’‘Hookstone White’**（见178页）高35cm。叶鲜绿色。总状花序长，花大，白色。**‘石灰苏打’‘Lime Soda’** 高35cm。花淡紫色，色彩柔和、繁茂且引人注目。叶灰绿色。🏆**‘彭特斯里’‘Pentreath’** 花浓紫红色。🏆**‘粉冰’‘Pink Ice’** 高20cm。植株紧凑。花色柔和，粉红色。🏆**‘帕特里克’‘P. S. Patrick’** 生长旺盛的栽培品种。花紫红色。叶深绿色。**‘紫丽’‘Purple Beauty’**（见179页）花紫红色。叶暗绿色。🏆**‘斯蒂芬大卫’‘Stephen Davis’** 高25cm。花红色，色彩鲜艳，几乎带有荧光。🏆**‘天鹅绒之夜’‘Velvet Night’** 高25cm。花深紫红色，近乎黑色。🏆**‘温德尔布鲁克’‘Windlebrooke’**（见179页）高25cm。植株繁茂。叶金黄色，冬季变成浅橙红色。花紫红色。

达尔利石楠 *E.* × *darleyensis* 常绿丛状灌木。株高45cm，冠径1m以上。极耐寒。叶针状，中绿色，春末幼期带有乳白色、粉红色或红色。总状花序，花钟状，白色、粉红色或紫红色，初冬至春末开放。能忍耐石灰质土壤。**‘阿尔奇·格雷汉姆’‘Archie Graham’**（见178页）高50cm。植株繁茂。花紫红色至粉红色。🏆**‘亚瑟·约翰逊’‘Arthur Johnson’** 高1m。春季幼叶具乳白色或粉红色的尖端。总状花序长，花紫红色至粉红色，仲冬至春季开放。**‘达尔利谷’‘Darley Dale’**（见178页）花淡紫红色，仲冬至春季开放。**‘乔治·伦德尔’‘George Rendall’**花深粉红色，初冬至初春开放。🏆**‘精灵山’‘Ghost Hills’**（见178页）春季叶尖乳白色。花繁多，粉红色，仲冬至春季开放。**‘杰克’‘Jack H. Brummage’** 高30cm。叶金黄色，具黄色和橙红色的色彩。花紫红色。🏆**‘波特’‘J. W. Porter’** 高30cm。春季幼枝浅红色，花紫红色至粉红色。仲冬至春末开放。🏆**‘克拉默红’‘Kramer’s Rote’**（*E.* × *d.* ‘Kramer’s Red’）叶深铜绿色。花深紫红色至红色，秋末至春末开放。春季叶先端乳白色或红色。**‘Molten Silver’**，见 *E.* × *d.* ‘Silberschmelze’。**‘酒银’‘Silberschmelze’**（*E.* × *d.*‘Molten Silver’）植株繁茂。春季幼枝顶部呈乳白色至粉红色。花白色。**‘白亮’‘White Glow’**（见178页）高30cm。花白色。🏆**‘白无瑕’‘White Perfection’**（见178页）叶鲜绿色。花白色。

地中海石南 *E. erigena* (*E. hibernica*, *E. mediterranea*) 常绿灌木。直立。株高达2.5m，冠径达1m。耐寒。在恶劣的气候条件下，顶部可能会遭到危害，但能很快从基部恢复。叶针形，中绿色。花通常钟状，紫红色至粉红色，初冬至春末开放。能忍耐石灰土壤。某些栽培品种的花有显著的甜香味。**‘明亮’‘Brightness’**（见179页）株高45cm。叶铜绿色。花紫红色至粉红色，春季开放。🏆**‘金女士’‘Golden Lady’**（见179页）株高30cm。植株匀称、密集。叶全年金黄色。花白色，春末开放。🏆**‘爱尔兰暮色’‘Irish Dusk’** 株高45cm。叶暗绿色。花橙红色至粉红色，仲冬至初春开放。**‘华丽’‘Superba’** 高2m。花浓香，玫瑰红至粉红色，春季开放。🏆**‘拉克利夫’‘W. T. Rackliff’** 株高60cm。叶暗绿色。花白色，密生，冬末至春末开放。

纤细石南 *E. gracilis* 常绿灌木。密生。株高和冠径均为30cm。不耐寒，耐最低温度5℃。叶针形，中绿色。花小，簇生，钟状，鲜红色，初秋至早春开放。通常作为盆花栽培，夏季也可种植于室外庇荫处。

E. herbacea 见 *E. carnea*。

E. hibernica 见 *E. erigena*。

冬花石南 *E.* × *hiemalis* 常绿灌木。密生。株高和冠径均为30cm。半耐寒。叶针形，中绿色。总状花序，花管状至钟状，淡粉红色或白色，秋末至仲冬开放。

🏆**葡萄牙石南 *E. lusitanica*** (Portuguese heath) 常绿灌木。直立。丛生。株高达3m，冠径1m。耐寒。叶羽状，鲜绿色。花管状至钟状，在芽内呈粉红色，开放时纯白色，秋末至春末开放。**‘乔治·亨特’‘George Hunt’**叶金黄色。耐寒。喜阴环境。

马凯石南 *E. mackaiana* (*E. mackayana*)(Mackay’s heach)常绿灌木。树冠开展。株高达25cm，冠径40cm。极耐寒。叶针形，中绿色。伞形花序圆形，花粉红色、紫红色或白色，仲夏至初秋开放。喜潮湿、酸性土壤。**‘罗纳德·格雷’‘Dr Ronald Gray’**（见178页）株高15cm。叶暗绿色。花纯白色。**‘重瓣’‘Plena’**（见178页）株高15cm。花重瓣，深粉红色，中间渐变成白色。

E. mackayana 见 *E. mackaiana*。

E. mediterranea 见 *E. erigena*。

佩氏石南 *E. pageana* 常绿灌木。丛生。株高达60cm，冠径30cm。半耐寒。叶针形，中绿色。花钟状，浓黄色，春末至初夏开放。

E.* × *praegeri 见 *E.* × *stuartii*。

帚状石南 *E. scoparia* (Besom heath) 常绿灌木。丛生。株高达3m，冠径1m。耐寒。叶针形，深绿色。花钟状，簇生成圆球状，浅绿色至褐色，春末至初夏开放。喜酸性土壤。**'袖珍' 'Minima'** 高 30cm。叶鲜绿色。

细尖叶石南*E. spiculifolia* (*Bruckenthalia spiculifolia*) (Spike heath) 常绿灌木。株高和冠径均为15cm。叶小，针形，光滑，暗绿色。花小，粉红色，顶端簇生，夏季开放。

E. stricta 见 *E. terminalis*。

斯图亚特石南*E.* × *stuartii* (*E.* × *praegeri*) 常绿灌木。密生。株高15cm，冠径30cm。极耐寒。叶针形，暗绿色。伞形花序多数，花钟状，粉红色，春末至夏季开放。喜湿润、酸性土壤。**🏆'爱尔兰柠檬' 'Irish Lemon'** 春季幼叶具柠檬黄色的叶尖。花鲜粉红色。**'爱尔兰橙红' 'Irish Orange'** 幼叶具橙红色的叶尖，花深粉红色。

🏆顶花石南 *E. terminalis* (*E. stricta*) (Corsican heath) 常绿灌木。挺直、向上生长。株高和冠径均为2.5m。耐寒。叶针形，中绿色。花钟状，紫红色至粉红色，初夏至初秋开放，冬季当植株枯萎时，变为黄褐色。能忍耐石灰质土壤。

四叶石南（直皮木）***E. tetralix*** (Cross-leaved heath) 常绿灌木。树冠开展。株高达 30cm，冠径 45cm。极耐寒。叶针形，灰绿色，4 枚轮生。大型伞形花序，花钟状，粉红色，夏季至初秋开放。喜酸性，更喜湿润的土壤。**🏆'白毛' 'Alba Mollis'**（见 178 页）叶银灰色。花白色，初夏至秋末开放。**'冈·安德伍德' 'Con Underwood'**（见 179 页）花深红色。**'虎克斯顿粉红' 'Hookstone Pink'** 叶银灰色。花玫瑰红色至粉红色，春末至初秋开放。**🏆'粉红星' 'Pink Star'**（见 179 页）花粉红色，直立生长，形成星形图案。

伞花石南*E. umbellata* 常绿灌木。丛生。株高和冠径均为60cm。耐寒。叶针形，中绿色。花钟状，紫红色，花药棕褐色，春末开放。

英国石南*E. vagans* (Cornish heath) 常绿灌木。丛生。植株繁茂。株高和冠径均为75cm。极耐寒。叶针形，中绿色。花圆球形，钟状，粉红色、紫红色或白色，仲夏至秋末开放。能忍耐部分石灰性土壤。可进行重修剪。**🏆'桦采' 'Birch Glow'**（见 179 页）株高45cm。叶鲜绿色。花玫瑰红色至粉红色，鲜艳夺目。**🏆'里昂尼斯' 'Lyonesse'**（见 178 页）株高 45cm，叶暗绿色。穗状花序长，圆锥状，花白色，花药褐色。**🏆'马克斯韦尔夫人' 'Mrs D. F. Maxwell'** 高 45cm。叶暗绿色。花深粉红色，花色艳丽。**'圣凯文' 'St Keverne'** 丛生灌木，树冠整齐。株高45cm。花玫瑰红色至粉红色。可以用来做矮树篱。**🏆'沃勒列之光' 'Valerie Proudley'**（见 179 页）株高 45cm，在全光照条件下生长时，叶全年金黄色。花稀疏，白色，夏末至秋季开放。

维氏石南*E.* × *veitchii* 常绿灌木。丛生。株高 2m，冠径 1m。耐寒。叶针形，中绿色。花芳香，管状至钟状，白色，簇生，仲冬至春季开放。**🏆'埃克塞特' 'Exeter'**（见 178 页）大量白色的花几乎将叶遮掩。**🏆'金尖' 'Gold Tips'** 与 **'Exeter'** 相似，但春季幼叶叶尖金黄色。**'粉钟' 'Pink Joy'**（见 178 页）花芽粉红色，开放时纯白色。

轮叶石南 *E. verticillata* 常绿灌木。直立。株高达 60cm，冠径 30cm。不耐寒，耐最低温度 5～7℃。花密集成团，沿着几乎裸露的茎间隔一段距离轮状着生，其排列非常罕见，引人注目。花管状，淡紫红色至粉红色，长 1.5cm，一年四季陆续开放。

艳芽石南 *E.* × *watsonii* 常绿紧密灌木。株高 30cm，冠径 38cm。极耐寒。叶针形，中绿色，春季叶尖色彩鲜艳。花圆球状至钟状，粉红色，仲夏至夏末开放。**'彻丽·特平' 'Cherry Turpin'** 总状花序长，花淡粉红色，从仲夏到仲秋开放。**🏆'黎明' 'Dawn'**（见 178 页）幼叶叶尖橙黄色。花深紫红色至粉红色，密集簇生，夏季开放。

展枝石南 *E.* × *williamsii* 常绿灌木。树冠开展。株高30cm，冠径60cm。极耐寒。叶针状，暗绿色，春季幼叶具鲜黄色叶尖。花钟状，紫红色或粉红色，仲夏开放。喜酸性土壤。**'瓜瓦斯' 'Gwavas'** 花浅粉红色，仲夏至秋季开放。**🏆'威廉姆斯' 'P. D. Williams'**（见 178 页）高 45cm。花深紫红色至粉红色。夏季叶尖有时保持金黄色。

飞蓬属 ERIGERON
Fleabane

菊科 ASTERACEAE/
COMPOSITAE

一年生、二年生或多年生草本。主要在春季和夏季开花。因观赏其头状花序而栽培。适宜种植于岩石园或花坛内。极耐寒至耐寒。喜光照环境和排水良好的土壤，但生长季节不能太干旱。忌冬季潮湿。春季或初秋分株繁殖，或秋季播种繁殖，选育的类型初夏用软枝扦插繁殖。

深山飞蓬 *E. alpinus*，见 355 页。

橙红飞蓬 *E. aurantiacus* 多年生草本。丛生。株高 15cm，冠径 30cm。极耐寒。叶长，卵形，灰绿色。头状花序，雏菊状，橙红色，夏季开放。春季播种繁殖或分株繁殖。

金黄飞蓬 *E. aureus* 短命多年生草本。丛生。株高 5～10cm，冠径 15cm。极耐寒。叶小，匙生至卵形，多毛。头状花序，雏菊状，相对较大，花金黄色，夏季开放。忌冬季潮湿且无雪覆盖。为较好的山麓碎石、檐槽或高山温室植物。易受蚜虫的危害。**🏆'金丝雀' 'Canary Bird'** 高达 10cm。寿命较长。头状花序，鲜黄色。

'博爱'飞蓬*E.* 'Charity'，见278页。

***E.* 'Darkest of All'** 见*E.* 'Dunkelste Aller'。

🏆'暗舌'飞蓬 *E.* 'Dunkelste Aller'（*E.* 'Darkest of All'）多年生草本。丛生。株高 80cm，冠径 60cm 以上。极耐寒。头状花序，雏菊状，深紫红色，中心黄色，夏季开放。叶狭卵形，浅灰绿色。

🏆'福尔斯特'飞蓬 *E.* 'Foerster's Liebling' 多年生草本。丛生。株高 80cm，冠径 60cm。极耐寒。头状花序，雏菊状，花半重瓣，粉红色，中心黄色，夏季开放。叶狭卵形，浅灰绿色。

'粉红花'滨飞蓬（滨飞蓬）***E. glaucus* 'Elstead Pink'** 多年生草本。丛生。株高 30cm，冠径 15cm。极耐寒。头状花序，雏菊状，淡紫红色，整个夏季开放。叶卵形，灰绿色。

墨西哥飞蓬 *E. karvinskianus* (*E. mucronatus*)，见 377 页。

E. mucronatus 见 *E. karvinskianus*。

'会友'飞蓬 *E.* 'Quakeress' 多年生草本。丛生。株高 80cm，冠径 60cm。极耐寒。头状花序，雏菊状，浅紫红色，中心黄色，夏季开放。叶狭卵形，浅灰绿色。

'尊贵'飞蓬 *E.* 'Serenity'，见 284 页。

猬豆属 ERINACEA

豆科／蝶形花科 LEGUMINOSAE/
PAPILIONACEAE

单种属。常绿亚灌木。慢生。具坚硬、锐尖、蓝绿色针刺。花蝶形。叶柔软。耐寒。喜背风向阳的环境和深厚、含沙砾、排水良好的土壤。春末至夏季播种繁殖或用软枝扦插繁殖。

猬豆*E.anthyllis* (*E. pungens*)，见 348 页。

E. pungens 见 *E. anthyllis*。

狐地黄属 ERINUS
Fairy foxglove

玄参科 SCROPHULARIACEAE

短命多年生半常绿草本。适宜在岩石园或靠墙、檐槽栽培。极耐寒。喜光照环境和排水良好的土壤。野生种秋季播种繁殖（后代会产生较大的变异），选育的类型初夏用软枝扦插繁殖。能自播繁殖。

🏆狐地黄 *E. alpinus*，见 366 页。**'Dr Hähnle'**（*E. a.* 'Dr Haenele'）多年生半常绿草本。基部莲座状。株高和冠径均为 5～8cm。花小，扁平，二唇形，深粉红色，春末和夏季开放。叶小，卵形，中绿色。

枇杷属 ERIOBOTRYA

蔷薇科 ROSACEAE

常绿乔木或灌木。秋季开花。因观赏其叶、花和食用果实而栽培。耐寒。但在寒冷地区栽培需设挡风墙。果实春季成熟，有时会遭受冬季严寒的危害。喜光照充足和肥沃、排水良好的土壤。秋季或春季播种繁殖。

🏆枇杷*E. japonica* (Loquat) 常绿丛生灌木或开张乔木。株高和冠径均为8m。枝条强壮。叶大，椭圆形，叶脉凸起，有光泽，暗绿色。大型圆锥花序，花芳香，5瓣，白色，初秋开放。果梨形，橙黄色。

绒毛蓼属 ERIOGONUM
Wild buckwheat

蓼科 POLYGONACEAE

一年生、二年生或多年生常绿草本，亚灌木或灌木。因观赏其莲座状、多毛、常为银白色或白色的叶而栽培。极耐寒至不耐寒。耐最低温度5℃。喜充足的光照和排水良好、甚至贫瘠的土壤。在冬季冷凉湿润的地区，灌木种类和叶具多毛的多年生草本需要采取防护措施。盆栽时夏季适度浇水，春秋季少量浇水，冬季浇水更少。除需采种外，花后将头状花序剪去。春季和秋季播种繁殖或夏季用半成熟枝扦插繁殖，春季通过分生多年生根簇进行繁殖。

木本绒毛蓼 *E. arborescens*，见 161 页。

硫黄花绒毛蓼 *E. crocatum* 多年生常绿草本。灌木状。株高达 20cm，冠径 15cm。耐寒。叶卵形，多毛，叶背被白色柔毛。花序小，头状，花硫黄色，夏季开放。为优良的高山温室植物。

大绒毛蓼*E. giganteum*，见139页。

匙叶绒毛蓼*E. ovalifolium* 多年生常绿草本。半球状。株高 30cm，冠径 10cm。极耐寒。伞形花序，着生于侧枝顶端，花小，鲜黄色。叶小，匙形，多毛，灰色。为极好的高山温室植物。

伞花绒毛蓼 *E. umbellatum*，见 358 页。

绵叶菊属（新拟）ERIOPHYLLUM

菊科 ASTERACEAE/
COMPOSITAE

多年生草本或常绿亚灌木。夏季开花。叶常具银色光泽。头状花序，雏菊状，引人注目。适生于岩石园及花坛。耐寒。喜光照条件和排水良好的土壤。春季分株繁殖或秋季播种繁殖。

绵叶菊（新拟）***E. lanatum*** (*Bahia lanata*)，见 293 页。

齿缘草属 ERITRICHIUM

紫草科 BORAGINACEAE

短命多年生草本。叶柔软，灰绿色。花似勿忘我。适宜生长于岩石园和高山植物温室。极耐寒。喜光照和排水良好、泥炭土或深层为沙砾的沙质土壤。不喜潮湿的土壤。栽培极端困难。播种繁殖或夏季用软枝扦插繁殖。

美国齿缘草*E. elongatum* 多年生草本。丛生。株高2cm，冠径3cm。叶卵形，多毛，灰绿色。花茎短，花小，圆形，扁平，蓝色，初夏开放。

阿尔卑斯齿缘草*E. nanum*，见383页。

牻牛儿苗属 ERODIUM

牻牛儿苗科 GERANIACEAE

多年生草本。适宜岩石园种植。耐寒或半耐寒。喜光照和排水良好的土壤。夏季用半成熟枝扦插繁殖或播种繁殖。

E. chamaedryoides见*E. reichardii*。

白屈菜叶牻牛儿苗*E. cheilanthifolium*（*E. petraeum* subsp. *crispum*），见355页。

黄花牻牛儿苗*E. chrysanthum*，见358页。

科西嘉牻牛儿苗*E. corsicum*，见376页。

臭味牻牛儿苗*E. foetidum*（*E. petraeum*）多年生草本。密生。株高15～20cm，冠径20cm。耐寒。花浅碟状，单生，粉红色，具红色脉，夏季开放。叶卵形，灰白色，深裂。

曼氏牻牛儿苗*E. manescaui*（*E. manescavii*），见279页。

E. manescavii 见*E. manescaui*。

E. petraeum见*E. foetidum*。subsp. ***crispum*** 见*E. cheilanthifolium*。

斗篷状牻牛儿苗*E. reichardii*（*E. chamaedryoides*）多年生草本。株高2.5cm，冠径6～8cm。半耐寒。花浅碟状，单生，白色或粉红色，具较深色的脉纹，夏季开花。叶小，栎树叶状。为良好的岩石园植物或檐槽植物。

'重瓣'变异牻牛儿苗*E.* × *variabile* 'Flore Pleno' 多年生草本。变化大，垫状或蔓生。株高10cm，冠径30cm。极耐寒。叶卵形至狭卵形，暗绿色至灰绿色，具扇贝状边缘和长叶柄。花圆形，1～2朵，重瓣、粉红色，脉纹颜色较深，外轮花瓣圆形，内轮花瓣较窄，从春季一直开放到秋季。**'肯·阿斯里特''Ken Aslet'** 茎平卧。叶中绿色。花单生，深粉红色。

Erpetion reniforme 见*Viola hederacea*。

刺芹属 ERYNGIUM
Sea holly

伞形科 APIACEAE/UMBELLIFERAE

二年生或多年生草本。有些为常绿。因观赏其花、叶和全株而栽培。极耐寒至半耐寒。在光照充足和肥沃、排水良好的土壤上生长旺盛。野生种秋季播种繁殖，选育的类型春季分株繁殖或冬季根插繁殖。

锯叶刺芹*E. agavifolium*（*E. bromeliifolium* of gardens） 多年生常绿草本。丛状。株高1.5m，冠径60cm。半耐寒。叶丛莲座状，叶剑形，具锯齿，鲜绿色。花序头状，蓟状，着生于侧枝上，花浅绿色至白色，夏季开放。

🏆高山刺芹*E. alpinum*，见253页。

水棘针叶刺芹*E. amethystinum* 多年生草本。莲座状。株高和冠径均为60cm。极耐寒。叶卵形，全裂，多刺，中绿色。花序小，头状，蓟状，着生于多分枝的茎上，花蓝色，周围包有长而尖深蓝色的苞片。

地中海刺芹*E. bourgatii*，见286页。

E. bromeliifolium of gardens 见*E. agavifolium*。

白苞刺芹*E. eburneum*（*E. paniculatum*），见226页。

🏆硕大刺芹*E. giganteum* 二年生草本或短命多年生草本。丛状。花后死亡。株高1～1.2m，冠径75cm。极耐寒。基生叶心形，中绿色。似蓟属硕大圆球形花序，头状，花蓝色，周围包有宽阔、多刺、银灰色的苞片，夏末开放。

🏆奥氏刺芹*E.* × *oliverianum*，见253页。

E. paniculatum 见*E. eburneum*。

🏆三裂刺芹*E.* × *tripartitum*，见253页。

变叶刺芹*E. variifolium*，见286页。

'紫罗兰'蓝苞刺芹*E.* × *zabelii* 'Violetta' 多年生草本。直立。株高75cm，冠径60cm。极耐寒。叶圆形，中绿色，3～5裂。似蓟属松散型花序，头状，花紫罗兰色，周围包有狭窄、多刺、银灰色至蓝色的苞片，夏末开放。

糖芥属 ERYSIMUM

十字花科 BRASSICACEAE/CRUCIFERAE

一年生、二年生草本，常绿或半常绿、短命多年草本或亚灌木。因观赏其花而栽培。与桂竹香属（*Cheiranthus*）有紧密的亲缘关系。适宜生长于花坛、堤岸和岩石园。极耐寒至耐寒。喜光照环境和排水良好的土壤。春季或秋季播种繁殖或夏季用软枝扦插繁殖。

阿氏糖芥*E.* × *allionii*（*Cheiran-thus* × *allionii*）（Siberian wallflower）。**'橙色花坛''Orange Bedder'** 见340页。

🏆'鲍威尔淡紫'糖芥*E.* 'Bowles Mauve'（*Cheiranthus* 'Bowles Mauve'，*E.* 'E. A. Bowles'）多年生草本。灌木状。株高达75cm，冠径45cm。半耐寒。叶狭披针形，暗绿色，长5cm。花小，簇生，鲜紫红色，具4枚宽阔的花瓣，春季或初夏开放。

🏆'布里登'糖芥*E.* 'Bredon'（*Cheiranthus* 'Bredon'），见350页。

桂竹香（五彩糖芥）***E. cheiri***（*Cheiranthus cheiri*）多年生常绿草本。灌木状。常作二年生栽培。株高25～80cm，冠径30～40cm。极耐寒。叶披针形，中绿色至深绿色。花序头状，花瓣4枚，芳香，有多种颜色，如红色、黄色、青铜色、白色和橙红色等，春季开放。**花坛系列Bedder Series** 矮生。花金黄色、淡黄色、橙红色或鲜红色。**美女系列 Fair Lady Series** 花淡粉红色、黄色或奶油白色，带有部分红色。**'火王''Fire King'**，见341页。**'象牙白''Ivory White'** 花乳白色。***E.* 'E. A. Bowles'** 见*E.* 'Bowles Mauve'。

矮糖芥*E. helveticum*（*E. pumilum*），见373页。

🏆'哈珀·克利维'邱园糖芥*E.* × *kewense* 'Harpur Crewe'（*Cheiranthus cheiri* 'Harpur Crewe'），见350页。

亚麻叶糖芥*E. linifolium* 短命半常绿亚灌木。树冠开张，圆顶状。株高达30cm，冠径20cm以上。耐寒。叶狭披针形，蓝灰色。花小，头状，花瓣4枚，淡紫罗兰色，夏初开放。

'月光'糖芥*E.* 'Moonlight'（*Cheiranthus* 'Moonlight'）多年生常绿草本。垫状。株高5cm，冠径20cm以上。极耐寒。叶小，狭卵形。花簇生，花瓣4枚，淡黄色，夏季连续开放。为良好的岩石园植物。喜散射光环境和贫瘠、具沙砾的土壤。

E. pumilum 见*E. helveticum*。

刺桐属 ERYTHRINA

豆科/蝶形花科 LEGUMINOSAE/PAPILIONACEAE

落叶或半常绿乔木，灌木和多年生草本。春季至秋季开花。半耐寒至不耐寒。耐最低温度5℃。喜充足的光照条件和排水良好的土壤。盆栽时植物适度浇水，冬季或无叶时少浇水。春季播种繁殖或夏季用半成熟枝扦插繁殖。注意防治红蜘蛛螨类。

E. americana 见*E. coralloides*。

比氏刺桐（龙牙花）***E.* × *bidwillii***，见143页。

珊瑚刺桐*E. coralloides*（*E. americana*）（Flame coral tree，Naked coral tree）落叶不整齐圆形灌木或乔木。具少量多刺的茎。株高和冠径均为3～6m。不耐寒。3小叶复叶，小叶三角形，中间一个小叶最大，长11cm。总状花序，花蝶形，红色，着生于无叶茎上，初春或夏季开放。

鸡冠刺桐*E. crista-galli*，见143页。

猪牙花属 ERYTHRONIUM

百合科 LILIACEAE

多年生草本，具块茎。春季开花。因观赏其下垂的花和有时出现诱人斑点的叶而栽培。极耐寒至耐寒。喜半阴条件、富含腐殖质、排水良好的土壤和凉爽的气候。秋季播种繁殖，某些种类靠短匐茎夏末分株繁殖。移植之前，应埋深15cm，以防块茎干枯。

美洲猪牙花*E. americanum*，见434页。

🏆加州猪牙花*E. californicum*，见427页。**🏆白美人'White Beauty'**，见409页。

🏆犬齿猪牙花*E. dens-canis*，见430页。

🏆大花猪牙花*E. grandiflorum* 多年生草本。具块茎。春季开花。株高10～30cm，冠径5～8cm。极耐寒。叶2枚，披针形，半直立，基生，浅绿色。花1～3朵，下垂，鲜黄色，花瓣反折。

汉德逊猪牙花*E. hendersonii*，见409页。

俄勒冈猪牙花*E. oregonum*，见408页。

🏆'宝塔'猪牙花*E.* 'Pagoda'，见415页。

🏆卷瓣猪牙花*E. revolutum* 多年生草本。具块茎。春季开花。株高20～30cm，冠径15cm。耐寒。叶2枚，披针形，半直立，基生，绿色，具褐色斑纹。花序穗状，松散，花1～4朵，下垂，淡粉至深粉红色，花瓣反卷。

🏆图奥勒米猪牙花*E. tuolumnense* 多年生草本。具块茎。春季开花。株高达30cm，冠径12～15cm。耐寒。叶2枚，披针形，半直立，基生，光滑，浅亮绿色。穗状花序，花多达10朵，下垂，鲜黄色，花瓣反折。通过短匐茎可快速增殖。

南美鼠刺属 ESCALLONIA

鼠刺科/茶藨子科/虎耳草科 ESCALLONIACEAE/GROSSULARIACEAE/SAXIFRAGACEAE

常绿、半常绿或落叶灌木和乔木。因观赏其大量的5瓣花和光亮的叶而栽培。在温暖地区生长旺盛，可将其作为抗风植物，又是理想的海岸公园树篱植物。耐寒，但在寒冷地区应设防风墙以免受强风的危害。喜充足的光照条件和肥沃、排水良好的土壤。花后修剪成整齐的树篱或植物墙。夏季用软枝扦插繁殖。

🏆'苹果花'南美鼠刺*E.* 'Apple Blossom'，见141页。

'唐纳德美人'南美鼠刺*E.* 'Donard Beauty' 常绿灌木。枝条细长，拱状。株高和冠径均为1.5m。花深粉红色，初夏至仲夏开放。叶小，卵形，深绿色。

'唐纳德实生'南美鼠刺*E.* 'Donard Seedling'，见140页。

🏆'埃丁'南美鼠刺*E.* 'Edinensis' 常绿拱形灌木。生长旺盛。株高2m，冠径3m。叶小，椭圆形，亮绿色。花小，粉红色，初夏至仲夏开放。为较耐寒的南美鼠刺属植物之一。

🏆'艾维'南美鼠刺*E.* 'Iveyi'，见118页。

🏆'兰利'南美鼠刺*E.* 'Langleyensis'，见142页。

白花南美鼠刺*E. leucantha*，见118页。

'绯红'南美鼠刺*E. rubra* 'Crim-

son Spire' 常绿灌木。直立。生长极旺盛。株高和冠径均为3m。叶卵形，鲜绿色。花管状，深红色，整个夏季开放。**'林际' 'Woodside'**，见165页。

纤枝南美鼠刺*E. virgata*，见137页。

花菱草属 Eschscholzia
Califorinia poppy

罂粟科 PAPAVERACEAE

一年生草本。因观赏其鲜艳、罂粟一样的花而栽培。适宜生长于岩石园和硬化地面的裂缝中。极耐寒。喜光照充足，在瘠薄、排水非常好的土壤上生长良好。经常摘心以延长花期。春季或初秋室外播种繁殖。

🏆**簇生花菱草 *E. caespitosa***，见336页。

🏆**花菱草 *E. californica***，见339页。（混合色）见338页。**芭蕾系列 Ballerina Series**，见322页。**泰丝系列 Thai Silk Series**，见339页。

松笠属 Escobaria

仙人掌科 CACTACEAE

多年生仙人掌类植物。主要为球状至圆柱状。茎上密布小瘤突（每个小瘤突上都有皱纹沟）和非常多的刺，通常灰白色。不耐寒，耐最低温度5℃。喜充足光照条件和贫瘠至中等肥沃、排水良好的土壤。春季播种繁殖或夏季用短匐茎繁殖。

北极球 *E. vivipara*（*Coryphantha vivipara*），见471页。

老乐属 Espostoa

仙人掌科 CACTACEAE

多年生仙人掌类植物。圆柱状。茎具10～30条棱，随着时间推移，最终成为灌木状或乔木状。多数种类被白色绵毛，覆盖有短而尖锐的针刺。花杯状，被绵毛，沿向阳侧茎着生，只有到大约30年生时才可开花。不耐寒，耐最低温度10℃。喜充足的光照和排水良好的土壤。春季或夏季播种繁殖。

老乐（长毛柱）***E. lanata***，见457页。

Etruscan honeysuckle 见*Lonicera etrusca*。

桉属 Eucalyptus
Gum tree

桃金娘科 MYRTACEAE

常绿乔木或灌木。因观赏其树皮、花和芳香的叶而栽培。耐寒至不耐寒，耐最低温度1～10℃。喜充足光照、避风的环境和肥沃、排水良好的土壤。栽植时苗木应尽可能小。盆栽时适度浇水，冬季少浇水。某些种类漂亮的幼叶随着年龄的增长而脱落，可以通过春季重截干回缩予以保持。春季或秋季播种繁殖。

赤桉 *E. camaldulensis*（Murray red gum，River red gum）常绿不规则圆形乔木。速生。株高30m以上，冠径20m以上。不耐寒，耐最低温度3～5℃。幼树皮灰白色、褐色或乳白色。叶披针形，质薄，绿色或蓝绿色。伞形花序，花小，乳白色，夏季开放。为抗旱树种。

🏆**聚果桉 *E. coccifera***，见72页。

🏆**山桉*E. dalrympleana***，见72页。

美丽桉 *E. ficifolia*（Flowering gum）常绿圆形乔木。生长较快。株高和冠径均为8m。不耐寒，耐最低温度1～3℃。叶阔披针形，光滑，深绿色。大型圆锥花序，花灰白色至深红色，雄蕊多数，春夏季开放。在酸性土壤上生长最好。

粉绿桉*E. glaucescens*（Tingiringi gum）常绿乔木。树冠开展。株高12m，冠径8m。耐寒。幼树皮白色。幼叶银白色至蓝色，圆形，成年叶长，狭窄，蓝灰色。花簇生，白色，雄蕊多数，秋季开放。

🏆**蓝桉 *E. globulus***（Blue gum，Tasmanian blue gum）常绿乔木。树冠开展。生长快。株高30m，冠径12m。半耐寒。树皮带状剥落。幼叶大，卵形至椭圆形，银蓝色，成年叶长，狭窄，光滑，中绿色。花白色，由簇状雄蕊组成，夏秋季开放，也常全年开放。

🏆**冈尼桉 *E. gunnii***，见72页。

E. niphophila 见*E. pauciflora* subsp. *niphophila*。

疏花桉 *E. pauciflora*，见84页。

🏆**雪桉**（尼非桉）subsp. ***niphophila***（*E. niphophila*），见84页。

贯叶桉 *E. perriniana*，见100页。

多枝桉*E. viminalis*（Manna gum，Ribbon gum）常绿乔木。树冠开展。生长旺盛。株高30m，冠径15m。不耐寒，耐最低温度5℃。树干上部树皮脱落。幼叶披针形，暗绿色，成年叶较长，狭窄，浅绿色。花白色，雄蕊簇生，夏季开放。

白鹤花属（亚马逊百合属）Eucharis

石蒜科 AMARYLLIDACEAE

常绿鳞茎类植物。因观赏其芳香、白色的花而栽培。花大，白色，似水仙，杯形花冠，花瓣阔，6枚。不耐寒，耐最低温度15℃。相对湿度至少50%以上。喜半阴和富含腐殖质的土壤。夏季充分浇水。种子成熟时即可播种繁殖或春季用短匍茎繁殖。

大花油加律 *E. amazonica* of gardens，见*E.* × *grandiflora*。

白鹤花 *E.* × *grandiflora*（*E. amazonica* of gardens），见425页。

凤梨百合属 Eucomis
Pineapple flower

风信子科／百合科
HYACINTHACEAE/LILIACEAE

鳞茎类植物。夏季或秋季开花。观赏其密集的、花序为主。花序穗状，像凤梨一样位于一簇小型叶状苞片之内。耐寒，但在严寒的冬季需要用干枯的欧洲蕨或松散、粗制的泥炭加以保护。喜充足的光照条件和排水良好的土壤。春季种植，夏季充分浇水。春季播种繁殖或分株繁殖。

秋花凤梨百合 *E. autumnalis*（*E. undulata*）鳞茎类植物。夏末至秋季开花。株高20～30cm，冠径60～75cm。叶带状，边缘波状，半直立，基生叶簇状。花序穗状，密集，花小，星状，淡绿色或白色，顶端叶状苞片簇生。

双色凤梨百合*E. bicolor*，见422页。

凤梨百合 *E. comosa*，见398页。

素花凤梨百合 *E. pallidiflora*，见397页。

E. undulata 见*E. autumnalis*。

杜仲属 Eucommia

杜仲科 EUCOMMIACEAE

单种属。落叶乔木。因观赏其独特的叶而栽培。极耐寒。喜充足的光照条件和肥沃、排水良好的土壤。夏季用软枝扦插繁殖。

杜仲 *E. ulmoides*（Gutta-percha tree）落叶乔木。树冠宽阔。株高12m，冠径8m。叶下垂，卵形，先端尖，光滑，深绿色。拉断叶片时，叶子碎片仍通过胶丝连接在一起。花小，色淡，春末展叶之前开放。

密藏花属（船形果属）Eucryphia

密藏花科（船形果科）
EUCRYPHIACEAE

常绿、半常绿或落叶乔木和灌木。以观赏叶和花为主。花芳香，白色。耐寒。喜阴和半阴环境。在温暖、潮湿地区，能耐光照。在凉爽、湿润、庇荫条件下，根系生长最好。喜肥沃、排水良好、无石灰的土壤。除心形密藏花（*E. cordifolia*）和灰岩密藏花（*E.* × *nymansensi*）之外，夏末用半成熟枝扦插繁殖。

心形密藏花（新拟）***E. cordifolia***（Ulmo）常绿乔木。圆柱状。株高15m，冠径8m。叶椭圆形，边缘波状，暗绿色，背面灰白色。花大，玫瑰花状，白色，夏末至秋季开放。

🏆**羽叶密藏花**（新拟）***E. glutinosa***，见90页。

光亮密藏花（新拟）***E. lucida***，见90页。

椭圆密藏花（新拟）***E. milliganii***，见137页。

🏆**灰岩密藏花**（新拟）***E.* × *nymansensis* 'Nymansay'**，见81页。

Eugenia australis of gardens 见*Syzygium paniculatum*。

Eugenia panniculata 见*Syzygium paniculatum*。

Eugenia ugni 见*Ugni molinae*。

Euodia 重新归入*Tetradium*。

卫矛属 Euonymus

卫矛科 CELASTRACEAE

常绿或落叶灌木和乔木。有时攀缘。以观赏叶形、秋色叶和果实为主。极耐寒至耐寒。喜光照或半阴的环境和排水良好的土壤。常绿种类喜全光照和不太干旱的土壤。夏季用半成熟枝条扦插繁殖或秋季播种繁殖。欧洲卫矛（*E. europaeus*）和冬青卫矛（*E. japonicus*）可能会遭到毛虫的危害。冬青卫矛易受霉病的感染。误食任何部分都会引起轻度的肠胃不适。

🏆**卫矛 *E. alatus***，见148页。🏆**'紧密' 'Compactus'** 落叶灌木。丛生，密集。株高1m，冠径3m。极耐寒。枝条具木栓质翅。叶卵形，暗绿色，秋季变成鲜红色。花不显著，浅绿色至白色，夏季开放。果实小，4裂，紫红色或红色。

五角卫矛 *E. cornutus* var. ***quinquecornutus*** 落叶开张灌木。株高2m，冠径3m。耐寒。叶狭披针形，暗绿色。花小，淡紫红色至绿色，夏季开放。果实色艳，五角状，粉红色，开裂后露出橙红色的种子。

欧洲卫矛 *E. europaeus*（Spindle tree）。🏆**'红瀑布' 'Red Cascade'**，见147页。

扶芳藤 *E. fortunei* 常绿灌木。栽培的只有爬行卫矛（var. *radicans*）和它的栽培品种。攀缘、蔓延或平卧生长。如果有支撑，高可达5m，冠径不定。极耐寒。叶卵形，暗绿色。花不显著，淡绿色至白色，初夏至仲夏开放。为良好的地被植物。**'彩叶' 'Coloratus'** 叶秋冬季变为淡红色至紫红色。🏆**'丽翡翠' 'Emerald Gaiety'** 高1m，冠径1.5m。灌木状。叶圆形，深绿色，边缘白色。🏆**'金翡翠' 'Emerald'n' Gold'**，见177页。**'Gold Tip'** 见*E. f.* 'Golden Prince'。**'金王子' 'Golden Prince'**（*E. f.* 'Gold Tip'）幼叶圆形，边缘鲜黄色，随着生长变成乳白色。**'邱园' 'Kewensis'** 高10cm以上。茎细长。叶小，浓密，簇生。**'肉质' 'Sarcoxie'** 株高和冠径均为1.2m。直立，灌木状。生长旺盛。叶光滑，暗绿色。🏆**'银后' 'Silver Queen'**，见151页。**'太阳耀斑' 'Sunspot'** 叶深绿色，中间具金黄色斑点。

江户卫矛*E. hamiltonianus* subsp. ***sieboldianus***（*E. yedoensis*）落叶乔木状灌木。株高和冠径均为6m以上。耐寒。叶卵形，中绿色，秋季通常变成粉红色或红色。花小，绿色，春末至初夏开放。果实粉红色，4裂。**'红果'** subsp. ***sieboldianus* 'Red Elf'**，见147页。

冬青卫矛（大叶黄杨）***E. japonicus***（Japanses spindle）。🏆**'宽银边' 'Latifolius Albomarginatus'**（*E. j.* 'Macrophyllus Albus'），见151页。**'大叶' 'Macrophyllus'** 常绿灌木。直立，

密生。株高4m，冠径2m。耐寒。叶大，卵形，光滑，暗绿色。花小，星状，绿色，夏季开放。果实球形，粉红色，种子橙红色。为良好的绿篱植物，特别是沿海地区。**'Macrophyllus Albus'** 见*E. j.* 'Latifolius Albomarginatus'。🏆**'金卵叶' 'Ovatus Aureus'** 叶具较宽的金黄色叶缘。

宽叶卫矛 *E. latifolius*，见148页。

大果卫矛 *E. myrianthus*，见124页。

垂丝卫矛 *E. oxyphyllus* 落叶直立灌木或乔木。株高和冠径均为2.5m。极耐寒。叶卵形，暗绿色，秋季变成淡紫红色至红色。花小，浅绿色至白色，春末开放。果实球形，4～5裂，深红色，种子橙红色至鲜红色。

🏆**扁柄卫矛 *E. planipes*** (*E. sachalinensis* of gardens) 落叶直立灌木。树冠开展。株高和冠径均为3m。极耐寒。叶卵形，中绿色，秋季变成鲜红色。果实大，4～5裂，红色，开裂后露出亮橙红色的种子。花星状，绿色，春末开放。

E. sachalinensis of gardens 见*E. planipes*。

E. yedoensis 见*E. hamiltonianus* var. *sieboldianus*。

泽兰属 EUPATORIUM

菊科 ASTERACEAE/COMPOSITAE

多年生草本、亚灌木或灌木。其中许多种为常绿植物。主要因观赏其花而栽培，有些种类也观其结构特殊的叶。极耐寒至不耐寒。耐最低温度5～13℃。喜充足的光照或半阴。尽管大多数种类喜湿润、排水良好的土壤，但在任何条件下都能良好地生长。盆栽时生长旺盛期需充分浇水，其他时期适度浇水。花后或春季轻度修剪。春季播种繁殖，灌木和亚灌木种类也可夏季用软枝或嫩枝扦插繁殖，多年生草本初春或秋季分株繁殖。注意防治红蜘蛛螨和白蝇。

E. ageratoides 见*E. rugosum*。

E. ianthinum 见*E. sordidum*。

🏆**篱泽兰 *E. ligustrinum*** (*Ageratina ligustrina*, *E. micranthum*, *E. weinmannianum*) 常绿圆形灌木。株高和冠径均为2～4m。半耐寒。叶椭圆形至披针形，鲜绿色。花芳香，似千里光花，白色至粉红色，形成宽而平展的花簇，径10～20cm，秋季开放。

E. micranthum 见*E. ligustrinum*。

紫花泽兰 *E. purpureum*，见231页。

皱叶泽兰 *E. rugosum* (*E. ageratoides*, *E. urticifolium*)，见240页。

暗花泽兰 *E. sordidum* (*E. ianthinum*) 常绿圆形灌木。茎干粗壮。株高和冠径均为1～2m。不耐寒，耐最低温度10～13℃。叶卵形，叶缘锯齿状，深绿色，具红色绒毛。头状花序，花芳香，似大丽花，紫色至紫红色，形成宽而平展的花簇，宽10cm，多冬季开放。

E. urticifolium 见*E. rugosum*。

E. weinmannianum 见*E. ligustrinum*。

大戟属 EUPHORBIA
Milkweed, Spurge

大戟科 EUPHORBIACEAE

灌木、肉质植物或多年生草本。有些种类为半常绿或常绿，或一年生草本。花序由杯状苞片组成，颜色多种多样。通常每个花序内含有几朵缺乏典型萼片和花瓣的花。极耐寒至不耐寒，耐最低温度5～15℃。最适宜在光照或半阴条件下和湿润但排水良好的土壤上生长。春季或夏季用基生枝条扦插繁殖或春季、初秋分株繁殖，或春季、秋季播种繁殖。误食任何部分都会引起严重的不舒适，接触其汁状会刺激皮肤。

扁桃叶大戟(木大戟)***E. amygdaloides*** (Wood spurge)。**'紫叶' 'Purpurea'** 多年生半常绿草本。直立。株高和冠径均为30cm。极耐寒。茎和狭卵形的叶为绿色。花紫红色，杯状花序，苞片黄色，春季开放。易感染霉病。🏆**'罗比'** var. ***robbiae*** (*E. robbiae*)，见271页。

E. biglandulosa 见*E. rigida*。

灯台大戟 *E. candelabrum* 落叶乔木状多年生肉质植物。株高10m，冠径5m。不耐寒，耐最低温度10℃。茎直立，3～5角形，具深缺刻，光滑，暗绿色，通常具大理石一样的白色，分枝呈灯台状。叶寿命短，戟形。杯状花序圆球形，由小花组成，苞片黄色，春季开放。

🏆**查拉西亚大戟 *E. characias*** subsp. ***characias*** 和🏆**伍尔芬大戟** subsp. ***wulfenii***，见156页。

柏大戟 *E. cyparissias*，见271页。

E. epithymoides 见*E. polychroma*。

绯苞草 *E. fulgens* (Scarlet plume) 常绿直立灌木。枝拱状。株高1～1.5m，冠径60cm～1m。不耐寒，耐最低温度5～7℃。叶椭圆形至披针形，中绿色至深绿色，长10cm。花小，花序为叶状或棒状的花束，每个花簇由5枚鲜红色花瓣状苞片包围，直径2～3cm，冬春开放。

戈尔贡大戟 *E. gorgonis* (Gorgon's head) 落叶多年生肉质植物。半球状。株高8cm，冠径10cm。不耐寒。耐最低温度10℃。主茎具有许多条棱肋，绿色，顶部生有3～5行平卧茎，茎宽1cm，后逐渐脱落。花小，芳香，杯状，苞片黄色，花序在顶端呈圆球形，春季开放。

'火红' 圆苞大戟 *E. griffithii* 'Fireglow'，见258页。

银边翠 *E. marginata*，见319页。

🏆**麒麟花**(铁海棠) ***E. milii***，见155页。**绯麒麟** var. ***splendens*** (*E. splendens*) 多为常绿半肉质灌木。生长慢。冠开展。多刺。株高达2m，冠径达1m。不耐寒，耐最低温度5～7℃。叶椭圆形至卵形。花小，簇生，包围有大型、花瓣状、红色苞片，全年陆续开放，但主要在春季开放。

🏆**铁仔大戟 *E. myrsinites***，见371页。

尼斯西亚大戟 *E. nicaeensis* 多年生草本。基部木质。丛生。株高75cm，冠径45cm。极耐寒。叶狭卵形，肉质，灰绿色。花序伞形，淡绿色至黄色，苞片杯状，夏季开放。

晃玉 *E. obesa*，见477页。

🏆**沼生大戟 *E. palustris*** 多年生草本。灌木状。株高和冠径均为1m。极耐寒。花序黄绿色，簇生，苞片杯状，夏季开放。叶椭圆形至披针形，淡黄色至绿色。

🏆**金苞大戟**(金苞草) ***E. polychroma*** (*E. epithymoides*)，见275页。

一品红 *E. pulcherrima*，见150页。**'保罗·米克尔逊' 'Paul Mikkelson'** 主要为常绿直立灌木。多分枝。株高和冠径均为3～4m。不耐寒，耐最低温度5～7℃。叶卵形至披针形，浅裂。花序扁平，花小，淡绿色至白色，具大型、叶状、鲜红色苞片，秋末至春季开放。

双腺大戟 *E. rigida* (*E. biglandulosa*) 多年生常绿草本。直立。株高和冠径均为45cm。耐寒。花序顶生，花黄色，苞片杯状，早春开放。叶椭圆形至卵形，先端尖，灰白色至绿色。

E. robbiae 见*E. amygdaloides* var. *robbiae*。

🏆**西林大戟 *E. schillingii***，见254页。

西格尔大戟 *E. seguieriana*，见271页。

锡金大戟 *E. sikkimensis*，见254页。

E. splendens 见*E. milii* var. *splendens*。

领春木属 EUPTELEA

领春木科 EUPTELEACEAE

落叶乔木。因观赏叶而栽培。极耐寒至半耐寒。在光照充足和肥沃、排水良好的土壤上生长最好。秋季播种繁殖。

日本领春木(总樱) ***E. polyandra*** 落叶乔木。树冠丛生。株高8m，冠径6m。极耐寒。叶柄长，叶狭卵形，具锐锯齿，先端尖，光滑，鲜绿色，秋季变成红色或黄色。花不显著，春季展叶之前开放。

European fan palm 见*Chamaerops humilis*，见176页。

European larch 见*Larix decidua*。

European white lime 见*Tilia tomentosa*。

柃属 EURYA

山茶科 THEACEAE

常绿灌木和乔木。因观赏叶而栽培。花小，不显著，春季至夏季开放。半耐寒至不耐寒。耐最低温度7℃。喜半阴或全光照，喜肥沃、排水良好的土壤。盆栽时在旺盛生长期充分浇水，其他时间少浇水。种子成熟时或春季播种繁殖，夏末采用半成熟枝扦插繁殖。

滨柃 *E. emarginata*，见176页。

柃木 *E. japonica* 常绿丛生灌木或小乔木。株高和冠径均为10m。耐寒。叶椭圆形至披针形，有钝齿，革质，暗绿色。花绿色，不显著，春季至夏季开放。果实小，球状，紫黑色。

'Variegata' of gardens 见*Cleyera japonica* 'Tricolor'。

芡属 EURYALE

睡莲科 NYMPHAEACEAE

单种属。一年生深水植物。观赏其漂浮的叶片。仅适宜生长于热带水塘中。不耐寒，耐最低温度5℃。喜光照充足、温暖的环境和大量施肥。春季播种繁殖。

芡 *F. ferox*，见449页。

常绿千里光属 EURYOPS

菊科 ASTERACEAE/COMPOSITAE

常绿灌木和亚灌木。观赏其引人注目的叶和艳丽的雏菊状头状花序。适宜生长于花坛和岩石园中。极耐寒至不耐寒，耐最低温度5～7℃。喜光照和湿润、但排水良好的土壤。不耐移植。夏季用软枝扦插繁殖。

🏆**长圆叶常绿千里光 *E. acraeus*** (*E. evansii* of gardens)，见358页。

E. evansii of gardens 见*E. acraeus*。

篦齿常绿千里光 *E. pectinatus*，见170页。

洋桔梗属 EUSTOMA

龙胆科 GENTIANACEAE

一年生和多年生草本。花似罂粟属植物，非常适宜作切花，也是良好的盆栽植物。不耐寒，耐最低温度4～7℃。喜光照和排水良好的土壤。冬末在温室内播种繁殖。

洋桔梗 *E. grandiflorum* (*E. russellianum*, *Lisianthus russellianus*)，见319页。**海蒂系列 Heidi Series** 在庇荫条件下，花呈玫瑰红色至粉红色、蓝色、白色和双色。

E. russellianum 见*E. grandiflorum*。

Evening primrose 见*Oenothera*。

White 见*Oenothera speciosa*。

Everlasting flower 见*Bracteantha bracteata*。

Everlasting pea 见*Lathyrus grandiflorus*，见209页，*Lathyrus latifolius*，见211页，*Lathyrus sylvestris*。

Evodia 重新归入*Tetradium*。

藻百年属 EXACUM

龙胆科 GENTIANACEAE

白鹃梅属 EXOCHORDA

一年生、二年生和多年生草本。因观赏其繁茂的花而栽培。为极好的盆栽植物。不耐寒，耐最低温度7～10℃。适宜在光照条件下和排水良好的土壤上生长。若需当年开花，应早春播种繁殖，若需翌年开花，夏末播种繁殖。

紫芳草 ***E. affine***，见331页。

Exeter elm 见 *Ulmus glabra* 'Exoniensis'。

白鹃梅属 EXOCHORDA

蔷薇科 ROSACEAE

落叶灌木。因观赏其繁茂、艳丽、白色的花而栽培。极耐寒。最适宜在光照充足的环境和肥沃、排水良好的土壤上生长。花后疏掉老枝可以促进生长和开花。夏季用软枝扦插繁殖或秋季播种繁殖。在浅薄的白垩土壤上栽培时，缺绿病也许是个问题。

红柄白鹃梅 ***E. giraldii*** 落叶灌木。树冠宽阔。枝条拱状。株高和冠径均为3m。叶椭圆形，幼时浅粉绿色。总状花序直立，花大，5瓣，白色，春末开放。

🏆'新娘' 大花白鹃梅 ***E. × macrantha* 'The Bride'**，见135页。

白鹃梅 ***E. racemosa*** 落叶灌木。枝拱状。株高和冠径均为4m。花簇生，直立，5瓣，春末开放。叶椭圆形，深蓝绿色。喜酸性土壤。

Eyelash begonia 见 *Begonia bowerae*，见295页。

F

柏枝花属 FABIANA

茄科 SOLANACEAE

常绿灌木。因观赏其叶和花而栽培。耐寒，但在寒冷地区种植时需一定的保护措施。喜全光照和肥沃、排水良好的土壤。夏季用软枝扦插繁殖。

'平卧' 柏枝花 *F. imbricata* 'Prostrata' 常绿密生灌木。冠圆球状。株高1m，冠径2m。叶小，似欧石南叶，深绿色，密生于枝上。花多，管状，白色，初夏开放。🏆**紫柏枝花** f. ***violacea*** (*F. i.* 'Violacea')，见145页。

山毛榉属（水青冈属）FAGUS *Beech*

壳斗科 FAGACEAE

落叶乔木。因观赏其树形、叶和秋色叶而栽培。花小，不明显，春末开放。坚果，三角状，密被毛，秋季成熟，可食用。极耐寒。喜光照或半阴环境，紫红叶类型喜全光照，黄叶类型稍耐阴。除积水的土壤外，在任何土壤上都能良好地生长。欧洲山毛榉（*F. sylvatica*）用作绿篱时，应在夏季进行修剪。秋季播种繁殖，选育的类型夏末芽接繁殖。檐状真菌、引起溃疡的真菌、蚜虫和山毛榉球菌都可能造成危害。

F. americana 见 *F. grandifolia*。

北美山毛榉（大叶山毛榉）***F. grandifolia*** (*F. americana*) (American beech) 落叶乔木。树冠开展。株高和冠径均为10m。幼叶卵形，有丝光，淡绿色，夏季成年叶暗绿色，秋季变成黄褐色。

东方山毛榉 *F. orientalis* (Oriental beech) 落叶乔木。树冠开展。株高20m，冠径15m。叶大，卵形，边缘波状，暗绿色，秋季变为黄色。

🏆**欧洲山毛榉 *F. sylvatica*** (Common beech)，见68页。f. ***atropunicea***，见 *F. s.* f. *purpurea*。**'黄垂' 'Aurea Pendula'** 落叶乔木。树冠窄。枝下垂。株高30m，冠径25m。叶卵形，边缘波状，鲜黄色，秋季变成深黄色或橙红色至褐色。🏆**'道维克' 'Dawyck'** 冠径7m。圆柱状。枝直立。叶淡绿色，成熟时呈中绿色至暗绿色，秋季变成深黄色或橙红色至褐色。🏆**'道维克紫' 'Dawyck Purple'** 似 '道维克' 欧洲山毛榉，但叶为深紫红色。**撕裂叶欧洲山毛榉** f. ***laciniata*** 叶具深缺刻。🏆**垂枝欧洲山毛榉** f. ***pendula*** (*F. s.* 'Pendula')，见66页。**紫铜色欧洲山毛榉** f. ***purpurea*** (*F. s.* f. *atropunicea*)，见65页。**'紫垂' 'Purpurea Pendula'** 株高和冠径均为3m。枝坚硬，紫红色，弯垂。叶淡黑色至紫红色。🏆**'里弗斯' 'Riversii'** 叶为暗紫色。**'罗恩' 'Rohanii'** 叶具深缺刻，淡红色至紫红色。**'兹拉特' 'Zlatia'** 幼叶黄色，后变成中绿色至暗绿色。

Fair maids of France 见 *Saxifraga granulata*，见346页。

Fairy bells 见 *Disporum*。

Fairy duster 见 *Calliandra eriophylla*，见172页。

Fairy foxglove 见 *Erinus*。

Fairy lantern 见 *Calochortus*。

Golden 见 *Calochortus amabilis*，见434页。

Fairy moss 见 *Azolla filiculoides*，见448页。

Fairy thimbles 见 *Campanula cochleariifolia*，见383页。

何首乌属 FALLOPIA (BILDERDYKIA, REYNOUTRIA)

蓼科 POLYGONACEAE

多年生攀缘植物。具根状茎。基部木质。适宜做藤架和攀缘于落叶乔木之上。可作障景用。极耐寒。适宜生长于光照充足或半阴的环境和湿润、且排水良好的土壤。种子成熟后立即播种或春季播种繁殖，夏季用半成熟枝扦插繁殖或秋季用硬枝扦插繁殖。

木藤蓼 *F. aubertii* (*Polygonum aubertii*) (Mile-a-minute plant, Russian vine) 落叶缠绕性攀缘植物。茎木质。生长旺盛。株高达12m以上。极耐寒。叶阔心形。圆锥花序，花小，白色或淡绿色，夏秋季变成粉红色。果实有棱，淡粉红色至白色。易与巴尔德楚藤蓼（*F. baldschuanica*）混淆。

F. aubertii of gardens 见 *Fallopia baldschuanica*。

🏆**巴尔德楚藤蓼 *F. baldschuanica*** (*F. aubertii* of gardens, *Polygonum baldschuanicum*)，见217页。

飞羽木属 FALLUGIA

蔷薇科 ROSACEAE

单种属。落叶灌木。因观赏其花和色彩艳丽的果序而栽培。耐寒，但在寒冷地区冬季需要保护。喜温暖、光照充足的环境和排水良好的土壤。夏季用软枝扦插繁殖或秋季播种繁殖。

飞羽木 *F. paradoxa*，见136页。

False acacia 见 *Robinia pseudoacacia*。

False African violet 见 *Streptocarpus saxorum*，见284页。

False anemone 见 *Anemonopsis*。

False aralia 见 *Schefflera elegantissima*，见127页。

False cypress 见 *Chamaecyparis*。

False heather 见 *Cuphea hyssopifolia*，见158页。

False indigo 见 *Baptisia australis*，见252页。

False jasmine 见 *Gelsemium sempervirens*，见206页。

False oat grass 见 *Arrhenatherum elatius*。

False spikenard 见 *Smilacina racemosa*，见233页。

Fanwort 见 *Cabomba caroliniana*。

大吴风草属（山菊属）FARFUGIUM

菊科 ASTERACEAE/COMPOSITAE

多年生草本。因观赏其叶和雏菊状头状花序而栽培。耐寒。适宜生长于光照充足或半阴的环境，喜湿润、但排水良好的土壤。春季分株繁殖或春、秋季播种繁殖。

大吴风草（山菊）***F. japonicum*** (*Ligularia tussilaginea*) 多年生草本。植株松散，丛生。株高和冠径均为60cm。耐寒。叶大，圆形，有锯齿，基生，中绿色，叶面被毛。茎分枝。头状花序，雏菊状，簇生，花淡黄色，夏末开放。🏆**'黄斑' 'Aureomaculatum'** (Leopard plant) 叶具金黄色和白色斑点。半耐寒。

箭竹属 FARGESIA

禾本科 GRAMINEAE/POACEAE

见禾草类、竹类、灯心草类和莎草类植物。

🏆**神农箭竹 *F. murieliae*** (*Arundinaria murieliae*, *Fargesia spathacea* of gardens, *Sinarundinaria murieliae*, *Thamnocalamus murieliae*, *T. spathaceus* of gardens) (Muriel bamboo) 常绿丛生竹类。株高4m，冠径不定。耐寒。幼秆灰白色，引人注目，具松散、淡褐色的箨鞘。叶宽，苹果绿色，先端尖。穗状花序。

🏆**华西箭竹 *F. nitida*** (*Arundinaria nitida*, *Sinarundinaria nitida*) 常绿丛生竹类。株高5m，冠径不定。耐寒。叶小，先端尖，中绿色，叶柄暗紫红色。每个茎节上有几个分枝。茎常为紫红色，上有紧包的叶鞘。

F. spathacea of gardens 见 *F. murieliae*。

束花凤梨属（新拟）FASCICULARIA

凤梨科 BROMELIACEAE

多年生常绿草本。莲座状。因观赏全株而栽培。半耐寒。喜充足光照和排水良好的土壤。春季至秋季适度浇水，冬季少浇水。春季用短匐茎繁殖或分株繁殖。

F. andina 见 *F. bicolor*。

束花凤梨（新拟）***F. bicolor*** (*F. andina*) 多年生常绿草本。莲座状。株高达45cm，冠径60cm。莲座密集。叶长条形，渐尖，拱形，中绿色至深绿色。花管状，淡蓝色，周围包被鲜红色苞片，着生于成熟莲座状叶丛的中心，夏季开放。在不低于2℃的温度下生长最好。

Fat pork tree 见 *Clusia major*。

熊掌木属 × FATSHEDERA

五加科 ARALIACEAE

杂交属（八角金盘*Fatsia japonica* 'Moseri' × 海伯尼亚常春藤*Hedera helix* 'Hibernica'）。常绿灌木。秋季开花。观叶为主。如果有支撑，为良好的攀墙、攀柱植物，可作为温室植物栽培。耐寒。在光照或庇荫下均生长良好，喜肥沃、排水良好的土壤。夏季用半成熟枝扦插繁殖。

🏆**熊掌木 × *F. lizei***，见152页。🏆**'斑叶' 'Variegata'** 常绿灌木。冠圆球状。枝松散。株高1.5m，如果培养成攀缘植物则更高，冠径3m。叶圆形，深裂，有光泽，深绿色，具狭窄的乳白色叶缘。花小，白色，仲秋至秋末开放。

八角金盘属 FATSIA

五加科 ARALIACEAE

单种属。常绿灌木。秋季开花。因观赏其叶、花和果实而栽培。为优良的温室植物。耐寒。但在寒冷地区需防强风。在光照或庇荫下均可生长，喜肥沃、排水良好的土壤。夏季用半成熟枝扦插繁殖或春秋季播种繁殖。

🏆**八角金盘 *F. japonica*** (*Aralia japonica*, *A. sieboldii*) (Japanese aralia) 常绿灌木。冠圆球状。株高和冠径均为3m。茎粗壮。叶大，圆形，深裂，有光泽，暗绿色。花小，白色，密集簇生，仲秋开放。果实圆形，黑色。🏆**'白斑叶' 'Variegata'**，见151页。

F. papyrifera 见 *Tetrapanax papyrifer*。

虎颚属 FAUCARIA

番杏科 AIZOACEAE

多年生多浆植物。丛生，无茎。叶半圆柱形或三角形，肉质，鲜绿色。

花黄色，秋季傍晚开放。芽和干枯花橙红色或红色。不耐寒。耐最低温度6℃。喜充足光照和排水良好的土壤。冬季保持干燥，春季少浇水。春、夏季播种繁殖或茎插繁殖。

四海波 *F. tigrina*，见479页。

Feather grape hyacinth见*Muscari comosum* 'Plumosum'，见432页。

Feather-top 见 *Pennisetum villosum*，见307页。

Feijoa 重新归入 *Acca*。

蓝菊属 FELICIA (AGATHAEA)

菊科 ASTERACEAE/COMPOSITAE

一年生草本或常绿亚灌木，稀灌木。因观赏其雏菊状、多为蓝色的头状花序而栽培。极耐寒至不耐寒。耐最低温度5～7℃。喜全光照和排水良好的土壤。盆栽植株适度浇水，生长缓慢时少浇水。忌潮湿环境，特别是低温时期。定期剪掉死去的花茎并回缩蔓延的枝。春季播种繁殖，夏季或初秋用嫩枝扦插繁殖。

蓝菊*F. amelloides* (*Aster capensis*) (Blue marguerite) 丛生亚灌木。常作一年生栽培。叶深绿色，长达3cm。花淡蓝色至深蓝色，夏季至秋季开花。**🏆'圣阿妮塔''Santa Anita'**，见168页。

伯氏蓝菊*F. bergeriana*，见334页。

窗玉属 FENESTRARIA

番杏科 AIZOACEAE

多年生多浆植物。丛生。叶肉质，基生叶莲座状，在平展的叶尖上有一个灰色"窗口"。不耐寒。耐最低温度6℃。喜光照和排水极好的土壤。冬季保持干燥。春、夏季播种繁殖。

窗玉（五十铃玉）***F. aurantiaca***，见479页。**群玉 f. *rhopalophylla*** 多年生多浆植物。丛生。株高5cm，冠径20cm。叶直立，棒状，有光泽，淡灰绿色至中绿色，形成开张的垫状，叶尖平展。花雏菊状，白色，夏末和秋季开放。

Fennel 见 *Foeniculum vulgare*。

Dog's 见 *Anthemis*。

Giant 见 *Ferula*。

Fennel-leaved pondweed 见*Potamogeton pectinatus*。

Fern

Asian chain 见 *Woodwardia unigemmata*。

Beech 见 *Phegopteris connectilis*。

Berry bladder 见 *Cystopteris bulbifera*。

Bird's-nest 见 *Asplenium nidus*，见313页。

Brittle bladder 见 *Cystopteris fragilis*。

Broad buckler 见 *Dryopteris dilatata*。

Button 见 *Pellaea rotundifolia*。

Chain 见 *Woodwardia radicans*。

Christmas 见 *Polystichum acrostichoides*。

Cinnamon 见 *Osmunda cinnamomea*。

Common stag's-horn 见 *Platycerium bifurcatum*，见310页。

Fishtail 见 *Cyrtomium falcatum*，见311页。

Foxtail 见 *Asparagus densiflorus* 'Myersii'，见267页。

Giant holly 见 *Polystichum munitum*，见310页。

Giant wood 见 *Dryopteris goldieana*。

Golden male见*Dryopteris affinis*。

Hard 见 *Blechnum spicant*。

Hard shield 见 *Polystichum aculeatum*。

Hare's-foot 见 *Davallia canariensis*。

Hart's tongue 见 *Asplenium scolopendrium*，见313页。

Hen-and-chicken 见 *Asplenium bulbiferum*。

Holly 见 *Cyrtomium falcatum*，见311页。

Interrupted 见*Osmunda claytoniana*。

Japanese climbing见*Lygodium japonicum*。

Japanese shield 见 *Dryopteris erythrsora*。

Ladder 见 *Nephrolepis cordifolia*。

Lady 见 *Athyrium filix-femina*。

Liquorice见*Polypodium glycyrrhiza*，见310页。

Maidenhair 见 *Adiantum capillus-veneris*。

Male 见*Dryopteris filix-mas*，见310页。

Marsh 见 *Thelypteris palustris*，见312页。

Marsh buckler 见 *Thelypteris palustris*，见312页。

Mountain 见*Oreopteris limbosperrma*。

Mountain buckler 见*Oreopteris limbosperma*。

Mountain wood 见 *Oreopteris limbosperma*。

Narrow buckler 见 *Dryopteris carthusiana*。

Northern maidenhair见*Adiantum Pedatum*，见312页。

Oak 见 *Gymnocarpium dryopteris*。

Ostrich见*Matteuccia struthiopteris*，见312页。

Ostrich-feather 见 *Matteuccia struthiopteris*，见312页。

Painted 见 *Athyrium nipponicum*，见313页。

Parsley 见 *Cryptogramma crispa*，见313页。

Prickly shield 见 *Polystichum aculeatum*。

Royal 见 *Osmunda regalis*，见312页。

Rusty-back 见 *Asplenium ceterach*，见311页。

Sensitive 见 *Onoclea sensibilis*，见312页。

Soft shield 见 *Polystichum setiferum*。

Squirrel's-foot 见 *Davallia mariesii*。

Stag's-horn 见 *Platycerium*。

Sword 见*Nephrolepis cordifolia*; *Nephrolepis exaltata*，见312页。

Wallich's wood 见 *Dryopteris wallichiana*。

Water 见 *Azolla filiculoides*，见448页; *Ceratopteris thalictroides*。

Wintergreen 见 *Polypodium cambricum*。

Fern-leaf aralia见*Polyscias filicifolia*，见152页。

强刺球属 FEROCACTUS
Barrel cactus

仙人掌科 CACTACEAE

多年生仙人掌类植物。生长慢。球状，数年后长成柱状。不耐寒。耐最低温度5℃。喜全光照和排水极好的土壤。春季或夏季播种繁殖。脉间变黑时用内吸式杀菌剂防治，并保证植株通风良好。

F. acanthodes of gardens 见 *F. cylindraceus*。

金冠龙 *F. chrysacanthus* 多年生仙人掌类植物。生长慢。球状。株高1m，冠径60cm。茎绿色，具15～20条棱，棱上有稠密的、黄白色相间的刺。花漏斗状，黄色，稀红色，直径达5cm，仅着生于直径25cm以上的植物体上，夏季开放。

白鸟球*F. cylindraceus* (*F. acanthodes* of gardens)，见460页。

大虹*F. hamatacanthus* (*Hamatocactus hamatacanthus*)，见464 页。

日出球 *F. latispinus* 多年生仙人掌类植物。生长慢。扁球状。株高20cm，冠径40cm。茎绿色，具有15～20条棱，棱上着生有宽钩刺，红色或黄色。花漏斗状，淡黄色或红色，着生于直径10cm以上的植物体上，夏季开放。

F. setispinus 见 *Thelocactus setispinus*。

金赤龙 *F. wislizenii* 多年生仙人掌类植物。生长慢。球状。株高2m，冠径1m。茎绿色，棱多达25条，棱上着生有扁平、钩状、通常为淡红褐色的刺，长达5cm。花漏斗状，橙红色或黄色，直径达6cm，着生于直径25cm的植物体上，夏末开放。从种子发芽开始，10～15年才能达到这样大小。

魔星兰属 FERRARIA

鸢尾科 IRIDACEAE

球茎类植物。春季开花。因观赏花而栽培。花形奇特，外轮花瓣3个，大型，内轮花瓣3个，小型，具非常明显的波状边缘。有令人恶心的气味吸引苍蝇进行传粉。半耐寒。喜全光照和排水良好的土壤。秋季栽植。冬季浇水，花后保持干燥。夏季枯萎。夏末分株繁殖或秋季播种繁殖。

魔星兰 *F. crispa* (*F. undulata*)，见415页。

F. undulata 见 *F. crispa*。

阿魏属 FERULA
Giant fennel

伞形科 APIACEAE/UMBELLIFERAE

多年生草本。主要在夏季开花。因观赏其粗放、有一定结构的外形而栽培。不可同烹饪用的茴香(*Foeni-culum*)相混淆。耐寒。喜光照和排水良好的土壤。夏末用新鲜种子播种繁殖。

大阿魏 *F. communis*，见228页。

Fescue, Blue 见 *Festuca glauca*。

羊茅属 FESTUCA

禾本科 GRAMINEAE/POACEAE

见禾草类、竹类、灯心草类和莎草类植物。

灰蓝羊茅 *F. glauca* (*F. ovina* var. *glauca*) (Blue fescue) 多年生常绿草本。丛生。株高和冠径均为10cm。极耐寒。叶狭窄，形多变，蓝绿色至银白色。圆锥花序不明显，由小穗组成，夏季开放。为良好的花坛边缘装饰植物。每2～3年春季分栽一次。

F. ovina* var. *glauca 见 *F. glauca*。

Fetterbush 见 *Pieris floribunda*，见127页。

Mountaim 见 *Pieris floribunda*，见127页。

Feverfew 见 *Tanacetum parthenium*，见319页。

榕属（无花果属） FICUS

桑科 MORACEAE

常绿或落叶乔木、灌木，攀爬或根攀藤木。因观赏其叶和获得树阴而栽培，少数种类可观果。花不显著、簇生，春季或夏季开放。耐寒至不耐寒。耐最低温度5～18℃。喜全光照或半阴的环境和肥沃、排水良好的土壤。盆栽植株适度浇水，温度低时少浇水。春季播种繁殖或夏季用叶芽或茎尖扦插繁殖或空中压条繁殖。红蜘蛛螨会危害。误食叶片可能导致中度胃不适，树液会刺激皮肤或引起皮肤过敏。

印度榕（红果榕）***F. benghalensis***，

见 72 页。

🏆**垂叶榕** ***F. benjamina***（Weeping fig）常绿垂枝乔木。常有气生根。株高和冠径均为 18～20m。不耐寒，耐最低温度 10℃。叶质薄，长卵形，长 7～13cm，有光泽，鲜绿色。**‘白斑’ ‘Variegata’**，见 84 页。

🏆**圆叶榕**（异叶榕）***F. deltoidea***，见 152 页。

印度橡胶树（缅树）***F. elastica***（India rubber tree，Rubber plant）。🏆**‘装饰’**（红芽橡胶树）**‘Decora’** 常绿乔木。冠不规则卵形。生长势强。株高达 30m，冠径达 15～20m。不耐寒，耐最低温度 10℃。叶阔卵形，革质，有光泽，深绿色，幼叶淡粉红色至青铜色。🏆**‘彩叶’ ‘Doescheri’**，见 72 页。**‘斑叶’**（花叶橡胶树）**‘Variegata’** 叶缘乳白色，叶具灰绿色斑点。

🏆**大琴叶榕**（琴叶榕）***F. lyrata***（Fiddle-leaf fig）常绿乔木。树冠卵形。干茎发达。株高达 15m 以上，冠径达 10m。不耐寒，耐最低温度 15～18℃。叶形似小提琴，长达 30cm 以上，有光泽，深绿色。

澳洲榕（澳洲缅树）***F. macrophylla***（Australian banyan，Moreton Bay fig）常绿乔木。树冠阔展，密生，长大后茎基膨大。株高 20～30m，冠径 30～40m。不耐寒。耐最低温度 15～18℃。叶卵形，长达 20cm，革质，有光泽，深绿色。

🏆**薜荔** ***F. pumila***（*F. repens*）（Creeping fig）常绿根攀植物。株高 8m，盆栽时高可达 1.5m。不耐寒，耐最低温度 5℃。叶亮绿色，幼叶心形，长 2～3cm，成熟叶卵形，长 3～8cm，革质。果味不可口，长 6cm，初为橙红色，后为红色至紫红色。只有在非常温暖的地区或温室内才能成熟。剪掉枝顶以促进分枝。**‘小薜荔’ ‘Minima’** 幼叶更短，更狭窄。

菩提树 ***F. religiosa***（Bo，Peepul，Sacred fig tree）主要为常绿乔木。树冠圆形至阔展形，从枝上长出支撑根。株高和冠径均为 20～30m。不耐寒，耐最低温度 15～18℃。叶长 10～15cm，阔卵形至近三角形，先端长尾尖，展叶时有粉红色晕。

F. repens 见 *F. pumila*。

🏆**褐叶榕** ***F. rubiginosa***（Port Jackson fig，Rusty-leaved fig）常绿乔木。树冠浓密。茎基膨大。株高和冠径均为 20～30m 以上。不耐寒，耐最低温度 15～18℃。叶椭圆形，先端钝尖，长达 10cm，有光泽，上面深绿色，背面通常铁锈色。

Fiddle-leaf fig 见 *Ficus lyrata*。

Field poppy 见 *Papaver rhoeas*。

Fig

Creeping 见 *Ficus pumila*。

Devil's 见 *Argemone mexicana*，见 335 页。

Fiddle-leaf 见 *Ficus lyrata*。

Hottentot 见 *Carpobrotus edulis*。

Indian 见 *Opuntia ficus-indica*。

Kaffir 见 *Carpobrotus edulis*。

Mistletoe 见 *Ficus deltoidea*，见 152 页。

Moreton Bay 见 *Ficus macrophylla*。

Port Jackson 见 *Ficus rubiginosa*。

Rusty-leaved 见 *Ficus rubiginosa*。

Weeping 见 *Ficus benjamina*。

Fig tree，Sacred 见 *Ficus religiosa*。

Figwort 见 *Scrophularia*。

Water 见 *Scrophularia auriculata*。

Filbert 见 *Corylus maxima*。

蚊子草属（合叶子属）FILIPENDULA *Meadowsweet*

蔷薇科 ROSACEAE

多年生草本。春夏季开花。极耐寒。多数种类适宜生长于全光照或半阴环境，喜湿润、但排水良好、主要由枯枝落叶组成的土壤。某些种类如红花蚊子草（*F. rubra*），在沼泽地生长旺盛，欧洲蚊子草（*F. vulgaris*）喜全光照、较干旱的条件。秋季播种繁殖或秋冬季分株繁殖。

堪察加蚊子草 ***F. camtschatica***（*F. kamtschatica*）多年生草本。丛生。株高达 1.5m，冠径 1m。花序头状，薄而扁平，花芳香，星状，白色或淡粉红色，高于大型、披针形、全裂或半裂的叶丛之上，仲夏开放。

F. hexapetala 见 *F. vulgaris*。

‘Flore Pleno’ 见 *F. vulgaris* ‘Multiplex’。

F. kamtschatica 见 *F. camtschatica*。

🏆**槭叶蚊子草** ***F. purpurea***，见 245 页。

红花蚊子草 ***F. rubra***，见 227 页。

旋果蚊子草 ***F. ulmaria***（*Spiraea ulmaria*）。**‘黄叶’ ‘Aurea’**，见 290 页。

欧洲蚊子草 ***F. vulgaris***（*F. hexapetala*）（Dropwort）。**‘重瓣’ ‘Multiplex’**（*F. hexapetala* ‘Flore Pleno’）多年生草本。直立。莲座状。根肉质、膨大。株高 1m，冠径 45cm。圆锥花序扁平，花圆球形，重瓣，白色，有时带粉红色，着生于叶丛之上。叶似蕨类植物，细裂，有锯齿，无毛，暗绿色。

Finger-leaved ivy 见 *Hedera hibernica* ‘Digitata’，见 221 页。

Fir

Balsam 见 *Abies balsamea*。

Blue Douglas 见 *Pseudotsuga menziesii* var. *glauca*，见 102 页。

Caucasian 见 *Abies nordmanniana*，见 111。

Chinese 见 *Cunninghamia lanceolata*，见 106 页。

Delavay's 见 *Abies delavayi*。

Douglas 见 *Pseudotsuga menziesii*。

Forrest 见 *Abies forrestii*，见 105 页。

Giant 见 *Abies grandis*，见 104 页。

Grand 见 *Abies grandis*，见 104 页。

Greek 见 *Abies cephalonica*。

Korean 见 *Abies koreana*，见 109 页。

Nikko 见 *Abies homolepis*。

Noble 见 *Abies procera*。

Pacific 见 *Abies amabilis*。

Silver 见 *Abies*。

Subalpine 见 *Abies lasiocarpa*。

Veitch 见 *Abies veitchii*，见 102 页。

White 见 *Abies concolor*。

Fire lily 见 *Lilium bulbiferum*。

Firebush，Chilean 见 *Embothrium coccineum*，见 93 页。

Firecracker

Brazilian 见 *Manettia luteorubra*，见 205 页。

Mexican 见 *Echeveria setosa*。

Firecracker vine 见 *Manettia cordifolia*。

Firethorn 见 *Pyracantha*。

Firewheel tree，Australian 见 *Stenocarpus sinuatus*。

梧桐属 FIRMIANA

梧桐科 STERCULIACEAE

主要为落叶乔木和灌木。因观赏其叶或提供树阴而栽培。半耐寒。但为了冠形匀称，需要 2～5℃ 的最低温度。喜排水良好，但保湿、肥沃的土壤和全光照或半阴的环境。旺盛生长时期，对盆栽植株充分浇水，冬季少浇水。如果需要可进行修剪。种子成熟后或春季播种繁殖。

F. platanifolia 见 *F. simplex*。

梧桐 ***F. simplex***（*F. platanifolia*，*Sterculia platanifolia*），见 68 页。

Fish grass 见 *Cabomba caroliniana*。

Fishbone cactus 见 *Epiphyllum anguliger*，见 461 页。

Fishpole bamboo 见 *Phyllostachys aurea*。

Fishtail fern 见 *Cyrtomium falcatum*，见 311 页。

网纹草属 FITTONIA

爵床科 ACANTHACEAE

多年生常绿草本。匍匐状。主要因观赏叶而栽培，常用作地被植物。不耐寒，耐最低温度 15℃。喜相当湿润的环境，适生于庇荫条件和排水良好的土壤，既需要保持良好的水分条件，又忌积水，冬季尤其如此。如果生长过旺，春季需要修剪回缩。春季或夏季在加热温床上分株或茎插繁殖。

🏆**白网纹草** ***F. albivenis* Argyroneura Group**（*F. argyroneura*，*F. verschaffeltii* var.*argyroneura*），见 300 页。

🏆**红网纹草 Verschaffeltii Group**（*F. verschaffeltii*），见 302 页。

F. argyroneura 见 *F. albivenis* Argyroneura Group。

F. verschaffeltii，见 *F. albivenis* Verschaffeltii Group。var. ***argyroneura***，见 *F. albivenis* Argyroneura Group。

南国柏属 FITZROYA

柏科 CUPRESSACEAE

见针叶树。

南国柏（智利柏）***F. cupressoides*** 见 *F. pata-gonica*，见 106 页。

F. patagonica 见 *F. cupressoides*。

Five fingers 见 *Pseudopanax arboreus*，*Syngonium auritum*。

Five-leaved ivy 见 *Parthenocissus quinquefolia*。

Five-spot baby 见 *Nemophila maculata*，见 319 页。

Flag

Blue 见 *Iris versicolor*，见 234 页。

Common German，见 *Iris germanica*。

Japanese 见 *Iris ensata*。

Missouri 见 *Iris missouriensis*，见 234 页。

Myrtle 见 *Acorus calamus*。

Siberian 见 *Iris sibirica*。

Sweet 见 *Acorus calamus*。

Wall 见 *Iris tectorum*，见 234 页。

Yellow 见 *Iris pseudacorus*，见 235 页。

Flaky juniper 见 *Juniperus squamata*。

Flame azalea 见 *Rhododendron calendulaceum*。

Flame coral tree 见 *Erythrina coralloides*。

Flame creeper 见 *Tropaeolum speciosum*，见 210 页。

Flame flower 见 *Pyrostegia venusta*，见 218 页。

Flame nasturtium 见 *Tropaeolum speciosum*，见 210 页。

Flame tree，Illawarra 见 *Brachychiton acerifolius*，见 65 页。

Flame vine 见 *Pyrostegia venusta*，见 218 页。

Flame violet 见 *Episcia cupreata*，见 301 页。

Flame-of-the-forest 见 *Spathodea campanulata*，见 71 页。

Flaming katy 见 *Kalanchoe blossfeldiana*。

Flaming sword 见 *Vriesea splendens*，见 265 页。

Flamingo flower 见 *Anthurium scherzerianum*，见 302 页。

Flannel flower 见 *Fremontodendron*。

Flax

Golden 见 *Linum flavum*。

Holy 见 *Santolina rosmarinifolia*。

Lily 见 *Daniella*。

Mountain 见 *Phormium cookianum*。

New Zealand 见 *Phormium*。

Yellow 见 *Linum flavum*，*Reinwardtia indica*，见170页。

Floating water plantain 见 *Luronium natans*。

Floss flower 见 *Ageratum*。

Floss silk tree 见 *Chorisia speciosa*，见70页。

Flowering banana 见 *Musa ornata*，见232页。

Flowering currant 见 *Ribes sanguineum*。

Flowering dogwood 见 *Cornus florida*。

Flowering gum 见 *Eucalyptus ficifolia*。

Flowering quince 见 *Chaenomeles*。

Flowering raspberry 见 *Rubus odoratus*。

Flowering rush 见 *Butomus umbellatus*，见448页。

Flowering tobacco 见 *Nicotiana sylvestris*，见226页。

Flower-of-the hour 见 *Hibiscus trionum*，见320页。

Fly honeysuckle 见 *Lonicera xylosteum*，见140页。

Flytrap，Venus 见 *Dionaea muscipula*，见305页。

Foam of May 见 *Spiraea*'Arguta'。

Foam，Meadow 见 *Limnanthes douglasii*，见336页。

Foamflower 见 *Tiarella*。

茴香属 FOENICULUM

伞形科 APIACEAE/UMBELLIFERAE

二年生或多年生草本。夏季开花。有些种类观赏其黄色的伞形花序，还有些种类观叶，有些种类可作为路边花坛的装饰材料或烹饪的调料。极耐寒至耐寒。适宜生长于开阔、光照充足的环境和肥沃、排水良好的土壤。花凋谢后去掉花头以防止自然播种。秋季播种繁殖。

茴香 *F. vulgare* (Fennel)。**'紫叶' 'Purpureum'** 多年生草本。直立，多分枝。株高2m，冠径45cm。极耐寒。叶全裂，毛发状，青铜色。花小，黄色，构成大型、扁平、伞形花序，夏季开放。

水藓属 FONTINALIS *Moss*

水藓科 FONTINALACEAE

多年生常绿沉水植物。因观赏叶而栽培。可为鱼类提供一个蔽护所，也为其产卵提供一个良好的环境。极耐寒。适宜生长于光照或半阴的溪流或其他流水中，冷凉条件下仍能生长，但长不到应有的大小。春季分株繁殖。

水藓 *F. antipyretica* (Water moss，Willow moss) 多年生常绿沉水植物。株高2.5cm，冠径不定。叶似藓类植物，呈群体状，暗橄榄绿色。

Foothill penstemon 见 *Penstemon heterophyllus*。

Forget-me-not 见 *Myosotis*。

Alpine 见 *Myosotis alpestris*，见370页。

Chatham Island 见 *Myosotidium*。

Water 见 *Myosotis scorpioides*。

Forrest fir 见 *Abies forrestii*，见105页。

连翘属 FORSYTHIA

木犀科 OLEACEAE

落叶灌木。春季开花。因观赏花而栽培。花多，黄色，先叶开放。

'法兰德'间型连翘(*F.* × *intermedia* 'Beatrix Farrand')和'林伍德'间型连翘（*F.* × *i.* 'Lynwood'）可用作诱人的花篱。极耐寒。喜全光照条件和肥沃、排水良好的土壤。花后立即疏减老花枝和修剪绿篱。夏季用软枝扦插繁殖或秋冬季用硬枝扦插繁殖。

'阿诺德巨人'间型连翘 *F.* × *intermedia* 'Arnold Giant' 落叶灌木。丛生。株高1.5m，冠径2.5m。枝条强壮。叶椭圆形，有锐齿，中绿色。花大，花瓣4枚，深黄色，初春至仲春稀疏开放。**'法兰德' 'Beatrix Farrand'**，见135页。**'卡尔·萨克斯' 'Karl Sax'** 密生。株高2.5m。花多。有些种类的叶秋季变为红色或紫红色。🏆**'林伍德' 'Lynwood'** 高3m。开花多。植株强壮，直立。**'微金' 'Minigold'** 株高和冠径均为2m。叶椭圆形，中绿色。花小，簇生，花瓣4枚，黄色，初春至仲春开放。**'亮丽' 'Spectabilis'**，见134页。**'春荣' 'Spring Glory'** 高2m，冠径1.5m。花大，簇生，花瓣4枚，淡黄色，仲春开放。叶椭圆形，有锯齿，鲜绿色。

卵叶连翘 *F. ovata* 落叶灌木。丛生。株高和冠径均为1.5m。叶阔卵形，有锯齿，暗绿色。花小，花瓣4枚，黄色，初春开放。🏆**'四瓣金' 'Tetragold'** 花较大。🏆**连翘 *F. suspensa***，见131页。

北美瓶刷树属 FOTHERGILLA

金缕梅科 HAMAMELIDACEAE

落叶灌木。春季开花。因观秋叶及芳香的花而栽培。花内密生瓶刷似的簇生雄蕊，先叶开放或与叶同时开放。极耐寒。喜生于全光照或半阴环境，但在光照充足的条件下，花色更艳。喜湿润、泥炭质酸性土壤。夏季用软枝扦插繁殖。

桤叶北美瓶刷树 *F. gardenii* (Witch alder) 落叶灌木。丛生，密集。株高和冠径均为1m。花小，白色，芳香，密集，簇生，仲春至春末先叶开放。叶阔卵形，暗蓝绿色，秋季变为亮红色。

🏆**大北美瓶刷树 *F. major*** (*F. monticola*)，见127页。

F. monticola 见 *F. major*。

Fountain flower 见 *Ceropegia sandersonii*。

Four o' clock flower 见 *Mirabilis*。

Foxglove 见 *Digitalis*。

Fairy 见 *Erinus*。

Mexican 见 *Tetranema roseum*，见303页。

Yellow 见 *Digitalis grandiflora*。

Foxglove tree 见 *Paulownia tomentosa*，见77页。

Foxtail，Golden 见 *Alopecurus pratensis* 'Aureovariegatus'，见309页。

Foxtail barley 见 *Hordeum jubatum*，见307页。

Foxtail fern 见 *Asparagus densiflorus* 'Myersii'，见267页。

Foxtail lily 见 *Eremurus*。

Foxtail millet 见 *Setaria italica*。

Fragaria indica 见 *Duchesnea indica*。

Fragrant olive 见 *Osmanthus fragrans*。

Fragrant snowbell 见 *Styrax obassia*。

初姬球属 FRAILEA

仙人掌科 CACTACEAE

多年生仙人掌类植物。球状至短圆柱状。具瘤突的棱，有刚毛状短刺。夏季产生大量的芽，大多数发展成小球状、有光泽、不开裂的果。不耐寒。耐最低温度5℃。喜半阴条件和排水良好的土壤，不能适应长期干旱。春季或夏季播种繁殖。

F. pulcherrima 见 *F. pygmaea*。

豹子 *F. pygmaea* (*F. pulcherrima*)，见477 页。

福南草属 FRANCOA

虎耳草科 SAXIFRAGACEAE

多年生草本。夏季和初秋开花。耐寒。喜全光照和肥沃、排水良好的土壤。春季播种或分株繁殖。

钟花福南草 *F. appendiculata* (Bridal wreath) 多年生草本。丛生。株高60cm，冠径45cm。总状花序，花小，钟状，淡粉红色，基部具深粉红色斑点，夏季至初秋开放。茎直立。叶椭圆形至卵形，有分裂，被毛，叶面皱褶，暗绿色。

翼柄福南草 *F. sonchifolia* 多年生草本。丛生。株高75cm，冠径45cm。总状花序，花杯状，粉红色，具红色斑点，夏季至初秋开放。叶分裂，顶端裂片较大。

Frangipani 见 *Plumeria*。

Native Australian 见 *Hymenosporum flavum*。

洋大头茶属 FRANKLINIA

山茶科 THEACEAE

单种属。落叶乔木或灌木。为观花和秋色叶而栽培。极耐寒。但在炎夏生长繁茂。喜充足的光照和湿润、但排水良好的中性至酸性土壤。夏季用软枝扦插繁殖，秋季播种繁殖或初冬用硬枝扦插繁殖。

洋大头茶 *F. alatamaha* 落叶乔木或灌木。直立。株高和冠径均为5m以上。花大，浅杯状，白色，雄蕊黄色，夏末和初秋开放。叶椭圆形，有光泽，鲜绿色，秋季变为红色。

白蜡树属（梣属） FRAXINUS *Ash*

木犀科 OLEACEAE

落叶乔木和灌木。主要观赏其成对的小叶。花通常不太显著。极耐寒。喜光照和肥沃、排水良好、但不太干旱的土壤。野生种类秋季播种繁殖，选育的类型夏季芽接繁殖。接触树皮上的地衣可能刺激皮肤导致过敏。

美国白蜡树（大叶白蜡树）***F. americana*** (White ash) 落叶乔木。树冠开展。生长快。株高25m，冠径15m。叶暗绿色，具5～7枚卵形至披针形小叶，有时秋季变为黄色或紫红色。

窄叶白蜡树 *F. angustifolia* (*F. oxycarpa*) (Narrow-leaved ash) 落叶乔木。树冠开展。树形优美。株高25m，冠径12m。叶通常由9～11枚窄披针形、光滑、暗绿色的小叶组成，秋季变成金黄色。**'雷伍德'**（红叶白蜡树）**'Raywood'** (Claret ash) 树体强壮。株高20m，冠径15m。叶由5～7枚狭卵形小叶组成，秋季变为鲜红色至紫红色。

🏆**欧洲白蜡树 *F. excelsior*** (Common ash) 落叶乔木。树冠开展。生长旺盛。株高30m，冠径20m。叶暗绿色，通常由9～11枚卵形小叶组成，有时秋季变为黄色。冬季叶芽呈黑色。**裂叶欧洲白蜡树 f. *diversifolia*** 单叶或仅有3小叶。🏆**'金叶' 'Jaspidea'** 叶春季黄色，秋季变为金黄色。枝冬季黄色。🏆**'垂枝' 'Pendula'** 高15m，冠径3～10m。枝下垂至地面。

F. mariesii 见 *F. sieboldiana*。

🏆**花白蜡树 *F. ornus***，见76页。

F. oxycarpa 见 *F. angustifolia*。

洋白蜡树（宾州白蜡树，绿梣）***F. pennsylvanica*** (Green ash，Red ash) 落叶乔木。树冠开展。生长快。株高和冠径均为20m。叶通常由7～9片狭卵形、深绿色小叶组成，背面常有光滑的绒毛。叶与枝一样，秋季黄色。**'帕特摩尔' 'Patmore'** 抗病性强，落叶晚。叶有光泽，但不结果实。

小白蜡树 *F. sieboldiana* (*F. mariesii*) 落叶乔木。生长慢。枝叶繁茂。株高6m，冠径5m。叶由3～5片卵形、

暗绿色小叶组成，叶柄紫红色。花小，密集，芳香，星状，乳白色，初夏开放。花后结窄椭圆形、紫红色的果实。

毡毛白蜡树（毛梣）***F. velutina***，见 80 页。

Freckle face 见 *Hypoestes phyllostachya*，见 264 页。

香雪兰属（小苍兰属、小菖兰属）FREESIA

鸢尾科 IRIDACEAE

球茎类植物。冬春季开花。以观赏其芳香、漏斗状的花为主。为常用的切花材料。半耐寒。喜全光照和排水良好的土壤。秋季种植，冬季需常浇水。需用小树枝或小棍支撑。花后球茎干枯。为了夏季开花，春季应在室外种植经特别处理的球茎。秋季用短匍茎繁殖或春季播种繁殖。

F. alba of gardens 见 *F. lactea*。

F. armstrongii 见 *F. corymbosa*。

红花小菖兰 *F. corymbosa*（*F. armstrongii*）球茎类植物。冬末至春季开花。株高达30cm，冠径4～6cm。叶窄剑形，直立，基生。花茎水平，弯曲至顶端，花序穗状，花无香味，直立，粉红色，长3～3.5cm，基部黄色。

'金曲'香雪兰*F.* 'Golden Melody' 球茎类植物。冬春季开花。株高达30cm，冠径4～6cm。与红花小菖兰（*F. corymbosa*）相似，但花较大，芳香，通体黄色。

白花香雪兰 *F. lactea*（*F. alba* of gardens，*F. refracta* var. *alba*）球茎类植物。冬末至春季开花。株高20～30cm，冠径4～6cm。叶窄剑形，直立，基部扁扇形。花序穗状，松散，着生在无叶的茎上，花极芳香，白色，长5～8cm。

'奥伯隆'小菖兰 *F.* 'Oberon'，见 425 页。

F. refracta var. ***alba*** 见 *F. lactea*。

'吉普赛人'小菖兰*F.* 'Romany' 球茎类植物。冬春季开花。株高达30cm，冠径4～6cm。与红花小菖兰（*F. corymbosa*）相似，但其花芳香，重瓣，淡紫红色。

'白天鹅'香雪兰*F.* 'White Swan' 球茎类植物。冬春季开花。株高达30cm，冠径4～6cm。与红花小菖兰（*F. corymbosa*）相似，但其花极芳香，白色，喉部乳黄色。

Fremontia 重新归入 *Fremontodendron*。

法兰绒花属（弗里芒木属）FREMONTODENDRON (FREMONTIA) *Flannel flower*

梧桐科 STERCULIACEAE

常绿或半常绿灌木。生长旺盛。因观赏其大型、艳丽的花而栽培。耐寒，但在寒冷地区应设挡风墙。喜全光照和轻质、中等肥沃且排水良好的土壤。在温暖地区可作为蔓生灌木栽培。幼苗需支撑。忌移植。夏季用半成熟枝扦插繁殖或春秋季播种繁殖。接触叶和枝可引起皮肤过敏。

🏆**'加州之光'法兰绒花*F.* 'California Glory'**，见 123 页。

法兰绒花 *F. californicum* 常绿或半常绿直立灌木。生长强壮。靠墙生长时，高可达6m，冠径4m。花大，碟状，鲜黄色，着生于暗绿色的叶丛之中，每花都具有3个圆形的花瓣，夏末至仲秋开放。

墨西哥法兰绒花*F. mexicanum* 常绿或半常绿直立灌木。生长强壮。靠墙栽植时，株高达6m，冠径4m。叶暗绿色，5深裂，裂片圆形。花大，繁茂，碟状，深金黄色，春末至仲秋开放。

'太平洋落日'法兰绒花*F.* 'Pacific Sunset'（见 53 页）常绿直立灌木。株高5m，冠径3～4m。叶圆形，深裂，暗绿色。花碟状，鲜黄色，花径达6cm，花瓣先端长尾尖，夏季开放。

French honeysuckle 见*Hedysarum coronarium*，见 250 页。

French lavender 见 *Lavandula dentata*，*Lavandula stoechas*，见167页。

French marigold 见*Tagetes patula*。

Friendship plant 见 *Pilea involucrata*。

Friendship tree 见*Crassula ovata*，见 457 页。

Fringe tree 见 *Chionanthus virginicus*，见 119 页。

Chinese 见 *Chionanthus retusus*。

Fringecups 见*Tellima grandiflora*。

Fringed water lily 见 *Nymphoides peltata*，见 451 页。

晃玉属 FRITHIA

番杏科 AIZOACEAE

单种属。多年生多浆植物。莲座状。不耐寒，耐最低温度10℃。喜光照和排水良好的土壤。春季或夏季播种繁殖。

晃玉 *F. pulchra*，见 473 页。

贝母属 FRITILLARIA

百合科 LILIACEAE

鳞茎类植物。春季开花。因观赏其下垂、钟状的花而栽培。极耐寒至耐寒。株高5～15cm的小型种类需要在低温温室中加以保护。喜全光照或半阴的条件和排水良好的土壤。夏季球茎休眠时保持土壤轻微干燥，但不可暴晒。在草地上得到良好驯化的雀斑贝母（*F. meleagris*），需种植在保湿能力强的土壤上。夏季用短匍茎繁殖或秋冬季播种繁殖。

🏆**弯尖贝母*F. acmopetala***，见414页。

素花贝母 *F. bucharica* 鳞茎类植物。春季开花。株高10～35cm，冠径5cm。耐寒。叶披针形，灰绿色，在茎上疏散着生。总状花序，花多达10朵，杯状，淡绿色至白色，长1.5～2cm。

黑贝母 *F. camschatcensis*，见413页。

吉德拉尔贝母*F. chitralensis*，见 402 页。

川贝母 *F. cirrhosa*，见 414 页。

厚叶贝母 *F. crassifolia* 鳞茎类植物。春季开花。株高10～20cm，冠径5cm。耐寒。叶披针形，灰色，在茎上疏散着生。花钟状，1～3朵，绿色，长2～2.5cm，具褐色图案。

F. delphinensis 见 *F. tubiformis*。

王贝母 *F. imperialis*，见 396 页。**'金花''Lutea'** 鳞茎类植物。春季开花。株高1.5m，冠径23～30cm。极耐寒。叶披针形，有光泽，淡绿色，轮状着生于茎上。花达5朵，集生成头状，花钟状，黄色，长5cm，叶状苞片小，呈冠状。**'红巨人''Rubra Maxima'** 生长茁壮。花红色。

🏆**雀斑贝母 *F. meleagris***，见413页。

🏆**米氏贝母*F. michailovskyi*** 鳞茎类植物。春季开花。高10～20cm，冠径5cm。耐寒。叶披针形，灰色，在茎上疏散着生。花1～4朵，钟状，长2～3cm，紫褐色，花瓣先端1/3处鲜黄色。

🏆**伊贝母 *F. pallidiflora***，见415页。

波斯贝母 *F. persica*，见 396 页。🏆**'Adiyaman'** 鳞茎类植物。春季开花。株高达1.5m，冠径10cm。耐寒。叶窄披针形，灰色，沿茎着生。花10～20朵以上，窄杯状，呈穗状，深紫红色，长1.5～2cm。

黑海贝母 *F. pontica*，见 414 页。

洁贝母（黄花贝母）***F. pudica***，见 434 页。

🏆**比利牛斯贝母 *F. pyrenaica***，见 413 页。

展瓣贝母*F. raddeana*，见396页。

曲瓣贝母 *F. recurva*，见 396 页。

斯维佐夫贝母*F. sewerzowii*（*Korolkowia sewerzowii*）鳞茎类植物。春季开花。株高15～25cm，冠径8～10cm。耐寒。叶阔披针形，在茎上疏散着生。花10朵，窄杯状，呈穗状，绿色或具有金属色泽的浅蓝紫色，长2.5～3.5cm，花口开张。

筒花贝母 *F. tubiformis*（*F. delphinensis*）鳞茎类植物。春季开花。株高15～35cm，冠径5～8cm。耐寒。叶窄披针形，灰色，在茎上疏散着生。花单生，阔钟状，淡紫红色至粉红色，长3.5～5cm，具明显的方格图案，外面带灰色。

黄花贝母*F. verticillata*，见396页。

Fritillary

Scarlet 见*Fritillaria recurva*，见 396 页。

Snake's -head 见 *Fritillaria meleagris*，见 413 页。

Yellow 见 *Fritillaria pudica*，见 434 页。

Frogbit 见 *Hydrocharis morsus-ranae*，见 446 页。

倒挂金钟属 FUCHSIA

柳叶菜科 ONAGRACEAE

落叶或常绿灌木和乔木。因观赏花而栽培。通常初夏至初秋开花。耐寒至不耐寒。耐最低温度5℃。如果温度保持在4℃以上，落叶种类将变为常绿植物，但应避免温度超过32℃。持续低温将导致植株顶端生长受损，如果顶部冬季死亡，春季可在近地面处重剪。除特别说明外，需要采取保护措施。喜半阴的环境和肥沃、湿润且排水良好的土壤。如果在温室内盆栽，需多施氮肥，花期应多施钾肥。任何季节都可用软枝扦插繁殖。

筒状花几乎全部下垂，通常为双色，花瓣一种颜色，筒部和4个萼片为另一种颜色。叶卵形，除特别注明者外，为中绿色。果球状或圆柱状，通常为黑紫红色，可食，但口感不好。直立型品种可培养成丛生灌木或培养成高接灌木，培养成金字塔形较困难。松散的或蔓生品种适宜种植在吊篮中，也可以培养成棚架植物，如用于夏季花坛则需要立柱支撑。

高大类型是指无冻害条件下生长的植物。见 164～165 页。

'爱丽斯·霍夫曼'倒挂金钟 *F.* 'Alice Hoffman' 落叶密生灌木。株高和冠径均为75cm。耐寒。叶古铜色。花小，半重瓣，筒部和萼片玫瑰红色，花瓣白色，具玫瑰红色脉纹。

🏆**'安娜拜尔'倒挂金钟 *F.* 'Annabel'**（见164页）落叶直立灌木。株高1m，冠径75cm。半耐寒。花大，重瓣，乳白色，中夹杂有粉红色，着生于灰绿色的叶幕之中。为极好的高接灌木。

'迎宾'倒挂金钟*F.* 'Applause' 落叶疏生灌木。直立。株高30～40cm，冠径45～60cm。半耐寒。花大，重瓣，筒部短粗，浅洋红色，萼片宽大，洋红色，中部条纹色淡，花瓣开展，深橘红色，在庇荫条件下花色绚丽多彩。作为灌木栽培需要立柱支撑，但随着高度的增加将下垂。

F. arborea 见 *F. arborescens*。

小木倒挂金钟*F. arborescens*（*F. arborea*）（Tree fuchsia）（见164页）常绿直立乔木。株高8m，冠径2.5m。不耐寒。叶中绿色至暗绿色。花小，淡紫红色至粉红色，花序直立，常年开放。果实黑色，被灰蓝色粉霜。也可作为盆栽植物栽培。

'金克斯姑妈'倒挂金钟*F.* 'Auntie Jinks' 落叶蔓生灌木。株高15～20cm，冠径为20～40cm。半耐寒。花小，单生，筒部粉红色，萼片白色，边缘鲜红色，花瓣紫色带白色。

'秋花'倒挂金钟*F.* 'Autumnale'

倒挂金钟属 FUCHSIA

(*F.*'Burning Bush')(见164页)落叶疏生灌木。观叶为主。株高2m，冠径50cm。半耐寒。叶具红色、金黄色和青铜色相间的斑纹。筒部和萼片红色，花瓣淡紫红色。适宜作吊篮植物或培养成垂枝高接灌木。

变色倒挂金钟*F.* × *bacillaris* (*F. parviflora* of gardens)(见165页)落叶疏生灌木。株高和冠径均为75cm。耐寒。叶小，中绿色至深绿色。花小，花色可随光照的不同而呈现白色、粉红色或深红色。有时结出黑色、光滑的果实。适宜种植在岩石园中或吊篮中。

'芭蕾女孩'倒挂金钟*F.*'Ballet Girl'(见164页)落叶直立灌木。株高30～45cm，冠径45～75cm。半耐寒。花大，重瓣，筒部和萼片鲜红色，花瓣白色，基部具鲜红色脉纹。

'双百'倒挂金钟*F.*'Bicentennial'(见164页)落叶疏生灌木。株高30～45cm，冠径45～60cm。半耐寒。花中型，重瓣，筒部纤细，白色，萼片橙红色，双层花冠洋红色，外围花瓣橙红色。

玻利维亚倒挂金钟*F. boliviana* 落叶直立灌木。速生。株高3m，冠径1m。不耐寒。叶片大，柔软，灰绿色，中脉淡红色。筒部长，鲜红色，簇生于枝的顶端。果实黑色。需要大型花盆和足够的空间以供其良好地生长。不耐修剪。易受粉虱的危害。**🏆白筒玻利维亚倒挂金钟** var. *alba* (*F. b.* var. *luxurians*'Alba'，*F. corymbiflora*'Alba')(见165页)筒部和萼片白色，花瓣鲜红色。果实绿色。

'邦城'倒挂金钟*F.*'Bon Accorde' 落叶直立灌木。植株强壮。株高1.5m，冠径50cm。半耐寒。花小，直立，筒部和萼片白色，花瓣淡紫红色。

🏆'布城美女'倒挂金钟*F.*'Brookwood Belle' 落叶疏生灌木。茎节短，粗壮。株高和冠径均为45～60cm。耐寒。花中型，重瓣，筒部和萼片深红色，花瓣白色至粉红色，具深玫瑰红色脉纹。

🏆'笨重'倒挂金钟*F.*'Brutus' 落叶直立灌木。植株强壮。株高1.5m，冠径1m。耐寒。花单瓣或半重瓣，筒部和萼片深红色，花瓣深紫红色。

***F.*'Burning Bush'** 见*F.*'Autumnale'。

'小瀑布'倒挂金钟*F.*'Cascade'(见165页)落叶蔓生灌木。株高2m，冠径不定。半耐寒。筒部和萼片白色，具红晕，花瓣深洋红色。为极好的吊篮植物。

🏆'西莉亚·史沫特莱'倒挂金钟*F.*'Celia Smedley'(见165页)落叶直立灌木。生长旺盛。株高1.5m，冠径1m。半耐寒。花大，单瓣或半重瓣，筒部绿白色，萼片淡粉红色至白色，花瓣酱红色。最适宜做高接灌木。

🏆'西洋盘棋'倒挂金钟*F.*'Checkerboard' 落叶直立灌木。植株强壮，茎枝强壮。株高75～90cm，冠径45～75cm。半耐寒。花中型，单瓣，筒部微弯曲，较长，红色，萼片始为红色，后变为白色，花瓣深红色，基部白色。

🏆'克城珍珠'倒挂金钟*F.*'Cloverdale Pearl' 落叶直立灌木。株高1m，冠径75cm。半耐寒。叶中绿色，中脉深红色。筒部浅粉色至白色，花瓣白色，具粉红色脉纹，萼片粉红色，顶端为绿色。易培养为高接灌木。

'艳丽钟'倒挂金钟*F.*'Coquet Bell' 落叶直立灌木。植株强壮。株高1.5m，冠径1m。半耐寒。花艳丽，单瓣或半重瓣，筒部和萼片粉红色，花瓣淡紫红色，脉纹红色。

🏆'珊瑚'倒挂金钟*F.*'Coralle' (*F.*'Koralle')(见165页)落叶直立灌木。株高和冠径均为1m。不耐寒。叶有光泽，深绿色。花簇生于枝顶，橙红色，筒部细长，萼片和花瓣小。适宜夏季花坛种植或孤植。喜光照。

***F. corymbiflora*'Alba'** 见*F. boliviana* var. *alba*。

🏆'黑眼睛'倒挂金钟*F.*'Dark Eyes' 落叶直立灌木。丛生。株高45～60cm，冠径60～75cm。半耐寒。花中型，重瓣，花期较长，筒部及上卷的萼片深红色，花瓣深蓝紫色。

齿叶倒挂金钟*F. denticulata* 落叶蔓生灌木。株高4m，冠径不定。不耐寒。叶有光泽，暗绿色，叶背红绿色。筒部长，深红色，先端绿色，萼片淡粉红色，花瓣朱红色。在温室良好的栽培管理条件下，整个秋季和冬季都能开放。

🏆'展现'倒挂金钟*F.*'Display' 落叶直立灌木。株高1m，冠径75cm。耐寒。花碟状，庇荫条件下呈粉红色。

🏆'公主'倒挂金钟*F.*'Dollar Princess'(见164页)落叶直立灌木。株高1m，冠径75cm。耐寒。花小，重瓣，筒部和萼片鲜红色，花瓣紫红色。

'埃斯特尔·玛丽'倒挂金钟*F.*'Estelle Marie'(见165页)落叶直立灌木。株高1m，冠径50cm。半耐寒。花簇生于叶幕之上，筒部白色，顶端绿色，萼片白色，花瓣紫红色，为极好的夏季花坛植物。

🏆'闪亮'倒挂金钟*F.*'Flash' 落叶直立灌木。生长快。株高2.5m，冠径50cm。耐寒。花小，红色，着生于小型叶片之间。

'轻快华尔兹'倒挂金钟*F.*'Flirtation Waltz' 落叶直立灌木。植株强壮。株高1m，冠径75cm。半耐寒。花大，重瓣，庇荫条件下花瓣呈粉红色，筒部和萼片白色。

🏆长筒倒挂金钟*F. fulgens* (见165页)落叶直立灌木。具块茎。株高2m，冠径1m。不耐寒。筒部长，橙红色，短簇状悬挂于大型、淡绿色的叶幕之中。果实绿色，可食用、味酸。块茎冬季干藏。春季用块茎繁殖。易受粉虱的危害。

🏆'花园新闻'倒挂金钟*F.*'Garden News' 落叶直立灌木。茎粗壮。株高和冠径均为45～60cm。耐寒(临界线)。花中型，重瓣，筒部短，粗壮，粉红色，萼片淡粉红色，花瓣洋红色，基部粉红色。

🏆'魔仆'倒挂金钟*F.*'Genii' 落叶直立灌木。株高1.5m，冠径75cm。耐寒。叶黄绿色。花小，筒部和萼片鲜红色，花瓣红色至紫红色。为良好的高接灌木。

🏆'金黎明'倒挂金钟*F.*'Golden Dawn'(见164页)落叶直立灌木。株高1.5m，冠径75cm。半耐寒。花橙红色。为良好的高接灌木。

🏆'戈尔登·玛卡'倒挂金钟*F.*'Golden Marinka'(见164页)落叶蔓生灌木。株高2m，冠径不定。半耐寒。花红色。叶具金黄色斑纹，叶脉红色。为良好的吊篮植物。

'天女散花'倒挂金钟*F.*'Gruss aus dem Bodethal'(见164页)落叶直立灌木。株高1m，冠径75cm。半耐寒。花小，单瓣或半重瓣，深红色，开放时几乎为黑色，随后花逐渐变大，颜色变淡。

'哈利·格雷'倒挂金钟*F.*'Harry Gray'(见164页)落叶疏散状灌木。株高2m，冠径不定。半耐寒。花多，重瓣，筒部淡粉红色，顶部绿色，萼片白色，花瓣白色至淡粉红色。为良好的吊篮植物。

🏆'海蒂·怀斯'倒挂金钟*F.*'Heidi Weiss' (*F.*'White Ann' of gardens，*F.*'White Heidi Ann' of gardens)(见164页)落叶直立灌木。株高1m，冠径75cm。半耐寒。花重瓣，筒部和萼片红色，花瓣白色，具鲜红色晕纹。可培养成良好的高接灌木。

'呼拉舞姐'倒挂金钟*F.*'Hula Girl' 落叶蔓生灌木。株高2m，冠径不定。半耐寒。花大，重瓣，筒部与萼片深玫瑰红色，花瓣白色，有粉红色晕纹。为良好的大型吊篮植物或棚架植物。

🏆'杰克·沙汉'倒挂金钟*F.*'Jack Shahan'(见164页)落叶蔓生灌木。植株强壮。株高2m，冠径不定。半耐寒。花大，淡粉红色至深粉红色。为良好的吊篮植物和垂枝高接灌木或直立向上的棚架植物。

🏆'乔伊·帕特莫尔'倒挂金钟*F.*'Joy Patmore' 落叶直立灌木。植株强壮。株高1.5m，冠径1m。半耐寒。筒部白色，顶端绿色，萼片白色，花瓣鲜红色，基部白色。为良好的高接灌木。

***F.*'Koralle'**，见*F.*'Coralle'。

🏆'桔梗紫'倒挂金钟*F.*'La Campanella'(见165页)落叶蔓生灌木。株高1.5m，冠径不定。半耐寒。花小，半重瓣，筒部白色，萼片白色，具粉红色晕纹，花瓣鲜紫红色。为良好的吊篮植物和棚架植物。

🏆'拇指女士'倒挂金钟*F.*'Lady Thumb'(见164页)落叶直立小灌木。株高和冠径均为50cm。耐寒。花小，半重瓣，筒部和萼片红色至粉红色，花瓣白色，具粉红色晕纹。为良好的小型高接灌木。

🏆'莉娜'倒挂金钟*F.*'Lena' 落叶松散状灌木。株高和冠径均为1m。耐寒。花重瓣，萼片和筒部淡粉红色，花瓣紫红色，具粉红色晕纹。为良好的高接灌木。

🏆'利奥诺拉'倒挂金钟*F.*'Leonora'(见164页)落叶直立灌木。植株强壮。株高1.5m，冠径1m。半耐寒。花粉红色，萼片顶端绿色。为良好的高接灌木。

'爱之回报'倒挂金钟*F.*'Love's Reward'(见165页)落叶直立灌木。节间短。株高和冠径均为30～45cm。半耐寒。花小型至中型，单瓣，筒部和萼片白色至淡粉红色，花瓣蓝紫色。

'不凡'倒挂金钟*F.*'Lye's Unique'(见165页)落叶直立灌木。植株强壮。株高1.5m，冠径1m。半耐寒。花小，筒部长、白色，萼片白色，花瓣橙红色。非常适宜培养成大型金字塔形状。

短筒倒挂金钟 *F. magellanica* (Lady's eardrops)(见164页)落叶直立灌木。株高3m，冠径2m。耐寒。花小，筒部长，红色，萼片红色，花瓣紫红色。果实黑色。**'Alba'**，见*F. m.* var. *molinae*。**粉花倒挂金钟** var. ***molinae*** (*F. m.*'Alba')花淡粉红色。**'恩斯通'粉花倒挂金钟** var. ***molinae*** **'Enstone'** 叶具金黄色和绿色相间的斑纹。**'乳斑'粉花倒挂金钟** var. ***molinae*** **'Sharpitor'** 叶具乳白色与淡绿色相间的斑纹。

🏆'玛格丽特·布朗'倒挂金钟*F.*'Margaret Brown'(见45页)落叶直立灌木。多花。株高和冠径均为60～90cm。茎粗壮。叶鲜绿色。花小，单瓣，深浅相间的粉红色，夏季开放。

🏆'马林卡'倒挂金钟*F.*'Marinka' 落叶蔓生灌木。株高2m，冠径不定。半耐寒。花着生于深绿色的叶幕之中，红色，花瓣颜色较深，外缘略卷。叶中脉深红色。在全光照或寒风条件下叶褪色。为良好的吊篮植物。

'米基·古尔特'倒挂金钟*F.*'Micky Goult' 落叶直立灌木。植株强壮。株高1m，冠径75cm。半耐寒。花小，筒部白色，萼片白色略带粉红色，花瓣淡紫红色。着生于淡绿色的叶幕之中。

'迈克·默尔辛'倒挂金钟*F.*'Mieke Meursing' 落叶直立灌木。株高1m，冠径75cm。半耐寒。花单瓣或半重瓣，筒部和萼片红色，花瓣淡粉红色，脉鲜红色。

'拉维尔·斯威舍夫人'倒挂金钟*F.*'Mrs Lovell Swisher'(见165页)落叶直立灌木。株高45～60cm，冠径30～60cm。半耐寒。花小，单瓣，团状着生，筒部肉红色，萼片粉白色，花瓣深玫瑰红色。

'波普尔夫人'倒挂金钟*F.*'Mrs Popple'(见164页)落叶直立灌木。植株强壮。株高1.5m，冠径75cm。耐寒。筒部红色，萼片红色，悬垂，花瓣紫红色。在保护环境下可作为绿篱

巨麻属（万年兰属） FURCRAEA

种植。

'朗德尔夫人'倒挂金钟*F.* 'Mrs Rundle' 落叶松散状灌木。植株强壮。株高和冠径均为75cm。不耐寒。花大，筒部长，粉红色，萼片粉红色，顶端绿色，花瓣朱红色。为良好的高接灌木或大型吊篮植物。

'南茜·卢'倒挂金钟*F.* 'Nancy Lou' 落叶直立灌木。植株强壮。株高和冠径均为1m。半耐寒。花大，重瓣，筒部粉红色，萼片直立，粉红色，顶端绿色，花瓣纯白色。

🏆'内莉·拉塔尔'倒挂金钟*F.* 'Nellie Nuttall'（见164页）落叶直立灌木。植株强壮。株高1m，冠径75cm。半耐寒。花生于叶幕之上，筒部和萼片玫瑰红色，花瓣白色。特别适合夏季花坛种植，又是良好的高接灌木。

'多伴'倒挂金钟*F.* 'Other Fellow'（见164页）落叶直立灌木。株高1.5m，冠径75cm。半耐寒。花小，筒部和萼片白色，花瓣粉红色。

🏆'红筒'倒挂金钟*F.* 'Pacquesa' 落叶直立灌木。植株强壮。株高1m，冠径75cm。半耐寒。筒部和萼片深红色，花瓣白色，具红色脉纹。为良好的高接灌木。

F. parviflora of gardens 见*F.* × *bacillaris*。

'薄荷棒'倒挂金钟*F.* 'Peppermint Stick'（见164页）落叶直立灌木。株高1.5m，冠径1m。半耐寒。花大，重瓣，筒部和萼片洋红色，花瓣紫红色，具有粉红色斑点。为良好的高接灌木。

🏆'乡村姑娘'倒挂金钟*F.* 'Phyllis' 落叶直立灌木。株高2m，冠径1m。耐寒。花单瓣或半重瓣，筒部和萼片玫瑰红色，花瓣鲜红色。果多，黑色。在保护环境下可作为绿篱种植。

'粉红幻想'倒挂金钟*F.* 'Pink Fantasia' 落叶直立灌木。植物坚挺。株高30～40cm，冠径45～60cm。半耐寒。花单瓣，直立，繁茂，筒部和萼片白色，花瓣深粉红色与深紫红色相间，脉纹粉红色，基部白色。为良好的路边花坛植物或盆栽植物。

'红丰'倒挂金钟*F.* 'Pink Galore'（见164页）落叶蔓生灌木。株高1.5m，冠径不定。半耐寒。花大，重瓣，淡粉红色。为良好的大型吊篮植物或棚架植物。

倾卧倒挂金钟*F. procumbens*（见165页）落叶平卧灌木。株高10cm，冠径不定。半耐寒。花微小，直立，无花瓣，筒部黄色，萼片紫红色，花粉蓝色。叶小，深绿色。果大，红色。适生于岩石园，也可用作吊篮植物。可通过抑制根系或将其种植在贫瘠、沙质土壤上促进开花。

'红蜘蛛'倒挂金钟*F.* 'Red Spider'（见164页）落叶蔓生灌木。株高1.5m，冠径不定。半耐寒。筒部长，红色，萼片长，狭窄，开张，花瓣色较暗。为良好的大型吊篮植物或棚架植物。

🏆'里卡顿'倒挂金钟*F.* 'Riccartonii'（见164页）落叶直立灌木。植物坚挺。株高2m，冠径1.5m。耐寒，在充分灌溉和防风的条件下非常耐寒。花小，筒部红色，萼片宽大，翻卷，红色，花瓣紫红色。在庇荫的地方可作为篱笆种植。以本种名字出售的许多植物是短筒倒挂金钟（*F. magellanica*）的杂交种。

'玫瑰幻想曲'倒挂金钟*F.* 'Rose Fantasia' 落叶直立灌木。植物坚挺。株高30～40cm，冠径45～60cm。半耐寒。花单瓣，直立，繁茂，筒部玫瑰红色，萼片深玫瑰红色，顶部绿色，花瓣红色至紫红色，具玫瑰粉红色脉纹。为良好的花坛植物和盆栽植物。

🏆'城堡玫瑰'倒挂金钟*F.* 'Rose of Castile'（见165页）落叶直立灌木。植株强壮。株高1.5m，冠径1m。耐寒。花小，筒部白色，顶端绿色，萼片白色，花瓣粉红色，具紫红色晕。为良好的高接灌木。

'粗丝'倒挂金钟*F.* 'Rough Silk' 落叶蔓生灌木。植株强壮。株高2m，冠径不定。半耐寒。花大，筒部粉红色，萼片长，开展，粉红色，花瓣酒红色。为良好的大型吊篮植物或棚架植物。

🏆'品紫'倒挂金钟*F.* 'Royal Velvet' 落叶直立灌木。植株强壮。株高1.5m，冠径75cm。半耐寒。花大，重瓣，筒部和萼片红色，花瓣深紫红色，具深粉红色斑纹。为良好的高接灌木。

'淡红'倒挂金钟*F.* 'Rufus'（见164页）落叶直立灌木。植株强壮。株高1.5m，冠径75cm。半耐寒。花小，鲜红色。为容易培养的高接灌木。

🏆'贝壳浅滩'倒挂金钟*F.* 'Shellford' 落叶直立灌木。节间短。株高35～50cm，冠径45～60cm。半耐寒。花中型，团状着生，单瓣，筒部淡粉红色，具浅槽，萼片狭长，淡粉红色，花瓣白色，基部有粉红色脉纹。适宜各种栽培形式。

🏆壮丽倒挂金钟*F. splendens* 落叶直立灌木。株高2m，冠径1m。半耐寒。花小，筒部宽，橙红色，中部粉红色，萼片与花瓣短，绿色，夏季在淡绿色的叶幕中开放。易受粉虱危害。

'草莓乐'倒挂金钟*F.* 'Strawberry Delight' 落叶松散状灌木。株高和冠径均为1m。半耐寒。叶黄绿色或浅古铜色。花大，重瓣，筒部和萼片红色，花瓣白色，略带粉红色。为良好的高接灌木和吊篮植物。

🏆'摆时'倒挂金钟*F.* 'Swingtime'（见164页）落叶松散状灌木。植株强壮。株高和冠径均为1m。半耐寒。花大，重瓣，筒部和萼片红色，花瓣乳白色，具红色脉纹。为良好的高接灌木和吊篮植物。

'德克萨斯长角'倒挂金钟*F.* 'Texas Longhorn' 落叶松散状灌木。株高和冠径均为75cm。半耐寒。花大，重瓣，筒部红色，萼片长，开张，红色，花瓣白色，具鲜红色脉纹。为良好的高接灌木和吊篮植物。

🏆'喜神'倒挂金钟*F.* 'Thalia'（见165页）落叶直立灌木。株高和冠径均为1m。不耐寒。叶暗栗色，光滑。花细长，簇生枝顶，筒部红色，萼片小，红色，花瓣小，橙红色。喜光照。为良好的夏季花坛植物。

百里香叶倒挂金钟*F. thymifolia* 落叶松散状灌木。株高和冠径均为1m。半耐寒。叶淡绿色。花初开时绿白色，随后，成紫粉红色。若用该种或变色倒挂金钟*F.* × *bacillaris*的花粉授粉，雌株可结黑色果实。

🏆'拇指汤姆'倒挂金钟*F.* 'Tom Thumb'（见164页）落叶直立灌木。株高和冠径均为50cm。耐寒。花小，筒部和萼片红色，花瓣淡紫红色。可培养成小型高接灌木。

'汤姆·韦斯特'倒挂金钟*F.* 'Tom West'（见165页）落叶直立松散状灌木。株高和冠径均为30～60cm。半耐寒。叶绿色与乳白色相间。花小，单瓣，筒部和萼片红色，花瓣紫红色。

三叶倒挂金钟*F. triphylla* 落叶直立灌木。有时与'喜神'倒挂金钟（*F.* 'Thalia'）相混淆。株高和冠径均为50cm。不耐寒。花序穗状，顶生，筒部狭长，花浅橙红色，萼片和花瓣小。叶表面暗铜绿色，背面紫红色。栽培非常困难。

***F.* 'White Ann'** of gardens 见*F.* 'Heidi Weiss'。

***F.* 'White Heidi Ann'** of gardens 见*F.* 'Heidi Weiss'。

Fuchsia, Tree 见*Fuchsia arborescens*，见164页。

Full moon maple 见*Acer japonicum*。

巨麻属（万年兰属）FURCRAEA

龙舌兰科 AGAVACEAE

多年生多浆植物。基部莲座状。叶剑形，肉质，叶缘具锯齿。开花后莲座死亡。类似于龙舌兰属（*Agave*），但花冠筒短。不耐寒，耐最低温度6℃。喜光照和排水良好的土壤。生长期用茎下部长出的珠芽繁殖。

巨麻（毛里求斯麻）***F. foetida***（*F. gigantea*）多年生多浆植物。基部莲座状。株高3m，冠径5m。叶宽剑形，肉质，中绿色，长达2.5m，叶缘基部具锯齿。花茎高达8m，花芳香，钟状，绿色，里面白色，夏季开放。**'斑心'**（中白万年兰）**'Mediopicta'**（*F. f.* var. *mediopicta*，*F. f.* 'Variegata'），见460页。

F. gigantea 见*F. foetida*。

G

顶冰花属 GAGEA

百合科 LILIACEAE

鳞茎类植物。春季开花。因观赏花而栽培。花簇生，漏斗状或星状，白色或黄色。适于岩石园栽培。耐寒至半耐寒。喜全光照的环境和排水良好的土壤，但不可过分炎热干旱。夏季枯萎。春秋季分株繁殖或秋季播种繁殖。

希腊顶冰花 *G. graeca* （*Lloydia graeca*）鳞茎类植物。春季开花。株高5～10cm，冠径3～5cm。半耐寒。叶线形，半直立。花多达5朵，阔漏斗状，白色，脉纹紫红色，长1～1.5cm。

黄顶冰花 *G. peduncularis* 鳞茎类植物。春季开花。株高5～15cm，冠径2.5～5cm。耐寒。叶线形，半直立，基生和茎生。花序松散，头状，扁平，花星状，黄色，直径1.5～3cm，外有绿色条带。

天人菊属 GAILLARDIA
Blanket flower

菊科 ASTERACEAE/COMPOSITAE

一年生或多年生短命植物。夏季开花。极耐寒至耐寒。喜光照及排水良好的土壤。有些需要支撑。秋季或春季播种繁殖，选育的类型可在冬季根插繁殖。

大天人菊（荔枝菊）***G. aristata***，见291页。

🏆**'炫光'大花天人菊 *G.* × *grandiflora* 'Dazzler'**，见283页。**'金焰' 'Wirral Flame'** 短命多年生草本。丛生。株高60cm，冠径50cm。极耐寒。头状花序大，顶生，深红色，夏季开放。叶披针形，具裂，嫩绿色。

天人菊 *G. pulchella* 一年生草本或短命多年生草本。直立。中等速生。株高45cm，冠径30cm。极耐寒。叶披针形，被毛，灰绿色。花雏菊状，重瓣，具紫红色的环状带，花黄色、粉红色或红色，夏季开放。**'元宝' 'Lollipops'**，见338页。

雪花莲属 GALANTHUS
Snowdrop

石蒜科 AMARYLLIDACEAE

鳞茎类植物。因观赏其下垂、白色的花而栽培。每个细长茎上着生1朵花，花茎生于2片基生叶之间。花易于识别，外轮3枚花瓣较大，内轮3枚花瓣较小，花杯状，具绿色斑点。极耐寒至耐寒。喜凉爽、半阴的条件和富含腐殖质、湿润的土壤。不可让鳞茎过度干燥。春季花后、夏末或秋季鳞茎休眠时分株繁殖。误食任何部位均会引起肠胃不适，接触鳞茎可能会引起皮肤过敏。

🏆**艾氏雪花莲 *G.* 'Atkinsii'**，见439页。

🏆**大雪花莲 *G. elwesii***，见439页。

纤细雪花莲*G. gracilis*（*G. graecus* of gardens），见439页。

G. graecus of gardens见*G. gracilis*。

🏆**伊加林雪花莲 *G. ikariae***（*G. latifolius* of gardens），见440页。

G. latifolius of gardens见*G. ikariae*。

🏆**雪花莲 *G. nivalis***（Common snowdrop）鳞茎类植物。冬末和初春开花。株高10～15cm，冠径5～8cm。极耐寒。叶狭带状，半直立，基生，灰绿色。花长2～2.5cm，每一个内层花瓣顶端具一绿色斑点。🏆**'重瓣' 'Flore Pleno'**，见439页。**'Lutescens'**，见*G. n.*'Sandersii'。**'绿瓣尖' 'Pusey Green Tip'**，见439页。**'桑德斯' 'Sandersii'**（*G. n.* 'Lutescens'）和 **'沙洛克' 'Scharlockii'**，见440页。

克里米亚雪花莲*G. plicatus* subsp. ***plicatus*** 鳞茎类植物。冬末和初春开花。株高10～20cm，冠径5～8cm。极耐寒。叶宽带状，半直立，基生，深绿色，沿中央和反曲的边缘有一灰色带纹。花白色，长2～3cm，每一个内层花瓣尖端有一绿色斑点。**拜占庭雪花莲** subsp. ***byzantinus***，见440页。

秋雪花莲 *G. reginae-olgae*（Autumn snowdrop）鳞茎类植物。秋季开花。株高10～20cm，冠径5cm。耐寒。花长1.5～2.5cm，每一个内层花瓣的顶部有一绿色的斑点，展叶前开放或与叶同时开放。叶狭带状，深绿色，沿中央有一灰色带纹。

里泽雪花莲*G. rizehensis*，见439页。

银河草属 GALAX

岩梅科 DIAPENSIACEAE

单种属。多年生常绿草本。因观赏其叶和春末、夏季开放的花而栽培。常作为林下灌木栽培。极耐寒。喜阴的条件和湿润、泥炭质、酸性土壤。春季用根状长匍茎分株繁殖。

G. aphylla 见 *G. urceolata*。

银河草*G. urceolata*（*G. aphylla*），见351页。

山羊豆属 GALEGA
Goat's rue

豆科／蝶形花科 LEGUMINOSAE/PAPILIONACEAE

多年生草本。夏季开花。极耐寒。适宜生长于开阔、光照充足的环境和排水良好的土壤。需立桩支撑。秋季播种繁殖或冬季分株繁殖。

***G.* 'Her Majesty'** 见 *G.* 'His Majesty'。

'魔鬼'山羊豆 *G.* 'His Majesty'（*G.* 'Her Majesty'）多年生草本。直立。植株强壮。株高达1.5m，冠径1m。花序穗状，花小，蝶形，淡紫色或白色，夏季开放。叶椭圆形至披针形，由卵形的小叶组成。

'威尔逊夫人'山羊豆 *G.* 'Lady Wilson'，见228页。

高加索山羊豆 *G. orientalis*，见252页。

Galingale 见 *Cyperus longus*。

猪殃殃属 GALIUM
Bedstraw

茜草科 RUBIACEAE

多年生草本。春季和夏季开花。多数为杂草。香猪殃殃（*G. odoratum*）作为地被植物栽培。极耐寒。在半阴条件下生长良好，但能忍耐光照。在排水良好的土壤上能茁壮生长。初春或秋季分株繁殖。

香猪殃殃 *G. odoratum*（*Asperula odorata*），见275页。

夏风信子属（夏水仙属）GALTONIA

风信子科／百合科 HYACINTHACEAE/LILIACEAE

鳞茎类植物。夏季和秋季开花。因观赏其雅致的穗状花序和下垂、漏斗状、白色或绿色花而栽培。耐寒。喜背风向阳的环境及肥沃，排水良好的土壤，但夏季不能太干旱。冬季枯萎。可在春季移栽。春季播种繁殖或春秋季用短匍茎繁殖。

夏风信子（夏水仙）***G. candicans***，见397页。

🏆**绿花夏风信子*G. viridiflora***，见402页。

Gandergoose 见*Orchis morio*，见298页。

Garden loosestrife 见 *Lysimachia punctata*，见255页。

Gardener's garters 见 *Phalaris arundinacea* var. *picta*，见306页。

栀子属 GARDENIA

茜草科 RUBIACEAE

常绿灌木或乔木。因观赏花和叶而栽培。不耐寒，耐最低温度15℃。喜半阴条件和富含腐殖质、排水良好、中性至酸性土壤。盆栽时在速生期可大量浇水，其他时间适度浇水。花后回缩强壮枝，以保持匀称，美观的外形。春季用嫩枝扦插繁殖或夏季用半成熟枝扦插繁殖。注意防治粉虱和介壳虫。

栀子 *G. augusta*（*G. florida*，*G. grandiflora*，*G. jasminoides*）（Cape jasmine，Common gardenia）。**重瓣栀子 'Veitchii'**，见158页。

G. capensis 见 *Rothmannia capensis*。

G. florida 见 *G. augusta*。

G. grandiflora 见 *G. augusta*。

G. jasminoides 见 *G. augusta*。

G. rothmannia 见 *Rothmannia capensis*。

南非栀子（大果栀子）***G. thunbergia*** 常绿灌木。丛生。茎白色。株高和冠径均为2m以上。叶椭圆形，有光泽，深绿色。花白色，芳香，花瓣7～9枚，径6～10cm，冬春季开放。

Gardenia，Common 见 *Gardenia augusta*。

Garland flower 见 *Hedychium*。

丝缨花属 GARRYA

丝缨花科 GARRYACEAE

常绿灌木或乔木。因观赏其冬春季开放的柔荑花序而栽培。雄株的柔荑花序更长、更引人注目。耐寒。严寒可能会损伤柔荑花序。喜背风向阳的环境，能忍耐瘠薄的土壤。可在迎风面设挡风墙。不耐移植。夏季用半成熟枝扦插繁殖。

丝缨花 *G. elliptica*，见125页。

🏆**'詹姆斯屋脊' 'James Roof'** 常绿灌木。丛生。株高和冠径均为4m。叶卵形，边缘波状，革质，暗绿色。柔荑花序特长，灰绿色，花药黄色，仲冬或冬末至初春开放。

白星龙属（脂麻掌属）GASTERIA

芦荟科／百合科 ALOEACEAE/LILIACEAE

多年生多浆植物。叶厚，肉质，通常排列成扇形，后变成紧凑的莲座状。不耐寒，耐最低温度5℃。栽培容易。喜光照或半阴环境和排水良好的土壤。春夏季播种繁殖、叶插繁殖或分株繁殖。

侏儒白星龙（小龟姬，小脂麻掌）***G. bicolor*** var. ***liliputana***（*G. liliputana*），见480页。

群生白星龙（丛生脂麻掌）***G. caespitosa*** 多年生多浆植物。扇形。株高15cm，冠径30cm。叶厚，三角形，深绿色，长15cm，叶缘角状，叶表面有许多白色或灰绿色的圆点，通常呈对角线排列。花序穗状，花钟状，橙黄色至绿色，春季开放。

白星龙（脂麻掌）***G. carinata*** var. ***verrucosa***（*G. verrucosa*），见480页。

G. liliputana 见 *G. bicolor* var. *liliputana*。

G. verrucosa 见 *G. carinata* var. *verrucosa*。

× *Gaulnettya*'Pink Pixie' 见 *Gaultheria* × *wisleyensis* 'Pink Pixie'。

× *Gaulnettya*'Wisley Pearl' 见 *Gaultheria* × *wisleyensis* 'Wisley Pearl'。

白珠树属 GAULTHERIA

杜鹃花科 ERICACEAE

常绿灌木或亚灌木。因观赏叶、花和果实而栽培。极耐寒至半耐寒。在庇荫或半阴条件下生长最好，喜湿润、泥炭质酸性土壤。在土壤长期湿润情况下，能忍耐光照。夏季用半成熟枝扦插繁殖或秋季播种繁殖。柠檬叶白珠树（*G. shallon*）和刺毛白珠树（*G. trichophylla*）秋季或春季分株繁殖。除果实可食用以外，误食其他部分可能引起肠胃不适。

🏆**四川白珠树*G. cuneata***，见360页。

地檀香 *G. forrestii* 常绿灌木。冠圆球状。株高和冠径均为1.5m。半耐寒。叶椭圆形，有光泽，暗绿色。总状花序，花小，芳香，圆形，白色，春季开放。果实圆球状，蓝色。

日本垂花白珠树 *G. miqueliana* 常绿紧凑型灌木。株高和冠径均为25cm。耐寒。叶卵形，革质，在坚挺的茎上密生。花钟状，白色带粉红色，每个茎上达6朵，春末开放。果实圆球状，白色或粉红色。

短尖叶白珠树*G. mucronata*（*Pernettya mucronata*）常绿丛状密生灌木。地下茎伸展。株高和冠径均为1.2m。极耐寒。叶卵形，多刺，有光泽，暗绿色。花小，壶状，白色，春末和初夏开放。果实球状，肉质，果色因品种而异。果枝是良好的室内装饰材料。**'樱桃红''Cherry Ripe'**（雌株）果实大，鲜樱桃红色。**'爱德华铃''Edward Balls'**（雄株）枝强壮，直立，红色。刺尖锐。叶鲜绿色。🏆**'桑葚酒''Mulberry Wine'**（雌株），见174页。🏆**'冬天''Wintertime'**（雌株），见173页。

平卧白珠树 *G. myrsinoides*（*G. prostrata*, *Pernettya prostrata*）常绿灌木。冠开展。株高15～30cm，冠径30cm以上。极耐寒。叶卵形，革质，暗绿色。花壶状，白色，初夏开放。果大，圆球状，蓝紫色。适宜生长于岩石园或泥炭土花坛。

铜钱叶白珠树*G. nummularioides* 常绿紧凑型灌木。株高10～15cm，冠径20cm。耐寒。叶卵形至心形，革质。花卵形，白色带粉红色，腋生，春末或夏季开放。果实圆球状，蓝黑色，极少。

🏆**倾卧白珠树 *G. procumbens***，见387页。

G. prostrata 见 *G. myrsinoides*。

矮白珠树 *G. pumila*（*Pernettya pumila*）常绿蔓生灌木。垫状。株高5cm，冠径30～60cm。极耐寒。花小，钟状，白色，着生于平卧枝上，初夏开放。叶小，圆形，革质。果实圆球状，粉红色或白色。为良好的岩石园和泥炭土花坛植物。

柠檬叶白珠树*G. shallon*，见162页。

塔斯曼白珠树*G. tasmanica*（*Pernettya tasmanica*）常绿灌木。垫状。株高5～8cm，冠径20cm。耐寒。叶卵形，有锯齿，革质，边缘波状。花钟状，白色，初夏开放。果球状，红色。为良好的岩石园植物和泥炭土花坛植物。

刺毛白珠树 *G. trichophylla* 常绿紧凑型灌木。地下茎蔓生。株高7～15cm，冠径20cm。耐寒。花钟状，粉红色，初夏开放。果实卵形，蓝色，腋生。叶小，卵形。

'粉精灵'威斯利白珠树 *G. wisleyensis* 'Pink Pixie'（× *Gaulnettya* 'Pink Pixie'）常绿密生灌木。株高和冠径均为1m。叶阔卵形，叶脉凹陷，暗绿色。花小，壶状，淡粉红色，春末和初夏开放。果实球状，紫红色。**'威斯利珍珠''Wisley Pearl'**（× *Gaulnettya* 'Wisley Pearl'），见154页。

山桃草属 GAURA

柳叶菜科 ONAGRACEAE

一年生或多年生草本。有时寿命短。夏季开花。极耐寒。喜全光照和轻质、排水良好的土壤。夏季用软枝或半成熟枝扦插繁殖，春秋季播种繁殖。

🏆**山桃草 *G. lindheimeri*** 多年生草本。灌木状。株高1.2m，冠径1m。总状花序，花管状，白色，带粉红色，夏季开花。叶披针形，中绿色。

Gay feather，Kansas 见 *Liatris pycnostachya*。

Gay feathers 见 *Liatris*。

Gean 见 *Prunus avium*，见71页。

佳露果属 GAYLUSSACIA
Huckleberry

杜鹃花科 ERICACEAE

落叶，稀常绿灌木。为观花、观果和秋色叶而栽培。极耐寒。喜光照或半阴条件和湿润、泥炭质、酸性土壤。夏季用软枝扦插繁殖或秋季播种繁殖。

佳露果 *G. baccata*（Black huckleberry）落叶灌木。丛生。株高和冠径均为1m。叶卵形，有黏性，暗绿色，秋季变红色。花小，簇生，壶状，暗红色，春末开放。果实球状，黑色，可食。

勋章菊属 GAZANIA

菊科 ASTERACEAE/COMPOSITAE

多年生常绿草本。常作一年生栽培。为良好的夏季花坛植物和盆栽植物。半耐寒。喜光照和沙质壤土。春季播种繁殖，春、夏季带踵扦插繁殖。

黎明系列勋章菊 *G.* Daybreak Series 多年生地被植物。作一年生栽培。株高和冠径均为20cm。叶披针形。花大，头状花序雏菊状，具橙、黄、粉、古铜色和白色等混合色彩，夏季开放。在阴暗天气下持续开放。

羽裂勋章菊 *G. pinnata* 多年生草本。丛生。株高15cm，冠径30cm。头状花序雏菊状，橙红色，中心有黑色环纹，单生，初夏开放。叶卵形，细裂，被毛，蓝灰色。

🏆**单花勋章菊 *G. rigens*** var. ***uniflora***（*G. uniflora*），见292页。

🏆**智慧系列勋章菊 *G.* Talent Series** 多年生草本。植株强壮。株高和冠径均为25cm。叶具很高的观赏价值，中绿色，长15cm，两面有灰色毡毛。头状花序单生，花黄色、橙色、粉色或褐色，夏季开放。

G. uniflora 见 *G. rigens* var. *uniflora*。

胡蔓藤属（断肠草属）GELSEMIUM

马钱科 LOGANIACEAE

常绿缠绕攀缘植物。因观赏其芳香、茉莉形花而栽培。半耐寒。在凉爽气候条件下的温室中生长最好。喜全光照和肥沃、排水良好的土壤。适度浇水，在寒冷天气少浇水。茎需要支撑。花后或春季需要间苗。春季播种繁殖或夏季用半成熟枝扦插繁殖。

🏆**常绿胡蔓藤**（常绿钩吻）***G. sempervirens***，见206页。

小金雀属（染料木属）GENISTA
Broom

豆科/蝶形花科 LEGUMINOSAE/PAPILIONACEAE

落叶灌木或乔木。有时几乎无叶。因观赏其团状、小型的蝶形花而栽培。极耐寒至半耐寒。在光照充足和不太肥沃、排水良好的土壤上生长最好。不耐移植。夏季用软枝或半成熟枝扦插繁殖，或秋季播种繁殖，选育的类型只能在夏季用软枝扦插繁殖。

🏆**倨山小金雀*G. aetnensis***，见93页。

灰小金雀 *G. cinerea*，见123页。

🏆**镰叶小金雀 *G. delphinensis***（*Chamaespartium sagittale* subsp. *delphinense*, *G. sagittalis* subsp. *delphinensis*）落叶匍匐灌木。株高1cm，冠径20cm。耐寒。小枝密生，具翅。叶微小，卵形，暗绿色。花多，金黄色，沿茎簇状着生，初夏开放。适生于岩石园或墙体上栽培。

G. fragrans of gardens 见 *Cytisus* × *spachianus*。

西班牙小金雀 *G. hispanica*，见170页。

🏆**矮丛小金雀*G. lydia***，见359页。

单子小金雀*G. monosperma*（*Retama monosperma*）落叶灌木。几乎无叶。树形优美。枝拱状。株高1m，冠径1.5m。半耐寒。嫩枝纤细，亮灰色。花簇生，极芳香，白色，初春开放。叶少，不明显。靠南墙或西墙栽植。

软毛小金雀*G. pilosa* 落叶圆顶形灌木。株高和冠径均为30cm。极耐寒。叶窄卵形，背面有丝状毛。花鲜黄色，腋生，花梗短，夏季开放。常用于堤岸绿化或作地被植物。夏季用半成熟枝扦插繁殖。

翅茎小金雀（新拟）（戟茎小金雀）***G. sagittalis***（*Chamaespasrtium sagittale*），见386页。subsp. ***delphinensis*** 见 *G. delphinensis*。

G.* × *spachiana 见 *Cytisus* × *spachianus*。

🏆**'金晃'柔枝小金雀 *G. tenera* 'Golden Shower'** 落叶灌木。生长茂盛。枝拱状。株高3m，冠径5m。耐寒。叶窄椭圆形，灰绿色。总状花序，花芳香，金黄色，初夏至仲夏开放。

小金雀（染料木）***G. tinctoria***，见157页。🏆**'金品''Royal Gold'** 落叶直立灌木。株高和冠径均为1m。极耐寒。圆锥花序长，花金黄色，春夏季开放。叶窄披针形，暗绿色。

Gentian 见 *Gentiana*。

Great yellow 见 *Gentiana lutea*，见355页。

Spring 见 *Gentiana verna*，见370页。

Stemless 见 *Gentiana acaulis*，见370页。

Trumpet 见 *Gentiana clusii*。

Willow 见 *Gentiana asclepiadea*，见263页。

龙胆属 GENTIANA
Gentian

龙胆科 GENTIANACEAE

一年生、二年生或多年生草本。部分为半常绿或常绿。因观赏其蓝色花而栽培。最适宜岩石园和泥炭质花坛栽培。极耐寒。喜光照或半阴环境和肥沃、排水良好、湿润、中性至酸性土壤。有些种类自然生长于石灰质土壤中。春季分株繁殖或秋季播种繁殖。秋花种类和克氏龙胆（*G. clusii*）每3年初春分株一次，重栽于新鲜土壤中。

🏆**无茎龙胆 *G. acaulis***（*G. excisa*, *G. kochiana*），见370页。

狭叶龙胆 *G. angustifolia* 多年生常绿草本。丛生。株高10cm，冠径20cm。叶丛莲座状，叶椭圆形，深绿色。花单生，管状，天蓝色，夏季开放，花茎长7cm。耐碱性土壤。

🏆**萝藦龙胆 *G. asclepiadea***，见263页。

克氏龙胆 *G. clusii*（*Trumpet gentian*）多年生常绿草本。丛生。株高5cm，冠径15～23cm。叶丛莲座状，叶卵形，有光泽，暗绿色。花喇叭状，天蓝色，具绿色斑点，喉部色彩稍淡，初夏开放，花茎长2.5～10cm。耐碱性土壤。

G. excisa 见 *G. acaulis*。

纤弱龙胆 *G. gracilipes* 多年生半常绿草本。丛生。茎拱状。株高15cm，冠径20cm。叶丛莲座状，叶长带状，暗绿色。疏松的花茎从叶丛中生出。花管状，深紫蓝色，内部淡绿色，夏季开放。可耐一定程度的庇荫。

G. kochiana 见 *G. acaulis*。

欧龙胆（**黄龙胆**）***G. lutea***，见255页。

'威尔斯'马氏龙胆 *G.* × *macaulayi* 'Wells's Variety'（*G.* 'Wellsii'），见387页。

饰花龙胆 *G. ornata* 多年生半常绿草本。丛生。具小型越冬莲座。株高5cm，冠径10cm。叶禾草状，形成一中心莲座。每花茎单生一朵花，花直立，钟状，中蓝色，喉部白色，外部乳白色，被深蓝色斑纹。喜酸性土壤和湿润的气候条件。

岩生龙胆 *G. saxosa*，见374页。

🏆**七裂龙胆 *G. septemfida***，见360页。

🏆**华丽龙胆 *G. sino-ornata***，见387页。

'苏珊·珍妮'龙胆 *G.* 'Susan Jane' 多年生半常绿草本。生长旺盛。枝开展。具小型越冬莲座。株高5cm，冠径30cm。平卧茎上着生禾草状叶。花大，喇叭状，深蓝色，喉部白色，内部淡绿色，秋季开放。喜酸性土壤。

春龙胆 *G. verna*，见370页。

***G.* 'Wellsii'** 见 *G.* × *macaulayi* 'Wells's Variety'。

Geraldton waxflower 见 *Chamelaucium uncinatum*，见149～150页。

老鹳草属 GERANIUM
Granesbill

牻牛儿苗科 GERANIACEAE

多年生草本。部分为半常绿。为观花而栽培，常作地被植物。密生种类适宜岩石园栽培。极耐寒至半耐寒。大多数种类喜光照，但有些种类更喜欢在庇荫下生长。除积水区外所有土壤都能生长。夏季用半成熟枝扦插繁殖或春秋季播种繁殖或分株繁殖。栽培品种只能分株或扦插繁殖。

G. anemonifolium 见 *G. palmatum*。

🏆**'安·弗易卡'老鹳草 *G.* 'Ann Folkard'** 多年生草本。冠开张。株高50cm，冠径1m。极耐寒。叶圆形，深裂，黄绿色。花簇生，浅杯状，深洋红色，脉纹黑色，夏秋季开放。

G. armenum 见 *G. psilostemon*。

灰老鹳草 *G. cinereum* 多年生半常绿草本。莲座状。冠开张。株高15cm，冠径30cm。极耐寒。花杯状，白色或淡粉红色，具紫色或纯白色脉纹，春末至夏季开放。基生叶圆形，深裂，淡绿色或灰绿色。适合于大型岩石园栽培。🏆**'芭蕾女' 'Ballerina'** 和🏆**短茎灰老鹳草** var. ***subcaulescens***（*G. subcaulescens*），见379页。

'克什米尔紫'老鹳草 *G. clarkei* 'Kashmir Purple'（*G. pratense* 'Kashmir Purple'）多年生草本。垫状。具根状茎。株高和冠径均为45～60cm。极耐寒。花序疏散，花簇生，杯状，深紫红色，夏季开放。叶圆形，深裂，叶脉明显。**'克什米尔白' 'Kashmir White'**（*G. pratense* 'Kashmir White'），见276页。

🏆**'达尔马'老鹳草 *G. dalmaticum***，见377页。

🏆**恩氏老鹳草 *G. endressii***，见278页。**'Wargrave Pink'** 见 *G.* × *oxonianum* 'Wargrave Pink'。

🏆**圆柱根老鹳草 *G. farreri*** 多年生草本。莲座状。直根系。株高10cm，冠径10～15cm以上。极耐寒。花稍平，淡紫红色，花药蓝黑色，初夏开放。叶肾形，灰绿色。花梗和叶柄红色。

G. grandiflorum 见 *G. himalayense*。

喜马拉雅老鹳草 *G. himalayense*（*G. grandiflorum*，*G. meeboldii*），见285页。

伊比利亚老鹳草 *G. ibericum* 多年生草本。丛生。株高和冠径均为60cm。极耐寒。花5瓣，碟状，紫罗兰色。叶心形，浅裂或深裂，被毛。

白毛老鹳草 *G. incanum* 多年生半常绿草本。冠扩展，半球状。株高30～38cm，冠径60～90cm。耐寒。花单生，浅杯状，色彩丰富，通常为深粉红色，夏季开放。叶芳香，深裂，灰绿色，裂片线形。

🏆**'约翰逊蓝'老鹳草 *G.* 'Johnson's Blue'**，见285页。

大根老鹳草 *G. macrorrhizum*，见279页。🏆**'英格维森' 'Ingwersen's Variety'**，见269页。

斑点老鹳草 *G. maculatum* 多年生草本。丛生。株高75cm，冠径45cm。极耐寒。花头状，稍平，淡紫色，春季开放。叶圆形，浅裂或具圆锯齿，中绿色，秋季变为浅褐色或红色。

🏆**马德拉老鹳草 *G. maderense*** 多年生半常绿草本。丛生。基部木质。生长旺盛。株高和冠径均为1m。半耐寒。花大，浅杯状，深洋红色，位于叶幕之上，夏季开放。叶掌形，裂片纤细，暗绿色。

🏆**大老鹳草 *G.* × *magnificum***，见285页。

G. meeboldii 见 *G. himalayense*。

具节老鹳草 *G. nodosum*，见270页。

川西老鹳草 *G. orientalitibeticum*（*G. stapfianum* var. *roseum* of gardens），见353页。

'德鲁斯'奥氏老鹳草 *G.* × *oxonianum* 'Claridge Druce' 多年生半常绿草本。垫状。生长旺盛。株高和冠径均为60～75cm。极耐寒。花簇生，杯状，紫红色，脉纹颜色较深，整个夏季开放。叶圆形，浅裂，精致。🏆**'华格雷夫粉红' 'Wargrave Pink'**（*G. endressii* 'Wargrave Pink'），见279页。**'威斯康柏' 'Winscombe'**，见243页。

🏆**掌裂老鹳草 *G. palmatum***（*G. anemonifolium*）多年生半常绿草本。丛生。基部木质。生长旺盛。株高45cm，冠径60cm。半耐寒。叶掌状深裂，暗绿色。花浅杯状，紫红色，形成大型花枝，夏末开放。

暗色老鹳草 *G. phaeum*，见238页。

草原老鹳草 *G. pratense*（Meadow cranesbill）多年生草本。丛生。株高75cm，冠径60cm。极耐寒。花5瓣，碟状，紫堇色，夏季开放。叶圆形，浅裂至深裂，中绿色，秋季变为古铜色。**'Kashmir Purple'** 见 *G. clarkei* 'Kashmir Purple'。**'Kashmir White'** 见 *G. clarkei* 'Kashmir White'。**'肯道尔·克拉克夫人'草原老鹳草 'Mrs Kendall Clark'**，见285页。🏆**'重瓣紫'老鹳草 'Plenum Violaceum'** 比同属其他种类更密、坚实。花重瓣，深紫色。

匍青老鹳草 *G. procurrens* 多年生草本。垫状。株高30cm，冠径60cm。极耐寒。叶圆形，浅裂，有光泽。花簇生，碟状，深玫瑰紫色，夏季开放。

🏆**光茎老鹳草 *G. psilostemon***（*G. armenum*），见245页。

皮氏老鹳草 *G. pylzowianum* 多年生草本。冠开展。具地下长匍茎和微小的块茎。株高12～25cm，冠径25cm以上。极耐寒。叶半圆形，深裂，暗绿色。花喇叭状，深玫瑰粉红色，中部绿色，春末和夏季开放。具入侵性。

🏆**雷氏老鹳草 *G. renardii***，见277页。

🏆**'罗塞尔·普里查德'老鹳草 *G.* × *riversleaianum* 'Russell Prichard'** 多年生半常绿草本。丛生。株高30cm，冠径1m。耐寒。花碟状，纯粉红色，单生或簇生，初夏至秋季开放。叶圆形，浅裂，灰绿色。

血红老鹳草 *G. sanguineum*，见354页。🏆**线纹老鹳草** var. ***striatum***（*G. s.* var. *lancastriense*），见376页。

G. stapfianum var. ***roseum*** of gardens 见 *G. orientalitibeticum*。

G. subcaulescens 见 *G. cinereum* var. *subcaulescens*。

🏆**'五月花'森林老鹳草 *G. sylvaticum* 'Mayflower'**，见251页。

雅致老鹳草 *G. traversii* var. ***elegans*** 多年生半常绿草本。莲座状。枝开张。株高10cm，冠径25cm。耐寒。花大，朝上开放，碟状，淡粉红色，脉纹色较暗，夏季开放。叶圆形，浅裂，灰绿色。适宜庇荫的棚架或岩石园栽培。冬季忌湿润。喜沙质土壤。

🏆**'布克斯顿'华莱士老鹳草 *G. wallichianum* 'Buxton's Variety'**（*G. w.* 'Buxton's Blue'），见287页。

灰背老鹳草 *G. wlassovianum* 多年生草本。丛生。株高和冠径均为60cm。极耐寒。茎柔软光滑。叶圆形，浅裂，暗绿色。花碟状，深紫红色，单生或簇生，夏季开放。

Geranium 见 *Pelargonium*。

Peppermint 见 *Pelargonium tomentosum*，见247页。

Silver-leaved 见 *Pelargonium* 'Flower of Spring'，见247页。

Strawberry 见 *Saxifraga stolonifera* 'Tricolor'。

扶郎花属（嘉宝菊属） GERBERA

菊科 ASTERACEAE/COMPOSITAE

多年生草本。夏季至冬季开花。半耐寒。适生于全光照和轻质沙壤土。夏季用带踵侧枝扦插繁殖或初春、秋季播种繁殖。

扶郎花（**嘉宝菊，非洲菊**）***G. jamesonii***，见302页。

German ivy 见 *Senecio mikanioides*。

Germander

Shrubby 见 *Teucrium fruticans*。

Tree 见 *Teucrium fruticans*。

路边青属（水杨梅属） GEUM
Avens

蔷薇科 ROSACEAE

多年生草本。夏季开花。极耐寒。喜光照和湿润、但排水良好的土壤。秋季分株繁殖或播种繁殖。

G.* × *borisii of gardens 见 *G. coccineum*。

智利路边青 *G. chiloense*（*G. coccineum* of gardens）多年生草本。丛生。株高40～60cm，冠径60cm。花碟状，猩红色，初夏至夏末开放。羽状叶深裂，有锯齿。

暗红花路边青 *G. coccineum*（*G.* × *borisii* of gardens），见293页。

G. coccineum of gardens 见 *G. chiloense*。

***G.* 'Feuerball'** 见 *G.* 'Mrs J. Bradshaw'。

🏆**'闪光猫眼石'路边青 *G.* 'Fire Opal'** 多年生草本。丛生。株高80cm，冠径45cm。花圆形，重瓣，古铜色至猩红色，簇生，夏季开放。叶椭圆形至披针形，浅裂，鲜绿色。

***G.* 'Goldball'** 见 *G.* 'Lady Stratheden'。

🏆**'斯特西登'路边青 *G.* 'Lady Stratheden'**（*G.* 'Goldball'），见292页。

'莱昂内儿'路边青 *G.* 'Lionel Cox' 多年生草本。丛生。株高和冠径均为30cm。花簇生，5瓣，杯状，虾红色，初夏开放。叶椭圆形至披针形，浅裂，鲜绿色。

🏆**高山水杨梅 *G. montanum***（Alpine avens）多年生草本。密集丛生。具根状茎。株高10cm，冠径23cm。花浅杯状，金黄色，初夏开放。种序有绒毛，淡黄色。叶羽状，具一大而圆的顶生裂片。适宜岩石园栽培。

🏆'布拉德肖夫人'路边青 'Mrs J. Bradshaw'（*G.* 'Feuerball'）多年生草本。丛生。株高80cm，冠径45cm。花圆形，重瓣，深红色，形成小型花枝，夏季开放。叶椭圆形至披针形，浅裂，鲜绿色。

智利榛属（格优纳属） GEVUINA

山龙眼科 PROTEACEAE

常绿乔木。因观赏其夏季的叶和花而栽培。耐寒。喜半阴环境和肥沃、湿润、但排水良好的土壤。夏末用半成熟枝扦插繁殖或秋季播种繁殖。

智利榛 *G. avellana* (Chilean hazel) 常绿乔木。树冠圆锥状。株高和冠径均为10m。叶大，有光泽，暗绿色，裂成许多卵形、具锯齿的小叶。花白色，蜘蛛状，夏末开放，花茎细长。果实樱桃状，红色，后变成黑色。

Ghost tree 见*Davidia involucrata*，见77页。

Giant Burmese honeysuckle 见 *Lonicera hildebrandiana*。

Giant buttercup 见 *Ranunculus lyallii*。

Giant cowslip 见*Primula florindae*，见273页。

Giant elephant's ear 见 *Alocasia macrorrhiza*。

Giant fennel 见 *Ferula*。

Giant fir 见*Abies grandis*，见104页。

Giant granadilla 见 *Passiflora quadrangularis*，见215页。

Giant holly fern 见 *Polystichum munitum*，见310页。

Giant larkspur 见*Consolida ajacis* Giant Imperial Series，见332页。

Giant lily 见 *Cardiocrinum giganteum*，见398页。

Giant pineapple flower 见*Eucomis pallidiflora*，见397页。

Giant pineapple lily 见 *Eucomis pallidiflora*，见397页。

Giant redwood 见*Sequoiadendron giganteum*，见102页。

Giant reed 见 *Arundo donax*。

Giant scabious 见 *Cephalaria gigantea*。

Giant Spaniard 见*Aciphylla scott-thomsonii*。

Giant wood fern 见 *Dryopteris goldieana*。

宝锭属 GIBBAEUM

番杏科 AIZOACEAE

多年生多浆植物。丛状。叶小，对生，膨大，通常大小不等。不耐寒，耐最低温度5℃。喜全光照环境和排水良好的土壤。初冬少量浇水。春夏季播种繁殖或茎插繁殖。

春琴玉（彼得宝锭）***G. petrense*** 多年生多浆植物。垫状。株高3cm，冠径30cm以上。叶厚，三角形，淡灰绿色，长1cm，1对至2对着生于枝上。花雏菊状，粉红色，花径1.5cm，春季开放。

大鲛 *G. velutinum*，见469页。

吉莉草属 GILIA

花荵科 POLEMONIACEAE

一年生草本。夏秋季开花。极耐寒。在光照充足和肥沃、排水良好的土壤上生长最好。茎需要支撑，特别是在多风地方。春季室外播种繁殖，为翌年提早开花，也可初秋播种繁殖。

蓍叶吉莉草 *G. achilleifolia* 一年生草本。直立。丛生。速生。株高60cm，冠径20cm。叶细裂，中绿色，被毛和黏液。花漏斗状，蓝色，花径2.5cm，夏季开放。

头花吉莉草（球花吉莉草）***G. capitata***，见333页。

三叶绣线菊属（新拟） GILLENIA

蔷薇科 ROSACEAE

多年生草本。夏季开花。极耐寒。适生于光照或庇荫环境和排水良好的土壤。需立桩支撑。秋季或春季播种繁殖。

三叶绣线菊（新拟）***G. trifoliata***，见241页。

Ginger

Indian 见 *Alpinia calcarata*。

Malay 见 *Costus speciosus*。

Shell 见*Alpinia zerumbet*，见227页。

Spiral 见 *Costus*。

Wild 见 *Asarum*。

Ginger lily 见 *Hedychium*。

Gingham golf ball 见 *Euphorbia obesa*，见477页。

银杏属 GINKGO

银杏科 GINKGOACEAE

见针叶树。

🏆银杏 *G. biloba*，见103页。

Gippsland fountain palm 见 *Livistona australis*。

唐菖蒲属 GLADIOLUS

鸢尾科 IRIDACEAE

球茎类植物。穗状花序，单生，花漏斗状。叶着生于花茎基部，直立，剑形，扇形叠生。适合作切花或在混合花坛中栽植，许多杂交种又为良好的展览花卉。耐寒至半耐寒。喜光照充足和肥沃、排水良好的土壤条件。春季栽植，株距10～15cm，栽植深度10～15cm。夏季经常浇水。高大的品种用棍棒支撑。半耐寒品种，秋季将球茎挖出，剪去地上部分，在凉爽但又不遭冻害的地方凉干球茎。秋季将春季开花种或品种上盆，放在凉爽温室内，花后，在夏季干燥球茎，秋季重新上盆。

播种繁殖或从母株上取小球茎另行种植。播种繁殖初春在温室内进行，2～3年即可开花，但不会培育出纯正的类型。小球茎应贮藏在不太寒冷的条件下，春季栽培深度5cm，冬季作为成熟种球挖出。1～2年即可开花。

贮藏期间，种球可能会受到各种各样腐烂病的危害，对完整、健康的种球，干燥前需喷杀菌剂粉或用杀菌剂溶液浸泡，并将种球贮藏在通风、凉爽、不遭冻害的地方。唐菖蒲斑点病会引起叶片斑状脓疮，唐菖蒲黄化病使叶片出现黄色条纹，此后死亡，这两种情况都会破坏受侵染的种球。作为一种预防措施，每年要将健康的种球种植在新地方。见399页图版。

唐菖蒲杂交群 Gladiolus hybrids 多数杂种由剑菖蒲*G.* × *hortulanus*衍生而来。叶坚挺，长20～50cm，淡黄色、铁蓝绿色至近深绿色。半耐寒。为良好的切花材料。可分为大花群（Grandiflorus Group）、报春花群（Primulinus Group）和矮生群（Nanus Group）三组。

大花群（Grandiflorus Group） 穗状花序长，花密集，漏斗状，具皱褶、厚质的花瓣或边缘平展、薄质的花瓣。巨花杂交种的基部花花径超过14cm（花序长65～80cm），大花型花径11～14cm（花序长60cm～1m），中花型花径9～11cm（花序长60～80cm），小花型花茎6～9cm（花序长50～70cm），微花型花径3.5～6cm（花序长40～60cm）。

报春花群（Primulinus Group） 穗状花序较稀疏，花漏斗状，边缘平展，直径6～8cm。每花具有一个极弯的上方花被，超过柱头和花药。花序长30cm。

矮生群（Nanus Group） 穗状花序2～3个，细长，花稀疏排列，直径4～5cm，花序长22～35cm。

'艾曼达·麦赫'唐菖蒲 *G.* 'Amanda Mahy'（见399页）矮生群唐菖蒲。株高80cm，冠径8～10cm。穗状花序，花多达7朵，花橙红色，唇瓣具紫红色和白色斑点，初夏开放。

'阿姆斯特丹'唐菖蒲 *G.* 'Amsterdam' 大花群巨花型唐菖蒲。株高1.7m，冠径30cm。穗状花序，花多达27朵，花稍向上，微皱褶，白色，夏末开放。为良好的展览花卉。

'艾米·贝丝'唐菖蒲 *G.* 'Amy Beth' 大花群小花型唐菖蒲。株高1.2m，冠径20～25cm，穗状花序，花多达22朵，花强烈皱褶，淡紫色，唇状花瓣厚，蜡质，乳白色，夏末开放。

'安娜·丽奥拉'唐菖蒲 *G.* 'Anna Leorah'（见399页）大花群大花型唐菖蒲。株高1.6m，冠径15cm。穗状花序，花多达25朵，强烈皱褶，粉红色，喉部大，白色。为良好的展览花卉。

'亚特兰大'唐菖蒲 *G.* 'Atlantis' 大花群中花型唐菖蒲。株高1.5m，冠径20～25cm。穗状花序，花多达20朵，花稍皱褶，深紫蓝色，喉部小，白色，夏末开放。

'美丽海滨'唐菖蒲 *G.* 'Beau Rivage' 大花群大花型唐菖蒲。株高1.2m，冠径30cm。穗状花序，花多达15朵，花瓣皱褶，深珊瑚粉红色，夏季开放。为良好的展览花卉。

'荷兰佳丽'唐菖蒲 *G.* 'Beauty of Holland' 大花群大花型唐菖蒲。株高1.7m，冠径15cm。穗状花序，花多达27朵，花瓣皱褶，白色，边缘粉红色，仲夏开放。为良好的展览花卉。

'黑鞭'唐菖蒲 *G.* 'Black Lash'（见399页）大花群小花型唐菖蒲。株高1.35m，冠径15～20cm。穗状花序，花多达25朵，花稍皱褶，深玫瑰红色，花瓣尖，稍弯曲，夏末至初秋开放。

G. blandus 见 *G. carneus*。

G. byzantinus 见 *G. communis* subsp. *byzantinus*。

🏆丽花唐菖蒲 *G. callianthus* (*Acidanthera bicolor* var. *murieliae*，*A. murieliae*) 球茎类植物。夏末开花。高达1m，冠径10～15cm。半耐寒。穗状花序稀疏，花多达10朵，花芳香，具有弯曲、长10cm的花被管，花瓣6片，白色，基部具深紫红色斑点。

绯红唐菖蒲 *G. cardinalis* 球茎类植物。夏季开花。高达1.2m，冠径10～15cm。半耐寒。茎拱状，穗状花序，花多达12朵，花阔漏斗状，长8cm，鲜红色，在下部3个花瓣上具梨形、白色的斑点。

肉红色唐菖蒲 *G. carneus* (*G. blandus*) 球茎类植物。春季开花。株高20～40cm，冠径8～10cm。半耐寒。穗状花序稀疏，有花3～12朵，花阔漏斗状，白色或粉红色，长4～6cm，在下部的花瓣上具深红色或黄色的斑点。

'魔术师'唐菖蒲 *G.* 'Charmer' 大花群大花型唐菖蒲。株高1.7m，冠径15cm。穗状花序，花多达27朵，花瓣重度皱褶，几乎为半透明，淡粉红色，初夏至仲夏开放。为良好的展览花卉。

'克丽斯特贝尔'唐菖蒲 *G.* 'Christabel'，见415页。

🏆拜占庭唐菖蒲 *G. communis* subsp. *byzantinus* (*G. byzantinus*)，见400页。

'天蓝'唐菖蒲 *G.* 'Côte d' Azur' 大花群巨花型唐菖蒲。株高1.7m，冠径15cm。穗状花序，花多达23朵，花瓣皱褶，中蓝色，喉部淡蓝色，初夏开放。为良好的展览花卉。

鹦鹉唐菖蒲 *G. dalenii* (*G. nata-*

lensis、*G. primulinus*、*G. psittacinus*）球茎类植物。生长旺盛。夏季开花。高达1.5m，冠径10～15cm。半耐寒。花多达14朵，红色、橙黄色、黄色或淡绿黄色，长8～12cm，上部花瓣羽冠状，通常具红色斑点或条纹。

‘戏剧’唐菖蒲*G.*‘Drama’（见399页）大花群大花型唐菖蒲。株高1.7m，冠径25～30cm。穗状花序，花多达26朵，花瓣微皱褶，淡紫红色，具红色斑点，喉部黄色，夏末开放。为极好的展览花卉。

‘荷兰山’唐菖蒲*G.*‘Dutch Mountain’大花群大花型唐菖蒲。株高1.7m，冠径15cm。穗状花序，花多达25朵，花瓣微皱褶，白色，喉部具绿色小斑点，仲夏开放。为良好的展览花卉。

‘艾斯塔丽’唐菖蒲*G.*‘Esta Bonita’（见399页）大花群巨花型唐菖蒲。株高1.7m，冠径30cm。穗状花序，花多达24朵，花瓣杏黄色，边缘颜色较深，夏末开放。为良好的展览花卉。

‘火风暴’唐菖蒲*G.*‘Firestorm’大花群微花型唐菖蒲。株高1.1m，冠径8～10cm。穗状花序，花多达22朵，稀疏排列，花瓣皱褶，鲜红色，外轮花瓣具黄白色的斑点，初夏开放。为良好的展览花卉。

‘乔其纱’唐菖蒲*G.*‘Georgette’大花群小花型唐菖蒲。株高1.2m，冠径8～10cm。穗状花序，花多达22朵，花瓣微皱褶，黄色或橙红色，喉部具大的柠檬黄色斑，仲夏开放。为良好的展览花卉。

‘绿岛’唐菖蒲G.‘Green Isle’大花群中花型唐菖蒲。株高1.35m，冠径20～25cm。穗状花序，花多达22朵。花不整齐，灰绿色，皱褶明显清晰，夏末开放。

‘绿啄木鸟’唐菖蒲*G.*‘Green Woodpecker’（见399页）大花群中花型唐菖蒲。株高1.5m，冠径30cm。穗状花序，花多达25朵，灰绿色，喉部紫红色，夏末开放。为极好的展览花卉。

‘哈雷’唐菖蒲*G.*‘Halley’（见399页）矮生群唐菖蒲。株高1m，冠径8～10cm。穗状花序，花多达7朵，白色或淡黄色，喉部具鲜红色斑点，初夏开放。

‘冰帽’唐菖蒲*G.*‘Ice Cap’（见399页）大花群大花型唐菖蒲。株高1.7m，冠径25～30cm。穗状花序，花多达27朵，花瓣极皱褶，白色，夏末至初秋开放。

‘印加皇后’唐菖蒲*G.*‘Inca Queen’（见399页）大花群大花型唐菖蒲。株高1.5m，冠径20～25cm穗状花序，花多达25朵，花瓣重度皱褶，蜡质，深红色，唇瓣和喉部柠檬黄色，夏末开放。

地中海唐菖蒲*G. italicus*（*G. segetum*），见400页。

‘娇小爱人’唐菖蒲*G.*‘Little Darling’（见399页）报春群唐菖蒲。株高1.1m，冠径8～10cm。穗状花序，花多达16朵，稀疏排列，花橙红色至玫瑰粉红色，唇瓣橙红色，仲夏开放。为良好的展览花卉。

‘威严’唐菖蒲*G.*‘Magistral’大花群大花型唐菖蒲。株高1.8m，冠径15cm。穗状花序，花多达24朵，花瓣皱褶，牡蛎白色，具洋红色条纹，仲夏开放。为良好的展览花卉。

‘旋律’唐菖蒲*G.*‘Melodie’（见399页）大花群小花型唐菖蒲。株高1.2m，冠径15～20cm。穗状花序，花多达17朵，橙红色至玫瑰红色，喉部具纵向、梨形、橙红色斑点，夏末开放。

‘咪咪’唐菖蒲*G.*‘Mi Mi’（见399页）大花群小花型唐菖蒲。株高1.3m，冠径8～10cm。穗状花序，花多达24朵，花瓣极皱褶，深紫红色，喉部白色，仲夏开放。为良好的展览花卉。

‘美洲小姐’唐菖蒲*G.*‘Miss America’（见399页）大花群中花型唐菖蒲。株高1.5m，冠径30cm。穗状花序，花多达24朵，深粉红色，极皱褶，夏末开放。为极好的展览花卉。

G. natalensis 见*G. dalenii*。

花脸唐菖蒲*G. papilio*（*G. purpureoauratus*），见408页。

‘阅兵’唐菖蒲*G.*‘Parade’大花群巨花型唐菖蒲。株高1.7m，冠径25～35cm。穗状花序，花多达27朵，花瓣微皱褶，橙红色，喉部小，乳白色，初秋开放。为极好的展览花卉。

‘和平’唐菖蒲*G.*‘Peace’。大花群巨花型唐菖蒲。株高1.7m，冠径15cm。穗状花序，花多达26朵，花瓣极皱褶，奶油色，喉部淡柠檬色，边缘淡粉红色，仲夏开放。为良好的展览花卉。

‘彼德·彼尔斯’唐菖蒲*G.*‘Peter Pears’（见399页）大花群大花型唐菖蒲。株高1.7m，冠径35cm。穗状花序，花多达26朵，花杏黄色至橙红色，喉部具红色斑点，夏末开放。为极好的展览花卉。

‘粉红火焰’唐菖蒲*G.*‘Pink Flare’大花群小花型唐菖蒲。株高1.3m，冠径8～10cm。穗状花序，花多达25朵，花瓣皱褶，粉红色，喉部小，白色，仲夏开放。为良好的展览花卉。

‘粉红女士’唐菖蒲*G.*‘Pink Lady’（见399页）大花群大花型唐菖蒲。株高1.5m，冠径25～30cm。穗状花序，花多达25朵，花瓣微皱褶，深玫瑰红色至粉红色，喉部大，白色，夏末或初秋开放。

G. primulinus 见*G. dalenii*。

G. psittacinus 见*G. dalenii*。

‘美人’唐菖蒲*G.*‘Pulchritude’（见399页）大花群中花型唐菖蒲。株高1.3m，冠径12cm。穗状花序，花多达27朵，花瓣皱褶，淡紫红色，花瓣边缘颜色逐渐变深，唇瓣具洋红色斑点，仲夏开放。为良好的展览花卉。

G. purpureoauratus 见*G. papilio*。

‘超级玫瑰’唐菖蒲*G.*‘Rose Supreme’（见399页）大花群巨花型唐菖蒲。株高1.7m，冠径25～30cm。穗状花序，花多达24朵，花玫瑰红色至粉红色，具深粉红色斑点和条纹，颜色向顶部逐渐加深，喉部奶油色，夏末开放。

‘皇家荷兰’唐菖蒲*G.*‘Royal Dutch’大花群大花型唐菖蒲。株高1.7m，冠径25～30cm。穗状花序，花多达27朵，喉部淡紫红色与白色相间，夏末至初秋开放。为良好的展览花卉。

G. segetum 见*G. italicus*。

‘星团’唐菖蒲*G.*‘Stardust’（见399页）大花群微花型唐菖蒲。株高1.2m，冠径8～10cm。穗状花序，花多达21朵，花瓣皱褶，淡黄色，喉部颜色较浅，仲夏开放。为良好的展览花卉。

‘庞爱’唐菖蒲*G.*‘Tendresse’大花群中花型唐菖蒲。株高1.5m，冠径20～25cm。穗状花序，花多达28朵，花瓣微皱褶，深粉红色，喉部小，奶油色，具纵向、不太明显的玫瑰红色梨形斑点。

‘宝贝’唐菖蒲*G.*‘Tesoro’（见399页）大花群中花型唐菖蒲。株高1.5m，冠径20～25cm。穗状花序，花多达26朵，有光泽，微皱褶，鲜黄色，初秋开放。为唐菖蒲的极品之一。

🏆**‘新娘’唐菖蒲*G.*‘The Bride’**（见399页）矮生群唐菖蒲。株高80cm，冠径8～10cm。穗状花序，花多达7朵，白色，喉部具绿色斑点，初夏开放。

‘沃克吕斯’唐菖蒲*G.*‘Vaucluse’（见399页）大花群巨花型唐菖蒲。株高1.9m，冠径15cm。穗状花序，花多达27朵，花瓣微皱褶，朱红色，喉部小，乳白色，夏末开放。为良好的展览花卉。

‘维克多·鲍格’唐菖蒲*G.*‘Victor Borge’（见399页）大花群大花型唐菖蒲。株高1.7m，冠径35cm。穗状花序，花多达22朵，花深橙红色，具浅奶油色的喉斑，夏末开放。

‘白冰’唐菖蒲*G.*‘White Ice’（见399页）大花群中花型唐菖蒲。株高1.5m，冠径12cm。穗状花序，花多达25朵，花瓣皱褶，白色，夏末开放。为良好的展览花卉。

‘西风’唐菖蒲*G.*‘Zephyr’。大花群大花型唐菖蒲。株高1.7m，冠径15cm。穗状花序，花多达26朵，花淡紫红色至粉红色，喉部小，乳白色，仲夏开放。为良好的展览花卉。

Gladwin 见*Iris foetidissima*。

Gland bellflower 见*Adenophora*。

Glandulicactus uncinatus 见*Sclerocactus uncinatus*。

Glastonbury thorn 见*Crataegus monogyna*‘Biflora’。

白根葵属 GLAUCIDIUM

白根葵科／芍药科／毛茛科
GLAUCIDIACEAE/
PAEONIACEAE/
RANUCULACEAE

单种属。多年生草本。春季开花。在疏林花园中表现优良。极耐寒。喜半阴环境和湿润、泥炭质土壤。秋季播种繁殖。

🏆**白根葵*G. palmatum***，见270页。

海罂粟属 GLAUCIUM
Horned poppy

罂粟科 PAPAVERACEAE

一年生、二年生或多年生草本。因观赏其鲜艳、似罂粟属植物的花而栽培。极耐寒。适生于光照充足和肥沃、排水良好的土壤。一年生草本春季室外播种繁殖，多年生草本春季或秋季室外播种繁殖，二年生草本春末或初夏室内播种繁殖。根部有毒。

黄花海罂粟*G. flavum*，见335页。

活血丹属 GLECHOMA

唇形科 LABIATAE /LAMIACEAE

多年生常绿草本。夏季开花。可作为良好的地被，但可能是侵害性植物。极耐寒。喜光照充足或耐庇荫，喜湿润但排水良好的土壤。春秋季分株繁殖或春季用软枝扦插繁殖。

欧亚活血丹*G. hederacea*（Ground ivy）。**‘白斑’‘Variegata’**，见300页。

皂荚属 GLEDITSIA

苏木科／豆科
CAESALPINIACEAE/
LEGUMINOSAE

落叶乔木。通常有刺。因观赏叶而栽培。花小色淡，盛夏之后结出大型荚果。极耐寒，但幼苗可能会受冻害。喜充足的光照和肥沃、排水良好的土壤。秋季播种繁殖　选育类型夏末芽接繁殖。

里海皂荚*G. caspica*（Caspian locust）落叶乔木。树冠开张。株高12m，冠径10 m。树干具长分枝刺。羽状复叶，有光泽，中绿色。

山皂荚*G. japonica*，见80页。

美国皂荚*G. triacanthos*（Honey locust）落叶乔木。树冠开张。株高20m，冠径15m。树干多刺。羽状复叶，有光泽，暗绿色，秋季变为黄色。**无刺美国皂荚 f. *inermis*** 树干无刺。**‘荫王’‘Shademaster’**主长旺盛。叶宿存。**‘地平线’‘Skyline’**无刺。树冠阔圆锥状，秋季叶金黄色。🏆**‘丽光’‘Sunburst’**，见77页。

舞花姜属 GLOBBA

姜科 ZINGIBERACEAE

多年生常绿草本。丛生。芳香。因观赏花而栽培。不耐寒，耐最低温度

18℃。喜半阴、高湿的环境和富含腐殖质、排水良好的土壤。冬季休眠期间保持干燥。春季分株繁殖、播种繁殖或用成熟的珠芽进行繁殖。

泰国舞花姜 *G. winitii*，见267页。

Globe amaranth 见 *Gomphrena globosa*，见331页。

Globe lily 见 *Calochortus albus*，见409页。

Globe thistle 见 *Echinops*。

Globeflower 见 *Trollius*。

球花属 GLOBULARIA

球花科 GLOBULARIACEAE

主要为常绿灌木或亚灌木。夏季开花。因观赏其圆顶状、通常为蓝色或紫红色的头状花序而栽培。极耐寒至耐寒。喜充足的光照和排水良好的土壤。春季分株繁殖，夏季用软枝扦插繁殖或用半成熟枝扦插繁殖，或秋季播种繁殖。

G. bellidifolia 见 *G. meridionalis*。

🏆心叶球花 *G. cordifolia*，见383页。subsp. ***bellidifolia*** 见 *G. meridionalis*。

平卧球花 *G. meridionadlis*（*G. bellidifolia*，*G. cordifolia* subsp. *bellidifolia*，*G. pygmaea*），见380页。

G. pygmaea 见 *G. meridionalis*。

嘉兰属 GLORIOSA

秋水仙科／百合科 COLCHICACEAE/LILIACEAE

落叶具卷须攀缘植物。夏季开花。具指状块茎。不耐寒。耐最低温度8～10℃。喜全光照和肥沃、排水良好的土壤。夏季经常浇水，每2周施一次液肥。需支撑。冬季将块茎贮藏于干燥凉爽、但不发生冻害的地方。春季播种繁殖或分株繁殖。有剧毒，接触块茎可能会引起皮肤过敏。

G. rothschildiana 见 *G. superba* 'Rothschildiana'。

🏆嘉兰 *G. superba*（Glory lily）落叶具卷须攀缘植物。具块茎。高达2m，冠径30～45cm。耐最低温度8℃。茎细长，叶散生于茎上，阔披针形。花大，着生于上部叶腋，黄色或红色，花瓣6片，急反折，边缘波状，后变成深橙黄色或深红色，雄蕊显著，夏季开放。**'罗氏' 'Rothschildiana'**（*G. rothschildiana*），见401页。

Glory bush 见 *Tibouchina urvilleana*，见122页。

Glory flower，Chilean 见 *Eccremocarpus scaber*，见217页。

Glory lily 见 *Gloriosa superba*。

Glory vine 见 *Eccremocarpus scaber*，见217页。

Glory-of-the-snow 见 *Chionodoxa*。

Glory-of-the-sun 见 *Leucocoryne ixioides*，见413页。

舌叶花属（舌叶草属） GLOTTIPHYLLUM

番杏科 AIZOACEAE

多年生多浆植物。丛生。叶半圆柱形，顶端常较宽。不耐寒，耐最低温度5℃。适生于全光照环境和瘠薄、排水良好的土壤。春季或夏季播种繁殖或茎插繁殖。

早乙女（内利氏舌叶花）***G. nelii***，见479页。

半柱状舌叶花 *G. semicylindricum* 多年生多浆植物。丛生。株高8cm，冠径30cm以上。叶半圆柱形，鲜绿色，长6cm，边缘上半部有齿。茎短。花雏菊状，金黄色，花径4cm，春夏季开放。

苦乐花属 GLOXINIA

苦苣苔科 GESNERIACEAE

多年生草本。夏末至秋季开花。具根状茎。不耐寒，耐最低温度10℃。喜半阴环境和富含腐殖质、排水良好的土壤。秋末或冬季地上部分死亡，保留几乎干燥的根状茎。春季分株或播种繁殖，夏季用茎或叶扦插繁殖。

苦乐花 *G. perennis*，见421页。

G. speciosa 见 *Sinningia speciosa*。

Gloxinia 见 *Sinningia speciosa*。

甜茅属 GLYCERIA

禾本科 POACEAE

见禾草类、竹类、灯心草类和莎草类植物。

***G. aquatica* 'Variegata'** 见 *G. maxima* 'Variegata'。

'花叶'大甜茅 *G. maxima* 'Variegata'（*G. aquatica* 'Variegata'），见306页。

甘草属 GLYCYRRHIZA *Liquorice*

豆科／蝶形花科 LEGUMINOSAE/PAPILIONACEAE

多年生草本。夏季开花。极耐寒。喜光照和深厚、肥沃、排水良好的土壤。春季分株繁殖或秋、春季播种繁殖。

洋甘草（欧甘草）***G. glabra***，见250页。

Goat willow 见 *Salix caprea*。

Goat's beard 见 *Aruncus dioicus*，见226页。

Goat's rue 见 *Galega*。

Godetia 重新归入 *Clarkia*。

Gold dust 见 *Aurinia saxatilis*，见350页。

Golden arum lily 见 *Zantedeschia elliottiana*，见402页。

Golden ball cactus 见 *Parodia leninghausii*，见468页。

Golden bamboo 见 *Phyllostachys aurea*。

Golden barrel cactus 见 *Echinocactus grusonii*，见460页。

Golden chain 见 *Laburnum anagyroides*。

Golden creeping Jenny 见 *Lysimachia nummularia*，见386页。

Golden club 见 *Orontium aquaticum*，见451页。

Golden elder 见 *Sambucus nigra* 'Aurea'。

Golden fairy lantern 见 *Calochortus amabilis*，见434页。

Golden flax 见 *Linum flavum*。

Golden foxtail 见 *Alopecurus pratensis* 'Aureovariegatus'，见309页。

Golden globe tulip 见 *Calochortus amabilis*，见434页。

Golden larch 见 *Pseudolarix amabilis*，见107页。

Golden male fern 见 *Dryopteris affinis*。

Golden oak of Cyprus 见 *Quercus alnifolia*。

Golden oats 见 *Stipa gigantea*，见307页。

Golden rod 见 *Solidago*。

Golden shower 见 *Cassia fistula*，*Pyrostegia venusta*，见218页。

Golden Spaniard 见 *Aciphylla aurea*，见238页。

Golden spider lily 见 *Lycoris aurea*。

Golden top 见 *Lamarckia aurea*。

Golden trumpet 见 *Allamanda cathartica*。

Golden trumpet tree 见 *Tabebuia chrysotricha*，见97页。

Golden weeping willow 见 *Salix* × *sepulcralis* 'Chrysocoma'，见74页。

Golden willow 见 *Salix alba* var. *vitellina*，见74页。

Golden wonder 见 *Senna didymobotrya*，见147页。

Golden-chalice vine 见 *Solandra maxima*，见206页。

Golden-eyed grass 见 *Sisyrinchium californicum*。

Golden-feather palm 见 *Dypsis lutescens*，见100页。

Golden-groove bamboo 见 *Phyllostachys aureosulcata*。

Golden-rain tree 见 *Koelreuteria paniculata*，见92页。

Golden-rayed lily of Japan 见 *Lilium auratum*。

Goldfish plant 见 Columnea *gloriosa*。

Goldilocks 见 *Aster linosyris*，见262页。

Golf ball，Gingham 见 *Euphorbia obesa*，见477页。

宫美兰属（小人兰属） GOMESA

见兰花。

扁叶宫美兰 *G. planifolia*（见298页）常绿附生兰。适宜低温温室栽培。株高23cm。花序具分枝，花星状，豆绿色，花径0.5cm，秋季开放。叶窄卵形，长15cm。夏季宜生长于半阴的环境。

钉头果属 GOMPHOCARPUS

萝藦科 ASCLEPIADACEAE

常绿或落叶亚灌木和多年生草本。花盏状或杯状。种荚通常膨胀。半耐寒至不耐寒。耐最低温度5℃。适生于光照充足或半阴的环境和排水良好的土壤。春季播种繁殖或用软枝扦插繁殖。有些种渗出的乳状汁液能刺激皮肤过敏。

膀胱状钉头果 *G. physocarpus*（*Asclepias physocarpa*），见232页。

千日红属 GOMPHRENA

苋科 AMARANTHACEAE

一年生、二年生或多年生草本。通常栽培的仅有千日红（*G. globosa*）一种。其花序头状，为良好的切花和干花材料。半耐寒。在光照充足和肥沃、排水良好的土壤上生长最好。春季温室播种繁殖。

千日红 *G. globosa*，见331页。

爪唇兰属 GONGORA

见兰花。

五脉爪唇兰 *G. quinquenervis*（见298页）常绿附生兰。适宜中温温室栽培。株高25cm。花序长穗状，下垂，花芳香，棕褐色、橙黄色或黄色，花径1cm，夏季开放时，似飞翔的小鸟。叶卵形，主脉明显，长12～15cm。在吊篮中栽培最佳。夏季需要半阴环境。

Good-luck plant 见 *Cordyline fruticosa*。

Goodyer's elm 见 *Ulmus minor* subsp. *angustifolia*。

Gooseberry

Barbados 见 *Pereskia aculeata*，见457页。

Chinese 见 *Actinidia deliciosa*。

大头茶属（山枇花属） GORDONIA

山茶科 THEACEAE

常绿灌木或乔木。为观花和观树姿而栽培。半耐寒，但温度最好在3℃以上。喜光照或半阴的环境和富含腐殖质、酸性土壤。盆栽时适度浇水，冬季少浇水。夏末用半成熟枝扦插繁殖，秋季种子成熟时或春季播种繁殖。

大头茶 *G. axillaris* 常绿丛生灌木或乔木。株高和冠径均为3～5m，有时更大。叶披针形，革质，有光泽，顶端钝尖。花浅碟状，白色，秋季至春季开放。

长毛大头茶 *G. lasianthus*（Loblolly bay）常绿直立乔木。株高20m，冠径

达10m。叶披针形至椭圆形，叶缘具浅锯齿。花芳香，浅蝶形至碗状，白色，夏季开放。需在夏季温暖的亚热带栽培以使其开花良好。

Gorgon's head 见 *Euphorbia gorgonis*。

Gorse 见 *Ulex europaeus*，见157页。

Gorse，Spanish 见 *Genista hispanica*，见170页。

Gourd，Snake 见 *Trichosanthes cucumerina* var. *anguina*。

Gout weed 见 *Aegopodium*。

Variegated 见 *Aegopodium podagraria* 'Variegatum'，见276页。

Grama，Blue 见 *Bouteloua gracilis*，见307页。

Granadilla，Giant 见 *Passiflora quadrangularis*，见215页。

Grand fir 见 *Abies grandis*，见104页。

Granite bottlebrush 见 *Melaleuca elliptica*，见142页。

Granny's bonnets 见 *Aquilegia vulgaris*。

Grape

Amur 见 *Vitis amurensis*。

Cape 见 *Rhoicissus capensis*。

Oregon 见 *Mahonia aquifolium*，见157页。

Grape hyacinth 见 *Muscari*。

Grape ivy 见 *Cissus rhombifolia*，见220页。

Grape vine 见 *Vitis vinifera*。

缟瓣属（风车草属） GRAPTOPETALUM

景天科 CRASSULACEAE

多年生多浆植物。莲座状。与石莲花属（*Echeveria*）植物非常相似，可与之进行杂交。不耐寒，耐最低温度5～10℃。栽培容易。喜光照或半阴的条件和排水良好的土壤。春季或夏季播种繁殖或茎、叶扦插繁殖。

醉美人（紫水晶缟瓣）***G. amethystinum*** 多年生多浆植物。丛生，匍匐状。株高40cm，冠径90cm。耐最低温度10℃。叶厚，圆形，蓝灰色至红色，在茎顶端呈莲座状。花星状，黄色至红色，直径1～2cm，春夏季开放。

艳红星 *G. bellum*（*Tacitus bellus*），见473页。

胧月（初霜）***G. paraguayense***，见478页。

紫叶木属（彩叶木属，金碧木属） GRAPTOPHYLLUM

爵床科 ACANTHACEAE

常绿灌木。主要因观赏叶而栽培。不耐寒，耐最低温度16～18℃。喜半阴和肥沃、排水良好的土壤。旺盛生长期间，盆栽植株应充分浇水，当温度低时，少量浇水。幼株开花后需打顶，以促使分枝，茎细长的植株，开花以后或春季可以重剪回缩。春夏季用嫩枝或半成熟枝扦插繁殖。

紫叶木（彩叶木，金碧木）***G. pictum***（Caricature plant）常绿松散型灌木。直立。株高2m，冠径60cm以上。叶卵形，先端尖，有光泽，淡紫色或绿色，中部具黄色斑点。花序短，穗状，顶生，花管状，红色至紫红色，春季和初夏开放。

Grass

African fountain 见 *Pennisetum setaceum*。

Amur silver 见 *Miscanthus sacchariflorus*。

Balkan blue 见 *Sesleria heufleriana*。

Basket 见 *Oplismenus africanus*。

Bear 见 *Dasylirion*。

Blue oat 见 *Helictotrichon sempervirens*，见307页。

Chinese fountain 见 *Pennisetum alopecuroides*。

Cloud 见 *Aichryson × domesticum* 'Variegata'，见477页。

Common quaking 见 *Brizia media*。

Creeping soft 见 *Holcus mollis*。

Eel 见 *Vallisneria spiralis*。

False oat 见 *Arrhenatherum elatius*。

Fish 见 *Cabomba caroliniana*。

Golden-eyed 见 *Sisyrinchium californicum*。

Greater quaking 见 *Briza maxima*。

Hairy brome 见 *Bromus ramosus*。

Hare's-tail 见 *Lagurus ovatus*，见306页。

Hunangemoho 见 *Chionochloa conspicua*。

Lyme 见 *Leymus arenarius*。

Mosquito 见 *Bouteloua gracilis*，见307页。

Natal 见 *Melinis repens*。

Old-witch 见 *Panicum capillare*，见308页。

Orchard 见 *Dactylis glomerata*。

Pampas 见 *Cortaderia selloana*。

Pheasant 见 *Stipa arundinacea*。

Quaking 见 *Briza*。

Ruby 见 *Melinis repens*。

Scurvy 见 *Oxalis enneaphylla*。

Squirrel tail 见 *Hordeum jubatum*，见307页。

St Augustine 见 *Stenotaphrum secundatum*。

Tape 见 *Vallisneria spiralis*。

Tufted hair 见 *Deschampsia cespitosa*。

Variegated creeping soft 见 *Holcus mollis* 'Albovariegatus'，见306页。

Variegated purple moor 见 *Molinia caerulea* 'Variegata'。

Washington 见 *Cabomba caroliniana*。

Yellow whitlow 见 *Draba aizoides*。

Grass of Parnassus 见 *Parnassia palustris*，见350页。

Grass tree 见 *Xanthorrhoea*。

Grass widow 见 *Olsynium douglasii*。

禾草类、竹类、灯心草类和莎草类植物

常绿或草质，多年生或一年生草本，属于禾本科（包括竹亚科Bambusoideae）、灯心草科和莎草科的禾草状植物。因观赏其叶而栽培。常与花坛和岩石园形成对比效果。有些草类夏季具有漂亮的头状花序，可制作成干花用于冬季装饰。多年生草类休眠时可以把干叶除掉。春季或秋季播种繁殖或春季分株繁殖，选育的类型只能用分株繁殖。病虫害常会造成一定的危害。

禾草类、竹类、灯心草类和莎草类植物，见306～309页。

禾草类 Grasses

（禾本科 Gramineae）

常绿、半常绿草本植物，有时为匍匐状多年生、一年生草本或水边植物，通常具地下茎或匍匐茎，形成簇生、丛生或地毯式株型。所有种类均有基生叶和圆形花茎。叶互生，狭长。花雌雄同株（雄花和雌花在同一小穗上），排列成圆锥花序、总状花序或穗状花序。每个花序由一个或多个小花组成的小穗组成，每个小花均被颖片覆盖，颖片上端可能长出芒（细长的刚毛）。极耐寒至不耐寒。耐最低温度5～12℃。除特别说明外，禾本科植物适宜各种光照，且在排水良好的土壤上能旺盛生长。许多种类如凌风草属（*Briza*），很容易自播繁殖。见看麦娘属（*Alopecurus*）、燕麦草属（*Arrhenatherum*）、芦竹属（*Arundo*）、垂穗草属（*Bouteloua*）、凌风草属（*Briza*）、雀麦属（*Bromus*）、白穗茅属（*Chionochloa*）、薏苡属（*Coix*）、银芦属（*Cortaderia*）、鸭茅属（*Dactylis*）、发草属（*Deschampsia*）、羊茅属（*Festuca*）、甜茅属（*Glyceria*）、箱根草属（*Hakonechloa*）、异燕麦属（*Helictotrichon*）、绒毛草属（*Holcus*）、大麦属（*Hordeum*）、兔尾草属（*Lagurus*）、金颈草属（*Lamarckia*）、滨麦属（*Leymus*）、臭草属（*Melica*）、蜜糖草属（*Melinis*）、粟草属（*Milium*）、芒属（*Miscanthus*）、蓝天草属（*Molinia*）、求米草属（*Oplismenus*）、黍属（*Panicum*）、狼尾草属（*Pennisetum*）、虉草属（*Phalaris*）、蓝禾属（*Sesleria*）、狗尾草属（*Setaria*）、网茅属（*Spartina*）、钝叶草属（*Stenotaphrum*）、针茅属（*Stipa*）、玉蜀黍属（*Zea*）和菰属（*Zizania*）。

竹类 Bamboos

（竹亚科 Bambusoideae）

禾本科竹亚科，由常绿具地下茎多年生草本植物组成。有时用作篱笆栽培，也用于装饰。大多数竹类因其有木质茎而不同于其他的多年生草本类。其茎中空（朱丝贵竹属 *Chusquea* 除外），多数为淡绿色至褐色，由于含硅，所以茎非常坚硬，某些热带种类茎围可达15cm。叶披针形，叶脉交织成显著的花纹。这些多出现在不耐寒的种类上。花不定期地间隔开放，但不能作装饰用。花后地上茎死亡，极个别全株死亡。极耐寒至半耐寒。除特别说明外，竹类在光照或庇荫和不太干燥的环境均能良好地生长。见簕竹属（*Bambusa*）、朱丝贵竹属（*Chusquea*）、箭竹属（*Fargesia*）、喜马拉雅竹属（*Himalayacalamus*）、刚竹属（*Phyllostachys*）、苦竹属（*Pleioblastus*）、矢竹属（*Pseudosasa*）、赤竹属（*Sasa*）、业平竹属（*Semiarundinaria*）、倭竹属（*Shibataea*）和玉山竹属（*Yushania*）。

灯心草类 Rushes

（灯心草科 Juncaceae）

常绿一年生或多年生草本。簇生或匍匐，多数具地下茎。所有种均具有圆形，无叶茎，或茎上着生窄长基生叶，除地杨梅属（*Luzula*）叶平展，叶缘有白色毛外，其他种叶平展无毛。头状的花序圆形，常不引人注意。极耐寒至半耐寒。多数灯心草喜光照或半阴和湿润、多水的环境，而地杨梅属生于干旱条件。见等鳞蔗草属（*Isolepis*）、灯心草属（*Juncus*）和地杨梅属（*Luzula*）。

莎草类 Sedges

（莎草科 Cyperaceae）

多年生常绿草本。密集簇生。具地下茎。茎三角形。叶狭长，有时退化为鳞片。穗状花序或圆锥花序，小花被颖片覆盖，花序包含雄花和雌花。薹草属（*Carex*）的一些种类，雌花与雄花序分离，但着生在同一茎上。极耐寒至不耐寒，耐最低温度4～7℃。适生于光照或半阴的环境。某些种类在水中自然生长，但许多种类可在排水良好的土壤中生长。见薹草属（*Carex*），莎草属（*Cyperus*），荸荠属（*Eleocharis*），水葱属（*Schoenoplectus*）和拟蔗草属（*Scirpoides*）。

Grass-leaved daylily 见 *Hemerocallis minor*。

Great burnet 见 *Sanguisorba officinalis*。

Great Solomon's seal 见 *Polygonatum biflorum*。

Great white cherry 见 *Prunus* 'Taihaku'，见86页。

Great yellow gentian 见 *Gentiana lutea*，见255页。

Greater celandine 见 *Chelidonium*。

Greater periwinkle 见 *Vinca major*。

Greater pond sedge 见 *Carex riparia*。

Greater quaking grass 见 *Briza maxima*。

Greater woodursh 见 *Luzula sylvatica*。

Grecian strawberry tree 见 *Arbutus andrachne*。

Greek fir 见 *Abies cephalonica*。

Green ash 见 *Fraxinus pennsylvanica*。

Green earth star 见 *Cryptanthus acaulis*。

Green hellebore 见 *Helleborus viridis*，见 305 页。

Green-veined orchid 见 *Orchis morio*，见 298 页。

Greenweed, Dyers 见 *Genista tinctoria*，见 157 页。

银桦属 GREVILLEA

山龙眼科 PROTEACEAE

常绿灌木或乔木。因观赏其花和叶而栽培。半耐寒至不耐寒，耐最低温度 5～10℃。适生于光照充足的条件和排水良好的酸性土壤。盆栽时需适度浇水，冬季很少浇水。如有必要，可进行修剪。春季播种繁殖或夏季用半成熟枝扦插繁殖。任何部分都可能引起皮肤过敏。

G. alpestris 见 *G. alpina*。

高山银桦 *G. alpina* (*G. alpestris*) 常绿灌木。茎圆形，坚硬。株高和冠径均为30～60cm。半耐寒。叶狭椭圆形或卵形，表面暗绿色，背面有丝状毛。花小，管状，红色，簇生，春夏季开放。

红花银桦 *G. banksii*，见 99 页。

🏆**硫黄柏叶银桦 *G. juniperina* f. *sulphurea*** (*G. sulphurea*)，见 169 页。

披针叶银桦 *G.* 'Poorinda Constance' 常绿圆形灌木。丛生。株高和冠径均为2m。半耐寒。叶小，披针形，中绿色至深绿色，叶缘密生尖锯齿。花管状，鲜红色，簇生，从春季至秋季开放，有时花期更长。

🏆 **银桦 *G. robusta*** (Silky oak) 常绿乔木。直立至圆锥状。生长快。株高 30m，冠径达 15m。不耐寒，耐最低温度为5℃。叶似蕨类植物，长15～25cm。成年植株上生密集、单侧穗状花序，长 10cm 以上，花钟状，朝上，鲜黄色或橙色，春夏季开放。

垂序银桦 *G.* 'Robyn Gordon'，见 166 页。

🏆**迷迭香叶银桦 *G. rosmarinifolia*** 常绿灌木。冠圆球状。多分枝。株高和冠径均为2m。半耐寒。叶暗绿色，针形，边缘反曲，背面具丝状毛。花密集，簇生，管状，红色，偶有粉红色或白色，夏季开放。

G. sulphurea 见 *G. juniperina* f. *sulphurea*。

Grey alder 见 *Alnus incana*，见66页。

Grey poplar 见 *Populus* × *canescens*，见 65 页。

葵叶树属 GREYIA

葵叶树科 GREYIACEAE

常绿、半常绿或落叶灌木和乔木。春季开花。因观赏其花和株形而栽培。不耐寒，耐最低温度7～10℃。喜全光照和排水良好的土壤。盆栽时需适度浇水，非旺盛生长季节少浇水。花后剪短花茎。春季播种繁殖或夏季用半成熟枝扦插繁殖。温室内栽培的植株需注意通风。

葵叶树（新拟）***G. sutherlandii***，见 131 页。

格林菊属 GRINDELIA

菊科 ASTERACEAE/COMPOSITAE

一年生、二年生、多年生常绿草本或亚灌木。为观花序而栽培。耐寒至半耐寒，但在寒冷地区需栽培在温暖有庇护条件的地方。喜光照和排水良好的土壤。盆栽时需适量浇水，非旺盛生长期少浇水。枯萎时或开花后的春季剪去花茎。春季播种繁殖或夏末用半成熟枝扦插繁殖。

奇洛埃格林菊 *G. chiloensis* (*G. speciosa*)，见 171 页。

G. speciosa 见 *G. chiloensis*。

覆瓣梾木属（新拟）GRISELINIA

山茱萸科 CORNACEAE/GRISELINIACEAE

常绿灌木或乔木。花不显著。因观赏叶而栽培。在湿润海岸地区生长旺盛，因其抗风、抗盐碱，非常适宜用作树篱或防风林。耐寒至半耐寒，在寒冷地区需提供保护。喜光照和肥沃、排水良好的土壤。可在初夏限制生长并修剪树篱。夏季用半成熟枝扦插繁殖。

🏆**滨覆瓣梾木**（新拟）***G. littoralis*** (Broadleaf) 常绿。密生灌木。直立。生长快。株高 6m，冠径 5m。耐寒。叶卵形，革质，鲜苹果绿色。花小，不显著，黄绿色，春末开放。**'乳心白' 'Dixon's Cream'** 株高 3m，冠径 2m。生长慢。叶中部具乳白色的斑点。**'散斑' 'Variegata'**，见 126 页。

覆瓣梾木（新拟）***G. lucida*** 常绿直立灌木。生长快。株高 6m，冠径 5m。半耐寒。与滨覆瓣梾木（*G. littoralis*）相似，但叶较大，暗绿色，有光泽。

Ground elder 见 *Aegopodium*。

Ground ivy 见 *Glechoma hederacea*。

Groundsel, Bush 见 *Baccharis halimifolia*。

Guava, Pineapple 见 *Acca sellowiana*，见 143 页。

Guelder rose 见 *Viburnum opulus*。

Guernsey lily 见 *Nerine sarniensis*，见 424 页。

Gum

Black 见 *Nyssa sylvatica*，见71页。

Blue 见 *Eucalyptus globulus*。

Cider 见 *Eucalyptus gunnii*，见 72 页。

Flowering 见 *Eucalyptus ficifolia*。

Manna 见 *Eucalyptus viminalis*。

Mountain 见 *Eucalyptus dalrympleana*，见 72 页。

Murray red 见 *Eucalyptus camaldulensis*。

Oriental sweet 见 *Liquidambar orientalis*。

Ribbon 见 *Eucalyptus viminalis*。

River red 见 *Eucalyptus camaldulensis*。

Snow 见 *Eucalyptus pauciflora* subsp. *niphophila*，见 84 页。

Spinning 见 *Eucalyptus perriniana*，见 100 页。

Sweet 见 *Liquidambar styraciflua*，见 70 页。

Tasmanian blue 见 *Eucalyptus globulus*。

Tasmanian snow 见 *Eucalyptus coccifera*，见 72 页。

Tingiringi 见 *Eucalyptus glaucescens*。

Gum tree 见 *Eucalyptus*。

根乃拉草属 GUNNERA

小二仙草科 GUNNERACEAE/HALORAGIDACEAE

多年生草本。夏季开花。主要因观赏叶而栽培。有些种类丛生，叶很大，其他为匍匐状，叶较小。耐寒，但夏季需防风，冬季需用蕨类或堆肥覆盖。有些种类喜光，而其他种类在半阴条件下生长最好，所有种均需要湿润的土壤。秋季或春季播种繁殖，个体小的种类春季分株繁殖。

G. brasiliensis 见 *G. manicata*。

G. chilensis 见 *G. tinctoria*。

麦哲伦根乃拉草 *G. magellanica*，见 384 页。

大根乃拉草 *G. manicata* (*G. brasiliensis*)，见 228 页。

G. scabra 见 *G. tinctoria*。

智利根乃拉草 *G. tinctoria* (*G. chilensis*, *G. scabra*)。多年生草本。冠圆形。丛生。生长强壮。株高和冠径均为 1.5m 以上。叶大，圆形，浅裂，有皱褶，宽 45～60cm。花小，暗红绿色，密集，簇生成圆锥状。

Gutta-percha tree 见 *Eucommia ulmoides*。

果子蔓属 GUZMANIA

凤梨科 BROMELIACEAE

多年生常绿附生草本。莲座状。因观赏株形而栽培。不耐寒，耐最低温度10～15℃。喜半阴环境和腐殖质土、泥炭藓、树皮或栽培兰花用的塑料碎片等量的基质。生长季节适度浇软水，其他时间少浇水。春季至秋季一直保持莲座中心充满水。春夏季用短匐茎繁殖。

🏆**果子蔓**（鲜红凤梨）***G. lingulata***（见 265 页）多年生常绿附生草本。基部莲座状。株高和冠径均为30～45cm。莲座松散。叶宽带状，拱形弯曲，中绿色。花丛生，管状，白色至黄色，被鲜红色苞叶组成的莲座包围，通常夏季开放。🏆**小果子蔓** var. ***minor***（见 265 页）株高和冠径均为 15cm。叶黄绿色。苞片红色或黄色。

G. monostachia 见 *G. monostachya*。

🏆**单穗果子蔓 *G. monostachya*** (*G. monostachia*, *G. tricolor*) (Striped torch)（见 265 页）多年生常绿附生草本。基部莲座状。株高和冠径均为30～40cm。莲座密集。叶带状，直立至拱形，灰白色至淡黄绿色。长穗状花序，夏季从卵形苞片的腋部长出，上部苞片红色，下部苞片绿色，带紫褐色条纹，花管状，白色。

🏆**红苞果子蔓 *G. sanguinea*** 多年生常绿附生草本。基部莲座状。株高 20cm，冠径 30～35cm。莲座密集，微平展。叶宽带状，拱形，中绿色至深绿色。花密集，簇生，管状，黄色，被红色苞片包围，从成熟莲座中心生出。

G. tricolor 见 *G. monostachya*。

横纹叶果子蔓 *G. vittata* 多年生常绿附生草本。基部莲座状。株高和冠径均为35～60cm。莲座松散。叶带状，直立，暗绿色，带灰绿色横条纹，顶端反曲。花小，管状，白色，密集成卵形头状，夏季开放。

裸萼属 GYMNOCALYCIUM

仙人掌科 CACTACEAE

多年生仙人掌类植物。花多，漏斗形，春夏季开放。顶部通常着生有光滑的鳞芽。不耐寒，耐最低温度5～10℃。喜光照充足或半阴条件和排水良好的土壤。春夏季播种繁殖或用短匐茎繁殖。

🏆**黄蛇球 *G. andreae***，见 477 页。

九纹龙 *G. gibbosum*，见 461 页。

绯牡丹 *G. mihanovichii* 'Red Head' (*G. m.* 'Hibotan', *G. m.* 'Red Cap')，见 464 页。

🏆**龙头 *G. quehlianum*** 多年生仙人掌类植物。扁球形。株高 5cm，冠径 7cm。耐最低温度 5℃。茎灰蓝色至褐色，有 11 条以上的圆棱，每个小窠有5个弯曲的针刺。花白色，直径5cm，喉部红色，春夏季开放，容易开花。

波光龙 *G. schickendantzii* 多年生仙人掌类植物。扁球形。株高和冠径均为 10cm。耐最低温度 5℃。茎暗绿色，有7～14条深齿状棱，刺长，灰褐色，先端红色。花淡绿色、白色至淡粉红色，花径5cm，夏季开放。

羽节蕨属 GYMNOCARPIUM

鳞毛蕨科／岩蕨科
DRYOPTERIDACEAE/
WOODSIACEAE

本属约有5种落叶、具根状茎的陆生蕨类植物。叶三角形。为理想的地被植物。极耐寒。适生于浓阴下和中性至酸性、被树叶覆盖的湿润土壤。春季用成熟孢子繁殖或分株繁殖。

🏆欧洲羽节蕨 *G. dryopteris*（Oak fern）落叶蕨类植物。株高20cm，冠径不定。叶显著，分裂，叶长和宽为10～18cm，着生于长10cm的茎上。羽片三角形，细裂片椭圆形至卵形，具锯齿，幼嫩时淡黄绿色，成熟时暗绿至鲜绿色。

肥皂荚属 GYMNOCLADUS

苏木科／豆科
CAESALPINIACEAE/
LEGUMINOSAE

落叶乔木。因观赏叶而栽培。极耐寒。喜全光照和深厚、肥沃、排水良好的土壤。秋季播种繁殖。

美国肥皂荚（异株肥皂荚）***G. dioica***（Kentucky coffee tree）落叶乔木。树冠开张。生长慢。株高20m，冠径15m。大型羽状复叶，由4～7对卵形小叶组成，幼嫩时粉红色，夏季暗绿色，秋季变为黄色。花小，星状，白色，初夏开放。

阴阳兰属（新拟） GYNANDRIRIS

鸢尾科 IRIDACEAE

似鸢尾属球茎类植物。春季开花。主要因观赏奇特的形态及短命的花而栽培。耐寒。休眠的球茎需要温暖和干燥的环境，因此，应种植在光照充足、夏季干燥的地方。喜排水良好、冬春季节有充足水分的土壤。秋季播种繁殖或从母体上取下小球茎繁殖。

阴阳兰（新似）***G. sisyrinchium***，见432页。

土三七属（三七草属） GYNURA

菊科 ASTERACEAE/
COMPOSITAE

多年生常绿草本、灌木或半攀缘类植物。因观赏漂亮的叶和头状花序而栽培。不耐寒，耐最低温度16℃。夏季需要轻度庇荫，喜肥沃、排水良好的土壤。全年需适量浇水，凉爽条件下少浇水，不可过量浇水。茎需支撑。剪除茎尖以促进分枝。春夏季用软枝扦插繁殖或用半成熟枝扦插繁殖。

爪哇三七草（耳叶三七草）***G. aurantiaca***，见220页。**🏆紫绒草**（天鹅绒草）**'Purple Passion'**（*G. sarmentosa* of gardens）常绿直立灌木或半攀缘植物。茎软，基部木质。株高60cm以上。茎和叶上覆盖有紫色的丝状毛。叶披针形，浅裂、有锯齿，上面紫绿色，背面紫红色。头状花序似雏菊，簇生，橙黄色。成熟时变成淡紫红色。

G. sarmentosa of gardens 见 *G. aurantiaca* 'Purple Passion'。

丝石竹属（霞草属，石头花属） GYPSOPHILA

石竹科 CARYOPHYLLACEAE

一年生或多年生草本。一些种类为半常绿。春季至秋季开花。极耐寒。喜光照，生于干燥、多石、沙质土壤上，但在土层深厚、排水良好的土壤上生长最好。忌移植。为使其二次开花，开花后需要修剪回缩。圆锥丝石竹（*G. paniculata*）的品种冬季通过嫁接繁殖，其他种类夏季用软枝扦插繁殖或春秋季播种繁殖。

卷耳状丝石竹 *G. cerastioides*，见364页。

丝石竹（缕丝花）***G. elegans***，见318页。

🏆'仙女'圆锥丝石竹（满天星）***G. paniculata* 'Bristol Fairy'**，见239页。**'重瓣''Flamingo'** 短命多年生草本。冠开展。株高60～75cm，冠径1m。圆锥花序，花小而多，圆形，重瓣，淡粉红色，着生于多分枝、坚硬的茎上，夏季开放。叶小，线形，中绿色。

🏆匍匐丝石竹*G. repens* 多年生半常绿草本。平卧。根状茎多分枝。株高2.5～5cm以上，冠径30cm以上。花小，圆形，白色，淡紫色或粉红色，放射状着生于细长的茎上。叶狭卵形，淡蓝绿色。极适于岩石园、墙体或干燥的岸边栽培。春季分株繁殖。**🏆'道乐赛老师''Dorothy Teacher'**，见375页。

H

金煌柱属 HAAGEOCEREUS

仙人掌科 CACTACEAE

多年生仙人掌类植物。具棱脊，密生针刺，茎圆柱形，绿色，从基部分枝。不耐寒，耐最低温度11℃。喜全光照以及排水良好的土壤条件。春夏季播种繁殖或茎插繁殖。

H. ambiguus 见 *H. decumbens*。

H. australis 见 *H. decumbens*。

H. chosicensis 见 *H. multangularis*。

日光殿(花狮子柱)***H. decumbens*** (*H. ambiguus, H. australis, H. litoralis*) 多年生仙人掌类植物。植株平卧。株高30cm，冠径1m。茎直径6cm，具20条棱脊，中刺暗褐色，长5cm，周围辐射状的针刺较短，密集，金黄色。花管状，白色，直径8cm，夏季仅在成熟植株的近顶部开放。

H. litoralis 见 *H. decumbens*。

金芒柱*H. multangularis* (*H. chosicensis*) 多年生仙人掌类植物。植株直立。株高1.5m，冠径1m。茎绿色，直径10cm，具19条以上棱脊，中心针刺白色、金黄色或红色，周围辐射状针刺较短，密集、鬃毛状、白色。花管状，白色、淡紫白色或淡粉红色，长7cm，夏季在茎顶端开放。

彩华阁 *H. versicolor*，见458页。

喉凸苣苔属 HABERLEA

苦苣苔科 GESNERIACEAE

多年生常绿草本。莲座状。因观赏其雅致、放射状的花而栽培。通常靠墙栽植。极耐寒。喜半阴条件和湿润的土壤。忌移植。春季播种繁殖或初夏叶插或用短匍茎繁殖。

短筒喉凸苣苔 *H. ferdinandi-coburgii* 多年生常绿草本。冠密集。基部莲座状。株高10～15cm，冠径30cm。叶椭圆形，有锯齿，暗绿色，背面被毛，上面几乎无毛。花漏斗状，蓝紫色，喉部白色，春末和初夏在长梗上开放。

🏆**喉凸苣苔 *H. rhodopensis*** 多年生常绿草本。冠密集。基部莲座状。株高10cm，冠径15cm以上。与短筒喉凸苣苔（*H. ferdinandi-coburgii*）相似，但叶两面均有软毛。**'白花'喉凸苣苔 'Virginalis'**，见373页。

美花莲属 HABRANTHUS

石蒜科 AMARYLLIDACEAE

鳞茎类植物。夏秋季开花。花漏斗状。耐寒至半耐寒。喜背风向阳的环境和肥沃、生长季节可以提供充足水分的土壤。春季播种繁殖或用短匐茎繁殖。

H. andersonii 见 *H. tubispathus*。

大美花莲 *H. brachyandrus* 鳞茎类植物。夏季开花。高达30cm，冠径5～8cm。半耐寒。叶长线形，半直立，狭窄，簇生基部。每个花茎着生1朵花，花半直立，阔漏斗状，粉红色，长7～10cm。

粗壮美花莲 *H. robustus* (*Zephyranthes robusta*)，见437页。

筒苞美花莲 *H. tubispathus* (*H. andersonii*) 鳞茎类植物。夏季开花。高达15cm，冠径5cm。耐寒。叶基生，线形，半直立。花茎多个，每个花茎单生1朵花，花长2.5～3.5cm，漏斗状，内面黄色，外面古铜红色。

Hackberry 见 *Celtis*。

Common 见 *Celtis occidentalis*。

瓣苞芹属 HACQUETIA (DONDIA)

伞形科 APIACEAE/UMBELLIFERAE

单种属。多年生草本。丛生。具根状茎。缓慢地蔓延生长。因观赏其黄色或黄绿色的花序而栽培。其花序冬末春初着生于无叶的植株上。为良好的岩石园植物。极耐寒。喜阴的环境和富含腐殖质、湿润的土壤。忌移植。春季分株繁殖或秋季用新鲜种子播种繁殖或冬季根插繁殖。

🏆**瓣苞芹 *H. epipactis***，见371页。

雪球花属（网球花属）HAEMANTHUS

石蒜科 AMARYLLIDACEAE

鳞茎类植物。夏季开花。花小，星状，密集成头状，常色彩艳丽。不耐寒，耐最低温度10℃。喜光照充足或半阴的环境和排水良好的土壤或沙质混合基质。生长季节需补充液肥。移植之前，尽可能保持不动叶片，初春开始生长之前用短匐茎繁殖或播种繁殖。误食任何部分都可能引起肠胃不适，触及汁液可能会引起皮肤过敏。

雪球花（白花网球花）***H. albiflos*** (Paintbrush) 鳞茎类植物。夏季开花。株高5～30cm，冠径20～30cm。叶2～6片，近匐卧、阔椭圆形，有缘毛。花茎出自叶片之间，花序瓶刷状，花达50朵，白色，花瓣常狭窄，雄蕊突出。

火球花 *H. coccineus*，见435页。

H. katherinae 见 *Scadoxus multiflorus* subsp. *katherinae*。

H. magnificus 见 *Scadoxus puniceus*。

H. multiflorus 见 *Scadoxus multiflorus*。

H. natalensis 见 *Scadoxus puniceus*。

H. puniceus 见 *Scadoxus puniceus*。

血球花 *H. sanguineus* 鳞茎类植物。夏季开花。株高达30cm，冠径20～30cm。叶2片，匍匐，椭圆形，表面粗糙，暗绿色，背面有绒毛。花茎绿色，具褐紫色斑点，花序密集，花小，花瓣狭窄，红色，苞片轮生，狭窄，叶状，红色或粉红色。

Hairy brome grass 见 *Bromus ramosus*。

哈克木属 HAKEA

山龙眼科 PROTEACEAE

常绿灌木或乔木。因观赏其针状叶和花而栽培。除在寒冷地区外，抗风能力较强。耐寒至不耐寒，耐最低温度5～7℃。喜全光照和肥沃、排水良好的土壤。盆栽植物生长季节适度浇水，冬季应少浇水。夏季用半成熟枝扦插繁殖或秋季播种繁殖。

针叶哈克木 *H. lissosperma* (*H. sericea* of gardens) 常绿灌木。直立，多分枝。外形似松树。株高5m，冠径3m。耐寒。叶细长，先端锐尖，灰绿色。花小，簇生，蜘蛛状，白色，春末和初夏开放。

H. sericea of gardens 见 *H. lissosperma*。

香甜哈克木 *H. suaveolens* 常绿灌木。冠圆球状。株高和冠径均为2m以上。不耐寒。叶分裂成圆柱状，小叶针形，稀不分裂和披针形。花小，芳香，管状，白色，密集簇生，夏季至冬季开花。

箱根草属 HAKONECHLOA

禾本科 GRAMINEAE/POACEAE

见禾草类、竹类、灯心草类和莎草类植物。

🏆**'金线'箱根草 *H. macra* 'Aureola'**，见309页。

银钟花属 HALESIA *Silver bell, Snowdrop tree*

安息香科 STYRACACEAE

落叶乔木或灌木。春季开花。因观赏其艳丽、下垂、钟状花和稀奇的翅果而栽培。极耐寒。喜背风向阳的环境和湿润、但排水良好的中性至酸性土壤。夏季用软枝扦插繁殖或秋季播种繁殖。

四翅银钟花（卡州银钟花）***H. carolina*** (*H. tetraptera*) 落叶乔木或灌木。树冠开张。株高8m，冠径10m。叶卵形，中绿色。花钟状，密集成团，白色，悬挂于裸枝上，春末开放。果具4翅，绿色。

山银钟花 *H. monticola*，见76页。

H. tetraptera 见 *H. carolina*。

小岩蔷薇属（新拟）× HALIMIOCISTUS

半日花科 CISTACEAE

属间杂交属（岩蔷薇属 *Cistus* × 海蔷薇属*Halimium*）。常绿灌木。因观赏其花而栽培。耐寒，但在寒冷地区需要保护。喜全光照和排水良好的土壤。夏季用半成熟枝扦插繁殖。

🏆**沙氏小岩蔷薇**（新拟）**× *H. sahucii*** (*Cistus revolii* of gardens)，见159页。

🏆**温顿小岩蔷薇**（新拟）**× *H. wintonensis*** (*Halimium wintonense*) 常绿灌木。丛生。株高60cm，冠径1m。花浅碟状，白色，边缘深红色，中心黄色，春末和初夏在叶丛中开放。叶披针形，灰绿色。

海蔷薇属（新拟）HALIMIUM

半日花科 CISTACEAE

常绿灌木。因观赏其艳丽的花而栽培。非常适合海岸公园栽培。耐寒，但在寒冷地区需要保护。在全光照的环境和轻质、排水良好的土壤条件下生长良好。夏季用半成熟枝扦插繁殖。

H. formosum 见 *H. lasianthum* subsp. *formosum*。

🏆**毛花海蔷薇**（新拟）***H. lasianthum*** 常绿灌木。丛生。树冠开张。株高1m，冠径1.5m。叶卵形，灰绿色。花浅碟状，金黄色，有时中部具小型、红色斑点，春末和夏初开放。**美丽海蔷薇**subsp. ***formosum*** (*H. formosum*)，见169页。

🏆**罗勒海蔷薇**（新拟）***H. ocymoides*** (*Cistus algarvensis*) 常绿灌木。丛生。株高60cm，冠径1m。叶狭卵形，幼时被白色绒毛，成熟时暗绿色。花簇生，直立，浅碟状，金黄色，具显著的黑色或紫红色斑点，初夏开放。**'Susan'** 见 *H.* 'Susan'。

'苏珊'海蔷薇(新拟)***H.* 'Susan'** (*H. ocymoides* 'Susan')，见169页。

伞状海蔷薇（新拟）***H. umbellatum*** (*Helianthemum umbellatum*)，见159页。

H. wintonense 见 × *Halimiocistus wintonensis*。

金缕梅属 HAMAMELIS *Witch hazel*

金缕梅科 HAMAMELIDACEAE

落叶灌木。秋季至初春开花。因观赏其秋色叶和芳香、抗寒的花而栽培。每朵花有4枚狭带状花瓣。极耐寒。尽管能够在肥沃、深厚、石炭质土壤中生长，但在光照充足或半阴的条件下和肥沃、排水良好的泥炭质酸性土壤上开花良好。秋季播种繁殖，栽培品种夏季用软枝扦插繁殖或夏末芽插繁殖或冬季嫁接繁殖。

🏆**'阿诺德'间型金缕梅 *H.* × *intermedia* 'Arnold Promise'**，见126页。🏆**'黛安娜'间型金缕梅 'Diane'**，见125页。🏆**'杰莉娜'间型金缕梅 'Jelena'** 落叶直立灌木。株高和冠径均为4m以上。叶阔卵形，有光泽，鲜绿色，秋季变成橘黄色或红色。花大，橙黄色，芳香，初冬至仲冬开放。🏆**'苍白'间型金缕梅 'Pallida'**（*H. mollis* 'Pallida'）冠径3m。花大，硫黄色，簇生，密集。

日本金缕梅 *H. japonica* (Japanese witch hazel) 落叶直立灌木。树冠开张。株高和冠径均为4m。叶阔卵形，有光泽，中绿色，秋季变黄色。花芳香，黄色，花瓣皱褶，仲冬至冬末开放。**'硫黄' 'Sulphurea'**，见126页。**'佐卡林' 'Zuccariniana'** 花淡柠檬黄色，初春开放。秋季叶橙黄色。

🏆**金缕梅 *H. mollis*** (Chinese witch hazel) 落叶直立灌木。树冠开张。株高和冠径均为4m以上。叶阔卵形，中绿色，秋季变为黄色。花黄色，极芳香，仲冬至冬末开放。**'峡谷林' 'Coombe Wood'**，见126页。🏆**'Pallida'**，见*H.* × *intermedia* 'Pallida'。

🏆**'桑德拉'春金缕梅 *H. vernalis* 'Sandra'**，见124页。

弗吉尼亚金缕梅（北美金缕梅）***H. virginiana***，见125页。

Hamatocactus hamatacanthus 见 *Ferocactus hamatacanthus*。

Hamatocactus setispinus 见 *Thelocactus setispinus*。

Hamatocactus uncinatus 见 *Sclerocactus uncinatus*。

Hard fern 见 *Blechnum spicant*。

Hard shield fern 见 *Polystichum aculeatum*。

哈登柏豆属（一叶豆属）HARDENBERGIA

豆科／蝶形花科 LEGUMINOSAE/PAPILIONACEAE

常绿缠绕攀缘植物或亚灌木。茎木质。因观赏其簇生叶和蝶形花组成的总状花序而栽培。半耐寒至不耐寒。耐最低温度7℃。最好种植在光照充足、排水良好的湿润土壤上。夏末或秋季茎插繁殖或春季播种繁殖（播种前要先浸种）。

🏆**哈登柏豆 *H. comptoniana***，见206页。

H. monophylla 见 *H. violacea*。

🏆**堇花哈登柏豆 *H. violacea*** (*H. monophylla*) (Australian sarsparilla, Coral pea, Vine lilac) 常绿缠绕攀缘植物。茎木质。株高达3m。不耐寒。叶狭卵形，长2.5～12cm。花紫罗兰色，偶尔粉红色或白色，花瓣具黄色斑点，春季开放。荚果褐色，长3～4cm，秋季成熟。**'逍遥' 'Happy Wanderer'**，见206页。

Hardy age 见 *Eupatorium rugosum*，见240页。

Hare'sear, Shrubby 见 *Bupleurum fruticosum*，见146页。

Hare's-foot fern 见 *Davallia canariensis*。

Hare's-tail grass 见 *Lagurus ovatus*，见306页。

Harebell poppy 见 *Meconopsis quintuplinervia*，见271页。

Harlequin flower 见 *Sparaxis*。

Hart's-tongue fern 见 *Asplenium scolopendrium*，见313页。

Hat plant

Chinese 见 *Holmskioldia sanguinea*。

Mandarin's 见 *Holmskioldia sanguinea*。

Mexican 见 *Kalanchoe daigremontiana*。

苇仙人棒属 HATIORA

仙人掌科 CACTACEAE

多年生附生仙人掌类植物。茎短，圆柱状。具节，每节末端像瓶子一样凸起。不耐寒，耐最低温度10～13℃。喜阴环境和排水良好的土壤，夏季保持湿润，冬季少浇水。春季或夏季茎插繁殖。

鞍马苇 *H. clavata* (*Rhipsalis clavata*) 多年生附生仙人掌类植物。茎下垂。株高60cm，冠径1m。耐最低温度11℃。茎分枝多，圆柱状，暗绿色，顶端较宽。花簇状顶生，花冠钟状，白色，直径1.5cm，冬末和初春着生于高30cm以上的仙人掌顶端。

🏆**星孔雀 *H. gaertneri*** (*Rhipsalidopsis gaertneri*)，见475页。

🏆**落花之舞 *H. rosea*** (*Rhipsalidopsis rosea*)，见472页。

🏆**猿恋苇 *H. salicornioides*** (*Rhipsalis salicornioides*)，见468页。

Haw, Yellow 见 *Crataegus flava*，见90页。

Hawk's beard 见 *Crepis*。

Hawkweed 见 *Hieracium*。

十二卷属 HAWORTHIA

芦荟科／百合科 ALOEACEA/LILIACEAE

多年生多浆植物。丛生。基部莲座状。叶三角形至圆形，绿色。冬季或长期干旱根容易干枯。不耐寒，耐最低温度5～10℃。喜半阴的环境，以保持叶绿色和快速生长。如果种植在全光照的地方，叶变为红色或橙黄色，且生长慢。喜排水良好的土壤。冬季要保持干燥。春季至秋季播种繁殖或分株繁殖。

水牡丹（巢鹰爪）***H. arachnoidea*** (*H. setata*)，见470页。

松之雪 *H. attenuata* 多年生多浆植物。丛生。株高7cm，冠径25cm。耐最低温度5℃。叶基生莲座状，暗绿色，三角形，长3cm，覆盖有凸起的白色圆点。花管状至钟状，白色，着生于细长的花茎上，春季至秋季开放。

小松之雪 f. *clariperla*，见469页。

大宝草 *H.* × *cuspidata* 多年生多浆植物。丛生。株高5cm，冠径25cm。耐最低温度5℃。叶基生莲座状，有光泽，圆形，质厚，淡绿色，覆盖有半透明状斑纹。花管状至钟状，白色，着生于细长的花茎上，春季至秋季开放。

锦鸡尾（条纹十二卷）***H. fasciata*** 多年生多浆植物。丛生。生长慢。株高15cm，冠径30cm。耐最低温度5℃。叶三角形，略微向内弯曲，长达8cm，茎和叶片下面有凸起的白点，基生莲座状。花管状至钟状，白色，着生于细长的花茎上，春季至秋季开放。

H. setata 见 *H. arachnoidea*。

玉扇 *H. truncata*，见469页。

Hawthorn 见 *Crataegus*。

Common 见 *Crataegus monogyna*。

Indian 见 *Rhaphiolepis indica*。

Water 见 *Aponogeton distachyos*，见447页。

Hawthorn maple 见 *Acer crataegifolium*。

Hazel 见 *Corylus*。

Chilean 见 *Gevuina avellana*。

Chinese witch 见 *Hamamelis mollis*。

Turkish 见 *Corylus colurna*。

Virginian 见 *Hamamelis virginiana*。

Witch 见 *Hamamelis*。

Headache tree 见 *Umbellularia*。

Heart leaf 见 *Philodendron cordatum*, *Philodendron scandens*，见220页。

Heart of flame 见 *Bromelia balansae*，见265页。

Heart pea 见 *Cardiospermum halicacabum*。

Heart seed 见 *Cardiospermum halicacabum*。

Heart vine 见 *Ceropegia linearis* subsp. *woodii*，见462页。

Hearts-and-honey vine 见 *Ipomoea* × *multifida*。

Heartsease 见 *Viola tricolor*，见369页。

Heath

Alpine 见 *Erica carnea*。

Australian 见 *Epacris impressa*，见155页。

Besom 见 *Erica scoparia*。

Channelled 见 *Erica canaliculata*，见178页。

Cornish 见 *Erica vagans*。

Corsican 见 *Erica terminalis*。

Cross-leaved 见 *Erica tetralix*。

Dorset 见 *Erica ciliaris*。

Mackay's 见 *Erica mackaiana*。

Portuguese 见 *Erica lusitanica*。

St Dabeoc's 见 *Daboecia cantabrica*。

Spanish 见 *Erica australis*。

Spanish tree 见 *Erica australis*。

Spike 见 *Erica spiculifolia*。

Tree 见 *Erica arborea*。

Winter 见 *Erica carnea*。

Heath banksia 见 *Banksia ericifolia*。

Heather

Bell 见 *Erica cinerea*。

False 见 *Cuphea hyssopifolia*，见158页。

Scotch 见 *Calluna vulgaris*。

石南类植物 HEATHERS

杜鹃花科 ERICACEAE

常绿灌木。茎木质。因观赏其叶和花而栽培。全年可为花园增姿添色。石南类植物有三个属即：帚石南属（*Calluna*），大宝石南属（*Daboecia*）和石南属（*Erica*）。帚石南属仅有一种——帚石南，但它有许多栽培品种，主要花期从仲夏至秋末。大宝石南属有两种，均为夏季开花。石南属种类最多，又可分为冬花组群和夏花组群，还有部分种类春季和秋季开花。石南类植物高低不等，高者可达6m，有些十分低矮、匍匐状。若按30～45cm间距栽植，很快扩展成厚厚的地被垫层。

石南类植物极耐寒至不耐寒，耐最低温度5～7℃。喜开阔、有光照的环境和富含腐殖质、排水良好的土壤。帚石南属和大宝石南属不喜欢石灰质土壤，必须种植在酸性土壤上才能生长良好。石南属的部分种类可忍耐轻度含碱的土壤，但多数种类在酸性土壤上生长较好。每年开花轻度修剪可以保持植株茂密和紧凑。野生种类可在春季播种繁殖或夏季用软枝扦插、分株、压条繁殖。种子不一定全部发芽。所有栽培品种都应采用无性繁殖。石南类植物见178～179页。

Heavenly bamboo 见 *Nandina domestica*。

长阶花属 HEBE

玄参科 SCROPHULARIACEAE

常绿灌木。因观赏其浓密的穗状花序、圆锥花序或总状花序和叶片而栽培。在沿海地区生长良好。较小的

常春藤属 HEDERA

种类和栽培品种适宜种植在岩石园内。极耐寒至半耐寒。喜全光照环境和排水良好的土壤。春季修剪回缩以控制树势和徒长枝生长。夏季用半成熟枝扦插繁殖。

🏆**白长阶花** ***H. albicans***，见 161 页。**‘克兰利宝石’‘Cranleigh Gem’** 常绿圆形灌木。株高60cm，冠径1m。耐寒。穗状花序稠密，花小，花瓣4裂，白色，花药醒目，黑色，初夏开放。叶狭卵形，灰绿色。

🏆**‘艾丽西亚·阿默斯特’长阶花** ***H.*** **‘Alicia Amherst’** 常绿直立灌木。生长快。株高和冠径均为1.2m。耐寒。叶大，椭圆形，有光泽，暗绿色。大型穗状花序，花小，花瓣4裂，深紫罗兰色，夏末至秋季开放。

H. **‘Amy’** 见 *H.*‘Purple Queen’。

H. **‘Andersonii ‘Variegata’** 见 *H.* × *andersonii*‘Variegata’。

‘花叶’安氏长阶花 ***H.*** × ***andersonii*** **‘Variegata’**（*H.*‘Andersonii Variegata’）常绿灌木。丛生。株高和冠径均为2m。半耐寒。叶椭圆形，暗绿色，中心灰绿色，边缘乳白色。穗状花序密集，花小，花瓣4裂，淡紫色，仲夏至秋季开放。

‘秋艳’长阶花 ***H.*** **‘Autumn Glory’**，见 167 页。

‘鲍尔斯多彩’长阶花 ***H.*** **‘Bowles’ Variety’**，见 168 页。

短管长阶花 ***H. brachysiphon*** 常绿灌木。丛生。枝叶茂密。株高和冠径均为2m。极耐寒。叶椭圆形，暗绿色。穗状花序密集，花小，花瓣4裂，白色，仲夏开放。**‘White Gem’** 见 *H.*‘White Gem’。

布氏长阶花 ***H. buchananii*** 常绿圆球状灌木。株高和冠径均为15cm以上。耐寒。茎深色。叶卵形，蓝绿色。花小，花瓣4裂，白色，在枝端簇生，夏季开放。**‘小叶’‘Minor’** 高 5～10cm。叶较小。

坎特伯雷长阶花 ***H. canterburiensis***（*H.*‘Tom Marshall’）常绿灌木。树冠开张。生长慢。株高和冠径均为30～90cm。耐寒。叶小，卵形，有光泽，暗绿色，在茎上密生。总状花序较短，花小，白色，腋生，初夏开放。

H. **‘Carl Teschner’** 见 *H.*‘Youngii’。

肉叶长阶花 ***H. carnosula*** 常绿匍匐灌木。株高 15～30cm，冠径 30cm以上。耐寒。叶小，椭圆形至卵形，稍凸起，肉质，淡绿色。花小，白色，顶端簇生，花瓣4裂，春末或初夏开放。

柏状长阶花 ***H. cupressoides***，见 176 页。

🏆**‘鲍顿’‘Boughton Dome’**，见 361 页。

‘鲍尔斯’长阶花 ***H.*** **‘E. A. Bowles’**，见 167 页。

‘伊芙琳’长阶花 ***H.*** **‘Eveline’**（*H.*‘Gauntlettii’）常绿直立灌木。株高和冠径均为1m。耐寒。叶椭圆形，浓绿色。穗状花序长，花小，花瓣4裂，粉红色，管状部分呈淡紫色，夏末至秋末开放。

‘法氏’长阶花 ***H.*** **‘Fairfieldii’** 常绿直立灌木。株高和冠径均为60cm。耐寒。叶卵形，有锯齿，有光泽，鲜绿色，叶缘红色。大型圆锥花序，开张，花小，淡紫红色，花瓣4裂，春末和初夏开放。

🏆**‘蓝宝石’长阶花** ***H.*** × ***franciscana*** **‘Blue Gem’** 常绿灌木。树冠开张。株高60cm，冠径1.2m。耐寒。枝叶稠密，叶椭圆形，中绿色。穗状花序稠密，花小，紫罗兰色至蓝色，花瓣4裂，仲夏至初冬开放。

H. **‘Gauntlettii’** 见 *H.*‘Eveline’。

🏆**‘大奥姆’长阶花** ***H.*** **‘Great Orme’**，见 163 页。

🏆**赫耳克长阶花** ***H. hulkeana*** 常绿直立灌木。树冠开张。株高和冠径均为1m。耐寒。叶卵形，有锯齿，有光泽，暗绿色，叶缘红色。大型圆锥花序，开张，花小，花瓣4裂，淡紫红色，春末和初夏开放。**‘淡紫’‘Lilac Hint’**，见 167 页。

🏆**‘迷人’长阶花** ***H.*** **‘La Séduisante’**（*H.*‘Ruddigore’，*H. speciosa*‘Ruddigore’）常绿直立灌木。株高和冠径均为1m。耐寒。叶卵形，有光泽，暗绿色，背面为紫红色。大型穗状花序，花小，花瓣4裂，深紫红色，夏末至秋末开放。

🏆**大花长阶花** ***H. macrantha*** 常绿灌木。丛生。株高60cm，冠径1m。耐寒。叶卵形，有锯齿，肉质，鲜绿色。总状花序，花大，花瓣4裂，纯白色，初夏开放。植株基部叶易脱落。

🏆**‘仲夏艳’长阶花** ***H.*** **‘Midsummer Beauty’** 常绿圆形灌木。树冠开张。株高 2m，冠径 1.5m。耐寒。叶狭长，有光泽，叶面鲜绿色，背面紫红色。穗状花序长，花小，花瓣4裂，初始为紫红色，逐渐变为白色，仲夏至秋末开放。

淡黄褐叶长阶花 ***H. ochracea*** 常绿灌木。丛生。树冠紧密。株高和冠径均为 1m。极耐寒。枝细长。叶小，密集，鳞片状，榄绿色，稍带黄褐色。花小，白色，花瓣4裂，簇生，春末和初夏开放。

油叶长阶花 ***H. pinguifolia***（Disk-leaved hebe）。

🏆**‘佩吉’‘Pagei’**，见 351 页。

‘紫后’长阶花 ***H.*** **‘Purple Queen’**（*H.*‘Amy’），见 168 页。

🏆**拉凯长阶花** ***H. rakaiensis*** 常绿灌木。树冠密集，圆球状。株高 1m，冠径1.2m。极耐寒。穗状花序小型密集，花小，花瓣4裂，白色，初夏至仲夏开放。叶小，椭圆形，中绿色。

反曲长阶花 ***H. recurva***，见161页。

H. **‘Ruddigore’** 见 *H.*‘La Séduisante’。

柳叶长阶花 ***H. salicifolia*** 常绿直立灌木。株高和冠径均为2.5m。耐寒。叶狭长，先端尖，淡绿色。穗状花序细长，花小，花瓣4裂，白色或淡紫色，夏季开放。

H. speciosa **‘Ruddigore’** 见 *H.*‘La Séduisante’。

H. **‘Tom Marshall’** 见 *H. canterburiensis*。

光亮长阶花 ***H. vernicosa***，见351页。

‘白宝石’长阶花 ***H.*** **‘White Gem’**（*H. brachysiphon*‘White Gem’），见 158 页。

杨氏长阶花 ***H.*** **‘Youngii’**（*H.*‘Carl Teschner’）常绿灌木。植株平卧，逐渐变成半球状。株高 15cm，冠径30cm以上。耐寒。茎棕黑色。叶小，卵形，有光泽，暗绿色，密生。总状花序较短，花小，花瓣4裂，紫红色，喉部白色，夏季开放。最适宜花坛种植。

Hebe, Disk-leaved 见 *Hebe pinguifolia*。

常春藤属 HEDERA
Ivy

五加科 ARALIACEAE

多年生常绿蔓生草本。茎木质。独立缠绕攀缘。有许多不定细根，用来遮盖墙壁或篱笆，也可作为地被植物。一年左右成形，但此后快速生长。匍匐在地面或爬墙，多产生三角形、分裂的叶片，长到一定高度能见到光线时，叶分裂很少。伞形花序，花小，黄绿色，秋季大量开放。果实黑色，偶尔为黄色，球形。极耐寒至半耐寒。绿叶常春藤喜阴，靠北墙种植生长良好。具斑点或黄叶常春藤喜光，通常耐寒性较差，在寒冬遭风吹霜打易受冻害。所有常春藤都喜排水良好的碱性土壤。春季修剪以控制高度和扩展，移植会影响生长。夏末用软枝扦插繁殖或埋根繁殖。如果南墙种植或在干燥的地方种植，红蜘蛛、壁虱可能会造成危害。误食常春藤的任何部分都会引起肠胃严重不适，触其汁液会刺激皮肤或引起皮肤发炎。见 221 页。

H. algeriensis 见 *H. canariensis* var. *algeriensis*。

加那利常春藤 ***H. canariensis***（Canary Island ivy）。**阿尔及利亚常春藤** var. ***algeriensis***（*H. algeriensis*）（Algerian ivy）常绿独立缠绕攀缘草本。速生。株高达6m，冠径5m。半耐寒。寒冬会受冻伤，但很快就会恢复。叶卵形至三角形，全缘，有光泽，中绿色。茎紫红色。适宜在庇荫处依墙栽植。🏆**‘银斑’‘Gloire de Marengo’** 叶上有银色斑点。🏆**‘大叶’‘Ravensholst’**（见221页）叶大。生长旺盛。为良好的地被植物。

🏆**科西加常春藤** ***H. colchica***（Persian ivy）常绿独立缠绕攀缘或蔓生草本。株高 10m，冠径 5m。极耐寒。叶大，卵形，全缘，暗绿色。适宜依墙栽植。

🏆**‘象耳’‘Dentata’**（Elephant's ears）（见221页）生长旺盛。叶大，淡绿色，下垂，其名由此而来。依墙栽植生长良好，也为良好的地被植物。🏆**‘花齿叶’‘Dentata Variegata’** 株高5m。叶乳黄色，具斑点。可使阴暗的角落显得明亮。**‘Paddy's Pride’** 见‘Sulphur Heart’。**‘硫黄心’‘Sulphur Heart’**（*H. c.*‘Paddy's Pride’），见 221 页。株高 5m，冠径 3m。叶亮绿色，具黄色斑点。

洋常春藤 ***H. helix***（Common English ivy）常绿独立缠绕攀缘或蔓生草本。生长旺盛。株高 10m，冠径 5m。极耐寒。叶 5 裂，暗绿色。为良好的地面和墙体覆盖植物，但具有一定的侵袭性。对于小型花园，更适宜种植栽培品种。**‘亚当’‘Adam’**（见 221 页）株高1.2m，冠径1m。半耐寒。叶小，淡绿色，具乳黄色斑点。冬季叶可能会受到冻害，但可以很快恢复。🏆**‘角黄’‘Angularis Aurea’**（见 221 页）株高4m，冠径2.5m。叶有光泽，淡绿色，具鲜黄色斑点。不适宜作地被植物。**‘安娜·玛利亚’‘Anne Marie’**（见221页）株高1.2m，冠径1m。耐寒。淡绿色叶片上具乳白色斑点，主要分布在叶缘。冬季叶可能会受到冻害。🏆**‘暗紫’‘Atropurpurea’**（*H. h.*‘Purpurea’，Purple-leaved ivy）（见 221 页）株高4m，冠径2.5m。叶暗绿色，冬季变为深紫红色。**波罗的海常春藤** var. ***baltica***（*H. h.*‘Baltica’）特别耐寒的栽培品种。叶小。在无屏障地带为良好的地被植物。**‘毛茛叶’‘Buttercup’**（见221页）株高2m，冠径2.5m。耐寒。叶淡绿色，在全光照下变成深奶油黄色。**‘Caenwoodiana’** 见 *H. h.*‘Pedata’。🏆**‘致密’‘Congesta’** 高45cm，冠径60cm。非攀缘植物。直立栽培品种。枝螺旋状。叶小。适宜在岩石园种植。**‘团聚’‘Conglomerata’**（Clustered ivy）株高和冠径均为 1m。为良好的矮墙和岩石园攀缘植物。叶小，卷曲，全缘。**‘Cristata’** 见 *H. h.*‘Parsley Crested’。**‘Curlylocks’** 见 *H. h.*‘Manda's Crested’。**‘Deltoidea’** 见 *H. hibernica*‘Deltoidea’。**‘Digitata’** 见 *H. hibernica*‘Digitata’。🏆**‘直立’‘Erecta’**（见 221 页）株高 1m，冠径 1.2m。非攀援植物。直立栽培品种。近似于‘致密’*H. h.*‘Congesta’。🏆**‘夏娃’‘Eva’**（见 221 页）株高 1.2m，冠径1m。耐寒。叶小，灰绿色，具乳白色斑点。冬季叶会受到冻害。🏆**‘冰河’‘Glacier’**（见221页）高3m，冠径2m。耐寒。叶银灰绿色。**‘格莱姆’‘Glymii’**（见 221 页）株高 2.5m，冠径2m。叶有光泽，暗绿色，冬季变成深紫红色。不适宜作地被植物。**‘金心’‘Goldheart’**（*H. h.*‘Jubiläum Goldherz’，*H. h.*‘Jubilee Goldheart’，*H. h.*‘Oro di Bogliasco’）（见 221 页）株高6m。叶暗绿色，中间鲜黄色。移植生长慢，其后生长迅速。不适宜作地被植物。**‘Gracilis’** 见 *H. hibernica*‘Gracilis’。**‘Green Feather’** 见 *H. h.*‘Triton’。**‘绿波’‘Green Ripple’**（见

221页）株高和冠径均为1.2m。耐寒。叶中绿色，具醒目的淡绿色叶脉。适宜作地被植物或依矮墙栽植。**'Hahn's Self-branching'** 见*H. h.* 'Pittsburgh'。**'赫斯''Heise'**（见221页）株高30cm，冠径60cm。耐寒。叶小，灰绿色，具乳白色斑点。适宜在小面积荫蔽处作地被植物。var. ***hibernica*** 见 *H. hibernica*。🏆**'饰边''Ivalace'**（见221页）高1m，冠径1.2m。耐寒。叶卷曲，有光泽。为良好的地被植物，也可依矮墙栽植。**'Jubiläum Goldherz'** 见*H. h.* 'Goldheart'。**'Jubilee Goldheart'** 见*H. h.*'Goldheart'。**'箭叶''Königers Auslese'**（*H. h.* 'Sagittifolia'）株高1.2m，冠径1m。耐寒。叶指状深裂。不适宜作地被植物。**'粗裂''Lobata Major'**（*H. hibernica*'Lobata Major'）（见221页）株高5m。生长旺盛。叶大，3裂。🏆**'皱叶''Manda's Crested'**（*H. h.* 'Curlylocks'）（见221页）株高和冠径均为2m。耐寒。叶中绿色，边缘波状，高雅别致，冬季变为古铜色。**'梅里翁丽''Merion Beauty'**（见221页）高1.2m，冠径1m。耐寒。叶片细裂。不适宜作地被植物。**'墨绿''Nigra'**（见221页）株高和冠径均为1.2m。叶小，暗绿色，冬季变为深紫红色。**'Oro di Bogliasco'** 见*H. h.* 'Goldheart'。**'皱芹''Parsley Crested'**（*H. h.* 'Cristata'）（见221页）高2m，冠径1.2m。耐寒。叶灰绿色，叶缘波状。不适宜作地被植物。🏆**'鸟足''Pedata'**（*H. h.* 'Caenwoodiana'，Bird's foot ivy），见221页。高4m，冠径3m。叶灰绿色，鸟爪形。不适宜作地被植物。**'匹兹堡''Pittsburgh'**（*H. h.* 'Hahn's Self-branching'）（见221页）株高1m，冠径1.2m。耐寒。叶中绿色。适宜依矮墙栽植，也可作地被植物。**'Purpurea'** 见 *H. h.* 'Atropurpurea'。**'Sagittifolia'** 见 *H. h.* 'Königers Auslese'。**'卷曲''Telecurl'**（见221页）株高和冠径均为1m。缠绕生长。耐寒。叶淡绿色。**'海王''Triton'**（*H. h.*'Green Feather'）高45cm，冠径1m。非攀援栽培品种。耐寒。叶缺刻状深裂，茎类似于鞭子。为良好的地被植物。**'沃乐尔''Woeneri'**（见221页）株高4m，冠径3m。旺盛生长的栽培品种。叶灰绿色，裂片钝，叶脉颜色较浅，冬季叶变为紫红色。

🏆**海伯尼亚常春藤 *H. hibernica***（*H. helix* var. *hibernica*，Irish ivy），见221页。常绿攀缘植物。生长旺盛。株高5m，冠径6m。极耐寒。叶大，中绿色。适宜大面积栽植，作地被植物或依墙栽植。**'三角''Deltoidea'**（*H. helix* 'Deltoidea'，Shield ivy，Sweetheart ivy），见221页。株高5m，冠径3m。叶心形。仅适宜依墙栽植。**'掌状''Digitata'**（*H. helix* 'Digitata'，Finger-leaved ivy），见221页。株高6m。叶大型，不适宜作地被植物。**'纤细''Gracilis'**（*H. helix* 'Gracilis'），见221页。高5m。叶锐裂，暗绿色，冬变为紫铜色。不适宜作地被植物。**'Lobata Major'** 见 *H. helix* 'Lobata Major'。**'硫黄''Sulphurea'**（见221页）株高和冠径均为3m。叶中等大小，具黄色斑点。适宜依墙栽植或作地被植物，可作色彩鲜艳植物的衬景。

尼泊尔常春藤 *H. nepalensis*（Nepalese ivy）常绿自缠绕攀缘植物。株高4m，冠径2.5m。半耐寒，幼苗易受晚霜冻害。叶卵形至三角形，有锯齿，橄榄绿色。仅适宜于背阴面依墙种植。

帕氏常春藤*H. pastuchovii*常绿自缠绕攀缘植物。生长势中等。株高2.5m，冠径2m。极耐寒。叶盾形，有光泽，暗绿色。只能依墙栽植。

菱叶常春藤（日本常春藤）***H. rhombea***（Japanese ivy）常绿自缠绕攀缘植物。株高和冠径均为1.2m。耐寒。叶小，质厚，菱形，不分裂，中绿色。只适宜依矮墙栽植。**'花叶''Variegata'** 叶缘有一圈狭窄的白边。

Hedge bamboo 见*Bambusa multiplex*，见307页。

Hedgehog broom 见 *Erinacea anthyllis*，见348页。

Hedgehog holly 见*Ilex aquifolium* 'Ferox'。

Hedgehog rose 见*Rosa rugosa*，见187页。

姜花属 HEDYCHIUM
Garland flower, Ginger lily

姜科 ZINGIBERACEAE

多年生草本。根状茎肉质肥厚。花多，芳香，鲜艳，但花期短。种植在有遮蔽的花坛或温室内。耐寒至不耐寒，耐最低温度5℃。喜光照充足的环境和肥沃、湿润的土壤。春季分株繁殖，但休眠期不宜分株。

姜花 *H. coronarium*（White ginger lily）多年生直立草本。具根状茎。株高1.5m，冠径60～100cm。不耐寒。穗状花序密集，花极芳香，蝴蝶形，白色，基部具黄色斑点，仲夏开放。叶披针形，中绿色，背面有绒毛。

密花姜花*H. densiflorum*，见229页。

🏆**金姜花 *H. gardnerianum***，见232页。

红子姜花 *H. horsfieldii*（*Brachychilum horsfieldii*）多年生草本。丛生。株高和冠径均为1m。叶柄短，叶披针形，革质，长达30cm。花管状，花色艳丽，黄白相间，直径达8cm，夏季开放。果实橙黄色，开裂后露出红色的种子。

耳草属 HEDYOTIS (HOUSTONIA)

茜草科 RUBIACEAE

多年生草本。垫状。夏季开花。极耐寒。在庇荫环境和湿润、沙质、腐殖质土壤中生长茂盛。春季分株繁殖或秋季播种繁殖。

米氏耳草*H. michauxii*，见383页。

岩黄芪属 HEDYSARUM

豆科／蝶形花科 LEGUMINOSAE/ PAPILIONACEAE

多年生草本、二年生草本或落叶亚灌木。极耐寒。喜光照充足的环境和排水良好的土壤。忌移植。秋季或春季播种繁殖。

冠状岩黄芪 *H. coronarium*，见250页。

Heeria 重新归入 *Heterocentron*。

Heimerliodendron brunonianum 见 *Pisonia umbellifera*。

堆心菊属 HELENIUM
Sneezeweed

菊科 ASTERACEAE/ COMPOSITAE

多年生草本。夏末和秋季开花。因观赏雏菊状头状花序而栽培。其中心花盘突出。极耐寒。喜全光照环境和排水良好的土壤。春季或秋季分株繁殖。如果误食任何部分都会引起肠胃严重不适，触其叶片可能会引起皮肤发炎。

'布雷辛顿金'堆心菊 *H.* 'Bressingham Gold' 多年生草本。直立。丛生。茎粗壮。叶披针形，中绿色。株高1m，冠径60cm。头状花序鲜黄色，夏末至秋季开放。

'布鲁诺'堆心菊*H.* 'Bruno' 多年生草本。直立。丛生。株高1.2m，冠径75cm。头状花序深古铜色至红色，辐射状着生，夏末和秋季开放。茎粗壮。叶披针形。

'黄油'堆心菊*H.* 'Butterpat' 多年生草本。丛生。株高1m，冠径60cm。茎粗壮。叶披针形。头状花序深黄色，辐射状着生，夏末和秋季开放。

'穆内姆丽'堆心菊*H.* 'Moerheim Beauty'，见263页。

'里弗顿宝石'堆心菊*H.* 'Riverton Gem' 多年生草本。直立。丛生。株高1.4m，冠径1m。头状花序红色和金黄色相间，辐射状着生，夏末至秋季开放。叶披针形。

'温德利'堆心菊*H.* 'Wyndley'，见263页。

半日花属 HELIANTHEMUM
Rock rose

半日花科 CISTACEAE

常绿灌木和亚灌木。春季至秋季开花。因观赏花而栽培。适宜在岩石园和干燥的堤岸上栽培。极耐寒至耐寒。喜全光照环境和排水良好的土壤。花后轻度修剪。初夏用半成熟枝扦插繁殖。

亚平宁半日花 *H. apenninum*，见351页。

'本·霍普'半日花*H.* 'Ben Hope' 常绿灌木。树冠半球状。株高23～30cm，冠径45cm。极耐寒。叶小，线形，灰绿色。花碟状，胭脂红色，仲夏开放。

'本·莫尔'半日花*H.* 'Ben More'，见354页。

'本·尼维斯'半日花 *H.* 'Ben Nevis' 常绿灌木。树冠圆丘状，密集。株高和冠径均为15～23cm。极耐寒。叶小，长条形，暗绿色。花碟状，橙黄色，中心为古铜色，仲夏开放。

🏆**'火龙'半日花 *H.* 'Fire Dragon'**，见354页。

'金皇后'半日花 *H.* 'Golden Queen' 常绿灌木。树冠半球状，密集。株高23cm，冠径30cm。极耐寒。花碟状，金黄色，仲夏开放。叶小，长条形，暗绿色。

H. guttatum 见 *Tuberaria guttata*。

🏆**'大赦年'半日花*H.* 'Jubilee'** 常绿灌木。树冠半球状，密集。株高15～23cm，冠径23～30cm。极耐寒。叶小，长条形，暗绿色。花碟状，重瓣，淡黄色，春季至夏末开放。

🏆**'阿米·巴林'金钱半日花 *H. nummularium* 'Amy Baring'** 常绿灌木。树冠开张。株高10～15cm，冠径60cm。极耐寒。叶小，椭圆形，淡灰色，背面有绒毛。花碟状，深黄色，中间为橙黄色，顶端簇生，夏季开放。

多毛半日花*H. oelandicum* subsp. *alpestre* 常绿灌木。树冠开张。株高7～12cm，冠径15cm以上。极耐寒。花碟状，鲜黄色，3～6朵顶端簇生，初夏至仲夏开放。叶小，椭圆形，中绿色。适宜种植于檐槽里。

'红莓'半日花 *H.* 'Raspberry Ripple'，见354页。

🏆**'肉红玫瑰'半日花*H.* 'Rhodanthe Carneum'**（*H.* 'Wisley Pink'），见353页。

H. umbellatum 见 *Halimium umbellatum*。

***H.* 'Wisley Pink'** 见 *H.* 'Rhodanthe Carneum'。

🏆**'威斯利黄'半日花*H.* 'Wisley Primrose'**，见358页。

'威斯利白'半日花 *H.* 'Wisley White'，见351页。

向日葵属 HELIANTHUS
Sunflower

菊科 ASTERACEAE/ COMPOSITAE

一年生或多年生草本。夏秋季开花。因观赏其大型雏菊状、黄色的头状花序而栽培。可能为侵袭性植物。极耐寒。所有种类都喜光照环境和排水良好的土壤。有些更喜欢湿润的环境。需要支撑。秋季或春季播种繁殖或分株繁殖。接触叶可能会引起皮肤发炎。

向日葵 *H. annuus*（见337页）一年生草本。直立。生长快。株高1～3m

以上，冠径30～45cm。叶大，卵形，有锯齿，中绿色。大型头状花序雏菊状，黄色，中间褐色或紫红色，花径达30cm以上，夏季开放。其栽培品种分为高大型、中型和矮型。**‘音乐盒’**（矮型）**‘Music Box’**，见336页。**‘俄国大种’‘Russian Giant’**（高大型）株高3m以上。头状花序黄色，中心棕绿色。**‘泰迪熊’‘Teddy Bear’**（矮型），见337页。

🏆**‘大王’紫心向日葵*H. atrorubens*‘Monarch’**多年生草本。直立。株高2.2m，冠径1m。头状花序顶生，雏菊状，金黄色，半重瓣，夏末开放。叶披针形，粗糙，中绿色。每年春季需重新种植。

‘意大利白’瓜叶向日葵*H. debilis* subsp. *cucumerifolius*‘Italian White’多年生草本。直立。株高1.2m，冠径45～60cm。大型头状花序乳白色，中间黑色，夏季开放。茎上有紫斑。叶中绿色，具粗糙毛，尖锯齿，有光泽。

多花向日葵*H.* × *multiflorus*，见232页。🏆**‘卡蓬洛克星’‘Capenoch Star’**多年生草本。直立。株高1.2m，冠径60cm。头状花序雏菊状，柠檬黄色，顶生，夏季开放。叶披针形，粗糙，中绿色。🏆**‘洛登金’‘Loddon Gold’**，见232页。

H. orgyalis 见*H. salicifolius*。

柳叶向日葵*H. salicifolius*（*H. orgyalis*）（Willow-leaved sunflower）多年生草本。直立。株高2.2m，冠径60cm。小型头状花序雏菊状，黄色，顶生，秋季开放。叶狭窄，柳叶状，下垂，深绿色。

蜡菊属 HELICHRYSUM

菊科 ASTERACEAE/COMPOSITE

多年生草本、一年生草本或常绿灌木和亚灌木。夏秋季开花。干燥后头状花序可长久保存。极耐寒至不耐寒。耐最低温度5℃。喜光照充足的环境和排水良好的土壤。灌木和亚灌木夏季用踵状枝或半成熟枝扦插繁殖，多年生草本春季分株或播种繁殖，一年生草本春季播种繁殖。

H. angustifolium 见*H. italicum*。

雏菊状蜡菊（卵叶蜡菊）***H. bellidioides*** 常绿灌木。茎平卧。株高5cm，冠径23cm。极耐寒。叶小，圆形，肉质，暗绿色。头状花序雏菊状，白色，顶端簇生，初夏开放。

H. coralloides 见*Ozothamnus coralloides*。

🏆**狭叶蜡菊*H. italicum***（*H. angustifolium*）（Curry plant）常绿丛生亚灌木。株高60cm，冠径1m。耐寒。叶长条形，芳香，银灰色。头状花序椭圆形，花小，鲜黄色，夏季开放。枝长，直立，白色。**绒毛狭叶蜡菊** subsp. ***serotinum***（*H. serotinum*）株高和冠径均为15cm。植株半球状。茎和卵形叶上密被白色绒毛。忌冬季湿润和寒冷的气候。

H. ledifolium 见*Ozothamnus ledifolius*。

H. marginatum of gardens 见*H. milfordiae*。

🏆**米氏蜡菊*H. milfordiae***（*H. marginatum* of gardens）常绿丛生亚灌木。植株半球状。株高5cm，冠径23cm。耐寒。初夏阳光明媚时节，花芽大，红色，开放后形成雏菊状头状花序，白色，花瓣背面为红色，阴沉、湿润的天气闭合。叶卵形，具绒毛，银灰色，基部莲座状。喜粗质沙土，忌冬季湿润。春季用生根的单个莲座繁殖。

🏆**具柄蜡菊*H. petiolare***（*H. petiolatum* of gardens），见175页。**‘石灰光泽’‘Limelight’**常绿灌木。树冠圆丘状。株高50cm，冠径2m。半耐寒。嫩枝蔓生，银绿色。叶卵形至心形，鲜灰绿色。头状花序灰白色，夏末至秋季开放。

H. petiolatum of gardens 见*H. petiolare*。

H. rosmarinifolium 见*Ozothamnus rosmarinifolius*。

‘硫黄’新蜡菊*H.*‘Schwefellicht’（*H.*‘Sulphur Light’），见291页。

H. selago 见*Ozothamnus selago*。

H. serotinum 见*H. italicum* subsp. *serotinum*。

🏆**光亮蜡菊*H. splendidum*** 常绿丛生灌木。树冠茂密。株高和冠径均为1.2m。耐寒。枝被毛，白色。叶小，椭圆形，银灰色，密生。小型头状花序簇生，椭圆状，鲜黄色，仲夏至秋季开花，有时甚至开放至冬季。

***H.*‘Sulphur Light’** 见*H.*‘Schwefellicht’。

蝎尾蕉属（赫蕉属）HELICONIA
Lobster claws

蝎尾蕉科（赫蕉科）/芭蕉科 HELICONIACEAE/MUSACEAE

多年生草本。丛生。在温暖的气候条件下常绿。因观赏其花色丰富的穗状花序和幼树上引人注目的叶片而栽培。不耐寒，耐最低温度18℃。喜半阴环境和富含腐殖质、排水良好的土壤。生长季节需大量浇水，冬季植株枯萎时，少浇水。春季播种繁殖或用贮藏根分株繁殖。

蝎尾蕉（银肋赫蕉）***H. metallica*** 多年生草本。丛生。株高达3m，冠径1m。叶椭圆形，长达60cm，具长柄，天鹅绒绿色，有时背面紫红色，叶脉色较淡。成熟植株夏季长出直立花茎，花管状，有光泽，红色，尖端绿白色，苞片狭窄，花瓣强烈反卷，绿色。

鹦鹉蝎尾蕉（鹦鹉黄花赫蕉）***H. psittacorum***，见229页。

异燕麦属 HELICTOTRICHON

禾本科 GRAMINEAE/POACEAE

见禾草类、竹类、灯心草类和莎草类植物。

🏆**常青异燕麦 *H. sempervirens***（*Avena candida*，*A. sempervirens*），见307页。

赛菊属 HELIOPSIS

菊科 ASTERACEAE/COMPOSITAE

多年生草本。夏季开花。极耐寒。喜光照充足的环境和排水良好的土壤。秋季或春季播种繁殖或分株繁殖。

‘芭蕾’赛菊*H.*‘Ballet Dancer’，见258页。

‘卓越’赛菊*H. helianthoides*‘Incomparabilis’多年生直立草本。株高达1.5m，冠径60cm。头状花序雏菊状，花单瓣，橙黄色，夏末开放。叶狭卵形，具粗锯齿，中绿色。**‘微展’‘Patula’**头状花序扁平，半重瓣，橙黄色。**糙叶赛菊** subsp. ***scabra***（*H. scabra*），枝叶粗糙。头状花序，重瓣，橙黄色。**‘洛登之光’糙叶赛菊** subsp. ***scabra*‘Light of Loddon’**（*H.*‘Light of Loddon’），见229页。

H.‘Light of Loddon’ 见*H. helianthoides* subsp. *scabra*‘Light of Loddon’。

H. scabra 见*H. helianthoides* subsp. *scabra*。

Heliosperma alpestris 见*Silene alpestris*。

Heliotrope, Winter 见*Petasites fragrans*。

天芥菜属 HELIOTROPIUM

紫草科 BORAGINACEAE

一年生草本、常绿灌木或亚灌木。因观赏其芳香的花而栽培。耐寒至不耐寒，耐最低温度5～7℃。喜光照充足的环境和肥沃、排水良好的土壤。盆栽植物旺盛生长期间大量浇水，其他时间适度浇水。春季去除幼苗的顶端可形成丛生状，重剪老株上的细长枝，以培养丛状的株形。春季播种繁殖或夏季用嫩枝扦插繁殖或初秋用半成熟枝扦插繁殖。

南美天芥菜（香水草）***H. arborescens***（*H. peruvianum*），见167页。

H. peruvianum 见*H. arborescens*。

Helipterum manglesii 见*Rhodanthe manglesii*。

Helipterum roseum 见*Rhodanthe chlorocephala* subsp. *rosea*。

Hellebore

Black false 见*Veratrum nigrum*，见228页。

Green 见*Helleborus viridis*，见305页。

Stinking 见*Helleborus foetidus*，见305页。

White false 见*Veratrum album*。

铁筷子属 HELLEBORUS
Christmas rose

毛茛科 RANUNCULACEAE

多年生草本。部分常绿。因观赏其冬季或春季开放的花而栽培。多数落叶种类整个冬季都能保留老叶。初春时应把老叶去掉以促使花苞发育。在疏林地种植最佳。极耐寒至半耐寒。喜半阴的环境和湿润、但排水良好的土壤。秋季或初春分株繁殖或用新鲜种子播种繁殖。初夏易受蚜虫危害。如果误食任何部分都会引起肠胃严重不适。接触其汁液会引起皮肤发炎。

🏆**尖叶铁筷子*H. argutifolius***（*H. corsicus*，*H. lividus* subsp. *corsicus*），见304页。

紫花铁筷子*H. atrorubens* 多年生草本。丛生。株高和冠径均为30cm。极耐寒。花浅杯状，深紫红色，冬末开放。叶掌状深裂，有锯齿，有光泽，暗绿色。

‘腊月花’铁筷子*H.* × *ballardiae*‘December Dawn’（见52页）多年生草本。丛生。叶深蓝绿色。株高达35cm，冠径30cm。极耐寒。花碟状，白色，泛出粉紫红色，开放后变为暗金属紫红色，直径6～8cm，仲冬至初春开放。

H. corsicus 见*H. argutifolius*。

环叶铁筷子*H. cyclophyllus* 多年生草本。丛生。株高达60cm，冠径45cm。极耐寒。花浅杯状，黄绿色，雄蕊突出，黄白色，初春开放。叶掌状深裂，亮绿色。

🏆**臭铁筷子*H. foetidus***，见305页。

杂种铁筷子*H.* × *hybridus*（白色）见300页，（粉红色）见301页，（紫红色）见302页。

🏆**暗色铁筷子*H. lividus*** 多年生常绿草本。丛生。株高和冠径均为45cm。半耐寒。叶3深裂，中绿色，具淡绿色的花纹，背面为紫绿色，小叶卵形，偏斜，边缘具细锯齿或全缘。花杯状，暗紫红色或黄绿色，多数簇生，冬末开放。subsp. ***corsicus*** 见*H. argutifolius*。

🏆**暗叶铁筷子**（嚏根草）***H. niger***，见301页。

紫晕铁筷子*H. purpurascens* 多年生丛生草本。整齐。株高和冠径均为30cm。极耐寒。花小，杯形，下垂，纯深紫红色或绿色，外缘深紫红色，初春开放。叶掌状深裂，裂片狭披针形，有锯齿，暗绿色。

斯特恩铁筷子*H.* × *sternii*，见301页。

绿花铁筷子*H. viridis*，见305页。

Helmet flower 见*Aconitum napellus*。

蓝药花属（地百合属）HELONIAS

百合科／藜芦科 LILIACEAE/MELIANTHIACEAE

单种属。多年生草本。春季开花。极耐寒。适宜种植在湿地花园里。喜开阔、光照充足的环境和湿润的土壤。春季分株繁殖或秋季播种繁殖。

蓝药花（泽花）***H. bullata***（Swamp pink）多年生草本。丛生。莲座状。株高38～45cm，冠径30cm。叶带状，鲜绿色，莲座状着生。总状花序密集，花小，芳香，星状，粉紫红色，春季开放。

胡麻花属 HELONIOPSIS

百合科／藜芦科 LILIACEAE/MELIANTHIACEAE

多年生草本。莲座状。春季开花。极耐寒。喜半阴环境和湿润的土壤。秋季分株繁殖或春秋季播种繁殖。

东方胡麻花*H. orientalis*，见269页。

青荚叶属 HELWINGIA

山茱萸科 HELWINGIACEAE

落叶灌木。叶片上面直接开花并结出美丽的果实。主要因植物趣味性而栽培。雌雄株间隔种植以利结果。极耐寒。喜光照或半阴的环境和湿润的土壤。夏季用软枝扦插繁殖。

青荚叶 *H. japonica* 落叶灌木。丛生。树冠开张。株高和冠径均为1.5m。叶卵形，鲜绿色，具刚毛状齿。花小，星状，绿色，初夏于叶片中心开放。果实卵形，黑色。

Helxine soleirolii 见*Soleirolia soleirolii*。

萱草属 HEMEROCALLIS *Daylily*

萱草科／百合科 HEMEROCALLIDACEAE/LILIACEAE

多年生草本。有些常绿或半常绿。花开不断，但每花只开放一天。极耐寒。在光照充足的环境和湿润、肥沃的土壤上生长最好。春秋季分株繁殖。栽培品种播种繁殖会发生变异，如果与其他萱草属植物隔离种植可能会保持原来性状。初春幼叶萌发时及时防治蛞蝓和蜗牛。见257页。

'贝蒂·伍兹'萱草*H.* 'Betty Woods'（见257页）多年生常绿草本。丛生。冠开张。生长旺盛。株高65cm，冠径60cm。花大，牡丹花状，黄色，仲夏至夏末开放。叶拱曲，条形，中绿色。

'锦袍'萱草*H.* 'Brocaded Gown'（见257页）多年生半常绿草本。丛生。株高和冠径均为60cm。花圆球状，乳黄色，花瓣皱褶，夏季开放。叶宽条形，中绿色。

'凯瑟琳·伍德贝利'萱草*H.* 'Catherine Woodbery' 多年生草本。丛生。生长旺盛。株高70cm，冠径75cm。花芳香，喇叭状，雅致，淡紫红色，喉部淡橙绿色，夏末开放。叶条形，中绿色。

'猫之摇篮'萱草*H.* 'Cat's Cradle'（见257页）多年生半常绿草本。丛生。株高1m，冠径75cm。花大，蜘蛛状，鲜黄色，夏季开放。叶细长，禾草叶状。

'聚线'萱草*H.* 'Chorus Line'（见257页）多年生半常绿草本。丛生。株高50cm，冠径60cm。花三角形，淡香，鲜粉红色，花瓣上具粉红色与黄色相间的斑点，喉部深绿色，初夏至仲夏开放。

黄花菜 *H. citrina*（见257页）多年生草本。丛生。生长旺盛。耐粗放种植。株高和冠径均为75cm。花大，极芳香，喇叭状，浓柠檬黄色，仲夏夜间开放，每花只开放一天。叶条形，暗绿色。

🏆**'活泼'萱草*H.* 'Corky'**（见257页）多年生草本。丛生。株高和冠径均为45cm。花喇叭状，柠檬黄色，外部褐色，春末至初夏开放，花多数，每花只开放一天。叶纤细，条形，中绿色。

小萱草 *H. dumortieri* 多年生草本。丛生。冠密集。株高45cm，冠径60cm。花芳香，喇叭状，金黄色，背面褐色，初夏开放。叶中绿色，条形，坚硬粗糙。

'埃恩尼·温尼'萱草*H.* 'Eenie Weenie'（见257页）多年生草本。丛生。株高和冠径均为30cm。花鲜黄色，初夏开放。叶狭窄，拱形。

H. flava 见 *H. lilioasphodelus*。

'弗兰克·格拉德列'萱草*H.* 'Frank Gladney' 多年生半常绿草本。丛生。茎粗壮。花大，圆形，珊瑚粉红色，喉部金黄色，花药黑色，夏季开放。叶宽条形，中绿色。

萱草 *H. fulva*（Fulvous daylily，Tawny daylily）多年生草本。丛生。生长旺盛。株高1m，冠径75cm。花喇叭状，黄褐色，仲夏至夏末开放。叶茂密，条形，淡绿色。**'重瓣''Flore Pleno'**（见257页）花重瓣。**'白纹''Kwanzo Variegata'** 叶具白色斑点。

'雅洁'萱草*H.* 'Gentle Shepherd'（见257页）多年生半常绿草本。丛生。株高70cm，冠径60cm。花白色，花瓣皱褶，喉部绿色，初夏至仲夏开放。叶淡绿色。

🏆**'金钟'萱草*H.* 'Golden Chimes'**（见257页）多年生草本。丛生。形态雅致。株高75cm，冠径60cm。花小，喇叭状，雅致，金黄色，背面为褐色，每朵花仅开放一天，初夏至仲夏开放。叶狭带形，中绿色。

'海伯龙'萱草*H.* 'Hyperion'（见257页）多年生草本。丛生。株高和冠径均为90cm。花极芳香，百合状，淡柠檬黄色，仲夏开放。叶条形。

'琼·西尼尔'萱草*H.* 'Joan Senior'（见257页），多年生半常绿草本。丛生。生长旺盛。株高63cm，冠径1m。花喇叭状，几乎纯白色，仲夏至夏末开放。茎多分枝。叶条形，中绿色。

'乔里恩·尼科尔'萱草*H.* 'Jolyene Nichole'（见257页）多年生半常绿草本。丛生。株高和冠径均为50cm。花圆球状，玫瑰红色，花瓣带褶边。叶繁茂，蓝绿色。

'纤指'萱草*H.* 'Lady Fingers'（见257页）多年生半常绿草本。丛生。叶狭窄。株高80cm，冠径75cm。花蜘蛛状，淡黄绿色，喉部绿色，花瓣匙形，仲夏开放。

🏆**北黄花菜*H. lilioasphodelus***（*H. flava*），见257页。多年生草本。丛生。冠开张。生长旺盛。株高和冠径均为60cm以上。花极香，雅致，柠檬黄色至铬黄色，每朵花仅开放1～2天，春末和夏初开放。叶条形，中绿色。

'摇篮曲'萱草*H.* 'Lullaby Baby' 多年生半常绿草本。丛生。生长旺盛。株高和冠径均为50cm。花淡粉红色，喉部绿色，仲夏开放。叶条形，中绿色。

'豪华饰带'萱草*H.* 'Luxury Lace' 多年生草本。丛生。冠密集。株高75cm，冠径60cm。花小，喇叭状，乳黄色至淡紫红色，喉部灰绿色，花药突出，花瓣卷曲、皱褶，脉纹近白色，夏末开放。叶条形，中绿色。

🏆**'马里恩·沃恩'萱草*H.* 'Marion Vaughn'**（见257页）多年生草本。丛生。株高1m，冠径60cm。花芳香，喇叭状，淡柠檬黄色，喉部绿色，夏末开放，每花只开一天，花瓣脉纹突起，近白色。叶条形，中绿色。

'莫纳罗亚'萱草*H.* 'Mauna Loa'（见257页）多年生常绿草本。丛生。花期不定。生长旺盛。株高55cm，冠径1m。花圆形，鲜橙黄色，喉部绿黄色，花药突出，黑色，仲夏至夏末开放。

'米莉·施伦普夫'萱草*H.* 'Millie Schlumpf'（见257页）多年生常绿草本。丛生。花期不定。生长旺盛。株高50cm，冠径60cm。花三角形或圆形，淡粉红色，具深粉红色晕纹，喉部绿色，初夏至仲夏开放。

小黄花菜 *H. minor*（Grass-leaved daylily）多年生草本。丛生。冠密集。株高40cm，冠径45cm。花芳香，喇叭状，柠檬黄色，外部花瓣背面黄褐色，初夏开放。叶窄条形，中绿色，初秋枯萎。

'蓝眼'萱草*H.* 'Prairie Blue Eyes'（见257页）多年生半常绿草本。丛生。株高80cm，冠径90cm。花淡紫红色，边缘蓝紫色，喉部绿色，仲夏开放。叶纤细，条形，中绿色。

'狂风'萱草*H.* 'Real Wind'（见257页）多年生常绿草本。丛生。花期不定。枝叶茂密。生长旺盛。株高65cm，冠径1m。花三角形或圆形，浅橙黄色至橙红色，带有明显的淡红色眼点，仲夏至夏末开放。

'褶边杏黄'萱草*H.* 'Ruffled Apricot'（见257页）多年生草本。丛生。生长慢。花大，深杏黄色，脉纹淡紫红色，花瓣边缘皱褶。叶条形，坚挺，中绿色。

'猩红眼眶'萱草*H.* 'Scarlet Orbit'（见257页）多年生半常绿草本。丛生。生长慢。株高50cm，冠径65cm。花鲜红色，喉部绿色，开张，扁平，仲夏开放。叶条形，中绿色。

'赛洛姆·弗吉尼亚·亨逊'萱草*H.* 'Siloam Virginia Henson'（见257页）多年生草本。丛生。株高45cm，冠径65cm。花圆形，淡粉红色，花瓣边缘皱褶，淡红色，喉部绿色，初夏开放。叶宽条形，中绿色。

'大牛眼'萱草*H.* 'Solano Bulls Eye'（见257页）多年生常绿草本。丛生。花期不定。生长旺盛。株高50cm，冠径75cm。花圆形，鲜黄色，具深棕紫红色眼点，初夏至夏末开放。

'品紫'萱草*H.* 'Super Purple'（见257页）多年生草本。丛生。株高68cm，冠径65cm。花圆形，天鹅绒状，紫红色，花瓣皱褶，喉部灰绿色，仲夏开放。叶条形，淡绿色。

半柱花属 HEMIGRAPHIS

爵床科 ACANTHACEAE

一年生或多年生常绿草本。通常因观赏其叶而栽培。不耐寒，耐最低温度15℃。在非直射光环境和湿润、排水良好的土壤上生长良好，生长期内大量浇水，冬季少浇水。定期剪去长乱枝以保持整齐。春季或夏季茎插繁殖。

匍匐半柱花*H. repanda*，见299页。

Hemlock

Canada 见*Tsuga canadensis*，见107页。

Carolina 见 *Tsuga caroliniana*。

Eastern 见*Tsuga canadensis*，见107页。

Japanese 见 *Tsuga diversifolia*，*Tsuga sieboldii*。

Mountain 见 *Tsuga mertensiana*。

Northern Japanese 见*Tsuga diversifolia*。

Southern Japanese 见 *Tsuga sieboldii*。

Western 见 *Tsuga heterophylla*。

Hemp, African 见 *Sparrmannia africana*，见118页。

Hen-and-chicken fern 见 *Asplenium bulbiferum*。

獐耳细辛属 HEPATICA

毛茛科 RANUNCULACEAE

多年生草本。有些种类为半常绿。初春花先叶开放。极耐寒。喜半阴环境和深厚、富含腐殖质的湿润土壤。根状茎粗壮，多分枝。忌移植。春季用新鲜种子播种繁殖、分株繁殖或用侧生嫩枝扦插繁殖。

H. angulosa 见 *H. transsilvanica*。

🏆**'巴拉德'间型獐耳细辛 *H.* × *media* 'Ballardii'** 多年生草本。冠半球状。生长慢。株高10cm，冠径30cm。叶圆形，3裂，具叶柄，淡绿色。花浅杯状，多瓣，浓蓝色，初春开放。还有重瓣、多色花品种。只能用分株繁殖。

獐耳细辛 *H. nobilis* (*Anemone hepatica*, *H. triloba*) 多年生半常绿植物。冠半球状。生长慢。株高8cm，冠径10～12cm。叶圆形，3裂，肉质，中绿色。花浅杯状，多瓣，白色、粉红色、胭脂红色、淡蓝色、深蓝色或紫红色，初春开放。还有重瓣、多花色品种。适宜种植在疏林地或岩石园中。**小獐耳细辛** var. ***japonica***，见369页。

罗马尼亚獐耳细辛 *H. transsilvanica* (*H. angulosa*) 多年生半常绿草本。冠开张。株高8cm，冠径20cm。花浅杯状，多瓣，蓝色、白色、粉红色，初春开放。叶圆形，3裂，绿色，具绒毛。还有重瓣、多花色品种。

H. triloba 见 *H. nobilis*。

Heptapleurum 重新归入 *Schefflera*。

Herald's trumpet 见 *Beaumontia grandiflora*，见204页。

Herb Paris 见 *Paris*。

Herb，Willow 见 *Epilobium*。

智利鸢尾属 HERBERTIA

鸢尾科 IRIDACEAE

鳞茎类植物。春季开花。主要因观赏其鸢尾状花而栽培。半耐寒。喜全光照环境和排水良好的土壤。开花后鳞茎枯萎时减少浇水。秋季播种繁殖。

智利鸢尾 *H. pulchella* 鳞茎类植物。春季开花。株高10～15cm，冠径3～5cm。叶窄披针形，皱褶，直立，基生。花开不断，花朝上，紫罗兰色至蓝色，花心常带黑色斑点，直径5～6cm。

密钟木属 HERMANNIA

梧桐科 STERCULIACEAE

常绿亚灌木或灌木。主要因观赏其花而栽培。不耐寒，耐最低温度7℃。喜全光照环境和肥沃、排水良好的土壤。生长旺盛期盆栽植物充分浇水，其他时间适度浇水。幼树剪顶以促进多发侧枝。春末或夏季用软枝或嫩枝扦插繁殖。

H. candicans 见 *H. incana*。

灰背叶密钟木 *H. incana* (*H. candicans*) 常绿丛生亚灌木。株高与冠径均为60cm以上。叶卵形至椭圆形，背面为白色。花小，簇状顶生，花簇长达15cm，花下垂，钟状，鲜黄色，春夏开放。

黑花鸢尾属 HERMODACTYLUS

鸢尾科 IRIDACEAE

单种属。块茎类植物。春季开花。根状茎狭长、指状。主要因观赏其美丽的鸢尾状花而栽培。极耐寒。夏季炎热、光照充足的环境有利于块茎的成熟。喜排水良好的土壤。特别适宜种植在炎热、白垩土土壤中。夏末分株繁殖。

黑花鸢尾 *H. tuberosus* (*Iris tuberosa*)，见414页。

Heropito 见 *Pseudowintera axillaris*。

Herringbone plant 见 *Maranta leuconeura* 'Erythroneura'，见303页。

Hers's maple 见 *Acer davidii* subsp. *grosseri*。

草丝兰属（新拟）HESPERALOE

龙舌兰科 AGAVACEAE

多年生多浆植物。基部莲座状。叶窄条形，带凹槽，暗绿色，常成片剥落，叶缘具白色纤维。与龙舌兰属和丝兰属近似，基部可生出多数短匍茎。不耐寒，耐最低温度3℃。在光照充足的环境和排水良好的土壤中生长良好。春夏季播种繁殖或分株繁殖。

小花草丝兰（新拟）***H. parviflora*** (*Yucca parviflora*)，见462页。

夜鸢尾属 HESPERANTHA

鸢尾科 IRIDACEAE

球茎类植物。春季开花。穗状花序，花小，漏斗状或杯状。半耐寒。喜全光照环境和排水良好的土壤。秋季种植，冬季要浇水，花谢之后要保持球茎干燥。春季或秋季播种繁殖。

H. buhrii 见 *H. cucullata*。

僧帽夜鸢尾 *H. cucullata* (*H. buhrii*) 球茎类植物。春季开花。株高20～30cm，冠径3～5cm。叶长条形，直立，着生在分枝下部。穗状花序，每个花序上着生多达7朵花，花杯状，白色，外面粉红色或紫红色，仅在傍晚开放。

香花芥属 HESPERIS

十字花科 BRASSICACEAE/CRUCIFERAE

一年生或多年生草本。春末或夏季开花。极耐寒。喜光照充足的环境和排水良好的土壤。欧亚香花芥（*H. matronalis*）可耐贫瘠的土壤。基部易木质化，所以每隔几年要重新播种以获得新的植株。春季用基部枝扦插繁殖或秋春季播种繁殖。

欧亚香花芥（海水星，花萝卜）***H. matronalis***，见239页。

沙漠百合属 HESPEROCALLIS

百合科 LILIACEAE

鳞茎类植物。春夏季开花。半耐寒。喜光照充足的环境和排水良好的土壤。除了温暖干燥的地方外，在其他地方栽培非常困难，在凉爽、湿润的气候条件下，应在低温温室内保护。春季需充分浇水，夏季休眠期应保持炎热干燥。秋季播种繁殖。

沙漠百合 *H. undulata* 鳞茎类植物。春夏季开花。株高20～50cm，冠径10～15cm。叶狭长，边缘波状，簇生，基部叶半直立或匍匐状。茎粗壮。穗状花序，花漏斗状，白色，花朝上，6瓣，每个花瓣的中心具绿色条纹。

Hesperoyucca 重新归入 *Yucca*。

四瓣果属（新拟）HETEROCENTRON (HEERIA)

野牡丹科 MELASTOMATACEAE

多年生常绿草本和灌木。夏季和秋季开花。不耐寒，耐最低温度5℃。喜光照和排水良好的土壤。冬末或初春用软枝或茎尖扦插繁殖。

蔓茎四瓣果（新拟）***H. elegans*** (*Schizocentron elegans*)，见284页。

Heteromeles arbutifolia 见 *Photinia arbutifolia*。

肾形草属（钟珊瑚属）HEUCHERA

Alum root

虎耳草科 SAXIFRAGACEAE

多年生常绿草本。夏季开花。叶丛大，叶常微带古铜色。为良好的地被植物。极耐寒至耐寒。喜半阴处和保持湿润、但排水良好的土壤。野生种类秋季播种繁殖或秋季、春季分株繁殖，栽培品种仅用植株外部的幼枝分株繁殖。

'红云'肾形草 *H.* 'Coral Cloud' 多年生常绿草本。丛生。株高45～75cm，冠径30～45cm。极耐寒。花序长，羽状，花小，下垂，钟状，珊瑚红色，初夏开放。叶圆形，有分裂，具锯齿，有光泽，暗绿色。

'绿雀'筒花肾形草 *H. cylindrica* 'Greenfinch'，见276页。

'火鸡'肾形草 *H.* 'Firebird' 多年生常绿草本。株形紧凑。株高60cm，冠径30cm。极耐寒。花序长，羽状，花小，下垂，钟状，鲜红色，初夏开放。叶圆形，有分裂，具锯齿，暗绿色。

🏆**'华紫'裂叶肾形草 *H. micrantha* var. *diversifolia* 'Palace Purple'**，见277页。

'珍珠滴'肾形草 *H.* 'Pearl Drops' 多年生常绿草本。株高60cm，冠径30cm。极耐寒。花小，下垂，钟状，白色，微带粉红色，初夏开放。叶圆形，有分裂，具锯齿，暗绿色。

🏆**'红闪'肾形草 *H.* 'Red Spangles'**，见282页。

🏆**'火花'肾形草 *H.* 'Scintilation'** 多年生常绿草本。丛生。株高45～75cm，冠径30～45cm。极耐寒。花序长，羽状，花小，下垂，钟状，深粉红色，花瓣边缘珊瑚粉红色，初夏开放。叶圆形，有分裂，具锯齿，暗绿色。

肾形唢呐草属（新拟）× HEUCHERELLA

虎耳草科 SAXIFRAGACEAE

杂交属（肾形草属 *Heuchera* × 唢呐草属 *Tiarella*）。多年生常绿草本。主要在春末和夏季开花。极耐寒。喜半阴和肥沃、排水良好的土壤。春季用茎基部扦插繁殖，春季或秋季分株繁殖。

'布赖特'白花肾形唢呐草（新拟）**× *H. alba* 'Bridget Bloom'**，见278页。

🏆**肾形唢呐草 × *H. tiarelloides***，见278页。

Hexastylis 重新归入 *Asarum*。

Hiba 见 *Thujopsis dolabrata*。

束蕊花属（纽扣花属）HIBBERTIA (CANDOLLEA)

五桠果科（第伦桃科）DILLENIACEAE

常绿灌木和茎缠绕藤本。因观花而栽培。不耐寒，耐最低温度5～10℃。喜全光照或半阴和排水良好的土壤。夏季需多浇水，其他时期少浇水。茎需支撑。春季疏剪过密的枝条。夏季用半成熟枝扦插繁殖。

楔形束蕊花（新拟）***H. cuneiformis***，见146页。

🏆**束蕊花 *H. scandens*** (*H. volubilis*) 多年生常绿藤本。以茎缠绕。生长旺盛。株高6m。叶长4～9cm，长椭圆形至披针形，有光泽，暗绿色。花碟状，亮金黄色，直径4cm，主要在夏季开放。

H. volubilis 见 *H. scandens*。

木槿属 HIBISCUS

锦葵科 MALVACEAE

常绿或落叶灌木、乔木、多年生草本和一年生草本。因观花而栽培。极耐寒至不耐寒，耐最低温度5～15℃。喜全光照和富含腐殖质、排水良好的土壤。盆栽植株在旺盛生长期需多浇水，其他时期适度浇水。去除幼株的茎顶端以促进其形成灌木状，春季重剪老植株。春季播种繁殖，灌木和乔木春末用绿枝或夏季用半成熟枝扦插繁殖，多年生草本秋季或春季分株繁殖。

木芙蓉 *H. mutabilis* (Confederate rose，Cotton rose) 常绿灌木或乔木。

树冠直立至伸展。株高和冠径均为3～5m。不耐寒，耐最低温度5℃。叶圆形，5～7浅裂。花漏斗状，有时重瓣，白色或粉红色，后变成粉红色至深红色，直径7～10cm，夏秋季开放。初霜时地上部分死亡。

朱槿（扶桑）***H. rosa-sinensis*** 常绿灌木。树冠圆形。株高和冠径均为1.5～3m以上。不耐寒，耐最低温度10～13℃。叶卵形，有光泽，具粗糙锯齿。花漏斗状，鲜红色，直径10cm，主要在夏季开放，春季和秋季也开花。有多数栽培品种可供选择，包括**'总统' 'The President'**，见141页。

🏆**吊灯芙蓉*H. schizopetalus*** 常绿直立灌木。树冠伸展，疏松。株高达3m，冠径2m以上。不耐寒，耐最低温度10～13℃。叶卵形，具锯齿。花下垂，直径6cm，具长柄，花瓣反曲，粉红色或红色，边缘色深，夏季开放。

'堇后' 汉槿*H. sinosyriacus* 'Lilac Queen'，见143页。

***H. syriacus* 'Blue Bird'** 见*H. s.* 'Oiseau Blue'。🏆**'月亮神' 木槿 'Diana'** 落叶直立灌木。株高达3m，冠径2m。极耐寒。叶卵形，有分裂，深绿色。花极大，喇叭状，纯白色，花瓣边缘波状，夏季至仲秋开放。🏆**'蓝鸟' 'Oiseau Blue'**（*H. s.* 'Blue Bird'），见145页。🏆**'红心' 'Red Heart'**，见139页。🏆**'木桥' 'Woodbridge'**，见141页。

野西瓜苗*H. trionum*，见320页。

Hibiscus, Norfolk Island 见*Lagunaria patersonii*。

Hickory 见*Carya*。

Bitternut 见*Carya cordiformis*。

Pignut 见*Carya glabra*。

Shag-bark 见*Carya ovata*，见69页。

大丽藤属（新拟） HIDALGOA *Climbing dahlia*

菊科 ASTERACEAE/COMPOSITAE

常绿藤本。以叶柄攀缘。因观花而栽培。头状花序单生，大丽花状。不耐寒，耐最低温度10℃。喜全光照和富含腐殖质、排水良好的土壤。旺盛生长期需大量浇水，其他时期少浇水。需支撑。春季紧缩冠部或修剪至地面。春季用软枝扦插繁殖。蚜虫、红蜘蛛螨和粉虱会危害植株。

哥斯达黎加大丽藤（新拟）***H. wercklei*** 常绿藤本。以叶柄攀缘。生长势中等。株高达5m以上。复叶，小叶3～5片或更多，具粗糙锯齿。头状花序，大丽花状，鲜红色，花芽淡黄色，夏季开放。

山柳菊属 HIERACIUM *Hawkweed*

菊科 ASTERACEAE/COMPOSITAE

多年生草本。多数为杂草。野生种类因观赏叶而栽培。极耐寒。喜光照和排水良好的土壤，耐贫瘠土壤。秋季或春季播种繁殖或分株繁殖。

绵毛山柳菊*H. lanatum*，见293页。

Higan cherry 见*Prunus × subhirtella*。

Highbush blueberry 见*Vaccinium corymbosum*，见160页。

Hill cherry 见*Prunus jamasakura*，见76页。

喜马拉雅竹属 HIMALAYACALAMUS

禾本科 GRAMINEAE/POACEAE

见禾草类、竹类、灯心草类和莎草类植物。

喜马拉雅竹 *H. falconeri*（*Arundinaria falconeri*, *Drepanostachyum falconeri*, *Thamnocalamus falconeri*）常绿竹类。株高5～10m，冠径1m。半耐寒。茎绿褐色。茎节下具一紫色环。叶长10～15cm，黄绿色，无可见的方格状纹。花穗不明显。

Himalayan birch 见*Betula utilis*。

Himalayan box 见*Buxus wallichiana*。

Himalayan holly 见*Ilex dipyrena*。

Himalayan honeysuckle 见*Leycesteria formosa*。

Himalayan lilac 见*Syringa emodi*。

Himalayan May apple 见*Podophyllum hexandrum*，见268页。

Himalayan pine 见*Pinus wallichiana*，见103页。

Himalayan weeping juniper 见*Juniperus recurva*，见108页。

Hinoki cypress 见*Chamaecyparis obtusa*。

朱顶红属 HIPPEASTRUM

石蒜科 AMARYLLIDACEAE

鳞茎类植物。因观花而栽培。花大，漏斗状。经常被误作孤挺花属(*Amaryllis*)植物栽培。耐寒至不耐寒，耐最低温度13～15℃。喜全光照或半阴环境和排水良好的土壤。秋季种植大花杂交品种，鳞茎一半埋入土中。叶枯萎后，把鳞茎凉干，直至来年秋季栽种。夏季开花的小花品种冬季休眠期要保持干燥。春季播种繁殖，或春季用短匐茎繁殖（夏季开花的品种）或秋季用短匐茎繁殖（大花杂交品种）。误食植物任何部分都会引起胃部不适。

H. advenum 见*Rhodophiala advena*。

'苹果花' 朱顶红*H.* 'Apple Blossom'，见425页。

绿肋朱顶红*H. aulicum*（*H. morelianum*），见425页。

🏆**'贝琳达' 朱顶红*H.* 'Belinda'** 鳞茎类植物。冬春季开花。基生叶丛生。株高30～50cm，冠径30cm。不耐寒，耐最低温度13℃。与绿肋朱顶红（*H. aulicum*）相似，但花为天鹅绒红色，花心颜色较深。

'花束' 朱顶红*H.* 'Bouquet' 鳞茎类植物。冬春季开花。基生叶丛生。株高30～50cm，冠径30cm。不耐寒，耐最低温度13℃。与绿肋朱顶红（*H. aulicum*）相似，但花大，橙红色，脉深红色，花心红色。

H. morelianum 见*H. aulicum*。

🏆**'橙王' 朱顶红*H.* 'Orange Sovereign'**，见425页。

H. procerum 见*Worsleya rayneri*。

'红狮' 朱顶红 *H.* 'Red Lion'，见425页。

短筒朱顶红（女王朱顶红）***H. reginae*** 鳞茎类植物。夏季开花。株高50cm，冠径20～25cm。不耐寒，耐最低温度13℃。每个花茎上开2～4朵鲜红色花，花径10～15cm，喉部有星形绿色斑点。叶长条形，半直立，基生，开花后停止生长。

H. rutilum 见*H. striatum*。

朱顶红*H. striatum*（*H. rutilum*），见435页。

'条纹' 朱顶红*H.* 'Striped'，见425页。

花朱顶红*H. vittatum* 鳞茎类植物。春季开花。生长旺盛。株高1m，冠径30cm。不耐寒，耐最低温度13℃。叶宽条形，半直立，基生。茎粗壮，仅顶端生叶。花顶生，2～6朵，白色，带红色条纹，花径12～20cm。

'白耀' 朱顶红*H.* 'White Dazzler' 鳞茎类植物。冬春季开花。基生叶丛生。株高30～50cm，冠径30cm。不耐寒，耐最低温度13℃。与绿肋朱顶红（*H. aulicum*）相似，但花纯白色。

马蹄豆属（新拟） HIPPOCREPIS *Vetch*

豆科／蝶形花科 LEGUMINOSAE/PAPILIONACEAE

一年生或多年生草本。因观赏其蝶形花而栽培。极耐寒。喜全光照环境和排水良好的土壤。春季或秋季播种繁殖。容易自播繁殖，可蔓延生长。

马蹄豆（新拟）***H. comosa***（*Horseshoe vetch*），见386页。**'詹姆斯' 'E. R. Janes'** 多年生草本。基部木质化。匍匐状。生长旺盛。株高5～8cm，冠径15cm以上。穗状花序稀疏，花小，蝶形，黄色，春末至夏末开放。叶分裂成3～8对窄卵形小叶。

沙棘属 HIPPOPHAE

胡颓子科 ELAEAGNACEAE

落叶灌木或乔木，花不明显。因观赏其叶和美丽的果实而栽培。雄雌要间隔种植以利结果。适宜种植在沿海地区，抗风，作绿篱极佳。极耐寒。喜光照充足的环境，特别适宜干燥、沙质的贫瘠土壤种植。夏季用软枝扦插繁殖或秋季播种繁殖。

🏆**沙棘*H. rhamnoides***，见124页。

Hoary willow 见*Salix elaeagnos*。

授带木属 HOHERIA

锦葵科 MALVACEAE

落叶、半常绿或常绿乔木和灌木。因观花而栽培。花多在夏季开放。耐寒。但在寒冷地区，要靠朝南或朝西的墙种植。喜光照或半阴环境和肥沃、排水良好的土壤。夏季用半成熟枝扦插繁殖或秋季播种繁殖。

狭叶授带木*H. angustifolia*，见90页。

🏆**'阿姆卢赫之光' 授带木 *H.* 'Glory of Amlwch'** 半常绿乔木。树冠开张。株高7m，冠径6m。叶长，窄卵形，鲜绿色，有光泽。花大，5瓣，白色，繁多，仲夏至夏末开放。

🏆**利氏授带木*H. lyallii***，见90页。

授带木 *H. populnea*（Lace-bark）常绿乔木。树冠开张。株高12m，冠径10m。叶窄卵形，暗绿色，有光泽。花5瓣，白花，簇生，浓密，夏末和初秋开放。成年树树皮为淡褐色和白色，常呈鳞状。

🏆**六柱授带木*H. sexstylosa***（Ribbonwood）常绿灌木或乔木。生长快。株高8m，冠径6m。叶窄卵形，淡绿色，有光泽，具锐齿。花簇生，星状，白色，5瓣，仲夏至夏末开放。

牛姆瓜属（鹰爪枫属） HOLBOELLIA

木通科 LARDIZABALACEAE

常绿缠绕攀缘植物。主要因观赏其叶而栽培。半耐寒。雌雄同株。适宜种植在排水良好的土壤上，喜全光照或庇荫环境。夏末或秋季茎插繁殖。

鹰爪枫 *H. coriacea*，见205页。

绒毛草属 HOLCUS

禾本科 GRAMINEAE/POACEAE

见禾草类、竹类、灯心草类和莎草类植物。

根茎绒毛草（德国绒毛草）***H. mollis***（Creeping soft grass）。**'白条' 'Albovariegatus'**（*H. m.* 'Variegatus'），见306页。

Holford pine 见*Pinus × holfordiana*，见101页。

Holly 见*Ilex*。

American 见*Ilex opaca*，见98页。

Blue 见*Ilex × meserveae*。

Box-leaved 见 *Ilex crenata*。
Common 见 *Ilex aquifolium*，见98页。
Hedgehog 见 *Ilex aquifolium* 'Ferox'。
Himalayan 见 *Ilex dipyrena*。
Horned 见 *Ilex cornuta*。
Japanese 见 *Ilex crenata*。
Moonlight 见 *Ilex aquifolium* 'Flavescens'。
Perry's weeping silver 见 *Ilex aquifolium* 'Argentea Marginata Pendula'，见98页。
Sea 见 *Eryngium*。
Silver hedgehog 见 *Ilex aquifolium* 'Ferox Argentea'。
Silver-margined 见 *Ilex aquifolium* 'Argentea Marginata'，见98页。
Summer 见 *Arctostaphylos diversifolia*。
Tarajo 见 *Ilex latifolia*。
Waterer's gold 见 *Ilex aquifolium* 'Watereriana'，见99页。
Holly fern 见 *Cyrtomium falcatum*，见311页。
Holly-fern woodsia 见 *Woodsia polystichoides*。
Holly flame pea 见 *Chorizema ilicifolium*，见157页。
Hollyhock 见 *Alcea*。
Holm oak 见 *Quercus ilex*。

冬红属（冬红花属）HOLMSKIOLDIA

马鞭草科 VERBENACEAE

常绿灌木或攀缘植物。不耐寒，耐最低温度16℃。喜全光照环境和肥沃、排水良好的土壤。生长季节多浇水，其他时间少浇水。需支撑。春季或花后应修剪过分拥挤的枝叶。春季播种繁殖或夏季用软枝和半成熟枝扦插繁殖。粉虱和红蜘蛛会危害植株。

冬红（冬红花）***H. sanguinea***（Chinese hat plant，Mandarin's hat plant）常绿蔓生灌木。株高达5m，冠径2m。叶卵形，长5～10cm，有锯齿。花艳丽，红色或橙黄色，花萼碟状，中心筒状，5浅裂，秋季至冬季开放。

全盘花属 HOLODISCUS

蔷薇科 ROSACEAE

落叶灌木。夏季开花。极耐寒。喜光照或半阴环境，适宜不十分干燥的土壤。夏季用软枝扦插繁殖。

全盘花 ***H. discolor***，见119页。

Holy flax 见 *Santolina rosmarinifolia*。

合满花属 HOMERIA

鸢尾科 IRIDACEAE

球茎类植物。春夏季开花。花宽大，漏斗状、杯状或扁平状。半耐寒。喜光照充足环境和排水良好的土壤。为使其春季开花，秋季在低温温室盆栽，浇水直至开花，夏季要干燥。为使其夏季开花，春季室外种植即可。秋季播种繁殖、分株繁殖或用短匍茎繁殖。橙红合满花（*H. collina*）对牲畜有毒。

淡黄合满花 ***H. ochroleuca*** 球茎类植物。春夏季开花。株高达55cm，冠径5～8cm。茎纤细，每个根状茎下部长出1个或2个半直立、细长叶。花黄色，直立，杯状或扁平状，有时每朵花都有橙黄色的花心，开放不断。

山雏菊属 HOMOGYNE

菊科 ASTERACEAE/COMPOSITAE

多年生常绿草本。适宜在岩石园及疏林地作地被植物。极耐寒。喜阴和湿润的土壤。春季分株繁殖或用新鲜种子播种繁殖。

山雏菊 ***H. alpina***（Alpine coltsfoot）多年生常绿草本。具根状茎，丛生。株高8～15cm，冠径15cm以上。叶肾形，有锯齿，有光泽。花序雏菊状，玫瑰紫红色，花径8～15cm以上，夏季开放。

Honesty 见 *Lunaria*。
Honey locust 见 *Gleditsia triacanthos*。
Honeybush 见 *Melianthus major*。
Honeysuckle 见 *Lonicera*。
Cape 见 *Tecoma capensis*。
Common 见 *Lonicera periclymenum*。
Coral 见 *Lonicera sempervirens*，见210页。
Etruscan 见 *Lonicera etrusca*。
Fly 见 *Lonicera xylosteum*，见140页。
French 见 *Hedysarum coronarium*，见250页。
Giant Burmese 见 *Lonicera hildebrandiana*。
Himalayan 见 *Leycesteria formosa*。
Japanese 见 *Lonicera japonica*。
Late Dutch 见 *Lonicera periclymenum* 'Serotina'。
New Zealand 见 *Knightia excelsa*。
Scarlet trumpet 见 *Lonicera × brownii*。
Trumpet 见 *Campsis radicans*。

丽杯花属 HOODIA

萝藦科 ASCLEPIADACEAE

多年生多浆植物。多分枝。茎绿色，直立，坚硬，通常从基部分枝。不耐寒，耐最低温度10～15℃。喜全光照环境和排水良好的土壤。栽培较困难。任何时候都少浇水。春季或夏季播种繁殖或嫁接繁殖。

珍珠丽杯花（锦杯角）***H. bainii*** 多年生多浆植物。丛生。株高30cm，冠径15cm。耐最低温度15℃。茎灰绿色，其上有一排排螺旋形结，末端为尖刺。花暗黄色，5裂，花径7cm，夏季至秋季开放。冬季应保持干燥。

丽杯花（丽杯角）***H. gordonii*** 多年生多浆植物。直立，丛生。株高80cm，冠径30cm。耐最低温度10℃。绿色的茎上长着扭曲的一排排针尖般短刺。分枝常簇状。花肉色或褐色，檐部5裂，夏末开花。

Hoop-petticoat daffodil 见 *Narcissus bulbocodium* subsp. *bulbocodium*。
Hop 见 *Humulus*。
Common 见 *Humulus lupulus*。
Hop hornbeam 见 *Ostrya carpinifolia*。
Hop tree 见 *Ptelea trifoliata*。

大麦属 HORDEUM

禾本科 GRAMINEAE/POACEAE

见禾草类、竹类、灯心草类和莎草类植物。

芒颖大麦草 ***H. jubatum***，见307页。

龙口花属 HORMINUM

唇形科 LABIATAE/LAMIACEAE

单种属。多年生草本。基部莲座状。适宜岩石园中种植。极耐寒。喜光照充足和排水良好的土壤。春季分株繁殖或秋季播种繁殖。

龙口花 ***H. pyrenaicum***（Dragon's mouth）多年生草本。基部莲座状。株高和冠径均为20cm。花漏斗状，下垂，轮生，具短柄，紫蓝色或白花，夏季开放。叶卵形，革质，暗绿色，长8～10cm。

Hornbeam 见 *Carpinus*。
American 见 *Carpinus caroliniana*。
American hop 见 *Ostrya virginiana*，见77页。
Common 见 *Carpinus betulus*。
Hop 见 *Ostrya carpinifolia*。
Hornbeam maple 见 *Acer carpinifolium*，见92页。
Horned holly 见 *Ilex cornuta*。
Horned poppy 见 *Glaucium*。
Horned tulip 见 *Tulipa acuminata*，见411页。
Horned violet 见 *Viola cornuta*，见349页。
Hornwort 见 *Ceratophyllum demersum*。
Horse-chestnut 见 *Aesculus*。
Chinese 见 *Aesculus chinensis*，见64页。
Indian 见 *Aesculus indica*。
Japanese 见 *Aesculus turbinata*。
Red 见 *Aesculus × carnea*。
Sunrise 见 *Aesculus × neglecta*。
Horseshoe vetch 见 *Hippocrepis comosa*，见386页。

玉簪属 HOSTA
Plantain lily

玉簪科／百合科 HOSTACEAE/LILIACEAE

多年生草本。主要因观赏其装饰性叶而栽培。叶簇生，作地被植物极佳（其株高即叶高）。极耐寒。多数种类喜阴，喜湿润但排水良好、肥沃的中性土壤。初春分株繁殖。除了紫萼玉簪（*H. ventricosa*）以外，播种繁殖很少能保持原来的品种特性。应注意防治黑蛞蝓及蜗牛。见288～289页。

H. albomarginata 见 *H. sieboldii*。

'蓝月'玉簪 ***H.*** **'Blue Moon'** 多年生草本。丛生，密集。生长慢。株高12cm，冠径30cm。叶卵形至圆形，灰蓝色，先端呈渐尖。花喇叭状，紫红色，簇生于叶丛之上，仲夏开放。适宜种植在岩石园。喜半阴环境。

'蓝瓷'玉簪 ***H.*** **'Blue Wedgwood'**（见288页）多年生草本。丛生。生长慢。株高30cm，冠径45cm。叶厚，楔形，蓝色。花淡紫红色，夏季开放。

'白缘杯'玉簪 ***H.*** **'Brim Cup'** 多年生草本。丛生。生长慢。株高30cm，冠径35～40cm。叶厚，直立，心形，暗绿色，略成杯状，皱褶，边缘颜色变淡，直至白色。花淡紫色，夏季开放。

饰叶玉簪 ***H. decorata*** 多年生草本。株高30cm，冠径45cm。叶卵形至圆形，暗绿色，带白边。总状花序，花密集，喇叭状，深紫罗兰色，有时白色，仲夏开放。**绿饰叶玉簪** f. ***normalis*** 叶绿色，无斑纹。

'神圣'皱边玉簪 ***H. fluctuans*** **'Sagae'**（*H. f.* 'Variegated'，*H.* 'Sagae'）多年生草本。丛生。生长旺盛。株高和冠径均为1m。叶心形，榄绿色，边缘波状，乳白色。总状花序，花钟状，白色，仲夏至夏末开放。**'Variegated'** 见 *H. f.* 'Sagae'。

高丛玉簪（狭叶玉簪）***H. fortunei*** 多年生草本。丛生。生长旺盛。株高75cm～1m，冠径1m以上。叶卵形至心形。🏆**'斑心'**（白云玉簪）**'Albopicta'**（*H. f.* var. *albopicta*）（见289页）叶淡绿色，中心乳黄色，从仲夏开始逐渐变为灰绿色。总状花序，花喇叭状，淡紫罗兰色，初夏开放。🏆**'金边' 'Aureomarginata'**（*H. f.* 'Yellow Edge'），见289页。叶中绿色，边缘为不太规则的乳黄色。总状花序高于叶丛，花喇叭状，紫罗兰色，仲夏开放。大面积种植效果极佳。可忍受全光照环境。**'Yellow Edge'** 见 *H. f.* 'Aureomarginata'。

'香花'玉簪 ***H.*** **'Fragrant Bouquet'** 多年生草本。生。株高45cm，冠径65cm。叶卵形至心形，略呈波状，有光泽，淡绿色，边缘为不规则的乳黄色。总状花序，花芳香，漏斗状，紫白色，夏末开放。可忍受一定的光照。

🏆**'法兰西'玉簪** ***H.*** **'Francee'**（见288页）多年生草本。丛生。生长旺盛。株高55cm，冠径1m。叶卵形至心形，略呈杯状，具皱褶，榄绿色，具不规则白色。夏季，拱形带叶的花梗上开

玉簪属 HOSTA

出漏斗状、淡紫红色至蓝色花，开花较晚。

'金科·克雷格'玉簪*H.*'Ginko Craig'（见288页）多年生草本。丛生，较矮。株高和冠径均为30cm。叶小，狭窄，暗绿色，边缘具不规则的白边。穗状花序，钟状，深紫红色，夏季开放。为良好的边缘植物。

'金品'玉簪*H.*'Gold Standard'（见289页）多年生草本。丛生。生长旺盛。株高75cm，冠径1m。叶卵形至心形，淡绿色，仲夏逐渐变为金黄色，边缘具规则的暗绿色窄边。总状花序，花喇叭状，紫罗兰色，仲夏开放。喜半阴环境。

'金色祝福'玉簪*H.*'Golden Prayers'（见289页）多年生草本。丛生，直立。株高15cm，冠径30cm。叶杯状，亮黄绿色，皱褶。花白色，略带淡紫红色。适生于岩石园。

'金三彩'玉簪*H.*'Golden Tiara'（见289）多年生草本。丛生。株高15cm，冠径30cm。叶整齐，阔心形，暗绿色，边缘淡黄绿色。穗状花序长，花淡紫色至紫色，夏季开放。

'大三彩'玉簪*H.*'Grand Tiara'（见289页）多年生草本。密集，土丘状。生长旺盛。株高30cm，冠径50cm。叶卵形至心形，中绿色，具不规则的黄色宽边。花钟状，带梗，深紫色，每朵花内都有紫蓝色条纹，夏季开放。

'奢望'玉簪*H.*'Great Expectations'（见289页）多年生草本。丛生。株高55cm，冠径85cm。叶缘绿色，叶柄白色，叶心形，质厚，具皱褶，粉绿色、蓝绿色，具不规则的黄晕，越往中心颜色越浅，直至白色。花钟状，淡灰色至白色，初夏开放。

'园主'玉簪*H.*'Ground Master'（见288页）多年生草本。平卧。生长旺盛。株高2 5cm，冠径55cm。叶卵形至披针形，表面粗糙，榄绿色，边缘波状，具不规则乳白色至白色边。花漏斗状，紫红色，花茎直立，有叶，夏季开放。

'灰蓝'玉簪*H.*'Hadspen Blue'（见288页）多年生草本。丛生。生长慢。株高和冠径均为30cm。叶心形，有光泽，深灰蓝色。穗状花序较短，花淡紫红色，夏季开放。

'翠鸟'玉簪*H.*'Halcyon'（见288页） 多年生草本。丛生，粗壮。株高30cm，冠径1m。叶心形，灰蓝色。在全光照下逐渐变成土绿色，其特征可被大雨破坏。花喇叭状，紫罗兰色，簇生，高于叶丛，仲夏开放。

'蜜钟花'玉簪*H.*'Honeybells'（见289页）多年生草本。丛生。株高1m，冠径60cm。叶淡绿色，先端钝，边缘波状。花芳香，淡紫色，夏末开放。

白背叶玉簪*H. hypoleuca*（White-backed hosta）多年生草本。丛生。株高45cm，冠径1m。叶阔卵形，上面淡绿色，背面白色，叶脉宽。总状花序下垂，花喇叭状，淡紫罗兰色，有紫红色斑点，苞片淡绿色，夏末开放。可忍受全光照。

'卡比坦'玉簪*H.*'Kabitan'（*H. sieboldii*'Kabitan'）（见289页）多年生草本。丛生，靠匍匐茎扩展。株高30cm，冠径60cm。叶披针形，有光泽，具淡色纹理，中心为黄色，边缘具较窄的、波状的暗绿色斑。总状花序较短，花小，喇叭状，淡紫罗兰色，夏初开放。适宜种植在庇荫的岩石园。最初几年需在盆里生长。

菊池玉簪*H. kikutii* 多年生草本。丛生。株高40cm，冠径60cm。叶卵形至披针形，暗绿色，叶脉颜色较深。总状花序，花钟状，近白色，簇生，仲夏开放。**阿维斯角玉簪**var. ***caput-avis*** 植株较小。花芽似鸟头。**'基夫林''Kifukurin'**叶较大，边缘为乳白色，引人注目。

'克罗莎极品'玉簪*H.*'Krossa Regal'（见288页）多年生草本。丛生。株高和冠径均为1m。叶拱形，灰蓝色，叶脉较深。穗状花序较长，花花瓶状，淡紫色，夏季开放。耐光照。

披针叶玉簪*H. lancifolia* 多年生草本。丛生。株高45cm，冠径5cm。叶窄披针形，有光泽，中绿色，纹理较淡。总状花序，花喇叭状，深紫罗兰色，夏末至秋季开放。

'爱抚'玉簪*H.*'Love Pat'（见288页） 多年生草本。丛生。生长旺盛。株高和冠径均为60cm。叶圆形，深皱褶，深灰蓝色。总状花序，花淡紫色，夏季开放。

山地玉簪*H. montana* 多年生草本。丛生。生长旺盛。株高1.1m，冠径1m。叶卵形，暗绿色，叶脉显著，有光泽。总状花序，花喇叭状，淡紫罗兰色，高出叶丛，仲夏开放。生长较慢。**'金边''Aureomarginata'**（见289页）叶缘具不规则金黄色边。是春季最早开花的玉簪属植物。

'月光'玉簪*H.*'Moonlight'（见289页）多年生草本。丛生。株高50cm，冠径70cm。叶淡黄色与榄绿色相间，边缘有窄的白边。喜全阴环境。

变黑玉簪*H. nigrescens* 多年生草本。丛生。生长旺盛。株高70cm，冠径65cm。叶卵形至心形，深凹，具皱褶，灰绿色。总状花序，花漏斗状，珍珠灰色至白色，夏末开放。

***H.*'Paxton's Original'** 见*H. sieboldii*。

'珍珠湖'玉簪*H.*'Pearl Lake'多年生草本。丛生。生长旺盛。株高35～40cm，冠径1m。叶心形，平坦，灰绿色。总状花序，花钟状，乳白色、淡蓝紫色，高于叶丛，夏季开放。

'山麓之金'玉簪*H.*'Piedmont Gold'（见289页）多年生草本。丛生。生长慢。株高60cm，冠径75cm。叶有光泽，亮黄绿色，边缘具槽。总状花序，花白色，夏季开放。最好种植在微阴的地方。

玉簪*H. plantaginea*（August lily）（见289页）多年生草本。丛生。植株疏散。株高60cm，冠径1.2m。叶卵形，有光泽，淡绿色。花喇叭状，芳香，白色，夜间开放，花簇高于叶面，夏末和秋初开放。喜全光照环境。**'大花'玉簪'Grandiflora'**（*H. p.* var. *japonica*）花较大，长管状，长达13cm。喜光照。var. ***japonica*** 见*H. p.*'Grandiflora'。

直花玉簪*H. rectifolia* 多年生草本。丛生，直立。株高1m，冠径75cm。叶卵形至披针形，暗绿色。总状花序，花大，喇叭状，紫罗兰色，仲夏至夏末开放。

'帝王之光'玉簪*H.*'Regal Splendor'（见288页）多年生草本。丛生。株高和冠径均为1m。叶拱形，灰蓝色，边缘白色或黄色。穗状花序较长，花淡紫色，夏季开放。

'极品'玉簪*H.*'Royal Standard'（见289页）多年生草本。丛生，直立。株高60cm，冠径1.2m。叶阔卵形，淡绿色，有光泽。花纯白色，喇叭状，芳香，高于叶丛，夜间开放。喜光照。

***H.*'Sagae'** 见*H. fluctuans*'Sagae'。

'变色'玉簪*H.*'Shade Fanfare'（见288页）多年生草本。丛生。生长旺盛。株高45cm，冠径75cm。叶淡绿色，心形，边缘乳白色。夏季开出许多淡紫红色花。

大玉簪*H. sieboldiana*（见288页）多年生草本。丛生，粗壮。株高1m以上，冠径1.5m。叶大，心形，叶脉深，深皱褶，灰蓝色。总状花序，花喇叭状，淡紫红色，初夏开花。为良好的地被植物。耐光照，但光照后叶会变成灰绿色。**优美大玉簪**var. ***elegans***（见288页）叶较大，淡蓝色。**'弗朗塞斯·威廉姆斯''Frances Williams'**（见289页）叶缘黄色。生长较慢。不耐全光照。

紫玉簪*H. sieboldii*（*H. albomarginata*，*H.*'Paxton's Original'）（见288页）多年生草本。丛生。生长旺盛。株高45cm，冠径60cm。叶披针形，先端圆，中绿色至暗绿色，边缘有窄的不规则的白边。总状花序，花喇叭状，紫罗兰色，顶生，夏末开放。种序卵形，有光泽，暗绿色，后变为褐色。可作为插花材料。**'Kabitan'** 见*H.*'Kabitan'。

'斯诺登'玉簪*H.*'Snowden'（见288页）多年生草本。丛生。株高和冠径均为1m以上。叶大，先端尖，幼叶灰蓝色，逐渐变成灰绿色。花白色，微带绿色，花茎较长，夏季开放。

'诚信'玉簪*H.*'Sum and Substance'（见289页）多年生草本。丛生。生长旺盛。株高和冠径均为1m。叶大，淡绿色至黄色，质厚。穗状花序较长，花淡紫红色，仲夏开放。

'夏之歌'玉簪*H.*'Summer Music'多年生草本。丛生。株高30cm，冠径40cm。叶轮生，卵形至心形，质地较薄，白色，边缘淡绿色。总状花序，花钟状，淡紫红色，夏季开放。

'高脚'玉簪*H.*'Tall Boy'（见289页）多年生草本。丛生。株高和冠径均为60cm。叶大，鲜绿色，长尾尖。花紫红色，花径1.2m以上，夏季开放。

晚花玉簪*H. tardiflora*（见288页）多年生草本。丛生。生长慢。株高30cm，冠径75cm。叶窄披针形，暗绿色，质地较厚。总状花序稠密，花喇叭状，淡紫色至紫红色，高于叶丛，夏末至初秋开放。

***H.*'Thomas Hogg'** 见*H. undulata* var. *albomarginata*。

圆叶玉簪*H. tokudama*（见288页）多年生草本。丛生。生长慢。株高45cm，冠径75cm。叶杯形，蓝色，具皱褶。总状花序，花喇叭状，淡紫灰色，高于叶丛，仲夏开放。**'黄云''Aureonebulosa'**（*H. t.*'Variegata'）（见288页）叶中间有不规则的淡黄斑。**'黄圈''Flavocircinalis'** 常被误为'法兰西·威廉姆斯'*H.*'Frances Williams'的幼株。叶心形，边缘有较宽的不规则的乳黄色。**白心波叶玉簪'Variegata'** 见*H. t.*'Aureonebulosa'

白边波叶玉簪*H. undulata* var. ***albomarginata***（*H.*'Thomas Hogg'）（见288页）多年生草本。丛生。株高55cm，冠径60cm。叶卵形或披针形，先端圆，中绿色，边缘为不规则乳白色或近白色。总状花序，花喇叭状，淡紫红色，高于叶丛，初夏至仲夏开放。**大波叶玉簪**var. ***erromena*** 粗壮。株高45cm，冠径60cm。叶椭圆形，中绿色，边缘波状。花喇叭状，淡紫红色，高于叶丛。**波叶玉簪** var. ***undulata*** 首批发出的叶有不规则的白心，第二批发出的有白色的条纹。叶柄和花的苞片白色，具窄的绿边。**白心波叶玉簪**var. ***univittata***（见288页）生长旺盛。叶卵形，中绿色，中心具白色窄带。

紫萼玉簪*H. ventricosa*（见289页）多年生草本。丛生。株高70cm，冠径1m以上。叶卵形至心形，暗绿色，有光泽，边缘微波状。总状花序，花钟状，深紫红色，高于叶丛，夏末开放。通常播种繁殖。**'花叶''Variegata'**（*H. v.*'Aureomarginata'）（见289页）叶具不规则的乳白色边。

雅致玉簪*H. venusta*（见289页）多年生草本。丛生。生长旺盛。株高2.5cm，冠径达30cm。叶卵形至披针形，中绿色或深绿色。总状花序，多分枝，花喇叭状，紫红色，高于叶丛，仲夏开放。适合岩石园中栽培。

'维罗妮卡湖'玉簪*H.*'Veronica Lake'多年生草本。丛生。生长旺盛。株高35～40cm，冠径1m。叶平展，灰绿色，心形，具醒目的乳白色边缘。总状花序，花钟状，淡紫蓝色，夏季开放。

'宽边'玉簪*H.*'Wide Brim'（见289页）多年生草本。生长旺盛。株高和冠径均为75cm。叶深蓝绿色，具明显的皱褶，边缘为不规则的乳白色。花白色或很淡的紫红色，夏季开放。

'黄河' 玉簪 *H.* 'Yellow River'（见289页）多年生草本。丛生。株高55cm，冠径1m。叶卵形或心形，暗绿色，质厚，先端尖，边缘为不规则的黄边。花漏斗状，淡蓝紫色，初夏开放。

'褶波' 玉簪 *H.* 'Zounds'（见289页）多年生草本。丛生。生长慢。株高和冠径均为1m。叶大，鲜金黄色，具金属光泽，具明显的皱褶。花白色或淡紫红色，初夏开放。

Hosta，White-backed 见 *Hosta hypoleuca*。

Hottentot fig 见 *Carpobrotus edulis*。

水堇属（雨伞草属）HOTTONIA

报春花科 PRIMULACEAE

多年生落叶半沉水植物。因观赏其美丽的叶和似报春花的花而栽培。极耐寒。喜光照环境和凉爽清洁的静水或流动水。定期修剪。春夏季茎插繁殖。

水堇（雨伞草）***H. palustris***，见447页。

Hot-water plant 见 *Achimenes*。

Hound's tongue 见 *Cynoglossum*。

Houseleek 见 *Sempervivum*。

Cobweb 见 *Sempervivum arachnoideum*，见389页。

Common 见 *Sempervivum tectorum*，见389页。

Roof 见 *Sempervivum tectorum*，见389页。

Houstonia 重新归入 *Hedyotis*。

蕺菜属 HOUTTUYNIA

三白草科 SAURURACEAE

单种属。多年生草本或落叶沼生植物。根状茎扩张迅速。适宜作地被植物。极耐寒。喜半阴环境，喜生于湿润的土壤或浅水中。春季用长匍茎扦插繁殖。

'花叶' 蕺菜 *H. cordata* 'Chameleon'（*H. c.* 'Variegata'），见447页。

'重瓣' 蕺菜 'Flore Pleno'（*H. c.* 'Plena'）多年生草本。冠开展。株高15～60cm，冠径不定。穗状花序，被8个以上的白色卵形苞叶所包围，花不明显，高于叶面，春季开放。叶芳香，肉质或革质，心形，先端尖。

'Plena' 见 *H. c.* 'Flore Pleno'。

'Variegata' 见 *H. c.* 'Chamaeleon'。

枳椇属（拐枣属）HOVENIA

鼠李科 RHAMNACEAE

单种属。落叶乔木。夏季开花。因观赏叶而栽培。极耐寒。但幼年期易受霜冻，最好种植在全光照的环境和肥沃、排水良好的土壤上。夏季用软枝扦插繁殖或秋季播种繁殖。

枳椇（拐枣）***H. dulcis***，见79页。

荷威椰子属（荷威棕属，豪威椰子属）HOWEA (HOWEIA，KENTIA)

棕榈科 ARECACEAE/PALMAE

常绿棕榈类植物。外形美观。不耐寒，耐最低温度16～18℃。喜半阴环境和富含腐殖质、且排水良好的土壤。夏季盆栽植物要多浇水，冬季少浇水，其他时间适当浇水。春季温度不低于26℃时播种繁殖。易受红蜘蛛、壁虱危害。

🏆荷威椰子（荷威棕，盖屋椰子，金帝葵，宝贵椰子）***H. forsteriana***（Paradise palm，Sentry palm，Thatch-leaf palm）常绿直立棕榈类植物。茎细长。株高10m，冠径3～4m。羽毛状叶片开张，长达1.5～2.5m，由许多条形小叶组成。穗状花序分枝状簇生，花小，绿褐色，冬季开放。

Howeia 重新归入 *Howea*。

球兰属 HOYA

萝藦科 ASCLEPIADACEAE

常绿缠绕或根攀缘灌木。树冠松散。茎木质。因观赏花和叶而栽培。不耐寒，耐最低温度5～18℃。喜生于腐殖质丰富、排水良好的土壤，夏季喜半阴环境。生长期适度浇水，其他时间少浇水。茎需支撑。开花后或春季剪去密集的枝条。夏季用半成熟枝扦插繁殖。

澳大利亚球兰 *H. australis*（*H. darwinii* of gardens），见208页。

H. bella 见 *H. lanceolata* subsp. *bella*。

🏆球兰 *H. carnosa*，见208页。

爪哇球兰 *H. coronaria* 常绿茎缠绕或根攀缘植物。茎木质。生长慢。株高2～3m。耐最低温度16～18℃。叶椭圆形至卵形，厚革质。花钟状，黄色或白色，具红色斑点，夏季开放。

H. darwinii of gardens 见 *H. australis*。

帝王球兰 *H. imperialis* 常绿茎缠绕或根攀缘植物。茎木质。生长旺盛。株高达6m。耐最低温度16～18℃。叶倒卵形，革质，表面具短绒毛，长10～23cm，下垂。花大，星状，棕紫红色至深洋红色，花心乳白色，夏季开放。

🏆尖叶球兰 *H. lanceolata* subsp. ***bella***（*H. bella*），见208页。

凹瓣球兰 *H. macgillivrayi*，见205页。

Huckleberry 见 *Gaylussacia*。

Black 见 *Gaylussacia baccata*。

星钟花属（龙王角属）HUERNIA

萝藦科 ASCLEPIADACEAE

多年生多浆植物。丛生。茎指状，4棱。叶小，短命，脱落。不耐寒，耐最低温度8～11℃。喜光照或半阴环境和排水良好的土壤。春季或夏季播种繁殖或茎插繁殖。

鹿头（大果星钟花）***H. macrocarpa*** 多年生落叶多浆植物。丛生。株高和冠径均为10cm。耐最低温度8℃。茎灰绿色，指状，4棱或5棱。花钟状，黄色，具窄的紫红色边，先端尖，着生在新枝基部，夏季至秋季开放。**阿拉伯鹿头** var. ***arabica***，见476页。

阿修罗 *H. pillansii* 多年生落叶多浆植物。丛生。株高5cm，冠径10cm。耐最低温度11℃。茎指状，淡绿色，茎上密布瘤突，具毛状尖头。花钟状，淡红色，具红色斑点，着生于新枝基部，夏季至秋季开放。

H. primulina 见 *H. thuretii* var. *primulina*。

龙王角 *H. thuretii* var. ***primulina***（*H. primulina*）多年生落叶多浆植物。丛生。株高10cm，冠径15cm。耐最低温度11℃。茎短粗，灰绿色。花钟状，淡黄色，裂片先端淡黑色，反卷，花径2cm，着生于新枝基部，夏季至秋季开放。

缟马（斑纹星钟花）***H. zebrina***（Owl-eyes）多年生落叶多浆植物。丛生。株高10cm，冠径15cm。耐最低温度11℃。与龙王角（*H. thuretii* var. *primulina*）相似，但花淡黄绿色，带有明显的褐红色条纹。

Humble plant 见 *Mimosa pudica*，见176页。

Humea 重新归入 *Calomeria*。

葎草属 HUMULUS
Hop

大麻科／桑科 CANNABACEAE/MORACEAE

缠绕攀缘草本。可用来掩盖花棚或树木残株。雌雄异株，雌花穗状花序下垂，被称为'蛇麻草'。极耐寒。适宜种植在有光照或半阴环境，土壤须排水良好。春季用茎尖扦插繁殖。

啤酒花 *H. lupulus*（Common hop），**🏆'黄叶' 'Aureus'**，见206页。

Hunangemoho grass 见 *Chionochloa conspicua*。

Hungarian oak 见 *Quercus frainetto*，见69页。

金杯花属（海杯草属）HUNNEMANNIA

罂粟科 PAPAVERACEAE

多年生草本。罂粟状。通常作一年生栽培。半耐寒。适宜种植在光照充足的环境和排水良好的土壤上，土壤贫瘠肥沃均可。植株顶部经常枯死。需支撑，尤其是在多风地区。初春温室内播种繁殖或仲春室外播种繁殖。

金杯花 *H. fumariifolia*（Mexican tulip poppy）。**'逊尼' 'Sunlite'** 多年生直立草本。生长快。通常作一年生栽培。株高60cm，冠径20cm。叶椭圆形，深裂，蓝绿色。花罂粟状，半重瓣，亮黄色，花径达8cm，夏季至初秋开放。

Huntingdon elm 见 *Ulmus × hollandica* 'Vegeta'。

Huntsman's cup 见 *Sarracenia purpurea*。

Hupeh crab 见 *Malus hupehensis*，见74页。

Hupeh rowan 见 *Sorbus hupehensis*。

Hyacinth 见 *Hyacinthus*。

Feather grape 见 *Muscari comosum* 'Plumosum'，见432页。

Grape 见 *Muscari*。

Summer 见 *Galtonia candicans*，见397页。

Tassel grape 见 *Muscari comosum*。

Water 见 *Eichhornia crassipes*，见448页。

Hyacinth bean 见 *Lablab purpureus*，见211页。

假风信子属 HYACINTHELLA

风信子科／百合科 HYACINTHACEAE/LILIACEAE

鳞茎类植物。春季开花。短穗状花序，花小，钟状，适宜种植在岩石园中或低温温室内。耐寒。需种植在开阔、能见光照、排水良好的土壤中。夏季球茎进入休眠期，晾半干。秋季播种繁殖。

粉绿假风信子 *H. leucophaea*，见432页。

双苞风信子属 HYACINTHOIDES (ENDYMION)
Bluebell

风信子科／百合科 HYACINTHACEAE/LILIACEAE

鳞茎类植物。春季开花。花似风信子。适宜花境种植，也适宜在树下和灌木下与草地自然配置。耐寒。喜半阴和湿润的环境，喜黏土。秋季用鳞茎繁殖，埋深10～15cm，夏末扦插或秋季播种繁殖。触摸任何部分都会刺激皮肤，误食会引起严重不适。

西班牙双苞风信子 *H. hispanica*（*Scilla campanulata*，*S. hispanica*），见414页。

意大利双苞风信子 *H. italica*（*Scilla italica*）鳞茎类植物。春季开

花。株高15～20cm，冠径5～8cm。叶基部簇生，条形，半直立。无叶的茎上开放圆锥形穗状花序，花扁平，星状，蓝色，花径1cm。

卷瓣双苞风信子 *H. non-scripta* (*Scilla non-scripta*, *S. nutans*)，见414页。

风信子属 HYACINTHUS
Hyacinth

风信子科／百合科
HYACINTHACEAE/LILIACEAE

鳞茎类植物。主要观赏密集的穗状花序和芳香、管状花冠，为春季花床展览和室内盆栽最理想花卉。耐寒。喜开阔、光照充足或半阴的环境和排水良好的土壤。秋季种植。为使其冬季开花，初秋盆栽经过特殊处理的大型风信子鳞茎，促使其早熟，开始几周内要保持凉爽湿润以保证根系发育。发芽之后移至大盆，开始温度保持在10℃，长出更多的叶后，升高温度，并且尽可能多地接受光照。促成栽培之后，放在凉爽的地方使其完成生长，然后种植在室外。夏末或初秋分株繁殖。如果误食任何部分会引起胃部不适，触摸其鳞球茎会引起皮肤发炎。见431页。

H. amethystinus 见*Brimeura amethystina*。

H. azureus 见*Muscari azureum*。

风信子 *H. orientalis*。'阿姆斯特丹''Amsterdam' 鳞茎类植物。冬春季开花。株高10～20cm，冠径6～10cm，叶基生，条形，有凹槽，半直立，有光泽，开花之后叶才完全成形。穗状花序密集、柱形，花茎上开出鲜亮的玫瑰红色管状花，每朵花有6个卷曲的花瓣，芳香。**🏆'蓝装''Blue Jacket'**（见431页）大型穗状花序，花海蓝色，具紫红色纹理。**'哈勒姆城''City of Haarlem'**（见431页）密集穗状花序，花淡黄色。**🏆'陶蓝''Delft Blue'**（见431页）花淡蓝色，微带紫罗兰色。**'勋章''Distinction'**（见431页）穗状花序纤细，开张，花紫红色。**'简鲍斯''Jan Bos'**（见431页）花深红色。**'迪尔拜女士''Lady Derby'**（见431页）花玫瑰粉红色。**🏆'纯洁''L' Innocence'** 花象牙白色。**🏆'黑肋''Ostara'**（见431页）大型穗状花序，花蓝色，每个花瓣的中间有一条黑色条纹。**🏆'粉珍珠''Pink Pearl'** 花序密集状，花胭脂粉红色。**'玛利亚·克里斯蒂娜公主''Princess Maria Christina'**（见431页）花橙粉红色。**'粉后''Queen of the Pinks'**（见431页）花淡粉红色。**'堇色珍珠''Violet Pearl'**（见431页）穗状花序，花紫罗兰色。**'白珍珠''White Pearl'**（见431页）花纯白色。

绣球属 HYDRANGEA

绣球科／虎耳草科
HYDRANGEACEAE/
SAXIFRAGACEAE

落叶灌木和落叶或常绿根攀缘植物。因观赏其半球形或扁平状花序而栽培。每个花序通常由两部分组成，中间是不太显著的小型可育花，外围是由花瓣状萼片形成的较大的不育花，但有些品种所有的花或大多数花都为不育花。极耐寒至耐寒。喜全光照或半阴环境，要求肥沃、湿润、但排水良好的土壤，在干燥的地方需庇荫。夏季用嫩枝扦插繁殖。误食任何部分都会引起胃部不适，接触叶可能会引起皮肤过敏。见144页。

H. anomala* subsp. *petiolaris 见*H. petiolaris*。

🏆'安娜贝尔'亚木绣球 *H. arborescens* 'Annabelle'（见144页）落叶灌木。树冠开张。株高和冠径均为2.5m。极耐寒。叶阔卵形，具长柄，有光泽，表面为深绿色，背面颜色较淡。花序大，圆球状，花白色，多数为不育花，夏季开放。**🏆'大花''Grandiflora'**（见144页）花序较小，但不育花较大。

H. aspera* Villosa Group** 见*H. villosa*。subsp. ***sargentiana 见*H. sargentiana*。

H. bretschneideri 见*H. heteromalla* 'Bretschneideri'。

密毛绣球 *H. heteromalla* 落叶灌木。枝拱状。株高5m，冠径3m。极耐寒。叶窄卵形，暗绿色，秋季变黄。大型头状花序，开张，扁平，花白色，随着花的生长，外侧花逐渐变成深粉红色，仲夏至夏末开放。**🏆东陵绣球（柏氏八仙花）'Bretschneideri'**（*H. bretschneideri*），见144页。

显苞绣球 *H. involucrata* 落叶灌木。树冠开张。株高1m，冠径2m。耐寒。叶阔心形，中绿色，具刚毛。花序中心为蓝色小花，外围花较大，淡蓝色至白色，夏末至秋季开放。**🏆'花园''Hortensis'**（见144页）花序较小，簇生，花乳白色、粉红色或绿色。

绣球（大叶绣球）*H. macrophylla* 落叶丛生灌木。株高1.5m～2m，冠径2～2.5m。耐寒。叶卵形，有锯齿，淡绿色，有光泽。仲夏至夏末开花，在pH值为5.5的酸性土壤中，花蓝色或紫红色，在中性或碱性土壤中，花粉红色或红色，白色花不受pH值的影响。春季对基部以上的老枝进行修剪，剪掉冬季受损的枝使其重新生长，摘除开败的花序。此类植物可分为两群：圆顶群（*Hortensias*）花序圆顶状，密集，主要为不育花；平顶群（*Lacecaps*）花序开张，扁平，中心是可育花，外围是较大的不育花，花蕾绿色。**🏆'阿尔托那''Altona'**（圆顶群），见144页。株高1m，冠径1.5m。花序大，花深粉红色至深紫蓝色。**🏆'密发''Ami Pasquier'**（圆顶群）株高60cm，冠径1m。花密集，深红色或蓝紫色。**'蓝帽''Blue Bonnet'**（圆顶群），见144页。株高2m，冠径2.5m。花深蓝色或紫红色至粉红色。**🏆'蓝波''Blue Wave'**（*H. m.* 'Mariesii Perfecta'）（平顶群），见144页。株高2m，冠径达2.5m。花深蓝色或淡红色至粉红色。**🏆'子爵夫人''Générale Vicomtesse de Vibraye'**（圆顶群），见144页。株高和冠径均为1.5m。叶淡绿色。花淡蓝色或粉红色。**'汉堡''Hamburg'**（圆顶群），见144页。株高1m，冠径1.5m。生长旺盛。花大，深粉红色至深蓝色，萼片有锯齿。**🏆'拉纳斯白''Lanarth White'**（平顶群），见144页。株高和冠径均为1.5m。可育花粉红色或蓝色，边缘为不育花，纯白色。**'丁香紫''Lilacina'**（平顶群），见144页。株高和冠径均为2m。中心花深紫色，外侧花粉紫色。**🏆'穆勒夫人''Madame E. Mouillére'**（圆顶群）花白色，逐渐变为淡粉红色，喜半阴环境。**'Mariesii Perfecta'** 见*H. m.* 'Blue Wave'。subsp. ***serrata*** 见*H. serrata*。subsp. ***serrata* 'Preziosa'** 见*H.* 'Preziosa'。**🏆'维茨''Veitchii'**（平顶群），见144页。花淡蓝紫色。

'布鲁塞尔花边'圆锥绣球 *H. paniculata* 'Brussels Lace'（见144页）落叶灌木。直立。树冠开张。株高和冠径均为3m。极耐寒。叶大，暗绿色，先端尖。圆锥花序雅致，疏松，花白色，夏末至初秋开放。**🏆'多花''Floribunda'**（见144页）圆锥花序密集，中心花较小，可育，外围花较大，白色，放射状。**🏆'大花''Grandiflora'** 叶大，卵形，暗绿色。大型圆锥花序，花大多数不育，白色，逐渐变为粉红色，从夏末开始开花。春季修剪可促进圆锥花序的生长。**'Interhydia'** 见*H. p.* 'PINK DIAMOND'。**粉红钻石'PINK DIAMOND'（'Interhydia'）**（见144页）花序头状，后期变成粉红色。**🏆'早花''Praecox'**（见144页）从仲夏开始开放。**'晚花''Tardiva'** 从初秋至仲秋开放，既有可育花，又有不育花。**'无敌''Unique'**（见144页）与'大花'（'Grandiflora'）相似，但花更大，生长更旺盛。

🏆多蕊冠盖绣球 *H. petiolaris* (*H. anomala* subsp. *petiolaris*)，见208页。

🏆'品红'绣球 *H.* 'Preziosa' (*H. macrophylla* subsp. *serrata* 'Preziosa', *H. serrata* 'Preziosa') 落叶灌木。丛生。株高1.5～2m，冠径2～2.5m。耐寒。叶卵形，具锯齿，淡绿色。花粉红色逐渐变为深红色。

🏆浅裂叶绣球 *H. quercifolia* (Oakleaved hydrangea)，见144页。落叶灌木。丛生。树冠半圆状。株高和冠径均为2m。耐寒。叶浅裂，暗绿色，秋季变为红色和紫红色。花白色，仲夏至仲秋开放。

🏆粗毛绣球 *H. sargentiana* (*H. aspera* subsp. *sargentiana*) 落叶灌木。直立。树冠窄。株高2.5m，冠径2m。耐寒。粗壮的茎易脱皮。叶大，狭卵形，表面为灰绿色，具刚毛，背面带有灰色短绒毛。花序宽阔，内侧花小，蓝色或深紫红色，外侧花较大，白色，有时泛出粉紫红色，夏末至仲秋开放。

粗齿绣球 *H. serrata* (*H. macrophylla* subsp. *serrata*)，见144页。落叶丛生灌木。冠密集。株高和冠径均为1.2m。耐寒。茎纤细。叶淡绿色。花序扁平，内侧花粉红色、淡紫色或白色，外围花粉红色或蓝色，仲夏至夏末开放。**🏆'蓝鸟''Bluebird'**（见144页）花淡粉红色、淡紫红色或蓝色。**'Preziosa'** 见*H.* 'Preziosa'。

🏆柔毛绣球 *H. villosa* (*H. aspera* Villosa Group)，见144页。落叶灌木。直立。株高和冠径均为3m。极耐寒。树皮易脱落。花序中心花较小，蓝色或紫红色，外围花较大，白色，有时泛出粉紫红色，夏末至仲秋开放。

Hydrangea

Climbing 见*Hydrangea petiolaris*，见208页。

Oak-leaved 见*Hydrangea quercifolia*，见144页。

水鳖属 HYDROCHARIS

水鳖科 HYDROCHARITACEAE

单种属。多年生水面漂浮落叶草本。因观赏其叶和花而栽培。极耐寒。需种植在开阔、光照充足的静水中。根据需要剪下幼苗繁殖。

地中海水鳖（蛙食草）*H. morsus-ranae*，见446页。

Hydrocleis 重新归入*Hydrocleys*。

水金英属 HYDROCLEYS (HYDROCLEIS)

黄花蔺科／花蔺科
LIMNOCHARITACEAE/
BUTOMACEAE

落叶或常绿一年生或多年生水生植物。因观赏其漂浮的叶和诱人的花而栽培。耐最低温度1℃。最好种植在光照充足的大水族槽里或热带池塘里。种子成熟时播种繁殖或全年可剪下茎尖繁殖。

水金英 *H. nymphoides*，见449页。

水蓑衣属 HYGROPHILA

爵床科 ACANTHACEAE

落叶或常绿多年生沉水植物和沼生植物。因观赏叶而栽培。耐最低温度13℃。经常去除一些枯叶。春季或夏季茎插繁殖。

多籽水蓑衣 *H. polysperma* 多年生落叶沉水植物。冠径不定。茎木质。叶淡绿色，披针形。如果水温在16℃以上，则可四季常绿。适合种植在热带水族槽里。

量天尺属 HYLOCEREUS

仙人掌科 CACTACEAE

多年生仙人掌类植物。生长快。茎直立，纤细，攀缘，成片状，有许多气生根。除北欧之外，在其他地方都可成功地进行主茎嫁接。不耐寒，耐最低温度11℃。喜光照或半阴和排水良好的土壤。春季或夏季茎插繁殖。

量天尺*H. undatus* (Night-blooming cereus，Queen-of-the-night) 多年生攀缘仙人掌。生长快。株高1m，冠径不定。茎3棱柱状，多分枝，暗绿色，径宽7cm。茎具节，有短刺。夏季开花，花白色，檐部近平展，花径30cm，只能持续一夜。

荷青花属 HYLOMECON

罂粟科 PAPAVERACEAE

多年生草本。生长旺盛。因观赏大型杯状花而栽培。适宜岩石园、花坛和林地中栽培，但可能具侵袭性。极耐寒。喜半阴环境和富含腐殖质的湿润土壤。春季扦插繁殖或秋季播种繁殖。

荷青花 *H. japonica*，见350页。

Hylotelephium anacampseros 见*Sedum anacampseros*。

Hylotelephium cauticola 见*Sedum cauticola*。

Hylotelephium ewersii 见 *Sedum ewersii*。

Hylotelephium populifolium 见*Sedum populifolium*。

Hylotelephium spectabile 见*Sedum spectabile*。

Hylotelephium tatarinowii 见 *Sedum tatarinowii*。

Hymenanthera 重新归入*Melicytus*。

水鬼蕉属（蜘蛛兰属）HYMENOCALLIS

石蒜科 AMARYLLIDACEAE

鳞茎类植物。部分种类常绿。因观赏其与水仙相似的芳香花而栽培。半耐寒至不耐寒，耐最低温度15℃。喜全光照或半阴的环境及排水良好的土壤。初夏种植。在寒冷的地方，冬季要挖出鳞茎。也可种植在加温温室中，冬季减少浇水，但不能完全干燥，春季倒盆。春季或初夏分球繁殖。

H. calathina 见 *H. narcissiflora*。

祭祀水鬼蕉 *H.* × *festalis* 鳞茎类植物。春夏季开花。基生叶簇生。株高80cm，冠径30～45cm。不耐寒。叶带状，半直立。花序由2～5朵花组成，花白色，芳香，直径20cm，花心深杯状，每朵花有6个狭窄卷曲的花瓣。

🏆大副冠水鬼蕉 *H.* × *macrostephana*，见397页。

水仙花水鬼蕉 *H. narcissiflora* (*H. calathina*，*Ismene calathina*)，见420页。

美丽水鬼蕉 *H.speciosa* 鳞茎类植物。四季常绿。冬季开花。株高和冠径均为30～45cm。不耐寒。叶基生，半直立，宽椭圆形。花序由5～10朵花组成，花白色或白绿色，芳香，直径20～30cm，漏斗状，每朵花有6个细长花瓣。

'硫黄皇后'水鬼蕉 *H.* 'Sulphur Queen' 鳞茎类植物。春夏季开花。株高60cm，冠径30～45cm。不耐寒。叶基生，半直立，宽带状或披针形。花序松散，由2～5朵花组成，花黄绿色，芳香，直径16～20cm，杯状，边缘皱褶，有6个开张形花瓣。

香荫树属 HYMENOSPORUM

海桐花科 PITTOSPORACEAE

常绿灌木和乔木。因观赏其花和树形而栽培。不耐寒，耐最低温度5～7℃。喜全光照环境，也耐半阴，喜富含腐殖质、排水良好的中性或酸性土壤。生长期内，盆栽植株要多浇水，其他时间少浇水。春季或秋季种子成熟时播种繁殖，或者在夏末用半成熟枝扦插繁殖。

香荫树 *H. flavum* (Native Australian frangipani) 常绿直立灌木或乔木。随着生长树冠逐渐开张。株高10m以上，冠径5m以上。叶卵形或椭圆形，深绿色，有光泽。圆锥花序顶生，花管状，5瓣，乳黄色，逐渐变成深硫黄色，芳香，春夏季开放。

金丝桃属 HYPERICUM

藤黄科 CLUSIACEAE/GUTTIFERAE

多年生草本和落叶、半常绿或常绿灌木和亚灌木。观赏其鲜艳且带有美丽雄蕊的黄色花。极耐寒至半耐寒。大型种和栽培品种喜光照或半阴环境和肥沃、不太干燥的土壤。适宜岩石园栽培的较小类型在全光照环境和排水良好土壤上生长最好。灌木和亚灌木种类夏季用嫩枝扦插繁殖或秋季播种繁殖，栽培品种只能夏季扦插繁殖，多年生草本春季或秋季分株或播种繁殖。'埃斯塔德'无味金丝桃（*H.* × *inodorum* 'Elstead'）易受水锈影响，叶片会出现橙黄色斑点。'海德柯特'金丝桃（*H.* 'Hidcote'）易受病菌侵袭，叶片会变得窄且有杂斑。

巴利阿利金丝桃 *H. balearicum* 常绿灌木。树冠密集。株高和冠径均为60cm。耐寒。叶小，卵形，绿色，边缘波状，尖端圆形。花大，单生，芳香，浅杯状，黄色，初夏至秋季开放于茎顶端。

***H. beanii* 'Gold Cup'** 见 *H.* × *cyathiflorum* 'Gold Cup'。

杯花金丝桃 *H. bellum* 半常绿灌木。枝拱状。姿态优雅。株高1m，冠径1.5m。极耐寒。花杯状，金黄色，仲夏至初秋开放。枝红色。叶卵形，中绿色，边缘波状，秋季变为红色。

大萼金丝桃 *H. calycinum*，见170页。

蔷薇金丝桃 *H. cerastioides* (*H. rhodoppeum*) 常绿直立亚灌木。枝弯曲。生长旺盛。株高15cm以上，冠径40～50cm。极耐寒。叶卵形，淡灰绿色。花序生于枝顶端，花碟状，亮黄色，春末至夏初开放。花后修剪。适宜种植在较大的岩石园中。

革叶金丝桃 *H. coris* 常绿亚灌木。树冠开张，半球状，偶尔也有匍匐状。株高15～30cm，冠径20cm以上。耐寒。叶卵形，先端尖，具长柄，3～4枚轮生。圆锥花序，花浅杯状，亮黄色，带红色条纹，夏季开放。适宜种植在有庇荫的岩石园中。

'金杯'金丝桃 *H.* × *cyathiflorum* 'Gold Cup' (*H. beanii* 'Gold Cup') 半常绿灌木。枝拱状。株高和冠径均为1m。耐寒。枝粉褐色。叶卵形，暗绿色，花大，杯状，金黄色，仲夏至初秋开放。

H. empetrifolium subsp. ***oliganthum*** 见*H. e.* var. *prostratum* of gardens。

平卧金丝桃 var. ***prostratum*** of gardens (*H. e.* subsp. *oliganthum*)，见386页。

🏆'海德柯特'金丝桃 *H.* 'Hidcote'，见170页。

🏆'埃斯塔德'无味金丝桃 *H.* × *inodorum* 'Elstead'，见170页。

🏆贵州金丝桃 *H. kouytchense* (*H. patulum* var. *grandiflorum*)，见170页。

🏆莫氏金丝桃 *H.* × *moserianum* 落叶灌木。枝拱状。株高30cm，冠径60cm。耐寒。花小，碗状，黄色，生于叶丛之上，仲夏至仲秋开放。叶卵形，暗绿色。**'三色' 'Tricolor'** 叶缘白色和粉红色。喜庇护的环境。

🏆奥林匹亚金丝桃 *H. olympicum* 落叶亚灌木。直立。树冠密集，稍开张。株高15～30cm，冠径15cm。极耐寒。茎多，直立。叶小，卵形，灰绿色。花序顶生，花多达5朵，杯状，鲜黄色，夏季开放。**'柠檬'单花金丝桃** f. ***uniflorum* 'Citrinum'** (*H. o.* 'Sulphureum')，见358页。

金丝梅（云南连翘）***H. patulum*** 常绿或半常绿直立灌木。株高和冠径均为1m。耐寒。花大，杯状，金黄色，高出叶丛，仲夏至仲秋开放。叶卵形，暗绿色。var. ***grandiflorum*** 见 *H. kouytchense*。

匍枝金丝桃 *H. reptans* 落叶丛生灌木。株高5cm，冠径20cm。耐寒。叶卵形，绿色，秋季变为黄色或鲜红色。花金黄色，扁平，外侧泛深红色，夏季开放。适宜岩石园中栽培。

H. rhodoppeum 见*H. cerastioides*。

🏆'罗瓦兰'金丝桃 *H.* 'Rowallane' 半常绿灌木。枝拱状。株高和冠径均为1.5m。耐寒。但在寒冷的冬季要把地上部分剪去。花大，碗状，深金黄色，仲夏至仲秋或秋末开放。叶卵形，深绿色。

Hypocyrta radicans 见 *Nematanthus gregarius*。

Hypocyrta strigillosa 见 *Nematanthus strigillosus*。

枪刀药属 HYPOESTES

爵床科 ACANTHACEAE

多年生常绿草本、灌木和亚灌木。因观赏其花和叶而栽培。不耐寒，耐最低温度10℃。喜光照充足的环境和排水良好的土壤。生长季节经常浇水，冬季少浇水。应剪去散乱的枝。春季或夏季茎插繁殖。叶穗枪刀药（*H. phyllostachya*）可作为一年生栽培。春季播种繁殖。

芒尖枪刀药 *H. aristata* 多年生常绿丛状草本或亚灌木。株高1m，冠径60cm。叶卵形，中绿色，长达8cm。穗状花序顶生，花小，管状，深粉红色至紫红色，冬末开放。

🏆叶穗枪刀药 *H. phyllostachya* (*H. sanguinolenta* of gardens)，见264页。

H. sanguinolenta of gardens 见 *H. phyllostachya*。

小金梅草属 HYPOXIS

仙茅科 HYPOXIDACEAE

球茎类植物。春季或夏季开花。花扁平，星状。适宜岩石园中栽培。耐寒至半耐寒。喜全光照和散射光环境及排水良好的土壤。春季或秋季播种繁殖。

狭叶小金梅草 *H. angustifolia*，见436页。

南非小金梅草 *H. capensis* (*H. stellata*，*Spiloxene capensis*) 球茎类植物。春季开花。基生叶簇生。株高10～20cm，冠径5～8cm。半耐寒。叶直立，窄披针形。每个茎上都开花，花朝上，花瓣尖，白色或黄色，有紫色眼状斑。

H. stellata 见 *H. capensis*。

覆石花属（新拟）HYPSELA

桔梗科 CAMPANULACEAE

多年生匍匐草本。生长旺盛。因观赏其花和心形叶而栽培。为良好的地被植物，尤其适宜岩石园中栽培。耐寒。喜阴凉和湿润的土壤。春季分株繁殖。

H. longiflora 见 *H. reniformis*。

覆石花（新拟）***H. reniformis*** (*H. longiflora*) 多年生匍匐无茎草本。生长旺盛。株高2cm，冠径不定。叶小，心形，肉质。花小，星状，粉白色，春夏季开放。

Hyssop 见*Hyssopus officinalis*，见168页。

Mexican giant 见 *Agastache*。

神香草属（喜苏属）HYSSOPUS

唇形科 LABIATAE/LAMIACEAE

神香草属（喜苏属） **HYSSOPUS**

多年生草本和半常绿或落叶灌木。因观赏其花和芳香的叶而栽培。花能吸引蜜蜂和蝴蝶，叶可作调料和药用，也可作矮绿篱栽培。极耐寒。喜全光照环境和肥沃、排水良好的土壤。如果作绿篱，春季可重剪，也可以轻剪。夏季用嫩枝扦插繁殖或秋季播种繁殖。

神香草（海索草，喜苏）***H. officinalis***（Hyssop），见168页。**芒尖神香草** subsp. ***aristatus*** 半常绿或落叶直立灌木。冠密集。株高60cm，冠径1m。叶狭披针形，鲜绿色，芳香。花序密集，花小，二唇形，暗蓝色，仲夏至初秋开放。

I

屈曲花属 IBERIS

十字花科 BRASSICACEAE/CRUCIFERAE

一年生、多年生草本或常绿亚灌木和灌木。因观赏花而栽培。适宜岩石园中栽培。部分为短命种类，开花后即死亡。极耐寒至半耐寒。喜光照环境和排水良好的土壤。春季播种繁殖。灌木和亚灌木夏季用半成熟枝扦插繁殖。

屈曲花*I. amara*，见318页。**‘大风信子花’‘Giant Hyacinth-flowered’**一年生草本。直立。丛生。生长快。株高30cm，冠径15cm。极耐寒。叶披针形，中绿色。花序扁平，花大，4瓣，芳香，花色丰富，夏季开放。

I. commutata 见 *I. sempervirens*。

石生屈曲花*I. saxatilis*，见374页。

🏆常绿屈曲花 *I. sempervirens* (*I. commutata*)，见346页。**🏆‘雪花’‘Schneeflocke’** (*I. s.* ‘Snowflake’) 常绿亚灌木。树冠开张。株高15～30cm，冠径45～60cm。极耐寒。叶狭椭圆形，有光泽，暗绿色。花序半球状，浓密，花4瓣，白色，春末和初夏开放。花后修剪。

伞形屈曲花*I. umbellata* 一年生草本。直立。丛生。生长快。株高15～30cm，冠径20cm。极耐寒。叶披针形，中绿色。花小，4瓣，白色或淡紫色，有时双色，夏季至初秋开放。**仙女系列 Fairy Series**，见322页。

Iceland poppy 见 *Papaver croceum*.

Ice-plant见*Dorotheanthus bellidiformis*，*Sedum spectabile*。

山桐子属 IDESIA

大风子科 FLACOURTIACEAE

单种属。落叶乔木。夏季开花。因观赏其叶和浆果而栽培。雄雌株要间隔种植以利结果。极耐寒。喜光照或半阴环境和肥沃、湿润但排水良好的中性至酸性土壤。夏季用嫩枝扦插繁殖或秋季播种繁殖。

山桐子 *I. polycarpa*，见80页。

冬青属 ILEX
Holly

冬青科 AQUIFOLIACEAE

常绿或落叶乔木和灌木。因观赏其叶和浆果而栽培。秋季结果，主要为卵形浆果，颜色由红色、黄色到黑色。花通常不明显，白色，春季开花。几乎所有植株都是雌雄异株，为了使雌株结果，必须栽培雄株。极耐寒至半耐寒。所有种都喜排水良好的土壤。需种植在有光照或阴凉的地方，但落叶植物和彩叶种类最好种在有光照或半阴的地方。冬青不宜移植，但适宜修剪和剪梢。春季播种繁殖或夏末至初冬用半成熟枝扦插繁殖。冬青潜叶蛾和冬青蚜虫会造成危害。误食其浆果会引起胃部不适。见98～99页。

阿耳塔拉冬青 *I.* × *altaclerensis* 常绿灌木或乔木。生长旺盛。耐寒。抗污染，适应沿海气候。

‘巴利阿里’‘Balearica’(见98页) 雌株。直立。株高12m，冠径5m。嫩枝绿色或橄榄绿色。叶大，阔卵形，全缘或有锯齿，暗绿色，有光泽。浆果鲜红色，果实较大，结果多。

‘比利时’‘Belgica’(见98页) 雌株。直立。树冠密集。株高12m，冠径5m。幼枝绿色或黄绿色。叶大，椭圆形，中绿色，有光泽，全缘或有锯齿。果实较大，橘红色，结果多。

🏆‘黄纹叶’‘Belgica Aurea’ (*I.* × *a.* ‘Silver Sentinel’, *I. perado* ‘Aurea’)，见99页。雌株。直立。株高8m，冠径3m。幼枝绿色，带黄色条纹。叶大，披针形，暗绿色，有灰绿色斑点，边缘为不规则的黄色，一般无刺。偶尔会结红色浆果。

🏆‘山茶叶’‘Camelliifolia’(见98页) 雌株。窄金字塔形。株高14m，冠径3m。幼枝紫色。叶大，椭圆形，全缘，暗绿色，有光泽。果实大，鲜红色。为优良的标本树。

‘斑纹茶叶’‘Camelliifolia Variegata’(见99页) 株高8m，冠径3m。与‘山茶叶’(*I.* × *a.* ‘Camelliifolia’) 相似，但叶有较宽的黄边。

🏆‘金皇’‘Golden king’ 丛生灌木。雌株。株高6m，冠径5m。幼枝绿色，泛紫色。叶大，椭圆形至卵形，暗绿色，中心泛灰绿色，边缘为鲜黄色，老叶逐渐变为乳黄色，有时微具刺。结果少，浆果褐红色。作绿篱或标本树极佳。

🏆‘霍金斯’‘Hodginsii’ 雄株。树冠密集。生长旺盛。株高14m，冠径10m。枝紫色。叶阔卵形，暗绿色，刺稀少，有光泽。

🏆‘劳森’‘Lawsoniana’(见98页) 丛生灌木。雌株。株高6m，冠径5m，与‘金皇’*I.* × *a.* ‘Golden King’ 相似，但叶中心为不规则的金黄色和淡绿色，叶片会返祖成纯绿色。

‘巴尼斯’‘N. F. Barnes’(见98页) 灌木。雌株。树冠密集。株高5.5m，冠径4m。枝紫色。叶卵形，暗绿色，有光泽，全缘，偶尔有锯齿。浆果红色。**‘Silver Sentinel’** 见 *I.* × *a.* ‘Belgica Aurea’。

🏆‘威尔逊’‘Wilsonii’ 雌株。生长旺盛。株高8m，冠径5m。幼枝紫绿色。叶大，椭圆形至卵形，暗绿色，有明显的叶脉和较大的刺。果实大，鲜红色。为极好的绿篱及标本树。

🏆地中海冬青（圣诞树）***I. aquifolium*** (Common holly)，见98页。常绿灌木或乔木。直立。多分枝。株高20m，冠径6m。耐寒。叶形多样，叶缘波状，带刺，有锐齿，暗绿色，有光泽。浆果鲜红色。

🏆‘银边’‘Argentea Marginata’ (Silver-margined holly)，见98页。雌株。树冠圆柱状。株高14m，冠径5m。幼枝绿色，具乳黄色条纹。叶卵形，带刺，暗绿色，叶缘有较宽的乳黄色，幼叶为粉红色。结果多，浆果鲜红色。适宜作绿篱。

‘垂银边’‘Argentea Marginata Pendula’ (Perry's weeping silver holly)，见98页。雌株。枝下垂。生长慢。株高6m，冠径5m。幼枝紫色。叶阔卵形，带刺，暗绿色，有灰绿色斑点，叶缘为较宽的乳黄色。果实红色。适宜在小花园中作标本树。

‘擎天神’‘Atlas’ 直立灌木。雄株。株高5m，冠径3m。幼枝绿色。叶卵形，带刺，暗绿色，有光泽。适宜作风景林和绿篱。

‘Aurea Regina’ 见 *I. a.*‘Golden Queen’。

‘黄边’‘Aurifodina’(见99页) 直立灌木。树冠密集。雌株。株高6m，冠径3m。幼枝紫色。叶卵形，带刺，橄榄绿色，边缘为金黄色，冬季逐渐变为褐黄色。浆果深猩红色。

黄果冬青 f. *bacciflava* (*I. a.*‘Bacciflava’) 丛生灌木或乔木。直立。株高20m，冠径6m。叶形多样，边缘波状，有锐刺，暗绿色，有光泽。果实黄色。

‘皱黄斑’‘Crispa Aureopicta’ (见99页) 雄株。树冠开张。株高10m，冠径6m。叶窄卵形，皱曲，刺稀少，暗绿色，中心有金黄色的斑点。叶片会返祖变为绿色。

‘大刺’‘Ferox’ (Hedgehog holly) 灌木。雄株。树冠开张。株高6m，冠径4m。幼枝紫色。叶卵形，暗绿色，叶缘密生刺。

🏆‘小刺银边’‘Ferox Argentea’ (Silver hedgehog holly) 与‘大刺’(*I. a.*‘Ferox’) 相似，但叶缘为乳黄色。

‘月光’‘Flavescens’ (Moonlight holly) 灌木。雌株。树冠圆柱状。株高6m，冠径5m。幼枝紫红色。叶形多样，具刺，暗绿色，幼叶泛黄色，形状各异。如果种在光照好的地方，叶四季不脱落。浆果多，红色。

🏆‘金心’‘Golden Milkboy’(见99页) 灌木。树冠密集。雄株。株高6m，冠径4m。幼枝紫绿色。叶卵形，带刺，鲜绿色，中心有鲜黄色的花纹。叶片会返祖变成纯绿色。

🏆‘金后’‘Golden Queen’ (*I. a.* ‘Aurea Regina’) 乔木。尽管名字像雌株，但却是茂密的雄株。株高10m，冠径6m。叶阔卵形，带刺，中绿色，叶缘金黄色。

‘金范托尔’‘Golden van Tol’ 与‘范托尔’(*I. a.* ‘J. C. van Tol’) 相近。直立灌木。雌株。株高4m，冠径3m。幼枝紫色。叶卵形，皱褶，暗绿色，稍微带刺，边缘为不规则的鲜黄色。结果少，浆果红色。适宜作绿篱或标本树。

🏆‘新银’‘Handsworth New Silver’ 直立灌木。雌株。树冠密集，圆柱状。株高8m，冠径5m。枝紫色。叶椭圆形至卵形，带刺，暗绿色，具较宽的乳黄色边缘。结果多，果实鲜红色。作绿篱或标本树极佳，适宜小花园中栽培。

‘哈斯康本’‘Hascombensis’ 灌木。树冠密集。性别未知。生长慢。株高1.5m，冠径1～1.2m。幼枝紫绿色。叶小，卵形，具刺，暗绿色。不结果。适宜岩石园中栽培。

‘范托尔’‘J. C. van Tol’ 灌木。雌株。冠开张。不需要异花受粉即可结果。株高6m，冠径4m。幼枝深紫色。叶卵形，皱褶，暗绿色，微带刺。结果多，浆果红色。适宜作绿篱或盆栽。

‘布内特夫人’‘Madame Briot’ (见99页) 丛生乔木。雌株。生长旺盛。株高10m，冠径5m。幼枝紫绿色。叶大，阔卵形，暗绿色，略带刺，叶缘金黄色。浆果猩红色。

‘卵黄’‘Ovata Aurea’ (见99页) 雄株。树冠密集。株高5m，冠径4m。幼枝褐红色。叶卵形，暗绿色，叶缘金黄色，具不规则的刺。

🏆‘金字塔’‘Pyramidalis’ (见98页) 雌株。树冠密集。不需要异花授粉即可结果。株高6m，冠径5m。幼枝绿色。叶窄椭圆形，中绿色，微带刺。结果多，浆果鲜红色。适宜小花园中栽培。

‘金字塔黄缘’‘Pyramidalis Aureomarginata’ (见99页) 直立灌木。雌株。株高6m，冠径5m。幼枝绿色。叶窄椭圆形，中绿色，叶缘金黄色，中上部具刺。结果多，浆果红色。

🏆‘金字塔黄果’‘Pyramidalis Fructu Luteo’ 灌木。雌株。树冠圆锥状，随树龄增大渐变开展。株高6m，冠径4m。幼枝绿色。叶卵形，暗绿色，通常少刺。浆果黄色。适宜小花园中栽培。

‘苏格兰’‘Scotica’ (见98页) 灌木。雌株。树冠密集，挺拔高大。株高6m，冠径4m。叶卵形，暗绿色，有光泽，微卷曲，通常无刺。果实红色。

‘Silver King’ 见 *I. a.* ‘Silver Queen’。

'Silver Milkboy' 见 *I. a.* 'Silver Milkmaid'。

🏆'乳斑' 'Silver Milkmaid' (*I. a.* 'Silver Milkboy')，见98页。灌木。雌株。树冠密集。株高5.5m，冠径4m。叶卵形，带刺，叶缘波状，幼时呈褐色，成熟时为亮绿色，中心有乳黄色斑点，但会返祖变为绿色。结果多，浆果鲜红色。是非常诱人的标本树。

🏆'银后' 'Silver Queen' (*I. a.* 'Silver King')，见99页。尽管名字像雌株，但却是茂密的雄性灌木。株高5m，冠径4m。幼枝紫色。叶卵形，带刺，幼时粉红色，成熟时暗绿色或近黑色，具宽的乳黄色边缘。

'华特' 'Watereriana' (*I. a.* 'Waterer's Gold', Waterer's gold holly)，见99页。灌木。雄株。树冠密集。株高和冠径均为5m。幼枝绿色，具黄色条纹。叶卵形，灰绿色，边缘有刺或无刺，具宽的金黄色边缘。为极佳的标本树。**'Waterer's Gold'** 见 *I. a.* 'Watereriana'。

凸叶双核冬青*I.* × *aquipernyi* (见98页) 常绿灌木。直立。株高5m，冠径3m。耐寒。叶小，卵形，带刺，暗绿色，有光泽，尾尖。浆果大，红色。

I. chinensis of gardens 见 *I. purpurea*。

睫刺冬青*I. ciliospinosa* (见98页) 常绿灌木或乔木。直立。株高6m，冠径4m。耐寒。叶小，卵形，灰绿色，有软刺。浆果红色。

枸骨 *I. cornuta* (Horned holly) 常绿灌木。树冠密集，圆球状。株高4m，冠径5m。耐寒。叶矩形，灰绿色，有刺，但老树例外。浆果大，红色。**'布尔福特' 'Burfordii'** (见98页) 雌株。冠径2.5m。叶有光泽，仅先端有刺尖。结果多。**'近圆' 'Rotunda'** 雌株。株高2m，冠径1.2m。结果少。适宜盆栽或小花园中栽培。

钝齿冬青 *I. crenata* (Box-leaved Holly, Japanese holly) 常绿灌木或乔木。树冠开展。株高5m，冠径3m。极耐寒。叶小，卵形，暗绿色，叶缘有圆锯齿。果实有光泽，黑色。适宜作风景林或绿篱。

'Bullata' 见 *I. c.* 'Convexa'。

🏆'泡叶' 'Convexa' (*I. c.* 'Bullata')，见98页。灌木。雌株。树冠密集。株高2.5m，冠径1.2～1.5m。幼枝紫绿色。叶卵形，皱褶，有光泽。果实黑色。

'海勒' 'Helleri' (见98页) 灌木。雌株。树冠开展。株高1.2m，冠径1～1.2m。幼枝绿色。叶卵形，几无刺。果实黑色，有光泽。

'阔叶' 'Latifolia' (*I. c.* f. *latifolia*)，见98页。乔木或灌木。雌株。树冠开展至直立。株高6m，冠径3m。幼枝绿色。叶阔卵形，有细锯齿。果实黑色，有光泽。

沼泽冬青 var. ***paludosa*** (见98页) 匍匐灌木或乔木。株高15～30cm，冠径不定。叶小，卵形，暗绿色，有圆锯齿。果实黑色，具光泽。

'斑叶' 'Variegata' (见99页) 灌木。雄株。树冠开张。株高4m，冠径2.5m。叶卵形，有黄色斑点，但会返祖变成纯绿色。

双核冬青 *I. dipyrena* (Himalayan holly) 常绿乔木。直立。树冠密集。株高12m，冠径8m。耐寒。叶椭圆形，灰绿色，幼时有刺，后逐渐变为全缘。果实大，红色。

狭叶冬青 *I. fargesii* (见98页) 常绿灌木或乔木。树冠阔圆锥状。株高6m，冠径5m。耐寒。枝绿色或紫色。叶卵形，中绿色至暗绿色，有细锯齿。浆果红色。**短叶冬青** var. ***brevifolia*** (见98页) 树冠密集，圆球状。株高4m。

乔治冬青 *I. georgei* 常绿灌木。冠密集。株高5m，冠径4m。半耐寒。叶小，披针形至卵形，暗绿色，具软刺，有光泽，尾尖。浆果红色。

无毛冬青 *I. glabra* (Inkberry) 常绿灌木。直立。树冠密集。株高2.5m，冠径2m。极耐寒。叶小，椭圆形至卵形，暗绿色，全缘或接近先端偶尔有细锯齿。果实黑色。

I. insignis 见 *I. kingiana*。

全缘冬青 *I. integra* 常绿灌木或乔木。丛生。树冠密集。株高6m，冠径5m。耐寒。叶卵形，钝尖，全缘，亮绿色。浆果大，深红色。

***I.* 'Jermyns Dwarf'** 见 *I. pernyi* 'Jermyns Dwarf'。

金氏冬青 *I. kingiana* (*I. insignis*) 常绿乔木。直立。株高6m，冠径4m。半耐寒。叶大，椭圆形，暗绿色，革质，有很小的刺。浆果鲜红色。

柯氏冬青 *I.* × *koehneana* (见98页) 常绿灌木。树冠圆锥状。株高6m，冠径5m。极耐寒。幼枝绿色。叶大，椭圆形，具刺，中绿色。果实红色。

大叶冬青 *I. latifolia* (Tarajo holly) 常绿灌木。直立。株高6m，冠径5m。半耐寒。幼枝粗壮，橄榄绿色。叶大，椭圆形，具刺，暗绿色。浆果多。

大果冬青 *I. macrocarpa* (见98页) 落叶乔木。直立。株高10m，冠径6m。耐寒。叶大，卵形，中绿色，有锯齿。浆果大，黑色。

蓝冬青 *I.* × *meserveae* (Blue holly) 常绿灌木。树冠密集。生长旺盛。极耐寒。但在海洋性气候条件下，长势不旺。叶卵形，有光泽，蓝绿色。**🏆'蓝公主' 'Blue Princess'** (见98页) 雌株。株高3m，冠径1.2m。幼枝紫绿色。叶小，卵形，波状，具刺。结果多，果实红色。

美国冬青 *I. opaca* (American holly) (见98页) 常绿乔木。直立。株高14m，冠径1.2m。极耐寒，但在海洋性气候下生长不良。叶卵形，灰绿色，背面为黄绿色，有刺或全缘。果实红色。

具柄冬青 *I. pedunculosa* (见99页) 常绿灌木或乔木。直立。株高10m，冠径6m。极耐寒。叶卵形，暗绿色，全缘。浆果红色，具长柄。

***I. perado* 'Aurea'** 见 *I.* × *altaclerensis* 'Belgica Aure'。

猫儿刺 *I. pernyi* (见98页) 常绿灌木。生长慢。株高8m，冠径4m。极耐寒。枝坚硬，幼枝淡绿色。叶小，椭圆形，暗绿色，具刺。浆果红色。**'矮生' 'Jermyns Dwarf'** (*I.* 'Jermyns Dwarf') 雌株。株高60cm，冠径1.2m。生长慢。叶有光泽，具刺。

冬青 *I. purpurea* (*I. chinensis* of gardens)，见99页。常绿乔木。直立。株高12m，冠径6m。半耐寒。叶卵形，暗绿色，有圆锯齿，质地薄，有光泽。花淡紫色。果实卵形，鲜红色，有光泽。

落霜红 *I. serrata* 落叶灌木。丛生。株高4m，冠径2.5m。极耐寒。叶小，卵形，鲜绿色，有细锯齿，幼叶下垂。花粉红色。果实小，红色。**白果落霜红** f. ***leucocarpa*** (见99页) 浆果白色。

轮叶冬青 *I. verticillata* (Winterberry)，见98页。落叶灌木。树冠密集。具根出条。株高2m，冠径1.2～1.5m。极耐寒。幼枝紫绿色。叶卵形或披针形，有锯齿，鲜绿色。浆果多，红色，冬季在裸枝上能持续很长时间。

云南冬青 *I. yunnanensis* 常绿灌木。树冠开展至直立。株高4m，冠径2.5m。耐寒。枝上有短绒毛。叶小，卵形，具圆锯齿，幼叶呈棕绿色，成年叶暗绿色，有光泽。浆果红色。

Illawarra flame tree 见 *Brachychiton acerifolius*，见65页。

Illawarra palm 见 *Archontophoenix cunninghamiana*。

八角属 ILLICIUM

八角科／木兰科 ILLICIACEAE/MAGNOLIACEAE

常绿乔木或灌木。春季至初夏开花。因观赏叶和独特的花而栽培。耐寒至半耐寒。最好种在半阴或全阴的地方，喜中性或酸性湿润土壤。夏季用半成熟枝扦插繁殖。

毒八角 *I. anisatum* (Chinese anise) 常绿乔木或灌木。树冠圆锥状。生长慢。株高和冠径均为6m。耐寒。叶卵形，暗绿色，有光泽，芳香。花星状，黄绿色，有许多细细的花瓣，仲春开放。

佛州八角 (紫八角) *I. floridanum* (Purple anise) 常绿灌木。丛生。株高和冠径均为2m。半耐寒。叶披针形，革质，深绿色，芳香。花星状，红色或紫红色，有许多窄小的花瓣，春末至初夏开放。

Immortelle 见 *Bracteantha bracteata*, *Xeranthemum*。

凤仙花属 IMPATIENS

凤仙花科 BALSAMINACEAE

一年生草本和多年生常绿草本或亚灌木。茎肉质，很脆。在寒冷的气候条件下有些种类可能会成为草本植物。极耐寒至不耐寒，耐最低温度10℃。喜光照或半阴环境，要求土壤湿润，但不能积水。春季或夏季播种繁殖或茎插繁殖。易遭受红蜘蛛、蚜虫和椰粉虱的危害。

凤仙花 *I. balsamina*，见320页。**'黑莓冰' 'Blackberry Ice'** 一年生直立草本。丛生。生长快。株高70cm，冠径45cm。半耐寒。叶披针形，淡绿色。花大，重瓣，紫红色中带白色，夏季和初秋开放。**大拇指汤姆系列 Tom Thumb Series**，见325页。

精巧系列凤仙 *I.* Confection Series，见327页。

东非凤仙 *I. niamniamensis* 多年生常绿草本。丛生。株高90cm，冠径30cm。不耐寒。茎红绿色。叶卵形，有锯齿，长达20cm。花黄绿色，5瓣，花冠盔状，长2.5cm，每花具一长距，橙黄色、红色、鲜红色或紫色，夏秋季开花。**'刚果美冠鹦鹉' 'Congo Cockatoo'** 花红色、绿色或黄色。

I. oliveri 见 *I. sodenii*。

🏆匍匐凤仙 *I. repens*，见293页。

索氏凤仙 *I. sodenii* (*I. oliveri*) 多年生常绿草本。丛生。生长势强。高1.2m以上，冠径60cm。不耐寒。叶窄卵形，有锯齿，长达15cm以上，4～10个叶轮生。花白色、淡粉红色或紫色，近扁平，花径达5cm以上，夏季开放。

瓦氏凤仙 (苏丹凤仙，玻璃翠) ***I. walleriana*** (Busy lizzie) 多年生常绿草本。丛生。生长快。常作一年生栽培。株高和冠径均为60cm。半耐寒。叶卵形，鲜绿色。花扁平，5瓣，有距，鲜红色、粉红色、紫色、紫罗兰色或白色，春季至秋季开放。**'红星' 新朝系列 Novette Series 'Red Star'**，见327页。**🏆超级小精灵系列 Super Elfin Series** 株高和冠径均为20cm。花扁平，杂色。**'口红' 超级小精灵系列 Super Elfin Series 'Lipstick'**，见326页。**旋转系列 Swirl Series**，见321页。**🏆节奏系列 Tempo Series** 高达23cm。花色各异，有紫罗兰色、橙黄色、粉红色、红色，也有复色。

角蒿属 INCARVILLEA

紫葳科 BIGNONIACEAE

多年生草本。春末或夏季开花。适宜岩石园和花坛中栽培。极耐寒至耐寒。但冬季要用蕨类或堆肥保护其花冠。喜光照环境和排水良好的肥沃土壤。春季或秋季播种繁殖。

红波罗花 *I. delavayi*，见282页。

鸡肉参 *I. mairei*，见279页。**'弗朗克·路德洛' 'Frank Ludlow'** 多年生草本。丛生。冠密集。株高和冠径均为30cm。极耐寒。花喇叭状，深粉红色，生于短茎上，初夏开放。叶有分裂，由4对以上狭卵形、暗绿色的小叶组成。

Incense cedar 见 *Calocedrus de-*

currens，见 106 页。

Incense plant 见 *Calomeria amaranthoides*，见 330 页。

Incense rose 见 *Rosa primula,* 见 188 页。

India rubber tree 见 *Ficus elastica*。

Indian almond 见 *Terminalia catappa*。

Indian bean tree 见 *Catalpa bignonioides*，见 78 页。

Indian corn 见 *Zea*。

Indian currant见*Symphoricarpos orbiculatus*。

Indian fig 见 *Opuntia ficusindica*。

Indian ginger 见 *Alpinia calcarata*。

Indian hawthorn 见 *Rhaphiolepis indica*。

Indian horse-chestnut见*Aesculus indica*。

Indian laburnum见*Cassia fistula*。

Indian pink见*Dianthus chinensis*。

Indian plum 见 *Oemleria cerasiformis*。

Indigo,False见*Baptisia australis*，见 252 页。

木蓝属 INDIGOFERA

豆科／蝶形花科 LEGUMINOSAE/PAPILIONACEAE

多年生草本和落叶灌木。因观赏叶和花而栽培。花小，蝶形。极耐寒至耐寒。在寒冷地区，霜冻会使地面以上的部分枯萎，但春季会从基部重新萌发。喜全光照环境和排水良好的肥沃土壤。春季除去枯死的部分。夏季用软枝扦插繁殖或秋季播种繁殖。

庭藤*I. decora* 落叶灌木。丛生。株高 45cm，冠径 1m。耐寒。叶暗绿色，由 7～13 个卵形小叶组成，有光泽。长穗状花序，花粉红色或白色，仲夏至夏末开放。

丽江木蓝*I. dielsiana*，见 162 页。

I. gerardiana 见 *I. heterantha*。

🏆异花木蓝*I. heterantha* (*I. gerardiana*)，见 141 页。

马棘*I. pseudotinctoria* 落叶灌木。枝拱状。株高 1m 以上，冠径 2m。极耐寒。叶暗绿色，通常由 7～9 个卵形小叶组成。总状花序长，花小而多，淡粉红色，仲夏至初秋开放。

Inkberry 见 *Ilex glabra*。

Interrupted fern 见 *Osmunda claytoniana*。

旋覆花属 INULA

菊科 ASTERACEAE/COMPOSITAE

多年生草本。丛生。有时具根状茎。夏季开花。极耐寒。大多数喜光照环境和湿润但排水良好的土壤。春季或秋季播种繁殖或分株繁殖。

无茎旋覆花*I. acaulis* 多年生草本。丛生。具根状茎。株高 5～10cm，冠径15cm。叶披针形至椭圆形，有毛。头状花序雏菊状，单生，金黄色，几乎无茎，夏季开放。适宜岩石园中栽培。

剑叶旋覆花*I. ensifolia*，见 293 页。

锈毛旋覆花*I. hookeri*，见256页。

I. macrocephala of gardens 见 *I. royleana*。

鬃莨旋覆花*I. magnifica*，见 229 页。

神眼旋覆花*I. oculis-christi* 多年生草本。冠开展。具根状茎。株高 45cm，冠径 60cm。每茎着生 2～3 个雏菊状头状花序，花黄色，夏季开放。叶披针形至椭圆形，有毛，中绿色。

喜马旋覆花*I. royleana* (*I. macrocephala* of gardens)，见 256 页。

悬铃果属 IOCHROMA

茄科 SOLANACEAE

常绿灌木。因观赏花而栽培。不耐寒，耐最低温度7～10℃。喜全光照或半阴环境和肥沃、排水良好的土壤。生长期内，盆栽植物要经常浇水，其他时间适度浇水。剪去幼株顶端以促其分枝。冬末剪去开过花的枝。夏季用嫩枝或半成熟枝扦插繁殖。易受椰粉虱和红蜘蛛螨危害。

悬铃果*I. cyanea* (*I. tubulosa*)，见 150 页。

I. tubulosa 见 *I. cyanea*。

钻石花属（堇草属）IONOPSIDIUM

十字花科 BRASSICACEAE/CRUCIFERAE

一年生草本。常见栽培的仅一种。适宜岩石园中或花境栽培。耐寒。喜半阴环境和排水良好的肥沃土壤。春季、初夏或初秋室外播种繁殖。

🏆钻石花（堇草）***I. acaule*** (Violet cress) 一年生草本。直立。生长快。株高 5～8cm，冠径 2.5cm。叶圆形，中绿色。花小，4瓣，淡紫红色或白色，泛深蓝色，夏季和初秋开放。

花韭属 IPHEION

葱科／百合科 ALLIACEAE/LILIACEAE

鳞茎类植物。花多，星状，蓝色、白色或黄色，春季开放。在低温温室里为极佳的盆栽花卉。耐寒。喜荫、散射光的环境和排水良好的土壤。秋季种植，夏季开花之后枯萎。夏末或秋分球繁殖。

🏆'弗洛伊·穆勒' 花韭（春星花）***I. uniflorum* 'Froyle Mill'**，见 431 页。

🏆'威斯里蓝' 'Wisley Blue' 鳞茎类植物。春季开花。株高 10～15cm，冠径 5～8cm。叶基生，线形，半直立，淡绿色，揉碎有葱味。花淡蓝色，直径 3～4cm，生于无叶茎上，向上开放。

番薯属 IPOMOEA (MINA, PHARBITIS)

旋花科 CONVOLVULACEAE

多为常绿灌木、多年生或一年生草本和以软茎或木质茎缠绕的藤本。半耐寒至不耐寒，耐最低温度7～10℃。喜全光照和排水良好、富含腐殖质的土壤。生长期内经常浇水，其他时间少浇水。需支撑。春季剪去过密的枝叶。春季播种繁殖，夏季用软枝或半成熟枝扦插繁殖。易受椰粉虱和红蜘蛛螨的危害。种子有剧毒，不能误食。

I. acuminata 见 *I. indica*。

月光花*I. alba* (*Calonyction aculeatum, I. bona-nox*) (Moon flower) 常绿藤本。以软茎缠绕攀缘。茎多刺，折断后会流出乳汁。株高 7m 以上。不耐寒，耐最低温度 10℃。叶卵形，有时 3 裂，长达 20cm。花管状，白色，芳香，长 15cm，口部膨大，直径 15cm，夏季夜晚开放。

I. bona-nox 见 *I. alba*。

红茑萝*I. coccinea* (*Quamoclit coccinea*) (Red morning glory, Star ipomoea) 一年生藤本。以茎缠绕攀缘。株高达 3m。不耐寒。耐最低温度 10℃。叶箭形或心形，长尾尖，有锯齿。花管状，芳香，鲜红色，喉部黄色，花口敞开，夏末至初秋开放。

裂叶牵牛*I. hederacea*，见214页。

🏆鹅掌牵牛*I. horsfalliae*，见 209 页。**'布里格斯' 'Briggsii'** 常绿木质藤本。以茎缠绕攀缘。生长势强。株高 2～3m。耐最低温度 7～10℃。叶放射状 5～7 裂或由 5～7 片小叶组成。花序具梗，花大，漏斗状，深红色或玫瑰紫红色，夏末至冬季开放。其花比其他品种花型更大、花色更丰富。

I. imperialis 见 *I. nil*。

🏆变色牵牛*I. indica* (*I. acuminata, I. learii*)，见 206 页。

I. learii 见 *I. indica*。

裂叶茑萝 *I. lobata* (*I. versicolor Quamoclit lobata*)，见 210 页。

葵叶茑萝（槭叶茑萝）***I. × multifida*** (*I. × sloteri*)(Cardinal climber, Hearts-and-honey) 一年生藤本。以茎缠绕攀缘。株高 3m。不耐寒，耐最低温度 10℃。叶三角状卵形，具 7～15 个裂片。花管状，口部宽，深红色，有白色眼状斑，夏季开放。

牵牛 *I. nil* (*I. imperialis* 'Early Call') 多年生短命藤本。作一年生栽培。以软茎缠绕攀缘。茎具绒毛。株高 4m。半耐寒。叶心形或 3 裂。花大，漏斗状，花色各异，花管白色，夏季至初秋开放。**'奥哈拉' 'Scarlett O'Hara'** 花深红色。

圆叶牵牛 *I. purpurea* (*Convolvulus purpureus*) (Common morning glory) 多年生短命藤本。作一年生栽培。以茎缠绕攀缘。茎被毛。株高 5m。半耐寒。叶心形或 3 裂。花漏斗状，深紫色、蓝色或红色，喉部白色，萼片刚毛状，夏季至初秋开放。

茑萝*I. quamoclit* (*Quamoclit pennata*)，见 210 页。

***I. rubrocaerulea* 'Heavenly Bule'** 见 *I. tricolor* 'Heavenly Blue'

I. × sloteri 见 *I. × multifida*。

🏆'天蓝' 三色牵牛 *I. tricolor* 'Heavenly Blue' (*I. rubrocaerulea* 'Heavenly Blue')，见 215 页。

I. tuberosa 见 *Merremia tuberosa*。

I. versicolor 见 *I. lobata*。

Ipomoea, Star见*Ipomoea coccinea*。

红杉花属 IPOMOPSIS

花葱科 POLEMONIACEAE

多年生草本和二年生草本。通常在温室或暖房里盆栽。半耐寒。喜凉爽、通风良好、有光照的环境和肥沃且排水良好的土壤。初春或初夏温室内播种繁殖。

聚伞红杉花*I. aggregata* 二年生草本。直立。茎纤细，被毛。生长慢。株高 1m，冠径 30cm。叶中绿色，裂成许多线形小叶。花喇叭状，通常鲜红色，有时具红色斑点，或为玫瑰红色、黄色或白色，芳香，夏季开放。

血苋属 IRESINE

苋科 AMARANTHACEAE

多年生草本。因观赏其色彩斑斓的叶而栽培。不耐寒，耐最低温度 10～15℃。需要良好的光照以保持叶的颜色，喜排水良好、松软的土壤。在生长季节要摘心以使其多分枝。春季茎插繁殖。

血苋*I. herbstii* (Beefsteak plant)多年生草本。丛生。株高 60cm，冠径 45cm。茎红色。叶圆形，紫红色，叶脉淡红色或黄红色，先端凹，长10cm。花不明显。**'金网脉' 'Aureoreticulata'**，见 305 页。

🏆林氏血苋*I. lindenii* (Blood leaf) 多年生草本。丛生。株高 60cm，冠径 45cm。叶披针形，暗红色，长达 5～10cm。花不明显。

鸢尾属 IRIS

鸢尾科 IRIDACEAE

多年生直立草本，具根状茎或鳞茎（偶具肉质根）。有些种类常绿。因观赏其奇特、色彩斑斓的花而栽培。每朵花通常有 3 个大型的垂瓣（下垂或半下垂的花瓣），许多种类有明显的髯毛或冠毛，3 个通常较小的旗瓣（直立的、水平的花瓣，偶尔也有下垂的花瓣），花柱 3 叉状，许多鸢尾属植物的花柱分裂呈花瓣状。除说明者外，花梗不分裂。果实初为绿色，然后变成褐色，其形状有椭圆形、柱形，通常有棱。鸢尾属植物适宜种植在花坛、岩石园、林地、水边、沼泽园、高山植物温室、阳畦或盆栽。上面所描

鸢尾属 IRIS

述的种和品种均耐寒（除非有特别的说明），但有些品种只有在下面所提到的特定生长环境下才能生长得茂盛。野生种夏末用根状茎或短匍茎分株繁殖，或秋季播种繁殖，已命名的栽培品种只能分株繁殖。从植物学角度来讲，鸢尾属植物可分为许多亚属和品种群，为了方便，对于有相同特点的和需进行类似栽培处理的鸢尾属植物，园艺上也用其植物学名。误食其任何部分都会引起严重不适，触摸其汁液会引起皮肤过敏。见234～235页。

根状茎类（Rhizomatous）

此类鸢尾属植物有根状茎。叶剑形，通常基部排成扇形。

具髯群（Bearded）具根状茎。由沿每个垂瓣中央着生的大量毛（通常是彩色的毛）组成“髯毛”。其中有些鸢尾“髯毛”的末端逐渐变宽，成喇叭形。该群包含了绝大多数鸢尾属植物，包括许多已命名的栽培品种。适宜种植在花园里。该群品种来源于香根鸢尾（*I. pallida*）及其近缘种。具髯群鸢尾在全光照、排水良好、略带碱性的土壤里生长非常旺盛。有些品种适应能力强，在半阴环境和较贫瘠的土壤上也能生长，并正常开花。为了园艺的需要，主要根据鸢尾在开花期的高度，对杂交的具髯群鸢尾进行分类。其中包括：极矮型（**Miniature Dwarf**）高20cm，矮型（**Standard Dwarf**）高20～40cm，中间型（**Intermediate**）高40～70cm，高大型（**Standard tall**）高70cm以上（最后一种还可以再分）。一般来说，鸢尾越低，开花越早（从初春至初夏）。

突环群（Oncocyclus）具根状茎。每一个茎上开放1朵大型、花色奇特的花，垂瓣具髯毛。喜全光照和排水良好、肥沃的土壤。夏季和初秋开花后，进入休眠期，要保持干燥。栽培困难。最适宜在高山植物温室生长，夏季易受雨水侵袭，需用覆盖物遮盖。

美髯群（Regelia）与突环群非常相近，不同之处在于，旗瓣具髯毛，每个茎上有2朵花。它们所需要的栽培条件相同，但有个别品种，如胡格氏鸢尾（*I. hoogiana*），比突环群更易栽培。现已培育出介于二者之间的杂交品种群，即突环美髯复合群（**Regeliocyclus**）鸢尾。

无髯群（Beardless）具根状茎。但垂瓣无毛，大多数与具髯群需要的栽培条件相似，但有些种类更喜欢黏质土壤。此类鸢尾有许多类型，比较著名的有下列一些品种：太平洋海岸型（**Pacific Coast**）鸢尾，属于加利福尼亚种和它们的杂交品种，喜酸性至中性、富含腐殖质土壤，在全光照或半阴的环境生长良好。由于移植困难，最好播种繁殖。拟鸢尾型（**Spuria**）鸢尾（拟鸢尾*I. spuria*及其近缘种）需种植在全光照或半阴环境和湿润但排水良好的土壤中，许多种类及其杂交品种更喜欢湿润、水边环境，这些包括著名的西伯利亚型（**Siberian**）（西伯利亚鸢尾*I. sibirica*及其近缘种）和日本型（**Japanese**），如玉蝉花（*I. ensata*）和燕子花（*I. laevigata*）亦可以作为花坛植物栽培，但最好种植在开阔、光照充足、富含腐殖质的湿润土壤。

冠饰群（Crested）具根状茎。有隆起或鸡冠状的冠饰，而没有髯毛。其中包括伊温莎型（Evansia），具开张的匍匐茎。大多数与具髯群鸢尾的栽培条件类似，但有些更喜欢湿润的腐殖质土壤。少数种类半耐寒至不耐寒，耐最低温度5℃。

鳞茎类（Bulbous）

此类鸢尾以鳞茎作为贮存器官，有时有肥厚的肉质根。叶披针形，具凹槽，基部4棱形（近正方形）或近圆柱形，不同于根状茎类鸢尾的扁平箭形叶。

剑叶群（Xiphium）包括通常栽培的西班牙型（**Spanish**）、英国型（**English**）和荷兰型（**Dutch**），是极好的花园装饰和切花材料。所有品种在光照充足环境和排水良好的土壤中都容易栽培。喜略带碱性的土壤，但在酸性土壤里也生长良好。西班牙型来源于剑叶鸢尾（*I. xiphium*），花色较多，有蓝色、紫罗兰色、黄色和白色，秋季长出具凹槽的叶。英国型来源于宽叶鸢尾（*I. latifolia*），花色有蓝色、紫罗兰色（偶尔也有白色），春季长出具凹槽的叶。荷兰型鸢尾是西班牙型鸢尾和英国型鸢尾的杂交种，花色各异。

朱诺群（Juno）鳞茎类鸢尾，具肥厚的肉质根。有凹槽的叶和极小、有时呈刚毛状、呈水平方向伸展的旗瓣。开花时非常美丽，但栽培非常困难。所需要的栽培条件与突环群相同。移植或分株时要格外小心，不要损伤其肉质根。

网状群（Reticulata）包括矮小、早花、珍贵的鳞茎鸢尾品种。不同于其他鳞茎鸢尾的地方在于它有网状鳞茎皮，叶4棱形，偶尔圆柱形。网状群鸢尾在开阔、光照充足、排水良好的地方生长良好，几无例外（这里就不描述了）。

尖裂鸢尾*I. acutiloba* 根状茎类突环群鸢尾。株高8～25cm，冠径30～38cm。叶窄，镰刀形，中绿色。花单生，白色，具特别明显的紫罗兰色或棕紫红色脉纹，花径5～7cm，垂瓣的髯毛周围呈棕褐色，春末开放。

‘安娜贝尔·简’鸢尾*I.* ‘Annabel Jane’（见234页）根状茎类具髯群高大型鸢尾。生长旺盛。株高1.2m，冠径不定。分枝茎上着生8～12朵花，花径15～25cm，垂瓣淡紫色，旗瓣颜色更淡，初夏开放。

🏆**‘周年’鸢尾 *I.* ‘Anniversary’** 根状茎类无髯群西伯利亚型鸢尾。株高60cm，冠径不定。分枝上着生1～4朵白色花，花径5～10cm，垂瓣喉部有乳白色条纹，春末至初夏开放。在湿润的土壤中或沼泽园里生长良好。

无叶鸢尾*I. aphylla* 根状茎类具髯群鸢尾。株高15～30cm，冠径不定。分枝茎上着生5朵以上淡紫红色至深紫红色或蓝紫色花，花径6～7cm，春末开放，如果条件适合，秋季再度开放。

🏆**奥氏鸢尾*I. aucheri*** 鳞茎类朱诺群鸢尾。株高15～25cm，冠径15cm。叶有凹槽，中绿色，一层层紧贴在主茎上，看起来像韭菜。花6朵以上，蓝色至白色，垂瓣的脊背处有一条黄色斑纹，花径6～7cm，生于叶腋，春末开放。

I. aurea 见 *I. crocea*。

贝克鸢尾*I. bakeriana* 鳞茎类网状群鸢尾。株高10cm，冠径5～6cm。花单生，具长管，淡蓝色，花径5～6cm，垂瓣尖端呈暗蓝色，中心有一个深蓝色的斑点，初春开放。叶窄，近圆柱形，在开花季节非常短，但随后伸长。

🏆**‘甜美’鸢尾*I.* ‘Banbury Beauty’** 根状茎类无髯群太平洋海岸型鸢尾。株高45cm，冠径不定。春末至初夏，分枝茎上着生2～10朵淡紫红色花，垂瓣上都有紫红色带纹，花径10～15cm。

🏆**‘拜伯里’鸢尾*I.* ‘Bibury’** 根状茎类具髯群矮型鸢尾。株高30cm，冠径不定。春末分枝茎上着生2～4朵乳白色花，花径10cm。

🏆**‘蓝斑褐花’鸢尾*I.* ‘Blue-eyed Brunette’**（见235页）根状茎类具髯群高大型鸢尾。株高1m，冠径不定。分枝茎上着生7～10朵褐色花，垂瓣上具蓝色带纹和金黄色髯毛，花径10～15cm，初夏开放。

‘粗纹’鸢尾*I.* ‘Bold Print’（见234页）根状茎类具髯群中间型鸢尾。株高55cm，冠径不定。春末或初夏，分枝茎上着生6朵花，花径13cm，旗瓣白色，边缘紫色，垂瓣白色，边缘紫色，髯毛白色，先端青铜色。

‘青铜皇后’鸢尾*I.* ‘Bronze Queen’（见235页）鳞茎类西班牙型鸢尾。株高达80cm，冠径15cm。春季至初夏开放1朵或2朵黄褐色的花，微被青铜色和紫红色，花径达8～10cm。叶披针形，具凹槽，中绿色，散生于花茎上。

🏆**‘棕色套索’鸢尾*I.* ‘Brown Lasso’** 根状茎类具髯群中间型鸢尾。株高55cm，冠径不定。初夏分枝的茎上开6～10朵花，花径10～13cm。旗瓣深奶油色，边缘褐色，垂瓣淡紫罗兰色。

🏆**布喀利鸢尾*I. bucharica***（见234页）鳞茎类朱诺群鸢尾。生长旺盛。株高20～40cm，冠径12cm。春末从叶腋处开2～6朵花，花径6cm，垂瓣金黄色至黄白色。叶窄披针形，有凹槽，有光泽，中绿色，散生于花茎上。比大多数朱诺群鸢尾更易栽培。

🏆**‘黄奶糖’鸢尾*I.* ‘Butter and Sugar’**（见235页）根状茎类无髯群西伯利亚型鸢尾。株高达1m，冠径不定。花大，黄色或白色，春末至初夏开放。

‘卡纳比’鸢尾*I.* ‘Carnaby’（见235页）根状茎类具髯群高大型鸢尾。株高达1m，冠径不定。分枝茎上开6～8朵花，花径15～18cm，旗瓣淡粉红色，垂瓣深玫瑰红色，髯毛橘黄色，初夏开放。

I. chamaeiris 见 *I. lutescens*。

金脉鸢尾*I. chrysographes*（见234页）根状茎类无髯群西伯利亚型鸢尾。株高40cm，冠径不定。分枝茎上着生1～4朵深红紫色或紫黑色花，花径5～10cm，垂瓣具金黄色蚀刻状斑点，春末至初夏开放。喜湿润环境。

‘克莱尔特’鸢尾*I.* ‘Clairette’（*I. reticulata* ‘Clairette’）鳞茎类网状群鸢尾。株高10～15cm，冠径4～6cm。花单生，芳香，具长管，淡蓝色，花径4～6cm，垂瓣深紫罗兰色，带白色斑点，初春开放。叶窄，矩形，开花后叶逐渐伸长。

西藏鸢尾*I. clarkei* 根状茎类无髯群西伯利亚型鸢尾。株高60cm，冠径不定。坚硬的茎上生出2～3个分枝，春末至初夏，每个分枝茎上着生2朵蓝色至红紫色花，花径5～10cm，垂瓣具紫罗兰色脉纹和白色斑点。喜湿润的环境。

I. colchica 见 *I. graminea*。

🏆**扁竹兰*I. confusa*** 常绿或半常绿，根状茎类冠饰群伊温莎型鸢尾，具较短的匍匐茎。株高30cm～1m，冠径不定。半耐寒。竹子一样的直立茎上长着疏松的叶，扇状，似王冠。仲春，分枝花茎上开放一长串达30多朵白花，花径4～5cm，垂瓣黄色冠饰周围具黄色或紫红色斑点。喜排水良好的土壤和朝南墙的保护。

‘魔法’鸢尾*I.* ‘Conjuration’ 根状茎类具髯群高大型鸢尾。株高90cm，冠径不定。初夏开6～11朵花，旗瓣淡紫罗兰色，边缘白色，垂瓣白色，边缘深紫罗兰色，髯毛角状，白色，末端黄色。

🏆**冠状鸢尾*I. cristata***（见234页）根状茎类冠饰群伊温莎型鸢尾，有许多分枝的根状茎。株高10cm，冠径不定。叶披针形，排成整齐的扇形。初夏开放1～2朵无茎长管状花，花淡紫色、蓝色、淡紫红色或白色，垂瓣具橘黄色冠饰和白色斑点，花径3～4cm。喜半阴环境和湿润土壤。适宜泥炭垒床栽培。

🏆**鲜黄鸢尾*I. crocea***（*I. aurea*）根状茎类无髯群拟鸢尾型鸢尾。株高1～1.2m，冠径不定。叶长。茎粗壮，直立。偶有分枝的茎顶端开一串2～10朵金黄色的花，垂瓣边缘波状，花径12～18cm，初夏开放。忌移植。

I. cuprea 见 *I. fulva*。

‘流行图案’鸢尾*I.* ‘Custom Design’ 根状茎类无髯群拟鸢尾型鸢尾。株高1m，冠径不定。茎粗壮，直立。分枝的茎上开2～10朵深栗色花，垂瓣具纹理清晰的鲜黄色亮点，花径5～12cm。初夏至仲夏开放。

丹佛鸢尾*I. danfordiae*（见235页）鳞茎类网状群鸢尾。株高5～10cm，冠径5cm。初春开花，通常只开1朵花，花黄色，垂瓣具绿色斑点，花径3～5cm，旗瓣变成短硬毛。开花季节，矩形叶很短，但随后会伸长。往往会长出许多小鳞茎，栽种得比其他网状群

鸢尾属 IRIS

鸢尾要深一些，以使鳞茎开花更大。

道格拉斯鸢尾 ***I. douglasiana***（见234页）常绿根状茎类无髯群太平洋海岸型鸢尾。株高25～70cm，冠径不定。叶暗绿色，革质，基部有紫红色的斑点。分枝茎上开1～3朵淡紫红色或紫红色的花，偶尔也有白色花，垂瓣的中心有大小不一的黄色斑点，花径7～12cm，春末至初夏开放。

🏆**'理想塔'鸢尾** ***I.*** **'Dreaming Spires'** 根状茎类无髯群西伯利亚型鸢尾。株高1m，冠径不定。春末至初夏分枝茎上开1～4朵花，旗瓣淡紫红色，垂瓣蓝色，花径5～10cm。喜湿润土壤。

🏆**'理想黄'鸢尾** ***I.*** **'Dreaming Yellow'**（见234页）根状茎类无髯群西伯利亚型鸢尾。株高1m，冠径不定。春末至初夏分枝茎上开1～4朵花，旗瓣白色，垂瓣乳黄色，逐渐褪为白色，花径5～10cm。喜湿润土壤。

🏆**'早光'鸢尾** ***I.*** **'Early Light'**（见235页）根状茎类具髯群高大型鸢尾。株高1m，冠径不定。初夏分枝茎上开8～10朵花，旗瓣淡柠檬色，垂瓣稍暗，带黄色髯毛，花径15～18cm。

'埃尔莫'鸢尾 ***I.*** **'Elmohr'** 根状茎类具髯群鸢尾。株高1m，冠径不定。初夏分枝茎上开2～5朵脉纹清晰的紫红色花，花径15～20cm。

🏆**玉蝉花** ***I. ensata*** (*I. kaempferi*) (Japanese flag)根状茎类无髯群日本型鸢尾。株高60cm～1m，冠径不定。分枝茎上开3～15朵紫色或紫红色放，垂瓣上有一个黄色的斑点，花径8～15cm，初夏至仲夏开花。叶中脉凸出，而燕子花（*I. laevigate*)叶平滑，可以区别。已培育出数百个品种，有些是重瓣花，有紫红色、粉红色、淡紫红色、白色，有时是复色。喜半阴，在水中或沼泽园中生长旺盛。**'黄斑' 'Galathea'** (*I.* 'Galathea')，见235页。株高80cm。花蓝紫色，垂瓣上有黄色斑点。

I. extremorientalis见*I. sanguinea*。

🏆**'萤眼'鸢尾** ***I.*** **'Eyebright'**（见235页）根状茎类具髯群矮型鸢尾。株高30cm，冠径不定。春末在通常不分枝的茎上开2～4朵鲜黄色花，垂瓣髯毛周围有一褐色环带，花径7～10cm。

'吉普赛舞'鸢尾 ***I.*** **'Flamenco'**（见235页）根状茎类具髯群高大型鸢尾。株高1m，冠径不定。初夏分枝茎上开6～9朵花，旗瓣金黄色、泛红晕，垂瓣白色或黄色，花径15cm。

🏆**红籽鸢尾** ***I. foetidissima*** (Gladwin, Roast-beef plant, Stinking iris) 常绿根状茎类无髯群鸢尾。株高30cm～1m，冠径不定。分枝茎上开9朵以上夹杂黄色的淡紫红色花，偶尔为纯黄色，花径5～10cm，初夏至仲夏开放。冬季圆柱形果实开裂露出鲜红色圆圆的种子。在水池花园或沼泽园中生长旺盛，但也能在干旱的环境中生存。

🏆**云南鸢尾** ***I. forrestii***（见235页）根状茎类无髯群西伯利亚型鸢尾。株高15～40cm，冠径不定。春末至初夏不分枝的茎上开1～2朵黄色且芳香的花，垂瓣上有一条黑线，旗瓣有时泛出褐色，花径5～6cm。叶线形，中绿色，有光泽，背面淡绿色。喜湿润的石灰质土壤。

福斯特鸢尾 ***I. fosteriana*** 鳞茎类朱诺群鸢尾。株高10～15cm，冠径6cm。春季开1～2朵长管状花，旗瓣向下变成深紫红色，比大多数朱诺群鸢尾的花瓣大，垂瓣乳黄色。叶窄，披针形，有凹槽，中绿色，带银边，散生在花茎上。栽培困难，最好在高山植物温室或阳畦栽培。

'法兰克长老'鸢尾 ***I.*** **'Frank Elder'** 鳞茎类网状群鸢尾。株高6～10cm，冠径5～7cm。花单生，淡蓝色，泛出淡黄色，并带有深蓝色脉纹和斑点，花径6～7cm，初春开放。开花时节，叶窄，矩形，很短，但随后会变长。

铜红鸢尾 ***I. fulva*** (*I. cuprea*)（见235页）根状茎类无髯群鸢尾。株高45～80cm，冠径不定。耐寒。春末至夏季细长分枝茎上开4～6朵（偶尔更多）青铜色或橘红色花，每个叶腋开2朵，花径5～7cm。在水池花园或沼泽园中生长旺盛。

🏆**黄褐鸢尾** ***I.*** **×** ***fulvala*** (*I.* 'Fulvala')(见234页）根状茎类无髯群日本型鸢尾。株高45cm，冠径不定。耐寒。夏季在"之"字形茎上开4～6朵（偶尔更多）天鹅绒般的深紫红色花，每个叶腋开2朵，垂瓣上有黄斑，花径5～12cm。在水池花园或沼泽园中生长旺盛。

I. **'Galathea'** 见*I. ensata* 'Galathea'。

'花袍'鸢尾 ***I.*** **'Geisha Gown'**（见234页）根状茎类无髯群日本型鸢尾。株高80cm，冠径不定。夏季分枝茎上开3～5朵白色重瓣花，具玫瑰色脉纹，花柱紫红色，垂瓣上有一个金黄色斑点，花径15～30cm。叶皱褶。喜光照或半阴。在水池花园或沼泽园中生长旺盛。

🏆**德国鸢尾** ***I. germanica*** (Common German flag) 根状茎类具髯群鸢尾。株高60cm～1.2m，冠径不定。少分枝的茎上开6朵以上带黄髯毛的蓝紫色或紫罗兰色花，花径10～15cm，春末和初夏开放。

'金丰'鸢尾 ***I.*** **'Golden Harvest'** 鳞茎类剑叶群西班牙型鸢尾。株高80cm，冠径15cm。春季至初秋开1～2朵深黄色花，花径6～8cm。叶窄，披针形，具凹槽，中绿色，松散着生。

姬鸢尾（细叶鸢尾）***I. gracilipes*** 根状茎类冠饰群伊温莎型鸢尾。簇生，具短匍茎。株高15～20cm，冠径不定。春末至初夏细长分枝茎上开4～5朵淡蓝色花，黄白相间的冠饰周围有紫罗兰色脉纹和白色斑块，花径3～4cm。叶窄，禾草叶状。喜半阴和泥炭土。

格拉伯鸢尾 ***I. graeberiana*** 鳞茎类朱诺群鸢尾。株高15～35cm，冠径6～8cm。春末从叶腋处开4～6朵淡蓝紫色花，垂瓣上有白色冠饰，花径6～8cm。叶披针形，具凹槽，有白边，有光泽，中绿色，背面灰绿色，在花茎上散生。比大多数朱诺群鸢尾易栽培。

🏆**禾叶鸢尾** ***I. graminea*** (*I. colchica*) 根状茎类无髯群拟鸢尾型鸢尾。株高20～40cm，冠径不定。茎扁平，有棱角。叶窄披针形。花10朵以上，有李子香味，花径5～12cm，旗瓣深紫红色，脉纹色重，垂瓣紫罗兰色。忌移植。

'和谐'鸢尾 ***I.*** **'Harmony'**（见235页）鳞茎类网状群鸢尾。株高6～10cm，冠径6～7cm。初春开花，花单生，芳香，具长管，淡蓝色，垂瓣中心有白斑和黄色的脊，花径5～6cm。方形细叶在开花时很短，但花后变长。

拟伊斯鸢尾 ***I. histrioides*** 鳞茎类网状群鸢尾。株高6～10cm，冠径6～7cm。初春开花，花单生，花径6～7cm，花色由淡到深紫罗兰色，每个垂瓣有深蓝色斑点，中心有白斑和黄色的脊。开花时，方形细叶很短，但花后变长。**'斯坦蒂夫人' 'Lady Beatrix Stanley'** 花淡蓝色，垂瓣斑点色重。🏆**'大花' 'Major'**（见235页）花深紫罗兰色。

🏆**'霍尔登峡谷'鸢尾** ***I.*** **'Holden Clough'** 根状茎类无髯群鸢尾。株高50～70cm，冠径不定。初夏分枝茎上开6～12朵黄色花，脉纹深褐色，花径5cm。在水池花园或沼泽园中生长极好，但在排水良好的肥沃土壤上也生长良好。

🏆**胡格氏鸢尾** ***I. hoogiana***（见235页）根状茎类美髯群鸢尾。根状茎粗壮。株高40～60cm，冠径不定。春末和初夏开2～3朵淡蓝色花，花芳香，脉纹色淡，花径7～10cm。较易栽培。

伊比利亚鸢尾 ***I. iberica***（见234页）根状茎类突环群鸢尾。株高15～20cm，冠径不定。叶窄，灰绿色，卷曲。春末开花，花双色，单生，花径10～12cm，旗瓣白色、淡黄色或淡蓝色，脉纹淡棕紫色，垂瓣匙形，白色或淡紫色，脉纹棕紫色。最好种植在保护地或高山植物温室中。

未名鸢尾 ***I. innominata***（见235页）常绿或半常绿，根状茎类无髯群太平洋海岸型鸢尾。株高16～25cm，冠径不定。春末至初夏，开1～2朵花，花色各异，有乳白色、黄色或橘黄色，也有淡紫色、蓝色或紫红色，垂瓣通常有褐红色或褐色脉纹，花径6.5～7.5cm。

🏆**蝴蝶花** ***I. japonica***（见235页）根状茎类冠饰群伊温莎型鸢尾。生长旺盛。具细长匍匐茎。株高45～80cm，冠径不定。耐寒。叶阔披针形，呈扇形排列，有光泽。春末分枝的花茎上开一长串扁平、褶边、淡紫色或白色的花，垂瓣橘黄色，冠饰周围有紫罗兰色斑点，花径1～8cm。喜有庇荫但又能见太阳光的墙保护。

'乔特'鸢尾 ***I.*** **'Joette'**（见234页）根状茎类具髯群中间型鸢尾。高45cm，冠径不定。春末或初夏分枝的茎上着生均匀一致的淡蓝紫色花，具黄色髯毛。是花卉装饰的极好材料。

'乔伊斯'鸢尾 ***I.*** **'Joyce'**（见235页）鳞茎类网状群鸢尾。株高6～10cm，冠径6～7cm。初春开花，花单生，芳香，具长管，纯蓝色，花径5～6cm，垂瓣中心有白斑和黄色脊。开花时，方形细叶很短，但花后变长。

'六月舞会'鸢尾 ***I.*** **'June Prom'** 根状茎类具髯群中间型鸢尾。生长旺盛。株高50cm，冠径不定。春末或初夏分枝茎上开6朵以上淡蓝色花，垂瓣淡绿色，花径8～10cm。

I. kaempferi 见*I. ensata*。

🏆**'凯瑟琳·霍奇金'鸢尾** ***I.*** **'Katharine Hodgkin'**（见235页）鳞茎类网状群鸢尾。株高6～10cm，冠径5～7cm。与'法兰克长老'鸢尾（*I.* 'Frank Elder'）相似，但花黄色，泛淡蓝色，带深蓝色的斑点和线条，花径6～7cm，初春开放。

🏆**凯纳鸢尾** ***I. kerneriana*** 根状茎类无髯群拟鸢尾型鸢尾。株高25cm，冠径不定。叶窄，禾草叶状。初夏直立分枝的粗壮茎上开2～4朵淡柠檬黄色或乳黄色花，花径5～12cm，花外有对生苞片。忌移植。

科罗克鸢尾 ***I. korolkowii*** 根状茎类美髯群鸢尾。根状茎粗壮。株高40～60cm，冠径不定。春末至初夏开花，每个佛焰苞包裹着2～3朵乳白色或淡紫色花，具栗黑色或橄榄绿色脉纹，花径6～8cm。最好种植在球根花卉温室内。

'克拉西里亚'鸢尾 ***I.*** **'Krasnia'**（见234页）根状茎类具髯群高大型鸢尾。株高1m，冠径不定。初夏有分枝的茎上开8～12朵花，旗瓣紫红色，垂瓣白色，带紫色边，花径13～18cm。

'淑女'鸢尾 ***I.*** **'Lady of Quality'**（见234页）根状茎类无髯群西伯利亚型鸢尾。株高达1m，冠径不定。仲春至春末开花，旗瓣淡紫罗兰色，垂瓣淡蓝色。

🏆**燕子花** ***I. laevigata***（见235页）根状茎类无髯群日本型鸢尾。株高60～90cm以上，冠径不定。初夏至仲夏，有稀疏分枝的茎上开2～4朵花，花蓝色、紫蓝色或白色，花径5～12cm，与玉蝉花*I. ensata*有亲缘关系，但叶光滑，无棱脊。在光照或半阴的湿润环境里或浅水里生长良好。**'帝王' 'Regal'** 开单瓣仙客来红色花。**'雪丘' 'Snowdrift'** 花白色，重瓣。🏆**'花叶' 'Variegata'** 株高25cm。叶上有绿白色条纹。常在初秋再次开花。

🏆**宽叶鸢尾** ***I. latifolia*** (*I. xiphioides*) (English iris，见234页) 鳞茎类剑叶群英国型鸢尾。株高80cm，冠径15cm。春末至夏季，从苞叶中开1～2朵蓝色或深紫罗兰色花，每个宽的垂瓣中心有黄色条纹，花径8～10cm。叶披针形，具凹槽，中绿色，在花茎上散生。**'约克女公爵' 'Duchess of York'** 花紫色。**'白山' 'Mont Blanc'**

鸢尾属 IRIS

花纯白色。**'蓝后' 'Queen of the Blues'** 旗瓣蓝色，垂瓣蓝紫色。

'品紫' 鸢尾 *I.* 'Lavender Royal'（见235页）根状茎类无髯群太平洋海岸型鸢尾。株高45cm，冠径不定。春末至初夏分枝茎上开淡紫红色花，花瓣上有深红色晕。

变黄鸢尾 *I. lutescens* (*I. chamaeiris*) 根状茎类具髯群鸢尾。生长快。易变异。株高5～30cm，冠径不定。初夏分枝茎上开1～2朵带黄色髯毛的花，花紫罗兰色、紫色、黄色、白色或双色，花径6～8cm。**'Nancy Lindsay'** 花黄色，芳香。

'魔术师' 鸢尾 *I.* 'Magic Man'（见234页）根状茎类具髯群高大型鸢尾。株高1m，冠径不定。初夏，花开于分枝茎上，旗瓣淡蓝色，垂瓣天鹅绒紫色，具淡蓝色边，髯毛橘黄色。

中亚鸢尾 *I. magnifica*（见234页）鳞茎类朱诺群鸢尾。株高30～60cm，冠径15cm。春末，从叶腋处开3～7朵淡紫红色花，垂瓣中心有一个黄色区域，花径6～8cm。叶披针形，具凹槽，有光泽，中绿色，散生。

'玛戈特·福尔摩斯' 鸢尾 *I.* 'Margot Holmes' 根状茎类无髯群西伯利亚型鸢尾。株高25cm，冠径不定。耐寒。初夏开2～3朵紫红色花，垂瓣有黄色脉纹，花径10～15cm。

'迈尔哈巴' 鸢尾 *I.* 'Marhaba' 根状茎类具髯群极矮型鸢尾。株高15cm，冠径不定。仲春时开1朵（稀2朵）深蓝色花，花径5～8cm。

'玛丽·弗朗西斯' 鸢尾 *I.* 'Mary Frances'（见234页）根状茎类具髯群高大型鸢尾。株高1m，冠径不定。初夏分枝茎上开6～9朵（偶尔达12朵）粉红色或淡紫红色花，花径15cm。

'曼汀那塔' 鸢尾 *I.* 'Matinata'（见234页）根状茎类具髯群高大型鸢尾。株高1m，冠径不定。初夏分枝茎上开6～9朵（偶尔达12朵）深紫蓝色花，花径15cm。

密苏里鸢尾 *I. missouriensis* (*I. tolmeiana*) (Missouri flag)（见234页）根状茎类无髯群太平洋海岸型鸢尾。极易发生变形。株高75cm，冠径不定。春末或初夏，每个佛焰苞中开2～3朵花，花淡蓝色、淡紫红色、紫红色、蓝色或白色，花径5～8cm，垂瓣上有脉纹，通常有一个黄色斑点。

'山间湖' 鸢尾 *I.* 'Mountain Lake'（见235页）根状茎类无髯群西伯利亚型鸢尾。株高1m，冠径不定。春末至初夏分枝茎上开1～4朵蓝色花，垂瓣上有颜色较暗的脉纹，花径5～10cm。喜湿润土壤。

I. ochroleuca 见 *I. orientalis*。

东方鸢尾 *I. orientalis* (*I. ochroleuca*) 根状茎类无髯群拟鸢尾型鸢尾。株高达90cm，冠径不定。春末每个茎上（通常有一个分枝）开3～5朵白色花，垂瓣白色带黄心，花径8～10cm。冬季通常不落叶。

***I. orientalis* of gardens** 见 *I. sanguinea*。

香根鸢尾 *I. pallida* (Dalmatian iris) 根状茎类具髯群鸢尾。株高70～90cm以上，冠径不定。春末和初夏，粗壮、有分枝的茎上从银色的佛焰苞里开2～6朵淡紫色花，髯毛黄色，芳香，花径8～12cm。**'花叶' 'Variegata'** (*I. p.* 'Aurea Variegata')（见234页）叶上有绿色和黄色条纹。

'天堂鸟' 鸢尾 *I.* 'Paradise Bird'（见234页）根状茎类具髯群高大型鸢尾。株高85cm，冠径不定。初夏分枝茎上开8～10朵花，垂瓣洋红色，旗瓣色较淡，花径14～15cm。

'桃霜' 鸢尾 *I.* 'Peach Frost'（见235页）根状茎类具髯群高大型鸢尾。株高1m，冠径不定。初夏分枝茎上开6～10朵花，旗瓣桃粉红色，垂瓣白色，带桃粉红色边，髯毛橘红色，花径15cm。

'皮奥那' 鸢尾 *I.* 'Piona' 根状茎类具髯群中间型鸢尾。株高45cm，冠径不定。春末和初夏分枝茎上开6朵以上深紫罗兰色花，髯毛金黄色，花径8～10cm。叶中绿色，基部紫红色。

'布拉奥教授' 鸢尾 *I.* 'Professor Blaauw' 鳞茎类剑叶群荷兰型鸢尾。株高80cm，冠径15cm。春季至初夏开1～2朵深紫罗兰色花，花径6～8cm。叶窄披针形，具凹槽，中绿色，在花茎上散生。

黄菖蒲 *I. pseudacorus* (Yellow flag)（见235页）根状茎类无髯群鸢尾。根状茎粗壮。株高2m，冠径不定。初夏至仲夏分枝茎上开4～12朵金黄色花，垂瓣上通常有褐色或紫罗兰色脉纹，还有一个深黄色斑点，花径5～12cm。叶宽，灰绿色，有脊。喜半阴，在水池花园中生长旺盛。**'花叶' 'Variegata'** 春季，叶上有黄绿色条纹，开花前变成绿色。

矮鸢尾 *I. pumila* (Dwarf bearded iris) 根状茎类具髯群鸢尾。株高10～15cm，冠径不定。仲春，长1cm的花茎上开2～3朵长管状花，花径2.5～5cm，花色有紫罗兰色、白色、黄色、蓝色，垂瓣上有黄色或蓝色髯毛。喜排水良好的微碱性土壤。

网状鸢尾 *I. reticulata* 鳞茎类网状群鸢尾。株高10～15cm，冠径4～6cm。初春开花，花单生，芳香，长管状，深紫罗兰色，垂瓣中心有一个黄色的脊，花径4～6cm。开花后，方形细叶变长。**'坎塔布' 'Cantab'**（见235页）花淡蓝色，垂瓣上有一个深黄色的脊。**'Clairette'** 见 *I.* 'Clairette'。**'迪特' 'J. S. Dijt'** 花粉紫红色，垂瓣上有一个橘黄色的脊。**'Violet Beauty'** 见 *I.* 'Violet Beauty'。

'涟漪蔷薇' 鸢尾 *I.* 'Rippling Rose'（见234页）根状茎类具髯群高大型鸢尾。株高1m，冠径不定。初夏分枝茎上开6～10朵白花，花上有紫红色斑点，髯毛柠檬黄色，花径15cm。

罗森鸢尾 *I. rosenbachiana*（见234页）鳞茎类朱诺群鸢尾。株高10～15cm，冠径6cm。春季开1～2朵长管状花，旗瓣较小，深紫红色，垂瓣紫红色，每个花瓣中心有一个黄色的脊，花径4～5cm。叶披针形，中绿色，具凹槽，基部丛生。栽培困难。最好种植在高山植物温室中或阳畦上。

'褶边天鹅绒' 鸢尾 *I.* 'Ruffled Velvet'（见234页）根状茎类无髯群西伯利亚型鸢尾。株高达1m，冠径不定。初夏开2～3朵带黄色斑点的紫红色花。

'藏红花色宝石' 鸢尾 *I.* 'Saffron Jewel' 根状茎类具髯群中间型鸢尾。株高75cm，冠径不定。初夏分枝茎上开2～5朵花，垂瓣牡蛎色，旗瓣色较淡，具黄绿色脉纹，垂瓣上有蓝色斑，髯毛蓝色，花径5～10cm。

溪荪 *I. sanguinea* (*I. extremorientalis*, *I. orientalis* of gardens) 鳞茎类无髯群西伯利亚型鸢尾。株高达1m，冠径不定。春末至初夏，分枝茎上从每组苞片中开2～3朵深紫色或紫红色花，垂瓣紫红色，喉部白色，具较细的紫红色脉纹，花径5～10cm。

'蓝宝石之星' 鸢尾 *I.* 'Sapphire Star'（见235页）根状茎类无髯群日本型鸢尾。株高1.2m，冠径不定。夏季分枝茎上开3～5朵淡紫色花，脉纹白色，垂瓣有黄色斑点，周围有白色晕圈，花径15～30cm。喜湿润土壤。

山鸢尾 *I. setosa* (Bristle-pointed iris)（见235页）根状茎类无髯群鸢尾。株高10～90cm，冠径不定。春末至初夏每个佛焰苞里开2～13朵深蓝色或紫蓝色花，垂瓣上有淡蓝色或白色斑点，旗瓣逐渐缩为刚毛状，花径5～8cm。

'快乐牧羊人' 鸢尾 *I.* 'Shepherd's Delight'（见235页）根状茎类具髯群高大型鸢尾。株高1m，冠径不定。初夏分枝茎上开6～10朵鲜粉红色花，花中泛出黄色，花径15～18cm。

西伯利亚鸢尾 *I. sibirica* (Siberian flag) 根状茎类无髯群西伯利亚型鸢尾。株高50～120cm，花径不定。春末至初夏分枝茎上从每个佛焰苞中开2～3朵蓝色或蓝紫色花，脉纹色暗，花径5～10cm。喜湿润的环境或沼泽地。

'溅斑' 鸢尾 *I.* 'Splash Down' 根状茎类无髯群西伯利亚型鸢尾。株高1m，冠径不定。春末至初夏分枝茎上开1～4朵花，旗瓣淡蓝色，垂瓣灰色，具蓝色斑点，花径5～10cm。喜湿润土壤。

拟鸢尾 *I. spuria* 根状茎类无髯群拟鸢尾型鸢尾。极易发生变异。株高50～90cm，冠径不定。直立、粗壮的分枝茎上开2～5朵花，花淡蓝紫色、天蓝色、紫罗兰色、白色或黄色，花径5～12cm，初夏开放。喜湿润土壤。

'离斑' 鸢尾 *I.* 'Stepping Out' 根状茎类具髯群高大型鸢尾。株高1m，花径不定。初夏分枝茎上开8～11朵白花，花上有深蓝紫色斑点，花径14～15cm。

I. stylosa 见 *I. unguicularis*。

'日幻' 鸢尾 *I.* 'Sun Miracle'（见235页）根状茎类具髯群高大型鸢尾。株高1m，冠径不定。初夏分枝茎上开7～10朵纯黄色花，花径15～18cm。

黑鸢尾 *I. susiana* (Mourning iris) 根状茎类突环群鸢尾。株高35～40cm，冠径不定。春末开花，花单生，灰白色，有深紫色脉纹，花径8～15cm，垂瓣上有一个黑色斑点和深紫红色髯毛，旗瓣比垂瓣大。最好在玻璃温室或高山植物温室中栽培。

鸢尾 *I. tectorum* (Japanese roof iris, Wall flag)（见234页）根状茎类冠饰群伊温莎型鸢尾。根状茎粗壮。株高25～35cm，冠径不定。耐寒。叶宽披针形，有主脉，呈扇形排列。初夏，稀疏分枝的茎上每个佛焰苞里开2～3朵鲜紫红色花，脉纹颜色较暗，垂瓣有白色的冠饰，花径1～8cm。喜有庇荫且能见光照的地方，依靠南或朝西的墙栽培。

坚韧鸢尾 *I. tenax*（见234页）根状茎类无髯群太平洋海岸型鸢尾。株高15～30cm，冠径不定。春末至初夏开1～2朵深紫红色或淡蓝紫色花，垂瓣上常有黄白斑，花径8～12cm。叶窄，暗绿色，基部有粉红色斑点。

'提修斯' 鸢尾 *I.* 'Theseus' 根状茎类突环美髯复合群鸢尾。株高45cm，冠径不定。春末至初夏开2朵花，旗瓣紫罗兰色，垂瓣乳白色，有紫罗兰色脉纹，花径10～15cm。最好在玻璃温室或高山植物温室中栽培。

'荆棘鸟' 鸢尾 *I.* 'Thornbird' 根状茎类具髯群高大型鸢尾。株高90cm，冠径不定。初夏开花，花多达7朵，旗瓣淡白绿色，垂瓣棕绿色，带深紫罗兰色线纹，长角状髯毛紫罗兰色，先端芥子黄色。

I. tolmeiana 见 *I. missouriensis*。

I. tuberosa 见 *Hermodactylus tuberosus*。

爪瓣鸢尾（阿尔及利亚鸢尾）***I. unguicularis*** (*I. stylosa*) (Algerian iris, Algerian winter iris, Winter iris) 常绿根状茎类无髯群鸢尾。株高达20cm，冠径不定。叶窄，坚韧，几乎无茎。花淡紫色，花径5～8cm，长管状，垂瓣中心黄色，散发出报春花芳香味，秋末至初春开放。花蕾易受蛞蝓危害。是极好的切花材料。喜有庇荫的地方，依朝南或朝西的墙栽培。**'玛丽·巴纳德' 'Mary Barnard'** 花深紫罗兰色至蓝色。**'沃尔特·巴特' 'Walter Butt'** 花淡银色至淡紫红色。

匈牙利鸢尾 *I. variegata* (Variegated iris)（见235页）根状茎类具髯群鸢尾。株高30～50cm，冠径不定。初夏分枝茎上开3～6朵花，旗瓣鲜黄色，垂瓣白色或淡黄色，有深褐色脉纹，花径5～8cm。

春鸢尾 *I. verna* 根状茎类无髯群鸢尾。株高5cm，冠径不定。仲春开1朵（偶尔2朵）淡蓝紫花，垂瓣中心有一个橘黄色窄条纹，花径2.5～5cm。

喜半阴和湿润且排水良好的土壤。

变色鸢尾 *I. versicolor* (Blue flag, Wild iris)（见 234 页）根状茎类无髯群鸢尾。根状茎粗壮。株高 60cm，冠径不定。初夏至仲夏分枝茎上开 3～5 朵以上的花，花蓝紫色、紫红色、淡紫红色或灰紫红色，垂瓣中心通常有一个白色区域，紫红色脉纹，花径 5～10cm。喜半阴，在湿润土壤或浅水里生长良好。**'凯尔梅' 'Kermesina'** 花紫红色。

'艳紫' 鸢尾 *I.* 'Violet Beauty' (*I. reticulata* 'Violet Beauty') 鳞茎类网状群鸢尾。株高 10～15cm，冠径 4～6cm。初春开花，花单生，长管状，深紫罗兰色至紫红色，芳香，垂瓣中心有橘黄色脊，花径 4～6cm。开花后，方形细叶变长。

沃利鸢尾 *I. warleyensis* 鳞茎类朱诺群鸢尾。株高 20～45cm，冠径 7～8cm。春季，从叶腋处开淡紫红色或紫罗兰色花，花多达 5 朵，垂瓣尖端深蓝色，中心有一个黄点，花径 5～7cm。叶披针形，有凹槽，中绿色，散生。最好种植在不加热的温室中。

'白色刨花' 鸢尾 *I.* 'White Excelsior' 鳞茎类剑叶群荷兰型鸢尾。株高 80cm，冠径 15cm。春季至初夏开 1～2 朵白色花，垂瓣中心有黄色条纹，花径 6～8cm。叶窄披针形，有凹槽，中绿色，在花茎上散生。

高加索鸢尾 *I. winogradowii* （见 235 页）鳞茎类网状群鸢尾。株高 6～10cm，冠径 6～7cm。初春开花，花单生，淡黄色，垂瓣有绿色斑点，花径 6～7cm。开花时，方形细叶很短，但随后变长。

'威士尼白' 鸢尾 *I.* 'Wisley White' （见 234 页）根状茎类无髯群西伯利亚型鸢尾。株高 1m，冠径不定。初夏每一个茎上开 2～3 朵白花，花高出叶丛。

I. xiphioides 见 *I. latifolia*。

剑叶鸢尾（西班牙鸢尾）***I. xiphium*** 鳞茎类剑叶群西班牙型鸢尾。株高达 80cm，冠径 15cm。春季至初夏开 1～2 朵蓝色或紫罗兰色花，偶尔为黄色或白色，垂瓣中心有橘黄色或黄色斑点，花径 6～8cm。叶窄披针形，有凹槽，中绿色，在花茎上散生。**'蓝天使' 'Blue Angel'** 花亮蓝色，垂瓣中心有黄斑。**'卢西塔尼亚' 'Lusitanica'** 花纯黄色。**'威廉敏娜皇后' 'Queen Wilhelmina'** 春季开白色花。**'韦奇伍德' 'Wedgwood'**（见 235 页）花亮蓝色。

Iris

Algerian 见 *Iris unguicularis*。

Algerian winter 见 *Iris unguicularis*。

Bristle-pointed 见 *Iris setosa*，见 235 页。

Dalmatian 见 *Iris pallida*。

Dwarf bearded 见 *Iris pumila*。

English 见 *Iris latifolia*，见 234 页。

Japanese roof 见 *Iris tectorum*，见 234 页。

Mourning 见 *Iris susiana*。

Stinking 见 *Iris foetidissima*。

Variegated 见 *Iris variegata*，见 235 页。

Widow 见 *Hermodactylus tuberosus*，见 414 页。

Wild 见 *Iris versicolor*，见 234 页。

Winter 见 *Iris unguicularis*。

Irish ivy 见 *Hedera hibernica*，见 221 页。

Iron cross begonia 见 *Begonia masoniana*，见 295 页。

Ironwood 见 *Ostrya virginiana*，见 77 页。

Catalina 见 *Lyonothamnus floribundus*。

Persian 见 *Parrotia persica*，见 82 页。

菘蓝属 ISATIS

十字花科 BRASSICACEAE/CRUCIFERAE

一年生、二年生或多年生草本。夏季开花。极耐寒。喜全光照和排水良好的肥沃土壤。春季或秋季播种繁殖。

菘蓝 *I. tinctoria* (Woad) 二年生草本。直立。生长旺盛。株高达 1.2m，冠径 45cm。叶椭圆形或披针形，淡灰蓝色。大型圆锥花序，顶生，花 4 瓣，黄色。

蒿子杆属 ISMELIA

菊科 ASTERACEAE/COMPOSITAE

单种属。一年生草本。因观赏其雏菊状头状花序而栽培。半耐寒。喜全光照和排水良好的土壤。春季播种繁殖。

三色菊（蒿子杆）***I. carinata*** (*Chrysanthemum carinatum, C. tricolor*)。**'花俏' 'Monarch Court Jesters'** 花红色，中心黄色，见 329 页，花白色，中心红色，见 320 页。**'三色系列' Tricolor Series** 一年生草本。直立。茎具分枝。生长快。株高 30～60cm，冠径 30cm。叶淡绿色，羽毛状。头状花序雏菊状，花单瓣或重瓣，花色多样，花径 8cm。高大品种高 60cm，冠径 30cm，低矮品种高和冠径均为 30cm。

Ismene calathina 见 *Hymenocallis narcissiflora*。

等鳞蔗草属 ISOLEPIS

莎草科 CYPERACEAE

见禾草类、竹类、灯心草类和莎草类植物。

细秆蔗草 *I. setaceus* (*Scirpus setaceus*) (Bristle club-rush) 一年生或短命多年生灯心草类植物。丛生。株高 10～15cm，冠径 8cm。极耐寒。叶基生，疏松纤细。茎纤细，不分枝。花微小，1～3 朵，小穗卵形，绿色，夏季开放。

等裂毛地黄属（新拟） ISOPLEXIS

玄参科 SCROPHULARIACEAE

常绿灌木。夏季开花。主要因观赏花而栽培。与毛地黄属 (*Digitalis*) 有亲缘关系。不耐寒，耐最低温度 7℃。喜全光照或半阴环境和排水良好的土壤。生长期内盆栽种类要经常浇水，其他时间适度浇水。除去干枯的花穗。春季播种繁殖或夏末用半成熟枝扦插繁殖。

等裂毛地黄（新拟）***I. canariensis*** (*Digitalis canariensis*)，见 171 页。

扁果草属 ISOPYRUM

毛茛科 RANUNCULACEAE

多年生草本。春季开花。因观赏其小花和细软的叶而栽培。适宜泥炭土花坛、林地园或岩石园中栽培。极耐寒。喜阴凉和湿润、富含腐殖质的土壤。秋季分株繁殖或播种繁殖，亦可自播繁殖。

唐松草叶扁果草 *I. thalictroides* 多年生草本。丛生。姿态优美。株高和冠径均为 25cm。中心茎上长出 3 深裂的蕨形叶，每片小叶再 3 裂。花小，杯形，白色，下垂，春季开放。

Isotrema griffithii 见 *Aristolochia griffithii*。

Italian alder 见 *Alnus cordata*，见 66 页。

Italian buckthorn 见 *Rhamnus alaternus*。

Italian jasmine 见 *Solanum seaforthianum*，见 206 页。

Italian maple 见 *Acer opalus*。

Italian millet 见 *Setaria italica*。

鼠刺属 ITEA

鼠刺科／虎耳草科 ESCALLONIACEAE/SAXIFRAGACEAE

落叶或常绿乔木和灌木。因观赏其叶和花而栽培。耐寒。但在大多数地方要依朝南或朝西的墙栽培。喜光照或半阴环境和肥沃、排水良好但不能太干燥的土壤。夏季用嫩枝扦插繁殖。

月月青 *I. ilicifolia*，见 146 页。

Ivy 见 *Hedera*。

Algerian 见 *Hedera canariensis* var. *algeriensis*。

Bird's-foot 见 *Hedera helix* 'Pedata'，见 221 页。

Boston 见 *Parthenocissus tricuspidata*，见 218 页。

Canary Island 见 *Hedera canariensis*。

Clustered 见 *Hedera helix* 'Conglomerata'

Common English 见 *Hedera helix*.

Finger-leaved 见 *Hedera hibernica* 'Digitata'，见 221 页。

Five-leaved 见 *Parthenocissus quinquefolia*。

German 见 *Senecio mikanioides*。

Grape 见 *Cissus rhombifolia*，见 220 页。

Ground 见 *Glechoma hederacea*。

Irish 见 *Hedera hibernica*，见 221 页。

Japanese 见 *Hedera rhombea*, *Parthenocissus tricuspidata*，见 218 页。

Kenilworth 见 *Cymbalaria muralis*。

Miniature grape 见 *Cissus striata*。

Natal 见 *Senecio macroglossus*。

Nepalese 见 *Hedera nepalensis*。

Persian 见 *Hedera colchica*。

Purple-leaved 见 *Hedera helix* 'Atropurpurea'，见 221 页。

Shield 见 *Hedera hibernica* 'Deltoidea'，见 221 页。

Swedish 见 *Plectranthus oertendahlii, Plectranthus verticillatus*。

Sweetheart 见 *Hedera hibernica* 'Deltoidea'，见 221 页。

Tree 见 × *Fatshedera lizei* 见 152 页。

Variegated ground 见 *Glechoma hederacea* 'Variegata'，见 300 页。

Ivy of Uruguay 见 *Cissus striata*。

Ivy peperomia 见 *Peperomia griseoargentea*。

Ivy-leaved toadflax 见 *Cymbalaria muralis*。

Ivy-leaved violet 见 *Viola hederacea*。

小鸢尾属（乌胶花属） IXIA

鸢尾科 IRIDACEAE

球茎类植物。茎粗硬。穗状花序，花扁平，春夏季开花。半耐寒。喜光照、开阔处和排水良好的土壤。秋季种植时春季和初夏开花，春季种植时夏季开花。开花后要保持干燥。秋季播种繁殖或在移植季节用短匍茎繁殖。

'梅布尔' 小鸢尾 *I.* 'Mabel' 球茎类植物。春季至初夏开花。株高 40cm，冠径 2.5～5cm。叶基生，线形，中绿色。穗状花序，花深粉红色。

小鸢尾（非洲鸢尾，黄鸟胶花）***I. maculata*** 球茎类植物。春季至初夏开花。株高 40cm，冠径 2.5～5cm。叶线形，直立，大多数基生。粗硬的茎上着生穗状花序，花扁平，橘黄色或黄色，花心褐色或黑色，花径 2.5～5cm。

单体蕊小鸢尾 *I. monadelpha* 球茎类植物。春季至初夏开花。株高

30cm，冠径2.5～5cm。叶线形，直立，大多为基生。茎上开稠密的穗状花序，花5～10朵，扁平，白色、粉红色、紫红色或蓝色，常有不同颜色的眼状斑，花径3～4cm。

绿花小鸢尾（绿鸟胶花）***I. viridiflora***，见414页。

鸢尾蒜属 IXIOLIRION

石蒜科 AMARYLLIDACEAE

鳞茎类植物。花漏斗状，大多在春季开花。极耐寒。喜荫、有光照的环境和排水良好的土壤。夏季干燥炎热的土壤可促使鳞茎成熟。秋季播种繁殖或用短匍茎繁殖。

I. montanum 见 *I. tataricum*。

鸢尾蒜 ***I. tataricum*** (*I. montanum*)，见414页。

龙船花属 IXORA

茜草科 RUBIACEAE

常绿灌木。夏季开花。主要观花，有些也可观叶。不耐寒，耐最低温度13～16℃。喜全光照环境和富含腐殖质、排水良好的土壤。生长期内，盆栽植株需大量浇水，其他时间适量浇水。春季播种繁殖或夏季用半成熟枝扦插繁殖。

红龙船花（红仙丹）***I. coccinea***，见165页。

J

蓝花楹属 JACARANDA

紫葳科 BIGNONIACEAE

落叶或常绿乔木。因观赏其叶和花而栽培。春夏季开花。不耐寒，耐最低温度7～10℃。喜全光照和排水良好的肥沃土壤。盆栽植株在旺盛生长期要大量浇水，其他时间少浇水。盆栽观叶种类仅在冬末可修剪。春季播种繁殖或夏季用半成熟枝扦插繁殖。

J. acutifolia of gardens见*J. mimosifolia*。

蓝花楹 *J. mimosifolia* (***J. acutifolia*** of gardens, *J. ovalifolia*)，见79页。

J. ovalifolia 见 *J. mimosifolia*。

Jack pine 见 *Pinus banksiana*，见107页。

Jack-in-the-pulpit 见 *Arisaema triphyllum*，见414页。

Jacobean lily 见 *Sprekelia formosissima*，见413页。

Jacobinia carnea 见 *Justicia carnea*。

Jacobinia coccinea 见 *Pachystachys coccinea*。

Jacobinia pohliana 见 *Justicia carnea*。

Jacobinia spicigera 见 *Justicia spicigera*。

Jacob' s coat 见 *Acalypha wilkesiana*，见143页。

Jacob' s ladder 见 *Polemonium*。

小牵牛属 JACQUEMONTIA

旋花科 CONVOLVULACEAE

常绿藤本。以茎缠绕攀缘。因观赏花而栽培。不耐寒，耐最低温度16～18℃。喜全光照和排水良好的土壤。除寒冷气候外可大量浇水。需支撑。春季修剪老茎至地面。春季播种繁殖或夏季用半成熟枝扦插繁殖。易受红蜘蛛螨和粉虱的危害。

多花小牵牛*J. pentantha* (*J. violacea*) 常绿藤本。以茎缠绕攀缘。生长快。株高2～3m。叶心形，先端尖。花序具长柄，花漏斗状，直径2.5cm，浓紫罗兰色或纯蓝色，夏秋季开放。

J. violacea 见 *J. pentantha*。

Jade plant, Silver 见 *Crassula arborescens*，见458页。

Jade tree 见 *Crassula ovata*，见457页。

Jade vine 见 *Strongylodon macrobotrys*，见206页。

单型绣球属（新拟）JAMESIA

绣球科／虎耳草科 HYDRANGEACEAE/SAXIFRAGACEAE

落叶灌木。因观赏花而栽培。极耐寒。喜全光照环境和排水良好的肥沃土壤。夏季用软枝扦插繁殖。

单型绣球(新拟)***J. americana*** 落叶灌木。丛生。株高1.5m，冠径2.5m。叶圆形，灰绿色，背面灰白色。具花序，花小，星状，白色，微香，春末开放。

希腊苣苔属 JANCAEA (JANKAEA)

苦苣苔科 GESNERIACEAE

单种属。多年生常绿草本。莲座状。因观赏其花和银绿色的叶而栽培。为良好的高山温室栽培植物。耐寒。栽培困难。盛夏中午需庇荫。喜富含腐殖质、沙质和湿润的碱性土壤。不耐冬季湿润。春季播种繁殖或仲夏插叶繁殖。

希腊苣苔 *J. heldreichii*，见369页。

Jankaea 重新归入 *Jancaea*。

Japan pepper 见 *Zanthoxylum piperitum*，见145页。

Japanese anemone见*Anemone × hybrida*。

Japanese angelica tree 见 *Aralia elata*。

Japanese apricot 见 *Prunus mume*。

Japanese aralia 见 *Fatsia japonica*。

Japanese arrowhead见*Sagittaria sagittifolia* 'Flore Pleno'

Japanese banana见*Musa basjoo*，见233页。

Japanese big-leaf magnolia 见 *Magnolia hypoleuca*，见75页。

Japanese bitter orange 见 *Poncirus trifoliata*。

Japanese black pine 见 *Pinus thunbergii* 见106页。

Japanese cedar 见 *Cryptomeria japonica*。

Japanese climbing fern 见 *Lygodium japonicum*。

Japanese flag 见 *Iris ensata*。

Japanese hemlock 见 *Tsuga diversifolia, Tsuga sieboldii*。

Japanese holly 见 *Ilex crenata*。

Japanese honeysuckle 见 *Lonicera japonica*。

Japanese horse-chestnut 见 *Aesculus turbinata*。

Japanese hydrangea vine 见 *Schizophragma hydrangeoides*。

Japanese ivy 见 *Hedera rhombea, Parthenocissus tricuspidata*，见218页。

Japanese larch 见 *Larix kaempferi*。

Japanese maple 见 *Acer japonicum, Acer palmatum*。

Japanese pittosporum 见 *Pittosporum tobira*。

Japanese privet 见 *Ligustrum japonicum*。

Japanese quince 见 *Chaenomeles japonica*。

Japanese red pine 见 *Pinus densiflora*。

Japanese roof iris 见 *Iris tectorum*，见234页。

Japanese rose 见*Rosa rugosa*，见187页。

Japanese sago palm 见 *Cycas revoluta*，见152页。

Japanese shield fern见*Dryopteris erythrosora*。

Japanese snowball tree 见 *Viburnum plicatum*。

Japanese spindle 见 *Euonymus japonicus*。

Japanese umbrella pine 见 *Sciadopitys verticillata*，见106页。

Japanese walnut 见 *Juglans ailantifolia*。

Japanese white pine 见 *Pinus parviflora*, 见105页。

Japanese wisteria 见 *Wisteria floribunda*。

Japanese witch hazel见*Hamamelis japonica*。

Japanese yew 见*Taxus cuspidata*，见109页。

Japonica见*Chaenomeles, C. japonica*。

伤愈草属 JASIONE

桔梗科 CAMPANULACEAE

一年生、二年生或多年生草本。夏季开花。因观赏其引人注目的头状花序而栽培。极耐寒。喜全光照环境和沙质土壤。秋季去除老枝。秋季播种繁殖或春季分株繁殖。

伤愈草 *J. laevis* (*J. perennis*) (Sheep' s bit) 多年生草本。丛生。株高5～30cm，冠径10～20cm。叶窄椭圆形，灰绿色，具毛或光滑无毛。头状花序呈穗状，生于直立的茎上，花球形，蓝色，夏季开花。适宜岩石园中栽培。

J. perennis 见 *J. laevis*。

Jasmine 见 *Jasminum*。

Cape 见 *Gardenia augusta*。

Carolina 见 *Gelsemium sempervirens*，见206页。

Chilean 见 *Mandevilla laxa*。

Common 见 *Jasminum officinale*。

Confederate 见 *Trachelospermum jasminoides*，见207页。

False 见 *Gelsemium sempervirens*，见206页。

Italian 见 *Solanum seaforthianum*，见206页。

Madagascar 见 *Stephanotis floribunda*，见204页。

Orange 见 *Murraya paniculata*。

Primrose 见 *Jasminum mesnyi*，见207页。

Star 见 *Trachelospermum jasminoides*，见207页。

West Indian 见 *Plumeria alba*。

Winter 见*Jasminum nudiflorum*，见151页。

Yellow 见 *Jasminum humile*，见146页。

素馨属 JASMINUM
Jasmine

木犀科 OLEACEAE

落叶或常绿灌木和木质藤本。以茎缠绕或蔓生攀缘。因观赏其叶和芳香的花而栽培。极耐寒至不耐寒，耐最低温度7～18℃。喜全光照和排水良好的肥沃土壤。迎春(*J. nudiflorum*)需支撑，开花后修剪老枝对植株有益，其他种类也可修剪。夏季用半成熟枝扦插繁殖。

南非素馨*J. angulare* (*J. capense*) 常绿木质藤本。以茎蔓生攀缘。株高2m以上。不耐寒，耐最低温度7～10℃。3小叶复叶，小叶暗绿色，卵形。花序小，花管状，白色，花瓣5裂，芳香，夏末开放。

红素馨（红花茉莉）***J. beesianum*** 常绿木质藤本。以茎蔓生攀缘。在寒冷地区栽培时会落叶。耐寒。株高5m。叶披针形。花序具1～3朵花，花芳香，粉红色，管状，花瓣常6裂，初夏开放。浆果黑色，有光泽。

J. capense 见 *J. angulare*。

J. grandiflorum of gardens 见 *J. officinale* f. *affine*。

矮探春*J. humile* (Yellow jasmine)，见146页。🍷**'外卷' 'Revolutum'**常绿灌木。丛生。株高2.5m，冠径3m。极耐寒。花大，管状，直立，鲜黄色，芳香，花瓣5裂，开展，生于细长的绿色茎上，初春至秋末开放。复叶，小叶3～7片，有光泽，亮绿色，卵形。**羽叶矮探春** f. ***wallichianum*** 花半下垂。小叶7～13片。

云南黄馨（黄素馨）***J. mesnyi*** (*J. primulinum*)，见207页。

王素馨*J. nobile* subsp. ***rex*** (*J. rex*)

常绿木质藤本。以茎缠绕攀缘。株高3m。不耐寒，耐最低温度18℃。叶阔卵形，深绿色，革质，长10~20cm。花蕾微带粉红色，花不香，管状，花瓣5裂，纯白色，足够温暖的条件下可全年断断续续地开放。

🏆**迎春** ***J. nudiflorum***，见151页。

🏆**素方花** ***J. officinale*** (Common jasmine, Jessamine)半常绿或落叶木质藤本。以茎缠绕攀缘。株高12m。复叶，小叶7~9片。具花序，花芳香，花瓣4~5裂，白色，夏秋季开放。**大花素方花** f. ***affine*** (*J. grandiflorum* of gardens)，见208页。

细叶黄馨 ***J. parkeri*** 常绿灌木。冠半球状。株高15cm，冠径38cm以上。耐寒。茎细而多，交织在一起。叶微小，卵形，生于小枝上。花多，微小，管状，花瓣5裂，黄色，生于叶腋，初夏开放。

🏆**多花素馨**（繁花素馨）***J. polyanthum***，见219页。

J. primulinum 见*J. mesnyi*。

J. rex 见*J. nobile* subsp. *rex*。

鲜黄连属 JEFFERSONIA

小檗科 BERBERIDACEAE

多年生草本。春季开花。极耐寒。喜阴或半阴环境和富含腐殖质的湿润土壤。根系广阔，不耐移植。秋末修剪。用刚成熟的种子播种繁殖。

双叶鲜黄连 ***J. diphylla***，见347页。

鲜黄连 ***J. dubia*** (*Plagiorhegma dubia*)，见369页。

Jeffrey pine 见*Pinus jeffreyi*，见103页。

Jelly palm 见*Butia capitata*，见100页。

Jersey elm 见*Ulmus minor* 'Sarniensis'。

Jerusalem cherry 见*Solanum pseudocapsicum*。

Jerusalem cross 见*Lychnis chalcedonica*，见249页。

Jerusalem sage 见*Phlomis fruticosa*，见170页。

Jerusalem thorn 见*Paliurus spina-christi*，见122页，*Parkinsonia aculeata*。

Jessamine 见*Jasminum officinale*。

Jesuit's nut 见*Trapa natans*，见449页。

Job's tears 见*Coix lacrymajobi*，见308页。

Joe Pye weed 见*Eupatorium purpureum*，见231页。

Jonquil 见*Narcissus jonquilla*，见418页。

Campernelle 见*Narcissus × odorus*。

Queen Anne's 见*Narcissus jonquilla* 'Flore Pleno'。

Wild 见*Narcissus jonquilla*，见418页。

Josephine's lily 见*Brunsvigia josephinae*。

卷绢属 JOVIBARBA

景天科 CRASSULACEAE

多年生常绿草本。铺地状。以短匍茎蔓延。因观赏叶而栽培。叶丛整齐，莲座状。叶卵形至带状，先端尖，肉质。适宜岩石园、碎石中、墙上、堤岸或高山植物温室栽培。极耐寒。喜光照和有沙砾的土壤。数年后才能开花。开花后叶丛枯死，但留下许多短匐茎。夏季用短匐茎繁殖。

短毛卷绢 ***J. hirta*** (*Sempervivum hirtum*)，见388页。

绫樱 ***J. sobolifera*** (*Sempervivum soboliferum*)多年生常绿草本。丛生。生长旺盛。株高10cm，冠径20cm。叶丛莲座状，叶圆形，灰绿色或榄绿色，微带红色。花序顶生，花小，杯状，淡黄色，花瓣6片（稀为5片或7片），夏季开放。

棱瓶花属（新拟）JUANULLOA

茄科 SOLANACEAE

常绿灌木。夏季开花。因观赏花而栽培。不耐寒，耐最低温度13~15℃。低温时叶易脱落。喜全光照和排水良好的肥沃土壤。盆栽植株应适度浇水，非旺盛生长期少浇水。去除茎尖可促进其分枝。夏季用半成熟枝扦插繁殖。易受粉虱、红蜘蛛螨和壁虱的危害。

J. aurantiaca 见*J. mexicana*。

棱瓶花（新拟）***J. mexicana*** (*J. aurantiaca*)，见171页。

智利椰子属（蜜棕属，智利酒椰子属）JUBAEA

棕榈科 ARECACEAE

单种属。常绿棕榈类植物。因观树形而栽培。耐寒。喜全光照和排水良好的肥沃土壤。盆栽植株可适量浇水，冬季少浇水。春季当气温不低于25℃时播种繁殖。易受红蜘蛛螨的危害。

智利椰子（蜜棕，智利酒椰子，智利棕榈）***J. chilensis*** (*J. spectabilis*)，见85页。

J. spectabilis 见*J. chilensis*。

Judas tree 见*Cercis*。

胡桃属 JUGLANS
Walnut

胡桃科 JUGLANDACEAE

落叶乔木。观叶为主，叶芳香，阶段性生长，有些种的果实可食用。春季至初夏开花，花绿黄色，柳絮状。极耐寒，但幼苗不耐寒。喜全光照和排水良好的深厚肥沃土壤。秋季播种繁殖。

樗叶胡桃（日本姬胡桃）***J. ailantifolia*** (*J. sieboldiana*) (Japanese walnut)落叶乔木。树冠开张。枝粗壮。株高和冠径均为15m。复叶极大，小叶11~17片，椭圆形，有光泽，鲜绿色。秋季结果，果实可食用。**心形核桃** var. ***cordiformis*** (*J. cordiformis*)，见68页。

野胡桃 ***J. cathayensis*** (Chinese walnut)落叶乔木。树冠开展。株高和冠径均为20m。复叶极大，小叶11~17片，卵形至椭圆形，暗绿色。秋季结果，果实可食用。

灰胡桃 ***J. cinerea*** (Butternut)落叶乔木。树冠开展。生长快。株高25m，冠径20m。复叶大，极香，小叶7~19片，卵形至椭圆形，鲜绿色，先端尖。果序密集，果大，圆形，秋季结果。

J. cordiformis 见*J. ailantifolia* var. *cordiformis*。

小果核桃 ***J. microcarpa*** (*J. rupestris*)，见92页。

🏆**黑胡桃** ***J. nigra***，见67页。

🏆**胡桃**（核桃）***J. regia***，见66页。

J. rupestris 见*J. microcarpa*。

J. sieboldiana 见*J. ailantifolia*。

灯心草属 JUNCUS

灯心草科 JUNCACEAE

见禾草类、竹类、灯心草类和莎草类植物。

'螺旋'灯心草 ***J. effusus* 'Spiralis'** (*J. effusus* f. *spiralis*, *Scirpus lacustris* 'Spiralis')，见308页。

Juneberry 见*Amelanchier*。

Juniper 见*Juniperus*。

Bonin Isles 见*Juniperus procumbens*，见110页。

Chinese 见*Juniperus chinensis*。

Coffin 见*Juniperus recurva* var. *coxii*。

Common 见*Juniperus communis*。

Creeping 见*Juniperus horizontalis*。

Drooping 见*Juniperus recurva*，见108页。

Flaky 见*Juniperus squamata*。

Himalayan weeping 见*Juniperus recurva*，见108页。

Rocky Mountain 见*Juniperus scopulorum*。

Shore 见*Juniperus conferta*。

Syrian 见*Juniperus drupacea*。

Temple 见*Juniperus rigida*。

刺柏属 JUNIPERUS
Juniper

柏科 CUPRESSACEAE

见针叶树。

圆柏（桧柏）***J. chinensis*** (Chinese juniper) 针叶树。树冠圆锥状。株高15m，冠径2~3m。或为树冠开展的灌木。株高1~5m，冠径3~5m。极耐寒。树皮剥落。枝上具有鳞形叶和刺形叶，叶芳香，暗绿色，鳞形叶对生或刺形叶3枚轮生。球果球状，肉质浆果状，被灰白色粉。许多圆柏*J. chinensis* 名下的栽培品种实际上属于间型圆柏(*J.* × *pfitzeriana*)的变型。🏆**'金星桧' 'Aurea'** 高10~15m，冠径3~4m。生长慢。树冠卵球形或圆锥形。叶金黄色。雄球花多，黄色，圆锥形。🏆**'布拉奥' 'Blaauw'** (*J.* × *media* 'Blaauw')灌木。树冠开展。株高和冠径均为2m。叶蓝绿色。**'蓝金' 'Blue and Gold'** (*J.* × *media* 'Blue and Gold')，见111页。冠开展。株高1m，冠径1m。叶天蓝色和金黄色 混杂。**'展枝杂色' 'Expansa Variegata'** (*J. davurica* 'Expansa Variegata')，见111页。针叶树。蔓生或直立。株高75cm，冠径1.5~2m。极耐寒。叶鳞形或刺形，蓝绿色，夹杂以黄色，芳香。🏆**'龙柏' 'Kaizuka'** 仰卧状。冠松散不规则。株高5m，冠径3~5m。球果多。**'凯特利尔' 'Keteleeri'**，见105页。🏆**'方尖塔' 'Obelisk'**，见108页。🏆**'黄羽' 'Plumosa Aurea'** (*J.* × *media* 'Plumosa Aurea')，见111页。近直立。叶绿黄色，冬季变为古铜色。🏆**'塔桧' 'Pyramidalis'** 树冠密集，圆柱状。小枝上升。株高10m，冠径1~2m。刺形叶蓝绿色。**'粗绿' 'Robust Green'** (*J. virginiana* 'Robusta Green')，见108页。**'劲直' 'Stricta'**（见110页）株高5m，冠径1m。树冠圆锥状。幼叶软，蓝绿色。

欧洲刺柏（璎珞柏）***J. communis*** (Common juniper) 针叶树。树冠开展的灌木或树冠窄的直立乔木。株高30cm~8m，冠径1~4m。极耐寒。刺形叶中绿色或黄绿色，芳香，有光泽，3枚轮生。球果球形至卵球形，肉质浆果状，淡绿色，渐变为灰蓝色，第三年成熟时黑色。🏆**'津山桧' 'Compressa'** 株高75cm，冠径15cm。直立。低矮。🏆**'爱尔兰' 'Hibernica'**（见111页）株高3~5m，冠径30cm。树冠圆柱状。🏆**'荷恩布鲁克' 'Hornibrookii'** 株高50cm，冠径2m。**'平卧' 'Prostrata'** 株高20~30cm，冠径1~2m。地被植物。

海滨刺柏（岸刺柏）***J. conferta*** (*J. rigida* subsp. *conferta*) (Shore juniper) 针叶树。灌木状。匍匐状。株高15cm，冠径1~2m。极耐寒。枝开展。刺形叶密集，芳香，有光泽，亮绿色，背面灰白色。球果浆果状，灰黑色。耐盐及海洋性气候。

***J. davurica* 'Expansa Variegata'**，见*J. chinensis* 'Expansa Variegata'。

西亚圆柏（叙利亚圆柏）***J. drupacea*** (Syrian juniper) 针叶树。树冠圆柱状。株高10~15m，冠径1~2m。极耐寒。刺形叶淡绿色，芳香，3枚轮生。球果褐色，卵形或近球形，肉质浆果状。

平枝圆柏 ***J. horizontalis*** (Creeping juniper) 针叶树。灌木状。茎平卧。树冠极开展。株高达50cm。极耐寒。叶

蓝绿色或蓝灰色，芳香，有鳞形叶和刺形叶。球果淡蓝灰色，肉质浆果状。**'安道尔' 'Andorra Compact'** (*J. h.* 'Plumosa Compacta') 叶冬季变成古铜紫色。**'道格拉斯' 'Douglasii'** (见110页) 叶灰蓝色，冬季变成深紫色。🏆**'羽毛' 'Plumosa'** 枝叶较'安道尔'稀疏，叶灰绿色，冬季变成紫色。**'Plumosa Compacta'** 见 *J. h.* 'Andorra Compact'。**'威尔斯王子' 'Prince of Wales'** 叶亮绿色，幼叶微带蓝色，冬季变成紫褐色。**'绿松蔓' 'Turquoise Spreader'** (见110页) 叶青绿色。🏆**'威尔顿' 'Wiltonii'** 叶蓝灰色，冬季不变色。***J. × media*** 见 *J.* × *pfitzeriana*。**'Blaauw'** 见 *J. chinensis* 'Blaauw'。**'Blue and Gold'** 见 *J. chinensis* 'Blue and Gold'。**'Hetzii'** 见 *J. virginiana* 'Hetzii'。**'Pfitzeriana'** 见 *J.* × *pfitzeriana* 'William Pfitzer'。**'Pfitzeriana Aurea'** 见 *J.* × *pfitzeriana* 'Aurea'。**'Pfitzeriana Glauca'** 见 *J.* × *pfitzeriana* 'Glauca'。**'羽毛' 'Plumosa'** 株高1 m，冠径2～3m。灌木。树冠开展。小枝下垂。叶中绿色。**'Plumosa Aurea'** 见 *J. chinensis* 'Plumosa Aurea'。

间型圆柏 *J. × pfitzeriana* (*J.* × *media*) 针叶树。树冠开展或圆锥状。株高15m，冠径2～3m。极耐寒。树皮剥落。叶多为鳞形叶，暗绿色，揉碎时有恶臭味。球果圆球状，白色，或蓝黑色。栽培品种适宜做地被植物或栽培于小型花园中。**'金黄' 'Aurea'** (*J.* × *media* 'Pfitzeriana Aurea')，见111页。叶金黄色。**'灰叶' 'Glauca'** (*J.* × *media* 'Pfitzeriana Glauca')，见110页。叶灰蓝色。🏆**'威廉·普菲尔' 'William Pfitzer'** (*J.* × *media* 'Pfitzeriana')，见111页。株高3m，冠径3～5m。灌木。树冠开展。平顶。叶灰绿色。

铺地柏（矮桧，爬地柏）***J. procumbens*** (Bonin Isles juniper)，见110页。针叶树。灌木。树冠开展。匍匐状。株高75cm，冠径2m。极耐寒。树皮褐红色。分枝多。刺形叶芳香，淡绿色或黄绿色。球果褐色或黑色，球形，肉质浆果状。🏆**'矮生' 'Nana'** (见110页) 株高15～20cm，冠径75cm。生长势一般。铺地状。

垂枝柏 *J. recurva* (Drooping juniper, Himalayan weeping juniper)，见108页。**柯氏垂枝柏** var. ***coxii*** (Coffin juniper) 针叶树。树冠圆锥状。生长慢。株高15m，冠径7m。极耐寒。树皮光滑，成纸片状剥落。小枝下垂。刺形叶长，内曲，亮绿色，芳香。球果卵球状，黑色，肉质浆果状。**'稠密' 'Densa'** (*J. recurva* 'Nana')，见110页。株高30cm，冠径1m。灌木。树冠开展。叶绿色，先端直立。**'Nana'** 见 *J. r.* 'Densa'。

杜松 *J. rigida* (Temple juniper) 针叶树。灌木状。仰卧。株高和冠径均为8m。极耐寒。树皮灰色或褐色，条状剥落。叶刺形，极尖锐，芳香，亮绿色，三枚轮生，着生于下垂的小枝上。球果肉质，紫黑色，球形。subsp. ***conferta*** 见 *J. conferta*。

欧亚圆柏 *J. sabina* (Savin) 针叶树。灌木状。树冠开展。株高达4m，冠径3～5m。极耐寒。树皮红褐色，薄片状剥落。小枝细长。叶多为鳞形叶，芳香，暗绿色，揉碎时有恶臭味。球果浆果状，圆球形，蓝黑色。**'蓝色多瑙河' 'Blaue Donau'** (*J. s* 'Blue Danube') 株高2m，冠径2～4m。树冠开展。枝先端向上弯曲。叶灰蓝色。**'Blue Danube'** 见 *J. s.* 'Blaue Donau'。**'杜松叶' 'Cupressifolia'** (*J. s.* Cupressifolia Group)，见110页。株高2m，冠径4m。雌株。果实多。枝水平或向上伸展。叶蓝绿色。**'节日' 'Mas'** (见110页) 枝向上伸展。叶蓝色，背面绿色，冬季变为淡紫色。**柽柳叶圆柏** var. ***tamariscifolia*** (*J. s.* Tamaris cifolia Group)，见110页。株高1m，冠径2m。多为刺形叶，亮绿色或蓝绿色，分层排列。

洛基山桧 *J. scopulorum* (Rocky Mountain juniper) 针叶树。树冠圆形，王冠状。生长慢。株高10m，冠径4m。极耐寒。树皮红褐色，呈条状或方块状。枝皮片状剥落。鳞形叶，灰绿色或暗绿色，芳香。球果球形，肉质浆果状，蓝色。**'烟柱' 'Skyrocket'** (*J. virginiana* 'Skyrocket')，见110页。株高8m，冠径75cm。树冠极窄。叶灰蓝色。**'春岸' 'Spring-bank'** (见110页) 树冠窄圆锥形。枝先端下垂。叶密集，银蓝色。**'桌面' 'Tabletop'** 株高2m，冠径5m。树冠平顶。叶银蓝色。

高山柏 *J. squamata* (Flaky juniper) 针叶树。灌木状。平卧至仰卧。株高30cm～4m，冠径1～5m。极耐寒。树皮红褐色。刺形叶，鲜绿色或蓝绿色，芳香，伸展，着生于枝先端。球果黑色，卵球形，肉质浆果状。🏆**'蓝地毯' 'Blue Carpet'** 株高30cm，冠径2～3m。平卧。生长旺盛。叶灰蓝色。🏆**'蓝星' 'Blue Star'** (见110页) 株高50cm，冠径60cm。灌木。树冠密集，圆球状。叶蓝色。**'中国银' 'Chinese Silver'** (见110页) 株高和冠径均为3～4m。枝先端下垂。叶淡蓝色，背面亮银白色。🏆**'霍格' 'Holger'** (见110页) 株高和冠径均为2m。幼叶硫黄色，与钢蓝色的老叶形成鲜明对比。**'翠柏' 'Meyeri'** 株高和冠径均为5m。仰卧。叶钢蓝色。

铅笔柏（北美圆柏）***J. virginiana*** (Pencil cedar) 针叶树。树冠圆锥状或阔圆柱状。生长慢。株高15～20m，冠径6～8m。极耐寒。枝上具有鳞形叶和刺形叶，叶灰绿色，芳香。球果卵球形，肉质浆果状，褐紫色，密被灰白色粉。🏆**'灰猫头鹰' 'Grey Owl'** (见110页) 株高3m，冠径3～5m。栽培品种。低矮。树冠开展。枝向上伸展。叶银灰色。**'赫兹' 'Hetzii'** (*J.* × *media* 'Hetzii') 株高3～4m，冠径4m。叶灰绿色，分层排列。**'Robusta Green'** 见 *J. chinensis* 'Robust Green'。**'Skyrocket'** 见 *J. scopulorum* 'Skyrocket'。

爵床属 JUSTICIA

爵床科 ACANTHACEAE

多年生常绿草本、亚灌木或灌木。因观赏花而栽培。不耐寒，耐最低温度10～15℃。喜全光照或半阴环境和排水良好的肥沃土壤。盆栽植株旺盛生长时需大量浇水，平时少浇水。部分种类需定期修剪。春季或初夏用软枝或绿枝扦插繁殖。易受粉虱危害。

鸭嘴花 *J. adhatoda* (*Adhatoda duvernoia, Duvernoia adhatodoides*) (Snake bush) 常绿灌木。直立。株高2～3m，冠径1～2m。叶椭圆形，暗绿色。花管状，芳香，白色或淡紫色，具粉红色、红色或紫色斑点，夏秋季开放。

🏆**黄苞小虾花**（麒麟吐珠）***J. brandegeeana*** (*Beloperone guttata, Drejerella guttata*)，见166页。**黄绿苞小虾花 'Chartreuse'**，见168页。

珊瑚花 *J. carnea* (*Jacobinia carnea, J. pohliana*)，见163页。

J. coccinea 见 *Pachystachys coccinea*。

J. floribunda 见 *J. rizzinii*。

J. ghiesbreghtiana of gardens，见 *J. spicigera*。

J. pauciflora 见 *J. rizzinii*。

巴西爵床 *J. rizzinii* (*J. floribunda, J. pauciflora, Libonia floribunda*) 常绿灌木。树冠圆球状。分枝多。株高和冠径均为30～60cm。冬季温度为15℃时开花良好。叶卵形，中绿色。花序下垂，花管状，鲜红色，先端黄色，主要在秋季至翌年春季开放。最好每隔几年重新繁殖一次。

墨西哥爵床（穗花爵床）***J. spicigera*** (*J. ghiesbreghtiana* of gardens, *Jacobinia spicigera*)，见172页。

K

南五味子属 KADSURA

五味子科 SCHISANDRACEAE

常绿藤本。以茎缠绕攀缘。因观赏其叶和果实而栽培。雌雄异株，雄、雌株栽培在一起才能结果。耐寒。喜半阴，适宜栽培于各种土壤上。夏末用茎扦插繁殖。

南五味子 *K. japonica* 常绿藤本。以茎缠绕攀缘。株高3～4m。叶卵形或披针形，中绿色。花小，芳香，乳白色，单生于叶腋，夏季开放。浆果鲜红色。

山柰属 KAEMPFERIA

姜科 ZINGIBERACEAE

多年生草本。丛生。具根状茎。因观赏其芳香的叶和花而栽培。不耐寒，耐最低温度18℃。喜湿润的空气、半阴和富含腐殖质的湿润土壤。休眠期允许干燥。春末分株繁殖。

紫花山柰 *K. pulchra*，见283页。

孔雀姜*K. roscoeana* 多年生草本。具根状茎。茎不明显。株高5～10cm，冠径20～25cm。叶常仅有2片，圆形，芳香，长达10cm，暗绿色，具淡绿色斑点，背面红绿色。穗状花序短，花纯白色，具一片深裂的唇瓣，生于叶丛的中央，秋季开放。

Kaffir fig 见 *Carpobrotus edulis*。

Kaffir lily 见 *Schizostylis*。

Kaki 见 *Diospyros kaki*。

伽蓝菜属（落地生根属） KALANCHOE (BRYOPHYLLUM)

景天科 CRASSULACEAE

多年生肉质多浆类植物或灌木。叶多为圆柱形、卵形或线形。花钟状或管状。多数种类可从锯齿的缺刻处长出新的小植株。不耐寒，耐最低温度7～15℃。喜全光照或半阴和排水良好的土壤。春季至秋季需保持湿润，冬季少浇水或偶尔浇一次水。春季或夏季播种繁殖或用短匐枝和茎扦插繁殖。

天人舞（白仙人扇）***K. beharensis***，见460页。

长寿花（矮生落地生根）***K. blossfeldiana***（Flaming Katy）多年生肉质多浆类植物。株高和冠径均为30cm。耐最低温度10℃。叶卵形至椭圆形，暗绿色，有光泽，有齿。具花序，花管状，鲜红色，直径0.5cm，春季开放。喜半阴。现有多数杂交种，其花色多种多样（橙红花类型见464页）。

大叶落地生根*K. daigremontiana*，见462页。

棒叶落地生根（锦蝶）***K. delagoensis***（*K. tubiflora*），见468页。

璎珞洋吊钟*K. fedtschenkoi* (South American air plant) 多年生肉质多浆类植物。灌木状。株高和冠径均为1m。耐最低温度10℃。叶卵形，灰蓝色，有齿，缺刻处可长出新的小植株。花钟状，褐粉红色，长2cm，冬末开放。喜光照。**'花叶'**（'镶边'）**'Variegata'**，见462页。

🏆矮落地生根*K. pumila* 多年生肉质多浆类植物。株高10cm，冠径不定。耐最低温度10℃。叶卵形，被灰白色粉，有齿。花管状，粉红色，长1cm，春季开放。喜光照，适宜吊篮中栽培。

🏆'梯沙'落地生根 *K.* 'Tessa'，见464页。

🏆月兔耳*K. tomentosa*，见467页。

K. tubiflora 见 *K. delagoensis*。

疏花洋吊钟 *K. uniflora*（*Kitchingia uniflora*）多年生肉质多浆类植物。匍匐状。株高6cm，冠径不定。耐最低温度15℃。叶圆形，中绿色，长0.5～3cm。花钟状，微红紫色，具黄色晕，长1cm，冬末开放。喜半阴。

🏆'温迪'落地生根*K.* 'Wendy'，见463页。

Kale, Sea 见 *Crambe maritima*，见276页。

山月桂属 KALMIA

杜鹃花科 ERICACEAE

常绿灌木。夏季开花。因观赏花而栽培。具花序，花独特，常杯状。极耐寒。喜光照或半阴和湿润的酸性泥炭土壤。野生种类夏季用软枝扦插繁殖或秋季播种繁殖，栽培品种夏季用软枝扦插繁殖。误食植株任何部分都会引起严重不适。

狭叶山月桂 *K. angustifolia* (Sheep laurel)。**红花狭叶山月桂** f. ***rubra***（*K. angustifolia* 'Rubra'），见165页。

🏆宽叶山月桂 *K. latifolia* (Calico bush)，见141页。**🏆'绯红' 'Ostbo Red'** 常绿灌木。丛生。冠密集。株高和冠径均为3m。叶卵形，有光泽，浓绿色。花序大，引人注目，花蕾深红色，皱褶，花深粉红色，初夏开放。喜全光照。

拟山月桂属 KALMIOPSIS

杜鹃花科 ERICACEAE

单种属。常绿灌木。春季开花。因观赏花而栽培。极耐寒。喜半阴和湿润的酸性泥炭土壤。夏季用软枝或半成熟枝扦插繁殖。

'小叶'拟山月桂*K. leachiana* 'La Piniec'（*K. l.* 'M. Le Piniec'）常绿灌木。丛生。株高和冠径均为30cm。花序顶生，花小，阔钟状，紫粉红色，初春至春末开放。叶小，卵形，暗绿色，有光泽。

刺楸属 KALOPANAX

五加科 ARALIACEAE

单种属。落叶乔木。秋季开花。因观赏其叶和果实而栽培。极耐寒，但幼树尚未成熟的枝易受霜害。喜光照或半阴和湿润、排水良好的肥沃土壤。夏季用软枝扦插繁殖。

K. pictus 见 *K. septemlobus*。

K. ricinifolius 见 *K. septemlobus*。

刺楸 *K. septemlobus*（*Acanthopanax ricinifolius*，*K. pictus*，*K. ricinifolius*），见80页。

Kangaroo paw 见 *Anigozanthos*。

Red-and-green 见 *Anigozanthos manglesii*，见250页。

Yellow 见 *Anigozanthos flavidus*，见254页。

Kangaroo vine 见 *Cissus antarctica*，见220页。

Kansas gay feather 见 *Liatris pycnostachya*。

Kapok 见 *Ceiba pentandra*。

Karo 见 *Pittosporum crassifolium*。

Kashmir cypress 见 *Cupressus cashmeriana*，见101页。

Katsura 见 *Cercidiphyllum japonicum*，见71页。

莲座梅属（新拟） KELSEYA

蔷薇科 ROSACEAE

单种属。极小的常绿亚灌木。栽培困难，最好在高山植物温室中栽培，因叶极忌夏季和冬季湿润。极耐寒。喜全光照和湿润的碱性土壤。春末用软枝茎尖扦插繁殖或秋季播种繁殖。易感染霉菌，应及时去除枯死的植株。

莲座梅（新拟）***K. uniflora*** 常绿亚灌木。生长慢。株高1cm，冠径达20cm。叶丛小，莲座状，呈坚硬的垫状铺地，叶微小，密集，暗绿色，卵形。花星状，白色，偶尔有粉红色晕，无花梗，初春开放。

Kenilworth Ivy 见 *Cymbalaria muralis*。

珊瑚豌豆属 KENNEDIA (KENNEDYA)

豆科／蝶形花科 LEGUMINOSAE/PAPILIONACEAE

常绿木质藤本。以茎蔓生和缠绕攀缘。因观赏其蝶形花而栽培。不耐寒，耐最低温度5～7℃。喜全光照和中等肥沃的沙质土壤。旺盛生长期应定期浇水，寒冷地区栽培时少浇水。需支撑。开花后或春季修剪密集的部分。春季播种繁殖或夏季用半成熟枝扦插繁殖。

紫黑花珊瑚豌豆*K nigricans* (Black bean) 常绿木质藤本。以茎缠绕攀缘，生长旺盛。株高达2m。3小叶复叶，小叶先端凹。花序小，花蝶形，天鹅绒般光滑，紫黑色，具黄色亮点，春夏开放。

珊瑚豌豆 *K. rubicunda*，见205页。

Kennedya 重新归入 *Kennedia*。

Kentia 重新归入 *Howea*。

Kentucky coffee tree 见 *Gymnocladus dioica*。

Kermes oak 见 *Quercus coccifera*。

棣棠属 KERRIA

蔷薇科 ROSACEAE

单种属。落叶灌木。因观赏其美丽的黄花而栽培。极耐寒。喜全光照或半阴和肥沃且排水良好的土壤。开花后除去老枝。夏季用软枝扦插繁殖或秋季分株繁殖。

🏆'重瓣'棣棠*K. japonica* 'Pleniflora'，见131页。**单瓣棣棠** var. ***simplex*** 落叶灌木。树形美丽。枝拱形。株高和冠径均为2m。叶亮绿色。花金黄色，毛茛花状，单瓣，仲春至春末开放。

吊灯树属（腊肠树属） KIGELIA

紫葳科 BIGNONIACEAE

单种属。常绿乔木。因观赏其花和奇特的香肠状果实或为了庇荫而栽培。不耐寒，耐最低温度16℃。喜全光照和排水良好的、富含腐殖质的土壤。盆栽植株可适量浇水，低温时应极少浇水。春季当温度不低于23℃时播种繁殖。

吊灯树（腊肠树）***K. africana***（*K. pinnata*）(Sausage tree) 常绿乔木。树冠开展，极密集。株高和冠径均为8m以上。复叶，小叶7～11片，长方状圆形至卵形。花芳香，钟状，紫红色，秋季至翌年春季开放，花仅在夜晚开放。果实褐色，圆柱状，外壳硬，长30～45cm，不可食用。

K. pinnata 见 *K. africana*。

Kilmarnock willow 见 *Salix caprea* 'Kilmarnock'

King anthurium 见*Anthurium veitchii*。

King of the bromeliads见*Vriesea hieroglyphica*。

King palm 见*Archontophoenix*。

King protea见*Protca cynaroides*，见161页。

King William Pine 见*Athrotaxis selaginoides*。

King's crown 见*Justicia carnea*，见163页。

King's spear 见*Eremurus*。

Kingcup 见*Caltha palustris*，见451页。

Kingfisher daisy见*Felicia bergeriana*，见334页。

黄山梅属 KIRENGESHOMA

绣球科／虎耳草科 HYDRANGEACEAE/ SAXIFRAGACEAE

多年生草本。夏末至秋季开花。极耐寒。喜轻微庇荫和不含石灰的深厚湿润土壤。春季或秋季分株繁殖或播种繁殖。

🍷黄山梅 *K. palmata*，见263页。

凯泰葵属 KITAIBELA (KITAIBELIA)

锦葵科 MALVACEAE

单种属。多年生草本。夏季开花。极耐寒。喜全光照和干燥、肥沃的土壤。春季或秋季播种繁殖。

凯泰葵*K. vitifolia*多年生草本。直立，丛生。株高1.5m，冠径60cm。花序小，花杯状，开张，白色或玫瑰粉红色，夏季开放。叶掌状分裂，边缘具粗齿。

Kitaibelia 重新归入*Kitaibela*。

Kitchingia uniflora 见*Kalanchoe uniflora*。

Kiwi fruit 见*Actinidia deliciosa*。

Kleinia articulata 见*Senecio articulatus*。

Knapweed 见*Centaurea*。

裸盆花属 KNAUTIA

川续断科 DIPSACACEAE

一年生或多年生草本。夏季开花。极耐寒。喜全光照和排水良好的土壤。需支撑。春季用基部枝扦插繁殖或秋季播种繁殖。

田野裸盆花*K. arvensis* (*Scabiosa arvensis*)（Scabious）多年生草本。直立。株高1.2m，冠径45cm。花序头状，花针垫状，蓝紫色，夏季开放。叶密集，卵形至琴形，深裂。

中欧裸盆花*K. macedonica* (*Scabiosa rumelica*)，见249页。

蜜汁树属 KNIGHTIA

山龙眼科 PROTEACEAE

常绿乔木。夏季开花。因观赏其叶、花和树形而栽培。半耐寒，但最好温度不低于3～5℃。喜光照或半阴和排水良好的中等肥沃土壤。盆栽植株要适量浇水，冬季少浇水。春季播种繁殖。

蜜汁树 *K. excelsa* (New Zealand honeysuckle, Rewa rewa）常绿乔木。直立。株高20m以上，冠径2～4m。叶椭圆形至披针形，有粗糙锯齿，革质，深绿色，有光泽。总状花序，花密集，细长，管状，深红色，夏季开放。

火炬花属 KNIPHOFIA
Red-hot poker, Torch lily

阿福花科／百合科 ASPHODELACEAE/LILIACEAE

多年生草本。部分种类常绿。极耐寒至半耐寒。喜全光照和排水良好的土壤，夏季土壤需保持湿润。野生种类春季播种繁殖或分株繁殖，栽培品种只能春季分株繁殖。

'大西洋'火炬花*K.* 'Atlanta' 多年生常绿草本。直立。株高达1m，冠径45cm。极耐寒。总状花序顶生，花密集，管状，亮橙黄色，生于粗壮的茎上，夏季开放。叶厚，禾草状，具沟槽。在沿海地区生长良好。

'蜂柠檬'火炬花 *K.* 'Bee's Lemon' 多年生草本。直立。株高1m，冠径45cm。极耐寒。总状花序，花密集，管状，淡黄色，微带绿色，生于粗壮的茎上，夏末至秋季开放。叶禾草叶状，深绿色，有锯齿。

🍷具茎火炬花 *K. caulescens*，见263页。

***K.* 'C. M. Prichard'** of gardens 见*K. rooperi*。

🍷'少女'火炬花 *K.* 'Little Maid'，见290页。

'奥尔良'火炬花 *K.* 'Maid of Orleans' 多年生草本。直立。株高1.2m，冠径45cm。耐寒。总状花序，花密集，管状，乳白色，花蕾黄色，生于细长的茎上，夏季开放。叶带状，基生，鲜绿色。

'珀西之光'火炬花 *K.* 'Percy's Pride'，见263页。

罗帕火炬花*K. rooperi* (*K.* 'C. M. Prichard' of gardens)，见263页。

🍷'极品'火炬花*K.* 'Royal Standard'，见258页。

🍷'萨穆尔感觉'火炬花 *K.* 'Samuel's Sensation' 多年生草本。直立。株高1.5m，冠径60cm。极耐寒。总状花序顶生，花密集，管状，深橙色，夏末开放。叶带状，基生，暗绿色。

K. snowdenii of gardens 见*K. thomsonii* var. *snowdenii*。

斯诺登火炬花 *K. thomsonii* var. ***snowdenii*** (*K. snowdenii* of gardens)，见258页。

🍷火炬花(火把花)***K. uvaria***(Red-hot poker)。**'高贵''Nobilis'**多年生草本。叶直立，随后开展。株高2m，冠径1m。极耐寒。总状花序顶生，花密集，管状，亮红色，夏末至秋季开放。叶带状，暗绿色，具沟槽。

Knotweed 见*Persicaria*。

Kochia 重新归入*Bassia*。

栾树属 KOELREUTERIA

无患子科 SAPINDACEAE

落叶乔木。夏季开花。因观赏其叶、花及果实而栽培。极耐寒至不耐寒，耐最低温度10℃。喜全光照和排水良好的肥沃土壤，盛夏季节生长最好。秋季播种繁殖或冬末用根扦插繁殖。

🍷栾树 *K. paniculata*，见92页。

红雾花属 KOHLERIA

苦苣苔科 GESNERIACEAE

多年生草本。直立。具根状茎。因观赏其花而栽培。花管状，引人注目，主要在夏季开放。不耐寒，耐最低温度15℃。喜全光照或半阴和排水良好的湿润土壤。冬季应少浇水，过度浇水会使根状茎腐烂。春季分割根状茎繁殖或播种繁殖。

红雾花 *K. amabilis* 多年生草本。具根状茎。株高8～16cm，冠径60cm。叶卵形，被毛，常具银白色和褐色斑点，长达8cm。花小，下垂，管状，深红色，裂片具红色斑点，夏季开放。适宜吊篮中栽培。

波哥大红雾花*K. bogotensis* 多年生草本。直立。具根状茎。株高和冠径均为45cm以上。叶卵形，天鹅绒般光滑，绿色，有时具淡绿色斑点，长达8cm。花小，管状，红色，基部黄色，内面黄色，具红色斑点，夏季开放。

🍷毛地黄红雾花 *K. digitaliflora*，见244页。

🍷毛红雾花*K. eriantha*，见250页。

🍷华氏红雾花 *K. warscewiczii* 多年生草本。直立。具根状茎。株高1m，冠径60cm。叶卵形，暗绿色，边缘扇贝状。花管状，被毛，鲜红色，基部黄色，裂片绿黄色或鲜黄色，具红色或褐色斑点，夏季和秋季开放。

猬实属 KOLKWITZIA

忍冬科 CAPRIFOLIACEAE

单种属。落叶灌木。因观赏其丰富的花而栽培。极耐寒。喜光照和排水良好的肥沃土壤。开花后剪除老枝。夏季用嫩枝扦插繁殖。

猬实 *K. amabilis* (Beauty bush）落叶灌木。枝拱形。株高和冠径均为3m。树皮剥落。叶卵状，暗绿色。花钟状，白色或粉红色，喉部黄色，春末和初夏开放。**🍷'粉红云''Pink Cloud'**，见121页。

Korean fir 见*Abies koreana*，见109页。

Korean mountain ash 见*Sorbus alnifolia*。

Korean thuja见*Thuja koraiensis*。

Korolkowia sewerzowii 见*Fritillaria sewerzowii*。

Kowhai 见*Sophora*。

Kudzu vine 见*Pueraria lokata*。

刷木属 KUNZEA

桃金娘科 MYRTACEAE

常绿灌木和乔木。因观赏其花和树形而栽培。不耐寒，耐最低温度5～7℃。喜全光照和排水良好的中性至酸性沙质土壤。盆栽植株适量浇水，非旺盛生长期少浇水。夏末用半成熟枝扦插繁殖或春季播种繁殖。

短刷木*K. baxteri*常绿灌木。冠圆球状。茎细长而坚韧。株高和冠径均为2m。叶窄，圆柱形，先端尖。穗状花序，长达5cm，花深红色，雄蕊排列成刷状，初夏开放。

Kurrajong 见*Brachychiton populneus*。

Kusamaki 见*Podocarpus macrophyllus*。

L

扁豆属 LABLAB

蝶形花科／豆科
PAPILIONACEAE/
LEGUMINOSAE

单种属。落叶木质藤本。以茎缠绕攀缘。因观赏其诱人的蝶形花而栽培。热带地区为获得绿色肥料、动物饲料和可食用的豆荚而栽培。常作一年生草本栽培。不耐寒。耐最低温度5～10℃。喜光照和排水良好的土壤。春季播种繁殖。

扁豆 *L. purpureus*（*Dolichos lablab*，*D. purpureus*），见211页。

Lablab 见 *Lablab purpureus*，见211页。

Labrador tea 见 *Ledum groenlandicum*，见154页。

毒雀花属 +LABURNOCYTISUS

蝶形花科／豆科
PAPILIONACEAE/
LEGUMINOSAE

落叶乔木。因观花而栽培。为毒豆（*Laburnum anagyroides*）和紫雀花（*Cytisus purpureus*）嫁接杂交形成的属。极耐寒。喜全光照。忌土壤积水。夏末以金链花为砧木嫁接繁殖。

毒雀花 + *L. adamii* 落叶乔木。树冠开展。株高8m，冠径6m。花有3种：黄色花、紫色花、黄色和粉紫色花，春末和初夏开放。复叶，小叶3片，暗绿色。

毒豆属 LABURNUM

蝶形花科／豆科
PAPILIONACEAE/
LEGUMINOSAE

落叶乔木。因观赏其花而栽培。花序多而下垂，春季和夏季开花。极耐寒。喜全光照。忌土壤积水。种子有剧毒。野生种类秋季播种繁殖，杂交品种夏季芽接繁殖。全株各部分均有毒。

高山毒豆 *L. alpinum*，见93页。

毒豆 *L. anagyroides*（*L. vulgare*）（Common laburnum，Golden chain）落叶乔木。冠开展。株高和冠径均为7m。复叶，小叶3片，卵形，灰绿色。花序短，下垂，花大，密集，黄色，蝶形，春末和初夏开放。

L. vulgare 见 *L. anagyroides*。

🏆'沃斯'瓦氏毒豆 *L.* × *watereri* 'Vossii'，见92页。

Laburnum

Common 见 *Laburnum anagyroides*。

Dalmatian 见 *Petteria ramentacea*。

Indian 见 *Cassia fistula*。

Scotch 见 *Laburnum alpinum*，见93页。

Voss's 见 *Laburnum* × *watereri* 'Vossii'，见92页。

Lace aloe 见 *Aloe aristata*，见480页。

Lace aralia 见 *Polyscias guilfoylei* 'Victoriae'，见126页。

Lace cactus 见 *Mammillaria elongata*，见470页。

Lace flower 见 *Episcia dianthiflora*，见299页。

Blue 见 *Trachymene coerulea*。

Lace-bark 见 *Hoheria populnea*。

Lace-bark pine 见 *Pinus bungeana*，见108页。

纳金花属 LACHENALIA

风信子科／百合科
HYACINTHACEAE/LILIACEAE

鳞茎类植物。冬季和春季开花。花管状或钟状，部分种类的叶具引人注目的斑点。适宜盆栽或栽培于开阔的花坛。半耐寒。喜光照和排水良好的土壤。初秋栽培，翌年夏季叶枯萎后保持干燥。秋季播种繁殖或用短匍茎大量繁殖。

纳金花 *L. aloides*（*L. tricolor*，*L.* 'Tricolor'）鳞茎类植物。冬季和春季开花。株高15～25cm，冠径5～8cm。叶2枚，带状，基生，半直立，绿色，具紫色斑点。穗状花序，由10～20朵花组成，花下垂，管状，黄色，长3cm，先端绿色，顶点红色。**'尼尔逊'纳金花 'Nelsonii'**（*L.* 'Nelsonii'），见441页。**🏆四色纳金花** var. ***quadricolor***，见441页。

L. angustifolia 见 *L. contaminata*。

白筒纳金花 *L. contaminata*（*L. angustifolia*）鳞茎类植物。冬季和春季开花。株高达20cm，冠径5～8cm。叶基生，丛生，窄带状，半直立。穗状花序，花白色，钟状，长0.5cm。叶尖或全叶红色和绿色。

L. glaucina 见 *L. orchioides* var. *glaucina*。

变色纳金花 *L. mutabilis* 鳞茎类植物。冬季和春季开花。株高达30cm，冠径5～8cm。叶2枚，基生，带状，半直立。穗状花序，花疏松，管状，约25朵，长1cm，花筒基部绿色，花瓣先端红褐色，花蕾紫色或淡紫色。

***L.* 'Nelsonii'** 见 *L. aloides* 'Nelsonii'。

兰状纳金花 *L. orchioides* 鳞茎类植物。冬季和春季开花。株高15～30cm，冠径5～8cm。叶2枚，基生，绿色，带状，半直立，有时有黑褐色或紫褐色斑点。穗状花序，花密集，半直立，管状，白色，微带蓝色，花瓣先端绿色，长1cm，芳香。**灰蓝纳金花** var. ***glaucina***（*L. glaucina*），见425页。

红纳金花 *L. rubida* 鳞茎类植物。冬季开花。株高达25cm，冠径5～8cm。叶2枚，基生，带状，半直立，绿色，具紫色斑点。穗状花序，花疏松，下垂，管状，长2～3cm，红色，花瓣先端逐渐变成黄色。

L. tricolor 见 *L. aloides*。

***L.* 'Tricolor'** 见 *L. aloides*。

Lacquered wine-cup 见 *Aechmea* Foster's Favorite Group，见265页。

Lactuca alpina 见 *Cicerbita alpina*。

Lactuca bourgaei 见 *Cicerbita bourgaei*。

Lad's love 见 *Artemisia abrotanum*，见176页。

Ladder fern 见 *Nephrolepis cordifolia*。

Lady fern 见 *Athyrium filixfemina*。

Lady tulip 见 *Tulipa clusiana*，见411页。

Lady's eardrops 见 *Fuchsia magellanica*，见164页。

Lady's mantle 见 *Alchemilla*。

Alpine 见 *Alchemilla alpina*。

Lady's slipper orchid 见 *Cypripedium calceolus*，见298页。

Showy 见 *Cypripedium reginae*，见296页。

Lady's smock 见 *Cardamine pratensis*。

Lady-of-the-night 见 *Brassavola nodosa*，见296页。

蕾丽兰属 LAELIA

见兰花。

蕾丽兰 *L. anceps*（见297页）常绿附生兰。适宜低温温室中栽培。株高25cm。穗状花序长，花紫粉红色，唇瓣深紫色，径6cm，秋季开放。叶卵形，坚硬，长10～15cm。夏季喜半阴。

朱红蕾丽兰 *L. cinnabarina*（见299页）常绿附生兰。适宜中温温室中栽培。株高15cm。具花序，花细长，橙色，径5cm以上，常冬季开放。叶窄卵形，坚硬，长8～10cm。夏季喜良好的光照。

蕾卡兰属 × LAELIOCATTLEYA

见兰花。

'蒙米赖'蕾卡兰 × *L.* Rojo 'Mont Millais'（见297页）常绿附生兰。适宜中温温室中栽培。株高30cm。花序头状，拱形，花细长，红橙色，花弯曲，径2cm，冬春开放。叶卵形，长达15cm。夏季喜良好的光照。

软骨草属 LAGAROSIPHON

水鳖科 HYDROCHARITACEAE

多年生沉水植物。半常绿。冠开展。因观赏其美丽的叶而栽培。喜富含氧气的水。极耐寒。喜全光照。需定期修剪。春季或夏季用茎扦插繁殖。

大软骨草 *L. major*（*Elodea crispa* of gardens），见449页。

紫薇属 LAGERSTROEMIA

千屈菜科 LYTHRACEAE

落叶或常绿灌木和乔木。夏季开花。因观赏其花而栽培。耐寒至不耐寒。耐最低温度3～5℃，喜全光照和排水良好的肥沃土壤。盆栽植株旺盛生长期内应大量浇水，其他时间少浇水。春季剪去前个季节的枝以保持灌木状。春季播种繁殖或夏季用半成熟枝扦插繁殖。

🏆紫薇 *L. indica*，见91页。

大花紫薇 *L. speciosa*（Pride of India，Queen's crape myrtle）落叶乔木。树冠圆球状。株高15～20m，冠径10～15m。不耐寒。叶窄卵形，中绿色或深绿色，长8～18cm。圆锥花序，花漏斗状，玫瑰粉红色至玫瑰紫色，夏秋开放，花常开至落叶时。

蜜源葵属 LAGUNARIA

锦葵科 MALVACEAE

单种属。常绿乔木。因观赏其花和树形而栽培。夏秋开花。不耐寒。耐最低温度3～5℃。喜全光照和排水良好的肥沃土壤。盆栽植株旺盛生长期内需大量浇水，其他时间适度浇水。耐修剪。春季播种繁殖或夏季用半成熟枝扦插繁殖。在遮盖物下易受红蜘蛛螨危害。触及其种子会刺激皮肤。

蜜源葵 *L. patersonii*（Norfolk Island hibiscus，Queensland pyramidal tree）常绿乔木。直立。生长快。幼树呈塔形。株高10～14m，冠径5～7m。叶卵形，质地粗糙，绿色，背面白绿色。花木槿花状，玫瑰粉红色，径5cm，夏季开放。

兔尾草属 LAGURUS

禾本科 POACEAE/GRAMINEAE

见禾草类、竹类、灯心草类和莎草类植物。

🍷兔尾草 *L. ovatus*，见 306 页。

金颈草属（拉马克草属） LAMARCKIA

禾本科 POACEAE/GRAMINEAE

见禾草类、竹类、灯心草类和莎草类植物。

金颈草（拉马克草）***L. aurea***（Golden top）一年生草本。丛生。株高和冠径均为20cm。极耐寒。茎细长而坚韧。叶淡绿色，散生。单边圆锥花序，直立，花密集，金黄色，夏季开放。喜光照。

Lamb's tongue 见 *Stachys byzantina*，见 304 页。

Lamb's-tail cactus 见 *Echinocereus schmollii*，见 462 页。

野芝麻属 LAMIUM *Deadnettle*

唇形科 LAMIACEAE/LABIATAE

多年生草本。春季和夏季开花。多数种类为半常绿杂草，部分种类可作地被植物。极耐寒。喜全阴或半阴和排水良好的湿润土壤。忌冬季过度湿润。仲夏用未开花枝的先端扦插繁殖，秋季或初春分株繁殖。

'银斑叶'山野芝麻*L. galeobdolon* subsp. ***montanum* 'Florentinum'**（*L. g.* 'Variegatum'）多年生半常绿草本。铺地状。株高达30cm，冠径不定。叶卵形，中绿色，有银色斑点。总状花序，花管状，二唇形，柠檬黄色，夏季开放。

紫花野芝麻*L. maculatum*，见269页。**'白心' 'Album'**，见267页。**'金叶' 'Aureum'**（*L. m.* 'Gold Leaf'）多年生半常绿草本。铺地状。株高20cm，冠径60cm。叶卵形，黄色，中央灰白色。花轮生，盔状，粉红色，花梗短，夏季开放。**'紫银叶' 'Beacon Silver'** 叶银白色，微带紫红色，具窄的绿色边缘。花纯淡粉红色。**'Gold Leaf'**，见*L. m.* 'Aureum'。🍷**'白斑叶' 'White Nancy'**，见 267 页。

贵野芝麻 *L. orvala*，见 271 页。

日中花属（辉花属） LAMPRANTHUS

番杏科 AIZOACEAE

多年生多浆植物和亚灌木。丛生，匍匐状。花雏菊状。栽培数年后可木质化，此时为最好的移植时期。为夏季花床的良好植物，尤其在干燥环境中。强光照射下叶会变红色。不耐寒。耐最低温度7℃。喜全光照和排水极好的土壤。春季或秋季播种繁殖或用茎扦插繁殖。

橙黄日中花（橘红菊）***L. aurantiacus***，见 468 页。

光淋菊 *L. deltoides*（*Oscularia deltoides*），见 471 页。

哈氏日中花 *L. haworthii* 多年生多浆植物。直立至匍匐状。株高50cm，冠径不定。叶圆柱形，灰蓝色，长5cm。花多，雏菊状，鲜红色，径 7cm，春季开放，只在光照时开放。

L. multiradiatus 见 *L. roseus*。

粉菊 *L. roseus*（*L. multiradiatus*，*Mesembryanthemum multiradiatum*）多年生多浆植物。匍匐状。株高 15cm，冠径不定。叶坚硬，三角形，中绿色至灰绿色，长 5cm。花雏菊状，暗玫瑰红色，径4cm，春季至秋季开放，只在光照时开放。

松叶菊（美丽日中花，红冰花）***L. spectabilis***，见 463 页。

Lampshade poppy 见 *Meconopsis integrifolia*，见 292 页。

Lancewood 见 *Pseudopanax crassifolius*。

马缨丹属 LANTANA

马鞭草科 VERBENACEAE

多年生常绿草本和灌木。因观赏其花而栽培。不耐寒，耐最低温度10～13℃。喜全光照和排水良好的肥沃土壤。盆栽植株在旺盛生长期内应大量浇水，平时适量浇水。修剪幼株以使其形成灌木状。春季播种繁殖或夏季用半成熟枝扦插繁殖。易受红蜘蛛螨和粉虱的危害。误食植株任何部分都会引起严重不适，触摸其叶会刺激皮肤。

马缨丹 *L. camara* 常绿灌木。树冠圆球状至开展。株高和冠径均为1～2m。叶卵形，深绿色，微皱。花序头状，半球形，花密集，微小，管状，5裂，初开时黄色，后变成红色，春季至秋季开放。现有多数花色不同的品种。

L. delicatissima 见*L. montevidensis*。

蔓马缨丹 *L. montevidensis*（*L. delicatissima*，*L. sellowiana*），见167页。

L. sellowiana 见 *L. montevidensis*。

'夕阳'马缨丹 *L.* 'Spreading Sunset'，见 171 页。

Lantern tree 见*Crinodendron hookerianum*，见 142 页。

Lantern，Chinese 见 *Physalis*。

智利钟花属 LAPAGERIA

金钟木科／百合科 PHILESIACEAE/LILIACEAE

单种属。常绿木质藤本。以茎缠绕攀缘。因观赏其大型的蜡质花而栽培。半耐寒。喜半阴和排水良好、富含腐殖质的土壤。旺盛生长期内适量浇水，其他时间几乎不用浇水。需支撑。春季修剪过度生长部分。春季播种繁殖，播种前浸种两天，春季和秋季压条繁殖。

🍷**智利钟花 *L. rosea***，见 210 页。**白智利钟花** var. ***albiflora***（见44页）常绿木质藤本。以茎缠绕攀缘。高达5m。叶革质，椭圆形至卵形，暗绿色。花下垂，肉质，窄钟状，白色，夏季至秋末开放。

Lapeirousia cruenta 见*Anomatheca laxa*。

Lapeirousia laxa 见 *Anomatheca laxa*。

Larch

European 见 *Larix decidua*。

Golden 见 *Pseudolarix amabilis*，见 107 页。

Japanese 见 *Larix kaempferi*。

智利木通属（新拟） LARDIZABALA

木通科 LARDIZABALACEAE

常绿木质藤本。以茎缠绕攀缘。因观赏其叶而栽培。雌雄同株。秋末至冬季开花。适宜于攀缘花架或花棚。耐寒至半耐寒。喜光照或半阴和排水良好的土壤。春季播种繁殖或夏末至秋季用茎扦插繁殖。

智利木通（新拟）***L. biternata*** 常绿木质藤本。以茎缠绕攀缘。株高3～4m。半耐寒。复叶圆形，小叶暗绿色，阔卵形，革质。花褐色，花瓣微小，淡白色，雄花序穗状，下垂，雌花单生，冬季开放。果实紫红色，浆果状，多籽，长 5～8cm，冬春结果。

Large self-heal 见 *Prunella grandiflora*，见 382 页。

Large yellow restharrow 见*Ononis natrix*，见 319 页。

Large-leaved lime 见 *Tilia platyphyllos*。

落叶松属 LARIX

松科 PINACEAE

见针叶树。

🍷**欧洲落叶松 *L. decidua***（*L. europaea*）（European larch）落叶针叶树。生长快。幼树树冠圆锥状，成年时宽阔。枝开展。株高 25～30m，冠径 5～15m。极耐寒。冬季枝黄褐色。叶淡绿色。球果小，直立，圆锥状。

L. europaea 见 *L. decidua*。

🍷**日本落叶松 *L. kaempferi***（*L. leptolepis*）（Japanese larch）落叶针叶树。树冠圆柱状，顶端圆锥状。生长快。株高 25～30m，冠径 5～8m。极耐寒。幼枝紫红色。叶条形，扁平，灰绿色或淡蓝色。球果小，种鳞反卷。

L. leptolepis 见 *L. kaempferi*。

Larkspur 见 *Consolida*。

Giant 见 *Consolida ajacis* Giant Imperial Series，见 332 页。

Late Dutch honeysuckle 见 *Lonicera periclymenum* 'Serotina'。

齿鳞草属 LATHRAEA

列当科 SCROPHULARIACEAE

多年生草本。冠开展。作为乔木树根的寄生植物而栽培，如杨柳齿鳞草（*L. clandestina*）寄生于柳树或杨树。无真正的叶。极耐寒。可栽培于寄主植物有斑驳的树阴下。喜湿润。忌移植。夏末用刚成熟的种子播种繁殖。

杨柳齿鳞草 *L. clandestina*，见 271 页。

香豌豆属（山黧豆属） LATHYRUS

蝶形花科／豆科 PAPILIONACEAE/LEGUMINOSAE

一年生或多年生草本。其中多数种类为藤本，以卷须攀缘。因观赏其总状花序和引人注目的花而栽培。荚果细长。极耐寒至耐寒。喜全光照和排水良好、腐殖质的肥沃土壤。需支撑。定期除去枯萎的花。秋季去除地上部分。一年生草本初春或初秋播种繁殖（播种前应浸泡种子），多年生草本秋季播种繁殖或春季分株繁殖。易受葡萄孢霉菌的危害。误食其种子可引起胃部不适。

大花山黧豆 *L. grandiflorus*，见 209 页。

🍷**宽叶香豌豆**（宿根香豌豆）***L. latifolius***，见 211 页。

L. magellanicus of gardens 见 *L. nervosus*。

显脉香豌豆*L. nervosus*（*L. magellanicus* of gardens）（Lord Anson's blue pea）草质藤本。以卷须攀缘。株高达5m。耐寒。复叶，由一对灰绿色小叶、一个3叉状卷须和多枚大型托叶组成。总状总序，具长柄，花紫蓝色，芳香，夏季开放。

🍷**香豌豆*L. odoratus***（Sweet pea）一年生草质藤本。以卷须攀缘。生长速度中等。株高达3m。极耐寒。叶卵形，中绿色，具卷须。花粉红色、蓝色、紫色或白色，夏季至初秋开放。现有非攀缘的低矮栽培品种。**'珠宝' 'Bijou'**，见324页。🍷**'杰恩·阿曼达' 'Jayne Amanda'**（见 57 页）总状花序，常4朵花，稀5朵花，花玫瑰粉红色。可栽培为绿篱或灌丛。**'问客' 'Knee Hi'**，见320页。**'黛安娜' 'Lady Diana'**，见 214 页。**'红旗' 'Red Ensign'**，见210页。**'雪兰娜' 'Selana'**，见 208 页。**'齐妮娅·菲尔德' 'Xenia Field'**，见 209 页。

圆叶香豌豆*L. rotundifolius*（Persian everlasting pea）草质藤本。以卷须攀缘。茎具翅。株高 1m。极耐寒。复叶由一对小叶、一个 3 叉状卷须和多数窄的托叶组成。总状花序小，花3～8朵，粉红色或淡紫色，夏季开放。

林生香豌豆 *L. sylvestris*（Everlasting pea Perennial pea）草质藤本。以卷须攀缘。茎具翅。株高2m。极耐寒。

复叶由一对小叶、一个顶生的分叉卷须和多数窄的托叶组成。总状花序，花4～10朵，玫瑰粉红色，具绿色和紫色斑点，夏季至初秋开放。

🏆春花香豌豆 *L. vernus* (*Orobus vernus*)，见270页。**🏆'白红花' 'Alboroseus'** 多年生草本。丛生。株高和冠径均为30cm。极耐寒。茎细长而坚韧。每茎上具花3～5朵，花白色和深粉红色相间，春季开放。叶蕨类叶状，柔软，多分裂。

Laurel 见 *Laurelia, Laurus, Prunus laurocerasus, Prunus lusitanica*。

Alexandrian 见 *Danäe racemosa*。

Bay 见 *Laurus nobilis*。

Californian 见 *Umbellularia californica*，见74页。

Cherry 见 *Prunus laurocerasus*。

Chilean 见 *Laurelia sempervirens*。

Portugal 见 *Prunus lusitanica*。

Sheep 见 *Kalmia angustifolia*。

Spurge 见 *Daphne laureola*。

智利桂属 LAURELIA
Laurel

异籽木科／香树木科 ATHEROSPERMATACEAE/MONIMIACEAE

常绿乔木和灌木。因观赏芳香的叶而栽培。耐寒。需庇荫以防寒风。喜全光照或半阴和任何不太干燥的土壤。夏季用半成熟枝扦插繁殖。

智利桂 *L. sempervirens* (*L. serrata* of gardens)(Chilean laurel) 常绿乔木或灌木。树冠阔圆锥状。株高和冠径均为15m。叶革质，卵形，暗绿色，有光泽，极芳香。花不显著，夏季开放。

***L. serrata* of gardens** 见 *L. sempervirens*。

月桂属 LAURUS
Bay tree, Laurel

樟科 LAURACEAE

常绿乔木。因观赏其叶而栽培。耐寒，但在极寒冷气候或强寒风气候下会使叶枯萎。喜光照或半阴和排水良好的肥沃土壤。盆栽植株生长良好，夏季需修剪。夏季用半成熟枝扦插繁殖或秋季播种繁殖。

🏆月桂 *L. nobilis* (Bay laurel, Sweet bay) 常绿乔木。树冠阔圆锥状。株高12m，冠径10m。叶革质，窄卵形，暗绿色，有光泽，极芳香，可用于烹饪。花小，淡黄色，星状，春季开放。果实球状至卵球状，初为绿色，后变成黑色。

Laurustinus 见 *Viburnum tinus*，见149页。

薰衣草属 LAVANDULA
Lavender

唇形科 LAMIACEAE/LABIATAE

常绿灌木。主要在夏季开花。叶全缘或有分裂，常灰绿色。因观赏其芳香的叶和花而栽培。为良好的低矮绿篱。极耐寒至半耐寒。喜全光照和排水良好的肥沃土壤。春季稍作修剪以保持紧凑的树形。夏季用半成熟枝扦插繁殖。

薰衣草 *L. angustifolia* 'Hidcote' 见 *L.* 'Hidcote'。**'蒙斯塔德' 'Munstead'** 常绿灌木。丛生。株形紧凑。株高和冠径均为60cm。极耐寒。叶窄椭圆形，灰绿色，芳香。穗状花序密集，花微小，蓝色，管状，芳香，仲夏至夏末开放。

齿叶薰衣草（法国薰衣草）***L. dentata*** (French lavender) 常绿灌木。丛生。株高和冠径均为1m。耐寒。叶似蕨类叶，有锯齿，灰绿色。穗状花序密集，花小，稍芳香，管状，紫蓝色，苞片紫色，仲夏至夏末开放。

***L.* 'Grappenhall'** 见 *L.* × *intermedia* 'Grappenhall'。

🏆'海德柯特'薰衣草 *L.* 'Hidcote' (*L. angustifolia* 'Hidcote')，见167页。

英国薰衣草 *L.* × *intermedia* (English lavender)。**'格拉蓬霍尔' 'Grappenhall'** (*L.* 'Grappenhall') 常绿灌木。丛生。株高1m，冠径1.5m。耐寒。叶灰绿色，窄椭圆形，芳香。穗状花序，具长柄，花微小，管状，蓝紫色，微芳香，仲夏至夏末开放。

🏆西班牙薰衣草 *L. stoechas*，见167页。

花葵属 LAVATERA
Tree mallow

锦葵科 MALVACEAE

一年生、二年生或多年生草本和半常绿亚灌木或灌木。主要在夏季开花。极耐寒至耐寒。喜光照和排水良好的土壤。多年生草本、亚灌木和灌木，初春或夏季用软枝扦插繁殖，一年生和二年生草本春季或初秋播种繁殖。

加州花葵 *L. assurgentiflora*，见141页。

🏆'班斯莱' 花葵 *L.* 'Barnsley' 半常绿亚灌木。生长旺盛。株高和冠径均为2m。极耐寒。叶中绿色，掌状3～5裂。花序多，花漏斗状，开张，白色，具红色眼状斑点，老时淡粉红色，花瓣深凹缺，夏季开放。

新疆花葵 *L. cachemiriana* (*L. cachemirica*)，见227页。

L. cachemirica 见 *L. cachemiriana*。

***L. olbia* 'Rosea'** 见 *L.* 'Rosea'。

🏆'玫瑰' 花葵 *L.* 'Rosea' (*L. olbia* 'Rosea')，见141页。

'蒙布朗' 三月花葵 *L. trimestris* 'Mont Blanc'，见318页。**'银杯' 'Silver Cup'**，见324页。

Levender 见 *Lavandula*。

Cotton 见 *Santolina chamaecyparissus*。

English 见 *Lavandula* × *intermedia*。

French 见 *Lavandula dentata*；*Lavandula stoechas*，见167页。

Sea 见 *Limonium*。

Lavender cotton 见 *Santolina chamaecyparissus*。

Lawson cypress 见 *Chamaecyparis lawsoniana*。

加州菊属（新拟）LAYIA

菊科 ASTERACEAE/COMPOSITAE

一年生草本。适宜炎热和干燥的地方栽培。极耐寒。喜光照和贫瘠或肥沃、但排水良好的土壤。春季或初秋室外播种繁殖。

L. elegans 见 *L. platyglossa*。

加州菊（新拟）***L. platyglossa*** (*L. elegans*)(Tidy tips) 一年生草本。直立。丛生。生长快。株高45cm，冠径30cm。叶披针形，灰绿色。头状花序雏菊状，径5cm，花心黄色，花瓣黄色，放射状，先端白色，初夏至初秋开放。扦插繁殖。

Lead plant 见 *Amorpha canescens*。

Leadwort, Cape 见 *Plumbago auriculata*，见215页。

Least bur reed 见 *Sparganium natans*。

Least duckweed 见 *Wolffia arrhiza*。

Least snowbell 见 *Soldanella minima*。

Least willow 见 *Salix herbacea*。

Leatherleaf 见 *Chamaedaphne calyculata*。

Leatherleaf sedge 见 *Carex buchananii*。

Leatherwood 见 *Cyrilla racemiflora*。

Lechenaultia 重新归入 *Leschenaultia*。

红点草属 LEDEBOURIA

风信子科／百合科 HYACINTHACEAE/LILIACEAE

鳞茎类植物。部分种类常绿。叶美丽，窄披针形。花极小，花瓣先端反曲。适宜低温温室中栽培。半耐寒。全光照和疏松开阔的土壤可使叶斑生长良好。春季用短匍茎繁殖。

库柏红点草 *L. cooperi* (*Scilla adlamii, S. cooperi*) 鳞茎类植物。夏季开花。株高5～10cm，冠径2.5cm。叶基生，半直立，绿色，具褐紫色条纹，冬季枯萎。穗状花序短，花小，钟状，紫绿色。

红点草 *L. socialis* (*Scilla socialis, S. violacea*)，见434页。

杜香属 LEDUM

杜鹃花科 ERICACEAE

常绿灌木。因观赏其芳香的叶和微小的白色花而栽培。极耐寒。喜全阴或半阴和湿润的酸性泥炭土壤。摘心对植株有益。夏季用半成熟枝扦插繁殖或秋季播种繁殖。

加茶杜香 *L. groenlandicum*，见154页。

黄杨叶石南属 LEIOPHYLLUM

杜鹃花科 ERICACEAE

单种属。常绿灌木。根系蔓生范围广。极耐寒。喜半阴和排水良好的酸性泥炭土壤。定期用泥炭土覆盖。春季播种繁殖或夏季用半成熟枝扦插繁殖。

黄杨叶石南 *L. buxifolium* 常绿灌木。冠半圆球状。株高25cm，冠径45cm。叶微小，革质，卵形，暗绿色。花序顶生，花蕾深粉红色，花小，星状，白色，雄蕊显著，春末开放。

Lemaireocereus euphorbioides 见 *Neobuxbaumia euphorbioides*。

Lemaireocereus marginatus 见 *Pachycereus marginatus*。

Lemaireocereus thurberi 见 *Stenocereus thurberi*。

舟舌兰属 LEMBOGLOSSUM

见兰花。

🏆比克顿舟舌兰 *L. bictoniense* (*Odontoglossum bictoniense*)，见296页。常绿附生兰。适宜低温温室中栽培。株高23cm。穗状花序，花榄绿色，具暗褐色线纹，唇瓣白色，有时具粉红色晕，径4cm，夏末开放。叶窄卵形，长10～15cm。夏季喜阴。

网纹舟舌兰 *L. cervantesii* (*Odontoglossum cervantesii*)，见296页。常绿附生兰。适宜低温温室中栽培。株高8cm。具花序，花白色，纸质，径2.5cm，具网状淡褐色斑纹。叶窄卵形，长10～15cm。夏季喜阴。

心形舟舌兰 *L. cordatum* (*Odontoglossum cordatum*)，见297页。常绿附生兰。适宜低温温室中栽培。株高12cm。具花序，花金黄色，具褐色斑纹，径2.5cm，春季开花。叶窄卵形，长10～15cm。夏季喜阴。冬季应保持极干燥。

洛氏舟舌兰 *L. rossii* (*Odontoglossum rossii*)，见296页。常绿附生兰。适宜低温温室中栽培。株高8cm。穗状花序，花径2.5cm，白色至蘑菇粉红色，具灰褐色斑纹，秋冬季开花。叶窄卵形，长10～15cm。夏季喜阴。

Lembotropis nigricans 见 *Cytisus nigricans*。

Lemon verbena 见 *Aloysia triphylla*，见143页。

Lemon vine 见 *Pereskia aculeata*，见 457 页。

Lent lily 见 *Narcissus pseudonarcissus*，见 417 页。

Lenten rose 见 *Helleborus × hybridus*。

狮耳花属 LEONOTIS

唇形科 LAMIACEAE/LABIATAE

一年生草本，多年生常绿或半常绿草本、亚灌木和灌木。因观赏其花和株形而栽培。半耐寒至不耐寒。耐最低温度5～7℃。喜全光照和排水良好的肥沃土壤。盆栽品种旺盛生长期内定期浇水，其他时间极少浇水。多年生草本、亚灌木和灌木初春时修剪至离地面15cm。春季播种繁殖或初夏用嫩枝扦插繁殖。

狮耳花 *L. leonurus*，见 149 页。

火绒草属 LEONTOPODIUM *Edelweiss*

菊科 COMPOSITAE/ASTERACEAE

短命多年生草本。多毛。春季开花。因观赏其头状花序而栽培。适宜岩石园中栽培。极耐寒。喜全光照和排水良好的沙质土壤，需要沙砾围成的深环。冠部不耐冬季湿润。应保护其不受强风和暴雨的危害。春季分株繁殖或用新鲜种子播种繁殖。多数种子不能发芽。

高山火绒草 *L. alpinum*，见346页。

毛香火绒草 *L. stracheyi* 多年生草本。多毛。冠开展，土丘状。株高和冠径均为10cm。叶厚，卵状，银白色。头状花序，花星状，白色，有光泽，生于叶丛中，春季开放。为高山温室内的良好栽培植物。

Leopard lily 见 *Dieffenbachia*，*Lilium pardalinum*，见 405 页。

Leopard plant 见 *Farfugium japonicum* 'Aureomaculatum'。

Leopard's bane 见 *Doronicum*。

Leopoldia comosa 见 *Muscari comosum*。

鳞苇属 LEPISMIUM

仙人掌科 CACTACEAE

多年生附生或岩生仙人掌类植物。茎常下垂，圆柱形，具棱和角，扁平，通常分节。花小，漏斗状或圆盘状。浆果球状，常为紫色或红色。不耐寒。耐最低温度6～10℃。喜半阴和排水良好的肥沃土壤。喜80%的相对湿度（高于大多数仙人掌）。冬季只需偶尔极少浇水。春季或夏季播种繁殖或用茎扦插繁殖。

风月 *L. warmingianum* （*Rhipsalis warmingiana*），见 461 页。

异柱菊属（新拟）LEPTINELLA

菊科 ASTERACEAE/COMPOSITAE

一年生草本或匍匐状多年生草本。可作低矮的地被植物。极耐寒。喜全光照和排水极好的中等肥沃土壤。种子成熟后立即播种繁殖或春季分株繁殖。

暗花异柱菊（新拟）***L. atrata***（*Cotula atrata*），见 367 页。**黄蕊异柱菊**（新拟）subsp. ***luteola***，见 364 页。

细子木属 LEPTOSPERMUM

桃金娘科 MYRTACEAE

常绿乔木或灌木。因观赏其叶和小而多的花而栽培。适宜沿海地区栽培，不宜暴晒。耐寒至半耐寒。寒冷地区可靠南墙或西墙栽培。喜全光照和排水良好的肥沃土壤。夏季用半成熟枝扦插繁殖。

L. flavescens 见 *L. polygalifolium*。

L. humifusum 见 *L. rupestre*。

远志叶细子木 *L. polygalifolium*（*L. flavescens*），见 139 页。

🏆岩生细子木 *L. rupestre*（*L. humifusum*），见 160 页。

帚状细子木（松红梅）***L. scoparium***（Manuka, New Zealand tea-tree）。**🏆'卡特里' 'Keatleyi'** 常绿灌木。冠圆球状。株高和冠径均为3m。半耐寒。叶窄披针形，灰绿色，芳香。花大而多，星状，淡粉红色，春末和夏季开放。**🏆'尼克斯' 'Nicholsii'** 叶古铜紫色。花小，深红色。**🏆'红玫瑰' 'Red Damask'**，见 131 页。

豪猪花属 LESCHENAULTIA (LECHENAULTIA)

草海桐科 GOODENIACEAE

常绿灌木。因观赏其花而栽培。不耐寒。耐最低温度7～10℃。喜全光照和排水良好的泥炭土壤，土壤应不含磷酸盐和硝酸盐。盆栽植株生长期适量浇水，平时少浇水。开花后将过长的茎剪短。春季播种繁殖或夏季用半成熟枝扦插繁殖。多数野生种类不宜在温室中栽培，需要良好的通风。

豪猪花 *L. floribunda* 常绿灌木。冠半球状。茎细长而坚韧。株高和冠径均为30～60cm。叶窄，圆柱形，先端尖。花序顶生，花短，管状，淡蓝色，花瓣五角状，春夏开放。

Lesser celandine 见 *Ranunculus ficaria*。

Lesser periwinkle 见 *Vinca minor*，见 176 页。

Lettuce, Water 见 *Pistia stratiotes*，见 449 页。

银树属（银白树属）LEUCADENDRON

山龙眼科 PROTEACEAE

常绿灌木或乔木。因观赏其花和叶而栽培。秋季至春季开花。不耐寒。耐最低温度5～7℃。喜全光照和排水良好的土壤。土壤以沙砾类或泥炭土为好，最好不含氮和磷酸盐。盆栽植株生长期内适量浇水，平时少浇水。春季播种繁殖。

银树（银白树）***L. argenteum***，见 100 页。

小滨菊属（小白菊属）LEUCANTHEMELLA

菊科 ASTERACEAE/COMPOSITAE

多年生草本。多毛。因观赏其雏菊状花而栽培。秋季开花。极耐寒。喜全光照或半阴和湿润的土壤。春季分株繁殖或用茎基部扦插繁殖。

🏆晚熟小滨菊 *L. serotina*（*Chrysanthemum serotinum*，*C. uliginosum*）多年生草本。直立。株高1.5m，冠径90cm。叶多，披针形，暗绿色，有锯齿。具花序，花大，白色，花心绿色，秋末开放。

似滨菊属 LEUCANTHEMOPSIS

菊科 ASTERACEAE/COMPOSITAE

多年生低矮草本。丛生或匍地状。因观赏其花而栽培。花单生，雏菊状，夏季开放。极耐寒。喜全光照和排水良好的土壤。种子成熟后立即播种繁殖，春季分株繁殖或用茎基部扦插繁殖。

高山似滨菊 *L. alpina*（*Chrysanthemum alpinum*）短命多年生草本。丛生。株高10cm，冠径20cm。根状茎短。叶丛小，叶深裂。头状花序，花大，白色，花心黄色，夏季开放。适宜岩石园或碎石中栽培。

滨菊属 LEUCANTHEMUM

菊科 ASTERACEAE/COMPOSITAE

一年生或多年生草本。因观赏其引人注目的花而栽培。极耐寒。大滨菊（*L. × superbum*）栽培品种的优点是头状花序大而多，雏菊状，夏季开放。部分野生种类适宜岩石园中栽培。喜全光照和排水良好的土壤。野生种类播种繁殖或分株繁殖，栽培品种仅能分株繁殖。

大滨菊 *L. × superbum*（*Chrysanthemum maximum* of gardens，*C. × superbum*）（Shasta daisy）。**🏆'光之女神' 'Aglaia'** 多年生草本。生长健壮。株高1m，冠径60cm。极耐寒。花大，单生，雏菊状，白色，半重瓣，夏季开放。叶匙形，粗糙，有分裂，具锯齿。每隔两年分株繁殖。**'伊丽莎白' 'Elizabeth'**，见 240 页。**'埃丝特·里德' 'Esther Read'**，见 275 页。**🏆'威勒尔超极' 'Wirral Supreme'** 花重瓣，中央小花短。

光山属（龙舌仙人球属）LEUCHTENBERGIA

仙人掌科 CACTACEAE

单种属。多年生仙人掌类植物。叶似龙舌兰，但其花、果实和种子却似强刺球属（*Ferocactus*）。茎短，粗糙，木质，具子球。不耐寒。耐最低温度6℃。喜全光照和排水良好的土壤。冬季应保持完全干燥，春季至秋季可少浇水。春季或夏季播种繁殖。

光山（龙舌仙人球）***L. principis***，见 466 页。

白棒莲属 LEUCOCORYNE

葱科/百合科 ALLIACEAE/LILIACEAE

鳞茎类植物。春季开花。花序头状，疏松，扁平。半耐寒。喜全光照和排水良好的土壤。秋季栽培。生长期内浇水，夏季进入休眠期时应保持土壤干燥。秋季播种繁殖或用短匍茎繁殖。

白棒莲（耀阳花）***L. ixioides***，见 413 页。

新火绒草属 LEUCOGENES *New Zealand edelweiss*

菊科 ASTERACEAE/COMPOSITAE

多年生常绿草本。茎基部木质。因观赏其叶而栽培。最好栽培于夏季凉爽的高山植物温室内。耐寒至半耐寒。喜全光照和排水良好的沙砾质泥炭土。忌冬季湿润，此时难以生长。春末至初夏用新鲜种子播种繁殖或用软枝扦插繁殖。

大头新火绒草 *L. grandiceps*，见 389 页。

北岛新火绒草 *L. leontopodium*（*Raoulia leontopodium*）（North Island edelweiss）多年生常绿草本。莲座状。株高和冠径均为12cm。半耐寒。叶椭圆形或卵形，折叠，银白色至淡黄色。头状花序小，花星状，被毛，达15朵，银白色，苞片厚，被毛，白色，位于花的周围，初夏开放。

雪片莲属 LEUCOJUM *Snowflake*

石蒜科 AMARYLLIDACEAE

鳞茎类植物。因观赏其花而栽培。花钟状，下垂，白色或粉红色，春季或秋季开放。极耐寒至耐寒。部分种类喜半阴和湿润环境，其他种类在光照充足和排水良好的土壤上生长良好。春季或初秋分株繁殖或秋季播种繁殖。

夏雪片莲*L. aestivum*，见396页。

🏆**秋雪片莲*L. autumnale***，见437页。

红雪片莲*L. roseum* 鳞茎类植物。初秋开花。株高达10cm，冠径2.5～5cm。耐寒。茎细长。花单生，淡粉红色，长1cm。叶基生，线形，直立，与花同时或稍后长出。喜光照和排水良好的土壤。

🏆**雪片莲 *L. vernum***，见426页。

鳞叶菊属 LEUCOPHYTA
Cushion bush

菊科 ASTERACEAE/COMPOSITAE

一年生草本、多年生常绿草本或小灌木。常用截干法保持周年更新。常用于夏季花坛。不耐寒。耐最低温度7～10℃。喜全光照和排水良好的土壤。盆栽植株在旺盛生长期内适量浇水，平时少浇水。去除幼株的茎尖以使其长成灌木状。夏末用半成熟枝扦插繁殖。冬季过于湿润或寒冷时，植株易受葡萄孢菌的危害。

鳞叶菊 *L. brownii*（*Calocephalus brownii*），见175页。

Leucopogon colensoi见*Cyathodes colensoi*。

银宝树属（白子木属） LEUCOSPERMUM

山龙眼科 PROTEACEAE

常绿灌木。因观赏其花而栽培。不耐寒。耐最低温度7～10℃。喜全光照和排水良好的沙质土壤，土壤应不含磷酸盐和硝酸盐。盆栽植株生长期内适量浇水，平时少浇水。春季播种繁殖。温室内难以长期栽培，且需要良好的通风条件。

银宝树*L. cordifolium*（*L. nutans*）常绿灌木。冠圆球状至开展。多分枝。株高和冠径均为1.2m。叶长，心形，蓝灰色，先端具3齿。花序头状，密集，类似单瓣花，花极细长，管状，砖红色至橙色，花柱长，夏季开放。

L. nutans 见 *L. cordifolium*。

反折银宝树*L. reflexum*，见131页。

木藜芦属 LEUCOTHOE

杜鹃花科 ERICACEAE

常绿、半常绿或落叶灌木。因观赏其叶和白色的花而栽培。极耐寒至耐寒。喜全阴或半阴和湿润的酸性泥炭质土壤。夏季用半成熟枝扦插繁殖。

L. catesbaei of gardens见*L. fontanesiana*。

🏆**大叶木藜芦 *L. fontanesiana***（*L. catesbaei* of gardens，*L. walteri*）常绿灌木。枝拱形。株高1.5m，冠径3m。极耐寒。叶披针形，暗绿色，有光泽，长渐尖，具锐锯齿。总状花序短，花小，白色，壶状，生于枝下部，仲春至春末开放。**'彩虹' 'Rainbow'**，见177页。**红枝木藜芦 SCARLETTA（'Zeblid'）**（见39页）幼叶暗红紫色，逐渐变成暗绿色，冬季变成古铜色。**'Zeblid'** 见 *L. f.* SCARLETTA。

筒花木藜芦（流苛花、岩南天）***L. keiskei*** 常绿灌木。茎直立或半匍匐状。株高15～60cm，冠径30～60cm。耐寒。叶卵形，质地薄，有光泽，暗绿色，幼叶具红色晕，似革质。花白色，壶状，下垂，生于叶腋，夏季开放。适宜岩石园、泥炭质土壤或高山植物温室中栽培。喜温暖湿润的气候。

L. walteri 见 *L. fontanesiana*。

繁瓣花属 LEWISIA

马齿苋科 PORTULACACEAE

多年生草本。其中部分种类常绿。叶丛莲座状，叶肉质多浆。主根深。大多数种类适宜栽培于高山植物温室、沟边和岩石园中。极耐寒至耐寒。常绿种类喜半阴和富含腐殖质、湿润但排水良好的中性至酸性土壤。忌在莲座叶丛中浇水。草本种类夏季落叶，喜光照和排水良好的中性土壤至酸性土壤，开花后干枯。草本种类春季或秋季播种繁殖，常绿种类春季播种繁殖或夏季用短匍茎繁殖。圣塔杂种繁瓣花（*L.* Cotyledon Hybrids）不宜播种繁殖。

哥伦比亚繁瓣花 *L. columbiana* 多年生常绿草本。基部莲座状。株高15cm以上，冠径10～15cm。极耐寒。叶厚，扁平，绿色，窄椭圆形，有光泽。花序顶生，花小，白色至深粉红色，杯状，叶脉深，初夏开放。喜湿润土壤。

圣塔杂种繁瓣花 *L.* Cotyledom Hybrids，见354页。

'乔治·亨利'繁瓣花*L.* 'George Henley'，见352页。

内华达繁瓣花 *L. nevadensis* 多年生草本。疏松，基部莲座状。株高4～6cm，冠径8cm。极耐寒。花大，杯状，近无梗，白色，高出叶丛，夏季开放。叶小，丛生，暗绿色，带状。

繁瓣花 *L. rediviva*（粉红色类型），见379页，（白色类型）见373页。

🏆**特氏繁瓣花*L. tweedyi***，见364页。

鬼吹箫属（风吹箫属） LEYCESTERIA

忍冬科 CAPRIFOLIACEAE

落叶灌木。因观赏其美丽的花序而栽培。耐寒至半耐寒。喜全光照和排水良好的肥沃土壤。夏季用软枝扦插繁殖，秋季播种繁殖或分株繁殖。

鬼吹箫 *L. formosa*（Himalayan honeysuckle）落叶灌木。直立。株高和冠径均为2m。耐寒。枝蓝绿色。叶细长，卵形，暗绿色。花序下垂，花小，漏斗状，白色，位于花序上部，苞片紫红色，位于花序的下部，夏季至初秋开放。果实球形，红紫色。初春除去地上部分的弱枝。

滨麦属 LEYMUS

禾本科 POACEAE/GRAMINEAE

见禾草类、竹类、灯心草类和莎草类植物。

欧滨麦（沙丘野麦）***L. arenarius***（*Elymus arenarius*）（Lyme grass）多年生草本。生长旺盛。具根状茎。冠开展。株高1.5m，冠径不定。极耐寒。叶宽，灰白色。穗状花序粗壮，顶生，生于直立的茎上，花灰绿色，夏末开放。可用于固定沿海沙丘。

蛇鞭菊属 LIATRIS
Gay feathers

菊科 ASTERACEAE/COMPOSITAE

多年生草本。夏季开花。根状茎粗，球茎状。极耐寒。喜光照和排水良好的土壤。春季分株繁殖。

L. callilepis of gardens 见 *L. spicata*。

堪萨斯蛇鞭菊 *L. pycnostachya*（Kansas gay feather）多年生草本。丛生。株高1.2m，冠径30cm。穗状花序长，由成簇的头状花序组成，花羽状，紫粉红色，夏季开放。叶禾草叶状，暗绿色，基部丛生。

蛇鞭菊 *L. spicata*（*L. callilepis* of gardens），见279页。

丽白花属（利氏鸢尾属） LIBERTIA

鸢尾科 IRIDACEAE

多年生草本。具根状茎。因观赏其叶、美丽的果实和花而栽培。耐寒至半耐寒。喜光照或半阴、庇风和排水良好的土壤。春季分株繁殖，春季或秋季播种繁殖。

大花利氏鸢尾*L. grandiflora*，见239页。

射干利氏鸢尾*L. ixioides* 多年生草本。丛生。具根状茎。株高和冠径均为60cm。耐寒。圆锥花序，花碟状，白色，夏季开放。叶禾草叶状，暗绿色，冬季变成橙褐色。

Libocedrus chilensis 见 *Austrocedrus chilensis*。

Libocedrus decurrens 见 *Calocedrus decurrens*。

Libonia floribunda 见 *Justicia rizzinii*。

橐吾属 LIGULARIA

菊科 ASTERACEAE/COMPOSITAE

多年生草本。因观赏其叶和大型雏菊状头状花序而栽培。极耐寒至半耐寒。喜光照或半阴和排水良好的湿润土壤。春季分株繁殖，春季或秋季播种繁殖。易受蛞蝓和蜗牛的危害。

***L. clivorum* 'Desdemona'** 见 *L. dentata* 'Desdemona'。

🏆**'德斯迪蒙娜'齿叶橐吾*L. dentata* 'Desdemona'**（*L. clivorum* 'Desdemona'）多年生草本。丛生。植株紧凑。株高1.2m，冠径60cm。极耐寒。叶心形，具长柄，基生，革质，暗褐绿色，背面近红褐色。花序顶生，头状花序大，雏菊状，花鲜橙黄色，花梗具分枝，仲夏至夏末开放。

🏆**'格雷吉诺金' 橐吾 *L.* 'Gregynog Gold'** 多年生草本。丛生。株高2m，冠径60cm。极耐寒。叶大，心形，深绿色。圆锥花序，头状花序雏菊状，橙黄色，仲夏至夏末开放。

掌叶橐吾 *L. przewalskii*（*Senecio przewalskii*），见229页。

窄头橐吾*L. stenocephala*，见229页。

L. tussilaginea 见*Farfugium japonicum*。

女贞属 LIGUSTRUM
Privet

木犀科 OLEACEAE

落叶、半常绿或常绿灌木和乔木。因观赏其叶和部分种类的花而栽培。极耐寒至耐寒。喜全光照或半阴，杂色品种喜全光照。在任何排水良好的土壤上皆可旺盛生长，包括白垩土。仲春时需修剪以限制其生长，除女贞（*L. lucidum*）外。夏季用半成熟枝扦插繁殖。误食植株任何部分都会引起严重不适。

日本女贞*L. japonicum*（Japanese privet）常绿灌木。丛生。冠密集。株高3m，冠径2.5m。叶卵形，有光泽，极暗绿色。大型圆锥花序，花小，管状，白色，花瓣4裂，仲夏至仲秋开放。**'Coriaceum'** 见 *L. j.* 'Rotundifolium'。**'圆叶' 'Rotundifolium'**（*L. j.* 'Coriaceum'）生长慢。叶多，圆形，革质。

🏆**女贞 *L. lucidum***（Chinese privet）常绿直立灌木或乔木。株高10m，冠径8m。耐寒。叶大，卵形，暗绿色，有光泽。大型圆锥花序，花小，管状，白色，花瓣4裂，夏末至初秋开放。🏆**'金边' 'Excelsum Superbum'**，见127页。

卵叶女贞 *L. ovalifolium*，见126页。🏆**'黄边' 'Aureum'** 常绿或半常绿直立灌木。生长旺盛。冠密集。株高4m，冠径3m。极耐寒。叶卵形，中绿色，有光泽，具宽的亮黄色叶缘。圆锥花序，花小密集，管状，白色，花瓣4裂，有极难闻的气味，仲夏开放。

果实黑色，球形。栽培作绿篱时可剪短至30cm高，前两年需重剪，以后必要时可在生长季节修剪。

小蜡 *L. sinense*，见118页。

'维氏'女贞*L.* 'Vicaryi'（*L.* × *vicaryi*），见153页。

L.* × *vicaryi 见*L.* 'Vicaryi'。

欧洲女贞 *L. vulgare* 落叶或半常绿灌木。丛生。株高和冠径均为3m。极耐寒。叶窄披针形，暗绿色。圆锥花序，花小，管状，花瓣4裂，白色，极芳香，初夏至仲夏开花。果实黑色，球形。栽培作绿篱时可剪短至30cm高，前两年需重剪，以后必要时可在生长季节修剪。**'金叶' 'Aureum'** 株高和冠径均为2m。叶金黄色。

Lijiang spruce 见*Picea likiangensis*。

Lilac 见*Syringa*。

Himalayan 见*Syringa emodi*。

Persian 见*Melia azedarach*，见76页；*Syringa* × *persica*，见120页。

Rouen 见*Syringa* × *chinensis*。

St. Vincent 见*Solanum seaforthianum*，见206页。

Vine 见*Hardenbergia violacea*。

百合属 LILIUM
Lily

百合科 LILIACEAE

鳞茎类植物。主要在夏季开花。因观赏其色彩鲜艳、芳香的花而栽培。每个肉质鳞茎生出一个不分枝的带叶的茎，有时茎下部具一年生根。叶多披针形或线形，长达22cm，散生或轮生，有时叶腋具珠芽。每个茎常开数朵花，花喇叭状至碗状，花6瓣，强烈反卷，呈舟形乌头状（百合的花瓣在植物学上被称为花被片）。冠径达30cm。皆耐寒，有具体说明的除外。皆喜光照和排水良好的土壤，有具体说明的除外。春季或秋季播种繁殖，夏季用鳞茎繁殖，秋季用珠芽繁殖。易受病毒、霉菌（如葡萄孢菌）和百合甲虫的危害。见404～405页。

朝鲜百合*L. amabile* 鳞茎类植物。具茎生根。夏季开花。株高30cm～1m。叶散生，披针形。花红色，带黑色斑点，多达10朵，下垂，有难闻气味，花瓣长5～5.5cm，强烈反卷。

'金琥珀'百合*L.* 'Amber Gold'（见405页）鳞茎类植物。夏季开花。株高1.2～1.5m。花深黄色，下垂，喉部有栗褐色斑点，花瓣强烈反卷。

'北安杰拉'百合*L.* 'Angela North'（见404页）鳞茎类植物。仲夏开花。株高达1m。花暗红色，有较暗红色斑点，花瓣强烈弯曲，稍芳香。

'太阳神'百合*L.* 'Apollo'（见405页）鳞茎类植物。夏季开花。株高1.2m。花淡橙色，下垂，花瓣强烈反卷。

天香百合*L. auratum*（Golden-rayed lily of Japan）鳞茎类植物。具茎生根。夏季和秋季开花。株高60cm～1.5m。叶长，散生，披针形。花碗状，白色，芳香，多达10朵，有时更多，面向外开放，花瓣长12～18cm，花瓣心部具一条红色或黄色带，常具红色或黄色斑点。喜半阴和中性至酸性土壤。🏆**宽叶天香百合**var. ***platyphyllum***（见404页）叶较宽。花瓣心部有一条黄色带和数个斑点。

'黑丽'百合*L.* 'Black Beauty'（见405页）鳞茎类植物。夏季开花。株高1.5～2m。花扁平，极深红色，花心绿色，面向外开放，花瓣边缘反卷，白色。

🏆**'黑龙'百合*L.* 'Black Dragon'** 鳞茎类植物。夏季开花。株高1.5m。花喇叭状，面向外开放，花瓣紫红色，内面白色。

'黑魔'百合*L.* 'Black Magic'（见404页）鳞茎类植物。夏季开花。株高1.2～2m。花喇叭状，面向外开放，芳香，花瓣紫褐色，内面白色。

'火焰'百合*L.* 'Bonfire' 鳞茎类植物。夏季开花。株高1.2～1.5m。花碗状，面向外开放，花瓣宽，外面白色，具粉红色晕，内面深红色，具淡红色斑点。

'亮星'百合*L.* 'Bright Star'（见404页）鳞茎类植物。夏季开花。株高1～1.5m。花白色，扁平，花瓣先端反卷，内面中心部有一条橙色斑纹。

'北布诺恩'百合*L.* 'Bronwen North'（见404页）鳞茎类植物。株高达1m。仲夏开花。每茎具花7朵以上，花稍芳香，花瓣淡紫粉红色，强烈反卷，尖端颜色淡，喉部淡粉红色，有黑色斑点、条纹，腺体红黑色。

'刷斑'百合*L.* 'Brushmarks'（见405页）鳞茎类植物。初夏开花。株高1.35m。花杯状，面向上开放，橙色，喉部绿色，花瓣具深红色斑块，有时具深红色斑点。

珠芽百合*L. bulbiferum* (Fire lily, Orange lily) 鳞茎类植物。具茎生根。夏季开花。株高40～150cm。叶散生，披针形，叶腋处常具珠芽。花1～5朵花以上，浅杯状，橙红色，面向上开放，花瓣长6～8.5cm，具黑色或深红色斑点。🏆**橙黄珠芽百合**var. ***croceum***（见405页）花橙色，常不具珠芽。

加拿大百合*L. canadense* (Canada lily, Meadow lily, Wild yellow lily)（见405页）鳞茎类植物。具茎生根。夏季开花。株高达1.5m。叶窄披针形至阔披针形，多为轮生。花约10朵，下垂，花瓣长5～8cm，下部具暗红色或紫色斑点。

🏆**白花百合*L. candidum*** (Madonna lily)（见404页）鳞茎类植物。夏季开花。株高1～2m。叶披针形，散生于花茎上。花5～20朵，芳香，阔漏斗状，白色，面向外开放，花瓣长5～8cm，基部黄色，先端稍反卷。秋季长出基生叶，一直持续至冬末花茎成熟后才枯萎。喜石灰质土壤。

L. carniolicum 见*L. pyrenaicum* subsp. *carniolicum*。

🏆**'卡萨布兰卡'百合*L.* 'Casa Blanca'**（见404页）鳞茎类植物。夏末开花。株高90cm。花白色，具蜡质，中脉黄白色，腺体紫红色。

垂花百合(松叶百合)***L. cernuum*** 鳞茎类植物。具茎生根。夏季开花。株高达60cm。叶长，线形，散生。花7～15朵，芳香，下垂，花瓣长3.5～5cm，强烈反卷，常为粉红紫色，具紫色斑点。

🏆**卡尔西登百合*L. chalcedonicum*** (*L. heldreichii*) (Scarlet turkscap lily)（见405页）鳞茎类植物。具茎生根。夏季开花。株高50～150cm。叶散生，多为披针形，下部叶开展，上部叶紧贴于茎上。花达12朵，稍芳香，下垂，花瓣长5～7cm，强烈反卷，红色或红橙色。

'康涅狄格王'百合*L.* 'Connecticut King'（见405页）鳞茎类植物。初夏至仲夏开花。株高1m。花杯状，鲜黄色，面向上开放。

'花束'百合*L.* 'Corsage'（见404页）鳞茎类植物。夏季开花。株高1.2m。花碗状，面向外开放，花瓣反卷，外面具粉红色晕，内面粉红色，具栗褐色斑点，花心白色。

'天空'百合*L.* 'Côte d' Azur'（见404页）鳞茎类植物。夏季开花。株高40cm。茎粗壮。花深玫瑰粉红色，喉部有较暗色斑点。

金斑百合*L.* × *dalhansonii*（见404页）鳞茎类植物。夏季开花。株高1.5～2m。花栗褐色或暗栗褐色，具金黄色斑点，有难闻气味，花瓣强烈反卷。**'Marhan'** 见*L.* 'Marhan'。

🏆**川百合*L. davidii*** 鳞茎类植物。夏季开花。具茎生根。株高1～1.4m。叶线形，散生。花5～20朵，下垂，花瓣长5～6cm，强烈反卷，红色或红橙色，具暗紫色斑点。**弓茎川百合** var. ***willmottiae***（见404页）区别在于：茎细长，拱形，长2m。花梗下垂。

'命运'百合*L.* 'Destiny'（见405页）鳞茎类植物。初夏开花。株高1～1.2m。花杯状，面向上开放，黄色，具褐色斑点。

宝兴百合*L. duchartrei*（见404页）鳞茎类植物。初夏开花。株高60cm～1m。叶披针形，散生于茎上部。花达12朵，下垂，花瓣强烈反卷，白色，外面具紫色晕，内面有深紫色斑点。

🏆**'魅力'百合*L.* 'Enchantment'**（见405页）鳞茎类植物。初夏开花。株高1m。花杯状，面向上开放，橙红色，喉部有黑色斑点。

金色喇叭群百合*L.* Golden Clarion Group（见405页）鳞茎类植物。春末至初夏开花。株高1～2m。花喇叭状，面向外开放，淡黄色至深黄色，外面有红紫色晕。

金色华丽群百合*L.* Golden Splendor Group（见405页）鳞茎类植物。生长旺盛。具茎生根。仲夏至夏末开花。株高1.5～2m。花大，漏斗状，深金黄色，花瓣背面具栗褐色条纹。

🏆**竹叶百合*L. hansonii***（见405页）鳞茎类植物。具茎生根。夏季开花。株高1～1.5m。叶长，披针形至卵形，轮生。花3～12朵，下垂，芳香，花瓣厚，长3～4cm，强烈反卷，橙黄色，近基部有褐紫色斑点。

'和谐'百合*L.* 'Harmony'（见405页）鳞茎类植物。夏季开花。株高50cm～1m。花杯状，面向上开放，橙色，具栗色斑点。

L. heldreichii 见*L. chalcedonicum*。

🏆**亨利氏百合*L. henryi*** 鳞茎类植物。具茎生根。夏末开花。株高1～3m。叶披针形，散生。花5～20朵，有时达70朵，下垂，花瓣长6～8cm，强烈反卷，橙色，具暗色斑点，近基部有显著的肉疣。喜石灰质土壤。

帝王深红群百合*L.* Imperial Crimson Group 鳞茎类植物。夏末开花。株高1.5m。花深红色，稍扁平，芳香，喉部白色，花瓣边缘白色。

帝王金黄群百合*L.* Imperial Gold Group（见404页）鳞茎类植物。夏季开花。株高2m。花稍扁平，芳香，白色，具栗色斑点，花瓣中心具一条黄色条纹。

'留连'百合*L.* 'Journey's End'（见404页）鳞茎类植物。夏末开花。株高2m。花碗状，面向外开放，深粉红色，具栗色斑点，花瓣卷曲，先端和边缘白色。

🏆**'北卡伦'百合*L.* 'Karen North'**（见405页）鳞茎类植物。夏季开花。株高1.4m。花面向下开放，花瓣强烈反卷，橙粉红色，具稀疏的深粉红色斑点。

'鲍斯·莱昂'百合*L.* 'Lady Bowes Lyon'（见405页）鳞茎类植物。夏季开花。株高1～1.2m。花面向下开放，浓红色，具黑色斑点，花瓣强烈。

卷丹*L. lancifolium* (*L. tigrinum*) (Tiger lily) 鳞茎类植物。具茎生根。夏季至初秋开花。株高60cm～1.5m。叶披针形，散生。花5～10朵，有时达40朵，下垂，花瓣长7～10cm，强烈反卷，粉红色至红橙色，具紫色斑点。**黄花卷丹**var. ***flaviflorum*** 花黄色。生长旺盛。**华丽卷丹**var. ***splendens***（见405页）花较大，亮红橙色。

蓝贡百合*L. lankongense* 鳞茎类植物。具茎生根。夏季开花。株高1.2m。叶披针形，散生。花达15朵，芳香，下垂，花瓣长4～6.5cm，强烈反卷，粉红色，常具淡紫色晕，中心部有一条绿色条纹，紫红色斑点多位于边缘。温暖地区栽培时需半阴。

柠檬色百合*L. leichtlinii* 鳞茎类植物。具茎生根。夏季开花。株高1.2m。叶散生，窄披针形或线形。花1～6朵，下垂，花瓣长6～8.5cm，强烈反卷，黄色，具暗红紫色斑点。喜半阴。

🏆**'水银灯'百合*L.* 'Limelight'** 鳞茎类植物。夏季开花。株高1～

百合属 LILIUM

1.5m。花喇叭状，黄绿色，面向外开放，稍下垂。

🏆**麝香百合** ***L. longiflorum***（Bermuda lily, Easter lily, White trumpet lily）（见404页）鳞茎类植物。夏季开花。具茎生根。株高30cm～1m。叶披针形，散生。花1～6朵，芳香，白色，面向外开放，花瓣长13～20cm，先端稍反卷。

🏆**曼尼浦耳百合** ***L. mackliniae***（Manipur lily）（见404页）鳞茎类植物。具茎生根。春末至夏季开花。株高40cm。叶小，窄披针形至窄卵形，散生或在茎顶部轮生。花1～6朵，常下垂，阔钟状，紫粉红色，花瓣长4.5～5cm。喜半阴。

黑斑百合 ***L. maculatum***（*L. thunbergianum*）鳞茎类植物。夏季开花。具茎生根。株高达60cm。极耐寒。叶披针形或卵叶，散生。花1～6朵，杯状，面向上开放，黄色、橙色或红色，具暗色斑点，花瓣长8～10cm。

'魔力粉'百合 ***L.*** **'Magic Pink'**（见404页）鳞茎类植物。初夏开花。株高1～1.2m。花粉红色，有光泽和暗粉红色斑点。

🏆**'迈尔汉'百合** ***L.*** **'Marhan'**（*L.* × *dalhansonii* 'Marhan'）鳞茎类植物。初夏开花。株高1.2～2m。花下垂，深橙色，具红褐色斑点，花瓣强烈反卷。

欧洲百合（头巾百合）***L. martagon***（见404页）鳞茎类植物。具茎生根。夏季开花。株高1～2m。极耐寒。叶披针形至卵形，轮生。花达50朵，芳香，下垂，花瓣长3～4cm，强烈反卷，粉红色或紫色，具暗色斑点。🏆**白花欧洲百合** var. ***album***（见404页）花纯白色。

轮叶百合 ***L. medeoloides***（见405页）鳞茎类植物。夏季开花。株高达75cm。叶披针形。花多达10朵，花瓣强烈反卷，杏黄色至橙红色，常有暗色斑点。

🏆**高加索百合** ***L. monadelphum***（*L. szovitsianum*）（见405页）鳞茎类植物。具茎生根。夏季开花。株高50cm～2m。叶披针形至卵形，散生。花常1～5朵，有时达30朵，芳香，下长，花瓣强烈反卷，长6～10cm，黄色，内面常具深红色或紫色斑点。

'蒙特布兰克'百合 ***L.*** **'Mont Blanc'**（见404页）鳞茎类植物。夏季开花。株高90cm。花乳白色，具褐色斑点，面向上开放。

'蒙特勒'百合 ***L.*** **'Montreux'**（见404页）鳞茎类植物。仲夏开花。株高1m。花约8朵，粉红色，主脉暗粉红色，喉部橙粉红色，具褐色斑点。

小百合 ***L. nanum***（*Nomocharis nana*）鳞茎类植物。春末或夏季开花。株高6～45cm。叶线形，散生。花常下垂，阔钟状，花瓣长4.5～5cm。喜半阴。**淡黄小百合** var. ***flavidum*** 花淡黄色。

紫斑百合 ***L. nepalense***（见405页）鳞茎类植物。具茎生根。夏季开花。株高70cm～1m。叶披针形，散生。花漏斗状，下垂，有难闻气味，绿白色或绿黄色，内面基部暗红紫色，花瓣长15cm。

🏆**奥林匹克杂交百合** ***L.*** **Olympic Hybrids**（见404页）鳞茎类植物。夏季开花。株高1.2～2m。花芳香，喇叭状，面向外开放，常粉红色或紫色，喉部黄色，花色有白色、乳白色、黄色和粉红色。

豹斑百合 ***L. pardalinum***（Leopard lily, Panther lily）（见405页）鳞茎类植物。夏季开花。株高2～3m。叶长，窄椭圆形，多轮生。花多达10朵，常芳香，下垂，花瓣强烈反卷，花瓣长5～9cm，上部红色，下部橙色，具栗褐色斑点，部分种类具黄色环。

黑海百合 ***L. ponticum***（*L. pyrenaicum* subsp. *ponticum*）。

🏆**山丹** ***L. pumilum***（*L. tenuifolium*）鳞茎类植物。具茎生根。夏季开花。株高15cm～1m。叶小，线形，散生。花常7朵，偶尔达36朵，稍芳香，下垂，花瓣强烈反卷，长3～3.5cm，鲜红色，基部有时有黑色斑点。

🏆**比利牛斯百合** ***L. pyrenaicum***（Yellow turkscap lily）（见405页）鳞茎类植物。常具茎生根。春末至初夏开花。株高30cm～1.35m。叶散生，线形至窄椭圆形，无毛。花多达12朵，下垂，有难闻的气味，花瓣强烈反卷，长4～6.5cm，黄色或绿黄色，具深紫色斑点和纹条。**龙骨百合** subsp. ***carniolicum***（*L. carniolicum*）花瓣具红色或橙色斑点。叶无毛或被毛。**本都百合** subsp. ***ponticum***（*L. ponticum*）花深黄色，具稠密的红褐色或紫色条纹和斑点。叶背面被毛。**红百合** var. ***rubrum***（见405页）花橙红色或暗红色。

🏆**岷江百合**（王百合）***L. regale***（Regal lily）（见404页）鳞茎类植物。具茎生根。夏季开花。株高50cm～2m。叶线形，散生。花达25朵，芳香，面向外开放，漏斗状，花瓣长12～15cm，内面白色，基部黄色，外侧紫色，微带粉红色。

'罗马'百合 ***L.*** **'Roma'**（见405页）鳞茎类植物。初夏开花。株高1.5m。花蕾绿色，花乳白色，有时老时变为绿黄色。

🏆**'北罗斯马里'百合** ***L.*** **'Rosemary North'**（见405页）鳞茎类植物。仲夏至夏末开花。株高1m。花12朵花以上，稍芳香，浓橙色，有时具较暗色斑点。

红点百合 ***L. rubellum***（见404页）鳞茎类植物。具茎生根。初夏开花。株高30～80cm。叶窄卵形，散生。花多达9朵，面向外开放，阔漏斗状，粉红色，基部有暗红色斑点，花瓣长6～8cm。

'舒克桑'百合 ***L.*** **'Shuksan'** 鳞茎类植物。夏季开花。株高1.2～2m。花舟状，下垂，黄橙色，花瓣强烈反卷，具稀疏的黑色斑点，先端具红色晕。

🏆**美丽百合** ***L. speciosum*** 鳞茎类植物。具茎生根。夏末开花。株高1～1.7m。叶长，散生，阔披针形。花多达12朵，芳香，下垂，白色或粉红色，花瓣强烈反卷，长达10cm，具粉红色或深红色斑点。喜中性或酸性土壤。**白花美丽百合** var. ***album*** 花白色。茎紫色。**红花美丽百合** var. ***rubrum***（见404页）花胭脂红色。茎紫红色。

'追星'百合 ***L.*** **'Star Gazer'**（见404页）鳞茎类植物。夏末开花。株高90cm。花芳香，浓鲜红色，具栗色斑点。

'纯星'百合 ***L.*** **'Sterling Star'**（见404页）鳞茎类植物。夏季开花。株高1～1.2m。花杯状，白色，面向上开放，具褐色微小斑点。

🏆**沼泽百合** ***L. superbum***（Swamp lily, Turkscap lily）（见405页）鳞茎类植物。具茎生根。夏末至初秋开花。株高1.5～3m。叶披针形至椭圆形，多为轮生。花多达40朵，下垂，橙色，花瓣强烈反卷，长6～10cm，常具红色晕和栗褐色斑点，基部内面绿色。喜中性至酸性土壤。

L. szovitsianum 见 *L. monadelphum*。

L. tenuifolium 见 *L. pumilum*。

🏆**棕黄百合** ***L.*** × ***testaceum***（Nankeen lily）鳞茎类植物。夏季开花。株高1～1.5m。叶线形，散生，常扭曲。花6～12朵，芳香，下垂，淡橙色至褐黄色，花瓣强烈反卷，长8cm，内面常有淡红色斑点。

L. thunbergianum 见 *L. maculatum*。

L. tigrinum 见 *L. lancifolium*。

青岛百合 ***L. tsingtauense***（见405页）鳞茎类植物。具茎生根。夏季开花。株高1m。叶披针形，多为轮生。花1～5朵，杯状，面向上开放，橙色或橙红色，花瓣长达5cm，具栗褐色斑点。

华莱士百合 ***L. wallichianum*** 鳞茎类植物。具茎生根。夏季至秋季开花。株高2m。半耐寒。叶长，散生，线形至披针形。花1～4朵，芳香，面向上开放，漏斗状，白色或乳白色，近基部绿色或黄色，花瓣长15～30cm。

Lily 见 *Lilium*。

African 见 *Agapanthus africanus*。

Arum 见 *Zantedeschia aethiopica*。

Atamasco 见 *Zephyranthes atamasco*。

August 见 *Hosta plantaginea*，见289页。

Aztec 见 *Sprekelia formosissima*，见413页。

Belladonna 见 *Amaryllis belladonna*，见408页。

Bermuda 见 *Lilium longiflorum*，见404页。

Blood 见 *Haemanthus coccineus*，见435页。

Boat 见 *Tradescantia spathacea*。

Canada 见 *Lilium canadense*。

Chinese-lantern 见 *Sandersonia aurantiaca*，见423页。

Dwarf white wood 见 *Trillium nivale*。

Easter 见 *Lilium longiflorum*，见404页。

Fire 见 *Lilium bulbiferum*。

Flax 见 *Dianella*。

Foxtail 见 *Eremurus*。

Giant 见 *Cardiocrinum giganteum*，见398页。

Giant pineapple 见 *Eucomis pallidiflora*，见397页。

Ginger 见 *Hedychium*。

Globe 见 *Calochortus albus*，见409页。

Glory 见 *Gloriosa superba*。

Golden arum 见 *Zantedeschia elliottiana*，见402页。

Golden spider 见 *Lycoris aurea*。

Guernsey 见 *Nerine sarniensis*，见424页。

Jacobean 见 *Sprekelia formosissima*，见413页。

Josephine's 见 *Brunsvigia josephinae*。

Kaffir 见 *Schizostylis*。

Lent 见 *Narcissus pseudonarcissus*，见417页。

Leopard 见 *Dieffenbachia*；*Lilium pardalinum*，见405页。

Madonna 见 *Lilium candidum*，见404页。

Manipur 见 *Lilium mackliniae*，见404页。

Martagon 见 *Lilium martagon*，见404页。

May 见 *Maianthemum*。

Meadow 见 *Lilium canadense*。

Nankeen 见 *Lilium* × *testaceum*。

Orange 见 *Lilium bulbiferum*。

Painted wood 见 *Trillium undulatum*。

Panther 见 *Lilium pardalinum*，见405页。

Peace 见 *Spathiphyllum wallisii*，见300页。

Plantain 见 *Hosta*。

Rain 见 *Zephyranthes*。

Red spider 见 *Lycoris radiata*，见420页。

Regal 见 *Lilium regale*，见404页。

Rienga 见 *Arthropodium cirratum*。

Rock 见 *Arthropodium cirratum*。

Scarlet turkscap 见 *Lilium chalcedonicum*，见405页。

Sea 见 *Pancratium maritimum*。

St Bernard's 见 *Anthericum liliago*，见276页。

St Bruno's 见 *Paradisea liliastrum*。

Swamp 见 *Lilium superbum*；*Saururus cernuus*，见447页。

Tiger 见 *Lilium lancifolium*。

Toad 见 *Tricyrtis*。

Torch 见 *Kniphofia*。
Turkscap 见 *Lilium superbum*。
Voodoo 见 *Sauromatum venosum*，见 413 页。
Water 见 *Nymphaea*。
White ginger 见 *Hedychium coronarium*。
White trumpet 见 *Lilium longiflorum*，见 404 页。
Wild yellow 见 *Lilium canadense*。
Wood 见 *Trillium*。
Yellow pond 见 *Nuphar advena*。
Yellow turkscap 见 *Lilium pyrenaicum*。
Lily of Japan, Golden-rayed 见 *Lilium auratum*。
Lily tree 见 *Magnolia denudata*，见 75 页。
Lily-of-the-valley 见 *Convallaria*。
Wild 见 *Pyrola rotumdifolia*。
Lily-of-the-valley tree 见 *Clethra arborea*。
Lilyturf 见 *Liriope*。
Lime 见 *Tilia*。
American 见 *Tilia americana*。
Broad-leaved 见 *Tilia platyphyllos*。
Caucasian 见 *Tilia × euchlora*。
Common 见 *Tilia × europaea*。
Crimean 见 *Tilia × euchlora*。
European white 见 *Tilia tomentosa*。
Large-leaved 见 *Tilia platyphyllos*。
Mongolian 见 *Tilia mongolica*。
Pendent silver 见 *Tilia* 'Petiolaris'，见 68 页。
Silver 见 *Tilia tomentosa*。
Small-leaved 见 *Tilia cordata*。
Limnanthemum nymphoides 见 *Nymphoides peltata*。

沼花属 LIMNANTHES

沼花科 LIMNANTHACEAE

一年生草本。适宜岩石园和花坛边缘栽培。极耐寒。喜光照充足、肥沃且排水良好的土壤。春季或初秋室外播种繁殖。可大量自播繁殖。

🏆**沼花 *L. douglasii***，见 336 页。

补血草属 LIMONIUM
Sea lavender

白花丹科 PLUMBAGINACEAE

多年生草本（有时作一年生栽培）或亚灌木。其中部分种类常绿。夏季和秋季开花。极耐寒至不耐寒。耐最低温度 7～10℃。适宜栽培在全光照和排水良好的土壤中。春季分株繁殖，秋季或初春播种繁殖，冬季可根插繁殖。

网状补血草 *L. bellidifolium* （*L. reticulatum*）多年生常绿草本。冠半球形。茎基部木质。株高 15～20cm，冠径 10cm。耐寒。叶丛散生，叶基生，圆形，暗绿色。花茎多分枝，花小而多，喇叭状，蓝色，每朵花开放时间长，夏秋开花。适宜岩石园中栽培。

'蓝云'宽叶补血草 *L. latifolium* 'Blue Cloud'，见 286 页。

加那利补血草 *L. perezii* 常绿亚灌木。冠圆球状。株高和冠径均为 1m 以上。耐最低温度 7～10℃。叶卵形至钻石形，深绿色，具长柄。花序密集，径 20cm，花小，管状，深紫蓝色，高于叶丛，秋季开放。温室中栽培时需良好的通风条件。

L. reticulatum 见 *L. bellidifolium*。

深波叶补血草 *L. sinuatum*，见 322 页。**堡垒系列 Fortress Series** 多年生草本。作一年生栽培。直立，丛生。生长慢。株高 45cm，冠径 30cm。半耐寒。叶披针形，深绿色，有分裂，边缘常波状。具花序，花小，管状，花色由粉红色、黄色或蓝色混杂而成，夏季至初秋开放。

L. suworowii 见 *Psylliostachys suworowii*。

柳穿鱼属 LINARIA
Toadflax

玄参科 SCROPHULARIACEAE

一年生、二年生或多年生草本。春季、秋季或夏季开花。适宜岩石园和花坛中栽培。极耐寒至耐寒。喜光照或轻微庇荫的环境，在排水良好的土壤上生长旺盛。春季或秋季播种繁殖，可大量自播繁殖。

高山柳穿鱼 *L. alpina* （Alpine toadflax） 一年生、二年生或短命多年生草本。丛生。株形紧凑。根系稀疏。株高 15cm，冠径 10～15cm。极耐寒。叶披针形或线形，轮生，肉质，灰绿色。总状花序，花稀疏，连续排列，金鱼草花状，紫色至紫罗兰色，花心部黄色，夏季开放。

L. dalmatica 见 *L. genistifolia* var. *dalmatica*。

大花柳穿鱼 *L. genistifolia* 多年生草本。直立。株高 60～120cm，冠径 23cm。极耐寒。叶披形，具光泽，中绿色，抱茎生长。总状花序，花小，金鱼草状，黄色，带橘黄色斑点，仲夏至秋季开放。**黄柳穿鱼** var. ***dalmatica*** （*L. dalmatica*）（Dalmatian toadflax）株高 1～1.2m，冠径 60cm。叶宽，其上覆有白粉。花大，金黄色，仲夏至夏末开放。

'火光'柳穿鱼 *L. maroccana* 'Fairy Lights'，见 330 页。

紫柳穿鱼 *L. purpurea* 多年生草本。直立。株高 60～100cm，冠径 60cm。耐寒。叶卵圆形，灰绿色。总状花序，金鱼草状，花蓝紫色，花冠筒基部白色，仲夏至秋季开放。**'卡隆温特' 'Canon J. Went'**，见 243 页。

三飞鸟 *L. triornithophora*，见 251 页。

Linden 见 *Tilia*。

山胡椒属（钓樟属）LINDERA

樟科 LAURACEAE

落叶或常绿灌木和乔木。因观赏其秋色叶而栽培。叶芳香。雌雄异株，需授粉，雌株才能结实。极耐寒至耐寒，喜半阴环境和湿润的酸性土壤。夏季用软枝扦插繁殖或秋季播种繁殖。

北美山胡椒 *L. benzoin*，见 131 页。

🏆**三桠乌药 *L. obtusiloba*** 落叶灌木。冠浓密。高和冠径均为 6m。耐寒。叶三裂，芳香，具光泽，深绿色，秋季变为油黄色。花簇生，星状，深黄色，初春开放，开放于当年生无叶嫩枝上。果实小球状，黑色。

星菊属 LINDHEIMERA

菊科 ASTERACEAE/ COMPOSITAE

一年生草本。夏末或秋初开花。耐寒。喜光照和肥沃、排水良好的土壤。初春在温室或春末在室外播种繁殖。

星菊 *L. texana*，见 336 页。

Ling 见 *Calluna vulgaris*。

北极花属（林奈花属）LINNAEA
Twin flower

忍冬科 CAPRIFOLIACEAE

单种属。常绿攀缘植物或多年生亚灌木。蔓延生长。叶繁茂，覆盖于地表。夏季开花。耐寒。喜半阴和湿润的酸性泥炭土壤。春季分蘖繁殖、夏季扦插繁殖或秋季播种繁殖。

北极花（林奈花）***L. borealis***，见 375 页。

亚麻属 LINUM

亚麻科 LINACEAE

一年生、二年生、多年生草本或亚灌木或灌木。有时常绿或半常绿。常作观花植物栽培。适宜岩石园生长。半耐寒，严寒环境栽培需保护。喜光照和富含腐殖质、排水良好的泥炭土。亚灌木和灌木夏季用半木质化嫩枝扦插繁殖或秋季播种繁殖，二年生、多年生草本秋季播种繁殖。

🏆**木本亚麻 *L. arboreum***，见 358 页。

黄亚麻（金亚麻）***L. flavum*** 多年生草本。生长茂密。具木质根状茎。株高 15cm，冠径 15cm。耐寒。叶窄卵形，绿色。花漏斗状，黄色，顶端簇生，夏季开放。**'密生' 'Compactum'**，见 385 页。

🏆**'吉麦杂种'亚麻 *L.* 'Gemmell's Hybrid'** 多年生常绿草本。株形圆整，具木质根状茎。株高 15cm，冠径 20cm。耐寒。喜碱性土壤。叶卵形，灰绿色。顶生花序，花茎短，花宽漏斗状，亮黄色，夏季开放。

'深红'大花亚麻 *L. grandiflorum* 'Rubrum'，见 327 页。

那旁亚麻 *L. narbonense*，见 287 页。

宿根亚麻 *L. perenne*，见 356 页。

L. salsoloides 见 *L. suffruticosum* subsp. *salsoloides*。

猪毛菜状亚麻 *L. suffruticosum* subsp. *salsoloides* （*L. salsoloides*）多年生匍匐植物。茎基部木质化。株高 5～20cm，冠径 8cm。耐寒。茎细。叶薄，灰绿色。花碟状，顶端簇生，乳白色，初开放时为蓝色或粉红色，花期短，夏季开放。

Lion's ear 见 *Leonotis leonurus*，见 149 页。

Lippia citriodora 见 *Aloysia triphylla*。

Lipstick plant 见 *Aeschynanthus pulcher*。

枫香属 LIQUIDAMBAR

金缕梅科 HAMAMELIDACEAE

落叶乔木。花不明显。叶枫叶状。因观赏其秋色叶而栽培。极耐寒。喜光照或半阴以及肥沃、湿润排水良好的土壤，在瘠薄的碱性土壤上生长不良。夏季扦插繁殖或秋季播种繁殖。

枫香 *L. formosana* （*L. monticola*）落叶乔木。树冠宽圆锥状。株高 12m，冠径 10m。耐寒。叶大，3 裂，边缘有锯齿，初生叶为淡紫色，夏季深绿色，秋季为橘黄色、红色或紫色。

L. monticola 见 *L. formosana*。

苏合香 *L. orientalis* （Oriental sweet gum） 落叶乔木。树冠浓密。生长慢。株高 6m，冠径 4m。耐寒。小叶 5 裂，绿色，秋季变为橘黄色。

胶皮枫香树 *L. styraciflua* （Sweet gum），见 70 页。🏆**'兰罗伯特' 'Lane Roberts'** 落叶乔木。树冠阔圆锥状。株高 25m，冠径 12m。耐寒。芽上通常有软隆起。叶光滑，五角形，绿色，秋季变为深紫红色。

Liquorice fern 见 *Polypodium glycyrrhiza*，见 310 页。

Liquorice 见 *Glycyrrhiza*。

鹅掌楸属 LIRIODENDRON

木兰科 MAGMOLIACEAE

落叶乔木。因观赏其叶和花而栽培。花几乎隐藏在叶中，小树不开花。耐寒。喜光照或半阴环境，适宜在深厚、肥沃、排水良好的微酸性土壤中生长。秋季播种繁殖，部分种类夏末可发二次梢。

鹅掌楸 *L. chinense* （Chinese tulip tree） 落叶乔木。生长快。树形扩展。株高 25m，冠径 12m。叶大，深绿色，顶部两端各有一深裂，秋季叶变为黄色。花杯状，黄底，白绿色，仲夏开放。

🏆**北美鹅掌楸**（美国鹅掌楸）***L. tulipifera***，见65页。🏆**'金边'** **'Aureo-marginatum'**，见69页。

山麦冬属 LIRIOPE
Lilyturf

铃兰科／百合科
CONVALLARIACEAE/
LILIACEAE

多年生常绿草本。块状茎肉质，膨胀。可用作地被植物。极耐寒。喜光照以及排水良好的土壤。春季分株繁殖或秋季播种繁殖。

L. graminifolia var. ***densiflora*** 见 *L. muscari*。

🏆**阔叶山麦冬** ***L. muscari***（*L. graminifolia* var. *densiflora*、*L. platyphylla*），见294页。**'宏大'** **'Majestic'** 多年生常绿草本。蔓生，具块状茎。株高30cm，冠径45cm。耐寒。叶线形，具光泽，亮绿色。花浓密，簇生，圆钟状，紫罗兰色，秋末开放。

L. platyphylla 见 *L. muscari*。

山麦冬 ***L. spicata*** 多年生常绿草本。蔓生。具块状茎。株高30cm，冠径30～45cm。极耐寒。叶禾草状，具光泽，暗绿色。花穗状，圆钟状，淡紫色，夏末开放，是较好的地被植物。

Lisianthus russellianus 见*Eustoma grandiflorum*。

石柯属 LITHOCARPUS

壳斗科／山毛榉科 FAGACEAE

常绿乔木。极耐寒。喜光照或半阴环境以及排水良好的中性至酸性土壤。秋季种子成熟时播种繁殖。

密花石柯 ***L. densiflorus***（Tanbark oak）常绿乔木。冠开张。株高和冠径均为10m。叶甜栗子状，革质，具光泽，深绿色。花穗粉红色，直立，春季开放，秋季可二次开花。

绵柯 ***L. henryi***，见100页。

木紫草属 LITHODORA

紫草科 BORAGINACEAE

常绿亚灌木或灌木。常配植在岩石园，作观花植物用。耐寒。喜光照或半阴环境以及湿润、排水良好的土壤。部分种类厌碱性，喜酸性。不耐移植。仲夏用半成熟枝扦插繁殖或秋季播种繁殖。

匍卧木紫草 ***L. diffusa***（*Lithospermum diffusum*）。🏆**'格瑞斯伍德'** **'Grace Ward'** 常绿灌木。半匍匐状。株形紧凑。株高15～30cm，冠径30cm。耐寒。茎蔓生。叶披针形，多毛，绿色。花漏斗状，深蓝色，顶端簇生，量大，初夏开放。喜酸性土壤。花后整枝。🏆**'天蓝'** **'Heavenly Blue'**，见357页。

🏆**橄叶木紫草** ***L. oleifolia***（*Lithospermum oleifolium*），见356页。

扎氏木紫草 ***L. zahnii***（*Lithospermum zahnii*）常绿灌木。枝密。直立生长。株高和冠径均超过30cm。耐寒。茎上被卵形、多绒毛，暗绿色或灰绿色的叶所覆盖。花漏斗状，天蓝色，初春至仲夏持续开放，直至仲秋还常间歇出芽和开花。喜碱性土壤。

林星花属 LITHOPHRAGMA

虎耳草科 SAXIFRAGACEAE

多年生草本。具块状茎。花杯状。夏季休眠。耐寒。可以忍受除全庇荫之外的所有环境。喜富含腐殖质的湿润土壤。夏秋季播种或分株繁殖。

林星花 ***L. parviflorum***，见346页。

生石花属 LITHOPS
Living stonges

番杏科 AIZOACEAE

多年生多浆植物。平卧。叶卵状，膨大，直立，几乎成对生长。叶顶被一裂缝分开，并从中长出雏菊状花。春季每一对老叶裂开并干枯成纸状，新叶从老叶的左角长出，3～5年后慢慢长成块状。耐最低温度为5℃。喜全光照、排水良好的土壤，常施粒状混合肥料。一般在生长季节需灌溉（仲夏或秋初），冬季不浇水。夏秋季播种繁殖。

日轮玉 ***L. aucampiae*** 多年生草本。株高1cm，冠径3cm。叶褐色，卵状，对生，顶面具黑色斑纹。花黄色，夏末秋初开放。

黄琥珀 ***L. bella***（*L. karasmontana* subsp. *bella*）多年生多浆植物。株高2～3cm，冠径1.5cm。叶卵状，对生，褐色至黄褐色，顶面有突起的黑色斑纹。花白色，夏末秋初开放。

L. bromfieldii var. ***insularis*** 见 *L. insularis*。

丽红玉（丽虹玉）***L. dorotheae***，见478页。

福来玉 ***L. fulleri*** 多年生多浆植物。株高和冠径均为2cm。叶卵状，对生，灰色至黄褐色，顶面凸起具黑色斑纹。花白色，夏末秋初开放。

L. hookeri 见 *L. turbiniformis*。

鸣弦玉 ***L. insularis***（*L. bromfieldii* var. *insularis*）多年生多浆植物。株高2～3cm，冠径2cm。叶卵状，对生，褐色，顶面微突具暗绿色的窗形斑块、红色的斑点和条纹。花黄色，夏末秋初开放。

寿丽玉 ***L. julii*** 多年生多浆植物。株高2～3cm，冠径5cm。叶卵状，对生，乳白色至粉灰色。顶面微突具黑色斑纹。花白色，夏末秋初开放。

花纹玉 ***L. karasmontana***，见469页。subsp. ***bella*** 见 *L. bella*。

紫勋 ***L. lesliei*** 多年生多浆植物。株高1cm，冠径2cm。叶卵状。与日轮玉（*L. aucampiae*）相似，但叶顶面突起。**白花紫勋** var. ***albinica***，见470页。

茧形玉 ***L. marmorata***，见469页。

蓝玉 ***L. olivacea*** 多年生多浆植物。株高和冠径均为2cm。叶卵状，稍突起，对生，橄绿色，顶面突起有深色的窗形斑纹。花黄色，夏末秋初开放。

大津绘 ***L. otzeniana*** 多年生多浆植物。株高3cm，冠径2cm。叶卵状，稍突起，对生，灰紫色，顶面具边缘浅色，大的半透明窗形斑纹。花黄色，夏末秋初开放。

曲玉 ***L. pseudotruncatella*** 多年生多浆植物。株高3cm，冠径4cm。叶卵状，对生，灰白色或蓝色至淡紫色，顶面有突起的深色斑纹。成熟的植物上有贯穿两边的裂缝。花白色，夏末秋初开放。**福音玉** var. ***pulmonuncula***，见478页。

招福玉 ***L. schwantesii***（*L. s.* var. *kuibisensis*），见478页。

露美玉 ***L. turbiniformis***（*L. hookeri*）多年生多浆植物。株高4cm，冠径2cm。叶卵状，对生，灰紫色，扁平顶面有凹陷的灰褐色斑纹。花黄色，夏末秋初开放。

Lithospermum diffusum 见 *Lithodora diffusa*。

Lithospermum oleifolium 见 *Lithodora oleifolia*。

Lithospermum zahnii 见*Lithodora zahnii*。

Litsia glauca 见*Neolitsia sericea*。

Little walnut 见*Juglans microcarpa*，见92页。

攀百合属（新拟） LITTONIA

秋水仙科／百合科
COLCHICACEAE/LILIACEAE

多年生落叶攀缘植物。具块茎。花钟状，下垂。耐最低温度8～16℃。喜全光照以及肥沃、排水良好的土壤。需支撑。冬季枯死，块茎出土后防干燥避寒贮存。春季播种繁殖，有时块茎会自然分株繁殖。

攀百合（新拟）***L. modesta***，见403页。

Living rock 见*Ariocarpus*，*Pleiospilos bolusii*，见479页。

Living stones 见 *Lithops*。

Livingstone daisy 见*Dorotheanthus bellidiformis*。

蒲葵属 LIVISTONA

棕榈科 ARECACEAE/PALMAE

常绿棕榈类植物。因观赏其树姿而栽培。花簇生，不显著，夏季开放。耐最低温度7℃。喜全光照或半阴环境以及肥沃、排水良好的土壤，喜中性或酸性土。盆栽植株适度浇水，冬季少浇水。在不低于23℃环境下，春季播种繁殖。红蜘蛛螨常危害盆栽植株。

澳洲蒲葵 ***L. australis***（Australian cabbage palm, Gippsland fountain palm）常绿棕榈类植物。生长慢。主干较细。株高15～20m，冠径3～6m。叶扇形，宽1.2～2.5m，被分割成窄、尖细、光滑的叶条。叶柄多刺。

🏆**蒲葵** ***L. chinensis***，见85页。

Lizard's tail 见*Saururus cernuus*，见447页。

洼瓣花属（萝蒂属） LLOYDIA

百合科 LILIACEAE

鳞茎类植物。夏季开花。花小，优美，钟状。极耐寒至半耐寒。不易栽培。喜半阴环境以及排水良好的泥炭土。夏季喜湿润、冬季喜干燥。春季播种繁殖。

L. graeca 见 *Gagea graeca*。

晚熟洼瓣花 ***L. serotina***，见435页。

半边莲属 LOBELIA

桔梗科 CAMPANULACEAE

一年生或多年生草本，落叶或常绿灌木。常作观花植物栽培。部分种类适宜野生花园或水缘栽培。极耐寒至不耐寒，耐最低温度5℃。喜光照以及湿润、排水良好的土壤，冬季忌湿。在寒冷地区，多年生草本和灌木秋季采用高畦栽培，利于排水，增施有机肥。一年生草本春季播种繁殖，多年生草本春季播种或分株繁殖，多年生草本栽培品种只能分株繁殖，灌木可在夏季用半成熟枝扦插繁殖。接触部分种类的乳白色汁液会引起皮肤过敏。

🏆**红花山梗菜** ***L. cardinalis***（Cardinal flower）多年生草本。丛生。株高1m，冠径23cm。耐寒。叶披针形，鲜绿色或红铜色。总状花序，花二唇形，亮猩红色，仲夏至夏末开放。

'樱红'山梗菜 ***L.* 'Cherry Ripe'**，见249页。

'黑武士'山梗菜 ***L.* 'Dark Crusader'** 多年生草本。丛生。株高1m，冠径23cm。半耐寒，叶鲜绿色或红铜色，披针形。总状花序，花二唇形，暗红色，仲夏至夏末开放。

南非山梗菜 ***L. erinus*** **'Blue Cascade'** 一年生草本，稀为多年生草本。生长慢。枝下垂。株高10～20cm，冠径10～15cm。半耐寒。叶淡绿色，卵形至披针形。花小，二唇形，浅蓝色，夏季和秋初陆续开放。🏆**'剑桥蓝'** **'Cambridge Blue'** 株型紧密。花蓝色。🏆**'彩色小瀑布'** **'Colour Cascade'** 花复色，有蓝色，红色，粉红色，紫红色或白色。🏆**'水晶宫'** **'Crystal Palace'**，见334页。**'红色小瀑布'** **'Red Cascade'** 花紫红色，具白色眼状斑。**'蓝宝石'** **'Sapphire'**，见332页。

L. fulgens 见 *L. splendens*。

'贝德拉'山梗菜*L.* × *gerardii* 'Vedrariensis'（*L.* 'Vedrariensis'）多年生草本。丛生。株高1m，冠径30cm。耐寒。叶披针形，暗绿色。总状花序，花二唇形，紫红色，夏末开放。

🏆'维多利亚女王'山梗菜*L.* 'Queen Victoria'，见249页。

美国山梗菜*L. siphilitica* 多年生草本。丛生。株高1m，冠径23cm。极耐寒。叶绿色，窄卵形。总状花序，花二唇形，蓝色，夏末和秋季开放。在湿润黏重土壤上生长茂盛。

华丽山梗菜*L. splendens*（*L. fulgens*）多年生草本。丛生。株高1m，冠径23cm。半耐寒。叶淡红绿色，披针形。总状花序，花二唇形，亮猩红色，仲夏至夏末开放。

血红山梗菜*L. tupa* 多年生草本。丛生。株高1.5～2m，冠径1m。半耐寒。叶窄卵形，有毛，淡绿色。大型穗状花序，花二唇形，砖红色，夏末开放。在半阴处生长良好。

***L.* 'Vedrariensis'** 见*L.* × *gerardii* 'Vedrariensis'。

'绯红'半边莲*L.* 'Will Scarlet' 多年生草本。丛生。株高1m，冠径30cm。耐寒。叶披针形，铜绿色。总状花序，花二唇形，亮红色，夏季开放。

Lobel's maple 见 *Acer cappadocicum* subsp. *lobelii*，见66页。

丽花属 LOBIVIA

仙人掌科 CACTACEAE

多年生球状至柱状仙人掌。随着年龄增长成丛生状。花仅持续1～2天。不耐寒，耐最低温度5℃。易栽培。喜全光照和排水良好的土壤。春季至秋季播种繁殖或茎插繁殖。

L. aurea 见 *Echinopsis aurea*。

L. backebergii 见 *Echinopsis bachebergii*。

🏆*L. cinnabarina* 见 *Echinopsis cinnabarina*。

L. cylindrica 见*Echinopsis aurea*。

黄牡丹球*L. haageana*，见467页。

L. pentlandii 见 *Echinopsis pentlandii*。

L. pygmaea 见 *Rebutia pygmaea*。

金笠球*L. shaferi*，见479页。

L. silvestrii 见*Echinopsis chamaecereus*。

Loblolly bay 见*Gordonia lasianthus*。

Lobster cactus 见 *Schlumbergera truncata*，见473页。

Lobster claws 见 *Heliconia*。

香雪球属 LOBULARIA

十字花科 BRASSICACEAE/CRUCIFERAE

一年生草本。夏季至秋初开花。极耐寒。喜光照和肥沃、排水良好的土壤。摘心可促进开花。春季温室播种繁殖，春末露地播种。

香雪球*L. maritima*（*Alyssum maritimum*）（Sweet alyssum）一年生草本。生长快。株高8～15cm，冠径20～30cm。叶披针形，灰绿色。夏季至秋初围绕顶部生出微小的四瓣白花。**'小多丽特'** **'Little Dorrit'**，见318页。**'仙境'** **'Wonderland'**，见322页。

Locust 见 *Robinia pseudoacacia*。

Caspian 见 *Gleditsia caspica*。

Honey 见 *Gleditsia triacanthos*。

Lodgepole pine 见 *Pinus contorta* var. *latifolia*，见106页。

对叶杜鹃属 LOISELEURIA

杜鹃花科 ERICACEAE

单种属。常绿攀缘或伏卧灌木。因观赏其花而栽培。极耐寒。喜充足的光照和富含腐殖质、排水良好的酸性土壤。种植较难。春季播种繁殖或夏季用嫩枝或半成熟枝扦插繁植。

对叶杜鹃*L. procumbens*，见377页。

Lollipop plant 见 *Pachystachys lutea*，见157页。

扭瓣花属（火把树属）LOMATIA

山龙眼科 PROTEACEAE

常绿灌木或乔木。因观赏其叶和花而栽培。花瓣窄，扭曲，4枚。耐寒，在寒冷的地方种植需防风。喜光照或耐半阴以及排水良好的酸性土壤。夏季用嫩枝或半成熟枝扦插繁殖。

锈毛扭瓣花*L. ferruginea* 常绿灌木或乔木。直立。株高10m，冠径5m。生长旺盛。小枝被棕色软毛。叶椭圆形至卵形，暗绿色，小叶6～15枚，椭圆形。总状花序，花黄色或红色，仲夏开放。野外湿润的环境下生长旺盛。

芹叶扭瓣花*L. silaifolia*，见161页。

Lombardy poplar 见 *Populus nigra* 'Italica'，见66页。

London plane 见 *Platanus* × *hispanica*，见67页。

London pride 见 *Saxifraga* × *urbium*。

忍冬属 LONICERA *Honeysuckle*

忍冬科 CAPRIFOLIACEAE

落叶、半常绿或常绿灌木和缠绕木质藤本。主要作观花植物栽培。花管状，芳香，具伸展的二唇形花瓣。攀缘植物可长成大灌木。极耐寒至不耐寒，耐最低温度5℃。喜光照或半阴和肥沃、排水良好的土壤。藤本开花后剪掉攀缘的花枝。灌木修剪时只去除死枝或抑制生长的部分。春秋季节播种繁殖或夏季用半成熟枝扦插繁殖，秋末硬枝扦插繁殖。蚜虫是主要害虫。食用浆果会引起轻微胃部不适。

美国忍冬*L.* × *americana*（*L.* × *italica* of gardens），见215页。

喇叭忍冬*L.* × *brownii*（Scarlet trumpet honeysuckle）。**'垂红'** **'Dropmore Scarlet'**，见210页。

杯叶忍冬*L. etrusca*（Etruscan honeysuckle）半常绿或落叶木质藤本。以茎缠绕攀缘。株高4m。半耐寒。叶卵形，中绿色，背面蓝绿色，上部杯状。夏秋开花，花芳香，长管状，浅黄色，成熟后由深黄色变为晕红色。喜光照。

郁香忍冬*L. fragrantissima* 半常绿或落叶灌木。冠开展。株高2m，冠径4m。极耐寒。叶卵形，暗绿色。冬季和初春开花，花芳香，短管状，乳白色。

***L.* 'Gold Flame'**，见*L.* × *heckrottii* 'Gold Flame'。

异色忍冬*L.* × *heckrottii* 落叶或半常绿木质藤本。以茎缠绕攀缘。株高5m。极耐寒。叶卵形，暗绿色，背面蓝绿色，上部对生联结。夏季开花，花顶端轮生，芳香，粉红色，内部橘黄色。有时结红色浆果。**'金焰'** **'Gold Flame'**（*L.* 'Gold Flame'），见209页。

亨利氏忍冬*L. henryi* 常绿或半常绿木质藤本。以茎缠绕攀缘。株高10m。耐寒。叶窄卵形，暗绿色。夏秋季开花，花顶端簇生，长管状，紫红色。浆果黑色。

大忍冬*L. hildebrandiana*（Giant Burmese honeysuckle）常绿或半常绿木质藤本。以茎缠绕攀缘。株高20m。不耐寒。叶卵形或圆形，中绿色。花长管状，白色或乳白色，成熟后变为橘黄色或黄褐色，夏季在对生的叶轴或枝顶开放。喜光照。

***L.* × *italica* of gardens** 见 *L.* × *americana*。

忍冬*L. japonica*（Japanese honeysuckle）。**'金网'** **'Aureoreticulata'** 常绿或半常绿木质藤本。以茎缠绕攀缘。枝具软毛。株高10m。耐寒。叶卵形，有时具裂刻，亮绿色，叶脉亮黄色。夏秋季开花，花芳香，长管状，白色，后变为黄色。常用于遮蔽树桩和有碍观瞻的墙、篱笆。**🏆'霍尔'** **'Halliana'**，见215页。

红苞忍冬*L. ledebourii*，见142页。

金银木*L. maackii* 落叶灌木。生长健壮。浓郁。株高和冠径均为5m。极耐寒。叶卵形，暗绿色。初夏开花，花芳香，短管状，白色，后变为黄色。果实长球形，淡红色。

莫罗氏忍冬*L. morrowii* 落叶灌木。株形开展，枝拱形。株高2m，冠径3m。极耐寒。叶卵形，暗绿色。春末和初夏开花，花小，短管状，乳白色，后变为黄色。

光亮忍冬*L. nitida* 常绿灌木。株形紧凑，生长茂盛。株高2m，冠径3m。极耐寒。叶小，卵形，具光泽，暗绿色。春末开花，花小，芳香，短管状，乳白色。后结小球状、紫色果实。是良好的树篱材料。**🏆'匹格森黄金'** **'Baggesen's Gold'**，见177页。**'云南'** **'Yunnan'** 株形多直立，有短粗的枝条。叶大。开花繁茂。

普通忍冬*L. periclymenum*（Common honeysuckle，Woodbine）。**🏆'托马斯'** **'Graham Thomas'**，见215页。**🏆'晚花'** **'Serotina'**（Late Dutch honeysuckle）落叶木质藤本。以茎缠绕攀缘。株高7m。极耐寒。叶卵形或椭圆形，绿色，背面灰绿色。仲夏至夏末开花，花极香，长管状，黑紫色，里面为粉红色。喜光照，耐阴。

蕊帽忍冬*L. pileata*，见176页。

桂香忍冬*L.* × *purpusii*，见173页。**🏆'冬美人'** **'Winter Beauty'** 茎紫红色。花浓香，白色。

🏆贯叶忍冬*L. sempervirens*，见210页。

斯坦氏忍冬*L. standishii* 常绿灌木。冠密集。株高和冠径均为2m。极耐寒。树皮剥落。叶长椭圆形，有刚毛，暗绿色。冬季开花，花芳香，短管状，乳白色。

鞑靼忍冬（新疆忍冬）***L. tatarica*** 见140页。**'砖红'** **'Hack's Red'** 落叶浓密灌木。株高和冠径均为2.5m。极耐寒。叶卵圆形，暗绿色。春末至夏初开花，花深粉色，短管状。果实球形，红色。

🏆台尔曼忍冬*L.* × *tellmanniana*，见217页。

🏆盘叶忍冬*L. tragophylla* 落叶木质藤本。以茎缠绕攀缘。株高5～6m。耐寒。叶蓝绿色，卵形，最上面的两个联结成杯状，背面灰绿色。花簇生，多达20朵，长管状，淡黄色，夏初开放。

菱卵叶忍冬*L.* × *xylosteoides* 'Clavey's Dwarf' 落叶灌木。株形直立。小枝浓密。株高2m，冠径1m。极耐寒。叶卵圆形，灰绿色。春末开花，花粉色，浅杯状。后结球状红色果实。

黄粉蝶忍冬*L. xylosteum*，见140页。

Loosestrife 见 *Lysimachia*。

Garden 见*Lysimachia punctata*，见255页。

Purple 见 *Lythrum*。

Lophocereus schottii 见 *Pachycereus schottii*。

新嘉宝果属 LOPHOMYRTUS

桃金娘科 MYRTACEAE

常绿灌木或小乔木。因观赏其花、叶和果实而栽培。耐寒至半耐寒。喜半阴和肥沃、富含腐殖质、湿润且排水良好的土壤。播种繁殖，随采随播或夏季用半成熟枝扦插繁殖。

新嘉宝果*L. bullata* (*Myrtus bullata*) 常绿灌木。直立。株高5m，冠径3m。半耐寒。圆叶皱褶，幼时铜紫色，成熟时光滑，暗绿色。春末至夏初开花，花白色，碟状。后结卵形深红色果实。

乌羽玉属 LOPHOPHORA
Peyote

仙人掌科 CACTACEAE

多年生仙人掌类植物。生长慢。株型像小的蓝布丁，有10个被锯齿状线分割的肋状突起。每一个小窠有一簇白色的丛卷毛。不耐寒，耐最低温度5～10℃。喜全光照环境和排水良好的土壤。易腐烂，所以春季至秋季需控水分。春季或夏季播种繁殖。

L. echinata 见*L. williamsii*。

L. lutea 见*L. williamsii*。

乌羽玉*L. williamsii* (*L. echinata*, *L. lutea*)，见471页。

冠籽藤属 LOPHOSPERMUM

玄参科 SCROPHULARIACEAE

落叶或常绿多年生攀缘植物和灌木。叶三角形至圆形。花管状或漏斗状。半耐寒至不耐寒，耐最低温度5℃。喜全光照和湿润但排水良好的土壤。春季播种繁殖，夏末用半成熟枝扦插繁殖。

🏆 **冠籽藤*L. erubescens*** (*Asarina erubescens*, *Maurandya erubescens*)，见209页。

毛刷木属 LOPHOSTEMON

桃金娘科 MYRTACEAE

常绿乔木和灌木。为观赏树形和树阴而栽培。与红胶木属(*Trisania*)和桉属(*Eucalyptus*)亲缘关系较近。半耐寒至不耐寒，耐最低温度3～5℃。喜光照或半阴的环境和肥沃、排水良好的土壤。与其他冬季修剪植物不同，几乎不需要修剪。春季播种繁殖，夏季用半成熟枝扦插繁殖。

毛刷木*L. confertus* (*Tristania conferta*) (Brisbane box, Brush-box tree) 常绿乔木。冠圆形。速生。株高和冠径均为15～40m。不耐寒。叶披针形，革质，有光泽。春季开花，花白色，具雄蕊成束羽毛状突起。**'佩思金' 'Perth Gold'** 叶亮绿色，具黄色斑点。

Loquat 见*Eriobotrya japonica*。

Lord Anson's blue pea 见*Lathyrus nervosus*。

Lords and ladies 见*Arum*。

檵木属 LOROPETALUM

金缕梅科 HAMAMELIDACEAE

常绿灌木。因观赏其花而栽培。半耐寒，但为开花更好，需要有5℃以上的温度。喜充足光照或半阴和肥沃、排水良好的中性或酸性土壤。旺盛生长期需要多浇水，其他时间适当浇水。春季压条繁殖或播种繁殖，或夏末用半成熟枝扦插繁殖。

檵木*L. chinense* 常绿灌木。冠圆形。多分枝。株高和冠径均为1.2m。叶卵形，深绿色，不对称。花白色，每朵花具4个带状花瓣，簇生，冬春季开放于枝顶。

Lorraine begonia 见*Begonia* 'Gloire de Lorraine'。

百脉根属 LOTUS

蝶形花科／豆科 PAPILIONACEAE/LEGUMINOSAE

多年生草本。夏季开花。部分为半常绿和常绿亚灌木。观赏其叶和花。耐寒至不耐寒，耐最低温度5℃。喜光照环境和排水良好的土壤。初夏至仲夏用软枝扦插繁殖或春秋季播种繁殖。

🏆 **线裂叶百脉根**（伯叟氏百脉根）***L. berthelotii***，见283页。

硬毛百脉根*L. hirsutus* (*Dorycnium hirsutum*) 落叶亚灌木。直立。株高和冠径均为60cm。3小叶复叶，银灰色，小叶卵圆形。夏季和秋初开花，花密集簇生，蝶形，淡粉白色。后结红褐色椭圆形至卵圆形的荚果。

Lotus

American 见*Nelumbo lutea*。

Sacred 见*Nelumbo nucifera*，见447页。

Love-in-a-mist 见*Nigella damascena*。

Love-lies-bleeding 见*Amaranthus caudatus*，见326页。

Low-bush blueberry 见*Vaccinium angustifolium* var. *laevifolium*，见172页。

Lucombe oak 见*Quercus* × *hispanica* 'Lucombeana'，见73页。

滇丁香属 LUCULIA

茜草科 RUBIACEAE

常绿灌木。因观赏叶和花而栽培。不耐寒，耐最低温度5～10℃。喜充足光照或半阴以及肥沃、排水良好的土壤。盆栽植物旺盛生长期需充分浇水，其他时间适当浇水。如果容器栽培，春季修剪开花的枝。夏季用半成熟枝扦插繁殖或春季播种繁殖。

大花滇丁香*L. grandifolia* 常绿灌木。植株圆球形，直立。生长旺盛。株高和冠径均为3～6m。耐最低温度5℃。叶卵形、绿色，叶脉和叶柄均为红色，花顶端簇生，芳香，管状，白色，长6cm，具5个圆形花瓣，夏季开放。

串绒花属 LUETKEA

蔷薇科 ROSACEAE

单种属。落叶亚灌木。因观赏具绒毛花序而栽培。适宜堤岸和岩石园中栽培。极耐寒。喜阴以及排水良好但不太干燥的土壤。春季播种或分株繁殖。

串绒花*L. pectinata* 落叶亚灌木。株形扩展。匍匐状。株高30cm，冠径20cm。茎具细裂。叶暗绿色。顶生总状花序，花小，白色，具绒毛，夏季开放。

龙袍木属 LUMA

桃金娘科 MYRTACEAE

常绿灌木和小乔木。因观赏叶和花而栽培。叶芳香。花白色，杯状。耐寒。喜全光照或半阴以及肥沃、富含腐殖质、排水良好的土壤。春季播种繁殖，夏末用半成熟枝扦插繁殖。

🏆 **尖叶龙袍木*L. apiculata*** (*Amomyrtus luma*, *Myrceugenia apiculata*, *Myrtus apiculata*, *M. luma*)，见119页。**'格兰利姆金' 'Glanleam Gold'** 常绿灌木。直立。生长旺盛。株高和冠径均为10m。茎粗壮，树皮浅褐色，剥落。叶卵圆形，淡绿色，边缘乳黄色。花微香，仲夏至仲秋持续开放。

龙袍木*L. chequen* (*Myrtus chequen*) 直立灌木或小乔木。生长旺盛。株高6m，冠径5m。耐寒。叶阔椭圆形，叶缘波状，芳香，暗绿色。花单生或少量簇生，白色，杯状，夏末和秋初开放。浆果黑色。

银扇草属（缎花属、便士花属）LUNARIA
Honesty

十字花科 CRUCIFERAE/BRASSIACEAE

二年生或多年生草本。因观赏其花和银色的果实而栽培。极耐寒。喜光照或半阴，喜排水良好的土壤。多年生种春秋季播种繁殖或春季分株繁殖，二年生种仅播种繁殖，自播能力强。

银扇草*L. annua* (*L. biennis*)，见325页。**'花叶' 'Variegata'**，见323页。

L. biennis 见*L. annua*。

宿根银扇草（宿根缎花）***L. rediviva*** 多年生草本。莲座状。株高60～75cm，冠径30cm。叶卵形，红色，有时淡紫酱色或中绿色。春季开花，总状花序，花4瓣，淡紫色或白色。椭圆形荚果，银灰色。可用于室内装饰。

Lungwort 见*Pulmonaria*。

Lupin 见*Lupinus*。

Tree 见*Lupinus arboreus*，见169页。

羽扇豆属 LUPINUS
Lupin

蝶形花科／豆科 PAPILIONACEAE/LEGUMINOSAE

一年生、多年生草本或半常绿灌木。大型总状花序，花蝶形，给人以深刻的印象。极耐寒至耐寒。喜光照和排水良好的土壤。为防止自播可提早摘花。秋季随采随播，选育的品种春季或夏初用不开花的侧枝扦插繁殖。如果误食种子，会引起严重不适。

🏆 **木羽扇豆*L. arboreus***，见169页。

🏆 **'贵族群'羽扇豆*L.* 'Band of Nobles'** 多年生草本。丛生。株高1.5m，冠径75cm。极耐寒。叶绿色，掌状深裂。总状花序 花白色、黄色、粉红色、红色、蓝色和双色等（一般为白色或黄色与另一种颜色合成），初夏至仲夏开放。

'艳红'羽扇豆*L.* 'Inverewe Red'，见245页。

'城堡'羽扇豆*L.* 'My Castle' 多年生草本。丛生。株高90cm，冠径75cm。极耐寒。叶绿色，掌状深裂。总状花序，花深玫瑰红色，初夏至仲夏开放。

'贵族少女'羽扇豆*L.* 'Noble Maiden' 多年生草本。丛生。株高90cm冠径75cm。极耐寒。叶深裂，中绿色。总状花序，花乳白色，初夏和仲夏开放。

'彩链'羽扇豆*L.* 'The Chatelaine'，见244页。

欧泽泻属 LURONIUM

泽泻科 ALISMATACEAE

落叶多年生草本。水生或湿生。因观赏叶和花而栽培。极耐寒。喜浅水和全光照环境。过度拥挤时需分株。春季播种繁殖或分株繁殖。

欧泽泻*L. natans* (*Alisma natans*) (Floating water plantain) 多年生落叶水生植物。株高2.5～5cm，冠径30cm。叶小，椭圆形至披针形，中绿色。花小，3裂，白色具黄斑，夏季开放。

地杨梅属 LUZULA
Woodrush

灯心草科 JUNCACEAE

参见禾草类、竹类、灯心草类和莎草类植物。

L. maxima 见*L. sylvatica*。

白穗地杨梅*L. nivea*，见307页。

森林地杨梅*L. sylvatica* (*L. maxima*) (Greater woodrush)。**'花边' 'Marginata'** (*L. s.* 'Aureomarginata') 多年生常绿草本。具蔓延的根状茎。生长慢。株高30cm，冠径不定。极耐寒。叶丛浓密，叶宽，叶边缘有毛，中绿色，具白边缘。穗状花序，顶生，疏散，褐色，夏季开放。较耐阴。

薄叶兰属 LYCASTE

见兰花。

红斑薄叶兰 ***L. cruenta***（见299页）。落叶附生兰。生长旺盛。适宜冷室栽培。株高30cm。花芳香，三角形，黄绿色，花径5cm，春季开放。叶软，阔卵形，呈肋状，长30cm。夏季需半阴。浇水时避免喷洒到叶面。

剪秋罗属 LYCHNIS

石竹科 CARYOPHYLLACEAE

一年生、二年生或多年生草本。夏季开花。极耐寒。喜光照环境和排水良好的土壤。秋季或春季分株繁殖或播种繁殖。

***L.* 'Abbotswood Rose'** 见*L.* × *walkeri* 'Abbotswood Rose'。

北极剪秋罗 ***L. alpina***（*Viscaria alpina*）(Alpine catchfly）多年生草本。丛生。株高5～15cm，冠径10～15cm。叶丛密集，叶厚，线形，深绿色。花序头状，圆球形，着生于胶黏茎上，花浅粉红色至深粉红色，少量为白色，花瓣伸展，边缘皱褶，夏季开放。适宜岩石园栽培。

🏆 **皱叶剪秋罗** ***L. chalcedonica***，见249页。

L. coeli-rosa 见*Silene coeli-rosa*。

毛剪秋罗 ***L. coronaria***，见282页。

伞形剪秋罗 ***L. flos-jovis***，见279页。

哈吉氏剪秋罗 ***L.* × *haageana***（*L.* × *haagena*)多年生草本。丛生。短命。株高45cm，冠径30cm。叶卵形，绿色。花簇生，大型，5瓣，白色、橙色或红色，夏季开放。需定期播种繁殖。

L.* × *haagena 见*L.* × *haageana*。

'玫瑰'灰叶剪秋罗 ***L.* × *walkeri* 'Abbotswood Rose'**（*L.* 'Abbotswood Rose'）多年生草本。丛生。株形整齐。株高30～38cm，冠径23cm。叶卵形，灰色。茎具分枝。花圆形，5瓣，亮玫瑰红色，仲夏至夏末开放。

洋剪秋罗 ***L. viscaria***多年生草本。丛生。株高30cm，冠径30～45cm。叶长卵形，暗绿色。花有黏性，星状，红紫色，初夏至仲夏开放。适宜作花坛植物或在岩石园中配植。🏆**'艳重瓣' 'Splendens Plena'** 见282页。

Lycianthes rantonnetii 见*Solanum rantonnetii*。

枸杞属 LYCIUM

茄科 SOLANACEAE

落叶灌木。有时具长的攀缘枝。以观花、果、形态为主。适于贫瘠干旱的土壤和海岸花园种植。可以做篱笆。极耐寒。喜全光照环境以及肥力适中、排水良好的土壤。冬季疏除死枝，生长过旺时，可短截控制生长。夏季用软枝扦插繁殖，秋季播种繁殖，冬季用硬枝扦插繁殖。

宁夏枸杞 ***L. barbarum***（*L. halimifolium*)（Chinese box thorn，Duke of Argyll's tea-tree）落叶灌木。枝拱形，多刺。株高2.5m，冠径5m。叶披针形，亮绿色至灰绿色。春末和夏季开花，花漏斗状，淡紫色或粉红色。浆果球形，橙红色。

L. halimifolium 见*L. barbarum*。

石蒜属 LYCORIS

石蒜科 AMARYLLIDACEAE

鳞茎类植物。夏末和秋初开花。茎无叶，着生鲜艳的花。耐寒。寒冷地区最好盆栽或温室植台栽植。喜全光照和排水良好的土壤。夏日温暖季节形成能开花的成熟鳞茎。生长季节定期浇水，夏季休眠期和秋季落叶后需控水。春夏季或成熟时播种繁殖，夏末也可分球繁殖。

忽地笑 ***L. aurea***（Golden spider lily）鳞茎类植物。夏末和秋初开花。株高30～40cm，冠径10～15cm。花瓣有波状边缘，较窄，反光，雄蕊显著，每个花序上有5～6个亮黄色花。花后长出带状、半直立的基生叶。

石蒜 ***L. radiata***，见420页。

鹿葱 ***L. squamigera*** 鳞茎类植物。夏末或秋初开花。株高45～60cm，冠径10～15cm。每个花序上具6～8朵花，花漏斗状，玫瑰红色，具芳香，长10cm，花瓣反光。花后长出带状、半直立的基生叶。

海金沙属 LYGODIUM

莎草蕨科／海金沙科 SCHIZAEACEAE/ LYGODIACEAE

落叶或半常绿攀缘蕨类植物。叶有两种：营养叶和孢子叶。半耐寒至不耐寒，耐最低温度5℃。喜阴凉或半阴环境以及富含腐殖质、湿润的泥炭土，最好生长在可提供支撑的植物中间，温室栽培需要较强的支撑物。剪去枯萎叶。春季分株繁殖或夏季由孢子繁殖。

海金沙 ***L. japonicum***（Japanese climbing fern）落叶攀缘蕨类植物。株高2m，冠径不定。不耐寒。绿色营养叶组成精美的指形复叶。孢子叶较宽，3～5裂，顶端裂片较长。

Lyme grass 见*Leymus arenarius*。

南烛属 LYONIA

杜鹃花科 ERICACEAE

落叶或半常绿或常绿灌木和乔木。总状花序，花小，花瓶状。极耐寒。喜阴凉或半阴环境以及湿润的酸性泥炭土。夏季用半成熟枝扦插繁殖。

女贞状南烛 ***L. ligustrina*** 落叶灌木。株形紧凑。株高和冠径均为2m。叶卵形，暗绿色。总状花序，花稠密，花瓶状，白色，仲夏至夏末开放。

南烛 ***L. ovalifolia*** 落叶或半常绿灌木。冠密集。株高和冠径均为2m。芽红色。叶卵形，暗绿色。总状花序，花瓶状，白色，春末和夏初开放。

蕨叶梅属（新拟）LYONOTHAMNUS

蔷薇科 ROSACEAE

单种属。常绿乔木。因观叶和花而栽培。耐寒。喜光照或半阴、温暖和肥沃、排水良好的土壤。夏季用软枝扦插繁殖或秋季播种繁殖。

蕨叶梅（新拟）***L. floribundus***（Catalina ironwood）惟一作常绿树栽培的类型为铁角蕨叶梅（新拟）subsp. ***aspleniifolius***。纤细乔木。株高12m，冠径6m。树皮坚韧，红褐色。叶多分裂，蕨形，暗绿色。花大，平头，5瓣，星状，白色，夏初开放。

沼芋属（新拟）LYSICHITON

天南星科 ARACEAE

多年生落叶水生或湿生植物。因观赏漂亮的佛焰苞和光滑叶而栽培。极耐寒。喜全光照，能耐半阴，可在静水或流动的水中生长。夏末用新鲜种子播种繁殖。

L. americanum 见*L. americanus*。

🏆**黄苞沼芋**（新拟）***L. americanus***（*L. americanum*），见451页。

🏆**沼芋**（新拟）***L. camtschatcensis***，见446页。

排草属 LYSIMACHIA *Loosestrife*

报春花科 PRIMULACEAE

一年生或多年生草本。夏季开花。适合花坛或岩石园配植。极耐寒至半耐寒。喜光照、耐半阴，适宜在湿润、排水良好的土壤中生长。春季分株繁殖或秋季播种繁殖。

🏆 **珍珠菜**（矮桃）***L. clethroides*** 见241页。

欧珍珠菜 ***L. ephemerum*** 多年生草本。丛生。株形整齐。株高1m，冠径30cm。极耐寒。叶革质，有光泽，披针形。总状花序，直立，顶生，花星状，灰白色，着生于纤细的茎上。种子亮绿色。

铜钱珍珠菜（串钱草）***L. nummularia***（Moneywort）。🏆**'金色' 'Aurea'**，见386页。

斑点珍珠菜（黄排草）***L. punctata***，见255页。

千屈菜属 LYTHRUM *Purple loosestrife*

千屈菜科 LYTHRACEAE

多年生草本。夏季开花。适宜水边和沼泽地栽培。极耐寒。喜全光照或半阴环境以及湿润的土壤或沼泽地。春季栽培品种分株繁殖，原种春秋季播种或分株繁殖。部分种在美国变成杂草。

🏆 **'火烛'千屈菜** ***L. salicaria* 'Feuerkerze'**（*L. s.* 'Firecandle'）见245页。**'Firecandle'** 见*L. s.* 'Feuerkerze'。**'罗伯特特' 'Robert'** 多年生草本。丛生。株高75cm，冠径45cm。叶绿色，披针形。总状花序，花4瓣，亮粉色，仲夏至夏末开放。

'玫瑰皇后'多枝千屈菜 ***L. virgatum* 'Rose Queen'** 多年生草本。丛生。株高1m，冠径60cm。叶披针形，绿色，无毛。总状花序，花星状，鲜粉红色，仲夏至夏末开放。**'火箭' 'The Rocket'**，见245页。

M

马鞍树属 MAACKIA

豆科／蝶形花科 LEGUMINOSAE/ PAPILIONACEAE

落叶乔木。夏季开花。因观叶和花而栽培。极耐寒。喜充足光照和肥沃、排水良好的土壤。秋季播种繁殖。

朝鲜槐 *M. amurensis*，见90页。

澳洲坚果属（澳洲胡桃）MACADAMIA

山龙眼科 PROTEACEAE

常绿乔木。因观叶和果实而栽培。不耐寒，耐最低温度10～13℃。喜光照或半阴环境和腐殖质丰富、湿润且排水良好的土壤。旺盛生长时需多浇水，其他时期需水分适中。秋季适当修剪。秋季种子成熟时随采随播，也可次年春季播种繁殖。

澳洲坚果（澳洲胡桃）***M. integrifolia***，见73页。

Macadamia nut 见 *Macadamia integrifolia*，见73页。

Mace sedge 见 *Carex grayi*。

Macedonian pine 见 *Pinus peuce*，见101页。

猫爪藤属 MACFADYENA (DOXANTHA)

紫葳科 BIGNONIACEAE

常绿木质藤本。以卷须攀缘。花毛地黄状。不耐寒，耐最低温度5℃。喜光照和肥沃、排水良好的土壤。生长旺盛时适度浇水，其他时间少浇水。茎需支撑。开花后或春季长出细长稠密的枝。夏季用半成熟枝扦插繁殖。

猫爪藤 *M. unguis-cati* (*Bignonia unguiscati*, *Doxantha unguis-cati*)，见216页。

号角花属 MACKAYA

爵床科 ACANTHACEAE

单种属。常绿灌木。以观花、观树形为主。不耐寒，耐最低温度7～10℃。喜光照或半阴和肥沃、排水良好的土壤。盆栽植物生长期多浇水，其他时间浇水适中。冬季修剪。春季用硬枝扦插繁殖或夏季用半成熟枝扦插繁殖。

🏆**号角花 *M. bella*** (*Asystasia bella*) 常绿灌木。多分枝。枝干初直立，后伸展。株高1.5m，冠径1.2～1.5m。叶卵形，先端尖，表面光滑，中绿色至深绿色。花钟状，淡紫色，檐部有5个大而开展的裂片，具黑色条纹，春季至秋季开放，在高于13℃的温暖环境中，花期持续至冬季。

Mackay's heath 见 *Erica mackaiana*。

蜂鸟花属 MACLEANIA

杜鹃花科 ERICACEAE

常绿灌木或不规则攀缘藤本。春夏季开花。观花为主。不耐寒，耐最低温度10℃。喜半阴和富含腐殖质、排水良好的中性或酸性土壤。盆栽时需水适中，生长前期少浇水。冬季或开花后截去长枝。春季播种繁殖，夏季用半成熟枝扦插繁殖，秋季压条繁殖。

白顶蜂鸟花 *M. insignis* 常绿攀缘植物。多分枝。茎棒状。株高3m，冠径1～3m。叶卵形，革质，深绿色，幼时有红色晕。花管状，具光泽，深红色，顶端白色，夏季成簇开放。需要支撑。

博落回属 MACLEAYA *Plume poppy*

罂粟科 PAPAVERACEAE

多年生草本。夏季开花。极耐寒。喜光照和排水良好的土壤。扩展迅速。初春分株繁殖或冬季根插繁殖。

🏆**博落回 *M. cordata*** (*Bocconia cordata*) 多年生草本。丛生。株高1.5m以上，冠径60cm以上。叶大，圆形，灰绿色，下部灰白色，有裂刻，着生于茎下部。圆锥花序，较大，羽状，花艳丽，乳白色，夏季开放。

***M. microcarpa* 'Coral Plume'** 见 *M. m.* 'Kelway's Coral Plume'。

🏆**'珊瑚羽'小果博落回 'Kelway's Coral Plume'** (*M. m.* Coral Plume')，见227页。

柘树属 MACLURA

桑科 MORACEAE

落叶乔木。因观叶而栽培，偶尔也可观果。雌雄株同植才能结果实。极耐寒，幼树易受霜害。喜充足光照，在寒冷地区，炎热夏日才能茁壮成长，除涝地外均能生长。夏季用软枝扦插繁殖，秋季播种繁殖或冬末根插繁殖。

M. aurantiaca 见 *M. pomifera*。

柘橙（面包树）***M. pomifera*** (*M. aurantiaca*)(Osage orange) 落叶乔木。树冠圆整开展。株高15m，冠径12m。具刺状枝。叶卵形，暗绿色，秋季变为黄色。花小，杯状，黄色，夏季开放。雌株结果，果实大而圆，有皱纹，淡绿色。

柘树 *M. tricuspidata* (*Cudrania tricuspidata*) 落叶乔木。冠开展。株高7m，冠径6m。叶卵形，深绿色，有时为3小叶复叶。仲夏开花，花簇生，小而圆，花小，绿色。

Macroplectrum sesquipedale 见 *Angraecum sesquipedale*。

Macrotomia echioides 见 *Arnebia pulchra*。

鬼苏铁属 MACROZAMIA

泽米苏铁科／苏铁科 ZAMIACEAE/CYCADACEAE

常绿灌木或小乔木。生长慢。没有主干。观赏其棕榈状树冠为主。穗状花序，圆锥形，绿色。不耐寒，耐最低温度13～16℃。喜光照、耐半阴，适宜在排水良好的土壤中生长。春季播种繁殖。

M. corallipes 见 *M. spiralis*。

螺旋鬼苏铁 *M. spiralis* (*M. corallipes*) 常绿灌木。有极短的地下干，棕榈形。株高和冠径均为60～100cm。叶莲座状，深绿色，中脉螺旋状扭曲，小叶革质。

Madagascar dragon tree 见 *Dracaena marginata*。

Madagascar jasmine 见 *Stephanotis floribunda*，见204页。

Madeira vine 见 *Anredera*。

Madonna lily 见 *Lilium candidum*，见404页。

Madroña 见 *Arbutus menziesii*。

Madroñe 见 *Arbutus menziesii*。

木兰属 MAGNOLIA

木兰科 MAGNOLIACEAE

落叶、半常绿或常绿乔木和灌木。因观赏艳丽、芳香的花而栽培。叶多为卵形。极耐寒至耐寒。早花和早期花芽易受晚霜危害。喜光照或耐半阴，不耐强风。适宜肥沃、排水良好的土壤。

山玉兰（*M. delavayi*），皱叶木兰（*M. kobus*），天女花（*M. sieboldii*）和西康玉兰（*M. wilsonii*）生长在石灰质土壤中，其他种喜中性至酸性土。在较深厚，腐殖质丰富的碱性土壤也可生长，干沙土种植前，应多施用农家肥。夏季用半成熟枝扦插繁殖，秋季繁殖用成熟种子随采随播。选育品种夏季用半成熟枝扦插繁殖或冬季嫁接繁殖。见75页图片。

尖叶木兰 *M. acuminata* (Cucumber tree) 落叶乔木。生长旺盛。树冠幼时圆锥状，后开展。株高20m，冠径10m。极耐寒。叶大，卵形，淡绿色。花杯状，蓝绿色，芳香，夏初至仲夏开放。果实小，卵球状，绿色，后变为红色。

滇藏木兰 *M. campbellii* （见75页）落叶乔木。树冠幼时圆锥状，后开展。株高15m，冠径10m。耐寒。在15～20年以上的树上，冬末至仲春先叶开花，花大，微香，白色至深粉红色。🏆**'查尔斯拉菲尔' 'Charles Raffill'**（见75页）叶大，卵形，中绿色。花大，杯状，芳香，淡紫红色，冬末至仲春开放于15年以上的老树上。**'大吉岭' 'Darjeeling'**（见75页）与原种相近，但花大，深红色。**'邱园奇葩' 'Kew's Surprise'** 花深紫红色。**软毛滇藏木兰** subsp. ***mollicomata***（见75页） 花紫红色，花期较早。

'查尔斯科茨'木兰 *M.* 'Charles Coates'（见75页） 落叶乔木。树冠圆状，开展。株高19m，冠径8m。极耐寒。叶大，淡绿色。春末至夏初开花，雄蕊鲜红，花极香，乳白色。

🏆**黄山木兰 *M. cylindrica***（见75页）落叶散生乔木或大灌木。株高和冠径均为5m。耐寒。仲春开花，花芳香，直立，乳白色。花后幼叶变为深绿色。

康定木兰 *M. dawsoniana* 落叶乔木或灌木。冠宽卵形。株高15m，冠径10m。耐寒。花大，芳香，下垂，浅杯状，棕黄白色，初春开放于20年以上的老树上。叶卵形，革质，深绿色。

山玉兰 *M. delavayi* 常绿密生灌木。冠圆形。株高和冠径均为10m。耐寒。花大，微香，碗状，灰白色，花期短，仲夏至初秋开放。叶大，卵形，上部深蓝绿色，下部蓝白色。

🏆**玉兰**（木兰）***M. denudata*** (*M. heptapeta*)(Lily tree，Yulan，见75页）落叶浓密灌木或散生乔木。冠圆状。株高和冠径均为10m。极耐寒。仲春至晚春开花，花多，芳香，杯状，白色。叶卵形，绿色，先花后叶。

弗拉氏木兰 *M. fraseri*（见75页）落叶乔木。冠开展。株高10m，冠径8m。极耐寒。春末至夏初开花，花芳香，白色或黄白色，开放于浅绿色叶丛中。

锈毛木兰 *M. globosa* 落叶丛生灌木。株高和冠径均为5m。耐寒。叶大，卵形，有光泽，深绿色。花芳香，杯状，乳白色，花药红色，夏初开放。

荷花玉兰（广玉兰）***M. grandiflora*** (Bull bay) 常绿乔木。冠紧凑，宽圆锥状或圆状。株高和冠径均为10m。耐寒。叶长圆形，有光泽，深绿色。花大，碗状，芳香，白色，仲夏和初秋间歇开放。🏆**'埃城' 'Exmouth'**（见75页）花乳白色，叶狭窄，革质。**'锈色' 'Ferruginea'** 叶暗绿色，背面锈褐色。

🏆**'芬芳'木兰 *M.* 'Heaven Scent'**（见75页） 落叶灌木或乔木。生长势

强。株高和冠径均为10m。耐寒。叶有光泽，阔椭圆形。花瓶状，通常9瓣，芳香，外面粉红色，内部白色，仲春至夏初开花。

M. heptapeta 见*M. denudata*。

🍷**日本厚朴*M. hypoleuca*** (*M. obovata*)(Japanese big-leaf magnolia，见75页）落叶乔木。直立。生长势强。株高15m，冠径10m。极耐寒。夏初开花，花大，芳香，粉红色，白色或淡乳白色，雄蕊深红色。

M. insignis见*Manglietia insignis*。

***M.* × *kewensis* 'Wada's Memory'** 见*M.* 'Wada's Memory'。

皱叶木兰（日本辛夷）***M. kobus***（见75页）落叶乔木。树形阔圆锥状。株高10m。冠径8m。极耐寒。叶小，微香，暗绿色。仲春开花，先叶开花，花多，芳香，纯白色。

紫花玉兰（辛夷）***M. liliiflora***，(*M. quinquepeta*）落叶灌木。丛生。株高3m，冠径4m。极耐寒。叶卵形，暗绿色。花开于叶中，仲春至仲夏开放，花芳香，直立，瓶状，紫粉红色。🍷**'黑紫' 'Nigra'**（见75页）花大，深紫色。

🍷**'伦纳德·麦瑟尔'洛氏木兰*M.* × *loebneri* 'Leonard Messel'** 落叶灌木或乔木。直立。株高8m，冠径6m。极耐寒。叶卵形，深绿色。仲春开花，花开叶前或叶后，淡紫粉红色，芳香。🍷**'美尼尔' 'Merrill'** 花漏斗状，白色。

大叶木兰*M. macrophylla* 落叶乔木。直立。冠开展，后变为圆状。株高和冠径均为10m。耐寒。芽粗壮，蓝灰色。叶大，卵形，亮绿色。花芳香，碗状，纸白色，初夏开放。

'满族扇'木兰*M.* 'Manchu Fan'（见75页） 落叶灌木或乔木。生长势强。株高6m，冠径5m。极耐寒。叶卵形。花大，高脚杯状，乳白色，通常9瓣，内部下面呈现红紫色，春末开放。

'诺曼·古尔德'木兰*M.* 'Norman Gould'（见75页） 落叶乔木或灌木。株形开展。株高和冠径均为5m。极耐寒。叶椭圆形，暗绿色。花白色，星状，芳香，仲春开放。

M. obovata 见*M. hypoleuca*。

M. quinquepeta 见*M. liliiflora*。

🍷**柳叶木兰*M. salicifolia*** (Willow-leaved magnolia，见75页） 落叶乔木。冠圆锥状。株高10m，冠径5m。极耐寒。叶芳香，卵形，中绿色，叶背灰白色。先叶开花，花芳香，纯白色，仲春开放。

凹叶木兰*M. sargentiana* 落叶乔木。冠阔圆锥状。株高15m，冠径10m。极耐寒。叶卵形，暗绿色。仲春至春末先叶开花，花瓣多，里面白色外面紫粉红色，花大，芳香，窄碗状。

🍷**天女花**（小花木兰）***M. sieboldii*** 落叶拱形灌木或扩展形乔木。株高8m，冠径12m。耐寒。叶卵形，暗绿色。春末至夏末开放，花药深红色，花芳香，杯状，白色。🍷**圆叶木兰**subsp. ***sinensis***（*M. sinensis*）叶卵圆形。花稍大，下垂。

M. sinensis 见*M. sieboldii* subsp. *sinensis*。

***M.* × *soulangeana* 'Alba'** 见*M.* × *s.* 'Alba Superba'。**'白顶'二乔玉兰 'Alba Superba'**（*M.* × *s.* 'Alba'）落叶灌木或小乔木。植株圆形，伸展。株高和冠径均为6m。极耐寒。仲春至春末先叶开花，花大，白色，基部红粉红色，芳香，郁金香状。🍷**'布罗宗' 'Brozzonii'** 株高8m，冠径6m。乔木状，花大，白色，略成紫色。🍷**'紫白' 'Etienne Soulange-Bodin'**（见75页）花白色，有紫色晕。🍷**'伦纳河' 'Lennei'** 花大，球状，深玫瑰紫色。**'美花' 'Picture'** 高8m，冠径6m。健壮，紧密，直立。花大，直立，深紫红色。**'Rubra'** of gardens见*M.* × *s.* 'Rustica Rubra'。🍷**'紫红' 'Rustica Rubra'**（*M.* × *s.* 'Rubra' of gardens，见75页）花紫红色。

武当玉兰*M. sprengeri*（见75页）落叶乔木。冠开展。株高15m，冠径10m。耐寒。叶卵形，暗绿色。仲春先叶开花，花芳香，碗状，白色，有时边缘有红色或淡粉红色边。**'Wakehurst'**（见75页）花深紫红色。

🍷**星花木兰 *M. stellata***（Star magnolia，见75页） 落叶灌木。冠密集。丛生。株高3m，冠径4m。极耐寒。初春至仲春开花，花重瓣，芳香，花瓣较窄，白色，星状。叶狭窄，深绿色。🍷**'睡莲' 'Water Lily'**（见75页） 花大，花瓣白色，较多。

三瓣木兰*M. tripetala*（见75页）落叶乔木。树形伸展，开张，幼树圆锥状。株高10m，冠径8m。极耐寒。叶大，深绿色，簇生于枝顶。春末夏初开花，花有异味，乳白色，花瓣较窄。

'彼得·维茨'木兰*M.* × *veitchii* 'Peter Veitch'（见75页）落叶乔木。生长快。冠开展。株高20m，冠径15m。耐寒。叶暗绿色。花仲春开放，花大，芳香，浅粉红色或白色，通常种植10年开花。

维州木兰*M. virginiana*（Sweet bay）落叶或半常绿圆锥状灌木或乔木。株高9m，冠径6m。极耐寒。花杯状，乳白色，芳香，夏初至秋初开放。 叶椭圆形，具光泽，中绿色或暗绿色，背面蓝白色。

🍷**邱园木兰*M.* 'Wada's Memory'**（*M.* × *kewensis* 'Wada's Memory'）（见75页） 落叶乔木。冠圆锥状。株高10m，冠径5m。极耐寒。叶卵形，芳香，暗绿色。花大，白色，仲春至春末开放 。

M.* × *watsonii 见*M.* × *wieseneri*。

维氏木兰*M.* × *wieseneri*（*M.* × *watsonii*）（见75页）。落叶乔木或灌木。树形开张。株高8m，冠径5m。极耐寒。春末至夏初开花，花芽圆形，白色，花芳香，乳白色，外面粉红色，花药深红色。

🍷**西康玉兰*M. wilsonii***（见75页）落叶乔木或灌木，株形伸展。株高8m，冠径7m。耐寒。枝拱形。叶窄，暗绿色。花白色，杯状，芳香，花药深红色，春末至夏初开放。

Magnolia

Japanese big-leaf 见*Magnolia hypoleuca*，见75页。

Star 见*Magnolia stellata*，见75页。

Willow-leaved 见*Magnolia salicifolia*，见75页。

两型小檗属
× MAHOBERBERIS

小檗科 BERBERIDACEAE

杂交属（小檗属*Berberis* × 十大功劳属*Mahonia*)。常绿灌木。因观赏其叶和花而栽培。在植物学中较为重要。极耐寒。喜光照或耐半阴，喜肥沃、排水良好的土壤。夏季用半成熟枝扦插繁殖。

🍷**两型小檗 × *M. aquisargentii*** 常绿直立灌木。株高和冠径均为2m。叶簇浓密，叶亮绿色，通常具3小叶复叶。叶两型，一类椭圆形有细锯齿，另一类冬青状叶。春末顶端簇生稀少的黄花。

Mahoe 见*Melicytus ramiflorus*，*Thespesia populnea*。

十大功劳属 MAHONIA

小檗科 BERBERIDACEAE

常绿灌木。因观叶和观花而栽培。总状花序，花序较短，花芳香，钟状，黄色。较高的种和品种有深裂缝的树皮。十大功劳是很好的标本植物。低矮种类是极好的地表覆盖植物。极耐寒至半耐寒。喜阳或半阴环境，喜肥沃、湿润、排水良好的土壤。夏季用叶芽或半成熟枝扦插繁殖，秋季播种繁殖，选育品种只能用叶芽或半成熟枝扦插繁殖。

M. acanthifolia见*M. napaulensis*。

冬青叶十大功劳 *M. aquifolium*，见157页。

M. bealei见*M. japonica* 'Bealei'。

'异叶'十大功劳*M.* 'Heterophylla' 常绿灌木。直立。株高1m，冠径1.5m。耐寒。一年生枝紫红色。叶有光泽，淡绿色，复叶具5～7个小叶，小叶窄披针形，边缘波状或卷曲，冬季变为紫红色。春季簇生黄色小花。

🍷**日本十大功劳 *M. japonica***，见151页。**'阔叶十大功劳' 'Bealei'**（*M. bealei*）叶蓝绿色，有裂刻。短总状花序直立，花浅黄色。

🍷**乌毛蕨叶十大功劳 *M. lomariifolia*** 常绿灌木。直立。株高3m，冠径2m。耐寒。叶大，暗绿色，由19～37个窄的冬青状多刺小叶组成。总状花序直立，花芳香，亮黄色，稠密，秋末至冬季开放。

间型十大功劳*M.* × *media*。🍷**'巴克兰' 'Buckland'** 和🍷**'宽大' 'Charity'**，见125页。

尼泊尔十大功劳 *M. napaulensis*（*M. acanthifolia*） 常绿灌木。直立张开。株高2.5m，冠径3m。耐寒。叶由近15个冬青状多刺暗绿色小叶组成。初春至仲春开花，总状花序，花序纤细，花黄色。

匍匐十大功劳*M. repens* 常绿灌木。直立。地下茎蔓延生长。株高30cm，冠径2m。极耐寒。蓝绿色叶由3～7个具刚毛状齿的卵形小叶组成。花簇浓密，花深黄色，仲春至春末开放。

🍷**'波叶'十大功劳*M.* 'Undulata'** 常绿灌木。直立生长。株高和冠径均为2m。极耐寒。叶光滑，暗绿色，由5～9个冬青状、波状边的小叶组成，冬季变为黄铜色。花簇浓密，花深黄色，仲春至春末开放。

舞鹤草属
MAIANTHEMUM
May lily

铃兰科／百合科
CONVALLARIACEAE/
LILIACEAE

多年生草本。有延伸的根状茎。是林区和野地有用的地表覆盖物。极耐寒。喜阴和富含腐殖质、潮湿、中性或酸性的沙质土壤。秋季播种繁殖或四季分株繁殖。

双叶舞鹤草 *M. bifolium* 多年生草本。有延伸根状茎。株高10cm，冠径不定，叶对生，较大，卵形，具光泽，暗绿色，边缘波状，直接从根状茎长出。总状花序，花4瓣，白色，夏初在纤细的茎上开放。花后结小球形浆果。具有入侵性。

加拿大舞鹤草 *M. canadense*，见363页。

Maiden pink见*Dianthus deltoides*。

Maidenhair

Delta 见*Adiantum raddianum*。

Tassel 见*Adiantum raddianum* 'Grandiceps'。

Maidenhair fern 见*Adiantum capillus-veneris*。

Maidenhair spleenwort 见*Asplenium trichomanes*，见311页。

Maidenhair tree 见*Ginkgo biloba*，见103页。

狼牙棒属（奋迅枪属）
MAIHUENIA

仙人掌科 CACTACEAE

高山仙人掌类植物。生长慢。夏季开花。老龄植株丛生，茎圆柱状。极耐寒至耐寒。喜光照和排水良好的土壤。冬季避免雨淋。春夏季播种繁殖或茎插繁殖。

狼牙棒（笛吹）***M. poeppigii***，见477页。

Maiten 见*Maytenus boaria*。
Maize 见*Zea*。
Ornamental 见*Zea mays*。
Majorcan peony 见*Paeonia cambessedesii*，见237页。
Malay ginger 见*Costus speciosus*。

涩芥属 MALCOLMIA

十字花科 BRASSICACEAE/ CRUCIFERAE

一年生草本。春季至秋季开花。极耐寒。喜光照充足和肥沃、排水良好的土壤。春夏季或初秋室外播种繁殖，可自播繁殖。

海滨涩芥*M. maritima*，见323页。

Male fern 见*Dryopteris filix-mas*，见310页。

蔓舌草属 MALEPHORA

番杏科 AIZOACEAE

多年生多浆植物。直立，开展。叶半圆柱形。不耐寒，耐最低温度5℃。喜光照和排水良好的土壤。春夏季播种繁殖或茎插繁殖。

橙花蔓舌草*M. crocea*，见480页。

Mallow 见*Malva*。
Sleepy 见*Malvaviscus arboreus*，见121页。
Tree 见*Lavatera*。

马洛葵属 MALOPE

锦葵科 MALVACEAE

一年生草本。作观花植物或切花栽培。极耐寒。喜光照和肥沃、排水良好的土壤。春季室外播种繁殖，可自播繁殖。

马洛葵 *M. trifida*，见324页。

Maltese cross 见*Lychnis chalcedonica*，见249页。

苹果属 MALUS
Crab apple

蔷薇科 ROSAEAE

落叶乔木和灌木。多数春季开花。因观秋叶、浅杯状花冠和果实而栽培。野果可以用于制蜜饯。极耐寒。喜光照或耐半阴，除涝地以外的任何土壤均可生长。冬季疏除病死枝条，修剪以维持树势平衡。夏末芽接或仲冬枝接繁殖。易受蚜虫，毛虫，红蜘蛛螨危害。易感染日灼病和疮痂病。

'阿尔米'海棠 *M.* 'Almey' 落叶乔木。冠圆球状。株高和冠径均为8m。叶卵形，幼时红紫色，成熟时暗绿色。花单瓣，深粉红色，中心为浅粉红色或几乎白色，春末开放。果期较长。果实圆球状，橙红色，易感染疮痂病。

阿诺德海棠*M.* × *arnoldiana*，见87页。

暗红蕾海棠 *M.* × *atrosanguinea* 落叶乔木。冠开展。株高和冠径均为6m。叶卵形，有光泽，暗绿色。花芽红色，春末开放，花单瓣，粉红色。花后结小而圆黄色果实，果皮部分泛红。

山荆子*M. baccata* (Siberian crab) 落叶乔木。冠开展。株高和冠径均为15m。叶卵形，暗绿色。春末开花，花多，重瓣，白色。果实小，圆球状、红色或黄色。**毛山荆子**var. ***mandschurica***，见74页。

'齐库'海棠 *M.* 'Chiko' 落叶乔木。冠开展。株高和冠径均为8m。叶卵形，暗绿色，幼时为紫红色。仲春开花，花单瓣，粉玫瑰红色。花后结大而圆，亮深红色果实。

'夏洛特'美国海棠 *M. coronaria* 'Charlottae' 落叶乔木。冠开展。株高和冠径均为9m。叶暗绿色，宽卵形，浅裂或深裂，有锯齿，秋季变为红色。春末至初夏开花，花半重瓣，淡粉红色。

'紫红'海棠 *M.* 'Cowichan'，见94页。

'多罗西亚'海棠 *M.* 'Dorothea' 落叶乔木。冠开展。株高和冠径均为8m。叶绿色。花半重瓣，银粉红色，花芽红色，春末开放。果实圆形，红色。易感染疮痂病。

'埃雷'海棠 *M.* 'Eleyi' (*M.* × *purpurea* 'Eleyi') 落叶乔木。冠开展。株高和冠径均为8m。叶卵形，幼时深紫红色，成熟时暗绿色。仲春至春末开花，花单瓣，深紫红色。果实圆球状，紫红色。

🏆**多花海棠 *M. floribunda***，见88页。

'女王'海棠 *M.* 'Frettingham's Victoria' 落叶乔木。直立。株高8m，冠径4m。叶卵形，暗绿色。花单瓣，白色。果实圆球状，黄色，果皮带红晕。

🏆**'金大黄蜂'海棠 *M.* 'Golden Hornet'** (*M.* × *zumi* 'Golden Hornet')，见97页。

***M.* × *hartwigii* 'Katherine'** 见*M.* 'Katherine'

'琥珀'海棠 *M.* 'Hopa' 落叶乔木。冠开展。株高和冠径均为10m。叶卵形，暗绿色，幼时为紫红色。仲春开花，花单瓣，深粉红色。果实圆球状，橙红色。

🏆**湖北海棠**（野海棠）***M. hupehensis***，见74页。

🏆**'约翰唐尼'海棠 *M.* 'John Downie'**，见95页。

🏆**'凯瑟琳'海棠*M.* 'Katherine'** (*M.* × *hartwigii* 'Katherine') 落叶乔木。冠圆状。株高和冠径均为6m。叶卵形，中绿色。仲春至春末开花，花大，重瓣，淡粉红色，凋谢时为白色，果实小，圆球状，红色，果皮淡黄色。

'勒梦尼'海棠 *M.* 'Lemoinei' (*M.* × *purpurea* 'Lemoinei')，见89页。

'玛德格堡'海棠*M.* 'Magdeburgensis'，见88页。

'马歇尔欧亚玛'海棠M. 'Marshall Oyama'，见96页。

***M.* × *moerlandsii* 'Profusion'** 见*M.* 'Profusion'。

🏆**'内维尔科普曼'海棠 *M.* 'Neville Copeman'** (*M.* × *purpurea* 'Neville Copeman') 落叶乔木。冠开展。株高和冠径均为9m。叶卵形，暗绿色，幼时紫红色。仲春至春末开花，花单瓣，深紫粉红色。果实圆球状，橙红色至深红色。

酸苹果 *M. niedzwetskyana* (*M. pumila* var. *niedzwetskyana*) 落叶乔木。冠开展。株高6m，冠径8m。叶卵形，幼时红色，后变为紫色。春末开花，花簇生，单瓣，深紫红色。果实大，圆锥状，紫红色。

西蜀海棠*M. prattii* 落叶乔木。幼时直立，后伸展。株高和冠径均为10m。叶卵形，具红柄，有光泽，绿色，在秋季变为橙红色和红色。春末开花，花单瓣，白色。果实小，卵状，红色，果皮有白点。

'斯普任格教授'海棠 *M.* 'Professor Sprenger'，见96页。

'丰花'海棠*M.* 'Profusion' (*M.* × *moerlandsii* 'Profusion')，见77页。

楸子 *M. prunifolia*，见95页。

M. pumila* var. *niedzwetskyana 见*M. niedzwetskyana*。

紫海棠 *M.* × *purpurea* (Purple crab) 落叶乔木。冠开展。株高8m，冠径10m。叶卵形，幼叶红色，成熟时绿色。春末开花，花单瓣，深宝石红色，后颜色变浅。果实圆球状，红紫色。**'Eleyi'** 见*M.* 'Eleyi'。**'Lemoinei'** 见*M.* 'Lemoinei'。**'Neville Copeman'** 见*M.* 'Neville Copeman'。

'红翡翠'海棠 *M.* 'Red Jade' (*M.* × *schiedeckeri* 'Red Jade') 落叶乔木。枝下垂。株高4m，冠径6m。叶卵形，暗绿色。春末开花，花单瓣，白色，有时浅粉红色。果期较长，果实圆球状至卵状，红色。

粗壮海棠 *M.* × *robusta* 落叶乔木。冠开展。生长旺盛。株高12m，冠径10m。叶卵形，暗绿色。春末开花，花多，单瓣，白色或粉红色。果期较长。果实圆球状，黄色或红色。🏆**'西伯利亚黄果' 'Yellow Siberian'** 花白色，有时微染粉红色。果实黄色。

'高贵'海棠 *M.* 'Royalty'，见89页。

刺海棠 *M. sargentii* (*M. toringo* subsp. *sargentii*)，见116页。

***M.* × *schiedeckeri* 'Red Jade'** 见*M.* 'Red Jade'。

三叶海棠*M. sieboldii* (*M. toringo*)，见130页。

海棠花 *M. spectabilis* 落叶乔木。冠圆球状。株高和冠径均为10m。叶卵形，暗绿色。春末开花，花大，单瓣，蓝粉红色。花芽玫瑰红色。果实大，圆球状，黄色。

M. toringo 见*M. sieboldii* subsp. *sargentii*，见*M. sargentii*。

变叶海棠 *M. toringoides* 落叶乔木。冠开展。株高8m，冠径10m。叶卵形，深裂，有光泽，亮绿色，秋季变成黄色。春末开花，花单瓣，白色。秋季结果，果实圆球状或卵状，黄色，带红晕。

🏆**花叶海棠 *M. transitoria*** 落叶乔木。冠开展。树姿优美。株高8m，冠径10m。叶卵形，深裂，绿色，秋季变为黄色。春末开花，花多，单瓣，白色。果实圆球状，淡黄色。

三裂海棠 *M. trilobata* 落叶乔木。冠圆锥状。株高15m，冠径7m。叶似枫叶，有裂刻，具光泽，亮绿色，秋季叶色更亮。初夏开花，花单瓣，白色。果实圆球状或梨形，红色或黄色。

🏆**日本海棠 *M. tschonoskii*** 落叶乔木。冠圆锥状。株高12m，冠径7m。叶宽卵形，有光泽，绿色，秋季变成橙黄色。花红色或淡紫色，单瓣，白色稍带粉红色，春末开放。果实泛红色或黄绿色。

'凡埃斯丁'海棠*M.* 'Van Eseltine' 落叶乔木。直立生长。株高6m，冠径4m。叶卵形，暗绿色。花重瓣，粉红色。春末开放。秋季结果，果实圆球状，黄色。

'维奇绯红'海棠 *M.* 'Veitch's Scarlet'，见94页。

川鄂滇池海棠*M. yunnanensis* var. ***veitchii***，见91页。

'艳果'杂种海棠*M.* × *zumi* 'Calocarpa'，(*M.* × *z.* var. *calocarpa*)，见96页。var. ***calocarpa***，见*M.* × *z.* 'Calocarpa'。

'Golden Hornet' 见*M.* 'Golden Hornet'。

锦葵属 MALVA
Mallow

锦葵科 MALVACEAE

一年生、二年生草本或短命多年生草本。开花多。极耐寒。喜光照和肥沃、排水良好的土壤。秋季播种繁殖。春末或夏季选择基部茎上硬枝扦插繁殖。花后短截将有利于枝条生长。

麝香锦葵*M. moschata*，见243页。

Malvastrum capensis 见*Anisodontea capensis*。

悬铃花属 MALVAVISCUS

锦葵科 MALVACEAE

常绿灌木和乔木。因观花而栽培。不耐寒，耐最低温度13～16℃。喜光照和肥沃、排水良好的土壤。生长季节需水分充足，其他时间需水适中。为保持树形，春末需修剪花枝。春季播种繁殖，夏季用半成熟枝扦插繁殖。白蝇和红蜘蛛螨是主要害虫。

悬铃花 *M. arboreus*，见 121 页。

Mamaku 见 *Cyathea medullaris*。

乳突球属 MAMMILLARIA
Pincushion cactus

仙人掌科 CACTACEAE

半球状、球状或圆柱状仙人掌类植物。因观花而栽培，漏斗状，花环状排列，后变为皇冠状。花与细长至球状的果着生于茎上，茎多刺，绿色，具延伸的小窠。不耐寒，耐最低温度 5～10℃。喜光照充足和排水良好的土壤。冬季保持完全干燥，否则植物易腐烂。春夏季播种繁殖。

🏆高砂 *M. bocasana*，见 471 页。

🏆雪白球 *M. candida*（Snowball pincushion）多年生仙人掌类植物。生长慢。丛生。株高和冠径均为 25cm。耐最低温度 5℃。茎圆柱状，灰绿色，布满短硬刺。花乳白色至玫瑰色，花径 1～2cm，春季开放。夏季需控水。

M. centricirrha 见 *M. magnimamma*。

M. conoidea 见 *Neolloydia conoidea*。

金织球 *M. densispina* 多年生仙人掌类植物。球状。生长慢。株高 10cm，冠径 20cm。耐最低温度 5℃。茎绿色，密生坚硬、金黄色刺。花径 1～2cm，黄色，春季开放。

M. elegans of gardens 见 *M. haageana*。

🏆金刺球（金毛球）***M. elongata***，见 470 页。

🏆白玉兔 *M. geminispina*，见 465 页。

银刺球（银毛球）***M. gracilis*** 多年生仙人掌类植物。丛生。株高 5cm，冠径 20cm。耐最低温度 5℃。茎绿色，圆柱状，其上布满纯白色刺。初夏开乳白色花，花径 1～2cm。浅根系，易回根。**脆银刺球** var. ***fragilis*** 株高 4cm。茎较脆，白刺易脱落。

日月球 *M. haageana*（*M. elegans* of gardens）多年生仙人掌类植物。球状至圆柱状。株高 30cm，冠径 20cm。耐最低温度 5℃。茎绿色，密生坚硬短刺。春季开花，花亮红色，花径 1cm。偶尔分枝。

🏆玉翁 *M. hahniana*，见 465 页。

梦幻城 *M. magnimamma*（*M. centricirrha*）多年生仙人掌类植物。丛生。株高 30cm，冠径 60cm。耐最低温度 5℃。茎绿色，具明显三角形、暗绿色瘤突，其上密生长短不一的白刺。春季开花，花乳白色、粉红色或红色，花径 1～2cm，夏季可二次开花。

朝雾 *M. microhelia*，见 478 页。

🏆白星 *M. plumosa*，见 469 页。

🏆松霞 *M. prolifera*（Strawberry cactus）多年生仙人掌类植物。丛生。株高 10cm，冠径 30cm。耐最低温度 5℃。茎绿色，密生金黄色或白色的刺，花多，乳白色或黄色，花径 1～2cm，夏季开放。花后结草莓状红色浆果。

朝日球 *M. rhodantha* 多年生仙人掌类植物。球状或圆柱状。株高和冠径均为 60cm。耐最低温度 5℃。茎绿色，具分枝，密生褐色或黄色刺，刺常弯曲。夏末开花，花亮红色，花径 1～2cm。

明星 *M. schiedeana*，见 470 页。

怪神球（莲华球）***M. sempervivi***，见 472 页。

🏆月影球 *M. zeilmanniana*，见 473 页。

Mandarin's hat plant 见 *Holmskioldia Sanguinea*。

飘香藤属 MANDEVILLA (DIPLADENIA)

夹竹桃科 APOCYNACEAE

常绿、半常绿或落叶木质藤本。以茎缠绕攀缘。花大，喇叭状。半耐寒至不耐寒，耐最低温度 7～10℃。喜排水良好、夏季轻度庇荫的环境。生长旺盛期需水多，其他时间需水少。需支撑。初春疏枝或截短。春季播种繁殖或夏季用半成熟枝扦插繁殖。白蝇和红蜘蛛螨是主要害虫。接触树液会引起皮肤过敏，所有部分如果误食会引起胃部不适。

***M. × amabilis* 'Alice du Pont'** 见 *M. × amoena* 'Alice du Pont'。

🏆'艾丽斯之桥' 愉悦飘香藤 *M. × amoena* 'Alice du Pont' 见 *M. × amabilis* 'Alice du Pont'，见 209 页。

玻利维亚飘香藤 *M. boliviensis*（*Dipladenia boliviensis*）常绿木质藤本。生长旺盛。耐寒。株高 4m。叶亮绿色，椭圆形，叶尖突尖。花簇生，花大，喇叭状，白色，具金色眼状斑，夏季开放。

飘香藤 *M. laxa*（*M. suaveolens*，*M. tweediana*）(Chilean jasmine) 落叶或半常绿木质藤本。以茎缠绕攀缘。生长快。株高 5m 以上。耐寒。叶卵形，基部心形。花芳香，白色，簇生，夏季开放。

艳花飘香藤 *M. splendens*（*Dipladenia splendens*），见 204 页。

M. suaveolens 见 *M. laxa*。

M. tweediana 见 *M. laxa*。

茄参属 MANDRAGORA
Mandrake

茄科 SOLANACEAE

多年生草本。莲座状。具大而深的肉质根。极耐寒至耐寒。喜光照或半阴环境以及深厚、富含腐殖质、排水良好的土壤。移植困难。秋季播种繁殖。植株中的生物碱对人体有害。

药用茄参 *M. officinarum*，见 371 页。

Mandrake 见 *Mandragora*。

蔓炎花属 MANETTIA

茜草科 RUBIACEAE

常绿软木质或半木质藤本。以茎缠绕攀缘。以观花为主。不耐寒，耐最低温度 5℃。最适温度 7～10℃。夏季需庇荫，适宜在富含腐殖质、排水良好的土壤中生长。需水量适中，温度低时需控水。茎需要支撑或春季将其剪短。夏季用软枝扦插繁殖或半成熟枝扦插繁殖。白蝇有时可造成危害。

M. bicolor 见 *M. luteorubra*。

蔓炎花 *M. cordifolia*（Firecracker vine）常绿软木质藤本。以茎缠绕攀缘。生长快。株高 2m 以上。叶狭窄，心形，有光泽。花漏斗状，红色，有时裂片有黄晕，夏季簇生。

M. inflata 见 *M. luteorubra*。

双色蔓炎花 *M. luteorubra*（*M. bicolor*，*M. inflata*），见 205 页。

木莲属 MANGLIETIA

木兰科 MAGNOLIACEAE

常绿乔木。以观叶和观花为主。半耐寒，耐最低温度 3～5℃。喜富含腐殖质、湿润的酸性土以及光照或半阴环境。盆栽植物生长旺盛时需充足水分，其他时间应控水。耐修剪。春季播种繁殖。

红花木莲 *M. insignis*（*Magnolia insignis*）常绿乔木。冠阔圆锥状。株高 8～12m 以上，冠径 3～5m 以上。叶窄卵形，有光泽，上面暗绿色，背面蓝绿色。初夏开花，花单生，玉兰型，粉红色至洋红色，有时有乳白色的晕。

Manipur lily 见 *Lilium mackliniae*，见 404 页。

Manna ash 见 *Fraxinus ornus*，见 76 页。

Manna gum 见 *Eucalyptus viminalis*。

Manuka 见 *Leptospermum scoparium*。

Manzanita 见 *Arctostaphylos*。

Pine-mat 见 *Arctostaphylos nevadensis*。

Stanford 见 *Arctostaphylos stanfordiana*。

Maple 见 *Acer*。

Amur 见 *Acer tataricum* subsp. *ginnala*，见 95 页。

Ash-Leaved 见 *Acer negundo*。

Cappadocian 见 *Acer cappadocicum*。

Coral-bark 见 *Acer palmatum* 'Sango-kaku'，见 124 页。

Full-Moon 见 *Acer japonicum*。

Hawthorn 见 *Acer crataegifolium*。

Hers's 见 *Acer davidii* subsp. *grosseri*。

Hornbeam 见 *Acer carpinifolium*，见 92 页。

Italian 见 *Acer opalus*。

Japanese 见 *Acer japonicum*，*Acer palmatum*。

Lobel's 见 *Acer cappadocicum* subsp. *lobeii*，见 66 页。

Montpelier 见 *Acer monspessulanum*。

Nikko 见 *Acer maximowiczianum*。

Norway 见 *Acer platanoides*。

Oregon 见 *Acer macrophyllum*，见 64 页。

Paper-bark 见 *Acer griseum*，见 100 页。

Père David's 见 *Acer davidii*。

Red 见 *Acer rubrum*，见 70 页。

Silver 见 *Acer saccharinum*。

Snake-bark 见 *Acer capillipes*，见 82 页。*Acer davidii*; *Acer davidii* subsp. *grosseri*; *Acer pensylvanicum*，见 84 页；*Acer rufinerve*，见 82 页。

Sugar 见 *Acer saccharum*。

Trident 见 *Acer buergerianum*。

Van Volxem's 见 *Acer velutinum* var. *van-volxemii*。

Vine 见 *Acer circinatum*。

Mapleleaf begonia 见 *Begonia dregei*; *Begonia* 'Weltoniensis'，见 295 页。

竹芋属 MARANTA

竹芋科 MARANTACEAE

多年生常绿草本。因观独特叶形和颜色而栽培。不耐寒，耐最低温度 10～15℃。喜长期高湿和阴凉的环境，怕干旱和风害。喜富含腐殖质和排水良好的土壤。春季分株繁殖或夏季茎插繁殖。

白脉竹芋 *M. leuconeura*（Prayer plant）。**'红脉' 竹芋 'Erythroneura'**（*M. l.* 'Erythrophylla'），见 303 页。**'Erythrophylla'** 见 *M. l.* 'Erythroneura'。**🏆暗褐斑竹芋** var. ***kerchoviana***，见 304 页。**豹纹竹芋** var. ***massangeana*** 多年生常绿草本。短茎，基部具分枝。株高和冠径均为 30cm。叶椭圆形，柔软，暗绿色，长 15cm，中脉宽，不规则，灰色，侧脉白色，背面紫绿色，夜晚直立，白天平展。穗状花序纤细，直立，花小，3 瓣，白色或紫色。

Marguerite 见 *Argyranthemum frutescens*，见 240 页。

Blue 见 *Felicia amelloides*。

Marginatocereus marginatus 见 *Pachycereus marginatus*。

银珠果属（新拟） MARGYRICARPUS

蔷薇科 ROSACEAE

常绿灌木。因观果而栽培。适宜岩石园中栽培。耐寒。喜光照或半阴和排水良好的土壤。初夏用软枝扦插繁殖或秋季播种繁殖。

银珠果（新拟）***M. pinnatus***（*M.*

setosus)(Pearl berry) 常绿匍匐灌木。株高23～30cm，冠径1m。叶暗绿色，裂成线形，小叶，丝状。初夏开花，花极小，绿色，不明显。果小，球状，光滑，白色。

M. setosus 见 *M. pinnatus*。

Marigold 见 *Calendula*。
African 见 *Tagetes erecta*。
Aztec 见 *Tagetes erecta*。
Cape 见 *Dimorphotheca*。
French 见 *Tagetes patula*。
Marsh 见 *Caltha palustris*，见451页。
Pot 见 *Calendula officinalis*。
Mariposa tulip 见 *Calochortus*。
Mariposa, Yellow 见 *Calochortus luteus*，见415页。
Maritime pine 见 *Pinus pinaster*，见103页。
Marjoram, Wild 见 *Origanum vulgare*。
Marmalade bush 见 *Streptosolen jamesonii*，见220页。
Marsdenia erecta 见 *Cionura erecta*。
Marsh buckler fern 见 *Thelypteris palustris*，见312页。
Marsh fern 见 *Thelypteris palustris*，见312页。
Marsh marigold 见 *Caltha palustris*，见451页。
Martagon lily 见 *Lilium martagon*，见404页。

角胡麻属 MARTYNIA

胡麻科 PEDALIACEAE

一年生草本。因观花和坚硬果实而栽培。半耐寒。喜光照或半阴环境以及肥沃、排水良好的土壤。初春温室播种繁殖。

角胡麻*M. annua*，见320页。

M. louisianica 见 *Proboscidea louisianica*。

Marvel of Peru 见 *Mirabilis*。

尾萼兰属 MASDEVALLIA

见兰花。

🍷暗红尾萼兰*M. coccinea*（见297页）常绿附生兰。适宜冷室栽培。株高15cm。叶窄卵形，长10cm。花长8cm，鲜红色，夏季开花。夏季需庇荫。

🍷红斑尾萼兰*M. infracta*（见296页）常绿附生兰。适宜冷室栽培。株高15cm。叶窄卵形，长10cm。花长5cm，红白色，具尾状绿色萼片，夏季开放。夏季需庇荫。

🍷托瓦尔尾萼兰*M. tovarensis*（见296页）常绿附生兰。适宜冷室栽培。株高15cm。叶卵形，长10cm。秋季开花，花乳白色，长4cm，具短尾状萼片，每个茎上1～3朵花。夏季适生于阴凉处。

淡黄尾萼兰*M. wageneriana*（见298页）常绿附生兰。适宜冷室栽培。株高8cm。叶窄卵形，长10cm。花淡黄色，长4cm，具长尾状萼片，每枝1～2朵花。夏季喜阴凉环境。

Mask flower 见 *Alonsoa warscewiczii*，见329页。
Masterwort 见 *Astrantia*。
Mastic tree 见 *Pistacia lentiscus*。
Peruvian 见 *Schinus molle*。

荚果蕨属 MATTEUCCIA

鳞毛蕨科／岩蕨科 DRYOPTERIDACEAE/WOODSIACEAE

落叶蕨类植物。具根状茎。极耐寒。喜半阴和潮湿的土壤。需定期疏除枯萎的叶，拥挤时分株。秋季或冬季分株繁殖。

东方荚果蕨 *M. orientalis* 落叶蕨类植物。具根状茎。株高和冠径均为1m。营养叶羽毛球状，拱曲，阔卵形，有裂，长80cm，幼时亮绿色，后变黑绿色。夏季从植株中心长出复叶，直立，黑绿色。

🍷荚果蕨*M. struthiopteris*，见312页。

紫罗兰属 MATTHIOLA Stock

十字花科 BRASSICACEAE/CRUCIFERAE

一年生、二年生或多年生草本或常绿亚灌木。多数一、二年生种类，花极香，很适宜作切花。极耐寒至不耐寒，耐最低温度4℃。喜光照或半阴和肥沃、排水良好的石灰质土壤。高杆品种需要支撑。如二年生草本室外栽培，冬季需覆盖，次年夏季即可在室外开花。一年生草本初春温室播种，或仲春在室外播种繁殖，多年生草本春季温室播种繁殖，灌木夏季用半成熟枝扦插繁殖。易生蚜虫，椿象，根瘤病，霜霉病和秋霉病。

布朗普顿群紫罗兰*M.* Brompton Group（杂色），见321页。（粉红色），见323页。

东洛锡安群紫罗兰 *M.* East Lothian Group二年生草本或短命多年生草本。直立茂密。生长快。常作一年生栽培。株高和冠径均为30cm。极耐寒。叶披针形，灰绿色。穗状花序，长15cm以上，花芳香，4瓣，单瓣或重瓣，在阴凉处呈粉红色、红色、紫色、黄色或白色，夏季开放。

'大刨花'紫罗兰 *M.* 'Giant Excelsior'，见321页。

'大王'紫罗兰*M.* 'Giant Imperial'，见318页。

紫罗兰 *M. incana* (Brompton stock) 二年生或短命多年生草本。直立，茂密。生长快。常作一年生栽培。株高30～60cm，冠径30cm。耐寒。叶披针形，灰绿色。穗状花序，花芳香，浅紫色，长7～15cm，夏季开放。

'猛玛塔'紫罗兰*M.* 'Mammoth Column' 二年生或短命多年生草本。直立，茂密。生长快。常作一年生栽培。株高75cm，冠径30cm。耐寒。叶披针形，灰绿色。穗状花序，长30～38cm，花芳香，4瓣，复色或单色，夏季开放。常作可作切花。

公园系列紫罗兰 *M.* Park Series 二年生或短命多年生草本。直立，茂密。生长快。常作一年生栽培。株高和冠径均为30cm。耐寒。叶披针形，灰绿色。穗状花序，长15cm以上，花有各种颜色，4瓣，夏季开放。

十周群紫罗兰 *M.* Ten-week Group 二年生或短命多年生草本。直立，茂密。生长快。常作一年生栽培。株高和冠径达30cm。耐寒。叶披针形，灰绿色。花4瓣，芳香，穗状花序，长15cm以上，花色丰富。矮生种（见325页）和其栽培品种，花重瓣。

'特里桑米克'紫罗兰 *M.* 'Trysomic' 二年生或短命多年生草本。直立，茂密。生长快。常作一年生栽培。株高和冠径达30cm。耐寒。叶披针形，灰绿色。穗状花序，长15cm以上，花芳香，多数重瓣，花色丰富，夏季开放。

Matucana aurantiaca 见 *Oreocereus aurantiacus*。

Matucana haynei 见 *Oreocereus haynei*。

蔓桐花属 MAURANDYA

玄参科 SCROPHULARIACEAE

多年生攀缘植物。茎基部木质，缠绕。适宜作墙面或藤架植物。半耐寒。喜光照和肥沃、湿润、排水良好的土壤。春季播种繁殖或春末软枝扦插繁殖。

瓜叶蔓桐花*M. barclayana* (*Asarina barclayana*) 常绿软枝藤本。寒冷气候下为草本。株高2m。叶有角，心形，无毛。花喇叭状，长6～7cm，白色、粉红色或淡紫色，喉部绿色或白色，夏季开放。

M. erubescens 见 *Lophospermum erubescens*。

颚唇兰属 MAXILLARIA

见兰花。

彩斑颚唇兰 *M. picta* 常绿附生兰。适宜冷室中栽培。株高23cm。花芳香，深黄色或白色，花径2.5cm，外面有紫色或深红褐色斑点，冬季下部长出单生叶。叶窄卵形，长15～23cm。夏季喜半阴。

紫柱颚唇兰 *M. porphyrostele*（见299页）常绿附生兰。适宜冷室中栽培。株高8cm。花边白色或唇红色，花黄色，花径1cm，夏秋开放。叶窄卵形，长8cm。夏季喜光照。

🍷细叶颚唇兰 *M. tenuifolia* 常绿附生兰。适宜冷室中栽培。株高15cm。花芳香，黄色，花径2.5cm，具白色或红色边，夏季持续开放。叶窄卵形，长15cm。夏季喜光照。

May 见 *Crataegus laevigata*。
May Foam of 见 *Spiraea* 'Arguta'。
May, apple 见 *Podophyllum peltatum*。
Himalayan 见 *Podophyllum hexandrum*，见268页。
May lily 见 *Maianthemum*。
Mayflower 见 *Epigaea repens*。

裸实属 MAYTENUS

卫矛科 CELASTRACEAE

常绿乔木。因观整洁的叶而栽培。耐寒，但幼苗需防寒。喜光照或半阴和肥沃、排水良好的土壤。夏季用半成熟枝扦插繁殖，春秋季用吸根繁殖。

智利裸实*M. boaria* (*M. chilensis*) (Maiten) 常绿乔木。冠紧凑，树形优美。株高10m，冠径8m。叶窄卵形，具光泽，暗绿色。花枝纤细，花微小，星状，绿色，春末开放。

M. chilensis 见 *M. boaria*。

通泉草属 MAZUS

玄参科 SCROPHULARIACEAE

多年生草本。匍匐状。春季开花。适宜在人行道或岩石园中种植。耐寒。喜阴的环境，适生于湿润的土壤。春季分株繁殖或秋季播种繁殖。

细叶通泉草 *M. reptans*，见368页。

Meadow buttercup 见 *Ranunculus acris*。
Meadow cranesbill 见 *Geranium pratense*。
Meadow foam 见 *Limnanthes douglasii*，见336页。
Meadow lily 见 *Lilium canadense*。
Meadow rue 见 *Thalictrum*。
Meadow saffron 见 *Colchicum autumnale*，见437页。
Meadow saxifrage 见 *Saxifraga granulata*，见346页。
Meadowsweet 见 *Filipendula*。

绿绒蒿属 MECONOPSIS

罂粟科 PAPAVERACEAE

多年生草本。有些寿命短。其他种类仅一个生命周期（开花后死亡）。因观花而栽培。极耐寒。喜阴，在温暖地区喜凉爽的环境，多数喜富含腐殖质、湿润的中性或酸性土壤。除蓝花绿绒蒿（*M.* × *sheldonii*）外，均可在夏末用新鲜种子播种繁殖。西欧绿绒蒿（*M. cambrica*）、大花绿绒蒿（*M. grandis*）、五脉绿绒蒿（*M. guintuplinervia*）、蓝花绿绒蒿（*M.* × *sheldonii*）和其栽培品种均可花后分株繁殖。

🏆**藿香叶绿绒蒿 *M. betonicifolia***，见 253 页。

西欧绿绒蒿 *M. cambrica*，见 275 页。

🏆**大花绿绒蒿 *M. grandis***，见 253 页。

全缘叶绿绒蒿 *M. integrifolia*，见 292 页。

锥花绿绒蒿 *M. paniculata* 多年生草本。丛生。寿命短。开花后死亡。株高1.5m，冠径60cm。大型莲座状。叶椭圆形至披针形，深裂或有缺刻，具毛，黄绿色。总状花序下垂，花窄杯状，黄绿色，春末或夏初开放。

🏆**五脉绿绒蒿 *M. quintuplinervia***，见 271 页。

🏆**蓝花绿绒蒿 *M.* × *sheldonii*** 多年生草本。丛生。株高1.2～1.5m，冠径45～60cm，花杯状，深蓝色，簇生，初夏开放。叶莲座状，椭圆形至长卵形，有锯齿，具毛，绿色。为保持健壮，每隔 3 年分株一次。**'布朗克林' 'Branklyn'** 有鲜艳的蓝色花和粗糙的具锯齿叶。🏆**'斯利夫·唐纳德' 'Slieve Donard'** 有较小的花和少锯齿的叶。

苜蓿属 MEDICAGO

豆科 / 蝶形花科 LEGUMINOSAE/PAPILIONACEAE

一年生、多年生草本或常绿灌木。因观花而栽培。在野地或沿海地区作为防风植物栽培。耐寒，但寒冷地区一般靠南或西墙种植。喜光照和排水良好的土壤。春季剪去枯死枝。灌木夏季用软枝或半成熟枝扦插繁殖，也可春秋季播种繁殖，一年生或多年生草本在春秋季播种繁殖。

木苜蓿 *M. arborea* (Moon trefoil Tree medick) 常绿灌木。密生。株高和冠径均为2m。叶暗绿色，幼时有丝质绒毛，3小复叶，小叶窄三角形。仲春至秋末，有时冬季开花，花小，簇生，蝶形，黄色。花后结绿色种荚，成熟后棕褐色，荚果奇特，扁平，蜗牛状。

Medick, Tree 见*Medicago arborea*。

酸脚杆属 MEDINILLA

野牡丹科 MELASTOMATACEAE

常绿灌木或藤本。因观赏其叶和花而栽培。不耐寒，耐最低温度16～18℃。喜半阴环境和富含腐殖质、排水良好的土壤。生长旺盛期充分浇水，其他时间水分适中。春夏季用绿枝扦插繁殖。

宝莲花 *M. magnifica*，见 141 页。

Medlar 见 *Mespilus*。

Bronvaux 见 + *Crataegomespilus dardarii*。

龙头草属 MEEHANIA

唇形科 LABIATAE/LAMIACEAE

多年生草本。有匍匐茎。常作地被植物栽培。耐寒。喜阴和排水良好但不干燥的富含腐殖质的土壤。春季播种繁殖、分株繁殖或枝插繁殖。

荨麻叶龙头草 *M. urticifolia* 多年生草本。蔓生，多毛。具长的爬行叶枝和直立的花枝。株高30cm，冠径不定。叶卵形至三角形，有锯齿，长10cm以上。穗状花序，花轮生，芳香，二唇形，蓝紫色，长 5cm，春末开放。

Megasea 重新归入 *Bergenia*。

白千层属 MELALEUCA

桃金娘科 MYRTACEAE

常绿乔木或灌木。春夏季开花。因观赏其花和叶而栽培。半耐寒至不耐寒，耐最低温度4～7℃。喜光照和排水良好的土壤。忌讳多氮素。部分品种耐积水，盆栽品种需水适中，低温时应适当控水。春季播种繁殖或夏季用半成熟枝扦插繁殖。

雪香木（茂树）***M. armillaris*** (Bracelet honey myrtle) 常绿灌木或乔木。冠圆球状。茎细长。株高 3～6m，冠径1.2～3m。不耐寒。叶针形，深绿色。花瓶刷状，簇生，长 3～6cm，每花具一丛白色，瓶刷状雄蕊，夏季开放。

椭圆叶白千层（桃香木）***M. elliptica***，见 142 页。

短叶白千层（金丝桃叶白千层）***M. hypericifolia*** 常绿灌木。冠圆球状。株高和冠径均为 2～5m。不耐寒。叶长圆形至椭圆形，上面中绿色至深绿色，背面色稍淡。花深红色，与雄蕊同色，瓶刷状，长 2～2.5cm，穗状花序，长 4～8cm。夏季开放。

茶香木 *M. nesophila* (*M. nesophylla*)，见 145 页。

M. nesophylla 见 *M. nesophila*。

M. quinquenervia 见*M. viridiflora* var. *rubriflora*。

卵叶白千层*M. squarrosa* (Scented paper-bark) 常绿灌木或乔木。直立。茎细长，较硬。株高 3～6m，冠径2～4m。不耐寒。叶小，卵形，深绿色。穗状花序长 4cm，芳香，雄蕊小，乳黄色，瓶刷状，春末和夏季开放。

五脉白千层（白千层）***M. viridiflora*** var. ***rubriflora*** (*M. quinquenervia*) (Paper-bark tree) 常绿乔木。生长旺盛。冠圆整。株高 6～12m，冠径 3～6m。不耐寒。叶椭圆形，有光泽。树皮纸状剥落，黄褐色。花序瓶刷状，花小，白色或粉红色。耐涝。

尖瓣菖蒲属 MELASPHAERULA

鸢尾科 IRIDACEAE

单种属。球茎类植物。春季开花。主要因植物学特性而栽培。半耐寒。喜光照和排水良好的土壤。秋季种植。保水直至开花，然后控水。秋季播种繁殖或分球繁殖。

M. graminea 见 *M. ramosa*。

尖瓣菖蒲*M. ramosa* (*M. graminea*) 球茎类植物。春季开花。株高 60cm，冠径10～15cm。叶基生，窄剑形，半直立。茎分枝，质硬，细长。花小，下垂，漏斗状，黄绿色，花瓣先端较尖，形成一松散小花枝。

野牡丹属 MELASTOMA

野牡丹科 MELASTOMATACEAE

常绿灌木和乔木。主要在夏季开花。因观花和叶而栽培。不耐寒，耐最低温度 10～13℃。喜全光照或半阴和肥沃、排水良好的土壤。旺盛生长期要求水分充足，其他时间水分适中，如果必要冬末可以修剪。春夏季用软枝或绿枝扦插繁殖。红蜘蛛螨和白蝇为主要害虫。

野牡丹 *M. candidum* 常绿灌木。树冠圆球状。茎具刚毛。株高和冠径均为1～2m。叶卵形，革质，有毛。花小，顶端簇生，花芳香，5～7 瓣，白色或粉红色，夏季开放。

楝属 MELIA

楝科 MELIACEAE

落叶乔木。春季开花。因观赏其叶、花和果实而栽培。可作旱地先锋树种或在海岸野生花园种植。耐寒。喜全光照和排水良好的土壤。秋季播种繁殖。

楝（苦楝）***M. azedarach***，见 76 页。

假栾树属（新拟）MELIANTHUS

假栾树科（新拟）MELIANTHACEAE

多年生常绿草本或灌木。因观赏其叶而栽培。半耐寒至不耐寒，耐最低温度5℃。喜光照和肥沃、排水良好的土壤。夏季盆栽要求水分充足，其他时间适中。初春长枝可短截。春季播种繁殖或夏季用绿枝扦插繁殖。红蜘蛛螨为主要害虫。

🏆**假栾树**（新拟）***M. major*** (Honeybush) 常绿灌木。匍匐茎具分枝。株高和冠径均为 2～3m。半耐寒至不耐寒，耐最低温度5℃。叶长 25～45cm，小叶 7～13 片，卵形，有锯齿，蓝灰色。穗状花序顶生，长30cm，花管状，褐红色。

Melic

Siberian 见 *Melica altissima*。

Tall 见 *Melica altissima*。

臭草属 MELICA

禾本科 GRAMINEAE/POACEAE

见禾草类、竹类、灯心草类和莎草类植物。

西伯利亚臭草*M. altissima* (Siberian melic，Tall melic) 多年生常绿草本。丛生。株高 60cm，冠径 20cm。极耐寒。茎纤细。叶中绿色，背面粗糙。圆锥花序，较窄，小穗黄褐色，下垂，夏季开放。**'深紫' 'Atropurpurea'** 见 307 页。

蜜罐花属（新拟）MELICYTUS (HYMENANTHERA)

堇菜科 VIOLACEAE

常绿灌木和乔木。因观赏其树姿和果实而栽培。果可独立作室内装饰。极耐寒至不耐寒。耐最低温度3～5℃。喜光照或半阴和排水良好的土壤。盆栽时适量浇水，冬季需控水。如果需要可修剪。春秋季播种繁殖。

黄蜜罐花（新拟）***M. crassifolius*** (*Hymenanthera crassifolia*) 常绿灌木。小枝稠密。冠不规则。株高和冠径均为1.2m。耐寒。叶中绿色，窄卵形至椭圆形，革质。春夏季开花，花小，铃状，5瓣，黄色。花后结淡紫色，卵状果实。

蜜罐花（新拟）***M. ramiflorus*** (Mahoe, Whiteywood) 常绿灌木或乔木。冠开张。株高和冠径均为 6 ～10cm。不耐寒。树皮灰白色。叶披针形，亮绿色，边缘有钝锯齿。花小，圆形，绿色，叶腋簇生，夏季开放。花后结微小、紫色至蓝紫色浆果。

蜜糖草属 MELINIS

禾本科 GRAMINEAE/POACEAE

见禾草类、竹类、灯心草类和莎草类植物。

红毛草 *M. repens* (*Rhynchelytrum repens R. roseum*) (Natal grass, Ruby grass) 一年生草本或短命多年生草本。丛生。株高 1.2～2m，冠径 60～100cm。不耐寒。耐最低温度 5℃。叶中绿色，扁平，先端尖。圆锥花序松散，小穗粉红色，夏季开放。

泡花树属 MELIOSMA

泡花树科 / 清风藤科 MELIOSMACEAE/SABIACEAE

落叶乔木和灌木。因观赏其叶和花而栽培。不易成花。耐寒。喜全光照环境和深厚、肥沃、排水良好的土壤。秋季播种繁殖。

M. oldhamii 见 *M. pinnata* var. *oldhamii*。

红枝柴 *M. pinnata* var. ***oldhamii*** (*M. oldhamii*) 落叶乔木。枝条粗壮，幼时直立，成熟时开展。株高10m，冠径6m。叶大，暗绿色，分裂成 5～13 个卵形小叶。初夏开花，花小，簇生，芳香，星状，白色。

暖木 *M. veitchiorum*，见 80 页。

异香草属 MELITTIS
Bastard balm

唇形科 LABIATAE/LAMIACEAE

单种属。多年生草本。夏季开花。极耐寒。喜阴凉环境和肥沃、排水良好的土壤。秋季播种繁殖或春秋季分株繁殖。

蜜蜂花叶异香草*M. melissophyllum*，见 277 页。

花座球属 MELOCACTUS
Turk's cap

仙人掌科 CACTACEAE

多年生仙人掌类植物。球状，具棱。生长至15cm高开花。茎上具毛状花座，当花座变为柱状时茎停止生长，花漏斗状，夏季开放。果实长形或圆形，红色、粉红色或白色。不耐寒，耐最低温度11～15℃。喜全光照和排水良好的土壤。春夏季播种繁殖。

M. actinacanthus 见 *M. matanzanus*。

凉云（辉云）*M. bahiensis* 多年生仙人掌类植物。球状。株高和冠径均为15cm。耐最低温度15℃。茎暗绿色，具10～15条棱，棱上着生短粗、微曲、深褐色刺，随着生长颜色变浅。夏季花座顶端生褐色刚毛，开粉红色花，花径1～2cm。

M. communis 见 *M. intortus*。

飞云 *M. curvispinus* （*M. oaxacensis*）多年生仙人掌类植物。球状或柱状。株高20cm，冠径15cm。耐最低温度5℃。茎绿色，具15个圆形棱，每个小窠具1个中刺和弯曲的放射状刺。扁平有绵毛的花座上生深粉红色花，花径1cm，夏季开放。

彩云 *M. intortus* （*M. communis*），见 472 页。

古巴花座球（新拟）***M. matanzanus*** （*M. actinacanthus*）多年生仙人掌类植物。球状。株高和冠径均为10cm。耐最低温度15℃。茎暗绿色，有整洁的短刺，5年后发育成绵毛状花座。花粉红色，花径1cm，夏季开放。

M. oaxacensis 见 *M. curvispinus*。

Melon cactus 见 *Melocactus intortus*，见 472 页。

蝙蝠葛属 MENISPERMUM
Moonseed

防己科 MENISPERMACEAE

落叶木质或半木质藤本。以茎缠绕攀缘。因观赏其引人注目的果实而栽培。果实内含1个月牙形种子，由此得俗名。雌雄异株，两性间隔种植才能结果实。耐寒。喜全光照和富含腐殖质的土壤。春季播种繁殖或用吸根繁殖。误食果实会引起不适。

加拿大蝙蝠葛 *M. canadense* （Canada moonseed, Yellow parilla） 落叶木质藤本。以茎缠绕攀缘。生长旺盛。茎稠密而缠绕，地下吸根蔓延。株高5m。叶卵形、心形或圆形，一般3～7裂。花小，杯状，黄绿色。果簇生，有毒，球状，具光泽，黑色。

薄荷属 MENTHA
Mint

唇形科 LABIATAE/LAMIACEAE

多年生草本。部分为半常绿。因观赏其芳香的叶而栽培。可作装饰植物。植物具蔓延性，应小心应用。极耐寒至耐寒。喜全光照或庇荫和排水良好的土壤。春秋季分株繁殖。

M. corsica 见 *M. requienii*。

***M. × gentilis* 'Variegata'** 见 *M. × gracilis* 'Variegata'。

'花叶'纤细薄荷 *M. × gracilis* 'Variegata'，（*M. × gentilis* 'Variegata'）多年生草本。蔓延生长。株高45cm，冠径60cm。极耐寒。叶扁平，卵形，暗绿色，具斑点和黄色条纹，光照下显著。花小，轮生，二唇状，浅紫色，夏季开放。

橙香辣薄荷*M. × piperita* f. *citrata* （Eau-de-Cologne mint）多年生草本。蔓延生长。生长旺盛。株高30～60cm，冠径60cm。极耐寒。茎红绿色。穗状花序，花小，二唇状，紫色，夏季开放。叶卵形，有微齿，绿色，芳香，似科隆香水。

科西嘉薄荷*M. requienii* （*M. corsica*）（Corsican mint） 多年生半常绿草本。垫状。株高1cm，冠径不定。耐寒。叶圆形，亮苹果绿色，挤破时，散发出极浓的薄荷香味。花无柄，淡紫色，夏季开放。适于岩石园和人行道栽培。喜阴和潮湿的土壤。

M. rotundifolia of gardens 见 *M. suaveolens*。

香薄荷 *M. suaveolens* （*M. rotundifolia* of gardens）（Apple mint）。**'花叶''Variegata'**，见 276 页。

门泽草属 MENTZELIA

刺莲花科 LOASACEAE

一年生、多年生草本或常绿灌木。极耐寒至不耐寒，耐最低温度4℃。喜全光照，肥沃、排水极好的土壤。脆弱品种最好在温室中盆栽。春季播种繁殖，灌木可夏季用半成熟枝扦插繁殖。

黄花门泽草 *M. lindleyi* （*Bartonia aurea*），见 336 页。

睡菜属 MENYANTHES

睡菜科 MENYANTHACEAE

多年生落叶水缘植物。因观赏其叶和花而栽培。极耐寒。喜开阔，全光照的环境。春季剪去枯萎花序和叶。密度过大需分植。春季茎插繁殖。

睡菜 *M. trifoliata*，见 446 页。

瓔珞杜鹃属 MENZIESIA

杜鹃花科 ERICACEAE

落叶灌木。观花为主。花小，壶状。极耐寒。喜半阴和肥沃、湿润的泥炭质酸性土壤。夏季用软枝扦插繁殖或秋季播种繁殖。

M. ciliicalyx* var. *lasiophylla 见 *M. c.* var. *purpurea*。**紫花瓔珞杜鹃** var. ***purpurea*** （*M. c.* var. *lasiophylla*），见 155 页。

长瓣秋水仙属 MERENDERA

秋水仙科 / 百合科 COLCHICACEAE/LILIACEAE

球茎类植物。与秋水仙属（*Colchicum*）相似，但花不太炫丽。极耐寒至耐寒。喜全光照和排水良好的土壤。凉爽，潮湿地区需种植在低温温室里或夏季不会使种球干燥的地方。秋季种植，冬春季经常浇水。秋季播种繁殖或分株繁殖。

M. bulbocodium 见 *M. montana*。

长瓣秋水仙*M. montana* （*M. bulbocodium*），见 439 页。

春花长瓣秋水仙 *M. robusta* 球茎类植物。春季开花。株高8cm，冠径5～8cm。耐寒。叶窄披针形，半直立，基生叶同时向上生长。花漏斗状，花径5～6cm，花瓣狭窄，淡粉紫色或白色。

鱼黄草属 MERREMIA

旋花科 CONVOLVULACEAE

常绿藤本。以茎缠绕攀缘。因观赏其花和果实而栽培。不耐寒，耐最低温度7～10℃。喜肥沃、排水良好的土壤和全光照环境。适度浇水，非旺盛生长季节控制水分。需支撑。春季分株繁殖或播种繁殖，红蜘蛛螨可以造成危害。

木玫瑰 *M. tuberosa* （*Ipomoea tuberosa*, *Operculina tuberosa*）(Wood rose, Yellow morning glory) 常绿藤本。以茎缠绕攀缘。生长快。株高6m以上。叶有7个辐射状深裂。花漏斗状，黄色，夏季开放。果实半木质，圆球状，灰褐色。

Merry-bells 见 *Uvularia grandiflora*，见 274 页。

滨紫草属 MERTENSIA

紫草科 BORAGINACEAE

多年生草本。因观赏其漏斗状花而栽培。极耐寒。喜光照或庇荫和深厚、排水良好的土壤。春季分株繁殖或秋季播种繁殖。

蓝蓟滨紫草 *M. echioides*，见 357 页。

滨紫草 *M. maritima*，见 369 页。

🍸美国滨紫草 *M. pulmonarioides* （*M. virginica*），见 271 页。

M. virginica 见 *M. pulmonarioides*。

澳洲常春木属 MERYTA

五加科 ARALIACEAE

常绿乔木。因观赏其叶而栽培。不耐寒，耐最低温度5℃。喜光照或部分庇荫和富含腐殖质、湿润、排水良好的土壤。生长旺盛时期盆栽植物充分浇水，其他时间适度浇水。夏季用半成熟枝扦插繁殖或夏末种子成熟时播种繁殖。

心叶澳洲常春木 *M. sinclairii*，见 100 页。

Mescal button 见 *Lophophora williamsii*，见 471 页。

Mesembryanthemum cordifolium 见 *Aptenia cordifolia*。

Mesembryanthemum criniflorum 见 *Dorotheanthus bellidiformis*。

Mesembryanthemum multiradiatum 见 *Lampranthus roseus*。

欧海棠属 MESPILUS
Medlar

蔷薇科 ROSACEAE

单种属。落叶乔木或灌木。因观赏其树形、叶、花和可食用的果实而栽培。极耐寒。喜光照或半阴和肥沃、排水良好的土壤。原种秋季播种繁殖，栽培品种（果用）夏末芽接繁殖。

欧海棠 *M. germanica*，见 85 页。

Metake 见 *Pseudosasa japonica*，见 308 页。

Metal-leaf begonia 见 *Begonia metallica*，见 295 页。

水杉属 METASEQUOIA

杉科 TAXODIACEAE

见针叶树。

🍸水杉 *M. glyptostroboides*，见 102 页。

铁心木属 METROSIDEROS

桃金娘科 MYRTACEAE

常绿灌木、乔木或藤本植物。冬季开花。因观赏其花而栽培。乔木也可观其树形和获树阴。不耐寒，耐最低温度5℃。适宜在肥沃、排水良好，全光照的土壤上种植。生长旺盛时期盆栽植物充分浇水，其他时间适度浇水。如果需要可修剪。春季播种繁殖或夏季用半成熟枝扦插繁殖。

毛背铁心木（新西兰圣诞树）***M. excelsus*** （*M. tomentosus*），见 83 页。

铁心木 *M. robustus* （Rata） 常绿乔木。树冠圆球状。生长旺盛。株高20～25m 以上，冠径10～15m。叶长圆形至椭圆形，革质，暗绿色，有光泽。花大，簇生，雄蕊长，暗红色，冬季开放。

M. tomentosus 见 *M. excelsus*。

欧香叶芹属（新拟）MEUM

伞形科 APIACEAE/UMBELLIFERAE

多年生草本。夏季开花。因观赏其芳香的叶而栽培。适生于堤岸和野地栽培。极耐寒。喜光照和排水良好的土壤。秋季播种繁殖。

欧香叶芹（新拟）***M. athamanticum*** (Baldmoney, Spignel) 多年生草本。直立，丛生。株高15～45cm，冠径10～15cm。叶多基生，羽形，深裂，小叶狭线形。花序扁平，簇生，花微小，白色或紫白色，夏季开放。

Mexican blood flower 见 *Distictis buccinatoria*，见204页。

Mexican bush sage 见 *Salvia leucantha*。

Mexican cypress 见 *Cupressus lusitanica*。

Mexican firecracker 见 *Echeveria setosa*。

Mexican flame vine 见 *Senecio confusus*，见217页。

Mexican foxglove 见 *Tetranema roseum*，见303页。

Mexican giant hyssop 见 *Agastache*。

Mexican hat plant 见 *Kalanchoe daigremontiana*，见46页。

Mexican orange blossom 见 *Choisya ternata*，见127页。

Mexican palo verde 见 *Parkinsonia aculeata*。

Mexican stone pine 见 *Pinus cembroides*，见109页。

Mexican sunflower 见 *Tithonia rotundifolia*。

Mexican tulip poppy 见 *Hunnemannia fumariifolia*。

Mexican violet 见 *Tetranema roseum*，见303页。

Mezereon 见 *Daphne mezereum*，见174页。

Michaelmas daisy 见 *Aster*。

含笑属 MICHELIA

木兰科 MAGNOLIACEAE

常绿灌木和乔木。冬季至夏季开花。因观赏其花和叶而栽培。半耐寒至不耐寒，耐最低温度5℃。喜全光照或半阴和富含腐殖质、排水良好的中性或酸性土壤。生长季节充分浇水，冬季控水。不需修剪。夏季用半成熟枝扦插繁殖或秋春季播种繁殖。

南亚含笑 *M. doltsopa*，见83页。

含笑 *M. figo*，见89页。

Mickey-mouse plant 见 *Ochna serrulata*。

小侧柏属 MICROBIOTA

柏科 CUPRESSACEAE

见针叶树。

🏆**小侧柏 *M. decussata***，见110页。针叶乔木。灌木状。树冠开展。株高50cm，冠径2～3m。极耐寒。叶平伸，鳞片状，黄绿色，冬季变为青铜色。球果黄褐色，圆锥状，只有一粒种子。

Microglossa albescens 见 *Aster albescens*。

鳞盖蕨属 MICROLEPIA

碗蕨科 DENNSTAEDTIACEAE

落叶、半常绿或常绿蕨类植物。最适宜做悬挂栽培。不耐寒，耐最低温度5℃。喜阴或半阴和湿润土壤。需剪掉枯萎的叶。春季分株繁殖或夏季孢子繁殖。

热带鳞盖蕨 *M. speluncae*，见310页。

姜味草属 MICROMERIA

唇形科 LABIATAE/LAMIACEAE

常绿或半常绿灌木、亚灌木和多年生草本。适生于岩石园或堤岸。耐寒。喜光照环境和排水良好的土壤。春季播种繁殖或初夏用半成熟枝扦插繁殖。

葡萄牙姜味草 *M. juliana* 常绿或半常绿丛生灌木或亚灌木。株高和冠径均30cm。叶小，卵形，芳香，绿色，密生。花微小，管状，亮深粉红色，轮生于茎上部。夏季开放。

Mignonette 见 *Reseda*。

Mignonette vine 见 *Anredera*。

假泽兰属 MIKANIA

菊科 ASTERACEAE/COMPOSITAE

常绿草质攀缘或缠绕藤本、灌木和多年生直立草本。因观赏其叶和花而栽培。半耐寒至不耐寒，耐最低温度7℃。喜肥沃和排水良好的土壤。夏季喜半阴。定期浇水，非生长期控水。茎需支撑、绑缚。春季分株繁殖，夏季用半成熟枝扦插繁殖或软枝扦插繁殖。蚜虫会引起危害。

攀缘假泽兰（蔓菊）***M. scandens*** 草质藤本。以茎缠绕攀缘。株高3～5m。半耐寒至不耐寒。叶卵形至三角形，中绿色，基部2裂。花密生，微小，圆形，粉红色至紫色，夏秋季开放。

Mile-a-minute plant 见 *Fallopia aubertii*，*Fallopia baldschuanica*，见217页。

Milfoil, Whorled water 见 *Myriophyllum verticillatum*，见449页。

粟草属 MILIUM

禾本科 GRAMINEAE/POACEAE

见禾草类、竹类、灯心草类和莎草类植物。

粟草 *M. effusum* (Wood millet)。**'黄叶' 'Aureum'** 多年生常绿草本。丛状。株高1m，冠径30cm。耐寒。叶扁平，金黄色。穗状花序黄绿色，夏季开放。阴凉处自播繁殖。

Milk weed 见 *Euphorbia*。

美拉花属 MILLA

葱科／百合科 ALLIACEAE/LILIACEAE

鳞茎类植物。夏季开花。以观花为主。花芳香，纤细，管状，顶部有6个延伸的星状花瓣。半耐寒至不耐寒，喜光照或庇荫的环境和排水良好的土壤。春季种植，花后留下鳞茎，冬季阴干贮藏。春季播种繁殖或分株繁殖。

美拉花 *M. biflora* 鳞茎类植物。夏季开花。株高30～45cm，冠径8～10cm。叶狭长，半直立，基生。花序松散，花2～6朵，直立，白色，花柄纤细，长20cm。

Millet

Foxtail 见 *Setaria italica*。

Italian 见 *Setaria italica*。

Wood 见 *Milium effusum*。

密尔顿兰属 MILTONIA

见兰花。

白唇密尔顿兰 *M. candida*（见298页）常绿附生兰。适宜低温或中温温室中栽培。株高20cm。花褐色，稍带绿色，唇瓣乳白色，花径5cm，着生在穗状花序之上，秋季开放。叶窄卵形，长10～12cm。夏季需生长在半阴环境中。

横斑密尔顿兰 *M. clowesii*（见298页）常绿附生兰。适宜低温或中温温室中栽培。株高20cm。大型穗状花序，花径4cm，黄色，具红褐色条纹，唇瓣白紫色，初夏开放。叶宽卵形，长30cm。夏季需生长在半阴环境中。

美堇兰属 MILTONIOPSIS
Pansy orchid

见兰花。

'圣帕特里克' 红花美堇兰 *M.* Anjou 'St Patrick'（见297页）常绿附生兰。适宜低温温室栽培。株高15cm。叶窄　卵形，柔软，长10～12cm。花扩展，深红色，花径10cm，唇瓣有红色或黄色条纹，主要在夏季开放。夏季需要庇荫。

'热烈' 白花美堇兰 *M.* Robert Strauss 'Ardingly'（见296页）常绿附生兰。适宜低温温室栽培。株高15cm。叶窄卵形，柔软，长10～12cm。花扩展，白色，花径10cm，具红褐色或紫色斑点，花期变化大。夏季需要庇荫。

Mimicry plant 见 *Pleiospilos bolusii*，见479页。

含羞草属 MIMOSA

豆科／含羞草科 LEGUMINOSAE/MIMOSACEAE

一年生草本、常绿多年生草本、灌木、乔木和藤本。因观赏其叶和花而栽培。含羞草（*M. pudica*）常作一年生栽培。耐最低温度13～16℃。喜半阴和肥沃、排水良好的土壤。生长季节盆栽种类需充分浇水，其他时期适度浇水。春季播种繁殖，灌木夏季用半成熟枝扦插繁殖。红蜘蛛螨可能危害植株。

含羞草 *M. pudica*，见176页。

Mimosa 见 *Acacia*。

沟酸浆属 MIMULUS
Monkey musk

玄参科 SCROPHULARIACEAE

一年生或多年生草本和常绿灌木。矮小种适生于潮湿的岩石园内。极耐寒至半耐寒。多数喜全光照环境和湿润或潮湿的土壤。但橙黄沟酸浆（*M. aurantiacus*）需要干燥的环境。多年生草本春季分株繁殖，亚灌木夏末用软枝扦插繁殖，一年生草本和所有种类均可秋季和初春播种繁殖。

🏆**'女神' 沟酸浆 *M.* 'Andean Nymph'**，见278页。

🏆**橙黄沟酸浆 *M. aurantiacus*** (*Diplacus glutinosus*，*M. glutinosus*)，见171页。

M. glutinosus 见 *M. aurantiacus*。

斑花沟酸浆 *M. guttatus* (*M. langsdorffii*) 多年生草本。扩展。铺地生长。株高和冠径均为60cm。耐寒。叶卵形，粗糙，有时具深锯齿，中绿色。花金鱼草状，亮黄色，浅裂，具红褐色斑点，夏季至初秋持续开放。

M. langsdorffii 见 *M. guttatus*。

🏆**刘易斯沟酸浆 *M. lewisii***，见279页。

黄花沟酸浆 ***M. luteus***，见292页。

魅力沟酸浆系列 *M.* Magic Series 早花多年生草本。株高15～20cm。花小，颜色从亮黄色、黄色、红色至最常见的灰白色和双色。

麝香沟酸浆 *M. moschatus* (Musk) 多年生草本。扩展，扁平。株高和冠径均为15～30cm。耐寒。花金鱼草状，淡黄色，带褐色斑点，夏秋季开放。叶卵形，有毛，淡绿色。

'品鹅绒' 沟酸浆 *M.* 'Royal Velvet'，见283页。

🏆**'怀城红' 沟酸浆 *M.* 'Whitecroft Scarlet'** 短命多年生草本。扩展。株高20～30cm，冠径30cm。半耐寒至不耐寒。花金鱼草状，深红色，初夏至夏末开放。叶卵形，有锯齿，中绿色。

Mina 重新归入 *Ipomoea*。

Mind-your-own-business 见 *Soleirolia*。

Miniature date palm 见 *Phoenix roebelenii*。

Miniature grape ivy 见 *Cissus striata*。

Mint 见 *Mentha*。

Apple 见 *Mentha suaveolens*。

Corsican 见 *Mentha requienii*。

Eau-de-Cologne 见 *Mentha* × *piperita* f. *citrata*。

Variegated apple 见 *Mentha suaveolens* 'Variegata' 见 276 页。

Mint bush 见 *Elsholtzia stauntonii*，见 173 页；*Prostanthera*。

Mint-bush, Round-leaved 见 *Prostanthera rotundifolia*，见 145 页。

Mintleaf 见 *Plectranthus madagascariensis*。

紫茉莉属 MIRABILIS
Four o'clock flower, Marvel of Peru

紫茉莉科 NYCTAGINACEAE

一年生草本或具块茎多年生草本。夏季开花。半耐寒。最适宜生长在庇护环境和全光照下肥沃、排水良好的土壤中。在无霜环境下可留下块茎过冬，初春播种繁殖或用块茎分株繁殖。

紫茉莉 *M. jalapa*，见 245 页。

Mirbeck's oak 见 *Quercus canariensis*，见 66 页。

芒属 MISCANTHUS

禾本科 GRAMINEAE/POACEAE

见禾草类、竹类、灯心草类和莎草类植物。

🏆**荻 *M. sacchariflorus*** (Amur silver grass) 多年生草本。叶草质。具块茎。生长旺盛。株高 3m，冠径不定。耐寒。叶无毛，中绿色，直至冬季才变成青铜色。圆锥花序，稀少，开张，有分枝，小穗有毛，紫褐色，夏季开放。

'纤细' 芒 *M. sinensis* 'Gracillimus'，见309页。**'横斑' 'Zebrinus'**，见 306 页。

Missouri flag 见 *Iris missouriensis*，见 234 页。

Mist flower 见 *Eupatorium rugosum*，见 240 页。

Mistletoe cactus 见 *Rhipsalis*。

Mistletoe fig 见 *Ficus deltoidea*，见 152 页。

蔓虎刺属 MITCHELLA

茜草科 RUBIACEAE

常绿蔓生亚灌木。以观叶、观果为主。尽管不易栽培，但是极好的地面覆盖植物，尤其是在乔木林内。耐寒。喜阴和富含腐殖质、中性至酸性土壤。春季根插繁殖或秋季播种繁殖。

美国蔓虎刺 *M. repens* (Partridge berry) 常绿蔓生扁平亚灌木。株高 5cm，冠径不定。叶小，卵形，绿色，具白色条纹，基部心形。花小，对生，芳香，管状，白色，有时淡紫色，初夏开放。果球状，亮红色。适宜岩石园或泥炭床上栽培。

唢呐草属 MITELLA

虎耳草科 SAXIFRAGACEAE

多年生草本。夏季开花。茎细，丛状。耐寒。喜阴和富含腐殖质、潮湿的土壤。春季分株繁殖或秋季播种繁殖。

布氏唢呐草 *M. breweri*，见 384 页。

吊钟苣苔属（新拟） MITRARIA

苦苣苔科 GESNERIACEAE

单种属。常绿木质攀缘植物。半耐寒。喜半阴和泥炭质酸性土壤。春季播种繁殖或秋季茎插繁殖。

吊钟苣苔（新拟）***M. coccinea***，见 205 页。

Moccasin flower 见 *Cypripedium acaule*，见 296 页。

Mock orange 见 *Philadelphus coronarius*, *Pittosporum tobira*。

蓝天草属（蓝禾属） MOLINIA

禾本科 GRAMINEAE/POACEAE

见禾草类、竹类、灯心草类和莎草类植物。

M. altissima 见 *M. caerulea* subsp. *arundinacea*。

竹形蓝天草 *M. caerulea* subsp. ***arundinacea*** (*M. altissima*) 多年生草本，丛生。株高 2.5m，冠径60cm。耐寒。叶宽，草质，扁平，灰绿色。圆锥花序紫色，开张，坚硬，直立。喜全光照环境和干燥的酸性土壤。🏆**'花纹' 'Variegata'** (Variegated purple moor grass) 高 60cm。叶绿色，有黄色条纹。圆锥花序由紫色小穗状花序组成。

弯果紫草属（新拟） MOLTKIA

紫草科 BORAGINACEAE

落叶、半常绿或常绿亚灌木或多年生草本。观花为主，花漏斗状，夏季开放。极耐寒至耐寒。喜全光照和排水良好的中性至酸性土壤。夏季用半成熟枝扦插繁殖或秋季播种繁殖。

🏆**间型弯果紫草**（新拟）***M.* × *intermedia*** 常绿亚灌木。开展，半圆形。株高 30cm，冠径 50cm。叶窄线形，深绿色。穗状花序松散，花小，漏斗状，浅蓝色，夏季开放。

岩生弯果紫草（新拟）***M. petraea*** 半常绿灌木。丛生。株高 30cm，冠径 60cm。极耐寒。叶狭长，有毛。花簇生，漏斗状，粉紫色，夏季开放。

灌木状弯果紫草（新拟）***M. suffruticosa***，见 357 页。

贝壳花属 MOLUCCELLA

唇形科 LABIATAE/LAMIACEAE

一年生和多年生草本。观花为主。半耐寒。适于生于全光照和排水良好的土壤。春季温室播种繁殖或春末室外播种繁殖。

贝壳花 *M. laevis*，见 335 页。

Monarch birch 见 *Betula maximowicziana*。

Monarch-of-the-East 见 *Sauromatum venosum*，见 413 页。

美国薄荷属 MONARDA
Bergamot

唇形科 LABIATAE/LAMIACEAE

一年生和多年生草本。因观芳香的花和叶而栽培。极耐寒。喜全光照和潮湿的土壤。原种和栽培品种春季分株繁殖，原种仅在春季播种繁殖。

'亚当' 美国薄荷 *M.* 'Adam' 多年生草本。丛生。株高 75cm，冠径 45cm。花二唇形，稠密轮生，鲜红色，整个夏季开放。叶有毛，卵形，芳香，中绿色，有锯齿。

美国薄荷（马薄荷，蜂香薄荷）***M. didyma*** (Bee balm Bergamot)。🏆**'剑桥红' 美国薄荷 'Cambridge Scarlet'**，见 250 页。🏆**'粉红花' 'Croftway Pink'**，见 243 页。

毛唇美国薄荷 *M. fistulosa*，见251页。

***M.* 'Prairie Night'** 见 *M.* 'Prärienacht'。

'草原之夜' 美国薄荷 *M.* 'Präriènacht' (*M.* 'Prairie Night') 多年生草本。丛生。株高 1.2m，冠径 45cm。花二唇形，稠密轮生，深紫色。叶卵形，有锯齿，中绿色。

Money tree 见 *Crassula ovata*，见 457 页。

Moneywort 见 *Lysimachia nummularia*。

Mongolian lime 见 *Tilia mongolica*。

Monkey musk 见 *Mimulus*。

Monkey puzzle 见 *Araucaria araucana*，见 103 页。

Monkshood 见 *Aconitum*。

龟背芋属（龟背竹属） MONSTERA

天南星科 ARACEAE

常绿木质藤本。以根攀缘。观大型、漂亮的叶为主。花不显著，乳白色，具佛焰苞。不耐寒，耐最低温度 15～18℃。喜富含腐殖质、排水良好的土壤和夏季稍庇荫的环境。适度浇水，温度低时减少水量。需提供支撑。必要时春季把长枝剪短。夏季用叶芽或茎尖扦插繁殖。误食除果实外的所有部分均会引起胃部不适，接触果实会引起皮肤过敏。

尖叶龟背芋 *M. acuminata* 常绿木质藤本。以根攀缘。茎健壮。株高 3m 以上。叶卵形，不对称，先端尖，基部心形，深绿色，有时分裂为几个大型裂片，长 25cm。

🏆**龟背芋**（龟背竹）***M. deliciosa***，见 220 页。

Montbretia 见 *Crocosmia*。

Monterey ceanothus 见 *Ceanothus rigidus*。

Monterey cypress 见 *Cupressus macrocarpa*。

Monterey pine 见 *Pinus radiata* 见 104 页。

Montpelier maple 见 *Acer monspessulanum*。

Moon flower 见 *Ipomoea alba*。

Moon trefoil 见 *Medicago arborea*。

Moonlight holly 见 *Ilex aquifolium* 'Flavescens'。

Moonseed 见 *Menispermum*。

Canada 见 *Menispermum canadense*。

Moonstones 见 *Pachyphytum oviferum* 见 475 页。

肖鸢尾属（梦蕾花属） MORAEA

鸢尾科 IRIDACEAE

短命球茎类植物。花鸢尾状。分为两组：冬植型和夏植型。冬植型半耐寒。喜全光照和排水良好的土壤。夏季休眠期保持干燥，秋季灌水开始生长。夏植型耐寒。冬季休眠，在有庇护、全光照和排水良好的土壤上生长良好。冬植型秋季播种繁殖，夏植型春季播种繁殖。

哈氏肖鸢尾 *M. huttonii*，见403页。

多穗肖鸢尾 *M. polystachya* 冬植型球茎类植物。株高 30cm，冠径 5～8cm。叶窄长，半直立，基生。茎上着生直立，扁平，蓝色或淡紫色花，外花瓣中部有一黄色斑点。

多枝肖鸢尾 *M. ramosissima*，见 402 页。

M. spathacea 见 *M. spathulata*。

匙叶肖鸢尾 *M. spathulata* (*M. spathacea*) 夏植型球茎类植物。株高 1m，冠径 10～15cm。叶窄长，半直立，基生，坚硬。花茎上连续着生 5 朵花，花向上，黄色，花径 5～7cm，花瓣反折，夏季开放。

Moreton Bay chestnut 见 *Castanospermum*。

Moreton Bay fig 见 *Ficus macrophylla*。

刺续断属 MORINA
Whorl flower

刺续断科 / 川续断科 MORINACEAE/DIPSACACEAE

多年生常绿草本。仅1种可栽培。因观赏其叶和花而栽培。耐寒，但要防春季干热风。喜光照环境和排水良好的沙质土壤。夏末花后直接分株繁殖或种子成熟时播种繁殖。

长叶刺续断*M. longifolia*，见241页。

Morinda spruce 见*Picea smithiana*。

矮黄芥属（新拟） MORISIA

十字花科 BRASSICACEAE/ CRUCIFERAE

单种属。多年生草本。莲座状。有一长直根。适宜岩石园和高山植物温室栽培。极耐寒。喜光照和排水良好的沙质的土壤。秋季播种繁殖或冬季根插繁殖。

M. hypogaea 见 *M. monanthos*。

矮黄芥（新拟）***M. monanthos***（*M. hypogaea*），见 372 页。

Morning glory 见 *Ipomoea hederacea*，见214页。

Common 见*Ipomoea purpurea*。

Red 见 *Ipomoea coccinea*。

Woolly 见 *Argyreia nervosa*。

Yellow 见 *Merremia tuberosa*。

Moroccan broom 见 *Cytisus battandieri*，见 123 页。

桑属 MORUS
Mulberry

桑科 MORACEAE

落叶乔木。因观叶和可食的果实而栽培。花微小，春季开花。极耐寒。喜全光照环境和肥沃、排水良好的土壤。夏季用软枝扦插繁殖或秋季播种繁殖。

桑*M. alba* (White mulberry)。**'裂叶' 'Laciniata'**，见 92 页。**'垂枝' 'Pendula'** 落叶垂枝乔木。株高 3m，冠径5m。叶圆形，部分分裂，具光泽，深绿色，秋季变为黄色。果可食，卵状，肉质，粉红色、红色或紫红色，夏季成熟。

🝖黑桑*M. nigra* (Black mulberry) 落叶乔木。冠圆头状。株高 12m，冠径 15m。叶心形，暗绿色，秋季变为黄色。果可食，味美，深紫红色，夏末或秋初成熟。

Moses-in-the-cradle 见 *Tradescantia spathacea*。

Mosquito grass 见 *Bouteloua gracilis*，见307页。

Moss

Fairy 见*Azolla filiculoides*，见448 页。

Spanish 见 *Tillandsia usneoides*，见 265 页。

Water 见*Fontinalis antipyretica*。

Willow 见*Fontinalis antipyretica*。

Moss campion 见 *Silene acaulis*，见 365 页。

Mother of thousands 见*Saxifraga stolonifera*; *Soleirolia*。

Mother spleenwort 见 *Asplenium bulbiferum*。

Mother-in-law's seat 见 *Echinocactus grusonii*，见 460 页。

Mother-in-law's tongue 见 *Sansevieria trifasciata*。

Mother-of-pearl plant 见 *Graptopetalum paraguayense*，见 478 页。

Mount Etna broom 见 *Genista aetnensis*，见 93 页。

Mount Morgan wattle 见 *Acacia podalyriifolia*，见 135 页。

Mountain ash 见*Sorbus aucuparia*，见 81 页。

American 见*Sorbus americana*。

Korean 见 *Sorbus alnifolia*。

Mountain avens 见 *Dryas*。

Mountain buckler fern 见 *Oreopteris limbosperma*。

Mountain dogwood 见*Cornus nuttallii*，见 76 页。

Mountain fern 见 *Oreopteris limbosperma*。

Mountain fetterbush 见*Pieris floribunda*，见 127 页。

Mountain flax 见*Phormium cookianum*。

Mountain gum 见*Eucalyptus dalrympleama*，见 72 页。

Mountain hemlock 见*Tsuga mertensiana*。

Mountain pansy 见 *Viola lutea*。

Mountain pepper 见 *Drimys lanceolata*。

Mountain pine 见 *Pinus mugo*。

Mountain pride 见 *Penstemon newberryi*。

Mountain sow thistle 见*Cicerbita alpina*。

Mountain spruce 见 *Picea engelmannii*，见 105 页。

Mountain tassel 见 *Soldanella montana*。

Mountain willow 见 *Salix arbuscula*。

Mountain wood fern 见*Oreopteris limbosperma*。

Mourning iris 见 *Iris susiana*。

Mourning widow 见 *Geranium phaeum*，见 238 页。

Mouse plant 见 *Arisarum proboscideum*。

Mouse-ear, Alpine 见 *Cerastium alpinum*。

Moutan 见 *Paeonia suffruticosa*。

油麻藤属 MUCUNA

豆科 / 蝶形花科 LEGUMINOSAE / PAPILIONACEAE

常绿藤本。以茎缠绕攀缘。生长旺盛。观大型蝶形花为主。耐最低温度18℃。适生于富含腐殖质、湿润但排水良好的土壤。夏季喜半阴。生长季节适量浇水，其他时间少浇水。需要较大的空间供攀缘。需要保护。春季播种繁殖或夏末压条繁殖。白蝇和红蜘蛛螨会造成危害

艳红血藤 *M. bennettii* 常绿藤本。以茎缠绕攀缘。生长健壮，快速。株高15～25m。叶分裂成3个卵形小叶。花蝶形，簇生，橙红色，夏季开放。

M. deeringiana 见*M. pruriens* var. *utilis*。

狗爪豆*M. pruriens* var. *utilis*（*M. deeringiana*）常绿藤本。以茎缠绕攀缘。生长旺盛。株高 15m 以上，花蝶形，绿色或紫红色。叶由 3 个卵形小叶组成。可用作饲料或绿肥。生命周期短。

竹节蓼属 MUEHLENBECKIA

蓼科 POLYGONACEAE

落叶或常绿灌木或木质藤本。茎细。夏季开花。因观赏其叶而栽培。耐寒。适生于全光照、庇荫和排水良好的土壤。夏季用半成熟枝扦插繁殖。

M. axillaris of gardens 见 *M. complexa*。

丛枝竹节蓼 *M. complexa*（*M. axillaris* of gardens）落叶灌木或藤本。冠圆球形。株高60～100cm，冠径1m。茎细丝状。茎上着生各种形状（卵形至琴形）的暗绿色叶。花小，星状，白绿色，仲夏开放。果小，球状，蜡白色。

Mugwort, White 见 *Artemisia lactiflora*，见227页。

Mulberry 见 *Morus*。

Black 见 *Morus nigra*。

Paper 见 *Broussonetia papyrifera*，见 79 页。

White 见 *Morus alba*。

Mulgedium 重新归入 *Cicerbita*。

Mullein 见 *Verbascum*。

White 见 *Verbascum lychnitis*。

Muriel bamboo 见 *Fargesia murieliae*。

Murray red gum 见 *Eucalyptus camaldulensis*。

九里香属 MURRAYA

芸香科 RUTACEAE

常绿灌木和乔木。因观赏树形而栽培。不耐寒，耐最低温度13～15℃。喜全光照或半阴和富含腐殖质、排水良好的土壤。旺盛生长期应充分浇水，其他时间适当浇水。冬末可修剪。春季播种繁殖或夏季用半成熟枝扦插繁殖。白蝇可造成危害。

M. exotica 见 *M. paniculata*。

九里香（千里香）***M. paniculata***（*M. exotica*）(Orange jasmine) 常绿灌木或乔木。冠圆球形。株高和冠径均为2～4m。叶芳香，可食，具光泽，深绿色，由9个以上卵形小叶组成。花顶端簇生，5瓣，白色，芳香，全年陆续开放。果小，卵状，红色。

芭蕉属 MUSA
Banana

芭蕉科 MUSACEAE

多年生常绿草本。掌状。具根出条。假茎从叶鞘长出。因观赏其叶、花和果实而栽培。其果实（香蕉）并非全部都可食。耐寒至不耐寒。耐最低温度18℃。喜全光照或半阴和富含腐殖质、排水良好的土壤。全年分株繁殖或夏季用短匐茎繁殖，或花后用根出条繁殖。

M. arnoldiana 见 *Ensete ventricosum*。

芭蕉*M. basjoo* (*M. japonica*)，见 233 页。

🝖红蕉 *M. coccinea* (*M. uranoscopus*) (Scarlet banana) 多年生常绿草本。掌状。株高 1m，冠径 1.5m。不耐寒。叶椭圆形至卵形，暗绿色，长 1m，背面颜色稍淡。花直立，管状，黄色，苞片红色。果实香蕉状，橙黄色，长 5cm。

M. ensete 见 *Ensete ventricosum*。

M. japonica 见 *M. basjoo*。

🝖观赏芭蕉*M. ornata*，见 232 页。

M. uranoscopus 见 *M. coccinea*。

串铃花属（葡萄风信子属、蓝壶花属） MUSCARI
Grape hyacinth

风信子科 / 百合科 HYACINTHACEAE/LILIACEAE

鳞茎类植物。春季开花。叶簇生，窄带形，基生。花茎无叶，上着生稠密的穗状花序，花小，大部分花部收缩。极耐寒至半耐寒。喜光照环境和排水良好的土壤。秋季种植。夏末分株繁殖或秋季播种繁殖。

🝖串铃花（葡萄风信子）***M. armeniacum***，见 433 页。**'蓝穗' 'Blue Spike'** 鳞茎类植物。春季开花。株高15～20cm，冠径 8～10cm。耐寒。叶3～6片，狭长，半直立，基生。稠密穗状花序，花芳香，铃状，深蓝色，口部收缩，边缘浅蓝色或具白色齿。

🝖深蓝串铃花（新拟）***M. aucheri***（*M. lingulatum*），见433页。

🝖天蓝串铃花 *M. azureum*（*Hya-*

cinthus azureus, *Pseudomuscari azureum*)鳞茎类植物。春季开花。株高10～15cm，冠径5～8cm。耐寒。叶2～3片，狭长，半直立，灰绿色，基生，叶先端部稍宽。穗状花序非常稠密，花浅亮蓝色，铃状，缩口处具小型"牙齿"和深蓝色条纹。可以自播繁殖。

总状串铃花（葡萄百合）***M. botryoides*** 鳞茎类植物。春季开花。株高15～20cm，冠径5～8cm。耐寒。叶2～4片，狭长，半直立，基生，先端稍宽。花近球形，亮蓝色，具收缩的口部和白色"牙齿"的边缘。

缨饰串铃花（新拟）***M. comosum***（*Leopoldia comosa*）(Tassel grape hyacinth）鳞茎类植物。春末开花。株高20～30cm，冠径10～12cm。耐寒。叶5片以上，带形，半直立，灰绿色，基生。穗状花序松散，可育花铃状，黄褐色，不育花束状顶生，簇状，蓝紫色。**'Monstrosum'** 见 *M. c.* 'Plumosum'。**'羽绒' 'Plumosum'**（*M. c.* 'Monstrosum'），见432页。

宽叶串铃花*M. latifolium*，见413页。

M. lingulatum 见 *M. aucheri*。

大果串铃花*M. macrocarpum*，见434页。

疏忽串铃花 *M. neglectum*（*M. racemosum*），见433页。

M. paradoxum of gardens见*Bellevalia pycnantha*。

M. pycnantha 见 *Bellevalia pycnantha*。

M. racemosum 见 *M. neglectum*。

Musk 见 *Mimulus moschatus*。

Monkey 见 *Mimulus*。

Yellow 见 *Mimulus luteus*，见292页。

Musk willow 见 *Salix aegyptiaca*。

玉叶金花属 MUSSAENDA

茜草科 RUBIACEAE

常绿灌木和藤本。以茎缠绕攀缘。因观赏其花而栽培。不耐寒，耐最低温度16～18℃。喜充足光照和肥沃、排水良好的土壤。旺盛生长期应充分浇水，其他时间少浇水。需支撑。春季播种繁殖或夏季空中压季繁殖。白蝇和红蜘蛛螨会引起危害。

红叶金花（红纸扇）***M. erythrophylla*** 常绿藤本。以茎缠绕攀缘。生长旺盛。株高6～10m。叶宽卵形，亮绿色。夏秋季开花，花口扩大，卵形，萼片苞片状，红色，花冠筒红色，裂片黄色。

卷须菊属（新拟）MUTISIA

菊科 ASTERACEAE/COMPOSITAE

常绿藤本。以卷须攀缘。观花为主，花期特长。耐寒至半耐寒。适于阴凉处或散射光处和排水良好的土壤上生长。春季播种繁殖或夏季茎插繁殖或秋季压条繁殖。

双叉卷须菊（新拟）***M. decurrens***，见217页。

绒背卷须菊（新拟）***M. oligodon*** 常绿藤本。以卷须攀缘。株高1.5m。耐寒。叶椭圆形，具光泽，绿色，边缘有尖锯齿，长2.5～3.5cm。头状花序具长柄，雏菊状，粉红色，中部黄色，夏秋季开放。靠矮墙或灌木生长。

苦槛蓝属 MYOPORUM

苦槛蓝科 MYOPORACEAE

常绿灌木或乔木。作篱笆或防风墙。耐最低温度2～5℃。喜光照充足和排水良好的土壤。耐贫瘠。适度浇水。春季或种子成熟时播种繁殖，或夏末用半成熟枝扦插繁殖。

艳丽苦槛蓝 *M. laetum* 常绿直立灌木或乔木。冠圆球状。株高3～10m，冠径2～5m。叶肉质，卵形，有光泽，亮绿色。花簇生，小型，铃状，白色，有淡紫色斑点，春夏季开放。果小，窄长圆状，淡红紫色至深红紫色。

小花苦槛蓝 *M. parvifolium*，见162页。

查塔姆勿忘草属 MYOSOTIDIUM
Chatham Island forget-me-not

紫草科 BORAGINACEAE

单种属。多年生常绿草本。适生于野地，岸边。半耐寒。喜半阴和湿润土壤。海草是最常用的基质。栽培比较困难。一旦扎根，不易根除。春季分株繁殖或夏秋季种子成熟时播种繁殖。

查塔姆勿忘草 *M. hortensia*（*M. nobile*），见287页。叶卵形至心形，光滑。株高和冠径均为60cm。花铃状，淡蓝色至深蓝色，有时裂片边缘白色，初夏开放。

M. nobile 见 *M. hortensia*。

勿忘草属 MYOSOTIS
Forget-me-not

紫草科 BORAGINACEAE

一年生、二年生或多年生草本。因观赏其花而栽培。大多数种适于岩石园和山麓碎石地栽培。勿忘草（*M. scorpioides*）是最好的水缘植物。极耐寒。大部分喜全光照或半阴和排水良好的土壤。秋季播种繁殖。

高山勿忘草*M. alpestris*（*M. rupicola*），见370页。

澳洲勿忘草*M. australis*短命多年生草本。丛生。株高12cm，冠径 8cm。叶卵形，坚硬。花漏斗状，黄色或白色，夏季开放。适于山麓碎石地栽培。

M. caespitosa 见 *M. laxa* subsp. *caespitosa*。

丛生勿忘草*M. laxa* subsp. ***caespitosa***（*M. caespitosa*）一年生或短命多年生草本。丛生。株高12cm，冠径15cm。叶暗绿色，长披针形，革质。花圆形，亮蓝色花，夏季开放。

M. palustris 见 *M. scorpioides*。

M. rupicola 见 *M. alpestris*。

勿忘草*M. scorpioides*（*M. palustris*）(Water forget-me-not)。**'美人鱼' 'Mermaid'**，见448页。

🏆'蓝球'小花勿忘草（森林勿忘草）***M. sylvatica* 'Blue Ball'**，见334页。**'白球' 'White Ball'** 短命多年生草本。丛生。生长慢。常作二年生栽培。株高20cm，冠径15 cm。叶披针形。花小，5裂，纯白色，夏初开放。

Myrceugenia apiculuta 见 *Luma apiculata*。

狐尾藻属 MYRIOPHYLLUM

小二仙草科 HALORAGIDACEAE

多年生落叶沉水植物。因观赏其叶而栽培。大部分种是理想的鱼的产卵地。极耐寒至不耐寒。耐最低温度5℃。喜充足光照。必要时修剪控制二次生长。春夏扦插繁殖。

粉绿狐尾藻 *M. aquaticum*（*M. proserpinacoides*），见448页。

杉状狐尾藻 *M. hippuroides* 多年生落叶沉水植物。茎纤细蔓延。冠径不定。半耐寒。叶小，密生，革质，淡绿色。花不显著，绿白色，从出水的叶腋中抽出，夏季开放。适宜冷水养鱼池栽培。

M. proserpinacoides 见 *M. aquaticum*。

轮叶狐尾藻 *M. verticillatum*，见449页。

Myrobalan 见 *Prunus cerasifera*。

甜芹属（新拟）MYRRHIS
Sweet Cicely

伞形科 APIACEAE/UMBELLIFERAE

单种属。多年生草本。夏季开花。极耐寒。喜光照，耐庇荫和排水良好的土壤。春秋季播种繁殖。

甜芹（新拟）***M. odorata***，见240页。

铁仔属 MYRSINE

紫金牛科 MYRSINACEAE

常绿灌木和乔木。花不显著。观叶为主。果具装饰性。雌雄株共同种植才能结果。适宜岩石园或泥炭土栽培。耐寒，但寒冷地区需要保护。喜光照或耐庇荫和肥沃、排水良好的土壤。浅石灰质土壤生长不良。夏季用半成熟枝扦插繁殖。

铁仔 *M. africana*（Cape myrtle）常绿灌木。株形紧凑。生长慢。株高和冠径均为75cm。叶小，芳香，圆形，具光泽，暗绿色。花小，黄褐色，春末开放。果圆球状，淡蓝色。

龙神木属 MYRTILLOCACTUS

仙人掌科 CACTACEAE

多年生仙人掌类植物。具棱，具刺，茎蓝绿色。有分枝。花星状，晚上开放。不耐寒，耐最低温度11～12℃。喜全光照和排水良好的土壤。春夏季播种繁殖或用茎扦插繁殖。

龙神木 *M. geometrizans*，见456页。

Myrtle 见 *Myrtus*。

Bracelet honey 见*Melaleuca armillaris*。

Cape 见 *Myrsine africana*。

Common 见 *Myrtus communis*，见130页。

Crape 见 *Lagerstroemia indica*，见91页。

Flag 见 *Acorus calamus*。

Queen's crape 见 *Lagerstroemia speciosa*。

Willow 见 *Agonis*。

银香梅属 MYRTUS
Myrtle

桃金娘科 MYRTACEAE

常绿灌木。有时乔木状。因观花、果和芬芳的叶而栽培。耐寒至半耐寒。寒冷地区靠东墙或南墙栽培。喜全光照和排水良好的土壤。春季修剪。夏末用半成熟枝扦插繁殖。

M. apiculata 见 *Luma apiculata*。

M. bullata 见*Lophomyrtus bullata*。

M. chequen 见 *Luma chequen*。

🏆银香梅（银梅花）***M. communis***（Common myrtle），见130页。**🏆袖珍银香梅** subsp. ***tarentina*** 常绿灌木。密生。株高和冠径均为2m。耐寒。叶小，窄卵形，具光泽，暗绿色。花芳香，碟状，白色，雄蕊稠密，簇生，仲春至初夏开放。果球状，白色。为野地理想的防风和绿篱植物。

M. luma 见*Luma apiculata*。**'Glanleam Gold'** 见 *Luma apiculata* 'Glanleam Gold'。

M. ugni 见 *Ugni molinae*。

N

Naked coral tree 见 *Erythrina americana*。

南天竹属 NANDINA

小檗科 BERBERIDACEAE

单种属。常绿或半常绿灌木。夏季开花。因观叶、观花而栽培。耐寒。喜光照或半阴和肥沃、排水良好的湿润土壤。春季从基部剪掉不整齐的老枝。夏季用半成熟枝扦插繁殖。

南天竹 ***N. domestica*** (Heavenly bamboo, Sacred bamboo) 常绿或半常绿灌木。向上生长且株形优美。株高和冠径均为2m。复叶，小叶披针形，暗绿色，幼时和秋冬季淡紫红色。大型圆锥花序，花小，星状，白色，花药大，黄色，仲夏开放。温暖气候下结球状红色果实。**'火神' 'Firepower'**，见151页。

Nankeen lily 见*Lilium* × *testaceum*。

水仙属 NARCISSUS *Daffodil*

石蒜科 AMARYLLIDACEAE

鳞茎类植物。因观赏其具装饰性的花而栽培。水仙通常基生叶线形，长20cm以上。副花冠喇叭状或杯状，花瓣（花被部分）多枚。耐寒。喜光照或半阴和排水良好的土壤。但多花水仙群栽培品种，喜全光照，并能忍受轻沙壤土。仲夏花凋落，叶枯萎。大多数栽培品种自然分生增殖，每3～5年，花后6周尽快将稠密的株丛分植。夏末或秋季用新鲜种子播种繁殖。水仙花黄条纹病，茎腐病，蛞蝓，大水仙蝇和球茎线虫为主要病虫害。接触水仙的汁液会引起皮肤过敏或加剧过敏症状。

水仙的园艺品种分类如下。见416～418页。

1. **喇叭水仙群（Trumpet）** 花单生，副花冠与花瓣等长或更长，初春至春末开放。

2. **大杯水仙群（Large-cupped）** 花单生，副花冠为花瓣长度的1/3或更短，春季开放。

3. **小杯水仙群（Small-cupped）** 花单生，副花冠为花瓣长度的1/3或更短，春季或夏初开放。

4. **重瓣水仙群（Double）** 花大多数单生，大型，重瓣或半重瓣，有时芳香。有副花冠和花瓣，或仅有副花冠代替花瓣状结构。部分有较小的花，4个簇生或更多，有甜香味，春季或夏初开放。

5. **三蕊水仙群（Triandrus）** 花下垂，有短的或直边缘副花冠和窄的翻卷的花瓣，每个茎上生2～6朵，春季开放。

6. **仙客来水仙群（Cyclamineus）** 每茎1朵或2朵花。有时有波状边缘的副花冠，经常比三蕊水仙群副花冠长，花瓣窄，尖顶翻卷，初春至仲春开放。

7. **丁香水仙群（Jonquil）** 花具甜香味，每茎生2朵花以上，副花冠短，有时边缘波状，花瓣通常扁平，宽圆，春季开放。

8. **多花水仙群（Tazetta）** 花小，有甜香味，栽培种的花簇生，每茎12朵以上。大花栽培种每茎2～4朵花，均有小直边缘副花冠和宽尖花瓣，秋末至仲春开放。大多数耐寒或半耐寒。秋季开花种可提拱有价值切花。春化球茎可盆栽催花至仲冬开花。

9. **红口水仙群（Poeticus）** 有甜香味的花，每茎生2朵，每朵有一小而多彩的副花冠和闪光的白色花瓣。红口水仙（*N. poeticus*）杂交品种属小杯水仙群或多花水仙群的范畴，春末或夏初开放。

10. **围裙水仙群（Bulbocodium）** 花单生，花茎较短，具围裙水仙（*N. bulbocodium* subsp. *bulbocodium*）所有特征。花瓣不明显和副花冠不对称，花大，宽喇叭状，冬春开放。

11. **裂杯水仙群（Split-cupped）** 花常单生，副花冠裂至其长度一半以上。（A）领状水仙（Collar daffodils）副花冠重叠部分紧靠在花瓣上。（B）乳突状水仙（Papillon daffodils）副花冠重叠部分逐渐变成一窄片，顶端在花瓣的边缘。大多数花属于（A）类，春季开花。

12. **其他水仙群（Miscellaneous）** 各式各样的种包括杂交种，有各式的中间花型。不能分属于其他类别的种类。秋春季开花。

13. **水仙原种群（Daffodils）** 以植物学名自成一群。花型变化较大。从仙客来水仙（*N. cyclamineus*）和有甜香味的水仙（*N. tazetta*）至喇叭型系列，具有野生水仙的特征。秋初至夏季开花。

'卫城'水仙 ***N.* 'Acropolis'**（见417页）。重瓣水仙群，仲春至春末开花。株高42cm。花大型，重瓣，外瓣和瓣状附属物白色，内瓣附属物点缀在花瓣间，较短，橙红色。适于展览。

'闪光'水仙 ***N.* 'Actaea'**（见417页）。红口水仙群，春末开花。株高40cm。花芳香，有闪光的白色花瓣，副花冠较浅，柠檬色，具窄的橙红色边缘，边缘突起。

'空中城堡'水仙 ***N.* 'Aircastle'**（见416页）。小杯水仙群，仲春开花。株高40cm。白色花瓣逐渐成为绿色，副花冠浅，扁平，柠檬黄色，边缘颜色较深 。

***N.* 'Albus Plenus Odoratus'** 见 *N. poeticus* 'Plenus'。

'奉献者'水仙 ***N.* 'Altruist'**（见418页）小杯水仙群，仲春开花。株高45cm。花瓣光滑，浅橙红色，副花冠匀称，具肋，狭长，橙红色。

'琥珀门'水仙 ***N.* 'Ambergate'**（见418页）大杯水仙群，仲春开花。株高45cm。每花有一浅而宽大的火红色副花冠和柔和的橙红色花瓣。

'金北极'水仙 ***N.* 'Arctic Gold'** 喇叭水仙群，仲春开花。株高40cm。花金黄色，花瓣宽，对称，副花冠喇叭状，边缘有整齐的锯齿。适于展览。

柱叶水仙 ***N. assoanus*** (*N. juncifolius*, *N. requienii*) 水仙原种群，仲春开花。株高15cm。与丁香水仙（*N. jonquilla*）相似，但叶较薄，圆筒状。花圆形，亮黄色，微有柠檬甜香味。喜全光照和沙地。生长旺盛。

阿斯图里拉水仙 ***N. asturiensis*** (*N. minimus*) 水仙原种群，冬末或初春开花。株高8cm。花小，浅黄色，中部喇叭状，花瓣纤细。喜全光照。

'雪崩'水仙 ***N.* 'Avalanche'**（见417页）多花水仙群，初春开花。株高35cm。半耐寒至不耐寒，生8片以上具甜香味的附属物。花瓣白色，副花冠几近枯萎，淡黄色。通过催花可在仲冬开花。

'巴特蕾'水仙 ***N.* 'Bartley'**（见418页）仙客来水仙群，初春开花。株高35cm。花长而纤细，金黄色，花瓣翻卷，副花冠狭窄，有棱角。花期长。

'贝尔坎特'水仙 ***N.* 'Belcanto'**（见417页）。裂杯水仙群领状水仙，春末开花。株高45cm。花径8～12cm，有圆形附属物，几乎隐藏在扁平的淡黄色的副花冠之下。

N.* × *biflorus 见*N.* × *medioluteus*。

'宾奇'水仙 ***N.* 'Binkie'**（见417页）大杯水仙群，初春开花。株高30cm。花亮浅柠檬黄色，副花冠黄白色，边缘皱褶，柠檬色。

'缅甸'水仙 ***N.* 'Birma'** 小杯水仙群，仲春开花。株高45cm。花具柔软、黄色的花瓣和似火的橙红色副花冠，有深波状边缘。

'布若沃'水仙 ***N.* 'Bravoure'**（见417页）喇叭水仙群，初春至仲春开花。株高38cm。花大型，具重叠的白色花瓣和纤弱、微开张的柠檬色副花冠。边缘全缘。

'新娘花冠'水仙 ***N.* 'Bridal Crown'**（见417页）重瓣水仙群，春末开花。株高40cm。长期持续开花，花小，甜香味，半重瓣，花瓣圆形，乳白色，附属物白色，花瓣状，朝向中心的附属物较短，橘黄色。

'百老汇之星'水仙 ***N.* 'Broadway Star'**（见417页）裂杯水仙群乳突状水仙，仲春开花。株高40cm。花径8cm，白色，分裂副花冠的延伸部分平靠在花被附属物上，每花有一狭长，橙黄色纵长条纹。

'布伦斯维克'水仙 ***N.* 'Brunswick'** 大杯水仙群，初春开花。株高40cm。叶蓝绿色。长期持续开花，花具白色花瓣和狭长、开张的报春状副花冠，枯萎时柠檬色，边缘深色。适于切花。

围裙水仙 ***N. bulbocodium*** subsp. ***bulbocodium*** (Hoop-petticoat daffodil) 水仙原种群，春季开花，生长茂盛。株高8～15cm。花金黄色，副花冠圆锥形，花瓣窄而尖。在充足光照的草地上生长旺盛。var. ***citrinus*** 株高15cm。叶纤细，暗绿色。花亮淡柠檬色。其杂交种，见围裙水仙群。

N. campernelli 见 *N.* × *odorus*。

'具槽'水仙 ***N.* 'Canaliculatus'**（见417页）多花水仙群，仲春开花。株高23cm。耐寒。每茎上簇生花4朵以上，花小，芳香，花瓣翻卷，白色，副花冠浅，直边缘，深黄色。

'卡尼斯普'水仙 ***N.* 'Canisp'**（见416页）大杯水仙群，仲春开花。株高40cm。花大，乳白色，花瓣宽，叠生，瓣尖微翻卷，副花冠色稍深，具波状边缘，喇叭状，顶端翻卷，有锯齿。

'抒情'水仙 ***N.* 'Cantabile'**（见417页）红口水仙群，春末开花。株高25cm。茎坚硬。花整洁，圆形，闪光的白色，有微小的红色边缘，副花冠黄色，具美丽的绿色眼状斑点。

坎塔布连水仙 ***N. cantabricus***（见416页）水仙原种群，春季有时冬季开花。株高10cm。与围裙水仙（*N. bulbocodium* subsp. *bulbocodium*）相似，但不如其健壮，花乳白色或冰白色，在高山植物温室中生长旺盛。

'歌女'水仙 ***N.* 'Cantatrice'** 喇叭水仙群，仲春开花。株高40cm。花瓣纯白色，副花冠纤细，乳白色。

***N.* 'Capax Plenus'** 见*N.* 'Eystettensis'。

'卡萨塔'水仙 ***N.* 'Cassata'**（见417页）裂杯水仙群，仲春开花。株高40cm。副花冠柔黄色，明显裂成几部分，边缘有皱褶，花瓣较宽，乳白色。

'温馨五月'水仙 ***N.* 'Charity May'**（见418页）仙客来水仙群，初春至仲春开花。株高30cm。花小，柠檬色，花瓣宽，翻卷。副花冠色较深。

'快乐'水仙 ***N.* 'Cheerfulness'**（见416页）重瓣水仙群，仲春开花。株高40 cm。开花持续时间长，花小，有甜香味，重瓣，花径5.5cm，每个花茎上开几朵花，花瓣乳白色，副花冠短，中心有橙黄色斑点。是优良的切花品种。

仙客来水仙 ***N. cyclamineus***（见418页）小杯水仙群，冬末至初春开花。株高15cm。花纤细，下垂，金黄色，花瓣狭长，翻卷，副花冠长，纤细，具波状边缘。

'鸽翅'水仙 ***N.*** **'Dove Wings'**（见417页）仙客来水仙群，仲春开花。株高30cm。花小，花瓣乳白色，副花冠极长，柔软，淡黄色。

'爱尔兰皇后'水仙 ***N.*** **'Empress of Ireland'**（见417页）喇叭水仙群，仲春开花。株高40cm。花大，健壮，乳白色，花瓣宽，重叠，顶端翻卷，副花冠色较深，具波状边缘，顶端翻卷，有锯齿。

'爱斯泰特'水仙 ***N.*** **'Eystettensis'**（*N*. 'Capax Plenus'）(Queen Anne's double daffodil) 重瓣水仙群，仲春开花。株高20cm。花极漂亮，重瓣，副花冠尖，柔软，淡黄色，整齐排列成螺纹状。

'二月金'水仙 ***N.*** **'February Gold'**（见418页）仙客来水仙群，初春开花。株高32cm。单花持续时间较长，花瓣金黄色，副花冠长，边缘波状，颜色较深。适宜花坛自然式配植。

'二月银'水仙 ***N.*** **'February Silver'**（见417页）仙客来水仙群，初春开花。生长旺盛。株高32cm。花期较长，花瓣乳白色，副花冠长，健壮，下垂，开放时柠檬色，后成乳黄色。

'好运'水仙 ***N.*** **'Fortune'**（见418页）大杯水仙群，初春至仲春开花。株高40cm。花有肋，花瓣深柠檬色，副花冠开张，轮廓清晰，黄铜色。适宜作切花。

'火狐'水仙 ***N.*** **'Foxfire'** 大杯水仙群，仲春开花。株高35cm，花圆形，花瓣亮白色，副花冠短，绿白色，具小的绿色眼状斑点和橙红色肋。

'杜卡特金币'水仙 ***N.*** **'Golden Ducat'**（见418页）重瓣水仙群，仲春开花。株高38cm。花型变化大，有时单瓣、重瓣，金黄色。适宜作切花。

'大柠檬'水仙 ***N.*** **'Grand Primo Citronière'** 多花水仙群，秋末至初春开花。株高32cm。半耐寒至不耐寒。花8朵以上，芳香，花瓣乳白色，副花冠亮柠檬色，后变为乳白色。处理过的鳞茎春化后可催花至仲春开放。适宜作切花。

'大太阳'水仙 ***N.*** **'Grand Soleil d' Or'**（见418页）多花水仙群，秋末至初春开花。株高35cm。半耐寒至不耐寒。甜香味的花，淡柠檬色，花瓣金黄色，副花冠橙红色。可以催花至仲冬开花，但性状不稳定。是优良的切花品种。

'哈维拉'水仙 ***N.*** **'Hawera'**（见418页）三蕊水仙群，仲春开花。株高20cm。花精美，柠檬黄色，下垂。喜全光照。适宜作盆栽品种。

'温馨之火'水仙 ***N.*** **'Home Fires'**（见418页）大杯水仙群，初春开花。株高45cm。花瓣尖，浓柠檬色，副花冠橙红色，具肋和边缘皱。

'蜂鸟'水仙 ***N.*** **'Honeybird'**（见417页）喇叭水仙群，仲春开花。株高50cm。花完全对称，径10.5cm，黄绿色，副花冠逐渐枯萎成白色。

'冰之舞'水仙 ***N.*** **'Ice Follies'**（见416页）大杯水仙群，初春开花。株高40cm。花瓣乳白色，副花冠宽，几乎扁平，淡黄色，枯萎时成乳白色。

'爱琳·科普兰德'水仙 ***N.*** **'Irene Copeland'**（见416页）重瓣水仙群，仲春开花。株高35cm。花大，重瓣，排列整齐，副花冠乳白色，较短，淡乳黄色。适宜作切花。

'姬鹬'水仙 ***N.*** **'Jack Snipe'**（见417页）仙客来水仙群，初春至仲春开花。生长旺盛。株高35cm。花期较长，花乳白色，与'鸽翅'水仙（*N.* 'Dove wings'）相似，但花瓣较窄，边缘卷曲，副花冠深柠檬色，长度中等。

'詹妮'水仙 ***N.*** **'Jenny'** 仙客来水仙群，初春至仲春开花。株高30cm。花期较长，花瓣乳白色，副花冠中长，边缘波状，柔软，柠檬色，后来变成乳白色。

'喷火'水仙 ***N.*** **'Jetfire'**（见418页）仙客来水仙群，初春开花。株高23cm。花瓣重叠，翻卷，金黄色，副花冠圆筒状，具肋，橙红色，较细，边缘有锯齿。

丁香水仙 ***N. jonquilla***（Wild jonquil，见418页）水仙原种群，仲春开花。株高30cm。叶半圆柱形，闪光，有花纹。花6朵以上簇生，浓香，花瓣渐尖，黄色，副花冠浅，深金黄色。**'重瓣' 'Flore Pleno'**（Queen Anne's jonquil）花松散，重瓣，花瓣宽，不卷曲，黄色，中间点缀着短的深色花瓣。

'嘉姆布雷'水仙 ***N.*** **'Jumblie'**（见418页）其他水仙群，初春开花。株高20cm。花2朵或3朵簇生，花期长，花瓣宽，金黄色，副花冠粗壮，边缘波状，橙黄色。是理想的盆栽品种。

N. juncifolius 见 *N. assoanus*。

'千金'水仙 ***N.*** **'Kilworth'**（见417页）大杯水仙群。春末开放。生长旺盛。株高38cm。花瓣尖，乳白色，副花冠深橙红色，具绿色的眼状斑。为有影响的大品系。

'皇宫'水仙 ***N.*** **'Kingscourt'**（见418页）喇叭水仙群，仲春开花。生长旺盛。株高42cm。副花冠具波状边缘，开张，金黄色，花瓣宽，圆形，淡金黄色。

'自由钟'水仙 ***N.*** **'Liberty Bells'**（见418页）三蕊水仙群，仲春开花。生长旺盛。株高32cm。花微香，亮柠檬色。

中黄水仙 ***N.* × *medioluteus***（*N.* × *biflorus*）(Primrose peerless)（见416页）水仙原种群，仲春至春末开花。株高40cm。花整齐，大小中等，有甜香味，花瓣圆，重叠，近纯白色，副花冠小而浅，淡黄色，碗形，常双生。

'莫林'水仙 ***N.*** **'Merlin'**（见417页）小杯水仙群，仲春开花。株高35cm。花瓣宽圆，亮白色，副花冠大型，几成扁平，金黄色，具一小的绿色眼状斑和一宽的稍皱的橙红色肋。适于展览。

N. minimus 见 *N. asturiensis* 。

'小鱼'水仙 ***N.*** **'Minnow'**（见417页）多花水仙群，初春至仲春开花。生长旺盛。株高18cm。花4朵或4朵以上，簇生，芳香，花瓣圆，乳黄色，副花冠柠檬色。自然增殖。适于盆栽或岩石园配植。

小水仙 ***N. minor***（*N. nanus* of gardens）（见418页）水仙原种群，初春开花。株高20cm。花瓣稍重叠，柔软，黄色。副花冠直生，深黄色，花筒边缘皱。subsp. ***pumilus*** 见 *N. pumilus*。

N. minor of gardens见*N. pumilus*。

侏儒水仙 ***N. nanus*** 水仙原种群，初春开花。株高12cm。叶宽。花瓣扭曲，乳白色，副花冠粗壮，直立，纯黄色，边缘皱。适于自然配植。

N. nanus of gardens 见 *N. minor*。

宽瓣水仙 ***N. obvallaris***（*N. pseudonarcissus* subsp. *obvallaris*）(Tenby daffodil)水仙原种群，初春开花。生长旺盛。株高30cm。茎坚硬。花金黄色，花瓣短，副花冠较宽。

芳香水仙 ***N.* × *odorus***（*N. campernelli*）(Campernelle jonquil) 水仙原种群，仲春开花。生长旺盛。株高20～30cm。花常2朵簇生，芳香，深金黄色。**'微皱' 'Rugulosus'**（见418页）丁香水仙群。株高28cm。健壮，花4朵以上，簇生，小杯状，金黄色。

'大花纸白'水仙 ***N.*** **'Paper White Grandiflorus'**（*N. papyraceus* 'Grandiflorus'，*N.* 'Paper White Snowflake'）多花水仙群，冬季至仲春开花。株高35cm。半耐寒至不耐寒。花10朵以上，簇生，花期长，芳香浓郁，星状，白色，花瓣长，伸展，副花冠小，边缘波状，雄蕊明显，橙黄色。室内整个冬季都开花。

N. **'Paper White Snowflake'** 见 *N.* 'Paper White Grandiflorus'

N. papyraceus **'Grandiflorus'** 见 *N.* 'Paper White Grandiflorus'。

'热情'水仙 ***N.*** **'Passionale'**（见417页）大杯水仙群，仲春开花。株高40cm。花瓣乳白色，副花冠长，边缘波状，杏红色。

'彭奎巴'水仙 ***N.*** **'Pencrebar'**（见418页）重瓣水仙群，仲春开花。株高18cm。花小，圆形，芳香，重瓣，常双生，外层副花冠和大型内层副花冠淡金黄色，中间有深色副冠的点缀。

'云雀'水仙 ***N.*** **'Pipit'**（见418页）丁香水仙群，仲春开花。株高25cm。花3朵以上，簇生，芳香，开放时，淡黄绿色，副花冠绉褶，开张，花瓣重叠，基部在成熟时几乎变为白色。

红口水仙 ***N. poeticus***（Poet's daffodil，Poet's narcissus）水仙原种群，春末开花。易变化。株高22～42cm。花芳香，花瓣晶莹白色，副花冠小而浅，黄色或橙红色，肋红色。虽然生长慢，但是理想的湿草地配植植物。**'Flore Pleno'**，见*N. p.* 'Plenus'。**'重瓣' 'Plenus'**（*N.* 'Albus Plenus Odoratus'，*N. P.* 'Flore Pleno'）株高40cm。花松散，重瓣，纯白色，有不明显的黄绿色或橙红色中心。春末或夏初开花。适宜作切花。**反卷红口水仙** var. ***recurvus***（Pheasant's eye，见417页）株高42cm。夏初开花，花较大，花期长，花瓣健壮，向后卷曲，副花冠较浅，黄绿色，肋鲜红色。

'波特拉什'水仙 ***N.*** **'Portrush'**（见416页）小杯水仙群，春末至夏初开花。株高35cm。花小，花瓣亮白色，有淡绿色晕，副花冠小而浅，边缘波状，乳白色，有一亮绿色眼状斑。

'康沃尔之光'水仙 ***N.*** **'Pride of Cornwall'**（见417页）多花水仙群，仲春开花。株高38cm。花数朵簇生，较大，芳香，花瓣乳白色，副花冠深黄色，外部有一橙红色边缘。是优秀的切花品种。

喇叭水仙 ***N. pseudonarcissus***（Lent lily，Wild daffodil 见418页）水仙原种群，初春开花。极易变化。株高15～30cm。花下垂，花瓣草黄色，重叠，副花冠大，深黄色。适于自然式配植。subsp. ***obvallaris*** 见 *N. obvallaris*。

矮水仙 ***N. pumilus***（*N. minor* of gardens, *N. minor* subsp. *pumilus*）水仙原种群，初春开花。株高15～22cm。花亮金黄色，花瓣分离，淡灰色，副花冠大，有肋和边缘皱。**'Plenus'** 见 *N.* 'Rip van Winkle'。

'彩虹'水仙 ***N.*** **'Rainbow'**（见417页）大杯水仙群，仲春开花。生长旺盛。株高45cm。白花，副花冠肋上有铜粉红色宽条纹。

N. requienii 见 *N. assoanus*。

重瓣矮水仙 ***N.*** **'Rip van Winkle'**（*N. pumilus* 'Plenus'）（见418页）重瓣水仙群，初春开花。株高15cm。花被厚，具绒毛，重瓣，花瓣紧密排列，扁平，渐尖，绿柠檬色，尖不卷曲。

'罗科尔岛'水仙 ***N.*** **'Rockall'**（见417页）小杯水仙群，仲春开花。株高50cm。花整齐，花瓣重叠，白色，副花冠浅，具肋，橙红色，碗状。

北非水仙 ***N. romieuxii***（见417页）水仙原种群，初春开花。株高10cm。耐寒，但最好生长在温室或高山植物温室里。与红口水仙（*N. bulbocodium* subsp. *bulbocodium*）相似。花芳香，副花冠大，几呈扁平，边缘波状，淡黄色。

岩生水仙 ***N. rupicola***（见418页）水仙原种群，仲春开花。株高8cm。与柱叶水仙（*N. assoanus*）相近，但叶多折，蓝绿色。花单生，微香，柠檬色，副花冠6裂。**白花岩生水仙** subsp.

watieri，见416页。株高10cm。花白色，较大，芳香，质地透明，副花冠浅，有裂片。

🏆**'圣凯文'水仙*N.*'Saint Keverne'**（见418页）裂杯水仙群乳突状水仙，初春至仲春开花。生长旺盛。株高42cm。花单生，花瓣金黄色，副花冠色较深，呈对称的喇叭状。

'粉缎'水仙*N.*'Satin Pink'（见417页）大杯水仙群，仲春开花。株高42cm。花瓣宽，具肋，乳白色，副花冠长，几乎不开放，边缘波状，柔和的浅黄粉色，呈对称的喇叭状。

'红玉'水仙*N.*'Scarlet Gem'（见418页）多花水仙群，仲春开花。株高35cm。耐寒。花7～8朵，簇生，芳香，花瓣金黄色，副花冠猩红色或深橙红色。

'光亮'水仙*N.*'Shining Light'（见418页）大杯水仙群，仲春开花。株高42cm。花优美，极对称，花瓣光滑，重叠，淡金黄色，副花冠具肋，橙红色，杯状，边缘波状，色较深。适于展览。

'银钟'水仙*N.*'Silver Chimes'（见417页）多花水仙群，仲春至春末开花。生长旺盛。株高32cm。叶深绿色。花10朵以上，簇生，芳香，花瓣宽，乳白色，副花冠直生，较浅，淡乳黄色。温暖的地方生长旺盛。

🏆**'迷人'水仙*N.*'Spellbinder'**（见417页）喇叭水仙群，初春开花。株高42cm。花期长，花硫黄色，副花冠纤细，边缘波状，内部为浅硫黄色，除了裂片和翻卷的边缘外，均为淡柠檬色。

'最高层'水仙*N.*'Stratosphere'（见418页）丁香水仙群，仲春开花。株高40cm。花常3朵，簇生，花瓣金黄色，副花冠深金黄色。适于展览。

🏆**'苏西'水仙*N.*'Suzy'**（见418页）丁香水仙群，仲春开花。生长旺盛。株高38cm。花期长，花2～4朵，簇生，花大，芳香，花瓣金黄色，副花冠大，边缘波状，橙红色。

🏆**'甜蜜'水仙*N.*'Sweetness'**（见418页）丁香水仙群，初春开花。株高38cm。花有甜香味，偶尔对生，花瓣紧密，金黄色，副花冠色较深，波状，质硬。

🏆**'塔希提'水仙*N.*'Tahiti'**（见418页）重瓣水仙群，仲春开花。生长旺盛。株高38cm。花单生，松散，重瓣，花瓣和副花冠金黄色，内部副花冠短，有毛，橙红色，点缀瓣间。

水仙*N. tazetta* （Bunch-flowered daffodil；Polyanthus daffodil）水仙原种群，秋末至仲春开花。极易变化。株高30～40cm。花12朵以上，簇生，芳香，花瓣纤细，白色或黄色，副花冠浅，白色或黄色。

🏆**'倾诉'水仙*N.*'Tête-à-tête'**（见418页）其他水仙群，初春开花。株高15～30cm。花期长，花瓣翻卷，金黄色，副花冠方形，边缘波状，暖橘黄色，花双生。极易受病毒感染。

'女神'水仙*N.*'Thalia'（见416页）三蕊水仙群，仲春开花。生长旺盛。株高38cm。花3朵以上，簇生，花期长，美丽，乳白色，花瓣不规则，常呈螺旋浆形，副花冠大，边缘波状。

'三琥珀'水仙*N.*'Tresamble' 三蕊水仙群，初春开花。生长旺盛。株高40cm。花6朵以上，簇生。花瓣乳白色，副花冠具波状边缘，乳白色，边缘浅灰色。

🏆**'三列'水仙*N.*'Trevithian'** 丁香水仙群，初春至仲春开花。生长旺盛。株高45cm。花2～3朵，簇生，芳香，圆形，淡黄色，花瓣宽，副花冠短。

🏆**三蕊水仙*N. triandrus*** （Angel's tears，见417页）水仙原种群，初春开花。株高12cm。花下垂，乳白色，花瓣较窄，翻卷，副花冠长，边缘直。为良好的盆栽植物。

'嫁妆'水仙*N.*'Trousseau'（见416页）喇叭水仙群，初春开花。株高42cm。花瓣乳白色，副花冠直生，具波状边缘，柔和柠檬色，边缘开张，分裂，变成乳黄色，具淡粉色晕。

'都铎诗人'水仙*N.*'Tudor Minstrel' 大杯水仙群，仲春开花。株高42cm。花瓣尖，白色，副花冠铬黄色，纤细，具波状边缘。

'水梨酒'水仙*N.*'Waterperry' 丁香水仙群，仲春开花。株高25cm。花瓣暗乳白色，副花冠具微波状边缘，延伸，淡黄色，后成深黄色，边缘渐加深为杏红色。

'白女士'水仙*N.*'White Lady'（见416页）小杯水仙群，仲春至春末开花。生长旺盛。株高45cm。花大，芳香，花瓣伸展，稍重叠，纯白色，副花冠小而浅，具饰边缘，开放时为淡黄色，成熟时变成乳黄色。

'森林之星'水仙*N.*'Woodland Star'（见417页）小杯水仙群，仲春开花。株高50cm。花大，花瓣白色，副花冠小，碗状，深红色。

'米纳尔'水仙*N.*'W. P. Milner' 喇叭水仙群，初春开花。株高23cm。花下垂，花瓣纤细，扭曲，淡乳黄色，副花冠开张，淡柠檬色，枯萎时成暗硫黄色。

Narcissus Poet's 见 *Narcissus poeticus*。

Narihira bamboo 见 *Semiarundinaria fastuosa* 见308页。

Narrow buckler fern 见*Dryopteris carthusiana*。

Narrow-leaved ash 见 *Fraxinus angustifolia*。

Nasturtium 见 *Tropaeolum*。

Flame 见*Tropaeolum speciosum*，见210页。

Natal grass 见 *Melinis repens*。

Natal ivy 见*Senecio macroglossus*。

Natal plum 见*Carissa macrocarpa*。

Native Australian frangipani 见 *Hymenosporum flavum*。

紫凤草属 NAUTILOCALYX

苦苣苔科 GESNERIACEAE

多年生常绿草本。直立，浓密。因观赏其叶和花而栽培。耐最低温度15℃。喜半阴和富含腐殖质、排水良好的土壤。忌积水，冬季更甚。夏季茎插繁殖或春季播种繁殖。

皱叶紫凤草 *N. bullatus* （*N. tessellatus*） 多年生常绿草本。直立，浓密。株高和冠径均为60cm。叶窄卵形，长23cm，具皱纹，深绿色，上面古铜色，背面红绿色。花簇生于叶腋，较小，筒状，有白毛，淡黄色，夏季开放。

紫凤草 *N. lynchii*，见305页。

N. tessellatus 见 *N. bullatus*。

Navelwort，Venus's 见 *Omphalodes linifolia*，见318页。

Neanthe bella 见 *Chamaedorea elegans*。

蜜腺韭属（新拟） NECTAROSCORDUM

葱科／百合科 ALLIACEAE/ LILIACEAE

开花鳞茎类植物。与葱属（*Allium*）相近。叶较长，线形，直立，当挤压时释放出强烈的洋葱味。茎直立。花序羽毛球状。冬季干燥后可作成装饰物。耐寒。喜半阴和硬草地，花坛，水分适中的土壤中栽培。夏末鳞茎自然增殖或秋季播种繁殖。

N. dioscoridis 见*N. siculum* subsp. *bulgaricum*。

保加利亚蜜腺韭（新拟）***N. siculum*** subsp. ***bulgaricum***（*N. dioscoridis*），见398页。

Needle spike-rush 见 *Eleocharis acicularis*。

绣线梅属 NEILLIA

蔷薇科 ROSACEAE

落叶灌木。栽培为观花。花小，量大，簇生。极耐寒。喜光照或半阴和肥沃、排水良好的土壤。花后从基部剪去部分老枝有利于植株生长。夏季用软枝扦插或秋季由萌蘖芽繁殖。

N. longiracemosa 见 *N. thibetica*。

中华绣线梅*N. sinensis* 落叶灌木。枝拱状。株高和冠径均为2m。树皮褐色，剥落。叶卵形，具尖锯齿。春末至初春开花，总状花序下垂，花小，管状，粉白色。

西康绣线梅*N. thibetica*（*N. longiracemosa*），见140页。

莲属 NELUMBO

睡莲科 NYMPHAEACEAE

多年生落叶水生植物。栽培为观叶，观花。半耐寒至不耐寒，耐最低温度1～7℃。喜开阔，全光照和60cm深的水环境。剪去枯叶。花可以长成装饰性种荚。春季分植拥挤的植株。春季播种繁殖。优选品种春季分株繁殖。

黄莲*N. lutea*（American lotus）多年生落叶水生植物。生长旺盛。株高和冠径均为1m。半耐寒至不耐寒。叶圆形，蓝绿色，背面有明显的叶脉。茎短粗，长30～60cm。花大，杯状，黄色，夏季开放。

莲*N. nucifera*，见447页。**'大白''Alba Grandiflora'** 多年生落叶水生植物。生长旺盛。株高1.2～1.8m，冠径1.2m。耐最低温度1℃。叶圆形，较大，边缘波状，暗绿色。茎坚硬。花大，芳香，杯状，白色，花径22～25cm，夏季开放。**'白纹''Alba Striata'** 花白色，花径15cm，瓣有锯齿状红色边缘。**'重瓣粉''Rosea Plena'** 花重瓣，粉红色，径达30cm。

袋鼠花属 NEMATANTHUS

苦苣苔科 GESNERIACEAE

多年生草本或软枝常绿灌木。因观赏其叶和花而栽培。不耐寒，耐最低温度12～15℃。喜半阴和富含腐殖质、湿润但排水良好的土壤。盆栽品种水分适中，耐干燥。修剪幼树顶端以促使分枝。夏季用软枝或嫩枝扦插繁殖。

群生袋鼠花 *N. gregarius* （*Hypocyrta radicans*，*N. radicans*），见157页。

N. radicans 见 *N. gregarius*。

糙毛袋鼠花*N. strigillosus*（*Hypocyrta strigillosa*）常绿俯卧灌木。株高15～30cm，冠径60～100cm。叶椭圆形，稍呈杯状，紧密覆盖在下部。春季至秋季持续开花，花小，腋生，筒状，橙黄色或橙红色。

龙面花属 NEMESIA

玄参科 SCROPHULARIACEAE

一年生、多年生草本或常绿亚灌木。夏季花坛栽培或作温室植物。半耐寒。喜光照和肥沃、排水良好的土壤。花后剪短花茎，短截生长枝可以保持灌木状。初春温室播种繁殖或春末室外播种繁殖。

龙面花 *N. strumosa* 一年生草本。灌木状。生长快。株高20～45cm，冠径15cm。叶披针形，有锯齿，灰绿色。花喇叭状，黄色、白色或紫红色，花径2.5cm，夏季开放。适宜作切花。**狂欢系列 Carnival Series**，见328页。**凯旋系列 Triumph Series**，见339页。

粉蝶花属 NEMOPHILA

田基麻科 HYDROPHYLLACEAE

一年生草本。适生于岩石园或作

花坛植物。极耐寒。喜光照或耐半阴和肥沃、排水良好的土壤。春季或秋初室外播种繁殖。易受蚜虫危害。

N. insignis 见*N. menziesii*。

斑点粉蝶花*N. maculata*，见319页。

粉蝶花*N. menziesii*（*N. insignis*），见333页。

大凤龙属 NEOBUXBAUMIA

仙人掌科 CACTACEAE

多年生仙人掌类植物。圆柱状或乔木状。茎圆柱状，通常具低棱。夏季夜间开花。果实有棱角，成熟时星状。耐最低温度15℃。喜光照和贫瘠至中度肥沃、易排水的沙壤土。春季播种繁殖。

勇凤*N. euphorbioides*（*Lemaireocereus euphorbioides*，*Rooksbya euphorbioides*），见459页。

Neochilenia mitis of gardens 见*Neoporteria napina*。

新木姜子属 NEOLITSEA

樟科 LAURACEAE

常绿乔木和灌木。为观叶而栽培。耐寒至半耐寒。寒冷地区，需要预防强寒风，最好靠南墙或西墙栽植。喜光照或半阴和肥沃、排水良好的土壤。夏末用半成熟枝扦插繁殖。

N. glauca 见*N. sericea*。

舟山新木姜子*N. sericea*（*Litsea glauca*，*N. glauca*）常绿乔木或灌木。冠阔圆锥状。生长浓密。株高和冠径均为6m。耐寒。叶窄卵形，具光泽，表面绿色，背面白色，幼时覆盖一层浓密、光滑的褐色毛。花小，星状，黄色，秋季开放。

圆锥棱属 NEOLLOYDIA

仙人掌科 CACTACEAE

多年生仙人掌类植物。球状至圆柱状。有浓密的刺和浅瘤突排成的螺旋状棱。大多数品种不易栽培，因此需嫁接。耐最低温度10℃。喜光照和排水良好的土壤。春季至秋季要控水，冬季保持干燥。春夏季播种繁殖。

圆锥球*N. conoidea*（*Mammillaria conoidea*），见475页。

麦氏圆锥球*N. macdowellii* 见*Thelocactus macdowellii*。

马蝶花属 NEOMARICA

鸢尾科 IRIDACEAE

多年生常绿草本。具根茎。夏季开花。花鸢尾状，簇生，花期较短。耐最低温度10℃。喜半阴和肥沃、湿润、富含腐殖质的土壤。夏季需水分充足，冬季控水，但不能使植株干枯。春季播种繁殖或春夏季分株繁殖。

蓝马蝶花*N. caerulea* 见402页。

Neopanax重新归入*Pseudopanax*。

新智利球属 NEOPORTERIA

仙人掌科 CACTACEAE

多年生仙人掌类植物。球状或柱状。果卵状，红色、褐色或绿色，与软果玉属（*Wigginsia*）相似。耐最低温度8℃。喜光照和排水良好的土壤。春夏季播种繁殖。

苍龙玉*N. chilensis*（*Echinocactus chilensis*）多年生仙人掌类植物。球状，后成柱状。株高30cm，冠径10cm。淡绿色茎上覆盖着浓密的刺，刺粗短，金黄色，长短不一。夏季花座生扁平花，橙红色、橙黄色或白色，花径5cm。

N. litoralis 见*N. subgibbosa*。

N. mitis 见*N. napina*。

🏆豹头*N. napina*（*Neochilenia mitis* of gardens，*Neoporteria mitis*）（见471页）多年生仙人掌类植物。扁平球状。高3cm，冠径5cm。棕褐色的茎上紧贴着很短的黑色刺。夏季冠顶生扁平花，黄色，花径5cm。

银翁玉*N. nidus* 多年生仙人掌类植物。球状至柱状。高10cm，冠径8cm。茎深绿褐色，密生长而软的灰色刺。春秋花座顶生管状花，粉红色或鲜红色，基部稍浅，顶部张开，花径2～5cm。

逆龙玉*N. subgibbosa*（*N. litoralis*）多年生仙人掌类植物。球状至柱状。株高30cm，冠径10cm。茎淡绿色至深绿色，小窠大，具毛，刺琥珀色，粗壮。夏末花座顶生扁平花，深红色，花径4cm。

绯鸾玉*N. villosa*，见470页。

彩叶凤梨属（新凤梨属）NEOREGELIA

凤梨科 BROMELIACEAE

多年生常绿附生植物。基生莲座状。耐最低温度10℃。喜半阴和富含腐殖质的土壤。苔藓，塑料泥和树皮用于育苗或培养。灌溉用软水，生长期水分适中，其他时间需控水，春季至秋季保持莲座中心有水。春夏季分株繁殖。

彩叶凤梨（美丽凤梨）***N. carolinae***（*Aregelia carolinae*, *Nidularium carolinae*）(Blushing bromeliad) 多年生常绿附生植物。株形开展，基生莲座状。株高20～30cm，冠径40～60cm。叶条形，边缘有刺状锯齿，具光泽，亮绿色，生长在紧密的莲座上。花紧密簇生，管状，蓝紫色，苞片红色，着生在每个成熟的莲座中心，通常夏季开放。f. **tricolor** 见*N. c.*'Tricolor'🏆**'三色'**'**Tricolor**'（*N. c.* f. *tricolor*），见265页。叶具象牙白色条纹，后呈粉红色。

黑点彩叶凤梨*N. concentrica*，见265页。多年生常绿附生植物。基生莲座状。冠开展。株高20～30cm，冠径70cm。叶宽带形至卵形，具光泽，暗绿色，有刺状黑色锯齿和黑色的斑纹，生长在稠密的莲座上。花从莲座中心抽出，密集簇生，管状，浅蓝色，苞片淡粉紫色，夏季开放。红苞彩叶凤梨 var. ***plutonis***（*N. c.*'Plutonis'）苞片泛红色。'**Plutonis**' 见*N. c.* var. *plutonis*。

Nepalese ivy 见*Hedera nepalensis*。

猪笼草属 NEPENTHES
Pitcher plant

猪笼草科 NEPENTHACEAE

常绿食虫植物。大多数多年生附生草本。叶变态成下垂、具盖、多彩的壶形捕虫囊，捕捉并消化昆虫。适作吊篮。不耐寒，耐最低温度18℃。喜湿润空气、半阴和湿润、肥沃的土壤，要加泥炭和苔藓。春季播种繁殖或春夏季茎插繁殖。

虎克猪笼草*N.* × *hookeriana*，见264页．

纳氏猪笼草*N. rafflesiana*常绿食虫植物。附生，多年生。株高3m，冠径1～1.2m。叶披针形，暗绿色，捕虫囊黄绿色，长25cm，具紫色或褐色囊盖。总状花序不明显，间歇开花，花绿色。

荆芥属 NEPETA
Catmint

唇形科 LABIATAE/LAMIACEAE

多年生草本。夏季开花。作花坛植物栽培或镶嵌步行道。极耐寒。喜光照或半阴和排水良好的土壤。春季分株繁殖或春夏季用茎尖或软枝扦插繁殖，原种秋季播种繁殖。

***N.*'Blue Beauty'** 见*N.*'Souvenir d' André Chaudon'。

法氏荆芥*N.* × *faassenii*，见286页。

高加索荆芥*N. grandiflora* 多年生草本。直立。株形整齐。株高40～80cm，冠径45～60cm。茎有毛。叶卵形，有圆齿，淡绿色，基部心形。总状花序，花小，蓝色，兜状，夏季开放。

N. macrantha 见*N. sibirica*。

具脉荆芥*N. nervosa* 多年生草本。丛生。株高35cm，冠径30cm。叶丛生，窄椭圆形至披针形，绿色，叶脉显著。总状花序，花小，管状，淡蓝色，夏初至仲夏开放。

大花荆芥*N. sibirica*（*Dracocephalum sibircum*，*N. macrantha*），见254页。'**Souvenir d' André Chaudron**' 见*N.*'Souvenir d' Anré Chaudron'。

'蓝丽'荆芥*N.*'Souvenir d' André Chaudron'（*N.*'Blue Beauty'，*N. sibirica*'Souvenir d' André Chaudron'）多年生草本。株形开展，丛生。株高和冠径均为45cm。叶卵形至披针形，有锯齿，灰绿色。花管状，蓝色，整个夏季持续开放。

肾蕨属 NEPHROLEPIS

肾蕨科 NEPHROLEPIDACEAE/OLEANDRACEAE

常绿或半常绿蕨类植物。不耐寒，耐最低温度5℃。需阴凉环境，喜湿润但耐干燥和水涝。定期剪去枯叶，夏季或秋初分株繁殖。

心叶肾蕨*N. cordifolia*（Ladder fern，Sword fern）半常绿蕨类植物。株高45cm，冠径30cm。叶窄披针形，拱状，暗绿色，羽片匾形，有细锯齿，复叶。

🏆高大肾蕨*N. exaltata*，见312页。

尼芬芋属 NEPHTHYTIS

天南星科 ARACEAE

多年生常绿草本。丛生。具平卧的根状茎。因观赏其叶而栽培。不耐寒，耐最低温度18℃。耐半阴，喜湿润空气和湿润、富含腐殖质的土壤。春夏季分株繁殖。

尼芬芋*N. afzelii* 多年生常绿草本。具平卧的根状茎。株高75cm，冠径不定。叶簇生，箭形，有裂片，暗绿色，长25cm。淡绿色佛焰苞钩状，包藏绿色肉穗花序。果实球状，橙黄色。

N. triphylla of gardens 见*Syngonium podophyllum*。

纳丽花属 NERINE

石蒜科 AMARYLLIDACEAE

鳞茎类植物。有些种类半常绿。因观花而栽培。花圆球形，花瓣波纹状，粉红色至红色、白色。大多数在秋季叶出现以前开放。耐寒至半耐寒。喜充足光照和轻沙质土壤。秋初种植，不耐移植。叶死亡前需水分充足，然后保持干燥。秋季或叶枯死后用当年种子播种繁殖或分球繁殖。误食植株任何部分均会引起胃部不适。

长瓣纳丽花*N.*'Baghdad' 鳞茎类植物。秋季开花。株高60cm，冠径15～20cm。半耐寒。叶条形，基生，半直立。花深红色，中心稍淡，花瓣长而窄，顶部向后弯曲，具卷曲的边缘。

白纳丽花*N.*'Blanchefleur' 鳞茎类植物。秋季开花。株高30～50cm，冠径15～20cm。半耐寒。叶条形，基生，半直立。5～10个纯白色花组成稠密花序，上部花瓣扭曲。

🏆宝典纳丽花*N. bowdenii*，见424页。**白花宝纳丽** f. ***alba***，见424页。

'布莱恩'纳丽花*N.*'Brian Doe'，见424页。

猩红纳丽花*N.*'Corusca Major'（*N. sarniensis* var. *corusca*'Major'）

鳞茎类植物。秋季开花。株高60cm，冠径12～15cm。半耐寒。叶条形，基生，半直立。短粗的花茎上着生10～15个猩红色的花，花瓣较窄。适宜作切花。

N. crispa 见 *N. undulata*。

丝叶纳丽花 *N. filifolia* 鳞茎类植物。秋季开花。株高25cm，冠径8～10cm。半耐寒。叶基生，簇状，线形，半直立。纤细的花茎上开淡粉红色花，花瓣较窄。

波瓣纳丽花 *N. flexuosa* 鳞茎类植物。半常绿。秋季开花。株高40～50cm，冠径12～15cm。半耐寒。叶条形，半直立，基生。有花10～15朵，粉红色，每个花瓣上有一深粉红色的中脉，中部以上弯曲，波状。

'福氏大种'纳丽花 *N.* 'Fothergillii Major' 鳞茎类植物。夏末至初秋开花。株高45～60cm，冠径12～15cm。半耐寒。叶条形，半直立，基生。强壮的茎上着生10朵亮橙红色的花，花瓣弯曲。

彩瓣纳丽花 *N. masoniorum* 鳞茎类植物。秋季开花。株高15～20cm，冠径8～10cm。半耐寒。叶基生，簇状，线形，半直立。花粉红色，具鲜艳的花瓣边缘。

'猎户'纳丽花 *N.* 'Orion'，见424页。

萨尼亚纳丽花 *N. sarniensis*，见424页。var. ***corusca* 'Major'** 见 *N.* 'Corusca Major'。

纳丽花 *N. undulata* (*N. crispa*)，见424页。

夹竹桃属 NERIUM

夹竹桃科 APOCYNACEAE

常绿灌木。因观赏花而栽培。不耐寒，耐最低温度10℃。喜全光照和排水良好的土壤。旺盛生长期要求水分充足，其他时间控水。修剪幼树顶部使其分枝。春季播种繁殖或夏季用半成熟枝扦插繁殖。整个植株剧毒，接触会引起皮肤过敏。

夹竹桃 *N. oleander*，见121页。

薄柱草属 NERTERA

茜草科 RUBLACEAE

多年生藤本。栽培为观果。秋季结大量球形念珠状果实。优良的高山温室植物，需要保护越冬。喜半阴和湿润、排水良好的沙质土壤。冬季忌潮湿。春季播种繁殖、分株繁殖或顶枝扦插繁殖。

N. depressa 见 *N. granadensis*。

红果薄柱草(苔珊瑚) *N. granadensis* (*N. depressa*)，见387页。

Net bush, Common 见 *Calothamnus quadrifidus*。

Net-leaf

Painted 见 *Fittonia albivenis*, Verschaffeltii Group，见302页。

Silver 见 *Fittonia albivenis*, Argyroneura Group，见300页。

Nettle tree 见 *Celtis*。

Nettle-leaved bellflower 见 *Campanula trachelium*，见252页。

Net-veined willow 见 *Salix reticulata*，见370页。

New Zealand bluebell 见 *Wahlenbergia albomarginata*。

New Zealand cabbage palm 见 *Cordyline australis*。

New Zealand Christmas tree 见 *Metrosideros excelsus*，见83页。

New Zealand edelweiss 见 *Leucogenes*。

New Zealand flax 见 *Phormium*。

New Zealand honeysuckle 见 *Knightia excelsa*。

New Zealand satin flower 见 *Libertia grandiflora*，见239页。

New Zealand tea-tree 见 *Leptospermum scoparium*。

假酸浆属 NICANDRA

茄科 SOLANACEAE

单种属。一年生草本。花期较短。极耐寒。喜光照和肥沃、排水良好的土壤。春季播种繁殖。

假酸浆 *N. physalodes* (Apple of Peru，Shoo-fly)一年生草本。生长快。直立，分枝多。株高1m，冠径30cm以上。叶卵形，有锯齿，绿色。花钟状，浅蓝紫色，喉部白色，花径2.5cm以上，持续开放一天，夏秋季开放。果实球状，绿色，径5cm。花萼紫色或绿色，宿存。果可驱蝇。因此得名。

Nicodemia madagascariensis 见 *Buddleja madagascariensis*。

烟草属 NICOTIANA

茄科 SOLANACEAE

一年生或多年生草本。常作一年生栽培。或半常绿灌木。耐寒至不耐寒。耐最低温度1℃。喜光照或半阴和肥沃、排水良好的土壤。一年生和多年生草本初春播种繁殖，灌木春季播种繁殖或夏季用半成熟枝扦插繁殖。接触叶会引起皮肤过敏。

N. affinis 见 *N. alata*。

翼叶烟草(宿根烟草、大花烟草、花烟草) ***N. alata*** (*N. affinis*)，见239页。

灰绿烟草(木烟草) ***N. glauca*** 半常绿直立灌木。株高和冠径均为2.5～3m。半耐寒。茎短粗，灰绿色。叶窄卵形，黄绿色。夏季或秋初开花，花美丽，管状，鲜黄色。

🏆**兰氏烟草 *N. langsdorffii***，见334页。

🏆**'绿花'烟草 *N.* 'Lime Green'** 一年生草本。直立。株高60cm，冠径25cm。半耐寒。叶匙形，绿色。总状花序，花喇叭状，黄绿色，芳香，夏末至秋季晚上开放，晚上芳香。

'绯红石'红花烟草 *N.* × *sanderae* 'Crimson Rock' 一年生草本。生长极慢。株形紧凑。株高60cm，冠径30cm。半耐寒。叶绿色，卵形。花喇叭状，亮鲜红色，晚上芳香，花径8cm。夏季一直开至秋初。🏆**'多米诺系列' Domino Series**，见319页。**尼基系列 Nicki Series** 高38cm。花芳香，颜色范围较广，包括白色、粉色、红色和淡紫色等。**星花系列 Starship Series**，见326页。

🏆**林生烟草 *N. sylvestris***，见226页。

鸟巢凤梨属 NIDULARIUM

凤梨科 BROMELIACEAE

多年生常绿草本。基生莲座状。不耐寒，耐最低温度10～15℃。喜半阴和富含腐殖质的土壤，苔藓填料，树皮，塑料碎片都可用于栽培。用软水浇灌，生长季节浇水适量。其他时间需水少。春季至秋季保持莲座中心有水。春夏季分株繁殖。

N. carolinae 见 *Neoregelia carolinae*。

泽叶鸟巢凤梨 *N. fulgens* (Blushing bromeliad)多年生常绿草本。冠开展。株高20cm以上，冠径40～50cm。莲座紧密。叶条形，绿色，有锯齿，弯曲，光滑。花管状，白紫色，隐藏在猩红色苞片里，主要在夏季开放。

银线鸟巢凤梨 *N. innocentii* (Bird's-nest bromeliad)多年生常绿附生草本。株形开展。基部莲座状。株高20～30cm，冠径60cm。叶暗绿色，极稠密，条形，尖刺锯齿，弯曲，有时背面红紫色，上面红绿色。花管状，白色，隐藏在亮红色的苞片下，夏季开放。

红苞鸟巢凤梨(高株鸟巢凤梨) ***N. procerum*** 多年生常绿附生草本。株形开展。基部莲座状。株高20～30cm，冠径50～75cm。叶条形，具锯齿，亮绿色，生长在稠密的莲座上。花簇生，较小，管状，蓝色，夏季开放。

高花属 NIEREMBERGIA

茄科 SOLANACEAE

多年生草本。夏季开花。有时作一年生栽培。或落叶或半常绿亚灌木。耐寒至半耐寒。喜光照和湿润、排水良好的土壤。春季分株繁殖，或夏季用半成熟枝扦插繁殖或秋季播种繁殖。

蓝高花 *N. caerulea* (*N. hippomanica*)。**'紫花' 'Purple Robe'**，见331页。

N. hippomanica 见 *N. caerulea*。

银花 *N. repens* (*N. rivularis*)，见374页。

N. rivularis 见 *N. repens*。

黑种草属 NIGELLA

毛茛科 RANUNCULACEAE

一年生草本。因观赏花而栽培。适作切花，蒴果作装饰用。极耐寒。在光照环境和肥沃、排水良好的土壤上生长最好。如果不需要种子，打头可延长花期。春季或秋初室外播种繁殖。

黑种草 *N. damascena* (Love-in-a-mist)一年生草本。生长快。直立。株高60cm，冠径20cm。叶革质，亮绿色。花有距，花瓣较多，蓝色或白色。蒴果扁平，圆形，绿色，成熟后褐色。可以摘下干燥作装饰用。🏆**'吉基尔小姐' 'Miss Jekyll'** 和 **'波斯宝石'系列 Persian Jewels Series**，见333页。

Night-blooming cereus 见 *Hylocereus undatus*。

Nikko fir 见 *Abies homolepis*。

Nikko maple 见 *Acer maximowiczianum*。

Ninebark 见 *Physocarpus opulifolius*。

Nirre 见 *Nothofagus antarctica*。

Noble fir 见 *Abies procera*。

Nodding catchfly 见 *Silene pendula*。

小钟花属 NOLANA

茄科 SOLANACEAE

一年生草本。通常生于炎热、干旱的环境中，作岩石园边缘植物。耐寒。适生于光照环境和肥沃、排水良好的土壤。春季室外播种繁殖。

N. atriplicifolia 见 *N. paradoxa*。

N. grandiflora 见 *N. paradoxa*。

小钟花(南莱) ***N. paradoxa*** (*N. atriplicifolia, N. grandiflora*)一年生草本。茎平卧，中度速生。株高8cm，冠径15cm。叶卵形，绿色。花漏斗状，蓝紫色，具白色条纹，喉部黄色，花径5cm，夏季开放。

Nolina recurvata 见 *Beaucarnea recurvata*。

Nolina tuberculata 见 *Beaucarnea recurvata*。

豹子花属 NOMOCHARIS

百合科 LILIACEAE

鳞茎类植物。习性同百合。夏季开花。松散穗状花序，花明显，扁平。极耐寒。喜半阴和肥沃、排水良好、富含腐殖质的土壤。夏季需要湿润但并不积水的立地条件。冬季休眠。冬春季播种繁殖。

N. mairei 见 *N. pardanthina*。

N. nana 见 *Lilium nanum*。

豹子花 *N. pardanthina* (*N. mairei*)，见398页。

萨尔温豹子花 *N. saluenensis* 鳞茎

类植物。夏季开花。株高85cm，冠径12～15cm。叶基生，披针形，较分散。穗状花序，花2～6朵，碟状，白色或粉红色，有深紫色的眼状斑和淡紫色的小斑。

Nootka cypress 见*Chamaecyparis nootkatensis*。

令箭荷花属（孔雀仙人掌属）NOPALXOCHIA

仙人掌科 CACTACEAE

多年生附生仙人掌。茎扁平，条形。与昙花属（*Epiphyllum*）亲缘关系较近，可杂交。刺不明显。开花后茎死亡。不耐寒，耐最低温度10℃。喜半阴和排水良好的土壤。易栽培，春夏季茎插繁殖。

令箭荷花（红孔雀）***N. ackermannii***（*Epiphyllum ackermannii*）多年生附生仙人掌。直立，后下垂。株高30cm，冠径60cm。茎肉质，有齿，绿色，宽7cm，长40cm。花径15cm，漏斗状，红色，着生于茎边缘，春夏季开放。

'荣耀'令箭荷花*N.* 'Gloria'，见463页。

'珍尼弗·安'令箭荷花*N.* 'Jennifer Ann'，见467页。

'吉恩斯'令箭荷花*N.* 'M. A. Jeans'，见463页。

'德国皇后'小朵令箭荷花*N. phyllanthoides* 'Deutsche Kaiserin'，见462页。

Norfolk Island hibiscus 见*Lagunaria pattersonii*。

Norfolk Island Pine 见*Araucaria heterophylla*。

North Island edelweiss 见*Leucogenes leontopodium*。

Northern bungalow palm 见*Archontophoenix alexandrae*，见72页。

Northern Japanese hemlock 见*Tsuga diversifolia*。

Northern maidenhair fern 见*Adiantum pedatum*，见312页。

Northern pitch pine 见*Pinus rigida*，见106页。

Norway maple 见*Acer platanoides*。

Norway spruce 见*Picea abies*，见104页。

南水青冈属 NOTHOFAGUS *Southern beech*

壳斗科 FAGACEAE

落叶或常绿乔木。为观叶和树形而栽培。落叶种类可为观赏其秋色叶。花不显著，春末开放。极耐寒至耐寒。喜光照或半阴，不抗强风，需保护。喜深厚，肥沃、湿润但排水良好的土壤。不适于浅石灰质土壤。秋季播种繁殖。

N.* × *alpina 见*N. procera*。

极地南水青冈*N. antarctica* 落叶乔木。冠阔圆锥状，有时有几个主茎。株高15m，冠径10m。极耐寒。叶小，卵形，边缘皱褶，光滑，暗绿色，秋季变黄色。

桦状南水青冈*N. betuloides*，见74页。

榆叶南水青冈*N. dombeyi*，见73页。

重齿南水青冈*N. menziesii*（Silver beech）常绿乔木。冠圆锥状。株高20m，冠径12m。极耐寒。叶微小，圆形，边缘具锐齿，具光泽，暗绿色。

斜叶南水青冈*N. obliqua*，见68页。

毛背南水青冈*N. procera*（*N.* × *alpina*），见67页。

假百合属 NOTHOLIRION

百合科 LILIACEAE

鳞茎类植物。夏季开花。与百合属（*Lilium*）亲缘关系较近。因观花而栽培。花漏斗状。耐寒，但初生叶常被晚霜冻死，因此室内越冬或选择小气候栽培。喜半阴或充足光照环境和富含腐殖质、排水良好的土壤。开花后球茎死亡。春秋季分球繁殖，2～3年可达开花球径。冬春播种繁殖。

钟花假百合*N. campanulatum*，见400页。

Nothopanax 重新归入*Pseudopanax*。

Nothoscordum neriniflorum 见*Caloscordum neriniflorum*。

Notocactus apricus 见*Parodia concinna*。

Notocactus graessneri 见*Parodia graessneri*。

Notocactus haselbergii 见*Parodia haselbergii*。

Notocactus leninghausii 见*Parodia leninghausii*。

Notocactus mammulosus 见*Parodia mammulosa*。

Notocactus ottonis 见*Parodia ottonis*。

Notocactus rutilans 见*Parodia rutilans*。

Notocactus scopa 见*Parodia scopa*。

南鹰爪豆属 NOTOSPARTIUM

豆科／蝶形花科 LEGUMINOSAE/ PAPILIONACEAE

灌木。叶较少。夏季开花。为观赏形态、绿茎和花而栽培。耐寒，但寒冷地区最好靠南墙或西墙种植。喜阴或光照环境和排水良好的土壤。较老的植株需要支撑。夏季用半成熟枝扦插繁殖，或秋季播种繁殖。

南鹰爪豆*N. carmichaeliae*（Pink broom）少叶灌木。枝条拱形。株高2m，冠径1.5m。绿枝纤细，下垂。花蝶形，紫色，具粉色斑点，花穗短，紧密，仲夏开放。

萍蓬草属 NUPHAR

睡莲科 NYMPHAEACEAE

多年生落叶深水植物。为观赏其漂浮的叶和球形的花而栽培。极耐寒至耐寒。在庇荫或有光照，流水或静水环境中均能生长，常在睡莲不能生长的地方作睡莲栽培。及时清除枯叶和残花。分植密生的植株。春季分株繁殖。

美国萍蓬草*N. advena*（American spatterdock，Yellow pond lily）多年生落叶深水植物。冠径1.2m。极耐寒。叶宽卵形，绿色，漂浮，位于中心部位的叶有时直立。花小，黄色，微淡紫色，夏季开放。果实具装饰性。

黄花萍蓬草*N. lutea*，见451页。

Nutallia 重新归入*Oemleria*。

Nutmeg，california 见*Torreya californica*，见107页。

红笼果属 NYMANIA

楝科 ALTONIACEAE/ MELIACEAE

单种属。常绿灌木。春季开花。为观花、观果而栽培。不耐寒，耐最低温度7～10℃。喜全光照和肥沃、排水良好的土壤。盆栽种需水适中，非旺盛生长时期需水少。春季播种繁殖或夏季用半成熟枝扦插繁殖。

红笼果*N. capensis*，见148页。

睡莲属 NYMPHAEA *Water lily*

睡莲科 NYMPHAEACEAE

多年生落叶水生植物。夏季开花。因观叶和花而栽培，叶圆形，漂浮。花色鲜艳。极耐寒至不耐寒。耐最低温度10℃。喜开阔，全光照和平静的水面。除去枯叶以防污染水源。根状茎管状。每隔2～4年需要在春季或夏初分株并重新种植。大多数不耐寒的种类作一年生栽培。春季或夏初播种繁殖或分株繁殖。见450页说明。

'可爱'睡莲*N.* 'Amabilis' 多年生落叶水生植物。冠径1.5～2.2m。极耐寒。叶漂浮，圆形，幼时红紫色，成熟时暗绿色，有红色边缘，背面淡绿色。花星状，粉红色，花径15～19cm，具深黄色雄蕊，夏季开放。

'美洲星'睡莲*N.* 'American Star'（见450页）多年生落叶水生植物。冠径达1.2m。耐寒。叶漂浮，幼叶淡紫绿色或青铜色，成熟时亮绿色。花星状，花径10cm，深粉红色，整个夏季直立于水面之上。

'诱惑'睡莲*N.* 'Attraction'（见450页）多年生落叶水生植物。冠径达2m。极耐寒。叶漂浮，暗绿色。花杯状，深红色，花径15cm，具白色斑点，夏季开放。

'曙光'睡莲*N.* 'Aurora' 多年生落叶水生植物。冠径达20cm。耐寒。叶漂浮，榄绿色，有淡紫色斑点。花星状，花径5cm，花芽乳白色，开放时黄色，然后变为橙黄色至血红色，夏季开花放。适种于中型水池。

'蓝丽'睡莲*N* 'Blue Beauty'（见450页）多年生落叶水生植物。冠径达2.5m。不耐寒。叶漂浮，上面绿色，背面紫绿色，有褐色斑点。花圆形，芳香，深蓝色，花径达30cm，夏季开放。

南非睡莲（海角睡莲）*N. capensis*（Cape blue water lily）多年生落叶水生植物。冠径达2m。不耐寒。叶漂浮，大型，中绿色，背面常带紫色。花星状，亮蓝色，花径15～20cm，夏季开放。

'艾米丽赫金斯'睡莲*N.* 'Emily Grant Hutchings' 多年生落叶水生植物。冠径达1.2m。不耐寒。叶漂浮，小型，绿色，带褐红色。花杯状，粉红色，花径15～20cm，夏季晚上开放。

🏆'红宝石'睡莲*N.* 'Escarboucle'（见450页）多年生落叶水生植物。冠径达3m。极耐寒。叶漂浮，暗绿色。花杯状，花径10～15cm，深红色，外轮花被具白尖，花心金黄色，夏季开放。

'法比奥拉'睡莲*N.* 'Fabiola' 多年生落叶水生植物。冠径达1m。极耐寒。叶漂浮，中绿色。花芳香，牡丹型，花径15～18cm，花瓣壮实，具粉色斑点，夏季开放。

'火冠'睡莲*N.* 'Firecrest'（见450页）多年生落叶水生植物。冠径达1.2m。极耐寒。叶漂浮，暗绿色，表面紫色。花星状，深粉色，花径15～20cm，雄蕊红色，夏季开放。

'费罗贝'睡莲*N.* 'Froebelii'（见450页）多年生落叶水生植物。冠径90cm。极耐寒。叶漂浮，圆形，淡绿色，幼时青铜色。花杯状，后渐成星状，红葡萄酒色，花径10～12cm，雄蕊橙红色，夏季开放。

'潘兴将军'睡莲*N.* 'General Pershing'（见450页）多年生落叶水生植物。冠径1.5～1.8m。不耐寒。叶漂浮，圆形，边缘波状，橄榄绿色，有紫色斑点。夏季白天开花，花杯状，后遍平，浓香，淡紫粉色，花径20～27cm，有黄色雄蕊。

🏆'格莱斯顿'睡莲*N.* 'Gladstoneana'（见450页）多年生落叶水生植物。冠径达3m。耐寒。叶漂浮，绿色。花星状，白色，花径15～30cm，夏季开放。

🏆'贡内尔'睡莲*N.* 'Gonnère' 多年生落叶水生植物。冠径达1.5m。极耐寒。叶漂浮，亮豌豆绿色。花圆形，白色，花径15～20cm，夏季开放。

'绿烟'睡莲*N.* 'Green Smoke' 多年生落叶水生植物。冠径达2m。不耐寒。叶漂浮，青铜色，有铜色斑点。花星状，花径10～20cm，淡黄绿色，庇荫处为蓝色。

🏆'詹姆斯·布莱顿'睡莲*N.* 'Ja-

mes Brydon'（见450页）多年生落叶水生植物。冠径达2.5m。耐寒。叶漂浮，暗绿色。花芳香，牡丹型，深红色，略带橙黄色，花径15～20cm，夏季开放。

N. **'Laydekeri Fulgens'** 见*N. Laydekeri Group* 'Fulgens'。

'艳丽'莱德克尔群睡莲*N.* Laydekeri Group 'Fulgens'（*N.* 'Laydekeri Fulgens'）（见450页）多年生落叶水生植物。冠径达1m。极耐寒。叶漂浮，暗绿色，背面紫绿色。花星状，亮红色，花径5～10cm，夏季开放。

'光亮'睡莲*N.* 'Lucida'（见450页）多年生落叶水生植物。冠径1.5～1.8m。极耐寒。叶漂浮，宽卵形，中绿色。花星状，花径12～15cm，花瓣内面红色，雄蕊黄色，夏季开放。

'维尔芬·贡内尔夫人'睡莲*N.* 'Madame Wilfon Gonnère' 多年生落叶水生植物。冠径达1.5m。耐寒。叶漂浮，绿色。花杯状，白色，具深玫瑰粉色斑点，花径15cm，夏季开放。

'淡白'马尔勒群睡莲*N.* Marliacea Group 'Albida'（见450页）多年生落叶水生植物。冠径达2m。极耐寒。叶漂浮，深绿色，背面红色或淡紫绿色。花芳香，杯状，纯白色，花径15～20cm，夏季开放。**🍷'杂色''*Chromatella*'**（见450页）叶橄绿色，具深酱紫色和青铜色斑点。花杯状，淡黄色，花径15～20cm。

'硫黄大花'香睡莲*N. odorata* 'Sulphurea Grandiflora'（*N.* 'Odorata Sulphurea Grandiflora'）多年生落叶水生植物。冠径达1m。极耐寒。叶漂浮，深绿色，具酱紫色斑点。花芳香，星状，黄色，花径10～15cm，整个夏季持续开花。

N. **'Odorata Sulphurea Grandiflora'** 见*N. odorata* 'Sulphurea Grandiflora'。

'粉晕'睡莲*N.* 'Pink Sensation' 多年生落叶水生植物。冠径达1.2m。极耐寒。叶漂浮，中绿色，圆形，幼时淡紫绿色。花杯状，后成星状，粉红色，花径12～15cm，内轮雄蕊黄色，外轮雄蕊粉红色，夏季开花。

N. pygmaea 见*N. tetragona*。

'雷戴维斯'睡莲*N.* 'Ray Davies' 多年生落叶水生植物。冠径达1.5m。极耐寒。叶漂浮，圆形，深绿色。花牡丹型，亮粉色，花径15～18cm，中心微黄色，夏季开放。

'红焰'睡莲*N.* 'Red Flare' 多年生落叶水生植物。冠径1.5～1.8m。不耐寒。叶漂浮，圆形，具粗锯齿，红绿色。夏季夜间开花，花扁平，黑红色，花径17～25cm，雄蕊浅粉色或黄色。

'紫红阿雷'睡莲*N.* 'Rose Arey'（见450页）多年生落叶水生植物。冠径达1.5m。耐寒。叶漂浮，红绿色，幼时淡紫色。花星状，深紫粉红色，花径10～15cm，老花色稍浅，具强茴香味，夏季开放。

'圣露易斯'睡莲*N.* 'Saint Louis' 多年生落叶水生植物。冠径达2m。不耐寒。叶漂浮，亮绿色，幼时有褐色斑点。花星状，亮黄色，花径15～25cm，夏季开放。

'旭日'睡莲*N.* 'Sunrise'（见450页）多年生落叶水生植物。冠径达2m。耐寒。叶漂浮，中绿色，背面和茎上有毛。花星状，黄色，花径10～15cm，夏季开放。

睡莲*N. tetragona*（*N. pygmaea*）。'白花''Alba'（见450页）多年生落叶水生植物。冠径达30cm。极耐寒。叶漂浮，小型，暗绿色，背面淡紫红色。花星状，白色，花径2～3cm，夏季开花。**微黄'Helvola'**（见450页）冠径达45cm。耐寒。叶小，橄绿色，具紫色或褐色斑点。花星状，黄色，花径2～4cm，夏季开放。

'弗吉尼亚'睡莲*N.* 'Virginia'（见450页）多年生落叶水生植物。冠径达1.5m。极耐寒。叶漂浮，淡紫绿色。花星状，白色，花径10～15cm，夏季开放。

'伍德白骑士'睡莲*N.* 'Wood's White Knight' 多年生落叶水生植物。冠径达2m。不耐寒。叶漂浮，绿色，背面暗绿色。花星状，乳白色，花径10～12cm，具金黄色雄蕊，夏季夜间开放。

莕菜属 NYMPHOIDES

莕菜科／龙胆科

MENYANTHACEAE/GENTIANACEAC

多年生落叶深水植物。叶漂浮。因观花而栽培。极耐寒至不耐寒，耐最低温度5℃。喜开阔处和全光照。春夏季分株繁殖

莕菜*N. peltata*（*Limnanthemum nymphoides, Villarsia nymphoides*），见451页。

蓝果树属（紫树属）NYSSA

Tupelo

蓝果树科 NYSSACEAE

落叶乔木。为观赏其叶在秋季变成鲜艳的红色而栽培。极耐寒。喜光照或半阴尤其喜炎热的夏季，喜湿润、中性至酸性土壤。忌移栽。夏季用软枝扦插繁殖或秋季播种繁殖

🍷蓝果树（紫树）***N. sinensis***，见82页。

🍷多花蓝果树（多花紫树）***N. sylvatica***，见71页。

O

Oak 见 *Quercus*。

Algerian 见 *Quercus canariensis*，见 66 页。

American white 见 *Quercus alba*，见 71 页。

Armenian 见 *Quercus pontica*。

Bartram's 见 *Quercus* × *heterophylla*，见 82 页。

Black 见 *Quercus velutina*。

Black Jack 见 *Quercus marilandica*，见 80 页。

Bur 见 *Quercus macrocarpa*，见 80 页。

Californian live 见 *Quercus agricolia*，见 85 页。

Caucasian 见 *Quercus macranthera*，见 66 页。

Common 见 *Quercus robur*。

Cork 见 *Quercus suber*，见 73 页。

Daimio 见 *Quercus dentate*。

Durmast 见 *Quercus petraea*。

Holm 见 *Quercus ilex*。

Hungarian 见 *Quercus frainetto*，见 69 页。

Kermes 见 *Quercus coccifera*。

Lucombe 见 *Quercus* × *hispanica* 'Lucombeana'，见 73 页。

Mirbeck's 见 *Quercus canariensis*，见 66 页。

Oregon 见 *Quercus garryana*，见 80 页。

Oriental white 见 *Quercus aliena*。

Pedunculate 见 *Quercus robur*。

Pin 见 *Quercus palustris*，见 69 页。

Pontine 见 *Quercus pontica*。

Red 见 *Quercus rubra*，见 69 页。

Sawtooth 见 *Quercus acutissima*。

Scarlet 见 *Quercus coccinea*，见 70 页。

Sessile 见 *Quercus petraea*。

Shingle 见 *Quercus imbricaria*。

Silky 见 *Grevillea robusta*。

Tanbark 见 *Lithocarpus densiflorus*。

Turkey 见 *Quercus cerris* 。

Water 见 *Quercus nigra*，见 68 页。

Willow 见 *Quercus phellos*，见 71 页。

Oak fern 见 *Gymnocarpium dryopteris*。

Oak of Cyprus, Golden 见 *Quercus alnifolia*。

Oak-leaved hydrangea 见 *Hydrangea quercifolia*，见 144 页。

Oats,Golden 见 *Stipa gigantea*，见 307 页。

Obedient plant 见 *Physostegia*。

金莲木属 OCHNA

金莲木科 OCHNACEAE

常绿乔木和灌木。栽培为观花，观果。不耐寒，耐最低温度10℃。喜光照和排水良好的土壤。盆栽时需适度浇水，非旺盛生长期应少浇水。初春需修剪。春季播种繁殖或夏季用半成熟枝扦插繁殖。

O. multiflora 见 *O. serrulata*。

O. serratifolia of gardens 见 *O. serrulata*。

锯齿叶金莲木 *O. serrulata* (*O. multiflora, O. serratifolia* of gardens)(Mickey mouse plant) 常绿灌木。低温时为半常绿。冠呈不规则圆状。株高2m，冠径1～2m以上。叶窄椭圆形，具锯齿，有光泽。花5瓣，浅黄色，春夏季开放。果实红色，羽毛球状，内有种子1～5粒，聚于果实顶端。

Oconee bells 见 *Shortia galacifolia*，见 364 页。

瘤唇兰属 × ODONTIODA

见兰花。

杂色瘤唇兰× *O.* (*O.* Chantos × *O.* Marzorka) × *Odontoglossum* Buttercrisp (见299页) 常绿附生兰。低温温室栽培。株高23cm。叶窄卵形，长10～15cm。穗状花序拱形，花色复杂，红色、黄褐色、橙色或黄色。夏季需庇荫。

'蒙特·宾厄姆'瘤唇兰× *O.* Mount Bingham (见297页) 常绿附生兰。低温温室栽培。株高23cm。叶窄卵形，长10～15cm。花红色，边缘粉红色，直径9cm，着生于穗状花序上，花期不定。夏季需庇荫。

瘤唇兰× *O.* Pacific Gold × *Odontoglossum cordatum* (见297页) 常绿附生兰。低温温室栽培。株高23cm。叶窄卵形，长10～15cm。穗状花序长，花深棕色，有黄色条纹和斑点，花径7cm，花期不定。夏季需庇荫。

'佩蒂波特'瘤唇兰× *O.* Petit Port (见297页) 常绿附生兰。低温温室栽培。株高23cm。叶窄卵形，长10～15cm。穗状花序长，花深红色，边缘有红色或黄色斑点，花径8cm，花期不定。夏季需庇荫。

齿文兰属 × ODONTOCIDIUM

见兰花。

'哥伦比亚'齿文兰× *O.* Artur Elle 'Colombian' (见297页) 常绿附生兰。低温温室栽培。株高23cm。叶窄卵形，长10～15cm。穗状花序直立，花浅黄色，径6cm，有复杂的棕色纹饰，花期不定。夏季需庇荫。

虎威齿文兰× *O.* Tiger Butter × *Wilsonara* Wigg's 'Kay'(见297页)常绿附生兰。低温温室栽培。株高23cm。叶窄卵形，长10～15cm。穗状花序，花深红棕色，有斑纹，边缘金黄色，花径5cm，花期不定。夏季需庇荫。

'虎汉堡'齿文兰× *O.* Tiger Hambuhren (见299页) 常绿附生兰。低温温室栽培。株高23cm。叶窄卵形，长10～15cm。花深黄色，花径8cm，有栗色纹饰，着生于直立的穗状花序之上，花期不定。夏季需庇荫。

'奥比'齿文兰× *O.* Tigersun 'Orbec' (见298页) 常绿附生兰。低温温室栽培。与'虎汉堡'齿文兰(× *O.* Tiger Hambuhren)非常相似，花稍小，图案稍浅。

齿舌兰属 ODONTOGLOSSUM

见兰花。

O. bictoniense 见 *Lemboglossum bictoniense*。

O. cervantesii 见 *Lemboglossum cervantesii*。

O. cordatum 见 *Lemboglossum cordatum*。

齿舌兰 *O. crispum* (见296页)常绿附生兰。低温温室栽培。株高15cm。叶窄卵形，长10～15cm。花枝长，花圆形，花径8cm，白色或有粉红色斑纹，边缘红色或黄色，花期不定。夏季需庇荫。

白边齿舌兰 *O.* Eric Young (见298页)常绿附生兰。低温温室栽培。株高15cm。叶窄卵形，长10～15cm。花黄色，有白色边缘，花径8cm，着生于穗状花序上，花期不定。夏季需庇荫。

O. grande 见 *Rossioglossum grande*。

深红齿舌兰 *O.* Le Nez Point (见297页) 常绿附生兰。低温温室栽培。株高15cm。叶窄卵形，长10～15cm。花深红色，花径6cm，着生于穗状花序之上，花期不定。夏季需庇荫。

O. rossii 见 *Lemboglossum rossii*。

'极品'齿舌兰 *O.* Royal Occasion (见296页) 常绿附生兰。低温温室栽培。株高15cm。叶窄卵形，长10～15cm。穗状花序，花白色，花径8cm，唇瓣中央有深黄色斑纹，秋冬季开放。夏季需庇荫。

齿堇兰属 × ODONTONIA

见兰花。

齿堇兰× *O.* Olga 常绿附生兰。低温温室栽培。株高15cm。花纯白色，径10cm，唇瓣有较大的红棕色斑点，花着生于直立、拱形的总状花序之上，主要为秋季开放。假鳞茎卵球状。叶窄卵形，长12cm。夏季需庇荫。

印第安李属 OEMLERIA NUTTALLIA OSMARONIA

蔷薇科 ROSACEAE

单种属。落叶灌木。初春开花。栽培为观赏其芳香的花和装饰品一样的果实。雌雄搭配栽植，以利结果。极耐寒。喜光照或半阴和湿润的土壤。为限制生长，可在冬末去除部分根出条并剪去老枝或从基部回缩。秋季用根出条繁殖。

印第安李 *O. cerasiformis* (Indian plum, Oso berry) 落叶，直立，拱形灌木。密丛状。株高2.5cm，冠径4m。叶窄卵形，深蓝绿色。花小，白色，钟状，芳香，簇生，初春开放。果实较小，李形，紫色。

月见草属 OENOTHERA
Evening primrose

柳叶菜科 ONAGRACEAE

一年生、二年生或多年生草本。栽培为观赏其夏季开放的大量白色花朵，但花期较短。极耐寒至耐寒。喜全光照和排水良好的沙质土。春秋季播种繁殖或分株繁殖，或春末用软枝扦插繁殖。

无茎月见草 *O. acaulis* 多年生草本。丛生。株高15cm，冠径20cm。极耐寒。叶椭圆形至匙形，边缘具深锯齿或裂。花杯状，白色，后变为粉红色，夏季日落时开放。适宜岩石园配植。

丛生月见草 *O. caespitosa* 多年生草本，无茎。丛生。株高12cm，冠径20cm。极耐寒。叶窄卵形，全缘或有锯齿，中绿色。花芳香，杯状，白色，随后变为粉红色，夏季日落时开放。适宜岩石园配植。

O. fraseri 见 *O. fruticosa* subsp. *glauca*。

O. fruticosa* 'Fireworks'** 见 *O. f.* 'Fyrverkeri'。🏆**'礼花'红茎月见草 'Fyrverkeri'** (*O. f.* 'Fireworks')，见291页。🏆**粉绿月见草 subsp. *glauca (*O. fraseri, O. glauca, O. tetragona*) 多年生草本。丛生。株高45～60cm，冠径45cm。极耐寒。穗状花序密生，花芳香，杯状，亮黄色，仲夏至夏末开放。叶窄卵形至披针形，有光泽，中绿色，着生于淡红绿色茎上。

O. glauca 见 *O. fruticosa* subsp. *glauca*。

🏆**大果月见草 *O. macrocarpa*** (*O. missouriensis*)，见385页。

O. missouriensis 见 *O. macroc-*

arpa。

宿根月见草 *O. perennis* (*O. pumila*) 多年生草本。丛生。株高 15～60cm，冠径 30cm。极耐寒。穗状花序疏散，花蕾下垂，花芳香，漏斗状，黄色，着生于窄匙形，中绿色的叶丛之上。

O. pumila 见 *O. perennis*。

白花月见草 *O. speciosa* (White evening primrose) 多年生草本。丛生，通常寿命较短。具根状茎。株高45cm，冠径30cm以上。耐寒。穗状花序，花芳香，碟状，白色，中心绿色，逐渐变成粉红色，扁平，夏季开放。叶窄匙形，深裂，中绿色。

O. tetragona 见 *O. fruticosa* subsp. *glauca*。

Ohio buckeye 见 *Aesculus glabra*。

Old blush china 见 *Rosa × odorata* 'Pallida'。

Old man 见 *Artemisia abrotanum*，见 176 页。

Old man of the Andes 见 *Oreocereus celsianus*，见 462 页。

Old man's beard 见 *Clematis*。

Old pink moss rose 见 *Rosa × centifolia* 'Muscosa'。

Old-lady cactus 见 *Mammillaria hahniana*，见 465 页。

Old-man cactus 见 *Cephalocereus senilis*，见 460 页。

Peruvian 见 *Espostoa lanata*，见 457 页。

Old-witch grass 见 *Panicum capillare*，见 308 页。

Old-woman cactus 见 *Mammillaria hahniana*，见 465 页。

木犀榄属 OLEA

木犀科 OLEACEAE

常绿乔木。栽培为观赏其叶，果实可食用。耐寒至半耐寒。在寒冷地区需要设南向或西向防风墙保护。喜全光照和深厚、肥沃、排水良好的土壤。夏季用半成熟枝扦插繁殖或秋季播种繁殖。

🏆**油橄榄 *O. europaea*** (Olive) 常绿乔木。生长慢。冠开展。株高和冠径均为 10m。耐寒。寿命较长。叶窄椭圆形，上面灰绿色，背面银灰色。花小，芳香，白色，总状花序短，夏季开放。果实卵状，绿色，后变为紫色，可食。

Oleander 见 *Nerium oleander*，见 121 页。

Yellow 见 *Thevetia peruviana*，见 93 页。

榄叶菊属（新拟）OLEARIA *Daisy bush*

菊科 ASTERACEAE / COMPOSITAE

常绿灌木和乔木。因观赏其叶和雏菊状头状花序而栽培。在气候温和的沿海地区可以做良好的防风篱。耐寒至半耐寒。喜全光照和排水良好的土壤。春季剪除枯死枝。夏季用半成熟枝扦插繁殖。

O. albida of gardens 见 *O.* 'Talbot de Malahide'。

海榄雌榄叶菊 *O. avicenniifolia* 常绿灌木。密生。冠圆球状。株高3m，冠径5m。耐寒。叶卵形至披针形，深灰绿色，背面白色。宽头状花序，花芳香，白色，夏末或秋初开放。

哈氏榄叶菊 *O. × haastii*，见139页。

🏆**'亨利特拉弗斯' 榄叶菊 *O.* 'Henry Travers'** (*O. semidentata* of gardens) 常绿灌木。密生。冠圆球状。株高和冠径均为3m。半耐寒。嫩枝白色。叶窄披针形，革质，灰绿色。大型头状花序，花淡紫色，中部紫红色，夏初至仲夏开放。

麝香榄叶菊 *O. ilicifolia* 常绿灌木。密生。株高和冠径均为3m。耐寒。叶狭椭圆形，坚硬，有尖齿，灰绿色，具麝香味。白色头状花序，芳香，簇生，夏初开放。

凹点榄叶菊 *O. lacunosa* 常绿灌木。冠密集，直立。株高和冠径均为3m。耐寒。叶狭椭圆形，有尖齿，坚硬，幼时叶上有锈褐色毛，成熟时光滑，灰绿色，中部深绿色，叶脉白色。头状花序白色，很少开放。

🏆**大齿榄叶菊 *O. macrodonta*** 常绿灌木。直立。生长旺盛。有时形似乔木。株高 6m，冠径 5m。耐寒。叶冬青状，尖锯齿，灰绿色，背面银绿色。大型头状花序，花白色，芳香，夏初开放。

柔软榄叶菊 *O. × mollis* 常绿灌木。密生。冠圆球状。株高 1m，冠径 1.5m。耐寒。叶卵形，边缘波状，灰绿色。大型头状花序，花小，白色，春末开花。🏆**'泽若' 'Zennorensis'** 高 2m，冠径 2m。叶狭椭圆形。

圆叶榄叶菊 *O. nummulariifolia* 见 136 页。

红缨榄叶菊 *O. phlogopappa* 常绿灌木。直立。密生。株高2m，冠径2m。半耐寒。叶椭圆形，灰绿色，边缘波状。头状花序，花白色，春末开花。**微波榄叶菊** var. ***subrepanda*** 见 158 页。

🏆**赛龙榄叶菊 *O. × scilloniensis*** 常绿灌木。直立。冠圆球状。密生。株高和冠径均为2m。耐寒。叶狭椭圆形，边缘波状，暗灰绿色。春末开放大量的花。

O. semidentata of gardens 见 *O.* 'Henry Travers'

银背榄叶菊O. Talbot de Malahide' (*O. albida* of gardens) 常绿灌木。丛生。紧密。株高 3m，冠径 5m。耐寒。叶卵形，深绿色，背面银灰色。宽头状花序，花芳香，白色，夏末开放。适于海滨露天花园栽培。

帚枝榄叶菊 *O. virgata*，见118页。

Oleaster 见 *Elaeagnus angustifolia*，见 122 页。

Olive 见 *Olea europaea*。

Fragrant 见 *Osmanthus fragrans*。

Oliveranthus elegans 见 *Echeveria harmsii*。

春钟属 OLSYNIUM

鸢尾科 IRIDACEAE

多年生草本。具纤维根。丛生。栽培为观赏其下垂的喇叭状或钟状花冠，春季开放。耐寒。喜半阴和湿润、富含腐殖质，中等肥力的土壤。秋季播种繁殖，2～3 年后开花。

柱叶春钟 *O. biflorum* (*Phaiophleps biflora, Sisyrinchium odoratissimum*) 多年生草本。丛生。春夏季开花。具根状茎。株高 25～35cm，冠径 5～8cm。基生叶圆柱状，形似灯心草，直立。小型头状花序，花白色，有红色条纹，下垂。

🏆**春钟 *O. douglasii*** (*Sisyrinchium douglasii, S. grandiflorum*) (Grass widow, Spring bell) 多年生草本。坚硬，直立，夏季落叶。株高 25cm，冠径 15cm。叶禾草状，叶鞘很短。花梗线形，花筒状钟形，紫罗兰色至紫红色，有时白色，初春开放。适宜岩石园或高山植物温室栽培。

脐果草属 OMPHALODES

紫草科 BORAGINACEAE

一年生或多年生草本。部分种类常绿或半常绿。为良好的地被植物，尤其适宜岩石园栽培。极耐寒至半耐寒。喜阴或半阴和潮湿、排水良好的土壤。除了亚麻叶脐果草（*O. linifolia*）和双色脐果草(*O. luciliae*)外，喜光照。春季播种繁殖或扦插繁殖。

🏆**西亚脐果草 *O. cappadocica***，见 349 页。

🏆**亚麻叶脐果草 *O. linifolia***，见 318 页。

双色脐果草 *O. luciliae* 多年生半常绿草本。冠半圆状。株高 7cm，冠径 15cm。半耐寒。叶卵形，灰绿色。花枝稀疏，花蕾粉红色，春夏季开放时稍扁平，天蓝色。忌冬季湿润、所以需要保护设施或在高山温室栽培。喜光照和沙质土壤。

春脐果草 *O. verna*，见 349 页。

独花报春属 OMPHALOGRAMMA

报春花科 PRIMULACEAE

多年生草本。与报春花属(*Primula*)亲缘关系很近。因观赏其花而栽培。为良好的岩石园植物，但较难栽培，尤其在炎热、干旱地区。耐寒。喜阴和沙质、湿润、但排水良好的多泥炭质土壤。春季播种繁殖。

独花报春 *O. vinciflorum* 多年生草本。基部莲座状。株高 15cm，冠径 10cm。叶卵形，有毛，中绿色。花下垂，漏斗状，紫罗兰色，喉部深紫罗兰色，口部开张，檐部平。春季开放。

文心兰属 ONCIDIUM

见兰花。

曲茎文心兰（雀兰）*O. flexuosum* (Dancing-doll orchid，见 299 页)。常绿附生兰。适宜低，中温温室栽培。株高 23cm。花顶生，多数，小型，亮黄色，唇瓣大，花径 0.5cm，萼片上和花瓣上有红棕色斑点，秋季开放。叶窄卵形，长 10cm。最适宜树皮基质上生长，夏季喜半阴。

🏆**鸟喙文心兰 *O. ornithorrhynchum*** (见 296 页) 常绿附生兰。低温温室栽培。株高 15cm。叶窄卵形，长 10cm。花枝密，拱形，花极芳香，玫瑰紫红色，有一黄色亮点，花径 0.5cm，秋季开放。夏季喜半阴。

O. papilio 见 *Psychopsis papilio*。

虎斑文心兰 *O. tigrinum* (见 298 页) 常绿附生兰。低温或中温温室栽培。株高 23cm。叶卵形，长 15cm。分支穗状花序，花芳香，褐色，有黄色斑点，花径 5cm，唇瓣大，黄色，秋季开放。夏季喜半阴。

Onion 见 *Allium*。

Sea 见 *Urginea maritima*。

缀星花属 ONIXOTIS DIPIDAX

秋水仙科 / 百合科 COLCHICACEAE/LILIACEAE

球茎类植物。春季开花。主要为植物学特性耐栽培。半耐寒。喜光照和排水良好的土壤。秋初种植球茎，至开花期间经常浇水，夏季保持干燥。秋季播种繁殖。

缀星花 *O. triquetra* (*Dipidax triquetrum*) 球茎类植物。春季开花。株高 20～30cm，冠径 5～8cm。叶狭长，半直立，基生。穗状花序，花扁平，星状，白色，每个窄花瓣基部具一红色斑点。

球子蕨属 ONOCLEA

蹄盖蕨科 / 鳞毛蕨科 ATHYRIACEAE / DRYOPTERIDACEAE

单种属。落叶蕨类植物。在湿润地方生长很快。极耐寒。喜光照或庇荫和湿润土壤。除去衰老叶。秋冬季分株繁殖。

🏆**球子蕨 *O. sensibilis***，见312页。

芒柄花属 ONONIS

豆科 / 蝶形花科 LEGUMINOSAE / PAPILIONACEAE

一年生或多年生草本或落叶、半常绿灌木和亚灌木。夏季开花。栽培为观赏其蝶形花冠。适宜岩石园、墙面或堤岸栽植。极耐寒。喜光照和排水良好的土壤。春秋季播种繁殖，灌木也可在夏季用半成熟枝扦插繁殖。

灌木状芒柄花 *O. fruticosa*，见353页。

大黄芒柄花 *O. natrix*，见359页。

圆叶芒柄花 *O. rotundifolia* 落叶或半常绿亚灌木。直立，具腺体。株高20～60cm，冠径20～30cm或更多。叶小，小叶3枚，圆形，有锯齿，有毛，绿色，末端小叶有长柄。花大，玫瑰红色，有红色条纹，簇生，夏季开放。

Onopordon 重新归入*Onopordum*。

棉毛蓟属（大翅菊属） ONOPORDUM (ONOPORDON)

菊科 ASTERACEAE/ COMPOSITAE

一年生、二年生或多年生草本。无茎，有茎或有分枝。极耐寒。喜光照或半阴和肥沃、排水良好的土壤。为防止自播应去除枯死花头，春秋季室外播种繁殖。叶易受蜗牛和黑蛞蝓危害。

棉毛蓟（大翅菊，苏格兰蓟）***O. acanthium***，见322页。

滇紫草属 ONOSMA

紫草科 BORAGINACEAE

一年生草本、半常绿二年生草本、多年生草本或亚灌木。夏季开花。因观赏花而栽培。花下垂，长管状。适宜岩石园和堤岸栽培。极耐寒至耐寒。喜全光照环境和排水良好的土壤。忌夏季湿润。夏季软枝扦插繁殖或秋季播种繁殖。

变色滇紫草 *O. alborosea*，见352页。

星毛滇紫草 *O. stellulata* 半常绿直立亚灌木。株高和冠径均为15cm。极耐寒。叶椭圆形，被毛，其毛刺激皮肤。花簇生，黄色，春夏季开放。

Ontario poplar 见*Populus × candicans*。

卵锥属 OOPHYTUM

番杏科 AIZOACEAE

多年生草本。冠卵形，丛生。叶肉质肥厚，两片连生。幼叶被干燥的纸质鞘包裹，春季叶鞘开放，生出一对新叶。花着生于顶面的一小裂缝中。不耐寒，耐最低温度5℃。喜全光照和排水良好的土壤。春夏季播种繁殖或茎插繁殖。

胡桃玉（小卵锥）***O. nanum***，见470页。

Operculina tuberosa 见*Merremia tuberosa*。

沿阶草属（麦冬属） OPHIOPOGON

铃兰科／百合科 CONVALLARIACEAE/ LILIACEAE

多年生常绿草本。主要为观赏其草状叶而栽培。极耐寒至半耐寒，喜光照或半阴和肥沃、排水良好的土壤。春季分株繁殖或秋季播种繁殖。

白沿阶草 *O. jaburan* 多年生常绿草本。丛生。株高15cm，冠径30cm。耐寒。叶暗绿色。总状花序，花钟状，白色，初春开放。浆果，深蓝色。**'Variegatus'** 见*O. j.* 'Vittatus'。**'彩纹''Vittatus'**（*O. j.* 'Variegatus'）半耐寒。叶有白色或黄色条纹。植株弱小。

沿阶草（麦冬）***O. japonicus***，见304页。

🏆 **'紫黑'扁葶沿阶草 *O. planiscapus* 'Nigrescens'**，见303页。

眉兰属 OPHRYS

见兰花。

O. aranifera 见*O. sphegodes*。

O. fuciflora 见*O. holoserica*。

褐花眉兰 *O. fusca*（见298页）落叶地生兰。株高10～40cm。耐寒。穗状花序，花淡绿色、黄色或棕色，长0.5cm，有黄色边缘，唇瓣带蓝色、棕色或紫色，春季开放。叶卵形或披针形，长8～12cm。适生于室外庇荫处，盆栽植物夏季需要半阴。

绢毛眉兰 *O. holoserica*（*O. fuciflora*）落叶地生兰。株高15～55cm。耐寒。穗状花序，花白色逐渐变为粉红色或蓝色和绿色，长1cm，春夏季开放。叶卵形或椭圆形，长5～10cm。栽培同褐花眉兰（*O. fusca*）。

黄花眉兰 *O. lutea*（见298页）落叶地生兰。株高8～30cm。耐寒。短穗状花序，长1cm，花萼绿色，花瓣黄色，花心棕褐色，具亮黄色边缘，春季开放。叶卵形，基生，长5～10cm。栽培同褐花眉兰（*O. fusca*）。

O. speculum 见*O. vernixia*。

眉兰 *O. sphegodes*（*O. aranifera*）(Spider orchid) 落叶地生兰。株高10～45cm。耐寒。穗状花序，花绿色或黄色，长1cm，唇瓣上有蜘蛛状、黑棕色斑点，春夏季开放。叶卵形至披针形，长4～8cm。栽培同褐花眉兰（*O. fusca*）。

蜂巢眉兰 *O. tenthredinifera* (Sawfly orchid)（见297页）落叶地生兰。株高15～55cm。耐寒。穗状花序，花白色至粉红色、蓝色或绿色，长1cm，唇瓣紫罗兰色或带蓝色，边缘灰绿色，春季开放。叶基生，莲座状，卵形或椭圆形，长5～9cm。栽培同褐花眉兰（*O. fusca*）。

光亮眉兰 *O. vernixia*（*O. speculum*）落叶地生兰。株高8～30cm。耐寒。穗状花序密生，花长1cm，萼片淡绿色或黄色，花瓣紫色，唇瓣有3个棕色斑点，春季开放。叶椭圆形至披针形，长4～7cm。栽培同褐花眉兰（*O. fusca*）。

眼天属 OPHTHALMOPHYLLUM

番杏科 AIZOACEAE

多年生多浆植物。丛生。与生石花属（*Lithops*）相似，叶2枚，圆柱状，厚肉质，直立，大部分连合，顶端分离，顶面有一圆形，半透明的窗口。耐最低温度5℃。喜光照环境和排水良好的土壤。夏末至秋初需浇水，以后保持干燥。春夏季播种繁殖或茎插繁殖。

O. herrei 见*O. longum*。

长眼天（白拍子）***O. longum***（*Conophytum longum, O. herrei*）多年生多浆植物。丛生。株高3cm，冠径1.5cm。叶圆柱状，厚肉质，直立，2片几乎连在一起，灰绿色至棕色。花白色至粉红色，雏菊状，花径2cm，夏末开放。

丽山 *O. maughanii* 多年生多浆植物。丛生。株高4cm，冠径10cm。叶圆柱状，厚肉质，2片几乎连在一起，直立，黄绿色，顶面有0.5～1cm深的裂痕。花白色，雏菊状，花径1.5cm，夏末开放。

维氏眼天 *O. villetii*，见472页。

Opium poppy 见*Papaver somniferum*。

求米草属 OPLISMENUS

禾本科 GRAMINEAE/POACEAE

见禾草类、竹类、灯心草类和莎草类植物。

非洲求米草 *O. africanus*（*O. hirtellus*）(Basket grass)。🏆**'花叶' 'Variegatus'**，见301页。

O. hirtellus 见*O. africanus*。

刺参属 OPLOPANAX

五加科 ARALIACEAE

落叶灌木。夏季开花。为观赏其树姿、果和多刺的叶而栽培。极耐寒，但幼年易受晚霜冻害。喜凉爽、半阴和湿润的土壤。秋季播种繁殖或冬末插根繁殖。

美国刺参 *O. horridus* (Devil's club) 落叶灌木。冠开张，枝条稀疏。株高和冠径均为2m。小枝多刺，叶大，卵形，7～9裂，有锯齿，中绿色。浓密伞形花序，花小，星状，绿白色，仲夏至夏末开放。果实圆球状，红色。

仙人掌属 OPUNTIA *Prickly pear*

仙人掌科 CACTACEAE

多年生仙人掌类植物。从小型的高山植物、地被植物至大型的常绿热带树木均有，有时有不明显的小窠，小窠上具刺，刺短，柔软有倒钩。成熟植株结大量果实，果实带短刺或梨形，有绿色、黄色、红色或紫色，部分可食用。极耐寒至不耐寒。耐最低温度5～10℃。喜全光照和排水良好的土壤。盆栽植物快速生长期需浇水。春夏季播种繁殖或茎插繁殖。刺损伤皮肤，会引起强烈刺激并不易拔出。

猪耳掌（叶团扇）***O. brasiliensis*** 多年生仙人掌。树状。株高5.5m，冠径3m。耐最低温度10℃。主干圆柱状，侧枝扁平，卵形，亮绿色，有刺，侧枝2～3年后脱落。花浅碟状，黄色，花径4cm，春夏季开放于60cm以上的植株上。果实小，黄色。

匍地仙人掌 *O. compressa*（*O. humifusa*），见478页。

锁链掌（大蛇）***O. cylindrica*** 多年生仙人掌。灌木状。株高4～6m，冠径1m。耐最低温度10℃。在直径4～5cm的圆柱状枝上着生圆柱形叶，叶寿命很短，深绿色，长2cm，小窠少刺或有2～3个锐刺。花浅碟状，粉红色，春夏季开放于2m以上的植株上。果实绿黄色。

O. engelmannii 见*O. ficus-indica*。

银毛扇 *O. erinacea*，见465页。

梨果仙人掌 *O. ficus-indica*（*O. engelmannii, O. megacantha*）(Edible prickly pear, Indian fig) 多年生仙人掌。灌木状至树状。株高和冠径均为5m。耐最低温度10℃。茎节扁平，椭圆形，蓝绿色，长50cm，无刺。花多，花浅碟状，黄色，花径10cm，簇生，春夏季开放。果实紫红色，可食。

O. humifusa 见*O. compressa*。

O. megacantha 见*O. ficus-indica*。

黄毛掌（金乌帽子）***O. microdasys*** (Bunny ears) 多年生仙人掌。灌木状。株高和冠径均为60cm。耐最低温度10℃。茎节扁平，卵形，绿色，长8～18cm，低温时有深棕色斑点。小窠无刺，白色、黄色、棕色或红色的倒钩刺密集斜行排列。花漏斗状，黄色，花径5m，簇生，夏季开放于15cm以上的植株上。果实小，深红色。**白桃扇**（雪鸟帽子）var. ***albispina***，见467页。

大王团扇（御镜）***O. robusta***，见460页。

着衣团扇 *O. tunicata*，见468页。

登龙 *O. verschaffeltii*，见474页。

Orach, Red 见*Atriplex hortensis* var. *rubra*。

Orange

Japanese bitter 见*Poncirus trifoliata*。

Mock 见*Philadelphus coronarius, pittosporum tobira*。

Osage 见*Maclura pomifera*。

Orange blossom, Mexican 见*Choisya ternata*，见127页。

Orange jasmine 见*Murraya pani-*

culata。

Orange lily 见*Lilium bulbiferum*。

牛角属 ORBEA

萝藦科 ASCLEPIADACEAE

多年生多浆植物。丛生。茎直立，四棱，边缘有齿。叶小，几周后脱落。不耐寒，耐最低温度11℃。喜光照或半阴环境和排水良好的土壤。春夏季播种繁殖或茎插繁殖。

牛角*O. variegata* (*Stapelia variegata*)，见476页。

Orchard grass 见*Dactylis glomerata*。

Orchid

Butterfly 见*Psychopsis papilio*，见299页。

Cradle 见*Anguloa clowesii*。

Dancing-doll 见*Oncidium flexuosum*，见299页。

Green-veined 见*Orchis morio*，见298页。

Lady's slipper 见*Cypripedium calceolus*，见298页。

Pansy 见*Miltoniopsis*。

Poor man's 见*Schizanthus*。

Sawfly 见*Ophrys tenthredinifera*，见297页。

Showy lady's slipper 见*Cypripedium reginae*，见296页。

Slipper 见*Cypripedium, Paphiopedilum*。

Spider 见*Ophrys sphegodes*。

Star-of-Bethlehem 见*Angraecum sesquipedale*，见296页。

Yellow lady's slipper 见*Cypripedium calceolus*，见298页。

Orchid cactus 见*Epiphyllum*。

兰花 ORCHIDS

兰科 ORCHIDACEAE

多年生草本。部分常绿或半常绿。因观赏其美丽且独特的花而栽培。花由外轮3个萼片和内轮3个花瓣组成，唇瓣位于最下面，常较大，且在形状、斑点和颜色上与其他花瓣不同。兰科约有750属，17 500种，还有大量的杂交种。部分种类生长旺盛、栽培容易。分为附生兰和地生兰。

附生兰 (Epiphytic orchids)

由于附生兰比地生兰的花更艳丽而常被栽培。野生的植株生于树枝上或岩石上，通过附生根吸收养分，通过气生根吸收水分。大部分种类有水平的根状茎，其上有垂直向上、充满水分、膨大的假球茎。花和叶生于最新的假球茎上。其他附生兰由连续生长的直立根状茎组成。花序穗状，生于根状茎上的叶腋。附生兰在温带地区需温室中栽培。

附生兰的栽培

附生兰皆不耐寒。因栽培目的不同，附生兰可分为3类：低温温室栽培类型，温度最低不低于10℃，最高不超过24℃；中温温室栽培类型，温度范围为13～27℃；高温温室类型，需要18～27℃的温度范围。夏季需温室庇荫和通风来控制温度。低温温室附生兰夏季置于室外以利其开花。若气温在其适应范围内，其他附生兰也可室外栽培。

附生兰夏季对光的需要因种类不同而不同，但所有的种类夏季都应避免直射光照，以免灼伤植株，冬季则需要全光照。

无论室内或室外栽培的附生兰，都需要用特定的无土混合基质栽培，此种基质可从兰花苗圃中获得，也可由两份纤维物质（如树皮碎片或泥炭）和一份多孔物质（如泥炭藓或膨胀的黏土小块）混合而成。多数附生兰为盆栽，部分种类可以很好地在吊篮中或温室中悬挂的厚树皮（其根周围有苔藓）上栽培。

夏季应大量浇水和定期喷水。悬挂的厚树皮要求空气保持湿润。冬季应适度浇水，如果植株仍在生长，应偶尔喷水。部分兰花种类冬季休眠，此时应少浇水，甚至不浇水。施腐叶肥对栽培的兰花有益。每隔一年春季换盆或移植一次。如果兰花即将开花，应开花后倒盆。

地生兰 (Terrestrial orchids)

地生兰（其中部分种类有假球茎）在土壤上或富含腐殖质的壤土上栽培时，以正常的方式即用其根和块茎支撑植株。部分种类可在花坛中栽培，但是多数需盆栽，且在温室中越冬。

地生兰的栽培

地生兰极耐寒至不耐寒，耐最低温度18℃。木勺兰属(*Cypripedium*)野生种可以在室外的任何地方栽培，喜中性至酸性土壤，但是如果冬季盆土冻结、无雪覆盖或土壤太湿时则不耐严寒。其他种类的地生兰除在极温暖的地区外，最好是盆栽，其基质和附生兰相同，但应在2份基质中加1份粗沙。生长季节将花盆置于室外泥炭床上或温室中。休眠期应保持干燥。温室中栽培时，地生兰对光照、浇水、施肥和换盆或移植要求与栽培附生兰相同。

兰花的繁殖

具假球茎的兰花可在春季换盆或移植时，摘去并栽植无叶的老假球茎进行繁殖，但应注意母株上至少要保留4个假球茎。可用此法繁殖的属有：爱达兰属(*Ada*)，文堇兰属(×*Aliceara*)，安古兰属(*Anguloa*)，白及属(*Bletilla*)，柏拉兰属(*Brassavola*)(只适用于大型植株，并在母株上至少留6个假球茎)，长萼卡特兰属(×*Brassocattleya*)，柏卡兰属(×*Brassolaeliocattleya*)，石豆兰属(*Bulbophyllum*)，虾脊兰属(*Calanthe*)，卡特兰属(*Cattleya*)，贝母兰属(*Coelogyne*)，兰属(*Cymbidium*)，石槲属(*Dendrobium*)，足柱兰属(*Dendrochilum*)，围柱兰属(*Encyclia*)，宫美兰属(*Gomesa*)，爪唇兰属(*Gongora*)，蕾立兰属(*Laelia*)，蕾卡兰属(×*Laeliocattleya*)，薄叶兰属(*Lycaste*)，颚唇兰属(*Maxillaria*)，密尔顿兰属(*Miltonia*)，美堇兰属(*Miltoniopsis*)，瘤唇兰属(×*Odontioda*)，齿文兰属(×*Odontocidium*)，齿兰属(*Odontoglossum*)，齿堇兰属(×*Odontonia*)，文心兰属(*Oncidium*)，鹤顶兰属(*Phaius*)，独蒜兰属(*Pleione*)，春黄兰属(×*Potinara*)，苏嘉兰属(×*Sophrolaeliocattleya*)，奇唇兰属(*Stanhopea*)，伍氏兰属(×*Vuylstekeara*)，威尔逊兰属(×*Wilsonara*)和轭瓣兰属(*Zygopetalum*)。

部分无假球茎的兰花会从基部生出新的植株。当一棵兰花有6个新的幼苗时，春季将其一分为二，并全部移植。下面各属可用此法繁殖：双距兰属(*Disa*)，兜兰属(*Paphiopedilum*)和长翼兰属(*Phragmipedium*)。大型种类如毛兰属(*Eria*)，尾萼兰属(*Masdevallia*)和腋花兰属(*Pleurothallis*)春季分株繁殖，但每株应留4～6个茎。

蝴蝶兰属(*Phalaenopsis*)开花后立即用茎扦插繁殖。万带兰属(*Vanda*)一旦产生气根和叶，可用其茎的上半部繁殖。无叶的基部可产生新的幼苗。上述两种繁殖方法都难以成功，尤其是对于初学者更是如此。

具有块茎的地生兰可以用块茎分株繁殖。下面各属可用此种方法进行繁殖：木勺兰属(*Cypripedium*)(春季)，掌根兰属(*Dactylorhiza*)(春季)，眉兰属(*Ophrys*)(秋季)，红门兰属(*Orchis*)(春季)，长药兰属(*Serapias*)(秋季)和绶草属(*Spiranthes*)(春季)。布袋兰属(*Calypso*)栽培时很少繁殖成功。武夷兰属(*Angraecum*)栽培时不能繁殖，因为父本或母本易受到伤害。

最容易繁殖的兰花是兰属(*Cymbidium*)。极难繁殖的是树兰属(*Epidendrum*)。具体情况见各属的说明。

兰花见296～299页。也可参见：爱达兰属(*Ada*)，文堇兰属(×*Aliceara*)，武夷兰属(*Angraecum*)，安古兰属(*Anguloa*)，白及属(*Bletilla*)，柏拉兰属(*Brassavola*)，长萼卡特兰属(×*Brassocattleya*)，柏卡兰属(×*Brassolaeliocattleya*)，石豆兰属(*Bulbophyllum*)，虾脊兰属(*Calanthe*)，布袋兰属(*Calypso*)，卡特兰属(*Cattleya*)，贝母兰属(*Coelogyne*)，兰属(*Cymbidium*)，木勺兰属(*Cypripedium*)，掌根兰属(*Dactylorhiza*)，石槲属(*Dendrobium*)，足柱兰属(*Dendrochilum*)，围柱兰属(*Encyclia*)，树兰属(*Epidendrum*)，毛兰属(*Eria*)，宫美兰属(*Gomesa*)，爪唇兰属(*Gongora*)，蕾丽兰属(*Laelia*)，蕾卡兰属(×*Laeliocanleya*)，舟舌兰属(*Lemboglossum*)，薄叶兰属(*Lycaste*)，尾萼兰属(*Masdevallia*)，颚唇兰属(*Maxillaria*)，密尔顿兰属(*Miltonia*)，美堇兰属(*Miltoniopsis*)，瘤唇兰属(×*Odontioda*)，齿文兰属(×*Odontocidium*)，齿舌兰属(*Odontoglossum*)，齿锦兰属(×*Odontonia*)，文心兰属(*Oncidium*)，眉兰属(*Ophrys*)，红门兰属(*Orchis*)，兜兰属(*Paphiopedilum*)，鹤顶兰属(*Phaius*)，蝴蝶兰属(*Phalaenopsis*)，长翼兰属(*Phragmipedium*)，独蒜兰属(*Pleione*)，腋花兰属(*Pleurothallis*)，春黄兰属(×*Potinara*)，拟蝶唇兰属(*Psychopsis*)，罗斯兰属(*Rossioglossum*)，长药兰属(*Serapias*)，苏嘉兰属(×*Sophrolaeliocattleya*)，绶草属(*Spiranthes*)，奇唇兰属(*Stanhopea*)，万带兰属(*Vanda*)，伍氏兰属(×*Vuylstekeara*)，威尔逊兰属(×*Wilsonara*)和轭瓣兰属(*Zygopetalum*)。

红门兰属 ORCHIS

见兰花。

O. elata 见*Dactylorhiza elata*。

绿脉红门兰 *O. morio* (Gandergoose, Green-veined orchid)（见298页）落叶地生兰。株高40cm。半耐寒。花红紫色、紫红色、稀为白色，长1cm，萼片杯状，具绿色条纹，沿茎着生，春季开放。叶簇生于基部，披针形或宽椭圆形，灰绿色至中绿色，长10～16cm。喜光照或半阴。

Oregon grape 见*Mahonia aquifolium*，见157页。

Oregon maple 见*Acer macrophyllum*，见64页。

Oregon oak 见*Quercus garryana*，见80页。

刺翁柱属 OREOCEREUS (BORZICACTUS)

仙人掌科 CACTACEAE

多年生仙人掌。多为圆柱状。茎粗壮，多棱，有刺，通常从基部分枝，部分种类茎上被长毛。花单生，管状或漏斗状，生于茎的先端，夏季开放。耐最低温度10℃。喜全光照和排水极好的弱碱性土壤。春季或夏季播种繁殖。

黄仙玉 *O. aurantiacus* (*Matucana aurantiaca*)，见480页。

狮子锦*O. celsianus* (*Cleistocactus celsianus*)，见462页。

白仙玉 *O. haynei* (*Matucana haynei*) 多年生仙人掌。球状至圆柱状。生长慢。株高60cm，冠径10cm。茎圆柱状，多棱，草绿色，密被白色或黄色短刺。花红色、橙褐色或深紫红色，生于株高15cm以上的植株上，夏季开放。

O. peruviana 见*Oroya peruviana*。

白云锦 *O. trollii* (*Cleistocactus trollii*) (Old man of the Andes) 多年生

圆柱状仙人掌。生长慢。株高70cm，冠径10cm。茎圆柱状，绿色，密被金黄色刺，几乎被纤细的白色毛状长刺所覆盖。花粉红色，先端弯曲，长10cm，生于完全成熟的植株上，夏季开放。

山蕨属 OREOPTERIS

金星蕨科 THELYPTERIDACEAE

落叶蕨类植物。极耐寒。喜光照或半阴和湿润和极湿润的土壤。应经常除去枯死的叶。春季分株繁殖。

山蕨 *O. limbosperma* (*Thelypteris oreopteris*)(Mountain buckler fern, Mountain fern, Mountain wood fern) 落叶蕨类植物。株高60～100cm，冠径30cm。叶多为披针形，多分裂，裂叶椭圆形至披针形，中绿色。

Organ-pipe cactus 见*Pachycereus marginatus*，见457页。

Oriental beech 见 *Fagus orientalis*。

Oriental bittersweet 见*Celastrus orbiculatus*。

Oriental plane 见*Platanus orientalis*。

Oriental poppy 见*Papaver orientale*。

Oriental spruce 见 *Picea orientalis*。

Oriental sweet gum 见*Liquidambar orientalis*。

Oriental white oak 见 *Quercus aliena*。

牛至属 ORIGANUM
Dittany

唇形科 LABIATAE/LAMIACEAE

落叶亚灌木或多年生草本。有时越冬的叶莲座状。部分种类作香料植物栽培，其他种类为观花栽培。花管状，粉红色，簇生。多数种类有拱曲的平卧茎，可以用来装饰岩石、堤岸或墙壁。极耐寒至耐寒。喜光照和排水良好的碱性土壤。春季分株繁殖或夏初用无花的枝条扦插繁殖，春秋季播种繁殖。

🏆心叶牛至*O. amanum* 落叶亚灌木。冠圆形，紧密。株高和冠径均为15～20cm。耐寒。花漏斗状，浅粉红色或白色，整个夏季开放。叶小，心形，淡绿色。为优良的高山温室植物。忌湿润的空气。

希腊牛至 *O. dictamnus* (Cretan dittany) 多年生草本。茎平卧。株高12～15cm，冠径40cm。耐寒。茎弯曲。叶圆形，芳香，有毛，灰白色。花序下垂，花漏斗状，紫粉红色，夏季开放。

'肯特丽'牛至*O.* 'Kent Beauty'，见353页。

🏆亮叶牛至*O. laevigatum*，见354页。

🏆圆叶牛至*O. rotundifolium* 落叶亚灌木。茎平卧。株高23～30cm，冠径30cm。极耐寒。叶小，圆形，中绿色。花轮生，下垂，漏斗状，浅粉红色，苞片黄绿色，夏季开放。

牛至 *O. vulgare* (Wild marjoram) 多年生草本。丛生。基部木质化。株高和冠径均为45cm。极耐寒。叶卵形，芳香，暗绿色。花小，管状，二唇形，紫色，簇生于细茎上，夏季开放。**🏆'黄叶''Aureum'**，见290页。

Ornamental cabbage 见 *Brassica oleracea* forms，见324页。

Ornamental maize 见 *Zea mays*。

Ornamental pepper 见 *Capsicum annuum*。

Ornamental yam 见*Dioscorea discolor*，见219页。

海葱属（虎眼万年青属、圣星百合属）ORNITHOGALUM
Star-of-Bethlehem

风信子科/百合科 HYACINTHACEAE/LILACEAE

鳞茎类植物。栽培为观花。花星状，白色，背面绿色。极耐寒至不耐寒，耐最低温度7℃。喜光照或半阴和排水良好的土壤。如夏季种于室外，冬季需挖出鳞茎，保持干燥，春季重新种植。春花鳞茎类植物可于秋季播种或用种球繁殖，夏花鳞茎类植物春季播种或用种球繁殖。误食任何部分可引起肠胃不适，汁液会刺激皮肤。

阿拉伯海葱 *O. arabicum*，见420页。

巴兰海葱 *O. balansae* (*O. oligophyllum* of gardens)，见426页。

披针叶海葱 *O. lanceolatum*，见426页。

山海葱 *O. montanum*，见426页。

纳邦海葱 *O. narbonense*，见419页。

🏆垂花海葱 *O. nutans* (Drooping star-of-Bethlehem) 鳞茎类植物。春季开花。株高15～35cm，冠径8～10cm。耐寒。叶基生，细长，有凹陷条纹，半直立，簇状。穗状花序，花钟状，下垂，半透明，白色，长2～3cm，外部淡绿色。喜半阴。

O. oligophyllum of gardens，见*O. balansae*。

巨海葱 *O. saundersiae* 鳞茎类植物。夏季开花。株高1m，冠径15～20cm。半耐寒。叶基部簇生，条形或披针形，半直立。花序顶端扁平，花直立，扁平，白色或乳白色，每朵花都有一个黑绿色子房，形成一个黑色眼状花心。

锥花海葱*O. thyrsoides*，见420页。

圣诞星 *O. umbellatum* 鳞茎类植物。春季开花。株高10～30cm，冠径10～15cm。耐寒。叶线形，有凹陷条纹，半直立，绿色，上面有一条白线。花序稀疏，顶端扁平，花星状，白色，背面绿色。

Orobus vernus 见 *Lathyrus vernus*。

奥昂蒂属 ORONTIUM

天南星科 ARACEAE

单种属。多年生落叶深水植物。栽培为观赏其漂浮于水面的叶与穗状花序。极耐寒。喜全光照。去除凋萎的花序。仲夏用当年生种子播种繁殖。

奥昂蒂 *O. aquaticum*，见451页。

瓦松属 OROSTACHYS

景天科 CRASSULACEAE

多年生多浆植物。寿命短。基部莲座状。叶厚肉质，剑形。播种3年后开花，然后死亡。耐最低温度8℃。喜光照和排水良好的土壤。春夏季播种繁殖或分株繁殖。

塔花瓦松*O. chanetii* 多年生多浆植物。基部莲座状。株高4cm，冠径8cm。叶灰绿色，莲座中间的叶稍短。穗状花序蜡烛状，密生于花枝上，花星状，白色或粉红色，花径1～2cm，春夏季开放。

彩髯玉属 OROYA

仙人掌科 CACTACEAE

多年生仙人掌。球状。内轮花瓣组成筒状，外轮花瓣完全开放。耐最低温度10℃。喜全光照和排水良好的土壤。春季或夏季播种繁殖。

O. neoperuviana 见*O. peruviana*。

彩髯玉*O. peruviana* (*Oreocereus neoperuviana*, *O. peruviana*)，见464页。

Orphanidesia gaultherioides 见 *Epigaea gaultheriodes*。

离蕊菖蒲属 ORTHROSANTHUS

鸢尾科 IRIDACEAE

多年生草本。有短的木质化根状茎。因观花而栽培。耐最低温度5℃。喜光照和排水良好的土壤。春季分株繁殖或播种繁殖。

南美离蕊菖蒲 *O. chimboracensis* 多年生草本。丛生。具根状茎。株高60cm，冠径15cm。叶狭窄，禾草状，叶脉明显，质硬，长达45cm，边缘有细齿。花簇生，花期短，花柄长，浅碗状，淡紫色至蓝色，每朵花有两片叶形苞片，夏季开放。

诸葛菜属 ORYCHOPHRAGMUS

十字花科 BRASSICACEAE/CRUCIFERAE

一年生草本。春末至夏季开花。半耐寒。喜光照和肥沃、排水良好的土壤。春季播种繁殖。

诸葛菜 *O. violaceus*，见331页。

Osage orange 见 *Maclura pomifera*。

金锦香属 OSBECKIA

野牡丹科 MELASTOMATACEAE

多年生常绿草本、亚灌木或灌木。夏季开花。因观赏叶和花而栽培。耐最低温度16℃。喜光照或半阴和富含腐殖质、排水良好的土壤。旺盛生长期盆栽植物需经常浇水，其他时间控制浇水。初春将开过花的花枝剪掉一半以上，以保存营养，形成大量的花穗。春季播种繁殖或夏季用嫩枝扦插繁殖。

星毛金锦香 *O. stellata* 常绿硬枝灌木。冠圆形。株高和冠径均为1～2m。叶窄卵形，有毛，叶脉突起。花序顶端簇生，花具4萼片，玫瑰紫色，夏末开放。

Oscularia deltoides 见 *Lampranthus deltoides*。

Osier, Purple 见 *Salix purpurea*。

木犀属 OSMANTHUS

木犀科 OLEACEAE

常绿灌木或乔木。因观赏其叶和花而栽培。花小，芳香。中裂桂花（*O.* × *burkwoodii*）和金边柊树（*O. heterophyllus*）可以作绿篱。耐寒至半耐寒。喜光照或半阴和肥沃、排水良好的土壤。花后修剪以控制长势，仲夏修剪篱笆。夏季用半成熟枝扦插繁殖。

红柄木犀 *O. armatus* 常绿灌木。丛生。株高和冠径均为4m。耐寒。叶大，椭圆形，深绿色，质硬，有尖锯齿。花管状，4裂，白色，秋季开放。果实卵球形，深紫罗兰色。

🏆中裂桂花 *O.* × *burkwoodii* (× *Osmarea burkwoodii*)，见116页。

华丽木犀 *O. decorus* (*Phillyrea decora*) 常绿灌木。冠圆形，密集，直立，株高3m，冠径5m。极耐寒。叶大，椭圆形，有光泽，深绿色。花管状，4裂，白色，初春开放。果实卵球形，黑紫色。

🏆山桂花 *O. delavayi* (*Siphonosmanthus delavayi*)，见116页。

O. forrestii 见 *O. yunnanensis*。

木犀（桂花）*O. fragrans* (Fragrant olive) 常绿直立灌木或乔木。株高和冠径均为6m。半耐寒。花极芳香，管状，4裂，白色，夏末开放于椭圆形，有光泽，深绿色的叶簇之中。果实卵形，黑蓝色。仅适宜极温暖的地区栽培。**丹桂** f. ***aurantiacus*** 花橙色。

金边柊树 *O. heterophyllus* 'Aure-

omarginatus'，见127页。🏆'海湾潮' **'Gulftide'** 常绿灌木。冠密集。丛生。株高2.5m，冠径3m。耐寒。叶似冬青叶形，具尖锯齿，有光泽，深绿色。花管状，4裂，白色，秋季开放。

野桂花 *O. yunnanensis* (*O. forrestii*) 常绿乔木状灌木。直立。冠开张。株高和冠径均为10m。耐寒。叶大，椭圆形，有光泽，亮绿色，幼年时青铜色。花管状，4裂，乳白色，簇生，冬末至春初开放。

× *Osmarea burkwoodii* 见 *Osmanthus × burkwoodii*。

Osmaronia 重分类为 *Oemleria*。

紫萁属 OSMUNDA

紫萁科 OSMUNDACEAE

落叶蕨类植物。极耐寒。喜阴。除欧紫萁（*O. regalis*）外，都耐光照。分株紫萁(*O. cinnamomea*)和绒紫萁（*O. claytoniana*）喜湿润的土壤。欧紫萁(*O. regalis*)在极湿润的地方生长最好。经常去除枯叶。秋季或用冬季分株繁殖或成熟孢子繁殖。

🏆**分株紫萁 *O. cinnamomea*** (Cinnamon fern) 落叶蕨类植物。株高1m，冠径45cm。外层的叶为营养叶，披针形，分裂，淡绿色，还有部分深裂的羽状叶，包围着褐色的孢子叶。所有叶都着生于纤维状的根状茎上。

🏆**绒紫萁 *O. claytoniana*** (Interrupted fern) 落叶蕨类植物。株高60cm，冠径30cm。叶披针形，淡绿色，分裂成椭圆形、先端钝的羽状叶，外层的营养叶比内层的孢子叶大。

🏆**欧紫萁 *O. regalis***，见312页。

Oso berry 见 *Oemleria cerasiformis*。

小石积属 OSTEOMELES

蔷薇科 ROSACEAE

常绿灌木。夏季开花。为观赏其树姿、叶和花而栽培。耐寒至半耐寒。在大多数地区需靠西南向的墙前种植。喜光照和肥沃、排水良好的土壤。夏季用半成熟枝扦插繁殖。

华西小石积 *O. schweriniae*，见138页。

骨籽菊属 OSTEOSPERMUM

菊科 ASTERACEAE/ COMPOSITAE

多年生常绿草本。半木质化。耐寒至半耐寒。在温暖地区生长最好。喜光照和排水良好的土壤。仲夏用没有开花的枝扦插繁殖。

O. barberae of gardens见 *O. jucundum*。

'蓝纹'骨籽菊 *O.* 'Blue Streak' (*O. ecklonis* 'Blue streak') 多年生常绿草本。直立。株高和冠径均为45cm。半耐寒。头状花序雏菊状，花中心深蓝灰色，周边管状花白色，背面蓝色，夏秋开放。叶披针形，灰绿色。

🏆**'乳黄'骨籽菊 *O.* 'Buttermilk'**，见290页。

'坎宁顿骨籽菊' *O.* 'Cannington Roy' 多年生常绿草本。茎平卧，丛生。株高30cm，冠径45cm。半耐寒。大型头状花序雏菊状，花粉红色，具深色的眼状斑，夏秋季开放。叶线形，灰色。

蓝心菊 *O. ecklonis* 多年生常绿草本，丛生。直立或平卧。株高和冠径均为45cm。半耐寒。头状花序雏菊状，花单生，白色，中心深蓝色，夏秋季节开放。叶披针形，灰绿色。**'Blue Streak'** 见 *O.* 'Blue streak'。

🏆**紫轮菊 *O. jucundum*** (*Dimorphotheca barberae* of gardens, *O. barberae* of gardens)，见279页。

'内罗毕紫'骨籽菊 *O.* 'Nairobi Purple' 多年生常绿草本。半卧。株高30cm，冠径30～45cm。半耐寒。头状花序雏菊状，花柔软光滑，深紫色，周边管状花外侧具深色花纹，夏季开放。叶披针形，鲜绿色。在肥沃的土壤上不常开花。

***O.* 'Whirligig'** 见 *O.* 'Whirlygig'。

🏆**'旋转骨籽菊' *O.* 'Whirlygig'**(*O.* 'Whirligig')，见277页。

Ostrich fern 见 *Matteuccia struthiopteris*，见312页。

Ostrich-feather fern 见 *Matteuccia struthiopteris*，见312页。

轮叶风铃属 OSTROWSKIA

桔梗科 CAMPANULACEAE

单种属。多年生草本。夏季开花。极耐寒。喜温暖、全光照和肥沃、湿润、排水良好的土壤。开花后需要一个休眠期。生长慢。用轻便玻璃温室覆盖直至秋末以保持干燥。春秋季播种繁殖。

轮叶风铃 *O. magnifica* 多年生草本。直立。株高1.5m，冠径45cm。花大，钟状，盛开时淡蓝紫色，带有深紫色花纹，夏初至仲夏开放。叶轮生，卵形，蓝灰色。

铁木属 OSTRYA

桦木科/榛科 BETULACEAE/ CORYLACEAE

落叶乔木。为观赏其叶、果和柔荑花序而栽培。极耐寒。喜光照或半阴和肥沃、排水良好的土壤。秋季播种繁殖。

鹅耳枥铁木 *O. carpinifolia* (Hop hornbeam) 落叶乔木。冠圆形。株高和冠径均为15m。树皮灰色。叶圆形，有光泽，暗绿色，秋季变成黄色。柔荑花序黄色，仲春开放。果实蛇麻草状，绿白色，秋季变成褐色。

维州铁木 *O. virginiana*，见77页。

厚敦菊属 OTHONNA (OTHONNOPSIS)

菊科 ASTERACEAE/ COMPOSITAE

常绿灌木。栽培为观赏其雏菊状头状花序。夏季开花。半耐寒。喜全光照和排水良好的土壤。夏初用软枝扦插繁殖。

厚敦菊 *O. cheirifolia*，见358页。

Othonnopsis 重新归入 *Othonna*。

匍地梅属 OURISIA

玄参科 SCROPHULARIACEAE

多年生常绿草本。有匍匐的根状茎。最适宜泥炭床和墙体上栽培。极耐寒至耐寒。喜阴和湿润、富含腐殖质的土壤。春季分株繁殖、播种繁殖或扦插繁殖。

簇生匍地梅 *O. caespitosa*，见374页。

'湖羊'匍地梅 *O.* 'Loch Ewe' 多年生常绿草本。莲座状。生长旺盛。株高和冠径均为30cm。耐寒。茎平卧。叶心形，革质，绿色。穗状花序密生，花管状，向外，橙红色，春末至夏初开放。

大果匍地梅 *O. macrocarpa* 多年生常绿草本。茎平卧。生长旺盛。株高60cm，冠径20cm。耐寒。叶莲座状，心形，革质，深绿色。穗状花序，花杯状，白色，中心黄色，春末开放。

O. magellanica 见 *O. ruellioides*。

鳞叶匍地梅 *O. microphylla*，见376页。

红花匍地梅 *O. ruellioides* (*O. magellanica*) 多年生常绿草本。茎匍匐。株高4cm，冠径15cm。耐寒。花管状，深红色，夏季开放。叶宽大，心形。

Ovens wattle 见 *Acacia pravissima*，见97页。

Owl-eyes 见 *Huernia zebrina*。

酢酱草属 OXALIS

酢酱草科 OXALIDACEAE

多年生草本或半常绿亚灌木。有块茎、块根或纤维状根。栽培为观赏其叶和色彩丰富的花。花在花芽中成伞状排列。叶形美丽，叶宽2cm以下，分裂成3或多个小叶。部分种有侵入性。少数种和品种适宜岩石园中栽培。极耐寒至不耐寒，耐最低温度5℃。喜光照或半阴和排水良好的土壤。秋季或初春分株扦插。

山酢酱草 *O. acetosella* (Wood sorrel) 多年生草本。春季开花。茎平卧，具根状茎。株高5cm，冠径30～45cm。极耐寒。叶3裂，苜蓿形，铺地生长。花柄细弱，花杯状，白色，花径1cm，具5个紫色花瓣。喜半阴。var. ***purpurascens*** 见 *O. a.* var. *subpurpurascens*。**粉花山酢酱草** var. ***subpurpurascens*** (*O. a.* var. *purpurascens*)，见365页。

🏆**腺叶酢酱草 *O. adenophylla***，见366页。

花酢酱草 *O. bowiei* (*O. purpurata* var. *bowiei*) 多年生草本。春夏季开花。具根状茎。株高达30cm，冠径15cm。半耐寒。叶柄长，苜蓿形，叶3裂。花序松散，每花序有花3～10朵，花漏斗状，粉紫红色，花径3～4cm。喜背风向阳的环境。

金花酢酱草 *O. chrysantha* 多年生草本。匍匐状。具纤维状根。株高4～5cm，冠径15～30cm。半耐寒。叶苜蓿形，3裂。花漏斗状，单生，亮黄色，花径2～3cm，夏季开放。喜阴。

O. deppei 见 *O. tetraphylla*。

扁酢酱草 *O. depressa* (*O. inops*)，见378页。

🏆**九叶酢酱草 *O. enneaphylla*** (Scurvy grass) 多年生草本。丛生。具根状茎。株高5～7cm，冠径8～10cm。耐寒。叶灰绿色，裂成狭椭圆形至卵形小叶。花阔漏斗状，花径2～4cm，粉红色或白色，夏季开放。

岩黄芪状酢酱草（小红枫）*O. hedysaroides* 半常绿亚灌木。丛生。株高1m，冠径30～45cm。半耐寒。叶苜蓿形，3裂，绿色。花簇生叶腋，阔漏斗状，黄色，花径2～3cm，春夏季开放。

狭叶酢酱草 *O. hirta* 多年生草本。夏末开花。具块茎。株高30cm，冠径10～15cm。半耐寒。叶在茎上散生，具3个披针形小叶。花单生叶腋，阔漏斗状，玫瑰紫红色，花径2～3cm，中心黄色。

O. inops 见 *O. depressa*。

🏆**'艾奥尼海克'酢酱草 *O.* 'Ione Hecker'** 多年生草本。丛生。具根状茎。株高5cm，冠径5～8cm。耐寒。叶灰色，小叶狭长圆形，波状。花漏斗状，花径4cm，淡紫色，具深色的条纹，夏季开放。

蓝花酢酱草 *O. laciniata* 多年生草本，丛生。具根状茎。株高5cm 冠径5～8cm。耐寒。叶蓝灰色，小叶狭椭圆形，边缘卷曲。花阔漏斗状，铁蓝色，径4cm，有深色的条纹，夏季开放。

多裂酢酱草 *O. lobata*，见387页。

O. purpurata var. ***bowiei*** 见 *O. bowiei*。

四叶酢酱草（幸运草）*O. tetraphylla* (*O. deppei*)，见353页。

Ox-eye, Yellow 见 *Buphthalmum salicifolium*，见292页。

Oxlip 见 *Primula elatior*，见273页。

酸木属 OXYDENDRUM

杜鹃花科 ERICACEAE

新蜡菊属 OZOTHAMNUS

单种属。落叶乔木。栽培为观赏其花和秋色叶。极耐寒至半耐寒。为了使秋叶颜色鲜艳，需种植在开放、全光照或半阴环境中，喜湿润、酸性土壤。夏季用软枝扦插繁殖或秋季播种繁殖。

酸木 *O. arboreum*，见 78 页。

Oxypetalum caeruleum 见 *Tweedia caerulea*。

新蜡菊属 OZOTHAMNUS

菊科 ASTERACEAE/COMPOSITAE

常绿灌木。夏季开花。栽培为观赏其叶和小型、浓密的头状花序。极耐寒至半耐寒。喜全光照和排水良好的土壤。夏季用半成熟枝扦插繁殖。

🏆珊瑚新蜡菊*O. coralloides* (*Helichrysum coralloides*)，见 361 页。

🏆杜香叶新蜡菊 *O. ledifolius* (*Helichrysum ledifolium*)，见 160 页。

迷迭香新蜡菊 *O. rosmarinifolius* (*Helichrysum rosmarinifolium*)，见 138 页。

柏枝新蜡菊 *O. selago* (*Helichrysum selago*)，见 361 页。

P

摩天柱属 PACHYCEREUS

仙人掌科 CACTACEAE

多年生仙人掌类植物。茎圆柱状，随着生长而分枝。花漏斗状，栽培植株不易开花，只有高达3m以上的植株才开花。耐最低温度10℃。喜光照环境和排水良好的土壤。春夏季播种繁殖。

白云角*P. marginatus* (*Lemaireocereus marginatus, Marginatocereus marginatus, Stenocereus marginatus*)，见457页。

摩天柱*P. pecten-aboriginum* 多年生仙人掌。茎圆柱状。株高11m，冠径3m。茎深绿色，有9～11条深棱，每小窠有8个辐射状刺，长1cm，中刺较长，刺深褐色，基部红色，褪色后变成灰色。

武伦柱*P. pringlei*，见460页。

上帝阁（大凤柱）***P. schottii*** (*Lophocereus schottii*)，见458页。**'缀化' 'Monstrosus'** 多年生仙人掌。茎圆柱状。株高7m，冠径2m。茎大小不规则，榄绿色至深绿色，有4～15条棱，无刺。花漏斗状，粉红色，花径3cm，夏季晚上开放。

厚隔芥属 PACHYPHRAGMA

十字花科 BRASSICACEAE/ CRUCIFERAE

多年生草本。叶基生，莲座状。通常作灌木下的地被植物栽培。耐寒。喜光照或半阴和湿润的土壤。春末分株或茎插繁殖，或秋季播种繁殖。

厚隔芥*P. macrophyllum* (*Thlaspi macrophyllum*)，见267页。

厚叶属（肥天属） PACHYPHYTUM

景天科 CRASSULACEAE

多年生多浆植物。莲座状。与莲座草属*Echeveria* 亲缘关系很近，可以杂交。耐最低温度5～10℃。喜光照环境和排水良好的土壤。春夏季播种繁殖或用叶、茎扦插繁殖。

千代田之松*P. compactum*，见480页。

星美人*P. oviferum*，见475页。

瓶干树属 PACHYPODIUM

夹竹桃科 APOCYNACEAE

多年生多浆植物。灌木或乔木状。多数茎膨大。与天宝花属(*Adenium*)亲缘关系很近，尤其是大部分种有尖刺。耐最低温度10～15℃。喜充足的光照和排水良好的土壤。种植很困难。春夏季播种繁殖。

长叶瓶干树（锦堂）***P. lamerei***，见456页。

多肉瓶干树（友玉）***P. succulentum*** 多年生多浆植物。乔木状。株高60cm，冠径30cm。主干膨大，直径达15cm。茎狭窄，直立，绿色至灰褐色。花喇叭状，深粉红色，花径2cm，夏季于枝顶开花。

板凳果属 PACHYSANDRA

黄杨科 BUXACEAE

多年生草本或亚灌木。常绿。匍匐状。为观赏其簇生叶而栽培。常作地被植物。耐寒、耐阴，除极干旱的土壤以外，在其他任何条件下都能良好地生长。春季分株繁殖。

板凳果*P. axillaris* 常绿亚灌木。铺地生长。株高20cm，冠径25cm。每个茎顶端生3～6片叶，叶卵形，边缘有锯齿，革质。穗状花序直立，花小，白色，春末开花。

🏆顶花板凳果 *P. terminalis*，见388页。**🏆'花叶' 'Variegata'** 多年生常绿草本。匍匐状。株高10cm，冠径20cm。叶钻石状，具乳黄色斑点，簇生于枝顶。穗状花序，花小，白色，有时紫色，夏初开花。

红珊瑚属 PACHYSTACHYS

爵床科 ACANTHACEAE

多年生常绿草本或灌木。为观花而栽培。耐最低温度13～18℃。喜半阴和肥沃、排水良好的土壤。盆栽植株在生长旺盛时期需经常浇水，其他时间适量浇水。冬末剪除花枝以保持灌木状冠形。夏初嫩枝扦插繁殖。白蝇和红蜘蛛螨易造成危害。

P. cardinalis 见*P. coccinea*。

红珊瑚*P. coccinea* (*Jacobinia coccinea, Justicia coccinea, P. cardinalis*) (Cardinal's guard) 常绿灌木。直立。生长旺盛。株高1.2～2m，冠径60cm～1m。在15～18℃温度范围内开花艳丽。叶卵形，深绿色。穗状花序，长15cm，花管状，亮红色，苞片绿色，冬季开花。

🏆黄虾花 *P. lutea*，见157页。

Pachystima 重新归入 *Paxistima*。

奇莲华属 × PACHYVERIA

景天科 CRASSULACEAE

杂交属（莲座草属*Echeveria* ×厚叶属*Pachyphytum*）。多年生多浆植物。簇生，莲座状。有时几乎无茎。耐最低温度5～7℃。喜全光照或半阴和排水良好的土壤。春夏季用叶或茎段扦插繁殖。

灰蓝奇莲华× *P. glauca*，见466页。

Pacific dogwood 见 *Cornus nuttallii*，见76页。

Pacific fir 见 *Abies amabilis*。

芍药属 PAEONIA
Peony

芍药科／毛茛科 PAEONIACEAE/ RANUNCULACEAE

多年生草本或落叶灌木。叶粗大。花华丽供观赏，部分观赏其彩色的种荚。春末开花。除特殊情况外耐寒。幼时（特别是牡丹）易受晚霜危害。喜光照（稍耐阴）环境和肥沃、排水良好的土壤。植株高大和大花栽培品种需要支撑。所有种都可于秋季播种繁殖（可能3年才能发芽），有块茎的种类可以在冬季用块茎繁殖，牡丹夏末用半木质化嫩枝扦插繁殖或冬季嫁接繁殖，多年生种类也可以在秋季或初春分株繁殖。易于枯萎。误食任何部分都会造成肠胃不适。见236～237页。

花的类型 (Flower forms)

除特殊情况外，一般是春末至初夏或仲夏开花。叶大，互生，分裂成卵形、披针形或线形的小裂片。花有单瓣、半重瓣、重瓣或白头翁形等类型。

单瓣型 (Single form)

花大部分为杯状，花瓣1～2层，大型，微皱，弯曲。中心具引人注目的突起雄蕊。

半重瓣型 (Semi-double form)

花与单瓣型相似，但花瓣有2～3层。

重瓣型 (Double form)

花圆形，通常外面1～2层花瓣较大，微皱，弯曲，内层花瓣稍小，越近中心排列越紧密，花瓣越小。雄蕊很少，不引人注目，或者没有。

银莲花型(Anemone form)（英国或日本产）

花外层通常有1～2层宽大、弯曲的花瓣，中心为无数排列紧密的花瓣，有时深裂，狭窄的花瓣由雄蕊衍生而来。

'艾丽斯·哈丁'芍药*P.* 'Alice Harding'，见236页。多年生草本。丛生。株高和冠径均为1m。花大，芳香，重瓣，乳白色。

'美洲'芍药*P.* 'America' 多年生草本。丛生。株高和冠径均为1m。花大，单瓣，花瓣宽大，深红色，边缘稍皱褶。

'大船'牡丹*P.* 'Argosy'，见237页。落叶直立灌木。株高和冠径均为1.5m。花大，艳丽，单瓣，柠檬黄色，花瓣基部具深紫红色斑点。繁殖困难。

P. arietina 见 *P. mascula* subsp. *arietina*。

'小丑甜点'芍药*P.* 'Auguste Dessert'，见237页。多年生草本。丛生。株高和冠径均为75cm。秋叶艳丽。花多，芳香，半重瓣，花瓣洋红色微显粉红色，有轻皱，边缘银白色。

'先锋'芍药*P.* 'Avant Garde'，见236页。多年生草本。丛生。株高和冠径均为1m。叶茂盛。花中型至大型，单瓣，芳香，浅玫瑰红色，有深色条纹，花药亮金黄色，雄蕊黄红色。春季开花。花茎坚硬、直立。适宜作切花用。

'芭蕾女'芍药*P.* 'Ballerina'，见236页。多年生草本。丛生。株高和冠径均为1m。为观赏其秋色叶而栽培。花芳香，重瓣，蔷薇粉红色，初为玫瑰红色，最后褪成白色，外层花瓣排列松散，宽大，卷曲；内层花瓣卷曲，但排列紧密，狭窄，凹凸不平，边缘稍皱。

'男爵夫人'芍药*P.* 'Baroness Schroeder'，见236页。多年生草本。丛生。生长旺盛。株高和冠径均为1m。花大，芳香，重瓣，球状，初开放时为浅玫瑰红色，但后来几乎褪成灰白色，外层花瓣数层，扁平；内层花瓣弯曲，皱褶，排列紧密，可多次开花。最适宜作切花。

'巴里莫尔'芍药*P.* 'Barrymore' 多年生草本。丛生。株高和冠径均为85cm。花大，白头翁形，外层花瓣宽大，初开放时玫瑰红色，后变白色；内层花瓣金黄色，较窄，短，排列紧密。

🏆'丽碗'芍药*P.* 'Bowl of Beauty'，见236页。多年生草本。丛生。株高和冠径均为1m，花大，显著，白头翁形，外层花瓣洋红色；内层花瓣多，较窄，排列紧密，象牙白色。

🏆巴利阿里芍药 *P. cambessedesii*，见236页。多年生草本。丛生。株高与冠径45cm。半耐寒。叶引人注目，上面暗绿色，叶脉、叶柄和叶背面紫红色。花单瓣，深玫瑰红色，仲春开花。

'切达奶酪'芍药*P.* 'Cheddar Cheese' 多年生草本。丛生。株高和冠径均为1m。花大，形美，重瓣，仲夏开花，花瓣排列整齐，紧密，微皱，象牙白色，内层花瓣较短，弯曲，黄色。

'褐金刚'芍药*P.* 'Chocolate Soldier'，见237页。多年生草本。丛生。株高和冠径均为1m。叶中绿色至暗绿色，幼嫩时常青铜色。花半重瓣，紫红色，具金黄色雄蕊群，夏初开花。

'哈吉内上校'芍药*P.* 'Colonel

Heneage' 多年生草本。直立，丛生。株高和冠径均为85cm。花银莲花形，繁多，外层花瓣和内层花瓣均为深玫瑰红色。

P. corallina 见 *P. mascula* subsp. *mascula*。

'科妮丽亚' 芍药 *P.* 'Cornelia Shaylor'，见236页。多年生草本。直立，丛生。株高和冠径均为85cm。花芳香，重瓣，初开时玫瑰粉色，渐渐褪成蓝白色，夏初至仲夏开放。花瓣边缘褶皱，排列紧密有序。

'黎明' 芍药 *P.* 'Dayspring' 多年生草本。丛生。株高和冠径均为70cm。花芳香，单瓣，鲜粉红色，成束花多。

P. decora 见 *P. peregrina*。

♀'卫冕者' 芍药 *P.* 'Defender'，见237页。多年生草本。丛生。生长旺盛。株高和冠径均为1m。花单瓣，深红色，花径15cm，花药金黄色，显著，花茎粗壮。

♀滇牡丹 *P. delavayi*，见237页。落叶灌木。直立。冠开张。株高达2m，冠径达1.2m。叶分裂成卵形的小叶，先端尖，叶柄常为红色。花单瓣，较小，碗状，暗红色，花下具显著的叶状苞片。var. ***ludlowii*** 见 *P. lutea* var. *ludlowii*。var. ***lutea*** 见 *P. lutea*。

'德累斯顿' 芍药 *P.* 'Dresden' 多年生草本。丛生。生长旺盛。株高和冠径均为85cm。秋色叶色艳丽。花单瓣，象牙白色，略带亮玫瑰红色。

♀'女公爵' 芍药 *P.* 'Duchesse de Nemours' (*P.* 'Mrs Gwyn Lewis')，见236页。多年生草本。丛生。生长旺盛。株高和冠径均为70cm。花重瓣，繁多，芳香，外层花瓣大，卷曲，最初开放时淡绿色，后褪成灰白色；内层花瓣边缘不规则，朝向中心紧密排列，基部乳黄色。

喜马拉雅芍药 *P. emodi*，见236页。多年生草本。丛生。株高达1.2m，冠径达1m。叶有光泽，绿色。花大，芳香，单瓣，纯白色，花药金黄色，几朵生于细长的花枝顶端。

'夜世界' 芍药 *P.* 'Evening World'，见236页。多年生草本。丛生。株高和冠径均为1m。花大，繁多，银莲花型，外层花瓣淡蓝粉红色，内层花瓣排列紧密，鲜粉红色。

♀'菲利克斯·克劳斯' 芍药 *P.* 'Félix Crousse' (*P.* 'Victor Hugo') 多年生草本。丛生。生长旺盛。株高和冠径均为75cm。花芳香，重瓣，繁多，鲜粉红色，中心深红色，花瓣卷曲，排列紧密，边缘有时银白色。

♀'极乐' 芍药 *P.* 'Festiva Maxima' 多年生草本。丛生。株高和冠径均为1m。叶密生，伸展。花大，重瓣，芳香，着生于粗壮的花茎上，花瓣排列松散，边缘不规则，外层花瓣大，纯白色，内层花瓣基部有深红色斑点。

'火烈鸟' 芍药 *P.* 'Flamingo' 多年生草本。丛生。株高和冠径均为85cm。秋季叶色艳丽。花重瓣，大型，浅粉红色。

'亮球' 芍药 *P.* 'Globe of Light'，见236页。多年生草本。丛生。株高和冠径均为1m。花大，芳香，银莲花型，外层花瓣纯玫瑰红色，内层花瓣金黄色。

'传宝' 芍药 *P.* 'Heirloom' 多年生草本。丛生。冠紧凑。株高和冠径均为70cm。花大，重瓣，芳香，淡紫丁香色至粉红色。

'多里亚' 芍药 *P.* 'Instituteur Doriat'，见237页。多年生草本。丛生。株高和冠径均为1m。秋季叶色艳丽。花大，繁多，白头翁形，外层花瓣红色至洋红色；内层花瓣排列紧密，较宽，颜色较浅，边缘有皱褶，银白色。

'凯尔韦华丽' 芍药 *P.* 'Kelway's Gorgeous'，见237页。多年生草本。丛生。株高和冠径均为85cm。花单瓣，亮洋红色，中心深红色至粉红色，经常开花。

'凯尔韦大种' 芍药 *P.* 'Kelway's Majestic' 多年生草本。丛生。株高和冠径均为1m。秋季叶色艳丽。花大，繁多，芳香，银莲花型，外层花瓣亮玫瑰红色，内层花瓣丁香红色，带白色或灰黄色斑点。

'凯尔韦极品' 芍药 *P.* 'Kelway's Supreme'，见236页。多年生草本。丛生。株高和冠径均为1m。秋季叶色艳丽。花大，极芳香，重瓣，花期很长，有时栽培良好的植株上成簇开放，花瓣宽，卷曲，红色至粉红色，后褪成乳白色，叶腋处经常开单瓣或半重瓣的花。

'骑士' 芍药 *P.* 'Knighthood'，见237页。多年生草本。丛生。株高和冠径均为75cm。花重瓣，花瓣排列紧密，较窄，皱褶，红色。

'皱白' 芍药 *P.* 'Krinkled White'，见236页。多年生草本。丛生。株高和冠径均为80cm。花大，单瓣，乳白色，有时微染粉红色，花瓣较大，边缘皱褶。

♀'劳拉甜饼' 芍药 *P.* 'Laura Dessert'，见237页。多年生草本。丛生。株高和冠径均为75cm。花重瓣，芳香，外层花瓣乳白色，内层花瓣皱曲，排列紧密，柠檬黄色，边缘有时深裂。

'埃斯佩兰斯' 芍药 *P.* 'L' Espérance' (*P.* × *lemoinei* 'L' Espérance')，见237页。花大，单瓣，淡黄色，每个花瓣基部有一洋红色斑点。

***P.* × *lemoinei* 'L' Espérance'** 见 *P.* 'L' Espérance'

P. lobata 见 *P. peregrina*。

黄牡丹 *P. lutea* (*P. delavayi* var. *lutea*) 落叶灌木。直立。株高和冠径均为1.5m。花单瓣，通常鲜黄色、褐色或紫色。**♀大花黄牡丹** var. ***ludlowii*** (*P. delavayi* var. *ludlowii*)，见237页。株高和冠径均为2.5m。因观赏其叶和花而栽培。叶大，亮绿色，深裂，裂片尖。花碗状，金黄色。

'路易斯·亨利夫人' 芍药 *P.* 'Madame Louis Henri'，见237页。落叶灌木。直立。株高和冠径均为1.5m。花半重瓣，松散，白色至黄色，外层花瓣较大，皱曲；内层花瓣小，经常颜色较深，基部有一深红色斑点。

'魔球' 芍药 *P.* 'Magic Orb'，见237页。多年生草本。丛生。株高和冠径均为1m。秋季叶色艳丽。花重瓣，繁多，芳香，几轮外层花瓣宽大，卷曲，粉红色，内层花瓣排列紧密，较小，卷曲；内层花瓣的外侧白色，微染玫瑰红色，内侧乳白色。

羊角芍药 *P. mascula* subsp. ***arietina*** (*P. arietina*) 多年生草本。具块茎。株高和冠径均为75cm。茎深红色。叶背面有毛，深绿色。花单瓣，红色至粉红色，蓇果具2～5个船形裂片，种子紫红色至黑色。**光叶羊角芍药** subsp. ***mascula*** (*P. corallina*)，见236页。丛生。株高和冠径均为1m。小叶无毛。花紫色或深红色，有时白色或粉红色，花药突出，金黄色，生于紫色的花丝上。

♀高加索芍药 *P. mlokosewitschii*，见237页。多年生草本。丛生。株高和冠径均为75cm。叶蓝绿色，有时边缘红色或紫色。花大，顶生，单瓣，柠檬色或黄色。

'珍珠母' 芍药 *P.* 'Mother of Pearl'，见236页。多年生草本。丛生。株高75cm，冠径60cm。叶灰绿色。花单瓣，蔷薇色或粉红色。

P. 'Mrs Gwyn Lewis' 见 *P.* 'Duchesse de Nemours'

♀白花草芍药 *P. obovata* var. ***alba***，见236页。多年生草本。丛生。株高和冠径均为70～90cm。茎直立。叶较大，深绿色，每叶有9个不均匀的裂片，上面浅灰绿色，有毛。花单瓣，杯状，白色，雄蕊紫色。

欧洲芍药 *P. officinalis* 多年生草本。丛生。具根状茎。株高和冠径均为60cm。种植历史很长，现在很少见到，通常被更大型、重瓣花品种取代。例如，**'白重瓣' 'Alba Plena'**，见236页。株高和冠径均为75cm，花重瓣，白色，有时微染粉红色。**'月季' 'China Rose'**，见237页。株高和冠径均为45cm。叶漂亮，深绿色。花单瓣，花瓣卷曲，深玫瑰红色，中心突出，花药橙黄色。**♀'红重瓣' 'Rubra Plena'**，见237页。株高和冠径均为75cm。寿命长。叶很有特色，分成宽大的卵形裂片。花重瓣，粉红色至深红色，花瓣皱褶。

华丽芍药 *P. peregrina* (*P. decora*, *P. lobata*) 多年生草本。丛生。具根状茎。株高和冠径均为1m。花碗状，单瓣，红宝石色。**♀'阳光' 'Otto Froebel'** (*P. p.* 'Sunshine')，见237页。叶有光泽，亮绿色。花大，单瓣，朱红色，微染鲜玫瑰红色。

狭裂牡丹 *P. potaninii* 落叶灌木。具根状茎。株高达60cm，冠径不等。叶深裂，裂片卵形，不规则。花单瓣，较小，褐红色，有时白色。与滇牡丹 (*P. delavayi*) 相似，不过更具侵入性。不引人注目。花下着生叶形苞片。**金莲花叶牡丹** var. ***trollioides***，见237页。叶裂规则，花黄色。

'安普卡雷' 芍药 *P.* 'Président Poincaré' 多年生草本。丛生。株高和冠径均为1m。秋季叶色艳丽。花多，重瓣，芳香，深红色。

P. rockii 见 *P. suffruticosa* subsp. *rockii*。

♀'沙拉·伯哈特' 芍药 *P.* 'Sarah Bernhardt'，见236页。多年生草本。直立，丛生。生长旺盛。株高和冠径均为1m。花多，重瓣，芳香，花瓣大，皱曲，玫瑰色至粉红色，边缘枯萎时褪为银白色。

'圣殿' 芍药 *P.* 'Shirley Temple'，见236页。多年生草本。丛生。株高和冠径均为85cm。花多，重瓣，玫瑰色至粉红色，花瓣宽大，轮状排列，内侧花瓣小，排列松散。

'银辉' 芍药 *P.* 'Silver Flare'，见237页。多年生草本。丛生。株高和冠径均为1m。秋季叶色艳丽。茎深红褐色。花多，单瓣，芳香，花瓣细长，粉红色，边缘银白色。

'爱德华·艾尔加' 芍药 *P.* 'Sir Edward Elgar'，见237页。多年生草本。丛生。株高和冠径均为75cm。秋季叶色艳丽。花多，单瓣，花瓣深红色，微染巧克力褐色，有松散的突起中心，花药柠檬黄色。

思茂芍药 *P.* × *smouthii*，见237页。多年生草本。丛生。株高和冠径均为60cm。花多，芳香，单瓣，有光泽，深红色，径10cm，雄蕊黄色，引人注目。叶和花色均可变化。

'大角' 牡丹 *P.* 'Souvenir de Maxime Cornu'，见237页。落叶灌木。直立。株高和冠径均为1.5m。花重瓣，大型，极芳香，花瓣金黄色，朝向中心紧密排列，边缘皱曲，橙红色。

牡丹 *P. suffruticosa* (Moutan) 落叶灌木。直立。株高和冠径均为2.2m。花大，易变化，杯状，单瓣或半重瓣，花瓣卷曲，玫瑰红色或白色，基部通常有巧克力色斑点，有许多半重瓣和重瓣的栽培品种。**'卡迪纳尔·沃恩' 'Cardinal Vaughan'**，见237页。花半重瓣，红宝石色至紫色。**'五大洲' 'Godaishu'** ('Large globe')，见236页。叶亮绿色，边缘扭曲。花半重瓣或重瓣，白色，中心黄色。**'丽花' 'Hana-daijin'** ('magnificent flower')，见237页。株高和冠径均为2m或更多。生长旺盛。花多，重瓣，紫色。 **'赛花' 'Hana-kisoi'** ('floral rivalry')，见236页。花重瓣，浅粉红色。**'莲花宝石' Jewel in the Lotus (Tama-fuyo)** 生长旺盛。花多，重瓣，粉红色，花期比其他栽培品种要早。**'Joseph Rock'** 见 *P. s.* subsp. *rockii*。**'卡马达锦缎' 'Kamadunishiki'** ('kamada brocade')，见237页。株高和冠径均为1.2m，花大，重瓣，花径达20cm，粉红色，边缘白色。**'瑞恩·伊丽莎白' 'Reine Elizabeth'**，见236页。株高和冠径均为2m。花大，重瓣，深红色至粉红色，边缘微皱褶。**‘飞鹤’‘Renkaku’**（‘flight of cranes’）株高和冠径均为1m。花重瓣，花瓣宽大，卷曲，微起皱，象牙白色，松散地排成3层以上，雄蕊长，突出，金黄色。**紫斑牡丹** subsp. ***rockii*** (*P. rockii*, *P. s.* ‘Joseph Rock’, *P. s.* ‘Rock’ s variety’)，见236页。花大，开展，半重瓣，白色，内层花瓣基部具褐色斑点。繁殖困难。

‘Rock’ s Variety’ 见 *P. s.* subsp. *rockii*。

‘Tama-fuyo’，见 *P. s.* Jewel in the lotus。

细裂芍药*P. tenuifolia*，见237页。多年生草本。丛生。株高和冠径均为45cm。精美的叶被整齐地分成线形裂片。花单瓣，深红色，雄蕊金黄色。

川赤芍*P. veitchii*，见237页。多年生草本。丛生。株高和冠径均为75cm。叶有光泽，亮绿色，分成卵圆形至椭圆形的裂片。花下垂，杯状，单瓣，紫红色至粉红色，夏初开放。

***P.* ‘Victor Hugo’**见*P.* ‘Félix Crousse’。

‘白翼’芍药*P.* ‘White Wings’，见236页。多年生草本。丛生。株高和冠径均为85cm。叶有光泽，深绿色，秋季叶色艳丽。花多，芳香，单瓣，花瓣宽大，白色，有时微染硫黄色至黄色，顶端卷曲，仲夏开放。

🏆‘大白瓣’芍药 *P.*‘Whitleyi Major’，见236页。多年生草本。丛生。株高1m，冠径60cm。茎和叶微染红褐色。花单瓣，较大，象牙白色，有缎子般的光泽，中心雄蕊亮黄色，突出。

紫丝芍药*P. wittmanniana*，见237页。多年生草本。丛生。株高和冠径均为1m。叶分成宽卵形的裂片，上面深绿色，有光泽，背面色稍浅。花大，单瓣，浅玫瑰色至黄色，突出的中心具黄色的花药，生于紫色的花丝上。

Pagoda tree 见*Sophora japonica*。

Paintbrush 见 *Haemanthus albiflos*。

Royal 见 *Scadoxus puniceus*。

Painted fern 见 *Athyrium niponicum*，见313页。

Painted net-leaf 见 *Fittonia albivenis* Verschaffeltii Group，见302页。

Painted trillium 见 *Trillium undulatum*。

Painted wood lily 见 *Trillium undulatum*。

马甲子属 PALIURUS

鼠李科 RHAMNACEAE

落叶灌木和乔木。有刺。为观赏其叶和花而栽培。夏季开花。**滨枣**(*P. spina-christi*)也用做宗教用途，用来制作基督的荆棘冠。耐寒。喜全光照和排水良好的土壤。夏季用软枝扦插繁殖，秋季播种繁殖。

滨枣 *P. spina-christi*，见122页。

Palm

Alexandra 见 *Archontophoenix alexandrae*，见72页。

Australian cabbage 见*Livistona australis*。

Bamboo 见*Rhapis excelsa*，见152页。

Canary Island date 见 *Phoenix canariensis*。

Chilean wine 见*Jubaea chilensis*，见85页。

Chinese fan 见*Livistona chinensis*，见85 页。

Chinese fountain 见 *Livistona chinensis*，见85页。

Chusan 见*Trachycarpus fortunei*，见84页。

Cuban royal 见*Roystonea regia*。

Desert fan 见*Washingtonia filifera*。

Dwarf fan 见*Chamaerops humilis*，见176页。

Dwarf mountain 见*Chamaedorea elegans*，见152页。

European fan 见 *Chamaerops humilis*，见176页。

Gippsland fountain 见*Livistona australis*。

Golden-feather 见*Dypsis lutescens*，见100页。

Illawarra 见 *Archontophoenix cunninghamiana*。

Japanese sago 见*Cycas revolute*，见152页。

Jelly 见*Butia capitata*，见100页。

King 见 *Archontophoenix*。

Miniature date 见*Phoenix roebelenii*。

Northern bungalow 见*Archontophoenix alexandrae*，见72页。

Paradise 见*Howea forsteriana*。

Parlour 见*Chamaedorea elegans*，见152页。

Piccabeen 见 *Archontophoenix cunninghamiana*。

Pygmy date 见*Phoenix roebelenii*。

Queen 见 *Syagrus*。

Royal 见 *Roystonea* 。

Sentry 见 *Howea forsteriana*。

Slender lady 见*Rhapis excelsa*，见152页。

Thatch-leaf 见*Howea forsteriana*。

Thread 见*Washingtonia robusta*，见73页。

Virgin’ s 见 *Dioon edule*。

Windmill 见*Trachycarpus fortunei*，见84页。

Yatay 见 *Butia*。

Yellow 见 *Dypsis lutescens*，见100页。

Palmetto

Dwarf 见 *Sabal minor*，见176页。

Saw 见 *Serenoa repens*。

Scrub 见 *Serenoa repens*。

Palo verde, Mexican 见*Parkinsonia aculeata*。

鳌瓣花属（新拟） PAMIANTHE

石蒜科 AMARYLLIDACEAE

常绿鳞茎类植物。春季开花。花大，极芳香。耐最低温度12℃。喜半阴和肥沃、排水良好的土壤。夏季施碳酸钾含量高的液体肥料，冬季减少浇水，但保持湿润。春季播种繁殖或冬末用短匐茎繁殖。

鳌瓣花（新拟）***P. peruviana***，见409页。

Pampas grass 见 *Cortaderia selloana*。

全能花属（力药花属） PANCRATIUM

石蒜科 AMARYLLIDACEAE

鳞茎类植物。花大，芳香，水仙状，夏季开花。耐寒至半耐寒。喜光照和排水良好的土壤。夏季土壤温暖干燥，有利于鳞茎休眠。种植时要深埋至15cm以下，秋季至春季每两星期用含碳酸钾的液体肥料施肥一次。秋季播种繁殖或秋初分球繁殖。

带叶全能花（力药花）***P. illyricum***，见419页。

海滨全能花（海滨力药花）***P. maritimum*** (Sea daffodil, Sea lily) 鳞茎类植物。夏季开花。株高45cm，冠径25～30cm。半耐寒。叶带形，直立，基生，灰绿色。头状花序，每序有花5～12朵，花白色，中心有一大的深杯状花冠筒和6片伸展的花瓣。栽培时很少开花。

Panda plant 见*Kalanchoe tomentosa*，见467页。

露兜树属 PANDANUS
Screw pine

露兜树科 PANDANACEAE

常绿乔木、灌木或藤本。为观赏其叶和形态而栽培。花和果只在大的，成熟植株上出现。耐最低温度13～16℃。喜光照、半阴和排水良好的土壤。盆栽植株生长旺盛期要经常浇水，其他时间适量浇水。春季播种繁殖或用根出条繁殖，夏季用侧枝扦插繁殖。易受红蜘蛛螨危害。

P. odoratissimus 见 *P. tectorius*。

露兜树 *P. tectorius* (*P. odoratissimus*) 常绿乔木。冠圆形。株高达6m，冠径3m以上。叶条形，莲座状，深绿色，长1～1.5m，边缘有刺，背面主脉有刺。花小，雄花簇生，苞片披针形，主要在夏季开花。果实似凤梨。**🏆‘花边’‘Veitchii’** (*P. veitchii*)，见175页。

P. veitchii 见*P. tectorius* ‘Veitchii’。

粉花凌霄属 PANDOREA

紫葳科 BIGNONIACEAE

常绿木质缠绕藤本。因观赏其叶和花而栽培。耐最低温度5℃。喜全光照和排水良好的土壤。花后修剪以控制长势。春季播种繁殖，夏季茎插或压条繁殖。

粉花凌霄 *P. jasminoides* (*Bignonia jasminoides*)，见208页。

P. lindleyana 见 *Clytostoma callistegioides*。

万佳藤 *P. pandorana* (*Bignonia pandorana, Tecoma australis*) (Wonga-wonga vine) 常绿木质缠绕藤本。生长快。株高6m以上。叶有3～9个贝壳形小叶。花小，漏斗状，白色，具红色、紫色或褐色的斑点和条纹，夏季成簇开花。

P. ricasoliana 见 *Podranea ricasoliana*。

黍属 PANICUM

禾本科 GRAMINEAE/POACEAE

见禾草类、竹类、灯心草类和莎草类植物。

纤枝稷 *P. capillare*，见308页。

Pansy 见 *Viola × wittrockiana*。

Mountain 见 *Viola lutea*。

Wild 见 *Viola tricolor*，见369页。

Pansy orchid 见 *Miltoniopsis*。

Panther lily 见*Lilium pardalinum*，见405页。

罂粟属 PAPAVER
Poppy

罂粟科 PAPAVERACEAE

一年生、二年生或多年生草本。部分半常绿。为观赏其杯状花冠而栽培。耐寒。喜光照或半阴和湿润、排水良好的土壤。春秋季播种繁殖。东方罂粟（*P. orientale*）和它的栽培种最好在冬季根插繁殖。自花受粉。

P. alpinum subsp. ***burseri*** 见 *P. burseri*。

大西洋罂粟*P. atlanticum* 多年生草本。丛生。寿命短。株高和冠径均为10cm。叶卵形，具齿，有毛。夏季开花，花单瓣，橙红色。适宜岩石园中栽培。

伯舍罂粟 *P. burseri* (*P. alpinum* subsp. *burseri*) (Alpine poppy) 多年生半常绿草本。作一年生或二年生栽培。丛生。寿命短。株高15～20cm，冠径10cm。叶灰色，分裂。花单瓣，白色，夏季长期开放。适宜岩石园、墙面和河岸种植。

🏆梦幻罂粟 *P. commutatum* (*P. c.* ‘Ladybird’)多年生草本。生长快。直立。具分枝。株高和冠径均为45cm。叶椭圆形，深裂，中绿色。花单瓣，红色，中心有一黑斑，夏季开花。**‘Ladybird’** 见 *P. commutatum*。

冰岛罂粟*P. croceum* (*P. nudicaule* of gardens) (Iceland poppy) 多年生草本。丛生。株高30cm，冠径10cm。茎上有毛。叶卵形，有锯齿，绿色。花单瓣，芳香，白色或黄色，外部有绿色斑点，夏季开花。有多种颜色品种可供选择。喜半阴。适宜岩石园中栽培。

日本罂粟 *P. fauriei* (*P. miyabeanum* of gardens)，见384页。

P. miyabeanum of gardens 见 *P. fauriei*。

P. nudicaule of gardens 见 *P. croceum*。

东方罂粟 *P. orientale* (Oriental poppy) 多年生草本。莲座状。株高1m，冠径30cm～1m。叶宽披针形，边缘有锯齿或分裂，中绿色。花单瓣，朱红色，花瓣基部有深色斑点，夏初开花。花枝需支撑。**'亮红' 'Allegro'** (*P. o.* 'Allegro Viva')，见250页。**'Allegro Viva'**见*P. o.* 'Allegro'。🏆**'红丽' 'Beauty of Livermere'**，见250页。**'印第安酋长' 'Indian Chief'** 花深红色。**'五月皇后' 'May Queen'** 花重瓣，橙黄色。🏆**'佩丽夫人' 'Mrs Perry'**花大，洋红色。**'佩丽白' 'Perry's White'**，见241页。

虞美人（丽春花）***P. rhoeas*** (Corn poppy, Field poppy)。🏆**雪莉系列 Shirley Series**（重瓣），见322页；🏆（单瓣），见328页。

🏆**罂粟 *P. somniferum*** (Opium poppy) 一年生草本。直立。生长快。株高75cm，冠径30cm。叶椭圆形，分裂，浅灰绿色。花大，单瓣，花径达10cm，在阴凉处花呈红色、粉红色、紫色或白色等，夏季开花。有部分重瓣品种用于栽培，包括**康乃馨花型系列 Carnation-flowered Series** 花色多样。**'芍药花' 'Peony Flowered'**，见321页。**'绯丽' 'Pink Beauty'** 花深红色至粉红色。**'白云' 'White Cloud'** 花大，白色。

Paper mulberry 见 *Broussonetia papyrifera*，见79页。

Paper reed 见 *Cyperus papyrus*，见307页。

Paper-bark maple 见 *Acer griseum*，见100页。

Paper-bark tree 见 *Melaleuca viridiflora* var. *rubriflora*。

Paper-bark Scented 见 *Melaleuca squarrosa*。

兜兰属 PAPHIOPEDILUM
Slipper orchid

见兰花。接触叶会造成皮肤过敏。

卷萼兜兰 *P. appletonianum*，见296页。常绿地生兰。株高8cm。耐最低温度13℃。叶卵形，有斑点，长10cm。花绿色，花径6cm，内瓣突起，唇瓣褐色，外瓣粉红色，着生在细长的花茎上，春季开花。夏季需庇荫。

巨瓣兜兰 *P. bellatulum*，见296页。常绿地生兰。株高5cm。耐最低温度18℃。叶卵形，有斑点，长8cm。几乎无花茎，花单瓣，内瓣圆形，突起；外瓣白色，径8cm，有深色条纹，春季开花。夏季需庇荫。

'蒙米赖' 兜兰 *P.* Buckhurst 'Mont Millais'，见298页。常绿地生兰。株高10cm。耐最低温度13℃。叶卵形，长10cm。花圆形，白色或黄色，径12cm，有红色的条纹和斑点，冬季开花。夏季需庇荫。

硬皮兜兰 *P. callosum*，见296页。常绿地生兰。株高8cm。耐最低温度13℃。叶卵形，有斑点，长10cm。花白色，有紫色至绿色条纹，径8cm，春夏季开花。夏季需庇荫。

曲瓣兜兰 *P. fairrieanum*，见296页。常绿地生兰。株高8cm。耐最低温度10℃。叶卵形，长8cm。花有紫色至绿色条纹，径5cm，花瓣卷曲，兜状内瓣褐色，夏季开花。夏季需庇荫。

'雀斑' 兜兰 *P.* Freckles，见296页。常绿地生兰。株高10cm。耐最低温度13℃。叶卵形，长10cm。花径10cm，兜状内瓣圆形，具白色、红色、褐色斑点，冬季开花。夏季需庇荫。

细瓣兜兰 *P. haynaldianum*，见298页。常绿地生兰。株高12cm。耐最低温度13℃。叶卵形，长20～23cm。花绿色，粉色或白色，有褐色斑点，花瓣长，径15cm，夏季开花。夏季需庇荫。

'格伦多纳' 兜兰 *P.* Lyric 'Glendora'，见297页。常绿地生兰。株高10cm。耐最低温度13℃。叶卵形，长15cm。花圆形，有光泽，白色、红色、绿色，径10cm。夏季需庇荫。

🏆**'莫迪亚' 兜兰 *P.* Maudiae**，见298页。常绿地生兰。株高10cm。耐最低温度13℃。叶卵形，具斑点，长10cm。花单瓣，苹果绿色或紫红色，径10cm，春夏在长花茎上开花。夏季需庇荫。

白花兜兰 *P. niveum*，见296页。常绿地生兰。株高5cm。耐最低温度13～18℃。叶卵形，有大理石花纹，长8cm。花白色，径4cm，春季开花。夏季需庇荫。

🏆**麻翼兜兰 *P. sukhakulii***，见298页。常绿地生兰。株高8cm。耐最低温度13℃。叶卵形，具斑点，长10cm。花绿色，具紫色条纹和黑色斑点，径8cm，春夏开放。夏季需庇荫。

秀丽兜兰 *P. venustum*，见299页。常绿地生兰。株高10cm。耐最低温度13℃。叶卵形，具斑点，长10cm。花色易变，从粉红色至橙色，有绿色条纹，深色斑点，径6cm，秋季开花。夏季需庇荫。

Papyrus 见 *Cyperus papyrus*，见307页。

Para para 见 *Pisonia umbellifera*。

Parachute plant 见 *Ceropegia sandersonii*。

Paradise palm 见 *Howea forsteriana*。

乐园百合属 PARADISEA

阿福花科／百合科 ASPHODELACEAE/LILIACEAE

多年生草本。为观赏其叶和花而栽培。耐寒。喜光照和肥沃、排水良好的土壤。春季分株繁殖，夏季播种繁殖，分株后当年不开花。

🏆**乐园百合 *P. liliastrum*** (St Bruno's lily) 多年生草本。丛生。具肉质根。株高30～60cm，冠径30cm。叶宽大，禾草状，灰绿色。花茎细长，总状花序，花碟状，白色，夏初开放。

拟长阶花属 PARAHEBE

玄参科 SCROPHULARIACEAE

多年生草本，亚灌木或灌木。常绿或半常绿。夏季开花。同长阶花属(*Hebe*)和婆婆纳属(*Veronica*)相似。适宜岩石园中栽培。耐寒。喜光照和排水良好、多泥炭沙质壤土。初春用半木质化嫩枝扦插繁殖。

🏆**拟长阶花 *P. catarractae***，见356页。

匍匐拟长阶花 *P. lyallii* 半常绿灌木。匍匐状。株高15cm，冠径20～25cm。叶卵形，有锯齿，革质。花茎直立，花簇生，疏松，扁平，白色，具粉红色条纹，初春开放。

🏆**穿叶拟长阶花 *P. perfoliata*** (Veronica perfoliata)，见286页。

拟耧斗菜属 PARAQUILEGIA

毛茛科 RANUNCULACEAE

多年生草本。丛生。花杯状，为观赏其花与蕨形叶而栽培。种植开花均较困难。喜冬季干燥冷凉的气候。适宜高山植物温室和槽中栽培。耐寒。喜全光照和排水良好的碱性沙壤土。秋季播种繁殖。

大花拟耧斗菜 *P. anemonoides* (*P. grandiflora*)，见364页。

P. grandiflora 见 *P. anemonoides*。

南洋楹属 PARASERIANTHES

豆科／含羞草科 LEGUMINOSAE/MIMOSACEAE

落叶或半常绿乔木。花和叶供观赏。叶革质。头状花序与众不同，有很多雄蕊，形似瓶刷。半耐寒，耐最低温度4～5℃。在经常下霜的地区，将半耐寒品种种植于向南或向西墙的向阳方向，不耐寒品种种于玻璃温室中。在寒冷的地区，春末之前不要在室外种植。喜光照和排水良好的土壤。春季播种繁殖。

🏆**箭羽楹 *P. lophantha*** (*Albizia distachya, A. lophantha*)，见93页。

Parasol tree, Chinese 见 *Firmiana simplex*，见68页。

Parilla, Yellow 见 *Menispermum canadense*。

重楼属 PARIS
Herb Paris

百合科／延龄草科 LILIACEAE/TRILLIACEAE

多年生草本。夏季开花。具根状茎。花后结肉质果实，种子黑色或红色。耐寒。喜阴或半阴和富含腐殖质的土壤。春季分株繁殖或秋季播种繁殖。误食会造成胃部不适。

七叶一枝花 *P. polyphylla* (*Daiswa polyphylla*) 多年生草本。直立。具根状茎。株高60～100cm，冠径达30cm。叶枝顶轮生，披针形至卵形，中绿色。花着生于细长的花茎顶端，苞片绿色，环状着生；花瓣黄绿色，环状着生，具红色斑点，柱头紫色，夏初开花。

扁轴木属（巴克豆属）PARKINSONIA

苏木科／豆科 CAESALPINIACEAE/LEGUMINOSAE

常绿灌木或乔木。春季开花。花可观赏，外表出众。耐最低温度15℃。喜光照，空气干燥和肥沃、排水良好的土壤。盆栽植株旺盛生长期需经常浇水，其他时间适量浇水。耐修剪，但易破坏自然习性。春季播种繁殖。

扁轴木 *P. aculeata* (Jerusalem thorn, Mexican palo verde) 常绿柔软灌木或乔木。茎绿色，有刺。株高和冠径均为3～6m或以上。叶线形，较长，叶轴具翅，小叶椭圆形，较小，寿命短。花芳香，5瓣，黄色，生于弯曲的总状花序上，春季开花。

Parlour palm 见 *Chamaedorea elegans*，见152页。

梅花草属 PARNASSIA

梅花草科／虎耳草科 PARNASSIACEAE/SAXIFRAGACEAE

多年生草本。莲座状。花碟状，可观赏。适宜岩石园中栽培。耐寒。喜光照和湿润土壤。秋季播种繁殖。夏季开花。

梅花草 *P. palustris*，见350页。

紫雀花属（蓝雀花属）PAROCHETUS

豆科／蝶形花科 LEGUMINOSAE/PAPILIONACEAE

多年生常绿草本。适宜高山植物温室中栽培。半耐寒。喜半阴和湿润的沙壤土。在任何季节都可以用根蘖分株繁殖。

紫雀花（蓝雀花）***P. communis***，见384页。

锦绣玉属（宝玉属）PARODIA

仙人掌科 CACTACEAE

多年生仙人掌类植物。茎球形，绿色，瘤突排列于螺旋状的棱上，花座上形成绵毛状芽。花漏斗状。耐最低温度5～10℃。喜光照或半阴和排水良好的土壤。冬季少浇水，在长期干旱条件下根易受损伤。春夏播种繁殖。

P. aprica 见 *P. concinna*。

锦绣玉 *P. chrysacanthion*，见468页。

🏆**美装玉**（河内球）***P. concinna***（*Notocactus apricus, P. aprica*）多年生仙人掌类植物。扁圆形。株高7cm，冠径10cm。耐最低温度10℃。茎淡绿色，多棱，被浓密的软刺，刺金棕色，较短。花扁平，有光泽，亮黄色，径8cm，柱头紫色，夏季顶端开花。喜半阴。

地久球（针鼠玉）***P. erinacea***（*Wigginsia vorwerkiana*），见479页。

黄雪光 *P. graessneri*（*Notocactus, graessneri*）多年生仙人掌类植物。扁圆形。生长慢。株高10cm，冠径25cm。耐最低温度10℃。茎绿色，多棱，被刚毛状金黄色刺完全覆盖，顶端微凹。花漏斗状，有光泽，黄绿色，柱头黄色，初春开放。喜半阴。

雪光 *P. haselbergii*（*Notocactus haselbergii*），见475页。

金晃球（黄翁）***P. leninghausii***（*Notocactus leninghausii*），见468页。

🏆**鬼云球**（小粒玉）***P. mammulosa***（*Notocactus mammulosus*），见477页。

宝玉 *P. microsperma*（*P. sanguiniflora*），见474页。

银玉 *P. nivosa*，见474页。

青王球 *P. ottonis*（*Notocactus ottonis*）多年生仙人掌类植物。圆球形。易变化。株高和冠径均为10cm。耐最低温度5℃。茎淡绿色至深绿色，8～12条棱，棱上有硬刺，刺金黄色，辐射状排列，中刺稍长，柔软，红色。花扁平，有光泽，金黄色，径8cm，柱头紫色，夏季于花座上开放。不定芽上多发枝。喜光照。

桃鬼球 *P. rutilans*（*Notocactus rutilans*），见471页。

P. sanguiniflora 见 *P. microsperma*。

🏆**小町**（刷毛玉）***P. scopa***（*Notocactus scopa*）（Silver ball cactus）多年生仙人掌类植物。圆球状至圆柱状。株高25cm，冠径15cm。耐最低温度10℃。茎上有30～35条棱，密被放射状刺，中刺稍长，红色，每小窠有刺3～4个。花顶生，漏斗状，有光泽，黄色，径4cm，柱头紫色，夏季开放。喜光照。

指甲草属 PARONYCHIA

石竹科 CARYOPHYLLACEAE/ILLECEBRACEAE

多年生常绿草本。匍匐状。适宜岩石园和墙面种植。极耐寒至耐寒。喜光照和排水良好的土壤。春季分株繁殖。

头状指甲草（新拟）***P. capitata*** 多年生常绿草本。匍匐状。生长旺盛。株高1cm，冠径40cm。耐寒。叶小，银白色，卵形。花不明显，被纸质苞叶包裹，夏季开花。是良好的地被植物。

蚤缀叶指甲草 *P. kapela* subsp. ***serpyllifolia***，见391页。

Parrot feather 见 *Myriophyllum aquaticum*， 见448页。

Parrot leaf 见 *Alternanthera ficoidea*。

Parrot's bill 见 *Clianthus puniceus*， 见204页。

Parrot's flower 见 *Heliconia psittacorum*， 见229页。

Parrot's plantain 见 *Heliconia psittacorum*， 见229页。

帕罗梯木属 PARROTIA

金缕梅科 HAMAMELIDACEAE

单种属。落叶乔木。因观赏其花和秋色叶而栽培。耐寒，但花芽会被严霜冻死。喜充足的光照和肥沃、湿润、排水良好的土壤，耐碱，但在酸性的土壤上颜色更好。夏季用嫩枝扦插繁殖或秋季播种繁殖。

🏆**帕罗梯木 *P. persica***，见82页。

白苞缕梅属 PARROTIOPSIS

金缕梅科 HAMAMELIDACEAE

单种属。落叶乔木或灌木。头状花序密生，被引人注目的苞片包裹。可以用作装饰。耐寒。喜光照或半阴，在任何肥力条件下都能生长，喜排水良好的土壤，但在贫瘠的石灰质土壤上生长不良。夏季用软枝扦插繁殖或秋季播种繁殖

白苞缕梅 *P. jacquemontiana* 落叶灌木或直立乔木。株高6m，冠径4m。叶金缕梅形，灰绿色，秋季变黄。花细小，簇生，具黄色雄蕊，被白色的苞片包裹，仲春至春末和夏季开放。

Parsley fern 见 *Cryptogramma crispa*，见313页。

Parson's pink china 见 *Rosa × odorata* 'Pallida'，见187页。

爬山虎属（地锦属）PARTHENOCISSUS

葡萄科 VITACEAE

落叶木质藤本。以卷须攀缘。叶在秋季变为艳丽的颜色，供观赏。卷须顶端有吸盘，附着支撑物上。花不明显，淡绿色，夏季开花。生长快。会迅速覆盖北向或东向的墙上或篱笆上，能长成大树。耐寒至半耐寒。喜阴、半阴和排水良好的土壤。夏季用嫩枝扦插繁殖或初春用硬枝扦插繁殖。浆果食用后会引起胃部轻微不适。

🏆**川鄂爬山虎 *P. henryana***（*Vitis henryana*）落叶木质藤本。以卷须攀缘。茎4棱状。株高达10m以上。耐寒。叶具3～5个小叶，小叶边缘有锯齿，卵形，长4～13cm，柔软，深绿色或青铜色，叶脉白色或粉红色。浆果小，深蓝色，秋季结果。东向或北向时叶色最好。

🏆**五叶地锦 *P. quinquefolia***（*Vitis quinquefolia*）（Five-leaved ivy，Virginia creeper）落叶木质藤本。以卷须攀缘。株高15m以上。耐寒。叶有5个卵形、带齿的小叶，灰绿色，背面色浅，秋季变深红色。浆果蓝黑色，秋季结果。是覆盖高墙和建筑物的理想植物。

P. striata 见 *Cissus striata*。

粉叶爬山虎 *P. thomsonii*（*Cayratia thomsonii, Vitis thomsonii*），见218页。

🏆**爬山虎 *P. tricuspidata***，见218页。**'洛氏' 'Lowii'** 和 **'维奇' 'Veitchii'**（*Ampelopsis veitchii*），见218页。

Partridge berry 见 *Mitchella repens*。

Partridge-breasted aloe 见 *Aloe variegata*，见464页。

Pasque flower 见 *Pulsatilla vulgaris*，见348页。

西番莲属 PASSIFLORA
Passion flower

西番莲科 PASSIFLORACEAE

常绿或半常绿木质藤本。以卷须攀缘。为观赏有特色的花而栽培。花中雄蕊环状着生。果实可食用，卵形或圆形，肉质，橙色或黄色，秋季结果。半耐寒，耐最低温度5～16℃。喜光照、半阴和肥沃、排水良好的土壤。生长旺盛时需经常浇水，其他时候少浇水。茎需要支撑。春季修剪。春季播种繁殖或夏季用半木质化嫩枝扦插繁殖。

常青西番莲 *P. × allardii*（*P.* 'Allardii'）常绿木质藤本。以卷须攀缘。生长旺盛。株高7～10m。耐最低温度7℃。叶3裂。花径7～10cm，白色，微染粉红色，顶端边缘紫色，夏秋季开放。

***P.* 'Allardii'** 见 *P. × allardii*。

🏆**哥伦比亚西番莲 *P. antioquiensis***（*Tacsonia van-volxemii*）（Banana passion fruit）常绿木质藤本。以卷须攀缘。生长快。株高5m以上。耐最低温度7℃。叶有绒毛，深裂，具3裂片。花长管状，玫瑰红色，径10～12cm，中心紫色，夏秋开放。

🏆**西番莲 *P. caerulea***，见214页。🏆**'白冠' 'Constance Elliot'** 常绿或半常绿木质藤本。以卷须攀缘。生长快。株高10m以上。耐寒。叶绿色。花碗状，芳香，白色，雄蕊浅蓝色或白色，夏秋季开放。

P. × caeruleoracemosa 见 *P. × violacea*。

'约翰·因尼斯'紫晕西番莲 *P. × caponii* 'John Innes'，见214页。

红番莲 *P. coccinea*，见205页。

🏆**艳丽西番莲 *P. × exoniensis*** 常绿木质藤本。以卷须攀缘。生长快。株高8m以上。耐最低温度7℃。叶3深裂，有绒毛。花玫瑰红色，径8cm，顶端紫色，夏秋季开放。

紫心西番莲 *P. manicata*，见217页。

🏆**绒毛西番莲 *P. mollissima***（*Tacsonia mollissima*）常绿木质藤本。以卷须攀缘。生长快。株高5m以上。耐最低温度7℃。叶有绒毛，3深裂。花长管状，粉红色，径8cm，顶端紫蓝色，夏秋季开放。

🏆**大果西番莲 *P. quadrangularis***，见215页。

🏆**总序西番莲 *P. racemosa***（Red passion flower）常绿木质藤本。以卷须攀缘。生长快。株高5m。耐最低温度15℃。叶3裂，波状，革质。总状花序，花下垂，深红色，径8～10cm，顶端白色或紫色，夏秋开放。

P. sanguinea 见 *P. vitifolia*。

🏆**紫花西番莲 *P. × violacea***（*P. × caeruleoracemosa*）常绿木质藤本。以卷须攀缘。生长旺盛。株高10m。耐最低温度7～10℃。叶3裂。花紫色，径8cm，夏秋季开放。

葡萄叶西番莲 *P. vitifolia*（*P. sanguinea*）常绿木质藤本。以卷须攀缘。株高5m。纤细的茎上有褐色毛。耐最低温度16℃。叶3裂，有光泽。花亮鲜红色，径13cm，有一短冠，边缘红色、黄色或白色，夏秋季开放。

Passion flower 见 *Passiflora*。

Blue 见 *Passiflora caerulea*，见214页。

Common 见 *Passiflora caerulea*，见214页。

Red 见 *Passiflora coccinea*，见205页；*Passiflora racemosa*。

Passion fruit, Banana 见 *Passiflora antioquiensis*。

Patagonian cypress 见 *Fitzroya cupressoides*，见106页。

澳洲鸢尾属 PATERSONIA

鸢尾科 IRIDACEAE

多年生常绿草本。春季至夏初开花。丛生。具根状茎。半耐寒。喜全光照和排水良好的轻质壤土。忌移植。秋季播种繁殖。

澳洲鸢尾 *P. umbrosa*，见421页。

败酱属 PATRINIA

败酱科 VALERIANACEAE

多年生草本。整齐，丛生。因观

赏其花而栽培。适宜岩石园和泥炭床栽培。喜半阴环境和湿润的土壤。春季分株繁殖或秋季播种繁殖。常自花授粉。

三裂败酱 *P. triloba* 多年生草本。丛生。株高20～50cm，冠径15～30cm。叶圆形，3～5裂，绿色，秋季变成金黄色。头状花序整齐，花金黄色，较小，夏季开放。

泡桐属 PAULOWNIA

玄参科 SCROPHULARIACEAE

落叶乔木。为观赏大型叶和毛地黄一样的花而栽培。花先叶开放。极耐寒至耐寒，但花芽和幼株易受严霜危害。喜光照和肥沃、排水良好的土壤。在寒冷地区栽培只能观叶。春季对幼枝进行强修剪，只留一个芽，这样叶可以长很大。春秋季播种繁殖或冬季根插繁殖

白花泡桐 *P. fortunei* 落叶乔木。枝条伸展。株高和冠径均为8m。耐寒。叶大，卵形，中绿色。花大，芳香，有紫色斑点，里面白色，外面淡紫色，春末开放。

P. imperialis 见 *P. tomentosa*。

🏆毛泡桐*P. tomentosa* (*P. imperialis*)，见77页。

粉葵属（巴氏槿属）PAVONIA

锦葵科 MALVACEAE

多数为多年生常绿灌木。夏季开花。因观赏其花而栽培。耐最低温度16～18℃。喜光照或半阴。生长旺盛时经常浇水，其他时间适量浇水。春季对长枝要进行强修剪。春季播种繁殖或夏季用嫩枝扦插繁殖。白蝇和红蜘蛛螨是主要害虫。

粉葵（巴氏槿）***P. hastata*** 常绿直立灌木。株高2～3m，冠径1～2m。叶披针形至卵形，中绿色，基部2裂。花漏斗状，淡红色至白色，基部有深色斑点，夏季开放。

Pawpaw 见 *Asimina triloba*。

崖翠木属 PAXISTIMA (PACHYSTIMA)

卫矛科 CELASTRACEAE

常绿灌木或亚灌木。冠开展。因观赏其叶而栽培。适宜作地被植物。耐寒。喜阴和富含腐殖质的湿润土壤。春季分株繁殖或夏季用半木质化嫩枝扦插繁殖。

崖翠木*P. canbyi* 常绿灌木。冠开展。株高15～30cm，冠径20cm。叶线形或椭圆形，簇生，较短。花小，绿白色，夏季开放。

Pea

Australian 见 *Lablab purpureus*，见211页。

Coral 见 *Hardenbergia violacea*。

Darling 见 *Swainsona galegifolia*。

Dusky coral 见 *Kennedia rubicunda*，见205页。

Everlasting 见 *Lathyrus grandiflorus*，见209页；*Lathyrus latifolius*，见211页，*Lathyrus sylvestris*。

Holly flame 见 *Chorizema ilicifolium*，见157页。

Lord Anson's blue 见 *Lathyrus nervosus*。

Perennial 见 *Lathyrus latifolius*，见211页；*Lathyrus sylvestris*。

Persian everlasting 见 *Lathyrus rotundifolius*。

Shamrock 见 *Parochetus communis*，见384页。

Sweet 见 *Lathyrus odoratus*。

Peace lily 见 *Spathiphyllum wallisii*，见300页。

Peach 见 *Prunus persica*。

David's 见 *Prunus davidiana*。

Peacock flower 见 *Tigridia pavonia*，见423页。

Peacock plant 见 *Calathea makoyana*，见204页。

Peanut cactus 见 *Echinopsis chamaecereus*，见475页。

Pear 见 *Pyrus*。

Callery 见 *Pyrus calleryana*。

Common 见 *Pyrus communis*。

Prickly 见 *Opuntia*。

Pearl berry 见 *Margyricarpus pinnatus*。

Pearl everlasting 见 *Anaphalis*。

红雀珊瑚属（银龙属）PEDILANTHUS

大戟科 EUPHORBIACEAE

多年生多浆植物。灌木状。夏季开花，苞片小，黄绿色、粉红色或褐色，形似鸟头。耐最低温度10～11℃。喜光照、半阴和排水良好的土壤。春夏季播种或茎插繁殖。茎和叶内有白色汁液，误食后会造成胃部不适。

红雀珊瑚（大银龙）***P. tithymaloides*** 多年生多浆植物。灌木状。株高3m，冠径30cm。耐最低温度10℃。细茎直立，"之"字形生长。叶中绿色，船形，背面叶脉突出。花顶生。苞片红色至黄绿色，夏季开花。喜半阴。**'斑叶' 'Variegata'**，见459页。

Pedunculate oak 见 *Quercus robur*。

Peepul 见 *Ficus religiosa*。

天竺葵属 PELARGONIUM *Geranium*

牻牛儿苗科 GERANIACEAE

多年生草本。夏季开花。常作一年生栽培，多数常绿。为观花而栽培，常盆栽或种植床栽培。在温暖条件下不断开花。耐最低温度2℃。开花需要12小时的光照时间。喜排水良好的中性或碱性土壤，不喜湿热环境。盆栽时经常枯梢，需经常施肥，不要过分浇水。温室越冬。秋冬季修剪至12cm以下并换盆。春秋季用嫩枝扦插繁殖。接触叶会造成皮肤过敏。

天竺葵可以分成5型，都在夏秋开花，其他花期也可开花。见246～247页。

带纹型(Zonal)叶圆形，有明显的深色环形带状纹。花单瓣（具5个花瓣）、半重瓣或重瓣。

华丽型（帝王型）**(Regal)**灌木状。叶圆形至卵形，有深锯齿。花宽喇叭状，花色奇异。室外栽培易受天气影响。

常春藤叶型(Ivy-leaved)蔓生植物，可作吊篮栽培。叶圆形，浅裂。花似带纹型天竺葵。

香叶型(Scented-leaved)及原种(species)芳香。花小，常呈不规则星状。

独特型(Unique)大亚灌木。叶形多样，芳香。花似华丽型天竺葵，单瓣，色彩绚丽，全年持续开放。

酸洋葵*P. acetosum*，见246页。原种。高50～60cm，冠径20～25cm。茎多汁液。叶肉质，绿色，边缘红色。花单瓣，深红色至粉红色。适宜温室中盆栽。

'艾伯塔'天竺葵*P.* 'Alberta'，见246页。带纹型。常绿。株高45cm，冠径30cm。花小，簇生，单瓣，深红色至白色，适宜种植床栽培。

🏆'紫晶'天竺葵*P.* 'Amethyst'，见246页。常春藤叶型。常绿。蔓生。株高和冠径均为1.5m。叶肉质，裂片有斑点。花重瓣，紫红色至紫色。

🏆'苹果花'天竺葵*P.* 'Apple Blossom Rosebud'，见246页。带纹型。常绿。株高30cm，冠径23cm。花重瓣，粉红色至白色，边缘红色，像小型玫瑰花蕾。

'秋节'天竺葵*P.* 'Autumn Festival'，见246页。华丽型。常绿。灌木状。株高和冠径均为30cm。花深红色至粉红色，有明显的白色喉部。

🏆'布雷顿'天竺葵*P.* 'Bredon'，见247页。华丽型。常绿。生长旺盛。株高45cm，冠径30cm。花大，深紫色。

'报春花'天竺葵*P.* 'Brookside Primrose'，见246页。带纹型。矮生。株高10～12cm，冠径7～10cm。叶中心有一蝴蝶状斑点。花重瓣，浅粉红色。适宜盆栽或种植床栽培。

'蝶花'天竺葵*P.* 'Butterfly Lorelei'，见246页。带纹型。株高25～30cm，冠径15～20cm。叶奇特，似蝴蝶。花重瓣，淡红色至粉红色。适宜温室中种植床栽培。

'黑叶'天竺葵*P.* 'Caligula'，见247页。带纹型。常绿。微型。株高15～20cm，冠径10cm。叶小，深绿色。花小，重瓣，深红色。适宜窗台装饰。

'卡蓬'天竺葵*P.* 'Capen'，见247页。带纹型。灌木状。株高38～45cm，冠径15～20cm。花半重瓣，粉红色。适宜盆栽。

花头洋葵*P. capitatum*，见247页。香叶型。常绿。株高30～60cm，冠径30cm。花紫红色。叶不规则3裂，有淡玫瑰香味，主要用来提炼天竺葵油。但也可盆栽。

佛肚洋葵*P. carnosum* 落叶。灌木状。茎粗，多汁液。根茎膨大，木质化。株高和冠径均为30cm。耐最低温度10℃。叶灰绿色，深裂，裂片三角形。伞状花序，花白色或黄绿色，花瓣有条纹，下部着生绿色苞片，较花瓣长。

'樱花'天竺葵*P.* 'Cherry Blossom'，见246页。带纹型。常绿。生长旺盛。株高和冠径均为45cm。花半重瓣，紫红色至粉红色，中心白色。

'法师'洋葵*P.* 'Chew Magna' 华丽型。常绿。株高30～45cm，冠径30cm。花粉红色，花瓣具酒红色斑点。

'克洛林达'天竺葵*P.* 'Clorinda'，见246页。香叶型。生长旺盛。株高45～50cm，冠径20～25cm。叶3裂，有雪松味。花大，单瓣，玫瑰红色。在大花盆中生长最好。适宜温室或庭院种植。

🏆'斑纹'皱叶天竺葵*P. crispum* 'Variegatum'，见247页。香叶型。常绿。直立。株高1m，冠径30～45cm。叶有金色斑点，叶冬季变乳白色。花小，淡紫色。

'戴尔皇后'天竺葵*P.* 'Dale Queen'，见246页。带纹型。常绿。灌木状。株高23～30cm，冠径23cm。花单瓣，深红色至粉红色。特别适宜盆栽。

🏆'多利·瓦登'天竺葵*P.* 'Dolly Varden'，见247页。带纹型。常绿。株高30cm，冠径23cm。叶绿色，具漂亮的紫褐色、白色或洋红色斑。花单瓣，鲜红色，不明显。

***P.* 'Emma Hössle'** 见 *P.* 'Frau Emma Hössle'。

'美丽爱伦'天竺葵*P.* 'Fair Ellen'，见246页。香叶型。冠紧凑。株高和冠径均为30cm。叶深绿色。花浅粉红色，有红色斑点。

🏆'春花'天竺葵*P.* 'Flower of Spring'（银叶天竺葵），见247页。带纹型。常绿。生长旺盛。株高60cm，冠径30cm。叶绿色至白色。花单瓣，红色。

P. × fragrans 见 *P.* 'Fragrans'。

芬芳洋葵*P.* 'Fragrans' (*P. × fragrans*, *P.* Fragrans Group)，见246页。香叶型。常绿。灌木状。株高和冠径均为30cm。叶灰绿色，圆形，浅裂，有强烈的松树味。花小，白色。

***P.* Fragrans Group** 见 *P.* 'Fragrans'。

'鲜亮'天竺葵*P.* 'Fraiche Beauté' (*P.* 'Fraicher Beauty')，见246页。带纹型。常绿。株高30cm，冠径23cm。花极重瓣，花色绚丽，白色，花瓣边缘有一红色细边缘，适宜盆栽。

P. **'Fraicher Beauty'**见*P.* 'Fraiche Beauté'。

🏆**'弗朗西斯·帕里特'天竺葵*P.* 'Francis Parrett'**，见246页。带纹型。常绿。短枝型。株高15～20cm，冠径10cm。叶小，绿色。花极重瓣，紫色至紫红色，适宜做窗台装饰。

'弗若埃玛云斯勒'天竺葵*P.* 'Frau Emma Hössle' (*P.* 'Emma Hössle') 带纹型。常绿。矮生。株高20～25cm，冠径15cm。花大，极重瓣，紫红色至粉红色，适宜窗台装饰。

'弗瑞斯道夫'天竺葵*P.* 'Friesdorf'，见247页。带纹型。常绿。株高25cm，冠径15cm。叶深绿色。花单瓣，花瓣窄，橙色至鲜红色。适宜窗台装饰或与其他天竺葵混植。

'金紫斑'天竺葵*P.* 'Golden Lilac Mist'，见246页。带纹型。灌木状。株高25～30cm，冠径15～20cm。叶有金黄色和青铜色斑点。花重瓣，淡紫色至粉红色。适宜窗台装饰。

'古斯塔夫·埃米克'天竺葵*P.* 'Gustav Emich'，见247页。带纹型。常绿。生长旺盛。株高和冠径均为60cm。花半重瓣，鲜红色。

🏆**'和平女神'天竺葵*P.* 'Irene'**，见247页。带纹型。常绿。株高45cm，冠径23～30cm。花大，半重瓣，深红色。

'伊瓦洛'天竺葵*P.* 'Ivalo'，见246页。带纹型。常绿。灌木状。枝短。株高23～30cm，冠径23cm。花大，半重瓣，浅粉红色，有紫红色斑点，中心白色。

'鲑色球'天竺葵*P.* 'Lachsball'，见246页。带纹型。生长旺盛。株高45～50cm，冠径15～20cm。花半重瓣，紫红色至粉红色，有鲜红色眼状斑。适宜夏季种植床栽培。

'鲑色女王'天竺葵*P.* 'Lachskönigin'，见246页。常绿天竺葵。蔓生。茎节脆弱。株高和冠径均为60cm。叶肉质，裂片先端尖。花半重瓣，深玫瑰色至粉红色。适宜作吊篮和窗台装饰。

🏆**'雅致'天竺葵*P.* 'L'Elégante'**，见247页。常春藤叶型。常绿。蔓生。株高和冠径均为60cm。叶易变化，有乳白色边缘，有时边缘粉红色。花半重瓣，淡紫红色，适宜作吊篮。

'莱斯利·贾得'天竺葵*P.* 'Leslie Judd'，见246页。华丽型。常绿。灌木状。生长旺盛。株高30～45cm，冠径30cm。花鲜红色至粉红色，中心有一红斑。开花前要摘心以控制冠形。

🏆**'梅布尔·格雷'天竺葵*P.* 'Mabel Grey'**，见247页。香叶型。常绿。株高45～60cm，冠径30～45cm。叶菱形，质地粗糙，有锯齿，强烈的柠檬香味，5～7裂，裂叶先端尖。花紫红色。

'富尼尔夫人'天竺葵*P.* 'Madame Fournier'，见247页。带纹型。常绿。短枝形。株高15～20cm，径10cm。花小，单瓣，鲜红色。叶几乎黑色，与花形成鲜明对照。常用来盆栽或夏季种植床栽培。

'马恩岛夫人'天竺葵*P.* 'Manx Maid'，见246页。华丽型。常绿。株高30～38cm，冠径25cm。花和叶小。花粉红色，有葡萄酒色花纹。

'毛里塔尼亚'天竺葵*P.* 'Mauritania'，见246页。带纹型。常绿。株高30cm，冠径23cm。花单瓣，白色，环绕中心有浅粉红色花纹。

'小瀑布'天竺葵*P.* 'Mini Cascade'，见247页。常春藤叶型。常绿。蔓生。短枝形。株高和冠径均为30～45cm。花单瓣，红色。为持续观赏需定期摘心。

'埃弗拉兹'天竺葵*P.* 'Mr Everaarts'，见246页。带纹型。灌木状。矮生。株高15～20cm，冠径10～12cm。花重瓣，亮粉红色。适宜窗台装饰。

🏆**'亨利考克斯'天竺葵*P.* 'Mr Henry Cox'** (*P.* 'Mrs Henry Cox')，见246页。带纹型。常绿。株高30cm，冠径15cm。叶中绿色，有红色、黄色和紫色的斑点。花单瓣，粉红色。

P. **'Mrs Henry Cox'**见*P.* 'Mr Henry Cox'。

'波洛克夫人'天竺葵*P.* 'Mrs Pollock'，见247页。带纹型。常绿。株高30cm，冠径15cm。叶金黄色，中心有灰绿色蝴蝶斑，斑上有青铜色条纹。花小，单瓣，橙红色。

'褶裥夫人'天竺葵*P.* 'Mrs Quilter'，见247页。带纹型。常绿。株高30cm，冠径23cm。叶黄色，有栗褐色条纹。花单瓣，粉红色。

🏆**多花系列天竺葵*P.* Multibloom Series**，见328页。带纹型。播种繁殖，单瓣花。株高25～30cm，冠径30cm。花多，白色、粉红色或红色，部分品种有白色眼状斑，簇生，花期很长。能忍受潮湿的环境。

'橙王'天竺葵*P.* 'Orange Ricard'，见247页。带纹型。常绿。生长旺盛。株高45～60cm，冠径30cm。花大，半重瓣，橘红色，成簇开放。

轨迹系列天竺葵*P.* Orbit Series 带纹型。常绿。生长慢。灌木状，作一年生栽培。株高和冠径均为30～60cm。叶圆形，开裂，中绿色，有青铜色或红色条带。花大，圆顶，头状花序，单瓣，杂色，包括白色、粉红色、红色和橙色，见321页。

🏆**'佩顿极品'天竺葵*P.* 'Paton's Unique'**，见247页。独特型。生长旺盛。株高38～45cm，冠径15～20cm。叶有刺激性气味。花单瓣，红色或浅粉红色，每瓣上有一小眼状斑点。

'保罗·汉弗莱'天竺葵*P.* 'Paul Humphries'，见247页。带纹型。常绿。灌木状。冠紧凑。株高30cm，冠径23cm。花极重瓣，深酒红色。适宜盆栽。

蔓性天竺葵（盾叶天竺葵）***P. peltatum*** 常绿。蔓生。茎节脆弱，常春藤叶型天竺葵为其栽培变种。株高和冠径均为1.5m。叶肉质，裂片有斑点。花单瓣，紫红色或白色。适宜作吊篮栽培或窗台装饰。

'波尔卡'天竺葵*P.* 'Polka'，见247页。独特型。生长旺盛。株高45～50cm，冠径20～25cm。花半重瓣，上层花瓣橙红色，具斑点，有深紫色毛，下层花瓣鲜红色至橙红色。

'橙亲王'天竺葵*P.* 'Prince of Orange'，见247页。香叶型。株高25～30cm，冠径15～20cm。小叶圆形，有橘子味。花单瓣，紫红色。适宜室内盆栽。

'紫皇'天竺葵*P.* 'Purple Emperor'，见246页。华丽型。常绿。株高45cm，冠径30cm。花粉红色至紫红色，中心色较深，花期延续至秋季。

'品紫'天竺葵*P.* 'Purple Unique'，见247页。独特型。常绿。生长旺盛。冠直立，灌木状。株高和冠径均为1m以上。叶圆形，裂片大，芳香。花单瓣，喇叭状，淡紫色。在向阳的墙下生长良好。

'奇紫'天竺葵*P.* 'Purple Wonder'，见247页。带纹型。生长旺盛。株高38～45cm，冠径20～25cm。花半重瓣，樱桃紫色。适宜花园或温室盆栽。

'富贵'天竺葵*P.* 'Rica'，见246页。带纹型。灌木状。株高30～38cm，冠径15～20cm。花半重瓣，深玫瑰色至粉红色，有一白色眼状斑，适宜窗台装饰或温室盆栽。

'披肩'天竺葵*P.* 'Robe'，见247页。带纹型。生长旺盛。株高38～45cm，冠径15～20cm。花半重瓣，樱桃色至深红色。适宜温室盆栽或种植床栽培，可以用作展览。

'罗里森极品'天竺葵*P.* 'Rollisson's Unique'，见247页。独特型。常绿。灌木状。株高60cm以上，冠径30cm。叶卵形，顶端凹陷，有刺激气味。花小，单瓣，喇叭状，酒红色，有紫色条纹。

'转花'天竺葵*P.* 'Rouletta'，见247页。常春藤叶型。常绿。蔓生。生长旺盛。株高和冠径均为60cm～1m。花半重瓣，红色或白色。需经常修剪生长枝以控制冠形。

🏆**'皇栎天竺葵'*P.* 'Royal Oak'**，见247页。香叶型。常绿。灌木状。冠紧凑。株高38cm，冠径30cm。叶有粘性，似橡树，芳香，深绿色，中心有褐色斑点。花小，紫红色至粉红色。

'丽海伦娜'天竺葵*P.* 'Schöne Helena'，见246页。带纹型。常绿。株高30～45cm，冠径23cm。花多，花大，半重瓣，鲜红色至粉红色。

'短期系列'天竺葵*P.* 'Sprinter Series' 带纹型。常绿。生长慢。多分枝，灌木状。作一年生栽培。株高和冠径均为30～60cm。叶圆形，开裂，淡绿色至中绿色。头状花序圆顶，较大，花单瓣，红色，经常开放。

'塔维拉'天竺葵*P.* 'Tavira'，见247页。常绿。蔓生。茎节脆弱。株高和冠径均为30～40cm。叶肉质，裂片有斑点。花单瓣，樱桃红色，可作吊篮。

🏆**'野猪'天竺葵*P.* 'The Boar'**，见246页。常绿。蔓生。株高和冠径均为60cm。叶与众不同，5裂，顶端凹陷，中心有深褐色斑点。花柄长，单瓣，鲜红色至粉红色。可作吊篮。

'蒂莫西·克里福德'天竺葵*P.* 'Timothy Clifford'，见246页。带纹型。常绿。短枝型。株高15～20cm，冠径10cm。叶深绿色。花重瓣，鲜红色至粉红色。适宜窗台装饰。

🏆**'顶尖双色'天竺葵*P.* 'Tip Top Duet'**，见247页。华丽型。常绿。灌木状，分枝较多。株高30～38cm，冠径25cm。叶和花相对较小。花白色，微染粉红色，顶端花瓣有深葡萄酒色斑点。

🏆**薄荷天竺葵**（密毛洋葵）***P. tomentosum*** (Peppermint geranium)，见247页。香叶型。常绿。灌木状。株高30～60cm，冠径1m。叶大，圆形，浅裂，柔软，灰绿色，有强烈的薄荷油味。花小，簇生，白色。修剪生长枝以控制冠。忌全光照。

🏆**影像系列天竺葵*P.* Video Series** 带纹型。常绿。生长慢。分枝多，灌木状。叶深绿色。头状花序圆顶状，花单瓣，白色、粉红色或红色。

🏆**'伏都'天竺葵*P.* 'Voodoo'**，见247页。独特型。株高50～60cm，冠径20～25cm。花单瓣，浅葡萄酒色，每个花瓣上有一紫黑色斑点。适宜温室盆栽。

Pelican flower 见 *Aristolochia grandiflora*。

旱蕨属 PELLAEA

铁线蕨科 ADIANTACEAE

落叶、半常绿或常绿蕨类。半耐寒，耐最低温度5℃。喜半阴和湿润但排水良好的沙质壤土。定期摘除枯叶。夏季孢子繁殖。

暗紫旱蕨 *P. atropurpurea* (Purple rock brake, Purple-stemmed cliff brake) 常绿或半常绿蕨类。株高30cm，冠径30cm。不耐寒。叶小，窄披针形，有分裂，裂叶钝，长椭圆形，黑绿色，略呈紫色。

🏆**纽扣蕨 *P. rotundifolia*** (Button fern) 常绿蕨类。株高15cm，冠径15cm。不耐寒。叶小，窄披针形，有分裂，裂叶黑绿色，圆形。

Pellionia 重新归入 *Elatostema*。

Peltiphyllum 重新归入 *Darmera*。

Pencil cedar 见 *Juniperus virginiana*。

Pendent silver lime 见 *Tilia* 'Petiolaris'，见68页。

Pendulous sedge 见 *Carex pendula*，见309页。

狼尾草属 PENNISETUM

禾本科 GRAMINEAE/POACEAE

见禾草类、竹类、灯心草类和莎

草类植物。

狼尾草 ***P. alopecuroides*** (*P. compressum*) (Chinese fountain grass) 多年生草本。簇生。株高1m，冠径45cm。耐寒。叶窄，中绿色，叶鞘顶端具柔毛。柱状圆锥花序，弓形，花序上装饰性刚毛紫色，经冬不凋，夏末开花。

P. compressum 见 *P. alopecuroides*。

P. longistylum 见 *P. villosum*。

P. rueppellii 见 *P. setaceum*。

🏆**牧地狼尾草** ***P. setaceum*** (*P. rueppellii*) (African fountain grass) 多年生草本。簇生。株高1m，冠径45cm。耐寒。叶和茎极粗糙，中绿色。柱状圆锥花序，紧密，铜红色，花序上装饰性刚毛须状，经冬不凋，夏季开花。

长毛狼尾草 ***P. villosum*** (*P. longistylum*)，见307页。

Penny-cress, Alpine 见 *Thlaspi alpinum*。

钓钟柳属（五蕊花属） PENSTEMON

玄参科 SCROPHULARIACEAE

一年生、多年生草本，亚灌木或灌木。大多数常绿或半常绿。极耐寒至不耐寒。喜光照充足环境和肥沃、排水良好的土壤。春秋季播种繁殖，仲夏用无花的软枝或半木质化嫩枝扦插繁殖。栽培品种只能扦插繁殖。见248页。

🏆**'爱丽丝·辛德里' 钓钟柳** ***P.* 'Alice Hindley'**，见248页。多年生半常绿草本。株高90cm，冠径45cm。耐寒。叶大，线形或披针形，中绿色。花管状或钟状，淡紫蓝色，内白色，外淡紫红色，仲夏至初秋或仲秋开花。

🏆**'和平'钓钟柳** ***P.* 'Andenken an Friedrich Hahn'** (*P.* 'Garnet')，见248页。多年生半常绿草本。生长旺盛。株高60～75cm，冠径60cm。耐寒。叶狭长，鲜绿色。花深绿色，管状，簇生成小花枝，仲夏至秋季开花。

🏆**'苹果花'钓钟柳** ***P.* 'Apple Blossom'**，见248页。多年生半常绿灌木。株高60cm，冠径60cm。耐寒。叶前部狭窄，鲜绿色。花粉红色，管状，簇生成小花枝，仲夏开放。

髯毛钓钟柳 ***P. barbatus*** (*Chelone barbata*) 多年生常绿草本。基生莲座状。株高1m，冠径30cm。耐寒。叶中绿色，长方形或椭圆形。仲夏至初秋开花，总状花序微下垂，花管状，2唇裂，玫瑰红色，花柄自莲座中抽出。

***P.* 'Barbara Barker'** 见 *P.* 'Beech Park'。

🏆**'山毛榉公园'钓钟柳** ***P.* 'Beech Park'** (*P.* 'Barbara Barker')，见248页。多年生半常绿草本。株高60cm，冠径60cm。耐寒。叶线形，亮绿色。花鲜紫红色或白色。

***P.* 'Burford seedling'** 见 *P.* 'Burgundy'。

***P.* 'Burford White'** 见 *P.* 'White Bedder'。

'红葡萄酒' 钓钟柳 ***P.* 'Burgundy'** (*P.* 'Burford Seedling')，见248页。多年生半常绿草本。生长健壮。株高1.2m，冠径60cm。耐寒。叶线形，亮绿色。花紫红色，花冠筒白色，具深红色条纹。

钓钟柳（钟铃花） ***P. campanulatus*** (*P. pulchellus*) 多年生半常绿草本。直立。株高30～60cm，冠径30cm。耐寒。叶披针形，中绿色，具锯齿。总状花序较长，花钟状，黑紫色、紫色，偶尔白色，初夏开放。

蔓钓钟柳 ***P. cardwellii***，见248页。常绿亚灌木。蔓生。有时具气生根。株高和冠径均为30～50cm。极耐寒。叶中绿色，椭圆形，具细锯齿。总状花序长，花管状至漏斗状，深紫色，初夏开放。

🏆**'切斯特绯红' 钓钟柳** ***P.* 'Chester Scarlet'**，见248页。多年生半常绿草本。株高90cm，冠径90cm。耐寒。叶窄披针形，亮绿色。花大，鲜红色。

乳黄蔓钓钟柳 ***P. confertus*** 多年生半常绿草本。整齐，丛生。株高45cm，冠径30cm。耐寒。叶长，披针形，中绿色。穗状花序，花乳黄色，初夏开放。

'达尔基斯伯爵' 钓钟柳 ***P.* 'Countess of Dalkeith'**，见248页。多年生半常绿草本。直立。株高1m，冠径60cm。耐寒。叶线形，亮绿色。花大，深紫色，花冠筒纯白色。

革叶五蕊花 ***P. davidsonii*** 常绿匍匐灌木。株高8cm以上，冠径15cm以上。耐寒。春末至夏初开花，花紫色至宝石红色，漏斗状，具向前突出的唇，腋生。叶小，椭圆形至圆形，革质。花后修剪。subsp. ***menziesii*** 见 *P. menziesii*。

P. diffusus 见 *P. serrulatus*。

🏆**'伊伏琳' 钓钟柳** ***P.* 'Evelyn'**，见248页。多年生半常绿草本。灌木状。株高45cm，冠径45cm。耐寒。叶宽披针形，中绿色。总状花序，花小，管状，粉红色，仲夏开放。

***P.* 'Firebird'** 见 *P.* 'Schoenholzeri'

灌木钓钟柳 ***P. fruticosus*** 常绿亚灌木。直立。茎基部木质化。株高15～30cm，冠径15～30cm。耐寒。叶披针形至椭圆形，具锯齿。初夏开花，花呈漏斗状，唇形，淡紫蓝色。适于岩石园配植。花后修剪。🏆**紫花灌木钓钟柳** subsp. ***scouleri*** (*P. scouleri*) 花浅紫色或深紫色。🏆**白花灌木钓钟柳** subsp. ***scouleri*** f. ***albus*** (*P. scouleri* f. *albus*)，见248页。花白色。

***P.* 'Garnet'** 见 *P.* 'Andenken an Friedrich Hahn'。

🏆**艳红钓钟柳** ***P. hartwegii*** 多年生半常绿草本。直立。株高60cm以上，冠径30cm。耐寒。小枝轻微下垂。叶披针形，亮绿色。花管状至钟状，鲜红色，仲夏至夏末开放。

异叶钓钟柳 ***P. heterophyllus*** (Foothill penstemon)，见248页。常绿亚灌木。株高30～50cm，冠径30～50cm。极耐寒。叶线形至披针形，全缘，中绿色或蓝绿色。总状花序，花管状或漏斗状，蓝色，略带粉红色。**'纯蓝' 'True Blue'** 叶淡绿色。花蓝色，着生在较短的侧枝上。花后修剪，适于岩石园配植。

硬毛五蕊花 ***P. hirsutus*** 常绿亚灌木。冠开张。寿命短。株高60～100cm，冠径30～60cm。耐寒。叶卵形，深绿色。花管状，唇形，紫色或白色，带蓝色晕，夏季开放。适宜岩石园配植。**矮硬毛五蕊花** var. ***pygmaeus***，见380页。

🏆**同叶钓钟柳** ***P. isophyllus***，见163页。

🏆**'莫里斯·吉布斯' 钓钟柳** ***P.* 'Maurice Gibbs'**，见248页。多年生半常绿草本。株高90cm，冠径60cm。叶披针形，亮绿色。花紫红色，花冠筒白色。

🏆**圆叶五蕊花** ***P. menziesii*** (*P. davidsonii* subsp. *menziesii*) 常绿灌木。匍匐状。株高5cm，冠径20cm。耐寒。叶小，圆形，具锯齿。花漏斗状，淡紫蓝色，春末至夏初开花。

🏆**山钓钟柳** ***P. newberryi*** (Mountain pride) 常绿灌木。丛生。株高15～20cm，冠径30cm。耐寒。叶小，椭圆形，革质，深绿色。初夏开花，花簇生，管状，唇形，深玫瑰红色。花后修剪。适宜岩石园中栽培。**矮钓钟柳** f. ***humilior***，见354页。

🏆**'彭宁顿宝石' 钓钟柳** ***P.* 'Pennington Gem'**，见248页。多年生半常绿草本。生长旺盛。株高1m，冠径45cm。耐寒。叶狭窄，鲜绿色。花簇生，管状，粉红色，仲夏至秋季开放。

🏆**松叶钓钟柳** ***P. pinifolius***，见354页。**'墨西黄' 'Mersea Yellow'** 常绿亚灌木。株高10～20cm，冠径25cm。多分枝。叶小，深绿色。顶生穗状花序，松散，花窄管形，深黄色，夏季开放。

长枝钓钟柳 ***P. procerus*** 多年生半常绿草本。直立。株高50cm，冠径20cm。耐寒。叶椭圆形至披针形。细穗状花序，花漏斗状，蓝紫色，夏季开放。适生于岩石园。

P. pulchellus 见 *P. campanulatus*。

***P.* 'Royal White'** 见 *P.* 'White Bedder'。

🏆**红花钓钟柳** ***P.* 'Rubicundus'**，见248页。多年生半常绿草本。直立。株高1.2m，冠径60cm。耐寒。叶线形，亮绿色。花大，亮红色，花冠筒白色。

🏆**岩生五蕊花** ***P. rupicola*** 常绿灌木。匍匐状。株高5cm，冠径15cm。耐寒。叶圆形或椭圆形，肉质，蓝灰色。花易变，漏斗状，淡红色至深红色，夏季开花。适生于岩石园。播种较困难。

🏆**'火鸟' 钓钟柳** ***P.* 'Schoenholzeri'** (*P.* 'Firebird')，见248页。多年生半常绿草本。直立。生长旺盛。株高1m，冠径30～45cm。耐寒。叶披针形至狭卵形，中绿色。总状花序，花喇叭状，鲜红色，仲夏至秋季开放。

P. scouleri 见 *P. fruticosus* subsp. *scouleri*。f. ***albus*** 见 *P. fruticosus* subsp. *scouleri* f. *albus*。

细齿钓钟柳 ***P. serrulatus*** (*P. diffusus*)，见355页。

'六小山' 五蕊花 ***P.* 'Six hills'** 常绿灌木。匍匐状。株高5cm，冠径15cm。耐寒。叶圆形，肉质，灰绿色。花顶生，漏斗状，淡紫色，夏季开放。适宜岩石园中栽培。

***P.* 'Snow Storm'** 见 *P.* 'White Bedder'。

'酸葡萄' 钓钟柳 ***P.* 'Sour Grapes'**，见248页。多年生半常绿草本。株高90cm，冠径60cm。叶窄披针形，亮绿色。花深蓝紫色，带紫罗蓝色。

🏆**'斯泰普尔福德宝石' 钓钟柳** ***P.* 'Stapleford Gem'**，见248页。多年生半常绿草本。株高达60cm，冠径45cm。极耐寒。叶较大，线形至披针形，中绿色。花大，管状至铃状，淡紫色，上唇瓣粉红色至淡紫色，下唇瓣和花冠筒白色，具粉红色条纹，仲夏至初秋或仲秋开放。

🏆**'嵌玉' 钓钟柳** ***P.* 'White Bedder'** (*P.* 'Burford White', *P.* 'Royal White', *P.* 'Snow Storm')，见248页。多年生半常绿草本。开花多。株高70cm，冠径60cm。耐寒。叶线形，鲜绿色。花白色，花药黑色。

核果尖苞木属 PENTACHONDRA

尖苞木科 EPACRIDACEAE

常绿灌木。枝开展。叶与石南叶相似。耐寒。喜光照和沙质、湿润的泥炭土。在炎热，干旱地区难以生长。春季块根繁殖，夏季用半木质化嫩枝扦插繁殖或秋季播种繁殖。

核果尖苞木 ***P. pumila*** 常绿灌木。丛生。冠密集。株高3～10cm，冠径30cm以上。叶长椭圆形至狭卵形，紫绿色。花小，管状，白色，裂片反卷，初夏开放。果小，球形，橙黄色。很少栽培。

Pentapterygium 重新归入 *Agapetes*。

五星花属 PENTAS

茜草科 RUBIACEAE

主要为多年生常绿灌木。因观赏其花而栽培。耐最低温度10～15℃。喜光照或半阴和肥沃、排水良好的土壤。生长期需大量浇水，其他时间适量浇水。冬季需强修剪。夏季用软枝扦插繁殖或秋季播种繁殖。易生粉虱。

P. carnea 见 *P. lanceolata*。

五星花 ***P. lanceolata*** (*P. carnea*)，见163页。

Peony 见 *Paeonia*。

Majorcan 见 *Paeonia cambessedesii*，见 237 页。

Tree 见 *Paeonia potaninii*。

豆瓣绿属（椒草属）PEPEROMIA

胡椒科 PIPERACEAE

一年生或多年生常绿草本。耐最低温度 10℃。喜光照或半阴环境，适宜泥炭混合土壤中生长，浇水不易过多。春夏季分株繁殖或播种繁殖，或用枝、叶扦插繁殖。

西瓜皮椒草（瓜皮椒草）***P. argyreia*** (*P. sandersii*)(Watermelon plant) 多年生常绿草本。灌木状。株形紧凑。株高 20cm，冠径 20cm。叶卵形，肉质，墨绿色，具白色条纹，长 10cm 以上，叶柄红色。花不明显。

皱叶椒草 *P. caperata*，见 300 页。

琴叶椒草 *P. clusiifolia* (Baby rubber plant)多年生常绿草本。枝红绿色，有的呈匍匐状。株高达 20cm，冠径 25cm。叶长卵形，肉质，长 8～15cm，墨绿色，叶边缘红色。花不明显。**'五彩' 'Variegata'** 叶边缘淡黄红色。

玲珑椒草 *P. glabella*，见 305 页。

银叶椒草 *P. griseoargentea* (*P. hederifolia*) (Ivy peperomia, Silver-leaf peperomia) 多年生常绿草本。生长旺盛。株高达 15cm，冠径 20cm。叶卵形，肉质，长 5cm 以上，叶基部心形，表面绿色，具银白色光泽。花不明显。

P. hederifolia 见 *P. griseoargentea*。

P. magnoliifolia 见 *P. obtusifolia*。

云纹椒草 *P. marmorata*，见 304 页。

铜红椒草 *P. metallica* 多年生常绿草本。多分枝，枝直立，红绿色。株高 15cm，冠径 15cm。叶长卵形，黑绿色，长达 2.5cm，有金属光泽，表面中脉较宽，灰白色，背面叶脉红绿色。花不明显。

P. nummulariifolia 见 *P. rotundifolia*。

钝叶椒草（钝头椒草，圆叶椒草）***P. obtusifolia*** (*P. magnoliifolia*)(Pepper face) 多年生常绿草本。株高 25cm，冠径 25cm。叶革质，淡绿色。穗状花序，白色。**'金边' 'Green and Gold'** 叶绿色，边缘金黄色。**'花叶'**（乳纹椒草）**'Variegata'**，见 305 页。

圆叶豆瓣绿 *P. rotundifolia* (*P. nummulariifolia*) 多年生常绿草本。匍匐状。株高 5～8cm，冠径 30cm 以上。茎纤细。叶微小，圆形，肉质，亮绿色，宽 1cm。花不明显。是吊篮的常用材料。

红茎椒草 *P. rubella* 多年生常绿草本。茎直立，红色，多分枝。株高和冠径均为 15cm。叶 4 枚轮生，长卵形，长 1cm，肉质，表面墨绿色，背面深红色。花不明显。

P. sandersii 见 *P. argyreia*。

蔓椒草 *P. scandens* (Cupid peperomia) 多年生常绿草本。攀缘或蔓生。茎粉绿色。株高和冠径均为 1m。叶卵形，突尖，肉质，长 5cm 以上，蜡白色或亮绿色。花不明显。

Peperomia

Cupid 见 *Peperomia scandens*。

Ivy 见 *Peperomia griseoargentea*。

Silver-leaf 见 *Peperomia griseoargentea*。

Pepper

Japan 见 *Zanthoxylum piperitum*，见 145 页。

Mountain 见 *Drimys lanceolata*。

Ornamental 见 *Capsicum annuum*。

Pepper-bush, sweet 见 *Clethra alnifolia*。

Pepper face 见 *Peperomia obtusifolia*。

Peppermint geranium 见 *Pelargonium tomentosum*，见 247 页。

Peppermint tree 见 *Agonis flexuosa*，见 90 页。

Pepper-tree 见 *Pseudowintera axillaris*。

Californian 见 *Schinus molle*。

Peruvian 见 *Schinus molle*。

Père David's maple 见 *Acer davidii*。

Perennial pea 见 *Lathyrus latifolius*，见 211 页；*Lathyrus sylvestris*。

木麒麟属（虎刺属）PERESKIA

仙人掌科 CACTACEAE

落叶仙人掌类植物。部分攀缘。叶肉质。茎木质，绿色或褐色。被认为是仙人掌类最原始的属，有真正的叶，以区别于本科其他植物。耐最低温度 5～10℃。喜光照和排水良好的土壤。夏季水分适中。春夏季用枝条扦插繁殖。

木麒麟（虎刺）***P. aculeata***，见 457 页。**'锦叶' 木麒麟 'Godseffiana'** (*P. a*. var. *godseffiana*) 落叶仙人掌。速生。初直立，后呈攀缘状。株高达 10m，冠径 5m。耐最低温度 5℃。叶宽卵形，微肉质，橙褐色，背面通常紫色，叶长 9cm，老叶绿色有光泽。花茎短，单生，玫瑰形，淡黄色，中心菊黄色，径 5cm，秋季开放。株高 1m 以上的植株才能成花。秋季主干需重修剪。

大叶木麒麟 *P. grandifolia* (*Rhodocactus grandifolius*)，见 458 页。

瓜叶菊属 PERICALLIS

菊科 ASTERACEAE/COMPOSITAE

多年生草本或亚灌木，有时作一年生栽培。因观赏其花而栽培。花雏菊状，头状花序。耐最低温度 5℃。喜光照或半阴和肥沃、排水良好的土壤。春季至仲夏播种繁殖。

瓜叶菊 *P.* × *hybrida* (*Cineraria cruentus* of gardens, *C.* × *hybridus*, *Senecio* × *hybridus*)(Cineraria) 常绿多年生草本。冠丘状或圆顶状，缓生。株高 45～60cm，冠径 25～60cm。培育品种可作为二年生栽培。半耐寒。叶卵形，有锯齿，中绿色至深绿色。头状花序，花大，雏菊状，单瓣、半重瓣或重瓣，蓝色、红色、粉红色或白色，有时二色，冬季或春季开放。**'布里兰特' 'Brilliant'** 头状花序，花大，白色、蓝色、深红色、红褐色、粉红色和双色的混合色。**'皇族' 'Royalty'** 开花晚，头状花序，花天蓝色、樱桃红色、淡紫色和双色，具白色眼状斑点。**'春辉' 'Spring Glory'**，见 332 页。**'星战' 'Star Wars'** 株高 15cm，冠径 20cm。株形紧凑。头状花序，花为白色、蓝色、玫瑰粉色、洋红色和紫色的混合色。为小容器种植的理想材料。

紫苏属 PERILLA

唇形科 LABIATAE/LAMIACEAE

一年生草本。因观赏其叶而栽培。半耐寒。喜光照和肥沃、排水良好的土壤。为保持丛生株形应在植物生长幼期摘心。初春温室播种繁殖。

紫苏 *P. frutescens* 一年生草本。生长快。直立。株高 60cm，冠径 30cm。叶卵形，有锯齿，芳香，紫红色。穗状花序，花小，管状，白色，夏季开放。

杠柳属 PERIPLOCA

萝藦科 ASCLEPIADACEAE

落叶或常绿攀缘藤本。因观赏其叶而栽培。茎富含乳汁。耐寒。喜光照和排水良好的土壤。春季播种繁殖或夏季用半木质化嫩枝扦插繁殖。误食果实或树液会引起胃痛。

希腊杠柳 *P. graeca* (Silk vine) 落叶攀缘藤本。株高达 9m。叶卵形，有光泽，长 2.5～5cm。花 8～12 个簇生，黄绿色，内部紫褐色，每朵花五裂，夏季开花。蓇葖果长圆柱状，几对聚集一起，长 12cm，有翅。种子丛生。花具异味。

观音草属 PERISTROPHE

爵床科 ACANTHACEAE

多年生常绿草本或亚灌木。因观赏其花而栽培。耐最低温度 15℃。喜光照、半阴和排水良好的土壤。冬季不宜浇水过多。春夏季扦插繁殖。

P. angustifolia 见 *P. hyssopifolia*。

爪哇观音草 *P. hyssopifolia* (*P. angustifolia*) 多年生常绿草本。株高达 60cm，冠径 1～1.2m。叶宽披针形，顶端尾尖，叶长 8cm。花管状，簇生，深玫瑰红色，冬季开花。**'黄斑' *Aureovariegata***，见 267 页。

Periwinkle 见 *Vinca*。

Greater 见 *Vinca major*。

Lesser 见 *Vinca minor*，见 176 页。

Rose 见 *Catharanthus roseus*，见 160 页。

Pernettya mucronata 见 *Gaultheria mucronata*。

Pernettya prostrata 见 *Gaultheria myrsinoides*。

Pernettya pumila 见 *Gaultheria pumila*。

Pernettya tasmanica 见 *Gaultheria tasmanica*。

分药花属 PEROVSKIA

唇形科 LABIATAE/LAMIACEAE

落叶亚灌木。因观赏其芳香的灰绿色叶和蓝色花而栽培。极耐寒。喜光照充足、喜排水良好的土壤。春季将植株从基部剪除促进生长。春末用软枝扦插繁殖。

滨藜分药花 *P. atriplicifolia* 落叶亚灌木。直立。株高 1.2m，冠径 1m。茎灰白色。叶狭卵形，具粗锯齿。花蓝紫色，二唇形，花穗细长，夏末至仲秋开花。

'蓝塔' 分药花 *P.* 'Blue Spire'，见 168 页。

杂种分药花 'Hybrida' 落叶亚灌木。直立。株高 1m，冠径 75cm。叶卵形，具齿或深裂。花长圆锥状，二唇形，淡紫色，夏末至仲秋开花。

Perry's weeping silver holly 见 *Ilex aquifolium*, 'Argentea Marginata Pendula'，见 98 页。

Persian buttercup 见 *Ranunculus asiaticus*，见 421 和 423 页。

Persian everlasting pea 见 *Lathyrus rotundifolius*。

Persian ironwood 见 *Parrotia persica*，见 82 页。

Persian ivy 见 *Hedera colchica*。

Persian lilac 见 *Melia* azedarach，见 76 页；*Syringa* × *persica*，见 120 页。

Persian stone cress 见 *Aethionema grandiflorum*，见 352 页。

Persian violet 见 *Exacum affine*，见 331 页。

蓼属（狭义）PERSICARIA
Knotweed

蓼科 POLYGONACEAE

一年生草本。有时为侵入性多年生草本。稀常绿、半常绿或落叶亚灌木。秋季观叶色。花序穗状或圆锥状，花小持久，白色、粉红色或红色。极耐寒。喜光照、半阴和湿润土壤。春季播种繁殖，也可在春夏季分株繁殖。触摸会感到皮肤不舒服，误食树汁会导致胃痛。

密穗蓼 *P. affinis* (*Polygonum affine*) 多年生常绿草本。丛生。株高 15～30cm，冠径 30cm 以上。极耐寒。茎粗壮。叶小，披针形，绿色，有光泽，冬季变为红铜色。穗状花序，花小，稠密，漏斗状，玫瑰红色，后褪为粉白色，仲夏至仲秋开花。适宜河畔或岩石园配植。🏆‘大吉岭红’ 'Darjeeling Red' 株高20～25cm。穗状花序长，花深红色。🏆‘唐纳德·朗兹’ 'Donald Lowndes'，见376页。

两栖蓼 *P. amplexicaulis* (*Polygonum amplexicaule*)多年生草本。多叶。丛生。株高1.2m，冠径1.2m。极耐寒。叶卵形至心形，中绿色。穗状花序，花多而小，红色，夏秋开花。🏆‘火尾’ 'Firetail'，见249页。

拳参 *P. bistorta* (*Polygonum bistorta*)(Bistort)。🏆‘极品’ 'Superba'，见243页。

钟花蓼 *P. campanulata* (*Polygonum campanulatum*)，见259页。

头花蓼 *P. capitata* (*Polygonum capitatum*) 多年生草本。株形紧密。冠开张。株高5cm，冠径15～20cm。耐寒。叶小，卵形，绿色有黑色斑点。头状花序小，花粉红色，夏季开花。适宜岩石园或河畔栽培。

圆穗蓼 *P. macrophylla* (*P. sphaerostachya, Polygonum macrophyllum; P. sphaerostachyum*)，见279页。

大海蓼 *P. milletii* (*Polygonum milletii*)多年生草本。株形紧密。株高60cm，冠径60cm。极耐寒。叶披针形，中绿色。长穗状花序，花深红色，仲夏至初秋开花。

P. sphaerostachya 见 *P. macrophylla*。

🏆**越橘叶蓼 *P. vacciniifolia*** (*Polygonum vacciniifolium*)，见387页。

‘彩斑’维州蓼 *P. virginiana* 'Painter's Palette' (*Polygonum virginianum* 'Painter's Palette'; *Tovara virginiana* 'Painter's Palette')，见290页。

Persimmon 见 *Diospyros kaki*。

Chinese 见 *Diospyros kaki*。

Peruvian daffodil 见 *Hymenocallis narcissiflora*，见420页。

Peruvian mastic tree 见 *Schinus molle*。

Peruvian old-man cactus 见 *Espostoa lanata*，见457页。

Peruvian pepper-tree 见 *Schinus molle*。

蜂斗叶属 PETASITES

菊科 ASTERACEAE/COMPOSITAE

多年生草本。具侵入性。栽培为观叶或作地被植物。极耐寒。喜光照、耐阴和湿润、排水良好的土壤。春秋季分株繁殖。

香蜂斗叶*P. fragrans* (Winter heliotrope)多年生草本。冠开张。具侵入性。株高23～30cm，冠径1.2m。叶圆形至心形，黑绿色。头状花序，花小，有香草味，雏菊状，粉白色，冬末先叶开花。

蜂斗叶(蜂斗菜) ***P. japonicus***，见274页。

蓝花藤属 PETREA

马鞭草科 VERBENACEAE

常绿灌木或缠绕木质藤本。因观赏其花而栽培。耐最低温度13～15℃。喜光照和肥沃、排水良好的土壤。生长期适度浇水，非生长期少浇水。需支撑。春季生长稠密时应疏枝与短截。夏季用半成熟嫩枝扦插繁殖。易生粉蚧和粉虱。

蓝花藤 *P. volubilis*，见206页。

石蝴蝶属 PETROCOSMEA

苦苣苔科 GESNERIACEAE

多年生常绿草本。具根状茎。耐最低温度2～5℃。喜阴凉环境和排水良好的泥炭土壤。初春播种繁殖或初夏用带叶的插条扦插繁殖。

滇泰石蝴蝶 *P. kerrii*，见374页。

Petrophyton 重新归入 *Petrophytum*。

岩绣线菊属 PETROPHYTUM (PETROPHYTON)

蔷薇科 ROSACEAE

常绿灌木。为观花而栽培。穗状花序，花小，密被绒毛，夏季开花。在高山植物温室生长良好。极耐寒。喜光照和排水良好的碱性沙壤土。栽培比较困难。夏季软枝或半木质化嫩枝扦插繁殖，也可在秋季播种繁殖。在炎热的夏季易生蚜虫和红蜘蛛螨。

岩绣线菊 *P. caespitosum* 常绿灌木。茎匍匐。株高5～8cm，冠径10～15cm。叶簇生，较小，匙形，有毛，蓝绿色。穗状花序，圆锥状，花梗长2cm，花小，白色，具明显的雄蕊，夏季开花。

三脉岩绣线菊*P. hendersonii* 常绿灌木。冠半圆形。株高5～10cm，冠径10～15cm。枝干密被绒毛。叶圆形，蓝绿色。穗状花序，圆锥形，花小，杯状，有绒毛，白色至淡黄色，花茎长2.5cm。夏季开花。

裙花属 PETRORHAGIA

石竹科 CARYOPHYLLACEAE

一年生或多年生草本。因观赏其花而栽培。适宜岩石园或河畔栽培。极耐寒。喜光照和排水良好的沙质土壤。秋季播种繁殖，易自播繁殖。

🏆**裙花 *P. saxifraga*** (*Tunica saxifraga*) (Tunic flower)，见375页。‘莲座’ 'Rosette'多年生草本。茎匍匐。株高10cm，冠径15cm。叶丛生，禾草状。花重瓣，杯状，白色至粉红色，有时有深色条纹，花茎纤细，夏季开放。

巴尔干豆属 PETTERIA

豆科／蝶形花科 LEGUMINOSAE/PAPILIONACEAE

落叶灌木。因观赏其花而栽培。与毒豆属(*Laburnum*)亲缘关系相近，但具有直立的总状花序。极耐寒。喜光照环境和肥沃、排水良好的土壤。夏季用软枝扦插繁殖或秋季播种繁殖。误食种子可能导致胃部不适。

巴尔干豆 *P. ramentacea* (Dalmatian laburnum) 落叶灌木。直立。株高2m，冠径1m。三出复叶，小叶卵形，中绿色。穗状花序紧密，直立，花芳香，金莲花状，黄色，春末或初夏开放。

矮牵牛属（碧冬茄属）PETUNIA

茄科 SOLANACEAE

一年生或多年生草本。常作一年生栽培。花色艳丽，观赏价值高。半耐寒。喜背风向阳的环境和肥沃、排水良好的土壤。植株有规律地枯萎。秋季或仲春温室播种繁殖。易受病毒感染，包括黄瓜马赛克病毒和西红柿萎蔫病毒。

已经繁育了许多速生、多分枝、灌木状品种。株高15～30cm，冠径30cm。叶卵形，中绿色至深绿色，长5～12cm。花色鲜艳，有光泽，喇叭状，单瓣或重瓣，颜色范围广，单色或复色，包括蓝色、淡紫色、紫色、红色、粉色和白色，有时具黑色斑纹，中心有白色斑点，边缘有花边。

栽培品种分为两个组：大花矮牵牛组(Grandiflora petunias)和多花矮牵牛组(Multiflora petunias)。

大花矮牵牛组　花大，花径达8～10cm。受水淋易受伤，适宜温室或大棚栽培。作花篮或盆栽。

多花矮牵牛组　比大花矮牵牛组低矮，花较小，花径5cm。数量较多。较抗雨淋，夏季种植床栽培或作花坛植物。

阿拉丁系列矮牵牛 *P.* Aladdin Series（大花矮牵牛组），见322页。

🏆**地毯系列矮牵牛 *P.* Carpet Series**（多花矮牵牛组），见328页。

小瀑布系列矮牵牛*P.* Cascade Series（大花矮牵牛组）株高20～30cm，冠径30～90cm。茎匍匐。花色丰富。

‘樱桃饼’矮牵牛*P.* 'Cherry Tart'（多花矮牵牛组）株高15～30cm，冠径30～60cm。花重瓣，深红色至白色。

‘炫彩’矮牵牛 *P.* 'Colour Parade'（大花矮牵牛组）株高20～30cm，冠径30～90cm。花色丰富，花瓣皱褶。

风流系列矮牵牛 *P.* Daddy Series（大花矮牵牛组）株高达35cm，冠径30～90cm 。花大，粉红色、鲜红色，淡紫色或淡蓝色，具粉红至深红色条纹。**‘甜魔’ 'Sugar daddy'**，见331页。

闪光系列矮牵牛 *P.* flash Series（大花矮牵牛组）株形紧密。株高22～40cm，冠径30～90cm 。花亮丽，色彩范围广，包括双色花。

‘吉普赛’矮牵牛 *P.* 'Gypsy'（多花矮牵牛组）株高15～30cm，冠径30～60cm 。花橙红色。

聚会系列矮牵牛 *P.* Jamboree Series（多花矮牵牛组）株高15～30cm，冠径30～90cm。枝下垂。花色丰富。

‘魔樱桃’矮牵牛 *P.* 'Magic Cherry'（大花矮牵牛组）株形紧密。株高20～30cm，冠30～60cm。花樱桃红色。

‘梦幻天鹅绒’矮牵牛 *P.* 'Mirage Velvet'（多花矮牵牛组），见326页。

珍珠系列矮牵牛 *P.* Pearl Series（多花矮牵牛组）矮生。株高15～20cm，冠径20～50cm，花小，色多。

饰边流苏系列矮牵牛 *P.* Picotee Ruffled Series（多花矮牵牛组）株高15～30cm，冠径30～90cm，花具绒毛，边缘白色，色彩广泛。

饰边系列矮牵牛 *P.* Picotee Series（大花矮牵牛组），见328页。**‘饰边玫瑰’ 'Picotee Rose'**，见326页。

羽纹系列矮牵牛 *P.* Plum Crazy Series（多花矮牵牛组）株高15～20cm，冠径30～90cm。花具对比强烈的条纹和花冠筒，颜色丰富，花白色具黄色花冠筒和条纹或花淡紫色、粉红色、紫红色，具黑色花管和条纹。

春光系列矮牵牛*P.* Primetime Series（多花矮牵牛组），见323页。

‘喧闹’矮牵牛*P.* 'Razzle Dazzle'（大花矮牵牛组）株高20～30cm，冠径30～90cm。花色丰富，具白色条纹。

恢复系列矮牵牛*P.* Recoverer Series（大花矮牵牛组），见318页。

‘红缎’矮牵牛*P.* 'Red Satin'（多花矮牵牛组）　株高15～30cm，冠径30～60cm。花鲜红色　有光泽。

抗性系列矮牵牛*P.* Resisto Series（多花矮牵牛组）（蓝色），见332页，（玫瑰粉色），见325页。

‘品紫’精致系列矮牵牛 *P.* Surfinia Series 'Surfinia Purple'（大花矮牵牛组），见55页。生长旺盛。株高22～40cm，冠径30～90cm。花簇生，紫红色，具淡紫色条纹。耐湿润天气。

Peyote 见 *Lophophora*。

钟穗花属 PHACELIA

田基麻科 HYDROPHYLLACEAE

一年生、二年生或多年生草本。极耐寒。喜光照和肥沃、排水良好的土壤。植株高大种类需支撑。春季或初秋室外播种繁殖。接触叶可能导致皮肤过敏。

钟穗花（加州蓝铃花）***P. campanularia***，见334页。

芹叶钟穗花 *P. tanacetifolia* 一年生草本。生长快。直立。株高60cm 以上，冠径30cm。叶革质，深绿色。穗状花序，花钟状，淡蓝紫色，夏季开放。

后喜花属 PHAEDRANASSA

石蒜科 AMARYLLIDACEAE

鳞茎类植物。花喇叭状，常下垂。半耐寒。喜光照或半阴和肥沃、排水良好的土壤。夏季需增施钾肥，冬季控水。春季播种繁殖或分球繁殖。

佳美后喜花*P. carmioli*，见400页。

Phaedranthus buccinatorius 见 *Distictis buccinatoria*。

Phaiophleps biflora 见 *Olsynium biflorum*。

鹤顶兰属 PHAIUS

见兰花。

鹤顶兰*P. tankervilleae*，见297页。半常绿地生兰。株高75cm。耐最低温度10℃。叶宽卵形，长60cm，叶脉明显。长穗状花序，花径9cm，内部褐色，外部银灰色，唇瓣较长，粉色，具红色条纹，初春开放。夏季需庇荫。

蝴蝶兰属 PHALAENOPSIS

见兰花。

'愉悦'蝴蝶兰*P.* Allegria，见296页。常绿附生兰。温室栽培。株高15cm。叶宽卵形，肉质，长15cm。花簇生，白色，花径达12cm，花期多变。夏季需要庇荫。

羊角蝴蝶兰*P. cornu-cervi*，见298页。常绿附生兰。温室栽培。株高15cm。叶宽卵形，长10cm。花黄绿色，径5cm，具紫斑，单生或对生，无限花序，夏季开花。夏季喜阴。

'泽丽'蝴蝶兰*P.* Lady Jersey × Lippeglut，见297页。常绿附生兰。温室栽培。株高15cm。叶宽卵形，长10cm。穗状花序下垂，花径9cm，粉红色，四季开花。夏季喜阴。

'兰迪'蝴蝶兰*P.* Lundy，见298页。常绿附生兰。适宜温室中栽培。株高15m。具花序，花黄色，直径8cm，有红色带状斑，花期不定。叶宽卵形，长23cm。夏季喜阴。

虉草属 PHALARIS

禾本科 GRAMINEAE/POACEAE

见禾草类、竹类、灯心草类和莎草类植物。

🏆彩叶虉草*P. arundinacea* var. *picta* (*P. a.*'Picta')，见306页。**'Picta'** 见 *P. a.* var. *picta*。

Phanerophlebia fortunei 见 *Cyrtomium fortunei*。

Pharbitis 重新归入 *Ipomoea*。

Phaseolus caracalla 见 *Vigna caracalla*。

Pheasant grass 见 *Stipa arundinacea*。

Pheasant's eye 见 *Narcissus poeticus* var. *recurvus*，见417页。

卵果蕨属 PHEGOPTERIS

金星蕨科 THELYPTERIDACEAE

落叶蕨类植物。极耐寒。喜半阴和富含腐殖质、湿润且排水良好的土壤。春季分株繁殖或夏季孢子繁殖。

卵果蕨*P. connectilis* (*Thelypteris phegopteris*)(Beech fern) 落叶蕨类植物。株高23cm，冠径30cm。叶宽披针形，中绿色，叶柄纤细，具三角形的小羽片，从匍匐的根茎抽出。适宜作地被植物。

黄檗属 PHELLODENDRON

芸香科 RUTACEAE

落叶乔木。为观赏艳丽的秋色叶而栽培。雌雄异株。极耐寒，但苗期易受晚霜危害。喜光照和肥沃、排水良好的土壤。炎热的夏季生长良好。夏季用软枝扦插繁殖或秋季播种繁殖，或冬末根插繁殖。

黄檗*P. amurense* (Amur cork tree) 落叶乔木。枝条开展。株高12m，冠径15m。老树树皮有黑色的木栓层。叶芳香，具有5～11个小叶，小叶长椭圆形，绿色，有光泽，秋季变为黄色。花小，绿色，初夏开放。果实小，圆形，黑色。

黄皮树*P. chinense*，见81页。

山梅花属 PHILADELPHUS

绣球科／山梅花科／虎耳草科 HYDRANGEACEAE / PHILADELPHACEAE/ SAXIFRAGACEAE

落叶灌木。夏季开花。为观赏芳香的花而栽培。极耐寒至耐寒。喜光照和肥沃、排水良好的土壤。花后修剪老枝促进发枝，以备第二年开花。夏季用软枝扦插繁殖。易生蚜虫。

🏆'优雅'山梅花 *P.* 'Beauclerk'，见135页。

🏆'丽球'山梅花 *P.* 'Belle Etoile'，见136页。

'银球'山梅花*P.* 'Boule d' Argent'，见137页。

西洋山梅花*P. coronarius* (Mock orange) **🏆'黄叶''Aureus'**落叶灌木。直立。株高2.5m，冠径1.5m。极耐寒。叶卵形，金黄色，夏季幼叶变为黄绿色。花簇生，4瓣，芳香，淡黄色或白色，春末或初夏开花。喜阴。**🏆'斑叶''Variegatus'**，见139页。

'白绒'山梅花*P.* 'Dame Blanche'，见137页。

云南山梅花*P. delavayi* 落叶灌木。直立。株高3m，冠径2.5m。耐寒。叶卵形，墨绿色，有锯齿。花簇生，浓香，4瓣，白色或淡紫红色，萼片绿色，初夏至仲夏开花。**紫萼山梅花 f. *melanocalyx*** (*P. purpurascens*)，见139页。

P.* × *lemoinei 见 *P.* 'Lemoinei'。

'雷蒙'山梅花*P.* 'Lemoinei' (*P.* × *lemoinei*)，见138页。

马格达莱纳山梅花*P. magdalenae* 落叶灌木。生长旺盛。株高4m，冠径4m。极耐寒。老枝上树皮脱落。叶窄卵形，墨绿色。花芳香，4瓣，白色，春末或初夏开放。

🏆'白鼬'山梅花 *P.* 'Manteau d' Hermine'，见158页。

P. purpurascens 见 *P. delavayi* f. *melanocalyx*。

🏆'锡比勒'山梅花 *P.* 'Sybille' 落叶灌木。枝拱形。株高1.2m，冠径2m。极耐寒。叶卵形，中绿色。花4瓣，白色，芳香，花瓣有粉红色斑点，初春或仲夏开花。

🏆'洁白'山梅花*P.* 'Virginal' 落叶灌木。直立。生长旺盛。株高3m，冠径2.5m。极耐寒。叶卵形，墨绿色。总状花序松散，花多且大，浓香，重瓣或半重瓣，纯白色，初夏至仲夏开放。

挂钟藤属 × PHILAGERIA

百合科／金钟木科 LILIACEAE/ PHILESIACEAE

为金钟木属(*Philesia*)与智利钟花属(*Lapageria*)的杂交属。常绿灌木。茎攀缘或扭曲。耐最低温度5℃。喜半阴和排水良好的酸性土壤。夏末或秋季压条繁殖。

挂钟藤× *P. veitchii* 常绿灌木。茎攀缘或扭曲。株高2～4m。叶长椭圆形，有细锯齿。花腋生，管状，下垂，玫瑰红色，夏季开放。

金钟木属 PHILESIA

百合科／金钟木科 LILIACEAE/ PHILESIACEAE

常绿灌木。为观赏艳丽的花而栽培。耐寒，但在温暖湿润的地方生长良好。喜半阴和富含腐殖质、湿润的酸性土壤。落叶可作肥料，供生长之需。夏季用半木质化嫩枝扦插繁殖或秋季吸芽繁殖。

金钟木*P. magellanica* 常绿灌木。直立。株高1m，冠径2m。叶长椭圆形，表面墨绿色，背部蓝白色。花喇叭状，蜡质，深粉红色，生于叶腋，仲夏至秋末开花。

Philippine violet 见 *Barleria cristata*。

总序桂属（新拟）PHILLYREA

木犀科 OLEACEAE

常绿乔木或灌木。花不明显。因观赏其叶而栽培。耐寒，但在寒冷的地区需背风。喜光照和肥沃、排水良好的土壤。初春剪枝，限制生长。夏季用半木质化嫩枝扦插繁殖。

狭叶总序桂(新拟)***P. angustifolia*** 常绿灌木。冠密集。株高3m，冠径3m。叶长椭圆形，墨绿色。花小，芳香，4裂，绿白色，春末至夏初开放。果球状，蓝黑色。

P. decora 见 *Osmanthus decorus*。

总序桂(新拟)***P. latifolia*** 常绿圆形灌木或乔木。株高8m，冠径8m。叶卵圆形，墨绿色，有光泽。花小，芳香，4裂，绿白色，春末和初夏开放。果球状，蓝黑色。

喜林芋属（蔓绿绒属） PHILODENDRON

天南星科 ARACEAE

常绿灌木或基部木质攀缘藤本。因观赏其极美丽的叶而栽培。花不显著，间歇开放。耐最低温度15～18℃。喜半阴和排水良好的腐殖质土。适度浇水，冬季少量浇水。需支撑。苗期摘心以促发枝。夏季叶芽或枝顶扦插繁殖。植物全株有毒，误食会引起中毒，接触树汁液会导致皮肤过敏。

P. auritum of gardens 见 *syngonium auritum*。

🏆复羽裂喜林芋(琴叶蔓绿绒)***P. bipinnatifidum*** (*P. selloum*) (Tree philodendron)，见152页。乔木状灌木，具一直立的主干，叶柄长。

🏆'红背叶'蔓绿绒 *P.* 'Burgundy' 常绿藤本。以根攀缘。茎基部木质。生长慢。株高2m以上。叶长椭圆形，表面深绿色，背面亮红色，长达30cm。

心叶蔓绿绒*P. cordatum* (Heart leaf) 常绿藤本。以根攀缘。茎基部木质。生长旺盛。株高3m以上。叶心形，有光泽，深绿色，长达45cm。

锄叶蔓绿绒*P. domesticum* (*P. hastatum* of gardens) (Elephant' s ear Spade leaf) 常绿藤本。以根攀缘。茎基部木质。生长极慢。株高2～3m。叶有光泽，亮绿色，长30～40cm，幼株叶条形，长大后基部有明显的裂片。

🏆红柄蔓绿绒*P. erubescens* (Blushing philodendron) 常绿藤本。以根攀缘。直立。茎基部木质。株高达3m。叶卵形至三角形，长15～25cm，具红色长叶柄，叶墨绿色，有光泽，具红铜色晕。

P. hastatum of gardens 见 *P. domesticum*。

P. laciniatum 见 *P. pedatum*。

铜绿蔓绿绒*P. melanochrysum*，见220页。

趾叶蔓绿绒*P. pedatum* (*P. laciniatum*) 常绿藤本。以根攀缘。茎基部木质。生长慢。株高2～3m。叶卵形，深绿色，有光泽，长30～80cm，5～7深裂。

羽裂蔓绿绒*P. pinnatifidum* 常绿灌木。直立。茎粗壮，不分枝。株高达3m，冠径1～2m。叶深绿色，有光泽，阔卵形，长40～60cm，具15个以上指状裂片。

P. sagittatum 见 *P. sagittifolium*。

箭叶蔓绿绒*P. sagittifolium* (*P. sagittatum*)常绿藤本。以根攀缘。生长慢。茎基部木质。株高2～3m。叶卵形，基部分裂，长40～60cm，亮绿色，有光泽。

🏆攀缘蔓绿绒*P. scandens*，见220页。

P. selloum 见 *P. bipinnatifidum*。

P. trifoliatum 见 *Syngonium auritum*。

Philodendron Blushing 见 *Philodendron erubescens*。

拟水龙骨属 PHLEBODIUM

水龙骨科 POLYPODIACEAE

常绿或半常绿蕨类植物。耐最低温度5℃。喜光照或半阴和富含腐殖质、湿润、排水良好的土壤。定期除去褪色的叶。春季分株繁殖或夏季孢子繁殖。

🏆金囊水龙骨*P. aureum* (*Polypodium aureum*)，见311页。**'曼代' 'Mandaianum'**，见310页。

糙苏属 PHLOMIS

唇形科 LABIATAE/LAMIACEAE

常绿灌木或多年生草本。夏季开花。因观赏其叶和花而栽培。花头兜状，明显，轮生，紧密。极耐寒。喜光照和排水良好的土壤。秋季播种繁殖或夏季扦插繁殖，或春季分株繁殖。

克什米尔糙苏*P. cashmeriana* 常绿灌木。直立。株高60cm，冠径45cm。耐寒。花二唇形，淡紫色，夏季开花。叶长卵形，中绿色，背面白色，有绒毛。

🏆黄叶糙苏*P. chrysophylla* 常绿灌木。冠圆形。多分枝。株高1m，冠径1m。耐寒。叶卵形，幼时灰绿色，渐变为黄绿色。花二唇形，金黄色，初夏开放。

🏆橙花糙苏*P. fruticosa*，见170页。

意大利糙苏*P. italica*，见162页。

长齿萼糙苏*P. longifolia* var. *bailanica* 常绿灌木。生长旺盛。株高1.2m，冠径1m。耐寒。叶长椭圆形至心形，亮绿色，具深色条纹。花二唇形，深黄色，初夏至仲夏开放。

🏆西亚糙苏*P. russeliana*，见255页。

福禄考属 PHLOX

花荵科 POLEMONIACEAE

一年生或多年生草本。部分常绿或半常绿。春末至夏初开花，圆锥花序，花多色艳。耐寒或半耐寒。喜光照、耐半阴和肥沃、湿润、排水良好的土壤，部分种类极喜酸性土。干旱情况下，有光照时比在阴凉处生长好。岩石园种开花后修剪。岩石园种和杂交种春夏季用未开花的枝条扦插繁殖。其他种秋季或春季播种繁殖。斑茎福禄考(*P. maculata*)、天蓝绣球(*P. paniculata*)和其栽培品种也可在初春分株繁殖或在冬季用根插繁殖。斑茎福禄考(*P. maculata*)、天蓝绣球(*P. paniculata*)和其栽培品种易感染虫害。见242页。

🏆斜升福禄考*P. adsurgens* 多年生常绿草本。茎匍匐生长。株高10cm，冠径30cm 。极耐寒。茎基部木质化。叶无柄，卵形，亮绿色至中绿色。花碟状，簇生于短枝，淡紫色、粉色或白色。喜生于岩石园或泥炭土，极喜半阴和酸性土壤。**'马车轮' 'Wagon wheel'**，见376页。

***P. amoena* 'Variegata'** 见 *P.* × *procumbens* 'Variegata'

二裂福禄考*P. bifida*，见381页。

丛生福禄考*P. caespitosa* 多年生常绿草本。半圆形。密生。株高8cm，冠径12cm。耐寒。叶窄条形，几乎无柄。花碟状，淡紫色或白色，夏季开花。适宜岩石园配植或种植床栽培。喜光照和排水良好的土壤。

'车轮'福禄考*P.* 'Camla'，见379页。

***P.* ' Chatahoochee'** 见 *P. divaricata* subsp. *laphamii* 'Chatahoochee'。

🏆蓝紫福禄考*P. divaricata* 多年生半常绿草本。茎匍匐。株高30cm以上，冠径20cm。耐寒。叶卵形。花茎直立，花散状簇生，碟状，淡蓝色，初夏开花。适宜岩石园或泥炭土中生长，极喜阴凉、湿润、排水良好的土壤。**狭裂福禄考** subsp. ***laphamii***，见356页。**🏆'红心' 狭裂福禄考** subsp. ***laphamii* 'Chatahoochee'** (*P.* 'Chatahoochee')，见356页。

🏆'布恩曼' 道氏福禄考*P. douglasii* 'Boothman' s Variety'，见380页。**🏆'克拉克尔杰克' 'Crackerjack'**，见379页。**'五月雪' 'May Snow'** 生长旺盛。株高8cm，冠径20cm。极耐寒。叶披针形，中绿色。花簇生，碟状，白色，初夏开花。适宜岩石园、墙上或河畔栽培。**🏆'红将军' 'Red Admiral'** 株高15cm。花深红色。

福禄考*P. drummondii* (Annual phlox)，**'非洲落日' 'African Sunset'**，见327页。**艳花系列Beauty Series** 一年生草本。直立，生长快。密集。株高15cm，冠径10cm。半耐寒。叶披针形，灰绿色。头状花序，花星状，色彩丰富，有白色、粉色、红色、蓝色和淡紫色，夏季至初秋开放。**'狂欢' 'Carnival'** 花大，中心突出。**'钱纳' 'Chanal'**，见326页。**'佩蒂克德' 'Petticoat'** 花双色。**'闪耀' 'Sternenzauber'** (*P. d.* 'Twinkle')，见326页。**'Twinkle'** 见 *P. d.* 'Sternenzauber'。

'翡翠垫子' 福禄考*P.* 'Emerald Cushion'，见381页。

落基山福禄考*P. hoodii* 多年生常绿草本。紧密。茎匍匐。株高5cm，冠径10cm。极耐寒。叶披针形，上部有绒毛。花单性，扁平，白色，初夏开花。喜光照和排水良好的土壤。适宜岩石园中栽培。

斑茎福禄考*P. maculata* 多年生草本。直立。株高1m，冠径45cm。极耐寒。叶卵形，表面中绿色。圆锥花序柱状，花管状，5裂，淡紫红色，夏季开花。**🏆'阿尔法' 'Alpha'**，见242页。花玫瑰红色。**🏆'欧米加' 'Omega'**，见242页。花白色，具淡紫色斑点。

天蓝绣球（草夹竹桃，锥花福禄考）***P. paniculata*** 多年生草本。直立。栽培较少，常在花园中栽植的是其栽培品种，色彩更加多样。株高1.2m，冠径60cm。极耐寒。叶卵形，中绿色。圆锥状花序，花管状，5裂，夏末开放。**'爱达' 'Aida'** 花紫红色，具淡紫色斑点。**'紫晶' 'Amethyst'**，见242页。花淡紫色，花瓣边缘灰白色。**'圆帽' 'Balmoral'**，见242页。花大，玫瑰红色。**🏆'组长' 'Brigadier'**，见242页。花深橙红色。**🏆'明目' 'Bright Eyes'** 花白粉色，具红色斑点。**'夏娃' 'Eva Cullum'**，见242页。花粉色，具鲜红色斑点。**🏆'黄昏' 'Eventide'**，见242页。花淡蓝色。**🏆'富士山' 'Fujiyama'**，见242页。花星状，白色。**'乔帕林伯爵' 'Graf Zeppelin'**，见242页。花白色，中部红色。**'汉普顿' 'Hampton Court'**，见242页。叶墨绿色。花淡蓝色。为栽培品种。**'五彩' 'Harlequin'**，见242页。花淡紫色。叶形易变，象牙白色。**🏆'酋长' 'Le Mahdi'**，见242页。花深紫色。**'米亚·吕斯' 'Mia Ruys'**，见242页。株高45cm，花大，白色，较其他品种短。**🏆'珍珠母' 'Mother of Pearl'**，见242页。花白色，略带粉色。**'若拉利' 'Norah Leigh'**，见242页。花淡紫色，叶形易变，象牙白色。**🏆'橙王' 'Prince of Orange'**，见242页。花橙红色。**'俄罗斯紫罗兰' 'Russian Violet'** 花淡蓝紫色。**'桑德灵厄姆' 'Sandringham'**，见242页。花瓣间隔大，粉红色，中心红色。**'约翰福斯塔夫' 'Sir John Falstaff'** 花大，鲜红色，具樱桃红色斑点。**🏆'白蛱蝶' 'White Admiral'**，见242页。花纯白色。**🏆'温莎公爵' 'Windsor'**，见242页。花洋红色，具红色斑点。

🏆'水流' 平卧福禄考*P.* × *procumbens* 'Millstream' 多年生常绿草本。茎匍匐。株高达15cm，冠径30cm。极耐寒。叶长卵形，褐色，有光泽。花小，碟状，深红紫色，有白色斑点。适宜岩石园中栽培。**'彩叶' 平卧福禄考 'Variegata'** (*P. amoena* 'Variegata') 高2.5cm，冠径25cm。叶边缘白色。花亮粉红色。

匍枝福禄考*P. stolonifera* (Creeping phlox) 多年生常绿草本。茎匍匐，开展。株高10～15cm，冠径30cm 以上。极耐寒。叶长椭圆形至卵形。花小，碟状，淡蓝色，初夏开花。极喜湿润的酸性泥炭土，适宜泥炭床或岩石园中栽培。**'阿里' 'Ariane'**，见373页。**🏆'蓝岭' 'Blue Ridge'** 花簇生，淡蓝色。

钻叶福禄考*P. subulata* 多年生常绿草本。半圆形。株高10cm，冠径20cm 。极耐寒。叶细条形。花簇生，星状，白色、粉色或鲜红色，初夏开花。适宜光照充足的岩石园中栽培。**'马乔里' 'Marjorie'**，见378页。

Phlox

Annual 见 *Phlox drummondii*。

Creeping 见 *Phlox stolonifera* 。

Sand 见 *Phlox bifida*，见381页。

海枣属（针葵属） PHOENIX

棕榈科 ARECACEAE/ PALMAE

常绿棕榈类植物。为观赏形态栽培，也作水果栽植。耐最低温度10～15℃。喜光照或半阴和肥沃、排水良好的土壤。适度浇水，冬季少浇水。春季播种繁殖，但不得低于24℃。易受红蜘蛛螨的危害。

🏆加那利海枣（加拿里椰子，长叶刺葵）***P. canariensis*** (Canary Island date palm)常绿棕榈类植物。直立，具粗壮的主干。株高18m以上，冠径10m以上。适宜最低温度不小于10℃的环境。叶弓形羽毛状，长达5m，小叶披针形，革质，亮绿色。花序大，下垂，花小，簇生，黄褐色。大树花后结果，果实长椭圆状，黄色至红色，秋冬季节成熟。

🏆美丽针葵（亲王海枣）***P. roebelenii*** (Miniature date palm, Pygmy date palm)常绿棕榈类植物。茎干纤细。株高2～4m，冠径1～2m。耐最低温度15℃。叶羽状，弓形，墨绿色，有光泽，长1～1.2m。圆锥花序，花小，黄色，夏季开放。果黑色，鸡蛋状，簇生下垂，长45cm，秋季成熟。

麻兰属（新西兰麻属） PHORMIUM *New Zealand flax*

龙舌兰科／麻兰科 AGAVACEAE/ PHORMIACEAE

多年生常绿草本。因观赏其叶而栽培。叶大，剑形。耐寒。喜光照和湿润、排水良好的土壤。春季分株繁殖或播种繁殖。

'铜色' 麻兰*P.* 'Bronze Baby'，见302页。

P. colensoi 见 *P. cookianum*。

🏆山麻兰*P. cookianum* (*P. colensoi*)(Mountain flax) 多年生常绿草本。直立。株高1～2m，冠径30cm。叶簇生，剑形，暗绿色。圆锥花序，花管状，淡黄绿色，夏季开放。**🏆'三色' 山麻兰** subsp. ***hookeri* 'Tricolor'** 叶具纵向的红色、黄色或绿色条纹。**'斑叶' 山麻兰 'Variegatum'** 叶具乳白色条纹。

'炫光' 麻兰 *P.* 'Dazzler'，见264页。

🏆麻兰（新西兰麻）***P. tenax*** 多年生常绿草本。直立。株高3m，冠径1～2m。叶簇生，剑形，坚硬，暗绿色。圆锥花序，花管状，暗红色，着生于灰绿色短枝上，夏季开放。沿海边者生长茂盛。**‘曙光’**（杂色麻兰）**‘Aurora’**叶具纵向的红色、青铜色、粉红色或黄色条纹。🏆**紫叶群Purpureum Group**，见232页。**‘维茨’**（白纹麻兰）**‘Veitchianum’**（*P. t.* ‘Veitchii’）叶宽，具乳白色条纹。**‘Veitchii’** 见 *P. t.* ‘Veitchianum’。

石楠属 PHOTINIA (STRANVAESIA)

蔷薇科 ROSACEAE

常绿或落叶灌木或乔木。花小，白色。因观赏其叶而栽培。落叶种观赏其秋色和果实。耐寒，但常绿种需要保护，以避免强冷风的侵害。喜光照或半阴的条件和肥沃、排水良好的土壤，某些种类更喜酸性土壤。常绿和落叶种夏季用半木质化嫩枝扦插繁殖，落叶种亦可于秋季播种繁殖。

柳叶石楠 ***P. arbutifolia***（*Heteromeles arbutifolia*）(Christmas berry, Toyon) 常绿灌木或乔木。簇生。冠扩展。株高6m，冠径8m。耐寒。叶椭圆形，有尖锯齿，革质，具光泽，暗绿色。小型扁头状花序，花瓣5枚，白色，夏末开放。随后长出大型、圆球状果序，果实红色。

椤木石楠 ***P. davidiana***，见94页。

杂种石楠（福塞石楠）***P. × fraseri*** 常绿杂种灌木。耐寒。对晚霜有较强抗性。叶粗大，椭圆形。幼树观赏期较长，**‘伯明翰’‘Birmingham’**，见117页。🏆**‘红知更鸟’ ‘Red Robin’** 直立，浓密。株高6m，冠径4m。幼叶鲜红色，后光滑，暗绿色。花瓣5枚，春末开放。

印缅石楠 ***P. nussia*** 常绿乔木。株高和冠径均为6m。耐寒。叶椭圆形，暗绿色，革质，光滑。花白色，花瓣5枚，碟状，仲夏开放。花后结圆球形，橙红色果实。（译者注：《中国植物志》为印缅红果树 ***Stranvaesia nussia***）

石楠 ***P. serratifolia***（*P. serrulata*）常绿直立灌木或丛状乔木。株高10m，冠径8m。耐寒。叶椭圆形，常具锯齿，幼时红色，成熟时变为暗绿色，有光泽。花小，5瓣，仲春至春末开放。果圆球状，红色。幼树易受晚霜冻。

P. serrulata 见 *P. serratifolia*。

🏆**毛叶石楠** ***P. villosa*** 落叶直立灌木或乔木。株高和冠径均为5m。抗寒性强。叶卵形，暗绿色，幼时具青铜色边缘，秋季变为鲜橙红色。花簇生，花瓣5枚，春末开放。果球状，红色。喜酸性土壤。

长翼兰属 PHRAGMIPEDIUM

见兰花。

长翼兰 ***P. caudatum*** 常绿附生兰。适于中温温室中栽培。株高23cm。花放射状着生，萼片和囊淡绿色或褐色，花瓣下垂，带状，棕红色或黄色，长30cm，夏季开花。叶狭椭圆形，长30cm。夏季需要庇荫。

球序茜属（新拟）PHUOPSIS

茜草科 RUBIACEAE

单种属。多年生草本。丛生。夏季开花。栽培以观赏其小型、具辛辣味的管状花。为良好的地被植物，尤其是在河岸和岩石园。耐寒。喜光照和排水良好的土壤。春季分株繁殖或夏季用半木质化嫩枝扦插繁殖，或秋季播种繁殖。

球序茜（新拟）***P. stylosa***（*Crucianella stylosa*），见352页。

避日花属 PHYGELIUS

玄参科 SCROPHULARIACEAE

常绿或半常绿灌木或亚灌木。栽培以观赏其筒状、艳丽的花。耐寒，但在大多数地方需要庇护设施，靠近朝南或朝西的墙会长得很高。喜光照环境和肥沃、排水良好但不过于干燥的土壤。遭遇霜冻会落叶或断芽。春季从稍高地面处平茬，如果植株基部木质化，就修剪至木质化处。夏季用软枝扦插繁殖。

同型避日花 ***P. aequalis***，见166页。🏆**‘黄喇叭’ ‘Yellow Trumpet’**，见169页。

‘绯红’避日花 ***P. capensis*** **‘Coccineus’** 常绿或半常绿亚灌木。直立。株高1.5m，冠径2m。花悬垂，管状，微暗，浅粉红色，花有红色和黄色，仲夏至初秋开放，花生于三角形深绿色叶形成的细长锥形体之中。

‘温城之光’直生避日花 ***P. × rectus*** **‘Winchester Fanfare’** 常绿或半常绿直立亚灌木。株高1.5m，冠径2m。粉红色筒状花下垂，具鲜红色的圆裂片和黄色的管喉，仲夏至初秋开放。叶暗绿色，三角形。

Phyllanthus nivosus 见 *Breynia disticha*。

红泡花属 × PHYLLIOPSIS

杜鹃花科 ERICACEAE

单种杂交属（松毛翠属 *Phyllodoce* 和拟山月桂属 *kalmiopsis* 杂交）。常绿灌木。栽培以观赏其花。适宜泥炭床和岩石园中栽培。耐寒。喜半阴和泥炭似的酸性土壤。花后短截，使其维持紧凑的形状。夏末用半木质化嫩枝扦插繁殖。

红泡花× ***P. hillieri*** **‘Pinocchio’** 常绿灌木。直立。株高20cm，冠径25cm。叶卵形，着生于分枝茎上。花簇生，钟状，深粉红色，春季开花，此后间歇开放。

Phyllitis scolopendrium 见 *Asplenium scolopendrium*。

Phyllitis scolopendrium **‘Marginatum’** 见 *Asplenium scolopendrium* Marginatum Group。

扁枝杉属（新拟）PHYLLOCLADUS

扁枝杉科（新拟）/罗汉松科 PHYLLOCLADACEAE/PODOCARPACEAE

见针叶树。

扁枝杉（新拟）***P. aspleniifolius*** (Tasman celery pine) 直立针叶树。慢生。株高5～10m，冠径3～5m。半耐寒。被称为叶状枝的枝条变成扁平状，取代真正的叶，暗绿色，外观上类似芹菜叶。种子具有白色外壳，其基部红色，不可食用。

瓶蕨状扁枝杉（新拟）***P. trichomanoides***，见106页。

松毛翠属（母樱属）PHYLLODOCE

杜鹃花科 ERICACEAE

常绿灌木。栽培以观赏其似欧石南植物的叶和艳丽的花朵。耐寒至极耐寒。喜半阴和潮湿的酸性泥炭质土壤。夏末用半木质化嫩枝扦插繁殖或春季播种繁殖。

🏆**松毛翠** ***P. caerulea***（*P. taxifolia*），见348页。

岩高兰状母樱 ***P. empetriformis***，见348页。

‘德拉蒙德’间型松毛翠 ***P. × intermedia*** **‘Drummondii’**，见347页。**‘弗瑞德·斯托克’‘Fred Stoker’** 常绿灌木。直立。株高和冠径均为23cm。极耐寒。叶狭长，具光泽，绿色。花簇生于细长的茎端，囊状，鲜紫红色，春末至夏初开放。

🏆**母樱** ***P. nipponica*** 常绿灌木。直立。株高10～20cm，冠径10～15cm。耐寒。叶针状，着生于分枝茎上。花有梗，钟状，白色，顶生，春末和夏季开花。

刚竹属 PHYLLOSTACHYS

禾本科 GRAMINEAE/POACEAE

见禾草类、竹类、灯心草类和莎草类植物。

🏆**人面竹** ***P. aurea*** (Fishpole bamboo, Golden bamboo) 常绿丛生竹。株高6～8m，冠径不确定。耐寒。直立。具沟槽的茎大多数节下有杯状膨胀，朝向基部，通常闭合并弯曲。叶中绿色。花不明显，稀少。

黄槽竹 ***P. aureosulcata*** (Golden-groove bamboo) 常绿丛生竹。株高6～8m，冠径不确定。耐寒、坚硬，棕绿色的茎上着生有叶鞘和黄色凹槽。叶绿色，长达15cm。花不明显，稀少。

刚竹（桂竹）***P. bambusoides***，见308页。

曲竿竹 ***P. flexuosa***，见308页。

P. **‘Henonis’** 见 *P. nigra* var. *henonis*

🏆**紫竹** ***P. nigra*** (Black bamboo) 常绿丛生竹。株高6～8m，冠径不确定。耐寒。带有凹槽，棕绿色的茎在第二季节变黑。几乎所有无标注的叶鞘上都长有刚毛状叶耳和中绿色叶。花不明显，稀少。🏆**淡竹** var. ***henonis***（*P.* ‘Henonis’），见308页。

🏆**粉绿竹** ***P. viridiglaucescens***，见309页。

松叶钟属 × PHYLLOTHAMNUS

杜鹃花科 ERICACEAE

单种杂交属（松毛翠属 *Phyllodoce* 和伏石花属 *Rhodothamnus* 杂交）常绿灌木。栽培以观赏其叶簇或花。适生于泥炭质苗床和岩石园中。耐寒。需要阴、半阴和湿润、酸性土壤。夏末用半木质化嫩枝扦插繁殖。

松叶钟× ***P. erectus*** 常绿灌木。直立。株高和冠径均为15cm。叶小，长条形，具光泽，暗绿色。花束状着生，具细长花梗，钟状，玫瑰红色，春末至夏初开放。

酸浆属 PHYSALIS
Chinese lantern

茄科 SOLANACEAE

多年生或一年生草本。夏季开花。主要为观赏其秋季产生的具装饰性、灯笼似的花萼和果实而栽培。半耐寒至极耐寒。喜光照、庇荫和排水良好的土壤。春季分株繁殖或软枝扦插繁殖，一年生草本春季或秋季播种繁殖。酸浆（*P. alkekengi*）除充分成熟的果实外，其他部分误食均会引起呕吐，接触叶会引起皮肤过敏。

🏆**酸浆** ***P. alkekengi*** (Bladder cherry, Winter cherry) 多年生草本，常作一年生栽培。植株开展。株高45cm，冠径60cm。耐寒。花不显著，下垂，星状，白色，夏季开花。果实圆球状，鲜橙红色，周围有膨胀的橙红色花萼，秋季成熟。叶中绿色，卵形。

风箱果属 PHYSOCARPUS

蔷薇科 ROSACEAE

落叶灌木。主要在夏季开花。为观赏其叶和花而栽培。极耐寒。喜光照和肥沃、但不太干燥的土壤，尤其喜酸性土壤，在土层浅，石灰质土壤中生长不好。开花后，对瘦弱枝和移植生长的植物从地面处将其部分老枝剪去。夏季用软枝扦插繁殖。

美国风箱果 ***P. opulifolius*** (Ninebark) 落叶灌木，枝弓形，密生。株高3m，

冠径5m。树皮脱落。叶阔卵形，有锯齿，浅裂，中绿色。花小，白色，有时微带粉红色，夏初开放。🏆**金翅 'Dart's Gold'**，见146页。

喙檐花属（新拟）PHYSOPLEXIS

桔梗科 CAMPANULACEAE

单种属。多年生草本。簇生。栽培以观赏其花。在凝灰岩上、岩石园中、檐槽处和高山上均生长良好。极耐寒。喜光照和排水良好的碱性土壤，但正午需要庇荫。冬季需要干燥环境。秋季播种繁殖或夏初用软枝扦插繁殖。对人为的损伤敏感。

🏆**喙檐花**（新拟）***P. comosa*** (*Phyteuma comosum*)，见380页。

假龙头花属（囊萼花属）PHYSOSTEGIA *Obedient plant*

唇形科 LABIATAE/LAMIACEAE

多年生草本。夏季至初秋开花。极耐寒。喜光照和肥沃、湿润但排水良好的土壤。春季分株繁殖。

假龙头花（囊萼花）***P. virginiana*** 多年生直立草本。株高1m，冠径60cm。夏末产生穗状花序，花冠兜状，二唇形，玫瑰紫红色，花柄铰链状，如果移动，能使花保持一定的位置。叶披针形，有锯齿，中绿色。subsp. ***speciosa* 'Variegata'** 见 *P. v.* 'Variegata'。🏆**'夏雪' 'Summer Snow'** 花纯白色。**'银边' 'Variegata'** (*P. v.* subsp. ***speciosa* 'Variegata'**)，见244页。🏆**'艳色' 'Vivid'**，见279页。

牧根草属 PHYTEUMA

桔梗科 CAMPANULACEAE

多年生草本。夏初至仲夏开花。广泛应用于岩石园中。极耐寒。喜光照和排水良好的土壤。秋季播种繁殖。

P. comosum 见 *Physoplexis comosa*。

球序牧根草*P. scheuchzeri*，见357页。

商陆属 PHYTOLACCA

商陆科 PHYTOLACCACEAE

多年生草本、常绿灌木或乔木。栽培以观赏其全株和装饰性但有毒的果实。极耐寒。耐最低温度5℃。喜光照或庇荫和肥沃、湿润的土壤。春季或秋季播种繁殖。全株各部分如果误食均能引起严重不适。美国商陆(*P. americana*)的果实误食可致命，树液能引起皮肤过敏。

美国商陆（垂序商陆，十蕊商陆）***P. americana*** (*P. decandra*)(Redink plant, Virginian pokeweed) 多年生草本。直立，扩展。株高和冠径均为1.2～1.5m。极耐寒。叶卵形至披针形，中绿色，秋季带有紫红色。花浅杯状，白色至绿色，有时带有粉红色，夏季开放。浆果有毒，肉质，圆球状，黑紫红色。

P. clavigera 见 *P. polyandra*。

P. decandra 见 *P. americana*。

多雄蕊商陆（多药商陆）***P. polyandra*** (*P. clavigera*) 多年生草本。直立。生长旺盛。株高和冠径均为1.2m。极耐寒。茎鲜红色。叶卵形至披针形，中绿色，秋季变为黄色。花浅杯状，粉红色，束状着生，夏季开放。浆果黑紫红色，有毒。

Piccabeen palm 见 *Archontophoenix cunninghamiana*。

云杉属 PICEA *Spruce*

松科 PINACEAE

针叶树。叶针状，生于显著的短枝上，在嫩枝上呈螺旋状排列。球果下垂，当年秋季成熟，果鳞木质，弯曲。见针叶树。

挪威云杉 *P. abies* (Common spruce, Norway spruce) 见104页。针叶树。生长快。幼树冠窄圆锥状，随着树龄增长呈阔圆锥状。株高20～30m，冠径5～7m。极耐寒。叶针状，暗绿色。球果下垂。**'克兰巴西' 'Clanbrassiliana'** 株高5m，冠径3～5m。生长慢。冠扩展，圆球状。**'格雷戈里' 'Gregoryana'**，见111页。株高和冠径均为60cm。生长慢。冠浓密，圆球状。**'倒垂' 'Inversa'** 株高5～10m，冠径2m。主枝直立，侧枝下垂。🏆**'小宝石' 'Little Gem'** 株高和冠径均为30～50cm。冠鸟巢状，中央凹陷，枝条扩展。🏆**'鸟巢' 'Nidiformis'** 株高1m，冠径1～2m。为较大型速生树种。**'奥伦道夫' 'Ohlendorffii'**，见110页。株高和冠径均为1m。慢生树种。幼树树冠圆球状，随着树龄增长呈阔圆锥状。**'反曲' 'Reflexa'**，见110页，高30cm，冠径5m。平卧紧贴地面生长，可以培养形成枝叶弯垂的土丘状树冠。

🏆**布鲁尔氏云杉 *P. breweriana***，见105页。

恩格曼氏云杉 *P. engelmannii*，见105页。

白云杉（灰白云杉）***P. glauca*** 针叶树。冠狭圆锥状。株高10～15m，冠径4～5m。极耐寒。叶蓝绿色，着生于幼枝上。球果卵状，淡褐色，成熟后脱落。🏆**'尖塔'** var. ***albertiana* 'Conica'** (*P. g.* 'Albertiana conica' 见111页)。高2～5m，冠径1～2m。冠整洁，尖塔状。生长慢。叶较长。球果较小。**'Albertiana Conica'** 见 *P. g.* var. *albertiana* 'Conica'。**'蓝天' 'Coerulea'**，见105页。🏆**'刺猬' 'Echiniformis'** 株高50cm，冠径90cm。树形矮小。冠球状，树顶扁平。

丽江云杉 *P. likiangensis* (Lijiang spruce) 针叶树。直立。株高15m，冠径5～10m。极耐寒。叶蓝白色，分布均匀。球果圆柱状，长8～15cm。雌球果幼时亮红色，成熟时变为紫红色，雄球花粉红色。

黑云杉 *P. mariana* (Black spruce) 针叶树。冠圆锥状。其最低的分枝常自然压条生根，形成围合母株的茎环。株高10～15m，冠径3m。极耐寒。叶蓝绿色或蓝白色。球果卵状，深灰褐色。**'多米特' 'Doumetii'**，见108页。🏆**'矮生' 'Nana'**，见110页，高50cm，冠径50～80cm。灌木。冠整齐，匀称。叶蓝灰色。

'格诺姆' 云杉 *P.* × *mariorika* 'Gnom' (*P. omorika* 'Gnom')，见110页。针叶树。灌木状。枝条自顶部弓形下垂。株高1.5m，冠径1～2m。极耐寒。叶暗绿色，背面白色。

台湾云杉（玉山云杉）***P. morrisonicola***，见107页。

🏆**塞尔维亚云杉 *P. omorika*** 见103页。**'Gnom'** 见 *P.* × *mariorika* 'Gnom'。**'矮生' 'Nana'** 株高和冠径均为1m。生长慢。栽培种冠圆球状或卵球状。

🏆**东方云杉 *P. orientalis*** (Caucasian spruce, Oriental spruce) 针叶树。冠圆柱状，浓密。株高20m，冠径5m。极耐寒。叶光滑，暗绿色。果球卵状至圆锥状，长6～10cm，深紫红色，熟时棕褐色。雄球花春季砖红色，🏆**'黄叶' 'Aurea'** 春季幼叶金黄色，后变为绿色。**'金叶' 'Skylands'**，见104页。

硬尖云杉 *P. pungens* (Colorado spruce) 针叶树。冠圆柱状。株高15m，冠径5m。极耐寒。树皮鳞片状，灰色。叶短，尖锐，灰绿色或亮蓝色。球果圆柱状，淡褐色，果鳞纸质。🏆**'霍普斯' 'Hoopsii'** 株高10～15m。叶银蓝色。🏆**'科斯特' 'Koster'**，见105页。**'蒙哥马利' 'Montgomery'**，见110页。株高和冠径均为1m。树形矮小，紧密。冠扩展或圆锥状。叶灰蓝色。

北美云杉 *P. sitchensis* (Sitka spruce) 针叶树。冠阔圆锥状。生长极旺盛。湿潮处高30～50m，干燥处生长高15～20m，冠径6～10m。极耐寒。老树树皮鳞片状。叶针刺状，亮暗绿色。球果圆柱状，纸质，浅棕色或略带白色，长5～10cm。贫瘠地或暴露地均能良好生长。

🏆**喜马拉雅云杉 *P. smithiana*** (Morinda spruce, West Himalayan spruce) 针叶树。慢生。幼树冠圆锥状，成熟时圆柱状，具水平枝和下垂枝。株高25～30m，冠径6m。极耐寒。叶暗绿色。球果圆柱状，亮棕褐色，长10～20cm。

Pick-a-back plant 见 *Tolmiea menziesii*。

Pickerel weed 见 *Pontederia Cordata*，见448页。

苦木属 PICRASMA

苦木科 SIMAROUBACEAE

落叶乔木。栽培以观赏其亮丽的秋色。花不显著，春末开花。极耐寒。喜光照或半阴和肥沃、排水良好的土壤。秋季播种繁殖。

P. ailanthoides 见 *P. quassioides*。

苦木 *P. quassioides* (*P. ailanthoides*)，见97页。

马醉木属 PIERIS

杜鹃花科 ERICACEAE

常绿灌木。栽培以观赏其叶和极多的、未定形的小花。耐寒至极耐寒。喜半阴或阴的庇护环境和潮湿、泥炭质的酸性土壤。美国马醉木(*P. floribunda*)在任何酸性土壤上均能良好生长。有时幼枝春季会受霜害，应尽可能剪除，花后去掉枯萎花头能促进生长。夏季用嫩枝尖梢或半木质化嫩枝扦插繁殖。如果误食会引起严重不适。

'巴特蜡烛' 马醉木 *P.* 'Bert Chandler' 常绿灌木。冠密集。株高2m，冠径1.5m。耐寒。叶披针形，幼时鲜粉红色，后变为乳黄色，之后变为白色，最后变为暗绿色 。花极少，白色，喜在裸露的地方开放。

美国马醉木 *P. floribunda*，见127页。

🏆**'森林之火' 马醉木 *P.* 'Forest Flame'** 常绿灌木。直立。株高4m，冠径2m。耐寒。叶窄卵形，具光泽，幼时鲜红色，随后变粉红色，最后变为暗绿色。花白色，仲春至春末与叶同时开放。

兴山马醉木 *P. formosa* 常绿灌木，丛生。冠密集。株高和冠径均为4m。耐寒。叶大，椭圆形，有光泽，暗绿色，幼时青铜色。花白色，簇生，仲春至春末开放。🏆**'无眠' 福氏马醉木** var. ***forrestii* 'Wakehurst'**，见142页。**'亨利普莱斯' 'Henry Price'** 叶脉凹陷，幼时铜红色。

马醉木 *P. japonica*，见116页。**'大山' 'Daisen'** 常绿灌木。冠圆球状，浓密。株高和冠径均为3m。极耐寒。叶卵形，青铜色，成熟时有光泽，暗绿色。花簇生下垂，深粉红色，花芽红色，春季开花。**'多萝西·威克弗' 'Dorothy Wyckoff'** 花芽鲜红色，开放时粉红色。叶冬季青铜色。🏆**'山火' 'Mountain Fire'** 幼叶鲜红色。**'斯卡雷特奥哈娜' 'Scarlett O' Hara'**，见127页。**台湾马醉木组 Taiwanensis Group** (*P. taiwanensis*) 冠径5m。叶狭窄，幼时铜红色。花簇生，白色，初春至仲春开放。**'银边' 'Variegata'** 生长慢。叶小，边缘白色。

矮生马醉木 *P. nana* (*Arcterica nana*) 常绿灌木。低矮，平卧。株高2.5～5cm，冠径10～15cm。极耐寒。叶小，卵形，革质，暗绿色，通常3叶轮生，着生在容易生根的细茎上。花小，白色，簇状顶生，花萼绿色或红色，初春开放。特别适宜泥炭土或岩石园中栽培。

P. taiwanensis 见 *P. japonica*, Taiwanensis Group。

Pigeon berry 见 *Duranta erecta*，见 150 页。

Pignut 见 *Carya glabra*。

Pignut hickory 见 *Carya glabra*。

冷水花属 PILEA

荨麻科 URTICACEAE

一年生草本或多年生常绿草本。丛生。栽培以观赏其装饰性叶。耐最低温度 10℃。喜排水良好的土壤。避免阳光直射和穿堂风，冬季不能浇水过多。生长季节应修剪，以免植物蔓延。多年生草本春夏季茎插繁殖，一年生草本春秋季播种繁殖。红蜘蛛螨可能引起危害。

花叶冷水花（白雪草）***P. cadierei***，见 300 页。

毛叶冷水花（绿蛤蟆）***P. involucrata*** (*P. mollis*)(Friendship plant) 多年生常绿草本。丛生。株高 15cm，冠径 30cm。叶卵形至圆球形，长达 5cm，表面皱褶，青铜色，背面浅红绿色，生于庇荫处的叶呈绿色。

P. mollis 见 *P. involucrata*。

铜钱叶冷水花（泡叶冷水花）***P. nummulariifolia***，见 305 页。

冠盖藤属 PILEOSTEGIA

绣球科／虎耳草科 HYDRANGEACEAE/ SAXIFRAGACEAE

常绿根攀缘植物。茎木质。耐寒。喜光照或庇荫环境和排水良好的土壤。常靠北墙栽植。如有必要，春季进行修剪。夏季用半木质化嫩枝扦插繁殖。

冠盖藤 ***P. viburnoides*** (*Schizophragma viburnoicles*)，见 208 页。

毛刺柱属 PILOSOCEREUS

仙人掌科 CACTACEAE

多年生仙人掌类植物。在顶部的开放区具木质刺。夏季开花。部分种类被包括在翁柱属(*Cephalocereus*)内。耐最低温度 11℃。喜全光照和排水良好的土壤。春季或夏季播种繁殖或茎插繁殖。

P. leucocephalus 见 *P. palmeri*。

春衣*P. palmeri* (*P. leucocephalus*)，见 458 页。

稻花属 PIMELEA

瑞香科 THYMELAEACEAE

常绿灌木。因观赏其花和全株而栽培。耐寒至不耐寒。耐最低温度 5～7℃。喜全光照和排水良好的中性至酸性土壤。盆栽植物适度浇水，温度降低时少浇水。北方温室栽培冬季需要良好的光照和通风条件。春季播种繁殖或夏末用半木质化嫩枝扦插繁殖。

稻花 ***P. ferruginea***，见 162 页。

Pimpernel, Bog 见 *Anagallis tenella*。

Pin cherry 见 *Prunus pensylvanica*。

半夏属 PINELLIA

天南星科 ARACEAE

多年生草本。夏季开花，花管状，有细长、兜帽似的绿色佛焰苞，内包被有一个铅笔似的肉穗花序。耐寒。喜半阴、有光照环境和富含腐殖质的土壤。春夏季充分浇水。冬季休眠。初春用短匍枝繁殖或夏末用生于叶腋的小鳞茎繁殖。

半夏*P. ternata* 多年生草本。花管状，夏季开花。株高 15～25cm，冠径 10～15cm。叶卵形，扁平，3 裂，着生于直立茎上。无叶茎上着生有管状、绿色佛焰苞，长 5～6cm，顶部有一个兜帽。

Pin oak 见 *Quercus palustris*，见 69 页。

Pincushion

Rose 见 *Mammillaria zeilmanniana*，见 473 页。

Snowball 见 *Mammillaria candida*。

Pincushion cactus 见 *Mammillaria*。

Pine 见 *Pinus*。

Aleppo 见 *Pinus halepensis*，见 107 页。

Armand 见 *Pinus armandii*。

Arolla 见 *Pinus cembra*，见 106 页。

Austrian 见*Pinus nigra* var. *nigra*，见 104 页。

Beach 见*Pinus contorta*，见 107 页。

Bhutan 见*pinus wallichiana*，见 103 页。

Big-cone 见 *Pinus coulteri*，见 102 页。

Bishop 见 *Pinus muricata*，见 103 页。

Black 见 *Pinus jeffreyi*, 见 103 页；*Pinus nigra*。

Bosnian 见*Pinus heldreichii*，见 104 页。

Bristle-cone 见 *Pinus aristata*，见 108 页。

Chile 见 *Araucaria araucana*，见 103 页。

Cluster 见 *Pinus pinaster*，见 103 页。

Corsican 见 *Pinus nigra* subsp. *laricio*。

Coulter 见 *Pinus coulteri*，见 102 页。

Cow's-tail 见 *Cephalotaxus harringtonii*。

David's 见 *Pinus armandii*。

Dwarf 见 *Pinus mugo*。

Dwarf Siberian 见*Pinus pumila*。

Eastern white 见*Pinus strobus*，见 102 页。

Himalayan 见*Pinus wallichiana*，见 103 页。

Holford 见 *Pinus* × *holfordiana*，见 101 页。

Jack 见*Pinus banksiana*，见 107 页。

Japanese black 见*Pinus thunbergii*，见 106 页。

Japanese red 见*Pinus densiflora*。

Japanese umbrella 见 *Sciadopitys verticillata*，见 106 页。

Japanese white 见*Pinus parviflora*，见 105 页。

Jeffrey 见 *Pinus jeffreyi*，见 103 页。

King William 见 *Athrotaxis selaginoides*。

Lace-bark 见 *Pinus bungeana*，见 108 页。

Lodgepole 见*Pinus contorta* var. *latifolia*，见 106 页。

Macedonian 见*Pinus peuce*，见 101 页。

Maritime 见 *Pinus pinaster*，见 103 页。

Mexican stone 见*Pinus cembroides*，见 109 页。

Monterey 见 *Pinus radiata*，见 104 页。

Mountain 见 *Pinus mugo*。

Norfolk Island 见 *Araucaria heterophylla*。

Northern pitch 见*Pinus rigida*，见 106 页。

Scots 见 *Pinus sylvestris*。

Screw 见 *Pandanus*。

Scrub 见 *Pinus virginiana*，见 107 页。

Shore 见 *Pinus contorta*，见 107 页。

Stone 见*Pinus pinea*，见 109 页。

Swiss mountain 见*Pinus mugo*。

Tasman celery 见 *Phyllocladus aspleniifolius*。

Umbrella 见*Pinus pinea*，见 109 页。

Veitch's screw 见 *Pandanus tectorius* 'Veitchii'，见 175 页。

Virginia 见*Pinus virginiana*，见 109 页。

Western yellow 见 *Pinus ponderosa*，见 103 页。

Weymouth 见*Pinus strobus*，见 102 页。

Pineapple

Red 见 *Ananas bracteatus*。

Wild 见 *Ananas bracteatus*。

Pineapple broom 见 *Cytisus battandieri*，见 123 页。

Pineapple flower 见 *Eucomis*。

Giant 见 *Eucomis pallidiflora*，见 397 页。

Pineapple guava 见 *Acca sellowiana*，见 143 页。

Pineapple lily, Giant 见 *Eucomis pallidiflora*，见 397 页。

Pine-mat manzanita 见 *Arctostaphylos nevadensis*。

捕虫堇属 PINGUICULA

狸藻科 LENTIBULARIACEAE

多年生草本。夏季开花。叶具黏性，能捕捉昆虫并消化掉以获得营养。可栽植于温室中以防治蚜虫。极耐寒至不耐寒。耐最低温度 7℃。喜光照和湿润的土壤。初春分株繁殖或秋季播种繁殖。

P. caudata 见 *P. moranensis* var. *caudata*。

大花捕虫堇 ***P. grandiflora***，见 382 页。

长距捕虫堇*P. moranensis* var. ***caudata*** (*P. caudata*) 多年生草本。基部莲座状。株高 12～15cm，冠径 5cm。不耐寒。叶狭卵形，灰绿色，叶缘内卷，紫红色。花 5 瓣，深猩红色，夏季开花于长茎之上。

Pink 见 *Dianthus*。

Alpine 见 *Dianthus alpinus*，见 378 页。

Cheddar 见 *Dianthus gratianopolitanus*，见 377 页。

Deptford 见 *Dianthus armeria*。

Indian 见 *Dianthus chinensis*。

Maiden 见 *Dianthus deltoides*。

Sea 见 *Armeria maritima*。

Swamp 见 *Helonias bullata*。

Pink arum 见 *Zantedeschia rehmannii*。

Pink broom 见 *Notospartium carmichaeliae*。

Pink dandelion 见*Crepis incana*。

Pink snowball 见 *Dombeya* × *cayeuxii*，见 88 页。

Pink trumpet tree 见 *Tabebuia rosea*。

松属 PINUS
Pine

松科 PINACEAE

小型至大型针叶树。叶通常 2 针、3 针或 5 针 1 束，呈螺旋状排列。球果第一年较小，需要 2 年才能成熟。

见针叶树。

芒松 ***P. aristata***，见 108 页。

华山松 ***P. armandii*** (Armand pine David's pine) 针叶树。冠开展，圆锥状。高 10～15m，冠径 5～8m。极耐寒。叶下垂，淡灰蓝色。球果圆锥状，绿色，长 8～25cm，成熟时棕褐色。

短叶松（班克松）***P. banksiana***，见 107 页。

白皮松 ***P. bungeana***，见 108 页。

🏆瑞士五针松 ***P. cembra***，见106页。

墨西哥岩松*P. cembroides*，见109页。

P. chylla 见 *P. wallichiana*。

旋叶松（小干松）***P. contorta***，见107页。**宽叶旋叶松** var. ***latifolia*** 见106页。**'斯潘矮种' 'Spaan's Dwarf'** 矮小针叶树。冠开展，圆锥状。枝条短硬，直立。株高和冠径均为75cm。极耐寒。叶2针1束，鲜绿色。

🏆**歌德松 *P. coulteri***，见102页。

日本赤松 *P. densiflora* (Japanese red pine) 针叶树。冠顶端扁平。高15m，冠径5～7m。极耐寒。树皮鳞片状，浅红褐色。叶鲜绿色。球果圆锥状，黄色或灰褐色。**'阿里斯维克德' 'Alice Verkade'** 高和冠径均为75cm。树小，圆球状。叶鲜绿色。**'Tagyosho'**，见 *P. d.* 'Umbraculifera'，**'伞冠' 'Umbraculifera'** (*P. d.* 'Tagyosho')，高4m，冠径6m。生长慢。冠圆球状或伞状。

P. excelsa 见 *P. wallichiana*。

P. griffithii 见 *P. wallichiana*。

阿勒颇松 *P. halepensis*，见107页。

🏆**波斯尼亚松 *P. heldreichii*** (*P. h.* var. *leucodermis*; *P. leucodermis*)，见104页。**'袖珍' 'Compact Gem'** (*P. h.* var. *leucodermis* 'Compact Gem') 矮生针叶树。冠阔圆锥状，浓密。高和冠径均为25～30cm。极耐寒。叶2针一束，暗绿色，每年仅生长2.5cm。var. ***leucodermis*** 见 *P. heldreichii*。🏆**'史密提' 'Smidtii'** (*P. h.* var. *leucodermis* **'Schmidtii'**，见111页)。矮生针叶树。冠卵状。叶尖锐，暗绿色。

霍氏松 *P.* × *holfordiana*，见101页。

P. insignis 见 *P. radiata*。

🏆**杰弗里松 *P. jeffreyi***，见103页。

P. leucodermis 见 *P. heldreichii*。

中欧山松（山松）***P. mugo*** (Dwarf pine, Mountain pine, Swiss mountain pine) 针叶树。灌木状。冠开展。高3～5m，冠径5～8m。极耐寒。叶2针1束，鲜绿色至暗绿色。球果卵状，棕褐色。**'袖珍' 'Gnom'** 高和冠径均为2m。🏆**'拖把' 'Mops'** 高1m，冠径2m。栽培品种冠圆球状。

🏆**粗糙松**（尖瘤松）***P. muricata***，见103页。

🏆**欧洲黑松**（黑皮松，奥地利松）***P. nigra*** (Black pine) 针叶树。直立，冠后来扩展。如下类型为栽培品种。**'赫氏' 'Hornibrookiana'** 高1.5～2m，冠径2m。极耐寒。灌木状，枝条健壮，扩展或直立。叶2针1束，暗绿色。🏆**科西嘉黑松** subsp. ***laricio*** (*P. n.* var. *maritima*)(Corsican pine) 高25～30m，冠径8m。速生树种。冠开展，狭圆锥状。叶2针1束，灰绿色。球果卵状至圆锥状，黄色或灰棕褐色。var. ***ma-ritima*** 见 *P. n.* subsp. *laricio*。**原亚种** subsp. ***nigra***，见104页。

🏆**日本五叶松**（五钗松）***P. parviflora***，见105页。🏆**'阿迪科克矮型' 'Adcock's Dwarf'** 矮生针叶树。慢生。冠浓密，圆球状。高2～3m，冠径1.5～2m。极耐寒。叶5针1束，灰绿色。

巴尔干松 *P. peuce*，见101页。

🏆**海岸松**（海滨松，南欧海松）***P. pinaster***，见103页。

🏆**果松**（笠松，意大利松，意大利五针松）***P. pinea***，见109页。

🏆**美国黄松**（黄松）***P. ponderosa***，见103页。

偃松 *P. pumila* (Dwarf Siberian pine) 针叶树。灌木状。冠开展。高2～3m，冠径3～5m。极耐寒。叶5针1束，鲜蓝绿色。球果卵状，紫罗兰色，成熟时红褐色或黄褐色。雄球花春季鲜红紫色。**'球型' 'Globe'** 高和冠径均为50cm～1m。栽培种圆球状。叶蓝色。

🏆**辐射松 *P. radiata*** (*P. insignis*)，见104页。

刚松（硬叶松，北美油松）***P. rigida***，见106页。

美国白松（美国五针松，白松）***P. strobus***，见102页。🏆**'辐枝' 'Radiata'** (*P. s.* f. *nana*; *P. s.* 'Nana') 矮生，圆球状针叶树。冠稀疏，开展，枝条轮生。高1～2m，冠径2～3m。极耐寒。树皮灰色，幼时光滑，后开裂。叶5针1束，灰绿色。

🏆**欧洲赤松 *P. sylvestris*** (Scots pine) 针叶树。直立。幼时枝条轮生，随着树龄增加，冠扩展、圆球状。高15～25m，冠径8～10m。极耐寒。树干上部树皮薄片状脱落，红褐色，基部树皮纵裂，紫灰色。叶2针1束，蓝绿色。球果圆锥状，绿色，成熟时浅灰色或红褐色。🏆**'金叶' 'Aurea'**，见111页。高10m，冠径4m。叶冬春季节金黄色，其他季节蓝绿色。🏆**'伯夫龙' 'Beuvronensis'** 灌木。高和冠径均为1m。圆球状。**'山形' 'Doone Valley'**，见110页。灌木。高和冠径均为1m。直立，不规则。f. ***fastigiata*** 见 *P. s.* 'Fastigiata'。**'狭冠' 'Fastigiata'** (*P. s.* f. *fastigiata*)，见108页。**'金币' 'Gold Coin'**，见111页。高和冠径均为2m，为**'金叶'**(*P. s.* 'Aurea') 的矮生种。**'Nana'** 见 *P. s.* 'Watereri'。**'沃特尔' 'Watereri'** (*P. s.* **'Nana'**)，见110页。高和冠径均为50cm。冠密集，叶稀疏。

日本黑松（黑松）***P. thunbergii***，见106页。

维州松（维吉尼亚乔松）***P. virginiana***，见107页。

🏆**乔松 *P. wallichiana*** (*P. chylla, P. excelsa, P. griffithii*)，见103页。

Pinwheel 见 *Aeonium haworthii*，见466页。

Pinyon 见 *Pinus cembroides*，见109页。

黄花木属 PIPTANTHUS

豆科／蝶形花科 LEGUMINOSAE / PAPILIONACEAE

落叶或半常绿灌木。栽培以观赏其叶和花。耐寒。寒冷地区需要在背风向阳处保护越冬。喜光照和肥沃、排水良好的土壤。春季将老枝平茬，将受冻害枝修剪至健康部位。秋季播种繁殖。

P. laburnifolius 见 *P. nepalensis*。

尼泊尔黄花木 *P. nepalensis* (*P. laburnifolius*)，见146页。

避霜花属（腺果藤属）PISONIA

紫茉莉科 NYCTAGINACEAE

常绿灌木或乔木。栽培以观赏其叶和全株形态。耐最低温度10～15℃。喜光照、半阴和富含腐殖质、排水良好的土壤。生长旺盛季节盆栽植物多浇水，其他时间适量浇水。需要时可进行修剪。春季播种繁殖或夏季用半木质化嫩枝扦插繁殖。

P. brunoniana 见 *P. umbellifera*。

胶果木（皮孙木）***P. umbellifera*** (*Heimerliodendron brunonianum, P. brunoniana*) (Birdcatcher tree, Para para) 常绿大灌木或小乔木。圆球状。株高和冠径均为3～6m。叶卵形，革质，有光泽。花小，绿色或粉红色，簇生，春季开花。果有5翼，具黏性，浅褐色。

黄连木属 PISTACIA

漆树科 ANACARDIACEAE

常绿或落叶乔木。栽培以观赏其叶和全株形态。耐最低温度10℃。喜光照和灌溉条件好或者干燥的土壤。生长季节盆栽植物适量浇水，其他时间少量浇水。需要时可修剪。春季播种繁殖或夏季用半木质化嫩枝扦插繁殖。

乳香（洋乳香）***P. lentiscus*** (Mastic tree) 常绿乔木或灌木。冠呈不规则圆球状。株高5m，冠径3m。复叶由2～5对小叶组成，小叶卵形，革质，光滑。花不明显，束状腋生，春季至夏初开放。果圆球状，红色，秋季变为黑色。

笃耨香 *P. terebinthus* (Cyprus turpentine, Terebinth tree) 落叶乔木。冠圆球状至卵状。株高6～9m，冠径3～6m。复叶由5～9片小叶组成，小叶卵形，有光泽，浓绿色。花小，束状腋生，春季开花。夏初结小圆形至卵圆形红色果实，秋季变为紫褐色。

大薸属 PISTIA

天南星科 ARACEAE

单种属。多年生落叶草本。浮水植物。栽培以观赏其叶。在超过19～21℃的水中是常绿的。适宜生长在热带和无霜冻的地区，耐最低温度10～15℃。喜光照充足或半阴。如有必要去除枯萎叶和瘦弱细小的植株。夏季分株繁殖。

大薸 *P. stratiotes*，见449页。

艳红凤梨属（比氏凤梨属）PITCAIRNIA

凤梨科 BROMELIACEAE

多年生常绿草本。莲座状。栽培以观赏其全株形态。耐最低温度10℃。喜半阴和排水良好的土壤。生长季节适量浇水，其他时间少量浇水。春季用短匍枝繁殖或分株繁殖。

黑白艳凤 *P. andreana* 多年生常绿草本。丛生。基部莲座状。株高20cm，冠径30cm以上。疏松的莲座由狭披针形、强烈拱起的绿色叶组成，下部具灰色鳞片。总状花序，花管状，橙红色或红色，夏季开花。

异叶艳凤 *P. heterophylla* 多年生常绿草本。基部莲座状。具膨大多分枝的根状茎。株高10cm以上，冠径30cm。莲座疏松，外部叶似倒钩刺，内部叶带形，叶稍拱起，绿色，背面具白色软毛。花序穗状，几乎无梗，花管状，鲜红色，罕有白色，夏季开花。

Pitch apple 见 *Clusia major*。

Pitcher plant 见*Nepenthes*, *Sarracenia*。

Common 见 *Sarracenia purpurea*。

Yellow 见 *Sarracenia flava*，见290页。

海桐花属 PITTOSPORUM

海桐花科 PITTOSPORACEAE

常绿乔木或灌木。栽培以观赏其装饰性的叶和芳香的花。耐寒至不耐寒，耐最低温度7℃。气候温和地区生长最好，寒冷地区需要在背风向阳处栽植。厚叶海桐 (*P. crassifolium*) 与北岛海桐 (*P. ralphii*) 在温暖的沿海地区种植，需设防风篱笆。多色彩或紫红色叶类型更喜光照，其他类型喜光照或半阴，但都需要排水良好的土壤。南岛海桐 (*P. dallii*) 夏季芽插繁殖，其他种类春秋季播种繁殖，或夏季用半木质化嫩枝扦插繁殖，选育的类型只能在夏季用半木质化嫩枝扦插繁殖。

厚叶海桐花*P. crassifolium* (Karo) 常绿浓密乔木或灌木。顶部灌木状。株高5m，冠径3m。耐寒。叶椭圆形，暗绿色，背面具灰色毛。花小，簇生，芳香，星状，暗紫红色，春季开花。**'银边' 'Variegatum'**，见99页。

南岛海桐 *P. dallii*，见100页。

番樱桃状海桐（柠檬木）***P. eugenioides*** 常绿乔木。圆柱状。株高10m，冠径5m。耐寒。叶狭卵形，边缘卷曲，具光泽，暗绿色。花具甜香味，星状，淡黄色，春季开花。🏆**'黄斑' 'Variegatum'**，见99页。

🏆**'加里特'海桐*P.* 'Garnettii'**，见126页。

北岛海桐（拉斐海桐）***P. ralphii***

常绿乔木或灌木。顶部灌木状。株高4m，冠径3m。耐寒。叶大，椭圆形，革质，灰绿色，背面被密柔毛。花小，芳香，星状，深红色，春季开放。

🏆**薄叶海桐** ***P. tenuifolium***，见127页。**'马格里特特布尔' 'Margaret Turnbull'** 常绿的小灌木。冠紧凑、坚实。株高1.8m，冠径1m。耐寒。叶暗绿色，中部具金黄色斑点。🏆**'拇指汤姆' 'Tom Thumb'**，见177页。

🏆**海桐花** ***P. tobira*** (Japanese pittosporum, Mock orange)常绿浓密乔木或灌木。顶部灌木状。株高6m，冠径4m。耐寒。叶椭圆形至卵形，具光泽，暗绿色。花极芳香，星状，白色，春末开放；后变为奶油黄色。

波叶海桐 ***P. undulatum*** (Victorian box) 常绿乔木。冠阔圆锥状。株高12m，冠径8m。半耐寒。叶长，狭卵形，顶端尖，边缘卷曲，暗绿色。花芳香，星状，白色，春末夏初开放。果实圆球状，橙红色。

Pittosporum, Japanese 见 *Pittosporum tobira*。

粉叶蕨属 PITYROGRAMMA

铁线蕨科／凤尾蕨科
ADIANTACEAE/PTERIDACEAE

半常绿或常绿蕨类植物。适宜吊篮中栽植。不耐寒，耐最低温度10℃。喜半阴和富含腐殖质、潮湿、排水良好的土壤。定期摘去枯萎叶。浇水时应小心，以免破坏叶上的粉状物质。夏末孢子繁殖。

三角粉叶蕨 ***P. triangularis*** 半常绿或常绿蕨类植物。株高和冠径均为45cm。叶宽三角形，细裂，中绿色，上有橙红色或乳白色粉状物质。

Plagiorhegma dubia 见 *Jeffersonia dubia*。

Plane 见 *Platanus*。

London 见 *Platanus* × *hispanica*，见67页。

Oriental 见 *Platanus orientalis*。

车前属 PLANTAGO

车前科 PLANTAGINACEAE

一年生、二年生草本或常绿多年生草本或灌木。许多都是野草，很少作为观叶植物栽培。夏季开花。极耐寒至不耐寒。耐最低温度7～10℃。喜全光照和排水良好的土壤。盆栽植物适量浇水，冬季少浇水。春季播种繁殖或分株繁殖。

雪白车前 ***P. nivalis***，见391页。叶披针形，具长柔毛，银绿色。花小，灰褐色。

Plantain

Floating water 见 *Luronium natans*。

Parrot's 见 *Heliconia psittacorum*，见229页。

Water 见 *Alisma plantagoaquatica*，见446页。

Plantain lily 见 *Hosta*。

悬铃木属 PLATANUS
Plane

悬铃木科 PLATANACEAE

落叶乔木。因观赏其习性、叶和片状剥落的树皮而栽培。花不显著。果球状，秋季悬挂枝头。耐寒至半耐寒。喜全光照和深厚、肥沃、排水良好的土壤。秋季播种繁殖。英国梧桐(*P.* × *hispanica*)初冬硬枝扦插繁殖。除悬铃木(*P. orientalis*)外，所有种易感染真菌类病。接触果实基部的丛毛，会使皮肤过敏，而且影响呼吸系统。

P.* × *acerifolia 见 *P.* × *hispanica*。

🏆**英国梧桐** ***P.* × *hispanica*** (*P.* × *acerifolia*)，见67页。**'萨腾纳' 'Suttneri'** 落叶乔木。枝叶开展。生长旺盛。株高20m，冠径15m。耐寒。树皮薄片状脱落。叶大，掌状5浅裂，叶缘具深锯齿，淡绿色，略带乳白色。

🏆**悬铃木**（法国梧桐）***P. orientalis*** (Oriental plane) 落叶乔木。枝叶开展。株高和冠径均为25m以上。耐寒。叶大，掌状5深裂，具光泽，灰绿色。

化香树属 PLATYCARYA

胡桃科 JUGLANDACEAE

单种属。落叶乔木。栽培以观赏其叶和花序。极耐寒。喜全光照和肥沃、排水良好的土壤。秋季播种繁殖。

化香树 ***P. strobilacea*** 落叶乔木。枝叶开展。株高和冠径均为10m。复叶似白蜡树叶，淡绿色，小叶1～15片。穗状花序直立，绿色，仲夏至夏末开花，雄花纤细，圆筒状，常于顶端下垂；雌花球果状，冬季变为褐色。

鹿角蕨属 PLATYCERIUM
Stag's-horn fern

水龙骨科 POLYPODIACEAE（编译者注：秦仁昌系统将鹿角蕨归入鹿角蕨科 PLATYCERIACEAE）

附生常绿蕨类植物。最适于种植在吊篮中或木盆中。产生两类蕨叶：历时长的、宽大的不育"巢叶"，形成植物的主要部分；带形、通常部分分叉，弓形的生育叶。耐最低温度5℃。在温暖、潮湿、半阴下和几乎不含任何土壤，但富含纤维，泥炭质的堆肥上生长旺盛。春夏季分株繁殖，或夏季和秋初孢子繁殖。

***P. alcicorne* of gardens** 见 *P. bifurcatum*。

🏆**二叉鹿角蕨** ***P. bifurcatum*** (*P. alcicorne* of gardens)，见310页。

Platycladus 重新归入 *Thuja*。

桔梗属 PLATYCODON
Balloon flower

桔梗科 CAMPANULACEAE

单种属。多年生草本。栽培以观赏其夏花。极耐寒。喜光照和轻质沙土。夏季用无花枝条基部扦插繁殖，也可用根段繁殖或秋季播种繁殖。

🏆**桔梗** ***P. grandiflorus***，见284页。🏆**蓝桔梗** var. ***mariesii*** (*P. g.* 'Mariesii') 多年生草本。丛生。冠整齐。株高和冠径均为30～45cm。花单朵顶生，大型，球状花芽开放时呈钟状，蓝色或紫蓝色，仲夏开花。叶卵形，叶缘具锯齿，蓝绿色。**'Mariesii'** 见 *P. g.* var. *mariesii*。

平蕊罂粟属 PLATYSTEMON

罂粟科 PAPAVERACEAE

单种属。一年生草本。夏季开花。极耐寒。适宜生长在光照充足和肥沃、排水良好的土壤上。春季或夏初室外播种繁殖。

平蕊罂粟 ***P. californicus***，见335页。

延命草属 PLECTRANTHUS

唇形科 LABIATAE/LAMIACEAE

多年生常绿草本。蔓生或灌木状。栽培以观赏其叶。不耐寒。耐最低温度4～10℃。如果在半阴或强光照的环境中保持湿润易于栽培。生长季节如果植物长得过分蔓延，则回缩其茎顶部。春夏季茎插繁殖或分株繁殖。

***P. australis* of gardens** 见 *P. verticillatus*。

***P. coleoides* 'Variegatus'** of gardens见*P. madagascariensis* 'Variegated Mintleaf'。

'白边' 延命草 ***P. forsteri*** **'Marginatus'**，见264页。

马达加斯加延命草 ***P. madagascariensis*** (Mintleaf) 多年生匍匐草本。株高30cm，冠径不定。耐最低温度10℃。叶肉质，扇状圆形。花二唇形，淡紫蓝色或白色，常带有红色斑点。**'白斑' 'Variegated Mintleaf'** (*P. coleoides* 'Variegatus' of gardens) 叶带有白色斑点。

🏆**银脉延命草**（新拟）***P. oertendahlii*** (Prostrate coleus, Swedish ivy) 多年生常绿草本。蔓生。株高15cm，冠径不定。耐最低温度10℃。叶扇状圆形，暗绿色，背面红绿色，表面网脉白色。总状花序，花管状，白色或淡紫红色，常年间断性开放。

中非延命草（新拟）***P. thyrsoideus*** (*Coleus thysoideus*) 多年生草本。灌木状。生长快。常作一年生栽培。株高1m，冠径60cm。耐最低温度4℃。叶心形，边缘有锯齿，中绿色。穗状花序，花管状，鲜绿色，周年开放。

澳洲延命草（瑞士常青藤）***P. verticillatus*** (*P. australis* of gardens) (Swedish ivy) 多年生常绿草本。匍匐状。茎四棱。株高15cm，冠径不定。耐最低温度10℃。叶圆形，蜡质，具光泽，绿色，边缘具扇齿。总状花序，花管状，白色或淡紫红色，常年间断性开放。

苦竹属 PLEIOBLASTUS

禾本科 GRAMINEAE/POACEAE

见禾草类、竹类、灯心草类和莎草类植物。

🏆**花杆苦竹** ***P. auricomus*** (*Arundinaria auricoma, A. viridistriata, P. viridistriatus*)，见309页。

🏆**菲白竹**（缟竹）***P. variegatus*** (*Arundinaria fortunei, A. variegata*)，见306页（译者注：根据国际命名法规，应采用 *P. fortunei*）。

P. viridistriatus 见 *P. auricomus*。

独蒜兰属 PLEIONE

见兰花。

独蒜兰 ***P. bulbocodioides***，见297页。落叶陆生兰花。株高20cm。耐寒。春季通常先叶开花，花粉红色、玫瑰色或紫红色，花径5～12cm，在花唇上有深紫红色斑点。叶狭披针形，长14cm。花常难以开放。定期养护有助于增加假鳞茎生长至开花的尺寸。

芳香独蒜兰 ***P.* × *confusa*** 落叶陆生兰花。株高15cm。耐寒。花单生，淡黄色，花径5～8cm，花唇有褐色或紫红色斑点，春季先叶开放。叶披针形，长10～18cm。在高山植物温室中生长最好。喜半阴。

毛唇独蒜兰 ***P. hookeriana*** 落叶陆生兰花。株高8～15cm。耐寒。花单生，淡紫粉红色、玫瑰红色或白色，花径5～7cm，每朵花的花唇都带有褐色或紫红色斑点，春季开花。叶披针形，长5～20cm。常作为芳香独蒜兰 *P.* × *confusa* 的栽培种。

矮独蒜兰 ***P. humilis*** 落叶陆生兰花。株高5～8cm。耐寒。花单生，重瓣，白色，直径7～9cm，每花唇都带有绯红色斑点，冬季先叶开放。叶披针形，长18～25cm。常作为芳香独蒜兰 *P.* × *confusa* 的栽培种。

秋花独蒜兰 ***P. praecox*** 落叶陆生兰花。株高8～13cm。耐寒。花重瓣，径8cm，秋季叶后开放，花白色至粉紫红色或紫红色，具蓝紫色斑点。叶椭圆形至披针形，长15～25cm。常作为芳香独蒜兰 *P.* × *confusa* 的栽培种。

凤卵属 PLEIOSPILOS

番杏科 ALZOACEAE

多年生草本多浆植物。丛生，具几乎无茎的莲座。叶多达4对，肉质，直立，像花岗石碎片，顶面平，基部联合。花似雏菊花。种间很相似，多数难以辨别。耐最低温度5℃。喜光照环境和排水良好的土壤。春夏季播种繁殖或分株繁殖。

凤卵 *P. bolusii*，见479页。

贵凤卵 *P. compactus*，见478页。

腋花兰属 PLEUROTHALLIS

见兰花。

古美腋花兰 *P. grobyi* 常绿附生兰。适宜温室中栽培。株高2.5cm。花小，白色，长0.25cm，着生于花枝上，夏季开放。叶卵形，肉质，长0.5cm。夏季需要庇荫。

Plum

Cherry 见 *Prunus cerasifera*。

Date 见 *Diospyros lotus*。

Indian 见 *Oemleria cerasiformis*。

Natal 见 *Carissa macrocarpa*。

Sugared-almond 见 *Pachyphytum oviferum*，见475页。

Plum yew 见 *Cephalotaxus harringtonii*, *Prumnopitys andina*。

白花丹属 PLUMBAGO

白花丹科 PLUMBAGINACEAE

一年生草本、常绿或半常绿灌木，多年生草本或木质攀缘植物。栽培以观赏其莲座状花冠。耐寒至不耐寒。耐最低温度7℃。适宜生长在全光照或半阴和肥沃、排水良好的土壤上。生长季节适量浇水，非生长季节少量浇水。茎需要支撑，初春疏枝或回缩枝条，以维持茎的周年生长。夏季用半木质化嫩枝扦插繁殖。白蝇会危害植株。

蓝雪花（蓝茉莉）*P. auriculata* (*P. capensis*)，见215页。

P. capensis 见 *P. auriculata*。

紫雪花 *P. indica* (*P. rosea*) 常绿或半常绿灌木，或半藤本。枝叶开展。株高2m，冠径1～2m。不耐寒。叶卵形至椭圆形，中绿色。总状花序顶生，花似樱草花，红色或粉红色，长2.5cm，夏季开放。如果当年春季或冬末重剪会形成灌木，如果不修剪则可以培养成藤本。

P. rosea 见 *P. indica*。

Plume poppy 见 *Macleaya*。

鸡蛋花属（缅栀属）PLUMERIA *Frangipani*

夹竹桃科 APOCYNACEAE

主要为落叶灌木和乔木。枝条肉质。为观赏其夏秋季节开放的花而栽培。不耐寒。耐最低温度13℃。喜全光照和排水良好的土壤。盆栽植物生长期间适量浇水，冬季落叶后应保持干燥。剪去茎尖以诱导分枝。春末播种或用无叶茎尖扦插繁殖。红蜘蛛螨是危害害虫。如食用乳汁能引起肠胃部不适。

P. acuminata 见 *P. rubra* var. *acutifolia*。

P. acutifolia 见 *P. rubra* var. *acutifolia*。

白鸡蛋花（西印度茉莉、白花缅栀）***P. alba*** 落叶乔木。冠圆球状，少分枝。株高6m，冠径4m。叶披针形，细长尖，长30cm。花芳香，白色，具黄色斑点，簇状顶生，每朵花具5个宽阔的花瓣，花基部管状，夏季开花。

红鸡蛋花（红花缅栀）***P. rubra***，见96页。**鸡蛋花**（缅栀）var. ***acutifolia*** (*P. acuminata*, *P. acutifolia*) 灌木或乔木。冠开展，少分枝。株高和冠径均为4m或更多。花芳香，白色，中部黄色，具5个宽阔的花瓣，春秋季节开放。叶披针形至卵形，长20～30cm。

Plum-fruited yew 见 *Prumnopitys andina*。

Plush plant 见 *Echeveria pulvinata*，见464页。

Poached-egg flower 见 *Limnathes douglasii*，见336页。

Pocket handkerchief tree 见 *Davidia involucrata*，见77页。

花槐属 PODALYRIA

豆科／蝶形花科 LEGUMINOSAE/PAPILIONACEAE

常绿灌木。主要在夏季开花。栽培为观赏其花和全株。不耐寒。耐最低温度7～10℃。喜光照和排水良好的肥沃土壤。盆栽植物适量浇水，非生长季节少量浇水。如有必要花后修剪。春季播种繁殖或夏季用半木质化嫩枝扦插繁殖。

绢毛花槐 *P. sericea* 常绿灌木。生长旺盛。株高和冠径均为12cm。叶卵形，柔软，中绿色。花具甜味，花蝶形，粉红色，宽3～4cm，夏季开放。

Podocarp, Tasmanian 见 *Podocarpus alpinus*。

罗汉松属 PODOCARPUS

罗汉松科 PODOCARPACEAE

见针叶树。

高山罗汉松 *P. alpinus* 针叶树。灌木状。冠圆球状，枝条伸展。株高2m，冠径3～5m。耐寒。叶长条形，暗绿色。果肉质，球状或卵状，鲜红色。

P. andinus 见 *Prumnopitys andina*。

罗汉松 *P. macrophyllus* (Kusamaki) 针叶树。直立。株高10m，冠径3～5m。半耐寒。叶长条形，表面鲜绿色，背面浅灰绿色。可作为灌木栽培。株高和冠径均为1～2m。适宜于干热环境中盆栽。

雪白罗汉松 *P. nivalis* (Alpine totara)，见110页。灌木状针叶树。冠圆球状，枝条伸展。株高2m，冠径3～5m。耐寒。与高山罗汉松（*P. alpinus*）极相似，但叶更长、更宽、更硬。

柳叶罗汉松 *P. salignus*，见106页。

八角莲属（鬼臼属）PODOPHYLLUM

小檗科 BERBERIDACEAE

多年生草本。春季开花。具根状茎。极耐寒，但幼叶可能会受霜冻。在半阴、潮湿、泥炭土壤上生长最好。春季分株繁殖或秋季播种繁殖。植株所有部分都具有较强的毒性，不可食。

P. emodi 见 *P. hexandrum*。

桃儿七 *P. hexandrum* (*P. emodi*)，见268页，[（译者注：《中国植物志》29卷用 ***Sinopodophyllum hexandrum* (Royle) Ying**]。

盾叶鬼臼 *P. peltatum* (May apple) 多年生草本。生长旺盛。冠扩展。具根状茎。株高30～40cm，冠径30cm。叶掌状，鲜绿色，有时具褐色斑点，3～5深裂，刚长出土时，像关闭的伞。花杯状，下垂，白色，春季开放。秋季结果，果实大，肉质，似李属植物果实，具光泽，深玫瑰红色。

肖粉凌霄属（非洲凌霄属）PODRANEA

紫葳科 BIGNONIACEAE

常绿缠绕攀缘植物。栽培为观赏其毛地黄似的花。不耐寒。耐最低温度5～10℃。喜全光照和肥沃、排水良好的土壤。生长季节适量浇水，冬季少量浇水。需要支撑。冬季或初春紧靠地面覆一层薄膜保护。春季播种繁殖或夏季用半木质化嫩枝扦插繁殖。

肖粉凌霄（非洲凌霄）***P. ricasoliana*** (*Pandorea ricasoliana*, *Tecoma ricasoliana*) 常绿缠绕攀缘植物。生长快。株高4cm或更多。复叶，小叶7～9片，披针形至卵形，皱褶，暗绿色。花疏丛状着生，疏散，芳香，粉红色，脉色较深，春季至秋季开放。

Poet's daffodil 见 *Narcissus poeticus*。

Poet's narcissus 见 *Narcissus poeticus*。

Poinciana gilliesii 见 *Caesalpinia gilliesii*。

Poinciana pulcherrima 见 *Caesalpinia pulcherrima*。

Poinsettia 见 *Euphorbia pulcherrima*，见150页。

Pokeweed, Virginian 见 *Phytolacca americana*。

花荵属 POLEMONIUM *Jacob's ladder*

花荵科 POLEMONIACEAE

一年生或多年生草本。春末或夏季开花。某些多年生草本可能是短命的。极耐寒。喜光照和排水良好、肥沃的土壤。春季分株繁殖或秋季播种繁殖。

花荵 *P. caeruleum*，见285页。

肉红花荵 *P. carneum*，见283页。

多叶花荵 *P. foliosissimum* 多年生草本。丛生。生长旺盛。株高75cm，冠径60cm。花杯状，簇状顶生，淡紫红色，雄蕊黄色，夏季开花。叶椭圆形至披针形，中绿色，由小而多的小叶组成。

美丽花荵 *P. pulcherrimum*，见284页。

晚香玉属 POLIANTHES

龙舌兰科 AGAVACEAE

多年生草本。具块茎。为观赏其夏季芳香的花而栽培。半耐寒。耐最低温度15～20℃。喜阴和排水良好的土壤。春夏季适时灌溉 生长期每2周施一次液肥。冬季叶死亡后干枯。春季播种繁殖或用短匐茎繁殖。

双花晚香玉 *P. geminiflora* (*Bravoa geminiflora*)，见423页。

晚香玉 *P. tuberosa* (Tuberose) 多年生草本。具块茎。夏季开花。株高50～90cm，冠径10～15cm。半耐寒。叶丛生，带形，直立。花茎基部着生有叶。穗状花序，花白色，单生，漏斗状，具6个宽形花瓣。重瓣花更具观赏价值。

山拐枣属 POLIOTHYRSIS

大风子科 FLACOURTIACEAE

单种属。落叶乔木。栽培为观赏其叶和花。极耐寒。喜光照或半阴和肥沃、排水良好的土壤。夏季用嫩枝扦插繁殖。

山拐枣 *P. sinensis* 落叶乔木。冠开展。株高10m，冠径6m。叶长，卵形，边缘具锐锯齿，具光泽，暗绿色。茎玫瑰红色。花芳香，星状，白色，后逐渐变为黄色，夏末秋初开花。

Polka-dot plant 见 *Hypoestes phyllostachya*，见264页。

Polyanthus 见 *Primula* Pacific Series，见339页和328页。

Polyanthus daffodil 见 *Narcissus tazetta*。

远志属 POLYGALA

远志科 POLYGALACEAE

一年生草本、多年生常绿草本、灌木或乔木。主要为观赏其蝶状花冠而栽培。极耐寒至不耐寒。耐最低温度7℃。喜全光照或半阴的环境和潮湿但排水良好的土壤。在生长旺期对盆栽植物充分浇水，其他时间适量浇水。冬末回缩细长的茎。春季播种繁殖或夏末用半木质化嫩枝扦插繁殖。易受白蝇的危害。

灰岩远志 *P. calcarea*，见384页。

‘布丽’ **‘Bulley’ s Form’**，见 384 页。

🏆**革叶远志 *P. chamaebuxus***，见 385 页。🏆**大花革叶远志** var. ***grandiflora*** (*P. c.* var. *purpurea*, *P. c.* var. *rhodoptera*) 见 368 页。var. ***purpurea*** 见*P. c.* var. *grandiflora*。var. ***rhodoptera*** 见 *P. c.* var. *grandiflora*。

🏆**玫瑰远志 *P.* × *dalmaisiana*** (*P. myrtiflolia* var. *grandiflora* of gardens)，见 167 页。

P. myrtifolia var. ***grandiflora*** of gardens 见 *P.* × *dalmaisiana*。

比利牛斯远志 *P. vayredae* 常绿灌木。丛生。株高5～10cm，冠径20～30cm。耐寒。茎匍匐，细长。叶小，细长。花淡红紫色，蝶状花冠，唇瓣黄色，春末夏初开放。适宜生长在岩石园或高山植物温室中。

黄精属 POLYGONATUM
Solomon's seal

铃兰科／百合科 CONVALLARIACEAE/LILIACEAE

多年生草本。具根状茎。春季或夏初开花。极耐寒至不耐寒。耐最低温度 5℃。喜凉爽、庇荫的环境和肥沃、排水良好的土壤。初春分株繁殖或秋季播种繁殖。毛虫是最普遍的害虫。如果误食所有部分都会引起肠胃不适。

双花黄精 *P. biflorum* (*P. canaliculatum, P. commutatum, P. giganteum*) (Great Solomon's seal)多年生草本。具块茎。茎拱形。株高1.5m或更多，冠径 60cm。极耐寒。叶卵形至椭圆形，中绿色。花钟状，白色，簇生，春末在叶腋开放。

P. canaliculatum 见 *P. biflorum*。

P. commutatum 见 *P. biflorum*。

P. giganteum 见 *P. biflorum*。

毛黄精 *P. hirtum* （*P. latifolium* ）多年生草本。茎直立，而后拱形。具块状茎。株高 1m，冠径 30cm。极耐寒。花 2～5 朵簇生，下垂，花管状，白色，顶端绿色，春末开放。茎下面和叶轴有毛。叶卵形至披针形，绿色。

独花黄精 *P. hookeri*，见 367 页。

🏆**杂交黄精*P.* × *hybridum***，见238页。

P. latifolium 见 *P. hirtum*。

普通黄精 *P. multiflorum* 多年生草本。茎拱形。叶繁茂。根状茎肉质。株高 1m，冠径 30cm。极耐寒。花 2～6 朵簇生，下垂，花管状，白色，顶端绿色，春末开放。果实球状，黑色。叶卵形至披针形，中绿色。**‘重瓣’‘Flore Pleno’** 花重瓣，像芭蕾舞者的裙子。**‘白纹’‘Striatum’** (*P. m.* ‘Variegatum’) 高 60cm 。叶上具乳白色的条纹。**‘Variegatum’** 见 *P. m.* ‘Striatum’。

玉竹（香花黄精）***P. odoratum*** (Angled Solomon' s seal) 多年生草本。具块茎。茎拱形。株高60cm，冠径30cm。极耐寒。花对生，芳香，管状或钟状，白色，顶端绿色，春末开放。叶卵形至披针形，中绿色。

轮叶黄精（红果黄精）***P. verticillatum*** (Whorled Solomon's seal) 多年生草本。直立。具块茎。株高 1.2cm，冠径45cm。极耐寒。叶无叶柄，轮生，披针形，中绿色。花狭钟状，淡绿白色，夏初开放。

Polygonum affine 见 *Persicaria affinis*。

Polygonum amplexicaule 见 *Persicaria amplexicaulis*。

Polygonum aubertii 见 *Fallopia aubertii*。

Polygonum baldschuanicum 见 *Fallopia baldschuanica*。

Polygonum bistorta 见 *Persicaria bistorta*。

Polygonum campanulatum 见 *Persicaria campanulata*。

Polygonum capitatum 见 *Persicaria capitata*。

Polygonum macrophyllum 见 *Persicaria macrophylla*。

Polygonum milletii 见 *Persicaria milletii*。

Polygonum sphaerostachyum 见 *Persicaria macrophylla*。

Polygonum vacciniifolium 见 *Persicaria vacciniifolia*。

***Polygonum virginianum* ‘Painter' s Palette’** 见 *Persicaria virginiana* ‘Painter' s Palette’。

水龙骨属 POLYPODIUM

水龙骨科 POLYPODIACEAE

落叶、半常绿或常绿蕨类植物。栽培为观赏其雕刻似的蕨叶。极耐寒至不耐寒。耐最低温度 10℃。喜半阴和富含纤维、潮湿且排水良好的土壤。春季分株繁殖或夏末播种繁殖。

P. aureum 见*Phlebodium aureum*。

P. australe 见 *P. cambricum*。

齿缘水龙骨*P. cambricum* (*P. australe, P. vulgare* subsp. *serratum*) (Southern polypody, Wintergreen fern)落叶蕨类植物。匍匐状。株高 10～60cm，冠径不定。极耐寒。叶宽披针形至宽三角状卵圆形，绿色，有裂，长 60cm，具条形或椭圆形的羽裂片，边缘有锯齿。夏末长出新叶，夏初叶枯萎。冬季孢囊群显著呈黄色。

甜根水龙骨*P. glycyrrhiza*，见 310 页。

沿海水龙骨*P. scouleri*，见311 页。

欧亚水龙骨*P. vulgare*，见313 页。**‘复裂’‘Cornubiense’**，见312 页。**‘鸡冠’‘Cristatum’** 常绿蕨类植物。平卧。株高和冠径均为 25～30cm。极耐寒。叶由具红褐色鳞片的匍匐根状茎上长出，狭披针形，分裂，中绿色，半下垂。subsp. ***serratum*** 见 *P. cambricum*。

Polypody 见 *Polypodium vulgare*，见 313 页。

Common 见 *Polypodium vulgare*，见 313 页。

Southern 见 *Polypodium cambricum*。

南洋森属（福禄桐属）POLYSCIAS

五加科 ARALIACEAE

常绿乔木和灌木。栽培为观赏其叶。大型、成熟植株有时夏季开不太显著的花。不耐寒。耐最低温度 15～18℃。喜半阴环境和富含腐殖质、排水良好的土壤。生长期间对盆栽植物要尽量浇水，其他时间适量浇水。春季剪去散乱生长的茎。春季播种繁殖或夏季用茎尖或少叶茎扦插繁殖。红蜘蛛螨是最讨厌的害虫。

蕨叶南洋森 *P. filicifolia*，见 152 页。**‘银边’‘Marginata’** 常绿灌木。直立，少分枝。株高2m或更多，冠径1m或以上。叶长 30cm，小叶多数，卵形至披针形，有锯齿，鲜绿色，周边白色。

银边南洋森（福禄桐）***P. guilfoylei*** (Wild coffee) 常绿乔木。冠圆球状。生长慢。株高 3～8m，冠径 2m 或更多。复叶长 25～40cm，分裂成卵形至圆形小叶，有锯齿，暗绿色。**碎叶福禄桐 ‘Victoriae’**，见 126 页。

耳蕨属 POLYSTICHUM

鳞毛蕨科 DRYOPTERIDACEAE

常绿、半常绿或落叶蕨类植物。极耐寒至耐寒。最适宜生长在半阴凉的环境和富含有机质、湿润但排水良好的土壤。定期修剪枯萎的枝条。春季分株繁殖或夏季孢子繁殖。选育的品种春季分株繁殖。

圣诞耳蕨 *P. acrostichoides* (Christmas fern) 常绿蕨类植物。株高 60cm，冠径45cm。极耐寒。叶细长，披针形，暗绿色。具有小的，像冬青属植物的刺。为切花的良好材料。

🏆**欧洲耳蕨 *P. aculeatum*** (Hard shield fern, Prickly shield fern) 半常绿蕨类植物。株高60cm，冠径 75cm。极耐寒。叶宽披针形，黄绿色，后转为暗绿色，羽片状小叶椭圆形至卵形，边缘有刺，着生于被满鳞片的茎上。**‘美丽’‘Pulcherrimum’**，见 310 页。

布朗耳蕨 *P. braunii* 常绿或半常绿蕨类植物。株高和冠径均为 45～75cm。极耐寒。叶宽莲座状着生，披针形，分裂，暗绿色，长 60cm。春季展叶时，幼叶常密被黄褐色的鳞片。

🏆**刺羽耳蕨*P. munitum***，见310 页。

🏆**棕鳞耳蕨 *P. polyblepharum*** 常绿蕨类植物。株高 60～80cm，冠径 90cm。极耐寒。叶宽羽毛状，披针形，分裂，具刺，暗绿色，长 30～80cm，展叶时，密被金黄色毛，羽状裂片椭圆状卵形，周围具刺状锯齿。

阔鳞耳蕨 *P. rigens* 常绿蕨类植物。株高 40cm，冠径 60cm。极耐寒。叶羽毛状，狭卵状椭圆形，分裂，革质，质地粗糙，暗绿色，长 30～45cm。羽状裂片宽披针形，被分裂成卵圆形，具刺状锯齿的裂片，春季叶黄绿色。

刺毛耳蕨*P. setiferum* (Soft shield fern) **‘Divisilobum’**，见 *P. s.* Divisilobum Group。**异裂群 *P.* Divisilobum Group** (*P. s.* ‘Divisilobum’)，见311 页。**羽裂群 Plumosodivisilobum Group**，见 313 页。

🏆**对马耳蕨*P. tsussimense*** 半常绿蕨类植物。株高 30cm，冠径 23cm。耐寒。叶宽披针形，暗绿色，分裂成椭圆形小叶，叶裂片边缘具细刺。适宜生长在泥炭园或高山植物温室中。

Pomegranate 见 *Punica* 。

Dwarf 见 *Punica granatum* var. *nana*，见 355 页。

枳属 PONCIRUS

芸香科 RUTACEAE

单种属。落叶灌木或小乔木。密被刺。栽培为观赏其叶、绚丽的花和橘子一样的果实。最适宜做保护性篱笆。极耐寒。喜光照环境和肥沃且排水良好的土壤。春季剪去干枯枝，夏初可修剪成篱笆。夏季用半木质化嫩枝扦插繁殖或秋季种子成熟时播种繁殖。

枳 *P. trifoliata* (Japanese bitter orange) 落叶灌木或乔木。丛生。株高和冠径均为 5m。嫩枝粗壮，绿色，有刺。复叶暗绿色，由 3 个卵形小叶组成。花芳香，白色，具 4 个或 5 个大型花瓣，春末或秋季开放。果实圆球状，宽 2～3cm。

Pond lily, Yellow 见*Nuphar advena*。

Pondweed。

Cape 见 *Aponogeton distachyos*，见 447 页。

Curled 见 *Potamogeton crispus*，见 448 页。

Fennel-leaved 见 *Potamogeton pectinatus*。

梭鱼草属（海寿属）PONTEDERIA

雨久花科 PONTEDERIACEAE

多年生落叶草本或水边植物。为观赏其叶和穗状花序而栽培。极耐寒至耐寒。喜全光照和深达 23cm 的水域。定期去除干枯的花。春季分株繁殖或播种繁殖。

🏆 **梭鱼草**（海寿）***P. cordata***，见 448 页。

Pontine oak 见 *Quercus pontica*。

Pony-tail 见 *Beaucarnea recurvata*，见 100 页。

Poor man's orchid 见 *Schizanthus*。

Poplar 见 *Populus*。

Balsam 见 *Populus balsamifera*。

Berlin 见 *Populus × berolinensis*。

Black 见 *Populus nigra*。

Canadian 见 *Populus × canadensis*。

Chinese necklace 见 *Populus lasiocarpa*。

Grey 见 *Populus × canescens*，见 65 页。

Lombardy 见 *Populus nigra* 'Italica'，见 66 页。

Necklace 见 *Populus deltoides*。

Ontario 见 *Populus × candicans*。

Western balsam 见 *Populus trichocarpa*。

White 见 *Populus alba*，见 64 页。

Poppy 见 *Papaver*。

Alpine 见 *Papaver burseri*。

Blue 见 *Meconopsis betonicifolia*，见 253 页。

California 见 *Eschsholzia*。

Corn 见 *Papaver rhoeas*。

Field 见 *Papaver rhoeas*。

Harebell 见 *Meconopsia quintuplinervia*，见 271 页。

Horned 见 *Glaucium*。

Iceland 见 *Papaver croceum*。

Lampshade 见 *Meconopsis integrifolia*，见 292 页。

Mexican tulip 见 *Hunnemannia fumariifolia*。

Opium 见 *Papaver somniferum*。

Oriental 见 *Papaver orientale*。

Plume 见 *Macleaya*。

Prickly 见 *Argemone mexicana*，见 335 页。

Snow 见 *Eomecon chionantha*。

Tree 见 *Romneya*。

Water 见 *Hydrocleys nymphoides*，见 449 页。

Welsh 见 *Meconopsis cambrica*，见 275 页。

杨属 POPULUS
Poplar

杨柳科 SALICACEAE

落叶乔木。因习性和观赏其叶而栽培。速生。冬末或春季产生柔荑花序。雌株产生大量的绒毛和白色的种子。极耐寒。喜光照充足的环境和肥沃、潮湿但排水良好的土壤。忌干燥的土壤，仅银白杨（*P. alba*）能在沿海公园生长茂盛。根系广延，能破坏地基，所以不适宜种在建筑旁，特别是在黏土地区。冬季硬枝扦插繁殖。易受细菌感染而发生溃疡和发生真菌病害。

银白杨 *P. alba*，见 64 页。易与常见的灰白杨(*P. canescens*)混淆。**圆锥银白杨** f. ***pyramidalis*** (*P. a.* 'Pyramidalis')落叶直立乔木。生长快。株高 20m，冠径 5m。叶阔卵形，边缘波皱或有裂，暗绿色，背面白色，秋季变为黄色。**'Pyramidalis'** 见 *P. a.* f. *pyramidalis*。**'火箭' 'Raket'** (*P. a.* 'Rocket')，见69页。🏆**'理查德' 'Richardii'** 株高 15m，冠径 12m。叶表面金黄色。**'Rocket'** 见 *P. a.* 'Raket'。

树胶杨 *P. balsamifera* (Balsam poplar, Tacamahac)落叶直立乔木。生长快。株高 30～40m，冠径 8m。叶卵形，有光泽，暗绿色，背面白色。幼树具强烈的油香味。

柏林杨 *P. × berolinensis* (Berlin poplar) 落叶乔木。圆柱状。株高 25m，冠径 8m。叶广卵形，鲜绿色，背面白色。

加拿大杨 *P. × canadensis* (Canadian poplar) **'杜冠' 'Eugenei'** 落叶乔木。圆柱状。株高 30m，冠径 12m。幼叶广卵形，棕褐色，成熟时暗绿色。柔荑花序红色，春季开花。**'强壮' 'Robusta'**，见65页。**'直枝' 'Serotina de Selys'** (*P.* × *c.* 'Serotina Erecta')，见 66 页。

白壳杨 *P. × candicans* (*P. gileadensis, P.* × *jackii* 'Gileadensis')(Balm of Gilead, Ontario poplar) 落叶乔木。冠圆锥状。生长极快。株高 25m，冠径 10m。幼叶卵形，暗绿色，有香味。易患溃疡病。**'曙光' 'Aurora'**，高 15m 或更高，冠径 6m。叶常呈不规则的乳白色。

灰白杨（灰杨）***P. × canescens***，见 65 页。

三角叶杨 *P. deltoides* (Cottonwood, Eastern cottonwood, Necklace poplar) 落叶乔木。极速生。株高 30m，冠径 20m。叶繁茂，广卵形，有光泽，鲜绿色。

P. gileadensis 见 *P. candicans*。

***P. × jackii* 'Gileadensis'** 见 *P.* × *candicans*。

🏆**大叶杨 *P. lasiocarpa*** (Chinese necklace poplar)落叶乔木。枝条开展。生长极快。株高 15m，冠径 12m。嫩枝粗壮，叶大，心形，中绿色，叶脉红色，叶柄长，红色。柔荑花序粗壮，下垂，春季开花。

辽杨 *P. maximowiczii*，见 64 页。

黑杨 *P. nigra* (Black poplar)落叶乔木。枝条开展。生长快。株高 25m，冠径 20m。树皮黑色。叶菱形，幼时褐色，后变成鲜绿色，秋季变为黄色。仲春雄株着生红色柔荑花序。🏆**钻天杨 'Italica'**，见 66 页。

川杨 *P. szechuanica* 落叶乔木。冠圆锥状。生长极快。株高 25m，冠径 10m。树皮剥落，灰粉红色。叶大，心形，暗绿色。

🏆**欧洲山杨 *P. tremula*** (Aspen) 落叶乔木。生长旺盛。枝条扩展。株高 15m，冠径 10m。叶圆形，幼时褐红色，成熟时变为灰绿色，秋季变为黄色，叶柄扁平，叶在风中摇动并略咯作响。**'直枝' 'Erecta'** 冠径 5m。直立。**'垂枝' 'Pendula'**，见 79 页。

颤杨 *P. tremuloides* (American aspen, Quaking aspen)落叶乔木。枝条开展。生长极快。株高 15m 以上，冠径 10m。叶圆形，具细锯齿，具光泽，暗绿色，随风摆动，秋季变为黄色。

毛果杨 *P. trichocarpa* (Black cottonwood, Western balsam poplar) 落叶乔木。冠圆锥状。生长极快。株高 30m 以上，冠径 10m。叶浓密，卵形，具光泽，暗绿色，叶脉绿色，背面白色，幼时极香，秋季变为黄色。

翼萼藤属 PORANA

旋花科 CONVOLVULACEAE

常绿或落叶缠绕攀缘植物。栽培以观赏其花。不耐寒，耐最低温度 5～7℃。10～13℃对冬芽有好处。喜全光照和肥沃、湿润但排水良好的土壤。生长期间充分浇水，寒冷季节少量浇水。茎需要支撑。冬末或初春疏剪常绿树种，沿地面处短截落叶树种。春末或夏初用基部的软枝扦插繁殖或春季播种繁殖。

圆锥翼萼藤 *P. paniculata* (Bridal bouquet, Snow creeper) 常绿缠绕攀缘植物。生长旺盛。株高 6～10m。大型、疏松圆锥花序，花小，芳香，喇叭状，白色，夏末至中冬开放。叶心形。

Port Jackson fig 见 *Ficus rubiginosa*。

Portia oil nut 见 *Thespesia populnea*。

Portugal laurel 见 *Prunus lusitanica*。

Portuguese heath 见 *Erica lusitanica*。

马齿苋属 PORTULACA

马齿苋科 PORTULACACEAE

一年生和多年生多浆植物。花在阳光下开放，庇荫处闭合。半耐寒。喜充足光照环境和排水良好的土壤。初春温室中播种繁殖或春末室外播种繁殖。易受蚜虫危害。

大花马齿苋（半支莲，松叶牡丹）***P. grandiflora*** (Sun plant) 一年生草本。部分平卧。蔓生。株高 15～20cm，冠径 15cm。叶披针形，肉质，鲜绿色。夏季和秋初开浅碗状花，径2.5cm，雄蕊醒目，在庇荫条件下呈黄色、红色、橙红色、粉红色或白色。**迷你饰边杂交群 Minilaca Hybrids** 为重瓣花栽培种。**拜日舞杂交群 Sundance Hybrids**，见326页。**日规系列 Sundial Series** 重瓣花，颜色众多。在贫瘠和冷凉气候条件下可培育长花期种类。

树马齿苋属 PORTULACARIA

马齿苋科 PORTULACACEAE

单种属。常绿或半常绿灌木。叶肉质。栽培以观赏其叶和全株形态。不耐寒。耐最低温度 7～10℃。喜充足光照环境和排水良好的土壤。盆栽植物生长期间适量浇水，其他时期少量浇水。夏季用半木质化嫩枝扦插繁殖。

树马齿苋 *P. afra*，见 153 页。**'花叶' 'Foliisvariegatus'** (*P. a.* 'Variegatus') 常绿或半常绿直立灌木，具或多或少水平枝。株高和冠径均为 2～3m。叶卵形至圆形，肉质，鲜绿色，边缘乳白色。花小，星状，淡粉红色，簇状着生，初春至夏季开花。**'Variegatus'** 见 *P. a.* 'Follisvariegatus'。

Pot marigold 见 *Calendula officinalis*。

眼子菜属 POTAMOGETON

眼子菜科 POTAMOGETONACEAE

多年生落叶潜水植物。因观赏其叶而栽培。适宜生长在冷水池和水族馆中。极耐寒。喜光照。如果需要可去除干枯叶和弱小植株。春夏季茎插繁殖。

菹草（扎草）***P. crispus***，见448页。

篦齿眼子菜 *P. pectinatus* (Fennel-leaved pondweed)多年生潜水植物。冠径 3m。叶狭长，条形，绿色至棕绿色。花不显著，夏季开花。适宜中型至大型水池中栽培。

Potato, Duck 见 *Sagittaria latifolia*，见 446 页。

Potato bush, Blue 见 *Solanum rantonnetii*。

Potato creeper 见 *Solanum seaforthianum*，见 206 页。

Potato vine 见 *Solanum jasminoides*。

委陵菜属 POTENTILLA

蔷薇科 ROSACEAE

多年生草本或落叶灌木。栽培以观赏其小型、簇状、扁平至碟状花冠和叶。高大种类多用于花坛中，矮生种类多用于岩石园中。极耐寒。在充足光照条件下生长最好，在最炎热季节需要庇荫。花橙红色、红色和粉红色，栽培种的花色更好。喜排水良好的土壤。多年生草本秋季播种繁殖或春秋季分株繁殖，选育的类型只能在春秋季分株繁殖，灌木种类可以在秋季播种繁殖，或夏季用软枝或绿枝扦插繁殖，选育的类型夏季用软枝或绿枝扦插繁殖。

***P.* 'Abbotswood'** 见 *P. fruticosa* 'Abbotswood'。

白花委陵菜 *P. alba*，见 373 页。

P. arbuscula 见 *P. fruticosa* var. *arbuscula*。

P. argyrophylla 见 *P. atrosanguinea* var. *argyrophylla*。

紫花银光委陵菜（喜马委陵菜）***P. atrosanguinea***，见 283 页。**银光委**

陵菜var. ***argyrophylla*** (*P. argyrophylla*) 多年生草本。丛生。株高45cm，冠径60cm。花碟状，黄色或橙黄色，夏初至夏末大量开放。叶似草莓叶，银白色。

金黄委陵菜 *P. aurea*，见386页。

***P.* 'Beesii'** 见*P. fruticosa* 'Beesii'。

阿尔卑斯委陵菜 *P. crantzii* (Alpine cinquefoil)多年生草本。直立。有肥厚、木质根茎。株高和冠径均为10～20cm。叶楔形，5裂。花扁平，黄色，中心橙红色，春季开花。为良好的岩石园植物。

P. davurica var. ***mandschurica*** of gardens 见*P. fruticosa* 'Manchu'。

***P.* 'Daydawn'** 见*P. fruticosa* 'Daydawn'。

***P.* 'Elizabeth'** 见*P. fruticosa* 'Elizabeth'。

毛果委陵菜 *P. eriocarpa*，见385页。

'埃特纳' 委陵菜 *P.* 'Etna' 多年生草本。丛生。株高75cm，冠径45cm。花碟状，栗色，仲夏开放。叶似草莓叶，暗绿色。

金露梅 *P. fruticosa* 落叶灌木。丛生。冠浓密。株高1m，冠径1.5m。花碟状，鲜黄色，春末至夏末开花 。复叶暗绿色，有5枚狭椭圆形小叶。🏆**'阿伯茨伍德' 'Abbotswood'** (*P.* 'Abbotswood')，见158页。**伏毛金露梅** var. ***arbuscula*** (*P. arbuscula*) 冠径1.2m。花金黄色，开放于灰绿色至银灰色叶丛之中。🏆**'毕斯' 'Beesii'** (*P.* 'Beesii', *P.* 'Nana Argentea')，高75cm，冠径1m。生长慢。植株紧凑。花金黄色，叶银白色。🏆**'曙光' 'Daydawn'** (*P.* 'Daydawn')，见161页。🏆**'伊丽莎白' 'Elizabeth'** (*P.* 'Elizabeth')，见169页。**'法勒白' 'Farrer's White'**，见159页。**'弗内德利森' 'Friedrichsenii'**，见169页。**'金滴' 'Gold Drop'** (*P. parviflolia* 'Gold Drop') 株高和冠径均为1.2m。花金黄色，团状着生于鲜绿色叶丛之中。🏆**'金指' 'Goldfinger'** (*P.* 'Goldfinger')花大，浓黄色，盛开。**'杰克曼' 'Jackman's Variety'** (*P.* 'Jackman's Variety')高1.2m。花大，鲜黄色。🏆**'马尼斯' 'Maanelys'** (*P.* 'Maanelys', *P.* 'Manelys', *P.* 'Moonlight')。株高1.2m，冠径2m。花柔黄色。叶灰绿色。**'满族' 'Manchu'** (*P. davurica* var. *mandschurica* of garde, *P.* 'Manchu')，见158页。**'红王牌' 'Red Ace'** (*P.* 'Red Ace')，见166页。**'品红' 'Royal Flush'** (*P.* 'Royal Flush')，高45cm，冠径75cm。叶中绿色。花有时半重瓣，雄蕊黄色，花浓粉红色，全光照下渐变为白色。**'日落' 'Sunset'** (*P.* 'Sunset')，见171页。🏆**'橘红' 'Tangerine'** (*P.* 'Tangerine')高1.2m。花黄色，带浅橙红色，着生于中绿色叶丛之中。**'维尔莫林' 'Vilmoriniana'** (*P.* 'Vilmoriniana')，见169页。

🏆**'吉布森红' 委陵菜 *P.* 'Gibson's Scarlet'** 多年生草本。丛生。株高和冠径均为45cm。花碟状，鲜红色，仲夏至夏末开放。叶似草莓叶，暗绿色。

'南希之光' 委陵菜 *P.* 'Gloire de Nancy' (*P.* 'Glory of Nancy') 多年生草本。丛生。株高和冠径均为45cm。花大，碟状，半重瓣，橙红色或铜红色，夏季开花。叶似草莓叶，暗绿色。

***P.* 'Glory of Nancy'** 见 *P.* 'Gloire de Nancy'。

***P.* 'Goldfinger'** 见 *P. fruticosa* 'Goldfinger'。

***P.* 'Jackman's Variety'** 见*P. fruticosa* 'Jackman' s Variety'。

***P.* 'Maanelys'** 见 *P. fruticosa* 'Maanelys'。

***P.* 'Manchu'** 见 *P. fruticosa* 'Manchu'。

***P.* 'Manelys'** 见 *P. fruticosa* 'Maanelys'。

🏆**巨花委陵菜 *P. megalantha***，见292页。

重瓣委陵菜 *P.* 'Monsieur Rouillard' 多年生草本。丛生。株高和冠径均为45cm。花碟状，重瓣，血红色，夏季开花，着生于草莓叶状、暗绿色叶丛之上。

***P.* 'Moonlight'** 见 *P. fruticosa* 'Maanelys'。

***P.* 'Nana Argentea'** 见 *P. fruticosa* 'Beesii'。

🏆**'威尔莫特' 尼泊尔委陵菜 *P. nepalensis* 'Miss willmott'**，见282页。

雪线委陵菜 *P. nitida* 多年生草本。丛生。枝条浓密。株高2.5～5cm，冠径20cm。复叶圆形，3小叶，银白色。每花茎着生花1～2枚，花玫瑰粉红色，花心黑色，夏初开放。花经常缺如。适生于岩石园或檐槽中。

***P. parvifolia* 'Gold Drop'** 见 *P. fruticosa* 'Gold Drop'。

直立委陵菜 *P. recta* 多年生草本。丛生。多毛。株高60cm，冠径45cm。花淡黄色，夏初至夏末开放。**'Macrantha'**，见 *P. r.* 'Warrenii'。**'沃伦' 'Warrenii'** (*P. r.* 'Macrantha')，见291页。

***P.* 'Red Ace'** 见 *P. fruticosa* 'Red Ace'。

***P.* 'Royal Flush'** 见 *P. fruticosa* 'Royal Flush'。

***P.* 'Sunset'** 见 *P. fruticosa* 'Sunset'。

***P.* 'Tangerine'** 见 *P. fruticosa* 'Tangerine'。

🏆**红心委陵菜 *P.* × *tonguei*** 多年生草本。丛生。株高5cm，冠径25cm。叶圆形，3～5裂，绿色。花略扁平，橙黄色，花心红色，着生于平卧枝上，夏季开花。在岩石园中栽培良好。

***P.* 'Vilmoriniana'** 见 *P. fruticosa* 'Vilmoriniana'。

🏆**'威廉·罗林逊' 委陵菜 *P.* 'Willian Rollison'** 多年生草本。丛生。株高和冠径均为45cm。花碟状，半重瓣，鲜红色或深橙红色，中心黄色，仲夏至夏末开放。叶暗绿色。

'黄后' 委陵菜 *P.* 'Yellow Queen'，见292页。

Pothos 重新归入 *Epipremnum*。

春黄兰属× POTINARA

见兰花。

'春水仙' 春黄兰× *P.* Cherub 'Spring Daffodil'，见299页。常绿腐生兰。适生于中温温室中。株高15cm。花黄色，宽5cm，具花序，春季开花。叶宽卵形，坚硬，长10cm。夏季喜光照。

Powder-puff cactus 见 *Mammillaria bocasana*，见471页。

铜锤玉带草属 PRATIA

桔梗科 CAMPANULACEAE

多年生常绿草本。丛生。叶小。因观赏其大量的星状花而栽培。适宜岩石园中栽培。有时候包括半边莲属(*Lobelia*)。部分种类可能为侵袭性植物。耐寒至半耐寒。喜阴环境和潮湿的土壤。秋季播种繁殖或分株繁殖。

角棱铜锤玉带草 *P. angulata* 多年生常绿草本。匍匐状。株高1cm，冠径不定。耐寒。叶小，阔卵形，暗绿色。花星状，白色，有5个不对称花瓣，生于叶腋，春末开放。果实球状，紫红色，秋季成熟。

具梗铜锤玉带草 *P. pedunculata*，见383页。**'野趣园' 'County Park'** 多年生常绿草本。匍匐状。生长旺盛。株高1cm，冠径不定。耐寒。叶小，圆形至卵形。花多，星状，浓蓝紫红色，夏季开放。为良好的地被植物。

Prayer plant 见 *Maranta leuconeura*。

Prickly Moses 见 *Acacia verticillata*。

Western 见 *Acacia pulchella*，见157页。

Prickly pear 见 *Opuntia*。

Edible 见 *Opuntia ficus-indica*。

Prickly poppy 见 *Argemone mexicana*，见335页。

Prickly shield fern 见 *Polystichum aculeatum*。

Pride of Bolivia 见 *Tipuana tipu*。

Pride of India 见 *Koelreuteria paniculata*，见92页；*Lagerstroemia speciosa*。

Primrose 见 *Pimula*; *P. vulgaris*，见273页。

Bird' s-eye 见 *Primula farinosa*，见272页。

Cape 见 *Streptocarpus rexii*。

Evening 见 *Oenothera*。

Primrose jasmine 见 *Jasminum mesnyi*，见207页。

Primrose peerless 见 *Narcissus* × *medioluteus*。

报春花属 PRIMULA
Primrose

报春花科 PRINULACEAE

主要为多年生草本。部分基部木质或为常绿草本。基生叶呈莲座状。花管状、钟状或报春花状。在部分报春花属植物中，花柄、叶、萼片、偶尔花瓣上密被粉状物质的蜡质层。部分报春花属植物几乎适宜各种环境下生长：沿边花坛、碎石花园、岩石花园、泥炭质花园、沼泽地花园、池塘边、温室和高山植物温室内。部分种类由于冬季的潮湿和夏季的炎热栽培可能较困难。极耐寒至不耐寒。耐最低温度7～10℃。盆栽植物每年都要换盆。及时清除干枯的叶和凋谢的花。原种春季播种繁殖，选育的类型在休眠期或秋季至春季分株繁殖，或冬季根插繁殖；耳叶报春类应在初春或秋初通过短匐茎繁殖。花坛栽培的植株在潮湿环境下易受鼻涕虫危害，在极干燥的环境或在花盆中栽培的植物生长期易受蚜虫的侵害。

报春花属植物常被分成许多种不同的园艺种群，通常栽培的有下列种类。见272～273页专栏介绍。

耳叶报春类(Auricula primulas)

常绿报春花来源于耳叶报春(*P. auricula*)和红花报春(*P. hirsuta*)的杂交种。伞状花序，花扁平，具光泽，着生于叶丛之上的茎上。含3大群：高山耳叶报春群、花坛耳叶报春群和艳花耳叶报春群。

高山耳叶报春群(Alpine Auricula Group) 花中心的颜色与花瓣其他部分的颜色明显不同，或者中心为浅色（中心为白色或灰白色），或者中心为金黄色（中心为黄色或金黄色）。叶和花上都没有粉状物。适宜高山园或岩石园中栽培。

艳花耳叶报春群(Show Auricala Group) 花中心具明显的白色粉状圆环或花喉。部分种类的花为单色，从中心的花喉至花瓣边缘可能都是红色、黄色、蓝色或淡紫红色。栽培种的边缘有一个黑色圆环围绕着中心的花喉，外围的羽纹通常具绿色或白色的边缘。杂色栽培品种的花喉被除黑色以外的其他颜色围绕，有绿色、白色或灰色的边缘。艳花耳叶报春的叶和花眼上，有时在花瓣边缘上被白色粉状物(除具绿色边缘的花之外)。在温室中栽培，以免遭受雨淋。

花坛耳叶报春群(Border Auricula Group) 通常粗壮。园艺栽培的耳叶报春类常极芳香。部分种类在花茎上或叶上有白粉。适生于混合花坛或草本花坛中。

灯台报春类(Candelabra primulas)

多年生草本。粗壮。花管状，檐扁平，生于轮生、直立、健壮的花茎上。部分种类为落叶，基生芽萌发生长，其他为半常绿，变弱的莲座萌发生长。生于潮湿，庇荫的树林中，尤其是在小溪旁。

九轮草类（**Primrose-Polyanthus primulas**）

多种类群。常绿、半常绿或落叶，多年生杂交种，源于欧洲樱草（*P. vulgains*）与黄花九轮草(*P. veris*),朱丽娅报春(*P. jaliae*)和其他种类的杂交。被分为两个主要亚群。

报春花群（**Primrose Group**）花单生于叶丛之中。主要作为春季开花的多年生草本栽培，或作为冬春季节开花的2年生温室盆栽植物栽培。

九轮草群（**Polyanthus Group**）花着生于具长花茎的伞形花序上。常作为苗床2年生植物栽培，常夏季播种繁殖，冬季或第二年春季开花，或在温室中作为冬花或春花盆栽植物栽培。

栽培：

报春花有各种栽培要求，为方便参考，分类如下：

1. 喜全光照或半阴环境和湿润、但排水良好的腐殖质土壤。
2. 喜半阴环境和深厚，富含腐殖质、湿润的中性至酸性土壤。
3. 喜阴或半阴的环境和泥炭质、沙砾般的、湿润但沙质、排水良好的酸性土壤。忌冬季潮湿。
4. 喜高山植物温室或轻便玻璃温室环境，避免杂色种和杂交种的叶过度潮湿。
5. 喜全光照条件下稍庇荫、庇荫、潮湿但沙质、排水良好、沙砾般的、富含腐殖质的微碱性土壤。
6. 喜凉爽或温和温室环境或作为室内植物，需光亮，柔和的光照。

'艾德里安'报春*P.* 'Adrian'（见273页）高山耳叶报春群。株高和冠径均为10cm。耐寒。花扁平，亮蓝色至暗蓝色，中部颜色较亮，边缘颜色较暗，仲春至春末开放。叶卵形至圆形，中绿色。栽培类型1或4。

单花报春*P. allionii*（见272页）多年生常绿草本。莲座状。株高7～10cm，冠径20cm。耐寒，但在高山植物温室中生长更好。花管状，玫瑰红色、淡紫红色或白色，春季覆盖着由卵形、中绿色叶组成的密集垫层。栽培类型4。

杂色钟报春*P. alpicola* 多年生草本。莲座状。紧密。株高50cm，冠径30cm。耐寒。花簇状顶生，钟状，下垂，黄色至白色或淡紫红色，着生于纤细的茎上，夏初开放。叶卵形至披针形，中绿色。栽培类型2。**原变种**var. ***alpicola***（*P. a.* var. *luna*）（见273页），花色柔和，硫黄色。var. ***luna*** 见 *P. a.* var. *alpicola*。

橙红灯台报春 *P. aurantiaca* 灯台报春类。矮小。莲座状。株高30cm，冠径40cm。耐寒。花管状，橙红色，夏初开放。叶长，宽卵形至长披针形，粗糙，中绿色。栽培类型2。

尼泊尔黄报春 *P. aureata*（见273页）多年生常绿草本。莲座状。株高15cm，冠径20cm，耐寒。小型伞形花序，花扁平，奶油色至黄色，春季开花。叶夏季卵形，有锯齿，中绿色，有明显的淡紫红色中脉，冬季形成密被白粉的紧凑芽。栽培类型3或4。

🏆耳叶报春 *P. auricula* 多年生常绿草本。莲座状。有时被白粉。株高20cm，冠径25cm。耐寒。花芳香，扁平，黄色，着生于大型伞形花序上，春季开花。叶卵形，柔软，淡绿色至灰绿色，密被白粉。栽培类型1、4或5。

不丹报春*P. bhutanica*（见273页）多年生草本。莲座状。株高15cm，冠径20cm。耐寒。但通常寿命短。整齐伞形花序，花管状，浅蓝紫红色，有白色或乳白色斑点，春季开花。叶近卵形至披针形，皱褶，中绿色。栽培类型3（译者注：该种已并入鹊林脆蒴报春 *P.whitei*）。

'布莱尔赛德黄'报春*P.* 'Blairside Yellow'（见273页）花坛耳叶报春群。生长健壮。株高10cm，冠径20cm。耐寒。花漏斗状，金黄色，生于小型、圆形至卵形、淡绿色叶组成的莲座之中。栽培类型2或5。

'兴旺'报春*P.* 'Blossom'（见273页）高山耳叶报春群。生长旺盛。株高和冠径均为10cm。耐寒。花扁平，深红色至鲜红色，中心金黄色，生长浓密，春季开花。叶卵形，暗绿色。适于展览。栽培类型1或4。

🏆橘红灯台报春 *P. bulleyana*（见273页）灯台报春群。半常绿。莲座状。株高和冠径均为60cm。耐寒。花管状，深橘红色，夏初开放。叶卵形至披针形，有锯齿，暗绿色。栽培类型2。

P. chionantha subsp. ***melanops*** 见 *P. melanops*。

'娇嫩'报春（新拟）***P.* 'Chloë'**（见273页）艳花耳叶报春群。株高和冠径均为10cm。耐寒。花扁平，边缘暗绿色，通体黑色，中部具白色花喉，春末开放。叶卵形，暗绿色，无白粉。适于展览。栽培类型4。

中甸报春 *P. chungensis*（见273页）灯台报春类。莲座状。生长旺盛。株高80cm，冠径60cm。耐寒。花管状，分层轮生，橙红色，夏季开花。叶卵形至披针形，中绿色。栽培类型1。

克什米尔报春 *P. clarkei*（见272页）多年生草本。小型，莲座状。株高7cm，冠径15cm。耐寒。花扁平，玫瑰红色，具黄色斑点，春季开花。叶丛生，圆形至卵形，灰绿色。栽培类型2或4。冬末分株繁殖。

白斑红报春 *P. clusiana*（见272页）多年生常绿草本。小型，莲座状。株高8cm，冠径15cm，耐寒。伞形花序，花管状，玫瑰红色，具白色斑点，春季开花。叶卵形，具光泽，中绿色。栽培类型4或5。

'克拉多克白'报春*P.* 'Craddock White'（见272页）报春花群。落叶或半常绿。莲座状。株高12cm，冠径25cm。耐寒。花芳香，朝上开放，扁平，白色，具黄色斑点，春季开花于长卵形、叶脉红色的深绿色叶丛之上。栽培类型1或2。

'大卫绿'报春*P.* 'David Green' 报春花群。莲座状。株高10cm，冠径15～20cm。耐寒。花扁平，鲜紫红色，春季开花于卵形、粗糙、中绿色叶丛之间。栽培类型1或2。

🏆球序报春 *P. denticulata* (Drumstick, primula)（见273页）多年生草本。莲座状。生长旺盛。株高和冠径均为45cm，耐寒。浓密圆球形头状花序，花扁平，淡紫红色、紫红色或粉红色，初春至仲春着生于健壮的枝条顶端。叶中绿色，阔披针形，有锯齿。栽培类型1或2。**白花球序报春** var. ***alba***（见272页）花白色。

'梦幻'报春*P.* 'Dreamer'，栽培类型6。

P. edgeworthii 见 *P. nana*。

🏆高报春 *P. elatior*（Oxlip，见273页）易变异。落叶或半常绿多年生草本。莲座状。株高30cm，冠径25cm。耐寒。伞形花序，花小，芳香，管状，黄色，春季开花于整洁、卵形至披针形、有锯齿的中绿色叶丛之上。栽培类型1或2。

'简妮丝'报春*P.* 'E. R. Janes' 报春花群。半常绿草本。莲座状。生长健壮。株高10～15cm，冠径30～40cm。耐寒。花扁平，淡玫瑰红色，点缀橙红色色晕，春季开花于阔卵形、有锯齿、中绿色的叶丛之中。栽培类型1或2。

粉报春 *P. farinosa* (Bird's-eye primrose，见272页）多年生草本。莲座状。株高和冠径均为25cm。耐寒。伞形花序，花管状，淡紫粉红色，偶尔白色，春季开花于短而健壮的茎上。叶卵形，有锯齿，中绿色，密被白色粉状物。栽培类型2或4。

🏆垂花报春 *P. flaccida*（*P. nutans* of gardens，见273页）多年生草本。短命。疏松莲座状。株高50cm，冠径30cm。耐寒。圆锥状头状花序，单生枝顶，花钟状，下垂，淡紫红色或紫罗兰色，夏初开放于狭卵形、淡绿色至中绿色叶之上。栽培类型3或4。

🏆巨伞钟报春（藏报春）***P. florindae***（Giant cowslip，见273页）多年生草本。大型莲座状。株高1.2m，冠径1m。耐寒。大型头状花序，花钟状，下垂，硫黄色，夏季开花于宽披针形、有锯齿、中绿色叶丛之中。栽培类型1或2。

灰岩皱叶报春 *P. forrestii*（见273页）多年生常绿草本。莲座状。株高60cm，冠径45cm。耐寒。伞形花序密集，花扁平，黄色，具橘红色斑点，夏末开放。叶卵形，有锯齿，暗绿色。栽培类型4或5。

🏆巴尔干报春 *P. frondosa*（见272页）多年生草本。紧凑型莲座状。株高15cm，冠径25cm。耐寒。伞形花序，花扁平，紫玫瑰红色至淡紫红色，具黄色斑点，春季开花于整齐、卵形、中绿色、密被白粉的叶丛之上。栽培类型2或4。

🏆'匿薴'报春*P.* 'Garryarde Guinevere' 九轮草类。常绿植物。莲座状。生长旺盛。株高12cm，冠径25cm。耐寒。花扁平，紫粉红色，具黄色斑点，春季开花于卵形、有锯齿、铜绿色叶丛之中。栽培类型2。

金边群报春*P.* Gold Laced Group（见273页）九轮草类。半常绿或常绿。直立。株高25cm，冠径30cm。耐寒。花扁平，花色多变，有金色边缘，仲春至春末开放。叶卵形，中绿色，有时带有红色。每年播种繁殖。栽培类型2或4。

纤柄脆蒴报春 *P. gracilipes*（见272页）常绿或半常绿多年生草本。莲座状。株高10cm，冠径20cm。耐寒。花管状，单生，紫粉红色，具绿黄色斑点，春季或夏初开放于卵形、波状、有锯齿、中绿色叶丛之中。栽培类型3或4。

'哈洛卡'报春*P.* 'Harlow Car' 高山耳叶报春群。草本。莲座状。株高10～15cm，冠径15～20cm。耐寒。花扁平，白色，春季开花于短茎之上。叶卵形，柔软，中绿色。栽培类型1或4。

P. helodoxa 见 *P. prolifera*。

红花报春 *P. hirsuta*（*P. rubra*）（见272页）多年生常绿草本。莲座状。株高10cm，冠径25cm。耐寒。小型伞形花序，花扁平，玫瑰红色或淡紫红色，春季开花。叶小，圆形至卵形，有黏性，中绿色。栽培类型1、2或4。

🏆'倒垂'报春*P.* 'Inverewe'（见273页）灯台报春类。半常绿。莲座状。生长旺盛。株高75cm，冠径60cm。耐寒。花管状，鲜橙红色，夏季于覆盖着白色粉末的茎上开放。叶卵形至披针形，有锯齿，粗糙，中绿色。栽培类型2。

缺叶报春 *P. ioessa* 多年生草本。莲座状。株高和冠径均为30cm。耐寒。簇生头状花序，花漏斗状，粉红色或粉紫红色，有时白色，春季或初春开放于卵形至披针形、有锯齿的中绿色叶丛之上。栽培类型2、3或4。

'雅内'报春*P.* 'Janet'（见272页）多年生常绿草本。莲座状。生长旺盛。株高15～20cm，冠径15cm。耐寒。花扁平，簇生，向外开放，紫粉红色，春季开花。叶莲座状，卵形至圆形，柔软，中绿色。栽培类型1或4。花后用短匍枝繁殖。

'简妮希尔'报春 *P.* 'Janie Hill'（见273页）高山耳叶报春群。莲座状。株高10cm，冠径15cm。耐寒。花扁平，深褐色至金褐色，中心金黄色，仲春至春末开放。叶卵形，中绿色。用于展览。栽培类型4或5。

🏆日本报春（七重草）***P. japonica*** 灯台报春花类。莲座状，生长旺盛。株高和冠径均为45cm。耐寒。花管状，深红色，夏初开放于健壮枝之上。叶卵形至披针形，有锯齿，粗糙，淡绿色。栽培类型2。**'米勒绯红' 'Miller's Crimson'**（见272页）。花深红色。**'波斯特福特白' 'Postford White'**（见272页）花白色。

🍸邱园报春 ***P.×kewensis***（见273页）多年生常绿草本。莲座状。株高45cm，冠径20cm。不耐寒至半耐寒。花芳香，管状，鲜黄色，轮生，冬季至初春开放。叶卵形至披针形，有锯齿，灰绿色，被白粉。栽培类型6。

🍸'琳达·波普'报春 ***P.* 'Linda Pope'**（见273页）常绿或半常绿多年生草本。莲座状。生长旺盛。株高15cm，冠径30cm。耐寒。花扁平，淡蓝紫红色，春季开花于短枝之上。叶卵形，有锯齿，中绿色，被白粉。栽培类型4或5。

报春花 ***P. malacoides***（单瓣、重瓣，见272页）多年生常绿草本。直立。莲座状。常做一年生栽培。株高30～45cm，冠径20cm。不耐寒至半耐寒。花小，密集轮生，扁平，单瓣或重瓣，粉红色、紫粉红色或白色，冬春季节开放。叶卵形，有柔毛，柔软，灰绿色。栽培类型6。

'玛格丽特·马丁'报春 ***P.* 'Margaret Martin'**（见273页）艳花耳叶报春群。莲座状。株高10cm，冠径15cm。耐寒。花扁平，边缘灰色，通体黑色，中心白色，仲春至春末开放。叶匙形，灰绿色，被白粉。为良好的展览植物。栽培类型4。

🍸齿缘报春 ***P. marginata***（见273页）常绿或半常绿多年生草本。莲座状。株高15cm，冠径30cm。耐寒。花漏斗状，蓝紫红色，春季成束开放于卵形、有锯齿、中绿色、密被白粉的叶丛之上。栽培类型4或5。**🍸'普里查德白斑' 'Prichard's Variety'**（见273页）花紫红色，具白色斑点。

'马克'报春 ***P.* 'Mark'**（见273页）。高山耳叶报春群。株高和冠径均为10cm。耐寒。花扁平，粉红色，中心鲜黄色，春季开花。叶卵形，鲜绿色。为主要的展览植物。栽培类型4。

粉茎报春 ***P. melanops*** (*P. chionantha* subsp. *melanops*)（见272页）多年生草本。莲座状。株高35cm，冠径50cm。耐寒。伞状花序，花狭漏斗状，下垂，深紫红色，具黑色斑点，夏季开花于长带形、中绿色叶丛之上。栽培类型2或4。

优雅报春 ***P. modesta*** 多年生草本。莲座状。株高和冠径均为20cm。耐寒。浓密头状花序，花小，管状，粉紫红色，春季着生于短枝之上。叶圆形至卵形，中绿色，被黄粉。栽培类型1或4。**粉叶优雅报春** var. ***fauriae***（见272页）株高和冠径均为5cm。花粉紫红色，具黄色斑点。叶被白粉。

'月岩'报春 ***P.* 'Moonstone'**（见273页）花坛耳叶报春群。莲座状。株高12cm，冠径15cm。耐寒。花圆形，重瓣，白色或绿黄色，春季盛开。叶卵形，中绿色。喜生于温室中。栽培类型4或5。

'威尔逊夫人'报春 ***P.* 'Mrs J. H. Wilson'**（见272页）高山耳叶报春群。莲座状。株高和冠径均为10～15cm。耐寒。小型伞状花序，花扁平，紫红色，中心白色，春季开花。叶卵形，灰绿色。栽培类型1或4。

矮报春 ***P. nana*** (*P. edgeworthii*)（见272页）多年生草本。莲座状。株高10cm，冠径15cm。耐寒。花扁平，灰紫红色，具白色斑点，春季单生于卵形、有锯齿、灰绿色叶丛之中。栽培类型3或4。

P. nutans of gardens 见 *P. flaccide*。

鄂报春（四季樱草） ***P. obconica*** 多年生常绿草本。直立，莲座状。常作一年生栽培。株高23～40cm，冠径25cm。不耐寒至耐寒。花扁平，紫红色、淡紫红色或白色，具黄色斑点，冬春季节开放于密集伞形花序之上。叶卵形，有锯齿，具柔毛，灰绿色。栽培类型6。

'圆环'报春 ***P.* 'Orb'** 艳花报春群。整洁。株高和冠径均为10cm。耐寒。花扁平，具深绿色边缘，通身黑色，中心有白色环状带，仲春至春末开放。叶匙形，暗绿色，无被粉状物。为良好的展览植物。栽培类型4。

太平洋系列报春 ***P.* Pacific Series** 九轮草群。见339页。矮生型，见328页。栽培类型1、2、4或6。

意大利报春 ***P. palinuri***（见273页）多年生常绿草本。莲座状。株高和冠径均为30cm。强耐寒至耐寒。花束状偏侧着生，半下垂，狭漏斗状，黄色，夏初开放于粗枝之上。叶圆形至卵形，有细锯齿，质地厚，有粉状物，绿色。栽培类型1或4。喜充足光照。

齿瓣报春 ***P. petiolaris***（见272页）多年生常绿草本。莲座状。株高10cm，冠径20cm。耐寒。花管状，单生，紫粉红色，花瓣有锯齿，春季开花。叶小，卵形，有锯齿，中绿色。栽培类型3或4。

多脉报春 ***P. polyneura***（见272页）多年生草本。莲座状。株高和冠径均为45cm。极耐寒至耐寒。密集头状花序，花管状，浅玫瑰色、浓玫瑰色或紫玫瑰色，春末或夏初开放。叶圆形至卵形，浅裂，具长绒毛，下垂，柔软，中绿色。栽培类型2。

🍸灯台报春 ***P. prolifera*** (*P. helodoxa*)（见273页）灯台报春类。莲座状。株高和冠径均为60cm。耐寒。花钟状，黄色，夏季开花。叶卵形，有锯齿，灰绿色。栽培类型2。

🍸粉被灯台报春 ***P. pulverulenta***（见272页）灯台报春类。莲座状。株高90cm，冠径60cm。耐寒。花管状，深红色，具紫红色斑点，初春开放于被白粉的花茎上。叶阔披针形，有锯齿，粗糙，中绿色。栽培类型2。**🍸'巴特尼尔' 'Bartley'**（见272页）花粉红色。

雷氏报春 ***P. reidii*** 多年生草本。莲座状。生长旺盛。株高5～15cm，冠径10～15cm。极耐寒至耐寒。花钟状，灰白色，密集束状着生于细枝上，夏初开放。叶卵形，有柔毛，灰绿色。栽培类型3或4。**蓝花雷氏报春** var. ***williamsii***，见273页。生长更强壮。花紫蓝色至灰蓝色。

🍸玫红报春 ***P. rosea***（见272页）多年生草本。莲座状。株高和冠径均为20cm。耐寒。花扁平，亮玫瑰红色，小型束状，初春开放于短花茎之上。叶卵形至披针形，中绿色，幼时通常为铜红色。栽培类型2。

'品鹅绒'报春 ***P.* 'Royal Velvet'** 花坛耳叶报春群。莲座状。生长旺盛。株高和冠径均为15～20cm。耐寒。花扁平，具光泽，栗色，略带蓝色，花瓣波皱，花心大，乳黄色，春季开花。叶大，匙形，灰绿色。栽培类型2或5。

P. rubra 见 *P. hirsuta*。

出葶报春 ***P.×scapeosa***（见272页）多年生草本。莲座状。生长旺盛。株高10cm，冠径25cm。耐寒。花扁平，粉紫红色，束状着生，花向朝外，最初被叶覆盖，于初春开放。叶阔卵形，有尖锯齿，中绿色，幼时被白粉，后花茎伸长至叶丛之外。栽培类型3或4。

偏花报春 ***P. secundiflora***（见272页）常绿或半常绿多年生草本。莲座状。株高60～90cm，冠径60cm。耐寒。花序束状，花漏斗状，下垂，紫红色，夏季开花于披针形、有锯齿的叶丛之上。栽培类型2。

🍸樱草 ***P. sieboldii***（见272页）多年生草本。莲座状。株高30cm，冠径45cm。耐寒。伞形花序，花扁平，白色、粉红色或紫红色，具白色斑点，夏初开放于卵形、有圆形锯齿、粗糙、柔软、灰绿色叶丛之中。栽培类型2。**'大花' 'Sumina'** 花大，浅蓝色。**'醉女' 'Wine Lady'** 见272页。花白色，被紫红色晕。

钟花报春（锡金报春） ***P. sikkimensis***（见273页）多年生草本。莲座状。株高60～90cm，冠径60cm。耐寒。花束状下垂，漏斗状，黄色，夏季开花。叶圆形至卵形，有锯齿，中绿色。栽培类型2。

藏报春 ***P. sinensis***（见272页）多年生常绿草本。直立，莲座状。株高和冠径均为15～20cm。不耐寒。花扁平，紫红色、紫玫瑰红色、粉红色或白色，具黄色斑点，整齐轮生，冬春季节开放。叶卵形，有锯齿，具柔毛，中绿色。栽培类型6。

苣叶报春 ***P. sonchifolia***（见272页）多年生落叶草本。莲座状。株高5cm，冠径30cm。耐寒。密集伞形花序，花管状，蓝紫红色，具白色斑点，边缘黄色，春季开花。叶卵形至披针形，有锯齿，中绿色。栽培类型3或4。

'超级巨人'系列报春 ***P.* Super Griants Series** 九轮草群。莲座状。常作二年生栽培。株高和冠径均为15～20cm。耐寒。花大，芳香，扁平，花色丰富，春季开花。蓝色，见332页。栽培类型3或4。

'托尼·波特'报春 ***P.* 'Tawny Port'** 九轮草群。莲座状。常绿或半常绿。株高10～15cm，冠径15～20cm。耐寒。花扁平，葡萄酒色，春季开花于短花茎上。叶圆形至卵形，有锯齿，红绿色。栽培类型1、2或4。

🍸黄花九轮草 ***P. veris*** (Cowslip)（见273页）常绿或半常绿多年生草本。莲座状。易变异。株高和冠径均为25cm。耐寒。花芳香，管状，黄色，春季密集束状开放于粗壮的花茎上。叶卵形至披针形，有锯齿，中绿色。栽培类型1或2。

阿拉伯报春（新拟） ***P. verticillata***（见273页）多年生草本。莲座状。株高20～25cm，冠径15～20cm。半耐寒。花芳香，钟状，黄色，轮状着生，春季开花。叶卵形，有锯齿，中绿色。栽培类型4或6。

🍸高穗花报春 ***P. vialii***（见272页）多年生草本。莲座状。通常短命。株高30～60cm，冠径30cm。极耐寒至耐寒。密集圆锥状穗状花序，花管状，蓝紫红色或红色，春末开放。叶披针形，有锯齿，柔软，中绿色。栽培类型1或2。

欧洲樱草 ***P. vulgaris*** (Primrose)（见273页）常绿或半常绿多年生草本。莲座状。株高20cm，冠径35cm。耐寒。花扁平，柔和黄色，具较暗色的斑点，春季单生开放于卵形至披针形、有锯齿、鲜绿色叶丛之中。栽培类型2。**'白重瓣' 'Alba Plena'** 花重瓣，白色。**'吉阿白' 'Gigha White'**（见272页）花繁茂，白色，具黄色斑点。**🍸楔叶欧洲樱草** subsp. ***sibthorpii***（见272页）花粉红色或紫粉红色。

🍸'旺达'报春 ***P.* 'Wanda'** 常绿或半常绿多年生草本。莲座状。生长极旺盛。株高10～15cm，冠径30～40cm。耐寒。花扁平，紫红色，束状着生，春季开花于卵形、有锯齿、紫绿色叶丛之中。花期长。栽培类型1或2。无论阳光充足或庇荫处都能旺盛生长。

白环报春 ***P. warshenewskiana***（见272页）多年生草本。莲座状。株高7cm，冠径15cm。耐寒。花小而扁平，鲜粉红色，具白色圆环和黄眼点，初春开放于匙形、暗绿色叶丛之上。栽培类型2或4。冬末开花前分株栽植。

Primula, Drumstilk 见 *Primula denticulata*，见273页。

Prince Albert's yew 见 *Saxegothaea conspicua*。

Prince's feather 见 *Amaranthus hypothondriacus*，见330页。

Princess tree 见 *Paulownia tomentosa*，见77页。

扁核木属 PRINSEPIA

蔷薇科 ROSACEAE

落叶灌木。常有刺。春季和夏初

开花。栽培以观赏其形态，花和果实。耐寒。喜光照、背风向阳处和不太干燥的土壤。夏季用软枝扦插繁殖或秋季播种繁殖。

扁核木（蕤核）***P. uniflora***，见137页。

Privet 见 *Ligustrum*。

Chinese 见 *Ligustrum lucidum*。

Japanese见*Ligustrum japonicum*。

Wax 见 *Peperomia glabella*，见305页。

单角胡麻属 PROBOSCIDEA

角胡麻科／胡麻科 MARTYNIACEAEI ／ PEDALIACEAE

一年生或多年生草本。半耐寒。喜阳光充足或庇荫的环境和肥沃、排水良好的土壤。初春温室中播种繁殖。

香单角胡麻 *P. fragrans* 一年生草本。直立。中等速生。株高60cm，冠径30cm。叶圆形，有锯齿或有裂。花芳香，钟状，紫红色，长达5cm，夏秋季开放。后长出圆球状、角状、褐色果实，长8～10cm，幼果可食用。

P. jussieui 见 *P. louisianica*。

单角胡麻 *P. louisianica* (*Martynia lonisianica, P. jussieui, P. proboscidea*)(Common devil's claw, Common unicorn plant, Ram' s horn)一年生草本。直立至扩展。叶圆形至卵圆形，无裂。花漏斗状，芳香，淡紫红色至紫红色，夏季开花。后长出狭长有冠毛的果实，长达6cm，有乌喙状突起。

P. proboscidea 见 *P. louisianica*。

Prophet flower 见 *Arnebia pulchra*。

木薄荷属 PROSTANTHERA
Mint bush

唇形科 LABIATAE ／ LAMIACEAE

常绿灌木。栽培以观赏其花和具薄荷香味的叶。半耐寒。耐最低温度5℃。喜全光照或庇荫的环境和肥沃、排水良好的土壤。生长旺盛期大量浇水，其他时期适量浇水。开花后剪去花茎。春季播种繁殖或夏末用半木质化嫩枝扦插繁殖。

卵叶木薄荷（新拟）***P. ovalifolia***，见145页。

🏆**圆叶木薄荷**（新拟）***P. rotundifolia***，见145页。

Prostrate coleus 见 *Plectranthus oertendahlii*。

Prostrate speedwell 见 *Veronica prostrata*，见357页。

多变花属（普罗梯亚木属、布罗特属）PROTEA

山龙眼科 PROTEACEAE

常绿灌木或乔木。栽培以观赏其色彩丰富的苞片包被的头状花序。栽培因难。不耐寒。耐最低温度5～7℃。喜全光照、排水良好的中性至酸性土壤和低磷酸盐和硝酸盐。盆栽植物适量浇水，非旺盛生长季节少量浇水。温室栽培的植物一年四季需要通风。如果必要初春进行修剪。春季播种繁殖或夏季用半木质化嫩枝扦插繁殖。

P. barbigera 见 *P. magnifica*。

蓟状多变花 *P. cynaroides*，见161页。

芒须多变花*P. magnifica* (*P. barbigera*)常绿灌木。冠圆球状至开展。株高和冠径均为1m。叶长方形至椭圆形，革质，中绿色至灰绿色。球形头状花序，宽15～20cm，具花瓣状，粉红色、红色、黄色或白色苞片，春夏季开花。

P. mellifera 见 *P. repens*。

夹竹桃叶多变花*P. neriifolia*，见140页。

多变花（布罗特）***P. repens*** (*P. mellifera*)(Sugar bush) 常绿灌木。冠卵球状或圆球状。株高和冠径均为2～3m。叶中绿色，狭椭圆形至椭圆形，带蓝灰色。长形头状花序，杯状，长13cm，具花瓣状、粉红色、红色或白色苞片。

Protea, King 见*Protea cynaroides*，见161页。

鳞梗杉属（新拟）PRUMNOPITYS

罗汉松科 PODOCARPACEAE

见针叶树。

安第斯鳞梗杉（新拟）***P. andina*** (*Podocarpus andinus*)(Plum yew, Plum-fruited yew)针叶树。枝端呈圆顶状。株高15m，冠径8m。耐寒。树皮光滑，灰褐色。叶针状，扁平，蓝绿色。果实可食，黄白色，似李子。

夏枯草属 PRUNELLA
Self-heal

唇形科 LABIATAE ／ LAMIACEAE

多年生半常绿草本。叶丛扩展。穗状花序短而密集。适宜岩石园中栽培。耐寒。喜光照、庇荫和湿润但排水良好的土壤。春季分株繁殖。

大花夏枯草 *P. grandiflora* (*P.* × *webbiana*) (Large self-heal)，见382页。🏆**'丽人' 'Loveliness'**，见381页。**'粉丽人' 'Pink Loveliness'** 穗状花序顶生，花浅粉红色，夏季开花。作地被效果较好，但可能有入侵性危害。结果前剪去老花茎。**'白丽人' 'White Loveliness'** 花白色。

P.* × *webbiana 见 *P. grandiflora*。

李属 PRUNUS
Cherry

蔷薇科 ROSACEAE

常绿或落叶灌木和乔木。乔木可观赏其单瓣花（花瓣5）、重瓣花及秋色叶，灌木可观赏秋色叶、树皮、花或果。所有种类具卵形至长椭圆形叶。特殊说明外，此处描述的均为耐寒种。常绿种喜光照或庇荫，落叶种较喜全光照。所有种可在除积水土壤以外的任何土壤中生长。落叶种可在花后修剪成绿篱，常绿种类的修剪宜在春季进行。其他种类可秋季播种繁殖，落叶杂种和选育出的类型可在夏季进行软枝扦插，常绿种类夏季用软枝扦插繁殖。红腹灰雀可危害其花蕾，蚜虫和毛虫为主要食叶害虫，真菌危害时会产生银斑叶。开花期的李属植物如果受真菌危害时会产生"丛枝病"（不正常的枝叶簇生现象）。部分种类和品种，特别是扁桃(*P. dulcis*)和桃(*P. persica*)作果树栽培，误食其他大部分种类的叶和果可引起不适。

🏆**'颂春' 樱 *P.* 'Accolade'**，见88页。

🏆**天川樱*P.* 'Amanogawa'** 落叶乔木。直立。高10m，冠径4m。花芳香，半重瓣，淡粉红色，晚春开花。叶长椭圆形至卵形，渐尖，深绿色，秋季呈橘红色或红色。

'波拉里' 杏桃 *P.* × *amygdalopersica* 'Pollardii'落叶乔木。开展。高和冠径均为7m。叶卵形，浅绿色，有光泽。花大，花瓣5枚，鲜粉红色，先叶开放，早春至仲春开花。叶椭圆形，有光泽，中绿色，果实先绿后变褐色，形状和味道似扁桃。

🏆**欧洲甜樱桃**（甜樱桃）***P. avium***，见71页。🏆**'重瓣' 'Plena'**，见76页。

🏆**美人梅 *P.* × *blireana*** 落叶灌木或小乔木。开展。高和冠径均为4m。叶紫色，卵形。花粉红色，重瓣，仲春开花。

福建山樱花*P. campanulata* (Bell-flowered cherry, Taiwan cherry)落叶乔木。开展。高和冠径均为8m。叶卵形，渐尖，暗绿色。耐寒。花浅钟状，深玫瑰红色，早春至仲春开花，先叶或与叶同时开放。果实较小，圆球形，红色。

樱桃李*P. cerasifera* (Cherry plum, Myrobalan)，🏆**'黑叶' 'Nigra'**，见91页。**'紫叶' 'Pissardii'** 落叶乔木。树冠圆头状。高和冠径均为10m。叶卵形，红色，幼叶深红色，后变为紫色。花小，浅粉红色，花瓣5枚，早春到仲春开放，花后结红色果实，果实似李，可食用。常用作绿篱。

***P.* 'Cheal's Weeping'** 见 *P.* 'Kiku-shidare-zakura'。

🏆**矮紫叶李 *P.* × *cistena***，见154页。

山桃*P. davidiana* (David's peach) 落叶乔木。开展。高和冠径均为8m。花碟状，花瓣5枚，白色或淡粉红色，晚冬和早春在细枝上开放。花枝易受晚霜危害。叶卵形，深绿色。果实圆形，红色。

扁桃（巴旦杏）***P. dulcis*** (Almond) **'粉重瓣' 'Roseoplena'** 落叶乔木。开展。高和冠径均为8m。花重瓣，粉红色，晚冬或早春先叶开放。叶暗绿色，长椭圆形，先端尖，有锯齿。

🏆**'白重瓣' 麦李 *P. glandulosa* 'Alba Plena'**，见153页。**'Rosea Plena'** 见 *P. g.* 'Sinensis'。🏆**'粉重瓣' 'Sinensis'** (*P. g.*'Rosea Plena') 落叶灌木。开展。树冠圆形。高和冠径均为1.5m。花重瓣，亮玫瑰粉红色，晚春开放。叶卵形，绿色。背向南或西墙生长时开花最佳。花后对老树上的嫩枝进行短截。

'哈利·若利韦' 樱 *P.* 'Hally Jolivette' 落叶乔木。树冠紧凑，圆球形。高和冠径均为5m。晚春从粉红色的花蕾中绽放重瓣、白色花。叶卵形，暗绿色。

***P.* × *hillieri* 'Spire'** 见 *P.* × 'Spire'。

渦樱 *P.* 'Hokusai' (*P.* 'Uzuzakura')，见87页。

豆樱 *P. incisa* (Fuji cherry)，见86页。**'二月粉' 'February Pink'** 落叶乔木。冠开展。高和冠径均为8m。叶卵形，具锐锯齿，暗绿色，幼嫩叶片红色，秋季橘红色。花瓣5枚，淡粉红色，温和的冬季开放，果实极小，球状，红色。

山樱（日本山樱）***P. jamasakura*** (*P. serrulata* var. *spontanea*)，见76页。

🏆**关山樱 *P.* 'Kanzan'**，见77页。

🏆**'菊枝垂' 樱 *P.* 'Kiku-shidare-zakura'** (*P.* 'Cheal' s Weeping')，见88页。

🏆**千萨樱 *P.* 'Kursar'** 落叶乔木。开展。高和冠径均为8m。花小而多，5瓣，粉红色，早春开放。叶卵形，暗绿色，秋季变成耀眼的橙色。

🏆**桂樱*P. laurocerasus*** (Cherry laurel, Laurel) 常绿灌木。浓密，丛生。逐渐伸展开放。高6m，冠径10m。耐寒。叶长圆形，亮绿色，有光泽。花小，单瓣，白色，排成总状，仲春至晚春开放。果实红色，后变黑色，似樱桃。早春通过重修剪抑制其生长。🏆**'密枝' 'Otto Luyken'**，见154页。**'展枝' 'Schipkaensis'** 高2m，冠径3m。极耐寒。树形优美，伸展。叶狭长。花穗直立。**'狭叶' 'Zabeliana'**，见154页。

🏆**葡萄牙桂樱*P. lusitanica*** (Laurel, Portugal laurel) 常绿丛生灌木或伸展乔木。高和冠径均为6～10m。耐寒。枝条淡红紫色。叶卵形，暗绿色，有光泽。穗状花序，花小，白色，花瓣5枚，有香味，初夏开放。果实卵状，肉质，深紫色。春季通过重剪抑制其生长。🏆**短序桂樱** subsp. ***azorica***，见126页。**'银边' 'Variegata'**，见126页。

斑叶稠李 *P. maackii*，见84页。

爪瓣樱（马哈雷樱）***P. mahaleb***，

见 76 页。

***P.* 'Mount Fuji'** 见 *P.* 'Shirotae'。

梅 *P. mume* (Japanese apricot)，**'红千鸟' 'Benichidori'** (*P. m.*'Beni-shidon', *P. m.* 'Beni-shidori')，见 130 页。**'顺心' 'Omoi-no-mama'** (*P. m.* 'Omoi-no-wac')，见 130 页。**'垂枝' 'Pendula'** 落叶乔木。枝条纤细，下垂。高和冠径均为6m。叶阔卵形，亮绿色。花粉红色，芳香，花瓣5枚，晚冬或早春先叶开放。有时结果，果实似杏，黄色，可食用。

🏆小绯樱 *P.* 'Okame' 落叶乔木。冠部丛状。高10m，冠径8m。叶卵形，暗绿色，具尖锯齿，秋季变成橘红色。花量大，桃红色，花瓣5枚，早春开放。

稠李 *P. padus* (Bird cherry)，见 76 页。**🏆'多彩' 'Colorata'** 落叶伸展状乔木。幼树圆锥状。高15m，冠径10m。叶卵形，幼叶红紫色，成熟叶片暗绿色，秋季变红色或变黄色。总状花序下垂，花杯状，粉红色，花瓣5枚，有香味，晚春开放。花后结豌豆状的黑色小果实。**'Grandiflora'** 见 *P. p.*'Watereri'。**'重瓣' 'Plena'** 花重瓣，花期长。不结实。**🏆'沃特尔' 'Watereri'** (*P. p.* 'Grandiflora') 总状花序长，仲春至春末开花。

🏆'潘多拉' 樱 *P.* 'Pandora'，见 87 页。

'红垂枝' 樱 *P. pendula* 'Pendula Rubra' 见 *P.* × *subhirtella* 'Pendula Rubra'。**'Stellata'** 见 *P.* × *subhirtella* 'Stellata'。

宾州樱（北美樱）***P. pensylvanica*** (Pin cherry) 落叶乔木。伸展。高15m，冠径10m。树皮剥落，带红色条纹。叶卵形，渐尖，亮绿色。花聚成伞状，白色，星状，花瓣5枚，仲春至晚春开放。果实较小，豌豆状，红色。

桃 *P. persica* (Peach) 。**'克拉拉·迈尔' 'Klara Meyer'** 落叶乔木。伸展。高5m，冠径6m。叶狭长，披针形，亮绿色。花重瓣，亮粉红色，仲春开放。真菌感染后叶片卷曲。**'魅力王子' 'Prince charming'**，见 88 页。

🏆'粉无瑕' 樱 *P.* 'Pink Perfection'，见 87 页。

***P.* 'Pink Star'** 见 *P. subhirtella* 'Stellata'。

🏆大山樱 *P. sargentii*，见 87 页。

晚樱（野樱）***P. serotina***，见65页。

🏆细齿樱桃 *P. serrula* 落叶乔木。树冠圆头状。高和冠径均为10m。树皮红铜色，有光泽，剥落。叶卵形，先端渐尖、具锯齿，暗绿色，秋季变黄色。花小，白色，花瓣5枚，晚春开放。果实小，圆形，红棕色。

P. serrulata* var. *spontanea 见 *P. jamasakura*。

🏆'白普贤' 樱 *P.* 'Shirofugen'，见 87 页。

🏆'白妙' 樱 *P.* 'Shirotae' (*P.* 'Mount Fuji')，见 86 页。

🏆'松月' 樱（清水樱）***P.* 'Shogetsu'** (*P.* 'Shimidsu')，见 86 页。

黑刺李 *P. spinosa* (Blackthorn, Sloe)。**紫黑刺李 'Purpurea'**，见 122 页。

🏆'螺形' 樱 *P.* 'Spire' (*P.* × *hillieri* 'Spire')，见 87 页。

彼岸樱（日本早樱）***P.* × *subhirtella*** (Higan cherry, Rosebud cherry) 落叶乔木。伸展。高和冠径均为8m。叶卵形，先端渐尖，暗绿色，秋季变成黄色。花小，淡粉红色，花瓣5枚，早春至仲春先叶开放。果实小，球状，红棕色。**🏆'十月' 'Autumnalis'** 花半重瓣，白色，在晴朗温和的冬季开放，花蕾粉红色。**🏆'红垂枝' 'Pendula Rubra'** (*P. pendula* 'Pendula Rubra')，见 88 页。**'星花' 'Stellata'** (*P. pendula* 'Stellata', *P.* 'Pink Star')，见 87 页。

🏆'太白' 南樱（太白里樱）***P.* 'Taihaku'**，见 86 页。

矮扁桃 *P. tenella*（译者注：该名称当为 *P. nana* 的异名），见 155 页。**🏆'火丘' 'Fire Hill'** 落叶灌木。丛生。枝条先直立后开展。高和冠径均为2m。叶狭卵形，有光泽，暗绿色，陪衬着深粉红色的花。花小，单瓣，似杏花，仲春到晚春开放。果实小，似杏果。

毛樱桃 *P. tomentosa* (Downy cherry) 落叶灌木。枝条稠密丛生。高1.5m，冠径2m。叶暗绿色，卵形，有绒毛。花小。花瓣5枚，淡粉红色，早春至仲春先叶开放。果实球状，亮红色。炎热的夏季生长旺盛。

大紫叶李 *P.* 'Trailblazer' 落叶乔木。树冠开展。高和冠径均为5m。叶卵形，淡绿色，叶成熟后深红紫色。花白色，花瓣5枚，早春至仲春开放。有时结似李样果实，红色，可食用。

🏆'重瓣' 榆叶梅 *P. triloba* 'Multiplex' 落叶灌木或乔木。丛生。枝伸展。高和冠径均为4m。叶卵形，暗绿色，常三浅裂，秋季变为黄色。花粉红色，重瓣，仲春开放。种植在向阳处生长更好。开花后，对老枝上的新枝进行短截。

🏆'郁金' 樱 *P.* 'Ukon'，见 86 页。

***P.* 'Uzuzakura'** 见 *P.* 'Hokusai'。

维州稠李 *P. virginiana* (Virginian bird cherry)。**紫叶稠李 'Shubert'** 落叶乔木。树冠圆锥状。高10m ，冠径8m。穗状花序，花小，星状，白色，仲春至晚春开放。果实暗紫红色。小叶卵形，淡绿色，夏季呈紫红色。

八重紫樱 *P.* 'Yaemurasaki'，见88 页。

🏆日本樱花（江户樱）***P.* × *yedoensis***，见 87 页。

山壳骨属（钩粉草属、拟美花属）PSEUDERANTHEMUM

爵床科 ACANTHACEAE

多年生常绿草本和灌木。观叶为主。不耐寒，耐最低温度16℃。喜半阴和肥沃、排水良好的土壤。盆栽植株在旺盛生长时需大量浇水，其他时期要适量。对小枝打顶可促进灌木形状的形成，春季重剪细长枝。盆栽时，每年或每2年于春、夏季进行绿枝扦插繁殖。有时受白蝇危害。

紫叶拟美花 *P. atropurpureum* (*Eranthemum atropurpureum*) 常绿灌木。直立。高1～1.2m，冠径30～60cm。叶卵形，暗紫色。短穗状花序，花管状，白色并带有紫色斑，主要在夏季开放。

木李属 PSEUDOCYDONIA

（译者注：该属通常置于木瓜属 *Chaenomeles* 中。以枝无刺、花单生、托叶膜质等特征从后者分出）

蔷薇科 ROSACEAE

落叶或半常绿乔木。春季开花。主要观赏树皮、花及果实。耐寒，在寒冷地区宜靠南或西墙栽植。喜全光照，在炎热的夏季生长良好，喜排水良好的土壤。秋季播种繁殖。

木李（木瓜）***P. sinensis*** (*Cydonia sinensis*) 落叶或半常绿伸展状乔木。高和冠径均为6m。树皮片状剥落，具观赏性。叶深绿色，卵形，具细锯齿。花浅杯状，粉红色，仲春至晚春开放。盛夏后结果，果实黄色，卵状。

Pseudofumaria lutea 见 *Corydalis lutea*。

Pseudofumaria ochroleuca 见 *Corydalis ochroleuca*。

Pseudogynoxys chenopodioides 见 *Senecio confusus*。

金钱松属 PSEUDOLARIX

松科 PINACEAE

见针叶树。

🏆金钱松 *P. amabilis* (*P. kaempferi*)，见 107 页。

P. kaempferi 见 *P. amabilis*。

Pseudolobivia aurea 见 *Echinopsis aurea*。

Pseudomuscari azureum 见 *Muscari azureum*。

新树参属（新拟）PSEUDOPANAX

(NEOPANAX, NOTHOPANAX)

五加科 ARALIACEAE

常绿乔木或灌木。主要观赏其奇特的叶子和果实。是优良的造景树种，也可栽培于较大的容器中。夏季开小花。耐寒至半耐寒。喜光照或半阴，喜肥沃且排水良好的土壤。夏季用半成熟枝扦插繁殖或在春、秋季播种繁殖。

乔木新树参（新拟）***P. arboreus*** (Five fingers) 常绿乔木。树冠圆球状。枝条健壮。高6m，冠径4m。耐寒。叶大，有光泽，暗绿色，分裂成5～7个长圆形小叶。夏季开绿色小花，有蜜香味。雌株结球状、紫黑色的果实。

矛木（新拟）***P. crassifolius*** (Lancewood) 常绿乔木。多年不分枝，逐步呈圆头状。高6m，冠径2m。耐寒。幼树叶深绿色，形状多易变，成年树叶狭长、下垂、质硬。雌株结球状果实，黑色。

齿叶矛木（新拟）***P. ferox***，见 92 页。

亮叶新树参（新拟）***P. laetus*** 常绿乔木或灌木。树冠圆头状。枝条健壮。高和冠径均为3m。半耐寒。叶大，革质，具长柄，由5～7个长圆形、深绿色小叶组成，长达30cm。夏季开绿紫色小花，直径可达20cm。雌株秋季结球状、黑紫色果实。

茶秆竹属 PSEUDOSASA

禾本科 GRAMINEAE/POACEAE

见禾草类、竹类、灯心草类和莎草类。

🏆矢竹（日本矢竹）***P. japonica*** (*Arundinaria japonica*)，见 308 页。

黄杉属 PSEUDOTSUGA

松科 PINACEAE

见针叶树。

P. douglasii 见 *P. menziesii*。

🏆花旗松 *P. menziesii* (*P. douglasii*, *P. taxifolia*)(Douglasn fir) 针叶乔木。速生。树冠圆锥状。高25m，冠径8～12m。极耐寒。树皮灰棕色，较厚，有裂纹，栓皮状。叶从极尖的顶芽生出，针状，有香味，螺旋状排列，微平展，深绿色，背面有白色条纹。球果椭圆形，暗棕色，长8～10cm，有凸起的鳞盾。**'矮生' 'Fletcheri'** 灌木。高3m，冠径2～3m，冠顶平。**'短叶' 'Fretsii'**（见 110 页）高 6m 或更高，冠径 3～4m。生长速度慢。叶暗绿色，极短。**蓝花旗松 var. *glauca***，见 102 页。**'挺枝' 'Oudemansii'**(见 111 页) 生长速度极慢。枝条向上生长。叶短，光滑，暗绿色。

P. taxifolia 见 *P.menziesii*。

假林仙属 PSEUDOWINTERA

林仙科 WINTERACEAE

常绿灌木或乔木。作观叶栽培。半耐寒至极耐寒。喜全光照或半阴，适宜在腐殖质丰富、排水良好且保水性能好的中性至酸性土壤中生长。盆栽时生长旺盛期大量浇水，其他时期要适量浇水。需要时可以修剪。夏季用半成熟枝扦插繁殖，种子成熟时于秋季或春季播种繁殖。

假林仙 *P. axillaris* (*Drimys axillaris*)(Heropito, Pepper-tree) 常绿灌木或乔木。树冠圆球状。高和冠径均为3～8m。半耐寒。叶卵形，有光泽，表面绿色，背面蓝灰色。春夏之交开星状的黄绿色花，花极小。果实亮红色。

彩叶假林仙 ***P. colorata*** (*Drimys colorata*) 常绿伸展状灌木。丛生。高1m，冠径1.5m。半耐寒。叶卵形，革质，淡黄绿色，长达8cm，具粉红色斑点，边缘深红紫色，背面蓝色。花星状，黄绿色，小花2～5朵成一簇。除最温暖地区外，其他地方需要采取保护措施。

拟蝶唇兰属 PSYCHOPSIS

见兰花。

拟蝶唇兰 ***P. papilio*** (*Oncidium papilo*)(Butterfly orchid，见229页) 常绿附生兰。适宜高温温室栽培。花橘黄色至棕色，有浓黄色斑点，长8cm，单朵在茎顶部连续开放。叶卵形，较硬，具斑点，长10～15cm，夏季强光下长势良好。

长筒补血草属（新拟）PSYLLIOSTACHYS *Statice*

白花丹科 PLUMBAGINACEAE

一年生或多年生草本和常绿亚灌木。主要用来生产切花和干花。适宜在沿海地区生长。极耐寒至半耐寒。喜光，适宜在排水良好、肥沃的土壤中生长。制作干花时要在花完全开放之前剪取。秋季将多年生种类的枝茎剪除。早春在温室内播种繁殖，多年生种类和亚灌木亦可在春天用嫩枝扦插繁殖。易感染霉粉病。

土耳其长筒补血草（新拟）***P. suworowii*** (*Limonium suworowii, Statice suworowii*)，见330页。

榆橘属 PTELEA

芸香科 RUTACEAE

落叶乔木或灌木。叶、果可供观赏。极耐寒。喜光照及肥沃土壤。夏季嫩枝扦插繁殖或秋季播种繁殖，选育出的类型仅可在夏季用嫩枝扦插繁殖。

🏆**榆橘** ***P. trifoliata*** (hop tree)落叶乔木或灌木。丛状，伸展。高7m，冠径7m。叶由3枚卵形小叶组成，暗绿色，有香味。花小，星状，绿色，簇状着生，初夏至仲夏连续开放。果实淡绿色，具翅。🏆**'金叶' 'Aurea'**，见145页。

凤尾蕨属 PTERIS

铁线蕨科／凤尾蕨科 ADIANTACEAE/PTERIDACEAE

落叶、半常绿或常绿蕨类植物。不耐寒，耐最低温度5℃。喜光照或庇荫，适宜在潮湿的泥炭土上生长。定期去除枯萎的叶片。春季分株繁殖，夏季孢子繁殖。

🏆**欧洲凤尾蕨** ***P. cretica*** (Cretan brake) 常绿或半常绿蕨类植物。高45cm，冠径30cm。不耐寒，耐最低温度5℃。叶三角形至阔卵形，全裂，暗绿色，羽片手指状。var. ***albolineata*** 见*P. c.*'Albolineata'。🏆**'银线' 'Albolineata'** (*P. c.* var. *albolineata*) 叶片灰绿色，中部有乳白色。**'冠饰' 'Mayi'**，高30cm。营养叶顶端具冠饰。**'威斯特' 'Wimsettii'**(见311页)叶密生，羽片边缘不规则分裂。

剑叶凤尾蕨 ***P. ensiformis*** (Snow brake) 落叶或半常绿蕨类植物。高30cm，冠径23cm。叶深绿色，主脉的周围常呈灰白色，叶裂成指形羽片。**'银心' 'Arguta'** 高45cm。深绿色叶面中间有银白色斑纹。

枫杨属 PTEROCARYA *Wing nut*

胡桃科 JUGLANDACEAE

落叶乔木。观赏其叶片及柔荑花序。极耐寒。喜全光照和土层深厚、潮湿但排水良好的土壤。及时剪去萌蘖枝条。夏季用软枝扦插繁殖，秋季用萌孽芽或种子成熟时播种繁殖。

🏆**梣叶枫杨** ***P. fraxinifolia*** (Caucasian wing nut) 落叶伸展乔木。高25m，冠径20m。叶大，似梣树叶，光滑，暗绿色，秋季变黄色。穗状花序长，绿色，夏季开花。雌株结果，果实带翅，绿色，最后变为棕色。

雷氏枫杨 ***P. × rehderiana***，见69页。

枫杨 ***P. stenoptera*** (Chinese wing nut) 落叶伸展乔木。高20m，冠径15m。叶似梣树叶，亮绿色，叶柄带翅，秋季叶子变黄色。穗状花序长，绿色，夏季开花。雌株结果，果实绿色，带粉晕色，具翅，芳香。

青檀属 PTEROCELTIS

榆科 ULMACEAE

单种属。落叶乔木。夏季开花，花小而淡。为观赏其叶和果而栽培。耐寒。喜全光照，在炎热夏季生长最好，喜排水良好的土壤。秋季播种繁殖。

青檀 ***P. tatarinowii*** 落叶乔木，伸展。枝弓形。高12m，冠径10m。树皮灰色，剥落。叶卵形，暗绿色，长达10cm，叶缘具锯齿。秋季结果，球状，绿色，果小，具宽圆形翅。

翼首花属 PTEROCEPHALUS

川续断科 DIPSACACEAE

一年生或多年生草本或半常绿灌木。夏季开花。为观赏其山萝卜状头状花序及羽状的种序而栽培。常用于岩石园。极耐寒。喜光照和排水良好的土壤。夏季用嫩枝及半木质化枝条扦插繁殖或秋季播种繁殖。部分种类可自播繁殖。

P. parnassi 见 *P. perennis*。

翼首花 ***P. perennis*** (*P. parnassi*)，见380页。

白辛树属 PTEROSTYRAX

安息香科 STYRACACEAE

落叶乔木或灌木。为观赏其叶和芳香的花而栽培。极耐寒。喜光照或半阴，适宜在土层肥厚、排水良好的中性至酸性土壤中生长。夏季用嫩枝或半木质化枝扦插繁殖，秋季播种繁殖。

🏆**白辛树** ***P. hispida*** (Epaulette tree) 落叶乔木或灌木。伸展。树皮灰色，有香味。高15m，冠径12m。叶片长圆形至卵形，长20cm，绿色。大型圆锥花序下垂，小花铃状，白色，初夏至仲夏开放。

Ptilotrichum spinosum 见*Alyssum spinosum*。

Pudding pipe-tree 见 *Cassia fistula*。

葛藤属 PUERARIA

豆科／蝶形花科 LEGUMINOSAE/PAPILIONACEAE

落叶攀缘植物。茎木质或草质。半耐寒。喜阳光充足和排水良好的土壤。春季播种繁殖。

P. hirsuta 见 *P. lobata*。

葛藤 ***P. lobata*** (*P. hirsuta, P. montana* var. *lobata, P. thunbergiana*) (Kudzu vine) 落叶攀缘植物。茎木质，多毛。野生植株高达5～30m。叶具3小叶，小叶阔卵形。夏季开花，总状花序，长30cm，小花碗豆状，红紫色，芳香。荚果具毛，细长，长6～8cm。在寒冷地区最好作一年生栽培。

P. montana* var. *lobata 见 *P. lobata*。

P. thunbergiana 见 *P. lobata*。

Puka 见 *Meryta sinclairii*，见100页。

Pukanui 见 *Meryta sinclairii*，见100页。

Pukapuka 见*Brachyglottis repanda*，见127页。

肺草属 PULMONARIA *Lungwort*

紫草科 BORAGINACEAE

多年生草本。多在春季开花。部分种类为半常绿。具小型越冬莲座叶丛。极耐寒。喜阴和湿润但排水良好的土壤。春季或秋季分株繁殖。

🏆**狭叶肺草** ***P. angustifolia*** 通常为多年生落叶草本。簇生。高23cm，冠径20～30cm以上。叶披针形，无斑点，中绿色，长40cm。早春开花，头状花序，小花管状，5浅裂，似琉璃苣花，深蓝色，有时带粉红色。

长叶肺草 ***P. longifolia*** 多年生落叶草本。簇生。高30cm。冠径45cm。叶狭披针形，深绿色，长45cm，具银白色斑点。头状花序，小花管状，5浅裂，似琉璃苣花，鲜蓝色，晚春开放。**'深蓝'肺草** ***P.* 'Mawson's Blue'**，见271页。

🏆**'白花'药用肺草** ***P. officinalis* 'Sissinghurst White'** (*P. saccharata* 'Sissinghurst White')，见267页。

🏆**红花肺草** ***P. rubra*** 多年生半常绿草本。簇状。高30cm，冠径60cm。叶淡绿色，卵形，光滑。头状花序，小花管状，5浅裂，似琉璃苣花，砖红色，冬末至早春开放。

白斑叶肺草（甘肺草）***P. saccharata***，见271页。**'Sissinghurst White'** 见 *P. officinalis* 'Sissinghurst White'。

白头翁属 PULSATILLA

毛茛科 RANUNCULACEAE

多年生草本。部分种类常绿。叶大，羽状。花直立或下垂，铃状或杯状，被绒毛，宿存花柱羽状，具细纤维。叶于花后变大。极耐寒。喜充足阳光和腐殖质丰富、排水良好的土壤。不耐移植。冬季根插或采用新鲜种子播种繁殖。植株所有部分食用后均可引起胃部轻微的不适，极少例外，其汁液极少会刺激皮肤。

高山白头翁 ***P. alpina***，见346页。🏆**芹叶白头翁** subsp. ***apiifolia*** (*P. a.* subsp. *sulphurea*) 多年生草本。簇生。高15～30cm，冠径达10cm。叶羽状，绿色。春季开花，花直立，钟状，具蓝晕。瘦果排成头状，银色。**芹叶白头翁** subsp. ***sulphurea*** 见 *P. a.* subsp. *apiifolia*。

🏆**堇花白头翁** ***P. halleri***，见348页。**大白头翁** subsp. ***grandis*** (*P. vulgaris* subsp. *grandis*) 多年生草本。簇生。高和冠径均为15～23cm。花大，直立，浅钟状，淡紫蓝色，宽5cm，花心亮黄色。先花后叶，叶羽状，浅绿色。瘦果银白色，顶端具羽状花柱，结果时花葶迅速伸长。

西洋白头翁 ***P. occidentalis*** 多年生草本。簇生。高20cm，冠径15cm。叶羽状。春末至夏初开花，单生下垂花蕾逐渐直立，花白色，高脚杯状，基部外边缘有蓝紫色斑点，有时为粉红色，宿存花柱，白色。低海拔地区难以栽培和正常开花。

🏆**春白头翁** ***P. vernalis***，见363页。

🏆**普通白头翁** ***P. vulgaris***，见348页。subsp. ***grandis*** 见 *P. halleri* subsp. *grandis*。

石榴属 PUNICA *Pomegranate*

千屈菜科／石榴科 LYTHRACEAE/PUNICACEAE

落叶灌木或乔木。夏季开花。鲜红色花朵和黄色至橙色的果实具有较强的观赏性，在温和气候条件下成熟果实可食用。耐寒或半耐寒。喜背风向阳和排水良好的土壤。春季播种或夏季用半木质化枝条扦插繁殖。

石榴 ***P. granatum*** 落叶灌木或乔木。圆球状。高和冠径均为2～8m。半耐寒。叶窄椭圆形。夏季开花，花漏斗状，鲜红色，花瓣皱褶。果实球状，深黄色到橘黄色。露地或在易遭霜冻气候下，可在靠墙的南面或东面栽培。**矮石榴** var. ***nana***，见 355 页。

Purple anise 见 *Illicium floridanum*。

Purple beech 见 *Fagus sylvatica* f. *purpurea*，见 65 见。

Purple broom 见 *Chamaecytisus purpureus*。

Purple erab 见 *Malus* × *purpurea*。

Purple loosestrife 见 *Lythrum*。

Purple mountain saxifrage 见 *Saxifraga oppositifolia*，见 366 页。

Purple osier 见 *Salix purpurea*。

Purple rock brake 见 *Pellaea atropurpurea*。

Purple toadflax 见 *Linaria purpurea*。

Purple-leaved ivy 见 *Hedera helix* 'Atropurpurea'，见 221 页。

Purple-stemmed cliff brake 见 *Pellaea atropurpurea*。

Purslane, Tree 见 *Atriplex halimus*。

蚁播花属（新拟）PUSCHKINIA

百合科 LILIACEAE

鳞茎类植物。矮生。地中海蓝钟花状。为观其早春开放的花而栽培。极耐寒。喜光照或半阴和富含腐殖质的土壤，土壤的沙砾可以保证排水良好。秋季种植，夏季植株枯萎，夏末用小球茎或秋季播种繁殖。

P. libanotica 见 *P. scilloides* var. *libanotica*。

黎巴嫩蚁播花（新拟）***P. scilloides*** var. ***libanotica***（*P. libanotica*），见 432 页。**'白花' 'Alba'**，见 426 页。

Pussy ears 见 *Cyanotis somaliensis*，见 303 页；*Kalanchoe tomentosa*，见 467 页。

Pussy willow 见 *Salix caprea*。

火星草属（普亚属）PUYA

凤梨科 BROMELACEAE

多年生常绿草本和灌木。莲座状丛生。为观其整体形态而栽培。半耐寒至不耐寒，耐最低温度 5～7℃。喜全光照和排水良好的土壤。在生长季节宜适量浇水，其他时期少浇水。春季播种或分生繁殖。

亚高山火星草（亚高山普亚）***P. alpestris***（见265 页）多年生常绿草本。具粗壮分枝及匍匐茎。高达2m，冠径3m。半耐寒。叶线形，渐尖弯曲，鲜绿色，肉质，叶缘具带钩锯齿，叶背面密布白色鳞片。圆锥花序直立，坚硬，花管状，金属蓝色，后渐变为紫红色，初夏开放。

火星草（普亚）***P. chilensis***（见265 页）多年生常绿草本。直立。具木质短茎。高和冠径均为2m。半耐寒。莲座紧密，位于茎顶端。叶线形渐尖，微弯，肉质，灰绿色，叶缘具钩状锯齿。圆锥花序，直立，具分枝，花小，管状，黄色或黄绿色，夏季开花。

密穗花属 PYCNOSTACHYS

唇形科 LABIATAE/LAMIACEAE

多年生草本。丛生。簇状花轮生，具观赏性。不耐寒，耐最低温度15℃。喜强光照和肥沃、排水良好的土壤。夏初扦插繁殖。

头状密穗花 ***P. dawei***，见 233 页。

荨麻叶密穗花 ***P. urticifolia*** 多年生草本。直立。生长旺盛。茎四棱。高 1～2m，冠径 20～60cm。叶阔卵形，叶缘具锯齿，被毛，淡绿色。总状花序，小花轮生，管状，淡蓝色，冬季开放。

Pygmy date palm 见 *Phoenix roebelenii*。

火棘属 PYRACANTHA
Firethorn

蔷薇科 ROSACEAE

常绿灌木。多刺。夏季开花。观赏其叶、花和果。极耐寒至耐寒。喜阴或半阴及肥沃土壤。为了使靠墙栽植的植株株型紧凑，可于花后将长枝短截。夏季用嫩枝扦插繁殖。易感染疮痂病和日灼病。误食其种子将会导致胃部不适。

窄叶火棘 ***P. angustifolia*** 常绿灌木。丛生。高和冠径均为 3m。耐寒。叶狭长圆形，表面暗绿色，背面灰色。小花簇生，花瓣 5 枚，白色，初夏开放。果球状，橙黄色，径 8mm，秋季成熟。

全缘火棘 ***P. atalantioides*** 常绿灌木。树形有直立，也有拱形的。生长旺盛。高 5m，冠径 4m。耐寒。叶长圆形，暗绿色，有光泽。花序较大，花小，花瓣 5 枚，白色，初夏开放。果球状，红色，初秋成熟。**'金果' 'Aurea'**，见 124 页。

暗红火棘 ***P. coccinea*** 常绿灌木。浓密，丛生。高和冠径均4m。极耐寒。花序致密，花小，白色，花瓣5枚，初夏开放。叶椭圆形，暗绿色。果球状，亮红色。**'拉兰德' 'Lalandei'** 具较大叶和果，果橙红色。

'金魔' 火棘 ***P.*** **'Golden Charmer'**，见 149 页。

'金丘' 火棘 ***P.*** **'Golden Dome'**，见 149 页。

'莫哈维' 火棘 ***P.*** **'Mohave'** 常绿灌木。丛生。生长势强。高 4m，冠径 5m。叶阔椭圆形，暗绿色。花簇生，花小，白色，花瓣 5 枚，初夏开放。果圆形，橘红色。耐寒，抗病。

🏆**'橙光' 火棘** ***P.*** **'Orange Glow'** 常绿灌木。枝条致密，直立。高 5m，冠径 3m。耐寒。叶长圆形，暗绿色，有光泽。花簇生，花小，白色，花瓣 5 枚，初夏开放。果球状，橙色。

🏆**罗氏火棘** ***P. rogersiana*** 常绿灌木。幼枝直立，后变为拱形。高和冠径均为 3m。耐寒。叶狭长圆形，亮绿色，有光泽。花簇生，花小，白色，花瓣 5 枚，初夏开放。果圆球形，橘红色或黄色。

🏆**瓦氏火棘** ***P.*** × ***watereri***（*P.* 'Waterer's Orange'），见 136 页。

P. 'Waterer's Orange' 见 *P.* × *watereri*。

Pyramidal bugle 见 *Ajuga pyramidalis*。

Pyrethropsis hosmariense 见 *Rhodanthemum hosmariense*。

Pyrethrum 见 *Tanacetum coccineum*。

Pyrethrum **'Brenda'** 见 *Tanacetum coccineum* 'Brenda'。

Pyrethrum coccineum 见 *Tanacetum coccineum*。

Pyrethrum parthenium 见 *Tanacetum parthenium*。

Pyre thrum roseum 见 *Tanacetum coccineum*。

鹿蹄草属 PYROLA
Wintergreen

鹿蹄草科 PYROLACEAE

多年生常绿草本。伸展状。春夏季开花。极耐寒。喜半阴和凉爽条件及排水良好、泥炭质的酸性土壤，最适于透光的林地。忌移栽。春秋季播种或春季分株繁殖。

细辛叶鹿蹄草 ***P. asarifolia*** 多年生常绿草本。莲座状。高 15～25cm，冠径 15cm 或更大。叶肾形，革质，亮绿色，有光泽。花管状，浅粉红色至深粉红色，春季开放。

圆叶鹿蹄草 ***P. rotundifolia***（Round-leaved winter-green, Wild lily-of-the-valley）多年生常绿草本。莲座状，根状茎横生。高 23cm，冠径 30cm。叶圆形，革质，淡绿色，有光泽。花白色，芳香，呈花枝状，春末夏初开放。

炮仗藤属 PYROSTEGIA

紫葳科 BIGNONIACEAE

常绿攀缘植物。具木质茎及卷须。为观花而栽培。需支撑。不耐寒，耐最低温度 13～15℃。喜全光照及肥沃、排水良好的土壤。宜常浇水，冬季少浇水。花后抽生细茎。夏季用嫩枝扦插或压条繁殖。

P. ignea 见 *P. venusta*。

炮仗藤（炮仗花）***P. venusta***（*P. ignea*），见 218 页。

梨属 PYRUS
Pear

蔷薇科 ROSACEAE

落叶乔木。春季开花。可观赏其树姿、叶、花及可食果实（梨）。极耐寒。在全光照及肥沃、排水良好的土壤上生长最好。秋季播种繁殖，栽培品种可在夏季进行芽接或冬季枝接繁殖。许多种对日灼病和疮痂敏感，在北美栽培渐少。

杏梨 ***P. amygdaliformis*** 落叶乔木。伸展。高 10m，冠径 8m。叶披针形，幼时灰色，成熟叶暗绿色，有光泽。花白色，花瓣5枚，仲春开放。果小，浅棕色。

豆梨 ***P. calleryana***（Callery pear）落叶乔木。树冠圆锥状。高和冠径均为15m。叶卵圆形，暗绿色，有光泽，秋季常变红色。花白色，5瓣，仲春到春末开放。果小，浅棕色。**'布拉德福' 'Bradford'** 冠径10m。抗日灼病。🏆**'公鸡' 豆梨 'Chanticleer'**，见 76 页。

西洋梨 ***P. communis***（Common pear）。**'红叶' 'Beech Hill'** 落叶乔木。树冠窄圆锥状。高 10m，冠径 7m。叶卵形，暗绿色，有光泽，秋季常变橙色或红色。花乳白色，花瓣 5 枚，仲春至春末与叶同放。果小，浅棕色。

胡颓子叶梨（野橄榄梨）***P. elaeagrifolia*** 落叶乔木。伸展。具刺。高和冠径均为 8m。叶披针形，灰绿色。花簇生，乳白色，花瓣 5 枚，仲春开放。果小，梨形，浅棕色。

柳叶梨 ***P. salicifolia*** 落叶乔木。树冠圆头状，枝条轻微下垂。高 5～8m，冠径 4m。花白色，花瓣 5 枚，仲春与叶同放。叶披针形，灰色。果小，浅棕色。🏆**'垂枝' 'Pendula'**，见 91 页。

Q,R

Quaking aspen 见 *Populus tremuloides*。

Quaking grass 见 *Briza*。

Common 见 *Briza media*。

Quamash 见 *Camassia quamash*。

Quamoclit coccinea 见 *Ipomoea coccinea*。

Quamoclit lobata 见 *Ipomoea lobata*。

Quamoclit pennata 见 *Ipomoea quamoclit*。

Quassia 见 *Picrasma quassoides*，见 97 页。

Quater 见 *Vinca major*。

Queen Anne's double daffodil 见 *Narcissus* 'Eystettensis'。

Queen Anne's jonquil 见 *Narcissus jonquilla* 'Flore Pleno'。

Queen palm 见 *Syagrus romanzoffiana*。

Queen's crape myrtle 见 *Lagerstroemia speciosa*。

Queen's tears 见 *Billbergia nutans*，见 265 页。

Queencup 见 *Clintonia uniflora*。

Queen-of-the-night 见 *Hylocereus undatus, Selenicereus grandiflorus*，见 456 页。

Queensland nut 见 *Macadamia integrifolia*，见 73 页。

Queensland pyramidal tree 见 *Lagunaria patersonii*。

Queensland silver wattle 见 *Acacia podalyriifolia*，见 135 页。

Queensland umbrella tree 见 *Schefflera actinophylla*，见 84 页。

栎属 QUERCUS
Oak

壳斗科 FAGACEAE

落叶或常绿乔木和灌木。以观赏其树形、叶及部分落叶种类秋色叶而栽培。花小色淡，春末至夏初开花。花后结卵形至圆形的棕色坚果。极耐寒至耐寒。喜光照充足和半阴及深厚、排水良好的土壤，特别说明者除外。耐石灰土。秋季播种繁殖，选育出的类型及杂交种冬末嫁接繁殖。易被霉菌、瘿瘤感染，通常不太严重，在北美易感染橡树枯萎病。

麻栎*Q. acutissima* (Sawtooth oak) 落叶乔木。树冠圆头状。高和冠径均为15m。极耐寒。叶与欧洲栗相似，光滑，深绿色，边缘有锯齿，齿尖具刚毛，落叶晚。

Q. aegilops 见 *Q. macrolepis*。

槲叶栎 *Q. agrifolia*，见 85 页。

白栎 *Q. alba*，见 71 页。

槲栎 *Q. aliena* (Oriental white oak) 落叶乔木。树冠伸展。高 15m，冠径12m。极耐寒。叶大，长圆形，有明显锯齿，光滑，暗绿色。

桤叶栎 *Q. alnifolia* (Golden oak of Cyprus) 常绿乔木。树冠伸展。高6m，冠径5m。耐寒。叶圆形，革质，表面有光泽，深绿色，背面具深黄色或绿黄色毡毛。

🏆**加那利栎 *Q. canariensis***，见 66 页。

栗叶栎*Q. castaneifolia*，见68页。

🏆**土耳其栎*Q. cerris*** (Turkey oak) 落叶乔木。树冠伸展，树体雄伟。速生。高 30m，冠径 25m。极耐寒。叶长圆形，有光泽，深绿色，深裂。在浅薄的白垩质土壤上长势良好。**'镶边' 'Argenteovariegata'** (*Q. c.* 'Variegata')，见 78 页。

大红栎*Q. coccifera* (Kermes oak) 常绿乔木或灌木。丛状，株型紧凑。高5m，冠径5m。耐寒。叶似冬青叶，光滑，深绿色，质硬，边缘扭曲。

绯栎 *Q. coccinea*，见 70 页。🏆**'华美' 'Splendens'** 落叶乔木。树冠圆头状。高20m，冠径15m。极耐寒。叶长圆形，光滑，中绿色，具深锯齿似裂片，秋季叶变红色。喜酸性土壤。

柞栎 (波罗栎，槲树)***Q. dentata*** (Daimio oak)落叶乔木，树冠伸展。枝条粗壮，树形粗犷。高15m，冠径10m。极耐寒。叶卵形，具分裂，深绿色，长30cm 或更长。喜酸性土壤。

椭圆栎 *Q. ellipsoidalis*，见 70 页。

匈牙利栎 *Q. frainetto*，见 69 页。

俄勒冈栎 *Q. garryana*，见 80 页。

异叶栎 *Q. × heterophylla*，见 82 页。

🏆**'大叶'西班牙栎*Q. × hispanica* 'Lucombeana'** (*Q. × lucombeana* 'William Lucombe'，见 73 页。

🏆**冬青栎 *Q. ilex*** (Holm oak) 常绿乔木。树冠圆头状。高 25m，冠径20m。耐寒。叶光滑，深绿色，幼叶银灰色，叶形多样，多为椭圆形。在浅薄的白垩质土壤中生长健壮，在开放的近海岸地区生长良好。

单果栎 (沙栎)***Q. imbricaria*** (Shingle oak) 落叶乔木。树冠伸展。高20m，冠径 15m。极耐寒。叶窄长，幼叶微黄，夏季深绿色，秋季黄褐色。

Q. ithaburensis* subsp. *macrolepis 见 *Q. macrolepis*。

桂叶栎 (新拟)***Q. laurifolia***，见 69 页。

***Q. × lucombeana* 'William Lucombe'** 见 *Q. × hispanica* 'Lucombeana'。

大花栎*Q. macranthera*，见66页。

大果栎*Q. macrocarpa*，见 80 页。

大鳞栎*Q. macrolepis* (*Q. aegilops*, *Q. ithaburensis* subsp. *macrolepis*)，见 80 页。

马里兰栎 *Q. marilandica*，见 80 页。

粗齿蒙古栎 *Q. mongolica* var. *grosseserrata* 落叶乔木。树冠伸展。高 20m，冠径 15m。极耐寒。叶大，长圆形，具裂片，深绿色，叶缘具明显三角形锯齿。

黄栗栎 *Q. muehlenbergii*，见 67 页。

小叶青冈 *Q. myrsinifolia*，见 84 页。

黑栎 *Q. nigra*，见 68 页。

🏆**沼生栎 *Q. palustris***，见 69 页。

欧岩栎 *Q. petraea* (Durmast oat, Sessile oak) 落叶乔木。树冠伸展。高30m，冠径 25m。极耐寒。叶长圆形，革质，分裂，深绿色，叶柄黄色。**'柱冠' 'Columna'**，见 68 页。

🏆**柳叶栎 *Q. phellos***，见 71 页。

亚美尼亚栎 *Q. pontica* (Armenian oak, Pontine oak) 落叶乔木。有时灌木状。枝条粗壮，直立。树冠卵球状。高 6m，冠径 5m。极耐寒。叶大，椭圆形，有锯齿，有光泽，亮绿色，秋季变黄色。

🏆**夏栎 *Q. robur*** (Common oak, Pedunculate oak) 落叶乔木。树冠伸展。树皮粗糙。高25m，冠径25m。极耐寒。叶长圆形，波状，具裂片，深绿色。**黄叶夏栎 'Concordia'** 高10m。生长缓慢。幼叶金黄色，仲夏变成黄绿色。**密枝夏栎 f. *fastigiata***，见66页。

🏆**红栎*Q. rubra***，见69页。**'金叶' 'Aurea'**，见 80 页。

欧洲栓皮栎 (栓皮槠)***Q. suber***，见 73 页。

聚果栎 *Q. × turneri*，见 73 页。

短绒栎*Q. velutina* (Black oak) 落叶乔木。树冠伸展。速生。高达 30m，冠径25m。极耐寒。叶大，长圆形，浅裂，深绿色，有光泽，秋季变红褐色。

Quince 见 *Cydonia oblonga*。

Flowering 见 *Chaenomeles*。

Japanese 见 *Chaenomeles japonica*。

使君子属 QUISQUALIS

使君子科 COMBRETACEAE

常绿或落叶攀缘植物。为观赏其花而栽培。不耐寒，耐最低温度 10～18℃ 温度。喜富含腐殖质、湿润且排水良好的土壤，适宜在全光照或半阴环境中生长。速生期大量浇水，冬季少浇水。茎需支撑。春季疏除过密枝。春季播种或夏季用嫩枝扦插繁殖。

使君子 *Q. indica*，见 211 页。

Rabbit tracks 见 *Maranta leuconeura* var. *kerchoviana*，见 304 页。

Rain daisy 见 *Dimorphotheca pluvialis*，见 319 页。

Rain lily 见 *Zephyranthes*。

Rainbow star 见 *Cryptanthus bromelioides*。

Raisin-tree 见 *Hovenia dulcis*，见 79 页。

欧洲苣苔属 RAMONDA

苦苣苔科 GESNERIACEAE

多年生常绿草本。为观叶和观花而栽培。叶丛莲座状，叶圆形，卷曲，具毛。适宜于岩石园和泥炭床种植。极耐寒。喜阴凉和潮湿土壤。如果因干旱而卷曲时，应浇透水。夏初用根蘖繁殖，秋初用叶插或播种繁殖。

🏆**欧洲苣苔 *R. myconi*** (*R. pyrenaica*)，见 382 页。

🏆**巴尔干苣苔 *R. nathaliae*** 多年生常绿草本。基生叶莲座状。高10cm，冠径10cm。叶小，淡绿色。伞形花序，花小，花面向外，平展，白色或淡紫色，花药黄色，春末和夏初开花。

R. pyrenaica 见 *R. myconi*。

紫药欧苣苔 *R. serbica* 常绿多年生草本。基生叶莲座状。高 10cm，冠径10cm。与巴尔干苣苔 (*R. nathaliae*) 相似，但其花为杯状，淡雪青色，花药蓝紫色，栽培困难。

Ram's horn 见 *Proboscidea louisianica*。

Rangiora 见*Brachyglottis repanda*，见 127 页。

Rangoon creeper 见 *Quisqualis indica*，见 211 页。

毛茛属 RANUNCULUS
Buttercup

毛茛科 RANUNCULACEAE

一年生草本、多年生草本和水生植物，部分种类为常绿或半常绿。主要为观花而栽培。多数种靠肥厚粗壮的根茎或簇生的块茎扩展。有些种类具侵入性。水生种极少栽培。耐寒至半耐寒。适宜在阳光充足或庇荫环境及潮湿且排水良好土壤上生长。春秋季新鲜种子播种或分株繁殖。树汁可刺激皮肤。

乌头叶毛茛 *R. aconitifolius* 和 🏆**'重瓣' 'Flore Pleno'**，见 233 页。

高毛茛 *R. acris* (Meadow buttercup)。**'重瓣' 'Flore pleno'**，见 292 页。

亚高山毛茛 *R. alpestris*，见 363 页。

抱茎毛茛 *R. amplexicaulis* 多年生草本。直立。高 25cm，冠径 10cm。极耐寒。叶窄椭圆形，蓝灰色。花簇生，浅杯状，白色，花药黄色，夏初开放。喜富含腐殖质的土壤。

欧洲水毛茛 *R. aquatilis* (Water crowfoot) 一年生或多年生常绿水生草本。高1cm，冠径不定。极耐寒。茎淹没在水中，细长，多分枝。叶深绿色，有许多丝状裂片，漂浮，叶肾形至圆形，3～7深裂。花单生，碗状或碟状，黄色，基部白色，径1cm，位于水面上，仲夏开放。

花毛茛(亚洲毛茛)***R. asiaticus***[红花类型]，见421页。[黄花类型]，见423页。

***R. bulbosus* 'Speciosus Plenus'** 见*R. constantinopolitanus* 'Plenus'。

泡叶毛茛 *R. bullatus* 多年生草本。丛状。须根粗。高5～8cm，冠径8～10cm。半耐寒。花芳香，浅杯状，亮黄色，位于整齐的叶丛之上，秋季开放。叶长圆形至卵形，绿色，褶皱，先端有锐锯齿。适宜高山植物温室内或岩石园栽培。

🏆车前叶毛茛*R. calandrinioides*，见360页。

'重瓣'丽毛茛 *R. constantinopolitanus* 'Plenus' (*R. bulbosus* 'Speciosus Plenus' of gardens，*R. gouanii* 'Plenus'，*R. speciosus* 'Plenus')，见292页。

圆叶毛茛*R. crenatus* 多年生半常绿草本。莲座状。须根粗。高和冠径均为10cm。极耐寒。叶圆形，具锯齿，绿色。夏季在短茎上开1～2朵白花，高于叶面，花浅杯状。夏季从第一节处剪除花茎，莲座即可形成，此后可生根，此为一种繁殖方法。栽培种极少结实。适宜高山植物温室内或岩石园栽培。

倭毛茛*R. ficaria* (Lesser celandine)。**'白花' 'Albus'**，见363页。**'橙花' 'Aurantiacus'**，见373页。**'铜色' 'Brazen Hussy'** 多年生草本。具块茎。丛生。高5cm，冠径达20cm。极耐寒。春季观叶，叶心形，紫铜褐色。花浅杯状，有光泽，硫黄色，背面青铜色，早春开放。倭毛茛(*R. ficaria*)的所有类型春末枯死。扩散迅速，适宜于野生花园。**'重瓣' 'Flore Pleno'**，见372页。

冰河毛茛*R. glacialis* 多年生草本。圆丘状。具须根。高5～25cm，冠径5cm或更大。极耐寒。叶圆形，深裂，光滑，深绿色。花浅杯状，白色或粉红色，晚春和夏初开放。在低海拔地区很难栽培，适宜碎石地或高山植物温室内栽培。喜富含腐殖质、潮湿、冬季干燥的酸性土壤。有时遭蛞蝓危害。

***R. gouanii* 'Plenus'** 见*R. constantinopolitanus* 'Plenus'。

🏆禾叶毛茛 *R. gramineus*，见359页。

长叶毛茛*R. lingua*，见451页。**'大花' 'Grandiflorus'** 多年生落叶水边生植物。高1m，冠径30cm。极耐寒。茎粗大，粉绿色。叶披针形，具白霜。总状花序，花大，碟状，黄色，晚春开放。

大圆叶毛茛 *R. lyallii* (Giant buttercup) 多年生常绿草本。丛生，粗壮，直立。高和冠径均为30cm以上。耐寒。叶圆形，革质，深绿色，宽15cm。圆锥花序，花大，浅杯状，白色，夏季开放。炎热、干燥的气候条件下难以开花。适用于高山庭院栽培。栽培种极少结实。

🏆'金花'山毛茛 *R. montanus* 'Molten Gold' 多年生草本。丛生，紧凑。高15cm，冠径10cm。极耐寒。叶圆形，三裂。花单生，浅杯状，有光泽，金黄色，夏初开花。适宜光照充足的岩石园栽培。

***R. speciosus* 'Plenus'** 见*R. constantinopolitanus* 'Plenus'。

兰山草属 RANZANIA

小檗科 BERBERIDACEAE

单种属。多年生草本。主要观赏其奇特的株形和花，是森林公园的理想种类。极耐寒。喜阴或半阴及富含腐殖质的湿润土壤。春季分株或秋季播种繁殖。

兰山草(日本鬼臼)***R. japonica*** 多年生草本。直立。高45cm，冠径30cm。叶三裂，鲜绿色。花簇小，花低垂，浅杯状，淡紫色，夏初开放。

藓菊属（新拟） RAOULIA

菊科 ASTERACEAE/COMPOSITAE

多年生常绿草本。铺地生长。部分适宜高山植物温室内栽植，其他种类适宜岩石园种植。耐寒至极耐寒。喜光照充足或半阴和沙质、湿润但排水良好的泥炭质土壤。春季用新鲜种子播种或分株繁殖。

南方藓菊(新拟)***R. australis***，见390页。

超凡藓菊(新拟)***R. eximia*** 多年生常绿草本。铺地生长。高2.5cm，冠径5cm。极耐寒。叶长圆形至卵形，灰白色，叠生，多绒毛。花小，圆头状，淡黄色，春夏之交开放。适宜高山庭院种植。喜一定程度庇荫。

三脉藓菊(新拟)***R. haastii***，见391页。

白绢藓菊(新拟)***R. hookeri* var. *albo-sericea***，见389页。

R. leontopodium 见*Leucogenes leontopodium*。

Raspberry，Flowering 见*Rubus odoratus*。

Rat's-tail cactus 见*Aporocactus flagelliformis*，见463页。

Rata 见*Metrosideros robustus*。

Rauli 见*Nothofagus procera*，见67页。

旅人蕉属 RAVENALA

旅人蕉科／芭蕉科 STRELITZIACEAE/MUSACEAE

单种属。常绿棕榈状乔木。主要观赏叶及其株形。与鹤望兰属(*Strelitzia*)有亲缘关系。不耐寒，耐最低温度16℃。喜全光照及富含腐殖质、排水良好的土壤。夏季盆栽时可大量浇水，冬季或气温低时少浇水。春季播种繁殖。易受红蜘蛛和螨虫危害。

旅人蕉(扇芭蕉)***R. madagascariensis*** (Traveller's tree) 常绿乔木。直立。扇形。高和冠径均为10m。叶似香蕉叶，长达3～6m，具长柄，柄基部膨大。佛焰苞船形，簇生。花腋生，花瓣6枚，白色，夏季开放。

宝山属（子孙球属） REBUTIA

仙人掌科 CACTACEAE

半球形至圆柱形多年生仙人掌。丛状。通常播种2～3年后，可从基部开出大量的花。茎多棱，有节，绿色，茎上有短刺。少数种有时被分在红笠球属(*Aylostera*)中。不耐寒，耐最低温度5～10℃。喜光照充足或半阴条件及排水良好的土壤。生命力强。春秋季极易进行播种繁殖。

🏆砂地球*R. arenacea* (*Sulcorebutia arenacea*)，见480页。

🏆黄丽球*R. aureiflora*，见480页。

🏆新玉 *R. fiebrigii* (*R. muscula*)，见480页。

绯宝玉 *R. krainziana*，见474页。

🏆宝山 *R. minuscula* (*R. violaciflora*)，见472页。

R. muscula 见*R. fiebrigii*。

🏆花笠球*R. neocumingii* (*Weingartia neocumingii*) 多年生仙人掌。球状。高和冠径均为10cm。茎绿色，有节。小窠上密生黄刺，刺长1.5cm，有的较为粗大。花杯状，暗黄色，长3cm，春季开放。

白宫球*R. pygmaea* (*Lobivia pygmaea*) 多年生仙人掌。圆柱状。丛生。高5cm，冠径10cm。茎灰绿色至紫绿色，刺极短，梳状。春季开花，花喇叭状，粉红色至鲜红色或玫瑰紫色，径2cm。喜光。

劳氏球 *R. rauschii* (*Sulcorebutia rauschii*) 多年生仙人掌。扁球状。高5cm，冠径10cm。茎灰绿色，刺极短，梳状，金黄色或黑色。花扁平，花径3cm，深紫色，春季开放。嫁接株长势更好。

翁宝球 *R. senilis* 多年生仙人掌。丛状。高5cm，冠径10cm。球体被白色软刺，刺长3cm，密布于径5cm的茎上。花红色、黄色、粉红色或橙色，喇叭状，径5cm，春季开放。喜光照充足。

壮丽球 *R. spegazziniana*，见475页。

紫环球 *R. tiraquensis* (*Sulcorebutia tiraquensis*)，见474页。

R. violaciflora 见*R. minuscula*。

Red ash 见*Fraxinus pennsylvanica*。

Red baneberry 见*Actaea rubra*。

Red chokeberry 见*Aronia arbutifolia*，见130页。

Red horse-chestnut 见*Aesculus × carnea*。

Red maple 见*Acer rubrum*，见70页。

Red morning glory 见*Ipomoea coccinea*。

Red mountain spinach 见*Atriplex hortensis* var. *rubra*。

Red oak 见*Quercus rubra*，见69页。

Red orach 见*Atriplex hortensis* var. *rubra*。

Red orchid cactus 见*Nopalxochia ackermannii*。

Red passion flower 见*Passiflora coccinea*，见205页；*Passiflora racemosa*。

Red pineapple 见*Ananas bracteatus*。

Red rose of Lancaster 见*R. gallica* var. *officinalis*。

Red spider lily 见*Lycoris radiata*，见420页。

Red spike 见*Cephalophyllum alstonii*，见474页。

Red valerian 见*Centranthus ruber*，见245页。

Red-and-green kangaroo paw 见*Anigozanthos manglesii*，见250页。

Red-barked dogwood 见*Cornus alba*。

Red-berried elder 见*Sambucus racemosa*。

Redbird flower 见*Pedilanthus tithymaloides* 'Variegata'，见459页。

Redbud 见*Cercis*。

Eastern 见*Cercis canadensis*。

Red-hot cat's tail 见*Acalypha hispida*。

Red-hot poker 见*Kniphofia*；*K. uvaria*。

Red-ink plant 见*Phytolacca americana*。

Redwood 见*Sequoia sempervirens*。

Coast 见*Sequoia sempervirens*。

Dawn 见*Metasequoia glyptostroboides*，见102页。

Giant 见*Sequoiadendron giganteum*，见102页。

Reed

Branched bur 见*Sparganium erectum*，见449页。

Bur 见*Sparganium*。

Giant 见*Arundo donax*。

Least bur 见*Sparganium natans*。

Paper 见*Cyperus papyrus*，见307页。

Reflexed stonecrop 见*Sedum rupestre*，见359页。

Regal lily 见*Lilium regale*，见404页。

木瓜红属 REHDERODENDRON

野茉莉科 STYRACACEAE

落叶乔木。春季开花。主要观赏其花和果实。耐寒。喜阳光照或庇荫和肥沃、湿润且排水良好的酸性土壤。夏季用软枝扦插或秋季播种繁殖。

木瓜红 *R. macrocarpum* 落叶乔木。树冠伸展。高10m，冠径7m。嫩枝红色。叶长圆形，光滑，深绿色，先端渐尖，叶柄红色。花白色，略带粉红色，春末在叶丛中开放，花簇生，下垂，有柠檬香味，杯状。秋季结圆柱状果实，木质，先红色后变褐色。

地黄属 REHMANNIA

玄参科 SCROPHULARIACEAE

多年生草本。春季和夏季开花。半耐寒至不耐寒，耐最低温度1～5℃。喜温暖、光照充足环境和轻壤土。春秋季播种或冬季采用根插繁殖。

***R. angulata* of gardens**见*R. elata*。

高地黄 *R. elata* (*R. angulata* of gardens)，见244页。

🏆地黄*R. glutinosa* 多年生草本。莲座状。高30cm，冠径25cm。不耐寒，耐最低温度1℃。花着生有叶的嫩枝上，筒状，粉红色、红棕色或黄色，带紫色花纹，春末和夏初开放。叶椭圆形至披针形，具锯齿，被绒毛，亮绿色。

石海椒属 REINWARDTIA

亚麻科 LINACEAE

常绿亚灌木。为观花而栽培。不耐寒，耐最低温度7～10℃。喜全光照或部分庇荫和肥沃、排水良好的土壤。生长季节大量浇水，其他时期适量浇水。对幼株打顶以促进分枝，花后可重剪。春末嫩枝扦插繁殖。易受红蜘蛛危害。

石海椒*R. indica* (*R. trigyna*)，见170页。

R. trigyna 见*R. indica*。

木犀草属 RESEDA
Mignonette

木犀草科 RESEDACEAE

一年生或二年生草本。可作蜜源，又可作切花。极耐寒。喜光照充足和肥沃、排水良好的土壤。打顶有助于延长花期。春末或初秋室外播种繁殖。

木犀草 *R. odorata*，见319页。

Restharrow

Large yellow 见*Ononis natrix*，见359页。

Shrubby 见*Ononis fruticosa*，见353页。

Resurrection plant 见*Selaginella lepidophylla*。

Retama monosperma 见*Genista monosperma*。

Rewa rewa 见*Knightia excelsa*。

Rex begonia vine 见*Cissus discolor*。

Reynoutria 重新归入*Fallopia*。

鼠李属 RHAMNUS
Buckthorn

鼠李科 RHAMNACENE

落叶或常绿灌木和乔木。花小，色淡。主要观赏其叶和果。极耐寒至耐寒。喜光照或半阴以及肥沃的土壤。落叶种秋季播种繁殖，常绿种夏季软枝扦插繁殖。误食植株任何部分均会引起重度不适。

意大利鼠李 *R. alaternus* (Italian buckthorn)，**🏆'银边' 'Argenteovariegata'** 常绿灌木。丛状。高与冠径均为3m。耐寒。叶卵形，革质，有光泽、灰绿色，边缘乳白色。花小，黄绿色，初夏至仲夏开放。花后结红色球状果实，后变为黑色。

高加索鼠李 *R. imeretina* 落叶灌木。树冠伸展。高3m，冠径5m。极耐寒。粗壮的枝条上着生阔长圆形的叶，叶大，叶脉突出，深绿色，秋季叶转为青铜紫色。花小，绿色，夏季开放。

石斑木属 RHAPHIOLEPIS

蔷薇科 ROSACEAE

常绿灌木。主要观赏其花和叶。半耐寒，在多数地区喜背风向阳处。厚叶石斑木（*R. umbellata*)最为耐寒。喜光照和肥沃、排水良好的土壤。夏末用软枝扦插繁殖。

'绯花'杂交石斑木 *R.* × *delacourii* 'Coates' Crimson' 常绿灌木。树冠圆形。高2m，冠径2.5m。耐寒。花簇生，芳香，星状，紫红色，春季或夏季开放。叶椭圆形，革质，深绿色。

石斑木*R. indica* (Indian hawthorn) 常绿灌木。高1.5m，冠径2m。半耐寒。花簇生，芳香，星状，白色或粉红色，春季或夏初在叶中间开放。叶深绿色，狭披针形，有光泽。

R. japonica 见*R. umbellata*。

R. ovata 见*R. umbellata*。

🏆厚叶石斑木*R. umbellata* (*R. japonica, R. ovata*)，见160页。

棕竹属 RHAPIS

棕榈科 ARECACEAE/PALMAE

常绿棕榈状植物。扇形。主要观赏其叶和株形。夏季开黄色小花。不耐寒，耐最低温度15℃。喜半阴及腐殖质丰富、排水良好的土壤。生长季节需大量浇水，其他时期适量浇水。春季播种繁殖。易受红蜘蛛危害。

🏆棕竹（筋头竹）***R. excelsa*** (*R. flabelliformis*)，见152页。

R. flabelliformis 见*R. excelsa*。

Rhazya orientalis 见*Amsonia orientalis*。

大黄属 RHEUM
Rhubarb

蓼科 POLYGONACEAE

多年生草本。主要为观赏其叶和优美的株形而栽培。包括可食用的大黄和各种观赏植物。部分种类株型巨大，需要有较大空间。极耐寒。喜光照或半阴和土层深厚、肥沃、排水良好的土壤。春季分株繁殖或秋季播种繁殖。误食叶片会引起严重不适。

塔黄（高山大黄）***R. nobile*** 多年生草本。丛生。高1.5m，冠径1m。叶卵形至长圆形，绿色，革质，基生，长60cm。夏末抽生长枝。大型穗状花序，圆锥状，重叠，乳白色苞片掩盖了不显著的小花。

🏆掌叶大黄 *R. palmatum* 多年生草本。丛生。高2m，冠径2m。叶绿色，长60～75cm，圆形，5裂。阔圆锥花序，花小，乳白色。**'深紫' 'Atrosanguineum'**，见227页。

Rhipsalidopsis gaertneri 见*Hatiora gaertneri*。

Rhipsalidopsis rosea 见*Hatiora rosea*。

仙人棒属（丝苇属）RHIPSALIS
Mistletoe cactus

仙人掌科 CACTACEAE

多年生仙人掌类植物。附生。茎形态多变，常下垂。花后结球状、半透明浆果。不耐寒，耐最低温度10～11℃。喜半阴和肥沃、排水良好的土壤。与大多数仙人掌类植物相比，要求80%以上的相对湿度。冬季偶尔浇极少量水。春夏季播种或扦插繁殖。

松风 *R. capilliformis* 多年生仙人掌类植物。下垂。高1m，冠径50cm。耐最低温度10℃。分枝无规律，圆柱状，绿色。冬春季节开漏斗状花，花白色，较短，径1cm。浆果白色。

青柳 *R. cereuscula*，见461页。

R. clavata 见*Hatiora clavata*。

窗梅 *R. crispata* 多年生仙人掌类植物。丛生。后下垂。高1m，冠径不定。耐最低温度11℃。具叶状茎，椭圆形至长圆形，淡绿色，长达12cm，边缘波状。花短，漏斗状，乳黄色或淡黄色，尖角，径1cm，冬春季开放。浆果白色。

绵苇（筑羽苇）***R. floccosa*** (*R. tucumanensis*)，见461页。

玉柳 *R. paradoxa* (Chain cactus) 多年生仙人掌类植物。灌木状。丛生。下垂。高1m，冠径不定。耐最低温度11℃。茎叶状，三角形，绿色，间隔不同的角度交替着生。花短，漏斗状，白色，冬春季从茎片边缘产生，径2cm，花瓣先端下弯。浆果红色。

R. salicornioides 见*Hatiora salicornioides*。

R. tucumanensis 见*R. floccosa*。

R. warmingiana 见*Lepismium warmingianum*。

鳞托菊属（玫瑰菊属）RHODANTHE (ACROCLINIUM)
Strawflower

菊科 ASTERACEAE/COMPOSITAE

一年生或多年生草本和亚灌木。耐旱。主要观赏其雏菊状的白色头状花序。是优良的切花和干花材料。半耐寒。喜光照充足，耐贫瘠，喜排水良好的土壤。春季可室外播种繁殖。易受蚜虫危害。

粉舌鳞托菊 *R. chlorocephala* subsp. *rosea* (*Acroclinium roseum, Helipterum roseum*)，见321页。

鳞托菊 *R. manglesii* (*Helipterum manglesii*)，见321页。

假匹菊属（新拟）RHODANTHEMUM

菊科 ASTERACEAE/COMPOSITAE

多年生草本和亚灌木。丛生。常具根状茎，铺地生长。主要为观花而栽培。花单生，大型，似菊属头状花序，白色，被显著的苞片包围，苞片常绿色。耐寒至极耐寒。喜全光照和中等肥力、排水良好的土壤。春季播种或夏季嫩枝扦插繁殖。

🏆白舌假匹菊（新拟）***R. hosmariense*** (*Chrysanthemum hosmariense, Pyrethropsis hosmariense*)，见346页。

红景天属 RHODIOLA

景天科 CRASSULACEAE

多年生草本。部分种类雌雄异株。具粗壮、肉质根状茎。基生叶鳞状，棕色，茎生叶三角状卵形至披针形，肉质灰绿色；茎坚硬直立。星状花具突出的雄蕊，单性或两性。极耐寒。喜全光照和中等肥力的土壤。春秋季播种繁殖、春季和夏初分生根茎繁殖或夏季叶插繁殖。

异齿红景天 *R. heterodonta* (*Sedum heterodontum, S. rosea* var. *heterodontum*)，见293页。

红景天 *R. rosea* (*Sedum rosea*) (Roseroot) 多年生草本。丛生。高和冠径均为30cm。茎密被叶片，叶卵形至倒披针形，肉质，具齿，有光泽。花芽粉红色，密集，顶生，花小，星状，白色，带绿色、黄色或紫色，春末或夏初开放。

Rhodocactus grandifolius 见*Pereskia grandifolia*。

缠柄花属（新拟）RHODOCHITON

杜鹃花属 RHODODENDRON

玄参科 SCROPHULARIACEAE

单种属。常绿叶柄攀缘植物。主要观赏其独特的花。作一年生栽培时生长最好。可靠墙和棚架种植，亦可用作地被。不耐寒，耐最低温度5℃。喜光照充足及任何排水良好的土壤。早春播种繁殖。

🏆缠柄花（新拟）***R. atrosanguineus*** (*R. volubilis*)，见211页。

R. volubilis 见 *R. atrosanguineus*。

杜鹃花属 RHODODENDRON
Azalea, Rhododendron

杜鹃花科 ERICACEAE

常绿、半常绿或落叶灌木。植株形态差异较大，从低矮的灌木到高大的乔木。主要为观赏其美丽的花而栽培。极耐寒至不耐寒，耐最低温度4～7℃。多数种类喜散射光，亦有一些种类能忍受一定的全光照，特别在寒冷地区。喜中性至酸性、腐殖质丰富、排水良好的土壤，以酸性土为佳。浅根性，必须浅植。摘除开败的花以减少结实，使营养用于生长。夏季压条或嫩枝扦插繁殖。排水不良、过度深植或碱性土壤可引起叶色发黄。易受象鼻虫和白粉病的危害。食用杜鹃花的花蜜会导致严重不适。见132～134页。

杜鹃 (Rhododendrons)和落叶杜鹃 (azaleas)

杜鹃花属不仅包括常绿、大叶、常开大花的品种和杂交种，还包括矮生、叶较小，常绿或落叶的灌木，此类花通常较小、花簇少。落叶杜鹃‘Azalea’主要指落叶的品种和杂交种，也包括起源于日本种一类株型紧凑、常绿的灌木品种和杂交种。其主要观赏价值在于晚春开放大量、小而鲜艳的花。许多常绿的‘Azalea’品种（有时被认为是比利时杜鹃）亦为室内观赏植物。按植物学分类，它们归杜鹃属（*Rhododendron*）。花通常单生，重瓣或半重瓣，包括台阁型（花管生于另一个花管内）。以下除说明者外，花单瓣，叶椭圆形，中绿色至深绿色。

碟花杜鹃 *R. aberconwayi* 常绿杜鹃，直立。高达2.5m，冠径1.2m。耐寒。叶小，阔披针形，质硬，深绿色。晚春开碟状白花。

🏆樱色杜鹃 *R. albrechtii* 落叶杜鹃。丛生，直立。生长势强。高3m，冠径2m。极耐寒。叶匙状，簇生于枝顶。花簇松散，每簇3～5朵，花钟形，具绿色斑点，紫色或粉红色，春季开放。

‘约翰斯顿’杜鹃 *R.* ‘Alison Johnstone’ 常绿杜鹃。丛生。株型紧凑。高和冠径均为2m。耐寒。花多，优美，钟形，桃色，春季开放。叶具腊质，灰绿色。

‘天使’杜鹃 *R.* ‘Angelo’ 常绿杜鹃。丛生。高和冠径均为4m。耐寒。叶片较大，粗糙。花白色，大型钟状，具芳香，仲夏开放。疏林下表现良好。

树形杜鹃 *R. arboreum* （见133页）常绿乔木状杜鹃。高12m，冠径3m。耐寒，叶阔披针形，叶背银色、浅黄褐色或黄棕色。花密集，簇生，钟状，花色多变，红色（最不耐寒型）、粉红色至白色。

银叶杜鹃 *R. argyrophyllum* （见132页）。常绿杜鹃。伸展。高和冠径均为5m。极耐寒。叶长圆形，叶背银白色。花簇松散，花钟形，浓粉红色，有时具深色斑，春季开放。疏林下生长最为理想。

‘辉煌’杜鹃 *R.* ‘Ascot Brilliant’ 常绿杜鹃。丛生。高和冠径均为3m。耐寒。叶阔卵形。花簇疏散，花漏斗状，具蜡质，玫瑰红色，带暗边，春季开放。

毛肋杜鹃 *R. augustinii* （见133页）常绿杜鹃。丛生。高和冠径均为4m。极耐寒。叶披针形至长圆形，浅绿色。春季开出大量漏斗状花，花色浅蓝色至深蓝色或淡紫色。

耳叶杜鹃 *R. auriculatum* （见132页）常绿杜鹃。丛生。枝干伸展。高和冠径均为6m。极耐寒。叶较大，长圆形，被毛，基部具独特的耳状裂片。花簇疏散，每簇7～15朵，花大，浓香，管状至漏斗状，白色。疏林下表现最佳。

‘阿佐’杜鹃 *R.* ‘Azor’ 常绿杜鹃。直立。高和冠径均为4m。耐寒。叶阔卵形。仲夏花开时最具观赏性，花大，漏斗状，粉红色，芳香。

🏆‘镜’杜鹃 *R.* ‘Azuma-kagami’ （见132页）常绿杜鹃。株形紧凑。高和冠径均为1.2m。耐寒。花深粉红色，台阁型，仲春开放。半阴条件下生长最好。

髯毛杜鹃 *R. barbatum* 常绿杜鹃。直立。高和冠径均为10m。极耐寒。叶披针形，深绿色，被刚毛。树皮剥落，颜色与李的树皮相近。花簇紧密，花管状至钟状，鲜红色，早春开放。

🏆‘丽无价’杜鹃 *R.* ‘Beauty of Littleworth’ （见132页）常绿杜鹃。开展。高和冠径均为4m。耐寒。圆锥形花序，大型，花漏斗状，芳香，白色带深红色斑点，春末开放。

‘英王卫士’杜鹃 *R.* ‘Beefeater’ 常绿杜鹃。高和冠径均为2.5m。极耐寒。叶宽披针形。花簇显著，顶部平，花钟状，猩红色，春末和夏初开放。

‘蓝宝石’杜鹃 *R.* ‘Blue Diamond’ 常绿杜鹃。直立。高和冠径均为1.5m。极耐寒。叶小而整齐。花漏斗状，亮蓝色，仲春至春末开放。喜全光照。

🏆‘蓝彼得’杜鹃 *R.* ‘Blue Peter’ （见133页）常绿杜鹃。高和冠径均为4m。极耐寒。花粗糙，宽漏斗状，淡紫色和紫色，花瓣具皱边，夏初开放。

火焰杜鹃 *R. calendulaceum* (Flame azalea)落叶杜鹃。高和冠径均为2～3m。极耐寒。每簇花5～7朵，花漏斗状，猩红色或橘红色，夏初开放。

🏆美容杜鹃 *R. calophytum* （见132页）常绿杜鹃。分枝开展。高和冠径均为6m。耐寒。叶大，披针形。花簇巨大，花钟状，白色或暗粉白色，具深红色斑，初春开放。

美被杜鹃 *R. calostrotum* （见133页）常绿杜鹃。株形紧凑。高和冠径均为1m。极耐寒。叶蓝绿色，观赏性强。花碟状，2～5朵簇生，紫色或猩红色，春末开放。

‘卡托巴白’杜鹃 *R.* ‘Catawbiense Album’ 常绿杜鹃。冠圆形。高和冠径均为3m。极耐寒。叶具光泽。花簇密，花钟状，白色，夏初开放。

‘卡托巴紫’杜鹃 *R.* ‘Catawbiense Boursault’ 常绿杜鹃。冠圆形。高和冠径均为3m。极耐寒。叶具光泽。花簇密，球状，花钟状，淡紫色，初夏开放。

🏆‘克里平’杜鹃 *R.* ‘Cilpinense’ (*R.* × *cilpinense*) 半常绿杜鹃。株形紧凑。高和冠径均为1.5m。耐寒。叶深绿色，具光泽。花多而大，钟状，粉红色，花蕾颜色较深。初春易受霜冻危害。

朱砂杜鹃 *R. cinnabarinum* （见133页）常绿杜鹃。直立。高和冠径均为1.5～4m。耐寒。叶蓝绿色，具小鳞片。花簇稀疏，下垂，花管状，蜡质，橘红色至红色，春末开放。**🏆黄铃杜鹃** subsp. ***xanthocodon*** (*R. xanthocodon*)（见133页）株形开张。直立。高和冠径均为1.5～4m。幼叶蓝绿色，老叶中绿色，芳香。花簇稀疏，花钟状，黄色，具蜡质。

🏆‘绯丽’杜鹃 *R.* ‘Coccineum Speciosum’ 落叶灌木。高和冠径均为1.5～2m。极耐寒。花宽漏斗状，花色艳丽，橘红色，初夏开放。粗大的披针形叶是金秋一景。

🏆‘科内尔’杜鹃 *R.* ‘Corneille’ （见132页）落叶灌木。高和冠径均为1.5～2.5m 。极耐寒。花芳香，似忍冬属植物花，奶油色或粉红色，初夏开放。秋叶诱人。

‘鸡冠’杜鹃 *R.* ‘Crest’ (*R.* ‘Hawk Crest’)（见134页）常绿杜鹃。株形开张。高和冠径均为1.5～4m。极耐寒。叶宽披针形。花簇松散，顶部平，花钟状，黄色，花芽杏黄色，春末开放。

🏆‘麻鹬’杜鹃 *R.* ‘Curlew’ （见134页）常绿杜鹃。株形紧凑，伸展。高和冠径均为30cm。极耐寒。叶暗绿色。花相对较大，阔漏斗状，黄色，春末开放。

🏆‘辛西娅’杜鹃 *R.* ‘Cynthia’ （见133页）常绿杜鹃。植株强壮。圆顶状。高和冠径均为6m。极耐寒。花簇圆锥状，花钟状，紫色，内具黑红色斑，春末开放。喜光照或庇荫。

兴安杜鹃 *R. dauricum* 常绿杜鹃。直立。高和冠径均为1.5m。极耐寒。花簇松散，花漏斗状，鲜紫色，花期贯穿整个冬季。霜冻条件下叶色由绿变为紫褐色。

🏆凹叶杜鹃 *R. davidsonianum* （见133页）落叶杜鹃。直立。高1.5～4m。极耐寒。叶芳香，长披针形至椭圆形。花簇生，漏斗状，粉白色至淡紫色，春末开放。

大白杜鹃 *R. decorum* 常绿杜鹃。高和冠径均为4m。耐寒。叶长圆形至披针形，上面中绿色，背面较暗。花大，芳香，漏斗状，白色至粉红色，内有绿色或粉红色斑点，夏初开放。

R. degronianum subsp. ***heptamerum*** 见 *R. metternichii*。

R. discolor 见 *R. fortunei* subsp. *discolor*。

‘唐卡斯特’杜鹃 *R.* ‘Doncaster’ 常绿杜鹃。紧凑。高和冠径均为2～2.5m。耐寒。叶羽状，具光泽。花簇稠密，花漏斗状，深红色，春末开花。

🏆‘亚马梯斯’杜鹃 *R.* ‘Dora Amateis’ 常绿杜鹃。株形紧凑。高和冠径均为60cm。极耐寒。叶端尖，纤细，具光泽。花多，漏斗状，白色，带粉红色或绿色斑，春末开放。耐强光。

‘伊丽莎白’杜鹃 *R.* ‘Elizabeth’ （见133页）常绿杜鹃。半球形。高和冠径均为1.5m。耐寒。叶长圆形。花大，喇叭状，鲜红色，春末开放。喜光照或半阴。

‘洛克哈特’杜鹃 *R.* ‘Elizabeth Lockhart’ 常绿杜鹃。半球形。高和冠径均为60cm。耐寒。叶具光泽，紫绿色，冬季叶色变深。花钟状，深粉红色，春季开放。

‘英国玫瑰’杜鹃 *R.* ‘English Roseum’ 常绿杜鹃。植株强壮。高和冠径均为2.5m 。极耐寒。叶深绿色，背面较暗，极具观赏价值。花簇紧凑，花漏斗状，玫瑰红色，春末开放。

🏆‘法比亚’杜鹃 *R.* ‘Fabia’ （见134页）常绿杜鹃。半球形。高和冠径均为2m。耐寒。叶披针形。花簇松散，扁平，花漏斗状，猩红色，稍带橘红色，夏初开放。

🏆‘贵重瓣’杜鹃 *R.* ‘Fastuosum Flore Pleno’ 常绿杜鹃。半球形。高和冠径均为1.5～4m。极耐寒。花簇松散，花漏斗状，浓紫色，重瓣，具红褐色斑点，边缘波状，夏初开放。

R. fictolacteum 见 *R. rex* subsp. *fictolacteum*。

R. ‘Firefly’ 见 *R.* ‘Hexe’。

🏆喇叭杜鹃 *R. fortunei* subsp. ***discolor*** (*R. discolor*)常绿乔木状杜鹃。高和冠径均为8m。耐寒。叶长圆形至椭圆形。花芳香，漏斗状，粉红色，为仲夏一美景。最适于疏林下。

‘弗雷亚’杜鹃 *R.* ‘Freya’ （见134页）落叶杜鹃。株形紧凑。高和冠径均为1.5m。极耐寒。花芳香，漏斗状，粉红色或橘红色，春末至夏初开放。

‘弗诺米’杜鹃 *R.* ‘Frome’ （见134页）落叶杜鹃。高和冠径均为1.5m。极耐寒。花喇叭状，黄色，花管被红色，花瓣具皱边，边缘具蜡质。

🏆镰果杜鹃 *R. fulvum* （见132页）常绿杜鹃。高和冠径均为1.5～4m。耐寒。叶长圆形至卵形，具光泽，深绿

杜鹃花属 RHODODENDRON

色，叶背有褐色毡毛。花钟状，粉红色，具红斑，后渐变为白色，初春开放。

'雷诺滋'杜鹃 ***R.*** **'George Reynolds'**（见134页）落叶杜鹃。高和冠径均为2m。极耐寒。花大，漏斗状，黄色，蕾期粉红色，春季先叶或与叶同放。

'靓洁'杜鹃 ***R.*** **'Gloria Mundi'**（见134页）落叶杜鹃。枝细。高和冠径均为2m。极耐寒。初夏开花，花亮黄色或橘黄色，有皱边，芳香，形如忍冬属植物花。

'光荣'杜鹃 ***R.*** **'Glory of Littleworth'**（见134页）常绿或半常绿灌木。为常绿杜鹃与落叶杜鹃的杂交种。高和冠径均为1.5m。耐寒。花簇紧凑，花钟状，乳白色，具橘黄色斑点，芳香，春末和夏初开放。不易栽培。

🏆**'沃特乐'杜鹃** ***R.*** **'Gomer Waterer'** 常绿杜鹃。株形紧凑。高和冠径均为1.5～4m。极耐寒。叶缘反曲。花簇浓密，花钟状，白色，后渐变为紫红色，花基部具一暗黄色的斑点，夏初开放。喜光照或半阴。

🏆**'哈楚吉里'杜鹃** ***R.*** **'Hatsugiri'**（见133页）常绿杜鹃。株形紧凑。高和冠径均为60cm。耐寒。花小，极多，漏斗状，亮红色至紫色，春季开放。花着生牢固。

R. **'Hawk Crest'** 见*R.* 'Crest'。

'六数'杜鹃 ***R.*** **'Hexe'**（*R.* 'Firefly'）常绿杜鹃。株形整齐。高和冠径均为60cm。耐寒。花多，较大，台阁型，花色鲜亮，深红色，春季开放。

🏆**'伊诺德吉里'杜鹃** ***R.*** **'Hinodegiri'**（见133页）常绿杜鹃。株形紧凑。高和冠径均为1.5m。耐寒。花小而多，漏斗状，亮红色，春末开放。喜光或者半阴。

🏆**'伊诺梅奥'杜鹃** ***R.*** **'Hinomayo'**（见133页）常绿杜鹃。株形紧凑。高和冠径均为1.5m。耐寒。花漏斗状，粉红色，花多，春季开放。喜光照或庇荫。

灰背杜鹃 ***R. hippophaeoides***（见133页）常绿杜鹃。直立。高和冠径均为1.5m。极耐寒。叶狭披针形，灰绿色，芳香。花小，漏斗状，淡紫色，春季开放。耐湿但忌土壤积水。

🏆**'霍姆布什'杜鹃** ***R.*** **'Homebush'**（见133页）落叶杜鹃。株形紧凑。高和冠径均为1.5m。耐寒。花簇密集，圆头状，花喇叭状，半重瓣，玫瑰紫色带浅色晕，春末开放。

🏆**'霍提'杜鹃** ***R.*** **'Hotei'** 常绿杜鹃。株形紧凑，简洁。高和冠径均为1.5～2.5m。极耐寒。叶较美。花大，漏斗状，深黄色，春末开放。

'蜂鸟'杜鹃 ***R.*** **'Humming Bird'** 常绿杜鹃。株形紧凑，简洁，圆顶状。高和冠径均为1.5m。极耐寒。花钟状，玫瑰粉红色，花簇稀疏，下垂，着生在具光泽的圆叶上方，仲春至春末开放。

🏆**'亨特'杜鹃** ***R.*** **'Hydon Hunter'** 常绿杜鹃。株形优美。高和冠径均为1.5m。极耐寒。花多而大，窄钟状，边缘红色向内颜色渐浅，内有橘黄色斑点，春末或夏初开放。

🏆**粉紫杜鹃** ***R. impeditum*** 常绿杜鹃。生长缓慢。高和冠径均为60cm。极耐寒。叶芳香，灰绿色。花漏斗状，蓝紫色，春季开放。宜种植在岩石园。

🏆**'石叶山'杜鹃** ***R.*** **'Irohayama'**（见133页）常绿杜鹃。株形紧凑。高和冠径均为1.5m。耐寒。花小而多，漏斗状，白色，花瓣边缘淡紫色且有不明显的棕色斑点，春季开放。在轻度庇荫条件下生长良好。

'雅利思科'杜鹃 ***R.*** **'Jalisco'** 落叶灌木。开张。高和冠径均为1.5～4m。耐寒。花窄钟状，淡黄色，顶端橘红色，夏初开放。

'珍妮特'杜鹃 ***R.*** **'Jeanette'** 半常绿杜鹃。直立。高和冠径均为1.5～2m。耐寒。花漏斗状，粉红色，具黑色斑，春季开放。在全光照或轻度庇荫条件下生长良好。

🏆**'凯恩思'杜鹃** ***R.*** **'John Cairns'**（见133页）常绿杜鹃。株形紧凑，直立。高和冠径均为1.5～2m。极耐寒。花多，漏斗状，橘红色，春季开放。在光照充足或半阴条件下生长良好。

🏆**火把杜鹃** ***R. kaempferi***（见133页）半常绿杜鹃。枝条稀疏，直立。高和冠径均为1.5～2.5m。极耐寒。叶披针形。花多，漏斗状，花色多变，呈不同的橘黄色或红色，春末和夏初开放。

🏆**'乞力马扎罗'杜鹃** ***R.*** **'Kilimanjaro'** 常绿杜鹃。高和冠径均为1.5～4m。耐寒。叶阔披针形。花簇大，圆球状，花漏斗状至钟状，栗红色，内有巧克力色斑点，边缘波状，春末和夏初开放。

🏆**'基林'杜鹃** ***R.*** **'Kirin'**（见133页）常绿杜鹃。株形紧凑。高和冠径均为1.5m。耐寒。花多，台阁型，玫瑰红色，后变为淡玫瑰红色，春季开放。在散射光条件下观赏性最佳。

🏆**九洲杜鹃** ***R. kiusianum*** 半常绿杜鹃。株形紧凑。高和冠径均为60cm。耐寒。叶窄椭圆形。每簇有花2～5朵，花漏斗状，通常呈淡玫瑰紫色或淡紫色，晚春开放。喜全光照。

🏆**'菲茨威廉'杜鹃** ***R.*** **'Lady Alice Fitzwilliam'** 常绿杜鹃。高和冠径均为1.5～4m。半耐寒。叶具光泽，暗绿色。花浓香，阔漏斗状，白色，带淡粉红色，仲春至春末成簇开放，花簇松散。宜靠南墙或西墙种植。

🏆**'米特福德'杜鹃** ***R.*** **'Lady Clementine Mitford'** 常绿杜鹃。枝密，圆球状。高和冠径均为4m。极耐寒。叶宽椭圆形，暗绿色，具光泽，幼叶银白色。花管状至钟状，桃红色，由外向内逐渐变浅，中心白色，内具粉红色、绿色和棕色的"V"形斑点，春末和夏初成簇开放。

'罗斯伯里'杜鹃 ***R.*** **'Lady Rosebery'** 常绿杜鹃。枝硬。高和冠径均为1.5～4m。耐寒。花窄钟状，下垂，具蜡质，深粉红色，至花瓣边缘花色逐渐变淡，春末成簇开放。在林地边缘生长良好。

🏆**'莱姆宝石'杜鹃** ***R.*** **'Lem's Cameo'** 常绿杜鹃。圆球状。高和冠径均为1.5～2.5m。耐寒。叶圆形。花簇大，圆球状，花宽漏斗状，浅桃红色，逐渐变浅，边缘粉红色，基部有深玫瑰红色斑点，花蕾深粉红色，春季开花。

🏆**'乔治王'杜鹃** ***R.*** **'Loderi King George'** 常绿杜鹃。株形开张。高和冠径均为4m。极耐寒。叶片大。花簇大，长9～11cm，花蕾淡粉红色，花纯白色，芳香，漏斗状，喉部具淡绿色斑点，春末及夏初开放。

黄花杜鹃 ***R. lutescens***（见133页）半常绿杜鹃。直立。高和冠径均为1.5～3m。极耐寒。叶椭圆形至披针形，幼叶铜红色。花优雅而精致，漏斗状，淡黄色至黄色，早春开放。在疏林地表现良好。

🏆**纯黄杜鹃** ***R. luteum***（见134页）落叶杜鹃。株形开张。高和冠径均为1.5～2.5m。极耐寒。叶长圆形至披针形。花浓香，漏斗状，深黄色，春季开放。秋天叶繁茂且颜色丰富。

🏆**印度黄花杜鹃** ***R. macabeanum***（见134页）常绿乔木状杜鹃。高和冠径均为13.5m。耐寒。叶粗大，宽卵形，上面暗绿色，叶背具灰色毡毛。花簇较大，花钟状，黄色，内具紫色斑点，初春开放。

羊毛杜鹃 ***R. mallotum*** 常绿杜鹃。株形直立，开张，偶呈乔木状。高和冠径均为4m。耐寒。叶长圆形至卵形，表面深绿色，背面具红棕色毡毛。花管状，深红色，艳丽，初春成簇开放，花簇疏松。

🏆**'五月'杜鹃** ***R.*** **'May Day'**（见133页）常绿杜鹃。株形开张。高和冠径均为1.5m。极耐寒。叶上面鲜绿色，背面被白色毡毛。花簇疏松，花多，漏斗状，深红色，花期长，春末开放。瓣状花萼颜色与花色一致。

'梅德韦'杜鹃 ***R.*** **'Medway'**（见134页）落叶杜鹃。株形开张。高和冠径均为1.5～2.5m。极耐寒。花大，喇叭状，浅粉红色，边缘颜色较深，喉部棕黄色，花瓣具皱边，春末开放。

七数杜鹃 ***R. metternichii***（*R. degronianum* subsp. *heptamerum*）常绿杜鹃。株形直立。高和冠径均为1.5～4m。极耐寒。叶极具吸引力，长圆形，具光泽，上面绿色，背面披红棕色毡毛。花钟状，玫瑰红色，内常具小斑点，春季成簇开放，花簇圆球形，每簇有花10～15朵。

'新月光'杜鹃 ***R.*** **'Moonshine Crescent'**（见134页）常绿杜鹃。株形圆球状，直立。高2～2.5m，冠径2m。耐寒。花簇紧凑，花钟状，黄色，春末开放。叶长圆形至卵形，暗绿色。

🏆**宝兴杜鹃** ***R. moupinense*** 常绿杜鹃。株形紧凑，圆球状。高和冠径均为1.5m。耐寒。花簇疏松，花漏斗状，粉红色，冬末和初春开放。叶具光泽，上面暗绿色，背面稍淡。宜栽植在有防护设施的条件下，以减少霜冻危害。

'利科夫人'杜鹃 ***R.*** **'Mrs G. W. Leak'**（见132页）常绿杜鹃。株形紧凑，直立。高和冠径均为4m。极耐寒。花簇紧凑，圆锥形。花漏斗状，粉红色，内具深棕色和深红色斑点，晚春开放。

大屯山杜鹃 ***R. nakaharae*** 常绿杜鹃。半圆球状。高和冠径均为60cm。耐寒。叶长圆形至卵形，叶和嫩枝上均密生绒毛。花簇小，花漏斗状，暗砖红色，仲夏开放。观赏性强，适宜生长在岩石园内。

🏆**'南希·沃特乐'杜鹃** ***R.*** **'Nancy Waterer'** 落叶杜鹃。多细枝。高和冠径均为1.5～2.5m。极耐寒。花大，长管状，金黄色，似忍冬属植物花，花色艳丽，夏初开放。宜生长在疏林或全光照的环境。

🏆**'水仙花'杜鹃** ***R.*** **'Narcissiflorum'**（见134页）落叶杜鹃。生长势旺。株形紧凑。高和冠径均为1.5～2.5m。极耐寒。花台阁型，浅黄色，外缘和花心颜色较深，芳香，春末或夏初开放。秋叶青铜色。

诺布尔杜鹃群 ***R.*** **Nobleanum Group**（见132页）常绿杜鹃。灌木或乔木状。株形直立。高和冠径均为5m。耐寒。花簇紧凑，花宽漏斗状，玫瑰红色、粉红色或白色，冬季或早春开放，天气温和时花期长。宜在防护设施条件下栽培。

🏆**'诺玛'杜鹃** ***R.*** **'Norma'** 落叶杜鹃。生长势旺，株形紧凑。高和冠径均为1.5m。极耐寒。花多，台阁型，玫瑰红色，色彩艳丽。在光照充足或散射光条件下生长良好。

'吉姆布拉'杜鹃 ***R.*** **'Nova Zembla'** 常绿杜鹃。生长势旺。株形直立。高和冠径均为1.5～4m。极耐寒。花簇紧密，花漏斗状，暗红色，春末至夏初开放。

🏆**西洋杜鹃** ***R. occidentale***（见132页）落叶杜鹃。高和冠径均为1.5～2.5m。极耐寒。叶具光泽，秋叶黄色或橘黄色。花芳香，漏斗状，白色或浅粉红色，每朵花基部均具一橘黄色斑点，夏初至仲夏开放。

团叶杜鹃 ***R. orbiculare***（见132页）常绿杜鹃。株形紧凑。高和冠径均为3m。极耐寒。叶圆形，亮绿色。花簇疏松，花钟状，玫瑰粉色，春末开放。

山育杜鹃 ***R. oreotrephes***（见133页）落叶杜鹃。灌木或乔木状，株形直立。高和冠径均为5m。极耐寒。叶鳞片状，灰绿色，观赏性强。花簇松散，每簇3～10朵，花宽漏斗状，通常紫色或淡紫色，但多变化，常具深红色斑点，春季开放。

🏆**'帕莱斯特立那'杜鹃** ***R.*** **'Palestrina'**（见132页）常绿或半常绿杜鹃。

株形紧凑。高和冠径均为1.2m。极耐寒。花大而多，漏斗状，白色，具浓绿色斑点，春末开放。在散射光条件下生长良好。

🏆**'怀斯曼'杜鹃*R.* 'Percy Wiseman'**（见132页）常绿杜鹃。圆顶状。株形紧凑。高和冠径均为2m。极耐寒。花宽漏斗状，桃黄色，后变成白色，春末开放。

🏆**'梅吉特'杜鹃*R.* 'Peter John Mezitt'**（*R.* 'P. J. Mezitt'）常绿杜鹃。株形紧凑。高和冠径均为1.5m。极耐寒。叶小，芳香，夏季深绿色，冬季紫铜色。花耐寒，漏斗状，淡紫色，初春开放。全光照条件下生长良好。

'粉珍珠'杜鹃*R.* 'Pink Pearl'（见133页）常绿杜鹃。生长势旺，直立，株形开张。高和冠径均为4m以上。耐寒。花簇高，花漏斗状，粉红色，晚春开放，别具特色。

***R.* 'P. J. Mezitt'** 见*R.* 'Peter John Mezitt'。

'罗斯福'杜鹃*R.* 'President Roosevelt'（见133页）常绿杜鹃。生长慢。株形开张，分枝能力弱。高和冠径均为2m。耐寒。叶黄色略带杂色，有恢复至绿色的倾向。花钟状，淡粉色，至中心部渐浅，边缘皱褶，仲春至春末开放。

🏆**雷鸟杜鹃*R.* 'Ptarmigan'** 常绿杜鹃。树冠扩展，形成紧凑的半圆球状。株高30cm，冠径75cm或更大。极耐寒。花漏斗状，纯白色，初春开放。喜全光照。

🏆**'紫辉'杜鹃*R.* 'Purple Splendour'** 常绿杜鹃。株高和冠径均为3m。极耐寒。花簇形状优美，花宽漏斗状，紫色，喉部具明显的黑色斑点，春末或夏初开放。

🏆**'伊丽莎白二世'杜鹃*R.* 'Queen Elizabeth Ⅱ'**（见133页）常绿杜鹃。株高和冠径均为1.5~4m。耐寒。花簇松散，花漏斗状，黄绿色，春末开放。叶窄卵形或披针形，表面具光泽，中绿色，背面颜色较淡。

🏆**'女王之情'杜鹃*R.* 'Queen of Hearts'** 常绿杜鹃。株形开张。株高和冠径均为1.5~4m。耐寒。花簇圆顶状，花多，漏斗状，深红色，花内具黑色斑点，仲春开放。

腋花杜鹃*R. racemosum*（见132页）常绿杜鹃。株形直立。枝条硬直。株高和冠径均为2.5m。极耐寒。花簇生，宽漏斗状，淡粉色，春季开放。叶小，阔卵形，芳香，表面暗绿色，背面灰绿色。

大王杜鹃*R. rex* 常绿杜鹃。灌木或乔木状，生长势旺，株形直立。株高和冠径均为4m以上。耐寒。叶背面具淡黄色的毡毛。花粉红色或白色，具深红色斑点，喉部也有斑点。**假乳黄杜鹃** subsp. ***fictolacteum***（*R. fictolacteum*，见132页）株高达13.5m。叶大，表面绿色，背面具棕色毡毛。花簇生，钟状，白色，每朵花具一红褐色大斑，喉部通常有一斑点。

'吉普赛'杜鹃*R.* 'Romany Chai' 常绿杜鹃。生长势旺。幼株枝条开张，随着树龄的增加逐渐紧凑。株高和冠径均为1.5~4m。耐寒。叶浓绿色，微带铜色。花簇紧凑，花宽漏斗状，浓棕红色，花基部具一红褐色大斑点，夏初开放。在疏林地生长良好。

'罗莎琳德'杜鹃*R.* 'Rosalind'（见133页）常绿杜鹃。生长势旺。枝条开张。高和冠径均为4m。耐寒。叶片暗绿色。花簇松散，花阔漏斗状，粉红色，春季开放。

'紫雅'杜鹃*R.* 'Roseum Elegans' 常绿杜鹃。生长势旺。冠圆球状。高和冠径均为2.5m以上。极耐寒。叶深绿色，粗大，具光泽。花簇圆球形，花宽漏斗状，紫红色，具黄棕色小斑，夏初开放。

🏆**'史帝文森'杜鹃*R.* 'Roza Stevenson'** 常绿杜鹃。生长势旺。株形直立，枝条开张。高和冠径均为1.5~4m。耐寒。花簇多，松散优美，花碟状，柠檬色，仲春至春末开放。在半阴凉处生长良好。

红棕杜鹃*R. rubiginosum* 常绿杜鹃。生长势旺。株形直立，分枝良好。高6m，冠径2.5m。耐寒。叶披针形，芳香，上面暗绿色，背面棕红色。花簇松散，花漏斗状，淡紫色，仲春开放。

🏆**大字杜鹃*R. schlippenbachii***（见132页）落叶杜鹃。株形较圆，枝条开张。高和冠径均为2.5m。极耐寒。匙状叶轮生于枝顶。花簇松散，每簇具花3~6朵，花碟状，粉红色，仲春开放。在疏林地生长良好。

🏆**'势多'杜鹃*R.* 'Seta'**（见132页）常绿杜鹃。直立。高1.5m，冠径1~1.5m。耐寒。花簇松散，花管状，色亮丽，具粉红色和白色条纹，基部渐白，初春开放。

🏆**'七星'杜鹃*R.* 'Seven Stars'**（见132页）常绿杜鹃。生长势旺。株形直立，枝叶稠密。高和冠径均为2~3m。极耐寒。叶黄绿色。花簇较大，花钟状，边缘波状，白色，后花色渐变为似苹果花的粉红色，花蕾粉红色，春季开放。

'银月'杜鹃*R.* 'Silver Moon'（见132页）常绿杜鹃。株形宽阔，伸展状。高和冠径均为1.5~2.5m。耐寒。花漏斗状，白色，喉部具浅绿色斑点，花瓣边缘具皱褶，春季开放。在部分庇荫的环境下生长最好。

'雪飘'杜鹃*R.* 'Snowdrift' 落叶杜鹃。高和冠径均为2.5m。极耐寒。花簇生，细管状，白色，具黄斑，后逐渐加深呈橘黄色，春季先叶开放。

白碗杜鹃*R. souliei*（见132页）常绿杜鹃。株形开张。高和冠径均为1.5~4m。耐寒。叶圆形。花碟状，微粉色，春末开放。在降水量少的地区生长最好。

🏆**'斯皮克橙'杜鹃*R.* 'Spek's Orange'** 落叶杜鹃。高和冠径均为2.5m。极耐寒。花簇大，花大，细管状，亮橘红色，内具绿色斑点，春末开放。

🏆**'冰草莓'杜鹃*R.* 'Strawberry Ice'**（见132页）落叶杜鹃。高和冠径均为1.5~2.5m。极耐寒。花喇叭状，花蕾深粉红色，开放后呈鲜粉红色，花瓣边缘具深粉红色的斑点，花冠筒具深黄色的斑点，春末开放。

'惊奇'杜鹃*R.* 'Surprise' 常绿杜鹃。枝条稠密。高和冠径均为1.5m。耐寒。花小而多，漏斗状，亮橘红色，仲夏开放。集中栽植观赏效果好。在全光照或散射光下生长良好。

🏆**'苏珊'杜鹃*R.* 'Susan'**（见133页）常绿杜鹃。生长慢。高和冠径均为1.5~4m。极耐寒。叶形优美，具光泽，深绿色。花簇较大，花宽漏斗状，蓝色和紫红双色，内具紫色斑点，春季开花。

四川杜鹃*R. sutchuenense*（见132页）常绿杜鹃。伸展状灌木或乔木状。高和冠径均为5m。耐寒。叶大。花簇大，花宽漏斗状，粉红色，内具深色斑点，初春开放。宜生长在疏林地。

🏆**'圣堂钟'杜鹃*R.* 'Temple Belle'** 常绿杜鹃。株形紧凑，优美。高和冠径均为1.5~2.5m。极耐寒。花簇松散，花纯粉红色，钟状，春季开放。叶圆形，表面暗绿色，背面灰绿色。

半圆叶杜鹃*R. thomsonii*（见133页）常绿杜鹃，株形开张，圆球状。高和冠径均为5.5m。极耐寒。叶片具蜡质层，上面深绿色，背面较白。树皮浅黄褐色，剥落，与春天开放的钟状、蜡质、红色花相互映衬。

🏆**'沃克红'杜鹃*R.* 'Vuyk's Scarlet'**（见133页）常绿杜鹃。株形紧凑。高和冠径均为60cm。耐寒。花多，较大，宽漏斗状，红色，艳丽，花瓣波状，春季开放，可将叶片完全覆盖。叶具光泽。

黄杯杜鹃*R. wardii*（见133页）常绿杜鹃。株形紧凑。高和冠径均为1.5~4m。极耐寒。叶圆形。花簇松散，花碟状，黄色，花基部具深红色斑点，春末开放。

🏆**圆叶杜鹃*R. williamsianum***（见132页）常绿杜鹃。株形紧凑，开张。高和冠径均为1.5m。极耐寒。幼叶青铜色，成熟叶绿色。花簇生，花簇松散，花钟状，粉红色，春季开放。适合于小花园栽培。

'丘鹬'杜鹃*R.* 'Woodcock' 常绿杜鹃。株形紧凑，开张。高和冠径均为1.5~2.5m。极耐寒。叶片稍具光泽，暗绿色。花簇松散，花多，漏斗状、玫瑰红色，春季开放。

R. xanthocodon 见*R. cinnabarinum* subsp. *xanthocodon*。

屋久杜鹃*R. yakushimanum*（见132页）常绿杜鹃。株形优美，紧凑，圆球状。高1m，冠径1.5m。极耐寒。叶宽椭圆形，幼叶银白色，成熟后墨绿色，背面被棕色毡毛。花宽漏斗状，粉红色，后渐变为近白色，内具绿色斑点。春末开放。

🏆**'黄锤'杜鹃*R.* 'Yellow Hammer'**（见134页）常绿杜鹃。直立。高和冠径均为2m。极耐寒。花簇生，花多，管状，亮黄色，春季开放，常常在秋季2次开花。

云南杜鹃*R. yunnanense*（见132页）半常绿杜鹃。株形开张。高和冠径均为1.5~4m。极耐寒。叶芳香，灰绿色。花多，蝴蝶形，浅粉红色或白色，喉部具斑点，春季开放。

樱茅属（红星花属）RHODOHYPOXIS

仙茅科／石蒜科 HYPOXIDACEAE／AMARYLLIDACEAE

多年生草本。低矮。具块茎。春季至夏季开花。主要为观赏其粉红色、红色或白色的花而栽培。花瓣6枚，中心相连，所以没有花眼。若休眠期保持较干燥，则耐寒。夏季喜全光照和沙土、泥炭土以及水分充足。春季播种繁殖或分生繁殖。

'奥城'樱茅*R.* 'Albrighton'，见380页。

🏆**樱茅**（红星花）***R. baurii*** 多年生草本。具块茎。春季和夏初开花。高5~10cm，冠径2.5~5cm。叶片窄披针形，簇生，基部直立，具绒毛。花直立，较平，浅粉色或红色，径2cm，花在细长的茎上持续开放。**宽瓣樱茅** var. ***platypetala*** 花白色或淡粉色，径2.5cm。

'道格拉斯'樱茅*R.* 'Douglas'，见380页。

'玛格丽特粉'樱茅*R.* 'Margaret Rose'，见376页。

红苞木属（红花荷属）RHODOLEIA

金缕梅科 HAMAMELIDACEAE

常绿乔木。多在春季开花。主要为观赏其叶和花而栽培。不耐寒，耐最低温度7~10℃。喜全光照或部分庇荫和腐殖质丰富、排水良好的中性至酸性土壤。盆栽植株旺盛生长期可大量浇水，其他时期要控制浇水。耐修剪。夏季用半成熟枝扦插繁殖或春、秋季种子成熟时播种繁殖。

红苞木（红花荷）***R. championii*** 常绿灌木。高和冠径均为4~8m。叶椭圆形至卵圆形，长9cm，亮绿色，着生在嫩枝顶端。花小，簇生，具花瓣状的粉红色苞片，春季开放。

红瓶兰属 RHODOPHIALA

石蒜科 AMARYLLIDACEAE

鳞茎类植物。主要观赏其大型漏斗状花。耐寒至不耐寒，耐最低温度13~15℃。喜全光照或部分庇荫及排水良好的土壤。冬季保持休眠种球干燥。春季播种或分生繁殖（夏季开花品种）。

小红瓶兰 *R. advena* (*Hippeastrum advenum*)，421 页。

伏石花属（新拟） RHODOTHAMNUS

杜鹃花科 ERICACEAE

常绿灌木。半匍匐状。株形开张。主要为观赏其花而栽培。适合生长在岩石园和泥炭土上。极耐寒。喜光照和腐殖质丰富、排水良好的酸性土壤。春季播种繁殖或夏季用半成熟枝扦插繁殖。

伏石花（新拟）***R. chamaecistus***，见 352 页。

鸡麻属 RHODOTYPOS

蔷薇科 ROSACEAE

单种属。落叶灌木。主要为观赏其花而栽培。极耐寒。喜光照或耐半阴和潮湿、但排水良好、肥沃的土壤。花后对成形植株可回缩部分老枝或平茬。夏季用嫩枝扦插繁殖或秋季播种繁殖。

R. kerrioides 见 *R. scandens*。

鸡麻 *R. scandens* (*R. kerrioides*)，见 158 页。

Rhoeo discolor 见 *Tradescantia spathacea*。

Rhoeo spathacea 见 *Tradescantia spathacea*。

菱叶藤属 RHOICISSUS

葡萄科 VITACEAE

常绿卷须攀缘植物。主要为观赏其优美的叶而栽培。花不明显，全年连续开放。不耐寒，耐最低温度7~10℃。夏季喜散射光和肥沃、排水良好土壤。定期浇水，气温低时应控制浇水。需棚架。必要时或在早春可剪除稠密的枝。春季播种繁殖或夏季用半成熟枝扦插繁殖。

🏆好望角菱叶藤 *R. capensis* (Cape grape) 常绿卷须攀缘植物。生长势旺。高和冠径均为5m。叶圆形，浅绿色至深绿色，有光泽，边缘具锯齿，叶宽20cm，叶基圆心形。

R. rhombifolia 见 *Cissus rhombifolia*。

R. rhomboidea 见 *Cissus rhombifolia*。

菱叶草属 RHOMBOPHYLLUM

番杏科 AIZOACEAE

多年生多浆植物。丛状。基生莲座状，紧密。叶线形或半圆柱形，从叶中部或在顶端开展，叶尖反卷或弯曲。不耐寒，耐最低温度5℃。喜光照及排水良好的土壤。春、秋季播种繁殖或扦插繁殖。

青涯 *R. rhomboideum*，见478页。

Rhubarb 见 *Rheum*。

漆树属 RHUS *Sumach*

漆树科 ANACARDIACEAE

落叶乔木、灌木或攀缘植物。主要观赏其分裂、白蜡叶似的秋色叶以及部分种优美的果序。极耐寒至耐寒。喜光照和排水良好的土壤。夏季用半木质化枝扦插、秋季播种或冬季根插繁殖。易受淡红色斑状真菌侵蚀，漆树（*R. verniciflua*）植株各部位均有剧毒，接触其叶和一些种的各部分（包括野漆树 *R. succedanea*）能使皮肤过敏。

香漆树 *R. aromatica* 落叶灌木。丛生。高1m，冠径1.5m。极耐寒。叶深绿色，由三小叶组成，小叶卵形，秋季橙色或紫红色。花小，黄色，仲春先叶开放。果圆球状，红色。

亮叶漆树 *R. copallina* (Dwarf sumach) 落叶灌木。直立。高和冠径均为1~1.5m以上。极耐寒。叶墨绿色，光滑，小叶多数，披针形，秋季呈紫红色。花极小，黄绿色，紧密簇生，仲夏至夏末开放。果窄卵球形，亮红色。

R. cotinoides 见 *Cotinus obovatus*。

R. cotinus 见 *Cotinus coggygria*。

无毛火炬树 *R. glabra*，见 143 页。

R. hirta 见 *R. typhina* **'Laciniata'** 见 *R. typhina* 'Dissecta'。

青麸杨 *R. potaninii* 落叶乔木。冠圆头状。高达12m，冠径8m。极耐寒。叶大，深绿色，通常卵形，小叶7~11个，秋季变红色。花小，簇生，黄绿色，夏季开放。果实小，球状，黑色或棕色。

野漆树 *R. succedanea* (*Toxicodendron succedaneum*) (Wax tree) 落叶乔木。树冠开张。高和冠径均为10m。耐寒。叶大，深绿色，光滑，小叶卵形，9~15个，秋季变红色。花小，黄绿色，簇生，夏季开放。果实小，球状，黑色或棕色。

毛漆树 *R. trichocarpa*，见 95 页。

🏆火炬树 *R. typhina* (*R. hirta*) (Stag's horn sumach) 落叶灌木或乔木。树冠伸展、开张，具分蘖能力。高5m，冠径6m。耐寒。天鹅绒般光滑的嫩芽萌生成复叶，小叶长圆形，深绿色。秋季叶呈亮橘红色。花极小，绿白色，仲夏至夏末开放。果实球状，深红色，簇生于雌株。**🏆'深裂叶' 'Dissecta'** (*R. hirta* 'Laciniata', *R. t.* 'Laciniata' of gardens)，见 124 页。**'Laciniata'** of gardens 见 *R. t.* 'Dissecta'。

漆树 *R. verniciflua* (*Toxicodendron vernicifluum*) (Varnish tree) 落叶乔木。树冠伸展。高 15m，冠径 10m。极耐寒。复叶大，亮绿色，光滑，小叶卵圆形，7~13个，秋季变红色。花小，黄绿色，簇生成浓密花序，夏季开放。果实淡黄色，扁肾形。树液有刺激性，接触能使皮肤过敏。

Rhynchelytrum repens 见 *Melinis repens*。

Rhynchelytrum roseum 见 *Melinis repens*。

Ribbon gum 见 *Eucalyptus viminalis*。

Ribbon plant 见 *Dracaena sanderiana*，见 151 页。

Ribbonwood 见 *Hoheria sexstylosa*。

茶藨子属 RIBES *Currant*

茶藨子科／虎耳草科 GROSSULARIACEAE/ SAXIFRAGACEAE

落叶或常绿灌木。多数在春季开花。主要观赏其可食的果或花。极耐寒至耐寒。喜全光照及肥沃、排水良好的土壤。但桂叶茶藨子（*R. laurifolium*）耐阴。花后应剪除部分老枝，冬季或早春修剪生长无序的枝条，老株应重剪。落叶种冬季硬枝扦插繁殖，常绿种夏季用半成熟枝扦插繁殖。嫩叶易受蚜虫危害。

R. aureum of gardens 见 *R. odoratum*。

桂叶茶藨子 *R. laurifolium*，见175页。

香茶藨子 *R. odoratum* (*R. aureum* of gardens) (Buffalo currant) 落叶灌木。直立。高和冠径均为2m。极耐寒。叶亮绿色，圆形，3裂，秋季变紫色和红色。花金黄色，簇生，芳香，仲春至春末开放。果实球状，紫色。

血红茶藨子 *R. sanguineum* (Flowering currant)。**🏆'黄叶' 'Brocklebankii'**，见 155 页。**'密枝' 'King Edward VII'** 落叶灌木。直立。紧凑。高和冠径均为2m。极耐寒。花小，管状，深粉红色，仲春至春末开放。叶圆形，3~5裂，芳香，深绿色。果球状，黑色，具白粉。作绿篱栽培。**🏆'白心' 'Pulborough Scarlet'**，见130页。**🏆'白花' 'Tydeman's White'** 高和冠径均为2.5m。株形较紧凑。花白色。

🏆美丽茶藨子 *R. speciosum* (Fuchsia-flowered currant) 落叶灌木。多刺。高和冠径均为2m。耐寒。花红色，细长管状，下垂，雄蕊长，红色，仲春至春末开放。果实球状，红色。嫩枝红色。叶亮绿色，具光泽，椭圆形，3~5裂。宜靠南墙或西墙种植。

Rice, Canada wild 见 *Zizania aquatica*。

Rice-paper plant 见 *Tetrapanax papyrifer*，见 126 页。

彩穗木属（新拟） RICHEA

尖苞木科 EPACRIDACEAE

常绿灌木。夏季开花。为观赏其叶和密生的簇生花而栽培。半耐寒。喜光照或半阴，适宜潮湿中性至酸性的泥炭土壤。夏季嫩枝扦插或秋季播种繁殖。

帚状彩穗木（新拟）***R. scoparia*** 常绿灌木。直立。高和冠径均为2m。耐寒。叶狭披针形，极尖，深绿色。穗状花序，密生，直立，花小，卵球状，粉红色、白色、橘红色或赤褐色，夏初开放。

蓖麻属 RICINUS

大戟科 EUPHORBIACEAE

单种属。常绿乔木状灌木。速生。主要观叶。在寒冷气候条件下作一年生栽培。半耐寒。喜光照和肥沃、排水良好的土壤。露地栽植需支撑。早春在温室内播种繁殖。蓖麻（*R. communis*）的所有部分特别是种子具剧毒，接触叶片可引起皮肤过敏。

蓖麻 *R. communis*，见335页。**'红芽' 'Impala'**，见 330 页。

Rienga lily 见 *Arthropodium cirratum*。

River red gum 见 *Eucalyptus camaldulensis*。

Roast-beef plant 见 *Iris foetidissima*。

刺槐属（洋槐属） ROBINIA

豆科／蝶形花科 LEGUMINOSAE/ PAPILIONACEAE

落叶乔木和灌木。多夏季开花。观赏其叶和总状花序。可在贫瘠和干旱的土壤上栽培。耐寒。喜充足的光照条件，能在任何土壤上生长，积水地除外。小枝较脆，可遭强风危害。秋季播种或分蘖繁殖或冬季根插繁殖。若食用任何部分都会引起严重不适。

'德氏'黏枝刺槐 *R. × ambigua* 'Decaisneana' 落叶乔木。开张。高15m，冠径 10m。复叶由多数小叶组成，小叶深绿色，卵圆形。总状花序长，悬垂，花粉红色，夏初开放。

🏆毛刺槐 *R. hispida*，见 141 页。**腺毛刺槐** var. ***kelseyi*** (*R. kelseyi*) 落叶灌木。树冠伸展或开张。高 2.5m，冠径4m。复叶由9~11片小叶组成，小叶深绿色，椭圆形。总状花序，花粉红色，春末或夏初开放。荚果，种子红色。

R. kelseyi 见 *R. hispida* var. *kelseyi*。

🏆刺槐（洋槐）***R. pseudoacacia*** (False acacia, Locust) 落叶乔木。速生。树冠开展。高达25m，冠径15m。叶暗绿色，复叶由12~23片椭圆形小叶组成。总状花序较密，下垂，花白色，芳香，晚春至夏初开放。**🏆'金叶' 'Frisia'**，见 81 页。**'圆冠' 'Umbraculifera'** (Mophead acacia) 高和冠

径均为6m，总状花序圆形，稀少，花密生。

Roblé 见 *Nothofagus obliqua*，见68页。

Rochea coccinea 见 *Crassula coccinea*。

Rock lily 见 *Arthropodium cirratum*。

Rock rose 见 *Cistus*；*Helianthemum*。

Rock speedwell 见 *Veronica fruticans*。

Rocket

Sweet见*Hesperis matronalis*，见239页。

Yellow 见 *Barbarea vulgaris*。

Rocky Mountain juniper 见 *Juniperus scopulorum*。

鬼灯擎属 RODGERSIA

虎耳草科 SAXIFRAGACEAE

多年生草本。具地下茎。夏季开花。适宜在池塘边生长。极耐寒至耐寒。喜光照或半阴，适生于潮湿土壤和避风的环境，强风易损伤叶片。春季分株或秋季播种繁殖。

🏆七叶鬼灯擎 *R. aesculifolia*，见241页。

🏆'华丽'羽叶鬼灯擎 *R. pinnata* 'Superba' 多年生草本。丛生。具根状茎。高1～1.2m，冠径75cm。耐寒。复叶翠绿色带褐色，小叶狭椭圆形，5～9个。圆锥花序，常多分枝，花粉红色，浓密，仲夏开放。

🏆鬼灯擎*R. podophylla*，见240页。

西南鬼灯擎 *R. sambucifolia*，见240页。

Roman wormwood 见 *Artemisia pontica*，见290页。

裂叶罂粟属 ROMNEYA
Tree poppy

罂粟科 PAPAVERACEAE

多年生草本。基部木质化或落叶亚灌木。夏季开花。耐寒。喜温暖、向阳环境以及土层深厚且排水良好的土壤。忌移植，难成活。在非常寒冷的地区，冬季需要护根。一旦成活，扩展迅速。早春采用基部嫩枝扦插，秋季播种繁殖（移植幼苗时不要损伤根球）或冬季根插繁殖。

🏆裂叶罂粟*R. coulteri*，见226页。

'白云'裂叶罂粟*R.* 'White Cloud' 多年生灌木。丛生。生长势旺。基部木质化。高和冠径均为1m。花浅杯状，清香，白色或金黄色雄蕊明显，整个夏季开花不断。叶灰色，椭圆形，深裂。

乐母丽属 ROMULEA

鸢尾科 IRIDACEAE

球茎类植物，似番红花。为观花而栽培。花漏斗状。半耐寒。喜全光照和排水良好的沙质土壤。生长季节需大量浇水。多数种夏季地上部分枯萎，此后需温暖、干燥的条件。但长管乐母丽(*R. macowanii*)具冬季休眠的特性。秋季播种繁殖或春季播种繁殖。

R. bulbocodioides of gardens 见 *R. flava*。

乐母丽 *R. bulbocodium*，见431页。

黄花乐母丽*R. flava* (*R. bulbocodioides* of gardens) 球茎类植物。早春开花。高10cm，冠径2.5～5cm。半耐寒。叶线形，直立，基生。花1～5朵，直立，阔漏斗状，径2～4cm，常为黄色，中心深黄色。

R. longituba 见 *R. macowanii* var. *alticola*。

长管乐母丽 *R. macowanii* var. *alticola* (*R. longituba*)球茎类植物。夏季开花。高和冠径均为1～2cm。半耐寒。叶线形，直立，基生。花1～3朵，直立，花管长，上部扩展为宽漏斗状，径3cm，浅黄色，中心橙黄色。

红花乐母丽*R. sabulosa*球茎类植物。夏季开花。高5～15cm，冠径2.5～5cm。半耐寒。叶线形，直立，基生。花1～4朵，向上开放，漏斗状，平展，亮红色，中心黑色，径4～5cm。喜光。

郎德木属 RONDELETIA

茜草科 RUBIACEAE

常绿乔木或灌木。多为夏季开花。主要为观赏其花而栽培。不耐寒，耐最低温度13～16℃。喜全光照或半阴以及肥沃、湿润但排水良好的土壤。盆栽植株速生期需供水充足，其他时间适度浇水。必要时早春短截枝干。春季播种繁殖或夏季用半成熟枝扦插繁殖。

美丽郎德木*R. amoena*常绿灌木。圆球状。高和冠径均为2～4m。叶暗绿色，卵形，背面密生褐色绒毛。花簇密，花粉红色，管状，4或5裂，夏季开放。

Roof houseleek 见 *Sempervivum tectorum*，见389页。

Rooksbya euphorbioides 见 *Neobuxbaumia euphorbioides*。

蔷薇属 ROSA
Rose

蔷薇科 ROSACEAE

落叶或半常绿开张灌木和藤本。为观赏其量大、常具芳香的花而栽培，有时也可观果。叶多分裂为5～7片卵形小叶，先端圆或尖，有时叶缘有锯齿。枝常具刺或皮刺。以下除说明者外，极耐寒。喜开阔和光照充足的环境及肥沃、湿润和排水良好的土壤。因为有害微生物可产生危害，应避免在近年来已种植过的地方栽培，可换土或选择其他地方栽培新植株。为了开出优质花，可在冬末或早春施复合肥料并对根系进行覆盖。春、夏每3周追肥一次。多季开花的植株，花后要及时剪除开败的花头。初冬进行整枝修剪以保持整洁。为保证植株健康，提高花的质量和保持冠形，可在休眠期或春季新芽萌动前修剪，剪除死枝、残枝和枯枝；对古老和地被月季（见后面）可轻剪；对现代矮丛月季包括微型月季可剪除一年生枝的2/3；对现代灌木月季、藤本月季、蔓性月季和个别种，修剪时应分品种区别对待，一般多轻剪。夏季芽接或秋季硬枝扦插繁殖。所有月季都易被多种虫、病侵害，包括锯叶蜂、黑斑病、白粉病和锈病。

月季按权威分类分成3类。每类包括不同的类型，主要依据其功能特性上的不同，如是否1年多次开花，考虑其历史的，植物学和遗传关系。花有不同的形状（见184页），花瓣有单瓣（4～7瓣）、半重瓣（8～14瓣）、重瓣（15～30瓣）或完全重瓣（超过30瓣）等月季。见180～199页。

原种

种及其杂种包括野生及栽培种均带有母本的多数性状。包括灌木和藤本月季也一样。通常夏季开花，花单生于当年枝上。花单瓣单色。秋季结带红色或黑色蔷薇果。

古老月季

白蔷薇 (Alba)大型灌木。多分枝。叶密，灰绿色。花簇生，花瓣5～7枚，半重瓣至重瓣，仲夏开花。极耐寒。适于道边花坛和单独栽植。

波邦蔷薇 (Bourbon)多次开花。灌木。冠形开张，可培育成攀缘植物。花通常为完全重瓣花，夏季至秋季一般开3次花。适用于花坛、绿篱、花墙和花柱。

月季 (China)多次开花。灌木。冠形纺锤状。小叶尖，具光泽。花单瓣或重瓣，花单生或2～13朵簇生，夏季至秋季开放。宜栽于避风处，适用于花坛和花墙。

突厥蔷薇 (Damask)灌木。冠形开张。花半重瓣至完全重瓣，浓香，花单生或5～7朵组成疏散花簇，多夏季开放。适用于花坛。

法国蔷薇 (Gallica)灌木。冠形紧密，多分枝。叶暗绿色。花单瓣至完全重瓣，花色丰富，常3朵组成一簇，夏季开放。适用于花坛和绿篱。

杂种长春月季 (Hybrid Perpetual)多次开花。灌木。植株强壮，多分枝。叶橄榄绿色。花完全重瓣，单生或3朵一簇，夏秋开放。适用于花台和花坛。

苔蔷薇 (Moss)稀疏型灌木。枝干和花萼密被苔状腺毛。叶通常墨绿色。花重瓣至完全重瓣，夏季开放。

诺瑟特蔷薇 (Noisette)多次开花。藤本。茎光滑，叶具光泽。花通常重瓣，9朵组成一花簇，具微香，夏秋开放。喜庇荫环境，宜靠南墙和西墙栽植。

波特兰蔷薇 (Portland)多次开花。灌木。株形直立。花半重瓣至重瓣，单生或3朵一簇，夏秋开放。适于花坛或道边花坛。

百叶蔷薇 (Provence) (Centifolia) 疏散型灌木。枝条多刺。叶通常深绿色。花芳香，重瓣至完全重瓣，单生或3朵一簇，夏季开放。适于道边花坛。

长绿蔷薇 (Sempervirens)半常绿攀缘植物。叶小，淡绿色，具光泽。花多，半重瓣至完全重瓣，夏末开放。耐移栽，可用作绿篱和藤架植物。

茶香月季 (Tea)多次开花。灌木和藤本。耐寒。叶具光泽，淡绿色。花芳香，花茎细长，半重瓣至完全重瓣。单生或3朵一簇，夏秋季开花。喜阴环境，适于花坛或道边花坛。

现代月季

灌丛月季 (Shrub)一类不同的现代月季，多数可多次开花，株形较多数矮丛月季高大（多数高1～2m)。花单瓣至完全重瓣，单生或成簇，夏季和秋季开放。适于道边花坛、花坛和单独栽培。

大花月季(杂种香水月季) (Large-flowered bush) (Hybrid Tea) 多次开花。灌木。花形较尖，重瓣，径8cm或更大，单生或3朵一簇，夏秋开放。适用于道边花坛、花坛、绿篱和切花。

丰花月季 (Cluster-flowered bush) (Floribunda)多次开花。灌木。一茎多花，3～25朵组成疏散花序，单瓣至完全重瓣，夏秋开放。适用于道边、花坛和绿篱。

矮生丰花月季 (Dwarf cluster-flowered bush) (Patio) 多次开花。灌木。株形整齐。高38～60cm，冠径30～60cm。花单瓣至重瓣，一茎多花，3～11朵组成疏散花序，夏秋开放。适用于道边花坛、花坛、绿篱和盆栽。

微型月季 (Miniature bush)多次开花。灌木。高45cm，冠径40cm。叶小。一茎多花，3～11朵小花组成疏散花序，单瓣至完全重瓣，夏秋季开放。适于在岩石园、小空间栽培和盆栽。

多花小月季 (Polyantha)多次开花。灌木。株形紧凑。一茎多花，7～15朵小花组成疏散花序，花小，花瓣5枚，单瓣至重瓣，夏秋季开放。适用于苗床。

地被月季 (Ground cover)株形伸展，具缠绕性。多数可开花，花单瓣至完全重瓣，3～11朵组成一花序，夏季和秋季开放。适栽于道边花园、岸边和墙边。

攀缘月季 (Climbing)藤本型月季。生长势强。枝硬。部分种可连续开花。花单瓣至重瓣，花单生或成簇，春末至秋季开放。适用于花墙、绿篱和棚架。

蔓性月季 (Rambler)藤本型月季。

蔷薇属 ROSA

生长势强。枝干疏散。花3～21朵组成一花序，单瓣至重瓣，主要在夏季开放。适于墙、绿篱、棚架及乔木上生长。

'维伯特'月季 *R.* 'Aimée Vibert'（*R.* 'Bouquet de la Mariée'）攀缘月季。茎长而光滑。高5m，冠径3m。叶光滑，深绿色。花簇生，微香，杯状，重瓣，淡粉红色至白色，径8cm，夏秋开放。可作灌木栽培。

🏆**'白半重瓣'蔷薇 *R.* 'Alba Semiplena'**（*R.* × *alba* 'Semiplena'）白蔷薇型。丛生。生长健壮，高2m，冠径1.5m。叶灰绿色。花具甜香味，平展，半重瓣，白色，仲夏开放。适于作绿篱。

🏆**'阿尔伯利克·巴比尔'月季 *R.* 'Albéric Barbier'**，见196页。

🏆**'阿尔伯丁'月季 *R.* 'Albertine'**，见197页。

'爱利克红'月季 *R.* 'Alec's Red'（'Cored'），见192页。

🏆**'亚历山大'月季 *R.* Alexander（'Harlex'）**（*R.* 'Alexandra'），见192页。

***R.* 'Alfred de Dalmas'** 见 *R.* 'Mousseline'。

🏆**'金蔓'月季 *R.* 'Alister Stella Gray'**（*R.* 'Golden Rambler'）诺瑟特蔷薇。茎长，健壮，直立。高5m，冠径3m。叶光滑，中绿色。花簇生，有麝香味，四方形，完全重瓣，卵黄色，花径6cm，夏秋开放。

'阿洛哈'月季 *R.* 'Aloha'，见198页。

'高山日落'月季 *R.* 'Alpine Sunset'，见190页。

🏆**'琥珀女王'月季 *R.* Amber Queen（'Harroony'）**，见193页。

'花旗藤'月季 *R.* 'American Pillar' 蔓性月季型。生长健壮，株形疏散。高5m，冠径4m。叶革质，光滑，中绿色。花簇大，花杯状，单瓣，洋红色，具白色斑，仲夏开放。

***R.* 'Amruda'** 见 *R.* Red Ace。

***R.* 'Andeli'** 见 *R.* Double Delight。

'奥卡利那'月季 *R.* Angela Rippon（*R.* 'Ocarina'）（*R.* 'Ocaru'），见195页。

***R.* 'Angelita'** 见 *R.* 'Snowball'。

🏆**'迪克逊'月季 *R.* Anisley Dickson（'Dickimono'）**（*R.* 'Dicky', *R.* 'Münchner Kindl'），见191页。

🏆**'安娜·福特'月季 *R.* Anna Ford（'Harpiccolo'）**，见191页。

'安妮'月季 *R.* 'Anne Harkness'（'Harkaramel'），见194页。

***R.* 'Apothecary's Rose'** 见 *R. gallica* var. *officinalis*。

🏆**'亚瑟钟'月季 *R.* 'Arthur Bell'** 灌丛月季型。株形直立。高1m，冠径60cm。叶亮绿色。花簇生，芳香，杯状，重瓣，黄色，径8cm，夏秋开放。

'集美'蔷薇 *R.* 'Assemblage des Beautés'（*R.* 'Rouge Eblouissante'）法国蔷薇型。株形紧凑，直立，浓密。高1.2m，冠径1m。叶浓绿色。花微香，球状，重瓣，鲜红色至紫红色，具绿色眼状斑点，径8cm，夏季开放。

***R.* 'Ausmary'** 见 *R.* Mary Rose。

***R.* 'Ausmas'** 见 *R.* Graham Thomas。

***R.* 'Austance'** 见 *R.* Constance Spry。

***R.* 'Baby Carnival'** 见 *R.* Baby Masquerade。

'婴儿聚会'月季 *R.* Baby Masquerade（'Tanba'）,（'Baby Carnival'），见195页。

木香花 *R. banksiae* （*R. b.* var. *normalis*）(Banksian rose) 攀缘植物。高和冠径均为10m。抗寒。叶小，浅绿色。花簇生，浓密，芳香，平展，单瓣，白色，径2.5cm，晚春在细长、无刺、淡绿色枝上开放。不常栽培。🏆**'深黄' 'Lutea'**（*R. b.* var. *lutea*），见199页。

***R.* 'Beauty of Glazenwood'** 见 *R.* × *odorata* 'Pseudindica'。

***R.* 'Belle Courtisanne'** 见 *R.* 'Königin von Dänemark'。

🏆**'克雷西'蔷薇 *R.* 'Belle de Crécy'**，见188页。

***R.* 'Belle de Londres'** 见 *R.* 'Compassion'。

***R.* 'Bizarre Triomphant'** 见 *R.* 'Charles de Mills'。

'白马'蔷薇 *R.* 'Blanche Moreau' 苔蔷薇型。株形极松散。高1.5cm，冠径1.2m。叶暗绿色。花白色，芳香，杯状，完全重瓣，径10cm，被褐色苔状腺毛，夏季开花。

🏆**'祝福'月季 *R.* 'Blessings'**，见190页。

'蓝月'蔷薇 *R.* Blue Moon（'Tannacht'）（*R.* 'Mainzer Fastnacht', *R.* 'Sissi'）大花月季型。株形开张。高1m，冠径60cm。叶大，深绿色。花淡紫色，具甜香味，重瓣，突心状，径10cm，夏秋开放。

'蓝彼得'月季 *R.* Blue Peter（'Ruiblun'）（*R.* 'Bluenette'）微型月季型。株形优美。高35cm，冠径30cm。叶小而多。花具清香，杯状，重瓣，紫色，花径5cm，夏秋开放。

***R.* 'Blue Rambler'** 见 *R.* 'Veilchenblau'。

***R.* 'Bluenette'** 见 *R.* Blue Peter。

***R.* 'Blush Noisette'** 见 *R.* 'Noisette Carnée'。

'红晕蔓'月季 *R.* 'Blush Rambler' 蔓性月季型。生长健壮。高3m，冠径4m。叶多，光滑。花簇生，具典雅香味，杯状，半重瓣，淡粉红色，径4cm，夏季开放。优良的攀缘材料，适合于拱型造景、藤棚或乔木。

🏆**'博比'月季 *R.* 'Bobbie James'** 蔓性月季型。繁茂。高10m，冠径6m。叶具光泽，幼叶红绿色，成熟叶中绿色。花簇大，花乳白色，杯状，半重瓣，芳香，径5cm，夏季开放。

🏆**'邦尼卡'蔷薇 *R.* Bonica（'Meidomonac'）**（*R.* 'Bonica'），见186页。

'雪球'蔷薇 *R.* 'Boule de Neige'，见184页。

***R.* 'Bouquet de la Mariée'** 见 *R.* 'Aimée Vibert'。

***R.* 'Brass Ring'** 见 *R.* Peekaboo。

'生息'月季 *R.* Breath of Life（'Harquanne'），见197页。

'开颜'月季 *R.* Bright Smile（'Dicdance'），见193页。

🏆**'丽黄'月季 *R.* 'Buff Beauty'** 灌丛月季型。圆球状。高和冠径均为1.2m。叶多，深绿色，具光泽。花淡香，杯状，完全重瓣，杏黄色，径9cm，夏季盛开，秋季稀疏开放。

'纽扣'月季 *R.* Buttons（*R.* 'Dicmickey'） 灌木。植株矮小，直立。高45cm，冠径35cm。叶小，深绿色。花簇生，淡红色，壶状，重瓣，径4cm，夏秋开放。宜用作矮绿篱。

加州蔷薇 *R. californica* 灌丛月季。高2.2m，冠径2m。叶小，暗绿色。花淡紫粉红色，芳香，花冠平，单瓣，径4cm，仲夏盛开，秋季稀疏开放。**'Plena'** 见 *R. nutkana* 'Plena'。

***R.* 'Canary Bird'** 见 *R. xanthina* 'Canary Bird'。

***R.* 'Candide'** 见 *R.* Goldstar。

🏆**'英格拉姆'蔷薇 *R.* 'Capitaine John Ingram'** 苔蔷薇型。生长健壮。高和冠径均为1.2m。叶深绿色。花深红褐色，背面色暗，芳香，杯状，完全重瓣，花径8cm，夏季开放。

🏆**'红富丽'蔷薇 *R.* 'Cardinal de Richelieu'**，见188页。

'休谟'蔷薇 *R.* Cardinal Hume（'Harregale'），见188页。

'乐园'月季 *R.* Casino（'Macca'）（R. 'Gerbed' Or'），见199页。

🏆**'宝贝'月季 *R.* 'Cécile Brünner'**（*R.* 'Mignon'）月季型。直立，纺锤状。茎极光滑。高75cm，冠径60cm。叶小，深绿色，稀疏。花淡粉红色，壶状，具清香，完全重瓣，径4cm，夏秋开放。

🏆**'天蓝'蔷薇 *R.* 'Céleste'**（*R.* 'Celestial'），见185页。

***R.* 'Celestial'** 见 *R.* 'Céleste'。

🏆**'鸡冠'百叶蔷薇 *R.* × *centifolia* 'Cristata'**（*R.* 'Chapeau de Napoléon', R. 'Cristata'）(Crested moss) 百叶蔷薇型。灌木状。细长。高1.5m，冠径1.2m。花粉红色，杯状，径9cm，重瓣，具浓香，萼片簇状，花着生于下垂枝上的灰绿色叶丛之中，夏季开放，生长时可设支撑。🏆**'普通苔'蔷薇 'Muscosa'**（Common moss, Old pink moss）苔蔷薇型。生长健壮。株形疏散。高1.5cm，冠径1.2m。叶无光泽，灰绿色。萼被苔状腺毛，花粉红色，芳香，球状至杯状，完全重瓣，径8cm，夏季开放。最好设支撑。

🏆**'樱桃红'月季 *R.* 'Cerise Bouquet'** 灌丛月季型。生长极健壮。枝拱形。高和冠径均为3.5m。叶小，灰绿色。花醒目，樱桃红色，半重瓣，平展，径6cm，夏季开放。

'鸡尾酒'月季 *R.* Champagne Cocktail（'Horflash'），见192页。

***R.* 'Chapeau de Napoléon'** 见 *R.* × *centifolia* 'Cristata'。

'粉伴'月季 *R.* 'Chaplin's Pink Companion'，见197页。

🏆**'查尔斯'蔷薇 *R.* 'Charles de Mills'**（*R.* 'Bizarre Triomphant'）法国蔷薇型。直立。枝拱形，光滑。高1.2m，冠径1m。叶多，中绿色。花浓香，深紫红色，四台莲座状，完全重瓣，径10cm，夏季开放。需支撑。

***R.* 'Chewarvel'** 见 *R.* Laura Ford。

R. chinensis* var. *minima 见 *R.* 'Rouletii'。**'Mutabilis'** 见 *R.* × *odorata* 'Mutabilis'。

'城姐'月季 *R.* City Girl（'Harzorba'），见198页。

🏆**'伦敦'月季 *R.* City of London（'Harukfore'）** 丰花月季型。株形球状。高1m，冠径75cm。叶亮绿色。花簇生，花形优美，芳香，粉红色，壶状，重瓣，径8cm，夏秋季开放。

'杏红'月季 *R.* Clarissa（'Harprocrustes'） 丰花月季型。直立。高75cm，冠径45cm。叶小而多，具光泽。花密集簇生，微香，杏红色，壶状，完全重瓣，径5cm，夏秋开放。可用作精美的窄绿篱。

🏆**'希林顿'攀缘月季 *R.* 'Climbing Lady Hillingdon'** 攀缘月季型。枝条坚硬。高4m，冠径2m，叶暗绿色，着生于红绿色茎上。花杏黄色，有斑点，芳香，重瓣，突心状，径10cm，夏秋开放。于阴蔽处最佳。

🏆**'麦克格雷蒂'攀缘月季 *R.* 'Climbing Mrs Sam McGredy'** 攀缘月季型。生长健壮。多分枝，枝条坚硬。高和冠径均为3m。叶淡红绿色，具光泽。花大，粉红铜色，具微香，壶状，重瓣，径11cm，夏季开放，秋季再次稀疏开放。

***R.* 'Cocabest'** 见 *R.* Wee Jock。

***R.* 'Cocdestin'** 见 *R.* Remember Me。

'科尼布79'月季 *R.* 'Colibre '79'（'Meidanover'），见196页。

'美猴王'蔷薇 *R.* 'Commandant Beaurepaire'（*R.* 'Panachéed' Angers'）波邦蔷薇型。生长健壮。株形开张。高和冠径均为1.2m。叶小，浅绿色，边缘波状。花粉红色，具淡紫色、紫色、深红色和鲜红色彩晕，芳香，杯状，重瓣，径10cm，夏秋开放。

🏆**'同情'月季 *R.* 'Compassion'**（*R.* 'Belle de Londres'），见198页。

🏆**'折叠'蔷薇 *R.* 'Complicata'**，见186页。

***R.* 'Comte de Chambord'** 见 *R.* 'Madame Knorr'。

'庆贺' 月季 *R.* CONGRATULATIONS ('Korlift') (*R.*'Sylvia') 大花月季型。生长健壮。直立。高1.2m，冠径1m。叶大，深绿色。花大，深玫瑰粉红色，壶状，完全重瓣，外形优美，径11cm，夏秋开放。宜作高绿篱。

'迈尔'蔷薇*R.* 'Conrad Ferdinand Meyer'，见185页。

🏆**'康斯坦斯' 蔷薇 *R.* 'CONSTANCE SPRY ('Austance')**，见186页。

***R.* 'Cored'** 见 *R.* ALEC'S RED。

***R.* 'Cristata'** 见 *R.* × *centifolia* 'Cristata'。

***R.* 'Cuisse de Nymphe'** 见 *R.* 'Great Maiden's Blush'。

'富丽' 月季 *R.* 'Danse du Feu' (*R.* 'Spectacular')，见198页。

'丽焰' 月季 *R.* DARLING FLAME ('Meilucca') 微型月季型。多分枝。高40cm，冠径30cm。叶具光泽，深绿色。花橘红色，壶状，重瓣，径4cm，多夏秋开放。

***R.* 'Dicdance'**见*R.* BRIGHT SMILE。

***R.* 'Dicdivine'** 见 *R.* POT O' GOLD。

***R.* 'Dicgrow'** 见 *R.* PEEK-A-BOO。

***R.* 'Dicinfra'**见*R.* DISCO DANCER。

***R.* 'Dicjana'** 见 *R.* ELINA。

***R.* 'Dicjeep'** 见 *R.* LEN TURNER。

***R.* 'Dicjem'** 见 *R.* FREEDOM。

***R.* 'Dicjubell'**见*R.* LOVELY LADY。

***R.* 'Dickimono'** 见 *R.* ANISLEY DICKSON。

***R.* 'Dicky'**见*R.* ANISLEY DICKSON。

***R.* 'Diclittle'**见*R.* LITTLE WOMAN。

***R.* 'Diclulu'** 见 *R.* GENTLE TOUGH。

***R.* 'Dicmagic'**见*R.* SWEET MAGIC。

***R.* 'Dicmickey'** 见 *R.* BUTTONS。

***R.* 'Dicwitness'** 见 *R.* IRISH EYES。

'迪斯科' 月季 *R.* Disco Dancer ('Dicinfra') 丰花月季型。株形球状，稠密。高75cm，冠径60cm。叶密，具光泽。花密集簇生，亮橘红色，杯状，重瓣，具微香，径6cm，夏秋开放。

'蒂斯特蔓'月季*R.* 'Doris Tysterman'，见194页。

'多特蒙德'月季*R.* 'Dortmund'，见198页。

'双喜'月季*R.* DOUBLE DELIGHT ('Andeli')，见191页。

***R.* 'Double Velvet'**见*R.* 'Tuscany Superb'。

***R.* 'Doux Parfum'**见*R.* 'L' AIMANT'。

'鼓手' 月季 *R.* DRUMMER BOY ('Harvacity') 矮生丰花月季型。丛生。株形扩张。高和冠径均为50cm。叶小而多，深绿色。花密集簇生，杯状，重瓣，亮深红色，具微香，径5cm，夏秋开放。宜作绿篱。

🏆**'都柏林' 月季 *R.* DUBLIN BAY ('Macdub')**，见198页。

***R.* ' Duchesse d'Istrie'**见*R.* 'William Lobb'。

***R.* 'Duftzauber '84'** 见 *R.* Royal William。

🏆**'小学教师' 蔷薇*R.* 'Du Maître d'Ecole'** 法国蔷薇型。丛生。株形开张。高1.2m，冠径1m。叶暗绿色。花四分莲座状，完全重瓣，鲜红色至淡粉红色，芳香，径10cm，夏季开放。

'雪白' 蔷薇 *R.* 'Dupontii' (*R. moschata* var. *nivea*)，见185页。

'伊斯利金蔓' 月季 *R.* 'Easlea's Golden Rambler' 攀缘月季型。株形拱状。生长健壮。高5m，冠径3m。叶多，革质。花通常簇生，香味宜人，杯状，完全重瓣，黄色，具红色斑点，径10cm，夏季开放。

'复活节早晨' 月季 *R.* 'Easter Morning' (*R.* 'Easter Morn') 微型月季型。株形直立。高40cm，冠径25cm。叶光滑，深绿色。花微香，壶状，完全重瓣，象牙白色，径3cm，夏秋季开放。

小黄刺玫 (新拟)***R.ecae***，见188页。

R. eglanteria 见 *R. rubiginosa*。

🏆**'埃琳娜' 月季 *R.* ELINA ('Dicjana')** (*R.* 'Peaudouce') 大花月季型。灌木状。生长健壮。高1.1m，冠径75cm。叶多数，浅红色。花淡香，圆球状，完全重瓣，象牙白色，径15cm，花心淡黄色，夏秋季大量开放。

'伊丽莎白' 月季 *R.* 'Elizabeth Harkness'，见189页。

'爱米丽' 月季 *R.* 'Emily Gray'，见199页。

'摩洛哥皇帝'蔷薇*R.* 'Empereur du Maroc'，见188页。

🏆**'越轨'月季*R.*ESCAPADE ('Harpade')**，见191页。

'小妖精'月季*R.* FAIRY CHANGELING ('Harnumerous') 多花小月季型。株形紧密，分枝开展。高45cm，冠径50cm。叶多，有光泽，深绿色。花多数而密集，深粉红色，绒球状，完全重瓣，微芳香，径4cm，夏秋季开放。

🏆**'范丁拉托' 蔷薇 *R.* 'Fantin-Latour'**，见185页。

'迷人' 月季 *R.* FASCINATION ('Poulmax') (*R.* 'Fredensborg') 丰花月季型。植株健壮。高1m，冠径60cm。叶深绿色，有光泽。花簇生，球状，虾粉红色，重瓣，芳香，夏秋季节开放。适用于花坛或作绿篱。

🏆**'幸福' 蔷薇*R.* 'Felicia'**，见185页。

🏆**'聚福' 蔷薇 *R.* 'Félicité Parmentier'** 白蔷薇型。植株健壮。株形紧凑，直立。高1.2m，冠径1m。叶多，灰绿色。花芳香，杯状至平展，完全重瓣，淡粉红色，径6cm，仲夏开放。适作绿篱。

🏆**'永福' 月季 *R.* 'Félicité Perpétue'**，见196页。

'幸运'月季*R.* FELICITY KENDAL ('Lanken') 大花月季型。植株健壮。分枝性强。高1.1m，冠径75cm。叶多，深绿色。花鲜红色，球状，完全重瓣，微芳香，径11cm，夏秋季开放。

'费伦伯格' 蔷薇 *R.* 'Fellenberg' (*R.* 'Fellemberg') 诺瑟特蔷薇或月季型。丛生。植株健壮。高2.5m，冠径1.2m。叶绿紫色。花簇生，微芳香，球状至杯状，完全重瓣，径5cm，浅红色，夏秋季开放。经修剪作为花坛植物或作攀缘植物栽培。需支撑。

🏆**'幸运' 腺梗蔷薇 *R. filipes* 'Kiftsgate'**，见196页。

'火公主' 月季*R.* 'Fire Princess'，见195页。

'波斯'异味蔷薇*R. foetida* 'Persiana' (*R.* 'Persian Yellow')，见188页。

***R.* 'Fortune's Double Yellow'** 见 *R.* × *odorata* 'Pseudindica'。

'香云' 月季*R.* FRAGRANT CLOUD ('Tanellis') 大花月季型。丛生。生长繁茂。高7.5cm，冠径60cm。叶多，深绿色。花浓香，球状，重瓣，暗红色，径12cm，夏秋季开放。

🏆**'香悦' 月季 *R.* 'Fragrant Delight'**丰花月季。生长繁茂。习性不一。高1m，冠径75cm。叶多，红绿色。花簇生，芳香，壶状，重瓣，粉红色，径8cm，夏秋季大量开放。

🏆**'瑞朗威尔' 月季 *R.* 'François Juranville'** 蔓性月季型。植株健壮，拱形。高6m，冠径5m。叶多，具光泽。花簇生，具苹果香味，莲座状，完全重瓣，玫瑰红色，径8cm，夏季开放。在干燥地区易感染白粉病。

***R.* 'Fredensborg'** 见 *R.* FASCINATION。

🏆**'自由' 月季 *R.* 'FREEDOM ('Dicjem')**，见193页。

***R.* 'Friesia'** 见 *R.* 'Korresia'。

'春晨' 月季 *R.* 'Frühlingsmorgen' (*R.* 'Spring Morning')灌丛月季型。株形开张。大量分枝。高2m，冠径1.5m。叶灰绿色。花具草香，杯状，单瓣，粉红色，径12cm，花心淡黄色，雄蕊浅红色，春末开放。

***R.* 'Fryminicot'** 见 *R.* SWEET DREAM。

🏆**药用法国蔷薇 *R. gallica* var. *officinalis*** (*R.* 'Apothecary's Rose', *R. officinalis*) (Red rose of Lancaster) 原种蔷薇。灌木。株形优美。高80cm，冠径1m。花平展，半重瓣，粉红色至红色，径8cm，具柔和的芳香，夏季开花。🏆**'变色' 'Versicolor'**，见187页。

***R.* 'Gaumo'** 见 *R.* ROSE GAUJARD。

🏆**'雅'月季*R.* Gentle Touch ('Diclulu')** 矮生丰花月季型。直立。高50cm，冠径30cm。叶小，深绿色。花簇生，微芳香，壶状，半重瓣，淡粉红色，径5cm，夏秋季开放。适作矮绿篱。

***R.* 'Geranium'** 见 *R. moyesii* 'Geranium'。

***R.* 'Gerbe d'Or'** 见 *R.* 'Casino'。

***R.* 'Gioia'** 见 *R.* 'Peace'。

***R.* 'Gipsy Boy'** 见 *R.* 'Zigeunerknabe'。

🏆**紫叶蔷薇 *R. glauca*** (*R. rubrifolia*)，见186页。

'琥珀黄' 月季 *R.* 'Glenfiddich'，见193页。

🏆**'亮重台' 月季 *R.* 'Gloire de Dijon'**，见196页。

'亮腺'蔷薇*R.* 'Gloire des Mousseux' 苔蔷薇型。丛生。生长健壮。高1.2m，冠径1m。叶多，浅绿色。萼被浅绿色苔状腺毛，花芳香，杯状，重瓣，径15cm，亮粉红色，渐变为淡粉红色，夏季开放。

***R.* 'Gloria Dei'** 见 *R.* 'Peace'。

***R.* 'Gold of Ophir'**见*R.* × *odorata* 'Pseudindica'。

'金币' 月季 *R.* GOLDEN PENNY ('Rugul') (*R.* 'Guletta', *R.* 'Tapis Jaune')，见192页。

***R.* 'Golden Rambler'** 见 *R.* 'Alister Stella Gray'。

🏆**'金晃' 月季 *R.* 'Golden Showers'**，见199页。

***R.* 'Golden Sunblaze'** 见 *R.* 'Risen' Shine'。

🏆**'金翼' 月季 *R.* 'Golden Wings'** 灌丛月季型。生长繁茂。分枝开展。高1.1m，冠径1.35m。叶淡绿色。花淡黄色，杯状，单瓣，芳香，径12cm，夏秋季开放。宜作绿篱。

'金翅雀' 月季*R.* 'Goldfinch' 蔓性月季型。生长健壮。拱状。高2.7m，冠径2m。叶多，淡绿色。花淡香，莲座状，重瓣，蛋黄色，后渐变白色，径4cm，夏季开放。

***R.* 'Goldsmith'** 见 *R.* SIMBA。

'金星' 月季 *R.* Goldstar ('Candide') 大花月季型。株形优美，直立。高1m，冠径60cm。叶深绿色，具光泽。花壶状，黄色，完全重瓣，微芳香，径8cm，夏秋季开放。

🏆**'托马斯'月季*R.* GRAHAN THOMAS ('Ausmas')**，见189页。

'爱尔兰黄金' 月季 *R.* 'Grandpa Dickson' (*R.* 'Irish Gold')，见193页。

'羞红' 蔷薇 *R.* 'Great Maiden's Blush' (*R.* 'Cuisse de Nymphe', *R.* 'La Séduisante)，见185页。

'松鸡' 月季 *R.* GROUSE ('Korimro')，见189页。

'几内亚' 月季 *R.* 'Guinée'，见199页。

***R.* 'Guletta'**见*R.* GOLDEN PENNY。

🏆**'汉德尔' 月季 *R.* HANDEL ('Macha')**，见197页。

'汉纳金' 月季 *R.* HANNAH GORDON ('Korweiso') 丰花月季型。丛生。生长繁茂，株形开张。高75cm，冠径60cm。叶深绿色。花簇生，具淡香，杯状，重瓣，红色至粉红色，边缘粉红色，径8cm，夏秋季开放。

***R.* 'Harbabble'** 见 *R.* SUNSET BOULEVARD。

***R.* 'Hardinkum'** 见*R.* PRINCESS OF WALES。

***R.* 'Hardwell'** 见 *R.* PENNY LANE。

***R.* 'Harkaramel'** 见 *R.* ANNE HARKNESS。

***R.* 'Harkuly'** 见 *R.* MARGARET MERRIL。

***R.* 'Harlex'** 见 *R.* ALEXANDER。

***R.* 'Harlightly'** 见 *R.* PRINCESS MICHAEL OF KENT。

***R.* 'Harmantelle'** 见 *R.* MOUNTBATTEN。

***R.* 'Harnumerous'** 见 *R.* FARIY CHANGELING。

***R.* 'Harpade'** 见 *R.* ESCAPADE。

***R.* 'Harpiccolo'** 见 *R.* ANNA FORD。

***R.* 'Harprocrustes'** 见 *R.* CLARISSA。

***R.* 'Harquanne'** 见 *R.* BREATH OF LIFE。

***R.* 'Harqueterwife'** 见 *R.* PAUL SHIRVILLE。

***R.* 'Harregale'** 见 *R.* CARDINARL HUME。

***R.* 'Harroony'** 见 *R.* AMBER QUEEN。

***R.* 'Harrowbond'** 见 *R.* ROSEMARY HARKNESS。

***R.* 'Harsherry'** 见 *R.* SHEILA's PERFUME。

***R.* 'Harukfore'** 见 *R.* CITY OF LONDON。

***R.* 'Harvacity'** 见 *R.* DRUMMER BOY。

***R.* 'Harwanna'** 见 *R.* JACQUELINE DU PRÉ。

***R.* 'Harwanted'** 见 *R.* MANY HAPPY RETURNS。

***R.* 'Harwherry'** 见 *R.* MALCOLM SARGENT。

***R.* 'Harwotnext'** 见 *R.* SHEILA MACQUEEN。

***R.* 'Haryup'** 见 *R.* HIGH HOPES。

***R.* 'Harzola'** 见 *R.* L' AIMANT。

***R.* 'Harzorba'** 见 *R.* CITY GIRL。

***R.* 'Heartthrob'** 见 *R.* 'Paul Shirville'。

***R.* 'Heideröslein'** 见 *R.* 'Nozomi'。

🏆**'红苔' 蔷薇 *R.* 'Henri Martin'** (*R.* 'Red Moss')，见 187 页。

'赫特福特谢尔' 蔷薇 *R.* HERTFORDSHIRE ('Kortenay') 地被月季。株形紧凑，参差不齐，冠尖。高45cm，冠径 1m。叶密，亮绿色。花冠平展，单瓣，洋粉红色，花心淡粉红色，径 4.5cm，在短枝上形成大的花簇，夏秋季开放。

'奢望' 月季 *R.* HIGH HOPES ('Haryup')，见 198 页。

'布拉班特荣耀' 蔷薇 *R.* 'Honorine de Brabant' 波邦蔷薇型。生长健壮。丛生，蔓延。高和冠径均为2m。叶多，浅绿色。花芳香，四方形，重瓣，淡粉红色，被淡紫色和鲜红色斑点，径 10cm，夏秋开放。

***R.* 'Horflash'** 见 *R.* CHAMPAGNE COCKTAIL

'草裙舞妞' 月季 *R.* 'Hula Girl'，见 195 页。

🏆**'冰山' 月季 R. ICEBERG ('Korbin')** (*R.* 'Schneewittchen')，见189页。

'冰姜' 月季 *R.* 'Iced Ginger'，见 190 页。

🏆**'伯格曼' 月季 R . INGRID BERGMAN ('Poulman')** 大花月季型。多分枝，直立。高 75cm，冠径60cm。叶深绿色，革质，微具光泽。花深红色，具淡香，壶状，重瓣，径 11cm，夏秋季开放。

***R.* 'Interall'** 见 *R.* ROSY CUSHION。

***R.* 'Interfour'** 见 *R.* PETIT FOUR。

'无敌' 月季 *R.* INVINCIBLE ('Runatru') 丰花月季型。直立。高1m，冠径60cm。叶稍具光泽。花鲜红色，杯状，完全重瓣，具淡香，径 9cm，花簇开展，夏秋季开放。

'丽眼' 月季 *R.* IRISH EYES ('Dicwitness') 丰花月季型。生长健壮。高 75cm，冠径 1m。花簇生，稠密，花芳香，球状，重瓣，黄色泛红，径7cm，夏秋季开放。宜作矮绿篱。

'爱尔兰黄金' 月季 *R.* 'Irish Gold'，见 *R.* 'Grandpa Dickson'。

🏆**'伊斯法罕' 蔷薇 *R.* 'Ispahan'** (*R.* 'Pompon des Princes'，*R.* 'Rose d' Isfahan')突厥蔷薇型。丛生。生长健壮，茂密。高 1.5m，冠径 1.2m。叶灰绿色。花芳香，杯状，重瓣，纯粉红色，径 8cm，夏秋季开放。

🏆**'杰奎琳' 月季 *R.* JACQUELINE DU PRÉ ('Harwanna')** 灌丛月季型。生长健壮，株形拱状。高 2m，冠径 1.5m。叶多，具光泽。花具麝香味，杯状，重瓣，象牙白色，径 10cm，花瓣边扇形，雄蕊红色，夏秋季开放。宜作大型绿篱。

'卡伯特' 月季 *R.* 'John Cabot' 灌丛月季型。生长健壮。高 1.5m，冠径 1.2m。叶黄绿色。花簇生，芳香，杯状，重瓣，紫红色，径 6cm，夏秋季开放。宜作攀缘植物或绿篱。

'朱利娅' 月季 *R.* 'Julia's Rose' 大花月季型。多分枝，株形纺锤状。高 75cm，冠径45cm。叶红绿色。花具淡香，壶状，重瓣，褐粉红色至淡黄色，径 10cm，夏秋季开放。适于作花境。

🏆**'正义' 月季 *R.* 'Just Joey'**，见 194 页。

'哈洛普' 蔷薇 *R.* 'Kathleen Harrop' 波邦蔷薇型。株形疏松，拱状。高 2.5m，冠径 2m。叶多，深绿色，易感染霉病。花芳香，重瓣，杯状，淡粉红色，径 8cm，夏秋开放。宜作攀缘植物或绿篱。

'纪念品' 月季 *R.* KEEPSAKE ('Kormalda')，见 191 页。

'肯特' 月季 *R.* KENT ('Poulcov') 地被月季型。丛生，具蔓延性，紧凑。高 45cm，冠径 1m。叶具光泽，深绿色。花杯状至平展，半重瓣，白色，径 4.5cm，夏秋季在短枝上开放。

🏆**'戴恩马克' 蔷薇 *R.* 'Königin von Dänemark'** (*R.* 'Belle Courtisanne')，见 186 页。

***R.* 'Königliche Hoheit'** 见 *R.* 'Royal Highness'。

***R.* 'Korbelma'** 见 *R.* SIMBA。

***R.* 'Korbin'** 见 *R.* ICEBERG。

***R.* 'Korblue'** 见 *R.* SHOCKING BLUE。

***R.* 'Korgund'** 见 *R.* LOVING MEMORY。

***R.* 'Korimro'** 见 *R.* GROUSE。

***R.* 'Korlift'** 见 *R.* CONGRATULATIONS。

***R.* 'Kormalda'** 见 *R.* KEEPSAKE。

***R.* 'Korpeahn'** 见 *R.* THE TIMES ROSE。

'柯内西亚' 月季 *R.* 'Korresia' (*R.* 'Friesia')，见 193 页。

***R.* 'Kortenay'** 见 *R.* HERTFORDSHIRE。

***R.* 'Korweiso'** 见 *R.* HANNAH GORDON。

***R.* 'Korzaun'** 见 *R.* ROYAL WILLIAM。

'磁石' 月季 *R.* L'AIMANT ('Harzola') (*R.* 'Doux Parfum') 丰花月季型。生长健壮。高 1m，冠径 75cm。叶暗绿色。花浓香，杯状，完全重瓣，粉红色，径 9cm，夏秋季开放。适用于花坛和作切花。

***R.* 'La Séduisante'** 见 *R.* 'Great maiden's Blush'。

'塞维利亚' 月季 *R.* LASÉVILLANA ('Meigekanu') 灌丛月季型。密生。高 75cm，冠径 1m。叶多，暗绿色。花簇生，微芳香，杯状，重瓣，鲜红色，径 8cm，夏秋季开放。适宜作绿篱和地被。

'沃特洛' 月季 *R.* 'Lady Waterlow' 攀缘月季型。枝硬。高 4m，冠径 2m。叶中绿色。花芳香，心状至杯状，重瓣，粉红色被淡粉红色晕，径 12cm，夏季开放为主，有时秋季也可开放。

***R.* 'Lanken'** 见 *R.* FELICITY KENDAL。

🏆**'劳拉·福特' 月季 *R.* LAURA FORD ('Chewarvel')**，见 199 页。

***R.* 'Leggab'** 见 *R.* PEARL DRIFT。

***R.* 'Legnews'** 见 *R.* NEWS。

'特纳' 月季 *R.* LEN TURNER ('Dicjeep') 丰花月季型。株形紧凑。高和冠径均为 50cm。叶多，深绿色。花微香，绒球状，象牙白色，边缘红色，重瓣，径 6cm，夏秋季开放。宜作矮绿篱。

***R.* 'Lenip'** 见 *R.* PASCALI。

'伉俪' 月季 *R.* Little Woman ('Diclittle') 矮生丰花月季型。直立。高 50cm，冠径 40cm。叶小，暗绿色。花簇生，微香，壶状，重瓣，粉橙红色，径 5cm，夏秋季开放。宜作窄绿篱。

'奥代尔' 蔷薇 *R.* 'Louise Odier' (*R.* 'Madame de Stella')波邦蔷薇型。直立。株形优美。高 2m，冠径 1.2m。叶浅灰绿色。花芳香，杯状，完全重瓣，暖玫瑰粉红色，径 12cm，夏秋季开放。

🏆**'佳丽' 月季 *R.* LOVELY LADY ('Dicjubell')**，见 190 页。

'温馨' 月季 *R.* LOVING MEMORY ('Korgund') 大花月季。直立，强壮。高 1.1m，冠径 75cm。叶暗绿色。花微香，花冠尖形，完全重瓣，深红色，径 12cm，夏秋季硬枝上开放。

***R.* 'Macangeli'** 见 *R.* SNOWBALL。

***R.* 'Macar'** 见 *R.* PICCADILLY。

***R.* 'Macca'** 见 *R.* CASINO。

***R.* 'Maccarpe'** 见 *R.* SNOW CARPET。

***R.* 'Macdub'** 见 *R.* DUBLIN BAY。

***R.* 'Macha'** 见 *R.* HANGEL。

***R.* 'Macmi'** 见 *R.* MISCHIEF。

***R.* 'Macrexy'** 见 *R.* SEXY REXY。

大叶蔷薇 *R. macrophylla* 生长健壮。高 4m，冠径 3m。茎红色。叶大，中绿色。花香味怡人，平展，单瓣，红色，径 5cm，夏季开放。花后结酒瓶状蔷薇果，红色。

***R.* 'Macspash'** 见 *R.* SUE LAWLEY。

***R.* 'Mactru'** 见 *R.* TRUMPETER。

🏆**'卡里尔' 月季 *R.* 'Madame Alfred Carrière'**，见 196 页。

***R.* 'Madame A. Meilland'** 见 *R.* PEACE。

***R.* 'Madame de Stella'** 见 *R.* 'Louise Odier'。

'卡尔威特' 蔷薇 *R.* 'Madame Ernest Calvat' 波邦蔷薇型。生长健壮。株形拱状。高 2～3m，冠径 2m。叶多而大。花具芳香，杯状至四分莲座状，完全重瓣，玫瑰粉红色，径 15cm，夏秋季大量开放。

🏆**'斯塔科林' 月季 *R.* 'Madame Grégoire Staechelin'** (*R.* 'Spanish Beauty')，见 197 页。

🏆**'哈蒂' 蔷薇 *R.* 'Madame Hardy'**，见 184 页。

***R.* 'Madame Hébert'** 见 *R.* 'Président de Sèze'。

🏆**'佩雷尔' 蔷薇 *R.* 'Madame Isaac Pereire'**，见 187 页。

🏆**'诺尔' 蔷薇 *R.* 'Madame Knorr'** (*R.* 'Comte de Chambord') 波特兰蔷薇型。生长健壮，直立。高 1.2m，冠径 1m。叶多，淡绿色。花芳香，四分莲座状，完全重瓣，粉红色带淡紫色晕，径10cm，夏秋季开放。适作绿篱。

'奥吉尔' 蔷薇 *R.* 'Madame Pierre Oger' 波邦蔷薇型。分枝疏散。高2m，冠径 1.2m。叶淡绿色。花具甜香味，杯状或碗状，重瓣，粉红色，带淡玫瑰紫色晕，径 8cm，夏秋季在嫩枝上开放。在支柱上生长良好。

'魔酒宴' 月季 *R.* MAGIC CAROUSEL ('Moorcar') 微型月季型。丛生。高 40cm，冠径 30cm。叶小，具光泽。花微香，莲座状，完全重瓣，黄色和红色，径 4cm，花瓣排列于逐渐变小的圆环内，夏秋开放。

🏆**'五月金' 月季 *R.* 'Maigold'**，见 199 页。

***R.* 'Mainzer Fastnacht'** 见 *R.* BLUE MOON。

'萨金特' 月季 *R.* MALCOLM SARGENT ('Harwherry') 大花月季型。灌木状。高 1.1m，冠径1m。叶多，深绿色，具光泽。花单生或簇生，成开展的花簇，微芳香，球状，重瓣，鲜红色，径9cm，夏秋季开放。

'祝福' 月季 *R*. Many Happy Returns ('Harwanted') (*R*. 'Prima') 灌丛月季型。丛生，分枝开展。高1m，冠径1.2m。叶深绿色，具光泽。花微香，杯状，重瓣，鲜粉红色，径10cm，夏秋季大量开放。

'达渥斯特' 蔷薇 *R*. 'Maréchal Davoust' 苔蔷薇型。丛生。生长健壮。高1.5m，冠径1.2m。叶暗绿色，披针形。花芳香，杯状，完全重瓣，深粉红色至紫色，径10cm，具绿色眼状斑和褐色苔状腺毛，夏季开放。

'尼尔' 蔷薇 *R*. 'Maréchal Niel' 诺瑟特蔷薇或茶香月季型。生长健壮，开展。高3m，冠径2m。枝下垂。叶浓绿色。花芳香怡人，花突心状，完全重瓣，纯黄色，径10cm，夏秋季开放。

'梅里尔' 月季 *R*. Margaret Merril ('Harkuly')，见189页。

'雏菊堆' 蔷薇 *R*. 'Marguerite Hilling' (*R*. 'Pink Nevada')，见186页。

'红玛丽' 月季 *R*. Mary Rose ('Ausmary') 灌丛月季型。丛生，株形开展。高和冠径均为1.2m。叶多。花具怡人香味，杯状，重瓣，玫瑰粉红色，径9cm，夏秋开放。

***R*. 'Meidanover'** 见*R*. Colibre'79。

***R*. 'Meidomonac'** 见*R*. Bonica。

***R*. 'Meigekanu'** 见*R*. La Sévillana。

***R*. 'Meijidiro'** 见*R*. Pink Sunblaze。

***R*. 'Meijikitar'** 见*R*. Orange Sunblaze。

***R*. 'Meilucca'** 见*R*. Darling Flame。

'少女' 月季 *R*. 'Mermaid'，见199页。

***R*. 'Mignon'** 见*R*. 'Cécile Brünner'。

'淘气' 月季 *R*. Mischief ('Macmi') 大花月季型。直立。高1m，冠径60cm。叶多，易感染叶锈病。花芳香怡人，壶状，重瓣，鲜粉红色，径10cm，夏秋季开放。

***R*. 'Moorcar'** 见*R*. Magic Carousel。

'黎明宝石' 月季 *R*. 'Morning Jewel' 攀缘月季型。分枝多。高2.5m，冠径2.2m。叶多，具光泽。花通常簇生，杯状，重瓣，鲜粉红色，径9cm，夏秋季开放。可修剪成灌木状。

***R*. 'Morsherry'** 见*R*. Sheri Anne。

R*. moschata* var. *nivea 见*R*. 'Dupontii'。

'芒特巴腾' 月季 *R*. Mountbatten ('Harmantelle')，见193页。

'平纹布' 蔷薇 *R*. 'Mousseline' (*R*. 'Alfred de Dalmas')苔蔷薇型。灌木状。高和冠径均为1m。叶绿色，无光泽。花香味怡人，杯状，完全重瓣，鲜粉红色，径8cm，稍被苔状腺毛，多于夏季开放。

华西蔷薇 *R*. *moyesii* 生长健壮，株形拱状。高4m，冠径3m。叶稀疏，深绿色，复叶由7～13枚小叶组成。花微香，平展，单瓣，径5cm，深血红色，雄蕊黄色，花紧贴生于枝上，夏季开放。秋季结长形、红色的蔷薇果。

'仙鹤' 'Geranium' (*R*. 'Geranium')，见187页。

'莱茵' 月季 *R*. 'Mrs John Laing'，见187页。

***R*. 'Münchner Kindl'** 见*R*. Anisley Dickson。

'希望' 月季 *R*. 'National Trust' 大花月季型。株形紧凑。高75cm，冠径60cm。叶多，深绿色。花具淡香，壶状，完全重瓣，鲜红色，径10cm，夏秋季开放。适作矮绿篱。

'内华达' 蔷薇 *R*. 'Nevada'，见185页。

'新曙光' 月季 *R*. 'New Dawn'，见197页。

'新闻' 月季 *R*. News ('Legnews') 丰花月季型。株形直立。高60cm，冠径50cm。叶深绿色。花簇生，微香，杯状，开展，重瓣，鲜红色，径8cm，夏秋季开放。

'雪片' 月季 *R*. 'Niphetos' 茶香月季型。分枝攀缘。高3m，冠径2m。叶尖，淡绿色。花蕾尖，较长，着生在下垂枝上，花球状，重瓣，白色，径12cm，主要于夏季开放，之后极少开花。

'红晕诺瑟特' 蔷薇 *R*. 'Noisette Carnée' (*R*. 'Blush Noisette')诺瑟特蔷薇型。枝条疏散，分枝力强。高2～4m，冠径2～2.5m。叶无光泽。花簇生于光滑枝上，芳香，杯状，重瓣，鲜粉红色，径4cm，夏秋季开放。可作灌木栽植。

'岩蔷薇' 月季 *R*. 'Nozomi' (*R*. 'Heider öslein')，见189页。

'老来俏' 蔷薇 *R*. 'Nuits de Young' (*R*. 'Old Black') 苔蔷薇型。株形直立。枝细长，较硬。高1.2m，冠径1m。叶小，深绿色。花微香，重瓣，平展，暗紫红色，径5cm，被褐色苔状腺毛，夏季开花。

'重瓣' 纳特蔷薇 *R*. *nutkana* 'Plena' (*R*. *californica* 'Plena')生长健壮。高达3m，冠径2m。叶具齿，中绿色。花芳香，杯状，半重瓣，粉红色，径4cm，单生，夏季开放。

R. 'Ocarina' 见*R*. Angela Rippon。

***R*. 'Ocaru'** 见*R*. Angela Rippon。

'变色' 香水月季 *R*. × *odorata* 'Mutabilis' (*R*. *chinensis* 'Mutabilis')，见187页。**'苍白' 香水月季 'Pallida'**，见187页。**'橘黄' 香水月季 'Pseudindica'** (*R*. 'Beauty of Glazenwood', *R*. 'Fortune's Double Yellow', *R*. 'Gold of Ophir', *R*. 'San Rafael Rose') 攀缘月季。株形疏松，生长缓慢。高2.5m，冠径1.5m。耐寒。叶亮绿色，具光泽。花集生成小簇状，芳香，黄色带铜色晕，突心状至杯状，半重瓣，径5cm，夏季开放。轻微修剪。

***R*. officinalis** 见*R*. *gallica* var. *officinalis*。

***R*. 'Old Black'** 见*R*. 'Nuits de Young'。

'海厄亚姆' 蔷薇 *R*. 'Omar Khayyám' 突厥蔷薇型。枝密多刺。高和冠径均为1m。叶灰绿色，具绒毛。花芳香，四分莲座状，完全重瓣，淡粉红色，径8cm，夏季开放。

R*. *omeiensis* f. *pteracantha 见*R*. *sericea* subsp. *omeiensis* f. *pteracantha*。

***R*. 'Opa Potschke'** 见*R*. 'Precious Platinum'。

'奥普利亚' 月季 *R*. 'Ophelia' 大花月季型。直立，开展。高1m，冠径60cm。叶暗绿色，稀疏。花具甜香味，壶状，重瓣，奶油色带粉红色，径10cm，单生或簇生。夏秋季开放。

'亮橙' 月季 *R*. Orange Sunblaze ('Meijikitar') (*R*. 'Sunblaze')，见196页。

***R*. 'Panachée d'Angers'** 见*R*. 'Commandant Beaurepaire'。

'复活节' 月季 *R*. Pascali ('Lenip') 大花月季型。直立。高1m，冠径60cm。叶深绿色。花微香，花形优美，壶状，完全重瓣，白色，径9cm，夏秋季开放。

'雪维尔' 月季 *R*. Paul Shirville ('Harqueterwife') (*R*. 'Heartthrob')，见191页。

'特郎森' 月季 *R*. 'Paul Transon' 藤本月季型。生长健壮。株形疏散。高4m，冠径1.5m。叶深绿色，具光泽。花微香，平展，重瓣，淡铜色及粉红色，径8cm，花瓣具皱褶，夏季开放。

'喜马麝香' 月季 *R*. 'Paul's Himalayan Musk' (*R*. 'Paul's Himalayan Musk Rambler')攀缘月季型。生长极健壮。高和冠径均为10m。枝多刺，蔓生。叶下垂，深绿色。花大，簇生，微香，莲座状，重瓣，红色至粉红色，径4cm，夏末开放。适于攀缘于树上或在野生园中栽培。

***R*. 'Paul's Himalayan Musk Rambler'** 见*R*. 'Paul's Himalayan Musk'。

'柠檬卷' 月季 *R*. 'Paul's Lemon Pillar'，见196页。

'和平' 月季 *R*. Peace ('Madame A. Meilland') (*R*. 'Gioia', *R*. 'Gloria Dei')，见192页。

'珍珠堆' 蔷薇 *R*. Pearl Drift ('Leggab')，见185页。

***R*. 'Peaudouce'** 见*R*. Elina。

'迷藏' 月季 *R*. Peek-a-boo ('Dicgrow') (*R*. 'Brass Ring')，见190页。

'佩内洛普' 蔷薇 *R*. 'Penelope'，见184页。

'莱恩' 月季 *R*. Penny Lane ('Hardwell') 攀缘月季型。生长健壮。高3m，冠径2.2m。叶暗绿色，着生于柔软的枝条上。花簇宽，花四分莲座状，芳香，完全重瓣，淡黄色带杏黄色，径12cm。适用于花柱、花篱和花墙。

'金露' 月季 *R*. 'Perle d'Or' 月季型。小灌木。高75cm，冠径60cm。枝细。叶繁，具尖而光亮的小叶。花小，微香，壶状，完全重瓣，粉红色，径4cm，夏秋季开花。

***R*. 'Persian Yellow'** 见*R*. *foetida* 'Persiana'。

'香糕' 月季 *R*. Petit Four ('Interfour') 矮生丰花月季型。株形紧凑。高和冠径均为40cm。叶多，中绿色。花密集簇生，微香，平展，半重瓣，粉红色和白色，径4cm，夏秋季开放。

'皮卡迪利' 月季 *R*. Piccadilly ('Macar')，见194页。

茴芹叶蔷薇 *R*. *pimpinellifolia* (*R*. *spinosissima*) (Burnet rose, Scotch rose)，**'重瓣' 'Plena'**，见184页。

'粉铃' 月季 *R*. 'Pink Bells ('Poulbells')，见190页。

'粉勋' 蔷薇 *R*. 'Pink Grootendorst'，见186页。

***R*. 'Pink Nevada'** 见*R*. 'Marguerite Hilling'。

'粉冻糕' 月季 *R*. 'Pink Parfait' 丰花月季型。丛生。高75cm，冠径60cm。叶多。花微香，壶状，重瓣，径9cm，浅粉红色，夏秋大量开放。

'四季粉' 月季 *R*. 'Pink Perpétué'，见197页。

'亮粉' 月季 *R*. Pink Sunblaze ('Meijidiro') 微型月季。株形优美，紧凑。高和冠径均为30cm。叶多，绿褐色。花莲座状，完全重瓣，粉红色，径4cm，夏秋季开放。

***R*. 'Pompon de Paris'** 见*R*. 'Rouletii'。

***R*. 'Pompon des Princes'** 见*R*. 'Ispahan'。

'金盆' 月季 *R*. Poto' Gold ('Dicdivine')，见194。

***R*. 'Poulbells'** 见*R*. Pink Bells。

***R*. 'Poulcov'** 见*R*. Kent。

***R*. 'Poulman'** 见*R*. Ingrid Bergman。

***R*. 'Poulmax'** 见*R*. Fascination。

***R*. 'Poumidor'** 见*R*. Troika。

'高贵' 月季 *R*. 'Precious Platinum' (*R*. 'Opa Potschke')，见192页。

'德赛兹' 蔷薇 *R*. 'Président de Sèze' (*R*. Madame Hébert') 法国蔷薇型。生长健壮，较开张。高和冠径均为1.2m。花芳香，四分莲座状，完全重瓣，粉红色至淡紫红色，径10cm，夏季开放。

***R*. 'Prima'** 见*R*. 'Many Happy Returns'。

'报春' 蔷薇 *R*. *primula*，见188页。

'肯特公主' 月季 *R*. Princess Michael of Kent ('Harlightly') 丰花月季型。株形优美，紧凑。高60cm，冠径50cm。叶亮绿色，具光泽，极大。花单生或簇生，具怡人香味，球状，完

蔷薇属 ROSA

全重瓣，黄色，径9cm，夏秋季开放。宜作矮绿篱。

'韦莱斯公主' 月季 *R.* PRINCESS OF WALES ('Hardinkum') 丰花月季型。生长健壮。株形紧凑。高80cm，冠径60cm。叶波皱，色较暗。花紧密簇生，芳香，球状，完全重瓣，白色，径9cm，夏秋季开放。适作花坛和绿篱。

🏆**'伊丽莎白女王' 月季 *R.* 'Queen Elizabeth'** (*R.* 'The Queen Elizabeth')，见190页。

***R.* 'Queen of the Violets'** 见 *R.* 'Reine des Violettes'。

🏆**'长蔓' 月季 *R.* 'Rambling Rector'**，见198页。

'多枝' 月季 *R.* 'Ramona' (*R.* 'Red Cherokee')攀缘月季型。株形开张，枝较硬。高2.7m，冠径3m。叶疏生。花芳香，平展，单瓣，洋红色，背灰红色，雄蕊金色，径10cm，主要夏季开花，之后花较少。宜靠向阳墙面栽培。

'红王牌' 月季 *R.* RED ACE ('Amruda')，见195页。

***R.* 'Red Cherokee'** 见 *R.* 'Ramona'。

***R.* 'Red Moss'** 见 *R.* 'Henri Martin'。

'紫罗兰皇后' 蔷薇 *R.* 'Reine des Violettes' (*R.* 'Queen of the Violets') 杂种长春月季型。生长健壮，株形开张。高和冠径均为2m。叶色泛灰。花芳香，四分莲座状，完全重瓣，紫红色至紫色，径8cm，夏秋季开放。需支撑。

'维多利亚' 蔷薇 *R.* 'Reine Victoria'，见186页。

🏆**'勿忘我' 月季 *R.* REMEMBER ME ('Cocdestin')**，见194页。

'升辉'月季 *R.* 'Rise' n'Shine' (*R.* 'Golden Sunblaze')，见196页。

'魔神' 蔷薇 *R.* 'Robert le Diable' 百叶蔷薇型。丛生。株形松散。高和冠径均为1m。叶狭卵形，深绿色。花微香，绒球状，重瓣，径8cm，明暗相间的紫色，夏季开放。在较低的支撑物上生长最好。

***R.* 'Rose d'Isfahan'** 见 *R.* 'Ispahan'。

'高雅' 月季 *R.* ROSE GAUJARD ('Gaumo') 大花月季型。株形直立。生长健壮。高1.1m，冠径75cm。叶多，具光泽。花微香，壶状，重瓣，樱桃红色和粉红色，径10cm，夏秋季大量开放。

'哈克里斯' 月季 *R.* 'ROSEMARY HARKNESS' ('Harrowbond')，见190页。

🏆**'花坛' 蔷薇 *R.* 'Roseraie de l'Haÿ'**，见187页。

🏆**'红垫' 蔷薇 *R.* ROSY CUSHION ('Interall')**，见186页。

'红斗蓬' 月季 *R.* 'Rosy Mantle'，见197页。

***R.* 'Rouge Eblouissante'** 见 *R.* 'Assemblage des Beautés'。

小月季 *R.* 'Rouletii' (*R. chinensis* var. *minima*, *R.* 'Pompon de Paris') 微型月季型。株形紧凑，枝条纤细。高和冠径均为20cm。叶中绿色，小叶披针形，多数。花杯状，重瓣，深粉红色，径2cm，夏秋季开放。

***R.* 'Royal Dane'** 见 *R.* Troika。

'大王' 月季 *R.* 'Royal Highness' (*R.* 'Königliche Hoheit') 大花月季型。株形直立。高1.1m，冠径60cm。枝硬。叶革质，深绿色。花大，芳香，粉红色，突心状，完全重瓣，径12cm，夏秋季开放。

🏆**'威廉王' 月季 *R.* 'ROYAL WILLIAM' ('Korzaun')**(*R.* 'Duftzauber' 84')，见192页。

🏆**锈红蔷薇 *R. rubiginosa*** (*R. eglanteria*)，见185页。

R. rubrifolia 见 *R. glauca*。

玫瑰 *R. rugosa*，见187页。🏆**白玫瑰 var. *alba*** 杂种蔷薇。生长健壮。枝密。高和冠径均为1~2m。叶多，软革质，具皱，有光泽。花杯状，芳香，单瓣，白色，径9cm，夏秋季多次开放。果大，西红柿状。

***R.* 'Rugul'** 见 '*R.* GOLDEN PENNY。

***R.* 'Ruiblun'** 见 *R.* BLUE PETER。

***R.* 'Runatru'** 见 *R.* INVINCIBLE。

'圣尼古拉斯' 蔷薇 *R.* 'Saint Nicholas' 突厥蔷薇型。生长健壮。株形直立。高和冠径均为1.2m。叶多，深绿色。花微香，杯状，半重瓣，玫瑰粉红色，径12cm，雄蕊金黄色，夏季开放。秋季结红色果实。

***R.* 'San Rafael Rose'** 见 *R.* × *odorata* 'Pseudindica'。

🏆**'桑德白蔓' 月季 *R.* 'Sander's White Rambler'** 蔓性月季型。生长健壮，松散。高3m，冠径2.5m。叶小，稠密，具光泽。花簇生，芳香，莲座状，完全重瓣，白色，径5cm，夏末开放。

***R.* 'Schneewittchen'** 见 *R.* ICEBERG。

'女中学生' 月季 *R.* 'Schoolgirl' 大花攀缘月季型。枝硬，细长。高2.7m，冠径2.2m。叶深绿色。花大，芳香，球状，重瓣，杏黄色或橘黄色，径10cm，夏秋季开放。

扁刺峨眉蔷薇 *R. sericea* subsp. *omeiensis* f. *pteracantha* (*R. omeiensis* f. *pteracantha*) (Winged thorn rose)枝硬。株形直立，生长健壮。高2.5m，冠径2.2m。嫩枝具较大的红色刺。叶小，羊齿状，浅绿色。花单生茎上，平展，白色，径2.5~6cm，夏季开放。

🏆**'粉色' 月季 *R.* SEXY REXY ('Macrexy')**，见190页。

'麦克奎恩' 月季 *R.* SHEILA MACQUEEN ('Harwotnext')丰花月季型。株形直立，细窄。高75cm，冠径45cm。叶革质。花簇生，稠密，具浓烈香味，杯状，重瓣，粉红色带杏黄色，径6cm，夏秋季开放。

'希拉香水' 月季 *R.* SHEILA'S PERFUME ('Harsherry')丰花月季型。株形直立。高75cm，冠径60cm。叶泛红色，具光泽。花芳香，壶状，重瓣，红色或黄色，径9cm，单生或簇生，夏秋季开放。

'安娜' 月季 *R.* SHERI ANNE ('Morsherry')，见195页。

震惊蓝月季 *R.* SHOCKING BLUE ('Korblue')丰花月季型。丛生。高75cm，冠径60cm。叶深绿色。花紫色，单生或簇生，芳香，完全重瓣，突心状，花形优美，径10cm，夏秋季开放。

🏆**'银色佳节' 月季 *R.* 'Silver Jubilee'**，见191页。

'金饰' 月季 *R.* SIMBA ('Korbelma') (*R.* 'Goldsmith')，见193页。

***R.* 'Sissi'** 见 *R.* Blue Moon。

🏆**'雪地毯' 月季 *R.* Snow Carpet ('Maccarpe')** 微型月季型。匍匐状，枝条蔓生。高15cm，冠径50cm。叶多，具光泽。花白色，完全重瓣，绒球状，径3cm，多数夏季开放，少数秋季开放。是很好的地被植物。

'雪球' 月季 *R.* SNOWBALL ('Macangeli') (*R.* 'Angelita')，见195页。

🏆**'南安普敦' 月季 *R.* 'Southampton'** (*R.* 'Susan Ann')，见194页。

'阿方斯拉瓦热' 月季 *R.* 'Souvenir d' Alphonse Lavallée' 杂种长春月季型。蔓生。植株强壮。高2.2m，冠径2m。叶小，中绿色。花红色或褐紫色，芳香，杯状，重瓣，径10cm，夏秋季开放。在向阳藤架上生长最好。

'马尔迈松之恋' 蔷薇 *R.* 'Souvenir de la Malmaison' 波邦蔷薇型。枝密，开展。高和冠径均为1.5m。叶大，深绿色。花淡红色至白色，芳香，完全重瓣，径12cm，夏秋季开放。雨淋会损坏花朵。

***R.* 'Spanish Beauty'**，见 *R.* 'Madame Grégoire Staechelin'。

***R.* 'Spectacular'** 见 *R.* 'Danse du Feu'。

R. spinosissima 见 *R. pimpinellifolia*。

***R.* 'Spring Morning'** 见 *R.* 'Frühlingsmorgen'。

🏆**'斯塔西' 月季 *R.* 'Stacey Sue'**，见195页。

'劳尼' 月季 *R.* SUE LAWLEY ('Macspash') 丰花月季型。株形开张。高75cm，冠径60cm。叶深绿色。花簇生，粉红色和白色相间，微芳香，杯状，广展，重瓣，径9cm，夏秋季开放。

***R.* 'Sunblaze'** 见 *R.* ORANGE SUNBLAZE。

'余辉' 月季 *R.* SUNSET BOULEVARD ('Harbabble') 丰花月季型。株形直立。高1m，冠径60cm。叶具光泽。花簇生，粉红色，微香，心状至杯状，重瓣，径9cm，夏秋季开放。适用于花坛或作切花。

***R.* 'Susan Ann'** 见 *R.* 'Southampton'。

🏆**'美梦' 月季 *R.* SWEET DREAM ('Fryminicot')** 矮生丰花月季型。株形紧凑。高40cm，冠径35cm。叶小。花簇生，粉红色或杏黄色，微香，完全重瓣，绒球状，径6cm，夏秋季开放。

🏆**'甜魔' 月季 *R.* SWEET MAGIC ('Dicmagic')**，见194页。

***R.* 'Sylvia'** 见 '*R.* CONGRATULATIONS。

'酒宴' 月季 *R.* 'Sympathie'，见198页。

***R.* 'Tanba'** 见 *R.* BABY MASQUERADE。

***R.* 'Tanellis'** 见 *R.* FRAGRANT CLOUD。

***R.* 'Tanky'** 见 *R.* WHISKY MAC。

***R.* 'Tannacht'** 见 *R.* BLUE MOON。

***R.* 'Tapis d' Orient'** 见 *R.* 'Yesterday'。

***R.* 'Tapis Jaune'** 见 *R.* GOLDEN FENNY。

🏆**'仙女' 月季 *R.* 'The Fairy'**，见189页。

***R.* 'The Queen Elizabeth'** 见 *R.* 'Queen Elizabeth'。

🏆**'时代'月季 *R.* THE TIMES ROSE ('Korpeahn')**，见192页。

'旋瓣' 蔷薇 *R.* 'Tour de Malakoff'，见188页。

'三色' 蔷薇 *R.* 'Tricolore de Flandre' 法国蔷薇型。生长健壮。株形直立。高1m，冠径1m。叶暗绿色。花粉红色，带粉红色和紫色条纹，芳香，完全重瓣，绒球状，径6cm，夏季开花。

🏆**'三驾马车' 月季 *R.* TROIKA ('Poumidor')** (*R.* 'Royal Dane')，见194页。

🏆**'喇叭鸟' 月季 *R.* TRUMPETER ('Mactru')**，见191页。

🏆**'双鹅绒' 蔷薇 *R.* 'Tuscany Superb'** (*R.* 'Double Velvet') 法国蔷薇型。生长健壮。株形直立。高1.1m，冠径1m。叶深绿色。花深红色，后变紫色，具金黄色雄蕊，微香，杯状至平展，重瓣，径5cm，夏季开放。

'彩纹红' 蔷薇 *R.* 'Variegata di Bologna' 波邦蔷薇型。株形直立，枝条拱形。高2m，冠径1.4m。叶小。花粉红色具紫色条纹，芳香，完全重瓣、四分莲座状，径8cm，夏秋季开放。喜肥沃的土壤。易感染黑斑病。

🏆**'蓝蔓' 月季 *R.* 'Veilchenblau'** (*R.* 'Blue Rambler')，见199页。

'婚日' 月季 *R.* 'Wedding Day' 攀缘月季。生长繁茂。高8m，冠径4m。花簇生，花簇大，具果香味，乳白色，后变粉红色，平展，单瓣，径2.5cm。夏末开花。适于攀缘于树木上或在野生花园栽培。

'小骑士' 月季 *R.* WEE JOCK ('Cocabest')，见192页。

'威士忌' 月季 *R.* WHISKY MAC ('Tanky') 大花月季型。株形直立，优美。高75cm，冠径60cm。花大，琥珀色，芳香，球状，完全重瓣，径9cm，夏秋季开花。泛红色的叶易感染白粉病。严冬期枝端易受冻害。

🍷'白花结'月季 *R.* 'White Cockade' 大花攀缘月季。生长缓慢。丛生。株形直立。高2～3m，冠径1.5m。花白色，具淡香，球状，完全重瓣，径9cm，夏秋季开放。可修剪作灌木栽培。

🍷'洛布'月季 *R.* 'William Lobb' (*R.* 'Duchesse d' Istrie)，见188页。

🍷'金丝雀'月季 *R. xanthina* 'Canary Bird' (*R.* 'Canary Bird')，见189页。

🍷'昨日'月季 *R.* 'Yesterday' (*R.* 'Tapis d' Orient') 多花小月季型。枝拱形。丛生。高75cm，冠径75cm。轻微修剪后株形更大。叶小，深绿色。花多簇生，芳香，莲座状，淡紫色至粉红色，半重瓣，径2.5cm，夏季至初冬开放。可作绿篱。

🍷'拉比尔'月季 *R.* 'Yvonne Rabier' 多花小月季型。丛生，枝密。高45cm，冠径40cm。叶多，亮绿色。花芳香，球状，乳白色，重瓣，径5cm，夏秋季开放。

🍷'无刺'月季 *R.* 'Zéphirine Drouhin'，见197页。

🍷'吉普赛男孩'蔷薇 *R.* 'Zigeunerknabe' (*R.* 'Gipsy Boy')波邦蔷薇型。生长强壮。多刺。株形瘦长。高2m，冠径2m。叶深绿色。花深红色，具淡香，重瓣，杯状至平展，径8cm。夏季开放。

***R.* 'Zonta Rose'** 见 *R.* PRINCESS ALICE

Rosa mundi 见 *Rosa gallica* 'Versicolor'，见187页。

Rosary vine 见 *Ceropegia linearis* subsp. *woodii*，见462页。

象牙参属 ROSCOEA

姜科 ZINGIBERACEAE

多年生草本。具块茎。夏末至秋初开花。与姜有亲缘关系。为观其酷似兰花的花而栽培。适宜种在开阔的花坛、岩石园和树木园中。耐寒。喜光照、庇荫和冷凉环境及排水良好、腐殖质丰富的土壤，但夏季必须能保持土壤有一定的水分。冬季地上部分死亡，上部覆盖腐叶或完全腐熟的有机肥则有益于越冬。春季分生或播种繁殖，暴露于低温环境有利于更好地发芽。

🍷早花象牙参 *R. cautleyoides*，见436页。

🍷大花象牙参 *R. humeana*，见436页。

R. procera 见 *R. purpurea*。

象牙参 *R. purpurea* (*R. procera*) 多年生草本。具块茎。高20～30cm，冠径15～20cm，叶狭披针形，长而尖，直立，基部互相环绕形成假茎。花紫色，长管状，每花具1个顶生花瓣，兜状，宽裂，和2个较低唇瓣，花瓣较窄，夏季开放。

Rose 见 *Rosa*。

Banksian 见 *Rosa banksiae*。

Burnet 见 *Rosa pimpinellifolia*。

Christmas 见 *Helleborus*。

Common moss 见 *Rosa centifolia* 'Muscosa'。

Confederate 见 *Hibiscus mutabilis*。

Cotton 见 *Hibiscus mutabilis*。

Crested moss 见 *Rosa centifolia* 'Cristata'。

Desert 见 *Adenium*。

Guelder 见 *Viburnum opulus*。

Hedgehog 见 *Rosa rugosa*，见187页。

Incense 见 *Rosa primula*，见188页。

Japanese 见 *Rosa rugosa*，见187页。

Lenten 见 *Helleborus* × *hybridus*。

Old pink moss 见 *Rosa centifolia* 'Muscosa'。

Rock 见 *Cistus*；*Helianthemum*。

Scotch 见 *Rosa pimpinellifolia*。

Snowbush 见 *Rosa* 'Dupontii'，见185页。

Thornless 见 *Rosa* 'Zéphirine Drouhin'，见197页。

Winged thorn 见 *R. sericea* subsp. *omeiensis*. f. *pteracantha*。

Wood 见 *Merremia tuberosa*。

Rose acacia 见 *Robinia hispida*，见141页。

Rosa cactus 见 *Pereskia grandifolia*，见458页。

Rose of Jericho 见 *Selaginella lepidophylla*。

Rose of Lancaster, Red 见 *Rosa gallica* var. *officinalis*。

Rose of Sharon 见 *Hypericum calycinum*，见170页。

Rose periwinkle 见 *Catharanthus roseus*，见160页。

Rose pincushion 见 *Mammillaria zeilmanniana*，见473页。

Rosebay, White 见 *Epilobium angsustifolium* f. *album*，见226页。

Rosebud cherry 见 *Prunus* × *ubhirtella*。

Rosemary 见 *Rosmarinus officinalis*，见167页。

Australian 见 *Westringia fruticosa*，见158页。

Roseroot 见 *Rhodiola rosea*。

迷迭香属 ROSMARINUS

唇形科 LABIATAE/LAMIACEAE

常绿灌木。为观赏其花和具芳香、可用作烹调香料的叶而栽培。耐寒，但在寒冷地区宜靠南墙或西墙栽植。喜光照充足和排水良好的土壤。春季剪除被冻枯枝、散乱枝和老枝，并同时重剪。绿篱于花后修剪。夏季用半成熟枝扦插繁殖。

***R. lavandulaceus* of gardens** 见 *R. officinalis* 'Prostratus'。

迷迭香 *R. officinalis* (Rosemary)，见167页。**🍷'直立''Miss Jessopp's Upright'** 常绿灌木。株形紧凑，直立。高和冠径均为2m。叶深绿色，狭长椭圆形，芳香。花小，二唇形，蓝色，仲春至春末开花，有时也在秋季再次开放。宜作绿篱。**🍷'平卧''Prostratus'** (*R. lavan-dulaceus* of gardens) 高15cm。匍匐状。属最不耐寒的类型。**🍷'浅蓝''Severn Sea'** 高1m。枝条拱形。花亮蓝色。

罗斯兰属 ROSSIOGLOSSUM

见兰花 ORCHIDS。

🍷大花罗斯兰 *R. grande* (*Odontoglossum grande*)，见297页。

常绿附生兰。低温温室栽培。高15cm。叶阔卵形，硬质，长15cm。穗状花序，花浓黄色，具明显的栗色和棕色斑点，径15cm，秋季开放。夏季需庇荫，冬季宜保持非常干燥。

非洲栀属（新拟）ROTHMANNIA

茜草科 RUBIACEAE

常绿灌木和乔木。夏季开花。为观花而栽培。与栀子属 (*Gardenia*)近缘。不耐寒，耐最低温度16℃。喜全光照、半阴和腐殖质丰富、排水良好的酸性至中性土壤。盆栽植株在速生期需大量浇水，其他时期适量浇水。春季播种繁殖或夏季用半成熟枝扦插繁殖。

非洲栀（新拟）***R. capensis*** (*Gardenia capensis, G. rothmannia*) 常绿灌木或乔木。冠卵圆形。高6m以上，冠径3m以上。叶卵形，具光泽，浓绿色。花管状，芳香，每朵花有5个拱形、白色到乳黄色花瓣，喉部有一紫斑，夏季开花。

Rouen lilac 见 *Syringa* × *chinensis*。

Round-headed club-rush 见 *Scirpoides holoschoenus*。

Round-leaved mint-bush 见 *Prostanthera rotundifolia*，见145页。

Round-leaved wintergreen 见 *Pyrola rotundifolia*。

Rowan 见 *Sorbus aucuparia*，见81页。

Hupeh 见 *Sorbus hupehensis*。

Sargent's 见 *Sorbus sargentiana*。

Royal agave 见 *Agave victoriaereginae*，见461页。

Royal fern 见 *Osmunda regalis* 见312页。

Royal paintbrush 见 *Scadoxus puniceus*。

Royal palm 见 *Roystonea*。

Cuban 见 *Roystonea regia*。

Royal red bugler 见 *Aeschynanthus pulcher*。

大王椰子属（王棕属）ROYSTONEA
Royal palm

棕榈科 ARECACEAE/PALMAE

常绿棕榈状植物。主要为观赏其雄伟的外形而栽培。总状花序，花不明显，夏季开放。不耐寒，耐最低温度16～18℃。喜全光照、半阴以及肥沃、排水良好但湿润的土壤。盆栽时，速生期需要大量浇水，其他时期尤其气温低时少浇水。春季温度应不低于27℃时播种繁殖。易受红蜘蛛危害。

大王椰子（王棕）***R. regia*** (Cuban royal palm)常绿棕榈状植物。干直立，有时中部较粗。高20m以上，冠径6m。叶羽状，长3m，开始直立，然后呈弓形下垂，裂成小叶，小叶狭长圆形，革质，亮绿色。

Rubber plant 见 *Ficus elastica*。

Baby 见 *Peperomia clusiifolia*。

Rubber vine 见 *Cryptostegia grandiflora*。

悬钩子属 RUBUS
Blackberry,Bramble

蔷薇科 ROSACEAE

落叶、半常绿或常绿灌木和木质攀缘藤本。部分种类仅以获其可食用果实而栽培，包括悬钩子和黑莓。这里描述的主要是其叶、花和多刺的枝干具观赏性的种类，尽管其亦可结出可食用的果实。耐寒至极耐寒。落叶种主要观赏其冬季的枝干。喜全光照，其他落叶种喜光照或半阴；常绿或半常绿种耐强光或庇荫。悬钩子属所有植物均要求肥沃、排水良好的土壤。粉枝莓 (*R. biflorus*)，华中悬钩子 (*R. cockburnianus*)和西藏悬钩子 (*R. thibetanus*)结果后，可近地面剪去老枝。夏季或冬季播种繁殖或扦插繁殖(常绿种用半成熟枝扦插繁殖、落叶种用软枝或硬枝扦插繁殖)。香莓 (*R. odoratus*)可进行分株繁殖，'贝内登'悬钩子 (*R.* 'Benenden')和'雏菊'榆叶黑莓 (*R. ulmifolius* 'Bellidiflornus')春季压条繁殖。

🍷'贝内登'悬钩子 *R.* 'Benenden' (*R.* 'Tridel')，见136页。

粉枝莓 *R. biflorus*，见149页。

🍷华中悬钩子 *R. cockburnianus* 落叶灌木。拱形。高和冠径均为2.5m。耐寒。嫩枝多刺，冬季呈醒目的蓝白色。叶深绿色，叶背白色，小叶通常9枚，卵形。圆锥状花序，花紫色，花瓣5枚，夏初开放。果实球形，黑色，味道差。

竹叶鸡爪茶 *R. henryi* var. *bambusarum* 常绿攀缘藤本。速生。植株强壮。茎木质。观诱人的叶为主。高达6m。极耐寒。小叶3个，卵形，背具白色毡毛。花簇生，花小，粉红色，夏季开放。

香莓*R. odoratus* (Flowering raspberry, Thimbleberry) 丛状落叶灌木。植株强壮，枝干直立。高2.5m，冠径2.5m。极耐寒。嫩枝无刺，皮剥落。叶大，光滑，深绿色，小叶5枚，三角形。花大，5瓣，芳香，玫瑰红色至粉红色，夏初至秋初开放。有时结果，果实扁平，红色，味道差。

🏆**西藏悬钩子*R. thibetanus***，见149页。

三色莓*R. tricolor* 常绿灌木。匍匐和拱形嫩枝上被红色刚毛。高60cm，冠径2m。极耐寒。叶椭圆形，具锯齿，具光泽，深绿色。花杯状，5瓣，白色，仲夏开放。果实可食用，似树莓，红色。宜作地被植物。

***R.*'Tridel'** 见*R.*'Benenden'。

'雏菊花'榆叶黑莓*R. ulmifolius* 'Bellidiflorus'落叶或半常绿灌木。拱形，植株健壮。高2.5m，冠径4m。极耐寒。干多刺。叶深绿色，小叶3～5枚，卵形。圆锥花序，花大，似菊属头状花，重瓣，粉红色，仲夏至夏末开放。

Ruby grass 见*Melinis repens*。

金光菊属 RUDBECKIA
Coneflower

菊科 ASTERACEAE/COMPOSITAE

一、二年生和多年生草本。主要观花。极耐寒。喜光照或耐庇荫，喜排水良好或湿润土壤。春季分生或春秋季播种繁殖。

全缘金光菊*R. fulgida* (Black-eyed Susan)。🏆**第姻金光菊** var. ***deamii*** 多年生草本。直立。高1m，冠径60cm以上。叶狭披针形，中绿色。花似菊属花序，黄色，中心黑色，夏末及秋季开放。喜湿润土壤。🏆**'金前锋'大花金光菊** var. ***sullivantii* 'Goldsturm'**，见256页。

🏆**'黄球'金光菊*R.*'Goldquelle'**，见229页。

'秋日'金光菊*R.*'Herbstsonne'，见232页。

黑心菊（黑心金光菊）***R. hirta*** 多年生草本。生长迅速。枝干直立，分枝性强。寿命短，多作一年生栽培。高30cm至1m，冠径30～45cm。叶披针形，中绿色。头状花序大型，似菊属花序，圆锥形，中心紫色，夏秋季开花。喜光照及排水良好的土壤。**'金锁''Goldilocks'**，见340页。**'绿眼''Irish Eyes'** 高达75cm。黄色头状花序，中心橄榄绿色。**'大花''Marmalade'**和**'粗矮''Rustic Dwarfs'**，见340页。

'重瓣'金光菊*R. laciniata* 'Golden Glow' 多年生草本。株形直立。高2～2.2m，冠径60～100cm。叶中绿色，分裂为披针形小叶，小叶再分裂。头状花序，花似菊属头状花序，重瓣，金黄色，中心绿色，夏秋开放。喜排水良好的土壤。

R. purpurea见*Echinacea Purpurea*。

Rue 见*Ruta*。

Comnon 见*Ruta graveolens*。

Meadow 见*Thalictrum*。

芦莉草属 RUELLIA

爵床科 ACANTHACEAE

多年生草本或常绿灌木、亚灌木。花艳。不耐寒，耐最低温度15℃。喜潮湿气候。喜半阴、湿润和排水良好的土壤。春季茎插繁殖或播种繁殖。

R. amoena 见*R. graecizans*。

锦芦莉草*R. devosiana*，见277页。

可爱芦莉草*R. graecizans* (*R. amoena*)，见249页。

舟叶花属（新拟）RUSCHIA

番杏科 AIZOACEAE

多为小型、多浆、多年生丛生草本或常绿灌木。叶基部1/3联合抱茎，或具极短的叶鞘。不耐寒，耐最低温度5℃。喜光照以及排水良好的土壤。春季或夏季播种或扦插繁殖。

渐尖舟叶花（新拟）***R. acuminata*** 常绿灌木。多浆植物。株形直立。高20cm，冠径50cm。茎木质或非木质化，蓝绿色，具黑色斑点。叶硬，三角形，长3cm，多叶，每片叶具一钝的关节和一个短叶鞘。花似菊属花，白色至淡粉色，径3cm，夏季开放。

龙骨舟叶花（新拟）***R. crassa*** 常绿灌木。多浆植物。株形直立。高50cm，冠径50cm。叶坚硬，三角形，长2cm，蓝绿色，叶上具白色短绒毛，背面具龙骨，每叶具1锯齿。花雏菊状，白色，花径2.5cm，夏季开放。

紫瓣舟叶花（新拟）***R. macowanii*** 多年生多浆植物。株形直立而后呈伸展状。高15cm，冠径1m。叶具坚硬细长龙骨，三角形，长3cm，蓝绿色。花簇生，雏菊状，粉红色具深色条纹，径3cm，夏季开放。

假叶树属 RUSCUS

假叶树科/百合科 RUSCACEAE/LILIACEAE

常绿灌木。丛生。春季开花。主要为观赏其叶和果而栽培。叶实际是钝化的嫩枝，花和果着生在叶上。需结果时应雌雄株间植。特别适合于干燥、庇荫环境。极耐寒。耐强光、耐阴，对土壤要求不严格但不耐积水。春季剪除枯死枝或平茬。春季分生繁殖。假叶树 (*R. aculeatus*)的浆果食用后可引起中度胃不适。

假叶树*R. aculeatus* (Butcher's broom) 常绿灌木。丛状，直立。高75cm，冠径1m。极耐寒。刺状'叶'深绿色，具光泽。花小，星状，绿色，春季开放。果大，椭圆形，鲜红色。

舌苞假叶树*R. hypoglossum*，见176页。

Rush

Corkscrew 见*Juncus effusus* f. *spiralis*，见308页。

Flowering 见*Butomus umbellatus*，见448页。

Rushes 见Grasses, Bamboos, Rushes和Sedges。

炮仗竹属 RUSSELIA

玄参科 SCROPHULARIACEAE

常绿灌木或亚灌木、花朵艳丽。不耐寒，耐最低温度10～15℃。喜光照和半阴的环境，以及腐殖质丰富、质轻、排水良好的土壤。春季枝插或分株繁殖。

🏆**炮仗竹*R. equisetiformis*** (*R. juncea*)，见250页。

R. juncea 见*R. equisetiformis*。

Russian comfrey 见*Symphytum* × *uplandicum*。

Russian vine 见*Fallopia aubertii* of gardens，*Fallopia baldschuanica*，见217页。

Rusty-back fern 见*Asplenium ceterach*，见311页。

Rusty-leaved fig 见*Ficus rubiginosa*。

芸香属 RUTA
Rue

芸香科 RUTACEAE

常绿亚灌木。夏季开花。主要观赏其叶和花，亦可作药材。叶深裂，主要用作药材。极耐寒。喜光照和排水良好的土壤。春季应回缩至老枝以保持其紧凑的株形。夏季用半成熟枝扦插繁殖。植株所有部分食用后均会有不适感，接触叶片可引起皮肤发炎。

芸香*R. graveolens* (Common rue)。🏆**'蓝粉''Jackman's Blue'**，见177页。

S

箬棕属（沙巴榈属）SABAL

棕榈科 ARECACEAE/PALMAE

常绿棕榈状植物。扇形。为观赏其叶和株形而栽培。半耐寒至不耐寒，耐最低温度5～7℃。喜全光照和肥沃、排水良好的土壤。在非速生期应适量少浇水。春季播种繁殖。红蜘蛛螨可造成危害。

小箬棕（短茎沙巴榈，侏儒榈）***S. minor***，见176页。

Sacred bamboo 见 *Nandina domestica*。

Sacred fig tree 见 *Ficus religiosa*。

Sacred lotus 见 *Nelumbo nucifera*，见447页。

Saffron crocus 见 *Crocus sativus*。

Saffron，Meadow 见 *Colchicum autumnale*，见437页。

Sage 见 *Salvia*。

Bog 见 *Salvia uliginosa*。

Mexican bush 见 *Salvia leucantha*。

漆姑草属 SAGINA

石竹科 CARYOPHYLLACEAE

一年生和多年生常绿草本。丛生。观叶为主。适栽于河岸或路边。部分种类具有较强的侵入性。极耐寒。喜光照和湿润的沙质土壤，不喜干热条件。春季分株或秋季播种繁殖，曲叶漆姑草（*S. boydii*）夏季茎尖扦插繁殖。蚜虫和红蜘蛛螨为其主要害虫。

曲叶漆姑草（新拟）***S. boydii***，见390页。

慈姑属 SAGITTARIA
Arrowhead

泽泻科 ALISMATACEAE

多年生落叶水生植物。为观赏叶和花而栽培。耐寒至不耐寒，耐最低温度5℃。部分种适生于池塘，其他可栽培在水池中。喜全光照。及时除去衰败的叶。春夏季分株繁殖或在春季分离其具鳞根根蘖繁殖。

S. japonica 见 *S. sagittifolia* 'Flore Pleno'。

宽叶慈姑 *S. latifolia*，见446页。

欧洲慈姑 *S. sagittifolia* (Common arrowhead) 多年生落叶水生植物。生于水边。高45cm，冠径30cm。极耐寒。叶中绿色，直立，尖箭形。花白色，3瓣，花心暗紫色，夏季开放。可在深达23cm的水中生长。**'重瓣' 'Flore Pleno'**（*S. japonica*; Japanese arrowhead）花重瓣（译者注：*S. japonica* 应为慈姑（*S. trifolia*）的异名，其重瓣品种应为'重瓣'慈姑 *S. trifolia* 'Flore Pleno'）。

Saguaro 见 *Carnegiea gigantea*，见456页。

St Augustine grass 见 *Stenotaphrum secundatum*。

St Bernard's lily 见 *Anthericum liliago*，见276页。

St Bruno's lily 见 *Paradisea liliastrum*。

St Catherine's lace 见 *Eriogonum giganteum*，见139页。

St Dabeoc's heath 见 *Daboecia cantabrica*。

St Vincent lilac 见 *Solanum seaforthianum*。

非洲堇属（非洲紫苣苔属）SAINTPAULIA
African violet

苦苣苔科 GESNERIACEAE

多年生常绿草本。莲座状。为观赏其艳丽的花而栽培。不耐寒，耐最低温度15℃。喜稳定的温度和湿润的环境以及半阴和肥沃土壤。夏季叶插繁殖。在室内栽培时易受白蝇和粉蚧危害。

非洲堇（非洲紫罗兰）**品种（African violet cultivars）**

非洲堇有2 000多个品种。主要起源于非洲堇（*S. ionantha*）。花星状或铃状，花色有白色、粉色、红色、紫色以及双色或多色，全年开放，单瓣、半重瓣或重瓣，花瓣边缘波状、圆形、具皱褶或流苏。叶阔卵形至卵圆形，通常中绿色或深绿色，具白色、粉红色、乳黄色的羽纹、斑点或彩纹。见302页。

根据莲座大小，品种可分为5组。下面所给的数量值是莲座的直径。微型：低于8cm；小型：8～16cm；半小型：16～21cm；标准型：21～40cm；大型：超过40cm。

🏆'莹眼'非洲堇 *S.* 'Bright Eyes'（见302页）标准型。高可达15cm。叶深绿色。花单瓣，深蓝紫色，花心黄色。

'昌塔本特'非洲堇 *S.* 'Chantabent' 半小型。高10～15cm。叶深绿色，背面深红色。花单瓣，大型，深蓝紫色。

🏆'科罗拉多'非洲堇 *S.* 'Colorado'（见302页）标准型。高15～20cm。叶深绿色，边缘皱褶。花单瓣，紫红色。

🏆'彩陶'非洲堇 *S.* 'Delft'（见302页）标准型。高达15cm。叶深绿色。花深蓝紫色，半重瓣。

'多萝西'非洲堇 *S.* 'Dorothy' 标准型。高达15cm。叶柄长，浅绿色。花大，单瓣，浓粉红色，白色皱边。

🏆'园星'非洲堇 *S.* 'Garden News'（见302页）标准型。高达15cm。叶亮绿色。花重瓣，纯白色。

🏆'冰少女'非洲堇 *S.* 'Ice Maiden'，（见302页）标准型。高达15cm。花单瓣，白色，具蓝色斑点。

非洲堇（非洲紫罗兰）*S. ionantha* 多年生常绿草本。丛生莲座状。高达10cm，冠径25cm。叶近圆形，扇贝状，具长柄，通常多毛，肉质，长8cm，表面中绿色，叶背面红绿色。花2～8朵簇生，花簇松散，花筒状，深蓝紫色，5裂，径2.5cm，位于叶丛之上，全年开放。

'皮普·史奎克'非洲堇 *S.* 'Pip Squeek'（见302页）微型。高8cm。叶卵形，非扇贝状，深绿色，长1～2cm。花粉红色，钟状，径1cm。

'波螺'非洲堇 *S.* 'Porcelain'（见302页）标准型。高达15cm。花半重瓣，白色，边缘紫蓝色。

🏆'洛可可·安娜'非洲堇 *S.* 'Rococo Anna'（*S.* 'Rococo Pink'）（见302页）标准型。高达15cm。花重瓣，彩虹粉色。

🏆'星迹'非洲堇 *S.* 'Starry Trail'（见302页）标准型。高达15cm。叶深绿色。花瓣狭长，半重瓣至重瓣，白色，有时带暗粉红色。

'佐亚'非洲堇 *S.* 'Zoja'（见302页）标准型。高达15cm。花大，单瓣至半重瓣，蓝紫色，每一花瓣边缘有一醒目白线。

柳属 SALIX
Willow

杨柳科 SALICACEAE

落叶乔木或灌木。主要观赏树形、叶、柔荑花序，有时观其多色的冬芽。雄柔荑花序较雌的明显。通常雌雄异株。极耐寒至耐寒。多喜全光照。多数种在任何土壤下均生长良好。黄花柳（*S. caprea*）、地中海紫柳（*S. purpurea*）及它们的变种在干旱的土壤也表现良好。观其鲜艳的冬芽时，每1～3年在早春重回缩一次。夏季采用半成熟枝扦插或在冬季硬枝扦插繁殖。易受真菌侵染发生根瘤病，尤其是垂柳（*S. babylonica*）和金垂柳（*S.* × *sepulcralis* var. *chrysocoma*）。柳属可能会受如鳞翅目幼虫、蚜虫、瘿蚋等害虫的危害。

埃及柳 *S. aegyptiaca* (Musk willow) 落叶灌木或乔木。丛生。生长旺盛。高4m，冠径5m。极耐寒。叶大，长卵形，深绿色。柔荑花序灰色转为黄色，在冬末或早春先叶开放。

白柳 *S. alba* (White willow)。f. ***argentea*** 见 *S. a.* var. *sericea*。**'Britzensis'** 见 *S. a.* var. *vitellina* 'Britzensis'。var. ***caerulea*** (Cricket-bat willow) 落叶乔木。树冠圆锥状。速生。枝直立。高25m，冠径10m。极耐寒。叶狭长，披针形，深青绿色。柔荑花序小，黄绿色，下垂，早春开放。**'Chermesina'** 见 *S. a.* var. *vitellin* 'Chermesina'。**'Sericea'** 见 *S. a.* var. *sericea*。**🏆绢毛白柳** var. ***sericea*** (*S. a.* f. *argentea*，*S. a.* 'Sericea'，Silver willow) 乔木。冠伸展。高15m，冠径8m。幼时圆锥状，叶亮银灰色。**'暗色' 'Tristis'** (*S. vitellina* 'Pendula') 多垂枝，仅生雌花。**'Tristis'** of gardens 见 *S.* × *sepulcralis* var. *chrysocoma*。**🏆黄枝白柳** var. ***vitellina***，见74页。**🏆'布里茨'红枝白柳** var. ***vitellina* 'Britzensis'** (*S. a.* 'Britzensis') 叶绿色。幼枝亮橘红色，为观其冬色，常回缩至近地面。**'绯枝'白柳** var. ***vitellina* 'Chermesina'** (*S. a.* 'Chermesina') 幼枝冬季洋红色。

无柄柳 *S. apoda*，见363页。

灌木柳 *S. arbuscula* (Mountain willow) 落叶伸展灌木。高和冠径均为60cm或更多。极耐寒。春季黑褐色枝条上着生长卵形具锯齿的叶片。柔荑花序黄色，有时带红色，具白色绒毛。适生于岩石园。

垂柳 *S. babylonica* (Weeping willow) 落叶乔木。枝细，下垂，近及地面。高和冠径均为12m。极耐寒。叶狭披针形，先端长渐尖。柔荑花序，黄绿色，早春开放。易有根瘤病，栽培上大部分被金垂柳（*S.* × *sepulcralis* var. *chrysocoma*）替代。**🏆龙爪柳** var. ***pekinensis* 'Tortuosa'** (*S. matsudana* 'Tortuosa')，见85页。

保克柳 *S. bockii* 落叶灌木。丛生。高和冠径均为2.5m。极耐寒。枝条细长，直立，被灰白色绒毛。叶长圆形，具光泽，亮绿色，背部有丝状毛。通常栽培雌株。柔荑花序，绿色，秋初及仲秋开放。

🏆波氏柳 *S.* × *boydii*，见361页。

黄花柳 *S. caprea* (Goat willow, Pussy willow) 落叶灌木或乔木。丛生。高10m，冠径8m。极耐寒。叶卵圆形，上面暗绿色，背面灰色。春季柔荑花序先叶出现，雌花序似绢状，灰色，雄花灰色，花药黄色。**🏆'吉尔马诺克' 'Kilmarnock'** (Kilmarnock willow) 树冠稠密，枝下垂。高1.5～2m。冠径2m。柔荑花序灰色，后变黄色，早春至仲春开放。

金垂柳 *S.* 'Chrysocoma'，见 *S.* × *sepulcralis* var. *chrysocoma*。

瑞香柳 *S. daphnoides*，见74页。

🏆胡秃子柳 *S. elaeagnos* (Hoary willow) 落叶灌木。株形直立，茂密。高3m，冠径5m。极耐寒。叶狭长圆形，深绿色，背面白色，秋季变黄色。春季，随着展叶在长枝上开细长的黄色柔荑花序。

川鄂柳*S. fargesii* (*S. moupinensis* of gardens) 落叶灌木。直立，冠开张。高和冠径均为3m。极耐寒。冬芽和嫩枝紫红色。叶长圆形，深绿色，有光泽。花叶同期，柔荑花序绿色，细长，直立，春季开放。

脆枝柳*S. fragilis* (Crack willow) 落叶乔木。多分枝，树冠开张。高15m，冠径12～15m。极耐寒。叶狭长，先端渐尖，亮绿色，具光泽。柔荑花序，雄花黄色，雌花绿色，早春开放。

细柱柳 *S. gracilistyla* 落叶灌木。丛生。高3m，冠径4m。极耐寒。叶长披针形，嫩叶灰色，柔软光滑，叶亮绿色，具光泽。柔荑花序大，似绢状，灰色，花药红色，后呈亮黄色，初春至仲春先叶开放。🏆**黑穗细柱柳 'Melanostachys'** (*S.*'Melanostachys'; Black willow) 叶亮绿色。柔荑花序，近黑色，花药红色，早春先叶开放。

🏆**'韦氏'戟叶柳*S. hastata* 'Wehrhahnii'**，见153页。

🏆**瑞士柳*S. helvetica***，见349页。

草柳*S. herbacea* (Dwarf willow, Least willow) 落叶灌木。匍匐状。高2.5cm，冠径20cm以上。极耐寒。叶小，圆形至卵形。柔荑花序黄色或黄绿色，较小，春季开放。喜湿润的土壤。适生于岩石园。

露珠柳 *S. irrorata* 落叶灌木。直立。高3m，冠径5m。极耐寒。叶狭长圆形，亮绿色，具光泽。嫩枝紫色，冬季被白粉。早春至仲春柔荑花序先叶开放，花药红色，后呈黄色。

🏆**羊毛柳 *S. lanata***，见156页。**'Stuartii'** 见*S.* 'Stuartii'。

青藏垫柳*S. lindleyana*落叶灌木。丛生，匍匐状，匍匐茎较长。高2～3cm，冠径40cm或更大。耐寒。叶小，狭卵形至线形，暗绿色，在小枝上密生。柔荑花序粉红褐色，长1cm，春季开放。适栽于岩石园或河岸。喜半阴环境和潮湿的土壤。常和分叉柳*S. furcata* (*S. fruticulosa, S. hylematica*) 混淆。但分叉柳 (*S. furcata*) 株形更疏松，枝开展，有时直立。

🏆**大叶柳 *S. magnifica*** 落叶灌木。直立。高5m，冠径3m。极耐寒。叶大，蓝绿色，似木兰属植物叶。柔荑花序着生在红色粗枝上，绿色，细长。

***S. matsudana* 'Tortuosa'** 见*S. babylonica* var. *pekinensis* 'Tortuosa'。

***S.* 'Melanostachys'** 见*S. gracilistyla* 'Melanostachys'。

S. moupinensis of gardens见*S. fargesii*。

五蕊柳 *S. pentandra* (Bay willow) 落叶大灌木或小乔木。树冠宽阔，多分枝。高和冠径均为10m。极耐寒。叶卵形，绿色，具光泽，背面浅蓝色。夏初植株全叶时开柔荑花序，雄花亮黄色，雌花灰绿色。

地中海紫柳 *S. purpurea* (Purple osier) 落叶灌木。丛生。冠开张。高和冠径均为5m。极耐寒。叶狭长圆形，深绿色。柔荑花序灰色，雄性花药黄色，雄花序和雌花序同时着生在细长、通常呈紫色的嫩枝上，春季先叶开放。**'矮生' 'Nana'** (*S. p.* f. *gracilis*, *S. p.* 'Gracilis') 高和冠径均为1.5m。茂密。叶银灰色。适于作绿篱。

匍匐柳 *S. repens*，见156页。

🏆**网皱柳 *S. reticulata***，见370页。

🏆**'巴斯福特'橙枝柳*S.* × *rubens* 'Basfordiana'** 落叶乔木。株形开张。高15m，冠径10m。极耐寒。冬季嫩枝亮橘黄色。嫩叶狭长，灰绿色，夏季呈亮绿色，具光泽。柔荑花序，黄绿色，早春开放。

***S. sachalinensis* 'Sekka'** 见*S. udensis* 'Sekka'。

🏆**金垂柳 *S.* × *sepulcralis* var. *chrysocoma*** (*S. alba* 'Tristis' of gardens, *S.* 'Chrysocoma')，见74页。

'斯图尔特'柳 *S.* 'Stuartii' (*S. lanata* 'Stuartii') 落叶灌木。生长缓慢。开张。高1m，冠径2m。极耐寒。冬芽黄色。叶卵圆形，多毛，灰白色。花芽橘黄色，柔荑花序灰绿色，粗大，春季与叶同期开放。

'扇尾'于登柳*S. udensis* 'Sekka' (*S. sachalinensis* 'Sekka') 落叶灌木。株形开张。高5m，冠径10m。极耐寒。嫩枝平，冬季红色。叶披针形，具光泽，亮绿色。柔荑花序银灰色，早春开放。

***S. vitellina* 'Pendula'** 见*S. alba* 'Tristis'。

美人襟属（猴面花属）SALPIGLOSSIS

茄科 SOLANACEAE

二年生草本。通常作一年生栽培。既可为道边增添色彩，也可作温室植物栽培。半耐寒。喜光照及肥沃、排水良好的土壤。枝干需要支撑，定期摘心。早春温室内播种繁殖，若为了冬季在室内开花，需于秋初播种。易受蚜虫危害。

美人襟（猴面花）包列罗杂种群 *S. sinuata* Bolero Hybrids 一组多分枝、生长较快、株形直立的一年生草本。高60cm，冠径30cm。叶披针形，浅绿色。夏季或初秋开花，花朵向外开张，喇叭状，花瓣上脉纹明显，花径5cm，拥有丰富多变的花色。🏆**卡西诺系列 Casino Series**，见329页。**'友谊' 'Friendship'** 花朝上，花色丰富。

鼠尾草属 SALVIA

Sage

唇形科 LABIATAE/LAMIACEAE

一、二年生或多年生草本，常绿、半常绿灌木或亚灌木。种植以观赏其筒状、二唇形、色彩亮丽的花和芳香的叶。部分种的叶可用作调味品。极耐寒至不耐寒，耐最低温度5℃。喜光照及肥沃、排水良好的土壤。多年生种类，春季分株繁殖，多年生草本、灌木和亚灌木，仲夏采用嫩枝扦插，半耐寒一年生草本早春在温室内播种繁殖，极耐寒种类仲春室外播种繁殖。

睫叶鼠尾草 *S. blepharophylla* 多年生草本。具根茎。株形开张。高和冠径均为45cm。不耐寒。叶卵形，具光泽，深绿色。总状花序，细长，花亮红色，花萼栗色，夏秋季开放。

糙叶鼠尾草 *S. bulleyana* 多年生草本。莲座基生。高和冠径均为60cm。极耐寒。叶多，基生，阔卵形，粗糙，叶脉明显，深绿色。总状花序，似荨麻属植物，花黄色，唇部栗色，夏季开放。

白花一串蓝 *S. farinacea* f. *alba* 多年生草本。直立，较速生，作一年生栽培。高1m，冠径30cm。半耐寒。叶披针形，中绿色。穗状花序，花白色，夏季开放。**'白萼' 'Strata'** 有白色花萼和蓝色花。🏆**'维多利亚' 'Victoria'**，见332页，亦有矮生型。

🏆**辉红鼠尾草 *S. fulgens***，见166页。

S. grahamii 见*S. microphylla* var. *microphylla*。

秋鼠尾草 *S. greggii* 常绿亚灌木。直立。高1m，冠径60cm。不耐寒。叶狭长圆形，深绿色。总状花序顶生，花亮红紫色，秋季开放。

S. haematodes 见*S. pratensis* Haematodes Group。

S. horminum 见*S. viridis*。

🏆**总苞鼠尾草 *S. involucrata*** 多年生草本。丛生。基部木质化。高60～75cm或更多，冠径1m。半耐寒。叶卵圆形，中绿色。总状花序，花大，深玫瑰红色，夏末及秋季开放。**'伯舍尔' 'Bethellii'**，见231页。

毛唇鼠尾草 *S. jurisicii* 多年生草本。莲座状。高45cm，冠径30cm。极耐寒。枝条上密布中绿色叶片，分裂成小叶，4～6对，线形。总状花序，花蓝紫色，倒垂，夏初开放。

🏆**白花鼠尾草*S. leucantha*** (Mexican bush sage) 常绿灌木。直立，分枝密。高和冠径均为60cm或更多。不耐寒。叶狭披针形，具微皱，上面深绿色，叶背生白色绒毛。穗状花序顶生，花白色，覆毛，花萼紫色，夏季至秋季开放。

小叶鼠尾草 *S. microphylla* var. *microphylla* (*S. grahamii*) 常绿灌木。直立，分枝密。高和冠径均为1～1.2m。半耐寒，5℃以下生长最好。叶卵形至椭圆形，中绿色至深绿色。总状花序，花深红色，逐渐变为紫色，花萼微带紫红色，夏末或秋季开花。**绯花小叶鼠尾草**var. ***neurepia***，见166页。

森林鼠尾草*S. nemorosa* (*S. virgata* var. *nemorosa*) 多年生草本。丛生，株形优美。高1m，冠径45cm。极耐寒。叶狭卵形，粗糙，中绿色。总状花序具分枝，花密生，蓝紫色，夏季开放。**'East Friesland'** 见*S. n.* 'Ostfriesland'。🏆**'卢贝卡' 'Lubecca'** 高45cm，矮生类型。🏆**'东弗里斯兰' 'Ostfriesland'** (*S. n.* 'East Friesland') 高75cm，株形较小。

药用鼠尾草（撒尔维亚）*S. officinalis* (Sage)。🏆**'黄斑' 'Icterina'**，见177页。🏆**'紫芽' 'Purpurascens'** 常绿或半常绿灌木。丛生。高60cm，冠径1m。耐寒。叶长圆形，灰绿色，可用于烹调，嫩叶紫红色。总状花序，花蓝紫色，夏季开放。

🏆**'剑桥蓝'长蕊鼠尾草*S. patens* 'Cambridge Blue'**，见287页。

🏆**草原鼠尾草血红群 *S. pratensis* Haematodes Group** (*S. haematodes*) 多年生草本。寿命较短。莲座状。高1m，冠径45cm。极耐寒。叶大，阔卵形，粗糙，边缘波状，具锯齿，深绿色。圆锥花序，花多，淡紫色，初夏开放。

土耳其鼠尾草*S. sclarea* var. *turkestanica*，见330页。

一串红 *S. splendens* 多年生草本或常绿亚灌木。丛生，生长缓慢，作一年生栽培。高30cm，冠径20～30cm。半耐寒。叶卵形，具锯齿，鲜绿色。总状花序，花稠密，鲜红色，夏季至秋初开放。**'布莱兹之火' 'Blaze of Fire'** 花醒目，猩红色。**晚花五彩系列 Cleopatra Series** ('橙红花' 'Salmon'，见321页；'紫罗兰色' 'Violet'，见331页)。有混合色或单色等多种花色。**'兰波' 'Rambo'** 植株丛生，生长健壮，较高，达60cm。叶深绿色。花鲜红色。🏆**'红彩' 'Red Riches'** (*S. s.* 'Ryco') 冠径30～40cm。叶深绿色，花鲜红色。**'Ryco'** 见*S. s.* 'Red Riches'。🏆**'红皇' 'Scarlet King'**，见328页。**早花五彩系列Sizzler Series**，见327页。

🏆**华丽鼠尾草（紫萼鼠尾草）*S.* × *superba*** 多年生草本。丛生。株形直立，多分枝。高60～90cm，冠径45～60cm。极耐寒。叶披针形至椭圆形，叶缘扇形皱褶，中绿色，背面被少量绒毛。总状花序顶生，细长，花淡紫色或紫色，长达1.5cm，仲夏至初秋开放。🏆**'五月之光' 'Mainacht'** (*S.* × *s.* 'May Night')，见252页。

🏆**沼生鼠尾草 *S. uliginosa*** (Bog sage) 多年生草本。株形优美，直立，多分枝。高2m，冠径45cm。半耐寒。叶椭圆形至披针形，边缘具锯齿，中绿色。总状花序较长，花轮生，亮蓝色，秋季开放。喜湿润土壤。

S. virgata* var. *nemorosa 见*S. nemorosa*。

彩苞花 *S. viridis* (*S. horminum*)，见331页。**'布凯' 'Bouquet'** (*S. v.* 'Monarch Bouquet') 一年生草本。株形直立。生长较快。多分枝。高45～50cm，冠径23cm。叶卵圆形至长椭圆形。极耐寒。花序穗状开于枝顶，花管状，唇形，苞片蓝色、玫瑰红色、白色、深红色或紫色，夏季或初秋开放。也有单色品种。**多枝系列 Claryssa Series**苞片多种颜色，包括白色、粉色、紫色和蓝色。**'Monarch Bouquet'** 见

S. v.‘Bouquet’。**‘牛津蓝’‘Oxford Blue’**高30cm。苞片蓝紫色。

槐叶苹属 SALVINIA

槐叶苹科 SALVINIACEAE

多年生落叶飘浮水生蕨类植物。在热带或水族馆中常绿。不耐寒，耐最低温度10～15℃。在温水及光照充足条件下生长良好。当植株过分密集时可除去枯叶及细弱植株。夏季分株繁殖。

耳状槐叶苹 *S. auriculata*，见449页。

槐叶苹 *S. natans* 多年生落叶漂浮水生植物。冠径不定。叶卵形，伸长，中绿色，生于分枝的茎上。耐寒能力较其他种强，通常被栽培于冷水水族馆。

接骨木属 SAMBUCUS
Elder

忍冬科 CAPRIFOLIACEAE

多年生草本、落叶灌木或乔木。为观赏其叶、花、果而栽培。极耐寒。喜光照和肥沃、湿润的土壤。为了获得最好的观叶效果，可于冬季靠地面平茬或将老枝全部剪除，并将幼枝短截1/2。夏季软枝扦插，秋季播种繁殖或冬季硬枝扦插繁殖。部分类型只能通过扦插繁殖。食用其任何部分均会引起强烈不适，但果实烹调后可食，接触其叶会引起皮肤过敏。

加拿大接骨木 *S. canadensis* (American elder)。**‘黄叶’‘Aurea’**落叶灌木。株形直立。高和冠径均为4m。叶大，金黄色，通常有小叶7枚，长椭圆形。顶生头状花序，圆头状，花小，星状，乳白色至白色，夏初开放。果实球形，红色。

西洋接骨木 *S. nigra* (Common elder)。**🏆‘黄叶’‘Aurea’** (Golden elder)落叶灌木。丛生。高和冠径均为6m。枝条粗壮，有栓皮。叶金黄色，小叶通常5片，卵形。头状花序，平展，花芳香，星状，乳白色至白色，夏初开放。果实球形，黑色。**🏆‘紫叶’‘Guincho Purple’**幼叶暗绿色，成熟后紫黑色。花柄紫色，花蕾粉红色，花内部白色，外部粉红色。

欧洲接骨木 *S. racemosa* (Red-berried elder) 落叶灌木。丛生。高和冠径均为3m。复叶中绿色，通常有5片小叶，卵形。花簇生，花簇浓密，圆锥形，花星状，乳白色至黄色，仲春开放。果实球形，红色。**‘羽毛’‘Plumosa’**叶有分裂，小叶具锯齿。**‘金羽’‘Plumosa Aurea’**叶分裂，小叶均具锯齿，幼叶青铜色，成熟后为金黄色。

金鸡蜡属（金脉木属、黄脉爵床属）SANCHEZIA

爵床科 ACANTHACEAE

多年生常绿草本，灌木和攀缘植物。多夏季开花。为观其花和叶而栽培。不耐寒，耐最低温度15～18℃。喜全光照或半阴及肥沃、排水良好的土壤。对盆栽植株在生长季节要大量浇水，其他季节少浇水。对幼株摘心以促进分枝。春季或夏季用嫩枝扦插繁殖。易被粉虱和软介壳虫危害。

S. nobilis of gardens见*S. speciosa*。

金鸡蜡（金脉木，黄脉爵床）***S. speciosa***（*S. nobilis* of gardens），见177页。

Sand phlox见*Phlox bifida*，见381页。

提灯花属 SANDERSONIA

秋水仙科／百合科 COLCHICACE/LILIACEAE

单种属。落叶攀缘植物。具块茎。花壶状，夏季开花。半耐寒，需采取保护措施。喜光照充足条件和排水良好的土壤。需木棍或竹子支撑。冬季将块茎挖出。春季播种或利用块茎自然分生繁殖。

提灯花 *S. aurantiaca*，见423页。

Sandwort 见 *Arenaria*。

血根草属 SANGUINARIA

罂粟科 PAPAVERACEAE

单种属。多年生草本。具根茎。春季开花。极耐寒。喜光照充足或半阴及腐殖质丰富、湿润、但排水良好的土壤。夏季分根茎或秋季播种繁殖。

血根草（血罂粟）***S. canadensis***，见363页。**🏆‘重瓣’‘Plena’**(*S. c.*‘Flore Pleno’）多年生草本。丛生。具根状茎。肉质地下茎被切割时会渗出红色液体。高15cm，冠径30～45cm。叶较大，圆形至心形和扇形，灰绿色，叶背具白粉。花白色，圆球状，重瓣，春季开放，花期短，花后展叶。

地榆属 SANGUISORBA
Burnet

蔷薇科 ROSACEAE

多年生草本。主要为观赏瓶刷状花序而栽培。极耐寒。喜光照和潮湿的土壤。春季分株或秋季播种繁殖。

加拿大地榆 *S. canadensis*，见226页。

日本地榆 *S. obtusa* 多年生草本。丛生。高1～1.2m，冠径60cm。小叶卵形，对生，上面浅绿色，背面蓝绿色。穗状花序，着生拱形枝上，花深玫瑰红色。

地榆 *S. officinalis* (Great Burnet) **‘Rubra’** 多年生草本。丛生。高1.2m，冠径60cm。叶中绿色，分裂成卵形小叶。穗状花序位于密生叶片之上，较小，花棕红色，夏末开放。

虎尾兰属 SANSEVIERIA

龙舌兰科／龙血树科 AGAVACEAE/DRACAENACEAE

多年生常绿草本。具根茎。主要为观赏其莲座状、坚硬、肉质叶而栽培。不耐寒，耐最低温度10～15℃。对光照条件要求不严格，只要不浇水过度，易在多种土壤条件下栽培。夏季叶插或分株繁殖。

筒叶虎尾兰（棒叶虎尾兰，圆柱虎尾兰）***S. cylindrica*** 多年生常绿草本。具根状茎，地上部无茎。高45cm～1.2m，冠径10cm。叶丛莲座状，叶5枚，先端披针形，坚硬，直立，肉质，叶长1.2m，暗绿色，具较暗水平带状条纹。总状花序，花管状，6浅裂，多粉红色或白色。

虎尾兰 *S. trifasciata* (Mother-in-law's tongue) 多年生常绿草本。具根茎，地上部无茎。高45cm～1.2m，冠径10cm。叶丛莲座状，叶5枚，尖披针形，坚硬，直立，肉质，叶长1.2m，具有暗绿色或黄色带状水平条纹。总状花序，花管状，6浅裂，绿色。**🏆‘黄纹短叶’‘Golden Hahnii’**，见305页。**🏆‘短叶’‘Hahnii’**，见303页。**🏆‘金边短叶’‘Laurentii’**，见267页。

圣麻属（棉杉菊属）SANTOLINA

菊科 ASTERACEAE/COMPOSITAE

常绿灌木。夏季开放。主要为观赏其芳香的叶和着生于长茎上的纽扣状花序而栽培。耐寒。喜光照和不太肥沃但排水良好的土壤。秋季剪去残花序并将长枝短截，每年春季重剪分叉的老枝。夏季用半成熟枝扦插繁殖。

🏆圣麻（棉杉菊）***S. chamaecyparissus***（*S. incana*）(Cotton lavender, Lavender Cotton) 常绿灌木。株形圆球状，密生。高75cm，冠径1m。新梢白色，被毛。叶白色，狭长椭圆形，边缘具细锯齿。头状花序亮黄色，仲夏和夏末开放。

S. incana 见 *S. chamaecyparissus*。

S. neapolitana 见*S. pinnata* subsp. *neapolitana*。

羽裂圣麻 *S. pinnata* 常绿灌木。栽培多为**🏆柠檬羽裂圣麻** subsp. ***neapolitana***（*S. neapolitana*）圆形灌木。丛生。高75cm，冠径1m。花茎纤细，头状花序柠檬黄色，仲夏开放。叶羽状，具深裂，灰绿色。**‘硫黄’** subsp. ***neapolitana*** **‘Sulphurea’**，见169页。

迷迭香叶圣麻 *S. rosmarinifolia*（*S. virens*）(Holy flax) 常绿灌木。丛生。高60cm，冠径1m。叶亮绿色，具细裂。花茎纤细，头状花序，亮黄色，仲夏开放。**🏆‘淡黄宝石’‘Primrose Gem’**头状花序淡黄色。

S. virens 见 *S. rosmarinifolia*。

蛇目菊属（蛇纹菊属）SANVITALIA

菊科 ASTERACEAE/COMPOSITAE

多年生或一年生草本。极耐寒。喜光照充足、肥沃且排水良好的土壤。春季或秋初室外播种繁殖。

蛇纹菊（蛇目菊，匍匐蛇目菊）***S. procumbens***，见336页。**‘橙红’‘Mandarin Orange’**，见341页。

乌桕属 SAPIUM

大戟科 EUPHORBIACEAE

常绿乔木。外形具观赏性。汁液乳汁状，有毒。不耐寒，耐最低温度5℃。喜光照和肥沃、排水良好的土壤。盆栽植物在生长旺季需大量浇水，其他时期少浇水。可以进行必要的修剪。春季播种或夏季用半成熟枝扦插繁殖。

乌桕 *S. sebiferum* (Chinese tallow tree) 常绿乔木。直立至伸展。速生。高可达8m，冠径4m以上。叶菱形至椭圆形，中绿色，后渐变红色。花簇生，花小，浅黄绿色。果球形，黑色，外被一层白色蜡质。

肥皂草属 SAPONARIA
Soapwort

石竹科 CARYOPHYLLACEAE

一年生或多年生草本。夏季开花。主要为观花而栽培。适宜岩石园、砾石堆或堤岸上栽培。极耐寒。喜光照和排水良好的土壤。春季和秋季播种或夏初嫩枝扦插繁殖。

🏆‘布内新汉姆’肥皂草*S.*‘Bressingham’(*S.*‘Bressingham Hybrid’) 多年生草本。株形松散，垫状。高8cm，冠径10cm。叶小，窄卵形。花聚集成头状，花冠平，亮粉红色，夏季开放。适生于水沟渠边。

丛生肥皂草 *S. caespitosa*，见378页。

🏆岩生肥皂草 *S. ocymoides*，见378页。

‘红重瓣’肥皂草 *S. officinalis* ‘Rubra Plena’(Double soapwort) 多年生草本。株形直立。高达1m，冠径30cm。叶着生于直立的茎上，卵形，粗糙，中绿色。花簇生于花茎上部的叶腋，花较散乱，重瓣，红色，夏季开放。

🏆多花肥皂草*S.* × *olivana*，见376页。

Sapphire berry见*Symplocos paniculata*，见138页。

Sarana, Black见*Fritillaria camschatcensis*，见413页。

假紫堇属 SARCOCAPNOS

罂粟科 PAPAVERACEAE

多年生草本。春季开花。适宜岩石园种植。耐寒。喜光照和排水良好的碱性土壤。春季播种繁殖。

九叶假黄堇 *S. enneaphylla* 多年生草本。株形松散，直立。高和冠径均为15cm。茎纤细，多分枝。叶小，灰绿色，多裂，裂片椭圆形至圆形。总状花序较短，花小，有距，黄白色，先端紫色，春季开放。需防止冬季潮湿。

野扇花属 SARCOCOCCA
Christmas box, Sweet box

黄杨科 BUXACEAE

常绿灌木。主要为观赏其叶、芳香的冬花和球形果实而栽培。花极小，花药部分显著，适宜冬季插花。极耐寒至耐寒。喜光照或庇荫及肥沃、非过分干燥的土壤。夏季用半成熟枝扦插或秋季播种繁殖。

相似野扇花 *S. confusa* 常绿灌木。丛生。枝密集。高和冠径均为1m。极耐寒。叶小，卵形，先端渐尖，暗绿色，有光泽。花极小，白色，冬季开放。果实黑色。

羽脉野扇花（云南野扇花）***S. hookeriana*** 常绿灌木。直立。枝密集，多萌蘖。高1.5m，冠径2m。极耐寒。叶丛生，窄长圆形，先端尖，暗绿色。花极小，白色，腋生，冬季开放。果实黑色。**双蕊野扇花** var. ***digyna***，见174页。var. ***humilis*** 见 *S. humilis*。

小叶野扇花*S. humilis* (*S. hookeriana* var. *humilis*)，见174页。

野扇花 *S. ruscifolia*常绿灌木。直立。枝拱形。高和冠径均为1m。耐寒。叶卵形，暗绿色，有光泽。花乳白色，冬季开放。果实红色。**大叶野扇花** var. ***chinensis*** 叶较窄。

Sargent cherry 见 *Prunus sargentii*，见87页。

Sargent's rowan 见 *Sorbus sargentiana*。

吊钟苣苔属 SARMIENTA

苦苣苔科 GESNERIACEAE

单种属。常绿木质藤本或多年生草本。攀缘或蔓生。适宜吊篮中栽培。半耐寒。喜半阴和湿润、富含腐殖质、不干涸的土壤。春季播种繁殖，夏季或秋季用茎扦插繁殖。

吊钟苣苔 *S. repens* (*S. scandens*) 多年生常绿草本。茎纤细，攀缘。高和冠径均为60cm以上。叶卵形，先端具3～5齿。花小，珊瑚红色，管状，基部狭，口部裂片5个，粉红色，夏季开放。

S. scandens 见 *S. repens*。

瓶子草属 SARRACENIA
Pitcher plant

瓶子草科 SARRACENIACEAE

多年生食虫植物。部分种类常绿。瓶状体先端钩状，为变态叶。不耐寒，耐最低温度5℃。喜光照或半阴和泥炭或苔藓基质。除冬季外，其他时期应保持湿润。春季播种繁殖。

黄花瓶子草 *S. flava*，见290页。

瓶子草*S. purpurea* (Common Pitcher plant，Huntsman's cup) 多年生常绿草本。直立至半匍匐状、莲座状。高30cm，冠径30～38cm。叶瓶状，膨大，长15cm，绿色，略带淡紫红色，叶脉淡紫红色。花5瓣，紫色，径5cm以上，位于瓶状叶上方，春季开放。

Sarsparilla，Australian 见 *Hardenbergia violacea*。

赤竹属 SASA

禾本科 GRAMINEAE/POACEAE

见禾草类、竹类、灯心草类和莎草类。

S. albomarginata 见 *S. veitchii*。

紫纹赤竹（新拟）***S. palmata*** 常绿竹类。枝伸展。高2m，冠径不定。耐寒。为优美的观叶植物。叶极宽，浓绿色，长达40cm。茎中空，具有紫色条纹，每节具一分枝。穗状花序，不引人注目。

山白竹 *S. veitchii* (*S. albomarginata*)，见306页。

檫木属 SASSAFRAS

樟科 LAURACEAE

落叶乔木。花不引人注目。为观赏其芳香的叶而栽培。极耐寒。喜光照或庇荫和土层深厚、肥沃、排水良好的酸性土壤。秋季播种繁殖或萌蘖繁殖，冬季用根扦插繁殖。

美国檫木（灰白檫木）***S. albidum***，见68页。

Sasaafras

Australian见 *Atherosperma moschatum*。

Tasmanian见 *Atherosperma moschatum*。

Satin flower，New Zealand 见 *Libertia grandiflora*，见239页。

塔花属 SATUREJA

唇形科 LABIATAE/LAMIACEAE

一年生草本、多年生半常绿草本或亚灌木。夏季开花。为观赏其浓香的叶和引人注目的花而栽培。适宜栽培于岩石园和干燥的堤岸。极耐寒。喜光照和排水良好的土壤。冬季或春季播种繁殖或夏季软枝扦插繁殖。

塔花 *S. montana* (Winter savory) 多年生半常绿草本或亚灌木。直立。高30cm，冠径20cm以上。叶线形至卵形，绿色或淡灰绿色，芳香。松散轮伞花序，花管状，淡紫色，二唇形，夏季开放。**'平卧白' 'Prostrate White'** 高7～15cm。匍匐状。花白色。

斑龙芋属 SAUROMATUM

天南星科 ARACEAE

多年生草本。具块茎。春季开花。佛焰苞管状，扩大为波状、扭曲的叶片状。块茎可在脱离土壤或干燥条件下先叶开放。不耐寒，耐最低温度5～7℃。喜阴、半阴和腐殖质丰富、排水良好的土壤。夏季需水分充足。冬季休眠时应保持土壤干燥或将球茎挖出。春季用小块茎繁殖。

S. guttatum 见 *S. venosum*。

斑龙芋 *S. venosum* (*S. guttatum*)，见413页。

三白草属 SAURURUS

三白草科 SAURURACEAE

多年生落叶草本。生于沼泽或浅水中。为观赏其叶而栽培。极耐寒。喜光照，耐半阴。去除枯叶和分生植株以保持植株旺盛生长。春季分株繁殖。

美国三白草（垂穗三白草）***S. cernuus***，见447页。

Sausage tree 见 *Kigelia africana*。

Savin 见 *Juniperus sabina*。

Savory, Winter 见 *Satureja montana*。

Saw palmetto 见 *Serenoa repens*。

Sawara cypress见 *Chamaecyparis pisifera*。

Sawfly orchid 见 *Ophrys tenthredinifera*，见297页。

Sawtooth oak 见 *Quercus acutissima*。

智利杉属 SAXEGOTHAEA

罗汉松科 PODOCARPACEAE

见针叶树。

智利杉 *S. conspicua* (Prince Albert's yew) 针叶树。温带地区其树冠圆锥形，寒冷地区多为灌丛状。高5～15m，冠径4～5m。极耐寒。叶针形，扁平，暗绿色，轮生于枝端。球果肉质，灰绿色。

虎耳草属 SAXIFRAGA
Saxifraga

虎耳草科 SAXIFRAGACEAE

多年生常绿或半常绿草本。常呈莲座状。为观赏其花和引人注目的叶而栽培。极适宜岩石园、种植床和高山植物温室栽培。极耐寒至半耐寒。秋季播种繁殖或冬季用带根的短匍茎繁殖。从栽培上来说，虎耳草可进行如下分组：

组1：需防止中午阳光直射和土壤过湿。

组2：喜半阴和排水良好的土壤。在岩石和碎石堆上生长良好。

组3：在排水良好的岩穴、水槽和高山植物温室盆栽时主长茂盛。需防止中午阳光直射，根部不能干燥。多数类型呈紧密铺地状。初春开花，花梗稍高于叶丛。

组4：喜全光照和排水良好的碱性土壤。适合岩穴栽植。多数种类叶坚硬，表面被石灰质。

番杏虎耳草 *S. aizoides* 多年生常绿草本。呈松散铺地状。高15cm，冠径30cm以上。极耐寒。叶小，窄卵形，肉质，有光泽，绿色。总状花序顶生，花星状，亮黄色或橘红色，常具红色斑点，花梗长8cm，春夏季开放。属栽培组1。

S. aizoon 见 *S. paniculata*。

'克兰伯恩' 英国虎耳草 *S. × anglica* 'Cranbourne' (*S.* 'Cranbourne') 多年生常绿草本。铺地状。高和冠径均为12cm。极耐寒。叶丛莲座状，叶绿色，长条形。花梗短，花单生，杯状，淡紫色，位于叶上方，初春开放。在高山植物温室内栽培时花梗较长。属栽培组3。

'格雷戈里·门德尔' 短尖虎耳草 *S. × apiculata* 'Gregor Mendel' (*S.* 'Gregor Mendel')，见371页。属栽培组2。

***S.* 'Arco'** 见 *S. × arco-valleyi* 'Arco'。

'阿可' 虎耳草 *S × arco-valleyi* 'Arco'(*S.* 'Arco') 多年生常绿草本。密集铺地状。高和冠径均为10cm。极耐寒。叶丛莲座状，叶长圆形至线形。花杯状至平展，淡紫色，花瓣先端向上翻，刚露出叶丛，初春开放。属栽培组3。

***S.* 'Aretiastrum'** 见 *S.* 'Valerie Finnis'。

'鲍勃·霍金斯' 虎耳草 *S.* 'Bob Hawkins' 多年生常绿草本。叶呈松散的莲座状。高2.5～5cm，冠径 15cm。极耐寒。叶卵形，绿色，具白色斑点。花茎长 5cm。花圆球形，浅绿色，花瓣先端向上翻，夏季开放。属栽培组1。

'藏头苗' 波氏虎耳草*S. × boydii* 'Hindhead Seedling'，见371页。属栽培组2。

***S.* 'Brookside'** 见 *S. burseriana* 'Brookside'。

S. brunoniana 见 *S. brunonis*。

布鲁诺虎耳草 *S. brunonis* (*S. brunoniana*) 多年生半常绿草本。莲座状。高10cm，冠径20cm。耐寒。叶丛小，叶披针形，坚硬，绿色。长匐茎多而长，线状，红色。冬季当大的红色顶芽形成时多数莲座状叶丛枯死。总状花序短，花5瓣，伸展，淡黄色，花茎长5～8cm 春末至夏季开放。栽培较为困难。属栽培组1。

伯舍虎耳草 *S. burseriana*，见363页。**'布鲁克塞' 'Brookside'**(*S.* 'Brookside')多年生常绿草本。坚硬，铺地状。生长慢。高2.5～5cm，冠径达10cm。极耐寒。叶宽线形，先端锐尖，灰绿色。花茎较短，红色。花圆球形，浅杯状，亮黄色，花瓣向上翻卷。**'圆齿' 'Crenata'**（*S.* 'Crenata'），花瓣白色，具须边，花萼红色，初春开放。🏆**'华丽' 'Gloria'**（*S.* 'Gloria'）茎暗淡红色至棕色，每茎上具花1～2朵。花萼红色，花瓣白色，春末开放。属栽培组3。

🏆**硬叶虎耳草 *S. callosa***（*S. lingulata*）多年生常绿草本。呈密集莲座状。高25cm，冠径达20cm。极耐寒。叶长线形，坚硬，被石灰质。圆锥花序，直立，后为拱形，花星状，白色，具红色斑点，初夏开放。花后莲座状叶丛枯死，新的莲座状叶丛每年从短的匍匐茎再生。属栽培组4。

匙叶虎耳草 *S. cochlearis* 多年生常绿草本。莲座状。高20cm，冠径25cm。极耐寒。叶勺形，绿色，边缘白色。圆锥花序松散，花圆形，白色，花瓣常具红色斑点，初夏开放。🏆**'小型' 'Minor'**，高和冠径均为12cm。莲座状叶丛软。花茎红色。圆锥花序松散，花白色，常具红色斑点。适宜栽培于水槽中。属栽培组4。

S. cortusifolia* var. *fortunei 见 *S. fortunei* 。

圣塔虎耳草 *S. cotyledon*，见352页。属栽培组2。

S. 'Cranbourne' 见*S.* × *anglica* 'Cranbourne'。

S. 'Crenata' 见 *S. burseriana* 'Crenata'。

楔叶虎耳草 *S. cuneifolia*，见351页。属栽培组1。

'伊丽莎白' 虎耳草 *S.* 'Elizabethae'（*S.* × *elizabethae*），见371页。属栽培组2。

麝香虎耳草 *S. exarata* subsp. *moschata*（*S. moschata*）多年生常绿草本。呈疏松至紧密的圆丘状。高和冠径均为10cm。极耐寒。叶丛莲座状，叶小，绿色，披针形，有时具3齿。花星状，乳白色至暗黄色，2～5朵生于细长的茎上，夏季开放。**'金叶' 'Cloth of Gold'**，见391页。属栽培组1。

🏆**巴尔干虎耳草 *S. ferdinandi-coburgi*** 多年生常绿草本。铺地状。高和冠径均为15cm。极耐寒。叶丛莲座状，叶线形，具刺，灰绿色。花茎长3～10cm，总状花序，花阔杯状，浓黄色，初春开放。属栽培组3。

🏆**福氏虎耳草 *S. fortunei***（*S. cortusifolia* var. *fortunei*）多年生半常绿草本。丛生。高和冠径均为30cm。极耐寒。叶圆形，5或7裂，肉质，绿色或淡棕绿色，背面红色。圆锥花序，花极小，似蛾状，白色，花5瓣，4枚大小相等，1枚较长，生于直立的花茎上，秋季开放。春季分株繁殖。**'红叶' 'Rubrifolia'** 花茎暗红色。叶暗红绿色，背面甜菜根红色。属栽培1。

🏆**'怀斯尼变异' 石莲虎耳草 *S. frederici-augustii* subsp. *grisebachii* 'Wisley Variety'**（*S. grisebachii* 'Wisley Variety'），见367页。属栽培组4。

繁星虎耳草 *S.* × *geum*，见347页。属栽培组1。

S. 'Gloria' 见 *S. burseriana* 'Gloria'。

颗粒虎耳草 *S. granulata*（Fair maids of France, Meadow saxifrage），见346页。**'重瓣' 'Plena'** 多年生草本。丛生。高23～38cm，冠径达15cm以上。极耐寒。叶肾形，有光泽，淡绿色至中绿色，花后不久即脱落。圆锥花序松散，花大，圆形，重瓣，白色，春末或夏初开放。叶基部形成珠芽或休眠芽。属栽培组1。

S. 'Gregor Mendel' 见*S.* × *apiculata* 'Gregor Mendel'。

***S. grisebachii* 'Wisley Variety'** 见*S. frederici-augustii* subsp. *grisebachii* 'Wisley Variety'。

硬毛虎耳草*S. hirsuta*，见347页。属栽培组1。

S. 'Irvingii' 见*S.* × *irvingii* 'Walter Irving'。

🏆**'詹金斯' 欧文虎耳草 *S.* × *irvingii* 'Jenkinsiae'**（*S.* 'Jenkinsiae'），见365页。属栽培组2。**'瓦尔特·欧文' 'Walter Irving'**（*S.* 'Irvingii'）多年生常绿草本。坚硬，半球形。生长极慢。高2cm，冠径8cm。极耐寒。叶丛莲座状，叶小。花杯状，淡紫色至粉红色，无梗，初春开放。属栽培组3。

S. 'Jenkinsiae' 见 *S.* × *irvingii* 'Jenkinsiae'。

硬叶虎耳草 *S. lingulata* 见 *S. callosa*。

长叶虎耳草 *S. longifolia* 多年生草本。呈莲座状。高60cm，冠径20～25cm。极耐寒。叶丛引人注目，叶窄而长，被石灰质，形成艳丽的莲座。3～4年后开花，圆锥花序长，呈拱形，圆锥状或圆柱状，花多数，圆形，5瓣，白色，春末和夏季开放。花后莲座状叶丛死亡，无子莲座叶丛形成。春季或秋季播种繁殖。栽培时易与其他相近种杂交。属栽培组4。

S. moschata 见 *S. exarata* subsp. *moschata* 。

对叶虎耳草 *S. oppositifolia*，见366页。**'鲁思·德雷伯' 'Ruth Draper'** 多年生常绿草本。松散铺地状。高2.5～5cm，冠径15cm。极耐寒。叶小，对生，长椭圆形至卵形，暗绿色，具白色斑点，密生于平卧的茎上。花大，杯状，深紫色至粉红色，稍露出叶丛，初春开放。喜泥炭质土壤。属栽培组1。

圆锥虎耳草 *S. paniculata*（*S. aizoon*）多年生常绿草本。呈密集的莲座状叶丛。高15～30cm，冠径20cm。极耐寒。叶椭圆形至卵形，被石灰质。圆锥花序松散，花圆形，常白色，具淡紫红色斑点或无，生于直立的花茎上，夏季开放。花的大小多变，花色也有淡黄色或淡粉红色。属栽培组4。

报春花虎耳草 *S.* × *primulaize*（*S.* 'Primulaize'）多年生常绿草本。呈松散的莲座状。高和冠径均为15cm。极耐寒。叶极小，窄卵形，缘具浅锯齿，肉质。花茎长5～8cm，具分枝，花星状，鲜肉色至粉红色，夏季开放。属栽培组1。

神圣虎耳草 *S. sancta*，见371页。属栽培组2。

S. sarmentosa 见 *S. stolonifera*。

沙尔山虎耳草 *S. scardica*，见362页。属栽培组3。

长生虎耳草 *S. sempervivum*，见367页。属栽培组3。

🏆**'南边苗' 虎耳草 *S.* 'Southside Seedling'**，见352页。属栽培组4。

🏆**虎耳草 *S. stolonifera***（*S. sarmentosa*）（Mother of thousands）多年生常绿草本。平卧状，具长匍匐茎。高15cm以上，冠径30cm以上。极耐寒。叶大，圆形，浅裂，被毛，橄榄绿色，背面淡紫红色，叶脉银白色。圆锥花序松散，花极小，似蛾状，白色，花5瓣，4枚大小相等，1枚较长，生于细长而直立的花茎上，夏季开放。为极好的地被植物。🏆**'三色' 'Tricolor'**（*S.* 'Tricolor'；Strawberry geranium）叶红绿色相间，具银白色斑点。半耐寒。属栽培组1。

紫序虎耳草 *S. stribrnyi*，见368页。属栽培组3。

S. 'Tricodor' 见 *S. stolonifera* 'Tricolor'。

🏆**'瀑布' 虎耳草 *S.* 'Tumbling Waters'**，见347页。属栽培组4。

🏆**伦敦虎耳草 *S.* × *urbium***（London pride）多年生常绿草本。呈莲座状，伸展。高30cm，冠径不确定。极耐寒。叶绿色，匙形，具齿，革质。花多，极小，星状，白色，有时微带粉红色，具红色斑点，夏季开放。为很好的地被植物。属栽培组1。

'强边' 虎耳草*S.* 'Valerie Finnis'（*S.* 'Aretiastrum'）多年生常绿草本。呈坚硬铺地状。高和冠径均为10cm。极耐寒。茎短，红色。叶卵形，绿色，密集成莲座状叶丛。花杯状，黄绿色，花瓣向上翻卷，春季开放。属栽培组3。

Saxifrage 见 *Saxifraga*。

Meadow 见 *Saxifraga granulata*，见346页。

Purple mountain 见 *Saxifraga oppositifolia*，见366页。

蓝盆花属（山萝卜属）
SCABIOSA
Scabious

川续断科 DIPSACACEAE

一年生或多年生草本。部分种常绿。其头状花序为良好的切花材料。极耐寒至耐寒。喜光照和肥沃、排水良好的碱性土壤。一年生草本春季播种繁殖，多年生草本夏季用基生嫩枝扦插繁殖、秋季播种繁殖或初春分株繁殖。

S. arvensis 见 *Knautia arvensis*。

紫盆花（蜂窝花，轮锋菊，松虫草）***S. atropurpurea***（Sweet scabious）一年生草本。直立。丛生。生长速度中等。高达1m，冠径20～30cm。极耐寒。叶披针形，浅裂，中绿色。头状花序半球状，花芳香，针垫状，深红色，径5cm，生于细长而坚韧的花茎上，夏季和早秋开放。高型品种株高达1m，矮型品种株高45cm，花色有蓝色、紫色、红色、粉红色或白色。

🏆**'克莱夫胫甲' 高加索蓝盆花 *S. caucasica* 'Clive Greaves'**，见285页。**'花后' 'Floral Queen'** 多年生草本。丛生。高和冠径均为60cm。极耐寒。基生叶披针形，亮绿色，茎生叶有分裂。头状花序大，具饰边，蓝紫色，花心针垫状，夏季持续开放。🏆**'威尔莫特小姐' 'Miss Willmott'** 花乳白色。

S. columbaria* var. *ochroleuca 见 *S. ochroleuca*。

禾叶紫盆花 *S. graminifolia* 多年生常绿草本。丛生，基部常木质化。高和冠径均为15～25cm。耐寒。叶窄成簇，禾草叶状，先端尖，具银白色毛。头状花序球形，花淡蓝紫色至淡紫色，生于坚硬的花茎上，夏季开放。忌移植。适宜栽培于岩石园中。

亮叶紫盆花*S. lucida*，见355页。

黄盆花 *S. ochroleuca*（*S. columbaria* var. *ochroleuca*）多年生草本。丛生。高和冠径均为1m。极耐寒。叶窄卵形，灰绿色，缘具齿。头状花序多数，美丽，具饰边，硫黄色，花针垫状，生于分枝的花茎上，夏末开放。

S. rumelica 见 *Knautia macedonica*。

Scabious 见 *Knautia arvensis*；*Scabiosa*。

Giant 见 *Cephalaria gigantea*。

Sweet 见*Scabiosa atropurpurea*。

Yellow 见 *Cephalaria gigantea*。

虎耳兰属（血百合属）
SCADOXUS

石蒜科／百合科
AMARYLLIDACEAE/LILIACEAE

鳞茎类植物。伞形花序，多密集成球状，花红色。不耐寒，耐最低温度10～15℃。喜半阴和富含腐殖质、排水良好的土壤。冬季非旺盛生长期少浇水。春季播种繁殖或用小鳞茎繁殖。

虎耳兰（血百合，网球花）***S. multiflorus***（*Haemanthus multiflorus*）鳞茎类植物。夏季开花。高达70cm，冠径30～45cm。叶基生，宽披针形，半直立。伞形花序呈球状，径10～15cm，花达200朵，花瓣窄。🏆**凯氏虎耳兰 subsp. *katherinae***（*Haemanthus katherinae*），见401页。

石榴花虎耳兰（新拟）***S. puniceus***（*Haemanthus magnificus, H. natalensis, H. puniceus*）（Royal paintbrush）鳞茎

类植物。春夏季开花。高30～40cm，冠径30～45cm。叶椭圆形，半直立，丛生于基部，叶基部相连成假茎状。伞形花序，呈圆锥状，花管状，橙红色，达100朵，苞片红色，轮生。

Scarlet ball cactus 见 *Parodia haselbergii*，见475页。

Scarlet banana 见*Musa coccinea*。

Scarlet fritillary 见 *Fritillaria recurva*，见396页。

Scarlet oak 见 *Quercus coccinea*，见70页。

Scarlet plume 见 *Euphorbia fulgens*。

Scarlet trompetilla 见 *Bouvardia ternifolia*，见173页。

Scarlet trumpet honeysuckle 见 *Lonicera × brownii*。

Scarlet turkscap lily 见*Lilium chalcedonicum*，见405页。

Scented paper-bark 见*Melaleuca squarrosa*。

鹅掌柴属 SCHEFFLERA (BRASSAIA, HEPTAPLEURUM)

五加科 ARALIACEAE

常绿灌木或乔木。为观其美丽的叶而栽培。半耐寒至不耐寒，耐最低温度3～16℃。喜光照或半阴和肥沃、排水良好但又保湿的土壤。盆栽植株旺盛生长期需大量浇水，其他时期适量浇水。可根据需要修剪。春季空中压条繁殖，夏季用半成熟枝扦插繁殖或秋末用新种子播种繁殖。

🏆**辐叶鹅掌柴**（澳洲鸭脚木，伞树）***S. actinophylla***，见84页。

🏆**鹅掌藤 *S. arboricola*** 常绿灌木或乔木。直立。多分枝。高2～5m，冠径1～3m。不耐寒，耐最低温度15℃。复叶，小叶7～16枚，卵形，具柄，深绿色，有光泽。头状花序小，球形，花极小，绿色，春夏季开放。

指状鹅掌柴 *S. digitata* 常绿灌木或丛状乔木。冠圆球状至卵球状。高和冠径均为3～8m。不耐寒，耐最低温度5℃。掌状复叶，小叶5～10枚，卵形，有光泽，浓绿色。圆锥花序大，顶生，花极小，淡绿色，春季开放。秋季结果，果极小，球状，暗紫色。🏆**孔雀木**（雅致鹅掌柴）***S. elegantissima*** (*Aralia elegantissima, Dizygotheca elegantissima*)，见127页。

木荷属 SCHIMA

山茶科 THEACEAE

单种属。常绿乔木或灌木。株形多变。为观其叶和花而栽培。与山茶属(*Camellia*)亲缘关系较近。不耐寒，耐最低温度3～5℃。喜光照或半阴和腐殖质丰富、排水良好的中性至酸性土壤。盆栽植株在旺盛生长期需大量浇水，其他时期需水量中等。可根据需要修剪。用夏季刚成熟的种子播种繁殖或用半木质化枝扦插繁殖。

西南木荷（蛾眉木荷）***S. wallichii*** 常绿乔木或灌木。冠卵球状。生长旺盛。高25～30m，冠径12m以上。叶椭圆形至长椭圆形，暗绿色，背面带红色晕，叶脉红色，长10～18cm。花单生，白色，杯状，芳香，径4cm，夏末开放。芽具红色晕。

肖乳香属 SCHINUS

漆树科 ANACARDIACEAE

常绿灌木或乔木。主要为观其叶和利用其树阴而栽培。不耐寒，耐最低温度5℃。喜全光照和排水良好的土壤。盆栽植株需水量中等，冬季几乎不需浇水。春季播种繁殖或夏季用半成熟枝扦插繁殖。

柔毛肖乳香 *S. molle* (Californian pepper-tree, Peruvian mastic tree, Peruvian pepper-tree) 常绿乔木。枝下垂。生长快。高和冠径均为8m。叶似蕨类植物的叶，裂片窄披针形，浓绿色，具光泽。花簇开张，花极小，黄色，簇生，冬末至夏季开放。果实粉红色，大小如豌豆。

肖乳香 *S. terebinthifolius* 常绿灌木或乔木。常丛生，枝伸展。高3m以上，冠径2～3m以上。复叶，小叶3～13片，卵形，中绿色至深绿色。花成簇，极小，白色，夏秋开放。果红色，大小如豌豆，只有雌株和雄株相距很近时才结果。

五味子属 SCHISANDRA

五味子科 / 木兰科 SCHISANDRACERE/MAGNOLIACEAE

落叶木质藤本。以茎缠绕攀缘。雌雄异株，因此为了获得果实需将雌株和雄株栽培在一起。植于庇荫的墙边，可整成柱状造型或使其向立柱、篱笆上攀附。耐寒。喜光照或半阴，喜肥沃排水良好的土壤。夏季用绿枝或半成熟枝扦插繁殖。

S. grandiflora var. ***rubriflora*** 见 *S. rubriflora*。

翅茎五味子（翼梗五味子，峨眉五味子）***S. henryi*** 落叶木质缠绕藤本。幼茎具棱和翅，高3～4m。叶绿色，有光泽，卵形或心形。穗状花序下垂，长5～7cm，花小，白色，杯状，春季开放。果球形，肉质，红色，夏末结在雌株上。

红花五味子 *S. rubriflora* (*S. grandiflora* var. *rubriflora*)，见211页。

蝴蝶花属 SCHIZANTHUS
Butterfly flower, poor man's orchid

茄科 SOLANACEAE

一年生草本。为观其艳丽的花而栽培。是极好的盆栽植物。半耐寒至不耐寒，耐最低温度5℃。喜背风向阳的环境和肥沃、排水良好的土壤。对幼树摘心以使其成丛状。夏秋开花。初春温室内播种繁殖，夏末播种可在冬末或春季开花。植株易受蚜虫危害。

亮斑蛾蝶花 *S.* 'Hit Parade'，见322页。

蛾蝶花 *S. pinnatus*，见330页。

'耀星'蛾蝶花 *S.* 'Star Parade' 一年生草本。植株紧凑，呈明显的金字塔状。高20～25cm，冠径23～30cm。不耐寒，耐最低温度5℃。叶浅绿色，似蕨类植物叶。花白色、黄色、粉红色、紫色或红色，初为筒状，然后开张，檐部二唇形，春季到秋季开放。

Schizocentron elegans 见 *Heterocentron elegans*。

裂瓣芥属（新拟）SCHIZOPETALON

十字花科 BRASSICACEAE/CRUCIFERAE

一年生草本。半耐寒。喜光照和肥沃、排水良好的土壤。春季温室内播种繁殖。

杏香裂瓣芥（新拟）***S. walkeri*** 一年生草本。直立。少分枝。中等速生。高45cm，冠径20cm。叶中绿色，深裂。花白色，有杏仁香味，深裂，花瓣具流苏，夏季开放。

钻地风属 SCHIZOPHRAGMA

虎耳草科 HYDRANGEACEAE

落叶木质藤本。以根攀缘。适应于在大树上攀缘。耐寒。在阳光下开花最好，靠北墙植也可生长。喜排水良好的土壤，幼时需绑在支撑物上。春季播种，夏季用绿枝或半成熟枝扦插繁殖。

绣球钻地风 *S. hydrangeoides* (Japanese hydrangea vine) 落叶木质藤本。以根攀缘。高达12m。叶广卵形，长10～15cm。头状花序扁平，径20～25cm，长在下垂的侧枝上，花小，白色或淡黄色，边缘为不育花，具1花萼，卵形或心形，淡黄色，长2～4cm，夏季开放。

🏆**钻地风 *S. integrifolium***，见208页。

S. viburnoides 见*Pileostegia viburnoides*。

裂柱莲属 SCHIZOSTYLIS
Kaffir lily

鸢尾科 IRIDACEAE

多年生草本。花是良好的切花材料。耐寒。喜光照和肥沃、湿润的土壤。每隔几年就需于春季分栽一次，以免过分拥挤。

🏆**'大花'裂柱莲 *S. coccinea* 'Major'** (*S. c.* 'Grandiflora')，见294页。**'赫佳提'裂柱莲 'Mrs Hegarty'** 多年生草本。丛生。具根茎。生长健壮。高60cm，冠径23～30cm。叶中绿色，似禾草状。穗状花序，花浅杯状，淡粉红色，位于叶之上，仲秋开放。🏆**'旭日' 'Sunrise'**，见294页。**'拜恩' 'Viscountess Byng'** 花粉红色，持续开放至秋末。

蟹爪属 SCHLUMBERGERA

仙人掌科 CACTACEAE

多年生仙人掌类植物。丛生。茎先直立而后下垂，茎段扁平，长圆形，边缘有缺刻，有些种为齿状。花顶生，柱头和雄蕊伸出，花瓣长短不一，排成2列。常野生在长满青苔的岩石上，在茎节的下部生根。不耐寒，耐最低温度10℃。喜半阴和肥沃、排水良好的土壤。春季或夏初茎插繁殖。

S. bridgesii 见 *S. × buckleyi*。

'布城丽'蟹爪 *S.* 'Bristol Beauty'，见475页。

🏆**绿蟹爪**（圆齿蟹爪）***S. × buckleyi*** (*S. bridgesii*) (Christmas cactus) 多年生仙人掌类植物。茎直立，后下垂。高15cm，冠径1m。茎段绿色，有光泽。花紫红色，仲冬开放。

'金魅力'蟹爪 *S.* 'Gold Charm'，见472页。

蟹爪 *S. truncata* (*Zygocactus truncatus*)，见473页。

'冬花'蟹爪 *S.* 'Wintermärchen' 多年生仙人掌类植物。茎直立，后下垂。高15cm，冠径30cm。茎绿色，有光泽。花白色，秋初开放，冬季变为浅粉红色。

'萨拉'蟹爪 *S.* 'Zara' 多年生仙人掌类植物。茎直立，后下垂。高15cm，冠径30cm。茎端绿色，有光泽。花深橙红色，早秋至冬季开放。

水葱属（湖边藨草属）SCHOENOPLECTUS

莎草科 CYPERACEAE

见禾草类、竹类、灯心草类和莎草类。

花叶水葱 *S. lacustris* subsp. ***tabernaemontani* 'Zebrinus'** (*Scirpus lacustris* var. *tabernaemontani* 'Zebrinus', *Scripus tabernaemontani* 'Zebrinus')，见306页。

施旺花属 SCHWANTESIA

番杏科 AIZOACEAE

多年生多浆植物。植株平卧，莲座状，几乎无茎。叶成对出现，大小不等，龙骨状。花黄色，雏菊状。不耐寒，耐最低温度5℃。喜全光照和排水良好土壤。春夏季播种或插茎繁殖。

灰绿叶施旺花 *S. ruedebuschii*，见478页。

日本金松属（金松属） SCIADOPITYS

杉科 SCIADOPITYACEAE

见针叶树。

🏆日本金松（金松）***S. verticillata***，见 106 页。

绵枣儿属 SCILLA

风信子科／百合科 HYACINTHACEAE/LILIACEAE

鳞茎类植物。春夏开花。叶密生基部。穗状花序，花小，常为蓝色。极耐寒至半耐寒。喜开阔、光照或半阴的环境和排水良好的土壤。夏末分株繁殖或秋季播种繁殖。

S. adlamii 见 *Ledebouria cooperi*。

🏆 双叶绵枣儿 *S. bifolia* 鳞茎类植物。初春开花。高 5～15cm，冠径 2.5～5cm。极耐寒。叶 2 枚，狭条形，半直立，基生，顶部较宽。穗状花序，花着生于一侧，花星状，多达 20 朵，蓝紫色、粉红色或白色。

S. campanulata 见 *Hyacinthoides hispanica*。

S. chinensis 见 *S. scilloides*。

S. cooperi 见 *Ledebouria cooperi*。

S. hispanica 见 *Hyacinthoides hispanica*。

S. italica 见 *Hyacinthoides italica*。

S. japonica 见 *S. scilloides*。

南斯拉夫绵枣儿 *S. litardierei*（*S. pratensis*）鳞茎类植物。丛生。夏初开花。高 10～25cm，冠径 5～8cm。极耐寒。叶 5 枚，狭条形，基生，半直立。穗状花序稠密，花扁平，紫色，星状，花径 1～1.5cm。

🏆伊朗绵枣儿 *S. mischtschenkoana*（*S. tubergeniana*, *S.*‘Tubergeniana’），见 432 页。

南非绵枣儿 *S. natalensis* 鳞茎类植物。丛生。夏季开花。高 30～45cm，冠径 15～20cm。半耐寒。叶基生，披针形，半直立，花后叶片伸长。穗状花序长，小花达 100 朵，扁平，蓝色，花径 1.5～2cm。

S. non-scripta 见 *Hyacinthoides non-scripta*。

S. nutans 见 *Hyacinthoides non-scripta*。

锥序绵枣儿（野风信子，聚铃花）***S. peruviana***，见 436 页（译者注：该种的加词‘peruviana’，系定名时误用，其原产地实为葡萄牙、西班牙、意大利和非洲北部）。

S. pratensis 见 *S. litardierei*。

绵枣儿 *S. scilloides*（*S. chinensis*, *S. japonica*），见 424 页。

西伯利亚绵枣儿 *S. siberica*（Siberian squill）。**‘深蓝’‘Atrocoerulea’**，见 432 页。

S. socialis 见 *Ledebouria socialis*。

S. tubergeniana 见 *S. mischtschenkoana*。

***S.* ‘Tubergeniana’** 见 *S. mischtschenkoana*。

S. violacea 见 *Ledebouria socialis*。

Scindapsus aureus ‘Marble Queen’ 见 *Epipremnum aureum* ‘Marble Queen’。

***Scindapsus pictus* ‘Argyraeus’** 见 *Epipremnum pictum* ‘Argyraeum’。

拟藨草属 SCIRPOIDES

莎草科 CYPERACEAE

见禾草类、竹类、灯心草类和莎草类。

圆头拟藨草 *S. holoschoenus*（*Scirpus holoschoenus*）(Round-headed club-rush)。**‘花叶’‘Variegatus’** 多年生常绿草本。灯心草状，簇生。高 1m，冠径 45cm。极耐寒。茎无叶，绿色，圆形，具乳白色横纹。头状花序具长柄，紧密，球形，小穗花具芒，卵状，棕色。仲夏到秋初开放。

Scirpus holoschoenus 见 *Scirpoides holoschoenus*。

***Scirpus lacustris* ‘Spiralis’** 见 *Juncus effusus* ‘Spiralis’。

Scirpus lacustris **subsp.** ***tabernaemontani* ‘Zebrinus’** 见 *Schoenoplectus lacustris* subsp. *tabernaemontani* ‘Zebrinus’。

Scirpus setaceus 见 *Isolepsis setaceus*。

***Scirpus tabernaemontani* ‘Zebrinus’** 见 *Schoenoplectus lacustris* subsp. *tabernaemontani* ‘Zebrinus’。

鯱玉属 SCLEROCACTUS

仙人掌科 CACTACEAE

多年生仙人掌类植物。为观赏茎而栽培。茎扁球状至棍状或圆柱状。直根长，肉质，具深“V”形或瘤状突起的棱。不耐寒，在极干燥条件下可耐最低温度 7～10℃。喜全光照，正午需稍庇荫，适宜排水良好的土壤，过多浇水会导致其腐烂。春季播种繁殖。

鹰爪球（天宝球）***S. scheeri***（*Ancistrocactus megarhizus*, *A. scheeri*, *Echinocactus scheeri*），见 477 页。

罗沙绵 *S. uncinatus*（*Ancistrocactus uncinatus*, *Echinocactus uncinatus*, *Glandulicactus uncinatus*, *Hamatocactus uncinatus*）多年生仙人掌类植物。球状或柱状。高 20cm，冠径 10cm。茎蓝绿色，每小窠有 1～4 个红色长钩状刺和 15～18 个直刺。花棕绿色或红色，杯状，径 2cm，春季开放。

紫脉花属（新拟） SCOLIOPUS

百合科／延龄草科 LILIACEAE/TRILLIACEAE

单种属。多年生草本。春季开花。通常生长于高山植物温室内。花整洁、奇特，初春直接从根茎之芽抽出，这使其观赏价值更高。适于岩石园或泥炭种植床栽培。耐寒。喜光照或半阴和湿润，但排水良好的土壤。夏秋季用新鲜种子播种繁殖。

紫脉花（新拟）***S. bigelowii***（*S. bigelovii*），见 364 页。

Scolopendrium vulgare 见 *Asplenium scolopendrium*。

赛莨菪属 SCOPOLIA

茄科 SOLANACEAE

多年生草本。春季开花。极耐寒。喜阴凉和肥沃、排水极好的土壤。春季分株或秋季播种繁殖。植株全部具剧毒。

欧莨菪 *S. carniolica*，见 271 页。

Scotch heather 见 *Calluna vulgaris*。

Scotch laburnum 见 *Laburnum alpinum*，见 93 页。

Scotch rose 见 *Rosa pimpinellifolia*。

Scotch thistle 见 *Onopordum acanthium*，见 322 页。

Scots pine 见 *Pinus sylvestris*。

Screw pine 见 *Pandanus*。

玄参属 SCROPHULARIA *Figwort*

玄参科 SCROPHULARIACEAE

多年生草本和亚灌木。部分常绿或半常绿，多数为杂草，少数因其多彩的叶而具观赏性。极耐寒。喜半阴和湿润的土壤。春季分株繁殖或夏季软枝扦插繁殖。

***S. aquatica* ‘Variegata’** 见 *S. auriculata* ‘Variegata’。

‘黄斑’水玄参 *S. auriculata* ‘Variegata’（*S. aquatica* ‘Variegata’）(Water figwort) 多年生常绿草本。丛生。高 60cm，冠径 30cm 以上。叶深绿色，具乳白色斑点，卵形，缘有齿，极美观。穗状花序，花栗色，不明显，应剪除，夏季开放。

Scrub palmetto 见 *Serenoa repens*。

Scrub pine 见 *Pinus virginiana*，见 107 页。

Scurvy grass 见 *Oxalis enneaphylla*。

黄芩属 SCUTELLARIA *Skullcap*

唇形科 LABIATAE/LAMIACEAE

多年生草本。具地下茎。夏季开放。极耐寒至不耐寒，耐最低温度 7～10℃。喜光照和排水良好的土壤，夏季软枝扦插繁殖，秋季播种繁殖。

韩信草 *S. indica* 多年生草本。具地下茎。丛立。高 15～30cm，冠径 10cm 以上。耐寒。叶卵形，具齿，被毛。总状花序致密，花长管状，二唇形，暗蓝灰色，偶有白色，夏季开放。适宜岩石园栽培。

东方黄芩 *S. orientalis*，见 385 页。

并头黄芩 *S. scordiifolia* 多年生草本。具地下茎。丛生。高和冠径均为 15cm 以上。极耐寒。叶长卵形，多皱，总状花序，花紫色，管状，具一白色条纹的唇瓣，兜状花冠，夏秋开放。春季分株繁殖。

Sea buckthorn 见 *Hippophae rhamnoides*，见 124 页。

Sea campion, Double 见 *Silene uniflora* ‘Robin Whitebreast’。

Sea daffodil 见 *Pancratium maritimum*。

Sea holly 见 *Eryngium*。

Sea kale 见 *Crambe maritima*，见 276 页。

Sea lavender 见 *Limonium*。

Sea lily 见 *Pancratium maritimum*。

Sea onion 见 *Urginea maritima*。

Sea pink 见 *Armeria maritima*。

Sea squill 见 *Urginea maritima*。

Sea urchin 见 *Astrophytum asterias*。

Sedge

Bowles' golden 见 *Carex elata* ‘Aurea’，见 309 页。

Greater pond 见 *Carex riparia*。

Leatherleaf 见 *Carex buchananii*。

Mace 见 *Carex grayi*。

Pendulous 见 *Carex pendula*，见 309 页。

Tufted 见 *Carex elata*。

Sedges 见 Grasses, Bamboos, Rushes and sedges。

景天属 SEDUM *Stonecrop*

景天科 CRASSULACEAE

多浆类植物。一年生或二年生草本，多为常绿或半常绿多年生草本，或常绿灌木、亚灌木。适宜岩石园栽培或道边花园种植。极耐寒至不耐寒，耐最低温度为 5℃。喜光照和肥沃、排水良好的土壤。多年生草本、亚灌木和灌木春季至仲夏用分株或无花软枝扦插繁殖，也可春秋播种繁殖，一、二年生草本初春温室或仲春室外播种繁殖。误食任何部分均可导致轻度胃痉挛，皮肤接触树液会导致过敏。

锐叶景天（金苔）***S. acre***，见 384 页。**‘黄色’‘Aureum’**，见 385 页。

费菜（土三七）***S. aizoon*** 多年生常绿草本。直立。高和冠径均为 45cm。极耐寒。叶中绿色，长圆形至披针形，肉质，具锯齿。头状花序扁平，花黄色，星状，夏季开放。**‘橙花’‘Aurantiacum’**，见 293 页。

洋吊金钱 *S. anacampseros*（*Hylotelephium anacampseros*）多年生半常绿草本。蔓生。高 10cm，冠径 25cm 以上。耐寒。叶淡灰绿色，卵形至椭圆形，肉质。茎棕色，莲座平卧，松散，以莲座越冬。头状花序顶生，密集，近球状，花小，粉紫红色，杯状，夏季开放。

蓝花景天 *S. caeruleum*，见 333 页。

🏆岩缝景天 *S. cauticola*（*Hylotelephium cauticola*）多年生草本。浅根系。蔓生，具匍匐茎。高 5cm，冠径 20cm。极耐寒。叶蓝绿色，卵形至椭圆形，肉质，具柄。茎匍匐状，紫红色。头状花序，叶状，分枝，扁平，花星状，淡粉紫色，初秋开放。冬季回缩老枝。

圆叶八宝 *S. ewersii*（*Hylotelephium ewersii*）多年生草本。蔓生。高 5cm，冠径 15cm。极耐寒。与岩缝景天（*S. cauticola*）相近，但叶较圆，抱茎。头状花序淡红色，圆球形，致密。

S. heterodontum 见*Rhodiola heterodonta*。

🏆勘察加景天 *S. kamtschaticum* 多年生半常绿草本。匍匐状。高 5～8cm，冠径 20cm。极耐寒。叶窄卵形，中绿色，肉质，具齿，莲座状叶丛越冬。花顶端簇生，开展，橘红色至黄色，星状，夏秋开放。**🏆'斑叶''Variegatum'**，见 391 页。

吕地亚景天 *S. lydium*，见 388 页。

🏆松鼠尾 *S. morganianum* (Burro's tail Donkey-tail) 常绿多年生多浆植物。匍匐状。高 30cm 以上，冠径不定。不耐寒。叶抱茎生长，长圆形至披针形，近圆筒状，白色，肉质，具蜡质层。花顶端簇生，淡玫瑰红色，星状，夏季开放。

钝叶景天 *S. obtusatum*，见 388 页。

土耳其景天（薄妆）*S. palmeri* 多年生常绿草本。丛生。高 20cm，冠径 30cm。半耐寒。叶灰绿色，长圆卵形至匙形，肉质。花黄色或橙色，星状，初夏开放。

杨叶景天 *S. populifolium* (*Hylotelephium populifolium*) 多年生半常绿草本。丛生。高 30～45cm，冠径 30cm。极耐寒。叶中绿色，阔卵形，肉质，有不规则锯齿。花顶端簇生，淡粉红色或白色，具山楂味，星状，夏末开放。

S. reflexum 见 *S. rupestre*。

S. rosea 见 *Rhodiola rosea*。var. ***heterodontum*** 见 *R. heterodonta*。

石生景天 *S. rupestre* (*S. reflexum*)，见 359 页。

长生景天 *S. sempervivoides* 二年生常绿草本。基部莲座状。高 8～10cm，冠径 5cm。半耐寒。莲座与长生草属（*Sempervivum*）的莲座相似，叶卵形至条形，革质，灰绿色，具紫红色斑点。头状花序半圆形，花星状，鲜红色，夏季开放。忌冬季潮湿，适于高山植物温室内生长。

'斑心'圆扇八宝 *S. sieboldii* 'Mediovariegatum'（*S. s.* 'Variegatum'）多年生常绿草本。具块茎。开展。直根较长，先端尖。高 10cm，冠径 20cm 以上。不耐寒。叶圆形肉质，蓝绿色，具淡黄色斑点，偶有红边，3 小叶，轮生。头状花序顶生，开展，花星状，粉红色，夏末开放。适于高山植物温室内栽培。

匙叶景天（白菊）***S. spathulifolium***，见 389 页。**🏆'卡普布朗''Cape Blanco'**（*S. s.* 'Cappa Blanca'），见 391 页。

🏆长药景天（长药八宝）***S. spectabile***（*Hylotelephium spectabile*）(Ice-plant) 多年生草本。丛生。高和冠径均为 45cm。极耐寒。叶灰绿色，卵形，肉质，边缘具锯齿。头状花序扁平，花小，粉红色，星状，常吸引蝴蝶，夏末开放。**🏆'红蕊''Brilliant'**，见 294 页。

大花费菜 *S. spurium* 多年生半常绿草本。丛生，匍匐状。高 10cm 以上，冠径不定。耐寒。叶长圆形至卵形，叶缘有锯齿。茎被毛。头状花序大，稍圆，花小，星状，花色从深紫到白色，变化丰富，夏季开放。

华北景天（华北八宝）***S. tatarinowii***（*Hylotelephium tatarinowii*）多年生草本。具块茎。拱形，开展。高 10cm，冠径 20cm。极耐寒。叶小，绿色，卵形，具齿，茎淡紫色。头状花序顶生，圆球形，花白色，略带粉红色，星状，夏末开放。适于高山植物温室内栽培。

卷柏属 SELAGINELLA

卷柏科 SELAGINELLACEAE

多年生常绿草本。苔藓状。为观赏叶而栽培。不耐寒，耐最低温度 5℃。喜半阴及湿润、排水良好的泥炭土。定时剪除枯叶。任何季节可用带根的片段繁殖。

🏆地柏 *S. kraussiana*，见 312 页。**'黄叶''Aurea'** 多年生常绿草本。苔藓状。高 1cm，冠径不定。叶伸展，亮淡黄绿色，多分裂，先端分裂更多。在土壤表面易生根。**🏆'乳斑''Variegata'** 叶具有乳黄色斑点。

鳞叶卷柏 *S. lepidophylla* (Resurrection plant, Rose of Jericho) 多年生常绿草本。苔藓状。高和冠径均为 10cm。叶钝圆形，密集成丛，翠绿色，老时红棕色或灰绿色。干旱时叶卷曲成密集的球状，置于水中时展开。

🏆多枝卷柏（新拟）***S. martensii***，见 311 页。

大轮柱属（蛇鞭柱属，月光柱属）SELENICEREUS

仙人掌科 CACTACEAE

多年生仙人掌类植物。夏季开花。茎绿色，攀缘，具 4～10 个纵棱，径达 2cm。花夜晚开放，漏斗状，后为扁平状。不耐寒，耐最低温度 5℃。喜光照或半阴和肥沃、排水良好的土壤。春季或夏季播种繁殖或用茎扦插繁殖。

大轮柱（大花蛇鞭柱）***S. grandiflorus***，见 456 页。

Self-heal 见 *Prunella*。

Large 见 *Prunella grandiflora*，见 382 页。

亮蛇床属 SELINUM

伞形科 APIACEAE/UMBELLIFERAE

多年生草本。夏季开花。适宜栽培于自然的花园和花坛的后部。极耐寒。喜光照或半阴和排水良好的土壤。栽培后忌移植。夏季和秋季用新鲜种子播种繁殖。

S. tenuifolium 见 *S. wallichianum*。

细叶亮蛇床 *S. wallichianum*（*S. tenuifolium*）多年生草本。直立。高 1.5m，冠径 60cm。叶细裂，中绿色。头状花序大，扁平，花小，星状，白色，夏季开放。

仙蔓属 SEMELE

百合科／假叶树科 LILIACEAE/RUSCACEAE

单种属。常绿藤本。以茎缠绕攀缘。雌雄同株。不耐寒，耐最低温度 5℃。喜半阴和肥沃、排水良好的土壤。春季分株繁殖或播种繁殖。

仙蔓 *S. androgyna*（Climbing butcher's broom）常绿藤本。高达 7m。顶端缠绕，具分枝。叶状茎卵形，长 5～10cm。花星状，奶油色，生于叶状茎边缘的凹槽中，初夏开放。浆果橙红色。

天葵属 SEMIAQUILEGIA

毛茛科 RANUNCULACEAE

多年生草本。因观赏其花而栽培。与楼斗菜属的区别是花有时无距。适宜栽培于岩石园。极耐寒。喜光照和湿润、排水良好的土壤。秋季播种繁殖。

无距天葵（无距楼斗菜）***S. ecalcarata***，见 355 页（《中国植物志》第二十七卷用 *Aquilegia ecalcarata*）。

业平竹属 SEMIARUNDINARIA

禾本科 GRAMINEAE/POACEAE

见禾草类、竹类、灯心草类和莎草类。

🏆业平竹 *S. fastuosa*（*Arundinaria fastuosa*），见 308 页。

长生草属（卷绢属）SEMPERVIVUM *Houseleek*

景天科 CRASSULACEAE

多年生常绿草本。匍匐枝短，伸展。因观赏其对称的莲座状叶丛而栽培。叶卵形至条形，先端尖，肉质。植株铺地状。适宜栽培于岩石园、山坡、墙上、岸边或高山植物温室中。花星状，花瓣 8～16 枚，伸展。极耐寒。喜光照和沙质土壤。数年后开花，花后莲座叶丛枯死，但留下多数短匐茎。夏季用短匐茎繁殖。

🏆蛛丝长生草（卷绢）***S. arachnoideum***，见 389 页。

🏆缘毛长生草（芳春）***S. ciliosum***，见 389 页。

🏆'千草司令'长生草 *S.* 'Commander Hay' 多年生常绿草本。高 15cm，冠径 30cm。因观赏其莲座状叶丛而栽培。叶丛极大，莲座状，直径达 10cm，叶暗红色。花暗绿红色，簇生于枝顶，夏季开放。

西班牙长生草 *S. giuseppii*，见 391 页。

大花长生草（大花卷绢）***S. grandiflorum*** 多年生常绿草本。叶丛基生莲座状。高 10cm，冠径达 20cm。叶形多变化，密被毛，暗绿色，微带红色，揉碎后可闻到羊膻味。花簇顶生，松散，花黄绿色，花心具紫色斑点，花茎较长，夏季开放。喜腐殖质丰富的酸性土壤。

S. hirtum 见 *Jovibarba hirta*。

山长生草（小云雀）***S. montanum***，见 390 页。

S. soboliferum 见 *Jovibarba sobolifera*。

🏆长生草（屋顶长生花，屋卷绢）***S. tectorum***，见 389 页。

千里光属 SENECIO

菊科 ASTERACEAE/COMPOSITAE

一年生或多年生多浆或非多浆草本、常绿灌木、亚灌木或缠绕藤本。因观赏其叶和雏菊状的头状花序而栽培。部分灌木种类现归入常春菊属（*Brachyglottis*）。灌木种类适宜栽培于海岸花园。极耐寒至不耐寒，耐最低温度 5～10℃。多数种类喜光照和排水良好的土壤[尽管仙人笔（*S. articulatus*）和翡翠珠（*S. rowleyanus*）喜半阴和排水极好的土壤]。灌木和藤本夏季用半成熟枝扦插繁殖，一年生草本春季播种繁殖，多年生草本春季分株繁殖（仙人笔和翡翠珠春季或夏季播种繁殖或用茎扦插繁殖）。植株各部分具毒，食之可引起严重不适。

仙人笔（七宝树）***S. articulatus***（*Kleinia articulata*）(Candle plant) 落叶多年生多浆植物。枝伸展。高 60cm，冠径不定。不耐寒，耐最低温度 10℃。茎多分枝，蓝色，具灰色斑点，茎节不明显。叶圆形至卵形，灰色，3～5 裂。头状花序稍扁平，花小，杯状，黄色，春季至秋季开放。匍匐茎上具多数短匐枝。**'花叶''Variegatus'**，见 462 页。

银叶菊（白妙菊，白芡）***S. cineraria***（*S. maritimus*）常绿亚灌木。丛生。生长速度中等。常作一年生栽培。高和冠径均为 30cm。半耐寒。叶长，卵形，深裂，被毛，银灰色。头状花序圆球状，花黄色，夏季开放，但最好把花摘掉。**'卷云''Cirrus'**（见 37 页）叶椭圆形，具齿或有分裂，银灰绿色至白色。**🏆'银粉''Silver Dust'**，见 334 页。

***S. clivorum* ‘Desdemona’** 见 *Ligularia dentata* ‘Desdemona’。

S. compactus 见 *Brachyglottis compacta*。

疑仙年*S. confusus* (*Pseudogynoxys chenopodioides*)，见 217 页。

***S.* Dunedin Hybrids** 见 *Brachyglottis* Dunedin Hybrids。

雅仙年 *S. elegans* 一年生草本。直立。生长速度中等。高 45cm，冠径 15cm。半耐寒。叶卵形，深裂，深绿色。头状花序雏菊状，花紫色，夏季开放于多分枝的茎上。

大叶千里光*S. grandifolius* (*Telanthophora grandiflora*) 常绿直立灌木。茎粗壮。高 3～5m，冠径 2～3m。不耐寒，耐最低温度 10℃。叶卵形，具齿，有光泽，长 20～45cm，叶脉明显，表面浓绿色，背面被红棕色毛。花簇径 30cm，顶生，头状花序小，雏菊状，花黄色，冬春季开放。

***S. greyi* of gardens** 见 *Brachyglottis* Dunedin Hybrids。

S. × hybridus 见 *Pericallis × hybrida*。

S. laxifolius 见 *Brachyglottis laxifolia*。

***S. laxifolius* of gardens** 见 *Brachyglottis* Danedin Hybrids。

大舌千里光*S. macroglossus* (Natal ivy, Wax vine) 常绿木质藤本。以茎缠绕攀缘。高 3m。不耐寒，耐最低温度 7℃，最适温度 10℃。叶窄三角形，肉质，有光泽。花簇松散，头状花序雏菊状，舌状花数枚，白色，花心黄色，圆盘状，主要在冬季开放。🏆**‘黄斑叶’‘Variegatus’**，见 219 页。

S. maritimus 见 *S. cineraria*。

蔓茎千里光 *S. mikanioides* (*Delairea odorata*) (German ivy) 常绿半木质藤本。以茎缠绕攀缘。高 2～3m。不耐寒，耐最低温度 5℃，最适温度 7～10℃。叶肉质，裂片宽，5～7 枚，先端尖，呈放射状。成熟植株花簇大，头状花序小，花黄色，秋冬季开放。

S. monroi 见 *Brachyglottis monroi*。

S. przewalskii 见 *Ligularia przewalskii*。

优雅千里光*S. pulcher*，见 294 页。

S. reinholdii 见 *Brachyglottis rotundifolia*。

S. rotundifolius 见 *Brachyglottis rotundifolia*。

翡翠珠（绿铃，绿玉）***S. rowleyanus***，见 462 页。

革叶千里光 *S. smithii* 多年生草本。丛生。高 1～1.2m，冠径 75～100cm。极耐寒。茎多毛。叶长而多，卵形，有齿，革质，暗绿色。花簇顶生，径达 15cm，头状花序雏菊状，花白色，花心黄色，初夏开放。喜生于沼泽地。

***S.* ‘Spring Glory’** 见 *Pericallis × hybrida* ‘Spring Glory’。

***S.* ‘Sunshine’** 见 *Brachyglottis* Dunedin Hybrids ‘Sunshine’。

假常春藤 *S. tamoides* 常绿木质藤本。以茎缠绕攀缘。高 5m 以上。不耐寒，耐最低温度 5～10℃。叶常春藤叶状，亮绿色。头状花序雏菊状，花黄色，舌状花数枚，秋冬开放。

决明属（狭义）SENNA

苏木科／豆科
CAESALPINIACEAE/
LEGUMINOSAE

常绿乔木、灌木或多年生草本。因观花而栽培。不耐寒，耐最低温度 7～18℃。喜光照和湿润、排水良好的土壤。春季播种繁殖或夏季用半成熟枝扦插繁殖，多年生草本春季分株繁殖。

🏆 **蒿状决明 *S. artemisioides*** (*Cassia artemisioides*) (Silver cassia, Wormwood cassia) 常绿灌木。茎细长，直立至伸展。高和冠径均为 1～2m。不耐寒，耐最低温度 10～13℃。复叶，小叶线状，6～8 枚，被白色丝状绒毛。腋生穗状花序，花杯状，黄色，冬季至翌年初夏开放。

尖叶决明（尖叶槐）***S. corymbosa*** (*Cassia corymbosa*)，见 147 页。

长穗决明*S. didymobotrya* (*Cassia didymobotrya*)，见 147 页。

🏆 **光叶决明 *S. × floribunda*** (*Cassia corymbosa* var. *plurijuga* of gardens, *C. × floribunda*) 常绿或落叶灌木。冠圆球形。生长旺盛。茎粗壮。高和冠径均为 1.5～2m。不耐寒，耐最低温度 7℃。复叶，小叶卵形，亮绿色，4～6 枚。花簇极大，花碗状，浓黄色，夏末开放。

铁刀木*S. siamea* (*Cassia siamea*) 常绿乔木。树冠圆球形，生长快。高和冠径均为 8～10m 以上。不耐寒，耐最低温度 16～18℃。复叶，长 15～30cm，小叶椭圆形，7～12 对。大型圆锥花序顶生，花小，杯状，亮黄色，春季开放。荚果扁平，暗棕色，长达 23cm。

Senna, Bladder 见 *Colutea arborescens*，见 146 页。

Sensitive fern 见 *Onoclea sensibilis*，见 312 页。

Sensitive plant 见 *Mimosa pudica*，见 176 页。

Sentry palm 见 *Howea forsteriana*。

北美红杉属 SEQUOIA

杉科 TAXODIACEAE

见针叶树。

🏆**北美红杉*S. sempervirens*** (Coast redwood, Redwood) 针叶树。冠圆柱状至圆锥状，大枝水平开展。高 20～30m，冠径 5～8m，高可达 112m，乃世界上最高的树。极耐寒。树皮红棕色，厚而软，富含纤维。叶针形，扁平，淡绿色，在枝上螺旋状排列。球果圆球形至圆柱形，初为绿色，成熟时暗棕色。茎枝缩剪后可萌发新枝。极寒冷的冬季会将叶冻死，但对植株无影响。

巨杉属（世界爷属）SEQUOIADENDRON

杉科 TAXODIACEAE

见针叶树。

🏆**巨杉**（世界爷）***S. giganteum***，见 102 页。**‘垂枝’‘Pendulum’** 针叶树。枝下垂。株高 10m，冠径 2m 以上。极耐寒。树皮厚而软，纤维状，红棕色。叶针形，弯曲，螺旋状排列，灰绿色，较暗，具光泽。

长药兰属（舌兰属）SERAPIAS

见兰花。

长药兰（心花舌兰）***S. cordigera*** 落叶地生兰。株高 40cm。半耐寒。穗状花序，花淡红色或暗紫色，长 4cm，春季开放。叶披针形，有红色斑点，长 15cm。喜半阴。

Serbian spruce 见 *Picea omorika*，见 103 页。

锯箬棕属（锯齿棕属、锯柄榈属）SERENOA

棕榈科 ARECACEAE/PALMAE

单种属。常绿棕榈状植物。因观其扇形叶而栽培。不耐寒，耐最低温度 10～13℃。喜光照或半阴和排水良好的土壤。盆栽植株在生长期需水量中等，其他时期需水少。春季播种繁殖或用根蘖繁殖。红蜘蛛螨会危害植株。

锯箬棕（锯齿棕，锯柄榈）***S. repens*** (Saw palmetto, Scrub palemtto) 常绿棕榈状植物。具根状茎。常无茎。株高 60～100cm，冠径 2m 以上。叶宽 45～75cm，灰色至蓝绿色，掌状分裂，裂片带状，6～20 枚。花小，成簇，黄色，芳香，乳白色，生于叶丛中，夏季花放。果实卵形，紫黑色。

六月雪属 SERISSA

茜草科 RUBIACEAE

单种属。常绿灌木。因观赏其树姿而栽培。不耐寒，耐最低温度 7～10℃。喜光照或半阴和肥沃、排水良好的土壤。盆栽植株中度需水，非生长期需水少。花后可修剪。夏季用半成熟枝扦插繁殖。

六月雪*S. foetida* (*S. japonica*) 常绿灌木。多分枝，冠圆形。枝伸展。高达 60cm，冠径 60～100cm。叶小，卵形，深绿色，有光泽。花小，白色，漏斗状，4～5 裂，春季至秋季开放。

S. japonica 见 *S. foetida*。

麻花头属 SERRATULA

菊科 ASTERACEAE/
COMPOSITAE

多年生草本。因观赏其蓟状头状花序而栽培。极耐寒。喜光照和排水良好的土壤。春季播种繁殖或分株繁殖。

矮麻花头 *S. seoanei* (*S. shawii*) 多年生草本，直立，枝叶密集。高 23cm，冠径 12～15cm。叶羽状细裂。头状花序小，蓟状，花紫色。适宜岩石园栽培。

S. shawii 见 *S. seoanei*。

Service tree of Fontainebleau 见 *Sorbus latifolia*。

Serviceberry 见 *Amelanchier*。

蓝禾属（天蓝草属）SESLERIA

禾本科 GRAMINEAE/POACEAE

见禾草类、竹类、灯心草类和莎草类。

巴尔干蓝禾 *S. heufleriana* (Balkan blue grass) 多年生常绿草本。丛生。高 50cm，冠径 30～45cm。极耐寒。叶浓绿色，背面灰绿色。圆锥花序，小穗密集，花紫色。

Sessile oak 见 *Quercus petraea*。

狗尾草属（粟属）SETARIA

禾本科 GRAMINEAE/POACEAE

见禾草类、竹类、灯心草类和莎草类。

小米（粟）***S. italica*** (Foxtail millet, Italian millet) 一年生草本。茎粗壮。生长速度中等。高 1.5m，冠径 1m。半耐寒。叶披针形，中绿色，长达 45cm。圆锥花序，松散，花白色、乳白色、黄色、红色、棕色或黑色，夏秋开放。

Setcreasea purpurea 见 *Tradescantia pallida* ‘Purpurea’。

Shadbush 见 *Amelanchier*。

Shag-bark hickory 见 *Carya ovata*，见 69 页。

Shallon 见 *Gaultheria shallon*，见 162 页。

Shamrock pea 见 *Parochetus communis*，见 384 页。

Shasta daisy 见 *Leucanthemum × superbum*。

Sheep laurel 见 *Kalmia angustifolia*。

Sheep's bit 见 *Jasione laevis*。

Sheepberry 见 *Viburnum lentago*。

Shell flower 见 *Alpinia zerumbet*，见 227 页；*Moluccella laevis*，见 335 页。

Shell ginger 见 *Alpinia zerumbet*，见 227 页。

水牛果属 SHEPHERDIA

胡颓子科 ELAEAGNACEAE

落叶或常绿灌木。因观叶和果实而栽培。为了获得果实，需雌株和雄株同时栽培。极耐寒。喜光照和排水良好的土壤，夏季嫩枝扦插繁殖，秋季播种繁殖。

银水牛果 *S. argentea* (Buffalo berry)落叶灌木。丛生。常呈乔木状。高和冠径均为4m。叶椭圆形，银白色。花小，不明显，淡黄色，春季开放。果实小，卵形，鲜红色。

倭竹属 SHIBATAEA

禾本科 GRAMINEAE/POACEAE

见禾草类、竹类、灯心草类和莎草类。

岗姬竹 *S. kumasasa*，见 308 页。

Shield fern, Soft 见 *Polystichum setiferum*。

Shield ivy 见 *Hedera hibernica* 'Deltoidea'，见 221 页。

Shingle oak 见 *Quercus imbricaria*。

Shingle plant 见 *Monstera acuminata*。

Shoo-fly 见 *Nicandra physalodes*。

Shooting stars 见 *Dodecatheon*。

Shore juniper 见 *Juniperus conferta*。

Shore pine 见 *Pinus contorta*，见 107 页。

岩扇属 SHORTIA

岩梅科 DIAPENSIACEAE

多年生常绿草本。春季开花。秋冬季节叶常变红色。极耐寒，但若在没有积雪覆盖的地区其芽会受到冻害。在干热气候条件下生长困难。喜阴或半阴和排水良好的泥炭质和沙质的酸性土壤。夏季用长匐茎繁殖，若有种子也可播种繁殖。

美国岩扇 *S. galacifolia*，见364页。

流苏岩扇 *S. soldanelloides*，见366页。**冬青叶岩扇** var. ***ilicifolia*** 多年生常绿草本。铺地状。高 5～10cm，冠径 10～15cm。叶圆形，有锯齿。每花茎具花4～6朵，花小，下垂，钟状，边缘缨状，花心玫瑰粉红色渐变为白色。**大流苏岩扇** var. ***magna*** 整个花为粉玫瑰色。

大独花岩扇 *S. uniflora* 'Grandiflora' 多年生常绿草本。铺地状，具数个长匐茎。生长旺盛。株高8cm，冠径20cm。叶圆形，有锯齿，革质，有光泽。花杯状，径5cm，花瓣白色，具锯齿，春季开放。

Showy lady's slipper orchid 见 *Cypripedium reginae*，见 296 页。

Shrimp plant 见 *Justicia brandegeeana*，见 166 页。

Shrubby germander 见 *Teucrium fruticans*。

Shrubby hare's ear 见 *Bupleurum fruticosum*，见 146 页。

Shrubby restharrow 见 *Ononis fruticosa*，见 353 页。

Siberian bugloss 见 *Brunnera macrophylla*。

Siberian crab 见 *Malus baccata*。

Siberian elm 见 *Ulmus pumila*。

Siberian flag 见 *Iris sibirica*。

Siberian melic 见 *Melica altissima*。

Siberian squill 见 *Scilla siberica*。

Siberian wallflower 见 *Erysimum* × *allionii*。

鲜卑花属 SIBIRAEA

蔷薇科 ROSACEAE

落叶灌木。因观其叶和花而栽培。极耐寒。喜光照和排水良好的土壤。花后宜从基部剪去老枝和弱枝。夏季用软枝扦插繁殖。

鲜卑花 *S. altaiensis* (*S. laevigata*) 落叶灌木。枝伸展，开张。高 1m，冠径 1.5m。叶窄长椭圆形，蓝绿色。花簇顶生，花小，密集，白色，星状，春末至初夏开放。

S. laevigata 见 *S. altaiensis*。

稔葵属（新拟）SIDALCEA

锦葵科 MALVACEAE

多年生草本。夏季开花。观赏其蜀葵花状的花。极耐寒。喜光照和排水良好的土壤。春季分株繁殖（译者注：本属多数栽培品种为白花稔葵 *S.* Candida 和紫红稔葵的杂种）。

'秀丽'稔葵（新拟）***S.* 'Loveliness'** 多年生草本。直立。高 1m，冠径45cm。叶毛茛叶状，裂片窄椭圆形。总状花序，花浅杯状，贝壳粉红色，夏季开放。

'仙境之王'稔葵（新拟）***S.* 'Oberon'**，见 243 页。

'小妖'稔葵（新拟）***S.* 'Puck'** 多年生草本。直立。高 60cm，冠径 45cm。叶毛茛叶状，裂片窄椭圆形。总状花序，花浅杯状，深粉红色，夏季开放。

'萨塞克斯'稔葵（新拟）***S.* 'Sussex Beauty'** 多年生草本。直立。高 1.2m 冠径 45cm。叶毛茛叶状，裂片窄椭圆形。总状花序，花浅杯状，玫瑰红色至粉红色，夏季开放。

铁尖草属 SIDERITIS

唇形科 LABIATAE/LAMIACEAE

多年生常绿草本、亚灌木或灌木。主要因观赏其叶而栽培。半耐寒至不耐寒，耐最低温度7～10℃。喜光照和排水良好的土壤。盆栽植株需水量中等，低温时需水少。花后去除开败的花穗。春季播种繁殖，夏季用半成熟枝扦插繁殖。

亮白铁尖草 *S. candicans* 常绿灌木。直立，多分枝。高 75cm，冠径 60cm。不耐寒。叶披针形至窄卵形或三角形，密被白色绒毛。穗状花序叶状，顶生，花管状，淡黄亮棕色或橙红色，夏季开放。

蝇子草属（麦瓶草属，雪轮属）SILENE
Campion, Catchfly

石竹科 CARYOPHYLLACEAE

一年生或多年生草本。部分种类常绿。观赏花心。半耐寒至耐寒。喜光照和肥沃、排水良好的土壤。春季用软枝扦插繁殖，也可春季或初秋播种繁殖。

无茎蝇子草 *S. acaulis*，见365页。

高山蝇子草 *S. alpestris* (*Heliosperma alpestris*)，见 373 页。

'神女'高雪轮 *S. armeria* 'Electra'，见 323 页。

樱雪轮 *S. coeli-rosa* (*Agrostemma coelirosa*, *Lychnis coeli-rosa*, *Viscaria elegans*)，见320页。**'玫瑰天使' 'Rose Angel'**，见 325 页。

意大利雪轮 *S. elisabethae* 多年生草本。基生莲座状。高 10cm，冠径 20cm。极耐寒。叶丛莲座状，叶带状，中绿色。花大，常单生，深玫瑰红色，花心绿色，花瓣具长爪，夏季开放。适宜栽培于岩石园中。

加州雪轮 *S. hookeri* 短命多年生草本。蔓生或匍匐状。夏末落叶。主根细长。高 5cm ，冠径 20cm。极耐寒。茎细长。叶卵形，灰色。花淡粉红色、橙红色或橙黄色，深裂至基部，夏末开放。

***S. maritima* 'Flore Pleno'** 见 *S. uniflora* 'Robin Whitebreast'。

矮雪轮（大蔓樱草）***S. pendula*** (Nodding catchfly) 一年生草本。丛生。生长速度中等。高和冠径均为 15～20cm。半耐寒。叶卵形，被绒毛，中绿色。花成簇，粉红色，夏季至初秋开放。

♥夏弗塔雪轮 *S. schafta*，见379页。

'重瓣'滨麦瓶草 *S. uniflora* 'Robin Whitebreast' (*S. maritima* 'Flore Pleno'，*S. u.* 'Flore Pleno'，*S. vulgaris* subsp. *maritima* 'Flore Pleno') (Double sea campion) 多年生草本。植株松散。根系深，蔓延。高和冠径均为20cm。极耐寒。叶披针形，灰绿色。花大丽花状，重瓣，白色，生于茎的分枝上，夏季开放。

***S. vulgaris* subsp. *maritima* 'Flore Pleno'** 见 *S. uniflora* 'Robin Whitebreast'。

Silk cotton tree 见 *Ceiba pentandra*。

Silk tree 见 *Albizia julibrissin*，见 90 页。

Floss 见 *Chorisia speciosa*，见 70 页。

Silk vine 见 *Periploca graeca*。

Silk weed 见 *Asclepias*。

Silk-tassel bush 见 *Garrya elliptica*，见 125 页。

Silk oak 见 *Grevillea robusta*。

Silky wisteria 见 *Wisteria brachybotrys* 'Shiro Kapitan'。

松香草属 SILPHIUM

菊科 ASTERACEAE/COMPOSITAE

多年生草本。植株极粗糙。夏季开花。极耐寒。喜光照或半阴和湿润、排水良好的土壤。春季分株繁殖，秋季用新鲜种子播种繁殖。

细裂松香草 *S. laciniatum* (Compass plant) 多年生草本。丛生。高2m，冠径60cm。复叶，小叶长圆形至披针形，中绿色，对生。无论栽植于何处，其小叶片都会朝向正南正北方向，因此而得名叫'指南针'。花簇大，头状花序雏菊状，稍下垂，花黄色，夏末开放。

Silver ball cactus 见 *Parodia scopa*。

Silver beech 见 *Nothofagus menziesii*。

Silver bell 见 *Halesia*。

Silver birch 见 *Betula pendula*。

Silver cassia 见 *Senna artemisioides*。

Silver chain 见 *Dendrochilum glumaceum*。

Silver dollar cactus 见 *Astrophytum asterias*。

Silver fir 见 *Abies*。

Silver heart 见 *Peperomia marmorata*，见 304 页。

Silver hedgehog holly 见 *Ilex aquifolium* 'Ferox Argentea'。

Silver inch plant 见 *Tradescantia zebrina*，见 301 页。

Silver jade plant 见 *Crassula arborescens*，见 458 页。

Silver lime 见 *Tilia tomentosa*。

Pendent 见 *Tilia* 'Petiolaris'，见 68 页。

Silver maple 见 *Acer saccharinum*。

Silver net-leaf 见 *Fittonia albivenis* Argyroneura Group，见 300 页。

Silver torch 见 *Cleistocactus strausii*，见 459 页。

Silver tree 见 *Leucadendron argenteum*，见 100 页。

Silver vase plant 见 *Aechmea fasciata*，见 265 页。

Silver vine 见 *Actinidia polygama*; *Epipremnum pictum* 'Argyraeum'，见 219 页。

Silver wattle 见 *Acacia dealbata*，见 83 页。

Silver willow 见 *Salix alba* var. *sericea*。

Silver-leaf peperomia 见 *Peperomia griseoargentea*。

Silver-leaved geranium 见 *Pelargonium* 'Flower of Spring'，见 247 页。

Silver-margined holly 见 *Ilex aquifolium* 'Argentea Marginata'，见 98 页。

水飞蓟属 SILYBUM

菊科 ASTERACEAE/COMPOSITAE

二年生草本。呈蓟状。因观赏其引人注目的叶而栽培。极耐寒。喜光照和任何排水良好的土壤。春末至初夏播种繁殖。易受刺蛾和蜗牛危害。

水飞蓟 *S. marianum*，见 322 页。

Sinarundinaria jaunsarensis 见 *Yushania anceps*。

Sinarundinaria murieliae 见 *Fargesia murieliae*。

Sinarundinaria nitida 见 *Fargesia nitida*。

大岩桐属 SINNINGIA

苦苣苔科 GESNERIACEAE

多年生草本和落叶亚灌木。具块茎。花色艳丽，常夏季开花。不耐寒，耐最低温度15℃。喜光照，忌直射光。喜湿润空气和湿润、但不积水的泥炭土壤。花后叶片枯死时，可将块茎干燥后贮藏于无霜冻处。春季播种繁殖，春末至初夏可用茎扦插繁殖或用块茎分割成带小苗的小块来繁殖。

髯毛大岩桐 *S. barbata* 多年生草本。丛生。具块茎。茎四棱形，红色。高和冠径均为60cm以上。叶阔披针形，长达15cm，表面有光泽，中绿色，背面淡红绿色。花白色，袋状，具5裂片，长4cm。

雅致大岩桐 *S. concinna* 多年生草本。莲座状。块茎极小。高和冠径均为15cm。叶卵形、近圆形至扇贝形，被绒毛，中绿色，背面红色，长2cm，叶脉红色。花喇叭状，双色，紫色和白色或淡黄色和白色，长2cm，夏季开放。

'埃托伊尔'大岩桐*S.* 'Etoile du Feu' 多年生草本。莲座状。具短茎和地下茎。高30cm，冠径 40cm以上。叶卵形，被绒毛，长20～24cm。花直立，喇叭状，洋红色，夏季开放。

'勃朗峰'大岩桐 *S.* 'Mont Blanc' 多年生草本。莲座状。具短茎和地下茎。高30cm，冠径40cm以上。叶卵形，被绒毛，中绿色，长20～24cm。花直立，喇叭状，纯白色，夏季开放。

'红闪'大岩桐*S.* 'Red Flicker'，见 282 页。

大岩桐*S. speciosa* (*Gloxinia speciosa*)(Gloxinia) 多年生草本。莲座状。具短茎和地下茎。高和冠径均为30cm。叶卵形，被绒毛，绿色，长20cm。花下垂，漏斗状，肉质，紫色、红色或白色，长5cm，下部成袋状，夏季开放。此种是多数已定名的杂交种的父本或母本，其中部分杂交种在上面和下面有描述。

'瑞士'大岩桐*S.* 'Switzerland'，见 282 页。

'滑铁卢'大岩桐*S.* 'Waterloo' 多年生草本。莲座状。具短茎和地下茎。高30cm，冠径40cm以上。叶卵形，被绒毛，长20～24cm。花直立，喇叭状，亮猩红色，夏季开放。

串果藤属 SINOFRANCHETIA

木通科 LARDIZABALACEAE

单种属。落叶藤本。以茎缠绕攀缘。主要因观赏其美丽的叶而栽培。适宜于建筑物垂直绿化和攀缘大乔木。雌雄异株。耐寒。喜半阴和排水良好的土壤。夏季用半成熟枝扦插繁殖。

串果藤*S. chinensis* 落叶藤本。以茎缠绕攀附。高达15m。复叶，3小叶，小叶椭圆形至卵形，中绿色至暗绿色，长5～15cm。总状花序，下垂，长10cm，花小，暗白色。夏季结果，浆果淡紫色，种子多数。

秤锤树属 SINOJACKIA

安息香科 STYRACACEAE

落叶灌木或乔木。因观赏其花而栽培。极耐寒。喜背风向阳或半阴、肥沃、富含腐殖质、湿润的酸性土壤。夏季用嫩枝扦插繁殖。

狭果秤锤树（芮氏捷克木，江西秤锤树）***S. rehderiana*** 落叶灌木或乔木。丛生。枝伸展。高和冠径均为6m。叶卵形，暗绿色。花碟状，下垂，白色， 花药成簇，黄色，位于花心，春末夏初开放。

山白树属 SINOWILSONIA

金缕梅科 HAMAMELIDACEAE

单种属。落叶乔木。因观其叶和柔荑花序而栽培。极耐寒。喜光照或半阴和肥沃、湿润但排水良好的土壤。秋季播种繁殖。

山白树*S. henryi* 落叶乔木。枝伸展，有时灌木状。高和冠径均为8m。叶卵形，具锯齿，有光泽，亮绿色。柔荑花序长，下垂，绿色，春末开放。

Siphonosmanthus delavayi 见 *Osmanthus delavayi*。

庭菖蒲属 SISYRINCHIUM

鸢尾科 IRIDACEAE

一年生或多年生草本。部分种类半常绿。极耐寒至半耐寒。喜光照或耐半阴，喜湿润、排水良好的土壤。初春分株繁殖，春季和秋季播种繁殖。

S. angustifolium 见*S. graminoides*。

S. bellum of gardens见*S. idahoense*。

S. bermudiana 见 *S. graminoides*。

S. brachypus 见 *S. californicum*。

加州庭菖蒲*S. californicum* (Golden-eyed grass) 多年生半常绿草本。直立。高 30～60cm，冠径 30cm。耐寒。叶基生成簇，禾草叶状，淡绿色。花稍扁平，亮黄色，脉纹较暗，着生于具翅的茎上，花期长，春夏季开放。外部的叶秋季枯死变黑，喜湿润土壤。矮型品种被称为短柄庭菖蒲 *S. brachypus*。

S. douglasii 见*Olsynium douglasii*。

狭叶庭菖蒲 *S.graminoides* (*S. angustifolium*, *S. bermudiana*)，见356页。

S. grandiflorum 见 *Olsynium douglasii*。

爱达荷庭菖蒲 *S. idahoense* (*S. bellum* of gardens)，见 383 页。

S. odoratissimum 见 *Olsynium biflorum*。

条纹庭菖蒲 *S. striatum*，见 290 页。**'花叶' 'Aunt May'** (*S. s.* 'Variegatum') 多年生半常绿草本。直立。极耐寒，叶长而窄，丛生，淡灰绿色，有乳白色条纹。穗状花序细长，花喇叭状，稻草黄色，具紫色条纹，夏季开放。

Sitka spruce 见 *Picea sitchensis*。

茵芋属 SKIMMIA

芸香科 RUTACEAE

常绿灌木或乔木。因观赏其花、芳香的叶及其果实而栽培。除茵芋(*S. japonica* subsp. *reevesiana*) 外，其他种类必须将雌株和雄株同时栽培才能获得果实。极耐寒至耐寒。喜阴或半阴和肥沃、湿润的土壤。土壤贫瘠或光照过强会导致植株褪绿。夏末用半成熟枝扦插繁殖，秋季播种繁殖。食其果实会引胃部轻微不适。

黄花茵芋*S. anquetilia* 常绿灌木。丛生，冠开张。高1.2m，冠径2m。极耐寒。叶长椭圆形至卵形，先端尖，浓香，暗绿色。花极小，黄色，仲春至春末开放。果实球形，鲜红色。

S.* × *foremanii of gardens 见 *S. japonica* 'Veitchii'。

日本茵芋*S. japonica*，见 175 页。**'白果' 茵芋 'Fructo Albo'**(雌性)，见173页。🏆**'罗伯特·福托'茵芋**subsp. ***reevesiana* 'Robert Fortune'** (*S. reevesiana*，雌雄同株) 和🏆**'红边'茵芋 'Rubella'**(雄株)，见174 页。**'维奇' 茵芋 'Veitchii'** (*S.* × *foremanii* of gardens) 常绿灌木。雌株。直立。枝密集，生长旺盛。高和冠径均为1.5m。极耐寒。叶宽卵形，浓绿色。花密集成簇，花小，星状，白色，仲春至春末开放。果实大，球形，亮红色。

S.reevesiana 见 *S. japonica* subsp. *reevesiana* 'Robert Forture'。

Skullcap 见 *Scutellaria*。

Sky plant 见 *Tillandsia ionantha*。

Skyflower 见 *Duranta erecta*，见 150 页。

Sleepy mallow 见 *Malvaviscus arboreus*，见 121 页。

Slender lady palm 见 *Rhapis excelsa*，见 152 页。

Slipper orchid 见 *Cypripedium*；*Paphiopedilum*。

Sloe 见 *Prunus spinosa*。

Small-leaved box 见 *Buxus microphylla*。

Small-leaved lime 见*Tilia cordata*。

鹿药属 SMILACINA

铃兰科／百合科 CONVALLARIACEAE/LILIACEAE

多年生草本。因观其优美的树姿而栽培。极耐寒。喜半阴和腐殖质丰富、湿润的中性至酸性土壤。春季分株繁殖或秋季播种繁殖。

🏆**锥花鹿药*S. racemosa***，见233页。

菝葜属 SMILAX

百合科／菝葜科 LILIACEAE/SMILACACEAE

落叶或常绿、木质或草质攀缘藤本。具块茎或根状茎。雌雄异株。耐寒至不耐寒，耐最低温度5℃。喜光照或半阴和排水良好的土壤。春季分株繁殖或播种繁殖，夏季用半成熟枝扦插繁殖。

菝葜 *S. china* 落叶攀缘藤本。基部木质，茎蔓生，有时具刺。高达5m。耐寒。叶阔卵形至圆形。伞形花序，花黄绿色，春季开放。浆果，极小，红色，秋季结果。

绒桐草属 SMITHIANTHA

苦苣苔科 GESNERIACEAE

多年生草本。直立，丛生。具块茎状的根茎。因观赏其叶和花而栽培。不耐寒，耐最低温度 15℃。喜腐殖质丰富和排水良好的土壤。喜光，但忌直射光。花后减少浇水，冬季需水少。初春分根茎繁殖。

绒桐草（天鹅绒桐花）***S. cinnabarina*** (Temple bells) 多年生草本。直立。生长旺盛。具根状茎。高和冠径均为60cm。茎被毛。叶宽卵形至近圆形，长达15cm，边缘具锯齿，暗绿色，被暗红色毛。花钟状，橙红色，具淡黄色线纹，夏秋季开放。

'橙王'绒桐草*S.* 'Orange King'，见 283 页。

斑叶绒桐草 *S. zebrina* 多年生草本。丛生。具根状茎。茎被绒毛。高和冠径均为1m。叶卵形，长达18cm，被毛，边缘具锯齿，深绿色，具淡红棕色斑点。花管状，上部鲜红色，下部黄色，内面具红色斑点，裂片橙黄色。

Smoke tree 见*Cotinus coggygria*。

Smooth cypress 见 *Cupressus ari-*

zonica var. *glabra*。

Smooth sumach 见 *Rhus glabra*，见 143 页。

Smooth-leaved elm 见 *Ulmus minor*。

异叶芹属（新拟）SMYRNIUM

伞形科 APIACEAE/UMBELLIFERAE

二年生草本。因观赏其花而栽培。极耐寒。喜光照和肥沃、排水良好的土壤。秋季或春季于室外播种繁殖。

穿叶芹（新拟）***S. perfoliatum***，见 335 页。

Snail flower 见 *Vigna caracalla*。

Snake bush 见 *Justicia adhatoda*。

Snake gourd 见 *Trichosanthes cucumerina* var. *anguina*。

Snake-bark maple 见 *Acer capillipes*，见 82 页；*Acer darvidii*；*Acer davidii* subsp. *grosseri*；*Acer pensylvanicum*，见 84 页；*Acer rufinerve*，见 82 页。

Snake's-head fritillary 见 *Fritillaria meleagris*，见 413 页。

Snakeroot, White 见 *Eupatorium rugosum*，见 240 页。

Snapdragon 见 *Antirrhinum*。

Sneezeweed 见 *Helenium*。

Snow brake 见 *Pteris ensiformis*。

Snow bush 见 *Breynia disticha*，见 175 页。

Snow creeper 见 *Porana paniculata*。

Snow gum 见 *Eucalyptus pauciflora* subsp. *niphophila*，见 84 页。

Snow poppy 见 *Eomecon chionantha*。

Snow trillium 见 *Trillium nivale*。

Snowball pincushion 见 *Mammillaria candida*。

Snowball, Pink 见 *Dombeya × cayeuxii*，见 88 页。

Snowball tree, Japanese 见 *Viburnum plicatum*。

Snowball 见 *Soldanella*。

Alpine 见 *Soldanella alpina*，见 368 页。

Fragrant 见 *Stryrax obassia*。

Least 见 *Soldanella minima*。

Snowberry 见 *Symphoricarpos albus*。

Snowbush rose 见 *Rosa* 'Dupontii'，见 185 页。

Snowdrop 见 *Galanthus*。

Autumn 见 *Galanthus reginaeolgae*。

Common 见 *Galanthus nivalis*。

Double common 见 *Galanthus nivalis* 'Flore pleno'，见 439 页。

Snowdrop tree 见 *Halesia*。

Snowdrop windflower 见 *Anemone sylvestris*，见 268 页。

Snowflake 见 *Leucojum*。

Autumn 见 *Leucojum autumnale*，见 437 页。

Spring 见 *Leucojum vernum*，见 426 页。

Summer 见 *Leucojum aestivum*，见 396 页。

Snow-in-summer 见 *Cerastium tomentosum*，见361页；*Euphorbia marginata*，见 319 页。

Snow-on-the-mountain 见 *Euphorbia marginata*，见 319 页。

Snowy woodrush 见 *Luzula nivea*，见 307 页。

Soapwort 见 *Saponaria*。

Double 见 *Saponaria officinalis* 'Rubra Plena'。

Soft shield fern 见 *Polystichum setiferum*。

金盏藤属（苏南花属）SOLANDRA

茄科 SOLANACEAE

常绿木质攀缘藤本。因观其花而栽培。花大，喇叭状。不耐寒，耐最低温度 10℃，以 13～16℃ 为宜。喜光照和肥沃、排水良好的土壤。旺盛生长期需水量大，天气寒冷时需水少。需捆绑以支撑。花后可疏剪密集的茎枝。夏季用半成熟枝扦插繁殖。

金盏藤（金杯花，大苏南）***S. maxima***，见 206 页。

茄属 SOLANUM

茄科 SOLANACEAE

一年生或多年生草本（部分种类常绿），常绿、半常绿或落叶亚灌木、灌木（稀攀缘），木质藤本，蔓生或以叶柄攀缘。因观花和美丽的果实而栽培。耐寒至不耐寒，耐最低温度 5～10℃。喜光照和肥沃、排水良好的土壤。需定期浇水，冬季需水少。攀缘时需支撑。春季疏除藤本植物过密的枝。春季播种繁殖，夏季用半成熟枝扦插繁殖。红蜘蛛螨、白蚁和蚜虫会危害植株。大多数种类植株的各部分，尤其是珊瑚豆（*S. capsicastrum*）和珊瑚樱（*S. pseudocapsicum*）的果实有毒，食之会引起严重的不适。

珊瑚豆 *S. capsicastrum* （Winer cherry）常绿亚灌木。丛生。常作一年生栽培。生长极慢。高和冠径均为 30～45cm。半耐寒。叶披针形，深绿色。花小，星状，白色。果实尖，卵形，橙红色或鲜红色，径1cm以上，冬季最佳（译者注：该种通常作珊瑚樱的变种 *S. pseudocapsicum* var. *diflorum*）。

🏆**'秋花' 智利藤茄 *S. crispum* 'Glasnevin'**，见 214 页。

素馨茄*S. jasminoides* (Potato vine) 半常绿木质攀缘藤本。高达6m。半耐寒。叶卵形至披针形，有分裂或基部裂成小叶。花小，花5裂，淡灰蓝色，夏秋开放。秋季结紫色小浆果。🏆**'白花' 'Album'**，见 207 页。

珊瑚樱（冬珊瑚）***S. pseudocapsicum*** (Jerusalem cherry) 常绿灌木。丛生。生长极慢。常作一年生栽培。高和冠径均为1.2m。半耐寒。叶卵形或披针形，亮绿色。花小，星状，白色，夏季开放。果实球形，鲜红色。几个可选择的品种为：**'气球' 'Balloon'**，见341 页；**'幻想' 'Fancy'** 高 30cm，果实紫红色；**'红巨' 'Red Giant'**，见 341 页；**'雪火' 'Snowfire'** 高 30cm，果实白色，后变为红色。

南茄 *S. rantonnetii* （*Lycianthes rantonnetii*）(Blue potato bush)，**'皇袍' 'Royal Robe'**，见 145 页。

南青茄（藤茄，星茄，葡萄茄）***S. seaforthianum***，见 206 页。

温南茄（薯仔藤）***S. wendlandii***，见 214 页。

圆币草属 SOLDANELLA
Snowbell

报春花科 PRIMULACEAE

多年生常绿草本。因观赏其初春的花而栽培。适宜岩石园、沟槽和高山植物温室栽培。极耐寒，但由于花芽于秋季形成，若没有积雪覆盖会遭冻害。喜半阴和腐殖质丰富、排水良好的碱性土壤。初春播种繁殖或夏末分株繁殖。黑蛞蝓会危害花芽。

圆币草（圆叶高山樱草）***S. alpina***，见 368 页。

小圆币草*S. minima* (Least snowbell) 多年生常绿草本。匍匐状。高 2.5cm，冠径 10cm。叶微小，圆形，于土壤表面呈铺地状。花单生，钟状，几无梗，淡紫色至蓝色，口部具须。

山圆币草 *S. montana* (Mountain tassel)多年生常绿草本。冠圆丘状。高10cm，冠径15cm。叶圆形，革质。花茎高大，花长，钟状，下垂，淡紫色至蓝色，口部具须，初春开放。

密毛圆币草 *S. villosa*，见 368 页。

金钱麻属（新拟）SOLEIROLIA
Baby's tears, Mind-your-own-business, Mother of thousands

荨麻科 URTICACEAE

单种属。多为常绿多年生草本。匍匐状。叶密集，地毯状铺地生长。耐寒，但叶冬季会被冻死，春季可恢复旺盛生长。喜光照，也耐阴，喜湿润的土壤。春季至仲夏分株繁殖。

金钱麻（新拟）***S. soleirolii*** （*Helxine soleirolii*），见 304 页。

五彩苏属 SOLENOSTEMON

唇形科 LABIATAE/LAMIACEAE

多年生常绿草本。丛生或亚灌木状。因观赏色彩丰富的叶和花而栽培。为极好的盆栽植物。不耐寒，耐最低温度4～10℃。喜背风向阳处或半阴及肥沃、排水良好的土壤。夏季可大量浇水，其他时候需水量少。对幼株摘心以使其形成丛生状。初春播种后需用草覆盖，或春季和夏季用软枝扦插繁殖。水腊虫和白蚁会危害植株。

五彩苏（彩叶草，锦紫苏）***S. scutellarioides*** （*Coleus blumei* var. *verschaffeltii*），见324页。**'光辉' 'Brightness'**，见 329 页。**'炫耀' 'Fashion Parade'** 多年生草本。灌木状。可作一年生栽培。生长快。高达45cm，冠径 30cm 以上，耐最低温度 10℃；叶形和叶色多样，卵形，不分裂至深裂，具锯齿。穗状花序，花极小，蓝色，夏季开放。最好将花摘掉。**'红袍' 'Scarlet Poncho'** 具下垂习性。叶卵形，具锯齿，亮红色。矮丛系列（Wizard Series）叶卵形，具锯齿，叶色丰富。后二者皆为矮化品种，高达 30cm。

一枝黄花属 SOLIDAGO
Golden rod

菊科 ASTERACEAE/COMPOSITAE

多年生草本。夏季开花。部分种类粗壮，生长旺盛，在花坛中具排它性。极耐寒。多数植物喜光照或庇荫和排水良好的土壤。春季分株繁殖，偶尔可自播繁殖。

'金翅' 一枝黄花 *S.* 'Golden Wings' 多年生草本。直立。高1.5m，冠径 1m。头状花序，花小，亮黄色，初秋开放。叶披针形，具齿，微具毛，中绿色。

🏆**'金羽' 一枝黄花 *S.* 'Goldenmosa'**，见 255 页。

'劳林' 一枝黄花 *S.* 'Laurin'，见 256 页。

毛果一枝黄花*S. virgaurea* subsp. ***minuta*** （*S. v.* subsp. *alpestris*）多年生草本。冠圆丘状。高和冠径均为10cm。叶小，披针形，绿色。头状花序小，黄色，再组成整齐的穗状花序，秋季开放。适宜栽培于岩石园、沟槽和高山植物温室内。喜阴和湿润的土壤。

一枝菀属 × SOLIDASTER

菊科 ASTERACEAE/COMPOSITAE

多年生草本。夏季开花。全属为一枝黄花属（*Solidago*）和紫菀属（*Aster*）的杂交种。极耐寒。喜光照或庇阴和肥沃的土壤。春季分株繁殖。

× *S. hybridus* 见 × *S. luteus*。

一枝菀 × *S. luteus* （× *S. hybridus*），见 291 页。

蓝钟藤属（索利亚属）SOLLYA
Bluebell creeper

海桐花科 PITTOSPORACEAE

常绿藤本。基部木质，以茎缠绕

攀缘。因观赏其引人注目的花而栽培。半耐寒。喜光照和排水良好的土壤。春季播种繁殖或夏季用软枝或绿枝扦插繁殖。

🏆**蓝钟藤**（索利亚）***S. heterophylla***，见 206 页。

Solomon's seal 见 *Polygonatum*。
Angled 见 *Polygonatum odoratum*。
Great 见 *Polygonatum biflorum*。
Whorled 见 *Polygonatum verticillatum*。

蜂斗草属 SONERILA

野牡丹科 MELASTOMATACEAE

多年生常绿草本和灌木。丛生。因观其叶和花而栽培。不耐寒，耐最低温度 15℃。喜半阴、湿润空气和泥炭土壤。春季用枝顶端扦插繁殖。

🏆**珍珠地胆 *S. margaritacea*** 多年生常绿草本。丛生，半匍匐状。高 20～25cm。茎红色。叶卵形，暗绿色，长 5～8cm，表面具银白色斑纹，背面淡红色。总状花序，花 3 瓣，玫瑰粉红色，夏季开放。**'银叶''Argentea'** 叶较多，银白色，叶脉绿色。**'银斑''Hendersonii'** 叶较密集，具白色斑点。

Sop，Sweet 见 *Annona*。

槐属 SOPHORA
Kowhai

豆科／蝶形花科 LEGUMINOSAE/PAPILIONACEAE

落叶或半常绿乔木和灌木。因观赏其树姿、叶和花而栽培。极耐寒至耐寒。喜光照和排水良好的土壤（小叶槐 *S. microphylla* 和四翅槐 *S. tetraptera* 常需靠南墙或西墙栽培）。秋季播种繁殖，半常绿种类也可夏季用软枝扦插繁殖。

白刺花 *S. davidii*（*S. viciifolia*），见 145 页。

🏆**槐 *S. japonica***（Pagoda tree）落叶乔木。枝伸展。高和冠径均为 20m。极耐寒。复叶，小叶 9～15 枚，卵形，暗绿色。成熟植株花簇长，花蝶形，乳白色，夏末至初秋开放。炎热的夏季生长旺盛。**'龙爪''Pendula'** 高和冠径均为 3m。枝长，下垂。叶绿色。**'堇花''Violacea'**，见 71 页。

小叶槐 *S. microphylla*（*Edwardsia microphylla*）半常绿乔木。枝伸展。高和冠径均为 8m。耐寒。复叶，小叶多数，卵形，深绿色。花成簇，蝶形，深黄色，春末开放。

🏆**四翅槐 *S. tetraptera***，见 89 页。

S. viciifolia 见 *S. davidii*。

苏嘉兰属 × SOPHROLAELIOCATTLEYA

见兰花。

'杏红'苏嘉兰 × *S.* Hazel Boyd 'Apricot Glow'（见 299 页）常绿附生兰。适宜中温温室栽培。高 10cm。叶卵形，坚硬，长 10cm。花簇小，头状，花径 9 cm，杏橙黄色，唇瓣具深红色斑点，春季和初夏开放。夏季喜光。

'紫皇'苏嘉兰 × *S.* Trizac 'Purple Emperor'（见 297 页）常绿附生兰。适宜中温温室栽培。高 10cm。叶卵形，坚硬，长 10cm。花簇小，头状，花径 6cm，淡粉红色至紫色，唇瓣深红色，春季开放。夏季喜光。

珍珠梅属 SORBARIA

蔷薇科 ROSACEAE

落叶灌木。夏季开花。因观其叶和花而栽培。圆锥花序大，花小，白色。极耐寒。喜光照和深厚、肥沃、湿润的土壤。成年植株冬季去除部分老茎，保留的新枝回缩至生长点。去除根蘖以防植株过度伸展。夏季软枝扦插繁殖，秋季分株繁殖或冬末根插繁殖。

S. aitchisonii 见 *S. tomentosa* var. *angustifolia*。

S. arborea 见 *S. kirilowii*。

华北珍珠梅 *S. kirilowii*（*S. arborea*，*Spiraea arborea*）落叶灌木。枝拱形。生长旺盛。高和冠径均为 6m。复叶，小叶 13～17 枚，披针形，先端尖，深绿色。圆锥花序，下垂，花星状，白色，仲夏和夏末开放。

珍珠梅（花楸珍珠梅，东北珍珠梅）***S. sorbifolia***（*Spiraea sorbifolia*），见 137 页。

🏆**狭叶珍珠梅 *S. tomentosa* var. *angustifolia***（*S. aitchisonii*，*Spiraea aitchisonii*）落叶灌木。枝拱形。高和冠径均为 3m。幼时嫩枝红色。复叶，小叶 11～23 枚，披针形，先端尖，深绿色。圆锥花序，直立，花星状，白色，仲春至夏末开放。

花楸属 SORBUS

蔷薇科　ROSACEAE

落叶乔木或灌木。因观叶、花和诱人的果实而栽培。其花小，花 5 瓣。部分种类具秋色叶，单叶或分裂成小叶。极耐寒至耐寒。喜光照或半阴和肥沃、排水良好、湿润的土壤。具复叶的种类在极干旱的土壤上生长不良。夏季用软枝扦插繁殖或芽接繁殖，秋季播种繁殖或冬季枝接繁殖。易感染日灼病。生食其果实可引起胃部的轻微不适。

水榆花楸 *S. alnifolia*（Korean mountain ash）落叶乔木。冠初为圆锥状，随后枝伸展。高 15m，冠径 8m。极耐寒。叶卵形，缘具齿，亮绿色，秋季变橙色和红色。花小，白色，春末开放。果实卵状，橙红色。

美国花楸 *S. americana*（American mountain ash）落叶乔木。冠圆球状。高 10m，冠径 7m。极耐寒。复叶，小叶 11～17 枚，窄卵形，亮绿色，秋季色彩更佳。花小，白色，初夏开放。果实球状，亮红色，初秋成熟。

白背花楸 *S. aria*（Whitebeam）落叶乔木。枝伸展。高 15m，冠径 10m。极耐寒。叶卵形，缘具锯齿，幼叶银灰色，成年叶表面暗绿色，背面被毡状毛。花小，成簇，白色，春末开放。果实球状，深红色，具褐色斑点。**'金叶''Chrysophylla'** 高 10m，冠径 7m。嫩叶金黄色。**'Decaisneana'** 见 *S. a.* 'majestica'。🏆**'淡黄''Lutescens'**，见 78 页。🏆**'大叶''Majestica'**（*S. a.* 'Decaisneana'）叶较大，幼叶被白毛。果实较大。

鸟花楸 *S. aucuparia*（Mountain ash，Rowan），见 81 页。**'帚状''Fastigiata'**（*S. scopulina* of gardens）落叶乔木。冠密集，圆锥状，枝直立。高 8m，冠径 5m。极耐寒。叶深绿色，有分裂。花小，成簇，白色，春末或初夏开放。夏末结果，果实大，暗红色，直径 1cm。🏆**'黄果''Fructu Luteo'** 乔木。枝条阔展。高 15m，冠径 8m。复叶，小叶 13～15 枚，窄卵形，中绿色，秋季变为黄色或红色。果实橙黄色。**'大果''Rossica Major'**（*S. a.* 'Rossica'）果实大，深红色。🏆**'希尔沃特实生''Sheerwater Seedling'** 冠径 4m。树形窄，直立。

🏆**克什米尔花楸 *S. cashmiriana***，见 93 页。

杂色花楸 *S. commixta*（*S. discolor* of gardens），见 81 页。🏆**'红叶''Embley'** 落叶乔木。树姿美丽，枝竖直向上。生长旺盛。高 12m，冠径 9m。极耐寒。复叶，小叶细长，13～17 枚，披针形，有光泽，深绿色，秋末变为橙色和红色。花小，白色，春末开放。秋季结果，果实球状，亮红色。

S. cuspidata 见 *S. vestita*。

美丽花楸 *S. decora* 落叶乔木。枝伸展，有时呈灌木状。高 10m，冠径 8m。极耐寒。复叶，小叶椭圆形，蓝绿色。花小，白色，春末开放。果实球状，橘红色。

S. discolor of gardens 见 *S. commixta*。

麻叶花楸 *S. esserteauana* 落叶乔木。枝伸展。高和冠径均为 10m。极耐寒。复叶，小叶阔椭圆形，深绿色，秋季红色。花小，白色，春末开放。果实球状，成大簇，亮红色，有时橙黄色。

🏆**湖北花楸 *S. hupehensis***（Hupeh rowan）落叶乔木。枝伸展。高 12m，冠径 8m。极耐寒。复叶，小叶 9～17 枚，椭圆形，蓝绿色，秋末变为橙红色。花小，白色，春末开放。果实球状，成簇，白色，微带粉红色。🏆**'绯果''Rosea'**（*S. h.* var. *obtusa*），见 81 页。

卷边花楸 *S. insignis* 落叶乔木。枝伸展。高 8m，冠径 6m。耐寒。复叶，小叶大，常 9～21 枚，光滑，长圆形，暗绿色。花簇大，花小，乳白色，春末开放。果实球状，粉红色，冬季变为白色。

瑞典花楸 *S. intermedia*（Swedish whitebeam）落叶乔木。冠宽球状，枝密集。高和冠径均为 12m。极耐寒。叶阔卵形，深裂，暗绿色。花小，成簇，白色，春末开放。果实球状，红色。

🏆**'约瑟夫·罗克'花楸 *S.* 'Joseph Rock'**，见 82 页。

🏆**'邱园'花楸 *S.* × *kewensis***（*S. pohuashanensis* of gardens）落叶乔木。枝伸展。高 10m，冠径 8m。极耐寒。复叶，小叶 11～15 枚，深绿色。花小，白色，春末开放。果实球状，红色，密集成簇。

宽叶花楸 *S. latifolia*（Service tree of Fontainebleau）落叶乔木。枝伸展。高 12m，冠径 10m。极耐寒。树皮片状剥落。叶阔卵形，深裂，有光泽，深绿色。花小，白色，春末开放。果实球状，红褐色。

***S.* 'Mitchellii'** 见 *S. thibetica* 'John Mitchell'。

S. pohuashanensis of gardens 见 *S.* × *kewensis*。

西康花楸 *S. prattii* 落叶乔木。枝伸展。高和冠径均为 6m。极耐寒。叶深绿色，分裂成 9～21 枚具尖齿的小叶。花小，白色，春末开放。果实球状，白色。

🏆**矮丛花楸 *S. reducta***，见 360 页。

🏆**晚绿花楸 *S. sargentiana***（Sargent's rowan）落叶乔木。分枝少，伸展。高和冠径均为 6m。极耐寒。小枝粗壮。复叶大，小叶 7～11 枚，椭圆形，中绿色，秋季变为亮红色。花小，白色，春末开放。果实球状，红色。

🏆**梯叶花楸 *S. scalaris*** 落叶乔木。枝伸展，树姿优美。高和冠径均为 10m。极耐寒。复叶，小叶 21～33 枚，窄椭圆形，具光泽，深绿色，秋季变为深红色和紫色。花小，白色，春末开放。果簇大，密集，果实球状，红色。

S. scopulina of gardens 见 *S. aucuparia* 'Fastigiata'。

康藏花楸 *S. thibetica* 落叶乔木。冠圆锥状。高 20m，冠径 15m。极耐寒。叶大，阔卵形，深绿色，幼叶银白色，成年叶背面保持银白色。花序头状，花小，白色，春末开放。果实球状，褐色。🏆**'约翰·米切尔''John Mitchell'**（*S.* 'Mitchellii'），见 79 页。

锐齿花楸 *S.* × *thuringiaca* 落叶乔木。冠阔圆锥状，枝密集。高 12m，冠径 8m。极耐寒。叶椭圆形，暗绿色，深裂，基部具小叶。花小，白色，春末开放。果实球状，亮红色。**'帚枝''Fastigiata'** 枝直立，冠阔卵状，枝密集。

白叶花楸 *S. vestita*（*S. cuspidata*），见 78 页。

🏆**川滇花楸 *S. vilmorinii***，见 94 页。

'威尔弗雷德·福克斯'花楸 *S.* 'Wilfred Fox' 落叶乔木。幼时直立，后成卵球状，枝密集。高 15m，冠径 10m。极耐寒。叶阔卵形，光滑，暗绿色。花小，白色，春末开放。果实球状，橙褐色。

Sorrel tree 见 *Oxydendrum arboreum*，见 78 页。

Sorrel, Wood 见 *Oxalis acetosella*。

South American air plant 见 *Kalanchoe fedtschenkoi*。

South Sea arrowroot 见 *Tacca leontopetaloides*。

Southern beech 见 *Nothofagus*。

Southern Japanese hemlock 见 *Tsuga sieboldii*。

Southern polypody 见 *Polypodium cambricum*。

Southernwood 见 *Artemisia abrotanum*，见 176 页。

Spade leaf 见 *Philodendron domesticum*。

Spanish bayonet 见 *Yucca aloifolia*，见 153 页。

Spanish bluebell 见 *Hyacinthoides hispanica*，见 414 页。

Spanish broom 见 *Spartium junceum*，见 147 页。

Spanish chestnut 见 *Castanea sativa*。

Spanish dagger 见 *Yucca gloriosa*，见 137 页。

Spanish gorse 见 *Genista hispanica*，见 170 页。

Spanish heath 见 *Erica australis*。

Spanish moss 见 *Tillandsia usneoides*，见 265 页。

Spanish tree heath 见 *Erica australis*。

魔杖花属（芒苞菖属）
SPARAXIS
Harlequin flower

鸢尾科 IRIDACEAE

球茎类植物。春季和初夏开花。因观赏其美丽的花而栽培。半耐寒。喜光照和排水良好的土壤。秋季栽植。花后干燥球茎。夏末用小球茎繁殖或秋季播种繁殖。

雅致魔杖花 *S. elegans* (*Streptanthera cuprea*, *S. elegans*) 球茎类植物。春季开花。高 10～25cm，冠径 8～12cm。叶披针形，基生，排列成直立的扇形。松散的穗状花序，具 1～5 朵花，花稍扁平，橙黄色或白色，径 3～4cm，中心黄色，周边紫黑色。

大魔杖花 *S. fragrans* subsp. ***grandiflora*** (*S. grandifiora*) 球茎类植物。春季开花。高 15～40cm，冠径 8～12cm。叶剑形，基生，排列成直立的扇形。松散的穗状花序，花达 5 朵，花稍扁平，径 3～4cm，深紫色，花筒黄色。

S. grandiflora 见 *S. fragrans* subsp. *grandiflora*。

三色魔杖花 *S. tricolor*，见 430 页。

黑三棱属 SPARGANIUM
Bur reed

黑三棱科／香蒲科 SPARGANIACEAE/TYPHACEAE

落叶或半常绿多年生草本。生于水边。因观赏其叶而栽培。极耐寒。极耐阴和冷水。去除枯萎的叶，定期修剪植株以控制其生长。春季播种繁殖或分株繁殖。

黑三棱 *S. erectum* (*S. ramosum*)，见 449 页。

S. minimum 见 *S. natans*。

小黑三棱 *S. natans* (*S. minimum*) (Least bur reed) 落叶或半常绿多年生浅水草本。高 30～100cm，冠径 30cm。叶中绿色，禾草状，直立或漂浮。花小，不明显，淡褐绿色，刺苞状，夏季开放。

S. ramosum 见 *S. erectum*。

Sparmannia 重新归入 *Sparrmannia*。

垂蕾树属
SPARRMANNIA (SPARMANNIA)

椴树科 TILIACEAE

常绿乔木和灌木。因观赏其花和叶而栽培。不耐寒，耐最低温度 7℃。喜光照和肥沃、排水良好的土壤。旺盛生长时需大量浇水，其他时候适量浇水。花后除去花茎以促使植株更加紧凑。春末用绿枝扦插繁殖。易受白蝇危害。

🏆垂蕾树 *S. africana*，见 118 页。

大米草属（网茅属）
SPARTINA

禾本科 GRAMINEAE/POACEAE

见禾草类、竹类、灯心草类和莎草类。

'黄边'草原网茅 *S. pectinata* 'Aureomarginata' (*S. p.* 'Aureovariegata')，见 309 页。

鹰爪豆属 SPARTIUM

豆科／蝶形花科 LEGUMINOSAE/PAPILIONACEAE

单种属。落叶灌木。几乎无叶。因观赏其绿色的枝和艳丽的花而栽培。耐寒。喜光照耐贫瘠，喜排水良好的土壤。初春修剪以保持株形紧凑。秋季播种繁殖。

🏆鹰爪豆（莺织柳）***S. junceum***，见 147 页。

白鹤芋属（苞叶芋属）
SPATHIPHYLLUM

天南星科 ARACEAE

多年生常绿草本。具根状茎。因观赏其叶和花而栽培。不耐寒，耐最低温度 15℃。喜半阴、湿润空气和腐殖质丰富、湿润的土壤。春夏季分株繁殖。植株各部分有毒，食之会引起胃部中度不适。触及其汁液会刺激皮肤。

***S.* 'Clevelandii'** 见 *S. wallisii* 'Clevelandii'。

翼柄白鹤芋（多花苞叶芋）***S. floribumdum*** 多年生常绿草本。具短茎。高和冠径均为 30cm。叶丛生，披针形，先端长尖，具长柄，深绿色，长达 15cm。佛焰苞卵形，白色，长达 8cm，肉穗花序绿白色，间歇性开花。

🏆圆苞白鹤芋 *S.* 'Mauna Loa'，见 299 页。

白鹤芋 *S. wallisii*，见 300 页。**'克氏'白鹤芋**（小白鹤芋）**'Clevelandii'** (*S.* 'Clevelandii') 多年生常绿草本。丛生。高和冠径均为 60cm。叶宽，披针形，半直立，有光泽，中绿色，长 30cm 以上。佛焰苞卵形，白色，长 15cm，肉穗花序，白色，芳香，中央具一绿色线。

火焰木属（火焰树属）
SPATHODEA

紫葳科 BIGNONIACEAE

常绿乔木。因观其花和树姿而栽培。主要在秋季至春季开花。不耐寒，耐最低温度 16～18℃。喜光照和肥沃、湿润、排水良好的土壤。盆栽植株和未成年植株很少开花。春季播种繁殖或夏季用半成熟枝扦插繁殖。

火焰木（火焰树）***S. campanulata***，见 71 页。

Spatterdock, American 见 *Nuphar advena*。

Speedwell

Digger's 见 *Parahebe perfoliata*，见 286 页。

Prostrate 见 *Veronica prostrata*，见 357 页。

Rock 见 *Veronica fruticans*。

Spiked 见 *Veronica spicata*。

球葵属 SPHAERALCEA

锦葵科 MALVACEAE

多年生草本或落叶亚灌木。温暖气候条件下常绿。半耐寒。喜光照、温暖和肥沃、排水良好的土壤。春季播种繁殖或分株繁殖，仲夏用软枝扦插繁殖。

球葵 *S. ambigua*，见 258 页。

小果球葵 *S. munroana* 多年生草本。多分枝，基部木质。高和冠径均为 45cm。叶卵形，具圆形锯齿，被毛，中绿色。花宽漏斗状，亮珊瑚粉红色，从夏季开放至初霜。

Sphaeropteris 重新归入 *Cyathea*。

Spice bush 见 *Lindera benzoin*，见 131 页。

Spiceberry 见 *Ardisia crenata*，见 150 页。

Spider flower 见 *Cleome*。

Spider orchid 见 *Ophrys sphegodes*。

Spider plant 见 *Anthericum*; *Chlorophytum comosum*。

Spiderwort 见 *Tradescantia*。

Spignel 见 *Meum athamanticum*。

Spike heath 见 *Erica spiculifolia*。

Spiked speedwell 见 *Veronica spicata*。

Spikenard, False 见 *Smilacina racemosa*，见 233 页。

Spike-rush, Needle 见 *Eleocharis acicularis*。

Spiloxene capensis 见 *Hypoxis capensis*。

Spinach, Red mountain 见 *Atriplex hortensis* 'Rubra'。

Spindle

Japanese 见 *Euonymus japonicus*。

Winged 见 *Euonymus alatus*，见 148 页。

Spindle tree 见 *Euonymus europaeus*。

Spinning gum 见 *Eucalyptus perriniana*，见 100 页。

绣线菊属 SPIRAEA

蔷薇科 ROSACEAE

落叶或半常绿灌木。因观赏其大量小花而栽培，部分种类可观叶。极耐寒。喜光照和肥沃、排水良好、但不过度干燥的土壤。当年生长枝开花的野生种和栽培品种，如杂种绣线菊 (*S.* × *billiardii*)，灰背绣线菊 (*S. douglasii*) 和粉花绣线菊 (*S. japonica*) 及其栽培品种，初春应回缩幼枝和疏除老枝。对于老枝上开花的野生种，初春应剪去较老的嫩枝，留下幼枝待来年开花。灰背绣线菊 (*S. donglasii*) 秋末至初春分株繁殖，其他种类和栽培品种夏季用软枝扦插繁殖。

S. aitchisonii 见 *Sorbaria tomentosa* var. *angustifolia*。

S. arborea 见 *Sorbaria kirilowii*。

'尖齿'绣线菊 *S.* 'Arguta' (Bridal wreath, Foam of May) 落叶灌木。枝密集，拱形。高和冠径均为 25m。叶窄椭圆形，亮绿色。花成簇，5 瓣，白色，仲春至春末开放。

S. aruncus 见 *Aruncus dioicus*。

杂种绣线菊 *S.* × *billiardii* 落叶灌木。枝密集，直立。高和冠径均为 2.5m。叶卵形，具细锯齿，深绿色。圆锥花序，花密集，5 瓣，粉红色，夏季开放。**'狂欢' 'Triumphans'** 圆锥花序大，花亮淡紫粉红色。

楔叶绣线菊 *S. canescens*，见 136 页。

灰背绣线菊 *S. douglasii* 落叶灌木。直立。生长旺盛。高和冠径均为 2m。叶长圆形，中绿色，背面灰白色。圆锥花序窄，花密集，5 瓣，淡紫粉红色，初夏至仲夏开放。**秃背绣线菊** subsp. ***menziesii*** 高 1m。叶两面均为绿色。

🏆'安东尼·沃特尔'粉花绣线菊 *S. japonica* 'Anthony Waterer'，**🏆'金焰' 'Goldflame'** 和 **'小公主' 'Little**

Princess'，见 163 页。

日本绣线菊 *S. nipponica* 落叶灌木。枝拱形。高和冠径均为 2.5m。新梢粗壮，红色。叶小，圆形，深绿色。花密集，成簇，5 瓣，白色，初夏开花。**'哈尔沃德银' 'Halward's Silver'** 高和冠径均为 1m。生长慢。枝密集。开花量大。**🏆'雪堆' 'Snowmound'**（*S. n.* var. *tosaensis* of gardens），见 139 页。

李叶绣线菊（李叶笑靥花，笑靥花）***S. prunifolia*** 落叶灌木。枝拱形，姿态优美。高和冠径均为 2m。叶圆形至椭圆形，亮绿色，秋季古铜色至黄色。花成簇，白色，莲座状，重瓣，仲春至春末开放。

'雪白花'绣线菊 *S.* 'Snow White'（*S. trichocarpa* 'Snow White'）落叶灌木。枝拱形。高和冠径均为 2m。叶椭圆形，中绿色。花密集，成簇，5 瓣，白色，春末至初夏开放。

S. sorbifolia 见 *Sorbaria sorbifolia*。

🏆珍珠绣线菊（雪柳，喷雪花，珍珠花）***S. thunbergii*** 落叶或半常绿灌木。枝密集，拱形。高 1.5m，冠径 2m。叶窄椭圆形，灰绿色。花小，成簇，5 瓣，初春至仲春开放。

***S. trichocarpa* 'Snow White'** 见 *S.* 'Snow White'。

三裂绣线菊 *S. trilobata* 落叶灌木。枝拱形，姿态优美。高 1m，冠径 1.5m。叶圆形，浅裂，具齿，蓝绿色。花成簇，5 瓣，白色，生于细长的嫩枝上，初夏开放。

S. ulmaria 见 *Filipendula ulmaria*。

🏆菱叶绣线菊 *S. × vanhouttei*，见 154 页。

鄂西绣线菊 *S. veitchii* 落叶灌木。直立。生长健壮。高和冠径均为 3m。大枝拱形，红色。叶椭圆形，深绿色。花序头状，花 5 瓣，白色，初夏至仲夏开放。

绶草属 SPIRANTHES

见兰花。

俯花绶草 *S. cernua*（见 296 页）落叶陆生兰。高 50cm。耐寒。叶窄披针形，长 5～12cm。穗状花序，花精致，白色，长 1m，花心淡黄色，秋季开放。夏季喜半阴。

Spleenwort

Maidenhair 见 *Asplenium trichomanes*，见 311 页。

Mother 见 *Asplenium bulbiferum*。

燕水仙属 SPREKELIA

石蒜科 AMARYLLIDACEAE

单种属。具鳞茎。因观赏其春季艳丽的红花而栽培。半耐寒。喜开阔的光照处和排水良好的土壤。冬季保持干燥。春季浇水后进入生长期。初秋用小球茎繁殖。

🏆燕水仙 *S. formosissima*，见 413 页。

Spring beauty 见 *Claytonia virginica*。

Spring bell 见 *Olsynium douglasii*。

Spring crocus 见 *Crocus vernus*，见 429 页。

Spring gentian 见 *Gentiana verna*，见 370 页。

Spring snowflake 见 *Leucojum vernum*，见 426 页。

Spruce 见 *Picea*。

Black 见 *Picea mariana*。

Brewer's 见 *Picea breweriana*，见 105 页。

Caucasian 见 *Picea orientalis*。

Colorado 见 *Picea pungens*。

Common 见 *Picea abies*，见 104 页。

Engelmann 见 *Picea engelmannii*，见 105 页。

Lijiang 见 *Picea likiangensis*。

Morinda 见 *Picea smithiana*。

Mountain 见 *Picea engelmannii*，见 105 页。

Norway 见 *Picea abies*，见 104 页。

Oriental 见 *Picea orientalis*。

Serbian 见 *Picea omorika*，见 103 页。

Sitka 见 *Picea sitchensis*。

Taiwan 见 *Picea morrisonicola*，见 107 页。

West Himalayan 见 *Picea smithiana*。

White 见 *Picea glauca*。

Spurge 见 *Euphorbia*。

Wood 见 *Euphorbia amygdaloides*。

Spurge laurel 见 *Daphne laureola*。

Squawroot 见 *Trillium erectum*，见 269 页。

Squill

Sea 见 *Urginea maritima*。

Siberian 见 *Scilla siberica*。

Striped 见 *Puschkinia scilloides* var. *libanotica*，见 432 页。

Squirrel tail grass 见 *Hordeum jubatum*，见 307 页。

Squirrel's-foot fern 见 *Davallia mariesii*。

水苏属 STACHYS

唇形科 LABIATAE/LAMIACEAE

多年生草本、灌木和亚灌木。春末至夏季开花。部分种类常绿。极耐寒至不耐寒，耐最低温度 5℃。喜排水良好的土壤，耐贫瘠。下述种类喜种植于开阔、向阳处，其他种类为林地植物，半阴条件下生长更好。春季分株繁殖。

绵毛水苏 *S. byzantina*（*S. lanata*，*S. olympica*），见 304 页。**'黄叶海伦' 'Primrose Heron'**，见 291 页。**'银毯' 'Silver Carpet'** 多年生常绿草本。铺地状。高 15cm，冠径 60cm。极耐寒。叶卵形，被毛，灰色。开花少。极适宜栽培于花坛前部或作地被植物。

红花水苏 *S. coccinea* 多年生草本。丛生。高 60cm，冠径 45cm。不耐寒。叶卵形，中绿色，网脉显著。穗状花序，花小，盔状，亮猩红色，生于叶腋，花萼显著，紫色，初夏至夏末开放。

S. lanata 见 *S. byzantina*。

大花水苏 *S. macrantha* 多年生草本。丛生。高和冠径均为 30cm。极耐寒。叶心形，皱褶，具圆形齿，淡绿色。花大，轮生，盔状，玫瑰紫色，夏季开放。**'华丽' 'Superba'**，见 285 页。

药水苏 *S. officinalis*（*Betonica officinalis*）(Betony) 多年生草本。铺地状。高 45～60cm，冠径 30～45cm。极耐寒。叶卵形至长圆形，具圆齿，中绿色，铺地状。花轮生，头盔状、管状，紫色、粉红色或白色，生于强壮的茎上，夏季开放。**'粉红花' 'Rosea'**，花粉红色。

S. olympica 见 *S. byzantina*。

旌节花属 STACHYURUS

旌节花科 STACHYURACEAE

落叶灌木。为观赏其先叶开放的花而栽培。极耐寒至半耐寒。穗状花序，秋季开花，不受霜害。喜光照或半阴和肥沃、湿润、排水良好的壤土，更喜泥炭土和酸性土。面对西墙或南墙栽培时生长更好。夏季用软枝扦插繁殖。

中国旌节花 *S. chinensis* 落叶灌木。枝开张，伸展。高 2m，冠径 4m。极耐寒。叶卵形，深绿色。穗状花序，下垂，花小，钟状，淡黄色，冬末和初春开放。

🏆早开旌节花 *S. praecox*，见 150 页。**'鹊' 'Magpie'** 落叶灌木。枝开张，伸展。生长不如其他种类旺盛。高 1.5m，冠径 2m。嫩枝拱形，红紫色。叶卵形，渐尖，灰绿色，边缘乳白色。花钟状，淡黄色，冬末至初春开放。

Staff tree 见 *Celastrus scandens*。

Staff vine 见 *Celestrus orbiculatus*。

Stag's-horn fern 见 *Platycerium*。

Stag's-horn sumach 见 *Rhus typhina*。

Stanford manzanita 见 *Arctostaphylos stanfordiana*。

奇唇兰属 STANHOPEA

见兰花。

🏆虎斑奇唇兰 *S. tigrina* 常绿附生兰类。适宜冷凉温室栽培。高 23cm。穗状花序，下垂，花芳香，有蜡质，径 15cm，浓黄色和栗褐色，具红色斑点，唇白色，夏季开放。叶阔卵形，脉明显，长 30cm。极适宜栽培于悬挂的、用板条编织的花篮中。夏季喜半阴。

豹皮花属（犀角属、魔星花属）STAPELIA

萝藦科 ASCLEPIADACEAE

多年生多浆植物。丛生。茎直立，四棱形，棱边常锯齿状。叶小，数周后脱落。花常有难闻气味。不耐寒，耐最低温度 11℃。喜光照或半阴和排水良好的土壤。春季播种繁殖或用茎扦插繁殖。

S. europaea 见 *Caralluma europaea*。

S. flavirostris 见 *S. grandiflora*。

🏆大豹皮花（大犀角，王犀角）***S. gigantea***，见 476 页。

大花犀角 *S. grandiflora*（*S. flavirostris*），见 476 页。

S. variegata 见 *Orbea variegata*。

省沽油属 STAPHYLEA
Bladder nut

省沽油科 STAPHYLEACEAE

落叶灌木或乔木。春季开花。因观赏其花和膀胱状果实而栽培。极耐寒。喜光照或半阴和肥沃、湿润的土壤。野生种夏季用软枝、绿枝扦插繁殖或秋季播种繁殖。栽培品种夏季用软枝或绿枝扦插繁殖。

🏆高加索省沽油 *S. colchica* 落叶灌木。直立。高和冠径均为 3.5m。复叶，亮绿色，小叶 3～5 枚，椭圆形。圆锥花序，直立，花钟状，白色，春末开放。果实稍扁，淡绿白色。

🏆'粉花' 膀胱果 *S. holocarpa* 'Rosea'，见 117 页。

羽裂省沽油 *S. pinnata*，见 116 页。

Star, Bule 见 *Amsonia*。

Star daisy 见 *Lindheimera texana*，见 336 页。

Star flower 见 *Orbea variegata*，见 476 页。

Star ipomoea 见 *Ipomoea coccinea*。

Star jasmine 见 *Trachelospermum jasminoides*，见 207 页。

Star magnolia 见 *Magnolia stellata*，见 75 页。

Star-cluster 见 *Pentas lanceolata*，见 163 页。

Star-of-Bethlehem 见 *Ornithogalum*。

Drooping 见 *Ornithogalum nutans*。

Star-of-Bethlehem orchid 见 *Angraecum sesquipedale*。

Statice 重新归入 *Limonium*，除 ***S. suworowii***（见 *Psylliostachys suworowii*）之外。

Statice 见 *Psylliostachys*。

野木瓜属 STAUNTONIA

木通科 LARDIZABALACEAE

常绿木质藤本。以茎缠绕攀缘。雌雄异株。耐寒。喜光照或半阴和排水良好的土壤。初春修剪以控制植株生长。春季播种繁殖或夏秋季用茎扦插繁殖。

日本野木瓜 *S. hexaphylla* 常绿木

质藤本。以茎缠绕攀缘。高达10m以上。复叶，小叶3～7枚，长5～13cm，椭圆形。总状花序，花小，芳香，杯状，淡紫色，春季开放。为获得果实需将雌、雄株栽培在一起。浆果卵形，可食，肉质，紫色，长2.5～5cm。

Stemless gentian 见 *Gentiana acaulis*，见370页。

狭被莲属（新拟） STENANTHIUM

百合科／藜芦科 LILIACEAEI/MELANTHIACEAE

鳞茎类植物。姿态美丽却少见栽培。夏季开花。耐寒。喜开阔、光照充足处和排水良好的土壤。在气候冷凉地区，适宜栽培于温暖、避风、不过分干旱的轻壤土上。秋季播种繁殖或春季分株繁殖。

禾叶狭被莲（新拟）***S. gramineum*** 鳞茎类植物。夏季开花。高达1.5m，冠径45～60cm。叶长，窄条形，基生，半直立。穗状花序，具分枝，常拱形，花密集，芳香，星状，白色或绿色，径1～1.5cm。

薄棱玉属 STENOCACTUS (ECHINOFOSSULOCACTUS)

仙人掌科 CATTACEAE

多年生仙人掌类植物。呈球状。茎绿色，具刺，棱极窄，波皱。不耐寒，耐最低温度7℃。喜光照和排水良好的土壤。春季或夏季播种繁殖。

龙剑球 *S. coptonogonus*，见476页。

龙舌玉 *S. lamellosus* 多年生仙人掌类植物。呈球状。高和冠径均为8cm。茎绿色，具30～35条棱。花漏斗状，肉红色或红色，径1～3cm，生于冠顶，春季开放。上部的辐状刺扁平，下部的刺较短，稍圆，中刺较圆，较长，先端色暗。

有棚玉（太刀岚，瑞晃龙）***S. obvallatus***（*Echinofossulatus pentacanthus, E. violaciflorus*），见472页。

火轮树属（狭果树属） STENOCARPUS

山龙眼科 PROTEACEAE

常绿乔木。夏季和秋季开花。因观赏其叶和花而栽培。不耐寒，耐最低温度5～7℃。喜全光照和肥沃、排水良好的土壤。盆栽植株需水量中等，冬季需水少。极少需修剪。春季播种繁殖，夏季用半成熟枝扦插繁殖。

深波火轮树（波叶狭果树）***S. sinuatus***（Australian firewheel tree）常绿乔木。直立。生长慢。高12m以上，冠径5m。叶具光泽，深绿色，长12～25cm，披针形，全缘或分裂为数对长圆形裂片。花瓶状，亮鲜红色，花簇轮辐状，夏末至秋季开放。

狭花柱属 STENOCEREUS

仙人掌科 CACTACEAE

多年生仙人掌类植物。乔木状或灌木状。茎具突出的棱，常密被刺。不耐寒，耐最低温度13℃。低温时植株会产生坏死斑点。喜光照充足和排水极好的土壤。春季播种繁殖，夏季用茎扦插繁殖。

白云角 *S. marginatus* 见 *Pachycereus marginatus*。

大王阁（祥凤龙）***S. thurberi***（*Lemaireocereus thurberi*）多年生仙人掌类植物。柱状。分枝低。高达7m，冠径1m。茎具光泽，暗绿色，具5～6条棱脊。小窠具短刺，紧贴在棱上。花漏斗状，紫色或粉红色，萼片红色，夏季开放。

Stenolobium stans 见 *Tecoma stans*。

狭管蒜属（新拟） STENOMESSON

石蒜科 AMARYLLIDACEAE

鳞茎类植物。因观赏其常下垂的长管状花而栽培。不耐寒，耐最低温度5～10℃。喜开阔、光照充足处和排水良好的土壤。秋季用小鳞茎繁殖。

S. incarnatum 见 *S. variegatum*。

出蕊狭管蒜（新拟）***S. miniatum***（*Urceolina peruviana*），见419页。

五彩狭管蒜 *S. variegatum*（*S. incarnatum*），见419页。

钝叶草属 STENOTAPHRUM

禾本科 GRAMINEAE/POACEAE

见禾草类、竹类、灯心草类和莎草类。

钝叶草 *S. secundatum* (St Augustine grass)。🏆**'白纹' 'Variegatum'** 多年生常绿草本。植株伸展，具根状茎。高15cm，冠径不定。不耐寒，耐最低温度5℃。叶中绿色，具乳白色条纹，冬季保持良好色彩。圆锥花序，直立，小穗淡棕绿色，夏季开放。气候温暖地区可作草坪植物。

小米空木属 STEPHANANDRA

蔷薇科 ROSACEAE

落叶灌木。夏季开花。因观赏其树姿、叶、秋色和冬季的枝而栽培。极耐寒。喜光照或半阴和肥沃、不过于干燥的土壤。对已定植的植株花后剪去部分老枝。夏季用软枝扦插繁殖或秋季分株繁殖。

小米空木（小野珠兰）***S. incisa*** 落叶灌木。枝拱形。高1.5m，冠径3m。叶卵形，深裂，缘具齿，亮绿色，秋季变为橙黄色。冬季茎变浓棕褐色。圆锥花序，密集，花小，星状，淡绿白色，初夏开放。**'波缘叶' 'Crispa'** 高60cm。叶缘波状，分裂更深。

日本小米空木 *S. tanakae*，见140页。

黑鳗藤属 STEPHANOTIS

萝藦科 ASCLEPIADACEAE

常绿木质藤本。以茎缠绕攀缘。因观赏其芳香而被蜡质的花而栽培。不耐寒，耐最低温度13～16℃。喜腐殖质丰富和排水良好的土壤，夏季需半阴。需水量中等，寒冷气候下可少浇水。茎需支撑。春季修剪过长或过密的枝。春季播种或夏季用半成熟枝扦插繁殖。

🏆**多花黑鳗藤**（簇蜡花，非洲茉莉花）***S. floribunda***，见204页。

Sterculia acerifolia 见 *Brachychiton acerifolius*。

Sterculia diversifolia 见 *Brachychiton populneus*。

Sterculia platanifolia 见 *Firmiana simplex*。

黄韭兰属 STERNBERGIA

石蒜科 AMARYLLIDACEAE

鳞茎类植物。春季和秋季开花。因观赏其大型番红花状的花而栽培。耐寒，但在寒冷地区栽培时应靠近向阳的墙面。喜炎热、光照充足处和排水良好的黏重或轻质土壤，夏季土壤应完全干燥，此时球茎逐渐枯萎，需温暖和干燥。勿掘球以形成叶丛。春季和秋季分株繁殖。

白韭兰 *S. candida*，见426页。

大花黄韭兰 *S. clusiana* 鳞茎类植物。秋季开花。高2cm，冠径8～10cm。叶基生，带状，半直立，灰绿色，常纵向扭曲，花后生叶。花直立，酒杯状，黄色或淡绿黄色，长4～8cm。

黄花韭兰（苏贝韭）***S. lutea***，见439页。

西西里黄韭兰 *S. sicula* 鳞茎类植物。秋季开花。高2.5～7cm，冠径5～8cm。叶基生，窄条形，半直立，深绿色，中央具一淡绿色条纹。花漏斗状，亮黄色，长2～4cm，每花茎开一朵花，花和叶同时开放。

近卫柱属 STETSONIA

仙人掌科 CACTACEAE

单种属。多年生仙人掌类植物。乔木状。主干粗壮。花漏斗状，长15cm，夜晚开花。不耐寒，耐最低温度10℃。喜光照充足和排水良好的土壤。春季或夏季播种繁殖。

近卫柱 *S. coryne*，见457页。

紫茎属 STEWARTIA (STUARTIA)

山茶科 THEACEAE

落叶乔木和灌木。因观赏其花、秋季色彩和常剥落的树皮而栽培。极耐寒至耐寒。喜光照充足和肥沃、湿润但排水良好的中性至酸性土壤，忌强风，根部需庇荫。忌移植。夏季用软枝扦插繁殖，秋季播种繁殖。

绢毛紫茎 *S. malacodendron* 落叶乔木或灌木。枝伸展。高4m，冠径3m。耐寒。花玫瑰花状，白色，有时具紫色条纹，雄蕊紫色，仲夏开放于叶丛中。叶卵形，暗绿色。

单体蕊紫茎 *S. monadelpha*，见82页。

🏆**大花紫茎 *S. pseudocamellia***，见78页。

🏆**紫茎 *S. sinensis*** 落叶乔木。枝伸展。高12m，冠径7m。极耐寒。树皮剥落。叶卵形，亮绿色，秋季变为亮红色。花白色，玫瑰花状，芳香，仲夏开放。

蕊叶藤属 STIGMAPHYLLON

金虎尾科 MALPIGHIACEAE

常绿木质藤本。以茎缠绕攀缘。因观其花而栽培。不耐寒，耐最低温度15～18℃。喜半阴和肥沃、排水良好的土壤。旺盛生长期需大量浇水，低温时需水少。茎需支撑。春季应疏剪密集的枝。夏季用半成熟枝扦插繁殖。

蕊叶藤 *S. ciliatum*，见216页。

Stinking hellebore 见 *Helleborus foetidus*，见305页。

Stinking iris 见 *Iris foetidissima*。

针茅属 STIPA

禾本科 GRAMINEAE/POACEAE

见禾草类、竹类、灯心草类和莎草类。

芦针茅 *S. arundinacea* (Pheasant grass) 多年生常绿草本。丛生。高1.5m，冠径1.2m。耐寒。叶淡褐绿色，长30cm，夏末变成淡橘黄色。圆锥花序，开张，下垂，小穗淡紫绿色，秋季开放。

拂子茅状针茅 *S. calamagrostis*（*Achnatherum calamagrostis*）多年生常绿草本。丛生。高1m，冠径45cm。极耐寒。叶淡蓝绿色，内卷。圆锥花序大，具装饰性，花松散，小穗沙褐色，干燥后可保存到冬季。

🏆**巨针茅 *S. gigantea***，见307页。

Stock 见 *Matthiola*。

Brompton 见 *Matthiola incana*。

Virginian 见 *Malcolmia maritima*，见323页。

琉璃菊属 STOKESIA

菊科 ASTERACEAE/COMPOSITAE

多年生常绿草本。夏季开花。极耐寒。喜光照或半阴和肥沃、排水良好的土壤。夏季分株繁殖或秋季播种繁殖。

琉璃菊（美国蓝菊）***S. laevis***，见285页。**'蓝星' 'Blue Star'** 多年生常绿草本。基部莲座状。高和冠径均为30–45cm。叶窄披针形，莲座状丛生，暗绿色。头状花序，矢车菊花状，深蓝色，单生于茎顶端，夏季开放。

齿舌叶属（新拟）（史舟草属）STOMATIUM

番杏科 AIZOACEAE

多年生多浆植物。铺地状。具短茎。叶坚硬，三角形或半圆柱形，每个短茎具4~6对叶。不耐寒，耐最低温度5℃。喜光照和排水良好的土壤。春夏季播种或扦插繁殖。

全缘齿舌叶（新拟）***S. agninum*** 多年生多浆植物。铺地状。高5cm，冠径1m以上。叶坚硬，三角形或半圆柱状，淡灰绿色，长4~5cm，常无齿。花黄色，芳香，雏菊状，径2~5cm，夏季傍晚开放。

齿舌叶（新拟）***S. patulum*** 多年生多浆植物。铺地状。高3cm，冠径1m。叶半圆柱状，灰绿色，长2cm，表面具粗糙斑点和2~9个齿状小瘤状物。花淡黄色，芳香，径2cm，雏菊状，夏季傍晚开放。

Stone pine 见 *Pinus pinea*，见109页。

Mexican 见 *Pinus cembroides*，见109页。

Stone plant 见 *Lithops*。

Stonecrop 见 *Sedum*。

Biting 见 *Sedum acre*，见384页。

Common 见 *Sedum acre*，见384页。

Reflexed 见 *sedum rupestre*，见359页。

Strangweja spicata 见 *Bellevalia hyacinthoides*。

Stranvaesia 重新归入 *Photinia*。

Strap cactus 见 *Epiphyllum*。

水剑叶属（新拟）STRATIOTES

水鳖科 HYDROCHARITACEAE

多年生半常绿沉水植物或浮水植物。因观其叶而栽培。极耐寒。喜光照。可在较深的冷水中栽培。可根据需要疏枝。夏季分株繁殖。

水剑叶（新拟）***S. aloides***，见447页。

Strawberry cactus 见 *Mammillaria prolifera*。

Strawberry geranium 见 *Saxifraga stolonifera* 'Tricolor'。

Strawberry tree 见 *Arbutus unedo*，见93页。

Grecian 见 *Arbutus andrachne*。

Strawflower 见 *Bracteantha bracteata*，*Rhodanthe*。

鹤望兰属（鸟蕉属）STRELITZIA *Bird-of-paradise flower*

芭蕉科／旅人蕉科 MUSACEAE/STRELITZIACEAE

大型常绿多年生草本。丛生。因观其艳丽的花而栽培。不耐寒，耐最低温度5~10℃。喜肥沃、排水良好的土壤，夏季忌直射光，低温下应少浇水。春季播种或用根蘖分株繁殖。

白花鹤望兰（尼古拉鹤望兰，扇蕉）***S. nicolai***，见232页。

🏆**鹤望兰**（极乐鸟，鸟蕉，天堂鸟）***S. reginae***，见267页。

Streptanthera cuprea 见 *Sparaxis elegans*。

Streptanthera elegans 见 *Sparaxis elegans*。

旋果花属（好望角苣苔属）STREPTOCARPUS

苦苣苔科 GESNERIACEAE

多年生草本。部分种类常绿。花亮丽。不耐寒，耐最低温度10~15℃。喜空气湿润和腐殖质丰富的湿润土壤，忌直射光，浇水时避免弄湿叶，寒冷时期应少浇水。春季播种繁殖，春、夏花后分株繁殖，灌木野生种用枝顶端扦插繁殖或无茎野生种用叶扦插繁殖。

具茎旋果花（蓝蝶旋果花）***S. caulescens***，见276页。

'永恒仙女'旋果花*S.* 'Constant Nymph'，见303页。

'尼古拉'旋果花*S.* 'Nicola'，见301页。

旋果花 *S. rexii* (Cape primrose)多年生草本。无茎。高25cm，冠径达50cm。叶丛莲座状，叶带状，皱褶，绿色。花茎长15cm以上，花簇松散，花漏斗状，淡蓝色或紫红色，长5cm，具暗色线，四季开放。

🏆**圆叶旋果花**（新拟）***S. saxorum***，见284页。

扭管花属（新拟）STREPTOSOLEN

茄科 SOLANACEAE

常绿或半常绿攀缘灌木。茎松散。因观其花而栽培。不耐寒，耐最低温度7~10℃。喜光照和腐殖质丰富、排水良好的土壤。旺盛生长期可大量浇水，其他时候需水少。花后或春季去除花枝，以促进新枝生长。夏季用软枝扦插繁殖或用半成熟枝扦插繁殖。

🏆**扭管花**（新拟）***S. jamesonii***，见220页。

String-of-beads 见 *Senecio rowleyanus*，见462页。

String-of-hearts 见 *Ceropegia linearis* subsp. *woodii*，见462页。

Striped squill 见 *Puschkinia scilloides* var.*libanotica*，见432页。

Striped torch 见 *Guzmania monostachya*，见265页。

马蓝属 STROBILANTHES

爵床科 ACANTHACEAE

多年生草本或常绿亚灌木。因观其花而栽培。耐寒至不耐寒，耐最低温度15℃。喜半阴和肥沃且排水良好的土壤。春季播种繁殖，用基生茎扦插繁殖或分株繁殖。

深紫马蓝 *S. atropurpureus*，见263页。

紫背竹芋属 STROMANTHE

竹芋科 MARANTACEAE

多年生常绿草本。茎匍匐。因观其叶而栽培。不耐寒，耐最低温度15℃。喜高湿和半阴。喜生于开阔的土壤或堆肥中，宜用软水浇灌，土壤不得完全干旱。春季分株繁殖。

紫背竹芋（红里蕉）***S. sanguinea*** 多年生常绿草本。茎匍匐。生长旺盛。高和冠径均为1.5m。叶披针形，长45cm，表面绿色，具光泽，中脉灰白色，背面淡红色。圆锥花序，花小，白色，3瓣，生于亮红色苞片腋部，春季或夏秋季开放。

菊水属 STROMBOCACTUS

仙人掌科 CACTACEAE

多年生仙人掌类植物。半球状至圆柱状。生长极慢，从种子到长高至1cm要5年时间。花漏斗状，径4cm。不耐寒，耐最低温度5℃。喜光照和排水良好的土壤。对过多的水非常敏感，过湿难以存活。春夏季播种繁殖或嫁接繁殖。

菊水（独乐玉）***S. disciformis***，见470页。

圆萼藤属 STRONGYLODON

豆科／蝶形花科 LEGUMINOSAE/PAPILIONACEAE

常绿缠绕藤本。茎木质。因观赏其大型爪状花而栽培。不耐寒，耐最低温度18℃。喜腐殖质丰富、湿润但排水良好的土壤。夏季喜半阴，旺盛生长期需大量浇水，其他时候需水少。需支撑。必要时春季可疏枝。夏季播种繁殖或用茎扦插繁殖或春季压枝繁殖。

圆萼藤（绿玉藤）***S. macrobotrys***，见206页。

Stuartia 重新归入 *Stewartia*。

花柱草属 STYLIDIUM

花柱草科 STYLIDIACEAE

多年生草本。叶禾草状。因观其奇特的花而栽培。其雄蕊合生以适应昆虫授粉。不耐寒，耐最低温度10℃。喜肥沃的土壤和充足的光照。春季分株繁殖或播种繁殖。

禾叶花柱草 *S. graminifolium* (Trigger plant)多年生草本。莲座状。高和冠径均为15cm以上。叶禾草状，坚硬，暗绿色，边缘具齿。穗状花序窄而小，长30cm以上，花淡红色至紫红色，夏季开放。

金罂粟属（人血草属）STYLOPHORUM

罂粟科 PAPAVERACEAE

多年生草本。春季开花。叶大，具深裂，几全为基生莲座状。极耐寒。喜半阴和腐殖质丰富、湿润的泥炭土。春季分株繁殖或秋季播种繁殖。

美国金罂粟（新拟）***S. diphyllum***，见350页。

野茉莉属（安息香属）STYRAX

野茉莉科（安息香科）STYRACACEAE

落叶乔木和灌木。夏季开花。因观其花和叶而栽培。极耐寒至不耐寒，忍耐最低温度7~10℃。喜阴或半阴和湿润的中性至酸性土壤。夏季用软枝扦插繁殖或秋季播种繁殖。

🏆**野茉莉 *S. japonicus***，见77页。

🏆**玉铃花**（白云木）***S. obassia*** (Fragrant snowbell)落叶乔木。枝伸展。高12m，冠径7m。极耐寒。叶宽，圆形，暗绿色。花簇长，伸展，花钟状至漏斗状，芳香，白色，初夏开放。

药用安息香 *S. officinalis*，见118页。

矮茉莉 *S. wilsonii*，见138页。

Subalpine fir 见 *Abies lasiocarpa*。

Sugar bush 见 *Protea repens*。

Sugar maple 见 *Acer saccharum*。

Sugared-almond plum 见 *Pachyphytum oviferum*，见475页。

Sulcorebutia arenacea 见 *Rebutia arenacea*。

Sulcorebutia rauschii 见 *Rebutia rauschii*。

Sulcorebutia tiraquensis 见 *Rebutia tiraquensis*。

Sultan, Sweet 见 *Amberboa*。

Sumach 见 *Rhus*。
Dwarf 见 *Rhus copallina*。
Smooth 见 *Rhus glabra*，见143页。
Stag's-horn 见 *Rhus typhina*。
Venetian 见 *Cotinus coggygria*。
Summer cypress 见 *Bassia scoparia* f. *trichophylla*，见 335 页。
Summer holly 见 *Arctostaphylos diversifolia*。
Summer hyacinth 见 *Galtonia candicans*，见 397 页。
Summer snowflake 见 *Leucojum aestivum*，见 396 页。
Sun plant 见 *Portulaca grandiflora*。
Sundew 见 *Drosera*。
Cape 见 *Drosera capensis*，见 305 页。
Sunflower 见 *Helianthus*。
Mexican 见 *Tithonia rotundifolia*。
Willow-leaved 见 *Helianthus salicifolius*。
Sunrise horse-chestnut 见 *Aesculus* × *neglecta*。

裂口花属（新拟） SUTERA

玄参科 SCROPHULARIACEAE

一年生或多年生草本和常绿灌木。可用于夏季花坛。不耐寒，耐最低温度5℃。喜光照和排水良好的土壤。春季播种繁殖或分株繁殖，夏季用软枝扦插繁殖。

紫裂口花（新拟）***S. grandiflora*** 多年生草本。亚灌木状，分枝多。高1m，冠径30～45cm。叶卵形至长椭圆形，具圆齿。花管状，5裂，深紫色，具装饰性，仲夏到秋季开放。

纸荚豆属（新拟） SUTHERLANDIA

豆科／蝶形花科 LEGUMINOSAE/PAPILIONACEAE

常绿灌木。因观其花和果实而栽培。不耐寒，耐最低温度7～10℃。喜光照和肥沃、排水良好的土壤。盆栽种类旺盛生长期需大量浇水，其他时候浇水量适中。冬末从地面去除老茎和弯曲的枝。春季播种繁殖。红蜘蛛螨可危害植株。

纸荚豆（新拟）***S. frutescens***，见 165 页。

苦马豆属 SWAINSONA

豆科／蝶形花科 LEGUMINOSAE/PAPILIONACEAE

一年生草本或多年生常绿草本、亚灌木和灌木。因观其花而栽培。不耐寒，耐最低温度5～7℃。喜充足光照或半阴和腐殖质丰富、排水良好的土壤。旺盛生长期需大量浇水，其他时候可适度浇水。春季播种繁殖或夏季用半成熟枝扦插繁殖。

光叶苦马豆 *S. galegifolia* (Darling pea) 常绿亚灌木。匍匐状。高60～120cm，冠径30～60cm。小叶片窄卵形，11～25枚，中绿色至暗绿色。花蝶形，红色、粉红色、紫色、蓝色或黄色，春末至夏季开花。冬末去除开花后的老枝。

Swamp cypress 见 *Taxodium distichum*，见 104 页。
Swamp lily 见 *Lilium superbum*，*Saururus cernuus*，见 447 页。
Swamp pink 见 *Helonias bullata*。
Swan flower 见 *Aristolochia grandiflora*。
Swan River daisy 见 *Brachycome iberidifolia*，见 334 页。
Swedish ivy 见 *Plectranthus oertendahlii*，*Plectranthus verticillatus*。
Swedish whitebeam 见 *Sorbus intermedia*。
Sweet alyssum 见 *Lobularia maritima*。
Sweet bay 见 *Laurus nobilis*；*Magnolia virginiana*。
Sweet box 见 *Sarcococca*。
Sweet briar 见 *Rosa rubiginosa*，见 185 页。
Sweet buckeye 见 *Aesculus flava*，见 82 页。
Sweet chestnut 见 *Castanea sativa*。
Sweet Cicely 见 *Myrrhis*。
Sweet corn 见 *Zea mays*。
Sweet flag 见 *Acorus calamus*。
Sweet gum 见 *Liquidambar styraciflua*，见 70 页。
Sweet pea 见 *Lathyrus odoratus*。
Sweet pepper-bush 见 *Clethra alnifolia*。
Sweet rocket 见 *Hesperis matronalis*，见 239 页。
Sweet scabious 见 *Scabiosa atropurpurea*。
Sweet sop 见 *Annona*。
Sweet sultan 见 *Amberboa*。
Sweet viburnum 见 *Viburnum odoratissimum*。
Sweet violet 见 *Viola odorata*。
Sweet William 见 *Dianthus barbatus*。
Sweetheart ivy 见 *Hedera hibernica* 'Deltoidea'，见 221 页。
Swiss mountain pine 见 *Pinus mugo*。
Swiss-cheese plant 见 *Monstera deliciosa*，见 220 页。
Sword fern 见 *Nephrolepis cordifolia*，*Nephrolepis exaltata*，见 312 页。

金山葵属（皇后葵属） SYAGRUS *Queen Palm*

棕榈科 ARECACEAE/PALMAE

常绿棕榈状植物。因观雄伟的树姿而栽培。不耐寒，耐最低温度18℃。喜光照或半阴和腐殖质丰富、排水良好的土壤。盆栽植株需水适中，低温时需水少。春季24℃以上时播种繁殖。红蜘蛛螨可危害植株。

金山葵（皇后葵，女王椰子）***S. romanzoffiana***，见 73 页。

Sycamore 见 *Acer pseudoplatanus*。

水丝梨属 SYCOPSIS

金缕梅科 HAMAMELIDACEAE

常绿乔木和灌木。因观其叶和花而栽培。耐寒。喜光照处或半阴和肥沃而不太干旱的泥炭土。夏季用半成熟枝扦插繁殖。

水丝梨 *S. sinensis* 常绿灌木。直立。高5m，冠径4m。叶卵形，具光泽，暗绿色。花无花瓣，但花药明显，花密集成簇，黄色，微带红色，冬末或早春开放。

Sydney golden wattle 见 *Acacia longifolia*。

毛核木属 SYMPHORICARPOS

忍冬科 CAPRIFOLIACEAE

落叶灌木。花小，钟状，不引人注目。主要因观其成簇、艳丽、持续期长的果实而栽培。极耐寒。喜光照或半阴和肥沃土壤。夏季用软枝扦插繁殖，秋季分株繁殖。食其果实会感到轻微不适。触及其果实会刺激皮肤。

雪果毛核木 *S. albus* (Snowberry)。**平滑毛核木** var. ***laevigatus*** 落叶灌木。生长旺盛。枝密集，部分直立，部分呈拱形。高和冠径均为2m。叶圆形，暗绿色。花粉红色，夏季开放。果实大，白色，具大理石花纹。

'汉考克'匍枝毛核木 *S.* × *chenaultii* 'Hancock' 落叶灌木。匍匐状。枝密集。高1m，冠径3m。叶卵形，青铜色，成熟叶片亮绿色。花白色，初夏至仲夏开放。果实小而少，球状，深紫色至粉红色。是极好的地被植物。

圆果毛核木 *S. orbiculatus* (Coralberry，Indian currant) 落叶灌木。丛生。枝密集。高和冠径均为2m。叶卵状，暗绿色。花白色或粉红色，夏末和秋初开放。果实球状，深紫红色。炎热的夏季过后生长最好。**'花叶' 'Foliis Variegatis'** (*S.o.* 'Variegatus')，见 168 页。

联药花属（共药花属） SYMPHYANDRA

桔梗科 CAMPANULACEAE

多年生短命草本。最好作二年生栽培。夏季开花。适宜栽培于大的岩石园和堤岸的基部。极耐寒。喜光照和排水良好的土壤。秋季播种繁殖。自播容易。

艳丽联药花 *S. armena* 多年生草本。直立或伸展。高30～60cm，冠径30cm。叶卵形，具不规则锯齿，被毛，中绿色。圆锥花序，花直立，钟状，蓝色或白色，夏季开放。

联药花（共药花）***S. pendula*** 多年生草本。枝拱形。老时基部木质化。高30～60m，冠径30cm。叶卵形，被毛，淡绿色。圆锥花序，花钟状，乳白色。

阿尔卑斯联药花 *S. wanneri*，见 357 页。

聚合草属 SYMPHYTUM *Comfrey*

紫草科 BORAGINACEAE

多年生草本。植株粗壮。生长旺盛。最适宜栽培于野生花园。极耐寒。喜光照或半阴和湿润土壤。春季分株繁殖或秋季播种繁殖，常自播。已命名的栽培品种仅能分株繁殖。食其根和叶会引起严重不适。触及其叶则会刺激皮肤。

高加索聚合草 *S. caucasicum*，见 238 页。

'花叶'聚合草 *S.* 'Goldsmith' (*S. ibericum* 'Jubilee'，*S. ibericum* 'Variegatum'，*S.* 'Jubilee') 多年生草本。丛生。高和冠径均为30cm。叶卵形，被毛，暗绿色，具金黄色和乳白色斑纹。花淡蓝色，微带乳白色或粉红色，春季开放。

S. grandiflorum of gardens 见 *S. ibericum*。

'淡蓝花'聚合草 *S.* 'Hidcote Blue' 多年生草本。丛生。高50cm，冠径60cm。与伊比利亚聚合草(*S. ibericum*)相似，但花淡蓝色。

伊比利亚聚合草 *S. ibericum* (*S. grandiflorum* of gardens)，多年生草本。丛生。高25cm，冠径60cm。叶披针形，被毛，浓绿色。总状花序，花管状，乳白色，生于花序的一侧，春季开放。为良好的地被植物。**'Jubilee'** 见 *S.* 'Goldsmith'。**'Variegatum'** 见 *S.* 'Goldsmith'。

***S.* 'Jubilee'** 见 *S.* 'Goldsmith'。

俄罗斯聚合草 *S.* × *uplandicum* (Russian comfrey)。🝖 **'乳黄边' 'Variegatum'**，见 238 页。

山矾属（灰木属） SYMPLOCOS

山矾科 SYMPLOCACEAE

常绿或落叶乔木和灌木。其中仅本书描述的种类普遍栽培。因观其花和果实而栽培。当数株植物栽培在一起时，结果多。极耐寒。喜充足光照和肥沃、湿润但排水良好的土壤。秋季播种繁殖。

白檀 *S. paniculata*，见 138 页。

彩云木属 SYNADENIUM

大戟科 EUPHORBIACEAE

常绿半肉质多浆类灌木。因观其叶而栽培。不耐寒，耐最低温度7～10℃。喜充足光照和肥沃、排水良好的土壤 。盆栽植株需水量适中，冬季需水少。冬末可根据需要疏枝。春季播种繁殖或夏季用软枝扦插繁殖。植株各部分均有毒。触及树汁会刺激皮肤。

紫背彩云木*S. compactum* var. ***rubrum***（*S. grantii* 'Rubrum'）常绿灌木。直立。茎粗壮。高3～4m，冠径2m以上。叶披针形至卵形，具光泽，淡紫绿色，背面红紫色。花极小，红色，多被叶所遮盖，秋季开放。

***S. grantii* 'Rubrum'** 见*S. compactum* var. *rubrum*。

合果芋属 SYNGONIUM

天南星科 ARACEAE

常绿木质藤本。以根攀缘。因观其具装饰性的叶而栽培。栽培时很少开花。不耐寒，耐最低温度16～18℃。喜半阴和腐殖质丰富、排水良好的土壤。需水量适中，低温下需水少。需支撑，理想的支撑物是长有苔藓的柱。去除幼茎茎尖可以促进分枝。夏季用叶芽或茎尖扦插繁殖。植株各部分有毒，食之胃部会轻微不适，触及树汁会刺激皮肤。

长耳合果芋（五指合果芋）***S. auritum***（*Philodendron auritum* of gardens，*P. trifoliatum*）(Five fingers) 常绿木质藤本。以根攀缘。生长极慢。高1～2m。叶具光泽，浓绿色，分裂成3枚卵形小叶，有时5小叶，位于中心的1枚小叶最大。

红叶合果芋 *S. erythrophyllum* 常绿木质藤本。以根攀缘。茎细长，生长慢。高1m以上。幼株叶箭形，背面紫色，成熟植株的叶3裂或3小叶。

霍夫曼合果芋*S. hoffmannii* 常绿木质藤本。以根攀缘。生长势中等。高2～3m。幼株叶箭形，成熟植株的叶分裂成3枚小叶，小叶灰绿色，叶脉银白色。

🏆**合果芋**（长柄合果芋）***S. podophyllum***（*Nephthytis triphylla* of gardens），见220页。**'银脉'合果芋 'Trileaf Wonder'**，见219页。

漏斗莲属（新拟） SYNNOTIA

鸢尾科 IRIDACEAE

球茎类植物。春季开花。叶披针形，排列成扇形。因观其松散的穗状花序而栽培。花具6个大小不等的花瓣，盔状似唐菖蒲。半耐寒。喜光照和排水良好的土壤。秋季种植。花后枯死。秋季播种繁殖或用短匍茎繁殖。

漏斗莲（新拟）***S. variegata*** 球茎类植物。春季开花。高10～35cm，冠径8～10cm。叶基生，直立，排成扇形。花长管状，上部花瓣直立，紫色，下部花瓣较窄，淡黄色至紫色，向下卷曲。**橙斑漏斗莲**（新拟）var. ***metelerkampiae*** 花较少。

猫尾草属 SYNTHYRIS

玄参科 SCROPHULARIACEAE

常绿或落叶多年生草本。春季开花。蔓生根茎伸展较慢。适宜岩石园和泥炭土花坛栽培。极耐寒。喜半阴和湿润土壤。春末播种繁殖或分株繁殖。

肾叶猫尾草 *S. reniformis* 多年生常绿草本。丛生。高8～10cm，冠径15cm。叶肾形至圆形，具齿，暗绿色。总状花序短，花小，密集，钟状，蓝色，春季开放。

重齿猫尾草*S. stellata*，见369页。

Syrian juniper 见 *Juniperus drupacea*。

丁香属 SYRINGA
Lilac

木犀科 OLEACEAE

落叶乔木和灌木。因观其花密集的圆锥花序而栽培。花小，管状，常极香。极耐寒。喜光照和深厚、肥沃、排水良好的碱性土壤。可依靠其根获得植株，因为嫁接的植株常具有大量的根出条。新种植的丁香在最初几年内应去除花。冬季去除弱枝，花后修剪以保持树形。枝四处蔓生的老植株冬季可重剪，但下一个季节将不开花。夏季用软枝扦插繁殖。潜叶蝇，叶斑病和丁香枯萎病可危害植株。见120页。

***S.* 'Belle de Nancy'** 见 *S. vulgaris* 'Belle de Nancy'。

***S.* 'Bellicent'** 见 *S.* × *josiflexa* 'Bellicent'。

***S.* 'Blue Hyacinth'** 见*S.* × *hyacinthiflora* 'Blue Hyacinth'。

***S.* 'Charles Joly'** 见 *S. vulgaris* 'Charles Joly'。

什锦丁香 *S.* × *chinensis* (Rouen lilac)落叶灌木。枝拱形。高和冠径均为4m。大型圆锥花序，呈拱形，花芳香，管状，单瓣，淡紫色至紫色，春末开花。叶卵形，暗绿色。**'白花' 'Alba'**（见120页）花白色。

***S.* 'Clarke's Giant'** 见 *S.* × *hyacinthiflora* 'Clarke's Giant'。

***S.* 'Congo'** 见*S. vulgaris* 'Congo'。

***S.* 'Cora Brandt'** 见*S.* × *hyacinthifora* 'Cora Brandt'。

***S.* 'Decaisne'** 见*S. vulgaris* 'Decaisne'。

喜马拉雅丁香（西蜀丁香）*S. emodi* (Himalayan lilac)落叶灌木。直立。生长旺盛。高5m，冠径4m。叶大，卵形，暗绿色。大型圆锥花序，直立，花管状，具难闻气味，单瓣，淡紫色，初夏开放。

***S.* 'Esther Staley'** 见*S.* × *hyacinthiflora* 'Esther Staley'。

'喷泉' 丁香*S.* 'Fountain' 落叶灌木。枝拱形，冠开张。生长健壮。高4m，冠径5m。叶大，卵形，暗绿色。大型圆锥花序，下垂。花管状，单瓣，暗粉红色，初夏开放。

'蓝风信子' 丁香*S.* × *hyacinthiflora* 'Blue Hyacinth'（*S.* 'Blue Hyacinth'）(见120页) 落叶灌木。丛生。高和冠径均为3m。幼枝直立，后伸展。叶宽心形，中绿色。大型圆锥花序，松散，花芳香，单瓣，淡紫色至蓝色，仲春至初夏开花。**'克拉克巨人' 'Clarke's Giant'**（*S.* 'Clarke's Giant'，见120页）生长旺盛。高和冠径均为5m。叶暗绿色。花紫色，花瓣内面紫红色至粉红色，花芽紫红色至粉红色，仲春至春末开放。**'布朗特' 'Cora Brandt'**（*S.* 'Cora Brandt'，见120页）大型圆锥花序，开张，花白色，重瓣。

🏆**'斯塔利' 'Esther Staley'**（*S.* 'Esther Staley'，见120页）生长健壮。圆锥花序，宽圆锥形，花芽红色，花淡紫色至粉红色。

***S.* 'Isabella'** 见 *S.* × *prestoniae* 'Isabella'。

***S.* 'Jan van Tol'** 见 *S. vulgaris* 'Jan van Tol'。

🏆**'美丽' 反折丁香*S.* × *josiflexa* 'Bellicent'**（*S.* 'Bellicent'）落叶灌木。直立，后为拱形。高4m，冠径5m。叶卵形，暗绿色。大型圆锥花序，花芳香，管状，单瓣，纯粉红色，春末至初夏开放。

***S.* 'Katherine Havemeyer'** 见*S. vulgaris* 'Katherine Havemeyer'。

***S.* 'Madame Antoine Buchner'** 见*S. vulgaris* 'Madame Antoine Buchner'。

***S.* 'Madame F. Morel'** 见 *S. vulgaris* 'Madame F. Morel'。

***S.* 'Madame Florent Stepman'** 见 *S. vulgaris* 'Madame Florent Stepman'。

***S.* 'Madame Lemoine'** 见 *S. vulgaris* 'Madame Lemoine'。

***S.* 'Maréchal Foch'** 见 *S. vulgaris* 'Maréchal Foch'。

***S.* 'Masséna'** 见*S.vulgaris* 'Masséna'。

***S.* 'Maud Notcutt'** 见*S. vulgaris* 'Maud Notcutt'。

🏆**'帕利宾'蓝丁香 *S. meyeri* 'Palibin'**（*S. palibianina* of gardens，*S. velutina* of gardens，见120页）落叶灌木。丛生。枝密集。生长慢。高和冠径均为1.5m。叶小，卵形，暗绿色。圆锥花序，花密集，芳香，管状，单瓣，淡紫色至粉红色，春末至初夏开放。

***S.* 'Michel Buchner'** 见 *S. vulgaris* 'Michel Buchner'。

S. microphylla 见 *S. pubescens* subsp. *microphylla*。

***S.* 'Monge'** 见*S. vulgaris* 'Monge'。

***S.* 'Mrs Edward Harding'** 见 *S. vulgaris* 'Mrs Edward Harding'。

S. palibiniana of gardens 见 *S. meyeri* 'Palibin'。

***S.* 'Paul Thirion'** 见 *S. vulgaris* 'Paul Thirion'。

🏆**花叶丁香**（波斯丁香）***S.* × *persica*** (Persian lilac，见120页) 落叶灌木。丛生。枝密集。高和冠径均为2m。小型圆锥花序，花密集，芳香，紫色，春末开放。叶窄而尖，暗绿色。

***S.* 'Président Grévy'** 见 *S. vulgaris* 'Président Grévy'。

'伊莎贝拉' 普雷斯顿丁香 *S.* × *prestoniae* 'Isabella'（*S.* 'Isabella'）落叶灌木。直立。生长健壮。高和冠径均为4m。叶大，卵形，暗绿色。大型圆锥花序，下垂。花管状，单瓣，淡紫色至紫色，芳香，花瓣内部近白色，初夏开放。

***S.* 'Primrose'** 见*S. vulgaris* 'Primrose'。

小叶丁香*S. pubescens* subsp. ***microphylla***（*S. microphylla*）落叶灌木。丛生。高和冠径均为2m。叶卵形，中绿色。小型圆锥花序，花极香，管状，单瓣，粉红色，初夏开放，秋季常再次开花。🏆**'华丽' 'Superba'**，见120页。

日本丁香（网叶丁香）***S. reticulata*** 落叶乔木或灌木。冠宽圆锥形。高10m，冠径6m。叶卵形，渐尖，亮绿色。大型圆锥花序，花芳香，管状，单瓣，乳白色，初夏至仲夏开放。

***S.* 'Souvenir de Louis Spaeth'** 见 *S. vulgaris* 'Andenken an Ludwig Spaeth'。

S. velutina of gardens见*S. meyeris* 'Palibin'。

欧丁香（洋丁香）***S. vulgaris*** 🏆**'斯帕思' 'Andenken an Ludwig Spaeth'**（*S.* 'Souvenir de Louis Spaeth'）落叶灌木。直立，后伸展。高和冠径均为5m。叶心形，暗绿色。圆锥花序细长，花芳香，管状，单瓣，深紫红色。**'丽人' 'Belle de Nancy'**（*S.* 'Belle de Nancy'）大型圆锥花序，花密集，重瓣，紫红色至粉红色，花芽紫红色。🏆**'乔里' 'Charles Joly'**（*S.* 'Charles Joly'，见120页）高和冠径均为3m。花深紫红色，仲春至初夏开花。**'刚果' 'Congo'**（*S.* 'Congo'，见120页）大型圆锥花序，花单瓣，深紫色至紫色，花芽紫红色，春季开放。**'德凯逊' 'Decaisne'**（*S.* 'Decaisne'，见120页）枝密集。叶中绿色。花多，单瓣，暗蓝色至紫色。**'范托尔' 'Jan van Tol'**（*S.* 'Jan van Tol'，见120页）圆锥花序长，半下垂，花单瓣，花瓣窄，纯白色。🏆**'哈夫迈尔' 'Katherine Havemeyer'**（*S.* 'Katherine Havemeyer'）圆锥花序，花密集，重瓣，淡紫色至紫色，后为淡紫色至粉红色。🏆**'巴克勒' 'Madame Antoine Buchner'**（*S.* 'Madame Antoine Buchner'，见120页）圆锥花序细长，花芽深紫红色，花重瓣，淡粉红色至紫红色，久而

褪色。**'莫里尔' 'Madame F. Morel'**（*S.* 'Madame F.Morel'，见120页）大型圆锥花序，花单瓣，亮浅紫色至紫色，花芽紫色。**'史蒂普曼' 'Madame Florent Stepman'**（*S.* 'Madame Florent Stepman'，见120页）大型圆锥花序，花单瓣，白色。🏆**'勒蒙利' 'Madame Lemoine'**（*S.* 'Madame Lemoine'，见120页）圆锥花序，花大，密集，重瓣，白色。**'弗奇' 'Maréchal Foch'**（*S.* 'Maréchal Foch'，见120页）圆锥花序宽，开张，花极大，单瓣，深红色至粉红色。**'马森那' 'Masséna'**（*S.* 'Masséna'，见120页）圆锥花序，疏松，花大，深红紫色。**'那特卡特' 'Maud Notcutt'**（*S.* 'Maud Notcutt'）大型圆锥花序，花单瓣，纯白色。**'布克勒' 'Michel Buchner'**（*S.* 'Michel Buchner'，见120页）大型圆锥花序，花重瓣，粉红色至淡紫色，每花具一个白色眼状斑。**'蒙吉' 'Monge'**（*S.* 'Monge'，见120页）花多，极大，单瓣，深紫红色。🏆**'哈丁' 'Mrs Edward Harding'**（*S.* 'Mrs Edward Harding'，见120页）大型圆锥花序，花重瓣或半重瓣，初为紫红色，后为粉红色。**'舍里翁' 'Paul Thirion'**（*S.* 'Paul Thirion），见120页。花重瓣，淡紫色至粉红色，花芽暗紫红色。**'格利维' 'Président Grévy'**（*S.* 'Président Grévy'，见120页）极大型圆锥花序，花重瓣，淡紫蓝色，花芽红紫色。**'淡黄' 'Primrose'**（*S.* 'Primrose'，见120页）小型圆锥花序，花密集，淡黄色。

云南丁香 *S. yunnanensis*（见120页）落叶灌木。直立。高3m，冠径3m。叶大，卵形，先端尖，暗绿色。圆锥花序细长，花4瓣，淡粉红色或白色。

蒲桃属 SYZYGIUM

桃金娘科 MYRTACEAE

常绿灌木和乔木。因观其树姿而栽培。不耐寒，耐最低温度10～13℃。喜光照（但也稍耐阴）和肥沃排水良好的土壤。盆栽植株在旺盛生长期大量需水，其他时期中度需水。极耐修剪，但最好让其自然生长。春季播种繁殖或夏季用半成熟枝扦插繁殖。

圆锥蒲桃 *S. paniculatum*（*Eugenia australis* of gardens，*E. paniculata*），见81页。

Szechuan birch 见*Betula szechuanica*。

T

风铃木属 TABEBUIA

紫葳科 BIGNONIACEAE

常绿或落叶乔木。主要在春季开花。因观花和获得树阴而栽培。不耐寒，耐最低温度16～18℃。喜光照和肥沃、排水良好但不干旱的土壤。盆栽植物不开花。除了秋季为使幼株成形的修剪，不需修剪。春季播种繁殖或空中压条繁殖，夏季用半成熟枝扦插繁殖。

黄花风铃木（黄钟木）***T. chrysotricha***，见 97 页。

T. donnell-smithii 见 *Cybistax donnell-smithii*。

T. pentaphylla of gardens见*T. rosea*。

洋红风铃木（掌叶木）***T. rosea***（*T. pentaphylla* of gardens）(Pink trumpet tree) 常绿乔木。寒冷气候条件下落叶。冠圆形。生长快。高和冠径均为15m以上。复叶，小叶5枚，卵形。花成簇，顶生，喇叭状，玫瑰色至淡紫粉红色或白色，喉部黄色。

Tacamahac见*Populus balsamifera*。

蒟蒻薯属（箭根薯属） TACCA

蒟蒻薯科（箭根薯科） TACCACEAE

多年生草本。具根状茎。因观其奇特的花而栽培。不耐寒，耐最低温度18℃。喜极湿润的空气，半阴和泥炭土。冬季休眠期应少浇水。春季分株繁殖或播种繁殖。

箭根薯（蝙蝠花）***T. chantrierei*** (Bat flower，Cat's whiskers)多年生草本。丛生。具根状茎。株高和冠径均为30cm。叶窄，长椭圆形，具柄，呈拱形，长45cm以上。伞形花序，苞片绿色或淡紫色，生于长达60cm的花茎上。花单生，下垂，钟状，6瓣，绿色，后为紫色，下垂，栗色至紫色。

蒟蒻薯（田代薯，蛛丝草）***T. leontopetaloides*** (East Indian arrowroot, South Sea arrowroot) 多年生草本。丛生。具根状茎。株高和冠径均为45cm。叶绿色，长达1m，3深裂，每个裂片再分裂，连叶柄长达1m以上。伞形花序，花茎长达1m，具4～12枚紫色或棕色苞片，花小，20～40朵，花6瓣，黄色或淡紫绿色。根状茎含可食用的淀粉。

Tacitus bellus 见 *Graptopetalum bellum*。

Tacsonia mollissima 见*Passiflora mollissima*。

Tacsonia van-volxemii 见 *Passiflora antioquiensis*。

万寿菊属 TAGETES

菊科 ASTERACEAE/ COMPOSITAE

一年生草本。夏季至秋季霜期可连续开花。适宜栽培于花坛和边缘。半耐寒。喜光照和肥沃且排水良好的土壤。除去枝顶枯死的花以保持长久的花期。仲春在温室播种繁殖。易受黑蛞蝓、蜗牛和葡萄孢属的危害。非洲万寿菊极适宜栽培于正规花坛，而法国、非洲－法国和苏格兰万寿菊更适宜栽培于混合花坛的边缘。所有种类都适宜盆栽，可提供较长的切花期。触及其叶会引起皮肤过敏。栽培种类主要有 4 个杂种类群。

非洲万寿菊群African marigolds（African Group）来源于万寿菊（*T. erecta*）。一年生草本。枝叶密集，冠径可达45cm。茎有棱角，无毛。羽状复叶，稀具腺体，长5～10cm，小叶11～17枚，狭披针形，先端尖，有尖齿，长5cm。头状花序大，顶生，大丽花状，完全重瓣，径12cm，具5～8或更多的放射状小花和多数的橘黄色至黄色盘状小花，春末到秋季开放。

法国万寿菊群 French marigolds（French Group）来源于孔雀草（*T. patula*）。一年生草本。丛生。冠径达30cm。茎无毛，淡紫色。羽状复叶，长10cm，小叶披针形至窄披针形，有齿，长3cm。头状花序，单生，常重瓣，径5cm，具少数至多数的红棕色、黄色、橘黄色或部分有色的放射状小花及数个盘状小花，春末至秋季开放。

非洲－法国万寿菊群 Afro-French marigolds (Afro-French Group)为万寿菊(*T. erecta*)和孔雀草(*T. patula*)的杂交种。一年生草本。丛生。冠径30～40cm。茎具棱至圆形，多分枝，有时具紫色斑点。羽状复叶，长5～13cm，小叶披针形，长5cm。头状花序小，单生或组成聚伞状花序，花极多，单瓣或重瓣，黄色或橘黄色，径2.5～6cm，常具红棕色斑点，春末至秋季开放。

苏格兰万寿菊群Sigent marigolds（Signet Group）来源于细叶万寿菊(*T. tenuifolia*)。一年生草本。直立。冠径达40cm。茎单一或多分枝，圆柱形。羽状复叶，长5～13cm，小叶窄披针形，有齿，长达2cm。头状花序多数，排成聚伞状花序，花单瓣，径常2.5cm，具黄色或橘黄色小花（少数为放射状，数朵为圆盘状），春末至秋季开放。

安提瓜系列万寿菊*T.* Antigua Series 非洲万寿菊群。高达30cm。头状花序，花橘黄色、柠檬黄色、金黄色或淡黄色，春末至秋初开放。

情人系列万寿菊 *T.* Beaux Series 非洲－法国万寿菊群。高35cm。头状花序，花重瓣，深金黄色和橘黄色，具红色或古铜色斑点，春末到秋初开放。

富源系列万寿菊 *T.* Bonanza Series 法国万寿菊群。高30cm。头状花序，花重瓣，深橘黄色至赤褐色且具金黄色边缘、金橘黄赤褐色或橘黄赤褐色，夏季开放。

少年系列万寿菊 *T.* Boy Series，见 340 页。

'朱砂'万寿菊 *T.* 'Cinnabar'，见 329 页。

盘状系列万寿菊 *T.* 'Disco Series' 法国万寿菊群。高达20～25cm。头状花序，抗不良气候，花单瓣，黄色、金黄色到黄色且具赤褐色斑点、金红色和橘红色，春末到秋初开放。

万寿菊*T. erecta* (African marigold, Aztec marigold)一年生草本。直立。丛生。生长快。高30～100cm，冠径30～45cm。叶极深裂，芳香，具光泽，暗绿色。头状花序，雏菊状，花重瓣，径5cm，夏季到初秋开放。

宝石系列万寿菊*T.* Gem Series苏格兰万寿菊群。高达23cm。头状花序，柠檬黄色、深橘黄色或亮橘黄色，具较暗的斑点。**'柠檬黄宝石''Lemon Gem'**头状花序，柠檬黄色。**'橘红宝石''Tangerine Gem'**，见 340 页。

'金币'万寿菊*T.* 'Gold Coins'，见 336 页。

🏆**'蜂窝'万寿菊*T.* 'Honeycomb'** 法国万寿菊群。高 25cm。头状花序，重瓣，具冠毛，橘红色至橘黄色。

夫人系列万寿菊 *T.* Lady Series 非洲万寿菊群。高40～45cm。头状花序，橘黄色、淡黄色、黄色或金黄色，春末到秋初开放。

奇迹系列万寿菊*T.* Marvel Series 非洲万寿菊群。紧凑型。高45cm。头状花序，密集，重瓣，金黄色、橘黄色、黄色、柠檬黄色或几种颜色混合色，春末到初秋开放。

恶作剧系列万寿菊 *T.* Mischief Series 法国万寿菊群。高达30cm以上。头状花序，花单瓣，褐红色、黄色或金黄色，部分种类具两种颜色，春末至初秋开放。

'妖艳'万寿菊*T.* 'Naughty Marietta'，见 338 页。

'橙冕'万寿菊*T.* 'Orange Winner'，见 340 页。

孔雀草 *T. patula* 法国万寿菊群。一年生草本。丛生。生长快。高和冠径均为30cm。叶深裂，芳香，深绿色。头状花序，单瓣，康乃馨状，或重瓣，黄色、橘黄色、红色或赤褐色。

🏆**旅行系列万寿菊 *T.* Safari Series '橘红''Safari Tangerine'**(见43页)，法国万寿菊群。高20～25cm。头状花序，花重瓣，花瓣宽，橘黄色，春末至初秋开放。

阳光系列万寿菊 *T.* Solar Series，见 338 页。

'香草'万寿菊*T.* 'Vanilla' 非洲万寿菊群。高达35cm。头状花序，花乳白色，春末至初秋开放。

航行者系列万寿菊*T.* Voyager Series 非洲万寿菊群。紧凑型。高 30～35cm。头状花序大，花黄色或橘黄色，径 10cm，春末至初秋开放。

顶峰系列万寿菊 *T.* Zenith Series 非洲－法国万寿菊群。高30cm。头状花序，花黄色、金黄色、柠檬黄色、红色或橘黄色，春末至初秋开放。

Tail flower 见 *Anthurium andraeanum*，见 264 页。

Taiwan cherry 见 *Prunus campanulata*。

Taiwan spruce 见 *Picea morrisonicola*，见 107 页。

Talbotia elegans 见*Vellozia elegans*。

土人参属 TALINUM

马齿苋科 PORTULACACEAE

多年生草本。部分种类常绿。夏季开花。因观其花和肉质多浆的叶而栽培。适宜岩石园、水槽和高山植物温室栽培或盆栽。极耐寒至不耐寒，耐最低温度7℃。喜光照和有沙砾的、不太干燥、排水良好的土壤。秋季播种繁殖。

奥卡诺系列土人参 *T. okanoganense* 多年生草本。呈垫状、铺地状或匍匐状。高4cm，冠径达10cm。极耐寒。茎肉质多浆。叶丛生，圆柱形，肉质多浆，淡灰绿色。花极小，杯状，白色，夏季开放。极适宜水槽和高山植物温室栽培。

Tall melic 见 *Melica altissima*。

Tallow tree，Chinese 见 *Sapium sebiferum*。

Tamarind 见 *Tamarindus indica*。

酸豆属（罗望子属） TAMARINDUS

苏木科／豆科 CAESALPINIACEAE/ LEGUMINOSAE

单种属。常绿乔木。因其果实可食、观其树姿和获得树阴而栽培。不耐寒，耐最低温度15～18℃。喜充足光照和排水良好的土壤。春季播种繁殖或空中压条繁殖。

酸豆（罗望子）***T. indica*** (Tamarind)常绿乔木。冠圆形。生长慢。高和冠径均为25m。复叶，小叶10～15

对，长椭圆形至椭圆形，亮绿色。总状花序，花多，不对称，花5瓣，淡黄色，脉纹红色，夏季开放。荚果长，棕色，果肉酸，可食。

Tamarisk 见 *Tamarix*。

柽柳属 TAMARIX
Tamarisk

柽柳科 TAMARICACEAE

落叶或常绿灌木和乔木。因观其叶、树姿和花而栽培。总状花序，花小而多。在温和地区生长时极抗风，在海岸地区生长旺盛，极适宜作树篱栽培。极耐寒至耐寒。喜光照和肥沃、排水良好的土壤。春季修剪枝条以限制其生长，剪枝与树篱修剪同时进行。夏季用半成熟枝扦插繁殖或冬季用硬枝扦插繁殖。

法国柽柳*T. gallica*落叶灌木或乔木。枝伸展。高4m，冠径6m。耐寒。幼枝紫色。叶小，鳞片状，蓝灰色。总状花序细长，花星状，粉红色，夏季开放。

T. pentandra 见 *T. ramosissima*。

多枝柽柳*T. ramosissima* (*T. pentandra*)，见121页。

菊蒿属 TANACETUM

菊科 ASTERACEAE/
COMPOSITAE

多年生草本。部分种类常绿。叶常芳香。因观其雏菊状的头状花序而栽培。极耐寒到耐寒。喜光照和肥沃、排水良好的土壤。春季分株繁殖。触及叶会刺激皮肤过敏。

银白菊蒿*T. argenteum* (*Achillea argentea*)，见360页。

红花除虫菊*T. coccineum* (*Chrysanthemum coccineum, Pyrethrum coccineum, Pyrethrum roseum*)(Pyrethrum)。🏆**'紫舌''Brenda'**(*Pyrethrum* 'Brenda')，见238页。🏆**'淡舌''Eileen May Robinson'** 多年生草本。直立。高达75cm，冠径45cm。极耐寒。叶稍芳香，羽状，弯曲，长5cm。头状花序，生于粗壮的茎上，粉红色，径5cm，花中心部黄色，夏季开放。可作切花。🏆**'变色''James Kelway'** 花深红色，成熟后呈粉红色。

土耳其菊蒿*T. densum* subsp. *amani* (*Chrysanthemum densum*)，见361页。

西亚菊蒿*T. haradjanii* (*Chrysanthemum haradjanii*) 多年生常绿草本。丛生，铺地状。茎基部木质化。直根系。高和冠径均为23～28cm。耐寒。叶阔披针形，多分裂，银灰色。头状花序，簇生于枝顶，花亮黄色。适宜岩石园及高山植物温室种植。

短舌菊蒿（短舌匹蒿）***T. parthenium*** (*Chrysanthemum parthenium, Pyrethrum parthenium*)，见319页。**'金叶''Aureum'** 多年生短命草本。丛生。作一年生栽培。高和冠径均为20～45cm。半耐寒。叶卵形，浅裂，绿金黄色，芳香。花白色，雏菊花状，夏季和初秋开放。

峨屏草属 TANAKAEA

虎耳草科 SAXIFRAGACEAE

单种属。多年生常绿草本。枝伸展。因观其叶和花而栽培。适宜岩石园及泥炭花坛种植。极耐寒。喜半阴、排水良好的泥炭土和沙质土壤。春季用长匐茎繁殖。

日本峨屏草（新拟）***T. radicans*** 多年生常绿草本。基部莲座状。枝叶密集。高6～8cm，冠径20cm。叶窄卵形至心形，革质，中绿色至暗绿色。圆锥花序小，花极小，面向外，星状，白色，春末开放。

Tanbark oak 见 *Lithocarpus densiflorus*。

Tansy-leaved thorn 见 *Crataegus tanacetifolia*。

Tape grass 见 *Vallisneria spiralis*。

小唇姜属（新拟）TAPEINOCHILOS

闭鞘姜科／姜科 COSTACEAE/
ZINGIBERACEAE

多为常绿多年生草本。因观其多彩的叶状苞片而栽培。不耐寒，耐最低温度18℃。喜高湿、半阴和富含腐殖质的土壤。盆栽不易成活。春季分株繁殖。盆栽植物易受红蜘蛛螨的危害。

小唇姜（新拟）***T. ananassae*** 多年生常绿草本。丛生。高达2m，冠径75cm。无花的茎直立，不分枝。叶窄卵形，先端长尖，长15cm。开花的茎无叶，长1m以上。穗状花序，呈卵形，长15cm以上，花小，密集，管状，黄色，苞片艳丽，反卷，坚硬，鲜红色，包裹着或几掩盖着花。

Tarajo holly 见 *Ilex latifolia*。

Taro 见 *Alocasia macrorrhiza; Colocasia esculenta*，见448页。

Tasman celery pine 见 *Phyllocladus aspleniifolius*。

Tasmanian blue gum 见 *Eucalyptus globulus*。

Tasmanian podocarp 见 *Podocarpus alpinus*。

Tasmanian sassafras 见 *Atherosperma moschatum*。

Tasmanian snow gum 见 *Eucalyptus coccifera*，见72页。

Tasmanian waratah 见 *Telopea truncata*，见131页。

Tassel flower 见 *Amaranthus caudatus*，见326页；*Emilia coccinea*，见341页。

Tassel grape hyacinth 见 *Muscari comosum*。

Tassel maidenhair 见 *Adiantum raddianum* 'Grandiceps'。

Tassel, Mountain 见 *Soldanella montana*。

Tawny daylily 见 *Hemerocallis fulva*。

落羽杉属 TAXODIUM

杉科 TAXODIACEAE

见针叶树。

🏆**落羽杉*T. distichum***，见104页。

红豆杉属（紫杉属）TAXUS

红豆杉科 TAXACEAE

除种皮处，所有部分均有毒。见针叶树。

🏆**欧洲红豆杉**（西洋红豆杉）***T. baccata*** (Yew)树冠宽圆锥形，后变成圆屋顶形。生长慢。高10～15m，冠径5～10m。极耐寒。叶针形，扁平，暗绿色。雌株结子，种子被杯状、肉质、亮红色的假种皮所包围。红色假种皮可食，而种子不可食。修剪后可再生。下列变型除指明的外，高均为6～10m，冠径5～8m。**'紧贴''Adpressa'** 灌木。雌株叶短而宽。**金叶群 Aurea Group** (*T. b.* 'Aurea'，见111页)叶金黄色至黄色。🏆**'道氏垂枝''Dovastoniana'** 枝伸展，小枝下垂。🏆**'道氏金''Dovastonii Aurea'**（见111页）与'道氏垂枝'(*T. b.* 'Dovastoniana')相似，但其枝为金黄色，叶缘黄色。🏆**'帚形' Fastigiata'** 高10～15m，冠径4～5m。枝直立。叶暗绿色，在枝上呈辐状排列。**'帚形黄叶''Fastigiata Aurea'** 与'帚形'(*T. b.* 'Fastigita')相似，但叶为金黄色至杂色。🏆**展枝欧洲红豆杉'Repandens'** 高60cm，冠径5m。枝伸展。🏆**'四季黄''Semperaurea'** 高3m，冠径5m。枝向上伸展，叶密集，金黄色。

东北红豆杉（紫杉）***T. cuspidata***，见109页。**'杂黄叶''Aurescens'** 灌木状针叶树，低矮。枝伸展。高30cm，冠径1m，极耐寒。比欧洲红豆杉*T.baccata*更耐寒。叶针形，扁平，第一年为深金黄色，成熟后变成暗绿色。**'头状''Capitata'** 高10m，冠径2m。树姿直立。**'紧密''Densa'** 高1.2m，冠径6m。雌株的幼枝短而直立。

间型红豆杉（杂种紫杉）***T. × media*** 针叶树。枝密集。树形多样。极耐寒。高和冠径均为3～6m。叶针形，扁平。幼枝橄榄绿色。叶螺旋状着生。叶宽，坚硬，基部突然变宽。雌球果与欧洲红豆杉（*T. baccata*）相似。**'布朗''Brownii'** 高2.5m，冠径3.5m。叶密集，叶丛球形，暗绿色。**'紧密''Densiformis'** 高2～3m。枝密集，冠圆球形。嫩枝多。叶亮绿色。🏆**'希克斯''Hicksii'** 高达6m。冠圆柱形，枝伸展。雌雄同株。**'希尔''Hillii'** 灌木。高和冠径均为3m。冠宽圆锥形至圆形。枝密集。叶亮绿色，有光泽。**'沃德''Wardii'** 高2m，冠径6m。雌株树冠扁平，球形。

Tea, Labrador 见 *Ledum groenlandicum*，见154页。

Tea-myrtle, Western 见 *Melaleuca nesophila*，见145页。

Tea-tree

Duke of Argyll's 见 *Lycium barbarum*。

New Zealand 见 *Leptospermum scoparium*。

Teasel 见 *Dipsacus*。

硬骨凌霄属 TECOMA (TECOMARIA)

紫葳科 BIGNONIACEAE

多为常绿乔木和灌木。因观其春季至秋季开的花而栽培。不耐寒，耐最低温度5～13℃。喜充足光照和湿润但排水良好的土壤。盆栽植株浇水应适中，冬季几乎可不浇水。每年花后修剪可维持灌木状。春季播种繁殖或夏季用半成熟枝扦插繁殖。红蜘蛛螨会危害植株。

T. australis 见 *Pandorea pandorana*。

🏆**硬骨凌霄*T. capensis*** (*Bignonia capensis*)(Cape honeysuckle)常绿蔓生藤木。幼时灌木状。高2～3m。复叶，小叶5～9个，圆形，叶缘有锯齿，具光泽，暗绿色。穗状花序短，花管状，橘红色，主要在春夏季开放。**'黄花''Aurea'** (*Tecomaric capensis* 'Aurea')，见206页。

T. grandiflora 见 *Campsis grandiflora*。

T. radicans 见 *Campsis radicans*。

T. ricasoliana 见 *Podranea ricasoliana*。

黄钟花 *T. stans* (*Bignonia stans, Stenolobium stans*)，见96页。

南洋凌霄属（新拟）TECOMANTHE

紫葳科 BIGNONIACEAE

常绿藤本。以茎缠绕攀缘。因观其花而栽培。不耐寒，耐最低温度16～18℃。喜腐殖质丰富和排水良好的土壤。夏天喜半阴。旺盛生长期可大量浇水，其他时期需水少。茎需支撑。必要时春季疏枝。春季播种繁殖或夏季用半成熟枝扦插繁殖。

南洋凌霄（新拟）***T. speciosa*** 常绿藤本。以茎缠绕攀缘。生长健壮。高达10m以上。复叶，小叶3或5枚，卵形。花密集成簇，毛地黄花状，肉质，乳白色，微带绿色，秋季开放。

Tecomaria 重新归入 *Tecoma*。

蒂可花属 TECOPHILAEA

百合科／蒂可花科 LILIACEAE/

TECOPHILAEACEAE

球茎类植物。春季开花。极少栽培，野生种濒临灭绝。因观其美丽的花而栽培。极耐寒。由于珍稀常栽培于低温温室或低温花房里。喜光照充足和排水良好的土壤。冬春季节需浇水。初夏至秋季将球茎凉干，但不能用日光炙烤，然后重新栽培。秋季播种繁殖或用短匐茎繁殖。

蓝蒂可花（智利蓝番红花）***T. cyanocrocus***，见433页。**利氏蒂可花** var. ***leichtlinii***（*T. c.* 'Leichtlinii'），见432页。

Teddy-bear vine见*Cyanotis kewensis*。

蒂立菊属 TELEKIA

菊科 ASTERACEAE/COMPOSITAE

多年生草本。夏季开花。因观其大型的叶和大型的头状花序而栽培。极耐寒。喜光照或庇荫和湿润土壤。春季分株繁殖或秋季播种繁殖。

蒂立菊*T. speciosa*（*Buphthalmum speciosum*）多年生草本。直立。枝伸展。高1.2～1.5m，冠径1～1.2m。叶中绿色，心形叶生于植株基部，卵形叶生于茎上。头状花序大，雏菊状，花深金黄色，夏末开放。适宜栽培于池边或林地。

Telesonix jamesii 见 *Boykinia jamesii*。

铈缘花属（新拟）TELLIMA

虎耳草科 SAXIFRAGACEAE

单种属。多年生半常绿草本。春末开花。为优良的地被植物。适宜栽培于凉爽、半阴的林地公园中和全光照花坛的灌木丛下。极耐寒。喜任何排水良好的土壤。春季分株繁殖或秋季播种繁殖。

铈缘花（新拟）***T. grandiflora*** (Fringecups)多年生半常绿草本。丛生。高和冠径均为60cm。叶心形，有锯齿，具绒毛，亮绿色，微带紫色。总状花序，花小，钟状，乳黄色，具条纹，生于上方，春末开放。**'红叶群' Rubra Group** (*T. g.* 'Purpurea')，见302页。

蒂罗花属 TELOPEA

山龙眼科 PROTEACEAE

常绿乔木和灌木。主要因观赏其头状花序而栽培　。半耐寒至不耐寒，耐最低温度5℃。喜光照或半阴和富含腐殖质、湿润但排水良好的中性至偏酸性土壤。盆栽植株旺期生长期需水量较大，其他时期需水量中等。春季播种繁殖或冬季压条繁殖。

蒂罗花*T. speciosissima*，见142页。**截叶蒂罗花*T. truncata***，见131页。

Temple bells 见 *Smithiantha cinnabarina*。

Temple juniper见*Junperus rigida*。

珊瑚豆属（新拟）TEMPLETONIA

豆科／蝶形花科 LEGUMINOSAE/PAPILIONACEAE

常绿灌木。因观其花而栽培。不耐寒，耐最低温度7℃。喜光照和排水良好的碱性土壤。盆栽植株需水量中等，冬季需水少。春季播种繁殖或夏季用半成熟枝扦插条繁殖。

珊瑚豆（新拟）***T. retusa*** (Coral bush)常绿灌木。直立。不规则分枝。高2m，冠径1～1.5m。叶卵形至椭圆形，革质，淡蓝绿色。花蝶形，红色，有时粉红色或乳黄色，春夏开放。

Tenby daffodil见*Narcissus obvallaris*。

Terebinth tree见*Pistacia terebinthus*。

榄仁属 TERMINALIA

使君子科 COMBRETACEAE

常绿乔木或灌木。因观其树姿、获得树阴和可食的果实而栽培。不耐寒，耐最低温度16～18℃。喜光照和排水良好的土壤。盆栽植株需水量中等，低温时几乎不需要浇水。几乎不需修剪。春季播种繁殖。

榄仁 *T. catappa* (Indian almond, Tropical almond) 常绿乔木。冠圆形。高和冠径均为15m以上。叶阔卵形，具光泽，绿色，着生于茎顶端。花小，淡绿白色，春季开放。果实扁平，卵形，具棱脊，绿色至红色，种子可食。

厚皮香属 TERNSTROEMIA

山茶科 THEACEAE

常绿乔木和灌木。因观其树姿而栽培。半耐寒。喜光照或半阴和富含腐殖质、排水良好的中性至酸性土壤。盆栽植株在旺盛生长期需水量大，其他时期需水少。根据需要可在春季修剪。种子成熟后或春季播种繁殖，夏末可用半成熟枝扦插繁殖。

厚皮香*T. gymnanthera* (*T. japonica*)常绿灌木。冠圆形。枝密集。高和冠径均为2m。叶卵形，具光泽，中绿色至暗绿色。花下垂，单生于叶腋，白色，花5瓣。秋季结浆果状果实，鲜红色。**'花叶' 'Variegata'** 叶缘白色，微带粉红色。

T. japonica 见 *T. gymnathera*。

Testudinaria elephantipes 见 *Dioscorea elephantipes*。

水青树属 TETRACENTRON

水青树科／木兰科 TETRACENTRACEAE/MAGNOLIACEAE

单种属。落叶乔木。因观其叶和柔荑花序而栽培。极耐寒。喜光照或半阴和肥沃、排水良好的土壤。秋季播种繁殖。

水青树*T. sinense*落叶乔木。枝伸展，树形优美。高和冠径均为10m以上。叶卵形，有细锯齿，暗绿色。柔荑花序细长，黄色，初夏开放。

吴茱萸属 TETRADIUM (EUODIA, EVODIA)

（译者注：Tetradium Lour. 发表时间（1790年）晚于 Euodia (Evodia) J. R. et J. G. A. Forster（1776年），当采用后属名）

芸香科 RUTACEAE

落叶乔木。因观其叶、果实和花期晚而栽培。极耐寒。喜光照和肥沃、排水良好的土壤。夏季用软枝扦插繁殖，秋季播种繁殖或冬末用根扦插繁殖。

臭檀吴茱萸 *T. daniellii*（*Euodia hupehensis*）落叶乔木。枝伸展。高和冠径均为15m。复叶，小叶5～11枚，卵形至长椭圆形，椤叶状，暗绿色，秋季变为黄色。花小，成簇，芳香，花5瓣，白色，初秋开放。秋季果实红色，具喙。

四蕊花属 TETRANEMA

玄参科 SCROPHULARIACEAE

多年生草本。因观其花而栽培。不耐寒，耐最低温度13℃。喜光，但避免阳光直射，喜排水良好的土壤，应避免涝灾和空气湿度过大。春季分株繁殖或播种繁殖。

T. mexicanum 见 *T. roseum*。

四蕊花（墨西哥毛地黄）***T. roseum***（*T. mexicanum*），见303页。

通脱木属 TETRAPANAX

五加科 ARALIACEAE

单种属。常绿灌木。夏秋开花。因观其叶而栽培。半耐寒。喜光照或半阴和富含腐殖质、湿润且排水良好的土壤。盆栽植株需水量大，冬季需水少。茎细长，冬季可修剪至地面。初春用根出条繁殖或播种繁殖。

通脱木 *T. papyrifer*（*Fatsia papyrifera*），见126页。

崖爬藤属 TETRASTIGMA

葡萄科 VITACEAE

常绿木质藤本。以卷须攀缘。因观其美丽的叶而栽培。不耐寒，耐最低温度15～18℃。喜肥沃且排水好的土壤。夏季需庇荫。旺盛生长期需水量大，低温时需水量少。春季压条繁殖或夏季用半成熟枝扦插繁殖。

老挝崖爬藤 *T. voinierianum*（*Cissus voinieriana*），见220页。

香科属 TEUCRIUM

唇形科 LABIATAE/LAMIACEAE

常绿或落叶灌木、亚灌木和多年生草本。因观其花、叶（有时芳香）和树姿而栽培。极耐寒至半耐寒。喜光照和排水良好的土壤。灌木或亚灌木夏季用软枝或半成熟枝扦插繁殖，多年生草本春季播种繁殖或分株繁殖。

希腊香科 *T. aroanium* 常绿亚灌木。匍匐状。多分枝。高2.5cm，冠径10～15cm。耐寒。小枝具白色绒毛。叶长椭圆形至卵形，表面微具绒毛，背面密被绒毛。花小，管状，轮生，二唇形，紫色，夏季开放。可作饲料。

灌木香科 *T. fruticans* (Shrubby germander, Tree germander)。**'深蓝' 'Azureum'** 常绿拱形灌木。高2m，冠径4m。半耐寒。叶卵形，芳香，表面灰绿色，背面白色。花管状，二唇形，深蓝色，雄蕊明显，夏季开放。春季应剪除枯枝。

灰白香科 *T. polium*，见379页。

Texan walnut 见*Juglans microcarpa*，见92页。

水竹芋属 THALIA

竹芋科 MARANTACEAE

多年生落叶浅水植物。因观其叶和花而栽培。不耐寒，耐最低温度7℃。喜光照和开阔、深度达45cm 的水中。部分种类耐冷水。定期去除枯叶。春季分株繁殖或播种繁殖。

水竹芋 *T. dealbata* 多年生落叶浅水植物。高1.5m，冠径60cm。叶卵形，具长柄，蓝绿色，被白粉。穗状花序，花窄管状，紫色，夏季开放。果实可用于装饰。耐冷水。

节花水竹芋 *T. geniculata* 多年生落叶浅水植物。高2m，冠径60cm。叶卵形，具长柄，蓝绿色。穗状花序，花窄管状，紫色，夏季开放。喜生于温暖水塘中。

唐松草属 THALICTRUM *Meadow rue*

毛茛科 RANUNCULACEAE

多年生草本。因观其具分裂的叶和被绒毛的花而栽培。花萼4～5片，早落，无花瓣，雄蕊多数成簇，明显。极适宜栽培于疏林花园边缘。高型种和栽培品种适宜栽培于花坛边缘作为具大叶和大花的多年生植物的衬托。极耐寒。喜光照或稍庇荫和排水良好的土壤。部分种类喜凉爽和湿润条件。秋季可用新鲜种子播种繁殖或春季分株繁殖。

楼斗菜叶唐松草 *T. aquilegiifolium*，见251页。**'白云' 'White Cloud'**，见240页。

珠芽唐松草 *T. chelidonii* 多年生草本。丛生。高1～1.5m，冠径60cm。叶中绿色，细裂。圆锥花序，花被绒毛，花萼4片或5片，淡紫色，夏季开放。喜凉爽和湿润土壤。

🏆偏翅唐松草 *T. delavayi* (*T. dipterocarpum* of gardens) 多年生草本。丛生。姿态美丽。高1.5～2m，冠径60cm。叶多分裂，中绿色。大型圆锥花序，花下垂，淡紫色，萼片4片或5片，雄蕊黄色，明显，仲夏至夏末开放。**🏆'休氏重瓣' 'Hewitte's Double'** 花重瓣。

堇花唐松草 *T. diffusiflorum* 多年生草本。丛生。高1m，冠径30～60cm。茎细长。叶多分裂，基生，中绿色。花美丽，下垂，紫色，生于大型花枝上，夏季开放。喜凉爽和湿润土壤。

T. dipterocarpum of gardens 见 *T. delavayi*。

黄花唐松草 *T. flavum* 多年生草本。丛生。高 1.2～1.5m，冠径60cm。叶多分裂，灰蓝绿色。花成簇，被绒毛，淡黄色，生于细长枝上，仲夏至夏末开放。栽培品种**'亮色' 'Illuminator'** 花淡黄色，叶亮绿色。

九州唐松草 *T. kiusianum* 多年生草本。铺地状，蔓生枝短。高8cm，冠径15cm。叶小，蕨类叶状，3浅裂。花簇疏松，花小，紫色，整个夏季开放。最适宜栽培于泥炭花坛、岩石园、木钵或高山植物温室。干热地区栽培困难。喜阴和湿润、沙质的泥炭土壤。

狭叶唐松草*T. lucidum*，见254页。

东方唐松草*T. orientale* 多年生草本。蔓生枝短。高15cm，冠径20cm。叶蕨类叶状，小叶卵形至圆形，有分裂。花小，碟状，蓝紫色至紫色，雄蕊黄色，萼片大，春末开放。

Thamnocalamus falconeri 见 *Himalayacalamus falconeri*。

Thamnocalamus murieliae 见 *Fargesia murieliae*。

Thamnocalamus spathaceus of gardens 见 *Fargesia murieliae*。

Thatch-leaf palm 见 *Howea forsteriana*。

瘤玉属 THELOCACTUS

仙人掌科 CACTACEAE

多年生仙人掌类植物。球状或圆柱状，茎具棱和瘤突。花漏斗状，生于花座中延长的小窠上。不耐寒，耐最低温度7℃。喜光照和排水良好的土壤。春季或夏季播种繁殖。

🏆大统领（赤眼玉）***T. bicolor***，见472页。

白刺瘤玉*T. leucacanthus* 多年生仙人掌类植物。丛生。高10cm，冠径30cm。茎球状至圆柱状，暗绿色，有8～13个瘤状棱，刺短，金黄色，每小窠多达20枚。花黄色，径约5cm，夏季开放。

大白球（月光球）***T. macdowellii*** (*Echinomastus macdowellii*) 多年生仙人掌类植物。球状。高和冠径均为15cm。茎暗绿色，具瘤状突起，密被白色、长3cm的刺。花紫红色，径4cm，春夏开放。

🏆龙王球*T. setispinus* (*Ferocactus setispinus*, *Hamatocactus setispinus*)，见467页。

沼泽蕨属 THELYPTERIS

金星蕨科 THELYPTERIDACEAE

落叶蕨类植物。极耐寒。喜光照或半阴，喜湿润或极湿润的土壤。定期去除枯叶。春季分株繁殖。

T. oreopteris 见 *Oreopteris limbosperma*。

沼泽蕨 *T. palustris*，见312页。

T. phegopteris 见 *Phegopteris connectilis*。

黄华属（野决明属）THERMOPSIS

豆科／蝶形花科 LEGUMINOSAE/ PAPILIONACEAE

多年生草本。夏季开花。极耐寒。喜光照和肥沃的轻质壤土。春季扦插或秋季播种繁殖。

T. caroliniana 见 *T. villosa*。

T. montana 见 *T. rhombifolia*。

菱叶野决明 *T. rhombifolia* (*T. montana*)，见256页。

长柔毛黄华 *T. villosa* (*T. caroliniana*) 多年生草本。蔓生。高1m以上，冠径60cm。叶灰绿色，分成3小叶。总状花序，花蝶形，黄色，夏末开放。

桐棉属（大萼葵属）THESPESIA

锦葵科 MALVACEAE

多年生常绿草本，灌木或乔木。因观其花而栽培。不耐寒，耐最低温度16～18℃。喜光照和排水良好的沙质土壤。盆栽植株旺盛生长期需水量大，其他时期需水量小。可在早春修剪以保持灌木状。春季播种繁殖或夏季用半成熟枝扦插繁殖。白蝇和红蜘蛛螨会危害植株。

桐棉 *T. populnea* (Mahoe, Portia oil nut) 常绿乔木。幼时多分枝，老时枝变细。高12m以上，冠径3～6m。叶心形。若温度适宜，全年可不间断地开花，花杯状，黄色，具有一个栗色眼斑状，老时变紫色。适宜生长于海岸。

黄花夹竹桃属 THEVETIA

夹竹桃科 APOCYNACEAE

常绿灌木或乔木。因观花而栽培，花期从冬季到夏季。与鸡蛋花属(*Plumeria*) 近缘。植物体具有毒的白色乳汁。不耐寒，耐最低温度16～18℃。喜光照充足和排水良好的沙质土。盆栽植物中等需水，冬季需水较少。冬季修剪枝顶以促进分枝。春季播种繁殖或夏季用半成熟枝扦插繁殖。种子有微毒，勿食用。

T. neriifolia 见 *T. peruviana*。

黄花夹竹桃 *T. peruviana* (*T. neriifolia*)，见93页。

Thimbleberry 见 *Rubus odoratus*。

Thistle 见 *Carlina*。

Alpine 见 *Carlina acaulis*，见375页。

Blessed Mary's 见 *Silybum marianum*，见322页。

Cotton 见 *Onopordum acanthium*，见322页。

Globe 见 *Echinops*。

Mountain sow 见 *Cicerbita alpina*。

Scotch 见 *Onopordum acanthium*，见322页。

赤瓟属 THLADIANTHA

葫芦科 CUCURBITACEAE

草质或落叶藤本。以卷须攀缘。因观其叶和花而栽培。叶卵形至心形，中绿色。花钟状，黄色。耐寒至不耐寒，耐最低温度4℃。喜光照和肥沃、排水良好的土壤。春季在温室中播种繁殖或早春分株繁殖。

赤瓟 *T. dubia*，见216页。

菥蓂属（遏蓝菜属）THLASPI

十字花科 BRASSICACEAE/ CRUCIFERAE

一年生草本和多年生草本。部分种类常绿。因观其花而栽培。小型植株开花后即死亡，因此前2年去除花芽，以保证植株长大。在低海拔地区栽培困难，需用种子及时更新。适宜卵石或木钵栽培。极耐寒。喜光照和湿润但排水良好的土壤。秋季播种繁殖。

T. alpestre of gardens 见 *T. alpinum*。

高山菥蓂 *T. alpinum* (*T. alpestre* of gardens) (Alpine penny-cress) 多年生常绿草本。铺地状。高5cm，冠径10cm。叶小，卵形，中绿色。总状花序，花小，4瓣，白色，春季开放。

块茎菥蓂 *T. bulbosum* 多年生草本。丛生。具块茎。高8cm，冠径15～20cm。叶阔卵形，灰绿色。总状花序，花4瓣，暗紫色，夏季开放。适宜岩石园栽培。

圆叶菥蓂 *T. cepaeifolium* subsp. ***rotundifolium*** (*T. rotundifolium*)，见365页。

T. macrophyllum 见 *Pachyphragma macrophyllum*。

T. rotundifolium 见 *T. cepaeifolium* subsp. *rotundifolium*。

Thorn 见 *Crataegus*。

Chinese box 见 *Lycium barbarum*。

Christ's 见 *Paliurus spinachristi*，见122页。

Cockspur 见 *Crataegus crusgalli*。

Glastonbury 见 *Crataegus monogyna* 'Biflora'。

Jerusalem 见 *Paliurus spinachristi*，见122页；*Parkinsonia aculeata*。

Tansy-leaved 见 *Crataegus tanacetifolia*。

Washington thorn 见 *Crataegus phaenopyrum*。

Thornless rose 见 *Rosa* 'Zéphirine Drouhin'，见197页。

Thread agave 见 *Agave filifera*，见455页。

Thread palm 见 *Washingtonia robusta*，见73页。

Three birds toadflax 见 *Linaria triornithophora*，见251页。

Thrift 见 *Armeria maritima*。

Throatwort 见 *Trachelium caeruleum*，见330页。

崖柏属 THUJA (PLATYCLADUS)

柏科 CUPRESSACEAE

触及其叶可加重皮肤过敏。见针叶树。

朝鲜崖柏*T. koraiensis* (Korean thuja) 直立针叶树。有时蔓生和丛生灌木状。高3～10m，冠径3～5m。极耐寒。鳞形叶，表面亮绿色或黄绿色，背面灰绿银白色，揉碎后有杏仁味。触及叶可加重皮肤过敏。

北美香柏（金钟柏）***T. occidentalis*** (American arbor-vitae, Eastern white cedar, White cedar) 针叶树。生长慢。冠狭窄。高15m，冠径3～5m。极耐寒。树皮棕褐色，生鳞形叶的小枝扁平，鳞叶上面淡黄绿色，背面淡灰绿色，揉碎后有苹果香味。球果卵形，黄绿色，成熟后为褐色。**簇生' Caespitosa'**（见110页。）高30cm，冠径40cm。铺地状矮型栽培品种。**'帚形' 'Fastigiata'** 高可达15m，冠径可达5m。冠阔圆柱形。茎分枝直立，伸展，叶浅绿色。**'鞭枝' 'Filiformis'**（见111页。）高1.5m，冠径1.5～2m。冠圆丘状。枝下垂，呈鞭状。**'袖珍' 'Hetz Midget'** 高和冠径均为50cm。年生长量仅2.5cm。矮型品种，冠球状。叶适绿色。**🏆'霍姆斯特拉普' 'Holmstrup'** 生长慢，高3～4m，冠径1m，冠圆锥状，枝密集。叶浓绿色。**'小冠军' 'Little Champion'** 矮型品种，高和冠径均为50cm以上。冠球状，幼时圆锥状。冬季叶变为褐色。**🏆'矮金' 'Lutea Nana'** 矮型品种，高2m，冠径1～2m。叶金黄色。**🏆'莱因金' 'Rheingold'** 生长慢。高3～4m，冠径2～4m。叶金黄色，冬季变为古铜色。**🏆'亮绿' 'Smaragd'** 生长慢。枝直立。冠圆锥状。高2～2.5m。冠径60～75cm。叶亮绿色。**'螺旋' 'Spiralis'** 生长极慢。高 10～15m，冠径 2～3m。叶着生在扭曲、蕨状的分枝上。**'伍德沃德' 'Woodwardii'** 高2.5m，冠径达5m。冠球尖。叶中绿色。

侧柏 *T. orientalis* (*Biota orientalis*) (Biota, Chinese arbor-vitae, Chinese thuja) 针叶树。冠不规则圆状。高 10～15m，冠径 5m。极耐寒。树皮富含纤维。小枝扁平，垂直。叶鳞片状，暗绿色，无气味。球果卵形，灰绿色。**🏆'矮黄' 千头柏 'Aurea Nana'** (见111页) 矮型品种。高和冠径均为60cm。叶黄绿色，冬季变为古铜色。**'四季黄' 千头柏 'Semperaurea'** (见111页) 高 3m，冠径 2m。枝密集。叶金黄色。

北美乔柏 *T. plicata* (Western red cedar) 针叶树。冠圆锥状。生长快。枝弯曲下垂。高 20～30m，冠径 5～8m。极耐寒。树皮棕红色。叶鳞片状，有光泽，暗绿色，揉碎后有凤梨香味。球果直立，卵圆形，绿色，成熟后褐色。**🏆'深绿' 'Atrovirens'** 叶暗绿色。**🏆'金叶' 'Aurea'** 叶金黄色。**'绿金' 'Collyer's Gold'** (见 111 页) 矮型品种。高可达2m，冠径1m。幼叶黄色，后变为浅绿色。**'铜色' 'Cuprea'** 高 1m，冠径 75～100cm。冠圆锥状。叶铜黄色至青铜黄色。**'希莱尔' 'Hillieri'** (见 111 页) 矮型灌木品种。冠圆状。高和冠径均为 1m。枝密集，生长慢。叶蓝绿色，苔藓叶状。**🏆'矮金' 'Stoneham Gold'** (见 111 页) 矮型品种。高 1～2m，冠径 1m。冠圆锥状。叶亮金黄色。**'黄纹' 'Zebrina'** 高 15m，叶有淡黄白色带。

Thuja
Chinese 见 *Thuja orientalis*。
Korean 见 *Thuja koraiensis*。

罗汉柏属 THUJOPSIS

柏科 CUPRESSACEAE

见针叶树。

🏆罗汉柏 *T. dolabrata* (Hiba) 灌木状针叶树。冠圆锥状。高 10～20m，冠径 8～10m。枝密集。极耐寒。叶厚，鳞状，排成平面，上面亮绿色，背面银白色。球果小，圆形，蓝灰色。**'白斑' 'Variegata'**，见 109 页。

山牵牛属（老鸭嘴属）THUNBERGIA

爵床科 ACANTHACEAE

一年生或多年生草质，缠绕藤本，或为灌木。半耐寒至不耐寒，耐最低温度 10～15℃。喜肥沃、排水良好的土壤，喜光照或夏季轻度庇荫。速生期大量浇水，其他时间少浇水。需支撑。早春疏除过密枝。春季播种或软枝扦插繁殖，夏季用半成熟枝扦插繁殖。

翼叶山牵牛 *T. alata*，见 216 页。

红花山牵牛 *T. coccinea* 多年生常绿草本。攀缘。茎木质。叶狭卵形。高 6m 以上。不耐寒，耐最低温度 15℃，总状花序，下垂，花筒状，鲜红色，冬春季开放。

T. gibsonii 见 *T. gregorii*。

🏆大花山牵牛（大花老鸭嘴）***T. grandiflora*** (Blue trumpet vine) 多年生常绿草本。茎木质。高 6～10m。不耐寒，耐最低温度10℃。叶卵形，长10～20cm，具数个齿状裂片。花喇叭状，淡紫蓝色至深紫蓝色。

橘黄山牵牛 *T. gregorii* (*T. gibsonii*)，见 217 页。

🏆舌唇山牵牛 *T. mysorensis*，见 207 页。

Thyme 见 *Thymus*。
Caraway 见 *Thymus herbabarona*，见 381 页。

百里香属 THYMUS
Thyme

唇形科 LABIATAE/LAMIACEAE

常绿丛状或圆球状灌木，亚灌木和基部木质化的多年生草本。叶芳香。适宜河岸和岩石园、水槽和步行道种植。喜光照及湿润但排水良好的土壤。夏季用软枝或半成熟枝扦插繁殖。

T. azoricus 见 *T. caespititius*。

群生百里香 *T. caespititius* (*T. azoricus, T. micans*)，见 375 页。

肉叶百里香（葡萄牙百里香）***T. carnosus*** (*T. nitidus* of gardens) 常绿灌木。冠开展。高与冠径均为8m。耐寒。叶极小，狭卵形，芳香。花茎直立，花小，轮生，二唇形，淡紫色。需保护地栽培。

🏆'黄叶' 橙味百里香 *T.* × *citriodorus* 'Aureus' 常绿灌木。冠开展。高 10cm，冠径 10～25cm。耐寒。叶极小，圆形至卵形，金黄色，揉碎后极芳香。花簇状顶生，花小，二唇形，淡紫色，夏季开放。春季回缩。**🏆'银后' 'Silver Queen'** 叶银白色。

高加索百里香（新拟）***T. herbabarona***，见 381 页。

白毛百里香 *T. leucotrichus*，见 381 页。

T. micans 见 *T. caespititius*。

T. nitidus of gardens 见 *T. carnosus*。

'波洛克' 百里香 *T.* 'Porlock' 多年生常绿草本。圆顶状。高8cm，冠径 20cm。极耐寒。茎细。叶小，圆形至卵形，极芳香，有光泽，绿色。花小，簇生，二唇形，夏季开放。

灰毛百里香 *T. pseudolanuginosus* 常绿灌木。匍匐状。高 2.5～5cm，冠径 20cm 以上。极耐寒。茎密集丛生，被毛。叶小，芳香，灰色。花二唇形，淡粉紫色，腋生，夏季开放。

铺地香 *T. serpyllum* 常绿丛状亚灌木。高 25cm，冠径 45cm。极耐寒。茎蔓状，密被毛。叶线形至椭圆形或卵形，中绿色。花轮生，二唇形，紫色，夏季开放。**'安妮·霍尔' 'Annie Hall'** 高5cm，冠径20cm。花暗紫色。叶浅绿色。**'小精灵' 'Elfin'** 高 5cm，冠径 10cm。小圆球状。叶翠绿色，密集排列。偶开紫色花。

Ti tree 见 *Cordyline fruticosa*。

黄水枝属 TIARELLA
Foamflower

虎耳草科 SAXIFRACEAE

多年生草本。有些种类常绿。靠匍匐茎蔓延。为优良的地被植物。极耐寒。极耐阴，喜湿润但排水良好的土壤。春季分株繁殖。

🏆心叶黄水枝 *T. cordifolia*，见 347 页。var. ***collina*** 见 *T. wherryi*。

🏆斐丽黄水枝 *T. wherryi* (*T. cordifolia* var. *collina*) 多年生草本。丛状。慢生。高 10cm，冠径 15cm。叶三角形，具裂片，有毛，基生，绿色具暗红色斑点。总状花序，花极小，星状，浅粉色或白色，春末至夏初开放。

丽蓝木属（蒂牡花属）TIBOUCHINA

野牡丹科 MELASTOMATACEAE

多年生常绿草本、亚灌木、灌木和攀缘植物。为观其花和叶而栽培。耐寒，耐最低温度 5～7℃。喜光照和肥沃、排水良好，中性至酸性土壤。盆栽植株在速生期需大量浇水，其他时期适度浇水。春季回缩花枝，每枝保留2对芽。对幼株摘心以促进分枝。春末或夏季用绿枝或半成熟枝扦插繁殖。

T. semidecandra of gardens 见 *T. urvilleana*。

🏆翠蓝木 *T. urvilleana* (*T. semidecandra* of gardens)，见 122 页。

Tickseed 见 *Coreopsis*。
Tidy tips 见 *Layia platyglossa*。
Tiger flower 见 *Tigridia pavonia*，见 423 页。
Tiger lily 见 *Lilium lancifolium*。
Tiger-jaws 见 *Faucaria tigrina*，见 479 页。

虎皮花属（虎菖蒲属）TIGRIDIA

鸢尾科 IRIDACEAE

鳞茎类植物。夏季开花。为观其多彩而短命的花而栽培。花较似鸢尾花状，外轮花3瓣，大型。半耐寒。喜光照及排水良好的土壤，夏季需充足的水分。春季栽植，秋季将鳞茎挖出，稍干燥，而后贮于泥炭或沙中，贮藏温度为 8～12℃。春季播种繁殖。

虎皮花（虎菖蒲）***T. pavonia***，见 423 页。

椴树属 TILIA
Lime, Linden

椴树科 TILIACEAE

落叶乔木。为观花及庄重的树姿而栽培。花小，芳香，杯状，引诱蜜蜂但有时对它们有毒。极耐寒。喜光照或半耐阴，喜肥沃、排水良好的土壤。一般种类秋季播种繁殖，选择的品种和杂种夏末嫁接繁殖。除克里米亚椴（*T.* × *euchlora*）外，其他树种常吸引蚜虫，树冠和树下地面常覆盖蚜虫分泌的黏性蜜液。垂枝椴（*T.* 'Petiolaris'）和白背椴（*T. tomentosa*）的蜜可能有毒，特别是对熊蜂。

美洲椴 *T. americana* (American lime, Basswood) 落叶乔木。树冠开展。高 25m，冠径 12m。叶大，圆形，锐锯齿，有光泽，暗绿色。花小，黄白色，夏季开放。

🏆欧洲小叶椴（心叶椴）***T. cordata*** (Small-leaved lime) 落叶乔木。树冠开展。高 30m，冠径 12m。仲夏有叶，叶小，具光泽，暗绿色。花小，黄绿色，仲夏开放。**🏆绿塔 'Greenspire'** 冠径 8m。生长极旺盛。金字塔形。即使幼树也是如此。**'牧场小屋' 'Rancho'**，见 80 页。

🏆克里米亚椴 *T.* × *euchlora* (Caucasian lime, Crimean lime) 落叶乔木。冠开展，下部枝随着枝龄增加而下垂。高 20m，冠径 10m。叶圆形，极光滑，深绿色，秋季变为黄色。花小，黄白色，对蜜蜂有毒，夏季开放。相对抗虫。

欧洲椴 *T.* × *europaea* (*T.* × *vulgaris*) (Common lime) 落叶乔木。冠开展。生长旺盛。高 25m，冠径 15m。主干生有许多刺包。叶圆形，暗绿色。花小，黄白色，对蜜蜂有毒，夏季开放。定期将刺包基部萌条除去。

毛糯米椴 *T. henryana* 落叶乔木。冠开展。高与冠径均为 10m。叶阔心形，有光泽，亮绿色，边缘具长齿，幼叶边缘带红色。花小量大，乳白色，秋季开放。

🏆蒙椴 *T. mongolica* (Monogolian lime) 落叶乔木。冠开展。树姿优雅。高 15m，冠径 12m。新梢红色。叶心形，具粗锯齿，有光泽，暗绿色，秋季变黄。花小，黄白色，夏季开放。

粉椴 *T. oliveri*，见 67 页。

T. petiolaris 见 *T.* 'Petiolaris'。

🏆垂银椴 *T.* 'Petiolaris' (*T. petiolaris*)，见 68 页。

阔叶椴 *T. platyphyllos* (Broad-leaved lime, Large-leaved lime) 落叶乔木。冠开展。高 30m，冠径 20m。叶圆形，暗绿色。花小，暗黄白色，仲夏开放。**'君主街' 'Prince' s Street'** 直立。冬季枝红色。

白背椴 *T. tomentosa* (European white lime, Sliver lime) 落叶乔木。冠开展。高 25m，冠径 20m。叶大，圆形，边缘具锐锯齿，暗绿色。花小，暗白色，极香。

T.* × *vulgaris 见 *T.* × *europaea*。

铁兰属（花凤梨属） TILLANDSIA

凤梨科 BROMELIACEAE

多年生常绿附生草本。常莲座丛状。有些种具分枝茎和螺旋状排列的叶片。为观其花和全株而栽培。不耐寒，耐最低温度7～10℃。喜半阴。栽培基质为等比例的腐殖质土、泥炭藓、树皮或栽培兰花用的塑料片。亦可生于树皮板或木片上。用软水浇灌，夏季适量浇水，其他时节极少浇水。自仲春到仲夏，对生长于树皮或木片上的植株，每周喷水数次。用长匍匐茎或分株繁殖。

银叶铁兰*T. argentea*(见265页)多年生常绿附生草本。基部莲座状。高和冠径均为10～15cm。叶极窄，几乎线状，被白色鳞片，生于密集、球形莲座中。莲座基部肉质，鳞茎状。总状花序小，松散。花管状，红色，夏季开放。

蛇仙铁兰 *T. caput-medusae*(见265页)多年生常绿附生草本。基部莲座状。高和冠径均为15cm以上。叶线形，沟状，扭曲、卷曲、向内弯曲，被灰色鳞片，生于疏松莲座内。莲座基部中空、鳞茎状。穗状花序，花管状，紫蓝色，位于叶之上，夏季开放。

蓝紫铁兰(花凤梨)***T. cyanea***（见265页)多年生常绿附生草本。基部莲座状。高和冠径均为25cm以上。叶莲座状丛生，浓密，叶线形，先端尖，具沟，弯曲，常为深绿色。穗状花序，阔卵形，叶状，出自叶丛，三色堇状，深紫蓝色的花丛，粉红色至红色苞片中伸出。夏季开放。

束叶铁兰*T. fasciculata*(见265页)多年生常绿附生草本。基部莲座状。高和冠径均为30cm以上。叶莲座状丛生，浓密。叶窄三角形，先端渐尖，弯曲，中绿色。穗状花序，扁平，花管状，紫蓝色，苞片红色至淡红黄色，稍高于叶尖，夏季开放。

淡紫铁兰(章鱼凤梨)***T. ionantha*** (Sky plant)多年生常绿附生草本。高和冠径均为12cm以上。叶莲座状丛生，浓密，叶线形，向内弯曲，拱形，被灰色鳞片，开花时内轮叶变为红色。穗状花序。花管状，紫蓝色，从苞片中长出，苞片窄，白色，花稍高于叶片。

🏆长苞铁兰（蓝花火炬）***T. lindenii*** (Blue-flowered torch，见265页）多年生常绿附生草本。基部莲座状。高和冠径均为40cm。叶线状，先端尖，具沟，弓形，中绿色，有红褐色线，成浓密莲座状。穗状花序，花似三色紫罗兰，深蓝色，有时淡粉红色，苞片绿色，花开放时突出于叶上。

反曲铁兰*T. recurvata*多年生常绿附生草本。基部莲座状。高和冠径均为10～20cm，叶长，松散，线状，弓形至曲线形，其上密生银灰色鳞片。穗状花序短，密集，花小，管状，淡蓝色或淡绿色，花开放时突出于叶上。

刚直铁兰*T. stricta*，见265页。多年生常绿附生草本。丛生，基部莲座形。高和冠径均为20～30cm。叶窄三角状，先端渐尖，弯曲成弓形，中绿色，其上具灰色鳞片。穗状花序，锥形，下垂，花大，管状，蓝色。苞片亮红色，夏季开放。

松萝铁兰（苔花凤梨）***T. usneoides*** (Spanish moss，见265页）多年生常绿附生草本。悬垂生长。高1m以上，冠径10～20cm。枝细长，具分枝，下垂。叶线形，弯曲，其上覆盖银白色鳞片。花管状，不显著，隐藏于叶中，黄绿色或淡蓝色，夏季开放。

Timber bamboo 见 *Phyllostachys bambusoides*，见308页。

Tingiringi gum 见 *Eucalyptus glaucescens*。

Tipa tree 见 *Tipuana tipu*。

Tipu tree 见 *Tipuana tipu*。

梯普木属 TIPUANA

豆科／蝶形花科 LEGUMINOSAE/ PAPILIONACEAE

单种属。常绿乔木。春季开花。因观赏花和树姿以及树阴而栽培。在特定条件下落叶。不耐寒，耐最低温度10～13℃。喜全光照和肥沃、排水良好的土壤。盆栽时不开花。冬季修剪。春季播种繁殖。

T. speciosa 见 *T. tipu*。

梯普木*T. tipu* (*T. speciosa*)(Pride of Bolivia, Tipa tee, Tipu tree）多为常绿乔木或灌木状。速生。高10m，冠径8～10m。复叶长25cm，小叶11～25cm，卵形。花蝶形，径3cm，橘黄色，春季开放。秋季至冬季结实。荚果短，木质化，具翅。

宝玉草属 TITANOPSIS

番杏科 AIZOACEAE

多年生多浆植物。基部莲座状。叶6～8对，肉质，三角形，长2～3cm，上部扩展，先端直尖。不耐寒，耐最低温度8℃。喜光照和排水良好的土壤。春季或夏季播种繁殖。

宝玉草（天女）***T. calcarea***，见479页。

天女冠 *T. schwantesii* 多年生多浆植物。丛生。高3cm，冠径10cm。叶基生莲座状，三角形，灰蓝色，具黄褐色小瘤突。花雏菊状，径2cm，淡黄色，夏季至秋季开放。

肿柄菊属 TITHONIA

菊科 ASTERACEAE/ COMPOSITAE

一年生草本。半耐寒。喜光照、肥沃和排水良好的土壤。需支撑。定期摘除枯花。冬末或初春播种繁殖，播种后其上覆草。

圆叶肿柄菊（墨西哥向日葵）***T. rotundifolia*** (Mexican sunflower)。**'火炬' 'Torch'**，见340页。

Toad lily 见 *Tricyrtis*。

Toadflax 见 *Linaria*。

Alpine 见 *Linaria alpina*。

Dalmatian见 *Linaria genistifolia* var. *dalmantica*。

Ivy-leaved 见 *Cymbalaria muralis*。

Purple 见 *Linaria purpurea*。

Three birds 见 *Linaia trionithophora*，见251页。

Toadshade 见 *Trillium sessile*，见269页。

Tobacco, Flowering 见 *Nicotiana sylvestris*，见226页。

千母草属 TOLMIEA

虎耳草科 SAXIFRAGACEAE

多年生草本。有时为半常绿。常作为地被植物栽培。适宜凉爽的冷林地花园种植。极耐寒。喜阴和排水良好、中性至酸性土。春季分株繁殖或秋季播种繁殖。

🏆千母草*T. menziesii* (Pick-a-back-plant, Youth-on-age) 多年生草本。垫状。有时为半常绿。高45～60cm，冠径30cm以上。新叶常春藤状，中绿色。小穗状花序，下垂，花管状至钟状，绿色至巧克力棕色，春季开放。

糙缨苣属（新拟） TOLPIS

菊科 ASTERACEAE/ COMPOSITAE

一年生和多年生草本。夏季开花。极耐寒。喜光及肥沃排水良好的土壤。春季室外播种繁殖。

糙缨苣（新拟）***T. barbata*** 一年生草本。直立。多分枝。生长速度中等。高45～60cm，冠径30cm。叶披针形，有锯齿，中绿色。头状花序雏菊状，径2.5cm以上，亮黄色，中心栗色，夏季开放。

Tomato, Tree 见 *Cyphomandra betacea*，见125页。

香椿属 TOONA

楝科 MELIACEAE

落叶乔木。因观赏叶和秋季色彩以及花而栽培。极耐寒。喜全光照。要求土壤肥沃、排水良好。秋季播种繁殖，冬季用根繁殖。

香椿 *T. sinensis* (*Cedrela sinensis*)，见79页。

Toothwort 见 *Lathraea clandestina*，见271页。

Torch

Blue-flowered 见 *Tillandsia lindenii*，见265页。

Striped 见 *Guzmania monostachya*，见265页。

Torch cactus 见 *Echinopsis spachiana*，见457页。

Torch lily 见 *Kniphofia*。

Torch plant 见 *Aloe aristata*，见480页。

Torch, Striped 见 *Guzmania monostachya*，见265页。

蝴蝶草属 TORENIA

玄参科 SCROPHULARIACEAE

一年生和多年生草本。半耐寒至不耐寒，耐最低温度5℃。适宜半阴和背风的环境，喜肥沃、排水良好的土壤。去掉新发嫩枝以增加植株的杂乱性。早春播种繁殖，其上覆草。

蓝猪耳 *T. fournieri*，见333页。

榧树属 TORREYA

红豆杉科 TAXACEAE

见针叶树。

加州榧树*T. californica*，见107页。

Totara, Alpine 见 *Podocarpus nivalis*，见110页。

Tovara virginiana **'Painter's Palette'** 见 *Persicaria virginiana* 'Painter's Palette'。

东氏菊属 TOWNSENDIA

菊科 ASTERACEAE/ COMPOSITAE

常绿短命二年生或多年生草本。因观赏雏菊状花而栽培。适宜高山植物温室内种植，而不适宜冬季潮湿环境。极耐寒。喜光照和湿润的土壤。秋季播种繁殖。

大花东氏菊（地菊）***T. grandiflora***，见383页。

巴丽东氏菊*T. parryi* 常绿短命多年生草本。基部莲座状。高7～15cm，冠径5cm。头状花序，雏菊状，淡紫色或蓝紫色，中心为亮黄色，花突出于匀形叶上，春末开放。

Toxicodendron succedaneum 见 *Rhus succedanea*。

Toxicodendron vernicifluum 见 *Rhus verniciflua*。

Toyon 见 *Photinia arbutifolia*。

疗喉草属（喉草属） TRACHELIUM (DIOSPHAERA)

桔梗科 CAMPANULACEAE

小型多年生草本。适合岩石园和混合花园中种植，有些种类特别适合高山植物温室内种植。耐寒种类十分适合作切花。极耐寒至半耐寒。不适宜潮湿的环境，极耐寒种类冬季需覆草保护。喜全光照和庇荫环境，适生于肥沃、排水良好的土壤（车叶草状疗喉草 *T. asperuloides* 喜富含石灰的土壤）。早春或仲春播种繁殖或春季软枝扦插繁殖。

车叶草状疗喉草 *T. asperuloides* (*Diosphaera asperuloides*)，见383页。

🏆**疗喉草**（喉草）***T. caeruleum***，见330页。

络石属 TRACHELOSPERMUM

夹竹桃科 APOCYNACEAE

常绿木质攀缘植物。植物体含乳汁。耐寒。适生于任何排水良好的土壤。喜光照和半阴环境。春季播种繁殖，夏季压条繁殖，夏末或秋季用半成熟枝扦插繁殖。

🏆**日本络石 *T. asiaticum*** 常绿攀缘植物。茎木质，多分枝。高6m。叶卵形，具光泽，暗绿色，长2.5cm。花管状，花口膨胀，奶油色，老时变黄色，具芳香，夏季开放。蓇葖果长12～22cm。种子具丝状长毛。

🏆**络石 *T. jasminoides***，见207页。

棕榈属 TRACHYCARPUS

棕榈科 ARECACEAE/PALMAE

常绿棕榈状植物。夏季开花。因观赏叶和花而栽培。耐寒。喜全光照和肥沃、排水良好的土壤。强冷风条件下需保护，尤其幼年时期。秋季或春季播种繁殖。

🏆 **棕榈 *T. fortunei***，见84页。

翠珠花属（蓝饰带花属） TRACHYMENE

伞形科 APIACEAE/UMBELLIFERAE

一年生草本。夏季开花。半耐寒。适生于光照或庇荫环境，喜肥沃、排水良好的土壤。需支撑。早春播种繁殖，其上需覆草。

翠珠花（蓝饰带花）***T. coerulea*** (*Didiscus coeruleus*)(Blue lace flower) 一年生草本。直立。多分枝。生长速度中等。高45cm，冠径20cm。叶深裂，淡绿色。头状花序球状，径5cm，花小，蓝色，夏季开放。是极好的切花材料。

紫露草属 TRADESCANTIA *Spiderwort*

鸭跖草科 COMMELINACEAE

多年生草本。某些为常绿种类。因观花和装饰性叶而栽培。极耐寒至不耐寒，耐最低温度10～15℃。喜肥沃、湿润至干燥的土壤和光照充足或半阴环境。当植株蔓延生长过大时，需修剪或再繁殖。在春夏秋三季，耐寒种分株繁殖，不耐寒种用顶生枝条扦插繁殖。接触其叶会引起皮肤过敏。

T. albiflora 见 *T. fluminensis*。

🏆**无毛紫露草群*T.* Andersoniana Group'淡蓝花''J. C. Weguelin'**（*T.* 'J. C. Weguelin'）多年生草本。丛生。高达60cm，冠径45cm。极耐寒。叶窄披针形，肉质，绿色，长15～30cm。夏季开花，花簇生，3瓣，蓝紫色，花径2.5cm以上，具2枚叶状苞片。🏆**'白瓣''Osprey'**（*T.* 'Osprey'），见276页。**'深紫花''Purple Dome'**（*T.* 'Purple Dome'），见284页。

T. blossfeldiana 见 *T. cerinthoides*。

绿锦草*T. cerinthoides* (*T. blossfeldiana*)。多年生常绿草本。匍匐状。高5cm，冠径不定。不耐寒。叶窄卵形，肉质，抱茎生长，长达10cm，上面有光泽，墨绿色，背面紫色，具白色长毛。花簇生，较小，粉红色，花心白色，具2枚叶状苞片，终年持续开放。🏆**'白纹''Variegata'** 叶具乳白色长条纹。

白花紫露草（吊竹草）***T. fluminensis*** (*T. albiflora*) (Wandering Jew) 多年生常绿草本。具匍匐形根状茎。高5cm，冠径达60cm以上。不耐寒。叶卵形，肉质，抱茎生长，长4cm，上面有光泽，绿色，有时背面微呈紫色。花簇生，较小，白色，具2枚叶状苞片，终年持续开放。**'银纹''Albovittata'**和**'黄白纹''Variegata'**，见300页。

***T.* 'J. C. Weguelin'** 见 *T.* Andersoniana Group 'J. C. Weguelin'。

T. navicularis 见 *Callisia navicularis*。

***T.* 'Osprey** 见 *T.* Andersoniana Group 'Osprey'。

🏆**紫锦草**（紫鸭跖草）***T. pallida* 'Purpurea'**（*T. p.* 'Purple Heart', *Setcreasea purpurea*），见303页。

T. pexata 见 *T. sillamontana*。

***T.* 'Purple Dome'** 见 *T.* Andersoniana Group 'Purple Dome'。

T. purpusii 见 *T. zebrina* 'Purpusii'。

🏆**雪绢**（白绢草）***T. sillamontana*** (*T. pexata, T. velutina*)，见303页。

蚌花（紫万年青，蚌兰）***T. spathacea*** (*Rhoeo discolor, R. spathacea*) (Boat lily, Moses-in-the-cradle)多年生常绿草本。丛生。高50cm，冠径25cm。不耐寒。叶丛莲座状，叶披针形，肉质，长达30cm，上面绿色，背面紫色。花小，白色，叶状苞片船形，终年开花。🏆 **金线蚌花**（花叶紫万年青）**'Vittata'** 叶具淡黄色长条纹。

T. velutina 见 *T. sillamontana*。

🏆 **吊竹梅**（吊竹草，条纹紫露草）***T. zebrina*** (*Zebrina pendula*)，见301页。🏆 **紫吊竹梅 'Purpusii'**（*T. purpusii*）多年生常绿草本。生长健壮。匍匐状。高10cm，冠径不定。不耐寒。叶椭圆形，红绿色，具紫晕。花小，浅杯状，粉红色。🏆**'四色''Quadricolor'** 叶具绿色、粉红色、红色及白色条纹。

Trailing arbutus 见 *Epigaea repens*。

Trailing azalea 见 *Loiseleuria procumbens*，见377页。

菱属 TRAPA

菱科 TRAPACEAE

落叶多年生或一年生浮水植物。观叶，观花。耐寒至不耐寒，耐最低温度5℃。喜光。秋季采集种子，水中或湿润的泥浆中贮存。春季播种繁殖。

四角菱（欧菱）***T. natans***，见449页。

Traveller's joy 见 *Clematis*。

Traveller's tree 见 *Ravenala madagascariensis*。

Tree cotoneaster 见 *Cotoneaster frigidus*。

Tree fern

Arstralian 见 *Cyathea australis*，见100页；*Dicksonia antarctica*，见310页。

Black 见 *Cyathea medullaris*。

Tree fuchsia 见 *Fuchsia arborescens*，见164页。

Tree germander 见 *Teucrium fruticans*。

Tree heath 见 *Erica arborea*。

Spanish 见 *Erica australis*。

Tree ivy 见 × *Fatshedera lizei*，见152页。

Tree lupin 见 *Lupinus arboreus*，见169页。

Tree mallow 见 *Lavatera*。

Tree medick 见 *Medicago arborea*。

Tree of heaven 见 *Ailanthus altissima*。

Tree peony 见 *Paeonia potaninii*。

Tree poppy 见 *Romneya*。

Tree purslane 见 *Atriplex halimus*。

Tree tomato 见 *Cyphomandra betacea*，见125页。

Trefoil, Moon 见 *Medicato arborea*。

Trichocereus bridgesii 见 *Echinopsis lageniformis*。

Trichocereus candicans 见 *Echinopsis candicans*。

Trichocereus spachianus 见 *Echinopsis spachiana*。

仙花属 TRICHODIADEMA

番杏科 AIZOACEAE

多年生多浆植物。丛生。具木质块根。叶圆柱形或半圆柱形。不耐寒，耐最低温度5℃。喜光照及排水良好的土壤。春夏季播种繁殖或扦插繁殖。

仙花*T. densum* 多年生多浆植物。丛生。高10cm，冠径20cm。叶圆柱形，淡绿色，长1～2cm，顶端簇生白色刚毛。根和平卧，绿色的茎均肉质，从茎基发出。花顶生，雏菊状，鲜红色，径3cm，夏季开放。

奇异仙花 *T. mirabile*，见469页。

栝楼属 TRICHOSANTHES

葫芦科 CUCURBITACEAE

一年生或常绿多年生草本。具卷须。观果和全株。不耐寒，耐最低温度15～18℃。喜光照或耐半阴，喜腐殖质丰富的土壤。生长季节水分充足，冷季适当控水。需提供支撑。春季播种繁殖，播种最低温度为21℃。

T. anguina 见 *T. cucumerina* var. *anguina*。

蛇瓜 *T. cucumerina* var. *anguina* (*T. anguina*)(Snake gourd) 一年生草本。具卷须。直立至开展。高3～5m。叶阔卵形至三角形，有时具3～5浅裂，中绿色至灰绿色，长达20cm。夏季开花，花5裂，白色，径2.5～5cm，外层花瓣较大，雌花单生，雄花为总状花序。果实圆柱形，长60cm，少数长达2m，常扭曲或盘绕，具绿色或白色条纹，成熟时为深橘红色。

Trichosma suavis 见 *Eria coronaria*。

Tricuspidaria lanceolata 见 *Crinodendron hookerianum*。

油点草属 TRICYRTIS *Toad lily*

铃兰科／百合科 CONVALLARIACEAE/LILIACEAE

多年生草本。具块茎。夏秋开花。极耐寒。喜光照，在温暖地区耐半阴。喜腐殖质丰富的湿润土壤。春季分株繁殖或秋季播种繁殖。

🏆**台湾油点草 *T. formosana*** (*T. stolonifera*)，见259页。

毛油点草*T. hirta* 多年生草本。直立。具块茎。高30cm～1m，冠径45cm。叶窄卵形，抱茎生长，墨绿色，具毛。花簇生于上部叶腋，较大，铃状，紫色，具白色斑点，初夏或晚秋开放。**白花毛油点草** var. ***alba***，见294页。

大花油点草 *T. macrantha* 多年生草本。直立。具块茎。高和冠径均为60cm。茎拱形。叶卵形，较小，墨绿色。早秋开花，花顶生，花簇松散，花铃状，淡黄色，具巧克力色斑点。

T. stolonifera 见 *T. formosana*。

Trident maple 见 *Acer buergerianum*。

车轴草属（三叶草属） TRIFOLIUM *Clover*

豆科／蝶形花科 LEGUMINOSAE/PAPILIONACEAE

一、二年生或多年生草本。部分种类半常绿。叶圆形，常3裂。花蝶形。部分种类在岩石园或岸边种植，其他种类作作物栽培。多数具侵入性。极耐寒至耐寒。喜光照及排水良好的土壤。春季分株繁殖或秋季播种繁殖，能自播。

'淡紫叶'白车轴草（白三叶）***T. repens* 'Purpurascens'**，见388页。

Trigger plant 见 *Stylidium graminifolium*。

延龄草属 TRILLIUM
Trinity flower, Wood lily

百合科／延龄草科 LILIACEAE/TRILLIACEAE

多年生草本。花萼、花瓣及叶均3枚轮生。适于作林地花园配置。极耐寒。喜半阴。喜肥沃湿润且排水良好的中性至酸性土壤。夏季叶枯后分株繁殖或秋季播种繁殖。

垂头延龄草*T. cernuum*，见267页。

绿瓣延龄草*T. chloropetalum*，见268页。

🏆**直立延龄草*T. erectum***，见269页。

🏆**大花延龄草 *T. grandiflorum***，见268页。🏆**'重瓣' 'Flore Pleno'** 多年生草本。丛生。高38cm，冠径30cm。叶大，阔卵形，墨绿色。花大，重瓣，纯白色，后成粉红色，单生，春季开放。

雪地矮延龄草（矮延龄草）***T. nivale***（Dwarf white wood lily, Snow trillium）多年生草本。具块茎。早春开花。高7cm，冠径10cm。3叶轮生，卵形，与花同放。花面向外，稍下垂，白色，3瓣，瓣狭窄。在水沟中或高山植物温室内生长旺盛。栽培困难。

卵瓣延龄草*T. ovatum*，见268页。

🏆**溪畔延龄草*T. rivale***，见365页。

无柄延龄草*T. sessile*，见269页。

波瓣延龄草*T. undulatum* (Painted trillium, Painted wood lily) 多年生草本。丛生。高20cm，冠径15～20cm。叶阔卵形，基生，蓝绿色。花单生，阔漏斗状，花被绿色，花3瓣，白色或粉红色，基部具一洋红色带，春季开放于叶丛之上。

Trillium

Painted 见 *Trillium undulatum*。

Snow 见 *Trillium nivale*。

Trinity flower 见 *Trillium*。

和鹃花属 TRIPETALEIA

杜鹃花科 ERICACEAE

单种属。落叶灌木。因观其花而栽培。现常归入*Elliottia*。极耐寒。喜半阴和湿润、泥炭质、中性至酸性的土壤。夏季用软枝扦插繁殖或秋季播种繁殖。

和鹃花 *T. paniculata*（*Elliottia paniculata*）落叶灌木。直立。高和冠径均为1.5m。圆锥花序，直立。花白色，微带淡粉红色，花瓣窄，3～4枚，仲夏至初秋开放。叶披针形，暗绿色，完好保持至秋季。

雷公藤属 TRIPTERYGIUM

卫矛科 CELASTRACEAE

落叶藤本。以茎缠绕攀缘或蔓生。因观其叶和果实而栽培。耐寒。喜全光照或稍庇荫和肥沃、排水良好的土壤。生长期需水量大，低温时需水少。茎需支撑。冬季或初春疏剪密集的枝。春季或种子成熟时播种繁殖或夏季用半成熟枝扦插繁殖。

东北雷公藤 *T. regelii* 落叶攀缘或缠绕灌木。茎细。株高10m。叶卵形，通常深绿色。秋末开花，花聚生，花序长20～25cm，花小，白色。果实淡绿色，具3翼。

Tristania conferta 见*Lophostemon confertus*。

美韭属 TRITELEIA

葱科／百合科 ALLIACEAE/LILIACEAE

球茎类植物。春末或夏初开花。似葱属植物。伞形花序，花漏斗状。叶狭长，通常在开花时枯萎。喜开阔、光照充足且背风的场所，喜排水良好的土壤。夏季宜干燥。仲夏至夏末地上部分渐渐枯萎，冬季至翌年春季萌发，初秋休眠。秋季播种繁殖或分株繁殖。

风信子美韭 *T. hyacinthina*（*Brodiaea hyacinthine, B. lactea*），见419页。

美韭 *T. ixioides*（*Brodiaea ixioides, B. lutea*）球茎类植物。夏初开花。高达50cm，冠径8～10cm。叶基生，半直立。茎端着生松散的伞形花序，花黄色，径达12cm，每一个花瓣上有一紫色斑纹。

疏花美韭 *T. laxa*（*Brodiaea laxa*），见422页。

长梗美韭 *T. peduncularis*（*Brodiaea peduncularis*）球茎类植物。夏初开花。高10～40cm，冠径10～15cm。叶基生，半直立。茎端着生松散的伞形花序，花白色，径达35cm，单花长1.5～3cm，淡蓝色。

观音兰属 TRITONIA

鸢尾科 IRIDACEAE

球茎类植物。叶剑形，直立，聚生成扁平的扇状。穗状花序，花色丰富。耐寒至半耐寒。喜光照充足且背风的场所，喜排水良好的土壤。秋季栽植球茎繁殖（春季型南非观音兰 *T. disticha* subsp. *rubrolucens*）。夏季叶子干枯（冬季型南非观音兰 Winter for *T. disticha* subsp. *rubrolucens*）。秋季播种繁殖或分株繁殖。

观音兰 *T. crocata*（*T. hyalina*）球茎类植物。春季开花。高15～35cm，冠径5～8cm。半耐寒。叶基生，直立。茎纤细，其顶端着生松散的伞形花序，由10朵宽杯状、橘黄色或粉红色花组成，径4～5cm，边缘透明。

南非观音兰 *T. disticha* subsp. *rubrolucens*（*T. rosea, T. rubrolucens*），见420页。

T. hyalina 见 *T. crocata*。

T. rosea 见 *T. disticha* subsp. *rubrolucens*。

T. rubrolucens 见 *T. disticha* subsp. *rubrolucens*。

车轮果属 TROCHOCARPA

尖苞木科 EPACRIDACEAE

常绿灌木。观赏其下垂的穗状花序。耐寒至不耐寒，最低适温为7℃。喜光照，潮湿但排水良好、泥炭质沙壤土。夏季用半木质化枝扦插繁殖。

百里香叶车轮果 *T. thymifolia* 常绿灌木。直立。生长慢。高30cm，冠径达20cm。耐寒。茎被百里香叶似的小型叶所覆盖。穗状花序长4cm，花微小，杯状，粉红色，夏秋开放。适宜种植在高山植物温室里。

昆栏树属 TROCHODENDRON

昆栏树科 TROCHODENDRACEAE

常绿乔木。栽培供观叶和观花。耐寒，但遇强冷空气需要庇护。能忍耐强光且耐阴，喜潮湿但排水良好的土壤，忌过于干燥或全阴的碱性土。夏季用半木质化枝扦插或秋季播种繁殖。

昆栏树 *T. aralioides*，见84页。

金莲花属 TROLLIUS
Globeflower

毛茛科 RANUNCULACEAE

多年生草本。春夏季开花。在水池旁或河溪边生长旺盛，最宜潮湿的土壤。初秋分株繁殖或夏秋播种繁殖。

'雪花石膏' 杂种金莲花 *T.* × *cultorum* 'Alabaster'，见274页。**'早开'金莲花 'Earliest of All'** 多年生草本。丛生。高60cm，冠径45cm。花球状，乳黄色，单生，春季开放于叶层之上。叶圆形，深裂，中绿色。🏆**'金红' 'Goldquelle'** 花大，深橘红色。🏆**'橙黄公主' 'Orange Princess'** 高75cm，冠径45cm。花橘黄色。

欧洲金莲花 *T. europaeus*，见275页。**'金丝雀' 'Canary Bird'** 多年生草本。丛生。高60cm，冠径45cm。叶圆形，深裂，中绿色。花球状，淡黄色，春季开放于叶层之上。

小金莲花 *T. pumilus*，见373页。

云南金莲花（金莲花）***T. yunnanensis*** 多年生草本。丛生。高60cm，冠径30cm。叶阔卵形，3～5深裂。花杯状，亮黄色，春末或夏季开放。

Trompetilla, Scarlet 见*Bouvardia ternifolia*，见173页。

旱金莲属 TROPAEOLUM
Nasturtium

旱金莲科 TROPAEOLACEAE

一年生或多年生缠绕攀缘草本。为观赏其鲜艳的花朵而栽培。耐寒至不耐寒，耐最低温度5℃。大多数种喜光照和排水良好的土壤。春季播种繁殖或用基部茎扦插繁殖。易遭蚜虫或菜白蛾幼虫危害。

🏆**阿拉斯加系列旱金莲*T.* Alaska Series**，见339页。

天蓝旱金莲*T. azureum* 叶柄攀缘草本。具小块茎。高达1.2m。不耐寒。叶宽5cm，5窄裂。花小，蓝紫色，花瓣具槽，夏末开放。

T. canariense 见 *T. peregrinum*。

'印地安皇后'旱金莲*T.* 'Empress of India' 一年生草本。丛状。生长迅速。高23cm，冠径45cm。极耐寒。叶圆形，紫绿色。花喇叭状，有距，半重瓣，猩红色，径5cm，夏初至秋初开放。

闪亮系列旱金莲 *T.* Gleam Series 一年生半蔓生草本。生长迅速。高40cm，冠径60cm。极耐寒。叶圆形，中绿色。花喇叭状，有距，半重瓣，径5cm，花单色或复色，复色包括猩红色、黄色和橘红色，具蜡质暗影。

宝石系列旱金莲 *T.* Jewel Series，见341页。

旱金莲 *T. majus* 一年生草本。丛状。生长迅速。高1～3m，冠径1.5～5m。不耐寒。叶圆形至肾形，灰绿色，边缘波状。花具长距，红色、橘黄色或黄色，径5～6cm，夏秋开放。栽培变种来源于*T. majus*，各变种之间特征相似，其杂交来源及品质描述见本书栽培品种部分。

'皮思·梅尔巴'旱金莲*T.* 'Peach Melba' 一年生草本。丛状。生长迅速。高达45cm，冠径30cm。极耐寒。叶圆形，中绿色。花喇叭状，有距，淡黄色，径5cm，具猩红色斑点，夏初至秋初开放。

五裂叶旱金莲 *T. peregrinum*（*T. canariense*）(Canary creeper) 叶柄攀缘草本。高达2m。不耐寒。叶灰绿色，5宽裂。花小，亮黄色，2枚上部花瓣较大且具缘饰，夏季至霜冻前开花。在寒冷地区最好作一年生栽培。

多叶旱金莲 *T. polyphyllum*，见293页。

🏆**六裂叶旱金莲*T. speciosum***，见210页。

T. tricolor 见 *T. tricolorum*。

🏆**三色旱金莲 *T. tricolorum***（*T. tricolor*），见205页。

块茎旱金莲*T. tuberosum*，见218页。🏆**'肯阿斯利特' 条斑旱金莲 var. *lineamaculatum* 'Ken Aslet'**，见216页。

🏆**直升系列旱金莲*T.* Whirlybird Series** 一年生草本。丛状。生长迅速。高达25cm，冠径35cm。极耐寒。叶圆形，中绿色。花喇叭状，有距，单瓣或半重瓣，径5cm，花单色或复色，夏初至秋初开放。

Tropical almond 见 *Terminalia catappa*。

Trumpet creeper,Chinese 见 *Campsis grandiflora*。

Trumpet creeper 见 *Campsis radicans*。

Trumpet flower 见 *Bignonia capreolata*。

Trumpet gentian 见 *Gentiana clusii*。

Trumpet, Golden 见 *Allamanda cathartica*。

Trumpet, Herald's 见 *Beaumontia grandiflora*，见 205 页。

Trumpet honeysuckle 见 *Campsis radicans*。

Trumpet tree, Golden 见 *Tabebuia chrysotricha*，见 97 页。

Trumpet tree, Pink 见 *Tabebuia rosea*。

Trumpet vine 见 *Campsis radicans*。

Trumpets 见 *Sarracenia flava*，见 290 页。

铁杉属 TSUGA

松科 PINACEAE

见针叶树。

加拿大铁杉 ***T. canadensis***，见 107 页。**'金叶' 'Aurea'**（见 111 页）。针叶树。树形阔圆锥形。通常有几个主茎。高 5m 以上，冠径 2～3m。极耐寒。幼枝灰色，针叶扁平，螺旋状排列。幼叶金黄色，次年变绿色，沿顶端具银色带。球果卵形，淡棕色。**'矮生' 'Bennett'** 高 1～2m，冠径 2m。树形低矮。枝拱形。老株巢形，中心衰弱。**🏆'垂枝' 'Pendula'**（*T. c.* f. *Pendula*）垂枝。树形可培育成圆屋状。高和冠径均为 3～5m，分枝向一个方向伸展直达地面，高 50cm，冠径 2～5m。

加罗林铁杉 ***T. caroliniana***（Carolina hemlock）针叶树。树冠阔圆锥形。高 10～15m，冠径 5～8m。极耐寒。幼枝红棕色。针叶扁平，螺旋状排列，光滑，深绿色。球果卵形，绿色，成熟后变棕色。

日本铁杉 ***T. diversifolia***（Japanese hemlock）针叶树。树冠开阔，枝叶浓密。高 10～15m，冠径 8～12m。极耐寒。幼枝橘黄色。针叶扁平，螺旋状排列，光滑，深绿色，背面白色。球果卵形，深棕色。

🏆异叶铁杉 ***T. heterophylla***（Western hemlock）针叶树。生长旺盛。树冠阔圆锥形，小枝下垂。高 20～30m，冠径 8～12m。极耐寒。幼枝灰色。针叶扁平，螺旋状排列，光滑，深绿色，背面银白色。球果卵形，淡绿色，成熟后变暗棕色。

山地铁杉 ***T. mertensiana***（Mountain hemlock）针叶树。树冠狭窄。枝短，水平伸展。高 8～15m，冠径 3～6m。极耐寒。幼枝红棕色。针叶扁平，灰蓝绿色或灰绿色，螺旋状排列。球果圆柱形，黄绿色至紫色，成熟后变暗棕色。**'粉叶' 'Glauca'**，见 105 页。

席氏铁杉 ***T. sieboldii***（Japanese hemlock, Southern Japanese hemlock）针叶树。树冠开阔。高 15m，冠径 8～10m。极耐寒。幼枝淡黄色，光滑。针叶扁平，暗绿色，有光泽，螺旋状排列。球果卵形，暗棕色。

杉叶鹃属 TSUSIOPHYLLUM

杜鹃花科 ERICACEAE

单种属。半常绿灌木。栽培供赏花。与杜鹃花属（*Rhododendron*）相似，适合种植在岩石园中和泥炭土的植床中。耐寒。喜阴凉和排水良好的泥炭质沙壤土。春季或初夏用软枝扦插或秋春季播种繁殖。

杉叶鹃 ***T. tanakae*** 半常绿灌木。树冠开展。高 15cm 以上，冠径 25cm。茎细柔，分枝。叶小，狭卵形，具毛。花小，管状，白色至粉白色，着生于茎端，初夏开放。

莲座半日花属（新拟）TUBERARIA

半日花科 CISTACEAE

一年生草本。极耐寒。喜光照充足、排水良好的土壤。春季播种繁殖。

莲座半日花（新拟）***T. guttata***（*Helianthemum guttatum*）一年生草本。直立。具分枝。生长速度中等。高和冠径均为 10～30cm。叶披针形，具毛，中绿色。花黄色，有时花瓣基部具红色斑点，看起来像小型、单瓣玫瑰花。

Tuberose 见 *Polianthes tuberosa*。

Tufted hair grass 见 *Deschampsia cespitosa*。

Tufted sedge 见 *Carex elata*。

紫瓣花属 TULBAGHIA

葱科／百合科 ALLIACEAE/LILIACEAE

多年生半常绿草本。耐寒至半耐寒。喜光照充足的环境以及排水良好的土壤。春季分株繁殖或播种繁殖。

好望角紫瓣花 ***T. natalensis*** 多年生半常绿草本。丛生。高 12cm，冠径 10cm。耐寒。伞形花序，花淡香，管状，白色，中部黄色，花瓣开张，分裂，开放于纤细、禾草状、中绿色的叶丛之上，仲夏开放。

紫瓣花（紫娇花）***T. violacea***，见 283 页。

Tulip 见 *Tulipa*。

Golden globe 见 *Calochortus amabilis*，见 434 页。

Horned 见 *Tulipa acuminata*，见 411 页。

Lady 见 *Tulipa clusiana*，见 411 页。

Mariposa 见 *Calochortus*。

Water lily 见 *Tulipa kaufmanniana*，见 412 页。

Tulip tree 见 *Liriodendron tulipifera*，见 65 页。

African 见 *Spathodea campanulata*，见 71 页。

Chinese 见 *Liriodendron chinense*。

郁金香属 TULIPA
Tulip

百合科 LILIACEAE

主要为春季开花的鳞茎类植物。栽培为观赏其亮丽、朝上开放的花。叶线形至披针形，绿色至灰绿色，着生在从球茎抽出的茎上。花具 6 枚尖锐的花瓣（植物学上称之为花冠部分）和 6 个雄蕊，除后面特殊注明外，均为单瓣。植株冠径达 20cm。除特殊注明外，均耐寒。喜光照环境及排水良好的土壤，喜夏季干热。在凉爽、潮湿地区，叶片枯萎以后，需要将种球挖出，在干燥的地方贮藏，以便秋季重新种植。秋季分株繁殖，原种春季或秋季播种繁殖。如果误食，所有部分都会引起肠胃不适，接触任何部分会引起皮肤过敏。

园艺上郁金香被分为下列类群。参见 410～412 页形态彩图。

1. **单瓣早花群 (Single early)** 花杯形，单瓣，通常早春至仲春于光照下平展开放。

2. **重瓣早花群 (Double early)** 花重瓣，早春至仲春平展开放，花期持续时间长。

3. **特瑞安福群 (Triumph)** 植株健壮，花单瓣，近圆锥形，开放成近圆形，仲春至晚春开放。

4. **达尔文杂种群 (Darwin hybrids)** 花大，单瓣，花形多样，植株健壮，仲春至晚春开放。

5. **单瓣晚花群 (Single late)** 花单瓣，花形多样，但通常为卵形或近方形，花瓣顶端尖，春末和夏初开放。

6. **百合花型群 (Lily-flowered)** 植株健壮。花单瓣，花冠中部缢缩，狭窄，花瓣长，顶端尖，反折，晚春开放。

7. **流苏花群 (Fringed)** 花与百合花型群相似，但花瓣边缘有流苏。

8. **绿花群 (Viridiflora)** 花形多样，单瓣，花瓣的一部分为浅绿色，晚春开放。

9. **伦勃朗群 (Rembrandt)** 包含大多数老的品种，花与百合花型群相似，但由于病毒的感染，花瓣上'不规则斑纹'呈条纹状或羽毛纹状，晚春开放。

10. **鹦鹉群 (Parrot)** 花大，单瓣，花形多样，花瓣边缘皱褶或流苏状，通常扭曲，晚春开放。

11. **重瓣晚花群 (Double late)（牡丹花型群 Peony-flowered）** 花重瓣，通常碗状，晚春开放。

12. **考夫曼杂种群 (Kaufmanniana hybrids)** 花单瓣，通常双色，早春在光照条件下扁平开放。叶通常有斑纹或条纹。

13. **福斯特杂种群 (Fosteriana hybrids)** 花大，单瓣，早春至仲春在光照条件下平展开放。叶通常有斑纹或条纹。

14. **格里克杂种群 (Greigii hybrids)** 花大，单瓣，仲春至晚春开放。叶具波状边缘，通常有斑纹或条纹。

15. **混杂群 (Miscellaneous)** 其他种、变种和杂种的混杂群，花春季或夏初开放。

长尖郁金香 ***T. acuminata***（Horned tulip，见 411 页）混杂群。仲春开花。高 30～45cm。花长 7～13cm，花瓣长渐尖，灰红色或黄色，外侧带红色或绿色。

'雅韵' 郁金香 ***T.* 'Ad Rem'**（见 411 页）达尔文杂种群。仲春至晚春开花。高 60cm。花鲜红色，基部黑色，边缘黄色，花药黄色。

T. aitchisonii 见 *T. clusiana*。

🏆'红仆' 郁金香 ***T.* 'Ancilla'** 考夫曼杂种群。早春开花。高 15cm。花粉红色，边缘浅红色，内侧白色，中部具红色环。

'天使' '郁金香 ***T.* 'Angeélique'**（见 410 页）重瓣晚花群。晚春开花。高 40cm。花微香，重瓣，淡粉红色，随后颜色变深，花瓣具浅色条纹，边缘颜色更浅。为良好的花坛植物。

🏆'太阳之华' 郁金香 ***T.* 'Apeldoorn's Elite'**（见 411 页）达尔文杂种群。仲春至晚春开花。高 60cm。花毛莨黄色，具鲜红色羽毛状条纹，基部浅黄绿色。

'杏美人' 郁金香 ***T.* 'Apricot Beauty'**（见 412 页）单瓣早花群。早春开花。高 40cm。花橙红色，微带红色。

🏆'艺术家' 郁金香 ***T.* 'Artist'**（见 412 页）绿花群。晚春开花。高 45cm。花瓣外侧橙红色和紫红色，有时具绿色斑点，内侧深橙红色和绿色。

'阿提拉' 郁金香 ***T.* 'Attila'**（见 411 页）特瑞安福群。仲春开花。高 40cm。植株健壮。花粉红色，花期持续时间长。为良好的花坛植物。

🏆奥克郁金香 ***T. aucheriana*** 混杂群。早春开花。高 20cm。叶浅绿色。花粉红色，长 2～5cm，中部黄色，花瓣卵形，基部逐渐变细。

T. australis 见 *T. sylvestris*。

T. bakeri 见 *T. saxatilis*。

'三角琴' 郁金香 ***T.* 'Balalaika'**（见 411 页）单瓣晚花群。晚春开花。高 50cm。花亮红色，基部黄色，雄蕊黑色。

🏆'诗韵' 郁金香 ***T.* 'Ballade'**（见 410 页）百合花型群。晚春开花。高 50cm。花浅洋红色，边缘白色，基部黄色，花瓣长，边缘白色。

🏆巴塔林郁金香 ***T. batalinii***（见 412 页）混杂群。早春开花。高 10～30cm。通常包括线叶郁金香（*T. lini-*

folia)，叶浅绿色。花长2~6cm，花瓣阔卵形，基部碗形，花瓣浅黄色，基部内侧深黄色或褐色。一些栽培种是乌兹别克郁金香（*T. batalinii*）和线叶郁金香（*T. linifolia*）的杂交种，包括：**'杏黄宝石' 'Apricot Jewel'** 花外侧橘红色，内侧黄色。🏆**'辉宝石' 'Bright Gem'** 花黄色，微带橘红色。**'铜魔' 'Bronze Charm'** 花黄色，带青铜色羽毛状条纹。

'女战神' 郁金香 *T.* 'Bellona'（见412页）单瓣早花群。早春开花。高30cm。花芳香，深金黄色。为良好的花坛和温室花卉。

双花郁金香 *T. biflora* (*T.* polychroma)（见410页）混杂群。早春开花。高5~10cm。叶浅绿色。花芳香，白色，中部黄色，长1.5~3.5 cm，基部渐细，花瓣狭卵形，外侧带绿灰色或绿粉红色。适宜岩石园栽培。

'宾·克罗斯贝' 郁金香 *T.* 'Bing Crosby'（见411页）特瑞安福群。仲春至晚春开花。高50cm。花色鲜明，鲜红色。

'天堂鸟' 郁金香 *T.* 'Bird of Paradise'（见411页）鹦鹉群。晚春开花。高45cm。花深红色，边缘橘红色，基部亮黄色，花药紫红色。

'蓝鹦鹉'郁金香 *T.* 'Blue Parrot'（见412页）鹦鹉群。晚春开花。高60cm。花大，亮紫罗兰色，有时外侧青铜色，着生于健壮的茎上。

'勃垦地花边' 郁金香 *T.* 'Burgundy Lace' 流苏花群。晚春开花。高60cm。花紫红色，花瓣具流苏状边缘。

'烛光' 郁金香 *T.* 'Candela'（见412页）福斯特杂种群。早春至仲春开花。高30cm。花大，黄色，花药黑色。花期持续时间长。

'好望角雪鱼' 郁金香 *T.* 'Cape Cod'（见412页）格里吉杂种群。仲春至晚春开花。高45cm。叶浅绿色，具浅红色带状条纹。花浅黄铜色，基部黑红色，花瓣外侧边缘黄色。

'尼斯狂欢节' 郁金香 *T.* 'Carnaval de Nice'（见410页）重瓣晚花群。晚春开花。高40cm。花重瓣，白色，具深红色羽毛状条纹。

🏆**'中国粉' 郁金香 *T.* 'China Pink'**（见410页）百合花型群。晚春开花。高55cm。花粉红色，基部白色，花瓣轻微反折。

'酒杯' 郁金香 *T.* 'Chopin' 考夫曼杂种群。早春开花。高20cm。叶浅绿色，具褐色斑点。花柠檬色，基部黑色。

T. chrysantha 见 *Tulipa clusiana* var. *chrysantha*。

'巴特' 郁金香 *T.* 'Clara Butt' 单瓣晚花群。晚春开花。高60cm。花柠檬色。为良好的花坛栽培品种。

克鲁西郁金香（淑女郁金香）***T. clusiana***（*T. aitchisonii*）(Lady tulip)（见411页）混杂群。仲春开花。高30cm。叶浅绿色。每个茎上着生1~2朵花，长2~6.5cm，基部碗状，花瓣狭卵形，白色，内侧基部紫红色或深红色，外侧具深粉红色条纹，雄蕊紫红色。🏆**黄花郁金香** var. ***chrysantha***（*T. chrysantha*，见412页）花黄色，外侧带红色或褐色，雄蕊黄色。**黄白郁金香** var. ***stellata*** 花白色，基部黄色，雄蕊黄色。

'暗红' 郁金香 *T.* 'Couleur Cardinal' 特瑞安福群。仲春开花。高35cm。花紫红色，内侧暗深红色。

T. dasystemon of gardens见*T. tarda*。

'泼彩' 郁金香 *T.* 'Dawnglow' 达尔文杂种群。仲春至晚春开花。高60cm。花浅杏黄色，外侧深粉红色，内侧深黄色，花药紫红色。

'月亮神' 郁金香 *T.* 'Diana'（见410页）单瓣早花群。早春开花。高28cm。花大，纯白色。植株健壮。

'迪伦堡' 郁金香 *T.* 'Dillenburg'（见412页）单瓣晚花群。晚春开花。高65cm。花橘红色。为良好的花坛花卉。

🏆**'堂吉诃德' 郁金香 *T.* 'Don Quichotte'**（见410页）特瑞安福群。仲春开花。高40cm。花紫红色。花期持续时间长。

'梦之舟' 郁金香 *T.* 'Dreamboat'（见412页）达尔文杂种群。仲春至春末开花。高25cm。叶中绿色，具棕色条纹。花坛状，琥珀黄色，微带红色，基部淡绿古铜色，具红色斑点。

'梦幻少女' 郁金香 *T.* 'Dreaming Maid'（见412页）特瑞安福群。球根花卉。仲春至春末开花。高55cm。花瓣紫色，边缘白色。

🏆**'梦境' 郁金香 *T.* 'Dreamland'**（见411页）单瓣晚花群。春末开花。高60cm。花红色，基部白色，花药黄色。

T. eichleri 见 *T. undulatifolia*。

'埃斯特拉·瑞威尔德' 郁金香 *T.* 'Estella Rijnveld'（见411页）鹦鹉群。春末开花。高60cm。花大，红色，具白色和绿色条纹。

🏆**'花式裙边' 郁金香 *T.* 'Fancy Frills'**（见410页）鹦鹉群。春末开花。高50cm。花瓣象牙黄色，具须边和条纹，外面边缘粉红色，内面基部玫瑰粉红色，花药淡黄色。

福斯特郁金香 *T. fosteriana* 单瓣晚花群。初春开花。高20~45cm。茎被毛。叶灰绿色，表面被毛。花长4.5~10cm，基部碗状，花瓣窄卵形，亮红色，内面花心淡紫黑色，微带黄色。

'丽流苏' 郁金香 *T.* 'Fringed Beauty'（见411页）流苏花群。初春至仲春开花。高32cm。花瓣亮红色，具须边，边缘黄色。极适宜促成栽培。

'雅致流苏' 郁金香 *T.* 'Fringed Elegance' 流苏花群。春末开花。高50cm。花淡黄色，外面具粉红色斑点，内面基部具铜绿色斑点，每花瓣具一黄色的须边，花药紫色。

'盛装' 郁金香 *T.* 'Gala Beauty' 伦勃朗群。春末开花。高60cm。花黄色，具深红色条纹。

'花园聚会' 郁金香 *T.* 'Garden Party'（见411页）特瑞安福群。仲春至春末开花。高40~45cm。花白色，花瓣边缘外面深粉红色，内面具深粉红色条纹。

'幸运' 郁金香 *T.* 'Glück'（见411页）考夫曼杂种群。初春开花。高15cm。叶灰绿色，具淡红棕色斑点。花瓣红色，外面边缘黄色，内面黄色，基部颜色较暗。

'金色阿派顿' 郁金香 *T.* 'Golden Apeldoorn'（见412页）。达尔文杂种群。仲春至春末开花。高50~60cm。花金黄色，基部黑色，雄蕊黑色。

'金色艺术家' 郁金香 *T.* 'Golden Artist'（见412页）绿花群。春末开花。高45cm。花亮金黄色。

'戈登·库伯' 郁金香 *T.* 'Gordon Cooper'（见411页）。达尔文杂种群。仲春至春末开花。高60cm。花瓣外面深粉红色，边缘红色，花瓣内面基部红色，基部蓝黄色，花药黑色。

***T.* 'Greenland'** 见*T.* 'Groenland'。

格里克郁金香 *T. greigii* 混杂群。初春开花。高20~45cm。茎被毛。叶具红色或紫色条纹或斑点。花杯状，长3~10cm，花瓣阔卵形，红色或黄色，花心黑色，微带黄色。

'格鲁兹' 郁金香 *T.* 'Greuze'（见412页）单瓣晚花群。春末开花。高65cm。花暗淡紫色至紫色。适宜花坛栽培。

'格陵兰' 郁金香 *T.* 'Greenland'（*T.* 'Greenland'）（见410页）绿花群。春末开花。高50cm。花瓣绿色，边缘玫瑰粉红色。适宜花坛栽培。

哈格尔郁金香 *T. hageri*（见411页）混杂群。仲春开花。高10~30cm。耐寒。茎具1~4朵花，花长3~6cm，基部锥状，花瓣卵形，暗红色，外面微带绿色。

'愉悦' 郁金香 *T.* 'Heart's Delight'。考夫曼杂种群。初春开花。高20~25cm。叶绿色，具红棕色条纹。花深淡粉红色，边缘粉红色，内面淡粉红色，具红色斑点，基部红色。

'好莱坞' 郁金香 *T.* 'Hollywood'，绿花群。春末开花。高30cm。花红色，微带绿色条纹，基部黄色。适宜花坛栽培。

矮生郁金香 *T. humilis*（见412页）混杂群。初春开花。为一多变的种，常被归为奥克郁金香(*T. aucheriana*)、美丽郁金香（*T. pulchella*）和堇紫郁金香（*T. violacea*）。高20cm。叶灰色。茎生1朵花，有时2朵或3朵，花淡粉洋红色，长2~5cm，基部锥状，内面花心黄色，花瓣卵形。适宜岩石园栽培。

'杰克拉恩' 郁金香 *T.* 'Jack Laan'，伦勃朗群。春末开花。高60cm。花紫色，微带棕色，具白色和黄色羽状斑。

'胡安' 郁金香 *T.* 'Juan'（见411页）福斯特杂种群。初春至仲春开花。高35cm。叶具淡红棕色斑点。花深橙色，带鲜红色。

考夫曼郁金香 *T. kaufmanniana* (Water lily tulip；见412页）混杂群。初春开花。高10~35cm。叶灰绿色。茎生1~5朵花，花长3~10cm，常芳香，基部碗状，花瓣窄卵形，乳白色或黄色，外面具粉红色或灰绿色晕，花心常有不同的颜色，偶尔有粉红色，橙色或红色类型。

🏆**'奎热斯克隆' 郁金香 *T.* 'Keizerskroon'**（见411页）单瓣早花群。初春开花。高35cm。花深红色至鲜红色，花瓣卵形，边缘宽，亮黄色。适宜花坛栽培。

🏆**'红王' 郁金香 *T.* 'Kingsblood'**（见411页）单瓣晚花群。春末开花。高60cm。花樱桃红色，边缘鲜红色。

🏆**线叶郁金香 *T. linifolia***（见411页）混杂群。初春开花。高10~30cm。为一多变的种，常被归入巴塔林郁金香（*T. batalinii*）或马氏郁金香（*T. maximowiczii*）。叶灰绿色。花红色，长2~6cm，基部碗状，内面花心淡黑紫色，微带乳白色或黄色，花瓣宽卵形。

'快乐寡妇' 郁金香 *T.* 'Lustige Witwe'（*T.* 'Merry Widow'）(见411页)特瑞安福群。仲春至春末开花。花瓣深红色，具光泽，边缘白色。

'勒菲珀女士' 郁金香（'红皇' 郁金香）***T.* 'Madame Leféber'**（*T.* 'Red Emperor'）(见411页)福斯特杂种群。初春至仲春开花。高35~40cm。花极大，亮红色。

'玛雅' 郁金香 *T.* 'Maja'（见412页）流苏花群。春末开花。高50cm。花卵形，淡黄色具须边，基部铜黄色，花药黄色。

'芭蕾之星' 郁金香 *T.* 'Margot Fonteyn'（见411页）特瑞安福群。仲春至春末开花。高40~45cm。花瓣亮红色，边缘黄色，内面黄色，花药黑色。

中欧郁金香 *T. marjolletii*（见411页）混杂群。仲春开花。高40~45cm。花长4~6cm，基部碗状，花瓣阔卵形，乳白色，边缘具粉红色斑点。

马氏郁金香 *T. maximowiczii* 混杂群。初春开花。高10~30cm。叶灰绿色。花亮红色，长2~5cm，花瓣阔卵形，边缘白色，花心黑色，基部碗状。

'芒通' 郁金香 *T.* 'Menton'（见410页）单瓣晚花群。春末开花。高60cm。花瓣玫瑰粉红色，边缘亮橙色，基部亮黄色和白色，花药黄色。

***T.* 'Merry Widow'** 见*T.* 'Lustige Witwe'。

🏆**'蒙特卡洛' 郁金香 *T.* 'Monte Carlo'**，重瓣早花群。初春开花。高40cm。花重瓣，黄色，具稀疏的红色条纹。

'新花样' 郁金香 *T.* 'New Design'（见410页）特瑞安福群。仲春开花。高40cm。叶边缘淡粉红色至白色。花瓣黄色、淡粉红色至白色，外面边缘红色，内面具杏黄色斑点。

'橙皇' 郁金香 *T.* 'Orange Emperor' 福斯特杂种群。初春至春末开花。高40cm。花亮橙色，内面基部黄色，花药黑色。

'金凯旋'郁金香 *T.* 'Orange Triumph'，重瓣晚花群。春末开花。高50cm。花重瓣，淡橙红色，具棕色晕，花瓣边缘黄色。

🏆'奥瑞杰·纳索'郁金香 *T.* 'Oranje Nassau'(见411页)重瓣早花群。初春开花。高25~30cm。花重瓣，血红色，具橙红色晕。适宜促成栽培。

'娱乐'郁金香 *T.* 'Oratorio' 格里吉杂种群。仲春至春末开花。高20cm。叶灰绿色，具红棕色斑点。花阔坛状，花瓣外侧玫瑰红色，内侧杏红色，基部黑色。

'孤挺'郁金香 *T. orphanidea* (见412页)混杂群。仲春开花。高10~30cm。耐寒。叶绿色，缘淡红色。茎生1~4朵花，花常紫色，长3~6cm，基部渐窄，花瓣卵形，橙褐色，外面微带绿色。

'流行波卡尔'郁金香 *T.* 'Page Polka'(见410页)特瑞安福群。仲春开花。花大，深红色，基部白色，具白色条纹，花药黄色。

'巴勒斯坦'郁金香 *T.* 'Palestrina' 单瓣晚花群。春末开花。高45cm。花瓣大，橙红色，外面绿色。

'桃花'郁金香 *T.* 'Peach Blossom'，重瓣早花群。初春开花。高25~30cm。花重瓣，银白色至粉红色，具深粉红色晕。

'爵士金特'郁金香 *T.* 'Peer Gynt'(见411页)特瑞安福群。仲春至春末开花。高50cm。花瓣紫红色，边缘紫色，基部白色，具黄色斑点，花药淡紫灰色。

🏆'愉悦'郁金香 *T.* 'Plaisir'(见411页)格里吉杂种群。仲春至春末开花。高12~25cm。叶灰绿色，具红棕色斑点。花阔坛状，深淡粉红色，花瓣边缘淡黄色，基部黑色和黄色相间。

T. polychroma 见 *T. biflora*。

🏆'枪手'尖被郁金香 *T. praestans* 'Fusilier' 混杂群。初春开花。高10~45cm。茎轻微被毛。叶被毛，灰绿色。茎生3~5朵花，花长5.5~6.5cm，基部碗状，花瓣卵形，橙色至鲜红色。**'独特' 'Unicum'**(见411页)叶缘淡黄色。花瓣亮红色，基部黄色，花药蓝黑色。**'范蒂伯根' 'Van Tubergen's Variety'** 花极多，每茎上2~5朵花，花基部常黄色。

🏆'依尔恩郡主'郁金香 *T.* 'Prinses Irene'(见412页)单瓣早花群。初春开花。高30~35cm。花橙色，具紫色条纹。

美丽郁金香 *T. pulchella* 混杂群。初春开花。高达20cm。叶灰绿色。花长2~5cm，基部渐尖，花瓣卵形，紫色，内面花心黄色或淡蓝黑色。适宜岩石园栽培。

'纯洁'郁金香('银皇'郁金香) *T.* 'Purissima' (*T.* 'White Emperor')(见410页)福斯特杂种群。初春至仲春开花。高35~40cm。花纯白色。

'夜皇后'郁金香 *T.* 'Queen of Night'(见412页)单瓣晚花群。春末开花。高60cm。为郁金香中颜色最暗的品种，花期长，花呈极暗的栗黑色，生于健壮的茎上。适宜花坛栽培。

***T.* 'Red Emperor'** 见 *T.* 'Madame Lefèber'。

'红鹦鹉'郁金香 *T.* 'Red Parrot' (见411页)鹦鹉群。春末开花。高60cm。花大，紫红色，生于强壮的茎上。

🏆'红风帽'郁金香 *T.* 'Red Riding Hood'(见411页)格里吉杂种群。春末开花。高20cm。叶伸展，暗绿色，具淡棕紫色斑点。花鲜艳，鲜红色，基部黑色，生于叶丛中。

岩生郁金香 *T. saxatilis* (*T. bakeri*)(见410页)混杂群。初春开花。高15~45cm。耐寒。叶绿色，具光泽。茎生1~4朵花，花芳香，长4~5.5cm，基部渐尖，花瓣卵形，粉红色至淡紫色，瓣内基部黄色。

'莎士比亚'郁金香 *T.* 'Shakespeare'(见412页)考夫曼杂种群。初春开花。高12~15cm。花瓣外部深红色，瓣边缘橙红色，瓣内橙红色，基部黄色泛红晕。

🏆窄尖叶郁金香 *T. sprengeri* (见411页)混杂群。春末和夏初开花。高30~45cm。花基部渐窄，长4.5~6.5cm，花瓣卵形，橘红色至红色，外部3枚花瓣，背面淡黄色至黄色。开花最晚的混杂群。繁殖速度快。

🏆'春绿'郁金香 *T.* 'Spring Green'(见410页)绿花群。春末开花。高35~38cm。花白色，具绿色羽毛状边缘，花药浅绿色。

林生郁金香 *T. sylvestris* (*T. australis*)(见412页)混杂群。初春开花。高10~45cm。花通常单生，黄色，长3.5~6.5cm，基部渐窄，花瓣窄卵形，瓣外微泛绿色。

🏆晚花郁金香 *T. tarda* (*T. dasystemon* of gardens)(见412页)混杂群。早春开花。高可达15cm。叶绿色，具光泽。花长3~4cm，单茎生4~6朵花，基部渐尖，花瓣卵形，白色，瓣内下半部黄色，瓣外微泛绿色，有时呈红色。适宜岩石园或高畦栽植。

🏆'多伦多'郁金香 *T.* 'Toronto' 格里吉杂种群。仲春至春末开花。高30cm。叶杂色。花期长，2朵或3朵花簇生于同一茎上，花开张，杯状，花瓣尖，亮红色，瓣内基部呈褐色、绿色、黄色，花药赤褐色。

🏆土耳其郁金香 *T. turkestanica* (见410页)混杂群。初春开花。高10~30cm。茎具毛。叶灰绿色。花具异味，单茎可达12朵花，花长1.5~3.5cm，基部尖细，花瓣卵形，白色，瓣外泛绿色或粉红色，花心黄色或橙色。

'汤姆大叔'郁金香 *T.* 'Uncle Tom'(见411页)重瓣晚花群。春末开花。高50cm。花重瓣，栗色至红色。

波叶郁金香 *T. undulatifolia* (*T. eichleri*)(见411页)混杂群。初春至仲春开花。高15~50cm。茎被绒毛。叶灰绿色。花长3~8cm，基部碗状，花瓣窄卵形，红色或橙红色，具黄边，基部淡红色或浅黄色，花瓣内基部具深绿色或黑色斑点。

🏆'英国国旗'郁金香 *T.* 'Union Jack'(见411页)重瓣晚花群。春末开花。高60cm。花瓣牙白色，具深粉红色火焰状斑，蓝边，基部白色。

🏆乌鲁姆郁金香 *T. urumiensis* (见412页)混杂群。初春开花。高10~20cm。茎多数低于土面。叶绿色或灰绿色。花1~2朵，长4cm，基部尖细，花瓣窄卵形，黄色，瓣外泛紫红色或红褐色。多栽于岩石园。

紫罗兰郁金香 *T. violacea*(见412页)混杂群。初春开花。高达20cm。叶灰绿色。花紫罗兰色至粉红色，长2~5cm，基部尖细，花心黄色或红黑色，花瓣卵形。适于岩石园或高床栽植。

🏆'西点'郁金香 *T.* 'West Point' (见412页)百合花型群。春末开花。高50cm。花淡黄色至黄色，花瓣长而尖，向内弯曲。

'白梦'郁金香 *T.* 'White Dream' (见410页)特瑞安福群。仲春至春末开花。高40~45cm。花白色，花药黄色。

***T.* 'White Emperor'** 见 *T.* 'Purissima。'

'白鹦鹉'郁金香 *T.* 'White Parrot' (见410页)鹦鹉群。春末开花。高55cm。花大，具皱边，花瓣白色，近基部具绿色斑点。适合作切花。

🏆'白凯旋'郁金香 *T.* 'White Triumphator'(见410页)百合花型群。春末开花。高65~70cm。花白色，花瓣反折，花形优美。

南欧郁金香 *T. whittallii* (见412页)混杂群。仲春开花。高30~35cm。耐寒。单茎着花1~4朵，花长3~6cm，基部尖细，花瓣卵形，亮褐色至橘红色。

'横滨'郁金香 *T.* 'Yokohama' (见412页)重瓣早花群。初春至仲春开花。高35cm。花尖，深黄色。

Tumbling Ted 见 *Saponaria ocymoides*，见378页。

Tunic flower 见 *Petrorhagia saxifraga*，见375页。

Tunica saxifraga 见 *Petrorhagia saxifraga*。

Tupelo 见 *Nyssa*。

Turk's cap 见 *Melocactus*。

Turkey oak 见 *Quercus cerris*。

Turkish hazel 见 *Corylus colurna*。

Turkscap lily 见 *Lilium superbum*。

Turpentine, Cyprus 见 *Pistacia terebinthus*。

杜楝属 TURRAEA

楝科 MELIACEAE

常绿乔木和灌木。主要观赏其花和叶。不耐寒，耐最低温度12~15℃。喜全光照，要求肥沃、排水良好的土壤。生长季节需水分充足，其他季节适当控水。幼株需摘心以促进发枝，必要时花后进行修剪。春季播种或秋季用半成熟枝扦插繁殖。

钝叶杜楝 *T. obtusifolia*，见172页。

Turtle-head 见 *Chelone*。

尖瓣藤属(新拟) TWEEDIA

萝藦科 ASCLEPIADACEAE

草质缠绕藤本。栽培仅一种。不耐寒，耐最低温度5℃。寒冷地区作一年生栽培。喜光照充足和排水良好的土壤。苗期打顶促进发枝。春季播种繁殖。

🏆尖瓣藤(新拟) *T. caerulea* (*Oxypetalum caeruleum*)，见215页。

Twin flower 见 *Linnaea.*。

Twin-flowered violet 见 *Viola biflora*。

棒毛萼属(新拟) TYLECODON

景天科 CRASSULACEAE

落叶多浆灌木。丛生。茎部极膨大。冬季生长。不耐寒，耐最低温度7℃。喜光照和排水良好的土壤。夏季播种或扦插繁殖。食用奇峰锦(*T. papillaris* subsp. *wallichii*)的叶片会导致严重中毒。

阿房宫 *T. paniculatus* (*Cotyledon paniculata*)(Butter tree)落叶多浆灌木。丛生。高和冠径均为2m。膨大的茎枝被纸质黄色鳞片。叶椭圆形至卵形，肉质，亮绿色。花管状，簇生于枝顶，红色具绿色条纹，夏季开花。

奇峰锦 *T. papillaris* subsp. *wallichii* (*T. wallichii, Cotyledon wallichii*)落叶多浆灌木。丛生。高和冠径均为30cm。茎粗3cm，叶着生于茎顶，圆柱状，顶部具沟槽。落叶后，茎被突起的叶基均称地覆盖。花管状，黄绿色，长2cm，秋季开花。

万物相 *T. reticulatus* (*Cotyledon reticulata*)，见465页。

T. wallichii 见 *T. papillaris* subsp. *wallichii*。

香蒲属 TYPHA

香蒲科 TYPHACEAE

多年生落叶挺水植物。观赏其优美的圆柱状果序。极耐寒。喜光照或耐阴。春季播种或分株繁殖。

宽叶香蒲 *T. latifolia*，见448页。**'花叶' 'Variegata'** 多年生落叶挺水植物。高90cm~1.2m，冠径不定。叶带状，中绿色，具乳白色纵条纹。花穗状，米黄色，夏末开花。花后产生优美的褐色圆柱状果序。

小香蒲 *T. minima*，见449页。

U

小红果属 UGNI

桃金娘科 MYRTACEAE

常绿灌木或乔木。叶密集。智利番石榴(*U. molinae*)，为惟一常见的栽培种类。因观其叶、花和果实而栽培。极耐寒。喜光照或半耐阴和湿润、排水良好的土壤。夏末用半熟枝扦插繁殖。

小红果*U. molinae* (*Eugenia ugni, Myrtus ugni*) 常绿灌木。直立。分枝密集。高1.5m，冠径1m。叶卵形，暗绿色，具光泽。花杯状，芳香，轻微下垂，白色和粉红色相间，春末开花。果实球形，芳香，可食用，暗红色。为温带地区良好的绿篱植物。

荆豆属 ULEX

豆科／蝶形花科 LEGUMINOSAE/ PAPILIONACEAE

灌木。无叶或几乎无叶。幼枝和刺常绿色。因春季观花而栽培。极耐寒。喜光照和贫瘠、排水良好的土壤。每年花后修剪以保持其紧凑的树形，蔓生的或老的植株春季可重剪。秋季播种繁殖。种子有毒，食之会引起胃部轻微不适。

荆豆*U. europaeus* 见157页。🏆**'重瓣' 'Flore Pleno'** 灌木。丛生。枝绿色。无叶或几乎无叶。高1m，冠径1.2m。花多，蝶形，芳香，重瓣，黄色，春季开花。

Ulmo 见 *Eucryphia cordifolia*。

榆属 ULMUS
Elm

榆科 ULMACEAE

落叶乔木和灌木，稀为常绿。植株高大。花不引人注目，春季开放。极耐寒。喜光照和肥沃、排水良好的土壤。夏季用软枝扦插繁殖，或秋季播种繁殖或用根蘖繁殖。易感染荷兰榆病害，发病迅速。但榔榆（*U. parvifolia*）和榆树（*U. pumila*）有较强的抗性。

美国榆（美国白榆）***U. americana*** (American white elm, White elm)落叶乔木。枝伸展。高和冠径均为30m。树皮灰色。分枝下垂。叶大，卵形，暗绿色，具锐锯齿，质地粗糙。

U. angustifolia 见 *U. minor* subsp. *angustifolia*。var. ***cornubiensis*** 见 *U. minor* 'Cornubiensis'。

***U.* 'Camperdownii'** 见*U. glabra* 'Camperdownii'。

U. carpinifolia 见 *U. minor*。

***U.* 'Dicksonii'** 见*U. minor* 'Dicksonii'。

光榆（山榆）***U. glabra*** (Wych elm)落叶乔木。枝伸展。高30m，冠径25m。叶阔卵形，具锯齿，极粗糙，暗绿色，先端常浅裂。果实成簇，具翅，绿色，仲春至春末生于裸枝上。**'龙爪'**（龙爪光榆）**'Camperdownii'**(*U.* 'Camperdownii')，见92页。**'埃克赛特' 'Exoniensis'**（直枝光榆）高15m，冠径5m。幼株树冠窄，枝直立，后较伸展。

荷兰榆 *U.* × *hollandica* (Dutch elm)落叶乔木。生长旺盛。树干短，枝伸展至拱形。高30m，冠径25m。叶卵形，具锯齿，有光泽，暗绿色。极易感染荷兰榆病。**绿篱荷兰榆 '杰奎琳希莱尔' 'Jacqueline Hillier'** 高和冠径均为2m。生长慢。适宜作绿篱。叶小，质地粗糙，具锐齿，在枝上排成2列，持久至冬季。**亨廷顿榆 'Vegeta'** (Huntingdon elm)高35m。中心部分枝直立，外层分枝下垂。叶阔卵形，秋季变黄色。

鹅耳枥榆（光叶榆）***U. minor*** (*U. carpinifolia*)(Smooth-leaved elm)落叶乔木。伸展。大枝拱形，小枝下垂。高30m，冠径20m。叶小，卵形，具锯齿，有光泽，亮绿色，秋季变黄。**狭叶榆**subsp. ***angustifolia*** (*U. angustifolia*; Goodyer's elm)冠圆形。叶椭圆形至卵形，具重锯齿，中绿色至暗绿色，背面淡灰白色。**'科鲁比' 'Cornubiensis'** (*U. angustifolia* var. *cornubiensis*; Cornish elm)冠径15m。幼树树冠圆锥形，成年植株树冠花瓶状。**'迪克逊' 榆 'Dicksonii'** (*U. m.* 'Sarniensis Aurea', *U.* 'Dicksonii', *U.* 'Wheatleyi Aurea')，见81页。**泽西榆 'Sarniensis'** (Jersey elm, Wheatley elm)乔木。冠径10m。树冠密集，圆锥形。枝直立。叶小，阔卵形，中绿色。'Sarniensis Aurea' 见 *U. m.* 'Dicksonii'。

榔榆 *U. parvifolia* (Chinese elm)落叶或半常绿乔木。冠圆形。高和冠径均为15m。叶小，卵形，有光泽，暗绿色，冬季叶完好，温带地区可持久至新叶出现时。

英国榆 *U. procera* (English elm)落叶乔木。伸展。生长旺盛。树冠密集，多分枝，半圆形。高35m，冠径15cm。叶阔卵形，具锯齿，粗糙，暗绿色，秋季变黄。

榆 *U. pumila* (Siberian elm)落叶乔木。伸展。有时灌木状。高15m，冠径12m。叶卵形，具锯齿，暗绿色。对荷兰榆病害有一定抗性，但其幼苗在炎热的夏季易感染此病。

***U.* 'Wheatleyi Aurea'** 见 *U. minor* 'Dicksonii'。

加州桂属 UMBELLULARIA
Headache tree

樟科 LAURACEAE

常绿乔木。春季开花。因观其芳香的叶而栽培。叶揉碎后的气味对部分人会引起头痛和恶心。耐寒。幼株需防强风、冷风。喜光照和肥沃、湿润、排水良好的土壤。秋季播种繁殖。

加州桂 *U. californica*，见74页。

Umbrella leaf 见 *Diphylleia cymosa*。

Umbrella pine 见 *Pinus pinea*，见109页。

Japanese 见 *Sciadopitys verticillata*，见106页。

Umbrella plant 见 Darmera。

Umbrella tree, Queensland 见 *Schefflera actinophylla*，见84页。

Unicorn plant 见 *Martynia annua*，见320页。

Urceolina peruviana 见 *Stenomesson miniatum*。

海葱属（仙葱属）URGINEA

风信子科／百合科 HYACINTHACEAE/LILIACEAE

鳞茎类植物。夏末至初秋开花。贴近土壤表面生长。穗状花序，柔软，长达1.5m。耐寒至半耐寒。喜光照和排水良好的土壤。鳞茎干燥后冬季休眠，仲夏至夏末重栽。叶枯前需浇水。秋季播种繁殖或夏末用小鳞茎繁殖。

海葱（仙葱）***U. maritima*** (Crusaders' spears, Sea onion, Sea squill)鳞茎类植物。夏末或初秋开花。高1.5m，冠径30～45cm。半耐寒。叶阔剑形，直立，基生。穗状花序长，花星状，白色，径1～1.5cm。

Urn plant 见*Aechmea fasciata*，见265页。

熊菊属（乌寝花属）URSINIA

菊科 ASTERACEAE/ COMPOSITAE

一年生草本，多年生常绿草本或亚灌木。主要因观花而栽培。头状花序，常夏季开花。部分种因观其叶而栽培。半耐寒至不耐寒，耐最低温度5～7℃。喜光照和排水良好的土壤。盆栽植株需水量中等，非旺盛生长期需水少。温室栽培时需通风良好。春季播种繁殖或用绿枝扦插繁殖。有时会受蚜虫危害。

春黄菊状熊菊 *U. anthemoides*，见338页。

茼蒿状熊菊 *U. chrysanthemoides* 多年生常绿草本。丛生。高和冠径均为60cm以上。不耐寒。叶窄卵形，羽状，浓香，绿色，长5cm。头状花序小，具长柄，雏菊花状，径4cm，黄色，有时背面铜黄色。

绢毛熊菊*U. sericea* 常绿亚灌木。丛生。高和冠径均为25～45cm。不耐寒。叶细裂，雅致，具银白色毛。花序雏菊状，黄色，直径4cm，夏季开放。主要为观叶而栽培。

狸藻属 UTRICULARIA

狸藻科 LENTIBULARIACEAE

多年生草本，落叶或常绿水生食虫植物。其囊状变态叶可捕食昆虫。多数栽培种类可自由漂浮。耐寒至不耐寒，耐最低温度7℃。部分种类仅适宜水族馆栽培。室外栽培时喜光照。春季或夏季用漂浮的叶分株繁殖。

U. exoleta 见 *U. gibba*。

少花狸藻 *U. gibba* (*U. exoleta*)落叶多年生草本。水生，自由漂浮。冠径15cm。不耐寒。茎细长。叶细裂，中绿色，具小捕虫囊。花有距，亮黄色，夏季开花。在温暖的水域常绿，仅适宜于热带水族馆栽培。

狸藻 *U. vulgaris*落叶多年生草本，水生。自由漂浮。冠径30cm。耐寒。叶多分裂，铜绿色，散布着小捕虫囊，生于细长的茎上。花有距，亮黄色，夏季开花。可栽培于池塘中或冷水水簇馆中。

垂铃儿属 UVULARIA

铃兰科／百合科 CONVALLARIACEAE/ LILIACEAE

多年生草本。春季开花。在湿润的疏林地生长旺盛。极耐寒。喜半阴和湿润、排水良好的泥炭质土壤。初春花后分株繁殖。

🏆**大花垂铃儿 *U. grandiflora***，见274页。

垂铃儿 *U. perfoliata* 多年生草本。丛生。高45cm，冠径30cm。茎细长，多数。花成簇，下垂，钟状，淡黄色，花瓣扭曲。叶抱茎而生，窄卵形，中绿色。

V

越橘属（乌饭树属）VACCINIUM

杜鹃花科 ERICACEAE

常绿或落叶亚灌木、灌木和乔木。以观赏秋季着色的叶(落叶种类)、花、果实为主。通常果实可食用。极耐寒至耐寒。喜光照或半阴和湿润、排水良好的泥炭或沙质酸性土壤。夏季用半成熟枝扦插繁殖或秋季播种繁殖。

平滑狭叶越橘 ***V. angustifolium*** var. ***laevifolium,*** 见 172 页。

熊果越橘（高加索越橘）***V. arctostaphylos*** (Caucasian whortleberry) 落叶灌木。直立。高3m，冠径2m。极耐寒。幼枝红褐色。叶椭圆形，暗绿色，秋季成熟后呈紫红色。总状花序，花钟状，白色或淡粉色，早秋开花。果实球形，成熟时褐色。

湿地越橘（伞房花越橘）***V. corymbosum*** (Highbush blueberry)，见 160 页。**'先锋' 'Pioneer'**，见 173 页。

白背越橘 ***V. glaucoalbum,*** 见 176 页。

欧洲越橘 ***V. myrtillus*** (Bilberry, Whortleberry) 落叶灌木。匍匐状。高 15cm 以上，冠径 30cm 以上。极耐寒。叶小，心形，革质，鲜绿色。花钟状，下垂，淡粉色，早秋开花。果实球形，黑蓝色。

西藏越橘（圆叶越橘）***V. nummularia*** 常绿灌木。匍匐状。高 10cm，冠径 20cm。耐寒。茎细长，具红褐色短毛。叶椭圆形，有皱褶，鲜绿色，后期叶上生红褐色毛。总状花序，小花钟状，白色至深粉色，着生在细茎顶部，初夏开花。果实较小，球形，黑色。适宜生长在有岩石或泥炭种植床上。喜半阴。春季分生繁殖。

小叶越橘 ***V. parvifolium***，见 173 页。

越橘 ***V. vitis-idaea*** 常绿灌木。匍匐状。生长旺盛。高 2～25cm，冠径不定。极耐寒。叶椭圆形，坚硬，革质。总状花序，花小，钟状，白色至粉色，着生于分节处，初夏至秋季开花。秋冬季结鲜红色的果实。春季分株繁殖。**矮越橘**（小越橘）subsp. ***minus*** (*V. v. i.*'Minus')，见 366 页。

Valerian 见 *Valeriana*。

Cat's 见 *Valeriana officinalis*，见 241 页。

Common 见 *Valeriana officinalis*，见 241 页。

Red 见 *Centranthus ruber*，见 245 页。

缬草属 VALERIANA
Valerian

败酱科 VALERIANACEAE

多年生草本。夏季开花。适宜种植在岩石园和道路两边的花坛中。极耐寒。喜光照和排水良好的土壤。秋季分株繁殖。但是缬草 *V.officinalis* 最好在春季播种繁殖。

缬草 ***V. officinalis***，见 241 页。

'黄叶'高加索缬草（黄枝芬缬草）***V. phu* 'Aurea'**，见 274 页。

瓦拉木属 VALLEA

杜英科 ELAEOCARPACEAE

常绿灌木。全株供观赏。半耐寒。最低温度 3～5℃时可避免叶受冻。喜充足光照和富含腐殖质、排水良好的土壤。盆栽植物在生长期应大量浇水，其他时期适量浇水。早春修剪。春季播种繁殖，夏季用半成熟枝扦插繁殖。红蜘蛛螨类对其危害。

瓦拉木 ***V. stipularis*** 常绿灌木。树冠直立，疏松，开张。高和冠径均为 2～5m。叶披针形至圆形，浅裂，上部深绿色，下部灰白色。花小，杯状，每个花具 5 个深粉红色，3 浅裂花瓣，花着生于小的幼嫩的花序上，春夏开花。

苦草属 VALLISNERIA

水鳖科 HYDROCHARITACEAE

多年生常绿水生植物。叶具观赏价值。适宜生长在水池中和水簇槽内。对寒冷敏感，耐最低温度 5℃。喜光照或半阴和有一定深度的清洁水。根据需要去除密集的植株或剪去枯叶。春夏季分株繁殖。

大苦草（美国苦草）***V. americana*** (*V. gigantea*) 多年生常绿水生植物。生长旺盛。冠径不定。形成许多长的群体。叶带状，中绿色。一年四季开浅绿色小花。

V. gigantea 见 *V. americana*。

苦草 ***V. spiralis*** (Eel grass, Tape grass) 多年生常绿水生植物。生长旺盛。冠径不定。丛生。叶长带状，中绿色，但鳞片比大苦草 (*V. americana*) 小。一年四季开浅绿色小花。

Vallota speciosa 见 *Cyrtanthus elatus*。

Van Volxem's maple 见 *Acer velutinum* var. *vanvolxemii*。

多萼草属（新拟）（弗草属）VANCOUVERIA

小檗科 BERBERIDACEAE

多年生草本，部分常绿种类。适宜生长在地表面。极耐寒。喜阴凉环境和潮湿、富含泥炭的土壤。春季分株繁殖。

黄花多萼草（新拟）***V. chrysantha*** 多年生常绿草本。蔓生。高 30cm。冠径不定。叶椭圆形，暗绿色，着生于花茎上，叶又被分成圆梭形小叶，小叶较薄，边缘波状。花小，钟状，黄色，散生，春季开花。

多萼草（新拟）***V. hexandra***，见 347 页。

万代兰属 VANDA

见兰花。

罗氏万代兰 ***V. Rothschildiana*** (见298页) 常绿附生兰类。适于冷室或中温温室栽培。高 60cm。花具暗色条纹，紫蓝色，径 10cm，在一年不同的季节里开两次花。叶阔椭圆形，坚硬，长 10～12cm。常种植在吊篮里。夏季需充足的光照。

Variegated apple mint 见 *Mentha suaveolens* 'Variegata'，见 276 页。

Variegated Bishop's weed 见 *Aegopodium podagraria* 'Variegatum'，见 276 页。

Variegated creeping soft grass 见 *Holcus mollis* 'Albovariegatus'，见 306 页。

Variegated gout weed 见 *Aegopodium podagraria* 'Variegatum'，见 276 页。

Variegated ground ivy 见 *Glechoma hederacea* 'Variegata'，见 300 页。

Variegated iris 见 *Iris variegata*，见 235 页。

Variegated Leyland cypress 见 × *Cupressocyparis leylandii* 'Harlequin'，见 104 页。

Variegated purple moor grass 见 *Molinia caerulea* 'Variegata'。

Varnish tree 见 *Rhus verniciflua*。

Veitch fir 见 *Abies veitchii*，见102 页。

Veitch's screw pine 见 *Pandanus tectorius* 'Veitchii'，见 175 页。

斐若翠属 VELLOZIA

斐若翠科 VELLOZIACEAE

常绿多年生草本或灌木。以观赏艳丽的花为主。不耐寒，耐最低温度 10℃。喜充足的光照和肥力适中、排水良好的土壤。春季播种繁殖或分株繁殖。

雅致斐若翠 ***V. elegans*** (*Barbacenia elegans*, *Talbotia elegans*) 多年生常绿草本。丛生。茎稍木质。高达 15cm，冠径 15～30cm。叶披针形，革质，暗绿色，长可达 20cm，每片叶有一个"V"形脊棱。花小，单生，星状，白色，着生在叶上方细长茎上，春末开放。

仙火花属 VELTHEIMIA

风信子科／百合科 HYACINTHACEAE/ LILIACEAE

鳞茎类植物。冬季开花。穗状花序下垂、密集，花小，管状。基部叶莲座状。不耐寒，耐最低温度 10℃。光照充足可保持叶密集和花色艳丽，喜肥力适中、排水良好的土壤。秋季种植在地势较高处，夏季减少浇水。秋季播种或用短匐茎繁殖。

显苞仙火花 ***V. bracteata*** (*V. capensis* of gardens, *V. undulata*, *V. viridifolia*)，见 425 页。

仙火花（森林百合）***V. capensis*** (*V. glauca, V. viridifolia* of gardens) 鳞茎类植物。冬季开花。高 30～45cm，冠径 20～30cm。叶披针形，基部莲座状，边缘有深波状。茎上着生密集的穗状花序，小花粉红色或红色，每个小花长 2～3cm。

V. capensis of gardens 见 *V. bracteata*。

V. glauca 见 *V. capensis*。

V. undulata 见 *V. bracteata*。

V. viridifolia 见 *V. bracteata*。

V. viridifolia of gardens 见 *V. capensis*。

Velvet plant 见 *Gynura aurantiaca*，见 220 页。

Venetian sumach 见 *Cotinus coggygria*。

× ***Venidioarctotis*** 重新归入 *Arctotis* 或 *Arctotis* Harlequin Hybrids。

Venus flytrap 见 *Dionaea muscipula*，见 305 页。

Venus's navelwort 见 *Omphalodes linifolia*，见 318 页。

藜芦属 VERATRUM

百合科／藜芦科 LILIACEAE/ MELANTHIACEAE

多年生草本。具有毒的黑色根状茎。是林地公园理想的绿化植物。极耐寒。喜半阴和肥沃、湿润的土壤。秋季分株或播种繁殖。其任何部分都有剧毒。人接触叶片会使皮肤变红。

白花藜芦 ***V. album*** (White false hellebore) 多年生草本。粗壮。高 2m，冠径 60cm。基生叶皱褶，卵形，暗绿色。茎上着生密集圆锥花序，小花浅碟状，黄白色，夏季开花。

藜芦 ***V. nigrum***，见 228 页。

毛蕊花属 VERBASCUM
Mullein

玄参科 SCROPHULARIACEAE

多年生草本，部分种类半常绿或常绿，二年生草本或常绿灌木。主要在夏季开花。极耐寒至耐寒。耐阴，喜光照充足的场所和排水良好的土壤。春季或晚秋播种繁殖，或冬季用根扦插繁殖。一些种仅靠根插繁殖，大部分种类可自播繁殖。

🏆绢毛毛蕊花 *V. bombyciferum* 二年生常绿草本。直立。高1.2～2m，冠径60cm。极耐寒。叶卵形。茎上覆盖银白色绒毛。总状花序直立，花密生，花冠5裂，黄色，夏季开放。

麻叶毛蕊花 *V. chaixii* 多年生草本。直立。茎上具灰白色绒毛。高1m，冠径60cm。极耐寒。叶卵形，有锯齿，光滑，类似荨麻属的叶。花黄色，有时白色，花冠5裂，雄蕊紫色，夏季开放。

'科次沃德皇后'毛蕊花*V.* 'Cotswold Queen' 多年生草本。寿命短。莲座状。高1～1.2m，冠径30～60cm。极耐寒。叶卵形，绿色。总状花序，具分枝，花冠5裂，浅黄色，夏季持续开花。

黄毛蕊花 *V. densiflorum* (*V. thapsiforme*) 多年生半常绿草本。直立。生长较慢。高1.2～1.5m，冠径60cm。极耐寒。有一个较大的莲座叶丛，叶卵圆形，卷曲，多毛，中绿色。茎多毛。穗状花序，花小，花冠5裂，黄色，夏季开放。

🏆灌状毛蕊花 *V. dumulosum*，见359页。

🏆'盖恩斯巴勒'毛蕊花 *V.* 'Gainsborough'，见254页。

🏆'利蒂希娅'毛蕊花 *V.* 'Letitia'，见358页。

白毛蕊花*V. lychnitis* (White mullein) 二年生常绿草本。直立。高60～100cm，冠径60cm。极耐寒。叶披针形，暗灰绿色。花扁平，5裂，白色，着生在分枝的茎上，夏季开放。

黑喉毛蕊花*V. nigrum*，见256页。

奥林匹克毛蕊花 *V. olympicum*，见229页。

🏆'粉塔'毛蕊花 *V.* 'Pink Domino' 多年生草本。寿命短。莲座状。高1.2m，冠径30～60cm。极耐寒。叶卵形，中绿色。总状花序有分枝，花冠5裂，紫红色至粉红色，整个夏季开放。

V. thapsiforme 见 *V. densiflorum*。

马鞭草属 VERBENA

马鞭草科 VERBENACEAE

二年生或多年生草本，部分种类半常绿。夏季和秋季开花。耐寒或不耐寒，耐最低温度1℃。喜光照充足和排水良好的土壤。夏季扦插繁殖或秋季播种繁殖。

***V. alpina* of gardens** 见 *V.* × *maonettii*。

柳叶马鞭草*V. bonariensis* (*V. patagonica*)，见228页。

V. chamaedrifolia 见 *V. peruviana*。

V. chamaedrioides 见 *V. peruviana*。

美女樱达比系列 *V.* × *hybrida* Derby Series 多年生草本。灌木状。直立。作一年生栽培。高25cm，冠径30cm。半耐寒。叶椭圆形，边缘锯齿状，浅绿色至深绿色。总状花序，花小，管状，裂片，颜色多样，有红色、粉色、蓝色、紫红色和白色，早秋和夏季开放。**若瓦利斯系列 Novalis Series** 栽培品种。多年生草本。灌木状。直立。花色有玫瑰粉色、深蓝色、粉红色和鲜红色等复合色。也有单色的纯红色、白色或玫瑰粉色。**'杏色' 'Peaches and Cream'** 株形开张，具分枝。花初期浅橘粉色，成熟后呈杏黄色，最后呈米黄色。**罗曼斯系列 Romance Series** 栽培品种。多年生草本。灌木状。直立。花色有深紫色、鲜红色、玫瑰红色和蓝紫色等复合色，也有单色的纯白色、鲜红色、暗玫瑰色和淡粉色。**🏆珊迪系列 Sandy Series** 见328页。**'炫耀' 'Showtime'** 见326页。

意大利美女樱 *V.* × *maonettii* (*V. alpina* of gardens, *V. tenera* var. *maonetti*) 多年生草本。开张。基部稍木质。高8cm，冠径15cm。半耐寒。叶长方形至椭圆形，深裂成条形，有锯齿，裂片中绿色。顶生穗状花序，花小，管状，紫红色，边缘白色，夏季开放。

V. patagonica 见 *V. bonariensis*。

小花美女樱 *V. peruviana* (*V. chamaedrifolia*, *V. chamaedrioides*) 多年生半常绿草本。匍匐状。高8cm，冠径1m。不耐寒。顶生穗状花序，花小，管状，鲜红色，花瓣开张有裂片，初夏至初秋开花。叶椭圆形，具锯齿，中绿色。喜生长在干燥贫瘠的土壤。

🏆坚挺美女樱 *V. rigida* (*V. venosa*)，见284页。

🏆'圣保罗'美女樱*V.* 'Sissinghurst'，见282页。

V. tenera* var. *maonettii 见 *V.* × *maonettii*。

V. venosa 见 *V. rigida*。

Verbena, Lemon 见*Aloysia triphylla*，见143页。

婆婆纳属 VERONICA

玄参科 SCROPHULARIACEAE

多年生草本和亚灌木，部分种类半常绿或常绿。以观蓝色花为主。极耐寒至耐寒。部分种类喜光照和排水良好的土壤，而另一些种类喜阴暗潮湿的环境。春季或秋季分株繁殖，夏季用软枝或半熟枝扦插繁殖，秋季播种繁殖。

奥地利婆婆纳*V. austriaca* 多年生草本。丛生。直立。高和冠径均为25～50cm。极耐寒。叶形多样，宽椭圆形至窄长方形，全缘至有深裂锯齿，类似蕨类叶片。总状花序短，稠密或疏松，花小，浅碟状，鲜蓝色，夏初开花。适宜岩石园或堤岸种植。**香科状婆婆纳** subsp. ***teucrium*** (*V. teucrium*)，见358页。**🏆'品蓝'香科状婆婆纳**subsp. ***teucrium* 'Royal Blue'** 花深蓝色，春季分株繁殖，夏季软枝扦插繁殖。

🏆灰毛婆婆纳*V. cinerea* 多年生草本。开张。多分枝。基部木质。高15cm，冠径30cm。极耐寒。叶较小，线形，偶尔椭圆形，有毛，银白色。花茎下垂，花浅碟状，深蓝色至浅蓝色，带有白色圆眼斑，初夏开花。适宜光照充足的岩石园种植。

V. exaltata 见 *V. longifolia*。

灌木婆婆纳 *V. fruticans* (Rock speedwell) 落叶亚灌木。直立至匍匐状。高15cm，冠径30cm。极耐寒。叶椭圆形，绿色。穗状花序，花小，浅碟状，鲜蓝色，每一小花有一个红眼斑，夏季开放。适宜岩石园种植。

🏆龙胆状婆婆纳*V. gentianoides*，见287页。

灰白水苦荬*V. incana* 见*V. spicata* supsp. *incana*。

长叶婆婆纳*V. longifolia* (*V. exaltata*) 多年生草本。直立。高1～1.2m，冠径30cm以上。极耐寒。总状花序长，顶生，花星状，淡紫蓝色。夏末和秋初开花。茎上轮生叶窄椭圆形至线形，具锯齿，绿色。

篦齿婆婆纳*V. pectinata* 多年生草本。丛生。稠密。有时半直立状。高和冠径均为20cm。极耐寒。叶小，窄椭圆形，有毛。花较稀，浅碟状，浅蓝色至紫蓝色，夏季开放。适宜岩石园和堤岸上种植。**'玫瑰' 'Rosea'** 高8cm，花玫瑰紫色。

长梗婆婆纳 *V. peduncularis*，见287页。

V. perfoliata 见 *Parahebe perfoliata*。

🏆平卧婆婆纳*V. prostrata* (*V. rupestris*)，见357页。**'卡皮坦' 'Kapitan'** 和 **'特里汉' 'Trehane'**，见357页。**🏆'黛蓝' 'Spode Blue'** 多年生草本。丛生。密集。高30cm，冠径不定。极耐寒。穗状花序直立，花小，浅碟状，蓝色，初夏开放。叶窄椭圆形，具锯齿。

V. rupestris 见 *V. prostrata*。

密穗水苦荬 *V. spicata* (Spiked speedwell) 多年生草本。丛生。高30～60cm，冠径45cm。极耐寒。穗状花序，花小，星状，鲜蓝色，夏季开放。叶窄椭圆形，具锯齿，中绿色。**🏆灰白水苦荬** subsp. ***incana*** (*V. incana*)，见287页。**'蓝紫' 'Romiley Purple'**，见251页。

V. teucrium 见*V. austriaca* subsp. *Teucrium*。

V. virginica 见*Veronicastrum virginicum*。f. ***alba*** 见 *Veronicastrum virginicum* f. *album*。

腹水草属 VERONICASTRUM

玄参科 SCROPHULARIACEAE

多年生常绿草本。以观赏美丽的淡蓝色花为主。极耐寒。喜充足的光照和湿润的土壤。春季或秋季分株繁殖，夏季用软枝或半熟枝扦插繁殖或秋季播种繁殖。

维州腹水草 *V. virginicum* (*Veronica virginica*) 多年生草本。直立。高1.2m，冠径45cm。极耐寒。总状花序，花小，星状，蓝紫色或粉红色，夏末开放。叶顶端轮生，窄条形，深绿色。**白花维州腹水草** f. ***album*** (*Veronica virginica* f. *alba*)，见241页。

垂管花属（新拟） VESTIA

茄科 SOLANACEAE

常绿灌木。为观赏叶和花而栽培。耐寒，但在寒冷地区宜剪除地上部分，最好种植在背风向阳处。喜光照和肥沃、排水良好的土壤。夏季用半熟枝扦插繁殖，秋季或春季播种繁殖。

🏆垂管花（新拟） *V. foetida* (*V. lycioides*) 常绿灌木。直立。高2m，冠径1.5m。叶长方形，表面光滑，深绿色，有一股难闻的气味。花下垂，管状，淡黄色，仲春至仲夏开放。

V. lycioides 见 *V. foetida*。

Vetch 见 *Hippocrepis*。

Horseshoe 见 *Hippocrepis comosa*，见386页。

荚蒾属 VIBURNUM

忍冬科 CAPRIFOLIACEAE

落叶、半常绿或常绿灌木和乔木。为观赏秋季多彩的叶（许多落叶种）和花以及果实而栽培。当多种不同无性系植株种植在一起时，能产生大量的果实。极耐寒至耐寒。喜光照充足或半阴和肥沃、土层深厚、不太干燥的土壤。对生长过旺的植株，在开花后期剪除部分老枝。夏季扦插繁殖（落叶种用软枝扦插，常绿种用半熟枝扦插）或秋季播种繁殖。食用荚蒾属植物的果实，会引起胃轻度不适。

槭叶荚蒾 *V. acerifolium*，见161页。

桦叶荚蒾 *V. betulifolium*，见148页。

比奇荚蒾*V. bitchiuense* 落叶灌木。高和冠径均为2.5m。极耐寒。叶椭圆形，深绿色。花集生成头状，顶生，管状，浅粉色，芳香，仲春至春末开放。果实卵圆形，无光泽，黑色。

🏆'黎明'博德兰特荚蒾*V. bodnantense* 'Dawn'，见150页。**🏆'德本' 'Deben'** 落叶灌木。直立。高3m，冠径2m。极耐寒。叶椭圆形，具锯齿，深绿色，幼叶青铜色。花簇生，花小，管状，芳香，白色带淡粉色，秋末至次年春季气候温暖时开放。

伯氏荚蒾*V.* × *burkwoodii* 半常绿灌木。开张。高和冠径均为2.5m。极耐寒。花集生成头状，花小，管状，粉红色，后变为白色，芳香，仲春至春末开放。叶椭圆形，光滑，深绿色。🏆**'拉塞尔''Anne Russell'** 高和径冠1.5m。落叶。花白色，芳香。🏆**'园圃杂种''Park Farm Hybrid'**花白色，芳香，芽淡粉色。秋季老叶变成鲜红色。

🏆**红蕾绣球荚蒾*V.* × *carlcephalum***，见117页。

红蕾荚蒾 *V. carlesii*，见154页。**'月亮神''Diana'**落叶灌木。生长旺盛，稠密。高和冠径均为2m。极耐寒。叶椭圆形，幼嫩时青铜色，秋季变成紫红色。花集生成头状，花蕾红色，开放后有香味，管状，粉红色，凋萎后变成白色，春季中后期开放。

🏆**樟叶荚蒾 *V. cinnamomifolium*** 常绿灌木。丛生或乔木状。高和冠径均为5m。耐寒。叶大，椭圆形，中绿色，具3条明显突出的叶脉。花簇生，花小，星状，白色，早春开放。果实卵球形，蓝色。

🏆**川西荚蒾*V. davidii***，见175页。

荚蒾*V. dilatatum* 落叶灌木。直立。高3m，冠径2m。极耐寒。叶椭圆形，具锐齿，深绿色，有时秋季变红色。花集生成头状，扁平，花小，星状，白色，晚春开放。初夏结果，果实卵球形，鲜红色。**'卡特斯基尔''Catskill'**，见139页。

🏆**香荚蒾*V. farreri*** (*V. fragrans*)，见147页。**'纯白''Candidissimum'**落叶灌木。直立。高3m，冠径2m。极耐寒。叶椭圆形，有锯齿，深绿色，幼嫩时浅绿色。花簇生，管状，芳香，纯白色，晚秋或冬季温暖时和早春开放。

臭荚蒾*V. foetens* (*V. grandiflorum* f. *foetens*)，见149页。

V. fragrans 见 *V. farreri*。

大花荚蒾 *V. grandiflorum*落叶灌木。直立。开张。高和冠径均为2m。极耐寒。硬直的枝条上着生长椭圆形、暗绿色叶，秋季变深紫色。花密集丛生，小花管状，有香味，白色和粉色，花蕾深粉色，仲冬至早春开放。**臭味荚蒾 f. *foetens*** 见 *V. foetens*。

🏆**贾德荚蒾*V.* × *juddii***，见154页。

绵毛荚蒾*V. lantana* (Wayfaring tree) 落叶灌木。直立。生长旺盛。高5m，冠径4m。极耐寒。叶阔椭圆形，灰绿色，秋季变红色。花集生成头状，扁平，花小，5裂，白色，春末和初夏开放。果实卵圆形，幼果红色，成熟后呈黑色。

细枝荚蒾 *V. lentago* (Sheepberry) 落叶灌木。直立。生长健壮。高4m，冠径3m。极耐寒。叶椭圆形，有光泽，暗绿色，秋季变红色和紫色。花集生成头状，扁平，花小，芳香，星状，白色，春末和初夏开放。果实卵球形，蓝黑色。

珊瑚树（法国冬青）***V. odoratissimum*** (Sweet viburnum) 常绿灌木。茂密。高和冠径均为5m。耐寒。叶椭圆形，革质，有光泽，暗绿色。花小，簇生，芳香，星状，白色，春末开放。果实卵球形，幼果红色，成熟后呈黑色。

欧洲荚蒾（欧洲绣球）***V. opulus*** (Guelder rose) 落叶灌木。茂密。生长健壮。高和冠径均为4m。极耐寒。叶阔椭圆形，浅裂，深绿色，秋季呈红色。花集生头状，扁平，花小，白色，春末和初夏开放。果实成串，球状，鲜红色。🏆**'稠密''Compactum'**，见172页。🏆**'黄果''Xanthocarpum'**果实黄色。叶中绿色，秋季叶呈黄色。

雪球荚蒾（粉团）***V. plicatum*** (Japanese snowball tree) 落叶灌木。开张。高3m，冠径4m。极耐寒。叶椭圆形，边缘具齿，有明显脉纹，暗绿色，秋季呈红紫色。不育花较大，密集，呈头状，扁平，白色，春末和初夏开放。🏆**'玛丽''Mariesii'**，见116页。**'矮常花''Nanum Semperflorens'** (*V. p.* 'Watanabe', *V. p.* 'Watanabei', *V. watanabei*)高2m，冠径1.5m。生长慢。树形圆锥状，较稠密。花小，头状，春末至早秋开放。🏆**'艳粉''Pink Beatuty'**，见130页。**蝴蝶戏珠花**（蝴蝶树）f. ***tomentosum*** 具细的分枝。头状花序扁平，形似花边帽。果实红色，成熟后呈黑色。**'Watanabe'** 见 *V. p.* 'Nanum Semperflorens'。**'Watanabei'** 见*V. p.* 'Nanum Semperflorens'。

V.* × *pragense 见 *V.* 'Pragense'。

🏆**'普拉格'荚蒾 *V.* 'Pragense'** (*V.* × *pragense*)，见139页。

枇杷叶荚蒾 *V. rhytidophyllum*，见118页。

鸡树条荚蒾（天目琼花）***V. sargentii*** 落叶灌木。稠密。高和冠径均为3m。极耐寒。叶似槭树叶，中绿色，秋季变黄色或红色。花集生头状，扁平似花帽，白色。果实球状，鲜红色。🏆**'奥农多加''Onondaga'**冠径2m。幼叶铜红色，然后变成深绿色，秋季又呈铜红色。花蕾粉色。

席氏荚蒾 *V. sieboldii* 落叶灌木。冠球形，稠密。高4m，冠径6m。极耐寒。叶较大，长圆形至椭圆形，有光泽，鲜绿色。花小，管状，聚集成头状，奶油白色，春末开放。果实卵球状，果柄红色，成熟后果实变黑。

月桂荚蒾*V. tinus* (Laurustinus)，见149页。🏆**'普赖斯''Eve Price'**常绿灌木。茂盛，紧凑。高和冠径均为3m。耐寒。花小，星状，白色，集生成头状，扁平，花蕾深粉色，冬春季开放。叶椭圆形，暗绿色。果实卵球状，蓝色。🏆**'格温里恩''Gwenllian'**有淡粉色的花和大量的果实。

V. watanabei 见 *V. plicatum* 'Nanum Semperflorens'。

Viburnum, Sweet 见 *Viburnum odoratissimum*。

Victorian box见*Pittosporum undulatum*。

豇豆属 VIGNA

豆科／蝶形花科 LEGUMINOSAE/ PAPILIONACEAE

一年生和多年生、直立或攀缘常绿草本，常作为农作物栽培以收获其叶、荚果和种子。不耐寒，耐最低温度13～15℃。喜光照充足和富含腐殖质、排水良好的土壤。生长旺盛期需大量水分，而其他时期可适当减少。茎需支撑，对过密细茎进行疏除或春季重回缩。秋季或春季播种繁殖。

蜗牛花 *V. caracalla* (*Phaseolus caracalla*) (Snail flower)多年生常绿草本。生长迅速。以茎缠绕。高3～5m。复叶，小叶3片，椭圆形。花蝶形，乳白色后变为橘黄色，有紫色斑纹，夏季至早秋连续开放。

Villarsia nymphoides 见*Nymphoides peltata*。

蔓长春花属 VINCA
Periwinkle

夹竹桃科 APOCYNACEAE

常绿、蔓生亚灌木和多年生草本。以观赏叶和花为主。花管状，有5枚张开的裂片。极耐寒至耐寒。宜做为阴暗处的地被，但在阳光下，开花更多。喜不太干旱的任何土壤。夏季用半熟枝扦插繁殖或秋季至春季分株繁殖。食其植株任何部分都会引起中度胃部不适。

异形蔓长春花 *V. difformis* 常绿亚灌木。匍匐状。高30cm，冠径不定。耐寒。茎细长，蔓生。叶椭圆形，光滑，暗绿色。花浅蓝色，花柄直立，秋末和初冬开放。

蔓长春花 *V. major* (Greater periwinkle, Quater)常绿灌木。匍匐状。枝拱形。高45cm，冠径不定。极耐寒。叶阔椭圆形，光滑，暗绿色。花较大，鲜蓝色，春末至早秋开放。subsp. ***hirsuta*** 见*V. m.* var. *oxyloba*。**尖裂蔓长春花**var. ***oxyloba*** (*V. m.* subsp. *hirsuta*)叶有柄，萼边缘有长毛。🏆**'花叶''Variegata'**，见175页。

小蔓长春花*V. minor* (Lesser periwinkle)，见176页。**'黄白边''Alba Variegata'** 常绿亚灌木。匍匐状。高15cm，冠径不定。极耐寒。叶幕开张，叶小，椭圆形，光滑，暗绿色，边缘浅黄色。花白色，仲春至初夏开放，可持续到秋季。**'Bowles' Blue'** 见*V. m.* 'La Grave'。**'大白花''Bowles' White'** 有较大的白色花，花蕾粉白色。🏆**'小白花''Gertrude Jekyll'** 稠密，开大量小白花。🏆**'庄严花''La Grave'** (*V. m.* 'Bowles' Blue') 花较大，淡紫蓝色。

V. rosea 见 *Catharanthus roseus*。

Vine 见 *Vitis*。

Alleghany 见 *Adlumia fungosa*。

Balloon 见 *Cardiospermum halicacabum*。

Blue trumpet 见*Thunbergia grandiflora*。

Bower 见*Pandorea jasminoides*，见208页。

Chestnut 见 *Tetrastigma voinierianum*，见220页。

Chinese trumpet 见*Campsis grandiflora*。

Chocolate 见*Akebia quinata*，见206页。

Coral 见 *Antigonon*。

Crimson glory 见 *Vitis coignetiae*，见218页。

Cross 见 *Bignonia capreolata*。

Cup-and-saucer 见*Cobaea scandens*，见214页。

Cypress 见 *Ipomoea quamoclit*，见210页。

Firecracker 见*Manettia cordifolia*。

Flame 见 *Pyrostegia venusta*，见218页。

Glory 见*Eccremocarpus scaber*，见217页。

Golden-chalice 见*Solandra maxima*，见206页。

Grape 见 *Vitis vinifera*。

Heart 见 *Ceropegia linearis* subsp. *woodii*，见462页。

Hearts-and-honey 见 *Ipomoea* × *multifida*。

Jade 见 *Strongylodon macrobotrys*，见206页。

Japanese hydrangea 见*Schizophragma hydrangeoides*。

Kangaroo 见 *Cissus antarctica*，见220页。

Kudzu 见 *Pueraria lobata*。

Lemon 见*Pereskia aculeata*，见457页。

Madeira 见 *Anredera*。

Mexican flame 见 *Senecio confusus*，见217页。

Mignonette 见 *Anredera*。

Potato 见*Solanum jasminoides*。

Rex begonia 见*Cissus discolor*。

Rosary 见 *Ceropegia linearis* subsp. *woodii*，见462页。

Rubber 见 *Cryptostegia grandiflora*。

Russian 见 *Fallopia aubertii*; *Fallopia baldschuanica*，见217页。

Silk 见 *Periploca graeca*。

Silver 见 *Actinidia polygama*; *Epipremnum pictum* 'Argyraeum'，见219页。

Staff 见 *Celastrus orbiculatus*。

Teddy-bear 见 *Cyanotis kewensis*。

Trumpet 见 *Campsis radicans*。

Wax 见 *Senecio macroglossus*。

Wonga-wonga 见 *Pandorea pandorana*。

Vine lilac 见 *Hardenbergia violacea*。

Vine maple 见 *Acer circinatum*。

堇菜属 VIOLA
Violet

堇菜科 VIOLACEAE

一年生或多年生草本，部分种类半常绿或落叶亚灌木。以观花为主。一年生草本，适宜夏季花坛，多年生草本和亚灌木适宜种植于岩石园、碎石山坡和高山植物温室。耐寒至半耐寒。喜光照、庇荫和排水较好且保湿性能较强的土壤。另外有些种类喜酸性土壤。一年生草本播种繁殖，根据开花期确定播种时间，多年生草本和亚灌木在春季用软枝扦插繁殖。部分种类还可在春秋季播种繁殖。

埃托利亚堇菜*V. aetolica*，见371页。

双花堇菜 *V. biflora* (Twin flowered violet)多年生草本。匍匐状。具根状茎。高5～15cm，冠径15cm。极耐寒。花单生或成对着生于直立的茎上，花扁平，深柠檬黄色，有暗褐色条纹，夏季开放。叶肾形，中绿色。需要庇荫。可分株繁殖。

显距堇菜（瑞士堇菜）***V. calcarata***，见368页。

卡索拉堇菜 *V. cazorlensis* 多年生草本。丛生。基部木质化。高5cm，冠径8cm。耐寒。叶小，线形至披针形。花小，扁平，有距，暗粉色，单生短茎上，晚春开放。适宜高山植物温室种植。极难栽培。

塞尼斯堇菜 *V. cenisia* 多年生草本。株形开张。具长匍匐茎。高7cm，冠径10cm。极耐寒。花小，扁平，鲜紫色，从中心向外辐射出一条深紫色斑纹，着生于短枝上，夏季开放。主根深。叶细小，心形或长圆形，暗绿色。适合生长在碎石山坡。春季分株繁殖。

🏆**有距堇菜 *V. cornuta***，见349页。

V. cucullata 见 *V. obliqua*。

高堇菜 *V. elatior* 多年生草本。直立。分枝少。高20～30cm，冠径15cm。极耐寒。叶阔披针形，具锯齿。花扁平，淡蓝色，中心白色，夏初开放。喜半阴和湿润的土壤。春季分株繁殖。

溪堇菜 *V. glabella* 多年生草本。丛生。具鳞状的水平状根茎。高10cm，冠径20cm。极耐寒。花扁平，鲜黄色，花瓣具紫色脉，晚春开放。叶心形，边缘具锯齿，鲜绿色。喜阴。春季分株繁殖。

纤细堇菜 *V. gracilis* 多年生草本。丛生。高12cm，冠径15cm以上。极耐寒，花扁平，蓝紫色，中央黄色或有时纯黄色，夏季开放。叶小，裂片长圆形或线形。喜光。

***V.* 'Haslemere'** 见 *V.* 'Nellie Britton'。

常春藤叶堇菜 *V. hederacea* (*Erpetion reniforme, V. reniforme*) (Australian violet, Ivy-leaved violet)多年生常绿草本。匍匐状。丛生。高2.5～5cm，冠径不定。半耐寒。叶小，圆形。花紫色或白色，扁平，生于短茎上，夏季开放。适宜生长于高山植物温室内。喜半阴。春季分株繁殖。

🏆**'蓝紫' 堇菜 *V.* 'Huntercombe Purple'**，见382页。

'爱丽斯·莫莉' 堇菜 V. 'Irish Molly' 多年生常绿草本。丛生。寿命短。高10cm，冠径15～20cm。极耐寒。叶阔椭圆形，多裂。花扁平，金黄色，中央褐色（或有褐色花心），夏季开放。喜光。

🏆**'猴面' 堇菜 *V.* 'Jackanapes'**，见372页。

***V. labradorica* 'Purpurea'** 见 *V. riviniana* 'Purpurea'。

欧洲黄堇菜 *V. lutea* (Mountain pansy)多年生草本。丛生。有根状茎。高10cm，冠径15cm。极耐寒。叶小，椭圆形至披针形。花扁平，黄色、紫色或黄紫双色，春季和夏季开放。

🏆**'内莉布莱顿' 堇菜 *V.* 'Nellie Britton'** (*V.* 'Haslemere')，见381页。

🏆**头巾堇菜 *V. obliqua*** (*V. cucullata*) 多年生草本。多变的扩张型。根状茎肉质。高5cm，冠径10～15cm。极耐寒。叶肾形，具锯齿，中绿色。花扁平，蓝紫色，有时白色或浅蓝色，晚春开放。春季分株繁殖或播种繁殖。

香堇菜 *V. odorata* (Sweet violet) 多年生半常绿草本。开张。具根状茎。高7cm，冠径15cm以上。极耐寒。叶心形，具锯齿。每一长茎上着生一朵花，花芳香，扁平，紫色或白色，晚冬至次年早春开放。适宜种植在野趣园内。播种繁殖或分株繁殖。

掌裂堇菜 *V. palmata* 多年生草本，开张。高10cm，冠径15cm。极耐寒。花有短柄，扁平，浅紫色，晚春开放，叶有分裂。喜干旱和排水良好的土壤。极易自播繁殖。

鸟趾堇菜 *V. pedata*，见369页，**双色鸟趾堇菜**var. ***bicolor*** 多年生草本。丛生。根状茎粗壮。高5cm，冠径8cm。极耐寒。花单生，扁平，淡紫色或白色，晚春至夏初开放。叶裂为5～7或更多个狭长的具齿的裂片。适宜高山植物温室生长，否则很难种植成活。喜泥炭土或沙质土壤。

V. reniforme 见 *V. hederacea*。

'紫叶' 里文堇菜 *V. riviniana* 'Purpurea' (*V. labradorica* 'Purpurea')，见369页。

三色堇 *V. tricolor*，见369页。**'黑花' 'Bowles' Black'**，见370页。

杂种三色堇 *V.* × *wittrockiana* (Pansy)多年生草本。丛生。常作为一年生或二年生植物栽培。高15～20cm，冠径20cm。极耐寒。叶椭圆形，有锯齿，中绿色。花扁平，5裂，径2.5～10cm，颜色多样，夏季或冬春季开放。以下是可供选择的种类：

'圣婴' 'Baby Lucia'(夏季开花)花小，深蓝色。

清水晶系列Clear Crystals Series（夏季开花）花色多样（黄色，见337页）。

'晴空黄花' 'Clear Sky Primrose'(冬春开花)，见336页。

水晶钵系列 Crystal Bowl Series（夏季开花)花色多样（黄色，见337页)。

花之舞系列 Floral Dance Series（冬季开花)，花色多样（混合色，见329页，白色，见319页）。

先驱者系列Forerunner Series(冬春开花)，见338页。

'帝王霜玫瑰' 帝王系列Imperial Series 'Imperial Frosty Rose'(夏季开花)，见327页。

'橙红王子' 帝王系列 Imperial Series 'Orange Prince'(夏季开花)花橘红色，带许多色斑。

'天蓝' 帝王系列Imperial Series 'Sky Blue'(夏季开花)花天蓝色，带较深色的斑点。

🏆**诙谐者系列 Joker Series**(夏季开花)，见332页。

'雄伟巨人' 'Majestic Giants'（夏季开花)花较大，颜色多样。

🏆**公主系列 Princess Series**(春夏开花)冠整齐。花小，蓝色或乳白色，有时双色，深紫色和白色或深紫色和黄色。

'银公主' 'Sliver Princess'(夏季开花)花白色，每一朵花带一个深粉色斑。

'超级巨人' 'Super Chalon Giants'(夏秋开花)，见336页。

'纯蓝' 'True Blue'(冬季至夏季开花)，见333页。

🏆**终极系列Ultima Series**(冬季至春季开花)花中等大小，颜色多样，包括双色花。

🏆**普通系列Universal Series**(冬季至春季开花)花颜色多样(杏黄色，见339页)，包括混色花。

Violet 见 *Viola*。

African 见 *Saintpaulia*。

Australian 见*Viola hederacea*。

Bird's-foot 见 *Viola pedata*，见369页。

Bush 见*Browallia speciosa*，见266页。

Dame's 见 *Hesperis matronalis*，见239页。

Dog's-tooth 见 *Erythronium dens-canis*，见430页。

Flame 见 *Episcia cupreata*，见301页。

Horned 见*Viola cornuta*，见349页。

Ivy-leaved 见 *Viola hederacea*。

Mexican 见 *Tetranema roseum*，见303页。

Persian 见*Exacum affine*，见331页。

Philippine 见*Barleria cristata*。

Sweet 见 *Viola odorata*。

Twin-flowered 见*Viola biflora*。

Water 见 *Hottonia palustris*，见447页。

Violet cress 见*Ionopsidium acaule*。

Violet willow 见*Salix daphnoides*，见74页。

南非槐属（新拟） VIRGILIA

豆科 / 蝶形花科 LEGUMINOSAE/ PAPILIONACEAE

常绿灌木和乔木。寿命短。主要为春季和夏季观花而种植。不耐寒，耐最低温度5℃。喜全光照和排水良好的土壤。盆栽时，速生期需大量水分，其他时期可减少。一般不需修剪。春季播种繁殖。播种前最好将种子在温水中浸泡24小时。

V. capensis 见 *V. oroboides*。

南非槐（新拟）***V. oroboides*** (*V. capensis*) 常绿灌木或乔木。冠圆状。生长迅速。高和冠径均为6～10m。叶具11～21个长圆形小叶。总状花序，花蝶形，鲜紫红色，有时粉色、深红色或白色，有香味，晚春和夏季开花。通常花较多。

Virgin's palm 见 *Dioon edule*。

Virginia creeper 见*Parthenocissus quinquefolia*。

Virginia pine 见*Pinus virginiana*，见107页。

Virginian bird cherry 见 *Prunus virginiana*。

Virginian pokeweed 见*Phytolacca americana*。

Virginian stock 见 *Malcolmia maritima*，见323页。

Virginian witch hazel 见 *Hamamelis virginiana*，见125页。

Viscaria alpina 见*Lychnis alpina*。

Viscaria elegans 见 *Silene coeli-rosa*。

金地梅属（新拟） VITALIANA

报春花科 PRIMULACEAE

多年生常绿草本。春季开花。以观花为主。适宜种植在岩石园、高山植物温室和碎石山坡中。极耐寒。喜光照和湿润但排水良好的土壤。夏季用软枝扦插繁殖或秋季播种繁殖。

金地梅（新拟）***V. primuliflora*** (*Douglasia vitaliana*)，见372页。

牡荆属 VITEX

马鞭草科 VERBENACEAE

常绿或落叶乔木和灌木。以观花为主。栽培种类耐寒，但在寒冷的地区可靠南墙或西墙种植。喜全光照和排水良好的土壤。夏季用半熟枝扦插繁殖或秋季和春季播种繁殖。

穗花牡荆 *V. agnus-castus* (Chaste tree) 落叶灌木。开张。有香味。高和冠径均为2.5m。圆锥花序，直立，花小，芳香，管状，紫蓝色，早秋至仲秋开放。复叶，小叶5片或7片，暗绿色，长狭披针形。

黄荆*V. negundo*落叶灌木。丛生。高和冠径均为3m。叶中绿色，复叶，小叶3～7片，窄椭圆形，具尖齿。圆锥花序疏松，花小，管状，紫蓝色，夏末至秋初开放。

葡萄属 VITIS
Vine

葡萄科 VITACEAE

落叶攀缘植物。具卷须。茎木质。为观叶和果实而栽培。极耐寒至半耐寒。喜光照或半阴和肥沃、排水良好的白垩土壤。在温暖地区种植，果实最优。秋季叶色多变。晚秋硬枝扦插繁殖。

V. aconitifolia见*Ampelopsis aconitifolia*。

山葡萄*V. amurensis* (Amur grape) 落叶攀缘植物。具卷须。茎木质。生长旺盛。高6m。极耐寒。叶暗绿色，3～5裂，长12～30cm，秋季呈红色和紫红色。花小，色淡且不明显，夏季开放。夏末和秋季结果，果小，黑色。

🏆**'黑雁'葡萄*V.* 'Brant'** 落叶攀缘植物。具卷须。高7m以上。极耐寒。叶分裂，边缘具锯齿，长10～22cm，鲜绿色。秋季叶片除叶脉外变红褐色。夏季开花，花小不明显。果实绿色或紫色。

🏆**紫葛葡萄*V. coignetiae***，见218页。

刺葡萄*V. davidii* 落叶攀缘植物。具卷须。茎木质，幼茎上布满短刺。高8m或更高。半耐寒。叶片质硬，心形，长10～25cm，蓝绿色，叶背面灰绿色，秋季变成鲜红色。夏季开鲜绿色小花。果实黑色。

V. henryana 见*Parthenocissus henryana*。

V. heterophylla见*Ampelopsis brevipedunculata* var. *maximowiczii*。

V. quinquefolia 见*Parthenocissus quinquefolia*。

V. striata 见*Cissus striata*。

V. thomsonii 见*Parthenocissus thomsonii*。

葡萄*V. vinifera* (Grape vine)，🏆**'紫叶'葡萄'Purpurea'**，见218页。

Voodoo lily 见*Sauromatum venosum*，见413页。

Voss's laburnum 见*Laburnum* × *watereri* 'Vossii'。

丽穗凤梨属 VRIESEA

凤梨科 BROMELIACEAE

多年生常绿附生植物。莲座状。为观花和全株而种植。不耐寒，耐最低温度15℃。喜半阴和富含腐殖质的基质或树皮。宜用软水浇灌。在生长季节可适当浇水，其他季节少浇水。仲春至仲秋保持莲座丛中央充满水。春季分蘖或播种繁殖。

网纹凤梨*V. fenestralis* 多年生常绿附生植物，具密集的漏斗状莲座。高和冠径均为30～40cm。叶淡绿色，具深色纵横条纹，宽带状，弓形或顶梢向下卷曲。总状花序扁平，生于叶上方，花管状，黄绿色，有绿色苞片，夏季开放。

🏆 **福氏丽穗凤梨*V. fosteriana*** 多年生常绿附生植物。密集型漏斗状莲座。高和冠径均为60cm以上。叶宽带形，弓状，黄色至深绿色，尤其在叶背面有红褐色横带。穗状花序扁平，位于叶上方，花管状，淡黄色或黄绿色，先端红褐色，夏秋季开放。

纹叶凤梨*V. hieroglyphica* (King of the bromeliads)多年生常绿附生植物。密集漏斗状莲座。高和冠径均为60～100cm。叶宽带形，弓状，黄绿色，叶面上有深褐至绿色组成的横带和方格。圆锥花序，生于叶上方，花管状，黄色，夏季开放。

紫尖凤梨*V. platynema* 多年生常绿附生植物。基部莲座状。高和冠径均为60cm。叶宽带形，鲜绿色，叶尖紫色，形成密集的莲座。总状花序扁平，小花管状，绿黄色，有红色或黄色苞片，夏季开放。

🏆 **鹦鹉凤梨*V. psittacina*** 多年生常绿附生植物。株形开张。基部莲座状。高和冠径均为40～60cm。叶带形，呈弓状，淡绿色，形成密集的莲座。穗状花序扁平，位于叶上方，花管状，黄色，先端绿色，苞片红黄色或红绿色，夏秋开放。

🏆**虎纹凤梨*V. splendens*** (Flaming sword，见265页) 多年生常绿附生植物。基部莲座状。高和冠径均为30cm。叶带状，弓形，橄榄绿色，带有紫色至鲜红褐色的横带，组成密集的莲座。总状花序扁平，剑形，花小，管状，黄色，位于红色苞片之间，夏秋季开放。

伍氏兰属 × VUYLSTEKEARA

见兰花。

'可爱'伍氏兰× *V. Cambria* 'Lensing's Favorite'(见297页)常绿附生兰。适宜低温温室种植。高23cm。叶窄椭圆形，长10～15cm。长的小花枝上开酒红色花，花径10cm，花上有白色的斑纹，花期多变。夏季需庇荫。

W

折扇草属（新拟）WACHENDORFIA

血皮草科 HAEMODORACEAE

多年生草本。夏季开花。依靠深深的根系抵御寒冷。半耐寒。喜光照和湿润的土壤。春季分株繁殖或春秋季播种繁殖。

折扇草（新拟）***W. thyrsiflora*** 多年生草本。高1.5～2m，冠径45cm。圆锥花序密集，花小，浅杯状，黄色至橘黄色，初夏开放。叶中绿色，狭剑形，粗糙，具褶。

蓝花参属 WAHLENBERGIA

桔梗科 CAMPANULACEAE

一、二年生和短命的多年生草本。夏季开花。为观赏其钟状花而种植。适宜高山植物温室栽培。耐寒，需在保护地栽培，喜阴和排水良好的泥炭和沙质土壤。秋季播种繁殖。

新西兰蓝花参 *W. albomarginata* (New Zealand bluebell)多年生草本。基生莲座状，具根状茎。高和冠径均为15cm以上。每一细长的茎上着生一钟状花，纯蓝色，完全开放时花呈扁平状，夏季开花。叶丛生，窄椭圆形至椭圆形，中绿色。适宜岩石园种植。

匍匐蓝花参 *W. congesta* (*W. saxicola* var. *congesta*) 多年生草本。丛生。匍匐状。具根状茎。高7cm，冠径10cm。叶小，圆形或匙形，中绿色。花钟状，淡紫蓝色或白色，单生于细且韧的茎上，夏季开放。

W. saxicola var. ***congesta*** 见 *W. congesta*。

W. serpyllifolia 见 *Edraianthus serpyllifolius*。

Wake-robin 见 *Trillium grandiflorum*, 见 268 页， *Trillium sessile*, 见 269 页。

林石草属 WALDSTEINIA

蔷薇科 ROSACEAE

多年生半常绿草本。匍匐状，具长匍匐茎。是较好的地被植物。极耐寒。喜光照和排水良好的土壤。早春分株繁殖。

林石草 *W. ternata* (*W. trifolia*)，见 385 页。

W. trifolia 见 *W. ternata*。

Wall flag 见 *Iris tectorum*，见 234 页。

Wallflower 见 *Erysimum*。

Siberian 见 *Erysimum* × *allionii*。

Wallich's wood fern 见 *Dryopteris wallichiana*。

Wall-spray 见 *Cotoneaster horizontalis*, 见 172 页。

Walnut 见 *Juglans*。

Black 见 *Juglans nigra*, 见 67 页。

Chinese 见 *Juglans cathayensis*。

Japanese 见 *Juglans ailantifolia*。

Little 见 *Juglans microcarpa*, 见 92 页。

Texan 见 *Juglans microcarpa*，见 92 页。

Wandering Jew 见 *Tradescantia fluminensis*。

Wandflower 见 *Dierama*。

Waratah 见 *Telopea speciosissima*, 见 142 页。

Tasmanian 见 *Telopea truncata*, 见 131 页。

Warminster broom 见 *Cytisus* × *praecox* 'Warminster'，见 156 页。

Washington 见 *Crataegus phaenopyrum*。

Washington grass 见 *Cabomba caroliniana*。

Washington thorn 见 *Crataegus phaenopyrum*。

丝葵属（加州蒲葵属）WASHINGTONIA

棕榈科 ARECACEAE/PALMAE

常绿棕榈状植物，全株具有观赏价值。不耐寒，耐最低温度10℃。喜肥沃、排水良好土壤和全光照。盆栽时夏季需大量水分，其他时期可适当浇水。为防火常去除边缘宿存的死亡叶片。春季气温高于24℃时用种子繁殖。红蜘蛛螨会对其造成危害。

丝葵（老人葵，加州蒲葵，华盛顿棕）***W. filifera*** (Desert fan palm)常绿棕榈状植物。生长快。高和冠径均为25m。叶扇形，具长柄，灰绿色，裂片顶端细丝状。总状花序，花细小，乳白色，夏季开放。果实浆果状，黑色，冬季成熟。

大丝葵 *W. robusta*，见 73 页。

Water chestnut 见 *Trapa natans*, 见 449 页。

Water crowfoot 见 *Ranunculus aquatilis*。

Water dragon 见 *Saururus cernuus*, 见 447 页。

Water fern 见 *Azolla filiculoides*, 见 448 页，*Ceratopteris thalictroides*。

Water figwort 见 *Scrophularia auriculata* 'Variegata'。

Water forget-me-not 见 *Myosotis scorpioides*。

Water fringe 见 *Nymphoides peltata*, 见 451 页。

Water hawthorn 见 *Aponogeton distachyos*, 见 447 页。

Water hyacinth 见 *Eichhornia crassipes*，见 448 页。

Water lettuce 见 *Pistia stratiotes*, 见 449 页。

Water lily 见 *Nymphaea*。

Cape blue 见 *Nymphaea capensis*。

Fringed 见 *Nymphoides peltata*, 见 451 页。

Yellow 见 *Nuphar lutea*, 见 451 页。

Water lily tulip 见 *Tulipa kaufmanniana*, 见 412 页。

Water moss 见 *Fontinalis antipyretica*。

Water oak 见 *Quercus nigra*, 见 68 页。

Water plantain 见 *Alisma plantago-aquatica*, 见 446 页。

Floating 见 *Luronium natans*。

Water poppy 见 *Hydrocleys nymphoides*, 见 449 页。

Water soldier 见 *Stratiotes aloides*, 见 447 页。

Water violet 见 *Hottonia palustris*, 见 447 页。

Waterer's gold holly 见 *Ilex aquifolium* 'Watereriana'，见 99 页。

Watermelon begonia 见 *Elatostema repens*, 见 303 页。

Watermelon plant 见 *Peperomia argyreia*。

沃森花属 WATSONIA

鸢尾科 IRIDACEAE

球茎类植物。丛生。花管状。全株似唐菖蒲。半耐寒。喜开阔、光照充足的场所和排水良好的土壤。秋季栽植，栽植深度为10～15cm。为预防霜冻，栽后第一个冬季可用欧洲蕨、疏松的泥炭或类似物进行保护。夏季施以缓效的肥料如骨粉。最好使球茎在原地保持不动以形成丛状。秋季播种繁殖。

W. beatricis 见 *W. pillansii*。

锥穗沃森花 *W. borbonica* (*W. pyramidata*)，见 400 页。

长筒沃森花 *W. fourcadei* 球茎类植物。丛生。夏季开花。高达1.5m，冠径30～45cm，叶剑形，直立，多基生。穗状花序，花管状，密集，橙红色，长8～9cm，花瓣6枚。

安沃森花 *W. merianiae* 球茎类植物。丛生。夏季开花。高达1m，冠径30～45cm，叶剑形，直立，茎生和基生。穗状花序，疏松，花小，管状，桃红色，长5～6cm，花瓣6枚，开展。

橙红沃森花 *W. pillansii* (*W. beatricis*)，见 400 页。

W. pyramidata 见 *W. borbonica*。

Wattakaka sinensis 见 *Dregea sinensis*。

Wattle

Cootamundra 见 *Acacia baileyana*, 见 97 页。

Mount Morgan 见 *Acacia podalyriifolia*, 见 135 页。

Ovens 见 *Acacia pravissima*, 见 97 页。

Queensland silver 见 *Acacia podalyriifolia*, 见 135 页。

Silver 见 *Acacia dealbata*, 见 83 页。

Sydney golden 见 *Acacia longifolia*。

Wax flower 见 *Stephanotis floribunda*, 见 204 页。

Wax plant 见 *Hoya carnosa*, 见 208 页。

Wax privet 见 *Peperomia glabella*, 见 305 页。

Wax tree 见 *Rhus succedanea*。

Wax vine 见 *Senecio macroglossus*。

Waxflower, Geraldton 见 *Chamelaucium uncinatum*，见 149 和 150 页。

Wayfaring tree 见 *Viburnum lantana*。

Wedding-cake tree 见 *Cornus controversa* 'Variegata'，见 89 页。

Weeping aspen 见 *Populus tremula* 'Pendula'，见 79 页。

Weeping beech 见 *Fagus sylvatica* f. *pendula*, 见 66 页。

Weeping birch 见 *Betula pendula* 'Tristis'，见 73 页。

Weeping fig 见 *Ficus benjamina*。

Weeping silver holly, Perry's 见 *Ilex aquifolium* 'Argentea Marginata Pendula'，见 98 页。

Weeping willow 见 *Salix babylonica*。

Golden 见 *Salix* × *sepulcralis* var. *chrysocoma*, 见 74 页。

锦带花属 WEIGELA

忍冬科 CAPRIFOLIACEAE

落叶灌木。为观赏艳丽的漏斗状花而栽培。极耐寒。喜光照和肥沃的土壤。为保持旺盛生长，每年花后从基部剪除一部分老枝。对蔓延生长的老树可在春季重剪（尽管这样将失去一个季节的花）。夏季用软枝扦插繁殖。

'布里斯托尔红宝石'锦带花 *W.* 'Bristol Ruby' 落叶灌木。直立。生长旺盛。高2.5m，冠径2m。花深红色，花蕾色较暗，春末和夏初开放。叶椭圆形，具锯齿，中绿色。

'亮白'锦带花 *W.* 'Candida' 落叶灌木。丛生。高和冠径均为2.5m。晚春和初夏开白色小花。叶椭圆形，具锯齿，鲜绿色。

'爱娃·拉斯克'锦带花 *W.* 'Eva Rathke' 落叶灌木。直立。稠密。高和冠径均为1.5m。叶椭圆形，具锯齿，暗绿色。花蕾色较暗，花宽口状，深红色，春末至初夏开放。

锦带花 *W. florida* 落叶灌木。枝拱状。高和冠径均为2.5m。花深粉色，内部浅粉至白色，春末和夏初开放。叶椭圆形，具锯齿，中绿色。**'紫叶' 'Foliis Purpureis'**，见163页。**'白边' 'Variegata'**，见160页。

'罗氏金叶' *W.* 'Looy-mansii Aurea' 落叶灌木。直立。生长势弱。高1.5m，冠径1m。春末至夏初开花，花淡粉色。叶椭圆形，具锯齿，金黄色，叶缘红色。需防止烈日暴晒。

米登氏锦带花 *W. middendorffiana*，见168页。

早开锦带花 *W. praecox* 落叶灌木。直立。高2.5m，冠径2m。花芳香，粉红色，内部有黄色斑点，春末开放。叶鲜绿色，椭圆形，具锯齿。**'白缘叶'锦带花 'Variegata'** 叶宽阔，边缘奶油白色。

Weingartia neocumingii 见 *Rebutia neocumingii*。

万恩曼属 WEINMANNIA

火把树科（库诺尼科）CUNONIACEAE

常绿乔木和灌木。为观其叶、花和株形而种植。不耐寒，耐最低温度5～7℃。喜光照，耐半阴，喜富含腐殖质、排水良好的湿润土壤，最好是中性至酸性土壤。盆栽植株在速生期需大量水分，其他时期可适度浇水。可依需要进行修剪。春季播种繁殖或夏季用半熟枝扦插繁殖。

毛子万恩曼 *W. trichosperma* 常绿乔木。树冠球状头形。高12m以上，冠径8～10m。叶有光泽，绿色，小叶9～19片，卵形，具齿，叶轴具翼。穗状花序，花小，芳香，白色，雄蕊粉色，初夏开放。

银瓣花属（新拟）WELDENIA

鸭跖草科 COMMELINACEAE

多年生草本。夏季开花。具块茎。为观赏花而种植。半耐寒。喜光照和砾质排水良好的土壤。从秋季至晚冬恢复生长前保持干燥。适宜高山植物温室内种植。冬季根插繁殖或早春分株繁殖。

W. candida，见362页。

Wellingtonia 见 *Sequoiadendron giganteum*，见102页。

Welsh poppy 见 *Meconopsis cambrica*，见275页。

百岁兰属(千岁兰属) WELWITSCHIA

百岁兰科 WELWITSCHIACEAE

单种属。多年生常绿草本。沙生。具直根。仅具2片叶，平展于地面，从基部向上生长可持续100年以上。不耐寒，耐最低温度10℃。喜光照和排水良好的土壤。要求沙漠条件，可栽于碎石与腐烂叶片的混合物中，需用一与主根同长的管状容器，以保持长长的主根生长。播种繁殖。

W. bainesii 见 *W. mirabilis*。

百岁兰(千岁兰) *W. mirabilis* (*W. bainesii*)，见304页。

West Himalayan birch 见 *Betula utilis* var. *jacquemontii*，见83页。

West Himalayan spruce 见 *Picea smithiana*。

West Indian jasmine 见 *Plumeria alba*。

Western balsam poplar 见 *Populus trichocarpa*。

Western hemlock 见 *Tsuga heterophylla*。

Western prickly Moses 见 *Acacia pulchella*，见157页。

Western red cedar 见 *Thuja plicata*。

Western tea-myrtle 见 *Melaleuca nesophila*，见145页。

Western yellow pine 见 *Pinus ponderosa*，见103页。

澳迷迭香属（新拟）WESTRINGIA

唇形科 LABIATAE /LAMIACEAE

常绿灌木。为观花和全株而种植。不耐寒，耐最低温度5～7℃。喜全光照和排水良好的土壤条件。盆栽时适度浇水，非速生期少浇或不浇水。春季用播种繁殖或夏末用半熟枝扦插繁殖。

澳迷迭香（新拟）***W. fruticosa*** (*W. rosmariniformis*)，见158页。

W. rosmariniformis 见 *W. fruticosa*。

Weymouth pine 见 *Pinus strobus*，见102页。

Wheatley elm 见 *Ulmus minor* 'Sarniensis'。

White ash 见 *Fraxinus americana*。

White asphodel 见 *Asphodelus albus*，见239页。

White baneberry 见 *Actaea pachypoda*，见259页。

White cedar 见 *Thuja occidentalis*。

White Chinese birch 见 *Betula albosinensis*，见74页。

White cypress 见 *Chamaecyparis thyoides*，见107页。

White elm 见 *Ulmus americana*。

White evening primrose 见 *Oenothera speciosa*。

White false hellebore 见 *Veratrum album*。

White fir 见 *Abies concolor*。

White ginger lily 见 *Hedychium coronarium*。

White mugwort 见 *Artemisia lactiflora*，见227页。

White mulberry 见 *Morus alba*。

White mullein 见 *Verbascum lychnitis*。

White poplar 见 *Populus alba*，见64页。

White rosebay 见 *Epilobium angustifolium* f. *album*，见226页。

White sails 见 *Spathiphyllum wallisii*，见300页。

White Sally 见 *Eucalyptus pauciflora*，见84页。

White snakeroot 见 *Eupatorium rugosum*，见240页。

White spruce 见 *Picea glauca*。

White trumpet lily 见 *Lilium longiflorum*，见404页。

White willow 见 *Salix alba*。

White-backed hosta 见 *Hosta hypoleuca*。

Whitebeam 见 *Sorbus aria*。

Swedish 见 *Sorbus intermedia*。

Whiteywood 见 *Melicytus ramiflorus*。

Whorl flower 见 *Morina*。

Whorled Solomon's seal 见 *Polygonatum verticillatum*。

Whorled water milfoil 见 *Myriophyllum verticillatum*，见449页。

Whortleberry 见 *Vaccinium myrtillus*。

Caucasian 见 *Vaccinium arctostaphylos*。

Widow iris 见 *Hermodactylus tuberosus*，见414页。

维康草属 WIGANDIA

田基麻科 HYDROPHYLLACEAE

多年生常绿草本和灌木。为观花和叶而种植。不耐寒，耐最低温度7～10℃。喜全光照和湿润但排水良好的土壤。盆栽时在速生期需大量浇水，其他时期可适量浇水。春季剪除花茎以防止植株散乱。春季播种繁殖或软枝扦插繁殖。有时白蝶会造成危害。接触叶片会引起皮肤过敏反应。

维康草 *W. caracasana* 常绿灌木。直立。分枝稀少。高2～3m，冠径1～2 m。叶椭圆形，边缘波状，具锯齿，深绿色，长45cm，背面被白毛。花簇生枝顶端，花簇大，花5裂，紫色，春季至秋季开放。为观赏其漂亮叶片，常采用播种繁殖。作一年生植物栽培。

Wigginsia vorwerkiana 见 *Parodia erinacea*。

Wilcoxia albiflora 见 *Echinocereus leucanthus*。

Wilcoxia schmollii 见 *Echinocereus schmollii*。

Wild buckwheat 见 *Eriogonum*。

Wild cherry 见 *Prunus avium*，见71页。

Wild coffee 见 *Polyscias guilfoylei*。

Wild daffodil 见 *Narcissus pseudonarcissus*，见417页。

Wild ginger 见 *Asarum*。

Wild iris 见 *Iris versicolor*，见234页。

Wild Irishman 见 *Discaria toumatou*。

Wild jonquil 见 *Narcissus jonquilla*，见418页。

Wild lily-of-the-valley 见 *Pyrola rotundifolia*。

Wild marjoram 见 *Origanum vulgare*。

Wild pansy 见 *Viola tricolor*，见369页。

Wild pineapple 见 *Ananas bracteatus*。

Wild rum cherry 见 *Prunus serotina*，见65页。

Wild yellow lily 见 *Lilium canadense*。

Willow 见 *Salix*。

Bay 见 *Salix pentandra*。

Black 见 *Salix gracilistyla* 'Melanostachys'。

Crack 见 *Salix fragilis*。

Creeping 见 *Salix repens*，见156页。

Cricket-bat 见 *Salix alba* var. *caerulea*。

Dragon's-claw 见 *Salix babylonica* var. *pekinensis* 'Tortuosa'，见85页。

Dwarf 见 *Salix herbacea*。

Goat 见 *Salix caprea*。

Golden 见 *Salix alba* var. *vitellina*，见74页。

Golden weeping 见 *Salix* × *sepulcralis* var. *chrysocoma*，见74页。

Hoary 见 *Salix elaeagnos*。

Kilmarnock 见 *Salix caprea* 'Kilmarnock'。

Least 见 *Salix herbacea*。

Mountain 见 *Salix arbuscula*。

Musk 见 *Salix aegyptiaca*。

Net-veined 见 *Salix reticulata*，见370页。

Pussy 见 *Salix caprea*。

Silver 见 *Salix alba var. sericea*。

Violet 见 *Salix daphnoides*，见74页。

Weeping 见 *Salix babylonica*。

White 见 Salix alba。

Woolly 见 *Salix lanata*，见156页。

Willow gentian 见 *Gentiana asclepiadea*，见263页。

Willow herb 见 *Epilobium*。

Willow moss 见 *Fontinalis antipyretica*。

Willow myrtle 见 *Agonis*。

Willow oak 见 *Quercus phellos*，见 71 页。

Willow-leaved magnolia 见 *Magnolia salicifolia*，见 75 页。

Willow-leaved sunflower 见 *Helianthus salicifolius*。

威尔逊兰属 × WILSONARA

见兰花。

'切姆'威尔逊兰 × *W.* Hambuhren Stern 'Cheam'（见 297 页）常绿附生兰类。适于低温温室栽培。高 23cm。叶窄椭圆形，长 10cm。圆锥花序，花深红褐色，直径 9cm，具 1 枚黄色唇瓣，花期多变。夏季需庇荫。

Windflower 见 *Anemone*，*Zephyranthes*。

Snowdrop 见 *Anemone sylvestris*，见 268 页。

Windmill palm 见 *Trachycarpus fortunei*，见 84 页。

Wine-cup, Lacquered 见 *Aechmea* Foster's Favorite Group，见 265 页。

Winecups 见 *Babiana rubrocyanea*，见 431 页。

Wing nut 见 *Pterocarya*。

Caucasian 见 *Pterocarya fraxinifolia*。

Chinese 见 *Pterocarya stenoptera*。

Winged spindle 见 *Euonymus alatus*，见 148 页。

Winged thorn rose 见 *Rosa sericea* subsp. *omeiensis* f. *pteracantha*。

Winter aconite 见 *Eranthis hyemalis*，见 441 页。

Winter cherry 见 *Cardiospermum halicacabum*，*Physalis alkekengi*，*Solanum capsicastrum*。

Winter cress 见 *Barbarea vulgaris*。

Winter heath 见 *Erica carnea*。

Winter heliotrope 见 *Petasites fragrans*。

Winter iris 见 *Iris unguicularis*。

Winter jasmine 见 *Jasminum nudiflorum*，见 151 页。

Winter savory 见 *Satureja montana*。

Winter's bark 见 *Drimys winteri*，见 78 页。

Wintera aromatica 见 *Drimys winteri*。

Winterberry 见 *Ilex verticillata*，见 98 页。

Wintergreen 见 *Pyrola*。

Round-leaved 见 *Pyrola rotundifolia*。

Wintergreen fern 见 *Polypodium cambricum*。

Wintersweet 见 *Acokanthera oblongifolia*，见 150 页，*Chimonanthus praecox*。

Wire-netting bush 见 *Corokia cotoneaster*，见 152 页。

Wishbone flower 见 *Torenia fournieri*，见 333 页。

紫藤属 WISTERIA

豆科／蝶形花科 LEGUMINOSAE/PAPILIONACEAE

落叶攀缘植物。茎木质，缠绕攀缘。以观花为主。适用于墙体或凉亭架上，紧靠建筑物和乔木种植。极耐寒至耐寒。喜光照和肥沃、排水良好的土壤。花后和冬末修剪。冬季沙床嫁接繁殖或秋、春季播种繁殖。实生苗几年后才能开花而且开花很少。食用植株的任何部分都会引起严重不适。

白花藤萝 *W. brachybotrys* f. *alba* 见 *W. b.* 'Shiro Kapitan'。**'重瓣' 'Shiro Kapitan'**（*W. b.* f. *alba*，*W. venusta*，*W. v.* 'Alba Plena'，Silky wisteria）落叶攀缘植物。茎木质，缠绕爬升。高达 9m 以上。极耐寒。叶长 20～35cm，有 9～13 个椭圆形小叶。总状花序，长 10～15cm，花芳香，蝶形，白色，顶瓣基部有一黄斑，夏初开放，有时秋季也有少量花。

W. chinensis 见 *W. sinensis*。

多花紫藤（日本紫藤）***W. floribunda*** (Japanese wisteria)。**🏆'白花' 'Alba'**（*W. f.* 'Shiro Noda'），见 207 页。**'Black Dragon'** 见 *W. f.* 'Royal Purple'。**🏆'长序'多花紫藤 'Macrobotrys'**（*W. f.* 'Multijuga'）落叶攀缘植物。茎木质，缠绕爬升。高达 9m。极耐寒。叶长 25～35cm，小叶 11～19 片，椭圆形。总状花序，长 1～1.2m，花蝶形，淡紫色，花芽色暗，芳香，初夏开放。夏末和秋季结出长圆形、软而光滑的荚果。**'Multijuga'** 见 *W. f.* 'Macrobotrys'。**'重瓣' 'Royal Purple'**（*W. f.* 'Black Dragon'）总状花序，长 12～25cm，花重瓣，深紫色，初夏开放，有时秋季也开花但很稀少。**'Shiro Noda'** 见 *W. f.* 'Alba'。

美丽藤萝 *W.* × *formosa*，见 215 页。

🏆紫藤 *W. sinensis*（*W. chinensis*），见 215 页。**🏆'白花' 'Alba'**，见 207 页。**'繁花' 'Prolific'** 高达 30m，生长健壮。总状花序，花量大，淡紫色或浅紫色。

W. venusta 见 *W. brachybotrys* 'Shiro Kapitan'。**'Alba Plena'** 见 *W. brachybotrys* 'Shiro Kapitan'。

Wisteria

Chinese 见 *Wisteria sinensis*，见 215 页。

Japanese 见 *Wisteria floribunda*。

Silky 见 *Wisteria brachybotrys* 'Shiro Kapitan'。

Witch alder 见 *Fothergilla gardenii*。

Witch hazel 见 *Hamamelis*。

Chinese 见 *Hamamelis mollis*。

Japanese 见 *Hamamelis japonica*。

Virginian 见 *Hamamelis virginiana*，见 125 页。

Woad 见 *Isatis tinctoria*。

芜萍属（无根萍属）WOLFFIA *Duckweed*

浮萍科 LEMNACEAE

多年生半常绿草本。漂浮水生植物。是人们知之甚少而又奇特的有花植物。适生于冷水的水族池内。半耐寒。喜光照。可因需要去除多余的小植株。通过小植株再进行繁殖。

芜萍（无根萍）***W. arrhiza*** (Least duckweed) 多年生半常绿浮生植物。直径 1mm。叶片圆形，中绿色。小花绿色，一年四季开放。

Wolf's bane 见 *Aconitum*。

Wonga-wonga vine 见 *Pandorea pandorana*。

Wood anemone 见 *Anemone nemorosa*。

Wood lily 见 *Trillium*。

Wood millet 见 *Milium effusum*。

Wood rose 见 *Merremia tuberosa*。

Wood sorrel 见 *Oxalis acetosella*。

Wood spurge 见 *Euphorbia amygdaloides*。

Woodbine 见 *Lonicera periclymenum*。

Woodruff 见 *Galium odoratum*，见 275 页。

Woodrush 见 *Luzula*。

Greater 见 *Luzula sylvatica*。

Snowy 见 *Luzula nivea*，见 307 页。

岩蕨属 WOODSIA

三叉蕨科／岩蕨科 DRYOPTERIDACEAE/WOODSIACEAE

落叶蕨类植物。适宜岩石园和高山植物温室种植。极耐寒。喜光照或半阴。栽培困难。土壤必须保持稳定的湿度，且能快速排除多余的水分。株冠必须离开地面以避免腐烂。早春分株繁殖。

🏆耳羽岩蕨 *W. polystichoides* (Hollyfern woodsia) 落叶丛生蕨类植物。高 10～30cm，冠径 20～40cm。早春抽生披针形叶，叶全裂，浅绿色，长达 35cm，两面有软毛，背面有鳞片，有 15～30 对窄镰刀或长椭圆形羽片，边缘具浅齿。晚霜可对此类植物造成伤害。

Woodsia, Holly-fern 见 *Woodsia polystichoides*。

狗脊属 WOODWARDIA

乌毛蕨科 BLECHNACEAE

常绿或落叶的蕨类植物。极耐寒。喜半阴和有纤维质、潮湿泥炭土壤。需经常去除枯萎的叶片。春季分株繁殖。

🏆生根狗脊蕨 *W. radicans* (Chain fern) 常绿蕨类植物。扩展，生长健壮。极耐寒。高 1.2m，冠径 60cm。叶大，宽剑形，全裂，弓状，羽片窄椭圆形，绿色。

单芽狗脊蕨 *W. unigemmata* (Asian chain fern) 常绿蕨类植物。与生根狗脊蕨（*W. radicans*）很相似。高 1m，冠径 3m。耐寒。新叶鲜红色，然后变为绿色，枯萎时呈褐色。

Woolly morning glory 见 *Argyreia nervosa*。

Woolly willow 见 *Salix lanata*，见 156 页。

Wormwood 见 *Artemisia*。

Wormwood cassia 见 *Senna artemisioides*。

Roman 见 *Artemisia pontica*，见 290 页。

孤挺蓝属（新拟）WORSLEYA *Blue amaryllis*

石蒜科 AMARYLLIDACEAE

单种属。常绿鳞茎类植物。冬季开花。叶丛形成长达 75cm 的颈状冠。无叶花茎长 20～30cm。不耐寒，耐最低温度 15℃。喜光照和排水良好的土壤或粗纤维、珍珠岩或树片屑腐熟的混合基质。土壤需湿润。春季播种繁殖。

W. procera 见 *W. rayneri*。

孤挺蓝（新拟）***W. rayneri***（*Hippeastrum procerum*，*W. procera*）常绿鳞茎类植物。冬季开花。高 1～1.2m，冠径 45～60cm。叶长带状，极弯曲。花达 14 朵，漏斗状，长 15cm，淡紫蓝色，花瓣边缘波状。

石墙花属（新拟）（乌鲁芬草属）WULFENIA

玄参科 SCROPHULARIACEAE

多年生常绿草本。夏季开花。叶粗糙。因不喜冬季的潮湿而适于高山植物温室种植。极耐寒。喜全光照和排水良好的土壤。春季分株繁殖或秋季播种繁殖。

显脉石墙花（新拟）***W. amherstiana***，见 356 页。

石墙花（新拟）***W. carinthiaca*** 多年生常绿草本。基生莲座状。高和冠径均为 25cm。叶长圆形至椭圆形，具锯齿，暗绿色，叶背有毛。每个花茎顶部 1/4 处为稠密的穗状花序，花小，管状，紫蓝色，夏季开放。

Wych elm 见 *Ulmus glabra*。

X,Y,Z

文冠果属 XANTHOCERAS

无患子科 SAPINDACEAE

落叶灌木或乔木。春季至夏季开花。为观其叶和花而种植。极耐寒。喜光照充足和肥沃、排水良好的土壤。在夏季气候较热的地区生长良好。秋季播种繁殖或冬末用根萌条或根扦插繁殖。易感珊瑚斑真菌。

文冠果*X. sorbifolium*，见118页。

茼蒿属 XANTHOPHTHALMUM

菊科 ASTERACEAE/COMPOSITAE

一年生草本。为观其似雏菊属植物的头状花序而栽培。极耐寒。喜光照充足和排水良好的土壤。春季播种繁殖。

茼蒿*X. coronarium* (*Chrysanthemum coronarium*) 一年生草本。生长迅速。直立，具分枝。高30~90cm，冠径38cm。叶羽状全裂，浅绿色。花单瓣或半重瓣，雏菊状，夏季开放，头状花序黄色或黄白色，直径达5cm。

南茼蒿（珍珠菊）***X. segetum*** (*Chrysanthemum segetum*)，见337页。

黄根属 XANTHORHIZA

毛茛科 RANUNCULACEAE

落叶灌木。春季开花。为观叶和花而种植。极耐寒。喜阴或半阴。需湿润的土壤。秋季分株繁殖。

X. apiifolia 见 *X. simplicissima*。

黄根 *X. simplicissima* (*X. apiifolia*)(Yellow-root) 落叶灌木。直立。靠地下茎扩展。高60cm，冠径1.5m。复叶鲜绿色，小叶5枚，椭圆形至披针形，具尖锯齿，秋季变褐色或紫色。圆锥花序，先端向下弯曲，花小，星状，紫色，早春至仲春与叶同时开放。

黄脂草属 XANTHORRHOEA

Blackboy, Grass tree

黄脂草科 XANTHORRHOEACEAE

多年生常绿草本。寿命长。为观叶而种植。不耐寒，耐最低温度10℃。喜光照和排水良好的土壤以及干燥的气候条件。春季靠基部的短匍茎繁殖或播种繁殖。

黄脂草*X. australis* 多年生常绿草本。主干粗壮，暗色。高60~120cm，冠径1.2~1.5m。叶长60cm以上，宽2mm，极窄，弯曲，扁平，银绿色，从主干的顶端向外扩展。夏季在同样长的茎上产生稠密的蜡样穗状花序，长60cm以上，花小，芳香，花瓣6片，白色。

黄肉芋属（千年芋属）XANTHOSOMA

天南星科 ARACEAE

多年生草本。具地下块茎或粗壮的地上茎。主要为观赏叶而栽培。多数种植在热带地区，以收获可食用的淀粉块茎。不耐寒，耐最低温度15℃。喜阴和肥沃湿润的土壤。空气应保持一定湿度。分株繁殖或春夏季扦插繁殖。

黄肉芋（千年芋）***X. sagittifolium***，见266页。

紫脉黄肉芋 *X. violaceum* 多年生草本。无地上茎，具较大的地下茎。叶从地面生出。高和冠径均为1.2m。叶片宽箭形，长70cm，暗绿色，中脉和网脉紫色，叶柄长60cm，紫色。间断性地形成佛焰苞，绿紫色，内面黄色，包着棕色的肉穗花序。

干花菊属（旱花属）XERANTHEMUM

Immortelle

菊科 ASTERACEAE/COMPOSITAE

一年生草本。夏季开花。半耐寒。喜光照充足和肥沃、排水非常良好的土壤。春季在室外播种繁殖。

干花菊（千年菊，旱花）***X. annuum*** 一年生直立草本。生长迅速。直立。高60cm，冠径45cm。叶披针形，银白色。头状花序似雏菊，有分枝。花瓣纸质，紫红色，重瓣，花在阴凉处生长更好，有桃红色、紫红色、紫色或白色多种颜色，夏季开放（见325页）。

鸢尾麻属（新拟）XERONEMA

龙舌兰科/麻兰科/百合科 AGAVACEAE/PHORMIACEAE/LILIACEAE

多年生常绿草本。丛生。生长健壮。有短的蔓生根状茎。主要观花。不耐寒，耐最低温度10℃。喜光照或半阴和富含腐殖质、排水良好的土壤。春季播种或分株繁殖。

鸢尾麻（新拟）***X. callistemon*** 多年生常绿草本。丛生。似鸢尾属植物。高60~100cm，冠径不定。叶直立，折叠，长60~100cm，极窄，质地硬。总状花序着生在一侧，长15~30cm，花短梗，花瓣6片，红色，径达3cm，夏季开花。

旱叶草属 XEROPHYLLUM

百合科/藜芦科 LILIACEAE/MELANTHIACEAE

多年生草本。夏季开花。具根状茎。形态典雅。耐寒。喜全光照和湿润的泥炭土壤。栽培比较困难。秋季播种繁殖。

旱叶草 *X. tenax* 多年生丛生草本。高1~1.2m，冠径30~60cm。总状花序，顶生，稠密，花星状，白色，花药紫色，夏季开放。基生叶线形，中绿色。

Yam, Ornamental 见 *Dioscorea discolor*，见219页。

Yarrow 见 *Achillea millefolium*。

Yatay palm 见 *Butia*。

Yellow asphodel 见 *Asphodeline lutea*，见238页。

Yellow banksia 见 *Rosa banksiae* 'Lutea'，见199页。

Yellow bells 见 *Tecoma stans*，见96页。

Yellow birch 见 *Betula alleghaniensis*。

Yellow buckeye 见 *Aesculus flava*，见82页。

Yellow elder 见 *Tecoma stans*，见96页。

Yellow flag 见 *Iris pseudacorus*，见235页。

Yellow flax 见 *Linum flavum*，*Reinwardtia indica*，见170页。

Yellow foxglove 见 *Digitalis grandiflora*。

Yellow fritillary 见 *Fritillaria pudica*，见434页。

Yellow haw 见 *Crataegus flava*，见90页。

Yellow jasmine 见 *Jasminum humile*，见146页。

Yellow kangaroo paw 见 *Anigozanthos flavidus*，见254页。

Yellow Lady's slipper orchid 见 *Cypripedium calceolus*，见298页。

Yellow mariposa 见 *Calochortus luteus*，见415页。

Yellow morning glory 见 *Merremia tuberosa*。

Yellow musk 见 *Mimulus luteus*，见292页。

Yellow oleander 见 *Thevetia peruviana*，见93页。

Yellow ox-eye 见 *Buphthalmum salicifolium*。

Yellow palm 见 *Dypsis lutescens*，见100页。

Yellow parilla 见 *Menispermum canadense*。

Yellow pitcher plant 见 *Sarracenia flava*，见290页。

Yellow pond lily 见 *Nuphar advena*。

Yellow rocket 见 *Barbarea vulgaris*。

Yellow scabious 见 *Cephalaria gigantea*。

Yellow skunk cabbage 见 *Lysichiton americanus*，见451页。

Yellow turkscap lily 见 *Lilium pyrenaicum*。

Yellow water lily 见 *Nuphar lutea*，见451页。

Yellow whitlow grass 见 *Draba aizoides*。

Yellow wood 见 *Cladrastis kentukea*，见82页。

Yellow-root 见 *Xanthorhiza simplicissima*。

Yesterday-today-and-tomorrow 见 *Brunfelsia pauciflora*。

Yew 见 *Taxus baccata*。

Japanese 见 *Taxus cuspidata*，见109页。

Plum 见 *Cephalotaxus harringtonii*，*Prumnopitys andina*。

Plum-fruited 见 *Prumnopitys andina*。

Prince Albert's 见 *Saxegothaea conspicua*。

Yoshino cherry 见 *Prunus × yedoensis*，见87页。

Young's weeping birch 见 *Betula pendula* 'Youngii'，见92页。

Youth-on-age 见 *Tolmiea menziesii*。

丝兰属 YUCCA (HESPEROYUCCA)

龙舌兰科 AGAVACEAE

常绿灌木和乔木。因观赏其大型剑形叶构成的叶丛及小白花构成的圆锥花序而栽培。为极好的盆栽植物。极耐寒至不耐寒，耐最低温度7℃。喜全光照和排水良好的土壤。盆栽品种在迅速生长期需大量的水分，其他时期减少。应经常去掉开败的花茎。春季繁殖，不耐寒种用种子或根萌条繁殖，耐寒品种用根扦插或分株繁殖。

千寿兰（芦荟叶丝兰）***Y. aloifolia***，见153页。

'乳白边'象脚兰（巨丝兰）***Y. elephantipes* 'Variegata'**（见47页）。常绿灌木或小乔木。大型。直立。高10m，冠径5~8m。耐最低温度10℃。地上部有几个或多个主干，具稀疏分枝。叶窄披针形，坚硬，革质，淡绿色至绿色，边缘乳白色。圆锥花序直立，花密生，悬垂，半球状，白色至乳黄色，夏季至秋季开放。

🏆丝兰 ***Y. filamentosa*** (Adam's needle)常绿灌木。丛生。基部莲座状。高2m，冠径1.5m。极耐寒。圆锥花序，花悬垂，似郁金香，白色，仲夏至夏末开放。叶束状，剑形，生长慢，暗绿色，边缘有数条白丝。

***Y. filifera* 'Ivory'** 见 *Y. flaccida* 'Ivory'。

🏆**'象牙' 软叶丝兰 *Y. flaccida* 'Ivory'** (*Y. filifera* 'Ivory')，见160页。

🏆凤尾兰 ***Y. gloriosa*** (Spanish dagger)，见137页。**'高贵' 'Nobilis'** 常绿灌木。高和冠径均为2m。耐寒。茎粗壮，通常不分枝。长剑状叶顶生，先端锐尖，蓝绿色，外层叶片半下垂。圆锥花序长，直立，花小，下垂，郁金香状，花白色，背面红色，仲夏至初秋开放。

Y. parviflora 见 *Hesperaloe parviflora*。

圣烛花（惠氏丝兰）***Y. whipplei***，见160页。

Yulan 见 *Magnolia denudata*，见75页。

玉山竹属 YUSHANIA

禾本科 GRAMINEAE/POACEAE

见禾草类、竹类、灯心草类和莎草类。

🏆**喜马玉山竹 *Y. anceps*** (*Arundinaria anceps, A. jaunsarensis, Sinarundinaria jaunsarensis*)，见308页。

红蕾花属（新拟） ZALUZIANSKYA

玄参科 SCROPHULARIACEAE

一年生草本、常绿多年生草本和亚灌木。生长慢。具黏性。以观花为主。花序穗状，花瓣芳香，花冠筒开张。耐寒。喜全光照和湿润但排水良好、富含腐殖质的土壤。植株寿命较短，夏季用茎尖扦插繁殖。

红蕾花（新拟）***Z. ovata*** 常绿多年生草本。丛生。高25cm，冠径60cm。茎脆弱，有分枝。叶卵圆形，具锯齿，有黏性，灰绿色。花白色，裂片背面红色，夏季开放，花期长。

马蹄莲属 ZANTEDESCHIA

天南星科 ARACEAE

多年生草本。夏季开花。具块茎。在温暖气候条件下为常绿。以观赏直立、漏斗状佛焰苞为主。佛焰苞内有一棒状肉穗状花序。耐寒或不耐寒，耐最低温度10℃。喜光照或耐阴和排水良好的土壤。但马蹄莲（*Z. aethiopica*）可生长在15～30cm深的水中，也适应生长在水边，是一种水边生长植物。冬季靠短匍茎繁殖。误食植株任何部分均可引起中度胃不适。接触汁液可对皮肤产生刺激。

🏆**马蹄莲*Z. aethiopica*** (Arum lily)。🏆**'克罗伯勒' 'Crowborough'**，见397页。🏆**'绿仙女' 'Creen Goddess'**，见397页。

银星马蹄莲 *Z. albomaculata* (*Z. melanoleuca*) 多年生草本。夏季开花。具块茎。高30～40cm，冠径30cm。不耐寒。叶箭形，半直立，基生，具透明小斑点。白色佛焰苞长12～20cm，基部绿色，内侧有一个深紫色小斑，有一个黄色的肉穗花序。

'黑眼丽人' 马蹄莲 *Z.* 'Black-eyed Beauty' 多年生草本。夏季开花。具块茎。高30～40cm，冠径15cm。不耐寒。叶较宽，心形，半直立，中绿色至暗绿色，基生，有许多的白色斑纹。每一花茎有一个金黄色肉穗花序，被乳白色的佛焰苞包被，佛焰苞长15cm，喉部中央有一个黑色斑点。

'黑色魅力' 马蹄莲 *Z.* 'Black Magic' 多年生草本。夏季开花。具块茎。高75cm，冠径20cm。不耐寒。叶较宽，心形，半直立，中绿色至暗绿色。基生叶有多数白色斑点。每个花茎产生一个金黄色肉穗花序，被黄色佛焰苞包被，佛焰苞长15cm，喉部黑色。

🏆**黄花马蹄莲 *Z. elliottiana***，见402页。

Z. melanoleuca 见*Z. albomaculata*。

🏆**红花马蹄莲 *Z. rehmannii*** (Pink arum)多年生草本。夏季开花。有块茎。高40cm，冠径30cm。不耐寒。基生叶剑形，半直立，绿色，一般无斑。每一花茎上产生一个黄色的肉穗花序，被一桃红色佛焰苞包被，佛焰苞长7～8cm，基部窄管状。

花椒属 ZANTHOXYLUM

芸香科 RUTACEAE

落叶或常绿灌木和乔木。多刺。为观其芳香的叶、果实而种植。极耐寒至耐寒。喜半照或耐半阴和肥沃的土壤。秋季播种繁殖或晚冬根插繁殖。

秦椒 *Z. piperitum*，见145页。

花椒 *Z. simulans*，见148页。

朱巧花属 ZAUSCHNERIA

柳叶菜科 ONAGRACEAE

常绿或落叶亚灌木或多年生草本。为观花而栽培。极耐寒至耐寒。喜光照和排水良好的土壤。春季播种或分株繁殖，夏季用侧枝扦插繁殖。

朱巧花*Z. californica* (*Epilobium californicum*) 多年生常绿或半常绿草本。丛生。基部木质。高和冠径均为45cm。耐寒。叶披针形，鲜绿色。花小，管状，簇生枝顶，鲜红色，夏末和早秋开放。**灰叶朱巧花** subsp. ***cana*** (*Epilobium canum, Z. cana*)高30cm。落叶。叶细线形，灰色。花似倒挂金钟，鲜红色。🏆**'都柏林' 灰叶朱巧花 subsp. *cana* 'Dublin'** (*Z. c.* 'Glasnevin')，见355页。**'Glasnevin'** 见 *Z. c.* subsp. *cana* 'Dublin'。

Z. cana 见 *Z. californica* subsp. *cana*。

北方朱巧花 *Z. septentrionalis* (*Epilobium septentrionale*) 多年生落叶草本。丛生。非木质。高10～20cm，冠径达20cm。极耐寒。叶椭圆形至针形，灰色至灰绿色。花管状，具短柄，多数顶端簇生，鲜红色，夏末开放。

玉蜀黍属 ZEA

Indian corn, Maize

禾本科 GRAMINEAE/POACEAE

见禾草类、竹类、灯心草类和莎草类。

玉蜀黍（玉米）***Z. mays*** (Ornamental maize, Sweet corn)，**'乳纹叶' 'Gracillima Variegata'**，见320页。**'三色叶' 'Harlequin'** 一年生草本。直立。生长快。高1～2m，冠径60cm。半耐寒。叶披针形，长60cm，有绿、红、白条纹，肉穗花序，长15cm，着生在长茎上，顶端具丝状花柱，仲夏开花。随后产生较大的、圆柱形种穗，外有绿色外壳包被，黄色穗轴着生深红色的籽粒，俗称玉米。**'草莓棒' 'Strawberry Corn'** 高1.2m。种穗小，具黄色至鲜红色籽粒，外层被黄绿色佛焰苞包被。

Zebra plant 见 *Aphelandra squarrosa*; *Calathea zebrina*，见266页。

Zebrina pendula 见 *Tradescantia zebrina*。

榉树属 ZELKOVA

榆科 ULMACEAE

落叶乔木。为观赏叶片和生长习性而种植。作为隔离带种植最好。春季开不显眼的小花。极耐寒，但需要一些防护。在光照充足、土层深厚、肥沃、湿润、排水良好的地方生长良好。秋季播种繁殖。

希腊榉*Z. abelicea* (*Z. cretica*) 落叶乔木。顶部丛生。冠开展。高5m，冠径7m。叶小，椭圆形，叶缘锯齿明显，表面光滑，暗绿色。

高加索榉 *Z. carpinifolia* (Caucasian elm)落叶乔木。主干短粗，有许多直立的分枝，形成一个椭圆形、密集的树冠。高30m，冠径25m。叶椭圆形，具锐锯齿，暗绿色，秋季叶片变成橘褐色。

Z. cretica 见 *Z. abelicea*。

🏆**光叶榉 *Z. serrata***，见71页。

白铃木属（新拟） ZENOBIA

杜鹃花科 ERICACEAE

落叶或半常绿灌木。夏季开花。为观花而种植。极耐寒。喜半阴和湿润、泥炭酸性土壤。为保持活力，花后剪除老弱枝条。夏季用半熟枝扦插繁殖。

白铃木（新拟）***Z. pulverulenta***，见138页。

葱莲属 ZEPHYRANTHES

Rain lily, windflower

石蒜科 AMARYLLIDACEAE

鳞茎类植物。丛生。每一花茎具有一个直立的花，花似番红花。耐寒至半耐寒。喜背风向阳的开阔场所和排水良好但湿润的土壤。盆栽时夏季叶枯萎后的温暖时期需保持干燥，随后需大量的水分，以促进开花。春季或秋季播种繁殖。

大花葱莲*Z. atamasco* (Atamasco lily) 鳞茎类植物。丛生。初夏开花。高15～25cm，冠径8～10cm。半耐寒。叶基生，禾草状，半直立。每个茎上开一宽漏斗状、白色带紫色花，花径达10cm，春季或夏季开放。

葱莲 *Z. candida*，见437页。

Z. carinata 见 *Z. grandiflora*。

橙黄葱莲 *Z. citrina* 鳞茎类植物。丛生。秋季开花。高10～15cm，冠径5～8cm。半耐寒。叶片类似灯心草的叶，直立，基生，绿色。秋季茎上开漏斗状鲜黄色花，花径4～5cm。

韭莲 *Z. grandiflora* (*Z. carinata*, *Z. rosea* of gardens)，见424页。

Z. robusta 见 *Habranthus robustus*。

粉红韭莲 *Z. rosea* 鳞茎类植物。丛生。秋季开花。高15～20cm，冠径8～10cm。半耐寒。叶禾草状，半直立，基生，绿色。茎上着生具短管的漏斗状花，粉红色。

Z. rosea of gardens 见 *Z. grandiflora*。

棋盘花属 ZIGADENUS

百合科／藜芦科 LILIACEAE/MELANTHIACEAE

鳞茎类植物。夏季开花。穗状花序，花小，星状，6瓣。耐寒。喜光照或半阴和排水良好的土壤。春夏季生长时期需大量水分，其他时期少浇水。冬季休眠。早春分株繁殖或春秋季播种繁殖。全株有剧毒。

雅致棋盘花 *Z. elegans* 鳞茎类植物。丛生夏季开花。夏季开花。高30～50cm，冠径10～15cm。叶长，窄带状，半直立，基生。每茎上着生一个绿白色穗状花序，小花宽1cm，在每个花瓣基部附近有一个黄色蜜腺。

加州棋盘花 *Z. fremontii*，见420页。

鲁氏棋盘花 *Z. nuttallii* 鳞茎类植物。丛生夏季开花。夏季开花。高30～60cm，冠径8cm。叶窄带状，半直立，基生，中绿色至暗绿色。穗状花序，花量大，密集细小，乳黄色，花径6～

百日草属 ZINNIA

8mm。

Zigzag bamboo 见 *Phyllostachys flexuosa*，见 308 页。

百日草属 ZINNIA

菊科 ASTERACEAE/COMPOSITAE

一年生草本。花序较大，似大丽花。是优良的插花材料。半耐寒。喜光照充足和肥沃、排水良好的土壤。为了促进开花，通常去除干枯的花序。早春温室内播种繁殖。

Z. angustifolia **'Orange star'** 见 *Z. haageana* 'Orange star'。**'Persian Carpet'** 见 *Z. haageana* 'Persian Carpet'。

百日草*Z. elegans*一年生草本。生长较快。直立，粗壮。高 60～75cm，冠径 30cm。叶椭圆形至披针形，淡绿色或中绿色。花紫色，似大丽花的头状花序，宽 5cm 以上，夏季和早秋开放。百日草（*Z. elegans*）的杂交种色彩多样，有黄色、红色、粉红色、紫色、乳白色或白色。**'观景楼' 'Belvedere'**，见 338 页。

仙人掌花组 **Cactus-flowered Group** 高60～90cm。头状花序大，半重瓣，似仙人掌大丽花的花，花瓣长而窄，有皱褶，花色多样。

梦幻系列 Dreamland Series 高 20～25cm，适合盆栽或配置花坛。**'羡慕' 'Envy'**，见 335 页。

精灵系列 Hobgoblin Series 高 45cm。植株粗壮，丛生。头状花序小，单生。能适应气候的变化，花色多样。

彼得潘系列 Peter Pan Series 高 20cm。头状花序，重瓣，花色多样。

褶边系列 Ruffles Series（混合型），见329页；红花种类，见328页。

矮壮系列 Short Stuff Series 高 25cm。头状花序，重瓣，花色多样。

小世界系列 Small World Series 高达45cm，矮小。头状花序，重瓣，花期长，花色多样，包括淡粉红色。

'国博会' 'State Fair' 高 75cm。生长旺盛。头状花序大，重瓣，淡紫色、玫瑰粉色、橘红色、紫色或鲜红色。

萨伯利系列 Thumbelina Series，见 322 页。

小百日草 *Z. haageana* 'Classic' 见 *Z. h.* 'Orange star'。**'橙星' 'Orange star'**（*Z. angustifolia* 'Orange Star'，*Z. haageana* 'Classic'），见 341 页。**'波斯地毯' 'Persian Carpet'**（*Z. angustifolia* 'Persian Carpet'）一年生草本。生长较快，直立。矮生。高 38cm，冠径 30cm。叶浅绿色，长披针形，有绒毛。头状花序，花小，重瓣，似大丽花。能适应气候变化。开花后直径达 2.5cm 以上，花色多样，整个夏季开放。

Zinnia, Creeping 见 *Sanvitalia procumbens*，见 336 页。

菰属 ZIZANIA

禾本科 GRAMINEAE/POACEAE

见禾草类、竹类、灯心草类和莎草类。

水生菰 *Z. aquatica* (Canada wild rice) 一年生草本。浅水植物。高 3m，冠径 45cm。半耐寒。叶禾草类植物叶状，中绿色。花似禾草类植物的花，浅绿色，夏季开放。随后结出类似水稻的种子。种子可吸引水鸟。喜光照，适宜生长在深达 23cm 的水中。种子湿藏，春季播种繁殖。

Zygocactus truncatus 见 *Schlumbergera truncata*。

轭瓣兰属 ZYGOPETALUM

见兰花。

马氏轭瓣兰 *Z. mackaii* (*Z. mackayi*)（见298页）常绿附生兰。适宜种植在冷室或中温温室内。高 30cm，秋季长出长的花枝，花绿色，具芳香，有褐色斑纹，带靛蓝色至微红色脉纹和白色相间的唇瓣，宽达 8cm。叶有主脉，窄椭圆形，长 30cm。夏季需庇荫。

Z. mackayi 见 *Z. mackaii*。

珀氏轭瓣兰 *Z.* Perrenoudii（见298页）常绿附生兰。适宜种植在冷室或中温温室内。高 30cm。穗状花序，花芳香，暗褐色，唇瓣淡紫色，径达 8cm，冬季开放。叶窄椭圆形，有主脉，长 30cm。夏季需半阴。

获显异奖园林植物名录

皇家园艺学会显异奖（The Award of Garden Merit）授予在园艺观赏或应用方面具有突出优点的植物，无论其生长在露地还是在温室中。这是园艺学会给予一种植物的最高奖，此外，该奖项对普通园林工作者还有实用价值，它可以帮助人们在目前数以千计的植物中做出选择。该奖项涉及面很广，除了观赏植物之外，也包括果树和蔬菜，从很小的高山植物到高大的乔木，在整个不列颠群岛都能耐寒的或是全年需要在温室中保护的所有植物类型都在考虑之列。其目的是相同的，即需要彰显最优秀的植物。

显异奖的授予，或者通过在皇家园艺学会威斯里园中进行的栽种试验决定，或者由专家组成的小组推荐。显异奖不分等级，所以并不想区分好的、更好的和最好的。然而，在拥有很多栽培品种的类群中，制定的标准必然非常高，这样评选的结果才能提供有用的指导。下列是除果树和蔬菜之外所有获得显异奖的植物种类的名录。

要获得该奖项，一种植物必须满足下列条件：

- 在一般的园中（露地或温室内）表现特别良好。
- 具有好的结构。
- 在园艺市场可以买到，或者能够得到供繁殖用的植物材料。
- 不易感染病虫害。
- 除提供适宜的生长条件（如有的需要非石灰性土壤）之外，不需要过高的特殊养护。
- 营养器官或花的特性变异程度不能过大。

在本书《植物类目》中出现的获显异奖植物后面附有页码，在《植物词典》中出现的，用星号（*）标记。

乔木和灌木

A

Abelia 'Edward Goucher', illus. p.161
Abelia floribunda *
Abelia x *grandiflora*, illus. p.121
Abelia x *grandiflora* 'Francis Mason' *
Abutilon 'Ashford Red' *
Abutilon 'Canary Bird'
Abutilon 'Cannington Carol'
Abutilon 'Cannington Peter'
Abutilon 'Kentish Belle', illus. p.171
Abutilon megapotamicum *
Abutilon x *milleri*
Abutilon 'Nabob'
Abutilon 'Orange Glow'
Abutilon 'Souvenir de Bonn'
Abutilon x *suntense* 'Jermyns'
Abutilon vitifolium 'Tennant's White'
Abutilon vitifolium 'Veronica Tennant'
Acacia baileyana, illus. p.97
Acacia baileyana 'Purpurea'
Acacia dealbata, illus. p.83
Acacia retinodes
Acer campestre
Acer capillipes, illus. p.82
Acer cappadocicum 'Aureum' *
Acer cappadocicum 'Rubrum'
Acer circinatum *
Acer davidii 'George Forrest'
Acer davidii var. *grosseri* *
Acer davidii 'Serpentine'
Acer griseum, illus. p.100
Acer japonicum 'Aconitifolium', illus. p.95
Acer japonicum 'Vitifolium', illus. p.95
Acer micranthum
Acer negundo 'Flamingo'
Acer negundo var. *violaceum* *
Acer palmatum 'Bloodgood', illus. p.143
Acer palmatum 'Burgundy Lace'
Acer palmatum 'Butterfly', illus. p.140
Acer palmatum 'Chitoseyama', illus. p.166
Acer palmatum var. *coreanum* 'Korean Gem'
Acer palmatum var. *dissectum*
Acer palmatum var. *dissectum* 'Crimson Queen'
Acer palmatum var. *dissectum* 'Inaba-shidare'
Acer palmatum 'Garnet'
Acer palmatum 'Linearilobum'
Acer palmatum 'Osakazuki' *
Acer palmatum 'Red Pygmy'
Acer palmatum 'Sango-kaku', illus. p.124
Acer palmatum 'Seiryû'
Acer pensylvanicum, illus. p.84
Acer pensylvanicum 'Erythrocladum' *
Acer platanoides *
Acer platanoides 'Crimson King', illus. p.65
Acer platanoides 'Drummondii' *
Acer platanoides 'Schwedleri' *
Acer pseudoplatanus 'Atropurpureum'
Acer pseudoplatanus 'Brilliantissimum', illus. p.89
Acer pseudoplatanus 'Leopoldii'
Acer pseudoplatanus 'Worley'
Acer rubrum 'October Glory' *
Acer rubrum 'Scanlon', illus. p.70
Acer rufinerve, illus. p.82
Acer saccharinum *
Acer shirasawanum 'Aureum', illus. p.92
Acer tataricum subsp. *ginnala* *
Aeschynanthus longicaulis
Aeschynanthus pulcher *
Aeschynanthus speciosus, illus. p.293
Aesculus x *carnea* 'Briotii', illus. p.64
Aesculus flava, illus. p.82
Aesculus hippocastanum, illus. p.64
Aesculus hippocastanum 'Baumannii' *
Aesculus indica *
Aesculus x *neglecta* 'Erythroblastos', illus. p.89
Aesculus parviflora, illus. p.119
Aesculus pavia *
Aethionema grandiflorum, illus. p.352
Aethionema grandiflorum Pulchellum Group
Aethionema 'Warley Rose', illus. p.376
Agapetes serpens, illus. p.206
Ailanthus altissima *
Albizia julibrissin f. *rosea*
Allamanda schottii
Alnus cordata, illus. p.66
Alnus glutinosa 'Imperialis' *
Alnus x *spaethii*
Aloysia triphylla, illus. p.143
Alyssum spinosum 'Roseum'
Amelanchier x *grandiflora* 'Ballerina'
Amelanchier lamarckii, illus. p.116
Andromeda polifolia 'Compacta', illus. p.347
Andromeda polifolia 'Compacta Alba' *
Andromeda polifolia 'Macrophylla'
Aphelandra squarrosa 'Louisae', illus. p.256
Aralia elata *
Aralia elata 'Variegata' *
Araucaria heterophylla *
Arbutus x *andrachnoides*, illus. p.83
Arbutus menziesii *
Arbutus unedo, illus. p.93
Arbutus unedo f. *rubra*
Archontophoenix cunninghamiana *
Ardisia crispa
Artemisia abrotanum, illus. p.176
Artemisia alba 'Canescens' *
Artemisia 'Powis Castle' *
Aucuba japonica 'Crotonifolia', illus. p.153
Aucuba japonica f. *longifolia*
Azara microphylla, illus. p.125

B

Ballota pseudodictamnus, illus. p.361
Beaucarnea recurvata, illus. p.100
Berberis calliantha *
Berberis darwinii, illus. p.117
Berberis dictyophylla
Berberis x *frikartii* 'Amstelveen'
Berberis x *frikartii* 'Telstar'
Berberis 'Goldilocks'
Berberis x *lologensis* 'Apricot Queen'
Berberis 'Parkjuweel' *
Berberis x *media* 'Red Jewel'
Berberis x *ottawensis* 'Superba' *
Berberis 'Rubrostilla', illus. p.172
Berberis x *stenophylla*, illus. p.135
Berberis x *stenophylla* 'Corallina Compacta', illus. p.350
Berberis thunbergii *
Berberis thunbergii 'Atropurpurea Nana' *
Berberis thunbergii 'Bagatelle'
Berberis thunbergii 'Red Chief'
Berberis thunbergii 'Rose Glow' *
Berberis verruculosa, illus. p.134
Berberis wilsoniae *
Betula albosinensis, illus. p.74
Betula ermanii 'Grayswood Hill'
Betula medwedewii
Betula nigra
Betula pendula *
Betula pendula 'Laciniata' *
Betula pendula 'Tristis', illus. p.73
Betula pendula 'Youngii', illus. p.92
Betula utilis var. *jacquemontii* 'Doorenbos'
Betula utilis var. *jacquemontii* 'Jermyns' *
Betula utilis var. *jacquemontii* 'Silver Shadow'
Betula utilis var. *utilis*
Brachyglottis Dunedin Hybrids 'Sunshine' *
Brachyglottis monroi *
Brugmansia x *candida* 'Grand Marnier', illus. p.123
Brugmansia x *candida* 'Knightii'
Brugmansia sanguinea, illus. p.123
Brugmansia suaveolens
Brunfelsia pauciflora *
Buddleja alternifolia illus. p.122
Buddleja asiatica *
Buddleja davidii 'Black Knight' *
Buddleja davidii 'Dartmoor'
Buddleja davidii 'Empire Blue' *
Buddleja davidii 'Royal Red', illus. p.121
Buddleja davidii 'White Profusion'
Buddleja fallowiana var. *alba* *
Buddleja globosa, illus. p.123
Buddleja 'Lochinch' *
Buddleja 'Pink Delight'
Buddleja x *weyeriana* 'Sungold'
Buxus sempervirens *
Buxus sempervirens 'Elegantissima'
Buxus sempervirens 'Latifolia Maculata'
Buxus sempervirens 'Suffruticosa', illus. p.177

C

Calceolaria integrifolia *
Calceolaria integrifolia var. *angustifolia*
Callicarpa bodinieri var. *giraldii* 'Profusion' *
Callistemon citrinus 'Splendens', illus. p.143
Callistemon linearis
Callistemon salignus
Callistemon sieberi *
Callistemon viminalis 'Captain Cook'
Calluna vulgaris 'Allegro' *
Calluna vulgaris 'Annemarie' *
Calluna vulgaris 'Anthony Davis', illus. p.178
Calluna vulgaris 'Battle of Arnhem'
Calluna vulgaris 'Beoley Gold', illus. p.179
Calluna vulgaris 'County Wicklow', illus. p.178
Calluna vulgaris 'Dark Star'
Calluna vulgaris 'Darkness', illus. p.179
Calluna vulgaris 'Elsie Purnell', illus. p.178
Calluna vulgaris 'Finale' *
Calluna vulgaris 'Firefly', illus. p.179
Calluna vulgaris 'Gold Haze', p.179
Calluna vulgaris 'J.H. Hamilton', illus. p.178
Calluna vulgaris 'Jimmy Dyce'
Calluna vulgaris 'Joy Vanstone' *
Calluna vulgaris 'Kinlochruel', illus. p.178
Calluna vulgaris 'Mair's Variety' *

Rhododendron 'Sappho'
Rhododendron saluenense subsp. *chameunum*
Rhododendron sargentianum
Rhododendron 'Sarled'
Rhododendron 'Satan'
Rhododendron 'Scarlet Wonder'
Rhododendron schlippenbachii, illus. p.132
Rhododendron 'Sennocke'
Rhododendron 'Seta', illus. p.132
Rhododendron 'Seven Stars', illus. p.132
Rhododendron 'Silver Sixpence'
Rhododendron 'Silver Slipper'
Rhododendron sinogrande
Rhododendron 'Sir Charles Lemon'
Rhododendron 'Snipe'
Rhododendron 'Snow Lady'
Rhododendron 'Snow Queen'
Rhododendron 'Souvenir de Doctor S. Endtz'
Rhododendron 'Souvenir of Anthony Waterer'
Rhododendron 'Spek's Orange' *
Rhododendron 'Stewartstonian'
Rhododendron 'Strawberry Ice', illus. p.132
Rhododendron 'Streatley'
Rhododendron 'Sugared Almond'
Rhododendron 'Summer Fragrance'
Rhododendron 'Sun Chariot'
Rhododendron 'Sunte Nectarine'
Rhododendron 'Surrey Heath'
Rhododendron 'Susan', illus. p.133
Rhododendron 'Sweet Simplicity'
Rhododendron 'Taurus'
Rhododendron 'Teal'
Rhododendron 'Temple Belle' *
Rhododendron tephropeplum
Rhododendron 'Tessa Roza'
Rhododendron 'The Hon. Jean Marie de Montague'
Rhododendron 'The Master'
Rhododendron 'Thunderstorm'
Rhododendron 'Titian Beauty'
Rhododendron 'Tortoiseshell Orange'
Rhododendron 'Tortoiseshell Wonder'
Rhododendron trichostomum
Rhododendron 'Tyermannii'
Rhododendron 'Unique'
Rhododendron 'Vanessa Pastel'
Rhododendron vaseyi
Rhododendron veitchianum
Rhododendron veitchianum Cubittii Group
Rhododendron 'Veryan Bay'
Rhododendron 'Vintage Rosé'
Rhododendron viscosum
Rhododendron 'Vulcan'
Rhododendron 'Vuyk's Rosyred'
Rhododendron 'Vuyk's Scarlet', illus. p.133
Rhododendron 'W.F.H.'
Rhododendron 'White Swan'
Rhododendron 'Whitethroat'
Rhododendron 'Wilgen's Ruby'
Rhododendron williamsianum, illus. p.132
Rhododendron 'Windlesham Scarlet'
Rhododendron 'Winsome'
Rhododendron 'Wishmoor'
Rhododendron 'Wryneck'
Rhododendron yakushimanum 'Koichiro Wada'
Rhododendron 'Yellow Hammer', illus. p.134
Rhododendron yunnanense 'Openwood'
Rhus hirta *
Rhus hirta 'Dissecta', illus. p.124
Rhus x *pulvinata* 'Red Autumn Lace'
Ribes sanguineum 'Brocklebankii', illus. p.155
Ribes sanguineum 'Pulborough Scarlet', illus. p.130
Ribes sanguineum 'Tydeman's White' *
Ribes speciosum *
Robinia hispida, illus. p.141
Robinia pseudoacacia *
Robinia pseudoacacia 'Frisia', illus. p.81
Robinia x *slavinii* 'Hillieri'
Rosmarinus officinalis 'Miss Jessopp's Upright' *
Rosmarinus officinalis 'Prostratus' *
Rosmarinus officinalis 'Severn Sea' *
Rosmarinus officinalis 'Sissinghurst Blue'
Rubus 'Benenden', illus. p.136
Rubus cockburnianus *
Rubus cockburnianus 'Goldenvale'
Rubus thibetanus, illus. p.149
Ruta graveolens 'Jackman's Blue', illus. p.177

S

Salix acutifolia 'Blue Streak'
Salix alba 'Britzensis' *
Salix alba var. *sericea* *
Salix alba var. *vitellina*, illus. p.74
Salix x *boydii*, illus. p.361
Salix caprea 'Kilmarnock' *
Salix 'Chrysocoma', illus. p.74
Salix daphnoides 'Aglaia'
Salix elaeagnos *
Salix hastata 'Wehrhahnii', illus. p.153
Salix helvetica, illus. p.349
Salix lanata, illus. p.156
Salix magnifica *
Salix matsudana 'Tortuosa', illus. p.85
Salix 'Melanostachys' *
Salix purpurea 'Pendula'
Salix repens var. *argentea*
Salix reticulata, illus. p.370
Salix x *rubens* '*Basfordiana*' *
Salvia fulgens, illus. p.166
Salvia guaranitica
Salvia involucrata *
Salvia leucantha *
Salvia officinalis 'Icterina', illus. p.177
Salvia officinalis 'Purpurascens' *
Sambucus nigra 'Aurea' *
Sambucus nigra 'Guincho Purple' *
Sambucus nigra f. *laciniata*
Sambucus racemosa 'Sutherland Gold'
Sambucus racemosa 'Tenuifolia'
Santolina chamaecyparissus *
Santolina chamaecyparissus var. *nana*
Santolina pinnata subsp. *neapolitana*
Santolina rosmarinifolia 'Primrose Gem' *
Sarcococca confusa *
Sarcococca hookeriana *
Sarcococca hookeriana var. *digyna*, illus. p.174
Sarcococca ruscifolia var. *chinensis* *
Satureja coerulea
Schefflera actinophylla, illus. p.84
Schefflera arboricola *
Schefflera arboricola 'Gold Capella'
Schefflera elegantissima, illus. p.127
Senecio viravira
Senna artemisioides *
Senna x *floribunda* *
Skimmia x *confusa* 'Kew Green'
Skimmia japonica 'Fragrans'
Skimmia japonica 'Nymans'
Skimmia japonica subsp. *reevesiana* 'Robert Fortune', illus. p.174
Skimmia japonica 'Rubella', illus. p.174
Solenostemon 'Buttermilk'
Solenostemon 'Crimson Ruffles'
Solenostemon 'Firebrand'
Solenostemon 'Glory of Luxembourg'
Solenostemon 'Lord Falmouth'
Solenostemon 'Paisley Shawl'
Solenostemon 'Picturatum'
Solenostemon 'Pineapple Beauty'
Solenostemon 'Pineapplette'
Solenostemon 'Royal Scot'
Solenostemon 'Walter Turner'
Solenostemon 'Wisley Tapestry'
Sophora japonica *
Sophora tetraptera, illus. p.89
Sorbaria tomentosa var. *angustifolia* *
Sorbus aria 'Lutescens', illus. p.78
Sorbus aria 'Majestica' *
Sorbus aucuparia 'Fructu Luteo' *
Sorbus aucuparia 'Sheerwater Seedling' *
Sorbus cashmiriana, illus. p.93
Sorbus commixta 'Embley' *
Sorbus fruticosa 'Koehneana'
Sorbus hupehensis *
Sorbus hupehensis 'Rosea', illus. p.81
Sorbus hybrida 'Gibbsii'
Sorbus intermedia 'Brouwers'
Sorbus 'Joseph Rock', illus. p.82
Sorbus x *kewensis* *
Sorbus reducta, illus. p.360
Sorbus sargentiana *
Sorbus scalaris *
Sorbus thibetica 'John Mitchell', illus. p.79
Sorbus vilmorinii, illus. p.94
Sparmannia africana, illus. p.118
Spartium junceum, illus. p.147
Spiraea x *cinerea* 'Grefsheim'
Spiraea japonica 'Anthony Waterer', illus. p.163
Spiraea japonica 'Gold Mound'
Spiraea japonica 'Goldflame', illus. p.163
Spiraea japonica 'Nana'
Spiraea japonica 'Shirobana'
Spiraea nipponica 'Snowmound', illus. p.139
Spiraea thunbergii *
Spiraea x *vanhouttei*, illus. p.154
Stachyurus praecox, illus. p.150
Staphylea colchica
Staphylea holocarpa var. *rosea*, illus. p.117
Stewartia pseudocamellia, illus. p.78
Stewartia pseudocamellia Koreana Group
Stewartia sinensis *
Streptosolen jamesonii, illus. p.220
Strobilanthes dyeriana
Styrax hemsleyanus
Styrax japonicus, illus. p.77
Styrax obassia *
Syringa 'Andenken an Ludwig Späth'
Syringa 'Firmament'
Syringa x *hyacinthiflora* 'Esther Staley', illus. p.120
Syringa x *josiflexa* 'Bellicent' *
Syringa komarovii subsp. *reflexa*
Syringa meyeri 'Palibin', illus. p.120
Syringa x *persica*, illus. p.120
Syringa x *persica* 'Alba'
Syringa x *prestoniae* 'Elinor'
Syringa pubescens subsp. *microphylla* 'Superba', illus. p.120
Syringa pubescens subsp. *patula* 'Miss Kim'
Syringa 'Vestale'
Syringa vulgaris 'Charles Joly', illus. p.120
Syringa vulgaris 'Katherine Havemeyer' *
Syringa vulgaris 'Madame Antoine Buchner' *
Syringa vulgaris 'Madame Lemoine', illus. p.120
Syringa vulgaris 'Mrs Edward Harding', illus. p.120

T

Tamarix ramosissima 'Rubra'
Tamarix tetrandra
Tecomaria capensis
Tetrapanax papyrifer, illus. p.126
Teucrium fruticans 'Azureum' *
Thymus x *citriodorus* 'Aureus' *
Thymus x *citriodorus* 'Bertram Anderson'
Thymus x *citriodorus* 'Silver Queen' *
Tibouchina urvilleana, illus. p.122
Tilia cordata *
Tilia cordata 'Greenspire' *
Tilia 'Euchlora' *
Tilia mongolica *
Tilia 'Petiolaris', illus. p.68
Tilia platyphyllos 'Rubra'
Tilia tomentosa 'Brabant'
Tilia x *vulgaris* 'Wratislaviensis'
Trachycarpus fortunei, illus. p.84

U

Ulex europaeus 'Flore Pleno' *

V

Vaccinium corymbosum, illus. p.160
Vaccinium cylindraceum
Vaccinium glaucoalbum, illus. p.176
Vaccinium vitis-idaea Koralle Group
Verbascum dumulosum, illus. p.359
Verbascum 'Golden Wings'
Verbascum 'Letitia', illus. p.358
Vestia foetida *
Viburnum x *bodnantense* 'Charles Lamont'
Viburnum x *bodnantense* 'Dawn', illus. p.150
Viburnum x *bodnantense* 'Deben' *
Viburnum x *burkwoodii* 'Anne Russell' *
Viburnum x *burkwoodii* 'Fulbrook'
Viburnum x *burkwoodii* 'Park Farm Hybrid' *
Viburnum x *carlcephalum*, illus. p.117
Viburnum carlesii 'Aurora'
Viburnum cinnamomifolium *
Viburnum davidii, illus. p.175
Viburnum farreri, illus. p.147
Viburnum furcatum
Viburnum x *hillieri* 'Winton'
Viburnum x *juddii*, illus. p.154
Viburnum opulus 'Compactum', illus. p.172
Viburnum opulus 'Notcutt's Variety'
Viburnum opulus 'Roseum'
Viburnum opulus 'Xanthocarpum'
Viburnum plicatum 'Grandiflorum'
Viburnum plicatum 'Mariesii', illus. p.116
Viburnum plicatum 'Pink Beauty', illus. p.130
Viburnum plicatum 'Rowallane'
Viburnum 'Pragense', illus. p.139
Viburnum sargentii 'Onondaga' *
Viburnum tinus 'Eve Price' *
Viburnum tinus 'Gwenllian' *

W

Washingtonia filifera *
Weigela 'Abel Carrière'
Weigela 'Fiesta'
Weigela florida 'Foliis Purpureis', illus. p.163
Weigela florida 'Variegata', illus. p.160
Weigela 'Mont Blanc'
Weigela praecox 'Variegata' *
Westringia fruticosa, illus. p.158

X

Xanthoceras sorbifolium, illus. p.118

Y

Yucca elephantipes
Yucca filamentosa *
Yucca filamentosa 'Bright Edge'
Yucca filamentosa 'Variegata'
Yucca flaccida 'Golden Sword'
Yucca flaccida 'Ivory', illus. p.160
Yucca gloriosa, illus. p.137
Yucca gloriosa 'Variegata'
Yucca recurvifolia

Z

Zauschneria californica subsp. *cana* 'Dublin', illus. p.355
Zelkova serrata, illus. p.71

针叶树

A

Abies balsamea f. *hudsonia* *
Abies concolor *
Abies concolor 'Compacta', illus. p.101
Abies grandis illus. p.104
Abies koreana 'Silberlocke'
Abies lasiocarpa var. *arizonica* 'Compacta', illus. p.110
Abies nordmanniana *
Abies nordmanniana 'Golden Spreader' *
Abies pinsapo 'Glauca'
Abies procera *
Abies veitchii, illus. p.102

C

Calocedrus decurrens, illus. p.106
Cedrus atlantica f. *glauca* *
Cedrus brevifolia
Cedrus deodara *
Cedrus deodara 'Aurea', illus. p.103
Cedrus libani subsp. *libani*
Chamaecyparis lawsoniana 'Aurea Densa'
Chamaecyparis lawsoniana 'Chilworth Silver'
Chamaecyparis lawsoniana 'Ellwoodii' *

Chamaecyparis lawsoniana 'Ellwood's Gold'
Chamaecyparis lawsoniana 'Fletcheri' *
Chamaecyparis lawsoniana 'Gimbornii'
Chamaecyparis lawsoniana 'Grayswood Pillar'
Chamaecyparis lawsoniana 'Green Hedger'
Chamaecyparis lawsoniana 'Intertexta', illus. p.102
Chamaecyparis lawsoniana 'Kilmacurragh' *
Chamaecyparis lawsoniana 'Lane', illus. p.107
Chamaecyparis lawsoniana 'Lutea'
Chamaecyparis lawsoniana 'Lutea Nana'
Chamaecyparis lawsoniana 'Minima Aurea'
Chamaecyparis lawsoniana 'Minima Glauca'
Chamaecyparis lawsoniana 'Pelt's Blue'
Chamaecyparis lawsoniana 'Pembury Blue', illus. p.105
Chamaecyparis lawsoniana 'Pygmaea Argentea'
Chamaecyparis lawsoniana 'Stardust'
Chamaecyparis lawsoniana 'Tamariscifolia' *
Chamaecyparis lawsoniana 'Wisselii' *
Chamaecyparis nootkatensis 'Pendula' *
Chamaecyparis obtusa 'Crippsii', illus. p.109
Chamaecyparis obtusa 'Nana' *
Chamaecyparis obtusa 'Nana Aurea', illus. p.111
Chamaecyparis obtusa 'Nana Gracilis' *
Chamaecyparis obtusa 'Tetragona Aurea' *
Chamaecyparis pisifera 'Boulevard' *
Chamaecyparis pisifera 'Filifera Aurea', illus. p.111
Chamaecyparis pisifera 'Golden Mop'
Chamaecyparis thyoides 'Andelyensis' *
Chamaecyparis thyoides 'Andelyensis Nana'
Chamaecyparis thyoides 'Ericoides'
Cryptomeria japonica
Cryptomeria japonica 'Bandai-sugi' *
Cryptomeria japonica 'Elegans Compacta', illus. p.111
Cryptomeria japonica 'Globosa Nana'
Cryptomeria japonica 'Vilmoriniana' *
x *Cupressocyparis leylandii* 'Gold Rider'
x *Cupressocyparis leylandii* 'Haggerston Grey' *
x *Cupressocyparis leylandii* 'Robinson's Gold' *
Cupressus arizonica 'Pyramidalis'
Cupressus cashmeriana, illus. p.101
Cupressus macrocarpa 'Donard Gold'
Cupressus macrocarpa 'Gold Spread'
Cupressus macrocarpa 'Goldcrest', illus. p.109
Cupressus sempervirens 'Swane's Gold'
Cupressus sempervirens Stricta Group

G

Ginkgo biloba, illus. p.103

J

Juniperus chinensis 'Aurea' *
Juniperus chinensis 'Blaauw' *
Juniperus chinensis 'Kaizuka' *
Juniperus chinensis 'Obelisk', illus. p.108
Juniperus chinensis 'Plumosa Aurea', illus. p.111
Juniperus chinensis 'Pyramidalis' *
Juniperus communis 'Compressa' *
Juniperus communis 'Green Carpet'
Juniperus communis 'Hibernica', illus. p.111
Juniperus communis 'Hornibrookii' *
Juniperus communis 'Repanda'
Juniperus horizontalis 'Plumosa' *
Juniperus horizontalis 'Wiltonii' *
Juniperus x *pfitzeriana* 'Old Gold'
Juniperus x *pfitzeriana* 'Pfitzeriana Compacta'
Juniperus x *pfitzeriana* 'Sulphur Spray'
Juniperus x *pfitzeriana* 'William Pfitzer'
Juniperus procumbens 'Nana', illus. p.110
Juniperus scopulorum 'Blue Heaven'
Juniperus squamata 'Blue Carpet' *
Juniperus squamata 'Blue Star', illus. p.110
Juniperus squamata 'Holger', illus. p.110
Juniperus virginiana 'Grey Owl', illus. p.110

L

Larix decidua *
Larix kaempferi *

M

Metasequoia glyptostroboides, illus. p.102
Microbiota decussata, illus. p.110

P

Picea abies 'Little Gem' *
Picea abies 'Nidiformis' *
Picea breweriana, illus. p.105
Picea glauca var. *albertiana* 'Alberta Globe'
Picea glauca var. *albertiana* 'Conica', illus. p.111
Picea glauca 'Echiniformis' *
Picea mariana 'Nana', illus. p.110
Picea omorika, illus. p.103
Picea omorika 'Nana' *
Picea omorika 'Pendula'
Picea orientalis *
Picea orientalis 'Aurea' *
Picea pungens 'Globosa'
Picea pungens 'Hoopsii' *
Picea pungens 'Koster', illus. p.105
Picea pungens 'Procumbens'
Picea purpurea
Picea smithiana *
Pinus canariensis
Pinus cembra, illus. p.106
Pinus coulteri, illus. p.102
Pinus heldreichii, illus. p.104
Pinus heldreichii 'Smidtii', illus. p.111
Pinus jeffreyi, illus. p.103
Pinus mugo 'Mops' *
Pinus mugo Pumilio Group
Pinus muricata, illus. p.103
Pinus nigra
Pinus nigra var. *maritima*
Pinus nigra var. *maritima* 'Moseri'
Pinus parviflora, illus. p.105
Pinus parviflora 'Adcock's Dwarf' *
Pinus patula
Pinus pinaster, illus. p.103
Pinus pinea, illus. p.109
Pinus ponderosa, illus. p.103
Pinus pumila 'Glauca'
Pinus radiata, illus. p.104
Pinus strobus 'Radiata' *
Pinus sylvestris *
Pinus sylvestris 'Aurea', illus. p.111
Pinus sylvestris 'Beuvronensis' *
Pinus sylvestris 'Gold Coin'
Pinus wallichiana, illus. p.103
Podocarpus salignus, illus. p.106
Pseudolarix amabilis, illus. p.107
Pseudotsuga menziesii *
Pseudotsuga menziesii 'Glauca Pendula'

S

Sciadopitys verticillata, illus. p.106
Sequoia sempervirens *
Sequoiadendron giganteum, illus. p.102

T

Taxodium distichum, illus. p.104
Taxodium distichum var. *imbricatum* 'Nutans'
Taxus baccata *
Taxus baccata 'Adpressa Variegata'
Taxus baccata 'Dovastoniana' *
Taxus baccata 'Dovastonii Aurea', illus. p.111
Taxus baccata 'Elegantissima'
Taxus baccata 'Fastigiata' *
Taxus baccata 'Fastigiata Aureomarginata'
Taxus baccata 'Repandens' *
Taxus baccata 'Repens Aurea'
Taxus baccata 'Semperaurea' *
Taxus baccata 'Standishii'
Taxus x *media* 'Hicksii' *
Thuja occidentalis 'Danica'
Thuja occidentalis 'Holmstrup' *
Thuja occidentalis 'Lutea Nana' *
Thuja occidentalis 'Rheingold' *
Thuja occidentalis 'Smaragd' *
Thuja orientalis 'Aurea Nana', illus. p.111
Thuja orientalis 'Elegantissima'
Thuja plicata 'Atrovirens' *
Thuja plicata 'Aurea' *
Thuja plicata 'Fastigiata'
Thuja plicata 'Irish Gold'
Thuja plicata 'Stoneham Gold', illus. p.111
Thujopsis dolabrata *
Tsuga canadensis 'Jeddeloh'
Tsuga canadensis f. *pendula* *
Tsuga heterophylla *

月季、蔷薇类
（包括攀援品种）

Rosa Abbeyfield Rose ('Cocbrose')
Rosa x *alba* 'Maxima'
Rosa x *alba* 'Semiplena' *
Rosa Alexander ('Harlex'), illus. p.192
Rosa 'Alister Stella Gray' *
Rosa Amber Queen ('Harroony'), illus. p.193
Rosa Anisley Dickson ('Dickimono'), illus. p.191
Rosa Anna Ford ('Harpiccolo'), illus. p.191
Rosa Anna Livia ('Kormetter')
Rosa 'Arthur Bell' *
Rosa 'Ballerina'
Rosa 'Baronne Prévost'
Rosa 'Belle de Crécy', illus. p.188
Rosa 'Belle Poitevine'
Rosa 'Blairii Number Two'
Rosa 'Blanche Double de Coubert'
Rosa 'Blessings', illus. p.190
Rosa Bonica ('Meidomonac'), illus. p.186
Rosa 'Buff Beauty' *
Rosa 'Cantabrigiensis'
Rosa 'Capitaine John Ingram' *
Rosa 'Cardinal de Richelieu', illus. p.188
Rosa 'Cécile Brünner' *
Rosa Celestial ('Celeste'), illus. p.185
Rosa 'Céline Forestier'
Rosa x *centifolia* 'Cristata' *
Rosa x *centifolia* 'Muscosa' *
Rosa 'Cerise Bouquet' *
Rosa 'Charles de Mills' *
Rosa 'Chinatown'
Rosa Cider Cup ('Dicladida')
Rosa City of London ('Harukfore') *
Rosa 'Complicata', illus. p.186
Rosa Constance Spry ('Austance'), illus. p.186
Rosa 'Cornelia'
Rosa 'De Rescht'
Rosa 'Du Maître d'Ecole' *
Rosa 'Duc de Guiche'
Rosa 'Duchesse de Montebello'
Rosa Elina ('Dicjana') *
Rosa Escapade ('Harpade'), illus. p.191
Rosa 'Fantin-Latour', illus. p.185
Rosa 'Felicia', illus. p.185
Rosa 'Félicité Parmentier' *
Rosa 'Ferdinand Pichard'
Rosa 'Fragrant Delight' *
Rosa 'Francis E. Lester'
Rosa x *francofurtana*
Rosa 'Fred Loads'
Rosa Freedom ('Dicjem'), illus. p.193
Rosa 'Fritz Nobis'
Rosa 'Fru Dagmar Hastrup'
Rosa 'Frühlingsgold'
Rosa gallica var. *officinalis* *
Rosa gallica 'Versicolor', illus. p.187
Rosa Gentle Touch ('Diclulu') *
Rosa Gertrude Jekyll ('Ausbord')
Rosa glauca, illus. p.186
Rosa 'Golden Wings' *
Rosa Graham Thomas ('Ausmas'), illus. p.189
Rosa x *harisonii* 'Harison's Yellow'
Rosa 'Helen Knight'
Rosa 'Henri Martin', illus. p.187
Rosa 'Highdownensis'
Rosa Iceberg ('Korbin'), illus. p.189
Rosa Indian Summer ('Peaperfume')
Rosa Ingrid Bergman ('Poulman') *
Rosa 'Irène Watts'
Rosa 'Ispahan' *
Rosa Jacqueline du Pré ('Harwanna') *
Rosa 'Just Joey', illus. p.194
Rosa 'Königin von Dänemark', illus. p.186
Rosa 'La Ville de Bruxelles'
Rosa 'Lavender Lassie'
Rosa Lovely Lady ('Dicjubell'), illus. p.190
Rosa macrophylla 'Master Hugh'
Rosa 'Madame Delaroche-Lambert'
Rosa 'Madame Hardy', illus. p.184
Rosa 'Madame Isaac Pereire', illus. p.187
Rosa 'Madame Knorr' *
Rosa 'Madame Louis Lévêque'
Rosa Many Happy Returns ('Harwanted') *
Rosa 'Marchesa Boccella'
Rosa Margaret Merril ('Harkuly'), illus. p.189
Rosa 'Marguerite Hilling', illus. p.186
Rosa 'Mevrouw Nathalie Nypels'
Rosa Mountbatten ('Harmantelle'), illus. p.193
Rosa moyessii 'Geranium', illus. p.187
Rosa 'Mrs Oakley Fisher'
Rosa mulliganii
Rosa multibracteata
Rosa 'Nevada', illus. p.185
Rosa 'Nozomi', illus. p.189
Rosa nutkana 'Plena' *
Rosa x *odorata* 'Mutabilis', illus. p.187
Rosa Paul Shirville ('Harqueterwife'), illus. p.191
Rosa Peace ('Madame A.Meilland'), illus. p.192
Rosa 'Penelope', illus. p.184
Rosa 'Perle d'Or' *
Rosa pimpinellifolia 'Andrewsii'
Rosa Pink Flower Carpet ('Noatraum')
Rosa 'Pink Grootendorst', illus. p.186
Rosa 'Président de Sèze' *
Rosa primula, illus. p.188
Rosa 'Prosperity'
Rosa 'Queen Elizabeth', illus. p.190
Rosa Queen Mother ('Korquemu')
Rosa Red Blanket ('Intercell')
Rosa Remember Me ('Cocdestin'), illus. p.194
Rosa 'Rose d'Amour'
Rosa 'Roseraie de l'Haÿ', illus. p.187
Rosa Rosy Cushion ('Interall'), illus. p.186
Rosa Royal William ('Korzaun'), illus. p.192
Rosa rubiginosa, illus. p.185
Rosa rugosa var. *alba* *
Rosa 'Sally Holmes'
Rosa Savoy Hotel ('Harvintage')
Rosa 'Scabrosa'
Rosa 'Scharlachglut'
Rosa 'Schneezwerg'
Rosa Sexy Rexy ('Macrexy'), illus. p.190
Rosa 'Shailer's White Moss'
Rosa 'Silver Jubilee', illus. p.191
Rosa Snow Carpet ('Maccarpe') *
Rosa 'Southampton', illus. p.194
Rosa 'Souvenir de Saint Anne's'
Rosa 'Stacey Sue', illus. p.195
Rosa Suma ('Harsuma')
Rosa Surrey ('Korlanum')
Rosa Swany ('Meiburenac')
Rosa Sweet Dream ('Fryminicot') *
Rosa Sweet Magic ('Dicmagic'), illus. p.194
Rosa Tall Story ('Dickooky')
Rosa Tango ('Macfirwal')
Rosa Tequila Sunrise ('Dicobey')

藤本植物

竹类

蕨类

Asplenium bulbiferum *
Asplenium nidus, illus. p.313
Asplenium scolopendrium, illus. p.313
Asplenium scolopendrium 'Crispum Bolton's Nobile'
Asplenium scolopendrium 'Kaye's Lacerated'
Asplenium trichomanes, illus. p.311
Athyrium filix-femina *
Athyrium filix-femina 'Frizelliae'
Athyrium filix-femina 'Vernoniae'
Athyrium niponicum var. pictum
Athyrium otophorum *
Blechnum chilense
Blechnum penna-marina, illus. p.310
Blechnum spicant *
Blechnum tabulare *
Cyrtomium falcatum, illus. p.311
Cyrtomium fortunei *
Davallia canariensis *
Davallia mariesii *
Dicksonia antarctica, illus. p.310
Dicksonia fibrosa *
Dicksonia squarrosa *
Dryopteris affinis *
Dryopteris affinis 'Crispa Gracilis'
Dryopteris affinis 'Cristata'
Dryopteris affinis 'Cristata Angustata'
Dryopteris affinis 'Polydactyla Mapplebeck'
Dryopteris cycadina *
Dryopteris dilatata *
Dryopteris dilatata 'Crispa Whiteside'
Dryopteris dilatata 'Lepidota Cristata'
Dryopteris erythrosora *
Dryopteris erythrosora 'Prolifera'
Dryopteris filix-mas, illus. p.310
Dryopteris filix-mas 'Cristata'
Dryopteris filix-mas 'Grandiceps Wills' *
Dryopteris wallichiana *
Gymnocarpium dryopteris *
Gymnocarpium dryopteris 'Plumosum'
Matteuccia struthiopteris, illus. p.312
Nephrolepis exaltata, illus. p.312
Onoclea sensibilis, illus. p.312
Osmunda cinnamomea *
Osmunda claytoniana *
Osmunda regalis, illus. p.312
Osmunda regalis 'Cristata'
Pellaea rotundifolia *
Phlebodium aureum, illus. p.311
Platycerium bifurcatum, illus. p.310
Platycerium superbum
Platycerium veitchii
Polypodium cambricum 'Cambricum'
Polypodium cambricum 'Grandiceps Fox'
Polypodium cambricum 'Wilharris'
Polypodium glycyrrhiza 'Longicaudatum'
Polypodium interjectum 'Cornubiense'
Polystichum aculeatum
Polystichum munitum, illus. p.310
Polystichum polyblepharum *
Polystichum setiferum *
Polystichum setiferum Divisilobum Group 'Divisilobum Densum'
Polystichum setiferum Divisilobum Group 'Divisilobum Iveryanum'
Polystichum setiferum 'Pulcherrimum Bevis'
Polystichum tsussimense *
Pteris cretica *
Pteris cretica 'Albolineata' *
Rumohra adiantiformis
Woodsia polystichoides *
Woodwardia radicans *

多年生草本

A

Abromeitiella brevifolia
Acaena microphylla, illus. p.389
Acalypha hispida *
Acanthus spinosus, illus. p.251
Achillea ageratifolia
Achillea 'Coronation Gold', illus. p.256
Achillea filipendulina 'Gold Plate', illus. p.256
Achillea x lewisii 'King Edward' *
Achillea 'Moonshine', illus. p.291
Achillea tomentosa
Aconitum 'Bressingham Spire' *
Aconitum x cammarum 'Bicolor', illus. p.252
Aconitum carmichaelii Wilsonii Group 'Kelmscott'
Aconitum x henryi 'Spark's Variety'
Actaea pachypoda, illus. p.259
Actaea rubra *
Aechmea chantinii
Aechmea fasciata, illus. p.265
Aechmea Foster's Favorite Group, illus. p.265
Aechmea fulgens var. discolor
Aechmea nudicaulis *
Aechmea orlandiana
Aechmea racinae
Aechmea 'Royal Wine'
Aglaonema modestum
Aglaonema 'Silver Queen'
Ajuga reptans 'Atropurpurea', illus. p.303
Ajuga reptans 'Braunherz'
Ajuga reptans 'Burgundy Glow'
Ajuga reptans 'Catlin's Giant'
Alchemilla erythropoda
Alchemilla mollis, illus. p.290
Alocasia x amazonica
Amsonia orientalis, illus. p.286
Anagallis tenella 'Studland', illus. p.367
Ananas bracteatus 'Tricolor', illus. p.265
Anaphalis margaritacea var. yedoensis
Anaphalis triplinervis
Anaphalis triplinervis 'Sommerschnee'
Anchusa azurea 'Loddon Royalist', illus. p.254
Anchusa cespitosa, illus. p.370
Androsace carnea subsp. laggeri, illus. p.367
Androsace carnea subsp. rosea
Androsace lanuginosa, illus. p.377
Androsace sarmentosa *
Androsace sempervivoides *
Anemone apennina *
Anemone blanda *
Anemone blanda 'Ingramii', illus. p.433
Anemone blanda 'Radar', illus. p.430
Anemone blanda var. rosea
Anemone blanda 'White Splendour', illus. p.426
Anemone hupehensis 'Hadspen Abundance' *
Anemone hupehensis 'September Charm', illus. p.231
Anemone hupehensis var. japonica 'Prinz Heinrich' *
Anemone x hybrida 'Géante des Blanches'
Anemone x hybrida 'Honorine Jobert', illus. p.231
Anemone x hybrida 'Königin Charlotte'
Anemone x lipsiensis 'Pallida'
Anemone nemorosa *
Anemone nemorosa 'Allenii', illus. p.270
Anemone nemorosa 'Leeds' Variety'
Anemone nemorosa 'Robinsoniana', illus. p.270
Anemone nemorosa 'Vestal' *
Anemone nemorosa 'Virescens'
Anemone ranunculoides, illus. p.274
Anigozanthos humilis
Anigozanthos manglesii, illus. p.250
Antennaria microphylla, illus. p.366
Anthemis punctata subsp. cupaniana, illus. p.276
Anthyllis montana 'Rubra' *
Aquilegia bertolonii
Aquilegia caerulea
Aquilegia canadensis *
Aquilegia flabellata *
Aquilegia flabellata var. pumila
Aquilegia flabellata var. pumila f. alba *
Aquilegia 'Hensol Harebell'
Aquilegia vulgaris 'Nivea'
Aquilegia vulgaris 'Nora Barlow', illus. p.249
Arabis alpina subsp. caucasica 'Flore Pleno' *
Arabis procurrens 'Variegata', illus. p.388
Arctotis Harlequin Hybrids 'Flame'
Arctotis Harlequin Hybrids 'Mahogany'
Arctotis Harlequin Hybrids 'Orange Princess'
Arctotis Harlequin Hybrids 'Red Magic'
Arenaria montana, illus. p.374
Argyranthemum 'Cornish Gold'
Argyranthemum 'Donington Hero'
Argyranthemum foeniculaceum 'Royal Haze'
Argyranthemum frutescens subsp. canariae
Argyranthemum gracile 'Chelsea Girl'
Argyranthemum 'Jamaica Primrose', illus. p.255
Argyranthemum 'Levada Cream'
Argyranthemum maderense
Argyranthemum 'Mary Cheek'
Argyranthemum 'Petite Pink'
Argyranthemum 'Qinta White'
Argyranthemum 'Snow Storm'
Argyranthemum 'Vancouver'
Argyranthemum 'Whiteknights'
Armeria 'Bee's Ruby' *
Armeria juniperifolia, illus. p.365
Armeria juniperifolia 'Bevan's Variety' *
Armeria maritima 'Vindictive', illus. p.380
Artemisia absinthium 'Lambrook Mist'
Artemisia absinthium 'Lambrook Silver' *
Artemisia caucasica *
Artemisia frigida *
Artemisia lactiflora, illus. p.227
Artemisia ludoviciana var. ludoviciana
Artemisia ludoviciana 'Silver Queen' *
Artemisia ludoviciana 'Valerie Finnis'
Artemisia pontica, illus. p.290
Artemisia schmidtiana *
Artemisia schmidtiana 'Nana', illus. p.389
Aruncus dioicus, illus. p.226
Asparagus densiflorus 'Myersii', illus. p.267
Asparagus densiflorus Sprengeri Group
Asperula arcadiensis
Asperula sintenisii
Aspidistra elatior *
Aspidistra elatior 'Variegata', illus. p.301
Astelia chathamica
Aster alpinus, illus. p.381
Aster amellus 'Framfieldii'
Aster amellus 'Jacqueline Genebrier'
Aster amellus 'King George', illus. p.262
Aster amellus 'Veilchenkönigin' *
Aster 'Coombe Fishacre'
Aster cordifolius 'Chieftain'
Aster cordifolius 'Sweet Lavender'
Aster ericoides 'Blue Star'
Aster ericoides 'Brimstone'
Aster ericoides 'Golden Spray', illus. p.262
Aster ericoides 'Pink Cloud'
Aster x frikartii 'Mönch', illus. p.262
Aster x frikartii 'Wunder von Stäfa', illus. p.262
Aster 'Kylie'
Aster lateriflorus 'Horizontalis', illus. p.262
Aster 'Little Carlow'
Aster novae-angliae 'Andenken an Alma Pötschke', illus. p.262
Aster novae-angliae 'Harrington's Pink', illus. p.262
Aster 'Ochtendgloren'
Aster 'Photograph'
Aster pilosus var. demotus
Aster pringlei 'Monte Cassino'
Aster 'Ringdove'
Aster turbinellus
Astilbe x arendsii 'Brautschleier'
Astilbe 'Bronce Elegans'
Astilbe chinensis var. pumila *
Astilbe chinensis var. taquetii 'Superba'
Astilbe 'Fanal', illus. p.282
Astilbe glaberrima var. saxatilis
Astilbe 'Perkeo' *
Astilbe 'Rheinland'
Astilbe simplicifolia
Astilbe 'Sprite' *
Astilbe 'Straussenfeder', illus. p.244
Astrantia major subsp. involucrata 'Shaggy'
Astrantia major 'Sunningdale Variegated'
Astrantia maxima, illus. p.277
Aubrieta 'Doctor Mules' *
Aurinia saxatilis, illus. p.350
Aurinia saxatilis 'Citrina', illus. p.349

B

Baptisia australis, illus. p.252
Begonia 'Alto Scharff'
Begonia 'Burle Marx'
Begonia 'Cleopatra'
Begonia 'Esther Albertine'
Begonia fuchsioides *
Begonia 'Irene Nuss'
Begonia listada
Begonia maculata
Begonia masoniana, illus. p.295
Begonia metallica, illus. p.295
Begonia 'Mirage'
Begonia 'Munchkin'
Begonia 'Musical Scarlet'
Begonia 'Orange Rubra', illus. p.295
Begonia 'Pinafore'
Begonia radicans
Begonia 'Raspberry Swirl'
Begonia 'Raymond George Nelson'
Begonia Rex Cultorum Group 'Merry Christmas', illus. p.29
Begonia 'Ricky Minter'
Begonia 'Silver Queen'
Begonia solananthera
Begonia 'Sophie Cecile'
Begonia sutherlandii, illus. p.295
Begonia 'Thurstonii', illus. p.295
Begonia 'Tiger Paws', illus. p.295
Bellis perennis 'Dresden China'
Bellis perennis 'Rob Roy'
Bergenia 'Ballawley' *
Bergenia 'Bressingham White'
Bergenia cordifolia 'Purpurea', illus. p.269
Bergenia 'Morgenröte' *
Bergenia purpurascens *
Bergenia x schmidtii *
Bergenia 'Silberlicht', illus. p.268
Beschorneria yuccoides, illus. p.465
Bidens ferulifolia
Billardiera longiflora, illus. p.218
Billbergia x gireaudiana
Billbergia 'Muriel Waterman'
Billbergia pyramidalis
Billbergia vittata
Billbergia x windii *
Brunnera macrophylla *
Brunnera macrophylla 'Hadspen Cream'
Butomus umbellatus, illus. p.448

C

Calathea lancifolia
Calathea makoyana, illus. p.304
Calathea zebrina, illus. p.266
Callisia elegans
Caltha palustris, illus. p.451
Caltha palustris 'Flore Pleno', illus. p.451
Campanula arvatica
Campanula betulifolia *
Campanula 'Birch Hybrid', illus. p.382
Campanula 'Burghaltii', illus. p.286
Campanula carpatica *
Campanula chamissonis 'Superba'
Campanula cochleariifolia, illus. p.373
Campanula formanekiana
Campanula garganica *
Campanula garganica 'W.H. Paine' *
Campanula 'G.F. Wilson', illus. p.382
Campanula glomerata 'Superba', illus. p.251
Campanula isophylla *
Campanula isophylla 'Alba'
Campanula isophylla 'Mayi'
Campanula 'Joe Elliott' *
Campanula lactiflora 'Alba'
Campanula lactiflora 'Loddon Anna', illus. p.227
Campanula lactiflora 'Prichard's Variety', illus. p.228
Campanula lactiflora 'Superba'
Campanula latiloba 'Alba'

Campanula latiloba 'Hidcote Amethyst'
Campanula latiloba 'Highcliffe Variety'
Campanula latiloba 'Percy Piper' *
Campanula persicifolia 'Fleur de Neige' *
Campanula portenschlagiana, illus. p.382
Campanula poscharskyana 'Stella'
Campanula raineri *
Campanula saxatilis
Campanula tommasiniana
Cardamine pratensis 'Flore Pleno' *
Carex elata 'Aurea', illus. p.309
Carex oshimensis 'Evergold', illus. p.309
Catananche caerulea 'Major', illus. p.285
Catharanthus roseus, illus. p.160
Catharanthus roseus 'Albus'
Ceratostigma plumbaginoides, illus. p.360
Chiastophyllum oppositifolium, illus. p.349
Chirita sinensis *
Chlorophytum comosum 'Variegatum'
Chlorophytum comosum 'Vittatum', illus. p.301
Chrysanthemum 'Allouise'
Chrysanthemum 'Amber Enbee Wedding'
Chrysanthemum 'Amber Yvonne Arnaud' *
Chrysanthemum 'Angora'
Chrysanthemum 'Anna Marie'
Chrysanthemum 'Apricot Margaret'
Chrysanthemum 'Apricot Shoesmith Salmon'
Chrysanthemum 'Bagley Rose'
Chrysanthemum 'Bagley Tang'
Chrysanthemum 'Beacon' *
Chrysanthemum 'Blush Shoesmith Salmon'
Chrysanthemum BRAVO ('Yobravo')
Chrysanthemum 'Bronze Cassandra'
Chrysanthemum 'Bronze Enbee Wedding'
Chrysanthemum 'Bronze Fairie', illus. p.261
Chrysanthemum 'Bronze Margaret'
Chrysanthemum 'Bronze Mayford Perfection'
Chrysanthemum 'Bronze Nu Rosemary'
Chrysanthemum 'Bronze Pennine Wine'
Chrysanthemum 'Brushford'
Chrysanthemum 'Cameo'
Chrysanthemum 'Candlewick Limelight'
Chrysanthemum 'Cerise Shoesmith Salmon'
Chrysanthemum 'Cherry Nathalie'
Chrysanthemum 'Cherry Pennine Phyllis'
Chrysanthemum 'Chestnut Talbot Parade'
Chrysanthemum 'Cream Margaret'
Chrysanthemum 'Creamist'
Chrysanthemum 'Crimson Shoesmith Salmon'
Chrysanthemum 'Crimson Yvonne Arnaud'
Chrysanthemum 'Dana'
Chrysanthemum 'Dark Red Mayford Perfection'
Chrysanthemum 'Deane Dainty'
Chrysanthemum DEBONAIR ('Yodebo')
Chrysanthemum 'Dee Gem'
Chrysanthemum 'Denise'
Chrysanthemum 'Dowches Patricia'
Chrysanthemum 'Early Bird'
Chrysanthemum 'Eastleigh'
Chrysanthemum EMILY ('Yoemily')
Chrysanthemum 'Enbee Wedding' *
Chrysanthemum 'Fairie'
Chrysanthemum 'Fiji'
Chrysanthemum 'Fleet Margaret'
Chrysanthemum 'Flo Cooper'
Chrysanthemum 'Galaxy'
Chrysanthemum 'George Griffiths'
Chrysanthemum 'Gold Enbee Wedding'
Chrysanthemum 'Golden Cassandra'
Chrysanthemum 'Golden Creamist'
Chrysanthemum 'Golden Margaret'
Chrysanthemum 'Golden Mayford Perfection'
Chrysanthemum 'Golden Shoesmith Salmon'
Chrysanthemum 'Golden Spiro'
Chrysanthemum 'Goldmine'
Chrysanthemum 'Goodlife Sombrero'
Chrysanthemum 'Grenadine'
Chrysanthemum 'Heide'
Chrysanthemum HOLLY ('Yoholly')
Chrysanthemum 'Isis'
Chrysanthemum 'Lemon Margaret'
Chrysanthemum 'Linda Welch'
Chrysanthemum 'Long Island Beauty'
Chrysanthemum 'Madeleine', illus. p.260
Chrysanthemum 'Mancetta Bride'
Chrysanthemum 'Mancetta Jupiter'
Chrysanthemum 'Margaret'
Chrysanthemum 'Mavis'
Chrysanthemum 'Max Riley'
Chrysanthemum 'Mayford Perfection'
Chrysanthemum 'Membury'
Chrysanthemum 'Mirage'
Chrysanthemum 'Myssy Angie'
Chrysanthemum 'Nantyderry Sunshine'
Chrysanthemum 'Nathalie'
Chrysanthemum 'Nora Brook'
Chrysanthemum 'Nuflair'
Chrysanthemum 'Nu-Rosemary'
Chrysanthemum 'Orange Shoesmith Salmon'
Chrysanthemum 'Orno'
Chrysanthemum 'Payton Dale'
Chrysanthemum 'Payton Prince'
Chrysanthemum 'Peach Allouise'
Chrysanthemum 'Peach Enbee Wedding'
Chrysanthemum 'Peach Fiji'
Chrysanthemum 'Pennine Alfie', illus. p.261
Chrysanthemum 'Pennine Calypso'
Chrysanthemum 'Pennine Canary'
Chrysanthemum 'Pennine Club'
Chrysanthemum 'Pennine Flute', illus. p.261
Chrysanthemum 'Pennine Gambol'
Chrysanthemum 'Pennine Ginger'
Chrysanthemum 'Pennine Glory'
Chrysanthemum 'Pennine Goal'
Chrysanthemum 'Pennine Jade'
Chrysanthemum 'Pennine Jude'
Chrysanthemum 'Pennine Lace'
Chrysanthemum 'Pennine Lotus'
Chrysanthemum 'Pennine Magic'
Chrysanthemum 'Pennine Magnet'
Chrysanthemum 'Pennine Marie'
Chrysanthemum 'Pennine Oriel', illus. p.260
Chrysanthemum 'Pennine Phyllis'
Chrysanthemum 'Pennine Signal'
Chrysanthemum 'Pennine Silver'
Chrysanthemum 'Pennine Soldier'
Chrysanthemum 'Pennine Sun'
Chrysanthemum 'Pennine Sweetheart'
Chrysanthemum 'Pennine Tango'
Chrysanthemum 'Pennine Twinkle'
Chrysanthemum 'Pennine Whistle'
Chrysanthemum 'Pink Frill'
Chrysanthemum 'Pink Gin'
Chrysanthemum 'Pink Julie Ann'
Chrysanthemum 'Pink Margaret'
Chrysanthemum 'Pink Nu Rosemary'
Chrysanthemum 'Pinnochio'
Chrysanthemum 'Poppet'
Chrysanthemum 'Primrose Allouise'
Chrysanthemum 'Primrose Mayford Perfection'
Chrysanthemum 'Purple Pennine Wine', illus. p.261
Chrysanthemum 'Purple Shoesmith Salmon'
Chrysanthemum 'Red Bagley Tang'
Chrysanthemum 'Red Medallion'
Chrysanthemum 'Red Pennine Jade'
Chrysanthemum 'Red Wendy'
Chrysanthemum 'Regalia'
Chrysanthemum 'Resilient'
Chrysanthemum 'Robeam' *
Chrysanthemum 'Rose Mayford Perfection'
Chrysanthemum 'Rosedew'
Chrysanthemum 'Roy Coopland' *
Chrysanthemum 'Royal Fiji'
Chrysanthemum 'Royal Knight'
Chrysanthemum 'Ruby Enbee Wedding'
Chrysanthemum 'Rylands Gem'
Chrysanthemum 'Rynoon'
Chrysanthemum 'Rystar'
Chrysanthemum 'Salmon Cassandra'
Chrysanthemum 'Salmon Enbee Wedding'
Chrysanthemum 'Salmon Fairie', illus. p.261
Chrysanthemum 'Salmon Margaret', illus. p.261
Chrysanthemum 'Salmon Nu Rosemary'
Chrysanthemum 'Salmon Pennine Gambol'
Chrysanthemum 'Salmon Pennine Rose'
Chrysanthemum 'Salmon Pennine Wine'
Chrysanthemum 'Salmon Talbot Parade'
Chrysanthemum 'Satin Pink Gin'
Chrysanthemum 'Shoesmith's Salmon'
Chrysanthemum 'Snowdon'
Chrysanthemum 'Solley'
Chrysanthemum 'Southway Sure'
Chrysanthemum 'Southway Swan'
Chrysanthemum 'Superbronze Shoesmith Salmon'
Chrysanthemum 'Swalwell'
Chrysanthemum 'Talbot Bouquet'
Chrysanthemum 'Talbot Imp'
Chrysanthemum 'Talbot Parade'
Chrysanthemum 'Tricia'
Chrysanthemum 'Vibrant'
Chrysanthemum 'Victor Rowe'
Chrysanthemum 'Wendy', illus. p.261
Chrysanthemum 'Wessex Shell'
Chrysanthemum 'Wessex Tang'
Chrysanthemum 'White Allouise'
Chrysanthemum 'White Margaret'
Chrysanthemum 'White Sands'
Chrysanthemum 'Yellow American Beauty'
Chrysanthemum 'Yellow Fairie'
Chrysanthemum 'Yellow Galaxy'
Chrysanthemum 'Yellow Heide'
Chrysanthemum 'Yellow John Hughes', illus. p.261
Chrysanthemum 'Yellow Long Island Beauty'
Chrysanthemum 'Yellow Margaret'
Chrysanthemum 'Yellow Mayford Perfection'
Chrysanthemum 'Yellow Nu-Rosemary'
Chrysanthemum 'Yellow Pennine Oriel'
Chrysanthemum 'Yellow Resilient'
Chrysanthemum 'Yellow Rio'
Chrysanthemum 'Yellow Shoesmith Salmon'
Chrysanthemum yezoense
Chrysanthemum 'Yvonne Arnaud', illus. p.261
Chrysothemis pulchella
Cimicifuga racemosa *
Cimicifuga simplex 'Elstead' *
Clematis integrifolia 'Rosea'
Coelogyne Memoria 'Burnham'
Columnea 'Chanticleer'
Columnea hirta
Columnea 'Kewensis Variegata'
Columnea 'Stavanger'
Convolvulus sabatius, illus. p.356
Coreopsis verticillata 'Grandiflora'
Cornus canadensis, illus. p.374
Cortaderia selloana 'Aureolineata' *
Cortaderia selloana 'Pumila'
Cortaderia selloana 'Sunningdale Silver', illus. p.306
Corydalis bulbosa
Corydalis malkensis
Corydalis solida
Corydalis solida subsp. *solida* 'Beth Evans'
Corydalis solida 'George Baker', illus. p.367
Crambe cordifolia, illus. p.226
Crepis incana *
Crinum x *powellii*, illus. p.398
Crinum x *powellii* 'Album', illus. p.397
Cryptanthus bivittatus, illus. p.265
Cryptanthus bromelioides 'Tricolor' *
Cryptanthus fosterianus
Cryptanthus 'It'
Cryptanthus 'Pink Starlight', illus. p.265
Cryptanthus zonatus *
Ctenanthe amabilis
Ctenanthe lubbersiana *
Ctenanthe oppenheimiana 'Tricolor', illus. p.264
Cyananthus lobatus *
Cyananthus microphyllus, illus. p.383
Cynara cardunculus, illus. p.228
Cyperus involucratus, illus. p.308

D

Dactylorhiza elata *
Dactylorhiza foliosa *
Dahlia 'Alan Melville'
Dahlia 'Allan Sparkes'
Dahlia 'Almand's Climax'
Dahlia 'Alva's Doris' *
Dahlia 'Andrew Magson'
Dahlia 'Arthur Hills'
Dahlia 'Autumn Lustre'
Dahlia 'Aylett's Dazzler'
Dahlia 'Aylett's Gaiety'
Dahlia 'Barbarry Dominion'
Dahlia 'Bishop of Llandaff', illus. p.407
Dahlia 'Brandysnap'
Dahlia 'Bridge View Aloha'
Dahlia 'Butterball', illus. p.407
Dahlia 'Candy Cupid' *
Dahlia 'Christopher Nickerson'
Dahlia 'Clair de Lune', illus. p.407
Dahlia 'Conway'
Dahlia 'Cream Alva's'
Dahlia 'Dana Iris' *
Dahlia 'Dark Stranger'
Dahlia 'Davar Donna'
Dahlia 'David Howard' *
Dahlia 'Doctor Caroline Rabbitt'
Dahlia 'Ellen Huston'
Dahlia 'Elmdon Hank'
Dahlia 'Evening Mail'
Dahlia 'Fascination', illus. p.406
Dahlia 'Figurine'
Dahlia 'Finchcocks'
Dahlia 'Freya's Sweetheart'
Dahlia 'Freya's Thalia'
Dahlia 'Garden Party'
Dahlia 'Geerling's Indian Summer' *
Dahlia 'Geerlings Queeny'
Dahlia 'Glorie van Heemstede'
Dahlia 'Gold Diable'
Dahlia 'Hamari Accord', illus. p.407
Dahlia 'Hamari Bride' *
Dahlia 'Hamari Gold', illus. p.407
Dahlia 'Hamari Rosé'
Dahlia 'Hamari Sunshine'
Dahlia 'Hamilton Lillian'
Dahlia 'Happy Hanny'
Dahlia 'Harvest Amanda'
Dahlia 'Harvest Inflammation'
Dahlia 'Harvest Samantha'
Dahlia 'Harvest Tiny Tot'
Dahlia 'Hillcrest Albino'
Dahlia 'Hillcrest Blaze'
Dahlia 'Hillcrest Desire'
Dahlia 'Hillcrest Royal', illus. p.407
Dahlia 'Ice Cream Beauty'
Dahlia 'Inca Metropolitan'
Dahlia 'Jaldec Joker'
Dahlia 'Jaldec Jolly'
Dahlia 'Jeanette Carter', illus. p.407
Dahlia 'Jessica Crutchfield'
Dahlia 'Jill's Delight'
Dahlia 'John Street'
Dahlia 'Karenglen'
Dahlia 'Kathleen's Alliance'
Dahlia 'Kathryn's Cupid', illus. p.407
Dahlia 'Kay Helen'
Dahlia 'Kenora Valentine'
Dahlia 'Kidd's Climax'
Dahlia 'Lemon Elegans'
Dahlia 'Little Dorrit'
Dahlia 'Loud Applause'
Dahlia 'Mariner's Light'
Dahlia 'Nationwide' *
Dahlia 'Omo'
Dahlia 'Orange Mullett'
Dahlia 'Peach Cupid'
Dahlia 'Peachette'
Dahlia 'Pearl of Heemstede', illus. p.406
Dahlia 'Phill's Pink'
Dahlia 'Pink Pastelle'
Dahlia 'Pink Paul Chester'
Dahlia 'Piper's Pink'
Dahlia 'Porcelain' *
Dahlia 'Preston Park', illus. p.407
Dahlia 'Pretty Little Princess'
Dahlia 'Rheinfall'
Dahlia 'Rokesly Mini'
Dahlia 'Salsa'

R

S

Streptocarpus 'Holiday Blue'
Streptocarpus johannis
Streptocarpus 'Kim'
Streptocarpus 'Lisa'
Streptocarpus 'Paula'
Streptocarpus 'Royal Mixed'
Streptocarpus 'Ruby'
Streptocarpus 'Sarah'
Streptocarpus saxorum, illus. p.284
Streptocarpus 'Snow White'
Streptocarpus 'Stella'
Streptocarpus 'Susan'
Streptocarpus 'Tina'
Stromanthe sanguinea var. *spectabilis*
Stylidium crassifolium
Symphytum x *uplandicum* 'Variegatum', illus. p.238

T
Tanacetum coccineum 'Brenda', illus. p.238
Tanacetum coccineum 'Eileen May Robinson' *
Tanacetum coccineum 'James Kelway' *
Tetranema roseum, illus. p.303
Thalictrum aquilegiifolium 'Thundercloud'
Thalictrum delavayi *
Thalictrum delavayi 'Hewitt's Double' *
Thalictrum flavum subsp. *glaucum*
Thymus 'Coccineus'
Thymus polytrichus subsp. *britannicus* 'Thomas's White'
Thymus serpyllum 'Pink Chintz'
Tiarella cordifolia, illus. p.347
Tiarella wherryi *
Tillandsia lindenii, illus. p.265
Tolmiea menziesii *
Tolmiea menziesii 'Taff's Gold'
Trachelium caeruleum, illus. p.330
Tradescantia Andersonia Group 'Isis'
Tradescantia Andersonia Group 'J.C. Weguelin' *
Tradescantia Andersonia Group 'Osprey', illus. p.276
Tradescantia cerinthoides 'Variegata' *
Tradescantia fluminensis 'Aurea'
Tradescantia fluminensis 'Quicksilver'
Tradescantia fluminensis 'Tricolor Minima'
Tradescantia pallida 'Purpurea' *
Tradescantia sillamontana, illus. p.303
Tradescantia spathacea 'Vittata' *
Tradescantia zebrina, illus. p.301
Tradescantia zebrina 'Purpusii' *
Tradescantia zebrina 'Quadricolor' *
Tricyrtis formosana, illus. p.259
Trollius chinensis 'Golden Queen'
Trollius 'Goldquelle'
Trollius 'Orange Princess'
Trollius 'Superbus'
Tropaeolum majus 'Hermine Grashoff'
Tweedia caerulea, illus. p.215

V
Veratrum nigrum, illus. p.228
Verbascum bombyciferum *
Verbascum 'Cotswold Beauty'
Verbascum 'Gainsborough', illus. p.254
Verbascum 'Helen Johnson'
Verbascum 'Pink Domino' *
Verbena 'Lawrence Johnston'
Verbena 'Silver Anne'
Verbena 'Sissinghurst', illus. p.282
Veronica austriaca subsp. *teucrium* 'Crater Lake Blue'
Veronica austriaca subsp. *teucrium* 'Royal Blue' *
Veronica cinerea *
Veronica gentianoides, illus. p.287
Veronica prostrata, illus. p.357
Veronica prostrata 'Spode Blue' *
Veronica 'Shirley Blue'
Veronica spicata subsp. *incana*, illus. p.287
Veronica spicata subsp. *incana* 'Wendy'
Vinca major 'Variegata', illus. p.175
Vinca minor 'Argenteovariegata'
Vinca minor 'Atropurpurea'
Vinca minor 'Azurea Flore Pleno'
Vinca minor 'Gertrude Jekyll' *
Vinca minor 'La Grave' *
Viola 'Aspasia'
Viola 'Beshlie'
Viola 'Clementina'
Viola cornuta, illus. p.349
Viola cornuta Alba Group
Viola cornuta 'Minor'
Viola cucullata
Viola 'Huntercombe Purple', illus. p.382
Viola 'Inverurie Beauty'
Viola 'Jackanapes', illus. p.372
Viola 'Little David'
Viola 'Lorna'
Viola 'Maggie Mott'
Viola 'Martin'
Viola 'Molly Sanderson'
Viola 'Moonlight'
Viola 'Nellie Britton' *
Viola odorata 'Wellsiana'
Vriesea duvaliana
Vriesea fosteriana *
Vriesea psittacina *
Vriesea saundersii
Vriesea splendens, illus. p.265
x *Vuylstekeara* 'Plush'

作为一年生草本栽培的多年生草本

A
Alonsoa warscewiczii, illus. p.329
Anagallis monellii
Antirrhinum 'Bronze Chimes'
Antirrhinum Floral Carpet Series
Antirrhinum 'Liberty Pink'
Antirrhinum majus Bell Series 'Pink Bells' *
Antirrhinum majus Bell Series 'Yellow Bells'
Antirrhinum majus Coronette Series *
Antirrhinum majus Kim Series 'Kim Deep Orange' *
Antirrhinum majus Kim Series 'Kim Deep Rose' *
Antirrhinum majus Kim Series 'Kim Mixed' *
Antirrhinum majus Kim Series 'Kim Orange Bicolour' *
Antirrhinum majus Kim Series 'Kim Primrose Yellow' *
Antirrhinum majus Kim Series 'Kim Scarlet' *
Antirrhinum majus Kim Series 'Kim White' *
Antirrhinum majus Sonnet Series 'Sonnet Bronze' *
Antirrhinum majus Sonnet Series 'Sonnet Burgundy' *
Antirrhinum majus Sonnet Series 'Sonnet Carmine' *
Antirrhinum majus Sonnet Series 'Sonnet Crimson' *
Antirrhinum majus Sonnet Series 'Sonnet Mixed' *
Antirrhinum majus Sonnet Series 'Sonnet Pink' *
Antirrhinum majus Sonnet Series 'Sonnet Rose' *
Antirrhinum majus Sonnet Series 'Sonnet White' *
Antirrhinum majus Sonnet Series 'Sonnet Yellow' *
Arabis alpina subsp. *caucasica* 'Schneehaube'
Arabis blepharophylla 'Frühlingszauber'
Aubrieta 'Novalis Blue'

B
Begonia 'Alfa Pink'
Begonia 'Alfa Rose'
Begonia 'All Round Dark Rose Green Leaf'
Begonia 'All Round Pink Green Leaf'
Begonia 'All Round Rose Bronze Leaf'
Begonia 'All Round Rose Pink Green Leaf'
Begonia 'Ambassador Rose'
Begonia 'Clips Yellow'
Begonia 'Cora'
Begonia 'Expresso Rose'
Begonia 'Expresso Scarlet'
Begonia 'Focus Mixture'
Begonia 'Fortune Red'
Begonia 'Hi Fi Pink'
Begonia 'Illumination Orange'
Begonia 'Illumination Salmon Pink'
Begonia 'Inferno Apple Blossom'
Begonia 'Malaga Bicolour'
Begonia 'Memory Fiery Red'
Begonia 'Memory Mix'
Begonia 'Memory Rose'
Begonia 'Memory Salmon Pink'
Begonia 'Memory White'
Begonia 'Musical Rosepink'
Begonia 'Olympia Light Pink'
Begonia 'Olympia Starlet'
Begonia 'Olympia White'
Begonia 'Panorama Scarlet'
Begonia 'Partydress'
Begonia 'Partyflirt'
Begonia 'Partyfriend'
Begonia 'Pin Up'

C
Calceolaria 'Sunshine', illus. p.339
Centaurea cineraria subsp. *cineraria*
Cobaea scandens, illus. p.214
Cobaea scandens f. *alba* *

D
Dahlia 'Burnished Bronze'
Dahlia Diablo Mixed
Dahlia 'Mignon Rosa Band'
Dahlia 'Rigoletto'
Dahlia 'Sunny Yellow'
Delphinium 'Pink Dream'
Delphinium Southern Countess Group
Delphinium Southern Countrymen Group
Delphinium Southern Maidens Group
Delphinium Zeeland Series light blues
Dianthus barbatus 'Auricula-Eyed Mixed'
Dianthus barbatus 'Princess'
Dianthus barbatus Nigrescens Group

E
Erysimum allionii
Erysimum cheiri 'Persian Carpet'

G
Gaura lindheimeri *
Gazania 'Chansonette'
Gazania 'Daybreak Bright Orange'
Gazania 'Daybreak Garden Sun'
Gazania 'Dorothy'
Gazania 'Michael'
Gazania Mini-Star Series
Gazania 'Northbourne'
Gazania Talent Series *

I
Impatiens Accent Series
Impatiens Super Elfin Series
Impatiens Tempo Group

L
Limonium bonduellii 'Forever Gold'
Limonium otolepis 'Lavender Lace'
Limonium sinuatum 'Forever Silver'
Limonium sinuatum 'Supreme Rose Carmine'
Limonium sinuatum 'Turbo Yellow'
Lobelia erinus 'Cambridge Blue' *
Lobelia erinus 'Colour Cascade' *
Lobelia erinus 'Crystal Palace', illus. p.334
Lobelia erinus 'Mrs Clibran'
Lobelia erinus Regatta Series 'Regatta Midnight Blue'
Lobelia erinus Regatta Series 'Regatta Sky Blue'
Lobelia erinus Riviera Series 'Riviera Blue Eyes'
Lobelia erinus 'String of Pearls'
Lobelia 'Fan Orchid Rose'
Lobelia 'Fan Scharlach'
Lobelia 'Fan Tiefrot'
Lobelia 'Fan Zinnoberrosa'
Lobelia 'Kimbridge Beet'
Lobelia 'Pink Elephant'
Lobelia richardsonii
Lophospermum erubescens, illus. p.209
Lupinus Band of Nobles Series

M
Matthiola 'Cinderella Purple'
Matthiola Cinderella Series
Matthiola 'Cinderella White'
Matthiola 'Forcing Wonder Ruby'
Matthiola 'Forcing Wonder Violet'
Matthiola 'Goldcut Rose'
Matthiola 'High Double Blue 2'
Matthiola 'High Double Ideal White'
Matthiola 'Midget Lavender'
Matthiola 'Porcelain Tower'
Matthiola 'Record Cream'
Matthiola 'Record Pacific Pink'
Matthiola 'Sentinel Carmine Red'
Matthiola 'Sentinel Chamois'
Matthiola 'Sentinel Cream'
Matthiola 'Sentinel Lilac Rose'
Matthiola 'Sentinel Pacific Pink'
Matthiola 'Sentinel Shell Pink'
Matthiola 'Sentinel White'
Mimulus 'Calypso'
Mimulus cardinalis
Mimulus lewisii, illus. p.279

N
Nicotiana Domino Series, illus. p.319
Nicotiana langsdorffii, illus. p.334
Nicotiana 'Lime Green' *

P
Pelargonium Century Series
Pelargonium 'Hollywood Star'
Pelargonium Multibloom Series *
Pelargonium Video Series *
Petunia 'Duo Mixed'
Petunia 'Duo Peppermint'
Petunia 'Duo Salmon'
Petunia x *hybrida* Carpet Series
Petunia x *hybrida* Mirage Series
Primula 'Belinda Red Shades'
Primula 'Charisma Pink'
Primula 'Danova Cream'
Primula 'Danova Purple, White Edge'
Primula 'Danova Rose'
Primula 'Ernst Benary Blue'
Primula 'Ernst Benary White'
Primula 'Europa Blue'
Primula 'Festival Orange Shades'
Primula 'Festival Primrose'
Primula 'Festival Scarlet'
Primula 'Festival Yellow Shades'
Primula 'Husky'
Primula 'Leda'
Primula 'Overture Mixed'
Primula 'Paloma Pink Shades'
Primula 'Paloma Rose Flame'
Primula 'Pirouette'
Primula 'Regency Pale Lemon'
Primula 'Regency Pink'
Primula 'Saga Pink'
Primula 'Saga Rose'
Primula 'Saga Scarlet'
Primula 'Saga White'
Primula 'Soprano Rose Eye'
Primula 'Spectrum Golden Orange'
Primula 'Spectrum Golden Yellow'
Primula 'Spectrum Matangi'
Primula 'Spectrum Picotee Purple/White'
Primula 'Spectrum Quasar'
Primula 'Spectrum Zenith'
Primula 'Tango'

R
Ricinus communis 'Carmencita'

S
Salvia argentea
Salvia 'Cleopatra Mixed'
Salvia 'Cleopatra Rose'
Salvia 'Cleopatra Salmon'
Salvia coccinea 'Lady in Red'
Salvia coccinea 'Pseudococcinea'
Salvia farinacea 'Blue Victory'
Salvia farinacea 'Victoria', illus. p.332
Salvia farinacea 'White Victory'
Salvia 'Flare'
Salvia patens 'Cambridge Blue' *
Salvia 'Phoenix Mixed'
Salvia 'Red Arrow'
Salvia 'Scarlet Queen'
Salvia 'Sizzler Deep Salmon'
Salvia 'Sizzler Lavender'
Salvia 'Sizzler Purple'
Salvia splendens 'Red Riches' *
Salvia splendens 'Scarlet King' *

一年生草本

鳞茎类、球茎类、块茎类和块根类

Crocus goulimyi 'Mani White'
Crocus hadriaticus, illus. p.428
Crocus imperati *
Crocus kotschyanus, illus. p.428
Crocus kotschyanus subsp. *cappadocicus*
Crocus 'Ladykiller', illus. p.429
Crocus laevigatus, illus. p.428
Crocus longiflorus *
Crocus malyi, illus. p.428
Crocus medius, illus. p.428
Crocus ochroleucus
Crocus pulchellus, illus. p.428
Crocus robertianus
Crocus serotinus subsp. *clusii*
Crocus sieberi *
Crocus sieberi 'Bowles White', illus. p.428
Crocus sieberi 'Hubert Edelsten' *
Crocus sieberi subsp. *sublimis* f. *tricolor*, illus. p.428
Crocus 'Snow Bunting', illus. p.428
Crocus speciosus, illus. p.429
Crocus speciosus 'Albus'
Crocus tommasinianus *
Crocus tournefortii *
Crocus 'Zephyr' *
Crocus 'Zwanenburg Bronze' *
Cyclamen cilicium, illus. p.438
Cyclamen coum
Cyclamen coum subsp. *coum* Pewter Group
Cyclamen 'Concerto Apollo'
Cyclamen 'Dressy Formula Mixed'
Cyclamen 'Dressy Lilac'
Cyclamen 'Dressy Pink'
Cyclamen 'Dressy White'
Cyclamen hederifolium, illus. p.438
Cyclamen 'Junior Light Salmon'
Cyclamen 'Junior White'
Cyclamen 'Laser Rose'
Cyclamen 'Laser Salmon with Eye'
Cyclamen 'Laser Scarlet'
Cyclamen 'Laser White'
Cyclamen libanoticum, illus. p.427
Cyclamen 'Marvel Violet Shades'
Cyclamen 'Mini Dresden Kati'
Cyclamen 'Mini Dresden Violetta'
Cyclamen 'Miracle Deep Rose'
Cyclamen 'Miracle Deep Salmon'
Cyclamen 'Miracle Scarlet'
Cyclamen mirabile, illus. p.440
Cyclamen 'Miracle White'
Cyclamen 'Novella Mixed'
Cyclamen 'Novella Red'
Cyclamen persicum 'Halios Bright Fuchsia'
Cyclamen persicum 'Halios Scarlet Red'
Cyclamen persicum 'Halios Violet'
Cyclamen persicum 'Halios White'
Cyclamen pseudibericum
Cyclamen purpurascens, illus. p.435
Cyclamen repandum subsp. *peloponnesiacum*
Cyclamen repandum subsp. *repandum*
Cyclamen 'Romina Dark Red'
Cyclamen 'Romina Rose'
Cyclamen 'Romina White'
Cyclamen 'Sahin Midi Pure White'
Cyclamen 'Senior Mixed'
Cyclamen 'Senior Salmon With Eye'
Cyclamen 'Sierra Fuchsia'
Cyclamen 'Sierra Light Purple'
Cyclamen 'Sierra Pink With Eye'
Cyclamen 'Sierra Scarlet'
Cyclamen 'Sierra White With Eye'
Cyclamen 'Zodiac Fuchsia'
Cyclamen 'Zodiac Pink With Eye'
Cyrtanthus elatus *

E

Erythronium californicum, illus. p.427
Erythronium californicum 'White Beauty', illus. p.409
Erythronium dens-canis, illus. p.430
Erythronium 'Eirene'
Erythronium 'Margaret Mathew'
Erythronium 'Minnehaha'
Erythronium 'Pagoda', illus. p.415
Erythronium revolutum *
Erythronium 'Susannah'
Erythronium tuolumnense *

F

Fritillaria acmopetala *
Fritillaria hermonis subsp. *amana* 'Cambridge'
Fritillaria imperialis 'Maxima Lutea'
Fritillaria meleagris, illus. p.413
Fritillaria meleagris var. *unicolor* subvar. *alba*
Fritillaria michailovskyi *
Fritillaria pallidiflora, illus. p.415
Fritillaria persica 'Adiyaman' *
Fritillaria pyrenaica, illus. p.413

G

Galanthus 'Atkinsii', illus. p.439
Galanthus caucasicus
Galanthus elwesii, illus. p.439
Galanthus ikariae, illus. p.440
Galanthus 'Magnet'
Galanthus nivalis *
Galanthus nivalis 'Flore Pleno', illus. p.439
Galanthus plicatus
Galanthus reginae-olgae subsp. *reginae-olgae* 'Cambridge'
Galanthus 'S. Arnott'
Galtonia viridiflora, illus. p.402
Gladiolus callianthus *
Gladiolus callianthus 'Murieliae'
Gladiolus x *colvillei* 'The Bride', illus. p.399
Gladiolus communis subsp. *byzantinus*, illus. p.400
Gladiolus 'Green Woodpecker', illus. p.399
Gladiolus 'Robinetta'

H

Hemerocallis 'Beloved Returns'
Hemerocallis 'Berlin Lemon'
Hemerocallis 'Berlin Red'
Hemerocallis 'Berlin Red Velvet'
Hemerocallis 'Burning Daylight'
Hemerocallis 'Cartwheels'
Hemerocallis 'Chief Sarcoxie'
Hemerocallis 'Corky', illus. p.257
Hemerocallis 'Golden Chimes', illus. p.257
Hemerocallis 'Green Flutter'
Hemerocallis 'Helle Berlinerin'
Hemerocallis 'Lemon Bells'
Hemerocallis lilioasphodelus, illus. p.257
Hemerocallis 'Marion Vaughn', illus. p.257
Hemerocallis 'Missenden'
Hemerocallis 'Neyron Rose'
Hemerocallis 'Nova'
Hemerocallis 'Pink Damask'
Hemerocallis 'Red Precious'
Hemerocallis 'Royal Mountie'
Hemerocallis 'Stella de Oro'
Hemerocallis 'Stoke Poges'
Hemerocallis 'Tetrina's Daughter'
Hemerocallis 'Whichford'
Hippeastrum 'Belinda' *
Hippeastrum 'Bestseller'
Hippeastrum 'Orange Sovereign', illus. p.425
Hippeastrum 'Star of Holland'
Hyacinthus orientalis 'Anna Marie'
Hyacinthus orientalis 'Blue Jacket', illus. p.431
Hyacinthus orientalis 'Borah'
Hyacinthus orientalis 'City of Haarlem', illus. p.431
Hyacinthus orientalis 'Delft Blue', illus. p.431
Hyacinthus orientalis 'Gipsy Queen'
Hyacinthus orientalis 'L'Innocence' *
Hyacinthus orientalis 'Ostara', illus. p.431
Hyacinthus orientalis 'Pink Pearl' *
Hymenocallis x *macrostephana*, illus. p.397

I

Iris 'Adrienne Taylor'
Iris 'Agnes James'
Iris albicans
Iris 'Amigo'
Iris 'Annikins'
Iris 'Anniversary' *
Iris 'Apricorange'
Iris 'Arctic Fancy'
Iris 'Arden'
Iris 'Arnold Sunrise'
Iris aucheri *
Iris 'Banbury Beauty' *
Iris 'Banbury Gem'
Iris 'Banbury Melody'
Iris 'Banbury Velvet'
Iris 'Belise'
Iris 'Bibury' *
Iris 'Big Money'
Iris 'Blue Ballerina'
Iris 'Blue Eyed Brunette', illus. p.235
Iris 'Blue Luster'
Iris 'Breakers'
Iris 'Broadleigh Carolyn'
Iris 'Bromyard'
Iris 'Bronzaire'
Iris 'Brown Lasso' *
Iris bucharica, illus. p.234
Iris 'Buckden Pike'
Iris 'Butter and Sugar', illus. p.235
Iris 'Cannington Skies'
Iris 'Cardew'
Iris 'Chiltern Gold'
Iris chrysographes
Iris 'Clara Garland'
Iris 'Cliffs of Dover'
Iris confusa *
Iris 'Cream Soda'
Iris cristata, illus. p.234
Iris crocea *
Iris 'Dancer's Veil'
Iris 'Dark Rosaleen'
Iris delavayi
Iris 'Designer's Choice'
Iris 'Diligence'
Iris 'Double Lament'
Iris douglasiana, illus. p.234
Iris 'Dovedale'
Iris 'Dusky Dancer'
Iris 'Eardisland'
Iris 'Early Light', illus. p.235
Iris 'Edale'
Iris ensata *
Iris ensata 'Continuing Pleasure'
Iris ensata 'Flying Tiger'
Iris ensata 'Fringed Cloud'
Iris ensata 'Give-me-Patience'
Iris ensata 'Hue and Cry'
Iris ensata 'Imperial Magic'
Iris ensata 'Katy Mendez'
Iris ensata 'Lasting Pleasure'
Iris ensata 'Magic Opal'
Iris ensata 'Mancunian'
Iris ensata 'Ol' Man River'
Iris ensata 'Returning Tide'
Iris ensata 'Rose Queen'
Iris ensata 'Southern Son'
Iris ensata 'Summer Storm'
Iris ensata 'The Great Mogul'
Iris ensata 'Variegata'
Iris ensata 'Vintage Festival'
Iris ensata 'World's Delight'
Iris 'Eye Magic'
Iris 'Eyebright', illus. p.235
Iris 'Fierce Fire'
Iris 'Fine Line'
Iris 'Florentina'
Iris foetidissima *
Iris foetidissima 'Variegata'
Iris forrestii, illus. p.235
Iris x *fulvala*, illus. p.234
Iris 'Gay Parasol'
Iris germanica *
Iris 'Golden Waves'
Iris 'Goring Ace'
Iris graminea *
Iris 'Green Spot'
Iris histrioides 'Major', illus. p.235
Iris hoogiana, illus. p.235
Iris 'Happy Mood'
Iris 'Holden Clough' *
Iris 'Honington'
Iris 'Ice Dancer'
Iris 'Innocent Heart'
Iris 'It's Love'
Iris 'Jane Phillips'
Iris japonica *
Iris japonica 'Variegata'
Iris 'Jeremy Brian'
Iris 'Katharine Hodgkin', illus. p.235
Iris 'Katie-Koo'
Iris kerneriana *
Iris lactea
Iris lacustris
Iris laevigata, illus. p.235
Iris laevigata 'Variegata' *
Iris latifolia, illus. p.234
Iris 'Lavender Royal', illus. p.235
Iris lazica
Iris 'Lime Grove'
Iris 'Lincoln Imp'
Iris 'Little Tilgates'
Iris lutescens *
Iris 'Lydia Jane'
Iris magnifica, illus. p.234
Iris 'Mary Frances'
Iris 'Mary McIlroy'
Iris 'Maui Moonlight'
Iris 'Meg's Mantle'
Iris 'Melon Honey'
Iris milesii
Iris 'Miss Carla'
Iris missouriensis, illus. p.234
Iris 'Morwenna'
Iris 'Nicola Jane'
Iris 'No-Name'
Iris 'Olympic Torch'
Iris 'Orange Dawn'
Iris orientalis *
Iris 'Orinoco Flow'
Iris 'Ouija'
Iris 'Pajaro Dunes'
Iris 'Pale Shades'
Iris pallida subsp. *cengialtii*
Iris pallida subsp. *pallida*
Iris pallida 'Variegata', illus. p.234
Iris 'Paradise Bird', illus. p.234
Iris 'Paradise'
Iris 'Pascoe'
Iris 'Peggy Chambers'
Iris 'Phil Keen'
Iris 'Phillida'
Iris 'Pink Parchment'
Iris 'Precious Heather'
Iris 'Princess Sabra'
Iris 'Professor Blaauw' *
Iris pseudacorus, illus. p.235
Iris pseudacorus 'Variegata' *
Iris 'Purple Landscape'
Iris 'Rain Dance'
Iris 'Raspberry Blush'
Iris reticulata *
Iris 'Ring o'Roses'
Iris 'Rio del Mar'
Iris 'Roaring Camp'
Iris 'Robin Goodfellow'
Iris x *robusta* 'Gerald Darby'
Iris 'Roman Emperor'
Iris 'Rose Violet'
Iris 'Royal Contrast'
Iris 'Ruffled Velvet', illus. p.234
Iris 'Saltwood'
Iris sanguinea *
Iris 'Sarah Taylor'
Iris 'Scintilla'
Iris setosa, illus. p.235
Iris 'Severn Side'
Iris 'Shelford Giant'
Iris 'Shepherd's Delight', illus. p.235
Iris 'Sherbet Lemon'
Iris 'Sherwood Pink'
Iris 'Sherwood Primrose'
Iris 'Short Order'
Iris sibirica *
Iris sibirica 'Annemarie Troeger'
Iris sibirica 'Berlin Ruffles'
Iris sibirica 'Cambridge'
Iris sibirica 'Cleeton Double Chance'
Iris sibirica 'Crème Chantilly'
Iris sibirica 'Dreaming Spires'
Iris sibirica 'Dreaming Yellow', illus. p.234
Iris sibirica 'Glanusk'
Iris sibirica 'Glaslyn'
Iris sibirica 'Harpswell Happiness'
Iris sibirica 'Isla Serle'
Iris sibirica 'Mikiko'
Iris sibirica 'Oban'
Iris sibirica 'Orville Fay'
Iris sibirica 'Perfect Vision'
Iris sibirica 'Regency Belle'
Iris sibirica 'Reprise'
Iris sibirica 'Roisin'
Iris sibirica 'Rosselline'
Iris sibirica 'Sea Shadows'
Iris sibirica 'Shirley Pope'
Iris sibirica 'Silver Edge'
Iris sibirica 'Smudger's Gift'

Z
Zantedeschia aethiopica *
Zantedeschia aethiopica 'Crowborough', illus. p.397
Zantedeschia aethiopica 'Green Goddess', illus. p.397
Zantedeschia elliottiana, illus. p.403
Zantedeschia rehmannii

仙人掌和其他多浆植物

A
Aeonium arboreum *
Aeonium arboreum 'Atropurpureum'
Aeonium haworthii, illus. p.466
Aeonium tabuliforme, illus. p.478
Aeonium undulatum
Aeonium 'Zwartkop', illus. p.468
Agave americana *
Agave americana 'Mediopicta' *
Agave americana 'Mediopicta Alba'
Agave americana 'Variegata'
Agave filifera, illus. p.465
Agave parviflora, illus. p.457
Agave potatorum
Agave stricta
Agave victoriae-reginae, illus. p.461
Aichryson x *domesticum* 'Variegatum', illus. p.477
Aloe aristata, illus. p.480
Aloe bakeri
Aloe melanacantha
Aloe rauhii
Aloe somaliensis
Aloe variegata, illus. p.464
Aloe vera, illus. p.466
Astrophytum myriostigma, illus. p.466

C
Ceropegia linearis subsp. *woodii*, illus. p.462
Ceropegia stapeliiformis
Cleistocactus ritteri
Cleistocactus strausii, illus. p.459
Copiapoa hypogaea
Coryphantha andreae
Crassula ovata, illus. p.457
Crassula ovata 'Hummel's Sunset'
Coryphantha pallida
Crassula perfoliata var. *minor*, illus. p.464
Crassula pyramidalis
Crassula rupestris
Cyanotis kewensis
Cyanotis somaliensis, illus. p.303

D
Disocactus nelsonii

E
Echeveria agavoides, illus. p.474
Echeveria 'Bittersweet'
Echeveria derenbergii *
Echeveria elegans, illus. p.471
Echeveria 'Frank Reinelt'
Echeveria gibbiflora 'Metallica'
Echeveria x *gilva* 'Blue Surprise'
Echeveria x *gilva* 'Red'
Echeveria harmsii *
Echeveria leucotricha
Echeveria 'Perle von Nürnberg'
Echeveria pulidonis
Echeveria pulvinata, illus. p.464
Echeveria setosa *
Echeveria 'Victor Reiter'
Echeveria 'Warfield Wonder'
Echinocereus berlandieri
Echinocereus reichenbachii *
Echinocereus subinermis
Echinopsis ancistrophora
Echinopsis aurea
Echinopsis cinnabarina *
Echinopsis eyriesii *
Echinopsis mamillosa var. *kermesina*
Escobaria roseana
Espostoa nana

F
Faucaria candida
Ferocactus fordii
Ferocactus glaucescens
Ferocactus viridescens
Frailea asteroides
Frailea magnifica

G
Gymnocalycium andreae, illus. p.477
Gymnocalycium baldianum
Gymnocalycium quehlianum *
Gymnocalycium tillianum
Gymnocalycium uruguayense

H
Hatiora gaertneri *
Hatiora rosea *
Hatiora salicornioides, illus. p.468
Haworthia attenuata f. *caespitosa*
Haworthia venosa subsp. *tessellata*
Heliocereus speciosus
Hildewintera aureispina

K
Kalanchoe pumila *
Kalanchoe 'Tessa', illus. p.464
Kalanchoe tomentosa, illus. p.467
Kalanchoe 'Wendy', illus. p.463

L
Lepismium houlletianum
Lobivia jajoiana
Lobivia winteriana
Lobivia wrightiana

M
Mammillaria baumii
Mammillaria bocasana, illus. p.471
Mammillaria bombycina
Mammillaria candida *
Mammillaria carmenae
Mammillaria elongata, illus. p.470
Mammillaria geminispina, illus. p.465
Mammillaria hahniana, illus. p.465
Mammillaria parkinsonii
Mammillaria plumosa, illus. p.469
Mammillaria pringlei
Mammillaria prolifera *
Mammillaria sphaerica
Mammillaria spinosissima
Mammillaria zeilmanniana, illus. p.473
Matucana aurantiaca
Matucana intertexta

N
Neohenricia sibbettii
Neoporteria multicolor
Neoporteria napina, illus. p.471
Neoporteria paucicostata
Neoporteria wagenknechtii
Nopalxochia phyllanthoides
Notocactus crassigibbus
Notocactus magnificus
Notocactus uebelmannianus

O
Opuntia microdasys 'Albata'
Orbea variegata, illus. p.476
Oreocereus hendriksenianus var. *densilanatus*

P
Parodia concinna *
Parodia mairanana
Parodia mammulosus, illus. p.477
Parodia penicillata
Parodia schwebsiana
Parodia scopa *
Parodia subterranea
Pleiospilos bolusii, illus. p.479

R
Rebutia arenacea, illus. p.480
Rebutia aureiflora, illus. p.480
Rebutia deminuta
Rebutia donaldiana
Rebutia haagei
Rebutia kupperiana
Rebutia marsoneri
Rebutia muscula, illus. p.480
Rebutia narvaecensis
Rebutia neocumingii *
Rebutia senilis var. *kesselringiana*
Rebutia violaciflora, illus. p.472
Rhipsalis monacantha
Rhipsalis pilocarpa

S
Schlumbergera x *buckleyi* *
Sedum morganianum *
Stapelia gigantea, illus. p.476
Sulcorebutia candiae
Sulcorebutia canigueralii
Sulcorebutia crispata
Sulcorebutia flavissima
Sulcorebutia glomeriseta
Sulcorebutia mentosa
Sulcorebutia mizquensis
Sulcorebutia steinbachii
Sulcorebutia tunariensis

T
Thelocactus bicolor, illus. p.472
Thelocactus setispinus, illus. p.467
Trichodiadema bulbosum

W
Weingartia multispina
Weingartia pilcomayensis
Weingartia pulquinensis

兰花

A
Angraecum sesquipedale *

B
Brassia brachiata
Brassia verrucosa

C
Cattleya bowringiana, illus. p.297
Cattleya labiata
Cattleya percivaliana
Cirrhopetalum 'Bucklebury'
Coelogyne mooreana
Coelogyne nitida, illus. p.296
Cymbidium Ayres Rock 'Lewes'
Cymbidium Beauty Fred 'Rembrandt'
Cymbidium Castle of Mey 'Lewes Snow'
Cymbidium Castle of Mey 'Pinkie'
Cymbidium Gleneagles 'Cooksbridge Advent'
Cymbidium Gymer 'Cooksbridge'
Cymbidium Hazy View 'Cooksbridge'
Cymbidium Highland Dimension 'Cooksbridge Purity'
Cymbidium Highland Wood 'Cooksbridge Poly'
Cymbidium Kings Loch 'Cooksbridge', illus. p.298
Cymbidium Kintyre Gold 'Lewes Sunset'
Cymbidium Little Big Horn 'Cooksbridge'
Cymbidium Petit Port 'Mont Millais'
Cymbidium Pontac 'Grouville'
Cymbidium Red Beauty 'Rembrandt'
Cymbidium Rievaulx 'Cooksbridge'
Cymbidium Showgirl
Cymbidium Stonehaven 'Chailey'
Cymbidium Strathbraan 'Lewes Lip'
Cymbidium Strathbraan 'Lewes Pinkie'
Cymbidium Strathbraan 'Lewes Purity'
Cymbidium Strathclyde 'Cooksbridge Fire'
Cymbidium Strathdon 'Cooksbridge Noel', illus. p.297
Cymbidium Strathtyne 'Cooksbridge'

D
Dendrobium densiflorum var. *alboluteum*
Dendrobium E. Kopal 'Big Panda'
Dendrobium infundibulum, illus. p.296
Dendrobium kingianum
Dendrobium nobile, illus. p.297

E
Encyclia cochleata *
Encyclia fragrans
Encyclia radiata *

L
Laelia purpurata
Lemboglossum bictoniense, illus. p.296
Lemboglossum bictoniense 'Lyoth Supreme'
Ludisia discolor

M
Masdevallia coccinea, illus. p.297
Masdevallia tovarensis, illus. p.296
Masdevallia veitchiana
Maxillaria tenuifolia *
Miltonia spectabilis

O
Odontioda Saint Clement
Odontoglossum crispum 'Premier'
Odontoglossum grande *
Oncidium cimiciferum
Oncidium Golden Shower
Oncidium Goldiana
Oncidium incurvum
Oncidium ornithorhynchum, illus. p.296

P
Paphiopedilum delenatii
Paphiopedilum F.C. Puddle
Paphiopedilum insigne
Paphiopedilum King Arthur
Paphiopedilum Maudiae, illus. p.297
Paphiopedilum sukhakulii, illus. p.298
Paphiopedilum wardii
Phalaenopsis amabilis
Phalaenopsis equestris
Phalaenopsis Professor Magdi Yacoub
Phalaenopsis stuartiana
Phalaenopsis Sussex Pearl

S
x *Sophrolaeliocattleya* Hazel Boyd 'Red Delicious'
x *Sophrolaeliocattleya* Jewel Box 'Scheherazade'
x *Sophrolaeliocattleya* Madge Fordyce 'Red Orb'
Sophronitis coccinea
Sophronitis coccinea 'Grandiflora'
Stanhopea tigrina *
Stenoglottis longifolia

V
Vanda rothschildiana, illus. p.298

Z
Zygopetalum Artur Elle

名词术语

+ 该符号用来表示嫁接杂种，见嫁接。

× 该符号用来表示由2种或多种植物杂交而来的杂种植物。

pH 表示土壤酸性和碱性的等级，见酸性、碱性和中性。

瓣爪Claw 有些属植物花瓣基部狭长的部分。如石竹属。

孢子Spore 隐花植物如蕨类植物、真菌、苔藓的微小的生殖结构。

孢子囊Sporangium (复数sporangia) 产生孢子的器官。

苞片Bract 指花或花穗基部的一种变态叶。苞片可类似正常叶或退化呈鳞片状，常较大，颜色鲜艳。

豹皮花属植物Stapeliad 指豹皮花属或萝藦科中与之近缘的几个属的植物。

被片Tepal 见花被裂片。

边花Ray floret，ray flower 通常有舌状花瓣的花，共同构成头状花序的外环，如雏菊的花。

标准木、旗瓣Standard 1. 在第一分枝下面有一段明显主茎的乔木或灌木，有些灌木，如月季和倒挂金钟，可通过修剪整形成为标准木。2. 鸢尾花的内轮3个花被片的任意一个，常直立。3. 豆科植物，如香豌豆属花瓣中通常直立、较大、位于后部的一片。

不定[根]Adventitious[of roots] 直接从茎或叶中生出的（根）。

不育的Sterile 不产生孢子、花粉、种子等。

苍白的Glaucous 蓝白色、蓝绿色或蓝灰色的。

草本的Herbaceous 在生长期结束时死亡的。

侧生的Lateral 从根或茎的侧方长出的。

层积Stratify 使某些植物的种子经受一段时期冷藏，以打破休眠。

插条Cutting 切取植株的某一部分，用作繁殖的材料。不同的插条类型有：1. 基部插条basal: 当春季植株（通常是草本植物）开始生长时，取其基部。2. 绿枝插条greenwood: 从幼嫩枝的先端切取。3. 硬枝插条hardwood: 在生长季节结束时切取的成熟的木质茎。4. 插叶leaf: 切取叶或叶的一部分作繁殖用。5. 根插条root: 切取半成熟或成熟根的一部分作繁殖用。6. 半熟枝插条semiripe: 生长季节切取的半成熟的木质茎。7. 嫩枝插条softwood: 在生长季节刚开始时切取的幼嫩的生长枝条。8. 茎插条stem: 包括绿枝、硬枝、半成熟枝和嫩枝。9. 顶端插条tip: 绿枝插条。

茬Heel 当把插条从老枝上取下时，插条基部带着的老枝的一小部分。

长匍茎、纤匍茎 Runner 水平延伸的、通常细长的茎，每节上形成根；常与匍匐茎混淆。

常绿的Evergreen 在生长季节结束时叶子仍宿存，尽管一年当中有规律地脱落一些老叶。半常绿semi-evengreen: 只一部分叶子宿存，或者只在新叶生长时老叶才脱落。

齿Tooth 指叶片、花萼或花冠边缘小而常有尖的裂片。

翅果Key 有翼的种子，如欧亚槭产生的具翅种子。

抽薹Bolt 过早开花和结实，特别是在蔬菜类作物，如生菜和甜菜根中。

垂瓣Fall 鸢尾的外轮花被片，向外或向下翻卷而脱离内轮花被片。

纯种的True 实生繁殖的幼苗仍保持亲本的典型性状。

唇瓣Lip 由2个或多个扁平的或有时呈袋状的花被裂片组成的瓣片。

雌蕊Pistil 花的雌性部分，包括子房、柱头和花柱。

雌雄异株Dioecious 雌花和雄花分别生长在不同的植株上。

刺果、树瘤Bur 1. 带刺的果实或聚生在一起的果实。2. 某些树木茎上的木质赘生物。

促成栽培Force 人为促使早生长、早开花或早结果。

单[叶]Simple[of lesves] 不分裂成小叶。

单干形、篱架形Cordons 植物通过整形使生长只限于一个主干，或偶尔有2~4个枝干。

蝶形[花]Pea-like[of flowers] 和豌豆花结构相同。

顶枯死Die-back 枝条顶端由于病害或霜冻而死亡的现象。

短截Spur back 剪短侧枝，只留基部靠近主枝的2~3个芽。

对生[叶]Opposite[of leaves] 每一节上相对生2片叶。

盾状[叶]Peltate[of leaves] 形似盾牌，叶柄在叶片中央处而不在边缘处着生。

多浆植物Succulent 具有厚的肉质叶和茎的植物。本书中除特别说明者外均为常绿植物。

多年生的Perennial 至少存活3个生长季节。在本书中，当用作名词时，不另加说明，表示的是多年生草本植物；基部木质的多年生草本仅部分死亡，而基部的木质茎仍保持存活，中文也译作宿根花卉。

萼片Sepal 花萼的一部分，通常不明显，有时鲜艳。

二年生植物Biennial 需要两个生长季节来完成其生命周期的植物，第一个生长季节萌发，产生根、茎、叶，第二年开花、结实、死亡。

反折的Reflexed 急剧向后弯曲。

分株Division 在休眠期把一丛分成几部分的繁殖方法。

粉Farina 一种白色、有时微黄色的粉状物，自然出现在一些叶或花的表面。

佛焰苞Spathe 一种大型的苞片，有时2个在一起，通常颜色鲜艳，包围着一个肉穗花序（如天南星属）或单个花芽（如水仙属）。

附生植物Epiphyte 一种植物自然生长在另一种植物的表面，但不是寄生。

复[合]的Compound 由几个或许多部分组成，如一个复叶分成2个或多个小叶。

副[花]冠Corona (crown) 一种类似花瓣的突出物，有时着生在花冠上，如水仙属植物的喇叭状或杯状的副花冠。

覆盖物Mulch 为了保持土壤湿度、保护根部免受霜害、减少杂草生长、提高土壤肥力而施于土壤上以覆盖植物或围绕在植物周围的一层有机物。

秆Culm 禾草类或竹类的空心茎。

高山植物温室Alpine house 一种不加温温室，主要用来栽培高山植物和球根花卉，比一般温室通风条件和光照条件更好。

根Root 植物的一部分，通常生长在地下，其功能是固着植物体，吸收和运输水分和矿物质。气生根是从地面以上的茎上生出的根。

根出条Sucker 从地表面以下由根或根状茎直接长出的枝条。

根颈、树冠、副花冠Crown 1. 植株在地表或地下的部位，新根由此生出，秋末枯死。2. 树木主干以上有分枝的部位。3. 副（花）冠（corona）。

根球Rootball 当一植株被挖出时，所带的根和根部附着的土壤或栽培基质的总称。

根状茎、根茎Rhizome 位于地下横向生长的茎，它既是贮藏器官，又可产生带叶的枝条。

钩毛、倒刺毛Glochid 通常细小，具倒刺的刚毛或毛，生于仙人掌类植物的小窠上。

灌木Shrub 一种具木质茎的植物，通常在基部或近基部有多个分枝。

归化Naturalize 植物在新的环境中立足并像野生的一样生长。

果实Fruit 生有1个或多个成熟种子的植物结构，如浆果或坚果。

互生[叶]Alternate[of leaves] 单生于节上，在茎上交互排列。

花Flower 花的基本形式是：单瓣single：通常4~6个花瓣，排成一轮；半重瓣semi-double：花瓣稍多，通常排成2轮；重瓣double：多数花瓣排成几轮，雄蕊少或无雄蕊；完全重瓣fully double：通常为圆形，花瓣稠密，雄蕊缺或不明显。

花瓣Petal 花冠的组成部分，常色彩鲜艳。在有些科中，如百合科，花被裂片类似于花瓣；在园艺上把它们也叫作花瓣。

花瓣状的Petaloid 似花瓣的，作名词时译作瓣化雄蕊。

花被Perianth 花的外层，包括花萼和花冠，当花萼和花冠形态相似时常用此术语。

花被裂片Perianth segment 花被的组成部分，类似花瓣，有时称作被片。

花萼Calyx (复数Calyces) 花的外层部分，通常较小而呈绿色，但有时明显呈彩色，在花蕾中包裹着花瓣，由萼片构成。

花梗Pedicel 单个花的梗。

花冠Corolla 由花瓣形成的花的一部分，即花瓣的总称。

花蜜Nectar 蜜腺分泌的甜的含糖液体。蜜腺nectary为腺体组织，多见于花内，有时也见于叶或茎上。

花期、粉霜、蜡被Bloom 1. 花。2. 覆盖于茎、叶或果实表面的白色或蓝白色细的蜡质层。

花束Truss 一种紧密的花序，通常大而鲜艳，如天竺葵属和杜鹃花属的花簇。

花丝Filament 着生花药的梗。

花坛植物Bedding plant 成片大量栽种供短期展示观赏的植物。

花头Flower head 多个小花聚集在一起，看起来像一朵花，如雏菊属。

花序Inflorescence 按独特方式排列的一簇花，如伞房花序、聚伞花序、圆锥花序、总状花序、穗状花序或伞形花序。

花序梗Peduncle 一个花序的梗。

花药Anther 雄蕊产生花粉的部分，通常着生在花丝顶端。

花柱Style 花的一部分，其上着生柱头。

划破种壳Scarify 为了促进种子吸水萌发，将种子的外壳弄破。

回复[变异]Revert 返回到原来的状态。如在一个斑叶植株上，长出一片纯色的绿叶。

嫁接Grafting 一种繁殖方法，通过这种方法将不同单株的不同部位人为地结合在一起，通常是将一个植株的枝条（接穗）嫁接到另一个植株根桩（砧木）上。

碱性[土壤]Alkaline[of soil] ph值大于7，有些植物不能耐受碱性土壤，必须种在中性或酸性土壤中。

接穗Scion 见嫁接。

节Node 茎上生叶的部位。

截顶[树]Pollard[of a tree] 为了控制生长而截去主干。

近球状Sub-globose 接近于球形的。

茎段Stem segment 有关节的茎2个节之间的部分，在仙人掌类植物中最常见。

茎基Caudex (复数caudices) 木本植物，如棕榈或树蕨的茎基部。

具翅的[种子或果实]Winged[of seeds or fruits] 边缘有翼缘或膜状物的（种子或果实）。

具嫩茎的Soft-stemmed 与“具木质茎的”相反。

具三叶的Trifoliate 有3片小叶的。

具牙齿的Dentate 边缘带牙齿。

距、短枝Spur 1. 由花瓣形成的中空而突出的部分，常产生花蜜。2. 着生很多花芽的短枝，在果树上常见。

聚伞花序Cyme 每个生长点顶端为一朵花的一种花序。

卷须Tendril 一种线状结构，用于提供支撑，见攀缘植物。

蕨叶Frond 蕨类植物的叶状器官。有些蕨类植物既产生不育的蕨叶也产生可育的蕨叶。可育的蕨叶生有孢子。

开花不良shy-flowering 勉强开花或开花很少。

克隆Clone 由营养繁殖产生的遗传方面相同的植物。

空中压条Air-layering 一种繁殖方法，把茎的一部分用适宜的基质，如湿润的苔藓包住，并用塑料薄膜固定，保持苔藓潮湿即可诱导生根。
块茎、块根Tuber 一种肥大的，通常在地下的贮藏器官，由茎或根变态而来。
莲座[叶]从Rosette 从差不多同一点辐射状生出的一组叶，常着生地表部位极短茎的基部。
鳞茎Bulb 一种贮藏器官，主要由着生在极缩短茎上的，含有叶原基或花芽原基的肉质鳞片和膨大的变态叶组成，通常但并非一定生于地下。
鳞片Scale 1. 一种退化或变态的叶。2. 针叶树球果的一部分。
轮生Whorl 由同一点上生出3个或更多个器官的排列方式。
萝藦科植物Asclepiad 萝藦科（Asclepiadaceae）的成员，如马利筋属，球兰属、黑鳗藤属。
落叶植物Deciduous 在每年的生长季节结束时叶脱落。半落叶植物Semideciduous仅有部分叶脱落。
芒Awn 硬的刚毛状突出物，常见于禾草籽和小穗上。
抹芽Disbud 去除多余的芽，以促进花或果实更大。
木质茎Woody-stemmed 茎含有木质纤维，因而可持续生存，相对于软质茎和草本而言。半木质茎Semi-Woody Stem，含有一些较软的组织，仅能存活一段时间的茎。
泥炭床Peat bed 一种专门构建的区域，边缘有泥炭块，内部含有保湿性好的酸性泥炭土。
泥炭藓、水藓 Sphagnum 沼泽地常见的苔藓，具有保湿特性，因而成为一些植物栽培介质的理想成分，特别适合兰花的栽培。
攀缘的Scandent 见攀缘植物。
攀缘植物Climber 借助于其他植物或物体的支撑而攀缘其上的植物。叶柄攀缘植物leaf-stalk climber:靠叶柄缠绕支撑物；根攀缘植物root climber:生有气生支撑根并籍此攀缘；自附攀缘植物self-clinging climber:借自身吸盘攀缘、卷须攀缘植物tendril climber靠卷须缠绕于支撑物上；茎缠绕攀缘植物twining climber:靠茎缠绕而攀缘；蔓生攀缘植物scardent, scrambling, trailing climber:靠长长的茎生长于其他植物或支撑物上，但不与其他植物或支撑物接触，或只有松散接触。
旁蘖Offset 由自然的无性繁殖产生的小植物体，通常在母株基部形成。
盆栽[盆景]Bonsai 通过修枝、剪枝、摘芽和绑缚枝干等特殊技术，使乔木、灌木矮化的方法。
皮孔Lenticel 在茎或植物其他部位的小的木栓质区域，其主要作用是呼吸。
平茬Coppice 为了获得强壮的有观赏价值的枝条，每年将枝条截短至地面附近。通常用于山茱萸属（*Cornus*）和桉属(*Eucalyptus*)植物。
平铺的、仰卧的Procumbent 平卧或沿地面匍匐。
匍匐茎Stolon 在地面上水平延伸或拱形生长的茎，先端生根，形成一新的植株。
匍匐植物Creeper 紧贴于地面生长的植物，通常在伸展的同时生根。
气生根Aerial root 参见根。
浅盆Pan 种植高山植物或球根花卉所用的排水良好的浅容器。
乔木Tree 木本植物，地上部通常有一个明显的主干，其上集中生有许多分枝。
鞘、鋒Sheath 部分或全部包围植物其他器官（如茎）的圆筒状结构。
球果、球花Cone 针叶树所生的木质的着生种子的结构或簇生的花。
球茎Corm 一种类似鳞茎的地下贮藏器官，主要由膨大的茎基组成，通常有一层纸质的外皮包被着。
球状的Globose 球形的。
去顶花Dead-head 去除凋萎的花序以促进生长或开花，防止结实或改善外观。
全缘[叶]Entire[of leaves] 边缘没有齿的。
壤土Loam 结构良好的肥沃土壤，其保水性强，排水良好。
柔荑花序Catkin 一种通常悬垂的花序，花无花瓣，常无花柄，花被鳞状苞片包围，通常为单性。
肉穗花序Spadix(复数spadices) 类似于穗状花序，通常肉质并着生多数小花。肉穗花序是天南星科植物所特有的，如天南星属。
乳突Papilla(复数papillae) 一种细小的突起物或腺状结构。
伞房花序Corymb 总状类花序，内层的花梗比外层的花梗短，整个花序呈圆形或顶部扁平。
伞形花序Umbel 通常为平顶或圆顶的花序，每个花梗由中心点生出。在复伞形花序中，每个一级分枝花序顶端为一个伞形花序。
扇叶棕榈Fan palm 叶为掌状而不是羽状的棕榈科植物。
舌状花瓣Ray petal 边花的花瓣或合瓣，常色彩鲜艳。
石灰质Lime 钙的化合物。土壤中的石灰质含量决定土壤是碱性、中性或酸性。
食虫植物Insectivorous plant 以诱捕并消化昆虫和其他小动物来补充营养的植物。
授粉Pollination 花粉从花药传送到同一朵或不同花的柱头上，使子房内的胚珠受精。
水芽Turion 1. 根状茎上的芽。2. 一些水生植物的肉质越冬芽。
水芽Water bud 见水芽（turion)。
水缘植物Marginal water plant 部分没于浅水中或在池塘边潮湿的土壤中生长的植物。
蒴果Capsule 一种成熟时开裂以释放出种子的干果。
酸性[土壤]Acid[of soil] ph值小于7。参见碱性和中性。
穗状花序Spike 一种总状花序，其上沿主轴生长着几个或许多无柄的小花。
套冠[花]Hose-in-hose[of flowers] 一个花冠生在另一个花冠内侧，形成重瓣或半重瓣的花。
突起Tubercle 小而圆的突出物，又见小窠。
托叶Stipule 一种小的鳞片状或叶状的附属物，通常成对存在，主要着生在节上或叶柄下部。
椭圆形[叶]Elliptic[of leaves] 最宽处在中部，两端变窄。
外倾的Decumbent 近地面生长，但先端直立向上。
外弯的、下弯的Recurved 向后弯曲的。
无柄的Sessile 没有柄的。
无毛的Glabrous 不带毛的。
系列Series 相似而又不同的一组植物的总称，通常指具有一个或多个共同特征的一年生植物。
夏季落叶的Summer-deciduous 在夏季叶片自然脱落的。
仙人掌Cactus (复数cacti) 仙人掌科(Cactaceae) 植物，常为肉质多浆并具刺。
线形[叶]Linear[of leaves] 非常窄而且两边平行的叶。
小窠Areole 一种变态的针座状的突起，为仙人掌科植物所特有，其上可以着生毛、刺、叶、侧枝或花。
小花Floret 由多个花组成的头状花序中的每个单花。
小鳞茎Bulblet 生于成熟鳞茎基部的小的鳞茎。
小球茎Cormlet 在成熟母球茎基部产生的小的球茎。
小穗状花序Spikelet 1. 禾草类植物的开花单位（小穗），包括1个或几个具基生苞片的小花。2. 一种小的穗状花序，是一个分枝花序的一部分。
小叶Leaflet 组成复叶的叶状部分。
心花Disc floret，disc flower 一种很小的、单个看起来常不明显、一般为管状的花，是组成一个复合花序中心的部分（如雏菊)。
心皮Carpel 花的雌性部位或该部位的一部分，由子房、柱头、花柱组成。
雄蕊Stamen 由花药和花丝组成。
须根Fibrous root 细小、幼嫩的根，通常为很多条中的一条。
压条Layering 一种繁殖方法，枝条被埋入土中，诱导其生根，与此同时该枝仍与母株相连。参见空中压条。
芽Bud 尚未发育伸展的枝条。
芽变Sport 一种偶然的或诱导发生的植物遗传构成的变化导致的突变，这种突变使生出的枝条的特征不同于母体植物。
亚灌木Sub-shrub 枝条末端在冬季死亡，但基部木质化的植物。
岩屑堆Scree 由一层很深的岩屑与少量壤土的混合物构成的区域。这种结构为害怕基部水湿的植物提供了极好的排水条件。
叶柄Petiole 着生叶片的柄。
叶耳Auricle 耳状裂片，有时见于叶的基部。
叶尖、顶端Apex 一种器官，如叶或枝的尖端或生长点。
叶片Blade 叶的扁平而且常较宽阔的部分。
叶状柄Phyllode 一种扁平的叶柄，形态与叶相似并行使叶的功能。
叶状枝Cladode 具有叶的功能和形态的茎，常扁平。
腋Axil 叶与茎之间形成的夹角。腋芽在此发育。
一次结果Monocarpic 只在死亡前开花结果一次，这种植物可能需要几年才长到足以开花的大小。
一年生植物Annual 在一个生长季节内完成其生命周期，从种子萌发至开花、结实到死亡的植物。
羽片Pinna(复数Pinnae) 一个羽状叶片的初级裂片，蕨类植物的可育羽片产生孢子，营养羽片不产生孢子。
羽状[叶]Pinnate[of leaves] 复叶的小叶在中轴两边相对排列。
圆锥花序Panicle 分枝的总状花序。
摘心Pinch out 去掉植物的生长锥，以促使产生侧枝。
掌状的Palmate 似手掌状分裂，严格说是5个裂片从同一点生出。
沼泽园Bog garden 土壤永久保持潮湿但无明水的园区。
砧木Rootstock 用来嫁接接穗的有良好根系的植株。见嫁接。
砧木Stock 见砧木（rootstook)。
整形控制Stop 为控制植物的生长、大小和开花数量而去除植物的某些生长点。
枝条Shoot 植物生叶的地上部分。侧枝side-shoot指主枝侧方生出的枝。
直根、主根Taproot 植物垂直向下生长的主根；也可泛指任何粗壮的垂直向下生长的根。
直立的[株形]Upright[of habit] 主枝直立或半直立的。
中脉Midrib 主要的中央叶脉或中心脉或羽状叶着生小叶的中轴。
中性[土壤]Neutral[of soil] pH值为7，土壤既非酸性也非碱性。
种穗Seed head 带有种子而通常较干的果序。
皱波状的Crisped 具细小波状边缘的。
珠芽Bulbil 小的类似鳞茎的器官，常生于叶腋，偶尔也生于花序上，可用来繁殖。
主干Bole 乔木从地表到第一个主要分枝处的树干。
柱头Stigma 花的雌性器官的一部分，着生在花柱顶端，是接受花粉的场所。
子房Ovary 花的雌性器官的一部分，含有胚珠，它最终形成果实。
子叶Cotyledon 参见子叶(seed leaf)。
子叶Seed leaf (cotyledon) 种子萌发时产生的初始叶，1片或2片，偶多数。有些植物的子叶始终留在地下。
子一代杂种F1 hybrid 通过两种不同的植物杂交获得的第一代，通常指亲本是纯种，后代长势茁壮的情形。子一代杂种所结的种子不能保持子一代的特性。
自播Self-seed 在母株周围产生实生苗。
棕榈类植物Palm 一种常绿树或灌木状植物，通常具单一茎干，叶掌状或羽状，丛生于茎干顶部。严格说是棕榈科植物。
总状花序Raceme 由几朵或许多具柄的花单个沿主轴着生而组成的不分枝的花序，顶端的花最幼小。

致谢 Acknowledgements

1	4	7	10
2	5	8	11
3	6	9	12

出版者感谢以下单位和个人同意复制他们的照片。其中多数照片见于本书的《植物类目》中，这里以两个号码标注：首先是页码，斜线后是具体的照片号，如果同一页中有不只一个照片号，照片号之间用连字符隔开。照片号是按其说明文字的位置所在的页面方格编号来确定的。每页有12个方格的编号位置，如左图所示。还有一种编号为1至42，也按方格的办法编号，用于专类图版中的照片。书中其他地方的照片用字母表示：A=上，B=下，C=中，L=左，R=右，T=顶部。

出版者感谢所有那些慷慨帮助的摄影者和为摄影提供植物材料的人，特别是下列机构的负责人和工作人员以及个人。还要特别感谢皇家植物园邱园和皇家园艺学会威斯里园有关人员的宝贵帮助和支持。

Alpine Garden Society Slide Library 288/41, 334/5, 348/4–9, 354/3, 356/11, 362/3, 364/10, 373/9, 375/12, 378/6, 379/5, 383/5, 388/3, 396/10, 400/3, 428/13, 429/2–26, 435/1, 436/9
Jacques Amand Ltd/John Amand 236/5–26, 289/42, 431/24
Aylett Nurseries 406/7
A–Z Botanical Collection 144/26, 175/9, 196/6, 199/10, 218/11, 234/35, 242/35, 282/7, 347/6, 374/2, 404/31, 447/2–10, 448/6; Malcolm Richards 13/Row4/1; A. Young 13/Row5/2
Gillian Beckett 119/1, 123/2–3, 132/21, 140/5, 145/1, 150/5, 154/4, 155/7, 157/12, 168/12, 171/1, 174/11, 219/6, 250/4, 251/4, 254/12, 256/1, 264/1, 273/12, 290/5, 292/3, 311/4, 313/10, 320/1, 348/5, 354/11, 356/12, 360/2, 361/1, 363/1, 367/11, 368/12, 373/1, 374/8–9, 377/6, 378/1, 381/10, 383/2, 385/3, 389/1, 402/9, 405/5–33, 412/3–6, 413/3–6, 414/10, 415/3, 417/21–38, 421/3, 423/6, 431/37, 432/2–3, 433/8, 434/1, 435/7, 439/9–10, 440/3–7, 446/6, 448/7–9
Kenneth A. Beckett 77/4, 206/3, 366/2, 368/4
Biofotos/Heather Angel 205/8, 448/12
Patrick Booth/John Thirkell 230/26–37–38
Ann & Roger Bowden 288/35, 289/15
Christopher Brickell 89/4, 100/1, 131/2–4, 132/17, 133/4–25, 134/6, 135/1, 142/12, 147/4, 148/1–5, 165/22, 205/4
Pat Brindley 136/4, 208/12, 210/7, 215/4, 235/5, 237/20, 242/26, 248/30, 295/19, 313/4, 320/2, 321/8, 322/11, 324/8–12, 325/1, 326/10, 328/1–12, 329/1, 331/6, 332/3–4, 333/9, 336/4, 341/6, 399/5, 410/23, 411/8–41, 412/13–17–27–31, 429/7–29–37, 448/8
British Iris Society 235/2–14–20
Jonathan Buckley 129/2
Brinsley Burbridge 209/12
Ray Cobb 429/9
Eric Crichton 65/5, 70/4, 71/2, 93/1, 97/3, 99/10, 143/3, 157/9, 168/4, 177/11, 208/10, 215/1, 231/3, 234/7–15–29, 238/3, 243/1, 255/1–10, 282/10, 313/9, 320/10, 324/7, 338/7, 349/9, 354/10, 355/1, 357/9, 358/3, 369/1, 375/3, 379/1, 382/9, 383/3, 387/3, 396/7, 407/9, 410/17, 419/11, 420/1, 429/31, 450/31
Philip Damp 406/33
Kate Donald 416/21–28
Alan M. Edwards 418/2, 428/17
Raymond Evison 212/27–31–32–39, 213/12–13–14–15–17–18–33–35–41
John Fielding 37/BR, 40/BL, 48/TL, 50/TL, 51/TR, 53/TR
Valerie Finnis 354/7
Ron & Christine Foord 272/11
Maureen Foster 235/13
John Galbally 281/10
Garden Picture Library Brian Carter 44/TR; Eric Crichton 442&443; Geoff Dann 44/CR; Ron Evans 112&113, 342&343; John Glover 180&181, 222&223, 248/37, 253/10, 317/BC, 344/TC; Neil Holmes 204/6, 206/4, 237/19; Mayer/Le Scanff 445/BR; Jerry Pavia 314&315, 344&345/T, 452&453; Morley Read 43/TR; Howard Rice 331/12, 395/L; JS Sira 39/BR, 45/TL, 183/TL; Ron Sutherland 345/BL; Brigitte Thomas 40&41/T; Steven Wooster 182/CL, 200&201, 202/BL
John Glover 131/3, 134/27, 158/8, 242/42, 249/9, 286/1, 441/3
Derek Gould 116/11, 124/11, 134/4, 135/4, 144/40, 150/6, 153/6, 157/10, 170/2, 205/10, 208/7, 218/6, 233/7, 236/21, 240/4, 241/3–6–8, 249/1, 253/12, 258/11, 268/12, 272/34, 277/6, 279/8, 290/3, 334/11, 347/2, 359/7, 386/7, 390/4, 397/7, 412/11, 415/8, 427/3, 447/7
Diana Grenfell 257/6–10, 289/18
Christopher Grey–Wilson 10/BL
Peter Harkness 198/3–4
Jerry Harpur 55/BL, 55/TR
The Heather Society Slide Library 13/Row5/3, 178/12
Terry Hewitt 456/9, 472/2, 474/2, 480/1
D. Hewlett 407/23
Muriel Hodgeman 353/11, 359/10, 383/12, 385/1
Hortico 418/15
International Flower Bulb Centre 399/7, 431/35
Mike Ireland 367/2, 374/3, 377/7, 429/4–38
Brita Johansson 179/22
Roy Lancaster 11/C–CR
Andrew Lawson 2, 36/C, 38/T, 49/B, 57/T, 60&61, 114/BR, 182&183/B, 205/9, 324/1, 392&393, 404/11–16, 405/3–30
Sidney Linnegar 234/4 (G.E. Cassidy)–11 (R. Henley)–31 (R. Henley)–37 (G.E. Cassidy), 235/3–34 (G.E. Cassidy)– 40 (G.E. Cassidy)
Brian Mathew 402/3, 414/11, 419/1–4, 421/9, 423/11, 424/3, 426/9, 434/11
S. & O. Mathews 151/7
Dr E. Charles Nelson 13/Row2/2–Row3/1
Oxford Scientific Films/Fredrik Ehrenstrom 449/11
Photos Horticultural 105/3, 204/3, 231/12, 234/10, 237/1, 242/18–21, 277/3, 329/3, 335/5, 405/11, 424/2
Plant Pictures Worldwide 339/2
Collection & Photo Riviere (France, 26 Drôme) 236/19, 237/23–36
Howard Rice 14&15, 34&35, 206/5, 444&445/B
Royal Botanic Gardens, Kew 11/TR
Royal Horticultural Society, Lindley Library 11BL Curtis's Botanical Magazine (CBM), cliv (1928), T.9241; 417 CBM, vii (1794), T.252
A.D. Schilling 83/10, 90/11, 132/4, 166/8, 169/9
Harry Smith Collection 13/Row1/1, 65/6, 69/3–12, 70/1, 71/4–10, 72/7–10, 75/7–22–36, 80/4–11(inset), 81/3, 82/6–8, 83/9, 89/6, 91/1–6, 92/3–12, 93/2–6–7–9, 95/8, 97/4–6, 102/1, 104/3–12, 106/9, 108/8–12, 109/6, 111/33, 116/7, 117/1–6, 118/11, 119/4, 121/11, 123/1, 124/1–7, 125/6, 126/9, 129/26–32, 130/12, 131/5–11, 132/20–22–27–32–35, 133/16, 134/16, 135/2, 141/4, 142/7, 143/5, 145/9, 146/7, 147/2–5–12, 148/10, 149/2, 150/1, 151/11, 154/7, 155/3–6, 158/12, 159/25, 160/6, 164/24–36, 165/12, 167/8–10, 170/10, 171/3, 172/6, 173/5–6–12, 177/7, 196/8, 199/1–2–3, 204/10, 206/7, 207/3, 208/1–9, 209/3–9, 210/1–5–6, 211/2–3–7, 214/2–3–4, 217/2–12, 218/8–10, 219/2–3, 220/12, 221/26, 226/3, 228/9, 230/19–35–40, 231/9, 232/1–5, 235/4–23, 236/15, 237/17–18–37, 238/10, 242/13–19–29, 244/11, 248/33–40, 254/6, 257/16, 258/9, 263/9–10, 266/1, 268/8, 269/7, 270/1–4, 271/8, 273/1–4–18, 275/12, 278/6, 282/1–9, 283/12, 286/4, 287/6, 288/26–38, 293/6–10, 295/19, 319/10–12, 320/4, 321/4–9, 327/1, 329/11, 330/4, 331/3–4–5–7, 332/12, 334/3–4–6–7, 338/10, 339/4–8–9, 340/9, 341/4–8–9, 347/1–5, 349/2–10, 351/9, 352/6, 356/9, 357/6, 360/1–4–7, 361/4, 364/5–12, 365/9, 366/11, 368/10, 369/9–11, 371/6–7–8–10, 373/2, 375/5–9, 380/12, 381/5, 383/1–7, 386/8–9, 387/8–12, 388/4, 391/6, 397/4, 398/2, 399/14–26–32–37, 400/1–2, 401/12, 402/5, 403/12, 404/12–15–17–18–19, 405/10–12–19–40, 408/1–6, 409/6, 411/32, 412/5–38, 413/12, 414/6, 415/6, 420/7, 421/6, 422/7–9, 423/1, 424/9, 425/1–11, 426/7, 427/12, 428/16–28–30–42, 429/8–16–34, 430/10, 432/1–4–11, 434/9, 435/3, 436/1–7–10, 437/11, 438/1–4, 439/4, 440/2–11, 441/4–7–10, 447/3–4–12, 449/7–10, 450/11, 467/7, 475/10
Suttons Seeds 327/4
Thompson & Morgan 333/12, 335/6, 336/1
Unwin Seeds Ltd 322/12, 326/9, 328/9, 331/9, 332/1, 336/3, 340/3
Van Staaveren Aalsmeer BV 425/12
W.B. Wade 260/6–13–29–30–33–38, 261/6–13–16–18–21–22–27–28
Jack Wemyss–Cooke 273/13–14–35
John Wright 164/3, 165/10.

Jacket: **Jerry Harpur** front BR.

Picture research Andrew Brown, Susan Mennel
Picture research for the second edition Anna Lord

African Violet Centre, Terrington St Clement, Norfolk; Ken Akers, Great Saling, Essex; Jacques Amand Ltd, Clamphill, Middx; Anmore Exotics, Havant, Hants; David Austin Roses, Albrighton, Shrops; Avon Bulbs, Bradford-on-Avon, Wilts; Ayletts Nurseries, St Albans, Herts; Steven Bailey Ltd, Sway, Hants; Bill Baker, Tidmarsh, Berks; Batsford Arboretum, Moreton-in-Marsh, Glos; Booker Seeds, Sleaford, Lincs; Rupert Bowlby, Reigate, Surrey; Bressingham Gardens, Diss, Norfolk; Roy Brooks, Newent, Glos; British Orchid Growers' Association; Broadleigh Gardens, Somerset; Burford House Gardens, Tenbury Wells, Shrops; Cambridge Bulbs, Newton, Cambs; Nola Carr, Sydney, Australia; Beth Chatto Gardens, Colchester, Essex; Chelsea Physic Garden, London; Colegrave Seeds, Banbury, Oxon; County Park Nurseries, Hornchurch, Essex; Jill Cowley, Chelmsford, Essex; Mrs Anne Dexter, Oxford; Edrom Nurseries, Coldingham, Berwicks; Dr Jack Elliott, Ashford, Kent; Joe Elliott, Broadwell, Glos; Erdigg (National Trust), Clwyd, Wales; Fibrex Nurseries, Pebworth, Warwicks; Fisk's Clematis Nursery, Westleton, Suffolk; Mr & Mrs Thomas Gibson, Westwell, Oxon; Glasgow Botanic Garden, Glasgow; 'Glazenwood', Braintree, Essex.

R. Harkness & Co. Ltd, Hitchin, Herts; Harry Hay, Lower Kingswood, Surrey; Hazeldene Nurseries, East Farleigh, Kent; Hidcote Manor (National Trust), Chipping Camden, Glos; Hillier Gardens and Arboretum, Romsey, Hants; Hillier Nurseries (Winchester) Ltd, Romsey, Hants; Holly Gate Cactus Nursery, Ashington, Sussex; Hopleys Plants, Much Hadham, Herts; Huntingdon Botanical Gardens, San Marino, California; W.E.Th. Ingwersen Ltd, East Grinstead Sussex; the late Clive Innes; Kelways Nurseries, Langport, Somerset; Kiftsgate Court Gardens, Chipping Camden, Glos; Lechlade Fuchsia Centre, Lechlade, Glos; The Living Desert, Palm Desert, California; Robin Loder, Leonardslee, Sussex; Los Angeles State and County Arboreta and Botanical Gardens, Los Angeles, California; Lotusland Foundation, Santa Barbara, California; McBeans Orchids, Lewes, Sussex; Merrist Wood Agricultural College, Worplesdon, Surrey; Mrs J.F. Phillips, Westwell, Oxon; Mr & Mrs Richard Purdon, Ramsden, Oxon; Ramparts Nurseries, Colchester, Essex; Ratcliffe Orchids, Didcot, Oxon; Mrs Joyce Robinson, Denmans, Fontwell, Sussex; Peter Q. Rose, Castle Cary, Somerset; Royal Botanic Garden, Edinburgh; Royal Botanic Gardens, Kew, Surrey; Royal Botanic Gardens, Sydney, Australia; Royal National Rose Society, St Albans, Herts; Royal Horticultural Society's Garden, Wisley, Surrey.

Santa Barbara Botanic Garden, Santa Barbara, California; Savill Garden, Windsor, Berks; Mr & Mrs K. Schoenenberger, Shipton-under-Wychwood, Oxon; Mrs Martin Simmons, Burghclere, Berks; Dr James Smart, Barnstaple, Devon; Arthur Smith, Wigston, Leics; P.J. Smith, Ashington, Sussex; Springfields Gardens, Spalding, Lincs; Staite & Sons, Evesham, Worcs; Stapeley Water Gardens, Nantwich, Cheshire; Strybing Arboreta Society of Golden Gate Park, San Francisco, California; David Stuart, Dunbar, East Lothian; Suffolk Herbs, Sudbury, Suffolk; University Botanic Garden, Cambridge; University of British Columbia Botanical Garden, Vancouver; University of California Arboretum, Davis, California; University of California Arboretum, Santa Cruz, California; University of California Botanical Garden, Berkeley, California; University of California Botanical Gardens, Los Angeles, California; University of Reading Botanic Garden, Reading, Berks; Unwins Seeds Ltd, Histon, Cambridge; Jack Vass, Haywards Heath, Sussex; Rosemary Verey, Barnsley, Glos; Vesutor Air Plants, Ashington, Sussex; Wakehurst Place (Royal Botanic Gardens, Kew), Ardingly, Sussex; Primrose Warburg, Oxford; Waterperry Gardens, Wheatley, Oxon; Westonbirt Arboretum, Westonbirt, Glos; Woolman's Nurseries, Dorridge, West Midlands; Wyld Court Orchids, Newbury, Berks; Eric Young Orchid Foundation, Jersey, Channel Islands.

译者的话

园林植物是美化环境的重要物质基础，同时也是珍贵的商品，然而它们的极度多样性常令人惊奇和迷惑。迄今为止，较全面和系统地介绍世界范围内的园林植物的著作有限，图文并茂的译著更为罕见。改革开放以来，随着国际交往的日益增多，人们生活水平不断提高以及对园林花卉需求的多元化，国内园林花卉的种和品种数量不断增加，许多外来园林植物的名称、习性和栽培管理方面的问题，在目前国内中文书籍中难以找到答案。

为了满足国内广大园林界人士和园艺爱好者的需要，在河南科学技术出版社的积极倡导和鼎力支持下，河南农业大学和中国科学院植物研究所合作翻译了这本书。

园林植物来自世界各地，其名称来源及词意复杂。目前国内园林花卉的中文名称有多种表达方式，尚无一本“植物中文名称命名法规”可资遵循。在这种情况下，本书中的植物分类群（Taxa）中文名以《中国植物志》为基本框架，以其他相关文献作补充。品种的中文名尽量选择国内已经流行的名称，如金边虎尾兰*Sansevieria trifasciata* var. *laurentii*由变种降为品种‘Laurentii’后，中文名称不变；日本的樱花品种*Prunus*‘Kanzan’用日本的文字名称关山樱，而不改成‘关山’樱；仙人掌科和多浆植物以日本的汉字名称为主。酌录常见的中文异名，以便读者查考。本书的中文名称主要依据的参考书有：

中国植物志编辑委员会．1959—2002．中国植物志（2～80卷）．北京：科学出版社

龙胆寺雄．1960．豪华本シャボテン·东京：诚文堂新光社

龙胆寺雄．1965—1973．原色シャボテン多肉植物大图鉴（1～3卷）．东京：诚文堂新光社

关克俭，陆定安．1974．拉汉种子植物名称（第二版）．北京：科学出版社

伊藤芳夫．1981．サボテン科大图鉴．下关：新日本教育图书株式会社

伊藤芳夫．1987．サボテン科大事典．宇都：未来社

陈心启，吉占和．1998．中国兰花全书．北京：中国林业出版社

陈俊愉，刘师汉等．1980．园林花卉．上海：上海科学技术出版社

杨恭毅，陈运造．1984—1985．杨氏园艺植物大名典（Ⅰ～Ⅹ卷）．台北：杨青造园企业有限公司，中国花卉杂志社

吴中伦．1981．国外树种引种概论．北京：科学出版社

最新园芸大辞典编集委员会．1982—1983．最新园芸大辞典（1～12卷）．东京：诚文堂光社

赖明洲．1995．最新台湾园林观赏植物名录．台北：地景企业股份有限公司

汤彦承，路安民．2003．被子植物非国产科汉名的初步拟订．植物分类学报．41(3)：285～304

吴征镒，路安民，汤彦承等．2003．中国被子植物科属综论．北京：科学出版社

部分科、属、种（及种下等级）没有相应的中文名称，对此本书拟定新的中文名，其后加“新拟”字样，以供试用。原著中有个别学名不符合现行的《国际植物命名法规》（圣路易斯法规，2000年），对此本书增加译者注，提供有关信息，供读者参考。

在原著61～480页中每页下面的其他推荐植物和731～750页获显异奖园林植物名录中的植物，因书中已有介绍，此处没有做翻译处理，可以参见《植物词典》部分。原书中的climber（攀缘植物）、petal（花瓣）和一些裸子植物的fruit（果实）等系园艺学的传统使用习惯，而非植物学的概念，此处不作更改。751～752页的名词术语，考虑到国内读者的方便使用，将术语按英文字母排列改为按中文拼音顺序编排。

获巢树德、福屋正修、赖明洲等先生为本书的翻译提供了许多参考资料，译者向他们敬致谢意。

由于译者水平有限，错误之处敬请广大读者斧正。

杨秋生　李振宇

2004年6月